Winnacker · Küchler
Chemische Technik
Prozesse und Produkte

Band 3
Anorganische Grundstoffe,
Zwischenprodukte

Winnacker · Küchler
Chemische Technik
Prozesse und Produkte
5. Auflage

Band 1: Methodische Grundlagen
        ISBN 3-527-30767-2
Band 2: Neue Technologien
        ISBN 3-527-31032-0
Band 3: Anorganische Grundstoffe, Zwischenprodukte
        ISBN 3-527-30768-0
Band 4: Energieträger, Organische Grundstoffe
        ISBN 3-527-30769-9
Band 5: Organische Zwischenverbindungen, Polymere
        ISBN 3-527-30770-2
Band 6: Metalle und Metallverbindungen
        ISBN 3-527-30771-0
Band 7: Industrieprodukte
        ISBN 3-527-30772-9
Band 8: Ernährung, Gesundheit, Konsumgüter
        ISBN 3-527-30773-7

Winnacker · Küchler

Chemische Technik

Prozesse und Produkte

Band 3
Anorganische Grundstoffe, Zwischenprodukte

Herausgegeben von
Roland Dittmeyer, Wilhelm Keim, Gerhard Kreysa,
Alfred Oberholz

5. Auflage

WILEY-VCH

WILEY-VCH Verlag GmbH & Co. KGaA

Dr.-Ing. Roland Dittmeyer
Karl-Winnacker-Institut der DECHEMA
Technische Chemie
Theodor-Heuss-Allee 25
60486 Frankfurt

Prof. em. Dr. Wilhelm Keim
Institut für Technische Chemie und
Makromolekulare Chemie
RWTH Aachen
Worringerweg 1
52074 Aachen

Prof. Dr. Dr.-Ing. E. h. Dr. h. c. Gerhard Kreysa
Geschäftsführer
DECHEMA e. V.
Gesellschaft für Technik und Biotechnologie e. V.
Theodor-Heuss-Allee 25
60486 Frankfurt

Dr. Alfred Oberholz
Mitglied des Vorstandes
Degussa AG
Bennigsenplatz 1
40474 Düsseldorf

All books published by Wiley-VCH are carefully produced. Nevertheless, authors, editors, and publisher do not warrant the information contained in these books, including this book, to be free of errors. Readers are advised to keep in mind that statements, data, illustrations, procedural details or other items may inadvertently be inaccurate.

Alle Bücher von Wiley-VCH werden sorgfältig erarbeitet. Dennoch übernehmen Autoren, Herausgeber und Verlag in keinem Fall, einschließlich des vorliegenden Werkes, für die Richtigkeit von Angaben, Hinweisen und Ratschlägen sowie für eventuelle Druckfehler irgendeine Haftung.

Bibliografische Information Der Deutschen Bibliothek
Die Deutsche Bibliothek verzeichnet diese Publikation in der Deutschen Nationalbibliografie; detaillierte bibliografische Daten sind im Internet über <http://dnb.ddb.de> abrufbar.

© 2005 WILEY-VCH Verlag GmbH & Co. KGaA, Weinheim

Gedruckt auf säurefreiem Papier.

Alle Rechte, insbesondere die der Übersetzung in andere Sprachen, vorbehalten. Kein Teil dieses Buches darf ohne schriftliche Genehmigung des Verlages in irgendeiner Form – durch Photokopie, Mikroverfilmung oder irgendein anderes Verfahren – reproduziert oder in eine von Maschinen, insbesondere von Datenverarbeitungsmaschinen, verwendbare Sprache übertragen oder übersetzt werden. Die Wiedergabe von Warenbezeichnungen, Handelsnamen oder sonstigen Kennzeichen in diesem Buch berechtigt nicht zu der Annahme, daß diese von jedermann frei benutzt werden dürfen. Vielmehr kann es sich auch dann um eingetragene Warenzeichen oder sonstige gesetzlich geschützte Kennzeichen handeln, wenn sie nicht eigens als solche markiert sind.

All rights reserved (including those of translation into other languages). No part of this book may be reproduced in any form – by photoprinting, microfilm, or any other means – nor transmitted or translated into a machine language without written permission from the publishers. Registered names, trademarks, etc. used in this book, even when not specifically marked as such, are not to be considered unprotected by law.

Satz Typomedia GmbH, Ostfildern
Druck betz-druck GmbH, Darmstadt
Bindung J. Schäffer GmbH, Grünstadt
Umschlaggestaltung Gunter Schulz, Fußgönheim
Titelbild Pressefoto GEA Wiegand, Ettlingen

Printed in the Federal Republic of Germany.

ISBN-13: 978-3-527-30768-5
ISBN-10: 3-527-30768-0

Inhalt

Vorwort XI

1 **Schwefel und anorganische Schwefelverbindungen** 1
   Kurt-Wilhelm Eichenhofer, Karin Huder, Egon Winkler, Karl H. Daum

2 **Anorganische Stickstoffverbindungen** 173
   Thomas Böhland, Ernst Gail, Stephen Gos, Theo van Hoek, Rupprecht Kulzer, Bernd Langanke, Willi Ripperger, Peter M. Schalke, Hans Jörg Wilfinger

3 **Phosphor und Phosphorverbindungen** 343
   Heinz Harnisch, Gero Heymer, Werner Klose und Klaus Schrödter
   Bearbeitet und aktualisiert von Rob de Ruiter und Willem Schipper

4 **Chlor, Alkalien und anorganische Chlorverbindungen** 427
   Klaus Blum, Peter Schmittinger

5 **Natriumchlorid und Alkalicarbonate** 545
   Andreas Leckzik, Franz Götzfried, Leon Ninane

6 **Anorganische Verbindungen des Fluors** 599
   Albrecht Marhold, Jens Peter Joschek

7 **Borverbindungen** 657
   Birgit Bertsch-Frank, Cordula Terbrack

8 **Peroxoverbindungen** 675
   Gustaaf Goor, Eberhard Hägel, Sylvia Jacobi, Wolfgang Leonhardt, Werner Zeiss, Klaus Zimmermann

9 **Carbide und Kalkstickstoff** 767
   Friedrich Wilhelm Dorn, Herwig Höger, Klaus Liethschmidt, Georg Strauß
   Neu bearbeitet von Klaus Englmaier

10 Siliciumverbindungen 803
Dieter Kerner, Norbert Schall, Wolfgang Schmidt, Ralf Schmoll, Jost Schürtz

11 Kohlenstoffprodukte 891
Gerd Collin, Wilhelm Frohs, Jürgen Behnisch, Gerd-Peter Blümer, Peter K. Bachmann, Peter Scharff

12 Wasser 1041
Jutta Jahnel, Markus Ziegmann, Fritz H. Frimmel

Stichwortverzeichnis 1099

Herausgeber und Autoren

Herausgeber

Dr.-Ing. Roland Dittmeyer
Karl-Winnacker-Institut der DECHEMA
Technische Chemie
Theodor-Heuss-Allee 25
60486 Frankfurt

Prof. em. Dr. Wilhelm Keim
RWTH Aachen
Institut für Technische Chemie und
Makromolekulare Chemie
Worringerweg 1
52074 Aachen

Prof. Dr. Dr.-Ing. E. h. Dr. h. c.
Gerhard Kreysa
Geschäftsführer
DECHEMA e. V.
Gesellschaft für Technik und
Biotechnologie e. V.
Theodor-Heuss-Allee 25
60486 Frankfurt

Dr. Alfred Oberholz
Mitglied des Vorstandes
Degussa AG
Bennigsenplatz 1
40474 Düsseldorf

Autoren

Dr. Peter K. Bachmann
Philips GmbH
Forschungslabor
Weißhausstr. 2
52066 Aachen
(Kohlenstoffprodukte)

Dr. Jürgen Behnisch
Degussa AG
Harry-Kloepfer-Str. 1
50997 Köln
(Kohlenstoffprodukte)

Dr. Birgit Bertsch-Frank
Degussa AG
FI-C4-C
Bau 1033, PB 02
Paul-Baumann-Str. 1
45772 Marl
(Borverbindungen)

Dr. Gerd-Peter Blümer
Carbo-Tech-Aktivkohlen GmbH
Elisenstr. 119
45139 Essen
(Kohlenstoffprodukte)

Dr. Klaus Blum
Wacker-Chemie GmbH
Johannes-Hess-Str. 24
84489 Burghausen
(Chlor, Alkalien und anorganische
Chlorverbindungen)

Dr. Thomas Böhland
Degussa AG
FP-PM-FR
Weißfrauenstr. 9
60287 Frankfurt am Main
(Anorganische Stickstoffverbindungen)

Dr. Gerd Collin
DECHEMA e. V.
Theodor-Heuss-Allee 25
60486 Frankfurt
(Kohlenstoffprodukte)

Karl H. Daum
Vice President
Sulphuric Acid / Off-gas
Outokumpu Technology GmbH
Ludwig-Erhard Str. 21
61440 Oberursel
(Schwefel und anorganische Schwefel-
verbindungen)

Dr. Kurt-Wilhelm Eichenhofer
Paul-Kleestr. 52
51375 Leverkusen
ehemals: Bayer AG, Leverkusen
(Schwefel und anorganische Schwefelverbindungen)

Klaus Englmaier
Degussa AG
FC-AG-PTT
Dr. Albert-Frank-Str. 32
83308 Trostberg
(Carbide und Kalkstickstoff)

Prof. Dr. Fritz H. Frimmel
Universität Karlsruhe (TH)
Engler-Bunte-Institut – Lehrstuhl für
Wasserchemie
Engler-Bunte-Ring 1, Geb. 40.11
76131 Karlsruhe
(Wasser)

Dr. Wilhelm Frohs
SGL Carbon GmbH
Werner-von-Siemens-Str. 18
86405 Meitingen
(Kohlenstoffprodukte)

Dr.-Ing. Ernst Gail
Degussa AG
Weißfrauenstr. 9
60287 Frankfurt am Main
(Anorganische Stickstoffverbindungen)

Dr. Franz Götzfried
Südsalz GmbH
Salzgrund 67
74076 Heilbronn
(Natriumchlorid und Alkalicarbonate)

Dr. Gustaaf Goor
Degussa AG
Abteilung O2-AO-PE
Rodenbacher Chaussee 4
63457 Hanau-Wolfgang
(Peroxoverbindungen)

Stephen Gos
CyPlus GmbH
Industriepark Wolfgang / 660–11a
Rodenbacher Chaussee 4
63457 Hanau-Wolfgang
(Anorganische Stickstoffverbindungen)

Dr. Eberhard Hägel
Eichendorffweg 26a
82057 Icking
(Peroxoverbindungen)

Theo van Hoek
Akzo Nobel Chemicals GmbH
Geestemünder Str. 26
50735 Köln
(Anorganische Stickstoffverbindungen)

Dr. Karin Huder
Hoherodskopfstr. 42
60435 Frankfurt
(Schwefel und anorganische Schwefelverbindungen)

Dr. Sylvia Jacobi
Degussa AG
Abteilung S-ESH-CSM
Rodenbacher Chaussee 4
63457 Hanau-Wolfgang
(Peroxoverbindungen)

Dr. Jutta Jahnel
Universität Karlsruhe (TH)
Engler-Bunte-Institut – Lehrstuhl für Wasserchemie
Engler-Bunte-Ring 1, Geb. 40.11
76131 Karlsruhe
(Wasser)

Dr. Dieter Kerner
Degussa AG
Abt. AS-FA
Rodenbacher Chaussee 4
63457 Hanau
(Siliciumverbindungen)

Dr. med. Rupprecht Kulzer
Industriepark Wolfgang GmbH
Produktbereich Gesundheit
Rodenbacher Chaussee 4
63457 Hanau-Wolfgang
(Anorganische Stickstoffverbindungen)

Dr. Bernd Langanke
Uhde GmbH
Friedrich-Uhde-Str. 15
44141 Dortmund
(Anorganische Stickstoffverbindungen)

Dr. Andreas Leckzik
esco – european salt company GmbH & Co. KG
Werk Braunschweig-Lüneburg
Bahnhofstr. 15
38368 Grasleben
(Natriumchlorid und Alkalicarbonate)

Dr. Wolfgang Leonhardt
Degussa AG
Abteilung CS-TT-TBD
Rodenbacher Chaussee 4
63457 Hanau-Wolfgang
(Peroxoverbindungen)

Prof. Dr. Leon Ninane
Solvay
1 rue Gabriel Peri
F-54110 Dombasle sur Meurthe
Frankreich
(Natriumchlorid und Alkalicarbonate)

Dr. Willi Ripperger
ehemals BASF AG
67056 Ludwigshafen
(Anorganische Stickstoffverbindungen)

Dr. Ir. Rob de Ruiter
Thermphos International
Postbus 406
4380 AK Vlissingen
Niederlande
(Phosphor und Phosphorverbindungen)

Dr. Peter M. Schalke
INEOS Paraform GmbH
Hauptstr. 30
55210 Mainz
(Anorganische Stickstoffverbindungen)

Dr. Norbert Schall
Süd-Chemie AG
Ostenrieder Str. 15
85368 Moosburg
(Siliciumverbindungen)

Prof. Dr. Peter Scharff
Technische Universität Ilmenau
Institut für Physik
Postfach 100 545
98684 Ilmenau
(Kohlenstoffprodukte)

Dr. Willem Schipper
Thermphos International
Postbus 406
4380 AK Vlissingen
Niederlande
(Phosphor und Phosphorverbindungen)

Dr. Wolfgang Schmidt
Max-Planck-Institut für Kohlenforschung
Kaiser-Wilhelm-Platz 1
45470 Mülheim/Ruhr
(Siliciumverbindungen)

Dr. Peter Schmittinger
Wallbergstr. 2
82008 Unterhaching
(Chlor, Alkalien und anorganische Chlorverbindungen)

Dr. Ralf Schmoll
Degussa AG
GB Füllstoffsysteme und Pigmente
F+E Performance Silicas
Kölner Str. 122
50389 Wesseling
(Siliciumverbindungen)

Dr. Jost Schürtz
Cognis Deutschland GmbH & Co. KG
CFA/Inorganic Raw Materials
40551 Düsseldorf
(Siliciumverbindungen)

Cordula Terbrack
Degussa AG
S-IPM-CI
Hauspostcode 915-D217
Rodenbacher Chaussee 4
63457 Hanau
(Borverbindungen)

Dr. Hans Jörg Wilfinger
BASF AG
G-KTI/LH – N 511
67056 Ludwigshafen
(Anorganische Stickstoffverbindungen)

Egon Winkler
Kapellenstr. 26
65439 Flörsheim am Main
ehemals: Outokumpu/Lurgi, Frankfurt
(Schwefel und anorganische Schwefelverbindungen)

Dr. Werner Zeiss
Degussa Initiators GmbH & Co. KG
Dr.-Gustav-Adolph-Str. 3
82049 Pullach
(Peroxoverbindungen)

Markus Ziegmann
Universität Karlsruhe (TH)
Engler-Bunte-Institut – Lehrstuhl für Wasserchemie
Engler-Bunte-Ring 1, Geb. 40.04
76131 Karlsruhe
(Wasser)

Dr. Klaus Zimmermann
Degussa AG
Abteilung CS-TT-FEA
Rodenbacher Chaussee 4
63457 Hanau-Wolfgang
(Peroxoverbindungen)

Vorwort zur 5. Auflage

Seit dem Erscheinen der 4. Auflage des Winnacker-Küchler »Chemische Technologie« im Hanser Verlag sind nahezu zwanzig Jahre vergangen. Anhaltende tiefgreifende Veränderungen der Weltwirtschaft haben seither auch in der Chemischen Industrie sichtbare Spuren hinterlassen. Globalisierung, Fusionen und Umstrukturierungen großer Unternehmen, Konzentration auf wenige Kerngeschäfte und damit verbunden die Ausgliederung von Geschäftsbereichen zu eigenständigen, neuen Unternehmen sind prägende Merkmale dieses Wandels. Forschung und Entwicklung sind davon nicht ausgenommen: viele der früheren Zentralbereiche wurden dezentralisiert und Business Units zugeordnet. Sie erhielten weitgehende geschäftliche Eigenständigkeit und Verantwortung und akquirieren heute in vielen Fällen auch externe Geschäfte. Gerade in einem globalisierten und sehr dynamischen Umfeld mit verändertem Verbraucherverhalten, geschärftem Umweltbewusstsein und beschleunigten Innovationszyklen ist der wichtigste Garant für den langfristigen Erfolg eines Unternehmens auch in Zukunft die Erschließung aller sich bietenden Innovationspotentiale. Dabei hat das alte NIH-Syndrom (Not Invented Here is bad) ausgedient, moderne erfolgreiche Unternehmen betreiben ein aktives Innovations- und Technologiemanagement, um ihre Wettbewerbsposition auf den für sie wichtigen Märkten weltweit zu sichern. Stärker als je zuvor ist die Tatsache ins Bewusstsein getreten, dass die Produkte der Chemischen Industrie nahezu alle Branchen der Volkswirtschaft prägen – in fast allen Industrieprodukten und Konsumgütern steckt Chemie. Innovationen in der Chemie sind heute meist von Anfang an von den Anforderungsprofilen der Kunden an ihre Produkte getrieben. Wissenschaft und Technik sind enger verzahnt als früher, und in vielen Bereichen, wie z.B. der Verfahrenstechnik, der Analytik und den Materialwissenschaften, vollziehen sich sprunghafte Fortschritte. Dies alles verstärkt die Notwendigkeit von Kooperationen und erfordert hochqualifizierte Mitarbeiter, deren Spezialwissen der Ergänzung durch das breite Wissen um generelle Trends bedarf. Vor diesem Hintergrund schien es gerechtfertigt, den Winnacker-Küchler als deutschsprachiges Standardwerk der Chemischen Technik neu herauszubringen.

Die verlegerische Verantwortung für dieses Werk ist vom Hanser Verlag auf den WILEY-VCH Verlag übergegangen, und die bisherigen Herausgeber, Prof. Dr. Heinz Harnisch und Prof. Dr. Rudolf Steiner, haben uns ihre Aufgabe übertragen. Den eingeführten Markennamen »Winnacker-Küchler« haben wir vor allem aus Respekt vor der herausragenden Leistung aller bisherigen Herausgeber beibehalten. Die Struktur wurde den aktuellen Entwicklungen, einer neuen Sichtweise und veränderten Informationsbedürfnissen angepasst. Die neuen Bände »Industrieprodukte« und »Ernährung, Gesundheit, Konsumgüter« sollen der Dienstleistungsfunktion der Chemischen Technik für fast alle Branchen der Volkswirtschaft gerecht werden. Die acht Bände mit mehr als 5.000 Seiten enthalten über 80 Kapitel, die alle von neu gewonnenen Autoren grundlegend überarbeitet wurden – 14 Themen sind gegenüber der letzten Auflage neu hinzugekommen. Sie betreffen zukunftsträchtige moderne Entwicklungen, von denen hier nur beispielhaft Gentechnologie, Mikroverfahrenstechnik, Kombinatorische Chemie, Nanotechnologie, Wasserstofftechnologie und Nanomaterialien genannt seien.

Unser besonderer Dank gilt allen Autoren des neuen »Winnacker-Küchler«, die sich trotz zunehmender Arbeitsverdichtung in ihrem Berufsleben dieser anspruchsvollen Aufgabe gestellt haben. Ihre ausgewiesene Expertise garantiert die hohe Qualität dieses Werkes. Ebenso danken wir Herrn Dr. Lothar Heinrich von der Degussa AG für seine intensive Mitwirkung an der neuen Auflage. Weiterhin danken wir Frau Karin Sora, Herrn Rainer Münz und allen beteiligten Mitarbeiterinnen und Mitarbeitern bei WILEY-VCH für ihren unerlässlichen Beitrag zur Gestaltung und Herstellung dieses Standardwerkes, dem wir die gebührende Verbreitung und intensive Nutzung wünschen.

Oktober 2003

Roland Dittmeyer
Wilhelm Keim
Gerhard Kreysa
Alfred Oberholz

1
Schwefel und anorganische Schwefelverbindungen

Kurt-Wilhelm Eichenhofer (1, 3–7), Karin Huder (2), Egon Winkler (3, 4), Karl H. Daum (3, 4)

1	**Erzeugung und Verbrauch von Schwefel und anorganischen Schwefelverbindungen** 5	
1.1	Rohstoffsituation von Schwefel und Schwefel-Äquivalenten 5	
1.2	Mengenentwicklung von Schwefel- und Schwefelsäureerzeugung/ -verbrauch 7	
1.3	Verwendung von Schwefel und Schwefelsäure 13	
2	**Elementarer Schwefel** 16	
2.1	Eigenschaften 16	
2.1.1	Physikalische Eigenschaften 16	
2.1.2	Chemische Eigenschaften 18	
2.2	Entschwefelung von Erdgas, Erdöl und Kohle 20	
2.2.1	Entschwefelung von Erdöl 20	
2.2.2	Entschwefelung von Gasen 21	
2.2.2.1	Absorption mit Hilfe von chemischen oder physikalischen Lösemitteln, Herstellung von Gasen mit aufkonzentriertem H_2S 21	
2.2.2.2	Direkte Umsetzung von H_2S in Redox-Prozessen 22	
2.2.2.3	Biologische Entfernung 22	
2.2.2.4	Claus-Verfahren 22	
2.2.2.5	Selectox 25	
2.3	Entgasung 25	
2.4	Reinheit 26	
2.5	Endgasreinigung 27	
2.5.1	Katalytische Reinigung von Claus-Tailgas oberhalb des Schwefeltaupunktes 27	
2.5.2	Katalytische Reinigung von Claus-Tailgas unterhalb des Schwefeltaupunktes 27	
2.5.3	Prozesse basierend auf Claus-Tailgas in flüssiger Phase 29	
2.5.4	Prozesse mit reduziertem Claus-Tailgas 30	
2.5.5	Weitere Prozessvarianten 30	
2.6	Verfestigung, Lagerung und Transport von Schwefel 32	

Winnacker/Küchler. *Chemische Technik: Prozesse und Produkte.*
Herausgegeben von Roland Dittmeyer, Wilhelm Keim, Gerhard Kreysa, Alfred Oberholz
Band 3: Anorganische Grundstoffe, Zwischenprodukte.
Copyright © 2005 WILEY-VCH Verlag GmbH & Co. KGaA, Weinheim
ISBN: 3-527-30768-5

2.6.1 Verfestigung 32
2.6.2 Lagerung und Transport 33

3 Schwefeldioxid 34
3.1 Eigenschaften von Schwefeldioxid 34
3.2 Bereitstellung schwefeldioxidhaltiger Gase 35
3.2.1 Überstöchiometrische Schwefelverbrennung 37
3.2.2 Unterstöchiometrische Schwefelverbrennung 40
3.2.3 Herstellung von Dampf bei der Schwefelverbrennung 42
3.2.4 SO_2-haltige Gase aus Röst- und Spaltprozessen für die Schwefelsäureherstellung 44
3.2.4.1 SO_2-haltige Gase aus metallurgischen Prozessen 44
3.2.4.2 SO_2-haltige Gase aus der thermischen Spaltung von flüssigen schwefelsäurehaltigen Abfällen 44
3.2.4.3 SO_2-haltige Gase aus der thermischen Spaltung von Eisensulfat und Abfallsäure bei der Titandioxidherstellung 47
3.2.4.4 SO_2-haltige Gase aus der thermischen Spaltung von Calciumsulfaten 49
3.3 Reinigung von SO_2-haltigen Gasen 50
3.3.1 Kühlung und Elektrostatische Gasreinigung (EGR) 51
3.3.2 Waschverfahren 52
3.3.3 Quecksilberabtrennung 55
3.3.4 Arsenentfernung 57
3.4 Herstellung von flüssigem SO_2 58
3.5 Lagerung und Verwendung von flüssigem SO_2 63

4 Schwefelsäure 64
4.1 Eigenschaften von Schwefelsäure und Oleum 65
4.2 Herstellung von SO_3 aus SO_2 durch Katalyse 67
4.2.1 Katalysatoren 73
4.2.2 Technische Umsetzung der Gleichgewichtsreaktion 76
4.2.2.1 Unsteady-State-Verfahren 80
4.2.2.2 Einfachkatalyse und Doppelkatalyse (Steady-State-Verfahren) 81
4.2.3 Verbleib des Katalysators 87
4.3 Absorption von SO_3 in Schwefelsäure 89
4.3.1 Gegenstrom- und Gleichstromabsorption 89
4.3.2 Arbeitsbereich der Schwefelsäureabsorption 90
4.4 Verfahrensschritte des Schwefelsäureprozesses 92
4.4.1 Gasteil 92
4.4.1.1 Kontaktapparat, Kontakthorde 93
4.4.1.2 Gas/Gas-Wärmeaustauscher 96
4.4.1.3 Luftvorwärmung 97
4.4.1.4 Verdichter 97
4.4.1.5 Kamin 98
4.4.2 Säureteil 99
4.4.2.1 Trockner und Absorber 100

4.4.2.2	Säurekühler	*103*
4.4.2.3	Pumpen	*106*
4.4.2.4	Gasfilter	*107*
4.4.2.5	NO_x-Entfernung	*109*
4.4.3	Dampfteil	*110*
4.4.3.1	Speisewasservorwärmung	*110*
4.4.3.2	Dampfkessel	*110*
4.4.3.3	Economiser	*112*
4.4.3.4	Überhitzer	*112*
4.4.3.5	Dampfturbine	*113*
4.5	Energiegewinnung im Schwefelsäureprozess	*113*
4.5.1	Gesamtprozess	*114*
4.5.2	Energiebetrachtung bei der Kontaktierung	*116*
4.6	Abgasreinigung	*117*
4.7	Verfahrensdarstellung einer Anlage mit Schwefelverbrennung und Doppelkatalyse	*120*
4.8	Verfahrensdarstellung einer Anlage mit Erzröstung und Doppelkatalyse	*122*
4.9	Verfahrensdarstellung einer Anlage für niedere SO_2-Gehalte mit Einfachkatalyse und Endgaswäsche	*123*
4.10	Herstellung von Oleum und Schwefeltrioxid	*124*
4.11	Schwefelsäurekonzentrierung	*127*
4.12	Einstellung verschiedener Schwefelsäure- und Oleum-Konzentrationen	*129*
4.13	Lagerung und Transport von Schwefelsäure und Oleum	*129*
4.14	Werkstoffe	*130*
4.15	Prozessüberwachung, Qualität und Analytik	*133*
5	**Herstellung und Verwendung der anorganischen Schwefelverbindungen**	***136***
5.1	Bisulfite	*136*
5.1.1	Natriumbisulfit	*136*
5.1.2	Magnesiumbisulfit ($Mg(HSO_3)_2$)	*137*
5.1.3	Ammoniumbisulfit (NH_4HSO_3)	*138*
5.2	Natrium/Kalium-Sulfit/Disulfit	*138*
5.2.1	Natriumsulfit (Na_3SO_3)	*138*
5.2.2	Kaliumsulfit (K_2SO_3)	*139*
5.2.3	Natriumdisulfit ($Na_2S_2O_5$)	*139*
5.2.4	Kaliumdisulfit ($K_2S_2O_5$)	*140*
5.2.5	Magnesiumsulfit ($MgSO_3$)	*140*
5.3	Thiosulfat	*141*
5.3.1	Ammoniumthiosulfat (($NH_4)_2S_2O_3$)	*141*
5.3.2	Natriumthiosulfat ($Na_2S_2O_3$)	*142*
5.4	Natriumdithionit ($Na_2S_2O_4$)	*143*
5.5	Natriumhydrogensulfid (NaHS) und Natriumsulfid (Na_2S)	*146*

5.6	Schwefelchloride	146
5.7	Thionylchlorid ($SOCl_2$)	147
5.8	Sulfurylchlorid (SO_2Cl_2)	148
5.9	Anorganische Sulfonsäuren	149
5.10	Schwefelsäure electronic grade (H_2SO_4)	150
5.11	Natriumhydrogensulfat ($NaHSO_4$)	152
5.12	Natriumsulfat/Kaliumsulfat	152
5.13	Ammoniumsulfat (($NH_4)_2SO_4$)	154
5.14	Calciumsulfate ($CaSO_4 \cdot xH_2O$)	155
5.15	Zinksulfat ($ZnSO_4$)	157
5.16	Bariumsulfat ($BaSO_4$)	158
5.17	Eisensulfate (Fe(II), Fe(III)SO_4)	158
5.18	Schwefelkohlenstoff (CS_2)	160
6	**Vorschriften in Deutschland/EU**	**162**
6.1	Bestimmungen der Technischen Anleitung zur Reinhaltung der Luft in Deutschland	162
6.2	Best available techniques (BAT) für Schwefel- und Schwefelsäureproduktion	164
6.3	Verordnungen	165
6.3.1	Störfallstoffe SO_2, SO_3	165
6.3.2	Luftgrenzwerte für SO_2, SO_3, H_2SO_4	166
6.3.3	Krebserzeugende Wirkung von schwefelsäurehaltigen Aerosolen	167
7	**Literatur**	**168**

1
Erzeugung und Verbrauch von Schwefel und anorganischen Schwefelverbindungen

Elementarschwefel und anorganische Schwefelverbindungen, besonders Schwefelsäure und ihre Salze, gehören zu den wichtigen anorganischen Substanzen. Sie werden in der Energie-, Düngemittel-, der Nichteisenmetall- und der chemischen Industrie hergestellt und gehandhabt.

1.1
Rohstoffsituation von Schwefel und Schwefel-Äquivalenten [1]

Der Rohstoff Schwefel und seine Verbindungen stammen aus folgenden Quellen:

1. Naturschwefel:
- aus geologischen Vorkommen: Gewinnung nach dem Frasch-Verfahren hat nur noch geringe Bedeutung;
  In den USA wurde die Gewinnung 2001 aus wirtschaftlichen Gründen eingestellt, in Polen ist nur noch eine Mine in Betrieb, das größte Vorkommen von Naturschwefel befindet sich in Mishraq (Iran).

2. Rekuperationsschwefel (sulfur recovered):
- aus *Rohöl* mit 1–3 % Massenanteil S: Gewinnung als H_2S und Schwefelherstellung nach dem Claus-Prozess,
- aus *Naturgas* (Sauergas) mit einem H_2S-Gehalt von 5–10 % Volumenanteil oder mehr: Abtrennung des H_2S mittels Absorption und Schwefelherstellung nach dem Claus-Prozess,
- aus *Ölsänden* mit 4–5 % Massenanteil S speziell in Kanada (mit mehr als 7 % Massenanteil Bitumen): Gewinnung von Rohölen, Gewinnung als H_2S und Schwefelherstellung nach dem Claus-Prozess.

3. Schwefelsäure als Koppelprodukt (aus der Verarbeitung von Schwefeldioxid beim Abrösten/Schmelzen von sulfidischen Erzen):
- aus *Pyrit* mit 40–50 % Massenanteil S: Abrösten mit Luft zu SO_2 und Eisenoxid, katalytische Konvertierung zu SO_3, Absorption in Schwefelsäure;
  Pyritvorkommen in China, Finnland, Indien, Nordkorea: 71 % der Weltproduktion wurden 2000 in China gefördert – die Bedeutung des Verfahrens sinkt aus wirtschaftlichen Gründen, anstelle von Pyrit wird von reinem Schwefel ausgegangen.
- aus *Kupfererz* (z. B. $CuFeS_2$, CuS, Cu_2S, $CuFeS_4$) mit ca. 33 % Massenanteil S;
- aus *Zinkerz* (ZnS, meist in Vergesellschaftung mit Blei): Abrösten mit Luft zu SO_2 und Zinkoxid, katalytische Konvertierung zu SO_3, Absorption in Schwefelsäure;
- aus *Bleierz* (PbS): Abrösten mit Luft zu SO_2 und Blei, katalytische Konvertierung zu SO_3, Absorption in Schwefelsäure;
- aus Erzen von *Nickel, Molybdän, Vanadium, Uran*: Abrösten mit Luft zu SO_2 und Metalloxid, katalytische Konvertierung zu SO_3, Absorption in Schwefelsäure.

4. Andere Quellen:
- aus Kohle mit einem Gehalt von 0,1–3 % Massenanteil S: aus Umweltschutzgründen SO_2-Abtrennung unter Bildung von Gips oder Ammoniumsulfat,
- aus Sulfatvorkommen wie Calciumsulfat (Naturgips) oder Natriumsulfat.

Die Weltreserven von Elementarschwefel-Ablagerungen vulkanischen Ursprungs und von Schwefel aus Naturgas, Erdöl, Teersänden und Metallsulfiden betragen ca. $5 \cdot 10^{12}$ t. Die Menge an Schwefel, der in Gips und Anhydrit gebunden vorliegt, ist nahezu grenzenlos. Etwa $600 \cdot 10^{12}$ t Schwefel sind in Kohle, Ölschiefer und Schiefer (reich an organischem Material) enthalten. Bisher wurden aber noch keine wirtschaftlichen Methoden entwickelt, um Schwefel aus diesen Quellen zu gewinnen. Die für 2001 vom Bureau of Mines angegebenen Schwefelreserven sind in Tabelle 1.1 aufgelistet).

Die genannten Mengen nach Ländern sind aber wegen den Verschiebungen innerhalb der Weltschwefelindustrie nicht aussagekräftig. Der größte Teil des Schwefels entsteht bei der Verarbeitung von fossilen Brennstoffen. Weil Rohöl und sulfidische Erze über weite Entfernungen transportiert werden, findet die Schwefelproduktion nicht mehr in dem Land statt, in dem das Öl oder Erz gefördert wurde. So wird z. B. die Schwefelreserve von Saudi-Arabien in den Ölraffinerien der Vereinigten Staaten gewonnen [2].

Tab. 1.1 Bekannte Reserven von Schwefel 2001 nach Ländern in 10^6 t Schwefel [1] (U. S. Geological Survey, Mineral Commodity Summaries, Januar 2002, S. 162–163)

Land	Reserven 1)	Reserve Basis 2)
USA	80	230
Kanada	160	330
China	100	250
Frankreich	10	20
Japan	5	15
Mexiko	75	120
Polen	100	300
Saudi Arabien	100	130
Spanien	50	300
Andere Länder	630	1.800
Welt Gesamt	**1.300**	**3.500**

1) Definition Reserven: Die Menge, die ökonomisch produziert werden kann. Es ist damit nicht verbunden, dass Anlagen installiert sind. Die Reserven schließen nur rückführbare Materialien ein.
2) Definition Reserve Basis: Die identifizierte Ressource entspricht einer Minimalanforderung hinsichtlich geologischer Kriterien, Verarbeitung und Qualität. Die Menge schließt alle Reserven ein, die ökonomisch vertretbar sind.

1.2
Mengenentwicklung von Schwefel- und Schwefelsäureerzeugung/-verbrauch

Der Hauptanteil des Elementarschwefels, insgesamt $35 \cdot 10^6$ t, wurde im Jahre 2001 aus Erdgas und Erdöl gewonnen. Das entspricht 61 % des Gesamteinsatzes von Schwefel- und Schwefel-Äquivalent-Rohstoffen von $57,3 \cdot 10^6$ t. Schwefelsäure entsteht als Koppelprodukt bei der Verhüttung von sulfidischen Erzen mit $11,6 \cdot 10^6$ t Schwefel-Äquivalenten entsprechend 20 %.

Aus praktischen Gründen werden die produzierten Mengen aller Stoffe in Schwefel-Äquivalentmengen umgerechnet und dann zusammengefasst. Definitionsgemäß hat Elementarschwefel das Äquivalent 1, 100 %ige Schwefelsäure z. B. enthält 0,333 Anteile Schwefel, hat also das Äquivalent 0,333. Eine Übersicht über die verwendeten Rohstoffe der Schwefelerzeugung gibt Tabelle 1.2.

Die Länder mit der größten Schwefelproduktion sind die USA ($11,45 \cdot 10^6$ t), Kanada ($9,81 \cdot 10^6$ t) und die ehemalige UdSSR ($8,21 \cdot 10^6$ t), bedingt vor allem durch die Verarbeitung von Erdgas, Ölsand und Erdöl. Die Weltschwefelproduktion für 2000 ist Tabelle 1.3 zu entnehmen:

Der Weltproduktion von $64,06 \cdot 10^6$ t Schwefel steht ein Verbrauch von $62,03 \cdot 10^6$ t Schwefel gegenüber (siehe Tabelle 1.4), wobei es sich beim dem erzeugten Überschuss hauptsächlich um elementaren Schwefel handelt.

Von besonderer Bedeutung ist der Handel mit Schwefel: im Jahre 2000 wurden $20,3 \cdot 10^6$ t weltweit exportiert, um die globale Ungleichverteilung zwischen den Ländern, die einen Schwefelüberschuss ausweisen, wie z. B. Deutschland oder Kanada, und den Ländern, die einen hohen Bedarf an Schwefelprodukten haben, wie z. B. China, auszugleichen (siehe Tabelle 1.4).

Die Produktion von Elementarschwefel in Deutschland erfolgte 2000 zu 63 % aus Erdgas und zu 29 % aus Erdöl (Tabelle 1.5). Sie stieg von 1994 bis 2000 um 38 % besonders infolge höheren Verbrauches an fossilen Brennstoffen. Nur 10 % davon wurden zur Deckung des deutschen Schwefelbedarfs benötigt.

Tab. 1.2 Herkunft der Menge an Schwefel aus unterschiedlichen Rohstoffen in 2001 (geschätzt) (in 10^6 t Schwefel und Schwefel-Äquivalent) [3]

Rohstoffart	S-Äquivalente[1]
Frasch-Schwefel	1,1
Naturschwefel	0,7
Pyrite	4,2
Metallsäure aus sulfidischen Erzen	11,6
Erdgasentschwefelung	7,9
Erdgas/Erdöl/Teersände undifferenziert	15,9
Erdöl	11,2
nicht spezifiziert	4,6
Gesamtmenge	**57,3**

[1] Definition S-Äquvalent: Menge an Schwefel bezogen auf den Gehalt an Schwefel

1 Schwefel und anorganische Schwefelverbindungen

Tab. 1.3 Schwefelproduktion 2000 (in 10^6 t Schwefel und Schwefel-Äquivalent) [4]

Länder (* und andere Länder der Region}	Produktion	
	S-Äquivalente Inklusive Schwefel	Schwefel
Belgien/Luxemburg	0,42	0,23
Finnland	0,78	0,04
Frankreich	1,04	0,78
Deutschland	2,71	1,74
Griechenland	0,09	0,09
Italien	0,64	0,47
Niederlande	0,54	0,43
Norwegen	0,11	0,02
Spanien	0,91	0,30
Schweden	0,20	0,07
Großbritannien	0,21	0,16
Westeuropa*	**7,80**	**4,45**
Bulgarien	0,23	0,02
Tschechische Republik	0,36	0,04
Polen	1,60	1,32
Rumänien	0,03	0,03
Ex-Jugoslawien	0,03	0,01
Zentraleuropa*	**2,07**	**1,51**
ehemalige UdSSR	**8,21**	**6,76**
Südafrika	0,47	0,21
Afrika*	**0,55**	**0,23**
Kanada	9,81	8,74
USA	11,45	9,28
Nordamerika*	**21,26**	**18,02**
Brasilien	0,70	0,11
Chile	1,14	0,03
Mexiko	1,34	0,85
Venezuela	0,37	0,37
Lateinamerika*	**3,75**	**1,63**
Iran	0,92	0,92
Irak	0,51	0,51
Kuwait	0,22	0,22
Saudi Arabien	2,10	2,10
Vereinigte Arabische Emirate	1,11	1,11
Mittlerer Osten*	**5,85**	**5,74**
China	6,99	0,40
Indien	0,55	0,22
Indonesien	0,34	0,11
Japan	3,66	2,07
Philippinen	0,19	0,04
Singapur	0,26	0,26
Süd Korea	1,25	0,69
Taiwan	0,24	0,21
Süd- und Westasien*	**13,89**	**4,31**
Ozeanien*	**0,69**	**0,06**
Welt gesamt	**64,06**	**42,71**

Tab. 1.4 Schwefelverbrauch und Schwefelexport in 2000
(in 10^6 t Schwefel und Schwefel-Äquivalent) [4]

Länder	Verbrauch		Schwefelexport aus
	S-Äquivalente	Schwefel	
Deutschland			0,99
West Europa	7,27	3,93	
Polen			0,71
Zentral Europa	1,50	0,94	
ehemalige UdSSR	4,21	3,08	2,82
Afrika	6,20	5,88	
Kanada			7,02
USA			0,81
Nordamerika	15,21	11,98	
Lateinamerika	5,39	3,28	
Iran			0,73
Saudi-Arabien			2,02
Vereinigte Arabische Emirate			1,02
Mittlerer Osten	2,36	2,25	
Asien (geplante Ökonomien)	9,96	3,32	
Japan			1,06
andere Staaten Süd- und Ostasien	8,29	5,36	
Ozeanien	1,33	0,70	
nicht genannte Länder			3,13
Welt gesamt	62,03	40,68	20,31

Tab. 1.5 Schwefelproduktion und -verbleib in Deutschland 1994–2000 (in 10^3 t Schwefel) [5, 6]

Produktion aus:	1994	1997	1999	2000
Erdgas	874	1111	1212	1100
Erdöl	396	386	484	511
Rauchgas	87	80	84	80
Kohle	43	45	43	43
Gesamt	1400	1622	1823	1734
Verbleib für:				
Bedarfsdeckung	618	700	690	740
Ausfuhr	821	900	1182	991
Einfuhr	19			
Gesamt	1458	1600	1872	1731

Tab. 1.6 Schwefelexporte Deutschland im Jahr 1999 (in 10^3 t Schwefel) [2]

Export nach:	× 1000 t Schwefel
USA	66
Brasilien	120
Belgien	158
Frankreich	44
Italien	12
Niederlande	71
Schweden	41
Großbritannien	111
Tschechische Republik	28
Slowenien	21
Marokko	161
Tunesien	67
Israel	97
nicht identifiziert	10
Export Gesamt	**1182**

1999 wurden aus Deutschland $1{,}182 \cdot 10^6$ t Schwefel exportiert (siehe Tabelle 1.6). Die Hauptabnehmer waren Brasilien, Belgien, Großbritannien und Marokko. Die größten Anlagen zur Herstellung von Rekuperationsschwefel in Deutschland befinden sich in Großenkneten und Sulingen (Niedersachsen) [5]. Beide Anlagen werden von der BEB Erdgas und Erdöl GmbH und der ExxonMobil Erdgas -Erdöl GmbH gemeinsam betrieben. Die gemeinsame Tochter NEAG verschifft Schwefel fest als Pellets ab Weserhafen Brake oder flüssig mit Bahnkesselwagen über das europäische Schienensystem.

Die Hauptmenge des Schwefels dient der Herstellung von anorganischen Schwefelverbindungen, insbesondere Schwefeldioxid und Schwefelsäure. Schwefelsäure fällt außerdem als Koppelprodukt bei der Verarbeitung der sulfidischen Erze, insbesondere von Kupfer-, Zink- und Bleierzen, an. Die Weltschwefelsäureproduktion lag 2000 bei $167 \cdot 10^6$ t bei einem Verbrauch von $173 \cdot 10^6$ t, wobei die fehlenden Mengen aus Lagerbeständen gedeckt wurden (Tabelle 1.7).

In den USA wurden 2001 982 000 t Schwefelsäure als Koppelproduktion der Metallherstellung gewonnen. Davon entfielen 82,8 % auf die Kupfer-, 12,4 % auf die Zink- und 4,8 % auf die Blei- und Molybdänherstellung [3].

Die Preise der Rohstoffe Schwefel und Schwefelsäure sind von besonderer Bedeutung für die darauf basierenden Industrien. In Europa gelten die folgenden langfristig vom Sulphur-Institute (London) ermittelten Preise und ihre Entwicklung (Abb. 1.1) für Schwefelsäure »cfr mediterraneum« (Schwefelsäure mit 96 % Mas-

Tab. 1.7 Schwefelsäureproduktion und -verbrauch 2000 (in 10^6 t H_2SO_4 100 % Massenanteil) [1]

	Produktion	Verbrauch
Belgien/Luxemburg	2,24	2,71
Finnland	1,66	1,78
Frankreich	2,27	2,68
Deutschland	4,90	5,16
Griechenland	0,69	0,69
Italien	1,04	1,11
Niederlande	0,99	1,12
Norwegen	0,57	0,27
Spanien	2,42	2,57
Schweden	0,63	0,39
Großbritannien	1,06	1,33
Westeuropa*	**18,94**	**20,64**
Bulgarien	0,64	0,38
Ex-Tschechoslowakei	0,27	0,34
Polen	1,95	2,04
Rumänien	0,18	0,27
Ex-Jugoslawien	0,53	0,39
Zentraleuropa*	**3,70**	**3,49**
ehemalige UdSSR	**12,16**	**11,65**
Tunesien	4,58	4,62
Marokko	8,15	8,19
Südafrika	2,83	2,76
Afrika*	**17,43**	**17,74**
Kanada	3,80	3,05
USA	39,95	42,11
Nordamerika	**43,75**	**45,16**
Brasilien	5,22	5,65
Chile	3,46	3,91
Mexiko	3,88	3,56
Lateinamerika*	**14,57**	**15,09**
China	23,65	24,09
Indien	6,51	6,83
Israel	1,70	1,72
Indonesien	1,70	1,70
Japan	7,04	5,83
Philippinen	1,09	1,09
Süd Korea	3,62	2,93
Taiwan	1,02	1,29
Türkei	0,76	1,08
Asien*	**52,69**	**52,37**
Australien	3,08	3,16
Ozeanien*	**3,74**	**3,81**
Welt Gesamt	**166,98**	**170,35**

*) mit anderen Ländern der Region.

1 Schwefel und anorganische Schwefelverbindungen

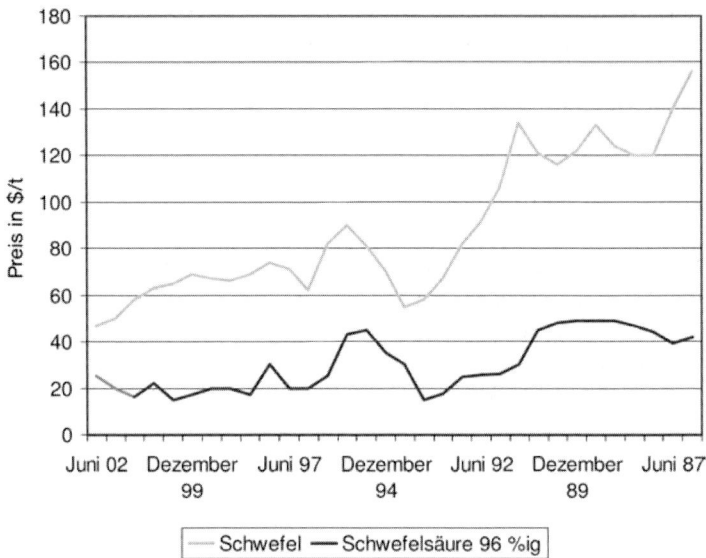

Abb. 1.1 Zeitliche Entwicklung (1987–2002) der veröffentlichen Preise in Europa für Schwefel flüssig[1] und Schwefelsäure 96 %[2] (oberes Preislimit) aus der Zeitschrift Sulphur
[1]Schwefel ex terminal N.W. Europe bzw. ex vessel N.W. Europe, [2]Schwefelsäure c. & f. N.W. Europe/fob bzw. cfr Mediterraneum

senanteil, angeliefert in einem Mittelmeerhafen) und für Schwefel-flüssig »ex vessel NW Europe« (Schwefel aus einem Lager in Antwerpen oder Rotterdam).

Der indexierte Weltschwefelpreis fiel von 1900 bis 2000 kontinuierlich (Abb. 1.2). Wirtschaftskrisen und Weltkriege schlagen sich in Preiserhöhungen nieder.

Die Steigerung des Schwefelbedarfes in China, der durch Zukäufe aus Kanada, dem Mittleren Osten und Kasachstan gedeckt werden muss, hat im Jahre 2004 zu

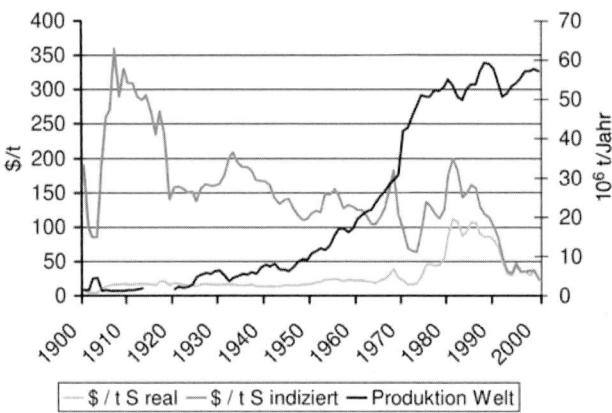

Abb. 1.2 Weltproduktion an S-Äquivalenten in t S und Wert in $ pro Tonne von 1900 bis 2000 [7]

einer Preiserhöhung für Schwefel geführt. Der gesteigerte Bedarf ist auf einen erhöhten Verbrauch von Schwefelsäure für die Düngemittelproduktion und auf die technische Umstellung der Rohstoffbasis der Schwefelsäureproduktion von Pyrit auf Schwefel zurückzuführen.

1.3
Verwendung von Schwefel und Schwefelsäure

80 bis 90 % des Schwefels wird für die Herstellung von Schwefelsäure verwendet. Schwefel wird dabei im ersten Schritt zu Schwefeldioxid verbrannt.

Neuere Verwendungsmöglichkeiten von elementarem Schwefel sind:
- als Baustoff in Kombination mit Asphalt unter Bildung von Schwefel-Polymer-Beton (Handelsname STARCrete). Schwefel-Polymer-Beton ist als Konstruktionsmaterial im Vergleich zu Portlandzement widerstandsfähiger gegenüber korrosiven Chemikalien. Das Material ist extrudierbar und kann in vorgefertigten Formen verwendet werden.
- zur Direktdüngung für Schwefel-Kombinationsdüngemittel,
- in Batterien in Kombination mit Aluminium oder Natrium.

Schwefelsäure wird für die folgenden Prozesse verwendet [8]:
- Aufschluss von Phosphaterz (Fluorapathit, $3Ca_3(PO_4)_2 \cdot CaF_2$) zur Herstellung von Phosphorsäure/phosphathaltigen Düngemitteln, wie Superphosphate (siehe 2 Düngemittel, Bd. 8, Abschnitt 1.5.2), und Gips ($CaSO_4 \cdot 2H_2O$),
- Aufschluss von Titanerz (Ilmenit, $FeTiO_2$) nach dem Sulfatprozess zur Herstellung des Weißpigments Titandioxid TiO_2, (siehe 3 Anorganische Pigmente, Bd. 8, Abschnitt 3.1.2)
- Herstellung von Caprolactam (Polyamidvorprodukt) und Ammoniumsulfat $(NH_4)_2SO_4$ als N-haltigem Düngemittel,
- Alkylierung von Olefinen (Propylen, Buten) mit Isobutan mit Schwefelsäure als Katalysator und Bildung von Isoheptan oder Isooctan,
- Schwefelsäure-Leaching von Kupfer mit dem SX-EW-(Solvent Extraction-Electrowinning-)Prozess aus oxidischen Kupfervorkommen,
- Herstellung von Flusssäure aus Flussspat (CaF_2) unter Bildung von Calciumsulfat,
- Herstellung von Cellulose aus Holz für die Papierherstellung nach dem Sulfat-(Kraft-) oder Sulfitprozess. Der Kraft-Prozess wird weltweit zu 73 % bei der Zellstoffproduktion eingesetzt, der Sulfitprozess nur zu 6 %. In dem Prozess werden verschiedene Sulfate wie Magnesiumsulfat, Aluminiumsulfat oder Natriumsulfat zusätzlich zugesetzt.

Eine Übersicht über die Verwendung von Schwefel und Schwefelsäure in den USA gibt Tabelle 1.8.

47,5 % der Schwefelsäure wird für P-haltige Düngemittel verwendet. Weitere wesentliche Mengen entfallen auf die Erdölveredelung (17,7 %), die Produktion von Agrarchemikalien (8 %) und das Kupfererz-Leaching (4,8 %).

1 Schwefel und anorganische Schwefelverbindungen

Tab. 1.8 Verbrauch von Schwefel und Schwefelsäure in den USA in 10^3 t S-Äquivalenten 2001 [3]

Endverbrauch für	Elementar-schwefel[1]	Schwefel-säure als S[2]	Gesamt S
Kupfererze		691	691
Uran und Vanadiumerze		3	3
andere Erze		26	26
Papierherstellung		194	194
Anorg. Pigmente, Farben, org. Chemikalien		158	158
Andere anorg. Chemikalien		207	207
Synthetischer Gummi und andere Plastikmaterialien		68	68
Cellulosefasern einschl. Spinnfasern		11	11
Pharmazeutika		3	3
Seifen und Detergentien		7	7
Org. Industriechemikalien		86	86
Stickstoffhaltige Düngemittel		188	188
Phosphathaltige Düngemittel		6840	6840
Pestizide		10	10
andere landwirtschaftliche Chemikalien	1120[2]		1120
Sprengstoffe		10	10
Komponenten für die Wasserbehandlung		66	66
andere Chemikalien		21	21
Rohölverarbeitung und andere Rohöl- und Kohleprodukte	1960[3]	591	2520
Stahlbearbeitung		17	17
Nichteisenmetalle		38	38
Andere primäre Metalle		5	5
Speicherbatterien (Blei)		13	13
Schwefelsäureexport		2	2
Gesamte Menge zugeordnet	3080	9280	12400
Nicht zugeordnete Menge	1750	250	200
Gesamtmenge	4830	9530	14400

[1] ohne Schwefel zur Herstellung von Schwefelsäure.
[2] 1 t Schwefelsäure 100% Massenanteil entspricht 0,333 t Schwefel (S-Äquivalent).
[3] enthält vermutlich Schwefel zur Herstellung von Schwefeldioxid.

Die Verwendung von Schwefelsäure ist in einigen Prozessen aufgrund neuer wirtschaftlicher oder ökologischer Zielsetzungen in Frage gestellt. Alternativprozesse wurden entwickelt bzw. geeignetere Rohstoffe müssen eingesetzt werden, wie z. B. in folgenden Fällen:

- Titanerzaufschluss (Rutil oder Schlacke) mit Chlor (Chloridverfahren),
- Alkylierung von Olefinen mit Flusssäure,
- Herstellung von Caprolactam nach anderen Verfahren mit geringerer Bildung von Ammoniumsulfat,
- Herstellung von Phosphorsäure nach anderen Verfahren mit geringerem Schwefelsäureeinsatz.

Für Koppelprodukte, die bei der Verwendung von Schwefelsäure entstehen, mussten besondere Einsatzgebiete gefunden werden, z. B.:
- Vermarktung von Eisensulfat aus dem Aufschluss von Ilmenit als Hilfsmittel für die Abwasserreinigung oder Eisensulfatspaltung und Rückführung von Schwefeldioxid in den Prozess,
- Verwendung von Ammoniumsufat als Düngemittel mit hohem S/N-Gehalt für tropische Gebiete,
- Verwendung von Calciumsulfat aus der Flusssäure-Herstellung als Baustoff.

Die Anteile der Prozesse am Schwefelsäureverbrauch und auch die eingesetzte Menge Schwefelsäure schwanken je nach Verbraucherland stark. Der prozentuale Verbrauch von Schwefelsäure in Deutschland in den verschiedenen Einsatzgebieten ist in Tabelle 1.9 aufgeführt.

Tab. 1.9 Verbrauch von Schwefelsäure in Deutschland 1990 [9]

Einsatzgebiet	Verbrauch (%)
Organische Chemie, insbesondere • Herstellung von Kunststoffen; • Chemiefasern • Petrochemie	ca. 46
Anorganische Chemie, insbesondere • Titandioxid-Herstellung • Flusssäure-Herstellung	ca. 18
Phosphorsäure- und Düngemittelindustrie	ca. 5
Nichtchemische Industrie, z. B. • Metallbeizen • Akkumulatoren	ca. 30
Gesamt	99

2 Elementarer Schwefel

2.1 Eigenschaften

2.1.1 Physikalische Eigenschaften

Physikalischer Zustand

Fester Schwefel kommt in verschiedenen allotropen Formen vor. Bei Normalbedingungen liegt er in der rhombischen α-Form vor (hellgelb, S_8). Wird er langsam auf 95,5 °C erwärmt, so geht er in die monokline β-Modifikation über (fast farblos, S_8), die bis 119 °C stabil ist. Danach schmilzt der Schwefel. Wird die Schmelze wieder abgekühlt, so bildet sich bei Unterschreiten von 95,5 °C die feste α-Modifikation.

Wird die rhombische α-Form schnell erhitzt, entsteht keine monokline Zwischenform, sondern der Schwefel verflüssigt sich direkt bei 114,5 °C.

In der flüssigen Phase liegt der Schwefel ebenfalls in verschiedenen Modifikationen vor. Wird die feste α-Form über 119 °C erhitzt, so entsteht die hellgelbe flüssige π-Form, in der der Schwefel hauptsächlich als S_8-Ring vorliegt. Nach einigen Stunden erniedrigt sich der Schmelzpunkt auf 114,5 °C (einige der S_8-Ringe spalten sich auf).

Bis 160 °C nimmt die Viskosität von Schwefel ständig zu. Dies führt man auf die Bildung der amorphen μ-Form zurück, die durch Öffnen der S_8-Ringe, Bildung von Biradikalen und deren Zusammenschluss zu langkettigen Molekülen entsteht. Bei sehr schnellem Abkühlen wird diese Modifikation bei 160 °C in einen plastischen Zustand übergeführt. Nach zwei Tagen wird die Masse fest (die S_8-Ringe bilden sich zurück). Der Schwefel ist bei 160 °C rotbraun. Bei weiterer Erwärmung über 187 °C nimmt die Viskosität wieder ab, weil die langkettigen μ-Schwefelmoleküle zu kurzkettigen μ-Schwefelmolekülen zerfallen.

Die molekulare Zusammensetzung des flüssigen Schwefels von 120 bis 340 °C ist in Abbildung 2.1 dargestellt [10].

Auch in der Gasphase (Siedepunkt bei 444,6 °C) liegt der Schwefel in Form von Molekülen unterschiedlicher Größe vor. Mit zunehmender Temperatur bilden sich S_6-, S_4- und dann S_2-Moleküle. Erst bei 2000 °C liegt atomarer Schwefel vor.

Die molekulare Zusammensetzung des Schwefels im Bereich von 300 bis 1000 °C ist in Abbildung 2.2 gezeigt [10].

Viskosität

Von großer Bedeutung für die Auslegung von Schwefelanlagen ist die Viskosität des Schwefels, die wie bereits erwähnt bei ungefähr 187 °C ein Maximum erreicht. Das Maximum ist bei geringfügigen Verunreinigungen geringer ausgeprägt. Die Verunreinigungen bewirken die Bildung von kürzeren μ-Ketten.

Auch das Vorhandensein von H_2S im Schwefel erniedrigt die Viskosität. Die Konzentration von H_2S im Schwefel wiederum erhöht sich bei dem im Claus-Prozess gewonnenen Schwefel mit der Temperatur. Eine möglichst niedrige Viskosität ist

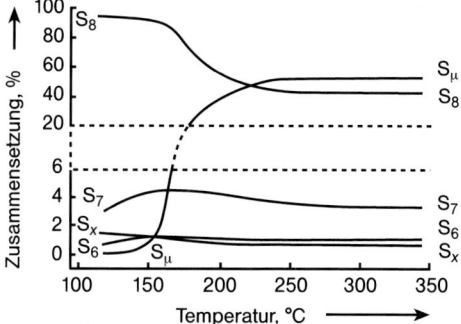

Abb. 2.1 Molekulare Zusammensetzung von Schwefel zwischen 120 und 340 °C

vorteilhaft für den freien Abfluss von gebildetem Schwefel aus den Kondensatoren und von Bedeutung für die korrekte Auslegung der Pumpen.

Die Viskosität in Abhängigkeit der Temperatur ist in Abbildung 2.3 dargestellt [11, 12]. Weitere physikalisch-chemische Daten von Schwefel [11] sind in Tabelle 2.1 aufgeführt.

Weitere Eigenschaften

Schwefel hat eine extrem geringe Wärme- und elektrische Leitfähigkeit und wird durch Reibung stark negativ aufgeladen. Diese Eigenschaften sind für die Handhabung und den Transport von Schwefel von Bedeutung.

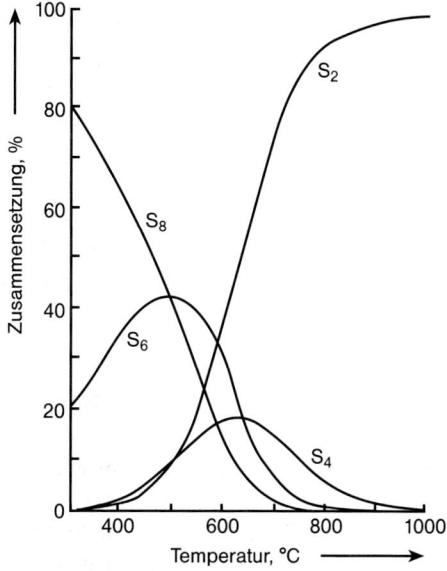

Abb. 2.2 Molekulare Zusammensetzung von Schwefel zwischen 350 und 1000 °C

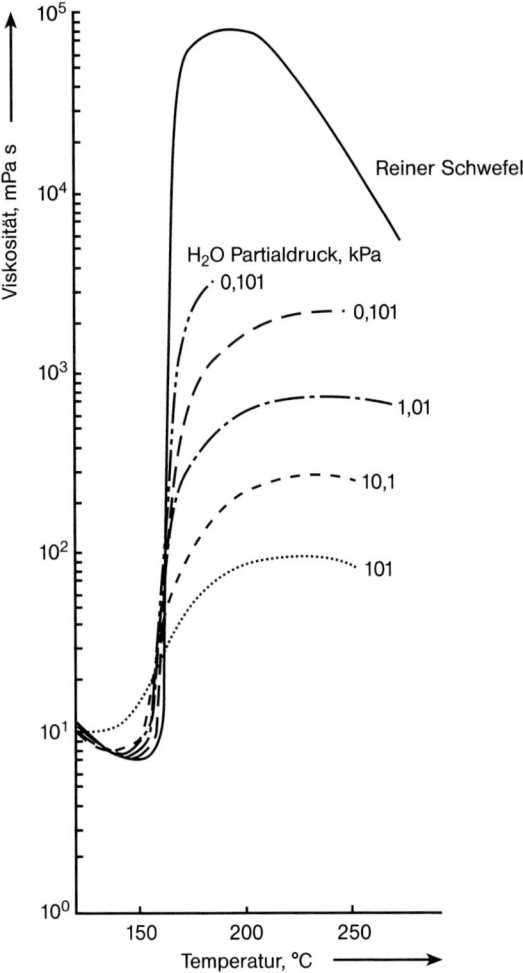

Abb. 2.3 Viskosität des flüssigen Schwefels in Abhängigkeit vom Wasserdampf-Partialdruck

Schwefel ist unter anderem in CS_2, Naphthalin und chlorierten Aromaten und besonders gut in Dischwefeldichlorid löslich.

2.1.2
Chemische Eigenschaften

Im Folgenden werden chemische Eigenschaften aufgelistet, die bei der Erzeugung und Verarbeitung von Schwefel von Bedeutung sind.
- Unter Einwirkung von feuchter Luft kann Schwefel zu Schwefelsäure und SO_2 reagieren. Dies führt zu Korrosion und Beschädigung von Lagerbehältern und lässt sich durch Beschichten der Behälter mit Kalk verhindern.

Tab. 2.1 Physikalisch-chemische Daten von Schwefel

Dynamische Viskosität (Pa s)

120 °C	140 °C	158 °C	160 °C	180 °C	187 °C	200 °C	300 °C
0,017	0,008	0,006	5,952	86,304	93,0	78,864	3,72

Dichte (kg m^{-3}) im festen Zustand: α-Form: 2070; β-Form: 1960, μ-Form: 1920

Dichte (kg m^{-3}) der Flüssigkeit:

115 °C	125 °C	150 °C	200 °C	250 °C	300 °C	350 °C	400 °C	445 °C
1808	1801	1780	1756	1728	1697	1666	1638	1614

Dichte (kg m^{-3}) im gasförmigen Zustand: 470 °C: 37

Schmelzpunkt (°C):

	Ideal	Normal
α-Form:	112,8	110,2
β-Form:	119,3	114,6

Siedepunkt: 444,6 °C

Oberflächenspannung (nN m^{-1}):

125 °C	200 °C	300 °C	400 °C
58,1	52,3	47,0	41,1

Dampfdruck p (bar), T (K): $\log 10(p) = (4830/T) + 5 \log 10 T - 21{,}005$

Spezifische Wärme (J mol^{-1} K^{-1}) im festen Zustand:
α-Form (273–369 K): $C_p = 14{,}989 + 0{,}0261\,T$
β-Form (273–392 K): $C_p = 14{,}905 + 0{,}0291\,T$

Spezifische Wärme (J g^{-1} K^{-1}) im flüssigen Zustand:

150 °C	160 °C	200 °C	250 °C	300 °C	350 °C	400 °C
1,078	1,867	1,109	1,081	1,112	1,133	1,160

Molwärme des Gases (J mol^{-1} K^{-1}): $C_p = A + BT + CT^{-2}$

S-Molekül	S_2	S_3	S_4	S_5	S_6	S_7	S_8
A	36,5	57,6	82,6	106,6	131,8	156,0	181,3
B · 10^4	6,7	3,2	34,0	8,5	6,7	10,9	9,6
C	−376 812	−633 044	−711 756	−1 645 831	−1 720 775	−2 335 397	−2 280 131

Bildungsenergie (J g^{-1}): bei 95,5 °C: 12,527
Schmelzwärme (J g^{-1}): α-Form (112,6 °C): 62,25, β-Form (119,0 °C): 43,54
Verdampfungswärme (J g^{-1}): 200 °C: 308,6
　　　　　　　　　　　　　　 300 °C: 289,3
　　　　　　　　　　　　　　 400 °C: 278,0

Thermische Leitfähigkeit, flüssig (W m^{-1} K^{-1}):

140 °C	160 °C	180 °C	200 °C	210 °C	
0,1323	0,1365	0,1407	0,1469	0,1545	0,1583

- Bei 250 °C entzündet sich Schwefel an Luft, wobei die Anwesenheit von SO_2 den Zündpunkt weiter senkt.
- In alkalischer Lösung (z. B. in der Quenchkolonne der Tailgas-Anlage, Abschnitt 2.4) kann der Schwefel (bei ungenügender Umsetzung von Schwefel und SO_2 zu H_2S) Polysulfide bilden und zur Verstopfung von Anlagenteilen führen.

2.2
Entschwefelung von Erdgas, Erdöl und Kohle

Die Gewinnung von Schwefel aus elementaren Schwefelvorkommen verliert immer mehr an Bedeutung. Der Schwefel, der bei der Verarbeitung von Erzen als SO_2 frei wird, wird zur Gewinnung von Schwefelsäure verwendet (siehe Abschnitt 4).

Der größte Teil des Gesamtvorkommens an Schwefel befindet sich in der Kohle (mehr als 80 % aller Schwefelreserven; Schwefelgehalt 2–4 %). Doch auch die Kohle wird nicht zur Gewinnung von Schwefel eingesetzt, sondern z. B. zur Erzeugung von Strom verbrannt. Das dabei frei werdende SO_2 ist in so geringer Konzentration vorhanden, dass zum Schutze der Umwelt nur Verfahren zur Entfernung von SO_2, wie zum Beispiel dessen Umsetzung zu Gips, zu erwähnen sind. Verfahren zur Erzeugung von Schwefel sind nicht rentabel.

Zur Entschwefelung von Erdgas mit sehr geringen Mengen an H_2S, das z. B. in Steam Reformern eingesetzt werden soll, kann auch ZnO verwendet werden. Das Zinkoxid reagiert mit dem H_2S in einem Festbett und wandelt sich zu ZnS um. Das ZnS muss nach der Beladung gegen ZnO ausgetauscht werden, kann also nicht regeneriert werden. Auch bei diesem Verfahren wird nur H_2S im Gas entfernt, ohne Schwefelbildung.

Wird Kohle vergast (nicht verbrannt), so wird das dabei entstehende H_2S in weiter unten beschriebenen Verfahren entfernt und zu Schwefel umgesetzt. Der größte Anteil des Schwefels (97 %) wird über die Entschwefelung von Erdgas (0–30 % Schwefelgehalt) und Erdöl (0,1 bis 2,8 % Schwefelgehalt) gewonnen.

2.2.1
Entschwefelung von Erdöl

Der im Erdöl enthaltene Schwefel (neben H_2S auch organische Schwefelverbindungen) findet sich nach der Rohöldestillation hauptsächlich in den niedrig siedenden Fraktionen, die früher oft als Brenngas verwendet wurden. Die niedrig siedenden Fraktionen werden nun mehr und mehr zu mittleren Destillaten verarbeitet, da für diese eine größere Nachfrage besteht. Die Mitteldestillate müssen jedoch strengere Auflagen bezüglich ihres Schwefelgehalts erfüllen. Somit müssen die Kapazitäten für die Anlagen zur hydrierenden Entschwefelung für diese Destillate erhöht werden. Nach der Entschwefelung der Mitteldestillate bzw. nach deren Umwandlung zu Leichtsiedern liegt der Schwefel in Form von H_2S vor. Das resultierende »Offgas«, ist ein Gemisch aus H_2S, H_2 und Kohlenwasserstoffen und wird der Entschwefelungsanlage zugeführt. Bei der Umwandlung von Schwersiedern in Leichtsieder anfallendes H_2S findet sich gelöst in wässrigen Kondensaten und im Abwas-

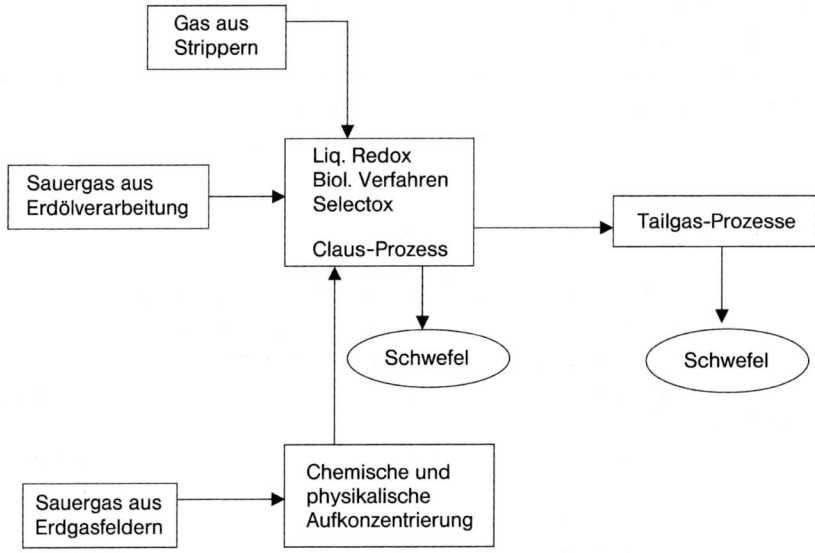

Abb. 2.4 Schema einer Gasaufbereitungsanlage

ser von Wäschern. Dieses sogenannte Sauerwasser wird in Sauerwasserstrippern von H$_2$S (und auch von ebenfalls vorhandenem Ammoniak) befreit und der Entschwefelungsanlage zugeführt.

2.2.2
Entschwefelung von Gasen

Auf Grund der korrosiven und toxischen Eigenschaften von H$_2$S müssen Erdgas aus dem Bohrloch und Gase aus Raffinerieprozessen entschwefelt werden. Dabei wird das Gas aus dem Bohrloch meist erst bzgl. H$_2$S aufkonzentriert. Das Schema einer Gasaufbereitungsanlage ist in Abbildung 2.4 gezeigt.

2.2.2.1 Absorption mit Hilfe von chemischen oder physikalischen Lösemitteln, Herstellung von Gasen mit aufkonzentriertem H$_2$S

Die Absorptionsverfahren erhöhen die H$_2$S-Konzentration im Gas (hauptsächlich für Erdgas nötig) und liefern ein Reingas und ein ›Claus-Gas‹, das im gleichnamigen Prozess zu Schwefel verarbeitet werden kann.

Bei den physikalischen und chemischen Absorptionsverfahren wird das zu reinigende Gas im Gegenstrom zu dem Lösemittel am Boden einer Kolonne aufgegeben. Das Lösemittel absorbiert das H$_2$S (mehr oder weniger selektiv, je nach Auslegung und Art des Prozesses), das gereinigte Gas verlässt die Kolonne über Kopf. Das Lösemittel wird entweder durch Strippen mit Dampf (chemische Wäsche) oder durch Druckreduzierung (bei der physikalischen Wäsche) regeneriert. Dabei wird das mit H$_2$S angereicherte Gas frei. Als chemische Lösemittel werden Amine (Monoethanolamin, Diisopropanolamin, Diethanolamin oder Methyldiethanolamin, abgekürzt

MEA, DIPA, DEA und MDEA), als physikalische Lösemittel unter anderen Methanol (Purisol-Verfahren) und Dimethylether (Selexol-Verfahren) verwendet.

Die Wahl des Verfahrens wird durch die im Gas enthaltenen Stoffe und die weitere Nutzung des Gases bestimmt.

2.2.2.2 Direkte Umsetzung von H_2S in Redox-Prozessen

Ist H_2S in geringen Mengen (<5%) im Gas vorhanden und sind die Gasmengen relativ gering (5 t d^{-1}), kann das Gas in Prozessen wie Stretford, Lo-Cat, Crystasulf oder Sulfint in einer Lösung, die einen oxidierbaren/reduzierbaren Metallkomplex enthält, absorbiert und oxidiert werden. Der sich dabei bildende elementare Schwefel, der physikalisch abgetrennt wird, besitzt allerdings nicht die für Schwefelsäure geforderte Reinheit und ist ein Abfallprodukt. Deshalb empfiehlt sich bei hohen H_2S Konzentrationen oder großem Durchsatz (große Schwefelmengen werden gebildet) der Einsatz eines Verfahrens, bei dem Schwefel als verkaufsfähiges Produkt entsteht. Das Lösemittel der oben genannten Prozesse erhält durch das Durchblasen von Luft seine oxidierenden Fähigkeiten zurück.

2.2.2.3 Biologische Entfernung

Im Thiopaq-Prozess wird H_2S bei Umgebungstemperatur und -druck in einer Wäsche entfernt. Das Lösemittel wird in einem biologischen Reaktor regeneriert, in dem die Sulfide zu Schwefel oxidiert werden. Auch hier ist der Schwefel kein verkaufsfähiges Produkt.

2.2.2.4 Claus-Verfahren

Gase aus der Erdölverarbeitung bzw. Gase aus den Wäschen von Erdgas mit aufkonzentriertem H_2S von mindestens 20% bis weit über 90% H_2S werden im Claus-Prozess verarbeitet.

Verfahrensprinzip

Die Gase werden zuerst über einen Abscheider geführt, der mitgerissene Flüssigkeit aus den Wäschen abtrennt. Danach werden die Gase in eine Brennkammer geleitet, wo sie mit der entsprechenden Menge an Luft gemischt werden und miteinander reagieren. Die Luftmenge ist so bemessen, dass kein Sauerstoff in die nachfolgenden katalytischen Reaktoren gelangt. Dabei wird eine Umsetzung von H_2S zu S bis nahezu an das Gleichgewicht erreicht (d.h. 50–60%, je nach Einsatzgas).

In der Brennkammer laufen unter anderem folgende Reaktionen ab:

$$2\,H_2S + O_2 \longrightarrow 2\,H_2O + S_2 \tag{2.1}$$

$$2\,H_2S + 3\,O_2 \longrightarrow 2\,H_2O + 2\,SO_2 \tag{2.2}$$

$$4\,H_2S + 2\,SO_2 \longrightarrow 4\,H_2O + 3\,S_2 \tag{2.3}$$

$$H_2S + CO_2 \longrightarrow COS + H_2O \tag{2.4}$$

$$2\,H_2S + CO_2 \longrightarrow CS_2 + 2\,H_2O \tag{2.5}$$

Die vorwiegend stattfindenden chemischen Reaktionen (2.1) bis (2.3) sind exotherme Vorgänge. Die Temperaturen in der Brennkammer erreichen dabei 800 bis 1450 °C.

Um eine optimale Umsetzung zu gewährleisten, muss ein stöchiometrisches Verhältnis von H_2S/SO_2 von 2 eingestellt werden. Dieses Verhältnis wird durch eine optimale Luftregelung erreicht.

Sauergase aus Strippern können gemischt mit den Sauergasen aus den Wäschen oder in einer separaten Brennermuffel verbrannt werden. Dabei muss darauf geachtet werden, dass der enthaltene Ammoniak vollständig umgesetzt wird.

Der Brennkammer ist ein Dampferzeuger nachgeschaltet, der das Prozessgas auf ca. 200 bis 280 °C abgekühlt. Dabei fällt bereits eine den thermodynamischen Bedingungen entsprechende Schwefelmenge aus.

Nach dieser thermischen Stufe wird in den folgenden katalytischen Stufen (ein Katalysator ist nötig um bei tieferen Temperaturen H_2S und SO_2 zu aktivieren) H_2S und SO_2 weiter zu Schwefel umgesetzt.

Bei geringen CO_2-Gehalten, also hohem H_2S-Gehalt, im Gas zur Claus-Anlage genügt ein Aluminiumkatalysator (Gastemperatur 200 °C) zur weiteren Umsetzung. Eine Temperatur von 200 °C gilt als optimal, um eine hohe Umsetzung von H_2S plus SO_2 zu Schwefel zu gewährleisten. Je niedriger die Temperatur, desto mehr liegt das Gleichgewicht auf der Seite des Schwefels. Es muss jedoch auch sichergestellt sein, dass der Katalysator aktiv ist und der Schwefel darauf nicht auskondensiert.

Bei hohen CO_2-Gehalten bildet sich in der Brennkammer COS. Dieses COS wird bei einer Eintrittstemperatur von 230 bis 280 °C (um die Hydrierung des COS zu gewährleisten) über einen Titankatalysator geleitet, am Katalysator in H_2S umgewandelt und reagiert danach mit SO_2 zu Elementarschwefel.

Das Reaktionsgas verlässt den ersten Reaktor bei Temperaturen von bis zu 320 °C und wird dem Schwefelkondensator zugeleitet. Hier erfolgt eine Abkühlung des Gases auf ca. 160 bis 175 °C (abhängig von der Druckstufe des Dampfes, der durch die abgeführte Wärme dabei produziert wird). Bevor das Gas der nächsten katalytischen Stufe zugeführt wird, wird es im Prozessgaserhitzer wieder auf ungefähr 200 °C aufgeheizt. Je nach gewünschtem Schwefelrückgewinnungsgrad können zwei oder drei katalytische Stufen zum Einsatz kommen.

Das im Claus-Verfahren gereinigte Gas kann nun entweder einer thermischen oder katalytischen Verbrennung zugeführt werden. Dabei werden die Reste an H_2S zu SO_2 oxidiert und verlassen die Anlage über den Kamin.

Sind von der Gesetzgebung höhere Anforderung an die Luftreinheit gestellt, so muss das Gas aus der Claus-Anlage in einem Tailgas-Verfahren (s. Abschnitt 2.4) noch weiter gereinigt werden.

Ein Schema einer typischen Claus-Anlage ist in Abbildung 2.5 zu sehen.

Varianten

Bei H_2S Gehalten unter 40 % kommen verschiedene Verfahrensvarianten in Betracht:
- Die Einsatzgase können vorgewärmt werden.
- Split-flow-Konfiguration (nur möglich bei Gasen ohne Verunreinigungen, die den Katalysator schädigen): Dabei wird ein Teil des Sauergases am Ofen vorbei-

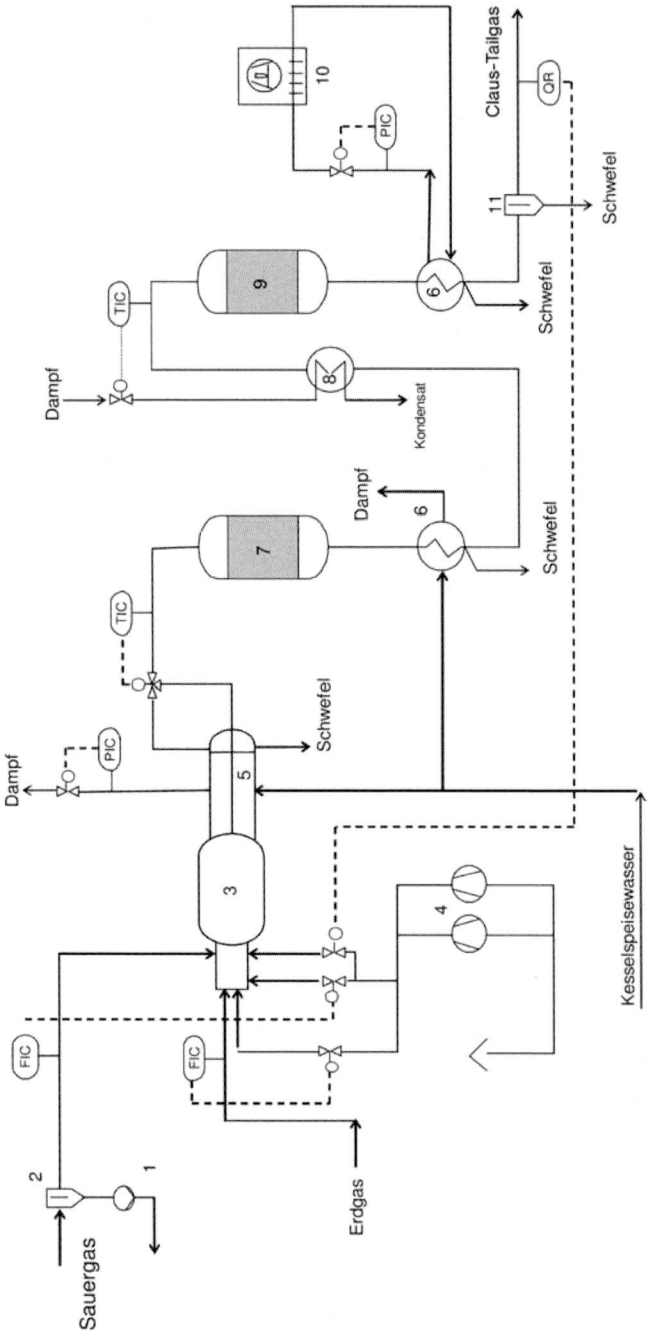

Abb. 2.5 Schema einer Claus-Anlage
1 Kondensatpumpe, 2 Sauergasabscheider, 3 Brenner, 4 Gebläse, 5 Dampfkessel, 6 Gaskühler, 7 Claus-Reaktor I, 8 Erhitzer, 9 Claus-Reaktor II, 10 Dampfkondensator, 11 Schwefelseparator

geführt. Im Ofen wird nicht nur ein Drittel des H$_2$S verbrannt (um ein Verhältnis von H$_2$S/SO$_2$ = 2 zu erreichen) sondern mehr. Dadurch steigt die Verbrennungstemperatur im Ofen.
- Eine höhere Verbrennungstemperatur kann auch durch Zufuhr von Heizgas erreicht werden. Dies hat allerdings den Nachteil, dass die Anlage größer gebaut werden muss, da zum Prozessgas noch die Abgasmenge aus der Heizgasverbrennung hinzukommt.
- Zufuhr von Sauerstoff statt Luft: Dies hat den Vorteil, dass der in der Luft enthaltene Stickstoff wegfällt. Dadurch erniedrigt sich das Gasvolumen, das im Ofen erhitzt werden muss. Bei gleichen zu verarbeitenden Sauergasmengen erhöht sich dabei die Temperatur. Es gibt verschieden Varianten dieses Prinzips, die wichtigsten sind der Lurgi Multipurpose Oxygen Burner, der Cope-Prozess und der BOC-Prozess.

Der Brenner des *Lurgi Multipurpose Oxygen Burner* ist so aufgebaut, dass die heiße Sauerstoffflamme von kühlender Luft umgeben ist, d. h. im Inneren der kombinierten Brennerlanze fließt Sauerstoff umgeben vom Sauergas. Die Luft wiederum wird ganz außen zugeführt. Der Brenner besteht aus mehreren Lanzen, die am Umfang des Brenners ringförmig angeordnet sind

Beim *Cope-Prozess* wird ein Teil des gekühlten Prozessgases zur Brennkammer zurückgeführt, um die Temperatur in der Brennkammer zu kontrollieren.

Der Prozess von *BOC* benutzt zwei Brenner, Brennkammern und Abhitzekessel. Der Sauerstoffstrom wird aufgespalten und speist sowohl den ersten als auch den zweiten Brenner. Im zweiten Brenner wird das verbrennende Gas durch das Prozessgas des ersten Brenners gekühlt.

2.2.2.5 Selectox

Das Selectox-Verfahren beruht auf einer rein katalytischen Umsetzung. Dabei wird vorgewärmtes Sauergas mit Luft gemischt, und H$_2$S an einem Katalysator selektiv zu SO$_2$ umgesetzt. Im gleichen Reaktor findet auch eine Reaktion von H$_2$S und SO$_2$ zu Schwefel statt. Nach Kondensation und Wiederaufheizen folgen zwei Claus-Reaktoren. Bei diesem Verfahren kann mit nicht verunreinigtem Sauergas mit weniger als 5 % H$_2$S eine Schwefelrückgewinnung von bis zu 90 % erreicht werden. Für Gase mit bis zu 40 % H$_2$S wird eine Variante des Prozesses angewandt, bei der ein Teil des Gases zum ersten Reaktor zurückgeführt wird, um so den Katalysator zu kühlen. Beide Verfahren kommen bei relativ kleinen Volumenströmen zum Einsatz.

2.3
Entgasung

Im auskondensierenden Schwefel befinden sich gelöstes H$_2$S und Polysulfide. Je höher die Temperatur des Kondensators, desto größer der Anteil dieser Komponenten. Bei längerer Lagerung zersetzen sich zum Einen die Polysulfide, zum Anderen gast das gelöste H$_2$S langsam aus. Dies führt zu gefährlichen Konzentrationen in geschlossenen Behältern (z. B. in Tanks oder Transportbehältern). Des Weiteren gibt es Probleme bei der Verfestigung von ungenügend oder nicht entgastem Schwefel. Deshalb muss das H_2S vom Schwefel abgetrennt werden, wofür es verschiedene Methoden gibt.

- *Aquisulf-Verfahren*: Hierbei werden die Polysulfidketten katalytisch zerstört. Das dadurch entstehende und das gelöste H_2S werden von der flüssigen in die gasförmige Phase transportiert, indem man den Schwefel mittels Pumpen und Sprühdüsen in Kammern zerstäubt. Das nun in der Gasphase vorliegende H_2S wird durch Luftspülung der Nachverbrennung zugeführt. Als Transportgas kann auch Tailgas benutzt werden.
- Beim *Shell-Entgasungsprozess* wird der Phasenübergang von der Flüssigkeit in die Gasphase durch Einperlen von Luft in den Schwefel erleichtert. Durch Luftspülung wird das H_2S zusammen mit der eingeperlten Luft der Nachverbrennung zugeführt.
- Beim *D'GAASS-Verfahren* wird Schwefel in einer Kolonne im Gegenstrom zu Druckluft geführt. Der Phasentransport wird durch Kolonneneinbauten zur Erhöhung der Kontaktfläche erleichtert.

2.4
Reinheit

Da der Schwefel meist zur Verarbeitung von Schwefelsäure verwendet wird, ist die hierfür erforderliche Reinheit bereits als internationaler Standard festgelegt (Tabelle 2.2).

Oft wird auch ein Gehalt an Arsen, Selen und Tellur von < 5 mg kg^{-1} gefordert. Dies ist nur für Naturschwefel relevant, der z. B. über das Frasch-Verfahren gewonnen wurde.

Für die Herstellung von Schwefelsäure muss in Deutschland die Konzentration an Arsen, Selen und Tellur unterhalb von 1 mg kg^{-1} liegen. Da manche Erdgasvorkommen organisch gebundenes Quecksilber enthalten, sollte der Quecksilbergehalt ebenfalls geringer als 1 mg pro Kilogramm Schwefel sein.

Tab. 2.2 Reinheit des Schwefels

	Flüssigkeit	Feststoff
Reinheit	>99,9%	>99,7%
Kohlenstoff	<0,02%	<0,05%
Schwefelsäure	<0,01%	<0,01%
H_2S	<10 mg kg^{-1}	<10 mg kg^{-1}
Feuchtigkeit	–	<2%
Farbe	hellgelb	hellgelb

2.5
Endgasreinigung

Die Reinigung von Tailgasen aus der Claus-Anlage kann mittels verschiedener Prinzipien erfolgen.

2.5.1
Katalytische Reinigung von Claus-Tailgas oberhalb des Schwefeltaupunktes

Diese Verfahren wenden die selektive Direktoxidation von H_2S an, d.h. dass H_2S direkt in Schwefel umgewandelt wird. Das *SuperClaus-Verfahren* schließt dabei direkt an den Claus-Prozess, der mit einem höheren Verhältnis von H_2S zu SO_2 gefahren wird an. Das Tailgas, das hauptsächlich H_2S enthält, wird dann am Super-Claus-Katalysator umgesetzt. Eine Variante ist das *EuroClaus-Verfahren*, bei dem das Claus-Tailgas vor der selektiven Oxidation einer selektiven Reduktion unterzogen wird. Dabei wird das restliche SO_2 zu H_2S umgesetzt, bevor das H_2S direkt zu Schwefel oxidiert wird.

Das *Hi/Activity-Verfahren* wendet ebenfalls eine direkte Oxidation des H_2S zu Schwefel an. Das Claus-Gas wird dabei vor dieser Stufe einer Hydrierung/Hydrolyse unterzogen um SO_2, COS, CS_2 und Schwefel zu H_2S umzuwandeln. Die direkte Oxidation kann allerdings auch unmittelbar der letzten Claus-Stufe folgen, wie beim SuperClaus-Verfahren praktiziert.

2.5.2
Katalytische Reinigung von Claus-Tailgas unterhalb des Schwefeltaupunktes

Bei diesen Prozessen wird im Prinzip die Claus-Reaktion weitergeführt, mit dem Unterschied, dass die Reaktion unterhalb des Taupunkts (bei etwa 120–130 °C) abläuft. Deshalb kondensiert der Schwefel auf dem Katalysator und muss zyklisch wieder entfernt werden. Es sind zwei Reaktoren nötig, ein Reaktor ist im adsorbierenden Betrieb, der zweite wird zur selben Zeit regeneriert. Die Verfahren unterscheiden sich hauptsächlich in der Art wie der Schwefel entfernt wird.

Sulfreen-Verfahren
Beim Sulfreen-Verfahren (siehe Abb. 2.6) erfolgt die Schwefelentfernung in einem Regenerationskreislauf. Dabei wird Gas erhitzt (auf etwa 300 °C) und durch den Reaktor mit zu regenerierendem Katalysator geführt. Der Schwefel verdampft und wird in einem nachgeschalteten Kondensator abgeschieden. Das Gas wird über ein Gebläse wieder dem Erhitzer zugeführt. Die Rückgewinnungsrate liegt beim Sulfreen-Verfahren bei einer vorgeschalteten zweistufigen Claus-Anlage bei 99,0 bis 99,5 %.

Modifikationen des Sulfreen-Verfahrens sind
- beim *Maxisulf-Verfahren* (bis 99,0 %) wird das Tailgas in 2 Ströme a) und b) geteilt. Der Reaktor wird mit einem Teil a) des Claus-Tailgases regeneriert. Das Gas a), das aus dem regenerierten Reaktor herauskommt, wird wieder mit b) vermischt.

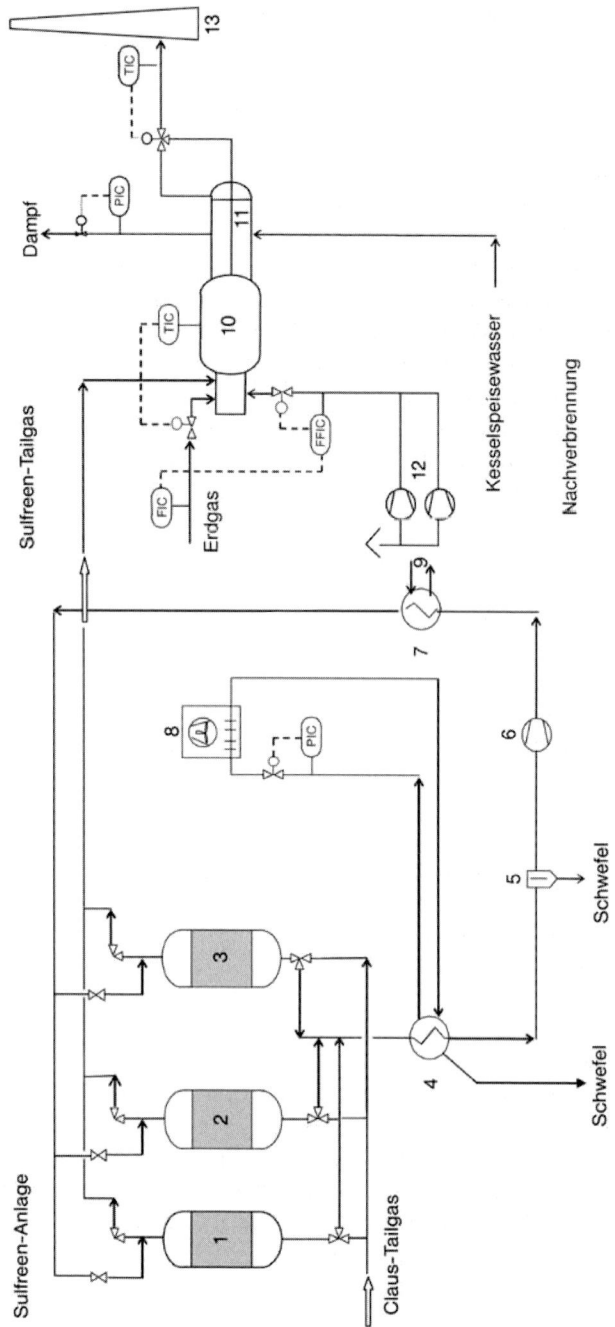

Abb. 2.6 Sulfreen-Verfahren mit Nachverbrennung
1–3 Sulfreen-Reaktoren, 4 Kondensator, 5 Schwefelseparator, 6 Gebläse, 7 Reheater, 8 Kondensator,
9 Prozessabgas zur Verbrennung, 10 Brennkammer, 11 Verdampfer, 12 Gebläse, 13 Kamin

- Das *Hydrosulfreen-Verfahren* (bis 99,5 %), bei dem COS und CS_2 zu H_2S umgewandelt werden, bevor das Gas dem Sulfreen-Reaktor zugeführt wird.
- Das *Doxosulfreen-Verfahren* (bis 99,9 %), bei dem sich der Sulfreen-Stufe eine direkte Oxidation des H_2S unterhalb des Taupunkts anschließt.

Cold Bed Adsorption (CBA)
Die Regeneration des Katalysators erfolgt beim CBA-Verfahren durch heißes Claus-Gas aus dem Claus-Reaktor, der bei hohen Temperaturen (ca. 300 °C) gefahren wird. Nach Kondensation des Schwefels aus dem ersten CBA-Reaktor (der sich in diesem Beispiel in Regeneration befindet) wird das Gas durch den zweiten CBA-Reaktor geleitet. Ist der Reaktor regeneriert, wird das Gas aus dem Claus-Reaktor abgekühlt und dann erst über den ersten und danach den zweiten CBA-Reaktor gefahren. Ist der zweite CBA-Reaktor mit Schwefel beladen, so wird er durch heißes Claus-Gas regeneriert. Die Rückgewinnungsraten schwanken, je nachdem in welchem Betriebsabschnitt sich die Anlage befindet, und liegen bei bis zu 99,5 % wenn beide Reaktoren im Adsorptionsmodus arbeiten.

MCRC
Das Gas aus dem ersten Claus-Reaktor wird in jedem Fall durch einen Kondensator geführt und für die Regeneration erneut erhitzt. Dem Reaktor in Regeneration folgen jeweils ein Kondensator und danach die Reaktoren im Adsorptionsbetrieb. Bei einer Anlage mit drei MCRC-Reaktoren (einer in Regeneration, die anderen beiden in Adsorption) treten keine Schwankungen in der Rückgewinnungsrate für Schwefel auf. Allerdings sind die Investitionskosten gegenüber eine Anlage mit zwei Reaktoren erhöht.

2.5.3
Prozesse basierend auf Claus-Tailgas in flüssiger Phase

Das *Clauspol-Verfahren* wendet das Prinzip des Claus-Prozesses in flüssiger Phase an. Hierbei müssen H_2S und SO_2 zuerst von der gasförmigen in eine flüssige Phase transportiert werden. In dieser flüssigen Phase, die einen gelösten Katalysator enthält, reagiert das H_2S mit dem SO_2 gemäß der Claus-Reaktion. Der sich bildende Schwefel ist mit der Flüssigkeit nicht mischbar und kann daher abgetrennt werden. Das Verfahren läuft bei Umgebungsdruck und bei Temperaturen von etwa 120 °C. Die Ausrüstung besteht aus einer Kolonne, in der der Phasenübergang und die Reaktion stattfinden, einer Pumpe um die Flüssigkeit umzupumpen und einem Wärmetauscher zur Kühlung der Flüssigkeit. Der flüssige Schwefel wird am Sumpf der Kolonne abgezogen. Rückgewinnungsgrade von bis zu 99,8 % sind mit dieser Methode zu erreichen.

2.5.4
Prozesse mit reduziertem Claus-Tailgas (Abb. 2.7)

Bei allen diesen Prozessen werden zunächst die im Prozessgas enthaltenen Schwefelkomponenten reduziert. Dabei wird das Claus-Tailgas meist in eine Brennkammer geleitet und temperaturgeregelt durch Verbrennen von Heizgas aufgeheizt. Bei Bedarf wird auch Reduktionsgas, von einem S_8-Analysator konzentrationsgeregelt, zugeführt. Die erforderliche Verbrennungsluft wird im Verhältnis zum Heizgas geregelt. Das erwärmte Prozessgas gelangt dann in den mit einem Cobalt-Molybdän-Katalysator gefüllten Reduktionsreaktor.

In den meisten Verfahren, die auf reduziertem Tailgas basieren, wird das gebildete H_2S in einem Lösemittel absorbiert. Das Prozessgas vom Reduktionsreaktor muss, bevor es zum Absorptionsteil des Prozesses gelangt, von 320 °C abgekühlt werden. Außerdem muss der Taupunkt des Wassers gesenkt werden. Dazu wird das Gas zuerst im Prozessgaskühler auf 175 °C gekühlt. Wasser wird durch einen direkten Kühler (Quenchkolonne) auskondensiert und das Gas verlässt die Quenchkolonne mit ungefähr 40 °C. Die Kühlung des Prozessgases in der Quenchkolonne erfolgt mittels Kreislaufwasser in einem geschlossenen Kühlkreislauf. Das dabei ständig anfallende Überschusswasser wird über eine Niveauregelung aus dem Kühlkreislauf ausgeschleust und über den Abwasserfilter wieder dem Sauerwasserstripper zugeführt.

Das den direkten Kühler verlassende Prozessgas gelangt dann in den Absorber. Die einzelnen Verfahren unterscheiden sich hauptsächlich in der Art des Lösemittels oder der Bauweise des Wärmetauschers. Zu nennen wären z. B. das LTGT-Verfahren, das Scot-Verfahren, BSR Amine, Resulf, HCR und AGE/Dual Solve.

Im Absorber wird das H_2S durch das Lösemittel bis auf < 300 vppm selektiv ausgewaschen, wobei ein Teil des im Gas enthaltenen CO_2 mit ausgewaschen wird. Das den Absorber verlassende Gas wird einer thermischen Nachbrennkammer zugeführt, in der das restliche H_2S zu SO_2 umgesetzt wird, bevor das Gas in die Atmosphäre entlassen wird. Die beladene Absorptionslösung wird aus dem Kolonnensumpf des Absorbers in die Regeneration gepumpt. Die regenerierte Lösung wird dann wieder dem Absorber zugeführt.

Das in Abschnitt 2.2.2.5 erwähnte Selectox-Verfahren zur Behandlung von Gasen mit geringen Mengen an H_2S kann natürlich auch zur Tailgas-Reinigung eingesetzt werden. In diesem Fall folgt nach dem reduzierenden Betriebsabschnitt ein katalytischer Reaktor (statt einer Kolonne wie bei der Absorption durch Lösemittel). Dieser setzt H_2S selektiv zu SO_2 um und katalysiert gleichzeitig die Claus-Reaktion. Dabei können Wirkungsgrade von 99,0 bis 99,5 % erreicht werden.

2.5.5
Weitere Prozessvarianten

Die Redox-Prozesse, die in Abschnitt 2.2.2.2 für niedrigere H_2S-Gehalte beschrieben wurden, können natürlich auch für die Nachbehandlung des Claus-Tailgases verwendet werden. Des Weiteren gibt es das Wellman-Lord-Verfahren, in dem das

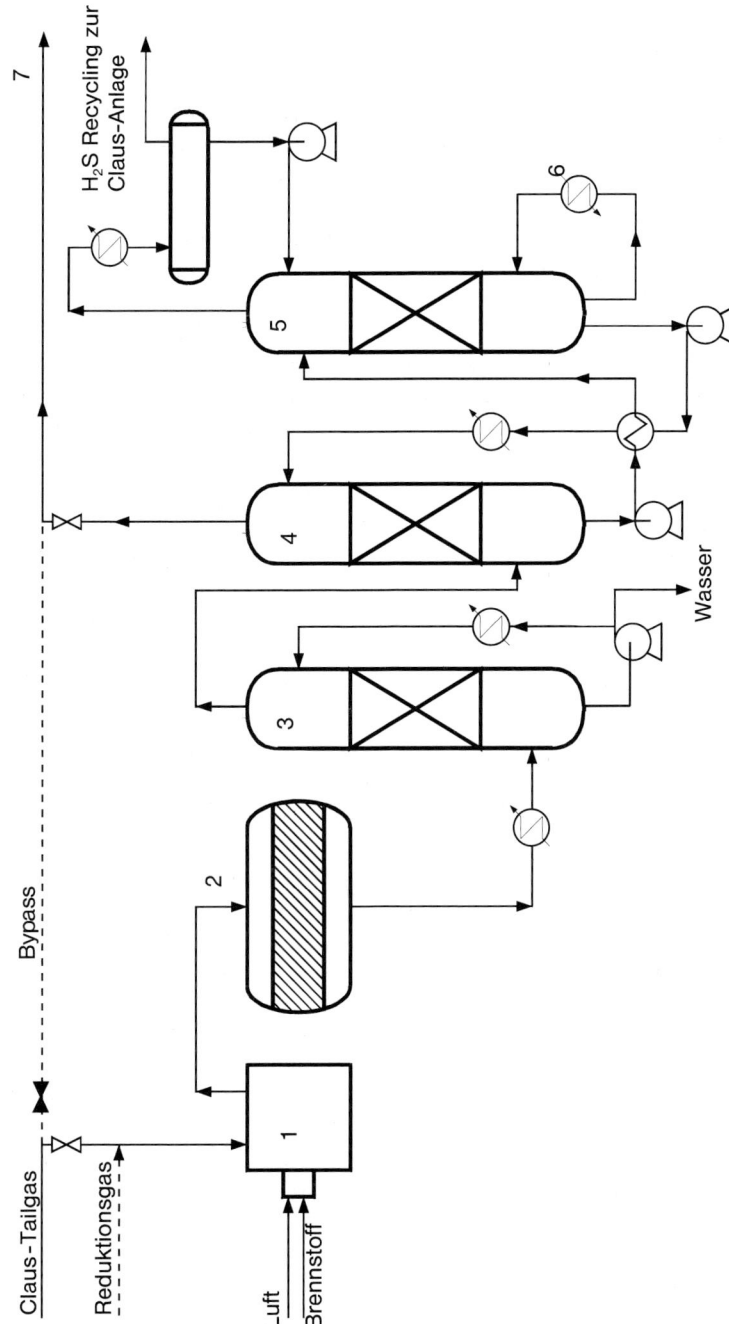

Abb. 2.7 Prozess mit reduziertem Claus-Tailgas
1 Brennkammer, 2 Reduktionsreaktor, 3 Quenche, 4 Absorber, 5 Regeneration, 6 Verdampfer,
7 thermische Nachverbrennung

SO$_2$ mittels einer Wäsche zum Natriumsalz umgesetzt wird. Bei der Regeneration wird konzentriertes SO$_2$ frei, das wieder der Claus-Anlage zugeführt werden kann. Ähnlich arbeiten auch das Elsorb-, das Cominco de Sox- und das Clintox-Verfahren. Mit dem WSR-Verfahren kann aus Claus-Tailgas Schwefelsäure gewonnen werden.

2.6
Verfestigung, Lagerung und Transport von Schwefel

2.6.1
Verfestigung

Schwefel wird in fester, bevorzugt aber in flüssiger Form gehandelt bzw. transportiert. Die flüssige Form hat den Vorteil, gleich in dem physikalischen Zustand zu sein, in dem sie auch weiter verarbeitet wird. Das Aufschmelzen von festem Schwefel ist unökonomisch, da Schwefel immer flüssig anfällt.

Schwefel muss immer entgast werden, vor allem wenn er in flüssiger Form gelagert wird, da sonst giftiges H$_2$S ausdampft. Die Ansammlung von H$_2$S im Gasraum über dem Schwefel erreicht dabei tödliche Konzentrationen. Vor der Verfestigung sollte der Schwefel entgast werden um seine Stabilität zu erhöhen.

Auch die Geschwindigkeit, mit der der Schwefel abkühlt, hat einen Einfluss auf die Festigkeit. Bei langsamer Abkühlung gehen viele der im Schwefel enthaltenen Polymere S$_x$ in die S$_8$-Form über. Je geringer der Anteil an S$_x$ im Schwefel ist, desto geringer ist seine mechanische Stabilität. Des Weiteren ist die Temperatur, auf die der Schwefel abgekühlt wird, entscheidend. Je niedriger sie ist, desto mehr S$_x$ Moleküle bleiben erhalten. Bei einer Abkühltemperatur von 20 °C und einer Abkühlungszeit von unter 1 min verbleibt ein hoher Gehalt an S$_x$ im Schwefel ($\approx 4\%$).

Bei langer Lagerzeit (mehrere Monate) verändert sich das Gitter des Schwefels von monoklin zu orthorhombisch. Diese Umwandlung ist nicht aufzuhalten und kann zu Sprüngen im Schwefel führen, da mit der Umwandlung eine Volumenreduktion einhergeht.

Ungefähr 60 % des Schwefels wird weltweit im festen Zustand transportiert. Davon wiederum liegt ein großer Teil als geformter Schwefel vor.

Der Schwefel kann einfach durch Gießen von oberirdischen Blocks und Abkühlen unter atmosphärischen Bedingungen verfestigt werden. Der Schwefel wird in Abraumhalden gelagert und vergrößert sich durch weiteres »Übergießen« mit flüssigem Schwefel in Blockform. Um den Schwefel zu transportieren, muss er dann allerdings bergmännisch abgebaut werden. Dies bringt das Risiko von Staubexplosionen mit sich, außerdem lässt sich diese Art von Schwefel schlechter vermarkten.

Die Anlagen zur Verfestigung unterscheiden sich nicht nur in der technischen Umsetzung, sondern ergeben auch unterschiedliche Produkte. Anlagen, in denen der Schwefel schieferartig (slates) oder flockig (flakes) anfällt, werden von Anlagen, mit denen der Schwefel in die Form von Pellets, Granulaten oder Pastillen gebracht wird, verdrängt. Diese Formen erleichtern das Lagern, Transportieren auf Fließbändern und den Transfer, außerdem wird die Bildung von Staubpartikeln unterbunden. Bei einer Partikelgröße von 2–4 mm sind die Verluste von Schwefel als Staub und die Brüchigkeit der Partikeln am niedrigsten und die Gefahr von Staubexplosionen am geringsten.

Da die Kosten für Verfestigungsanlagen allerdings bei 10–15 $ pro Tonne liegen (bei einem Schwefelpreis von 30 $ pro Tonne im Jahr 2002) werden Produzenten diesen Weg nur einschlagen, wenn Schwefel nicht flüssig oder einfach als von Blocks abgebauter Schwefel verkauft werden kann.

Slates
Bei dieser Technik wird flüssiger Schwefel auf ein Fließband aufgebracht und direkt oder indirekt mit Wasser gekühlt. Dabei verfestigt sich der Schwefel und bildet eine dünne Schicht. Am Ende des Förderbands wird diese Schicht in kleine schieferartige Stücke gebrochen.

Pastillen
Bei dieser Technik wird flüssiger Schwefel auf ein Fließband getropft und von unten gekühlt. Die festen Tropfen fallen am Ende vom Fließband.

Feuchtes Pelletieren (Wet Pelletizing, Water Prilling)
Dabei wird Schwefel über einen speziell geformten Stutzen direkt in Wasser eingebracht. Durch diesen Stutzen erhält der sich verfestigende Schwefel eine sphärische Form.

Air Prilling
Beim Air Prilling wird der flüssige Schwefel in die Luft versprüht und verfestigt sich in großen Türmen, die bis zu 90 m hoch sein können.

Granulieren
Flüssiger Schwefel wird über mehrere Düsen auf schon vorhandene kleine Kristallisationskeime gesprüht, die sich in einer großen rotierenden Trommel befinden. Als Kühlmedium wird dabei angefeuchtete Luft benutzt. Am Ende der Trommel wird das gebildete Granulat ausgebracht.

2.6.2
Lagerung und Transport

Flüssiger Schwefel
Bei Lagerung von Schwefel in flüssiger Form bei Temperaturen von 130–135 °C dampft der noch im Schwefel vorhandene Schwefelwasserstoff aus und kann zu ernsthaften Zwischenfällen bei der Verladung führen. Deshalb sollte Schwefel immer vor der Lagerung entgast werden.

Allerdings kann auch bei einer Entgasung bis zu 10 ppm H_2S Restgehalt im Schwefel noch genügend H_2S ausgasen, um eine Geruchsbelästigung hervorzurufen. H_2S kann außerdem durch die Reaktion von H_2SO_4 mit Eisensulfid entstehen, sowie durch Umsetzung von O_2 (von der Entgasung) mit Schwefelradikalen SO_2 bilden.

Da die thermische Leitfähigkeit von Schwefel gering ist, kann er leicht durch Beheizung im flüssigen Zustand gehalten werden. Die Beheizung erfolgt meist durch niedergespannten Dampf von < 3 bar. Im Lager- oder Transportbehälter werden dazu Rohrschlangen verlegt, in die Dampf aufgegeben wird. Alle Einrichtungen, die flüssigen Schwefel enthalten, müssen mit Hilfe von Begleitrohren, die an der Rohrwand anliegen, peinlich genau beheizt werden.

Fester Schwefel

Bei der Lagerung von festem Schwefel muss mit Bildung von H_2SO_4 gerechnet werden, die durch die Umsetzung von Schwefel durch Schwefelbakterien entsteht.

Um Korrosion durch H_2SO_4 zu vermeiden wird deshalb ein Biozid eingesetzt, das das Wachstum der Bakterien hemmt.

Korrosion entsteht auch bei Kontakt von Schwefel und Wasser mit Stahl. Diese Korrosion hat noch schlimmere Folgen als die Korrosion durch Schwefelsäure, da das gebildete Korrosionsprodukt Eisensulfid durch seine pyrophoren Eigenschaften bei Kontakt mit Luft als Zündquelle wirken kann. Frachträume werden wegen der Gefahr von Korrosion durch H_2S deshalb mit einem Kalk/Wassergemisch geschützt. Diese Art der Beschichtung hält allerdings nur für ungefähr 30 Tage.

Trotz der Korrosionsgefahr ist ein gewisser Gehalt an Feuchtigkeit (1 %) günstig bei der Verladung, da dadurch Staubbildung und somit die Gefahr einer Explosion vermieden werden kann.

Zur Vermeidung des Eindringens von Wasser in gelagerten Schwefel wird mit Hilfe von flüssigem Schwefel ein fester Überzug erzeugt.

Transport von Flüssigschwefel

Schwefel flüssig wird in Deutschland per Schiff (Ladung pro Schiff ca. 1000 t), im Bahnkesselwagen (Ladung pro BKW ca. 50 t) oder mit LKW (Ladung pro LKW ca. 20 t) befördert. Die Transportkosten hängen von der Entfernung Schwefelhersteller zu -abnehmer, von der Transportart und den lokalen Gegebenheiten ab. Es werden jeweils speziell beheizte Entladeeinrichtungen aus Stahl benötigt.

Der abgepumpte Schwefel wird in beheizten Behältern mit einem Fassungsvolumen bis zu mehreren 1000 t gelagert.

3
Schwefeldioxid

3.1
Eigenschaften von Schwefeldioxid

Schwefeldioxid, SO_2, ist ein farbloses, nicht brennbares, giftiges Gas von stechendem Geruch und saurem Geschmack. SO_2 ist eine sehr stabile Verbindung, die erst bei hohen Temperaturen und in Anwesenheit von Katalysatoren, wie Platin oder Vanadiumverbindungen, mit Sauerstoff reagiert. Schwefeldioxid wird zu einem geringen Teil als reines, meist flüssiges Schwefeldioxid produziert und verkauft. Der

Tab. 3.1 Physikalische Eigenschaften von SO_2

Eigenschaft	Wert	Dimension
Molare Masse	64,06	g mol^{-1}
Molares Volumen	21,89	L mol^{-1}
Bildungsenthalpie	297,03	kJ mol^{-1}
Schmelzpunkt bei 101,3 kPa	–75,5	°C
Schmelzwärme	115,6	J g^{-1}
Siedepunkt bei 101,3 kPa	–10,0	°C
Verdampfungswärme	390	J g^{-1}
Dichte SO_2-flüssig bei –10 °C	1,46	g cm^{-3}
Normdichte SO_2-Gas (0 °C, 101,3 kPa)	2,931	g cm^{-3}
kritischer Druck	79,8	bar
kritische Temperatur	157,3	°C
kritische Dichte	0,524	g cm^{-3}
dynamische Viskosität SO_2-flüssig bei 0 °C	0,370	mPa s
dynamische Viskosität SO_2-gasförmig bei 300 °C	0,025	mPa s
spezifische Wärme SO_2-Gas bei 0 °C	607	J kg^{-1} K^{-1}
100 °C	664	J kg^{-1} K^{-1}
300 °C	753	J kg^{-1} K^{-1}
500 °C	807	J kg^{-1} K^{-1}
spezifische Wärme SO_2-flüssig bei –10 °C	1357	J kg^{-1} K^{-1}

Hauptanteil wird jedoch zu Schwefelsäure verarbeitet. Wichtige physikalische Eigenschaften von Schwefeldioxid finden sich in Tabelle 3.1.

3.2
Bereitstellung schwefeldioxidhaltiger Gase

Schwefeldioxid erhält man aus der Verbrennung von Schwefel, aus dem Abrösten oder der Schmelze von sulfidischen Erzen, wie Eisen- (Pyrit), Zink- (Zinkblende), Blei-, oder Kupfersulfid, aus der Spaltung von Sulfaten wie Gips und aus der Spaltung von Abfallschwefelsäure. Zur Verbrennung wird vornehmlich atmosphärische Luft eingesetzt, aber auch, besonders in metallurgischen Anlagen, mit Sauerstoff angereicherte Luft oder sogar reiner Sauerstoff. Der Einsatz von reinem Sauerstoff in der Schwefelverbrennung ist aus Kostengründen meist nicht vertretbar.

Wesentliche Bedeutung für die Schwefeldioxid- und letztlich die Schwefelsäureherstellung hat die Schwefelverbrennung, während es in den metallurgischen Anlagen primär um die Metallerzeugung geht und die Schwefelsäure ein Nebenprodukt im Rahmen der umweltgerechten Reinigung schwefeldioxidhaltiger Gase darstellt.

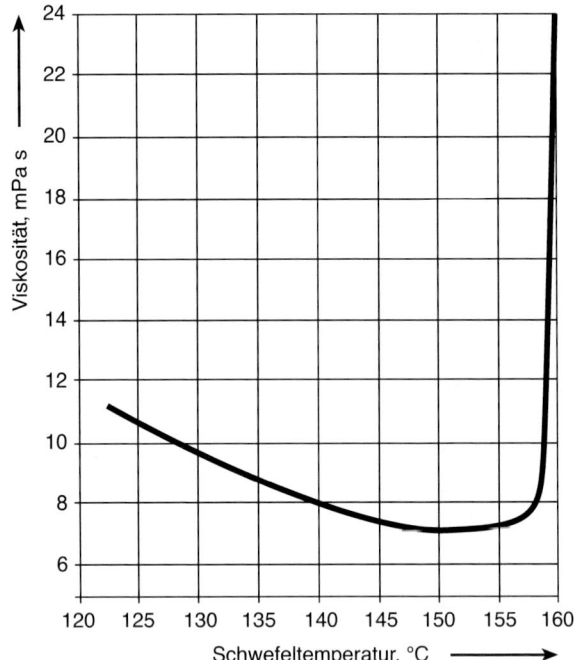

Abb. 3.1 Viskosität des flüssigen Schwefels bis 160 °C

Von der weltweit produzierten Schwefelsäuremenge (ca. $160 \cdot 10^6$ t a^{-1}) stammen ca. 60% aus der Schwefelverbrennung, ca. 30% aus metallurgischen Anlagen und der Rest aus Sulfat und Säurespaltung. In Deutschland ist die Verteilung ungefähr 22%, 60% und 18%.

Schwefel wird heute fast ausschließlich in flüssiger Form eingesetzt und im Allgemeinen auch flüssig angeliefert und zwischengelagert. Zwar ist das Schmelzen und die Filtration des Schwefels beim Betreiber der Verbrennungsanlage unproblematisch, jedoch mit Investitions- und Personalaufwand verbunden. Der flüssige Schwefel hat sein Viskositätsminimum zwischen 145 und 155 °C (s. Abb. 3.1). Durch indirekte Beheizung aller Behälter und Leitungen mit Sattdampf von 4,0 bis 5,0 bar wird er bei dieser Temperatur gehalten. Elektrische Beheizung ist auch möglich, findet aber selten Anwendung, da in einer Schwefelverbrennung Dampf produziert wird und so ohnehin Dampf zur Verfügung steht.

Flüssiger Schwefel zum direkten Einsatz in der Schwefelverbrennung hat die folgenden typischen Analysenwerte: 99,9% S, max. 0,02% Asche, max. 0,01% Bitumen, max. 0,01% H_2SO_4, Anteile As, Cl, Se, F jeweils < 1 ppm.

3.2.1
Überstöchiometrische Schwefelverbrennung

Bei der Verbrennung von Schwefel mit O_2 zu SO_2 wird eine Wärmemenge von 9280 kJ kg^{-1} (297 kJ mol^{-1}) frei.

$$S + O_2 \longrightarrow SO_2 \qquad \Delta H = -297,5 \text{ kJ mol}^{-1} \tag{3.1}$$

Die Temperatur bei Verbrennung mit atmosphärischer Luft (100 °C) zu einem Gas mit 10 % Volumenanteil SO_2 beträgt ca. 1000 °C (s. Abb. 3.2).

Theoretisch erhält man bei stöchiometrischer Verbrennung von Schwefel mit atmosphärischer Luft ein SO_2-Gas mit maximal 20,5 % Volumenanteil SO_2. Die überstöchiometrische Verbrennung erfolgt mit Sauerstoffüberschuss meist zu einem SO_2-Gas mit 10,0 bis 11,5 % Volumenanteil SO_2, das direkt in der Schwefelsäureanlage eingesetzt wird. Dies ist das weltweit praktizierte Standardverfahren.

Die Verbrennung wird in einem horizontal angeordneten zylindrischen Ofen mit einem an der Stirnseite zentral angeordneten Brennersystem durchgeführt. Der Ofen besteht aus einem Blechmantel aus Kohlenstoffstahl mit einer mehrlagigen feuerfesten Ausmauerung, die der hohen Wärmeentwicklung bei der Verbrennung standhält (Abb. 3.3). Für die Auslegung der Ausmauerung ist zu berücksichtigen, dass die Temperatur des Blechmantels wegen der Abnahme der Festigkeit ca.

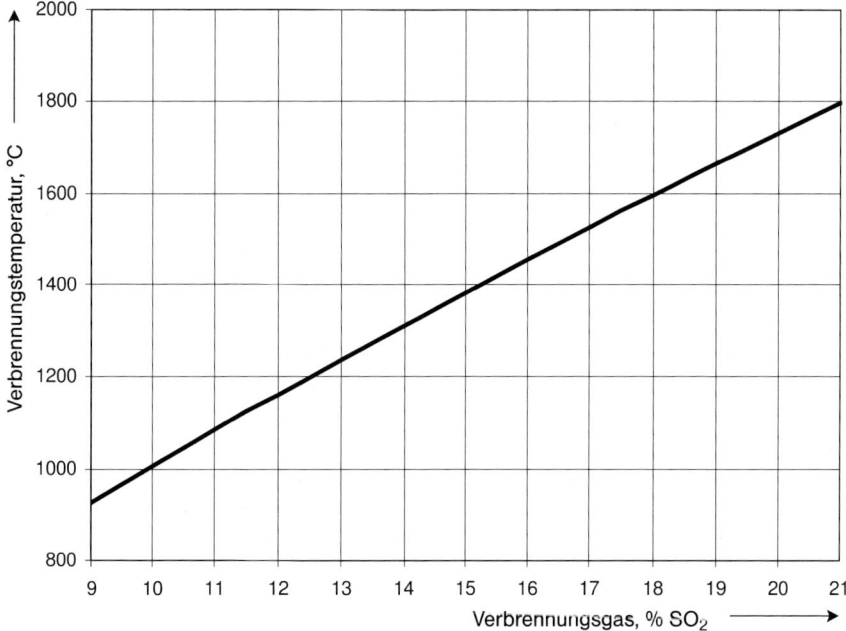

Abb. 3.2 Verbrennungstemperatur des Schwefels (Luft 100 °C)

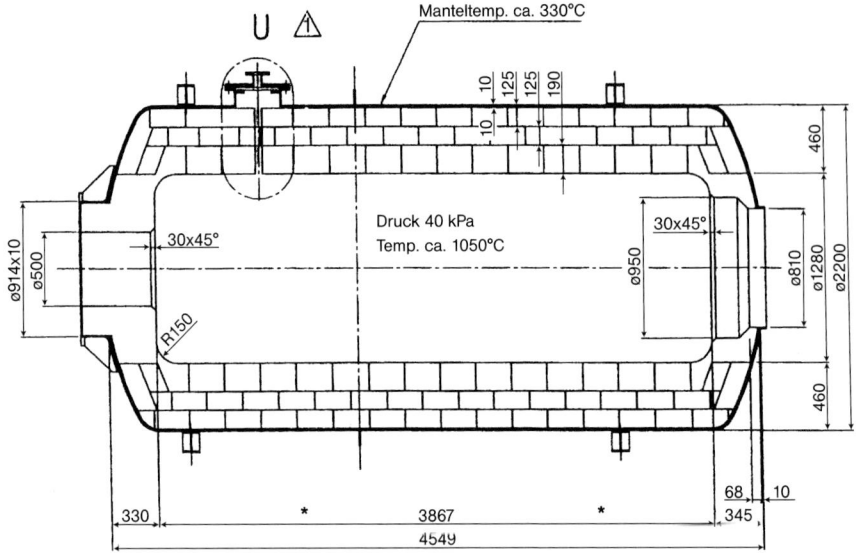

Abb. 3.3 S-Verbrennungsofen Bauart Lurgi mit Darstellung der Ausmauerung

350 °C nicht überschreiten und hinsichtlich der Korrosion infolge von eventuell durch das Mauerwerk diffundierendem Gas ca. 300 °C nicht unterschreiten sollte. Zur Vermeidung von Wärmeverlusten durch die Ofenwand nach außen und als Berührungsschutz wird der Ofen mit Mineralwolle isoliert, wobei auch die Isolierstärke die Grenztemperaturen des Blechmantels berücksichtigen muss. Eine Abdeckung der Isolierung mit Aluminiumblech schützt diese vor mechanischer Beschädigung und vor eindringendem Regenwasser. Das heiße SO_2-Gas wird nach dem Ofen in einem Abhitzekessel auf ca. 410 bis 440 °C abgekühlt, dies ist die für die Reaktion von SO_2 zu SO_3 in der Katalysatorschicht der ersten Horde des Kontaktkessels (s. Abschnitt 4.4.1) erforderliche Temperatur.

Aufgabe des Brenners ist eine möglichst feine Zerstäubung des Schwefels und gute Durchmischung mit der Verbrennungsluft, sodass auf kürzestem Weg eine möglichst vollständige Verbrennung erreicht wird. Als Brenner werden Druckzerstäuber, Zweistoffbrenner und Rotationszerstäuber eingesetzt. Bei der *Druckzerstäubung* wird der flüssige Schwefel mit einem Druck von ca. 3 bar in den Ofenraum eingedüst und mit der um die Düse eingeblasenen Luft verbrannt. Da die Leistung einer Düse auf maximal 72 t Schwefel pro Tag begrenzt ist, müssen in größeren Anlagen mehrere Düsen eingesetzt werden. Der *Zweistoffbrenner* besteht aus einer Düse für den Schwefel mit einem Mantel für Dampf oder Pressluft zur Unterstützung der Zerstäubung. Die Leistung eines einzelnen Brenners kann bis zu 170 t Schwefel pro Tag betragen. Die Druckzerstäuber benötigen für einen vollständigen Ausbrand des Schwefels einen verhältnismäßig langen Ofenraum. Die Leistung einer Düse lässt sich nur in einem Bereich von 70 % bis 100 % variieren. Wenn größere Lastbereiche erforderlich werden, müssen unterschiedlich große

Düsen verfügbar sein, die im Stillstand der Anlage ausgetauscht werden. Infolge der technischen Möglichkeiten in Verdüsung und Durchmischung sind Gase mit bis ca. 14% Volumenanteil SO_2 erreichbar. Darüber hinaus besteht die Gefahr, dass unverbrannter Schwefel in die nachfolgende Anlage gelangt. Der von Lurgi mit Saacke entwickelte *Rotationszerstäuber* Luro enthält einen von einem Elektromotor angetriebenen mit ca. 2500–4500 Upm rotierenden Becher (Abb. 3.4). Der flüssige Schwefel wird auf die Innenseite des nach außen leicht konischen Bechers aufgegeben und bildet durch die Zentrifugalkraft einen gleichmäßigen Flüssigkeitsfilm. An der Becherkante schleudert der Schwefel in den Ofenraum radial ab, wird feinst verteilt und damit schnell verdampft. Die Verteilung wird von der zwischen Becher und Becherhaube durch einen schmalen Ringspalt einströmenden Primärluft unterstützt, wobei diese auch verhindert, dass unverbrannter Schwefel an die Ofenausmauerung gelangt. Die zur vollständigen Verbrennung notwendige Hauptluftmenge strömt durch eine im Ofenkopf um den Luro angeordnete Windbox ein, wobei Drallschaufeln dieser Sekundärluft einen Drall entgegengesetzt zur Rotation des Schwefels geben. Das Brennersystem mit der feinen Verteilung des Schwefels ergibt eine sehr kurze Flamme mit vollständiger Verbrennung, selbst für Gase mit 18 bis maximal 19% Volumenanteil SO_2. Der Brenner erlaubt den Bau von Öfen mit nur 50% der Länge bei Druckzerstäubern und eine extrem hohe Ofenraumbelastung von bis zu 8 GJ m^{-3}. Die kurze heiße Flamme führt, wie die Praxis gezeigt hat, auch zu geringeren NO_x-Gehalten als theoretisch berechnet. Der für den Eintrag des Schwefels erforderliche Druck entspricht dem gasseitigen Druck im Ofen, also 0,3 bis 0,5 bar, max. 1 bar, wozu konventionelle beheizbare Pumpen eingesetzt werden können. Mit dem Rotationszerstäuber können während des laufenden Betriebs stufenlos alle Lastbereiche zwischen 40% und 100% gefahren werden, ohne dass eine Abstellung, ein Becher- oder gar Brennerwechsel erforderlich wären. Luro-Brenner sind für Leistungen von 5 t in Zellstofffabriken bis 580 t Schwefel pro Tag in Schwefelsäureanlagen in Betrieb. Der Ofen einer Schwefelsäureanlage für 3500 t H_2SO_4 pro Tag

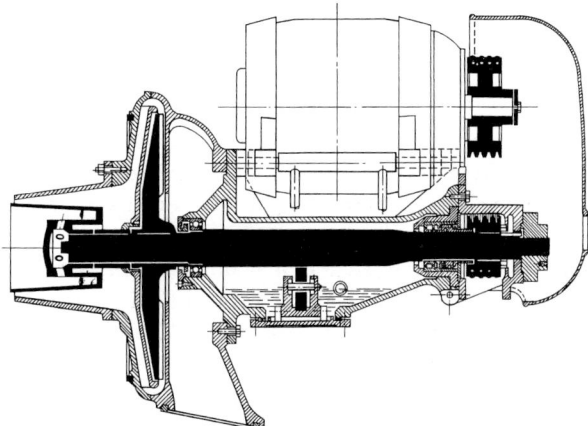

Abb. 3.4 Schnittbild eines Luro-Brenners

wird deshalb am Kopf mit zwei Brennern ausgerüstet. Für den Rotationszerstäuber ist nur die liegende Ofenausführung möglich, während es mit Düsen ausgerüstete Öfen auch in vertikaler Ausführung gibt.

Allen Schwefelbrennern gemeinsam ist, dass sie bei Anlagenstillständen schnellstmöglich auszubauen bzw. auszufahren sind, um Verzundern oder Verbrennen infolge Strahlungswärme von der heißen Ofenausmauerung zu verhindern.

Die Zündung des flüssigen Schwefels erfolgt im Ofen ab 600 °C, weshalb es erforderlich ist, den Ofen vor Start der Schwefelverbrennung mittels Öl oder Gas auf eine ausreichend hohe Temperatur vorzuheizen. Die rotglühende Ausmauerung dient hierbei als Wärmespeicher und bewirkt die Zündung.

Da die Schwefelverbrennung, bedingt durch den gasseitigen Widerstand der nachgeschalteten Anlagenteile wie Abhitzekessel, Kontaktgruppe, Trocknung und Absorption, unter einem Überdruck zwischen 0,3 bis 1,0 bar abläuft, muss das System beginnend mit Gas- und Lufteintritt zum nächstfolgenden Anlagenteil entsprechend gasdicht gebaut werden. Wichtig ist z. B. beim Rotationszerstäuber die einwandfreie Bearbeitung der Dichtflächen und während des Einbaus die sorgfältige Abdichtung gegen das Ofengehäuse.

In 2002 wurde von der Bayer AG eine neuartige Anlage zur gemeinsamen Verbrennung von Schwefel mit Luftsauerstoff und SO_2- und NO_x-haltigen Gasen aus der thermischen Schwefelsäurespaltung in Betrieb genommen, in der es gelingt, die NO_x-Bildung durch Kühlung des Verbrennungsraums und mehrstufiges Verbrennen des Schwefels auf < 5 mg Nm^{-3} zu senken (Abb. 3.5). In einem Versuch wird gezeigt, dass der NO-Gehalt eines Gases von 120 mg NO pro Normkubikmeter auf 0 mg gesenkt wird. Der Schwefel wird mit Zweistoff-Fächerdüsen in der Ebene unter Druck fein verdüst. Die SO_2-Konzentrationen liegen bei ca. 9–12 % Volumenanteil SO_2. Die eingebrachten NO_x-Gehalte können bis 5000 ppm betragen.

3.2.2
Unterstöchiometrische Schwefelverbrennung

Die unterstöchiometrische Schwefelverbrennung wird als zweistufige Anlage gebaut (Abb. 3.6). Sie wurde im Hinblick auf niedrige NO_x-Gehalte in der Schwefelsäure entwickelt, aber auch für Prozesse, in denen möglichst hoch konzentrierte SO_2-Gase mit geringstem Sauerstoffgehalt verarbeitet werden, um unerwünschte Sulfatbildung zu vermeiden. Hierbei wird in der ersten Stufe der Schwefelverbrennung soviel Luft zugeführt, dass der Sauerstoff vollständig aufgebraucht wird, und im Gas neben annähernd 20,5 % Volumenanteil SO_2 ein Anteil Schwefeldampf von 20 bis maximal 50 g S pro Normkubikmeter Gas enthalten ist. Die theoretische Verbrennungstemperatur beträgt je nach Temperatur der eintretenden Luft 1700 bis 1800 °C. Gemessen werden, bedingt durch Kesselstrahlung, Einbauort und -länge des Thermoelements meist nur 1500 bis 1600 °C. Die Ausführung der ersten Stufe entspricht im Prinzip dem Schwefelofen der überstöchiometrischen Verbrennung. Die Steinqualitäten der Ausmauerung sind der hohen Betriebstemperatur angepasst. Die Ausmauerung wird vierlagig ausgeführt. Als Brenner werden Rotationszerstäuber eingesetzt. Das praktisch NO_x-freie SO_2-Gas aus der ersten Stufe wird in

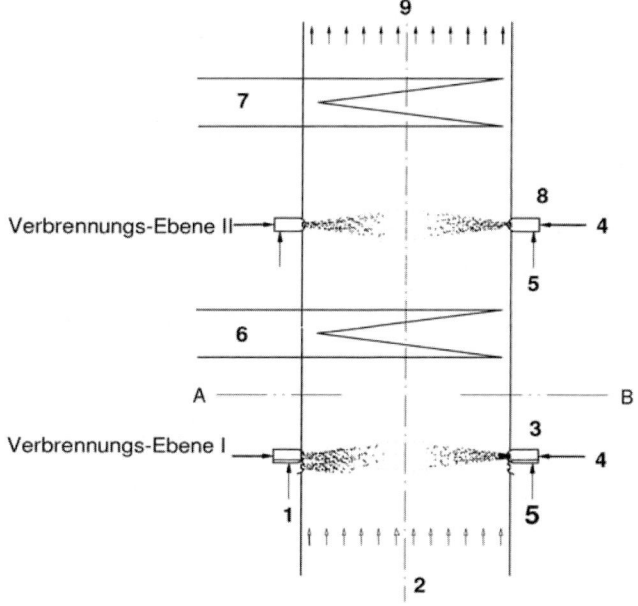

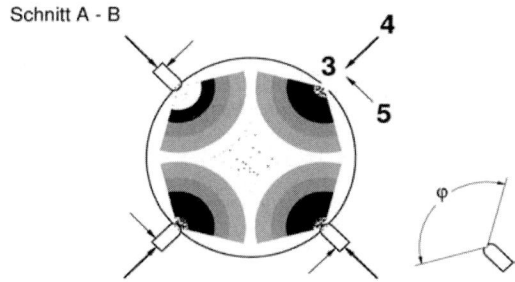

Abb. 3.5 Schnittbild einer Niedertemperatur-Verbrennung von Schwefel nach Bayer [14]
1 Kesselwand, 2 SO$_2$-haltige Verbrennungsluft zur Brennkammer, 3, 8 Hybriddüse, 4 Schwefel flüssig,
5 Zerstäubergas, 6, 7 Wärmetauscher, 8 SO$_2$-haltiges denoxiertes Prozessgas zum Doppelkontakt

einem Wasserrohrkessel auf 650 °C gekühlt und tritt in die zweite Stufe, die Nachverbrennungskammer, ein. Dort wird heiße Luft von ca. 250 °C ringförmig eingeblasen und mit dem Gas intensiv durchmischt, wobei der Schwefeldampf verbrennt. Es wird so viel Nachverbrennungsluft zugeführt, dass im Austritt der Nachverbrennungskammer ein 700 bis 750 °C heißes Gas mit 18% Volumenanteil SO$_2$ vorliegt. Bei dieser Temperatur entsteht nur wenig NO$_x$ (Abb. 3.7). In Europa werden zurzeit noch zwei solcher Anlagen betrieben; eine bei Grillo in Frankfurt und eine bei Kemira in Schweden.

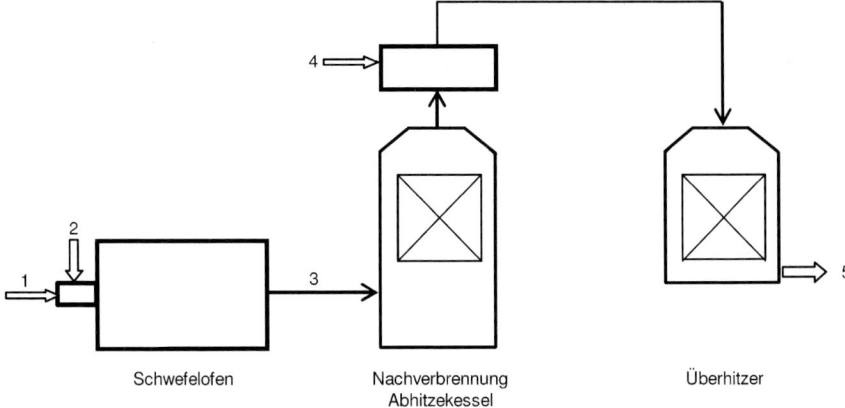

Abb. 3.6 Darstellung einer unterstöchiometrischen Verbrennung. 1 Schwefel, 2, 4 Luft, 3 SO$_2$/S-Gas, 5 SO$_2$-Gas (< 18 Vol.%)

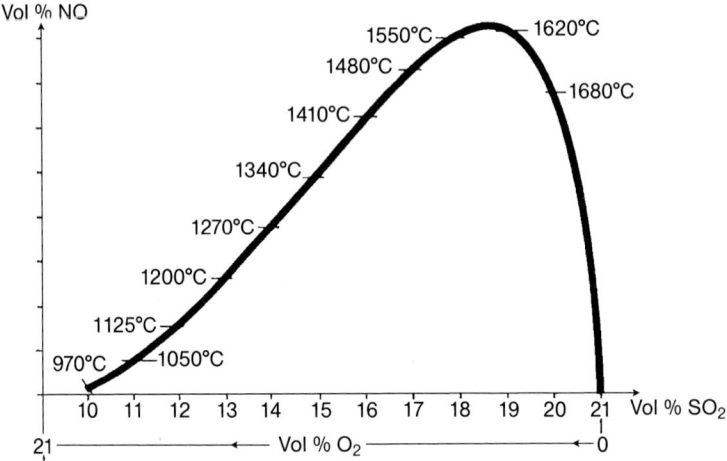

Abb. 3.7 NO$_x$-Bildung bei der Schwefelverbrennung

3.2.3
Herstellung von Dampf bei der Schwefelverbrennung

Bei der Schwefelverbrennung wird eine große Energiemenge auf hohem Temperaturniveau frei, die sinnvoll zur Dampferzeugung genutzt wird, und wobei das SO$_2$-Gas auf die für die nachfolgenden Verfahrensschritte erforderliche Temperatur abgekühlt wird. In einem an den Schwefelofen angeschlossenen Abhitzekessel wird meist Sattdampf im Druckbereich von mindestens 25 bis 65 bar, seltener bis 80 bar, erzeugt. Da die Schwefelverbrennung üblicherweise einer Schwefelsäureanlage vorgeschaltet ist, wird die erforderliche Dampfüberhitzung innerhalb der Schwefelsäureanlage durchgeführt. Den Dampf nutzen die Betreiber zum Antrieb von Maschinen wie Pumpen und Verdichtern, zur Erzeugung von elektrischer Energie, die ausreicht, um eine Schwefelsäureanlage autark zu betreiben, sowie für Heizzwecke. Bei der Verbrennung von Schwefel zu einem Gas mit 10 % Volumenanteil SO_2 und Kühlung der Gase auf ca. 420 °C werden je Tonne Schwefel ca. 2,4 t Sattdampf mit 40 bar erzeugt. Der Druck sollte nicht unter 25 bar entsprechend 224 °C liegen, weil wegen Spuren von Schwefelsäure aus der Lufttrocknung und einer geringfügigen SO_3-Bildung in Ofenaustritt und Kessel der Taupunkt an den Wärmeübertragungsflächen eventuell unterschritten wird und Korrosion befürchtet werden muss.

Prinzipiell stehen zwei Kesselausführungen zur Verfügung:

Davon ist der *Rauchrohrkessel* die Standardausrüstung der Schwefelverbrennung. Hierbei handelt es sich um einen horizontalen Rohrbündelwärmeaustauscher, bei dem das Gas durch die Rohre strömt und Wasser im Mantelraum verdampft wird. Der Rohrboden auf der Gaseintrittsseite wird durch Auftragen einer keramischen Masse vor Überhitzung geschützt. Um den Rohrboden über den gesamten Querschnitt auf gleicher Temperatur zu halten, wird der Kessel in einem Winkel von 90° an den Ofenaustritt angeschlossen, wodurch die Umlenkung zum Mischen des Gases und zur Vergleichmäßigung der Temperatur beiträgt, und der Rohrboden nicht der Flammenstrahlung ausgesetzt ist. In Rauchrohrkesseln sind alle Rohre von Wasser überflutet. Die Wasserzufuhr erfolgt aus einer oben liegenden Trommel durch Fallrohre am Boden des Verdampfers und der Dampf gelangt durch die oberhalb des Rohrbündels angeordneten Steigrohre in die Trommel. Der Rauchrohrkessel ist eine relativ einfache, problemlos zu betreibende und verhältnismäßig kostengünstige Installation. Weltweit finden sich zahlreiche Anbieter wie beispielsweise SHG, Oschatz oder Bertsch. Rauchrohrkessel sind sowohl hinsichtlich Dicke und Durchmesser der Rohrböden als auch bezüglich Temperaturbelastbarkeit und Dampfdruck in ihrer Größe begrenzt. Im Jahre 2003 lag diese Grenze bei einer Leistung von ca. 2500 t H_2SO_4 pro Tag ausgehend von Gas mit max. 1200 °C und Dampf mit max. 60 bar. Für größere Anlagenleistungen sind zwei oder mehr parallel angeordnete Rauchrohrkessel erforderlich oder der Einsatz eines Wasserrohrkessels.

Der *Wasserrohrkessel* besteht aus vertikalen Rohren, die zu einem zylindrischen Mantel gasdicht miteinander verschweißt sind. Hierbei strömen Wasser und Dampf durch die Rohre und das Gas im Innenraum von unten nach oben. Zur Erhöhung der Wärmeaustauschfläche (Heizfläche) werden in den leeren Raum des Rohrzylinders noch zusätzlich Rohrpakete eingebaut. Diese Kessel werden als Naturumlauf und als Zwangsumlaufkessel geliefert. Wasserrohrkessel sind im Aufbau und Betrieb komplizierter als Rauchrohrkessel und liegen in der Investition höher. Sie eignen sich für wesentlich höhere Anlagenleistungen, größere Dampfdrücke und höhere Gastemperaturen, wie sie bei Gasen mit über 14 % Volumenanteil SO_2 und bei der unterstöchiometrischen Verbrennung entstehen.

3.2.4
SO$_2$-haltige Gase aus Röst- und Spaltprozessen für die Schwefelsäureherstellung

Während der Prozess der Schwefelverbrennung mit Luft einen konstanten und reinen SO$_2$-haltigen Gasstrom gleichmäßiger Konzentration und Temperatur liefert, z. B. T = 420 °C und c_{SO_2} = 11,0 % Volumenanteil, ist dies bei Gasen aus metallurgischen Anlagen und aus thermischer Spaltung meistens nicht der Fall. Die Ursache liegt in der wechselnden Zusammensetzung der sulfidischen Erze bzw. in dem unterschiedlichen Gehalt an Schwefelsäure in Abfallsäuren. Hinzu kommen noch Schwankungen im Sauerstoffgehalt durch direkten Einsatz von Brennstoffen, z. B. bei Schmelzprozessen, Änderungen des CO$_2$-Gehaltes, z. B. durch unterschiedlicher Konzentration an organischen Inhaltsstoffen in Abfallsäuren, und Nebenprodukte in geringen Mengen, wie NO$_x$, Schwermetallsalze oder Stäube. Als Folge schwanken die SO$_2$- und O$_2$-Gehalte grundsätzlich. Durch die Reinigung der Gase kommen weitere Verfahrensstufen hinzu. Die Sauerstoffbilanz wird durch Zusatz von angereicherter Luft oder Reinsauerstoff ausgeglichen. Weiterhin ergeben sich in diesen Prozessen Schwankungen der Gasmenge und des Gasdruckes. Für die Durchführung der SO$_2$-Konvertierung unterscheidet man daher Gase mit konstanter bzw. nicht konstanter SO$_2$ Menge und Konzentration. Zudem leiten sich hieraus eine Vielzahl technischer Varianten ab

3.2.4.1 SO$_2$-haltige Gase aus metallurgischen Prozessen
SO$_2$-haltige Gase aus metallurgischen Prozessen entstehen bei der Verhüttung von sulfidischen Erzen. In Europa wird die Verhüttung von Erzen – in der Reihenfolge ihrer Bedeutung – des Kupfers, Zinks, Bleis und Eisens durchgeführt. Eine Übersicht über die verschiedenen Verfahren ist in Tabelle 3.2 gegeben.

3.2.4.2 SO$_2$-haltige Gase aus der thermischen Spaltung von flüssigen schwefelsäurehaltigen Abfällen
Die thermische Spaltung von Schwefelsäure verläuft in Umkehrungen des Herstellungsprozesses oberhalb 950 °C nach:

$$2\,H_2SO_4 \longrightarrow 2\,SO_2 + 2\,H_2O + O_2 \qquad \Delta H = +202\ \text{kJ mol}^{-1} \tag{3.2}$$

Anwesende Stoffe wie Wasser, organische Substanzen oder anorganischen Salze werden unter weiterem Energieeinsatz verdampft, verbrannt oder erschmolzen. Der freigesetzte Sauerstoff wird bei der Verbrennung genutzt. Die SO$_2$-haltigen Gase enthalten einen entsprechenden Anteil an CO$_2$ aus der Verbrennung der Nebenbestandteile. Die anwesenden Salze führen zu einer Salzschmelze. Der Einsatz von Heizöl bzw. Erdgas als Brennstoff führt bei entsprechender Fahrweise zu einer reduktiven Atmosphäre, in der die folgende Reaktion abläuft:

$$\begin{aligned}H_2SO_4 + C_nH_{2n+2} &+ 1,5n \cdot O_2 + 5,64n\,N_2 \\ &\longrightarrow SO_2 + (n+2) \cdot H_2O + n\,CO_2 + 5,64n\,N_2\end{aligned} \tag{3.3}$$

Die in diversen Prozessen der chemischen Industrie anfallenden Restschwefelsäuren und Sulfate sind mehr oder weniger stark verunreinigt und können ohne Auf–

Tab. 3.2 Schema der SO$_2$-Erzeugung aus metallurgischen Prozessen

SO$_2$ Bildung nach	Rohstoffe	Technische Durchführungen in Deutschland	Rohgas SO$_2$ %/O$_2$ %	Veränderung in der Zeit
a) 6 CuFeS$_2$ + 3 O$_2$ + SiO$_2$ → 3 Cu$_2$S + 5 SO$_2$ + 4 FeS + Fe$_2$SiO$_4$ b) 2 Cu$_2$S + 2 O$_2$ → 2 Cu + 2 SO$_2$ c) 2 FeS + 3 O$_2$ + SiO$_2$ → Fe$_2$SiO$_4$ + 2 SO$_2$ a) Kupfer, Matte b) Ausblasen	Kupfererzkonzentrat »Scrap« Zuschlagstoff	Im Outukumpu – Schwebeschmelzofen stufenweise Oxidation zu Kupferstein (Matte) und Abtrennung des Eisens als Eisensilikat (Slag). Verblasen des Kupfersteins im Konverter.	1–20/8–15	relativ gering bis sehr hoch
2 ZnS + 3 O$_2$ → 2 ZnO + 2 SO$_2$	Zinkblende Konzentrat	Rösten von Konzentrat im Wirbelschichtofen bei 920–980 °C, Laugung des Zinkoxids in Schwefelsäure und elektrolytische Abscheidung von Zink an der Aluminium-Kathode.	6–10/6–11	relativ gering
PbS + O$_2$ → Pb + SO$_2$	Bleiglanz Konzentrat + Sekundärrohstoffe : Batteriepaste, Schlämme; Kohle	a) im QSL – Reaktor bei 1200 °C mit Oxidations (Sauerstoffdosierung) -und Reduktionszone (Kohledosierung) b) im Badschmelzofen bei 1000 °C	a) 7–20/ca.15 b) 2–6/ca.15	a) niedrig bis hoch (Batchbetrieb) b) relativ hoch
4 FeS$_2$ + 11 O$_2$ → 2 Fe$_2$O$_3$ + 8 SO$_2$ 3FeS$_2$ + 8 O$_2$ → Fe$_3$O$_4$ + 6 SO$_2$	Pyrit-Konzentrat	Röstung in Wirbelschichtofen, Etagenofen oder Drehrohrofen bei 650–800 °C	6–14/0–1	sehr stark

arbeitung nicht mehr eingesetzt werden. Je nach Prozess sind die Verunreinigungen überwiegend organischer oder überwiegend anorganischer Natur.

Fast ausschließlich organisch verunreinigt ist die Schwefelsäure, die hochkonzentriert bei der Alkylierung von Olefinen zur Herstellung von Kraftstoffkomponenten mit hoher Octanzahl eingesetzt und als Säure mit 88 bis 90% H_2SO_4, 4 bis 6% H_2O, sowie 4 bis 6% organischen Verunreinigungen und 0 bis 4% Salzen ausgeschleust wird. Dagegen enthält die Abfallsäure aus einer Acrylanlage ca. 47% NH_4HSO_4, 20% H_2SO_4 und 3,5% organische Verbindungen.

Das Prinzip der Aufarbeitung ist, dass die Säure bei Temperaturen um 1000 °C durch Energiezufuhr zu SO_2-Gas gespalten wird, um daraus nach Kühlung und intensiver Reinigung wieder reine Schwefelsäure für die Rückführung in den jeweiligen Prozess zu erzeugen. Ein wesentlicher Teil der für die Spaltung erforderlichen Energie wird benötigt, um das in der Säure enthaltene Wasser zu verdampfen und das Restwasser abzuspalten, weshalb möglichst Säure mit mindestens 65% H_2SO_4 eingesetzt werden sollte. Die Energie wird durch Verbrennen von flüssigen oder gasförmigen Brennstoffen zugeführt. Eine zu geringe Säurekonzentration, d. h. ein zu hoher Wasseranteil steigert die Rauchgasmenge und verringert den SO_2-Gehalt im Gas zur Schwefelsäureanlage. Der organische Anteil in der Abfallsäure bewirkt die Einsparung von Fremdenergie. Der Ablauf im Spaltofen ist folgender:
- Erwärmung der Schwefelsäure,
- Dehydratation,
- H_2O-Verdampfung,
- H_2SO_4-Verdampfung,
- Aufheizung der H_2O- und H_2SO_4-Dämpfe,
- H_2SO_4-Spaltung zu SO_3 und H_2O,
- SO_3-Spaltung zu SO_2 und O_2 sowie
- Spaltung der Kohlenwasserstoffe.

Eine von Lurgi gebaute Spaltanlage für die Abfallsäure aus einer Acrylanlage besteht aus einem vertikalen Ofen, bei dem die Abfallsäure im Kopf mit einer Zweistoffdüse eingespeist wird. Am Mantel unterhalb des Kopfes sind zwei oder drei Brennkammern angeordnet, die Rauchgase bis 1800 °C erzeugen, die tangential in den Ofen eintreten. Aus der eingedüsten Säure wird zunächst das Wasser verdampft, dann das Wasser aus dem H_2SO_4-Molekül abgespalten und bei ca. 1000 °C das SO_3 zu SO_2 und O_2 gespalten. Nach einer Verweilzeit von ca. 3 bis 4 s, in welcher ein hoher Spaltgrad erreicht wird, tritt das Gas in einen Gaskühler ein. In diesen kastenförmigen ausgemauerten Apparat werden haarnadelförmige Rohrbündel eingehängt, wobei das heiße Spaltgas um die von Kühlluft durchströmten Rohre geleitet wird. Die erhitzte Luft wird teils zur Verbrennung des Brennstoffs und teils zur Dampferzeugung verwendet. Das auf ca. 360 °C gekühlte Spaltgas wird danach für die Anforderungen der Schwefelsäureanlage gewaschen und gekühlt. Der Spaltofen selbst besteht aus einem feuerfest ausgemauerten zylindrischen Blechmantel (Abb. 3.8). Anstelle des Gaskühlers werden Spaltöfen auch mit Abhitzekesseln ausgerüstet, was die günstigere Form der Energienutzung darstellt.

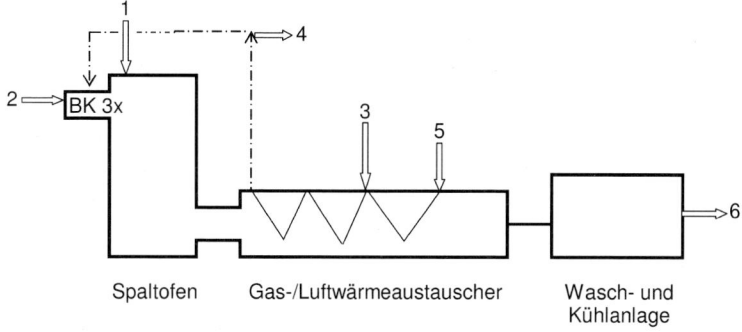

Abb. 3.8 Spaltanlage Typ Lurgi/Röhm
1 Spaltsäure, 2 Heizöl, 3 atmosphärische Luft, 4 Luft zum Kessel, 5 Luft vom Kessel, 6 Spaltgas,
BK = Brennkammer

Während bei konventionellem Betrieb der Brennkammern mit atmosphärischer Luft (20,95 % Volumenanteil O_2) vor der Kontaktanlage nur 5,5 bis 6,0 % Volumenanteil SO_2 erreicht werden, kann der SO_2 Gehalt mit bis auf 27 % Volumenanteil O_2 angereicherter Luft auf mindestens 8 % Volumenanteil SO_2 gesteigert werden. In vorhandene Anlagen ist so eine Leistungssteigerung möglich und Neuanlagen können kleiner dimensioniert werden.

Zur Spaltung von Säure aus der Alkylierung werden auch liegende Öfen ähnlich den Schwefelöfen eingesetzt (s. Abb. 3.9). Wegen der hohen Säurekonzentration ist der Energiebedarf wesentlich geringer als im Falle der Säure aus Acrylanlagen. Als Brennstoff wird deshalb möglichst Schwefel eingesetzt. Das Spaltgas wird nach Abkühlung in einem Abhitzekessel auf ca. 420 °C dem Kontaktkessel der Schwefelsäureanlage zugeführt. Allerdings ist vor diesen wegen der in der Abfallsäure enthaltenen Salze eine Salzabscheidung in einem Heiß-Elektrofilter oder in einem mit keramischer Masse gefüllten, möglichst umschaltbaren Filter zu schalten [14, 15].

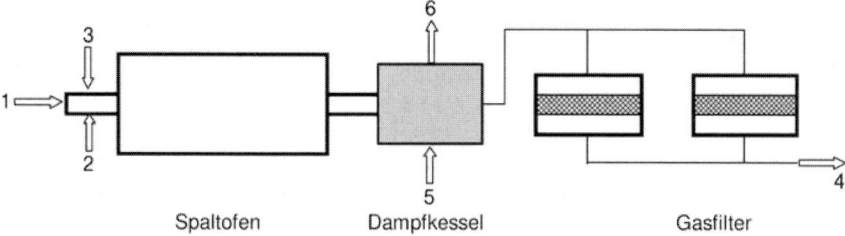

Abb. 3.9 Spaltanlage für Alkylierungssäure nach Lurgi
1 Spaltsäure, 2 Luft, 3 Schwefel, 4 Spaltgas, 5 Kesselwasser, 6 Sattdampf

3.2.4.3 SO_2-haltige Gase aus der thermischen Spaltung von Eisensulfat und Abfallsäure bei der Titandioxidherstellung [16, 17]

Bei der Titandioxidherstellung nach dem Sulfatverfahren werden je nach Rohstoff 2,4–3,5 t konz. H_2SO_4 pro Tonne TiO_2 benötigt. Diese Schwefelsäure wird z. T. als

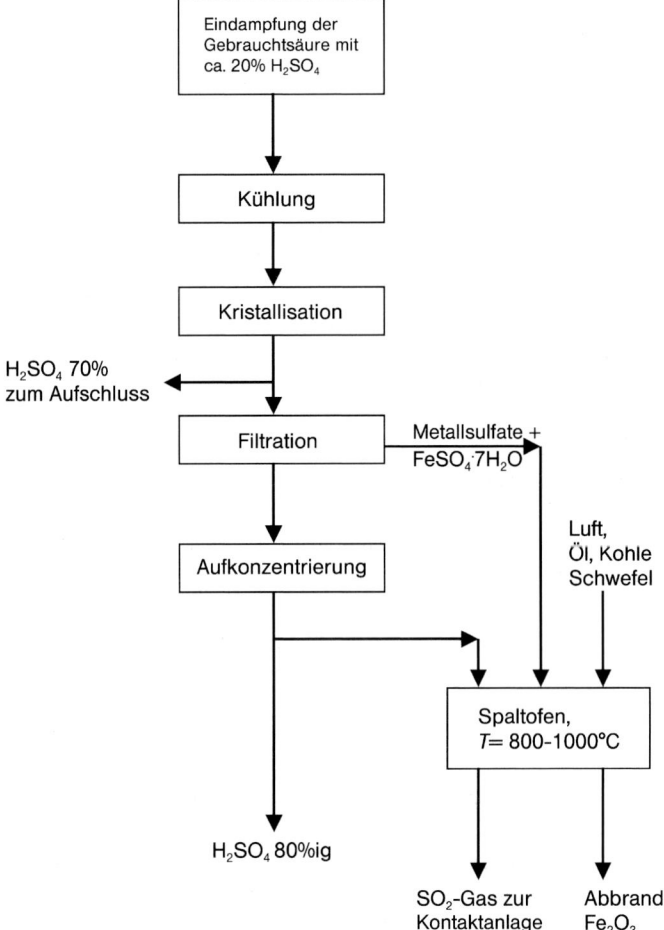

Abb. 3.10 SO$_2$-haltige Gase aus der Eisen(II)-sulfat-Spaltung

Sulfat, insbesondere Eisen(II)-sulfat, bzw. als freie Schwefelsäure in der Gebrauchtsäure aus dem Prozess freigesetzt. Insgesamt fallen ca. 6–9 t Gebrauchtsäure je Tonne Pigment an. Die Rückgewinnung der freien und gebundenen Schwefelsäure aus der Gebrauchtsäure zeigt Abbildung 3.10.

Dieses Verfahren ist in zwei Prozesse gegliedert:
1. Rückgewinnung der freien Säure durch Eindampfen
2. thermisches Spalten der Sulfate und H$_2$SO$_4$-Herstellung aus dem Schwefeldioxid

Die Gebrauchtsäure wird mit Hilfe von indirekt beheizten Zwangsumlaufverdampfungsanlagen auf ca. 70 % eingedampft. Bei dieser Konzentration hat Eisensulfat ein Löslichkeitsminimum. Die 70 %ige Säure wird gekühlt und die Salze nach der

Kristallisation abfiltriert. Die nahezu salzfreie Säure wird nun entweder direkt oder nach einer weiteren Aufkonzentrierungsstufe im Aufschluss wieder eingesetzt. Alternativ kann sie auch für andere chemische Prozesse eingesetzt oder zu SO_2 gespalten werden.

Die abgetrennten stark schwefelsäurehaltigen Sulfate werden im Fließbett- oder Wirbelschichtreaktor bei 800–1000 °C in Schwefeldioxid und Eisenoxid bzw. Metalloxide gespalten.

Als Brennstoffe können z. B. Schwefel, Kohle oder Öl eingesetzt werden. Das aus dem Ofen austretende schwefeldioxidhaltige Gas wird in einem Abhitzekessel auf ca. 350–400 °C abgekühlt und dann in die Gasreinigungsanlage geleitet. Die gereinigten Gase werden der Schwefelsäureanlage zugeleitet. Der Eisenoxid-Rückstand (Abbrand) kann in der Zementindustrie eingesetzt werden.

Zum Vergleich mit dem Chlorid-Verfahren siehe [18].

3.2.4.4 SO$_2$-haltige Gase aus der thermischen Spaltung von Calciumsulfaten

In einer modifizierten Form des Müller-Kühne Verfahrens [19] wird im Drehrohrofen Anhydrit ($CaSO_4$) mit aktivem Kohlenstoff als Reduktionsmittel durch thermische, reduktive Spaltung bei 800 °C bis 1200 °C unter Bildung von SO_2 und CO_2 gespalten. CaO wird in Gegenwart von SiO_2, Al_2O_3 und Fe_2O_3 in Zement überführt.

$$CaSO_4 + 2\,C \longrightarrow CaS + 2\,CO_2 \tag{3.4}$$

$$CaS + 3\,CaSO_4 \longrightarrow 4\,CaO + 4\,SO_2 \tag{3.5}$$

$$4\,CaSO_4 + 2\,C \longrightarrow CaO + 4\,SO_2 + 2\,CO_2 \tag{3.6}$$

Das den Drehrohrofen verlassende SO_2-haltige Ofengas wird zunächst von mitgerissenen Feststoffanteilen befreit (Staubabscheider, Elektrofilter). Zur weiteren Abscheidung noch vorhandener Verunreinigungen werden die Gase mit Wasser gewaschen. In einem nachgeschalteten Gaskühler werden die Gase zur Wasserdampfkondensation auf ca. 30 °C abgekühlt, wobei Reste an Verunreinigungen ausgewaschen werden. In der nachfolgenden Nass-EGR (elektrostatische Gasreinigung) erfolgt die Entfernung von Aerosolen. Anschließend wird das Rohgas getrocknet und der Schwefelsäureanlage zugeleitet. Die Konzentration von SO_2 ist mit 3 bis 6 % Volumenanteil sehr gering und unterliegt zudem großen Schwankungen. Durch Spaltung von Abfallschwefelsäure in der brennerseitigen, heißen Zone der Drehrohröfen konnte die SO_2 Konzentration erhöht werden.

Die traditionellen Rohstoffe des Müller-Kühne-Verfahrens Anhydrit, Ton, Sand, Pyrit-Abbrand und Braunkohle-Hochtemperatur-(BHT)-Koks wurden teilweise substituiert durch Flugaschen, Filterstäube, Aktivkohle sowie Abfälle und Gips aus der Rauchgas-Entschwefelung von Kraftwerken. Aktiver Kohlenstoff wurde aus energiereichen organischen Chemieabfällen, Lösemitteln, schwefelsäurehaltigen Abfallsäuren oder Säureteeren gebildet. Dabei wurde Portland-Zement Qualität erreicht (Abb. 3.11). Das Verfahren, das nach Wiederinbetriebnahme der vorhandenen Drehrohröfen von der Wolfener Schwefelsäure und Zement GmbH (WSZ) in Bitterfeld/Wolfen technisch erfolgreich angewandt wurde, wurde aus wirtschaftlichen Gründen wieder eingestellt.

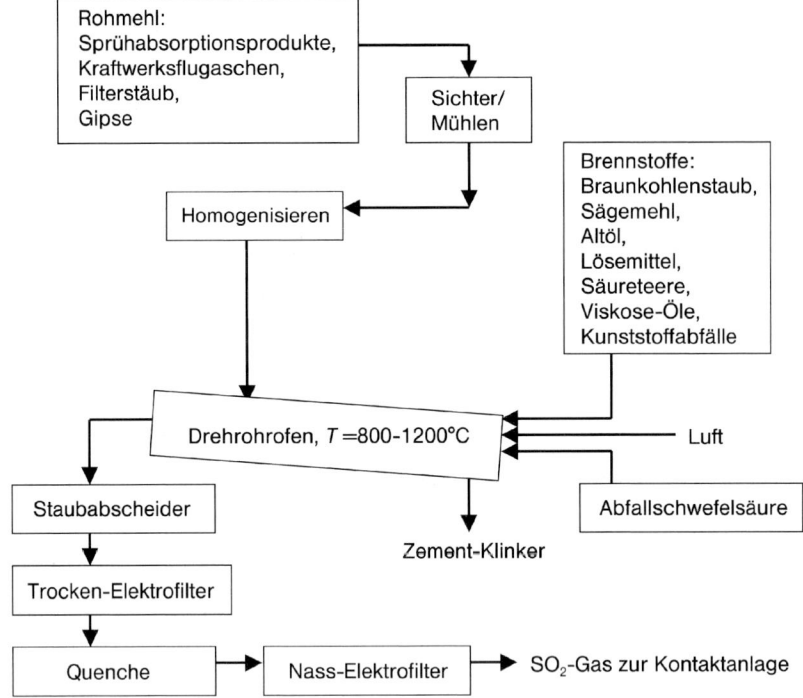

Abb. 3.11 SO$_2$-haltige Gase aus der thermischen Spaltung von Calciumsulfat

3.3
Reinigung von SO$_2$-haltigen Gasen

SO$_2$-enthaltende Gase von allen metallurgischen Prozessen (Tabelle 3.3) werden vor Eintritt in den Kontaktbereich der Schwefelsäureanlage von folgenden Komponenten gereinigt:

Tab. 3.3 SO$_2$-Verunreinigungen nach Metallverhüttung

Abgas aus	Haupt-Verunreinigung	Gasaufbereitung vor Schwefelsäureprozess
Kupferhütte	As, Hg, HF	2-stufige Gaswäsche, Gaskühler, 2-stufige Nass-EGR, Wäsche mit Hg-Entfernung
Bleihütte	Hg	Nass-EGR, Wäsche mit Hg-Entfernung
Zinkhütte	Hg	Nass-EGR, Wäsche mit Hg-Entfernung

- Nebel oder Aerosole, die sich durch Kondensation von flüchtigen Metallbestandteilen wie Zn, Pb, Sb, Bi, Cd und deren Chloriden, Sulfaten und Oxiden bilden,
- Flüchtige gasförmige Metalle wie As, Se, Hg und deren Abkömmlinge,
- Gasförmige nichtmetallische Komponenten wie HF, HCl, SO_3, CO.

CO wird im Kontaktbereich zu CO_2 oxidiert. Alle anderen werden in Schwefelsäure absorbiert oder mit dem Endgas über den Kamin emittiert. Gase aus Verbrennungsprozessen enthalten ebenfalls CO_2.

Die effektive Reinigung dieser Gase macht Probleme durch die Vielfalt der Verunreinigungen und den erhöhten Taupunkt der SO_2-haltigen Gase. Die Auswahl der Gasreinigungsanlagen ist kritisch in Hinsicht auf die technische Machbarkeit, die ökonomische Akzeptanz und die Umweltverträglichkeit.

Die Abgasreinigungssysteme bestehen aus einer Abfolge verschiedener Schritte:
- Kühlen und Entstauben in einer Heißgas-EGR,
- Gaswäsche bestehend aus Kühlung und Abscheidung von Feststoffen,
- Abscheidung von Verunreinigungen.

3.3.1
Kühlung und Elektrostatische Gasreinigung (EGR)

Die Abgase aus Zinkröster, Kupfer-Flash-Öfen oder Kupferkonvertern haben Temperaturen von 700–1100 °C und einen hohen Staubanteil. Sie müssen auf unter 400–600 °C gekühlt werden. Hierzu werden folgende Methoden angewendet:
- Dampferzeugung mit Verdampfern,
- Verdampfungskühlung mit Wasser,
- Indirekte Kühlung mit Luft.

Die *Dampferzeugung* wird bei Abgasströmen mit konstanter Menge angewandt, z. B. bei Zinkröstern oder bei Flash-Öfen.

Die *Verdampfungskühlung* wird hauptsächlich bei schwankenden Gasmengen speziell bei Kupferkonvertern verwendet. Durch den Einsatz spezieller Zweistoffdüsen (Wasser und Druckluft) kann die Abgastemperatur und die Ablauftemperatur sehr genau kontrolliert werden. Dieser Umstand ist besonders wichtig, denn ein Temperaturabfall kann eine Nebelbildung mit Ablagerung von nassem Staub in der Heißgas-EGR zur Folge haben.

Der Vorteil der Verdampfungskühlung liegt in der Verringerung der Bildung von zusätzlichem SO_3 bei kleinen Verweilzeiten bei Temperaturen > 550 °C in Gegenwart von Kupferverbindungen als Katalysator.

Die *indirekte Luftkühlung* wird relativ selten verwendet wegen der folgenden Nachteile: Die Kühlluft hat eine tiefere Temperatur als der Taupunkt des Prozessgases, sodass Kondensation von Säuren und Korrosion die Folge sind. Die Verweilzeiten sind groß, sodass mehr SO_3 entsteht. Im Fall wechselnder Gasmengen ist es schwierig, die Gastemperatur im Ausgang zu kontrollieren.

Für die Abscheidung von Feststoffen aus Gasströmen wird die *Heißgas-EGR* eingesetzt. Sie besteht aus zwei bis fünf Abschnitten, je nachdem wie viel Staub mit welcher Zusammensetzung abzuscheiden ist. Die Leistung wird so ausgelegt, dass am Ausgang eine Staubmenge von < 200 mg Nm^{-3} erreicht wird. Im Falle von abwärts strömenden Nassgasen kann der Staubgehalt sogar auf 30–50 mg Nm^{-3} gesenkt werden.

Lurgi hat vielfältige Anstrengungen unternommen, um die Abscheidungseffizienz zu verbessern ohne die Gesamtdimension des Abscheiders zu vergrößern, beispielsweise durch
- Verbesserung der Elektrodensysteme,
- Hochspannungsversorgung und
- verbesserte Reinigung der Elektroden.

Die Form der Sammelelektroden bestimmt das Profil des Spannungsfeldes. Ein Feld mit möglichst homogener Verteilung ermöglicht die höchste Abscheidung. Als beste Elektrode hat sich das Profil ZT 24 erwiesen.

Die Sammel- und Entladungselektroden sind mit dem Klopfsystem Rotohit ausgerüstet. Die motorisch angetriebenen Hammerschäfte rotieren und schlagen dabei gegen die Klopfrahmen.

Lurgi hat für die Hochspannungsversorgung das Coromatic-F oder Variovolt WC 3F System entwickelt, das weltweit erfolgreich eingesetzt wird. Die Anlage regelt automatisch die günstigste Abscheidespannung durch Scannen von Abscheidespannung, Strom und Kurzschlusserkennung. Der Spannungsabfall beim Klopfen, sowie das Anfahren und Abfahren werden ebenfalls vom System beherrscht. Die Abscheidungsleistung ist daher konventionellen Systemen mit fester Spannung überlegen.

3.3.2
Waschverfahren

Die Nassgasreinigung hat die Aufgabe, das Abgas auf 30–40 °C zu kühlen, sodass es für die Schwefelsäureherstellung geeignet ist. Außerdem müssen alle schädlichen Verunreinigungen entfernt werden. Es sind grundsätzliche zwei Methoden zu unterscheiden:

Der Waschturm entweder als Quenchturm oder zweistufiger Radial-Stromwäscher. Für die Endreinigung wird Nass-EGR und falls notwendig Fluor- oder Quecksilberabscheidung eingesetzt.

Der *Waschturm* wird insbesondere für hoch belastete arsenhaltige Abgase benutzt. Arsen hat die Eigenschaft Ablagerungen von As_2O_3 an den Wänden zu bilden. Türme von Lurgi haben folgende Eigenschaften:
- Spezielle Ausmauerung am Übergang von Trocken nach Nass (T-Sprung), zusätzliche Ausmauerung mit Kohlenstoffsteinen bei hohem Fluorgehalt,
- Lange Verweilzeit für das Wachstum von kondensierten Partikeln (z. B. As_2O_3, $PbSO_4$, SeO_2),
- Düsen in einer ringförmigen Anordnung im Stand-By-Betrieb bei Pumpenausfall,

- sichere Wasserversorgung,
- leichter Zugang für die Inspektion,
- geringer Tropfenaustrag.

Für hohe Effizienz verwendet Lurgi den *Radial-Stromwäscher*, der in der Lage ist, wechselnde Gasmengen zu verarbeiten und den notwendigen Druckabfall zu erhalten. Der Stromwäscher kann auch zweistufig verwendet werden, wenn eine Vorkühlung fehlt. Das Gas tritt von oben ein, Verunreinigungen werden von einer zweistufigen Venturi-Düsen-Anordnung entfernt. Durch die erste Düse wird das Gas mit Wasserdampf gesättigt, in der zweiten wird es gereinigt. Die Gasströmung erfolgt radial. Die Waschzone wird durch zwei Ringe gebildet, zwischen denen Gas- und Flüssigphase radial von innen nach außen strömen. Die relative Geschwindigkeit zwischen beiden Phasen ist entscheidend für den Wascheffekt. Der nötige Querschnitt der Waschzone wird durch Ausrichtung des unteren Rings erreicht. Die Waschzone wird durch den Druckverlust kontrolliert.

Kühltürme für die adiabatische Kühlung der Abgase sind gefüllt mit Plastikringen. Der Gasstrom tritt unten ein, die Waschsäure wird im Gegenstrom oben aufgegeben. Die Waschflüssigkeit wird mittels Pumpe rezirkuliert und in Plattenwärmetauschern gekühlt. Die Abdeckung ist aus polypropylen-(PP-)verstärktem glasfaser-verstärktem Kunststoff (GFK) hergestellt. Die Packung besteht aus speziellen Niederdruck PP-Elementen mit kleiner spezifischer Oberfläche, sodass ein Zusammenbacken vermieden wird.

Die Endgasreinigung wird in der *Nass-EGR*, die normalerweise zweistufig in Serie gebaut ist, ausgeführt. Lurgi setzt Röhren aus Plastik als Abscheider ein. Gaseintritts- und Austrittsdüsen sind in dem konisch geformten Abscheider am Boden und an der Decke angeordnet. Abgeschiedene Partikeln werden kontinuierlich mit dem Kondensat am Boden entfernt. Alle Teile in Kontakt mit dem Gasstrom sind aus PVC-PP-verstärktem Stahl oder PVC-verstärktem GFK hergestellt. Die Abscheider werden regelmäßig mit Waschsäure abgespült.

Die Sammelelektroden sind selbsttragende Rohrbündel aus PP-Elementen. Zur Erreichung einer guten Leitfähigkeit muss ein durchgängiger Flüssigkeitsfilm erzeugt werden. Beide Rohrenden sind über Graphit-Verbinder geerdet.

Die Entladungselektrode Typ X3 besteht aus Blei mit Stahl- oder Edelstahl-Seele. Sie hängt in Führungsrahmen oben und unten exakt in der Rohrmitte. Die Führungsrahmen (Strombalken) liegen auf mit Luft kontinuierlich gespülten Isolatoren auf. Durch das Spülen wird ein Zutritt von Säurenebel und Staub zu den Isolatoren, an die Spannung herangeführt wird, vermieden. Um eine gute Gasverteilung zu erreichen, sind gelochte Platten aus PP übereinander im zentral angeordneten Gaseingang angebracht.

Im *Fluorturm* (Abb. 3.12) wird der Fluorgehalt auf < 2 mg Nm^{-3} reduziert. Der Turm ist gepackt wie ein Waschturm. Die Packung besteht aus keramischen Füllkörpern (z. B. Raschig-Ringen). Fluor liegt als HF vor und reagiert mit den Keramikkörpern unter Bildung von Fluorkieselsäure H_2SiF_6 nach:

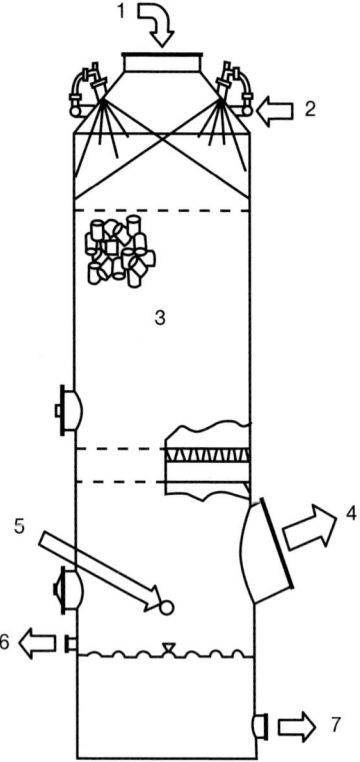

Abb. 3.12 Schema eine Fluorturms
1 Rohgas von der Nass-EGR, 2 Waschflüssigkeit von der Pumpe, 3 Füllung mit Keramikringen, 4 Reingas, 5 Prozesswasser, 6 zum Gaskühler, 7 zur Pumpe

$$\mathrm{SiO_2 + 3\ H_2F_2 \longrightarrow H_2SiF_6 + 2\ H_2O} \tag{3.7}$$

Fluorkieselsäure wird im Waschwasser neutralisiert. Das Verfahren wird bei < 200 mg Fluorid pro Normkubikmeter angewendet.

Bei höheren Fluoridgehalten wird 10 %ige Natriumsilicatlösung in den Kühlkreislauf dosiert. Dabei bildet sich $\mathrm{Na_2SiF_6}$. Das Verfahren ist schnell und die Dosierung ist einfach.

$$\mathrm{Na_2SiO_3 + 3\ H_2F_2 \longrightarrow Na_2SiF_6 + 3\ H_2O} \tag{3.8}$$

Eine typische Abgasreinigung für einen Kupferschmelzofen ist in Abbildung 3.13 gezeigt.

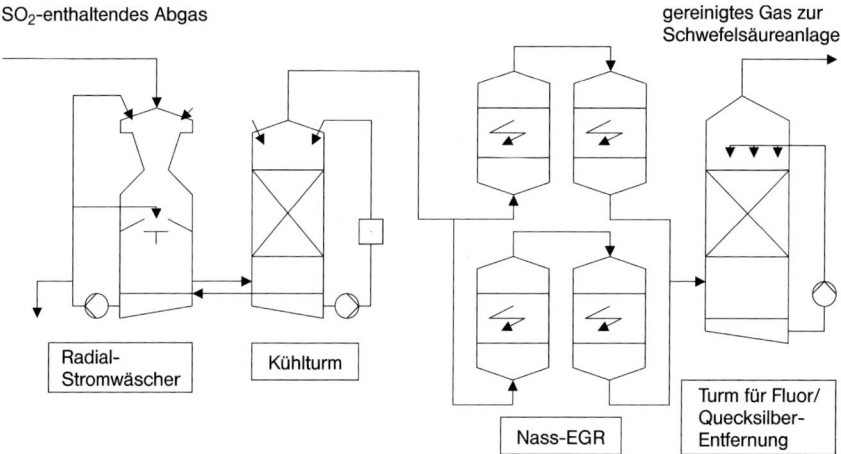

Abb. 3.13 Typische Abgasreinigung für einen Kupferschmelzofen

3.3.3
Quecksilberabtrennung

Quecksilber liegt in den Abgasen von metallurgischen Anlagen dampfförmig atomar vor und kann in Gaskühltürmen nicht abgeschieden werden. Quecksilber wird daher erst in der Schwefelsäure wiedergefunden. Zur Entquickung wurden verschiedene Verfahren ausgearbeitet.

Kalomel-Prozess (Boliden-Norzink) [20, 21]
Die Gase werden in einem kontinuierlichen Prozess mit einer angesäuerten wässrigen $HgCl_2$-Lösung gewaschen. Während des Kontaktes wird unlösliches Kalomel (Hg_2Cl_2) gebildet, das durch Dekantieren abgetrennt wird. Kalomel wird im Chlorierprozess wieder aufgearbeitet. Die Anlage zur Quecksilberentfernung besteht aus einem Gegenstromwäscher aus GFK mit Pumpen, Chloriersystem und Absetztanks für Kalomel in Form gelb-weißer Kristalle. Im entnommenen Wasser wird Quecksilber mit Zinkpulver ausgefällt.

Gasreinigung: $\quad Hg \text{ (gasförmig)} + HgCl_2 \longrightarrow Hg_2Cl_2 \quad$ (3.9)

Regenerierung: $\quad Hg_2Cl_2 + Cl_2 \longrightarrow 2\, HgCl_2 \quad$ (3.10)

Abwasserreinigung: $\quad 2\, HgCl_2 + Zn \longrightarrow HgCl_2 + ZnCl_2 \quad$ (3.11)

Der Quecksilbergehalt kann typischerweise auf 0,05–0,10 mg Nm^{-3} reduziert werden.

Rhodanidprozess [22]
Im Rhodanidprozess (Abb. 3.14) wird dampfförmiges Quecksilber durch Schwefelwasserstoff oxidiert und als Quecksilbersulfid abgeschieden. Der Prozess wird in

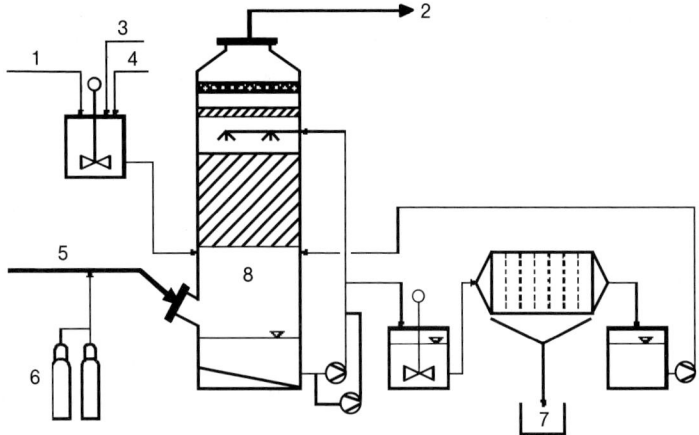

Abb. 3.14 Quecksilberentfernung nach dem Rhodanidprozess
1 Wasserzugabe, 2 Reingas zur Schwefelsäureanlage, 3 Aktivkohle, 4 Natriumrhodanid,
5 Rohgas aus der Nass-EGR, 6 Schwefelwasserstoffzugabe, 7 HgS-Kuchen, 8 Rhodanid-Waschturm

saurer Lösung des Quecksilber(II)-Rhodanid-Komplexes $[(SCN)_4Hg]H_2$ durchgeführt.

$$Hg + [(SCN)_4Hg]H_2 \longrightarrow (SCN)_2Hg_2 + 2HSCN \tag{3.12}$$

$$(SCN)_2Hg_2 + 2HSCN + H_2S \longrightarrow [(SCN)_4Hg]H_2 + HgS + H_2 \tag{3.13}$$

$$Hg + H_2S \longrightarrow HgS + H_2 \tag{3.14}$$

Anstelle von Rhodanid kann in dem Prozess auch Iodid benutzt werden. Ein Teil der Lösung muss regelmäßig ersetzt werden, da Verluste an der Komplexverbindung auftreten und HgS ausgeschleust werden muss.

Die Anlage besteht aus einem Waschturm mit Plastikpackung, der im Gegenstrom betrieben wird. H_2S wird kontinuierlich am Turmeingang eingespeist.

Boliden-Thiosulfatprozess

Im Thiosulfatprozess wird das Hg enthaltende Gas zweistufig getrocknet und dabei der Hg-Gehalt bis auf 0,1–0,3 ppm gesenkt. Im ersten Trockner zirkuliert 78%ige Schwefelsäure mit einer Auflauftemperatur von < 40 °C. Die Einstellung der Konzentration erfolgt mit 98,5%iger Schwefelsäure. Im Nachtrockner zirkuliert 99%ige Schwefelsäure, deren Konzentration durch SO_3-haltiges Gas aus dem Kontaktbereich in einer separaten Kolonne eingestellt wird. Die gesamte Trocknersäure wird bei einem Gehalt von 80% H_2SO_4 mit Natriumthiosulfat-Lösung und dem Filterhilfsmittel Celite versetzt. Die Hg-Abscheidung erfolgt nach:

$$H_2SO_4 + Na_2S_2O_3 \longrightarrow S + SO_2 + Na_2SO_4 + H_2O \tag{3.15}$$

$$S + Hg \longrightarrow HgS \tag{3.16}$$

Der im feinkolloidalen Zustand gebildete Schwefel ist besonders geeignet, Hg zu binden. Nach der Filtration wird die Schwachsäure wieder in den Kontaktbereich zurückgeführt. Der Verbrauch an Thiosulfat liegt bei 0,5 kg pro Tonne Säure [21].

Dowa-Prozess
Als zweite Stufe der Quecksilberentfernung wird von der Norddeutschen Affinerie der Dowa-Prozess [23] angewendet. Das SO_2-haltige, wasserdampfgesättigte Gas passiert einen Turm mit Bims-Pellets, die mit Bleisulfidlösung getränkt wurden. PbS reagiert nach:

$$\text{Hg (gasförmig)} + \text{PbS} + O_2 + SO_2 \longrightarrow \text{HgS} + \text{PbSO}_4 \qquad (3.17)$$

Der mit Bleisulfid imprägnierte Träger ist nach einer entsprechend langen Zeit unter Bildung von Bleisulfat verbraucht. Bleisulfid bindet aber auch andere Substanzen, wie Fluorid, oder Schwermetalle, wie Arsen, Cadmium, Kupfer etc. Das Verfahren basiert einmal auf der extrem geringen Löslichkeit von HgS und zum zweiten auf der Bildungsreihe der Sulfide nach SCHÜRMANN, in der Quecksilber noch vor Silber steht.

Dieser Prozess ist daher in der Lage, die Qualität der in der Folge gebildeten Schwefelsäure entscheidend zu verbessern. Diese neue Qualität wurde im Unterschied zu der bisher damit in Zusammenhang stehenden »Metallsäure« als Premium-Schwefelsäure in den Handel gebracht. Der Hg-Gehalt in der Schwefelsäure kann unterhalb von 0,05 ppm liegen. Der Einsatzbereich der Säure wird dadurch erheblich erweitert.

3.3.4
Arsenentfernung

Lurgi-Sachtleben-Prozess
Im Lurgi-Sachtleben-Prozess wird Arsen mit Schwefelwasserstoff als As_2S_3 abgeschieden (Abb. 3.15). Die Sulfide von Zinn (SnS), Antimon (Sb_2S_3), Quecksilber (HgS), Blei (PbS), Bismut (Bi_2S_3), Kupfer (CuS) und Cadmium (CdS) werden mit ausgefällt:

$$As_2O_3 + 3\,H_2S \longrightarrow As_2S_3 + 3\,H_2O \qquad (3.18)$$

Boliden-Trocken-Arsenabscheidung [24]
Das SO_2-haltige Gas passiert eine zweistufige Gasabscheidung. In der ersten Stufe werden Staub und Rauch in einer Heißgas-EGR bei 370 °C abgeschieden. Nach Abkühlung des Gases mit Wasser auf 120 °C scheidet sich trockenes Arsenoxid in Filtersäcken ab. Teilweise wird Quecksilber mit abgetrennt. Das Gas wird mit Wasserdampf gesättigt und abgekühlt, das dabei anfallende Wasser wird zurückgeführt.

Boliden-Nass-Arsenabscheidung [24]
Das SO_2-haltige Gas wird mit einer 50%igen Schwefelsäure gewaschen. Das darin unlösliche As_2O_3 scheidet sich ab und wird über die Entnahme eines Teilstromes ab-

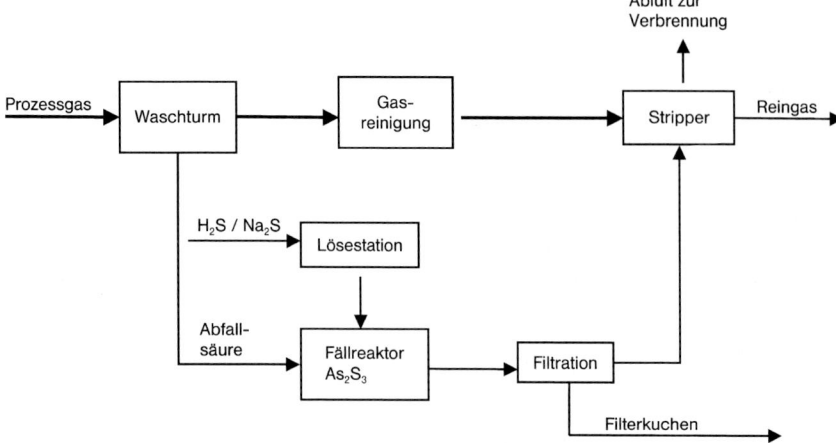

Abb. 3.15 Lurgi-Sachtleben-Prozess zur Arsenabtrennung

gezogen. Der Teilstrom wird entweder im Vakuum eingedampft oder das As_2O_3 abfiltriert.

3.4
Herstellung von flüssigem SO_2

Der Bedarf an 100%igem Schwefeldioxid ist im Vergleich zur Schwefelsäure gering. Nur in wenigen Fällen wird SO_2 vom Verbraucher direkt vor Ort erzeugt. Es wird deshalb in flüssiger Form gehandelt. Bei Abwägung der Kosten für Transport und Lagerung sowie Beachtung aller Sicherheitsmaßnahmen ist ein Verfahren sinnvoll, das in Kombination mit einer Schwefelsäureanlage betrieben wird. Nur in abgelegenen Regionen oder im Rahmen einer Entschwefelung kann sich für große Mengen ein Verfahren rechnen, das ausschließlich 100%iges SO_2 flüssig oder gasförmig vor Ort, unabhängig von einer Schwefelsäureanlage produziert.

100%iges SO_2 wird in einer Reihe von chemischen Prozessen in der Zellstoff-, Kunststoff- und Lebensmittelindustrie sowie im Weinausbau benötigt. Diese Einsatzbereiche stellen teilweise sehr hohe Anforderungen an die Qualität und Reinheit des SO_2, weshalb bei metallurgischen Gasen die Gasreinigung sehr effizient sein muss und im Falle der Schwefelverbrennung die Anforderung an die Schwefelqualität entsprechend hoch ist.

Typische geforderte Analysenwerte von SO_2 sind: $H_2O < 20$ ppm, $H_2SO_4 < 20$ ppm, Feststoffe < 10 ppm.

Zur Herstellung von flüssigem Schwefeldioxid steht eine Reihe von Verfahren zur Verfügung. Diese sind unter anderen das Kondensationsverfahren mittels Kälte, Wäschen mit Wasser drucklos oder unter Druck, mit Seewasser, mit anorganischen Lösungen oder mit organischen Lösungen. Ein Teil dieser Verfahren wurde zur Entschwefelung von Rauchgasen und anderen SO_2-haltigen Abgasen entwickelt.

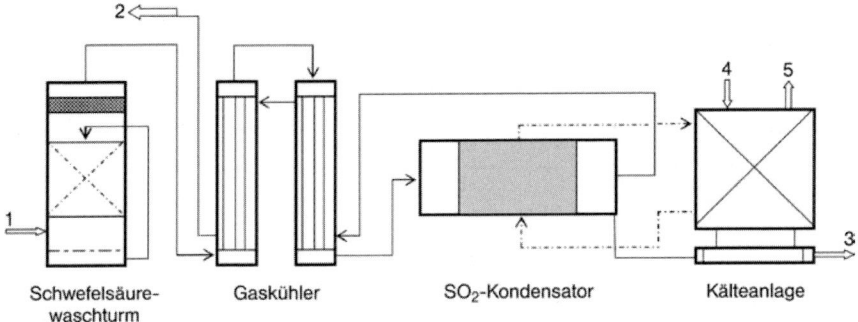

Abb. 3.16 Kondensationsanlage nach Lurgi
1 Reichgas ein, 2 Restgas aus, 3 SO$_2$ flüssig, 4 Kühlwasser ein, 5 Kühlwasser aus

Eine Anlage nach dem *Kondensationsverfahren* (Abb. 3.16) wird im Nebenstrom an eine Schwefelsäureanlage angeschlossen und ist eine kostengünstige, ohne wesentlichen Personalaufwand einfach zu betreibende Methode. Bei diesem Verfahren wird das gereinigte und trockene, möglichst hochkonzentrierte SO$_2$-Gas (metallurgische Gase oder Schwefelverbrennungsgas) mit vorzugsweise $\geq 12\,\%$ Volumenanteil SO$_2$ in Rohrbündelwärmeaustauschern im Gegenstrom zu kaltem Restgas aus der Verflüssigung auf −25 °C bis −35 °C vorgekühlt und durch den SO$_2$-Kondensator geleitet. Der Kondensator ist ein liegender Rohrbündelwärmeaustauscher, in dem das SO$_2$-Gas durch die Rohre strömt und mittels im Mantelraum verdampfendem Kältemittel auf −55 °C bis −65 °C abgekühlt wird. Dabei wird entsprechend dem SO$_2$-Partialdruck (Dampfdruck, s. Abb. 3.17) ein Teil des im Gas enthaltenen SO$_2$ kondensiert und am Austritt mit einer gekapselten sog. Spaltrohrmotorpumpe abgezogen. Das je nach Gasdruck und Verflüssigungsendtemperatur noch 5 bis 8 % Volumenanteil SO$_2$ enthaltende kalte Restgas wird nach Aufwärmung in den erwähnten Vorkühlern der Hauptgasmenge der Schwefelsäureanlage zugemischt. Dieses Verfahren wird deshalb von Lurgi als Teilkondensationsverfahren vertrieben. Das flüssige Schwefeldioxid wird innerhalb der Kälteanlage indirekt mit verflüssigtem Kältemittel auf Umgebungstemperatur erwärmt und mit max. 6 bar zu einem Drucklagertank gefördert. Die Gasvorkühlung und die Aufheizung des verflüssigten SO$_2$ bringen erhebliche Energieeinsparungen in der Kälteanlage. Als Kälteanlage wird eine Kompressionskälteanlage, je nach Leistung mit Kolben-, Schrauben- oder Turbokompressoren mit Ammoniak als Kältemittel eingesetzt. Die Kälteanlagen sind dem Bedarfsfall angepasste Standardausführungen und werden im Regelbereich stufenlos und vollautomatisch betrieben. Vorteile des Verfahrens sind, neben dem Anschluss an eine vorhandene Schwefelsäureanlage, der Einsatz von konventionellen Apparaten und Maschinen aus handelsüblichen Werkstoffen (meist C-Stahl) sowie der Betrieb mit nur geringem Überdruck (maximal 1 bar) entsprechend dem Widerstand der Rohrleitungen und Apparate in der SO$_2$-Verflüssigung und der Schwefelsäureanlage. Es fallen weder Abwasser noch Abgas an und es werden nur Kühlwasser und elektrische Energie benötigt. Der Leckageverlust an Kältemittel und damit die Nachfüll-

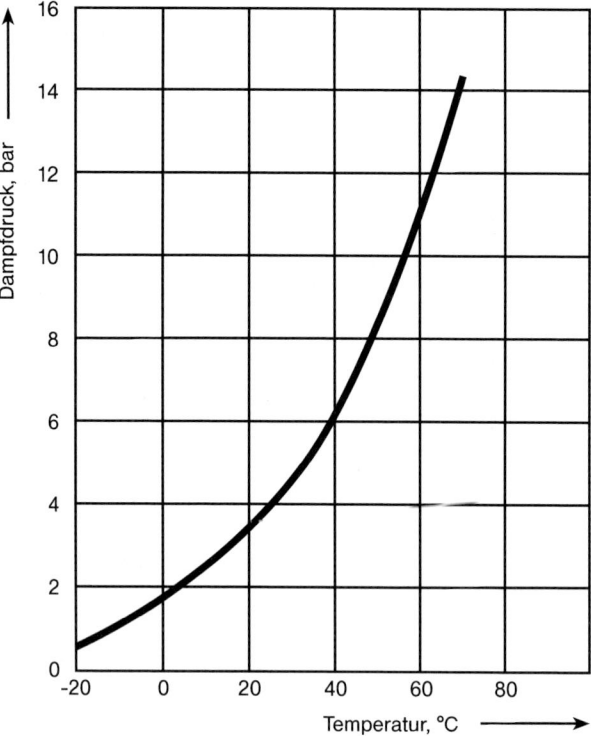

Abb. 3.17 SO$_2$-Dampfdruckkurve [25]

menge ist äußerst gering und stellt somit kein Umweltproblem dar. Dieses Verfahren kann allerdings wegen des stark SO$_2$-haltigen Restgases (5 bis 8 % Volumenanteil SO$_2$) nicht eigenständig betrieben werden. Für die Gewinnung von 1 t flüssigem SO$_2$ aus Gas mit 12 % Volumenanteil SO$_2$ beträgt der Bedarf an elektrischer Energie für Kälteanlage und Boosterverdichter ca. 200 kWh und der Kühlwasserbedarf in der Kälteanlage ca. 50 m^3, der Widerstand der Verflüssigungsanlage ca. 18 kPa. Anlagen nach dem Teilkondensationsverfahren werden z. B. von BASF, Grillo und Kemira betrieben.

Die Absorption von Schwefeldioxid in Wasser, die *Wasserwäsche*, kann drucklos oder unter Druck bis 6 bar erfolgen. In beiden Fällen ist für eine effiziente Absorption sehr kaltes Wasser erforderlich. Das vom Wasser absorbierte SO$_2$ wird bei nahezu Umgebungsdruck in einem Austreiber durch Einblasen von Niederdruckdampf desorbiert und das feuchte SO$_2$ anschließend mit Schwefelsäure getrocknet und mittels einer Kälteanlage verflüssigt. Das Verfahren hat praktisch keine Bedeutung mehr. Die Investitionskosten betragen wegen der Apparate aus Edelstahl und der hochwertigen Maschinen ein Mehrfaches des Kondensationsverfahrens.

Je Tonne flüssiges SO$_2$ werden beim drucklosen Verfahren 90 kWh, 6,3 t Niederdruckdampf sowie 120 m^3 Wasser und beim Druckverfahren 300 kWh, 1 t Nieder-

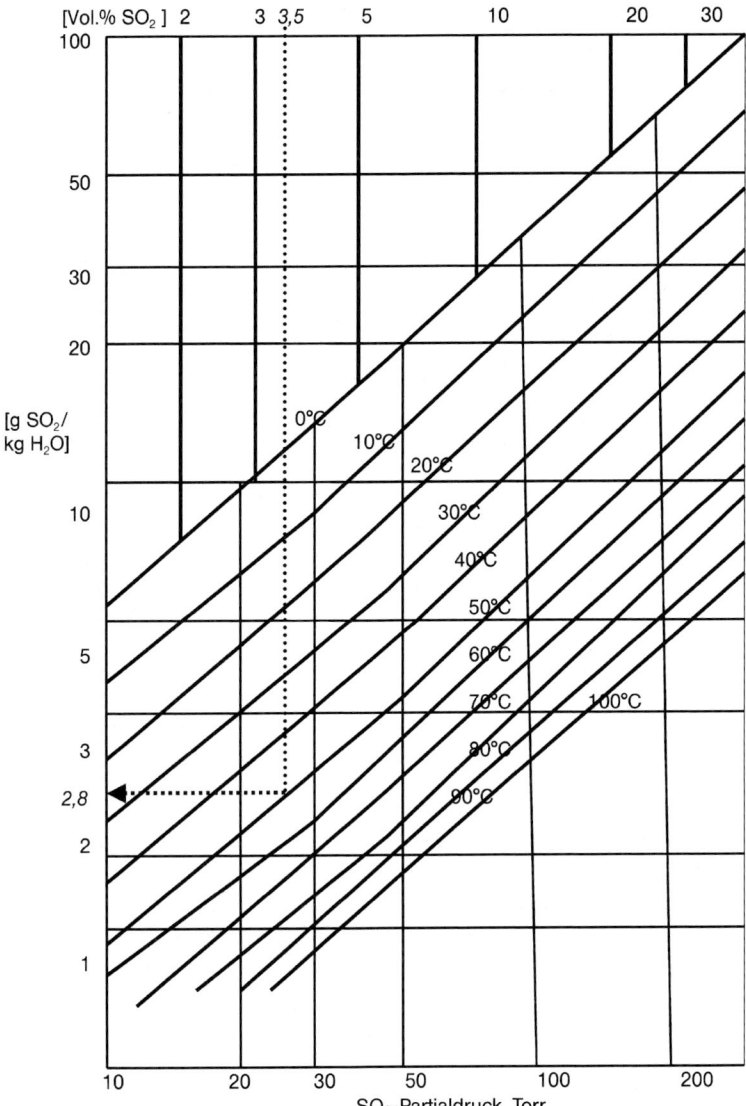

Abb. 3.18 Löslichkeitsdiagramm von SO_2 in Wasser [26]

druckdampf sowie 50 m³ Wasser verbraucht. Besonders nachteilig ist der SO_2-Gehalt im Abgas mit bis zu 0,1 % Volumenanteil und die Abwassermenge, die selbst bei Rezirkulation noch ca. 10 % der Kreislaufwassermenge mit einem SO_2-Gehalt bis 10 ppm beträgt.

Günstiger stellt sich das Verfahren bei Verwendung von *Seewasser* dar, wie es bei Boliden im schwedischen Skelleftehamn betrieben wird. Die Löslichkeit von SO_2 in kaltem Seewasser ist ca. 1,5-fach höher als in reinem Wasser (Abb. 3.18).

Das Absorptionsvermögen von *anorganischen Lösungen* wie Natronlauge, Natriumcarbonat oder Ammoniak für SO_2 ist um ein Vielfaches höher als das von reinem Wasser. Allerdings findet hier eine chemische Reaktion statt und das SO_2 muss durch eine Behandlung der entstandenen Sulfit-/Hydrogensulfit-Lösung mit Schwefelsäure oder indirekte Dampfbeheizung zurückgewonnen werden.

Das bekannteste dieser Verfahren ist das *Wellman-Lord-Verfahren* [27] zur Rauchgasentschwefelung (Abb. 3.19), das auf Basis von NaOH oder Na_2CO_3 arbeitet und z. B. im Braunkohlekraftwerk Buschhaus eingesetzt war. Dort wurde aus dem gewonnenen SO_2 Schwefel hergestellt. Nachteilig ist die vom Sauerstoffgehalt im Gas abhängige Bildung von Sulfat, das 5 bis 15% der SO_2-Menge binden kann. Das Sulfat muss ausgeschleust werden, während die aus der Zersetzung verbleibende Hydrogensulfit-Lösung in den Absorberkreislauf zurückgeführt wird. Das Verfahren wurde 2002 durch ein Kalksteinwaschverfahren ersetzt.

Das IFP-Verfahren arbeitet auf der Basis von NH_3 und ein von Grillo entwickeltes, aber nicht mehr angewendetes Verfahren nutzt MgO zur Absorption.

Lösungen organischer Stoffe haben ebenfalls ein sehr gutes Absorptionsvermögen und das SO_2 lässt sich relativ gut austreiben. Übliche Absorbentien sind Citronensäure (Citratverfahren von Fläkt-Boliden), Glykolether (Solinox-Verfahren von Linde), Dicarbonsäure (Grillo) u. a.

Die SO_2-Gewinnung nach dem Verfahren von Grillo ist dort einer Säurespaltanlage mit Drehrohr nachgeschaltet, die aus vier gasseitig und flüssigkeitsseitig hintereinander geschalteten Gegenstromwäschern besteht (Abb. 3.20). Absorbens ist eine mit Natronlauge gepufferte wässrige Lösung einer organischen Dicarbonsäure. Das nach den Wäschern im Gas noch enthaltene SO_2 wird in einem Endwäscher mit NaOH ausgewaschen. Das von der organischen Lösung absorbierte SO_2 wird in einem Desorber indirekt bei ca. 105 °C mittels Dampf ausgetrieben, anschließend mit Schwefelsäure getrocknet und nach Verdichtung auf ca. 6 bar indirekt mittels Kühlwasser verflüssigt und in den Lagertank gefördert.

Viele der Verfahren zur SO_2-Absorption wurden für die Entschwefelung gering SO_2-haltiger Gase, insbesondere Rauchgase entwickelt, die nicht in einer Schwefelsäureanlage verarbeitet werden können. Allerdings ist nicht bei allen Verfahren das

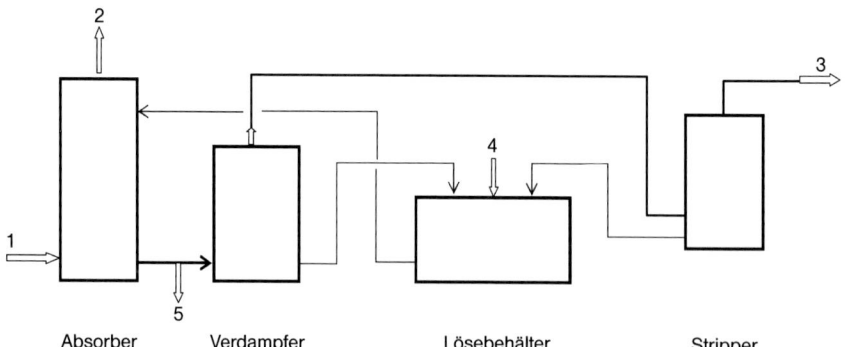

Abb. 3.19 Schema des Wellman-Lord-Verfahrens
1 Rauchgas, 2 Abgas, 3 SO_2-Gas, 4 Na_2CO_3 ein, 5 Na_2SO_4 aus

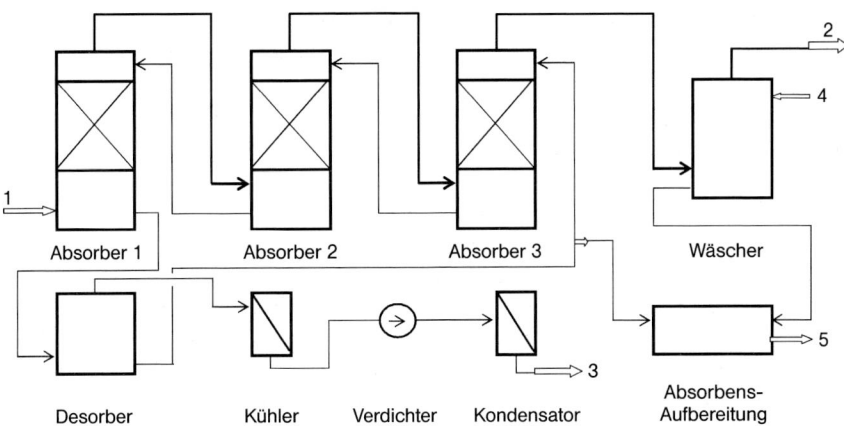

Abb. 3.20 Schema des Grillo-Verfahrens
1 Rauchgas, 2 Abgas, 3 SO$_2$ flüssig, 4 NaOH, 5 Sulfat

Endprodukt ein reines, eventuell wasserdampfgesättigtes SO$_2$-Gas, sondern oft ein Gas/Luft-Gemisch oder, wie beim mit Aktivkoks arbeitenden Bergbauforschungsverfahren im Kraftwerk Arzberg, ein Gas bestehend aus 54 % Volumenanteil SO$_2$, 37 % Volumenanteil CO$_2$ und 9 % Volumenanteil N$_2$, das einem Trennprozess zugeführt werden muss bzw. zu Schwefelsäure verarbeitet wird.

In einem weiteren chemischen Verfahren wird in einem Oleumbad flüssiger Schwefel mit Oleum oder flüssigem SO$_3$ zu SO$_2$ umgesetzt, nach

$$S_{8\,fl} + 16\,SO_3 \longrightarrow 24\,SO_2 \tag{3.19}$$

Die Wärmemenge aus der exothermen Reaktion ist vernachlässigbar gering. Das Verfahren kann drucklos betrieben werden und das entstehende SO$_2$ mittels einer Kälteanlage verflüssigt oder der Reaktor unter einem Druck von 6 bar betrieben werden, sodass das SO$_2$ vor Eintritt in den Lagertank in einem mit Kühlwasser beaufschlagten Wärmeaustauscher verflüssigt wird.

Im Calabrian-SO$_2$-flüssig-Prozess wird seit 1998 in einer 50 000-t-Anlage SO$_2$ aus flüssigem Schwefel und Reinsauerstoff aus einer Luftzerlegungsanlage hergestellt. Die große Reaktionswärme wird mit siedendem Schwefel in Form von Hochdruckdampf abgeführt [28].

$$S_{8\,fl} + 8\,O_2 \longrightarrow 8\,SO_2 \tag{3.20}$$

Der Sauerstoff wird mittels einer Lanze direkt in den flüssigen Schwefel eingedüst.

3.5
Lagerung und Verwendung von flüssigem SO$_2$

Flüssiges SO$_2$ siedet bei Normaldruck bei −10 °C. Seine Reinheit liegt bei > 99,98 % [29]. Sein Wassergehalt von < 50 ppm stellt die Stabilität der Lager – und Transportsysteme aus Kohlenstoffstahl sicher.

Für die Lagerung und den Transport [25] wird SO$_2$ ausschließlich in flüssiger Form gehandhabt. Als flüssiges Druckgas unterliegt es der Druckbehälterverordnung. Der Versand erfolgt in Druckgas-Kesselwagen/Bahncontainern mit 15–64 t Inhalt sowie in Druckgasfässern mit 550 bzw. 1000 kg und Druckgasflaschen von 2 bis 100 kg.

Der Dampfdruck P (in mm Hg) kann leicht nach der Antoine-Gleichung mit T in °C berechnet werden:

$$\log_{10} P = 7{,}32776 - 1022{,}80/(240 + T) \tag{3.21}$$

Schwefeldioxid kann flüssig oder gasförmig nach Verdampfung verwendet werden. Es ist zugelassen als Lebensmittelzusatzstoff E 220 als Antioxidations- und Konservierungsmittel, z. B. für Wein, Bier, Trockenobst und Früchte.

Außerdem findet SO$_2$ als Lösungs- und Reaktionsmittel in der Lithium-Schwefeldioxid-Zelle [29a] Verwendung; die Batteriespannung von 2,8 V entsteht bei der Bildung von Lithiumdithionit nach:

Anode: $\quad 2\,\text{Li}^0 \longrightarrow 2\,\text{Li}^+ + 2e^-$
Kathode: $\quad 2\,\text{SO}_2 + 2\text{Li}^+ + 2\,e^- \longrightarrow \text{L}_2\text{S}_2\text{O}_4$
Gesamtreaktion: $\quad 2\,\text{Li} + 2\,\text{SO}_2 \longrightarrow \text{Li}_2\text{S}_2\text{O}_4$

Weitere Verwendungsmöglichkeiten von SO$_2$ sind:
- Konservierung von Silofutter,
- Kühlmittel in Kälteanlagen,
- Lösemittel,
- Bleichmittel,
- In-situ-Sulfitbildung beim Zellstoffaufschluss durch Einsatz von SO$_2$-flüssig,
- Herstellung von Sulfiten und Bisulfiten von Kalium/Natrium,
- Beseitigung von überschüssigem Chlor bei der Wasserchlorierung,
- Beseitigung von Chlordioxid/Wasserstoffperoxid in Abwässern,
- Abgasbehandlung von Kraftwerken (Staubabscheidung durch SO$_3$).

Hersteller von flüssigem SO$_2$ sind die Firmen Grillo, BASF und Esseco.

4
Schwefelsäure

Das wichtigste aus Schwefeldioxid erzeugte Produkt ist die Schwefelsäure. Zwar lässt sich neben 100%igem flüssigen Schwefeldioxid auch noch Elementarschwefel aus SO$_2$ erzeugen, wie seinerzeit in Buschhaus, doch ist dies nur eine teure Zwischenstufe, aus der zu einem späteren Zeitpunkt doch wieder Schwefelsäure erzeugt wird. Schwefelsäure wird aus der Schwefelsäureanlage mit Konzentrationen zwischen 93 und 96% sowie 98,5% entnommen. Handelsüblich sind noch die Konzentrationen 35% H$_2$SO$_4$ als Batteriesäure, 75% H$_2$SO$_4$ sowie 100% H$_2$SO$_4$. Darüber hinaus wird in einigen Schwefelsäureanlagen Oleum in den Konzentrationsbereichen von 20% bis 37% freiem SO$_3$, 65% freiem SO$_3$ sowie 100%iges flüssiges SO$_3$ erzeugt.

Abb. 4.1 Photographie einer Schwefelsäureanlage

Eine typische Schwefelsäureanlage ist in Abbildung 4.1 gezeigt. Der Schwefelsäureteil der Gesamtanlage beginnt mit dem Eintritt der Gase in den Trockner, wobei wegen des gravierenden Einflusses auf die Säurequalität die Quecksilberentfernung im Nassbereich von metallurgischen Anlagen noch zur Schwefelsäureanlage gezählt wird. Häufig ist bei metallurgischen Anlagen in die Bezeichnung Schwefelsäureanlage auch die Wasch- und Kühlanlage, also die gesamte Nassgasreinigung, eingeschlossen. Im folgenden bezieht sich die Betrachtung jedoch nur auf den Anlagenteil ab Eintritt Gastrockner. Dieser Anlagenteil ist in zwei Bereiche gegliedert, nämlich in den trockenen Gasteil, d.h. die Kontaktanlage zur Erzeugung von SO_3 aus dem eingetragenen SO_2 und O_2, und den nassen Teil, d.h. die Trocknung und Absorption zur Entfernung des Wasserdampfes aus dem gereinigten Gas bzw. zur Absorption des in der Kontaktanlage gebildeten SO_3.

Die historische Entwicklung der technischen Schwefelsäureherstellung bis 1997 beschreiben drei Artikel der Zeitschrift Sulphur unter dem Titel »250 Years of Vitriol« [30–32].

4.1
Eigenschaften von Schwefelsäure und Oleum

Reine Schwefelsäure ist eine farblose, wasserklare, ätzende und hygroskopische Flüssigkeit von ölartiger Konsistenz. Die physikalischen Eigenschaften sind in Tabelle 4.1 zusammengefasst, Temperatur- und Konzentrationsabhängigkeit wichtiger Eigenschaften sind in den Abbildungen 4.2–4.7 dargestellt. Schwefelsäure ist in jedem Verhältnis mit Wasser mischbar. Die Lösungen werden in Massenprozent ihres

Tab. 4.1 Physikalische Eigenschaften von H_2SO_4

Eigenschaft	Wert	Dimension
Molare Masse	98,08	$g\,mol^{-1}$
Bildungsenthalpie	132,4	$kJ\,mol^{-1}$
Schmelzpunkt bei 101,3 kPa	+10,4	°C
Schmelzwärme	110,9	$J\,g^{-1}$
Siedepunkt bei 101,3 kPa	279,6	°C
Verdampfungswärme	510,8	$J\,g^{-1}$
Dichte bei +15 °C	1,8356	$g\,cm^{-3}$
spezifische Wärme bei 50 °C	1465	$J\,kg^{-1}\,K^{-1}$
spezifische Wärme bei 100 °C	1541	$J\,kg^{-1}\,K^{-1}$)

H_2SO_4-Gehaltes angegeben. 100%ige H_2SO_4 ist das Monohydrat des SO_3, weshalb anstelle H_2SO_4 auch die Bezeichnung Monohydrat oder Mh verwendet wird. Die Leistungen von Schwefelsäureanlagen werden nahezu ausschließlich in tato Mh (von Monohydrat) oder tato H_2SO_4 angegeben, seltener in tato SO_3.

Schwefelsäure löst auch SO_3 in beliebigen Mengen. Diese Lösung wird Oleum genannt und die Konzentration in Massenprozent des gelösten SO_3 in 100%iger H_2SO_4 als % SO_3 oder % fr (freies) SO_3 angegeben.

Schwefelsäure entsteht durch Reaktion von Dischwefelsäure, gebildet aus H_2SO_4 und SO_3, mit H_2O. Die Reaktion ist stark exotherm.

$$H_2SO_4 + SO_3 \longrightarrow H_2S_2O_7 \quad (4.1)$$
$$H_2S_2O_7 + H_2O \longrightarrow 2\,H_2SO_4 \quad (4.2)$$
$$SO_3 + H_2O \longrightarrow H_2SO_4 \quad \Delta H = -132,4\,kJ \quad (4.3)$$

Während in Europa konzentrierte Schwefelsäure größtenteils mit 95,0 bis 96,0% H_2SO_4 gehandelt wird und im Winter auch zeitweise mit 94,0% H_2SO_4, wird in USA fast ausschließlich 93 bis 94% H_2SO_4 gehandelt, um im Winter die Anlagen nicht umstellen bzw. die Tankwagen nicht beheizen zu müssen. Die Säure mit 98% H_2SO_4 wird nur in Sonderfällen gehandelt und erfordert wegen des hohen Schmelzpunktes in Mittel- und Nordeuropa beheizbare Lagertanks und Tankwagen.

Schwefelsäure bildet mit Wasser mehrere Hydratstufen, die sich in der Schmelzpunktkurve (Abb. 4.2) als Umkehrpunkte zeigen.

Typische Analyse einer handelsüblichen Schwefelsäure
- aus einer metallurgischen Anlage: 96% H_2SO_4, Fe 5 bis 10 ppm, SO_2 5 bis 20 ppm, Cl < 5 ppm, F < 2 ppm, Hg < 0,5 ppm, As < 0,1 ppm;
- aus einer Schwefelverbrennungsanlage: 96% H_2SO_4, Fe 5 bis 10 ppm, SO_2 5 bis 10 ppm, Cl < 1 ppm, F, Hg, As, Se < 0,01 ppm.

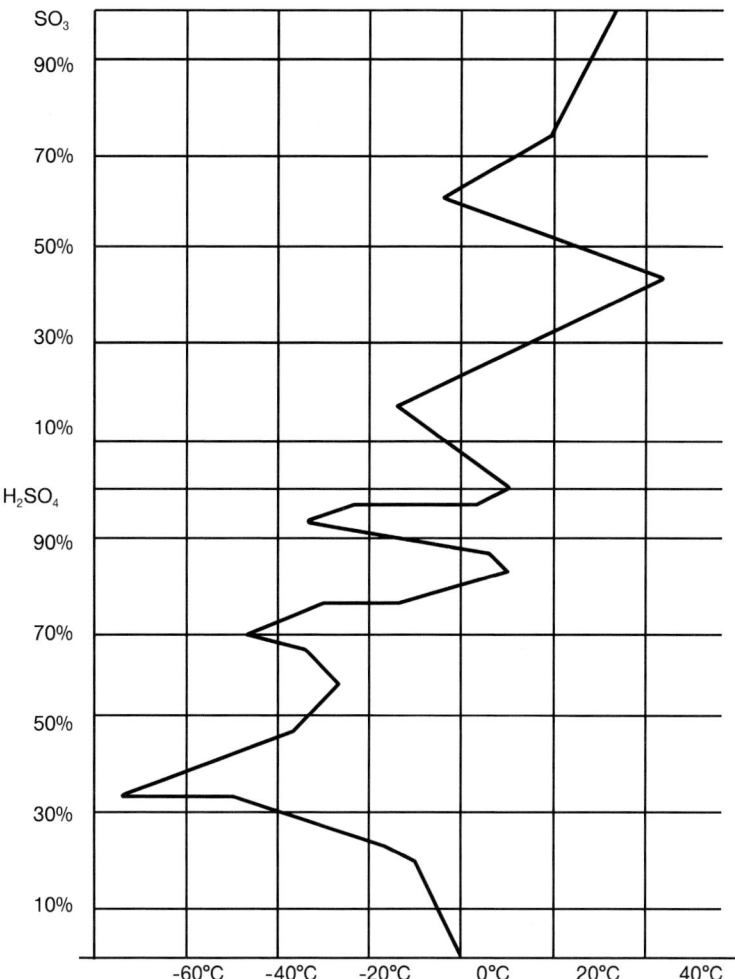

Abb. 4.2 Schmelzpunktkurve von H_2SO_4 und Oleum [33]

4.2
Herstellung von SO_3 aus SO_2 durch Katalyse

Schwefeltrioxid entsteht durch Reaktion von Schwefeldioxid mit Sauerstoff, meist Luftsauerstoff, in der Gasphase gemäß

$$2\,SO_2 + O_2 \longleftrightarrow 2\,SO_3 \quad \Delta H = -196,37\ \text{kJ} \tag{4.4}$$

Die Reaktion ist eine Gleichgewichtsreaktion und läuft bei hohen Temperaturen von 300 bis 750 °C nur in Anwesenheit von Katalysatoren ab.

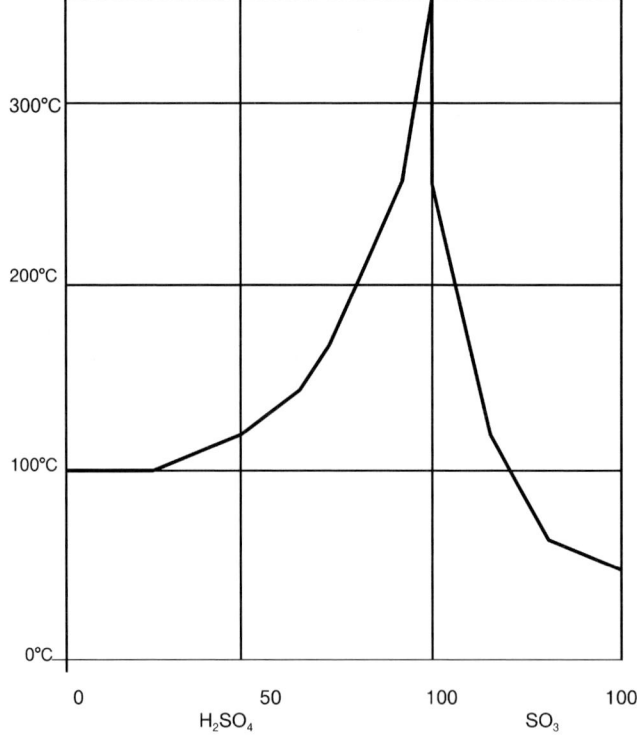

Abb. 4.3 Siedepunktskurve von H_2SO_4 und Oleum [33]

SO_3 ist sowohl in flüssigem als auch in gasförmigem Zustand farblos und stark ätzend. Gasförmiges SO_3 bindet in der Luft den darin enthaltenen Wasserdampf und bildet Schwefelsäurenebel. Flüssiges Schwefeltrioxid ist bei atmosphärischem Druck nur in einem kleinen Temperaturbereich zwischen 34 und 40 °C beständig. Bei Unter- bzw. Abkühlung bildet sich festes SO_3 als Alpha- (asbestartig), Beta- (faserig) oder Gamma- (eisartig) Struktur, welches erst bei wesentlich höheren Temperaturen wieder verflüssigt wird. Wichtige physikalische Eigenschaften von SO_3 sind in Tabelle 4.2 aufgelistet.

Die Reaktion von SO_2 mit dem im Gas enthaltenen O_2 zu SO_3 ist eine von den Partialdrücken der Reaktionspartner abhängige Gleichgewichtsreaktion.

Für das Gleichgewicht gilt die Beziehung

$$p_{SO_3}/(p_{SO_2} \cdot p_{O_2}^{0,5}) = K_p$$

mit $K_p = 5220,1/T + 0,615 \cdot \log T - 6,79$

p: Partial- oder Teildrücke in bar,
T: Temperatur in K und
K_p: Gleichgewichtskonstante.

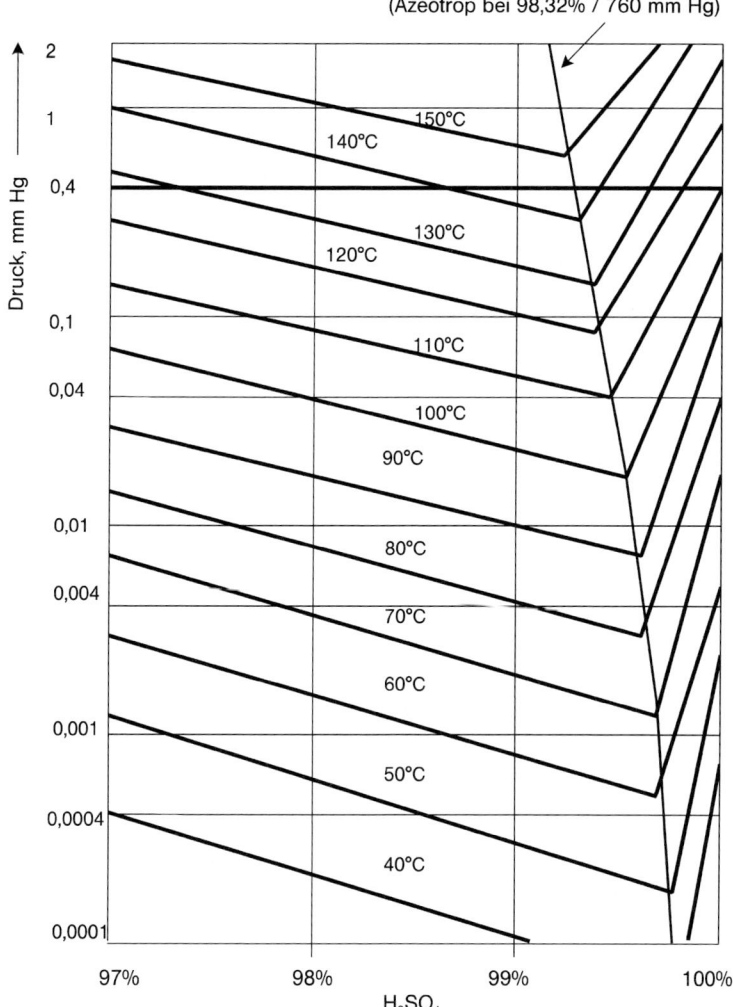

Abb. 4.4 Dampfdruck über konzentrierter H_2SO_4 [33]

Die Gleichgewichtsbeziehung zeigt, dass bei konstanter Temperatur, also konstantem K_p und bestimmten SO_2- und O_2-Konzentrationen im Ausgangsgas die SO_3-Bildung bis zu einem Endwert steigen muss, wobei die Konzentrationen von SO_2 und O_2 abnehmen. Diese Erkenntnis führte zur Entwicklung der Druckkatalyse. Die Gleichgewichtsbeziehung zeigt aber auch, dass mit steigender Temperatur der SO_3-Gehalt bzw. -Partialdruck verringert und das Gleichgewicht in Richtung SO_2-Bildung verschoben wird, was für die Schwefelsäurespaltung wesentlich ist.

Aus der Gleichgewichtsbeziehung lassen sich für gewählte SO_2- und O_2-Ausgangszusammensetzungen gemäß Abbildung 4.8 theoretische Gleichgewichtskur-

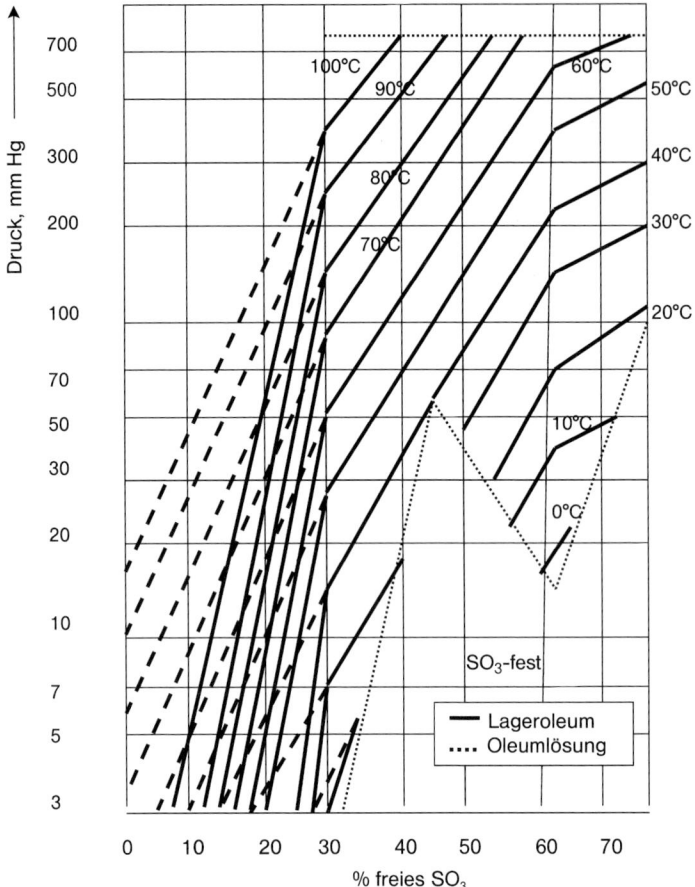

Abb. 4.5 Dampfdruck über Oleum [33]

ven ermitteln und damit Umsätze von SO_2 zu SO_3 bezogen auf den Ausgangsgehalt an SO_2. Allerdings gelten diese theoretischen Werte für sehr lange Verweilzeiten und werden in der Praxis nur annähernd erreicht. Am Gleichgewichtspunkt wird jeweils soviel SO_3 wieder gespalten, wie gebildet wird. Bei Temperaturen über 1050 °C überwiegt die Spaltreaktion.

Die sehr stabile Verbindung SO_2 reagiert in der Gasphase erst über 300 °C mit O_2 und dies nur in Anwesenheit von Katalysatoren mit akzeptabler Geschwindigkeit und entsprechender SO_3-Ausbeute. Erst die Entwicklung der Katalysatoren hat die Möglichkeit geschaffen, konzentrierte Schwefelsäure nach den heutigen Verfahren zu erzeugen und den historischen Nitrosegasprozess abzulösen.

Ein idealer Katalysator wäre Platin, das ursprünglich auch eingesetzt wurde, das aber gegen Verunreinigungen, insbesondere Arsen, sehr empfindlich ist. Da sich prinzipiell alle Metalloxide mehr oder weniger gut als Katalysator eignen, wurden

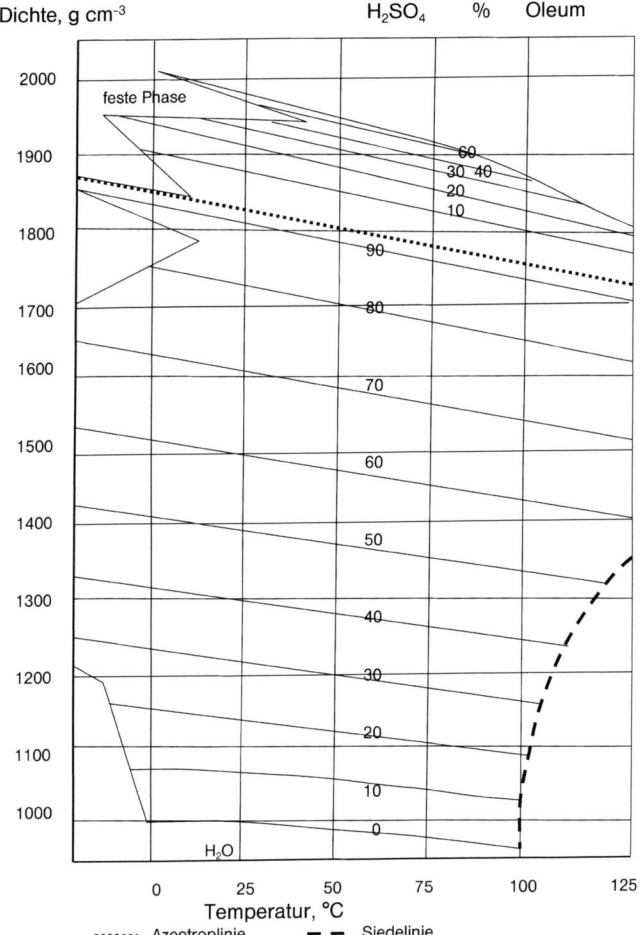

Abb. 4.6 Dichte von H_2SO_4 und Oleum [33]

die Forschungsarbeiten in dieser Richtung vorangetrieben und man stieß schließlich auf das Vanadiumpentoxid, das weniger empfindlich gegen Verunreinigungen wie Arsen und Chlor ist, zu guten SO_2-Umsätzen führt und preisgünstig ist. Nachteilig ist die relativ hohe Aktivitätstemperatur der Reaktion bei über 400 °C gegenüber 300 °C bei Platin.

Im Falle des Vanadiums erfolgt die katalytische Oxidation des SO_2 an der Oberfläche einer VO_{2+}-haltigen Salzschmelze (aus Kaliumsulfat und Natriumsulfat), in der Vanadium in der Oxidationsstufe V^{5+} vorliegt. Das bei der Reaktion gebildete V^{4+} wird durch eindiffundiertes O_2 wieder zu V^{5+} reoxidiert. Das gebildete Schwefeltrioxid wird anschließend wieder in die Gasphase freigesetzt.

1 Schwefel und anorganische Schwefelverbindungen

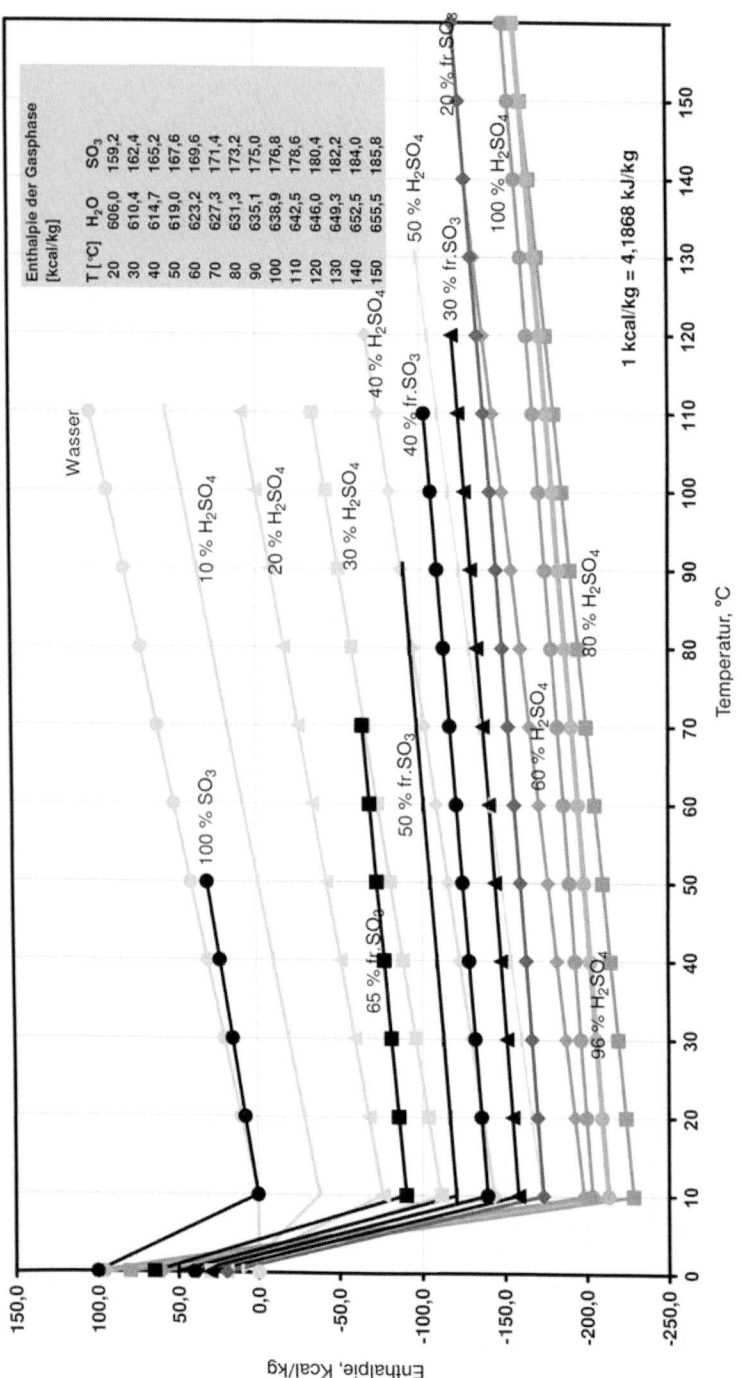

Abb. 4.7 Enthalpie von H_2SO_4 und Oleum [33]

Tab. 4.2 Physikalische Eigenschaften von SO_3

Eigenschaften	Wert	Dimension
Molare Masse	80,06	$g\ mol^{-1}$
Molares Volumen	22,53	$L\ mol^{-1}$
Bildungsenthalpie	98,185	$kJ\ mol^{-1}$
Gefrierpunkt bei 101,3 kPa, (beta)	32,2	°C
Schmelzpunkt bei 101,3 kPa, (alpha)	62,3	°C
Schmelzpunkt bei 101,3 kPa, (beta)	32,5	°C
Schmelzpunkt bei 101,3 kPa, (gamma)	16,8	°C
Schmelzwärme	311,9	$J\ g^{-1}$
Siedepunkt bei 101,3 kPa	44,8	°C
Verdampfungswärme	538,7	$J\ g^{-1}$
Dichte SO_3-flüssig bei 38 °C	1,84	$g\ cm^{-3}$
Normdichte SO_3-Gas (0 °C, 101,3 kPa)	3,5741	$g\ cm^{-3}$
kritischer Druck	81,9	bar
kritische Temperatur	218,4	°C
kritische Dichte	0,642	$g\ cm^{-3}$
dynamische Viskosität SO_3-g bei 300 °C	0,0255	$mPa\ s$
spezifische Wärme SO_2-Gas bei 50 °C	0,51	$J\ kg^{-1}K^{-1}$
100 °C	0,526	$J\ kg^{-1}K^{-1}$
300 °C	0,607	$J\ kg^{-1}K^{-1}$
500 °C	0,666	$J\ kg^{-1}K^{-1}$
spezifische Wärme SO_3-flüssig bei 38 °C	3,22	$J\ kg^{-1}K^{-1}$

4.2.1
Katalysatoren

Katalysatoren zur Herstellung von Schwefelsäure bestehen aus einem Gerüst von inertem, temperaturbeständigem Trägermaterial, in welches der eigentliche Katalysator eingelagert ist. Das Trägermaterial, Diatomeenerde, Silicagel und/oder Zeolithe, zeichnet sich durch hohe Porosität und besonders große spezifische Oberfläche aus. Der Vanadiumgehalt, angegeben in % Massenanteil V_2O_5, liegt allgemein zwischen 6 und 8 %. Als Promotoren werden Kalium- und Natriumsalze zugemischt, die im Katalysator überwiegend als Sulfat vorliegen. Der Kaliumanteil beträgt 10 bis 12 %, als K_2O gerechnet, und Natrium ca. 2 %, als Na_2O gerechnet. Kalium bewirkt bei Betriebstemperatur die Bildung einer Schmelze innerhalb des Katalysatorkörpers, während Natrium den Schmelzpunkt herabsetzt. Die Gehalte und Massenverhältnisse der drei Komponenten Vanadium, Kalium und Natrium beein-

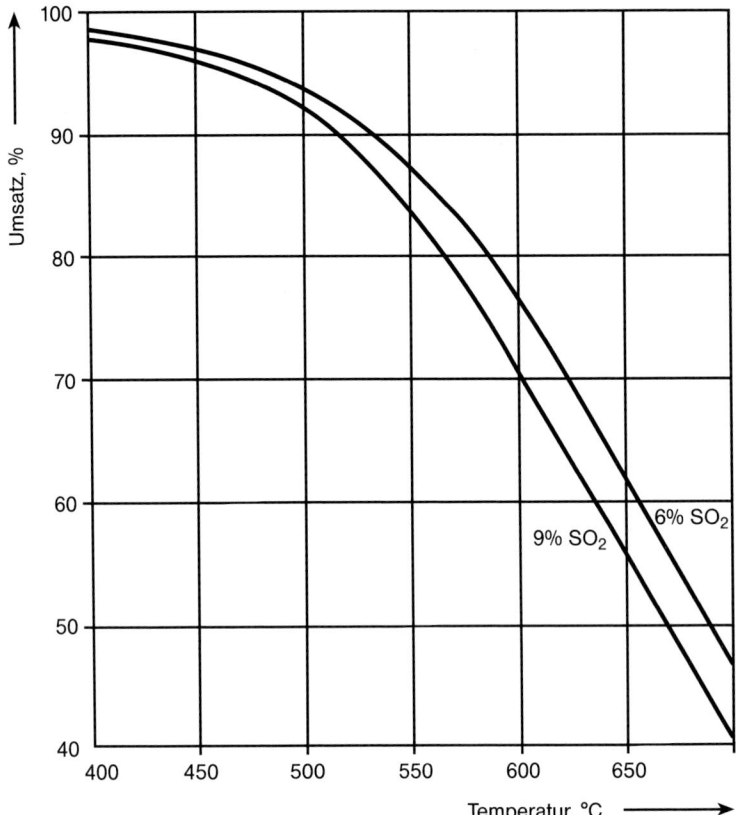

Abb. 4.8 Theoretische Gleichgewichtskurve für SO_2/SO_3

flussen sehr wesentlich die Mindestbetriebstemperaturen, die maximal zulässigen Temperaturen sowie die möglichen SO_2- und O_2-Gehalte im Gas. Die Katalysatorrezepturen werden von den einzelnen Herstellern individuell festgelegt. Für die Standardkatalysatoren werden die Komponenten des Trägergerüstes und die eigentlichen Katalysatorkomponenten miteinander zu einer Masse vermischt und als Presslinge zu Strängen, Tabletten, Ringen oder Sternringen extrudiert. Die Katalysatorkörper erhalten danach ihre endgültige Festigkeit durch Calcinierung bei 600 bis 900 °C. Für spezielle Anwendungen sind auch Tränkkatalysatoren erhältlich. Der Träger ist dann ein hochwertiges, temperaturstabiles, hochporöses Silicatgerüst mit entsprechend großer definierter Oberfläche. Diese Tränkkörper werden in Lösungen der Katalysatorkomponenten gebracht und nehmen diese auf.

Am Katalysatorkörper diffundieren SO_2 und O_2 in das Trägermaterial hinein zum V_2O_5 und gebildetes SO_3 diffundiert aufgrund des Partialdruckgefälles aus dem Träger heraus. Da V_2O_5 durch Chlor reduziert und der Träger durch Fluor zersetzt wird (Bildung von flüchtigen Cl- und F-Verbindungen), darf das Gas maximal 0,5 mg Cl und maximal 0,2 mg F pro Normkubikmeter enthalten. Auch der Arsengehalt ist begrenzt, denn dieses setzt sich als As_2O_3 in den Poren des Trägers fest und führt langsam zur Inaktivierung des Katalysators. Aufgrund der Forderungen nach Schwefelsäure mit geringst möglichem Arsengehalt stellt Arsen kein Problem dar.

Prinzipiell kann der Katalysator mit feuchten und schwefelsäurehaltigen SO_2-Gasen ohne Aktivitätsverlust beaufschlagt werden. Wesentlich dabei ist, dass die Betriebstemperatur möglichst weit über dem Taupunkt, der Kondensationstemperatur, liegt, denn bei Unterschreitung des Taupunktes wird der Träger zerstört. Betriebstemperaturen über 400 °C bei Nasskatalyseanlagen stellen demzufolge keine Gefahr dar.

Die stetigen Forschungsarbeiten führten zum Ergebnis, dass der Zusatz von bis zu 8 % Cäsium als Cs_2O eine bis 40 °C niedrigere Betriebstemperatur ermöglicht. Im aktiven Katalysator liegt auch Cäsium als Sulfat vor.

Die Temperaturbelastbarkeit der Katalysatoren wird begrenzt durch die beginnende Ausdampfung der Komponenten und den Punkt, an dem der Träger zerstört wird. Letzterer liegt mit 750 °C jedoch wesentlich über dem Ausdampfpunkt. Die Ausdampfung ist abhängig von der Zusammensetzung der Katalysatorkomponenten und bewegt sich zwischen 600 °C, auch bei Cs-haltigen Katalysatoren, und 640 °C (im Dauerbetrieb 630 °C).

Gemäß der Reaktionsgleichung wäre ein Volumenverhältnis O_2/SO_2 von 0,5 ausreichend. Hinsichtlich des Gleichgewichts und dem Bestreben möglichst viel SO_2 zu SO_3 umzusetzen ist dies nicht sinnvoll und aufgrund des Diffusionsvorganges am Katalysator technisch nicht möglich. In Schwefelsäureanlagen nach dem Doppelkontaktverfahren auf Basis Schwefelverbrennung ist ein O_2/SO_2 Verhältnis von 0,8 bis 1 und auf Basis von Zinkblenderöstgasen von 1,1 erforderlich, während beim Einfachkatalyseverfahren ein Verhältnis von 1,8 üblich ist.

Der Katalysator wird, wie Abbildung 4.9 zeigt, als Schüttgut produziert in Form von Strängen mit 4 bis 10 mm Durchmesser und 8 bis 15 mm Länge, von Ringen mit 5 bis 8 mm Innen- und 10 bis 20 mm Außendurchmesser sowie 10 bis 25 mm Länge und von Sternringen, die einen sternförmigen Außenmantel haben. Die Dichte der Katalysatorschüttungen beträgt 0,5 bis 0,65 kg L^{-1}. Ringe und Sternringe haben eine wesentlich größere Oberfläche als Stränge. Kugeln und Tabletten waren Sonderausführungen, die mittlerweile für die Anwendungen bei Schwefelsäurekatalysatoren gänzlich vom Markt verschwunden sind.

Die Katalysatormasse oder auch Kontaktmasse wird üblicherweise als horizontale Schicht (auch Horde oder Bett) in einem stehenden zylindrischen Apparat auf

Abb. 4.9   Katalysatorkörper »Sternringe« (BASF)

eine perforierte Unterlage, den Rost geschüttet. Der freie Querschnitt des Rostes muss genügend groß sein, damit das SO_2 Gas ohne großen Widerstand von oben nach unten oder von unten nach oben durch die Katalysatorschicht strömen kann.

Bedeutende Hersteller von Katalysatoren für Schwefelsäureanlagen sind BASF, Topsoe und Enviro-CHEM Systems.

Die Katalysatorschüttung setzt dem Gas einen Strömungswiderstand entgegen. Einerseits ist für die SO_2- zu SO_3-Umsetzung eine bestimmte Katalysatormenge erforderlich und andererseits ein Druckverlust, um eine gleichmäßige Gasverteilung über den gesamten Strömungsquerschnitt und damit eine intensive Beaufschlagung der Katalysatoroberfläche zu gewährleisten. Die Praxis hat gezeigt, dass zur optimalen Nutzung der Aktivität des Katalysators Gasgeschwindigkeiten bezogen auf den freien Strömungsquerschnitt von 0,4 bis max. 0,6 Nm s^{-1} erforderlich sind. Widerstand bedeutet Energieverbrauch. Die Entwicklung der mechanisch stabilen Ringe führte zu einer Verminderung des Widerstandes um mehr als 50 % gegenüber den Strängen.

In metallurgischen Anlagen, wie Kupferhütten, wird heute mit sauerstoffangereicherter Luft oder sogar mit technischem Sauerstoff gearbeitet. Dabei fallen Gase mit über 35 % Volumenanteil SO_2 an. Es ist sinnvoll, diese Gase möglichst hochkonzentriert weiter zu verarbeiten und den eventuell noch erforderlichen Sauerstoff auch in der Schwefelsäureanlage möglichst konzentriert beizumischen. Dadurch kann infolge der geringeren Gasmenge die Schwefelsäureanlage wesentlich kleiner gebaut werden als eine herkömmliche Anlage gleicher Leistung. Versuche in einer Pilotanlage haben gezeigt, dass der handelsübliche Vanadium-Katalysator für Gase bis 16 % Volumenanteil SO_2 und einem O_2/SO_2 Verhältnis von 0,8 im Dauerbetrieb beständig ist. Auch mit 20 % Volumenanteil SO_2 erhielt man reproduzierbare Ergebnisse. Um darüber hinaus gehende SO_2-Gehalte verarbeiten zu können, hat Lurgi den Kat X auf Eisenbasis entwickelt. Dieser Katalysator ist bei Temperaturen von 750 °C noch beständig und weniger empfindlich als V_2O_5 gegen As, Cl, F und andere Verunreinigungen.

4.2.2
Technische Umsetzung der Gleichgewichtsreaktion

Nach der Gleichgewichtsbeziehung wird umso mehr SO_3 aus SO_2 und O_2 gebildet, je niedriger die Temperatur ist. Wie in Abschnitt 4.2.1 dargelegt, läuft die Reaktion erst bei höheren Temperaturen und nur an einem Katalysator ab. Die Temperaturstufen sind annähernd folgende:

Zündtemperatur	340 bis 380 °C
Anspringtemperatur	365 bis 395 °C
Arbeits-/Betriebstemperatur im Hordeneintritt	390 °C bis 440 °C
maximale Betriebstemperatur (im Dauerbetrieb)	600 °C bis 630 °C (kurzzeitig 640 °C)

Die Katalysatormasse ist, wie beschrieben, meist als Festbett in einer Horde mit einer definierten Schichthöhe auf einem perforierten Rost in einem zylindrischen Behälter, dem Kontaktkessel aufgeschüttet. Das z.B. 420 °C heiße SO_2-Gas durchströmt diese Schicht, wobei es am Katalysator zu SO_3 umgesetzt wird. Wenn aus der Katalysatorschicht keine Wärme abgeführt wird, verläuft die Reaktion adiabatisch. Infolge der Reaktionswärme steigt die Gastemperatur mit der SO_2-Umsetzung bis zu einer Temperatur bei der ein Gleichgewicht erreicht ist. Auch bei einer isotherm verlaufenden Reaktion wird ein Gleichgewicht erreicht, allerdings ist bei dem dann tieferen Temperaturniveau gemäß der Gleichgewichtsbeziehung der SO_2- zu SO_3-Umsatz wesentlich höher als bei der adiabatischen Reaktion. Technisch lässt sich die isotherme Arbeitsweise annähernd verwirklichen durch Einbau von Kühlelementen im Festbett, jedoch sind die Apparate für eine adiabatisch arbeitende Horde des Festbettreaktors wesentlich einfacher auszuführen. Günstiger gestaltet sich die isotherme Arbeitsweise in einer mit Kühlelementen bestückten Wirbelschicht. Allerdings ist derzeit kein im Langzeitbetrieb mechanisch beständiger Katalysator verfügbar. Die Schichthöhe des Festbettes, mit der das Gleichgewicht annähernd erreicht wird, liegt etwa zwischen 500 mm und 1000 mm. Um in einem Gas bei der adiabatischen Reaktion die Ausbeute an SO_3 zu verbessern, wird nach der ersten Horde das SO_2/SO_3-haltige Gas auf eine Temperatur von z.B. 420 °C abgekühlt, wodurch das Gleichgewicht zugunsten weiterer SO_3-Bildung verschoben wird. Das Gas durchströmt eine zweite Schicht und nach erneuter Zwischenkühlung eine oder zwei weitere Schichten. Sämtliche Horden werden untereinander in einen gemeinsamen Kontaktkessel eingebaut. Die einzelnen Horden sind durch Trennböden gasdicht voneinander getrennt. Wenn bei dieser stufenweise SO_2-Umsetzung der SO_2-Gehalt im Ausgangsgas nicht zu hoch ist und das O_2/SO_2-Verhältnis mindestens 1,8 beträgt, ergibt sich bereits eine akzeptable SO_3-Ausbeute, die sich als SO_2-Umsatz zu 98,0 % errechnet (Abb. 4.10). Wenn nach der zweiten oder dritten Horde das bis dahin gebildete SO_3 mittels einer Zwischenabsorption aus dem Gas entfernt wird, verschiebt sich das Gleichgewicht deutlich zugunsten der SO_3-Bildung und bei Betriebstemperaturen um ca. 390 °C bis 400 °C in den folgenden Horden werden Gesamt-SO_3-Ausbeuten entsprechend einem SO_2-Umsatz von bis zu 99,8 und mehr erreicht, wobei hierfür sogar nur ein O_2/SO_2-Verhältnis von ca. 1,0 erforderlich ist (Abb. 4.11). Diese Verfahrensweise, bekannt als Doppelkatalyse-, Doppelkontakt- oder Doppelabsorptionsverfahren – und erstmals von Bayer realisiert, wird auch den Umweltanforderungen bezüglich der SO_2-Emission gerecht.

In die erste Schicht tritt das Gas mit der höchsten SO_2-Konzentration ein. Entsprechend viel SO_3 wird gebildet und entsprechend groß ist der Temperaturanstieg. Der Katalysator muss für diese Temperaturbedingungen ausgewählt werden. Um die Gaseintrittstemperatur in die zweite Horde so niedrig wie möglich zu halten, wird eine für diesen Bereich geeignete Katalysatordeckschicht vorangestellt, die gerade so hoch ist, dass die Temperaturbeständigkeit nicht überschritten wird.

Die Summe der Katalysatorfüllung aller Horden eines Kontaktkessels wird in Liter je Tagestonne produzierter Schwefelsäure berechnet und beträgt durchschnitt-

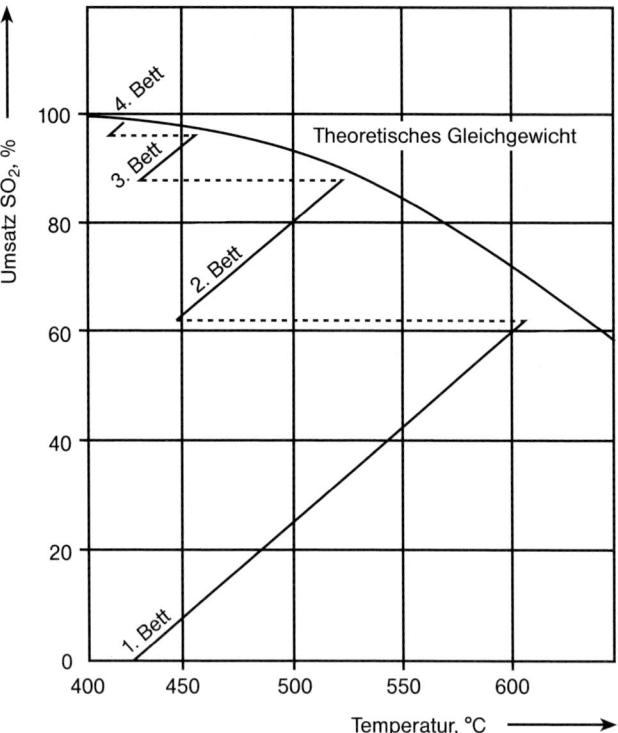

Abb. 4.10 SO$_2$-Umsatz in der Einfachkatalyse

lich in der Einfachkatalyse, auch Normalkatalyse, 240 L pro Tagestonne Mh und in der Doppelkatalyse 180 L pro Tagestonne Mh. Für gering SO$_2$-haltiges Gas wird auch eine größere Menge Katalysator eingefüllt, um wegen der Gasverteilung ausreichende Schichthöhen zu erreichen. Die Doppelkatalyse würde theoretisch nur 140 bis 150 L pro Tagestonne Mh benötigen. Mit Rücksicht auf Strömungsverhältnisse, Mindestschichthöhen (erforderlicher Widerstand und Verweilzeit), Alterung und andere Unwägbarkeiten werden in Deutschland mindestens 180 L, oft sogar 200 L pro Tagestonne Mh eingefüllt.

Auf Grund der Gleichgewichtsbeziehung liegt es nahe, dass die Reaktionsführung unter Druck eine höhere Ausbeute bringen kann (Abb. 4.12). Untersuchungen an Pilotanlagen und im Labor haben dies bestätigt. Die Gleichgewichtskurve zeigt auch, dass der optimale Arbeitsdruck zwischen 6 und 8 bar liegt. Die Apparate sind gegenüber der Standardausführung, bei denen die Behälter mit < 50 kPa Überdruck betrieben werden, beträchtlich kleiner. Eine Druckanlage ist in Frankreich bei PUK in Betrieb.

Die Katalysatorfüllung einer Schicht des Festbettreaktors adsorbiert im Laufe der Betriebszeit auch selbst in Spuren im Gas enthaltene Feststoffteilchen, wie Asche aus dem Schwefel. Diese lagern sich vornehmlich im Eintrittsbereich der ersten

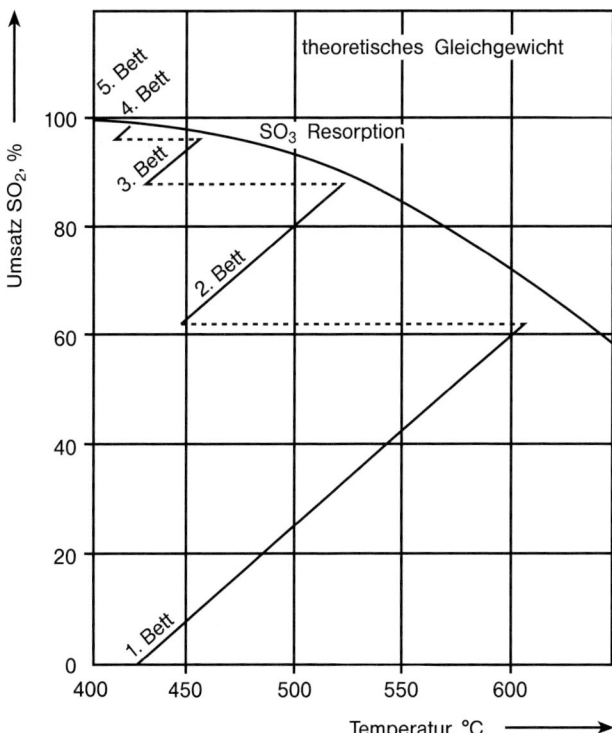

Abb. 4.11 SO₂-Umsatz in der Doppelkatalyse

Horde ab und bewirken einen zunächst sehr langsamen und schließlich exponential ansteigenden Widerstand der Horde, der zu Leistungsminderung und letztlich zum Ausfall der Anlage führt. Der Widerstand der Horden muss demzufolge regelmäßig beobachtet und die betreffende Horde rechtzeitig abgesiebt oder ausgetauscht werden. Dabei hat sich gezeigt, dass Ringmasse längere Standzeiten hat als Strangmasse. Für Katalysatorapparate, auch Kontaktapparate, rechnet man bei Gasen auf Basis Schwefelverbrennung je nach Schwefelqualität Laufzeiten der Horde 1 von drei bis fünf Jahren und auf Basis metallurgischer Anlagen je nach Gasreinigung vier bis sechs Jahre. Für sehr aschehaltige Schwefelverbrennungsgase oder salzhaltige Spaltgase werden der ersten Horde Gasfilter zur Abscheidung der Feststoffe vorgeschaltet. Es handelt sich dabei um eine separate, mit keramischen Körpern gefüllte Horde. Die Standzeit der Horde 1 verlängert sich damit wesentlich.

Die Lebensdauer der Katalysatoren beträgt bis 20 Jahre. Katalysator, der nicht mit As kontaminiert ist, wird eventuell von Hüttenbetrieben zur Gewinnung des Vanadiums angenommen. Kontaminierter Katalysator muss in eine Sonderdeponie verbracht oder recycelt werden.

Damit der Katalysator bei Beaufschlagung mit SO₂-Gas ausreichend aktiv ist, muss nicht nur das eintretende SO₂-Gas eine entsprechende Temperatur haben,

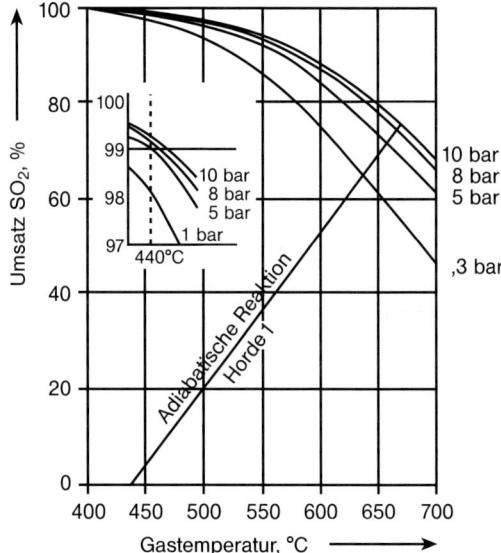

Abb. 4.12 Umsatzkurve zur Druckkatalyse

sondern die Kontaktmasse muss ebenfalls aufgeheizt sein. Abgesehen davon, dass es bei einem kalten Katalysator zu lange dauern würde, bis die Zündtemperatur erreicht ist und weiter steigt, damit genügend SO_2 umgesetzt wird, erleidet er auch irreversible Schädigung, wenn er im kalten Zustand beaufschlagt wird.

4.2.2.1 Unsteady-State-Verfahren

Beim Unsteady-State-Verfahren, einer russischen Entwicklung, handelt es sich um eine wechselweise Beaufschlagung der Kontakthorde mit SO_2-Gas (siehe Abb. 4.13). Der stark vorgeheizte Katalysator wird zunächst mit heißem Gas aus metallurgischen Anlagen, z. B. von oben nach unten durchströmt. SO_2 setzt sich am Katalysator zu SO_3 um, und die Reaktionswärme bewirkt eine Erwärmung des Gases und der Kontaktmasse. Das austretende SO_2-/SO_3-Gas heizt in einem Rekuperator das ankommende SO_2-Gas vor. Die eigentlich erforderliche Gaseintrittstemperatur für eine ausreichende Aktivität des Katalysators wird dabei nicht erreicht, sodass der Katalysator in Strömungsrichtung langsam abgekühlt wird und an Aktivität verliert. Der SO_2-Umsatz wird dementsprechend auch geringer und die Austrittstemperatur fällt ab. Nach Erreichen eines bestimmten Zustandes im System wird die Gasströmung umgekehrt und der vorbeschriebene Ablauf beginnt von neuem. Das Verfahren bietet den Vorteil, dass mit nicht sehr sorgfältig gereinigten Gasen die Katalysatorschicht langsamer verschmutzt und sich Widerstand langsamer aufbaut, weil durch die Strömungsumkehr die Feststoffe immer wieder ausgeblasen werden, sich allerdings in der Schwefelsäure absetzen. Das Verfahren des Reverse-flow-Reactors (RFRs) wurde bereits in verschiedenen Anlagen erprobt. Die hierzu notwendigen Ventile haben Durchmesser von 1,8 m [34]. Das Verfahren eignet sich besonders für

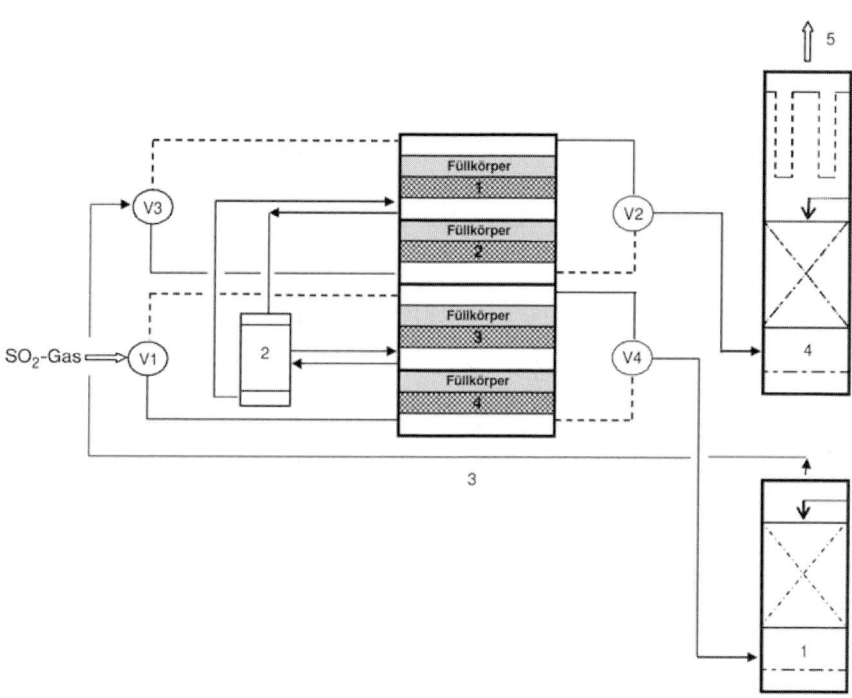

Abb. 4.13 Schema der Reverse-flow-Reactor-Technologie mit Doppelkontakt
1 Zwischenabsorber, 2 Gas/Gas-Wärmetauscher, 3 2+2 Hordenkontakt, 4 Endabsorber,
5 Endgas zum Kamin, V1-V4 Umschalteinrichtungen

niedrige SO_2-Gehalte, als zweiter Schritt der Doppelkatalyse, für die Umsetzung von kalten Gasen mit hohen SO_2-Gehalten oder für die Umsetzung SO_2-haltiger Gase aus Schwefelsäurespaltanlagen [35].

4.2.2.2 Einfachkatalyse und Doppelkatalyse (Steady-State-Verfahren)

Das ursprüngliche Kontaktverfahren ist die *Einfachkatalyse*, auch als Normalkatalyse bezeichnet. Um gemäß der Gleichgewichtsbeziehung eine genügend hohe SO_2-Umsetzung zu erreichen, werden je nach Ausgangsbedingungen (SO_2-Gehalt des Gases) bis zu vier Horden mit Zwischenkühlung hintereinandergeschaltet (siehe Abb. 4.14). Nach der letzten Horde gelangt das Gas in den Schwefelsäureabsorber. Diese Anlagen arbeiten mit SO_2-Konzentrationen zwischen 2,0 und 7,5 % Volumenanteil und einem O_2/SO_2-Verhältnis von mindestens 1,8. Es werden SO_2-Umsetzungen von ca. 98 % erreicht. Verarbeitet werden sowohl metallurgische Gase als auch Schwefelverbrennungsgase. Einfachkatalyseanlagen werden wegen des noch beträchtlichen SO_2-Anteils im Abgas in Europa nur noch in Ausnahmefällen gebaut; und zwar für Gase mit sehr geringen SO_2-Gehalten, wie Sintergase. Dem Schwefelsäureabsorber wird meist deshalb noch eine Endgaswäsche mit NH_3 oder NaOH nachgeschaltet.

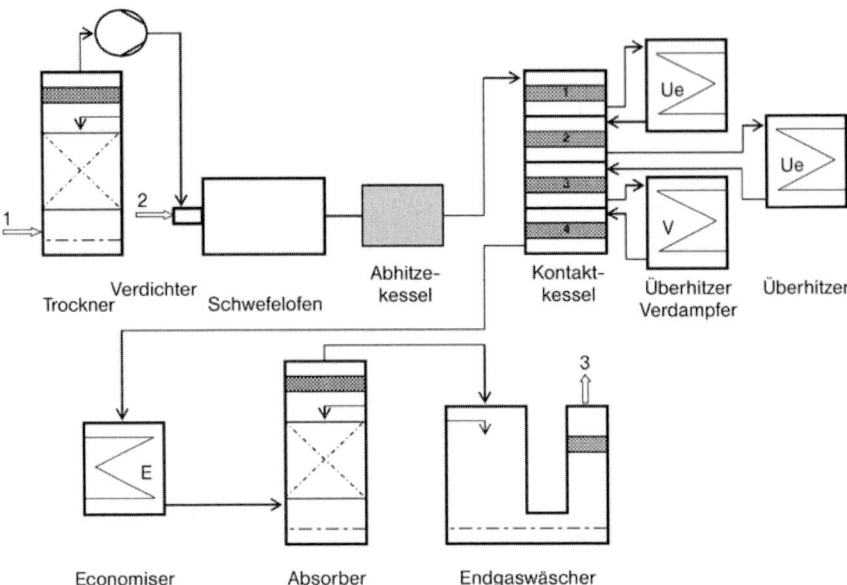

Abb. 4.14 Einfachkatalyse für S-Verbrennung mit Endgaswäsche

In einer Einfachkatalyse für Gas aus der Schwefelverbrennung wird das Gas aus dem Schwefelofen im Abhitzekessel auf die für Horde 1 erforderlichen ca. 420 °C abgekühlt. Mit der SO_3-Bildung steigt je nach Ausgangskonzentration die Gastemperatur im Austritt der Horde auf 550 bis 600 °C. Dieses Gas wird anschließend in einem Dampfüberhitzer auf ca. 420 °C gekühlt, um dann in Horde 2 zur weiteren SO_2-Umsetzung einzutreten. Nach den Horden 2, 3 und 4 folgen ebenfalls Kühlstufen mit Verdampfern und Economisern (siehe Abschnitt 4.4.3.3). Seltener erfolgt die Kühlung zwischen den Horden durch Lufteinblasung. Anlagen, denen heiße SO_2-Gase ohne weitere Aufheizung zugeführt werden, nennt man Heißgasanlagen.

In einer Einfachkatalyseanlage für Gas aus metallurgischen Anlagen (Abb. 4.15) und Spaltanlagen muss dieses Gas erst auf die Arbeitstemperatur des Katalysators aufgeheizt werden. Dies geschieht in Wärmeaustauschern indirekt mit den heißen SO_3-Gasen aus den Kontakthorden. Nach den Kontakthorden sind im Gegensatz zur Anlage auf Schwefelbasis Wärmeaustauscher installiert. Bei Gasen mit 4,5 bis 6,5 % Volumenanteil SO_2 reicht die Reaktionswärme aus, um das SO_2-Gas aufzuheizen. Für geringere SO_2-Konzentrationen ist das Wärmeangebot zu klein und es muss Fremdwärme zugeführt werden. Höhere SO_2-Gehalte ergeben einen Wärmeüberschuss, der indirekt in einem SO_3-Kühler an die Atmosphäre oder besser in einem Economiser abgeführt wird. Anlagen, denen kalte, getrocknete SO_2-Gase zugeführt werden, die unter Nutzung der Reaktionswärme und eventuell zusätzlicher Fremdwärme aufgeheizt werden, nennt man Kaltgasanlagen.

Bei der *Doppelkatalyse* werden ähnlich wie bei der Einfachkatalyse vier bis fünf Horden hintereinandergeschaltet. Der Kontaktkessel entspricht im Aufbau eben-

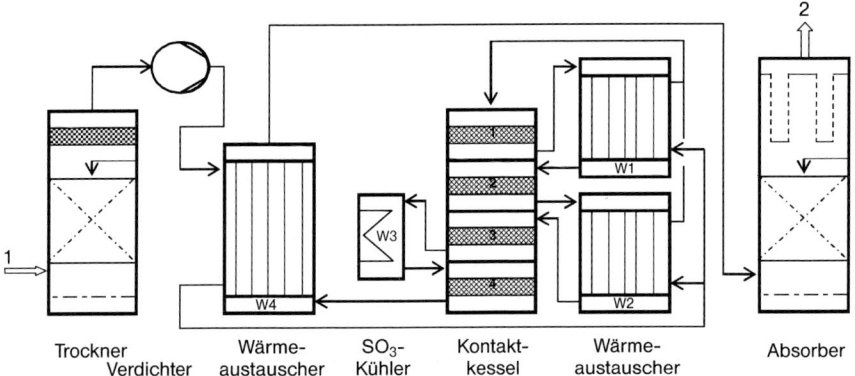

Abb. 4.15 Einfachkatalyse für metallurgische Gase
1 SO$_2$-Gas aus der Gasreinigung, 2 Abgas zum Endgaswäscher bzw. Kamin

falls der Einfachkatalyse. Nach Horde 2 oder nach Horde 3 wird jedoch das Gas zur Zwischenabsorption geleitet. Das danach SO$_3$-freie Gas mit relativ geringem SO$_2$- und sehr hohem O$_2$-Gehalt gelangt in Horde 3 bzw. Horde 4 des Kontaktkessels, wo dieses SO$_2$ weitestgehend zu SO$_3$ umgesetzt wird, das dann im Endabsorber restliche Schwefelsäure bildet. Die Doppelkatalyse ermöglicht gegenüber der Einfachkatalyse den Einsatz höher konzentrierter Gase mit einem O$_2$/SO$_2$-Verhältnis von 0,8 bis 1,0. Damit ergibt sich bei gleicher Leistung ein geringeres Gasvolumen. Die Apparate werden entsprechend kleiner und die Kosten für die Zwischenabsorption nahezu kompensiert. Einen Kontaktapparat mit vier Horden und Zwischenabsorption nach Horde 2 bezeichnet man mit 2+2-Schaltung und einen mit fünf Horden sowie Zwischenabsorption nach Horde 3 mit 3+2-Schaltung. Die ersten Doppelkatalyseanlagen wurden in den Werken der Bayer AG gebaut. Es waren Vier-Horden-Kontakte mit der Zwischenabsorption nach Horde 3. Das SO$_3$-Gas zum Zwischenabsorber wird in einem Wärmeaustauscher im Gegenstrom zum SO$_3$-freien Gas aus dem Zwischenabsorber abgekühlt, während das SO$_3$-freie Gas für den Eintritt in die folgende Horde (3 oder 4) aufgeheizt wird. Wegen des höheren Temperaturniveaus aus Horde 2 ergeben sich für die 2+2-Schaltung kleinere Wärmeaustauscherflächen als für die 3+1- oder 3+2-Schaltung. Der gesamte SO$_2$-Umsatz ist bei der 2+2-Schaltung, wie sich aus dem Umsatzdiagramm ablesen lässt, theoretisch geringer als in einer 3+1-Schaltung. Bedingt durch die technischen Gegebenheiten von Gaseinströmung und -verteilung ist der Unterschied jedoch nicht messbar. Dies ist anders bei einem Kontaktapparat mit fünf Horden und der Schaltung 3+2. Die erreichten SO$_2$-Umsätze betragen dabei je nach Gasbasis 99,8 % bis 99,9 %. Die Bezeichnung Heißgas- und Kaltgasanlage gilt auch für Doppelkatalyseanlagen. Gas aus der Schwefelverbrennung wird wie in der Einfachkatalyseanlage direkt nach dem Abhitzekessel der ersten Horde zugeführt (Abb. 4.16). Die Reaktionswärme zwischen den einzelnen Horden mit Ausnahme der Zwischenabsorption und nach der letzten Horde wird ebenfalls zur Dampferzeugung genutzt, während im Falle metallurgischer Anlagen die Reaktionswärme hauptsächlich zur Aufheizung der getrockneten Gase

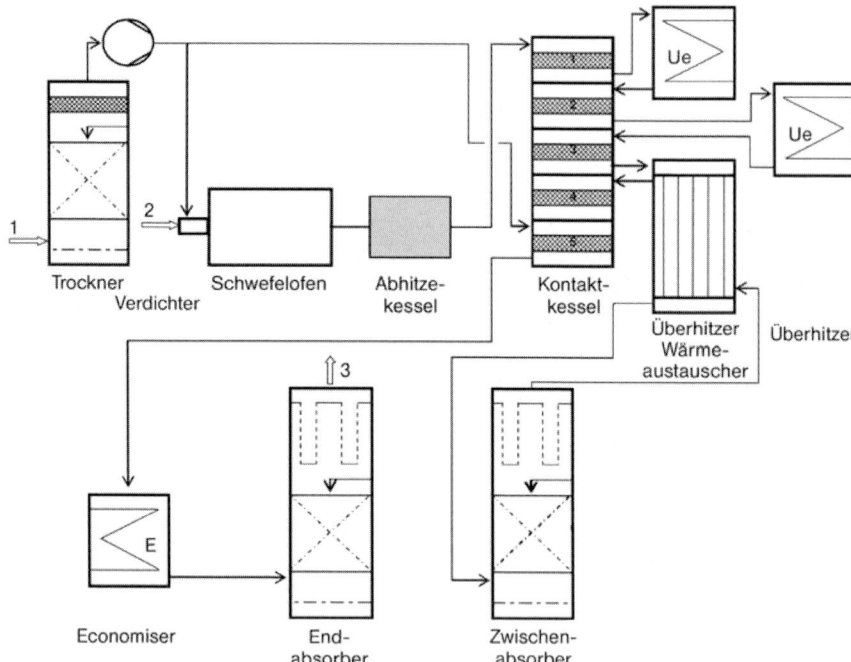

Abb. 4.16 Schema Doppelkatalyse für S-Verbrennung. 1 Luft, 2 Schwefel, 3 Abgas zum Kamin

genutzt wird (Abb. 4.17). Kaltgasanlagen können ab ca. 6,0 % Volumenanteil SO$_2$ autotherm betrieben werden. Der übliche Konzentrationsbereich liegt im Anlageneingang für metallurgische Gase bei 8 bis 12 % Volumenanteil SO$_2$ und für S-Verbrennung bei 10,5 bis 11,5 % Volumenanteil SO$_2$, bei Sauerstoffanreicherung jeweils höher. In der ersten Horde erreicht man einen SO$_2$-Umsatz von 60 bis 70 %, was bei hohen SO$_2$-Ausgangskonzentrationen zu Temperaturen über 600 °C führt. Für Kaltgasanlagen stellte dies wegen der relativ großen Wärmeaustauscherfläche ein Problem bezüglich der verfügbaren Werkstoffe dar. Das Gas aus Horde 1 wird deshalb mit kaltem SO$_2$-Gas auf ca. 560 °C vorgekühlt, welches die Horde 1 umgeht. Die Horde 1 wird bei diesen Anlagen also nur von einem Teil (ca. 90 %) der Gesamtgasmenge beaufschlagt. In einer Einfachkatalyse kann die Verfahrensweise den SO$_2$-Umsatz geringfügig beeinflussen, während dies bei Doppelkatalysen kaum feststellbar ist.

Die *Tripelkatalyse* (Abb. 4.18) bietet sich für die Verarbeitung von hochkonzentriertem SO$_2$-Gas an, um ausreichend hohe SO$_2$-Umsätze zu erhalten. Nach einem Vorkontakt wird das SO$_2$/SO$_3$-Gas in einen ersten Zwischenabsorber geleitet und nach Wiederaufheizung und eventueller Zumischung geringer SO$_2$-haltiger Gase den nächsten beiden Horden und der zweiten Zwischenabsorption zugeführt. Die Tripelkatalyse eignet sich auch zur Leistungssteigerung bestehender Doppelkatalyseanlagen, wenn Gas mit sehr hoher SO$_2$-Konzentration umgesetzt werden muss.

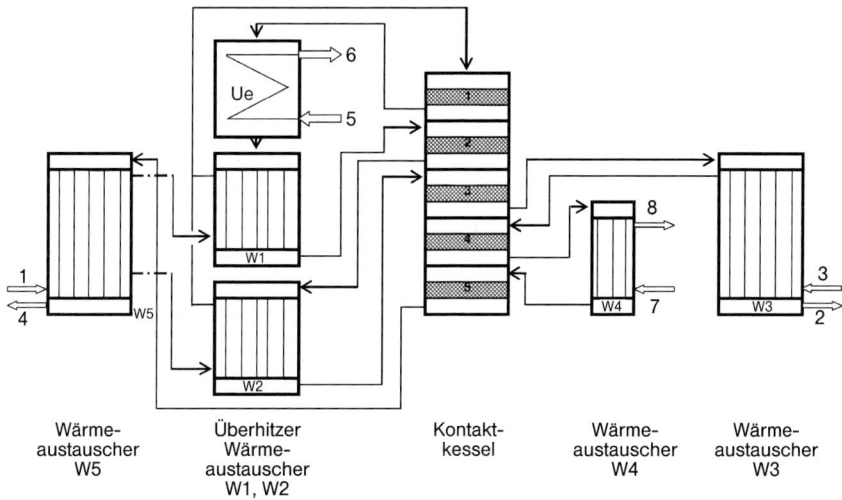

Abb. 4.17 Schema Doppelkatalyse für metallurgische Gase
1 SO$_2$-Gas vom Verdichter, 2 SO$_2$/SO$_3$-Gas zur Zwischenabsorption, 3 SO$_2$-Gas von der Zwischenabsorption, 4 SO$_2$-Gas zur Endabsorption, 5 Sattdampf zum Überhitzer, 6 Überhitzter Dampf, 7 Kühlluft ein, 8 Kühlluft aus

Eine Sonderausführung der Einfachkatalyse ist die Nasskatalyse. Im Gegensatz zu den beschriebenen Einfach- und Doppelkatalyseanlagen werden hier weder Gas noch Luft getrocknet sondern in feuchtem Zustand mit dem Katalysator kon-

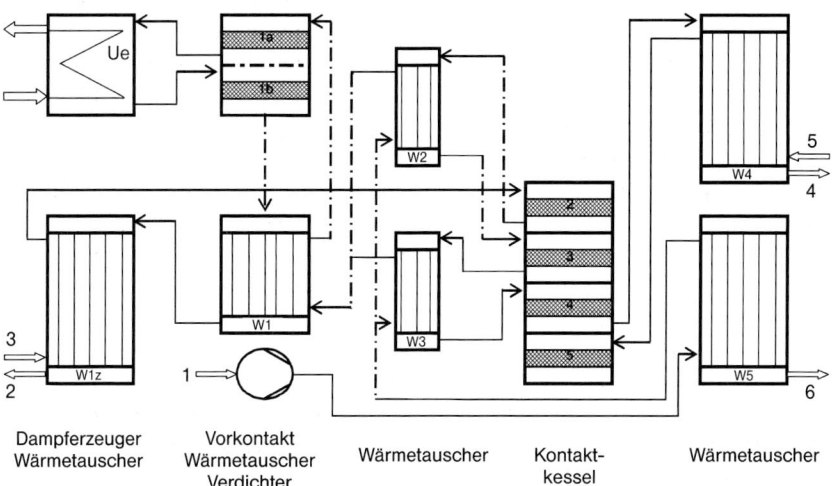

Abb. 4.18 Tripelkatalyse für metallurgische Gase nach Lurgi
1 SO$_2$-Gas aus der Gasreinigung, 2 SO$_2$/SO$_3$-Gas zur Zwischenabsorption 1, 3 SO$_2$-Gas aus der Zwischenabsorption 1, 4 SO$_2$/SO$_3$-Gas zur Zwischenabsorption 2, 5 SO$_2$-Gas aus der Zwischenabsorption 2, 6 SO$_3$-Gas zum Endabsorber, 7 Sattdampf, 8 Heißdampf

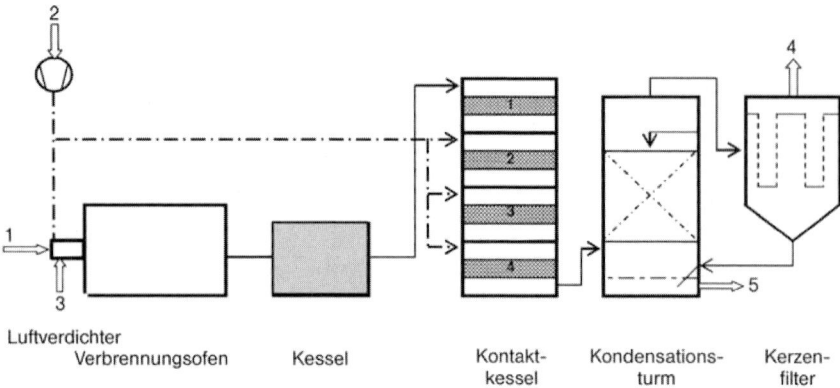

Abb. 4.19 Nasskatalyse
1 H$_2$S-Gas, 2 atmosphärische Luft, 3 Zusatzheizung, 4 Abgas zum Kamin, 5 Schwefelsäureproduktion

taktiert (Abb. 4.19). Dies ist möglich, solange die Temperaturen über dem Taupunkt, der Kondensationstemperatur des Wassers, gehalten werden. In diesen Anlagen wird hauptsächlich SO$_2$-Gas aus der H$_2$S-Verbrennung verarbeitet. Das feuchte Gas aus dem Verbrennungsofen wird wie bei der Schwefelverbrennung in einem Abhitzekessel auf ca. 420 °C gekühlt und der Horde 1 zugeführt. Die Kühlung zwischen den einzelnen Horden erfolgt durch Einblasen von ungetrockneter atmosphärischer Luft. Es erfolgt bereits in der Gasphase die Bildung von H$_2$SO$_4$ aus dem vorhandenen H$_2$O und dem aus der katalytischen Oxidation entstandenen SO$_3$. Das heiße Gas gelangt nach den Kontakthorden in einen Kondensationsturm, in dem sich abhängig vom Wasserdampfgehalt ca. 75 %ige Schwefelsäure bildet.

Lurgi hat mit dem Concat-Verfahren (Abb. 4.20) die Möglichkeit geschaffen, in einer Nasskatalyse durch Einbau einer Heißkondensationsstufe Schwefelsäure bis 93 % H$_2$SO$_4$ zu gewinnen.

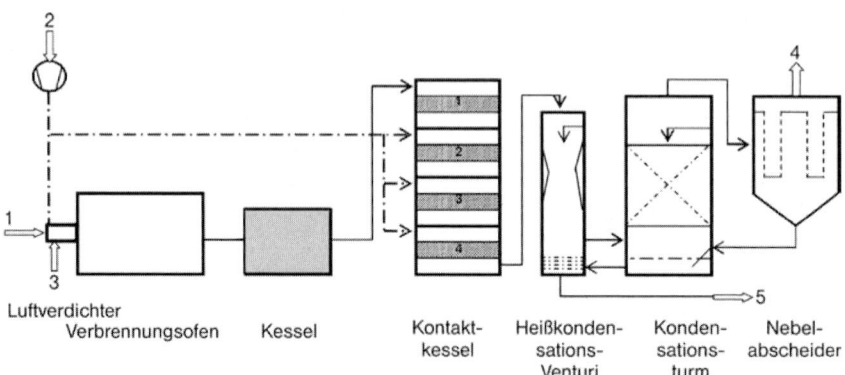

Abb. 4.20 Concat-Verfahren nach Lurgi
1 H$_2$S-Gas, 2 atmosphärische Luft, 3 Zusatzheizung, 4 Abgas zum Kamin, 5 Schwefelsäureproduktion

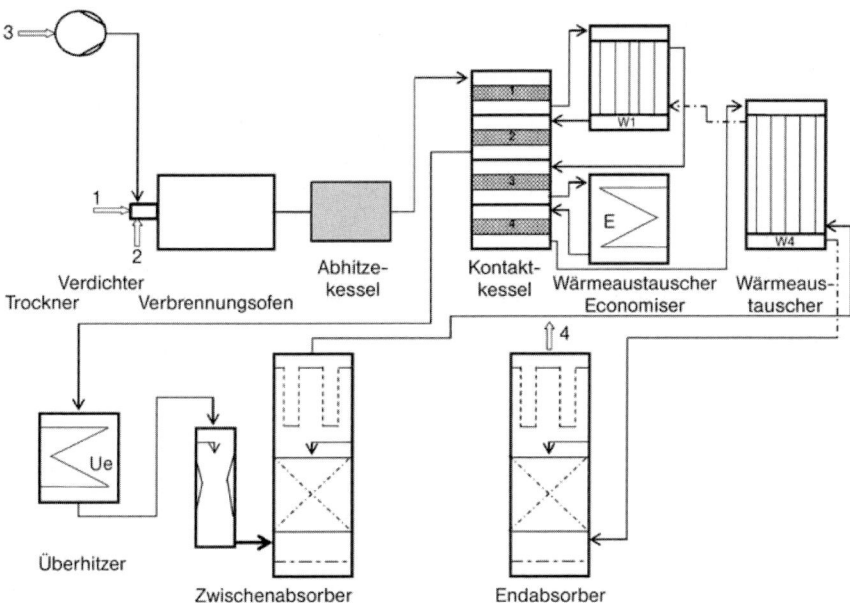

Abb. 4.21 Nass-Trocken-Katalyse nach Lurgi
1 H$_2$S-Gas, 2 Schwefel, 3 Luft, 4 Abgas zum Kamin

Eine Kombination des Nasskatalyseverfahrens mit der konventionellen Doppelkatalyse ist die *Nass-Trocken-Katalyse* der Lurgi (Abb. 4.21). Ein Trockner für Gas und/oder Luft entfällt hierbei. Es werden ein hoher SO$_2$-Umsatz sowie eine Säureproduktion in den marktüblichen Konzentrationen zwischen 95 und 98 % H$_2$SO$_4$ erreicht. Das Verfahren eignet sich z. B. für die Verarbeitung der Gase aus reinen H$_2$S-Verbrennungsanlagen oder kombinierten H$_2$S/S-Verbrennungsanlagen unter der Voraussetzung, dass die Wasserbilanz aufgeht. Die erste Stufe mit zwei Horden entspricht der beschriebenen Nasskatalyse. Das ca. 350 °C heiße Gas strömt dann in einen mit konzentrierter Schwefelsäure bedüsten Gleichstromabsorber, dem ein konventioneller Gegenstromabsorber folgt. Das jetzt trockene Gas gelangt zur weiteren SO$_2$-Umsetzung in die folgenden ein oder zwei Kontakthorden und schließlich in den Endabsorber. Andere Verfahrensvarianten hierzu und zur Nasskatalyse wurden von Monsanto und Topsoe entwickelt. Eine vereinfachte Darstellung des Monsanto-Monarch-Verfahrens ist in Abbildung 4.22 gezeigt.

4.2.3
Verbleib des Katalysators

Der gebrauchte Schwefelsäurekatalysator ist ein Abfallstoff (Stoff der »grünen Liste«) und unterliegt der Basel-Konvention [37]. Für die Entsorgung gibt es folgende Möglichkeiten:

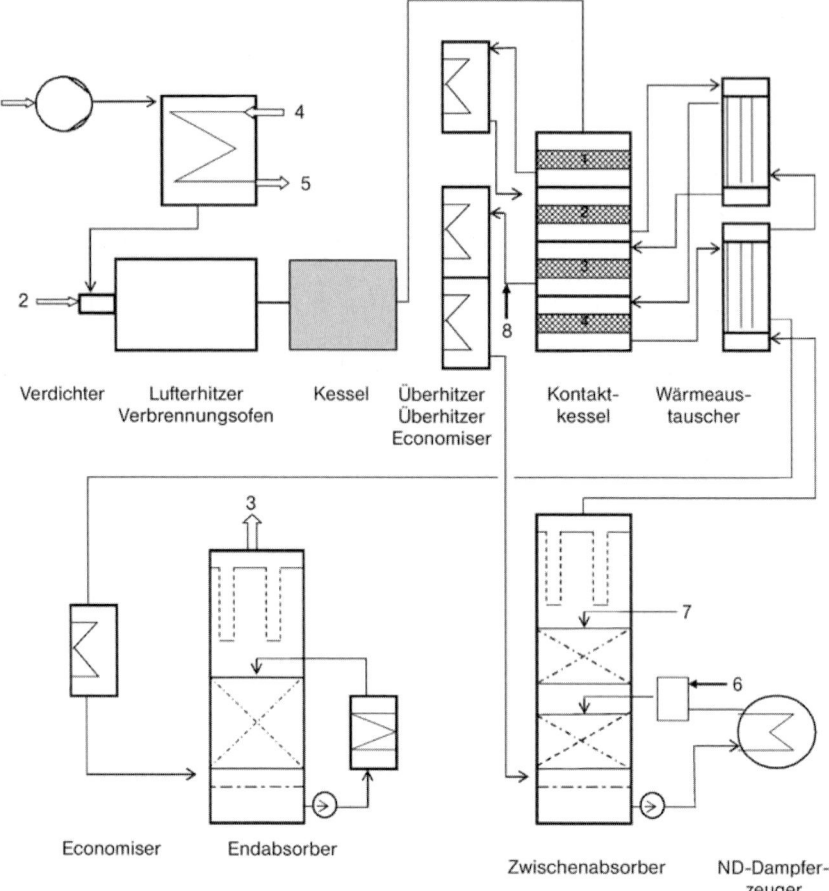

Abb. 4.22 Vereinfachte Darstellung des Monsanto-Monarch-Verfahrens [36]
1 atmosphärische Luft, 2 Schwefel, 3 Abgas, 4, 5 Schwefelsäure, 6 Wasser/Dampf, 7 Produktsäure, 8 Dampf

Metallrückgewinnung

Der Vanadiumanteil des Katalysators kann für den weiteren Gebrauch zurückgewonnen werden. In der Regel wird dies von Firmen, die Katalysatoren herstellen oder Metalle rezyklieren und ein entsprechendes Verfahren haben, durchgeführt. Die Rückgewinnung geschieht durch Laugung in Form von Vanadium-Salzen oder als Eisen-Vanadium bei der Stahlherstellung. Bei allen Recycling-Methoden ist es sehr wichtig, dass der gebrauchte Katalysator wenig Arsen enthält.

Typische Werte für gebrauchte Katalysatoren sind:
- V_2O_5: min. 3 % Massenanteil
- K_2O: max. 10 % Massenanteil
- P: max. 0,5 % Massenanteil
- Sn, Pb, As, Sb, Bi, Cu, Zn, Cd, Hg: max. 0,1 % Massenanteil

In Deutschland wird gebrauchter Schwefelsäurekatalysator von dem »Entsorgungsfachbetrieb« Nickelhütte Aue mit Entsorgungsnachweis verarbeitet.

Deponierung

Es gibt zwei Arten von Deponierung, Einbettung und direkte Deponierung:
- Einbettung: Der Katalysator wird in ein inertes Material eingebunden, gewöhnlich in Beton oder als glasartige Schlacke, um ihn dann in einer geeigneten genehmigten Deponie lagern zu können. Dies dient dazu, die Auslaugung von Metall-Ionen zu verhindern.
- Direkte Deponierung: Der Katalysator wird ohne Vorbehandlung direkt in einer geeigneten, genehmigten Deponie eingelagert in Übereinstimmung mit den gesetzlichen Vorgaben. Üblicherweise wird der Katalysator mit Kalk vermischt, um die Restsäure zu neutralisieren.

Wiedereinsatz

Gebrauchter Katalysator kann als Zuschlagstoff im Prozess der pyrometallurgischen Blei- und Kupfergewinnung verwendet werden. Bei der Blei- und Kupfergewinnung werden in Abhängigkeit von der Vorstoffzusammensetzung silicathaltige Zuschlagstoffe zur Korrektur der Schlackenbildner benötigt. Der üblicherweise eingesetzte Sand kann zu einem bestimmten Anteil durch gebrauchten Katalysator ersetzt werden, da dieser eine SiO_2-Konzentration von 55–64 % aufweist.

Bevorzugt wird der Weg der Metall-/Salzgewinnung.

4.3
Absorption von SO_3 in Schwefelsäure

Das Gas mit dem in den Katalysatorschichten des Kontaktkessels gebildeten SO_3 wird durch einen mit konzentrierter Schwefelsäure (mindestens 98,5 % H_2SO_4) beaufschlagten Behälter, den Absorber, geleitet. Die Schwefelsäure absorbiert das SO_3, das mit dem an die Schwefelsäure gebundenen Wasser exotherm zu Schwefelsäure reagiert:

$$SO_3 + H_2O \longrightarrow H_2SO_4 \qquad \Delta H = -132,4 \text{ kJ} \tag{4.6}$$

Zur Aufrechterhaltung der Säurekonzentration muss dem System Wasser als reines Wasser und/oder in Form von Schwefelsäure geringerer Konzentration zugeführt werden.

4.3.1
Gegenstrom- und Gleichstromabsorption

Überwiegend wird die Gegenstromabsorption in einem Füllkörperturm eingesetzt. Die Absorbersäure wird im Kopf des zylindrischen Behälters mittels eines geeigneten Berieselungssystems gleichmäßig über den Apparatequerschnitt verteilt und rieselt durch eine Füllkörperschicht von oben nach unten. Aus dem nach oben entgegenströmenden Gas absorbiert die Rieselsäure das SO_3, wobei die Säurekonzentration entsprechend ansteigt. Infolge der Reaktionswärme und der aus dem Gas aufgenommenen Wärme erhöht sich die Temperatur der Schwefelsäure. Die Säurekonzentration wird im Turmsumpf oder in einer damit verbundenen Vorlage durch Einleitung von Wasser und/oder Säure aus dem Gastrockner reguliert. Zur Wärmeabfuhr sind im Säurekreislauf geeignete Kühler installiert, in denen die Wärme indirekt, z. B. durch Kühlwasser, abgeführt wird.

Bei der Gleichstromabsorption strömen Säure und Gas vom Kopf des Absorbers parallel nach unten. Im Absorber, meist ein Leerturm in Venturi-Form, wird die Säure mit Vollkegeldüsen über den Querschnitt fein verteilt, sodass sie intensiv mit dem Gas in Kontakt kommt. Das Gas wird bei der Gleichstromabsorption weniger stark abgekühlt als bei der Gegenstromabsorption, weshalb die Gleichstromabsorption von Lurgi ursprünglich als Zwischenabsorption in Doppelkatalyseanlagen für gering SO_2-haltige Gase, z. B. aus Sinteranlagen, eingesetzt wurde. Dort können die Temperaturen in der Zwischenabsorption so gesteuert werden, dass die Gastemperaturen in den Wärmeaustauschern über dem Taupunkt liegen und die Wärmeaustauscherflächen akzeptable Größen erhalten. Ein weiterer Einsatzbereich des Gleichstromabsorbers ist die Heißabsorption innerhalb der Zwischenabsorption im Rahmen der Abwärmenutzung zur Dampferzeugung. Hier wird der Gleichstromapparat mit Säure von bis zu 200 °C betrieben, um Niederdruckdampf bis 7 bar zu erzeugen. Im Heißabsorber wird aufgrund des Schwefelsäuredampfdruckes nicht das gesamte SO_3 absorbiert (ca. 80 bis 90 %) weshalb ihm zur Absorption des restlichen SO_3 und zur weiteren Gaskühlung ein Zwischenabsorptionsturm (Füllkörperturm) nachgeschaltet werden muss.

4.3.2
Arbeitsbereich der Schwefelsäureabsorption

Generell gliedert sich der Säurebereich einer konventionellen Schwefelsäureanlage in die Gruppen Gastrocknung, Schwefelsäureabsorption und Oleumabsorption (s. Abb. 4.23).

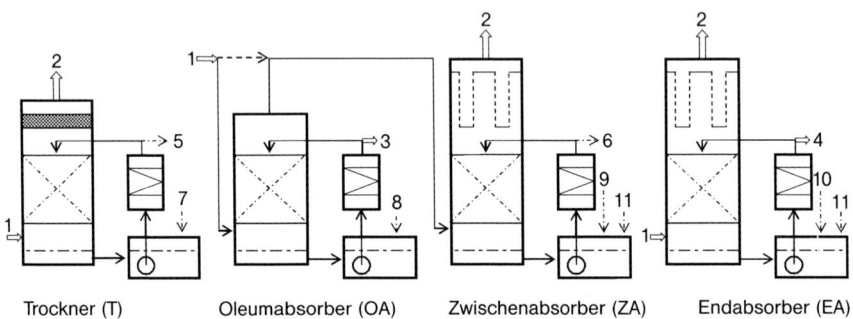

Abb. 4.23 Schema Trocknung, Zwischenabsorption, Oleumabsorption
1 Gas ein, 2 Gas aus, 3 Oleumproduktion, 4 Säureproduktion, 5 Säure zu ZA, 6 Säure zu T, OA, EA, 7, 8, 10 Säure von ZA, 9 Säure von T, 11 Prozesswasser

Die *Trocknung* dient der Absorption des Wassers, das in der Luft für die Schwefelverbrennung bzw. in den SO_2-Gasen aus der Gasreinigung metallurgischer oder Spaltanlagen enthalten ist, und arbeitet im Normalfall im Kreislauf mit 94 bis 97% H_2SO_4 und Eintrittstemperaturen von 50 bis 60 °C, wobei das Optimum der Trocknung bei ca. 96% H_2SO_4 und 50 °C liegt. Die Säure im Trocknerkreislauf erwärmt und verdünnt sich infolge der Wasseraufnahme. Um die Konzentration der Säure im Kreislauf aufrecht zu erhalten, wird konzentriertere Säure aus den Absorberkreisläufen zugeführt. Die dabei anfallende überschüssige dünnere Säure wird zu den Absorbern zurückgeführt, wo für die Schwefelsäurebildung Wasser notwendig ist. Gering SO_2-haltige Gase enthalten mehr Wasser als für den Prozess zur Erzeugung von konzentrierter Schwefelsäure von 95% H_2SO_4 erforderlich ist. In solchen Fällen wird die Trocknung zweistufig ausgeführt. Die erste Stufe wird mit ca. 78%iger Schwefelsäure betrieben. Dabei wird mit dem Nachtrocknerkreislauf (96% H_2SO_4) ein Säureaustausch durchgeführt und entsprechend der Wasserbilanz ein Teil der Säureproduktion aus dem Vortrockner entnommen. Falls für den niedrig konzentrierten Säureanteil kein Bedarf besteht, kann die Säure z. B. mit Hilfe des trockenen Endgases für den Einsatz in den Absorbern aufkonzentriert werden, wie es von Lurgi im Predryer-Reconcentrator-System konzipiert wurde.

In der *Absorption* wird das in den Kontakthorden gebildete SO_3 von im Kreislauf geführter Schwefelsäure absorbiert. In konventionellen Absorbern beträgt die Kreislaufkonzentration 98,5 bis 99,0% H_2SO_4 bei 70 bis 90 °C. Zur Aufrechterhaltung dieser Konzentration wird das erforderliche Wasser mit der rückgeführten Trocknersäure sowie zusätzlich als Prozesswasser zugeführt. Die Konzentration und Kreislaufmenge an Säure werden so gesteuert, dass in der aus der Füllkörperschicht bzw. dem Venturi-Wäscher ablaufenden Säure die Zusammensetzung des Azeotrops Säure/Wasser nicht überschritten wird. Zur Bildungswärme kommt also noch ein geringer Anteil Verdünnungswärme. Die Heißabsorption in Anlagen der Lurgi wird mit der gleichen Kreislaufkonzentration betrieben, wobei hinsichtlich der hohen Temperaturen von 200 °C geeignete Werkstoffe, wie z. B. Edelstahl 1.4575, für Apparate, Rohrleitungen und Wärmeaustauscher verwendet werden. Demgegenüber betreibt Monsanto die Heißabsorption mit konventionellen Edelstählen, wie z. B. AISI 310L/M (s. Abschnitt 4.14), wobei die Konzentration im Bereich von 99,0 bis 99,7, vorzugsweise 99,3–99,7% H_2SO_4 einzustellen ist. In diesem Bereich ist der Werkstoff am wenigsten korrosionsanfällig.

Über ca. 75 °C steigt der Dampfdruck der Schwefelsäure erheblich an, weshalb die letzte Absorberstufe einer Schwefelsäureanlage meist bei 70 °C bis 75 °C betrieben wird, um die Schwefelsäureemissionen in die Luft gering zu halten.

Die *Oleumabsorption* ist stets einem Schwefelsäureabsorber vorgeschaltet, weil wegen des hohen SO_3-Dampfdrucks über Oleum das austretende Gas noch einen erheblichen Anteil SO_3 enthält. Die im Oleumabsorber erzeugte Oleumkonzentration bewegt sich je nach Anforderungen zwischen 20 und 38% SO_3. Unter 20% wirkt das Oleum bei C-Stahl korrosiv und mehr als 38% sind mit den üblichen SO_3-Konzentrationen in den Gasen nicht erreichbar. Höhere Oleumkonzentrationen, wie z. B. 65%, lassen sich nur durch Einleiten von 100%igem SO_3 in Oleum gewinnen. Die Betriebstemperaturen in einem Oleumabsorber sind von der jeweils geforderten Oleumkonzentration und -produktion sowie der verfügbaren Gasmenge und deren SO_3-Konzentration abhängig. Der Oleumabsorber entspricht prinzipiell dem Schwefelsäureabsorber. Es werden sowohl Gegenstromapparate mit Füllkörperschüttung als auch Gleichstromapparate eingesetzt.

4.4
Verfahrensschritte des Schwefelsäureprozesses

Eine Schwefelsäureanlage besteht aus zwei Bereichen, die in den Betriebsanlagen auch räumlich gegeneinander abgegrenzt sind. Es sind dies der mit meist trockenen Gasen arbeitende Gasteil, in den teilweise der Dampfbereich integriert ist, und der mit Schwefelsäure arbeitende Säureteil.

4.4.1
Gasteil

Unter dem Gasteil versteht man die Anlagengruppe, in der das SO_2-Gas auf die Arbeitstemperatur der Kontakthorden aufgeheizt bzw. das SO_3-Gas abgekühlt wird und das SO_2 zu SO_3 umgesetzt wird.

Kaltgasanlagen
Kaltgasanlagen werden für Gase aus metallurgischen Anlagen und Spaltanlagen gebaut. Diese Gase stehen nach intensiver Gasreinigung in einer Wasch- und Kühlanlage sowie Trocknung mittels Schwefelsäure mit ca. 50 °C bzw. nach dem Verdichter mit ca. 100 °C zur Verfügung. Das SO_2-Gas muss also vor Eintritt in die erste Horde des Kontaktkessels aufgeheizt werden. Dies geschieht unter Ausnutzung der bei der Umsetzung von SO_2 zu SO_3 frei werdenden Reaktionswärme indirekt in Gaswärmeaustauschern (s. Abschnitt 4.2.2.2). Ebenso wird in Doppelkatalyseanlagen das vom Zwischenabsorber zur Horde 3 oder 4 zurückströmende Gas im Gegenstrom zum Gas aus Horde 2 oder 3 zum Zwischenabsorber aufgeheizt.

Heißgasanlagen
In Heißgasanlagen (s. Abschnitt 4.2.2.2) ist der Gasteil mit Ausnahme der Zwischenwärmeaustauscher für die Ausschleusung der Reaktionswärme ausschließlich mit Economisern, Verdampfern und Überhitzern ausgerüstet.

Zur Förderung der Gase durch die Gesamtanlage und zur Überwindung des Widerstandes in diesem System ist ein Verdichter erforderlich. Dieser wird nach dem Trockner installiert und zählt zur Kontaktgruppe. In der Schwefelverbrennung kann der Verdichter auch vor dem Trockner installiert werden. Er fördert dann die feuchte atmosphärische Luft, ist aber in der Konstruktion einfacher. Allerdings wird die mit der adiabatischen Verdichtung an die Luft übertragene Wärme ohne Nutzung im Trockner an das Kühlwasser abgeführt.

Vor Beaufschlagung mit SO_2-Gas müssen die Apparate der Kontaktanlage und besonders die Katalysatorschichten auf die im Eintritt erforderliche Arbeitstemperatur aufgeheizt werden. Hierzu wird für Kaltgasanlagen eine öl- oder gasbetriebene Aufheizanlage installiert, in der Heizluft von den Rauchgasen indirekt erhitzt und durch die Kontaktgruppe gefördert wird. Für Anlagen, in denen zeitweise mit zu geringen SO_2-Gehalten zu rechnen ist, kann diese Ausrüstung auch zur Ergänzung des Wärmebedarfs genutzt werden. Heißgasanlagen können ebenfalls mit einem Anheizer ausgerüstet werden. Hier ist es auch möglich, die heißen, wasserdampfhaltigen Rauchgase aus der Aufheizung des Schwefelofens zu nutzen.

In *Nasskatalyseanlagen* zählen zum Gasteil nur der Kontaktkessel und der Luftverdichter.

4.4.1.1 Kontaktapparat, Kontakthorde

Die zentrale Installation des Gasteils einer Schwefelsäureanlage ist der Kontaktapparat oder Kontaktkessel mit den Kontakthorden (s. Abschnitt 4.2.2).

In der Katalysatorschicht reagiert das SO_2 mit O_2 exotherm zu SO_3. Wenn die Wärme innerhalb der Schicht nicht abgeführt wird, erhöhen sich Gas- und Katalysatortemperatur in Strömungsrichtung. Diese adiabatisch arbeitende Horde stellt den Normalfall dar. Die Ausführung des adiabatisch arbeitenden Reaktors ist die technisch einfachste Lösung (s. Abschnitt 4.2.2). Bezüglich der SO_2-Umsetzung wäre der isotherme Reaktor dagegen ideal. Technisch realisierbar ist allerdings nur ein quasiisothermer Reaktor und nur für kleinere Apparatedimensionen. Die Horden des Festbettreaktors werden meist von oben nach unten durchströmt. Aus Gründen der Anordnung der Apparate der Kontaktgruppe zueinander kann auch eine Gasströmung von unten nach oben sinnvoll sein. Allerdings sollte die Horde 1 wegen der im Gas möglicherweise noch enthaltenen Feststoffe immer von oben angeströmt werden, weil mit dem Absetzen der Feststoffe der Widerstand soweit ansteigt, dass die Schicht aufgewirbelt wird und die Katalysatorkörper zermahlen werden.

Wie bereits in Abschnitt 4.2.2.2 beschrieben, wird heutzutage die Horde 1 vorzugsweise unten oder zumindest als zweitunterste Horde angeordnet. Die Werkstoffauswahl muss entsprechend der statischen und thermischen Belastung erfolgen. Eine Alternativlösung insbesondere bei Modifikation vorhandener Anlagen bietet eine separate Vorhorde als Horde 1. Für besonders aschehaltigen Schwefel, der häufiges Absieben der Horde 1 verlangt, kann es eine Lösung sein, die Kontaktmasse in einem vertikalen Behälter zwischen zwei perforierten, konzentrischen Zylindern einzufüllen, was von Bayer in einer Anlage realisiert wurde. Der Katalysator wird durch Öffnungen im Boden entleert und der neue Katalysator oben eingefüllt.

Neben dem Festbettreaktor mit Aufteilung in mehrere Horden ist der Wirbelschichtreaktor zu nennen. Dieser arbeitet mit einem Kühlregister im Wirbelbett als isothermer Reaktor. Bei sehr hohen SO_2-Umsätzen sind nur noch zwei Horden nach der Zwischenabsorption notwendig. Allerdings scheiterte die technische Umsetzung bisher an der Entwicklung eines in der Wirbelschicht mechanisch ausreichend stabilen Katalysators.

In den in Betrieb befindlichen Schwefelsäureanlagen werden fast ausschließlich ausgemauerte Kontaktkessel, Kontaktkessel aus C-Stahl mit Abmauerung und Kontaktkessel aus Edelstahl ohne Aus- und Abmauerung benutzt. Die verschiedenen Ty-

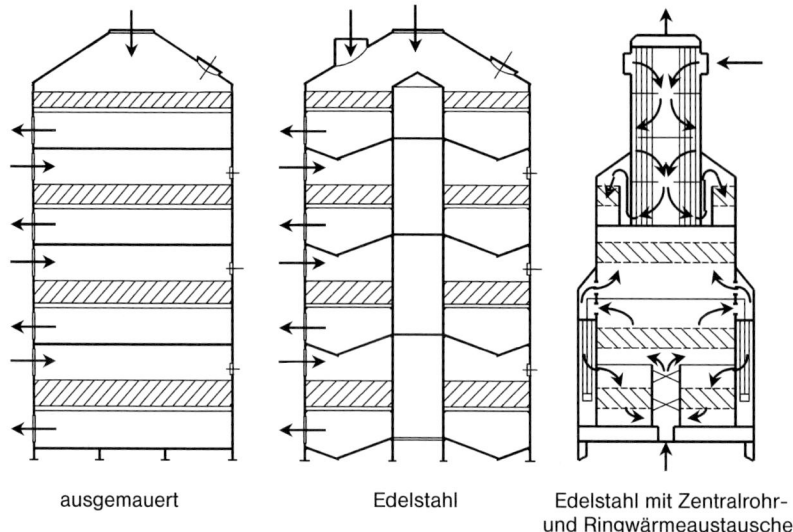

Abb. 4.24 Kontaktkesseltypen und -varianten

pen sind in Abbildung 4.24 gezeigt. Der Kontaktkessel aus Gusseisen hat keine Bedeutung. Allen Kontaktkesseln ist gemeinsam, dass das Gas zu einer Horde seitlich am Mantel eintritt und nach Durchströmen der Horde seitlich am Mantel wieder austritt. Je größer der Kontaktkesseldurchmesser, umso schwieriger wird die Gasverteilung. Diesem Umstand wird mit dem Widerstand der Katalysatorschüttung begegnet, indem eine bestimmte Mindestschichthöhe vorgegeben wird. Auch die Abdeckung der Katalysatorschicht mit Raschig-Ringen, die primär ein Aufwirbeln des Katalysators durch das einströmende Gas verhindern soll, leistet hier einen Beitrag. Zwei gegenüberliegende Gaseintritte lassen sich wegen der Gasleitungsführung und der Schwächung des Mantels selten verwirkliche und Einbauten für eine gleichmäßigere Verteilung machen die Horde eventuell unzugänglich. Für sehr große Kessel aus C-Stahl oder Edelstahl werden Gaseintritte durch das Zentralrohr vorgesehen. Alle Kontaktkessel erhalten zur Minimierung der Wärmeverluste eine Außenisolierung mit Mineralwolle. Der Stand der Technik und die historische Entwicklung des Konverterbaus werden in [38] beschrieben.

Der *ausgemauerte Kontaktkessel* hat einen zylindrischen Blechmantel aus C-Stahl, der innen in mehren Lagen mit säurefesten, für die thermische Belastung geeigneten Steinen ausgemauert ist. Die Trennböden zwischen den einzelnen Horden sind gemauerte Gewölbe. Die perforierten Hordenbleche mit einer stabilen Tragkonstruktion zur Aufnahme der Kontaktmasseschicht werden außen auf einen Konsolring in der gemauerten Wand und innen auf eine auf das Gewölbe gesetzte »Säule« aufgelegt. Die Dicke und Anzahl der Ausmauerungslagen ist maßgebend für die Wärmekapazität des Kessels, die damit mögliche Stillstandzeit ohne Aufheizmaßnahmen sowie für den Wärmetransport an den Blechmantel und damit dessen Betriebstemperatur. Der gemauerte Kontaktkessel hat seine Bedeutung verloren. Gründe sind die wegen der Gewölbe auf ca. 12 m begrenzten Durchmesser der Kessel, die hohen Kosten der Ausmauerung und ihre nachlassende Qualität, die nicht 100%ige Gasdichte und damit eventuell eine negative Beeinflussung des SO_2-Umsatzes, das hohe Apparategewicht und entsprechend ausgebildete Fundamente, schwirige bis unmögliche Reparaturen, lange Stillstände und hohe Kosten bei Reparaturen und Ersatzmaßnahmen, lange Aufheizzeiten wegen der großen Steinmasse und Wärmekapazität und große Trägheit des Temperaturverhaltens bei Laständerungen und Lastschwankungen.

Der *Kontaktkessel aus C-Stahl* mit Abmauerung entspricht teilweise dem ausgemauerten Kontaktkessel. Anstelle der gemauerten Gewölbe werden hier Trennböden aus Stahlblech gasdicht mit dem Blechmantel und bei großen Apparaten mit einem zentralen Tragrohr verschweißt. Abhängig von den Betriebstemperaturen werden die Trennböden von Horde 1/Horde 2 und Horde 2/Horde 3 mit Isoliersteinen belegt und der Mantel sowie das Zentralrohr abgemauert. Die übrigen Horden werden nur im Bereich der Kontaktmasse abgemauert, weil die Komponenten des Katalysators auf C-Stahl korrosiv wirken. Diese Kontaktkesselausführung wird heute fast nur noch in Ländern gebaut, in denen Edelstahl eine teure Importware ist. Eine Anlage für 2 · 3500 tato Mh, die Lurgi in Indien gebaut hat, erhielt jeweils geteilte Kontaktkessel mit Horden 1 und 2 im ersten und Horden 3 und 4 im zweiten Kessel. Während der erste Kessel für die 11,5%igen Schwefelverbrennungsgase aus Edelstahl gefertigt ist, wurde der Kessel für Horden 3 und 4 in der vorstehend beschriebenen Ausführung geliefert.

Der *Kontaktkessel aus Edelstahl* ist mittlerweile weltweit die Standardausführung. Es handelt sich, wie bei dem Apparat aus C-Stahl um eine komplett geschweißte und dementsprechend gasdichte Ausführung, jedoch ohne irgendwelche Aus- oder Abmauerung. Die eingesetzten Edelstahlqualitäten haben in den Temperaturbereichen bis 700 °C ausreichende Festigkeiten und sind inert gegen die Katalysatorkomponenten und Verunreinigungen im Gas. Hochtemperaturkorrosion durch Chlor muss hier nicht befürchtet werden, weil der Cl-Gehalt auch in einem schlecht gereinigten metallurgischen Gas hierfür zu gering und die Temperatur nicht genügend hoch ist. Der Edelstahlkessel hat gegenüber dem ausgemauerten Apparat erhebliche Vorteile, wie:
- 60% geringeres Gewicht und damit leichtere Fundamente,
- einfache und schnelle Montage,
- hochwertige Fertigungsqualität durch weitgehende Vorfertigung in der Werkstatt (kleinere Kessel können sogar komplett werkstattgefertigt geliefert werden),
- praktisch keine Beschränkung des Durchmessers,
- einfache Wartung und Reparatur und entsprechend kurze Stillstandszeiten,
- leichte Austauschbarkeit auch von alten ausgemauerten Kesseln mit kurzen Stillständen durch komplette Vorfertigung neben der bestehenden Anlage,
- kurze Aufheizzeiten wegen der fehlenden Steinmasse,
- schnelles Erreichen der optimalen Betriebstemperaturen und damit der optimalen Umsetzung von SO_2 zu SO_3,
- keine Verzögerungen bei Lastwechsel und Lastschwankungen, wie sie in Hüttenanlagen häufig sind.

Die Investitionskosten für einen Kontaktkessel aus Edelstahl sind geringer als für einen ausgemauerten Kessel. Die Festigkeit des Werkstoffs bei hohen Temperaturen erlaubt eine ausreichende Dimensionierung der äußeren Isolierung, sodass die Stillstandszeiten von mehr als 8 h wie bei ausgemauerten Kontaktkesseln möglich sind.

Der Kontaktkessel aus Edelstahl besteht aus dem zylindrischen Mantel sowie einem Zentralrohr, das einerseits der Stabilität dient und andererseits zur Auflage der Boden- und Hordenbleche. Das teilweise recht große Zentralrohr wird zum Einbau von Wärmeaustauschern genutzt.

4.4.1.2 Gas/Gas-Wärmeaustauscher

Innerhalb der Kontaktgruppe einer Schwefelsäureanlage werden fast ausschließlich *Rohrbündelwärmeaustauscher* verwendet. Sie werden meist in vertikaler Ausführung eingebaut, damit eventuell anfallendes Schwefelsäurekondensat zum unteren Boden abfließen und zur Vermeidung von Korrosion dort abgezogen werden kann. Soweit möglich wird das SO_2-Gas mantelseitig und das SO_2-/SO_3-Gas rohrseitig geführt (Abb. 4.25). Andere Wärmeaustauschertypen, wie z. B. Lamellenaustauscher, haben sich im Gasteil von Schwefelsäureanlagen nicht bewährt.

Der von Lurgi eingesetzte teilberohrte Wärmeaustauscher hat gegenüber der vollberohrten Ausführung, wie sie allgemein üblich ist, den Vorteil gleichmäßiger Rohranströmung und geringeren Widerstandes auf der Mantelseite. Für Großanlagen über 1500 tato Mh werden Scheiben- und Kreisring-(»Disk and Doughnut«-) Wärmeaustauscher eingesetzt. Diese Konstruktion ergibt bei gleichen Leistungen und Flächen gegenüber dem teilberohrten Wärmeaustauscher geringere Rohrbodenstärken.

Sonderausführungen des Rohrbündelwärmeaustauschers sind die im Zentralrohr des Edelstahlkontaktkessels integrierten Wärmeaustauscher sowie die Ringwärmeaustauscher von Lurgi, die um den Kontaktkesselmantel angeordnet sind.

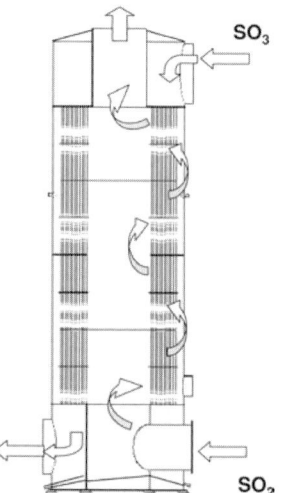

Abb. 4.25 Gas/Gas-Wärmeaustauscher

Die Drücke in den Wärmeaustauschern liegen bei Schwefelsäureanlagen noch in einem Bereich, der das Einwalzen der Rohre ohne zusätzliches Einschweißen erlaubt, und Gasdichte über die gesamte Betriebszeit gewährleistet. Verwendete Werkstoffe sind, abhängig von der Betriebstemperatur, handelsübliche C-Stahlqualitäten. Für höhere Temperaturen werden warmfeste Stähle und Edelstähle oder in einem Aluminiumbad behandelte Rohre sog. »allonized tubes« eingesetzt.

4.4.1.3 Luftvorwärmung

Luftvorwärmer gehören im Prinzip zu den Gas/Gas-Wärmeaustauschern, werden aber zu anderen Zwecken eingesetzt und haben in einigen Fällen eine andere Konstruktion. Luftvorwärmer dienen beispielsweise der Vorwärmung von atmosphärischer Luft für die Schwefelverbrennung. Hier wird zur Aufheizung der Luft auf ca. 300 °C die Reaktionswärme aus der Kontaktgruppe genutzt. In einigen von Lurgi gebauten Schwefelsäurespaltanlagen wird das Spaltgas nach dem Ofen in einem Luftvorwärmer abgekühlt. Diese Luft wird teilweise in den Brennern des Spaltofens genutzt und der Rest zur Erzeugung von Hochdruckdampf. Hier werden rohrseitig von der Luft durchströmte, haarnadelförmige Rohrbündel in einen Gaskanal eingehängt.

4.4.1.4 Verdichter

Aufgabe des Verdichters ist die Förderung des üblicherweise trockenen SO_2-Gases und/oder der benötigten, ebenfalls trockenen Luft durch die gesamte Anlage und die Überwindung des Strömungswiderstandes in Apparaten und Rohrleitungen. Es werden fast ausschließlich fliegend gelagerte Radialverdichter eingesetzt. Die Leistungen betragen bis 300 000 $Nm^3\ h^{-1}$ Gas mit 50 °C und einer Förderhöhe bis 1 bar. Als Antrieb dienen Elektromotoren mit fester Drehzahl oder mit variabler Drehzahl mittels Frequenz- oder Kaskadenregelung sowie meist einstufige Gegendruckdampfturbinen mit Drehzahlregelung. Um den Energieverbrauch möglichst gering zu halten, müssen eine Reihe von Punkten beachtet werden, wie Optimierung des Strömungswiderstandes in den Apparaten und Rohrleitungen sowie Auswahl von Maschinen mit hohem Wirkungsgrad.

Verdichter mit fester Drehzahl lassen sich in einem Lastbereich zwischen 70 und 105 % betreiben, die einfachste Regulierung erfolgt mit einer Klappe. Die Klappe mindert den Wirkungsgrad im Lastbereich außerhalb der Auslegung erheblich. Günstiger ist der Drallregler vor dem Laufradeintritt, der eine Lastregelung zwischen 50 und 105 % bei nicht gravierenden Wirkungsgradverlusten erlaubt. Anlagen, die häufigen Lastwechseln in einem größeren Bereich unterliegen, z. B. in Kupferhütten, werden zweckmäßig mit einem Verdichter ausgerüstet, der von einer Turbine oder einem drehzahlgeregelten Motor angetrieben wird. Grenzen für die Leistung eines Verdichters sind in der Umfangsgeschwindigkeit und den Werkstoffen des Laufrades gegeben. Die kritischen Drehzahlen müssen beim Einschalten einer Maschine schnell durchfahren werden und keine der Betriebsfahrweisen darf im Bereich kritischer Drehzahlen liegen. Die Laufräder werden als Schweißkonstruktion gefertigt, während die Gehäuse Guss- oder Schweißkonstruktionen sein können. Für die Abdichtung der Welle im Gehäuse haben sich Labyrinthdichtungen bewährt und bei SO_2-Gas noch zusätzlich Sperrluft.

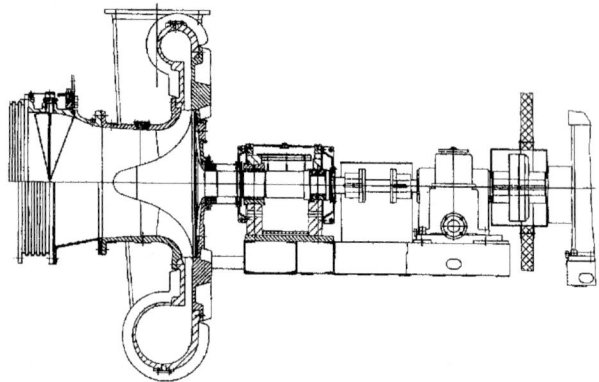

Abb. 4.26 Schnittbild Radialverdichter

Die Radialverdichter sind mit Ausnahme der kleineren Einheiten mit Gleitlagern ausgerüstet und bei Antrieb mit Elektromotoren ist wegen der Laufraddrehzahl zwischen 4000 und 9000 Upm ein Getriebe erforderlich.

Die Zahl der kompetenten Lieferanten für Radialverdichter zu Schwefelsäureanlagen beschränkt sich im Wesentlichen auf die Firmen KKK (Abb. 4.26) mit Schiele in Deutschland, Howden (ehemals Neu) in Frankreich, Eliot und Alis Chalmers in den USA. Andere Lieferanten haben meist nur regionale Bedeutung.

Die Verbindungen der Verdichter mit den anschließenden Rohrleitungen wie auch die Teilfugen der Verdichtergehäuse selbst sind aus Wartungsgründen Flanschverbindungen, für die es in dem Druck- und Temperaturbereich gegen SO_2- und gering H_2SO_4-haltiges Gas geeignetes Dichtungsmaterial gibt.

Wesentlich für den Anschluss der Verdichter an das System ist der Einbau von korrekt ausgelegten Kompensatoren, um Spannungen in den Verdichtern infolge Wärmedehnung zu verhindern.

4.4.1.5 Kamin

Das Abgas aus der Schwefelsäureanlage wird durch einen Kamin, der in Hüttenwerken auch die Bezeichnung Esse hat, in die Atmosphäre geleitet. Die maximal zulässigen Gehalte an SO_2 und SO_3 bzw. H_2SO_4 und eventuell NO_x sind durch die TA-Luft und behördliche Vorschriften gegeben. Die Höhe eines Kamins wird zunächst abhängig vom Massenstrom dieser Stoffe (Emission), der gewählten Austrittsgeschwindigkeit des Gases, der Bebauung in der Umgebung der Anlage (Mauern, Gebäude, andere Anlagen), der Gastemperatur und den klimatischen Bedingungen der Region (Temperaturen, Luftdruck, Windverhältnisse), sowie der Ausbreitung (Immission) nach TA-Luft bestimmt. Von den Behörden wird die ermittelte Höhe aufgrund der in der Region bereits vorhandenen Belastung überprüft und je nach Ergebnis erhöht oder belassen.

Die Gasgeschwindigkeiten in den Kaminröhren betragen im Eintritt ca. 6 m s^{-1} und im Austritt meist ca. 12 m s^{-1}, die abhängig von der Ausbreitungsrechnung auch höher sein können. Das Druck- und Temperaturgefälle zwischen Kaminfuß und Austritt bewirkt einen Sog, der in der Größenordnung von 0,1 bis 0,2 kPa liegen kann. Kamine in kleinen Anlagen und mit sehr geringen Höhen können direkt auf dem Endabsorber installiert werden. Die meisten Kamine sind jedoch 90 bis 150 m hoch und müssen als separate Konstruktion errichtet werden.

Kamine stehen in diversen Ausführungen zur Verfügung. Kunststoffkamine, die überwiegend in Anlagen mit Endgaswäscher (feuchte Gase) zu finden sind, können je nach Kunststoff freitragend bis ca. 60 m Höhe gebaut werden. Darüber hinaus sind sie in ein Stahlgerüst zu hängen, wobei hier die maximale Höhe 90 m kaum überschreitet. Kamine aus C-Stahl erlauben als freitragende Ausführung Höhen von mindestens 90 m, auch in Regionen mit sehr hohen Windgeschwindigkeiten. Für Kaminhöhen zwischen 110 und 150 m werden vielfach Kamine mit gemauerter Röhre gewählt. Bei dieser sehr aufwändigen Ausführung wird zunächst eine Außenröhre aus Beton, seltener gemauert, bis zu einer um ca. 20 m geringeren Höhe als die Gesamthöhe hochgezogen. In diese der Statik dienenden Außenröhre wird die eigentliche Kaminröhre aus säurebeständigen Steinen bis zur vorgegebenen Höhe gemauert. Die gemauerten Kamine sind sowohl für die trockenen Abgase aus den Absorbern als auch für feuchte Gase aus Endgaswäschern geeignet.

4.4.2
Säureteil

Der Säureteil umfasst die Trocknung der SO_2-Gase sowie der Luft und die Absorption des in der Kontaktanlage, im Gasteil, gebildeten SO_3 zur Bildung der Endprodukte Schwefelsäure und Oleum.

Die Abschnitte sind in einzelne Säurekreisläufe unterteilt, die säureseitig durch Querläufe (Austauschleitungen) miteinander verbunden sind. Jeder Kreislauf besteht aus dem *Trockner* bzw. *Absorber*, in dem der Wasserdampf oder das SO_3 im Gegenstrom oder Gleichstrom durch intensiven Kontakt der Säure mit dem Gas (Wasser oder SO_3) von der Schwefelsäure absorbiert werden. Der Kreislauf umfasst weiter einen Vorlagebehälter zur Aufnahme des Kreislaufvolumens und zur Aufnahme der Pumpen. Hierbei handelt es sich um horizontale oder vertikale getauchte Pumpen, welche die erwärmte Säure durch Kühler zum Berieselungssystem des Absorbers fördern.

Mit der *Absorption des Wasserdampfes* aus Gas oder Luft wird die Säure im Trockner bei gleichzeitigem Temperaturanstieg verdünnt. Um eine konstante Konzentration der Säure von ca. 96% H_2SO_4 zum Berieselungssystem einzuhalten, wird im Sumpf des Apparates oder in der Vorlage konzentriertere Absorbersäure von z. B. 98,5% H_2SO_4 zugeführt. Der dabei entstehende Säureüberschuss wird zur Aufrechterhaltung der Wasserbilanz im System in den Absorber zurückgeführt oder teilweise als Produktion ausgeschleust. In Anlagen mit Schwefelverbrennung wird die Produktion als SO_2-freie Säure fast immer aus dem Lufttrockner entnommen, während in Anlagen basierend auf Röstgasen ein Stripper notwendig ist.

Die *Absorption des SO_3* aus dem Gas bewirkt, dass die Säure im Absorber bei gleichzeitigem Temperaturanstieg konzentriert wird. Um eine konstante Konzentration der Säure von ca. 98,5 bis 99,0% H_2SO_4 zur Berieselung einzuhalten, werden im Sumpf des Apparates oder in der Vorlage dünnere Trocknersäure von z. B. 96 % H_2SO_4 und Wasser zugeführt. Der dadurch entstehende Säureüberschuss wird schließlich aus dem Trockner oder dem Endabsorber als Produktion ausgeschleust.

Die *Oleumabsorption* wird in Doppelkatalyseanlagen gasseitig vor dem Zwischenabsorber und in Einfachkatalyseanlagen vor dem Endabsorber angeordnet. Wegen des beachtlichen SO_3-Dampfdruckes über Oleum enthält das aus dem Oleumabsorber austretende Gas noch einen erheblichen SO_3-Anteil, der in einem mit Schwefelsäure beaufschlagten Absorber absorbiert werden muss.

4.4.2.1 Trockner und Absorber

Standardausführung für Trockner und Absorber ist der als Gegenstromapparat gebaute Füllkörperturm. Dieser stehende zylindrische Behälter ist in drei Zonen aufgeteilt. Den unteren Teil bildet der Sumpf mit dem direkt über dem Boden oder auch im Boden angeordneten Säureablauf und dem über dem Säureniveau im Blechmantel eingeschweißten Gaseintritt. Der mittlere Teil enthält auf einem Rost die Füllkörperschicht, durch welche die Säure, die von einem auf der Schicht liegenden Berieselungssystem gleichmäßig verteilt wird, nach unten rieselt. Oberhalb der Füllkörperschicht befinden sich der Säureeintritt zum Berieselungssystem und der Gasaustritt. Das Gas durchströmt vor dem Austritt zur Kontaktanlage oder zum Kamin noch ein Filter zur Abscheidung eventuell mitgerissener Säuretröpfchen oder Nebel.

Füllkörpertürme bestehen noch zum überwiegenden Teil aus einem mehrlagig säurefest ausgemauerten zylindrischen Blechmantel mit gewölbtem Boden und einem Rost aus säurefestem keramischem Material zur Aufnahme der Füllkörperschüttung (Abb. 4.27). Der Deckel und der Turmbereich für den Abscheider sind aus Edelstahl gefertigt und nicht ausgemauert. Als Rost wird heute ein Kuppelrost mit mindestens 60 % freiem Strömungsquerschnitt eingebaut (Abb. 4.28), der für Turmdurchmesser bis 10 m geeignet ist, und die früher üblichen Balken- und Torbogenroste mit nur 35 % freiem Querschnitt vollständig abgelöst hat. Für die Füllkörperschüttung werden überwiegend Sattelkörper wie Novalox und Intalox

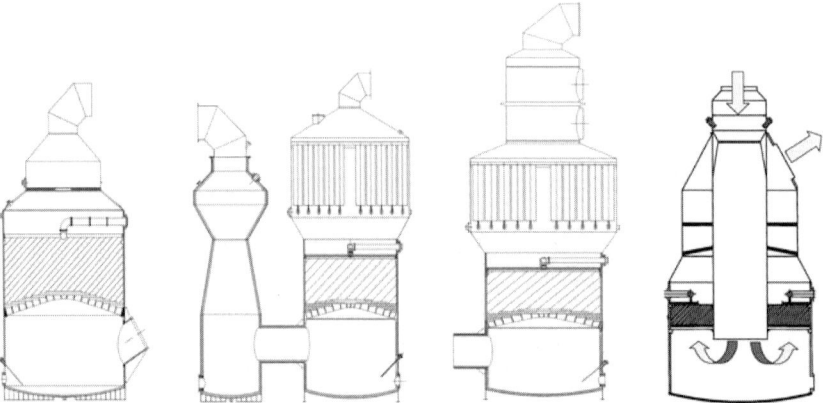

Abb. 4.27 Türme ausgemauert und aus Edelstahl

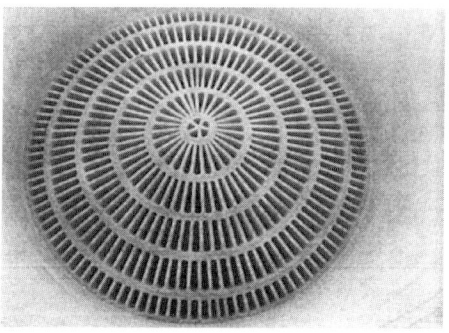

Abb. 4.28 Kuppelrost

aus keramischem Material gewählt (Abb. 4.29). Die Sattelkörper haben große spezifische Oberflächen, wodurch ein intensiver Stoffaustausch zwischen Säure und Gas gegeben ist. Der Widerstand einer Schüttung aus Sattelkörpern ist relativ gering. Eine noch höhere Effektivität bei geringerem Widerstand haben strukturierte Packungen, die jedoch wegen des noch hohen Preises selten angewendet werden. Während bis ca. 1967 die Gasgeschwindigkeit in den Türmen bezogen auf den freien Querschnitt oberhalb der Füllkörperschüttung ca. 0,35 m s^{-1} und die Berieselungsdichte ca. 10 m^3 m^{-2}h^{-1} betrug, liegen die Gasgeschwindigkeiten heute zwischen 1,2 und 1,6 m s^{-1} bei Berieselungsdichten von 20 bis 30 m^3 m^{-2}h^{-1}. Dies bewirkt einen wesentlich besseren Stoffaustausch und führt zu erheblich kleineren Apparaten. Die Widerstandszunahme in der Füllkörperschicht ist dabei nicht übermäßig hoch, zumal die Füllhöhe um bis zu 25 % reduziert werden kann.

Wichtig ist die gleichmäßige Verteilung der Säure über den gesamten Turmquerschnitt mit einem möglichst einfachen *Berieselungssystem*. Die Erprobung verschiedener Systeme führte bei Lurgi schließlich zu einem Rohrberieselungssystem (Abb. 4.30), das sich bereits seit Jahren bewährt hat. Bei diesem System gehen von einem Hauptverteilerrohr mehrere Rohre mit vielen schräg nach oben gerichteten Bohrungen ab, durch die die Säure strahlenförmig austritt. Diese Strahlen werden durch darüber auf den Rohren befestigte Prallplatten nach unten in die Füllkörperschicht gelenkt. Die Berieselungssysteme werden aus diversen Werkstof-

Abb. 4.29 Füllkörper (Sattelkörper)

Abb. 4.30 Berieselungssystem (Lurgi)

fen gefertigt und zwar aus Gusseisen sowie aus den Edelstählen SX, 1.4575 und teilweise aus 1.4571 (s. Abschnitt 4.14). In ähnlichen Berieselungssystemen anderer Anlagenbauer wird die Säure aus den Verteilern nach unten abgeführt. Wieder andere Systeme besitzen statt der Rohre oben offene Tröge mit Überlaufrinnen.

Die höhere Belastung der Füllkörpertürme führte zu mehr Säuretröpfchen und Nebel im Gas und setzte das Vorhandensein geeigneter *Abscheider* voraus, wie wire-mesh- und Kerzenfilter, die im Gasaustritt der Türme installiert werden. Trockner werden standardmäßig mit einem wire-mesh-Filter aus PTFE ausgerüstet, während Zwischenabsorber und Endabsorber Kerzenfilter aus Glasfasermaterial erhalten. Die Ausrüstung des Trockners ist nötig, um die nachfolgenden Rohrleitungen und Apparate vor Korrosion infolge Kondensation zu schützen, die Absorber werden aus Gründen des Umweltschutzes mit Filtern versehen. Oleumabsorber werden ohne Filter gebaut, weil bei niedrigen Temperaturen kondensierendes Oleum und SO_3 das Filter blockieren können.

Wie bei den Kontaktkesseln werden auch Säuretürme aus Edelstahl ohne Ausmauerung eingesetzt (Abb. 4.27). Absorber aus Edelstahl für Schwefelsäure und Oleum sind mittlerweile Stand der Technik, während Trockner aus Edelstahl wegen der Materialauswahl noch relativ selten sind und dann zunächst nur für die Lufttrocknung gebaut werden. In der Trocknung bildet im Gaseintritt das in Luft und Gas enthaltene Wasser mit der Säure Mischungen in einem großen Konzentrationsbereich, der die Korrosionsbeständigkeit der meisten Werkstoffe überfordert. Ausnahmen sind hier PTFE und, eingeschränkt, Polyvinylidenfluorid (PVDF). Bezüglich Wartung, Reparatur, Gewicht, Fundamentausführung und Kosten bieten sich mit Edelstahl die gleichen Vorteile wie für den Kontaktkessel. Der Füllkörperrost wird auch im Edelstahlabsorber häufig als keramischer Kuppelrost eingefügt und die Füllkörper sind ebenfalls keramische Sattelkörper.

Neben den Füllkörpertürmen werden für einige Anwendungen auch *Leertürme*, vorzugsweise Venturi-Wäscher, als Gleichstromapparate oder in Gleich-Gegenstrom-Kombination mit einem nachgeschalteten, konventionell ausgeführten oder kleineren Füllkörperturm gebaut. Hier sind die Vortrockner als reine Gleichstromapparate, Heißzwischenabsorber mit einem nachgeschalteten konventionellen Füllkörperturm, Oleumabsorber und Endgaswäscher zu nennen.

Im *Venturi-Wäscher* (Abb. 4.31) treten Gas und Säure oberhalb des Halses ein. Die Säure wird dabei mittels Vollkegeldüsen sehr fein über den gesamten Halsquerschnitt verdüst, so dass ein intensiver Kontakt von Säure und Gas erreicht

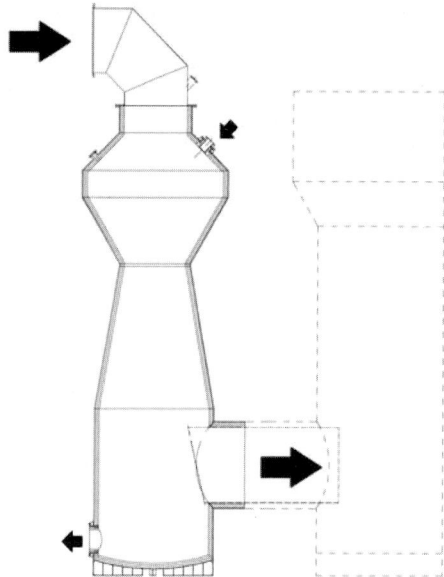

Abb. 4.31 Heißabsorber (Venturi)

wird. Die Gasgeschwindigkeit im Venturi-Hals beträgt 20 bis 25 m s^{-1}, was eine sehr kompakte Bauweise erkennen lässt. Um Anlagen für gering SO$_2$-haltige Gase als Doppelkatalyseanlagen bauen zu können, wurde 1965 von Lurgi der Venturi-Wäscher als Zwischenabsorber entwickelt. Die Gase aus dem Venturi-Wäscher sind wegen des Gleichstrombetriebes heißer als nach einem Füllkörperturm und gestatten in der Größe als auch im Temperaturbereich den Einsatz akzeptabler Zwischenwärmeaustauscher. Vortrockner mit einem Säurekreislauf von ca. 78 % H$_2$SO$_4$ werden benötigt, wenn aufgrund gering SO$_2$-haltigem Gas mit zu hohem Wassergehalt die gesamte Produktion als ca. 96 %ige Schwefelsäure nicht möglich ist. Ebenso wird bei Sintergasen, die noch organische Verbindungen enthalten, ein großer Teil dieser Organika in der Vortrocknersäure zu Kohlenstoff und Wasser umgesetzt, und die schwarze Säure einer Entfärbung zugeführt oder auch zur Erzeugung von Düngemitteln verwendet. Als Werkstoff für die Vortrockner eignet sich Kunststoff, wie PVC.

Heißabsorber zur Erzeugung von Niederdruckdampf werden in der Zwischenabsorption eingefügt. Wegen des hohen Säuredampfdruckes bei 200 °C ist es ohnehin erforderlich einen konventionellen Absorber mit effektivem Abscheider nachzuschalten, weshalb Lurgi in der Heißabsorption Venturis einsetzt. Diese bieten erhebliche Vorteile im Platzbedarf und in der Leitungsführung. Die Heißabsorber werden aus hochwertigem Edelstahl ohne Ausmauerung oder als ausgemauerte C-Stahlapparate gebaut. Endgaswäscher sind wie die Vortrockner Kunststoffapparate.

4.4.2.2 Säurekühler
Bis ca. 1970 wurden Schwefelsäureanlagen in Deutschland vorwiegend mit *Rieselkühlern* ausgerüstet. Diese bestehen aus Paketen von übereinander liegenden und

miteinander verbundenen Gussrohren, durch welche die Säure strömt, die indirekt von herabrieselndem Wasser gekühlt wird. Da Gusseisen für Oleum nicht geeignet ist, wurden diese Kühler aus C-Stahl gefertigt. Der trotz des Verdampfungseffektes beim Kühlwasser nicht allzu hohe Wärmedurchgang und die infolge der Wasserverdampfung unangenehmen Dampfschwaden führten zunächst zum Einsatz von Spiralwärmeaustauschern. Diese wurden aus Edelstahl gefertigt und waren gleichermaßen für Schwefelsäure und Oleum geeignet. Vorteile waren die geringere Austauscherfläche, der geringere Platzbedarf und der Wegfall der Dampfschwaden.

Nachdem in einigen Regionen Kühlwasser knapp wurde, und in Küstenregionen für Seewasser keine geeigneten Kühler verfügbar waren, wurden vielfach *Luftkühler* eingesetzt. Diese bestehen aus meist horizontal angeordneten Rohrbündeln mit Rippenrohren und oberhalb der Rohrbündel installierten Ventilatoren. Der Platzbedarf für Luftkühler ist relativ groß und bei hohen Lufttemperaturen wird ihr Einsatz problematisch. Die hohen Investitionen werden durch die Einsparung von Wasser, keine Entsorgung von Abwasser und eine Standzeit bei Edelstählen von mehr als 30 Jahren ausgeglichen.

Seit ca. 1970 befassen sich die Anlagenbauer auch mit der Anwendung von *Rohrbündelkühlern* (Abb. 4.32). Konstruktionen aus Edelstahl (z. B. 1.4571 oder 1.4541) mit anodischem Schutz auf der Kühlwasserseite wurden zunächst für mindere Wasserqualitäten erfolgreich eingesetzt. Weitere Untersuchungen ergaben, dass

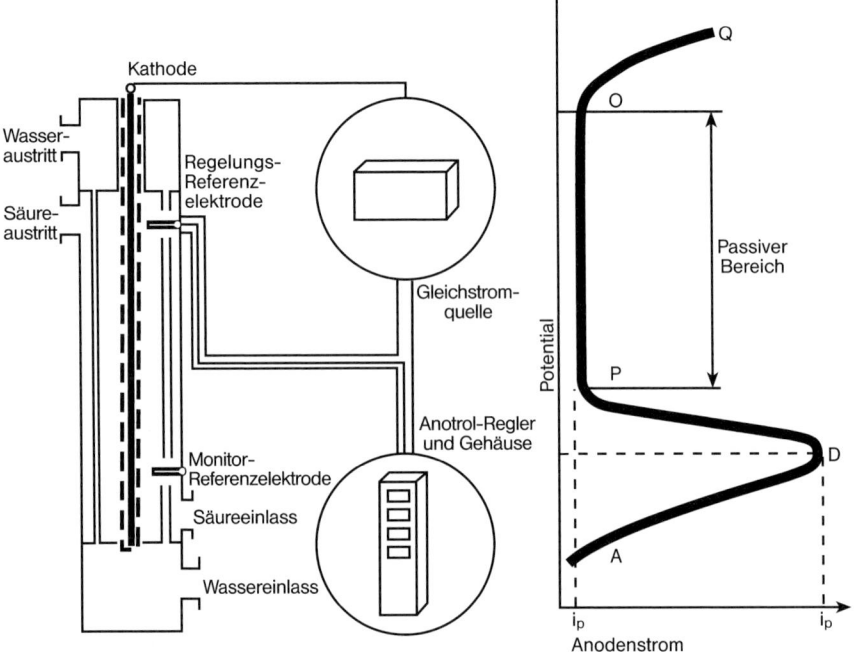

Abb. 4.32 Rohrbündelkühler mit Anodenschutz nach Chemetics

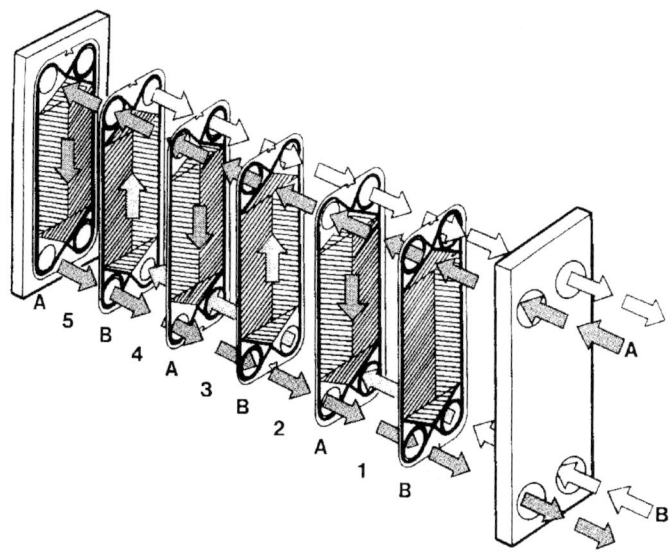

Abb. 4.33 Plattenwärmeaustauscher (Alfa Laval)

bei Anordnung des anodischen Schutzes auf der Säureseite und Kesselspeisewasser zur Wärmeabfuhr Säuretemperaturen bis 130 °C möglich sind und Wärme aus der Säure auf höherem Niveau genutzt werden kann, z. B. zur Phosphorsäureeindampfung. Die Entwicklung der Edelstähle SX, Saramet und anderer erlaubte auch die Anwendung von Rohrbündelkühlern ohne anodischen Schutz für Säuretemperaturen bis 120 °C und höher.

Mittlerweile gehört der *Plattenwärmeaustauscher* zur Standardausrüstung in der Schwefelsäurekühlung. Der Plattenwärmeaustauscher besteht aus einem Paket aufeinander gestapelter profilierter, rechteckiger Platten aus z. B. Hastelloy C 276 (Abb. 4.33). In den vier Ecken befinden sich die Durchtrittsöffnungen (Kanäle) für ein- und austretende Säure und Kühlwasser. Die Plattenpaare sind nach außen mit einer Profildichtung und säureseitig gegen die Wasserkanäle sowie wasserseitig gegen die Säurekanäle abgedichtet. Im Plattenwärmeaustauscher wird abwechselnd ein Plattenpaar von Säure und ein Plattenpaar von Kühlwasser durchströmt. Plattenwärmeaustauscher zeichnen sich durch hohen Wärmedurchgang, kompakte Aufstellung und lange Lebensdauer aus. Sie sind jedoch bezüglich des Plattenwerkstoffes auf eine Betriebstemperatur von 90 °C begrenzt. Tests mit temperaturbeständigeren Werkstoffen führten wegen der Sprödigkeit beim Prägen dieser Werkstoffe nicht zum gewünschten Erfolg. Die säureseitig verwendete Dichtung aus PTFE wurde wegen der großen Dichtlänge als kritisch angesehen. Nach der Einführung der gegen die Wasserseite verschweißten Plattenpakete stellt auch dies kein Problem mehr dar. Anodisch geschützte Plattenwärmeaustauscher zur Wärmenutzung für höhere Säuretemperaturen sind Einzelfälle.

Bedeutende Hersteller von Plattenwärmeaustauschern sind z. B. Alfa Laval, GEA, APV.

Zu den Plattenwärmeaustauschern ist auch der Compablock zu zählen. Er besteht aus einem Paket miteinander verschweißter Platten, sodass zwischen Säure- und Wasserseite keine Dichtung erforderlich wird.

Die Wärmedurchgangszahlen der einzelnen Wärmeaustauschertypen für Schwefelsäure betragen in steigender Reihenfolge für:
- Luftkühler ca. 30 bis 40 W m^{-2} K^{-1},
- Glas- und PTFE-Wärmeaustauscher ca. 200 W m^{-2} K^{-1},
- Rieselkühler ca. 290 bis 350 W m^{-2} K^{-1},
- Spiralwärmeaustauscher ca. 580 bis 800 W m^{-2} K^{-1},
- Rohrbündelwärmeaustauscher ca. 700 bis 900 W m^{-2} K^{-1},
- Niederdruckdampferzeuger (Rohrbündel) ca. 1600 W m^{-2} K^{-1},
- Plattenwärmeaustauscher ca. 1850 bis 2350 W m^{-2} K^{-1}.

4.4.2.3 Pumpen

Standard in Schwefelsäureanlagen ist die von einem Elektromotor direkt angetriebene einstufige *Kreiselpumpe*. Während zunächst ausschließlich horizontale Pumpen an den Turmsumpf oder die Vorlage angeschlossen wurden, oft noch mit installierter Reserve, hat sich heute die vertikale Tauchpumpe durchgesetzt (Abb. 4.34). Diese wird in eine an den Absorber angeschlossene Vorlage eingebaut und erfordert keine Armaturen, wenn der Motor mit einem Sanftanlauf ausgerüstet ist. Wesentlicher Vorteil der Tauchpumpe gegenüber der Horizontalpumpe ist, neben der Einsparung von Armaturen und Leitungen, dass keine Leckströme auftreten. Auch das Wechseln von Pumpen gestaltet sich einfacher. Das Leckageproblem

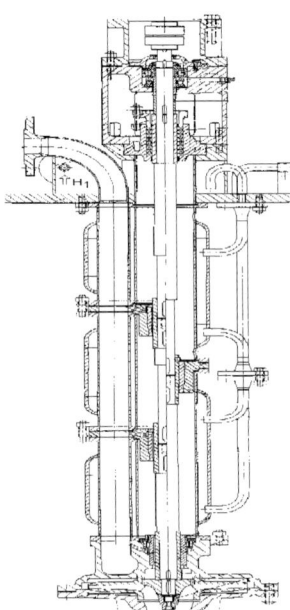

Abb. 4.34 Schnittbild Tauchpumpe

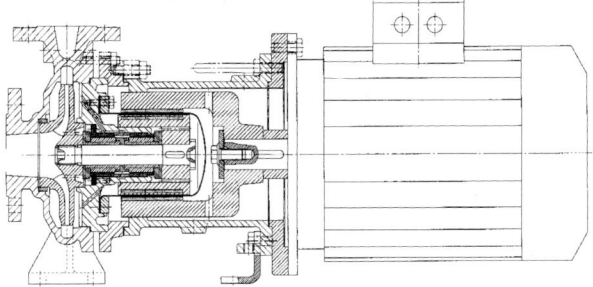

Abb. 4.35 Schnittbild Magnetpumpe

von Horizontalpumpen wurde zunächst durch Entlastungsräder und Gleitringdichtungen minimiert und ist inzwischen durch die Magnetpumpe (Abb. 4.35) beseitigt. Diese vollständig gekapselte Pumpe wird bereits vielfach eingesetzt und zwar als Verladepumpe in Tanklagern und als Kreislaufpumpe für Oleumabsorber. In der Oleumabsorption kann selbst die Stopfbuchse der Tauchpumpe ein kritischer Punkt sein. Auch für Trockner- und Schwefelsäureabsorberkreisläufe sind Magnetpumpen mit ausreichender Leistung (Fördermenge und Förderhöhe) verfügbar. Spaltrohrmotorpumpen und Membranpumpen sind speziellen Anwendungen, wie flüssigem SO_2 und SO_3, vorbehalten.

Kompetente Hersteller von Pumpen sind z. B. die Firmen Friatec-Rheinhütte, KSB, Bungartz.

4.4.2.4 Gasfilter

Das Gas aus den mit Schwefelsäure berieselten bzw. bedüsten Apparaten, Trockner und Absorber, nimmt, bedingt durch den intensiven Kontakt mit der Säure, die Gasgeschwindigkeit und die Berieselungsdichte, eine geringe Menge Säure in Form von feinen und feinsten Tröpfchen oder Nebel auf. Zum Schutz der dem Trockner und Zwischenabsorber folgenden Ausrüstungen gegen Korrosion und Kondensat sowie im Falle des Endabsorbers zur Vermeidung von H_2SO_4-Emissionen müssen diese Tröpfchen und Nebel weitestgehend abgeschieden werden. Hierzu werden im Gasaustritt der Trockner und Absorber Filter verschiedener Konstruktionen installiert. Die einfachste Ausführung ist das mit einem Gestrick aus PTFE-ähnlichem Fasermaterial, seltener Edelstahlfasern, hergestellte *wire-mesh-Filter* (Abb. 4.36, oben). Die ca. 150 mm hohe, runde Platte wird in einen auf den Turmdeckel aufgesetzten Dom eingebaut. Die optimale Gasgeschwindigkeit beträgt ca. 3 m s^{-1} und bei einem Widerstand von 0,5 kPa werden Teilchen bis 5 µm zu 100 % und bis 2 µm zu 95 % abgeschieden. Für Trockner reicht diese Leistung meist aus, zumal das wire-mesh-Filter noch gereinigt werden kann, was in Schwefelsäureanlagen auf Basis metallurgischer Gase bei eventuellen Störungen in der Gasreinigung von Vorteil ist. Eine Verbesserung in der Abscheidung bringt das zweistufige wire-mesh-Filter. Dieses besteht in der ersten Stufe aus einem dichteren Coalescer, der eine Agglomeration der feineren Anteile bewirkt, und in der zweiten Stufe aus einem wire-mesh-Filter in Standardausführung. Der Widerstand dieser Filter liegt bei 1,2

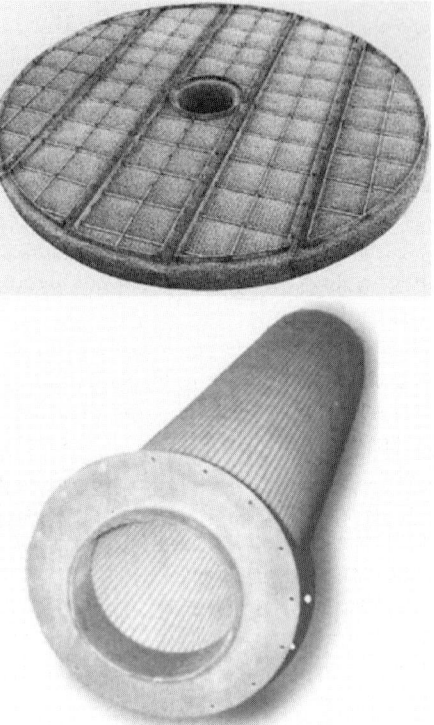

Abb. 4.36 wire-mesh-Filter (oben) und Kerzenfilter (unten)

bis 1,5 kPa, denn mit Verbesserung der Abscheidung steigt auch der Widerstand. Sehr gute Abscheidegrade bieten nur die *Kerzenfilter* (Abb. 4.36, unten). Diese bestehen aus Hohlzylindern, die aus Glasfasermaterial gefertigt sind, wobei Glasfaserstränge auf Drahtkörbe aus Edelstahl gewickelt werden. Die Kerzen mit einem äußeren Durchmesser von ca. 600 mm, inneren Durchmesser von ca. 500 mm und einer Länge von 3000 bis 4000 mm werden in einen Kerzenboden des auf dem Turm installierten Filtergehäuses eingesetzt. Die Gasbelastung von Kerzenfiltern liegt für HE-Kerzen in der Größenordnung von 0,15 m s^{-1}, weshalb je nach Anlagenleistung eine beträchtliche Anzahl Kerzen erforderlich werden. Die Abscheideleistung beträgt bis 1 µm 100 % und bis 0,5 µm 98 % bei einem Widerstand von durchschnittlich 2,5 kPa. Kritisch ist der Einsatz von Kerzenfiltern in Anlagen, die mit fluorhaltigen Gasen durchströmt werden, da Fluor die feinen Glasfasern innerhalb kurzer Zeit zerstört. Die Kerzen werden sowohl hängend als auch stehend angeordnet, wobei im ersten Fall das Gas von außen nach innen und im letzteren Fall von innen nach außen durch den Kerzenmantel strömt. Die abgeschiedene Säure, auch Kerzenfilterkondensat genannt, fließt an der inneren bzw. äußeren Kerzenwand nach unten ab. Sie gelangt in den Turm zurück oder kann separat ausgeschleust werden.

4.4.2.5 NO$_x$-Entfernung

Stickoxide sind sowohl in der produzierten Schwefelsäure als auch im Abgas aus der Schwefelsäureanlage unerwünscht. Sie können die Prozesse negativ beeinflussen, in denen die Schwefelsäure eingesetzt wird. Zur Entfernung der Stickoxide aus Schwefelsäure wurden zahllose Verfahrensweisen und Chemikalien getestet und patentiert. Häufiger angewendete Chemikalien sind Harnstoff, Amidosulfonsäure und Dihydraziniumsulfat. Für die Minderung der NO$_x$-Gehalte im Abgas steht kein Waschverfahren zur Verfügung, mit dem das Abgas direkt behandelt werden könnte. Eine Verringerung des NO$_x$ ist nur mit entsprechender Steuerung der Röstung in metallurgischen Anlagen oder der Verbrennungs- und Spalttemperaturen in Spaltanlagen möglich.

Lurgi und Sachtleben haben jedoch ein Verfahren entwickelt (Abb. 4.37), mit dem die Konzentration des NO$_x$ sowohl in der Säure als auch im Abgas gesenkt wird. NO$_x$ gelangt in Form von NO in den Trockner der Schwefelsäureanlage. Am Katalysator werden ca. 50% davon zu NO$_2$ oxidiert. Das Gemisch NO + NO$_2$ reagiert als N$_2$O$_3$ mit Schwefelsäure zu HNOSO$_4$ (Nitrosylschwefelsäure), die als Aerosol von der Absorbersäure nur geringfügig aufgenommen wird, aber in einem Kerzenfilter mit den Säuresprühtröpfchen und – nebeln abgeschieden wird. Aus dem Kerzenfilter läuft Schwefelsäure mit bis 40% HNOSO$_4$ ab, die separat aus dem Absorber ausgeschleust wird. Dieser Ablauf wird mit 30%iger, SO$_2$-gesättigter Schwefelsäure vermischt, wobei im wesentlichen N$_2$ und in geringen Mengen N$_2$O und NO entstehen. Die Säure wird nach Kühlung in den SO$_2$-Sättiger zurückgeführt und mit SO$_2$-Gas gestrippt. Das Gas aus dem Sättiger wird zur Gasreinigung vor den Eintritt in den Gastrockner geleitet, während die 30%ige NO$_x$- freie Säure der Schwefelsäureanlage zugeführt wird.

Die Senkung der Konzentration von HNOSO$_4$ in Oleum erfolgt mit Dihydraziniumsulfatlösung.

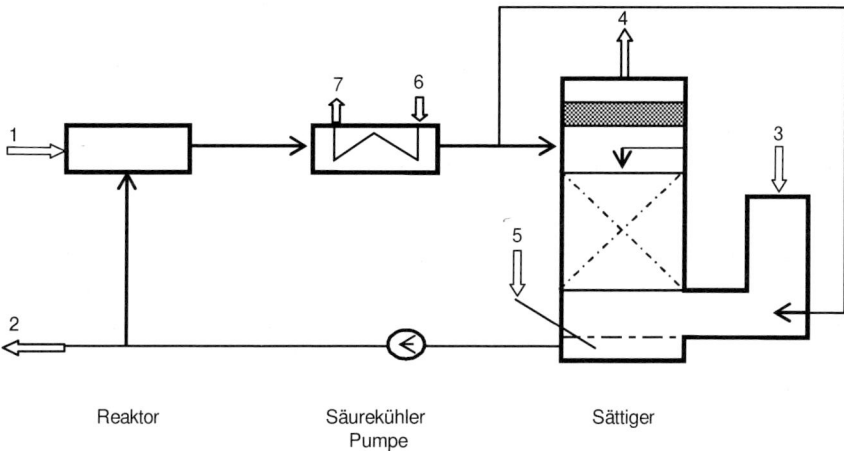

Abb. 4.37 NO$_x$-Entfernung nach Lurgi
1 Nitrosylschwefelsäure, 2 NO$_x$-freie Säure, 3 SO$_2$-Gas vom Trockner, 4 SO$_2$-Gas zum Trockner,
5 Prozesswasser, 6, 7 Kühlwasser

4.4.3
Dampfteil

Die Reaktionen in den einzelnen Prozessstufen einer Schwefelsäureanlage sind exotherm. Bis 60 % der gesamten frei werdenden Wärme steht auf hohem Temperaturniveau zur Verfügung und wird deshalb weitestgehend zur Dampferzeugung genutzt. Je nach Werksnetz wird Heißdampf mit Drücken zwischen 40 und 80 bar sowie zwischen 360 und 450 °C erzeugt. Der Dampf wird zu Heizzwecken, überwiegend aber in Kondensations- oder Gegendruckturbinen zur Stromerzeugung sowie zum Antrieb von Verdichtern eingesetzt. Die Dampferzeugung einer Schwefelsäureanlage besteht hauptsächlich aus folgenden Ausrüstungen: der Speisewasseraufbereitung, der Speisewasservorwärmung mit Entgasung, dem Economiser, dem Dampfkessel, dem Überhitzer und der Turbine (s. Abb. 4.38).

In Schwefelsäureanlagen mit Schwefelverbrennung werden bis 1,3 t Dampf je Tonne 100 % H_2SO_4 erzeugt und in metallurgischen Anlagen mit Röstung bis ca. 1,15 t Dampf je Tonne 100 % H_2SO_4, jeweils bei Einsatz von atmosphärischer Luft ohne O_2-Anreicherung.

4.4.3.1 Speisewasservorwärmung

Das meist in einer zentralen Anlage eines Werkes aufbereitete Kesselspeisewasser gelangt zusammen mit dem aus den Turbinen zurückgeführten Kondensat in den Speisewasserbehälter. Vor Eintritt in den Speisewasserbehälter wird das im Kesselspeisewasser gelöste Gas in einem Entgaser desorbiert. Der Entgaser ist ein auf dem Speisewasserbehälter montierter, stehender Behälter mit Umlenkblechen. Das Wasser wird im Kopf der Kolonne eingetragen und Niederdruckdampf wird von unten eingeblasen. Das herabrieselnde Wasser wird dabei auf ca. 105 °C aufgeheizt und entgast. Das Gas gelangt aus dem Kopf der praktisch drucklos arbeitenden Kolonne in die Atmosphäre. Das entgaste Speisewasser wird aus dem Speisewasserbehälter mittels mehrstufiger Hochdruckpumpen zur Kesselanlage gefördert.

4.4.3.2 Dampfkessel

Bei den Dampfkesseln (Abhitzekesseln) wird grundsätzlich zwischen zwei Kesseltypen unterschieden, den *Wasserrohrkesseln*, bei denen das Gas um die Rohre oder Rohrbündel und das Wasser und der Dampf in den Rohren strömt, sowie den *Rauchrohrkesseln* (s. Abb. 4.39), bei denen das Gas durch die Rohre strömt. Metallurgische Anlagen und Spaltanlagen sind wegen der besseren Reinigungsmöglichkeit und einfacheren Reparatur ausschließlich mit Wasserrohrkesseln ausgerüstet, während Schwefelverbrennungsanlagen vorwiegend Rauchrohrkessel enthalten. Die Wasserrohrkessel werden mit Zwangsumlauf und mit Naturumlauf gebaut, während die Rauchgaskessel Naturumlaufkessel sind.

Das in einem Economiser auf annähernd Sattdampftemperatur aufgeheizte Speisewasser gelangt in eine oberhalb des Kessels angeordnete Dampftrommel und strömt von dort zum Boden des Rauchrohrkessels bzw. zum unteren Sammler des Wasserrohrkessels. Im Rauchrohrkessel bzw. in den Rohren des Wasserrohrkessels steigt das Wasser-/Dampfgemisch nach oben und der Dampf, Sattdampf entspre-

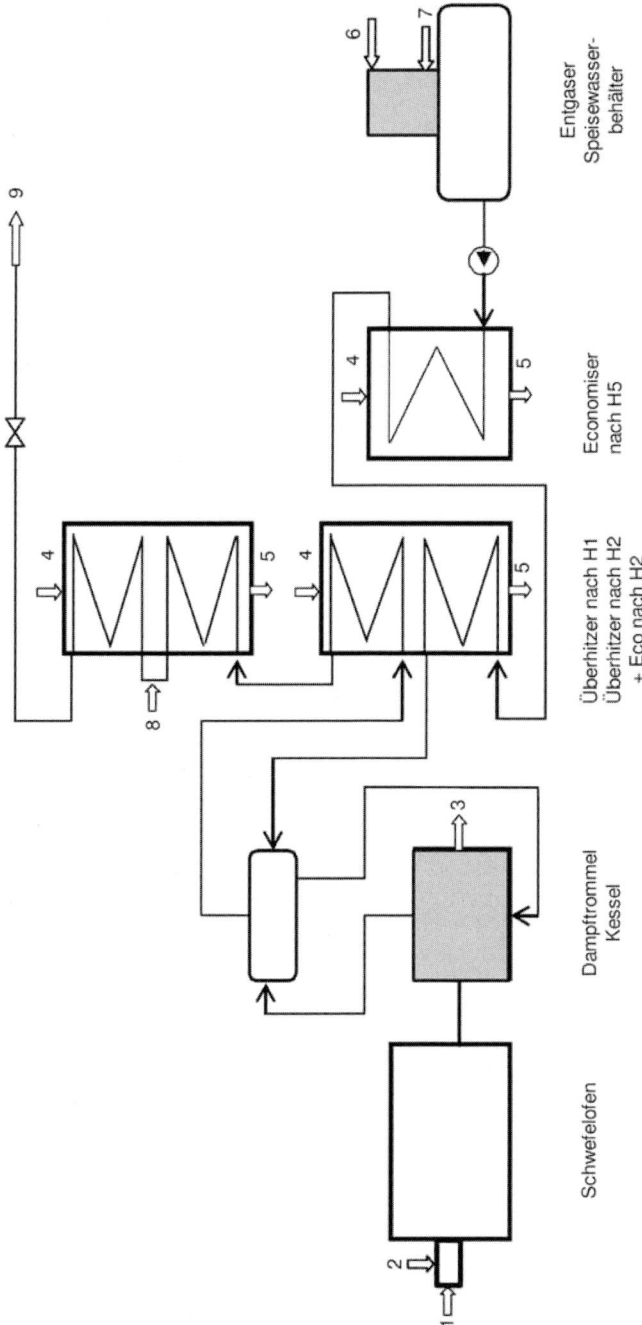

Abb. 4.38 Dampfkesselanlage einer S-Verbrennung
1 Schwefel, 2 Luft, 3 SO$_2$-Gas, 4 SO$_2$/SO$_2$-Gas ein, 5 SO$_2$/SO$_2$-Gas aus, 6 Speisewasser,
7 Niederdruckdampf, 8 Einspritzkühlung, 9 Hochdruckdampf-Produktion

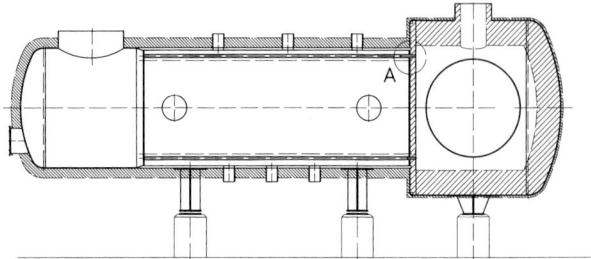

Abb. 4.39 Schnittbild Rauchrohrkessel (Bertsch)

chend dem Betriebsdruck, gelangt in die Dampftrommel. Der Sattdampf wird einem Überhitzer zugeführt.

Zur Wärmeabfuhr zwischen zwei Horden einer Schwefelsäureanlage werden je nach Kesselkonzept ebenfalls Verdampfer eingesetzt, die wasser- und dampfseitig parallel zum größeren Kessel der Schwefelverbrennung oder Röstanlage geschaltet sind. Diese Verdampfer sind ausschließlich Rauchrohrkessel.

Während metallurgische Anlagen und Spaltanlagen mit nahezu konstanter Leistung gefahren werden und die Kesselaustrittstemperatur zwischen z. B. 350 und 400 °C variieren darf, muss die Kesselaustrittstemperatur in Schwefelverbrennungsanlagen unabhängig von der Leistung konstant bei z. B. 420 °C gehalten werden. Damit die Temperatur bei Laständerung reguliert werden kann, erhalten die Kessel eine gasseitige Umgehung.

4.4.3.3 Economiser

Das zum Dampfkessel, bzw. zur Dampftrommel, geförderte Wasser wird in einem Economiser auf annähernd Sattdampftemperatur erwärmt, wobei schon eine geringe Verdampfung (Vorverdampfung) eintreten kann. Der Apparat dient der Energierückgewinnung auf das Dampf-Hochdruckniveau. Der Economiser wird in einer Schwefelsäureanlage möglichst innerhalb der Kontaktgruppe installiert. Bei der Schwefelverbrennung liegt er in einem Bereich, der eine niedrige Gasaustrittstemperatur erfordert, wie z. B. der Gasstrom nach der letzten Horde (ca. 390 °C) zum Endabsorber (ca. 170 °C). Economiser bestehen aus Rippenrohrbündeln (im kälteren Bereich oft aus Gussrippenrohren), die je nach Betriebsdruck in einem zylindrischen oder eckigen Behälter installiert sind.

4.4.3.4 Überhitzer

Der im Dampfkessel erzeugte Sattdampf muss vor Abgabe in das Werksnetz und vor Einsatz in einer Turbine überhitzt werden, weil andernfalls mit der Entspannung und Energieübertragung sofort das Nassdampfgebiet erreicht wird und die dabei entstehenden Tröpfchen die Turbinenschaufeln erodieren und zerstören. In der Schwefelsäureanlage auf Basis Schwefelverbrennung und bei Betrieb mit hochkonzentrierten metallurgischen Gasen werden Überhitzer zwischen den Horden 1 und 2 eingebaut. Der Überhitzer besteht aus einem zylindrischen Apparat mit dem vom

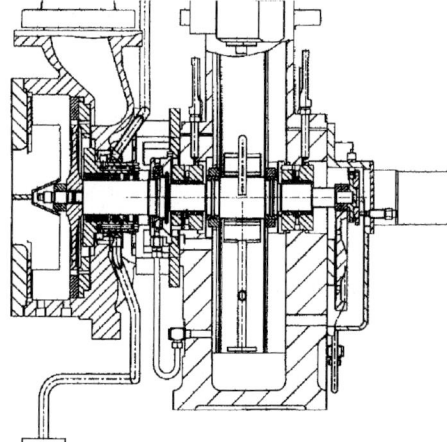

Abb. 4.40 Schnittbild Turbine für Verdichterantrieb

Dampf durchströmten Rohrpaket. Die Werkstoffauswahl erfolgt so, dass der Überhitzer auch bei maximaler Gastemperatur ohne Dampfdurchsatz keinen Schaden erleidet.

4.4.3.5 Dampfturbine

Dampfturbinen für den Antrieb eines Luft- oder Gasverdichters in Schwefelsäureanlagen sind vorwiegend einstufige Gegendruckmaschinen mit akzeptablem Wirkungsgrad (Abb. 4.40). Der austretende Niederdruckdampf ist leicht überhitzt. Der Dampfdruck wird nach den betrieblichen Gegebenheiten festgelegt.

Dampfturbinen für die Erzeugung von elektrischer Energie sind meist mehrstufige Kondensationsturbinen mit möglichst hohem Wirkungsgrad. Sofern Niederdruckdampf für Heizzwecke benötigt wird, kann die Dampfmenge vor der Turbine abgenommen und auf den gewünschten Druck entspannt werden, oder die Turbine wird mit einer Entnahmestufe im niederen Druckbereich ausgeführt.

4.5
Energiegewinnung im Schwefelsäureprozess

Die optimale Gewinnung und Nutzung der im Prozess freigesetzten und zugeführten Energie ist eine besonders wichtige Aufgabe für den Anlagenbauer und Betreiber einer Schwefelsäureanlage. Zur Lösung werden aufwändige Rechenmodelle auf thermodynamischer Basis angewendet. Die Aufgabe wird dadurch erschwert, dass es sich um dynamische Prozesse mit Verknüpfungen durch Apparate, z.B. Dampfüberhitzer und Prozessgaskühler, handelt. Zur Beurteilung des günstigsten Energiepfades dient die Pinch – Point Methode (siehe 3 Prozessanalyse, Bd. 2, Abschnitt 11.1).

4.5.1
Gesamtprozess

In Schwefelsäureanlagen werden in den einzelnen Reaktionsstufen erhebliche Energiemengen auf verschiedenen Temperaturniveaus frei. Dies lässt sich mit einem Sankey-Diagramm wie in Abbildung 4.41 sehr gut darstellen. Für eine Schwefelsäureanlage auf der Basis von Schwefelverbrennung gibt es folgende Stufen: Lufttrocknung, Schwefelverbrennung, Reaktion des SO_2 zu SO_3 im Kontaktkessel, Oleum- bzw. Säurebildung in der Oleumabsorption, Zwischenabsorption, Endabsorption. Auf der Basis von Erzröstung und Säurespaltung ergibt sich: Röst- bzw. Spaltanlage, Gastrocknung, Reaktion im Kontaktkessel, Oleumabsorption, Zwischenabsorption, Endabsorption.

Für eine 1000 tato H_2SO_4-Anlage stehen pro Stunde bei der Schwefelverbrennung aus Ofen und Kontaktgruppe ca. 34 MW als verwertbare Energie auf hohem Temperaturniveau zur Verfügung und aus der Trocknung und Absorption bis zu 33 MW. Die Energie im Endgas und der Produktion können nicht sinnvoll genutzt werden. Ferner sind noch die Wärmeverluste abhängig von den abstrahlenden Oberflächen in der Anlage zu berücksichtigen. In einer Säurespaltanlage stehen nach dem Ofen ca. 22 MW zur Verfügung, während im Gasteil der Schwefelsäureanlage die Energie komplett zur Gasaufheizung eingesetzt wird. Im Schwefelsäureteil sind dies bis zu 28 MW. Bei metallurgischen Anlagen und hohen SO_2-Konzentrationen ist auch überschüssige Energie innerhalb der Kontaktgruppe für Dampf verwertbar. Im Säurebereich liegt die Energie ebenfalls in der Größenordnung bis zu 34 MW.

Die Energie aus Röstung, Spaltung, Schwefelverbrennung und Kontaktgruppe wird zur Erzeugung von überhitzten Dampf mit Drücken zwischen 40 und 80 bar

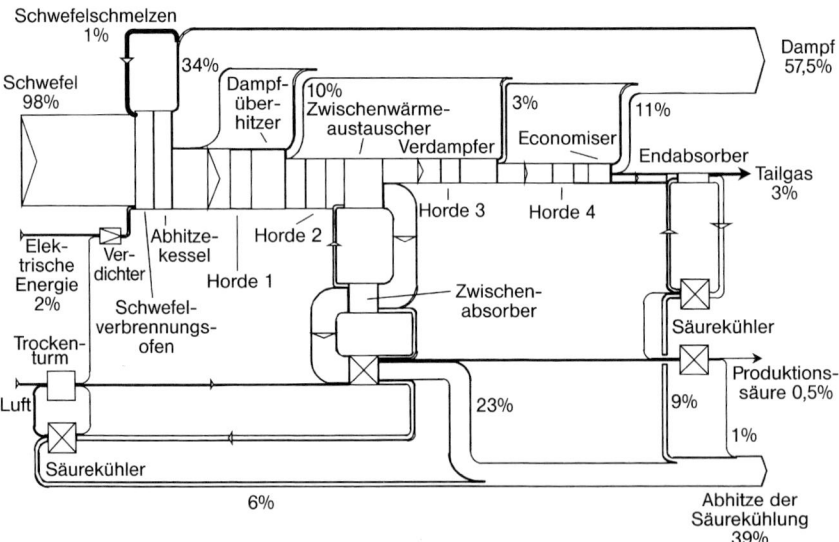

Abb. 4.41 Sankey-Diagramm für eine Schwefelverbrennungsanlage

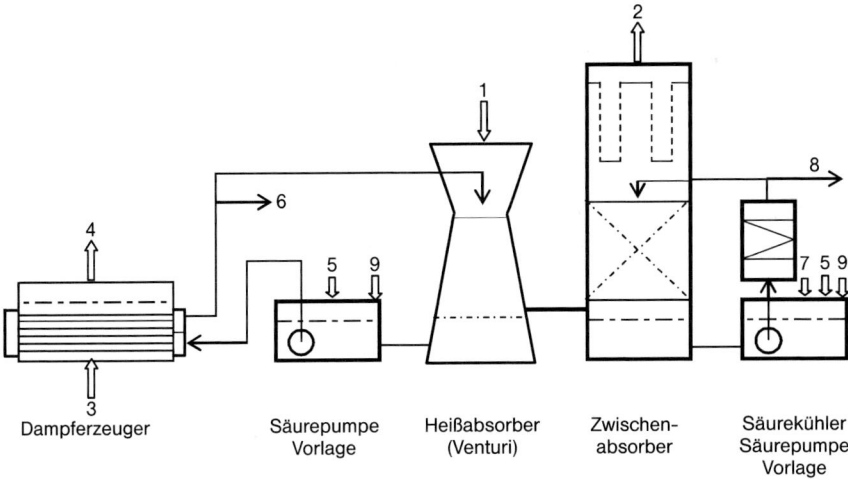

Abb. 4.42 Niederdruckdampferzeugung in der Zwischenabsorption nach Lurgi (Heros)
1 SO$_2$/SO$_3$-Gas vom Kontakt, 2 SO$_2$-Gas zum Kontakt, 3 Speisewasser, 4 Niederdruckdampf (7 bar),
5 Säure vom Trockner, 6 Säure zum Zwischenabsorber, 7 Säure vom Heißabsorber, 8 Säure zum
Trockner, Endabsorber, 9 Prozesswasser

genutzt, der zur Stromerzeugung Kondensations- oder Gegendruckturbinen antreibt. Im Säurebereich wird meist nur ein Teil der Wärme aus der Zwischenabsorption zur Produktion von Niederdruckdampf bis 10 bar genutzt (Abb. 4.42 und 4.43).

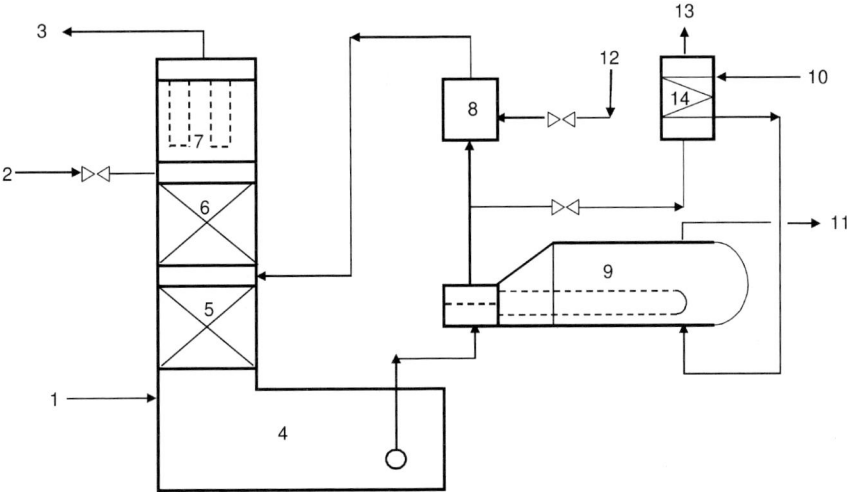

Abb. 4.43 Niederdruckdampferzeugung in der Zwischenabsorption nach Monsanto (HRS) [39]
1 SO$_2$/SO$_3$-Gas vom Kontakt, 2 Säure vom Endabsorber, 3 SO$_2$-Gas zum Kontakt, 4 Pumpvorlage
mit Pumpe, 5 Heißabsorber, 6 Kaltabsorber, 7 Nebelabscheider, 8 Verdünner, HRS-Dampfkessel (204 °C),
10 Kesselspeisewasser, 11 Niederdruckdampf (10,3 bar), 12 Verdünnungswasser, 13 Säure zur Endabsorbervorlage, HRS-Wasser, Erhitzer

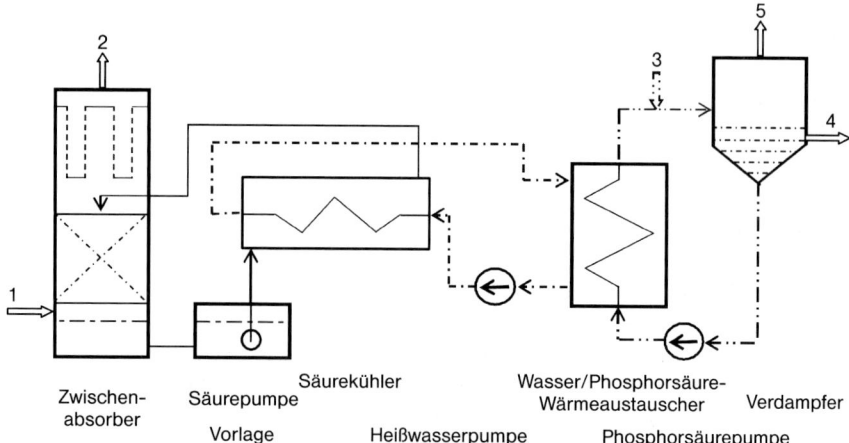

Abb. 4.44 Heißwassererzeugung für die Phosphorsäureeindampfung
1 SO$_2$/SO$_3$-Gas, 2 SO$_2$-Gas, 3 Phosphorsäureeinspeisung, 4 Phosphorsäureproduktion, 5 Brüden

Lurgi baut die Verdampfer für die Säurekonzentrationen zwischen 98,5 und 99% H$_2$SO$_4$ aus entsprechend geeigneten Sonderwerkstoffen, während Monsanto in einem engen Konzentrationsbereich von 99,3 bis 99,7% H$_2$SO$_4$ bestimmte Edelstähle, z. B. AISI 310M, als Werkstoffe empfiehlt. Bayer hat 20 Jahre lang eine Anlage betrieben, deren Niederdruckdampf zur Eindampfung von Dünnsäuren verwendet wurde.

Weitere bekannte Nutzungsmöglichkeiten der gesamten Wärme aus dem Säureteil sind für die Heißwasserbereitung, zur Phosphorsäureeindampfung (Abb. 4.44), zu Trocknungszwecken, Beheizung von Werkstätten, Büros und Stadtgebieten sowie für die Gewächshausbeheizung.

Eine Weiterführung der Energiegewinnung stellt der Monarch-Prozess von Monsanto dar (Abb. 4.22), der das Heat-Recovery System (HRS) mit einem Nass-Kontaktprozess koppelt. Dabei wird noch zusätzlich neben der Absorptionswärme die Kondensationswärme genutzt. Die Anlage besitzt daher keinen Trockner.

4.5.2
Energiebetrachtung bei der Kontaktierung

In einer beispielhaften Energieberechnung je Prozessschritt wird für zwei unterschiedliche SO$_2$-Konzentrationen von 5% für die Einfachabsorption bzw. 11% für die Doppelabsorption der technische Sachverhalt erläutert. Das eintretende trockene SO$_2$-Gas ist ca. 20 °C kalt. Als Endprodukt ist Schwefelsäure von 98,0% und 25 °C definiert. Die Energiewerte (+ Einsatz, − Entnahme) werden in MJ pro Tonne 100%ige H$_2$SO$_4$ angegeben. Die Temperatur von ca. 180 °C ist der Kondensationspunkt des Gases. In neueren Technologien wird Energie bis 120 °C zurückgewonnen.

Drei Fälle sind berechnet (Tabelle 4.3):
- 11% SO_2 Doppelkontakt (2 + 2 Horden)
- 11% SO_2 Doppelkontakt (2 + 2 Horden + Wärmerückgewinnung in der Zwischenabsorption)
- 5% SO_2 Einfachkontakt (4 Horden)

4.6
Abgasreinigung

Nach der TA-Luft werden hohe Anforderungen bezüglich des SO_2-Umsatzes und des Restgehaltes an SO_3/H_2SO_4 an das aus der Schwefelsäureanlage in die Atmosphäre abgegebene Abgas oder Endgas gestellt. Der größte Teil der Gase aus Schwefelverbrennung, Erzröst- und Säurespaltanlagen enthält ausreichend hohe SO_2-Konzentrationen und kann in einer Doppelkatalyseanlage verarbeitet werden. Durch eine fünfte Kontakthorde (Schaltung 3 + 2 Horden), Verwendung von cäsiumhaltigen Katalysatoren, Kerzenfiltern im Gasaustritt der Absorber oder auch Wäscher können die Emissionswerte auch unter schwierigen Betriebsbedingungen sicher eingehalten werden. Der Standard für Doppelkontaktanlagen mit Schwefelverbrennung ist ein 2+2-Hordenkontakt.

Die Verarbeitung von sehr gering SO_2-haltigen Gasen aus Sinteranlagen ist vielfach nur mit einer Einfachkatalyse gefolgt von einer Endgaswäsche möglich. Hier bieten sich alkalische Wäschen mit z.B. NaOH, NH_3, Kalkmilch oder Magnesiumhydroxid an. In kleinen Düngemittelfabriken findet man eventuell noch alte Einfachkatalyseanlagen, sogar mit Schwefelverbrennung. Diese wurden gezielt mit Endgaswäschen ausgerüstet, weil die anfallende Sulfit-/Sulfatlösung in der Düngemittelproduktion eingesetzt werden kann.

Mit dem von Lurgi und Südchemie entwickelten *Peracidox-Verfahren* (Abb. 4.45) können SO_2-Gehalte im Endgas von weniger als 100 mg SO_2 pro Normkubikmeter erreicht werden. Der Peracidox-Wäscher wird mit ca. 50% H_2SO_4 berieselt. Das mit dem Endgas eingetragene SO_2 reagiert mit dem in 50%iger Lösung eingedüsten H_2O_2 in der Flüssigphase zu Schwefelsäure:

$$SO_2 + H_2O_2 \longrightarrow H_2SO_4 \tag{4.7}$$

Das Peracidox-Verfahren bietet gegenüber den anderen Endgaswäschen den Vorteil, dass als Produkt eine reine, dünne Schwefelsäure anfällt, die im Absorber als Prozesswasser genutzt wird.

Eine erprobte Endgasreinigung zur SO_2-Minderung ist das *Sulfacid-Verfahren*, das mit Aktivkohle arbeitet [17]. Hierbei wird das Adsorbens kontinuierlich im Festbett regeneriert, indem die beladene Aktivkohle mit Wasser besprüht und die verdünnte Schwefelsäure (10–20%) dem Adsorber am Sumpf entnommen wird. Da die Qualität der Schwefelsäure stark von anderen Abgasinhaltsstoffen abhängt, die unter Umständen ebenfalls ad – oder absorbiert werden, wird das Verfahren meist für Abgase eingesetzt, die möglichst wenige Nebenkomponenten enthalten. Die Fa. Kerr-McGee betreibt insgesamt sieben Aktivkohlereaktoren zur Abluftbehandlung, mit denen die Forderung der TA-Luft von < 0,5 g SO_2 pro Kubikmeter eingehalten werden.

Tab. 4.3 Energiebetrachtungen bei der Kontaktierung

	theoret. Umsatz %	MJ/t H₂SO₄	Energiestatus	Energieniveau
A				
11 % SO₂ Doppelkontakt (2 + 2)				
Gaseintritt 80 °C ⟶ 430 °C		992	wiedergewinnbar	Wärmetauscher
Horde 1 430 °C ⟶ 582 °C ⟶ 430 °C	48,80	-471	wiedergewinnbar	HP Dampf
Horde 2 430 °C ⟶ 520 °C ⟶ 180 °C	77,60	-1018	wiedergewinnbar	HP Dampf
Zwischenabsorption 180 °C ⟶ 80 °C		-1190	verloren	Kühlung mit Wasser/Luft
Nach Zwischenabsorption 80 °C ⟶ 430 °C		847	wiedergewinnbar	Wärmetauscher
Horde 3 430 °C ⟶ 457 °C ⟶ 430 °C	99,61	-195	wiedergewinnbar	HP Dampf
Horde 4 430 °C ⟶ 436 °C ⟶ 180 °C	99,78	-629	wiedergewinnbar	HP Dampf
Endabsorption 180 °C ⟶ 80 °C		-635	verloren	Kühlung mit Wasser/Luft
Schwefelsäure 25 °C/98 %		-96	verloren	Kühlung mit Wasser
Gesamtprozess:		-475	wiedergewinnbar	Wärmetauscher
		-1921	verloren	Kühlung
B				
11 % SO₂ Doppelkontakt (2 + 2 + Wärmerückgewinnung in der Zwischenabsorption)				
Gaseingang 80 °C ⟶ 430 °C		992	wiedergewinnbar	Wärmetauscher
Horde 1 430 °C ⟶ 582 °C ⟶ 430 °C	48,80	-471	wiedergewinnbar	HP Dampf
Horde 2 430 °C ⟶ 520 °C ⟶ 180 °C	77,60	-1018	wiedergewinnbar	HP Dampf
Zwischenabsorption 180 °C		-673	wiedergewinnbar	LP Dampf
nach Zwischenabsorption 180 °C ⟶ 430 °C		610	wiedergewinnbar	Wärmetauscher
Horde 3 430 °C ⟨457 °C ⟶ 430 °C	99,61	-195	wiedergewinnbar	HP Dampf
Horde 4 430 °C ⟨436 °C ⟶ 180 °C	99,78	-629	wiedergewinnbar	HP Dampf
Endabsorption 180 °C ⟶ 80 °C		-901	verloren	Kühlung mit Wasser/Luft
Schwefelsäure 25 °C/98 %		-96	verloren	Kühlung mit Wasser
Gesamtprozess:		-1384	wiedergewinnbar	als HP-Dampf
		-997	verloren	durch Kühlung

Tab. 4.3 Fortsetzung

	theoret. Umsatz %	MJ/t H$_2$SO$_4$	Energiestatus	Energieniveau
C				
5% SO$_2$ Einfachkontakt (4 Horden)				
Gaseingang 80 °C $\longrightarrow$ 430 °C		2119	wiedergewinnbar	Wärmetauscher
Horde 1 430 °C $\longrightarrow$ 538 °C $\longrightarrow$ 430 °C	72,91	−704	wiedergewinnbar	HP Dampf
Horde 2 430 °C $\longrightarrow$ 461 °C $\longrightarrow$ 430 °C	93,52	−199	wiedergewinnbar	HP Dampf
Horde 3 430 °C $\longrightarrow$ 437 °C $\longrightarrow$ 430 °C	98,24	−46	wiedergewinnbar	HP Dampf
Horde 4 430 °C $\longrightarrow$ 431 °C $\longrightarrow$ 180 °C	98,88	−1574	wiedergewinnbar	HP Dampf
Endabsorption 180 °C $\longrightarrow$ 80 °C		−777	verloren	Kühlung mit Wasser/Luft
Schwefelsäure 25 °C/98 %		−96	verloren	Kühlung mit Wasser
Gesamtprozess:		−404	wiedergewinnbar	als HP Dampf
		−873	verloren	durch Kühlung

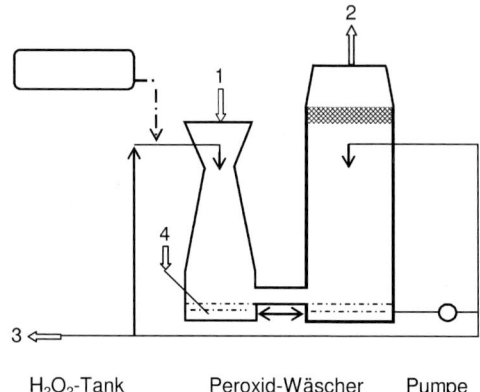

Abb. 4.45 Peracidox-Anlage nach Lurgi/Süd Chemie
1 Gas vom Absorber, 2 Abgas zum Kamin, 3 Säure zum Absorber, 4 Prozesswasser

Eine Verringerung des spezifischen Abgasvolumens aus der Glühung ist durch die Rückführung des Abgases als Sekundärluft möglich. Die Waschflüssigkeiten aus der Abgasbehandlung können wieder in den Prozess zurückgeführt werden. Alternativ werden die Waschflüssigkeiten nach Neutralisation dem Abwasser zugegeben.

4.7
Verfahrensdarstellung einer Anlage mit Schwefelverbrennung und Doppelkatalyse

Die Schwefelsäureanlage mit Schwefelverbrennung ist eine Heißgasanlage. Abbildung 4.46 zeigt eine Doppelkatalyseanlage mit Fünf-Horden-Kontakt. Der flüssige Schwefel wird aus einer Vorlage zum Brenner des Schwefelofens gepumpt. Die zur Verbrennung des Schwefels erforderliche trockene atmosphärische Luft wird von einem Verdichter durch einen mit Schwefelsäure berieselten Trockenturm gesaugt und zum Ofen gefördert. Die Schwefelmenge wird entsprechend der Anlagenleistung dosiert und die Luftmenge so geregelt, dass ein Gas mit 10 bis 12 % Volumenanteil SO_2 entsteht. Das 950 bis 1200 °C heiße SO_2-Gas wird nach dem Schwefelofen in einem Abhitzekessel auf die erforderliche Temperatur vor Horde 1 des Kontaktkessels gekühlt. Am Katalysator werden ca. 65 % des SO_2 zu SO_3 umgesetzt. Die 600 bis 620 °C heißen SO_2-/SO_3-Gase durchströmen anschließend den Überhitzer, um für den Eintritt in Horde 2 auf z. B. 430 °C gekühlt zu werden. Nach Horde 2 ist ein weiterer Überhitzer oder auch ein Verdampfer zur erneuten Gaskühlung für den Eintritt in Horde 3 angeordnet. Das die Horde 3 des Kontaktkessels verlassende SO_2-/SO_3-Gas (SO_2-Umsatz ca. 95 %) strömt zur Zwischenabsorption, wobei es zunächst im Gegenstrom zu SO_3-freiem Gas aus der Zwischenabsorption gekühlt wird. Da für die Zwischenabsorption eine Eintrittstemperatur von 170 bis 190 °C angestrebt wird und bei höher konzentrierten SO_2-Gasen nach dem Zwischenwärmeaustauscher die Temperatur noch mehr als 240 °C betragen kann, wird vor den

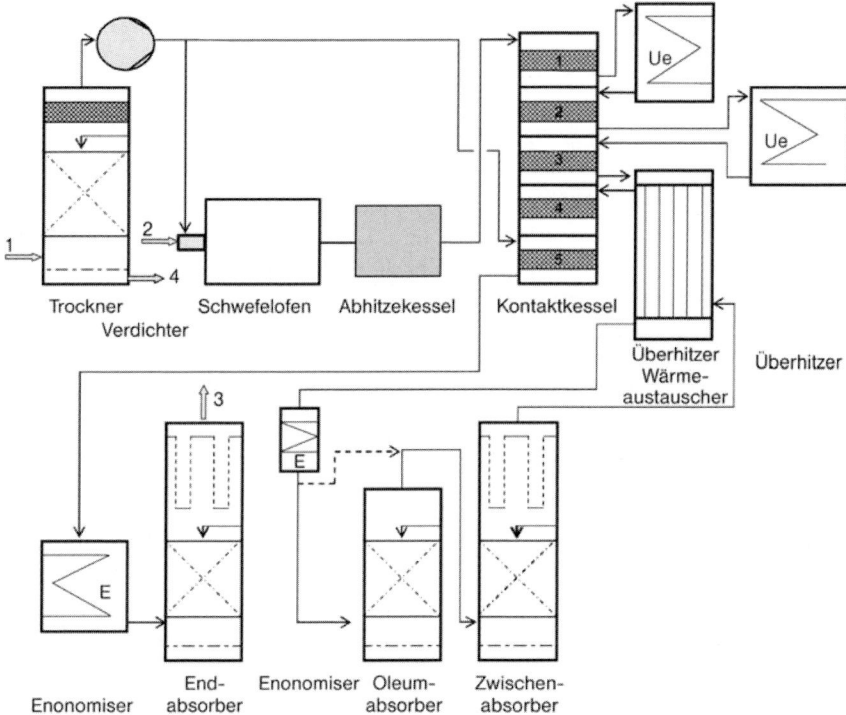

Abb. 4.46 Schema einer Schwefelsäure-Doppelkatalyseanlage für Schwefelverbrennung mit Fünf-Horden-Kontakt
1 Luft, 2 Schwefel, 3 Abgas zum Kamin, 4 Schwefelsäureproduktion

Gaseintritt in den Zwischenabsorber ein Economiser geschaltet. Im Beispiel wird in der Anlage neben Schwefelsäure auch Oleum produziert. Ein Teilstrom des gekühlten Gases wird durch den Oleumabsorber geleitet und danach mit dem übrigen Gasstrom wieder vermischt und in den Zwischenabsorber geführt. Je nach Oleumkonzentration und -menge wird eventuell die gesamte Gasmenge vor dem Zwischenabsorber durch den Oleumabsorber geleitet. Das SO_3-freie SO_2-Gas aus dem Zwischenabsorber gelangt nach Aufheizung im Zwischenwärmeaustauscher mit ca. 400 °C in die Horde 4 und nach einer Zwischenkühlung in die Horde 5. Die zwischen den Horden 4 und 5 abzuführende Wärmemenge ist allgemein sehr gering, sodass der zusätzliche Aufwand an Rohrleitungen, Armaturen und Wärmeaustauschern den Nutzen um ein vielfaches übersteigt. Zur Kühlung zwischen diesen beiden Horden wird im Falle der Schwefelverbrennung deshalb häufig getrocknete atmosphärische Luft eingeblasen. Nach der Horde 5 wird das SO_3-Gas zunächst in einem Economiser oder auch in einer Kombination aus z. B. Verdampfer und Economiser auf ca. 170 bis 160 °C gekühlt. Das SO_3 wird im nachfolgenden Endabsorber von 98,5 bis 99,0 %iger Schwefelsäure absorbiert. Im Austritt des Endabsorbers durchströmt das praktisch SO_3-freie Gas mit einem SO_2-Gehalt entsprechend dem

Umsatz von über 99,8 % zunächst ein Kerzenfilter und gelangt durch den Kamin in die Atmosphäre.

Je Tonne produzierter Schwefelsäure, als 100 % H_2SO_4 gerechnet, werden ca. 60 kW elektrische Leistung und ca. 50 m^3 Kühlwasser verbraucht sowie ca. 1,3 t Dampf mit > 40 bar erzeugt. Bei Nutzung der Abwärme in der Zwischenabsorption können noch zusätzlich 0,5 t Dampf mit 7 bar gewonnen werden, bei gleichzeitiger Minderung des Kühlwasserbedarfs.

4.8
Verfahrensdarstellung einer Anlage mit Erzröstung und Doppelkatalyse

Der prinzipielle Aufbau von Schwefelsäureanlagen nach dem Verfahren der Doppelkatalyse für Gase aus metallurgischen Anlagen (Röstung von Zink-, Blei, Eisen- und Kupfererzen, sowie Schmelzöfen, Abb. 4.47) und aus Spaltanlagen (Schwefelsäure und Sulfate) ist ähnlich. Unterscheidungen ergeben sich im Wesentlichen durch die SO_2-Konzentration im zugeführten gereinigten und gekühlten Gas. Diese kann zwischen 5,0 und 14,0 % Volumenanteil SO_2, aber auch weit darüber liegen. Für alle diese Gase handelt es sich bei der Schwefelsäureanlage um eine Kaltgasanlage. Abbildung 4.47 zeigt eine typische Doppelkatalyseanlage mit Fünf-Horden-Kontakt zur Verarbeitung von metallurgischen Gasen für SO_2-Konzentrationen zwischen 5,5 und 11 % Volumenanteil SO_2. Das entstaubte, gewaschene und gekühlte SO_2-Gas und die für das geforderte O_2/SO_2-Verhältnis erforderliche Luft wird von einem SO_2-Gasverdichter durch einen mit ca. 96 %iger Schwefelsäure berieselten Trockner angesaugt und zur Kontaktanlage gefördert. Die Kühlung des SO_2-Gases in der Gasreinigung muss der Wasserbilanz der Schwefelsäureanlage angepasst werden, wobei eine Kühlung unter 27 °C wegen der erforderlichen Gasfeuchte in den Nass-Elektrofiltern vermieden werden sollte, und eine Gastemperatur wesentlich über 50 °C weder in der Gasreinigung noch im Trockner erwünscht ist. Nach dem Verdichter wird das Gas zunächst in einem Gaswärmeaustauscher im Gegenstrom zu dem SO_3-Gas, das auf dem Weg von Horde 5 zum Endabsorber gekühlt wird, aufgeheizt. Die weitere SO_2-Gasaufheizung auf die vor Horde 1 erforderliche Temperatur erfolgt indirekt im Gegenstrom zu den SO_3-Gasen von Horde 1 nach 2, von Horde 2 nach 3 und von Horde 4 nach 5. Je nach SO_2-Konzentration im Eingangsgas, vor allem wenn die Konzentration mehr als 8,5 % Volumenanteil beträgt, steht mehr Wärme zur Verfügung als für die Gasaufheizung erforderlich ist. Diese Wärme wird in Economisern oder auch Verdampfern oder Überhitzern für die Dampferzeugung der Gesamtanlage genutzt. Ebenso sind sog. SO_3-Gaskühler zu finden. Dies sind stehende oder liegende Rohrbündelwärmeaustauscher, in denen die Wärme indirekt von atmosphärischer Luft abgeführt wird. Das SO_3-Gas aus der Horde 3 gelangt durch den Zwischenwärmeaustauscher zur Zwischenabsorption, in der das gebildete SO_3 von mindestens 98,5 %iger Schwefelsäure absorbiert wird. Danach durchströmt es zur Umsetzung des restlichen SO_2 zu SO_3 die Horden 4 und 5. Im Endabsorber wird dieses SO_3 absorbiert und das Abgas durch den Kamin in die Atmosphäre geleitet.

Je Tonne produzierter Schwefelsäure, als 100 % H_2SO_4 gerechnet, werden bezogen auf Röstgase mit ca. 8,5 % Volumenanteil SO_2 ca. 85 kW elektrische Leistung

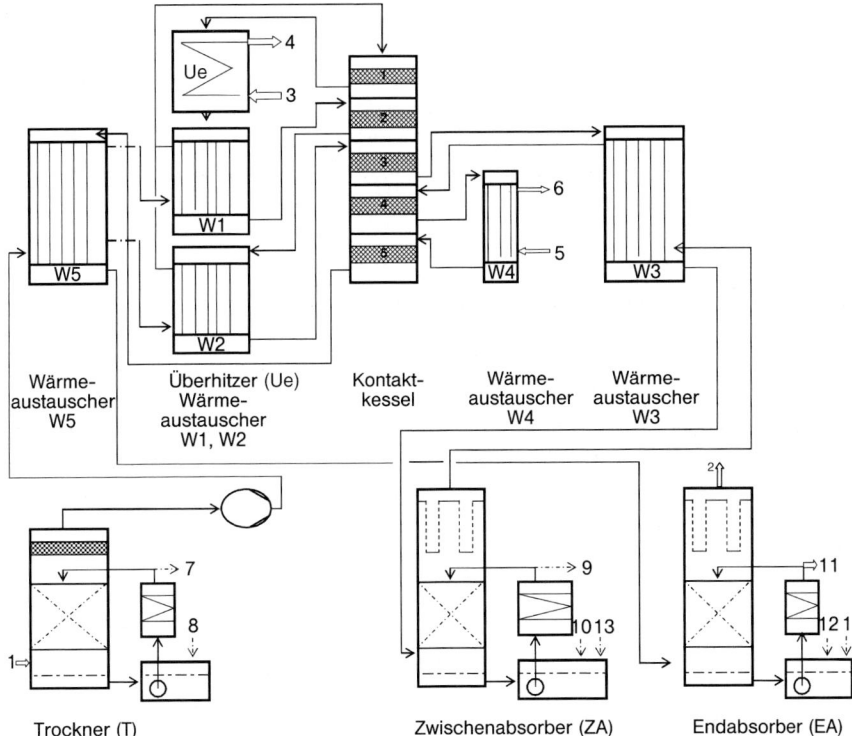

Abb. 4.47 Schema einer Schwefelsäure-Doppelkatalyseanlage für metallurgische Gase mit Fünf-Horden-Kontakt
1 SO$_2$-Gas aus Gasreinigung, 2 Abgas, 3 Sattdampf zum Überhitzer, 4 überhitzter Dampf, 5 Kühlluft ein, 6 Kühlluft aus, 7 Säure zu ZA, 8 Säure von ZA, 9 Säure zu T, EA, 10 Säure von T, 11 Säureproduktion, 12 Säure von ZA, 13 Prozesswasser

und ca. 60 m^3 Kühlwasser verbraucht sowie ca. 1,1 t Dampf mit > 40 bar im Bereich der Röstung erzeugt. Bei Nutzung der Abwärme in der Zwischenabsorption können noch zusätzlich 0,5 t Dampf mit 7 bar gewonnen werden, bei gleichzeitiger Minderung des Kühlwasserbedarfs.

4.9
Verfahrensdarstellung einer Anlage für niedere SO$_2$-Gehalte mit Einfachkatalyse und Endgaswäsche

Bezüglich der Dimensionierung der Wärmeaustauscher und bei autothermem Betrieb liegt im Dauerbetrieb die Untergrenze für eine Doppelkatalyse bei ca. 5,0 bis 5,5 % Volumenanteil SO$_2$ im Eingangsgas. Für SO$_2$-Gase mit Konzentrationen zwischen 2,5 und 5,0 % Volumenanteil SO$_2$ ist eine Einfachkatalyseanlage die sinnvollste Lösung, wobei unter ca. 3,5 % Volumenanteil SO$_2$ Fremdwärme zugeführt werden muss. Der SO$_2$-Umsatz im Kontaktkessel ist allerdings nicht genügend hoch,

1 Schwefel und anorganische Schwefelverbindungen

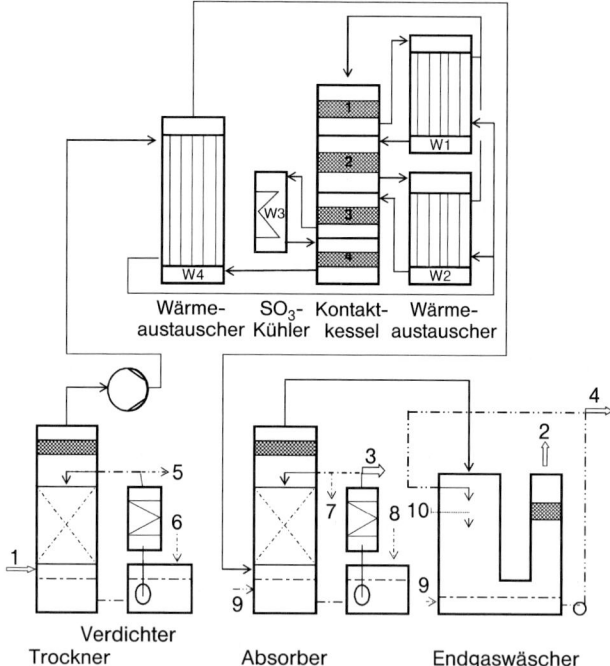

Abb. 4.48 Schema einer Einfachkatalyseanlage mit Endgaswäsche für metallurgische Gase
1 SO_2-Gas von EGR, 2 Abgas zum Kamin, 3 Säureproduktion, 4 Sulfitlösung, 5 Säure zum Absorber, 6 Säure vom Absorber, 7 Säure zum Trockner, 8 Säure vom Trockner, 9 Prozesswasser, 10 Absorbenslösung

um das Gas aus dem Schwefelsäureabsorber ohne weitere Behandlung in die Atmosphäre leiten zu können. Deshalb wird nach dem Absorber eine Endgaswäsche mit NaOH oder NH_3 installiert. Falls ein großer Bedarf am Produkt des Endgaswäschers, z. B. für den Einsatz in Düngemitteln besteht, kann auch ein Drei-Horden-Kontakt ausreichend sein. Abbildung 4.48 zeigt eine Einfachkatalyse für dünne metallurgische Sintergase mit einem Vier-Horden-Kontakt und Endgaswäsche. Das gereinigte und getrocknete SO_2-Gas wird vom Verdichter durch die nachfolgende Anlage gefördert. Das Gas wird zunächst im Gegenstrom zu SO_3-Gas aus den Horden auf die Temperatur vor Horde 1 erwärmt und gelangt nach der letzten Horde schließlich in den Schwefelsäureabsorber und danach in die Endgaswäsche. Dort wird das im Gas noch enthaltene SO_2 absorbiert.

4.10
Herstellung von Oleum und Schwefeltrioxid

Oleum und besonders Schwefeltrioxid zählen zu den Spezialprodukten der Schwefelsäureerzeugung und sind für viele chemische Prozesse von großer Bedeutung. Während Oleum unter Beachtung aller Sicherheitsvorschriften noch relativ problemlos mit der Bahn und auf der Straße zum Verbraucher transportiert werden kann, gestaltet sich dies für 100%iges flüssiges SO_3 schwieriger, weshalb dieses direkt beim Verbraucher erzeugt wird.

Die Erzeugung von *Oleum* in den Konzentrationen zwischen 20 und 38% SO_3 erfolgt innerhalb der Absorptionsanlage einer Schwefelsäureanlage. Hierzu wird der Oleumabsorber gasseitig bei Doppelkatalyse dem Zwischenabsorber und bei Einfachkatalyse dem Endabsorber vorgeschaltet. Der Oleumabsorber wird mit Oleum der gegebenen Konzentration berieselt. Das Oleum absorbiert eine SO_3-Menge entsprechend seinem SO_3-Dampfdruck und dem SO_3-Partialdruck im Gas. Zur Regelung der Kreislaufkonzentration wird dem aus dem Absorber ablaufenden Oleum Schwefelsäure aus dem Zwischen- bzw. Endabsorber zugeführt. Der produzierte Oleumanteil wird nach Kühlung zum Lagertank gefördert. Die im Absorber maximal erreichbare Oleum-Konzentration beträgt ca. 38% und ist letztlich abhängig von der SO_3-Konzentration im Gas.

Um höhere Konzentrationen wie z. B. 65% zu erhalten, muss das im Absorber gewonnene Oleum in einem weiteren Absorber mit SO_3-Gas aus einer Oleum-Destillationsanlage konzentriert werden. Nach Abbildung 4.49 wird Oleum (> 32%, möglichst 37 bis 38%) durch einen Vorwärmer zum Verdampfer gepumpt. Im Verdampfer wird das Oleum durch indirekte Wärmezufuhr weiter aufgeheizt und ein Teil des SO_3 ausgedampft. Das aus dem Verdampfer abfließende Oleum mit 24 bis 27% SO_3 kühlt im Vorwärmer ab, indem es indirekt Wärme an das konzentrierte

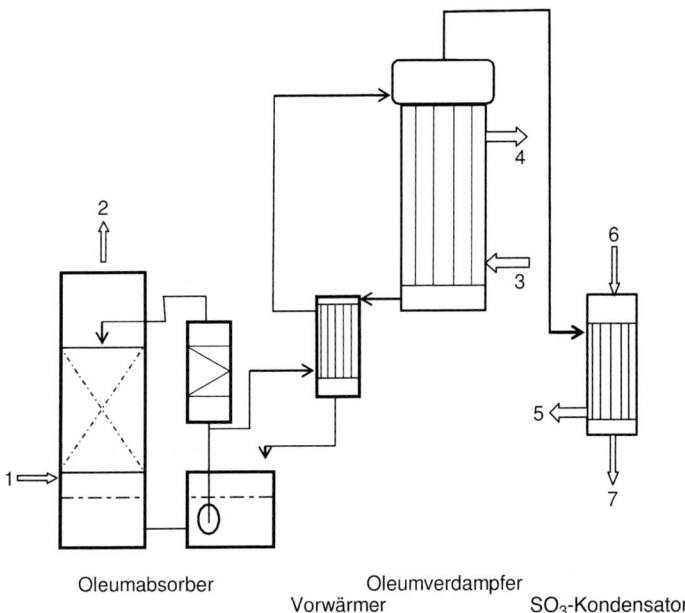

Abb. 4.49 Oleumabsorption und -destillation nach Lurgi
1 SO_3-Gas ein, 2 SO_3-Gas aus, 3 Heizgas ein, 4 Heizgas aus, 5 SO_3 flüssig, 6 Kühlmedium ein, 7 Kühlmedium aus

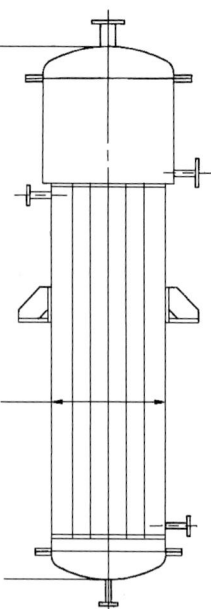

Abb. 4.50 Fallfilmverdampfer

Oleum abgibt, und gelangt in den Absorber zur Konzentrierung zurück. Der SO_3-Dampf aus dem Verdampfer kann zur Herstellung von z. B. 65 %igem Oleum in den Absorber geleitet werden oder wird indirekt mittels Kühlwasser kondensiert. Als Verdampfer haben sich Fallfilmverdampfer aus C-Stahl bewährt (Abb. 4.50), wie sie von Lurgi gebaut werden. Es handelt sich dabei um stehende Rohrbündelapparate, bei denen das Oleum als Film an den inneren Rohrwänden nach unten in den Sumpf fließt. Die Verdampfer werden mit Reaktionsgas aus der Schwefelsäureanlage oder mit Rauchgas bei 260 bis maximal 300 °C beheizt. Es befinden sich auch andere Verdampfertypen mit Dampfbeheizung im Einsatz. Der Fallfilmverdampfer bietet eine hohe Sicherheit, da die im Verdampfer befindliche Oleummenge sehr gering ist, und durch die Gasbeheizung bei Leckagen keine unerwünschten Reaktionen auftreten können. Die Vorwärmer sind sowohl Rohrbündelapparate aus C-Stahl und Edelstahl als auch Spiralwärmeaustauscher aus Edelstahl. Mit Rücksicht auf die Lebensdauer sind die Strömungsgeschwindigkeiten in den Vorwärmern sehr gering. Die Temperatur des verflüssigten SO_3 muss bei ca. 35 °C gehalten werden. Für Transport und längere Lagerung kann SO_3 mit Zusätzen verschiedener Art stabilisiert werden. Es ist zu berücksichtigen, dass bei Stabilisierung ein geringer Teil als Abfall zu entsorgen ist. Wenn nicht stabilisiertes SO_3 einfriert, kann dieses unter Beachtung aller Sicherheitsmaßnahmen durch Erwärmen auf über 70 °C wieder verflüssigt werden oder durch langsame Zugabe von konzentrierter Schwefelsäure und Rühren mit z. B. trockener Luft aufgelöst und als Schwefelsäure der Schwefelsäureanlage zugeführt werden.

4.11
Schwefelsäurekonzentrierung

Verschiedene chemische Reaktionen, z. B. Nitrierung, Veresterung, Sulfonierung, und Trocknungsprozesse, z. B. von Chlor, Brom, Chlormethan oder Flusssäure, liefern wässrige Schwefelsäuren, die in einem Kreislaufprozess zurückgeführt werden können. Dabei wird Schwefelsäure konzentriert.

Bei Normaldruck bildet das System Schwefelsäure/Wasser bei 98,3 % Massenanteil Schwefelsäure ein Maximum-Azeotrop, das bei 338 °C siedet. Die Dampfphase besteht bis 70 % Massenanteil weitgehend aus Wasser, erst ab 85 % Massenanteil steigt der Schwefelsäuregehalt stark an. Auf Grund der hohen Siedetemperaturen in Verbindung mit höchster Beanspruchung der Werkstoffe ist die Absenkung der Siedetemperaturen durch Anwendung von Unterdruck erforderlich.

Es ergibt sich somit grundsätzlich eine zweistufige Arbeitsweise.

Vorkonzentrierung bis 70% Massenanteil H_2SO_4 (Abb. 4.51)

Schwefelsäuren ab 20 % Massenanteil werden in Umlaufverdampfern aus Graphit, meist mehrstufig unter Nutzung der bei der Brüdenkondensation freiwerden Energie, bis auf 70 % Massenanteil eingedampft. Hierbei ist zu prüfen, ob der Werkstoff Graphit mit der verunreinigten Säure verträglich ist. Die zweite Stufe arbeitet dann bei Unterdruck.

Plinke verwendet mit Glas, Kunststoff oder speziellen Polyestern ausgekleideten Stahl für die Verdampfer und Rohrleitungen. Für kleinere Anlagen kann Glas benutzt werden. Die Wärmetauscher sind aus Tantal, Zirconium, Graphit oder speziellen Edelstählen gefertigt.

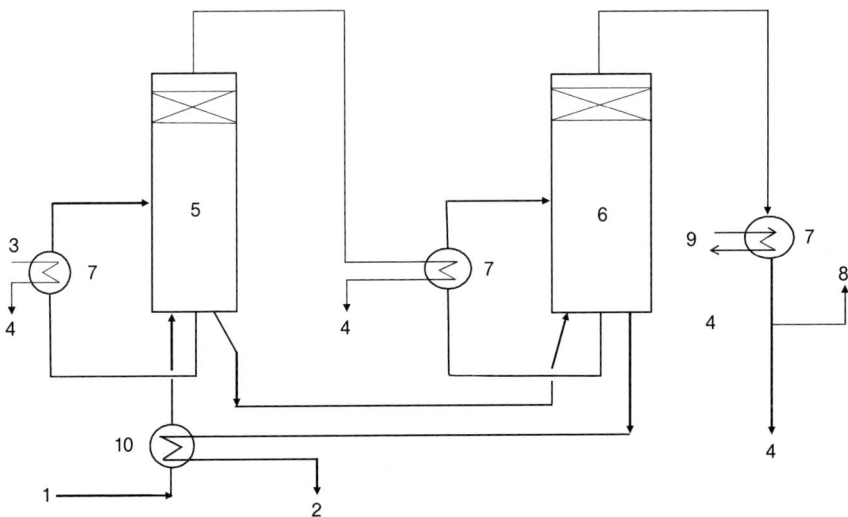

Abb. 4.51 zweistufige Vorkonzentrierung von Schwefelsäure auf 70 % nach QVF
1 Schwefelsäure 20 %, 2 Schwefelsäure 70 %, 3 Hochdruckdampf, 4 Kondensat, 5 Stufe 1, 6 Stufe 2, 7 Umlaufverdampfer, 8 Vakuum, 9 Kühlwasser, 10 Vorwärmer

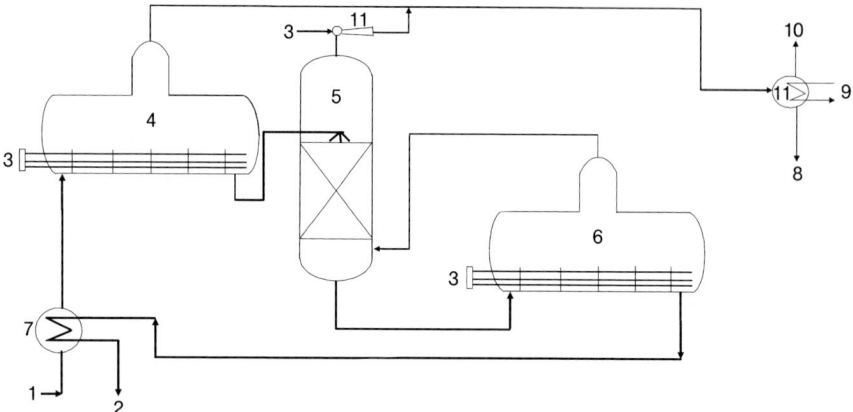

Abb. 4.52 zweistufige Hochkonzentrierung von Schwefelsäure mit Waschkolonne nach QVF
1 Schwefelsäure > 70%, 2 Schwefelsäure 92%, 3 Hochdruckdampf, 4,6 Verdampfer mit Tantal-Heizer, 5 Waschkolonne, 7 Wärmetauscher, 8 Kondensat, 9 Kühlwasser, 10 Vakuum, 11 Dampfstrahler

Hochkonzentrierung bis ca. 96% Massenanteil H_2SO_4

QVF Glastechnik liefert Apparate aus Borosilicatglas 3.3 oder Stahlemail mit einem Heizer aus Tantal für Hochdruckdampf als Energielieferant (Abb. 4.52). Der Verdampfer ist als liegendes Gefäß ausgebildet. Die zulaufende, vorgewärmte Säure tritt an einem Ende ein, durchläuft infolge von eingebauten Wehren in Längsrichtung eine Art Kammersystem und wird am anderen Ende mit höherer Konzentration entnommen. Durch die hohe Strömungsgeschwindigkeit im Bereich der Dampfrohre entstehen keine Beläge. Bei Konzentrationen über 92% Massenanteil muss bei weiter vermindertem Anlagendruck zusätzlich eine Waschkolonne eingesetzt werden, um die Schwefelsäure-Konzentration in den Brüden zu senken. Der Unterdruck wird mit einer Dampfstrahlvakuumpumpe erreicht, um die Brüden auf einen höheren Druck zu verdichten. Der Einsatz eines Kaltwasseraggregates ist auch möglich. Im »heißen Teil« werden keine Pumpen eingesetzt. Als Material für Wärmetauscher ist z. B. Siliciumcarbid erprobt, als Packungsmaterial kommt Durapack aus Borosilicatglas zur Anwendung [40, 41].

Plinke unterteilt den Bereich in zwei Abschnitte: die Mittelkonzentrierung bis 85% bei 150 °C und 8 kPa (Heizmedien: Dampf, Thermoöl) und die Hochkonzentrierung bis 96–98% bei 250 °C (Heizmedium: Thermoöl) in Verbindung mit einer Waschkolonne.

Beim Erhitzen von Schwefelsäure werden organische und anorganische Verbindungen in Abhängigkeit von der Säurekonzentration und Temperatur thermisch gespalten und oxidiert.

4.12
Einstellung verschiedener Schwefelsäure- und Oleum-Konzentrationen

Für den weitverzweigten Bedarf in der Industrie sind unterschiedliche Schwefelsäure- und Oleum-Konzentrationen erforderlich. Dies sind z. B. Batteriesäure (35 % H_2SO_4), Beizsäuren, 75 % H_2SO_4 für Düngemittelproduktion und Titanaufschluss, 96 % H_2SO_4 (handelsübliche Konzentration) für einen sehr großen Anwendungsbereich, 98,5 % H_2SO_4, ca. 100 % H_2SO_4 für Acrylherstellung, 20 bis 25 %iges Oleum, 30 bis 38 %iges Oleum, 65 %iges Oleum und 100 % SO_3. Während 96 % H_2SO_4, 98,5 % H_2SO_4 und 20 bis 38 % Oleum in der Schwefelsäureanlage produziert, aus dieser direkt entnommen und in den Handel gebracht werden, müssen alle anderen Konzentrationen bei dem Betreiber der Schwefelsäureanlage oder beim Verbraucher durch Verdünnen mit Wasser, Mischen von Oleum und Schwefelsäure oder durch Destillation von Oleum gewonnen werden.

Zur Verdünnung von 96 %iger Schwefelsäure auf eine bestimmte darunter liegende Konzentration werden in einen Kreislauf dieser Konzentration die entsprechenden Säure und Prozesswassermengen zudosiert. Nach intensivem Mischen wird die gesamte Säuremenge gekühlt und läuft in einen Sammelbehälter, an den die Kreislaufpumpe angeschlossen ist. Auf der Druckseite der Pumpe wird der Produktionsanteil entnommen. Um 100 % H_2SO_4 zu erzeugen, werden 98,5 % Säure mit z. B. 25 % Oleum in gleicher Weise gemischt wie Säure und Wasser bei der Verdünnung. Wichtig bei den Systemen sind die Auswahl eines effektiven Mischers und der Einsatz geeigneter Werkstoffe, wie Graphit und PTFE für dünne Säuren, Edelstahl und PTFE für Monohydrat. Je nach Ausrüstung der Schwefelsäureanlage wird Batteriesäure in einer kleinen Einheit als 96 %ige, chemisch reine Säure produziert und diese, wie beschrieben, mit reinem Prozesswasser verdünnt.

Oleum mit 65 % SO_3 lässt sich nur auf dem Umweg über eine Oleumdestillation herstellen. Hierzu wird ein Absorber mit einem Oleumkreislauf von 65 % SO_3 berieselt und 100 %iges SO_3-Gas aus einer Oleumdestillation eingeleitet. Zur Regulierung der Kreislaufkonzentration wird Oleum aus der Absorption (möglichst > 32 % SO_3) zudosiert. Die Produktion wird nach dem Kreislaufkühler abgegeben.

4.13
Lagerung und Transport von Schwefelsäure und Oleum

Für den Bau von Lagertanks für Schwefelsäure und Oleum sind in Deutschland keine speziellen technischen Regeln festgelegt. Eine Orientierung geben die Vorschriften der NACE [42]. Die Eignungsfeststellung nach WHG für gefährliche Stoffe garantiert eine Überprüfung der baulichen Situation und die zu treffenden Maßnahmen. Schwefelsäure sollte in ausreichend dimensionierten Auffangwannen bzw. in Doppelwandtanks, Oleum in Doppelwandtanks gelagert werden. Ein Oleumtank muss über eine Belüftungseinrichtung mit SO_3-Absorber verfügen. Abfülleinrichtungen werden nach WHG eignungsfestgestellt. Die Abfüllung sollte mengenüberwacht durchgeführt werden. Die verdrängte Atmosphäre wird bei

Oleum gependelt. Tankleckagen mit Schwefelsäure und Oleum sind in den USA bekannt geworden.

Für den Transport werden Fass, Kleinbehälter, Kanister, ISO-Container, LKW, Bahnkesselwagen oder Schiff benutzt. Für alle Behältnisse gibt es Technische Vorschriften bzw. Regelungen oder Eignungsnachweise für Schwefelsäure oder Oleum. Der wichtigste Gefahrenschwerpunkt ist der Transport der Produkte Oleum und Schwefelsäure. Grundsätzlich sollten beim Transport unter Einbeziehung des Verkehrs folgende Regeln beachtet werden:
- Wahl des sichersten Behältnisses,
- Ausführliche Kontrolle des Gefahrstofftransportes (z. B. Ladebeauftragter),
- Wahl des sichersten Transportweges.

Störfälle beim Transport von Schwefelsäure/Oleum sind in Deutschland bisher nicht bekannt geworden.

4.14
Werkstoffe

Der Einsatz geeigneter Werkstoffe spielt in der Schwefelsäuretechnologie für den sicheren und kontinuierlichen Betrieb eine wesentliche Rolle. Zu berücksichtigen sind für die Werkstoffauswahl: die Zusammensetzung und Verunreinigung der Rohstoffe, die Zusammensetzung und Temperatur der SO_2- und SO_3-Gase, die Temperatur und Konzentration von Schwefelsäure und Oleum, sowie die Hilfsmedien Prozesswasser, Kühlwasser und Dampf.

Anlagenbauer, Anlagenbetreiber und Werkstoffhersteller sind ständig bemüht, unabhängig voneinander oder in Kooperation geeignete Werkstoffe für die einzelnen Bereiche der Schwefelsäureanlagen zu finden oder zu entwickeln. Eine umfangreiche Zusammenfassung zum Fachgebiet Schwefelsäure bietet [43].

Zum Einsatz in Schwefelsäureanlagen kommen: Kunststoffe, metallische Werkstoffe (Gusseisen, C-Stähle und Edelstähle) und keramische Werkstoffe.

Kunststoffe werden vorwiegend im Bereich der feuchten SO_2-Gase in der Gasreinigung und der niedrig konzentrierten Schwefelsäuren in Vortrocknung und Endgaswäsche für Apparate, Rohrleitungen und Armaturen verwendet. Wichtige Kunststoffe sind:
- PVC für Säurekonzentrationen bis 70% H_2SO_4 und bis ca. 65 °C,
- PP für Säurekonzentrationen bis 80% H_2SO_4 und bis max. 80 °C,
- PE für Säurekonzentrationen bis 75% H_2SO_4 und bis ca. 60 °C

Der Werkstoff PVDF eignet sich für einen großen Einsatzbereich und Schwefelsäurekonzentrationen bis über 90% H_2SO_4 sowie für Temperaturen bis 90 °C bei max. 75% H_2SO_4 und bis 80 °C bei 90% H_2SO_4. PVDF wird auch für Lufttrockner angewendet.

PTFE wie z. B. Teflon® ist als Universalwerkstoff geeignet für alle Schwefelsäure- und Oleumkonzentrationen sowie, je nach Qualität, für Temperaturen von über

200 °C. Es findet auch Anwendung für Säureleitungen und Behälter in der Heißabsorption.

Alle Kunststoffe haben bei hoher Beständigkeit in den genannten Konzentrationsbereichen gegenüber Stahl wesentlich geringere Festigkeit, die mit steigender Temperatur erheblich abfällt. Der Behälter- und Rohrleitungsmantel wird deshalb in GFK gefertigt, bei PTFE aus C-Stahl.

Gusseisen (Grauguss mit 0,7 % Cu) ist korrosionsbeständig gegenüber Schwefelsäure mit über 80 % H_2SO_4 und eignet sich bei Konzentrationen über 95 % H_2SO_4 für Temperaturen bis 115 °C. Anlagen zur Säureaufkonzentrierung bestehen aus sehr dickwandigen Gusskesseln, haben wegen der hohen Temperaturbelastung aber nur eine geringe Lebensdauer. Gusseisen wird nur noch in geringem Maße als Rohrleitungswerkstoff und für Rohrberieselungssysteme eingesetzt, zumal sich in Europa die Zahl der Gießereien auf einige wenige reduziert hat. Der Nachteil von Gusseisen liegt besonders in seiner Sprödigkeit und in der mangelnden Konsistenz der Werkstoffwand (Lunkerbildung durch Gießfehler). Ein großer Anwendungsbereich ist noch für die Gehäuse von Verdichtern und Pumpen gegeben. Gusseisen darf nicht in Oleum eingesetzt werden.

C-Stahl enthält 0,15 bis 0,3 % C, ist auf dem Markt in großen Mengen in Form von Blechen, Rohren und Profilen in fast jedem Land der Erde verfügbar, preisgünstig und sehr einfach zu verarbeiten. C-Stähle haben je nach Qualität (Legierungsbestandteile) bis 450 °C hohe Festigkeit. Für höhere Temperaturen gibt es warmfeste Stähle. Die Korrosionsbeständigkeit der C-Stähle ist allerdings begrenzt. C-Stahl wird verwendet:
- als Mantelwerkstoff für die ausgemauerten Schwefelöfen,
- für ausgemauerte und abgemauerte Kontaktkessel,
- für die ausgemauerten oder mit PVDF- bzw. PTFE-Folie ausgekleideten Trockner und Absorber,
- für Gas/Gas-Wärmeaustauscher und Gasleitungen innerhalb der Schwefelsäureanlage (trockene Gase),
- für Oleumwärmeaustauscher und Oleumleitungen,
- für Schwefelsäurelagertanks (> 93 % bis 100 % H_2SO_4 und < 40 °C),
- für Oleumlagertanks (> 20 % SO_3).

Der am häufigsten verwendete C-Stahl für Apparate und Rohrleitungen ist 1.0037, als St 37 bekannt. Große Bedeutung haben noch 1.0174 (St 37-2) ebenfalls für Apparate, 1.0345 und 1.0425 (HI und HII) für Apparate, Rohre und Verdichtergehäuse, 1.0044 für Überhitzer, Economiser und 1.0844 für Dampfkessel.

Edelstähle unterschiedlichster Zusammensetzung werden in der Schwefelsäureproduktion für die verschiedensten Anwendungen eingesetzt. Edelstähle sind abhängig von den Legierungsbestandteilen korrosionsbeständig für Schwefelsäure zwischen 90 und 100 % H_2SO_4 und für Oleum ab 20 % SO_3, sowie für Temperaturen bis über 200 °C.

Bewährte Edelstähle sind:
- 1.4404 (316 L) für Säure- und Oleumleitungen, Roste von wire-mesh- und Kerzenfiltern,

- 1.4541 (321) für Kontaktkessel (Horde 3 bis 5), Gasleitungen und Wärmeaustauscher, für Schwefelsäure- und Oleumabsorber, Heißabsorption und Dampfgewinnung in der Zwischenabsorption bis 130 °C,
- 1.4571 (316 Ti) für Schwefelsäure- und Oleumabsorber, Oleumdestillationen, Schwefelsäure-Rohrbündelkühler mit Anodenschutz, Spiralwärmeaustauscher, Gaswärmeaustauscher, Gasrohrleitungen,
- 1.4575 von Lurgi für die Heißabsorption und Dampfgewinnung in der Zwischenabsorption verwendet,
- 1.4878 (Temperaturen bis 680 °C) für Kontaktkessel, Gasrohrleitungen, Wärmeaustauscher,
- Sandvic-SX für Absorber besonders Trockner, SO_2-Wäscher, Rohrleitungen, Schwefelsäure-Rohrbündelkühler ohne Anodenschutz bis 130 °C,
- Hastelloy C276 für Plattenwärmeaustauscher in Schwefelsäure- und Oleumkreisläufen (> 94 % H_2SO_4, bis 90 °C),
- Hastelloy D205 in Schwefelsäurekreisläufen (> 96 % H_2SO_4, bis 200 °C),
- 1.7335 (13CrMo44) für Kesselanlagen im hohen Temperaturbereich,
- AISI 310 L/M für die Heißabsorption und Dampfgewinnung in der Zwischenabsorption (Monsanto).

Viele der hier nicht genannten metallischen Werkstoffe haben teilweise einen hohen Stellenwert für die Anwendung in Schwefelsäureanlagen, sind aber meist auf spezielle Bauteile beschränkt.

Keramische Werkstoffe sind die Steine für Ausmauerungen von Öfen, Kontaktkesseln, Trocknern, Absorbern, Füllkörperrosten sowie die Füllkörper in den Säuretürmen.

Neben den vorgenannten Werkstoffen wird noch für spezielle Anwendungsfälle *Blei* – das mittlerweile fast vollständig von Kunststoff abgelöst ist – für Auskleidungen von Behältern und Rohrleitungen im Bereich dünner Säuren verwendet, sowie *Emaille* für die Auskleidung von Behältern und Rohrleitungen. Emaille ist gegen nahezu alle Schwefelsäure- und Oleumkonzentrationen beständig und eignet sich für Temperaturen bis 150 °C.

Die Verwendung von *Kunststoffen* ist durch die Temperatur und die Konzentration der Schwefelsäure/Oleum-Mischung festgelegt. Da die Kunststoffe nicht über die erforderliche Druckfestigkeit verfügen, werden sie meist als Inliner und als Stützmaterial in C-Stahl eingesetzt. Als universeller Werkstoff für Rohrleitungen und von kleineren Apparaten hat sich PTFE bis 200 °C bewährt. Dabei können alle Konzentrationen von 1–100 % H_2SO_4 bis ca. 30 % Oleum gehandhabt werden. Teilfluorierte Kunststoffe, wie PVDF oder Ethylen/Chlortrifluorethylen-Copolymer (ECTFE) können nur bei einer Temperatur < 100 °C eingesetzt werden. Für z. B. 48 %ige Schwefelsäuren kann Glasfaser-verstärktes PP verwendet werden. Ebenso werden im Bereich von > 50 bis 80 % Schwefelsäure gummierte Rohrleitungen/ Behälter bei Temperaturen < 50 °C benutzt.

Für die Auswahl der Werkstoffe gilt unbedingt, dass ausgewählte Materialien an dem zukünftigen Einsatzort (Flüssig- und Gasphase) zu testen sind (Teststreifen mit Schweißnaht), bevor ein neues Material eingesetzt wird. Die genaue Zusammensetzung von Schwefelsäure/Oleum/Wasser sollte bekannt sein.

Tabelle 4.4 zeigt beispielhaft verschiedene Werkstoffe und ihre Einsatzbereiche in Schwefelsäureanlagen.

Bei der Auswahl der Werkstoffe sind folgende korrosiven Einflüsse mit einzubeziehen:
- Konzentrations-/Temperaturbereich,
- ppm Schwefeldioxid/mit Sauerstoff belüftet,
- ppm Chloridgehalt Säure/Wasser,
- Strömungsgeschwindigkeit (üblich für Säure sind 1–1,5 m s^{-1}),
- ppm-Gehalt an Eisen, Kupfer, Nitrat, Fluorid,
- Art des Apparats.

Durch den Einsatz des *Anodenschutzes* [44] kann das Korrosionsverhalten verbessert werden. Die Arbeitstemperatur kann um mehrere 10 Grad nach oben angehoben werden, z. B. lässt sich die Arbeitstemperatur von Hastelloy C 276 in Schwefelsäure von 85 °C auf 120 °C erhöhen. Die Methode wird besonders bei Röhrenkühlern in Form der shell-and-tube-Technik angewendet. Der Apparat wird speziell ausgelegt und mit einer Anode bzw. Kathode versehen, je nachdem welches Prinzip angewendet wird. Eine Spannung im Bereich von 1–2 V wird konstant gegen eine Referenzelektrode angelegt, der gemessene Strom geht nach erfolgter Passivierung auf einen geringen Reststrom zurück. Die Anlage muss beim Abfahren jeweils neu passiviert werden. Anbieter sind GEA, Chemetics, Lurgi und Alfa-Laval.

4.15
Prozessüberwachung, Qualität und Analytik

Prozessüberwachung [45]
Die Betriebsüberwachung sollte folgende Funktionen abdecken:
- Warnung bei Störungen der Absorber-Umpumpung, gegebenenfalls durch Verwendung eines Durchflussmessers,
- Warnung bei überhöhter Temperatur der Absorbersäure und Überwachung der Temperatur im Kontaktturm,
- Anzeige der zugeführten Schwefelmenge und des Luftdurchsatzes bzw. des Hüttengases,
- Erkennen von Lecks in Säurekühlern (pH-Wert) und Überwachung des Säurestandes im Säurebehälter,
- Säurekonzentration > 98,5 %, im Endabsorber > 94 %,
- Automatische Abschaltungssysteme bei Schwefelverbrennung,
- Überwachung der pH-Werte in den Kühlwassersystemen.

Zur Verbesserung des Anfahrbetriebs sind folgende Betriebsmittel erforderlich:
- Leistungsfähige Einrichtungen zur Vorwärmung des Katalysators mit Lüftung zum Schornstein. Mindestens eine Katalysestufe muss auf mehr als die Zündtemperatur gebracht werden, ehe Schwefeldioxid in den Kontaktkessel geleitet werden darf.

134 | *1 Schwefel und anorganische Schwefelverbindungen*

Tab. 4.4 Werkstoffübersicht für technisch reine Schwefelsäure bei einem Abtrag von ca. 0,1–0,2 mm a^{-1}

Werkstoffe	ca. Bereich % Massenant. H$_2$SO$_4$	ca. Bereich °C	Cr	Ni	Si	Mo	C	andere	Cu	N	Firma	Literatur
AISI 304 (1.4301)	<99	<80	19	10,5	2	0,5	0,08					
AISI 316 (1.4401)	<99	<80	19	10,5	1,5	2–3	0,08					
1.4541 (304Ti)	96–99	<85	19	12			<0,08	0,8>Ti >5*C				
1.4571 (316Ti)	96–99	<85	18,5	13,5		2,5	<0,08	0,8>Ti >5*C				
RS-2	82–98	>80	17–22	24–28		2–3		W, Nb, V, Re, Zr, N	2,5-3,5		Wujing	7
Sandvic SX®	95–99	110–160	16,5–19,5	19–22	4,8–6	0,3–1,5	<0,07		1,5–2,5		Edmeston	2,
Saramet	93,5–98,5	65–274	17,5	17,5	5,3		0,01				Chemetics	2,
Zecor™	90–99,5	105–150	14	15,2	6	1,5	<0,03	Ti 0,1	0,75–1,5		Enviro-Chem	8
310L (1.4335)	98–99,5	80–200	26	22		0,1	0,02					
Superferrit (1.4575)	96–98,5	80–210	29	3,7		2,3		0,35 Nb			Krupp-VDM	3,
Sanicro 28	93–99	<115	27	31		3,5	0,02		1		Edmeston	
Alloy 33 (1.4591)	96–99	<240	33	31		1,6	0,01		0,6	0,4	Krupp-VDM	1,3,4,5
Hastelloy C276 (2.4819)	96–99	<95	15,5	Rest	4–7	15–17	<0,01	W 4, Co 2,5, Fe 5				1,6
Hastelloy D205	>90	<90	19,5–20,5	Rest	5,5–6,5	2–3	<0,03		1,7–2,3			6,
Für Pumpen	96–99	<150										
Lewmet 55	80–98	<135	31	55	3	3			3		Chas S. Lewis	1,5
1.4136 S		<180	27–30	12	<2	2–2,5	0,5–0,9		0,8		Rheinhütte-Friatec	5,

(1) Sulphur, 1998, 254, 39–42 , (2) Sulphur, 1989, 201, 23–32, (3) VDM Report Nr. 26, Firmenschrift Krupp-VDM, Januar 2002, 34 Seiten,
(4) VDM Report Nr. 24, Firmenschrift Krupp-VDM. Juni 1998, (5) Sulphur, 2001, 277, 39–47 , (6) Sulphur, 1998, 259, 57–64,
(7) Sulphur, 1994, 230, 23–30 , (8) European Sulfuric Acid Association Meeting, Brussels, 2001

- Optimierung von Konzentration und Temperatur der Absorbersäure vor dem Starten des Schwefelbrenners bzw. der Aufgabe des SO_2-Gases,
- zusätzliche Kontrollvorrichtungen zur Verhinderung eines Schwefeleintritts bei abgeschaltetem System,
- gründliche Ausblasung des Katalysatorbetts vor längerer Abschaltung.

Analytik

Die Überwachung des Abgases der Schwefelsäureherstellung bezieht sich auf folgende Schadstoffe:
- SO_2, verursacht durch unvollständige Oxidation; kontinuierliche, photometrische Online-Messung [46–50],
- SO_3, verursacht durch unvollständige SO_3-Absorption,
- Bei der Absorption entstehende H_2SO_4-Tröpfchen,
- H_2SO_4-Dampf aus der Absorption, wobei SO_3 und H_2SO_4 als Gesamtschwefelsäure [51] ermittelt werden.

Qualitätsmerkmale der technischen Schwefelsäure sind in Tabelle 4.5 aufgelistet. Die Schwefelsäureanalytik hat folgende Schwerpunkte:
- H_2SO_4-Konzentration acidimetrisch mit hoher Genauigkeit gegen Standard; im Prozess meist online mittels induktiver Leitfähigkeitsmessung (z. B. SIPAN),
- SO_2-Konzentration mit Permanganat oder iodometrisch (Genauigkeit ca. 1 ppm). Die Methode wird durch andere Stoffe (z. B. Nitrosylschwefelsäure, org. Verbindungen) verfälscht,
- Fe photometrisch (Überwachung der Korrosion),
- Schwermetalle, soweit erforderlich, mit Atomabsorption oder Nassanalyse.

Tab. 4.5 Qualitätsmerkmale der technischen Schwefelsäure 96 % [45]

Merkmal	Herkunft					
	Schwefel-verbrennung	Kupfer-herstellung (technisch)	Kupfer-herstellung Premium*)	Zink-/Blei-Röstung	Abfallsäure-spaltung	Pyrit-Röstung
As (ppm)	< 0,01	< 1	< 0,2	max. 0,5	< 0,01	0,01
Hg (ppm)	< 0,01	< 1	< 0,1	max. 1	< 0,01	0,03
Cd (ppm)	< 0,01		< 0,02			
Se	< 0,01	< 0,5	< 0,1	mx. 0,2	< 0,01	0,05
NO_x (ppm)	< 30	< 40	< 5 (N)	5–30 (NO_2)		–
SO_2 (ppm)	< 30	< 30	< 30	< 50	< 30	13
F (ppm)	< 0,01	< 2	< 2		< 0,01	–
Cl (ppm)	< 1	< 5	< 2		< 1	–
Fe	< 10		< 25			

* Angaben Norddeutsche Affinerie

Schwefelsäure hat keinen Urtiter, daher weisen die Messungen entsprechend große Fehler auf. Bestenfalls werden ±0,2–0,3 % Massenanteil Gesamtfehler erreicht. Für die Qualitätssicherung ist daher ein Standard erforderlich (z. B. Merck hochreine Schwefelsäure mit Analyse und Chargennummer). Alle physikalischen Verfahren werden acidimetrisch geeicht.

Die Oleumanalytik entspricht der von Schwefelsäure. Der Oleum-Gehalt wird als freies SO_3 angegeben, z. B. Oleum 20 % bedeutet: 20 % Massenanteil freies SO_3 und 80 % Massenanteil H_2SO_4.

5
Herstellung und Verwendung der anorganischen Schwefelverbindungen

5.1
Bisulfite

5.1.1
Natriumbisulfit

Natriumbisulfit ($NaHSO_3$) wird durch Absorption von SO_2 in Natriumhydroxid oder natriumcarbonathaltiger Lösung bei bestimmtem pH-Werten meist zweistufig im Gegenstrom in Waschtürmen oder Füllkörperkolonnen hergestellt. Das verwendete Gas, meist SO_2-haltiges Abgas oder Gas aus einer Schwefelverbrennungsanlage, nimmt aus der sich erwärmenden Lösung Wasserdampf auf und konzentriert dabei die Bisulfit-Lösung auf:

$$SO_2 + NaOH \longrightarrow NaHSO_3 \tag{5.1}$$

Nebenreaktion : $NaHSO_3 + 1/2 O_2 \longrightarrow NaHSO_4$ (5.2)
(Katalyse durch Fe, Ni, Cu, Co, Ni)

$$2\,SO_2 + Na_2CO_3 + H_2O \longrightarrow 2\,NaHSO_3 + CO_2 \tag{5.3}$$

Natriumbisulfit bzw. Natriumsulfit lässt sich in einem einfachen Gleichstromprozess in einer gepackten Kolonne herstellen [52]. Da sich gezeigt hat, dass bei dem Prozess ein stabiler Schaum entsteht, kann das Gegenstromprinzip nicht angewandt werden. Im Verfahren werden ein Abgaswäscher A und der Hauptabsorber B eingesetzt. Am Kopf des Wäschers A werden Sodalösung und Wasser aufgegeben und die Lösung umgepumpt. Das Abgas des Absorbers wird oben in den Wäscher eingeleitet und unten entnommen. 18 % iges SO_2 Gas wird oben in den Absorber B zusammen mit der Sodalösung aus A und der umgepumpten Bisulfit-Lösung aus der Entgasungsvorlage eingeleitet. Anfallendes Abgas gelangt aus der Vorlage in den Wäscher. Als Füllkörper werden Keramiksättel und als Rohrleitungsmaterial PVC verwendet.

In [53] wird die Herstellung von Natriumbisulft-Lösung in einer mehrstufigen Absorption bei 42 °C aus SO_2-haltigen Abgasen geringer Konzentration unter Berücksichtigung eines hohen SO_2-Absorptionsgrades und eines geringen Natriumsulfatanteils von < 3 % beschrieben.

In der ersten Stufe wird ein Teil des SO_2 mit Natriumsulfit zu Natriumhydrogensulfit umgesetzt. Das verbliebene SO_2 wird zuerst mit einer natriumhydroxidhaltigen Natriumsulfitlösung bei pH 14 und dann mit 20 %iger Natronlauge gewaschen, wobei die Waschflüssigkeit im Gegenstrom zum Gas geführt wird. Die Waschflüssigkeiten enthalten bis 0,1 % Alkansulfonat zur Inhibierung der Oxidation und des Kristallwachstums. Der Absorptionsgrad beträgt > 99,9 %. Der Sumpf der ersten Stufe, aus dem die Natriumbisulfit-Lösung abgezogen wird, wies folgende Zusammensetzung auf: 495 g L^{-1} $NaHSO_3$, 11,8 g L^{-1} Na_2SO_3, 2,1 g L^{-1} Na_2SO_4 sowie einen pH Wert von 4,39.

Natriumbisulfit wird als klare, farblose bis gelbliche wässrige Lösung mit einem Gehalt von 37,5–40,6 % $NaHSO_3$ hergestellt. Die Kristallisationstemperatur liegt bei 0–5 °C, der pH-Wert bei 3,5–5 je nach Hersteller. Der Natriumsulfatgehalt liegt bei < 1,5 %, der Eisengehalt bei < 20 ppm. Natriumbisulfit, das in Lebensmitteln verwendet wird, muss sehr niedrige Schwermetallwerte aufweisen.

Natriumbisulfit wird für die folgenden Anwendungen eingesetzt:
- Konservierung von Lebensmitteln (Natriumhydrogensulfit E 222), z. B. in der Zuckerindustrie, zur Entfärbung von Fruchtsäften, als Bakterizid bei der Stärkeherstellung.
- Brauchwasseraufbereitung: Entfernen überschüssigen Chlors; in Sonderfällen zur Sauerstoffentfernung im Kesselspeisewasser.
- Abwasseraufbereitung: Entgiften von Chromsäure; Entfernen überschüssigen Chlors bei der Cyanidentgiftung; Vernichten von Bromabfällen; bei der Zubereitung von Farbstoffen.
- Textilindustrie: Reinigen und Bleichen von Wolle und Jute und anderen pflanzlichen Fasern.
- Lederindustrie: Löslichmachen von Gerbstoffextrakten.
- Papier- und Zellstoffindustrie: Bleichen von Holzschliff.
- Futtermittelindustrie: Silieren von Grünfutter.

Natriumbisulfit-Lösung wird in LKW und Tankzügen geliefert.
Hersteller: Bayer, BASF, Grillo, Goldschmidt TIB, Rhodia Eco Services, Esseco, SF-CHEM.

5.1.2
Magnesiumbisulfit ($Mg(HSO_3)_2$)

Magnesiumbisulfit-Lösung ist eine zitronengelbe, klare Flüssigkeit mit einem Gehalt von 29 % $Mg(HSO_3)_2$ und 20 % SO_2 bei einem pH-Wert von 2–3. Die Lösung wird in der Zuckerindustrie zum Entfärben von Säften, als Filterhilfsmittel, bei der Isoglucoseherstellung, als Cofaktor für die Glucose-Isomerase und zur Verbesserung der Zuckerkristallisation verwendet.
Hersteller: Esseco.

5.1.3
Ammoniumbisulfit (NH$_4$HSO$_3$)

Ammoniumbisulfit-Lösung ist eine klare, zitronengelbe Flüssigkeit mit einem SO$_2$ Gehalt von 45 oder 65 % und einem pH Wert von 4,5–5,5.

Ammoniumbisulfit wird als Reduktionsmittel in der chemischen Industrie, als Sauerstofffänger in Meerwasserentsalzungsanlagen oder als Hilfsmittel bei der Ölbohrung verwendet.

Hersteller: Chemiewerke Bad Köstritz, Esseco.

5.2
Natrium/Kalium-Sulfit/Disulfit

5.2.1
Natriumsulfit (Na$_3$SO$_3$)

Natriumsulfit ist ein weißes oder schwach gelbliches, geruchloses und feinkristallines Pulver mit einem Schwefeldioxidgehalt von mindestens 49,4–49,9 % Massenanteil.

Die Herstellung erfolgt nach:

$$Na_2CO_3 + SO_2 \longrightarrow Na_2SO_3 + CO_2 \tag{5.4}$$

oder

$$2\,NaOH + SO_2 \longrightarrow Na_2SO_3 + H_2O \tag{5.5}$$

$$NaHSO_3 + NaOH \longrightarrow Na_2SO_3 + H_2O \tag{5.6}$$

Ein einfaches Verfahren zur Herstellung von Natriumsulfit aus Natriumcarbonat und SO$_2$-Gas ist in [54] beschrieben. In einem Rührkessel wird eine gesättigte Lösung von Natriumbisulfit bei 60 °C vorgelegt und unter Rühren werden gleichzeitig festes, wasserfreies Soda zugegeben und SO$_2$-Gas eingeleitet. Die Temperatur wird bei 50–75 °C und der pH Wert bei 7,2–7,5 eingestellt. Entstehendes CO$_2$-Gas wird abgeführt. Die anfallenden Kristalle mit einem Gehalt von 98,2 % Na$_2$SO$_3$ werden kontinuierlich abfiltriert, die Mutterlauge fließt zurück. Die wässrige Mutterlauge besteht aus 24 % Na$_2$SO$_3$ und 0,33–2,1 % NaHSO$_3$ neben Soda und Wasser. Wird die Reaktion mit gesättigter Sulfitlösung gestartet, werden Eisen und Calcium in den Kristallen eingebunden und die Mutterlauge wird reiner. Wird der pH Wert bei 5 gehalten, entsteht Natriumbisulfit.

Natriumsulfit findet folgende Anwendungen:
- Lebensmittelindustrie (Food Grade E 221): Als Konservierungs- und Bleichmittel (beschränkte Anwendung nach der Zusatzstoff-Zulassungsverordnung).
- Photoindustrie: als Oxidationsschutz von Entwicklerlösungen.
- Zum Herstellen von Natriumthiosulfat, als Reduktionsmittel, zum Sulfonieren und Sulfomethylieren.

- Chemiefaserindustrie: Zum Aufschließen der Rohstoffe, als Fällbäderzusatz, zum Bleichen, zum Entschwefeln der Spinnspulen.
- Als Antichlor nach einer Behandlung mit Chlor bzw. mit Verbindungen, die Aktivchlor enthalten.
- Zum Sulfitieren von Gerbstoffextrakten.
- Bei der Herstellung von Trinitrotoluol.
- Zum Stabilisieren von Latex.
- Zellstoff- und Papierindustrie: Qualitätsverbessernde Wirkung beim Chemothermomechanical Pulp (CTMP)- und Thermomechanical Pulp (TMP)-Prozess bei der Herstellung von Halbzellstoff und Zellstoff. Beim Verarbeiten von Hadern sowie beim Aufschluss von Stroh.
- Hilfsmittel bei der Wasseraufbereitung: Als Korrosionsschutz durch Sauerstoffentzug sowie zur Entfernung von Chlor aus Brauchwässern. Zur Abwasserreinigung in der Galvanoindustrie. Zur Sauerstoffentfernung aus Kesselspeisewasser.

Hersteller: BASF, Esseco.

5.2.2
Kaliumsulfit (K_2SO_3)

Wässrige Kaliumsulfitlösung hat einem Gehalt von 44,5–45,5 % Massenanteil (ca. 650 g L^{-1}) Kaliumsulfit. Kaliumsulfit wird in der Photoindustrie als Reduktionsmittel in Entwicklerlösungen angewendet.

Eine 45 %ige Kaliumsulfitlösung wird nach [55] durch Zumischen von flüssigem SO_2 zu einer 45 %igen Kalilauge unter gleichzeitiger Kühlung erzeugt. Es wird eine geringe Menge einer Lösung von unterphosphoriger Säure zugesetzt, um eine farblose Lösung zu erhalten.

Hersteller: Chemiewerk Bad Köstritz.

5.2.3
Natriumdisulfit ($Na_2S_2O_5$)

Natriumdisulfit ist ein weißes oder schwach gelbliches, feinkristallines Pulver das nach SO_2 riecht. Der SO_2-Anteil beträgt mindestens 65,5 % Massenanteil.

Natriumdisulfit wird wie folgt verwendet:
- Chemisch-pharmazeutische Industrie: z. B. als Reduktionsmittel, zum Reinigen und Isolieren von Aldehyden und Ketonen, zum Vernichten von Bromabfällen, bei der Zubereitung von Farbstoffen.
- Trinkwasseraufbereitung/Wasseraufbereitung: Entfernen von überschüssigem Chlor, in Sonderfällen zur Sauerstoffentfernung aus Kesselspeisewasser.
- Bei der Aufbereitung von Abwässern, z. B. in Galvanisierbetrieben zum Entgiften von Chromsäure. Zum Entfernen überschüssigen Chlors bei der Cyanidentgiftung.
- Zum Reinigen und Bleichen von Wolle, Jute und anderen pflanzlichen Fasern. Textilfärberei und -druckerei: Zum Löslichmachen von Gerbstoffextrakten.

- Papier- und Zellstoffindustrie: Zum Bleichen von Holzschliff.
- Photo- und Filmindustrie: Herstellen von Entwicklerlösungen, Ansäuern von Fixierbädern, für Klärbäder bei der Umkehrentwicklung.
- Lebensmittelindustrie (Natriummetabisulfit E 223): Zum Silieren von Grünfutter, Konservieren von Lebensmitteln (beschränkte Anwendung nach der Zusatzstoff-Zulassungsverordnung) z. B. zur Vermeidung der Melanose bei Schalentieren.

Hersteller: BASF, Grillo, Esseco.

5.2.4
Kaliumdisulfit ($K_2S_2O_5$)

Kaliumdisulfit ist ein weißes bis schwach gelbliches, feinkristallines Pulver mit einem schwachen Geruch nach Schwefeldioxid. Es ist leicht löslich in Wasser unter Bildung von stark reduzierend wirkendem Kaliumbisulfit ($KHSO_3$). Die Lösungen werden durch Luftsauerstoff schnell oxidiert. Oberhalb von 150 °C beginnt die Zersetzung.

Kaliumdisulfit wird verwendet:
- Photoindustrie: Als reduzierende Komponente von Rezepturen, zum Ansäuern von Fixierbädern.
- Lebensmittelindustrie (Kaliummetabisulfit E 224): Als Konservierungsstoff (beschränkte Anwendung nach der Zusatzstoff-Zulassungsverordnung), Behandlung von Wein nach Ende der Gärung, Entfernung von Schimmel von frisch gelesenen Trauben vor dem Pressen.
- Reduktionsmittel in Platinbädern.
- Sauerstofffänger für Kesselspeisewasser.

Hersteller: BASF, Esseco.

5.2.5
Magnesiumsulfit ($MgSO_3$)

Magnesiumsulfit entsteht beim Entschwefeln von Kraftwerksabgasen mit magnesiumhaltigen Waschlösungen als Magnesiumsulfit-Hexahydrat [56].

Der SO_2-haltige Gasstrom wird im Gegenstrom mit einer Magnesiumhydroxid-Lösung gewaschen, wobei Magnesiumhydrogensulfit und Magnesiumsulfit gebildet werden:

$$Mg(OH)_2 + SO_2 \longrightarrow MgSO_3 + H_2O \tag{5.7}$$

$$MgSO_3 + SO_2 + H_2O \longrightarrow Mg(HSO_3)_2 \tag{5.8}$$

$$Mg(OH)_2 + Mg(HSO_3)_2 \longrightarrow 2\ MgSO_3 + 2\ H_2O \tag{5.9}$$

Ein Teil der Lösung wird bis zur Sättigung in den Nasswäscher zurückgeführt. Zu einem weiteren Teil wird Magnesiumhydroxid-Lösung zugefügt, sodass aus der übersättigten Lösung mit einem pH von 5,5 bis 6 reines Magnesiumsulfit-Hexahydrat ausfällt. Das Hexahydrat wird abfiltriert und getrocknet. Die Fällung wird begünstigt durch Anhebung des pH Wertes auf 7 und durch Kühlung auf < 30 °C. Das Filtrat wird dem Wäscher wieder zugeführt.

Ein weiterer Teil wird einem Oxidationskessel zugeführt, in dem die Sulfite mit Luftsauerstoff in Gegenwart von Eisen zu Sulfat oxidiert werden. Die Sulfat-Lösung wird mit Kalkmilch bei pH 10,5–11 umgesetzt.

$$2\ MgSO_3 + O_2 \longrightarrow 2\ MgSO_4 \tag{5.10}$$

$$MgSO_4 + Ca(OH)_2 + 7\ H_2O \longrightarrow Mg(OH)_2 \cdot 5\ H_2O + CaSO_4 \cdot 2\ H_2O \tag{5.11}$$

Nach Abtrennung von Gips wird die Magnesiumhydroxid-Lösung wieder zurückgeführt.

Magnesiumsulfit wird zur Herstellung von reinem Magnesiumhydroxid und Magnesiumoxid-Produkten verwendet.

5.3
Thiosulfat

5.3.1
Ammoniumthiosulfat ($(NH_4)_2S_2O_3$)

Ammoniumthiosulfat wird aus H_2S, SO_2 und Ammoniak hergestellt. Die Verfahren haben Bedeutung für die Abgasreinigung von Sauerwasserstrippergas und bei der Herstellung von Schwefel.

In einem zweistufigen Absorptionsverfahren [57] (Abb. 5.1) werden im ersten Schritt aus SO_2-haltigem Gas und einer wässrigen Ammoniak-Lösung bei einem pH-Wert von 4,5–6,5 und 40–50 °C Ammoniumhydrogensulfit (AHS) und eine geringe Menge von Diammoniumsulfit (DAS) gebildet:

$$NH_3 + SO_2 + H_2O \longrightarrow NH_4HSO_3 \tag{5.12}$$

$$2\ NH_4HSO_3 \longrightarrow (NH_4)_2SO_3 + SO_2 + H_2O \tag{5.13}$$

Im zweiten Schritt wird H_2S-haltiges Gas mit der nach (5.12) herstellten AHS Lösung bei pH 6–8,5 umgesetzt, wobei sich Ammoniumthiosulfat bildet.

$$4\ NH_4HSO_3 + 2\ H_2S + 2NH_3 \longrightarrow 3\ (NH_4)_2S_2O_3 + 3\ H_2O \tag{5.14}$$

$$4\ (NH_4)_2SO_3 + 2\ H_2S \longrightarrow 3\ (NH_4)_2S_2O_3 + 2\ NH_3 + 3\ H_2O \tag{5.15}$$

Das SO_2-haltige Gas wird durch Verbrennen von NH_3-freiem H_2S aus einem Teilstrom des zu reinigenden Gases hergestellt. In einer dritten Kolonne wird das Abgas aus der ersten Absorption mit Ammoniakwasser ausgewaschen. In der zweiten Kolonne wird Ammoniumthiosulfat-Lösung mit einem Gehalt von 60 % abgezogen entsprechend einem Umsatz von 99,99 %. Ein ähnlicher Prozess wird in [58] beschrieben.

Ammoniumthiosulfat-Lösung ist eine klare, wässrige Flüssigkeit mit einem Gehalt von 59 % $(NH_4)_2S_2O_3$. Sie wird in schnellen Farbfixierbädern und in radiogra-

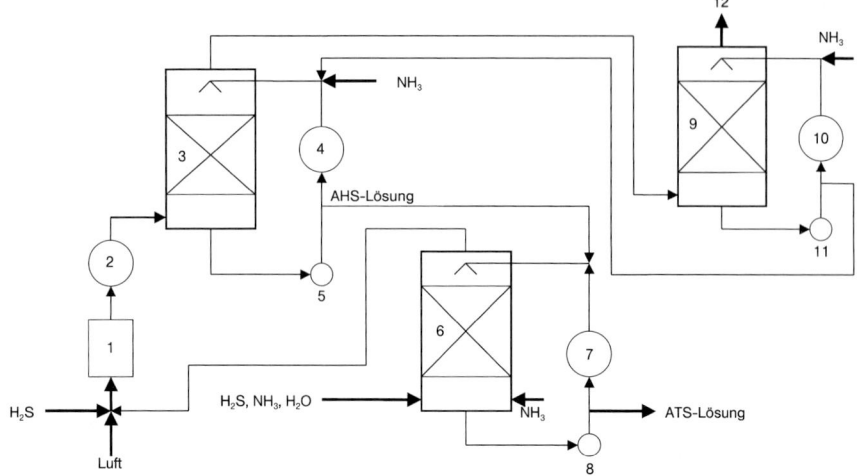

Abb. 5.1 Topsoe Prozess zur Herstellung von Ammoniumthiosulfat
1 Brenner, 2, 4, 7, 10 Kühler, 3 Absorber **1** für AHS, 5, 8, 11 Pumpen, 6 Absorber **2** für Ammoniumthiosulfat (ATS), 9 Abgaswäscher für SO_2, 12 Abgas

phischen Fixierbädern oder als S/N-Dünger auch in Mischung mit Harnstoff eingesetzt.

Hersteller: Chemiewerk Bad Köstritz, Goldschmidt TIB, Esseco.

5.3.2
Natriumthiosulfat ($Na_2S_2O_3$)

Natriumthiosulfat wird aus flüssigem Schwefel und Natriumsulfitlösung bei ca. 100 °C und einem geringen Überdruck hergestellt. Das Pentahydrat kristallisiert beim Erkalten aus, die Mutterlauge wird eingedampft und weiteres Produkt abfiltriert.

$$Na_2SO_3 + S \longrightarrow Na_2S_2O_3 \tag{5.16}$$

Natriumthiosulfat wasserfrei bildet sich durch Dehydratation von $Na_2S_2O_3 \cdot 5\,H_2O$ bei < 60 °C in einem Strom trockener Luft. In saurer Lösung zerfallen die Thiosulfate nach:

$$S_2O_3^{2-} + 2\,H^+ \longrightarrow S + SO_2 + H_2O \tag{5.17}$$

in alkalischer Lösung nach:

$$S_2O_3^{2-} + 2\,OH^- \longrightarrow SO_4^{2-} + S^{2-} + H_2O \tag{5.18}$$

Schwache Oxidationsmittel (Iod, Fe^{3+}, Cu^{2+}) bilden Tetrathionat:

$$2\,S_2O_3^{2-} + I_2 \longrightarrow S_4O_6^{2-} + 2\,I^- \tag{5.19}$$
(Grundlage der Iodometrie)

und starke Oxidationsmittel (Chlor, Brom) Sulfat:

$$S_2O_3^{2-} + 4\ Cl_2 + 5\ H_2O \longrightarrow SO_4^{2-} + H_2SO_4 + 8HCl \tag{5.20}$$
(Antichlorreaktion)

Mit Silberhalogeniden bildet Thiosulfat lösliche Komplexe:

$$2\ S_2O_3^{2-} + AgX \longrightarrow [Ag(S_2O_3)_2]^{3-} + X^- \tag{5.21}$$
(Fixierprozess, X = Cl, Br)

Bei 223 °C zersetzt sich Natriumthiosulfat zu Natriumsulfat und Natriumpentasulfid:

$$4\ Na_2S_2O_3 \longrightarrow 3\ Na_2SO_4 + Na_2S_5 \tag{5.22}$$

Natrium- und Ammoniumthiosulfat dienen:
- als Fixiersalze in der Photographie, wobei sich Ammoniumthiosulfat durch größere Fixiergeschwindigkeit, größere Ausgiebigkeit und bessere Auswaschbarkeit aus dem Filmmaterial beim Wässern auszeichnet [59],
- zur Entfernung von Chlor aus Papier und Gewebe bei der Chlorbleiche,
- als wässrige Lösung werden sie dem Wasserstrahl bei Chloremissionen zugesetzt (Antichlor),
- zur Extraktion von Silberchlorid aus Silbererzen,
- zur Herstellung von galvanischen Gold- und Silberbädern,
- als Gegenmittel bei Cyanidvergiftungen (Bildung von weniger gefährlichem Thiocyanat).

Hersteller: Chemiewerk Bad Köstritz, Goldschmidt TIB.

Kaliumthiosulfat-Lösung wird als flüssiges Düngemittel zur Verbesserung des K/S-Gehaltes eingesetzt.
Hersteller: Chemiewerk Bad Köstritz, Esseco.

5.4
Natriumdithionit ($Na_2S_2O_4$)

Zur Herstellung von Natriumdithionit sind folgende, neuere Methoden bekannt:
- Reduktion von SO_2 mit Natriumamalgam in Formamid [60].

$$2\ SO_2 + 2\ Na \longrightarrow Na_2S_2O_4 \tag{5.23}$$

In Formamid gelöstes SO_2 und Natriumamalgam aus der Chlor-Alkali-Elektrolyse werden bei 5–25 °C im Gegenstrom zueinander in einer Füllkörperkolonne umgesetzt. Zur Neutralisierung wird Kalilauge in Methanol zugegeben. Das in Formamid gelöste Dithionit wird durch ein Mikrofilter zur Abscheidung von Hg filtriert und mit Isopropanol als wasserfreies Salz gefällt. Das Quecksilber wird wieder der Chlor-Alkali-Elektrolyse zugeführt. Als Nebenprodukte entstehen Natriumthiosulfat und Natriumsulfit.
- Reduktion von Natriumbisulfit mit Natriumborhydrit (Borol-Prozess) [61]

$$8\text{ NaHSO}_3 + \text{NaBH}_4 \longrightarrow 4\text{ Na}_2\text{S}_2\text{O}_4 + \text{NaBO}_2 + 6\text{ H}_2\text{O} \tag{5.24}$$
(bei pH 6,5)

$$\text{NaBH}_4 + 2\text{ H}_2\text{O} \longrightarrow \text{NaBO}_2 + 4\text{ H}_2 \tag{5.25}$$
(Nebenreaktion pH-abhängig)

In einen Umpumpstrom von 7 °C mit einem Gehalt von 4–5 % bzw. 12 % Dithionit werden zwei Reaktionsmischungen über eine Zweistoffdüse zugemischt. In der mittleren Öffnung wird die Borol-Mischung zugeführt, bestehend aus 12 % NaBH$_4$, 40 % NaOH und 48 % Wasser. Über die äußere Ringöffnung wird ein Gemisch von SO$_2$-flüssig/Wasser und 50 %iger Natronlauge zugespeist. Alle drei Ströme gelangen in einen wassergekühlten Intensivmischer, an dessen Ausgang 12 °C und ein pH Wert von 6,1 vorliegen. Die Reaktionsmischung gelangt zur Abscheidung von Wasserstoff in einen Entgasungstank und von dort nach Ausschleusung der Produktlösung wieder in den Umpump zurück. Die Steuerung des Verfahrens erfolgt durch den pH Wert des Umpumpstroms, der die Dosierung der zwei Reaktionsmischungen steuert. Wegen der geringen Lagerstabilität wird die niedrigere Konzentration bevorzugt. Die Ausbeute liegt bei > 94 % bezogen auf den Borhydrid-Einsatz.

- Reduktion von SO$_2$ mit Natriumformiat in Natronlauge/Methanol [62]

$$2\text{ SO}_2 + \text{NaOH} + \text{NaHCO}_2 \longrightarrow \text{Na}_2\text{S}_2\text{O}_4 + \text{H}_2\text{O} + \text{CO}_2 \tag{5.26}$$

In einen Rührkessel mit vorgelegtem Methanol von 50 °C wird eine 20 %ige Lösung einer Thiosulfat-reaktiven Polymerverbindung (wasserlösliches Acrylpolymer) mit einem Molekulargewicht < 60 000 vor der Reaktion (ca. 50 ppm in der Lösung) zugegeben. Dann werden die Reaktanden a) und b) simultan und c) gering verzögert zugegeben: a) 60 %ige Natriumformiat-Lösung in Wasser, b) 43 %ige Lösung von SO$_2$ in Methanol und c) eine 73 %ige Natronlauge in Wasser. Es wird Ethylenoxid zugeführt, um die Zersetzung zu kontrollieren. Die Reaktionsmischung erwärmt sich anfangs auf 84 °C bei einem Überdruck von 4 bar durch die CO$_2$-Bildung. Nach Kühlung auf 74 °C wird das Rohdithionit abfiltriert und der Filterkuchen mit Methanol gewaschen. Es entsteht staub- und wasserfreies Natriumdithionit. Die Aufarbeitung der methanolischen Lösung ist in [63] beschrieben.

Anstelle von Natronlauge kann auch Natriumcarbonat verwendet werden. Die Reaktion wird bei 65–85 °C, pH = 4,2–5,3 und 0,1–0,25 MPa ausgeführt [64].

In [65] ist ein Verfahren beschrieben, wobei der Gehalt an Dithionit in der Mutterlauge durch bis zu 60 % Wasserentzug, Abkühlung der Lösung auf < 10 °C und Abtrennung des ausfallenden Niederschlags reduziert wird.

- Elektrolytische Reduktion von SO$_2$ unter gleichzeitiger Bildung von Peroxodisulfat [66]

Die Elektrolyse wird in einer Zweikammerzelle mit Kationenaustauscher-Membran bei 20–50 °C und 1,5 bis 6 kA m^{-2} an Platinelektroden durchgeführt. In den Katholytkreislauf, bestehend aus Dithionit-Lösung mit pH 4–6, wird SO$_2$-Gas eingespeist. Mit den aus dem Anolyten durch die Membran durchtretenden Natrium-Ionen wird das reduzierte SO$_2$ gebunden. Im Anolytkreislauf bildet sich aus der Natriumsulfat-Lösung Natriumperoxodisulfat. Der Zerfall des Dithionits wird bei den relativ hohen Temperaturen in der SO_2-gesättigten Lösung unterdrückt.

Anodenreaktion: $2\ Na_2SO_4 \longrightarrow Na_2S_2O_8 + 2\ Na^+ + 2\ e^-$ (5.27)

Kathodenreaktion: $2\ SO_2 + 2\ Na^+ + 2\ e^- \longrightarrow Na_2S_2O_4$ (5.28)

Die Reaktionslösungen können direkt weiterverarbeitet werden.

Zur Verbesserung der Lagerstabilität des Natriumdithionits wurden pumpfähige, alkalisch eingestellte Pasten (pH > 10) durch Zusatz von Sulfaten und Stabilisatoren wie Zink, Zinkverbindungen, Butylenoxid oder Ascorbinsäure entwickelt. Der Wassergehalt kann bei 15 bis 30% Massenanteil liegen [67].

Natriumdithionit kommt in den folgenden Formen in den Handel:
- Natriumdithionit fest, mindestens 88% Massenanteil mit unterschiedlichen Schüttgewichten; bzw. flüssig mit einem Gehalt von > 150g L^{-1} (Handelsname Hydrosulfit).
- Natriumdithionit mit einem Gehalt von > 58% (Handelsname Blankit).

Verwendung:
- In der Papierindustrie zur Bleiche von Holzschliff, TMP, CTMP, Semichemical Pulp und DIP (Deinked Paper). Die reduzierende Bleiche mit Hydrosulfit P flüssig lässt sich bei jedem Holzstoff aus Laub- oder Nadelholz ohne Einschränkung anwenden. Die Festigkeit des Holzstoffes bleibt während der Bleiche erhalten. Im Vergleich zu einer oxidativen Bleiche fallen deutlich geringere Mengen gelöster organischer Stoffe im Abwasser bei geringeren spezifischen Kosten der Bleiche an.
- In der Mineralstoffindustrie zum Bleichen von Mineralstoffen, z. B. durch Entfernen von Eisenverbindungen,
- Reduktionsmittel für organische Synthesen und Pharmazeutika; das Redoxpotential beträgt –1,1 V (50 g L^{-1}, 20 °C, pH 14),
- Herstellung von wasserlöslichem Leukoindigo bei der Küpenfärberei zum Färben von Wolle aus schwach alkalischer (Ammoniak) oder Cellulose aus stark alkalischer Lösung (Natronlauge) [68],
- Bleichen von Seide, Wolle, Polyamid- und anderen Fasern,
- Bleichen von Kaolin, Lebensmitteln wie Zucker, Honig, Gelatine.

Natriumdithionit soll in isolierten Tanks bei Temperaturen zwischen 0 und 10 °C gelagert werden. Unnötige Einwirkung von Luftsauerstoff z. B. bei Probenahme und Entleerung ist zu vermeiden, die Lösung muss im Lagertank vor Lufteinwirkung geschützt werden. Die Lagerstabilität bei einer maximalen Lagertemperatur von 10 °C beträgt ca. 10 Tage. Die Pulver zersetzen sich exotherm nach längerem Erhitzen oberhalb ca. 80 °C oder bei Einwirkung von kleinen Mengen Wasser unter Selbstentzündung und Abspaltung von Schwefeldioxid. Sulfinsäuresalze werden durch Zumischen von Magnesiumsulfat gegen Zersetzung stabilisiert [69].
Hersteller: BASF.

5.5
Natriumhydrogensulfid (NaHS) und Natriumsulfid (Na₂S)

Natriumhydrogensulfid wird als 35%ige wässrige Lösung hergestellt und findet die folgenden Verwendungsmöglichkeiten:
- Hilfsmittel zum Beizen und Enthaaren,
- bei der Papierherstellung und zum Bleichen,
- zur Herstellung von Pharmazeutika,
- zur Mineralextraktion bei der Erzflotation,
- zur Herstellung von Polysulfiden,
- bei der Abwasserhandlung in der Natronlaugeherstellung,
- beim Ammoniak-Soda-Prozess.

Natriumsulfid wird in Form von farblosen Schuppen mit einem Gehalt von ca. 60% Na₂S und 38% Kristallwasser produziert. Es wird verwendet:
- zum Enthaaren und Beseitigung der Epidermis von Häuten und Fellen zusammen mit Calciumhydroxid,
- bei der Erzaufbereitung als Aktivator im Flotationsprozess,
- zusammen mit Natronlauge zum Ligninaufschluss,
- als Reduktionsmittel und Lösungsmittel bei der Herstellung von Schwefelfarben.

Hersteller: Solvay, Carbosulf, Goldschmidt TIB.

5.6
Schwefelchloride

Technisches *Schwefeldichlorid* (SCl_2) wird hergestellt durch Einleiten von Flüssigchlor in flüssiges Dischwefeldichlorid bei niedrigen Temperaturen unter guter Kühlung. Das Produkt wird durch Destillation gereinigt. SCl_2 hat die Störfallstoff Nr. 10a, 6.

$$S_2Cl_2 + Cl_2 \longrightarrow 2\,SCl_2 \tag{5.29}$$

Dischwefeldichlorid (S_2Cl_2), Chlorschwefel, wird im Batchprozess hergestellt, indem die stöchiometrische Menge an Chlorgas in eine Lösung von Schwefel in S_2Cl_2 eingeleitet wird. Die Reaktionstemperatur ist auf 50–70 °C begrenzt. Im kontinuierlichen Prozess wird Chlorgas über geschmolzenen Schwefel bei 220–260 °C geleitet und das Chlorid auskondensiert. Die Reaktion muss wasserfrei ausgeführt werden.

$$S_8 + 4\,Cl_2 \longrightarrow 4\,S_2Cl_2 \tag{5.30}$$

Dischwefeldichlorid wird als Chlorierungs- und Sulfidierungsmittel für chemische Synthesen eingesetzt, industriell wird es verwendet zur Herstellung von:
- Additiven für Hochdruckschmiermittel und Schneidöle
- Faktis
- Kautschuk-Vulkanisationsmitteln
- Organischen Schwefelverbindungen

- Schwefeldichlorid und Thionylchlorid
- Zwischenprodukten für die Herstellung von Pharmawirkstoffen, Pflanzenschutzmitteln, Farbstoffen, etc.

Hersteller: Bayer Chemicals.

5.7
Thionylchlorid (SOCl$_2$)

Thionylchlorid wird durch Reaktion von Schwefelchloriden mit Schwefeldioxid und Chlor oder aus Schwefeldichlorid mit SO$_3$-Gas oder Sulfurylchlorid hergestellt.

Mögliche Reaktionen sind:

$$SCl_2 + SO_3 \longrightarrow SOCl_2 + SO_2 \tag{5.31}$$

$$SCl_2 + SO_2 + Cl_2 \longrightarrow 2\,SOCl_2 \tag{5.32}$$

$$SCl_2 + SO_2Cl_2 \longrightarrow 2\,SOCl_2 \tag{5.33}$$

$$S_2Cl_2 + 2\,SO_2 + 3\,Cl_2 \longrightarrow 4\,SOCl_2 \tag{5.34}$$

Die technische Produktion erfolgt kontinuierlich durch Mischen von SO$_2$ oder SO$_3$ und SCl$_2$ oder S$_2$Cl$_2$ mit einem Überschuss an Chlor. Das Reaktionsgemisch wird bei erhöhter Temperatur über Aktivkohle geleitet. Unreagiertes SO$_2$ wird bei niedrigen Temperaturen mit Chlor über Aktivkohle zu Sulfurylchlorid umgesetzt und in die Reaktion zurückgeführt. Das Reaktionsgemisch wird destilliert. Überschüssiges Schwefeldichlorid kann mit Schwefel umgesetzt und abdestilliert werden.

In einem speziellen Reinigungsverfahren wird das Rohgemisch mehrfach über Schwefel destilliert und der Dampf mit Aktivkohle kontaktiert. Das Endprodukt hat eine Reinheit von 99,4 % SOCl$_2$ [70]. Durch Zusatz von Schwefel und z. B. Aluminiumchlorid wird eine Reinheit von 99,7 % erreicht [71].

Thionylchlorid hat bei 20 °C eine Dichte von 1,640 g cm^{-3} und bei Normaldruck einen Siedepunkt von 76 °C. Thionylchlorid ist nicht brennbar und bildet mit Luft keine explosiven Gemische. Beim Erhitzen oberhalb des Siedepunktes findet langsame Zersetzung statt nach:

$$4\,SOCl_2 \longrightarrow S_2Cl_2 + 2\,SO_2 + 3\,Cl_2 \tag{5.35}$$

Thionylchlorid ist mit fast allen organischen Lösemitteln mischbar und selbst ein gutes Solvens für die meisten organischen Verbindungen.

Für die Verwendung von Thionylchlorid ist ein hoher Reinheitsgrad besonders wichtig. Die technisch bedeutendste Reaktion von Thionylchlorid ist die Substitution von OH-Gruppen in Alkoholen, Carbon- und Sulfonsäuren durch Chlor. Andere funktionelle Gruppen sowie Doppelbindungen werden nicht angegriffen. Neben der Funktion als Chlorierungsmittel kann Thionylchlorid auch als Kondensations- bzw. als Sulfochlorierungsmittel (in Verbindung mit Chlorsulfonsäure) verwendet werden.

Thionylchlorid wird industriell verwendet zur Herstellung von:
- Carbonsäurechloriden aus Carbonsäuren
- Aromatischen Sulfonsäurechloriden
- Alkylchloriden aus aliphatischen Alkoholen

Diese Stoffklassen sind häufig Zwischenprodukte bei der Herstellung von Pharmawirkstoffen, Pflanzenschutzmitteln, Farbstoffen etc. Eine spezielle Anwendung ist der Einsatz als Elektrolyt in Lithiumbatterien.

Vorteile von $SOCl_2$ als Chlorierungsmittel:
- Als Koppelprodukte fallen nur gasförmige Verbindungen an (SO_2, HCl), das Endprodukt ist daher leicht abzutrennen.
- Thionylchlorid ist vergleichsweise einfach zu handhaben.
- Die Ausbeuten sind in der Regel sehr hoch (auch bei optisch aktiven Ausgangsverbindungen).

Hersteller: Bayer Chemicals, SF-Chem.

5.8
Sulfurylchlorid (SO_2Cl_2)

Die Herstellung von Sulfurylchlorid erfolgt durch Einleiten von Schwefeldioxid und Chlorgas in eine mit Wasser gekühlte Glaskolonne, die einen Katalysator enthält, z. B. Aktivkohle. Alternativ wird Flüssigchlor bei 0 °C in flüssiges Schwefeldioxid in Gegenwart von gelösten Katalysatoren wie Campher, Terpenen, Ethern oder Estern eingeleitet. Die Reinigung erfolgt durch Destillation.

Durch Einleiten von Sauerstoff bei 30–60 °C in das Rohgemisch wird die Ausbeute verbessert [72]. Als Katalysator kann Silicagel mit einer Oberfläche von 100–700 $m^2 g^{-1}$ eingesetzt werden. Die Herstellung aus gasförmigem SO_2 und Chlor (Volumenverhältnis 1 : 15) mit 0,5 Volumenteilen Stickstoff wird bei 15–70 °C ausgeführt [73]. Als Katalysator wird Siliciumcarbid mit einer Oberfläche von > 10 $m^2 g^{-1}$ [74] bzw. mit < 1000 ppm Schwermetall dotierte Aktivkohle [75] eingesetzt.

Die Dichte von Sulfurylchlorid beträgt bei 20 °C 1,640 g cm^{-3}, der Siedepunkt 69 °C bei 0,1 MPa. Sulfurylchlorid ist u. a. löslich in Chloroform, Tetrachlorkohlenstoff, Benzol und Eisessig.

Sulfurylchlorid ist ein vielseitig einsetzbares, selektives Chlorierungsmittel. Chemisch verhält es sich vielfach ähnlich wie eine Mischung aus Schwefeldioxid und Chlor. In Umkehr der Bildungsreaktion zerfällt es oberhalb von etwa 200 °C oder bei Anwesenheit von Katalysatoren gemäß:

$$SO_2Cl_2 \longrightarrow SO_2 + Cl_2 \qquad (5.36)$$

Bei Umsetzung von Phenolen mit Sulfurylchlorid wird die Chlorierung in p-Stellung bevorzugt. Daneben dient Sulfurylchlorid zur Einführung der SO_2-Gruppe in organische Verbindungen bzw. als Sulfochlorierungsmittel.

Sulfurylchlorid wird industriell verwendet zur Herstellung von:
- Chlorphenolderivaten, bevorzugt in *p*-Stellung
- Sulfonylchloriden
- Sulfonsäuren bzw. Sulfonaten.

Diese Stoffklassen sind häufig Zwischenprodukte bei der Herstellung von Pharmawirkstoffen, Pflanzenschutz- und Desinfektionsmitteln, Farbstoffen etc.

Die Vorteile von Sulfurylchlorid als Chlorierungsmittel sind:
- Als Koppelprodukte fallen nur gasförmige Verbindungen an (SO_2, HCl), das Endprodukt ist daher leicht abzutrennen.
- Die Chlorierung von Kohlenwasserstoffen mit Sulfurylchlorid verläuft selektiver als mit elementarem Chlor, sodass Nebenreaktionen vermieden werden können.

Hersteller: Bayer Chemicals, SF-Chem.

5.9
Anorganische Sulfonsäuren

Wichtige physikalische Daten der anorganischen Sulfonsäuren Chlorsulfonsäure (Chloroschwefelsäure) und Fluorsulfonsäure (Fluorschwefelsäure) sind im folgenden aufgeführt

Fluorsulfonsäure (FSO_3H)	Molekularmasse 100,05
	Dichte 1,725 g cm^{-3}
	Siedepunkt 163 °C
Chlorsulfonsäure ($ClSO_3H$)	Molekularmasse 116,52
	Dichte 1,77 g cm^{-3}
	Siedepunkt 152 °C

Chlor- und Fluorsulfonsäure werden nach folgendem Schema dargestellt:

$$SO_3 + HX \longrightarrow HSO_3X \qquad X = F, Cl \tag{5.37}$$

Die Ausbeuten liegen bei nahezu 100 %. Das SO_3-gasförmig wird aus Oleum durch Destillation gewonnen. HCl-gasförmig und HF-flüssig müssen jeweils wasserfrei sein. Die Reaktionswärme wird mit einem Kühlabsorber, in dem die Sulfonsäure umgepumpt und dabei gekühlt wird, abgeführt [76]. Bei Chlorsulfonsäure ist auch eine direkte Kühlung in Aluminium-Röhrenkühlern erprobt. Als Nebenprodukte entstehen unter anderem Disulfonsäuren.

Chlorsulfonsäure wird für die Herstellung folgender Produkttypen verwendet:
- α-Olefinsulfonate (Sulfonierung von Olefinen)
- Alkylsulfate (Veresterung von Fettalkoholen)
- Alkylethersulfate (Sulfatierung von Oxethylaten)
- Sulfonierung von aromatische Verbindungen (bei der Herstellung von Ionenaustauschern)

- Toluolsulfonsäurechlorid durch Umsetzung mir Toluolsulfonsäure (Vorprodukt der Saccharinherstellung).
Hersteller: BASF, SF-Chem.

Fluorsulfonsäure wird nach Gillespie Ronald J. auch als Supersäure bezeichnet. Eine Mischung mit der Lewis-Säure SbF_5 stellt die stärkste bekannte Säure dar, und wurde von OLAH »magische Säure« genannt, da diese auch Methan und Edelgase protonieren kann.

$$2\ F\text{-}SO_3H \longrightarrow H_2SO_3F^+ + FSO_3^- \tag{5.38}$$

$$FSO_3^- + SbF_5 \longrightarrow [SO_3F - SbF_5]^- \tag{5.39}$$

Fluorsulfonsäure wird technisch eingesetzt:
- als Katalysator bei der Polymerisation von fluorhaltigen Monomeren,
- im Bleikristallpoliturverfahren zur schonenden und umweltschonenden Glasätzung,
- zur Herstellung von BF_3.

$$3\ FSO_3H + H_3BO_3 \longrightarrow BF_3 + 3\ H_2SO_4 \tag{5.40}$$

Das mit SO_2 verunreinigte BF_3-Gas wird in eine Mischung von H_3BO_3 und Schwefelsäure eingeleitet. Dabei wird BF_3 absorbiert und SO_2 gasförmig entfernt [77].
Hersteller: Bayer Chemicals.

5.10
Schwefelsäure electronic grade (H_2SO_4)

Sehr reine Schwefelsäure, früher als chemisch rein bezeichnet, trägt heute Bezeichnungen wie ultrapure, electronic grade oder hochrein. Der weltweite Bedarf an hochreiner Schwefelsäure wurde 1997 auf 32 800 t geschätzt.

Ein Verfahren zur Herstellung von hochreiner Schwefelsäure wird in [77] beschrieben. Beim Prozess wird besonders auf die Abwesenheit von Metall-Ionen, Schwefeldioxid und Partikeln geachtet. Das wird folgendermaßen erreicht:
a) das als SO_3-Quelle eingesetzte 10–70%ige Oleum wird mit so viel Wasserstoffperoxid versetzt, dass der SO_2 Gehalt im Oleum < 10 ppm beträgt,
b) das im Oleum enthaltende SO_3 wird in einem Fallfilmverdampfer bei 90 bis 130 °C verdampft,
c) die im SO_3-Gas enthaltenden Spuren an Schwefelsäure und Nitrosylschwefelsäure werden in einem Kerzenfilter abgeschieden,
d) das hochreine SO_3-Gas wird mit einem Inertgasanteil (Luft oder Stickstoff) von bis zu 50% Volumenanteil angereichert, und
e) das SO_3-Gas wird in hochreine Schwefelsäure (90–99%) eingeleitet. Durch Zugabe von hochreinem Wasser wird die Schwefelsäurekonzentration eingestellt.

Die hochreine Schwefelsäure wird ein- bis dreistufig mit Filtergewebe aus Polyfluoralkoxy-Copolymer (PFA) oder PTFE mit einer Porenweite von 0,1–1 μm filtriert. Als

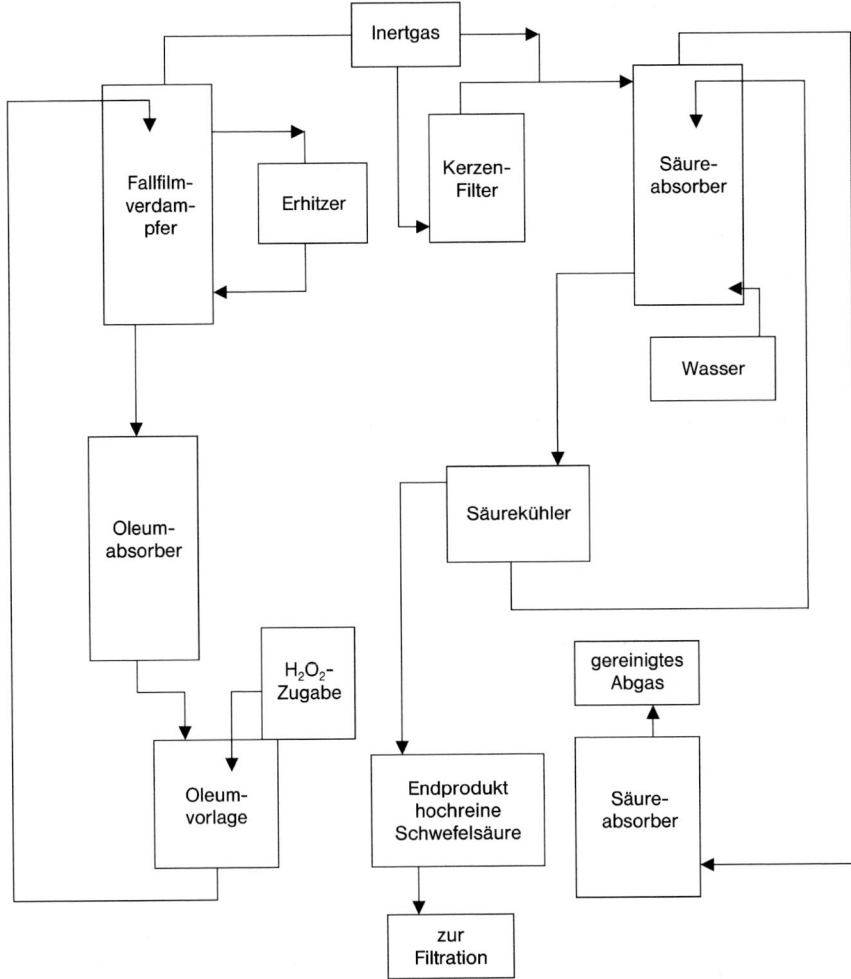

Abb. 5.2 Verfahrensschema der Herstellung hochreiner Schwefelsäure

Reaktormaterial wird ein mit PTFE ausgekleideter Apparat verwendet. Das Verfahrensschema ist in Abbildung 5.2 gezeigt.

Die erreichte Säurequalität wird wie folgt charakterisiert:
- < 100 ppt kationische Verunreinigungen,
- 10–50 ppt anionische Verunreinigungen und
- < 10 bis < 1000 Partikeln in der Probe.

Eine ähnliche Anlage wurde erstmals 1997 in Taiwan von Merck KGA, Darmstadt, und Lurgi gebaut [78].
Hersteller: Merck, BASF, Rhodia.

Hochreine Schwefelsäure wird seit 1970 zusammen mit Wasserstoffperoxid als »piranha bath« zur Reinigung von Wafern verwendet. Bei 90–120 °C werden alle organischen und anorganischen Verunreinigungen aufgelöst. Außerdem werden mit hochreiner Schwefelsäure andere hochreine Chemikalien erzeugt, z. B. Flusssäure. Man unterscheidet verschiedene Qualitätsklassen beginnend bei dem Leitmetall < 0,1 ppm Eisen. Die gesamte Handhabung muss unter Reinraumbedingungen erfolgen.

Wegen der immer kleiner werdenden Bauteile in der Halbleiterindustrie werden immer reinere Elektronikchemikalien erforderlich. Ein wesentlicher Teil der Aufwendungen bei der Herstellung hochreiner Schwefelsäure wird für die Analytik benötigt.

5.11
Natriumhydrogensulfat (NaHSO$_4$)

Natriumhydrogensulfat (Natriumbisulfat) wird u. a. nach folgenden Methoden hergestellt:
- bei der Erzeugung wasserfreier, reiner HCl nach Gleichung (5.41) in einer NaHSO$_4$-Schmelze bei 300 °C [79]

$$H_2SO_4 + NaCl \longrightarrow HCl + NaHSO_4 \tag{5.41}$$

- aus Schwefelsäure und Natriumsulfat in wässriger Lösung bei 80 °C [80]

$$H_2SO_4 + Na_2SO_4 \longrightarrow 2NaHSO_4 \tag{5.42}$$

Das farblose Salz mit > 93 % Gehalt an NaHSO$_4$ ist mit 286 g L^{-1} vollständig in Wasser löslich. Der pH-Wert einer Lösung mit 20 %-Massenanteil NaHSO$_4$ beträgt 1–1,2 (Datenblatt Grillo-Werke 2003).

Der größte europäische Hersteller sind die Grillo-Werke.

Das Produkt wird verwendet als saure Komponente in Reinigern für Haushalt, Industrie und Molkerei. Es war früher als »feste Säure« bekannt. In den Formulierungen für Reiniger wurde es teilweise durch Citronensäure ersetzt.

5.12
Natriumsulfat/Kaliumsulfat

Natriumsulfat kommt in Form der natürlichen Mineralien Glauberit, Thenardit, Mirabelit u. a. vor. Die technischen Salze sind: Na$_2$SO$_4$ · 10 H$_2$O (Glaubersalz) und Na$_2$SO$_4$ (wasserfrei). Oberhalb von 32,2384 °C schmilzt das Dekahydrat. Natriumsulfat bildet eine Reihe von Doppelsalzen mit K, Na, Mg, Ca.

Natriumsulfat wird aus natürlichen, gesättigten Salzlösungen oder kristallinen Rückständen aus Eindampfungen hergestellt. Als Koppelprodukt fällt es bei verschiedenen chemischen Prozessen nach Kristallisation und Calcinierung an, wie z. B.:
- Herstellung von Ascorbinsäure, Ameisensäure und Weinsäure
- Batteriesäure-Recycling [81]
- Borsäureherstellung aus Borax
- Celluloseherstellung
- Herstellung von Chromchemikalien wie Chromsäure

- Herstellung von SiO$_2$-Pigmenten
- Herstellung von Chlordioxid
- Herstellung von Methionin
- Herstellung von Magnesiumhydroxid aus Magnesiumsulfat
- bei der Kalisalzaufbereitung

$$9\ H_2O + MgSO_4 \cdot H_2O + 2\ NaCl \longrightarrow Na_2SO_4 \cdot 10\ H_2O + MgCl_2 \quad (5.43)$$

Einen umfassenden Überblick über das Gebiet der Herstellung und Verwertung von Natriumsulfat liefert [82]. Die Verwertung mit Hilfe elektrochemischer und Konvertierungsverfahren wird 1989 als wirtschaftlich aussichtsreiche Entsorgung angesehen. Reduktionsprozesse werden wegen des damit verbundenen hohen Energieaufwands weniger günstig beurteilt. Aussichtsreich ist die Elektrodialyse mit bipolaren Membranen:

$$2\ Na_2SO_4 + 6\ H_2O \longrightarrow 2\ H_2SO_4 + 4\ NaOH + 2\ H_2O \quad (5.44)$$
(Bruttoreaktion)

mit einem Konvertierungsverfahren kann Kaliumsulfat hergestellt werden:

$$Na_2SO_4 + 2\ KCl \longrightarrow K_2SO_4 + 2\ NaCl \quad (5.45)$$

Im Jahr 2000 hat sich die Natriumsulfatproduktion in Deutschland im Vergleich zu 1998 um 28 % reduziert [83].

Annähernd 67 % der Welt-Natriumsulfatproduktion im Jahre 1997 stammte aus natürlichen Quellen (siehe Tabelle 5.1). Diese Menge wurde durch synthetisches Natriumsulfat aus verschiedenen chemischen und anderen Prozessen ergänzt.

Tab. 5.1 Weltproduktion Natriumsulfat 1997 nach Ländern in 10^3 t [84]

Ausgewählte Länder	
Naturnatriumsulfat	
Kanada	305
China	1450
Iran	280
Mexiko (bloedite)	525
Südafrika	55
Spanien	600
Türkei	300
Turkmenistan	100
USA	318
Gesamt Naturnatriumsulfat	**3990**
Synthetisches Natriumsulfat	
Österreich	100
Belgien	250
Frankreich	120
Deutschland	120
Italien	125
Japan	195
Spanien	100
USA	262
Gesamt synthetisches Natriumsulfat	**1520**
Weltproduktion	**5520**

Mit 50 % Anteil zählt die Seifen- und Waschmittelindustrie zu den größten Verbrauchern. Zusatz von Natriumsulfat fördert den freien Fluss des Waschmittels in die Waschtrommel und verhindert das Zusammenbacken beim Lagern. Weitere Verwendungen sind:
- bei der Glasherstellung zum Klären und Entschäumen der Glasschmelze (Bildung von Schwefeldioxid),
- beim Färben als Fixativ zum Standardisieren der Farbstoff-Konzentration,
- bei der Papierherstellung,
- Herstellung des Lichtechtpigments Ultramarinblau.

Die Hersteller von Natriumsulfat sind Mitglieder in der Sodium Sulphate Producers Association (SSPA).

Kaliumsulfat hat als Düngemittel Bedeutung (siehe 2 Düngemittel, Bd. 8, Abschnitt 2.2.3). Der Verbrauch von Kaliumsulfat in Westeuropa als Düngemittel in 1000 t [85] betrug:

Jahr	1962/63	1973/74	1982/83	1992/93	2001/02
Kaliumsulfat	174	156	124	117	102

5.13
Ammoniumsulfat ((NH_4)$_2SO_4$)

Ammoniumsulfat fällt bei folgenden Prozessen an [86]:
- direkte Neutralisation/Reinigung von Kokereiabgas

$$2\,NH_3 + H_2SO_4 \longrightarrow (NH_4)_2SO_4 \qquad \Delta H = -283{,}5\ kJ \tag{5.46}$$

- bei der Herstellung von Caprolactam
  Oximierung von Cyclohexanon:

$$C_6H_{10}O + (NH_3OH)HSO_4 \longrightarrow C_6H_{10}NOH + H_2O + H_2SO_4 \tag{5.47}$$

Neutralisation nach (5.46)

Beckmann-Umlagerung mit Oleum:
$$C_6H_{10}NOH \longrightarrow C_6H_{10}ONH \tag{5.48}$$
Neutralisation nach (5.46)
- bei der schwefelsauren Hydrolyse von Acrylnitril unter Bildung von Acrylamidsulfat und bei der Hydrolyse von Methacrylnitril zum Sulfat des Methacrylamids.
- bei der Herstellung von Nickel

$$NiSO_4(\text{gelöst}) + H_2 + 2\,NH_3 \longrightarrow Ni + (NH_4)_2SO_4 \tag{5.49}$$

- bei der Entfernung von SO_2 aus Abgasen von Kraftwerken oder von Einfachkontaktanlagen der Schwefelsäureherstellung.

$$SO_2 + NH_3 + H_2O \longrightarrow (NH_4)HSO_3 \tag{5.50}$$

$$(NH_4)HSO_3 + \tfrac{1}{2}\,O_2 + NH_3 \longrightarrow (NH_4)_2SO_4 \tag{5.51}$$

Zur Reduzierung der Ammoniumsulfatmenge wurden Alternativrouten für die verschiedenen Prozesse entwickelt. Degussa arbeitet z. B. den Sulfatabfall durch Verbrennung und Rückgewinnung von SO_2 für die Herstellung von Schwefelsäure auf.

Ammoniumsulfat wird vor allem in den tropischen Ländern pulverförmig als Düngemittel eingesetzt (siehe Düngemittel, Bd. 8, Abschnitt 2.2.1.1). Sein Schwefel-/Stickstoffgehalt liegt bei 24/21%. Verglichen mit anderen Düngemitteln hat Ammoniumsulfat die Vorteile, dass es nicht explosiv und nicht entflammbar ist. Im Boden muss Ammonium erst zu Nitrat umgewandelt werden, bevor der Stickstoff diffusionskontrolliert und damit dosiert durch die Pflanze aufgenommen werden kann. Dieser Vorgang wird durch Wärme und Feuchtigkeit beschleunigt. Eingesetzt wird Ammoniumsulfat besonders bei Tee-, Zitrusfrucht-, Wein-, Ananas-, Soja- und Kautschuk-Kulturen. Außerdem wird es zur Korrektur des Boden-pH-Wertes basischer Böden verwendet.

Weitere Einsatzgebiete sind:
- als Nahrungsmittelzusatzstoff für Tiere (USA),
- Reinigung von Abwässern in Kombination mit Chlor,
- Zusatzstoff bei Formulierungen zur Brandbekämpfung,
- Flammschutzmittel für Cellulose,
- bei Fermentationsprozessen.

Der Weltverbrauch an Ammoniumsulfat lag 2001/02 bei ca. $2{,}6 \cdot 10^6$ t. In Europa ist der Bedarf stark rückläufig und betrug 2001/02 nur noch $209 \cdot 10^3$ t.

Verbrauch in Westeuropa als Düngemittel in 10^3 t [85]

Jahr	1962/63	1973/74	1982/83	1992/93	2001/02
Ammoniumsulfat	837	554	450	280	209

5.14
Calciumsulfate ($CaSO_4 \cdot xH_2O$)

Der Rohstoff Calciumsulfat wird als Anhydrit oder als Gipsvorkommen in Meeres-Sedimenten gefördert (z. B. im Pariser Becken, Jahresproduktion $5 \cdot 10^6$ t a^{-1}). Nach dem Mahlen ist der Anhydrit direkt verwendbar. Die Produktion von Naturgips betrug 2002 weltweit $103 \cdot 10^6$ t, davon entfielen u.a. $16{,}1 \cdot 10^6$ t auf die USA, $11{,}0 \cdot 10^6$ t auf den Iran, $8{,}6 \cdot 10^6$ t auf Kanada, $4{,}5 \cdot 10^6$ t auf Frankreich [87] und $2{,}5 \cdot 10^6$ t auf Deutschland. Ca. 50% der Gesamtproduktion der USA besteht aus Naturgips.

Technisch erzeugte Calciumsulfate entstehen bei speziellen Verfahren [88, 89]:
- synthetischer Anhydrit als Koppelprodukt der Herstellung von Flusssäure aus Flussspat
$$H_2SO_4 + CaF_2 \longrightarrow CaSO_4 + 2H \tag{5.52}$$

- α-Halbhydrat und thermischer Anhydrit aus Gips der Rauchgasentschwefelungsanlagen (REA-Gipse) – geschätzte Menge in Deutschland 2000 ca. $6,3 \cdot 10^6$ t

$$SO_2 + Ca(OH)_2 \longrightarrow CaSO_3 + H_2O \tag{5.53}$$

$$2\,CaSO_3 + O_2 + 2\,H_2O \longrightarrow 2\,CaSO_4 \cdot 2H_2O \tag{5.54}$$

- Phosphogips als Koppelprodukt der Phosphorsäureherstellung aus Fluorapatit

$$\begin{aligned}10\,H_2SO_4 + [Ca_3(PO_4)_2]_3 \cdot CaF_2 + 20\,H_2O &\longrightarrow 6\,H_3PO_4 \\ &+ 10(CaSO_4 \cdot 2H_2O) + 2\,HF\end{aligned} \tag{5.55}$$

- Borgips als Koppelprodukt der Borsäureherstellung aus Borocalcit oder Colemanit

$$2\,B_2O_3 \cdot CaO + 2\,H_2SO_4 + H_2O \longrightarrow 4\,H_3BO_3 + 2\,CaSO_4 \cdot 2H_2O \tag{5.56}$$

- Gipse aus der Neutralisation von Schwefelsäurelösung aus der Hydrolyse des Titanerzaufschlusses (Sulfatverfahren mit $FeTiO_3$ (Ilmenit)), Anfall ca. 600 000 t a^{-1} in Frankreich.

Die Weltproduktion von synthetischem Gips wird 2001 auf $110 \cdot 10^6$ t geschätzt. Die deutsche Gesamtproduktion an Gips und Anhydrit betrug 1998 $10 \cdot 10^6$ t (siehe Tabelle 5.3).

Unter Einwirkung von Wärme verliert Gips Wasser (s. Abb. 5.3). Die durch Calcinierung oder Autoklavenbehandlung/Trocknung hergestellten technischen Calciumsulfate werden gebrochen, mit Zusatzstoffen gemischt, zu Pulver fein gemahlen und mit einem Anreger/Abbindeverzögerer versetzt. Bei Zugabe von Wasser (Anmachewasser) bildet sich das Dihydrat zurück.

Calciumsulfate finden Verwendung in der Bauindustrie als Fließestriche, zur Herstellung von Gipsplatten, Baugipsen und Gips-Wandplatten (siehe Bauchemie, Bd. 7, Abschnitt 2.3).

Hersteller: IGE, Gebr. Knauf Westdeutsche Gipswerke, Bayer Chemicals, Fluor Chemie Stulln.

Tab. 5.3 Gips- und Anhydritproduktion in Deutschland 1998 in 10^6 t [90]

Rohstoff	1998
Gips- und Anhydritgestein	4,6
REA-Gips aus Braunkohlekraftwerken	3,0
REA-Gips aus Steinkohlekraftwerken	2,1
Sonstige synthetische Calciumsulfate	0,3
Gesamtverbrauch	9,7

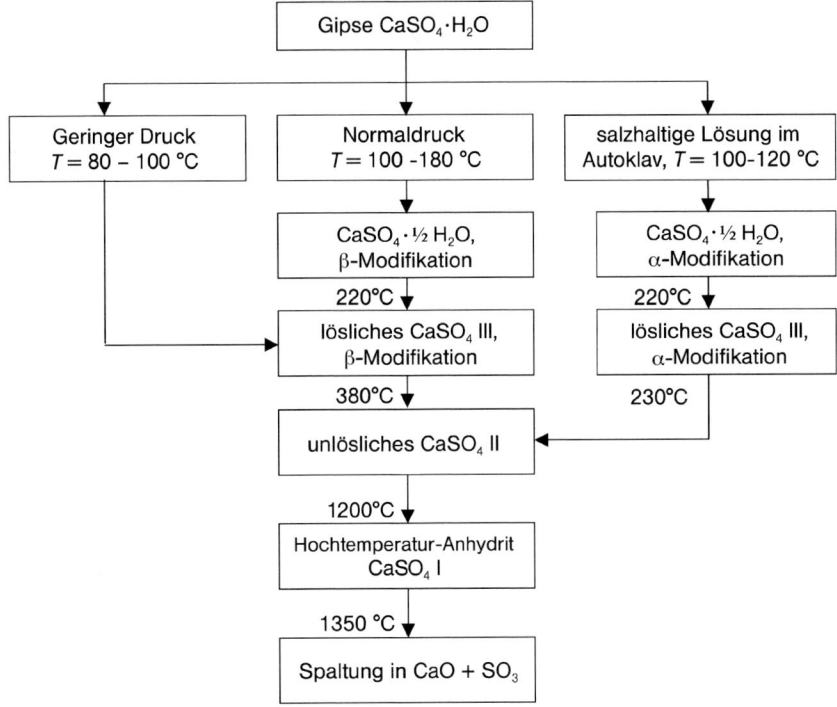

Abb. 5.3 Wärmebehandlung von Calciumsulfaten nach [89]

5.15
Zinksulfat (ZnSO$_4$)

Zinksulfat-Lösung entsteht bei folgenden Prozessen:
- beim Auflösen von Zinkoxid aus dem Röstprozess mit Schwefelsäure,
- bei der Absorption von SO$_2$-haltigen Gasen mit einer Zinkoxid-Suspension unter Bildung von Zinksulfit, das mit Schwefelsäure in Sulfat überführt wird [91],
- im Leaching-Prozess von Zinksulfid-Konzentrat mit 20–40 %iger Schwefelsäure bei 120–140 °C unter Lufteinwirkung [92].

Die Reinigung von Zinksulfat-Lösung von mitgeführten Schwermetallen oder organischen Begleitstoffen ist Gegenstand vieler Publikationen.

Reines Zinksulfat wird durch Auflösen von Zink-Granalien in einem mit Platin/Titan ausgekleideten Apparat in Schwefelsäure hergestellt [93].

Zinksulfat wird verwendet zur Herstellung von Zinkoxid, in der Pharmaindustrie und der Futtermittelherstellung (Zink ist ein wichtiges Spurenelement) und in der Düngemittelindustrie. Zinksulfat wirkt in geringen Konzentrationen stimulierend auf das Wachstum von Pflanzen und steigert die Ernteerträge. Aber auch die technischen Anwendungen bei der Chemiefaserherstellung, in der Galvanoindustrie und bei der Farbenproduktion zeigen das vielseitige Anwendungsspektrum von Zinksulfat.

Hersteller: Grillo.

5.16
Bariumsulfat (BaSO$_4$)

Bariumsulfat wird durch Aufschluss von Schwerspat und durch kontrollierte Fällung von Bariumsalzen mit Schwefelsäure hergestellt.

Eine Methode zur Herstellung von Bariumsulfat mit Partikelgrößen von 0,1–2 µm ist in [94], von Partikelgrößen im Bereich 0,1–10 µm in [95] beschrieben.

Bariumsulfat wird verwendet:
- als Füllstoff und Additiv für Beschichtungen
- im medizinischen Bereich als Kontrastmittel nicht nur für die röntgenologische Untersuchung des Magen-Darm-Traktes. In röntgenopaken Kunststoffen wie Kathetern, Drainage-Röhrchen und Kanülen kann Röntgenbaryt, als Additiv in die Kunststoffrohmasse eingearbeitet, diese Implantate auf dem Röntgenschirm sichtbar machen.

Bariumsulfat-Nanopartikeln werden nach einem speziellen Verfahren hergestellt. Die sphärischen Teilchen weisen eine Größe von < 100 nm aus und sind damit transparent. Sie werden angewendet für:
- Stabilisierung organischer und anorganischer Pigmente gegen Flokkulation
- Beeinflussung der rheologischen Eigenschaften eines Lackes, insbesondere für Leiterplattenbeschichtungen (PCB-Coatings).

Die Weißpigmente *Lithopone* sind eine Mischung aus 30% ZnS und 70% BaSO$_4$. Die Mischung ist chemisch gegen Säuren und Basen beständig (siehe Anorganische Pigmente, Bd. 7, Abschnitt 3.2). Lithopone werden aus einer Zink-Bariumsalz-Lösung gemeinsam gefällt und calciniert.

$$ZnSO_4 + BaS \longrightarrow ZnS + BaSO_4 \tag{5.57}$$

Lithopone finden in Kitten, Fugen- und Dichtungsmassen, Primern und Grundierungen sowie Straßenmarkierungsfarben Verwendung, sowie in UV-härtenden Holzgrundierungen.

Hersteller: Sachtleben.

5.17
Eisensulfate (Fe(II), Fe(III)SO$_4$)

Eisen(II)-sulfat wird in folgenden Prozessen hergestellt:
- im Sulfatverfahren bei der Herstellung von Titandioxid aus Ilmenit [17, 96],

Nach der Hydrolyse der Schwarzlösung fallen nach Abtrennung von TiO$_2$ Waschlösungen an, die stufenweise aufkonzentriert werden. Dabei anfallendes Eisensulfat-Heptahydrat (Grünsalz) wird abgetrennt. Die bis auf < 3,5 % Fe konzentrierte schwefelsäurehaltige Waschlösung wird in den Aufschlussprozess zurückgeführt (siehe Anorganische Pigmente, Bd. 7, Abschnitt 3.1.2.2).
- beim Konzentrieren von Metallsalz-Lösungen aus Ätzprozessen von Metallen z. B. Beizsäure,

Zur Herstellung von fließ- und lagerfähigem Grünsalz wird feuchtes und getrocknetes Grünsalz in bestimmten Verhältnissen vermischt [97].

Die Herstellung von Eisen(III)-sulfat aus Eisen(II)-sulfat erfolgt nach folgenden Methoden:
- Oxidation eines schwefelsauren Slurries aus Eisen(II)-sulfat-Monohydrat oder -Heptahydrat mit molekularem Sauerstoff bei 60–140 °C [98].
$$2\ FeSO_4 + O_2 + H_2SO_4 \longrightarrow Fe_2(SO_4)_3 + 2\ H_2O \tag{5.58}$$
- durch Oxidation in schwefelsaurer Lösung mit NO$_x$ als Katalysator [99]:
$$2\ FeSO_4 + H_2SO_4 + NO_2 \longrightarrow Fe_2(SO_4)_3 + H_2O + NO \tag{5.59}$$

$$NO + \tfrac{1}{2}\ O_2 \longrightarrow NO_2 \tag{5.60}$$

In einem zum einem Drittel gefüllten geschlossenem Kessel bei 90–120 °C unter einem Druck von 2,8–4,1 bar werden in der Gasphase NO, NO$_2$ und O$_2$ mit eingedüster H$_2$SO$_4$/FeSO$_4$-Lösung umgesetzt. Aus der flüssigen Phase wird die Eisen(III)-salz-Lösung abgezogen. Durch Änderung der Anteile an Schwefelsäure werden mehrkernige Eisen(III)-sulfate erhalten, z. B. Fe$_7$(SO$_4$)$_{10}$OH. Die Denitrierung der Lösungen erfolgt mit Sauerstoff.
- durch Oxidation mit HNO$_3$
$$6\ FeSO_4 + 3\ H_2SO_4 + 2HNO_3 \longrightarrow 3\ Fe_2(SO_4)_3 + 4\ H_2O + 2\ NO \tag{5.61}$$
Das dabei anfallende NO muss in einen Salpetersäureprozess zurückgeführt werden.
- durch Oxidation mit Luftsauerstoff bei pH > 5
Die Reaktion verläuft sehr schnell, aber es bilden sich Eisenhydroxid oder Eisenoxid-Verbindungen, die neutralisiert werden müssen.
- durch Oxidation mit Wasserstoffperoxid [100]
$$2\ FeSO_4 + 3\ H_2SO_4 + H_2O_2 \longrightarrow Fe_2(SO_4)_3 + H_2O \tag{5.62}$$
- durch Oxidation mit Chlor entsteht Eisenchlorosulfat
$$FeSO_4 + Cl_2 \longrightarrow FeCl(SO_4) \tag{5.63}$$

Eisen(II/III)-sulfate werden auch bei der Absorption von H$_2$S unter Bildung von Schwefel eingesetzt:
$$Fe_2(SO_4)_3 + H_2S \longrightarrow 2\ FeSO_4 + H_2SO_4 + S_{fest} \tag{5.64}$$

Die Reoxidation erfolgt zum einen durch Sauerstoff in Gegenwart von NO [101] oder mit Luftsauerstoff unter Beteiligung des Bakteriums *Thiobacillus Ferroxidans*

[102]. Das letztere Verfahren wird auch bei der Entschwefelung von Biogas angewendet [103].

Eisen(II)-sulfat-Heptahydrat (Grünsalz) wird verwendet:
- als Fällungs-Flockungsmittel in Kläranlagen zur Phosphateliminierung, Blähschlammbekämpfung, Schwefelwasserstoffbekämpfung,
- zur Industrieabwasserreinigung, Trinkwasserreinigung,
- als Rohstoff für die Produktion von gelben und roten Eisenoxid-Pigmenten,
- zur Herstellung von SO_2 und Eisenoxid in der thermischen Spaltung [17],
- zur Verwertung in der Zementklinkerproduktion zur Chromatreduktion bei gleichzeitiger effektiver NO_x-Emissionsminderung (vorgeschlagen) [104],
- zur Abwendung der Chlorose im Weinbau.

Nach Erhitzen mit trockener Luft wird das *Eisensulfat-Monohydrat* erhalten, das verwendet wird für die Chromatreduktion, Futtermittelherstellung, Düngemittelherstellung, sowie als Fällungs- und Flockungsmittel in der Abwasserbehandlung.

Eisen(III)-sulfat wird bevorzugt als Fällungs-Flockungsmittel in Kläranlagen für Schwermetalle verwendet.

Handelsnamen: Quickflock, Ferrogranul
Hersteller: Kronos, Ecochem.

5.18
Schwefelkohlenstoff (CS_2)

Für die Herstellung von Schwefelkohlenstoff sind bisher zwei unterschiedliche Verfahren bekannt:
- Reaktion eines Kohlenwasserstoffes (Methan, Ethan, Propan) mit Schwefeldampf bei 600–750 °C
$$CH_4 + 2\,S_2 \longrightarrow CS_2 + 2\,H_2S \tag{5.65}$$
- festes kohlenstoffhaltiges Material (Retortenkohle, Aktivkohle, getrocknete Braunkohle, Petroleumkoks) wird durch Überleiten von Schwefeldampf zur Reaktion gebracht.
$$C + S_2 \longrightarrow CS_2 \tag{5.66}$$

In [105] wird Schwefelkohlenstoff aus einem festen kohlenstoffhaltigen Material mit Schwefel hergestellt, indem unter Zugabe von Sauerstoff eine autotherme Reaktion in einem Fließbett unterhalten wird (Abb. 5.4). Der Vorteil liegt darin, dass eine breite Palette an kohlenstoffhaltigem Material eingesetzt werden kann. Die Umsetzung von Kohlenstoff mit Sauerstoff zu Kohlenmonoxid ist die Schlüsselreaktion, mit der die Temperatur des Wirbelbettes gesteuert wird.

$$2\,C + O_2 \longrightarrow 2\,CO \qquad \Delta H = -118,1 \text{ kJ mol}^{-1} \tag{5.67}$$

$$C + S_2 \longrightarrow CS_2 \qquad \Delta H = -11,4 \text{ kJ mol}^{-1} \tag{5.68}$$

Der Arbeitsbereich mit den optimalen Reaktionsbedingungen liegt bei:

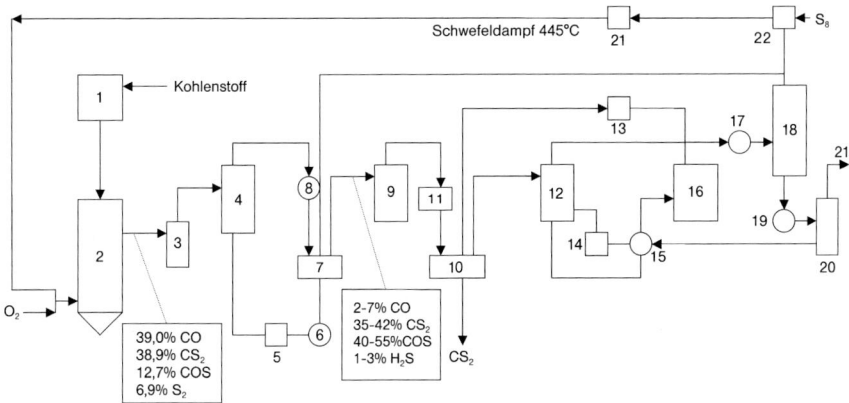

Abb. 5.4 autotherme Herstellung von CS_2
1 Mahlanlage (60–200 mesh), 2 Wirbelreaktor, 3 Zyklon, 4 Schwefel-Quenche, 5 Schwefelfilter, 6 Schwefelpumpe, 7 Schwefelvorlage, 8, 11, 13 Kondensator, 9 CS_2-Wäscher, 10 CS_2-Vorlage, 12 CS_2-Absorber, 14 Ölvorlage, 15 Wärmetauscher, 16 CS_2-Stripper, 17 gasbeheizter Erhitzer (37–450 °C) 18 katalyt. Disproportionierungsreaktor ($2COS \longrightarrow CS_2 + CO_2$), 19 Kühler, 20 CS_2-Abscheider, 21 Abgas zur Claus-Anlage

T = 995–1064 °C, einem S/O-Verhältnis von 1–2, einer Oberflächengeschwindigkeit von 0,05–0,4 m s^{-1} und einer Kontaktzeit von 4–15 s. Anstelle von Sauerstoff kann auch COS und Schwefeldampf eingesetzt werden.

Schwefelkohlenstoff ist giftig, leicht entzündlich und reproduktionstoxisch (Kategorie 3). Der Siedepunkt liegt bei 46,5 °C (untere Explosionsgrenze: 1% Volumenanteil, obere 60% Volumenanteil).

Schwefelkohlenstoff wird verwendet:
- für die Umsetzung der Alkalicellulose bei 30 °C unter Bildung von Cellulosexanthogenat (Viskose)
- als Rohstoff für die Herstellung von CCl_4
- als Lösemittel
- als Rohstoff für organische Schwefelverbindungen.

Hersteller: Carbosulf Chemische Werke.

6
Vorschriften in Deutschland/EU

6.1
Bestimmungen der Technischen Anleitung zur Reinhaltung der Luft in Deutschland

Die Prozesse zur Herstellung von Schwefel, SO_2 und H_2SO_4 sind in Deutschland nach TA-Luft hinsichtlich ihrer Emissionen im Jahre 2002 neu festgelegt worden [106]. In der VDI-Richtlinie [107] für Schwefelsäureanlagen wurde die TA-Luft 1982 allgemeinverständlich erläutert. Sie ist entsprechend anzupassen. Der erforderliche Umsatz von Schwefelsäureanlagen, d.h. der Umsatz von SO_2 zu SO_3, wurde für Neuanlagen mit Doppelkontakt von 99,6 % auf 99,8 % heraufgesetzt. Den Zusammenhang zwischen dem Umsatz und der eingesetzten Gaskonzentration sowie der daraus resultierenden Emission zeigt Abbildung 6.1.

Die speziellen Regelungen für die genannten Stoffe können dem folgenden Auszug der TA-Luft 2002 entnommen werden:

Anlagen zur Herstellung von Schwefel (5.4.4.1 p.1):
Schwefelemissionsgrad:
   a) Bei Clausanlagen mit einer Kapazität bis einschließlich 20 Mg Schwefel je Tag darf ein Schwefelemissionsgrad von 3 vom Hundert nicht überschritten werden.
   b) Bei Clausanlagen mit einer Kapazität von mehr als 20 Mg Schwefel je Tag bis einschließlich 50 Mg Schwefel je Tag darf ein Schwefelemissionsgrad von 2 vom Hundert nicht überschritten werden.
   c) Bei Clausanlagen mit einer Kapazität von mehr als 50 Mg Schwefel je Tag darf ein Schwefelemissionsgrad von 0,2 vom Hundert nicht überschritten werden.

SO_x: Die Anforderungen der Nummer 5.2.4 für die Emissionen an Schwefeloxiden finden keine Anwendung.
COS und CS_2: Die Abgase sind einer Nachverbrennung zuzuführen; die Emissionen an Kohlenoxidsulfid (COS) und Kohlenstoffdisulfid (CS_2) im Abgas dürfen insgesamt die Massenkonzentration 3 mg/m³, angegeben als Schwefel, nicht überschreiten. Bei Clausanlagen der Erdgasaufbereitung findet Satz 1 keine Anwendung.
H_2S: Bei Clausanlagen der Erdgasaufbereitung gilt abweichend von Nummer 5.2.4, dass die Emissionen an Schwefelwasserstoff die Massenkonzentration 10 mg/m³ nicht überschreiten dürfen.

Altanlagen
Schwefelemissionsgrad
   Bei Altanlagen dürfen folgende Schwefelemissionsgrade nicht überschritten werden:
   a) bei Clausanlagen mit einer Kapazität bis einschließlich 20 Mg Schwefel je Tag 3 vom Hundert,
   b) bei Clausanlagen mit einer Kapazität von mehr als 20 Mg Schwefel je Tag bis einschließlich 50 Mg Schwefel je Tag 2 vom Hundert,

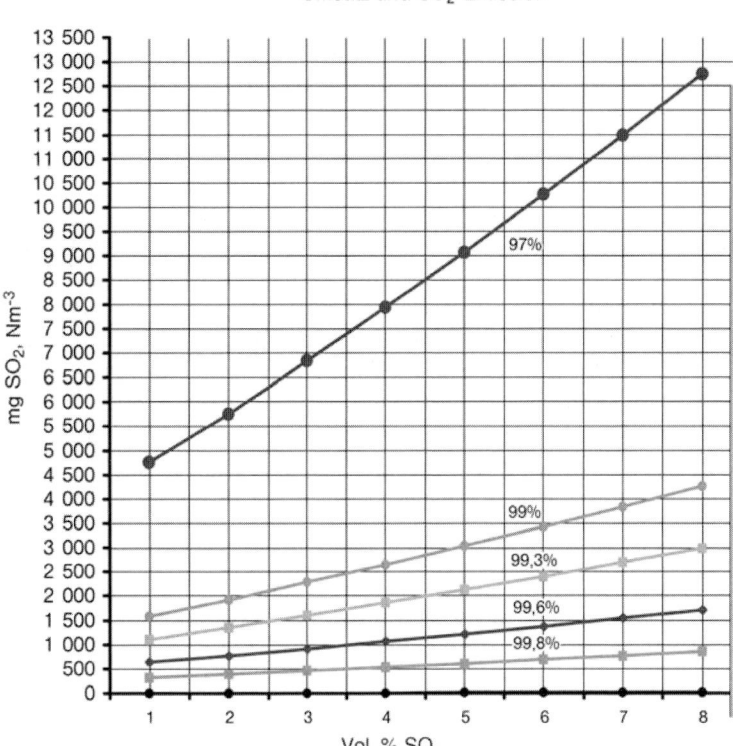

Abb. 6.1 Umsatz von Schwefelsäureanlagen und SO$_2$-Emission

c) bei Clausanlagen mit einer Kapazität von mehr als 50 Mg Schwefel je Tag
   aa) bei Clausanlagen, die mit integriertem MODOP-Verfahren betrieben werden, 0,6 vom Hundert,
   bb) bei Clausanlagen, die mit integriertem Sulfreen-Verfahren betrieben werden, 0,5 vom Hundert,
   cc) bei Clausanlagen, die mit integriertem Scott-Verfahren betrieben werden, 0,2 vom Hundert.

Anlagen zur Herstellung von Schwefeldioxid, Schwefeltrioxid, Schwefelsäure und Oleum (5.4.4.1 m. 2):

H_2SO_4: Die Bildung von *Schwefelsäureaerosolen* ist insbesondere bei der Handhabung von Schwefelsäure oder Oleum so weit wie möglich zu begrenzen.

SO_2:

a) Abgasführung
   Bei Anlagen zur Herstellung von reinem Schwefeldioxid durch Verflüssigung ist das Abgas einer Schwefelsäureanlage oder einer anderen Aufarbeitungsanlage zuzuführen.

b) Umsatzgrade
   aa) Bei Anwendung des *Doppelkontaktverfahrens* ist ein Umsatzgrad von mindestens 99,8 vom Hundert einzuhalten oder, soweit nur ein Umsatzgrad von mindestens 99,6 vom Hundert eingehalten wird, sind die Emissionen an Schwefeldioxid und Schwefeltrioxid durch Einsatz einer nachgeschalteten Minderungstechnik, einer fünften Horde oder gleichwertiger Maßnahmen weiter zu vermindern.

   Abweichend von diesen Anforderungen gilt bei einem mittleren SO_2-Volumengehalt von weniger als 8 vom Hundert, bei schwankenden SO_2-Eingangskonzentrationen und schwankenden Volumenströmen des Einsatzgases, dass ein Umsatzgrad von mindestens 99,5 vom Hundert einzuhalten ist.

   bb) Bei Anwendung des *Kontaktverfahrens* ohne Zwischenabsorption und
      (i) bei einem Volumengehalt an Schwefeldioxid im Einsatzgas von 6 vom Hundert oder mehr ist ein Umsatzgrad von mindestens 98,5 vom Hundert oder
      (ii) bei einem Volumengehalt an Schwefeldioxid von weniger als 6 vom Hundert im Einsatzgas ist ein Umsatzgrad von mindestens 97,5 vom Hundert einzuhalten. Die Emissionen an Schwefeldioxid und Schwefeltrioxid im Abgas sind bei diesen Verfahrenstypen durch Einsatz nachgeschalteter Minderungsmaßnahmen weiter zu vermindern.

   cc) Bei Anwendung der *Nasskatalyse* ist ein Umsatzgrad von mindestens 98 vom Hundert einzuhalten.

   SO_3: Die Emissionen an Schwefeltrioxid im Abgas dürfen die Massenkonzentration 60 mg/m^3 nicht überschreiten.

6.2
Best available techniques (BAT) für Schwefel- und Schwefelsäureproduktion

BAT-Referenzen (deutsch BVT = Beste verfügbare Technik) sind bereits für Schwefel – enthalten in dem BREF »Mineral Oil and Refineries« [108] – und für Schwefelsäure aus metallurgischen Prozessen – enthalten in dem BREF »Non Ferrous Metals Industries« [109] – als finale Versionen genehmigt und veröffentlicht.

Hierbei wurden folgende Grenzwerte für Schwefelsäure aus metallurgischen Prozessen festgelegt (Tabelle 6.1).

Schwefelsäure, SO_2, Oleum wurden in die Gruppe »Large Volume Chemicals-AAF« (LVIC-AAF) eingeteilt. Hier liegt bisher der Draft 2 [110] vor. Vorschläge zum BREF Schwefelsäure sind von der europäischen Schwefelsäureindustrie [111, 112] und dem Umweltbundesamt Österreich [113] herausgegeben worden.

Tab. 6.1 Grenzwerte für Schwefelsäure aus metallurgischen Prozessen

Tabelle 3.38: Kupferproduktion [110, S. 267]:			
Schadstoff	Soll Umsatz mit BAT	Techniken, mit denen BAT erreicht wird:	Kommentar
SO_2-Reichgas (> 5 %)	> 99,7 %	Doppelkontakt Schwefelsäureanlage (der Endgas-SO_2-Gehalt hängt von der Eintrittskonzentration an SO_2 ab). Ein Nebelfilter sollte für die Abscheidung von H_2SO_4-Nebel vorgesehen werden.	Sehr niedrige Schadstoffwerte werden durch eine intensive Gasreinigung vor der Kontaktanlage erreicht (Nass-Wäsche, Nass-EGR, Hg-Entfernung) um die Qualität der Schwefelsäure zu verbessern
Tabelle 5.45: Blei-und Zink-Produktion [110, S. 399]:			
SO_2 Abgas (~ 1–4 %)	>99,1 %	Einfachkontaktanlage oder Nass-Schwefelsäureanlage (der Endgas-SO_2-Gehalt hängt von der Eintrittskonzentration an SO_2 ab)	Für niedrige SO_2 Gehalte in Verbindung mit Trocken und Halbtrocken Wäschern zur Reduzierung der SO-Emission und zur Herstellung von Gipsen, wenn ein Markt vorhanden ist.
SO_2-Reich-Gas (> 5 %)	>99,7 %	Double contact sulphuric acid plant (der Endgas-SO_2-Gehalt hängt von der Eintrittskonzentration an SO_2 ab). Ein Nebelfilter sollte für die Abscheidung von H_2SO_4-Nebel vorgesehen werden.	Sehr niedrige Schadstoffwerte werden durch eine intensive Gasreinigung vor der Kontaktanlage erreicht (Nass-Wäsche, Nass-EGR, Hg-Entfernung) um die Qualität der Schwefelsäure zu verbessern
Tabelle 6.14: Komplexe metallurgische Prozesse [110, S. 437]:			
SO_2 Abgas (~ 1–4 %)	>99,1 %	Einfachkontakt Schwefelsäureanlage oder Nass-Schwefelsäureanlage (der Endgas-SO_2-Gehalt hängt von der Eintrittskonzentration an SO_2 ab)	Für niedrige SO_2-Gehalte in Verbindung mit Trocken und Halbtrocken Wäschern zur Reduzierung der SO-Emission und zur Herstellung von Gipsen, wenn ein Markt vorhanden ist.
SO_2-Reich-Gas (> 5 %)	> 99,7 %	Doppelkontakt-Schwefelsäureanlage (der Endgas-SO_2-Gehalt hängt von der Eintrittskonzentration an SO_2 ab); Ein Nebelfilter sollte für die Abscheidung von H_2SO_4-Nebel vorgesehen werden.	Sehr niedrige Schadstoffwerte werden durch eine intensive Gasreinigung vor der Kontaktanlage erreicht(Nass-Wäsche, Nass-EGR, Hg-Entfernung) um die Qualität der Schwefelsäure zu verbessern
Säurenebel	< 50 mg Nm^{-3}	Nebelabscheider	

6.3
Verordnungen

6.3.1
Störfallstoffe SO_2, SO_3

SO_2-Gas ist ein Reizgas mit Wirkung auf die oberen Atemwege. Die Folgen einer akuten Vergiftung äußern sich in der Zunahme der Schleimhautsekretion, in der Verlangsamung des Schleimtransports und in einem Zusammenziehen der Bronchien. Die Lungenfunktion wird so verändert, dass der Atemwiderstand erhöht wird. Das Auge wird verätzt. Die Wahrnehmungsgrenze beim Menschen liegt bei 0,3–1,5 ppm, die Geruchsschwelle bei 1,4–2,3 ppm und bei 2,0–2,5 ppm die Reizung von Auge/Atemwegen.

SO_2: Störfallstoff Nr. 2 (giftig)
SO_3: Störfallstoff Nr. 36
Oleum (20–65%): Störfallstoff Nr. 10a (Gefahrenhinweis R14 oder R14/15)

6.3.2
Luftgrenzwerte für SO_2, SO_3, H_2SO_4

Deutschland hatte sich im Helsinki-Protokoll (1. Schwefel-Protokoll) verpflichtet, seine jährliche Schwefelemission bis 1993 um mindestens 30% gegenüber dem Niveau von 1980 zu reduzieren. 1993 betrugen die Emissionen von Schwefeldioxid $2945 \cdot 10^3$ t gegenüber $7514 \cdot 10^3$ t in 1980. Dies bedeutet einen Rückgang um 61%. Die Zielstellung des 2. Schwefel-Protokolls (Minderung auf $990 \cdot 10^3$ t bis 2005) wurde ebenfalls schon erfüllt. Im Rahmen der EU-Richtlinie zu nationalen Emissionsobergrenzen besteht nunmehr die Verpflichtung, die SO_2-Emissionen bis 2010 auf $520 \cdot 10^3$ t zu verringern. In 2000 wurde in Deutschland eine Menge von $795 \cdot 10^3$ t SO_2 emittiert [114].

Die Emissionen von Schwefeldioxid in 10^3 t nach Verursachern sind in Tabelle 6.2 aufgelistet.

In Deutschland wurden die Luftgrenzwerte für SO_2 und Schwefelsäure entsprechend den Grenzwerten der EU (SCOEL) geändert [115].

Tab. 6.2 Emissionen von Schwefeldioxid in 10^3 t nach Verursachern

Jahr Verursacher der SO_2-Emission	1990	1992	1994	1995	1996	1997	1998	1999	2000
Kraft- und Fernheizwerke	2778	2110	1652	1266	769	576	415	396	434
Industriefeuerungen/Industrieprozesse	1516	714	570	427	346	332	305	277	243
Haushalt/Kleinverbraucher	910	407	290	219	266	179	154	131	97
Straßenverkehr/Übrige	117	76	75	82	41				21
Summe	5321	3307	2587	1994	1340	1087	874	804	795

Schwefeldioxid
- Betriebe der Zellstoffproduktion nach dem Bisulfitverfahren, chemische und pharmazeutische Industrie, Anlagen zur Nichteisenmetall-Gewinnung: Überprüfung zum 28. 02. 2006
  Grenzwert (Luft) 2,5 mg m^{-3} = 1 mL m^{-3} (AGS)
- im Übrigen:
  Grenzwert (Luft) 1,3 mg m^{-3} = 0,5 mL m^{-3} (DFG)

(bis 28. 02. 2006 gilt für die Betriebe der Zellstoffindustrie der alte Luftgrenzwert von 5 mg m^{-3} = 2 mL m^{-3})

Schwefelsäure und Schwefeltrioxid (gemessen als Schwefelsäure)
- Batterieherstellung, Metallgewinnung, Gießereien und Beizen in der Metallverarbeitung (mit Beizbecken $\geq$ 1,2 m, die prozessbedingt nicht abgedeckt werden können), zeitbefristet bis 28. 02. 2006
  Grenzwert (Luft) 0,5 mg m^{-3} (AGS)
- Herstellung von Schwefelsäure, Verwendung von Schwefelsäure für chemische Synthesen, Viskoseherstellung, Galvanische Industrie.
  Überprüfung zum 28. 02. 2006
  Grenzwert (Luft) 0,2 mg m^{-3} (AGS)
- Im Übrigen:
  Grenzwert (Luft) 0,1 mg m^{-3} (DFG)

Die Spitzenwertbegrenzung ist 1. Bei Einhaltung der Grenzwerte braucht eine fruchtschädigende Wirkung nicht befürchtet zu werden.

6.3.3
Krebserzeugende Wirkung von schwefelsäurehaltigen Aerosolen

In einer Literaturstudie der WHO International Agency for Research on Cancer (IARC) [116] von 1992 wurde eine krebserzeugende Wirkung von Nebeln und Dämpfen starker anorganischer Säuren, unter anderem auch Schwefelsäure, abgeleitet. Die Zusammenfassung basierte auf verschiedenen Studien, die eine Häufung von Kehlkopfkrebs in verschiedenen Arbeitsgruppen, die solchen Nebeln beschränkt auf bestimmte Nutzerindustrien ausgesetzt waren, auswiesen.

Die US American Conference of Government Industrial Hygienists (ACGIH) klassifizierte »Schwefelsäure enthalten in starken anorganischen Säurenebeln« als »Suspected Human Carcinogen« (A2).

Eine unabhängige Sichtung der epidemiologischen Daten durch die University of Alabama-Birmingham im Auftrag der European Sulphuric Acid Association, ESA, und der US Chemical Manufacturers Association ergab ausreichende Beweise für eine Verbindung von Arbeitsplatzexposition mit Schwefelsäuren, die starke anorganischen Säurenebel enthalten, und Kehlkopfkrebs. Eine Überlagerung mit anderen Expositionen am Arbeitsplatz und den Lebensgewohnheiten war gegeben.

Die Hersteller von Schwefelsäure haben daher 1992 allen Verwendern die strikte Einhaltung einer Arbeitsplatzkonzentration von < 1 mg H_2SO_4 pro Kubikmeter nahegelegt. Vorsorglich wurde dieses in die Sicherheitsdatenblätter übernommen.

»Erfahrungen beim Menschen: Bei bestimmten Prozessen mit Entstehung von Nebeln starker anorganischer Säuren, die auch Schwefelsäure enthalten, besteht nach Ansicht der International Agency of Cancer (IARC) ein Krebsrisiko für den Atemtrakt beim Menschen«.

Mit der MAK-Liste 1999 der Senatskommission zur Prüfung gesundheitsgefährlicher Arbeitsstoffe [117] wurde die Schwefelsäure in die neue Kategorie 4 für krebserzeugende Arbeitsstoffe eingestuft. Da bei den Stoffen der Kategorie 4 aufgrund der nicht-linearen Dosis-Wirkungs-Beziehung von einer Wirkungsschwelle auszugehen ist, wird bei Einhaltung des MAK- bzw. BAT-Wertes kein nennenswerter Beitrag zum Krebsrisiko für den Menschen geleistet.

Grundlage für die Einstufung von Schwefelsäure ist die Entstehung von Tumoren nach Exposition gegen hohe Säureaerosol-Konzentrationen. Gleichzeitig wurde der MAK-Wert von der DFG ab Juni 2000 auf 0,1 mg Nm^{-3} gesenkt, weil es bei dieser Konzentration unter Arbeitsplatzbedingungen zu keinen Reizwirkungen am Atemtrakt kommt und auch nicht mit relevanten Änderungen bei der Selbstreinigung der Lunge (mukoziliäre Clearance) zu rechnen ist.

Bei der Überarbeitung der Messtechnik bis zu einer Nachweisgrenze von < 0,1 mg m^{-3} ergaben sich große Schwierigkeiten [118]. Die validierten Messverfahren sind unter BIA-Methoden (BIA-Arbeitsmappe Blatt 8580, Schwefelsäure 1,2) festgelegt. Zu den Luftgrenzwerten siehe Abschnitt 6.3.2.

Eine Festlegung eines Grenzwertes für Schwefelsäure-Aerosole für krebserzeugende Substanzen ist bisher nicht erfolgt.

Die Empfehlung des Scientific Committee on Occupational Exposure Limits (SCOEL) für Schwefelsäure vom November 2002 lautet:

8-h TWA (time weighted average): 0,05 mg m^{-3}
STEL (short term exposure limit) (15 min): 0,1 mg m^{-3}
Additional classification: none

Dieses stützt sich insbesondere auf Humandaten und das Ergebnis des Tierversuches [119].

Die gesamten toxikologischen Erkenntnisse über Schwefelsäure wurden im Rahmen des OECD Programms »HPV Chemicals« als »IUCLID Data Set Existing Chemical ID: 7664-93-9« im Jahr 2000 zusammengefasst und publiziert [120].

7
Literatur

Allgemeine Literatur

Winnacker-Küchler, 4. Aufl., Bd. 2, S. 1–91.
Sulphur, *The Magazine for the World Sulphur and Sulphuric Acid Industries*, **1980–2001**, British Sulphur Publishing – a Division of CRU Publishing Ltd, www.britishsulfur.com.
Ullmann's Encyclopedia of Industrial Chemistry, 6th ed., **1999**, electronic release, a) *Sulfur*, b) *Sulfur Dioxide*, c) *Sulfuric Acid and Sulfur Trioxide*.
Kirk-Othmer, 4.Aufl. **1997**, a) *Sulfuric Acid and Sulfur Trioxide*, b) *Sulfonic Acids*.
U. H. F. Sander, H. Fischer, U. Rother, R. Kola: *Sulphur, Sulphur Dioxide and Sulphuric Acid*, B. S. C. Ltd and Verlag Chemie International Inc., Weinheim, **1982**.

Im Text zitierte Literatur

1   U. S. Geological Survey: *Mineral Commodity Summaries*, Januar **2002**, 162–163; http://minerals.usgs.gov/minerals/pubs/commoditiy/sulfur/.
2   U. S. Geological Survey: *Mineral Commodity Summaries*, Januar **2003**, 164–165.
3   U. S. Geological Survey: *Minerals Yearbook* **2001**, Sulfur, B. A. Ober, 75.1–75.21; http://minerals.usgs.gov/minerals/pubs/commoditiy/sulfur/.
4   *Sulphur* **2000**, *281*, 18–23.
5   *Sulphur* **1997**, *249*, 20–29.
6   *Sulphur* **2001**, *275*, 21–23.
7   D A. Buckingham, J. A. Ober, *Sulfur Statistics*, August 30, **2002**,

http://minerals.usgs.gov/minerals/pubs/of01–006/sulfur.xls.
8   J. A. Ober, V. A. Reston: *U. S. Geological Survey: Materials Flow of Sulfur*, Open-file Report 02–298, **2002**; http://minerals.usgs.gov/minerals/pubs/commodity/sulfur/.
9   G. Fleischer, M. Bargfrede, U. Schiller: Untersuchung des Standes der Technik zur Vermeidung und Verwertung von Abfallsäuren und Gipsen mit produktionsspezifischen Beimengungen, *Forschungsbericht 103 01375/06 UBA-FB 94–136, Band I: Säuren aus der chemischen Industrie*, Technische Universität Berlin, **1994**.
10 *Sulphur* **2001**, *273*, centre pages.
11 *Ullmann's Encyclopedia*, Bd. A25, VCH Verlagsgesellschaft, Weinheim, **1994**, S. 507–567.
12 *Sulphur* **2000**, *266*, 28–29.
13 K.-W. Eichenhofer, K.-P. Grabowski, G. Dräger, M. Kürten, M. Schweitzer, EP Pat. 129 5849 (2001), Bayer AG.
14 Acid recycle on the Rhine. *Sulphur* **1994**, *235*, 35–37.
15 G. Gross, G. E. Lailach, H. Grünig: Boosting Capacity of Sulphuric Acid-Recycling Plant with COAB Technology. British Sulphur conference, **2000**, 339–348; *Sulphur* **2000**, *270*, 75–80.
16 W. Röder, H. Wagner DE Pat. 100 24457A1 (2000), Sachtleben Chemie GmbH.
17 UBA, June **2001**, German Notes on BAT for the Production of Large Volume Solid Inorganic Chemicals, Titanium Dioxide, Institut für Umwelttechnik und Management an der Universität Witten/Herdecke GmbH, Witten.
18 The Sulphate Process- here to stay. *Sulphur* **1996**, *242*, 15–16.
19 S. Meininger, H. Reimann, G. Reimann, EP Pat. 007 28713 (1996) WSZ.
20 *Sulphur* **1998**, *258*, 58–64.
21 T. Allgulin, US Pat. 384 9537 (1972), Boliden AG.
22 US Pat. 574 4109 (1996), Asturiana de Zink SA.
23 A. Hideki, M. Yamada, K. Yamaguchi, US Pat. 420 6183 (1980), Dowa Mining Comp.
24 *Sulphur* **1990**, *207*, 37–42

25 CEFIC, CESAS: *Recommendations for the safe handling of liquid sulphur dioxide*, **1990**.
26 Lurgi Expressinformation C 1244/12.82, SO_2 100 %.
27 U. Neumann: The Wellmann Lord Process. *Chem Environ. Sci.* **1991**, *3*, 111–137.
29 *Sulphur* **2000**, *267*, 32–39.
29a Fraunhofer-Gesellschaft, Fraunhofer ICT, **2001**, P. Eyerer, P. Elsner http://www.ict.fhg.de/deutsch/scoepe/ae/liso2sys.html.
28 *Sulphur* **1996**, *243*, 26–35.
30 *Sulphur* **1996**, *243*, 53–60.
31 *Sulphur* **1996**, *245*, 45–52.
32 *Sulphur* **1997**, *251*, 47–53.
33 Lurgi Firmenschrift, H_2SO_4 Atlas, Juli **1990**, 1495 d, e/11.86.
34 *Sulphur* **1992**, *219*, 38–39.
35 *Sulphur* **1998**, *259*, 63–64.
36 D. R. McAlister, D. R. Schneider, Monsanto Comp. US, WO 91/14651, **1991**.
37 C. Cutchey, *Sulphur* **2000**, *270*, 56–60.
38 K. H. Daum, *Sulphur* **2001**, *276*, 49–66.
39 D. R. McAlister, S. A. Ziebold, EP Pat. 049 9290 (1984), US Pat. 467 0242 (1984), Monsanto.
40 Firmenschrift QVF Group: *Schwefelsäurekonzentrierung*, 4.94–2-2–78.0 DG/H+WK.
41 Firmenschrift QVF Group: *Sulphuric Acid Concentration*, QVF-Standard-Process-Plants, P117E.0,5/00 OK.
42 NACE RP–02–94, *Design, fabrication and inspection of tanks for the storage of concentrated sulphuric acid and oleum at ambient temperatures* – Item No. 21 063.
43 D. Behrens: *Dechema Corrosion Handbook*, Vol. 1, *Sulfuric acid*, Dechema, Frankfurt, **1999**; *Dechema Corrosion Handbook*, Vol. 9, Dechema, Frankfurt, **1999**.
44 *Sulphur* **1989**, *201*, 23–32.
45 European Sulphuric Acid Association (ESA/CEFIC): *Best Available Techniques Reference Document on the Production of Sulphuric acid*, **1999**, bat-esa 990720.pdf.
46 VDI-Richtlinien VDI: *Measurement of gaseous Emissions, Measurement of the Sulfur-Trioxid Concentration*, 2-Propanol Method, VDI 2462 Part 7 (März **1985**).
47 VDI-Richtlinien VDI: *Messen der Schwefeldioxid-Konzentration, Leitfähig-*

keitsmeßgerät Mikrogas-MSK-SO2-E1, VDI 2462 Blatt 5 (Juli **1979**).

48 VDI-Richtlinien VDI: *Messen der Schwefeldioxid-Konzentration, Infrarot Absorptionsgeräte UNOR 6 und URAS 2*, VDI 2462 Blatt 4 (August **1975**).

49 VDI-Richtlinien VDI: *Messen der Schwefeldioxid-Konzentration, Wasserstoffperoxid-Verfahren*, VDI 2462 Blatt 2/3 (Februar **1974**).

50 VDI-Richtlinien VDI: *Messen der Schwefeldioxid-Konzentration, Jod-Thiosulfat-Verfahren*, VDI 2462 Blatt 1 (Februar **1974**).

51 VDI-Richtlinien VDI: *Measurement of gaseous Emissions, Measurement of the Sulfur-Dioxide Concentration, H_2O_2 Thorin method*, VDI 2462 Part 8 (März **1985**).

52 W. H. Bortle, Jr., S. L. Bean, M. D. Dulik, US Pat. 05266296 (1991), General Chemical Corp.

53 G. Lipfert, H. Berthold, B. Haase, M. Hessler, W. Mueller, N. Schulz, H. J. Reinhardt, DD Pat. 00277172 (1988), VEB Leuna-Werke »Walter Ulbricht.

54 R. J. Hoffmann, S. L. Bean, P. Seeling, J. W. Swaine, DE Pat. 2703480 (1976), Allied Chemical Corp.

55 R. L. Zeller, III, D. L. Johnson, US Pat. 5567406 (1995).

56 J. W. College, EP Pat. 0775515 (1995), Dravo Lime Company.

57 P. Schoubye, EP Pat. 00928774 (1998), Haldor Topsoe A/S.

58 M. C. Anderson, S. P. White, R. E. Shafer, US Pat. 2002131927; WO Pat. 2002072243 (2001).

59 *Römpp Lexikon Chemie – Version 2.0*, Georg Thieme Verlag, Stuttgart– New York, **1999**.

60 W. B. Darlington, C. H. Hoelscher, US Pat. 04605545 (1985), PPG Industries, Inc.

61 D. C. Munroe, EP 00587429 (1992), Morton International, Inc.
P. R. Sanglet, US Pat. 4788041 (1986), Morton Thiokol, Inc.

62 J. L. Bush, C. E. Winslow, EP Pat. 00410585 (1989), Hoechst Celanese Corp.

63 C. E. Winslow, Jr., J. L. Bush, L. C. Ellis, EP Pat. 00399780 (1989), Hoechst Celanese Corp.

64 X. Zhang, J. Huang, J. Tao, CN Pat. 01273940 (1999), Yantai City Jinhe Vat Powder Factory; CA 134:328581.

65 S. Bitterlich, W. Hesse, B. Leutner, K.-H. Wostbrock, DE Pat. 04437253 (1993), BASF AG.

66 W. Thiele, K. Wildner, H. Matschiner, M. Gnann, DE 19954299, **1999**, Eilenberger Elektrolyse- und Umwelttechnik GmbH.

67 B. Leutner, J. Ebenhoech, U. Meyer, S. Lukas, S. Schreiener, G. Treiber, M. Wolf, EP Pat. 0481298 (1991), BASF AG.

68 www.bayer.de/de/bayer/schule/pdf/farbstoffe.pdf.

69 E. Beckmann, R. Krüger DE Pat. 19905395 (1999), BASF AG.

70 G. M. Sellers, DE Pat. 03735801 (1986), Occidental Chemical Corp.

71 G. Jonas, DE Pat. 03022879 (1980), Bayer AG.

72 Rudolf, C. Kain, G. Juenemann, DD Pat. 00232399 (1983), VEB Chemiekombinat Bitterfeld.

73 H. Matthews, F. Arnold, H.-J. Schoebel, O. Steiner, DD Pat. 00253809 (1986), VEB Synthesewerk Schwarzheide.

74 W. M. Cicha, L. E. Manzer, US Pat. 05759508 (1997), E. I. Du Pont de Nemours and Co.

75 W. M. Cicha, L. E. Manzer, US Pat. 05879652 (1997), E. I. Du Pont De Nemours and Company.

76 F. E. Evans, K. H. Schroeder, W. J. Wagner, WO Pat. 09006284 (1988), Allied-Signal, Inc.; CA 113:81609.

77 M. Hostalek, W. Büttner, R. Hafner, L. Chib Peng, C. Kan, E. Seitz, E. Friedel, EP Pat. 1242306 (**1999**), Merck.

78 *Sulphur*, **2000**, *271*, 37–39.

79 K. H. Henke, M. Karg, EP Pat. 00084337 (1982), Hoechst AG.

80 G. Hofmann, R. Schmitz, DE Pat. 03723292 (1987).

81 B. Asano, M. Olper: Innovative process for treatment of sulfuric acid waste liquids with recovery of anhydrous sodium sulfate, in *Proceedings of the industrial waste conference*, **1989**, 43rd, 45–50.

82 H. v. Plessen, H. Kau, G. Münster, W. Scheiblitz: Verwertung von Natrium-

sulfat. *Chem. Ing. Tech.* **1989**, *61 (12)*, 933–940.

83 *Chem. Eng. News* **2001**, June 25, 77.

84 D. S. Kostick, *Sodium Sulfate* **1997**, 72.1–8.

85 IFADATA Bank: *Fertilizer Consumption Statistics.*

86 A. Chauvel, Y. Barthel, C. Loussouarn: Sources of and market for ammoniumsulfat. *Revue de l'Institut Français du Pétrole* 1987, *42 (2)*, 207–226.

87 U. S. Geological Survey: *Mineral Commodities Summaries*, January **2003**, Gypsum, 78–79; http://minerals.usgs.gov/minerals/pubs/commodity/gypsum/.

88 IGE Industrie-Gruppe Estrichstoffe im Bundesverband der Gips- und Gipsbauplattenindustrie: Die Rohstoffe für Calciumsulfat-Fließestriche, *Dokumentation Nr.2*, **1997**, 11 S.; http://www.calciumbo.de.

89 M. Rubaud, R. Cope: Du calciumsulfat au plâtre. *Pétrole et Techniques* **1999**, *419*, 86–89.

90 *Rohstoffwirtschaftliche Länderstudien, XXXIII Bundesrepublik Deutschland – Rohstoffsituation 1999*, Tabellenanhang A-77; Hannover **2000**.

91 S. Monden, M. Sakata, Y. Yamamoto, in H. Henein, T. Oki, (Hrsg.): *Int. Conf. Process. Mater. Prop.*, 1st, Miner. Met. Mater. Soc, Warrendale, Pa, **1993**, 129–132; CA 120:195165.

92 J. Liu, P. Yi, D. Tang, *Huanjing Gongcheng* **1996**, *14(6)*, 23–27; – CA 127:20444.

93 R. Steffen, EP Pat. 003 47603 (1988), Hoesch Stahl AG.

94 U. Selter, WO Pat. 03/011760 (2001), Sachtleben Chemie.

95 D. Amirzadesh-Asl, K.-H. Schwarz, DE Pat. 100 05685 (2001), Sachtleben Chemie.

96 B. Kroeckert, K. D. Velleman, W. Bockelmann, G. Wiederhoeft, G. Lailach, EP Pat. 006 59687 (1993), Bayer AG.

97 U. Holtmann, DE Pat. 400 3608 (1990), Bayer AG.

98 H. Mattila, T. Kenakkala, O. Konstari, US Pat. 576 6566 (1995), Kemira Pigments Oy.

99 R. Derka, B. P. M. Jaroslav Industries INC, USA, CA 1336856, **1988**.

100 G. Dorin, RO Pat. 000 91874 (1987), Intreprinderea Chimica »Dudest«.

101 R. Miller, US Pat. 046 93881 (1987), T-Thermal, Inc.

102 S. Hiromi, S. Toshikazu, EP Pat. 002 80750 (1988), Dowa Mining Co. Ltd.

103 H. Oechsner, S. Havarda: Entschwefelung von Biogas durch Eisen-II-Sulfat., in Fachverband Biogas (Hrsg.): *Fachverband Biogas Tagung* **2000** – mit Biogas ins nächste Jahrtausend, 10.–13. 01. 2000. S. 145–151.

104 W. Weisweiler, E. Herrmann, R. Schmitt, I. Zimmer: Entwicklung eines simultanen DeNOx/DeSOx-Verfahrens in der zirkulierenden Wirbelschicht. *Chem. Ing. Tech.* **1991**, *63*, 258–259.

105 A. M. Leon, US Pat. 046 95443 (1985), Stauffer Chemical Co.

106 Bundesministerium für Umwelt, Naturschutz und Reaktorsicherheit, Erste Allgemeine Verwaltungsvorschrift zum Bundes-Immissionsschutzgesetz, Technische Anleitung zur Reinhaltung der Luft – TA Luft, Vom 24. Juli **2002**, 5.4.4.1.m.2 Anlagen zur Herstellung von Schwefeldioxid, Schwefeltrioxid, Schwefelsäure und Oleum, 5.4.4.1.p.1 Anlagen zur Herstellung von Schwefel.

107 VDI-Richtlinien VDI, Emission control Sulphuric Acid Plants, VDI 2298 (September **1984**).

108 European IPPC Bureau: Reference Document on Best Available Techniques for Mineral Oil and Refineries, December **2001**.

109 European IPPC Bureau, Reference Document on Best Available Techniques in the Non Ferrous Metals industries, December **2001**.

110 European IPPC Bureau, Reference Document on Best Available Techniques for Large Volume Chemicals – Ammonia, Acids and Fertilizers (LVIC-AAF), LVIC-AAF, BREF Draft 2, 08, **2004**.

111 CEFIC, European Sulphuric Association (ESA): Best Available Techniques Reference Document on the Production of Sulphuric acid, 20/07/**1999**; www.cefic.be/files/publications/bat-esa990720.pdf.

112 CEFIC, European Sulphuric Association (ESA): *Best Available Techniques for Pollution Prevention and Control in the Euro-*

pean Sulphuric Acid and Fertilizer Industries, Booklet No. 3: Production of Sulphuric Acid, **2000**.

113 H. Wiesenberger, J. Kircher: Stand der Technik in der Schwefelsäureerzeugung, *Monographien Band 137*, Umweltbundesamt Österreich, Wien, **2001**.

114 Umweltdaten Deutschland **2002**, Umweltbundesamt.

115 Berufsgenossenschaftliches Institut für Arbeitsschutz- BIA: *Zusammenstellung der Luftgrenzwerte*, 10.03.**2003**.

116 IARC Monographs on Cancer Risks, Vol. 54, *Occupational Exposures to mists and vapours from strong inorganic acids, and other industrial chemicals*, **1992** (www.iarc.fr).

117 DFG: *MAK- und BAT-Werte-Liste 1999*, Nr. 34, 13. Juli **1999**.

118 W. Krämer, H. F. Bender, G. Leuppert, P. Fischer, K. Fischer, K. Gusbeth, D. Breuer: Messung von Schwefelsäure in verschiedenen Arbeitsbereichen, *Gefahrstoffe – Reinhaltung der Luft* **2002**, 62 (1/2), 45–5.1

119 J. Kilgour: *Sulphuric acid aerosol: 28 day sub-acute inhalation study in the rat*. Report No. CTL/P/6278. Central Toxicology Laboratory, Alderley Park, Cheshire, UK, **2000**.

120 http://cs3-hq.oecd.org/scripts/hpv/sidsv-10-2-7664939.pdf, April **2003**.

2
Anorganische Stickstoffverbindungen

Thomas Böhland, Ernst Gail, Stephen Gos, Theo van Hoek, Rupprecht Kulzer, Bernd Langanke, Willi Ripperger, Peter M. Schalke, Hans Jörg Wilfinger

1	Entwicklung der Stickstoffindustrie *177*
2	**Ammoniak** *180*
2.1	Einleitung *180*
2.2	Synthesegasherstellung aus Erdgas durch Steam-Reforming *185*
2.2.1	Erdgasreinigung *185*
2.2.2	Steam-Reforming *186*
2.2.2.1	Betriebsbedingungen und Katalysatoren *186*
2.2.2.2	Technische Ausführungsformen konventioneller Primär- und Sekundärreformer *191*
2.2.2.3	Verfahren zur Entlastung des Primärreformers *199*
2.2.3	Konvertierung des CO *203*
2.2.4	CO_2-Entfernung *206*
2.2.5	Methanisierung *208*
2.3	Die Ammoniak-Synthese *209*
2.3.1	Physikalisch-chemische Grundlagen und Katalysatoren *209*
2.3.2	Genereller Aufbau einer Syntheseschleife *215*
2.3.3	Synthesegas-Kompression *217*
2.3.4	Synthesereaktoren (Konverter) *218*
2.3.5	HD-Dampfgewinnung *224*
2.3.6	Aufarbeitung der Purge- und Entspannungsgase *225*
2.3.6.1	Wasserstoffrückgewinnung durch Tieftemperatur-Zerlegung *226*
2.3.6.2	Wasserstoffrückgewinnung durch Membranverfahren *226*
2.4	Beispiele von Einstranganlagen auf Erdgasbasis *227*
2.4.1	Ammoniakverfahren der Firma Uhde *228*
2.4.1.1	Konventionelles Uhde-Verfahren (Low-Energy Concept) mit zwei Konvertern *229*
2.4.1.2	Das Uhde Zweidruckverfahren *232*
2.4.2	Ammoniakverfahren der Firma Haldor-Topsøe *232*
2.4.3	Ammoniakverfahren der Firma Halliburton KBR (früher: Kellogg, Brown & Root) *235*

Winnacker/Küchler. *Chemische Technik: Prozesse und Produkte*.
Herausgegeben von Roland Dittmeyer, Wilhelm Keim, Gerhard Kreysa, Alfred Oberholz
Band 3: Anorganische Grundstoffe, Zwischenprodukte.
Copyright © 2005 WILEY-VCH Verlag GmbH & Co. KGaA, Weinheim
ISBN: 3-527-30768-0

2.4.4	MEGAMMONIA-Konzept von Lurgi und Ammonia Casale	237
2.5	Ammoniakanlagen auf Basis von Schwerölen und Kohle	238
2.5.1	Synthesegasherstellung aus Schwerölen	238
2.5.2	Synthesegasherstellung aus Kohle	242
2.6	Kapazitäten, Produktion und Handel	242
2.7	Lagerung und Transport	244
3	**Salpetersäure**	**248**
3.1	Oxide des Stickstoffs	248
3.2	Eigenschaften und Verwendung von Salpetersäure	250
3.3	Herstellung von Salpetersäure	251
3.3.1	NH_3-Oxidation	253
3.3.1.1	Ammoniak-Oxidation mit Luft	253
3.3.1.2	Ammoniak-Oxidation mit Sauerstoff	256
3.3.2	Oxidation des Stickoxids und Gewinnung von Salpetersäure	256
3.3.3	Verfahrensvarianten	259
3.3.4	Typische Konstruktionen und Werkstoffe	262
3.3.4.1	Brenner und Abhitzekessel	262
3.3.4.2	Absorptionstürme	263
3.3.4.3	Maschinen	264
3.3.4.4	Werkstoffe	265
3.4	Emissionen von Stickoxiden (nitrosen Gasen)	266
3.4.1	Katalytische Reinigungsverfahren	267
3.4.1.1	Selektive katalytische Reinigung	267
3.4.1.2	Katalytische Reinigung mit Kohlenwasserstoffen	268
3.4.2	Sonstige Reinigungsverfahren	268
3.5	Herstellung von konzentrierter Salpetersäure	269
3.5.1	Herstellung aus wasserhaltiger Salpetersäure	270
3.5.1.1	Konzentrierung mit Schwefelsäure	270
3.5.1.2	Konzentrierungen mit Nitrat-Lösungen	271
3.5.2	Herstellung von wasserfreier Salpetersäure nach dem direkten Verfahren	272
3.6	Verarbeitung von Abfallsäure	275
4	**Salze der Salpetersäure und Salpetrigen Säure**	**275**
4.1	Natriumnitrat	275
4.1.1	Natriumnitrat aus Chilesalpeter	275
4.1.2	Natriumnitrat und Natriumnitrit aus nitrosen Gasen	276
4.2	Ammoniumnitrat	277
4.3	Ammoniumnitrit	281
4.4	Calciumnitrat	281
4.5	Kaliumnitrat	281

5	**Ammoniumsalze** *282*	
5.1	Ammoniumchlorid *282*	
5.2	Ammoniumcarbonate und Ammoniumcarbamat *283*	
6	**Harnstoff** *284*	
6.1	Einleitung *284*	
6.2	Physikalische Eigenschaften *285*	
6.3	Chemische Eigenschaften und Verwendung *286*	
6.4	Physikalisch-chemische Grundlagen der technischen Harnstoffherstellung *288*	
6.5	Technische Prozesse *292*	
6.5.1	Stamicarbon CO_2-Stripping-Prozess *292*	
6.5.2	Das UREA 2000plus-Verfahren mit Pool-Kondensator oder Pool-Reaktor *294*	
6.5.3	Der ACES-Prozess der Toyo Engineering Company *297*	
6.5.4	Andere Harnstoffverfahren *301*	
6.6	Herstellung und Lagerung von festem Harnstoff *303*	
6.6.1	Prillung und Granulation *303*	
6.6.2	Lagerung *306*	
7	**Hydrazin** *307*	
7.1	Wirtschaftliche Bedeutung *307*	
7.2	Herstellung *308*	
7.2.1	Raschig-Verfahren *308*	
7.2.2	Harnstoffverfahren *309*	
7.2.3	Bayer-Verfahren *310*	
7.2.4	H_2O_2-Verfahren *311*	
7.3	Verwendung *312*	
8	**Hydroxylamin**[1] *313*	
8.1	Wirtschaftliche Bedeutung *313*	
8.2	Produktionsverfahren *313*	
8.2.1	Übersicht *313*	
8.2.2	Das modifizierte Raschig-Verfahren *314*	
8.2.3	Katalytische Hydrierung von Stickstoffoxid *315*	
8.2.4	HPO-Verfahren *316*	
8.2.5	Vergleich der technischen Verfahren *317*	
8.3	Freie Base Hydroxylamin *317*	
8.3.1	Herstellung *317*	
8.3.2	Physikalische Eigenschaften *318*	
8.3.3	Chemische Eigenschaften *318*	
8.4	Hydroxylammoniumsalze *318*	
8.4.1	Herstellung *318*	
8.4.2	Eigenschaften *319*	
8.4.2.1	Physikalische Eigenschaften *319*	

8.4.2.2   Chemische Eigenschaften   *319*
8.5   Toxikologie, Ökologie   *320*
8.6   Verwendung   *320*

9   Blausäure, Cyanide und Cyanate   *321*
9.1   Historisches   *321*
9.2   Cyanwasserstoff   *321*
9.2.1   Eigenschaften   *321*
9.2.2   Herstellverfahren   *322*
9.2.2.1   Überblick   *322*
9.2.2.2   Andrussow-Verfahren   *323*
9.2.2.3   BMA-Verfahren   *324*
9.2.2.4   Shawinigan-Verfahren   *324*
9.2.2.5   Aufarbeitung der Prozessgase   *325*
9.2.2.6   Sohio-Verfahren   *326*
9.2.3   Lagerung und Transport   *327*
9.2.4   Verwendung   *327*
9.3   Alkalicyanide   *328*
9.3.1   Eigenschaften   *328*
9.3.2   Herstellung   *328*
9.3.3   Verwendung   *329*
9.4   Komplexe Eisencyanide   *329*
9.4.1   Alkali- und Erdalkalihexacyanoferrat(II)   *329*
9.4.2   Kaliumhexacyanoferrat(III)   *330*
9.4.3   Eisenblau-Pigmente   *331*
9.5   Cyanate   *332*
9.6   Thiocyanate   *333*
9.6.1   Eigenschaften und Verwendung   *333*
9.6.2   Herstellverfahren   *333*
9.6.2.1   Herstellung von Ammoniumthiocyanat aus Ammoniak und Schwefelkohlenstoff   *333*
9.6.2.2   Herstellung von Ammoniumthiocyanat aus Kokereigas   *334*
9.6.2.3   Herstellung von Natriumthiocyanat aus Ammoniumthiocyanat   *334*
9.6.2.4   Herstellung von Natriumthiocyanat aus Natriumcyanid   *334*
9.7   Umweltschutz und Toxikologie   *334*
9.7.1   Toxizität von Blausäure und Cyaniden   *334*
9.7.2   Entgiftung cyanidhaltiger Abfallstoffe   *335*
9.8   Zusammenfassung und Ausblick   *336*

10   Literatur   *337*

1
Entwicklung der Stickstoffindustrie (siehe auch Düngemittel, Bd. 8)

Obwohl Stickstoff zu 78,1% Volumenanteil in der Luft enthalten ist, steht dieses Element erst an 28. Stelle in der Häufigkeit der Elemente der Erdkruste. Außer im Chilesalpeter sind stickstoffhaltige Mineralien selten anzutreffen. Bei der Herstellung aller technischen Stickstoffverbindungen wird deshalb von Luft ausgegangen. Das N_2-Molekül enthält Stickstoff in der stabilsten Bildungsform. Es müssen 942 kJ mol^{-1} aufgewendet werden, um N_2 in N-Atome zu spalten.

Nachdem JUSTUS VON LIEBIG um 1840 die Grundlagen der Düngung erarbeitet hatte, entstand in der Landwirtschaft eine große Nachfrage nach Stickstoffverbindungen. Die Stabilität des Stickstoffmoleküls verhinderte lange die industrielle Herstellung von Stickstoffdüngemitteln. Zu Beginn des 20. Jahrhunderts wurden lediglich zwei Verfahren für die Erzeugung von Stickstoffdüngern genutzt. Aufgrund von Arbeiten von ROTHE, FRANK-CARO und POLZENIUS wurde Kalkstickstoff aus Calciumcarbid und Luftstickstoff gewonnen. Große Anlagen wurden von den Bayerischen Stickstoffwerken und der Aktiengesellschaft für Stickstoffdünger errichtet. Bei den aus den Bayerischen Stickstoffwerken 1939 entstandenen Süddeutschen Kalkstickstoffwerken (SKW), die seit 2001 zum Degussa-Konzern gehören, wird heute noch Kalkstickstoff hergestellt (siehe Carbide und Kalkstickstoff, Abschnitt 2). Ein zweiter Weg zur Herstellung von Stickstoffdüngern wurde in Norwegen und den USA entwickelt, wo billige Elektrizität zur Verfügung stand. Bei dem Lichtbogenverfahren, das auf Untersuchungen von BIRKELAND-EYDE und SCHÖNHERR beruht, wurden Stickstoff und Sauerstoff bei ca. 3000 °C zu Stickoxiden vereinigt.

Die entscheidende technische Lösung für die Bedarfsdeckung an Stickstoffdüngern für die Landwirtschaft brachte die Ammoniaksynthese aus Stickstoff und Wasserstoff. NERNST hatte die theoretischen Voraussetzungen geschaffen, HABER und ROSSIGNOL gelang die erste Durchführung der Reaktion im Labormaßstab. Unter der Leitung von CARL BOSCH wurde bei der BASF in Ludwigshafen das Verfahren zur technischen Reife entwickelt, wobei die Lösung von drei Problemen im Vordergrund stand: Herstellung von billigem Wasserstoff und Stickstoff, Auffindung eines stabilen Katalysators sowie die Entwicklung geeigneter Apparate und Regeltechniken für die Hochdrucksynthese. Die Entwicklung des Haber-Bosch-Verfahrens hat die moderne technische Chemie, insbesondere die Katalyse, die Hochdrucktechnik sowie die Mess- und Regeltechnik entscheidend befruchtet. Sie bildete zugleich den Grundstein für eine Reihe neuer Synthesen, z. B. des Methanols und der technischen Gewinnung von Kohlenwasserstoffen aus Kohle.

1913 wurde die erste Anlage zur Herstellung von Ammoniak nach HABER-BOSCH in Oppau bei Ludwigshafen mit einer Leistung von 30 t d^{-1} NH$_3$ nach nur etwa vierjähriger Entwicklungszeit einer völlig neuen Technologie in Betrieb genommen. Ende 1916 betrug die Tagesleistung in Oppau bereits 250 t d^{-1} NH$_3$. In Leuna wurde 1917 eine zweite Produktionsanlage mit einer Kapazität von 100 t d^{-1} NH$_3$ errichtet. Die Leistung wurde Ende des Krieges auf 700 t d^{-1} NH$_3$

gesteigert. Nach dem ersten Weltkrieg entstanden Ammoniak-Produktionsanlagen in vielen Ländern. Vor der Weltwirtschaftskrise erreicht die gesamte Stickstofferzeugung der Welt $2 \cdot 10^6$ t a^{-1}. Dann wurde der stetige Anstieg unterbrochen und erst 1936 die gleiche Produktionsmenge wie vor der Wirtschaftskrise erreicht. 1938/39 stieg die Produktion auf $3 \cdot 10^6$ t a^{-1} N; während der Kriegsjahre beschränkte sich der zusätzliche Bedarf auf militärische Zwecke. Nach dem zweiten Weltkrieg wuchs die Erzeugung erneut und erreichte 1963 $24 \cdot 10^6$ t a^{-1} N. 1982 überschritt die Welt-Ammoniak-Kapazität die Grenze von $100 \cdot 10^6$ t a^{-1} N. In den folgenden zwanzig Jahren vollzog sich dann eine moderatere Entwicklung. Die Kapazität wuchs im Durchschnitt um etwa $1 \cdot 10^6$ t a^{-1} N und erreichte 2002 eine Größe von $126 \cdot 10^6$ t a^{-1} N. Bis zum Jahr 2008 wird ein Kapazitätsanstieg auf ca. $135 \cdot 10^6$ t a^{-1} N prognostiziert. Von der Weltproduktion, die sich 2002 auf ca. $110 \cdot 10^6$ t N belief, wurden $85 \cdot 10^6$ t für die Herstellung von Düngemitteln verwendet. Der Rest entfiel auf die Erzeugung von chemischen Grundstoffen wie Acrylnitril, Caprolactam u. a. sowie auf Verluste.

Die stürmische Entwicklung, die sich nach dem Zweiten Weltkrieg vollzog, wurde durch die Wechselwirkung zwischen technischem Fortschritt und der damit verbundenen Reduzierung der Kosten, der Nachfrage nach Düngemitteln sowie der Verfügbarkeit der benötigten Rohstoffe ermöglicht. Entscheidende Impulse gingen dabei von den USA aus.

Während der 90jährigen Geschichte der industriellen Ammoniakerzeugung fanden keine fundamentalen Änderungen im Syntheseprozess von NH_3 aus N_2 und H_2 statt. Entscheidende Fortschritte wurden jedoch bei der Herstellung des Synthesegases erzielt. Während bis etwa 1950 in Europa die Kohle der wichtigste Rohstoff blieb, konzentrierte man sich in den USA auf das in großen Mengen vorhandene billige Erdgas, und der Steam-Reforming-Prozess wurde zum dominierenden Weg der Synthesegaserzeugung. In Europa gewann der von ICI entwickelte Steam-Reforming-Prozess auf Basis Naphtha große Bedeutung, da Erdgas zunächst nicht in ausreichender Menge zur Verfügung stand. Parallel dazu vergrößerte sich die Anlagenkapazität. 1963 ging eine Anlage mit einer Kapazität von 500 t d^{-1} NH_3 in einer Produktionsstätte in den USA in Betrieb, in der erstmalig Zentrifugalkompressoren zur Verdichtung des Synthesegases eingesetzt wurden. Die Entwicklung der Welt-Ammoniak-Kapazität ist in Abbildung 1.1 gezeigt.

Weitere entscheidende Entwicklungen bei Katalysatoren, in der Metallurgie und der Fertigungstechnik, z. B. für Konverter, sowie in der Reinigung des Synthesegases kamen hinzu. Heute sind Anlagenkapazitäten von 1200–2000 t d^{-1} NH_3 die Regel. Das Ergebnis dieser Entwicklung ist eine deutliche Erniedrigung der Investitionskosten pro Tonne Kapazität und des Energiebedarfs pro Tonne NH_3. In den modernen integrierten Ammoniakanlagen, in denen Wärmeaustausch zwischen den Prozessstufen mit Wärmeüberschuss und denen mit Wärmebedarf durchgeführt wird, werden im günstigsten Fall ca. $28 \cdot 10^6$ kJ pro Tonne NH_3 gegenüber $38 \cdot 10^6$ kJ pro Tonne NH_3 vor dreißig Jahren benötigt. Damit liegt der spezifische Verbrauch nur noch ca. 20 % über dem theoretischen Energiebedarf für die Ammoniakherstellung.

Die Verfügbarkeit von billigem Ammoniak in großen Mengen war ein wichtiger Faktor für den schnellen Anstieg der Verwendung von Stickstoffdüngern. Zur Her-

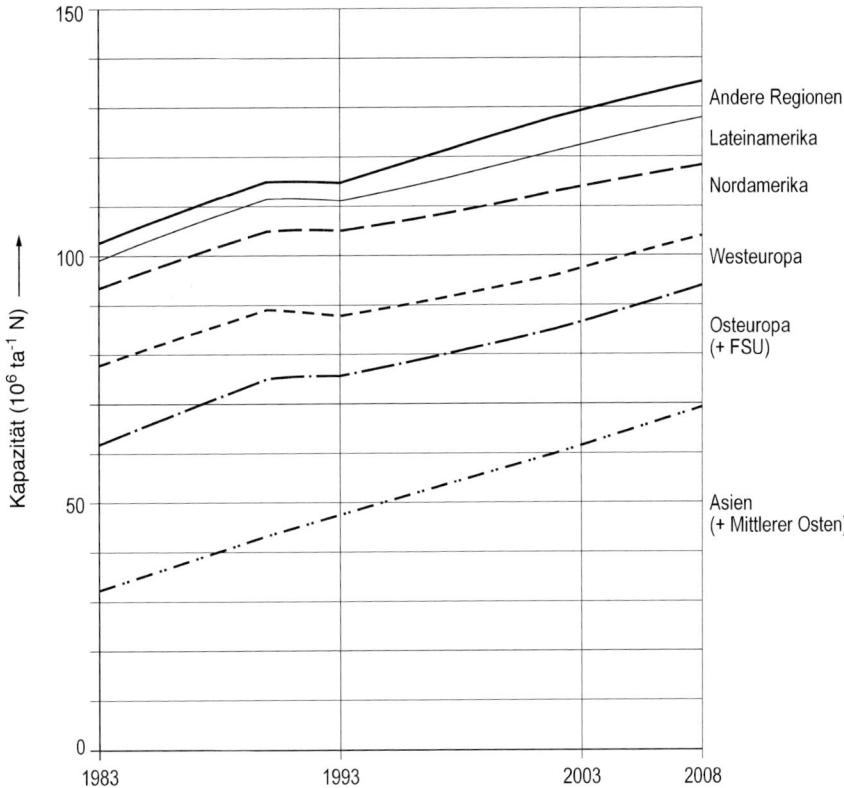

Abb. 1.1 Entwicklung der Welt-Ammoniak-Kapazität 1983–2008

stellung dieser für die Landwirtschaft so bedeutenden Produkte werden dabei weniger als 1% des Weltenergieverbrauchs benötigt. Der Bau von Anlagen zur Herstellung von Ammoniak erfolgt, wie in Abbildung 1.1 dargestellt, in neuerer Zeit hauptsächlich in Regionen mit hohem Verbrauchszuwachs und günstiger Energiesituation, während an den traditionellen Produktionsstandorten in Ost- und Westeuropa sowie in den USA Kapazitäten stillgelegt werden.

Dem internationalen Ammoniakhandel kommt wachsende Bedeutung zu. Dementsprechend wurden in den letzten Jahren große exportorientierte Ammoniakanlagen in Ländern errichtet, die über preiswertes Erdgas verfügen.

Nach Nutzung der Rohstoffkostenvorteile wird nun eine weitere Senkung der Produktionskosten durch Erhöhung der Anlagenkapazitäten weit über die bisherige Grenze von 2000 t d^{-1} hinaus angestrebt. Anlagenbauer bieten entsprechende Konzepte für Einstranganlagen an, wobei bewährte Ausrüstungen zum Einsatz kommen. So nimmt im Jahr 2006 eine Ammoniakanlage mit einer Kapazität von 3300 t d^{-1} NH$_3$ ihren Betrieb in Saudi-Arabien auf, und Kapazitäten von über 4000 t d^{-1} NH$_3$ befinden sich in der Planung.

Da Ammoniak nur zu einem geringen Teil direkt zur Düngung eingesetzt werden kann, war es gleichzeitig mit der synthetischen Herstellung des Ammoniaks notwendig, Verfahren zur Gewinnung von Salpetersäure und Harnstoff sowie der verschiedenen anderen Düngemittel zu entwickeln. Pionierarbeit leistete W. OSTWALD, der im Jahr 1900 die Oxidation des Ammoniaks zu Stickstoffmonoxid an Platinkatalysatoren durchführte. Die Frank-Caro-Bamag-Gruppe sowie die Werke der späteren IG Farben entwickelten daraus technische Verfahren zur Herstellung von Salpetersäure. Die im Jahr 1918 fertig gestellte Ammoniak-Verbrennungsanlage der Farbwerke Hoechst hatte bereits eine Leistung von 30000 t a^{-1} N in Form von 40%iger Salpetersäure. Große Salpetersäureanlagen besitzen heute etwa die vierfache Kapazität.

2
Ammoniak

2.1
Einleitung

Ammoniak und seine beiden Folgeprodukte Harnstoff und Salpetersäure gehören zu den wichtigsten Chemikalien unserer Zeit. Sie und ihre Verbindungen sind eine wesentliche Grundlage unserer Ernährung und unseres Wohlstandes. Weltweit werden heute ca. $135 \cdot 10^6$ t Ammoniak erzeugt. Die Ammoniak-Synthese machte die Welt unabhängig von den natürlichen Stickstoffvorkommen wie Chilesalpeter und Guano.

Die Geburtsstunde der technischen Stickstoffindustrie war 1913/14 die Inbetriebnahme der ersten Hochdrucksyntheseanlage nach dem Haber-Bosch-Verfahren bei der BASF AG in Oppau, heute ein Stadtteil von Ludwigshafen/Rhein. Pro Tag konnten damals bis zu 30 t Ammoniak produziert werden, die Synthesereaktoren hatten einen Durchmesser von 30 cm, enthielten ca. 300 kg Magnetit-Katalysator und lieferten 3–5 t Ammoniak pro Reaktor und Tag [2.1, 2.2].

Heutige Einstranganlagen erzeugen mit einem Reaktor (engl. Converter) 2000 t Ammoniak und mehr pro Tag. Anlagen mit Kapazitäten von 3000 t pro Tag werden von Ingenieurfirmen bereits angeboten. Ein Vertrag zur Errichtung der weltweit ersten 3300 t NH_3 pro Tag Einstrang-Ammoniakanlage auf Erdgasbasis wurde im Mai 2003 zwischen der Fa. Uhde/Dortmund und der Saudi Arabian Fertilizer Company (SAFCO) abgeschlossen. Die Errichtung von Anlagen mit Kapazitäten bis zu 6000 t NH_3 pro Tag wird nicht mehr ausgeschlossen [2.3].

Parallel zur Ammoniak-Synthese entwickelten sich die Verfahren zur Herstellung des Synthesegases (siehe auch Industriegase, Band 4, Abschnitt 5), für die Ammoniak-Synthese ist dies ein Gemisch von Wasserstoff und Stickstoff im Molverhältnis von etwa 3:1. Die technische Ausgangsbasis für die Synthesegas-Herstellung bildeten zunächst die Verfahren der Stadtgas- und Kokereiindustrie zu Anfang des 20. Jh. Als Ausgangsstoffe dienten Luft, Wasserdampf und Koks. Der Sauerstoff der Luft und des Wassers wurde durch das Reduktionsmittel Koks aus dem System entfernt, da sich Koks bei hohen Temperaturen nach den Gleichungen

$$2\,C + O_2(+4\,N_2) \longrightarrow 2\,CO + 4\,N_2 \tag{2.1}$$
$$\text{(Generatorgas)}$$

$$C + H_2O \rightleftharpoons H_2 + CO \tag{2.2}$$
$$\text{(Wassergas)}$$

umsetzt. Da die Reaktion (2.1) exotherm, die Reaktion (2.2) dagegen endotherm verläuft, kombinierte man beide Reaktionen miteinander, indem man abwechselnd durch Überleiten von Luft den Koks auf 1000 °C erhitzte (»Heißblasen«) und dann durch Umschalten auf Wasserdampf gemäß Reaktion (2.2) Wassergas erzeugte (»Kaltblasen«), bzw. im kontinuierlichen Betrieb gleichzeitig Wasserdampf und Luft über das Koksbett leitete.

Das gebildete Kohlenmonoxid wurde bei niedrigeren Temperaturen mit weiterem Wasserdampf zu leicht aus dem System entfernbaren Kohlendioxid umgesetzt, unter gleichzeitiger Gewinnung von weiterem Wasserstoff:

$$CO + H_2O \rightleftharpoons CO_2 + H_2 \tag{2.3}$$

Dieses zwangsweise anfallende Kohlendioxid war Ansporn für die Entwicklung der Harnstoffsynthese und erklärt, warum viele Ammoniakanlagen mit einer Harnstoffanlage kombiniert sind.

Die drei Reaktionen bilden auch heute noch die Grundlage aller Verfahren zur Herstellung von Synthesegas, lediglich die Kohlenstoffbasis hat sich geändert. Mit der Entwicklung der Raffinerietechnik waren zunächst wasserstoffhaltige Abgase und Leichtbenzin (Naphtha) verfügbar, heute dient vor allem Methan, der Hauptbestandteil von Erdgas (siehe Industriegase, Band 4, Abschnitt 7) als Ausgangsstoff für die Ammoniakerzeugung. Etwa 70–75 % der heutigen Ammoniakproduktion basieren auf Erdgas als Ausgangsstoff.

Wegen seines günstigen H/C-Verhältnisses und der geringeren Nebenproduktbildung hat Methan als Rohstoff für die Synthesegasherstellung deutliche Vorteile gegenüber Kohle oder Rohölrückständen.

Die Umsetzung leichter Kohlenwasserstoffe von Erdgas (Methan) bis Naphtha (Siedeende 180/200 °C) mit Wasserdampf wird als Steam-Reforming bezeichnet und erfolgt katalytisch in sog. Röhrenöfen oder *Steam-Reformern*, bestehend aus vertikal in parallelen Reihen angeordneten Röhren, die mit Katalysator gefüllt sind und durch eine Anzahl von Brennern erhitzt werden. Der Prototyp eines solchen Steam-Reformers – ebenfalls von der BASF entwickelt – wurde 1931 von der Standard Oil of New Jersey zur Erzeugung von Wasserstoff aus Raffinerie-Abgasen eingesetzt. In den Folgejahren wurde dieses Verfahren besonders durch die Arbeiten der ICI kontinuierlich verbessert, vor allem durch bessere Ofenkonstruktionen und die Entwicklung aktiverer Katalysatoren. 1959 wurde der erste große Reformer mit Naphtha als Einsatzstoff nach dem Verfahren der ICI in Betrieb genommen [2.4].

Schweröle und Kohle sind für das Steam-Reforming nicht geeignet. Sie müssen durch partielle Oxidation mit angereicherter Luft oder Sauerstoff unter Zusatz von Wasserdampf vergast werden. Die Verfahren hierfür sind wesentlich aufwändiger

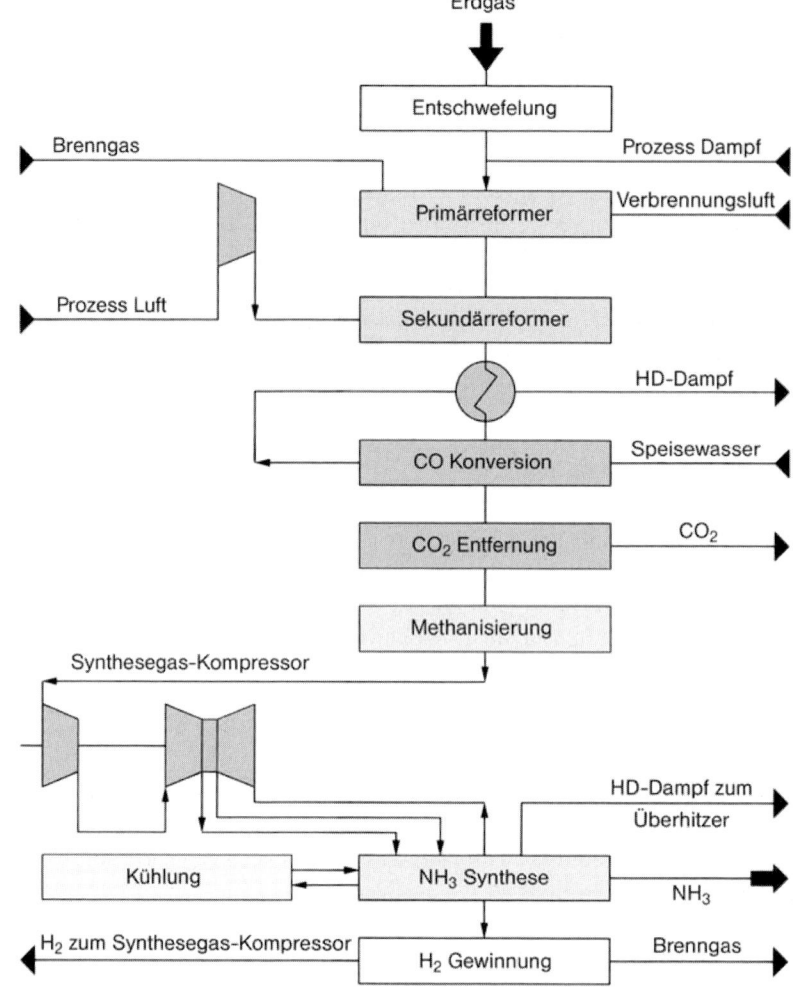

Abb. 2.1 Blockschema einer Ammoniakanlage auf Erdgasbasis (Fa. Uhde)

und nur für Länder ohne eigene Erdgasvorkommen oder mit billiger Kohle interessant. Abbildung 2.1 zeigt anhand eines Blockschemas den prinzipiellen Aufbau einer Ammoniakanlage nach dem Steam-Reforming-Verfahren mit Erdgas als Einsatzstoff.

Entschwefelung

Sowohl in der Gaserzeugung als auch in der Ammoniak-Synthese werden hochaktive aber empfindliche Katalysatoren eingesetzt. Erster Verfahrensschritt ist deshalb die Entfernung von Katalysatorgiften aus dem meist mit einem Druck von 20–40 bar anstehenden Erdgas. Als Gifte wirken insbesondere Schwefelverbindungen. Sie werden durch Hydrierung mit zugesetztem Wasserstoff an Cobalt/Molybdän-Katalysatoren in Schwefelwasserstoff umgewandelt, und dieser anschließend an einem Zinkoxid-Bett als Zinksulfid fixiert.

Primärreformer
Im nachfolgenden Primärreformer wird Wasserdampf in einer solchen Menge zugesetzt, dass nicht nur der stöchiometrische Bedarf für das Reformieren und die Konvertierung gedeckt ist, sondern man arbeitet mit Dampfüberschuss, um Nebenreaktionen, insbesondere die Koksbildung auf dem Katalysator des Primärreformers zu unterdrücken. Das Molverhältnis von Wasserdampf zu Kohlenstoff beträgt je nach Verfahren und Einsatzstoff etwa 2,5 bis max. 4,0. Im Primärreformer wird dieses Erdgas/Wasserdampf-Gemisch bei 750–850 °C an Nickel-Katalysatoren soweit umgesetzt, dass das austretende Gas noch etwa 15 % Volumenanteil Methan enthält (bezogen auf das trockene Gas).

Sekundärreformer
Anschließend wird dem Gas im Sekundärreformer – ein feuerfest ausgemauerter Reaktor, ebenfalls mit Nickelkatalysator befüllt – die notwendige Menge Luft in einer oberhalb des Katalysatorbettes angeordneten Brennkammer zugemischt. Infolge der teilweisen Verbrennung des Gases steigt die Gastemperatur auf über 1200 °C, ausreichend um das restliche Methan am nachfolgenden Katalysatorbett mit Wasserdampf umzusetzen. Durch diese endotherme Reaktion fällt die Temperatur am Ausgang des Sekundärreformers wieder auf 950–1000 °C ab. Mit der Aufteilung der Reaktion in Primär- und Sekundärreformer werden zwei Ziele erreicht:
- bei den hohen Temperaturen im Sekundärreformer wird das Methan weitgehend umgesetzt. Im Primärreformer wäre das Einstellen dieser für den vollständigen Methanumsatz notwendigen hohen Temperaturen aus materialtechnischen Gründen nicht möglich.
- durch die Luftzufuhr wird der für die Ammoniak-Synthese notwendige Stickstoff in technisch eleganter Weise dem Gas zugesetzt.

Nach dem Sekundärreformer enthält das Gas (trocken) nur noch < 0,5 % Volumenanteil Methan. Es wird auf 350–400 °C abgekühlt unter Gewinnung von Abhitzedampf.

Konvertierung
Um das Kohlenmonoxid als CO_2 aus dem System entfernen zu können, wird es in der zweistufigen Konvertierung mit dem restlichen Wasserdampf nach Gleichung (2.3) in einem zweistufigen Prozess zu CO_2 umgesetzt unter Gewinnung von zusätzlichem Wasserstoff (Wassergas-Shiftreaktion).

In der ersten Stufe, der sog. Hochtemperatur-Konvertierung, wird der CO-Gehalt bei 350–400 °C an Eisen/Chrom-Katalysatoren auf etwa 3 % Volumenanteil reduziert. In der anschließenden Tieftemperatur-Konvertierung wird mit Kupfer/Zink – Katalysatoren bei 200 °C der CO-Gehalt bis auf 0,2 % Volumenanteil verringert.

Kohlendioxid-Entfernung

Im Anschluss an die Konvertierung erfolgt die Entfernung des Kohlendioxids mittels chemischer oder physikalischer Wäschen. Trotz weitgehender Konvertierung und CO_2-Entfernung enthält das Gas danach noch Spuren an CO und CO_2. Um die Aktivität des Ammoniaksynthese-Katalysators nicht zu beeinträchtigen, müssen diese Komponenten bis auf < 10 ppm entfernt werden. Diese Feinreinigung geschieht heute vorzugsweise durch *Methanisierung*. CO und CO_2 werden in dieser Verfahrensstufe an Nickelkatalysatoren bei 300–350 °C zu Methan hydriert.

Verdichtung

Anschließend wird das Gas auf den erforderlichen Synthesedruck komprimiert, je nach Anlagentyp liegt dieser Druck zwischen 90 und 230 bar. Als Synthesegasverdichter dienen heute ausschließlich Zentrifugalverdichter, angetrieben durch Dampfturbinen.

Ammoniak-Synthese

Die Ammoniak-Synthese

$$3\,H_2 + N_2 \rightleftharpoons 2\,NH_3 \qquad \Delta H_{298\,K} = -92{,}4\ \text{kJ mol}^{-1} \tag{2.4}$$

ist eine typische Gleichgewichtsreaktion, hoher Druck und niedrige Temperaturen begünstigen die Ammoniakbildung. Hohe Drucke haben jedoch den Nachteil hoher Investitions- und Kompressionskosten, man ist deshalb bestrebt, mit möglichst niedrigen Drucken auszukommen. Andererseits sollte der Synthesedruck nicht zu niedrig gewählt werden, da sonst das Katalysatorvolumen für die Synthese zu groß wird, und die Abtrennung des Ammoniaks aus dem Prozessgas durch Tiefkühlung zuviel Kompressionsenergie für die Rückverflüssigung des zur Kälteerzeugung verdampften Ammoniaks erfordern würde. Ein Druck von 90 bar scheint derzeit die wirtschaftlich sinnvolle untere Grenze für die Synthese zu sein. Das Minimum in den Investitions- und Betriebskosten verläuft im Bereich 90–230 bar relativ flach und wird durch die projektbezogenen Randbedingungen bestimmt. Drucke oberhalb 230 bar erhöhen die Betriebs- und Investitionskosten.

Die Temperatur, bei der die Synthese stattfindet, wird durch die Aktivität der Katalysatoren – meist Eisenkatalysatoren – bestimmt. Thermodynamisch wären niedrige Temperaturen vorteilhaft, aus kinetischen Gründen sind jedoch relativ hohe Temperaturen (350–530 °C) erforderlich.

Insgesamt werden pro Durchgang durch den Synthesereaktor nur 25–35 % des Synthesegases zu Ammoniak umgesetzt. Nicht umgesetztes Synthesegas muss nach Abtrennung des gebildeten Ammoniaks zurückgeführt werden.

Eine typische Syntheseschleife besteht deshalb aus dem Reaktor (Konverter) sowie Einrichtungen zur Abtrennung des Ammoniaks, zur Rückführung des nicht umgesetzten Synthesegases und Wärmetauschern zur Nutzung der Reaktionswärme. Außerdem müssen die Inertgase – das Synthesegas enthält nach der Methanisierung noch etwa 1 % Methan und 0,3 % Argon durch den Luftzusatz – kontinuierlich ausgeschleust werden, da sich sonst ihre Konzentration in der Syntheseschleife rasch erhöhen und damit die Partialdrücke des Stickstoffs und Wasserstoffs sinken würden. Das ausgeschleuste Gas wird im technischen Sprachgebrauch als Purgegas bezeichnet und in einer separaten Anlage zur Rückgewinnung des Wasserstoffs aufgearbeitet.

Der Energiebedarf moderner Ammoniakanlagen auf Erdgasbasis beträgt ca. 28 GJ pro Tonne NH_3, das theoretische Minimum liegt bei 20,9 GJ t^{-1}. Bei Anlagen ausgehend von Schwerölen als Einsatzmaterial steigt der Energiebedarf auf 33–35 GJ t^{-1}.

Im Folgenden werden die einzelnen Prozessstufen der Ammoniakherstellung aus Erdgas detaillierter beschrieben. Als weiterführende Literatur seien vor allem empfohlen:

M. Appl: *Ammonia, Principles and Industrial Practice*, Wiley-VCH, Weinheim, **1999**. Das Buch gibt eine praxisorientierte und übersichtliche Gesamtdarstellung des Gebietes mit fast 1500 Literaturhinweisen, die den Einstieg in spezielle Fragestellungen sehr erleichtern. Weitere Literatur, insbesondere zu Fragen der Katalyse und Kinetik der Synthesegasherstellung und Ammoniaksynthese siehe [2.4–2.8].

Außerdem berichtet die Zeitschrift *Nitrogen & Methanol* ausführlich über neuere Entwicklungen auf diesem Gebiet. Eine wichtige Informationsquelle sind auch die jährlichen Tagungen des American Institute of Chemical Engineers (AIChE). Im Rahmen des *Ammonia Safety Symposiums* wird regelmäßig über Erfahrungen mit bestehenden Anlagen und über neuere Entwicklungen berichtet.

2.2
Synthesegasherstellung aus Erdgas durch Steam-Reforming
(siehe auch Industriegase, Band 4, Abschnitt 5.2)

2.2.1
Erdgasreinigung

Die in einer Ammoniakanlage verwendeten Katalysatoren, insbesondere diejenigen im Reformerteil, sind empfindlich gegenüber Katalysatorgiften. Als Katalysatorgifte wirken vor allem die im Erdgas enthaltenen Schwefelverbindungen wie Schwefelwasserstoff, Kohlenoxysulfid, Mercaptane, etc. Beim Einsatz von Erdölgasen, d. h. Gasen, die bei der Erdölförderung anfallen, oder Naphtha müssen u. U. auch Chlorverbindungen und Organometallverbindungen entfernt werden.

Gelangen Schwefelverbindungen an den Nickelkatalysator des Primärreformers, werden sie an der Nickeloberfläche als Nickelsulfid gebunden. Zwar ist diese Reaktion im gewissen Umfang reversibel, zunächst aber tritt ein Aktivitätsverlust des Katalysators ein. Die endotherme Umsetzung des Methans mit Wasserdampf kommt zum Erliegen, es bilden sich Kohlenstoffablagerungen auf der Katalysatoroberfläche, die die Aktivität weiter beeinträchtigen und in der Folge zu lokalen Überhitzungen und Beschädigungen der Reformerrohre führen.

Moderne Entschwefelungsanlagen senken den Schwefelgehalt im Einsatzgas auf <0,02 ppm. Entfernt werden die Schwefelverbindungen in einem zweistufigen Prozess:

In der ersten Stufe erfolgt eine hydrierende Spaltung der Schwefelverbindungen an einem Cobalt/Molybdän-Katalysator bei 350–400 °C unter dem Betriebsdruck des Reformers mit dem Gas vorher zugesetztem Wasserstoff, z. B.:

$$R-SH + H_2 \longrightarrow R-H + H_2S \qquad (2.5)$$

Enthält das Erdgas viel COS, das sich nur schwer hydrierend spalten lässt, wird neben Wasserstoff auch etwas Dampf zugesetzt, um das COS zu hydrolysieren:

$$COS + H_2O \longrightarrow CO_2 + H_2S \qquad (2.6)$$

Der ursprünglich vorhandene und der neu gebildete Schwefelwasserstoff werden anschließend in einem Bett aus porösen ZnO-Pellets als Zinksulfid gebunden. Eine ausführliche Beschreibung der bei der Reinigung ablaufenden Reaktionen findet sich in [2.9].

Die Entschwefelung und das ZnO-Bett sind meist in demselben Reaktor untergebracht. Zur Aufheizung und Temperaturhaltung sind sie entweder in das Abhitzesystem des Primärreformers integriert oder die Aufheizung erfolgt in einem separaten Ofen, was das Anfahren der Anlage erleichtert. Die Lebensdauer des Cobalt/Molybdän-Katalysators beträgt normalerweise fünf Jahre, die Adsorptionskapazität des ZnO-Bettes ist auf zwei Jahre ausgelegt, d.h. auf den Zeitraum zwischen zwei Anlage-Revisionen.

Über die Entwicklung aktiverer Entschwefelungskatalysatoren und Zinkoxid-Adsorbentien wird in [2.10] berichtet. Diese neuen Katalysatoren und Adsorbentien erlauben, die Entschwefelung und H_2S-Adsorption bereits ab 200 °C durchzuführen, was zu Energieeinsparungen und einer höheren Anlagenflexibilität führt, einmal durch geringere Aufheizzeiten, zum anderen durch die Nutzung von Abwärme niedrigeren Temperaturniveaus.

Andere Reinigungsverfahren, wie die Adsorption an mit Kupferverbindungen imprägnierter Aktivkohle oder mit Hilfe von Molekularsieben, sind auf Sonderfälle beschränkt. Ihr Einsatz hängt einerseits von der Art der zu entfernenden Verbindungen ab, andererseits auch vom Gehalt an höheren Kohlenwasserstoffen im Erdgas. COS lässt sich beispielsweise nur sehr schlecht durch Adsorption entfernen, höhere Kohlenwasserstoffe im Gas können die Aufnahmekapazität des Adsorbens schnell erschöpfen.

2.2.2
Steam-Reforming

2.2.2.1 Betriebsbedingungen und Katalysatoren

Unter »Steam-Reforming« oder Dampfreformieren versteht man ganz allgemein die katalytische Umsetzung von Kohlenwasserstoffen mit Wasserdampf zu CO und H_2:

$$C_nH_m + n\,H_2O \longrightarrow n\,CO + (n + m/2)\,H_2 \qquad (2.7)$$

Im Prinzip stellt diese Reaktion eine Umkehrung der Fischer-Tropsch-Synthese dar. Das Steam-Reforming verläuft je nach Kohlenwasserstoff mehr oder weniger stark endotherm und ist im Falle höherer Kohlenwasserstoffe unter den Bedingungen des Reformers irreversibel.

Beim Reformieren von Methan, dem Hauptbestandteil des Erdgases, wird die Gesamtreaktion dagegen durch die folgenden Gleichgewichtsreaktionen bestimmt:

$$\mathrm{CH_4 + H_2O \rightleftharpoons CO + 3\,H_2} \qquad \Delta H_{298\,\mathrm{K}} = +206{,}3 \text{ kJ mol}^{-1} \qquad (2.8)$$

$$\mathrm{CO + H_2O \rightleftharpoons CO_2 + H_2} \qquad \Delta H_{298\,\mathrm{K}} = -41{,}2 \text{ kJ mol}^{-1} \qquad (2.9)$$

Reaktion (2.8) ist endotherm und verlangt zur Erzielung ausreichender Reaktionsgeschwindigkeiten hohe Temperaturen, Reaktion (2.9) ist hingegen exotherm und läuft bevorzugt bei niedrigen Temperaturen ab.

Verfahrenstechnisch ist es deshalb sinnvoll, beide Reaktionen zu trennen, Reaktion (2.8) läuft im Reformerteil ab, die Konvertierung des CO mittels Wasserdampf zu CO_2 (Shiftreaktion) erfolgt in einer anschließenden, zweistufigen Konvertierung.

Ein vollständiger Methanumsatz in einem Verfahrensschritt gemäß Gleichung (2.8) erfordert sehr hohe Temperaturen und eine hohe spez. Wärmezufuhr (W m^{-2}). Aus konstruktiven und materialtechnischen Gründen wird die Reaktion deshalb in zwei Stufen bzw. zwei Reaktoren durchgeführt, im *Primärreformer* und im *Sekundärreformer*.

Um Kompressionsenergie bei der späteren Verdichtung des Synthesegases zu sparen, wird der Druck im Reformerteil möglichst hoch gewählt, aus materialtechnischen Gründen liegt die obere Druckgrenze z. Zt. bei 40–42 bar.

Die Austrittstemperatur des *Primärreformers* wird dem gewünschten Methanumsatz in dieser Stufe angepasst, sie beträgt 800–850 °C bei den sog. »High-Duty«-Reformern und etwa 700 °C bei den sog. »Low-Duty«-Reformern. Der Gasdurchsatz (Space Velocity), d.h. die durchgesetzte Gasmenge in Kubikmetern pro Stunde, bezogen auf das Katalysatorvolumen, wird so gewählt, dass im ersteren Fall noch etwa 15 % Methan im Austrittsgas des Primärreformers enthalten sind, im zweiten Fall kann der Methangehalt bis zu 30 % betragen. (Alle Angaben jeweils bezogen auf das trockene Gas und in % Volumenanteil bzw. Molanteil.)

Im Oberteil des sich direkt an den Primärreformer anschließenden *Sekundärreformers* wird das heiße Gas mit vorerhitzter Luft gemischt, die Gastemperatur im Brennraum steigt durch die Verbrennung eines Teils des Gases bis auf 1200 °C an. Diese Temperaturerhöhung ist ausreichend, um das restliche Methan am Nickelkatalysator umzusetzen, der Methangehalt sinkt auf < 0,3 %. Durch die adiabatische Reaktionsführung im Sekundärreformer kühlt sich das Gas auf 950–1000 °C ab, im anschließenden Abhitzekessel wird unter Gewinnung von Hochdruckdampf auf 400 °C abgekühlt und damit das Methangleichgewicht nach Gleichung (2.8) »eingefroren«.

Die Aufteilung des Reformierens in Primär- und Sekundärreformer hat folgende Vorteile:
- Der Primärreformer – mit bis zu 25 % der gesamten Investitionskosten der teuerste Teil einer Ammoniakanlage – wird durch die Verlagerung eines Teils der Reaktion in den Sekundärreformer entlastet.
- Im Sekundärreformer kann die Temperatur in ökonomischer Weise soweit erhöht werden, dass maximale Methanumsätze erreicht werden.
- Der für die Ammoniak-Synthese notwendige Stickstoff wird auf einfache Weise zugeführt. Die N_2-Zufuhr in dieser Prozessstufe bedingt allerdings, dass das N_2 auch die nachfolgenden Prozessstufen passieren muss, obwohl es erst in der

Synthese benötigt wird, d. h. Konvertierung und CO_2-Entfernung müssen für größere Gasmengen ausgelegt werden. Eine Alternative ist der Einsatz reinen Stickstoffs aus einer Luftzerlegungsanlage, dieser wird erst vor der Synthesegas-Kompression zugesetzt (z. B. beim LAC-Verfahren der Linde AG).

Die hohen Temperaturen im Primärreformer (700 bis 850 °C je nach Reformertyp) haben unerwünschte Nebenreaktionen zur Folge. Eine besondere Gefahr bilden Kohlenstoffablagerungen auf dem Katalysator. Sie »verstopfen« die Poren des Katalysators, die endotherme Spaltreaktion kommt in diesem Abschnitt zum Erliegen, was zu lokalen Überhitzungen führen kann. Außerdem wird das Rohrmaterial durch Aufkohlung und Überhitzung in seiner Festigkeit geschädigt, was wiederum zur Rissbildung und Bruch führt.

Kohlenstoff entsteht vor allem durch das Cracken der noch im Einsatzgas enthaltenen höheren Kohlenwasserstoffe, aber auch die Spaltung von Methan trägt zur Kohlenstoffabscheidung bei [2.11]

$$CH_4 \rightleftharpoons 2\,H_2 + C \qquad \Delta H_{298\,K} = +74{,}9 \text{ kJ mol}^{-1} \qquad (2.10)$$

Eine weitere Ursache für die Kohlenstoffbildung ist die Einstellung des Boudouard-Gleichgewichts, d. h. die Disproportionierung des CO in Kohlendioxid und Kohlenstoff

$$2\,CO \rightleftharpoons CO_2 + C \qquad \Delta H_{298\,K} = -172{,}5 \text{ kJ mol}^{-1} \qquad (2.11)$$

wenn im Katalysatorbett »kalte« Zonen auftreten, z. B. beim Eintritt des Gases in den Primärreformer.

Durch Abstimmung der Katalysatoraktivität, insbesondere durch Alkalizusatz, auf die Zusammensetzung des Einsatzgases sowie durch die Einstellung eines entsprechenden Dampf/Kohlenstoff-Verhältnisses im Gas, kann die Kohlenstoffbildung unterdrückt bzw. abgeschiedener Kohlenstoff wieder entfernt werden:

$$C + H_2O \rightleftharpoons CO + H_2 \qquad \Delta H_{298\,K} = +131{,}4 \text{ kJ mol}^{-1} \qquad (2.12)$$

Unter den Betriebsbedingungen des Primärreformers besteht ein dynamisches Gleichgewicht zwischen der Kohlenstoff-Bildung (Gl. (2.10) und (2.11)) und der Kohlenstoff-Entfernung nach Gleichung (2.12).

Das *Dampf/Kohlenstoff-Verhältnis*, ausgedrückt in Mol H_2O pro Mol C im Einsatzgas, ist deshalb eine wichtige Kennzahl beim Steam-Reforming. Theoretisch sind für die Umsetzung des Methans zu Kohlenmonoxid und Wasserstoff (Gl. (2.8)) und die nachfolgende Konvertierung (Gl. (2.9)) 2 Mol Wasser pro Mol Kohlenstoff erforderlich.

Um jedoch eine Kohlenstoffabscheidung, z. B. durch schwankende Anteile höherer Kohlenwasserstoffe im Einsatzgas sowie die Bildung von Kohlenwasserstoffen durch Hydrierung von CO (Fischer-Tropsch-Synthese) in der Konvertierung zu vermeiden, werden die Reformer heute mit Dampf/Kohlenstoff-Verhältnissen von 2,7–3,0 betrieben. In älteren Anlagen oder bei größeren Gehalten an höheren Kohlenwasserstoffen im Einsatzgas kann das Verhältnis auch bis auf 4,0 ansteigen.

Überschüssiger Dampf – obwohl nach den Gleichungen (2.8) und (2.9) günstig für die Verschiebung des Gleichgewichtes zugunsten der Wasserstoffbildung – be-

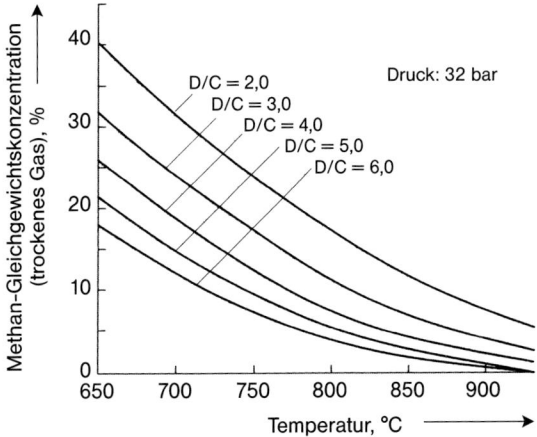

Abb. 2.2 Methangleichgewicht in Abhängigkeit von der Temperatur und dem Wasserdampf/Kohlenstoff-Verhältnis [2.5]

deutet aber auch höhere Gasvolumina und damit höheren Wärmebedarf und höheren Energiebedarf für die Kompression. Fortschritte in der Reformerkonstruktion, verbesserte Aktivität der Katalysatoren sowie Verlagerung eines Teils der Reaktion in den Sekundärreformer erlauben den Betrieb mit niedrigeren Dampf/Kohlenwasserstoff-Verhältnissen.

Die Abbildungen 2.2 und 2.3 zeigen den Einfluss des Dampf/Kohlenstoff-Verhältnisses und den Einfluss des Druckes auf den Methanumsatz [2.12].

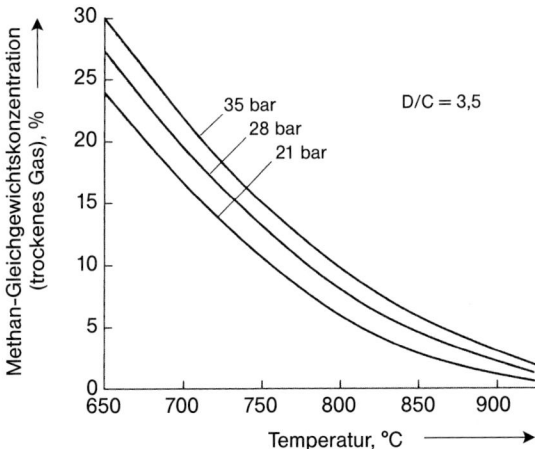

Abb. 2.3 Methangleichgewicht in Abhängigkeit von Temperatur und Druck

Obwohl hoher Druck sich nachteilig auf den Methanumsatz auswirkt, werden Reformer heute für möglichst hohe Drücke (35–42 bar) ausgelegt, um

- optimalen Nutzen aus dem Vordruck des Erdgases zu ziehen,
- durch den höheren Druck die Wärmeleitung innerhalb der Katalysatorfüllung der Reformerrohre zu verbessern,
- die Wärmerückgewinnung im Abhitzekessel nach dem Sekundärreformer auf höherem Temperaturniveau durchführen zu können,
- Kompressionsenergie bei der Synthesegasverdichtung zu sparen.

Höhere Temperaturbeständigkeit der Katalysatoren und verbesserte Rohrmaterialien erlauben es heute, den negativen Druckeinfluss auf das Gleichgewicht durch die Einstellung höherer Temperaturen zu kompensieren.

Sowohl im Primär- wie im Sekundärreformer werden nickelhaltige Katalysatoren eingesetzt. Der Unterschied zwischen beiden Katalysatortypen besteht einmal im Nickelgehalt – im Sekundärreformer ist er niedriger – und, bedingt durch die höheren Temperaturen im Sekundärreformer, im Trägermaterial.

Nickelkatalysatoren für den Primärreformer werden entweder durch gemeinsames Ausfällen von Nickelhydroxid mit dem Trägermaterial oder durch Imprägnieren von vorgefertigten Trägern mit Nickelsalzen hergestellt. Durch Calcinieren werden die Nickelverbindungen in Nickeloxid überführt. Vor der Inbetriebnahme muss das Nickeloxid reduziert werden, entweder mit Wasserstoff, wasserstoffreichen Gasen oder auch mit Ammoniak. Übliche Nickelgehalte sind 20–25 % für Fällungskatalysatoren und ca. 15 % für imprägnierte Katalysatoren.

Das Trägermaterial hat nicht nur die Aufgabe, die Feinverteilung und Stabilität der Nickelkristallite zu gewährleisten, durch eine hohe Porosität bei gleichzeitiger mechanischer Stabilität des Trägers muss eine hohe Diffusionsgeschwindigkeit sowohl der Reaktanden als auch der Produkte zu und von der Nickeloberfläche sichergestellt sein. Als Trägermaterial dienen heute α-Al_2O_3, Calciumaluminat (hergestellt aus einer Mischung von α-Al_2O_3 und einem hydraulischen Zement) und Magnesiumaluminat. Die Trägermaterialien haben Einfluss auf die Kohlenstoffabscheidung, die wahrscheinlich parallel mit der Acidität des Trägermaterials einhergeht. Je größer der Gehalt an höheren Kohlenwasserstoffen im eingesetzten Gas ist – Extremfall Naphtha – desto alkalischer sollte der Katalysator sein. Daher ist es teilweise üblich, die Katalysatorrohre des Primärreformers im oberen Drittel, wo die Gefahr der Kohlenstoffabscheidung hoch ist – bedingt sowohl durch den noch hohen Gehalt an C_{2+}-Kohlenwasserstoffen als auch durch die Einstellung des Boudouard-Gleichgewichtes (Gl. (2.11)) infolge der niedrigen Gaseintrittstemperaturen – mit alkalisiertem Kontakt zu füllen, die restlichen Zweidrittel mit »normalem« Kontakt.

Neben hoher Aktivität bei geringer Tendenz zur Kohlenstoffabscheidung müssen die Katalysatoren mechanisch stabil sein, um sowohl beim Befüllen der Rohre als auch im Betrieb einen Zerfall des Katalysators durch den hohen Wasserdampfgehalt zu vermeiden. Außerdem sollte die Füllung einen geringen Strömungswiderstand aufweisen, um den Druckverlust so niedrig wie möglich zu halten.

Wichtig für den Betrieb des Reformers und die Lebensdauer der Reformerrohre ist eine gleichmäßige Temperaturverteilung, sowohl über die Länge der Rohre als auch über den Rohrquerschnitt. Da die Wärmeleitfähigkeit des Katalysators selbst gering ist, muss die Wärmeleitung durch Konvektion innerhalb der Katalysatorfül-

Abb. 2.4 Katalysatoren für den Primärreformer (Topsoe R-67-7H)

lung sicher gestellt werden. Dieser Forderung und der Forderung nach geringem Strömungswiderstand kommen die Hersteller durch geeignete Formgebung der Katalysatoren nach. Abbildung 2.4 zeigt typische Katalysatorformen für den Primärreformer.

Hinsichtlich der Kinetik der Methanumsetzung mit Wasserdampf herrscht Übereinstimmung darüber, dass die Reaktion in Bezug auf Methan 1. Ordnung ist. Die veröffentlichten Aktivierungsenergien schwanken jedoch in einem weiten Bereich. Ein Grund hierfür ist der Einfluss der Diffusion, die bei der eingesetzten Katalysatorgröße starke Auswirkung auf den Ablauf der Reaktion hat, näheres siehe [2.4].

Um das Methan weitgehend umzusetzen wird im Sekundärreformer die Temperatur soweit erhöht, wie es die Konstruktionsmaterialien erlauben. Durch die Luftzufuhr im Oberteil des Sekundärreformers steigt die Temperatur durch die Verbrennung eines Teils des Gases bis auf 1200 °C an. Diese Temperaturerhöhung reicht aus, um am anschließenden Nickelkatalysator die endotherme Reaktion des Methans mit dem Wasserdampf zu Ende zu führen. Trotz der endothermen Spaltreaktion betragen die Temperaturen am Auslass des Sekundärreformers noch bis zu 1000 °C. Die Hauptforderung an die Katalysatoren besteht deshalb in einer hohen Temperaturbeständigkeit. Trägermaterialien aus feuerfesten Oxiden erfüllen diese Forderung, die Nickelgehalte sind mit 5–10 % allerdings geringer als im Primärreformer.

Um eine Schädigung des Katalysators im Falle einer Fehlfunktion des Brenners oder durch schlechte Gasvermischung im Brennraum zu vermeiden – in einem solchen Fall können Temperaturen > 1000 °C im Katalysatorbett entstehen – wird das Katalysatorbett häufig durch eine Deckschicht aus feuerfestem Aluminiumoxid geschützt.

2.2.2.2 Technische Ausführungsformen konventioneller Primär- und Sekundärreformer

2.2.2.2.1
Primärreformer

In Abbildung 2.5 ist schematisch der Aufbau eines deckenbefeuerten Primärreformers dargestellt, Abbildung 2.6 zeigt das Photo eines deckenbefeuerten Reformers aus dem Gaserzeugungsteil einer Lurgi-Methanolanlage.

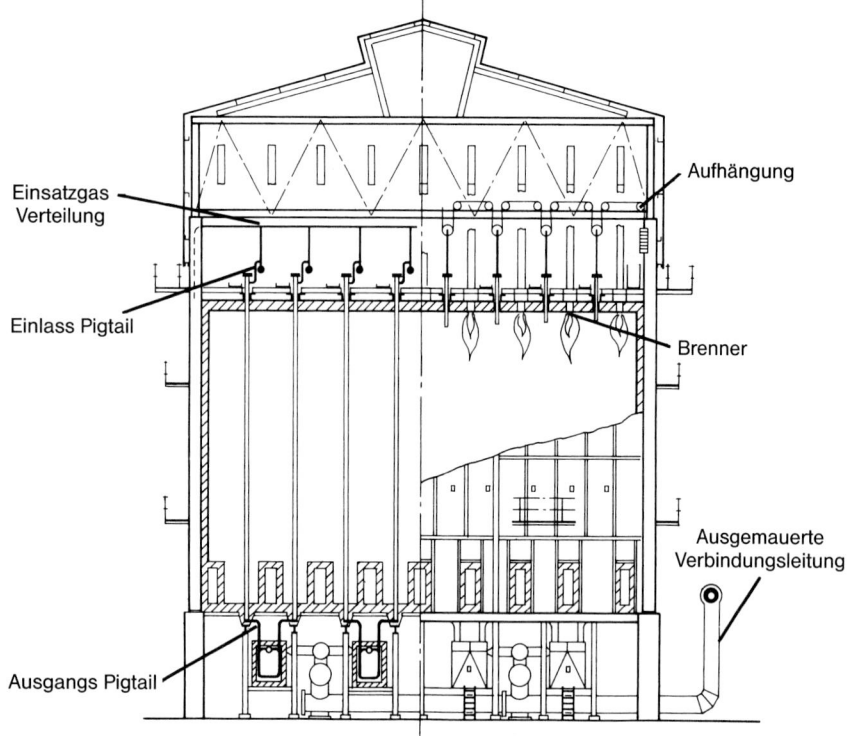

Abb. 2.5 Querschnitt eines deckenbefeuerten Reformers, Bauart ICI (aus [2.4])

Ein typischer Primärreformer besteht aus einem Feuerraum, in dem die mit Katalysator gefüllten Rohre in Reihen aufgehängt sind. Je nach Kapazität der Anlage enthält der Ofen 200–400 Spaltrohre mit einem inneren Durchmesser von 70–160 mm und Wandstärken von 10–20 mm. Die Länge der Rohre beträgt je nach Ofentyp 6–13 m.

Das im Rauchgastrakt des Reformers auf ca. 600 °C vorerhitzte Erdgas/Wasserdampf-Gemisch wird über ein Verteilersystem oberhalb der Ofendecke den einzelnen Spaltrohren zugeführt und durchströmt die Spaltrohre von oben nach unten. Am unteren Ende münden die Spaltrohre in einem sog. Sammler (jeweils einer pro Spaltrohrreihe). Von dort wird das Gas über einen Zentralsammler, der je nach Ofentyp entweder oberhalb oder unterhalb des Ofens angebracht ist, direkt in den Sekundärreformer geleitet (Abb. 2.7).

Beheizt wird der Ofenraum durch eine Reihe von Brennern, die mit Erdgas und Abgasen befeuert werden. Die Wärmeübertragung auf die Spaltrohre erfolgt überwiegend durch Wärmestrahlung, insbesondere durch die Wärmestrahlung der Ofenwand. Keinesfalls dürfen die Flammen mit den Spaltrohren direkt in Kontakt kommen. Je nach Anordnung der Brenner unterscheidet man Öfen mit Deckenbefeuerung, Seitenbefeuerung oder mit terrassenförmig angeordneten Brennern.

2 Ammoniak | 193

Abb. 2.6 Deckenbefeuerter Reformer in einer Lurgi-Methanolanlage

In Ausnahmefällen sind die Brenner auch am Boden des Reformers angebracht. In Abbildung 2.8 sind die möglichen Brenneranordnungen skizziert.

In modernen Ammoniakanlagen werden meist decken- oder seitenbefeuerte Reformer eingesetzt. Im ersten Fall erfolgt der Rauchgasabzug im Unterteil des Reformers, bei seitenbefeuerten Reformern oben, d. h. das Rauchgas strömt im ersten Fall im Gleichstrom, im zweiten Fall im Gegenstrom zum Prozessgas. Für Anlagen großer Kapazität werden deckenbefeuerte Öfen bevorzugt. Es können so in einem Ofen sehr viele Spaltrohre (bis zu 1000) angebracht werden. Durch die Entwicklung

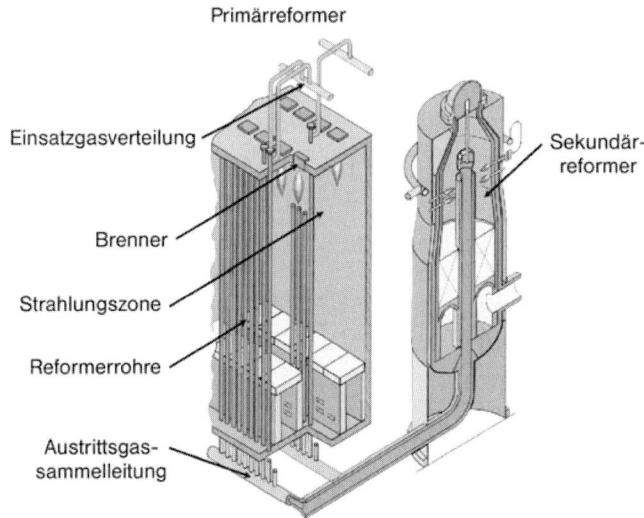

Abb. 2.7 Anordnung von Primär- und Sekundärreformer in einer Uhde-Anlage

2 Anorganische Stickstoffverbindungen

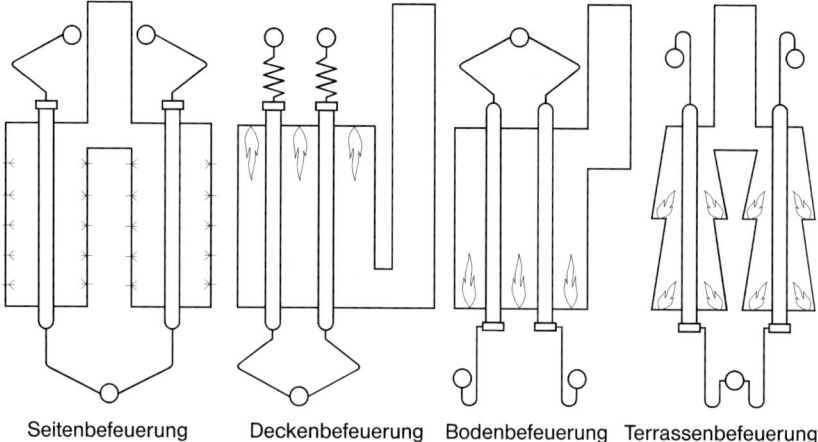

Seitenbefeuerung   Deckenbefeuerung   Bodenbefeuerung   Terrassenbefeuerung

Abb. 2.8 Mögliche Anordnungen der Brenner in Primärreformern

sehr aktiver Katalysatoren ist heute die Wärmeübertragung durch die Wand des Spaltrohres der bestimmende Faktor bei der Auslegung eines Primärreformers.

Abbildung 2.9 zeigt die unterschiedlichen Temperatur- und Wärmeübertragungsraten beider Reformertypen. Die in Abbildung 2.9 gezeigten Temperaturprofile basieren auf gemessenen Wandtemperaturen und die daraus abgeleiteten Wärme-

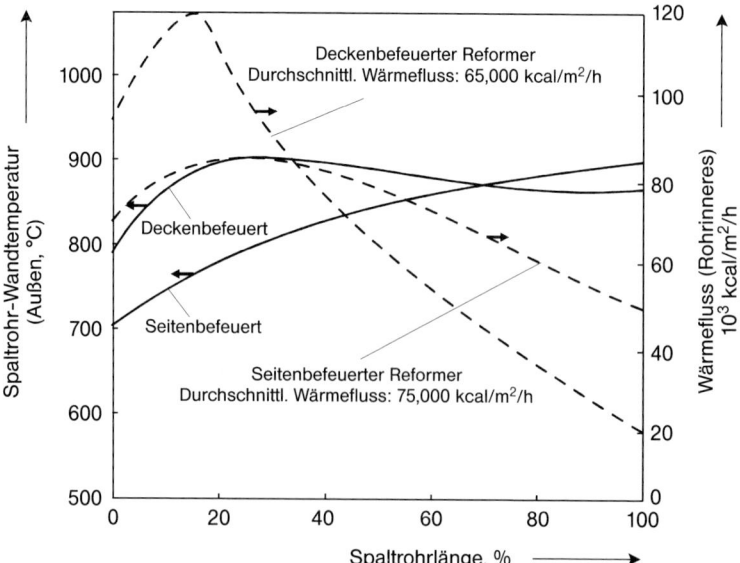

Abb. 2.9 Wärmeübertragungsprofile und Spaltrohr-Wandtemperaturen in seiten- und deckenbefeuerten Reformern (nach Haldor-Topsoe)

flussdaten wurden von der Firma Haldor-Topsoe berechnet und deren Informationsbroschüre entnommen.

Deckenbefeuerte Öfen zeigen ein flaches Maximum der Wandtemperatur im oberen Rohrabschnitt, wo am meisten Wärme benötigt wird, also dort, wo das kalte Prozessgas eintritt und die Reaktion einsetzt. Bei seitenbefeuerten Öfen steigt die Wandtemperatur dagegen bis zum Rohrende stetig an. Entsprechend zeigt das Wärmefluss-Profil bei deckenbefeuerten Öfen ein scharfes Maximum im oberen Rohrdrittel, bei seitenbefeuerten Öfen verläuft das Wärmefluss-Profil dagegen flacher.

Ein weiterer Unterschied zwischen beiden Ofentypen besteht in der thermischen Beanspruchung des Rohrmaterials. Beim seitenbefeuerten Reformer ist das Temperaturprofil längs der Rohrwand gleichmäßiger, in Umfangsrichtung um das Rohr hingegen ungleichmäßiger als bei deckenbefeuerten Reformern. Das radiale Temperaturprofil ist aufgrund der daraus resultierenden Spannungen für die Auslegung der Rohre kritisch.

Seitenbefeuerte Reformer haben gewisse Vorteile, wenn zur Kompensation nachlassender Katalysatoraktivität die Temperatur erhöht werden muss. Ein Abfall der Katalysatoraktivität kann durch Vergiftung eintreten, darüber hinaus ist ein Nachlassen der Aktivität durch Alterung unvermeidlich. Um einen Umsatzrückgang zu vermeiden, kann entweder der Durchsatz reduziert oder die Temperatur erhöht werden.

Wie Abbildung 2.10 zeigt, kann bei einer Erhöhung der Ofentemperatur bei deckenbefeuerten Öfen die maximal zulässige Wandtemperatur im oberen Drittel der Rohre erreicht werden, während bei seitenbefeuerten Öfen der Eingangsbereich der Rohre noch unterhalb der zulässigen Wandtemperatur liegt. Allerdings ist bei letzteren die Rohrwandtemperatur am kritischen Gasaustritt höher als bei den deckenbefeuerten Typen.

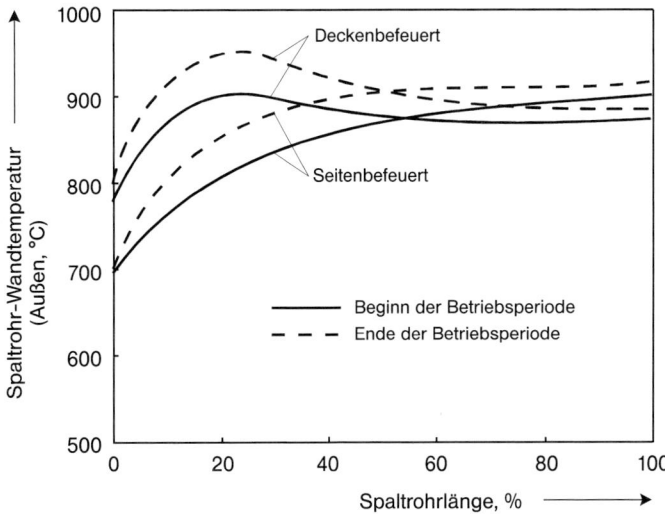

Abb. 2.10 Spaltrohr-Wandtemperaturen zu Beginn und am Ende einer Betriebsperiode (nach Haldor-Topsoe)

Mit Ausnahme der von der Firma Kellogg gefertigten Typen (siehe unten) sind die Fixpunkte der Reformerrohre bei deckenbefeuerten Reformern immer unten. Die Aufhängung über Seilzüge oder Federn dient zur Kompensation des Eigengewichtes der mit Katalysator gefüllten Rohre, um im heißen Zustand eine Zusammensacken der Rohre zu verhindern. Typischerweise stehen der Reformerrohre unten auf einem Träger auf und sind über die beweglichen »pig-tails« mit dem Sammler verbunden.

Ein etwas anderes Konstruktionsprinzip mit obenliegendem Fixpunkt verfolgt M. W. Kellogg (heute unter Halliburton KBR firmierend). Die Spaltrohre werden noch innerhalb des Ofenraumes pro Rohrreihe mit einen Sammler (»Header«) fest verbunden, von diesem führt dann ein Rohr (Riser) nach oben. Oberhalb der Ofendecke sind die Riser der einzelnen Rohrgruppen mit der Produktgas-Abführungsleitung verschweißt. Spaltrohre und Riser können sich so frei im Ofenraum nach unten ausdehnen.

Wegen der notwendigen hohen Spalttemperaturen können nur ca. 50 % der erzeugten Wärme für die Aufheizung des Prozessgases und für die Aufrechterhaltung der endothermen Spaltreaktion genutzt werden. Die restlichen 50 % des Wärmeinhaltes der Rauchgase dienen im Rauchgastrakt der Reformer zur Aufheizung der Verbrennungsluft, zur Dampferzeugung und zur Dampfüberhitzung. Der Abzug der Rauchgase erfolgt entweder durch natürlichen Zug oder mit Hilfe von Ventilatoren. Bei seitenbefeuerten Reformern erfolgt der Rauchgasabzug oberhalb des Ofens, bei deckenbefeuerten am Boden des Reformers.

Über Details und Probleme der verschiedenen Reformerkonstruktionen informieren [2.4] und [2.13]. Die Wärmeleistung, die der Reformer zum Ausgleich der Enthalpiedifferenz zwischen Eingangs- und Ausgangsgas aufbringen muss, wird in der englischsprachigen Literatur oft als »Heat-Duty« bezeichnet.

Die hohen Spalttemperaturen und die Druckdifferenz zwischen Spaltrohr und Ofenraum führen zu einer starken Belastung des Rohrmaterials. Außerdem treten im Laufe der Betriebszeit chemische und strukturelle Veränderungen ein, ein Phänomen das als Kriech- oder Warmdehnung (Creep) bezeichnet wird. Das Rohrmaterial wird geschwächt, es entstehen Hohlräume, es folgen Rissbildung und schließlich Bruch. Diese Alterung ist unvermeidlich, die normale Betriebsdauer der Spaltrohre ist auf 100 000 h ausgelegt (10–11 Jahre). Lokale Überhitzungen der Rohre um nur 20 °C über die zulässige Wandtemperatur von 900 °C, ausgelöst z. B. durch Koksbildung auf dem Katalysator oder ungleichmäßiger Befüllung der Rohre, kann die Standzeit halbieren. In der gleichen Richtung wirken häufiges An- und Abfahren der Anlage, ein möglichst kontinuierlicher Betrieb ist wesentlich für die Lebensdauer der Spaltrohre.

Die Spaltrohre werden im Schleuderguss-Verfahren hergestellt. Das ursprünglich verwendete Rohrmaterial HK 40 enthielt 25 % Chrom, 20 % Nickel und 0,4 % Kohlenstoff. Die Resistenz gegen Kriechdehnung beruht auf einer Carbidbildung an den Korngrenzen (primäre Carbide). Innerhalb der ersten Betriebsstunden des Reformers bilden sich weitere, feinkörnige Carbide, sog. sekundäre Carbide. Diese Carbide bestimmen die Widerstandsfähigkeit der Rohre gegen die Kriechdehnung, im Laufe der Betriebszeit diffundieren und koaleszieren diese Carbide jedoch und verlieren damit ihre Wirkung.

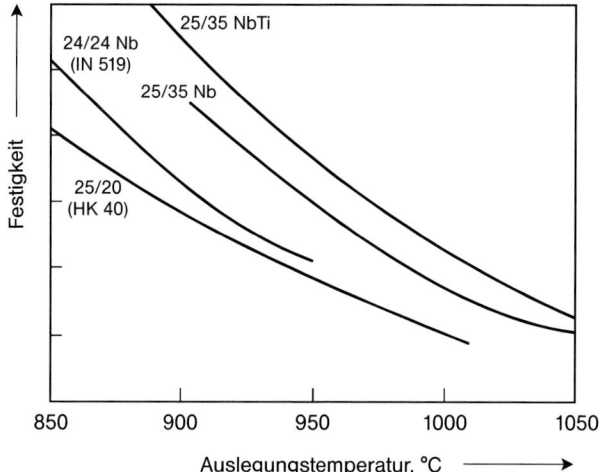

Abb. 2.11 Creep Rupture Strength verschiedener Legierungen (nach Haldor-Topsoe)

In den letzten Jahren wurden Materialien mit besserer Zeitstandsfestigkeit entwickelt, mit höheren Nickelgehalten sowie Niob und Titan als Legierungsbestandteilen (Details siehe [2.12, 2.15]). Hohe Zeitstandsfestigkeiten weisen die neu entwickelten sog. »Microalloys« (25Cr 35 Ni NbTi) auf (vgl. Abb. 2.11).

2.2.2.2.2
Sekundärreformer

Das Austrittsgas des Primärreformers gelangt über eine feuerfest ausgemauerte Leitung direkt in den Brennraum des Sekundärreformers (siehe Abb. 2.7). Der prinzipielle Aufbau häufig verwendeter Reformer ist in Abbildung 2.12 dargestellt.

Sekundärreformer bestehen im Prinzip aus einem feuerfest ausgemauerten Druckbehälter, in dessen Oberteil Prozessgas und Luft mit Hilfe einer Düsen- oder Brennerkonstruktion intensiv miteinander vermischt und durch Selbstzündung gezündet werden. Etwa 20% des Prozessgases reagieren mit der Luft, um die notwendige Temperaturerhöhung für die anschließende endotherme Umsetzung des restlichen Methans im unterhalb des Brennraums angeordneten Katalysatorbett zu erreichen.

Ein etwas anderes Konstruktionsprinzip verfolgt die Firma Uhde (Abb. 2.13). Beim Sekundärreformer der Fa. Uhde wird das Prozessgas durch ein Zentralrohr im Innern des Reformers nach oben in den Brennraum geführt, wo es unter Umkehrung der Strömungsrichtung austritt. Prozessluft wird durch eine Reihe in der Reformerwand angeordneter Düsen unter einem bestimmten Winkel zugeführt, sodass im Brennraum eine Wirbelströmung entsteht. Dadurch wird eine intensive Vermischung von Prozessgas und Prozessluft erreicht, Voraussetzung für eine kurze Flammenlänge, um eine Beschädigung des Katalysators zu vermeiden.

198 | 2 Anorganische Stickstoffverbindungen

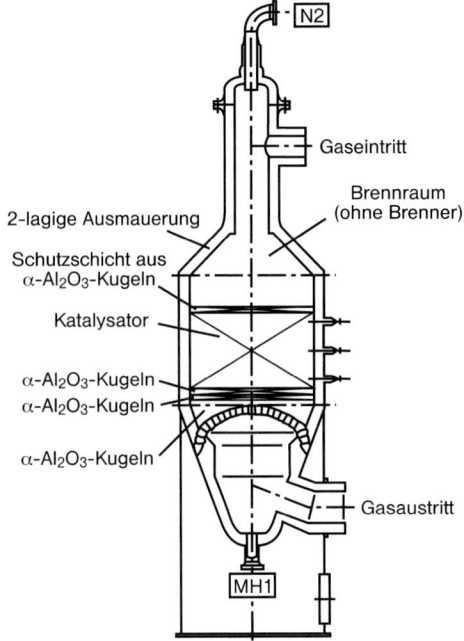

Abb. 2.12 Typischer Aufbau eine Sekundärreformers

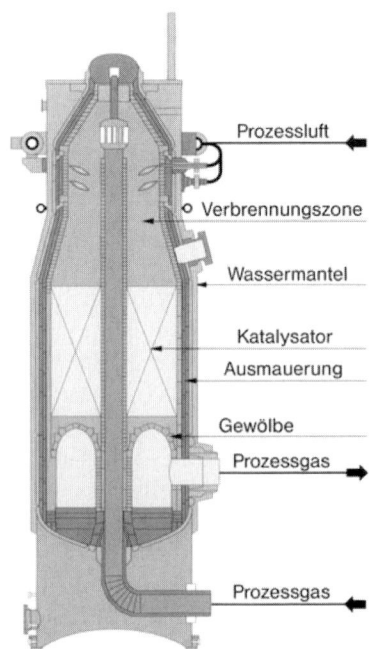

Abb. 2.13 Sekundärreformer der Fa. Uhde

Über den Gasaustritt im Unterteil der Reformer ist entweder ein »Dom« gemauert (Uhde) oder aus speziell geformten und porösen Ziegeln aus feuerfestem Aluminiumoxid aufgeschichtet (Haldor-Topsoe), die wiederum von feuerfesten Aluminiumoxid-Kugeln umgeben sind. Diese Unterlage trägt das Katalysatorbett. Zum Schutz gegen zu heißes Gas und eventuelle Verwirbelungen ist das Katalysatorbett oben zusätzlich mit ebenfalls feuerfesten und perforierten Aluminiumoxid-Ziegeln oder -Kugeln abgedeckt.

Die meisten Sekundärreformer sind zusätzlich mit einem Wassermantel versehen, um bei Schäden in der Ausmauerung eine Überhitzung des Stahldruckmantels zu vermeiden.

2.2.2.3 Verfahren zur Entlastung des Primärreformers

Der Primärreformer ist der teuerste und am stärksten beanspruchte Teil einer Ammoniakanlage. Die Entlastung des teuren Primärreformers ist deshalb ein wichtiges Entwicklungsziel zur Verbesserung der Wirtschaftlichkeit, Erhöhung der maximalen Kapazität und der Verlässlichkeit moderner Ammoniakanlagen. Im Folgenden werden einige alternative Möglichkeiten für das Steam-Reforming kurz beschrieben.

Das älteste Verfahren in dieser Hinsicht ist der bereits 1964 eingeführte *Braun Purifier Process* [2.16]. Das Verfahren beruht auf folgendem Prinzip: ein Teil der sonst im Primärreformer ablaufenden Reaktion wird in den Sekundärreformer »verschoben«. Letzterer wird zur Umsetzung des höheren Restmethangehaltes im Eingangsgas mit ca. 1,5fachen Luftüberschuss betrieben. Nach der Methanisierungsstufe und vor der Synthesegas-Kompression wird der überschüssige Stickstoff im sog. Purifier bei −185 °C soweit auskondensiert, dass sich im Synthesegas das Molverhältnis $H_2 : N_2 = 3 : 1$ einstellt.

Abbildung 2.14 zeigt die wesentlichen Apparate einer Purifier-Einheit: die beiden speziellen Plattenwärmetauscher-Aggregate mit der dazwischen liegenden einstufigen Entspannungsturbine und die Rektifizierkolonne mit eingebautem Kondensator. Alle Apparate bestehen aus Aluminium und sind in einem mit Perlit isoliertem Behälter untergebracht. Die in zwei Sektionen unterteilten Wärmetauscher bestehen aus mehreren Schichten gewellten Aluminiumblechs.

Vor Eintritt in den Purifier muss das Gas über Molsiebe getrocknet werden. Abgekühlt wird das Eintrittsgas durch zwei kalte Ströme: durch das aus dem Sumpf der Kolonne in den Wärmetauscher entspannte Abgas (Stickstoff/Argon/Methan) und durch das gereinigte Synthesegas. Zwischen beiden Wärmetauschern wird das Prozessgas über die Entspannungsturbine geleitet.

In der Kolonne erfolgt durch Auskondensation des Stickstoffs aus dem aufsteigenden Gasstrom die Einstellung des Molverhältnisses im Synthesegas. Gleichzeitig werden Methan und Argon mit auskondensiert. Die Kälteenergie für die Auskondensation wird durch die Entspannungsturbine zwischen den beiden Wärmetauscheraggregaten aufgebracht. Eine Druckerniedrigung von 2 bar ist ausreichend, um das Gas um ca. 3 °C abzukühlen.

Die Firma Braun wurde später von Brown & Roots übernommen, und nachdem letztere sich mit Kellogg zu Kellogg, Brown & Roots (KBR) vereinigt hat, wird der Purifier-Prozess heute von Halliburton KBR angeboten.

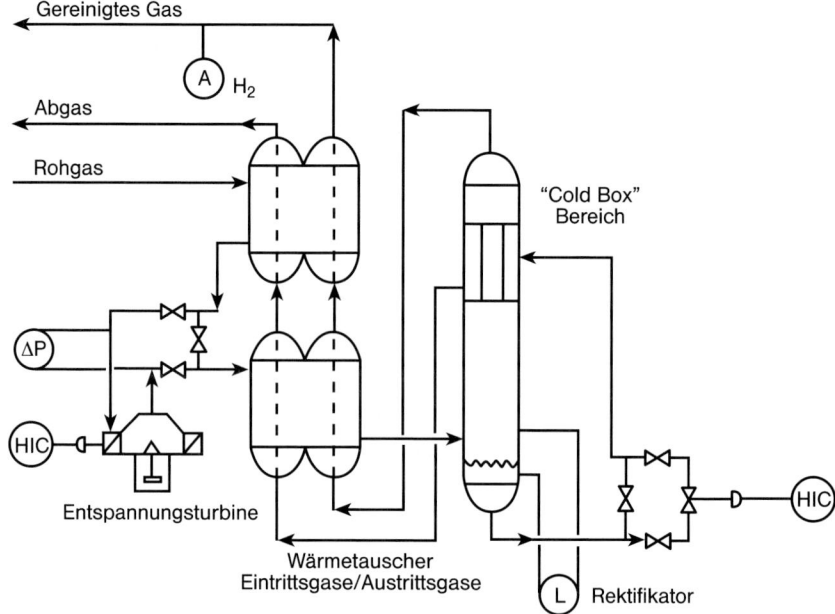

Abb. 2.14 Schema des Kellogg/Braun Purifier-Prozesses

Der ICI-AMV-Prozess arbeitet ebenfalls mit einem »entlasteten« Primärreformer und entsprechendem Luftüberschuss im Sekundärreformer. Im Gegensatz zum Braun Purifier Prozess wird der überschüssige Stickstoff im Synthesegas (2,5 : 1 = $H_2 : N_2$) erst in der Syntheseschleife abgetrennt, die bei nur 90 bar aber mit großem Katalysatorvolumen betrieben wird. Der überschüssige Stickstoff wird mit dem Purgegas nach vorheriger Wasserstoff-Rückgewinnung entfernt [2.17].

Eine weitere Möglichkeit ist die Nutzung der heißen Austrittsgase aus dem Sekundärreformer (bzw. autothermen Reformer) zum Beheizen der Spaltrohre des Primärreformers. Die englische Bezeichnung für diesen Reformer: *Heat-Exchange-Reformer* beschreibt im Prinzip bereits dessen Aufbau. Die Reaktoren ähneln einem Röhrenwärmetauscher, dessen Rohre mit Katalysator gefüllt sind und die mantelseitig durch das heiße Austrittsgas des Sekundärreformers beheizt werden. Um die Wärme für die endotherme Spaltreaktion des Methans in den Rohren aufzubringen, wird der Sekundärreformer ebenfalls mit Luftüberschuss bzw. angereicherter Luft betrieben.

Abbildung 2.15 zeigt die Schaltung des Kellogg Reforming Exchanger Systems (KRES), Abbildung 2.16 ein Schnittbild des Reformers.

70 bis 75 % des Einsatzgases werden im autotherm arbeitenden Sekundärreformer mit angereicherter Luft umgesetzt, der Rest des Einsatzgas/Dampf-Gemisches wird von oben in die mit Katalysator gefüllten Rohre des Wärmetauscher-Reformers geleitet. Die Rohre sind am unteren Ende offen, das austretende Gas vermischt sich mit dem heißen Gas aus dem Sekundärreformer. Aufwärts strömend beheizt diese Gasmischung die Katalysatorrohre [2.18].

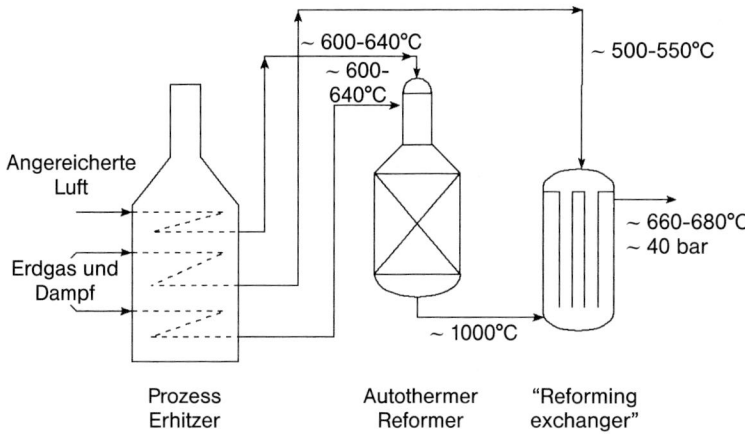

Abb. 2.15 Das Kellogg Reforming-Exchanger-System (KRES)

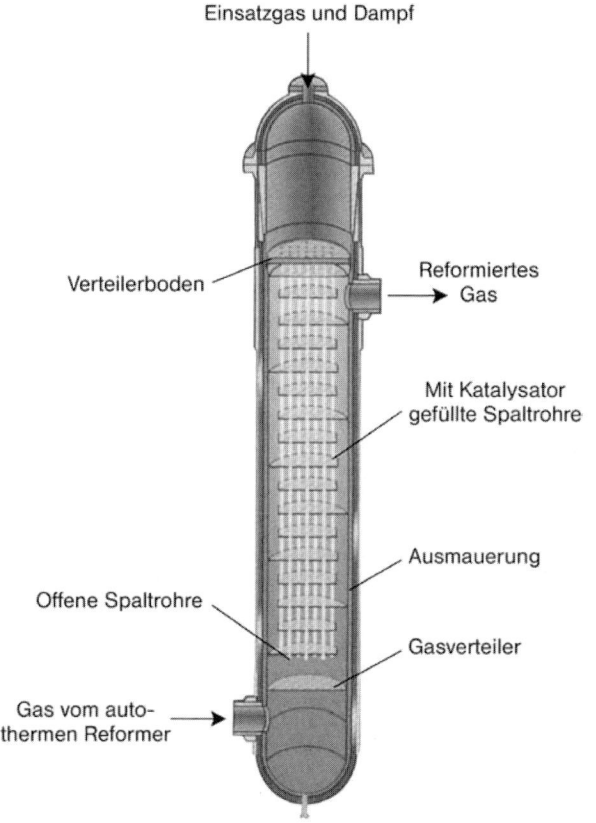

Abb. 2.16 Schnitt durch den Kellogg Reformer-Exchanger

Ein ähnliches Verfahren wird auch in ICI-Anlagen eingesetzt. Im gasbeheizten Reformer (GHR = Gas Heated Reformer) bzw. im weiterentwickelten AGHR (= Advanced Gas Heated Reformer) werden die ebenfalls mit Katalysator befüllten Rohre durch die heißen Gase des Sekundärreformers erhitzt. Eine Vermischung des »Reformergases« mit den heißen Austrittsgasen des Sekundärreformers erfolgt allerdings erst nach dem Reaktor und nicht bereits im Reaktor wie beim KRES [2.12].

Die Möglichkeiten, einen größeren Teil des Einsatzgases im autotherm arbeitenden Reformer umzusetzen statt katalytisch mit Wasserdampf im außen beheizten Primärreformer sind jedoch beschränkt, da ein entsprechend höherer Anteil des Gases zur Deckung des Wärmebedarfs verbrannt werden muss, d.h. es entsteht mehr CO/CO_2 pro Mol Wasserstoff. Die CO_2-Wäsche muss daher größer ausgelegt werden, außerdem besteht die Gefahr der »Überreduktion« in der Konvertierung.

Eine andere, heute wieder zunehmend an Interesse gewinnende Methode zur Entlastung des Primärreformers, ist das sog. *Vorreformieren* (*Prereforming*). Es hat vor allem für Einsatzgase mit größeren Anteilen höherer Kohlenwasserstoffe oder beim Reformieren von Naphtha Bedeutung. Man versteht hierunter die Installation eines mit Katalysator gefüllten Festbettreaktors vor dem Primärreformer (vgl. Abb. 2.17). Das Gas/Wasserdampf-Gemisch tritt mit ca. 530 °C in den Reaktor ein. Durch die teilweise Umsetzung mit dem Wasserdampf sinkt die Temperatur um 60–70 °C. Anschließend wird das Austrittsgas wieder auf die Eingangstemperatur des Reformers erhitzt und in den Reformer geleitet.

Auf diese Weise wird ein Teil der vom Primärreformer aufzubringenden Heizleistung für die endotherme Reaktion in den Vorreformer verlegt. Außerdem werden im Vorreformer vor allem die höheren Kohlenwasserstoff-Anteile des Einsatzgases gespalten, die Gefahr der Kohlenstoffabscheidung im Primärreformer wird vermindert [2.21, 2.22].

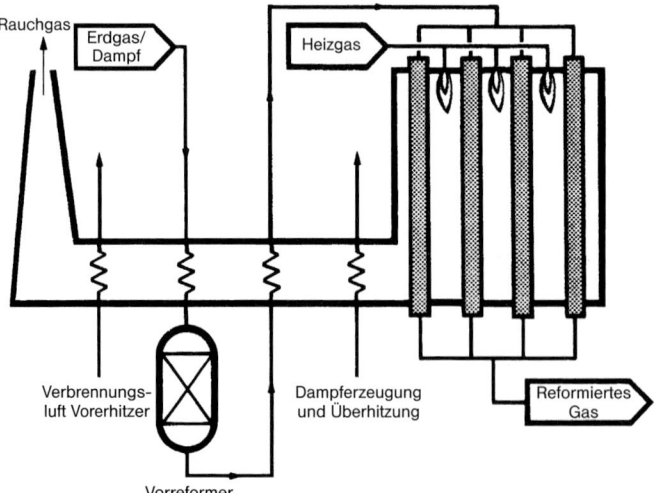

Abb. 2.17 Installation eines Vorreformers vor dem Primärreformer (entnommen aus [2.12])

2.2.3
Konvertierung des CO

Zwar entsteht bei der Umsetzung des Methans mit Wasserdampf in den Reformern bereits etwas CO_2, der weitaus größte Teil des Kohlenstoffs liegt jedoch noch in Form von CO vor und muss in der Konvertierung zu CO_2 umgesetzt werden.

Unter Konvertierung (Shiftreaktion), versteht man die Umsetzung des Kohlenmonoxids mit Wasserdampf zu leicht entfernbarem Kohlendioxid unter Gewinnung von zusätzlichem Wasserstoff

$$CO + H_2O \rightleftharpoons CO_2 + H_2 \qquad \Delta H_{298\,K} = -41{,}1 \text{ kJ mol}^{-1} \qquad (2.13)$$

Die Reaktion verläuft leicht exotherm, d. h. die Gleichgewichtskonstante fällt mit steigender Temperatur, vollständige CO-Umsätze erfordern niedrige Temperaturen. Durch Druck wird die Gleichgewichtseinstellung kaum beeinflusst, dagegen erhöhen Wasserdampfzusätze über das stöchiometrische Verhältnis hinaus den Umsatz.

Ohne Gegenwart eines Katalysators verläuft die Reaktion nach Gleichung (2.13) sehr langsam, zur Erzielung ausreichender Reaktionsgeschwindigkeiten sind Katalysatoren erforderlich. Aufgrund der thermodynamischen Gegebenheiten und der verfügbaren Katalysatoren wird die Konvertierung in zwei Temperaturstufen mit Zwischenkühlung durchgeführt. Die erste Stufe der Konvertierung wird der notwendig hohen Temperaturen wegen als Hochtemperatur-(HT-)Konvertierung, die zweite Stufe als Tieftemperatur-(TT-)Konvertierung bezeichnet. Die Katalysatoren der ersten Stufe bestehen aus Eisenoxid/Chromoxid, in der zweiten Stufe werden Katalysatoren auf Kupferbasis eingesetzt.

Da die in der ersten Stufe verwendeten Chromoxid/Eisen-Katalysatoren nur im Temperaturbereich von 350–450 °C ausreichende Aktivität besitzen, können aus Gründen der Gleichgewichtseinstellung am Ausgang der HT-Konvertierung maximal CO-Gehalte von 2–4 % Volumenanteil erreicht werden (das Eingangsgas enthält ca. 13 % Volumenanteil CO bezogen auf das trockene Gas). Die Temperaturuntergrenze der ersten Stufe wird auch durch den Taupunkt des zugesetzten Wasserdampfes mitbestimmt, eine Kondensation sollte vermieden werden.

Man hat früher (1950er Jahre) durch die Verwendung mehrer Katalysatorbetten mit Zwischenkühlung sowie durch Entfernung des CO_2 nach jeder Stufe versucht, die thermodynamischen Begrenzungen zu umgehen und erreichte auch CO-Gehalte von 1 %. Dieses restliche CO wurde anschließend durch Absorption in Kupferlauge oder durch Methanisierung entfernt.

Einen wesentlichen Fortschritt brachte dann die Einführung aktiver Kupferkatalysatoren für die zweite Stufe. Die Eingangstemperatur für die zweite Stufe konnte auf 200 °C gesenkt werden und ist nach unten durch den Taupunkt des Wasserdampfes begrenzt. Die CO-Gehalte am Ausgang der zweiten Stufe liegen heute zwischen 0,1–0,3 % Volumenanteil.

Abbildung 2.18 zeigt den Temperaturverlauf in der Hoch- und Tieftemperatur-Konvertierung sowie die Gleichgewichtskurve für den CO-Gehalt. Die Eintrittstemperatur der Hochtemperatur-Konvertierung beträgt ca. 370 °C. Durch die adiabatische Reaktionsführung steigt sie auf ca. 450 °C an. Mittels Zwischenkühlung wird

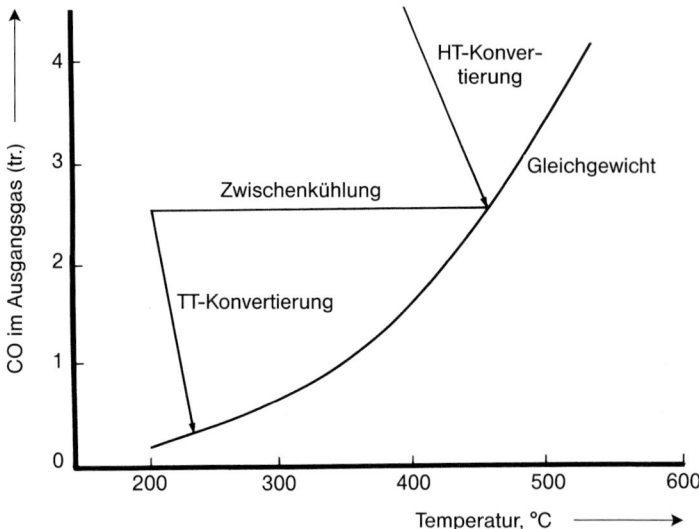

Abb. 2.18 Temperaturverlauf und Gleichgewichtseinstellung in der HT- und TT-Konvertierung (entnommen aus [2.4])

die Gastemperatur dann auf ca. 200 °C abgesenkt, der Eintrittstemperatur für die TT-Konvertierung.

Die Katalysatoren für die HT-Konvertierung bestehen im unreduzierten Zustand aus 90–95 % Fe_2O_3 und 5–10 % Cr_2O_3. Vor Gebrauch müssen sie im Reaktor während des Anfahrvorgangs mit Prozessgas/Dampf reduziert werden. Bei der Reduktion wird das Fe_2O_3 (Hämatit) zu Fe_3O_4 (Magnetit) reduziert und eventuell vorhandenes CrO_3 zu Cr_2O_3. Die Reduktion muss in Gegenwart von Wasserdampf erfolgen, da sonst eine weitergehende Reduktion zu metallischem Eisen stattfindet, als aktive Komponente wirken Fe_3O_4-Kristallite, stabilisiert durch das Cr_2O_3.

Wird bei einem zu geringem Dampf/Kohlenstoff-Verhältnis das Eisenoxid bis zum metallischen Eisen reduziert, bilden sich Eisencarbide, die die Bildung höherer Kohlenwasserstoffe nach Fischer-Tropsch begünstigen. Um diese Nebenreaktion zu unterbinden, die maßgeblich durch das Gleichgewicht zwischen oxidierenden Komponenten (CO_2 und H_2O) und reduzierenden Komponenten im Gas (CO und H_2) bestimmt wird, bieten die führenden Katalysatorhersteller (Haldor-Topsøe, Johnson Matthey und Süd-Chemie) mit Kupfer aktivierte HT-Katalysatoren an.

Die Katalysatoren für die TT-Konvertierung enthalten neben CuO noch ZnO und Al_2O_3 als Stabilisator und Träger. Die Herstellung erfolgt beispielsweise durch gemeinsame Fällung dieser Komponenten. Der CuO-Gehalt handelsüblicher Katalysatoren liegt im Bereich von 30–40 %, der ZnO-Gehalt in der gleichen Größenordnung. Eingesetzt werden sie in Tablettenform (5/6 mm × 4/4 mm).

Vor Inbetriebnahme muss der TT-Katalysator reduziert werden

$$CuO + H_2 \rightleftharpoons Cu + H_2O \qquad \Delta H_{298\,K} = -80{,}8 \text{ kJ mol}^{-1} \qquad (2.14)$$

Damit durch die exotherme Reaktion die Temperatur im Katalysatorbett nicht zu stark ansteigt, muss die Reduktion sorgfältig kontrolliert werden. Steigt die Temperatur im Katalysatorbett über 260 °C, beginnen die Cu-Kristallite zu sintern, und der Katalysator verliert sehr stark an Aktivität. Man verwendet zur Reduktion ein inertes Gas, z. B. entschwefeltes Erdgas oder Stickstoff, dem etwas Wasserstoff zugesetzt wird.

Eine hohe Selektivität der TT-Katalysatoren ist notwendig, da unter den Bedingungen der TT-Konvertierung die Methanisierung des CO und CO_2 thermodynamisch stark begünstigt ist.

$$CO + 3\,H_2 \rightleftharpoons CH_4 + H_2O \qquad \Delta H_{298\,K} = -206{,}2 \text{ kJ mol}^{-1} \qquad (2.15)$$

$$CO_2 + 4\,H_2 \rightleftharpoons H_4 + 2\,H_2O \qquad \Delta H_{298\,K} = -164{,}9 \text{ kJ mol}^{-1} \qquad (2.16)$$

Ein unangenehmer Nebeneffekt ist die Bildung von Methanol – die zur Herstellung von Methanol verwendeten Katalysatoren haben eine ähnliche Zusammensetzung wie die TT-Katalysatoren. Methanol bildet zusammen mit Ammoniakspuren aus der HT-Konvertierung übelriechende Amine, die Probleme für die Reinheit des in der CO_2-Wäsche gewonnenen Kohlendioxids bereiten.

Zahlreiche Veröffentlichungen befassen sich mit der Kinetik der HT- und TT-Konvertierung. Es wurden unterschiedliche kinetische Gleichungen vorgeschlagen, die Unterschiede in den einzelnen Gleichungen beruhen vor allem auf unterschiedlichen Annahmen über den Reaktionsmechanismus und auf den Einfluss des Druckes. Einzelheiten und weitere Literaturhinweise zu diesem Thema siehe [2.8].

Die Katalysatoren für die HT- und TT-Konvertierung sind meist in einfachen, adiabatischen Reaktoren untergebracht. Das Gas durchströmt die Katalysatorschicht in axialer Richtung von oben nach unten, die Reaktionswärme wird über externe Wärmetauscher abgeführt. Infolge der relativ hohen Strömungsgeschwindigkeiten weisen Reaktoren dieser Bauart Druckverluste auf, die während der gesamten Laufzeit (ca. vier Jahre) bis auf 1,5 bar ansteigen können. Ein weiteres Problem kann das Mitreißen von Wassertropfen bei Undichtigkeiten des Abhitzekessels des Sekundärreformers sein. Dies führt zu einem Verbacken der oberen Katalysatorschichten und damit zu stark ansteigenden Druckverlusten und ungleichmäßiger Gasverteilung.

Ammonia Casale hat zur Vermeidung dieser Nachteile Katalysator-Anordnungen entwickelt, bei denen das Gas – ebenso wie in den Ammoniaksynthese-Reaktoren in axial-radialer Richtung durch die Katalysatorbetten der HT- und TT-Konvertierung strömt (vgl. Abb. 2.19). Infolge der um den Faktor 5–10 reduzierten Gasgeschwindigkeiten ist der Druckverlust gering (ca. 0,3 bar) und bleibt über die gesamte Laufzeit nahezu konstant.

Außerdem können aufgrund der niedrigeren Gasgeschwindigkeiten Katalysatoren mit kleinerer Korngröße verwendet werden. Je geringer die Partikelgröße der Katalysatoren desto größer die aktive Oberfläche pro Volumeneinheit, ein entscheidender Faktor bei Reaktionen wie der Konvertierung, bei denen die Reaktionsgeschwindigkeit ganz wesentlich durch die Porendiffusion bestimmt wird.

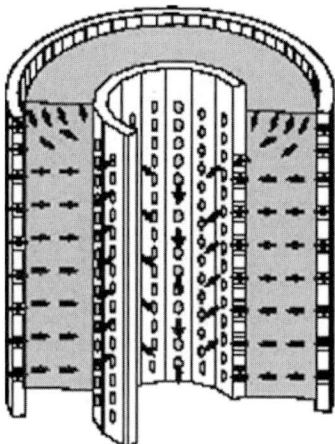

Abb. 2.19 Katalysatorbett mit axial-radialer Durchströmung (Ammonia Casale)

2.2.4
CO_2-Entfernung

Für die Entfernung des CO_2 aus dem Synthesegas gibt es zahlreiche Verfahren, der wesentliche Unterschied besteht darin, ob das CO_2 durch eine chemische Reaktion, eine physikalische Absorption oder durch Adsorption an Molsieben gebunden wird.

Bei den *chemischen Wäschen* reagiert das CO_2 mit dem Lösemittel zu einer metastabilen Verbindung, die durch anschließendes Erwärmen und Reduktion des Drucks wieder unter Freisetzung von CO_2 zersetzt wird. Überwiegend eingesetzte Lösemittel für chemische Wäschen sind Kaliumcarbonat-Lösungen und wässrige Lösungen von Alkanolaminen. Beide Lösemitteltypen verwenden Promotoren oder Aktivatoren, um die Ab- und Desorption des CO_2 zu beschleunigen, und beide Verfahrenstypen arbeiten mit einer Kombination von Druckerniedrigung und Erhitzen, um das CO_2 aus dem beladenen Lösemittel auszutreiben.

Bei den *physikalischen Wäschen* wird das CO_2 absorbiert, ohne mit dem Lösemittel eine Verbindung einzugehen. Durch Druckerniedrigung wird das CO_2 wieder aus dem Lösemittel frei. Abgesehen vom Rectisol-Prozess der Firma Lurgi, der bei tiefen Temperaturen arbeitet und Methanol als Absorbens verwendet, nutzen die meisten physikalischen Wäschen höhersiedende Lösemittel wie höhermolekulare Glykolether. Sie bilden die Basis für das Selexol-Verfahren der UOP (Polyethylenglykoldimethylether), dem Sepasolv-Verfahren der BASF AG (Polyethylenglykolmethylisopropylether) und dem Fluor Solvent Process (Polyethylencarbonat).

Die CO_2-Entfernung durch *Druckwechseladsorption an Molsieben* (engl.: Pressure Swing Adsorption, PSA) wird in Ammoniakanlagen auf Basis Erdgas weniger angewandt. Die Druckwechseladsorption ist vor allem interessant für Verfahren, bei denen der Synthesestickstoff aus einer Luftzerlegungsanlage stammt und erst vor

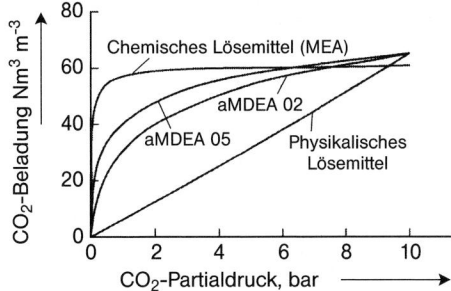

Abb. 2.20 CO$_2$-Absorptionsisothermen für chemische und physikalische Lösemittel

der Synthesegas-Kompression zugesetzt wird, z. B. beim LAC-Verfahren der Firma Linde (zur Druckwechseladsorption siehe Industriegase, Band 4, Abschnitt 2.2.4).

Abbildung 2.20 verdeutlicht die Unterschiede zwischen einem chemischen und einem physikalisch wirkenden Lösemittel. Für ein chemisches Lösemittel wie beispielsweise Monoethanolamin (MEA) ist die Absorptionsisotherme nahezu unabhängig vom CO$_2$-Partialdruck, die Sättigungskonzentration wird bereits bei geringen Partialdrücken erreicht. Bei den physikalischen Lösemitteln wie z. B. Methanol oder Polyethylendimethylether steigt die maximale Beladung des Lösemittels parallel mit dem Partialdruck an. Die Eigenschaften aktivierter Methyldiethanolamin-Lösungen liegen in der Mitte zwischen beiden.

Physikalische Verfahren haben einen sehr geringen Energiebedarf für die CO$_2$-Desorption, benötigen andererseits wegen der Abhängigkeit vom CO$_2$-Partialdruck aber hohe Umlaufmengen des Absorptionsmittels, d.h. Pumpenergie. Haupteinsatzgebiet der physikalischen Wäschen sind Ammoniakanlagen, bei denen das Synthesegas durch partielle Oxidation von schwerem Heizöl oder Kohle gewonnen wird, unter höheren Drücken anfällt und das neben CO$_2$ meist noch erhebliche Mengen an Schwefelwasserstoff enthält. Außerdem besitzen diese Anlagen eine Lufttrennanlage zur Erzeugung von Sauerstoff und Stickstoff, die aus dieser Anlage anfallende »Abfall-Kälte« kann zur Kühlung beim Absorptionsprozess genutzt werden.

In Ammoniakanlagen auf Erdgasbasis häufig eingesetzt werden der Benfield Lo-Heat Prozess der UOP und der BASF aMDEA-Prozess. Beim *Benfield LoHeat Prozess* erfolgt die Absorption in einer zweistufigen Absorptionskolonne, in der das CO$_2$ zunächst mit dem Promotor Diethanolamin zu einem Carbamat reagiert, das sich dann unter Rückbildung des Diethanolamins mit K$_2$CO$_3$ zu KHCO$_3$ umsetzt:

$$R_2NH + CO_2 \rightleftharpoons R_2NCOOH \tag{2.17}$$

$$R_2NCOOH + K_2CO_3 + H_2O \rightleftharpoons 2\,KHCO_3 + R_2NH \tag{2.18}$$

$$K_2CO_3 + CO_2 + H_2O \rightleftharpoons 2\,KHCO_3 \tag{2.19}$$

Neuerdings verwendet UOP statt des Diethanolamins einen neu entwickelten, stabileren Aktivator, »ACT-1«, ebenfalls auf Alkanolamin-Basis. Eine detaillierte Beschreibung dieses Prozesses findet sich in [2.19].

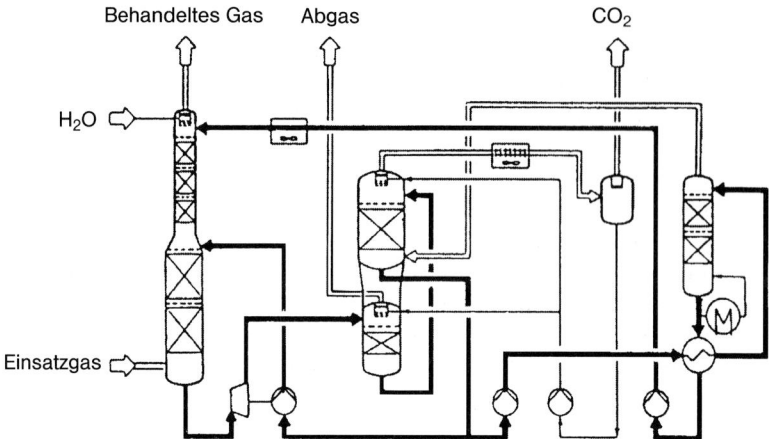

Abb. 2.21 Der BASF aMDEA-Prozess

Der BASF *aMDEA-Prozess* verwendet als Absorptionsmittel eine wässrige Lösung von Methyldiethanolamin und als Aktivator Piperazin bzw. Piperazin-Derivate. Die Absorptionscharakteristik dieses Systems liegt in der Mitte zwischen chemischer und physikalischer Absorption und kann durch die Aktivatoren in der einen oder anderen Richtung hin modifiziert werden (vgl. Abb. 2.20). Abbildung 2.21 zeigt das Fließschema dieses Prozesses in der zweistufigen Standardausführung. Das zu reinigende Gas tritt in einen zweistufigen Absorber ein. Der größte Teil des CO_2 wird bereits im Unterteil des Absorbers absorbiert, als Lösemittel dient hier das in der Flash-Kolonne durch Druckerniedrigung teilweise regenerierte MDEA. Das restliche CO_2 wird im Oberteil des Absorbers durch Aufgabe von im Stripper völlig regeneriertem Methyldiethanolamin aus dem Gas entfernt. Insgesamt muss also nur ein kleiner Teil des umlaufenden Lösemittels durch energieaufwendiges Strippen total regeneriert werden. Der Energieaufwand insgesamt beträgt 1,34 kJ pro Normkubikmeter CO_2. Über 96% des im Einsatzgas enthaltenen CO_2 werden entfernt, das anfallende CO_2 hat eine Reinheit von > 99% Volumenanteil und kann direkt in einer Harnstoffanlage eingesetzt werden.

Weitere Details über Wäschen siehe [2.4] und [2.19].

2.2.5
Methanisierung

Nach der Kohlendioxid-Wäsche ist das Gas noch feucht (ca. 1% H_2O) und enthält immer noch Spuren an CO und CO_2 (0,1–0,5%). Wasser und Kohlenoxide wirken als Katalysatorgifte für den NH_3-Synthesekatalysator und müssen deshalb vor Eintritt in die Syntheseschleife entfernt bzw. in unschädliches Methan umgewandelt werden.

In den meisten Verfahren wird das Gas deshalb nach Verlassen der Kohlendioxidwäsche wieder auf 300–330 °C erwärmt und über einen Nickelkatalysator geleitet.

Hier findet nach Gleichungen (2.14) und (2.15) eine Hydrierung des CO und CO_2 zu Methan statt. Die Nickelkatalysatoren enthalten 20–40 % Nickel auf einem Aluminiumoxid-Träger mit geringen Anteilen an Magnesium- und Siliciumoxid.

Nach dem Abkühlen und Auskondensieren des Wassers ist der Gehalt an Kohlenoxiden auf < 10 ppm gefallen, die Restfeuchte liegt in der Größenordnung von etwa 20 ppm. Dieses Restwasser wird bei der Auskondensation des Ammoniaks in der Syntheseschleife mit entfernt, einige Anlagen verwenden Molekularsiebtrockner, um das Gas vor Eintritt in die Synthese zu trocknen.

Das Methan wird mit dem Purgegas entfernt (siehe Abschnitt 2.3). Normalerweise enthält das Gas beim Eintritt in den Methanisierungsreaktor bereits 0,4 % Methan, durch die Methanisierung steigt der Methangehalt auf etwa 1 % an. Details über die Thermodynamik, Kinetik und Katalysatoren der Methanisierung siehe [2.20].

2.3
Die Ammoniak-Synthese

2.3.1
Physikalisch-chemische Grundlagen und Katalysatoren

Die Umsetzung von Stickstoff und Wasserstoff zu Ammoniak ist eine typische Gleichgewichtsreaktion:

$$1/2\ N_2 + 3/2\ H_2 \rightleftharpoons NH_3 \qquad \Delta H_{298\ K} = -46{,}22\ kJ\ mol^{-1} \qquad (2.20)$$

Das Reaktionsgemisch verhält sich unter den Druck- und Temperaturbedingungen der meisten Synthesen (90–350 bar, 450–530 °C) nicht als ideales Gas, die Reaktionswärme bzw. Enthalpieänderung ist eine Funktion der Temperatur und des Druckes. Für genauere Rechnungen muss außerdem die Mischungswärme des gebildeten Ammoniaks mit dem nicht umgesetzten Synthesegas berücksichtigt werden. Für praktische Zwecke rechnet man deshalb bei mittleren Temperaturen von 450 °C mit einem Wert von $-54{,}13\ kJ\ mol^{-1}$. Die molare Wärme C_p ($kJ\ mol^{-1}\ K^{-1}$) für das Eingangsgas kann nach folgender Formel abgeschätzt werden:

$$C_p = 1{,}632\ (1 + a_e) + 1{,}551\ b_e - 0{,}517\ c_e \qquad (2.21)$$

Hierbei ist a_e der Molenbruch des NH_3, b_e der Molenbruch des Methans und c_e der Molenbruch von Argon und Helium im Eingangsgas. Unter der Annahme, dass oberhalb von 250 °C und Drücken über 100 bar die spezifischen Wärmen konstant sind, kann der adiabatische Temperaturanstieg im Katalysatorbett abgeschätzt werden nach

$$\Delta T = (\Delta H_{450}/C_p)\ \{[a_0(1 + a_e)/(1 + a_0)] - a_e\} \qquad (2.22)$$

wobei a_0 den NH_3-Molenbruch im Ausgangsgas darstellt.

Tabelle 2.1 zeigt die bei der Einstellung des Gleichgewichtes zu erzielende Ammoniakkonzentration im reinen Synthesegas im technisch interessierenden Temperatur- und Druckbereich, entnommen aus [2.23, 2.24]. Enthält das Synthesegas 10 % Inerte (Argon und Methan), verringern sich die gezeigten Werte um ca. 18 %.

Tab. 2.1 NH$_3$-Gleichgewichtskonzentrationen (% Volumenanteil) im Synthesegas der Zusammensetzung N$_2$: H$_2$ = 1 : 3

Temp. (°C)	Druck (MPa)			
	10	20	30	40
440	17,74	29,20	37,87	44,92
460	14,84	25,21	33,36	40,16
480	12,41	21,69	29,55	35,71
500	10,39	18,61	25,54	31,60
520	8,72	15,96	22,24	27,86
540	7,34	13	19,34	24,49
560	6,20	11,74	16,80	21,49

Während gemäß Gleichung (2.20) hohe Drücke und tiefe Temperaturen das Gleichgewicht auf die Seite des Ammoniaks verschieben, sind zur Erzielung ausreichend hoher Reaktionsgeschwindigkeiten aus kinetischen Gründen hohe Temperaturen erforderlich. Zwar beschleunigen hohe Temperaturen zunächst die NH$_3$-Bildung, durch die gleichzeitige Verschiebung des Gleichgewichtes zu niedrigeren NH$_3$-Gehalten geht die NH$_3$-Bildungsgeschwindigkeit wieder zurück. Die Ammoniak-Bildung durchläuft deshalb in Abhängigkeit von Temperatur und Druck ein Maximum (siehe Abb. 2.22). Eine sorgfältige Kontrolle des Temperaturprofils im Reaktor ist deshalb notwendig, um eine optimale Balance zwischen den Gegebenheiten des thermodynamischen Gleichgewichtes und den Erfordernissen der Kinetik einzustellen.

Die höchste Ausbeute an Ammoniak wird erhalten, wenn die Temperatur einerseits aus kinetischen Gründen auf einem gewissen Niveau gehalten, andererseits der Temperaturanstieg infolge der exothermen Ammoniakbildung begrenzt wird. Die Art der Temperaturkontrolle im Reaktor und die Anordnung des Katalysators sind Klassifizierungsmerkmale der Reaktoren.

Weit entfernt von der Gleichgewichtseinstellung, d.h. am Reaktoreingang, dominiert die exotherme Ammoniakbildung, die Katalysatortemperatur steigt, die Reaktionsgeschwindigkeit wird erhöht. Beim Durchströmen des Reaktors steigt die NH$_3$-Konzentration im Prozessgas, die Rückreaktion gewinnt an Gewicht, die Bildungsgeschwindigkeit des Ammoniaks fällt wieder, u.a. auch weil hohe NH$_3$-Konzentrationen die Reaktion inhibieren. Durch eine Temperaturabsenkung im unteren Teil des Reaktors, d.h. eine günstigere Gleichgewichtseinstellung, kann dieser Effekt kompensiert werden.

Abbildung 2.23 verdeutlicht den Zusammenhang zwischen NH$_3$-Bildung und Reaktionsgeschwindigkeit in Abhängigkeit von der Temperatur und der Ammoniak-Konzentration. Die Kurve mit der Reaktionsgeschwindigkeit $\nu = 0$ entspricht der Einstellung des thermodynamischen Gleichgewichts. Die übrigen Kurven zeigen, dass für jede NH$_3$-Konzentration im Prozessgas eine Temperatur existiert, bei der die Reaktionsgeschwindigkeit einen maximalen Wert hat. Kurve a verbindet die Ma-

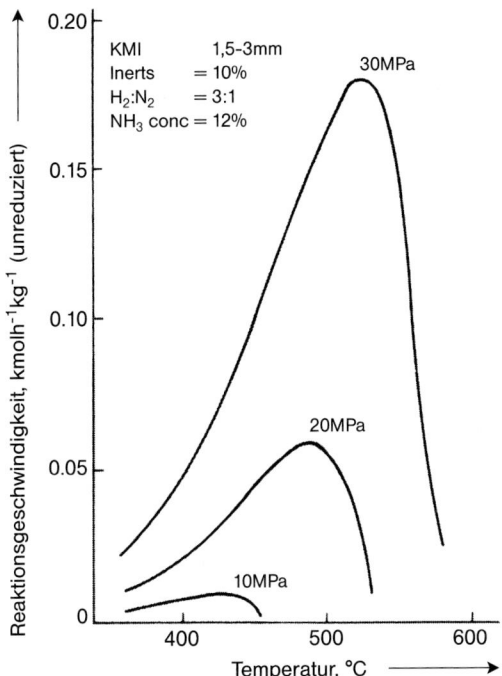

Abb. 2.22 Bildungsgeschwindigkeit von Ammoniak in Abhängigkeit von Druck und Temperatur

xima konstanter Reaktionsgeschwindigkeiten, sie stellt das ideale Temperaturprofil eines Reaktors dar. Ihre Position hängt von der Katalysatoraktivität und – wegen des Einflusses der NH_3-Diffusion – auch von dessen Korngröße ab. Ein solch ideales Reaktorprofil kann aus verschiedenen Gründen in der Praxis nicht erreicht werden, man versucht jedoch, sich ihm möglichst weitgehend anzunähern. Als Faustregel gilt, dass die normale Betriebstemperatur des Reaktors etwa 70 °C unter der Temperatur liegen sollte, bei der eine gegebene Prozessgas-Zusammensetzung sich im thermodynamischen Gleichgewicht befindet.

In allen heute eingesetzten Synthesereaktoren wird deshalb das Katalysatorvolumen in mehrere Katalysatorbetten aufgeteilt mit einer entsprechenden Zwischenkühlung zwischen den einzelnen Betten, um die durch die Reaktion in einen thermodynamisch ungünstigen Bereich angestiegene Gastemperatur wieder auf einen optimalen Wert zurückzuführen.

Ohne Gegenwart eines Katalysators reagieren N_2 und H_2 erst oberhalb von 3000 °C in merklichen Umfang miteinander. Ursache für die hohe Aktivierungsenergie und die damit erforderlichen hohen Temperaturen ist die hohe Dissoziationsenergie des Stickstoffmoleküls, die 942 kJ mol^{-1} beträgt. Durch die Verwendung aktiver Eisenkatalysatoren wird die Aktivierungsenergie auf 103 kJ mol^{-1} gesenkt.

Die dissoziative Chemiesorption des Stickstoffs an der Katalysatoroberfläche (Gl. (2.23)) ist der geschwindigkeitsbestimmende Schritt der Ammoniak-Synthese, wäh-

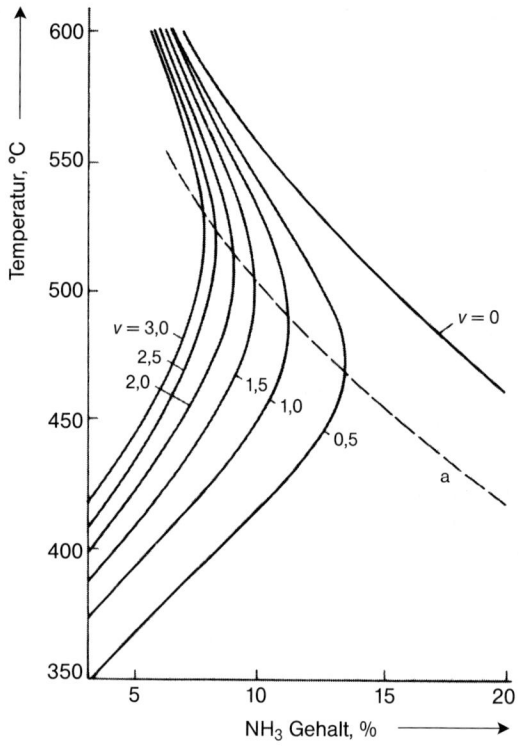

Abb. 2.23 Bildungsgeschwindigkeit ν von NH$_3$ (m^3 NH$_3$ m^{-3} Katalysator s^{-1}) als Funktion der Temperatur und der NH$_3$-Konzentration bei 200 bar und 11 % Volumenanteil Inerte im Eingangsgas. a = Temperaturbereich max. NH$_3$-Bildung

rend die dissoziative Adsorption des Wasserstoffs an der Katalysatoroberfläche schnell verläuft. Über Zwischenverbindungen bildet sich schrittweise Ammoniak:

$$N_2 + 2\,{}^* \rightleftharpoons 2\,N^* \tag{2.23}$$

$$H_2 + 2\,{}^* \rightleftharpoons 2\,H^* \tag{2.24}$$

$$N^* + H^* \rightleftharpoons NH^* + {}^* \tag{2.25}$$

$$NH^* + H^* \rightleftharpoons NH_2{}^* + {}^* \tag{2.26}$$

$$NH_2{}^* + H^* \rightleftharpoons NH_3{}^* + {}^* \tag{2.27}$$

$$NH_3{}^* \rightleftharpoons NH_3 + {}^* \tag{2.28}$$

In den obigen Gleichungen bedeutet * einen leeren Platz auf der Katalysatoroberfläche und X^* eine adsorbierte Spezies. Eine kritische Übersicht über die bisherigen Vorstellungen zum Ablauf und zur Mikrokinetik der Ammoniaksynthese gibt [2.25].

Es gibt zahlreiche Gleichungen, die versuchen, die Kinetik der Ammoniak-Synthese zu beschreiben und damit als Grundlage für die Reaktorauslegung dienen. Die bekannteste ist die von TEMKIN und PYZHEV, die bereits 1940 veröffentlicht wurde und schon auf der Annahme basierte, dass die Adsorption des Stickstoffs an der Eisenoberfläche des Katalysators der geschwindigkeitsbestimmende Schritt ist.

$$V = k_1 \times P_{N_2} \frac{(P_{H_2}^3)^a}{(P_{NH_3}^2)} - k_2 \frac{(P_{NH_3}^2)^{1-a}}{(P_{H_2}^3)}$$

Für den Koeffizienten a wurde gefunden, dass Werte zwischen 0,5 und 0,75 die Versuchsergebnisse am besten beschreiben. Die Konstanten k_1 und k_2 werden durch die spezifischen Eigenschaften des Katalysators bestimmt.

Diese Gleichung wurde in der Folgezeit modifiziert und neueren Erkenntnissen über den Mechanismus und die Kinetik angepasst, insbesondere muss die Diffusion bzw. der Massentransport im Katalysatorkorn berücksichtigt werden. Die Methoden zur Berechnung der Umsatzgeschwindigkeit werden ausführlich in [2.5] beschrieben.

In den meisten Ammoniakanlagen werden heute noch die klassischen Eisenkatalysatoren eingesetzt, hergestellt aus Magnetit unter Zusatz von Promotoren. Bei den Promotoren unterscheidet man zwischen »strukturellen« Promotoren, das sind Zusätze, die die Zahl der aktiven Stellen im Katalysator erhöhen und stabilisieren, sowie »elektronischen« Promotoren, die die Aktivität der aktiven Zentren erhöhen, in der englischen Literatur auch als Erhöhung der »Turn-Over-Frequency« bezeichnet (TOF). Zu den strukturellen Promotoren zählen z. B. Al_2O_3, MgO und Cr_2O_3, der wichtigste elektronische Promotor ist K_2O, das in Form von K_2CO_3 bei der Herstellung zugesetzt wird.

Zur Herstellung der Eisenkatalysatoren wird Magnetit elektrisch bei 1600–2000 °C geschmolzen. Beim Schmelzvorgang wird das für die spätere Aktivität wichtige Verhältnis von Fe^{2+} und Fe^{3+} eingestellt – es sollte zwischen 0,5–0,6 liegen – und die Promotoren zugesetzt. Nach dem schnellen Abkühlen der Schmelze wird die Masse auf die gewünschte Korngröße zerkleinert. Gängige Katalysatoren für Syntheseanlagen mit max. Katalysatorbetttemperaturen bis 530 °C und Drücken bis 350 bar enthalten 2,5–4,0 % Al_2O_3, 0,5–1,2 % K_2O, 2,0–3,5 % CaO, 0–1,0 % MgO und 0,2–0,5 % SiO_2, das normalerweise bereits im Magnetit enthalten ist.

Die Korngröße hat neben der Porosität des Katalysators einen großen Einfluss auf die Aktivität. Die Diffusion des gebildeten Ammoniaks aus dem Katalysatorkorn kann zum geschwindigkeitsbestimmenden Schritt werden. Abbildung 2.24 zeigt den Einfluss der Korngröße auf die Raum-Zeit-Ausbeute, je kleiner das Katalysatorkorn, desto höher der Ammoniakgehalt im Gas. Der Verwendung möglichst kleiner Korngrößen steht jedoch der steigende Druckverlust über dem Katalysatorbett entgegen, außerdem kann es bei sehr kleinen Korngrößen zu einer Fluidisierung des Bettes kommen.

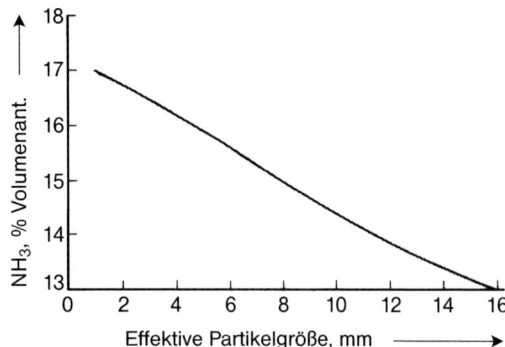

Abb. 2.24 Einfluss der Katalysatorkorngröße auf die NH_3-Bildung (250 bar, Raumgeschwindigkeit 12 000 m³ Gas m⁻³ Katalysator h³)

Durch radiale oder auch radial-axiale Gasführung durch die Katalysatorbetten wird der Druckverlust möglichst gering gehalten. Während ältere Anlagen Katalysatoren mit Korngrößen von 6–10 mm einsetzen, können neuere Verfahren dank radialer Gasführung durch die Katalysatorbetten kleine Korngrößen zwischen 1,5–3,0 mm verwenden.

Vor Gebrauch muss der Katalysator reduziert werden. Dies geschieht entweder in situ im Reaktor mit dem Synthesegas oder es wird bereits vom Hersteller vorreduzierter Katalysator eingesetzt.

Magnetit hat eine Spinellstruktur mit der spinelltypischen Anordnung der Sauerstoff-Ionen. Zwischen den Sauerstoff-Ionen befinden sich die Fe^{2+} und Fe^{3+} Ionen. Bei der Reduktion wird der Sauerstoff aus dem Gitter entfernt (Promotoren werden nicht reduziert!), ohne dass dieses schrumpft. Es entsteht so eine hochporöse Eisenstruktur, stabilisiert und aktiviert durch die Promotoren. Die Durchführung der Reduktion hat einen großen Einfluss auf die spätere Aktivität.

Keineswegs darf der bei der Reduktion entstehende Wasserdampf mit bereits reduziertem Katalysator in Kontakt kommen. Dies wird erreicht, indem die unteren Katalysatorschichten auf möglichst niedriger Temperatur gehalten und mit der Reduktion bei tiefen Temperaturen (350 °C) begonnen wird. Zusätzlich wird durch hohe Gasgeschwindigkeiten der Wasserdampf-Partialdruck niedrig gehalten und auch die NH_3-Bildung zunächst unterdrückt. Im Verlauf der Reduktion erhöht sich die Temperatur durch die zunehmende NH_3-Bildung, bei Temperaturen oberhalb 450 °C ist die Reduktion abgeschlossen. Der Zeitbedarf für die Reduktion beträgt zwischen 5 und 10 Tagen.

Um die Anfahrzeit der Anlage möglichst kurz zu halten, werden heute in zunehmendem Maße vorreduzierte Katalysatoren trotz ihres höheren Preises eingesetzt. Da der reduzierte Katalysator pyrophor ist, wird er vom Hersteller nach der Reduktion durch eine leichte Oberflächenoxidation passiviert. Durch Reduktion im Reaktor wird er reaktiviert, diese Reaktivierung beansprucht jedoch nur $1\frac{1}{2}$–2 Tage. Details über Katalysatoren, ihre Wirkungsweise und Herstellung siehe [2.5, 2.7, 2.8].

Trotz intensiver Anstrengungen gelang es bisher nicht, den Eisenkatalysator in der Praxis durch andere Katalysatortypen vollständig zu ersetzen. Die Vorteile dieses Katalysators sind seine hohe immanente Aktivität, seine hohe Dichte, bzw. hohe Aktivität pro Katalysatorvolumen, seine lange Lebensdauer und nicht zuletzt sein niedriger Preis im Vergleich zu anderen Katalysatoren. Erst neuerdings konzentriert sich das Interesse auf Rutheniumkatalysatoren.

Ruthenium ist zwar seit langen als Ammoniak-Katalysator bekannt und untersucht, aber erst die Ankündigung der M. W. Kellogg Co., in ihrem KAAP-Prozess einen neuartigen Rutheniumkatalysator auf Graphitträger zu verwenden, brachte den Durchbruch. Der Katalysator wurde gemeinsam mit der BP entwickelt und erstmals 1992 in einer 600 t d^{-1} Anlage in Kitimat/Canada eingesetzt. Nach den Angaben von Kellogg erlaubt dieser Katalysator mildere Betriebsbedingungen in der Synthese (70–105 bar verglichen mit 150–350 bar), niedrigere Einlass/Auslass-Temperaturen (350/470 °C verglichen mit 370/510 °C), gleichzeitig soll der Umsatz gegenüber Eisenkatalysatoren 12–16 % höher sein [2.26]. In allen seitdem umgerüsteten oder neu errichteten Anlagen (Triad Nitrogen 1996, Incitec 1997 und zwei Neuanlagen 1998 in Trinidad mit je 1850 t d^{-1} Nennkapazität) wurden Rutheniumkatalysatoren eingesetzt, allerdings in Kombination mit einem konventionellen Eisenkatalysator.

Thermodynamisch ist der Graphitträger unter den Synthesebedingungen nicht völlig stabil, Ruthenium beschleunigt sogar seine Hydrierung zu Methan. Durch Zusatz von Additiven wie Barium kann diese Hydrierung aber unterdrückt werden.

Eine interessante Neuentwicklung wurde von Haldor-Topsøe angekündigt [2.27], statt Graphit wird Bornitrid (BN) als Träger verwendet. Bornitrid, auch als »weißer Graphit« bezeichnet, hat fast die gleiche Struktur wie Graphit (die Trägerstruktur ist wichtig für die Ausbildung aktiver Ruthenium-Kristallite), ist gegen hohe Temperaturen stabil und wird unter den Bedingungen der Synthese nicht hydriert. Ein Ba-Ru/BN-Katalysator mit 5,6 % Ba und 6,7 % Ru auf BN mit einer Oberfläche von 81 m^2 g^{-1} erwies sich in einem 5000-Stunden-Test bei 100 bar und 550 °C sehr stabil. Über die letzte Entwicklung bei Rutheniumkatalysatoren siehe [2.28].

2.3.2
Genereller Aufbau einer Syntheseschleife

Wie aus Tabelle 2.1 hervorgeht, wird infolge der Gleichgewichtslage bei der Synthese nur ein Teil des Wasserstoffs und Stickstoffs zu Ammoniak umgesetzt (max. 25–35 % des Gases). Daher muss das gebildete Ammoniak aus dem Gasgemisch möglichst weitgehend abgeschieden und das verbleibende Gasgemisch zusammen mit dem frischen Synthesegas in den Reaktor zurückgeführt werden. Außerdem muss ein Teil der Inertgase (Methan, Argon, Helium) aus dem Prozess ausgeschleust werden, um deren Anreicherung im System zu vermeiden. Es ergibt sich so ein Kreislaufverfahren, das im Prinzip in fast allen heute benutzten Ammoniak-Synthesen benutzt wird (s. Abb. 2.25). Ein Kreislaufverdichter – meist im Synthesegasverdichter integriert – gleicht den Druckverlust im Kreislauf (5–20 bar) aus.

Das den Reaktor verlassende Prozessgas wird zunächst zur Erzeugung von Hochdruck-Dampf genutzt, anschließend dient es zur Vorwärmung des komprimierten

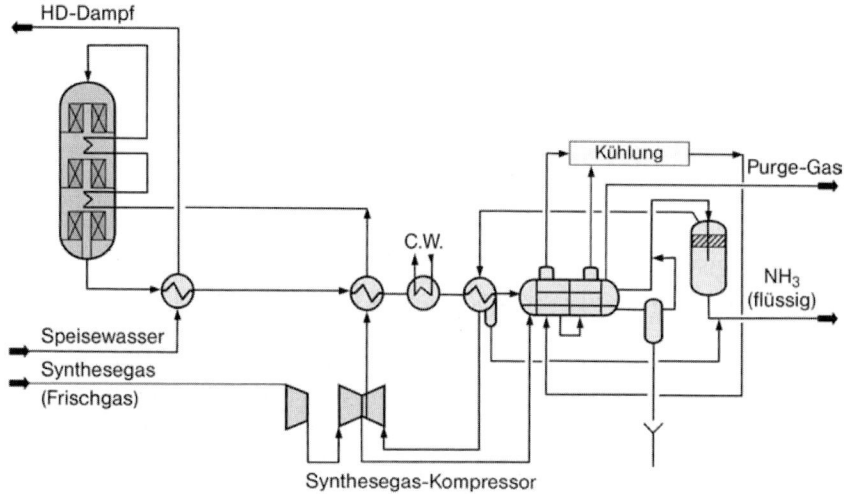

Abb. 2.25 Schema einer Syntheseschleife, Reaktor mit drei Katalysatorbetten (Fa. Uhde).
C. W. = Kühlwasser

Synthesegases. Die Aufteilung des Wärmetausches in mehrere Stufen hat den Vorteil, dass die Abführung des nutzbaren Teils der Reaktionswärme (2,72 GJ pro Tonne NH$_3$) auf hohem Temperaturniveau, die des nicht nutzbaren Anteils mit Kühlwasser erfolgen kann.

Durch die Wasserkühlung wird bereits der größte Teil des gebildeten Ammoniaks auskondensiert. In früheren Hochdrucksynthesen (> 400 bar Synthesedruck) reichte diese Kühlung zur Ammoniakabscheidung aus, bei den heutigen Anlagen muss das Gas zur weitergehenden Abscheidung des Ammoniaks je nach Synthesedruck auf +5 bis −15 °C herabgekühlt werden. Die Kühlleistung wird durch Verdampfen eines erheblichen Teils des produzierten flüssigen Ammoniaks bei Atmosphärendruck aufgebracht, der wieder in einer separaten Kälteanlage komprimiert und rückverflüssigt wird.

Bei den Verfahren von Topsoe und Uhde erfolgt die Zugabe des Frischgases meist vor der Verflüssigung und Abscheidung des Ammoniaks. Man kann dadurch auf eine Trocknung des Frischgases verzichten, da der noch enthaltene Wasserdampf mit dem kondensierenden Ammoniak ausgewaschen wird. Anlagen von M.W. Kellogg werden dagegen meist mit einer Molsiebtrocknung angeboten, die Frischgaszugabe erfolgt nach der Ammoniakabscheidung.

Die Abscheidebehälter nach der Wasserkühlung und der Tiefkühlung sind als mechanische Flüssigkeitsabscheider konstruiert und aus Sicherheitsgründen reichlich dimensioniert.

Unmittelbar vor Zugabe des Frischgases, also an der Stelle der höchsten Inertenkonzentration, wird dem Kreisgas ein Teilstrom, das Purgegas, entzogen und separat aufgearbeitet, um den Gehalt an Inertgasen im Kreislauf niedrig zu halten (< 8–10%).

Das abgeschiedene flüssige Ammoniak wird von Synthesedruck auf ca. 20 bar entspannt, das dabei freiwerdende Flashgas (NH$_3$, CH$_4$, Ar, H$_2$, N$_2$) wird nach

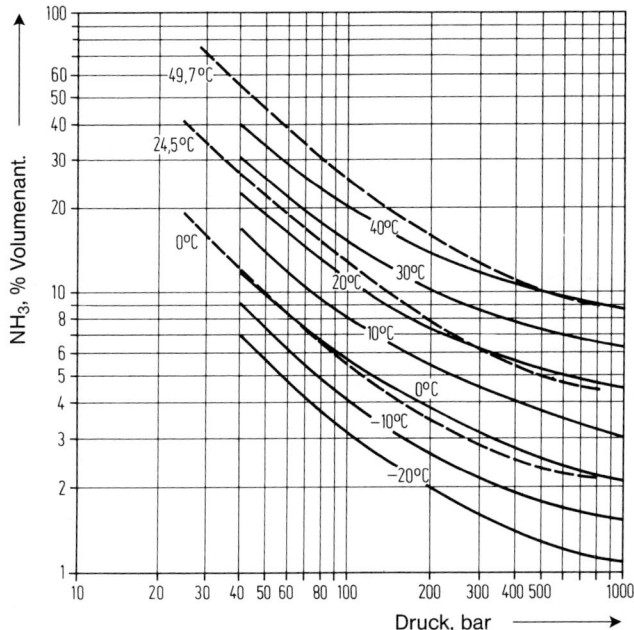

Abb. 2.26 NH$_3$-Gehalte in H$_2$:N$_2$ = 3:1 Gemischen in Abhängigkeit von der Temperatur und dem Druck. Ausgezogene Kurven nach [2.24], gestrichelte nach A. MICHELS et al. (*Physica* **1950**, *16*, 831).

Abtrennung des Ammoniaks z. B. durch eine Wasserwäsche, im Reformer unterfeuert.

Da das Kreisgas je nach Druck- und Temperaturbedingungen nach der NH$_3$-Kondensation noch 3–5 % Volumenanteil Ammoniak enthält, ist der NH$_3$-Gehalt im Eintrittsgas des Reaktors entsprechend hoch. Abbildung 2.26 zeigt den NH$_3$-Gehalt im Sättigungszustand für das Gasgemisch H$_2$: N$_2$ = 3 : 1.

Die eingetragenen Temperaturen als Parameter der Kurvenschar sind die Abscheidetemperaturen. Aus der Abbildung geht weiterhin hervor, dass eine Verminderung des Synthesedruckes durch eine Senkung der Abscheidetemperatur kompensiert werden muss, d. h. Einsparungen bei der Synthesegas-Kompression steht vermehrte Kühlleistung bzw. ein Mehraufwand bei der Ammoniak-Rekompression entgegen.

2.3.3
Synthesegas-Kompression

Nach Einführung der Zentrifugalverdichter ab Mitte der 1960er Jahre ist es heute allgemeine Praxis, die Verdichtung des Synthesegases nach der Methanisierung von etwa 25 bar auf 90–230 bar am Reaktoreintritt mittels ein- oder zweihäusiger Zentrifugalverdichter vorzunehmen. Angetrieben werden die Verdichter üblicherweise durch Dampfturbinen. Da auf einer Antriebswelle des Kompressors zur Vermeidung von Schwingungen nur eine beschränkte Zahl von Laufrädern aufgebracht werden kann, werden zweihäusige Kompressoren eingesetzt. Lediglich bei Synthesedrücken von 90 bar kann auch ein einhäusiger Kompressor verwendet werden

Im letzten Verdichtergehäuse ist gleichzeitig der Kreisgasverdichter untergebracht, der meist nur aus einem Laufrad besteht und die Aufgabe hat, den Druckverlust in der Syntheseschleife auszugleichen.

Der Synthesegasverdichter ist der weitaus größte Energieverbraucher einer Ammoniakanlage. Der Leistungsbedarf liegt für eine 1800/2000 t d^{-1} NH$_3$-Anlage in der Größenordnung von 30 bis 40 MW. Größere Einsparungen sind nur durch Verringerung des Kompressionsverhältnisses möglich, entweder durch Anhebung des Druckes in der Gaserzeugung oder durch Absenkung des Druckes in der Synthese, wie beispielsweise beim KAAP-Prozess der Kellogg oder beim ICI-AMV-Prozess, die beide bei 90 bar Synthesedruck arbeiten.

Während die Synthesedrücke in den Jahren um 1950 noch überwiegend bei 300–350 bar lagen, sanken sie in den Folgejahren dank verbesserter Katalysatoren und Reaktorkonstruktionen auf etwa 150 bar bei Verwendung von Magnetitkatalysatoren. Ein weiteres Absenken des Synthesedruckes stieß jedoch an wirtschaftliche Grenzen: abgesehen von den dann für die Ammoniak-Kondensation notwendigen tieferen Temperaturen muss zum Ausgleich der Druckerniedrigung das Katalysatorvolumen erhöht werden, gleichzeitig fordert der Ruf nach immer höheren Kapazitäten zusätzliches Katalysatorvolumen. Für große Einstranganlagen mit Magnetitkatalysatoren ist deshalb wieder eine Tendenz zu höheren Synthesedrücken (bis 200–230 bar) zu beobachten.

Ausnahmen von dieser Entwicklung sind der ICI AMV Prozess [2.17], der bei nur 90 bar Synthesedruck arbeitet, aber dafür ein ungewöhnlich großes Katalysatorvolumen einsetzt, und der neue KAAP-Prozess von Kellogg, Brown & Roots, bei dem der Magnetitkatalysator teilweise durch einen neu entwickelten Rutheniumkatalysator mit Cobaltpromotion ersetzt wurde. Dank dessen hoher Aktivität konnte der Druck in der Syntheseschleife ebenfalls auf 90 bar gesenkt werden, ohne dass das Katalysatorvolumen erhöht werden musste. Allerdings werden noch 50 % des Umsatzes mit dem Magnetitkatalysator im ersten Katalysatorbett erzielt (siehe Abb. 2.31).

2.3.4
Synthesereaktoren (Konverter)

Abgesehen von älteren Anlagen arbeiten die Reaktoren moderner Ammoniakanlagen im Druckbereich von 90 bis 230 bar, 370–530 °C und mit Gasdurchsätzen bzw. Raumgeschwindigkeiten zwischen 15 000 und 30 000 Nm^3 Gas pro Stunde und Kubikmeter Katalysator.

Gemeinsam ist fast allen Reaktoren, dass sie einen äußeren, druckfesten Mantel besitzen und im Inneren perforierte Einsatzbehälter haben, in denen die Katalysatoren angeordnet sind. So ergibt sich ein ringförmiger Spalt zwischen äußerer Reaktorwand und den Einbauten (Einsätze und Wärmetauscher) durch den kälteres Einsatzgas geleitet wird. Dadurch wird verhindert, dass der Druckmantel des Reaktors den hohen Temperaturen im Katalysatorbett ausgesetzt wird. Vor Eintritt in das erste Katalysatorbett wird in dem innerhalb des Reaktors angebrachten Wärmetauscher das Synthesegas auf die Anspringtemperatur des Katalysators vorgewärmt.

Die ersten Konverter enthielten zur Abfuhr der Reaktionswärme im Katalysatorbett Kühlrohre, die im Gegenstrom von relativ kaltem Synthesegas durchströmt wurden. Da diese Bauart nur für kleinere Produktionskapazitäten geeignet ist, und außerdem die Temperaturregelung nur langsam erfolgte, haben diese Reaktortypen heute kaum mehr Bedeutung.

Bei den meisten heute verwendeten Reaktoren ist das Katalysatorvolumen auf drei Betten verteilt. Zur Erzielung maximaler Ammoniakausbeuten wird die Temperatur im letzten Katalysatorbett etwas niedriger gehalten, zum Ausgleich wird das Katalysatorvolumen in diesem Abschnitt erhöht. Zwischen den einzelnen Betten wird die Reaktionswärme entweder durch Zugabe kalten Gases (Quench-Kühlung) oder durch eingebaute Wärmetauscher entfernt (indirekte Kühlung). Kühlmittel für letztere ist normalerweise kaltes Synthesegas. Die Prozessgasführung durch die einzelnen Katalysatorbetten erfolgt zur Verringerung des Druckverlustes in modernen Anlagen meist radial bzw. axial-radial.

Bei den Reaktoren mit Quench-Kühlung wird die Temperatur durch Zugabe von kaltem, unreagiertem Synthesegas (150–200 °C) zwischen die einzelnen Katalysatorschichten geregelt. Reaktoren dieser Bauart sind heute in älteren Anlagen noch weit verbreitet. Nachteil dieser Konstruktionsprinzips ist, dass nicht das gesamte Synthesegas alle Katalysatorbetten durchströmt und somit das Quenchgas erst im unteren Teil des Reaktors umgesetzt wird, wo bereits hohe Ammoniakkonzentrationen vorliegen. Zur Kompensation der dadurch erniedrigten Reaktionsgeschwindigkeit muss das Katalysatorvolumen erhöht werden.

Der energetische Nachteil der Zumischung von kaltem, unreagiertem Gas zum Reaktor wird bei den Reaktoren mit indirekter Zwischenkühlung mittels eingebauter Wärmetauscher vermieden. In [2.4, S. 427] ist das Temperaturprofil eines Dreibett-Quenchreaktors dem Temperaturprofil eines Zweibett-Reaktors mit indirekter Kühlung gegenübergestellt. Infolge der Verdünnung mit Quenchgas sinkt die Ammoniakkonzentration zwischen den einzelnen Katalysatorbetten ab, bei einem Reaktor mit indirekter Kühlung bleibt sie dagegen konstant mit der Folge, dass dieser Reaktortyp mit weniger Katalysatorvolumen den gleichen Umsatz pro Durchgang erzielt.

Als thermodynamisch und wirtschaftlich am effektivsten hat sich die Aufteilung der Synthese auf drei Katalysatorbetten mit Zwischenkühlung nach dem ersten und zweiten Katalysatorbett durchgesetzt. Bei drei Katalysatorbetten erfolgt eine wesentlich bessere Annäherung an die in Abbildung 2.23 gezeigte Kurve a (max. NH_3-Bildungsgeschwindigkeit) als bei zwei Katalysatorbetten gleicher Größe. Dies bedeutet, dass mit dem gleichen Katalysatorvolumen ein höherer Umsatz pro Durchgang erzielt wird oder umgekehrt ein geringeres Katalysatorvolumen (= Reaktorgröße) zum gleichen Umsatz führt.

In Abbildung 2.27 ist zur Verdeutlichung dieses Zusammenhanges die Netto-NH_3-Bildung (d. h. abzüglich der NH_3-Eingangskonzentration) für einen Zweibett- und einen Dreibett-Reaktor bei gleichem Katalysatorvolumen aufgetragen.

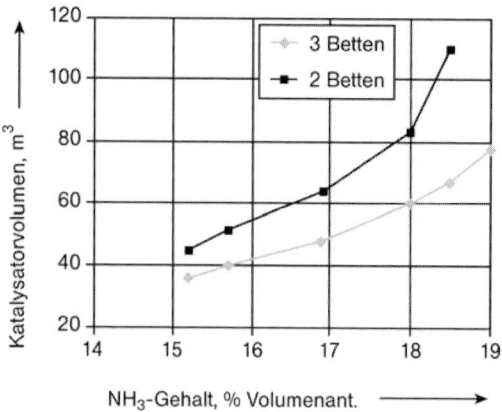

Abb. 2.27 Leistungsvergleich zwischen einem Zweibett- und einem Dreibett-Reaktor (mit freundlicher Genehmigung von Ammonia Casale)

Der Einbau von mehr als drei Katalysatorbetten würde die Konstruktion des Reaktors verteuern und wegen der notwendigen Zwischenkühlung das mögliche Katalysatorvolumen verringern, d. h. niedrigere Effizienz zu höheren Kosten. Eine Ausnahme von dieser Regel bilden die Reaktoren der Fa. Halliburton KBR.

Ob alle drei Katalysatorbetten in einem Reaktor untergebracht werden, oder ob das Katalysatorvolumen auf zwei Reaktoren aufgeteilt wird, hängt von verschiedenen Faktoren ab. Der wesentliche Gesichtspunkt ist natürlich die Kapazität der Anlage, sie bestimmt die erforderliche Reaktorgröße und damit die Transportfähigkeit. Als obere Grenze für Einreaktoranlagen werden heute Kapazitäten von 1800–2000 t NH_3 pro Tag angesehen.

Ein anderer Punkt ist die optimale Verwertung der Reaktionswärme. Man ist heute bestrebt, möglichst hohe Ammoniak-Konzentrationen pro Durchgang zu erzielen. Hohe Umsätze pro Durchgang reduzieren die Kreisgasmenge und folglich die Kompressionsenergie für das Kreisgas und die notwendigen Wärmetauscherflächen. Außerdem wird der Kühlungsaufwand für die Abtrennung des NH_3 wesentlich geringer, da ein Großteil des Ammoniaks bereits durch Wasserkühlung abgeschieden werden kann.

Um hohe NH_3-Gehalte (20–25 % Volumenanteil) im Austrittsgas zu erreichen, ist eine niedrigere Ausgangstemperatur im letzten Katalysatorbett erforderlich, mit der Folge, dass die Reaktionswärme nur auf niedrigerem Temperaturniveau genutzt werden kann. Um einen Teil der Reaktionswärme auf möglichst hohem Temperaturniveau zu nutzen ist es sinnvoll, die Katalysatorbetten auf zwei Reaktoren aufzuteilen, mit entsprechenden externen Abhitzekesseln nach dem ersten und nach dem zweiten Reaktor.

In Abbildung 2.28 ist das von der Fa. Uhde angebotene Zweireaktor-, in Abbildung 2.25 das Einreaktor-Konzept skizziert. Während beim Einreaktor-System der Reaktor alle drei Katalysatorbetten und zwei interne Wärmetauscher enthält, sind beim Zweireaktor-System im ersten Reaktor nur zwei Katalysatorbetten und ein in-

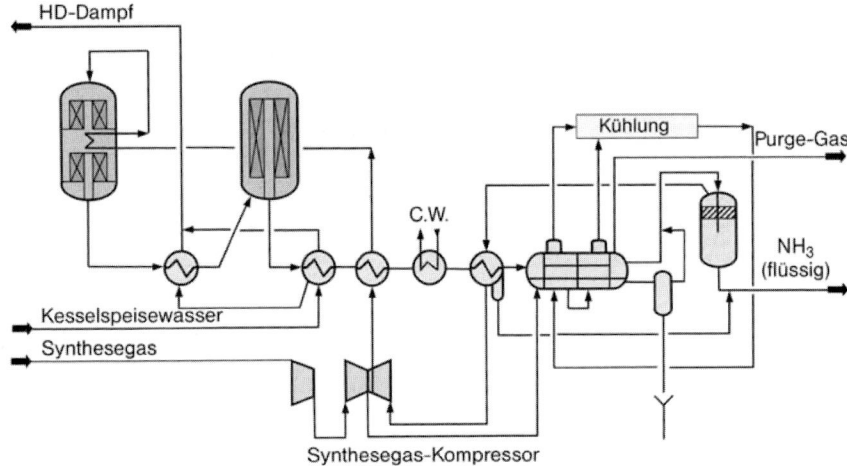

Abb. 2.28 Zweireaktor-Konzept der Fa. Uhde (C. W. = Kühlwasser)

terner Wärmetauscher untergebracht. Der externe Wärmetauscher bzw. Abhitzekessel nach dem ersten Reaktor dient zur HD-Dampferzeugung, ebenso wie der nach dem zweiten Reaktor angeordnete Wärmetauscher.

Vorteil der Zweireaktor-Systeme ist, dass neben größeren Katalysatorvolumina die Reaktionswärme besser genutzt werden kann. Die Charakteristika beider Konzepte können folgendermaßen zusammengefasst werden:

Einreaktor-Konzept	**Zweireaktor-Konzept**
3 Katalysatorbetten	3 Katalysatorbetten
– Geringere spez. Investitionen	– Höhere Investitionskosten
– Kapazitätsgrenze bei 1800 t d^{-1}	– Kapazitäten bis 3000 t d^{-1}
– HD-Dampf :1,1–1,3 t pro Tonne NH_3	– HD-Dampf: 1,3–1,5 t pro Tonne NH_3

Alle führenden Anlagenbauer bieten heute Syntheseversionen an, bei denen entweder die drei Katalysatorbetten in einem Reaktor angeordnet sind oder auf zwei Reaktoren verteilt werden. Abbildung 2.29 zeigt beispielhaft die Reaktoren S-50, S-200 und S-300 der Fa. Uhde. Ein analoges System wird auch von Haldor Topsoe angeboten.

Die Katalysatoren sind üblicherweise in sog. Körben aus zwei perforierten Blechen untergebracht, um den Gasein- und -austritt aus dem Katalysatorbett zu ermöglichen. Die Perforation ist so ausgelegt, dass durch den Druckverlust in den Blechen eine gleichmäßige Gasströmung erreicht wird. Die Befestigung der Körbe im Reaktor erfolgt so, dass zwischen Reaktorwand und Korbwand ein Ringspalt bestehen bleibt, durch den kaltes Synthesegas von unten nach oben in die Katalysatorzone strömt. Das dritte Katalysatorbett ist meistens am größten ausgelegt.

Die in Abbildung 2.29 gezeigten Reaktoren sind für radiale Gasströmung von außen nach Innen konzipiert. Bei nur radialer Strömung ist das obere und untere Ende des Katalysatorkorbes gasdicht abgedeckt um ein Vorbeiströmen des Gases zu vermeiden, wenn sich im Laufe der Betriebsperiode das Katalysatorbett setzen sollte.

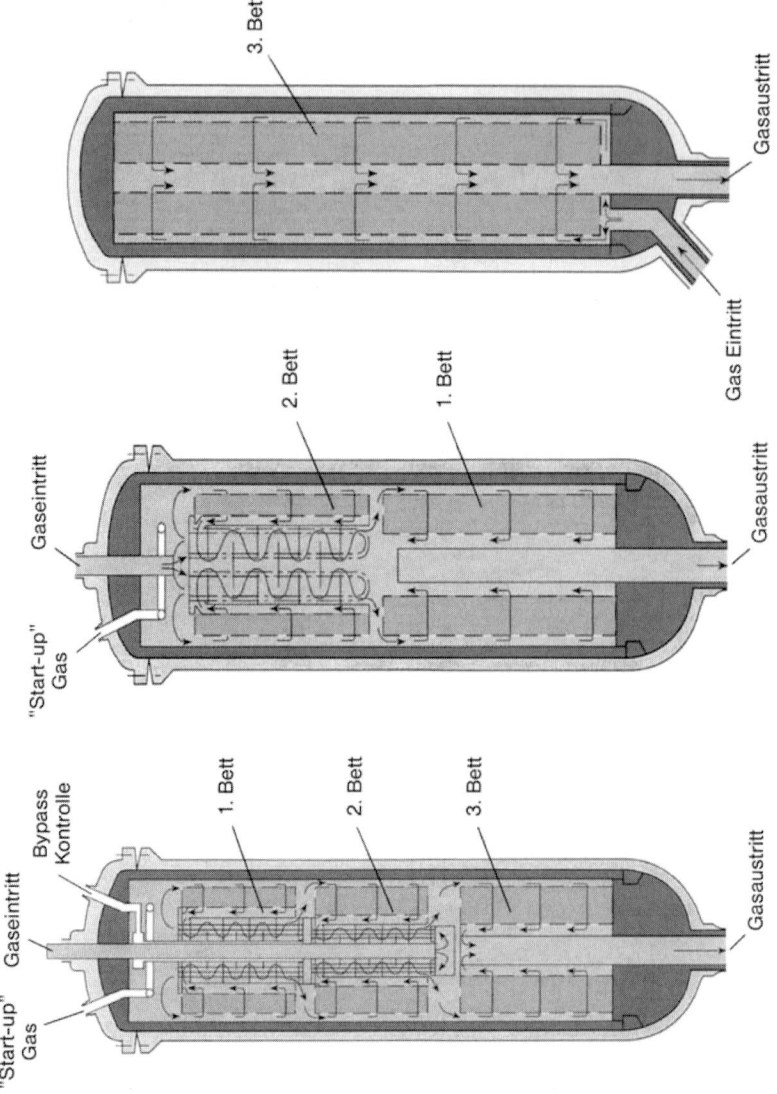

Abb. 2.29 Synthesereaktoren der Fa. Uhde mit drei, zwei und einem Katalysatorbett

Ammonia Casale hat sich entschieden, die obere Abdeckung zu entfernen und einen Teilstrom des Gases auch axial durch die Betten zu führen. Dadurch wird auch die obere Katalysatorschicht genutzt und die Korbkonstruktion wird vereinfacht. Die Menge des axialen Teilstroms wird durch eine spezifische Konstruktion der Korbwandperforation kontrolliert (vgl. Abb. 2.19).

Von Kellogg, Brown und Root (KBR) wurde ein Horizontalreaktor mit indirekter Kühlung entwickelt (s. Abb. 2.30). Das Gas wird im Kreuzstrom durch die Katalysa-

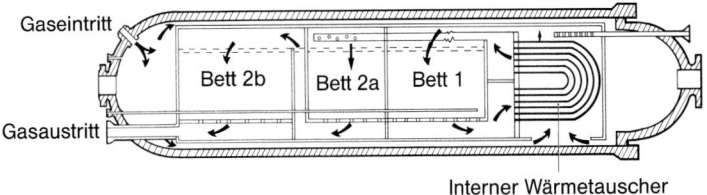

Abb. 2.30 Der KBR Horizontal-Reaktor

torbetten geführt, das dritte Bett ist wegen des großen Katalysatorvolumens unterteilt. Des geringen Druckverlustes wegen kann sehr feinkörniger Katalysator verwendet werden.

Für den Kellogg Advanced Ammonia Process (KAAP) mit neuem Rutheniumkatalysator wird der in Abbildung 2.31 im Schnitt gezeigte Reaktor eingesetzt. Das obere, größte Katalysatorbett ist mit herkömmlichem Magnetitkatalysator befüllt, die drei unteren Betten enthalten den Rutheniumkatalysator.

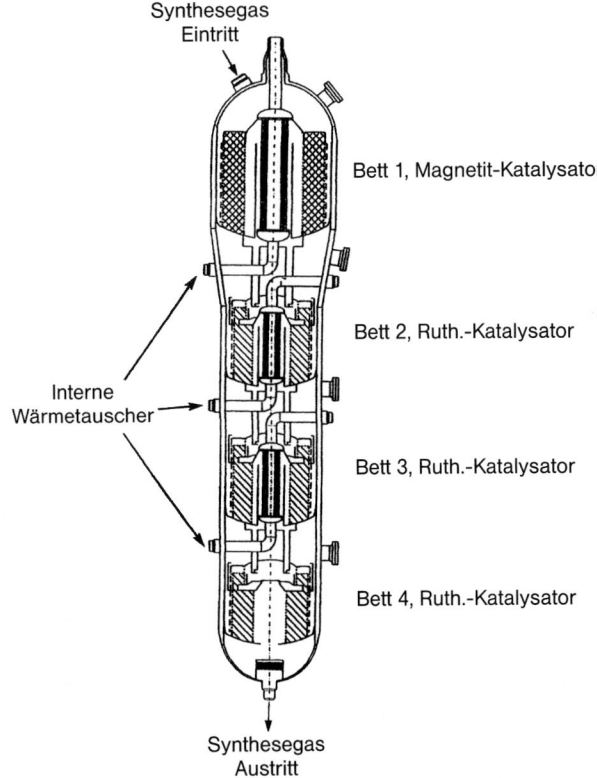

Abb. 2.31 KAAP Ammoniak-Konverter von KBR mit vier Katalysatorbetten (ein Magnetitbett = 50 % des Katalysatorvolumens, drei Betten mit Rutheniumkatalysator)

2.3.5
HD-Dampfgewinnung

Besondere Anforderungen werden auch an die Abhitzekessel zur Hochdruckdampferzeugung gestellt. Eingesetzt werden Abhitzekessel, deren Wärmetauscherrohre in U-Form mit einem verstärkten Rohrboden in der Weise verschweißt sind, dass der heiße Gaseintritt der U-Rohre im Zentrum und der kältere Gasaustritt im Randbereich des Rohrbodens liegt. Dadurch wird eine symmetrische Temperaturverteilung über den Rohrboden erreicht. Ein Vorteil dieses Typs ist, dass das vom heißen Gas durchströmte Rohrbündel nur einseitig fixiert ist.

Abhitzekessel liefern z. B. die Firmen Uhde, Kellogg, Balcke-Dürr und Babcock-Borsig, Abbildung 2.32 zeigt den Abhitzekessel der Fa. Uhde.

In Ammoniakanlagen sind energieverbrauchende und energieerzeugende Prozessstufen miteinander kombiniert. Hauptenergieverbraucher ist das Steam-Reforming. Die hierfür benötigte Energie wird durch externe Verbrennung von Heizgasen im Ofen des Primärreformers und durch interne Verbrennung im Sekundärreformer zugeführt. Energie wird ferner benötigt für die Erzeugung des Prozessdampfes, zum Vorerhitzen der Einsatzstoffe und zur Regeneration der Lösemittel in der CO_2-Abtrennung. Weiterhin wird Energie als Antriebskraft für die Kom-

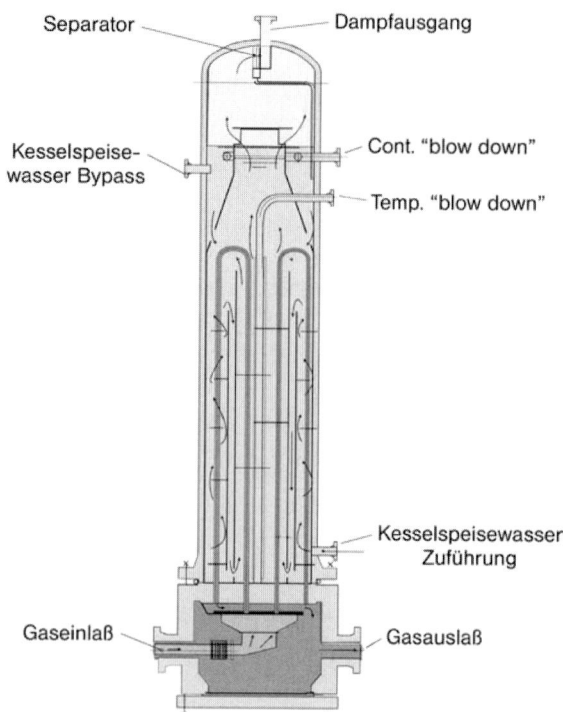

Abb. 2.32 Abhitzekessel der Fa. Uhde

pression der Einsatzstoffe (Erdgas, Luft), des Synthesegases und in der Kälteanlage benötigt.

Energie für diese Zwecke wird in Form von Hochdruckdampf aus der Abhitze verschiedener Reaktionsstufen gewonnen. Eventuell muss, je nach den örtlichen Gegebenheiten, Überschussdampf in andere Anlagen exportiert oder Dampf importiert werden. Die Integration des Dampfsystems ist deshalb ein wesentlicher Faktor bei der Auslegung einer Ammoniakanlage.

2.3.6
Aufarbeitung der Purge- und Entspannungsgase

Im kondensierten Ammoniak sind die Komponenten des Kreisgases einschließlich der inerten Bestandteile entsprechend ihrer Löslichkeit gelöst und werden beim Entspannen des Ammoniaks als ein Gasgemisch mit hohem NH_3-Anteil freigesetzt. Ferner muss in den meisten Fällen noch ein kleiner Anteil des Kreislaufgases als Purgegas zusätzlich entspannt werden, um wie oben erwähnt den Gehalt an inerten Gasen im Synthesekreislauf niedrig zu halten.

Beide Gase können in einer Wasserwäsche von Ammoniak befreit werden und sind dann z. B. als Heizgas für den Reformer verfügbar. Das im Sumpf der Waschkolonne anfallende Ammoniakwasser kann als solches verwendet oder das Ammoniak ausgetrieben und verflüssigt werden. Wirtschaftlich sinnvoller ist es, den in den Restgasen enthaltenen Wasserstoff nicht zur verbrennen, sondern durch eine Restgas- bzw. Purgegas-Aufarbeitung zurückzugewinnen. Für die Purgegas-Aufarbeitung stehen mehrere Verfahren zur Verfügung.

2.3.6.1 Wasserstoffrückgewinnung durch Tieftemperatur-Zerlegung [2.29]

Das Ammoniak wird zunächst durch eine Wasserwäsche aus dem Purgegas entfernt. Anschließend wird das Gas an Molsiebadsorbern getrocknet, im Gas verbliebene Spuren an Ammoniak werden dabei adsorbiert. Das getrocknete und ammoniakfreie Gas wird dann in einer Cold Box an speziellen Gas/Gas-Wärmetauschern auf –188 °C abgekühlt. Methan, Argon, Helium und ein Teil des Stickstoffs kondensieren und werden im Abscheider vom wasserstoffreichen Gas getrennt.

Das wasserstoffreiche H_2/N_2-Gemisch strömt zurück durch den Wärmetauscher der Cold Box und kühlt dabei unter Erwärmung das eintretende Purgegas ab. Das Gemisch wird dann zur Saugseite der zweiten Stufe (65–70 bar) des Synthesegaskompressors geleitet.

Das Kondensat im Abscheider wird ebenfalls zur Kälteerzeugung genutzt. Es wird entspannt und dient ebenfalls in der Cold Box in einem separaten Wärmetauscher zum Abkühlen des Purgegases, bevor es als Heizgas zur Verbrennung in den Primärreformer geleitet wird.

Etwa 90 % des im Purgegas enthaltenen Wasserstoffs und ca. 30 % des Stickstoffs werden so zurückgewonnen. Wegen der Rückführung des wasserstoffreichen Gases wird im Reformerteil ein Synthesegas mit geringem N_2-Überschuss erzeugt. Anlagen zur Tieftemperatur-Zerlegung werden beispielsweise von Linde und L'Air Liquide angeboten.

2.3.6.2 Wasserstoffrückgewinnung durch Membranverfahren [2.30]

(siehe auch Industriegase, Band 4, Abschnitt 5.2.3.5 und Thermische
Verfahrenstechnik, Band. 1, Abschnitt 6.2)

Das Verfahren basiert auf der selektiven Diffusion von Gasen durch Kunststoffmembranen. Die Membranen bestehen aus Hohlfasern von 0,5 mm Durchmesser. Mehrere Tausend dieser Hohlfasern werden zu einem Faserbündeln vereinigt und diese in Modulen von 3–6 m Länge und 0,1–0,2 m Durchmesser zusammengefasst. Äußerlich ähnelt ein solches Modul einen Röhrenwärmetauscher, die einzelnen Faserbündel sind an einem Ende verschlossen, das andere, offene Ende des Bündels ist im »Rohrboden« eingebettet (siehe Abb. 2.33).

Mehrere dieser Module werden zu einem Aggregat zusammengefasst. Das zu behandelnde Gas wird an der Außenseite der Membranen aufgegeben und der Wasserstoff diffundiert ins Membraninnere. Treibende Kraft ist der Partialdruckunterschied des Wasserstoffs zwischen Äußerem und Innerem der Faser. Um möglichst viel Wasserstoff zurückzugewinnen, arbeiten die Aggregate bei unterschiedlichen Druckstufen. Bedingt durch diesen Druckabfall kann nur ein Teil des Wasserstoffs in die zweite Stufe des Synthesegaskompressors zurückgeführt werden, der Rest geht in die erste Stufe.

Vergleicht man beide Verfahren zur Wasserstoff-Rückgewinnung so ergibt sich, dass die kryogenen Verfahren energetisch günstiger sind, die Membrantechnologie erfordert dagegen geringere Investitionskosten.

Druckwechseladsorptionsanlagen zur Rückgewinnung des Wasserstoffs [2.31] sind in Ammoniakanlagen weniger üblich.

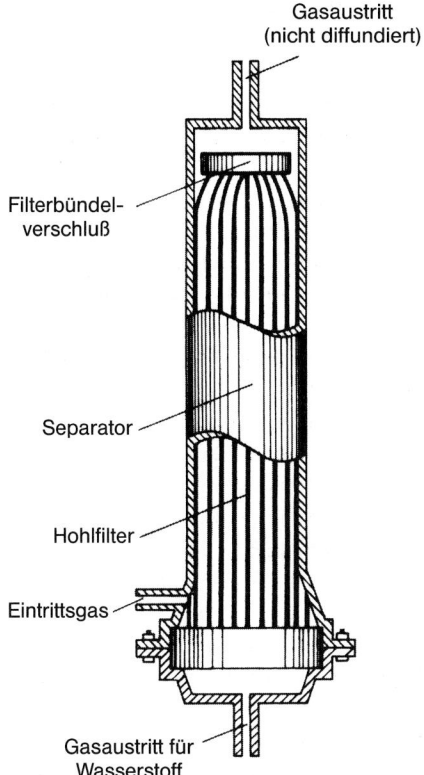

Abb. 2.33 Modul eines Membran-Separators

2.4
Beispiele von Einstranganlagen auf Erdgasbasis

Alle Anlagen werden heute als sog. »Einstranganlagen« angeboten, die sich aus den in den vorigen Kapiteln beschriebenen Prozessstufen zusammensetzen. Welche der einzelnen Prozessstufen zu einer Anlage integriert werden und in welcher Weise dies erfolgt, hängt vor allem von der Kapazität der Anlage und den örtlichen Gegebenheiten ab. Wesentliche Faktoren, die die Auslegung einer Anlage bestimmen, sind neben der Kapazität die Kosten für Einsatzstoffe und Energien sowie die Frage, ob Energie (Dampf) beispielsweise aus der Anlage exportiert oder Strom importiert werden kann.

Eine wichtige Kennzahl aller Ammoniakanlagen ist der Nettoenergiebedarf pro Tonne produzierten Ammoniaks. Man versteht hierunter die Differenz zwischen allen Energieimporten, hauptsächlich Erdgas, eingesetzt mit dem unteren Heizwert, und allen Energieexporten, hauptsächlich Dampf und/oder Strom. Dampf wird nach seinem kalorischen Wert bilanziert, beim Strom wird mit einem Wirkungsgrad von 25–30 % gerechnet.

Während noch vor etwa 30 Jahren der Energiebedarf bei 38 GJ pro Tonne NH_3 lag, werden heute Werte zwischen 28–29 GJ erreicht oder sogar unterschritten. Ein genauer Vergleich hinsichtlich des Energiebedarfs verschiedener Anlagen ist nur möglich bei detaillierter Kenntnis aller Randbedingungen. Beispielsweise kann eine Anhebung der Kühlwassertemperatur von 20 auf 30 °C den Energiebedarf um 0,7 GJ pro Tonne NH_3 erhöhen. In die gleiche Richtung wirkt ein hoher CO_2-Gehalt im Erdgas: 10 % Volumenanteil CO_2 erhöhen den Energiebedarf um ca. 0,2 GJ pro Tonne NH_3. Ebenso spielt es eine Rolle, ob das erzeugte Ammoniak bei –33 °C gelagert wird oder gasförmig bei Normaltemperatur an benachbarte Verbraucher abgegeben werden kann. Der Unterschied zwischen beiden Extremen kann bis zu 0,9 GJ pro Tonne NH_3 betragen.

In den letzten Jahren wurden neue Ammoniakanlagen vor allem dort errichtet, wo billiges Erdgas zur Verfügung steht, z. B. im Mittleren Osten und in der Karibik. Da der Wettbewerbsvorteil billiger Einsatzstoffe damit ausgeschöpft ist, konzentrieren sich die Bestrebungen der Anlagenbauer auf die Senkung der spez. Investitionskosten, d. h. die Vergrößerung der Kapazitäten über die bis jetzt üblichen Grenzen von 2000 t d^{-1} hinaus, ohne jedoch die Zuverlässigkeit der Anlage dabei zu verringern.

Man ist deshalb bemüht, auf vorhandene und bewährte Maschinen, Apparate und Reaktoren zurückzugreifen bzw. sie beizubehalten, und den Prozess schrittweise den geforderten höheren Kapazitäten anzupassen. Aus Kostengründen ist man weiterhin bestrebt, standardisierte Rohrleitungen und Armaturen zu verwenden, Sonderanfertigungen würden die Kostenvorteile einer Kapazitätsvergrößerung (»Scale-up«-Faktor) mehr als kompensieren. Erleichtert wird die Planung höherer Kapazitäten durch Fortschritte in der Entwicklung druck- und temperaturbeständiger Materialien sowie durch die Entwicklung aktiverer Katalysatoren. Zu beachten sind natürlich auch die Fabrikations- und Transportmöglichkeiten für die Reaktoren. Konverter mit Durchmessern von 3 m sind heute Stand der Technik, die Herstellung von Konvertern mit Durchmessern bis 3,8 m ist technisch möglich. Die Durchmesser der Reaktoren für die HT- und TT-Konvertierung schätzt man auf 6 bis 8 m für Kapazitäten zwischen 3000 und 4500 t d^{-1}.

2.4.1
Ammoniakverfahren der Firma Uhde

Wie auch andere Firmen, bietet Uhde mehrere Anlagenkonzepte an:
- Das Einkonverter-Konzept (bis 1800 t d^{-1})
- Das Zweikonverter-Konzept (bis 3000 t d^{-1})
- Das Zweidruckverfahren (> 3000 t d^{-1}) im Syntheseteil

Welches Konzept für den speziellen Fall das geeignete ist, hängt vor allem von der geforderten Kapazität ab. Auf die Unterschiede zwischen den Ein- und Zweikonverter-System wurde bereits eingegangen. Das Verfahren mit zwei Druckstufen in der Syntheseschleife (Zweidruckverfahren) wurde entwickelt, um das Scale-up-Risiko bei Anlagen > 3000 t d^{-1} gering zu halten und um aus Kostengründen genormte Rohrleitungen und Armaturen einsetzen zu können.

2 Ammoniak | 229

Die Synthesegaserzeugung basiert bei allen drei Verfahren auf der konventionellen Primär- und Sekundärreformer-Technik. Der für die Ammoniakanlage in Saudi Arabien (3300 t d^{-1}) vorgesehene Reformer wird 408 Rohre enthalten. Ein deckenbefeuerter Reformer der gleichen Bauart mit 960 Rohren ist bereits seit 1999 in einer Methanolanlage in Betrieb. Uhde sieht deshalb noch großen Spielraum, Reformer dieses Typs in Ammoniakanlagen mit noch größerer Kapazität einsetzen zu können.

2.4.1.1 Konventionelles Uhde-Verfahren (Low-Energy Concept) mit zwei Konvertern

Das Fließschema in Abbildung 2.34 zeigt das konventionelle Uhde-Verfahren zur Herstellung von Ammoniak bis zu Kapazitäten von etwa 2000 t NH$_3$ pro Tag.

Erdgas wird entschwefelt, mit Wasserdampf gemischt (Dampf/Kohlenstoffverhältnis 3,0) und bei 40 bar und 800–850 °C im deckenbefeuerten Primärreformer der Bauart Uhde umgesetzt. Das Gas verlässt den Primärreformer mit 10–13 % Volumenanteil Methan und tritt in den Sekundärreformer ein. Die vorerhitzte Prozessluft (> 540 °C) wird im Brennraum mit dem Prozessgas vermischt. Das 950–1000 °C heiße Austrittsgas aus dem Sekundärreformer enthält noch 0,3–0,6 % Volumenanteil Methan. Durch die Verschiebung eines Teils der Methanumsetzung in den Sekundärreformer kann der Primärreformer mit niedriger Temperatur betrieben werden, was zu Brennstoffersparnis führt. Allerdings fällt dadurch weniger Abwärme im Rauchgastrakt des Primärreformers zur Erzeugung von Hochdruckdampf an.

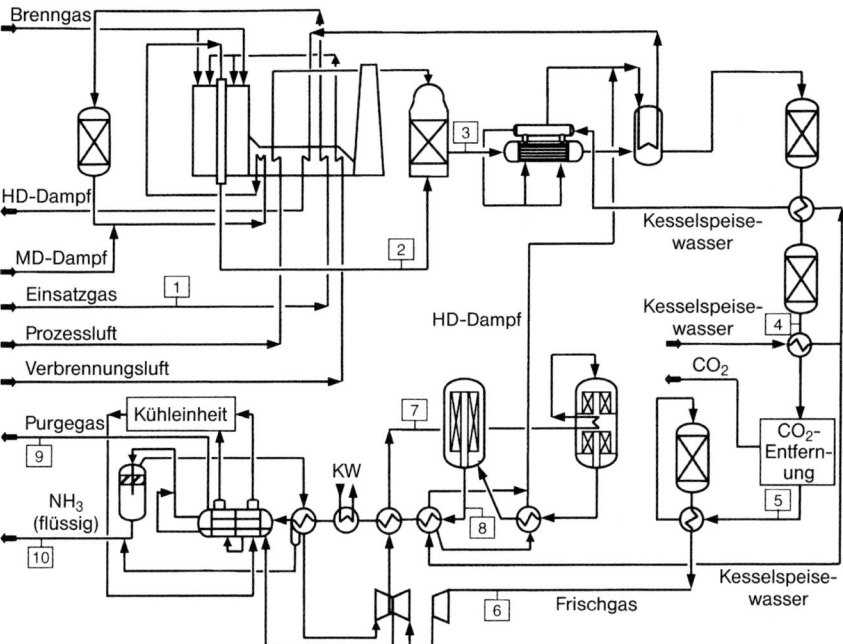

Abb. 2.34 Low Energy-Concept von Uhde mit zwei Reaktoren

Zum Ausgleich dafür wurde nach dem Sekundärreformer ein Dampfüberhitzer installiert, der HD-Dampf von 125 bar und 530 °C erzeugt. Je nach Auslegung des Verfahrens können 40–85 % der Abwärme des Austrittsgases aus dem Sekundärreformer zur Erzeugung von HD-Dampf genutzt werden, der Rest dient zur Überhitzung des HD-Dampfes aus der Syntheseschleife.

Abgekühlt auf 300–350 °C tritt das Gas in die HT-Konvertierung. Das gebildete CO_2 wird mit dem aMDEA-Verfahren der BASF ausgewaschen. Energetischer Vorteil dieses Verfahrens ist, dass die beladene Lösung größtenteils durch Entspannen regeneriert werden kann statt durch Strippen mit Dampf. Im gezeigten Verfahrensschema wird ein zweistufiger Absorber verwendet. Der größte Teil des CO_2 wird im Unterteil des Absorbers absorbiert, die Feinreinigung auf wenige ppm Rest-CO_2 erfolgt im Oberteil mit wenig thermisch regenerierter Lösung. Der spezifische Energiebedarf beträgt nur 1,34 kJ pro Normkubikmeter CO_2. Als Alternative zum aMDEA-Verfahren wird der UOP Benfield LoHeat Process angeboten.

Die Ammoniak-Synthese erfolgt in zwei hintereinander geschalteten Reaktoren mit drei radial durchströmten Katalysatorbetten mit Magnetitkatalysatoren kleiner Korngröße. Die radiale Gasführung minimiert die Druckverluste und erlaubt dadurch die Verwendung feinkörniger Katalysatoren zur Erzielung höherer Umsätze pro Durchgang.

Der Wärmetausch zwischen Ein- und Austrittsgas der ersten Katalysatorschicht erfolgt durch einen internen Wärmetauscher im ersten Reaktor. Die Reaktionswärme nach der zweiten und dritten Katalysatorschicht wird im externen Abhitzekessel zur Gewinnung von Hochdruckdampf genutzt. Durch die Installation zweier externer Wärmetauscher kann die Dampferzeugung von normalerweise 1,1 t pro Tonne NH_3 auf max. 1,5 t pro Tonne NH_3 erhöht werden. Der Hochdruckdampf dient zum Antrieb der Expansionsturbine des Synthesegaskompressors, der aus der Turbine abgezogene Mitteldruckdampf (49 bar, 415 °C) wird zum Antrieb weiterer Maschinen und als Prozessdampf genutzt.

Das Austrittsgas aus dem zweiten Synthesereaktor enthält 20–25 % Volumenanteil NH_3. Bereits durch Kühlung mit Kühlwasser kann der größte Teil auskondensiert werden, die Kondensation des restlichen Teils erfolgt durch Tiefkühlung in der Kälteanlage. Entspannungsgas (Flashgas) und Purgegas werden in – hier nicht gezeigten – Wäschen von Ammoniak befreit und in der Purgegas-Aufarbeitung unter Wasserstoffrückgewinnung weiter behandelt. Die allgemeinen Betriebsdaten für ein solches Verfahren bewegen sich in folgender Größenordnung:

Reformerteil:

H_2O/C-Verhältnis	3,0
Eingangstemperatur Primärreformer	530–580 °C
Druck, Primärreformer-Ausgang	39–43 bar
Methan, Primärreformer-Ausgang	10–13 % Volumenanteil
Methan, Sekundärreformer-Ausgang	0,3–0,6 % Volumenanteil

Syntheseteil:

H_2/N_2-Verhältnis nach Methanisierung	2,95
Synthesedruck	140–210 bar

NH₃ am Reaktoreingang 3–5 % Volumenanteil
NH₃ am Reaktorausgang 20–25 % Volumenanteil
HD-Dampferzeugung 1,1–1,5 t pro Tonne NH_3

Tabelle 2.2 enthält eine Aufstellung der wichtigsten Stoffströme für eine 1500 t d^{-1}-Anlage entsprechend dem Verfahrensschema in Abbildung 2.34.

Tab. 2.2 Stoffströme des konventionellen Uhde Low Energy Verfahrens (Kapazität 1500 t NH₃ pro Tag)

A) Synthesegas-Erzeugung

Strom Nr. Medium Mol - %	1 Erdgas Einsatz	2 Primärref. Ausgang	3 Sek. Ref. Ausgang	4 Konvert. Ausgang	5 CO_2-Wäsche Ausgang
CH_4	91,5	12,7	0,6	0,5	0,6
C_2H_6	3,3				
C_3H_8	0,3				
CO_2	0,5	9,1	6,7	17,6	0,1
CO		10,0	13,5	0,3	0,4
H_2		66,2	55,2	60,4	73,1
N_2	4,4	2,0	23,7	21,0	25,5
Ar + He		0,3	0,2	0,3	
Durchsatz (kmol h^{-1})	1795,2	5619,5	8585,9	9711,3	7975,2
Druck (MPa abs.)	5,10	3,95	3,90	3,56	3,40
Temperatur (°C)	109	820,2	999	228	50

B) Ammoniak-Synthese

Medium % Molant.	6 Frisch- gas	7 Synthese- gas	8 Prozess- gas	9 Purge- gas	10 Ammoniak fl.
CH_4	1,1	8,4	9,7	11,4	0,1
CO/CO_2	< 10 ppm				
H_2	72,7	61,2	48,0	56,8	
N_2	25,9	23,5	19,6	23,2	
Ar + He	0,3	2,7	3,0	3,6	
NH_3		4,2	19,7	5,0	99,9
Durchsatz (kmol/h)	7847,7	28346	24675	737,5	3636,7
Druck (MPa abs.)	3,22	19,01	18,34	17,88	1,95
Temperatur (°C)	46	296	444	4	20

2.4.1.2 Das Uhde Zweidruckverfahren

Beim Zweidruckverfahren besteht die Syntheseschleife aus zwei Sektionen: einer bei 220 bar betriebenen konventionellen Syntheseschleife, in der etwa 2/3 des gesamten Ammoniaks anfallen und einer »Vorsynthese« bzw. einem Vorreaktor, in dem das Frischgas im einmaligen Durchgang vor Eintritt in die Syntheseschleife bei 110 bar teilweise umgesetzt wird. In diesem Vorreaktor werden ein Drittel der Gesamtproduktion erzeugt. Abbildung 2.35 zeigt das Prinzip dieser Syntheseschleife mit zwei Druckstufen.

Das Frischgas wird zuerst in einem zweistufigen Kompressor mit Zwischenkühlung auf ca. 110 bar komprimiert. Mit diesem Druck tritt es in den Vorreaktor, der drei Katalysatorbetten enthält. Nach Abtrennung des gebildeten Ammoniaks wird das Gas auf 210 bar weiter verdichtet und tritt in die Syntheseschleife ein.

Ein wesentlicher Gesichtspunkt für die Entwicklung dieses Verfahrens war, auch bei hohen Kapazitäten Kompressoren bewährter Bauart einsetzen zu können. Durch die Kühlung des Kompressorgehäuses und einen leicht erhöhten Druck (+ 3 bar) im Reformerteil wird erreicht, dass bis zu einer Kapazität von 3300 t d^{-1} ein Kompressor der gleichen Größe wie in einer konventionellen 2000 t d^{-1}-Anlage verwendet werden kann. Weiterhin erlaubt die Aufteilung der Synthese in zwei Druckstufen die Verwendung von Standardarmaturen und -rohrleitungen, die z. Z. nur bis zu Weiten von 24 Zoll verfügbar sind.

2.4.2
Ammoniakverfahren der Firma Haldor-Topsøe

Ausgangsbasis für die Überlegungen von Haldor-Topsoe zur Erhöhung der Anlagenkapazität ist das in mehr als 90 Anlagen bewährte Niedrigenergiekonzept mit Kapazitäten bis zu etwa 2000 t NH_3 pro Tag (Abb. 2.36).

Der seitenbefeuerte Primärreformer einer 2000 t d^{-1} NH_3-Anlage enthält 200 Spaltrohre. Für größere Anlagen wären mehr Rohre erforderlich, was sich technisch ohne Schwierigkeiten verwirklichen lässt. In Verbindung mit einem zusätzlichen Prereformer, wie in Abbildung 2.36 als Option eingezeichnet, könnte die Kapazität noch weiter erhöht werden.

Eine weitere Möglichkeit zur Kapazitätserhöhung sieht Haldor-Topsoe in der Installation eines »High-Flux-Reformers« (HFR). Die Rohre eines solchen Reformers bestehen aus einer titanhaltigen Mikrolegierung hoher Hitzebeständigkeit. Durch die dadurch mögliche größere Wärmeflussdichte kann die Anzahl der Reformerrohre um ca. 15 % verringert bzw. die Kapazität des Reformers entsprechend erhöht werden.

Eine Alternative zum konventionellen Primärreformer ist das autotherme Reformieren, das sich seit den 1950er Jahren in der Methanol- und Oxogasproduktion bewährt hat. Reaktoren mit Durchmessern bis zu 8 m sind denkbar. Im Falle einer Ammoniakanlage müsste dieser autotherme Reformer statt mit Sauerstoff mit angereicherter Luft betrieben werden und die bisherige Kombination Primär/Sekundärreformer ganz oder teilweise ersetzen.

Eine Kapazitätserhöhung der Syntheseschleife ist nach Ansicht von Haldor-Topsoe am einfachsten durch eine Anhebung des Synthesedruckes auf ca. 200 bar zu

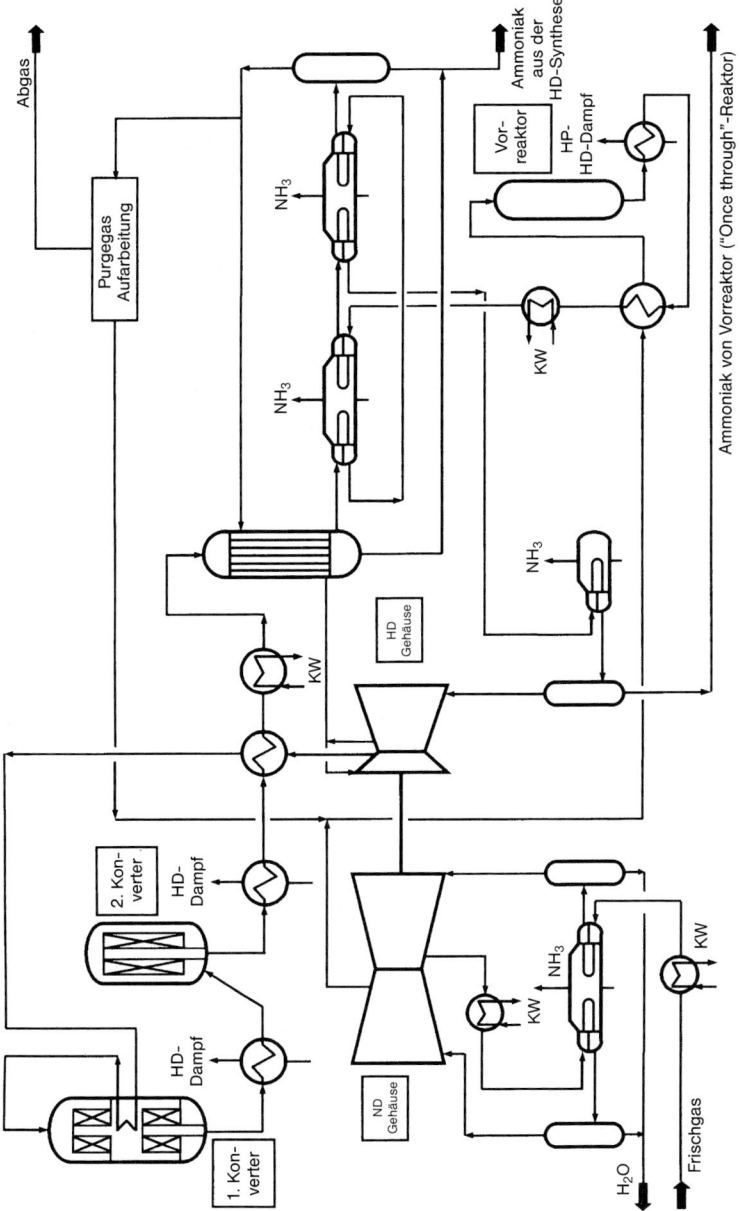

Abb. 2.35 Prinzip der Syntheseschleife im Zweidruckverfahren der Fa. Uhde

erreichen. Außerdem können die Konverter noch vergrößert werden, für eine 4500 t d^{-1} NH$_3$-Anlage müsste der Durchmesser des S 200 Reaktors auf 3,8 m erweitert werden.

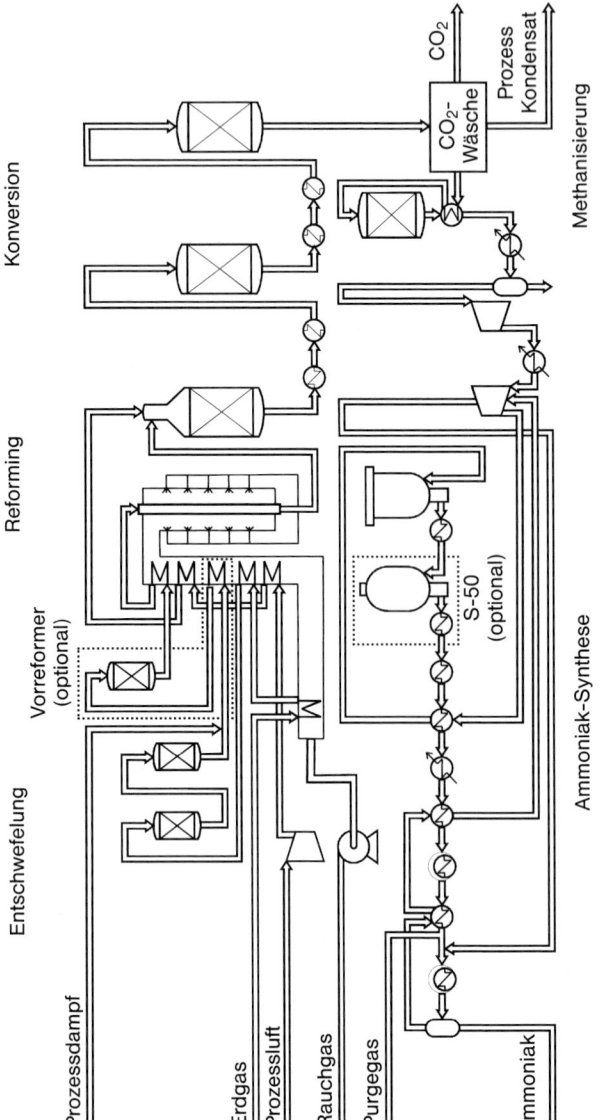

Abb. 2.36 Das Haldor-Topsoe Ammoniakverfahren

Parallel zu diesen mechanischen Überlegungen arbeitet Haldor-Topsoe an der Entwicklung eines eigenen Rutheniumkatalysators, um durch dessen hohe Aktivität Katalysatorvolumen und Dimension der Apparate und Reaktoren auch bei noch höheren Anlagekapazitäten in wirtschaftlichen Grenzen halten zu können.

2.4.3
Ammoniakverfahren der Firma Halliburton KBR (früher: Kellogg, Brown & Root)

Die Verfahrensvarianten reichen vom konventionellen Verfahren mit Primär- und Sekundärreformer und Verwendung von Magnetitkatalysatoren bis zu Verfahren, bei denen der Primärreformer durch das »Reforming-Exchanger-System« (KRES) ersetzt und die Syntheseschleife durch die Verwendung des Rutheniumkatalysators auf Graphitträger bei nur 90 bar betrieben wird.

Ein Charakteristikum vieler KBR-Anlagen ist die Verwendung des 1964 von C. F. Braun entwickelten Purifier-Systems. Dadurch kann der Reformerteil unter milderen Bedingungen betrieben werden, da sowohl überschüssiger Stickstoff aus dem Sekundärreformer als auch Methan im Purifier entfernt werden. Zurzeit sind über 200 Kellogg-Anlagen in Betrieb, 17 von ihnen nutzen den Purifier-Prozess, zwei Anlagen die KRES-Technologie.

Der von BP und Kellogg entwickelte Rutheniumkatalysator wurde erstmals 1992 bei der Nachrüstung einer bestehenden Anlage eingesetzt. Bei der Kapazitätserweiterung zweier weiterer Anlagen wurde er ebenfalls verwendet. Der Durchbruch erfolgte mit der Inbetriebnahme zweier 1850 t d^{-1} NH$_3$-Anlagen im Jahre 1998 [2.32, 2.33].

Der konventionelle *KBR Purifier-Prozess* ist gekennzeichnet durch milde Bedingungen im Primärreformer, Betrieb des Sekundärreformers mit Luftüberschuss, Reinigung des Synthesegases vor der Kompression durch Tiefkühlung (Purifier-System), und Synthese des Ammoniaks über einem Magnetit-Katalysator im Horizontal-Reaktor. Eine Kurzbeschreibung dieses Verfahrens findet sich in [2.34].

Beim *KAAPplus-Verfahren* (Kellogg Advanced Ammonia Process) ist das konventionelle Primär/Sekundärreformer-System durch das Reforming-Exchanger System (KRES) ersetzt. Überschüssiger Stickstoff, Methan und ein Teil des Argons werden vor der Synthesegas-Kompression durch Tiefkühlung im Purifier entfernt. Der Synthesereaktor enthält vier Katalysatorbetten, davon ein Magnetitbett (50 % des Katalysatorvolumens), die restlichen drei Betten enthalten den Rutheniumkatalysator (vgl. Abb. 2.3.1). Der Synthesedruck beträgt ca. 90 bar. Abbildung 2.37 zeigt das Verfahrensschema dieses Prozesses.

Nach der Entschwefelung wird das Erdgas mit Dampf gemischt, erhitzt und in zwei parallele Ströme aufgeteilt. Ein Teilstrom wird zum autothermen Reformer (ATR) geführt, der andere Teilstrom wird in die mit Nickelkatalysator gefüllten Rohre des Reforming-Exchangers (vgl. Abb. 2.1.6) geleitet. Als Oxidationsmittel für den autothermen Reformer dient entweder Luft oder angereicherte Luft. Je nachdem, ob normale oder angereicherte Luft für den autothermen Reformer eingesetzt wird und je nach Auslegung des Purifier-Systems, werden zwischen 25 und 50 % des Einsatzgasgemisches zum Reforming-Exchanger geführt.

Das heiße Austrittsgas des autothermen Reformers (940–960 °C) strömt direkt auf die Mantelseite des Reforming-Exchangers, wo es sich – über eine Lochplatte gleichmäßig verteilt – mit dem unten aus den Katalysatorrohren austretenden Gas vermischt. Der vereinigte Gasstrom fließt auf der Mantelseite der Rohre nach oben und liefert so die notwendige Wärme für die endotherme Spaltreaktion innerhalb der Rohre des Reforming-Exchangers.

2 Anorganische Stickstoffverbindungen

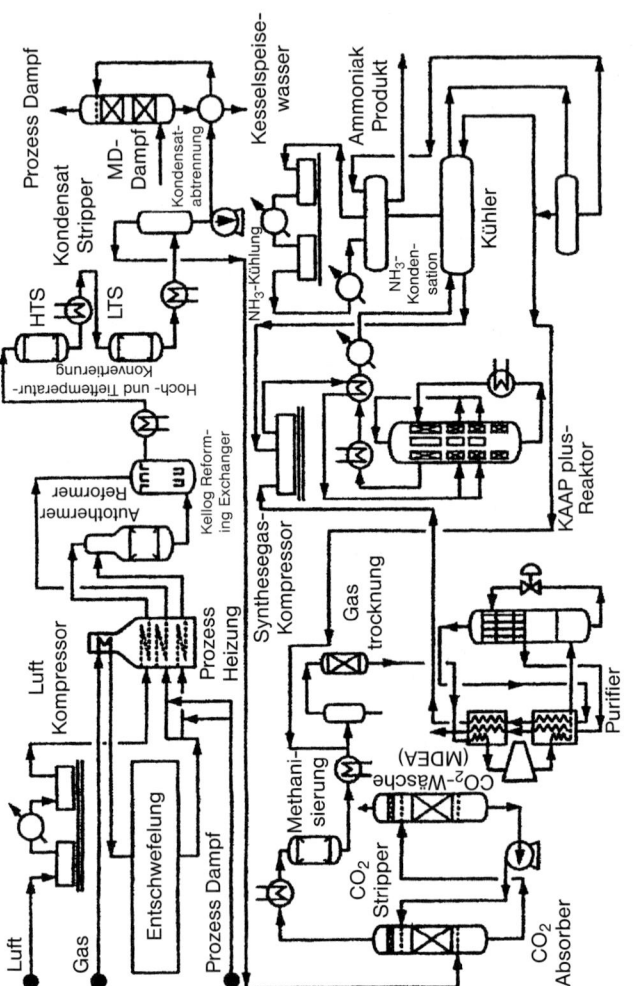

Abb. 2.37 Der KAAPplus-Prozess von Halliburton KBR

Der Parallelbetrieb von autothermem und katalytischem Reformieren hat nicht nur den Vorteil eines niedrigen Druckverlustes, sondern erlaubt auch die Kapazitätsgrenzen für die Synthesegaserzeugung nach oben zu verlagern, da nur ein Teil des Einsatzgases in Spaltrohren umgesetzt werden muss.

Das aus dem Reforming-Exchanger austretende Gas wird unter Gewinnung von HD-Dampf abgekühlt und in die HT- und TT-Konvertierung geleitet. Anschließend erfolgt weitere Abkühlung, das auskondensierte Wasser wird abgetrennt und das gebildete CO_2 ausgewaschen, z. B. durch eine Heißpottasche-Wäsche oder eine MDEA-Wäsche.

Die weiteren Reinigungsschritte sind Methanisierung, Gastrocknung und Abscheiden des überschüssigen Stickstoffs inklusive des Methans und eines Teils des

Argons durch Tiefkühlung in einer KBR Purifier-Einheit. Durch Wärmetausch zwischen Einsatzgas und Austrittsgas wird das Gas zunächst abgekühlt (die restliche Kälteenergie wird durch eine einstufige Entspannungsturbine geliefert) und in der Rektifizierkolonne gereinigt. Am Kopf der Kolonne fällt ein Gasgemisch im Verhältnis $H_2 : N_2 = 3 : 1$ an. Der Kolonnensumpf enthält kondensierten Stickstoff, Methan und Argon. Der Kolonnensumpf wird entspannt, dient im Wärmetauscher mit zur Abkühlung des Eintrittsgases und wird dann im Prozessgas-Vorerhitzer unterfeuert.

Durch die Purifier-Technologie kann der Reformer-Exchanger unter relativ milden Bedingungen betrieben werden, da nicht umgesetztes Methan zusammen mit Stickstoff bis auf wenige ppm entfernt wird. Argon wird zu etwas 60 % entfernt. Der Purifier übernimmt somit die Funktion einer separaten Purgegas-Aufarbeitung. Nur ein kleiner Teilstrom, etwa 15 % der sonst anfallenden Purgegasmenge, wird nach der Ammoniakabscheidung aus der Syntheseschleife in den Reformerteil zurückgeführt.

Der Synthesereaktor enthält vier Katalysatorbetten mit Zwischenkühlung. Im ersten Katalysatorbett, wo die Intensität der Reaktion und damit die Wärmetönung am höchsten ist, wird konventioneller Magnesitkatalysator verwendet, die übrigen drei Betten enthalten den von BP/Kellogg entwickelten Rutheniumkatalysator.

Durch die hohe Aktivität des Rutheniumkatalysators kann bereits bei ca. 90 bar Synthesedruck und normalen Katalysatorvolumen ein ausreichender Umsatz erzielt werden. Der niedrige Synthesedruck erlaubt die Verdichtung mit einem eingehäusigen Kompressor, ein beachtlicher Kostenvorteil.

Die Ammoniakabscheidung aus dem Synthesegas erfolgt in der üblichen Weise durch Kühlung mit Ammoniak, allerdings sind wegen des niedrigen Synthesedruckes die Abscheidetemperaturen niedriger, mehr Ammoniak muss zur Aufbringung der Kälteleistung verdampft und rekomprimiert werden, der Kälteverdichter wird deutlich größer als bei Anlagen mit höheren Synthesedrücken.

Einstranganlagen mit Kapazitäten bis zu 4500 t d^{-1} NH$_3$ sollen nach diesem Verfahrensprinzip möglich sein.

2.4.4
MEGAMMONIA-Konzept von Lurgi und Ammonia Casale [2.34]

Dieses Verfahrenskonzept wurde gemeinschaftlich von den Firmen Lurgi und Ammonia Casale entwickelt, aufbauend auf den Erfahrungen von Lurgi in der Synthesegaserzeugung und der bewährten Ammoniak-Synthesetechnologie von Ammonia Casale.

Ausgangspunkt für die Entwicklung dieses Konzeptes für hohe Kapazitäten waren die Überlegungen, dass die derzeit verfügbare Technik und die Materialen für die Spaltrohre des konventionellen Primärreformers eine deutliche Druckanhebung über 40 bar bei der Synthesegaserzeugung ausschließen.

Ein zweiter Gesichtspunkt ist die Zuführung des Stickstoffs: bei konventionellen Verfahren wird er im Sekundärreformer in das System eingebracht und durchläuft damit die Konvertierung und die CO$_2$-Wäsche, obwohl er erst in der Synthese benötigt wird. Konvertierung und CO$_2$-Wäsche müssen wesentlich größer ausgelegt werden als eigentlich notwendig. Bei hohen Kapazitäten können die Dimensionen der Reaktoren dann leicht Größenordnungen erreichen, die Transport und Installation erschweren bzw. verteuern.

Das MEGAMMONIA-Konzept sieht deshalb vor:
- den Stickstoff in einer gesonderten Lufttrennanlage zu gewinnen und erst kurz vor der Synthesegas-Kompression zuzusetzen,
- die konventionelle Anordnung von Primär- und Sekundärreformer durch eine katalytische partielle Oxidation mit Vorreformer zu ersetzen,
- und dadurch den Druck in der Gaserzeugung auf 60 bar anheben zu können.

Außerdem entfällt eine gesonderte Purgegas-Aufarbeitung, da CO, Methan und Argon durch eine Wäsche mit flüssigem Stickstoff entfernt werden.

2.5
Ammoniakanlagen auf Basis von Schwerölen und Kohle

2.5.1
Synthesegasherstellung aus Schwerölen

Ammoniakanlagen auf der Basis von Schwerölen oder Kohle unterscheiden sich von konventionellen Anlagen auf Erdgasbasis kaum in der Syntheseschleife sondern nur in der Gaserzeugung. Ein katalytisches Reformieren von Schwerölen ist nicht möglich, dieser Schritt muss durch eine partielle Oxidation mit Sauerstoff ersetzt werden. Eine separate Lufttrennanlage ist deshalb Bestandteil all dieser Anlagen, sie liefert auch den für die Synthese benötigten Stickstoff.

Ein weiterer, kostentreibender Faktor ist die aufwändigere Gasreinigung (Rußaufarbeitung, H_2S-Entfernung und Konvertierung). Setzt man die Investitionskosten (ca. 180 Mio. €) für eine konventionelle Ammoniakanlage mit einer Kapazität von 1800 t NH_3 pro Tag gleich 100, muss man für eine gleich große Anlage auf Schwerölbasis von 150 % Kosten ausgehen.

Die Vergasung der Schweröle oder der Kohle erfolgt grundsätzlich durch partielle Oxidation mit Sauerstoff, d.h. unvollständige Umsetzung der genannten Einsatzstoffe mit Sauerstoff ohne die Gegenwart eines Katalysators:

$$C_nH_m + n/2\ O_2 \longrightarrow n\ CO + m/2\ H_2 \qquad (2.29)$$

Für schwere Kohlenwasserstoffe wie schweres Heizöl, Vakuumrückstände oder Teer gilt $m \leq n$. Pro Mol gebildeten Wasserstoffs muss wesentlich mehr CO aus dem System entfernt werden als beim Reformieren von Methan. Aus wirtschaftlichen Gründen sind die Verfahren zur partiellen Oxidation auf wasserstoffarme Einsatzstoffe beschränkt.

Einsatzöl, Sauerstoff und etwas Wasserdampf werden über einen sog. Brenner in den Reaktor eingeleitet. Der Reaktor ist ein feuerfest ausgekleideter leerer Behälter, in dessen Oberteil der Brenner angeordnet ist. Der Brenner entspricht im Prinzip einer Zweistoffdüse mit konzentrischen Rohren, die Reaktanden mischen sich erst beim Austritt aus dem Brennerkopf. Im Brennraum beträgt die Verbrennungstemperatur 1200–1400 °C bei 25–50 bar. Um eine möglichst feine Verteilung des Öls und eine intensive Mischung mit dem Sauerstoff zu erreichen, ist der Druckabfall über den Brenner beträchtlich (bis 80 bar), d.h. das Öl tritt mit wesentlich höherem Druck als dem im Brennraum herrschenden in den Brenner ein.

Wasserdampf wird zur Kontrolle der Temperatur und zur Unterdrückung der Rußbildung zugesetzt, sodass parallel auch die Wassergasreaktion abläuft:

$$C_nH_m + n\,H_2O \longrightarrow n\,CO + (n + m/2)\,H_2 \tag{2.30}$$

Trotzdem lässt sich die Rußbildung nicht ganz vermeiden, etwa 1–2 % des eingesetzten Öls fallen als Ruß an und CO_2 wird ebenfalls gebildet. Im Allgemeinen enthalten die Gase aus der partiellen Verbrennung zu etwa gleichen Teilen CO und H_2, 5–10 % CO_2, 0,5 % CH_4 und je nach Schwefelgehalt des Einsatzöls 0,8–1 % H_2S + COS (tr. Gas).

Die nächsten Verfahrensschritte nach der Verbrennung sind die schnelle Abkühlung des Gases und die Abtrennung des Rußes. Die Abkühlung geschieht entweder durch einen Wasserquench oder in einem Abhitzekessel unter Gewinnung von Hochdruckdampf. Die Abtrennung des Rußes erfolgt größtenteils schon beim Quenchen, bei indirekter Kühlung durch einen nachgeschalteten Venturi-Wäscher, die Feinreinigung meist im Gegenstrom in einer gepackten Kolonne. Die entstandene Ruß/Wasser-Suspension wird in einer separaten Rußaufarbeitung weiter behandelt (Abtrennung des Rußes durch Extraktion mit Naphtha oder durch Filtration). Abbildung 2.38 zeigt die beiden Möglichkeiten zur Abkühlung der Verbrennungsgase anhand des Texaco-Verfahrens.

Technisch weit verbreitete Prozesse zur partiellen Oxidation von Kohlenwasserstoffen sind der Texaco Syngas Generation Process (TSGP) und der Shell Gasification Process (SGP) [2.35–2.37]. Beide Verfahren unterscheiden sich nicht wesentlich, beim Shell-Prozess wird das Öl durch das innere Brennerrohr eingeleitet, beim Texaco-Verfahren wird der Sauerstoff durch das Zentralrohr und das Öl durch den Ringspalt zwischen Zentralrohr und Brennermantel zugeführt. Unterschiede bestehen auch in der Rußabtrennung und -aufarbeitung.

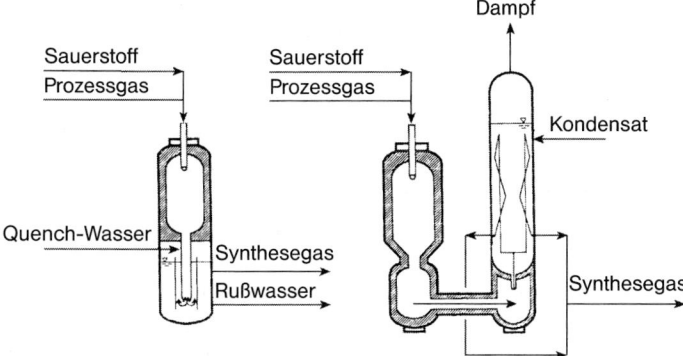

Abb. 2.38 Abkühlung des Rohgases beim Texaco-Verfahren durch Quenchen (a) oder durch indirekte Kühlung unter Gewinnung von HD-Dampf (b)

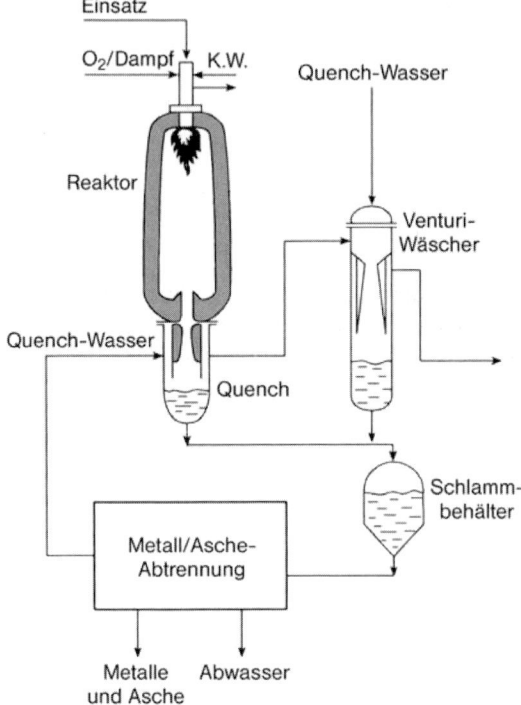

Abb. 2.39 Das Lurgi SVZ MPG -Verfahren zur partiellen Oxidation höherer Kohlenwasserstoffe mit direktem Quench der Verbrennungsgase

Auch die Firma Lurgi bietet inzwischen ein Verfahren zur partiellen Oxidation in zwei Versionen an, das sich durch eine spezielle Brennerkonstruktion auszeichnet und dadurch bezüglich der Einsatzstoffe sehr flexibel ist [2.38]. Abbildung 2.39 zeigt die Version mit direktem Quench.

Bei allen drei Verfahren wird Abkühlung durch direkten Quench bevorzugt, wenn das Synthesegas für die Ammoniakherstellung dienen soll. Durch den Quench wird dem Gas bereits der größte Teil des für die nachfolgende Konvertierung benötigten Dampfes zugesetzt.

Die nach der Rußabtrennung durch partielle Oxidation gewonnenen Gase unterscheiden sich in folgenden Punkten von den aus Erdgas durch konventionelles Reformieren erzeugten Gasen:
- das Gas enthält je nach Einsatzstoff bis zu 1 % Schwefelverbindungen, hauptsächlich H_2S und in geringeren Anteilen COS.
- der CO-Gehalt ist mit 45–50 % und darüber deutlich höher als beim konventionellen Reformieren
- auch der CO_2-Partialdruck ist wesentlich höher, er beträgt je nach Einsatzstoff und Vergasungsdruck 10–30 bar. Physikalische Waschverfahren können vorteilhaft zur CO_2-Wäsche eingesetzt werden.

Die Schwefelverbindungen können vor oder nach der Konvertierung entfernt werden. Werden sie nach der Konvertierung zusammen mit dem CO_2 entfernt, wird in der Konvertierung ein schwefelhaltiger Cobalt/Molybdän-Katalysator auf Aluminiumoxidbasis eingesetzt. Werden die Schwefelverbindungen vor der Konvertierung entfernt, kann der Standardkatalysator für die HT-Konvertierung (Fe_3O_4) verwendet werden.

Die Konvertierung erfolgt im Temperaturbereich 200–500 °C. Die Bedingungen sind wesentlich »härter« als beim konventionellen Konvertieren: durch den hohen CO-Gehalt ist die abzuführende Reaktionswärme größer als bei der Gaserzeugung aus Erdgas. Um aus Gründen der Gleichgewichtseinstellung den Temperaturanstieg zu begrenzen, arbeitet die Konvertierung mit zwei bis drei Katalysatorbetten und Zwischenkühlung. Außerdem muss mehr Wasserdampf zugesetzt werden, was die Anforderungen an die mechanische Stabilität der Katalysatoren erhöht.

Verfahren der Wahl für die Abtrennung von CO_2 und H_2S ist das von Lurgi und Linde entwickelte Rectisol-Verfahren. H_2S und CO_2 werden durch Absorption in Methanol bei –30 °C und –65 °C aus dem Gas entfernt. Das Verfahren ist sehr flexibel und erlaubt verschiedene Schaltungen.

Werden die Schwefelverbindungen vor der Konvertierung, wo der CO_2-Gehalt noch gering ist, in einer ersten Absorptionsstufe ausgewaschen, fällt ein H_2S-reicher Gasstrom an, der in einer Claus-Anlage zu elementarem Schwefel aufgearbeitet werden kann. Das in der zweiten Absorptionsstufe gewonnene CO_2 ist schwefelfrei und kann z. B. direkt für die Harnstoffproduktion eingesetzt werden.

Werden die Schwefelverbindungen erst nach der Konvertierung entfernt, ist der H_2S-haltige Gasstrom durch CO_2 verdünnt, für die H_2S-Aufarbeitung muss unter Umständen eine anderes Verfahren gewählt werden, z. B. die Oxidation in der Flüssigphase. Eine Übersicht über die verschiedenen Möglichkeiten zur H_2S- und CO_2-Entfernung gibt [2.5].

Normalerweise wird nach der partiellen Oxidation nur eine HT-Konvertierung verwendet, entsprechend kann der CO-Gehalt noch bis 3 % betragen. Da bei der Sauerstofferzeugung in der Lufttrennanlage gleichzeitig Stickstoff anfällt und dieser für die Ammoniak-Synthese dem Wasserstoff zugesetzt werden muss, bietet sich eine Stickstoffwäsche für die Feinreinigung des Wasserstoffs an, wobei gleichzeitig das stöchiometrische $H_2 : N_2$-Verhältnis eingestellt wird.

Vor Eintritt in die Flüssigstickstoff-Wäsche wird das Gas an Molsieben getrocknet und Spuren von CO_2 entfernt. Die Wäschen arbeiten entsprechend dem Vergasungsdruck bis 80 bar und –190 °C, neben CO werden auch Argon und Methan vollständig ausgewaschen [2.39]. Im Prinzip ähnelt dieses Verfahren dem Braun Purifier Verfahren.

Die Kompression des Synthesegases und die Ammoniak-Synthese sind identisch mit denen einer konventionellen Anlage auf Erdgasbasis. Lediglich die Purgegas-Aufarbeitung entfällt, da die Inerten durch die Stickstoffwäsche ausgewaschen werden.

2.5.2
Synthesegasherstellung aus Kohle

Während in den Anfängen der Ammoniak-Produktion Kohle der wichtigste Ausgangsstoff war, arbeiten heute nur noch wenige Anlagen in Südafrika, Indien und China auf Basis Kohlevergasung (ca. 10% der Weltkapazität). Es existieren verschiedene Prozesse zur Kohlevergasung, Hauptunterschiede sind der Schlackenabzug, flüssig oder fest, und der Vergasungsdruck.

Das *Koppers-Totzek-Verfahren* [2.40] vergast bei Atmosphärendruck Kohlenstaub bei Temperaturen bis 2000 °C in einem Reaktor mit Flüssigasche-Abzug. Oxidationsmittel ist Sauerstoff, dem Wasserdampf zugesetzt wird.

Das *Lurgi-Verfahren* zur Kohlevergasung [2.41, 2.42] arbeitet bis zu 30 bar mit festen Ascheaustrag. Kohle der Korngröße 4–40 mm wird in einem bewegten Festbett mit Sauerstoff und Dampf bei 800–1000 °C vergast. Bei diesem Verfahren kann durch den trockenen Ascheaustrag sehr aschereiche Kohle eingesetzt werden. Der CO-Gehalt kann bei beiden Verfahren bis > 60% im gereinigten und trockenem Gas betragen. Abbildung 2.40 zeigt die beiden Vergaser, den Koppers-Totzek-Vergaser (a) und den Lurgi-Vergaser (b).

Shell und Texaco haben auf der Basis ihrer Erfahrungen bei der Schwerölvergasung ebenfalls Kohledruckvergasungsverfahren entwickelt und kommerziell eingesetzt.

2.6
Kapazitäten, Produktion und Handel

Bis in die 1960er Jahre wurden Ammoniakanlagen überwiegend in den industrialisierten Ländern von Westeuropa und Nordamerika und in Japan errichtet. In den 1970er und 1980er Jahren wurden Neuanlagen vermehrt in gasreichen Ländern wie der Karibik und im Mittleren Osten in Betrieb genommen, ein starker Kapazitätsausbau fand auch in den Hauptverbrauchsländern für Stickstoffdünger wie China, Indien, Pakistan und Indonesien statt.

Der Einfluss des Erdgaspreises, 70–75% der Herstellausgaben bez. 40% der Herstellkosten für eine Tonne Ammoniak entfallen auf den Erdgaspreis, hat diese Tendenz in den letzten Jahren noch verstärkt. Westeuropas Anteil an der weltweiten Produktionskapazität fiel von 20% im Jahr 1980 auf nur 9% im Jahr 1999.

Die Weltkapazität zur Ammoniak-Erzeugung betrug im Jahre 2000 rund $126{,}5 \cdot 10^6$ t N bzw. $153 \cdot 10^6$ t NH_3. Kapazitätsangaben in Tonnen N statt in NH_3 sind vor allem in der Düngemittelindustrie üblich, um eine bessere Vergleichbarkeit mit anderen stickstoffhaltigen Düngemitteln zu erreichen. Prozentual teilen sich die Kapazitäten regional wie folgt auf [2.43]:

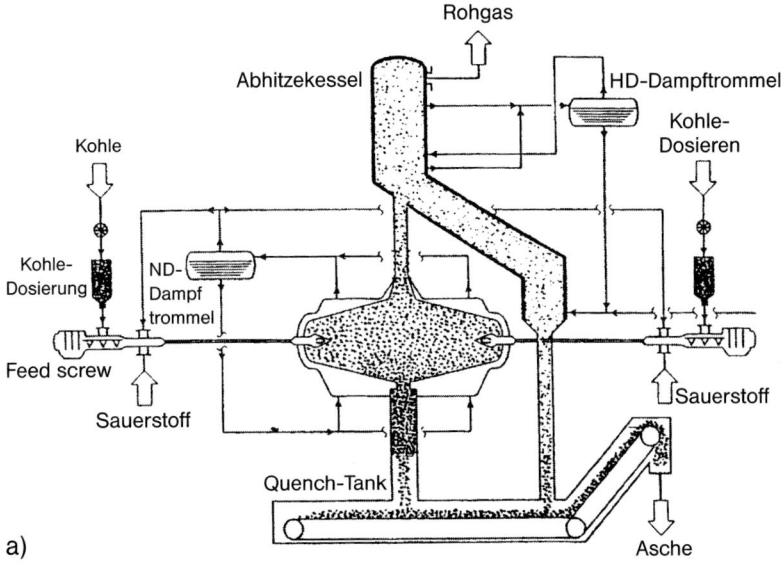

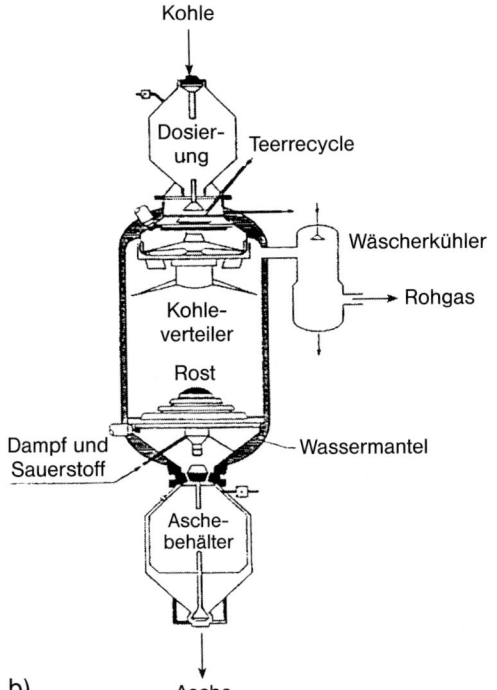

Abb. 2.40 Koppers-Totzek-Vergaser (a) und Lurgi-Vergaser (b)

	10^6 t N	% der Weltkapazität
Europa	11,4	9,0
Russland	26,6	21,0
Nord- und Lateinamerika	26,4	21,0
Mittlerer Osten	8,9	7,0
Asien und China	50,4	39,8
Sonstige	2,8	2,2
	126,5	100,0

Statistisch gesehen gehört China mit fast 26 % der Weltproduktion zu den größten Ammoniak-Produzenten. Allerdings muss hier berücksichtigt werden, dass in China eine Vielzahl kleinerer Anlagen mit Kapazitäten bis herab zu 3000 t N pro Jahr existieren, die außerdem zum größten Teil auf Kohlebasis arbeiten.

Die Kapazitätsauslastung im Jahr 1999 differierte stark nach Regionen. In der ehemaligen Sowjetunion, heute FSU, lag sie bei nur 76 %, im Mittleren Osten bei 83 %, in den USA bei 96 %.

Wegen der teuren Lagerung und der hohen Transportkosten werden nur 10 % der Weltproduktion international gehandelt, die restlichen 90 % werden an Ort und Stelle verarbeitet. Die Hauptexportländer waren im Zeitraum 1997–1999 die ehemalige Sowjetunion (33 % des Welthandels), Trinidad (20 %) und der Mittlere Osten mit 11 % des Welthandels.

Die Vereinigten Staaten und Westeuropa waren mit 62 % des Welthandels die Hauptimportländer. Europa importiert hauptsächlich aus Russland und der Ukraine, die USA aus Kanada, Trinidad, Venezuela und Mexiko. Ein wesentlicher Grund für die Zunahme der Importe war die Schließung kleinerer, unrentabler Anlagen in diesen Importländern [2.44].

Etwa 85 % der Ammoniakproduktion dienen zur Herstellung von Düngemitteln, insbesondere Harnstoff, Ammoniumnitrat und -phosphat. Ein beträchtlicher Teil des Ammoniaks wird auch direkt als Düngemittel eingesetzt, z. B. werden in den USA 40 % des gesamten Stickstoffdüngers durch direkte Applikation von Ammoniak ausgebracht (siehe auch Düngemittel, Bd. 8, Abschnitt 2.2.1.3).

Nur etwa 15 % des Ammoniaks werden in der industriellen Weiterverarbeitung genutzt zur Herstellung von Salpetersäure, Aminen, Kunstoffen, Leimen- und Tränkharzen usw.

2.7
Lagerung und Transport

Ammoniak wird gewöhnlich in flüssiger Form gelagert: Mengen bis 1500 t in *Druckbehältern* bei Umgebungstemperatur (16–18 bar), Mengen bis 50 000 t bei –33 °C und Atmosphärendruck in *Kalttanks* in einwandiger oder doppelwandiger Ausführung.

Druckbehälter für kleinere Mengen (ca. 150 t) haben meist zylindrische Form, *Drucktanks* für Mengen bis 1500 t werden als Druckkugeln gebaut. Neben Sicherheitsventilen sind die Tanks mit Überdruckventilen ausgestattet, um kontinuierlich die im flüssigen Ammoniak noch enthaltenen Inertgase in eine Waschkolonne ausschleusen zu können. Drucktanks dienen vor allem dazu, Schiffe, Kesselwagen oder Tankzüge zu beladen, außerdem bilden sie die Eingangsstation für Pipeline-Systeme.

Ein Problem, sowohl bei der Lagerung in Drucktanks wie auch in Kalttanks ist das Auftreten von Stresskorrosion (Stress Corrosion Cracking) bei der Lagerung von flüssigem Ammoniak. Um diese zu vermeiden, wird ein geringer Wassergehalt (0,2 %) im Tank aufrechterhalten und selbst Spuren von Sauerstoff und Kohlendioxid müssen ausgeschlossen werden. Eine Übersicht über dieses Problem findet sich in [2.45].

Kalttanks haben ein Fassungsvermögen bis 50 000 t bei –33 °C. Sie sind für einen Druck von 1,1–1,5 bar (plus statischen Druck des fl. NH_3) ausgelegt. Die Temperaturhaltung erfolgt durch kontrollierte Verdampfung und Rekompression des flüssigen Ammoniaks. Aus Sicherheitsgründen haben alle Kalttanks eine zweite Kälteanlage.

Bevor das mit Umgebungstemperatur aus der Syntheseschleife kommende Ammoniak in den Tank eintritt, wird es durch Entspannen auf –33 °C abgekühlt. Die Entspannungsgase vom Entspannungsbehälter werden in die tankeigene Kälteanlage geführt.

Die zylindrischen Kalttanks haben einen flachen Boden, ein gewölbtes Dach und sind vollständig isoliert. In Gebrauch sind einwandige und doppelwandige Tanks. Bei den einwandigen Tanks ist die Isolierung außen angebracht und muss durch eine Blechhülle vollständig vor dem Eindringen von Feuchtigkeit geschützt werden. Bei den doppelwandigen Tanks befindet sich die Isolierschicht zwischen Innen- und Außentank. Obwohl der Hauptzweck der äußeren Tankwand nur darin besteht, die Isolierung zu halten und zu schützen, ist die äußere Wand aus Sicherheitsgründen genau so wie die innere Wand ausgelegt.

Zur weiteren Sicherheit sind die Tanks von Erdwällen umgeben oder stehen in einer Betonwanne, die den gesamten Tankinhalt aufnehmen kann. Falls die Tanks nicht auf Pfählen gelagert sondern auf einer Betonfläche stehen, muss der Boden darunter beheizt werden, um ein Gefrieren des Bodens und damit ein Anheben des Tanks zu vermeiden.

Die großen Kalttanks dienen dazu, Anlagenstillstände zu überbrücken und große Seeschiffe beladen zu können. Abbildung 2.41 zeigt zusammenfassend das Schema eines Ammoniak-Tanklagers mit Be- und Entladeeinrichtungen für Schiffe und Kesselwagen.

Kleinere Ammoniakmengen für Labors und kleinere Kälteanlagen werden in Stahlflaschen mit 20–200 kg Inhalt transportiert. Größere Mengen, z. B. für den direkten Einsatz als Düngemittel oder zur Weiterverarbeitung in der chemischen Industrie werden per Bahn in Kesselwagen (100–150 m^3) oder in Druckkesseln (bis 25 bar) mit Straßentankzügen transportiert. Eine Alternative zum Transport flüssigen Ammoniaks ist die Verwendung und der Transport von 25 %igen wässrigen Ammoniak-Lösungen.

Flussschiffe haben Ladekapazitäten bis 2500 t und sind meist als Kühlschiffe konzipiert. Überseeschiffe können bis zu 50 000 t transportieren und werden ausschließlich als Tiefkühlschiffe gebaut.

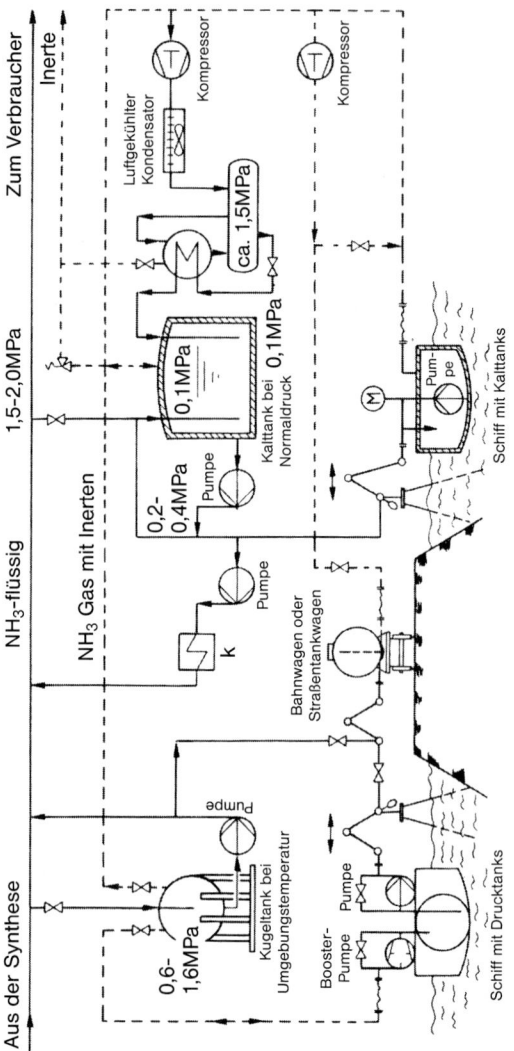

Abb. 2.41 Ammoniak-Tanklager mit Be- und Entladeeinrichtungen

Am günstigsten und sichersten ist der Transport per Pipeline. Die Pipelines haben Durchmesser von 200 bis 250 mm und sind für Drücke bis 100 bar ausgelegt. Der Transport erfolgt bei Plusgraden (> 2 °C), d.h. vor der Einspeisung muss das Ammoniak erwärmt und beim Kunden gegebenenfalls wieder durch Entspannung auf −33 °C abgekühlt werden.

In den Agrarzentren der USA bestehen weit verzweigte Pipelinenetze zur Versorgung der Landwirtschaft mit Düngeammoniak. Die Lieferkapazität der MidAmerica Pipeline, die von Texas bis nach Minnesota führt, beträgt bis zu 8000 t d^{-1}. Die Gulf

Central Pipeline mit über 3000 km Länge verbindet die wichtigsten Ammoniakproduzenten entlang der Golfküste mit Ammoniak-Terminals in den Agrarzentren von Arkansas, Iowa, Illinois, etc.

Abgesehen von der Pipeline in Russland, die die Ammoniakproduktionsanlagen in Togliatti mit dem Ammoniak-Terminal in Odessa am Schwarzen Meer verbindet, bestehen in Europa nur kurze Pipelineverbindungen (< 50 km Länge).

Über die Sicherheit von Tanklagern und den Transport von Ammoniak wird regelmäßig bei den jährlichen Treffen des vom American Institute of Chemical Engineers (AIChE) organisierten Ammonia Safety Symposiums berichtet. Das Deutsche Institut für Normung e. V. (DIN) sowie das Deutsche Informationszentrum für technische Regeln in Berlin informieren über technische Regeln und Standards zur Lagerung und zum Transport von Ammoniak. Ebenso hat das Technische Komitee APEA (Association des Producteurs Européens d'Azote, Basel) Empfehlungen für die Lagerung und den Versand von Ammoniak zusammengestellt.

Anhang I: Chemische und Physikalische Daten des NH_3 [2.23, 2.46–2.48]

Molekularmasse	17,0312
Molares Volumen bei 0 °C, 101,3 kPa	22,08 L mol^{-1}
Siedepunkt bei 101,3 kPa	–33,43 °C
Schmelzpunkt bei 101,3 kPa	–77,71 °C
Kritische Daten:	
Druck	11,28 MPa
Temperatur	132,4 °C
Dichte	0,235 g mL^{-1}
Volumen	4,225 mL g^{-1}
Dichten bei 101,3 kPa:	
0 °C (Gas)	0,7714 g L^{-1}
–33,43 °C (Gas)	0,888 g L^{-1}
0 °C (flüssig)	0,6386 g mL^{-1}
–33,43 °C (flüssig)	0,682 g mL^{-1}
Verdampfungswärme (–33,43 °C, 101,3 kPa)	1370 kJ kg^{-1}

Spez. Wärmen (kJ kg^{-1} K^{-1}):
NH_3 flüssig $c_p = -3{,}787 + 0{,}0949\,T - 0{,}3734 \times 10^{-3}\,T^2 + 0{,}5064 \times 10^{-6}\,T^3$
(von 220 bis 330 K)
$NH_{3\,gas}\ c_p = 1{,}4780 + 2{,}09307 \times 10^{-3}\,T - 2{,}0019 \times 10^{-7}\,T^2 - 8{,}07923 \times 10^{-11}\,T^3$
(von 300 bis 2000 K, Annahme: ideales Gas)

Bildungsenthalpie (298,15 K, 101,3 kPa)	–46,22 kJ mol^{-1}
Entropie (298,15 K, 101,3 kPa)	192,73 J mol^{-1} K^{-1}
Freie Enthalpie (298,15 K, 101,3 kPa)	–16,391 kJ mol^{-1}
Zündtemperatur (DIN 51 794)	651 °C
Explosionsgrenzen in Luft:	
Bei 0 °C, 101,3 kPa	16–27 % Volumenanteil NH_3
Bei 100 °C, 101,3 kPa	15–28 % Volumenanteil NH_3

3
Salpetersäure

3.1
Oxide des Stickstoffs

Stickstoff bildet mehrere Oxide vom Typ NO_x (x = 1, 2, 3) und N_2O_y (y = 1, 2, 3, 4, 5, 6) [3.1]. Von technischer Bedeutung sind die Verbindungen NO, NO_2 und dessen Dimer N_2O_4 sowie N_2O. Die Darstellung aus den Elementen gelingt nur mit schlechter Ausbeute, was auf die hohe Aktivierungsenergie des Stickstoffs zurückzuführen ist. Beim Erhitzen von Luft auf eine Temperatur von 2000 K stellt sich eine Stickstoffmonoxid-Gleichgewichtskonzentration von etwa 1% Volumenanteil NO (T = 3000 K; ca. 5% Volumenanteil NO) [3.2] ein. Stickoxide fallen bei allen Verbrennungsvorgängen an. Für die Entfernung aus den Rauch- und Abgasen von technischen Anlagen auf das gesetzlich vorgeschriebene Niveau steht eine größere Zahl von DeNOx-Verfahren zur Verfügung.

Wegen der Reaktionsträgheit des Stickstoffs werden die Oxide entweder aus Ammoniak durch Oxidation oder durch Zersetzung von Nitraten hergestellt. Bei technischen Verfahren kommt fast ausschließlich Ammoniak zum Einsatz.

Die wichtigsten physikalischen Eigenschaften der Stickoxide sind in Tabelle 3.1 zusammengestellt.

Stickstoffmonoxid

Stickstoffmonoxid (NO) ist ein farbloses, überaus toxisches Gas. Es entsteht durch Oxidation von Ammoniak als wichtiges Zwischenprodukt im Salpetersäure-Prozess. Die Synthese aus den Elementen im Lichtbogen (BIRKELAND-EYDE-Verfahren) wird wegen mangelnder Rentabilität heute nicht mehr ausgeübt. Daneben bildet sich NO in vielen Reaktionen bei der Reduktion von Salpetersäure, Nitraten und Nitriten.

Stickstoffmonoxid ist eine endotherme Verbindung. Es zerfällt oberhalb 450 °C bei hinreichender Verweilzeit in die Elemente. Mit Sauerstoff verbindet es sich leicht zu Stickstoffdioxid:

Tab. 3.1 Eigenschaften der Stickoxide

	NO	$2\,NO_2 \rightleftharpoons N_2O_4$ Gleichgewichts- gemisch	$N_2O_3 \rightleftharpoons NO + NO_2$ Gleichgewichts- gemisch	N_2O
Farbe in flüssigem Zustand	farblos	braunrot	tiefblau	farblos
Siedepunkt (°C)	−151,77	21,15	−30	−88,48
Kritische Temperatur (°C)	−92,9	158,2		36,43
Kritischer Druck (bar)	65,5	101,3		72,6
Verdampfungswärme am Siedepunkt (kJ mol^{-1})	13,77	38,14	25,12[1]	16,58

[1] Wert für reines N_2O_3

$$2\,NO + O_2 \rightleftharpoons 2\,NO_2 \qquad \Delta H_R = -114\text{ kJ} \qquad (3.1)$$

Äquimolare Mengen aus NO und NO_2 bilden durch Umsetzung mit Basen die entsprechenden Nitrite (Salze der Salpetrigen Säure). Von gewisser technischer Bedeutung sind die Herstellung von Ammoniumnitrit als Vorprodukt für die Caprolactam-Synthese und die Erzeugung von Alkalimetall- und Erdalkalimetallnitriten.

$$NO + NO_2 + 2\,NaOH \longrightarrow 2\,NaNO_2 + H_2O \qquad (3.2)$$

Distickstofftrioxid

Distickstofftrioxid (N_2O_3) ist formal das Anhydrid der Salpetrigen Säure. Es ist nur bei tiefen Temperaturen als tiefblaue Flüssigkeit stabil. Bereits unterhalb 0 °C tritt Zerfall in NO, NO_2 und N_2O_4 ein.

Stickstoffdioxid

Stickstoffdioxid (NO_2) ist ein braunrotes, stark giftiges und korrosives Gas von charakteristischem Geruch. Großtechnisch fällt es als Zwischenprodukt bei der Salpetersäureherstellung an. Durch Reduktion von Salpetersäure, z. B. mit Kupfer oder durch thermische Zersetzung von Schwermetallnitraten, werden kleine NO_2-Mengen im Labor erzeugt.

NO_2 ist ein starkes Oxidationsmittel, das sich mit organischen Substanzen spontan umsetzen kann.

NO_2 dimerisiert beim Abkühlen zum farblosen Distickstofftetroxid (N_2O_4).

$$2\,NO_2 \rightleftharpoons N_2O_4 \qquad \Delta H_R = -58\text{ kJ} \qquad (3.3)$$

Die Lage des Gleichgewichts lässt sich nach folgender Gleichung berechnen:

$$\log K_p = -2.866/T + \log T - 6{,}2516 \qquad (3.4)$$

So sind bei 50 °C 40 % und bei 140 °C fast 100 % des N_2O_4 bei einem Gesamtgasdruck von 1 bar zerfallen. Bereits ab 150 °C beginnt die Zersetzung von NO_2 zu NO und O_2.

Distickstoffmonoxid

Distickstoffmonoxid (N_2O) ist ein farbloses Gas von süßlichem Geruch. Es hat eine schwach narkotisierende Wirkung und wird als Anästhetikum eingesetzt (s. auch Industriegase, Band 4). Kleine inhalierte Mengen können einen krampfartigen Lachreiz auslösen (»Lachgas«).

N_2O entsteht durch Erhitzen von Ammoniumnitrat auf ca. 250 °C:

$$NH_4NO_3 \longrightarrow N_2O + 2\,H_2O \qquad \Delta H_R = -37\text{ kJ} \qquad (3.5)$$

In Gegenwart von Säuren und Chlorid-Ionen beginnt die Zersetzung bereits ab 100 °C. Ein technisches Verfahren der früheren Hoechst AG basiert auf Ammoniak und Salpetersäure als Rohstoffe, wobei Ammoniak im Unterschuss in den Reaktor gegeben wird (Arbeitsbereich T = 100–160 °C). Salzsäure dient als Katalysator. Das entweichende Gasgemisch enthält neben Lachgas sehr viel Wasserdampf, dazu noch Salpetersäure und flüchtige Chlorverbindungen, die mit dampfförmigem Ammoniak umgesetzt und danach in Form einer konzentrierten Salzlösung in den Reaktor zurückgeführt werden. Eine Feinreinigung des N_2O in mehreren Waschstufen schließt sich an [3.3].

N_2O lässt sich auch durch katalytische Oxidation von NH_3 an Mischoxidkatalysatoren auf Basis Mangan und Bismut in hoher Ausbeute herstellen [3.4].

N_2O bildet sich als Nebenprodukt im Salpetersäureprozess. Außerdem entsteht es in beachtlichen Mengen bei der HNO_3-Oxidation von Cyclohexanon zu Adipinsäure. Da N_2O den Treibhauseffekt fördert und außerdem zum stratosphärischen Ozonabbau beiträgt, wurden Emissionsgrenzwerte für technische Anlagen festgelegt.

3.2
Eigenschaften und Verwendung von Salpetersäure

Reine, wasserfreie Salpetersäure (HNO_3) ist eine farblose Flüssigkeit mit einer Dichte von 1,522 g cm^{-3}, die bei 84 °C siedet und bei –41,6 °C zu weißen Kristallen erstarrt. Die Schmelzwärme beträgt 10,5 kJ mol^{-1} und die Verdampfungswärme 30,4 kJ mol^{-1} bei 0,21 bar.

Salpetersäure bildet mit Wasser azeotrope Gemische. Azeotropsäure mit einem Gehalt von 69,2 % Massenanteil HNO_3 siedet bei 121,8 °C ($p = 1$ bar). Die Dichte der azeotropen Salpetersäure beträgt 1,420 g cm^{-3}. Die Siedelinien wässriger Salpetersäurelösungen sind in Abbildung 3.1 dargestellt. Durch Vakuumdestillation in Gegenwart wasserbindender Mittel wie Schwefelsäure oder Magnesiumnitrat

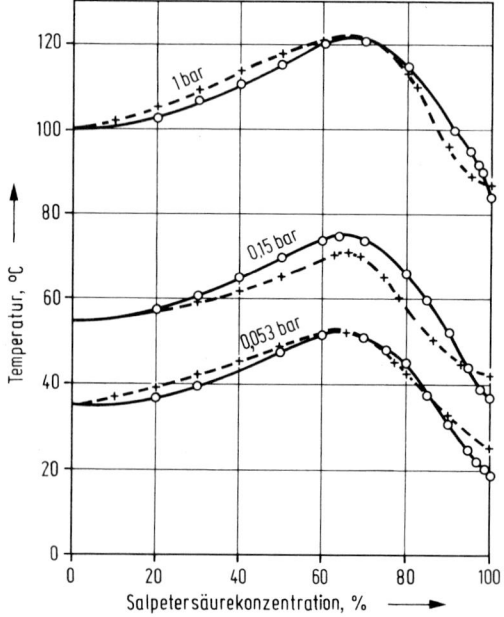

Abb. 3.1 Siedelinien für wässrige Salpetersäure in Abhängigkeit vom Gesamtdruck

lässt sich der Gehalt auf 99 % Massenanteil erhöhen. Hochkonzentrierte Säure entsteht auch, wenn Stickstoffdioxid mit Sauerstoff unter Druck (ca. 50 bar) in wässriger Salpetersäure umgesetzt wird.

Salpetersäure ist stark sauer und in konzentrierter Form ein kräftiges Oxidationsmittel. Gegenüber Stoffen, deren Oxidationspotenzial kleiner als +0,96 V ist, wirkt sie oxidierend. So werden z. B. Ag, Hg und Cu unter Stickoxidentwicklung gelöst. Aber auch Nichtmetalle wie Phosphor und Schwefel sowie organische Verbindungen werden von konzentrierter Säure oxidiert. Durch Umsetzung von HNO_3 mit den entsprechenden Hydroxiden oder Carbonaten bilden sich Nitrate, die alle gut wasserlöslich sind.

Die Weltproduktion von Salpetersäure belief sich im Jahr 2000 auf ca. $55 \cdot 10^6$ t a^{-1} [3.5]. Mit einer wesentlichen Veränderung der Nachfrage wird in den nächsten Jahren nicht gerechnet. Etwa 80 % dieser Menge werden zur Herstellung von Düngemitteln verwendet. Hauptprodukt ist Ammoniumnitrat mit seinen diversen Derivaten, wie z. B. Calcium-Ammoniumnitrat (CAN, Gemisch aus $CaCO_3$ und Ammoniumnitrat), Flüssigdünger auf Basis Harnstoff/Ammoniumnitrat (UAN) und Ammonium-Sulfat-Nitrat (ASN) (siehe 2 Düngemittel, Bd. 8, Abschnitt 2.2.1). Außerdem wird Salpetersäure direkt zum Phosphaterz-Aufschluss im Odda-Verfahren eingesetzt. Gut 10 % der Salpetersäuremenge werden zu geprilltem, porösem Ammoniumnitrat verarbeitet, das hauptsächlich als Sprengstoff im Berg- und Straßenbau dient. Der Rest verteilt sich auf diverse Anwendungen.

In der organischen Synthese werden sowohl Oxidationsvermögen als auch Nitrierwirkung von Salpetersäure genutzt. Wichtige Zwischenprodukte, die unter Einsatz von HNO_3 entstehen, sind z. B. Adipinsäure ($\rightarrow$ Nylon) und Nitroaromaten ($\rightarrow$ Polyurethane) (s. auch Aliphatische Zwischenprodukte, Band 5, und Aromatische Zwischenprodukte, Band 5). Salpetersäure wird allein oder im Gemisch mit anderen Säuren zur Stahlbeize eingesetzt.

Der überwiegende Teil der Weltanlagenkapazität ($65 \cdot 10^6$ t a^{-1}) ist in West- und Osteuropa einschließlich FSU sowie in den USA angesiedelt. Die Anlagenkapazität in Deutschland beläuft sich auf $2{,}5 \cdot 10^6$ t a^{-1}.

3.3
Herstellung von Salpetersäure

Technisch wird heute ausschließlich das Verfahren auf Basis der Ammoniak-Oxidation zur Herstellung von Salpetersäure angewendet.

Die Erzeugung von NO im Lichtbogen durch »Luftverbrennung« sowie der Aufschluss von bergmännisch gewonnenen Nitraten (Natriumnitrat aus Chile) mit Schwefelsäure gehören der Vergangenheit an und werden seit langem nicht mehr ausgeübt.

Nach Einführung des Haber-Bosch-Verfahrens zur NH_3-Synthese entwickelte W. OSTWALD das Ammoniak-Oxidationsverfahren zu industrieller Reife, dessen Konzeption auch heute noch die Basis der modernen Salpetersäure-Herstellung bildet.

In Abbildung 3.2 sind die wichtigsten Prozesseinheiten einer Salpetersäureanlage dargestellt.

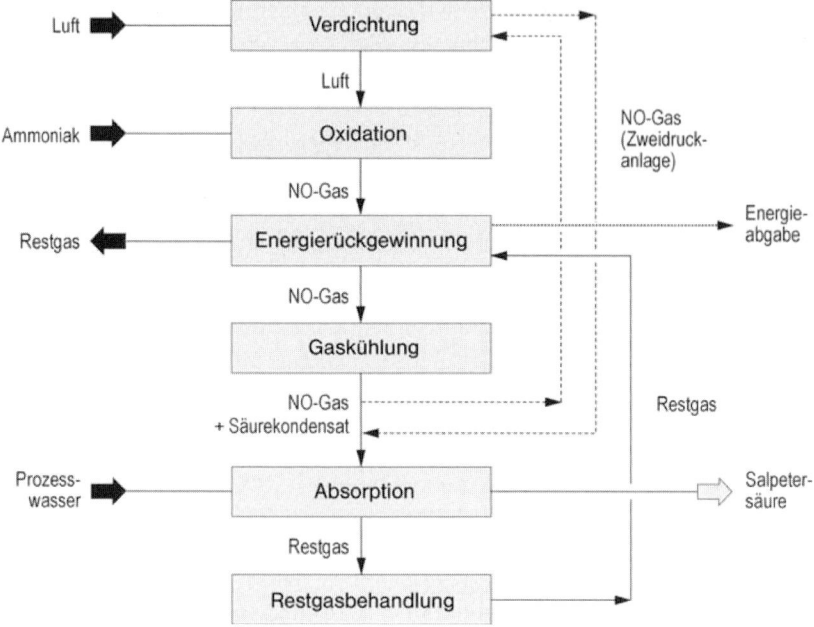

Abb. 3.2 Blockfließbild einer HNO$_3$-Anlage

Nach Verdichtung von Luft und Zumischen von Ammoniak erfolgt die katalytische Oxidation des Ammoniaks an einem Platin/Rhodium-Katalysator. Die bei der exothermen Reaktion freigesetzte Wärme wird energetisch im Prozess genutzt und auch an andere Verbraucher abgegeben. Um einen möglichst hohen Oxidationsgrad des bei der Ammoniak-Oxidation gebildeten NO zu erreichen, ist eine intensive Gaskühlung notwendig. Hierbei tritt bereits die erste Säurebildung ein. Gasstrom und Säurekonzentrat werden in den Absorptionsturm eingeleitet. Die Stickoxide werden durch den im Prozessgas vorhandenen restlichen Sauerstoff aufoxidiert und mit Wasser zur Salpetersäure umgesetzt. Das Restgas aus dem Absorber wird wieder aufgeheizt, katalytisch von Stickoxiden befreit und über eine Abgasturbine, die mit der Luftverdichtung gekoppelt ist, an die Atmosphäre abgegeben. Dem Maschinensatz kommt in einer HNO$_3$-Anlage besondere Bedeutung zu. Hier sind Luftverdichtung, Prozessgasverdichtung, Abgasexpansion und Antrieb durch Dampfturbine oder Elektromotor direkt miteinander verbunden.

Salpetersäureanlagen werden nach dem Anlagendruck und den verwendeten Druckstufen für Verbrennung und Absorption unterschieden. Werden beide Einheiten bei gleichem Druck betrieben, so spricht man von Eindruckanlagen, im anderen Fall von Zweidruckanlagen.

Neue Anlagen arbeiten nach dem Mitteldruck- und dem Hochdruckprinzip, wobei sich der Mitteldruckbereich von 3–6 bar und der Hochdruckbereich von 7–14 bar erstreckt. Anlagen mit Kapazitäten oberhalb von 1000 t d^{-1} HNO$_3$ werden häufig nach dem Zweidruckprinzip betrieben. Die Verbrennung arbeitet dann im Mitteldruckbereich, während die Absorption auf hohem Druckniveau erfolgt. Es werden noch Anlagen mit atmosphärischen (quasi drucklosen) Verbrennungen betrieben. Allerdings wird dieses Konzept in Neuanlagen nicht mehr eingesetzt.

Wichtige druckabhängige Prozessgrößen sind NH_3-Umsatz, Katalysatorverlust und Absorptionswirkungsgrad, die sich teilweise gegenläufig auswirken. Unter Berücksichtigung von Rohstoff-, Energie- und Investitionskosten sowie Abschreibungsmodalitäten kann durch Auswahl einer entsprechenden Anlagenkonfiguration das Kostenoptimum für die Säureherstellung gefunden werden.

3.3.1
NH_3-Oxidation

3.3.1.1 **Ammoniak-Oxidation mit Luft**
Der katalytischen Umsetzung von NH_3 mit Luft zu NO liegt folgende Reaktionsgleichung zugrunde:

$$4\,NH_3 + 5\,O_2 \longrightarrow 4\,NO + 6\,H_2O \qquad \Delta H_R = -904 \text{ kJ} \tag{3.6}$$

Stickstoff und Distickstoffmonoxid fallen als unerwünschte Nebenprodukte an und führen zur Verminderung der NO-Ausbeute:

$$4\,NH_3 + 3\,O_2 \longrightarrow 2\,N_2 + 6\,H_2O \qquad \Delta H_R = -1269 \text{ kJ} \tag{3.7}$$

$$4\,NH_3 + 4\,O_2 \longrightarrow 2\,N_2O + 6\,H_2O \qquad \Delta H_R = -1105 \text{ kJ} \tag{3.8}$$

Ammoniak wird in Abhängigkeit vom Druckniveau (1–14 bar) bei Temperaturen zwischen 800 °C und 950 °C oxidiert. Die Verweilzeit am Platin/Rhodium-Katalysator ist äußerst kurz ($\approx 10^{-3}$ s). Platin ist die katalytisch aktive Komponente für die NO-Bildung. Bereits sehr früh war bekannt, dass Zusätze von Rhodium einen positiven Einfluss auf NO-Ausbeute, Katalysatorabbrand und mechanische Festigkeit haben [3.6].

In modernen Anlagen werden NO-Ausbeuten von 94–98 % erreicht. Etwa 1,5–2 % des Ammoniaks werden zu N_2O umgewandelt. Mit zunehmender Einsatzdauer des Katalysators erhöht sich dieser Wert.

Der Reaktionsmechanismus ist nicht eindeutig geklärt. Die in den klassischen Theorien von ANDRUSSOW, RASCHIG und BODENSTEIN postulierten Zwischenprodukte ließen sich in späteren massenspektroskopischen Untersuchungen nicht nachweisen. Heute wird ein Zusammenwirken von heterogener und homogener Gasphasenreaktion für die Ammoniak-Oxidation angenommen [3.7].

Seit langem kommen Platin/Rhodium-Legierungen zum Einsatz. Edelmetallfreie Katalysatorsysteme konnten trotz hoher Edelmetallpreise noch keinen technischen Durchbruch erlangen. Die katalytische Komponente dieser Kontakte besteht häufig aus Cobaltoxid (Co_3O_4). Außerdem gibt es Katalysatorkombinationen auf Basis Edelmetall/Metalloxid (z. B. Eisenoxid, Perowskite), die sich durch eine verminderte N_2O-Bildung auszeichnen [3.8].

Katalysatoren kommen in Form von Geweben und Gestricken aus feinen Pt-Rh-Drähten (Drahtdurchmesser: 60 und 76 µm) zum Einsatz. Verwendet werden Legierungen der Zusammensetzung 90/10, 92/8 und 95/5. Bis Anfang der 1990er Jahre wurden ausschließlich gewebte Netze (Maschenzahl 1024 cm^{-2}) verwendet. Heute werden Gestricke bevorzugt. Im Unterschied zu gewebten Netzen besitzen gestrickte Netze eine dreidimensionale Struktur mit einer größeren Maschenweite und größeren Öffnungen für den Gasdurchtritt. Gewebte Netze verlieren einen Teil ihrer katalytischen Aktivität durch die Überlagerung der Drähte an den Kreuzungspunkten und die damit verbundenen Abschottungseffekte. In einer dreidimensionalen Struktur sind diese Stellen für den Gasstrom leichter zugänglich. Außerdem stellt sich eine homogene Temperaturverteilung ein. Gegenüber gewebten Netzen zeichnen sich Gestricke durch einen verminderten Edelmetallverlust und eine verlängerte Einsatzdauer aus. Des Weiteren besitzen sie eine höhere Elastizität und sind leichter herstellbar [3.9–3.11].

Die Temperaturen an den Netzen sind bei den einzelnen Verfahren unterschiedlich, sie sind abhängig von der Art des Katalysators, dem Betriebsdruck, der Flächenbelastung, dem zulässigen Platinverlust und von konstruktiven Details. Die entsprechenden Betriebswerte sind in Tabelle 3.2 dargestellt. Eine gute Ausbeute ist ebenfalls vom NH$_3$/Luft-Verhältnis abhängig. Niedrige Werte ergeben zu niedrige Endtemperaturen und haben schlechte NO-Ausbeuten zur Folge, wenn nicht die optimale Netztemperatur durch Vorwärmung des Gasgemisches erreicht wird. Der erforderliche Sauerstoffüberschuss und die Explosionsgrenze (ca. 14 % Volumenanteil NH$_3$ in Luft bei 1 bar) begrenzen das NH$_3$/Luft-Verhältnis nach oben. Durch erhöhten Druck erniedrigt sich die Explosionsgrenze, während durch hohe Strömungsgeschwindigkeiten und den mit der Luft eingebrachten Wasserdampf die Explosionsgrenze erhöht wird [3.12, 3.13]. Übliche Ammoniakgehalte sind in Tabelle 3.2 zusammengefasst.

Höherer Druck vermindert die Ausbeute. Optimiert man jedoch den Einfluss der anderen Faktoren, wie Temperatur, NH$_3$/Luft-Verhältnis, Katalysator und Verweilzeit, so werden gute Ausbeuten auch bei höheren Drücken erreicht. Je nach Verbrennungssystem haben die Netze eine Lebensdauer von 3–18 Monaten.

Frischer Katalysator besitzt nur eine kleine spezifische Oberfläche (ca. 20 cm^2 g^{-1}; 76 µm-Draht). Schon nach wenigen Stunden steigt dieser Wert um ein Mehrfaches an. Durch Herauswachsen von Kristalliten raut die Oberfläche des Katalysators auf (Aufmohren, Abb. 3.2). Obwohl die volle Ausbeute erst mit aufgemohrtem Netz erreicht wird, ist die fortschreitende Aufmohrung auch als Ursache für

Tab. 3.2 Betriebswerte für die NH$_3$-Oxidation

Druck	Netz-temperatur (°C)	NH$_3$-Gehalt vor dem Netz (% Volumenant.)	Ausbeute (%)	Pt-Verluste* (g pro t HNO$_3$)	Betriebsperiode (Monate)
atmosphärische Verbrennung	800–860	12,0–12,5	95–98	0,04–0,08	8–15
Mitteldruck 3–6 bar	860–900	9,5–11,0	93–97	0,08–0,20	6–9
Hochdruck 7–14 bar	900–950	10,0–11,0	90–95	0,25–0,40	2–4

* ohne Pt-Rückgewinnung

die Pt-Verluste und die begrenzte Lebensdauer des Katalysators anzusehen [3.14]. Der Mechanismus der Edelmetallverluste ist noch nicht vollständig geklärt. Vermutlich sind hierfür mechanische und chemische Effekte verantwortlich. Für die mechanische Ablösung der Kristalle spricht, dass bei höheren Anströmgeschwindigkeiten und älteren Netzen mit stärkerer Aufmohrung höhere Verluste auftreten, während gute Brennerkonstruktionen und ruhig liegende Netze zu geringeren Verlusten führen.

Den chemischen Einflüssen wird im Vergleich zu den mechanischen eine stärkere Wirkung auf die Edelmetallverluste zugeschrieben. Hauptursache soll die Bildung von flüchtigem Platinoxid (PtO_2) sein. Der chemische Effekt wird dadurch belegt, dass die Verluste bei höheren Temperaturen ansteigen und einen ähnlichen Verlauf wie Dampfdruckkurven haben. Auch die Tatsache, dass die Verluste proportional der durchgesetzten NH_3- bzw. O_2-Menge sind, deutet in diese Richtung.

Die Verringerung der NO-Ausbeute infolge Verschmutzung sowie zunehmende Aufmohrung mit einhergehender Gewichtsabnahme erfordern ein regelmäßiges Austauschen des Katalysators. Es ist wirtschaftlich, die Netze bei etwa 60 % ihres Ursprungsgewichts zum Einschmelzen zu senden. Aufgrund unterschiedlicher Verluste bei den einzelnen Prozesstypen ergeben sich Betriebsperioden gemäß Tabelle 3.2. Die in Strömungsrichtung vorn liegenden Netze haben den höchsten Umsatz und auch die höchsten Verluste. Durch Verwendung von gebrauchten Netzen zusammen mit neuen erreicht man ein sofortiges Zünden des Katalysators und bekommt schnell die maximalen Umsätze.

Die Ausbeute hängt von der Reinheit der Katalysatornetze ab. Sie sind empfindlich gegenüber allen Verunreinigungen, die in der Luft und im Ammoniak enthalten sind. Eine gute Filterung der beiden Gase ist erforderlich und Voraussetzung für einen hohen Umsatz am Katalysator. Katalysatorgifte sind viele Metalle. Sie bilden zum Teil mit dem Platin Eutektika, die an den Korngrenzen entstehen und zum Reißen der Drähte führen können.

Andere Stoffe wie z. B. P, As, S, Si, H_2S, PH_3 schädigen ebenfalls den Katalysator. Eisenoxid, Staub und Zersetzungsprodukte organischer Stoffe schlagen sich auf der porösen Oberfläche der Netze nieder, decken diese teilweise ab und behindern die

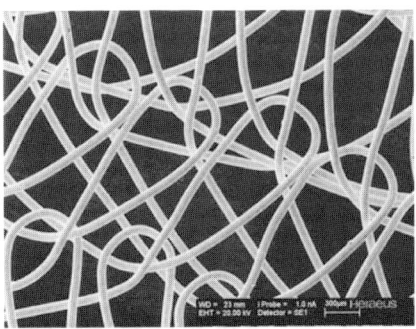 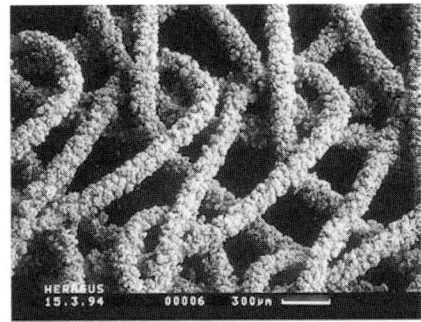

a) b)

Abb. 3.3 Neues (a) und aufgemohrtes Platinnetz (b) (Heraeus)

Reaktion. Eindiffundierte Metalle wie Gold und Eisen lassen sich nicht mehr entfernen. Solche Netze sind durch neue zu ersetzen.

Die Platinverluste machen einen merklichen Anteil der Herstellungskosten von HNO_3 aus, daher ist die Gewinnung des mit dem Gas fortgetragenen Platins Gegenstand vieler Versuche gewesen. Pt-Staub setzt sich an kälteren Stellen der Anlagen z. B. an Rohren von Abhitzekesseln, im Sumpf von Absorptionstürmen und am Boden von Lagerbehältern ab; der Hauptteil wird mit der Säure abgeführt. Der früher durchgeführte Einbau von mechanischen Filtern im Gasstrom führte zu Rückgewinnungsquoten von etwa 25 %. Infolge des Druckverlustes im Filter war ein Einbau nur bei Druckverbrennungen vertretbar. Als Filtermedium dienten Gesteins- oder Metallwolle. Wesentlich bessere Ergebnisse lieferte ein von Degussa entwickeltes Verfahren [3.15]. Palladium/Gold-Netze mit Abmessungen ähnlich dem Pt-Katalysator werden unmittelbar hinter dem Pt-Katalysator eingebaut. Pt wird auf der Palladiumoberfläche festgehalten, wächst kristallförmig an, ähnlich den aufgemohrten Katalysatornetzen, und diffundiert in das Innere des Drahtes. Nach spätestens zwei Betriebsperioden sind die Zwischenräume so zugewachsen, dass ein Ersatz erforderlich wird. 40–65 % Rückgewinnung werden erreicht. Die Absorption von Platin beruht auf der Tatsache, dass flüchtiges PtO_2 an der Pd-Oberfläche gespalten und Pt als Legierungsbestandteil (bis zu einem Gehalt von etwa 50 %) aufgenommen wird. Rhodium, welches sich in weitaus geringerem Maße als Pt verflüchtigt, schlägt sich in Form von Rh_2O_3 auf dem Palladium-Netz nieder.

Ein Teil des Palladiums geht bei dem Prozess verloren (ca. 1/3 der Menge des zurückgewonnenen Platins).

Neuere Entwicklungen haben zu vollständig goldfreien Legierungen geführt. Die heutigen Gewebe enthalten mindestens 95 % Pd. Andere wichtige Legierungsbestandteile sind Nickel und Kupfer für die leichtere Verarbeitung und die Verbesserung der mechanischen Eigenschaften. Es werden Rückgewinnungsraten bis zu 80 % erreicht. Neben den gewebten Pd-Netzen kommen heute in zunehmendem Maße gestrickte Katalysator-Netze zum Einsatz, in die das Pd-Rückgewinnungssystem integriert ist.

3.3.1.2 Ammoniak-Oxidation mit Sauerstoff

Die Oxidation mit Luft setzt durch den inerten Stickstoff den NO-Partialdruck beträchtlich herab. Der Einsatz von Sauerstoff gibt dagegen fast reines NO. Zur Vermeidung einer übermäßig hohen Verbrennungstemperatur wird soviel Wasserdampf zugemischt, dass die Netztemperatur nicht über 850 °C steigt. Die Ausbeute beträgt 96–98 %. Die Wirtschaftlichkeit dieses Verfahrens erfordert preiswerten Sauerstoff. Der Platinverlust ist höher als bei der NH_3-Oxidation mit Luft.

3.3.2
Oxidation des Stickoxids und Gewinnung von Salpetersäure

Die Oxidation des Stickoxids mit Luftsauerstoff verläuft gemäß:

$$2\,NO + O_2 \longrightarrow 2\,NO_2 \qquad \Delta H_R = -114 \text{ kJ} \tag{3.9}$$

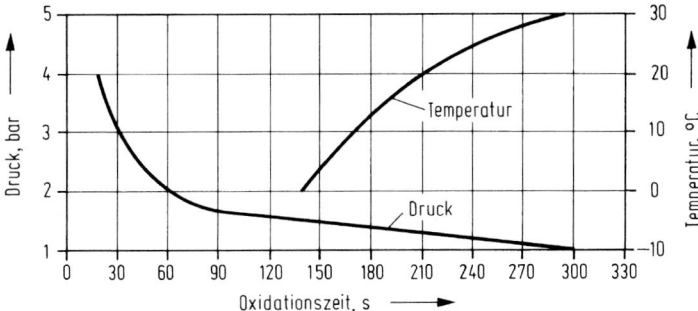

Abb. 3.4 Einfluss von Temperatur und Druck auf die Oxidationszeit von NO

Die Druck- sowie die ungewöhnliche Temperaturabhängigkeit der Reaktionsgeschwindigkeit beeinflussen die Technik der Salpetersäureherstellung entscheidend (vgl. Abb. 3.4).

NO_2 dimerisiert bei tiefer Temperatur zu N_2O_4 nach Gleichung (3.3). Für die Bildung der Salpetersäure werden die folgenden Teilreaktionen (Gl. (3.10)–(3.12)) angenommen:

$$3\ NO_2 + H_2O \longrightarrow 2\ HNO_3 + NO \qquad \Delta H_R = -72\ \text{kJ} \tag{3.10}$$

$$N_2O_4 + H_2O \longrightarrow HNO_3 + HNO_2 \qquad \Delta H_R = -87\ \text{kJ} \tag{3.11}$$

$$3\ HNO_2 \longrightarrow HNO_3 + 2\ NO + H_2O \qquad \Delta H_R = -15\ \text{kJ} \tag{3.12}$$

Die Reaktionen verlaufen an der Grenzfläche Gas/Flüssigkeit, deren Größe deshalb in erster Linie den Umsatz bestimmt. Tiefe Temperaturen und hoher Druck begünstigen die HNO_3-Bildung.

Das Gleichgewicht zwischen HNO_3, NO_2, NO und H_2O wurde eingehend von C. Toniolo untersucht [3.16]. Spätere Arbeiten von T. H. Chilton [3.17], R. W. King, I. C. Fielding [3.18], sowie T. K. Sherwood, und R. L. Pigford [3.19] ergaben etwas unterschiedliche Werte.

Für die praktische Durchführung ist zu beachten, dass alle Reaktionen exotherm sind und dass Oxidation und Absorption zum Erreichen hoher Ausbeuten (geringe Emissionen) und hoher Säurekonzentrationen tiefe Temperaturen (Kühlwasser) benötigen. Es muss ferner eine intensive Durchmischung der gasförmigen und flüssigen Reaktionsteilnehmer erfolgen. Die Größe der Absorption und der Abstand zwischen den Siebböden (s. Abschnitt 3.3.3) richtet sich nach dem für die Oxidation gemäß Gleichung (3.9) erforderlichen Volumen. Für die überschlägige Ermittlung des Absorptionsvolumens kann die Beziehung

$$V = C/p^2 \tag{3.13}$$

verwendet werden. Bei einem Druck von 8 bar ist $V = 2{,}5$–$3{,}5\ \text{m}^3$ für 1 t d^{-1} N, je nach Säurekonzentration und Kühlwassertemperatur.

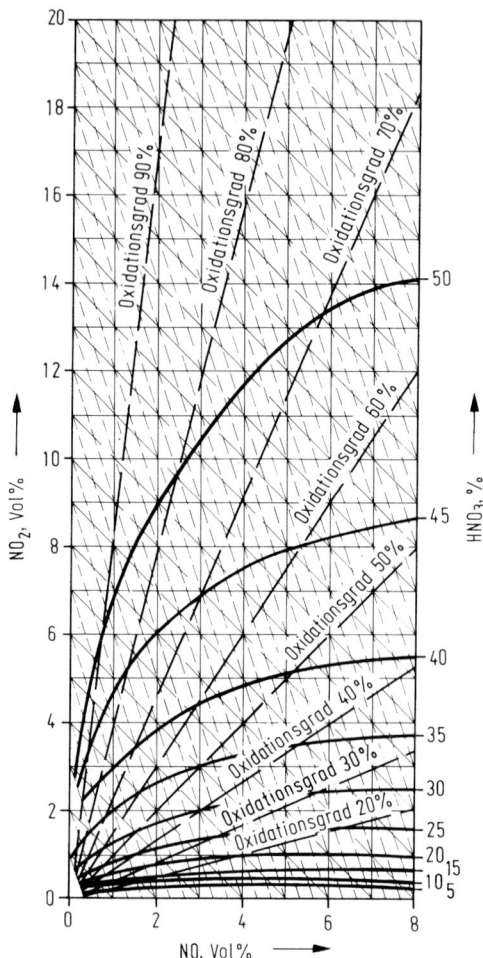

Abb. 3.5 Absorptionsgleichgewichte für HNO₃ bei 50 °C
----- Oxidationslinien,
——— Absorptionslinien

In der Praxis muss zwischen Energiekosten, Ausbeute, Rohstoffkosten und Investitionskosten optimiert werden. Abbildung 3.5 und die Reaktionen (3.10)–(3.12) zeigen weiterhin, dass eine vollständige Umwandlung von NO in HNO₃ unmöglich ist, da ein unendlich großer Raum oder ein unendlich hoher Druck nicht zu realisieren sind. Eine ausführlichere Darstellung des Sachverhalts findet sich in [3.20].

3.3.3
Verfahrensvarianten

Die örtlich unterschiedlichen Bedingungen, wie Rohstoff-, Energie- und Investitionskosten und die Dauer der Abschreibung, haben zur Anwendung verschiedener Verfahren geführt.

Folgende Varianten werden heute gebaut:
- Eindruckverfahren, bei denen Mitteldruck oder Hochdruck sowohl für die Verbrennung als auch für die Absorption eingesetzt werden,
- Zweidruckverfahren mit Verbrennung unter Mitteldruck und Absorption unter Hochdruck.

Die früher üblichen Anlagen mit Verbrennung bei Atmosphärendruck und Mitteldruckabsorption sind heute weitgehend durch die bei größeren Kapazitäten wirtschaftlicheren Eindruck- bzw. Zweidruckverfahren abgelöst worden.

Abbildung 3.6 zeigt eine Eindruck-Salpetersäureanlage (Verfahren Uhde). Die Luft wird über einen hochaktiven Luftfilter angesaugt und auf ca. 6 bar (Mitteldruck) oder ca. 10 bar (Hochdruck) verdichtet. Nach der Kompression wird die Prozessluft in den Primär- und den Sekundärluftstrom in einem Verhältnis von 4,5 : 1 aufgeteilt. Die Primärluft dient dabei weitgehend der NH_3-Oxidation und wird intensiv mit NH_3 gemischt, bevor sie dann als NH_3/Luft-Gemisch von oben in den

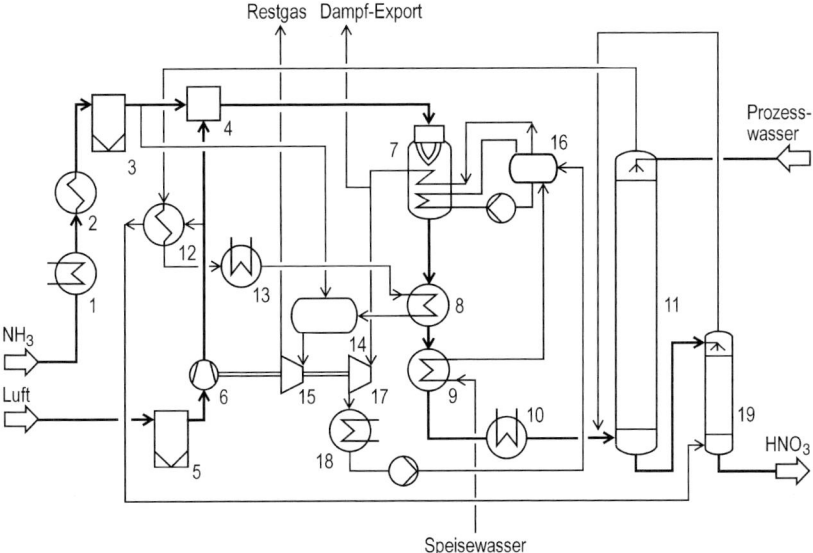

Abb. 3.6 Fließbild des Uhde-Eindruckverfahrens
1 NH_3-Verdampfer, 2 NH_3-Gasvorwärmer, 3 NH_3-Gasfilter, 4 NH_3-Luftmischer, 5 Luftfilter, 6 Luftverdichter, 7 NH_3-Brenner mit Abhitzekessel, 8 Restgas-Vorwärmer III, 9 Speisewasservorwärmer, 10 Gaskühler, 11 Absorptionsturm, 12 Restgas-Vorwärmer I, 13 Restgas-Vorwärmer II, 14 Restgas-Reaktor, 15 Restgas-Entspannungsturbine, 16 Dampftrommel, 17 Kondensationsdampfturbine, 18 Kondensator, 19 HNO_3-Entgaser

NH$_3$-Brenner eintritt. Die Umsetzung zu NO erfolgt an Platinnetzen, deren Einspannvorrichtung mit dem Abhitzekessel zu einer Einheit zusammengebaut ist. Das NO-Gas wird in dem nachfolgenden Abhitzestrang, bestehend aus Abhitzekessel, Restgasvorwärmerstufen und Speisewasservorwärmer, auf 160–220 °C und im folgenden Gaskühler auf 40 °C abgekühlt, wobei das bei den Reaktionen (3.6) bis (3.8) gebildete Wasser weitgehend abgeschieden wird. Die Sekundärluft dient zur NO-Oxidation und zur Entgasung der HNO$_3$.

Die Absorption von NO$_2$ in Wasser findet in Siebbodentürmen mit innen liegenden Kühlschlangen statt. Nach Verlassen der Absorptionstürme enthalten die Restgase ca. 500 Vppm NO$_x$ bei Mitteldruck und 100 Vppm bei Hochdruck ohne zusätzliche Restgasbehandlung. Heute werden jedoch weltweit NO$_x$-Werte im emittierten Restgas von unter 50 Vppm, abhängig vom Standort zunehmend noch geringere Werte gefordert. Diese niedrigen NO$_x$-Konzentrationen sind allein in einer sauren Absorption nicht erreichbar und bedingen die Nachschaltung einer zusätzlichen Restgasbehandlung. Hier haben sich weitgehend selektive katalytische Verfahren unter Zugabe von NH$_3$ durchgesetzt. Je nach Alter der Katalysatornetze und Betriebsdruck bei der Oxidation liegt der N$_2$O-Gehalt zwischen 500 und 2000 Vppm. Die restlichen Bestandteile sind ca. 1–3 % Volumenanteil O$_2$, ca. 98–96 % Volumenanteil N$_2$ (aus der eingebrachten Luft) und Wasserdampf (gesättigt). Geringe Mengen N$_2$ entstehen durch die Totaloxidation des Ammoniaks. Der Sauerstoff ist der über den stöchiometrischen Bedarf hinaus erforderliche Überschuss. Nach Aufwärmen und Restgasreinigung wird die Druckenergie in einer Entspannungsturbine zurückgewonnen. Entsprechend der Temperatur bringt die Entspannung des Restgases ein Drittel bis die Hälfte der Kompressionsenergie, der Rest wird entweder durch einen Elektromotor oder eine Dampfturbine aufgebracht. Das Prozesswasser wird am Ende der Absorption aufgegeben und fließt im Gegenstrom zum Gas. Das im Gaskühler anfallende Säurekondensat (HNO$_3$-Gehalt ca. 35–45 %) wird ebenfalls in die Absorption eingeleitet. Bei der Absorption lösen sich gleichzeitig NO und NO$_2$ in der gebildeten Salpetersäure. Vor der Weiterverarbeitung wird diese daher mit Luft zu einer wasserklaren Säure entgast.

In der Mitteldruckanlage kann Salpetersäure mit einer maximalen Konzentration von 65 % hergestellt werden. Die bei der NH$_3$-Verdampfung anfallende Kälte kann bei einer Mitteldruckverbrennung in der Absorption eingesetzt werden. Bei Hochdruckverbrennung ist die Temperatur im NH$_3$-Verdampfer meistens höher als die des kalten Kühlwassers. Die Mitteldruck- und Hochdruckverfahren ähneln sich sehr stark. Bei Hochdruck findet die Oxidation von NO zu NO$_2$ in stärkerem Maße bereits im Abhitzekessel und Wärmetauscher statt. Das im Gaskühler anfallende Kondensat hat daher eine höhere Säurekonzentration, ca. 45–50 %, und das NO-Gas am Eintritt zur Absorption weist eine geringere NO/NO$_2$-Konzentration auf. Die maximal erreichbare Säurekonzentration liegt bei 67 %.

Bei höherem Druck können hohe Restgasvorwärmungen und damit hohe ausnutzbare Enthalpiegefälle wirtschaftlich sein. Ein Restgas mit 9 bar und 500 °C erzeugt ca. Zweidrittel der Kompressionsenergie in der Entspannungsturbine.

Mitteldruckanlagen bis zu Kapazitäten von 500 t d^{-1} haben eine Verbrennungseinheit und einen Absorptionsturm. Größere Kapazitäten von bis zu 1000 t d^{-1} lassen sich unter Verwendung von zwei Absorptionstürmen wirtschaftlich betreiben. Der Mitteldruckprozess kommt dann zum Einsatz, wenn maximale Energierückgewinnung angestrebt wird. Der Antrieb des ungekühlten Luftverdichters erfolgt normalerweise durch die Restgas-Entspannungsturbine und eine Dampfturbine, deren Antriebsdampf in der Anlage erzeugt wird. Alternativ ist es auch möglich, die Dampfturbine durch einen Elektromotor zu ersetzen und den im Prozess anfallenden Dampf zu exportieren.

Hochdruckanlagen werden für Anlagenkapazitäten von 100 bis 1000 t d^{-1} eingesetzt. Wegen des Druckniveaus ist nur ein Absorptionsturm erforderlich. Außerdem zeichnet sich die Anlage durch kompakte Ausrüstungen und geringen Platzbedarf aus. Zur Luftverdichtung wird ein zwischengekühlter Kompressor verwendet. Hochdruckanlagen sind dann besonders wirtschaftlich, wenn kurze Kapitalrückflusszeiten angestrebt werden.

Abbildung 3.7 zeigt das Schema einer Zweidruckanlage (Uhde). Die Kombination einer Mitteldruckverbrennung mit einer Hochdruckabsorption vereinigt die Vorteile beider Druckstufen, das sind gute Verbrennungsausbeute und kompakte Absorption, bedingt jedoch durch den zusätzlichen NO-Gas-Verdichter einen aufwändigen Kompressorsatz.

Anlagenkapazitäten von bis zu 1800 t d^{-1} lassen sich in einer Einstranganlage verwirklichen. Für größere Kapazitäten müssen nur Ammoniakverbrennung und Abhitzekessel verdoppelt werden.

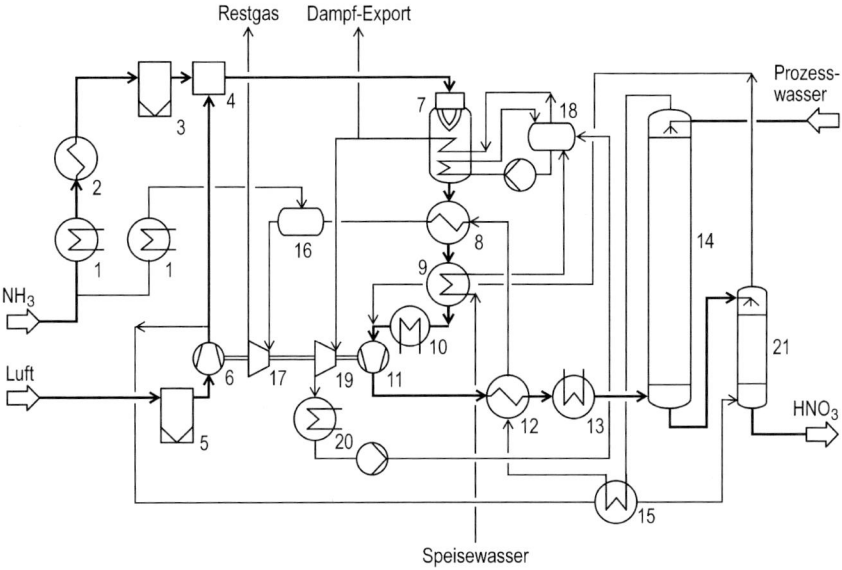

Abb. 3.7 Fließbild des Uhde-Zweidruckverfahrens
1 NH$_3$-Verdampfer, 2 NH$_3$-Gasvorwärmer, 3 NH$_3$-Gasfilter, 4 NH$_3$-Luftmischer, 5 Luftfilter, 6 Luftverdichter, 7 NH$_3$-Brenner mit Abhitzekessel, 8 Restgas-Vorwärmer III, 9 Speisewasser-Vorwärmer, 10 Gaskühler I, 11 NO-Verdichter, 12 Restgas-Vorwärmer II, 13 Gaskühler II, 14 Absorptionsturm, 15 Restgas-Vorwärmer I, 16 Restgas-Reaktor, 17 Restgas-Entspannungsturbine, 18 Dampftrommel, 19 Kondensationsdampfturbine, 20 Kondensator, 21 HNO$_3$-Entgaser

Tab. 3.3 Spezifische Verbrauchszahlen pro Tonne HNO$_3$ 100%, Restgasreinheit $\leq$ 50 Vppm NO$_x$

Anlagentyp	Mitteldruckanlage	Hochdruckanlage	Zweidruckanlage
Betriebsdruck	5,8 bar	10,0 bar	4,6/12,0 bar
Ammoniak[1]	284,0 kg	286,0 kg	282,0 kg
Elektrische Energie	9,0 kWh	13,0 kWh	8,5 kWh
Platin Primärverlust	0,15 g	0,26 g	0,13 g
mit Rückgewinnung	0,04 g	0,08 g	0,03 g
Kühlwasser (ΔT = 10 °C) einschließlich Wasser für Dampfturbinenkondensator	100 t	130 t	105 t
Prozesswasser	0,3 t	0,3 t	0,3 t
ND-Heizdampf, 8 bar	0,05 t	0,20 t	0,05 t
HD-Dampfüberschuss 40 bar, 450 °C (Antrieb des Kompressorsatzes mit Kondensationsdampfturbine)	0,76 t	0,55 t	0,65 t

[1] einschließlich NH$_3$ für NO$_x$-Reduktion auf < 50 Vppm

Welche Verfahrensvariante angewendet wird, ist allein durch eine Wirtschaftlichkeitsrechnung zu bestimmen. Für kleinere bis mittlere Kapazitäten und mittlere Säurekonzentration haben sich Eindruckanlagen, für große Kapazitäten und/oder höhere Säurekonzentrationen bis zur Azeotropsäure [3.21] haben sich Zweidruckanlagen als die wirtschaftlichsten Lösungen bewährt. Tabelle 3.3 gibt spezifische Verbrauchszahlen für die Herstellung von Salpetersäure nach unterschiedlichen Verfahren wieder.

3.3.4
Typische Konstruktionen und Werkstoffe

3.3.4.1 Brenner und Abhitzekessel

Die Kombination von NH$_3$-Verbrennungselement und Abhitzekessel wird heute überwiegend eingesetzt (Abb. 3.8). Je nach Belastung werden bei Mitteldruckanlagen 5–10 Netze und bei Hochdruckanlagen 10–50 Netze verwendet. Der Durchsatz je Brenner kann bis zu 1800 t d^{-1} HNO$_3$ betragen. Für diese Leistung ist ein effektiver Netzdurchmesser von 620 cm erforderlich. Die ruhige Lage der Platinnetze bringt gute Ausbeuten und niedrige Pt-Verluste. Die heißen Gase werden durch Verdampferrohre als Kühlmantel von der Außenwand ferngehalten, daher treten keine Materialprobleme beim Einsatz von Kohlenstoffstahl auf. Die Verwendung einer feuerfesten Ausmauerung wird im Hinblick auf die erforderlichen schnellen Startvorgänge vermieden. Der Brenner ist unempfindlich gegen Laständerungen.

Der Kessel besteht aus dem NO-Gas-führenden Element, in dem Rohrschlangen eines Zwangsumlaufdampferzeugers untergebracht sind. Eine Umwälzpumpe fördert Kesselwasser zu den einzelnen Rohrschlangen, wo etwa 10% des Umwälzwas-

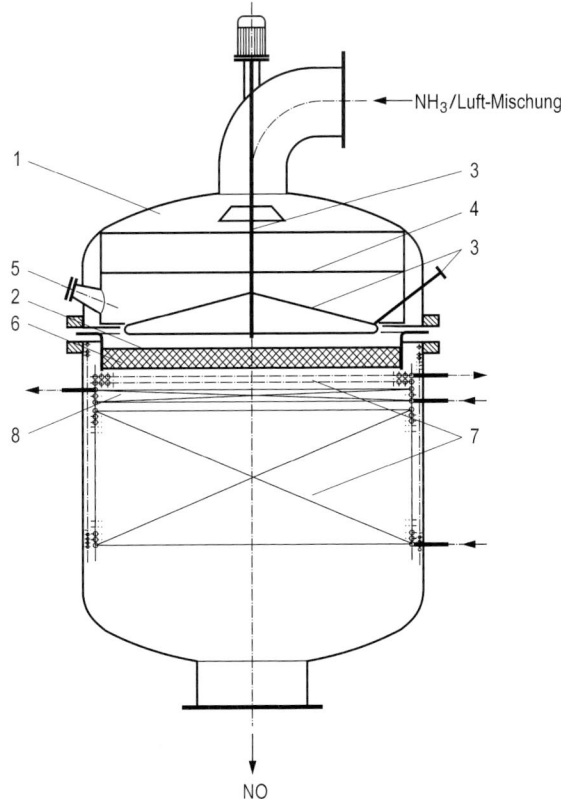

Abb. 3.8 Verbrennungselement
1 Brenner, 2 Platin/Rhodium-Netz und Rückgewinnungssystem, 3 Zündvorrichtung, 4 Siebblech mit Strömungsgleichrichter, 5 Schauglas, 6 Raschig-Ringe, 7 Abhitzekessel (Verdampfer), 8 Überhitzer

sers verdampft werden. Dampf und Wasser werden in der Dampftrommel getrennt. Die Überhitzung des Dampfes wird vorgesehen, wenn er zum Antrieb von Turbinen eingesetzt wird. Abhitzekessel dieser Bauart werden für Dampfdrücke bis zu 100 bar und Überhitzungstemperaturen bis zu 550 °C gebaut.

Bei kleineren Kapazitäten kommen auch Rauchrohrkessel zum Einsatz. Hochdruckanlagen in den USA haben eine hohe Strömungsgeschwindigkeit am Netz. Zum Erreichen der optimalen Verweilzeit am Katalysator sind 40–50 Netze erforderlich. Die Ausnutzung der Wärme geschieht in getrennten Wärmetauschern. Erfahrungsgemäß sind die Ausbeuten niedriger, die Platinverluste höher und die Betriebsperioden kürzer.

3.3.4.2 Absorptionstürme

Da das bei der Säurebildung anfallende Stickstoffmonoxid innerhalb der Absorptionskolonne immer wieder aufoxidiert werden muss, sind Druck und Temperatur wichtige Parameter für die Absorptionseffizienz.

Anfänglich wurden Absorptionen in Salpetersäureanlagen nur mit geringem Überdruck betrieben. Selbst bei geringen Kapazitäten waren diese mit Raschig-Ring-Füllungen ausgerüsteten Kolonnen sehr groß und bestanden vielfach aus mehreren hintereinander geschalteten Türmen. Nur geringe Säurestärken von ca. 55 % Massenanteil wurden bei gleichzeitig sehr hohen NO_x-Emissionen von mehreren tausend Vppm erzielt. Mit der Einführung höherer Arbeitsdrücke wurden Kolonnen mit fast allen gebräuchlichen Bodentypen entwickelt, die die Raschig-Ringe ersetzten. Letztlich haben sich Siebböden und Glockenböden durchgesetzt.

Siebböden sind heute in der Salpetersäuretechnologie die am weitesten verbreiteten Bodentypen. Sie sind im Vergleich zu anderen Böden preisgünstiger, weisen hohe Stoffübergangszahlen auf und erlauben eine leichte Installation der notwendigen Kühlflächen. Auch hinsichtlich der bei Salpetersäureabsorptionen typischen Verhältnisse mit relativ geringen Flüssigkeitsbelastungen und sehr großen Gasmengen zeigen sie optimales Verhalten.

Um einen intensiven Kontakt zwischen Flüssigkeit und Gas zu gewährleisten, erfolgt die Anordnung der Siebboden-Lochung so, dass über eine möglichst große Lochanzahl eine sehr große aktive Bodenfläche erzielt wird. Lochdurchmesser von ca. 2 mm und bis zu 15 000 Löcher pro Quadratmeter sind dabei heute Stand der Technik. Mittels Leitblechen wird die Flüssigkeit mäanderförmig über den Boden geleitet und unabhängig vom Durchmesser sind einflutige und zweiflutige Anordnungen üblich.

Der Druckverlust des Bodens ist maßgeblich abhängig von der Höhe des Auslaufwehres und ist im Vergleich zu anderen alternativen Bodenausführungen mit 0,8–1 kPa gering.

In Siebbodenkolonnen sind unter Hochdruck von 10–12 bar noch technisch vertretbare NO_x-Konzentrationen im Abgas von bis zu 100 Vppm möglich, und Säurekonzentrationen bis hin zur azeotropen Zusammensetzung erzielbar.

Absorptionstürme von 6,0 m Durchmesser und ca. 80 m zylindrischer Länge werden heute in Großanlagen mit Kapazitäten von über 2000 t d^{-1} HNO_3 eingesetzt. Die Herstellung dieser großen Kolonnen ist dabei unproblematisch, schwierig können sich jedoch der Transport und die Aufstellung gestalten.

3.3.4.3 Maschinen

Das dominierende Ausrüstungsteil in einer Salpetersäure ist der Maschinensatz. Hierüber wird der Anlage die notwendige Prozessluft zugeführt und der erforderliche Absorptionsdruck aufgebracht.

Der Maschinensatz der Eindruckanlage besteht somit aus einem Luftverdichter und einer Entspannungsturbine für das Restgas. Bei einer Zweidruckanlage wird diese Kombination noch durch einen NO-Gas-Verdichter erweitert. Die noch erforderliche Restleistung des Satzes kann durch eine Dampfturbine oder einen Elektromotor aufgebracht werden. Insgesamt produziert eine Salpetersäureanlage einen erheblichen Energieüberschuss, der in Form von Dampf oder elektrischer Energie exportiert wird. Bei kompletter Verstromung ist bei energieoptimierter Prozessführung 200–220 kWh Exportenergie pro Tonne HNO_3 möglich. Der Maschinensatz einer solchen Anlage besteht aus dem eigentlichen Verdichtersatz mit der angeschlossenen Entspannungsturbine, erweitert durch eine Kondensationsturbine und einen über ein Getriebe angeschlossenen Generator. Abhängig von der Anlagengröße und den individuellen Anforderungen der Kunden kann der Maschinensatz als sogenannter Einweller oder Mehrweller ausgeführt werden. Einweller sind Maschinenkombinationen, die bei einer oder höchstens zwei Drehzahlen laufen. Typischerweise bestehen sie aus axialen oder radialen Luftverdichtern, axialen oder radialen NO-Gas-Verdichtern und axialen Entspannungsturbinen, wobei die Einzelmaschinen über Kupplungen mechanisch fest verbunden sind. Mit solchen Maschinen sind Anlagenkapazitäten von über 2000 t d^{-1} HNO$_3$ einlinig möglich.

Als Mehrweller bezeichnet man Getriebeverdichter, die insbesondere für kleinere und mittlere Anlagengrößen zwischen 200 und 1000 t d^{-1} HNO$_3$ zunehmend eingesetzt werden. Bei diesen Maschinen sind die einzelnen, in radialer Bauweise ausgeführten Verdichterstufen mit den integrierten Stufen der Entspannungsturbine auf einzelnen Ritzelwellen angeordnet, die wiederum planetenförmig mit einem zentralen Getrieberad verbunden sind. Bis zu vier Ritzelwellen können dabei mit einem Zentralrad im Eingriff stehen, d. h. jeweils zwei Luftverdichter-, NO-Gas-Verdichter- und Entspannungsturbinen-Stufen können so kombiniert werden, dass über das vierte Ritzel eine Dampfturbine direkt angeschlossen werden kann, bzw. über die Zentralwelle der Antriebsmotor oder der Generator.

Für die gegebenen Druckverhältnisse des Salpetersäureprozesses ist diese jeweils zweistufige Kompression ohne Zwischenkühlung ideal und bietet weitere Vorteile aufgrund der sehr kompakten und dadurch Platz sparenden Bauweise, wenn Energiemaximierungen nicht unbedingt im Vordergrund stehen. Energetisch sind die Einweller den Mehrwellern mit ca. 20 % weniger Antriebsleistung überlegen, da sie bessere innere Wirkungsgrade und keine oder nur begrenzte Getriebeverluste haben. Die Investitionskosten liegen aber um ca. 20 % höher [3.22]. Je nach Bewertung des Kapitals und der Energie ist die für den jeweiligen Standort optimale Maschinenalternative auszuwählen.

Turbinen und Kompressoren sind betriebssichere Maschinen, die mehrere Jahre ununterbrochen laufen, bis sie zur Inspektion abgestellt werden müssen. Eine Besonderheit stellt der NO-Gas-Verdichter dar, der wegen des Absetzens von Ammoniumnitrat und -nitrit regelmäßig durch Einspritzen von Wasser oder Dampf gereinigt werden muss. Wichtig sind hierbei der Einsatz genügend korrosionsfester Materialien, gute konstruktive Durchbildung der Trennfuge und Vermeiden von Flüssigkeitsansammlungen.

3.3.4.4 Werkstoffe

Für den Bau von Salpetersäureanlagen (HNO$_3$-Konzentration < 70 %) werden austenitische Cr/Ni-Stähle mit Gehalten von mindestens 18 % Chrom und 10 % Nickel verwendet. Gute Schweißbarkeit wird durch Begrenzung des Kohlenstoffgehalts auf max. 0,03 % (Material: 1.4306/AISI 304 L) oder durch Stabilisierung mit Titan (1.4541/AISI 321) bzw. Niob (1.4550/AISI 347) erreicht. Absorptionstürme und Wärmetauscher werden in der Regel auch aus diesen Materialien hergestellt.

Die Korrosionsbeständigkeit der austenitischen Stähle nimmt mit steigender Temperatur stark ab. Die Stabilität in den Grenzbereichen variiert stark bei Stählen verschiedener Herstellungschargen trotz Einhalten der Zusammensetzungstoleranzen. Ursachen hierfür können Unterschiede bei der Wärmebehandlung und Spurenbestandteile sein. Daher sind Prüfungen mit dem Säurekochtest (nach Huey) zu empfehlen.

Wesentlichen Einfluss auf die Korrosionsbeständigkeit haben neben den carbidbildenden Elementen die nichtmetallischen Nebenbestandteile des Stahls (Si, P, S). So fördern zu hohe Gehalte an Silicium und Phosphor die interkristalline Korrosion. Durch Begrenzung der Gehalte auf max. 0,02 % P und 0,1 % Si lässt sich die Korrosionsbeständigkeit des Stahls 1.4306 weiter steigern. Eine Erhöhung des Chromanteils in Chrom/Nickel-Stählen führt normalerweise zu einer Verbesserung der Stabilität. Ein Werkstoff mit einem Gehalt von ca. 25 % Cr und 20 % Ni (1.4335/AISI 310 L) ist ausreichend für die meisten Anwendungen. Der Stahl wird dort eingesetzt, wo es bei höheren Temperaturen zu Taupunktunterschreitungen im Prozessgasstrom kommt. Diese Bedingungen können am Einlass des Restgasvorwärmers, im Taupunktbereich des Gaskühlers und am Auslass des Kesselspeisewasser-Vorwärmers vorliegen. Korrosion wird an diesen Stellen hauptsächlich durch das Wiederverdampfen des Säurekondensats hervorgerufen, wobei stark korrosiv wirkende Azeotropsäure (69 % HNO_3) entsteht.

Normale austenitische Stähle sind sehr empfindlich gegen Chlorid-Konzentrationen über 80 ppm (in der Säure vorhanden bei Anreicherung von Chlorid in der Absorption, im Kühlwasser vorhanden bei Süßwasser und Meerwasser). Im Falle höherer Konzentrationen bietet der Werkstoff 1.4563 (UNS N 08 028; 31 % Ni, 27 % Cr, 4 % Mo) einen verbesserten Korrosionsschutz.

Für hitzebeanspruchte Teile (Unterstützung des Katalysators) werden zunderbeständige Stähle oder Nickelbasislegierungen eingesetzt.

Gegen hochkonzentrierte Salpetersäure sind Reinaluminium 99,8 %, Ferrosilicium, Tantal, Zirconium sowie spezielle austenitische Stähle wie z. B. 1.4361 (UNS S 30 600, mit 4 % Si) beständig. Der Einsatz von Ferrosilicium ist wegen seiner Sprödigkeit auf Gussteile beschränkt [3.20, 3.23, 3.24].

3.4
Emissionen von Stickoxiden (nitrosen Gasen)

Entsprechend den Reaktionen (3.10) und (3.11) bildet sich in der Absorption NO zurück. Dieses muss erneut zu NO_2 oxidiert und absorbiert werden. Nach mehrfachem Durchlaufen dieses Zyklus stellt sich eine geringe NO-Restmenge in der Gasphase ein, bei der die Oxidation zu NO_2 aufgrund der physikalisch-chemischen Bedingungen praktisch zum Stillstand kommt. Die Salpetersäurebildung hört daher auf. Die verbleibenden Stickoxide gelangen mit dem Restgas in die Atmosphäre. NO löst sich in Wasser nur geringfügig, weshalb seine Konzentration im Restgas mit einer Wasserwäsche nicht vermindert werden kann. Höherer Druck in der Absorption sowie niedrige Temperaturen verringern die Emission.

Die TA Luft [3.25] verlangt heute NO_x-Grenzwerte von 200 mg m^{-3} gemessen als NO_2. Dies entspricht einem Volumenanteil von 97 Vppm NO_x. Auch mit einer Hochdruckabsorption lässt sich dieser Emissionswert nicht mehr sicher einhalten. Aus diesem Grund ist eine Abgasbehandlung in den Prozess zu integrieren.

Etwa 1–2 % des Ammoniaks werden bei der Oxidation zu N_2O umgewandelt. Das Gas durchläuft den Prozess unverändert und wird mit dem Restgas emittiert. In der Atmosphäre trägt N_2O erheblich zum Treibhauseffekt bei und fördert den Ozonabbau. Vom Gesetzgeber wurde ein Emissionsgrenzwert von 0,8 g m^{-3} (407 Vppm) festgelegt. Auch Altanlagen in Deutschland müssen ab dem Jahr 2010 diese Emissionswerte einhalten.

Im Folgenden werden die wichtigsten Maßnahmen zur Verminderung von Stickoxid-Emissionen vorgestellt.

3.4.1
Katalytische Reinigungsverfahren (s. auch Umwelttechnik, Band 2)

3.4.1.1 Selektive katalytische Reinigung
Zur Verminderung des NO_x-Gehaltes im Restgas wird Ammoniak als Reduktionsmittel verwendet. Da NH_3 ausschließlich mit den Stickoxiden und nicht mit dem Sauerstoff des Restgases reagiert, wird von einem selektiven katalytischen Prozess gesprochen. Als Katalysatoren kommen vorwiegend klassische DeNOx-Katalysatoren auf Basis V_2O_5/TiO_2 zum Einsatz. Die Umsetzung der Stickoxide zu Stickstoff und Wasser läuft nach folgender Hauptreaktion ab:

$$NO + NO_2 + 2\,NH_3 \longrightarrow 2\,N_2 + 3\,H_2O \qquad \Delta H_R = -758 \text{ kJ} \qquad (3.14)$$

Die Reaktion findet vorzugsweise oberhalb von 180 °C statt, um die Sublimationstemperatur von Ammoniumnitrat zu überschreiten (Arbeitsbereich 180–350 °C). Bei einem noch akzeptablen Ammoniakschlupf von 10 Vppm sind NO_x-Reduzierungen bis zu 5000 Vppm möglich. Üblicherweise wird der NO_x-Gehalt im emittierten Restgas auf 50 Vppm reduziert. An einigen Standorten werden auch Werte <20 Vppm gefordert. Eine Reduktion des N_2O-Gehalts findet am V_2O_5-Katalysator nicht statt. Wesentliche Impulse für die Prozessentwicklung gingen von der BASF aus [3.26].

In den vergangenen Jahren wurde die katalytische Spaltung von N_2O intensiv untersucht [3.27, 3.28]. Geeignete Katalysatoren sind Zeolithe, Edelmetalle und Metalloxide. Bei Temperaturen oberhalb von 420 °C zerfällt N_2O an Eisenzeolithen in die Elemente. Unterhalb dieser Temperatur erfordert die N_2O-Spaltung Reduktionsmittel wie Methan, Propan oder wasserstoffhaltige Gase wie z. B. Synthesegas.

In einem Verfahren von Uhde wird die gemeinsame Entfernung von NO_x und N_2O durchgeführt [3.29, 3.30]. Nach Verlassen des Absorptionsturms werden die Restgase mit einem Gehalt von 1200 ppm N_2O auf die Reaktionstemperatur von mehr als 400 °C aufgeheizt und über einen Eisenzeolith geleitet, wo mehr als 90 % des N_2O abgebaut werden. Anschließend erfolgt nach der Eindüsung von NH_3 die katalytische Reduktion von NO_x an dem gleichen Katalysatormaterial. Beide Stufen sind in einem Reaktor untergebracht.

Üblicherweise liegen die Abgastemperaturen in Salpetersäureanlagen zwischen 250 °C und 500 °C, sodass insbesondere bei Altanlagen der N_2O-Reduktionsprozess auf Basis N_2O-Zersetzung nur bedingt einsetzbar ist. Das Ziel der Entwicklung ist ein simultaner Reduktionsprozess für N_2O und NO_x an einem Katalysatorsystem, das auch bei tiefen Temperaturen ausreichende Umsätze ermöglicht.

Neben der Reduktion von N_2O im Restgas gibt es mehrere Möglichkeiten, bereits im Verbrennungselement eine N_2O-Verminderung herbeizuführen. Schon die Herstellungsart der Netze hat Einfluss auf die Entstehung von N_2O. Gestrickte Netze scheinen vorteilhafter als gewebte [3.31, 3.32]. Durch längere Verweilzeiten bei hohen Temperaturen lässt sich N_2O bereits in der Gasphase abbauen. Hierfür wird allerdings ein größerer Reaktor benötigt [3.33]. Des Weiteren lässt sich N_2O katalytisch direkt hinter den Pt-Netzen reduzieren [3.34].

Nichtedelmetall-Katalysatoren zeigen kein so ausgeprägtes Verhalten zur N_2O-Bildung. Im Vergleich zu Pt entstehen nur etwa 20 % der N_2O-Menge.

3.4.1.2 Katalytische Reinigung mit Kohlenwasserstoffen

Stickoxide lassen sich katalytisch in Gegenwart eines Reduktionsmittels zu Stickstoff und Wasserdampf umsetzen. Als Katalysatoren kommen Platin, Palladium, Vanadiumpentoxid und andere Übergangsmetalloxide in Betracht.

$$4\ NO + 4\ NO_2 + 3\ CH_4 \longrightarrow 4\ N_2 + 6\ H_2O + 3\ CO_2 \qquad \Delta H_R = -2905\ \text{kJ} \qquad (3.15)$$

Da nicht nur die Stickoxide zur Reaktion gebracht werden, sondern das Reduktionsmittel sich zunächst mit dem Sauerstoff des Restgases (1–3 % Volumenanteil O_2) umsetzt, wird von einem nichtselektiven katalytischen Verfahren gesprochen. Je nach Sauerstoffgehalt wird das Restgas im katalytischen Reaktor auf Temperaturen bis zu 800 °C erhitzt. Werte von 100–150 Vppm NO_x sind erreichbar. Der N_2O-Abbau kann bis zu 95 % betragen (< 50 Vppm N_2O). Da das Reduktionsmittel in leichtem Überschuss eingesetzt wird, treten zusätzliche Emissionen von Kohlenmonoxid (≤ 1.000 Vppm) und unverbranntem Kohlenwasserstoff auf. Eine effiziente Energienutzung ist anzustreben, um die Kosten für das Reduktionsmittel teilweise zu kompensieren.

3.4.2
Sonstige Reinigungsverfahren

Neben den katalytischen Verfahren gibt es noch mehrere Methoden zur Emissionsminderung, die von untergeordneter Bedeutung sind und der Vollständigkeit halber hier erwähnt werden sollen.

Eine Vergrößerung der Absorption bringt neben der Emissionsverringerung vor allem zusätzlichen Druckverlust. Sowohl der im Prozess zulässige Druckverlust als auch die wirtschaftlich vertretbaren Investitionskosten begrenzen diese Maßnahme. Durch Einsatz von Kühlsole wird die Temperatur im letzten Teil der Absorption abgesenkt. Dieser Weg ist nur dann sinnvoll, wenn preiswerte Kälteenergie zur Verfügung steht.

Durch alkalische Wäschen lässt sich der NO_x-Gehalt des Gases ebenfalls verringern. Absorption bei 5 bar in Natronlauge führt zu einer Verminderung der NO_x-Menge von 600 Vppm auf etwa 200 Vppm bei annähernd gleicher Konzentration von NO und NO_x. Als Nebenprodukt entsteht eine verdünnte nitrit- und nitrathaltige Lösung. Andere chemische Wäschen basieren auf dem Einsatz von Vanadium (in HNO_3), Ammoniumsulfid, Kalkmilch, Ammoniak, Wasserstoffperoxid und Harnstoff als aktiven Substanzen.

NO$_2$ löst sich physikalisch in kalter Salpetersäure. Die verfahrenstechnische Nutzung dieses Sachverhalts zur Gaswäsche führt zu Endwerten von 200 Vppm NO$_x$ im Restgas. Der apparative Aufwand sowie der Energieeinsatz für die Regenerierung der beladenen Säure sind erheblich. Dieser Prozess hat sich aus wirtschaftlichen Gründen nicht durchsetzen können. Auch die Absorption von NO$_x$ an Molsieben zur Restgasreinigung ist nur in wenigen Fällen technisch realisiert worden.

3.5
Herstellung von konzentrierter Salpetersäure

Die durch Absorption erzeugte Salpetersäure muss für einige Verwendungszwecke auf eine höhere Konzentration gebracht werden. Für die Nitrierung und Veresterung bestimmter organischer Substanzen kommt Säure mit 98–99 % HNO$_3$ zum Einsatz. Das System HNO$_3$-H$_2$O weist bei 69 % HNO$_3$ unter Atmosphärendruck einen azeotropen Punkt auf (Abb. 3.9).

Durch Destillation dünner Säure lässt sich unter vertretbarem Aufwand eine Konzentration von etwa 67 % erreichen. Werden durch zusätzliche technische Maßnahmen in der Absorption Konzentrationen von mehr als 70 % erzielt, so kann durch überazeotrope Destillation Säure mit einer Konzentration von 99 % erzeugt werden. Anlagen dieses Typs ähneln, abgesehen von den Sonderausrüstungen, normalen Salpetersäureanlagen. Aufgrund ihrer Komplexität und geringeren Wirtschaftlichkeit im Vergleich zu den konventionellen Prozessen haben sich diese Verfahren am Markt nicht durchsetzen können.

Bevorzugt für die Herstellung konzentrierter Säure sind Extraktivdestillationsverfahren, bei denen Schwefelsäure oder Magnesiumnitrat als Entwässerungsmittel zum Einsatz kommen (indirekte Verfahren). Daneben besteht auch die Möglichkeit, konzentrierte Salpetersäure durch direkte Umsetzung von NO$_2$ mit Sauerstoff und Wasser in einem Druckreaktor zu erzeugen.

Der weltweite Verbrauch an konzentrierter Salpetersäure wird für das Jahr 2004 auf ca. $1,5 \cdot 10^6$ t geschätzt.

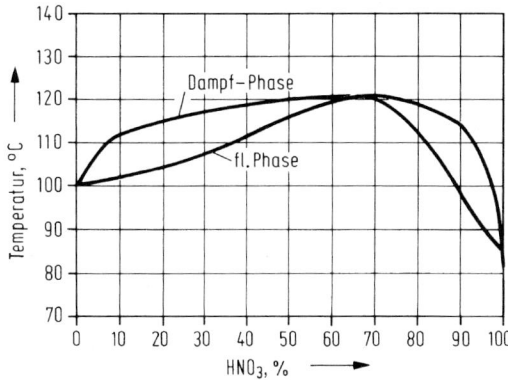

Abb. 3.9 Siedediagramm des Systems HNO$_3$/H$_2$O bei Atmosphärendruck

3.5.1
Herstellung aus wasserhaltiger Salpetersäure

3.5.1.1 Konzentrierung mit Schwefelsäure

Eine überazeotrope Säurekonzentration lässt sich erreichen, wenn zur Herabsetzung des Wasserdampfpartialdrucks ein Entwässerungsmittel angewendet wird, z. B. Schwefelsäure. Die im System H_2SO_4-HNO_3-H_2O herrschenden Verhältnisse sind eingehend untersucht worden. Abbildung 3.10 gibt die HNO_3-Konzentration der Destillate in Abhängigkeit vom Gehalt des Säuregemisches an H_2SO_4, HNO_3 und H_2O an.

Säuren mit einem Gehalt von 55–65% HNO_3 werden als Ausgangsstoffe eingesetzt. Bei geringeren Konzentrationen empfiehlt es sich, eine Vorkonzentrierung durchzuführen, wodurch eine Konzentration von ca. 67% erreicht wird. Die vorgewärmte Salpetersäure wird in den mittleren Bereich der in Abbildung 3.11 gezeigten Kolonne eingespeist. Die Aufgabe von Schwefelsäure mit einem Gehalt von 85% erfolgt am Kolonnenkopf. Der Kolonnenteil oberhalb der Salpetersäureeinspeisung arbeitet als Rektifizierteil; unterhalb findet Stripping statt. Im Sumpf fällt Schwefelsäure mit einer Konzentration von ca. 70% an. Nach Eindampfung unter Vakuum gelangt die aufkonzentrierte Schwefelsäure in die Extraktivdestillationskolonne zurück. Das Abgas, das noch HNO_3-Dämpfe enthält, wird mit verdünnter Salpetersäure gewaschen. Das Endprodukt weist einen Gehalt von 99% HNO_3 auf.

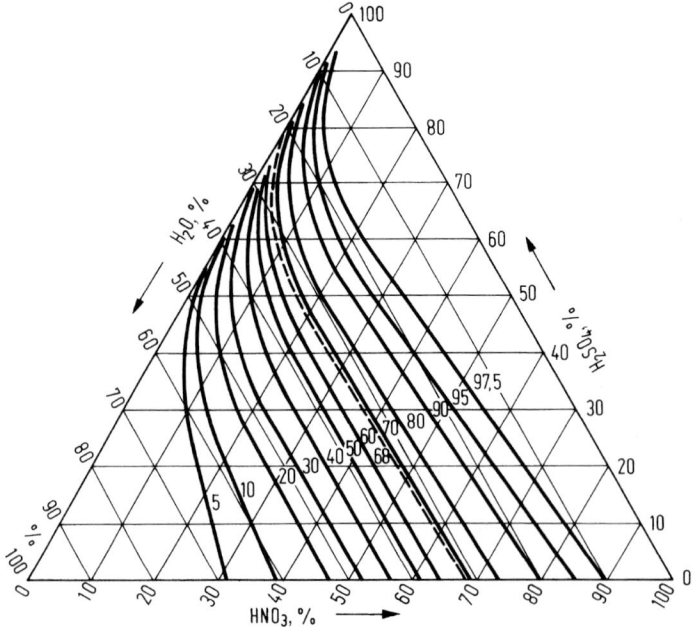

Abb. 3.10 Zusammensetzung der Destillate im System H_2SO_4/HNO_3/H_2O (% HNO_3)

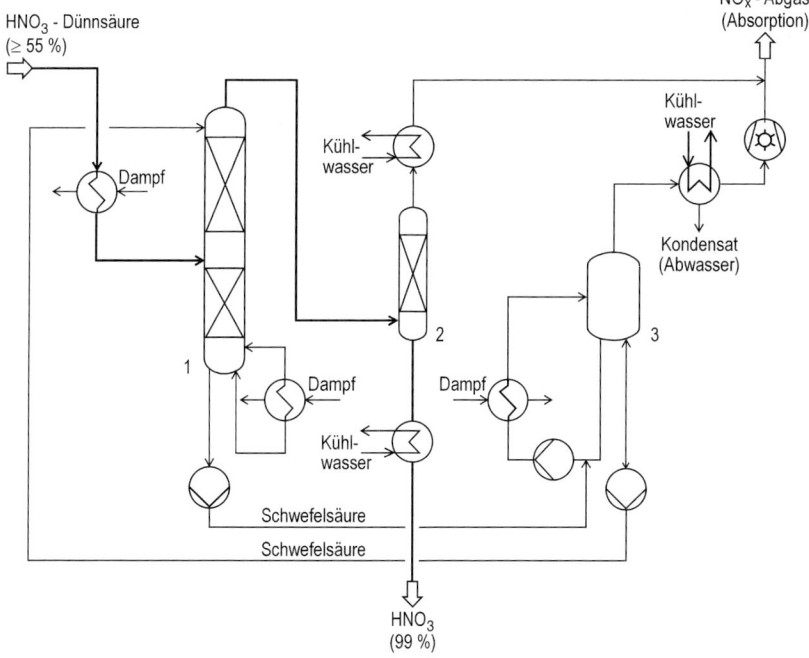

Abb. 3.11 Konzentrierung von Salpetersäure nach Plinke
1 Destillationskolonne, 2 Kühler/Entgasung, 3 Säurekonzentrierung

Als Werkstoffe für die Kolonnen werden Borosilicatglas, Stahl/Email und Stahl/Polytetrafluoroethylen (PTFE) verwendet. Die Wärmetauscher sind aus Glas, PTFE und Stahl/Tantal gefertigt.

Verbrauchszahlen für die Aufkonzentrierung von Salpetersäure (je t HNO_3 100%) sind im Folgenden aufgelistet [3.35]:

HNO_3-Eingangskonzentration	65%
Heizdampf (10/18 bar)	1,4 t
Kühlwasser	55 m^3
Elektrische Energie	12 kWh
Verdampfte Wassermenge	0,5 t

Durch Rückgewinnungsmaßnahmen lassen sich die Verbrauchswerte weiter absenken. Unter Ausnutzung aller Energieeinsparmöglichkeiten kann der Dampfverbrauch bei 65% HNO_3 auf 1,1 t je t HNO_3 (100%) reduziert werden.

3.5.1.2 Konzentrierungen mit Nitrat-Lösungen

Ähnlich wie Schwefelsäure lassen sich auch Nitrat-Lösungen zur Konzentrierung von wässriger HNO_3 verwenden.

In einer Destillationskolonne werden 70%ige $Mg(NO_3)_2$-Lösung und Salpetersäure von ca. 60% aufgegeben. Es wird 87%ige HNO_3 über Kopf abgetrieben, die

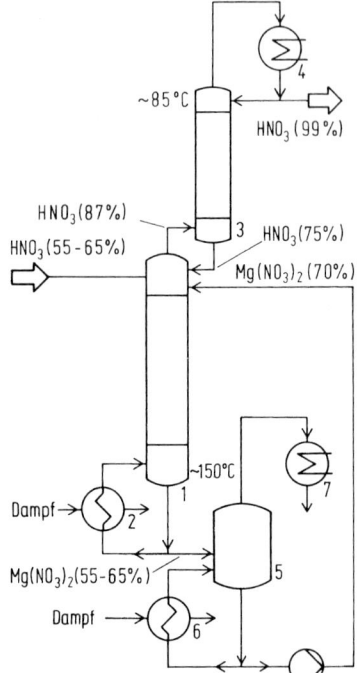

Abb. 3.12 Konzentrierung von Salpetersäure mit Magnesiumnitrat-Lösung
1 Destillationskolonne, 2 Verdampfer, 3 Destillationskolonne für konzentrierte Säure, 4 Kondensator,
5 Trenngefäß, 6 Verdampfer, 7 Kondensator

dann, da sie über dem azeotropen Punkt liegt, durch Destillation zu 99%iger Säure konzentriert werden kann (Abb. 3.12). Als Sumpfprodukt fällt dabei 75%ige HNO_3 an, die wiederum mit Magnesiumnitrat-Lösung konzentriert wird. Die $Mg(NO_3)_2$-Lösung nimmt das Wasser auf, wird aus dem Sumpf der Kolonne ca. 60%ig abgezogen, eingedickt und geht in den Prozess zurück. Beide Destillationskolonnen können in einem Apparat zusammengefasst werden.

3.5.2
Herstellung von wasserfreier Salpetersäure nach dem direkten Verfahren

Bei hohem Druck wird aus wässriger Salpetersäure, Distickstofftetroxid und Sauerstoff eine hochkonzentrierte Salpetersäure mit 98–99% HNO_3 erhalten.

Man kann das für den Prozess notwendige N_2O_4 entweder durch Oxidation von Ammoniak mit reinem Sauerstoff oder mit Luft gewinnen. Der einfachste Verfahrensweg ist die NO-Erzeugung durch NH_3-Oxidation mit reinem Sauerstoff. NO wird weitgehend zu NO_2 oxidiert und unter Anwendung von Kühlsole kondensiert. Wirtschaftlicher ist jedoch die Verwendung von Gasen aus der Oxidation von Ammoniak/Luft-Gemischen, da dann der Sauerstoff im N_2O_4 aus der Luft stammt (Abb. 3.13).

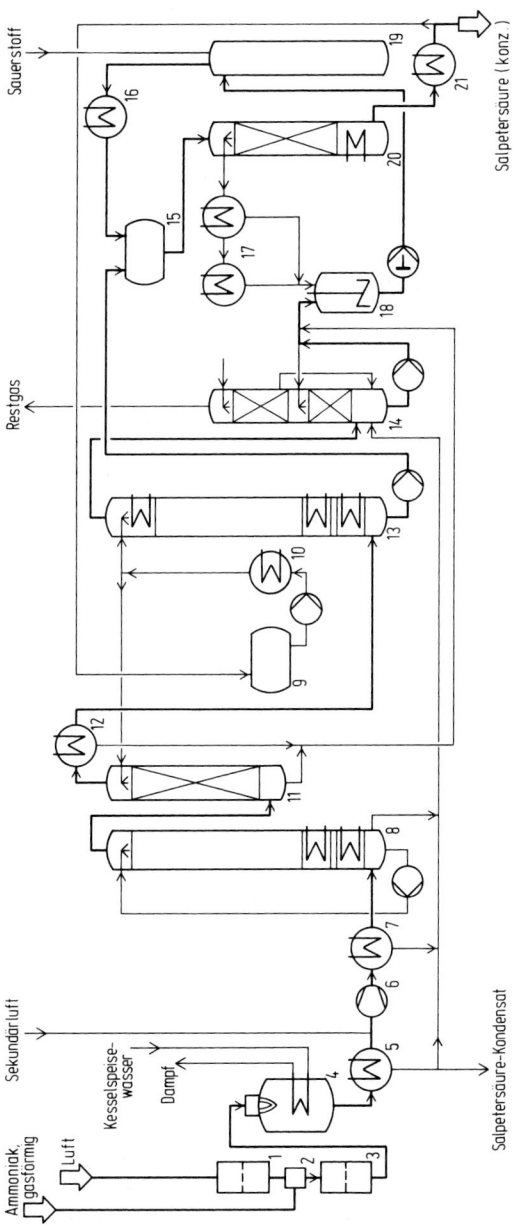

Abb. 3.13 Herstellung von hochkonzentrierter Salpetersäure nach dem direkten Verfahren von Uhde (NO aus NH$_3$/Luft-Gemisch)
1 Luftfilter, 2 Ammoniak/Luft-Mischer, 3 Mischgasfilter, 4 Verbrennungselement mit Abhitzekessel, 5 Gaskühler I, 6 NO-Gebläse, 7 Gaskühler II, 8 Oxidationsturm, 9 Kreislaufsäurebehälter, 10 Säurekühler, 11 Nachoxidator, 12 Solegaskühler, 13 Absorptionskolonne, 14 Nachabsorptionskolonne, 15 Rohsäure-Hochbehälter, 16 Rohsäure-Kühler, 17 Verflüssiger, 18 Rührwerksbehälter für Rohgemisch, 19 Reaktionsgefäß, 20 Bleichkolonne, 21 Fertigsäurekühler

Ammoniak wird auf übliche Weise mit Luft oxidiert. Anschließend werden etwa Zweidrittel des Verbrennungswassers durch schnelle indirekte Kühlung entfernt. Die gekühlten Gase gelangen in einen oder mehrere Oxidationstürme, in denen eine 55–60%ige Salpetersäure umgepumpt wird. Hier findet die Oxidation des NO zu NO_2 zu etwa 90–95% statt. Anschließend wird in einer kleinen Füllkörperkolonne mit konzentrierter HNO_3 nach Gleichung (3.16) zu Ende oxidiert und das gebildete N_2O_4 unter Wasser- und Solekühlung in einer Absorptionskolonne in kalter (−5 bis −20 °C) hochkonzentrierter Salpetersäure gelöst.

$$2\ HNO_3 + NO \longrightarrow 3\ NO_2 + H_2O \qquad \Delta H_R = +72\ kJ \qquad (3.16)$$

Die Salpetersäure belädt sich mit etwa 30% N_2O_4, das in einer indirekt beheizten Kolonne abdestilliert und mit Wasser und Solekühlung kondensiert wird. Die Abgase des N_2O_4-Absorbers werden vor dem Austritt in die Atmosphäre noch durch eine Nachwäsche geleitet. Die bei der Oxidation des NO und in der Endstufe des Verfahrens anfallende wässrige Salpetersäure mit etwa 60% HNO_3 wird in einem Rührgefäß mit dem flüssigen N_2O_4 in bestimmtem Verhältnis vermischt und in das Reaktionsgefäß gepumpt. Dieses besteht aus einem druckfesten Stahlmantel, in den eine starkwandige Aluminiumschutzhülse eingesetzt ist. Zu dem Gemisch von wässriger Salpetersäure und N_2O_4 lässt man Sauerstoff unter einem Druck von 50 bar eintreten, mit dem das N_2O_4 gemäß Gleichung (3.17) zu HNO_3 oxidiert wird. Durch die freiwerdende Reaktionswärme steigt die Temperatur auf 70–90 °C an.

$$2\ N_2O_4 + O_2 + 2\ H_2O \longrightarrow 4\ HNO_3 \qquad \Delta H_R = -154\ kJ \qquad (3.17)$$

Die erhaltene rohe Salpetersäure wird vom gelösten überschüssigen N_2O_4 durch Erwärmen in einer Destillierkolonne (Bleichkolonne) befreit. Hierbei müssen zu hohe Erwärmung und zu lange Verweilzeiten vermieden werden, da sonst Zersetzung in Umkehrung von Gleichung (3.17) stattfindet. Es wird eine wasserhelle 98–99%ige HNO_3 erhalten. Das ausgetriebene N_2O_4 wird nach Kondensation in den Prozess zurückgeführt. Die Reaktionszeit im Reaktionsgefäß ist von der Temperatur, dem O_2-Druck und dem Verhältnis von N_2O_4 zu HNO_3 abhängig. Einige typische Verbrauchszahlen für die Herstellung von Salpetersäure nach dem direkten Verfahren sind im Folgenden wiedergegeben:

Verbrennung mit Luft

NH_3	(kg)	282
O_2 (70 bar)	(Nm^3)	125
Elektrische Energie	(kWh)	255
Kühlwasser ($\Delta T = 7$ °C)	(m^3)	200
Dampfabgabe	(t)	0,6

3.5
Verarbeitung von Abfallsäure

Bei der Durchführung von Nitrierungen verbleibt wegen des meist erforderlichen Überschusses an Salpetersäure bzw. des verwendeten Salpetersäure/Schwefelsäure-Gemisches ein Rest, der als Abfallsäure- bzw. Abfallschwefelsäure bezeichnet wird. Um diesen wieder nutzbringend zu verwerten, müssen die Komponenten Wasser, Salpeter- und Schwefelsäure voneinander getrennt werden. Meist enthalten die Abfallsäuren auch noch gelöste Stickoxide und organische Nitroverbindungen. Die Art der Regenerierung richtet sich nach dem Gehalt der Säure an HNO_3 und H_2SO_4. Abfallsäuren, die nur aus Wasser und Salpetersäure bestehen und keine gefährlichen Nitroverbindungen enthalten, können destillativ konzentriert werden. Liegen über 5% HNO_3 im Gemisch mit Schwefelsäure und Wasser vor, so wird die Regenerierung in einer Apparatur für die Hochkonzentrierung von Salpetersäure durchgeführt. Unter Berücksichtigung der Mengenverhältnisse lässt sich auch aus der Abfallsäure direkt konzentrierte Salpetersäure zurückgewinnen. Nur in einigen Ausnahmefällen werden Regenerierung und Konzentrierung getrennt durchgeführt.

Organische Rückstände werden bei dem Prozess weitgehend abgebaut. Es fällt eine 70%ige Schwefelsäure an, die auf 96% H_2SO_4 aufkonzentriert werden muss, damit ein erneuter Einsatz in der Nitrierung erfolgen kann. Die Schwefelsäurekonzentrierung wird in Vakuum-Umlaufverdampfern oder nach dem Kesselverfahren durchgeführt.

4
Salze der Salpetersäure und Salpetrigen Säure

4.1
Natriumnitrat

Natriumnitrat ($NaNO_3$) ist ein hygroskopisches, gut wasserlösliches Salz, das bei 307 °C unzersetzt schmilzt. Mehr als die Hälfte der Weltproduktion ($1,2 \cdot 10^6$ t, 2002) kommt als Düngemittel für Baumwolle, Tabak und Gemüse zum Einsatz. Zu den technisch wichtigen Anwendungen zählen die Herstellung von Sprengstoffen, Glas und Email. Außerdem dienen $NaNO_3$-haltige Salzschmelzen als Wärmeüberträger in Metallurgie und Chemie.

4.1.1
Natriumnitrat aus Chilesalpeter

Basis für die Nitratgewinnung war ursprünglich der Chilesalpeter, der in mächtigen Lagern entlang der chilenischen Pazifikküste vorkommt. Das abbauwürdige Rohprodukt (Caliche) enthält im Durchschnitt 25–35%, stellenweise sogar bis zu 70% Natriumnitrat. Als Naturprodukt enthält die Caliche außerdem Kaliumnitrat, Natrium-, Calcium- und Magnesiumsulfat, Natriumchlorid und Iod als Natriumiodat in stark schwankenden Mengen.

Die Laugung des reinen Natriumnitrats aus der Caliche erfolgt meistens nach dem Guggenheim-Verfahren. Dabei wird das in der Caliche vorliegende und bei niedriger Temperatur mäßig lösliche Doppelsalz $Na_2SO_4 \cdot NaNO_3 \cdot H_2O$ (Darapskit) durch Anwesenheit von Calcium- bzw. Magnesiumverbindungen unter Bildung von schwerlöslichem Calciumsulfat, Calciumkaliumsulfat bzw. Magnesiumnatriumsulfat gespalten. Das bei 35 °C in Lösung gegangene Natriumnitrat wird abgetrennt und durch Kühlen auf 5 °C zur Kristallisation gebracht.

4.1.2
Natriumnitrat und Natriumnitrit aus nitrosen Gasen

Natriumnitrat entsteht, wenn die bei der Ammoniakverbrennung gebildeten nitrosen Gase mit Natriumhydroxid oder Natriumcarbonat umgesetzt werden. Je nach Oxidationsgrad (dem molaren Verhältnis $NO_2/(NO + NO_2)$ im Gas) erhält man ein Gemisch aus Natriumnitrit und mehr oder weniger Natriumnitrat (Gl. (4.1) und (4.2)):

$$NO_2 + NO + 2\ NaOH \longrightarrow 2\ NaNO_2 + H_2O \tag{4.1}$$

$$3\ NO_2 + 2\ NaOH \longrightarrow 2\ NaNO_3 + NO + H_2O \tag{4.2}$$

Unter technischen Bedingungen entsteht bei einer mit Natriumcarbonat betriebenen Absorption von Restgasen aus der Salpetersäureproduktion eine Lösung mit 18–20% Natriumnitrit, 2–3% Natriumnitrat und einem geringen Restsodagehalt. Beim Betrieb mit Natriumhydroxid lassen sich wegen dessen größerer Löslichkeit konzentriertere Nitritlösungen gewinnen. Natriumnitrit wird durch eine nachfolgende Inversion mit Salpetersäure zu Nitrat umgesetzt (Gl. (4.3)):

$$NaNO_2 + 2\ HNO_3 \longrightarrow NaNO_3 + 2\ NO_2 + H_2O \tag{4.3}$$

Die dabei entstehenden nitrosen Gase werden in die Salpetersäureabsorption zurückgeführt. Die erhaltene Nitrat-Lösung wird durch Strippen mit Luft vollständig von NO_2 befreit, anschließend durch Zugabe von Natriumhydroxid oder Natriumcarbonat neutralisiert und wird dann bis ins Sättigungsgebiet eingedampft. Die Kristalle werden auf einem Filter oder in einer Zentrifuge abgetrennt und getrocknet. Die Mutterlauge gelangt in die Eindampfung zurück. Das gewonnene Natriumnitrat ist sehr rein.

Natriumnitrit ($NaNO_2$) wird in größeren Mengen in der chemischen und pharmazeutischen Industrie eingesetzt. Zu den Hauptanwendungen gehören die Herstellung von Nitrosoverbindungen, Diazotierungsreaktionen (besonders für Farbstoffe) und die Synthese von Arznei- und Pflanzenschutzmitteln.

Früher wurde Natriumnitrit durch Reduktion von Natriumnitrat mit Blei gewonnen. Heute wird es ausschließlich durch Absorption von nitrosen Gasen mit NaOH oder Na_2CO_3 erzeugt. Der Oxidationsgrad wird so eingestellt, dass möglichst wenig Nitrat entsteht. Meistens können die so erhaltenen Lösungen, die zwei bis drei Teile

Nitrat auf 100 Teile Nitrit enthalten, direkt bei der Farbstoffherstellung verwendet werden. Sind größere Reinheiten erforderlich, wird das schwerer lösliche Natriumnitrit durch Abkühlen auskristallisiert und die Mutterlauge zu Natriumnitrat verarbeitet.

4.2
Ammoniumnitrat

Ammoniumnitrat (NH_4NO_3) findet im Wesentlichen auf zwei Gebieten Anwendung. Die überwiegende Menge (ca. 80% der Produktion) wird als Dünger, der Rest für Sprengstoffe verbraucht. Die Weltproduktion betrug im Jahr 2002 ca. $39 \cdot 10^6$ t (Europa mit Russland: $24 \cdot 10^6$ t, USA: $7 \cdot 10^6$ t). Als Düngemittel wird Ammoniumnitrat nicht nur rein oder mit Füllstoffen vermengt, sondern auch in Form von Doppelsalzen mit Ammoniumsulfat oder mit Calciumnitrat eingesetzt. Konzentrierte Lösungen von Harnstoff und Ammoniumnitrat sind wichtige Flüssigdünger (siehe 2 Düngemittel, Bd. 8, Abschnitt 2.2.1.1 u. 2.1.1.2).

Ammoniumnitrat ist ein starkes Oxidationsmittel. So wird z. B. durch Tränken von porösen Prills mit 6–8 % Dieselöl ein im Bergbau häufig verwendeter Sprengstoff hergestellt (siehe Explosivstoffe und pyrotechnische Produkte, Bd. 7, Abschnitt 1.3.2.2).

In einigen Ländern wird Ammonnitrat für Düngezwecke aus Sicherheitsgründen mit bodenverbessernden Inertstoffen wie z. B. Kalk oder Dolomit versetzt.

Ammoniumnitrat kann entsprechend den Gleichungen (4.4) und (4.5) exotherm zerfallen

$$NH_4NO_3 \longrightarrow N_2O + 2\ H_2O \qquad \Delta H_R = -37\ \text{kJ} \tag{4.4}$$

$$2\ NH_4NO_3 \longrightarrow 2\ N_2 + O_2 + 4\ H_2O \qquad \Delta H_R = -237\ \text{kJ} \tag{4.5}$$

Auf Reaktion (4.4) basiert die kontrollierte Herstellung von Distickstoffmonoxid (Lachgas) (s. Abschnitt 3.1). Beim Erhitzen von verunreinigtem und verdichtetem Ammoniumnitrat oder beim Einwirken von Stoßwellen kann schlagartige Zersetzung gemäß Gleichung (4.5) eintreten. Destabilisierend wirken Chloride, Wasserstoff-Ionen und Schwermetalle. Überschüssiges Ammoniak hemmt die Zersetzung.

Großtechnisch wird Ammoniumnitrat fast ausschließlich durch Neutralisation von Salpetersäure (50–60%) mit Ammoniak hergestellt (Gl. (4.6)).

$$NH_3 + HNO_3 \longrightarrow NH_4NO_3 \qquad \Delta H_R = -146\ \text{kJ} \tag{4.6}$$

Ammoniumnitrat ist leicht in Wasser löslich und hygroskopisch. Es schmilzt bei 170 °C und kommt in fünf Kristallmodifikationen vor:

I	170	–	125 °C	kubisch
II	125	–	84 °C	tetragonal
III	84	–	32 °C	rhombisch
IV	32	–	17 °C	rhombisch
V	unter	–	17 °C	tetragonal

Die bei der Herstellung von Ammoniumnitrat gemäß Gleichung (4.6) freiwerdende Reaktionswärme stellt ein Energiepotenzial dar, das zur Verdampfung des Verdünnungswassers der Salpetersäure genutzt wird. Ein typisches Verfahrensmerkmal ist dabei der Druck, unter dem der entstehende Wasserdampf anfällt. Es wird zwischen drucklosen Anlagen und Druckanlagen unterschieden. Nach dem Verfahren von Uhde (Abb. 4.1) [4.1, 4.2], wird die Reaktion in einem Reaktor durchgeführt, der zur guten Durchmischung der beteiligten Stoffe mit Einbauten versehen ist. Die Reaktionstemperatur im Reaktor wird durch Rückführung eines Teils der im Entspannungsverdampfer abgekühlten Ammoniumnitrat-Lösung unter Berücksichtigung des Reaktionsdrucks so gesteuert, dass kein Sieden der Lösung eintritt. Die Abkühlung der Lösung erfolgt durch Wasserverdampfung unter Vakuum. Die Temperatur wird dabei so gewählt, dass sich die Konzentration der Lösung mit ausreichendem Abstand zur Kristallisationslinie einstellt. Charakteristisch für diesen Anlagentyp sind als Folge des niedrigen Drucks relativ niedrige Reaktionstemperaturen mit dem Vorteil der leichteren Beherrschung der Korrosion speziell innerhalb des Reaktors und der größeren Sicherheit im Hinblick auf die Zersetzungsgefahr des Ammoniumnitrats bei hohen Temperaturen. So wird z. B. bei Einsatz von 60%iger Salpetersäure eine Reaktionstemperatur von 145 °C eingehalten. Außerdem lässt sich aufgrund der sauren Reaktionsbedingungen ein sehr reines (NH_3-freies) Prozesskondensat durch eine einfache Brüdenwäsche gewinnen.

In Abbildung 4.2 ist eine Druckneutralisationsanlage dargestellt, der das klassische Verfahrenskonzept von SBA zugrunde liegt [4.3]. Die Temperatur im Reaktor beträgt 170–180 °C bei einem Druck von 4–5 bar. Auf dem Reaktor befindet sich ein Brüdenabscheider, aus dem der Prozessdampf abgezogen wird. Teilweise wird dieser zur Eindampfung der Ammoniumnitrat-Lösung benutzt; der Rest steht für andere Zwecke zur Verfügung. Die Ausnutzung der Reaktionswärme ist bei diesem

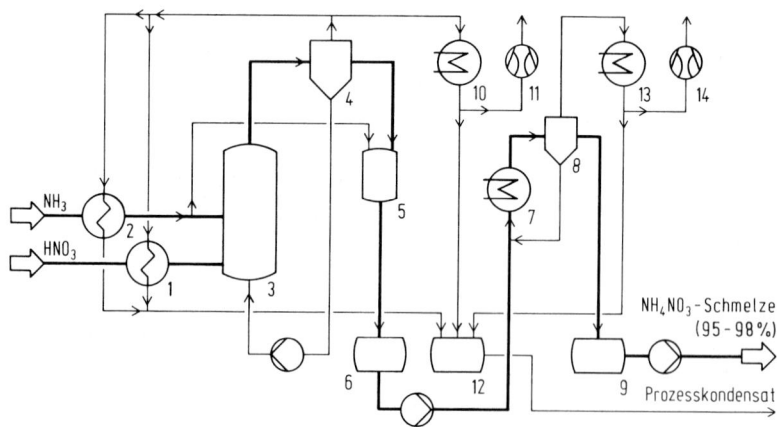

Abb. 4.1 Drucklose Neutralisationsanlage nach dem Uhde-Prozess
1 HNO_3-Vorwärmer, 2 NH_3-Vorwärmer, 3 Reaktor, 4 Entspannungsverdampfer, 5 Nachneutralisierer, 6 Tank für NH_4NO_3-Lösung, 7 Heizkörper, 8 Brüdenabscheider, 9 Tank für konzentrierte NH_4NO_3-Lösung, 10 Kondensator, 11 Vakuumpumpe, 12 Tank für Prozesskondensat, 13 Kondensator, 14 Vakuumpumpe

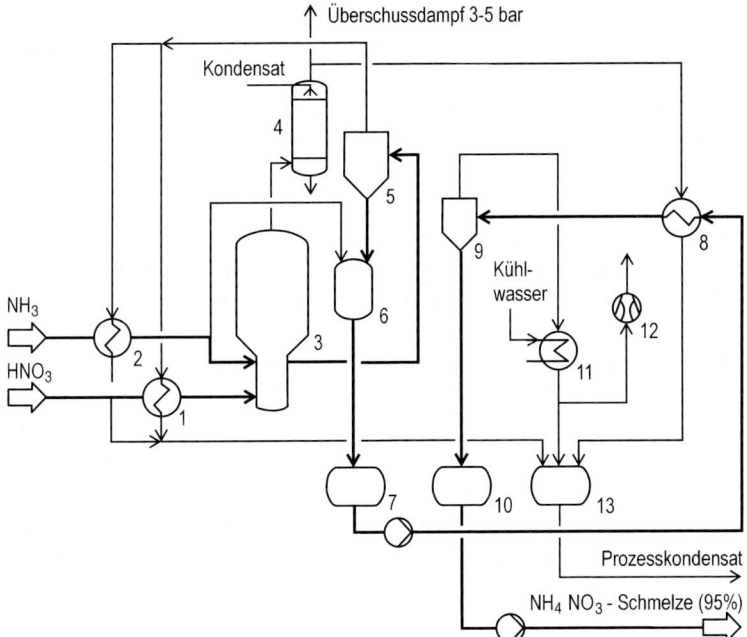

Abb. 4.2 Druckneutralisationsanlage
1 HNO$_3$-Vorwärmer, 2 NH$_3$-Vorwärmer, 3 Reaktor, 4 Wäscher, 5 Entspannungsverdampfer,
6 Nachneutralisierer, 7 Tank für NH$_4$NO$_3$-Lösung, 8 Heizkörper, 9 Brüdenabscheider, 10 Tank für konzentrierte NH$_4$NO$_3$-Lösung, 11 Kondensator, 12 Vakuumpumpe, 13 Tank für Prozesskondensat, 14 Brüdenwäsche

Verfahren sehr gut. Trotzdem wird häufig die drucklose Anlage einer Druckanlage vorgezogen, einmal aus Sicherheitserwägungen, da die Anlage einfacher zu bedienen ist, zum anderen, weil der erzeugte Dampf wegen der Verunreinigung mit Ammoniumnitrat nur bedingt verwendbar ist.

Diesen letzteren Nachteil vermeidet das von UCB weiterentwickelte Verfahren [4.4]. Hier wird ein Verdampfer direkt in den Reaktor eingebaut. Ein Teil der Reaktionswärme wird im indirekten Wärmeaustausch zur Erzeugung von Niederdruckdampf genutzt.

Kaltenbach/Yara, Grande Paroisse, Stamicarbon und Uhde besitzen neben anderen eigene Verfahren zur Druckneutralisation [4.1, 4.5, 4.6]. Auf den Einsatz von Rohrreaktoren sei hingewiesen, bei denen Ammoniak und Salpetersäure auf kurzer Strecke miteinander reagieren [4.5, 4.7, 4.8].

Die bei der Herstellung von Ammoniumnitrat-Lösungen auftretenden Stickstoffverluste werden größtenteils als Ammoniumnitrat im Prozesskondensat wiedergefunden. Sie können zum Teil zurückgewonnen werden, wenn man dieses als Prozesswasser für die Salpetersäureherstellung einsetzt.

Für die Behandlung des überschüssigen Prozesskondensates – das ist im Wesentlichen das bei der Salpetersäureerzeugung entstehende Verbrennungswasser – wur-

den verschiedene Vorschläge gemacht. Die meisten sind den besonderen Verhältnissen der Gesamtanlage angepasst. Zwei dieser Vorschläge seien hier erwähnt:
- Verdampfung im Verbund des Granulations- und Trocknungsprozesses [4.9]: Das Kondensat wird als Waschwasser zur Reinigung der warmen Abluftströme von Ammoniumnitratstaub verwendet. Die Überschussmenge wird als Wasserdampf mit der Luft ausgetragen, die mit Ammoniumnitrat angereicherte Lösung aus dem Sumpf des Wäschers wieder in den Prozess zurückgeführt. In der Regel bleibt ein Rest Prozesskondensat zurück.
- Reinigung mittels Ionenaustausch [4.10]: Vorteilhaft können dabei NH_3 und HNO_3 als Regeneriermittel eingesetzt werden. Das Regenerat wird mit einer Konzentration von ca. 20 % wieder in den Prozess zurückgeführt.

Bei den beschriebenen Verfahren fällt Ammoniumnitrat in Form einer hochkonzentrierten wasserhaltigen Schmelze mit einem NH_4NO_3-Gehalt von über 95 % an. Diese wird zur Herstellung von festen Ammoniumnitratdüngern in Granulationsanlagen verarbeitet. Das Granulat wird anschließend auf sehr niedrige Wassergehalte heruntergetrocknet. Die Herstellung von Ammoniumnitrat-Stickstoffdüngern, die aus Sicherheitsgründen häufig noch Calciumcarbonat oder andere Inertstoffe als Zusätze enthalten, wird im Kapitel 2 Düngemittel, Bd. 8, Abschnitt 2.2.1 beschrieben.

Für die Verwendung von Ammoniumnitrat als Sprengstoff werden Granalien mit einer gleichmäßigen Porosität von 8–12 % hergestellt. Durch Prillen einer Ammonnitratschmelze mit einem Wassergehalt von 3–5 % entsteht das gewünschte Material. Während des Erstarrens sammelt sich das Restwasser als gesättigte Lösung in den kleinen Hohlräumen der Prills, die später ausgetrocknet werden. Nach einem Verfahren von Chemie Linz (heute AMI) wird ein poröses Produkt dadurch hergestellt, dass festes Ammoniunnitrat gemahlen und anschließend zwischen Walzen wieder zu Plättchen zusammengepresst wird [4.11]. Diese Produkte haben ein deutlich geringeres Schüttgewicht als Dünge-Ammonnitrat und werden deshalb als LDAN (low-density ammonium nitrate) bezeichnet.

Bei Lagerung und Transport müssen die Hygroskopizität und die Kristallumwandlungen des Ammoniumnitrats besonders berücksichtigt werden (s. 2 Düngemittel, Bd. 8, Abschnitt 4). Eine möglichst luftdichte Verpackung ist notwendig. Die mit der Kristallumwandlung verbundene Volumenänderung kann den Kristallverband einer Granalie zerstören. Dieser Vorgang tritt besonders in heißen Ländern auf, wo der Umwandlungspunkt bei 32 °C im Verlauf der Tag-Nacht-Temperaturschwankungen durchschritten werden kann. Staubentwicklung und Verbackungen sind die Folgen. Additive und Beschichtungen dämpfen diesen Effekt.

Ammoniumnitrat verursacht wie viele andere Nitrate Spannungsrisskorrosion in niedrig legierten Stählen; besonders gefährdet sind heiße Teile. Es werden deshalb vorwiegend Cr/Ni-Stähle der Typen 1.4301/06 (AISI 304 bzw. 304 L) und 1.4541/71 (AISI 321 bzw. 316 Ti) verwendet. Sind höhere Konzentrationen freier Salpetersäure an heißen Stellen zu erwarten, werden Titan, Zirconium oder Polytetrafluorethylen eingesetzt. Stahlkonstruktionen müssen durch säurefeste Anstriche sorgfältig geschützt werden. Beton wird ebenfalls von Ammoniumnitrat angegriffen. Er wird durch Kunstharzanstriche geschützt.

4.3 Ammoniumnitrit

Ammoniumnitrit ist als reine Substanz nicht beständig und wird industriell in Form wässriger Lösungen eingesetzt. Die Herstellung erfolgt durch Absorption von nitrosen Gasen in gekühlter Ammoniumcarbonat-Lösung. Bei einem NO_2/NO-Verhältnis von 1 werden die besten Ausbeuten erzielt. Ammoniumnitrit wird zur Metallpassivierung, als Hilfsmittel bei der Gummiherstellung und zur Erzeugung von Hydroxylaminsulfat für die Caprolactamgewinnung verwendet.

4.4 Calciumnitrat

Calciumnitrat ($Ca(NO_3)_2$) – auch Kalksalpeter genannt – ist ein stark hygroskopisches Salz. Es wird in Form des Tetrahydrats oder als Doppelsalz zusammen mit Ammoniumnitrat hauptsächlich für Düngezwecke eingesetzt. Einerseits entsteht Calciumnitrat durch Neutralisation von Salpetersäure und Kalkstein, andererseits bildet es sich im Odda-Prozess (Phosphataufschluss mit Salpetersäure) als Koppelprodukt neben Phosphorsäure.

$$Ca_3(PO_4)_2 + 6\,HNO_3 \longrightarrow 2\,H_3PO_4 + 3\,Ca(NO_3)_2 \tag{4.7}$$

Durch Reaktion von Calciumnitrat mit Ammoniak und Kohlendioxid entsteht Ammoniumnitrat:

$$Ca(NO_3)_2 + 2NH_3 + CO_2 + H_2O \longrightarrow 2NH_4NO_3 + CaCO_3 \tag{4.8}$$

Neben der Verwendung als Düngemittel kommt Calciumnitrat als Bestandteil von Sprengstoffen, als Komponente von Kühlsolen und als Abbinderegulator in Beton zum Einsatz.

4.5 Kaliumnitrat

Kaliumnitrat (KNO_3) ist ein nichthygroskopisches, gut wasserlösliches Salz, das bei 334 °C schmilzt und an Luft bis ca. 530 °C stabil ist. Bei stärkerem Erhitzen tritt Nitritbildung unter Sauerstoffabgabe ein. Oberhalb 750 °C findet Zersetzung des Nitrits statt. Kaliumnitrat lässt sich durch doppelte Umsetzung von Nitraten mit Kaliumchlorid bzw. Kaliumsulfat gewinnen. Die Konversion von Chilesalpeter ($NaNO_3$) mit Kalisalz (KCl) gehört zu den klassischen Methoden der KNO_3-Erzeugung. Ein lange Jahre in Deutschland ausgeübtes Verfahren basierte auf der Umsetzung von Calciumnitrat mit Kaliumsulfat (Victor-Verfahren). Heute wird die Hauptmenge durch Reaktion von Kaliumchlorid mit Salpetersäure gewonnen.

$$KCl + HNO_3 \longrightarrow KNO_3 + HCl \tag{4.9}$$

Die Umsetzung erfolgt in Gegenwart eines organischen Extraktionsmittels, das bevorzugt die freigesetzte Salzsäure aufnimmt. Durch Reextraktion mit Wasser wird eine Säure mit einem Gehalt von 22 % Massenanteil erzeugt. Dieses Verfahren befindet sich bei Haifa Chemicals (Israel) im Einsatz. Die Umsetzung von HNO$_3$ mit KCl lässt sich durch Temperaturanhebung auch so führen, dass freigesetztes Chlorid zu Chlor oxidiert wird. Eine Anlage in den USA, die nach diesem Verfahren arbeitet, wurde erst kürzlich stillgelegt. KNO$_3$ fällt in größeren Mengen als Nebenprodukt bei der NaNO$_3$-Gewinnung aus Caliche an (Guggenheim-Verfahren).

Die Weltproduktionskapazität für KNO$_3$ wird für 2004 auf ca. $1{,}7 \cdot 10^6$ t geschätzt. Die wichtigsten Produzenten befinden sich in Chile und in Israel. KNO$_3$ wird hauptsächlich zur Düngung chloridempfindlicher Pflanzen verwendet. Technisches Material wird in der Metallurgie (Nitratschmelzbäder zur Wärmeübertragung), in der Pyrotechnik und in der Glaserzeugung eingesetzt.

5
Ammoniumsalze

5.1
Ammoniumchlorid

Die direkte Herstellung von Ammoniumchlorid (NH$_4$Cl, Salmiak) aus Ammoniak und HCl ist im Prinzip einfach

$$\mathrm{NH_{3\,gas} + HCl_{gas} \longrightarrow NH_4Cl} \qquad \Delta H = -175{,}7 \text{ kJ mol}^{-1}$$

aber nur wirtschaftlich, wenn Ammoniak oder HCl preiswert zur Verfügung stehen, wie beispielsweise HCl aus der Vinylchlorid-Produktion. Die exotherme Reaktionswärme kann genutzt werden, um einen Großteil des Wassers zu verdampfen, wenn z. B. verdünnte Salzsäure zur Verfügung steht. Ein solches Verfahren wurde von der Firma Engecolor in Brasilien beschrieben [5.1]: HCl wird mit Luft gemischt und in eine gesättigte NH$_4$Cl-Suspension bei 80 °C eingeleitet. Durch gleichzeitiges Einleiten von NH$_3$ wird ein pH-Wert von 8 gehalten. Über Hydroxyklone und Zentrifugen wird das NH$_4$Cl abgetrennt, die Mutterlauge und Waschwässer werden in den Prozess zurückgeführt.

Weiter verbreitet ist die NH$_4$Cl-Herstellung durch modifizierte Solvay-Verfahren. Das anfallende NH$_4$Cl wird nicht, wie im normalen Solvay-Prozess, durch Ca(OH)$_2$ wieder in NH$_3$ und CaCl$_2$ zerlegt, sondern durch Kristallisation gewonnen.

Beim Solvay-Prozess werden NH$_3$ und CO$_2$ in eine wässrige NaCl-Lösung geleitet. Dabei entsteht das relativ schwer lösliche NaHCO$_3$, das abgetrennt und durch Calcinieren in Na$_2$CO$_3$ überführt wird. Anschließend kann das NH$_4$Cl durch Kühlungskristallisation gewonnen werden.

$$\mathrm{2\,NH_3 + CO_2 + H_2O + 2\,NaCl \longrightarrow 2\,NH_4Cl + 2\,NaHCO_3}$$

Ein solches Verfahren wird in [5.2] beschrieben. Bedeutende NH$_4$Cl-Hersteller sind die BASF AG in Deutschland und Asahi Glas in Japan.

NH$_4$Cl wird in Asien – meist in Verbindung mit Phosphaten und Magnesiumsalzen – als Düngemittel eingesetzt, da insbesondere Reis gegen nitrathaltige Düngemittel empfindlich ist.

Technische Anwendungen findet NH$_4$Cl vor allem als Elektrolyt in Trockenbatterien, bei der Herstellung von Wettersprengstoffen für den Bergbau (siehe 2 Explosivstoffe und pyrotechnische Produkte, Bd. 7, Abschnitt 1.3.2.2), in Verzinkereien und als Härter bei der Herstellung von Leimen auf Formaldehydbasis. Weitere Einsatzgebiete für hochreinen Salmiak sind die Nahrungsmittelindustrie und die Elektronikindustrie.

5.2
Ammoniumcarbonate und Ammoniumcarbamat

Ammoniumcarbonat ((NH$_4$)$_2$CO$_3$) und Ammoniumhydrogencarbonat ((NH$_4$)HCO$_3$) (Ammoniumbicarbonat) werden durch Einleiten von NH$_3$ und CO$_2$ in eine wässrige Ammoniumcarbonate-Suspension bei Temperaturen unterhalb 40 °C hergestellt. Je nach den Reaktionsbedingungen und Molverhältnissen entsteht überwiegend (NH$_4$)HCO$_3$ oder (NH$_4$)$_2$CO$_3$:

$$NH_3 + CO_2 + H_2O \longrightarrow (NH_4)HCO_3$$

$$NH_3 + (NH_4)HCO_3 \longrightarrow (NH_4)_2CO_3$$

Als Nebenprodukt entsteht zwangsläufig Ammoniumcarbamat ((NH$_4$)COONH$_2$), das Ammoniumsalz der Amidokohlensäure

$$2\,NH_3 + CO_2 \longrightarrow (NH_4)COONH_2$$

Mit Wasser setzt sich Carbamat in einer reversiblen Reaktion zu (NH$_4$)$_2$CO$_3$ um, durch Wasserabgabe entsteht aus Carbamat Harnstoff. Letztere Reaktion ist die Grundreaktion aller technischen Harnstoffverfahren.

$$NH_2CONH_2 \xleftarrow{-H_2O} NH_4COONH_2 \xrightarrow{+H_2O} (NH_4)_2CO_3$$

Reines Ammoniumcarbamat erhält man durch Kondensation von NH$_3$ und CO$_2$ an gekühlten Flächen. Diese Reaktion kann bei der Kompression NH$_3$- und CO$_2$-haltiger Gase zu erheblichen Störungen durch Carbamatbildung führen, da sich Carbamat erst oberhalb 60 °C (bei Normaldruck) wieder zersetzt.

Auch die Ammoniumcarbonate sind thermisch wenig stabil, oberhalb etwa 60 °C zersetzen sie sich in NH$_3$, CO$_2$ und H$_2$O. Auf dieser leichten und rückstandsfreien Zersetzung beruht ihre Verwendung als Backtriebmittel bei der Herstellung von Flachgebäck. Das als »Hirschhornsalz« bekannte Backtriebmittel enthält hauptsächlich die Doppelverbindung NH$_4$HCO$_3$ · NH$_4$COONH$_2$. Die Herstellung von reinem (NH$_4$)$_2$CO$_3$ · H$_2$O ist schwierig.

Als Düngemittel sind Ammoniumcarbonate wegen ihres geringen Stickstoffgehaltes (17,1 % im Vergleich zu 46 % bei Harnstoff) und ihrer hohen Flüchtigkeit weniger geeignet. Lediglich in China sind noch einige Anlagen in Betrieb, die Ammoniumcarbonate als Düngemittel herstellen. Sie werden allerdings mehr und mehr stillgelegt oder auf die Harnstoffproduktion umgerüstet [5.3].

Näheres zur technischen Herstellung von Ammoniumcarbonaten siehe [5.4].

6
Harnstoff

6.1
Einleitung

Harnstoff [57–13–6], das Diamid der Kohlensäure (Carbamid, Carbonyldiamid)

$H_2N - CO - NH_2$

wurde bereits 1729 von BOERHAVE und erneut 1773 von ROQUELLE (1718–1778), dem Apotheker des Herzogs von Orleans, im menschlichen Harn entdeckt. 1797 gelang die Reindarstellung durch FOURCROY und VAUQUELIN.

Besonders bekannt geworden ist die erstmalige synthetische Herstellung des Harnstoffs durch F. WÖHLER (1800–1882) im Jahre 1828 durch thermische Zersetzung von Ammoniumcyanat:

$$NH_4OCN \rightleftharpoons [NH_3 + HNCO] \longrightarrow H_2N - CO - NH_2 \tag{6.1}$$

Die historische Bedeutung dieser Synthese liegt in dem Beweis, dass für die Erschaffung einer organischen Substanz keine »vis vitalis« erforderlich ist, sondern ein »Produkt des Lebens« konnte außerhalb des lebenden Körpers hergestellt werden.

Harnstoff ist das Endprodukt des Eiweißstoffwechsels bei Säugetieren. Er entsteht vorwiegend in der Leber durch Synthese aus Ammoniak und Kohlendioxid, der Mensch scheidet täglich zwischen 20–30 g Harnstoff aus. Eine Sonderstellung nehmen Wiederkäuer ein, sie können Harnstoff im Pansen mit Hilfe von Bakterien verdauen, weshalb er auch als Futterzusatz (Eiweißquelle) für Rinder geeignet ist.

Den Grundstein für die heutige industrielle Synthese des Harnstoffs legte BASAROFF [6.1]. Er synthetisierte Harnstoff, indem er Ammoniumcarbamat bei erhöhter Temperatur und erhöhtem Druck dehydratisierte:

$$NH_2COONH_4 \rightleftharpoons H_2N - CO - NH_2 + H_2O \tag{6.2}$$

Nach der Entwicklung der Ammoniak-Synthese durch die BASF ab 1913 wurde in den Folgejahren ebenfalls von BASF ein Verfahren zur Synthese von Harnstoff aus Ammoniak und Kohlendioxid entwickelt, das die Grundlage aller heutigen Verfahren bildet:

$$2\,NH_3 + CO_2 \rightleftharpoons NH_2COONH_4 \tag{6.3}$$

$$NH_2COONH_4 \rightleftharpoons H_2NCONH_2 + H_2O \tag{6.4}$$

Harnstoff wird heute ausschließlich nach diesem Verfahren industriell hergestellt. Die erste großtechnische Anlage ging 1922 bei der BASF in Ludwigshafen in Be-

Tab. 6.1 Regionale Aufteilung der Harnstoff-Produktionskapazitäten 2003 (Quelle: IFDC Surveys)

Region	Kapazität (1000 t)
Nordamerika	13 204
Lateinamerika	7794
Westeuropa	5312
Osteuropa	5990
Frühere Sowjetunion	12 363
Afrika	3624
Asien	88 269
Ozeanien	465
Gesamt	137 020

trieb, sie hatte eine Kapazität von 40 t Harnstoff pro Tag. Heutige Anlagen verfügen über Kapazitäten bis 3000 t pro Tag. Etwa 90 % des produzierten Harnstoffs dienen als Düngemittel, nur etwa 10 % werden für industrielle Zwecke genutzt. Im Jahre 2003 betrug die weltweite Produktionskapazität 137 · 10^6 t Harnstoff pro Jahr, Tabelle 6.1 zeigt die regionale Aufteilung der Produktionskapazitäten.

6.2
Physikalische Eigenschaften

Harnstoff, $M = 60{,}06$, bildet farb- und geruchlose, lange dünne Prismen, die bei 132,7 °C schmelzen, die Schmelzwärme beträgt 13,61 kJ mol^{-1}. Bei ungetrocknetem Harnstoff kann sie bis auf 16 kJ mol^{-1} ansteigen [6.2].

Fester Harnstoff hat bei 20 °C eine Dichte von 1,335 g mL^{-1}, die spez. Wärme c_p bei 20 °C beträgt 1,34 J g^{-1} K^{-1} und kann für den Bereich 240–400 K nach [6.3] berechnet werden.

Angaben zur Löslichkeit von Harnstoff in einer Reihe von Lösemitteln als Funktion der Temperatur finden sich in [6.4]. In Tabelle 6.2 sind einige Werte für die Löslichkeit von Harnstoff in Wasser zusammengestellt.

Harnstoff hat in Wasser eine negative Lösungswärme (positive Lösungsenthalpie) ΔH_{Lsg}. Nach [6.5] beträgt sie bei 25 °C für eine Lösung mit 5,67 % Massenanteil Harnstoff (Molarität 1) ca. 15 kJ mol^{-1}, für eine gesättigte Lösung mit 57,59 % Massenanteil Harnstoff (Molarität 20,18) ca. 12,5 kJ mol^{-1}.

Sonstige Werte für festen Harnstoff:
Bildungsenthalpie ΔH^0:   –333,4 kJ mol^{-1}
Freie Enthalpie ΔG^0:   –196,96 kJ mol^{-1}
Entropie S^0:   105,5 kJ mol^{-1}K^{-1}

Tab. 6.2 Löslichkeit von Harnstoff in Wasser

Temperatur °C	Harnstoff % Massenant.	Wasser % Massenant.
−5	15,0	85,0
−10	27,0	73,0
−11,5*	32,5	67,5
0	40,0	60,0
10	46,0	54,0
20	52,0	48,0
30	57,5	42,5
50	67,0	33,0
70	75,6	24,4
100	88,0	12,0
120	95,5	4,5
132,7	100	0,0

* Bei −11,5 °C bildet Harnstoff mit Wasser ein eutektisches Gemisch.

Neben festem Harnstoff werden in der Technik häufig Harnstoffschmelzen von etwa 135 °C verwendet, z. B. zur Herstellung von Prills oder Granulaten. Die nachfolgenden Daten einer Harnstoffschmelze von ca. 135 °C wurden entnommen aus [6.2]:

Dichte ρ: 1,247 g mL^{-1}
Dyn. Viskosität η: 3018 mPa s
Spez. Wärmekapazität c_p: 2,25 J g^{-1} K^{-1}

Für die Dichte ρ gilt im Temperaturbereich 134–149 °C die lineare Beziehung

$$\rho = 1{,}638 - 0.00096\, T \quad (T \text{ in K}) \tag{6.5}$$

Die Viskositätsänderung für den gleichen Temperaturbereich wird angegeben mit

$$\ln \eta = 6700/T - 15{,}311 \quad (\eta \text{ in mPa s},\ T \text{ in K}) \tag{6.6}$$

6.3
Chemische Eigenschaften und Verwendung

Harnstoff kann als Diamid der Kohlensäure aufgefasst werden. Als Säureamid hat er schwach basische Eigenschaften (pK_B = 13,9) und bildet mit Säuren Salze. Schwer löslich und gut kristallisierbar sind beispielsweise das Nitrat $CO(NH_2)HNO_3$ und das Oxalat $CO(NH_2)C_2O_2H_2$.

Wässrige Harnstofflösungen werden leicht zu CO_2 und NH_3 hydrolysiert:

$$H_2N-CO-NH_2 + H_2O \longrightarrow CO_2 + 2\, NH_3 \tag{6.7}$$

Besonders schnell verläuft die Hydrolyse im sauren oder im alkalischen Bereich, außerdem wird Harnstoff schon bei gewöhnlicher Temperatur durch das Enzym Urease gemäß Gleichung (6.7) hydrolytisch gespalten. Diese Hydrolyse ermöglicht die Verwendung von Harnstoff als Düngemittel. Das gebildete Ammoniak wird bakteriell weiter zu Nitrat umgesetzt und als solches von den Pflanzen aufgenommen. Mit 46,4 % Stickstoff hat Harnstoff den höchsten Stickstoffgehalt aller gängigen Düngemittel und damit die niedrigsten Transportkosten pro Nährstoffeinheit.

Beim Erhitzen von Harnstoff erfolgt zunächst in Umkehrung der Wöhlerschen Synthese eine Umlagerung in Ammoniumisocyanat, das sich dann zu Ammoniak und Isocyansäure zersetzt. In wässriger Lösung hydrolysiert der größte Teil der gebildeten Isocyansäure

$$H_2N-CO-NH_2 \longrightarrow [NH_4NCO] \longrightarrow HN=C=O + NH_3 \qquad (6.8)$$

$$HN=C=O + H_2O \longrightarrow NH_3 + CO_2 \qquad (6.9)$$

Beim Erhitzen konzentrierter Harnstofflösungen oder von Harnstoffschmelzen reagiert die nach Gleichung (6.8) gebildete Isocyansäure mit überschüssigem Harnstoff, es entsteht Biuret:

$$H_2N-CO-NH_2 + HN=C=O \longrightarrow \underset{\text{Biuret}}{H_2N-CO-NH-CO-NH_2} \qquad (6.10)$$

Weitere Addition von Isocyansäure an Biuret führt zur Bildung von Triuret (H$_2$N-CO-NH-CO-NH-CO-NH$_2$), das schließlich zu Cyanursäure (C$_3$H$_3$N$_3$O$_3$) trimerisiert. Technisch wird Cyanursäure so durch Erhitzen einer Harnstoffschmelze in Gegenwart von ZnCl$_2$ auf ca. 260 °C hergestellt.

Bei noch höheren Temperaturen entstehen Triazine wie Ammelin, Ammelid und Melamin. Das Verfahrensprinzip der technischen Prozesse zur Herstellung von Melamin ist die schnelle Zersetzung von Harnstoff bei Temperaturen > 390 °C in Gegenwart von Ammoniak

$$6\ H_2N-CO-NH_2 \longrightarrow \underset{\text{Melamin}}{C_3H_6N_6} + 6\ NH_3 + 3\ CO_2 \qquad (6.11)$$

Zu den technisch wichtigsten Reaktionen des Harnstoffs zählt die Umsetzung mit Aldehyden, insbesondere mit Formaldehyd. Unter sauren Bedingungen entstehen Methylenharnstoffe, z. B.:

$$H_2N-CO-NH_2 + 2\ O=CH_2 \xrightarrow{H^+} OC-(N=CH_2)_2 + 2\ H_2O \qquad (6.12)$$

Verbindungen dieses Typs werden als Langzeit- oder Depotdünger eingesetzt, der bekannteste Vertreter dieser Gruppe ist der Isobutylendiharnstoff, erhalten durch Umsetzung von zwei Molen Harnstoff mit einem Mol Isobutyraldehyd.

Unter basischen Bedingungen reagiert Harnstoff mit Formaldehyd zunächst zu Methylolverbindungen, die dann mit weiterem Harnstoff unter Wasserabspaltung zu höhermolekularen Verbindungen kondensieren:

Methylolierung:

$$H_2N-CO-NH_2 + 2O=CH_2 \longrightarrow HOCH_2-NH-CO-NH-CH_2OH \qquad (6.13)$$

Kondensation:

$$HOCH_2-NHCONH-CH_2OH + H_2NCONH_2$$
$$\longrightarrow HOCH_2NHCONHCONH_2 + H_2O \qquad (6.14)$$

Die weitere Kondensation führt zu längeren Ketten mit der konstitutiven Einheit

$$-(N-CO-NH-CH_2)-$$

Die Methylolierung erfolgt im basischen Gebiet, die Kondensation im sauren Bereich. Beide Reaktionen bilden die Basis für die Herstellung der als Leime und Tränkharze verwendeten Harnstoff-Formaldehyd-Harze (Aminoplaste, siehe Kunstharze und Lacke, Bd. 8, Abschnitt 2.5.2.1).

Alkylharnstoffe werden durch Umsetzung von Harnstoff mit Alkylaminen bei 140–160 °C erhalten. Der symmetrische N,N'-Dimethylharnstoff CH_3-NH-CO-NH-CH_3 wird bei der Coffeinsynthese nach TRAUBE eingesetzt. Dimethylharnstoff wird auch anstelle von Harnstoff zur Herstellung besonders stabiler Kondensationsprodukte mit Formaldehyd verwendet.

6.4
Physikalisch-chemische Grundlagen der technischen Harnstoffherstellung

Technisch wird Harnstoff in einer nichtkatalytischen Reaktion aus Ammoniak und Kohlendioxid gewonnen. Die Harnstoffbildung erfolgt über die Zwischenstufe des Carbamats, die beiden Gleichgewichtsreaktionen (6.15) und (6.16) beschreiben den Reaktionsablauf:

$$2\,NH_{3g} + CO_{2g} \rightleftharpoons H_2NCOONH_{4fl} \qquad \Delta H = -117 \text{ kJ mol}^{-1} \qquad (6.15)$$

$$H_2NCOONH_{4fl} \rightleftharpoons H_2NCONH_{2fl} + H_2O \qquad \Delta H = +15,5 \text{ kJ mol}^{-1} \qquad (6.16)$$

$$2\,NH_{3g} + CO_{2g} \rightleftharpoons H_2NCOONH_{4fl} \rightleftharpoons H_2NCONH_2 + H_2O$$
$$\Delta H = -101,5 \text{ kJ mol}^{-1} \qquad (6.17)$$

Die exotherme Bildung des Ammoniumcarbamats nach Gl. (6.15) verläuft rasch und vollständig, wenn durch einen genügend hohen Synthesedruck die Dissoziation vermieden wird. Die Dehydratisierung des Carbamates verläuft dagegen langsam und ist endotherm, zur schnellen Gleichgewichtseinstellung sind hohe Temperaturen erforderlich. Da durch die Reaktion (6.15) mehr Wärme produziert wird als die Reaktion (6.16) verbraucht, ist die Harnstoffsynthese insgesamt exotherm. Die Gleichgewichtseinstellung der Reaktion (6.16) erfolgt nur in der wässrigen Phase. Bei den heutigen technischen Verfahren wird eine etwa 95 %ige Annäherung an das Gleichgewicht der Reaktion (6.16) erreicht. Zur Berechnung des Gleichgewichtes siehe [6.7].

Zur Erzielung hoher Harnstoffausbeuten sind Temperaturen von 180–190 °C und Drücke oberhalb 14 MPa erforderlich, bei Verweilzeiten von 30 bis 60 min. Unter diesen Bedingungen befinden sich Ammoniak und Kohlendioxid im überkritischen Zustand. Die wässrige Harnstoff-Lösung aus dem Reaktor enthält entsprechend der Gleichgewichtseinstellung noch Carbamat. In den nachgeschalteten Anlageteilen wird dieses Carbamat thermisch zu NH_3 und CO_2 zersetzt, beide Gase werden in den Prozess zurück geführt. Abbildung 6.1 zeigt den Einfluss der Temperatur auf die Harnstoffausbeute.

Der Einfluss der Temperatur auf die Harnstoffausbeute lässt sich qualitativ mit den gegenläufigen Temperaturabhängigkeiten der Reaktionen (6.15) und (6.16) erklären. Mit steigender Temperatur steigt zunächst die Geschwindigkeit der Carbamat-Dehydratisierung zu Harnstoff. Oberhalb einer vom jeweiligen Druck abhängigen Temperatur nimmt dagegen die Dissoziation des Carbamats in NH_3 und CO_2 stärker zu, die Harnstoffausbeute geht zurück (näheres hierzu siehe [6.7]). Eine weitere Rolle spielt wahrscheinlich auch bei höheren Temperaturen die zunehmende Hydrolyse des gebildeten Harnstoffs.

Neben Druck und Temperatur haben die beiden molaren Verhältnisse $NH_3 : CO_2$ (N/C-Verhältnis) und $H_2O : CO_2$ (H/C-Verhältnis) einen bestimmenden Einfluss auf die Harnstoffausbeute. Beide Werte beziehen sich auf die hypothetische Ausgangszusammensetzung der Reaktionslösung zu Beginn der Reaktion.

Abbildung 6.2 zeigt, dass die Harnstoffausbeute als Funktion des $NH_3 : CO_2$-Verhältnisses ein Maximum durchläuft, das oberhalb des stöchiometrischen Verhältnisses von 2 : 1 liegt. Dies kann nicht allein durch die nach Gleichung (6.17) aufgestellte Massenwirkungsgesetz-Bilanz erklärt werden. Hier spielt die Einstellung des Phasengleichgewichtes im Reaktor sowie das stark azeotrope Verhalten des NH_3/CO_2-Gemisches infolge der Carbamatbildung eine Rolle [6.8].

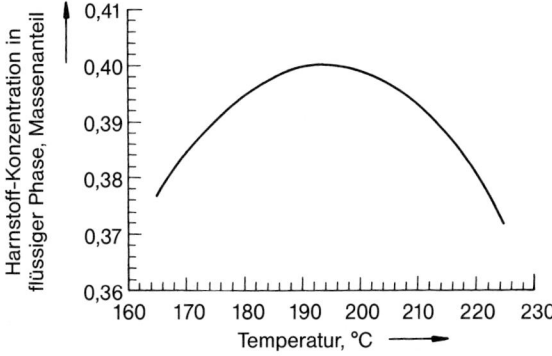

Abb. 6.1 Harnstoffgehalt der flüssigen Phase bei Einstellung des chemischen Gleichgewichtes als Funktion der Temperatur. N/C = 3,5 mol mol^{-1}, H/C = 0,25 mol mol^{-1} (aus [6.6])

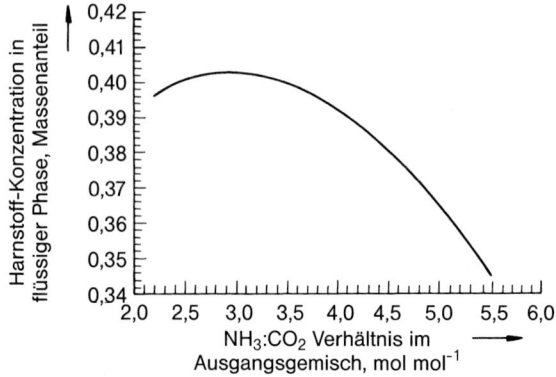

Abb. 6.2 Harnstoffausbeute bei Einstellung des Gleichgewichtes als Funktion des $NH_3 : CO_2$-Verhältnisses. $T = 190\,°C$, $H_2O : CO_2 = 0{,}25\ mol\ mol^{-1}$ [6.6]

Durch das azeotrope Verhalten durchschreitet der Gleichgewichtsdampfdruck des Systems in Abhängigkeit vom N/C-Verhältnis ein Minimum, d. h. der Synthesedruck ist höher als der Dampfdruck des Systems, infolge dieser »Druckreserve« kann die Temperatur und damit die Reaktionsgeschwindigkeit erhöht werden. Abbildung 6.10 verdeutlicht diesen Zusammenhang am Beispiel des ACES 21 Prozesses der Toyo Engineering Corp., bei dem ein Teil der Harnstoffsynthese bereits im Carbamat-Kondensator erfolgt.

Um bei vorgegebener Temperatur mit möglichst niedrigem Synthesedruck arbeiten zu können, übersteigt deshalb bei allen technischen Prozessen das N/C-Verhältnis das stöchiometrische Verhältnis von 2 : 1.

Im Gegensatz zur Wirkung eines Ammoniaküberschusses lässt sich mit Kohlendioxid keine gleichartige Umsatzsteigerung erzielen. Dies wird auf die geringere Löslichkeit des CO_2 im Reaktionsgemisch zurückgeführt. Eine Erhöhung des CO_2-Anteils erhöht zwar den Ammoniakumsatz, gleichzeitig müsste jedoch der Synthesedruck erheblich angehoben werden.

Wie Abbildung 6.3 zeigt, hat Wasser einen negativen Effekt auf die Harnstoffausbeute. Man ist deshalb bestrebt, möglichst wenig zusätzliches Wasser als Carbamat-Lösung in den Prozess zurückzuführen, um einen maximalen Umsatz pro Durchgang zu erzielen. Andererseits ist eine Mindestmenge an Wasser zur Einstellung des Gleichgewichtes und wohl auch für die Einstellung einer optimalen Viskosität im Reaktor erforderlich.

Häufig wird anstelle des Harnstoffgehaltes im Reaktionsgemisch der erreichte CO_2-Umsatz als Maßstab für den Umsatz einer Harnstoffanlage herangezogen. Dies hat vor allem historische Gründe:

Bei den ersten Harnstoff-Verfahren, den sog. »Once-Through«-Prozessen wurde das nicht umgesetzte Ammoniak mit Salpeter- oder Schwefelsäure neutralisiert, es fielen als Düngemittel verwendbares Ammoniumnitrat oder -sulfat an. CO_2 wurde nicht in den Prozess zurückgeführt, man war deshalb an einem hohen CO_2-Umsatz interessiert.

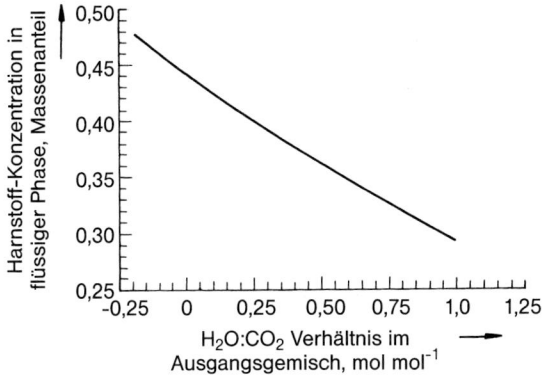

Abb. 6.3 Unter Gleichgewichtsbedingungen erreichbare Harnstoffausbeute als Funktion des $H_2O : CO_2$-Verhältnisses. $T = 190\,°C$, $NH_3 : CO_2 = 3,5\,mol\,mol^{-1}$ [6.6]

Bei der nachfolgenden Anlagengeneration, den »Total-Recycle«-Prozessen, wurden beide Gase vollständig rezykliert. Hierzu wurde die Reaktionslösung aus dem Reaktor stufenweise entspannt (z. B. auf 80 bar, 18–25 bar und 2–5 bar) und dabei überschüssiges Ammoniak ausgetrieben und nicht umgesetztes Carbamat in den sogenannten Zersetzern durch Erhitzen zersetzt. Die Zersetzerabgase ($NH_3/CO_2/H_2O$) wurden in den zugeordneten Kondensatoren durch Kühlung zu Carbamat-Lösung kondensiert.

Das ammoniakreiche Abgas der ersten Zersetzerstufe wurde mit den Carbamat-Lösungen aus den Niederdruckzersetzern CO_2-frei gewaschen. Das am Kopf der Rektifizierkolonne anfallende reine NH_3 wurde verflüssigt und als solches zusammen mit frischem Ammoniak in die Synthese zurückgeführt. Die als Sumpfprodukt in dieser Kolonne anfallende Carbamat-Lösung enthielt das gesamte CO_2, das nur in dieser Form in den Reaktor zurückgeführt werden konnte. Wegen des negativen Effekts des Wassers auf den Umsatz wurde ein hoher CO_2-Umsatz angestrebt, der Ammoniakumsatz war wegen der wasserfreien Rückführungsmöglichkeit weniger bedeutsam. Zur Erzielung eines hohen CO_2-Umsatzes wurden diese Anlagen mit $NH_3 : CO_2$-Molverhältnissen von 4–5 betrieben.

Bei den Anlagen der dritten Generation, den sogenannten »Stripping«-Prozessen werden Ammoniak und Kohlendioxid gasförmig ohne Wasser als Transportmittel in die Synthese zurückgeführt. Dadurch hat der CO_2-Umsatz als Indikator für die Effizienz einer Harnstoffanlage an Bedeutung verloren, wichtiger ist der Gesamtenergiebedarf der Anlage, bzw. wie die zur Zersetzung des nicht umgesetzten Carbamats und Austreibung des überschüssigen Ammoniaks aus dem Reaktionsgemisch aufgewandte Energie optimal zurück gewonnen und genutzt werden kann.

Ermöglicht wird dies durch den sogenannten Stripper: Das den Reaktor verlassende Reaktionsgemisch läuft unter Synthesedruck in den Stripper, der im Aufbau einem Fallfilmverdampfer ähnelt. Durch Einleiten von frischen CO_2 im Gegenstrom und Erhitzen wird das Carbamat weitgehend zersetzt, das anfallende NH_3/CO_2 zusammen mit dem überschüssigen Ammoniak über Kopf abgetrieben. Die den Stripper verlassende Harnstofflösung enthält wegen der geringen Löslichkeit des Kohlendioxids nur noch wenig Carbamat, sodass die in den Niederdruckzersetzern und -kondensatoren anfallende Menge an Carbamat-Lösung gering ist.

Das aus dem Stripper austretende $NH_3/CO_2/H_2O$-Gemisch wird im Hochdruckkondensator bei Synthesedruck zu Carbamat kondensiert und in den Reaktor zurückgeführt. Durch die Kondensation unter hohem Druck (bzw. hoher Temperatur) kann die Reaktionswärme zur Erzeugung von Mitteldruckdampf genutzt werden.

6.5
Technische Prozesse

6.5.1
Stamicarbon CO_2-Stripping-Prozess

Abbildung 6.4 zeigt das Schema des ursprünglichen Stamicarbon Stripping-Prozesses mit Fallfilmverdampfer als Carbamat-Kondensator.

Der Syntheseteil besteht im Wesentlichen aus dem Reaktor (1), dem Hochdruckwäscher (2) mit Niederdruckabsorber (3), dem Stripper (4), und dem Carbamat-Kondensator (5). Die Synthese erfolgt bei etwa 140 bar, 180 °C und einem $NH_3 : CO_2$-Molverhälnis von ca. 3 : 1. Kohlendioxid, dem etwas Luft zur Korrosionsverhinderung zugesetzt wurde, wird in einem mehrstufigen Kompressor auf Synthesedruck komprimiert. Falls das Kohlendioxid noch Wasserstoff enthält, wird dieser katalytisch vor Eintritt in den Stripper entfernt. Flüssiges Ammoniak wird mit einer Hochdruckpumpe auf den Synthesedruck verdichtet.

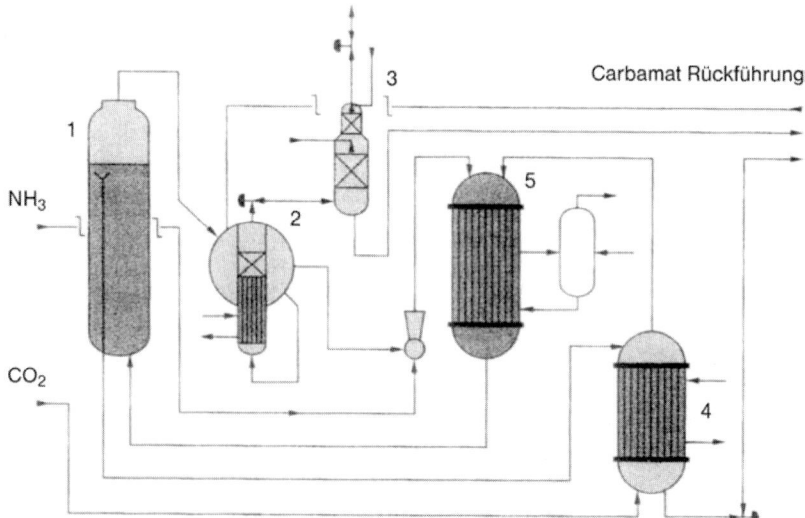

Abb. 6.4 Syntheseteil des Stamicarbon-Stripping-Prozesses mit Fallfilmverdampfer als Carbamat-Kondensator
1 Reaktor, 2 Hochdruckwäscher, 3 Niederdruckabsorber, 4 Stripper, 5 Carbamat-Kondensator

Im Reaktor findet die endotherme Wasserabspaltung aus Carbamat zu Harnstoff statt. Die Betriebsbedingungen im Hochdruck-Carbamat-Kondensator sind so gewählt, dass nur ein Teil des NH_3/CO_2-Gemisches aus dem Stripper zu Carbamat reagiert, die restliche Umsetzung erfolgt im Reaktor, um den Wärmebedarf für die Aufheizung der Reaktionsmischung und die endotherme Wasserabspaltung zu liefern. Der Reaktor ist nicht beheizt. Er enthält Einbauten, um den Kontakt zwischen der Gas- und Flüssigphase zu intensivieren und für eine annähernd gleichmäßige Temperaturverteilung über die Reaktorhöhe zu sorgen. Der Druckmantel des Reaktors ist mit einem Inliner aus Edelstahl vom Typ 316 L ausgekleidet, da die Carbamat-Lösungen gegenüber normalen C-Stählen sehr aggressiv reagieren.

Wie in den vorhergehenden Abschnitten beschrieben, ist die Harnstoff-Synthese eine Gleichgewichtsreaktion. Die den Reaktor verlassende Harnstofflösung enthält überschüssiges NH_3 sowie noch nicht umgesetztes Carbamat. Der größte Teil des Carbamats wird im Stripper bei Synthesedruck zersetzt und die Zersetzungsgase zusammen mit dem überschüssigen Ammoniak ausgetrieben.

Der Stripper ähnelt einem Röhrenwärmetauscher, das Reaktionsgemisch aus dem Reaktor fließt durch Schwerkraft in den Stripper und wird auf das Innere der Rohre verteilt, Kohlendioxid strömt im Gegenstrom durch das Rohrinnere. Ammoniak und Kohlendioxid werden weitgehend ausgetrieben, sodass aus dem Niederdruckteil nur noch wenig Ammoniak und Kohlendioxid in Form von Carbamat-Lösung zurückgeführt werden muss. Um die Wärme für die Carbamatzersetzung zuzuführen, wird mantelseitig mit Mitteldruckdampf (22 bar) beheizt. Der Strippeffekt beruht nicht nur auf der Partialdruckerniedrigung des Ammoniaks, sondern wird auch durch die geringe Löslichkeit des Kohlendioxids in der Harnstofflösung begünstigt. Ammoniak ist als Strippgas weniger geeignet.

Das den Stripper verlassende NH_3/CO_2-Gemisch gelangt zusammen mit der Carbamat-Lösung aus dem Hochdruckabsorber und frischem Ammoniak in den Carbamat-Kondensator. Die Reaktionswärme der exothermen Carbamatbildung wird zur Dampferzeugung (4,5 bar) genutzt. Anschließend fließt das Reaktionsgemisch aus Gas und Flüssigkeit durch Schwerkraft in den Reaktor, wo die Umsetzung zu Harnstoff erfolgt. Eine geringe Harnstoffbildung erfolgt bereits im Carbamat-Kondensator, bei den weiter unten beschriebenen Verfahrensvarianten wird die Harnstoffbildung noch weiter in den Carbamat-Kondensator verlagert.

Die am Kopf des Synthesereaktors abgezogenen Restgase (NH_3, CO_2, Wasserdampf und Inerte) werden im Hochdruckwäscher mit verdünnter Carbamat-Lösung aus dem Niederdruckteil der Anlage gewaschen. Auf diese Weise wird der größte Teil des nicht umgesetzten Ammoniaks und Kohlendioxids wiedergewonnen und als Carbamat-Lösung mit Hilfe des Ammoniak-Ejektors in den Hochdruckkondensator bzw. Synthesekreislauf zurückgeführt. Die nicht kondensierbaren Gase werden im Niederdruckabsorber weiter ausgewaschen, um die Ammoniakemissionen so gering wie möglich zu halten.

Die den Stripper verlassende Harnstofflösung enthält noch geringe Anteile an gelöstem Ammoniak und Kohlendioxid. Durch Erhitzen im Niederdruckzersetzer (ca. 3–4 bar) werden sie ausgetrieben und fallen im Niederdruckabsorber als Carbamat-Lösung an, die mittels einer Hochdruckpumpe in den Hochdruckwäscher des Reaktors gepumpt wird. Durch den guten Wirkungsgrad des Strippers, d. h. weitgehende Austreibung des nicht umgesetzten Ammoniaks, hat das im Niederdruckzersetzer ausgetriebene NH_3/CO_2-Gasgemisch eine optimale Zusammensetzung, die anfallende Carbamat-Lösung ist trotz des niedrigen Druckes relativ konzentriert, sodass nur wenig Wasser in die Synthese zurückgeführt werden muss.

Die aus dem Niederdruckteil anfallende Harnstofflösung enthält 70–75 % Massenanteil Harnstoff und kann vor der Weiterverarbeitung zu Prills oder Granulat in beheizten Tanks zwischengelagert werden.

6.5.2
Das UREA 2000plus-Verfahren mit Pool-Kondensator oder Pool-Reaktor

Beide Verfahren sind eine Weiterentwicklung des vorstehend beschriebenen Basisverfahrens von Stamicarbon in Richtung einer weitgehenden Verlagerung der Harnstoffbildung aus dem Reaktor in den Carbamat-Kondensator und schließlich einer Kombination von Kondensator und Reaktor in einem Apparat. Hauptantriebe für diese Entwicklung waren neben betrieblichen Vorteilen vor allem konstruktive Vorteile wie geringere Reaktorgröße, geringere Bauhöhe der Anlage und weniger Apparate [6.10].

Der Pool-Kondensator wurde als Alternative zu dem bis dahin eingesetzten vertikalen Fallfilm-Carbamat-Kondensator (Abb. 6.4) entwickelt und erstmals 1994 in eine Harnstoffanlage in Bangladesh eingebaut. Anlass waren bauliche Beschränkungen in der Höhe der Anlage [6.10]. Der Pool-Kondensator (Abb. 6.5) ist ein horizontaler Druckkessel mit eingebauten Rohrbündel-Röhrenwärmetauscher (U-Rohre) und Gasverteilung. Der Druckmantel besteht aus C-Stahl, die Innenauskleidung aus Edelstahl (carbamatbeständiger 316 L).

Abbildung 6.6 zeigt den Syntheseteil der Anlage mit dem Konzept des Pool-Kondensators. Austrittsgas aus dem Stripper, Carbamat-Lösung aus dem Hochdruckwäscher und flüssiges Ammoniak werden in den Pool-Kondensator geleitet und kon-

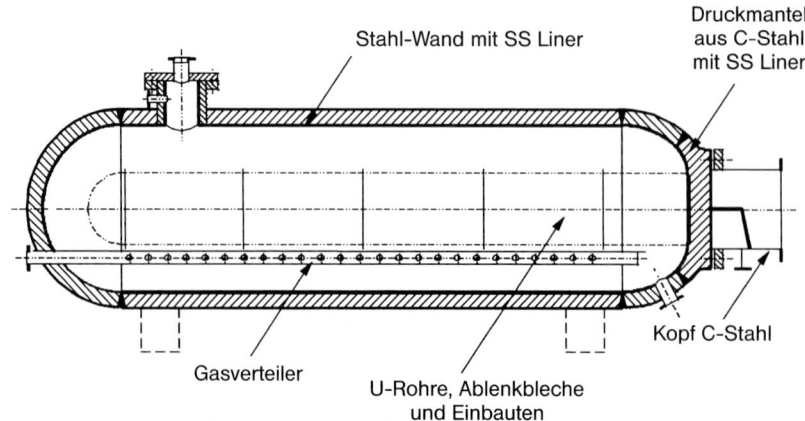

Abb. 6.5 Der Pool-Kondensator von Stamicarbon

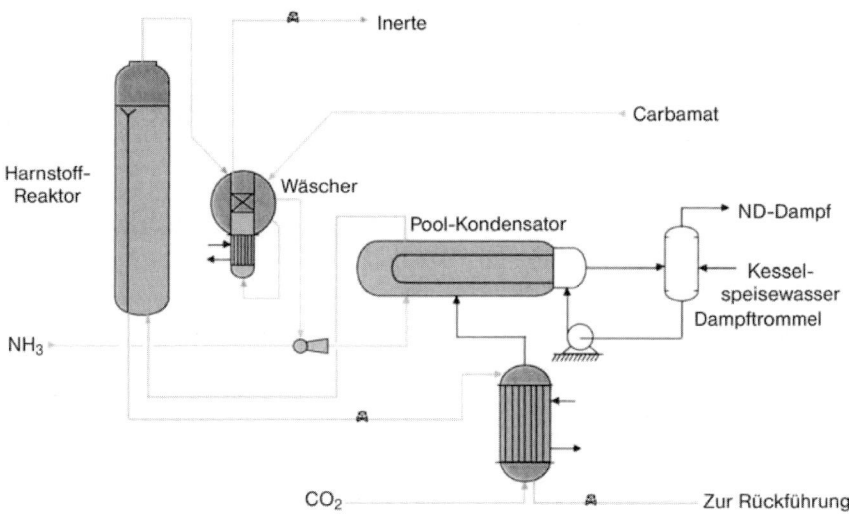

Abb. 6.6 Syntheseteil des UREA 2000plus-Verfahrens mit Pool-Kondensator

densieren auf der Mantelseite des Wärmetauschers. Durch das Austrittsgas des Strippers erfolgt eine intensive Vermischung in der Flüssigphase, die Reaktionswärme der Carbamatbildung wird zur Gewinnung von 4,5 bar Dampf genutzt.

Die Verweilzeit im Pool-Kondensator ist so groß, dass bereits ein Teil des gebildeten Carbamats weiter zu Harnstoff dehydratisiert wird:

$$H_2N-COO^- \ NH_4^+ \rightleftharpoons H_2N-CO-NH_2 + H_2O$$

Es wird eine etwa 60%ige Annäherung an das unter diesen Bedingungen mögliche Gleichgewicht erreicht, die restlichen 35% werden im Reaktor eingestellt. Insgesamt wird im Syntheseteil eine etwa 95%ige Annäherung an die Gleichgewichtseinstellung erreicht. Durch diese zweistufige Synthese kann das Volumen des Synthesereaktors um ca. 40% reduziert, bzw. die Höhe des Reaktors für eine 1500–2000 t d^{-1} Anlage um ca. 8 m erniedrigt werden.

Aufgrund der guten Betriebserfahrungen mit dem Pool-Kondensator bot es sich an, das Volumen des Kondensators so weit zu vergrößern und dadurch die Verweilzeit soweit zu verlängern, dass die gesamte Harnstoffbildung im »Kondensator« erfolgt und auf einen separaten Reaktor ganz verzichtet werden kann. Dieses Konzept wurde erstmals in der eigenen DSM-Anlage in Geleen 1997 erfolgreich umgesetzt.

Der Aufbau des Pool-Reaktors (siehe Abb. 6.7), ähnelt dem des Pool-Kondensators, er enthält jedoch zusätzliche Einbauten um den Kontakt zwischen Gas und Flüssigphase zu intensivieren sowie Rückvermischung und Kanalbildung zu vermeiden.

Den Aufbau einer Syntheseschleife mit Pool-Reaktor zeigt Abbildung 6.8. Der Stripper ist wie im Basiskonzept ein Fallfilm-Röhrenwärmetauscher. Das Reaktionsgemisch aus dem Pool-Reaktor wird über ein spezielles Verteilersystem auf das In-

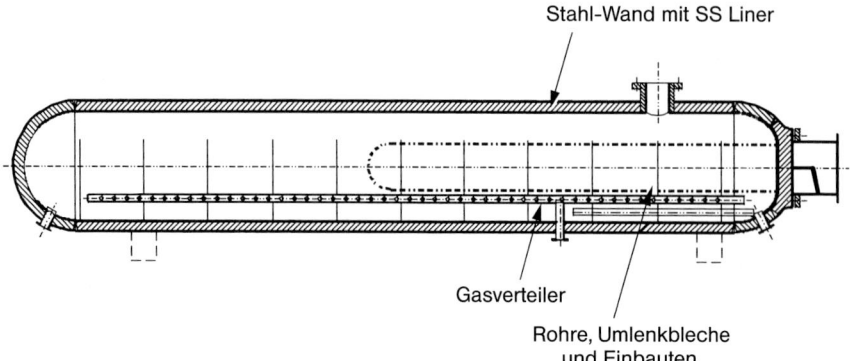

Abb. 6.7 Der Pool-Reaktor von Stamicarbon

nere der Rohre verteilt. Innerhalb der Rohre wird das Reaktionsgemisch im Gegenstrom mit gasförmigem Kohlendioxid von ca. 140 bar gestrippt. Die erforderliche Wärmeenergie für die Carbamatzersetzung und Entgasung wird durch Kondensation von gesättigtem HD-Dampf auf der Mantelseite der Wärmetauscherrohre zugeführt. Die Harnstofflösung verlässt den Stripper mit etwa 170 °C und einem Restammoniakgehalt von ca. 7 % und wird im Niederdruckteil der Anlage auf herkömmliche Weise weiter behandelt.

Das kohlendioxidreiche Austrittsgas aus dem Stripper und frisches Ammoniak werden in den Pool-Reaktor geführt, wo sie unter Carbamatbildung kondensieren. Ein Teil der entstandenen Reaktionswärme wird im vorderen Abschnitt des Pool-Reaktors über den eingebauten Wärmtauscher abgeführt und im Niederdruckteil der Anlage als 4,5 bar Dampf genutzt.

Mit fortschreitender Carbamatbildung setzt die Bildung von Harnstoff ein. Die Zuführung der Wärme für diese endotherme Reaktion erfolgt durch weitere Kon-

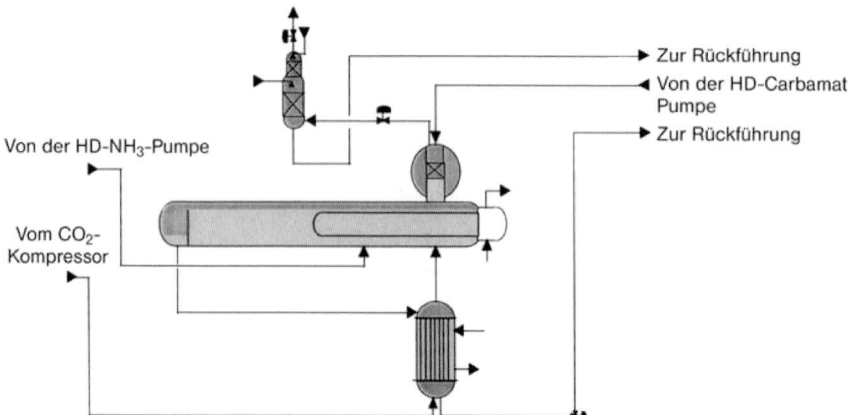

Abb. 6.8 Syntheseteil des Stamicarbon Urea 2000plus-Verfahrens mit Pool-Reaktor

Tab. 6.3 Typische Verbrauchszahlen für Einsatzstoffe und Energien für den 2000plus-Prozess pro Tonne Harnstoff

	Prillung	Granulation
Einsatzstoffe		
Ammoniak (kg t^{-1})	568	564
Kohlendioxid (kg t^{-1})	733	730
Energien (Import)		
Dampf (kg t^{-1})	855	805
(22 bar/130 °C)		
Strom (kWh t^{-1})	14	50
Kühlwasser (t t^{-1})	58	50
Energien (Export)		
Dampf (kg t^{-1})	370	415
(4 bar gesättigt)		

densation von Stripper-Austrittsgas. Temperatur und Verweilzeit im Pool-Reaktor sind so abgestimmt, dass eine fast vollständige Einstellung des Gleichgewichtes erreicht wird. Vom hinteren Teil des Pool-Reaktors fließt das Reaktionsgemisch mit 180–185 °C durch Schwerkraft zurück in den Stripper. Der beim Pool-Kondensator-Konzept noch benötigte Ammoniak-Ejektor entfällt.

Inertes und nicht umgesetztes Ammoniak und Kohlendioxid werden in dem direkt auf dem Pool-Reaktor montierten Hochdruckwäscher mit Carbamat-Lösung aus der Carbamatkonzentrierung des Niederdruckteils der Anlage gewaschen. Der größte Teil des NH_3 und CO_2 kondensieren und fließen als Carbamat-Lösung in den Pool-Reaktor zurück. Nicht kondensierte oder gelöste Gase werden im Niederdruckteil der Anlage aufgearbeitet.

Typische Verbrauchszahlen für Einsatzstoffe und Energien für den 2000plus-Prozess sind in Tabelle 6.3 angegeben.

6.5.3
Der ACES-Prozess der Toyo Engineering Company

Der ACES-Prozess [6.9, 6.10] (Advanced Process for Cost and Energy Savings) wurde von Toyo Engineering in den 1980er Jahren als CO_2-Stripping Verfahren in der Nachfolge ihres Total Recycle Prozesses entwickelt. Abbildung 6.9 zeigt die Syntheseschleife dieses Prozesses.

Die Syntheseschleife besteht aus dem Reaktor, dem Stripper, zwei parallelen Carbamat-Kondensatoren und einem Hochdruckwäscher. Die Synthese erfolgt bei 175 bar, die Temperatur im Reaktor beträgt 190 °C und das molare Verhältnis NH_3 zu CO_2 ist 4. Unter diesen Bedingungen beträgt der CO_2-Umsatz 68 % pro Durchgang. Der hohe Umsatz wird angestrebt um den Energiebedarf für die Zersetzung des nicht umgesetzten Carbamats zu reduzieren.

Frischammoniak wird direkt in den Reaktor eingeleitet, das CO_2 in den Stripper. Aus dem Reaktor fließt das Reaktionsgemisch durch Schwerkraft in den Stripper, wo durch die Kombination von CO_2-Strippen und Beheizen mit Mitteldruckdampf

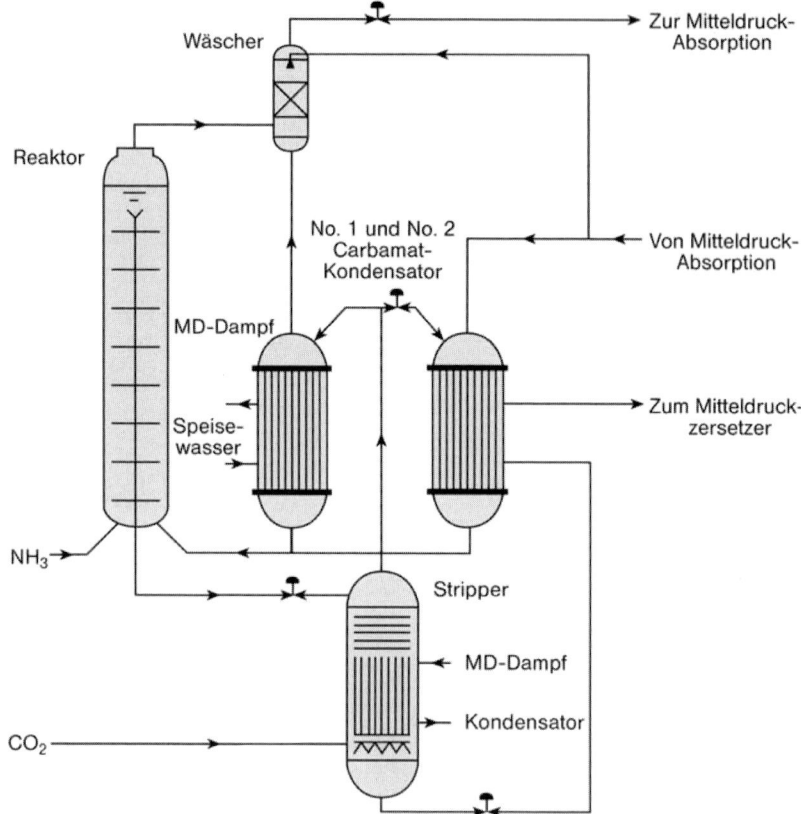

Abb. 6.9 Syntheseschleife des ACES-Prozesses

das meiste Carbamat zersetzt und überschüssiges Ammoniak ausgetrieben wird. Über Verteilerbleche im Oberteil des Strippers wird das Reaktionsgemisch als dünner Film auf das Innere der Rohre des Fallfilmverdampfers verteilt, im Gegenstrom strömt das CO_2 durch das Rohrinnere. Der Mitteldruckheizdampf kondensiert an der Mantelseite des Wärmetauschers. Die aus dem Stripper austretende Harnstofflösung enthält noch ca. 12 % NH_3 und etwas unzersetztes Carbamat. Im Mitteldruckzersetzer (18 bar) und Niederdruckzersetzer (3 bar) wird das restliche Carbamat vollständig zersetzt und das Ammoniak ausgetrieben (vgl. Abb. 6.13).

Das Strippgas aus dem Stripper kondensiert in den beiden parallel arbeitenden Carbamat-Kondensatoren und wird in der vom Hochdruckwäscher kommenden Carbamat-Lösung absorbiert. Die Reaktionswärme dient zur Erzeugung von Dampf (5 bar). Der erzeugte Dampf wird im Mitteldruck- und Niederdruckzersetzer, sowie in der Vakuumkonzentrierung der Harnstofflösung eingesetzt. Die Carbamat-Lösung wird zusammen mit dem nicht kondensierten Gas in den Reaktor zurückgeführt.

Eine Weiterentwicklung dieses Prozesses ist der ACES 21, der in Zusammenarbeit mit der PT Pupuk Sriwidjaja, Indonesien (PUSRI) entwickelt wurde [6.9].

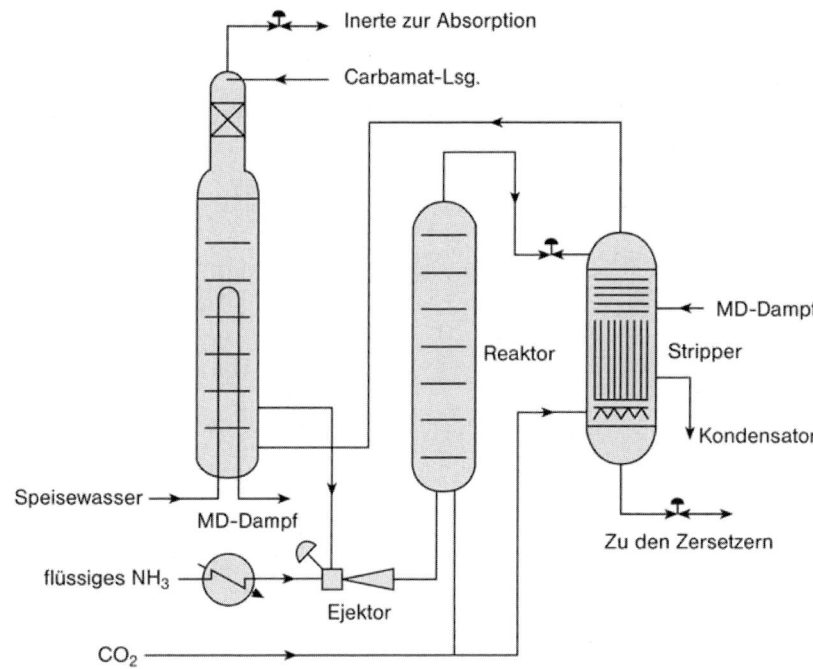

Abb. 6.10 Syntheseteil des ACES 21-Verfahrens

Gegenüber dem ACES-Prozess zeichnet er sich durch niedrigere Investitions- und Betriebskosten aus. Abbildung 6.10 zeigt den Syntheseteil dieses Prozesses.

Der Syntheseteil besteht aus dem Reaktor, dem Stripper, dem Carbamat-Kondensator und einem mit Ammoniak betriebenen Ejektor. Der größte Teil des Kohlendioxids dient im Stripper als Strippgas, der Rest wird, unter Zusatz von passivierendem Sauerstoff, in den Reaktor geleitet, um dort die Harnstoffsynthese zu vollenden. Die Carbamat-Lösung aus dem Carbamat-Kondensator wird über den mit flüssigem Ammoniak betriebenen Ejektor in den Reaktor gepumpt. Die Reaktionslösung aus dem Reaktor gelangt in den Stripper und anschließend in den Mitteldruckzersetzer wie beim ACES-Prozess.

Das aus NH_3/CO_2 und Wasserdampf bestehende Abgas aus dem Stripper wird im Carbamat-Kondensator, einem gefluteten Röhrenwärmetauscher, auf der Mantelseite kondensiert. Durch hohe Gasgeschwindigkeiten, ausreichende Verweilzeit bez. Höhe der Flüssigkeitssäule und durch den Einbau von Verteilerblechen wird ein verbesserter Wärme- und Massentransport innerhalb des Kondensators sichergestellt. Die Reaktionswärme wird zum Teil zur Gewinnung von 5 bar Dampf genutzt, der restliche Teil dient zur Dehydratisierung des Carbamats zu Harnstoff, denn die Betriebsbedingungen im Kondensator sind so gewählt, dass die Harnstoffsynthese bereits teilweise abläuft. In der dem Kondensator aufgesetzten gepackten Kolonne wird nicht umgesetztes Ammoniak und Kohlendioxid in der vom Mitteldruckzersetzer kommenden Carbamat-Lösung absorbiert.

Die treibende Kraft für den Gas- und den Flüssigkeitskreislauf im Syntheseteil ist hauptsächlich der Ejektor, unterstützt durch die Schwerkraft, da der Carbamat-Kondensator oberhalb des Reaktors angeordnet ist.

Wesentliche Unterschiede zum ursprünglichen ACES-Prozess sind:
- Der Reaktor, normalerweise zur Ausnutzung der Schwerkraft als treibende Kraft für den Synthesekreislauf in 20–22 m Höhe aufgehängt, kann ebenerdig installiert werden. Dies bedeutet eine Reduzierung der Kosten für Fundamente und Installation.
- Die Harnstoffsynthese erfolgt zweistufig, als erste Synthesestufe dient der vertikale und geflutete Carbamat-Kondensator, die restliche Umsetzung erfolgt im Reaktor.
- Der Prozess arbeitet mit unterschiedlichen N/C-Verhältnissen.

Im Carbamat-Kondensator beträgt das N/C-Verhältnis 2,8–3,3. Bei diesem Verhältnis ist der Gleichgewichtsdampfdruck am niedrigsten, der Kondensator kann bei relativ hoher Temperatur betrieben werden, was dem internen Wärmetausch und einer höheren Reaktionsgeschwindigkeit bei der Carbamat-Dehydratisierung zugute kommt. Das N/C-Verhältnis im Reaktor wird auf 3,7 eingestellt, um einen möglichst hohen Umsatz zu erreichen. Druck (155 bar) und Reaktortemperatur (180 °C) sind so gewählt, dass ein genügender Abstand zu den Gleichgewichtsbedingungen eingehalten werden kann. Abbildung 6.11 verdeutlicht die Zusammenhänge zwischen Gleichgewichtsdruck und N/C-Verhältnis. Abbildung 6.12 zeigt die erreichbaren CO_2-Umsätze im Carbamat-Kondensator und im Reaktor in Abhängigkeit von Gleichgewichtsumsatz und Verweilzeit.

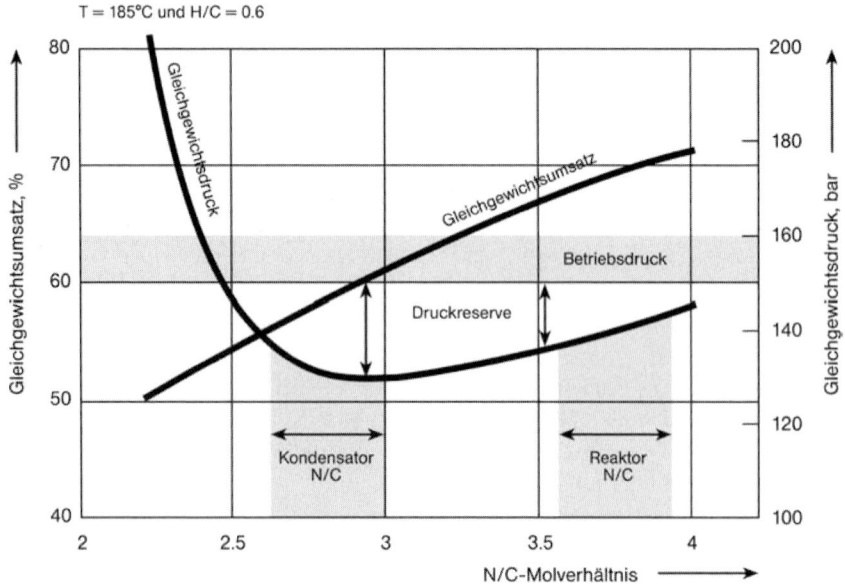

Abb. 6.11 Abhängigkeit des Gleichgewichtsdruckes vom N/C-Verhältnis (182 °C, 155 bar)

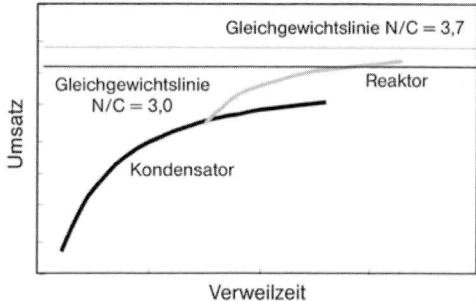

Abb. 6.12 CO$_2$-Umsatz in Abhängigkeit von der Verweilzeit (182 °C, 155 bar)

Die Zersetzung des restlichen Carbamats und Austreibung des überschüssigen Ammoniaks aus der den Synthesekreislauf verlassenden Harnstofflösung erfolgt beim ACES- und ACES 21-Prozess in gleicher Weise (s. Abb. 6.13). Die Zersetzung erfolgt in zwei Stufen bei 18 und 3 bar, die Gase werden in den dazugehörigen Absorbern absorbiert und als Carbamat-Lösung in die Synthese zurückgeführt.

Die gereinigte Harnstofflösung aus dem Niederdruckzersetzer wird im Vakuum aufkonzentriert und anschließend entweder geprillt oder granuliert.

Tabelle 6.4 zeigt zusammenfassend die Entwicklung bei den Betriebsbedingungen und den Energieverbräuchen der Harnstoffverfahren der Toyo Engineering Corp (TEC).

6.5.4
Andere Harnstoffverfahren

Snamprogetti-Verfahren [6.11]
Das Snamprogetti-Verfahren war ursprünglich als Stripping-Prozess mit Ammoniak als Strippgas konzipiert. Dies hat sich jedoch nicht bewährt, da wegen der guten Löslichkeit des Ammoniaks die gestrippte Harnstoff-Lösung noch zu viel Ammoniak enthielt, was zu einem überproportional hohen Ammoniakgehalt im Niederdruckteil (Carbamat-Rückführung) der Anlage führte. Man gab deshalb die Idee, mit Ammoniak als Strippgas zu arbeiten auf, und beschränkte sich auf ein rein thermisches »Strippen« ohne Strippgas.

Urea Casale [6.11]
Urea Casale, eine Schwesterfirma von Ammonia Casale, hat sich auf die Überarbeitung und Engpassbeseitigung bestehender Harnstoffanlagen spezialisiert, bietet aber auch eigene Verfahrenskonzepte an. Schwerpunkt ist die Optimierung des Synthesereaktors durch spezielle Einbauten.

Urea Technologies Inc. (UTI)
Der von UTI entwickelte »Heat Recycle Urea Process« wurde ursprünglich für die komplette Überarbeitung konventioneller Verfahren 1970 entwickelt, mit dem Ziel

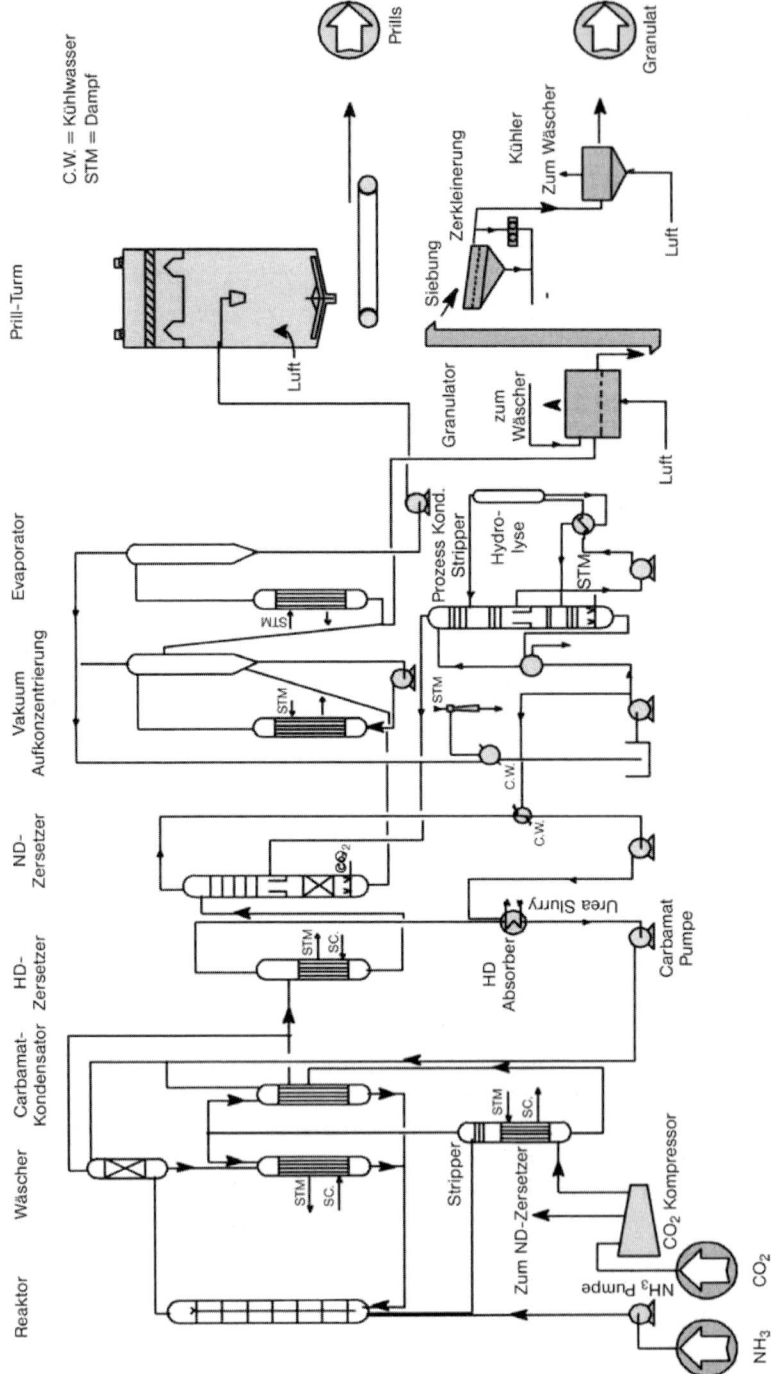

Abb. 6.13 Aufarbeitung der Harnstofflösung beim ACES- und ACES 21-Prozess

Tab. 6.4 TEC Harnstoffverfahren: Betriebsbedingungen und Energieverbräuche

		Total Recycle D	ACES	ACES 21
Synthesebedingungen				
Druck	(bar)	250	175	155
Temperatur	(°C)	200	190	182
NH_3/CO_2	(mol mol^{-1})	4	4	3,7
CO_2-Umsatz	(%)	69	68	64
Energieverbräuche pro Tonne Harnstoff				
Dampf	(t)			
Import	(22 bar)	–	0,57	0,67
	(13 bar)	0,78	–	–
Export	(5 bar)	–	–	0,24
Strom[1]	(kWh)	137	121	118

[1] Stromverbrauch inkl. Prillung, Wirbelbettkühlung und Staubwäscher.

den Dampfverbrauch dieser Anlagen zu senken und die Kapazität zu erhöhen [6.10, 6.11]. 1999 erwarb Monsanto Enviro-Chem Systems die Rechte zur weltweiten Lizensierung der UTI Technologie.

6.6
Herstellung und Lagerung von festem Harnstoff

6.6.1
Prillung und Granulation

Die in der Harnstoff-Synthese nach der Carbamat-Zersetzung im Niederdruckteil anfallenden Harnstoff-Lösungen mit ca. 70–75 % Harnstoff werden nur in wenigen Fällen als solche weiterverwendet oder gehandelt, z. B. für die Leim- und Tränkharzherstellung oder zur Herstellung von UAN-Lösungen (Urea-Ammonium-Nitrat) für Düngezwecke. Der größte Teil des weltweit produzierten Harnstoffs wird in fester Form als Prills oder als Granulat gehandelt und eingesetzt.

Zur Herstellung der Prills oder der Granulate wird die Lösung zunächst im Vakuum zu einer 96–98 %igen Schmelze eingedampft und diese Schmelze anschließend zu Prills oder Granulat weiter verarbeitet. Das Eindampfen erfolgt zumeist in einer Vakuumanlage bei 100–135 °C. Die Verweilzeit beim Eindampfen muss sehr kurz gehalten werden, um unerwünschte Nebenreaktionen, insbesondere die Biuretbildung (Gl. (6.10)) zu vermeiden. Für die Bodendüngung spielt der Biuretgehalt weniger eine Rolle. Wird Harnstoff jedoch für die Blattdüngung eingesetzt, sollte der Biuretgehalt unter 0,3 % liegen, da Biuret als Blattgift wirkt.

In Sonderfällen, z. B. zur Herstellung besonders biuretarmer Harnstoffsorten, wird statt der Vakuumeindampfung Harnstoff aus der Lösung durch Vakuumkristallisation in Form feiner Harnstoffkristalle auskristallisiert. Die Kristalle können für pharmazeutische Zwecke genutzt werden, oder sie werden vor der Prillung oder Granulation in speziellen Schmelzeeinrichtungen schnell und schonend geschmolzen.

Bei der Prillung wird die Harnstoffschmelze am Kopf des Prillturms mittels »Brauseköpfen« oder rotierenden, perforierten Körben zu feinen Tröpfchen versprüht (siehe auch Düngemittel, Bd. 8, Abschnitt 3.2). Die Tropfen fallen durch den mehrere Meter hohen Prillturm nach unten und werden durch entgegenströmende Luft gekühlt, wobei sie erstarren. Im Unterteil des Prillturms befindet sich meist ein Wirbelbettkühler, in dem die Prills mit Luft weiter abgekühlt werden.

Hinsichtlich der Investitionskosten und der variablen Kosten ist die Prillung den Granulationsverfahren überlegen, hat gegenüber diesen aber folgende Nachteile:
- Bei der Prillung entsteht sehr feinkörniger Staub, der nur sehr aufwändig aus der Abluft des Prillturms entfernt werden kann.
- Bezüglich der Korngrößeneinstellung ist die Prillung wenig flexibel. Außerdem ist die mittlere Korngröße der Prills auf etwa 2 mm beschränkt, größere Durchmesser würden unwirtschaftlich hohe Prilltürme erfordern.
- Die Härte bzw. Druckfestigkeit der Prills ist nicht allzu groß, bei längerer Lagerung oder beim Transport über größere Entfernungen führt dies zu Verbackungen.

Zwar wird durch Zusatz von Formaldehyd oder Harnstoff-Formaldehyd-Vorkondensaten die Verbackungsneigung reduziert und damit die Transport- und Lagerfähigkeit erhöht, die Abscheidung des Feinstaubes und die Beschränkung der Korngrößeneinstellung führen aber dazu, dass in den letzten Jahren vermehrt Granulationsanlagen gebaut werden.

Durch Granulation können ohne Probleme mittlere Korngrößen von 2–8 mm eingestellt werden, die für das Mischen mit anderen Düngemitteln (Bulk-Blending) erforderlich sind um ein Entmischen bei der Düngerausbringung zu vermeiden. Prills können dagegen nur als Einzeldünger ausgebracht werden [6.12].

Granulationsverfahren werden als Teller-, Trommel- oder Wirbelbettgranulationsverfahren angeboten (siehe Düngemittel, Bd. 8, Abschnitt 3.3). Allen Techniken ist gemeinsam, dass Harnstoffschmelze auf vorgelegtes Feingranulat aufgesprüht wird und diese Partikeln durch den auf der Oberfläche erstarrenden Harnstoff zur gewünschten Größe wachsen. Die freiwerdende Schmelzwärme wird meistens durch Luft abgeführt, in einigen Fällen auch durch Verdampfen von aufgesprühtem Wasser. Ein Verbacken der Granulate während des Granulationsvorganges wird durch die Bewegung der Teller/Trommel oder durch die Verwirbelung mit Luft vermieden.

Abbildung 6.14 zeigt als Beispiel für einen Wirbelbettgranulationsprozess das von der Hydro Fertilizer Technology B. V., einer 100%igen Tochter der Norsk Hydro A. S., entwickelte Verfahren.

Eine ca. 96%ige Harnstoffschmelze wird über Düsen in ein Wirbelbett aus Harnstoffgranulat fein zerstäubt. Zur Erzeugung möglichst feiner Harnstofftropfen wird

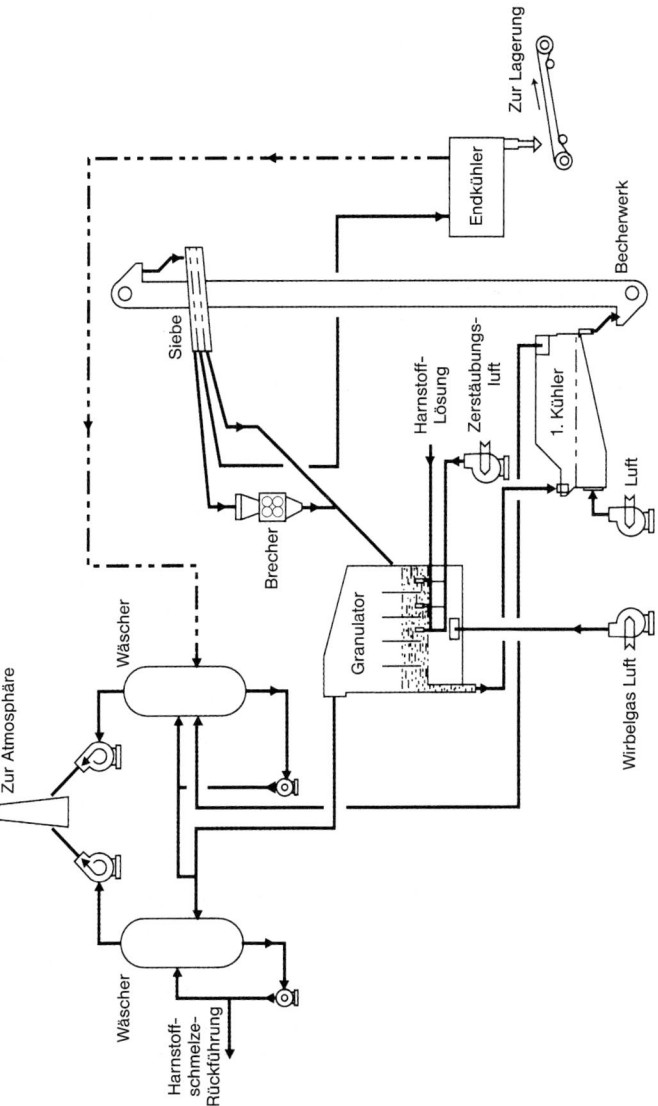

Abb. 6.14 Fließbild der Wirbelbettgranulation der Hydro Fertilizer Technology

die Zerstäubung durch Luftzugabe innerhalb der Düsen unterstützt. Die feinen Harnstofftröpfchen wachsen auf das vorgelegte Harnstofffeinkorn auf. Durch dieses langsame Aufwachsen kann das Restwasser aus der Harnstoffschmelze gut verdampft werden, das Granulat hat nur noch eine geringe Restfeuchte.

Als Wirbelgas für das Wirbelbett dient ebenfalls Luft, sie wirkt gleichzeitig als Kühlmittel zur Abfuhr der Schmelzwärme. Das aus dem Granulator abfließende

Tab. 6.5 Typische Eigenschaften von Granulaten

	Normales Granulat	Großes Granulat
Stickstoffgehalt (% Massenant.)	46,3	46,3
Biuret (% Massenant.)	0,7–0,8	0,7–0,8
Restfeuchte (% Massenant.)	0,2	0,2
Druckfestigkeit (kg)	3,5 (D: 3 mm)	10 (D:7 mm)
Formaldehyd (% Massenant.)	0,45	0,45
Größenverteilung (% Massenant.)	2–4 mm	4–8 mm

Granulat wird in einem Wirbelbettkühler weiter mit Luft abgekühlt und anschließend über einen Elevator auf die Siebeinrichtung aufgegeben. Feinkorn wird direkt in den Granulator zurückgeführt, Überkorn wird zunächst in einem Brecher zerkleinert und gelangt dann in den Granulator.

Nach der Endkühlung wird das Granulat über Transportbänder in das Lagerhaus transportiert. Die Endkühlung ist wichtig, um ein Verbacken des Granulates im Lagerhaus zu vermeiden. Obwohl durch die Zugaben von Formaldehyd zur Harnstoffschmelze die Verbackungsneigung des Granulats (oder von Prills) herabgesetzt wird, sind konstante und niedrige Lagerhaustemperaturen wichtig, um Verbackungen zu vermeiden.

Eine Übersicht über typische Eigenschaften von Harnstoff-Granulaten gibt Tabelle 6.5.

6.6.2
Lagerung

Die zunehmende Verlagerung der Ammoniak- und Harnstoffproduktion in Länder mit kostengünstigen Erdgasvorkommen sowie der Trend zu immer größeren Anlagenkapazitäten erfordern den Bau großer Harnstofflager zur Überbrückung von Anlagenstillständen und zur Beladung großer Überseeschiffe. Allein für die Überbrückung eines Anlagenstillstandes (60 Tage Vorrat) einer 1500 t d^{-1}-Anlage ist eine Lagerkapazität von 90 000 t erforderlich, Schiffsladungen von 30–50 000 t sind der Normalfall.

Ein großes Problem bei der Lagerung von Prills oder Granulat ist die Verbackungsneigung des Harnstoffs zu sehr festen Agglomeraten. Diese führen zu erheblichen Behinderungen z. B. bei der Ausspeicherung aus dem Lager oder dem Schiff. Begünstigt wird das Verbacken durch eine zu geringe Festigkeit der Prills oder einem hohen Feinanteil, beispielsweise durch ungeeignete Einrichtungen für die Ein- und Ausspeicherung und durch Feuchtigkeit.

Harnstoff ist eine hygroskopische, wasserlösliche Verbindung. Je nach Feuchtigkeitsgehalt der Umgebungsluft wird entweder Wasser aufgenommen oder abgegeben. Bei der Wasseraufnahme bildet sich ein dünner Film von Harnstofflösung auf der Prilloberfläche, bei Wasserabgabe kristallisieren aus diesem Oberflächenfilm feine Harnstoffkristalle aus. Infolge dieser Kristallisation vernetzen mit der Zeit die einzelnen Körner zu sehr festen und großen Agglomeraten.

Durch die Zugabe von Formaldehyd (bis 0,6%) vor der Prillung /Granulation oder durch Besprühen mit oberflächenaktiven Substanzen lässt sich die Verbackungsneigung zwar verringern, wichtig ist jedoch dafür zu sorgen, dass während der Lagerung große Temperatur- und Feuchtigkeitsschwankungen im Lager oder beim Transport vermieden werden, z. B. dadurch, dass der Luftzutritt zum Lager beschränkt und kontrolliert wird, evtl. verbunden mit einer Luftkonditionierung. Ebenso müssen die Prills oder das Granulat vor der Einlagerung ungefähr auf Umgebungstemperatur gekühlt werden.

Ob Wasserdampf vom Harnstoff aus der Umgebung aufgenommen oder abgeben wird, hängt von der »kritischen relativen Feuchte« ab, die als das Verhältnis des Dampfdruckes einer gesättigten Harnstofflösung (P_{Ha}) zum Dampfdruck reinem Wassers (P_{H_2O}) bei gleicher Temperatur definiert ist:

$$KRF = P_{Ha}/P_{H_2O} \tag{6.18}$$

Der Dampfdruck einer gesättigten Harnstofflösung kann nach der Gleichung von PIGGOTT [6.13] wie folgt berechnet werden (T in K, P_{Ha} in mm Hg)

$$\log P_{Ha} = 74{,}208 - 5106{,}9/T - 22{,}679 \log T \tag{6.19}$$

G. MIDGLEY [6.14] gibt für die KRF die folgenden Werte an:

$25\ °C = 76{,}5\%, 30\ °C = 74{,}3\%, 40\ °C = 69{,}2\%$

Ist beispielsweise bei 30 °C die kritische, relative Feuchte höher als 74,3%, nimmt der Harnstoff Feuchtigkeit auf, entsprechendes gilt, wenn Harnstoff zu warm eingelagert wird und abkühlt. Das Problem ist, dass in vielen Teilen der Welt Luftfeuchtigkeit und Temperatur im Laufe eines Tages beträchtlichen Schwankungen unterliegen.

7
Hydrazin [7.1–7.4]

7.1
Wirtschaftliche Bedeutung

Hydrazin ist in Form wässriger Lösungen – und in geringer Menge in Form von Salzen – im Handel. Hydrazin bildet ein Hochsiedeazetrop mit Wasser, dessen Zusammensetzung zufällig nahe einem Molverhältnis 1 : 1, entsprechend 64% Hydrazin, liegt. Diese Lösung wird »Hydrazinhydrat« genannt. Die folgenden Kapazitätsangaben (Tabelle 7.1) beziehen sich auf dieses »Hydrazinhydrat«. Wasserfreies Hydrazin wird nur in sehr geringen Mengen für spezielle Anwendungen in der Satellitentechnik hergestellt.

Tab. 7.1 Geschätzte Hydrazinhydratkapazitäten der westlichen Erzeugerländer* 1992 in 10^3 t a^{-1}

	Firma	Kapazität	Verfahren
USA	Olin	10	Bleichlauge/Aceton
	Bayer Corp.	10	Bleichlauge/Aceton
BRD	Bayer AG	10	Bleichlauge/Aceton
Frankreich	Atochem	10	Wasserstoffperoxid/Methylethylketon
Fernost	Mitsubishi	10	Wasserstoffperoxid/Methylethylketon
	Otsuka		Chlorbleichlauge (Raschig)

*Weitere, eher kleine Anlagen nach dem Rasching-Verfahren in den ehemaligen Ostblockstaaten.

7.2 Herstellung

Hydrazin entsteht bei zahlreichen chemischen Reaktionen. Technische Bedeutung haben nur wenige Verfahren erlangt, die alle Ammoniak oder Harnstoff als Ammoniakderivat oxidativ in Hydrazin umwandeln. Als Oxidationsmittel werden Natriumhypochlorit oder Wasserstoffperoxid eingesetzt. Bei einigen Verfahren (Bayer-, H_2O_2-Verfahren) wird in Gegenwart von Ketonen gearbeitet.

7.2.1 Raschig-Verfahren

Beim Raschig-Verfahren wird Ammoniak mit Natriumhypochlorit oxidiert:

$$2\, NaOH + Cl_2 \longrightarrow NaOCl + NaCl + H_2O$$
$$NaOCl + NH_3 \longrightarrow NH_2Cl + NaOH$$
$$NH_2Cl + NaOH + NH_3 \longrightarrow N_2H_4 + NaCl + H_2O$$
$$\overline{2\, NaOH + Cl_2 + 2\, NH_3 \longrightarrow N_2H_4 + 2\, NaCl + 2\, H_2O}$$

Durch Mischen von Chlor und Natronlauge im Molverhältnis 1 : 2 unter Kühlung wird Natriumhypochlorit erhalten (s.a. Abb. 7.1); die resultierende Lösung enthält etwa 4,7 mol L^{-1}. Man verdünnt sie auf ca. 1 mol L^{-1} und setzt sie mit einer wässrigen, etwa 15%igen Ammoniaklösung bei Temperaturen um 0 °C (Kühlung) zu Chloramin und Natronlauge um. Die Ausbeute ist fast quantitativ.

Die alkalische Chloramin-Lösung wird dann bei ca. 130 °C unter Druck mit einem 20- bis 30-fachen molaren Überschuss an wasserfreiem Ammoniak umgesetzt. Danach wird die Reaktionsmischung vom überschüssigen Ammoniak befreit, das zurückgeführt wird. Wasser und das Hydrazin-/Wasser-Azetrop (Sdp. 120.5 °C) werden vom dabei fest anfallenden Kochsalz abgedampft. Die erhaltene wässrige Hydrazinlösung wird schließlich durch Destillation konzentriert. Die Ausbeute an Hydrazin beträgt ca. 70 % der Theorie. Wesentliche Nebenreaktionen bei der Synthese sind:

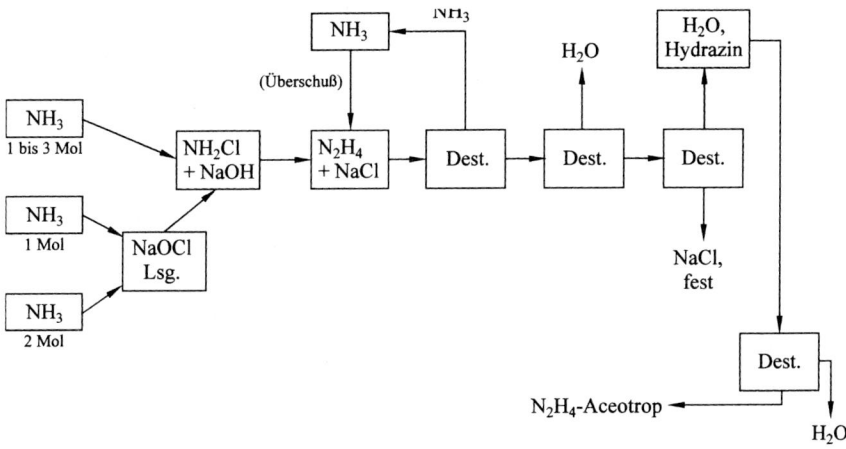

Abb. 7.1 Schema des Raschig-Verfahrens

- Reaktion von Chloramin mit gebildetem Hydrazin

$$2\ NH_2Cl + N_2H_4 \longrightarrow N_2 + 2\ NH_4Cl$$

Diese Reaktion wird besonders durch Kupfer katalysiert. Als Gegenmaßnahmen werden Komplexbildner wie Ethylendiamintetraessigsäure (EDTA) zugesetzt und ein großer Ammoniaküberschuss verwendet.
- Zersetzungsreaktionen beim Abdampfen des Hydrazins vom festen Kochsalz

Will man kein Hydrazinhydrat gewinnen, so kann man aus der Reaktionsmischung der Rasching-Synthese relativ schwerlösliches Hydrazinsulfat ausfällen ($N_2H_6^{2+}SO_4^{2-}$, Löslichkeit in Wasser: 2,96 g L^{-1}).

7.2.2
Harnstoffverfahren

Bei diesem Verfahren wird Harnstoff mit Natriumhypochlorit in Natronlauge zu Hydrazin, Natriumchlorid und Natriumcarbonat umgesetzt.

$$H_2NCONH_2 + NaOCl + 2\ NaOH \longrightarrow N_2H_4 + NaCl + Na_2CO_3 + H_2O$$

Die Reaktionskomponenten Harnstoff, Natriumhypochlorit und Natronlauge werden in dem angegebenen Mengenverhältnis kalt vermischt und schnell auf 100 °C erhitzt. Die Aufarbeitung erfolgt wie beim Rasching-Verfahren. Die Ausbeute an Hydrazin liegt bei 60 bis 70 % der Theorie. Den Vorteilen dieses Verfahrens – Vermeiden eines großen Ammoniaküberschusses und druckloses Arbeiten – steht als schwerwiegender Nachteil der Verbrauch von zusätzlich 2 mol Natronlauge pro Mol Hydrazin gegenüber. Außerdem ergibt sich durch den Anfall des Kochsalz/Sodagemisches ein zusätzliches ökologisches Problem.

7.2.3
Bayer-Verfahren

Von einer Reihe von Hydrazinsynthesen, bei denen unter verschiedenen Bedingungen Ammoniak mit Natriumhypochlorit in Gegenwart von Ketonen (Aceton, Methylethylketon) oxidiert wird (s. Abb. 7.2), hat sich anscheinend nur die von der Bayer AG entwickelte Variante technisch durchgesetzt.

Die beiden Hauptreaktionen sind die Bildung und die Hydrolyse von Acetonazin:

$$NaOCl + 2\,NH_3 + 2\,CH_3COCH_3 \longrightarrow$$
$$(CH_3)_2C=N-N=C(CH_3)_2 + NaCl + 3\,H_2O$$

$$(CH_3)_2C=N-N=C(CH_3)_2 + 2\,H_2O \longrightarrow 2\,CH_3COCH_3 + N_2H_4$$

Die Bildung des Azins ist keine Abfangreaktion von nach Raschig gebildetem Hydrazin durch Aceton, sondern läuft über die Zwischenprodukte Dimethyloxaziran und Acetonhydrazon:

$$NaOCl + NH_3 + CH_3COCH_3 \longrightarrow$$

$$\begin{array}{c}H_3C\\ \diagdown\\ H_3C\diagup\end{array}\!\!C\!\!\begin{array}{c}NH\\ |\\ O\end{array} + NaCl + H_2O$$

$$\begin{array}{c}H_3C\\ \diagdown\\ H_3C\diagup\end{array}\!\!C\!\!\begin{array}{c}NH\\ |\\ O\end{array} + NH_3 \longrightarrow (CH_3)_2C=N-NH_2 + H_2O$$

$$(CH_3)_2C=N-NH_2 + CH_3COCH_3 \longrightarrow$$

$$(CH_3)_2C=N-N=C(CH_3)_2 + H_2O$$

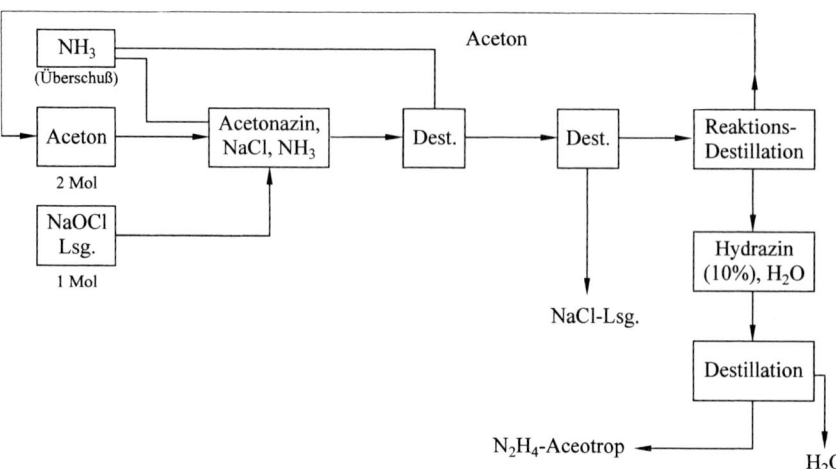

Abb. 7.2 Schema der Hydrazinherstellung nach dem Bayer-Verfahren

Natriumhypochloritlösung (ca. 1,5 mol L^{-1}), Ammoniak und Aceton werden bei 35 °C im Molverhältnis 1 : 15 bis 20 : 2 zur Reaktion gebracht. Es entsteht eine Lösung, die 5 bis 7 % Acetonazin (Massenanteil), Kochsalz und das überschüssige Ammoniak enthält. Dieses Ammoniak wird abdestilliert und in die Reaktion zurückgeführt. Anschließend wird das Acetonazin/Wasser-Azetrop (Sdp. 95 °C) von der zurückbleibenden Kochsalzlösung abdestilliert. Hier liegt der wesentliche Unterschied zum Raschig-Verfahren, bei dem das Hydrazin/Wasser-Gemisch von festem Kochsalz abgetrennt werden muss.

Das Acetonazin wird anschließend mit Wasser in einer Reaktions-Destillationskolonne bei Temperaturen bis 180 °C und Drücken von 8 bis 12 bar in Aceton (Kopfprodukt) und eine 10%ige wässrige Hydrazinlösung (Sumpfprodukt) gespalten. Diese wird bis zur Zusammensetzung des Azeotrops mit Wasser auf 64 % (Massenanteil) Hydrazin aufkonzentriert. Die Ausbeute an Hydrazin liegt bei 80 bis 90 %, bezogen auf eingesetztes Hypochlorit.

7.2.4
H$_2$O$_2$-Verfahren

Das Verfahren entspricht dem Bayer-Verfahren, nur werden als Oxidationsmittel Wasserstoffperoxid und als Keton Methylethylketon eingesetzt:

$$H_2O_2 \;+\; 2\,NH_3 \;+\; 2\,C_2H_5COCH_3 \longrightarrow$$

$$\underset{H_5C_2}{\overset{H_3C}{>}}C{=}N{-}N{=}C\underset{C_2H_5}{\overset{CH_3}{<}} \;+\; 2\,H_2O$$

Da Wasserstoffperoxid alleine nicht ausreichend reaktiv ist, wird als Aktivator ein Katalysator zugesetzt. Bei der von ATOCHEM veröffentlichten Verfahrensvariante handelt es sich dabei um ein Gemisch aus Acetamid, Ammoniumacetat und Natriumhydrogenphosphat. Auch andere Katalysatoren sollen verwendbar sein. So setzt Mitsubishi Gas eine Arsenverbindung als Katalysator ein [7.1]. Der (vermutete) Reaktionsmechanismus ähnelt dem des Bayer-Verfahrens

$$\underset{CH_3}{\overset{C_2H_5}{>}}C{=}O \;+\; H_2O_2 \;+\; NH_2 \longrightarrow \underset{CH_3}{\overset{C_2H_5}{>}}C\underset{O}{-}NH \;+\; 2\,H_2O$$

$$\underset{CH_3}{\overset{C_2H_5}{>}}C\underset{O}{-}NH \;+\; NH_2 \longrightarrow \underset{CH_3}{\overset{C_2H_5}{>}}C{=}N{-}NH_2$$

$$\underset{CH_3}{\overset{C_2H_5}{>}}C{=}N{-}NH_2 \;+\; \underset{CH_3}{\overset{C_2H_5}{>}}C{=}O \longrightarrow \underset{CH_3}{\overset{C_2H_5}{>}}C{=}N{-}N{=}C\underset{CH_3}{\overset{C_2H_5}{<}}$$

Das entstehende Methylethylketonazin, das in der wässrigen Syntheselösung schwerlöslich ist, wird abgetrennt und analog dem Bayer-Verfahren in Hydrazin und Keton gespalten. Die den Katalysator enthaltende wässrige Lösung wird wieder in die Synthese zurückgeführt.

Dieses Verfahren wird technisch von ATOCHEM in Frankreich und in ähnlicher Form von der Mitsubishi Gas Chemicals in Japan durchgeführt. Vorteil dieses Verfahrens gegenüber dem Bayer- und Raschig-Verfahren ist, dass kein Zwangsanfall an Kochsalz auftritt.

7.3
Verwendung

Hydrazin verhindert schon im ppm-Bereich beim Einsatz im Speisewasser von Dampferzeugern die Korrosion. Der Grund dafür ist die Förderung der Magnetit-Deckschichtbildung. Derivate des Hydrazins haben vor allem als Treibmittel (Blähmittel) zur Herstellung geschäumter Kunststoff- und Kautschukmassen, als radikalische Polymerisationsinitiatoren, als Herbizide und Pharmaka Bedeutung. Die Hydrazinderivate, die als Treibmittel bzw. Polymerisationsinitiatoren eingesetzt werden, zerfallen in der Hitze in Stickstoff und Radikale: der Stickstoff wirkt als Treibmittel, die Radikale als Polymerisationsinitiatoren.

Gebräuchliche Treibmittel sind u. a.:
- Azodicarbonamid
- Benzolsulfonsäurehydrazid

Ein typischer Polymerisationsinitiator ist Azoisobutyronitril.

Die Herstellung von Azodicarbonamid z. B. erfolgt nach:

$$2\ NH_2CONH_2 + N_2H_4 + H_2SO_4 \longrightarrow NH_2CONHNHCONH_2 + (NH_4)_2SO_4$$

$$NH_2CONHNHCONH_2 + Cl_2 \longrightarrow NH_2CON=NCONH_2 + 2HCl$$

Ein weiteres in jüngster Zeit bedeutsam gewordenes Treibmittel ist Natriumazid, das neben der Synthese aus Natriumamid und Chloramin auch aus Methylnitrit und Hydrazinhydrat hergestellt wird: Natriumazid findet in Airbags in Kraftfahrzeugen Verwendung.

Wichtige Herbizide auf Hydrazinbasis sind Weedazol, Sencor und Goltix:

Ein typisches Hydrazinderivat im Pharmasektor ist das Tuberkulostatikum Neoteben.

8
Hydroxylamin[1)]

8.1
Wirtschaftliche Bedeutung

Die Produktionskapazität für Hydroxylamin betrug 2003 weltweit etwa $1{,}2 \cdot 10^6$ t (berechnet auf 100% Hydroxylamin). Annähernd 98% der Gesamtproduktion wird für die Herstellung von Caprolactam über die Zwischenstufe Cyclohexanonoxim eingesetzt. Salze des Hydroxylamins, vor allem das Hydroxylammoniumsulfat, werden in Lösung und in kristallisierter Form in vielen Anwendungsbereichen als Synthesebaustein und als Reduktionsmittel verwendet. Die freie Base Hydroxylamin ist in Form wässriger Lösungen für Synthesen und als Bestandteil von Waschflüssigkeiten für Elektronikchips ein begehrtes Produkt geworden.

8.2
Produktionsverfahren

8.2.1
Übersicht

Für die technische Herstellung von Hydroxylamin wurde zuerst das 1987 von *Raschig* [8.1] entwickelte klassische Verfahren angewendet, bei dem man Natriumnitrit mit Natriumhydrogensulfit und Schwefeldioxid zu Natriumhydroxylamin-N,N-disulfonat reduziert und letzteres zu Hydroxylamonium-hydrogensulfat hydrolysiert (Gl. 8.1 und 8.2).

$$NaNO_2 + NaHSO_3 + SO_2 \longrightarrow HON(SO_3Na)_2 \tag{8.1}$$

$$HON(SO_3Na)_2 + 2H_2O \longrightarrow (NH_3OH)HSO_4 + Na_2SO_3 \tag{8.2}$$

Beim heutigen modifizierten *Raschig*-Verfahren (vgl. Abb. 8.1) werden Ammonium- statt Natriumsalze eingesetzt; als Nebenprodukt entsteht Ammoniumsulfat. 1956 entwickelte *Jockers* [8.2] die katalytische Hydrierung von Stickstoffoxid in mineralsaurem Medium gemäß Gleichung (8.3) zu einem kontinuierlichen, großtechnischen Hydroxylaminverfahren (vgl. Abb. 8.2)

$$2\,NO + 3\,H_2 + 2\,H_3O^+ \xrightarrow{\text{Kat.}} 2\,NH_3OH^+ + 2\,H_2O \tag{8.3}$$

Die katalytische Hydrierung der Salpetersäure zu Hydroxylamin [8.3, 8.4] gemäß Gleichung (8.4)

$$HNO_3 + 3\,H_2 + H_3O^+ \xrightarrow{\text{Kat.}} NH_3OH^+ + 3\,H_2O \tag{8.4}$$

ist 1972 von *de Rooij* [8.5] im HPO-(Hydroxylamin-Phosphat-Oxim)-Verfahren für die Cyclohexanonoximsynthese zu technischer Reife geführt worden: im Kreispro-

---

1 Bearbeitet von Dr. G. Rapp †

zeß mit wäßriger, phosphatgeprüfter Lösung werden nacheinander Salpetersäure, Hydroxylamin und Cyclohexanonoxim hergestellt. Die elektrochemische Reduktion der Salpetersäure nach *Tafel* hat trotz neuerlicher Bearbeitung keine technische Bedeutung mehr [8.6], [8.7]. Auch die saure Hydrolyse der Nitroparaffine (Gl. 8.5) wird nicht mehr ausgeübt.

$$CH_3-CH_2-NO_2 + H_3O^+ \longrightarrow CH_3COOH + NH_3OH^+ \tag{8.5}$$

Neuere Arbeiten befassen sich mit der chemischen Reduktion von Stickoxiden, von salpetriger Säure und Salpetersäure zu Hydroxylamin [8.8, 8.9] und mit der partiellen Oxidation des Ammoniaks in Gegenwart von Ketonen [8.10].

8.2.2
Das modifizierte Raschig-Verfahren

Ammoniak wird mit Luft im Ofen *1* über Platin/Rhodium-Kontaktnetzen bei 700–850 °C zu Stickoxiden verbrannt (vgl. Abb. 8.1 und [8.7]). Die Reaktionswärme dient zur Dampferzeugung.

$$4\ NH_3 + 5\ O_2 \longrightarrow 4\ NO + 6\ H_2O \tag{8.6}$$

Beim Nachkühlen des Gasstroms bildet sich im Oxidationsturm *2* mit überschüssigem Sauerstoff ein Gemisch von Stickstoffoxid und Stickstoffdioxid.

$$4\ NO + O_2 \longrightarrow 2\ NO + 2\ NO_2 \tag{8.7}$$

In der Absorptionskolonne *3* stellt man aus Wasser, Ammoniak und Kohlendioxid eine Ammoniumcarbonat-*1*-hydrogencarbonatlösung her, die im Nitritreaktor *4* mit den nitrosen Gasen bei niedrigen Temperaturen die schwach alkalische Ammoniumnitritlösung bildet (Gl. 8.8).

$$(NH_2)_2CO_3 + NO + NO_2 \longrightarrow 2\ NH_3NO_2 + CO_2 \tag{8.8}$$

Sie wird unter Zusatz von Ammoniak mit einer 50–200mal so großen Menge aus bereits gebildeter Ammoniumhydroxylamin-disulfonat-Lösung vermischt. Das in

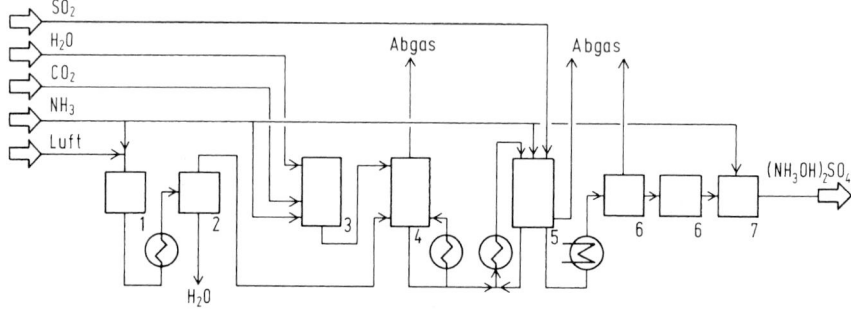

Abb. 8.1 Fließbild des modifizierten Raschig-Verfahrens
1 Ammoniak-Verbrennungsofen, 2 Oxidationsturm, 3 Absorptionskolonne, 4 Nitrierreaktor, 5 Reaktor, 6 Hydrolysatoren, 7 Neutralisationsstufe

der Kreislauflösung gelöste Nitrit reagiert bei –5 bis 0 °C im Reaktor 5 mit zugeführtem überschüssigem Schwefeldioxid zu Ammoniumhydroxylamin-disulfonat (Gl. 8.9):

$$2\, SO_2 + NH_4NO_2 + NH_3 + H_2O \longrightarrow HON(SO_3NH_4)_2 \qquad (8.9)$$

dabei nimmt die Reaktionslösung einen pH-Wert von 1,5–2,5 an. Die aus dem Reaktor 5 abgezogene Disulfonatlösung wird in den Hydrolysatoren 6 bei 100–110 °C zu Hydroxylammoniumsulfat hydrolysiert (Gl. 8.10 und 8.11).

$$HON(SO_3NH_4)_2 + H_2O \longrightarrow HOHNSO_3NH_4 + NH_4HSO_4 \qquad (8.10)$$

$$2\, HOHNSO_3NH_4 + 2\, H_2O \longrightarrow (NH_3OH)_2SO_4 + (NH_4)_2SO_4 \qquad (8.11)$$

Nach Neutralisation mit Ammoniak in 7 erhält man eine Fertiglösung mit etwa 1,0 mol Hydroxylammoniumsulfat und 3.3 mol Ammoniumsulfat pro Liter. Die Ausbeute an Hydroxylammoniumsulfat, bezogen auf das zur Verbrennung eingesetzte Ammoniak, beträgt 70–75%, d. Th. Als Werkstoff für den Apparatebau sind kohlenstoffarme, molybdänhaltige Chrom-Nickelstähle geeignet. Untersuchungen über Bildung und Hydrolyse des Disulfonats liegen vor [8.11]. Als Verbesserungen werden eine mehrstufige Absorption und eine Druckabsorption der nitrosen Gase sowie eine Kaskadenfahrweise bei der Hydrolyse vorgeschlagen.

8.2.3
Katalytische Hydrierung von Stickstoffoxid

Im Ofen *1* verbrennt man Ammoniak mit Sauerstoff in Gegenwart von Wasserdampf (vgl. Abb. 8.2 und [8.2, 8.7]). Durch die Wasserdampfzugabe wird eine Explosionsgefahr ausgeschlossen. Das erzeugte Gasgemisch wird mit Wasserstoff an einem silberhaltigen Katalysator *2* partiell hydriert [8.12], um Stickstoffdioxid in Stickstoffoxid und überschüssigen Sauerstoff in Wasser zu überführen. Im Wäscher *3* wird Wasserdampf auskondensiert. Das hochprozentige Stickstoffoxid hydriert man in den Hydroxylaminreaktoren 5–7 mit Wasserstoff an Platin/Gra-

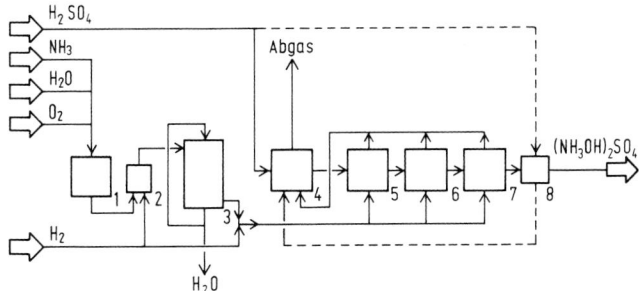

Abb. 8.2 Fließbild zur Herstellung von Hydroxylamin durch Hydrierung von Stickstoffoxid
1 Ammoniak-Verbrennungsofen, 2 Katalytische Hydrierung, 3 Wäscher, 4 Restgas-Reaktor, 5–7 Hydroxylamin-Reaktoren, 8 Filter

phit-Katalysatoren in wäßrig-schwefelsaurer Suspension bei 40–50 °C zu Hydroxylammoniumsulfat (Gl. 8.3).

Im Reaktor 4 reagiert das Restgas weiter ab. Das Endabgas aus Wasserstoff, Stickstoffoxid, Distickstoffoxid und Stickstoffoxid lässt sich ohne Hilfsstoffe zu Stickstoff und Wasserdampf verbrennen (Gl. 8.12 und 8.13).

$$2\,NO + 2\,H_2 \longrightarrow N_2 + 2\,H_2O \tag{8.12}$$

$$N_2O + H_2 \longrightarrow N_2 + H_2O \tag{8.13}$$

Die Reaktoren 4–7 sind als Kaskade geschaltet, in der verdünnte Schwefelsäure stufenweise unter gleichzeitiger Bildung von Hydroxylammoniumsulfat abgebaut wird. Der Katalysator durchwandert mit der wässrigen Phase die Kaskade, wird im Filter 3 von der Fertiglösung getrennt und mit Schwefelsäure in den Reaktor 4 zurückgespült. Um die Nebenreaktionen der Ammoniak- und Distickstoffoxidbildung gemäß Gl. (8.14) und (8.15).

$$2\,NO + 5\,H_2 + H_2SO_4 \longrightarrow (NH_4)_2SO_2 + 2\,H_2O \tag{8.14}$$

$$2\,NO + H_2 \longrightarrow N_2O + H_2O \tag{8.15}$$

bei der Hydroxylaminsynthese zurückzudrängen, benutzt man vergiftete Platinkatalysatoren und wendet besondere Vorschriften für ihre Herstellung und Regenerierung an [8.13]. Die Fertiglösung enthält pro Liter etwa 1,8 mol Hydroxylammoniumsulfat. 0,1 mol Ammoniumsulfat und 0,15 mol freie Schwefelsäure. Die Ausbeute an Hydroxylammoniumsulfat, bezogen auf das zur Verbrennung eingesetzte Ammoniak, beträgt 80 % d. Th. Als Reaktorwerkstoff eignen sich ausgewählte Edelstähle. Das Verfahren kann für Cyclohexanonoximsynthesen in ungepufferten und gepufferten Kreislaufprozessen eingesetzt werden [8.14, 8.15]. Neuere Untersuchungen betreffen Kinetik und Mechanismus der Stickstoffoxidhydrierung [8.16, 8.17] und Verbesserungen der Raum-Zeit-Ausbeute durch Anwendung hoher Mischenergien in den Reaktoren, hoher Katalysatorkonzentrationen im Reaktorgemisch und erhöhten Drucks bei der Reaktion [8.18]. Außer konventionellen Rührbehältern werden Blasensäulen, Kolonnen, Strahlreaktoren mit äußerem Flüssigkeitsumlauf und spezielle Mischapparate als Reaktoren empfohlen. Stickstoffoxid kann auch an teilweise in die Lösung eingetauchten wabenförmigen Platinnetzen hydriert werden.

8.2.4
HPO-Verfahren

Bei dem HPO-Verfahren (*Stamicarbon* [8.5]) wird eine phosphorsaure Ammoniumnitratlösung mit Wasserstoff an einem suspendierten Palladium/Kohle-Kontakt unter Druck bei 60 °C zu Hydroxylamin hydriert, das anschließend mit Cyclohexanon zu Cyclohexanonoxim umgesetzt wird. Nach Abtrennung des Oxims wird die Nitratkonzentration wieder auf den ursprünglichen Wert gebracht und die Lösung erneut eingesetzt.

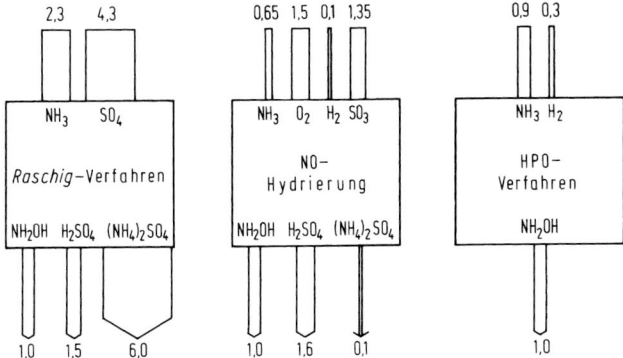

Abb. 8.3 Vergleich der Einsatzstoffe und Produkte für die technischen Verfahren zur Herstellung von Hydroxylamin

8.2.5
Vergleich der technischen Verfahren

Das *Raschig*-Verfahren hat einen großen Rohstoffbedarf. Es liefert eine stark ammoniumsulfathaltige wässrige Lösung von Hydroxylammoniumsulfat. Bei der Hydrierung des Stickstoffoxids erzielt man gute Ausbeuten bezogen auf Ammoniak und Wasserstoff und erhält eine Hydroxylammoniumsulfatlösung hoher Konzentration. Das HPO-Verfahren benötigt mehr Ammoniak und Wasserstoff, kommt jedoch ohne Sauerstoff und Schwefelsäure aus und führt direkt zum Cyclohexanonoxim. Die beiden Hydrierungsverfahren sind umweltfreundlich. Bei der Caprolactamsynthese erhält man je nach Herstellverfahren des eingesetzten Hydroxylamins sehr unterschiedliche Mengen des meist als Düngesalz verwendeten Nebenproduktes Ammoniumsulfat: beim *Raschig*-Verfahren 4,5 bei der NO-Hydrierung 2,3 und beim HPO-Verfahren 1,7 t/t Caprotactam. Abb. 8.3 zeigt einen Vergleich der technischen Verfahren zur Herstellung von Hydroxylamin bezüglich Art und Menge der Einsatzstoffe und Nebenprodukte bezogen auf 1 t NH_2OH.

8.3
Freie Base Hydroxylamin

8.3.1
Herstellung

Die freie Base Hydroxylamin entsteht bei der Umsetzung von Hydroxylammoniumsalzen mit Alkalien. In technischen Verfahren setzt man bevorzugt Hydroxylammoniumsulfat mit Natronlauge, Kalilauge oder auch Ammoniak um und destilliert das freigesetzte Hydroxylamin ab [8.19]. Man erhält dabei eine wässrige Lösung von Hydroxylamin, die z. B. mit 50% Hydroxylamingehalt auf dem Markt angeboten wird.

$$(H_3N-OH)_2 \, SO_4 + 2 \, NaOH \longrightarrow 2 \, H_2N-OH + Na_2SO_4 + 2 \, H_2O$$

8.3.2
Physikalische Eigenschaften

Wegen der leichten Zersetzlichkeit der freien Base Hydroxylamin enthalten die im Handel angebotenen wässrigen Lösungen einen Stabilisator.

Physikalische Daten der freien Base
Schmelzpunkt	33 °C
Siedepunkt	Zersetzung ab ca. 55 °C
Dampfdruck (40 °C)	1,2 kPa
Dichte	1,2044 g cm^{-3}
Löslichkeit in Wasser	in jedem Verhältnis mischbar

Physikalische Daten der 50%igen wässrigen, stabilisierten Lösung
Kristallisationstemperatur	8 °C
Dampfdruck (20 °C)	14 kPa
Dichte bei 20 °C	1120 g cm^{-3}
pH-Wert	10,6

8.3.3
Chemische Eigenschaften

Die freie Base zersetzt sich außerordentlich leicht in Gegenwart sehr kleiner Mengen (wenige ppm) von Schwermetallsalzen, wie z. B. Eisen, Kupfer, Chrom, Nickel, ferner von Oxidations- und Reduktionsmitteln sowie von Nitraten und Nitriten. Bei höheren Temperaturen (> 50 °C) und Konzentrationen von über 55 % Massenanteil von freiem Hydroxylamin kann spontane explosionsartige Zersetzung eintreten. Dabei entsteht aus einer kleinen Menge Flüssigkeit eine große Menge an Gasen, überwiegend Ammoniak, Stickstoff und Distickstoffoxid. Der üblicherweise in den wässrigen Lösungen enthaltene Stabilisator reduziert die Zersetzungsneigung, verhindert aber die Zersetzung nicht grundsätzlich. Weitere Reaktionen des Hydroxylamins sind unter den Hydroxylammoniumsalzen beschrieben.

8.4
Hydroxylammoniumsalze

8.4.1
Herstellung

Reine Hydroxylammoniumsalze erhält man beim *Raschig*- und HPO-Verfahren nach Oximierung der Hydroxylaminlösung durch saure Hydrolyse des Oxims und nachfolgende Salzkristallisation aus der wäßrigen Lösung [8.20–8.22]. Bei der Stickstoffoxidhydrierung lassen sich bei Wahl der entsprechenden Mineralsäure Sulfat, Chlorid und Phosphat [8.23, 8.24] direkt aus der filtrierten Reaktionslösung kristallisieren. Andere Salze stellt man aus Hydroxylammoniumsulfat oder -chlorid her: Phosphat, Oxalat, Fluorid, Perchlorat, Borat, Formiat. Wegen der Gefahr einer spontanen Zersetzung seines Kristallisats wird Nitrat [8.25, 8.26] gewöhnlich nur in Lösung gehandhabt.

8.4.2
Eigenschaften

8.4.2.1
Physikalische Eigenschaften
Einige wichtige physikalische Daten von handelsüblichen Hydroxylammoniumsalzen sind in Tab. 8.1 zusammengestellt (weitere Daten s. [8.4, 8.27, 8.28]). Hydroxylammoniumsalze neigen beim Lagern zum Verhärten. Hydroxylammoniumchlorid ist hygroskopisch.

8.4.2.2
Chemische Eigenschaften
Hydroxylammoniumsalze und -lösungen zersetzen sich beim Erwärmen. Eine fortschreitende exotherme Selbstzerstörung der Salze kann durch örtliche Hitzeeinwirkung ausgelöst werden. Schwermetallverunreinigungen, besonders Kupferverbindungen, erniedrigen die Zersetzungstemperatur [8.4, 8.25, 8.29]. Die Zersetzungsprodukte des Hydroxylammoniumsulfats sind Schwefeldioxid, Distickstoffoxid, Ammoniumsulfat und Wasser, die des Hydroxylammoniumchlorids sind Chlorwasserstoff, Stickstoff, Ammoniumchlorid und Wasser. Hydroxylammoniumsalzlösungen reagieren mit Alkalien zum leicht zersetzlichen freien Hydroxylamin [129]. Mit Nitriten bilden sie Distickstoffoxid. Durch Oxidation erhält man abhängig vom Oxidationsmittel und von den Reaktionsbedingungen Stickstoffverbindungen verschiedenen Oxidationsgrades. Starke Reduktionsmittel reduzieren zu Ammoniak. Viele Metallionen bilden komplexe Verbindungen mit Hydroxylamin als Ligand. Hydroxylammoniumverbindungen reagieren mit Aldehyden und Ketonen zu Oximen,

Tab. 8.1 Physikalische Daten von handelsüblichen Hydroxylammoniumsalzen [8.25]

		$(NH_3OH)_2SO_4$	$(NH_3OH)Cl$
Dichte	(g/cm^3)	1,883	1,676
Schüttgewicht	(kg/m^3)	ca. 1100	ca. 780
Zersetzungstemperatur			
1 % Gewichtsabnahme in 24 h bei	(°C)	122	115
exotherme Selbstzersetzung* bei	(°C)	180	140
Löslichkeit in Wasser bei 20 °C	(g/l)	460	560
Löslichkeit in Methanol bei 20 °C	(g/l)	0,54	121

*) bestimmt durch DTA

mit Carbonsäuren und ihren Derivaten zu Hydroxamsäuren, mit Cyanaten zu Hydroxyharnstoffen. Weitere chemische Eigenschaften siehe [8.27].

8.5
Toxikologie, Ökologie

Hydroxylamin und seine Salze sind gesundheitsschädlich [8.25]. Sie können eine Methämoglobinbildung auslösen. Hautreizungen und -entzündungen treten durch allergische Reaktionen, seltener durch akute Einwirkungen auf. Salzstäube können zu Reizungen der Augen und Atemwege führen [8.7]. Hydroylamin und seine Salze sind nach neueren Befunden cancerogen [8.30], für niedere Organismen mutagen [8.31].

Hydroxylamin und seine Salze habe eine hohe akute Toxizität für Wasserorganismen [8.32].

8.6
Verwendung

Hydroxylamin und seine Salze werden hauptsächlich für die Herstellung von Oximen verwendet (z.B in der Caprolactam- und Laurinlactamsynthese). Ferner dient es zur Herstellung von Hydroxy- und Dioximen für Metallchelat-Pigmente in Einbrennlacken, Druckfarben und Kunststoffen [8.33], für die Solventextraktion bei der Metallgewinnung [8.34] und als analytisches Reagens. Weitere Verwendungen sind die Herstellung von Methoxyharnstoffen für Pflanzenschutzmittel [8.35], die Synthese von Heterocyclen für Farbstoffvorprodukte und für Arzneimittel [8.36], der Einsatz als Reduktionsmittel im Laboratorium und zur Abtrennung des Plutoniums von Uran bei der Wiederaufarbeitung abgebrannter Kernbrennstoffe (siehe Nuklearer Brennstoffkreislauf, Bd. 6) [8.26, 8.37], als Bleichmittel in der Wollfärberei [8.38] und als Hilfsmittel bei der Küpenfärberei mit Indanthren-Blau-Farbstoffen zur Verhinderung von Überreduktion. Hydroxylamin ist ein Radikalfänger und dient deshalb als Regler für die Polymerisation von Acrylsäure und Acrylnitril, als Stabilisator von Latex bei der Naturkautschukgewinnung, als Polymerisationsstopper bei der Erzeugung von synthetischem Kautschuk und als Konservierungsmittel für photographische Farbentwickler. In Raketentreibstoffen kann es zur Kontrolle der Brenngeschwindigkeit eingesetzt werden. Die freie Base Hydroxylamin ist ein wichtiger Bestandteil von Formulierungen für Reinigungszwecke bei der Herstellung von Elektronikchips.

9
Blausäure, Cyanide und Cyanate

9.1
Historisches

Der Name »Blau«säure für die Verbindung HCN rührt, ebenso wie sein griechisches Äquivalent »Cyan« für die Gruppe CN, von der erstentdeckten Substanz her, in der diese Gruppe nachgewiesen wurde: dem intensiv gefärbten Eisencyan-Blaupigment, dem sog. Berliner Blau. Während dieses Pigment auch heute noch erhebliche Bedeutung vor allem in der Druckfarbenindustrie besitzt, ist es inzwischen in der industriellen Wichtigkeit von den einfachen Cyanverbindungen, der Blausäure selbst und ihren Salzen, weit überflügelt worden. Vor allem die Blausäure ist heute trotz ihrer Giftigkeit zu einem bedeutenden Grundstoff der chemischen Industrie geworden, besonders für die Synthese organischer Verbindungen.

Bis nach 1950 wurde Blausäure fast ausschließlich auf dem Umweg über ihre Salze hergestellt, anfangs aus Naturprodukten, später über synthetisch hergestellte Alkalicyanide. Seither haben die Verfahren zur direkten HCN-Synthese außerordentlich an Bedeutung zugenommen; dazu kommt, dass bei der Herstellung des Acrylnitrils nach dem modernen Sohio-Prozess Blausäure als Nebenprodukt anfällt. Aus diesen Gründen geht man heute fast ausschließlich den umgekehrten Weg, d.h. die Cyanide werden aus freier Blausäure hergestellt.

Für das Jahr 1998 wurde die Kapazität an synthetischer Blausäure in den USA mit 650 000 t a^{-1}, in Europa mit 400 000 t a^{-1} und in Japan mit 35 000 t a^{-1} angegeben [9.1].

9.2
Cyanwasserstoff

9.2.1
Eigenschaften

Reiner Cyanwasserstoff (Blausäure) ist bei Raumtemperatur eine farblose, leicht bewegliche Flüssigkeit mit beträchtlichem Dampfdruck und charakteristischem Geruch. Die wichtigsten physikalischen Eigenschaften sind in Tabelle 9.1 zusammengefasst.

Die reine Substanz neigt zu spontaner Polymerisation unter Dunkelfärbung. Das Produkt dieser Polymerisation lässt sich schlecht definieren; Versuche, auf diese Weise z. B. als Depotdünger verwendbare Substanzen zu erhalten, haben bisher zu keinem nutzbaren Erfolg geführt. Durch basische Substanzen oder Radikale wird die Polymerisation beschleunigt. Wegen der dabei auftretenden Wärmeentwicklung (–8,4 kJ mol^{-1}) kann dies durch Autokatalyse im geschlossenen Gefäß zu einem explosionsartigen Verlauf der Polymerisation führen. Von Ausnahmefällen abgesehen, wird deshalb wasserfreier Cyanwasserstoff stets nach der Herstellung mit Stabilisatoren versetzt, z. B. Phosphorsäure, schwefliger Säure oder Ameisensäure.

Tab. 9.1 Physikalische Eigenschaften von Cyanwasserstoff

Schmelzpunkt	(°C)	−13,3
Siedepunkt	(°C)	+25,7
Dichte bei 20 °C	(g cm^{-3})	0,687
Dampfdruck bei 0 °C	(bar)	0,352
bei 20 °C	(bar)	0,830
Kritische Temperatur	(°C)	183,5
Kritischer Druck	(bar)	50
Kritische Dichte	(g cm^{-3})	0,20
Wärmekapazität (flüssig) bei 20 °C	(J mol^{-1} K^{-1})	71,1
(gasförmig) bei 25 °C	(J mol^{-1} K^{-1})	44,1
Schmelzwärme	(kJ mol^{-1})	8,38
Verdampfungswärme	(kJ mol^{-1})	25,3
Standardbildungsenthalpie (gasförmig)	(kJ mol^{-1})	130,6
Freie Standardbildungsenthalpie (gasförmig)	(kJ mol^{-1})	120,1
Brechungsindex		1,27
Viskosität	(mPa s)	0,192

Mit Luft verbrennt Cyanwasserstoff in einer sehr heißen Flamme zu Stickstoff, Kohlenoxid und Wasser. Gemische aus Cyanwasserstoff und Luft sind zwischen 5,5 und 40 % Volumenanteil HCN zündfähig. Die Zündtemperatur liegt bei ca. 535 °C, der Flammpunkt bei −20 °C.

Mit Wasser ist Cyanwasserstoff in jedem Verhältnis mischbar und verhält sich in dieser Mischung als sehr schwache Säure. In verdünnter wässriger Lösung liegt die Dissoziationskonstante bei nur ca. $4 \cdot 10^{-10}$; erst bei pH 9,5 ist die Blausäure zu 50 % dissoziiert. Das Siedediagramm des Systems HCN/H$_2$O bei Atmosphärendruck findet man in [9.2].

Auch in wässriger Lösung neigt Blausäure insbesondere in Gegenwart geringer Mengen Alkali, d.h. bei gleichzeitiger Anwesenheit von CN$^-$ und HCN, zur Polymerisation, die durch Säurezusatz verhindert wird.

9.2.2
Herstellverfahren

9.2.2.1 Überblick

Die wichtigsten Verfahren zur industriellen Herstellung von Cyanwasserstoff beruhen heute auf der Umsetzung von Ammoniak mit Methan oder höheren Alkanen:

$$n\,\mathrm{NH_3} + \mathrm{C}_n\mathrm{H}_{2n+2} \longrightarrow n\,\mathrm{HCN} + (2n+1)\mathrm{H}_2; \qquad \Delta H \gg 0 \qquad (9.1)$$

Das charakteristische Unterscheidungsmerkmal der drei Prozesse, die zur Zeit die größte technische Bedeutung besitzen, ist die Art der Wärmezufuhr:
- Das in den 1930er Jahren bei der BASF von Leonid Andrussow entwickelte Andrussow-Verfahren [9.3–9.7] erzeugt die benötigte Wärme durch interne Verbrennung,
- das von der Degussa entwickelte BMA-Verfahren [9.8–9.12] durch Beheizung eines Bündels keramischer Rohre mit heißen Rauchgasen und
- das Shawinigan-Verfahren [9.13, 9.14] durch elektrische Beheizung eines Wirbelbetts aus leitfähigen Kohlepartikeln.

Die Herstellung von Cyanwasserstoff durch Freisetzung aus seinen Salzen, aus Melasse oder aus Kokereigasen haben heute nur noch historische, jedoch keine industrielle Bedeutung mehr.

Die Herstellung aus Formamid wird nur in Sonderfällen, in denen aufgrund einer Verbundwirtschaft die kostengünstige Versorgung mit dem Rohstoff Formamid sichergestellt ist, angewandt.

Großtechnische Bedeutung hat die Erzeugung von Cyanwasserstoff als Nebenprodukt bei der Herstellung von Acrylnitril nach dem Sohio-Verfahren (Ammonoxidation von Propen), da ein wirtschaftlicher Betrieb dieser Anlagen von der Umsetzung des Cyanwasserstoffs in die Folgeprodukte mit bestimmt wird. Der Ersatz von Propen durch Methanol führt zur Bildung von Cyanwasserstoff statt zu Acrylnitril. Die insbesondere von der Nitto Chemical Industry in den letzten Jahren untersuchte Ammonoxidation von Methanol hat bislang jedoch nicht zu großtechnischen Anwendungen geführt.

9.2.2.2 Andrussow-Verfahren

Setzt man einem Gemisch aus etwa gleichen Volumina Ammoniak und Methan Sauerstoff, etwa in Form von Luft, zu, so lässt sich die Reaktion so steuern, dass der nach Gleichung (9.2) gebildete Wasserstoff teilweise verbrennt, ohne dass die HCN-Bildung wesentlich behindert wird. Die freiwerdende Energiemenge reicht aus, um die Reaktionswärme für die HCN-Bildung aufzubringen und die Reaktionspartner aufzuheizen:

$$\mathrm{NH_3 + CH_4 \longrightarrow HCN + 3\,H_2} \qquad \Delta H = 252 \text{ kJ mol}^{-1}_{\mathrm{HCN}} \tag{9.2}$$

$$\mathrm{3\,H_2 + 1{,}5\,O_2 \longrightarrow 3\,H_2O} \qquad \Delta H = -726 \text{ kJ mol}^{-1} \tag{9.3}$$

$$\mathrm{NH_3 + CH_4 + 1{,}5\,O_2 \longrightarrow HCN + 3\,H_2O} \qquad \Delta H = -474 \text{ kJ mol}^{-1}_{\mathrm{HCN}} \tag{9.4}$$

Das eingesetzte Eduktgemisch entspricht in seiner Zusammensetzung in etwa der Gleichung (9.4), mit einem geringen Überschuss an Ammoniak gegenüber Methan. Durch die Anreicherung der Luft mit Sauerstoff bis hin zum Einsatz reinen Sauerstoffs anstelle von Luft lässt sich die Energieeffizienz des Verfahrens deutlich steigern, wobei gleichzeitig die Apparatedimensionen wegen des geringeren Gasballasts geringer werden.

Ein ähnlicher Effekt wird durch den Betrieb der Reaktoren mit Überdruck (bis 2 bar) erreicht. Am Katalysator, bestehend aus z. B. gestrickten Platin/Rhodium-Netzen, stellt sich eine Temperatur von ca. 1000 °C ein. Die Verweilzeit am Katalysator darf nur Bruchteile von Millisekunden betragen, da sonst unerwünschte Nebenreaktionen die Cyanwasserstoffausbeute verringern. Die erreichbaren Ausbeuten bezogen auf Methan und Ammoniak betragen etwa 65 %. Die Cyanwasserstoffbildung selbst ist unter diesen Bedingungen ein komplizierter Mechanismus, der trotz intensiver Forschungen bis heute nicht befriedigend aufgeklärt ist.

Das Andrussow-Verfahren ist im Hinblick auf die installierten Kapazitäten das mit Abstand bedeutsamste Verfahren zur Herstellung von Cyanwasserstoff und wird z. B. von DuPont, Rohm and Haas, Syngenta, Cytec und Röhm betrieben.

9.2.2.3 BMA-Verfahren

Im Gegensatz zum Andrussow-Prozess geht man, entsprechend der Gleichung (9.2), beim BMA (Blausäure aus Methan und Ammoniak)-Verfahren der Degussa von einem reinen Ammoniak/Methan-Gemisch aus. Dabei wird Ammoniak mit 3–8 % Überschuss eingesetzt.

Der Reaktor besteht aus einem Bündel von keramischen Rohren, die in einer gasbeheizten Reaktorkammer hängen. Die Rohre sind innen mit einem speziellen Platin/Aluminium-Katalysator beschichtet und werden von dem Reaktionsgemisch von unten nach oben durchströmt. Die hohe Reaktionstemperatur von bis zu 1250 °C verlangt eine sehr intensive Beheizung der Rohrbündel. Die Energie der aus den Reaktoren austretenden heißen Rauchgase wird rekuperativ zur Vorwärmung der Verbrennungsluft und zur Dampferzeugung eingesetzt.

Nach dem Austritt aus den Reaktionsrohren wird das Reaktionsgas schnell unter 250 °C abgekühlt, um Rückreaktionen zu vermeiden. Dies geschieht in wassergekühlten Kammern am Reaktorkopf, der gleichzeitig als Sammler für die aus den Rohren austretenden Reaktionsgase dient.

Der erwähnte geringe Überschuss an Ammoniak ist beim BMA-Verfahren erforderlich, um bei Abwesenheit von Sauerstoff die Bildung von Ruß und damit eine Belegung der Katalysatoroberfläche zu vermeiden. Die einzige nennenswerte Nebenreaktion besteht in einer geringfügigen Zersetzung von Ammoniak in seine Elemente. Die Ausbeute an Cyanwasserstoff beträgt in der Praxis etwa 90 % bezogen auf Methan und 80–85 % bezogen auf Ammoniak.

Produktionsanlagen nach diesem Verfahren werden in Deutschland, Belgien und den USA (Degussa) sowie in der Schweiz (Lonza) betrieben.

9.2.2.4 Shawinigan-Verfahren

Beim Shawinigan-Verfahren (= Fluohmic-Verfahren der Gulf Oil Canada Ltd.) werden gasförmige Kohlenwasserstoffe, bevorzugt Propan oder Butan, in einem elektrisch beheizten Wirbelbett aus leitfähigem Petrolkoks bei ca. 1480 °C mit Ammoniak umgesetzt.

$$3\,NH_3 + C_3H_8 \longrightarrow 3\,HCN + 7\,H_2 \qquad \Delta H = 211 \text{ kJ mol}^{-1}_{HCN} \qquad (9.5)$$

Das Shawinigan-Verfahren ist dem BMA-Verfahren insofern ähnlich, als auch hier mit einem sauerstofffreien Rohstoffgemisch und einem N/C-Verhältnis > 1 gearbeitet wird. In der Reaktionskammer aus Feuerfeststeinen hält das aufwärts strömende Gasgemisch das Wirbelbett aus Kohlepartikeln in Bewegung. Die Beheizung erfolgt durch Graphitelektroden, die durch das Gewölbe geführt sind und in das Wirbelbett eintauchen. Aufgrund der hohen Temperatur bei diesem nichtkatalytischen Verfahren läuft als Nebenreaktion die Zersetzung des Kohlenwasserstoffs und des Ammoniaks in die Elemente ab, sodass das Reaktionsgas nur noch sehr wenig Ammoniak enthält und die in der Anlage vorhandene Kohlemenge mit der Zeit zunimmt. Nach Verlassen der Reaktionskammer durchströmt das Reaktionsgas einen Zyklon, in dem mitgeschleppte Kohlepartikeln abgeschieden werden. Sie werden in Fraktionen gesiebt und zum Teil in den Reaktor zurückgeführt. Auf diese Weise steuert man das Niveau des Wirbelbetts und die Partikelgrößenverteilung.

Die Ausbeute an Cyanwasserstoff ist bezogen auf den eingesetzten Kohlenstoff >90% und bezogen auf Ammoniak >80%. Shawinigan-Anlagen im technischen Maßstab werden in Spanien (Uralita), Südafrika (SASOL), Australien (TICOR) und China (YSOC) betrieben. Es liegt auf der Hand, dass die entscheidende Voraussetzung für einen wirtschaftlichen Betrieb von Shawinigan-Anlagen ein günstiger Strompreis ist.

9.2.2.5 Aufarbeitung der Prozessgase

In Tabelle 9.2 sind typische Zusammensetzungen der Reaktionsgase der genannten drei Verfahren aufgelistet:

Je nach Verwendungszweck des Cyanwasserstoffs ist es bei den genannten Verfahren nicht immer erforderlich das Produkt zu isolieren und zu kondensieren. So können Alkalicyanide durch Neutralisation direkt aus der Gasphase gewonnen werden. Die wässrigen Lösungen der Alkalicyanide können wiederum bei einer Reihe von Verfahren statt des Cyanwasserstoffs eingesetzt werden.

Tab. 9.2 Zusammensetzung des Reaktionsgases bei der Cyanwasserstoff-Herstellung (% Volumenanteil)

	Andrussow-Verfahren[1]	BMA-Verfahren	Shawinigan-Verfahren
HCN	7,4	22,9	25
H_2	10,6	71,8	72
N_2	50,8	1,1	3
NH_3	2,1	2,5	0,05
CH_4	0,5	1,7 –
CO	3,9	–	–
CO_2	0,1	–	–
H_2O	24,3	–	–
O_2	0,3	–	–

[1] bei Betrieb mit Luft.

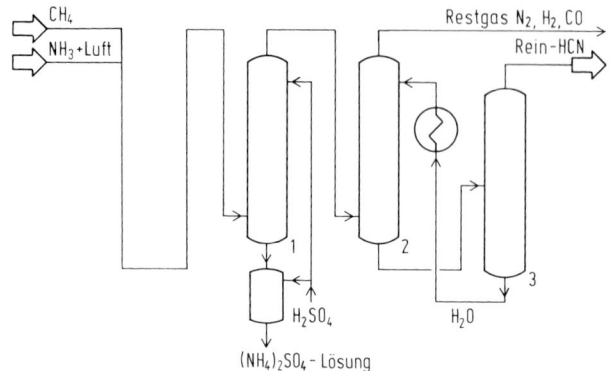

Abb. 9.1 Fließbild der Aufarbeitung von Cyanwasserstoff
1 Säurewaschturm, 2 Absorptionskolonne, 3 Destillationskolonne

Die Aufarbeitung des Reaktionsgases bis zum flüssigen Cyanwasserstoff folgt dem in Abbildung 9.1 dargestellten Schema. Im ersten Schritt wird nicht umgesetztes Ammoniak durch Zugabe von Schwefelsäure in einer ein- oder zweistufig ausgeführten Säurewäsche aus dem Reaktionsgas vollständig entfernt, da Cyanwasserstoff in Gegenwart alkalischer Substanzen zur Polymerisation neigt. Die entstehende Ammoniumsulfat-Lösung stellt einen Zwangsanfall dar, der entsorgt werden muss. Dies kann beispielsweise durch Kristallisation und Einsatz des Ammoniumsulfats in Düngemitteln geschehen. Alternativ zur Schwefelsäure kann Phosphorsäure eingesetzt werden, die je nach Temperatur zum Mono- oder Diammoniumphosphat führt und damit eine Rückgewinnung und den Wiedereinsatz des Ammoniaks erlaubt. Nach der Ammoniakabtrennung wird Cyanwasserstoff in einer Absorptionskolonne mit kaltem Wasser (ca. 5 °C) ausgewaschen und anschließend das entstandene Wasser/Cyanwasserstoff-Gemisch destillativ getrennt. Das am Sumpf der Destille abgezogene Wasser wird gekühlt und erneut zur Absorption eingesetzt. Das im Falle des Andrussow-Verfahrens durch die Reaktion gebildete Wasser wird kontinuierlich aus dem Waschwasserkreislauf ausgeschleust und einer Entgiftung zugeführt. Das BMA- und das Shawinigan-Verfahren sind dagegen abwasserfrei.

Das am Kopf der Absorptionskolonne abgezogene Restgas beim Andrussow-Verfahren (sog. Armgas) kann nur zu Heizwecken verwandt werden. Beim BMA- und Shawinigan-Verfahren besteht das Restgas dagegen aus nahezu reinem Wasserstoff, der auch für chemische Zwecke eingesetzt werden kann. Der etwa dreifach höhere HCN-Gehalt im Reaktionsgas der BMA- und Shawinigan-Anlagen wirkt sich positiv auf die Apparatedimensionierung aus.

9.2.2.6 Sohio-Verfahren

Die wichtigste großtechnische Route zum Acrylnitril ist der sog. Sohio-Prozess, der von der Standard Oil Company of Ohio (heute BP) entwickelt wurde [9.15] (s. auch Aliphatische Zwischenprodukte, Band 5). Dabei wird ein Gemisch aus Propen, Sauerstoff und Ammoniak katalytisch in einem Wirbelbettreaktor zu Acrylnitril und Wasser umgesetzt:

$$CH_2 = CH - CH_3 + NH_3 + 1{,}5\ O_2 \longrightarrow CH_2 = CH - CN + 3\ H_2O \qquad (9.6)$$

Eine Analogie zum Andrussow-Verfahren besteht insofern, als es sich hier wie dort um eine Ammonoxidation handelt, und Cyanwasserstoff das Nitril der Ameisensäure ist. Daher ist verständlich, dass beim Sohio-Prozess als Nebenprodukte Acetonitril und Cyanwasserstoff gebildet werden. Die Menge an Cyanwasserstoff beträgt etwa 10% der Menge an Acrylnitril und führt somit wegen der großen Acrylnitrilkapazitäten zu einem weltweiten erheblichen Zwangsanfall an Cyanwasserstoff, der etwa ein Drittel der Gesamtproduktion an Cyanwasserstoff ausmacht. Wegen des mit dem Transport von Cyanwasserstoff verbundenen großen Aufwands ist eine Weiterverarbeitung an Ort und Stelle wünschenswert.

9.2.3
Lagerung und Transport

Bei Lagerung und Transport von Cyanwasserstoff sind seine Toxizität und seine Neigung zur stark exotherm verlaufenden Polymerisation zu beachten. Flüssiger Cyanwasserstoff muss daher mit Säure stabilisiert, gekühlt und möglichst wasserfrei gelagert und transportiert werden. Zur Vermeidung von Totzonen mit unzureichender Stabilisierung sollte der flüssige Cyanwasserstoff zudem ständig umgewälzt werden. Temperatur und Dunkelfärbung des gelagerten Cyanwasserstoffs müssen kontinuierlich überwacht werden, um beginnende Polymerisation so frühzeitig zu erkennen, dass Gegenmaßnahmen (z. B. »Notstabilisierung« durch Zugabe größerer Mengen an Essigsäure und Schwefeldioxid) ergriffen werden können. Die Vorschriften für die Lagerung und den Transport von flüssigem Cyanwasserstoff sind länderspezifisch. In der Bundesrepublik Deutschland unterliegen HCN-Behälter der Druckgasverordnung, da es im Fall von Polymerisation mit Erwärmung zu einem starken Druckanstieg im Behälter kommt. In verdünnter Form darf Cyanwasserstoff bis höchstens 20% HCN-Gehalt transportiert werden.

9.2.4
Verwendung

Die meisten großtechnischen Anwendungen des Cyanwasserstoffs liegen im Bereich der organischen Synthese. Mengenmäßig am bedeutendsten ist der Einsatz von HCN zur Produktion von Adiponitril, das wiederum zu Hexamethylendiamin und letztlich zu Nylon 6,6 weiterverarbeitet wird (s. auch Aliphatische Zwischenprodukte, Band 5).

Addition von Cyanwasserstoff an Aceton führt zum Acetoncyanhydrin, das als Rohstoff für Methacrylsäureester bzw. deren Polymerisate dient. Die Reaktion zwischen Cyanwasserstoff und Chlor liefert Chlorcyan, dessen Trimerisierung zum Cyanurchlorid führt, dem Ausgangsstoff für die große Palette der Triazinderivate. Von den Aminosäuresynthesen, die von Cyanwasserstoff als stickstoffhaltigem Rohstoff ausgehen, ist die Methionin- bzw. MHA- (Methionin Hydroxy Analog) Synthese von besonderer technischer Bedeutung. Verwendung findet Cyanwasserstoff außerdem bei der Herstellung von Komplexbildnern wie EDTA (Ethylenediamine tetraacetic acid), DTPA (Diethylenetriamine pentaacetic acid) und HEDTA (Hydroxyethyl ethylenediamine triacetic acid). Daneben werden sowohl einfache wie komplexe anorganische Cyanide über Cyanwasserstoff hergestellt, und die Zahl der organischen Feinchemikalien, bei deren Herstellung Cyanwasserstoff eingesetzt wird, ist unübersehbar.

9.3 Alkalicyanide

9.3.1 Eigenschaften

Die Cyanide des Natriums und Kaliums sind die wichtigsten einfachen Cyanide, die technische Bedeutung besitzen. Sie sind einander sehr ähnlich. Es handelt sich um farblose, hygroskopische Salze, die an sich geruchlos sind. An feuchter Luft erfolgt jedoch langsame Verdrängung der Blausäure durch die stärkere Kohlensäure, sodass die Cyanide praktisch immer den typischen Geruch nach HCN aufweisen. Unter Ausschluss von Luft und Feuchtigkeit sind die Salze stabil. Bei erhöhter Temperatur werden sie durch Luftsauerstoff stufenweise oxidiert. In Tabelle 9.3 sind einige physikalische Daten zusammengestellt:

Tab. 9.3 Physikalische Daten von Natrium- und Kaliumcyanid

		NaCN	KCN
Schmelzpunkt	(°C)	562	605
Dichte bei 20 °C	(g cm^{-3})	1,546	1,56
Standardbildungsenthalpie	(kJ mol^{-1})	–89,9	–112,5
Schmelzenthalpie	(kJ mol^{-1})	18,2	14,6
Löslichkeit in Wasser (20 °C)	(%)	36,7	40,4

Die wässrigen Lösungen der reinen Salze reagieren infolge Hydrolyse stark alkalisch (pH > 11 für 0,1-molare Lösungen). Handelsprodukte enthalten zur Stabilisierung zusätzlich Alkali. Beim längeren Aufbewahren der Lösung tritt auch Hydrolyse der C≡N-Bindung ein, sodass technisches Alkalicyanid stets auch Spuren von Formiat enthält.

9.3.2 Herstellung

Der jahrzehntelang beschrittene Weg zum Natriumcyanid über Natriumcyanamid nach dem Castner-Verfahren ist heute durch das Neutralisationsverfahren ersetzt worden. Dabei ist es nicht unbedingt erforderlich, flüssigen Cyanwasserstoff zu verwenden; auch gasförmiger Cyanwasserstoff, z. B. in Form des Reaktionsgases aus dem Methan/Ammoniak-Verfahren, kann nach der Entfernung des Ammoniaküberschusses unmittelbar eingesetzt werden. Bei der Zusammenführung des Cyanwasserstoffs mit Natronlauge kommt es vor allem darauf an, Polymerisation und Hydrolyse zu vermeiden. Man setzt einen Überschuss an NaOH von bis zu 3% ein und verwendet relativ konzentrierte Lauge. Nach möglichst kurzer Verweilzeit wird das Produkt anschließend im Vakuum unterhalb von 100°C, aber oberhalb des Beständigkeitsbereichs der Hydrate auskristallisiert.

Für die anschließende Trocknung des etwa 12% Feuchte enthaltenden Salzes ist ein zweistufiges Trocknungsverfahren mit heißer, CO_2-freier Luft (bis 430 °C) geeignet. Unabhängig von dem speziellen jeweils eingesetzten Trocknungsverfahren ist die den Trockner verlassende Feuchtluft sorgfältig zu entgiften. Das Produkt wird anschließend in der Regel zu Presslingen, Granulaten oder Pulver verarbeitet und zum Schluss noch einmal nachgetrocknet.

Die Herstellung von Kaliumcyanid geschieht weitgehend analog.

9.3.3
Verwendung

Natriumcyanid wird hauptsächlich als Laugungsmittel in der Goldbergbauindustrie verwendet. Ein anderes wichtiges Anwendungsgebiet der Alkalicyanide ist die Herstellung von Härtesalzen für die Salzbadnitridierung von Stählen. Die Lösefähigkeit ihrer wässrigen Lösungen für Edelmetalle wird sowohl im Bergbau als auch in der Galvanik genutzt.

Ein weiteres Anwendungsgebiet der Alkalicyanide ist die organische Synthese, wo sie in einer Fülle von Reaktionen eingesetzt werden, wie beispielsweise zur Cyanierung und zum Halogenaustausch.

9.4
Komplexe Eisencyanide

9.4.1
Alkali- und Erdalkalihexacyanoferrat(II)

Die klassische Methode der Herstellung von Ferrocyaniden ist namensgebend für eine der wichtigsten Verbindungen: gelbes Blutlaugensalz, $K_4Fe(CN)_6$. Bis zur Mitte des 18. Jahrhunderts wurde diese Verbindung und das entsprechende Gelbnatron $Na_4Fe(CN)_6$ aus der Reaktion von Blut und Auszügen von Tierkadavern mit Pottasche bzw. Soda und der nachfolgenden Behandlung mit Eisen(II)salzen gewonnen.

Im Zuge der aufkommenden Leuchtgasindustrie fanden Gasreinigungsmassen Verwendung als Rohstoff für die Gelbnatronherstellung. Gasreinigungsmasse fiel bei der Reinigung von Kokereigasen an und wurde nach einem Patent von KUNHEIM und ZIMMERMANN (1883) mit Kalk oder Laugen ausgekocht.

Heute werden Ferrocyanide überwiegend aus Blausäure, die z. B. bei der Acrylnitrilherstellung (s. 9.2.2.6) als Nebenprodukt entsteht, und Eisen(II)-verbindungen hergestellt. Blausäure wird durch alkalische Wäsche in Alkalicyanidlaugen umgewandelt, Eisen(II)-verbindungen fallen bei der Entzunderung von Stählen mit Mineralsäuren an und werden in großen Mengen bei der Dephosphatierung in Kläranlagen eingesetzt.

Durch Kristallisation nach Umsetzung von Cyanidlauge mit Eisen(II)chlorid

$$6\ NaCN + FeCl_2 \longrightarrow Na_4Fe(CN)_6 + 2\ NaCl$$

erhält man das hellgelbe $Na_4Fe(CN)_6 \cdot 10\ H_2O$. Analog erfolgt die Gewinnung des Calciumhexacyanoferrats(II), $Ca_2[Fe(CN)_6]$. Auch das Kaliumsalz ist auf diesem Weg erhältlich; billiger ist jedoch der Umweg über das Calciumsalz, weil in diesem Falle nur 4 mol K-Verbindungen eingesetzt werden müssen: Man fällt mit Kaliumchlorid das im kalten Wasser schwer lösliche $K_2Ca[Fe(CN)_6]$ aus, das anschließend mit Kaliumcarbonat zum Kaliumhexacyanoferrat(II) umgesetzt wird. Durch Abkühlen der filtrierten und eingeengten Lösung kristallisiert das zitronengelbe Trihydrat $K_4Fe(CN)_6 \cdot 3\ H_2O$ aus. Auch das Natriumsalz ist mittels Soda aus dem Ca-Salz zugänglich.

Wegen der hohen Stabilität des $[Fe(CN)_6]^{4-}$-Komplexes besitzen die Salze nur geringe Toxizität. Sie bewirken schwache, kurzfristige, lokale Reizungen auf Haut und Schleimhäuten. Erst durch Einwirkung starker Säuren wird Cyanwasserstoff freigesetzt. Die wässrigen Lösungen zersetzen sich im Sonnenlicht allmählich unter Abscheidung von Eisen(III)-Hydroxid.

Das Kalium- und das Natriumsalz sind wichtige Rohstoffe für die Herstellung von Eisenblau-Pigmenten. Das Kaliumsalz ist zur Weinschönung zugelassen und wird in der Textilindustrie bei der Anilinschwarz- und Küpenfärberei eingesetzt. Beide Salze finden Verwendung in der Galvanik, in der Foto-, der chemischen und der pharmazeutischen Industrie. Die Natrium-, Kalium- und Calciumsalze werden u.a. als Antiklumpmittel für Streu- oder Viehsalz, zur Beseitigung von Schwermetallspuren, bei der fermentativen Herstellung von Fruchtsäuren und bei der Flotation verwendet [9.16].

9.4.2
Kaliumhexacyanoferrat(III)

Das orangegelbe bis rubinrote, auch Rotkali oder Kaliumferricyanid genannte rote Blutlaugensalz wird durch Oxidation von Kaliumhexacyanoferrat(II) hergestellt. Das geschieht heute meist elektrolytisch. Die Oxidation ist auch mit Wasserstoffperoxid möglich [9.17].

Der Hexacyanoferrat(III)-Komplex ist sehr stabil. Starke Säure setzt jedoch Cyanwasserstoff frei.

Kaliumhexacyanoferrat(III) wird in großem Umfang als Bleichmittel bei der Entwicklung von Farbfotomaterialien verwendet. Es wird als Oxidationsmittel in der organischen Synthese, bei der Flotation von Erzen, zur Ätzung und bei der Herstellung von Halbleitern (CMP) sowie als Korrosionsschutzmittel eingesetzt.

9.4.3
Eisenblau-Pigmente (siehe auch 3 Anorganische Pigmente, Bd. 8, Abschnitt 4.7)

Die rein zufällige Entdeckung des Eisenblaupigments wird dem Alchimisten, Farbenmischer und Maler DIESBACH aus Berlin zugeschrieben. Dieser goss 1704 nach einem misslungenen Farbansatz einige Essenzen wahllos zusammen. Per Zufall nahm er die drei notwendigen Ausgangsstoffe für Eisenblau: eine eisen-, eine kali- und eine ferrocyanidhaltige Lösung, letztere wurde aus Tierblut gewonnen.

Wenige Jahre später tauchte Eisenblau erstmals in der Fachliteratur auf. Als Vorteil der neuen Malerfarbe wurde betont, dass der Pinsel ohne Lebensgefahr mit den Lippen geglättet und gespitzt werden dürfe.

Bereits Ende des 18. Jahrhunderts entstand die erste, wenn auch kleine Fabrik zur Herstellung von Eisenblau in Paris. Der Firmeninhaber gab dem Pigment auch seinen Namen: Milori-Blau. Die erste Produktionsstätte in Deutschland entstand 1830 in der Nähe von Aachen. Unter dem Namen Gebr. Vossen & Co. KG wurde der Standort 40 Jahre später nach Neuss verlegt; inzwischen diente Gasreinigungsmasse als Rohstoffquelle. 1905 gründeten VOSSEN und ZIMMERMANN (s. Abschnitt 9.4.1) unter Beteiligung der Degussa die Chemische Fabrik Wesseling, in der ab 1914 Eisenblau-Pigmente hergestellt wurden. Hintergrund war das für die Edelmetallscheidung benötigte Kaliumcyanid, das zunächst aus Gelbkali und Pottasche gewonnen wurde.

»Eisenblau-Pigmente« ist die Normbezeichnung für eine Reihe von Pigmenten auf Basis mikrokristalliner Fe(II)Fe(III)-Cyanokomplexe, die unter Namen wie Berliner Blau, Milori-Blau, Pariser Blau oder Preußisch Blau bekannt sind [9.18]. Die Summenformel wurde aus röntgen- und infrarotspektroskopischen Daten bestimmt zu $M^I Fe^{II} Fe^{III}(CN)_6 \cdot H_2O$. Der Farbton des Pigments ist vor allem abhängig von der Temperatur und der Konzentration der Ausgangslösungen und von der Art und Konzentration der im Gitter eingebauten einwertigen Ionen wie Na^+, K^+ und NH_4^+. Die Pigmente werden durch Fällung von komplexen Eisen(II)-Cyaniden, meist Natriumhexacyanoferrat(II), mit Eisen(II)-Salzen in wässriger Lösung hergestellt. Dabei entsteht das sog. Berliner Weiß, ein Eisen(II)-Hexacyanoferrat(II) [9.19], das z.T. nach Alterung zum Blaupigment oxidiert wird. Die Oxidation kann in salzsaurer Lösung mit Chlorat oder im schwefelsauren Medium mit Wasserstoffperoxid erfolgen. Die Blaupigment-Suspension wird mit Hilfe einer Filterpresse filtriert, säure- und salzfrei gewaschen, schonend getrocknet und u. U. anschließend gemahlen.

Eisenblau-Pigmente sind gegen verdünnte Säuren und gegen Oxidationsmittel beständig. Von konzentrierten heißen Säuren und von Alkalien sowie bei Temperaturen über ca. 140 °C werden sie zersetzt. Sie sind im Vollton hervorragend licht- und wetterfest.

Diese Pigmente finden vielseitige Anwendung in Druckfarben, zur Anfärbung von Fungiziden oder Papiermassen, in der Farben- und Lackindustrie und zur Herstellung von Kohlepapier. Im Jahre 2001 lag der weltweite Bedarf bei ca. 10 000 t a^{-1} Eisenblau-Pigmenten.

Nachteilige Wirkungen für Mensch und Tier sind nicht bekannt. Eisenblau-Pigmente werden im menschlichen Körper weder re- noch persorbiert. Diese Eigenschaft ist insbesondere bei der medizinischen Anwendung wünschenswert. Weitgehend reines Eisenblau der Formel $Fe^{III}_4[Fe^{II}(CN)_6]_3$ wird als Komplexierungsmittel zur Dekontamination von Personen eingesetzt, die radioaktives Cäsium-137 inkorporiert haben. Der wasserunlösliche Komplex wird im Gastrointestinaltrakt absorbiert und mit dem Stuhl ausgeschieden. Für die Dekontamination von Tieren, bes. Milchvieh und Wild, oder auch von Milch selbst, kann Eisenblau ebenfalls effektiv eingesetzt werden. Diese Eigenschaft wurde nach der großflächigen Cäsiumverseuchung aufgrund des Tschernobyl-Unglücks vielfach genutzt.

9.5
Cyanate

Natrium- und Kaliumcyanat werden technisch aus Harnstoff und den entsprechenden Carbonatsalzen hergestellt:

$$2\ (NH_2)_2CO + M_2CO_3 \longrightarrow 2\ MOCN + 2\ NH_3 + CO_2 + H_2O$$

M = Na oder K

Während die Reaktion mit Kaliumcarbonat in der Schmelze bei 400° C glatt abläuft, erfolgt die Reaktion zwischen Natriumcarbonat und Harnstoff bei ca. 250 °C in der Feststoffphase und liefert nur ein ca. 90–92 %iges Natriumcyanat. Eine Umarbeitung dieses Materials in der Schmelze zu 98 %igem Natriumcyanat ist möglich, wobei die Bildung des Nebenproduktes Natriumcyanid in Kauf genommen werden muss.

Alkalicyanate sind als »gesundheitsschädlich« eingestuft. Sie sind nicht brennbar und haben schwach ätzende Eigenschaften. Das Einatmen von Staub oder der Kontakt mit den Augen kann zu starken Beschwerden führen. Nach den Transportvorschriften sind Alkalicyanate nicht als Gefahrgut zu deklarieren.

Alkalicyanate sind nur in Wasser gut löslich, wo sie sich unter Bildung von Ammoniak und Alkalicarbonaten zersetzen können. Die Entgiftung von wässrigen Alkalicyanid-Lösungen mittels Wasserstoffperoxid verläuft über die Zwischenstufe der Alkalicyanate.

Natriumcyanat ist die bevorzugte Substanz für die Synthese von N-heterocyclischen Verbindungen, die im Pharma- und Pflanzenschutzbereich von technischer Bedeutung sind. Kaliumcyanat hat seine größte technische Bedeutung im Bereich der Stahlhärtung, wobei zunehmend auch Natriumcyanat eingesetzt wird [9.20].

9.6
Thiocyanate

9.6.1
Eigenschaften und Verwendung

Wird der Sauerstoff des Cyanats (OCN⁻) (s. Abschnitt 9.5) durch Schwefel ersetzt, bezeichnet man die Salze als Thiocyanate (SCN⁻). In vielen Ländern wird auch die alte Bezeichnung Rhodanide verwendet. Die Thiocyanate sind im Gegensatz zur wirtschaftlich unbedeutenden Thiocyansäure (HSCN) sehr stabil, sowohl in kristalliner Form als auch in Lösungen. In Wasser, aber auch in z. B. Methanol, Ethanol und Aceton sind Natrium-, Kalium- und Ammoniumthiocyanate gut löslich. Mit Eisen(III) bildet das Thiocyanat-Ion den intensiv roten Ferrihexathiocyanato-Komplex, was als einfacher Nachweis für Eisenspuren dienen kann. Thiocyanate werden als chaotrop bezeichnet und lassen sich als Quellmittel für Proteine und einige Polymere einsetzen. Hierauf beruht die Verwendung von Thiocyanaten bei der Entwicklung von Farbfilmen in der Photographie sowie bei der Verspinnung von Polyacrylnitril zu Fäden [9.21]. Thiocyanate sind wichtige Ausgangsstoffe für die Herstellung von zahlreichen schwefelhaltigen Chemikalien, die insbesondere als Fungizide oder Herbizide in der Landwirtschaft eingesetzt werden. Auch wird Natriumthiocyanat als Abbindebeschleuniger in Beton verwendet.

Wirtschaftliche Bedeutung haben insbesondere Natrium- und Ammoniumthiocyanat, während die Kalium-, Calcium- und Kupfersalze nur in kleineren Mengen für spezielle Anwendungen Verwendung finden. Die weltweite Thiocyanat-Produktion dürfte z. Zt. bei ca. 20000 t a⁻¹ liegen.

Obwohl Thiocyanat als gesundheitsschädlich eingestuft werden, ist es bei vielen biochemischen Vorgängen im tierischen und menschlichen Körper unverzichtbar [9.22]. Es wird mit der Nahrung als Glucosinolat aufgenommen und bei Bedarf durch Abbau von Aminosäuren produziert. So enthält menschlicher Speichel 50–100 mg SCN pro Liter, dessen keimtötende Wirkung zur Abwehr von Infektionen dient. Durch Umsetzung mit Peroxiden und Laktobakterien zu Hypothiocyanit (OSCN-) verhindert Thiocyanat auf natürlichem Wege das Sauerwerden von frischer Milch.

9.6.2
Herstellverfahren

9.6.2.1 Herstellung von Ammoniumthiocyanat aus Ammoniak und Schwefelkohlenstoff

Schwefelkohlenstoff und Wasser werden in einem Reaktor erwärmt und Ammoniak bei ca. 50 °C unter Rühren zudosiert. Dabei entsteht neben Ammoniumthiocyanat auch Ammoniumsulfid, das in einer zweiten Stufe abgetrennt wird und zum größten Teil als Abfall anfällt. Nach einem neueren kontinuierlichen Verfahren [9.23], das sich in Europa und Nordamerika durchgesetzt hat, werden Schwefelkohlenstoff und Ammoniak in der Gasphase katalytisch umgesetzt nach der Gleichung:

$$CS_2 + 2\,NH_3 \longrightarrow NH_4SCN + H_2S$$

Die nach diesem Verfahren gewonnene Ammoniumthiocyanat-Lösung weist eine hohe Reinheit auf. Sie wird nach Aufkonzentrieren als Lösung verkauft oder kann zu Kristallen eingedampft werden. Da nach Reinigung des Abgases der Schwefelwasserstoff z. B. einer Claus-Anlage zugeführt werden kann, entsteht bei diesem Verfahren kein Abfall.

9.6.2.2 Herstellung von Ammoniumthiocyanat aus Kokereigas

In einer Kreislaufwäsche, in die Schwefel dosiert wird, reagieren die im Koksofengas enthaltene Gase entsprechend:

$$3\,NH_3 + HCN + H_2S + S \longrightarrow NH_4SCN + (NH_4)_2S$$

Nach Abdestillieren des Ammoniumsulfids wird die entstehende Lösung dem Bedarf entsprechend gereinigt und aufgearbeitet.

9.6.2.3 Herstellung von Natriumthiocyanat aus Ammoniumthiocyanat

Natriumthiocyanat entsteht, wenn eine siedende Ammoniumthiocyanat-Lösung mit Natronlauge versetzt wird.

$$NH_4SCN + NaOH \longrightarrow NaSCN + NH_3 + H_2O$$

Das Natriumthiocyanat wird als Lösung oder nach Eindampfen in Form von Kristallen in den Handel gebracht. Das freigesetzte Ammoniak wird in die Ammoniumthiocyanat-Herstellstufe zurückgeführt.

9.6.2.4 Herstellung von Natriumthiocyanat aus Natriumcyanid

Natriumthiocyanat entsteht durch Zugabe eines Überschusses an Schwefelpulver zu einer wässrigen Natriumcyanid-Lösung bei ca. 40 °C. Nach Abtrennung der Feststoffe wird eine reine Natriumthiocyanat-Lösung erhalten.

9.7 Umweltschutz und Toxikologie

9.7.1 Toxizität von Blausäure und Cyaniden

Blausäure und ihre Salze sind starke und außergewöhnlich schnell wirkende Gifte. Wesentliche, aber nicht einzige Wirkungsweise ist die Bindung des Cyanid-Ions an die Cytochrom-Oxidase in den Mitochondrien und die dadurch verursachte Unterbrechung der Zellatmung.

Die Aufnahme der freien Säure kann durch Einatmen, durch Verschlucken oder durch Hautresorption erfolgen. Die tödliche Dosis wird mit 0,7–3,5 mg pro Kilogramm Körpergewicht angegeben; als sofort tödlich wird eine Konzentration von 270 ppm HCN in der Atemluft angesehen. Bei Inhalation können erste Symptome schon nach Sekunden auftreten, bei hoher Dosis tritt der Tod in kurzer Zeit ein.

Die Salze der Blausäure, die Cyanide, weisen eine ebenso hohe Toxizität auf. Die Wirkung tritt insgesamt langsamer ein als bei Inhalation gasförmiger Blausäure, der intrazelluläre Wirkungsmechanismus ist der Gleiche.

Der MAK-Wert für Cyanide, berechnet als CN, beträgt 5 mg m^{-3}, die Senatskommission der DFG hatte allerdings einen Wert von 2 mg m^{-3} vorgeschlagen. Der Geruch der Blausäure ist zwar sehr charakteristisch, als Warnsignal aber unzuverlässig. Die Konzentrationsgrenze der Wahrnehmbarkeit ist nämlich individuell sehr verschieden. Für viele Menschen ist Blausäure selbst in gefährlichen Konzentrationen völlig geruchlos. Maßnahmen zur Minimierung der Gefährdung in Betrieben, in denen mit Blausäure gearbeitet wird, können z. B. eine stationäre oder personenbezogene Überwachung der HCN-Konzentration in der Atemluft sein.

Bei einer Cyanidvergiftung stehen allgemeine Maßnahmen (Selbstschutz, Alarmierung der Rettungskräfte, Rettung des Verletzten aus der Gefahrenzone, Entfernung kontaminierter Kleidungsstücke, evtl. zusätzlich künstliche Beatmung) wie bei jeder Vergiftung am Beginn der Erste-Hilfe-Maßnahmen.

Eine schwere Blausäurevergiftung erfordert die schnelle Gabe von Antidoten (Gegengifte). Das primäre Prinzip einer Antidot-Therapie ist die Entfernung des Cyanid-Ions von der Cytochrom-Oxidase in den Mitochondrien, um die Zellatmung wieder in Gang zu setzen. Als Antidote waren oder sind Natriumnitrit, Amylnitrit, 4-Dimethylaminophenol, Natriumthiosulfat, Cobalamin, Cobalt-EDTA oder Kombinationen in Gebrauch. Vor Aufnahme des Umgangs mit Blausäure und Cyaniden ist durch den lokalen Arbeitsmediziner zu klären, welches Antidot in Einklang mit den örtlichen Regularien zur Anwendung kommen kann.

Neben der spezifischen Antidot-Therapie hat sich die Gabe von reinem Sauerstoff als sinnvoll erwiesen, obwohl sich dies nicht aus dem Hauptwirkmechanismus der Cyanide (Blockierung der Zellatmung und damit des Sauerstoff-Verbrauchs) ableiten lässt.

9.7.2
Entgiftung cyanidhaltiger Abfallstoffe

Beim Arbeiten mit Blausäure und Cyaniden entstehen cyanidhaltige Abfälle, die entgiftet oder anderweitig beseitigt werden müssen [9.24–9.26]. Cyanide in Abwässern werden in aller Regel zu den weit harmloseren Cyanaten oxidiert. Das konventionelle Oxidationsmittel hierfür war in der Vergangenheit Hypochlorit. Diese Reaktion verläuft über Chlorcyan als Zwischenprodukt und nur im alkalischen Bereich (pH >11) vollständig. Sie wird potentiometrisch gesteuert. Durch Zugabe von weiterem Hypochlorit wird das Cyanat zu Carbonat und Stickstoff weiteroxidiert:

$$CN^- + OCl^- \longrightarrow OCN^- + Cl^-$$

Der mit der Hypochlorit-Oxidation verbundene Nachteil, dass dabei der Salzgehalt des Abwassers ansteigt, führte immer mehr zu der Verwendung von Wasserstoffperoxid als Oxidationsmittel:

$$CN^- + H_2O_2 \longrightarrow OCN^- + H_2O$$

Hierbei werden keinerlei Nebenprodukte gebildet, die Oxidation verläuft direkt zum Cyanat, und der Sauerstoffbedarf des Wassers wird gesenkt. Bei einem dieser Entgiftungsverfahren unter Anwendung von Wasserstoffperoxid wird ein spezieller Aktivator eingesetzt. Andere Methoden der Cyanidabwasser-Entgiftung haben nur geringe Bedeutung gewonnen. Die Oxidation mit Ozon ist apparativ recht aufwändig, ebenso die Hydrolyse des Cyanids unter hydrothermalen Bedingungen mit dem zusätzlichen Nachteil, dass anschließend noch das entstandene abwasserbelastende Ammoniak unschädlich gemacht werden muss.

In der Härterei-Technik fallen cyanidhaltige »Altsalze« an. Trotz mannigfacher Versuche hat sich bisher kein Verfahren zur Aufarbeitung dieses Materials finden lassen, das der gegenwärtig gebräuchlichen Untertagedeponie vorzuziehen wäre.

Die Entgiftung von cyanidhaltigen Erzaufschlämmungen aus der Goldbergbauindustrie gewinnt immer mehr an Bedeutung. Das Inco-Verfahren:

$$CN^- + O_2 + SO_2 + H_2O \longrightarrow OCN^- + H_2SO_4$$

und das Caro'sche-Säure-Verfahren

$$CN^- + H_2SO_5 \longrightarrow OCN^- + H_2O$$

werden hierzu eingesetzt [9.1].

Eine Weiterentwicklung nutzt Synergien des Inco-Verfahrens und des Caro'sche-Säure- oder Wasserstoffperoxid-Verfahrens um cyanidhaltige Erzaufschlämmungen wirtschaftlicher zu entgiften (CombinOx) [9.27].

9.8
Zusammenfassung und Ausblick

Cyanide und ihre Verbindungen finden vielfältige Anwendungen in verschiedenen Industrien weltweit. Die toxikologische Auswirkungen sowie die Entgiftungs- und Entsorgungsmöglichkeiten sind wohl bekannt bzw. wohl definiert mit etablierten Technologien.

Es hat in den letzten Jahren immer wieder Anstrebungen gegeben, Cyanidverbindungen durch andere weniger toxische Stoffe zu ersetzen. Dies ist nur sehr begrenzt gelungen bei einigen Synthesen in der chemischen Industrie sowie in der Galvanotechnik.

Auch die Versuche Natriumcyanid als Laugungsmittel in der Goldbergbauindustrie zu ersetzen sind nicht erfolgreich gewesen. Zur Zeit gibt es keine wirtschaftlichen und unbedenklichen alternativen Laugungsmittel [9.28].

10 Literatur

Abschnitt 2

2.1 K. Tamaru: The History of the Development of Ammonia Synthesis in J. R. Jennings (Hrsg.): *Catalytic Ammonia Synthesis, Fundamentals and Practice*, Plenum Press, New York – London, **1991**, ISBN 0 306 43628 0.

2.2 M. Appl: The Haber Bosch Heritage: The Ammonia Production Technology, *50th Anniversary of the IFA Technical Conference*, Sevilla, **1997**.

2.3 Mega-ammonia round-up. *Nitrogen Methanol* **2002**, *258*, 39–48.

2.4 D. E. Ridder, M. V. Twigg: Steam Reforming, in M. V. Twigg (Hrsg.): *Catalyst Handbook*, 2nd Ed., Wolfe Publishing Ltd., London, **1989**, ISBN 00 7234 08 572

2.5 M. Appl: *Ammonia-Principles and Industrial Practice*, Wiley-VCH Verlag GmbH, Weinheim, **1999**.

2.6 J. R. Jennings (Hrsg.): *Catalytic Ammonia Synthesis, Fundamentals and Practice*, Plenum Press, New York, **1991**.

2.7 A. Nielsen (Hrsg.): *Ammonia-Catalysis and Manufacture*, Springer Verlag, New York, **1995**.

2.8 M. V. Twigg (Hrsg.): *Catalyst Handbook*, 2nd Ed., Wolfe Publishing Ltd., London, **1989**.

2.9 P. J. H. Carnell: Feedstock Purification, in [2.8].

2.10 P. J. H. Carnell, P. J. Denny: New Feedstock Purification System Reduces Operating Costs and Allows Faster Start-up, *AIChE Ammonia Plant Safety*, Vol. 27, 1987, S. 99ff.

2.11 A. I. Foster, B. J. Cromarty: The Theory and Practice of Steamreforming, *ICI Katalco/KTI/UOP 3rd Annual International Seminar on Hydrogen Plant Operation*, Chicago, USA, June **1995**.

2.12 M. Appl: *Ammonia, Methanol, Hydrogen, Carbon Monoxide, Modern Production Technologies*, CRU Publishing Ltd., London, 1997, ISBN 1 873 387 261.

2.13 Natural Gas Reformer Design for Ammonia Plants. *Nitrogen* **1987**, *166*, 24–31, *Nitrogen* **1987**, *167*, 31–36.

2.14 Primary Reformer Problems. *Nitrogen Methanol*, **2001**, *250*, 30–39.

2.15 Taking the Strain off the Reforming Furnace. *Nitrogen Methanol* **1998**, *235*, 42–52.

2.16 B. Grotz: The Purifier: A Key to Smooth Operation. *Nitrogen* **1995**, Sept/Oct. 41–48.

2.17 LCA: breaking the mould at Severnside. *Nitrogen* **1989**, *178*, 30–39.

2.18 A. Malhotra, L. Hackmesser: The KRES system for large ammonia and synthesis gas plants, *46th Ammonia Safety Symposium*, Montreal **2002**.

2.19 By no means a foregone conclusion. *Nitrogen Methanol* **2001**, *252*, 33–51.

2.20 B B. Pearce, M. V. Twigg, C. Woodward: Methanisation, in M. V. Twigg (Hrsg.): *Catalyst Handbook*, Chapter 7, 2nd Ed., Wolfe Publishing Ltd., **1989**.

2.21 38th AICHE Ammonia Safety Symposium, Orlando, **1993**.

2.22 41$^{st.}$ AICHE Ammonia Safety Symposium, Boston, **1996**.

2.23 A. Nielsen: *An Investigation on Promoted Iron Catalysts for the Synthesis of Ammonia*, 3rd Ed., Jul Gjellerup Forlag, Copenhagen, **1968**.

2.24 L. J. Gillespie, J. A. Beattie, *Phys. Rev.* 1930, *36*, 743.

2.25 R. Schlögl: *Ammonia Synthesis* in G. Ertl, H. Knözinger, J. Weitkamp (Hrsg.): *Handbook of Heterogenous Catalysis*, Vol. 4, VCH, Weinheim, **1997**.

2.26 US Pat. 4,163,775 (1979), US Pat. 4,568,532 (1984), US Pat. 4,479,925 (1984).

2.27 C. J. H. Jacobsen: Boron Nitride: A novel Support for Ruthenium-Based Ammonia Synthesis Catalysts. *J. Catal.* **2001**, *200*, 1–3.

2.28 Is there a real competition for iron? *Nitrogen Methanol* **2002**, *257*, 34–39.

2.29 A. Fin: Cryogenic purge gas recovery boosts ammonia plant productivity. *Nitrogen* **1988**, *175*, 25–32.

2.30 Hydrogen recovery from gas streams. *Nitrogen* **1982**, *136*, 29–31.

2.31 A. M. Watson: Use pressure swing adsorption for lowest cost hydrogen. *Hydrocarbon Process.* **1983**, *62*, 43–62.

- **2.32** R. Strait: Grassroot success with KAAP. *Nitrogen Methanol* **1999**, *238*, 37–43.
- **2.33** *Hydrocarbon Process.* **2003**, *82* (3), 76–77.
- **2.34** W. L. E. Davey, T. Wurzel, E. Filippi: MEGAMMONIA – a mammoth-scale process for a new century. *Nitrogen Methanol* **2003**, *262*, 41–47.
- **2.35** *Ullmann's*, 5. Aufl. **A 12**, S. 204, VCH Verlagsgesellschaft, Weinheim, **1989**.
- **2.36** Synthesis Gas from Heavy Feedstocks. *Nitrogen* **1973**, *83*, 40–42.
- **2.37** C. L. Reed, C. J. Kuhre. Make Syngas by Partial Oxidation. *Hydrocarbon Process.* **1979**, *58* (9), 191–194.
- **2.38** W. Liebner, *Tenth Refinery Technology Meeting*, Mumbay, Indien, **1988**.
- **2.39** Cryogenic technology in ammonia synthesis. *Nitrogen* **1975**, *95*, 38–41.
- **2.40** H. Staege, *Hydrocarbon Process.* **1982**, *61*(3), 92.
- **2.41** E. Supp: *How to Produce Methanol from Coal*, Springer-Verlag, Heidelberg, **1989**.
- **2.42** W. Schäfer et al., *Erdöl, Kohle, Erdgas, Petrochemie* **1983**, *36*, 557.
- **2.43** P. L. Louis: Fertilizers and Raw Materials Supply and Supply/Demand Balances, *IFA Annual Conference*, Toronto, May **2000**.
- **2.44** *Nitrogen Methanol* **2002**, *256*, 14–18.
- **2.45** L. Lunde, R. Nyborg, *Proceedings No 307*, The Fertilizer Society, London, **1991**.
- **2.46** *VDI Forschungshefte Nr. 596*, VDI-Verlag, Düsseldorf, **1979**.
- **2.47** R. Döring: *Thermodynamische Eigenschaften von Ammoniak (R717)*, Verlag C. F. Müller, Karlsruhe, **1978**.
- **2.48** *Landolt-Börnstein*, Bd. 2, Teil 1–10, Springer Verlag, Berlin-Heidelberg-New York, **1975**.

Abschnitt 3

- **3.1** A. F. Holleman, E. Wiberg: *Lehrbuch der Anorganischen Chemie*, 100. Aufl., De Gruyter, Berlin, **1985**, S. 579.
- **3.2** A. F. Holleman, E. Wiberg: *Lehrbuch der Anorganischen Chemie*, 100. Aufl., De Gruyter, Berlin, **1985**, S. 581.
- **3.3** DE-PS 192 1181 (1969), Hoechst AG.
- **3.4** WO Pat. 98/25698 (1998), Solutia Inc.
- **3.5** *Nitrogen Methanol* **2004**, *271*, 46–48.
- **3.6** S. L. Handforth, J. N. Tilley, *Ind. Eng. Chem.* **1934**, *26*, 1287–1292.
- **3.7** E. Wagner, T. Fetzer, in G. Ertl, H. Knözinger, J. Weitkamp (Hrsg.): *Handbook of Heterogeneous Catalysis*, Vol. 4, Wiley-VCH, Weinheim, **1997**, S. 1748–1761.
- **3.8** WO Pat. 2004/096703 A2 (2004), Johnson Matthey PLC.
- **3.9** *Nitrogen* **1991**, *193*, 32–36.
- **3.10** *Nitrogen* **2000**, *245*, 38–47.
- **3.11** J. Neumann, H. Goelitzer, A. Heywood, *Nitrogen* **2001**, *251*, 35–38.
- **3.12** E. Ringel: *Über die explosiven Eigenschaften von Ammoniak in strömenden Gasen*, Dissertation TH Aachen, **1959**.
- **3.13** G. Nettesheim, *Chem. Ing. Tech.* **1962**, *34*, 571.
- **3.14** A. W. Reitz, *Radex Rundschau* **1960**, 343.
- **3.15** H. Holzmann, *Chem. Ing. Tech.* **1986**, *40*, 1229–1237.
- **3.16** C. Toniolo, G. Giammarco,: *Atti Congr. Naz. Chim. Pura Appl.* **1933**, 828, 840.
- **3.17** T. H. Chilton, *Chem. Eng. Prog. Symp. Ser.* **1960**, *56* (3).
- **3.18** R. W. King, J. C. Fielding, *Trans. Inst. Chem. Eng.* **1960**, *38*, 71.
- **3.19** T. K. Sherwood, R. L. Pigford: *Absorption and Extraction*, MacGraw-Hill, New York, **1952**, 373.
- **3.20** *Ullmann's*, 5. Aufl., **A17**, S. 293–339, VCH Verlagsgesellschaft, Weinheim, **1991**.
- **3.21** *Nitrogen Methanol* **2001**, *251*, 23–32.
- **3.22** R. Maurer, *Fertilizer Focus* **2004**, Sept./October, 23–25.
- **3.23** U. Heubner, J. Klöwer: *Nickel alloys and high-alloy special stainless steels*, 3. Aufl., Expert Verlag, Renningen, **2003**, S. 8.
- **3.24** C. M. Schillmoller: Selection and use of stainless steels and nickel-bearing alloys in nitric acid. *Nickel Development Institute, Technical Series No. 10 075*, Toronto, **1995**.
- **3.25** TA Luft 2002, Erste Allgemeine Verwaltungsvorschrift zum Bundes-Immissionsschutzgesetz (Bekanntmachung vom 24.07.02 im Gemeinsamen Ministerialblatt 02, S. 509; in Kraft seit dem 01.10.02).
- **3.26** W. Buchele, V. Schumacher, B., Marsbach, *Asia Nitrogen 96 International Conference*, Singapore **1996**, Preprints, S. 209–219.

3.27 M. Schwefer, R. Maurer, M, Groves, *Nitrogen 2000 International Conference,* Wien März **2000**, Preprints, S. 61–81.
3.28 J. Pérez-Ramirez, F. Kapteijn, K. Schöffel, J. A. Moulijn, *Appl. Catal. B: Environ.* **2003**, *44*, 117–151.
3.29 M. Groves, R. Maurer: N_2O Abatement in an EU Nitric Acid Plant: A Case Study. *Meeting of the International Fertiliser Society,* London 21.10.**2004**, Proceedings, S. 539.
3.30 DE Pat. 100 01539.5 (2000), Uhde GmbH.
3.31 *Nitrogen Methanol* **2003**, *265*, 45–47.
3.32 U. Jantsch, *Fertilizer Focus* **2004**, Sept./Oct., 33–34.
3.33 US Pat. 4.973.457 (1990), Norsk Hydro.
3.34 US Pat. 5.587.135 (1996), BASF.
3.35 Auskunft Fa. Plinke, **2005**.

Abschnitt 4

4.1 *Nitrogen* **1995**, *216*, 34–52.
4.2 A. Erben, *Nitrogen Methanol* **1998**, *235*, 25–32.
4.3 DE-PS 894 995 (1953), Soc. Belge de l'Azote.
4.4 A. David, C. Parmentier, I. Passelecq, *Hydrocarbon Process.* **1978**, *57 (11)*, 169.
4.5 *Nitrogen* **1991**, *189*, 24–32.
4.6 *Ullmann's*, 5. Aufl., **A2**, S. 243–252, Verlag Chemie, Weinheim, **1985**.
4.7 *Nitrogen* **1988**, *175*, 21–24.
4.8 *Nitrogen* **2004**, *271*, 26–30.
4.9 J. P. Archambault, R. A. Baldini, P. R. Trai,: Ammonia based Process Units with Integral Environmental Protection. *AIChE Ammonia Plant Safety and Related Subjects Symposium,* San Francisco, Nov. **1979**.
4.10 W. H. van Moorsel: Review of Nitrogen Removal from Waste Water by Continuous Ion Exchange. *AIChE. 78th National Meeting.* Salt Lake City, Utah, Aug. **1974**.
4.11 DE-AS 127 4479 (1966), Lentia.

Abschnitt 5

5.1 A. W. Bamforth, S. R. S. Sastry, *Chem. Process Eng.* 1972, *53*, 72–74.
5.2 *Ullmann's*, 5. Aufl., **A2**, S. 256–261, Verlag Chemie, Weinheim, **1985**.
5.3 *Nitrogen Methanol* **1998**, *236*, 21–23.
5.4 *Ullmann's*, 5. Aufl., **A2**, S. 261–264, Verlag Chemie, Weinheim, **1985**.

Abschnitt 6

6.1 A. I. Basaroff, *J. Prak. Chem.* **1870**, *2 (1)*, 283.
6.2 L. Vogel, H. Schubert, *Chem. Tech.* **1980**, *32 (3)*, 143–144.
6.3 A. A. Kozyro, S. V. Dalidovich, A. P. Krasulin, *J. Appl. Chem. (Leningrad)* **1987**, *1*, 104–108.
6.4 A. Seidell, W. F. Linke: *Solubilities of Organic Compounds,* 3. Aufl., Vol.2, Van Nostrand Company, New York, **1941** und Suppl. **1952**.
6.5 E. P. Egan, B. B. Luff, *J. Chem. Eng. Data* **1966**, *11 (2)*, 192–194.
6.6 *Ullmann's*, 6. Aufl., **37**, Wiley-VCH, Weinheim, **2003**, S. 683 ff.
6.7 S. Inoue, K. Kanai, E. Otsuka, *Bull. Chem. Soc. Japan* **1972**, *45*, 1339–1345 und 1616–1619.
6.8 P. J. C. Kaasenbrood, H. A. G. Chermin: Vortrag auf der Tagung der *Fertilizer Society of London,* 1. Dez. **1977**.
6.9 Y. Kojima, H. Morikawa, E. Sakata, *Nitrogen 2003,* 23–26. Februar in Warschau, im Internet unter http://www.toyo-eng.co.jp/e/Technology/.
6.10 Boosting urea plant efficiency. *Nitrogen Methanol* **1995**, *214*, 30–37.
6.11 Maximizing Gains. *Nitrogen* **1995**, *Jul/Aug*, 19–31.
6.12 H. Morikawa, K. Kido, Y. Kojima: The TEC Urea Granulation Process-Performance and Commissioning of an Industrial – Scale Plant. *ASIA Nitrogen,* Singapore, Feb. **1996**.
6.13 K. L. Piggott, *J. South African Chem. Inst.* **1959**, *12*, 29.
6.14 G. Midgley: Bulk Storage of Urea Fertilizer. *The Chemical Engineer* 1977, 8 65–866.

Abschnitt 7

7.1 *Ullmann's*, 5. Aufl., **A13**, S. 177–191, VCH Verlagsgesellschaft Weinheim, **1989**.
7.2 *Kirk Othmer*, 4. Aufl., Bd. 13, 560–608, John Wiley & Sons, New York, **1995**.
7.3 *Winnacker-Küchler*, 4. Aufl., Bd. 2, Carl Hanser Verlag München, **1982**.

- 7.4 E. W. Schmidt: *Hydrazine and its Derivatives-Preparation, Properties, Applications*, John Wiley & Sons, New York, **1984**.

Abschnitt 8

- 8.1 Gmelins Handbuch der anorganischen Chemie. 8. Aufl., System Nr. 4, Stickstoff, S. 857. Berlin: Verlag Chemie 1936.
- 8.2 *Jockers, K.*: Nitrogen 1967, Nr. 50, 27.
- 8.3 *Kinza, H.*: Z. Phys. Chem. (Leipzig) 255 (1974), 180: 256 (1975), 233. *Powell, R.*: Hydrazine Manufacturing Processes. Chemical Process Review Nr. 28, Park Ridge, N. J.: Noyes Dev. Corp. 1968.
- 8.4 US-PS 2827162 (1953) Spencer Chemical Co.: US-PS 2827363 (1953) Spencer Chemical Co.
- 8.5 DE-AS 1493198 (1963) Stamöcarbon.
- 8.6 *Kirk-Oslovrer*: Encyclopedia of Chemical Technology. 2. Aufl., Bd. 11, S. 493. New York-London-Sidney: Interscience 1966. Mellor's Comprehensive Treatise of Anorganic and Theoreticali Chemistry. Bd. 8, Suppl. 2, Nitrogen Teil 2, S. 115. London: Longmans 1967.
- 8.7 *Malle, K. G.*, in Ultmanns Encyclopädie der technischen Chemie. 4. Aufl., Bd. 13, S. 169. Weinheim–New York 1977.
- 8.8 *Alfenrar, M., Cremers, F. J.*: Chem.-Ing.-Tech. 47 (1957). 159. MS 192/75.
- 8.9 *Names, T. L., Parnell, R. E.*: Inorg. Chem. 9 (1970). 1912.
- 8.10 EP-4S 4676 (1978), Alled Chemical Corp.
- 8.11 *Natah, V., Pitrik, J.*: Chem. Prun. 24 (1976). 292. *Madrun, F., Navotus, P.*: Cheöm. Prun. 29[1979]. 16.
- 8.12 DE-PS 1667387 (1967) BASF AG.
- 8.13 DE-AS 2512089 (1974): DE-OS 2529734 (1974): DE-OS 2551314 (1974) Inventa.
- 8.14 DE-AS 2908247 (1975): BASF AG.
- 8.15 DE-OS 2758486 (1976): Starnieurbon.
- 8.16 *Brunner, F. T., Dzelskaurs, L. S. Bonucci, J. A.*: Inorg. Chem. 17 (1978), 2487.
- 8.17 *Kalkornt, N. V. et al.*: Kinet. Katul. 10 (1969), 684: 13 (1972), 1320: 19 (1978), 1167: 20 (1979). 373.
- 8.18 DE-AS 2736872 (1973): DE-PS 2836906 (1937) BASF AG. EP-OS 8379 (1978) Starnicarbon.
- 8.19 Deutsches Patent DE 195 47758.8 (1995).
- 8.20 *Kalab, V., Marzuranai, L., Cuciuk, J.*: Chem. Prorn. 26 (1976), 123.
- 8.21 DE-PS 727108 (1939) IG-Farbenindustrie AG.
- 8.22 US-PS 3105741 (1961) Allied Chemical Corp.
- 8.23 *Benson, R. E., Cairns, T. L., Whitman, G. M.*: J. Am. Chem. Soc. 78 (1956), 4202.
- 8.24 CH-Ps 530402 (1970) Inventa.
- 8.25 BASF-AG: Sicherheitsdatenblätter für Hydroxylammoniumsalze und -lösungen (Firmenschriften 1980).
- 8.26 *Wheelwright, E. J.*: Ind. Eng. Chem. Process. Des. Dev. 161 (1977), Nr. 2, 230.
- 8.27 Manuf. Chem. Aerosol News 35 (1964) Nr. 8, 29.
- 8.28 *Morris, K. B., Netson, J. J., Nizko, H. S.*: J. Chem. Eng. Data 80 (1965). 120.
- 8.29 Loss Prevention Bulletin 3 (1975), 6.
- 8.30 BASF AG: Report Hydroxylammoniumsulfat Mechanic study on tumor induction in the spleen of Wistar rats oral administration in the drinking water for 7 and 28 days
- 8.31 *Auerbach, C.*: Mutation Research. S. 320. London: Chapman 6 Hall 1976.
- 8.32 BASF AG: Sicherheitsdatenblatt Hydroxylamin freie Base (50 %ige wässrige Lösung)
- 8.33 *Burmann, H.*, in Ullmanns Encyklopädie der technischen Chemie. 4. Aufl., Bd. 16, S. 556. Weinheim-New York: Verlag Chemie 1978.
- 8.34 Ullmanns Encyklopädie der technischen Chemie. 4. Aufl., Bd. 2, S. 372: Bd. 15, S. 523. Weinheim-New York: Verlag Chemie 1972. 1978.
- 8.35 *Büchel, K. H.*: Pflanzenschutz und Schädlingsbekämpfung. S. 171. Stuttgart: Thieme 1977.
- 8.36 *Kleemann, A.*: Pharmazeutische Wirkstoffe, S. 530. Stuttgart: Theime 1978.
- 8.37 *Patigny, P., Regnier, J., Miguel, P., Taillard, D.*: Proc. Iot. Solvent Extr. Conf. 1974, Nr. 3. 2049.
- 8.38 Sundez AG: Lanalhin B., Zirkular Nr. 029/750–1162 (Firmenschrift).

Abschnitt 9

- 9.1 *Ullmann's*, 6. Aufl., Wiley-VCH, Weinheim, **2003**.

9.2 *Gmelin*, 8. Aufl., System-Nr. 14, Kohlenstoff, Band D I, S. 227, Verlag Chemie, Weinheim, **1971**.

9.3 L. Andrussow, *Z. Angew. Chemie* **1935**, *48*, 593.

9.4 C. T. Kautter, W. Leitenberger, *Chem. Ing. Tech.* **1953**, *25*, 697.

9.5 L. Andrussow, *Chem. Ing Tech.* **1955**, *27*, 469.

9.6 M. Salkind, E. H. Riddle,, R. W. Keefer; *Ind. Eng. Chem.* **1959**, *51*, 1235.

9.7 B. Y. K. Pan, R. G. Roth, *Ind. Eng. Process Des. Dev.* **1968**, *7 (1)*, 53.

9.8 F. Endter, *Chem. Ing. Tech.* **1958**, *30*, 305.

9.9 F. Endter, *DECHEMA-Monogr.* **1959**, *33*, 28.

9.10 DE Pat. 1 013 636 (1958), Degussa AG.

9.11 E. Koberstein, *Ind. Eng. Chem. Process Des. Dev.* **1973**, *12 (4)*, 444.

9.12 DE Pat. 2 421 166 (1974), Degussa AG.

9.13 H. S. Johnson, *Can. J. Chem. Eng.* **1961**, *39* (June), 145.

9.14 N. B. Shine, *Chem. Eng. Prog.* **1971**, *63 (2)*, 52.

9.15 *Hydrocarbon Process.* **1971**, *50 (11)*, 121, 122.

9.16 American Cyanamid Company: *The Chemistry of the Ferrocyanides*, Vol. VII, **1953**.

9.17 DE-PS 2016848 (1970), Degussa AG.

9.18 G. Clauss, E. Gratzfeld, in H. Kittel (Hrsg.): Pigmente,. 3. Aufl., Wiss. Verlagsges., Stuttgart, **1960**, S. 335.

9.19 M. F. Dix, A. D. Rae, *J. Oil Colour Chem. Assoc.* **1978**, *61 (3)*, 69.

9.20 *Ullmann's*, 6.Aufl. auf CD-ROM, »Cyanates, Inorganic Salts«, Wiley-VCH, Weinheim, **2000**.

9.21 H. Maegerlein, H. Rupp, G. Meyer DE Pat. 1297088 (1967), Glanzstoff.

9.22 W. Weuffen et al.: *Thiocyanat – ein faszinierendes biologisch aktives Ion* (2004)

9.23 J Masson et al.: *Acrylic fiber technology and applications*, Marcel Dekker Inc., New York, **1995**.

9.24 J. Conrad, M. Jola, *Oberfläche-Surface* **1972**, *13 (7)*, 143.

9.25 R. Welner: *Die Abwässer in der Metallindustrie*, Leuze, Saalgau, **1965**.

9.26 F. Oehme, K.-H. Laube, H. Wyden, *Galvanotechnik, Oberflächenschutz* **1966**, *7*, 74.

9.27 E. Devuyst, *Indaba Conference*, February 19, **2003**.

9.28 S. Gos, A. Rubo, *Indaba Conference*, February 5, **2001**.

3
Phosphor und Phosphorverbindungen

Aus der 4. Auflage von
Heinz Harnisch, Gero Heymer, Werner Klose und Klaus Schrödter

Bearbeitet und aktualisiert von
Rob de Ruiter und Willem Schipper

1	**Rohphosphate** 346	
1.1	Vorkommen und Zusammensetzung	346
1.2	Umfang der Gewinnung und Verwendung	347
1.3	Abbau- und Anreicherungsverfahren	348
2	**Nasschemischer Aufschluss von Rohphosphaten** 348	
2.1	Aufschluss mit Schwefelsäure	349
2.1.1	Nassphosphorsäure	349
2.1.1.1	Produktionsumfang und Verwendung	349
2.1.1.2	Rohstoffe	350
2.1.1.3	Physikalische und chemische Grundlagen	350
2.1.1.4	Grundoperationen bei der Herstellung	352
2.1.1.5	Herstellverfahren	354
2.1.1.6	Konzentrierung	355
2.1.1.7	Reinigung	359
2.1.2	Superphosphate	361
2.1.2.1	Produktionsumfang und Verwendung	361
2.1.2.2	Physikalische und chemische Grundlagen	362
2.1.2.3	Herstellverfahren	363
2.1.3	Verbleib und Verwendung von Nebenprodukten	365
2.1.3.1	Deponierung	365
2.1.3.2	Gipsprodukte	366
2.1.3.3	Fluoride	366
2.1.3.4	Uran und Seltene Erden	367
2.2	Aufschluss mit anderen Säuren	368

3 **Thermischer Aufschluss von Rohphosphaten** *369*
3.1 Elektrothermischer Aufschluss – Phosphorherstellung *369*
3.1.1 Historisches *369*
3.1.2 Produktionsumfang und Verwendung *370*
3.1.3 Rohstoffe *371*
3.1.4 Chemische und physikalische Grundlagen *372*
3.1.5 Beschreibung der Verfahren *373*
3.1.5.1 Herstellung der Phosphatformlinge *373*
3.1.5.2 Phosphorofenkonstruktionen *374*
3.1.5.3 Ofengasreinigung und Phosphorkondensation *376*
3.1.6 Qualität des anfallenden Phosphors *378*
3.1.7 Handhabung und Verwertung der Nebenprodukte *379*
3.1.7.1 Schlacke *379*
3.1.7.2 Ferrophosphor *379*
3.1.7.3 Filterstaub *380*
3.1.7.4 Kohlenmonoxid *380*
3.1.7.5 Phosphorschlamm *380*
3.1.7.6 Phosphorabwasser *380*
3.1.8 Roter Phosphor *381*

4 **Thermische Phosphor- und Polyphosphorsäure** *382*
4.1 Produktionsumfang und Verwendung *382*
4.2 Chemische und physikalische Grundlagen *383*
4.3 Herstellverfahren *385*

5 **Phosphorsaure Salze** *388*
5.1 Chemische und physikalische Grundlagen *388*
5.2 Natrium-, Kalium- und Ammoniumphosphate *391*
5.2.1 Produktionsumfang und Verwendung *391*
5.2.2 Herstellverfahren *393*
5.2.2.1 Orthophosphate *393*
5.2.2.2 Kondensierte Phosphate *394*
5.2.3 Calcium- und Magnesiumphosphate *401*
5.2.3.1 Produktionsumfang und Verwendung *401*
5.2.4 Herstellverfahren *401*
5.2.4.1 Calciumdihydrogenphosphat *401*
5.2.4.2 Calciumhydrogenphosphat *402*
5.2.4.3 Andere Calciumphosphate *403*
5.3 Sonstige Ortho- und Polyphosphate *403*
5.4 Eutrophierung, Phosphatfällung in Kläranlagen *404*

6 **Sonstige anorganische Phosphorverbindungen** *405*
6.1 Phosphorhalogenide *405*
6.1.1 Produktionsumfang und Verwendung *405*
6.1.2 Chemische und physikalische Grundlagen *406*

6.1.3	Herstellverfahren	*407*
6.1.3.1	Phosphortrichlorid	*407*
6.1.3.2	Phosphorpentachlorid	*407*
6.1.3.3	Phosphoroxidchlorid	*408*
6.1.3.4	Phosphorsulfidchlorid	*408*
6.2	Phosphoroxide	*408*
6.2.1	Produktionsumfang und Verwendung	*408*
6.2.2	Herstellverfahren	*409*
6.3	Phosphorsulfide	*409*
6.3.1	Produktionsumfang und Verwendung	*409*
6.3.2	Herstellverfahren	*410*
6.4	Phosphide, Phosphorwasserstoff und Hypophosphite	*411*
7	**Organische Verbindungen des Phosphors**	*412*
7.1	Neutrale Phosphorsäureester	*412*
7.2	Saure Phosphorsäureester	*414*
7.3	Saure Dithiophosphorsäureester	*415*
7.4	Neutrale Ester der Thio- und Dithiophosphorsäure	*415*
7.5	Neutrale Di- und Triester der Phosphorigen Säure	*416*
7.6	Phosphonsäuren	*418*
7.7	Phosphane	*420*
8	**Literatur**	*422*

1
Rohphosphate

1.1
Vorkommen und Zusammensetzung

Der Anteil des Phosphors am Aufbau der Erdrinde beträgt 0,12–0,13 %. In der Häufigkeitsskala der Elemente nimmt er den 11. Rang ein. Wegen seiner Reaktivität liegt der Phosphor nicht elementar vor, sondern meist in Form von Phosphaten, vor allem als Apatit ($Ca_5(PO_4)_3$ (F, OH, Cl)), der ein besonders stabiles Kristallgitter besitzt [1]. Die meisten Phosphatlagerstätten sind sekundären Ursprungs und enthalten Sedimentphosphate, die auch als Phosphorite bezeichnet werden. Die Lagerstätten sind wahrscheinlich dadurch entstanden, dass ursprünglich durch Verwitterung primären Apatits mobilisiertes Phosphat von tierischen und pflanzlichen Organismen aufgenommen wurde, deren fossile Substanzen sich in verschiedenen geologischen Zeiträumen örtlich konzentriert ablagerten. In geringerem Maße sind auch abbaufähige primäre Vorkommen magmatischer Herkunft vorhanden, z. B. auf der Halbinsel Kola (Russland) und in Transvaal (Südafrika). In den Lagerstätten liegt der Apatit bzw. Phosphorit im Gemenge mit anderen Mineralien vor, die sich vor allem aus Carbonaten und Silicaten von Ca, Mg, Fe und Al zusammensetzen. Alle wirtschaftlich bedeutenden Phosphatvorkommen bestehen aus Fluorapatit. In Tabelle 1 ist die Zusammensetzung von drei wichtigen Rohphosphaten wiedergegeben.

Der Apatitgehalt wirtschaftlich genutzter Vorkommen schwankt zwischen 15 und 80 %. Im Handel ist es üblich, den Phosphatgehalt in sogenannten % BPL (Bone Phosphate of Lime) anzugeben, worunter der rein rechnerisch aus dem Phosphatgehalt ermittelte prozentuale Gehalt an $Ca_3(PO_4)_2$ verstanden wird. Ein Rohphosphat mit 33 % P_2O_5 hat dem gemäß einen BPL-Gehalt von rund 72 %. Sedimentphosphate besitzen z. T. relativ hohe Gehalte an organischen Substanzen, die in einigen Fällen, z. B. durch Schaumbildung bei der Nassphosphorsäure-Herstellung, störend wirken. Desgleichen ist ein hoher Gehalt an Carbonat häufig unerwünscht. Für die Herstellung von elementarem Phosphor kann die Abtrennung des SiO_2, das ohnehin für die Umsetzung benötigt wird, unterbleiben, allerdings nur dann, wenn die Verarbeitung des Rohphosphates in unmittelbarer Nachbarschaft zur Grube erfolgt. Anderenfalls sind die Transportkosten zu hoch. Während der Apatit in den Sedimentphosphaten in mikrokristalliner Form vorliegt, kann man beim magmati-

Tab. 1 Zusammensetzung von Rohphosphaten (%)

Rohphosphat	P_2O_5	CaO	F	SiO_2	Al_2O_3	Fe_2O_3	CO_2	SO_3
Kola-Konzentrat (Russland)	39,1	51,5	3,4	2,0	1,2	0,7	0,0	0,0
Florida-Pebble (68 % BPL)	31,6	47,7	3,9	9,0	1,0	1,6	3,7	1,4
Jordanien (73/75 % BPL)	33,9	49,5,0	3,1	4,1	0,7	0,3	3,8	1,2
Marokko	34,8	52,5	4,2	0,9	0,5	0,1	4,1	1,5

schen Kolaphosphat unter dem Mikroskop gut ausgebildete Apatitkristalle erkennen. Die wichtigsten Lagerstätten für Rohphosphate liegen in folgenden Ländern bzw. Gebieten: In Nordamerika insbesondere in den USA (vor allem in den Staaten Florida, Tennessee, in mehreren Staaten des mittleren Westens, besonders in Idaho) und in Mexiko, in Mittel- und Südamerika insbesondere in Brasilien, Chile und Peru, in Afrika vor allem in Marokko, in der ehemals Spanischen Sahara, Algerien, Tunesien, der Südafrikanischen Republik, aber auch in Ägypten, Senegal, Togo, Uganda und Simbabwe, im mittleren Osten in Jordanien, Syrien, und Israel, in Asien hauptsächlich in Russland (Halbinsel Kola), Kasachstan (Karathau-Gebirge) und China. Ein Teil der Vorkommen auf Inseln des indischen und pazifischen Ozeans (Marianen-, Karolinen- und Gilbertinseln) ist nahezu erschöpft. Schätzungen über die Weltvorräte an Rohphosphaten variieren zwischen 18 und $50 \cdot 10^9$ t [2]. Die große Spanne beruht u. a. auf unterschiedlicher Beurteilung der Abbauwürdigkeit.

1.2
Umfang der Gewinnung und Verwendung

Die Weltproduktion von aufbereiteten Rohphosphaten hat sich nach dem 2. Weltkrieg bis heute mehr als verzehnfacht. Die Entwicklung der Produktion ist in Abbildung 1 dargestellt. Der bedeutendste Produzent sind die USA mit über 25 % Anteil an der Weltförderung, gefolgt von Marokko und China mit jeweils 17 % Anteil. Marokko ist zugleich der größte Phosphatexporteur der Welt. Die Auflösung der Sowjetunion führte in den 1990er Jahren zu einer Restrukturierung von Rohphosphatbedarf und -produktion. Die Produktion in dieser Region sank seit 1988 von $39 \cdot 10^6$ t auf $11 \cdot 10^6$ t [3]. Da die meisten europäischen Länder keine abbauwürdigen Phosphatvorkommen haben, gehören sie zu den wichtigsten Importländern.

85 % des Weltverbrauches an Rohphosphat entfallen auf die Landwirtschaft (etwa 80 % Düngemittel, 5 % Futtermittel) und ungefähr 12 % auf den Wasch- und Reini-

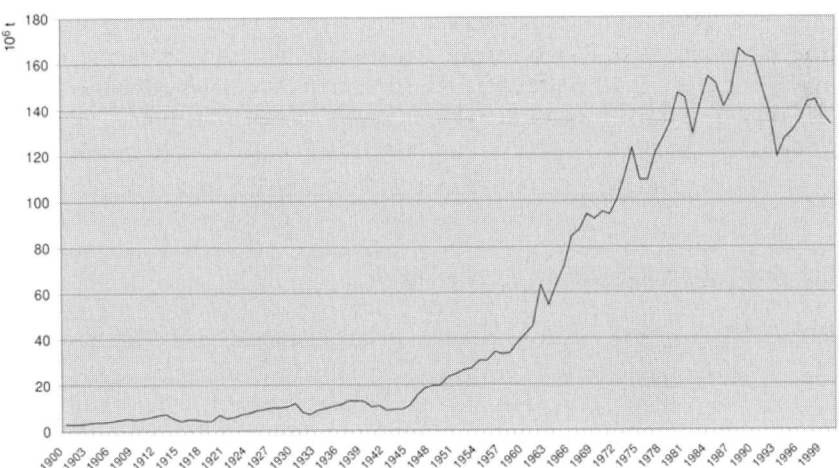

Abb. 1 Weltförderung von Rohphosphat

gungsmittelsektor. Der Rest (3%) verteilt sich auf alle andere Anwendungsgebiete, u. a. Lebensmitteladditive [3, 4].

1.3
Abbau- und Anreicherungsverfahren

Als abbauwürdig werden solche Lagerstätten betrachtet, aus denen mit Hilfe von Anreicherungsverfahren Rohphosphate mit 30–36% P_2O_5 gewonnen werden können. Je nach geologischem Aufbau der Lagerstätten und der physikalischen, chemischen und mineralogischen Beschaffenheit des Rohmaterials werden unterschiedliche Abbau- und Anreicherungsverfahren angewendet. Der Abbau erfolgt teils im Tagebau wie in Florida, Tennessee, North Carolina und Jordanien, teils unter Tage wie in Marokko, Tunesien, Russland (Kola) und in den Weststaaten der USA. In Florida wird das wegen seiner körnigen Beschaffenheit als Pebble-Phosphat bezeichnete Rohphosphat im Gemisch mit Sand und Ton (sog. Phosphatmatrix) nach Abtragung von z. T. erheblichen phosphatarmen Deckschichten durch riesige Schürfkübelbagger gefördert. Das mit Wasser angemaischte Rohmaterial wird zu einer Aufbereitungsanlage gepumpt, in der zunächst gröbere phosphathaltige Tonklumpen abgesiebt, zerkleinert und zurückgeführt werden. Aus der durch das Sieb ablaufenden Aufschlämmung wird z. B. mittels Hydrozyklonen der Tonschlamm abgetrennt, wobei allerdings auch der Feinkornanteil des Rohphosphates (< 0,1 mm) und damit bis zu 40% des in der Matrix eingesetzten P_2O_5 verloren gehen. Zur Reduzierung dieser gewaltigen Verluste wird beispielsweise versucht, die Phosphatmatrix direkt mit Schwefelsäure aufzuschließen [5, 6]. Das angereicherte Phosphat (Körnung 0,1–1,4 mm) bereitet man durch ein- oder zweistufige Flotation unter Abtrennung von Ton und SiO_2-Anteilen zu einem Konzentrat auf. Schließlich wird das Produkt nach Zwischenlagerung zum Teil in ölbeheizten Trommeln getrocknet, zum Teil in Drehöfen bei 800–1000 °C calciniert, um organische und flüchtige Bestandteile zu entfernen.

Beim Hardrock-Phosphat und vielen anderen Vorkommen (z. B. Tennessee-Phosphat, marokkanischen, algerischen und tunesischen Phosphaten) reicht die mechanische Aufbereitung des Rohmaterials durch Zerkleinern, Sieben, Waschen, Nassklassieren usw. aus, um zu genügend hoch angereicherten Konzentraten zu gelangen.

2
Nasschemischer Aufschluss von Rohphosphaten

Etwa 95% des 1979 in der Welt geförderten Rohphosphats ($135 \cdot 10^6$ t) wurden nasschemisch aufgeschlossen. Die Umsetzung mit Schwefelsäure, die historisch älteste Methode, stellt dabei die dominierende Verfahrensweise der Phosphataufbereitung dar. Daneben werden in großtechnischem Maßstab Phosphorsäure, Salpetersäure (insbesondere in Europa) und in geringerem Umfang Salzsäure zum Phosphataufschluss verwendet.

2.1
Aufschluss mit Schwefelsäure

Bei diesem Verfahren reagiert Schwefelsäure mit Rohphosphat, wobei Gips und Phosphorsäure entstehen. Die auf diese Weise gebildete Phosphorsäure, die stark verunreinigt ist, ist der Rohstoff für Ammonium- und Kaliumdüngemittel sowie technische Phosphate (nach Reinigung). Auch ist es möglich Rohphosphat mit wenig Schwefelsäure zu mischen, wobei festes Superphosphat entsteht. Aus Phosphorsäure und Rohphosphat werden reichere Düngephosphate gebildet.

2.1.1
Nassphosphorsäure

2.1.1.1 Produktionsumfang und Verwendung

Phosphat ist der Rohstoff für mehr als 99% der phosphorhaltigen Düngemittel. Thomasphosphat, ein Nebenprodukt bei der Stahlerzeugung, hat heute nur noch einen sehr kleinen Anteil. Etwa 2% des Rohphosphats wird direkt, ohne Vorbehandlung, angewendet.

Normales Superphosphat und Triplesuperphosphate haben weltweit immerhin noch erhebliche Bedeutung. Infolge des Trends zu höher konzentrierten, frachtgünstigeren Düngern, insbesondere Mischdüngern auf Phosphorsäure-Basis, nimmt jedoch der Anteil von Superphosphaten an der Weltproduktion von Phosphatdüngemitteln ab.

Die Zunahme des Verbrauchs an P-Düngemitteln seit 1973/74 kommt durch den gestiegenen Bedarf an Ammoniumphosphaten, Diammoniumphosphat (DAP) und Monoammoniumphosphat (MAP), zustande (Abb. 2).

Während der letzten 20 Jahre ist eine Verlagerung der Nassphosphorsäureproduktion in die rohphosphatproduzierenden Länder zu beobachten, besonders nach Nordafrika, in die USA und die Länder der ehemaligen Sowjetunion, aber auch in

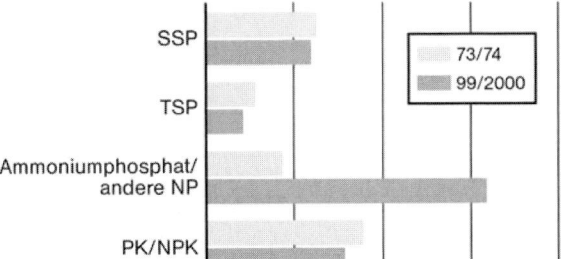

Abb. 2 Weltbedarf an phosphathaltigen Düngemitteln

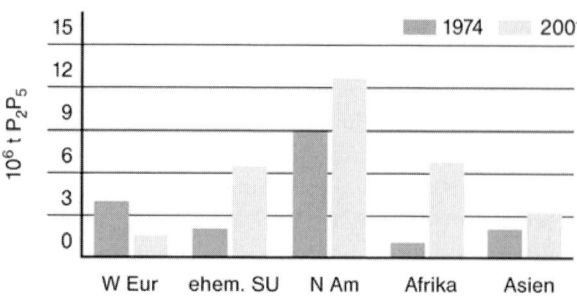

Abb. 3 Regionale Verteilung der Phosphorsäure-Produktionskapazitäten in den Jahren 1974 und 2001

die Mittelmeerregion sowie nach Süd- und Westafrika und China (vgl. Abb. 3). Dieser Trend wird sich sicherlich fortsetzen.

2.1.1.2 Rohstoffe

Für die Herstellung von Nassphosphorsäure verwendet man ausschließlich angereicherte Rohphosphate. Dabei werden Phosphate mit hohem P_2O_5-Gehalt wegen des geringeren Schwefelsäurebedarfs beim Aufschluss bevorzugt, vor allem afrikanische Rohphosphate, aber auch russisches Kola-Phosphat und Florida-Phosphat. Die Apatitkonzentrate werden je nach Aufschlussverfahren (vgl. Abschnitt 2.1.2.5) entweder in gemahlener Form (z. B. 70% < 75 µm [13, 14], 95% < 420 µm [7]) oder ungemahlen nach Absiebung von Grobanteilen (> 1,6 mm) [8] eingesetzt. Für die Herstellung von Nassphosphorsäure sind pro Tonne produziertes P_2O_5 beispielsweise 3,1 t eines Rohphosphats mit 34% P_2O_5 und 2,94 t H_2SO_4 (96%ig) erforderlich. Die Schwefelsäure wird in Konzentrationen zwischen 70 und 98% eingesetzt. Wegen der anfallenden Mengen an Gips als Nebenprodukt, die schwierig zu deponieren oder zu verwerten sind, wird in Europa kaum noch Phosphorsäure produziert.

2.1.1.3 Physikalische und chemische Grundlagen

Die Bruttoreaktion bei der Herstellung von Nassphosphorsäure ist folgendermaßen zu formulieren:

$$Ca_5(PO_4)_3F + 5\ H_2SO_4 + 5x\ H_2O \longrightarrow 5\ CaSO_4 \cdot xH_2O + 3\ H_3PO_4 + HF \qquad (4)$$

Da die Umsetzung zur Erzielung hoher Ausbeuten und gut filtrierbarer Calciumsulfat-Kristalle in Gegenwart eines hohen H_3PO_4-Überschusses durchgeführt wird, ist als erster Reaktionsschritt der Aufschluss des Phosphats mit Phosphorsäure zu Ca^{2+} und $H_2PO_4^-$-Ionen (Gl. (5)) anzunehmen, woran sich die Ausfällung des Calciumsulfats (Gl. (6)) anschließt:

$$Ca_5(PO_4)_3F + 7\ H_3PO_4 \longrightarrow 5\ Ca^{2+} + 10\ H_2PO_4^- + HF \qquad (5)$$

$$Ca^{2+} + SO_4^{2-} + xH_2O \longrightarrow CaSO_4 \cdot xH_2O \qquad (6)$$

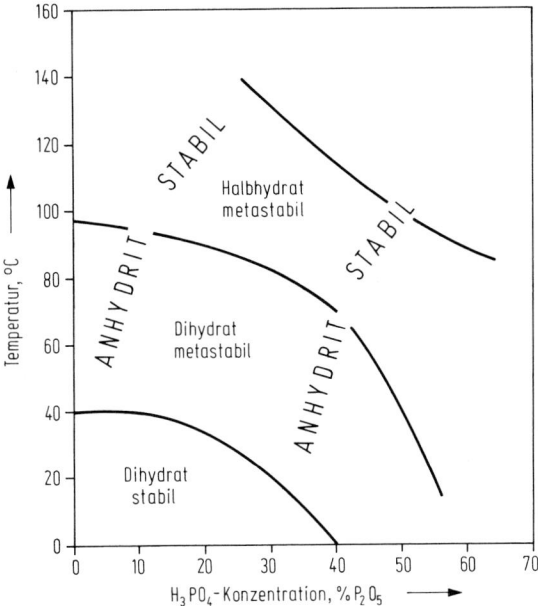

Abb. 4 Stabilität des Calciumsulfates und seiner Hydrate in Phosphorsäure

Ob wasserfreies Calciumsulfat, Halb- oder Dihydrat gebildet wird, hängt von den gewählten Temperatur- und Konzentrationsverhältnissen bei der Aufschlussreaktion ab. Untersuchungen verschiedener Autoren am System $H_3PO_4/H_2O/CaSO_4$ [9–11] führten zu dem in Abbildung 4 wiedergegebenen Phasendiagramm. Im technischen System werden Gleichgewichtseinstellung und Kristallbildung beträchtlich durch die anwesenden Verunreinigungen (SiF_6^{2-}, Al^{3+}, Fe^{2+}, Fe^{3+}, organische Bestandteile) beeinflusst. Die Bildung großer, gut filtrierbarer Calciumsulfat-Kristalle wird durch die Rückführung von Aufschlussmaische in die Reaktionszone gefördert, wo sich neu bildendes $CaSO_4 \cdot x\ H_2O$ auf den vorliegenden Keimkristallen aufwächst. Dabei müssen bestimmte Bedingungen wie die Konzentration an Ca^{2+}-, SO_4^{2-}- und $H_2PO_4^-$-Ionen, die Zugabegeschwindigkeit der Reaktionspartner sowie die Kornfeinheit des Rohphosphates eingehalten werden, damit eine Übersättigung der Lösung und die Bildung vieler kleiner Kristalle bzw. eine Umhüllung nicht umgesetzter Phosphatteilchen vermieden werden [12]. Nebenreaktionen beim Aufschluss hängen von sekundären Bestandteilen des Rohphosphates ab. HF reagiert mit SiO_2 zu H_2SiF_6, wovon ein großer Teil als SiF_4/HF-Gasgemisch entweicht. Freiwerdendes CO_2 aus carbonathaltigen Phosphaten führt im Zusammenwirken mit organischen Verunreinigungen zu Schaumbildung, sodass häufig ein vorheriges Calcinieren des Rohmaterials oder die Zugabe eines Entschäumers (z. B. Ölsäure) erforderlich ist. In Tabelle 2 ist die Zusammensetzung einer aus Marokko-Phosphat erhaltenen Nassphosphorsäure wiedergegeben.

Tab. 2 Analytische Daten von Nassphosphorsäure (Ausgangsmaterial Marokko-Phosphat)

Bestandteil	Gehalt (%)	Bestandteil	Gehalt (%)
P_2O_5	30,0	Cr	0,022
SO_3	2,1	Zn	0,019
F[1)]	2,17	V	0,013
Si[1)]	0,41	Ni	0,0034
Ca	0,45	Cu	0,0027
Mg	0,13	Mn	0,0009
Fe	0,08	As	0,0007
Al	0,04	Pb	0,0002

[1)] als SiF_6^{2-} vorliegend

2.1.1.4 Grundoperationen bei der Herstellung

Aufschluss

Für den Aufschluss von Rohphosphat geeignete Reaktoren müssen vor allem eine gute Durchmischung und Homogenisierung der Reaktionsmaische bei ausreichender Verweilzeit und konstanten Temperatur- und Konzentrationsverhältnissen ermöglichen.

Die ersten Aufschlusssysteme bestanden aus mehreren in Reihe geschalteten Rührgefäßen (Abb. 5). Um eine interne Rezirkulation der Maische ohne äußere Aggregate zu ermöglichen, ging man dazu über, den Aufschluss in einem einzigen Reaktionsbehälter (Single-Tank) durchzuführen. Der Single-Tank wurde in mehreren

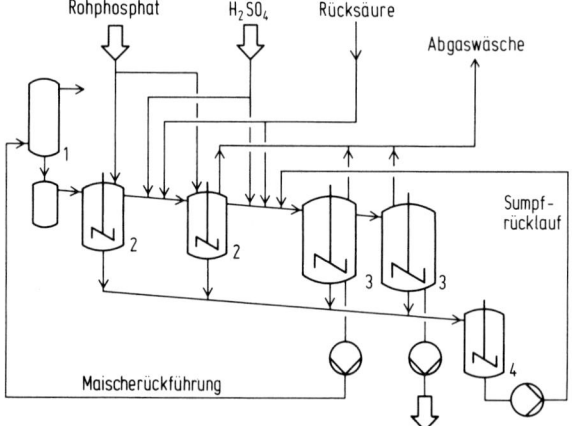

Abb. 5 Dorr-Aufschlusssystem mit mehreren Reaktionsgefäßen
1 Vakuumkühler, 2 Mischgefäß, 3 Aufschlussgefäß, 4 Sammelgefäß

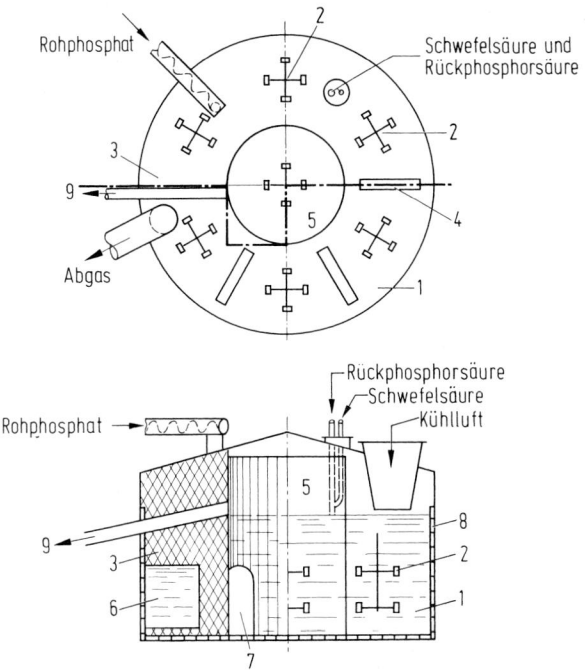

Abb. 6 Single-Tank-Reaktor (Dorr-Oliver)
1 Ringraum, 2 Rührwerke, 3 Trennwand, 4 Kühlluftdüsen, 5 Mittelzylinder, 6 Durchlauf, 7 Durchtritt zum Mittelzylinder, 8 Kohlenstoffsteine, 9 Überlaufrinne für Phosphorsäure-Gips-Maische

Variationen ausgeführt. Die meisten dieser Reaktoren sind durch Trennwände mehrfach unterteilt, wie der von Prayon [13] entwickelte rechteckige, in sieben oder mehr Abteilungen aufgeteilte Tank. Das System von Dorr-Oliver (Abb. 6) [14] besteht aus zwei ineinander gestellten Behältern. Die Reaktionspartner werden im äußeren Ringraum unter kräftigem lokalen Rühren in langsam im Kreis geführter Maische umgesetzt. Ein Teil der Maische fließt in den Mittelraum über und von dort zur Filtration weiter. Von Rhône-Poulenc wurde ein Single-Tank ohne Unterteilung entwickelt [15, 16]. Hier sorgt ein besonderes Rührsystem für eine horizontale und vertikale Zirkulation der Maische. In jüngster Zeit entstanden zweistufige Reaktorsysteme [7, 17], die einen besseren Ausgleich von Temperatur- und Konzentrationsschwankungen ermöglichen.

Die Kapazität eines Single-Tank-Reaktors beträgt in der Regel 200–400 t d^{-1} P$_2$O$_5$, aber auch größere Einheiten mit über 1000 t d^{-1} P$_2$O$_5$ wurden gebaut [16]. Die durchschnittliche Verweilzeit im Reaktor beträgt 5–8 h. Zur Ableitung der im Single-Tank freiwerdenden Reaktionswärme (etwa 1,7–2,1 GJ pro Tonne P$_2$O$_5$ in einem Dihydratprozess) sind verschiedene Verfahren üblich. Die Kühlung kann durch Auf- oder Einblasen von Luft auf die Oberfläche (vgl. Abb. 11) bzw. in die Maische erfolgen [14, 18]. Wegen des Problems der Reinigung großer Abluftmengen wird in modernen Anlagen die Wärme durch Vakuumverdampfung von Wasser aus einem rezirkulierten Teilstrom der Maische in einem Entspannungsgefäß abgeführt [13, 14, 19].

Filtration

Etwa 4–6 t Calciumsulfat pro Tonne produziertes P_2O_5 müssen von der Nassphosphorsäure abgetrennt werden. Dies geschieht heute nahezu ausschließlich durch Filtration, für die insbesondere horizontale Band- oder Planfilter verwendet werden. Während erstere in Form von Kastenbandfiltern (Giorgini, Dorr-Oliver) [18, 20] mit einer Leistung von bis zu 75 t d^{-1} P_2O_5 noch in älteren Produktionsanlagen arbeiten, verwendet man in neueren Anlagen Plan- oder Karussellfilter (Prayon, Bird, Eimco, UCEGO [15, 19, 21, 22]) mit einer Kapazität von 450–600 t d^{-1} P_2O_5 (vgl. Abb. 7 und [83]) oder weiterentwickelte Bandfilter (z. B. Delkor) [23]. Bei der Filtration wird die Nassphosphorsäure durch Unterdruck vom Feststoff abgesaugt, der mit einer geringen Menge Wasser durch zwei- oder dreistufiges Waschen im Gegenstrom von anhaftender Produktsäure befreit wird. Die Waschsäuren werden getrennt abgeführt und rezirkuliert, um eine unerwünschte Verdünnung der Produktsäure zu vermeiden. Je nach Filtertyp erfolgt der Kuchenaustrag durch Kippen der Filterpfannen (Abb. 7) oder mit Hilfe einer Schnecke (Abb. 8). Als Werkstoff werden beim Filterbau normalerweise kohlenstoffarme Stähle, bei erhöhter Beanspruchung durch Korrosion (z. B. durch chloridhaltige Phosphorsäure [24]) Edelstähle mit hohen Chromgehalten verwendet. Das Filtertuch besteht zumeist aus mono- oder multifilem Polypropylen-Gewebe.

2.1.1.5 Herstellverfahren

Die zur Zeit betriebenen Produktionsanlagen für Nassphosphorsäure arbeiten überwiegend nach dem klassischen Dihydratverfahren, wie es in Abbildung 9 am Beispiel eines Dorr-Oliver-Prozesses wiedergegeben ist. Dieses Verfahren ist durch die langjährige Anwendung technisch ausgereift. Die Kristallisation des $CaSO_4 \cdot 2\,H_2O$ erfolgt bei 70–80 °C in Gegenwart von Phosphorsäure mit 28–32% P_2O_5 (gleichzeitig auch Konzentration der Produktsäure) und 1–2% freier Schwefelsäure. Je nach

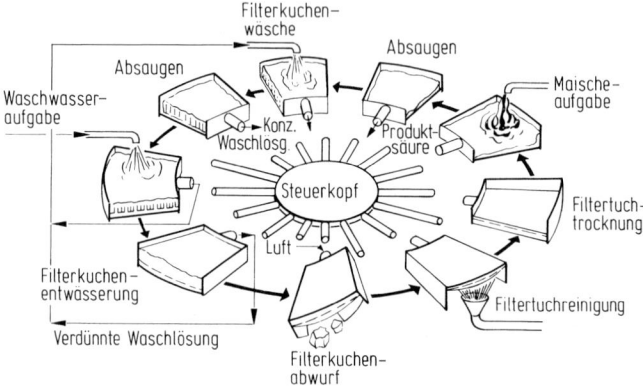

Abb. 7 Prayon-Bird-Karussellfilter für Nassphosphorsäure

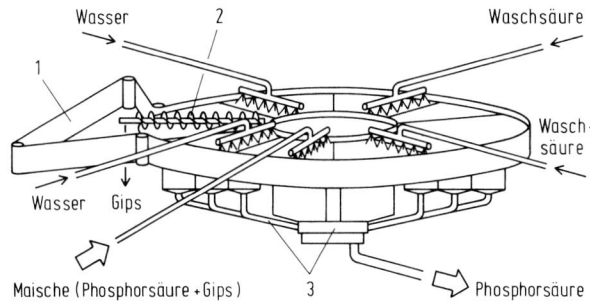

Abb. 8 UCEGO-Filter
1 Umlaufendes Gummi-Begrenzungsband, 2 Austragschnecke, 3 Vakuum-Vorrichtung

Rohphosphat betragen die P_2O_5-Verluste 4–7 %. Steigende Energie- und Rohstoffpreise förderten die Entwicklung und Anwendung neuer Aufschlussverfahren, die bei höheren P_2O_5-Ausbeuten eine reinere und konzentriertere Nassphosphorsäure produzieren (Tabelle 3). Die zweistufigen Verfahren sehen eine Umkristallisation des Calciumsulfates von der Halbhydrat- in die Dihydratstufe und umgekehrt vor, wobei eingeschlossenes, nicht oder teilumgesetztes Phosphat aufgeschlossen und dadurch die P_2O_5-Ausbeute bis auf 99 % erhöht wird. Die Umkristallisation kann mit bzw. ohne Zwischenabtrennung des primär gebildeten Hydrates von der Nassphosphorsäure erfolgen.

Ohne Zwischenabtrennung arbeiten nur einige Halbhydrat-/Dihydratverfahren. In diesem Fall wird die Umkristallisation durch Abkühlung der Aufschlussmaische auf 55–65 °C bewirkt. Als Beispiel für ein derartiges Aufschlussverfahren ist in Abbildung 10 der Nissan-Prozess [28] wiedergegeben. Mit Zwischenabtrennung werden dagegen beide Varianten der Zweistufenverfahren praktiziert. Die Umwandlung von Dihydrat in Halbhydrat erfolgt in einem relativ konzentrierten Schwefelsäure/Phosphorsäure-Gemisch (10–20 % SO_3, 20–30 % P_2O_5), die von Halbhydrat in Dihydrat bei geringeren Säurekonzentrationen (4–8 % SO_3, 10–20 % P_2O_5). Bei den primär über die Halbhydratstufe verlaufenden Verfahren werden durch die höheren Aufschlusstemperaturen (85–110 °C) die Reaktionsgeschwindigkeit erhöht und der Einsatz von ungemahlenem Rohphosphat möglich. Andererseits werden wegen erhöhter Korrosionsgefahr besondere Werkstoffe (spezielle Edelstähle, Beschichtungen) für Filter, Rohrleitungen und Pumpen benötigt.

Die Anhydritbildung erfordert Reaktionstemperaturen von 120–130 °C. Korrosions- und Verkrustungsprobleme verhinderten bisher eine Einführung dieser Aufschlussvariante in die Praxis.

2.1.1.6 Konzentrierung

Der weitaus größte Teil der Nassphosphorsäure wird nach dem Dihydratverfahren produziert. Um diese mit einem Gehalt von 28–32 % P_2O_5 relativ dünne Säure zu festen bzw. flüssigen Düngemitteln zu verarbeiten, muss sie auf 40–54 % bzw. 72–79 % P_2O_5 konzentriert werden. Gebräuchliche Konzentrierungssysteme sind

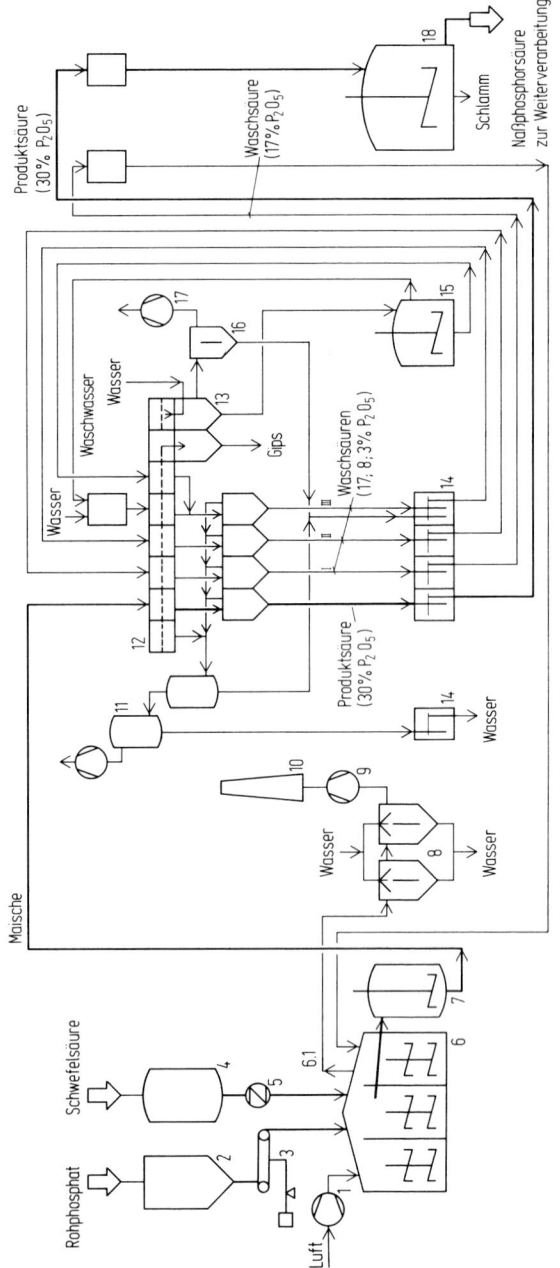

Abb. 9 Nassphosphorsäure-Herstellung nach dem Dorr-Oliver-Dihydratverfahren
1 Kühlungsgebläse, 2 Bunker, 3 Bandwaage, 4 Vorlage, 4 Dosiervorrichtung, 6 Single-Tank-Reaktor,
6.1 Absaugung, 7 Aufgabegefäß, 8 Doyle-Wäscher, 9 Gebläse, 10 Schornstein, 11 Vakuumanlage,
12 Karussellfilter, 13 Filtertuchwäsche, 14 Barometrische Tauchungen, 15 Eindicker für Waschwasser,
16 Abscheider, 17 Gebläse, 18 Lagerbehälter

Tab. 3 Herstellverfahren für Nassphosphorsäure

Verfahren[1] (Reaktionsführung)	Konzentration (% P_2O_5)	Ausbeute (% P_2O_5)	Beispiele (Firmenbezeichnung)
Dihydrat	28–32	93–96	Dorr-Oliver [25], Prayon [13, 19], Fisons [26], Kellog-Lopker [7]
Halbhydrat/Dihydrat (ohne Zwischenabtrennung)	30–32	98–99	Mitsubishi [27], Nissan [28]
Dihydrat/Halbhydrat (mit Zwischenabtrennung)	35	98–99	Central Glass, Prayon [29]
Halbhydrat/Dihydrat (mit Zwischenabtrennung)	40–50	98–99	Fisons [16], Nissan [30], Dorr-Oliver [31]
Halbhydrat	40–50	93–94	Fisons [26], TVA [32, 33]
Anhydrit	42–50		Nordengren [34]

[1] gekennzeichnet durch die Form der Ausfällung des Calciumsulfats als Dihydrat, Halbhydrat oder Anhydrit, gegebenenfalls mit Zwischenumwandlung

Tauchbrenner und Vakuum-Umlaufverdampfer. Zur Konzentrierung der Phosphorsäure auf einen Gehalt bis 55 % P_2O_5 wird überwiegend letzteres Aggregat eingesetzt (Abb. 11). Die Konzentrierung erfolgt stufenweise in mehreren in Reihe geschalteten Verdampfern. Neuere Umlaufverdampfer-Systeme [35] verwenden dabei

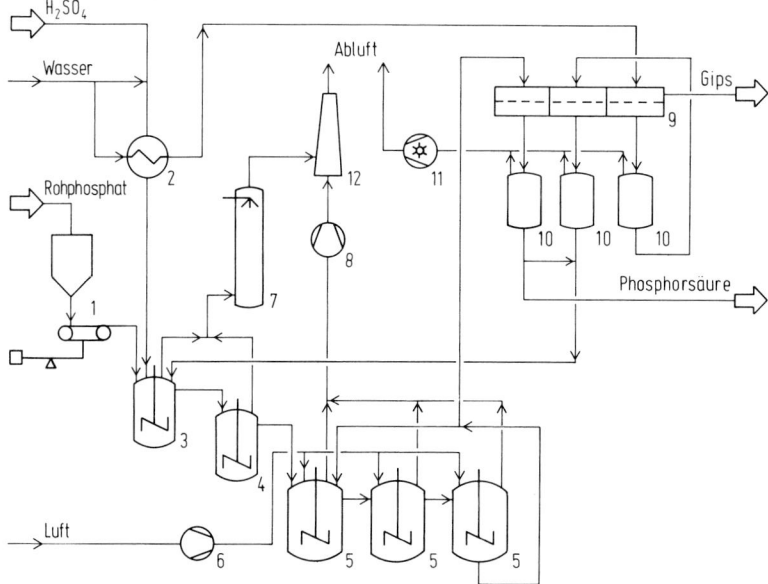

Abb. 10 Nassphosphorsäure-Herstellung nach dem Nissan-Halbhydrat-Dihydrat-Verfahren
1 Bandwaage, 2 Verdünnungskühler, 3 Vormischer, 4 Reaktor, 5 Kristallisator, 6 Kühlluftgebläse, 7 Gaswäscher, 8 Abluftgebläse, 9 Filter, 10 Filtratbehälter, 11 Vakuumpumpe, 12 Kamin

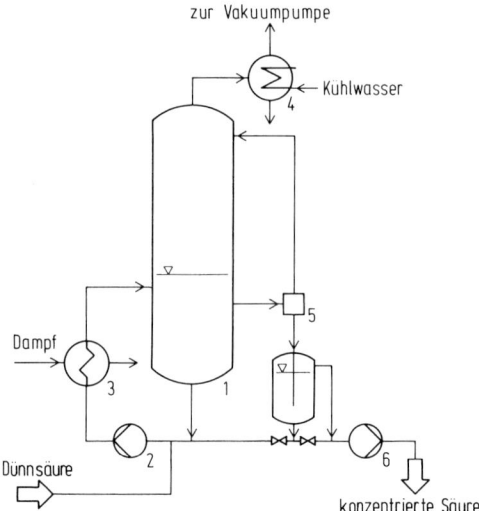

Abb. 11 Umlaufverdampfer zur Aufkonzentrierung von Nassphosphorsäure
1 Umlaufbehälter, 2 Umwälzpumpe, 3 Wärmeaustauscher, 4 Kondensator, 5 Produktabnahme, 6 Pumpe

die anfallenden Brüden eines Verdampfers zur Beheizung des folgenden, wodurch eine erhebliche Einsparung an Dampf erreicht wird. Beispielsweise müssen für die Konzentrierung von 30 auf 50 % P_2O_5 normalerweise 1,25 t, mit Brüdenausnutzung dagegen nur 0,7 t Dampf pro Tonne verdampften Wassers eingesetzt werden. Für Behälter, Rohrleitungen und Pumpen werden meist gummierte Stähle, für die Wärmetauscherrohre aus Graphit oder speziellen Nickel-Legierungen verwendet.

Nassphosphorsäure mit mehr als 70 % P_2O_5 (im Angelsächsischen Superphosphorsäure) gewinnt man durch Konzentrierung von Säure mit 50–55 % P_2O_5 entweder in Umlauf- bzw. Fallfilmverdampfern [36, 37] oder mit Hilfe von Tauchbrennern [38, 39]. Letztere arbeiten bei Heizgastemperaturen von 900–1000 °C und Säuretemperaturen bis zu 350 °C. Auf diese Weise bleiben die Anteile an flüchtigem, Aerosol bildenden P_2O_5 unter 1 % im Abgas. Den Weg über eine Destillation der Phosphorsäure wählt ein Verfahren von Albright & Wilson [40], das eine sehr reine Säure liefert. Destillationsbedingungen sind eine Temperatur von etwa 1600 °C in der Flamme und von 500 °C in der Säure. Vorherrschende Baumaterialien für alle direkt mit der Säure in Berührung kommenden Anlagenteile sind Kohlenstoff bzw. Graphit.

Bei der Konzentrierung von Nassphosphorsäure entweicht zusammen mit dem Wasserdampf ein Gemisch aus SiF_4 und HF. Beispielsweise werden 50–60 % des Fluorgehaltes bei der Einengung einer Säure von 30 auf 54 % P_2O_5 freigesetzt. Um einerseits die für die Produktionsanlage zulässigen F-Emissionswerte einzuhalten, andererseits eine fluorarme Phosphorsäure sowie als verkäufliches Nebenprodukt H_2SiF_6 zu gewinnen (vgl. Abschnitt 2.1.3.3), werden Konzentrierungsanlagen mit Einrichtungen zur Gewinnung von H_2SiF_6-Lösungen ausgerüstet. Mit verschiedenen Absorptionssystemen lassen sich dabei 90–95 % des freigesetzten Fluors in eine 15–25 %ige H_2SiF_6-Lösung überführen [41].

2.1.1.7 Reinigung

Je nach eingesetztem Rohphosphat enthalten die daraus gewonnenen Nassphosphorsäuren unterschiedliche Anteile verschiedener anorganischer Salze und organischer Substanzen. Die typische Zusammensetzung einer Rohsäure aus marokkanischem Phosphat zeigt Tabelle 2. Eine Entfernung der Verunreinigungen ist bei direkter Verarbeitung zu Düngemitteln (mit Ausnahme von Flüssigdüngern) nicht erforderlich. Die Herstellung technischer Phosphate (vgl. Abschnitt 5), insbesondere des Pentanatriumtriphosphats, erfordert dagegen den Einsatz einer relativ reinen Phosphorsäure, wozu früher überwiegend die über den Elementarphosphor gewonnene thermische Phosphorsäure (vgl. Abschnitt 4) verwendet wurde. Der Anstieg der Strom- und Kokspreise und damit der Herstellungskosten für elementaren Phosphor einerseits und die Verbesserung der Technologie zur Reinigung von Nassphosphorsäuren andererseits führten jedoch seit 1980 zu einem weiteren Vordringen der Nassphosphorsäure in Anwendungsbereiche der thermischen Phosphorsäure. Für einige spezifische Anwendungen wird jedoch bevorzugt die thermische Säure wegen ihrer höheren Qualität eingesetzt. Der Verbrauch gereinigter Nassphosphorsäure überstieg 2002 in Nordamerika den der thermischen Säure um mehr als 100%. Zur partiellen oder vollständigen Entfernung der Verunreinigungen werden im wesentlichen zwei Verfahrensprinzipien angewendet:
– Reinigung durch Ausfällung der Verunreinigungen,
– Reinigung durch Extraktion der Phosphorsäure mithilfe organischer Lösemittel.

Fällungsverfahren

Bei der Fällungsreinigung der Nassphosphorsäure werden in einem ersten Verfahrensschritt (Vorreinigung) Sulfat-Ionen durch Zusatz von Ca- oder Ba-Salzen, und manchmal auch von Schwermetallionen wie As, Cu und Pb, nach Zuführung von wenig Na_2S-Lösung als in der Säure schwerlösliche Verbindungen ausgefällt. Die Abtrennung der Niederschläge über Druck- oder Vakuumfilter erfolgt häufig in Gegenwart von Aktivkohle zur Adsorption organischer Bestandteile. Die kationischen Verunreinigungen (insbesondere Fe^{3+}, Al^{3+}, Mg^{2+}, Ca^{2+}) werden durch Neutralisation der so vorgereinigten Säure (green acid) in einer oder zwei Stufen mit Natronlauge oder Soda als Phosphate ausgefällt und von der gebildeten Natriumphosphatlösung (18–22% P_2O_5) abfiltriert. Je nach Verunreinigungsgrad der eingesetzten Rohsäure betragen die P_2O_5-Verluste bei der Reinigung 2–10%. Zur Verringerung der Verluste werden die Neutralisationsschlämme häufig in Düngemittelanlagen oder auch durch Aufschluss mit Natronlauge in Gegenwart von Wasserglas zu einer Trinatriumphosphat-Lösung einerseits und zu deponierbaren Metallhydroxiden und -silicaten andererseits verarbeitet. Die P_2O_5-Ausbeute steigt auf diese Weise auf 92–98%. Da bei der Reinigung durch Fällung die Phosphorsäure in eine Phosphatsalzlösung übergeführt wird, hat diese Methode wegen der eingeschränkten Anwendungsmöglichkeiten des Endproduktes nur begrenzte Bedeutung erlangt.

Extraktionsverfahren

Verfahren zur extraktiven Reinigung von Nassphosphorsäure sind prinzipiell seit 1930 bekannt [42, 43]. Mehr als 30 Jahre später kam es zu ersten industriellen An-

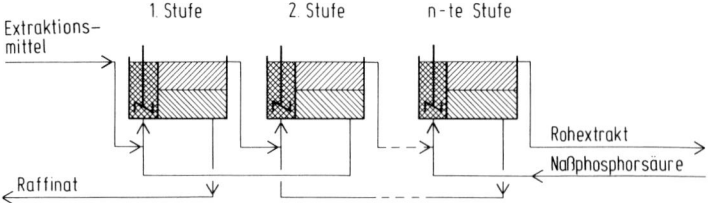

Abb. 12 Gegenstrom-Extraktion von Phosphorsäure in Mixer-Settlern

wendungen dieser neuen Reinigungstechnik. Seitdem ist weltweit ein zunehmender Aufbau von Reinigungskapazitäten auf der Basis einer Vielzahl von Neuentwicklungen zu beobachten [44]. Weltweit bestehen Anfang des 21. Jh. Reinigungskapazitäten von über 10^6 t a^{-1} P$_2$O$_5$ (Nordafrika, Nahost, Fernost, Europa, USA/Mexico). Das Grundprinzip der extraktiven Reinigungsverfahren besteht in der Abtrennung der Phosphorsäure von den Verunreinigungen mithilfe eines organischen Lösemittels, etwa eines Alkohols, Ethers, Ketons oder Phosphorsäureesters [44–49]. Je nach Mischbarkeit des Lösemittels mit Phosphorsäure und Wasser wird dabei das Extraktions- oder das Löseprinzip angewendet.

Wird im Dreistoffsystem Solvens/H$_2$O/H$_3$PO$_4$ im Gebiet völliger Mischbarkeit gearbeitet, so werden Phosphorsäure und Wasser im Solvens gelöst und die Verunreinigungen ausgesalzen. Dies erfolgt in der Regel in ein oder zwei Stufen in Mixer-Settlern. Bei einer Extraktion im klassischen Sinn dagegen besitzt das Dreistoffsystem immer eine Mischungslücke und die Phosphorsäure wird in diesem Bereich vielstufig im Gegenstrom mit Hilfe von Mixer-Settlern (vgl. Abb. 12) oder in gerührten Kolonnen durch die organische Phase extrahiert und so von der wässrigen Raffinatphase abgetrennt.

Entsprechend dem in Abbildung 13 wiedergegebenen Verfahrensprinzip wird dieser phosphorsäurehaltige Extrakt zunächst mit kleinen Mengen Wasser oder Phosphorsäure zur Entfernung geringer Anteile mitgelöster Verunreinigungen im

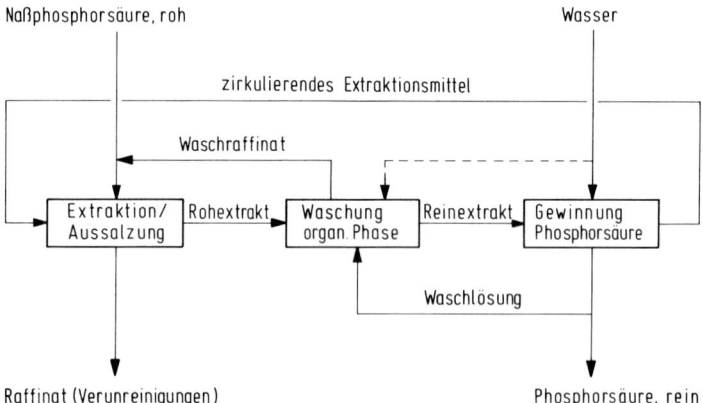

Abb. 13 Grundkonzept der extraktiven Reinigung von Nassphosphorsäure

Gegenstrom gewaschen und anschließend zur Rückgewinnung der Phosphorsäure mit Wasser oder wässrigem Alkali [46] behandelt. Auch die destillative Trennung von Phosphorsäure und Solvens [50] wird praktiziert sowie die Entmischung des Extraktes durch Erwärmen bei Verwendung von Ethern [45, 51]. Das abgetrennte Lösemittel wird rezirkuliert, die reextrahierte Phosphorsäure je nach Verwendungszweck konzentriert und zur weiteren Erhöhung der Reinheit mit chemischen oder physikalischen Methoden behandelt. Auf diese Weise kann Extraktionssäure von einer bisher nur auf thermischem Weg erreichbaren Qualität gewonnen werden. Zu den Einsatzgebieten extraktiv gereinigter Phosphorsäure gehören infolgedessen der Flüssigdünger- [52], Waschmittel- und Nahrungsmittelbereich sowie die Metalloberflächenbehandlung. Das Extraktionsverfahren kann jedoch nur dann betrieben werden, wenn günstige Bedingungen zur Weiterverarbeitung des Rückstands bestehen. Der Rückstand (das sogenannte Raffinat), der praktisch alle Verunreinigungen sowie 3–30 % des ursprünglichen P_2O_5 enthält, sollte verwertet werden, z. B. in der Düngemittelproduktion. Die anfallende Menge des Raffinatstroms kann z. B. durch Zugabe von Schwefelsäure zum Extraktionsprozess gesenkt werden.

2.1.2
Superphosphate

Bereits zu Beginn des 19. Jahrhunderts war bekannt, dass der Phosphatgehalt apatithaltiger Rohstoffe durch Umsetzung mit Schwefel- oder Phosphorsäure in eine für Pflanzen verfügbare Form übergeführt werden kann. $Ca(H_2PO_4)_2$ stellt die düngewirksame Komponente dieser Aufschlussprodukte dar, die entsprechend ihrem P_2O_5-Gehalt in
- normales Superphosphat mit durchschnittlich   18 % P_2O_5,
- angereichertes Superphosphat mit durchschnittlich   35 % P_2O_5,
- Triplesuperphosphat mit durchschnittlich   46 % P_2O_5

eingeteilt werden. Im angelsächsischen Sprachgebrauch werden diese drei Arten von Phosphatdüngern häufig als Single, Double und Triple Superphosphate bezeichnet. Der P_2O_5-Gehalt der Superphosphate hängt von Art und Menge der zum Aufschluss verwendeten Säure ab.

2.1.2.1 Produktionsumfang und Verwendung
Normales Superphosphat besitzt weltweit immer noch erhebliche Bedeutung. Infolge des Trends zu höher konzentrierten, frachtgünstigeren Düngern, insbesondere Mischdüngern auf Phosphorsäurebasis, nimmt jedoch der prozentuale Anteil von normalem Superphosphat an der Weltproduktion von Phosphatdüngemitteln ab (vgl. Abb. 2). Insbesondere in hochindustrialisierten Ländern (USA, EU) ist die Produktion dieses Phosphatdüngers in den letzten Jahren drastisch zurückgegangen. Der Verbrauch an konzentrierten Superphosphaten stagniert seit 1974. Insgesamt sank dadurch der Anteil aller Superphosphate an der Weltdüngerproduktion von etwa 56 % im Jahre 1967 auf etwa 40 % im Jahre 1978. Nach den Prognosen (vgl. Abb. 14) wird sich diese Entwicklung fortsetzen. In der Bundesrepublik ist,

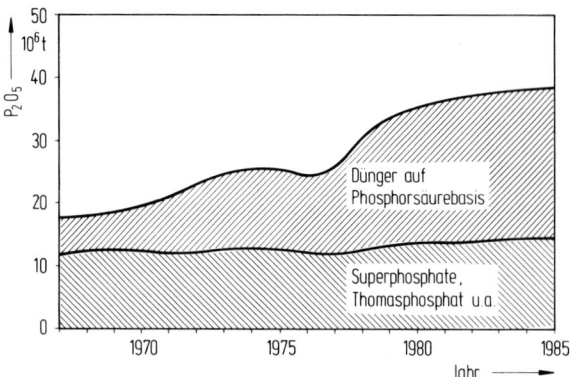

Abb. 14 Weltproduktion Phosphatdüngemittel [2]

bezogen auf den Gesamtverbrauch an P-Mineraldüngern, der Anteil der Superphosphate gering. In den Düngejahren 1976–1979 betrug er im Durchschnitt etwa 9% [53]. Angereichertes bzw. Triplesuperphosphat werden hier nicht als Phosphat-Einzeldünger verwendet, sondern fast ausschließlich zur Herstellung von Mehrnährstoff-Düngern eingesetzt (siehe Düngemittel, Bd. 8, Abschnitte 2.2.2.1 und 2.2.4.1).

2.1.2.2 Physikalische und chemische Grundlagen

Die bei der Herstellung von normalem Superphosphat ablaufende Bruttoreaktion kann folgendermaßen formuliert werden:

$$2\,Ca_5(PO_4)_3F + 7\,H_2SO_4 + 3\,H_2O \rightarrow 3\,Ca(H_2PO_4)_2 \cdot H_2O + 7\,CaSO_4 + 2\,HF \quad (7)$$

Der entstehende Fluorwasserstoff reagiert mit im Phosphat enthaltenem SiO_2 zu SiF_4 bzw. SiF_6^{2-} weiter. Die Reaktion (7) läuft im wesentlichen über zwei Stufen ab. Rohphosphat reagiert mit Schwefelsäure unter Bildung von Phosphorsäure und Calciumsulfat (ggf. als Halbhydrat):

$$Ca_5(PO_4)_3F + 5\,H_2SO_4 \longrightarrow 3\,H_3PO_4 + 5\,CaSO_4 + HF \quad (8)$$

Aus dieser Phosphorsäure und weiterem Rohphosphat bildet sich Calciumdihydrogenphosphat-Monohydrat, der düngewirksame Bestandteil des Superphosphates:

$$Ca_5(PO_4)_3F + 7\,H_3PO_4 + 5\,H_2O \longrightarrow 5\,Ca(H_2PO_4)_2 \cdot H_2O + HF \quad (9)$$

Die Reaktionen (8) und (9) verlaufen simultan, sobald eine ausreichende Menge Phosphorsäure gebildet ist. Entsprechend Gleichungen (7) und (8) wird in der Praxis ein so großer Schwefelsäureüberschuss verwendet, dass das Endprodukt 2–4% freie Phosphorsäure enthält. Bei zu geringem H_3PO_4-Überschuss wird wasserunlösliches, jedoch citratlösliches $CaHPO_4$ gebildet.

Aus den Gleichungen (7) bis (9) geht auch der Reaktionsablauf bei der Herstellung von angereichertem Superphosphat bzw. Triplesuperphosphat (frühere Bezeichnung Doppelsuperphosphat) hervor. Während die Herstellung des angereicherten Produktes dem Gesamtschema nach Gl. (7) bis (9) folgt, gilt für das Triplesuperphosphat nur Gleichung (9). Der Zeitbedarf für diese Reaktionen hängt insbesondere von Art und Mahlfeinheit des verwendeten Rohphosphats sowie von der Konzentration der Aufschlusssäure ab. Der erste Reaktionsschritt gemäß Gleichung (8) ist nach 15–45 min beendet, während der zweite Schritt bis zur vollständigen Umsetzung gemäß Gleichung (9) mehrere Wochen erfordert (Reifung) [54].

2.1.2.3 Herstellverfahren

Normales Superphosphat
Normales Superphosphat wird in älteren Betrieben diskontinuierlich, in neueren Anlagen kontinuierlich hergestellt.

Bei diskontinuierlicher Produktionsweise kann wegen längerer Verweilzeit »gröberes« Rohphosphat (60–70 % < 0,16 mm) als bei kontinuierlichem Betrieb (90 % < 0,16 mm) eingesetzt werden. Das Vermischen mit Schwefelsäure erfolgt in gusseisernen Rührgefäßen mit Bodenablass (z. B. Stedmann-Mischern [55]), aus denen der Aufschlussbrei ansatzweise nach 1–3 min in eine Aufschlusskammer [10] abgelassen wird. Nach Verfestigung des Reaktionsgutes werden die Wände der Kammer teilweise abgenommen. Der erstarrte Superphosphatblock wird dann zerkleinert. In alten Anlagen erfolgte dies z. T. auf fahrbaren Kammerböden, die gegen eine stationäre, rotierende Schneidemaschine gezogen wurden. Das Fassungsvermögen modernerer Kammern beträgt 50–100 t.

Bei kontinuierlichem Betrieb erfolgt in den im angelsächsischen Raum verbreiteten Broadfield- und ähnlichen Anlagen (vgl. Abb. 15 und 16) die Vermischung der Reaktionspartner in einer Paddel- oder Doppelwellenschnecke, gelegentlich auch in einem Turbinenmischer. Das Gemenge fließt auf ein sich langsam bewegendes Stahlband, das mit feststehenden Seitenwänden eine Kammer bildet, um das noch flüssige Reaktionsgemisch zu halten. Nach Erstarrung am Ende des Bandes (6–30 min Verweilzeit) wird das Superphosphat von einem Schneidwerk abgeraspelt.

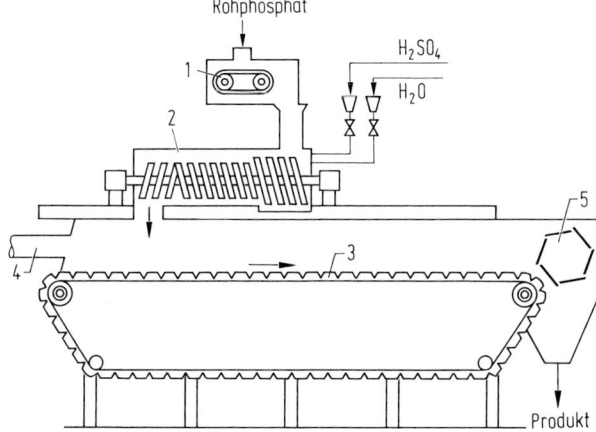

Abb. 15 Broadfield-Anlage
1 Bandwaage, 2 Mischer, 3 Plattenband, 4 Schwadenabzug, 5 Schneidewerk

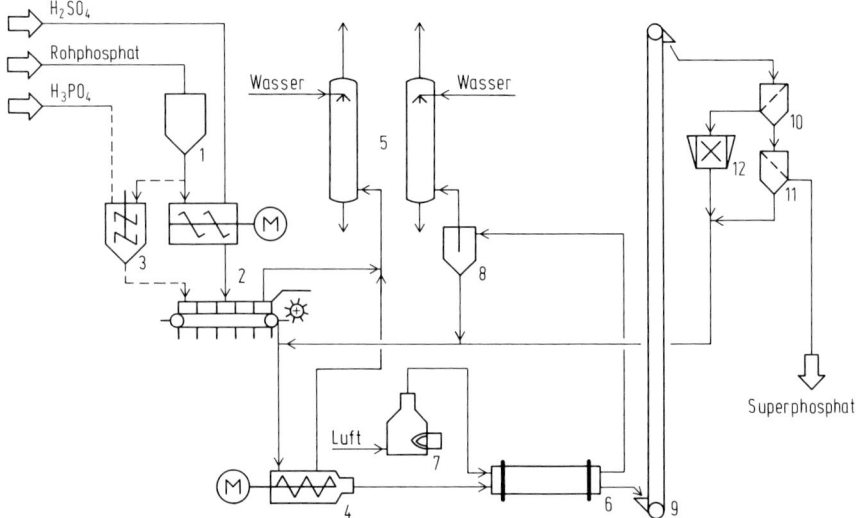

Abb. 16 Fließbild zur Herstellung granulierter Superphosphate
1 Bunker, 2 Broadfield-Anlage, 3 Konus-Mischer (Zusatz bei Herstellung von Triplesuperphosphat),
4 Granulator, 5 Wäscher, 6 Trockentrommel, 7 Heißluftgenerator, 8 Staubabscheider, 9 Elevator,
10 Grobsieb, 11 Feinsieb, 12 Brecher

In Europa wurden früher häufig drehbare Aufschlussteller (Moritz-Standaert-Drehteller [10]) betrieben, deren Drehgeschwindigkeit die Verweilzeit reguliert. Die Leistung derartiger Anlagen liegt bei 10–30 t h^{-1}. Das bei allen Aufschlussverfahren mit dem Abgas entweichende HF bzw. SiF$_4$ wird in Wäschern (Venturi-, Kreiselwäscher) durch Umsetzung mit Wasser als Hexafluorokieselsäure bzw. als Kieselsäure abgetrennt.

Vor ihrer Anwendung werden Superphosphate vielfach granuliert oder zur Herstellung von Mischdüngern ammonisiert (siehe 2 Düngemittel, Bd. 8, Abschnitt 2.2.4.1). Ein allgemeines Verfahrensschema für die Herstellung granulierter Superphosphate zeigt Abbildung 16.

Konzentrierte Superphosphate

Zur Herstellung von angereichertem bzw. Triplesuperphosphat sind die gleichen kontinuierlichen Anlagen geeignet, die auch zur Produktion von normalem Superphosphat verwendet werden. Dabei wird die Schwefelsäure partiell bzw. vollständig durch Nassphosphorsäure (im allgemeinen 48–54 % P$_2$O$_5$) ersetzt. Da die Aufschlussmaische in kürzerer Zeit als beim einfachen Superphosphat erstarrt, müssen kurze Vermischungszeiten (10–20 s) eingehalten werden.

Zum Vermischen der Reaktionspartner haben sich bei der Triplesuperphosphat-Herstellung Konus-Mischer bewährt (vgl. Abb. 17), in denen die Phosphorsäure durch vier bis acht Düsen tangential auf die Wandungen und das Phosphatmehl über einen Verteiler aufgegeben werden.

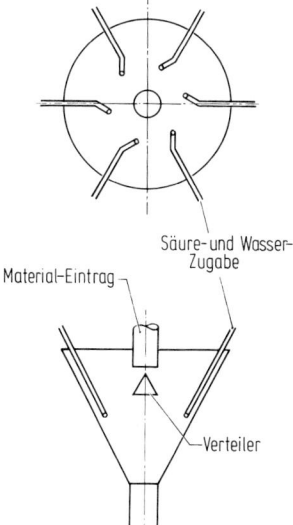

Abb. 17 Konus-Mischer

Beim *Dorr-Oliver-Verfahren* [56] wird eine rasche Erstarrung der Reaktionsmischung durch Verwendung einer weniger konzentrierten Nassphosphorsäure (38–40 % P_2O_5) vermieden. Nach Umsetzung in zwei hintereinandergeschalteten Rührreaktoren wird die Maische unter Zusatz von feingemahlenem Rückgut in einem Doppelwellenmischer granuliert und getrocknet. In ähnlicher Weise wird nach einem Verfahren der *Soc. Ind. d'Acide Phosphorique et d'Engrais* (Aufschluss mit Säure von 30 % P_2O_5) die erhaltene pastöse Aufschlussmaische auf Rückgut in einer Trockentrommel aufgesprüht und granuliert. Ein Verfahren der *Tennessee Valley Authority* (TVA) [57, 58] arbeitet ebenfalls mit Drehtrommeln.

2.1.3
Verbleib und Verwendung von Nebenprodukten

2.1.3.1 **Deponierung**
Bei der Nassphosphorsäure-Herstellung fallen 4–6 t Gips je Tonne P_2O_5 an. Die Beseitigung dieser riesigen Mengen stellt vor allem in Europa und in den USA ein großes Problem dar. In den USA ist es Praxis, in Wasser suspendierten Gips zur Ablagerung in erschöpfte Phosphatminen oder künstliche, durch Aufschütten von Gipswällen angelegte Teiche zu pumpen [59, 60]. Außerdem wird Gips häufig auf Anhöhen auf undurchlässigem Unterboden gesammelt, wobei das aus der Deponie sickernde Wasser ständig gereinigt und wiederverwendet wird. Im dichter besiedelten Europa wurde dagegen früher der größte Teil des Gipses noch ins Meer oder in die Flüsse geleitet. Wegen der Belastung der Gewässer wurde diese Entsorgungsart weitgehend eingestellt. Generell wird heute in Europa kaum noch Rohphosphor-

säure produziert; nur wo günstige Deponiebedingungen bestehen laufen die Anlagen noch. Dies gilt auch für die USA. Eine Deponierung ist dort noch möglich, wo die Produktion von Phosphorsäure weit ab von Wohngebieten stattfindet. Eine besondere Deponietechnik wurde vor kurzem in Deutschland entwickelt. Der anfallende Gips wurde in ausgekohlten Braunkohlengruben gelagert und dabei der gesamte Gips-Deponiekörper von einer starken Polyethylenfolie eingeschlossen [61]. Die Beseitigung der Abfallprodukte aus der Nasssäurereinigung spielt heute eine wichtige Rolle. Das Raffinat aus dem Extraktionsverfahren wurde bisher in Düngemitteln verarbeitet. Vor allem durch neuere Gesetzgebung bezüglich der Anwendung von metallhaltigen (vor allem Cadmium) Nebenprodukten in der Landwirtschaft wird dieser Weg wahrscheinlich bald nicht mehr gangbar sein. Die alkalischen Fällungsprodukte aus dem Fällungsverfahren müssen z. B. – gegebenenfalls nach einer Konditionierung [49] – deponiert oder im Phosphorverfahren verarbeitet werden.

2.1.3.2 Gipsprodukte (siehe Bauchemie, Bd. 7, Abschnitt 2.3.3.2)

Da es einerseits schon in den 1970er Jahren wegen sich verschärfender Umweltschutzbestimmungen zunehmend schwieriger wurde Nassphosphorsäuregips zu deponieren oder in Gewässer einzuleiten, dieser aber andererseits in Gebieten ohne natürliche Gipsvorkommen als Rohstoff eine wirtschaftliche Alternative zum Naturgips darstellte, wurde Nassphosphorsäuregips in steigendem Maße verwertet. Besondere Bedeutung hatte die Verarbeitung zu Baumaterialien wie Gipsfertigteilen, Putz- und Formgipsen. Dazu werden zunächst lösliche Verunreinigungen wie Na_2SiF_6 und H_3PO_4 ausgewaschen und dann das Calciumsulfat-Dihydrat im Autoklaven [62] in α-Halbhydrat bzw. im Kocher oder Drehrohr [63] in β-Halbhydrat umgewandelt. In Westeuropa wurden auf diese Weise etwa 30% des anfallenden Nassphosphorsäuregipses verwertet. Heute wird Nassphosphorsäuregips in den meisten Anwendungen durch den meist reineren Gips aus der Abgasreinigung von Kohlekraftwerken ersetzt. Weitere Verwendung fand Chemiegips als Zementadditiv, wo er ein unerwünscht schnelles Abbinden bestimmter Calciumsilicate verhindert [64].

In geringem Umfang fanden kombinierte Prozesse zur Herstellung von Zement und Schwefelsäure unter Verwendung von Gips industrielle Anwendung. Dazu gehören das Müller-Kühne-Verfahren (siehe Schwefel und anorganische Schwefelverbindungen, Abschnitt 3.2.4.4) und der Mitte der 1960er Jahre entwickelte ÖSW-Krupp-Prozess [65]. Wegen der im Vergleich zur Produktion geringen Nachfrage nach Nassphosphorsäuregips und der geänderten Umweltschutzauflagen wird heute fast der gesamte Gips deponiert [66].

Von untergeordneter Bedeutung ist die Verarbeitung von Chemiegips zu Ammoniumsulfat, einer Düngemittelkomponente [65] (s. auch Düngemittel, Band 8).

2.1.3.3 Fluoride

40–50% des mit dem Rohphosphat eingesetzten Fluors werden beim Aufschluss bzw. bei der Phosphorsäurekonzentrierung als SiF_4/HF-Gemisch freigesetzt und können in Wäschern beispielsweise durch umlaufende H_2SiF_6-Lösung (15–25%ig) in Form von Hexafluorokieselsäure absorbiert werden [67–69] (siehe Anorganische

Verbindungen des Fluors, Abschnitt 2.2). Dieses Nebenprodukt wird insbesondere zur Fluoridierung von Trinkwasser eingesetzt oder zu festen Fluoriden (AlF$_3$, Na$_3$AlF$_6$, MgSiF$_6$) für die Aluminium- und Baustoffindustrie, ggf. auch zu Fluorwasserstoff verarbeitet. Bei einer Weltproduktion von $135 \cdot 10^6$ t Rohphosphat (im Jahre 2002) wäre es rechnerisch möglich, etwa $1{,}7 \cdot 10^6$ t H$_2$SiF$_6$ (100%ig) zu gewinnen.

2.1.3.4 Uran und Seltene Erden (s. auch Nuklarer Brennstoffkreislauf, Bd. 6, und Seltene Erden, Bd. 6)

Rohphosphate enthalten zwischen 50 und 200 ppm Uran sowie bis zu 1% Seltene Erden. Bei der Nassphosphorsäureherstellung gelangen annähernd 90% des Urans und 60–80% der Seltenen Erden in die Säure. Wegen der enormen Produktionsmengen stellt Nassphosphorsäure trotz des geringen Gehaltes eine bedeutende Rohstoffquelle für diese Metalle dar. Theoretisch hätten 1976 in den USA auf diese Weise etwa 3000 t Uran [70] und etwa 12 000 t Seltene Erden gewonnen werden können.

Die industrielle Gewinnung von Uran aus Nassphosphorsäure wird an einigen Produktionsstandorten in Europa, in Asien und in Nordamerika praktiziert. Wegen den relativ hohen Kosten wurden einige Anlagen wieder stillgelegt. Die Abtrennung des Urans aus »dünner« Nassphosphorsäure (~ 30% P$_2$O$_5$) erfolgt auf extraktivem Wege mit Kohlenwasserstoffen (z. B. Kerosin), in denen Mischungen aus Phosphorsäure-bis-2-ethylhexylester (DEHPA) und Tri-n-octylphosphanoxid (TOPO) [71] oder verschiedenen Octylphenylphosphorsäureestern (OPAP) bzw. Octyldiphosphorsäureestern (OPPA) [72] gelöst sind. Die ersten mit Alkyldiphosphorsäureestern betriebenen Großanlagen wurden Ende der 1950er Jahre nach mehrjährigem Betrieb infolge eines Verfalls der Uranpreise stillgelegt [70].

Nach den in den USA praktizierten Verfahren wird in einer ersten Stufe eine mehr als fünfzigfache Anreicherung dadurch erreicht, dass man Uran als U(VI) in die organische Lösemittelphase überführt und daraus nach Reduktion zu U(IV) durch eine geringe Menge Nassphosphorsäure reextrahiert. Dieses in einzelnen Nassphosphorsäureanlagen anfallende Konzentrat wird dann in zentralen Rückgewinnungsanlagen gesammelt und erneut extrahiert. Aus dem Sekundärextrakt wird schließlich Uran als Ammoniumuranyltricarbonat (AUT) ausgefällt, das sich zu U$_3$O$_8$ pyrolysieren lässt. Auch andere Verfahren über UF$_4$ als Zwischenprodukt werden angewendet [72]. 1979 bestanden in den USA im Betrieb oder im Bau befindliche Kapazitäten zur Uranextraktion aus Nassphosphorsäure für rund 1800 t a^{-1} U$_3$O$_8$ [70, 73].

Zur Gewinnung der Seltenen Erden (SE) werden die beim Phosphataufschluss mit Schwefel- oder Salpetersäure anfallenden Lösungen partiell mit Ammoniak oder Kalk neutralisiert, sodass etwa 50–70% der SE als Phosphate ausgefällt und abgetrennt werden [74]. Es folgen eine Reinigung des Konzentrats durch Lösen in Schwefelsäure, Umwandlung der SE in Carbonate, anschließend in Nitrate und Auftrennung nach üblichen Verfahren (vgl. Seltene Erden, Bd. 6). Derartige Verfahren sollen in Polen und Russland betrieben werden [75]. Eine finnische Anlage [76] zur Gewinnung der SE über den Phosphataufschluss mit Salpetersäure wurde Anfang der 1970er Jahre nach mehrjährigem Betrieb wegen prozesstechnischer Schwierigkeiten stillgelegt.

2.2
Aufschluss mit anderen Säuren

Neben der Schwefelsäure haben Salpeter- (Odda-Verfahren) und in geringem Maße auch Salzsäure praktische Bedeutung für den Rohphosphataufschluss erlangt. Salpetersäure wird insbesondere in Europa in großem Umfang zur Volldünger-Herstellung verwendet (vgl. Düngemittel, Bd. 8, Abschnitt 2.2.1.2). Der Salpetersäureaufschluss eignet sich nicht zur separaten Herstellung von Nassphosphorsäure, da bei der üblichen Abtrennung des beim Aufschluss gebildeten Calciumnitrats von der Phosphorsäure durch Kristallisation mehr als die Hälfte des Salzes in der Säure zurückbleibt.

Für den Aufschluss mit Salzsäure [47, 77] nach

$$Ca_5(PO_4)_3F + 10\ HCl \longrightarrow 5\ CaCl_2 + 3\ H_3PO_4 + HF \tag{10}$$

wurde das Problem der Trennung von Phosphorsäure und wasserlöslichem $CaCl_2$ durch Anwendung der Extraktionstechnik gelöst. Die nach dem Aufschluss des Rohphosphates durch Filtration geklärte Lösung wird nach dem Verfahren der *Israel Mining Industries* (IMI) mit Amylalkohol in mehreren Stufen im Gegenstrom extrahiert, wobei die Phosphorsäure vom Lösemittel aufgenommen und von dem stark $CaCl_2$-haltigen Raffinat abgetrennt wird [54]. Aus dem gewaschenen Extrakt gewinnt man die Phosphorsäure durch Zugabe von Wasser und konzentriert sie bis auf einen P_2O_5-Gehalt von ~70%, weil nur so HF und insbesondere HCl quantitativ entfernt werden können. Der Extraktionsrückstand wird verworfen, stellt aber wegen des hohen Gehaltes an wasserlöslichen Verbindungen eine erhebliche Umweltbelastung dar. Deshalb ist dieses Verfahren auf spezielle Standorte beschränkt. Wegen der korrosiven Eigenschaften der im Prozess verwendeten Salzsäure bestehen Apparate, Behälter und Rohrleitungen im wesentlichen aus Kunststoff (z. B. PVC).

Es wurden auch Verfahren entwickelt, die als Aufschlussmittel Ammoniumhydrogensulfat einsetzen [78]. Durch Zusatz von Methanol zur Aufschlussmaische werden die freie Phosphorsäure und das gesamte Wasser vom Lösemittel aufgenommen und von den Feststoffen abgetrennt. Aus dem Extrakt lässt sich auf destillativem Wege eine konzentrierte Nassphosphorsäure (64% P_2O_5) gewinnen. Diese Prozesse haben bisher keine praktische Anwendung gefunden, ebenso wenig wie Verfahren, die zum Aufschluss Hexafluorokiesel- [79] oder Oxalsäure [80] vorsehen.

3
Thermischer Aufschluss von Rohphosphaten

3.1
Elektrothermischer Aufschluss – Phosphorherstellung

3.1.1
Historisches

Nachdem schon Mitte des neunzehnten Jahrhunderts elementarer Phosphor nach einem Retortenverfahren [81] hergestellt worden war und WÖHLER [82] den Zusatz von SiO_2 und READMAN die Verwendung elektrischer Energie [83] beschrieben hatten, nahm 1893 die britische Firma Albright & Wilson mit der Errichtung eines 80-kW-Einphasenofens in Oldbury die industrielle Herstellung nach dem im Prinzip auch heute noch verwendeten elektrothermischen Verfahren auf.

Drehstrom wurde erstmals 1925 in einem Dreiphasenofen in Bitterfeld verwendet, nach dessen Vorbild die IG Farbenindustrie 1927 in Piesteritz an der Elbe drei 10 000 kW Öfen errichtete [84, 85]. Für die Stromzuführung in die geschlossenen Ofengefäße wurden Söderberg-Elektroden mit sogenannten Tieffassungen (vgl. Abschnitt 3.1.5.2) verwendet [86], für die Abscheidung des Staubes beheizte Elektrofilter (Cottrells) [87] eingeführt.

In den USA wurde nach dem ersten Weltkrieg die Entwicklung vergrößerter Elektroöfen für die Phosphorherstellung vor allem durch die Tennessee Valley Authority (TVA) [88] und die Firmen Monsanto und Victor Chemical Works betrieben. Die Verwendung vorgebrannter Kohle- bzw. Graphitelektroden bestimmte dabei die gegenüber der deutschen Konstruktion veränderte Form des Ofengefäßes. Die von Victor Chemical Works, The Coronet Phosphate Comp. und TVA ab 1930 durchgeführten Versuche, das Hochofenverfahren für die Phosphorherstellung einzuführen, wurden 1938 wieder aufgegeben (vgl. Abschnitt 3.1.5.2). Die Entwicklung nach dem Zweiten Weltkrieg war durch den Bau immer größerer Ofeneinheiten gekennzeichnet. Hierbei ist insbesondere der unter der Leitung von F. RITTER 1956 in Knapsack errichtete Phosphorofen mit einer Leistungsaufnahme von 50 000 kW zu erwähnen, der viele Jahre der größte Phosphorofen der Welt war. Zwischen 1966 und 1968 wurde von den Firmen Monsanto, FMC und Knapsack/Hoechst mit der Errichtung von Öfen mit einer Leistungsaufnahme bis zu 70 000 kW der vorläufig wohl letzte Schritt auf dem Wege zu größeren Einheiten getan. Seit 1971 ist in der westlichen Welt kein neuer Phosphorofen mehr in Betrieb genommen worden, da die Verwendung von Phosphor zur Herstellung von Phosphorsäure rückläufig ist (vgl. Abschnitt 3.1.2). Der letzte verbleibende Produzent in Europa ist Thermphos International B.V. in Vlissingen (Niederlande) als Nachfolger von Hoechst. Außerdem laufen die Anlagen von Monsanto (Idaho, USA) und Kazphosphate (Kasachstan) noch. In China wurden seit den 1980er Jahren viele Phosphoröfen gebaut, und heute dominiert China den Weltmarkt für weißen Phosphor.

3.1.2
Produktionsumfang und Verwendung

Zu Beginn der industriellen Produktion im 19. Jahrhundert wurde elementarer Phosphor vor allem für die Herstellung von Streichhölzern verwendet. Nach dem Ersten Weltkrieg trat die Weiterverarbeitung des Elementarphosphors zu Phosphorsäure mehr und mehr in den Vordergrund, nachdem phosphorsaure Salze auf Basis thermischer Säure zunehmend in der Lebensmittelindustrie, der Wasseraufbereitung und in Reinigungsmitteln Eingang fanden. Mit Beginn der Verwendung von Tetranatriumdiphosphat und insbesondere von Pentanatriumtriphosphat in modernen synthetischen Waschmitteln setzte ab 1940 eine starke Aufwärtsentwicklung der Phosphorproduktion ein, die Anfang der 1970er Jahre ihren Höhepunkt erreichte. Seither hat sich die Weltproduktion, durch eine Abnahme der Produktion in den USA und Europa und ein Wachstum vor allem in China und Kasachstan, stabilisiert (vgl. Abb. 18). Für die Abnahme der Produktion in der westlichen Welt gibt es mehrere Gründe. Einerseits sind die Preise für elektrische Energie erheblich gestiegen, sodass thermische Säure zunehmend durch die mit wesentlich geringerem Energieaufwand und dadurch kostengünstiger hergestellte Nassphosphorsäure ersetzt wird. Das wiederum ist möglich geworden durch die Entwicklung neuartiger Reinigungsverfahren (vgl. Abschnitt 2.1.2.7), mit deren Hilfe Reinheitsgrade erreicht werden, die denen der thermischen Säure nahe kommen. Andererseits ist der Phosphorsäurebedarf für die Herstellung von Phosphaten wegen der Begrenzung des Einsatzes phosphathaltiger Waschmittel rückläufig (vgl. Abschnitt 5.3.3). Nach 1990 wurde die weitere Abnahme in den USA und Europa nicht mehr von Produktionserweiterungen in China kompensiert. China besaß allerdings im Jahre 2000 ca. 70 % der Weltproduktionskapazität.

Etwa 85 % des in der Welt erzeugten Phosphors wurden 1977 durch Verbrennung mit Luft zu P_4O_{10} zur Herstellung thermischer Phosphorsäure eingesetzt, die zum überwiegenden Teil Verwendung für die Produktion von Pentanatriumtriphosphat (ca. ein Drittel der P-Produktion) und anderer Natrium-, Kalium-, Ammonium- und Calciumphosphate fand. Seitdem hat die Produktion von thermischer Säure erheblich abgenommen (2000 wurde noch etwa 70 % des Phosphors verbrannt); thermische Säure wird im Moment hauptsächlich in der Lebensmittelindustrie, Metall-

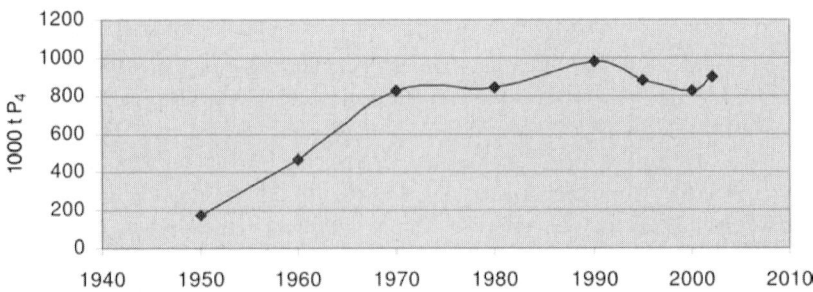

Abb. 18 Weltproduktion elementaren Phosphors

behandlung, Elektronik und für spezielle Reinigungsanwendungen verwendet. Für die Herstellung von Phosphorchloriden (vgl. Abschnitt 6.1), von Phosphorpentasulfid (vgl. Abschnitt 6.3) sowie von rotem Phosphor (vgl. Abschnitt 3.1.8) wurden etwa 15 % des erzeugten Phosphors benötigt. Festes Phosphorpentoxid, Polyphosphorsäure (vgl. Abschnitt 6.2), sowie phosphorhaltige Legierungen als Folgeprodukte des elementaren Phosphors sind mengenmäßig von geringerer Bedeutung.

3.1.3
Rohstoffe

Für die Phosphorherstellung werden natürlicher Fluorapatit ($Ca_5(PO_4)_3F$), Koks und Quarzkies als Ausgangsmaterialien verwendet. Da die Reaktionspartner während der Reduktion in gasdurchlässiger Schüttung oberhalb der Reaktionszone vorliegen müssen, verwendete man früher vielfach stückige Rohphosphate. Da diese in der Natur nur in begrenzter Menge vorkommen, ging man mit dem Anstieg der Phosphorproduktion mehr und mehr dazu über, feinkörnige Phosphate einzusetzen. Diese werden vor ihrer Verwendung in Formlinge übergeführt (vgl. Abschnitt 3.1.5.1).

Stark $CaCO_3$-haltige Phosphorite sind unerwünscht, da zum Erschmelzen des $CaCO_3$ und wegen der Erhöhung der Schmelztemperatur durch das vorhandene $CaCO_3$ zusätzlich Energie benötigt wird. Ebenso sind Rohphosphate mit hohem Gehalt an Eisenverbindungen nicht gut geeignet, da sie unter Bildung von Ferrophosphor zu einer Verminderung der Ausbeute an elementarem Phosphor führen. Weil Arsen und Phosphor sich im Phosphorproduktionsprozess gar nicht oder nur schwer trennen lassen, sind Rohphosphate mit einem hohen As-Gehalt (> 15 ppm) weniger geeignet. Arsen in Phosphor führt bei Folgereaktionen zu arsenreichen unerwünschten Abfallströmen. Auch zu hohe Anteile an Schwermetallen (besonders Cadmium) sind aus umwelttechnischen Gründen unerwünscht, da bei verschiedenen Erhitzungsstufen, vor allem beim Sinterprozess (vgl. Abschnitt 3.1.5.1), ein Teil der Schwermetalle emittiert wird. Dagegen verwendet man häufig SiO_2-haltige Apatite, weil damit die Zugabe von stückigem SiO_2 verringert werden kann. SiO_2 wird normalerweise getrennt als Kieselquarz dem Reduktionsofen zugesetzt. In den USA verwendet man auch Rohphosphate, die einen für die Herstellung und das Brennen von Formlingen günstigen Tonanteil besitzen.

Kohlenstoff wird meist in Form von Hüttenkoks zugesetzt, dessen Asche- und insbesondere Eisengehalt möglichst niedrig sein sollen. Anderenfalls bilden sich vermehrt Ferrophosphor und Schlacke, wodurch sich die Stoff- bzw. Energiebilanz des Verfahrens verschlechtert. Aus diesem Grund soll auch der Wassergehalt der zur Reduktion verwendeten Ausgangsstoffe niedrig sein. Ferner sollen die Rohstoffe möglichst gleiche oder nahe beieinanderliegende Korngrößen bzw. Korngrößenverteilungen besitzen. Bei ungleicher Korngrößenverteilung kommt es während der Einbringung des Möllers in den Reduktionsofen zu Entmischungen, die Störungen im Ofenbetrieb (z. B. lokale Schwankungen der Gasdurchlässigkeit, erhöhten Elektrodenverschleiß) verursachen können. Die benötigten Korngrößen schwanken je nach dem für die Agglomeration des Phosphats verwendeten Verfahren im allgemeinen zwischen 5 und 25 mm für Koks und Phosphat sowie 10–45 mm für den Kies.

Für den Betrieb von Phosphoröfen mit Söderberg-Elektroden wird außerdem noch Elektrodenmasse benötigt, die durch Mischen von 20–25 % Teer oder Pech, 30–35 % Koksstaub und 40–50 % feinkörnigem calcinierten Anthrazit hergestellt wird [86, 89] (siehe auch Kohlenstoffprodukte, Abschnitt 2.3.5). Beim Arbeiten mit vorgebrannten Elektroden werden stranggepresste oder gestampfte zylindrische Elektrodensegmente verwendet (vgl. Abschnitt 3.1.5.2).

Die nachfolgende Aufstellung gibt die in einem modernen Großofen für ein durchschnittliches Rohphosphat (Florida) benötigten Ausgangsstoffe bzw. anfallenden Produkte an:

Ausgangsstoffe:
8,00 t Rohphosphat (31 % P_2O_5)
2,80 t Kies (97 % SiO_2)
1,25 t Koks
0,05 t Elektrodenmasse

Produkte:
1,00 t Phosphor
7,70 t Calciumsilicatschlacke
0,15 t Ferrophosphor
2500 m^3 Abgas mit 85 % CO.

Die Ausbeute an elementarem Phosphor beträgt danach 92–93 %. Der Stromverbrauch liegt bei optimaler Möllerbeschaffenheit um 12 500–13 000 kW h pro Tonne Phosphor. Der Energiebedarf teilt sich folgendermaßen auf:

Haupt- und Nebenreaktionen	51–54 %
fühlbare Wärme in der Schlacke	27–29 %
fühlbare Wärme im Ferrophosphor	1 %
fühlbare Wärme im Ofengas	4–5 %
Wärmeverluste durch Strahlung und Wärmeableitung	9–14 %

3.1.4
Chemische und physikalische Grundlagen

Der Bruttoumsatz im Phosphorofen entspricht in seiner Stöchiometrie annähernd der Gleichung (11):

$$4\ Ca_5(PO_4)_3F + 18\ SiO_2 + 30\ C \longrightarrow 3\ P_4 + 30\ CO + 18\ CaSiO_3 + 2\ CaF_2 \quad (11)$$

Phosphor wird von einer Mischung der feinteiligen festen Komponenten Apatit, Quarz und Kohlenstoff bereits ab ~ 1100 °C freigesetzt. Für technische Zwecke läuft die Reaktion aber erst dann mit genügender Geschwindigkeit ab, wenn Phosphat und Quarzit eine Schmelzphase gebildet haben, d. h. ab ~ 1400 °C. Die Reaktion der ionischen Phosphat/Silicat/Fluorid-Schmelze mit Kohlenstoff lässt sich als Gleichung (12) formulieren:

$$2\,PO_4^{3-} + Si_6O_{15}^{6-} + 5\,C \longrightarrow P_2 + 5\,CO + 2\,Si_3O_9^{6-} \tag{12}$$

Das Phosphat-Ion wird zu P_2-Gas reduziert und überträgt seine Ladung auf die polymeren Silicat-Ionen der Schmelze, deren Polymerisationsgrad dadurch verringert wird. Die von Phosphor befreite Schmelze bildet bei hoher Abkühlungsgeschwindigkeit nach dem Erstarren ein Glas, bei langsamem Abkühlen u. a. Pseudo-Wollastonit $CaSiO_3$ und Cuspidin $Ca_4Si_2O_7F_2$.

Es ist noch nicht geklärt, ob die Umsetzung gemäß Gleichung (12) direkt als Fest/Flüssig-Reaktion abläuft [90] oder ob CO das eigentliche Reduktionsmittel ist, das nach Oxidation zum CO_2 seinerseits schnell vom Kohlenstoff wieder in CO umgewandelt wird. Bei festem $Ca_3(PO_4)_2$ ist die Reduktion über $CO/CO_2/C$ nachgewiesen worden [91].

3.1.5
Beschreibung der Verfahren

3.1.5.1 Herstellung der Phosphatformlinge

Die Herstellung der Phosphatformlinge erfolgt in den USA teils durch Brikettierung und anschließendes Sintern auf einem Wanderrost, teils in gas- oder ölbeheizten Drehöfen bei 1200–1400 °C [92], in denen das meist SiO_2- und tonhaltige Rohphosphat bis zum beginnenden Schmelzen erhitzt wird und sich durch Verkleben der Körner abgerundete Formlinge bilden. Die Kontrolle dieses Prozesses ist schwierig, da schon bei geringfügigen Schwankungen der Zusammensetzung des Phosphates die optimale Arbeitstemperatur unter- oder überschritten wird. Solche Anlagen müssen daher zur Entfernung von Anbackungen und überdimensionalen Formlingen häufig abgestellt werden. Weiterhin ist die Haltbarkeit der keramischen Ofenauskleidung wegen des chemischen und mechanischen Angriffs durch das Phosphat und etwaige Temperaturwechsel begrenzt.

In anderen Anlagen werden feinkörnige Phosphate nach Vermischen mit Koks oder Kohlepulver auf einem Rost zu einer porösen Masse gesintert und dann gebrochen und klassiert. Häufig wird das Phosphat auch z. T. unter Zusatz von Sinterhilfsmitteln, wie Elektrofilterstaub aus der Phosphorherstellung, Ton, Phosphorsäure oder Alkaliphosphaten, im angefeuchteten Zustand kalt verformt und dann bei Temperaturen von 1000–1300 °C gesintert. Für die Verformung werden u. a. Brikett- oder Walzenpressen verwendet [93]. Nach dem Verfahren von Hoechst [94, 95] wird das Rohphosphat nach Vermahlen unter Zusatz von Bindemitteln auf Granuliertellern zu Kugeln mit einem Durchmesser von 10–20 mm verformt, die anschließend auf einem Sinterrost (Abb. 19) gebrannt werden. Dieses Verfahren wird heute noch von Thermphos International in Vlissingen (Niederlande) verwendet. Als Brenngas dient das bei der Phosphorherstellung anfallende CO. Der Sinterrost ist in verschiedene Zonen unterteilt, in der ersten wird getrocknet und in den weiteren dann allmählich auf die gewünschte Temperatur erhitzt. Dem Brennrost ist ein Kühlrost nachgeschaltet. Für das Brennen der Formlinge sind u. a. auch Drehöfen,

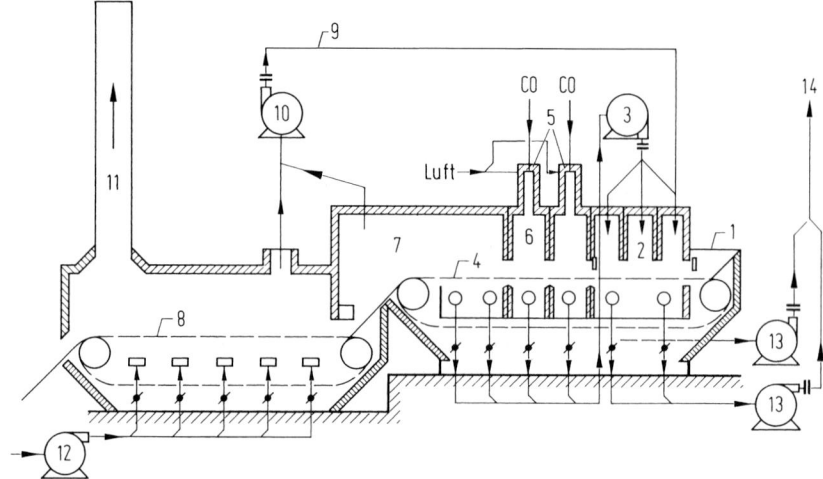

Abb. 19 Phosphat-Sinterrost (Hoechst)
1 Aufgabe, 2 Trockenzone, 3 Heißgasgebläse, 4 Sinterrost, 5 Brennkammer, 6 Glühzone, 7 Verweilzone,
8 Kühlrost, 9 Heißluftrückführung, 10 Heißluftgebläse, 11 Gasreinigung mit Abgaskamin,
12 Kühlluftgebläse, 13 Abgasgebläse, 14 zur Gasreinigung

Dwight-Lloyd-Bänder, Kipproste und dergleichen geeignet. Die Abgase werden in Venturi-Wäschern oder Sprühtürmen von meist aerosolartigen Fluoriden, P_2O_5 und Schwermetallen gereinigt. Die in den Wäschern abgefangenen Feststoffe werden getrocknet und zum Granulierteller zurückgeführt.

3.1.5.2 Phosphorofenkonstruktionen

Die Phosphorherstellung erfolgt heute ausschließlich in geschlossenen, meist dreiphasigen elektrischen Niederschachtöfen. Bei deren Entwicklung wurden in Deutschland und den USA verschiedene Wege beschritten, die durch die Verwendung von Söderberg-Elektroden (Deutschland) bzw. vorgebrannten Kohle- oder Graphitelektroden (USA) gekennzeichnet sind [92].

Die Übertragung des *Söderberg-Prinzips* von der Carbidproduktion mit Reaktionstemperaturen von über 2000 °C auf die Phosphorherstellung (~1500 °C) machte es erforderlich, die Stromzuführungen zu den Elektroden sehr nahe an die Reaktionszone bis an den schon gebrannten und daher stromleitenden unteren Elektrodenabschnitt heranzuführen. Die Öfen besitzen daher einen flachen Ofendeckel, durch den der Strom den innerhalb des Ofens befindlichen Tieffassungen zugeführt wird. Diese bestehen aus einem Edelstahlmantel und Kupferkontaktplatten, die wassergekühlt sind, sowie einer Vorrichtung zum Andrücken der letzteren an die Elektrode. Der Strom wird dieser Fassung, deren Grundkonstruktion von J. DION, Bitterfeld, stammt [96], über bewegliche Kupferbänder zugeleitet (Abb. 20). Die Elektrode besteht aus einem mit Innenlamellen versehenen Stahlmantel und der darin befindlichen, im Unterteil bereits gebrannten Elektrodenmasse. Bei Stromdichten von 3–4 A cm^{-2} werden pro Stunde ca. 1–3 mm Sö-

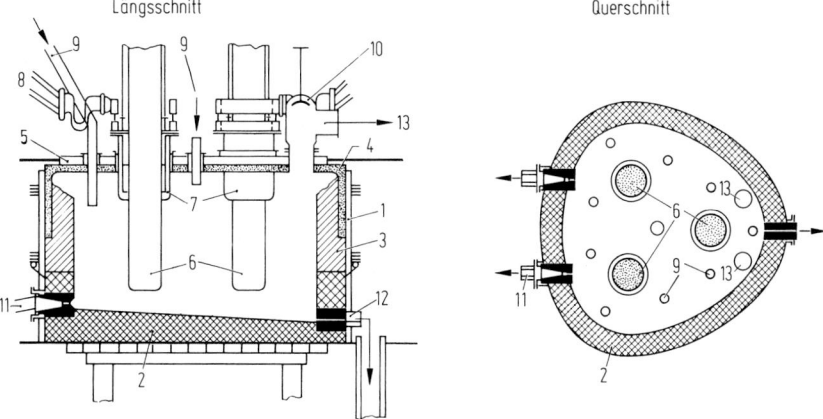

Abb. 20 Phosphorofen (Hoechst)
1 Eiserne Wanne, 2 Kohleauskleidung, 3 Schamottemauerwerk, 4 Armierte Betondecke, 5 Metalldeckel, 6 Elektroden, 7 Tieffassung, 8 Stromzuführung, 9 Beschickungsrohre, 10 Eckventil, 11 Schlackenabstich, 12 Ferrophosphorabstich, 13 Gasaustritt

derberg-Elektrode verbraucht. Die Versetzung bzw. Nachführung der Elektroden erfolgt über ein ölhydraulisches System. Entsprechend dem Verbrauch wird Elektrodenmasse während des Ofenbetriebes von oben eingefüllt und der Stahlmantel durch Aufschweißen neuer Schüsse verlängert. Eine einzelne Söderberg-Elektrode eines mit 65 MW betriebenen Ofens wiegt bei einem Durchmesser von 1,35 m und einer durchschnittlichen Länge von 10 m etwa 25 t. Das Ofengefäß besteht aus einer eisernen Wanne, die im Unterteil mit Blöcken aus Hartbrandkohle, im Oberteil mit Schamottesteinen ausgekleidet ist. Ofenboden und Unterteil des Mantels werden mit Wasser gekühlt, womit eine wesentliche Verlängerung der Standzeit der Kohleauskleidung erreicht wird. Durch den gestaffelten Einbau mehrerer radioaktiver ^{60}Co-Präparate an verschiedenen Stellen der Auskleidung wird das Ausmaß der Abtragung der Kohleblöcke überwacht [97], sodass unnötige Inspektionsstillstände vermieden und unumgängliche Reparaturen an der Auskleidung rechtzeitig vorausgesehen werden können. Den Abschluss des Ofens nach oben bildet eine Decke aus feuerfestem Beton, über der sich noch ein mit der Ofenwanne verschraubter Deckel aus antimagnetischem Stahl befindet. Außer den Elektroden werden durch den Deckel noch die Beschickungsrohre für den Möller und zwei Gasaustrittsrohre für das den dampfförmigen Phosphor enthaltende Ofengas geführt. Am Boden des Ofens befinden sich drei Abstichöffnungen, von denen die beiden oberen zur Abführung der schmelzflüssigen Schlacke, die untere zum Ablassen des schwereren Ferrophosphors dienen. Der Ofen wird mit Drehstrom, im allgemeinen in Dreiecksschaltung, betrieben. Die Sekundärspannung der verwendeten Transformatoren schwankt je nach Belastung zwischen 200 und 650 V. Die Primärspannung liegt bei 150 kV.

Die Entwicklung von Phosphoröfen in den USA wurde nach 1930 insbesondere von der TVA betrieben. Anfangs baute man Öfen mit rechteckigem Querschnitt, bei denen die drei Elektroden in einer Reihe angeordnet waren. Später ging man ebenfalls zu einer Dreiecksanordnung der Elektroden und runden bzw. abgerundeten Ofenquerschnitten über. Durch die Verwendung vorgebrannter Kohle- oder Graphitelektrodenschüsse, die über Nippel miteinander verbunden werden, ist es möglich, den Strom außerhalb des Gefäßes über Hochfassungen zuzuführen und Ofengefäße mit gewölbtem, mit feuerfestem Beton ausgekleidetem Oberteil zu verwenden. Der Verbrauch der vorgebrannten Kohleelektroden liegt bei etwa 15–20 kg pro Tonne Phosphor. Entsprechend der höheren Leitfähigkeit im Vergleich zur gebrannten Söderberg-Masse kann mit höheren Stromdichten von bis zu 6 A cm^{-2} und daher geringeren Elektrodendurchmessern gearbeitet werden. Aus Phosphorqualitätsgründen sind in den 1990er Jahren einige Öfen von Söderberg- auf vorgebrannte Elektroden umgebaut worden. Die Tieffassungen sind jedoch aus Kostengründen geblieben. In England wurden von Albright & Wilson über lange Zeit runde Öfen mit fünf symmetrisch angeordneten Elektroden betrieben.

In Anlehnung an eine norwegische Entwicklung [98] hat die TVA in den 1950er Jahren auch Phosphoröfen gebaut, deren Wanne langsam rotierte bzw. oszillierte [99]. Die Abdichtung gegenüber dem feststehenden Ofendeckel erfolgte über eine mit flüssigem Blei bzw. später mit Wasser gefüllten Tasse. Diese Ofenkonstruktion hat sich nicht bewährt, da unter anderem durch die bei der Rotation auftretenden Scherkräfte die Gefahr eines Elektrodenbruches erhöht wurde.

Bis in jüngste Zeit sind immer wieder Versuche unternommen worden, alternative Verfahren zur Phosphorherstellung zu entwickeln. Von diesen hat nur das Hochofenverfahren in den USA während der 1930er Jahre vorübergehend technische Anwendung gefunden [100, 101]. Phosphat/Kohlenstoff-Briketts im Gemisch mit Kies und Koks wurden im Schachtofen mit vorerhitzter Luft so umgesetzt, dass der Kohlenstoff nur bis zum Kohlenmonoxid oxidiert wurde. Der Phosphor im Gasgemisch wurde teils direkt durch Luftzumischung, teils nach Kondensation in flüssiger Form zu P_4O_{10} verbrannt.

Auch die gleichzeitige Herstellung von elementarem Phosphor und Calciumcarbid ist untersucht worden [102, 103]. Eine Reihe von Arbeiten beschäftigte sich mit der Durchführung der Phosphatreduktion in einer Wirbelschicht. Die Reaktionstemperatur wurde durch Oxidation von Kohlenstoff bzw. Kohlenmonoxid [104], durch elektrische Widerstands- [105, 106] oder auch Plasmagasbeheizung [107] eingestellt.

3.1.5.3 Ofengasreinigung und Phosphorkondensation

Das den Phosphorofen mit 200–400 °C verlassende Gas enthält ca. 400 g dampfförmigen Phosphor und 40 g Staub je Kubikmeter. Das Gas besteht zu etwa 85 % aus Kohlenmonoxid. Die Hauptmenge des Staubes wird in Elektrofiltern abgetrennt (Abb. 21) [87]. Eine durchschnittliche Analyse des Filterstaubes, in dem unter den Reduktionsbedingungen im Ofen flüchtige Stoffe bzw. deren Reaktionsprodukte angereichert sind, ist in Tabelle 4 wiedergegeben. Kernstück der Filter sind in Rohren, Taschen oder auch in durch konzentrische Rohre gebildeten Ringräumen aufgehängte, kathodisch geschaltete Drähte, die auf Spannungen zwischen 30 und 80 kV gebracht werden. Der sich an den Drähten abscheidende Staub (vgl. Abschnitt

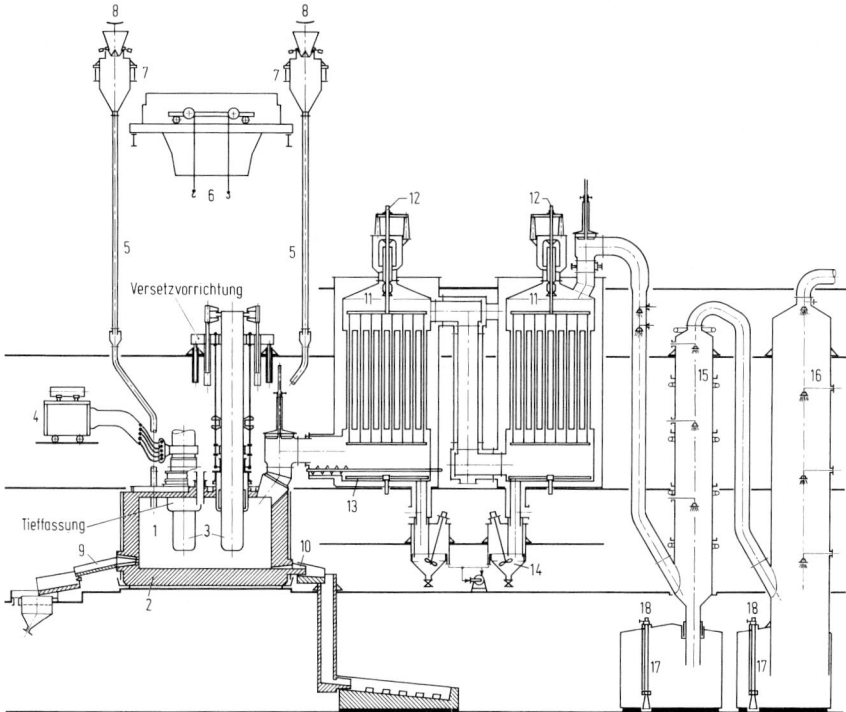

Abb. 21 Herstellung von elementarem Phosphor (Verfahren von Hoechst)
1 Ofengefäß, 2 Kohlenstoffsteine, 3 Söderberg-Elektrode, 4 Trafo, 5 Beschickungsrohre, 6 Ofenhauskran, 7 Beschickungsbunker mit Schleuse, 8 Beschickungsband, 9 Schlackenabstich, 10 Ferrophosphorabstich, 11 Elektrofilter, 12 Stromanschluss mit Rüttelvorrichtung, 13 Staubaustrag, 14 Anmaischgefäß für Filterstaub, 15 Warmkondensationsturm, 16 Kaltkondensationsturm, 17 Phosphorsammelgefäße, 18 Phosphorpumpen

3.1.7.3) wird von Zeit zu Zeit durch Schütteln, Klopfen oder ähnliche mechanische Maßnahmen abgereinigt. Es wird sowohl mit auf- als auch absteigender Gasströmung (ca. 0,6 m s^{-1}) gearbeitet. Häufig schaltet man zwei Cottrell-Apparate hintereinander und erreicht so eine Staubabscheidung von mehr als 98 %. Die Außenwände der Abscheider werden beheizt, sodass die Innentemperatur oberhalb des Taupunktes des elementaren Phosphors verbleibt. Der im Unterteil der Abscheider in Kammern gesammelte Staub wird mechanisch über Gasschleusen oder auch über Wassertauchungen ausgetragen. Nach der Abtrennung des Staubes wird der dampfförmige Phosphor durch Einspritzen von Wasser in das Ofengas niedergeschlagen. Man arbeitet hierbei in adiabatisch betriebenen Sprühtürmen [108] und stellt durch Wasserverdampfung Temperaturen ein, die etwa 10–20 °C oberhalb des Schmelzpunktes des Phosphors (44 °C) liegen. Am Boden des Turmes sammelt sich der spezifisch schwerere Phosphor an (Dichte 1,74 g cm^{-3} bei 50 °C). Das überstehende Wasser wird im Kreis geführt. Den Phosphor pumpt oder hebert man von

Tab. 4 Beispiel für die Zusammensetzung von Elektrofilterstaub (%)

SiO_2	20–40
Rohphosphat	20–40
F	5–10
Na_2O	5–10
K_2O	5–10
Schwermetalle (Cd, Pb, Zn)	2–20
Koksstaub	1–10
Cl	1–10
Elementarer Phosphor	0–3

Zeit zu Zeit in die Vorratsgefäße ab, in denen er, mit Wasser oder Stickstoff überdeckt, in flüssiger Form gelagert wird.

Das aus dieser Warmkondensationsstufe mit 55–60 °C abströmende Kohlenmonoxid enthält immer noch etwa 3 % des im Rohgas enthaltenen Phosphors. Zur Gewinnung dieses Anteils und aus Gründen der Reinhaltung der Luft ist bei einigen Phosphorherstellern noch eine so genannte Kaltkondensationsstufe nachgeschaltet [109], in der durch Abkühlung des Gases auf 30–40 °C der Hauptteil des restlichen Phosphors in fester Form abgeschieden wird. Hierfür werden ebenfalls Sprühtürme verwendet mit einer Rückkühlung des durch Wärmetauscher im Kreis geführten Wassers. Der im Turmsumpf gesammelte feinteilige feste Phosphor wird von Zeit zu Zeit durch Warmfahren des Wasserkreislaufs geschmolzen und dann abgepumpt.

3.1.6
Qualität des anfallenden Phosphors

Der elektrothermisch gewonnene Phosphor ist sehr rein. Er ist – wahrscheinlich durch einen geringen Gehalt an niederen, nicht-stöchiometrischen Phosphoroxiden – gelb gefärbt. Der Schmelzpunkt liegt bei etwa 44 °C. Eine durchschnittliche Zusammensetzung von gelbem Phosphor zeigt Tabelle 5.

Tab. 5 Beispiel für die Zusammensetzung von gelbem Phosphor (%)

P	99,6–99,8
S	0,002–0,05
As[1]	0,003–0,03
Sb	0,002
Toluollösliche Verunreinigungen	0,005–0,25
Toluolunlösliche Verunreinigungen	0,01–0,05

[1] Im Kristallgitter des bei der Phosphorherstellung eingesetzten Apatits ist ein kleiner Teil der Gitterstellen des Phosphors durch Arsen besetzt. Dieses wird zusammen mit dem Phosphor reduziert und verflüchtigt.

Tab. 6 Beispiele für die Zusammensetzung von Phosphorofenschlacke (%)

P_2O_5	1,6	Al_2O_3	2,4
CaO	47,9	Fe_2O_3	0,4
SiO_2	43,0	MgO	1,3
F	3,2	Na_2O	0,8
		K_2O	0,2

3.1.7
Handhabung und Verwertung der Nebenprodukte

3.1.7.1 Schlacke

Die Wirtschaftlichkeit der elektrothermischen Phosphorerzeugung wird nachteilig durch die bisher nur in geringem Maß zu nutzende Ofenschlacke beeinflusst. Pro Tonne Rohphosphor werden etwa 8 t Schlacke abgezogen, die hauptsächlich aus Calciumsilicat (vgl. Tabelle 6) besteht und einen erheblichen Wärmeinhalt (vgl. Abschnitt 3.1.3) besitzt. Versuche, diese Energie teilweise zurückzugewinnen, sind bisher gescheitert.

Je nachdem, ob die Abkühlung der Schlacke allmählich oder durch Aufgabe von Wasser abrupt erfolgt, bildet sich Stück- oder Granulatschlacke.

Diese Nebenprodukte werden in Europa im Straßenbau, z. B. als Ersatz von Kies in Asphalt und als Füll- und Dämmstoffe in Wasserwerken eingesetzt. In der Vergangenheit wurden sie, vor allem in Osteuropa, auch als Zuschlagstoff bei der Zementherstellung, als Poliermittel und in der Keramikindustrie verwendet [110, 111]. In den USA wird die Schlacke im Allgemeinen deponiert.

3.1.7.2 Ferrophosphor

Der im Phosphorofen gebildete Ferrophosphor enthält ca. 20–27 % P, 1–9 % Si, 60–70 % Fe und an selteneren Elementen in Sonderfällen noch jeweils bis zu 5 % Ti und V. Der Ferrophosphor sammelt sich infolge seiner hohen Dichte (6,2 g cm^{-3} bei 20 °C) unterhalb der Schlacke am Boden des Ofengefäßes als Schmelze und wird über das am tiefsten gelegene Abstichloch von Zeit zu Zeit abgelassen. Der Ferrophosphor hat etwa die Zusammensetzung Fe_2P, sein Schmelzpunkt liegt zwischen 1190 und 1280 °C. Nach Erstarren und Abkühlen wird der Ferrophosphor in einem Sandbett gebrochen oder beim Abstich in einem Zwischentiegel gesammelt und anschließend über ein Gießband zu Massen verformt.

Ferrophosphor wird in der Stahl- und Gießereiindustrie für die Herstellung von Spezialstählen und in Deutschland zur Aufstockung des Phosphorgehaltes der Thomasschlacke bei der Herstellung von Thomasstahl eingesetzt (s. auch Eisen und Stahl, Bd. 6, und Stahlveredler, Bd. 6). In der Patentliteratur ist der Aufschluss mit Soda bei hohen Temperaturen mit dem Ziel der Gewinnung von Natriumphosphaten beschrieben [112]. Ferrophosphor wird in gemahlener oder verdüster Form auch zur Herstellung von Strahlenschutzbeton verwendet [113] und anstelle von Zinkstaub in Korrosionsschutzfarben eingesetzt [114].

3.1.7.3 Filterstaub

Der bei der Reinigung des Ofengases in den Cottrell-Filtern anfallende Staub wird deponiert, oder auch wegen seines relativ hohen Gehaltes an Silicat und P_2O_5 (als Rohphosphat) in der Herstellung von Phosphatformlingen wiederverwertet. Durch dieses ständige Recycling werden Schwermetalle (Cd, Pb, Zn), die teilweise radioaktiv sind (Pb-210, Po-210, Bi-210) im Filterstaub angereichert. Deswegen wird ein Teil des Staubes dem Prozess entzogen, calciniert und deponiert. Wegen der Radioaktivität wird dieser Staub in den USA (wo der Staub übrigens nicht intern recycliert wird und deshalb erheblich weniger Radionuklide und Schwermetalle enthält) nicht länger als Düngemittel verwendet. Die analytische Zusammensetzung eines Elektrofilterstaubes ist in Tabelle 4 (Abschnitt 3.1.5.3) wiedergegeben.

3.1.7.4 Kohlenmonoxid

Das nach der Abtrennung des Phosphors anfallende Gas besteht neben Stickstoff, Wasserdampf, Phosphan, Phosphor, Schwefelwasserstoff und Wasserstoff zu 85–95% aus Kohlenmonoxid. Es wird meist als Brenngas bei der Sinterung der Phosphatformlinge und im Falle der Weiterverarbeitung des Phosphors am gleichen Ort bei der Herstellung von Phosphatsalzen eingesetzt. Thermphos (Niederlande) verkauft überschüssiges CO an einem Kohlekraftwerk, das 3 km von der Phosphoranlage entfernt ist.

3.1.7.5 Phosphorschlamm

Kleine Mengen in der Cottrell-Reinigung nicht abgeschiedenen Staubes bilden in den Kondensationstürmen zusammen mit Phosphor und Wasser eine relativ stabile, meist als Phosphorschlamm bezeichnete Emulsion, die sich an der Grenzfläche zwischen Phosphor und Wasser sammelt und mehrere Prozent des produzierten Phosphors enthalten kann. Bei der Entstehung dieses Schlammes könnte kolloidale Kieselsäure, die sich u. a. durch Hydrolyse des in geringer Menge in Phosphorofengas enthaltenen SiF_4 bildet [115], eine Rolle spielen. Im allgemeinen wird der Schlamm entweder zentrifugiert oder über Druckfilter filtriert. Aus dem Rückstand kann durch Wasserdampfdestillation unter Druck der Phosphor verflüchtigt [116] und in Kondensatoren niedergeschlagen werden. Diese Technik wird heute aber aus Sicherheitsgründen nicht mehr verwendet. Eine andere Methode der Schlammverarbeitung sieht die Vermischung mit Phosphor in Rührgefäßen und die gemeinsame Verbrennung im Zuge der Phosphorsäureherstellung vor [117]. Dadurch wird jedoch die Qualität der thermischen Phosphorsäure verschlechtert. Diese Methode wird in den USA und Europa nicht mehr verwendet. Stand der Technik in Europa und den USA ist die Rückführung des Schlamms (nach Druckfiltration oder Zentrifugierung) in die Öfen.

3.1.7.6 Phosphorabwasser

Pro Tonne erzeugten Phosphors fallen 5–7 m³ Abwasser mit einem Gehalt von 0,05–0,1% Phosphor an, zumeist in emulgierter Form als Phosphorschlamm. Die Abtrennung dieses Schlamms erfolgt üblicherweise in Absetzbecken oder Dorr-Eindickern [118], bei gleichzeitiger Neutralisation des Abwassers mit Kalk zur Abtrennung des Fluorids als CaF_2. Der sich absetzende Phosphorschlamm wird analog Abschnitt 3.1.7.5 aufgearbeitet. Bewährt hat sich auch die Filtration des Abwassers. Dabei wird die emulsionsstabilisierende Kieselsäure von den flüssigen Phosphorteilchen abgetrennt, sodass sich der Phosphor im Filtrat anschließend leicht absetzen und abtrennen lässt. In jedem Fall werden die ablaufenden Klarwässer zur Entfernung letzter Phosphorspuren mit Chlor oder Bleichlauge behandelt.

3.1.8
Roter Phosphor

Roter Phosphor wird durch monotrope Umwandlung aus weißem Phosphor oberhalb 200 °C gebildet:

$$\frac{n}{4} P_4 \text{ (weiß)} \longrightarrow P_n \text{ (rot)} \tag{13}$$

Die Umsetzung verläuft exotherm. Je mol P_4 (124 g) wird eine Wärmemenge von 73,6 kJ freigesetzt. Je nach den Herstellungsbedingungen kann roter Phosphor orange, hellrot, dunkelrot und auch violett gefärbt sein. Im technischen Maßstab erfolgt die Umwandlung des Phosphors meist chargenweise (manchmal auch im Semibatch-Verfahren [119]) in geschlossenen Kugelmühlen (Fassungsvermögen bis zu 5 t), die in einem gasbeheizten Luftbad erhitzt werden. Vor der Umwandlung wird zur Entfernung des Restwassers der vorhergehenden Charge der Phosphor auf 100–180 °C erhitzt. Hierbei strömt der Wasserdampf zusammen mit einer kleineren Phosphordampfmenge über die geöffnete Hohlwelle der Kugelmühle ab. Anschließend wird die Welle verschlossen und der Inhalt im Laufe von etwa 24 h auf 270–275 °C erhitzt. Dabei gehen über 90 % des eingesetzten Phosphors in die rote Modifikation über. Die Restmenge wird durch weitere Temperatursteigerung umgewandelt. Nach der Umsetzung und Abkühlung wird Wasser eingefüllt und die Charge zu der gewünschten Kornfeinheit vermahlen. Das Produkt enthält noch etwa 0,1 % weißen Phosphor, der anschließend in Rührgefäßen durch Zugabe von NaOH zu der heißen, wässrigen Suspension entfernt wird:

$$P_4 + 3 \text{ NaOH} + 4 H_2O \longrightarrow 2 NaH_2PO_2 + PH_3 + H_2 \tag{14}$$

Der rote Phosphor wird auf Trommelfiltern abgetrennt und wegen der Gefahr von Staubexplosionen in Stickstoffatmosphäre getrocknet, gesiebt und dann in Blechkanistern oder Trommeln verpackt. Durch Auffällen von Magnesium- oder Aluminiumhydroxid bzw. von Metallsalzen verschiedener Phosphon- oder Phosphinsäuren [120, 121] sowie durch Zusatz von Melamin-Formaldehyd-Harzen [122] kann der zur Autoxidation neigende rote Phosphor stabilisiert werden, sodass auch bei langen Lagerzeiten kein nennenswerter Sauerstoffangriff erfolgt.

4
Thermische Phosphor- und Polyphosphorsäure

4.1
Produktionsumfang und Verwendung

Die Weltproduktion der durch Verbrennen von elementarem Phosphor erzeugten thermischen Phosphorsäure stagnierte in den letzten 10 Jahren bei $1{,}2 \cdot 10^6$ t P_2O_5 (vgl. Abbildung 18). Als Ausgangsprodukt zur Herstellung von technischen Phosphaten wurde die thermische Säure in den USA und Europa in erheblichem Umfang durch Extraktionssäure ersetzt (vgl. Abb. 22 für die Situation in den USA). In China werden aber technische Phosphate noch weitgehend aus thermischer Säure hergestellt. Pentanatriumtriphosphat, $Na_5P_3O_{10}$, ist das wichtigste Produkt. Von der großen Zahl der aus thermischer Säure hergestellten Phosphate besitzen weiterhin Natriumschmelzphosphate, Calciumhydrogenphosphat, Trinatriumphosphat, Dinatriumhydrogen- und Natriumdihydrogenphosphat sowie Tetranatrium- und Tetrakaliumdiphosphat größere Bedeutung (zur Verwendung dieser Salze siehe Abschnitt 5). Direkt wird thermische Phosphorsäure in der Metalloberflächenbehandlung und als Säuerungsmittel in Getränken verwendet.

Polyphosphorsäure (Handelsqualitäten mit ~76 und ~84 % P_2O_5) wurde noch bis 1971 insbesondere in den USA in nennenswertem Umfang zu Düngemitteln (Ammoniumphosphat, Triplesuperphosphat, Flüssigdünger) verarbeitet. Heutige Anwendungsgebiete liegen vorwiegend im Bereich der organischen Synthese, wo Polyphosphorsäure als Katalysator und zur Wasserabspaltung sowie bei Cyclisierungsreaktionen verwendet wird. In den USA wird ein Teil des Bedarfs an thermischer Phosphorsäure zur Frachtkostenersparnis zunächst in Form von Polyphosphorsäure hergestellt und erst am Ort der Weiterverarbeitung mit Wasser zu Orthophosphorsäure umgesetzt.

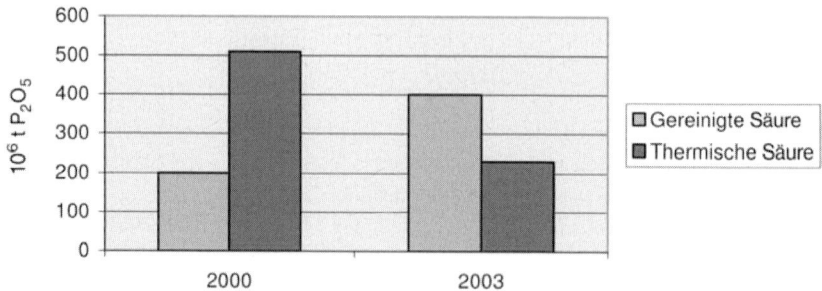

Abb. 22 Phosphorsäureproduktion in den USA

4.2
Chemische und physikalische Grundlagen

Die Herstellung von Phosphorsäure aus elementarem Phosphor erfolgt in zwei Reaktionsschritten, der Verbrennung mit überschüssiger Luft zu P_4O_{10} und dessen anschließender Hydratation zu H_3PO_4:

$$P_4 + 5\ O_2 \longrightarrow P_4O_{10} \qquad \Delta H_R = -3007\ \text{kJ mol}^{-1} \qquad (15)$$

$$P_4O_{10} + 6\ H_2O \longrightarrow 4\ H_3PO_4 \quad \Delta H_R = -377\ \text{kJ mol}^{-1} \qquad (16)$$

Bemühungen, die bei der Phosphorverbrennung freiwerdende Wärme zu nutzen, hatten längere Zeit nur begrenzten Erfolg. Versuche, analog zur Schwefelverbrennung Dampf zu erzeugen, sind bisher aus Gründen der Korrosion, deren Vermeidung den absoluten Ausschluss von Feuchtigkeit erfordert, und wegen der Notwendigkeit, oberhalb des P_4O_{10}-Sublimationspunktes zu arbeiten, gescheitert. Hoechst, jetzt Thermphos, hat jedoch Mitte der 1980er Jahre ein Verfahren entwickelt, wo bei bei der P_4-Verbrennung mit getrockneter Luft Hochdruckdampf (180 bar) hergestellt wird. Ein P_2O_5-Pelz schützt die Stahlwand des Kessels.

Auch ist die Ausnutzung der Verbrennungswärme des Phosphors für die Herstellung einiger Phosphorprodukte möglich, die sonst nur unter Einsatz erheblicher Fremdenergiebeträge zu erhalten sind, wie die zeitweise in den USA durchgeführte Herstellung langkettiger Calciumphosphate durch Verbrennen von Phosphor in Gegenwart von Rohphosphat [123], die Herstellung langkettiger geschmolzener Natriumpolyphosphate durch Einblasen von Soda bzw. Einspritzen wässriger Natronlauge in eine Phosphorflamme [124] und die Konzentrierung von Nassphosphorsäure [125] bzw. verdünnter Natriumphosphatlösungen [88] zeigen.

Um Kristallisation zu vermeiden, wird Orthophosphorsäure in der kälteren Jahreszeit mit einer Konzentration von 75 % H_3PO_4 (= 54,3 % P_2O_5), bei höheren Außentemperaturen teilweise von 85 % H_3PO_4 (= 61,6 % P_2O_5) versandt.

Dichte und Viskosität von Phosphorsäure sind in Abhängigkeit von Konzentration und Temperatur in den Abbildungen 23 und 24 wiedergegeben. Der Wasserdampfpartialdruck einer Phosphorsäure mit 62 % P_2O_5 beträgt bei 25 °C etwa 0,2 kPa, der einer Polyphosphorsäure mit 80 % P_2O_5 liegt bei der gleichen Temperatur unter 10^{-7} kPa, also tiefer als der von konzentrierter Schwefelsäure. Die Dissoziationskonstanten der dreibasigen Phosphorsäure betragen bei 25 °C in wässriger Lösung $K_1 = 7,5 \cdot 10^{-3}$, $K_2 = 1,2 \cdot 10^{-7}$ und $K_3 = 1,8 \cdot 10^{-12}$.

Polyphosphorsäuren stellen ein Gemisch von kondensierten Phosphorsäuren der allgemeinen Summenformel $H_{n+2}P_nO_{3n+1}$ dar, deren Konstitution in Abschnitt 5.1 näher behandelt wird. Eine Polyphosphorsäure mit 75,7 % P_2O_5 enthält 53,9 % Mono-, 40,7 % Di-, 4,9 % Tri- und 0,5 % Tetraphosphorsäure. Die entsprechenden Zahlen für eine Säure mit 84 % P_2O_5 lauten: 3,9 % Mono-, 11,8 % Di-, 12,7 % Tri-, 12,0 % Tetra-; 10,5 % Penta-, 9,0 % Hexaphosphorsäure und 40,1 % längerkettige Säuren [126].

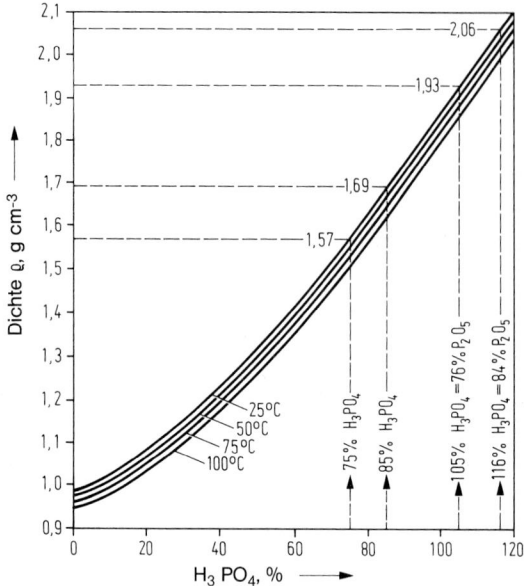

Abb. 23 Dichte ρ von Phosphorsäure in Abhängigkeit von Konzentration und Temperatur [127]

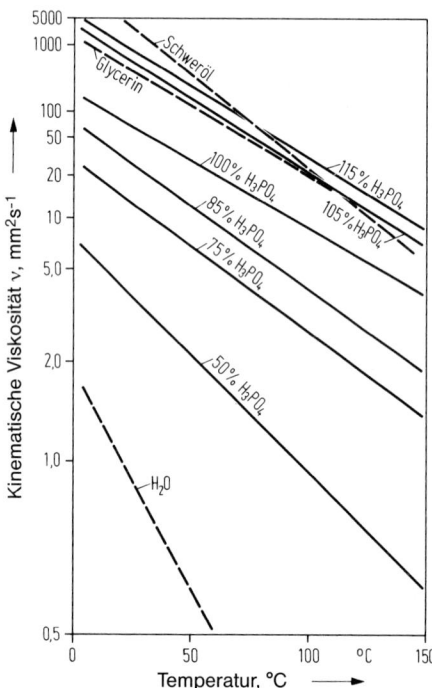

Abb. 24 Kinematische Viskosität ν von Phosphorsäure in Abhängigkeit von Konzentration und Temperatur [127]

4.3
Herstellverfahren

Zur Herstellung thermischer Phosphorsäure wird flüssiger Phosphor mit Luft oder Dampf von etwa 15 bar über Zweistoffdüsen versprüht, wobei die Phosphortröpfchen spontan zu P_4O_{10} verbrennen. Um eine unvollständige Oxidation zu vermeiden, wird ein Überschuss an Luft eingesetzt, sodass das Abgas etwa 6–8 % Sauerstoff enthält. Die Absorption bzw. Hydratation des P_4O_{10} erfolgt entweder unmittelbar im Verbrennungsturm oder getrennt von der Verbrennung in einem zusätzlichen Absorptionsturm.

Die üblichen Phosphor-Verbrennungsanlagen arbeiten nach dem einstufigen Prinzip, das auf das Verfahren der IG Farbenindustrie [85] zurückgeht (vgl. Abb. 25). Im Verbrennungsturm (Edelstahl, gummierter Stahl mit Keramikauskleidung) wird P_4O_{10} durch umlaufende Phosphorsäure absorbiert, die durch Sprühdüsen in halber Höhe sowie über ein Überlaufwehr am Kopf des Turmes unter Bespülung der Wandungen eintritt. Der dabei gebildete Säurefilm schützt gleichzeitig das Innenmaterial vor einer Zerstörung durch die ca. 2000 °C heiße Phosphorflamme. Die aus dem Turm ablaufende Säure wird in Doppelspiral- oder Plattenwärmetauschern von 80–82 °C auf 60–65 °C abgekühlt. Das aus dem Verbrennungsturm abströmende Gas enthält noch etwa 30 % des erzeugten P_4O_{10}, teils als Aerosol, teils schon in Form von Säuretröpfchen. Eine Grobabscheidung kann in Waschtürmen erfolgen, für die Feinreinigung sind spezielle Vorrichtungen wie Venturi- oder Drucksprungwäscher bzw. mit einem System von Glasfaserelementen versehene Abscheider erforderlich [127]. Das letztlich anfallende Abgas enthält je nach Konzentration der Produktsäure (75 oder 85 % H_3PO_4) zwischen 30 und 100 mg m^{-3}

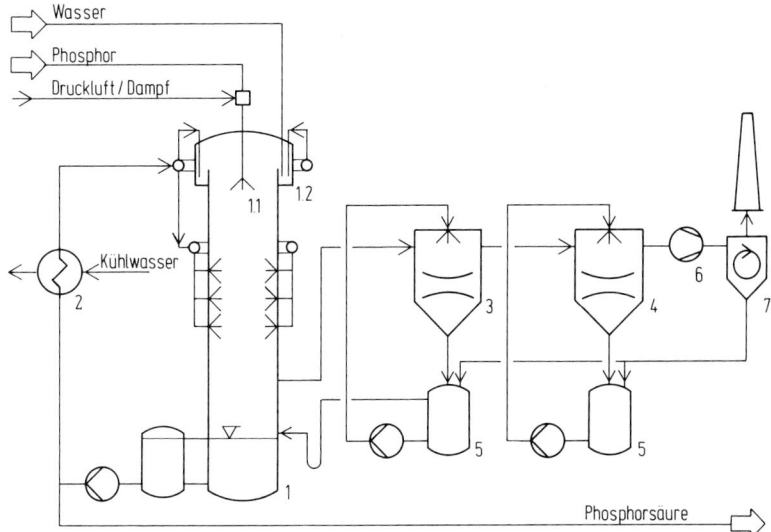

Abb. 25 Herstellung von thermischer Phosphorsäure (Verfahren von Hoechst)

P_4O_{10}. Nach einer Verfahrensvariante der FMC [128] wird das bei der Phosphorverbrennung gebildete P_4O_{10} in einer NaH_2PO_4-Lösung absorbiert, wobei wegen der geringeren Korrosivität dieser Lösung bei Umlauftemperaturen von 105 °C gearbeitet werden kann. Dadurch lässt sich die Verbrennungswärme weitgehend durch Wasserverdampfung abführen.

Nicht bewährt haben sich die Herstellung von Phosphorsäure durch Umsetzung von Phosphordampf mit Wasserdampf sowie Verfahren, den auf elektrothermischem Weg oder nach dem Hochofenprozess gewonnenen Phosphor (vgl. Abschnitt 3.1.5.2) ohne Abtrennung von CO zu P_4O_{10} zu verbrennen und zu hydratisieren [129].

Bei Thermphos in Vlissingen wird seit über 10 Jahren die bei der Phosphorverbrennung freiwerdende Wärme erfolgreich zurückgewonnen. In einem dem Phosphorverbrennungsturm vorgeschalteten Dampfkessel wird Hochdruckdampf von 170 bar erzeugt (Sattdampftemperatur 350 °C), dessen Kondensationsenergie für die Erwärmung von Heizöl verwendet wird. Phosphor wird mit getrockneter Luft mit einer Zweistoffdüse in einem Edelstahl-Dampferzeugungskessel versprüht. Die Wandung dieser Kessel ist wie eine Membranwand gebaut, die aus Kühlrohren aus Edelstahl besteht. Im Kessel reagieren Phosphor und Luftsauerstoff zu gasförmigem trockenem P_4O_{10}, das sublimiert, sich an der Innenseite der Membranwandung ablagert (ab 490 °C) und damit eine Schutzwand (Pelz) für die Edelstahlwandung bildet. Die Stärke dieser Pelze ist abhängig von der erzeugten Wärme (Menge der Phosphorversprühung). Wenn die Innenseite der Pelze die Sublimationstemperatur erreicht, wird das P_4O_{10} in den dem Dampfkessel nachgeschalteten Absorptionsturm abgeleitet und dort weiter zu Orthophosphorsäure umgesetzt (vgl. Abb. 26).

Der Sattdampf wird durch eine Dampftrommel geführt und über einen Dampferhitzer in übersättigen Dampf umgewandelt. Dieser Dampf wird in zwei Wärmetauscher geleitet, wobei der eine für die Erzeugung von 20 bar Dampf und die Druckregelung im System verwendet wird; im zweiten Wärmetauscher wird der Dampf für die Erhitzung von Heizöl kondensiert.

Weil der Dampf nur kondensiert und nicht abgeleitet wird, bilden das Hochdruckdampf und -kondensatsystem ein geschlossenes System. Mit der Dampfrückgewinnung wird bei einer Verbrennung von 3900 kg Phosphor eine Energie von etwa 18 MW h^{-1} zurückgewonnen.

Nach dem in den USA praktizierten Herstellverfahren für thermische Phosphor- und Polyphosphorsäure [130] wird eingedüster Phosphor in wassergekühlten Edelstahlkammern verbrannt. Der Schutz der Wandung erfolgt hier durch Ausbildung einer dünnen Schicht sehr langkettiger Polyphosphorsäuren, die durch Reaktion von Luftfeuchtigkeit mit Phosphorpentoxid entstehen. In einem nachgeschalteten Edelstahl-Absorptionsturm (Außenkühlung mit Wasser) wird durch Aufdüsen von dünner Phosphorsäure aus der Abgasreinigung und konzentrierter Umlaufsäure ein Säurefilm auf den Wandungen erzeugt, in dem die Hydratation des P_4O_{10} erfolgt.

Neben konzentrierter Orthophosphorsäure kann nach diesem Zweistufenverfahren auch Polyphosphorsäure mit bis zu 84% P_2O_5 erzeugt werden. Infolge der ge-

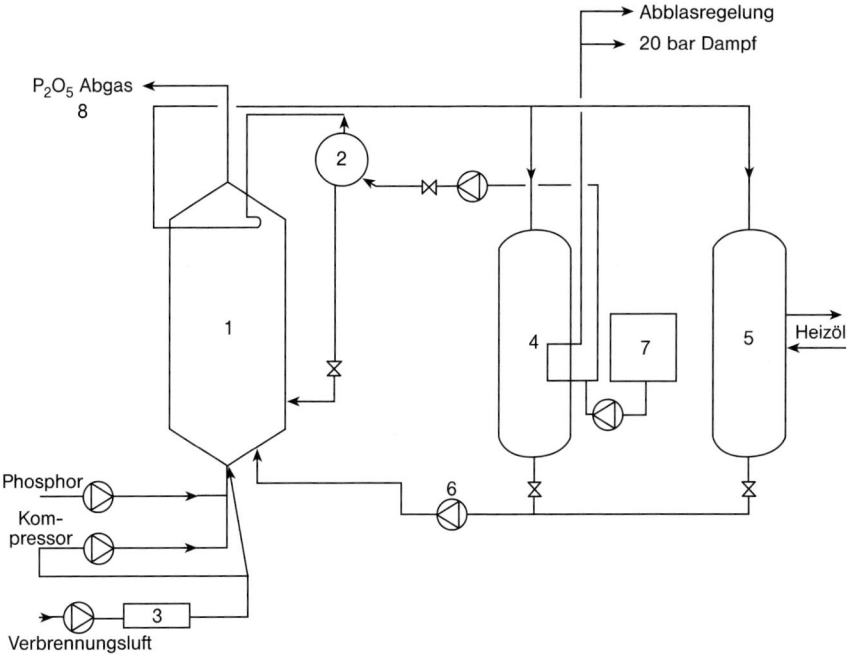

Abb. 26 Wärmerückgewinnung bei der Herstellung von thermischer Phosphorsäure (Verfahren nach Thermphos-Vlissingen)
1 Edelstahlverbrennungskessel, 2 Dampftrommel (170 bar, 350 °C), 3 Adsorber Lufttrocknung,
4 Wärmetauscher für 20 bar Dampferzeugung, 5 Wärmetauscher für Erhitzung Heizöl,
6 Hochdruckkondensat-Umwälzpumpe, 7 Entgaser für Kesselspeisewasser,
8 Ableitung P_4O_{10}-Gas in den Verbrennungsturm gemäß Abbildung 25

ringeren Wärmeabführung durch Verdampfung von Wasser und der höheren Viskosität der Polyphosphorsäure sind jedoch aufwändigere Kühl- und Umwälzvorrichtungen erforderlich.

Bei einem anderen Herstellverfahren für Polyphosphorsäure erfolgt die Phosphorverbrennung und Hydratation in einem einzigen Turm. Im Oberteil des zweigeteilten Turmes, in dem auch die Phosphorflamme brennt, zirkuliert eine relativ niedrigviskose Säure mit 76 % P_4O_{10}, mit der die Hauptmenge der Verbrennungswärme abgeführt wird. Im Unterteil läuft Säure mit 84 % P_4O_{10} um, die zur Verbesserung der P_4O_{10}-Absorption intensiv versprüht wird [131].

Es ist ebenfalls möglich, Polyphosphorsäure aus gereinigter Nassphosphorsäure zu produzieren. In diesem von Albright & Wilson entwickelten Prozess wird Phosphorsäure in Graphitkesseln mittels zentralen Graphitelektroden elektrothermisch in zwei oder drei Stufen auf 400–550 °C erhitzt, wobei die Säure konzentriert wird bis auf ∼86 % P_2O_5. Ebenfalls ist für die Produktion von Polyphosphorsäure eine einfache Mischung von P_4O_{10} und Phosphorsäure möglich. Siehe auch Abschnitt 2.1.1.6 (technische Polyphosphorsäure, Superphosphorsäure).

5
Phosphorsaure Salze

5.1
Chemische und physikalische Grundlagen

Die Phosphorsäure (H_3PO_4, Orthophosphorsäure) bildet als dreibasige Säure primäre, sekundäre und tertiäre Salze. Die tertiären Phosphate der zweiwertigen Metalle, z. B. $Ca_3(PO_4)_2$, sind häufig nur auf thermischem Wege durch Erhitzen der Oxide zugänglich. In wässrigem Medium werden von vielen zweiwertigen Metallen schwerlösliche, kristalline Verbindungen, z. B. der Formel $Ca_5(PO_4)_3OH$ gebildet, die auch als Hydroxylapatite bezeichnet werden. In Gegenwart von Fluorid-Ionen entstehen auch Fluorapatite, $Ca_5(PO_4)_3F$. Während sämtliche Alkali- und Ammoniumorthophosphate in Wasser löslich sind, besitzen die entsprechenden Verbindungen zwei- oder mehrwertiger Kationen, abgesehen von einer geringen Löslichkeit der primären Salze, kaum eine Löslichkeit in Wasser.

Die Vielfalt der Verbindungen auf dem Gebiet der Phosphate wird weiter erhöht durch die Möglichkeit der Kondensation zweier oder mehrerer Hydrogenphosphat-Einheiten zu ketten- oder ringförmigen Phosphaten. Die Abspaltung des Konstitutionswassers erfolgt in der Regel thermisch. So bildet sich beim Erhitzen aus zwei Formeleinheiten Na_2HPO_4 eine Formeleinheit Tetranatriumdiphosphat (technisch: Natriumpyrophosphat):

Entsprechend bildet sich aus zwei Na_2HPO_4 und einem NaH_2PO_4 das Pentanatriumtriphosphat (technisch: Natriumtripolyphosphat) und bei weiterer Vergrößerung des Verhältnisses von NaH_2PO_4 zu Na_2HPO_4 im Ausgangsmaterial, d. h. Verkleinerung des Na:P-Verhältnisses, kettenförmiges Tetra-, Penta-, Hexaphosphat usw. mit der allgemeinen Formel $Na_{n+2}P_nO_{3n+1}$, die als Polyphosphate bezeichnet werden. Geht man schließlich von reinem NaH_2PO_4 aus, so entsteht beim Erhitzen oberhalb 160 °C in einer ersten Stufe kristallines $Na_2H_2P_2O_7$ (technisch: saures Natriumpyrophosphat), das ab 240 °C in ein Gemisch aus wasserunlöslichem, sehr langkettigen, kristallinen Natriumpolyphosphat (Maddrellsches Salz) und löslichem cyclischen Natriumtrimetaphosphat (Natriumcyclotriphosphat) übergeht.

Unterhalb 420 °C entscheiden verschiedene Reaktionsparameter wie Temperatur, Aufheizgeschwindigkeit, Wasserdampfpartialdruck und Korngröße des Natriumdihydrogenphosphats darüber, welche der beiden Verbindungen bevorzugt entsteht. Oberhalb 420 °C wird das Maddrellsche Salz thermodynamisch instabil und lagert sich in Natriumtrimetaphosphat um, das bei 627 °C schmilzt.

Die Schmelzen der kondensierten Phosphate (Zustandsdiagramm siehe Abb. 27) bestehen aus einem Gemisch von Polyphosphaten verschiedener Kettenlängen. Im Gleichgewicht ist die mittlere Kettenlänge von dem Na:P-Verhältnis der Schmelze abhängig. Beim Abschrecken von Schmelzen mit einem Na:P-Verhältnis unter 1,667 entstehen sog. Phosphatgläser. Das Natriumphosphatglas mit dem Na:P-Verhältnis 1 (also einem sehr großen n in der o. g. Formel für Polyphosphate) wird auch Grahamsches Salz genannt. Die ringförmig kondensierten Phosphate gleicher Bruttozusammensetzung werden als Metaphosphate (gelegentlich auch als

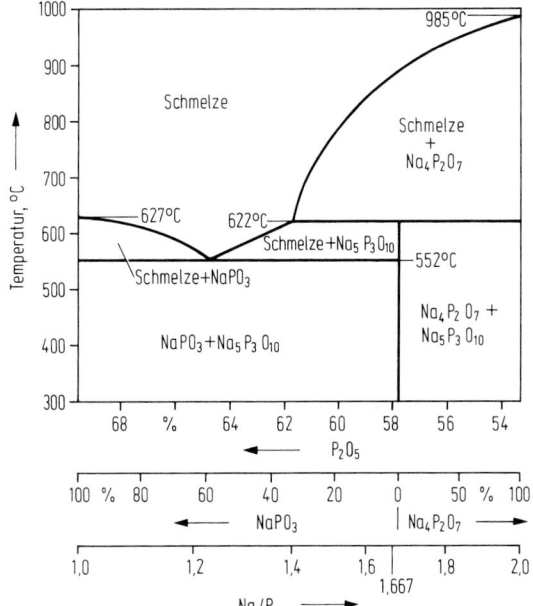

Abb. 27 Zustandsdiagramm des Systems Na$_2$O-P$_4$O$_{10}$

Cyclophosphate) bezeichnet und besitzen die allgemeine Formel Na$_n$P$_n$O$_{3n}$. Außer dem oben erwähnten Natriumtrimetaphosphat kann auch das Natriumtetrametaphosphat relativ einfach hergestellt werden [132]. THILO und Mitarbeitern gelang es, aus Phosphatgläsern auch höhergliedrige Ringe bis zum Octametaphosphat zu isolieren. Alle Metaphosphatringe lassen sich im alkalischen Medium zu Polyphosphatketten aufspalten. Ein darauf basierendes Verfahren der Monsanto zur Herstellung von Natriumtripolyphosphat (Fluff-Prozess [133]) hat sich technisch nicht durchgesetzt. Die am Beispiel der Natriumsalze erläuterten Prinzipien der Bildung kondensierter Phosphate gelten mit geringen Einschränkungen auch für andere Kationen.

In der technischen Literatur herrscht hinsichtlich der Nomenklatur der kondensierten Phosphate ein erheblicher Wirrwar. So wird insbesondere die nach der neueren Nomenklatur ausschließlich ringförmigen Verbindungen vorbehaltene Bezeichnung Metaphosphate häufig noch für die Benennung langkettiger Produkte verwendet (z. B. Metaphosphorsäure, Natriumhexametaphosphat für das Grahamsche Salz usw.).

Für die Identifizierung und quantitative Erfassung der verschiedenen Poly- und Metaphosphat-Ionen und auch des PO$_4^{3-}$-Anions in Gemischen bedient man sich der Chromatographie, die zuerst in Form der Papierchromatographie von EBEL eingeführt wurde. Heute werden häufig auch die Säulenchromatographie und die Dünnschichtchromatographie angewendet.

Die hervorstechendste und technisch bedeutendste Eigenschaft der Alkalipolyphosphate ist ihre Fähigkeit, andere Kationen, z. B. Ca^{2+}, Mg^{2+}, Fe^{3+} usw., komplex zu binden und damit deren Ausfällung, z. B. als Carbonate oder Phosphate, zu verhindern. Man macht sich diese Eigenschaften in synthetischen Waschmitteln zunutze, um Ablagerungen bzw. Inkrustierungen der Härtebildner des Wassers in den Geweben zu vermeiden (siehe 9 Tenside, Wasch- und Reinigungsmittel, Bd. 8, Abschnitt 2.1.3). Auch die dispergierenden und emulgierenden Eigenschaften der kondensierten Alkaliphosphate sind beim Waschprozess vorteilhaft. Seit den 1980er Jahren wurden Phosphate wegen der den Waschmittelphosphaten zugeschriebenen Oberflächenwassereutrophierung (vgl. Abschnitt 5.5) durch ein Gemisch anderer Komplexbildner (Hauptbestandteil: Zeolithe, siehe 9 Tenside, Wasch- und Reinigungsmittel, Bd. 8, Abschnitt 2.1.1) ersetzt.

Eine weitere, für die Praxis wichtige Eigenschaft der Polyphosphate ist ihre Fähigkeit, schon in sehr kleinen Konzentrationen von 2–10 mg L^{-1} P$_2$O$_5$ die Ausfällung von Calciumcarbonat zu verhindern bzw. zu verzögern. Die bei dieser »Impfung« angewendeten Mengen reichen bei weitem nicht aus, um die im Wasser enthaltenen zwei- und mehrwertigen Ionen komplex zu binden. Man nimmt daher bei dieser, im angelsächsischen Sprachgebrauch als »Threshold Effect« bezeichneten Erscheinung an, dass das Wachsen von sich bildenden CaCO$_3$-Kristallkeimen durch die Adsorption von Polyphosphaten blockiert wird.

In Abbildung 27 ist das Zustandsdiagramm des Systems Na$_2$O-P$_4$O$_{10}$ wiedergegeben, in dem als kristalline Verbindungen u. a. Na$_4$P$_2$O$_7$ und Na$_5$P$_3$O$_{10}$ vorkommen. Die höheren Glieder in diesem System konnten, abgesehen vom Na : P-Verhältnis 1 entsprechenden Verbindungen Natriumtrimetaphosphat (Na$_3$P$_3$O$_9$), Maddrellschem und Kurrolschem Salz (NaPO$_3$), und mit gewissen Einschränkungen Natriumtetrametaphosphat, bisher nicht kristallin erhalten werden. Das technisch besonders wichtige Pentanatriumtriphosphat (Na$_5$P$_3$O$_{10}$) bildet sich nach diesem Diagramm peritektisch aus Schmelze und Na$_4$P$_2$O$_7$ bei der Abkühlung. Praktisch wird es allerdings fast immer bei wesentlich niedrigeren Temperaturen durch Tempern von Orthophosphaten mit entsprechendem Na : P-Verhältnis gewonnen (vgl. Abschnitt 5.2.2.2). Na$_5$P$_3$O$_{10}$ existiert in zwei monoklinen, als Form I und Form II bezeichneten Modifikationen. Die Umwandlung der Tief(II)- in die Hochtemperaturmodifikation (I) erfolgt bei etwa 415 °C, der umgekehrte Vorgang läuft nur langsam und nur bei relativ hohem Wasserdampfpartialdruck ab.

Die unterschiedliche Geschwindigkeit, mit der diese beiden Formen zum Hexahydrat hydratisieren, sowie die damit verbundenen Erscheinungen spielen bei der Waschmittelherstellung eine große Rolle. Das Pentanatriumtriphosphat unterliegt wie alle löslichen kondensierten Phosphate in wässriger Lösung einer allmählichen hydrolytischen Spaltung zu Di- und schließlich Monophosphat. Die Geschwindigkeit dieser Hydrolyse nimmt mit steigenden Temperaturen und fallenden pH-Werten zu. Bei der Waschmittelherstellung in sogenannten Heißsprühtürmen werden etwa 10–15 % des eingesetzten Na$_5$P$_3$O$_{10}$ hydrolytisch zu dem weniger wirksamen Na$_4$P$_2$O$_7$ bzw. dem unwirksamem Orthophosphat abgebaut. Wegen der Begrenzung des Phosphatgehaltes von Waschmitteln durch die Gesetzgeber bestand zunächst großes Interesse daran, das Ausmaß dieser Hydrolyse zu verringern und so die für das Waschmittel wichtigen Eigenschaften des Pentanatriumtriphosphats zu erhalten. Trotzdem wurden mehr und mehr andere Rohmaterialien eingesetzt, meistens

Zeolithe und Polycarboxylate. Weil es nicht möglich ist, die Multifunktionalität des Phosphats durch eine einzige Substanz zu ersetzen, müssen in phosphatfreien Formulierungen so genannte »Cobuilder« zugegeben werden (siehe Tenside, Wasch- und Reinigungsmittel, Bd. 8, Abschnitt 2.1.3). Bei der traditionellen Waschmittelherstellung ist es wichtig, das Triphosphat vollständig bis zum stabilen Hexahydrat zu hydratisieren, sodass im Heißsprühverfahren weniger Wasser verdampft werden muss und dadurch niedrigere Temperaturen möglich sind [134, 135]. Am konsequentesten wird dieser Weg bei Verwendung des Hexahydrats anstelle des wasserfreien $Na_5P_3O_{10}$ [136] begangen.

5.2
Natrium-, Kalium- und Ammoniumphosphate

5.2.1
Produktionsumfang und Verwendung

Bezogen auf das Produktionsvolumen (Tabelle 7) steht das Pentanatriumtriphosphat $Na_5P_3O_{10}$, das unter dem Namen Natriumtripolyphosphat gehandelt wird, mit Abstand an erster Stelle. Es wird als Komplexbildner zur Verhinderung der Ausfällung der Härtebildner des Wassers auf der Faser und wegen seiner dispergierenden und die Waschkraft oberflächenaktiver Substanzen steigernden Wirkung in Waschmitteln verwendet. Auf dem gleichen Sektor wird auch das Tetranatriumdiphosphat verwendet, dessen Bedeutung jedoch wegen seiner schwächeren Komplexbildung deutlich zurückgegangen ist. Maschinenwaschmittel enthalten zwischen 20 und 50% kondensierte Phosphate, jedoch ist ihr Einsatz als Folge der Eutrophierungsdiskussion (vgl. Abschnitt 5.5) in manchen europäischen Ländern eingestellt worden. Das schlägt sich auch deutlich in den Produktionszahlen nieder. Der Welttrend entspricht dem Produktionsverlauf in den USA.

Tab. 7 Produktion von Phosphaten in den USA (ohne Düngemittel, in 1000 t P_2O_5)

Produkt	1960	1977	1999
Natriumdihydrogenphosphat	7,7	25,4	***
Dinatriumhydrogenphosphat	9,2	13,5	16,4*
Trinatriumphosphat[1)]	24,7**	43,4**	19,3
Dinatriumdihydrogendiphosphat	9,9	16,8	31,0*
Tetranatriumdiphosphat	43,3	19,4	~11
Pentanatriumtriphosphat	356,7	371,0	205,0
Schmelzphosphate (Na-Salze)	39,2	41,1	41,1
Tetrakaliumdiphosphat	10,4	16,4	25,9

[1)] einschließlich chloriertem Trinatriumphosphat
* Zahlen von 1997
** einschließlich chloriertem Trinatriumphosphat
*** unbekannt

$Na_5P_3O_{10}$ wird außerdem u. a. in Geschirrspülmaschinen, bei der Wasseraufbereitung und in geringerem Umfang in Lebensmitteln verwendet. Es werden auch partiell oder voll bis zum Hexahydrat hydratisierte Triphosphate für die Verwendung in Spül- und Waschmitteln hergestellt [136, 137]. In den 1990er Jahren wurden maschinelle Geschirrspülmittel und Waschmittel in Tablettenform eingeführt. Seitdem hat der Anteil dieser Applikationsform stetig zugenommen. Für die Produktion von Waschmitteltabletten werden meistens sprühgetrocknete und teilhydratisierte Triphosphate verwendet. Für Geschirrspültabletten wird normalerweise ein Schwergranulattyp benutzt.

Dinatriumdihydrogendiphosphat (technisch: saures Natriumpyrophosphat) wird als Treibmittel zum Backen verwendet, welches durch Reaktion mit $NaHCO_3$ Kohlendioxid entwickelt. Tetrakaliumdiphosphat und in kleinerem Umfang auch Pentakaliumtriphosphat werden wegen ihrer im Vergleich zu den Na-Salzen größeren Löslichkeit, z. T. auch zusammen mit kondensierten Natriumphosphaten und anderen Komplexbildnern, in Flüssigwaschmitteln eingesetzt. Seit 2003 werden auch flüssige Spülmittel angeboten. Diese Produkte enthalten Pentakaliumtriphosphat als Phosphatquelle wegen seiner besseren Löslichkeit.

Kurz-, mittel- und langkettige durch Schmelzfluss hergestellte glasige Polyphosphate des Natriums mit der allgemeinen Formel $Na_{n+2}P_nO_{3n+1}$ werden, z. T. im Gemisch mit kristallinen kondensierten Phosphaten (z. B. $Na_5P_3O_{10}$), in großem Umfang bei der Wasseraufbereitung eingesetzt (vgl. Abschnitt 5.1). Solche Schmelzphosphate verwendet man auch bei der Verarbeitung bzw. Veredelung von Lebensmitteln (Fleisch, Schmelzkäse, Kondensmilch), bei der Leder- und Papierherstellung und in der Textilindustrie als Hilfsmittel zum Bleichen, Färben und Ausrüstung von Textilien, wobei teils die dispergierenden, teils die komplexbildenden oder auch andere Eigenschaften der kondensierten Phosphate eine Rolle spielen. Von den relativ kurzkettigen Schmelzphosphaten besitzt besonders das so genannte Natriumtetrapolyphosphat Bedeutung, bei dem es sich jedoch um ein Gemisch von Phosphaten verschiedener Kettenlänge handelt, dessen durchschnittliche Zusammensetzung der Formel $Na_6P_4O_{13}$ entspricht. Bei der Frage, ob kurz-, mittel- oder langkettige Produkte eingesetzt werden sollen, spielt häufig der für den geplanten Verwendungszweck gewünschte pH-Wert eine Rolle. Dieser liegt bei den kurzkettigen entsprechend dem größeren Na:P-Verhältnis höher als bei den längerkettigen. Das ebenfalls häufig verwendete langkettige Na-Schmelzphosphat mit dem Na:P-Verhältnis 1 (Grahamsches Salz) wird unter dem Namen Natriumhexametaphosphat gehandelt. Das Maddrellsche Salz wird wegen seiner Wasserunlöslichkeit, seiner Putzeigenschaften und der Verträglichkeit mit Fluorid-Ionen als Putzkörper in fluoridierten Zahnpasten eingesetzt [138]. Es dient ferner, ebenso wie das ringförmige Natriumtrimetaphosphat ($Na_3P_3O_9$), als Zwischenprodukt für die Herstellung des Fluoridierungsmittels Dinatriumfluorophosphat Na_2PO_3F, das durch Umsetzung mit NaF hergestellt wird [139, 140].

Wasserunlösliches langkettiges Kaliumpolyphosphat mit dem K:P-Verhältnis 1 (sogenanntes K-Kurrolsches Salz) verwendet man bei der Verarbeitung von Fleisch. Auch als Düngemittel ist dieses Salz vorgeschlagen worden [123].

Kurzkettige Ammoniumpolyphosphate sind in NP-Düngerlösungen enthalten (vgl. 2 Düngemittel, Bd. 8, Abschnitt 2.2.4.3). Langkettige, weitgehend wasserunlösliche Ammoniumpolyphosphate dienen als flammhemmende Zusätze für Polyurethanschäume [141], in Dispersionsfarben – sog. Intumeszenzfarben [142] – und Holzspanplatten [143]. Natriumdihydrogen- und Dinatriumhydrogenphosphat bzw. die entsprechenden Kaliumsalze sind wichtige Zwischenprodukte bei der Herstellung von kondensierten Phosphaten (vgl. Abschnitt 5.2.2.2). Di- und Trinatriumphosphat werden zum Enthärten von Wasser verwendet, wobei Ca^{2+} bzw. Mg^{2+}-Ionen als unlösliche Phosphate ausgefällt werden. In der Bundesrepublik findet Na_2HPO_4 meist im Gemisch mit Calcium- und auch Magnesiumphosphaten als mineralischer Futterzusatz Verwendung [144]. In der Lebensmittelindustrie werden auch viele Mischphosphate eingesetzt. Fast jeder Bereich verwendet spezifische quantitative und qualitative Zusammensetzungen; bei der Fleischverarbeitung werden spezielle Mischungen für Geflügel, Fleischwurst, Bratwurst, Schinken, usw. eingesetzt. In der Fischverarbeitung gibt es spezielle Rezepturen für Kaltwassergarnelen, Warmwassergarnelen, Barsche, Jakobsmuscheln usw. Diese Mischphosphate setzen sich zusammen aus Natrium- und/oder Kaliumphosphaten, hauptsächlich aus Triphosphat oder Diphosphat. In geringeren Anteilen sind häufig Natriumhexametaphosphate, saures Natriumpyrophosphat, oder verschiedene Orthophosphate enthalten.

Das Trinatriumphosphat (Na_3PO_4) bzw. dessen Dodecahydrat $4(Na_3PO_4 \cdot 12\ H_2O) \cdot NaOH$ wird außerdem in alkalischen Reinigern für den industriellen Bereich verwendet. Durch die Entwicklung neuer Produkte auf anderer Basis stagniert der Produktionsumfang des Trinatriumphosphats.

Das Umsetzungsprodukt von Na_3PO_4 mit Natriumhypochloritlösung (Zusammensetzung $4(Na_3PO_4 \cdot 12\ H_2O) \cdot NaOCl$) hat insbesondere in den USA in Maschinengeschirrspülmitteln Bedeutung erlangt. Das $(NH_4)_2HPO_4$ besitzt große Bedeutung als Bestandteil von Mischdüngern (vgl. 2 Düngemittel, Bd. 8, Abschnitt 2.2.4.1). Es wird außerdem bei der Hefeherstellung, für die nicht waschbeständige flammwidrige Ausrüstung von Textilien, für die flammwidrige Imprägnierung von Hölzern, in Feuerlöschpulvern und in den USA in begrenztem Umfang auch in der Tierernährung eingesetzt.

5.2.2
Herstellverfahren

5.2.2.1 **Orthophosphate**
Bei der Herstellung der verschiedenen Alkaliorthophosphate werden vielfach die gleichen verfahrenstechnischen Operationen vorgenommen. Häufig geht man von Lösungen aus, die durch Neutralisation von thermischer oder nasser Phosphorsäure oder auch einer weniger basischen Phosphatlösung mit Alkalilaugen oder -carbonaten, gegebenenfalls unter Zusatz von Wasser, in Rührgefäßen erhalten werden. Aus den Lösungen kristallisiert man durch Kühlen die Hydrate aus, also etwa $NaH_2PO_4 \cdot 2\ H_2O$, $Na_2HPO_4 \cdot 12\ H_2O$ oder $4(Na_3PO_4 \cdot 12\ H_2O) \cdot NaOH$, das sog. Dodecahydrat, das in Wirklichkeit ein Doppelsalz ist [145]. Diese trennt man mit Schubzentrifugen ab und trocknet anschließend. Für die Herstellung der wasserfreien Salze verwendete man früher häufig mit einem Teil ihrer Fläche in die Lösung eintauchende dampfbeheizte Walzen, von denen das gewünschte Salz (z. B. NaH_2PO_4 oder

Na_2HPO_4) in Schuppenform abgeschabt wurde. Verschiedentlich wurden auch die Hydrate in Trockentrommeln entwässert (Na_3PO_4, Na_2HPO_4). Heute werden die Alkaliorthophosphate häufig in einer einzigen Verfahrensstufe in kontinuierlichen Mischern, wie z. B. Einfach- oder Doppelwellenmischern, hergestellt, in die man Phosphorsäure und Natronlauge bzw. Soda eindosiert. Die Dimensionen werden so bemessen, dass am Ausgang die Umsetzung abgeschlossen ist, sodass allenfalls noch eine Nachtrocknung erforderlich ist. Für die dritte Neutralisationsstufe der Phosphorsäure (Herstellung von Trinatriumphosphat) reicht die Basizität des Natriumcarbonats nicht aus. Man muss daher in dieser Stufe mit Natronlauge arbeiten. Vielfach werden die Alkaliorthophosphate auch durch Entwässern der Lösungen in Heißsprühtürmen hergestellt, z. B. NaH_2PO_4, Na_2HPO_4 oder Na_3PO_4, insbesondere dann, wenn Produkte mit niedrigem Schüttgewicht gewünscht werden.

Diammoniumhydrogenphosphat $(NH_4)_2HPO_4$ (technisch Diammonphosphat) wird in großem Umfang als Bestandteil von Düngemitteln hergestellt (vgl. 2 Düngemittel, Bd. 8, Abschnitt 2.2.2.3). Für andere Anwendungsgebiete geht man meist von thermischer Phosphorsäure aus. Nach dem Verfahren der IG Farbenindustrie wird in einer ersten Neutralisationsstufe thermische Phosphorsäure bei etwa 100 °C in einem Rührbehälter mit Überlauf kontinuierlich mit gasförmigem NH_3 teilneutralisiert. In diese Stufe führt man die Mutterlauge aus der zweiten Stufe und Waschlösungen aus der Abgaswäsche der zweiten Stufe und der Trocknung des Endproduktes zurück. Die freiwerdende Neutralisationswärme dient zur Verdampfung eines großen Teils des eingebrachten Wassers. Die anfallende Lösung wird anschließend in einer zweiten Stufe in parallel geschalteten Rührbehältern mit Kühlschlangen diskontinuierlich mit Ammoniak bis zum Diammoniumphosphat weiter neutralisiert, das man mit Zentrifugen abtrennt und in einer Trommel im Gegenstrom mit Heizgasen trocknet.

Die Herstellung von chloriertem Trinatriumphosphat (Zusammensetzung $4(Na_3PO_4 \cdot 12H_2O) \cdot NaOCl$) erfolgt in der gleichen Weise wie die des Trinatriumphosphats in Mischern. Es wird lediglich ein Teil der bei der Na_3PO_4-Herstellung benötigten Natronlauge durch Bleichlauge ersetzt. Harnstoffphosphat, eine Additionsverbindung der Formel $CO(NH_2)_2 \cdot H_3PO_4$, wird in geringer Menge aus Phosphorsäure und Harnstoff hergestellt. Es dient u. a. als Ausgangsmaterial für die Herstellung von langkettigen Ammoniumpolyphosphaten.

5.2.2.2 Kondensierte Phosphate

Pentanatriumtriphosphat und Tetranatriumdiphosphat
Das Pentanatriumtriphosphat ($Na_5P_3O_{10}$, technisch: Natriumtripolyphosphat) und das Tetranatriumdiphosphat ($Na_4P_2O_7$, technisch: Natriumpyrophosphat) werden nach den gleichen Verfahren produziert. Die der Herstellung zugrundeliegenden summarischen Reaktionsgleichungen lauten:

$$2\ Na_2HPO_4 + NaH_2PO_4 \longrightarrow Na_5P_3O_{10} + 2\ H_2O \tag{17}$$

$$2\ Na_2HPO_4 \longrightarrow Na_4P_2O_7 + H_2O \tag{18}$$

Die Umsetzungen laufen beim $Na_5P_3O_{10}$ in fester Phase zwischen etwa 300 und 550 °C ab. Je nachdem, ob man die Tief- oder die Hochtemperaturmodifikation wünscht, wird im unteren oder oberen Bereich dieses Temperaturgebietes gearbeitet. Dabei ist es wichtig, dass NaH_2PO_4 und Na_2HPO_4 genau im stöchiometrischen Verhältnis und in homogener, äußerst feinkristalliner Mischung vorliegen, da sonst durch Nebenreaktionen $Na_4P_2O_7$ und unlösliche langkettige Polyphosphate entstehen. Bei der Bildung der Tieftemperaturmodifikation und der Umwandlung der Hoch- in die Tieftemperaturmodifikation des $Na_5P_3O_{10}$ spielt die Anwesenheit von Wasserdampf eine wichtige Rolle [146].

Für die Herstellung von $Na_5P_3O_{10}$ und $Na_4P_2O_7$ gibt es ein- und zweistufige Verfahren. In beiden Fällen geht man meist von Lösungen der Orthophosphate aus, deren Na: P-Verhältnisse jeweils den Gleichungen (17) und (18) entsprechen. Die Lösungen erhält man durch Neutralisation von thermischer oder extraktiv gereinigter Phosphorsäure (vgl. Abschnitt 2.1.1.7) mit Natronlauge bzw. Soda oder durch Einstellung einer Natriumphosphatlösung, wie sie bei der Fällungsreinigung von Nassphosphorsäure (vgl. Abschnitt 2.1.1.7) mit anschließender Konzentrierung auf 28–32 % P_2O_5 anfällt.

Bei den zweistufigen Verfahren wird die Phosphatlösung in der ersten Stufe vielfach durch Verdüsen in Heißsprühtürmen unter Bildung der kristallwasserfreien Orthophosphate entwässert. Man verwendet dabei sowohl Ein- als auch Zweistoffdüsen, wobei im letzteren Fall Pressluft oder auch Wasserdampf für die Zerstäubung benutzt werden. Die Heizgase können sowohl im Gleich- als auch im Gegenstrom zu dem vom Kopf des Turmes nach unten gerichteten Verdüsungsstrahl geführt werden. In manchen Fällen wird so hoch erhitzt, dass eine Teilkondensation erfolgt. Die anschließende Überführung in die entsprechenden Polyphosphate erfolgt meist in Drehrohren mit Heizgasen aus einer Brennkammer oder einer direkt in Richtung der Drehachse im Drehrohr brennenden Flamme im Gegen- oder Gleichstrom. Das anfallende Produkt wird gekühlt, gesiebt und gemahlen. In Abbildung 28 ist ein zweistufiges Verfahren zur Herstellung von $Na_5P_3O_{10}$ und $Na_4P_2O_7$ dargestellt. Bei der Herstellung des Orthophosphatgemischs in der ersten Stufe werden nach einem Patent von J. A. Benckiser Phosphorsäure und Natronlauge nach Förderung mit Doppeldosierpumpen erst kurz vor der Sprühdüse vereinigt, sodass die bei der Umsetzung freiwerdende Neutralisationswärme ausgenutzt wird [147]. Nach einem Verfahren von Stauffer [148] wird ein Gemisch der festen Orthophosphate in einem Wirbelschichtreaktor in $Na_5P_3O_{10}$ übergeführt.

Für die einstufige Herstellung von $Na_4P_2O_7$ und $Na_5P_3O_{10}$ verwendet man sowohl Drehrohre als auch Sprühtürme. Im ersteren Fall wird die Phosphatlösung entsprechender Zusammensetzung auf ein Bett bereits gebildeter fester Phosphate aufgesprüht. Dabei können Produkt- und Heizgase sowohl im Gleichstrom [149] als auch im Gegenstrom [150] geführt werden. Die speziellen Verfahrensparameter zielen auf möglichst geringe Anbackungen in der Aufsprühzone, auf hohe Energieausnutzung und hohen Gehalt des gewünschten kondensierten Phosphates ab, jedoch werden diese Ziele von den verschiedenen Verfahren unterschiedlich gut erreicht [150]. Das anfallende Produkt besitzt bei all diesen Prozessen eine relativ hohe Dichte und bedarf einer umfangreichen Aufbereitung durch Brechen, Mahlen

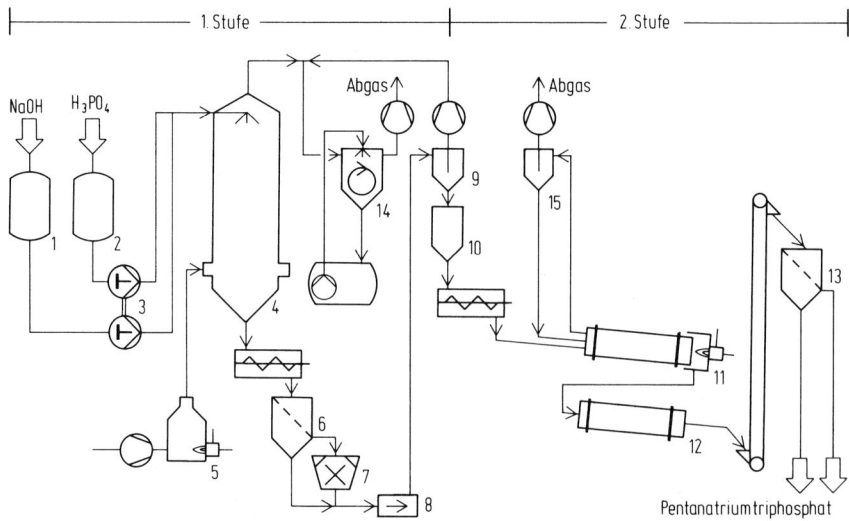

Abb. 28 Zweistufenverfahren zur Herstellung von Pentanatriumtriphosphat
1 Vorlage, 2 Vorlage, 3 HD-Pumpe, 4 Sprühturm, 5 Brennkammer, 6 Sieb, 7 Mühle, 8 Pneumatik, 9 Zyklon, 10 Silo, 11 Drehofen, 12 Kühler, 13 Sieb, 14 Nassabscheider, 15 Zyklon

und Sieben, da es sowohl Feinanteile als auch relativ viel grobstückiges Material enthält.

Deutlich leichtere Produkte, die aus Hohlkugeln (beads) bestehen, werden nach dem Verfahren von Hoechst/Thermphos [151] mit einem einstufigen Sprühvorgang in einem Edelstahlturm erzeugt (Abb. 29).

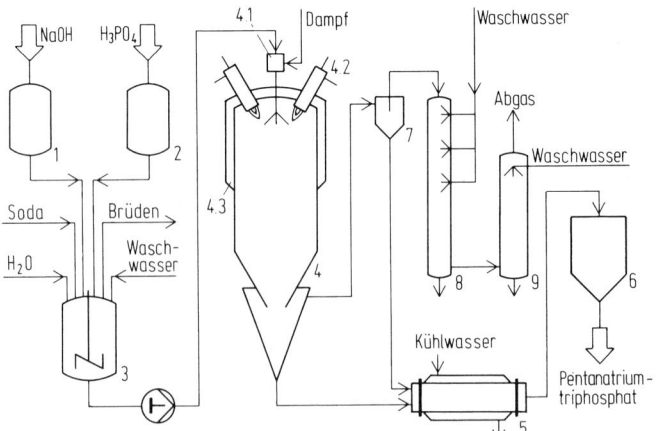

Abb. 29 Herstellung von Pentanatriumtriphosphat (Verfahren von Hoechst)
1 Vorlage, 2 Vorlage, 3 Neutralisationsgefäß, 4 Sprühturm, 4.1 Sprühdüse, 4.2 Gasbrenner, 4.3 Kühlmantel, 5 Kühltrommel, 6 Silo, 7 Zyklone, 8 Kühlrohr, 9 Waschturm

Am Kopf ist zentral eine Ein- oder Mehrstoffdüse angebracht, über die die Lösung unter Druck mit Druckluft oder Wasserdampf zerstäubt wird. Konzentrisch um die Düse sind Brenner angeordnet. Die Brennergase und das eingesprühte Material bewegen sich im Gleichstrom nach unten. Ein großer Teil des gebildeten $Na_4P_2O_7$ bzw. $Na_5P_3O_{10}$ wird im Konus des Turmes gesammelt und ausgetragen. Die feineren Anteile werden über nachgeschaltete Zyklone aus dem Abgas abgetrennt, das anschließend noch einen Waschturm durchläuft. Das anfallende Produkt ist ein rieselfähiges Pulver, das in seinem Kornaufbau z. T. schon den Kundenanforderungen entspricht. Es wird daher nach Kühlung in einer Trommel teilweise direkt, teilweise nach Mahlung und Siebung in einen Vorratsbunker gefördert. Ein wesentlicher Vorteil dieses Verfahrens ist die Tatsache, dass Produkte mit einem $Na_5P_3O_{10}$-Gehalt bis zu 98 % hergestellt werden können. Bei den zweistufigen Verfahren wird im allgemeinen nur ein 88–95 %iges $Na_5P_3O_{10}$ erhalten.

Je nach den für die Waschmittelherstellung benutzten Apparaten werden an das Pentanatriumtriphosphat sehr unterschiedliche Qualitätsanforderungen gestellt. Die Bemühungen, durch Modifizieren der Herstellverfahren Pentanatriumtriphosphat mit besonderen Anwendungseigenschaften zu erhalten, haben sich daher in zahlreichen Patentanmeldungen niedergeschlagen. Diese betreffen insbesondere die bereits erwähnte Herstellung von $Na_5P_3O_{10}$ in der Tieftemperaturmodifikation [152] und von Gemischen der Tief- und der Hochtemperaturmodifikation [153]. Nachdem man erkannt hat, wie sehr die Hydratationseigenschaften des Triphosphats auch von dem Gehalt an Hexahydrat-Kristallkeimen beeinflusst werden, tendiert die Waschmittelindustrie allerdings dazu, nicht bestimmte Gehalte der beiden Modifikationen, sondern vielmehr ein durch die Hydratationswärme als Funktion der Zeit messbares Gesamt-Hydratationsverhalten vorzuschreiben [134].

Weitere Patentanmeldungen betreffen die Einstellung niedriger Schüttgewichte (0,3–0,6 g cm^{-3}) [154] für die Trockenzumischung zu Waschmitteln und die Verbesserung des Löseverhaltens unter Vermeidung von Verklumpungen durch partielle Hydratation [155] sowie die Erhöhung der Abriebfestigkeit der Körner [156]. Insbesondere für Anwendungen als Geschirrspülmittelbestandteil werden besonders schwere $Na_5P_3O_{10}$-Typen (0,95–1,15 g cm^{-3}) [157] in granulierter Form produziert. Die Granulate werden in einer Calciniertrommel produziert. Die zur Eindampfung des Wassers und Kondensation der Orthophosphate benötigte Energie wird durch einen direkten oder indirekten Brenner in Gegenstrom eingebracht. Wichtige Prozessparameter sind die Korngrößenverteilung und der Phase-I-Gehalt (Hochtemperaturmodifikation). Das Calciniertrommelprodukt wird teilweise heiß rezykliert. Der andere Teil wird gekühlt, gebrochen, abgesiebt und eventuell befeuchtet (4–12 % Wasser, s. Abb. 30).

Auch für die Herstellung des Hexahydrates des $Na_5P_3O_{10}$ sind eine Anzahl von Verfahren bekannt geworden. Man stellt dieses Produkt beispielsweise topochemisch durch Aufsprühen von überschüssigem Wasser auf $Na_5P_3O_{10}$ in einem Drehrohr her, durch das Luft geleitet wird [158]. Hierdurch bleibt infolge Verdunstung des überschüssigen Wassers die Materialtemperatur unter dem Wert (ca. 80 °C), bei dem die hydrolytische Spaltung der P-O-P-Bindungen durch das Kristallwasser einsetzt.

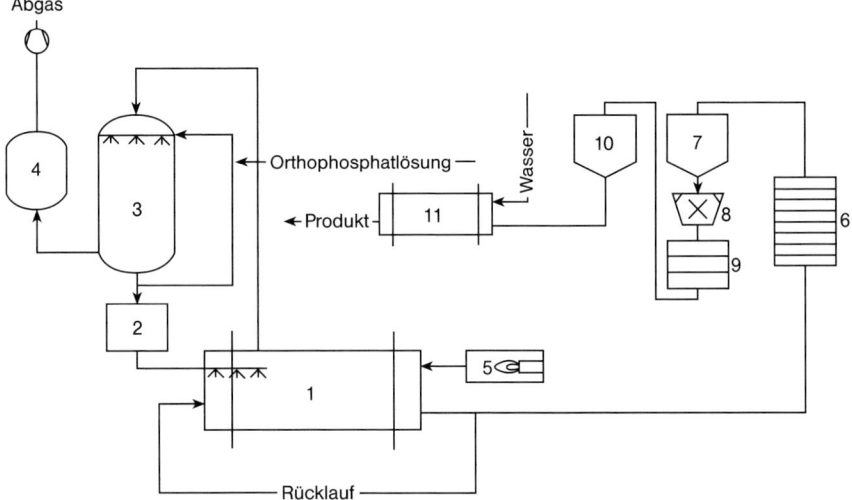

Abb. 30 Herstellung von Schwergranulatphosphaten (Thermphos-Verfahren)
1 Drehofen, 2 Vorlage, 3 Eindampfung, 4 Waschturm, 5 Gasbrenner, 6 Kühler, 7 Silo, 8 Mühle, 9 Sieb, 10 Silo, 11 Befeuchtigungsrohr

Dinatriumdihydrogendiphosphat

Dinatriumdihydrogendiphosphat ($Na_2H_2P_2O_7$, technisch: saures Natriumpyrophosphat), das vor allem als Säureträger in Backhilfsmitteln enthalten ist, wird durch Kondensation von zwei Molekülen Natriumdihydrogenphosphat bei etwa 250 °C hergestellt. Die Umsetzung erfolgt meist in Drehöfen, vielfach nach Rückgutverfahren. Dabei muss ein genaues Temperatur-Zeit-Programm eingehalten werden, um die Bildung von Natriumtrimetaphosphat und Maddrellschem Salz zu vermeiden. In Patenten der Firma Monsanto werden Reaktionszeiten von 1–6 h bei 215–245 °C für die Herstellung von $Na_2H_2P_2O_7$ vorgeschrieben [159].

Schmelzphosphate

Die technisch verwendeten Schmelzphosphate sind meist Natriumpolyphosphate, deren Kettenlänge je nach Verwendung zwischen etwa 4 (»Tetraphosphat«) und 100 oder größer (Grahamsches Salz) liegt. Sie werden aus den Orthophosphaten mit eingestelltem Na:P-Verhältnis durch Aufschmelzen unter Wasserabspaltung bei 600–800 °C in Wannenöfen (Abb. 31) hergestellt, die den bei der Glasherstellung benutzten Einheiten ähneln [160]. In modernen Anlagen werden anstelle der festen Orthophosphate direkt Phosphorsäure und Natronlauge in entsprechendem Verhältnis [147] kontinuierlich über ein vorgeschaltetes Mischaggregat in den Ofen dosiert. Die Öfen sind im Bereich der Schmelze mit Zirconiumsilicatsteinen ausgekleidet, die gegenüber der chemisch außerordentlich aggressiven Schmelze relativ beständig sind. Im Oberteil der Öfen reicht eine normale Feuerfestauskleidung aus. Die nötige Energie wird mittels direkt auf die Schmelze gerichteter Gas- oder Öl-

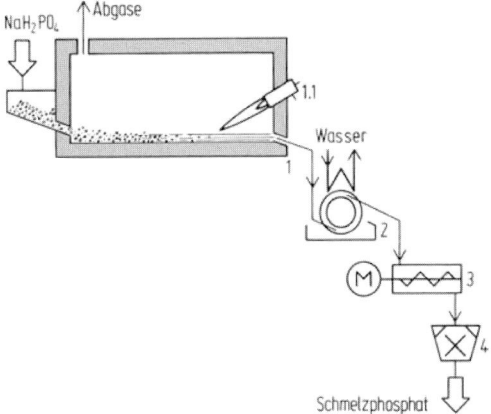

Abb. 31 Herstellung von Schmelzphosphaten aus Orthophosphaten
1 Schmelzofen, 1.1 Brenner, 2 Innenkühltrommel, 3 Schnecke, 4 Mühle

brenner zugeführt. Die auslaufende Schmelze wird auf wassergekühlten Walzen oder in wassergekühlten Trommeln zu einem Glas abgeschreckt; die sich bei schon geringer mechanischer Beanspruchung bildenden Splitter werden gebrochen und gemahlen.

Bei einem neueren Verfahren von Hoechst [161] wird die Verbrennungswärme des Phosphors genutzt, indem man in einem mit Graphitsteinen ausgemauerten Turm direkt in die Phosphorflamme mittels einer Mehrstoffdüse Natronlauge eindüst (Abb. 32). Die Phosphatschmelze sammelt sich am Boden und wird nach dem Überlauf in üblicher Weise weiterverarbeitet. Bis zu 30% des Produktes werden staub- oder tröpfchenförmig vom Abgas mitgerissen und ausgewaschen. Die Verbrennungsenthalpie des Phosphors reicht aus, um einen rezirkulierten Teilstrom dieser Waschlösung kontinuierlich zu verdampfen. Die gemahlenen Phosphatgläser werden häufig zur Verringerung der Hygroskopizität durch Bepudern mit Na_2CO_3 oder $Na_4P_2O_7$ oder durch Aufsprühen von alkalischen Lösungen nachbehandelt [162], sodass sich oberflächlich Schichten weniger hygroskopischer Phosphate bilden. Schmelzphosphate sowie deren Mischungen mit anderen Phosphaten sind u. a. unter dem Namen Calgon (vom englischen calcium gone) bekannt.

Die Herstellung langsam löslicher, langkettiger Calciumnatrium-Polyphosphate, in denen Phosphor, Natrium und Calcium etwa im Atomverhältnis 1 : 0,9 : 0,25 vorliegen, und ähnlicher Natriumcalciumaluminium-Polyphosphate, die für die Wasseraufbereitung nach dem Impfverfahren eingesetzt werden, erfolgt in Wannenöfen.

Maddrellsches Salz

Maddrellsches Salz ist ein langkettiges, kristallines, wasserunlösliches Natriumpolyphosphat der allgemeinen Formel $Na_{n+2}P_nO_{3n+1}$ (Kettenlänge etwa 2000 P-Einheiten). Diese Verbindung, in den USA meist IMP (insoluble metaphosphate) genannt,

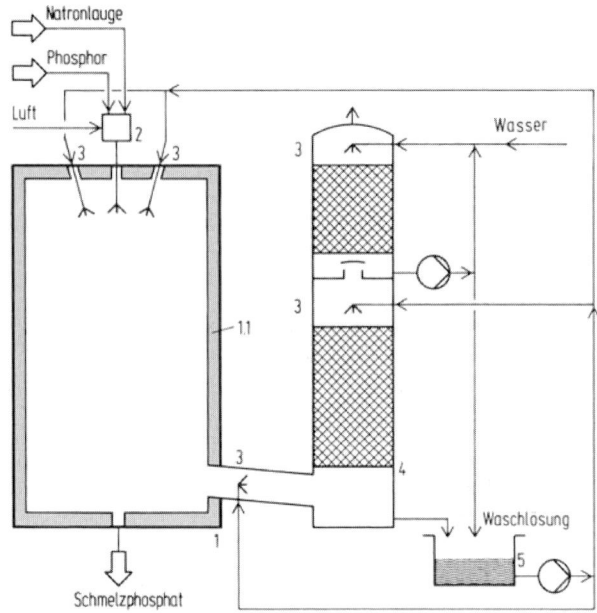

Abb. 32 Herstellung von Schmelzphosphaten aus elementarem Phosphor (Verfahren von Hoechst)
1 Reaktionsturm, 1.1 Graphitauskleidung, 2 Mehrstoffdüse, 3 Düse, 4 Waschturm, 5 Behälter

wird für die Verwendung in fluoridierten Zahnpasten in Mengen von einigen Tausend Tonnen pro Jahr ausgehend von NaH_2PO_4 produziert. Neuere Verfahren [163–165] gestatten die kontinuierliche Herstellung eines hochprozentigen Produktes ohne den gleichzeitigen Anfall des praktisch gleich zusammengesetzten, wegen seiner Wasserlöslichkeit unerwünschten Trimetaphosphats (vgl. Abschnitt 5.1).

Kalium- und Ammoniumpolyphosphate
Tetrakaliumdiphosphat ($K_4P_2O_7$) und Pentakaliumtriphosphat ($K_5P_3O_{10}$), die in den USA wegen ihrer gegenüber den entsprechenden Natriumsalzen erheblich höheren Wasserlöslichkeit in flüssigen Waschmitteln verwendet werden, stellt man nach den gleichen Verfahren wie die Natriumsalze her (vgl. Abschnitt 5.2.2.2).

Ammoniumpolyphosphate $(NH_4)_{n+2}P_nO_{3n+1}$ lassen sich im Gegensatz zu den kondensierten Alkaliphosphaten nicht durch thermische Abspaltung des Konstitutionswassers aus den Orthophosphaten herstellen, weil bei den erforderlichen Temperaturen der NH_3>-Zersetzungsdruck schon zu hoch ist. Die P-O-P-Bindungen müssen deshalb durch Entzug des Wassers mit chemischen Mitteln geknüpft werden. Zwei derartige Wege haben sich technisch durchgesetzt: die Reaktion von Phosphorsäure mit Harnstoff [166] zu Ammoniumpolyphosphat, CO_2 und NH_3, und die ohne Nebenprodukte ablaufende Umsetzung von P_4O_{10} mit Diammoniumphosphat und wenig NH_3 zu Ammoniumpolyphosphat [167, 168]. Dieses zweite Verfahren wird in beheizten Knetern durchgeführt. In beiden Fällen läuft die Reaktion in Ammoniakatmosphäre ab, die Temperatur sollte 300 °C nicht überschreiten. Für die Verwendung als Flammschutzmittel ist eine sehr feine Aufmahlung des Produktes erforderlich. Die kurzkettigen Ammoniumpolyphosphate für Düngemittellösungen werden in der Regel durch Neutralisation von Polyphosphorsäure mit gasförmigem Ammoniak gewonnen.

5.3
Calcium- und Magnesiumphosphate

5.3.1 Produktionsumfang und Verwendung

Calciumdihydrogen- und Calciumhydrogenphosphat ($Ca(H_2PO_4)_2$ bzw. $CaHPO_4$) sind Hauptbestandteile einer Reihe von Düngemitteln (vgl. Düngemittel, Bd. 8, Abschnitt 2.2.2). Bedeutung für die Tierernährung besitzen vor allem das Calciumhydrogenphosphat-Dihydrat, zu einem gewissen Grad aber auch das wasserfreie Salz und in einigen europäischen Ländern das Calciumdihydrogenphosphat-Monohydrat ($Ca(H_2PO_4)_2 \cdot H_2O$). In großem Umfang werden als mineralische Komponente in (Tier)Futtermitteln $CaHPO_4 \cdot 2H_2O$ sowie Mischungen aus Calcium-, Magnesium- und Natriumhydrogenphosphaten verwendet [169]. Calciumhydrogenphosphat-Dihydrat wird wegen seiner günstigen Putzeigenschaften und geringen Abrasivwirkung auch als Putzkörper in Zahnpasten eingesetzt [170]. Die Produktionsmenge für diese Anwendung lag in der Bundesrepublik 1978 bei 12 000 t. In den USA wird Calciumhydrogenphosphat auch zu Dicalciumdiphosphat ($Ca_2P_2O_7$) weiterverarbeitet, das als gegenüber Fluorid-Ionen weitgehend inerte Substanz als Putzkörper in fluoridhaltige Zahnpasten geht [171]. Calciumdihydrogenphosphat-Monohydrat wird insbesondere in den USA ähnlich wie das Dinatriumdihydrogen-Diphosphat als Säureträger beim Backen verwendet. Die Produktionsvolumina lagen in den USA 1999 bei etwa 950 000 und 550 000 t für Calciumdihydrogen- bzw. Calciumhydrogenphosphat.

In einigen Ländern werden Calciumhydrogenphosphat und gefällter Calciumhydroxylapatit Nahrungsmitteln für die Kinderernährung zugesetzt. Gefällter Hydroxylapatit dient u.a. auch als Antibackmittel zur Erhaltung der Rieselfähigkeit pulverförmiger Substanzen und zur Regulierung der Putzkraft in $CaHPO_4$-haltigen Zahnpasten. Erdalkaliorthophosphate sind auch Basissubstanzen für die Herstellung von Luminophoren. Die gewünschten Phosphoreszenz- bzw. Fluoreszenzeigenschaften werden durch den Einbau von Fremdkationen (z. B. Antimon, Mangan und der Seltenen Erden) in das Erdalkaliphosphatgitter erzeugt. Zur Vermeidung der Ablagerung von Kesselstein an Wärmeaustauschflächen wird Frischwasser bei Kleinverbrauchern häufig über sich langsam auflösende, glasige Calciumnatriumpolyphosphate geleitet. In den USA werden dafür verschiedentlich auch glasige Natriumcalciumaluminium-Polyphosphate eingesetzt.

5.3.2
Herstellverfahren

5.3.2.1 **Calciumdihydrogenphosphat**
Calciumdihydrogenphosphat ($Ca(H_2PO_4)_2 \cdot H_2O$, technisch: Monocalciumphosphat) wird für die Verwendung beim Backen durch Neutralisation von thermischer

Phosphorsäure mit Calciumoxid oder -hydroxid hergestellt. Man vermischt die Komponenten häufig zunächst in Edelstahlrührgefäßen miteinander. Die eigentliche Umsetzung läuft dann in einem kontinuierlichen Mischer ab; anschließend wird getrocknet und gemahlen. Es ist auch möglich, die Reaktion in einem einzigen Verfahrensschritt in einem kontinuierlichen Mischer durchzuführen, wobei die Reaktionswärme zur Trocknung genutzt wird. Um für die Anwendung günstige, langsam reagierende Produkte zu erhalten, setzt man der Phosphorsäure geringe Mengen verschiedener Metallsalze zu. Aus dem gleichen Grunde wird häufig eine thermische Nachbehandlung durchgeführt, bei der oberflächlich Wasser abgespalten wird und sich die Partikel mit einer glasigen Schutzschicht aus langkettigen Polyphosphaten überziehen. In den USA werden derartige Schutzschichten häufig auch durch den Zusatz von KH_2PO_4 und $Al(H_2PO_4)_3$ erzeugt. Um die Anwesenheit freier Phosphorsäure auszuschließen, arbeitet man meist mit einem CaO-Überschuss, sodass das Endprodukt bis zu 20% Calciumhydrogenphosphat enthält.

5.3.2.2 Calciumhydrogenphosphat

Bei der Produktion von $CaHPO_4 \cdot 2H_2O$ für die Tierernährung geht man meist von entfluorierter Nassphosphorsäure aus. Die Entfernung des in Nassphosphorsäure vorwiegend als Hexafluorokieselsäure enthaltenen Fluorids kann z. B. durch eine Vorneutralisation mit Calciumcarbonat in einem Rührgefäß erreicht werden, wobei Calciumhexafluorosilicat zusammen mit Phosphaten zwei- oder mehrwertiger Metalle ausfällt. Nach der Abtrennung dieses Niederschlages, der wegen seines Phosphatgehaltes meist in benachbarte Düngemittelanlagen geht, wird das $CaHPO_4 \cdot 2 H_2O$ durch Zugabe weiteren Calciumcarbonates oder auch -hydroxides in Rührgefäßen ausgefällt, auf Vakuumfiltern abfiltriert und anschließend getrocknet und gemahlen. In ähnlicher Weise wird in Europa durch den Aufschluss von Rohphosphat mit Salzsäure und anschließende fraktionierte Fällung mit Ca-Verbindungen Calciumhydrogenphosphat hergestellt. Bei Verwendung von Calciumhydroxid muss gekühlt werden, da sonst kristallwasserfreies $CaHPO_4$ ausfällt, das sich schon bei 38 °C aus dem Dihydrat bildet. Aus dem gleichen Grund muss bei Trocknungstemperaturen oberhalb 60 °C eine kurze Verweilzeit eingehalten werden. An die Stelle der Vorneutralisation kann für die Fluorabtrennung auch die Ausfällung von Na_2SiF_6 oder K_2SiF_6 durch Zugabe von Natrium- oder Kaliumsalzen treten. In den USA wird für die Produktion von Calciumhydrogenphosphat auch aus Nassphosphorsäure hergestellte Polyphosphorsäure verwendet (vgl. Abschnitt 2.1.1.6), die praktisch fluoridfrei ist. Diese hydrolysiert man vor ihrer Verarbeitung zur Orthophosphorsäure.

Zur Herstellung des in Zahnpasten verwendeten Calciumhydrogenphosphat-Dihydrats wird vorgelegte thermische Phosphorsäure meist mit einer wässrigen Aufschlämmung von $Ca(OH)_2$ in Rührgefäßen unter Kühlung bei 25–35 °C bis zu einem pH-Wert von 6–7 neutralisiert. Das ausgefällte $CaHPO_4 \cdot 2H_2O$ trennt man auf Vakuumtrommel- oder -tellerfiltern ab. Um die Bildung des recht abrasiven wasserfreien $CaHPO_4$ zu vermeiden, müssen bei der Trocknung niedrige Produkttemperaturen (< 65 °C) und kurze Verweilzeiten eingehalten werden. Das getrocknete Calciumhydrogenphosphat wird anschließend fein gemahlen, sodass 99% in Korngrößen kleiner als 40 µm vorliegen. Der wässrigen Aufschlämmung des frisch gefällten oder dem getrockneten CaHPO$_4$ · 2H$_2$O werden Stabilisatoren, wie z. B. Mg$_3$(PO$_4$)$_2$ [172, 173], MgHPO$_4$ · 3H$_2$O [174] oder Na$_4$P$_2$O$_7$ [175], zugegeben, die eine Erhärtung der mit dem Calciumhydrogenphosphat hergestellten Pasten bei der Lagerung verhindern. Die chemischen Grundlagen hierfür sind erst teilweise bekannt. Die Herstellung von DCP findet ebenfalls statt als Beiprodukt der Galatineproduktion, wobei Tierknochen nach Entfettung in Salzsäure gelöst werden. Das Filtrat enthält Phosphorsäure und Salzsäure. Aus diesem Gemisch wird unter Zugabe von Ca(OH)$_2$ DCP gefällt.

Die Herstellung des wasserfreien Calciumhydrogenphosphats unterscheidet sich von derjenigen des Dihydrats lediglich dadurch, dass die Fällung bei erhöhter Temperatur (oberhalb 80 °C) durchgeführt wird.

In der Bundesrepublik werden auch Phosphatmischungen für die Tierernährung hergestellt (s. auch Futter- und Lebensmitteladditive, Bd. 8). Diese enthalten etwa 9 % Calcium, 12 % Natrium und 5 % Magnesium als Hydrogenphosphate, um den Bedarf der Tiere an Na und Mg zu decken [176]. Nach dem Verfahren von Hoechst [169] wird entfluorierte, konzentrierte Nassphosphorsäure mit ca. 50 % P$_2$O$_5$ in einem kontinuierlich arbeitenden Doppelwellenmischer mit Natronlauge und gebranntem Dolomit umgesetzt. Das anfallende feuchtkrümelige Gemisch geht anschließend in eine Mahltrocknung.

5.3.2.3 Andere Calciumphosphate

Dicalciumdiphosphat (Ca$_2$P$_2$O$_7$), dessen β-Modifikation man in USA nach einem Patent von Procter & Gamble als Putzkörper in fluoridierten Zahnpasten einsetzt [171], wird durch Erhitzen von Calciumhydrogenphosphat auf 700–900 °C erhalten. Calciumhydroxylapatit (Ca$_5$(PO$_4$)$_3$OH), technisch häufig als Tricalciumphosphat bezeichnet, wird diskontinuierlich durch Zugabe von Phosphorsäure zu einer Ca(OH)$_2$Suspension in einem Rührgefäß hergestellt. Die Säurezugabe wird bei pH-Werten von etwa 8–9 abgebrochen. Das gefällte Produkt trennt man z. B. auf einem Vakuumtrommelfilter ab, trocknet und mahlt anschließend.

5.4
Sonstige Ortho- und Polyphosphate

Natriumaluminiumhydrogenphosphate, besonders die der Zusammensetzungen NaAl$_3$H$_{14}$(PO$_4$)$_8$ · 4 H$_2$O und Na$_3$Al$_2$H$_{15}$(PO$_4$)$_8$ spielen in den USA und Europa eine Rolle als Säureträger für backfertige Systeme, in denen Mehl mit Zutaten und dem Treibsystem (NaHCO$_3$ + Säureträger) trocken vorgemischt sind [177, 178]. Diese Doppelsalze werden durch Kristallisation aus heißen konzentrierten Lösungen gewonnen [179]. Saure Aluminiumorthophosphate mit einem Al : P-Verhältnis von etwa 1 : 3 werden als Bindemittel bei der Herstellung feuerfester Steine und Stampfmassen, Aluminiumpolyphosphate als Härter für Säure- und Hochtemperaturkitte auf Wasserglasbasis verwendet [180]. Die Herstellung des Härters erfolgt durch Umsetzung von Aluminiumhydroxid mit konzentrierter Phosphorsäure und nachfolgendes Erhitzen der abfiltrierten Orthophosphate nach einem bestimmten Temperatur-Zeit-Programm.

Eine größere technische Bedeutung besitzen Mangan- und Zinkorthophosphate bei der Phosphatierung von Eisen bzw. Stahl (siehe 3 Eisen und Stahl, Bd. 6). Diese Phosphate werden jedoch nicht als solche hergestellt, sondern scheiden sich im Laufe der Behandlung auf der Oberfläche als korrosionsschützende Schichten ab. Neuerdings gewinnt auch Zinkphosphat der Zusammensetzung $Zn_3(PO_4)_2 \cdot x\ H_2O$ (x = 2 oder 4) Bedeutung als Pigment in Korrosionsschutzfarben, weil aus Toxizitätsgründen Bedenken gegen blei- und chromhaltige Pigmente geltend gemacht werden (s. auch Anorganische Farbstoffe und Pigmente, Bd. 7).

5.5
Eutrophierung, Phosphatfällung in Kläranlagen

Unter Eutrophierung versteht man die Anreicherung von Nährstoffen in Gewässern und das sich daraus ergebende verstärkte Wachstum von Algen und anderen Wasserpflanzen. Wenn insbesondere stehende Gewässer wie Seen und Talsperren in diesen eutrophen Zustand gelangen, wenn die Algenvermehrung den Verbrauch von Algen durch diese verzehrende Lebewesen überschreitet, dann kann in diesen Gewässern das biologische Gleichgewicht mit einer Folge unangenehmer Auswirkungen gestört werden. Zwar hat es diese Effekte auch schon in früheren Jahrhunderten gegeben, jedoch treten sie unter dem Einfluss der Zivilisation in den letzten Jahrzehnten verstärkt auf.

Da es kaum möglich ist, den Zufluss von Nährstoffen generell zu unterbinden, wird häufig gefordert, eines der wesentlichen Nährstoffelemente so weit von den Gewässern fernzuhalten, dass es im Sinne des Liebigschen Gesetzes [181] die Rolle des Minimumfaktors übernehmen kann. Als das aus limnologischen und technischen Gründen dafür am besten geeignete Element wird im allgemeinen der Phosphor angesehen.

Eine Phosphorkonzentration von < 0,01 mg L^{-1} wirkt im stehenden Gewässer mit großer Sicherheit wachstumsbegrenzend [182]. Der Zufluss von Phosphat kann in Gegenden mit europäischer Besiedlungsdichte aber ohne weiteres um drei Zehnerpotenzen höher liegen. Dabei hängt es von lokalen Gegebenheiten ab, ob die Zufuhr aus ländlichen Abläufen (Tierhaltung, Düngung) oder mit dem kommunalen Abwasser (Waschmittel, menschliche Ausscheidungen etc.) überwiegt. In der Bundesrepublik dürften bis in die 1980er Jahre im Mittel 40% aus Wasch- und Reinigungsmitteln, 27% aus menschlichen Abfällen und der Rest aus allen anderen Quellen gestammt haben [4]. Seitdem ist jedoch der Anteil der Waschmittel stark rückläufig.

Die Eliminierung nur einer dieser Komponenten aus den Zuflüssen, wie es beispielsweise verschiedentlich im Hinblick auf die Waschmittelphosphate gefordert wurde, kann also nicht die gewünschte Wirkung haben. Mehr als 90% des gesamten Phosphors müssten entfernt werden. Der dazu geeignete, in steigendem Maße beschrittene Weg besteht in der Fällung des Phosphats mittels Aluminium-, Eisen- oder Calciumsalzen im Rahmen der Abwasserbehandlung in Kläranlagen. Die günstigsten Ergebnisse liefern Aluminium- und Eisen(III)-Ionen, die für eine über 90%ige Ausfällung im Molverhältnis 1,4:1 bis 2,0:1, bezogen auf Phosphor, vorliegen sollten [183]. Auch wurden biologische Phosphatentfernungsverfahren entwickelt. Heute besitzt in den EU-Ländern ein großer Teil der kommunalen Abwasserbehandlungsanlagen eine so genannte tertiäre Behandlung. So sind in Dänemark, Deutschland, den Niederlanden, Finnland und Schweden mehr als 80% der kommunalen Anlagen mit einer tertiäre Behandlung [184, 185] ausgestattet. Da die kondensierten Phosphate schon auf dem Weg zur Kläranlage, spätestens aber dort hydrolysieren, werden sie in der Regel als Orthophosphate gefällt. Die Fällungsreinigung erfasst jedoch auch kondensierte Phosphate direkt.

Die eigentliche Fällung wird entweder in den normalen Betrieb der Kläranlage integriert oder in einer gesonderten Stufe der biologischen Reinigung nachgeschaltet (»Nachfällung«). Im ersteren Fall unterscheidet man die »Direktfällung« im Absetzbecken solcher Kläranlagen, die keine biologische Stufe besitzen, von der in mechanisch-biologischen Anlagen praktizierten »Vorfällung« und »Simultanfällung«, je nachdem, ob in der mechanischen oder in der biologischen Stufe gearbeitet wird.

Das Minimum der Löslichkeit der gefällten basischen Aluminium- und Eisenphosphate liegt etwa bei pH 6, also in einem bei Abwässern üblichen Bereich. Die Abscheidung wird oft verbessert durch Flockung mit Polyelektrolyten. Da die Fällflocke Kolloide adsorbiert, werden bei der Phosphatfällung gleichzeitig erhebliche Mengen organischer Verbindungen, aber auch Keime und Schwermetalle aus dem Abwasser entfernt. Der Fällungsschlamm wird zusammen mit den Schlämmen der mechanischen oder biologischen Stufe weiterbearbeitet, deren Trockensubstanzmenge sich dadurch um ca. 20–30% erhöht. Im Falle der Verwendung der Klärschlämme in der Landwirtschaft ist das gefällte Phosphat weitgehend durch die Pflanze nutzbar, der citronensäurelösliche Anteil beträgt etwa 70–80%. Wegen des Gehalts an Schwermetallen (Zn, Cu, Cd) sowie organischen und mikrobiellen Verunreinigungen steht der Klärschlammeinsatz in der Landwirtschaft allerdings zur Diskussion. Daher gibt es heute eine Reihe von Untersuchungen über die Phosphatabtrennung aus Kläranlagen in Form von Calciumphosphat oder Struvit (K/NH_4MgPO_4). So genannte Seitenstromverfahren in biologischen Kläranlagen sind diesbezüglich besonders aussichtsreich wegen der hohen Reinheit des anfallenden Phosphats.

6
Sonstige anorganische Phosphorverbindungen

6.1
Phosphorhalogenide

6.1.1
Produktionsumfang und Verwendung

Von den Halogenverbindungen des Phosphors haben Phosphortrichlorid (PCl_3), Phosphorpentachlorid (PCl_5), Phosphoroxidchlorid ($POCl_3$) und Phosphorsulfidchlorid ($PSCl_3$) größere technische Bedeutung erlangt. In kleinem Umfang wird

Tab. 8 Produktion von Phosphorchloriden, Phosphorpentasulfid und Phosphorpentoxid in den USA (in 1000 t)

Produkt	1970	1977	1999
PCl_3	46,7	85,9	250
$POCl_3$	29,7	32,3	40
P_2S_5	49,4	62,9	60
P_4O_{10}	6,8	11	6,5

auch Phosphortribromid (PBr_3) hergestellt. In Tabelle 8 sind die Produktionszahlen (USA) für einige dieser Verbindungen aufgeführt.

Phosphortrichlorid ist Ausgangsmaterial für die Herstellung der anderen technisch relevanten Chlorverbindungen des Phosphors. Weiterhin werden über PCl_3 phosphorige Säure, bzw. deren Derivate wie Di- und Triester (vgl. Abschnitt 7.3) bzw. Blei- und Zinksalze gewonnen. Diese Schwermetallphosphite dienen als Stabilisatoren in Kunststoffen (PVC). Weitere zu nennende Folgeprodukte von PCl_3 sind Triphenylphosphan, PF_5 und das Herbizid Glyphosat. Zur Gewinnung der Chloride organischer Säuren setzt man PCl_3, $POCl_3$ und als starkes Chlorierungsmittel insbesondere PCl_5 ein. Phosphorpentachlorid ist u. a. bei der Herstellung bestimmter Penicilline von Bedeutung. Ausgehend vom $POCl_3$ werden Tri- und in geringem Umfang Diester der Orthophosphorsäure (vgl. Abschnitt 7.1) hergestellt. $PSCl_3$ wird für die Synthese von Pestiziden mit P-S-Gruppierungen eingesetzt. Allerdings wird heute für diesen Zweck Phosphorpentasulfid bevorzugt (s. auch Pflanzenschutzmittel, Bd. 8).

6.1.2
Chemische und physikalische Grundlagen

Die in Abschnitt 6.1.1 genannten wirtschaftlich interessanten Phosphorhalogenverbindungen (PCl_3, PCl_5, $POCl_3$, $PSCl_3$, PBr_3) sind bis auf das PCl_5 bei Zimmertemperatur Flüssigkeiten (Tabelle 9). PCl_5 sublimiert bei 160 °C. In der Dampfphase tritt schon am Sublimationspunkt bzw. wenig darüber zu einem beträchtlichen Teil Spaltung zu PCl_3 und Cl_2 ein (bei 182 °C z. B. zu 41,7%).

Tab. 9 Physikalische Eigenschaften von Phosphorhalogeniden

Substanz	Siedepunkt (°C)	Schmelzpunkt (°C)	Dichte bei 25 °C (g cm^{-3})	Bildungsenthalpie[3] (kJ mol^{-1})
PCl_3	76,1	–92	1,566	–319 (fl.)
PCl_5	159,3[1]	160[2]	2,114	–443 (fest)
$POCl_3$	105,5	1,2	1,668	–606 (fl.)
$PSCl_3$	125	–35	1,668	–344 (fl.)
PBr_3	173,2	–40,5	2,880	–184 (fl.)

[1] sublimiert
[2] Schmelzpunkt beim Sättigungsdruck (Tripelpunkt)
[3] unter Standardbedingungen

Eine charakteristische Eigenschaft der Phosphorhalogenide ist die Reaktionsbereitschaft der P-Halogen-Bindung mit OH- und NH-Gruppen. Beispiele hierfür sind die Umsetzungen mit Wasser (auch in Form von Luftfeuchtigkeit), Alkoholen, Säuren, Aminen usw. Dabei kann die Umsetzung entweder entsprechend Gleichung (19) (Herstellung organischer Säurehalogenide) oder Gleichung (20) (Herstellung von Phosphorigsäure-Estern aus Alkoholen und PCl$_3$, vgl. Abschnitt 7.3) verlaufen:

$$P-Cl + RCOOH \longrightarrow RCOCl + P-OH \tag{19}$$

$$P-Cl + ROH \longrightarrow R-O-P + HCl \tag{20}$$

Bei PCl$_3$ ist insbesondere die Neigung zur Addition elektrophiler Verbindungen am freien Elektronenpaar des Phosphors und bei PCl$_5$ der Austausch von Chlor gegen Sauerstoff unter Bildung von POCl$_3$ zu erwähnen.

6.1.3
Herstellverfahren

6.1.3.1 **Phosphortrichlorid**

PCl$_3$ wird durch direkte Vereinigung der Elemente hergestellt:

$$P_4 + 6\,Cl_2 \longrightarrow 4\,PCl_3 \qquad \Delta H_R = -1276\ \text{kJ mol}^{-1} \tag{21}$$

Als Ausgangsmaterial dient weißer Phosphor. Nach dem Verfahren von Hoechst (jetzt Thermphos) werden Chlor und flüssiger Phosphor kontinuierlich in eine Vorlage aus siedendem PCl$_3$ geleitet, in dem sich ein Teil des Phosphors löst (Löslichkeit ~7%) und die Umsetzung mit dem Halogen erfolgt. Die bei der heftigen Reaktion freiwerdende Bildungswärme wird durch Verdampfung von PCl$_3$ abgeführt, das in Luftkühlern aus Edelstahl kondensiert und nach Abnahme des Produktionsanteils in den Reaktionsbehälter zurückläuft (Abb. 33). Um die Bildung von PCl$_5$ zu vermeiden, arbeitet man mit einem geringen Phosphorüberschuss. Die Steuerung des Verfahrens erfolgt über die vom Phosphorgehalt des Sumpfes abhängige Siedetemperatur, nach der bei konstantem Chlorstrom der Phosphorzulauf geregelt wird [186].

Nach einem Verfahren von Bayer wird Phosphor in einer Brennkammer direkt mit Chlor zu PCl$_3$ »verbrannt«, welches man anschließend destillativ reinigt [187].

6.1.3.2 **Phosphorpentachlorid**

PCl$_5$ entsteht aus PCl$_3$ durch Umsetzung mit Chlor:

$$PCl_3 + Cl_2 \longrightarrow PCl_5 \qquad \Delta H_R = -125\ \text{kJ mol}^{-1} \tag{22}$$

Die Produktion erfolgt diskontinuierlich in Rührgefäßen, indem Chlor in vorgelegtes PCl$_3$ eingeleitet wird. Die Reaktionswärme wird durch Verdampfung von PCl$_3$ sowie durch indirekte Kühlung des Reaktionsgefäßes abgeführt. Die Umsetzung wird so weit geführt, bis kein PCl$_3$ im Reaktor mehr vorhanden ist. PCl$_5$ fällt als feinkristallines, gelbliches Produkt an.

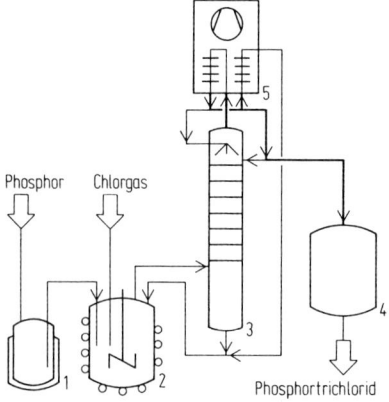

Abb. 33 Herstellung von Phosphortrichlorid (Verfahren von Hoechst)
1 Vorlage, 2 Reaktor, 3 Kolonne, 4 Behälter, 5 Luftkühler

6.1.3.3 **Phosphoroxidchlorid**
Die Umsetzung von PCl$_3$ mit Luft oder Sauerstoff führt zur Bildung von POCl$_3$:

$$2\ \text{PCl}_3 + \text{O}_2 \longrightarrow 2\ \text{POCl}_3 \qquad \Delta H_R = -574\ \text{kJ mol}^{-1} \tag{23}$$

Katalytisch beschleunigend wirken hierbei geringe Mengen Orthophosphorsäure, die im Reaktor in Gegenwart von Feuchtigkeitsspuren aus der Luft bzw. dem Sauerstoff gebildet werden. Die heutigen Produktionsverfahren arbeiten meist kontinuierlich. Nach dem Verfahren von Hoechst (jetzt Thermphos) erfolgt die Herstellung in zwei hintereinandergeschalteten, von außen gekühlten Edelstahlkolonnen. Dabei wird die Umsetzung des PCl$_3$ mit O$_2$ in der ersten Kolonne im Gleichstrom, in der zweiten im Gegenstrom durchgeführt. Es entsteht ein praktisch 100%iges Phosphoroxidchlorid. Nach einem Verfahren der FMC werden PCl$_3$ und Sauerstoff kontinuierlich in umlaufendes POCl$_3$ eingebracht [188].

6.1.3.4 **Phosphorsulfidchlorid**
Die technische Herstellung erfolgt durch direkte Anlagerung von fein verteiltem Schwefel an PCl$_3$. Die Reaktion wird durch Aluminium- und Eisenhalogenide [189, 190] oder auch S$_2$Cl$_2$ katalytisch beschleunigt [191].

**6.2
Phosphoroxide**

6.2.1
Produktionsumfang und Verwendung

Von den Oxiden des Phosphors ist nur das Tetraphosphordecaoxid (P$_4$O$_{10}$, technisch: Phosphorpentoxid) von größerer Bedeutung. Die Produktionszahlen in den USA sind in Tabelle 8 aufgeführt (vgl. Abschnitt 6.1.1). Die Verbindung wird hauptsächlich als Kondensationsmittel in der organischen Chemie eingesetzt. Aufgrund des extrem niedrigen Wasserdampfpartialdruckes der P_4O_{10}-Hydrolyseprodukte ($< 10^{-7}$ kPa) verwendet man Phosphorpentoxid als Trocknungsmittel für Feststoffe, Flüssigkeiten und Gase. Ferner wird dieses Oxid bestimmten Asphaltsorten zur Erhöhung des Erweichungspunktes zugesetzt [192], sowie durch Umsetzung mit organischen Hydroxylverbindungen zu Orthophosphorsäureestern (vgl. Abschnitt 7.1) verarbeitet.

6.2.2
Herstellverfahren

Phosphorpentoxid wird durch Verbrennen von weißem Phosphor in getrockneter Luft oder Sauerstoff hergestellt:

$$P_4 + 5\ O_2 \longrightarrow P_4O_{10} \qquad \Delta H_R = -3007\ \text{kJ mol}^{-1} \tag{24}$$

Die Verbrennung erfolgt im allgemeinen in einer wassergekühlten Edelstahlkammer bei Temperaturen von etwa 2000 °C. Den Schutz der Brennkammerwandung übernimmt eine dünne Schicht von niedergeschlagenem, glasigem P_4O_{10}, das sich durch Feuchtigkeitsspuren in sehr langkettige Polyphosphorsäure (bis zu 92 % P_2O_5) umwandelt.

Kondensation und Abscheidung der etwa 900 °C heißen P_4O_{10}-Dämpfe erfolgen entweder an den wassergekühlten Wandungen einer entsprechend großen Brennkammer oder in nachgeschalteten, außengekühlten Beruhigungskammern. Das restliche P_4O_{10} im Abgas wird entweder direkt im Reaktor gebildet oder auf dem Weg über eine Phosphorsäureanlage ausgewaschen (vgl. Abschnitt 4.3). Grobteiliges, agglomeriertes Phosphorpentoxid entsteht, wenn die Kondensation in einer Wirbelschicht erfolgt, in die wassergekühlte Edelstahltaschen eintauchen [193].

6.3
Phosphorsulfide

6.3.1
Produktionsumfang und Verwendung

Unter den binären Phosphor-Schwefel-Verbindungen [194] ist nur das Tetraphosphordecasulfid, P_4S_{10} (technische Bezeichnung: Phosphorpentasulfid) von wirtschaftlicher Bedeutung. Phosphorpentasulfid wird in Westeuropa und in den USA im großen Maßstab hergestellt (vgl. Tabelle 8). Es besitzt vor allem Bedeutung für die Herstellung von Dithiophosphorsäureestern (vgl. Abschnitt 7.3), die aus P_4S_{10} und organischen Hydroxylverbindungen gewonnen werden. Das bei der Herstellung von Streichhölzern früher häufig benutzte P_4S_3 wird kaum noch produziert, da die Verwendung für diesen Zweck in den meisten Ländern verboten ist.

6.3.2
Herstellverfahren

Phosphor und Schwefel reagieren in flüssiger Form exotherm unter Bildung von Phosphorpentasulfid. Diese Umsetzung beginnt bereits bei 150 °C und läuft oberhalb 250 °C sehr schnell ab:

$$P_4 + 10\,S \longrightarrow P_4S_{10} \qquad \Delta H_R = -503\ \text{kJ mol}^{-1} \tag{25}$$

Nach dem Verfahren von Hoechst [195, 196], das in Abbildung 34 schematisch dargestellt ist, werden Phosphor und Schwefel zur Entfernung organischer Verunreinigungen zunächst mit konzentrierter Schwefelsäure gewaschen, um die sonst übliche Destillation des Endproduktes (Siedep.: 515 °C) zu umgehen.

Phosphor und Schwefel werden in stöchiometrischer Menge flüssig in einen luftgekühlten Edelstahlreaktor geleitet, aus dem das Reaktionsprodukt in ein elektrisch beheiztes Puffergefäß überläuft. Dieses dient als Vorlage für die Wanne einer Kühlwalze, von der das P_4S_{10} in Schuppenform abgestreift und nach Zwischenlagerung vermahlen und abgefüllt wird. Für alle Behälter, die Produkt enthalten, ist eine Beaufschlagung mit Schutzgas (N_2, CO_2) erforderlich. Wegen der Farbe der Folgeprodukten soll der Phosphor einen niedrigen Gehalt an organischen Verunreinigungen haben und muss mithilfe von vorgebrannten Elektroden (statt Söderberg-Elektroden) produziert sein. Das Verfahren von Monsanto [197] entfernt das im Reaktor gebildete Phosphorpentasulfid durch Destillation, wodurch gleichzeitig die Abtrennung von Verunreinigungen (u. A. Arsen, Organische Bestandteile) und die Abführung der Reaktionswärme erfolgen. Phosphorpentasulfid ist je nach Reinheit als graubraune oder hellgelbe Pulver- oder Schuppenware im Handel. Je nach Erstarrungsgeschwindigkeit beim Abkühlen der Schmelze entstehen Produkte mit unter-

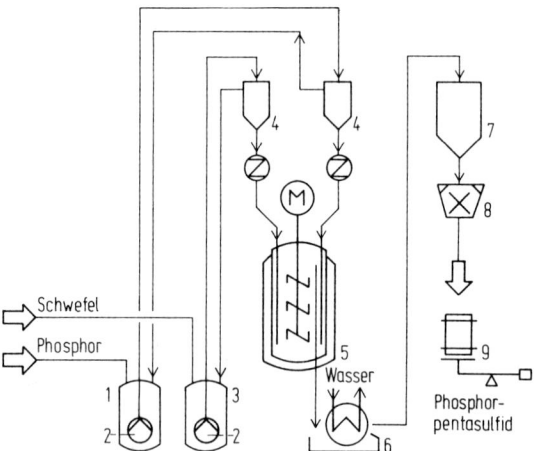

Abb. 34 Herstellung von Phosphorpentasulfid (Verfahren von Hoechst)
1 Behälter, 2 Pumpe, 3 Behälter, 4 Vorlage, 5 Reaktor, 6 Kühlwalze, 7 Bunker, 8 Mühle, 9 Versandbehälter mit Waage

schiedlicher Reaktivität bei der Weiterverarbeitung. Das durch Abschrecken erhaltene hochreaktive Produkt kann durch Tempern in die weniger reaktionsfähige Form überführt werden [198, 199].

6.4
Phosphide, Phosphorwasserstoff und Hypophosphite

Phosphor bildet mit den meisten Metallen Phosphide, eine Gruppe meist kristalliner Verbindungen sehr unterschiedlicher Eigenschaften. Der Bindungscharakter reicht von der reinen Ionenbindung in den salzartigen, leicht unter PH_3-Entwicklung hydrolysierbaren Alkaliphosphiden über kovalente Bindung mit Halbleitereigenschaften bis zum metallischen Charakter der legierungsartigen Schwermetallphosphide. Die technische Bedeutung dieser Phosphide ist begrenzt. Die aus rotem Phosphor und den Metallpulvern hergestellten Verbindungen Aluminiumphosphid (AlP) und Zinkphosphid (Zn_3P_2) dienen vorwiegend als PH_3-Quelle in der Schädlingsbekämpfung [200–202], auch Calciumphosphid wird dazu gelegentlich verwendet. Aus den hochreinen Elementen hergestelltes Galliumphosphid (GaP) lässt sich zu grünes Licht emittierenden Leuchtdioden verarbeiten. Kupfer-, Zinn- und Eisenphosphid) werden bei der Herstellung der betreffenden Metalle als Desoxidationsmittel eingesetzt.

Der für die Herstellung organisch substituierter Phosphane (vgl. Abschnitt 7.7) benötigte Phosphorwasserstoff (Phosphan) wird in der Regel nicht aus den Phosphiden gewonnen, sondern durch Disproportionierung von Phosphor in das gewünschte PH_3 und Verbindungen mit +1 bis +5-wertigem Phosphor. Nach einem ursprünglich von Albright & Wilson entwickelten, später von American Cyanamid verbesserten Verfahren [203] läuft diese Reaktion in Phosphorsäure bei > 250 °C unter Bildung von PH_3 und Phosphorsäure mit zwischenzeitlicher Entstehung von rotem Phosphor ab:

$$2\,P_4 + 12\,H_2O \longrightarrow 5\,PH_3 + 3\,H_3PO_4 \tag{26}$$

Aufwändig ist hierbei der Reaktor, da in dem erforderlichen Temperaturbereich nur noch Graphit gegen die Phosphorsäure beständig ist.

Ein neueres kontinuierliches Verfahren von Hoechst [204] basiert auf der klassischen Disproportionierung mit Natronlauge:

$$P_4 + 4\,NaOH + 3\,H_2O \longrightarrow 2\,NaH_2PO_2 + Na_2HPO_3 + PH_3 + H_2 \tag{27}$$

Das Verfahren arbeitet jedoch nicht im wässrigen, sondern im weitgehend wasserfreien Medium mittelkettiger Alkohole. Nur noch die für die eigentliche Reaktion benötigte Wassermenge wird zugeführt. Bei diesem Verfahren wird nicht wie in Gleichung (27) Hypophosphit, sondern fast ausschließlich Phosphit gebildet, dementsprechend wird nicht nur ein Viertel des Phosphors, sondern erheblich mehr in Phosphan umgewandelt.

Im Umfang von einigen tausend Tonnen wird nach Gleichung (27) Natriumhypophosphit hergestellt. Das auch dabei anfallende Natriumphosphit wird als schwerlösliches Calciumsalz gefällt und abgetrennt, die anfallende Salzlösung wird im Vakuum konzentriert. Wegen der hohen Löslichkeit des Hypophosphits muss die Mutterlauge nach dem Abschleudern des auskristallisierten Salzes in den Prozess zurückgeführt werden. Das Produkt dient vor allem als Reduktionsmittel, z. B. bei der stromlosen Vernickelung (Kanigen-Verfahren) [205].

7
Organische Verbindungen des Phosphors [206, 207]

7.1
Neutrale Phosphorsäureester

Triarylphosphate

Zu den Triarylphosphaten gehören Triphenylphosphat, Diphenylcresylphosphat, Tricresylphosphat und gemischte Isopropylphenyl-phenylphosphate. Ihre Herstellung erfolgt entsprechend Gleichung (28) durch Umsetzung von Phosphoroxidchlorid mit den entsprechenden Phenolen bzw. deren Mischungen – in geringem Überschuss – oberhalb von 140 °C in Gegenwart von Katalysatoren (Magnesium- oder Kaliumsalze):

$$3 \, R\text{-}C_6H_4\text{-}OH + POCl_3 \longrightarrow P(O)(O\text{-}C_6H_4\text{-}R)_3 + 3 \, HCl \tag{28}$$

R: H, CH_3, $(CH_3)_2CH$

Mit wachsendem Umsetzungsgrad steigt die Reaktionstemperatur an; der Chlorwasserstoff entweicht gasförmig. Nach beendeter Reaktion wird das überschüssige Phenol abdestilliert. Der Phosphorsäureester kann durch Destillation gereinigt werden. Zur Herstellung der Cresylphosphate darf aus toxikologischen Gründen kein o-Cresol verwendet werden. Isopropylphenylphosphate können dagegen aus Phenolgemischen hergestellt werden, die durch Alkylierung von Phenol mit Propen erhalten wurden.

Diarylalkylphosphate

Hergestellt werden vor allem Diphenylbutyl-, Diphenyl-2-(ethylhexyl)- und Diphenylisodecylphosphat. Man arbeitet zweistufig: Zunächst wird der Alkohol mit überschüssigem Phosphoroxidchlorid zum Alkylesterdichlorid umgesetzt (Gl. (29)):

$$ROH + POCl_3 \longrightarrow ROP(O)Cl_2 + HCl \tag{29}$$

R: Butyl, 2-Ethylhexyl, Isodecyl

Nach dem Abdestillieren des überschüssigen Phosphoroxidchlorids wird in der zweiten Stufe das Esterdichlorid mit einer wässrigen Lösung des Natriumphenolats in einer Zweiphasenreaktion zum Triester umgesetzt:

$$ROP(O)Cl_2 + 2NaOC_6H_5 \longrightarrow ROP(O)(OC_6H_5)_2 + 2NaCl \tag{30}$$

Trialkylphosphate

Gemäß Gleichung (31) erhält man Trialkylphosphate durch Reaktion von Phosphoroxidchlorid mit überschüssigem Alkohol – besonders Ethanol, Butanol, Isobutanol und 2-Ethylhexanol:

$$(3 + n)ROH + POCl_3 \longrightarrow P(O)(OR)_3 + (n\ ROH \cdot 3\ HCl) \tag{31}$$

R: Ethyl, Butyl, Isobutyl, 2-Ethylhexyl

Der Überschuss an Alkohol ist erforderlich, um die Spaltung des gebildeten Triesters durch den Chlorwasserstoff – Bildung von Alkylchloriden und Estersäuren – zurückzudrängen. Die Aufarbeitung geschieht durch Neutralisation des Reaktionsgemisches mit wässrigem Alkali und Phasentrennung. (Bei der Triethylphosphatherstellung muss, da dieser Ester wasserlöslich ist, mit einem Extraktionsmittel gearbeitet werden.) Aus der organischen Phase wird der überschüssige Alkohol abdestilliert und das Triethyl- und Tributylphosphat durch Destillation gereinigt. Aus der wässrigen Phase können nach Ansäuern Dibutyl- und Di-(2-ethylhexyl)phosphat, die in geringem Umfang als Nebenprodukte gebildet werden, gewonnen werden.

Triethylphosphat wird auch aus Phosphorpentoxid und Diethylether unter Druck (35 bar) bei erhöhter Temperatur (180 °C) in Gegenwart von Ethylenoxid hergestellt.

Tris(chloralkyl)phosphate

Chloralkylester der Phosphorsäure erhält man durch Reaktion von Alkylenoxiden mit Phosphoroxidchlorid in Gegenwart von Katalysatoren (Aluminiumtrichlorid, Titantetrachlorid) in exothermer Reaktion:

$$POCl_3 + RCH\underset{O}{\overset{}{-}}CH_2 \longrightarrow P(O)(OC\underset{R}{\overset{H}{-}}CH_2Cl)_3 \tag{32}$$

R = H, CH$_3$, CH$_2$,CH$_2$Cl

Die gebildeten Ester können nur durch Wäsche – zuerst sauer zur Entfernung der Katalysatoren, dann alkalisch zur Entfernung von Estersäuren – aufgearbeitet werden, da sie sich bei höheren Temperaturen leicht zersetzen.

Verwendung der neutralen Phosphorsäureester [208]

Die neutralen halogenfreien Phosphorsäureester zeichnen sich durch gute flammhemmende Eigenschaften, hohe thermische Stabilität und niedrige Korrosivität aus. Triaryl- und Diarylalkylphosphate werden bevorzugt als Flammschutzmittel in Kunststoffen eingesetzt, während Trialkylphosphate, Dialkylarylphosphate und Tris(alkylaryl)phosphate vornehmlich als hitzebeständige Hydrauliköle zur Anwendung kommen (siehe 5 Schmierstoffe, Bd. 7, Abschnitt 3.3.2). Chloralkylester der Phosphorsäure werden ausschließlich als Flammschutzmittel, und zwar überwiegend für Polyurethane, eingesetzt.

Der Verbauch an Phosphorsäureestern für den Flammschutz lag in den USA 1994 bei 39,8 · 10^3 t. Davon waren zwei Drittel (27,4 · 10^3 t) halogenfrei und ein Drittel (12,4 · 10^3 t) halogenhaltig. Die halogenfreien Flammschutzmittel ihrerseits teilten sich auf in Triaryl- und Alkyldiarylphosphate (22,3 · 10^3 t) sowie in Trialkylphosphate (5,1 · 10^3 t, überwiegend Triethylphosphat).

Der Verbrauch von Phosphorsäureestern für feuerfeste Spezialflüssigkeiten ging in den letzten 20 Jahren kontinuierlich zurück. 1976 wurden in den USA für diesen Sektor 22,7 · 10^3 t, 1986 14,2 · 10^3 t und 1994 8,9 · 10^3 t verbraucht. Die teilweise Substitution durch wassermischbare, glykolhaltige Systeme ist nun weitgehend abgeschlossen, so dass in Zukunft mit einem stagnierenden Bedarf gerechnet wird. In den USA gingen 1994 55 % der phosphorhaltigen Spezialöle als Hydraulikflüssigkeiten in die Stahl-, Glas- oder energieerzeugende Industrie (überwiegend isopropylierte und butylierte Triarylphosphate); 45 % wurden als Hydrauliköle in Zivilflugzeugen verwendet (überwiegend Tributyl- und Dibutylphenylphosphat).

Tributylphosphat wird außerdem als Entschäumer sowie als Extraktionsmittel bei der Gewinnung von Nassphosphorsäure, Uran, Lanthaniden und anderen Metallen eingesetzt.

7.2
Saure Phosphorsäureester

Man erhält:
- Gemische von Mono- und Diestern durch Reaktion von Phosphorpentoxid mit Alkoholen (Gl. (33)):

$$P_2O_5 + 3\,ROH \longrightarrow (RO)_2P(O)OH + ROP(O)(OH)_2 \tag{33}$$
R: 2- Ethylhexyl, $C_8H_{17}\text{-}[O\text{-}C_2H_4]_{\overline{n}}$ $n = 4 - 10$

- Gemische von Monoestern mit freier Phosphorsäure durch Reaktion der Alkohole mit Polyphosphorsäure
- reine Diester durch alkalische Hydrolyse oder als Nebenprodukt bei der Herstellung von Trialkylestern

Verwendung der sauren Phosphorsäureester

Monoester der Phosphorsäure werden – oft im Gemisch mit Phosphorsäure – in Industriereinigern eingesetzt.

Diester der Phosphorsäure – meist im Gemisch mit Monoestern – finden Anwendung als Netzmittel und Antistatika für Textilien sowie als Emulgatoren für Kosmetika, Schneidflüssigkeiten, Pestizidformulierungen, Polymerisationsreaktionen u.a.

Meist werden die Säuren in ihre Salze überführt.

In den USA wurden 1994 für die oben genannten Anwendungen 31 · 10^3 t Mono- und Diester der Phosphorsäure produziert. Davon wurde ein großer Teil aus

Phosphorpentoxid und ethoxylierten langkettigen Alkoholen bzw. ethoxylierten Alkylphenolen gewonnen.

Reine Di(2-ethylhexyl)phosphorsäure wird auch als Extraktionsmittel für Zink und andere Metalle eingesetzt (s. Abschnitt 2.1.3.4).

7.3
Saure Dithiophosphorsäureester

Dithiophosphorsäurediester werden durch Umsetzung von Phosphorpentasulfid mit Alkoholen oder Phenolen erhalten:

$$P_2S_5 + 4\ ROH \longrightarrow 2(RO)_2P(S)SH + H_2S \tag{34}$$

R: CH_3, C_2H_5, C_nH_{2n+1} ($n \geq 5$), Cresyl

Die exotherme Reaktion muss unter Kühlung durchgeführt werden.

Dithiophosphorsäure-*O,O*-diester mit langen Alkoxyresten (>C_5), teils auch mit Aryloxygruppen, werden in großem Umfang mit Zinkoxid zu den öllöslichen Zinksalzen neutralisiert und in dieser Form als Schmieröladditive eingesetzt (siehe 5 Schmierstoffe, Bd. 7, Abschnitt 4.8). Die Zinkdialkyldithiophosphate bilden auf metallischen Werkstoffen eine Schutzschicht aus, die den Verschleiß und die Korrosion des Werkstoffs herabsetzt und das Schmiermittel vor Oxidation schützt (s. auch Schutz von Metalloberflächen, Bd. 6). 1994 wurden in den USA $96 \cdot 10^3$ t Zinkdialkyldithiophosphate und andere Schmieröladditive auf Basis P_2S_5 eingesetzt.

Die wasserlöslichen Natrium- oder Ammoniumsalze der Dithiophosphorsäure-*O,O*-diester werden als Flotationsmittel für sulfidische Erze verwendet.

O,O-Dimethyl- und *O,O*-Diethyldithiophosphorsäure dienen als Zwischenprodukte zur Synthese von Organophosphorinsektiziden (s. folgende Abschnitte).

7.4
Neutrale Ester der Thio- und Dithiophosphorsäure

Dithiophosphorsäure-*O,O,S*-triester

Die Addition eines sauren Dithiophosphorsäure-*O,O*-diesters an eine C=C- oder C=O-Doppelbindung führt zu einem neutralen *O,O,S*-Triester. Ein Beispiel ist die Synthese der Insektizide Malathion (Gl. (35)):

$$(CH_3O)_2P(S)SH + \underset{\underset{HC-COOC_2H_5}{\|}}{HC-COOC_2H_5} \xrightarrow{\text{Base}} \underset{\underset{CH_2-COOC_2H_5}{|}}{(CH_3O)_2P(S)S-CH-COOC_2H_5} \tag{35}$$

Malathion

und Terbufos (Gl. (36)):

$$(C_2H_5O)_2P(S)SH + HCHO + HS\text{-}C(CH_3)_3 \longrightarrow$$
$$(C_2H_5O)_2P(S)S\text{-}CH_2\text{-}S\text{-}C(CH_3)_3 + H_2O \qquad (36)$$
$$\text{Terbufos}$$

Thiophosphorsäure-*O,O,O*-triester

Die Chlorierung des sauren Dithiophosphorsäure-*O,O*-dimethyl- oder diethylesters führt unter Abspaltung von Dischwefelchlorid zum Esterchlorid der Monothiophosphorsäure.

$$2\ (RO)_2P(S)SH + 3\ Cl_2 \longrightarrow 2\ (RO)_2P(S)Cl + S_2Cl_2 + 2\ HCl \qquad (37a)$$

Alternativ sind die Esterchloride auch aus Phosphorsulfochlorid (PSCl$_3$) und Alkohol zugänglich.

Sie werden anschließend mit OH-funktionellen Verbindungen zu neutralen *O,O,O*-Triestern der Thiophosphorsäure umgesetzt. Als Beispiel sei die Synthese des Insektizids Methylparathion angeführt:

$$(CH_3O)_2P(S)Cl + NaO\text{-}\langle\!\!\langle \bigcirc \rangle\!\!\rangle\text{-}NO_2 \longrightarrow$$
$$(CH_3O)_2P(S)O\text{-}\langle\!\!\langle \bigcirc \rangle\!\!\rangle\text{-}NO_2 + NaCl \qquad (37b)$$
$$\text{Methylparathion}$$

Auf analogem Weg werden auch die Diethylarylester Parathion (E 605) und Chlorpyrifos erhalten.

Verwendung der neutralen Thio- und Dithiophosphorsäureester [208]

Die neutralen Thio- und Dithiophosphorsäureester mit einer reaktiven, leicht hydrolytisch abspaltbaren Gruppe werden als Insektizide eingesetzt. Ihre Wirkung beruht auf der in-vivo-Oxidation zum entsprechenden Phosphorsäureester, der anschließend das Enzym Acetylcholinesterase phosphoryliert und damit inhibiert. Die an den Phosphor gebundenen Schwefelatome bewirken einen verzögerten Wirkungseintritt und erleichtern somit die Handhabung als Insektenbekämpfungsmittel (s. auch Pflanzenschutzmittel, Bd. 8). Nichtsdestoweniger sind die Verbindungen auch für Menschen und Tiere giftig. Malathion weist im Vergleich zu vielen anderen Organophosphorinsektiziden eine verminderte Giftigkeit für Menschen auf. Ein Vorteil der Organophosphorinsektizide ist ihr rascher hydrolytischer Abbau in der Umwelt, der eine Bioakkumulation weitgehend verhindert.

7.5 Neutrale Di- und Triester der Phosphorigen Säure

Triarylphosphite

Man erhält Triarylphosphite in Analogie zu den Phosphorsäureestern durch Reaktion von Phosphortrichlorid mit Phenolen (Gl. (38)):

$$PCl_3 + 3 \; R\text{-}C_6H_4\text{-}OH \longrightarrow P(O\text{-}C_6H_4\text{-}R)_3 + 3 \; HCl \qquad (38)$$

R vor allem: H, $i\text{-}C_9H_{19}$

Triphenylphosphit wird durch Destillation gereinigt.

Trialkylphosphite

Wegen ihrer hohen Empfindlichkeit gegen Chlorwasserstoff kann die Synthese der aliphatischen Phosphorigsäuretriester aus Phosphortrichlorid und Alkoholen nur in Gegenwart molarer Mengen an anorganischen oder organischen Basen erfolgen:

$$PCl_3 + 3 \; ROH + 3 \; B \longrightarrow P(OR)_3 + 3B \cdot HCl \qquad (39)$$

R vor allem: CH_3, C_2H_5
B: Ammoniak, Anilin, Trimethylamin u. a.

Die Reaktion ist stark exotherm, es muss gekühlt werden. Die angewendeten Verfahren unterscheiden sich in den Reaktionsbedingungen (Lösemittel, Temperatur), der eingesetzten Base und der Aufarbeitung des Reaktionsgemisches. Die Ester lassen sich durch Destillation reinigen.

Dialkylphosphite

Durch Reaktion von Alkoholen mit Phosphortrichlorid in Abwesenheit von Basen erhält man die Phosphorigsäurediester:

$$PCl_3 + 3 \; ROH \longrightarrow (RO)_2P(O)H + RCl + 2 \; HCl \qquad (40)$$

R besonders: CH_3, C_2H_5

Bei der stark exothermen Reaktion muss dafür gesorgt werden, dass der Chlorwasserstoff schnell aus dem Reaktionsgemisch entfernt wird, um eine Dealkylierung der gebildeten Ester zu vermeiden. Die Phosphorigsäurediester können durch Destillation gereinigt werden.

Verwendung der Phosphorigsäureester [208]

Triarylphosphite wie Tris(nonylphenyl)phosphit oder Tris(2,4-di-*tert*-butylphenyl)-phosphit werden zusammen mit Phenolen als Antioxiantien in zahlreichen Kunststoffen und in Gummi eingesetzt.

Phenyldiisodecylphosphit und Diisodecylphosphit dienen zusammen mit flüssigen Calcium-Zink- oder Barium-Zinksystemen als Hitzestabilisatoren für PVC.

Der US-Verbrauch an Phosphiten als Antioxidantien und Hitzestabilisatoren betrug 1985 $11{,}7 \cdot 10^3$ t, 1990 $23{,}8 \cdot 10^3$ t und 1994 $24{,}5 \cdot 10^3$ t.

Die Methyl- und Ethylester der phosphorigen Säure sind wichtige Ausgangsmaterialien für Insektizide, veterinärmedizinische Produkte und für Flammschutzmittel.

So wird aus Chloral und Trimetylphosphit das Insektizid Dichlorphos (DDVP)

$$(CH_3O)_3P + Cl_3CCHO \longrightarrow CH_3Cl + (CH_3O)_2P(O)O\text{-}CH=CCl_2 \qquad (40a)$$
Dichlorphos

und aus Chloral und Dimetylphospit das Insektizid Trichlorfon erhalten.

$$(CH_3O)_2P(O)H + Cl_3CCHO \longrightarrow (CH_3O)_2P(O)\text{-}CH(OH)\text{-}CCl_3 \qquad (40b)$$
Trichlorfon

Dimethylphosphit ist Ausgangsmaterial zur Herstellung der 2-Phosphonobutan-1,2,4-tricarbonsäure, die als Steininhibitor und Korrosionsinhibitor in wässrigen Systemen verwendet wird.

7.6
Phosphonsäuren

Einige technisch bedeutsame Phosphonsäuren werden durch Addition von phosphoriger Säure an die C=O-Gruppe einer organischen Verbindung hergestellt.

So entstehen entsprechend Gleichung (41) Hydroxyphosphonoessigsäure aus H_3PO_3 und Glyoxylsäure,

$$H_3PO_3 + OCH\text{-}COOH \longrightarrow [(HO)_2(O)P]CH(OH)\text{-}COOH \qquad (41)$$

und 1-Hydroxyethan-1,1-diphosphonsäure über kondensierte Zwischenstufen aus H_3PO_3 und Acetanhydrid.

$$2\,H_3PO_3 + (CH_3CO)_2O \longrightarrow CH_3C(OH)[P(O)(OH)_2]_2 + CH_3COOH \qquad (42)$$

In Gegenwart von Ammoniak oder einer Verbindung mit einer Amino- oder Iminogruppe reagiert phosphorige Säure mit Formaldehyd zu einer Aminomethylenphosphonsäure. Die Phosphonomethylierung läuft im sauren Medium ab und wird durch Chlorid katalysiert, weshalb häufig ein salzsaures PCl_3-Hydrolysat als phosphorhaltiger Rohstoff verwendet wird. Es werden in der Regel alle N-H-Wasserstoffatome der Ausgangsverbindung durch eine $CH_2P(O)(OH_2)$-Gruppe ersetzt, so dass ausgehend von Ammoniak Amino-tri(methylenphosphonsäure) (AMP) entsteht (Gl. (43)),

$$NH_3 + 3\,HCHO + 3\,H_3PO_3 \xrightarrow{HCl} N[CH_2P(O)(OH)_2]_3 + H_2O \qquad (43)$$

ausgehend von Diethylentriaminpenta(methylenphosphonsäure) (DTPMP) und aus Iminodiessigsäure die N-(Phosphonomethyl)iminodiessigsäure entstehen. Letztere ist ein Zwischenprodukt für die Herstellung von N-(Phosphonomethyl)glycin (Glyphosat).

Aus Dimethylphosphit und Maleinsäuredimethylester bildet sich der Phosphonobernsteinsäuretetramethylester, der als Zwischenprodukt für die Herstellung von 2-Phosphonobutan-1,2,4-tricarbonsäure (Bayhibit AM, Bayer AG) dient:

$$(CH_3O)_2PHO + HC\text{-}COOCH_3 \xrightarrow{CH_3ONa}$$
$$\qquad\qquad\qquad\quad \|$$
$$\qquad\qquad\qquad HC\text{-}COOCH_3$$

$$(CH_3O)_2P(O)\text{-}CH\text{-}COOCH_3 \quad \xrightarrow[\text{2. } H_2O]{\text{1. } CH_2=CH\text{-}COOCH_3} \qquad\qquad (44)$$
$$\qquad\qquad\quad |$$
$$\qquad\qquad CH_2\text{-}COOCH_3$$

$$\qquad\quad CH_2\text{-}CH_2\text{-}COOH$$
$$\qquad\qquad |$$
$$(HO)_2(O)P\text{-}C\text{-}COOH \qquad \text{Bayhibit AM}$$
$$\qquad\qquad |$$
$$\qquad\quad CH_2\text{-}COOH$$

Verwendung der Phosphonsäuren [208]

Die wert- und mengenmäßig bedeutendste Phosphonsäure, des *N*-(Phosphonomethyl)glycin (Glyphosat), wird in Form seines Isopropylammoniumsalzes als bioabbaubares Blattherbizid zur totalen und semitotalen Bekämpfung von Unkräutern und -gräsern eingesetzt (Roundup, Monsanto).

$$H\text{-}N(CH_2COOH)_2 \xrightarrow{HCHO,\ H_3PO_3}$$
$$[(HO)_2(O)P]CH_2\text{-}N(CH_2COOH)_2 \xrightarrow{O_2}$$
$$[(HO)_2(O)P]CH_2\text{-}NH\text{-}CH_2COOH \qquad\qquad (45)$$
$$\quad\text{Glyphosat}$$

Hydroxyphosphonoessigsäure ist ein wirksamer Korrosionsinhibitor für wässrig-metallische Systeme.

2-Phosphonobutan-1,2,4-tricarbonsäure (Bayhibit AM), 1-Hydroxyethan-1,1-diphosphonsäure (HEDP) und verschiedene Aminomethylenphosphonsäuren werden in wässrigen Systemen überwiegend als Steininhibitoren eingesetzt. Sie verhindern bereits in unterstöchiometrischer Menge (»Threshold-Effekt«) die Abscheidung schwerlöslicher Salze. Je nach Art des zu inhibierenden Niederschlags ($CaCO_3$, $CaSO_4$, $BaSO_4$), dem Übersättigungsgrad und weiteren Randbedingungen finden sie Anwendung in Kühlwässern, alkalischen Reinigerfomulierungen, Kesselspeisewässern, Erdölauspresswässern oder Waschmitteln.

Neutrale Phosphonsäureester werden auch als halogenfreie Flammschutzmittel für Kunststoffe und Textilfasern eingesetzt.

7.7
Phosphane

Die Phosphane leiten sich vom PH_3 ab. Sukzessiver Ersatz der H-Atome durch Alkyl- oder Arylgruppen ergibt die primären, sekundären und tertiären Phosphane. Während die primären und sekundären Phosphane weitgehend nur als Zwischenverbindungen Verwendung finden, haben die tertiären Phosphane in der Elektronikindustrie, in der organischen Synthese (Wittig-Chemie) und vor allem in der homogenen Übergangsmetallkatalyse breite Anwendung gefunden.

Primäre und sekundäre Phosphane werden technisch durch Anlagerung von PH_3 an Olefine gemäß Gleichung (46) hergestellt.

$$PH_3 + CH_2=CH-R \xrightarrow{AIBN} HP(CH_2-CH_2-R)_2 \xrightarrow[\text{Olefin}]{AIBN} RP(CH_2-CH_2-R)_3 \qquad (46)$$

Diese Reaktion wird durch Radikale (Azobisisobutylnitril, AIBN) initiiert. Sie läuft jedoch nur bei cyclischen Olefinen (z. B. 1,5-Cyclooctadien), α-Olefinen oder aktivierten Olefinen ab.

Gemäß Gleichung (46) können auch tertiäre Phosphane hergestellt werden.

Durch Substituenten aktivierte Olefine reagieren bereits mit basischen Katalysatoren zu den funktionalisierten Phosphanen (Gl. (47)) [209].

$$PH_3 + CH_2=CH-CN \longrightarrow P(CH_2-CH_2-CN)_3 \qquad (47)$$

Durch Umsetzung von PCl_3 mit metallorganischen Verbindungen (z. B. Grignard-Verbindungen, Gl. (48)) oder mit metallischem Natrium (Wurtz-Reaktion, Gl. (49)) lassen sich ebenfalls tertiäre Phosphane darstellen

$$PCl_3 + 3\ RMgCl \xrightarrow{-MgCl_2} PR_3 \qquad (48)$$

$$PCl_3 + 3\ RCl + 6\ Na \longrightarrow PR_3 + 6\ NaCl \qquad (49)$$

Trimethylphosphan und Triarylphosphane können nur auf diesem Wege hergestellt werden.

Triphenylphosphan ist ein wichtiges Zwischenprodukt zur Herstellung der für die Wittigsche Carbonylolefinierung benötigten Alkylidentriphenylphosphorane (Gl. (50) und (51)) (z. B. Synthese von Vitamin A, siehe 8 Futter- und Lebensmitteladditive, Bd. 8, Abschnitt 3.2).

$$(C_6H_5)_3P \xrightarrow{R^1CH_2X} [(C_6H_5)_3PCH_2R^1]X \xrightarrow{\text{Base}} (C_6H_5)_3\overset{\oplus}{P}-\overset{\ominus}{C}HR^1 \qquad (50)$$

$$(C_6H_5)_3\overset{\oplus}{P}-\overset{\ominus}{C}HR^1 + \underset{R^2}{\overset{R^2}{C}}=O \longrightarrow (C_6H_5)_3PO + \underset{R^2}{\overset{R^2}{C}}=CHR^1 \qquad (51)$$

Die Rückführung des anfallenden Triphenylphosphanoxids in den Prozess kann durch Umsetzung zum Triphenyldichlorphosphoran und Reduktion mit elementarem Phosphor zum Triphenylphosphan erfolgen:

$$(C_6H_5)_3PO \xrightarrow[-CO_2]{COCl_2} (C_6H_5)_3PCl_2 \xrightarrow[-PCl_3]{P} (C_6H_5)_3P \qquad (52)$$

Phosphane werden teils als solche, teils als Liganden in Komplexverbindungen in zahlreichen katalytischen Prozessen verwendet. Mit dem Komplex RhH(CO)[P(C$_6$H$_5$)$_3$]$_3$ anstelle von Cobaltkatalysatoren erfolgt z. B. die Oxosynthese bereits bei niedrigerer Temperatur und bei Normaldruck. Mit Hilfe phosphanmodifizierter Katalysatoren lässt sich ferner das Verhältnis von geradkettigen zu verzweigtkettigen Produkten bei der Hydroformylierung von 1-Olefinen steuern (Verfahren auf Basis Synthesegas, Bd. 4).

Beim SHOP-Prozess der Shell, in dem Ethen zu α-Olefinen umgesetzt wird, werden Nickelkatalysatoren mit R$_2$PCH$_2$COOH-Liganden eingesetzt (siehe 5 Katalyse, Bd. 1, Abschnitt 4.2.3) [210].

Vor allem bei der Herstellung von Feinchemikalien finden zahlreiche Übergangsmetallkatalysatoren mit Phosphanliganden Anwendung (siehe 5 Katalyse, Bd. 1, Abschnitt 4.2) [211, 212].

Ein Bereich, der sich schnell entwickelt, ist die Herstellung von enantiomerenreinen Substanzen für die Pharmaindustrie sowie für Anbieter von Agro- oder Feinchemikalien und von Duftstoffen und Aromen [213]. Für asymmetrische Synthesen mittels phosphanmodifizierter Übergangsmetallkomplexe werden chirale Phosphane eingesetzt. Vor allem enantioselektive Hydrierungen haben technisches Interesse gefunden.

Abbildung 35 zeigt einige chirale Phosphanverbindungen, die teilweise bereits industrielle Einsatzmöglichkeiten gefunden haben.

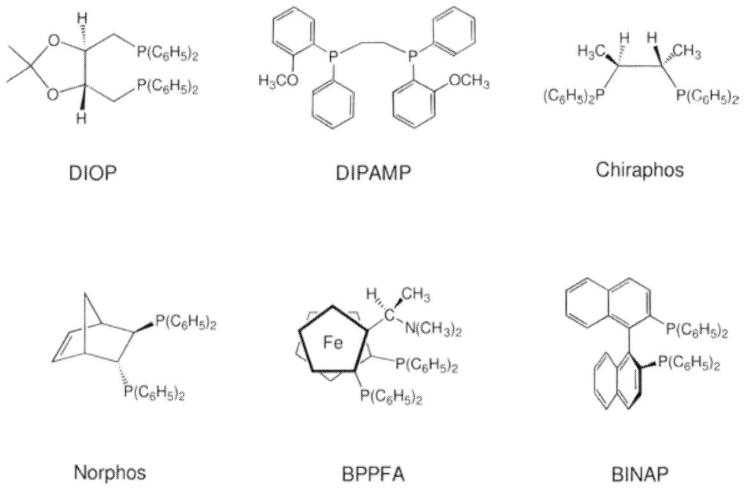

Abb. 35 Chirale Phosphan-Chelatliganden

Das Umsatzvolumen für die Herstellung chiraler Verbindungen soll von 8 Mrd. US-Dollar im Jahr 2003 auf 15 Mrd. US-Dollar im Jahr 2009 steigen.

Phosphane selbst können eine Reihe organischer Synthesen katalysieren, wie beispielsweise Dimerisierung von Acrylestern, Michael-Additionen und Oxa-Michael-Reaktionen [214].

Neben den Alkyl- und Arylphosphanen sind *Halogenphosphane* von technischem Interesse [215]. Halogenphosphane werden bei ca. 600 °C durch homogen katalysierte Gasphasenreaktion aus Phosphortrichlorid und geeigneten Kohlenwasserstoffen (CH_4, C_6H_6) gewonnen. Sie sind aufgrund ihrer Reaktivität vielseitige Zwischenprodukte für weitere phosphororganische Verbindungen.

Phosphanoxide gewinnt man vorwiegend durch Oxidation der entsprechenden Phosphane. Tri-*n*-octylphosphanoxid (TOPO) wird in der Flüssig/Flüssig-Extraktion, z. B. bei der Uranextraktion aus Nassphosphorsäure verwendet (s. Abschnitt 2.1.3.4).

Die Herstellung von *Phosphoniumverbindungen* erfolgt überwiegend durch Quaternisierung tertiärer Phosphane mit Halogenkohlenwasserstoffen RX oder in Gegenwart von Säuren mit aktivierten Olefinen oder Carbonylverbindungen (Gl. (53–55)).

$$R_3P \begin{cases} \xrightarrow{R'X} [R_3PR']X & (53) \\ \xrightarrow{CH_2=CH-R''' \; HX} [R_3PCH_2CH_2R''']X & (54) \\ \xrightarrow{R'''CH=O \; HX} [R_3PCH(OH)R''']X & (55) \end{cases}$$

Phosphoniumsalze (z. B. [$P(CH_2OH)_4$]Cl) werden zur flammhemmenden Ausrüstung von Cellulosetextilien und Kunststoffen, als Phasentransferkatalysatoren und als Pflanzenwachstumsregulatoren eingesetzt.

8
Literatur

1 W. A. Deer, R. A. Howie, J. Zussmann, *Rock-Forming Minerals*, Bd. 5. Longmans, Green & Comp., London, **1963**.

2 United States Geological Survey (USGS): *Phosphate Rock, Mineral Commodity Summaries*, US Department of the Interior, US Geological Survey, US Government Printing Office, Washington, DC, USA, **2004**, 122–123.

3 Gesellschaft Deutscher Chemiker, Hauptausschuß »Phosphate und Wasser«, Fachgruppe Wasserchemie (Hrsg.): *Phosphor. Wege und Verbleib in der Bundesrepublik Deutschland*, Verlag Chemie, Weinheim, **1978**.

4 Verschiedene Publikationen von www.fertilizer.org/ita (Internationale Fertilizer Industry Association).

5 Tennessee Valley Authority: *New Developments in Fertilizer Technology. 12th Demonstration*, Tennessee Valley Authority, Muscle Shoals, Ala., **1978**, S. 64.

6 J. C. White, T. N. Goff, P. C. Good: *Continuous-Circuit Preparation of Phosphoric Acid from Florida Phosphate Matrix*, Rep. Invest. 8326, U. S. Department of the Interior, Bureau of Mines, Washington, **1978**.

7 L. Hoffmann, *Chem. Anlagen + Verfahren* **1967**, (3), 29.

8 W. E. Blumrich, H. J. Koening, E. W. Schwehr, *Chem. Eng. Prog.* **1978**, *74 (11)*, 58.
9 J. D'Ans, P. Höfer, *Angew. Chem.* **1937**, *50*, 101.
10 A. A. Taperova, *J. Appl. Chem. (Leningrad)* **1940**, *13*, 643.
11 A. A. Taperova, M. N. Shulgina, *J. Appl. Chem. (Leningrad)* **1945**, *18*, 521.
12 H. M. Stevens, in J. R. van Wazer (Hrsg.): *Phosphorus and its Compounds*, Bd. 2, Interscience Publishers, New York, **1961**, S. 1025.
13 C. R. Banford, *Chem. Eng. (N.Y.)* **1963**, *70 (11)*, 100.
14 M. G. Sheldrick, *Chem. Eng. (N.Y.)* **1966**, *73 (26)*, 82.
15 *Phosphorus Potassium* **1977**, *(88)*, 30.
16 C. Djololian, *Proc. Annu. Meet. Fert. Ind. Round Table* **1975**, *(25)*, 126.
17 P. L. Olivier, Jr.: *Chem. Eng. Prog.* **1978**, *74 (11)*, 55.
18 B. F. Greek, F. W. Bless, Jr., R. S. Sibley, *Ind. Eng. Chem.* **1960**, *52*, 638.
19 *Chem. Eng. News* **1967**, *45 (13)*, 54.
20 *Winnacker-Küchler*, 3. Aufl., Bd. 1, S. 352.
21 *Chem. Eng. News* **1957**, *35 (4)*, 59.
22 *Phosphorus Potassium* **1971**, *(52)*, 24.
23 W. Blankmeister, J. Plattner, *Aufbereit.-Tech.* **1979**, *20*, 192.
24 A. Alon, J. Yahalom, M. Schorr, *Corrosion (Houston)* **1975**, *31 (9)*, 315.
25 J. G. Kronseder, R. L. Kulp, A. Jaeggi, D. W. Leyshon, *Proc. Annu. Meet. Fert. Ind. Round Table* **1965**, 26.
26 W. Blumrich, *Chem. Anlagen + Verfahren* **1971**, *(11)*, 59.
27 *Phosphorus Potassium* **1972**, *(62)*, 20.
28 *Inf. Chim.* **1972**, *20 (3/4)*, 19.
29 DE-PS 1567821 (1965), Société de Prayon.
30 S. Nakajima, *Chem. Econ. Eng. Rev.* **1978**, *10 (4)*, 41.
31 W. C. Weber, E. J. Roberts, I. S. Mangat, E. Uusitalo, *Proc. Fert. Soc.* **1969**, *(112)*, 49.
32 Tennessee Valley Authority: *New Developments in Fertilizer Technology*, 12th Demonstration, Tennessee Valley Authority, Muscle Shoals, Ala., **1978**, S. 64.
33 *Chem. Eng. News* **1978**, *56 (46)*, 32.
34 US Pat. 1776595 (1928), Aktiebolaget Kemiska Patenter.
35 G. Kleinman, *Chem. Eng. Prog.* **1978**, *74 (11)*, 37.
36 W. E. Rushton, J. L. Smith, *Chem. Eng. Prog.* **1964**, *60 (7)*, 97.
37 GB-PS 1032205 (1963), Scottish Agricultural Industries Ltd.
38 J. V. Habernickel, *Gas Waerme Int.* **1970**, *19*, 228.
39 D. R. Stern, J. D. Ellis, *Chem. Eng. (N.Y.)* **1970**, *77 (6)*, 98.
40 DE-OS 1442971 (1963), Albright & Wilson Ltd.
41 J. Bidder, J. A. Hallsworth, *Phosphorus Potassium* **1974**, *(73)*, 35.
42 US Pat. 1838431 (1930), American Agricultural Chemical Comp.
43 US Pat. 1929441 (1930), American Agricultural Chemical Comp.
44 H. Harnisch, K.-P. Ehlers, K. Schrödter, *Chem. Ing. Tech.* **1978**, *50*, 593.
45 A. Baniel, R. Blumberg: Purification of Wet-Process Acid, in A. V. Slack (Hrsg.): *Phosphoric Acid*, Bd. I, Teil II, Marcel Dekker, New York, **1968**, S. 709.
46 P. Mangin, *Inf. Chim.* **1976**, *(152)*, 135.
47 A. Alon, R. Blumberg A. M. Baniel, US Pat. 3311450 (1963).
48 DE-OS 2320877 (1972), Albright & Wilson Ltd.
49 DE-OS 2657189 (1976), Hoechst AG.
50 DE-AS 2050008 (1970), Chemische Fabrik Budenheim Rudolf A. Oetker.
51 DE Pat. 1667559 (1967), Israel Mining Industries Institute for Research and Development.
52 J. F. McCullough, *Proc. Annu. Meet. Fert. Ind. Round Table* **1976**, *(26)*, 49.
53 Fachverband Stickstoffindustrie (Hrsg.): *Wichtige Zahlen*, 28. Ausg., Düsseldorf, **1979**, S. 17.
54 A. Schmidt: *Chemie und Technologie der Düngemittelherstellung*, Dr. Alfred Hüthig, Heidelberg, **1972**.
55 *Winnacker-Küchler*, 3. Aufl., Bd. 1, S. 366.
56 W. A.. Lutz, C. J. Pratt: Manufacture of Triple Superphosphate, in V. Sauchelli (Hrsg.): *Chemistry and Technology of Fertilizers*, Reinhold Publishing Corp., New York, **1960**, S. 167.
57 A. B. Phillips, R. D. Young, J. S. Lewin, Jr., F. G. Heil, *J. Agric. Food Chem.* **1958**, *6*, 584.

58 R. D. Young, F. G. Heil, *J. Agric. Food Chem.* **1957**, *5*, 682.
59 W. F. Stowasser: *Phosphate. Mineral Commodity Profiles-2*, U. S. Dept. of the Interior, Bureau of Mines, Washington, **1977**.
60 G. V. Watson, *Chem. Ind. (London)* **1971**, *29*, 805.
61 G. Jaekel, *Muell, Abfall, Abwasser* **1970**, (*15*), 2.
62 *Phosphorus Potassium* **1966**, (*25*), 25.
63 *Phosphorus Potassium* **1966**, (*26*), 31.
64 *Phosphorus Potassium* **1977**, (*87*), 37.
65 *Phosphorus Potassium* **1977**, (*89*), 36.
66 Draft Reference Document on Best Available Techniques in the Large Volume Inorganic Chemicals, Ammonia, Acids and Fertilizers Industries, March 2004. European Commission Directorate General JRC Technologies for Sustavable Development.
67 D. A. Lihou, *Chem. Process Eng. (London)* **1964**, *45*, 605.
68 US Pat. 2 929 690 (1956), Whiting Corp.
69 US Pat. 3 273 713 (1963), Swift & Comp.
70 R. C. Ross, *Eng. Min. J.* **1975**, *176* (*12*), 80.
71 F. J. Hurst, W. D. Arnold, A. D. Ryon, *Chem. Eng. (N. Y.)* **1977**, *84* (*1*), 56.
72 *Phosphorus Potassium* **1979**, (*99*), 31.
73 *Phosphorus Potassium* **1978**, (*97*), 14.
74 *Phosphorus Potassium* **1967**, (*29*), 17.
75 *Chem. Ind. (Düsseldorf)* **1967**, *19*, 67.
76 *Chem. Ind. (Düsseldorf)* **1967**, *19*, 840.
77 US Pat. 3 723 606 (1970), Allied Chemical Corp.
78 *Phosphorus Potassium* **1972**, (*59*), 26.
79 US Pat. 2 636 806 (1950), Tennessee Corp.
80 DE-OS 265 2766 (1976), National Petrolchemical Co.
81 R. E. Threlfall: *100 Years of Making Phosphorus, 1851–1951*, Albright & Wilson, London, **1952**.
82 F. Wöhler, *Ann. Phys. (Leipzig)* **1829**, *17*, 178.
83 J. B. Readman, GB Pat. 14 962 (1888).
84 British Intelligence Objectives Sub-Committee (Hrsg.): *The German Phosphorus Industry at Bitterfeld and Piesteritz.*
– *B.I.O.S. Final Report Nr. 562*, H. M. Stationery Office, London, **1946**.
85 F. Ritter, *Chem. Ing. Tech.* **1950**, *22*, 253.
86 R. F. Burt, J. C. Barber: *Production of Elemental Phosphorus by the Electric-Furnace Method*, TVA Chem. Eng. Rep. No. 3, Tennessee Valley Authority. Wilson Dam, Ala., **1952**.
87 DE Pat. 435 387 (1924), I. G. Farbenindustrie AG.
88 H. Harnisch, *Chim. Ind., Genie Chim.* **1967**, *98*, 233.
89 K. Dreher, *Stahl Eisen* **1977**, *97*, 1279.
90 Y. I.. Sukharnikov, A. M. Kunaev, A. A. Iliev, *Issled. Obl. Neorg. Tekhnol.* **1972**, 122.
91 F. W. Dorn, H. Harnisch, *Chem. Ing. Tech.* **1970**, *42*, 1209.
92 H. S. Bryant, N. G. Holloway, A. D. Silber, *Ind. Eng. Chem.* **1970**, *62* (*4*), 8.
93 *Phosphorus Potassium* **1970**, (*48*), 19.
94 L. Goldmann, *Chem. Ing. Tech.* **1960**, *32*, 210.
95 DE Pat. 103 2720 (1956), Knapsack-Griesheim AG.
96 DE Pat. 526 858 (1925), I. G. Farbenindustrie AG.
97 K. Schmeiser, *Atompraxis* **1960**, *6*, 133.
98 T. Ellefsen, *Trans. Electrochem. Soc.* **1956**, *89*, 307.
99 US Pat. 2 744 944 (1954,) Tennessee Valley Authority.
100 H. W. Easterwood, *Chem. Metall. Eng.* **1933**, *40*, 283.
101 T. P. Hignett, *Chem. Eng. Prog.* **1948**, *44*, 753.
102 V. A. Ershov, *J. Appl. Chem. USSR* (Engl. Transl.) **1976**, *49*, 1695.
103 H. Hilbert, A. Frank, DE-Pat. 92 838 (1895).
104 US Pat. 2 974 016 (1957), Virginia-Carolina Chemical Corp.
105 F. W. Dorn, *Chem. Ing. Tech.* **1973**, *45*, 1013.
106 US Pat. 311 8734 (1961), FMC Corp.
107 J. D. Chase, J. F. Skrivan, D. Hyman, J. E. Longfield, *Ind. Eng. Chem., Process Des. Dev.* **1979**, *18*, 261.
108 J. R. Callaham, *Chem. Eng. (N.Y.)* **1951**, *58* (*4*), 102.
109 DE Pat. 104 8885 (1957), Knapsack-Griesheim AG.
110 A. van Bentum, O. Böhme, *Silikattechnik* **1978**, *29*, 245.
111 A. N. Streltsov, B. S. Samoed, V. A, Smirnov, V. M. Rozenblat, *Khim. Prom-st.* (*Moscow*) **1969**, *45* (*1*), 43.
112 US Pat. 3 220795 (1962) Hooker Chemical Corp.

113 H. S. Davis, *Min. Eng.* (*N.Y.*) **1957**, 544.
114 US Pat. 3562124 (1968), Hooker Chemical Corp.
115 D. Zobel, F.Matthes, *Chem. Tech.* (*Leipzig*) **1967**, *19*, 491.
116 DE Pat. 1045994 (1957), Knapsack-Griesheim AG.
117 DE Pat. 1002743 (1955), Knapsack-Griesheim AG.
118 DE Pat. 1160376 (1959), Knapsack AG.
119 DE-OS 2907059 (1979), Hoechst AG.
120 DE Pat. 2632296 (1976), Hoechst AG.
121 DE-OS 2647093 (1976), Hoechst AG.
122 DE Pat. 2655739 (1976), Hoechst AG.
123 A. V. Slack: *Fertilizer Developments and Trends 1968*, Noyes Development Corp., Park Ridge, N.J., **1968**.
124 DE Pat. 1194383 (1963), Knapsack AG.
125 *Chem. Eng. News* **1967**, *45* (*52*), 62.
126 *Mellor's Comprehensive Treatise on Inorganic and Theoretical Chemistry*, Bd. VIII, Suppl. III, Longman, London, **1971**, S. 729.
127 G. Hartlapp: Phosphoric Acid by the Furnace Process, in A. V. Slack (Hrsg.): *Phosphoric Acid*, Bd. I, Teil II, Marcel Dekker, New York, **1968**, S. 927.
128 DE Pat. 973737 (1953), Food Machinery and Chemical Corp.
129 *Winnacker-Küchler*, 3. Aufl., Bd. 1, S. 387.
130 M. M. Striplin, Jr.: Polyphosphoric Acid, in A. V. Slack (Hrsg.): *Phosphoric Acid*, Bd. I, Teil II, Marcel Dekker, New York, **1968**, S. 1007.
131 DE Pat. 1159403 (1961), Knapsack-Griesheim AG.
132 R. N. Bell, L. F. Audrieth, O. F. Hill, *Ind. Eng. Chem.* **1952**, *44*, 568.
133 US Pat. 3423321 (1964), Monsanto Comp.
134 H. D. Nielen, H. Landgräber, *Tenside Deterg.* **1977**, *14*, 205.
135 G. Sorbe, *Seifen, Oele, Fette, Wachse* **1979**, *105*, 251 und 311.
136 US Pat. 3639287 (1966), Knapsack AG.
137 K. Merkenich, *Seifen, Oele, Fette, Wachse* **1971**, *97*, 646.
138 GB Pat: 1021058 (1961); Gaba AG.
139 DE Pat. 1667413 (1967), Chemische Werke Albert.
140 DE Pat. 1792648 (1968), Hoechst AG.
141 DE-AS 1283532 (1964), Monsanto Comp.
142 DE-AS 2359699 (1973), Hoechst AG.
143 DE Pat. 888355 (1942), Chemische Werke Albert.
144 K. Lörcher, K. Bronsch, C. Conrad, *Z. Tierphysiol., Tierernaehr., Futtermittelkd.* **1965**, *20*, 234.
145 B. Wendrow, K. A. Kobe, *Chem. Rev.* **1954**, *54*, 891.
146 C. Y. Shen, R. A. Herrmann, *Ind. Eng. Chem., Prod. Res. Dev.* **1966**, *5*, 357.
147 BE Pat. 708767 (1966), J. A. Benckiser GmbH.
148 US Pat. 3210154 (1962), Stauffer Chemical Comp.
149 US Pat. 2419147 (1942), Blockson Chemical Comp.
150 R. J. Fuchs: Production and Use of Detergent Grade Sodium Triphosphate in the USA, in Institut Mondial du Phosphate -IMPHOS (Hrsg.): *First International Congress on Phosphorus Compounds Proceedings*. Okt. 1977 – Rabat – Marocco, IMPHOS, Paris, **1978**.
151 DE Pat. 1018394 (1954), Knapsack-Griesheim AG.
152 DE-AS 1181184 (1958), Compagnie de Saint-Gobain.
153 DE Pat. 1007748 (1954), Knapsack-Griesheim AG.
154 DE Pat. 1002742 (1955), Knapsack-Griesheim AG.
155 US Pat. 3338671 (1963), FMC Corp.
156 DE-OS 1467624 (1965) Knapsack AG.
157 US Pat. 3356447 (1963), Electric Reduction Comp.
158 DE Pat. 1244743 (1964), Knapsack AG.
159 US Pat. 2737443 (1952), Monsanto Chemical Comp.
160 H. Rudy: *Altes und Neues über kondensierte Phosphate*, J. A. Benckiser GmbH, Ludwigshafen, **1960**.
161 DE Pat. 1194384 (1963), Knapsack AG.
162 US Pat. 2414969 (1943), Monsanto Chemical Comp.
163 DE Pat. 1667569 (1967), Hoechst AG.
164 DE Pat. 1667561 (1967), Knapsack AG.
165 DE-OS 2907453 (1979), Benckiser-Knapsack GmbH.
166 DE-AS 1216856 (1963), Chemische Werke Albert.
167 DE Pat. 1767205 (1968), Hoechst AG u. Benckiser-Knapsack GmbH.
168 DE Pat. 2330174 (1973), Hoechst AG.
169 DE Pat. 1226994 (1965), Hoechst AG.

170 US Pat. 3169096 (1962), Stauffer Chemical Comp.
171 US Pat. 3112247 (1962), Procter & Gamble Comp.
172 US Pat. 2018410 (1933), Victor Chemical Works.
173 DE-OS 2648061 (1976) Hoechst AG.
174 US Pat. 3012852 (1956), Monsanto Chemical Comp.
175 US Pat. 2287699 (1940), Monsanto Chemical Comp.
176 M. Becker, K. Nehring, (Hrsg.): *Handbuch der Futtermittel*, Bd. 3. Paul Parey, Hamburg-Berlin, **1967**.
177 US Pat. 2550491 (1947), Victor Chemical Works.
178 US Pat. 3109738 (1963), Stauffer Chemical Comp.
179 US Pat. 3311448 (1962), Stauffer Chemical Comp.
180 DE Pat. 1252835 (1964), Farbwerke Hoechst AG.
181 J. v. Liebig: *Die organische Chemie in ihrer Anwendung auf Agricultur und Physiologie,*. Vieweg, Braunschweig, **1840**.
182 C. N. Sawyer, *J. N. Engl. Water Works Assoc.* **1947**, *61*, 109.
183 D. Gleisberg, J. Kandler, H. Ulrich, P. Hartz, *Angew. Chem.* **1976**, *88*, 354.
184 K. A. Melkersson, R. Nilsson: The Elimination of Phosphates Contained in Urban Sewage, in Institut Mondial du Phosphate – IMPHOS (Hrsg.): *First International Congress on Phosphorus Compounds Proceedings*. Okt. 1977 – Rabat – Marocco, IMPHOS, Paris,: 1978.
185 U. Wieland: *Wasserverbrauch und Abwasserbehandlung in der EU und in den Beitrittsländern*, Statistik Kurz Gefasst, Umwelt und Energie, Thema 8–13/2003.
186 DE Pat. 1104931 (1959), Farbwerke Hoechst AG.
187 DE Pat. 1767949 (1968), Bayer AG.
188 DE Pat. 1091548 (1957), Food Machinery and Chemical Corp.
189 DE Pat. 834243 (1948), Farbenfabriken Bayer.
190 DD Pat. 10041 (1953), VEB Farbenfabrik Wolfen.
191 F. F. Knotz, US Pat. 2915361 (1954).
192 W. H. Shearon, Jr., A. J. Hoiberg, *Ind. Eng. Chem.* **1953**, *45*, 2122.
193 US Pat. 3077382 (1960), Stauffer Chemical Comp.
194 R. Förthmann, A. Schneider, *Z. Phys. Chem. (Frankfurt a. M.)* **1966**, *49*, 22.
195 DE Pat. 1165560 (1961), Knapsack-Griesheim AG.
196 DE Pat. 1195282 (1963), Knapsack AG.
197 US Pat. 2794705 (1954), Monsanto Chemical Comp.
198 DE-AS 1147923 (1959), Hooker Chemical Corp.
199 DE-AS 1150659 (1959), Hooker Chemical Corp.
200 B. Lange, *Prax. Forsch.* **1954**, *6*, 200.
201 DE-OS 2421075 (1974) Deutsche Gesellschaft für Schädlingsbekämpfung mbH.
203 GB Pat. 990918 (1962), Albright & Wilson Ltd.
204 DE-OS 2632316 (1976), Hoechst AG.
205 R. Colin, *Galvanotechnik* **1966**, *57*, 158.
206 *Ullmann's*, 5. Aufl., **A 19**, VCH, Weinheim, **1991**, S. 545–572.
207 *Kirk-Othmer*, 4. Aufl., Bd. 18, John Wiley and Sons, New York, **1996**, S. 737–798.
208 CEH Marketing Research Report: *Phosphorus and Phosphorus Chemicals, Chemical Economics Handbook*, Stanford Research Institute, Menlo Park, Ca., Mai **1995**.
209 DE Pat. 2703802 (1977), Hoechst AG.
210 W. Keim, *Angew. Chem.* **1990**, *102*, 251–260.
211 M. Beller, C. Bolm (Hrsg.): *Transition Metals for Organic Synthesis*, Vol. 1 und 2, Wiley-VCH, Weinheim, **1998**.
212 B. Cornils, W. A. Herrmann (Hrsg.): *Applied Homogeneous Catalysis with Organometallic Compounds*, Wiley-VCH, Weinheim, **2002**.
213 H. U. Blaser, C. Malan, B. Pugin, F. Spindler, H. Steiner, M. Studer, *Adv. Synth. Catal.* **2003**, *345*, 103–151.
214 *Nachrichten aus der Chemie* **2004**, Dezember, 1521, www.gdch.de.
215 *Ullmann's*, 5. Aufl., **A19**, VCH, Weinheim, **1991**, S. 549–550.

4
Chlor, Alkalien und anorganische Chlorverbindungen

Klaus Blum, Peter Schmittinger

1	**Industrielle Herstellung von Chlor und Alkalihydroxid** *430*	
1.1	Einleitung *430*	
2	**Soleaufbereitung** *433*	
2.1	Vorreinigung von Steinsalz für Elektrolysezwecke *433*	
2.1.1	Elektrosortierverfahren der Wacker-Chemie GmbH, Stetten *434*	
2.1.2	Schwerflüssigkeitsprozess der Südsalz AG, Heilbronn *435*	
2.1.3	Meersalz *435*	
2.1.4	Siedesalz *435*	
2.1.5	Salzkosten *436*	
2.2	Herstellung der Rohsole *436*	
2.2.1	Soleaufkonzentrierung *438*	
2.2.2	Entfernung der gelösten Verunreinigungen *438*	
2.2.2.1	Kationen *438*	
2.2.2.2	Anionen *439*	
2.3	Rohsolereinigung *442*	
2.4	Solefeinreinigung *443*	
2.5	Dünnsole-Entchlorung und Hypochlorit-Zerstörung *443*	
2.6	Chlorat-Zerstörung *445*	
3	**Chlor-Alkali-Elektrolyse** *445*	
3.1	Membranverfahren *446*	
3.1.0.1	Energiebedarf *447*	
3.1.0.2	Stromversorgung in großtechnischen Elektrolyse-Anlagen *452*	
3.1.0.3	Zellenanordnung bei der Membranelektrolyse *454*	
3.1.1	Membran *456*	
3.1.1.1	Ermittlung des günstigsten Ersatzzeitpunktes für Membranen *464*	
3.1.1.2	Elektroden für die Membranelektrolyse *469*	
3.1.1.3	Anoden *469*	
3.1.1.4	Kathoden *471*	
3.1.2	Kommerzielle Elektrolyseure *471*	
3.1.3	Membranelektrolyse mit Sauerstoff-Verzehrkathoden *479*

Winnacker/Küchler. *Chemische Technik: Prozesse und Produkte.*
Herausgegeben von Roland Dittmeyer, Wilhelm Keim, Gerhard Kreysa, Alfred Oberholz
Band 3: *Anorganische Grundstoffe, Zwischenprodukte.*
Copyright © 2005 WILEY-VCH Verlag GmbH & Co. KGaA, Weinheim
ISBN: 3-527-30768-0

3.2 Amalgamverfahren 481
3.2.1 Prinzip des Verfahrens 481
3.2.2 Technik des Amalgamverfahrens 482
3.2.2.1 Kommerzielle Amalgamzellen 484
3.2.2.2 Alternative Amalgamfolgeprodukte 485
3.2.3 Toxikologie und Umweltschutz 489
3.2.3.1 Quecksilber in den Produkten 490
3.2.3.2 Quecksilber im Abwasser 491
3.2.3.3 Prozessabgase 491
3.2.3.4 Zellensaalabluft 491
3.2.3.5 Feste Rückstände 492
3.2.4 Zukunft des Amalgamverfahrens 492
3.3 Diaphragmaverfahren 493
3.3.1 Prinzip des Verfahrens 493
3.3.2 Technik des Diaphragmaverfahrens 495
3.3.3 Zukunft des Diaphragmaverfahrens 499
3.4 Vergleich der Elektrolyseverfahren 500
3.4.1 Umrüstung bestehender Anlagen auf das Membranverfahren 502

4 Produkte der Chlor-Alkali-Elektrolyse 502
4.1 Chlor 502
4.1.1 Eigenschaften des Chlors 503
4.1.2 Reinigung von technischem Chlorgas 504
4.2 Natronlauge 511
4.3 Wasserstoff 512

5 Andere Chlorsynthesen und Chlorverbund-Systeme 512
5.1 Elektrolyseverfahren 514
5.1.1 Salzsäure-Elektrolyse 514
5.2 Chemische Verfahren zur Chlorerzeugung 516
5.3 Sonstige Elektrolyseprozesse 517
5.3.1 Natriumchlorid- und Lithiumchlorid-Schmelzflusselektrolyse 517
5.3.2 Magnesiumchlorid-Schmelzflusselektrolyse 519

6 Anorganische Verbindungen des Chlors 521
6.1 Chlorwasserstoff und Salzsäure 521
6.1.1 Chlorwasserstoffsynthese 521
6.1.1.1 Verbrennung von Wasserstoff mit Chlor 521
6.1.1.2 Verbrennung von Methan mit Chlor 523
6.1.1.3 Erzeugung von Salzsäure und Natronlauge durch Elektrodialyse 524
6.2 Sauerstoffverbindungen des Chlors 525
6.2.1 Hypochlorit, Bleichlaugen 525
6.2.2 Chlorite 528
6.2.3 Natriumchlorat und Chlordioxid 529
6.2.3.1 Prinzip des Verfahrens 530

6.2.3.2 Technik der Chloratherstellung *531*
6.2.4 Perchlorsäure und Perchlorate *535*
6.3 Eisenchloride *537*
6.4 Phosgen *538*

7 **Literatur** *538*

1
Industrielle Herstellung von Chlor und Alkalihydroxid

1.1
Einleitung

Seine hohe chemische Reaktivität macht Chlor zu einem unverzichtbaren Grundstoff in der industriellen Produktion von Kunststoffen, organischen und anorganischen Zwischenprodukten sowie Arznei- und Pflanzenschutzmitteln. Als Ausgangsmaterial dient in der Regel Natriumchlorid (s. auch Natriumchlorid und Alkalicarbonate), das in unbegrenzter Menge zur Verfügung steht. In den bisher bekannten Lagerstätten wird der Salzvorrat auf $3{,}7 \cdot 10^{12}$ t geschätzt, dazu kommen ca. $50 \cdot 10^{15}$ t Natriumchlorid, das in den Weltmeeren gelöst ist.

Natrium- und Kaliumchlorid gehören zu den wenigen Mineralien, die im rohstoffarmen Deutschland in genügender Menge noch über Jahrhunderte zur Verfügung stehen werden.

Die Anfang der 1990er Jahre aufkommende Umweltschutzdiskussion über das Element Chlor und insbesondere über Chlorkohlenwasserstoffe und PVC hat zur Substitution von einigen chlorierten organischen Verbindungen geführt. In der Diskussion wurde allerdings auch deutlich, dass Chlor und Natronlauge in der industriellen Produktion von Chemikalien unverzichtbar sind. Etwa 60% der Produkte der chemischen Industrie werden mit Hilfe von Chlor hergestellt.

Die intensiv geführte Diskussion zu den Themen Umweltschutz und Produktsicherheit hat dazu geführt, dass die chemische Industrie ihre eigenen Aktivitäten – zum Teil in Zusammenarbeit mit nationalen und europäischen Behörden – intensiviert hat. Der europäische Dachverband der Chlorhersteller EURO CHLOR ist eine Unterorganisation des Dachverbands der europäischen Chemieproduzenten CEFIC. Die Mitglieder von EURO CHLOR haben sich im Rahmen der Initiative »Sustainable Development« (Nachhaltige Entwicklung) verpflichtet, sechs Ziele eigenverantwortlich zu verfolgen und regelmäßig zu dokumentieren [1]:

1. Berücksichtigung von ökologischen, gesellschaftlichen und wirtschaftlichen Aspekten bei allen strategischen Entscheidungen innerhalb der Branche;
2. Optimierung der Energieeffizienz in der Chlor-Alkali-Industrie;
3. Minimierung des Wasserverbrauchs durch verstärktes Recycling;
4. Stetige Verminderung der Emissionen ins Wasser und in die Luft sowie der Einträge in den Boden;
5. Optimierung der Verwendung des in der Chlor-Alkali-Industrie anfallenden Wasserstoffs als Roh- oder Brennstoff;
6. Aufrechterhaltung hoher Sicherheitsstandards für den Transport von Chlor.

Diese Selbstverpflichtung hat zur Konsequenz, dass bei Kapazitätserweiterung bestehender Chlor-Produktionsanlagen unabhängig von der Art des bisher betriebenen Verfahrens (Amalgam- oder Diaphragmaverfahren) wie auch bei der Neuerrichtung von Chlor-Alkali-Elektrolysen ausschließlich das alternative Membranverfahren eingesetzt wird, das den geringsten Energieeinsatz aller dieser vergleichsweise stromintensiven Herstellungsverfahren benötigt und keine schädlichen Emissionen in die Luft verursacht. Mit der in der technischen Erprobung befindlichen Elektrolyse von Natriumchlorid-Lösungen und von Salzsäure mit Sauerstoff-Verzehrkathoden kann der Wasserstoff sinnvoll unter Einsparung elektrischer Energie wirtschaftlich genutzt werden, wenn keine anderen Anwendungen am Standort existieren. Die Emissionen der auch heute noch industriell bedeutenden Herstellverfahren für Chlor, Natronlauge und Wasserstoff – das Quecksilber als Kathodenmaterial verwendende Amalgamverfahren und das meist Asbest nutzende Diaphragmaverfahren – wurden in enger Kooperation der Industrie auf europäischer und globaler Ebene massiv gesenkt. In Europa wird das Amalgamverfahren nach 2020 vermutlich nur noch für solche elektrochemischen Prozesse verwendet werden, für die es keine wirtschaftlichen technischen Alternativen gibt.

Die EU-Kommission gibt im Rahmen der EU-Direktive 96/61/EC [2] Dokumente heraus, die für verschiedene Produktionssektoren die besten verfügbaren Technologien beschreiben (BREF = Best Available Techniques Reference Document). In Zusammenarbeit mit EURO-CHLOR wurden seit 1997 die Erfahrungen der chlorerzeugenden Industrie zusammengetragen und für die nationalen Genehmigungsbehörden und die Industrie Empfehlungen ausgesprochen. Die BREF-Dokumente werden in nicht festgelegten Abständen aktualisiert. Das die Chlor-Alkali-Industrie betreffende BREF-Dokument wurde 2001 herausgegeben und beschreibt die Membrantechnologie als beste verfügbare Technologie (BVT). Auch Diaphragmaverfahren mit asbestfreien Diaphragmen werden als BVT zugelassen. Bei Anwendung der BVT beträgt der gesamte Energieverbrauch zur Herstellung von Chlorgas und 50%iger Natronlauge weniger als 3000 kWh (Gleichstrom) pro Tonne Chlor, wenn die Chlorverflüssigung nicht eingeschlossen ist, und weniger als 3200 kWh (Gleichstrom) pro Tonne Chlor, wenn Chlorverflüssigung und -verdampfung einbezogen werden.

Das Membranverfahren
In den Jahren nach 1970 ermöglichte die Entwicklung von Ionenaustauscher-Membranen eine neue Technologie zur Chlorherstellung: den Membran-Chlor-Alkali-Elektrolyseprozess. Die erste Ionenaustauscher-Membran wurde zu Beginn der 1970er Jahre von Du Pont (Nafion) entwickelt, gefolgt von Asahi Glass (Flemion). 1975 wurde in Japan aufgrund der Auflagen der japanischen Umweltgesetzgebung die erste industrielle Membranelektrolyse errichtet.

Heutzutage ist das Membranverfahren die vielversprechendste und sich am schnellsten entwickelnde Technik zur Chlor-Alkali-Herstellung. Das Membranverfahren wird zweifellos in absehbarer Zeit die beiden anderen Techniken weitestgehend ersetzen. Dies kann aus der Tatsache abgeleitet werden, dass seit 1987 weltweit alle neuen Chlor-Alkali-Elektrolysen den Membranprozess anwenden. Der Ersatz der bestehenden Quecksilber- und Diaphragmakapazitäten durch Membranzellen vollzieht sich wegen der langen Lebensdauer der Anlagen von 40–60 Jahren und der hohen finanziellen Kosten für den Umbau schrittweise über einen längeren Zeitraum.

Auch gab es bisher außer in Japan keinen gesetzlichen Druck, die Technologie zu wechseln. Dies änderte sich durch die Entscheidung 90/3 vom 14. Juni 1990 der Kommission zum Schutz der maritimen Umwelt des Nordost-Atlantiks (PARCOM) [3]. Diese empfiehlt, bestehende Chlor-Alkali-Elektrolysen mit Quecksilberzellen sobald wie möglich stillzulegen [4]. Die Staaten der EU sind dieser Empfehlung nicht gefolgt; stattdessen werden die Staaten bedarfsorientiert eigene Regelungen treffen.

Eingesetzte Produktionsmittel und Schadstoffausstöße der Chlor-Alkali-Industrie hängen in besonderem Maße von der verwendeten Zelltechnologie, der Reinheit des verwendeten Salzes und den Besonderheiten der Produkte ab. Wegen des hohen Energiebedarfs dieses Prozesses wird die Energie als Rohstoff angesehen. Der Chlor-Alkali-Prozess ist einer der größten Verbraucher von elektrischer Energie in der chemischen Industrie. In Westeuropa stieg die Chlorproduktion von 2002 auf 2003 um etwa 3 % auf 9,5 · 10^6 t Chlor. In den USA wurden 2002 11,5 · 10^6 t Chlor erzeugt.

Membranzellen haben den Vorteil, sehr reine Natronlauge zu produzieren und weniger Energie zu verbrauchen als die anderen Prozesse. Zusätzlich werden im Membranprozess keine gesundheitsschädigenden Stoffe wie Quecksilber und Asbest eingesetzt.

Nachteile des Membranprozesses sind, dass die hergestellte Natronlauge für Verkaufszwecke aufkonzentriert werden, und dass für manche Anwendungen das hergestellte Chlorgas durch Verflüssigung vom Sauerstoff befreit werden muss. Des weiteren muss die Membranzellen-Sole von höchster Reinheit sein, was zusätzliche, kostspielige Reinigungsschritte vor der Elektrolyse erfordert. Dennoch ist das Membranverfahren betriebswirtschaftlich den anderen Verfahren überlegen.

Im Übersichtschema in Abbildung 1 werden die einzelnen Schritte der Chlorerzeugung dargestellt. Die Erläuterung erfolgt in den Abschnitten 2 bis 4.

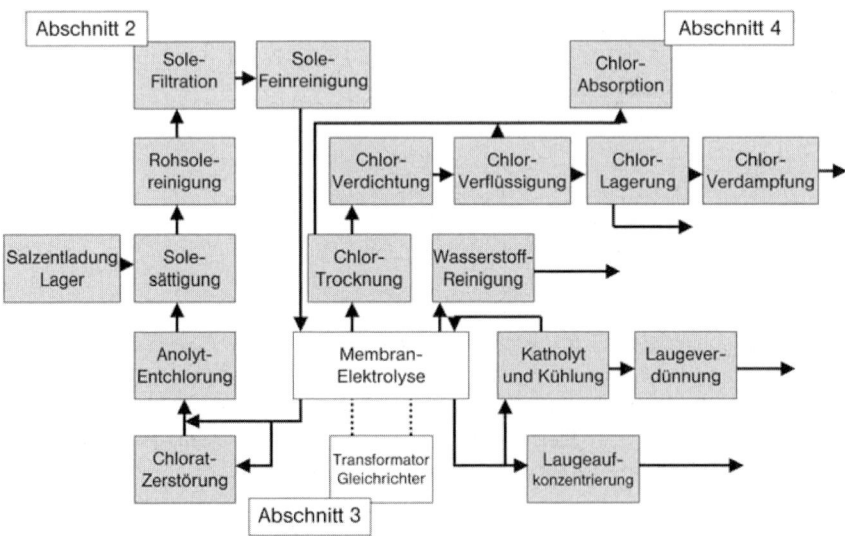

Abb. 1 Übersichtsschema einer Membran-Chlor-Alkali-Elektrolyse

2
Soleaufbereitung

Die für die Herstellung von Chlor und Natronlauge eingesetzte Salzqualität beeinflusst die Herstellkosten erheblich. Die natürlichen Salzvorräte sind unendlich groß. Allein in den Weltmeeren sind 46 Billiarden Tonnen Natriumchlorid gelöst, wobei die Salzkonzentration zwischen 2,9 und 3,5 % liegt. Einige Binnenseen wie das Tote Meer und der Große Salzsee in den USA enthalten noch deutlich höhere Konzentrationen an gelösten und auskristallisierten Salzen. In Deutschland gibt es zahlreiche unterirdische Salzvorkommen, die zum Teil bergmännisch abgebaut oder ausgesolt werden. Etwa 85 % des jährlich in Deutschland geförderten Natriumchlorids werden für industrielle Anwendungen genutzt (siehe Abschnitt 5.3.1).

Chlor ist das elfthäufigste Element auf der Erde und steht somit uneingeschränkt zur Verfügung. Je nach Herkunft und Aufbereitung bezeichnet man Natriumchlorid als Steinsalz, wenn es aus unterirdischen Lagerstätten mechanisch gewonnen wird, und als Meersalz, wenn es mit Hilfe von Sonnenenergie aus Meerwasser hergestellt wird (englisch: solar salt). Salz aus natürlichen Quellen ist in Chlor-Alkali-Elektrolysen wegen geschlossener Solekreisläufe nur nach vorheriger Reinigung einsetzbar. In einigen wenigen Ländern werden allerdings noch Elektrolysen mit offenem Soledurchfluss betrieben, d.h. in unterirdischen Salzkavernen aufkonzentrierte Salzsole wird direkt in die Elektrolyse gespeist und die abgereicherte Sole nach Reinigung in das Meer geleitet. Kostengründe sowie die Selbstverpflichtung der chlorerzeugenden Industrie, Wasserverbrauch und Emissionen in die Umwelt zu minimieren, haben dazu geführt, dass heute weitestgehend geschlossene Solekreisläufe betrieben werden, die je nach Herkunft und Reinheitsgrad des eingesetzten Salzes mit mehr oder weniger großem Aufwand gereinigt werden müssen. Investitions- und Betriebskosten einer Soleaufbereitung können minimiert werden, wenn das Salz am Ort der Gewinnung vorgereinigt und damit der apparative Aufwand sowie der Verbrauch an Fällmitteln am Elektrolysestandort reduziert wird. Auch die Kosten für den Transport und die Deponierung der Salzrückstände werden bei höheren Reinheitsgraden geringer. Im Folgenden werden einige Reinigungsprozesse skizziert, die für Natriumchlorid als Rohstoff für die Chlor-Alkali-Elektrolyse angewandt werden. Eine ausführliche Darstellung der Gewinnung und Verarbeitung von Natriumchlorid und Kaliumchlorid findet sich in Natriumchlorid und Alkalicarbonate, dieser Band, und in Produkte der Kaliindustrie, Band. 8.

2.1
Vorreinigung von Steinsalz für Elektrolysezwecke

Bergmännisch abgebautes Steinsalz kann im Bergwerk mit den folgenden Verfahren vorgereinigt werden: Elektrosortierverfahren der Wacker-Chemie, Stetten und dem Schwerflüssigkeitsprozess der Südsalz, Hcilbronn.

434 | 4 Chlor, Alkalien und anorganische Chlorverbindungen

2.1.1
Elektrosortierverfahren der Wacker-Chemie GmbH, Stetten

Das durch Sprengung gewonnene Rohsalz wird in Backenbrechern und Mühlen zerkleinert. Dabei brechen die Salzbrocken bevorzugt an der Kristallgrenze Natriumchlorid und Anhydrit ($CaSO_4$) bzw. Ton (Alumosilicate). Das auf die Korngrößen von 0,2 bis 4 mm zerkleinerte Material wird zur Einstellung der Oberflächenfeuchtigkeit vorgewärmt und dann einer sich drehenden Walze zugeführt, über der eine Koronaelektrode angebracht ist, die das Salz- und die Anhydritteilchen gleichsinnig elektrisch auflädt. Die besser leitenden Anhydritteilchen geben ihre Ladung schneller an die Metallwalze ab als das Steinsalz und verlassen somit die Walze entlang einer anderen Wurfparabel, sodass beide Salze getrennt werden. Der Trenneffekt lässt sich erhöhen, wenn der Prozess mehrstufig ausgeführt wird. Die mit diesem Verfahren erreichbaren Qualitätsverbesserungen bezogen auf Natriumchlorid liegen bei 1,5 %. Vorteile des Verfahrens sind die geringen Investitionskosten und die wasserfreie Behandlung, die einen energieaufwändigen Trocknungsprozess erübrigt und die Transportkosten minimiert. Nachteilig ist der relativ hohe Stromverbrauch des Verfahrens. Je nach Reinheit des Ausgangsmaterials liegt der Natriumchloridgehalt der gereinigten Ware bei 98,3 %, der Gehalt an Calciumsulfat bei 0,13 %. Die abgetrennte Anhydrit- und Tonfraktion kann direkt unter Tage eingelagert werden [5].

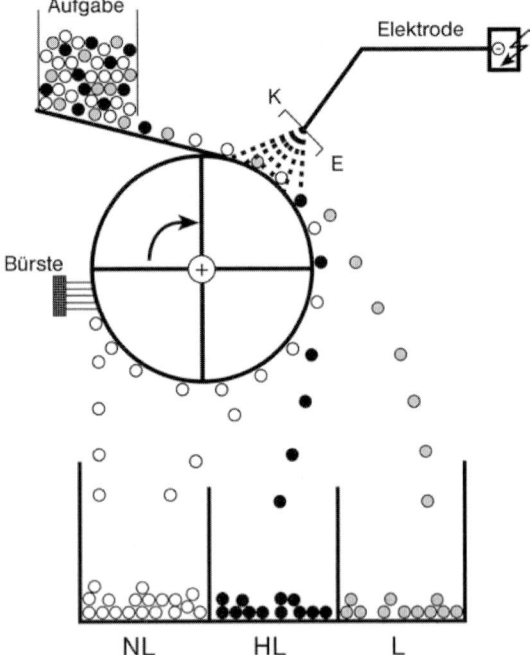

Abb. 2 Schematische Darstellung des Elektrosortierverfahrens (Korona-Walzenscheider) der Wacker-Chemie, Werk Stetten [6]
K = Koronaelektrode; E = elektrostatische Gegenelektrode; NL = Nichtleiter; HL = Halbleiter; L = Leiter

2.1.2
Schwerflüssigkeitsprozess der Südsalz AG, Heilbronn

Auch bei diesem Verfahren wird das Salz zunächst selektiv zerkleinert, wobei ein Großteil des Anhydrits und anderer Verunreinigungen mit der Grobfraktion abgetrennt werden. Mit Hilfe einer Flüssigkeit bestimmter Dichte werden Anhydrit und Ton von Natriumchlorid getrennt und in Hydrozyklonen das Rohsalz abgetrennt. Das Fremdmaterial kann im Bergwerk eingelagert werden. Das so gereinigte Salz erreicht einen Natriumchloridgehalt von 98,3 %, bezogen auf die Trockensubstanz von 99,3 %. Der Gehalt an zweiwertigen Fremdionen liegt bei 0,05 % Sulfat, 0,03 % Calcium und 0,0004 % Magnesium [7].

2.1.3
Meersalz

Meersalz wird durch Einleiten von Meerwasser in Lagunen und Verdampfen des Wassers mit Hilfe der Sonnenenergie vorwiegend in warmen Ländern gewonnen. Typische Verunreinigungen sind Calcium- und Magnesiumsulfat und Silicate, die bei Einsatz in Chlor-Alkali-Elektrolysen stören. Die Vorreinigung des Meersalzes erfolgt durch Zerkleinern der Salzkristalle. Dabei entsteht feinkörniges Calcium- und Magnesiumsulfat und grobkörniges Natriumchlorid, an dessen Oberfläche noch Silicat haftet. Das Gemisch wird in einer Waschflüssigkeit suspendiert, nass gemahlen und in einem Hydrozyklon getrennt. Anschließend wird die Salzfraktion thermisch getrocknet. Bezogen auf die Trockensubstanz werden Natriumchlorid-Reinheiten von 99,5 % erreicht [8, 9].

2.1.4
Siedesalz

Eine weitere häufig genutzte Methode der Salzgewinnung ist die Aussolung unterirdischer Lagerstätten. Kann die Chlor-Alkali-Elektrolyse nicht über eine Pipeline versorgt werden, muss die Salzsole in energieaufwändigen mehrstufigen Eindampf- und Kristallisationsanlagen aufgearbeitet werden. Mittels fraktionierter Kristallisation können unerwünschte Bestandteile wie Calciumsulfat weitestgehend abgetrennt werden [8]. Die physikalisch-chemische Reinigung des Salzes kann durch Zugabe von Fällmitteln wie Soda und Bariumsalzen unterstützt werden, um den Gehalt an zweiwertigen Ionen zu senken. Bezogen auf Trockensubstanz werden Natriumchlorid-Reinheiten von bis zu 99,9 % erreicht. Insbesondere Calcium- und Magnesium-Ionen werden bei der Siedesalz-Herstellung weitestgehend entfernt. Nachteilig wirkt sich der Wassergehalt von 2–3 % auf die Transportkosten aus. Um ein Verbacken des Salzes beim Transport mit Bahnwaggons zu vermeiden, muss Kalium- oder Natriumhexacyanoferrat(II) oder hochdisperse Kieselsäure (HDK) zugesetzt werden, was sich im Elektrolyseprozess negativ auswirken kann.

2.1.5
Salzkosten

Die Kosten für den Elektrolyserohstoff Natriumchlorid können 20–25 % der Gesamtproduktionskosten ausmachen. Weitere Kosten entstehen durch die weiteren Prozessschritte der Solereinigung und -feinreinigung, die im Abschnitt 2.2 beschrieben werden.

Die Salzeinstandskosten setzen sich zusammen aus den Kosten für das ungereinigte Salz und den Transportkosten. Die höchsten Preise werden mit Siedesalz erzielt, das die größte Reinheit aufweist, allerdings auch etwa zehnmal mehr Energie zu seiner Herstellung benötigt als Steinsalz (130–170 kWh pro Tonne Siedesalz gegenüber 10–15 kWh pro Tonne Steinsalz) [7].

Steinsalz und Meersalz sind kostengünstiger, erfordern aber einen höheren Reinigungs- und Entsorgungsaufwand beim Anwender. Die Transportkosten richten sich nach der Entfernung vom Salzproduzenten zum Anwender einerseits und dem Transportmedium andererseits. Schiffstransport ist immer günstiger als LKW- und Bahntransport. Bei letzterem muss je nach Kornverteilung und Wassergehalt Antibackmittel zugegeben werden, um die einfache Entladbarkeit sicherzustellen. Die niedrigsten Salzeinstandskosten haben Elektrolysen, die in unmittelbarer Nähe über aussolbare Salzkavernen verfügen.

Die Wahl der Salzqualität ist in vielen Fällen durch die geographische Lage der Elektrolyse bestimmt. Elektrolysen in Stade, Schkopau und Marl verfügen über aussolbare Salzkavernen, die am Rhein gelegenen Elektrolysen werden per Schiff aus Borth und Heilbronn versorgt, und die süddeutschen Standorte Gersthofen, Gendorf und Burghausen werden per Bahntransport beliefert. Eine Übersicht über die europäischen Chlorproduktionsstandorte findet sich in [10].

2.2
Herstellung der Rohsole

Um die Reinheitsanforderungen des Elektrolyseprozesses zu erfüllen (s. Abschnitt 3) müssen die eingetragenen Verunreinigungen abgetrennt werden. Als Verunreinigung für die Chlor-Alkali-Elektrolyse nach dem Membranverfahren gelten unlösliche Bestandteile wie Siliciumdioxid, zweiwertige Kationen von Calcium, Magnesium, Strontium, Barium, Eisen, dreiwertige Kationen wie Aluminium, Eisen, Anionen wie Iodid, Fluorid und Sulfat, sowie Stickstoffverbindungen. In Tabelle 1 werden die typischen Salzreinheiten und Konzentrationen an Verunreinigungen wiedergegeben.

Zur Herstellung der Elektrolysesole für das Membranverfahren muss das Salz gelöst und gereinigt werden. Die klassische Solebereitung besteht aus einer Salzentladestation (bei Verwendung von festem Salz), der Salzlösestation, Behältern für chemische Fällmittel und Rührwerken für die Zugabe von Fällmitteln zur Rohsole, Absetzbehältern für die Grobreinigung, Tuchfiltern für die Feinreinigung, Filterpressen für die Entwässerung der abgetrennten Feststoffe sowie Einrichtungen zur pH-Einstellung für die Dünnsole, die der Salzlösestation zur Aufkonzentrierung

Tab. 1 Typische Zusammensetzungen von Natriumchlorid unterschiedlicher Herkunft für Elektrolysezwecke [Gew. %]

Komponente	Steinsalz unbehandelt	Steinsalz behandelt	Meersalz	Siedesalz
NaCl	93,5–99,1	> 98,3	91,0–96,3	> 97,9
Unlösliches	1–6	< 1,0	0,1–0,3	0,0005
Wasser	0	0–1	2–6	2–3
Ca	0,2–0,3	0,03	0,1–0,3	0,001–0,005
Mg	0,003–0,1	0,004	0,08–0,3	0,0001
Sr				0,0001
K	< 0,04	< 0,04	0,002–0,12	0,005–0,07
Fe				0,0001
SO_4	< 0,8	0,05	0,3–1,2	0,01–0,05
Br	0,0025	0,0025		0,003–0,075
J				> 0,00005
$M_4[Fe(CN)_6]$ M = Na, K	0	0		< 0,001

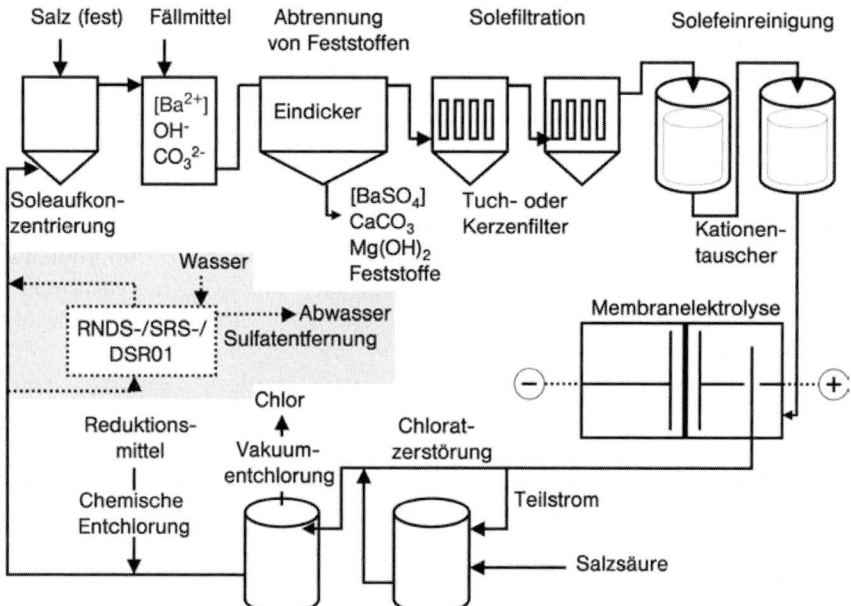

Abb. 3 Schematische Darstellung des Solekreislaufes ohne/mit Teilstrom-Sulfatentfernung; Vollstromreinigung mit Bariumsalzen; alternativ gestrichelt: Teilstrom-Sulfatentfernung ohne Bariumsalze

zugeführt wird. Moderne Solekreisläufe werden mit geschlossenen Behältern betrieben, um die Emission korrosiver Salzbrüden zu unterbinden und Temperaturverluste im Solekreislauf zu minimieren [11]. Eine schematische Darstellung des Solekreislaufs ist in Abbildung 3 gezeigt.

2.2.1
Soleaufkonzentrierung

Das feste Salz wird üblicherweise aus dem Transportmittel entladen und mechanisch von oben in einen Lösebehälter gefördert. Je nach Verhältnis Salzverbrauch zu Lösebehälterkapazität erfolgt die Salzzufuhr kontinuierlich oder periodisch. Vom Lagerort kann das Salz auch mit Förderfahrzeugen oder automatischen Fördereinrichtungen zum Lösebehälter transportiert werden, wobei die Mengensteuerung über Sole-Dichtemessungen oder über das Gewicht des auf Druckmessdosen stehenden Lösebehälters erfolgt. Erfolgt die Lagerung in einem Silo mit automatisierter Dosierung, muss feuchtes Salz wie Meersalz oder Siedesalz mit Antibackmitteln versetzt werden, um Brückenbildung im Silo und damit Förderprobleme zu vermeiden. Wie in Abschnitt 3 ausgeführt, stören herkömmliche Antibackmittel wie Kalium- oder Natriumhexacyanoferrat(II) oder hochdisperse Kieselsäure den Membranelektrolyseprozess. Wird das Salz nicht per Bahn oder LKW angeliefert, kann auf den Zusatz von Antibackmitteln verzichtet werden, wenn das Salz im Vorratsbehälter mit Sole oder Wasser überdeckt und damit die Brückenbildung unterbunden wird [12]. Die entchlorte Dünnsole aus dem Zellensaal enthält bei ca. 60 °C etwa 150–200 g NaCl pro Liter. Sie wird mit Natronlauge auf einen pH-Wert von 8,0 bis 11,0 eingestellt, unten in den Lösebehälter eingespeist und nach Durchströmung der Salzfüllung im oberen Bereich des Lösebehälters mit einer Konzentration von 290–310 g NaCl pro Liter abgezogen. Um den Verbrauch an teuren Fällmitteln so gering wie möglich zu gestalten, sind die Lösebehälter speziell konstruiert. Das meist als Hauptverunreinigung im Salz enthaltene $CaSO_4$ (Anhydrit) löst sich im Temperaturbereich von 60–70 °C langsamer als Natriumchlorid. Durch Einstellung der Kontaktzeit der Sole mit dem Salz bleibt ein großer Teil des Anhydrits ungelöst und setzt sich in dem Bereich des unten angebrachten Konus ab. Das im Konus gesammelte Unlösliche wird periodisch abgezogen, entwässert und entsorgt oder verwertet.

2.2.2
Entfernung der gelösten Verunreinigungen

2.2.2.1 **Kationen**
Die klassische Methode zur Entfernung zweiwertiger Kationen ist die Zugabe von Natriumcarbonat oder Kohlendioxid zur Fällung von Calcium-Ionen als Calciumcarbonat, das einen festen, körnigen und gut filtrierbaren Niederschlag ergibt. Bei Zugabe von Natronlauge bis pH 10–11 fallen die Ionen von Magnesium, Eisen, Aluminium und andere mehrwertige Kationen als flockige, mitunter schleimige und schwer filtrierbare Niederschläge aus. Die gut filtrierbaren Niederschläge können als Filterhilfsmittel dienen. Ist der Anteil der Hydroxide zu hoch, müssen Polyelek-

trolyte zugegeben werden, die eine Koagulation der flockigen Anteile bewirken, und/oder Filterhilfsmittel wie α-Cellulose eingesetzt werden, um die Standzeit der Filter zwischen den Reinigungsschritten zu verlängern.

Die feststoffhaltige Sole wird in einen großvolumigen Eindicker geleitet, wo sich der Großteil der Schlämme absetzen soll, um die Filter zu entlasten. Die aus dem Eindickerkonus abgezogenen unlöslichen Bestandteile werden entwässert und deponiert oder verwertet.

Der Gehalt an Calcium- und Magnesium-Ionen nach der Filtration ist mit etwa 10 mg L^{-1} noch zu hoch für das Membranelektrolyseverfahren, so dass eine Solefeinreinigung mit Ionentauschern nachgeschaltet werden muss (Abschnitt 2.4).

Die Entfernung störender zweiwertiger Kationen aus Natriumchlorid-Sole mit Ionentauschern ohne vorherige Fällung und Filtration wird ebenfalls beschrieben [13]. Die kommerzielle Anwendung dieser Systeme ist wirtschaftlich nur sinnvoll, wenn die Kosten für Salz und Wasser niedrig sind und eine Ableitung von salzhaltigem Abwasser (purge) zulässig ist. Eine kommerzielle Anwendung von Kationentauschern als alleinige Reinigungseinrichtung für die Entfernung zweiwertiger Kationen ist nicht bekannt.

2.2.2.2 Anionen

Als störende Anionen gelten Sulfat SO_4^{2-}, Fluorid F^-, Bromid Br^-, Iodid I^-, Silicat SiO_3^{2-} und Chlorat ClO_3^-. Die schädlichen Wirkungen verschiedener Verunreinigungen und ihre maximal zulässige Konzentration in der Sole für das Membranverfahren sind in Tabelle 5 (Abschnitt 3.1.2) zusammengefasst. Sulfat wird klassisch mit Fällmitteln wie löslichem Bariumcarbonat oder Bariumchlorid zu unlöslichem Bariumsulfat umgesetzt, das dann gemeinsam mit den gefällten Kationencarbonaten und -hydroxiden im Eindicker abgetrennt und anschließend abfiltriert wird. Die Fällung mit Calcium-Ionen ist beim Membranverfahren nicht anwendbar, da wegen der relativ guten Löslichkeit von $CaSO_4$-Salzen die geforderten niedrigen Sulfatkonzentrationen von 7g Na_2SO_4 pro Liter Sole nicht erreicht werden. In Kombination mit Sulfatanreicherungsverfahren ist der Einsatz von Calciumsalzen als Fällmittel im Seitenstrom denkbar.

Bei Verwendung von Siedesalz mit sehr niedrigem Sulfatgehalt ist es möglich, den Sulfatgehalt über die Ausschleusung von Sole (purge) aus dem Kreislauf einzustellen. Dies ist insbesondere an Küstenstandorten möglich. Die mit der Ausschleusung verbundenen Verluste an teurem Siedesalz machen eine Rückgewinnung von Natriumchlorid wirtschaftlich sinnvoll, wenn ein Teil des Natriumsulfats entfernt wird. Zur Sulfatentfernung stehen alternativ anorganische Ionentauscher (Chlorine Engineers), Nanofiltration (Kvaerner Chemetics) und organische chelatisierende Ionentauscher (Nippon Rensui) zur Verfügung, die das Sulfat aus einem Teilstrom, der aus der entchlorten Dünnsole abgezweigt wird, entfernen (s. Abb. 3).

RNDS-System

Das Resin-Type-New-Desulphation-System (RNDS) von Chlorine Engineers (CEC) stellt eine Weiterentwicklung des NDS-Verfahrens dar, das mit Zirconiumhydroxiden [$ZrO(OH)_2$] in Pulverform arbeitet [14]. Beim RNDS-Verfahren wird Dünnsole mit etwa 7g L^{-1} Na$_2$SO$_4$ nach Ansäuerung mit Salzsäure von unten in eine Kolonne mit dem zirconiumhydroxidhaltigen Ionentauscherharz gepumpt. In dem Wirbelbett laufen folgende Reaktionen ab:

$$ZrO(OH)_2 + Na_2SO_4 + 2HCl \longrightarrow ZrO(OH)HSO_4 + 2NaCl + H_2O$$

$$ZrO(OH)Cl + Na_2SO_4 + HCl \longrightarrow ZrO(OH)HSO_4 + 2NaCl$$

Die sulfatarme Dünnsole wird zur Aufkonzentrierung von 200 g NaCl auf 300 g pro Liter wieder dem Solehauptstrom zugeleitet. Nach einer vorgegebenen Zeit, in der das Harz mit Sulfat gesättigt ist, wird die Solezufuhr gestoppt, die Sole abgelassen und das Harz von oben mit Wasser gespült, um das Salz auszuwaschen. Die Regenerierung des Ionentauschers erfolgt, indem verdünnte Natronlauge oder alkalische Salzlösung mit einem pH-Wert von 9 von unten in die Kolonne eingespeist wird.

Die Desorptionsgleichungen lauten:

$$ZrO(OH)HSO_4 + 2NaOH \longrightarrow ZrO(OH)_2 + Na_2SO_4 + H_2O$$

$$ZrO(OH)HSO_4 + NaOH + NaCl \longrightarrow ZrO(OH)Cl + Na_2SO_4 + H_2O$$

Das alkalische Desorbat enthält ca. 30g L^{-1} Na$_2$SO$_4$. Ist eine Ableitung des Desorbats in den Vorfluter nicht möglich, muss das Sulfat chemisch oder physikalisch entfernt werden. Während bei der chemischen Fällung im Solehauptstrom wegen des erforderlichen niedrigen Natriumsulfat-Gehalts nur teure Bariumsalze verwendet werden können, können in dem sulfatreichen Desorbat preiswerte Calciumverbindungen eingesetzt werden. Das dabei entstehende Calciumsulfat kann nach Trocknung verwertet werden.

Zur Zeit sind zwei kommerzielle Chlor-Alkali-Elektrolysen in Japan und Zentralamerika mit dem RNDS-Verfahren ausgestattet.

SRS-Verfahren

Die Nanofiltration zur Entfernung von Natriumsulfat wird von Kvaerner Chemetics unter dem Namen SRS (Sulfate Removal System) kommerzialisiert [15]. Ein Teilstrom der von den Elektrolysen kommenden entchlorten Dünnsole wird parallel und in Serie geschalteten Ultrafiltrations- oder Nanofiltrationselementen zugeführt. Bei 2000–4000 kPa wird der Solestrom in einen sulfatarmen Hauptstrom (ca. 93 % des Volumens) und einen kleinen sulfatreichen Nebenstrom (ca. 7 % des Volumens) aufgeteilt (Abb. 4). Enthält die Dünnsole im Zulauf 200 g NaCl und 7 g Na$_2$SO$_4$ pro Liter, so enthält das Permeat, das zur Soleaufkonzentrierung zurückgeleitet wird, 205 g NaCl und 1,5 g Na$_2$SO$_4$ pro Liter. Der sulfatreiche Nebenstrom enthält etwa 185 g NaCl und 85 g Na$_2$SO$_4$ pro Liter. Dieser Nebenstrom kann je nach Standort in den Vorfluter abgeleitet oder mit preiswerten Fällmitteln auf Calciumbasis behandelt werden.

Die Nano-(Ultra-) Filtrationselemente bestehen aus spiralförmig um ein Rohr gewickelten Membranen, die durch Abstandshalter und Permeat-Sammler voneinander getrennt sind. Die Membran enthält Polysulfongruppen und ist empfindlich ge-

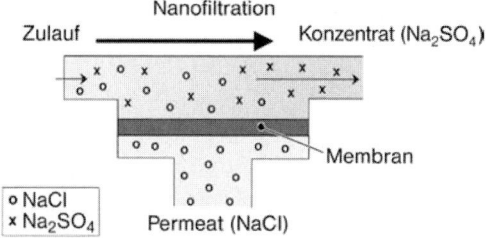

Abb. 4 Prinzip der Nanofiltration beim Kvaerner-Chemetics Sulfate Removal System

gen Alumosilicate und Silicate, kann aber von Verunreinigungen durch Behandlung mit Säure wieder gereinigt werden.

Die Wirtschaftlichkeit des SRS-Verfahrens hängt von der Salzqualität, vom Salzeinstandspreis und von umweltrelevanten Standortfaktoren ab. In großen Chlor-Alkali-Anlagen mit 500 t Chlorproduktion pro Tag ist die Kapitalrückflusszeit geringer als bei kleinen Anlagen. Von 2000 bis 2003 wurden 13 kommerzielle Chloralkali-Anlagen mit dem SRS-Verfahren ausgestattet.

DSR-System
Nippon Rensui Co. bietet ein chromatographisches Verfahren mit amphoteren Harzen an, mit dem sowohl Sulfat als auch Chlorat aus einem Teilstrom der entchlorten Dünnsole entfernt werden kann [16]. Der chelatisierende Ionentauscher DIAION DSR 01 besteht aus einer Polystyrolmatrix, die mit N-Trimethyl-N-Acetoammonium-Gruppen ausgestattet ist.

Diese funktionellen Gruppen bilden mit Natriumchlorat, Natriumchlorid und Natriumsulfat mit abnehmender Selektivität innere Salze. Wird eine mit DSR 01 gefüllte Säule mit chlorat- und sulfathaltiger Salzsole beaufschlagt, werden alle drei Komponenten adsorbiert. Bei der Desorption mit Wasser wird zunächst sulfatangereichertes Eluat erzeugt. Ein Leitfähigkeitsdetektor im Eluatstrom betätigt Ventilschaltungen, sodass chlorat- und sulfatreiche Fraktionen von der gereinigten Chloridsole getrennt werden. Die NaCl-Fraktion wird der Solesättigung zugeführt, Chlorat (Abschnitt 2.5) muss zerstört werden, bevor diese Eluatfraktionen mit dem Sulfat in den Vorfluter geleitet oder mit Fällmitteln behandelt werden.

Enthält die ursprüngliche Dünnsole 200 g NaCl, 6 g Na_2SO_4 und 6 g $NaClO_3$ pro Liter, so werden in den Eluaten wegen der erforderlichen Mengen an Spülwasser weniger als 11 g Na_2SO_4, 225 g NaCl und weniger als 5 g $NaClO_3$ pro Liter enthalten sein. Für eine Fällung des Sulfats mit Calciumsalzen ist diese Konzentration in betriebswirtschaftlicher Hinsicht zu niedrig, sodass dieses Verfahren nur dort interessant ist, wo eine Ableitung in den Vorfluter möglich ist. Eine Aufkonzentrierung der Eluate vermindert die Wirtschaftlichkeit. Von 1999 bis 2002 wurden sechs Chloralkali-Anlagen mit dem Nippon Rensui DSR-System ausgestattet.

2.3
Rohsolereinigung

Die unlöslichen Bestandteile des Salzes sowie die Fällprodukte aus der Kationen- und Anionenfällung müssen weitestgehend entfernt werden, damit der Betrieb der Ionentauscher der Solefeinreinigung nicht eingeschränkt wird. Am weitesten verbreitet ist der Einsatz von Tuchfiltern und neuerdings von Kerzenfiltern. Die Verwendung von Sandfiltern ist nachteilig, da die alkalische Sole lösliche Silicate bilden kann; Aktivkohlefilter können mit nicht vollständig entchlorter Sole Chlorkohlenwasserstoffe bilden. Bei großen Feststoffmengen empfiehlt es sich, den Filtern Sedimentationsgefäße, im deutschen Sprachgebrauch Eindicker genannt, vorzuschalten, um die Betriebszeit der Filter zwischen den Reinigungszyklen zu verlängern. Der Hauptteil der Feststoffe kann hier sedimentieren, abgezogen, entwässert und anschließend verwertet oder deponiert werden.

Die Wahl des optimalen Filtertyps (siehe Band 1, Mechanische Verfahrenstechnik, Abschnitte 4.2.5 und 4.4.6) richtet sich nach der Zusammensetzung der abzutrennenden Feststoffe. Die Filtration ist schwierig, wenn der Anteil der hydroxidischen Niederschläge von Magnesium, Eisen (III) und Aluminium im Verhältnis zu Calciumcarbonat, unlöslichen Salzinhaltsstoffen und gegebenenfalls Bariumsulfat hoch ist.

Die häufig verwendeten Kesselfilter enthalten tuchbespannte Filterrahmen [17]. Die feststoffhaltige Rohsole strömt die Tücher von außen an. Der Feststoff baut außen einen Filterkuchen auf, die feststofffreie Sole fließt aus dem Inneren des Filterrahmens ab und wird gesammelt. Für die Filtertücher stehen Materialien wie PVC, Polypropylen (PP) und Polytetrafluoroethylen (PTFE) zur Verfügung.

Ist der Anteil der hydroxidischen Feststoffe so hoch, dass er von den festen Bestandteilen nicht vollständig adsorbiert wird, besteht die Gefahr der raschen Verstopfung der Filter. In diesen Fällen werden häufig Polyelektrolyt-Lösungen zur Sole gegeben, die eine Koagulation der flockigen Niederschläge bewirken. Des weiteren werden die Filter nach der Abreinigung mit α-Cellulose angeschwemmt, um Verstopfungen vorzubeugen und die Reinigung zu erleichtern.

Kerzenfilter für die Solefiltration werden in neuen Anlagen bevorzugt eingesetzt. Je nach Zusammensetzung der Feststoffe in den zu reinigenden Soleströmen sind die einzelnen Fabrikate unterschiedlich gut geeignet. Pilotversuche können bei der Auswahl der am besten geeigneten Filter helfen. Als Materialien für die Filterkerzen werden Polyvinylidenfluorid (PVDF)/PTFE/PP, Polyethylen (PE) und PTFE/PTFE verwendet (Gehäuse/Filtermembran). Je nach Filtertyp werden die Kerzenfilter mit Luft oder mit Rückspülsole periodisch gereinigt. Bei Verblockung der Filteroberfläche mit Niederschlägen muss periodisch mit Salzsäure gereinigt werden.

Die filtrierte Sole enthält spezifikationsgerecht weniger als 0,5 ppm an Feststoffen.

Aufkonzentrierung von Dünnsole durch Aussolung

In Chlor-Alkali-Elektrolysen, die Natriumchlorid durch Aussolung unterirdischer Kavernen gewinnen, kann es wirtschaftlich sein, die hochreine Dünnsole zu entchloren und anschließend auf >300 g NaCl pro Liter einzudampfen. Die aufkonzentrierte Sole kann dann mit der gereinigten Sole, die aus den Kavernen kommt, vereinigt werden. Die Zusammenführung erfolgt in der Solefeinreinigung oder direkt vor der Elektrolyse. Diese Variante ist wirtschaftlicher als die Eindampfung von Kavernensalz bis zur Trockne und anschließendes Lösen in der Dünnsole. Für die Eindampfung der entchlorten Dünnsole wird die Verwendung eines mit Wasserdampf betriebenen Brüdenverdichters beschrieben [18]. Neben dampfbetriebenen Brüdenverdichtern stehen elektrisch betriebene Verdichter zur Verfügung. Beide Technologien unterscheiden sich in den Investitions- und Betriebskosten. Welche Technologie im Einzelfall betriebswirtschaftlich vorzuziehen ist, hängt von der Kapazität und den Kosten der zur Verfügung stehenden Energieformen ab.

2.4
Solefeinreinigung

Der Gehalt der mit chemischen Fällmitteln behandelten und filtrierten Rohsole an zweiwertigen Kationen wie Calcium, Strontium und Magnesium ist für die in der Elektrolyse eingesetzten Membranen zu hoch (s. Abschnitt 3.1.2). Um Membranschäden zu vermeiden, muss der Gehalt der Sole an zweiwertigen Kationen mit Hilfe von Ionentauschern auf weniger als 20 ppb gesenkt werden. In der Praxis werden häufig Ionentauscheranlagen mit »Karussellschaltung« verwendet, d.h. zwei Ionentauscher-Apparate sind parallel geschaltet und ein Ionentauscher wird als Polizeifilter nachgeschaltet. Im Reinigungszyklus werden die Filter getauscht.

Die Ionentauscher bestehen aus einem Styrol-Divinylbenzol-Gerüst, an das Iminodiessigsäure- oder Aminophosphorsäuregruppen angehängt werden. Diese chelatisierenden Gruppen sind in der Lage, in hochkonzentrierter Natrium- oder Kaliumchlorid-Lösung zweiwertige Kationen zu binden. Der Ionentausch erfolgt in alkalischer Sole bei einem pH-Wert von 7 bis 11. Die nutzbare Kapazität ist pH-abhängig; sie ist bei pH 11 dreimal so hoch wie bei pH 7. Im Ablauf der Ionentauscherkolonne liegt die Calciumkonzentration bei weniger als 0,02 ppm [19, 20]. Die Regeneration erfolgt zeit- oder mengengesteuert mit Salzsäure.

Vor der Zuführung der feingereinigten Sole zum Elektrolyseur wird der pH-Wert der Sole üblicherweise auf 2–4 eingestellt, um Hydroxid- und Carbonat-Ionen zu neutralisieren und damit die Bildung von Sauerstoff und Natriumchlorat zu reduzieren.

Die so gereinigte Salzsole wird dem Elektrolyseprozess zugeführt (siehe Abschnitt 3).

2.5
Dünnsole-Entchlorung und Hypochlorit-Zerstörung

Entchlorung
Im Membranelektrolyseverfahren wird der NaCl-Gehalt der Sole auf etwa 200 g L^{-1} abgearbeitet. Für die Wiederaufkonzentrierung mit den nachgeschalteten Schritten Filtration und Ionenaustausch ist es wichtig, aktives Chlor zu entfernen, da Chlor mit Wasser zu unterchloriger Säure reagiert (Abschnitt 6.2). Wird der Anolyt mit

Salzsäure oder Chlorwasserstoff angesäuert, entsteht Chlor, das im Vakuum weitgehend abgezogen werden kann. Der Restchlorgehalt muss chemisch durch Zugabe von Reduktionsmitteln zerstört werden. Geeignete Chemikalien sind Sulfite (SO_3^{2-}), Thiosulfate ($S_2O_3^{2-}$) und Sulfide (S^{2-}). Bei der Verwendung von schwefelhaltigen Reduktionsmitteln entsteht neben Chlorid Sulfat, das im weiteren Solereinigungsprozess mit entsprechenden Methoden und einem gewissen Kostenaufwand entfernt werden muss (Abschnitt 2.2.2.2). Die Entstehung von Sulfat kann vermieden werden, wenn Wasserstoffperoxid als Reduktionsmittel benutzt wird. Dazu wird in der sauren Dünnsole (pH 2) eine Wasserstoffperoxid-Konzentration von etwa 1 ppm eingestellt. Wasserstoffperoxid reagiert mit Chlor bzw. Hypochlorit zu Sauerstoff und Chlorid:

$$Cl_2 + H_2O_2 + 2NaOH \longrightarrow 2\ NaCl + 2H_2O + O_2 \uparrow$$

$$HOCl + H_2O_2 + NaOH \longrightarrow NaCl + 2H_2O + O_2 \uparrow$$

Da H_2O_2 Ionentauscher schädigt und auf Titan korrosiv wirkt, muss der Überschuss weitgehend entfernt werden. Dies geschieht mit einem nachgeschalteten Aktivkohlefilter, das bei pH 10, also nach der Fällung und Filtration, die H_2O_2-Konzentration in der Reinsole auf etwa 0,2 ppm senkt.

Die physikalische Entchlorung von Dünnsole reicht also nicht aus, sodass chemische Reduktionsmittel eingesetzt werden müssen. Die Wahl des Reduktionsmittels richtet sich nach örtlicher Verfügbarkeit von Reduktionsmitteln und Fällchemikalien und deren Kosten. Dem Kostenvorteil von Wasserstoffperoxid gegenüber schwefelhaltigen Reduktionsmitteln stehen der regelungstechnische Aufwand beim H_2O_2-Verfahren sowie das Risiko, bei Versagen der Regelung Ionentauscher und Apparateteile zu schädigen, gegenüber.

Hypochlorit-Zerstörung

Kupfer-, nickel-, eisen- und kobalthaltige Katalysatoren zersetzen Hypochlorit zu Chlorid und Sauerstoff.

$$2\ NaOCl \xrightarrow{[M]^{n+}} 2\ NaCl + O_2 \uparrow$$

Festbett-Katalysatoren haben gegenüber Katalysator-Suspensionen die Vorteile, dass die Katalysatorverluste geringer sind und eine Abtrennung des Katalysators von der Flüssigkeit entfällt.

Das INEOS-Hydecat-Verfahren verwendet einen aktivierten Nickeloxid-Aluminiumoxid-Katalysator, der Hypochlorit bei einem pH-Wert von 13–14 mit hoher Effizienz zerstört [21]. Der Katalysator wird in hintereinander geschalteten Kassetten angeordnet. Die hypochlorithaltige Flüssigkeit wird von oben auf das Katalysatorbett geleitet. Der Ablauf fließt im Überlauf auf die zweite katalysatorgefüllte Kassette usw. Die Auslegung des Reaktors hängt von der zu zerstörenden Hypochlorit-Menge ab. Eine Lösung mit 1–10 % Hypochlorit kann auf 1–100 ppm abgereichert werden mit Umsatzraten bis 99 % und Bettvolumina von 0,2–1 h^{-1}. Weltweit arbeiten mehr als 20 Produktionsanlagen mit diesem Verfahren. Es wurden Katalysatorstandzeiten von mehr als drei Jahren erzielt.

Das Hydecat-Verfahren kann vorteilhaft mit einer chemischen Reduktion verknüpft werden, insbesondere wenn niedrige Hypochloritwerte erzielt werden müssen, z. B. bei Solepurge in den Vorfluter. In diesem Fall übernimmt das Hydecat-Verfahren den Abbau der hohen Konzentration, die Restzerstörung erfolgt durch chemische Behandlung.

2.6
Chlorat-Zerstörung

Bei Temperaturen oberhalb 50 °C disproportioniert Hypochlorit zu Natriumchlorid und -chlorat:

$$3\ NaOCl\ (\text{gelöst}) \longrightarrow 2\ NaCl + NaClO_3$$

Die Bildung von Chlorat in der Sole ist unerwünscht, da Chlorat giftig ist und die Löslichkeit von NaCl herabsetzt. Wegen der Bildung unlöslichen Strontiumchlorats in der Membran ist der Chloratgehalt auch aus betriebswirtschaftlicher Sicht zu kontrollieren (Abschnitt 3.1.2). Bei niedrigem pH-Wert und überschüssigem Chlor oder Hypochlorit kann die Chloratbildung autokatalytisch ablaufen.

Im BREF für die Chlor-Alkali Industrie [2] wird als anzustrebende Maximalkonzentration ein Wert von 1–5 g Chlorat pro Liter angegeben. Ist die Chloratbildung höher als der Austrag, beispielsweise durch Soleausschleusung, muss ein Teilstrom für die Chlorat-Zerstörung abgezogen werden. Bei pH-Werten ≤ 2 und Temperaturen um 95 °C zersetzt sich Chlorat zu Chlor und Natriumchlorid:

$$NaClO_3 + 6 HCl \longrightarrow 3\ Cl_2 \uparrow + NaCl + H_2O$$

Der saure Ablauf der Chlorat-Zerstörung wird mit der von den Membranzellen ablaufenden Dünnsole vereinigt, sodass der Säureüberschuss für die Vakuumentchlorung genutzt wird. Die Menge des für die Chlorat-Zerstörung abzuziehenden Teilstroms richtet sich nach der Menge des gebildeten Chlorats im Elektroyseprozess.

3
Chlor-Alkali-Elektrolyse

Für die Herstellung von Chlor, Natronlauge bzw. Kalilauge und Wasserstoff stehen drei großtechnische Verfahren zur Verfügung, wobei die beiden älteren Verfahren, das Amalgam- und das Diaphragmaverfahren, in den kommenden Jahrzehnten von dem wirtschaftlicheren und umweltfreundlicheren Membranverfahren abgelöst werden. Das Membranverfahren wurde in den siebziger Jahren des 20. Jahrhunderts zur Prozessreife entwickelt, nachdem mit funktionalen Gruppen ausgestattete perfluorierte Membranen zur Verfügung standen. Die Membranen haben die Aufgabe, den Anolyt- und Katholytraum voneinander zu trennen und dabei selektiv für Kationen permeabel zu sein.

Tab. 2 Weltchlorkapazitäten 2001 aufgeteilt nach Elektrolysetechnologien und Erdteilen in 10^6 t a^{-1}

	Welt	Nord-/Süd-amerika	W-Europa	Osteuropa/ GUS	Mittelost/ Afrika	Asien
Kapazität (10^6ta^{-1})	53,8	17	11,8	5,5	2,5	17
Technologie						
Amalgam	19%	13%	53,7%	19%	17%	4%
Diaphragma	42%	68%	22,7%	66%	31%	23%
Membran	36%	18%	21,3%	15%	48%	68%
Sonstige	3%	1%	2,5%	0%	4%	5%
Total	100%	100%	100%	100%	100%	100%

GUS = ehemalige UdSSR
Technologie-Anteile bezogen auf NaCl- u. KCl-Elektrolyse. HCl-Elektrolyse unter »Sonstige« auf summiert.
Quelle: CMAI und Euro-Chlor [22, 23]

Die Membranelektrolyseure der ersten Generation wurden inzwischen in vielen Fällen durch technisch weiterentwickelte und stabiler zu betreibende Elektrolyseure ersetzt.

Im Jahr 2002 hatte in Europa das Membranverfahren schon einen Anteil von 25% an der Gesamtchlorproduktion mit stark steigender Tendenz. Mitte 2003 wurde allein in Deutschland die Umrüstung von mehr als 400 000 t Diaphragma-Chlorkapazität und 167 000 t Amalgam-Chlorkapazität auf das Membranverfahren sowie die Inbetriebnahme einer zusätzlichen Membranchlorkapazität von 360 000 t Chlor angekündigt, was die Produktionskapazität für Chlor von derzeit 4,35 · 10^6 t dann auf etwa 4,7 · 10^6 t und den Anteil des Membranverfahrens auf etwa 45% steigern wird. Tabelle 2 zeigt, wie sich Ende 2001 die Chlorkapazitäten auf die verschiedenen Technologien aufteilten.

Auch der Anteil anderer Technologien, zu denen die Salzsäure-Elektrolyse zu zählen ist, wird zunehmen, insbesondere, wenn die Sauerstoff-Verzehrkathoden-Technologie technisch reif ist.

3.1
Membranverfahren

In der Membranelektrolysezelle trennt eine Kationenaustauscher-Membran den Anoden- und Kathodenraum (Abb. 5).

Nahezu gesättigte Reinstsole wird in den Anodenraum gepumpt. An der Anode wird Chlor entwickelt, das mit der Dünnsole den Anodenraum verlässt. In horizontalen Sammelrohren (Header) trennen sich gasförmiges Chlor und chlorgesättigte Dünnsole. Die Dünnsole wird der Vakuumentchlorung und anschließend den weiteren Schritten zur Wiederaufkonzentrierung zugeführt. Das Chlorgas gelangt zur Chloraufarbeitung (siehe Abschnitt 4). In den Kathodenraum wird ca. 30%ige Natronlauge gespeist. Durch das elektrische Feld wandern hydratisierte Natrium-Ionen

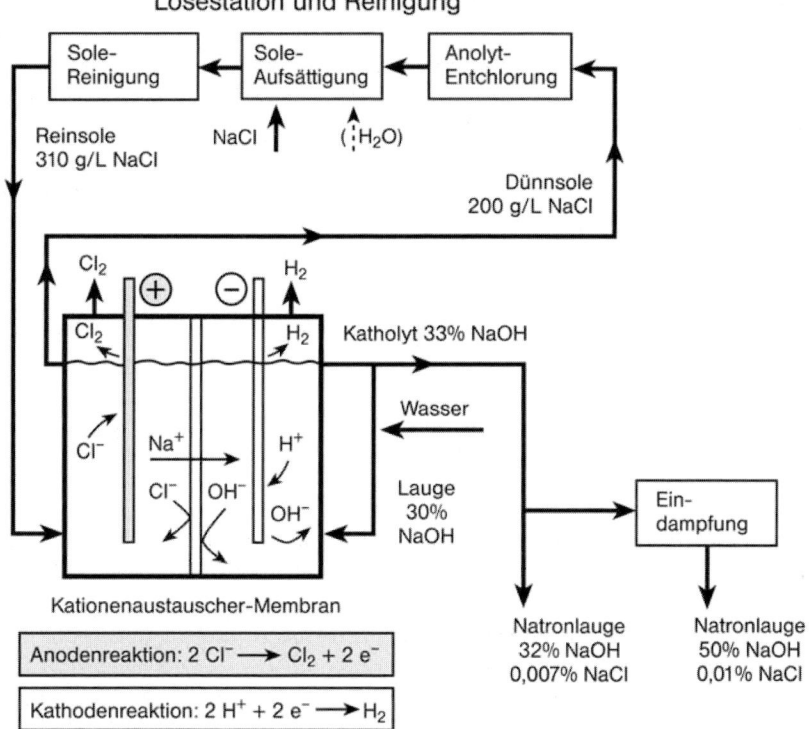

Abb. 5 Prinzipdarstellung des Membranelektrolyseverfahrens

vom Anodenraum durch die Membran in den Kathodenraum. An der Kathode bilden sich aus Wasser durch elektrolytische Zersetzung Wasserstoff und Hydroxyl-Ionen, letztere bilden mit den Natrium-Ionen Natronlauge. Der Wasserstoff und 32 %ige Natronlauge verlassen den Kathodenraum gemeinsam. In horizontalen Sammelleitungen werden Wasserstoff und Natronlauge getrennt. Die Natronlauge wird direkt der weiteren Verwendung zugeführt oder aufkonzentriert und anschließend verkauft. Der Wasserstoff muss vor der Verwendung in den meisten Fällen gereinigt werden (Abschnitt 4).

3.1.1.1 Energiebedarf

Der Energieverbrauch für die Erzeugung von Chlor, Natronlauge und Wasserstoff hängt von einer Vielzahl von Faktoren ab. Neben physikalischen Einflussgrößen wie Zellenspannung, Temperatur, Elektrolytkonzentration, Druck und Stromdichte spielen technische Details eine große Rolle wie z. B. Ohmscher Widerstand von Stromschienen, Elektrolyt und Membrantyp, Alter bzw. Zustand der Membran sowie Qualität und Zusammensetzung von Elektrodenbeschichtungen, Zellendesign, etc.

Der theoretische Mindestbedarf an elektrischer Energie, die benötigt wird, um 1 t Chlor, 1,1 t Natronlauge (gerechnet als 100 %) und 28 kg Wasserstoff zu erzeugen, errechnet sich aus der Zellenspannung, die u.a. von der Stromstärke, also letztlich der in der Zeiteinheit erhaltenen Menge Produkt abhängt.

Die Bruttoreaktion der Natriumchlorid-Elektrolyse lautet:

$$\text{NaCl} + \text{H}_2\text{O} \longleftrightarrow \text{NaOH} + \tfrac{1}{2}\,\text{Cl}_2 + \tfrac{1}{2}\,\text{H}_2 \qquad (1)$$

Die Teilreaktion im Anodenraum ist die Oxidation von Chlorid zu Chlor:

$$\text{Cl}^- \longleftrightarrow \tfrac{1}{2}\,\text{Cl}_2 + \text{e}^- \quad (1) \qquad\qquad E^0_{\text{Cl}_2/\text{Cl}^-} = 1{,}358\ \text{V} \quad (2)$$

und im Kathodenraum die Zersetzung von Wasser zu Hydroxyl-Ionen und Wasserstoff:

$$\text{H}_2\text{O} + \text{e}^- \longleftrightarrow \tfrac{1}{2}\,\text{H}_2 + \text{OH}^- \quad (2) \qquad\qquad E^0_{\text{H}_2/\text{H}^+} = -0{,}082\ \text{V} \quad (3)$$

$E^0_{\text{Cl}_2/\text{Cl}^-}$ und $E^0_{\text{H}_2/\text{H}^+}$ sind die reversiblen Standardelektrodenpotentiale, die bei 25 °C gelten, wenn alle Reaktionspartner im Standardzustand (a_i und p_i = 1) vorliegen. Die Temperatur-, Druck- und Konzentrationsabhängigkeit der reversiblen Elektrodenpotenziale der Teilreaktionen (2) und (3) kann mithilfe der Nernstschen Gleichung berechnet werden. Bei einer Elektrolysetemperatur von 90 °C, einer Anolyt-Konzentration von 220 g NaCl pro Liter und der Katholyt-Konzentration von 32 % Massenanteil NaOH errechnet sich für $E_{\text{Cl}_2/\text{Cl}^-}$ ein Wert von 1,216 V und für $E_{\text{H}_2/\text{H}^+}$ ein Wert von –1,076 V. Die EMK oder Zersetzungsspannung $U_{\text{zers.}}$ beträgt also 2,292 V. In Tabelle 3 werden thermodynamische Zersetzungsspannungen für verschiedene Temperaturen und Elektrolytkonzentrationen wiedergegeben [24].

Gemäß dem Faradayschen Gesetz werden für die Erzeugung von einem elektrochemischen Äquivalent (Molmasse/Wertigkeit) eines Stoffes 96 487 As benötigt.

Für die Herstellung einer Tonne Chlor (M = 35,5 1 h = 3600 s) ergibt sich bei einer Ausbeute von 100 % gemäß Gleichung (4) ein Strombedarf (elektrochemisches Äquivalent f) von:

$$f = \frac{96487 \cdot 1000}{3600 \cdot \text{Moläquiv.}} = \qquad\qquad (4)$$

756 kAh pro Tonne Chlor entsprechend $1{,}3227\ \text{kg kA}^{-1}\text{h}^{-1}$;

und für NaOH (M = 40) 670 kAh pro Tonne Natronlauge (100 %) entsprechend 1,4925 kg kA^{-1} h^{-1}.

Zur Herstellung von einer Tonne eines Elektrolyseproduktes ist folgender elektrische Energieaufwand in Form von Gleichstrom W_{el} erforderlich:

$$W_{\text{el}} = 1000 \cdot U_z / (a \cdot f) \quad [\text{kWh t}^{-1}] \qquad\qquad (5)$$

mit U_z = Zellenspannung [V], a = Ausbeutefaktor, f = elektrochemisches Äquivalent [kg kA^{-1} h^{-1}].

Für den Gleichgewichtszustand ist die Zellenspannung gleich der Zersetzungsspannung. Setzt man den Ausbeutefaktor auf 1 (100 % Ausbeute) errechnet sich mit Gleichung (5) für die Erzeugung von 1 t Chlor ein Energieverbrauch von 1733 kWh, für 1 t Natronlauge von 1536 kWh. Bei Aufwendung dieser elektrischen Energie stellt

Tab. 3 Tabellarische Zusammenstellung thermodynamischer Zersetzungsspannungen [24]

T [°C]	$E^0_{Cl_2/Cl^-}$ [V]	c NaOH [Gew.%]	E_{H_2/H^+} [V]	NaCl [g/l] 200		220		240		260	
				E_{Cl_2/Cl^-} [V]	ΔE [V]	E_{Cl_2/Cl^-} [V]	ΔE [V]	E_{Cl_2/Cl^-} [V]	ΔE [V]	E_{Cl_2/Cl^-} [V]	ΔE [V]
70	1,297	30	−1,019	1,262	2,281	1,258	2,276	1,254	2,272	1,251	2,270
		32	−1,021		2,283		2,279		2,275		2,272
		34	−1,023		2,285		2,281		2,277		2,274
80	1,282	30	−1,046	1,243	2,289	1,239	2,285	1,235	2,281	1,232	2,279
		32	−1,049		2,292		2,288		2,284		2,281
		34	−1,051		2,295		2,290		2,286		2,284
90	1,266	30	−1,073	1,220	2,293	1,216	2,290	1,213	2,286	1,210	2,283
		32	−1,076		2,296		2,292		2,289		2,286
		34	−1,079		2,299		2,295		2,291		2,289

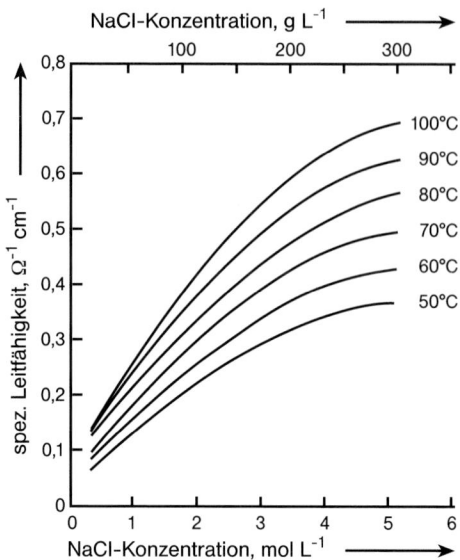

Abb. 6 Abhängigkeit der Leitfähigkeit eines NaCl-Elektrolyten von der NaCl-Konzentration und der Elektrolysetemperatur

sich nur der Gleichgewichtszustand ein, es wird noch kein Produkt erzeugt. Zur Erzeugung von Produkt ist eine höhere Zellenspannung erforderlich, da kinetische (Überspannung an den Elektroden) und Ohmsche Widerstände (Elektrolyt-Membran- und Leitungswiderstände) zu überwinden sind. Eine ausführliche Darstellung der physikalischen Zusammenhänge zwischen Stromverbrauch und Eigenschaften der verschiedenen Chlor-Alkali-Elektrolyseverfahren findet sich in [25, 26]. In Abbildung 6 sind die Zusammenhänge zwischen Leitfähigkeit eines NaCl-Elektrolyten, der NaCl-Konzentration und der Elektrolysetemperatur wiedergegeben. Abbildung 7 zeigt den Energieverbrauch von Chlor-Alkali-Elektrolysen als Funktion der Stromdichte [27].

Zur Überwachung der Zellen und zum Vergleich verschiedener Zellentypen bei der Membranelektrolyse wird mit Gleichung (5) der spezifische Stromverbrauch pro Tonne Natronlauge, berechnet als 100%, herangezogen. Die minimale Zersetzungsspannung wird wie oben beschrieben in der Literatur mit 2,27–2,3 V angegeben. Die tatsächlich gemessenen Zellenspannungen liegen höher und zwar bei 3,0–3,5 V; für die Stromausbeute werden Werte von 95–98% angegeben, sodass die in der Praxis gemessenen spezifischen Energieverbräuche bei einer Stromdichte von 5 kA/m² bei mehr als 2370 kWh pro Tonne Chlor liegen. Mit zunehmender Laufzeit der Membranen und der Elektroden erhöht sich die Zellenspannung, je nach Last und Zellkonstruktion, und damit der spezifische Energieverbrauch.

In der Zelle vermindern Nebenreaktionen die Stromausbeute. Im Anodenraum können die elektrolytische Zersetzung von Wasser zu Sauerstoff und H⁺-Ionen (Gl. (6)) und die Oxidation von Hypochlorit zu Chlorat-Ionen und Sauerstoff (Gl. (7)) die Stromausbeute herabsetzen:

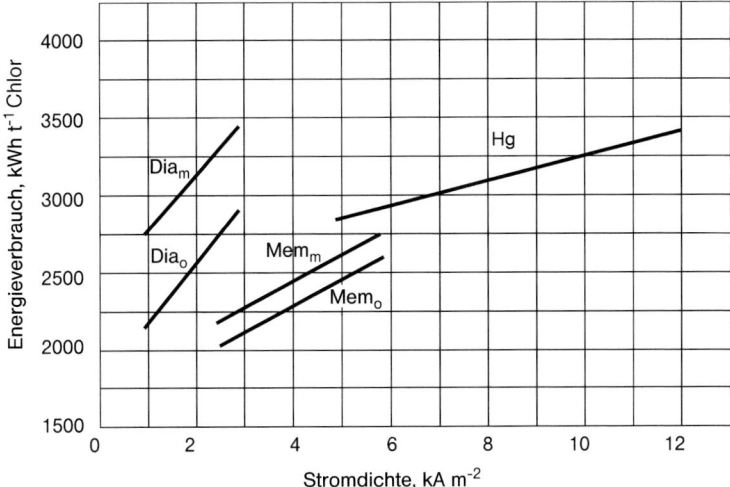

Abb. 7 Energieverbrauch von Chlor-Alkali-Elektrolysen als Funktion der Technologie und Stromdichte
Mem$_o$ = Membranverfahren ohne Laugeneindampfung
Mem$_m$ = Membranverfahren mit Laugeneindampfung
Dia$_o$ = Diaphragmaverfahren ohne Laugeneindampfung
Dia$_m$ = Diaphragmaverfahren mit Laugeneindampfung
Hg = Amalgamverfahren (Laugeneindampfung nicht erforderlich)

$$2\ H_2O \longrightarrow O_2 + 4\ H^+ + 4e^- \tag{6}$$

$$6\ OCl^- + 3\ H_2O \longrightarrow 2\ ClO_3^- + 4\ Cl^- + 6\ H^+ + 3/2\ O_2 + 6e^- \tag{7}$$

Die Wasserzersetzung gemäß Gleichung (6) tritt verstärkt bei niedrigen Natriumchlorid-Konzentrationen (< 150 g L^{-1}) auf, die Reaktion von Hypochlorit zu Chlorat und Sauerstoff gemäß Gleichung (7) ist abhängig vom Anodenmaterial und dem pH-Wert der Sole. Übliche Konzentrationen von Sauerstoff im Chlor liegen bei < 3 %.

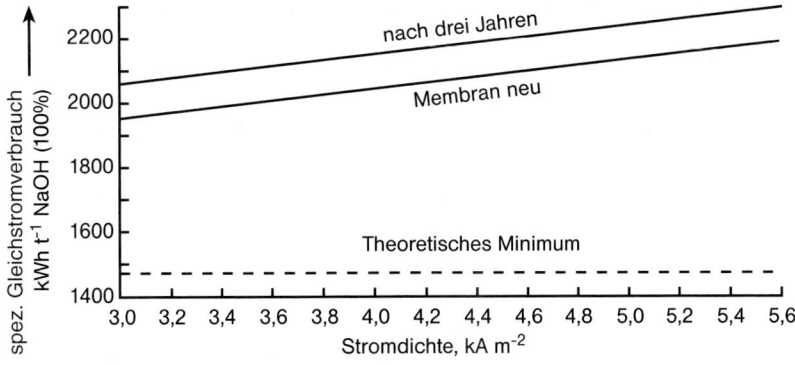

Abb. 8 Einfluss der Stromdichte und der Membranlaufzeit auf den spezifischen Gleichstromverbrauch

Zusammenfassend können folgende Faktoren als stromverbrauchmindernd bzw. ausbeutesteigernd angegeben werden:

	begünstigende Faktoren
– hohe Leitfähigkeit der Sole:	– hohe Konzentration an einwertigen Ionen
	– hohe Temperatur (>90 °C)
	– rascher Abzug der Gasblasen von Membran- und Elektrodenoberfläche
– niedrige Zellenspannung:	– Aktivierung von Anoden und Kathoden
	– geringer Abstand Anode/Kathode
	– Vermeidung von Belagbildung auf Elektroden (BaSO$_4$ ...)
– niedriger Widerstand in der Zelle:	– Membraneigenschaften
	– Auslegung der Stromverteilung in der Zelle und Stromleitung zwischen den Zellen
	– Stromdichte: je höher Stromdichte, desto höher Widerstand in der Sole und Lauge (Überspannung und Gasblaseneffekte)
– Unterdrückung unerwünschter Nebenreaktionen:	– Auswahl Anodenbeschichtung
	– pH-Wert-Kontrolle der Sole
	– Durchlässigkeitsperre von Membranen für Hydroxyl- und Chlorat-Ionen

Die bei der Elektrolyse freiwerdende Wärme führt zur Aufheizung von Sole und Natronlauge in der Zelle. Im Verlauf der Produktaufarbeitung kann diese Energie durch Wärmeaustausch mit der Reinstsole und der aufzukonzentrierenden Natronlauge genutzt und damit der Dampfverbrauch gesenkt werden.

In den Jahren seit 1985 hat die Entwicklung der Membranelektrolyse-Technologie bedeutende Fortschritte bezüglich der Senkung des spezifischen Stromverbrauchs und der Steigerung der zulässigen Stromdichte gemacht (Abb. 9). Die Gasdiffusionselektroden-Technologie wird dort neue Energieeinsparmöglichkeiten bieten, wo der Wasserstoff keine Verwendung findet und Sauerstoff preiswert zur Verfügung steht.

3.1.1.2 Stromversorgung in großtechnischen Elektrolyse-Anlagen

Der elektrische Strom als Elektrolyserohstoff stellt in der Regel den Hauptkostenfaktor bei der Chlor-Alkali-Elektrolyse dar. Um den Stromverbrauch so gering wie möglich zu gestalten, wird die gesamte elektrische Einrichtung auf die Auslegung der Elektrolyse hin optimiert. Der erforderliche Gleichstrom wird aus Wechselstrom mit Hilfe von Thyristoren gewonnen (in alten Anlagen werden noch Diodengleichrichter eingesetzt). Durch den technischen Fortschritt beim Bau von Transformatoren und Gleichrichtern können große Transformatoren direkt an 110–138 kV Wechselstrom-Hochspannungsleitungen angeschlossen werden. Mit einer Gruppe von Transformatoren können Gleichstromstärken von bis zu 450 kA geliefert werden. Die Gleichrichter-Ausbeute liegt in der Regel bei 97,5–98,5 %.

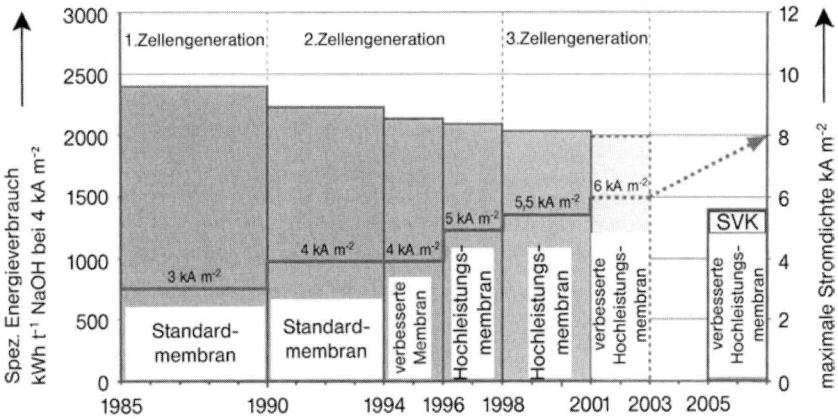

Abb. 9 Technische Entwicklung bei der Membran-Chlor-Alkali-Elektrolyse: Entwicklung des spezifischen Stromverbrauchs und der maximalen Stromdichte, 1985–2005 [28]

Die spezifischen Investitionskosten für die Stromversorgung nehmen mit steigender Stromstärke auf der Gleichstromseite zu. Es ist deshalb vorteilhaft, wenn möglichst viele Zellen in Serie geschaltet sind [27], und niedrige Stromstärken gefahren werden. Die Auslegung der Stromversorgung ist eine Optimierungsaufgabe bezüglich Minimierung der Leitungslängen, Sicherheit vor Lichtbögen und Schutz von Personen vor Magnetfeldern bei vorzugebender Zahl und Anordnung der Zellen in den Elektrolyseuren (monopolar oder bipolar) und der Anordnung der Elektrolyseure im Stromkreis. Die Transformatoren und Gleichrichter werden in abgeschlossenen Räumen geschützt vor den Einflüssen chemischer Einsatzstoffe untergebracht. Daraus ergeben sich auf der Niederspannungsseite Längen der Stromschienen von mindestens 50 m. Ansonsten werden die Verbindungen auf der Gleichstromseite von den Transformatoren zu den Elektrolyseuren so kurz wie möglich gehalten. Die Wahl der Stromschienenquerschnitte stellt eine betriebswirtschaftliche Optimierungsaufgabe dar, in der Investitionskosten gegen die Ohmschen Verluste in den Stromschienen abzuwägen sind. Als Material für die Stromschienen wird Kupfer oder Aluminium eingesetzt. Die Schienen werden ohne Isolierung blank betrieben, um die hohe entwickelte Wärme abführen zu können.

Die Konstruktion der Transformatoren ist auf die Minimierung von magnetischen Oberwellen optimiert. Verlustleistungen und Hochfrequenzblindleistung, die bei der Phasenanschnittsteuerung der Thyristoren entstehen, werden durch den Einsatz von Stufenschaltern gemindert. Üblicherweise werden Öltransformatoren mit Luftkühlung und Stufenschalter im Ölbad eingesetzt. Die Leistung der Transformatoren wird durch die Auslegung nachgeschalteter Schalter (10–50 kA) bestimmt. Dabei werden Aspekte wie die Erhöhung der Verfügbarkeit der Produktionsanlage und Verbesserung des Regelverhaltens durch die Zuordnung von autarken elektrischen Versorgungseinrichtungen auf die Elektrolyseure berücksichtigt. Mit der Regelung der Stromstärke wird die Produktionsmenge von Chlor und seinen Koppelprodukten festgelegt.

Mehrstufige Konzepte für die Strommessungen werden direkt an der Transformatorspule, an der Stromschiene (Shunt) und mit Luftspulen eingesetzt. Bei Überschreitung von spezifischen Stromstärken pro Fläche (Stromdichte in $kA\ m^{-2}$) werden die Membranen geschädigt (Abschnitt 3.1.2). Die gesicherte Abschaltung des maximalen Stromes wird sicherheitsgerichtet mehrfach redundant ausgeführt. Der Personenschutz auf der Niederspannungsseite kann wegen der hohen Ströme nicht gemäß den Richtlinien des Verbands der Elektrotechnik (VdE) ausgeführt werden. In der Regel werden die Bühnen und die Halle der Elektrolyseure zweifach isoliert. Die Isolation wird mit Messbrücken überwacht. Zum Schutz vor elektromagnetischen Feldern haben Träger von Herzschrittmachern in der Regel keinen Zutritt zur Elektrolysehalle. Zugangs- und Zeitbeschränkungen beim Aufenthalt in der Nähe hoher elektromagnetischer Felder sind in der Richtlinie der Berufsgenossenschaften BGV B11 geregelt. Eine Europa-Norm zum Personenschutz vor elektromagnetischen Feldern ist derzeit in Arbeit (2003).

3.1.1.3 Zellenanordnung bei der Membranelektrolyse

Kommerzielle Membranelektrolyseure bestehen aus aneinandergereihten Zellen, die zu Paketen (racks) gebündelt werden. Ein oder mehrere Pakete bilden einen Elektrolyseur. Der Zellensaal der Wacker-Chemie in Burghausen ist in Abbildung 10 gezeigt.

Bei der Uhde-Konstruktion sind die einzelnen Zellen aus zwei Halbschalen zusammengesetzt, der Anodenhalbschale, die heute zumeist aus Titan gefertigt ist, und der Kathodenhalbschale, die heutzutage überwiegend aus Nickel besteht. Zwischen beiden Elementen ist die Kationenaustauscher-Membran eingespannt.

Bei der *bipolare Zellenanordnung* sind die Zellen im Elektrolyseur in Serie geschaltet, d. h. die Kathodenhalbschale einer Zelle steht mit der Anodenhalbschale der benachbarten Zelle direkt in elektrischem Kontakt (Abb. 11). In modernen Großanlagen sind bis zu 180 Zellen in einem Elektrolyseur in Serie geschaltet, was dazu führt, dass niedrigere Stromstärken im Elektrolyseur und hohe Spannungsunter-

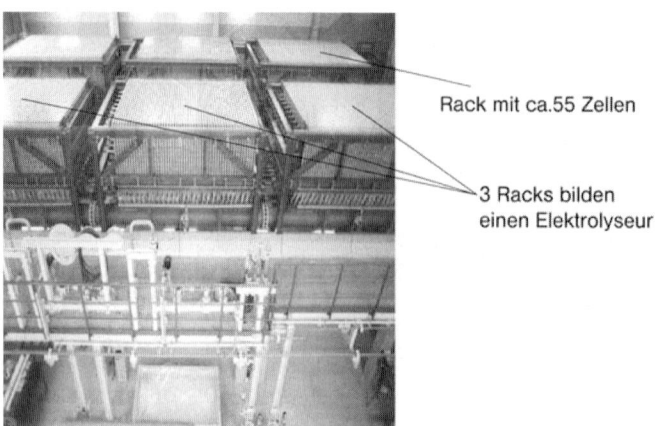

Abb. 10 Blick in den Zellensaal der Membran-Chlor-Alkali-Elektrolyse der Wacker-Chemie GmbH

schiede zwischen den Enden des Elektrolyseurs resultieren. Einzelzellenüberwachungen ermöglichen eine schnelle Identifizierung von Zellen mit überdurchschnittlich hoher Spannung.

Für den Austausch einzelner Zellen muss der Elektrolyseur vom Stromkreis getrennt werden. Bei Einzelelement-Design kann die betroffene Zelle aus dem Paket herausgenommen und durch eine vorbereitete Ersatzzelle ersetzt werden. Bei einem Filterpressen-Design muss das gesamte Paket gelockert werden und die nicht betroffenen Elemente so zusammengespannt werden, dass die Membranen und Dichtungen keinen Schaden erleiden. Wegen der hohen Spannungsunterschiede bei bipolarer Schaltung kann es über die Sammelleitung des Elektrolyseurs zu Problemen mit Streuströmen kommen.

Bei der *monopolaren Anordnung* (Abb. 11) im Elektrolyseur sind die Zellen parallel geschaltet, d.h. alle Anoden sind direkt mit der positiv gepolten Stromschiene und alle Kathoden mit der negativen Stromschiene verbunden. Es resultieren niedrige Spannungen und hohe Stromstärken. Bedingt durch die im Vergleich zur bipolaren Anordnung längeren Stromwege ist der Spannungsabfall relativ hoch. Die daraus resultierenden Widerstände können durch den Einbau von internen Stromverteilern minimiert werden. Die aus den Ohmschen Verlusten in Monopolar-Elektrolyseuren resultierenden Mehrverbräuche werden mit 80–100 kWh pro Tonne NaOH (100%) angegeben [29].

Bipolare Elektrolyseure sind meist parallel geschaltet oder sogar einzelnen Transformatoren und Gleichrichtern zugeordnet. Schaltkreise für monopolare und bipolare Elektrolyseure sind in Abbildung 12 gezeigt.

Die heutige Generation von Membranelektrolyseuren ist überwiegend bipolar ausgelegt. Der Trend bei der Weiterentwicklung bipolarer Elektrolyseure geht in Richtung von Stromdichten bis zu 8 kA m^{-2}.

Das Prozessschema (Abschnitt 1, Abb. 1) der Chlor-, Natronlauge- und Wasserstoffherstellung mit Hilfe des Membranverfahrens unterscheidet sich nicht von dem der beiden älteren Verfahren. Ausgehend von Natriumchlorid in Form von Steinsalz, Meersalz oder Siedesalz wird eine Sole hergestellt, die anders als beim Amalgam- und Diaphragmaverfahren allerdings von hoher Reinheit sein muss (Abschnitt 3.1.2). Der Vorteil der Membranelektrolyse liegt in dem deutlich niedrigeren Stromverbrauch gegenüber den anderen Verfahren und der höheren Reinheit der entstehenden Natronlauge gegenüber dem Diaphragmaverfahren (Abschnitt 3.3). Chlor und Wasserstoff werden ähnlich wie bei den älteren Verfahren von Verun-

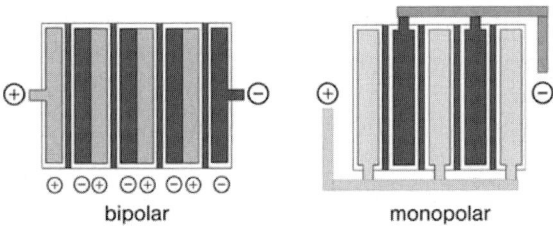

Abb. 11 Bipolare und monopolare Zellenschaltung im Elektrolyseur

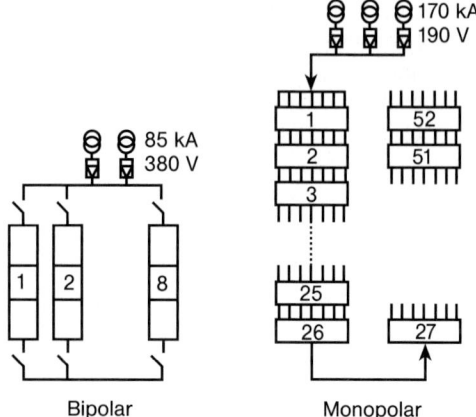

Abb. 12 Schaltkreise für mono- und bipolare Elektrolyseure

reinigungen befreit, getrocknet, verdichtet und entweder direkt der weiteren Verwendung zugeführt oder ganz oder teilweise verflüssigt. Die Natronlauge muss zu Verkaufszwecken aufkonzentriert werden (Abschnitt 4). Die die Membranzellen verlassende Dünnsole (Anolyt) wird entchlort und mit festem Salz wieder aufkonzentriert.

3.1.2
Membran

Dank der Entwicklung chlor- und natronlaugebeständiger Ionenaustauscher auf der Basis perfluorierter Ionomere wurde der Technologiesprung bei der Chlorerzeugung vom Amalgam- und Diaphragmaverfahren zum Membranverfahren technisch ermöglicht. Die kationenselektive Austauschermembran hat die Aufgabe, den Anoden- vom Kathodenraum zu trennen und nur Alkali-Ionen und Wasser vom Anoden- in den Kathodenraum durchzulassen (Abb. 13). Seit der Kommerzialisierung der Kationenaustauscher-Membranen für die Herstellung von Chlor im Jahr 1975 geht die Entwicklung verbesserter Membranen ständig weiter.

Die Kationenaustauscher-Membranen für die Chlor-Alkali-Elektrolyse sind komplex aufgebaute High-Tech-Produkte, die folgende Eigenschaften im kommerziellen Elektrolyseprozess aufweisen sollen:
- niedrige, gleichförmige und stabile Zellenspannung mit geringem Anstieg über die Lebensdauer,
- hohe Lebensdauer (derzeit > vier Jahre, 2003),
- hohe Produktreinheit für Chlor (Sauerstoffgehalt) und Natronlauge (Chlorid- und Chloratgehalt),
- möglichst geringe Empfindlichkeit gegen Verunreinigungen in der Sole,
- hohe chemische und mechanische Stabilität bei hohen Temperaturen, d.h. hohe Gewebe- und Reißfestigkeit, geringe Blisterbildung, geringe pinhole-Bildung,
- hohe kationenselektive Durchlässigkeit,
- hohe elektrische Leitfähigkeit, d.h. niedriger Ohmscher Widerstand,

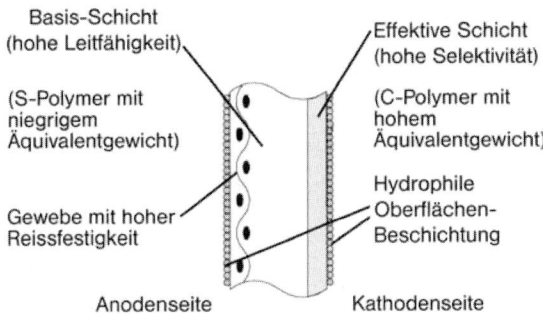

Abb. 13 Schematischer Aufbau einer Kationenaustauschermembran [30]

- hohe Stromausbeute über die gesamte Einsatzdauer,
- gute Ablösung der Gasblasen (Chlor, Wasserstoff) von der Oberfläche,
- hohe Flexibilität bei Änderungen der Betriebsparameter,
- leichte Montage.

Die Erfüllung der genannten Anforderungen an die Membran bestimmt zu einem erheblichen Teil die Wirtschaftlichkeit des gesamten Herstellprozesses. Wegen der hohen Kosten für die Membranen müssen lange Einsatzzeiten erreicht werden, damit die Produktion wirtschaftlich ist.

Die oben genannten Eigenschaften erfordern von den Herstellern in einigen Fällen konstruktive Maßnahmen, die anderen Anforderungen an die Membran entgegenwirken (z. B. hohe mechanische Stabilität bedingt nach derzeitigem Stand der Technik hohen Ohmschen Widerstand).

Weltweit bieten drei Hersteller kationenselektive Membranen für die großtechnische Chlorproduktion an: DuPont die Nafion-Typen, Asahi-Glass Corp. die Flemion F-Typen und Asahi-Kasei Aciplex F.

Alle Produkte sind Copolymere, die durch freie radikalische Polymerisation in Fluorkohlenwasserstoff-Lösungen und anschließende wässrige Emulsionspolymerisation hergestellt werden [31].

Typische Comonomere für die Herstellung von *sulfonatgruppenhaltigen* Ionenaustauschern enthalten perfluorierte Ethergruppen:

$$CF_2=CF-O-CF_2-CF-O-(CF_2)_n-CF_2SO_2F$$
$$|$$
$$CF_3|$$

mit $n = 2$ für Nafion und Flemion F und $n = 3$ für Aciplex F. Die *carboxylgruppenhaltigen* Membranen sind bei Nafion und Aciplex verzweigt

$$CF_2=CF-O-CF_2-CF-O-CF_2CF_2CO_2CH_3$$
$$|$$
$$CF_3|$$

während Flemion lineare Seitenketten besitzt:

$$CF_2=CF-O-CF_2-CF_2-CF_2-CO_2CH_3$$

Nach Copolymerisation mit Tetrafluoroethylen und anschließender Hydrolyse besitzen Nafion-Membranen folgende Struktureinheiten:

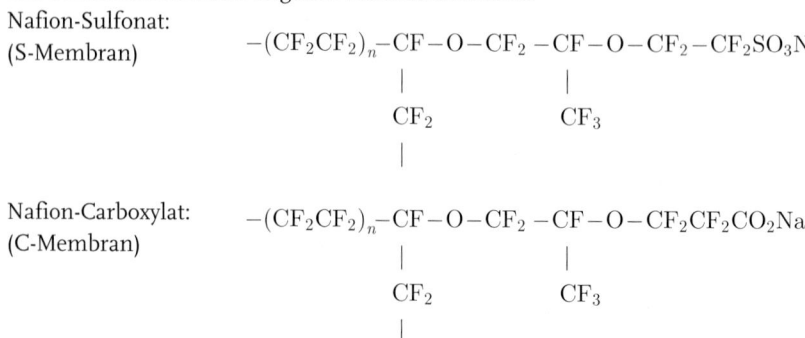

Nafion-Sulfonat:
(S-Membran)

Nafion-Carboxylat:
(C-Membran)

n = 5–11 für kommerzielle Membranen.

Die Aciplex- und Flemion-Membranen sind analog entsprechend den verwendeten Monomeren aufgebaut.

Beide Copolymere (verkürzt C-Polymer und S-Polymer) werden getrennt hergestellt und anschließend zu Folien extrudiert [32]. Die sulfonat- und carboxylgruppenhaltigen Membranen werden anschließend zusammen mit PTFE- und ggf. »Opfergewebe« zusammen laminiert und anschließend mit Natronlauge wie oben beschrieben hydrolysiert. Opfergewebe aus Polyester erhöhen beim Herstellprozess die mechanische Stabilität und lösen sich in Lauge auf. Durch das nachgeschaltete Weglösen wird der Ohmsche Widerstand der Membran gesenkt und die Stromausbeute im Elektrolyseprozess erhöht. Mechanisch stabilere Membranen erhält man durch den Einbau chemisch resistenter Fäden. Anstelle von multifilem PTFE-Gewebe enthalten neuere Membrantypen dünneres monofiles PTFE-Gewebe, sodass die effektive Elektrolysefläche der Membran größer wird und der Ohmsche Widerstand sinkt [30].

Die Oberflächen der Membranen werden abschließend mit porösen, hydrophilen anorganischen Materialien wie Zirconiumdioxid beschichtet, um die Gasablösung zu erleichtern und damit den elektrischen Widerstand in der Elektrolysezelle zu senken. Die einzelnen Bestandteile der Membran erfüllen folgende Funktionen:

Carboxylat-Schicht:	hohe Permeabilität, niedrige Ionenaustauschkapazität, – verhindert Wanderung von Chlorid-Ionen in die Natronlauge und von OH$^-$-Ionen in den Anolyt.
Sulfonat-Schicht:	hohe elektrische Leitfähigkeit, hohe mechanische Stabilität.
PTFE-Gewebe:	hohe mechanische Stabilität, Gewebefestigkeit und Reißfestigkeit.
Oberflächenbeschichtung:	verbesserte Chlor- und Wasserstoff-Gasblasen-Ablösung.

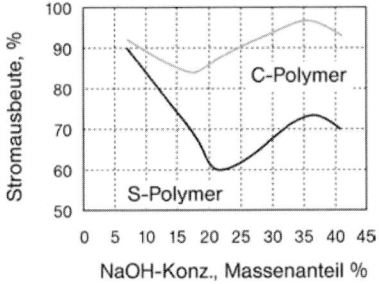

Abb. 14 Abhängigkeit der Stromausbeute von der NaOH-Konzentration [30]

Einfluss der Membraneigenschaften auf die Stromausbeute und die Produktqualität

Unter Elektrolysebedingungen bei einer Stromdichte von 4 kA m^{-2}, einer Abreicherung der Sole auf 200 g NaCl pro Liter und einer Natronlauge-Konzentration von 32 % werden stündlich pro Quadratmeter-Membranfläche 3,3 kg Natrium-Ionen und 10,5 kg Wasser transportiert. Die Makrostruktur in den Polymerschichten bestimmt im wesentlichen die Zellenspannung und die Stromausbeute, wobei die Makrostrukturen selbst von den Betriebsbedingungen beeinflusst werden. Die Stromausbeute ist u. a. abhängig von der Natronlaugekonzentration im Kathodenraum (Abb. 14) [30].

Die Stromausbeute-Kurve ist für die sulfonylgruppenhaltigen (S-Polymere) und die carboxylgruppenhaltigen Polymere ähnlich, allerdings liegt die Stromausbeute bei den S-Polymeren um etwa 20–25 % niedriger, sodass kommerzielle Membranen auf der Kathodenseite carboxylgruppenhaltige Polymere aufweisen. Der Grund für diese Abhängigkeit der Stromausbeute von der Natronlauge-Konzentration ist in der morphologischen Struktur der Polymere zu suchen. In den Polymerschichten existieren hydrophobe Bereiche, die durch die CF_2-Gruppen gebildet werden und hydrophile Bereiche und Kanäle, die durch die Carboxylgruppen in der C-Membran entstehen (Abb. 15) [30].

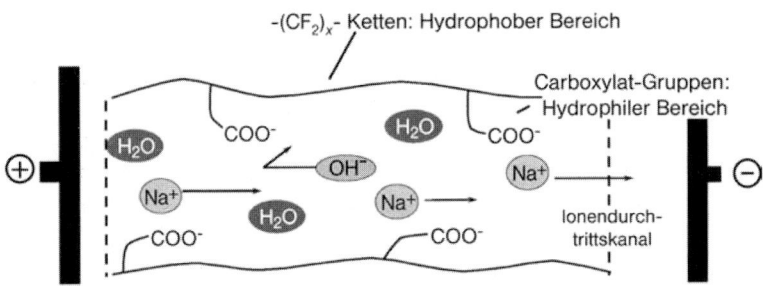

- niedrige OH$^-$-Ionen-Konzentration in der Membran und niedriger Wassergehalt bewirken enge Kanäle mit hohen elektrostatischen Abstoßungskräften und damit geringe OH$^-$-Rückwanderung

Abb. 15 Struktur der Membran mit Ionendurchtrittskanal [30]

Durch die hydrophilen Kanäle wandern die Natrium-Ionen unter Einfluss des elektrischen Feldes vom Anoden- in den Kathodenraum. Durch diese Kanäle können andererseits Hydroxyl-Ionen vom Kathoden- in den Anodenraum wandern und so die Natronlaugeausbeute und damit die Stromausbeute vermindern. Bei niedrigen Natronlauge-Konzentrationen dringt viel Wasser in die C-Membran ein, sodass große Kanäle entstehen, durch die OH$^-$-Ionen im elektrischen Feld in den Anodenraum wandern. Mit steigender Laugekonzentration sinkt der Wassergehalt in den Polymeren, die Kanäle werden enger und die Hydroxyl-Ionen werden durch die negativ geladenen Carboxylgruppenreste abgestoßen und von der Wanderung zur Anodenseite abgehalten. Bei weiter steigender Natronlauge-Konzentration wird die C-Membran dehydratisiert und die Carboxylgruppen bilden Salze mit Natrium-Ionen, wodurch die abstoßende Wirkung auf die Hydroxyl-Ionen verringert und die Wanderung in den Anodenraum erleichtert wird [30].

Einen ebenfalls negativen Einfluss auf die Stromausbeute hat die Anwesenheit von Barium-Ionen und Iodid in der Sole. Iodid wird durch Chlor gemäß der Gleichung

$$I^- + 4\,Cl_2 + 4\,H_2O \longrightarrow IO_4^- + 8\,Cl^- + 8\,H^+$$

zu Periodat oxidiert. Dieses wird mit dem Wasser durch die Membran transportiert und bildet in der C-Membran mit Natronlauge in den Kanälen unlösliche Verbindungen wie Ba_2NaIO_6 und $BaNa_3IO_6$. Die Niederschläge blockieren die Kanäle und erhöhen damit die Zellenspannung. Mit dem Kristallwachstum in der Membran wird diese geschädigt, was eine Wanderung von Hydroxyl-Ionen in den Anodenraum ermöglicht und damit die Stromausbeute senkt. Unter sonst gleichen Bedingungen fällt bei konstanter Ba^{2+}- und Iodidkonzentration die Stromausbeute mit steigender Natronlauge-Konzentration im Bereich 27–33% NaOH.

Auf der Anodenseite bestimmt die Solekonzentration den Wassergehalt in der sulfonatgruppenhaltigen Membranschicht (S-Membran). Fällt die NaCl-Konzentration auf Werte unter 180 g L^{-1}, steigt der Wassergehalt in der S- und in der C-Membran, d.h. der spezifische Wasserdurchtritt nimmt zu und verdünnt die entstehende Natronlauge, die für Verkaufszwecke stärker aufkonzentriert werden muss und somit erhöhten Dampfverbrauch erfordert. Mit verminderter Zugabe von vollentsalztem Wasser zum Katholyten kann dem entgegengewirkt werden.

Eine Erhöhung der Stromdichte erhöht ebenfalls den Wassergehalt in den Polymeren. Eine Erhöhung der Elektrolysetemperatur wirkt diesem Effekt entgegen, so dass für jede Stromdichte das Optimum bei anderen Temperaturen liegt (Abb. 16).

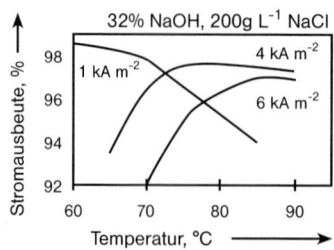

Abb. 16 Abhängigkeit der Stromausbeute von der Temperatur bei verschiedenen Stromdichten [30]

Entwicklungsarbeiten haben gezeigt, dass der Einfluss obengenannter Effekte auf den Wassergehalt in den Polymeren und damit die Kanalstruktur verändert werden kann, wenn ein carboxylgruppenhaltiges Polymer mit hohem Kristallinitätsgrad eingesetzt wird. Die hohe Kristallinität stabilisiert die Morphologie und insbesondere die aktiven Kanäle im Inneren des Polymeren.

Wanderung von Anionen durch die Membran
Die kationenselektive Ionenaustauscher-Membran ist idealerweise für Anionen undurchlässig. Hydroxyl-Ionen, die im elektrischen Feld durch die Membran wandern, bilden im Anodenraum mit Chlor Hypochlorit, das bei den herrschenden Bedingungen teilweise zu Chlorat weiter reagiert und somit die Stromausbeute senkt. Aus dem Anodenraum können entgegen der Wirkung des elektrischen Feldes durch Diffusion und elektroosmotische Kräfte Chlorid- und Chlorat-Ionen durch die Membran in die Natronlauge übertreten und damit die Produktqualität beeinträchtigen. Der Chloridgehalt der Natronlauge ist nahezu unabhängig von der Abreicherung der Sole, steigt aber mit abnehmender Laugekonzentration im Bereich 25–35 % NaOH auf der Katholytseite, da der Wassergehalt in der Membran zunimmt und damit die Diffusion erleichtert wird. Mit Steigerung der Stromdichte nimmt der Chloridgehalt in der Lauge ab.

Die Wanderung von Chlorat-Anionen von der Anolyt- auf die Katholytseite ist von verschiedenen Faktoren abhängig. Mit steigendem Chloratgehalt im Anolyt und steigender Temperatur nimmt der Chloratgehalt in der Lauge zu. Mit abnehmender Stromdichte und abnehmender Schichtdicke der C-Membran steigt der Chloratgehalt ebenfalls, wobei insbesondere die Membraneigenschaften das Niveau der Verunreinigung bestimmen. Bei der Laugeaufkonzentrierung wird ein Teil des Chlorats zerstört, sodass in der 50 %igen Lauge 10–70 ppm Natriumchlorat gefunden werden [33].

Mechanische Einflüsse auf die Einsatzdauer von Membranen
Die kationenselektiven Membranen sind sehr empfindlich gegen mechanische Beschädigungen. Faltenwurf, Blasen (Blister) und kleinste Löcher (pinholes) setzen die Wirtschaftlichkeit des Verfahrens herab. Werden die Einbauvorschriften für die Membranen nicht exakt eingehalten, kann Faltenbildung auftreten. Kommt die Membran in der bewegten Zone im oberen Bereich der Zelle mit einer Elektrode in Kontakt, können durch Abrasion kleine Löcher entstehen, durch die Wasserstoff und Natronlauge auf die Anodenseite gelangen können. Vor dem Einbau der Membranen müssen diese mittels Wässerung in alkalischer Lösung bestimmter Konzentration und Temperatur auf die richtige Ausdehnung eingestellt werden. Beim Einfahren der Elektrolyse müssen bestimmte Betriebsbedingungen 24–48 h lang exakt eingehalten werden, um Schäden zu vermeiden. Es muss während des gesamten Produktionsprozesses darauf geachtet werden, dass der Überdruck auf der Kathodenseite durch Regelung des Wasserstoffdruckes gegen den Chlordruck konstant bleibt. Die Wasseraufnahme der Membran im Elektrolyseprozess und die hohe Betriebstemperatur führen zur Dehnung der Membran. Mithilfe hoher Elektrolytkonzentrationen auf der Sole- und Laugeseite kann eine teilweise Dehydratisierung der Membran und damit die Ausdehnung verhindert werden.

Blasen (Blister) werden durch örtlich begrenzte Ablösung der C-Membran von der S-Membrane gebildet. Dies kann verschiedene Ursachen haben. Die Wasserdurchlässigkeit in der S-Membran ist höher als in der C-Membran. Im Elektrolyseprozess entsteht durch Wanderung der Natrium-Ionen und des Wassers ein erheblicher Druck auf die Laminatstellen. Bei hoher Solekonzentration ist der Wassereintrag in die S-Membran geringer als bei niedriger NaCl-Konzentration und damit der mechanische Druck auf die Laminatfläche kleiner. An der Anodenoberfläche ist die Verarmung in der Sole besonders groß. Steht die Membran in Kontakt mit der Anode, dringt verstärkt Wasser in die S-Membran ein, und der Druck auf die Laminatstelle im Umfeld erhöht sich. Je nach Alter und Zustand der Membran kann diese dem inneren Druck nicht mehr standhalten und es erfolgt lokale Delaminierung mit Blasenbildung. Der gleiche Effekt kann entstehen, wenn die Stromdichte zu hoch eingestellt ist und der Wassertransport durch die Membran den Druck auf die Verbindung zwischen beiden Membranschichten erhöht. Besonders schädlich für die Membran ist die Kombination von hoher Stromdichte und niedriger Anolytkonzentration. Die Sole wird deshalb lastgeregelt in die Zellen gefahren und die Anolytkonzentration ist im wiederkehrenden Turnus auf den NaCl-Gehalt zu überprüfen.

Blister verringern die aktive Elektrolysefläche und verkürzen die Standzeit der Membran. Wegen der unterschiedlichen Oberflächenenergie von S- und C-Polymeren ist eine feste Verbindung zwischen beiden schwierig zu erreichen. Die Verbesserung der Haftung beider Polymerschichten ist Gegenstand weiterer Entwicklungsarbeiten bei den Herstellern. Eine weitere mechanische Belastung der Membran tritt auf, wenn die Gasabfuhr auf der Chlor- und Wasserstoffseite nicht frei von Druckschwankungen erfolgt. Der Druck in der Zelle ist auf der Kathodenseite stets höher als auf der Anodenseite, sodass die Membran gegen die Anode gepresst wird. Werden die Druckschwankungen auf der Anoden- und Kathodenseite so groß, dass der Differenzdruck ebenfalls schwankt, kommt es zum sogenannten Flattern der Membran im Elektrolyseur und damit zu mechanischen Schäden bis hin zu kleinen Löchern (pinholes), die zum Anstieg des Wasserstoffgehaltes im Chlor und von Chlorid in der Natronlauge führen. Druckschwankungen und damit Membranschäden werden minimiert, indem die Membranaußenseite zur besseren Gasblasenablösung mit rauen, anorganischen Materialien wie Zirconiumdioxid beschichtet wird. Auch die Anoden- und Kathodenoberflächen werden üblicherweise zur Erzielung einer besseren Gasablösung mit im Mikrometerbereich rauen Coatings beschichtet. Des weiteren helfen konstruktive Merkmale der Elektrolysezelle und eine effiziente Druckhaltung sowie eine hohe Flüssigkeitszirkulationsrate, Druckstöße in der Zelle zu vermeiden.

Die beim Kauf der Membranen abgegebenen Garantien sind mit der Einhaltung und regelmäßigen Kontrolle einer Reihe von Betriebsparametern verknüpft. Einige Parameter gelten für alle Membrantypen, andere können in engen Grenzen variieren. In Tabelle 4 werden die Bereiche für die wichtigsten vorgeschriebenen Betriebsbedingungen dargestellt.

Tab. 4 Empfohlene Betriebsparameter und Überwachungshäufigkeit

Parameter	Betriebsbedingungen	Überwachungshäufigkeit
Elektrolyseure		
Stromausbeute	entsprechend Auslegung und Lastgrad	quasi-kontinuierlich
Stromdichte	entsprechend Auslegung; 1,5–6 kA m^{-2}	kontinuierlich
Spannung	< 4,5 V, hohe Spannung Anzeichen auf hohe Laugekonz., niedrigen Sole-pH und andere Membran-schädigende Parameter	kontinuierlich
Druckdifferenz Katholyt-/Anolytseite	konstanter Überdruck auf der Kathodenseite	kontinuierlich
Stromausbeute	abhängig vom Membranzustand	nach Anforderung
Anolytseite		
NaCl-Konzentration	> 210 g NaCl pro Liter, > 240 g KCl pro Liter	kontinuierlich
Soledurchfluss	entsprechend Anforderungen und Konzentration	kontinuierlich
Säurezugabe	entsprechend Anlagenauslegung	kontinuierlich
NaCl-Konzentration am Zellenaustritt	200 ± 30 g NaCl pro Liter	kontinuierlich
pH-Wert Anolyt	> 2	kontinuierlich
Natriumchlorat in Anolyt	< 20 g NaClO$_3$ pro Liter; abhängig von Produktanforderungen an Natronlauge	täglich
Soletemperatur (Auslauf)	80–90 °C	kontinuierlich
Katholytseite		
Zulaufmenge Wasser	abhängig von Laugekonzentration	kontinuierlich
Wasserreinheit (Widerstand)	> 200 000 Ω·cm	kontinuierlich
Laugekonzentration	32,5 ± 2,5 % Massenanteil NaOH	kontinuierlich
Chlorid in Lauge	abhängig von Betriebsbedingungen und Zustand der Membranen	wöchentlich
Temperatur (Auslauf)	80–95 °C	kontinuierlich

Einfluss von Verunreinigungen in Sole und Katholyt auf die Membran

Wie schon in Abschnitt 2.2.3 erwähnt, beeinträchtigen verschiedene Verunreinigungen in der Sole die Eigenschaften der Membran und erhöhen so die Betriebskosten. Die Effekte werden hervorgerufen, wenn die Verunreinigungen (Kationen, Anionen) in die Membran eindringen und dort unlösliche Verbindungen bilden (Abb. 17).

Niederschläge, die in der sulfonylgruppenhaltigen Membran ausfallen und die aktive Elektrolysefläche verringern, führen zum Anstieg der Zellenspannung.

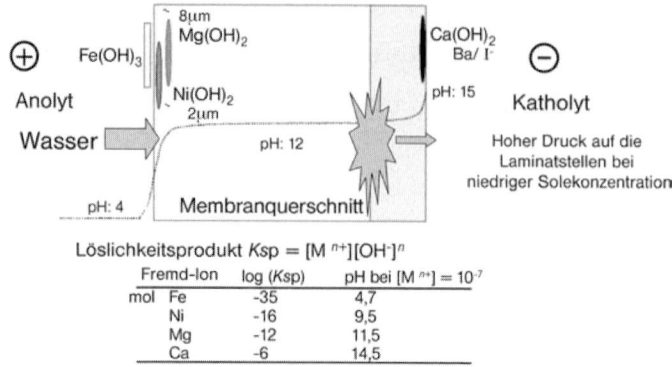

Abb. 17 Niederschlag verschiedener Verunreinigungen in der Membran: Position und Löslichkeit und Effekt bei niedriger Solekonzentration [30]

Hierzu zählen Verbindungen von Magnesium, Nickel, Eisen und Aluminium, letzteres in Verbindung mit Silicaten. Unlösliche Verbindungen, die in den Ionentransportkanälen ausfallen, senken die Stromausbeuten entweder weil sie die Kanäle mechanisch zerstören und die Hydroxyl-Ionenwanderung in den Anodenraum verstärken oder weil sie die Kanäle blockieren und so zu einer Dehydratisierung der carboxylgruppenhaltigen Membran führen, was ebenfalls eine verstärkte Wanderung der Hydroxylgruppen ermöglicht [34, 35].

Zu der zweiten Gruppe von Verunreinigung zählen Verbindungen von Calcium, Strontium, Barium in Verbindung mit Iodid, Aluminium in Verbindung mit Silicat, Quecksilber sowie Sulfat. Organische Verbindungen zerstören ebenfalls die Membran und führen sowohl zu Spannungsanstiegen als auch zu Verlusten bei der Stromausbeute.

Tabelle 5 gibt einen Überblick über die schädlichen Verunreinigungen, die einzuhaltenden Grenzwerte, ihre physikalischen Effekte und Auswirkungen sowie Vorsorgemaßnahmen. Ziel der Entwicklungen der Membranhersteller ist es, die Empfindlichkeit der Membran gegenüber Verunreinigungen zu senken.

3.1.2.1 Ermittlung des günstigsten Ersatzzeitpunktes für Membranen

Auch 28 Jahre nach der kommerziellen Einführung der Membran-Chlor-Alkali-Elektrolyse werden die avisierten Membranstandzeiten von vier bis fünf Jahren häufig nicht erreicht. Die Gründe sind vielfältig: Fehler beim Einbau, bei Inbetriebnahme oder während des Betriebes, mangelnde Stabilität der Membran, Schäden durch Anreicherung von Verunreinigungen in der Membran aus dem Sole- oder Katholytkreislauf, Nichteinhaltung von erforderlichen Produktreinheiten, etc. Treten keine außergewöhnlichen Ereignisse auf, stellt sich die Frage nach dem betriebswirtschaftlich günstigsten Zeitpunkt für den Membranwechsel. Da die Anoden- und Kathodenbeschichtungen bei bestimmungsgemäßem Betrieb alle acht bis zehn Jahre erneuert werden müssen, sollte die Membranstandzeit bei der gleichen oder etwa der halben Elektrodenlaufzeit liegen, um Produktionsausfälle und aufwändige Ar-

Tab. 5 Schädliche Verunreinigungen, Grenzwerte und Auswirkungen [36–38]

Verunreinigung	Grenzwerte < 4 kA m^{-2}	Grenzwerte 4–6 kA m^{-2}	Effekt auf die Membran	Effekt auf den Elektrolyseprozess	Vorsorgemaßnahmen
Calcium $\rightarrow$ Ca(OH)$_2$	Summe Ca + Mg < 20 ppb	Σ Ca + Mg < 20 ppb	Niederschlag in C-Membran, Zerstörung der Ionendurchtrittskanäle	Verlust Stromausbeute bis zu 80 %	Ionentausch
Magnesium $\rightarrow$ Mg(OH)$_2$			Niederschlag in S-Membran, Erhöhung des Ohmschen Widerstandes	Erhöhung der Zellenspannung	Fällung und Filtration mit NaOH und Ionentausch
Strontium $\rightarrow$ Sr(OH)$_2$ in Gegenwart von SiO$_2$ $\rightarrow$ SrSiO$_3$	< 500 ppb	< 400 ppb	Niederschlag in C-Membran, Zerstörung der Ionendurchtrittskanäle	Verlust Stromausbeute	Auswahl geeigneter Ionentauscher
< 1 ppm SiO$_2$	< 100 ppb	< 100 ppb	Niederschlag in S- und C-Membran	Verlust Stromausbeute und Anstieg Zellenspannung	
< 5 ppm SiO$_2$	< 60 ppb	< 60 ppb			
< 15 ppm SiO$_2$	< 20 ppb	< 20 ppb			
Barium $\rightarrow$ BaSO$_4$	< 1 ppm (< 100 ppb) bei Soleansäuerung	< 500 ppb < 100 ppb bei Soleansäuerung	Niederschlag in C-Membran als Sulfat oder Periodat Niederschlag auf Anode	Verlust Stromausbeute Anstieg Zellenspannung	Einstellung des Sulfatspiegels in der Sole auf > 5,0 g Na$_2$SO$_4$/l
Ba$_x$Na$_{5-2x}$IO$_6$ x = 1,2					

Tab. 5 Fortsetzung

Verunreinigung	Grenzwerte < 4 kA m^{-2}	Grenzwerte 4–6 kA m^{-2}	Effekt auf die Membran	Effekt auf den Elektrolyseprozess	Vorsorgemaßnahmen
Aluminium $\rightarrow$ Al(OH)$_3$ Al$_2$(SiO$_3$)$_3$	< 100 ppb bei SiO$_2$-Präsenz < 10 ppm SiO$_2$	< 100 ppb bei SiO$_2$ Präsenz < 6 ppm SiO$_2$	Niederschlag in C-Membran	Verlust Stromausbeute	Einstellung des pH-Wertes bei Kationenfällung < 10,5
Eisen $\rightarrow$ Fe(OH)$_3$	< 1 ppm < 0,05 ppm bei Soleansäuerung	< 1 ppm	Niederschlag auf S-Membran Niederschlag auf Kathode	Anstieg Zellenspannung Anstieg Zellenspannung	Fällung mit NaOH/Na$_2$CO$_3$ eisenfreien Katholytkreislauf beachten
Nickel $\rightarrow$ Ni(OH)$_2$	< 10 ppb	< 10 ppb	Niederschlag in S-Membran	Verlust Stromausbeute	Fällen mit Na$_2$S und/oder Ionentausch
Quecksilber HgO	< 10 ppb	< 10 ppb	Niederschlag in C-Membran	Verlust Stromausbeute	Fällung mit Na$_2$S und/oder Ionentausch
Mangan $\rightarrow$ Mn(OH)$_{2,3}$	< 50 ppb	< 50 ppb			Materialauswahl (Leitungen, Elektrolyseure)
Chrom $\rightarrow$ Cr(OH)$_{2,3}$	< 1 ppm	< 1 ppm			
Kupfer $\rightarrow$ Cu(OH)$_{2,3}$	< 10 ppb	< 10 ppb			
andere Schwermetalle als Pb	< 100 ppb	< 100 ppb			

Tab. 5 Fortsetzung

Verunreinigung	Grenzwerte < 4 kA m^{-2}	Grenzwerte 4–6 kA m^{-2}	Effekt auf die Membran	Effekt auf den Elektrolyseprozess	Vorsorgemaßnahmen
SiO_2 → unlösliche Silicate mit Al, Sr, Ca	< 10 ppm	< 6 ppm	Bildung von Niederschlägen	Stromausbeuteverlust bis 93 %	genügend Verweilzeit im Eindicker der Soleaufbereitung
Iodid → IO_6^{5-}	< 500 ppb < 200 ppb bei Soleansäuerung	< 200 ppb	Bildung von Periodatniederschlägen mit Ba und Sr in C-Membran	Stromausbeuteverlust bis 85 % Beschädigung der Membran	Soleausschleusung Salzauswahl
Fluorid	< 0,5 ppm	< 0,5 ppm	Korrosion an Anoden	Anstieg Zellenspannung	Soleausschleusung
Sulfat $M^{II}SO_4$	5–8 g L^{-1}	5–8 g L^{-1}	Bildung von Niederschlägen in S- und C-Membran	Zerstörung der Membran	Fällung s. Abschnitt 2.2.2.2
Chlorat	< 15 g L^{-1}	< 15 g L^{-1}	Wanderung in den Kathodenraum	Beeinträchtigung NaOH-Qualität	Chloratzerstörung s. Abschnitt 2.6
Unlösliche Stoffe	< 0,5 ppm	< 0,5 ppm	Belagbildung auf Membran	Anstieg Zellenspannung	Optimierung Filtration
Organika	< 10 ppm	< 10 ppm	Belagbildung in/auf Membran	Anstieg Zellenspannung Stromausbeuteverlust	

beiten an den Elektrolyseuren zu minimieren. Mit zunehmender Betriebsdauer steigt der Widerstand der Membran und damit steigt die Zellenspannung und/oder sinkt die Stromausbeute. Beide Effekte führen zu höheren Herstellkosten.

Nach [39] ist der günstigste Ersatz-Zeitpunkt erreicht, wenn die Summe der Kosten für die Energieverbrauchszuwächse gleich der für den Membranwechsel aufzubringenden Geldsumme ist. Andere Autoren haben modifizierte Kostenrechnungen angestellt. Den über die Laufzeit kumulierten Mehrkosten für die Energie werden die um die Abschreibung korrigierten Kosten für die Membran gegenübergestellt. Bei Kostengleichheit wird der optimale Ersatzzeitpunkt angesetzt. Alternativmodelle mitteln die jährlichen Mehrkosten für Energie aus den potenziellen Gesamtlaufzeiten mittels hochgerechneter Energiekostenzuwächse und addieren zu diesen Werten die aus der Division der Membranwechselkosten und jeweiligen Laufzeit (Jahre) erhaltenen Werte.

Die graphische Darstellung ergibt in nahezu allen Betrachtungen keinen festen Zeitpunkt sondern einen optimalen Zeitrahmen für den Wechsel. Die Ergebnisse resultieren aus Stromkosten, Membrankosten, Währungsparitäten und Kapitalkosten und sind somit standortabhängig (Abb. 18).

Mit der Entwicklung modifizierter Membranen ist es auch möglich, *Kaliumchlorid* elektrochemisch mithilfe des Membranverfahrens zu Chlor, Kalilauge und Wasserstoff umzusetzen. Einige kommerzielle Membranen eignen sich ausschließlich für die Kaliumchlorid-Elektrolyse, mit anderen kann zwischen Kalium- und Natriumchlorid-Elektrolyse hin- und hergewechselt werden. Bei der Verwendung von sulfonatgruppenhaltigen Membranen ist der Gehalt an KCl und $KClO_3$ in der Kalilauge am niedrigsten. Für den Wechsel zwischen NaCl- und KCl-Elektrolyse müssen zweilagige Membranen mit S-und C-Membranen eingesetzt werden.

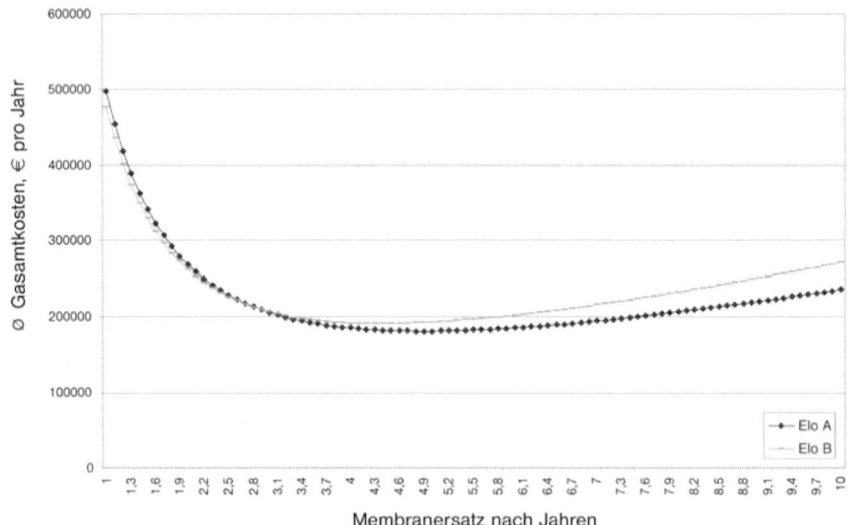

Abb. 18 Ergebnis einer Beispielsrechnung für den optimalen Zeitpunkt für den Membranwechsel für zwei Elektrolyseure mit verschiedenen Membrantypen [40]

Diese weisen auch die höchsten Stromausbeuten und niedrigsten Zellenspannungen auf. Bei einer Stromdichte von 4 kA m^{-2}, einer Temperatur von 90 °C und einer Kalilauge-Konzentration von 32% liegt die Zellenspannung auch nach 900 Tagen Laufzeit ohne Leitungsverluste bei 2,95–3,1 V und die Stromausbeute zwischen 96 und 99% [41]. Mit zunehmender KOH-Konzentration sinkt der KCl-Gehalt von 20 auf 10 ppm. Bei Verwendung von C-Membranen ist der Kaliumchlorat-Gehalt in der Lauge höher als bei S-Membranen.

3.1.3 Elektroden für die Membranelektrolyse

Das Design und die Auslegung von Kathoden und Anoden ist unmittelbar verknüpft mit der Zellengeometrie, der Auslegung bezüglich Stromdichte, Sole- und Katholytzirkulation und der Menge der abzuführenden gasförmigen Produkte. Die Herstellung und Beschichtung der Anoden und Kathoden wird häufig von spezialisierten Herstellern vorgenommen. Eine Übersicht über die Herstellung und Eigenschaften von Anodencoatings wird in [42, 43] beschrieben.

3.1.3.1 Anoden

Titan bildet unter Elektrolysebedingungen eine elektrisch isolierende Oxidschicht aus. Um die Anodenkonstruktion vor Chlor zu schützen und die Leitfähigkeit zu erhalten, wird die Oberfläche mit einer elektrisch leitfähigen Titansuboxidbeschichtung überzogen. Die elektrolytisch aktive Oberfläche wird mit Oxiden von Ruthenium in Kombination mit Nichtplatinmetalloxiden von Titan, Zinn oder Zirconium auf die Suboxidschicht aufgetragen. Zumeist wird ein zweites Platinmetalloxid hinzugegeben, um die Aktivität und die Stabilität des Anoden-Coatings zu erhöhen. Die Kombination aus Platin- und Nichtplatinmetalloxiden wird verwendet, um die Überspannung zu senken, die Abtragsrate zu verringern und damit die Betriebskosten zu senken. Das optimale Verhältnis Platinmetall zu Nichtplatinmetall hängt von den Betriebsbedingungen und der Coating-Methode ab und liegt in der Größenordnung von 20 : 80 bis 55 : 45% Massenanteil. In der Literatur wird auch die Verwendung von Glasfasern [44] und von voroxidierten Mischoxiden wie $Li_{0,5}Pt_3O_4$ [45] beschrieben.

Beschichtung

Die Wahl des Lösemittels für die Metallsalzlösung richtet sich nach den gewünschten elektrochemischen Eigenschaften und der Beschichtungsmethode, die wiederum durch die Anodenstruktur vorgegeben ist. Die Beschichtungslösungen werden durch Auflösen der Metallsalze in anorganischen oder von metallorganischen Verbindungen in organischen Lösemitteln hergestellt und dann durch Aufsprühen, Tauchen oder Streichen aufgetragen. Der Hauptteil des Lösemittels wird entfernt und die Anoden anschließend auf 350–600 °C erhitzt, um die Metalle zu oxidieren. Dieser Vorgang wird so oft wiederholt, bis die gewünschte Schichtdicke erreicht ist. Die optimalen Beschichtungseigenschaften sind abhängig von der Schichtdicke der einzelnen Imprägniervorgänge, die je nach Anwendungsfall und Oberflächenvorbehandlung unterschiedlich gestaltet werden müssen. Neben dieser thermischen Beschichtungsmethode werden auch galvanische Verfahren verwendet.

Aktive Komponenten

Rutil ist die elektrochemisch aktive Komponente der Beschichtung. Obwohl thermodynamisch instabil bleibt die Rutilphase unter Elektrolysebedingungen viele Jahre lang stabil. Die stabile Phase bestehend aus Anatas im Falle der TiO_2-RuO_2-Beschichtung ist elektrochemisch instabil [46]. Der Kristallinitätsgrad und die Zusammensetzung sind von den Betriebsbedingungen abhängig, die verschiedenen Mischkristalle weisen unterschiedliche Beständigkeiten auf. Die Oberfläche der Beschichtung hängt von der Vorbehandlung des Titankörpers und der Zusammensetzung der Beschichtung ab. Unter dem Mikroskop gleicht die Anodenoberfläche einem eingetrockneten Flussbett mit Rissen und unregelmäßigen Flächen. Die nach BET oder elektrochemisch bestimmte Oberfläche der Beschichtung ist etwa 400–1000-mal so groß wie die geometrische Oberfläche [47].

Die beobachtete Überspannung für die Chlorentwicklung im Stromdichtebereich von 2–10 kA m^{-2} liegt bei 80–110 mV [48–51] und ist u. a. vom Beschichtungsverfahren abhängig. Etwa 70–100 mV sind auf Diffusionsüberspannungseffekte zurückzuführen. Bei gleichen Betriebsbedingungen bezüglich pH-Wert und Temperatur liegt das Abscheidepotential für Sauerstoff ca. 300 mV weiter im anodischen Bereich als das der Chlorbildung. Neue Beschichtungen begrenzen den Sauerstoffgehalt im Chlor bei pH 2 auf < 0,28 % und bei pH 3 auf < 0,35 % wobei die interne Flüssigkeitszirkulation durch konstruktive Maßnahmen in der Zelle ebenfalls optimal eingestellt werden muss. Neben Sauerstoff ist die anodische Chloratbildung die einzige Nebenreaktion.

Die Lebensdauer der Anodenbeschichtung hängt von einer Reihe von Prozessbedingungen wie Solereinheit, Stromdichte und Membraneigenschaften ab. Für eine Standardbeschichtung werden 500 t Chlor pro Quadratmeter Anodenfläche als übliche Leistung angesehen. Die Mechanismen für die Beschichtungsabtragrate werden detailliert in [52, 53] beschrieben. Moderne Beschichtungen führen erst bei ca. 85 % Abtrag zu einem starken Anstieg der Zellenspannung. Bei 100 % Abtrag wird eine Zunahme > 500 mV berichtet [54]. Die Auswirkungen verschiedener Verunreinigungen und Inhaltsstoffe der Sole können in drei Kategorien eingeteilt werden:

1) Verbindungen und Ionen, die die Titanstruktur angreifen, wie Fluorid, das lösliche Hexafluorotitanate bildet, und organische Säuren, wie Ameisen- und Oxalsäure, die ebenfalls lösliche Titanverbindungen bilden und zur Ablösung der Beschichtung führen.
2) Stoffe, die Deckschichten auf der Anodenfläche bilden, wie zum Beispiel Hydrauliköl oder Polymerfilme, die aus der Delaminierung der Membran entstehen können. Auch Alumosilicate bilden irreversibel ultradünne Deckschichten auf den Anoden.
3) Stoffe wie Mangandioxid bilden elektrochemisch aktive Beläge, die zu einem Anstieg der Sauerstoffbildung im Chlor führen können.

Die Anodenstruktur beeinflusst auch im Falle der Membranelektrolyse sehr stark die Betriebseigenschaften. Die Anoden sind nicht nur Träger der aktiven Beschichtung sondern haben auch die Aufgabe, die Membran ohne Beschädigung zu stützen und die Gasabführung zur Anodenrückseite zu fördern. Heute werden überwiegend perforierte dünne Walzbleche und lamellenartige Anodenkonstruktionen eingesetzt [55].

3.1.3.2 Kathoden

Die ersten Membranelektrolyseure in den 1970er Jahren bestanden aus kohlenstoffhaltigem, später rostfreiem Stahl. Seit Anfang der 1990er Jahre werden auf der Kathodenseite ausschließlich Nickelkonstruktionen verwendet, die mit aktiven Beschichtungen ausgestattet sind. In der Patentliteratur wurden verschiedene Arten von Beschichtungen veröffentlicht. Durch Sandstrahlen können Nickelkathoden mit raueren und damit größeren Oberflächen versehen werden, was die Überspannung um 30–150 mV dauerhaft senkt. Weiter verbreitet sind poröse nickelhaltige Beschichtungen, die sich durch eine große Oberfläche und hohe chemische Beständigkeit auszeichnen. Die Beschichtungslösung enthält zumeist Verbindungen, die sich in Natronlauge auflösen und damit zur Vergrößerung der Oberfläche beitragen [56]. Beschichtungslösungen enthalten Nickel-Zink [57], Nickel-Aluminium-Raney-Nickel [58], Nickel-Aluminium [59] oder Nickel-Schwefel-Verbindungen [60].

Auch oberflächenraue Beschichtungen mit Nickel-Nickeloxid-Mischungen [61] und Nickel mit eingebauten aktiven Elementen wie Ruthenium werden eingesetzt [62]. Weiterhin werden gesinterte Nickelbeschichtungen [63] und Nickel-Beschichtungen mit Platin und/oder Ruthenium [64, 65] angeboten.

In der Chlor-Alkali-Membranelektrolyse muss die Kathodenbeschichtung gegen 35 %ige Natronlauge stabil sein. Die meisten Kathodenanbieter favorisieren Nickelbeschichtungen mit Platinmetall-Komponenten. Das Beschichtungsverfahren für die Kathoden richtet sich nach deren Struktur. Flachblech-Konstruktionen werden durch Aufsprühen oder Aufpinseln und anschließende Trocknung beschichtet.

Verunreinigungen im Katholytkreislauf können zur Deaktivierung der Beschichtung durch Belagbildung führen. Die Verunreinigungen können aus dem vollentsalzten Wasser, Rohrleitungen, Elektrolyseuren u. ä. stammen. Die Platinmetall enthaltenden Beschichtungen können auch durch Umkehrströme bei Anlagenabstellungen geschädigt werden. Als Gegenmaßnahmen können Polarisationsströme [66] oder Reduktionsmittel [67] angewendet werden.

3.1.4
Kommerzielle Elektrolyseure

Die Zahl der Anbieter für kommerzielle Großanlagen zur Chlorerzeugung ist in den vergangenen Jahren durch verstärkte Kooperation der Unternehmen auf fünf geschrumpft. Uhde und Asahi-Kasei bieten ausschließlich bipolare Elektrolyseure an, während Chlorine Engineers, Eltech und Ineos auch monopolare Elektrolyseure bauen. Der prinzipielle Aufbau der Elektrolyseure ist bei allen Fabrikaten gleich. Die Membranen sind stets vertikal zwischen Titan-Anoden- und Nickel-Kathodenelementen eingespannt (vgl. Abb. 5). Eine große Anzahl von solchen Elektrolysezellen bilden einen Elektrolyseur (vgl. Abb. 10). Große Unterschiede bestehen bei konstruktiven Lösungen für die Abdichtung der Elemente, Anoden- und Kathodendesign, Flüssigkeitsumlauf in der Zelle, Gasabfuhr sowie die elektrische Anordnung (monopolar, bipolar) zwischen den Elementen wie auch im Inneren. Die meisten Hersteller verwenden für die Fixierung der Membran und die Abdichtung der Zellenelemente eine Filterpressenkonstruktion, bei der die Elemente Anoden/Membran/Kathoden mit speziellen Vorrichtungen eingehängt und dann mit Hilfe von hydraulischen Einrichtungen oder Verschraubungen von beiden Enden des Elektrolyseurs her eingespannt werden. Im Gegensatz dazu verwendet Uhde beim BM 2.7 III Elektrolyseur Einzelelement-Verschraubungen, d.h. jedes Element ist einzeln abgedichtet und verschraubt. Der Vorteil dieser aufwändigeren Bauweise ist, dass bei Austausch einzelner schadhafter Membranen vorbereitete Elemente in kurzer Zeit eingesetzt werden können.

Wichtige Kennziffern und Eigenschaften von Elektrolyseuren sind Zellenspannungen, Verteilung der Elektrolyte bzgl. Konzentration in der Zelle, Temperaturverteilung und Stromdichteverteilung in der Zelle.

Ziele weiterer Entwicklungen beim Zellendesign sind die Minimierung von Zellenspannungen, Homogenisierung der Elektrolytkonzentration und Steigerung der Stromdichte auf bis zu 8 kA m^{-2}, letzteres mit dem Ziel der Minimierung der Investitionskosten (vgl. Abb. 9).

Asahi-Kasei Corporation: Acilyzer-ML Bipolar-Elektrolyseure (Abb. 19)
Acilyzer ML sind bipolar aufgebaute Elektrolyseure mit bis zu 180 Zellen. Jede Zelle besteht aus einem Anodenelement aus Titan und einem Kathodenelement aus Nickel, zwischen denen die Membran eingespannt ist. Zwischen Kathodenraum einer Zelle und Anodenraum der benachbarten Zelle befindet sich eine Trennwand. Die Anoden und Kathoden sind auf Rippen der jeweiligen Halbschalen punktgeschweißt. Die Einlassstutzen für die Elektrolyten befinden sich unten, die Auslässe für Gase und Flüssigkeiten oberhalb der Zellen. Der Acilyzer-ML 32-Typ hat Zellenelemente mit den Abmessungen 1,2 m · 2,4 m, Acilyzer-ML 60 1,5 m · 3,6 m.

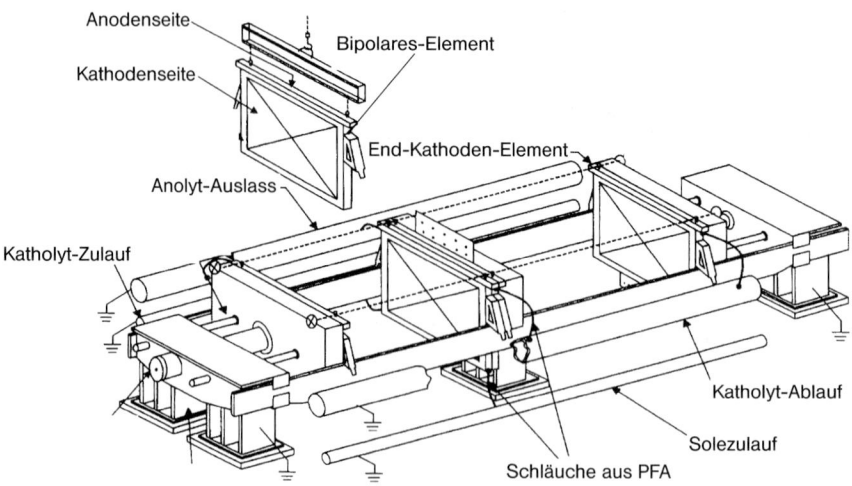

Abb. 19 Aufbau des Asahi-Kasei Elektrolyseurs Acilyzer ML32NCH [68]

Im Jahr 2002 waren weltweit etwa 6,7 · 10^6 t Natronlauge-Kapazität mit Asahi-Kasei Technologie in Betrieb oder im Bau.

Chlorine Engineers Corporation: BiTAC und CME Elektrolyseure

Chlorine Engineers Corporation (CEC) bietet bipolare BiTAC-Elektrolyseure und monopolare CME-Elektrolyseure an.

BiTAC-Elektrolyseure können bis zu 80 Zellen aufnehmen. Die Rückseiten der Nickel- und Titan-Halbschalen haben Winkelbleche aus den entsprechenden Materialien, die beim Zusammenbau eng aneinander liegen und damit niedrige Ohmsche Verluste haben (Abb. 20). Dabei wurde berücksichtigt, dass die elektrische Leitfähigkeit von Nickel sechsmal größer ist als die von Titan. Mit der speziellen Konstruktion wird bewirkt, dass der Stromfluss durch Titan minimiert wird. Dank der niedrigen Ohmschen Verluste, intensiver Elektrolytvermischung und guter Gasablösung können Stromdichten von bis zu 6,7 kA m^{-2} gefahren werden. Der Abstand Anode–Kathode kann dank verstellbarer Kathoden von Null auf bis zu 2 mm variiert werden, sodass verschiedene Membrantypen gewählt werden können. Die Elektrolytzufuhr erfolgt von unten, die Ableitung mittels durchsichtiger PTFE-Schläuche im Überlauf von oben. Die effektive Elektrolysefläche beträgt 2,34 m · 1,40 m. Die Zellen werden über Gewindestangen an den Enden der Elektrolyseure zusammengespannt. Anfang 2004 wurden weltweit etwa 2,5 · 10^6 t Natron- und Kalilaugekapazität mit bipolaren Elektrolyseuren von CEC installiert.

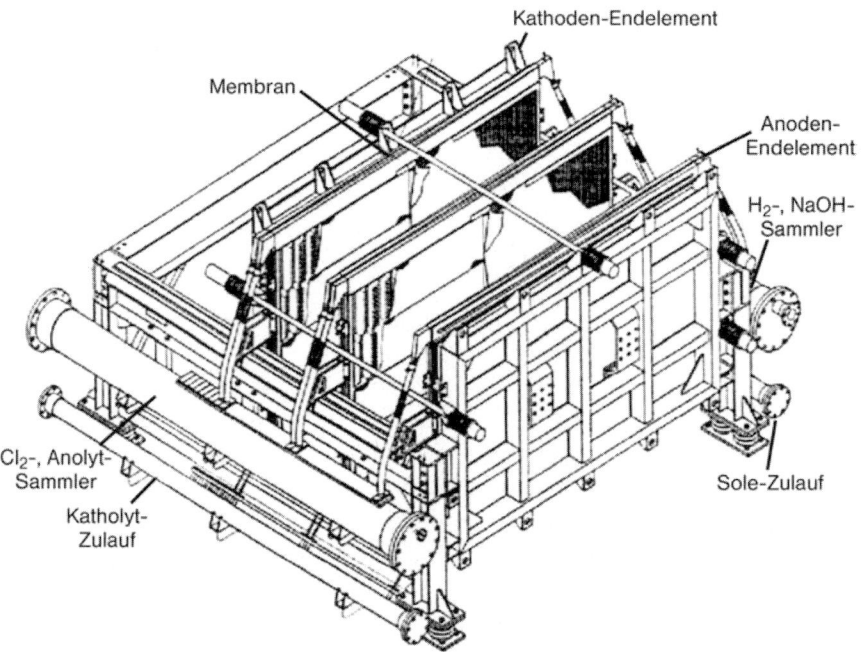

Abb. 20 Aufbau des Chlorine Engineers BiTAC – Elektrolyseurs [69]

Der monopolare CME Elektrolyseur weist ebenfalls einen Filterpressen-Aufbau auf. Die effektive Membranfläche beträgt 3,03 m². Durch aufwändige Stromverteilung in der Zelle mit Hilfe von titanummantelten Kupferstäben wird eine gleichmäßige Stromverteilung erzielt. Die Stromverteiler sind mit rechteckigen Titanblechkanälen verbunden, die eine bessere Vermischung der Elektrolyten bewirken, ohne dass von außen Pumpenergie zugeführt werden muss. Auf der Kathodenseite wird rostfreier Stahl für den Rahmen und die Stromverteilung verwendet. Gase und Flüssigkeit werden im Überlaufmodus mit minimalen Druckschwankungen in der Zelle abgeführt. Bis 2000 waren nahezu $3 \cdot 10^6$ t Natron- und Kalilaugekapazität mit CME-Elektrolyseuren installiert.

Eltech Systems Corporation: ExL monopolare und bipolare Elektrolyseure (Abb. 21)
Die Eltech ExL^M ist eine monopolare Konstruktion mit bis zu 30 Zellen pro Elektrolyseur. Die Elemente sind mit O-Ringen abgedichtet. Die Elemente werden mit Gewindestangen nach Filterpressenart zusammengepresst, wobei zwischen die Elemente eingespannte Kupferplatten mit außenliegenden Stromzuführungen die gleichmäßige Stromverteilung sicherstellen. Die Elektrolytzufuhr erfolgt von unten und die Gas- und Elektrolytableitung nach oben. Die effektive Elektrolysefläche beträgt 1,5 m², die maximale Stromdichte beträgt 6 kA m^{-2}.

Der Typ ExL^{DP} (DP steht für dense pack) ist eine Variante des Typs ExL^M, bei dem zwei bis zehn monopolare Zellen zu einem Paket zusammengefasst sind. Weitere Pakete sind dann in einem Elektrolyseur in Serie geschaltet, sodass Stromstärke

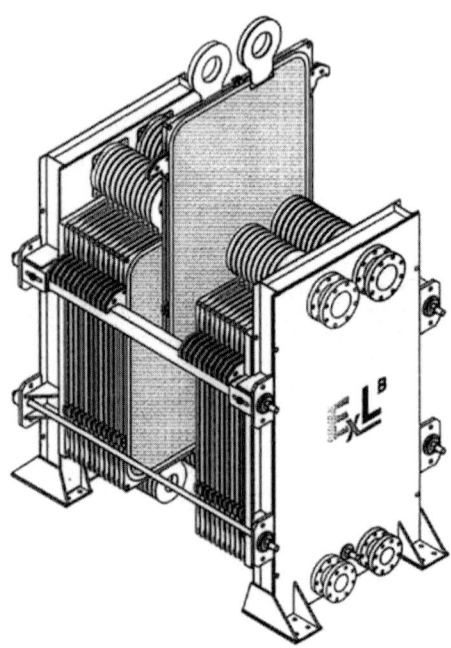

Abb. 21 Aufbau des Eltech Elektrolyseurs ExL^B [70]

und Spannung bei Umrüstung von alten Technologien besser an die vorhandene Trafo-Gleichrichter-Infrastruktur angepasst werden können. Gegenüber ExL^M weisen ExL^{DP}-Einheiten kleinere Stromstärken und höhere Spannungen im Stromkreis auf. Der bipolare Typ *ExL^B* unterscheidet sich vom monopolaren ExL^M nur durch die Art der Stromführung im Elektrolyseur. Die Anodenhalbschalen sind auf der Rückseite nickelplattiert. Im Elektrolyseur werden die Rückseiten der Anodenhalbschalen dicht gegen die Rückseiten der Nickelhalbschalen gepresst. Die Zuführungen und Ableitungen von Elektrolyten und Produkten sind so konstruiert, dass Streuströme vermieden werden. Die maximale Stromdichte wird mit 7 kA m^{-2} angegeben. Für große Chlor-Alkali-Kapazitäten bietet Eltech eine 3,1 m^2 große bipolare ExL^B-Variante an. Wie bei den anderen ExL-Varianten auch, bestehen die Anoden und Kathoden aus beschichteten Gitterstrukturen (mesh), die unmittelbar an der Membran anliegen (zero gap) [70].

Ineos-ETB: FM 1500 und BiChlor
Der Ineos-ETB *FM 1500*-Electrolyseur (Abb. 22) ist eine Weiterentwicklung der ICI FM 21 Zelle. Die Elektroden der FM 1500 werden aus Blechen gepresst und ausgestanzt. Die Anodenkonstruktion besteht aus 2 mm dicken Titanplatten, die in einen druckverschweißten EPDM-(Ethylen-Propylen-Dien Terpolymer-)Rahmen eingesetzt werden. Die Kathodenkonstruktion besteht aus Nickel und ist ebenfalls in EPDM-Rahmen eingebaut. In der Filterpressenkonstruktion werden die Anoden und Kathodenrahmen in wechselnder Reihenfolge auf Gewindestangen aufgezogen. Die Anoden sind beidseitig beschichtet, die Kathoden bestehen aus rei-

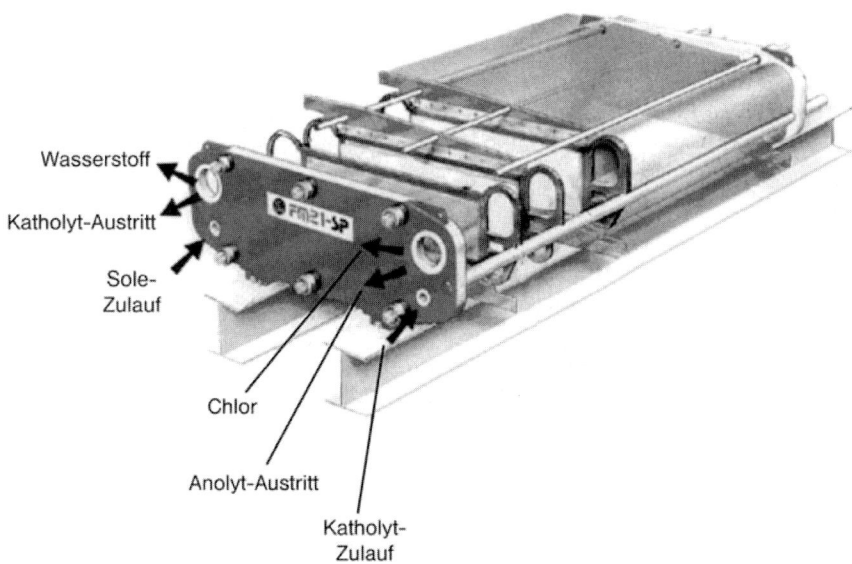

Abb. 22 Aufbau des Ineos-ETB-Elektrolyseurs FM 21-SP [71]

nem Nickel, werden auf Wunsch aber beschichtet, um die Wasserstoffüberspannung zu senken. Bis zu 90 Rahmen können in die FM 1500 eingesetzt werden. Die Abdichtung der Zellen erfolgt durch das Aufeinanderpressen der EPDM-Rahmen. Anders als bei anderen Elektrolyseuren erfolgt die Elektrolytzufuhr und die Ableitung der Produkte von der Seite. Die Zellen sind in der FM 1500 monopolar geschaltet. Anoden und Kathoden haben $2 \cdot 0{,}21$ m^2 effektive Fläche, da beide Elektrodenseiten genutzt werden. Bis Ende 2001 waren über $1 \cdot 10^6$ t Chlorkapazität mit der FM 21 und FM 1500-Technologie ausgestattet. Mit dem Typ *BiChlor* bietet Ineos einen bipolaren Elektolyseur an. Die effektive Membranfläche beträgt 2,90 m^2, die Stromdichte kann auf bis zu 8 kA m^{-2} eingestellt werden, wobei für den Dauerbetrieb 5–6 kA m^{-2} empfohlen werden. Der BiChlor-Elektrolyseur ist aus Einzelelementen aufgebaut, die Nest Paks genannt werden. Jedes Nest Pak besteht aus einem Anoden- und Kathodenelement mit zwischenliegender Membran. 20 bis 80 Nest Paks können zu einem »pack« zusammengeschlossen werden. Mehrere »packs« in Serie geschaltet bilden einen Elektrolyseur. Die Elektrolytzufuhr erfolgt unten seitlich, die Produkt- und Anolytableitung oben. Transparente Schlauchleitungen erlauben eine Sichtkontrolle des Produktablaufs.

Uhde: BM 2,7 III (Abb. 23)
Charakteristisch für den Typ BM 2,7 ist die Einzelelementbauweise. Die Titanhalbschalen und die Nickelhalbschalen werden mit PTFE-Dichtelementen ausgestattet und nach Einlegen der Membran verschraubt (Abb. 24).

Mit Hilfe von PTFE-Spacer-Elementen kann der Abstand zwischen Anode und Kathode variabel eingestellt werden. An den Außenseiten der Halbschalen sind Kontaktstreifen für die Stromleitung angebracht. Im Elektrolyseur werden so nur geringe Anpressdrücke benötigt, da jedes Element für sich abgedichtet ist. Im Falle eines Wechsels einzelner schadhafter Membranen können vorbereitete Elemente mit geringer Produktionsausfallzeit eingewechselt werden. Ein Elektrolyseur kann bis zu 168 Einzelelemente aufnehmen, wobei die Elemente in zwei bis drei Gruppen (racks) zusammengefasst sind. Der Elektrolytzulauf befindet sich unten, der Ablauf geschieht mit Hilfe von internen Überlaufrohren. Die Zellenspannung jedes Einzelelements kann registriert und verfolgt werden, sodass Abweichungen vom Sollwert sofort erkannt werden. Die maximale Stromdichte beträgt 6 kA m^{-2}. Die interne Elektrolytdurchmischung und die Gasabfuhr werden durch die Kombination von Lamellenelektroden, Fallstromplatten (downcomer plates) und Überströmplatten (baffle plates) so optimiert, dass keine Streuströme entstehen.

Elektrolyseure im Vergleich
In Tabelle 6 werden die derzeit am Markt erhältlichen Elektrolyseure gegenübergestellt. Die spezifischen Energieverbrauchswerte und Produktionskosten hängen, wie im Abschnitt 3.1.1 gezeigt, von einer Vielzahl von Einflussgrößen ab.

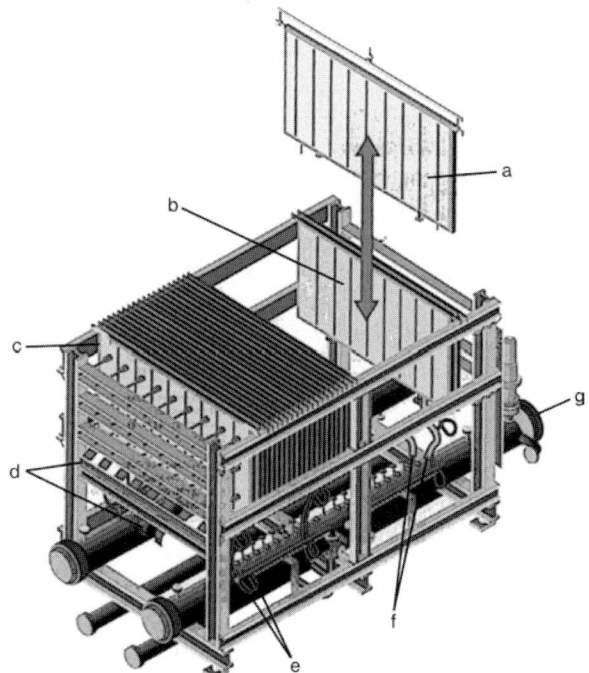

Abb. 23 Schematische Darstellung des Uhde Elektrolyseurs BM 2,7 III [72]
a, b = Einzelelemente; c = Rack; d = Stromschiene; e = Zulauf; f = Ablauf; g = Anolyt-Sammelrohr

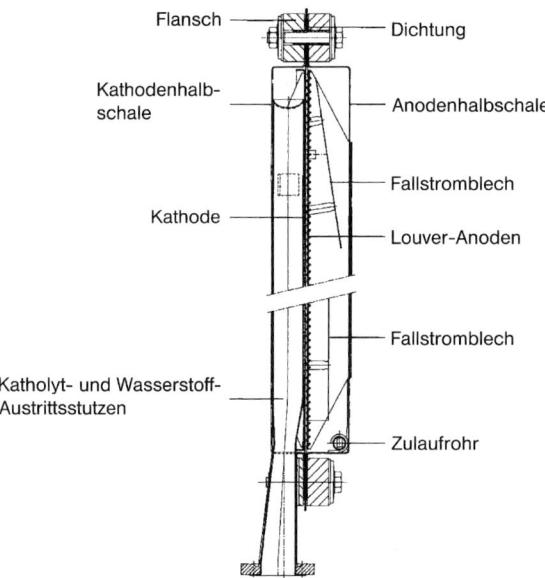

Abb. 24 Schnitt durch eine Zelle des Uhde-Elektrolyseurs BM 2,7 III

Tab. 6 Mono- und Bipolare Membran-Elektrolyseure im Vergleich

Firma Typ	Asahi – Kasei		CEC CME	CEC BITAC 800	ELTECH ExL^B	ELTECH ExL^M	INEOS BiChlor	INEOS FM 1500	UHDE BM 2,7 III
	ML 32	ML 60							
Effektive Membranfläche (m^2)	2,7	5,05	3,03	3,28	1,5–3,1	1,5	2,9	0,21	2,72
Maximale Anzahl Zellen	180	180	32	80	80	30	80	120	160
Zellenschaltung[1]	b	b	m	b	b	m	b	m	b
Stromdichte (kA m^{-2})	≤ 6,0	≤ 6,0	1,5–4,0	1,5–6,7	1,5–7,0	≤ 6,0	≤ 6,0	1,5–4,0	≤ 6,0

[1] b = bipolar; m = monopolar

3.1.5
Membranelektrolyse mit Sauerstoff-Verzehrkathoden

Mit dem Einsatz von Sauerstoff-Verzehrkathoden (SVK, englisch Oxygen Depolarized Cathodes, ODC) in Membranelektrolysen können beträchtliche Einsparungen im Stromverbrauch erreicht werden. Eine erste Versuchsanlage mit einer Kapazität von 10 000 t a^{-1} Chlor ist bei Bayer seit 2000 in Betrieb.

Beim Einbau von Sauerstoff-Verzehrkathoden werden im Kathodenraum nicht Wasserstoff-Ionen sondern Sauerstoff, der in den Kathodenraum eingespeist wird, reduziert. Als Produkte werden Chlor mit Reinheiten von etwa 99,9 % im Anodenraum und Natronlauge als einziges Produkt im Kathodenraum gebildet (Abb. 25) [73, 74].

Die SVK gehören zur Klasse der Gasdiffussionselektroden. Diese Elektroden bestehen aus einer porösen, leitfähigen, mit Katalysatorpartikeln durchsetzten Matrix auf einem ebenfalls leitfähigen Stromverteiler (Abb. 26) [75].

Der Stromverteiler besteht aus einem Drahtgeflecht aus Stahl oder Nickel, das zur Erhöhung der Beständigkeit gegen Natronlauge versilbert werden kann. Als leitfähige Matrix wird graphitierter Kohlenstoff oder Acetylenruß eingesetzt, der mit Katalysatoren aus der Pt-Gruppe wie Platin oder Rhodium dotiert ist. Als Bindermaterial werden perfluorierte Copolymere (DuPont Nafion) verwendet [76]. Auf der Elektrolytseite ist die Oberfläche hydrophil eingestellt, um eine gute Benetzung und damit eine intensive Kontaktierung von Katalysator, Elektrolyt und Sauerstoff herzustellen. Auf der Rückseite ist die Oberfläche hydrophob, um ein ungehindertes Eindringen des Sauerstoffs in die Matrix zu gewährleisten. Auf der Anodenseite laufen bei der Chlor-Alkali-Elektrolyse mit SVK dieselben Prozesse ab wie unter Abschnitt 3.1 beschrieben. Es werden die gleichen Anoden- und Membrantypen eingesetzt. Im Unterschied zur herkömmlichen Natriumchlorid-Elektrolyse entstehen die Hydroxyl-Ionen nicht durch Zersetzung von Wasser sondern durch die Reduktion von Sauerstoff. Die Reduktion von Sauerstoff, die bei etwa 1 V höherem Kathodenpotenzial als die Wasserstoffabscheidung stattfindet, führt zu einer um 1 V niedrige-

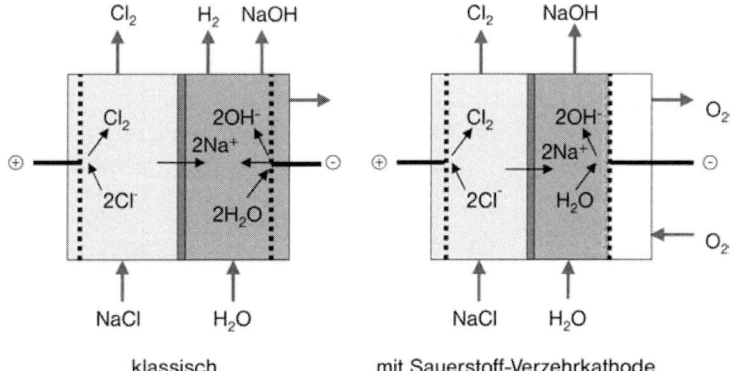

Abb. 25 Verfahrensvergleich der Chlor-Alkali-Elektrolyse ohne und mit Sauerstoff-Verzehrkathode

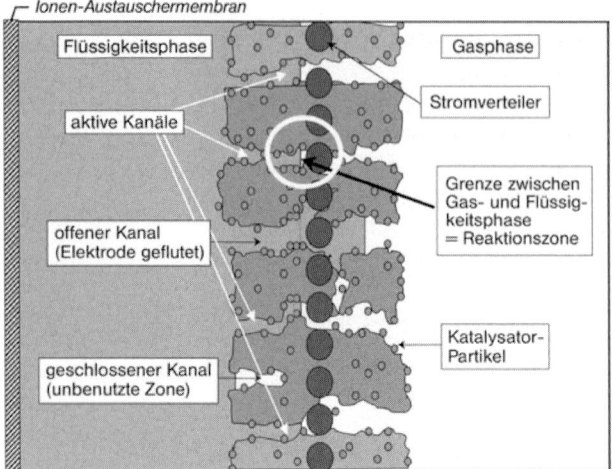

Abb. 26 Prinzipieller Aufbau einer Gasdiffusionselektrode für die NaCl-Elektrolyse

ren Zellenspannung und damit zu bis zu 30% niedrigeren Energieverbrauchswerten (Abb. 27).

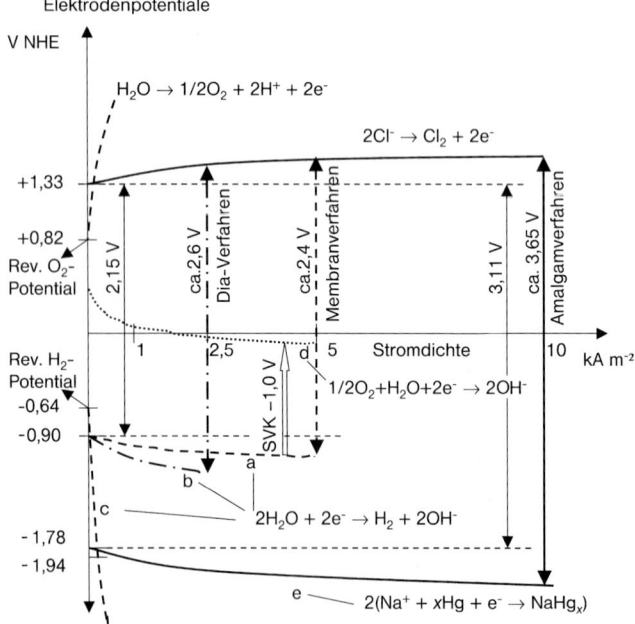

Abb. 27 Elektrodenpotentiale für die Elektrolyse gesättigter NaCl-Lösungen zwischen aktivierten Titananoden und a) einer aktivierten Nickelkathode (Membranverfahren), b) einer Eisenkathode (Diaphragmaverfahren) c/e einer Quecksilberkathode und d) einer Sauerstoff-Verzehrkathode, bei 80 °C; ohne Ohmsche Verluste

Der kohlendioxidfreie Sauerstoff muss durch das Kathodenmaterial in den Elektrolyten diffundieren. Der höhenabhängige Differenzdruck zwischen Lauge und Sauerstoff begrenzt die Bauhöhe. Eine von Bayer entwickelte Gastaschenelektrode mit übereinander angeordneten Gaskompartimenten schafft hier Abhilfe, sodass Elektrolyseure mit 2,5 m² Elektrodenfläche realisierbar sind. Die Stromdichte konnte im Versuchsbetrieb über längere Zeit auf 6 kA m^{-2} eingestellt werden. Energieeinsparungen von 500–600 kWh pro Tonne Chlor konnten bisher erzielt werden [74].

3.2 Amalgamverfahren

3.2.1 Prinzip des Verfahrens

Beim Amalgamverfahren wird das anodisch gebildete Chlor von den Kathodenprodukten Wasserstoff und Natronlauge getrennt, indem man in der Elektrolysezelle anstelle des Wasserstoffs zunächst Natrium an der Kathode abscheidet, das sich in der Quecksilberkathode als Amalgam löst und aus der Zelle herausgeleitet wird. In einem getrennten Reaktor, dem Zersetzer, wird das Amalgam mit Wasser zu Natronlauge und Wasserstoff umgesetzt (Abb. 28).

Die hohe Wasserstoffüberspannung an Quecksilber von ca. 1,3 V lässt eine Wasserstoffbildung erst ab –1,7 V NHE (Normalwasserstoffelektrode) erwarten [78]. Bei einem Standartbezugspotential für die Entladung der Natrium-Ionen:

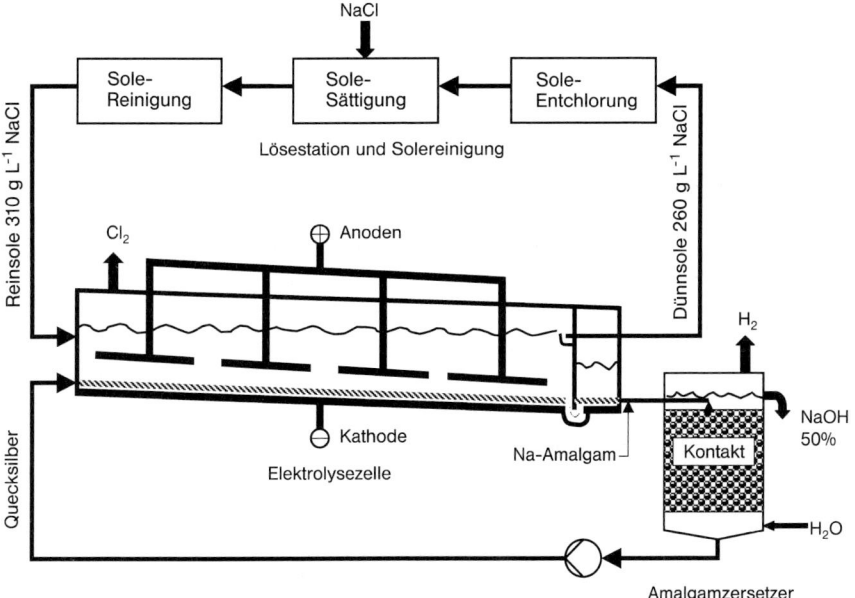

Abb. 28 Prinzipdarstellung des Amalgam-Elektrolyseverfahrens [77]

$Na^+ + e^- \longrightarrow Na$ von $-2{,}71$ V NHE wäre das Verfahren aber dennoch nicht durchführbar. Da jedoch das Natrium an Quecksilber als Amalgam abgeschieden wird

$$Na^+ + e^- + x\,Hg \longrightarrow NaHg_x$$

und das Gleichgewichtspotenzial dieser Elektrode bei einer Na-Konzentration im Hg von 0,2 % und einer Natrium-Ionen-Konzentration in der Lösung von 5 M nur $-1{,}78$ V NHE beträgt, und da die Strom-Spannungskurve der Amalgambildung sehr viel steiler verläuft als diejenige der Wasserstoffentwicklung an Quecksilber, funktioniert das Verfahren.

Die sich an der Kathode bildenden OH^--Ionen bewirken eine weitere Absenkung des Abscheidungspotentials, sodass die Wasserstoffentwicklung auf einen sehr geringen Anteil zurückgeht. Allerdings muss darauf geachtet werden, dass mit der Sole keine Spurenmetalle eingeschleppt werden, welche die Wasserstoffüberspannung herabsetzen. Starke Katalysatoren in dieser Hinsicht sind V, Mo, Cr, mittlere sind Fe, Ni, Co, W, schwache Ca, Ba, Mg, Al [79]. Die thermodynamische Zersetzungsspannung für die in der Elektrolysezelle ablaufende Reaktion

$$2\,NaCl + 2x\,Hg \longrightarrow Cl_2 + 2NaHg_x$$

liegt unter Betriebsbedingungen bei 3,11 V. Die Gesamtzellenspannung hängt von der Stromdichte ab; sie erreicht bei 10 kA m^{-2} etwa 4,0–4,3 V (Abb. 27). Dies entspricht einem spezifischen Verbrauch an elektrischer Energie von 3080–3400 kWh für 1 t Chlor und 1,13 t Natronlauge. Die Stromausbeute, bezogen auf das Faradaysche Äquivalent, liegt wegen der Nebenreaktionen an den Anoden bei ca. 96 %.

Das Natriumamalgam wird aus der Zelle in den Zersetzer geleitet, in welchem es mit Wasser an einem Katalysator (Zersetzerkontakt), der eine geringe Wasserstoffüberspannung aufweist, gemäß der Gleichung

$$2\,NaHg_x + 2H_2O \longrightarrow 2\,NaOH + H_2(g) + 2x\,Hg$$

zu Natronlauge und Wasserstoffgas umgesetzt wird. Dabei geht an der Dreiphasengrenze Kontakt/Wasser/Amalgam das Natrium aus dem Amalgam als Na^+ in Lösung, während die freiwerdenden Elektronen an der Kontaktoberfläche das Wasser zu H_2 und OH^- zersetzen.

Das auf < 0,01 % Na abgereicherte Amalgam wird in die Elektrolysezelle zurückgefördert.

3.2.2
Technik des Amalgamverfahrens

Die Elektrolysezelle besteht aus einem allseitig geschlossenem Trog mit einer Länge bis zu 15 m, einer Breite von 0,5–2,5 m und einer Tiefe von ca. 0,3 m, der mit einem Gefälle von 1,5–2,5 % verlegt ist. Der Zellenboden besteht aus einer dicken Stahlplatte, die über eine Vielzahl von Anschlüssen mit dem negativen Pol der Gleichstromversorgung verbunden ist. Der Boden dient als Stromzuleiter der Kathode und als Lauffläche für einen Quecksilberstrom, der mit einer Dicke von 5–10 mm darüber hinwegfließt. Die Seitenwände aus Stahl sind gegen den Angriff durch die

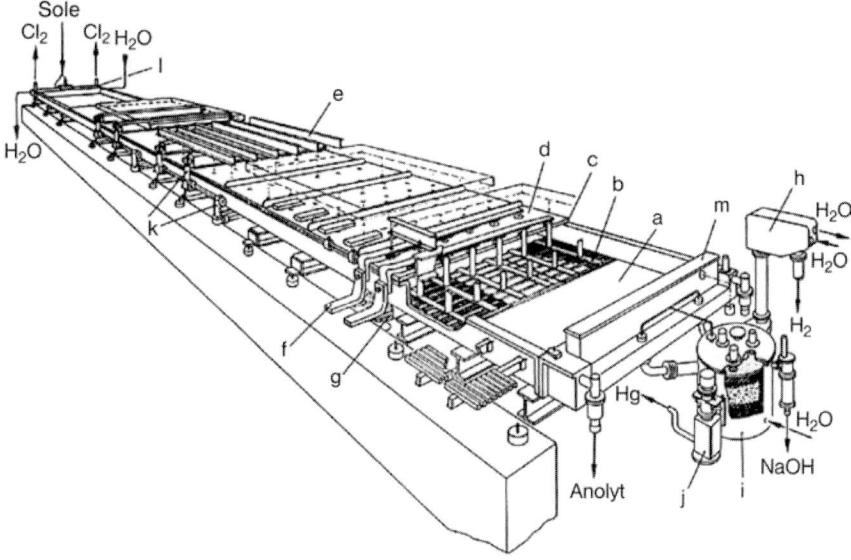

Abb. 29 Uhde-Amalgamzelle
a) Zellenboden; b) Anode; c) Zellendeckeldichtung; d) Zellendeckel; e) Anodengruppen-
einstelleinrichtung; f) Stromschienenverbindung; g) Kurzschlussschalter; h) Wasserstoffkühler;
i) Vertikalzersetzer; j) Hg-Pumpe; k) Anodeneinstelleinrichtung für mehrere Gruppen;
l) Einlaufkasten; m) Endkasten

heiße Sole und feuchtes Chlorgas mit einer Gummierung geschützt. Der Deckel ist meist eine gummierte Stahlplatte, er kann aber auch aus einem beständigen Kunststoff, z. B. PTFE, bestehen. Über der Hg-Schicht läuft in gleicher Richtung der Solestrom, in den die Anoden so eintauchen, dass der Abstand zur fließenden Quecksilber-Kathode nur wenige Millimeter beträgt. Die Anoden sind auf dem Deckel oder an einer Tragevorrichtung befestigt, sie können einzeln oder in Gruppen höhenverstellt werden (Abb. 29). Die Stromzuführung zu den Anoden erfolgt über flexible Kupfer- oder Aluminiumbänder auf Kupferstäbe, die durch den Deckel hindurch zu den aktivierten Titananoden führen und durch Titanhülsen gegen das feuchte Chlorgas geschützt sind.

Das Quecksilber wird über ein Wehr zum Zelleneingang gepumpt. Der Hg-Fluss ist so eingestellt, dass bei maximaler Stromstärke die Amalgamkonzentration am Zellenausgang 0,3–0,4 % Na nicht überschreitet, damit das Amalgam flüssig bleibt. Die am Zelleneingang zulaufende Reinsole mit einer Konzentration von ca. 310 g NaCl pro Liter wird so reguliert, dass die ablaufende Dünnsole noch etwa 260 g NaCl pro Liter enthält. Das Chlorgas wird nach oben durch den Deckel oder einen Endkasten abgezogen. Das Amalgam verlässt die Zelle über ein Wehr, wird in einigen Anlagen in einem Waschabteil von mitgerissenem NaCl befreit und läuft in den Zersetzer. *Vertikale Zersetzer* sind Kolonnen aus Stahlrohr oder rechteckige Apparate, die eine Packung aus Grafitkugeln oder -brocken mit einem Durchmesser von 10–15 mm in einer Schichthöhe von ca. 120 cm enthalten. Das Amalgam wird oben über eine Verteilervorrichtung zugeführt und rieselt in kleinen Tröpfchen durch die Packung. Im Gegenstrom dazu wird entmineralisiertes Wasser von unten nach oben durch die Packung gedrückt. Der gebildete Wasserstoff, der eine Temperatur von 90–100 °C hat, wird nach oben abgezogen und gekühlt, um Wasser- und Hg-Dämpfe weitgehend auszukondensieren. Über die Verteilplatte läuft die 50%ige Lauge ab. Vom Boden des Zersetzers wird das verarmte Amalgam zurück zum Zelleneingang gepumpt.

In einigen Anlagen sind *horizontale Zersetzer*, die sog. Pilen im Einsatz. Pilen sind flachgeneigte Röhren mit rechteckigem oder rundem Querschnitt, über deren Grundfläche das Amalgam unter einer Schicht Lauge läuft. Das Zersetzermaterial besteht aus Horden von schmalen Grafitplättchen, die in Längsrichtung in das Amalgam eintauchen. Die Pilen sind unter oder neben den Zellen angeordnet.

3.2.2.1 Kommerzielle Amalgamzellen

In Deutschland ist die letzte Neuanlage nach dem Amalgamverfahren im Jahre 1972 errichtet worden, weltweit wurde die letzte zu Beginn der 1980er Jahre in Betrieb genommen. Im Rahmen der Selbstverpflichtung der Elektrolysebetreiber Europas sollen auch zukünftig keine Neuanlagen nach diesem Prinzip mehr gebaut werden. Daher wird an dieser Stelle auf die Beschreibung der unterschiedlichen Hg-Zellentypen der Firmen DeNora, Olin-Mathiesen, Solvay und Krebs-Paris verzichtet, und exemplarisch als einziger Typ die in Deutschland am meisten verbreiteten Zellen der Firma Uhde beschrieben.

Uhde-Zellen (Abb. 29) wurden mit Kathodenflächen von 4–30 m^2 gebaut für Chlor-Produktionsmengen von 10 bis 1000 t pro Tag und Anlage. Die Chlorleitungen sind bei großen Zelltypen zweifach vorhanden. Die Dünnsole läuft am Zellenende durch eine Tauchung ab, die als Gasverschluss dient. Der feste Zellendeckel wird mittels Klammern an den Seitenwangen befestigt. Die Anoden sind gruppenweise in Tragrahmen eingehängt, die sich neben den Zellen auf der Gebäudekonstruktion abstützen, und die über motorisch bewegte Hubspindeln auf- und ab bewegt werden können. Diese computergesteuerten Einrichtungen zum Schutz der Anoden vor Kurzschlüssen und zur Einstellung des Elektrodenabstands in der Zelle nutzen für die Steuerung den Stromfluss durch die einzelnen Stromschienen zwischen den Zellen. Ein zentraler Computer übernimmt für den gesamten Zellenbau die Überwachung des Zustands der einzelnen Zellen, die Einhaltung vorgegebener Zellenspannungen in Abhängigkeit von der Gesamtstrombelastung und den Überlastungsschutz der Anoden. Meist sind 50 und mehr Zellen in Reihe geschaltet, um eine optimale Spannung für den Betrieb der Gleichrichter zu gewährleisten. Die kurzen Stromschienen zwischen den Zellen dienen gleichzeitig zur Shuntmessung des Stroms zu den Anoden. Der Gleichstrom wird durch flexible Kupferbänder über den Zellendeckel hinweg zu den Anodenstäben geleitet. Am Boden der Zellen wird der kathodische Strom abgegriffen und zur nächsten Zelle geleitet.

Jede Zelle ist mit einem druckluftbetriebenen Kurzschlussschalter ausgestattet, der es erlaubt, bei laufendem Betrieb einzelne Zellen für Wartungs- und Reparaturarbeiten kurzzuschließen, d. h. elektrisch zu überbrücken.

Aus dem Endkasten der Zelle läuft das Amalgam in freiem Gefälle in den Vertikalzersetzer, von dem aus das abgereicherte Amalgam mittels einer Zentrifugalpumpe zum Zelleneinlaufkasten zurückgepumpt wird.

Einige kennzeichnende Daten des Zellentyps 300–100 der Fa. Uhde werden in Tabelle 7 denen anderer Hersteller gegenübergestellt.

Der Betrieb von Amalgamzellenanlagen ist schematisch in Abbildung 28 dargestellt. Da die Betriebssole im Kreis gefahren wird, wird zur Aufsättigung festes Salz benötigt. Die Solereinigung entspricht der im Membranverfahren, allerdings ist eine Feinreinigung und eine Chloratzerstörung nicht erforderlich.

Die Zellen sind im Zellensaal gewöhnlich parallel zueinander und in Reihen angeordnet, um die Stromschienen kurz zu halten und die Ohmschen Verluste zu minimieren. Die Zellen stehen auf Tragekonstruktionen und sind gegeneinander und gegen den Boden isoliert um Erdschlüsse zu vermeiden. Der Boden unter den Zellen, die Gänge und Auffangbecken für ausgetretene Flüssigkeiten sind mit glatten, fugenlosen Beschichtungen versehen und mit Gefälle gebaut, um eventuell auslaufendes Quecksilber leicht auffangen zu können und um Waschwasser und andere Flüssigkeiten bequem der Aufbereitungsanlage zuführen zu können.

3.2.2.2 Alternative Amalgamfolgeprodukte

Alternative Amalgamzersetzungsprodukte sind die Erzeugung von Kalilauge, von Alkoholaten aus Alkoholen, von Natriumdithionit aus Natriumhydrogensulfit, von Alkalimetallen durch elektrolytische Abtrennung der Metalle aus dem Amalgam, von Hydrazobenzol oder Anilin aus Nitrobenzol, von Adiponitril aus Acrylnitril, oder von Natriumsulfid aus Natriumpolysulfidlösungen. Die ersten vier dieser Verfahren werden im Folgenden kurz skizziert.

Kaliumhydroxid

Kaliumhydroxid wird fast ausschließlich durch Elektrolyse wässriger Kaliumchlorid-Lösungen hergestellt. Prinzipiell sind das Amalgam-, das Membran- und das Diaphragmaverfahren geeignet, doch überwiegt zur Zeit noch das Amalgamverfahren, da es eine chemisch reine Lauge mit 50 % KOH liefert.

Beim Amalgamverfahren muss eine sehr reine KCl-Sole verwendet werden, da bereits Spuren (ppb-Bereich) von Schwermetallen wie Chrom, Vanadium, Molybdän und Wolfram, aber auch geringe Mengen (ppm-Bereich) von Magnesium und Calcium die Überspannung von Wasserstoff an der Hg-Kathode herabsetzen und eine starke Wasserstoffentwicklung in der Zelle hervorrufen. Die erforderliche Solequalität wird durch sorgfältige Entchlorung der Dünnsole, Fällung der Verunreinigungen mittels KOH, K_2CO_3 und $BaCO_3$ und zweifache Filtration erreicht. Eingetragene Schwermetallspuren können aus einem Teilstrom der Sole durch Kopräzipitation mit Eisen(III)-chlorid ausgefällt werden [80].

Der Elektrolyseprozess und die Zellen sind mit denen der Natriumchlorid-Elektrolyse identisch. Die aus den Zersetzern ablaufende sehr reine Lauge wird gekühlt, in Anschwemmfiltern mittels Aktivkohle von Quecksilber befreit und kann dann unmittelbar als 50 %-ige Lauge verarbeitet oder versandt oder nach Eindampfen auf ca. 90 bis 95 % als feste Ware in Form von Prills, Schuppen oder eingegossen verkauft werden.

Tab. 7 Charakteristische Daten einiger Diaphrama- und Amalgamzellen

	Amalgamzellen					Diaphragmazellen				
Anbieter	Uhde	DeNora	Olin-Mathiesen	Solvay	Krebs Paris	PPG	PPG	ELTECH	ELTECH	ELTECH
Typ	300-100	24M2	E 812	MAT 17	15 KFM	Glanor V1144 bipolar	Glanor V1161 bipolar	Hooker H-4 mono	MDC 29 mono	MDC 55 mono
Elektrodenfläche (m^2)	30,7	26,4	28,8	17	15,4	35	49	64,5	28,9	54,7
max. Stromstärke (kA)	350	270	288	170	160	72	72	150	80	150
max. Stromdichte ($kA\,m^{-2}$)	12,5	13	10	10	10,4	2,05	1,47	2,32	2,76	2,74
Zellenspannung (V)	4,25	3,95	4,24	4,1	4,3	3,5	3,08	3,44	3,62	3,62
bei kA/m^{-2}	10	10	10	10	10	2	1,5	2,3	2,7	2,7
Energieverbrauch (kWh/tCl_2)	3300	3080	3300	3200	3400	2500	2200	2730	2870	2870

Neuentwickelte Membranen erzeugen in Membranzellenanlagen eine dem Amalgamverfahren vergleichbare Qualität, doch muss die Lauge meist von ca. 36 % auf die handelsüblichen 50 % eingedampft werden. Auch ist die Lauge wegen eines höheren Chloratgehaltes nicht für alle Einsatzgebiete verwendbar. Dennoch wird dem Membranverfahren – wie bei der NaOH-Produktion – die Zukunft gehören.

Kalilauge aus dem Diaphragmaverfahren enthält nach Aufkonzentration der Zellenlauge auf 50 % KOH einen KCl-Gehalt von 1,0–1,5 %; eine derartige Lauge ist auf dem Markt praktisch nicht absetzbar.

Verwendung
Reine Kalilauge wird als Rohstoff in der chemischen und pharmazeutischen Industrie eingesetzt, bei Farbstoffsynthesen, als Entwickleralkali in der Fotografie, als Elektrolyt in Batterien und in Wasserelektrolysen. Technisch reines KOH wird in der Waschmittel- und Seifenproduktion verwendet, als Ausgangsmaterial für zahlreiche anorganische und organische Kaliumverbindungen und Salze wie Pottasche, Phosphate, Silicate, Permanganat, Cyanide, für Kosmetika, in der Textilindustrie, zur Entschwefelung von Rohöl, als Trocknungsmittel sowie als Adsorbens für CO_2 und NO_x aus Gasen.

Die Weltproduktion lag im Jahr 2000 bei ca. 800 000 t KOH.

Alkoholate
Für die elektrolytische Erzeugung von Alkoholaten, vornehmlich Natriummethanolat, Natriumethanolat, Kaliummethanolat und Kaliumethanolat ist – im Gegensatz zur Herstellung der wässrigen Laugen – nur das Amalgamverfahren geeignet. Auch längerkettige Alkoholate können produziert werden. Das Membranverfahren scheidet, ebenso wie das Diaphragmaverfahren, wegen des Durchtritts von Wasser aus dem Anoden- in den Kathodenraum aus.

Wird der Zersetzer hinter einer gewöhnlichen Amalgamzelle mit Alkohol beaufschlagt, so bilden sich nach

$$2\ NaHg_x + 2\ ROH \longrightarrow 2\ RONa + H_2 + 2x\ Hg$$

Alkoholate, die als alkoholische Lösungen mit einer Konzentration bis 30 % ablaufen.

Da die Reaktion am Zersetzerkontakt wesentlich langsamer abläuft als bei den Laugen, ist ein speziell aktiviertes Kontaktmaterial erforderlich [81].

Die elektrolytische Erzeugung hat gegenüber chemischen Herstellungsverfahren wie der Umsetzung der Alkohole mit metallischem Natrium oder Kalium die Vorteile einer sichereren Handhabung der Einsatzstoffe und einer weit kostengünstigeren und energiesparenderen Herstellung [82].

Verwendung
Die Alkoholate werden als Katalysatoren bzw. als basische Kondensationsmittel in zahlreichen organischen Synthesen (z. B. Aldol-Addition, Ester-Kondensation, Fetthärtung, Malonestersynthese, Orthoformiaterzeugung) eingesetzt. Daraus entste-

hen hochveredelte Produkte wie Pharmaka, Pflanzenschutzmittel, Aromen und Riechstoffe, Lacke und viele Feinchemikalien.

Dithionit-Synthese
Die Herstellung von Natriumdithionit nach dem Amalgamverfahren verläuft nach der Reaktionsgleichung

$$2\,\text{NaHg}_x + 2\,\text{SO}_2 \longrightarrow \text{Na}_2\text{S}_2\text{O}_4 + 2x\,\text{Hg}$$

Das Natriumamalgam wird in der Chlor-Alkali-Elektrolyse hergestellt und in Reaktoren kontinuierlich mit einer mit SO_2 begasten, wässrigen sulfit/bisulfithaltigen Lösung umgesetzt.

Die ablaufende wässrige Dithionitlösung ist nur kurze Zeit stabil; sie wird deshalb entweder mit Alkali stabilisiert und vermarktet oder zu Pulver aufgearbeitet. Die Aufarbeitung geschieht durch Versetzen mit Alkohol, Entwässerung des gebildeten Natriumdithionit-Dihydrats, Abtrennung über Filter und Trocknung.

Das Natriumsulfit wird aus der Mutterlauge ausgefällt und in den Produktionsprozess rezirkuliert. Aus der verbleibenden Mutterlauge wird der Alkohol abdestilliert und ebenfalls zurückgeführt.

Verwendung
Dithionit wird in der Textil- und Papierindustrie eingesetzt, z. B. als Reduktionsmittel in der Küpenfärberei, zum Bleichen von holzhaltigen Papierstoffen, von Zucker, Gelatine, Seifen und technischen Fetten, zum Entfärben von Textilien und zur Entsilberung gebrauchter Fixierbäder.

Die weltweite Natriumdithionit-Kapazität nach dem Amalgamverfahren betrug 2002 ca. 72 000 t.

Alkalimetalle aus Amalgam
Die Herstellung von Alkalimetallen aus ihren Amalgamen ist schon früher beschrieben worden. Die aufwändigen Mehrschichtenzellen bzw. Destillationsmethoden haben sich jedoch technisch nicht durchsetzen können. Ein völlig neues Verfahren wurde in [83] vorgeschlagen und mit Patent [84] zur Produktionsreife entwickelt. Man leitet das in Chlor-Alkali-Elektrolysen nach dem Amalgamverfahren anfallende Alkaliamalgam in eine Elektrolysezelle, in welcher der Anodenraum vom Kathodenraum durch einen Alkali-Ionen-leitenden Festkörperelektrolyten getrennt ist. Schaltet man das Amalgam als Anode und das Alkalimetall auf der anderen Seite der Membran als Kathode, so werden die Alkaliatome im Amalgam anodisch zu Alkali-Ionen oxidiert, wandern als Ionen durch die Membran und werden auf der Kathodenseite wieder zum Metall reduziert.

Das Verfahren nutzt keramische Festelektrolyte, wie sie u. a. für die Natrium-Schwefel-Batterie entwickelt wurden, z. B. Natrium-β'-Aluminiumoxid, Natrium-β-Aluminiumoxid und Natrium-β/β'-Aluminiumoxid bzw. zu ihnen analoge Kaliumverbindungen. Diese haben eine >99,99999ige Selektivität für Natrium gegenüber Quecksilber. Bei Temperaturen von 300 bis 400 °C für Natrium bzw. 260 bis 400 °C für Kalium entstehen reine Metalle, die qualitativ den handelsüblichen

Metallen gleichwertig oder überlegen sind. Wichtig ist, dass das Anodenamalgam bewegt und der Festelektrolyt vor der Durchführung des Verfahrens konditioniert wird.

In Versuchen wurden Stromdichten bis 3 kA m^{-2} angelegt, die Zellenspannungen bewegten sich bei 2,0 V. Damit ist der spezifische Gesamtstromverbrauch, die Amalgamerzeugung eingerechnet, geringer als beim herkömmlichen Schmelzflusselektrolyseverfahren zur Herstellung der Alkalimetalle (vgl. Abschnitt 5.3.1).

3.2.3
Toxikologie und Umweltschutz

Quecksilber ist ein Zell- und Protoplasmagift, das in Leber, Nieren, Milz und Gehirn gespeichert und nur langsam wieder ausgeschieden wird. Es gelangt durch Einatmen von Hg-Dämpfen und Verspeisen von Hg-haltigen Nahrungsmitteln in den Körper. Quecksilber kann u.a. Kopf- und Gliederschmerzen, Gingivitis mit Zahnausfall, Erregungszustände und Muskelzucken, sowie Seh-, Hör-, Sprach- und Gangstörungen bis hin zum Persönlichkeitsabbau bewirken [85].

In der Stadt Minamata in Japan kam es durch den Genuss von Fischen und Meeresfrüchten, die durch Hg-haltige Abwässer der örtlichen Industrie vergiftet waren, zu einer chronischen Vergiftung eines Teils der Bevölkerung. In Japan wurde das Amalgamverfahren 1973 gesetzlich verboten.

Dem Schutz der Mitarbeiter von Amalgamanlagen und der Umwelt durch die Vermeidung von Emissionen gilt seit jeher höchste Aufmerksamkeit. Viele Länder haben strikte Grenzwerte für die Emissionen von Hg in Abluft, Abwasser und mit Abfällen erlassen.

Wegen des höheren Energieverbrauchs gegenüber dem Membranverfahren, vor allem aber wegen der Quecksilberemissionen sind seit 30 Jahren keine neuen Zellenanlagen nach dem Amalgamverfahren mehr gebaut worden. Daher hat auf dem Gebiet der Zellentechnologie keine Entwicklung mehr stattgefunden. Wohl aber sind in den bestehenden Anlagen Methoden des Umweltschutzes und des Schutzes der Mitarbeiter von den Betreibern mit großem Aufwand verbessert worden. Das Ergebnis dieser unablässigen Bemühungen lässt sich an der Entwicklung der Quecksilberemissionen aus den Westeuropäischen Chlor-Alkali-Elektrolysen ersehen (Abb. 30).

So ist die Summe der Gesamtemissionen seit 1978 von 16 g Hg auf unter 2 g Hg pro Tonne Chlor gesenkt worden. Mit dieser geringen Emission liegt der Beitrag der Chlor-Alkali-Industrie zur gesamten natürlichen und anthropogenen Quecksilberemission bei weniger als 0,1%. Vom IPPC wurden BAT (Best Available Techniques) für die Reduzierung der Emissionen aus bestehenden Anlagen entwickelt, deren Anwendung bis 2007 die Emissionen auf unter 1,5 g Hg pro Tonne Chlor senken wird [2].

Zwar zirkuliert das Quecksilber in den Zellen in geschlossenen Kreisläufen, doch können alle Stoffe, die mit ihm in Berührung kommen, Zellenteile, Stoffströme, Waschwässer, Abgase, Rückstände, mit Hg kontaminiert sein und müssen analytisch untersucht und gegebenenfalls gereinigt werden. Die Mitarbeiter werden re-

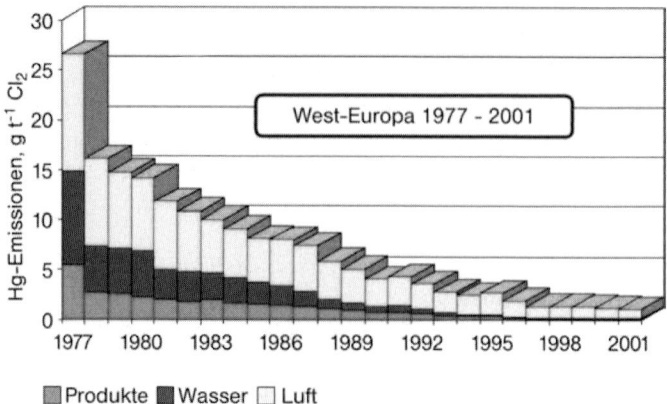

Abb. 30 Quecksilberemissionen aus der Chlor-Alkali-Elektrolyse in Westeuropa 1977–2001 Gesamtemissionen (g Hg pro Tonne Chlorkapazität)

gelmäßig auf ihre Gesundheit untersucht gemäß dem Code of Practice »Control of Worker Exposure to Mercury in the Chlor-Alkali Industry« [86].

Eine Kontrolle der Quecksilberverluste ist nur möglich, wenn der Bestand in der Anlage regelmäßig erfasst und jährlich bilanziert wird. Der Hg-Instand in den Zellen wird meist durch eine radioaktive Verdünnungsmessung erfasst: Man injiziert eine genau definierte Menge eines radioaktiven Hg-Isotops in den Kreislauf, misst nach gründlicher Vermischung die Strahlung einer Probe und rechnet dann auf die gesamte Hg-Menge zurück.

Im folgenden werden Methoden zur Minimierung der Quecksilberemissionen beschrieben.

3.2.3.1 Quecksilber in den Produkten

Chlorgas enthält nach Kühlung und Trocknung praktisch nur noch Spuren von 0,001–0,01 mg Hg pro Kilogramm Chlor. Die Hg-Konzentration im Wasserstoffgas hängt von Druck und Temperatur des Gases ab, sie beträgt am Ausgang des Zersetzers bis zu 2400 mg Hg pro Kubikmeter H_2. Durch Kühlung auf 2–3 °C werden 3 mg m^{-3} erreicht. Eine weitere Absenkung ist möglich

a) durch Kompression,
b) durch Wäsche des Gases mit Waschlösungen, die aktives Chlor (z. B. Sole) enthalten,
c) durch Zugabe von Chlorgas, das sich mit dem Hg zu Kalomel verbindet und an einem Bett von Kochsalz adsorbiert werden kann,
d) durch Adsorption an mit Iod, Schwefel oder Schwefelsäure imprägnierter Aktivkohle,
e) durch Adsorption an Kupfer auf Aluminiumoxid oder Silber auf Zinkoxid.

Auf diese Weise werden Werte von 0,002–0,03 mg m^{-3}, mit der letztgenannten Methode <0,001 mg m^{-3} erreicht.

Das Hg fällt entweder metallisch an (a), kann in den Solekreislauf eingespeist werden (b, c) oder destillativ zurückgewonnen werden (d, e).

Natronlauge enthält am Auslauf aus dem Zersetzer 2,5–25 mg Hg pro Liter. Durch Filtration über Kerzen- oder Plattenfilter, die mit Aktivkohle angeschwemmt sind, werden Werte < 0,05 ppm Hg erreicht. Aus dem Adsorbermaterial wird das Hg destillativ zurückgewonnen.

3.2.3.2 Quecksilber im Abwasser

Hg-haltiges Abwasser stammt teils aus dem Prozess, z. B. als Kondensat, als Waschflüssigkeit aus der Wasserstoff- oder Chlorgaswäsche, aus Lecks in Produkt- und Soleleitungen, Eluat aus der Abwasserreinigung, Stoffbuchsschmierwasser von Pumpen, teils aus Reinigungsoperationen bei Zellenreinigungen und beim Abspritzen von Böden, Tanks, Leitungen und Apparaten. Der Abwasseranfall lässt sich durch Trennung von Prozess- und Kühlwässern und das Rückführen von Kondensaten in den Prozess auf 0,3–1,0 m^3 pro Tonne Chlor reduzieren.

Das Hg lässt sich chemisch durch Reduzierung der Hg-Verbindungen zum Metall durch Hydrazin oder Natriumborhydrid oder durch Fällung als Quecksilbersulfid nach Zugabe von Natriumsulfid, Natriumhydrogensulfid oder Schwefelharnstoff mit anschließender Filtration entfernen. Eine andere Methode besteht in der Oxidation des Hg durch Chlor, Hypochlorit oder Wasserstoffperoxid und Adsorption an einem speziellen Ionenaustauscherharz, aus dem das Hg durch Salzsäure eluiert wird, die ihrerseits wieder in der Soleaufbereitung eingesetzt werden kann. Mit diesen Verfahren lassen sich Hg-Konzentrationen bis < 0,005 ppm erreichen.

3.2.3.3 Prozessabgase

Diese Gase können entstehen bei der Absaugung von Zellenendkästen, durch Atmung von Sammeltanks für Abwasser und Laugen, aus Staubsaugersystemen für die Bodenreinigung oder aus der Destillation fester Hg-kontaminierter Rückstände. Die Behandlung gleicht der des Wasserstoffgases.

3.2.3.4 Zellensaalabluft

Die bei der Elektrolyse anfallende Wärme im Zellensaal muss durch eine 10 bis 25-fache Luftumwälzung abgeführt werden. Die dabei anfallende Abluftmenge kann dabei mehrere 100000 bis einige Millionen m^3 h^{-1} erreichen.

Quecksilberdämpfe gelangen in die Luft bei Zellenöffnungen zum Wechseln der Anoden, bei Reparaturen, Reinigungsarbeiten, Auswechseln defekter Leitungen, Reparaturen an Zersetzern, durch Undichtigkeiten an Flanschdichtungen, beim Hantieren mit Quecksilber; und durch den Austritt Hg-haltiger Flüssigkeiten und Gase durch defekte Leitungen oder Dichtungen.

Die Reinigung derartiger Luftmengen auf das erforderliche Maß ist nicht wirtschaftlich. Es muss daher durch strikte Einhaltung der Regeln des »Good Housekeeping« [87] erreicht werden, dass die von Berufsgenossenschaften und Behörden vorgeschriebenen Konzentrationen und Frachten nicht überschritten werden. Zu den technischen Maßnahmen zählen: Schaffung glatter, beschichteter Böden mit guten Reinigungsmöglichkeiten, Schließen der Deckel auf Einlauf- und Endkästen,

Abdeckung der Zellenböden während der Reinigungsoperationen, Ersatz von Stopfbuchsen an Pumpen durch Gleitringdichtungen, Einbau von geschlossenen Absaugeinrichtungen mit Abluftreinigung (Hg-Staubsauger), kontinuierliches Monitoring des Hg-Gehaltes in der Abluft usw. Organisatorische Maßnahmen sind: regelmäßige Schulung des Personals, tägliche Inspektion des Zellensaals auf Hg-Tröpfchen und sofortige Beseitigung aller Hg-Spuren, Erstellung von Reparatur- und Wartungsplänen, um die Anzahl der Deckelöffnungen an den Zellen zu verringern.

Der spezifische Hg-Austrag in die Atmosphäre lässt sich auf ca. 0,5 g Hg pro Tonne Chlorkapazität herabsetzen. Trotzdem ist zurzeit die Zellensaalabluft die größte Emissionsquelle aus Amalgamanlagen in die Atmosphäre.

3.2.3.5 Feste Rückstände

Feste Rückstände setzen sich zusammen aus Filterrückständen aus der Solereinigung, verbrauchtem Zersetzerkontakt, beschädigten Zellenteilen und Rohrleitungen, Schmutz aus Spülaktionen, Adsorptionsmaterial, Ionenaustauschermaterial usw. Man versucht, zunächst die Mengen an Rückständen zu verringern, z. B. durch Verwendung vorgereinigten Salzes. Viele Materialien können destillativ aufbereitet werden. Die verbleibenden Rückstände werden sicher, u. a. in Untertagedeponien untergebracht.

3.2.4
Zukunft des Amalgamverfahrens

In Deutschland gab es im Jahre 1995 15 Chlor-Alkali-Elektrolysen nach dem Amalgamverfahren mit einer Kapazität von $2,3 \cdot 10^6$ t Chlor. Bis 2001 hat sich durch Umrüstung auf das Membranverfahren die Zahl auf 10 Standorte mit einer Kapazität von $1,5 \cdot 10^6$ t Chlor verringert. Bis 2010 werden aus heutiger Sicht weitere Anlagen umgerüstet, sodass eine Restkapazität von $0,95 \cdot 10^6$ t Chlor verbleibt. Die Umrüstung wird in der Regel in Verbindung mit einer Änderung der Chlorkapazität an einem Standort durchgeführt. Die Investitionskosten betragen zwischen 350 und 750 € je Tonne Jahreskapazität, standortspezifisch je nach Nutzungsmöglichkeiten vorhandener Anlagenteile und Gebäude.

Die OSPAR-Empfehlung 90/03, die den völligen Ersatz aller Amalgamanlagen bis 2010 vorgeschlagen hatte, ist – in Anbetracht der Fortschritte bei der Emissionsminderung – nicht in eine bindende Vorschrift umgewandelt worden.

Amalgamanlagen haben je nach Erhaltungsaufwand eine wirtschaftlich sinnvolle Lebensdauer von 40 bis 50 Jahren. Es ist davon auszugehen, dass nach dem Jahre 2020 in Deutschland nur noch Anlagen weiter betrieben werden, in denen Sonderprodukte wie Kalilauge, Alkoholate, Dithionit erzeugt werden, die auf das Amalgamverfahren angewiesen sind.

Die spezifischen Emissionen werden bis 2005 auf 0,87, bis 2011 auf weniger als 0,72 g Hg pro Tonne Chlor abgesenkt werden. Der Beitrag der restlichen Elektrolysen zur Gesamt-Hg-Emission zur Hintergrundbelastung ist dann als vernachlässigbar zu betrachten [82a].

3.3
Diaphragmaverfahren

3.3.1
Prinzip des Verfahrens

Beim Diaphragmaverfahren verhindert eine flüssigkeitsdurchlässige Trennschicht – das Diaphragma – die Durchmischung der Elektrolysenprodukte. Die unerwünschte Wanderung von Hydroxid-Ionen zur Anode durch Migration aufgrund des elektrischen Feldes bzw. durch Diffusion aufgrund des Konzentrationsgefälles wird durch eine Elektrolytströmung vom Anodenraum zum Kathodenraum unterdrückt. Die Strömung wird durch hydrostatischen Überdruck auf der Anodenseite aufrechterhalten (Abb. 31).

Elektrolysen nach diesem Verfahren werden seit 1890 (Griesheim) im technischen Maßstab betrieben.

Gereinigte, weitgehend gesättigte Sole von etwa 70 °C wird in den Anodenraum eingespeist; von dort tritt sie durch das Diaphragma in den Kathodenraum. Die Flüssigkeit verlässt die Zelle mit einem NaOH-Gehalt von 130–140 g L^{-1} und einem restlichen NaCl-Gehalt von 180–190 g L^{-1}. Zur Erzeugung einer verkaufsfähigen Natronlauge wird die Zellenlauge auf 50% mit erheblichem Dampfverbrauch eingedampft, dabei fällt das NaCl wegen seiner verringerten Löslichkeit bis auf einen Restgehalt von ca. 1% aus. Das anfallende Kochsalz wird zur Aufkonzentration der Rohsole verwendet.

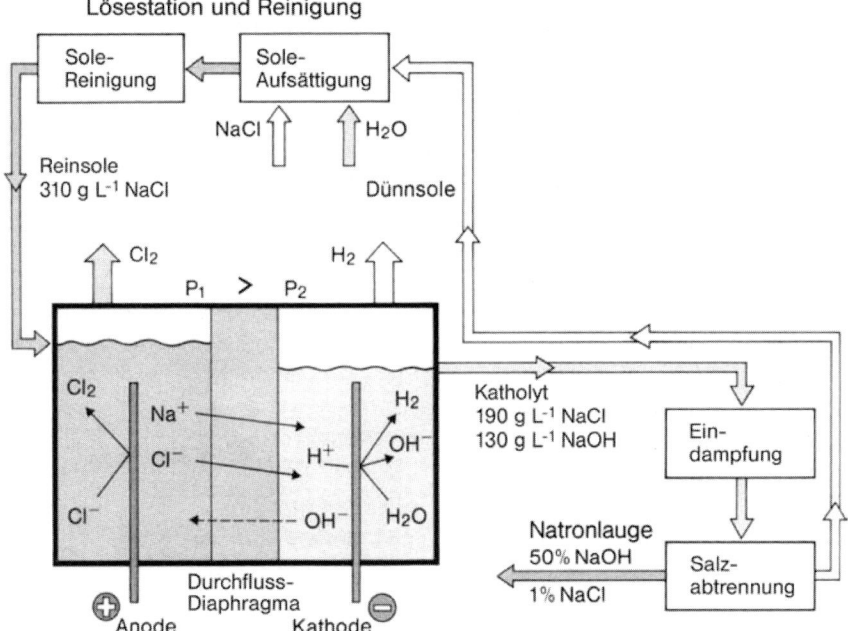

Abb. 31 Prinzipdarstellung des Diaphragma-Elektrolyseverfahrens

Die Anodenreaktionen gleichen denen in der Membranzelle. Das gebildete Chlorgas enthält 1,5 bis 2,5 % Sauerstoff und wird von oben über die Deckel der Zellen abgezogen. In modernen Zellen werden ausschließlich senkrecht eingebaute, aktivierte Titananoden eingesetzt, die gegenüber dem früher gebräuchlichen Graphit die Vorteile der Formstabilität und einer verdoppelten spezifischen Belastung bei gleichzeitiger Einsparung an elektrischer Energie bieten.

Die Kathoden bestehen aus vertikal angeordneten Taschen aus Stahldrahtgewebe oder Lochblech, die zwischen den kastenförmigen Anoden angeordnet sind. An den Kathoden wird Wasser zersetzt

$$2\ H_2O + 2e^- \longrightarrow H_2 + 2\ OH^-$$

Die OH^--Ionen bilden mit den Na^+-Ionen die Natronlauge, die zusammen mit dem verbliebenen NaCl als »Zellenlauge« abgezogen wird. Der Wasserstoff kann gegen die Kapillarkräfte im Diaphragma und wegen des hydrostatischen Überdrucks nicht auf die Anodenseite gelangen und wird gasförmig abgeleitet.

Das Diaphragma ist unmittelbar auf den Kathoden aufgebracht. An das Diaphragma werden extreme Anforderungen gestellt: Beständigkeit gegen heiße, chlorhaltige Sole auf der einen, gegen konzentrierte Natronlauge auf der anderen Seite, ausreichende Porosität für den Soledurchtritt, geringer Ohmscher Widerstand innerhalb der Diaphragmaschicht, gute Trennwirkung für Anolyt und Katholyt sowie für die Gase Wasserstoff und Chlor. Daneben soll es noch kostengünstig verfügbar sein. Die Anforderungen widersprechen sich teilweise, da z. B. eine hohe Porosität die Trennwirkung verschlechtert.

Derzeit werden noch überwiegend sog. »modifizierte« Diaphragmen eingesetzt, die zu ca. 75 % aus Asbestfasern (Chrysotilasbest, Hornblendeasbest) sowie Fasern aus einem thermoplastischen Kunststoff auf der Basis fluorierter Kohlenwasserstoffe bestehen. Die Fasern werden vermischt und in alkalischer Zellenlauge aufgeschlämmt. Aus der Suspension wird das Diaphragma durch Vakuum auf die Oberfläche der untergetauchten Kathoden aufgesaugt und durch eine Wärmebehandlung bei Temperaturen über 300 °C stabilisiert. Asbestfreie Diaphragmen werden am Markt angeboten, haben sich aber noch nicht völlig durchsetzen können.

Die thermodynamische Zersetzungsspannung beträgt unter Betriebsbedingungen ca. 2,15 V (Abb. 27). Es addieren sich die Wasserstoffüberspannung an der Eisenkathode, zusätzliche Überspannungen (z. B. die Gasblasenrührung) an Anode und Kathode, sowie die Spannungsabfälle in den Elektrolyten, im Diaphragma, in den elektrischen Zuleitungen und in den Elektroden. Da der Elektrodenabstand relativ groß ist, verläuft die Strom-Spannungskurve steil; bei 2,5 kA m^{-2} liegen die Zellenspannungen bei 3,3–3,5 V (Abb. 27).

Bedeutsam für die Wirtschaftlichkeit ist die Stromausbeute. Diese wird neben den Anodennebenreaktionen vor allem durch die Rückwanderung von Hydroxid-Ionen in den Anodenraum bestimmt. Dort können sie chemisch mit dem Chlor zum Chlorat reagieren

$$3\ Cl_2 + 6\ NaOH \longrightarrow NaClO_3 + 5\ NaCl + 3H_2O$$

und damit letztlich die Natronlauge verunreinigen, oder sie gelangen an die Anoden und werden oxidiert:

$$2\ OH^- \longrightarrow \tfrac{1}{2}\ O_2 + H_2O + 2\ e^-$$

Die Migrationsrate wird von den Konzentrationen der Hydroxid- und Chlorid-Ionen auf der Kathodenseite des Diaphragmas, von der Strömungsgeschwindigkeit der Sole durch das Diaphragma und vom Zustand des Diaphragmas bestimmt. Die Stromausbeute einzelner Zellen aus der Produktionsmenge ist schwierig zu messen, deshalb wurden für den praktischen Betrieb zwei Formeln entwickelt, die deren Berechnung aus der Zusammensetzung des Zellenchlorgases (O_2-Gehalt), der Zellenlauge (NaOH-Konzentration) und des Anolyten (Natriumchloratgehalt) gestatten [88].

3.3.2
Technik des Diaphragmaverfahrens

Weltweit war 2001 das Diaphragmaverfahren die noch vorherrschende Technologie zur Chlorerzeugung. Vor allem in den USA hatte es sich durchgesetzt. Wegen des niedrigeren Gesamtenergieverbrauchs der Membranzellenanlagen, aber auch aus gesundheitspolitischen Rücksichten (Verwendung von Asbest) werden in Zukunft neue Anlagen nur noch nach dem Membranverfahren errichtet. Die Diaphragmazellen in vorhandenen Anlagen werden voraussichtlich nach Ablauf ihrer Lebensdauer ebenfalls durch Membranzellen ersetzt. Im Gegensatz zum Amalgamverfahren finden aber in der Diaphragmazellen-Technologie immer noch Neuentwicklungen statt, die es gestatten, unter Beibehaltung der vorhandenen Zellen oder Zellenkomponenten die Produktion effizienter, umweltschonender und kostengünstiger zu gestalten.

Diaphragmazellen wurden u. a. von den Firmen DOW, PPG und ELTECH angeboten. Die Zellen sind monopolar oder bipolar geschaltet; die täglichen Chlorproduktionen reichen von 1 bis 25 t Chlor pro Tag und Zelle bzw. Elektrolyseur. Den Prinzipaufbau einer monopolaren Diaphragmazelle mit vertikalen Elektroden zeigt Abbildung 32.

Da das Auslaufen dieser Technologie abzusehen ist, soll an dieser Stelle nur eine Zelle, der Typ MDC 55 beschrieben werden; dieser Zellentyp ist weltweit verbreitet (Abb. 33). Die Leistungsdaten dieser Zelle und diejenigen anderer Zellentypen sind in Tabelle 7 zusammengefasst.

Die monopolare MDC 55-Zelle der Firma ELTECH (Abb. 33) besteht aus einer Bodenplatte, die gleichzeitig als Stromzuführung für die Anoden dient. Sie ist über Kupferschienen mit dem Pluspol der Gleichrichter verbunden. Durch eine chemisch beständige Kunststoffmatte oder eine Platte aus einer Titanlegierung (TIBAC) hindurch sind darauf die stehenden schachtförmigen Titananoden verschraubt. Die Titananoden aus Streckmetall sind expandierbar, d. h. je zwei Anodenplatten aus aktiviertem Titan sind federnd mit einen gemeinsamen Stromzuführungsbolzen verbunden. Für die Montage wird der Abstand der Platten durch Klammern verringert. Nach Aufsetzen des Kathodenkastens werden die Klammern

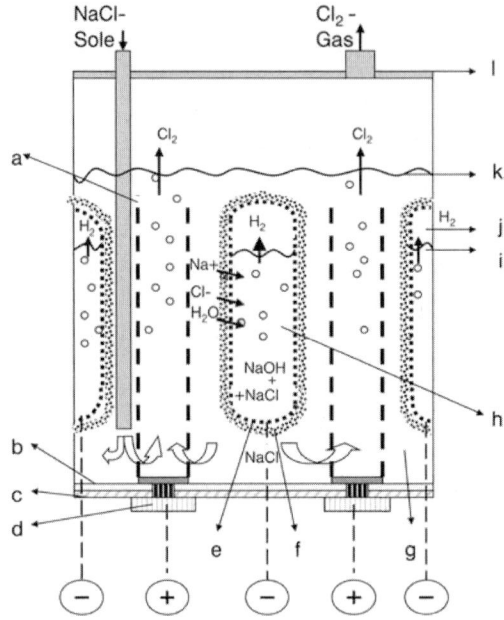

Abb. 32 Prinzip von monopolaren Diaphragmazellen (vertikaler Schnitt)
a) aktivierte Titananoden; b) Isoliermatte; c) Stahlboden; d) Anodenstrom-Kupferschiene;
e) Stahl-(Nickel-)Drahtnetzkathoden; f) Anschwemm-Diaphragma; g) Anolytraum; h) Katholytraum (Zellenlauge); i) Standhöhe Katholyt; j) Gasraum Wasserstoff; k) Standhöhe Anolyt; l) Zellendeckel
Zellenlauge, Wasserstoffgas und Kathodenstrom werden senkrecht zur Zeichenebene zum Kathodenkasten abgeleitet

entfernt und die Anoden können bis unmittelbar an die Diaphragmen angenähert werden. Durch die Öffnungen in der Anodenfläche kann ständig frische Sole an die Außenfläche strömen, während die Chlorgasblasen ins Innere abgeleitet werden.

Der Kathodenkasten besteht aus einem Hohlrahmen, der die Seitenwände der Zelle bildet, als Sammelraum für die Kathodenprodukte Wasserstoff und Zellenlauge und als Stromabführung dient. Im Inneren sind flache hohle Kathodenkästen aus Stahlnetz parallel zueinander quer über die Breite des Rahmens installiert. Auf diesen Kathodenröhren wird das »modifizierte« Diaphragma aufgebracht. Kupferplatten am Zellenboden und Kupferschienen an den Seitenwänden minimieren die Ohmschen Verluste. Das Wasserstoffgas wird oben seitlich aus dem Rahmen abgezogen. Die Zellenlauge verlässt die Zelle durch ein Rohr unmittelbar über dem Boden. Durch Verstellen der Neigung des Siphons wird die Standhöhe des Katholyten und damit die hydrostatische Druckdifferenz zum Anolyten eingestellt.

Über dem Kathodenkasten wölbt sich ein geräumiger Zellendeckel, durch den die frische Sole zugeleitet und das Chlorgas abgeleitet werden. Durch ein Schauglas kann die Standhöhe des Anolyten beobachtet werden.

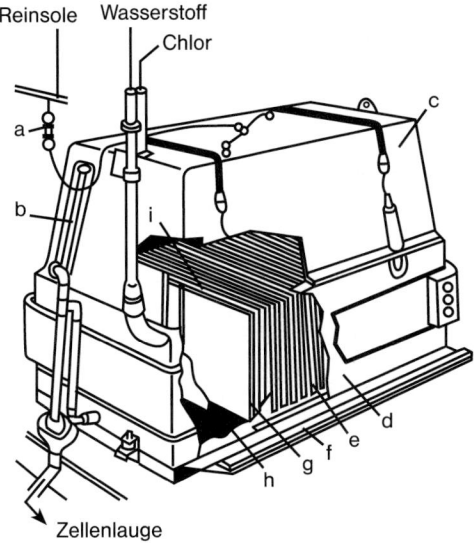

Abb. 33 Die monopolare MDC 55-Zelle der Firma ELTECH [88]
a) Solezulauf; b) Schauglas; c) Zellendeckel; d) Kathodenrahmen mit Stromschienen; e) Kathodenplatten; f) Anodenplatte mit Anodenstromschienen; g) Kathoden mit Diaphragma; h) Isoliermatte

Pro Stromkreis sind bis zu 200 Zellen in Reihe geschaltet und elektrisch fest miteinander durch Stromschienen verbunden.

Die Anlagen arbeiten besonders wirtschaftlich, wenn sie mit einer preisgünstigen Sole mit ca. 160 g NaCl pro Liter versorgt werden können, die durch Aussolung einer Salzlagerstätte unmittelbar in der Nähe der Elektrolyse hergestellt wird. Der hohe Dampfverbrauch für die Zellenlaugeeindampfung begünstigt sehr große Anlagen, für die es sich lohnt, in eigenen Kraftwerken sowohl den Strom als auch den Dampf in Kraft-Wärme-Kopplung herzustellen und vor Ort zu verbrauchen.

Da beim Eindampfprozess der Zellenlauge reines Salz zur Aufsättigung anfällt, ist festes Salz nicht erforderlich. Die Anforderungen an die Solequalität sind geringer als bei den anderen Verfahren, selbst auf die Ausfällung des Sulfats kann in großen Anlagen verzichtet werden, da es beim mehrstufigen Eindampfprozess getrennt vom NaCl ausgefällt und als verkaufsfähiges Glaubersalz produziert werden kann. Magnesium, Calcium, Eisen, Aluminium und Silicium blockieren das Diaphragma und müssen mittels Soda und Natronlauge ausgefällt werden. Vor dem Eintritt in die Zelle wird die Sole auf einen pH-Wert von 2,5–3,5 angesäuert, um die Chloratbildung zu verringern. Das Aufheizen der Sole auf 70–90 °C verkleinert die Zellenspannung.

Der Solezulauf zu jeder Zelle wird in Abhängigkeit von der Strombelastung so eingestellt, dass der Salzkonversionsfaktor 0,5 eingehalten wird, d.h. es laufen 12–14 L Sole pro Kiloampere zu.

Der Personalaufwand für die kontinuierliche Überwachung und Einstellung der Sole, der Zellen und der Zellenlauge ist gering, ein Mitarbeiter kann bis zu 200 Zellen beaufsichtigen. Von allen Zellenkomponenten hat das Diaphragma die kürzeste Laufzeit. Chemischer Angriff auf den Asbest, Verstopfungen (Soleverunreinigungen, Ausfällung von Hydroxiden) sowie unstetige Betriebsbedingungen (Schwankungen des Gasdrucks, der Solekonzentration oder der elektrischen Belastung sowie Stillstände) zerstören seine Funktion. Die Notwendigkeit für die Erneuerung des Diaphragmas einer Zelle lässt sich aus der Stromausbeute ableiten.

Die Produkte Chlor und Wasserstoff werden wie beim Membranverfahren beschrieben verarbeitet.

Die Zellenlauge enthält 120–140 g NaOH pro Liter = 11–13 %, 180–210 g NaCl pro Liter = 14–16 % und 0,05–0,5 g $NaClO_3$ pro Liter. Die Lauge wird durch Eindampfung, Abkühlung und bei Bedarf durch Nachreinigung aufgearbeitet. Die Löslichkeit von NaCl sinkt mit wachsender NaOH-Konzentration, sie liegt bei 1 % in 50 %iger Natronlauge. Um diese Konzentration zu erreichen, müssen pro Tonne 50 %ige NaOH ca. 5 t Wasser verdampft werden, wofür 2,5–3,0 t Dampf aufgewendet werden müssen. Dies geschieht in mehrstufigen Zwangsumlaufverdampfern (Abb. 34), die je nach Kapazität der Anlage und Dampfkosten als zwei-, drei- oder vierstufige Anlagen gebaut werden, wobei Tripeleffekt-Anlagen bevorzugt werden. Jede Verdampfergruppe besteht aus einem Wärmetauscher, einer Umwälzpumpe und einem unten konischen Ausdampfgefäß. Die Zellenlauge wird in den dritten Effekt eingespeist, läuft zum zweiten und dann zum ersten Effekt und von diesem

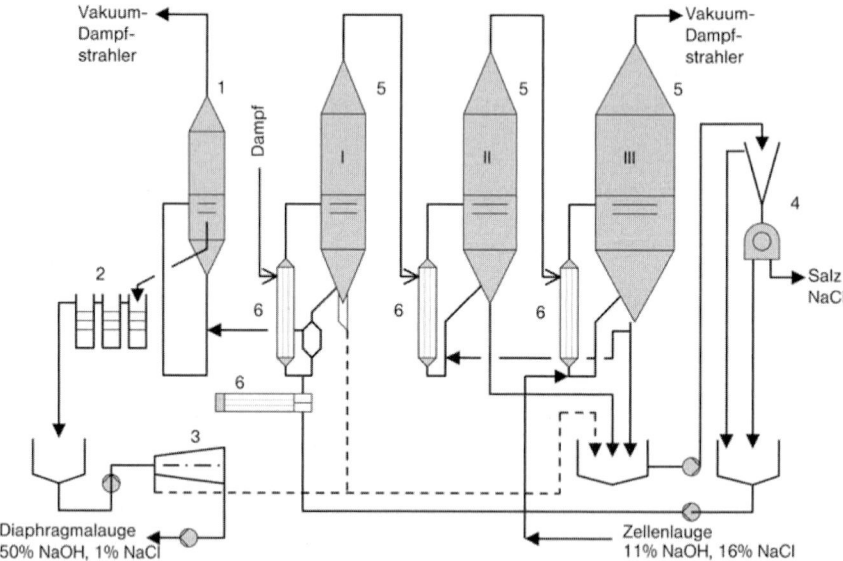

Abb. 34 Fließbild einer Tripeleffekt-Eindampfanlage für Zellenlauge aus Diaphragmazellen nach dem Gegenstromprinzip (Diagramm: Messo)
1 Verdampfungskühler; 2 Kühler; 3 Dekantierzentrifuge; 4 Schubzentrifuge mit Voreindicker;
5 I, II, III Verdampferstufen des Tripeleffekts; 6 Wärmetauscher

in einen unter Vakuum betriebenen Entspannungsverdampfer. Der Wärmetauscher der ersten Stufe wird mit Dampf beheizt, die weiteren Wärmetauscher mit den abgedampften Brüden der vorhergehenden Stufen. Aus dem Konus jedes einzelnen Verdampfers werden die Kochsalzkristalle als Salzbrei abgezogen und nach Klärung in Absetzbehältern in Zentrifugen, Zyklonen oder Filtern von der Lauge getrennt. Die abgetrennte Lauge wird in die Verdampfer zurückgeführt, das Kochsalz zur Soleaufsättigung verwendet. Als Material für die Verdampfer wird fast ausschließlich Nickel verwendet.

Die heiße, 50%ige Lauge enthält noch 2–3% NaCl, das beim Abkühlen auf ca. 20 °C bis auf 1% ausfällt und in Filtern abgetrennt wird. Für die weitere Absenkung des NaCl-Gehalts wurden mehrere Verfahren entwickelt: Tiefkühlung auf 5 °C, das Tripelsalzverfahren und das Liquid-Liquid-Verfahren von PPG [89], bei dem NaCl und $NaClO_3$ in einem kontinuierlichen Extraktionsprozess mit flüssigem Ammoniak extrahiert werden. Die Qualität der so gereinigten Lauge entspricht nahezu der des Amalgamverfahrens. Metallspuren können aus der Lauge elektrolytisch an porösen Graphitelektroden abgeschieden werden.

Umweltschutz

Trockener Asbest in Form atembarer Stäube ist ein Mineral mit pathogenen und cancerogenen Eigenschaften. Die Inhalation kann Asbestose (Staublungenkrankheit) sowie Bronchial- und Rippenfellcarcinome hervorrufen. Die Gesundheit der Mitarbeiter und die Umwelt werden deshalb durch zahlreiche gesetzliche Regelungen und Vorschriften geschützt. Räume, in denen die Diaphragmen vorbereitet und aufgezogen werden, dürfen nur durch Mitarbeiter betreten werden, die durch Einmal-Schutzanzüge und Staubmasken geschützt sind. Die Räume selbst sind durch ein Schleusensystem gesichert, die Abluft wird über Filter gereinigt.

Der Gesamtverbrauch an Asbest wurde in den vergangenen Jahren durch viele Maßnahmen drastisch verringert; er liegt je nach Alter und Erhaltungszustand einer Anlage bei 0,1–0,3 kg pro Tonne Chlor. Davon gelangen ca. 0,04 mg pro Tonne Chlor in die Atmosphäre und bis 30 mg L^{-1} ins Abwasser. Der Rest von 0,04 bis 0,2 kg pro Tonne Chlor stammt im Wesentlichen aus gebrauchten Diaphragmen [2]. Diese werden mit einem Wasserstrahl von den Kathoden abgespritzt, durch Vermengen mit Zement oder durch Verglasung immobilisiert und als fester Abfall sicher deponiert.

3.3.3
Zukunft des Diaphragmaverfahrens

Für das Diaphragmenverfahren gilt, wie für Amalgamverfahren, dass aus wirtschaftlichen und umweltpolitischen Gründen Neuanlagen nach dem Membranverfahren errichtet werden. An der Verbesserung der bestehenden Anlagen wird weiterhin gearbeitet. Die Lebensdauer der einzelnen Komponenten wird durch verbesserte Materialien für Dichtungen, Zellendeckel, Isoliermaterialien verlängert und aufeinander abgestimmt.

Verbesserte Anoden und aktivierte Kathoden, ggf. flexible Vorkathoden, verringern die Zellenspannungen ebenso wie fortentwickelte Diaphragmen, Verwendung des »Zero-Gap-Prinzips« durch Auflegen der Elektroden direkt auf das Diaphragma, Verringerung der Ohmschen Verluste in den Stromzuleitungen und in den Elektrodenstrukturen.

Weitere Anstrengungen beziehen sich in erster Linie auf den Ersatz der asbesthaltigen durch asbestfreie Diaphragmen. Das Wegbrechen vieler Märkte für Asbest im Fahrzeugbau (Kupplungsscheiben, Bremsbeläge, Autoreifen), Hausbau (Dachpfannen, Wandverkleidungen, Rohrleitungen), Wärmeisolierung, Feuerschutz usw. hat zur Stillegung zahlreicher Asbestminen, vor allem in den USA, geführt. Die Versorgung mit Asbest in der erforderlichen Qualität ist dadurch zunehmend gefährdet.

Folgende asbestfreie Diaphragmen wurden seit 1980 entwickelt und sind im Einsatz bzw. in der großtechnischen Erprobung:

Das *Polyramix-Diaphragma* von ELTECH enthält Fasern auf der Basis von PTFE, die innen und außen mit keramischen Partikeln aus Zirconiumdioxid beaufschlagt sind. Das Polyramix-Diaphragma wird wie das Asbestdiaphragma durch Vakuum auf die Kathoden aufgesaugt und durch eine Wärmebehandlung stabilisiert. Die Porosität ist einstellbar; durch eine Nachbehandlung wird es hydrophiliert. Derartige Diaphragmen haben Lebensdauern bis über 10 Jahre erreicht [90].

Das *Tephram-Diaphragma* von PPG Industries beruht ebenfalls auf einer durch Vakuum abgeschiedenen Schicht von PTFE-Fasern, auf die eine Lage von anorganischen Partikeln aufgebracht wird. Die periodische Zugabe von Zuschlagstoffen (»dopants«) zum Anolyten während des laufenden Betriebs erlaubt die Einstellung der Permeabilität des Diaphragmas und damit die Aufrechterhaltung und Verbesserung des Zellenbetriebs. Dieses Diaphragma eignet sich auch für sehr große Zellen; es wird u. a. in den großen Glanor-Elektrolyseuren der Firma PPG eingesetzt.

Die Chloralp *Asbestos-Free Technology* benutzt ein asbestfreies Diaphragma, das auf zwei vakuumabgeschiedenen Lagen beruht. Zunächst wird auf der Kathode der konventionellen Zelle eine Vorkathode aus leitfähigen Kohlenstofffasern abgeschieden, die ein elektrokatalytisches Pulver enthält und auf diese Weise die Überspannung an der Kathode absenkt. Das eigentliche Diaphragma aus PTFE-Fasern und einem anorganischen Material wird auf diese Vorkathode aufgebracht. Die Porosität wird durch ein in der Suspension enthaltenes Agens eingestellt. Durch die Kombination Vorkathode/asbestfreies Diaphragma wird die Zellenspannung um bis zu 150 mV abgesenkt und die Stromausbeute bis zu 2 % erhöht.

Die Umstellung einer Anlage von Diaphragmen- auf Membranzellen kann sich als wirtschaftlich erweisen. Anbieter von Membranzellen bieten derartige Szenarien orts- und anlagenbezogen mit den zugehörigen Wirtschaftlichkeitsrechnungen an. In [91] wird eine modellhafte Betrachtung der Umrüstung einer Anlage mit einer Kapazität von 200 000 t Chlor pro Jahr durchgeführt.

3.4
Vergleich der Elektrolyseverfahren

Die drei industriell etablierten Elektrolyseverfahren unterscheiden sich hauptsächlich beim Energiebedarf, bei den Emissionen und den Produktreinheiten. In Tabelle 8 sind typische Verbrauchswerte und Emissionsdaten aufgeführt.

Tab. 8 Einsatzstoffe, Verbrauchsdaten und Emissionsdaten für das Amalgam-, Diaphragma- und Membranverfahren bezogen auf die Erzeugung von 1 t Chlor, 1,12 t NaOH bzw. 1,577 t KOH und 28 kg Wasserstoff

	Amalgam	Diaphragma	Membran	Erläuterung
Salz (kg)		1700–1750		theor. 1650
Wasser (m^3)		1–2,8		Prozesswasser
Hilfsstoffe				
Quecksilber (g)	2,6–10,9	–	–	
Asbest (g)	–	100–300	–	abhängig von der Standzeit
Membran (m^2)	–	–	>0,0053	
Elektrolyse-Daten				
Zellenspannung theor. (V)	3,15	2,19	2,19	⎱ abh. von der Stromdichte und Elektroden-
Stromdichte (Bereich) (kA m^{-2})	8–13	0,9–2,6	3–6 (8)	⎰ zustand und Ohmschen Wiederständen
Zellenspannung real (V)	3,9–4,2	2,9–3,5	2,9–3,5	
Energieverbrauch/Drehstrom (kWh/t Cl$_2$)	3100–3400	2300–2900	2100–2600	
Produktqualität				
Chlor (%)	98–99	96,5–98	97–99,5	
Sauerstoff (%)	0,1–0,3	0,5–2,0	0,5–2,0	
Wasserstoff (%)	0,1–0,5	0,1–0,5	0,03–0,3	
Natronlauge (%)	50	12	30–35	[1]bezogen auf NaOH 50%
NaCl[1] (ppm)	<30	10000–15000	20–200[3]	[3]bei Membranverfahren abhängig von Membranzustand mit Stromdichte
Quecksilber (mg L^{-1})	2–25	–	–	
NaClO$_3$ (ppm)	1–5	500–1000	10–70	
Dampfverbrauch für Aufkonzentrierung auf 50% NaOH (kWh/t Cl$_2$)[2]	–	610	120–180	[2]1 t 19 bar Dampf = 250 kWh
Emissionen pro t Chlor				
Luft				
Hg (g)	0,2–2,1	–	–	
Asbest (mg)	–	0,04	–	
Abwasser				
Hg (g)	0,01–0,65	–	–	
Asbest (mg)	–	≤ 30	–	
Abfall				
Hg (g)	0–84	–	–	
Asbest (g)	–	90–200	–	

3.4.1
Umrüstung bestehender Anlagen auf das Membranverfahren

Aus dem Vergleich der Verbrauchsdaten (Tabelle 8) lässt sich ablesen, dass eine Umrüstung auf das Membranverfahren allein aus Gründen des Energieverbrauchs meist nicht wirtschaftlich ist. Die Wirtschaftlichkeit richtet sich nach Standortfaktoren wie Energiekosten, Lohnkosten und Anlagenzustand [92]. In der Einleitung zu Abschnitt 3 sind die häufigsten Gründe für die Umrüstung genannt. In den vergangenen Jahrzehnten wurde eine Vielzahl von Amalgam- und Diaphragma-Elektrolysen auf das Membranverfahren umgerüstet. Um die Umrüstungskosten zu minimieren werden nach Möglichkeit Gebäude, Elektroversorgung, Teile der Soleaufbereitung und Chloraufarbeitung weiterverwendet. Um den Produktionsausfall in der Umrüstungsphase zu minimieren, können die alten Zellen schrittweise gegen Membranelektrolyseure ausgewechselt werden. Wegen der platzsparenden Bauweise moderner großflächiger Membranelektrolyseure kommt es nur in der ersten Phase beim Rückbau von Amalgam- bzw. Diaphragmazellen zu einem Teil-Produktionsausfall.

Im Fall von Kapazitätserweiterungen von Amalgamanlagen mit Membranelektrolyseuren wird die Aufkonzentrierung der 32%igen Membran-Natronlauge auf 50% in den Amalgamzersetzern vorgenommen. Dazu wird die Membranlauge dem Zersetzerwasser in entsprechender Konzentration zugesetzt und in die Zersetzer gespeist. Die gesamte Lauge muss anschließend filtriert werden, um den Quecksilbergehalt zu senken. Bei gemeinsamem Solekreislauf muss die für die Membranelektrolyse bestimmte Sole mit Hilfe von Fällmitteln und anschließender Filtration quecksilberfrei gemacht werden und anschließend über Kationenaustauscher feingereinigt werden. Der Parallelbetrieb der verschiedenen Verfahren bereitet in der Praxis keine Probleme.

Die europäische Chlorindustrie hat sich verpflichtet, für neue Kapazitäten nur noch das Membranverfahren zu verwenden.

4
Produkte der Chlor-Alkali-Elektrolyse

In Europa wird der größte Teil der Elektrolyse-Produkte am Produktionsstandort verbraucht. Etwa 5% des erzeugten Chlors wurden im Jahre 2002 transportiert. Auch der Wasserstoff findet meist werksinterne Verwendung wohingegen Natronlauge großenteils vermarktet wird, meist als 50%ige wässrige Lösung und nur noch in geringen Mengen in fester Form, z. B. als Prills.

4.1
Chlor

Die Aufarbeitung des Chlorgases aus den Zellen richtet sich nach der Anwendung. Für die meisten Anwendungen muss das Chlor von Natriumchlorid-Aerosolen befreit, gekühlt und getrocknet werden. Dort wo der Sauerstoff-Anteil stört, muss das Chlor verflüssigt und anschließend verdampft werden (s. Abb. 35).

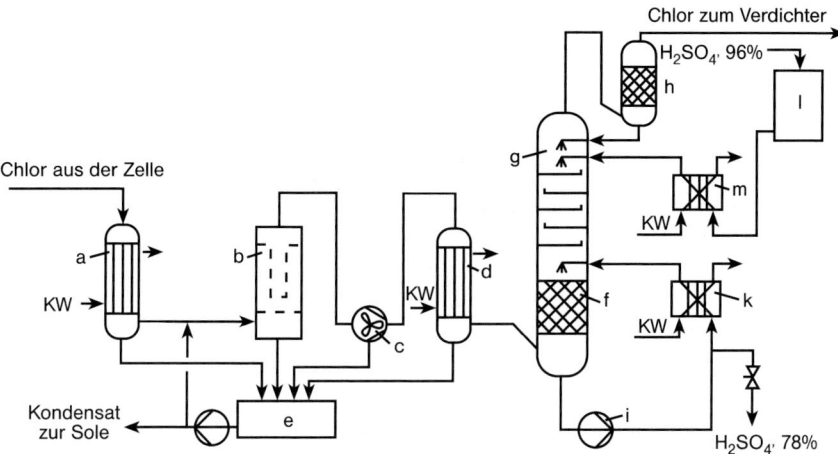

Abb. 35 Chlorkühlung und -trocknung
a) Chlorkühler; b) Chlorfilter; c) Chlorgebläse; d) Chlorkühler; e) Kondensat-Sammeltank; f) Trocknung, 1. Stufe; g) Trocknung, 2. Stufe; h) Demister für Schwefelsäure; i) Schwefelsäurepumpe; k) Schwefelsäurekreislaufkühler; l) Schwefelsäurevorlagebehälter; m) Schwefelsäurekühler

4.1.1
Eigenschaften des Chlors

Chlor ist unter Normalbedingungen (1,013 bar, 0 °C) ein gelbgrünes, stechend riechendes und sehr giftiges Gas. Es ist nicht brennbar und etwa zweieinhalbmal schwerer als Luft. Das flüssige Chlor ist eine leicht bewegliche, orange-gelbe Flüssigkeit mit einem Siedepunkt von −34,05 °C bei 1,013 bar [93].

Feuchtes Chlor reagiert mit nahezu allen Metallen. Titan wird nicht angegriffen, wenn der Wasserdampfpartialdruck der Gasphase dem Dampfdruck des Wassers bei Temperaturen oberhalb von 16,5 °C entspricht. Gegen trockenes Chlorgas sind bei niedriger Temperatur viele Metalle beständig. Es gibt jedoch eine sogenannte Zündtemperatur, bei deren Erreichen eine stark exotherme Reaktion einsetzt. Diese beträgt z. B. für Eisen 170 °C, für Kupfer 200 °C und mehr als 500 °C für Nickel.

Das Chlor ist gegenüber zahlreichen Elementen und vielen organischen und anorganischen Verbindungen sehr reaktionsfähig, was seine Anwendung in vielen Bereichen der Chemie unverzichtbar macht.

Chlorgas bildet mit zahlreichen anderen Gasen explosionsfähige Gemische oder Reaktionsprodukte. Mit wasserstoff- und stickstoffenthaltenden Verbindungen reagiert Chlor zu Chlorwasserstoff, chlorierten Kohlenwasserstoffen und Stickstofftrichlorid. In Mischung mit Wasserstoff liegt je nach den Druckverhältnissen die untere Explosionsgrenze bei 3,1–8,1 % H_2 im Chlor (Abb. 36). Bei Anwesenheit von Inertgasen oder Wasserdampf wird die Explosionsgrenze zu höheren Werten verschoben [94, 95].

Die Sättigungskonzentration des Chlors in Wasser beträgt bei 25 °C 6 g L^{-1}. In geringem Umfang hydrolysiert das gelöste Chlor nach folgender Gleichung:

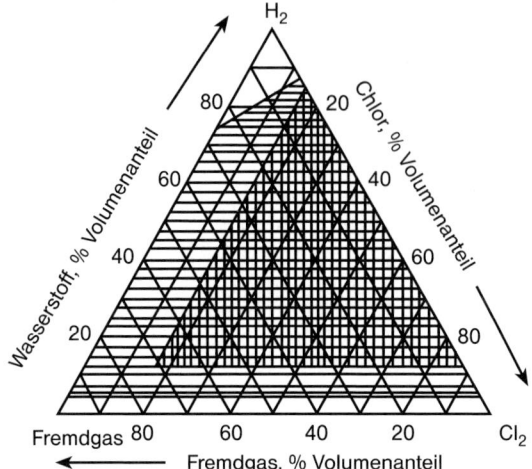

Abb. 36 Explosionsgrenzen für Chlor, Wasserstoff und andere Gase
Horizontal gestreift: Explosionsbereich mit Restgasen aus der Chlorverflüssigung (O_2, N_2, CO_2),
senkrecht gestreift: Explosionsbereich mit Inertgasen (N_2, CO_2)

$$Cl_2 + H_2O \longleftrightarrow HCl + HOCl$$

Die gebildete unterchlorige Säure wird von UV-Licht zu O_2 und HCl zersetzt. Unterhalb 9,6 °C bildet sich mit Wasser festes Chlorhydrat ($4Cl_2 \cdot 6H_2O$) [96]. Diese Einschlussverbindung dissoziiert bei 29,99 kPa und 0 °C. Der kritische Zersetzungspunkt liegt bei 6 bar und 28,7 °C, sodass diese Substanz auch bei der Verdichtung des Chlors in den Zwischenkühlern ausgeschieden werden kann, besonders dann, wenn eine Gegenkühlung mit flüssigem Chlor durchgeführt wird.

Bei einem Gehalt der Luft von mehr als 150 mg m^{-3} Cl_2 besteht akute Lebensgefahr. Die derzeitige maximale Arbeitsplatzkonzentration (MAK-Wert) wurde deshalb auf 1,5 mg m^{-3} Atemluft (= 0,5 vppm) festgelegt. Durch seine starke Reizwirkung auf die Atemwege ist das Chlor schon in geringer Konzentration (0,06–3 mg m^{-3}) leicht wahrnehmbar [97].

4.1.2
Reinigung von technischem Chlorgas

Gekühltes und getrocknetes Chlorgas aus dem Membranverfahren enthält gewöhnlich 97,0–98,0 % Volumenanteil Chlor, 0,4–1,2 % Volumenanteil Sauerstoff, 0,3 % Volumenanteil Kohlendioxid, 0,03 % Volumenanteil Wasserstoff und in Spuren Chlorkohlenwasserstoffe, die durch den Kontakt von Chlor mit Ionenaustauschern und Apparateauskleidungen entstehen.

Das Rohgas aus den Elektrolysezellen enthält vor der Aufbereitung außer Wasserdampf (entsprechend dem H_2O-Partialdruck der Sole bei ca. 80–90 °C) noch Nebel von Soletröpfchen. Außerdem ist mit Stickstofftrichlorid (NCl_3) zu rechnen, das durch die Reaktion mit stickstoffhaltigen Verbindungen in der Sole entstehen kann. Diese Verunreinigungen müssen vor der Verwendung des Chlors entfernt werden.

Die Chloraufarbeitung erfolgt stufenweise:
- Kühlung des etwa 80–90 °C heißen Rohgasgemisches auf ca. 20–30 °C,
- Entfernung der Aerosole (Salznebel) [98–101],
- Trocknung mit konzentrierter Schwefelsäure [99, 102, 103],
- Entfernung der Restnebel durch Abscheider (Schwefelsäure-, Salznebel),
- ggf. Entfernung gasförmiger, chlorierter Kohlenwasserstoffe [99, 104–106],
- Verdichtung [107–109],
- eventuell Verflüssigung und Wiederverdampfung.

Für diese Aufbereitungsstufen stehen mehrere Verfahren zur Verfügung [107].

Chlorkühlung

Das Chlor verlässt die Elektrolyseure mit einem Überdruck von 0,5–20 kPa und einer Temperatur von 80–90 °C und ist wasserdampfgesättigt. In modernen Chloranlagen wird zwecks Energieeinsparung das heiße Chlor im Gegenstrom mit Dünnsole, die den Elektrolyseuren zugeführt wird, vorgekühlt, bevor es in Titan-Rohrbündelkühlern mit Wasser auf Kühlwassertemperatur abgekühlt wird. Bei Verwendung von Titan sollte die Temperatur 15 °C nicht unterschreiten, da sonst die Gefahr eines Titan-Chlor-Brandes gegeben ist. Bei Temperaturen um 10 °C bildet sich Chlorhydrat, das in fester Form ausfällt und zur Blockierung von Rohrleitungen führen kann. Nasschlorleitungen müssen in Außenbereichen demnach begleitbeheizt werden. Das bei der Kühlung anfallende chlorhaltige Kondensat wird in den Anolyt gespeist [110].

Alternativ zur indirekten wird auch die direkte Kühlung mit Wasser praktiziert. Dazu wird das Chlor von unten in einen gepackten Turm geleitet und im Gegenstrom mit Wasser in Kontakt gebracht, welches oben eingesprüht wird. Der Vorteil dieser Kühlart ist das gleichzeitige Auswaschen von NaCl. Außerdem ist die direkte Kühlung effizienter als die indirekte. Das chlorhaltige Wasser aus dem Kühlturm wird in Titan-Plattenkühlern gekühlt und in den Kühlkreislauf zurückgeführt. Das überschüssige Kondensat wird genauso behandelt wie das Kondensat aus der indirekten Kühlung. Nach der Primärkühlung wird das Chlorgas von Wasser- und Soletröpfchen befreit. Dazu werden elektrostatische Filter oder spezielle Kerzenfilter verwendet, aus denen mit Hilfe von Wasser abgeschiedenes Salz kontinuierlich ausgetragen wird.

Für viele Anwendungen ist das so gekühlte und gereinigte Chlor von genügender Qualität. Für andere Anwendungen muss das Chlor getrocknet und gegebenenfalls verflüssigt werden, um gasförmige Verunreinigungen zu entfernen [2].

Trocknung

Das gekühlte Chlor enthält temperaturabhängig 1–3 % Wasser. Um Korrosion und die Bildung von Hydraten zu vermeiden [110], muss das Chlor getrocknet werden. Die Chlortrocknung wird gewöhnlich mit 96–98 %iger Schwefelsäure durchgeführt. In Trockentürmen aus PVC/GFK (glasfaser-verstärktem Kunststoff) wird das Chlor im Gegenstrom mit Schwefelsäure in Kontakt gebracht, sodass der Feuchtigkeitsgehalt auf weniger als 20 ppm (mg kg^{-1}) reduziert wird [111]. Die ablaufende Schwefelsäure hat eine Konzentration von etwa 70–80%. Sie wird im Vakuum oder chemisch entchlort und entweder direkt oder nach Aufkonzentrierung der Weiterverwendung zugeführt.

Verdichtung

In einigen Elektrolysen wird das Chlorgas nach der Trocknung mit flüssigem Chlor gereinigt oder mit ultraviolettem Licht bestrahlt, um den Anteil an Stickstofftrichlorid zu verringern.

Für die Verdichtung stehen verschiedene Methoden zur Verfügung:
- ein oder zwei hintereinander geschaltete Gebläse für Drücke bis zu 3 bar,
- Niederdruck-Schwefelsäurering-Kompressoren für Drücke bis zu 4 bar,
- Kolbenverdichter für Drücke größer 11 bar,
- Schraubenverdichter für verschiedene Druckstufen und
- Turboverdichter für Drücke bis etwa 12 bar.

Die bei der Verdichtung entstehende Wärme wird bei mehrstufigen Kompressoren mit zwischen den Stufen angeordneten Kühlern abgeführt. Kompressoren mit Labyrinthdichtungen sind an eine Chlorabsorptionsanlage angeschlossen, um ein Austreten des Chlors an die Atmosphäre zu verhindern [112].

Chlorverflüssigung

Chlor kann bei unterschiedlichen Drücken und unterschiedlichen Temperaturen verflüssigt werden, bei Raumtemperatur und hohem Druck (z. B. 18 °C und 7–12 bar), bei niedriger Temperatur und niedrigem Druck (z. B. –35 °C und 1 bar) oder irgendeiner dazwischenliegenden Kombination von Temperatur und Druck (Abb. 37).

Der gewählte Verflüssigungsdruck und die Temperatur beeinflussen die Wahl der Kühlmittel und der notwendigen Sicherheitsvorkehrungen. Die Wahl der Kältemittel für die einzelnen Stufen der Verflüssigung hängt von der Verflüssigungstemperatur ab. Bei hohem Druck und entsprechend hoher Temperatur kann Wasser als indirektes Kühlmittel verwendet werden. Bei niedriger Temperatur werden andere Kältemittel wie Fluorkohlenwasserstoffe oder Ammoniak bei indirekter Kühlung, flüssiges Chlor bei direkter Kühlung verwendet.

Die Effizenz der Verflüssigung ist begrenzt. Wegen der Anwesenheit von Fremdgasen kann keine vollständige Verflüssigung erfolgen. Auch so genannte Totalverflüssigungen arbeiten stets mit einem Abgasstrom, der Restchlor und die angereicherten, nicht verflüssigten Fremdgase enthält. Aus diesem Abgas muss vor der Abgabe an die Atmosphäre Chlor durch Absorption in Natronlauge entfernt werden. Der Chlorgehalt kann aber auch genutzt werden, indem man Chlor mit Wasserstoff verbrennt, zu HCl umsetzt. Manche Anlagen nutzen so gewonnenes HCl zur Soleansäuerung.

Die einfache verfahrenstechnische Lösung des Kompressions-Kondensations-Prozesses des Hoechst-Uhde-Linde-Systems besteht darin, dass im Restgas der ersten Stufe der Wasserstoffgehalt unter 4–5% Volumenanteil gehalten wird, während in

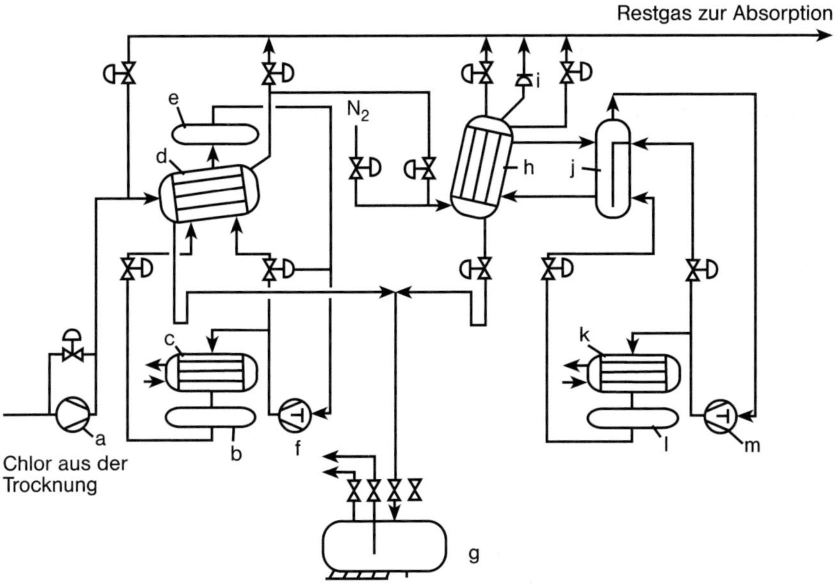

Abb. 37 2-stufige Chlorverflüssigung (Uhde-System)
a) Chlorkompressor; b) KM-Sammeltank, 1. Stufe; c) KM-Kühler, 1. Stufe; d) Chlorverflüssigung, 1. Stufe; e) KM-Separator; f) KM-Kompressor, 1. Stufe; g) Flüssigchlorlager; h) Chlorverflüssigung, 2. Stufe; i) Berstscheibe; j) KM-Separator, 2. Stufe; k) KM-Kühler, 2. Stufe; l) KM-Sammeltank, 2. Stufe; m) KM-Kompressor, 2. Stufe
KM Kühlmittel

der zweiten Stufe der Explosionsbereich durch eine geeignete Konstruktion und Kontrolle der Verflüssigung gefahrlos durchlaufen wird.

Die Temperatur des Chlorgases in einer bestimmten Stufe hängt hauptsächlich von der anfänglichen Temperatur und der Druckzunahme während der Kompression ab. Eine starke Druckzunahme ermöglicht im Allgemeinen Wasserkühlung, beinhaltet aber ein erhöhtes Risiko.

Die Temperatur des Chlors muss sicherheitshalber deutlich unter 170 °C gehalten werden, da es sonst spontan und unkontrollierbar mit Eisen reagiert (Sicherheitsabstand ca. 50 °C).

Die Materialauswahl für Apparate und Rohrleitungen richtet sich nach den Bedingungen, unter denen Chlor verwendet wird: feucht oder trocken, gasförmig oder flüssig, heiß oder kalt, niedriger oder hoher Druck.

Aus Gründen der Sicherheit ist es sehr wichtig, bei der Verdichtung und der Verflüssigung jede Möglichkeit des Eintrags von Ölen oder Fetten, die mit Chlor reagieren können, zu verhindern. Für die Kälteerzeugung werden Fluorkohlenwasserstoffe (insbesondere Difluorchlormethan CHF_2Cl, Kurzbezeichnung R 22) verwendet, die gegen Chlor beständig sind. Moderne Kältemittelkompressoren werden stopfbuchslos gebaut, so dass praktisch kein Kältemittelverlust entsteht. Der Kältebedarf [108] und die Kälteverluste können bei der heute üblichen Kompaktbauweise

Tab. 9 Möglichkeiten der Chlorverflüssigung, Kältemittel und Sicherheitsaspekte [113]

Verflüssigungssystem	Kühlmittel	Sicherheitsaspekte	Lagerung
Hoher Druck (7–16 bar) und hohe Temperaturen (zwischen 15 und 40 °C)	Wasser	hoch	Niedrigste Energiekosten aber hohe Materialkosten
Mittlerer Druck (2–6 bar) und mittlere Temperatur (zwischen −10 und −20 °C)	Wasser, FKW, FCKW oder Ammoniak	moderat	mittlere Energie- und Materialkosten
Normaler Druck (ca. 1 bar) und niedrige Temperatur (unter −40 °C)	Hauptsächlich FKW oder Ammoniak	normal	drucklose Flüssigchlor-Lagerung ist möglich. Hohe Energie- und niedrigere Materialkosten

klein gehalten werden. Eine Übersicht über Methoden zur Chlorverflüssigung findet sich in Tabelle 9.

Entfernung der Verunreinigungen

Chlorgas aus den Elektrolysezellen kann Verunreinigungen wie Stickstofftrichlorid (NCl_3), Brom (Br_2), Chlorkohlenwasserstoffe ($C_xH_yCl_z$), Kohlendioxid (CO_2), Sauerstoff (O_2), Stickstoff (N_2) und Wasserstoff (H_2) enthalten. Stickstofftrichlorid, Brom und Chlorkohlenwasserstoffe lösen sich überwiegend in flüssigem Chlor, wohingegen nicht kondensierbare Gase (CO_2, O_2, N_2, H_2) im gasförmigen Zustand bleiben und ihre Konzentration während der Chlorverflüssigung in der Gasphase erhöhen. Spuren von Schwefelsäure, Eisensulfat, Eisenchlorid und Tetrachlorkohlenstoff können je nach Chloraufarbeitungsmethode ebenfalls nach der Trocknung in der Gasphase vorhanden sein.

Hinsichtlich des Reinheitsgrades des flüssigen Chlors ergaben Untersuchungen [94], dass nur die Löslichkeit des Kohlendioxids die Qualität des flüssigen Chlors beeinträchtigt. Ist die Entfernung des Kohlendioxids notwendig, so kann es durch eine spezielle Verfahrensvariante mit heißem komprimiertem Chlorgas ausgetrieben werden [95].

Besondere Aufmerksamkeit wird den folgenden Verunreinigungen geschenkt:

Wasser im Chlor

Alle Metalle mit Ausnahme von Titan und Tantal werden von feuchtem Chlor angegriffen. Untersuchungen über den Wassergehalt im Flüssigchlor [114] zeigen, dass unter bestimmten Umständen in der zweiten Verflüssigungsstufe mit Korrosionen an Stahl gerechnet werden muss [95]. Dies ist dann der Fall, wenn die echte Löslichkeit des Wassers oder Chlorhydrates im Chlor überschritten wird und sich eine dritte Phase bildet, die aus wässrigem Kondensat oder festem Chlorhydrat und Eis besteht. Es hat sich gezeigt, dass Korrosionserscheinungen hauptsächlich in der zweiten Stufe von Hochdruckverflüssigungen (~ 9 bar Überdruck) auftreten. Von den zahlreichen Maßnahmen, mit denen die Korrosionsgefahr vermieden werden kann, sei die Zwischentrocknung des Chlorgases zwischen der ersten und zweiten Verflüssigungsstufe genannt [95].

Wasserstoff im Chlor
Wasserstoff bildet mit Chlor oder Luft eine explosive Mischung (> 4% H_2), die durch minimalen Energieeintrag wie Licht, Reibung und Druckabnahme des Gases schon bei Umgebungstemperatur zur Reaktion gebracht wird. Bei der Erzeugung und Aufarbeitung ist Chlorgas kontinuierlich auf Wasserstoff hin zu analysieren, um die Bildung explosiver Mischungen rechtzeitig zu erkennen und zu vermeiden.

Stickstofftrichlorid
Stickstofftrichlorid wird aufgrund von Nebenreaktionen zwischen gelöstem Chlor und Stickstoffverbindungen in der Sole gebildet. 1 ppm NH_3 in der Sole reicht aus, um mehr als 50 ppm NCl_3 in flüssigem Chlor zu bilden. In Anlagen, die eine Direktkühlung des Chlors mit Wasser vor dem Trocknen und der Kompression verwenden, kann NCl_3 auch gebildet werden, wenn das Wasser mit Stickstoff-Komponenten verunreinigt ist [115]. Charakteristisch für Stickstofftrichlorid ist seine hohe Instabilität. Versuchsergebnisse zeigen, dass eine Konzentration von mehr als 3% Massenanteil NCl_3 bei Umgebungstemperatur zu einer beschleunigten, stark exothermen Spaltung führen kann. NCl_3 hat einen höheren Siedepunkt als Chlor und das gesamte im Chlorgas vorhandene NCl_3 kann sich nach der Verflüssigung durch Chlorverdampfung anreichern. Bei der gezielten Verdampfung von Flüssigchlor muss die Wandtemperatur des Verdampfers hoch genug gewählt werden, um Stickstofftrichlorid zu zersetzen (möglichst > 70 °C).

Brom
Die Menge des vorhandenen Broms hängt von der Qualität des verwendeten Salzes ab. Die Brom-Konzentration ist im allgemeinen bei der KCl-Elektrolyse höher als bei der NaCl-Elektrolyse. Brom kann ebenso wie Wasser die Korrosion an Anlagenteilen verursachen. An Standorten mit Verbundsystemen (s. Abschnitt 5), an denen Chlor, Chlorwasserstoff und Salzsäure in nahezu geschlossenen Kreisläufen genutzt werden, kann Brom durch Absorption von Bromwasserstoff in Chlorwasserstoff aus dem Kreislauf entfernt werden. Dazu wird der bromwasserstoffhaltige Chlorwasserstoff durch eine HCl-gesättigte Salzsäure geleitet. Der Bromwasserstoff löst sich in der Salzsäure, während Chlorwasserstoff durchtritt. Der Rest-Bromwasserstoffgehalt im Chlorwasserstoff kann auf unter 0,2 mg kg^{-1} gesenkt werden. Die HBr-haltige Salzsäure kann für Bromid-unempfindliche Anwendungen verwendet werden [116].

Lagerung, Transport und Sicherheitsbestimmungen für Chlor
Der Umgang mit Chlor erfordert aufgrund der chemischen Reaktionsfähigkeit, physikalischen Eigenschaften und des toxischen Charakters besondere Schutz- und Sicherheitsmaßnahmen. Die Hauptgefahrenmomente sind die bei Erwärmung auf über 170 °C einsetzende Reaktion von Chlor mit Stahl, die Korrosion von Stahl durch feuchtes Chlor und das Bersten von Behältern durch Ausdehnung des flüssigen Chlors bei Temperaturanstieg, z. B. bei Überfüllung von Behältern bzw. Gegenwart einer Wärmequelle [117].

In allen Industrieländern ist der Umgang mit gasförmigem und flüssigem Chlor durch behördliche Vorschriften geregelt [97, 117–119]. Besonders hinzuweisen ist auf die Unfallverhütungsvorschriften (UVV) der Berufsgenossenschaft der chemischen Industrie (BG) für gefährliche Stoffe, Gase, Druckbehälter, Chlorungsanlagen und für Arbeiten an Gasleitungen, ferner auf die Technischen Regeln Druckgase (TRG) und schließlich auf die EURO-CHLOR-Empfehlungen, die eine Vereinheitlichung der Vorschriften in Europa anstreben. Die zahlreichen Unterlagen und Vorschriften beziehen sich nicht nur auf die Sicherheitsmaßnahmen bei der Lagerung, Abfüllung und beim Transport, sondern auch auf die Art der Lager- und Transportbehälter, wie deren technische Ausführung, das verwendete Material, den Füllungsgrad und die notwendigen Prüfungen.

Die Chlorlagerung erfolgt entweder bei normaler Temperatur unter dem Gleichgewichtsdruck oder drucklos bei ca. −34 °C [94, 120, 121]. Die Drucklagerung wird bei kleinem Lagerumfang angewendet. Die Behälter sind auf 22 bar Überdruck geprüft. Stehen die Behälter in geschlossenen Räumen, so werden diese mit einer Absaugvorrichtung ausgestattet. Große Mengen Chlor werden heute drucklos gelagert. Voraussetzung für die drucklose Lagerung war die Entwicklung kaltzäher Stähle für die Behälter sowie stopfbüchsloser Pumpen (mit Spaltrohrmotor oder magnetgekuppelt), um flüssiges Chlor über Wärmeaustauscher in Druckkessel abfüllen zu können. Drucklose Lager werden entweder in Form von wärmeisolierten Doppelmantel-Kugelbehältern aus Stahl über der Erde [93] oder auch in zylindrischer Behälterform in Betongruben errichtet [121].

Wegen der hohen Giftigkeit des Chlors gelten für alle Arbeitsvorgänge und -bereiche besondere Sicherheitsvorschriften. In Deutschland ist der Straßentransport auf Gasflaschen beschränkt.

Sicherheit

Um Chlorausbrüche sofort bekämpfen zu können, muss die Belegschaft Atemfilter, Vollschutzmasken, Sauerstoffgeräte und Gasschutzanzüge unmittelbar zur Verfügung haben. Durch Absperr- und Entlüftungs- bzw. Absaugorgane muss der betroffene Anlagenteil schnell stillgelegt werden können. Das Chlor wird mit Hilfe von Saugstrahlern aus dem betroffenen Anlagenteil abgesaugt und mit ca. 20%iger Natronlauge zu Bleichlauge umgesetzt. Die Bekämpfung von austretenden Chlorwolken geschieht am besten durch ortsfeste oder ortsbewegliche Wasserschleier. Meldeeinrichtungen für Feuer- und Gasgefahr und Windrichtungsanzeiger sind wichtige Hilfsmittel. In den Industriestaaten werden maximale Arbeitsplatzkonzentrationen (MAK-Werte) für Chlor festgelegt, die alle in etwa gleicher Größe liegen [122]. In Deutschland werden zum Schutz der Umgebung der Werke auch maximale Immissionskonzentrationen (MIK-Werte) festgesetzt. In 2004 betrug der MIK-Dauerwert 0,3 mg m^{-3} Cl$_2$ als Halbstundenmittelwert.

4.2
Natronlauge

Die Natronlauge aus dem Membranverfahren enthält 32–35 % NaOH. Bei direkter Verwendung wird sie nur gekühlt. Zur Aufkonzentrierung auf 50 % wird die Lauge unter Ausnutzung ihrer fühlbaren Wärme (80 °C) in einer Mehrstufeneffekt-Anlage eingedampft (Abb. 38). Der überwiegende Teil der Natronlauge wird als 50 %ige Lösung vertrieben. Innerhalb größerer Werke wird sie über Rohrleitungen verteilt, während sie zu weiter entfernten Verbrauchern mit Straßen- oder Eisenbahnkesselwagen oder mit Schiffen transportiert wird.

Festes Natriumhydroxid in praktisch wasserfreier Form wird durch Eindampfen von 50 oder 70 %iger Lauge bei Temperaturen zwischen 420 und 450 °C hergestellt; dabei arbeitet man kontinuierlich in Kaskaden, in Fallfilmverdampfern oder in Zwei- bzw. Dreistufeneindampfern [123]. Die Wärmeübertragung erfolgt durch direkte Öl- oder Gasheizung oder durch indirekte Übertragung mit Hilfe von ®Diphyl (Gemisch aus Diphenyl und Diptenylether) oder einer Salzschmelze z. B. aus KNO_3, $NaNO_2$ und $NaNO_3$. Als Behältermaterial wird in der Regel nickelplattierter Stahl verwendet, der durch kathodische Polarisation gegen Korrosion geschützt wird. Darüber hinaus wird durch Zugabe eines milden Reduktionsmittels z. B. wässriger Zuckerlösung, die Abgabe von Nickel in die Schmelze vermieden. Die Schmelze wird entweder in Blechtrommeln abgefüllt (eingegossene Ware), über eine Schuppenwalze zu NaOH-Schuppen oder zum überwiegenden Teil in Prilltürmen zu Perlen (sog. Prills) verarbeitet. Die Aufgabe der Schmelze am Kopf des Turms erfolgt über Sprühplatten (Bertrams-Verfahren), Siebplatten oder -körbe (Kaltenbach-Verfahren), Drehteller (DOW-Verfahren) oder Drehbüchsen (PPG-Verfahren, DOW-Verfahren). Die Perlen haben entweder einen Durchmesser von 0,1–0,8 mm (Mikroprills) oder von 0,5–3 mm (Makroprills).

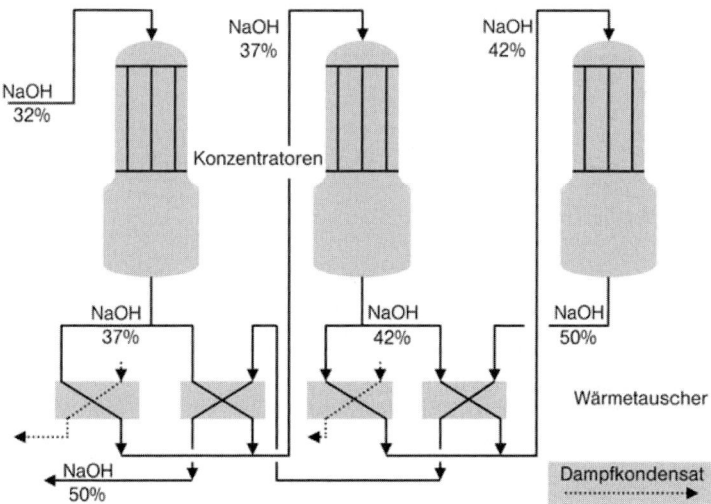

Abb. 38 Mehrstufige Eindampfanlage für Natronlauge

4.3
Wasserstoff

Der Wasserstoff aus den Elektrolyseanlagen ist mit 99,9 % Volumenanteil sehr rein; er enthält je nach Verfahren lediglich Spuren von Quecksilber oder Sauerstoff. Die Entfernung von Quecksilber erfordert einen speziellen Reinigungsschritt; die weitere Aufarbeitung des Gases ist bei allen drei Elektrolyseverfahren gleich. Das Gas wird nach Verlassen der Elektrolyseure/Zelle gekühlt, eventuell mit Wasser zur Entfernung mitgerissener Laugennebel gewaschen bzw. filtriert und je nach Verwendungszweck mit einem Gebläse (Kreiskolbengebläse, Wasserringpumpe) und gegebenenfalls Kolbenkompressor auf den gewünschten Zwischen- oder Enddruck von 0,5 oder 3–150 bar gebracht. Zur Vermeidung eines Lufteinbruchs wird das Wasserstoffsystem unter Überdruck gehalten. Bei Ausfall des Förderorgans kann Stickstoff eingespeist werden. Die Trocknung des Wasserstoffs erfolgt entweder auf der Niederdruckseite (< 1 bar) durch Tiefkühlung bei Temperaturen bis −45 °C, durch Waschen mit 50 %iger Natronlauge oder durch eine Kombination von Kühlung und Laugewäsche [124]; bei Drücken > 1 bar wird mit Silicagel oder mit Zeolithen [125] getrocknet. Die letztgenannten Trocknungsmittel werden im Wechseldrucksystem regeneriert. Die Feuchtigkeit wird mit getrocknetem, entspanntem Gas aus dem beladenen Adsorbens ausgetrieben und auf die Saugseite des Kompressors zurückgeführt, Die Ausschleusung erfolgt als Kondensat in den Kühlerstufen des Kompressors [126].

Während der Sauerstoffgehalt des Wasserstoffs aus dem Amalgam- und Membranprozess bei unter 50 vpm liegt, beträgt er beim Diaphragmaverfahren 500–800 vpm. Sofern erforderlich, wird das Gas durch eine Deoxo-Anlage geleitet, in der der Sauerstoff z. B. an einem Pt-Kontakt zu H_2O reduziert wird. Die Reinigungsstufen werden häufig unter Druck betrieben.

Der früher als Nebenprodukt häufig zu Heizwecken eingesetzte Wasserstoff ist heute ein wichtiger chemischer Rohstoff. Er findet insbesondere Verwendung bei der Herstellung von Chlorwasserstoff, Hydrierungen und katalytischen Reduktionen. Der Vertrieb erfolgt über Rohrleitungen zwischen Produzenten und Verbrauchern sowie in Stahlflaschen bzw. flüssig per LKW.

5
Andere Chlorsynthesen und Chlorverbund-Systeme

Chlor, Wasserstoff und Natronlauge sind unverzichtbare, hochreaktive Chemikalien für die Herstellung einer Vielzahl chemischer Groß- und Spezialprodukte. Kunststoffe, organische Zwischenprodukte, Spezialchemikalien, pharmazeutische Produkte, Halbleiter, Katalysatoren und viele andere enthalten Chlor oder erfordern für ihre Herstellung Chlor, Wasserstoff oder Natronlauge. Bei der Herstellung organischer Chlorverbindungen durch substituierende Chlorierung fallen erhebliche Mengen an Chlorwasserstoff und Salzsäure an (Abb. 39).

$$R - H + Cl_2 \longrightarrow R - Cl + HCl$$

5 Andere Chlorsynthesen und Chlorverbund-Systeme

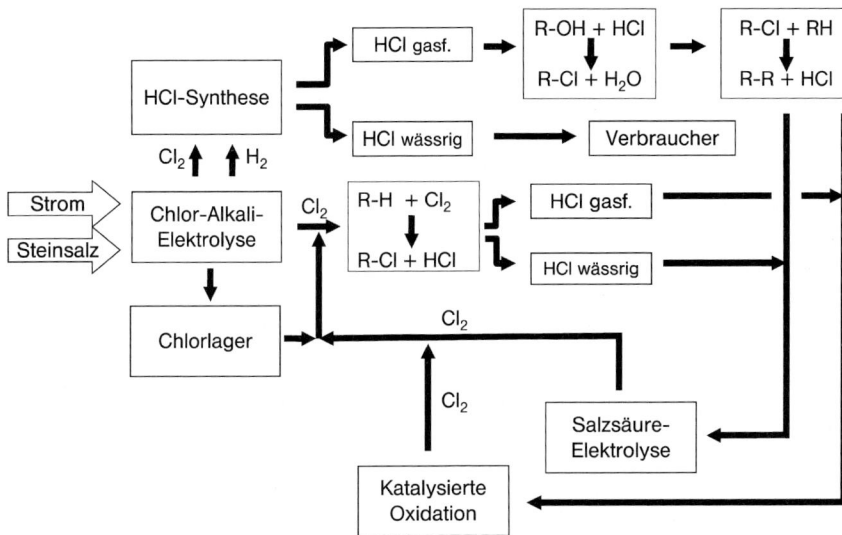

Abb. 39 Beispiel für ein Chlorverbundsystem

Auch bei der Herstellung von monomerem Vinylchlorid durch Cracken von 1,2-Dichlorethan für die PVC-Herstellung, der Herstellung von chlorfreien Endprodukten aus chlorhaltigen Zwischenprodukten wie z. B. Polyurethanen und Polycarbonaten aus Phosgen, und bei anorganischen Prozessen wie der Herstellung von Alkalisulfaten aus den Chloriden wird HCl gebildet. Aus Gründen des Umweltschutzes und in vielen Fällen aus betriebswirtschaftlichen Gründen werden diese Nebenprodukte nach einer Reinigung wiederverwendet. Dort wo nicht genügend Chlorwasserstoff anfällt, muss Wasserstoff mit Chlor zur Reaktion gebracht werden (Abschnitt 6). An Standorten, wo keine oder nicht genügend Anwendungen für Chlorwasserstoff und Salzsäure existieren, muss gasförmiger Chlorwasserstoff in Chlor, bei Anfall von Salzsäure diese durch Elektrolyse in Chlor und Wasserstoff umgewandelt werden. Alle großen Chemiestandorte in Deutschland verfügen über ausgeklügelte Chlorverbundsysteme, in denen die Kreisläufe weitestgehend geschlossen sind. Mit der Aufnahme neuer Produktionen und der Einstellung alter, unrentabler Produkte müssen diese Verbundsysteme an die neuen Mengenströme angepasst werden. Chlorhaltige Reststoffe, für die keine Anwendungen gefunden werden, können in speziellen Anlagen verbrannt und die thermische Energie als hochgespannter Dampf genutzt werden. Der bei der Verbrennung entstehende Chlorwasserstoff wird meist zu Salzsäure umgesetzt und werksintern genutzt oder in einer HCl-Synthese aufkonzentriert. Eine Übersicht über Chlorverbundsysteme und Vorteile der Chemie mit Chlor findet sich in [127].

5.1
Elektrolyseverfahren

5.1.1
Salzsäure-Elektrolyse

An Standorten mit Salzsäure-Überschuss müssen Aufarbeitungsverfahren etabliert werden, wenn ein Verkauf nicht möglich ist. Eine Möglichkeit bietet die Aufarbeitung zu Chlor und Wasserstoff mit Hilfe der Salzsäure-Elektrolyse. Die ersten Elektrolyseure wurden 1942 entwickelt. Uhde baut seit den 1980er-Jahren kommerzielle bipolare Elektrolyseure in Filterpressenbauweise. Graphit-Elektroden wurden wegen ihrer Stabilität gegenüber 22 %iger Salzsäure jahrzehntelang verwendet. Heute kommen Metallelektroden mit niedrigeren Überspannungen zum Einsatz. Bis zu 45 Zellen bilden einen Elektrolyseur (Abb. 40). Anoden- und Kathodenraum werden durch ein Diaphragma aus PVC oder seit Anfang der 1990er Jahre durch PTFE-modifizierte Membranen getrennt. Die Elektrodenfläche beträgt 2,5 m^2; die Stromdichte kann auf bis zu 5 kA m^{-2} eingestellt werden.

Im Prozess wird den Zellen 20–26 %ige Salzsäure mit einer Temperatur von 65 °C zugeführt. Der die Zellen verlassende Elektrolyt besitzt eine Konzentration von 18 % und eine Temperatur von 80 °C. Katholyt- und Anolytkreislauf sind getrennt. Die verarmte Säure wird mit 30 %iger Salzsäure wieder aufkonzentriert. Um den Flüssigkeitshaushalt zu regulieren, muss eine entsprechende Menge 18 %iger Salzsäure dem Katholytkreislauf entnommen und mit gasförmigem Chlorwasserstoff wieder aufkonzentriert werden. Das Chlor besitzt eine Reinheit von etwa 99,9 % und kann wie in Abschnitt 4.1 beschrieben gereinigt und verwendet werden. Bei Verwendung von Kationenaustauschermembranen auf Sulfonat-Basis und optimierten Elektroden liegt der spezifische Energieverbrauch bei 1300 kWh pro Tonne Chlor bei 4,8 kA m^{-2}.

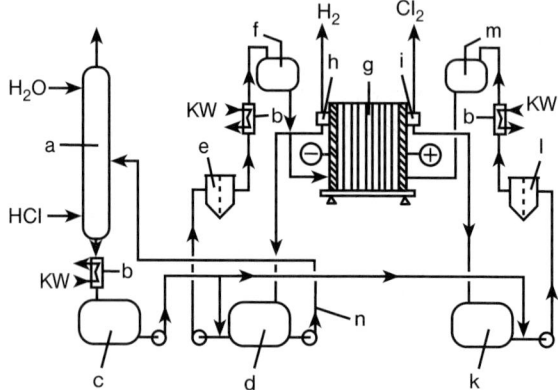

Abb. 40 Schema der Salzsäureelektrolyse
a) Absorptionskolonne; b) Wärmetauscher; c) Tank für konz. Salzsäure; d) Katholyt-Sammeltank; e) Filter; f) Katholyt-Vorlagebehälter; g) Elektrolyseur; h, i) Gas/Flüssigkeits-Separatoren; k) Anolyt-Sammeltank; l) Filter; m) Anolyt-Vorlagebehälter; n) Dünnsäureleitung zum Absorber. KW: Kühlwasser

Salzsäure-Membranelektrolyse mit Sauerstoff-Verzehrkathoden

An Standorten, an denen Sauerstoff preiswert zur Verfügung steht und für Wasserstoff keine Verwendung besteht, bietet sich der Einsatz von Sauerstoff-Verzehrkathoden an. DeNora hat in den 1990er Jahren die Elektrolyse mit Sauerstoff-Verzehrkathoden weiterentwickelt. Zusammen mit Bayer wurden kommerziell einsetzbare Membranelektrolyseure gebaut, die sich in der Praxis bewährt haben. Die Anoden werden aus Titan gefertigt und mit einer elektrokatalytischen Schicht (z. B. Palladium) versehen. Die SV-Kathoden bestehen aus leitfähigem, katalytisch inaktivem Material, z. B. graphitiertem Kohlenstoff, Bindematerial z. B. aus perfluorierten Copolymeren, Stromverteilern aus Metallen wie Stahl oder Nickel und Katalysatoren aus der Platingruppe [76].

Die poröse SVK liegt bei der Salzsäure-Elektrolyse anders als bei der SVK-NaCl-Elektrolyse unmittelbar an der Membran auf [128]. Wie bei Brennstoffzellen ist der Katalysator auf Platin- oder besser auf Rhodiumbasis (unempfindlicher gegen Verunreinigungen in der Salzsäure [129]) in der Grenzschicht zur Membran konzentriert. Die durch die Membran wandernden Protonen reagieren hier unmittelbar mit reduziertem Sauerstoff zu Wasser, das auf der Rückseite der SVK ablaufen kann (Abb. 41).

Bei der Salzsäure-Elektrolyse mit SVK liegt die Zellenspannung theoretisch etwa 1 V niedriger als bei der herkömmlichen Elektrolyse mit Wasserstoffentwicklung (Abb. 42). Die Chlorreinheit liegt bei über 99,9 %. Seit September 1999 ist bei Bayer eine Ganzmetallzellenkonstruktion mit einer Kapazität von 10 000 t a^{-1} Chlor im Testbetrieb, in 2004 wurde eine Produktionsanlage mit einer Kapazität von ca. 20 000 t a^{-1} Chlor in Betrieb genommen [130, 131].

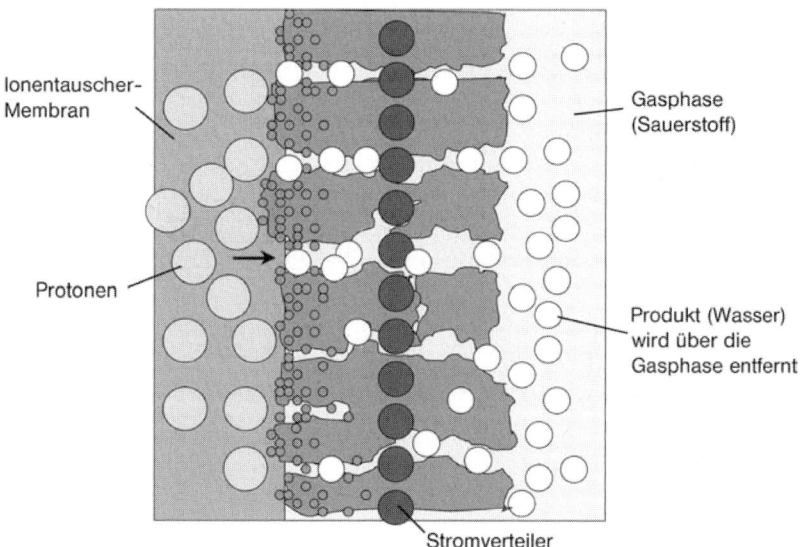

Abb. 41 Prinzipieller Aufbau einer Gasdiffusionselektrode für die Salzsäure-Elektrolyse

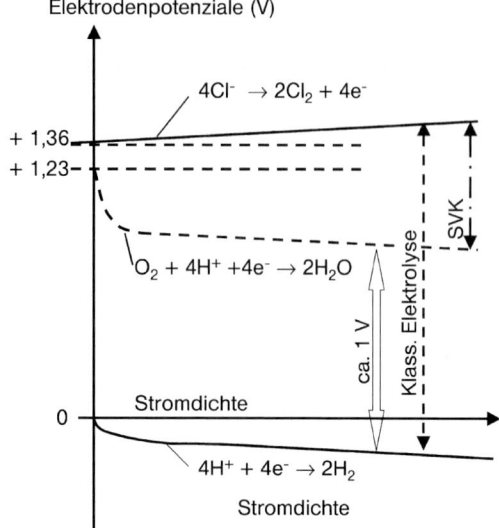

Abb. 42 Elektrodenpotenziale für die Salzsäure-Elektrolyse Klassisch (– – – –) und mit Sauerstoff-Verzehrkathode (– · – · –)

Elektrolyse verdünnter Salzsäure

Die bisher beschriebenen Elektrolyseverfahren benötigen Salzsäure-Konzentrationen von mehr als 20 %. Die Universität Dortmund hat ein Verfahren zur Rückgewinnung von Chlor durch Elektrolyse verdünnter Salzsäure entwickelt, das mit Anionenaustauscher-Membranen (AAM) arbeitet [132]. In den Kathodenraum wird die verdünnte Salzsäure eingeleitet. Chlorid-Ionen und Wasser wandern während des Elektrolyseprozesses durch die Anionenaustauscher-Membran, die auf Basis von Methylvinylpyridin entwickelt wurde und chlorbeständig ist. Im Kathodenraum wird Wasserstoff entwickelt; die abgereicherte Salzsäure wird ausgeschleust. Im Anodenraum werden Chlor und in geringem Umfang Sauerstoff gebildet. Um die Leitfähigkeit des Katholyten zu erhöhen und damit den spezifischen Stromverbrauch zu senken, werden leitfähige Metallchloride wie Natrium- oder besser Calciumchlorid zugegeben. Die Stromausbeute steigt mit der Calciumchlorid-Konzentration im Anolyt und kann bis zu 97 % erreichen. Bei Salzsäure-Konzentrationen von etwa 15 % betrug der spezifische Stromverbrauch ca. 1740 kWh pro Tonne Chlor. Ob die Elektrolyse verdünnter Salzsäure vom Labor- in den industriellen Produktionsmaßstab übertragen wird, ist noch offen.

5.2
Chemische Verfahren zur Chlorerzeugung

Die Gleichgewichtsreaktion von Chlorwasserstoff mit Sauerstoff zu Chlor und Wasser liegt auf der Seite von Chlorwasserstoff, wenn nicht das Chlor oder das Wasser aus dem Prozess entfernt wird (Deacon-Prozess).

$$2\,HCl + \tfrac{1}{2}\,O_2 \longleftrightarrow Cl_2 + H_2O$$

Bei der Oxichlorierung von Ethylen zu Dichlorethan, einem Zwischenprodukt bei der Herstellung von PVC, wird das entstehende Chlor von Ethylen abgefangen.

$$CH_2 = CH_2 + 2\,HCl + \tfrac{1}{2}\,O_2 \longrightarrow ClCH_2 - CH_2Cl + H_2O \quad \Delta H = -239\ kJ\ mol^{-1}$$

Bei der Oxichlorierung wird Ethylen mit wasserfreiem Chlorwasserstoff und Luft oder Sauerstoff bei 220–240 °C und 2–4 bar in Gegenwart von $CuCl_2$-haltigen Katalysatoren praktisch quantitativ mit 96 % Selektivität zu Dichlorethan umgesetzt. Das Oxichlorierungsverfahren ist die am häufigsten angewandte chemische Oxidation von Chlorwasserstoff. Andere Verfahren wurden nur in beschränktem Maße angewendet, einige von ihnen inzwischen wieder eingestellt, z. B. das Kel-Chlor- und das Shell-Chlor-Verfahren [133]. 1989 wurde eine Anlage nach dem Mitsui-MT-Verfahren, das chromhaltige Silicat-Katalysatoren im Wirbelbett bei Temperaturen unter 450 °C verwendet, mit einer Kapazität von 30 000 t a^{-1} Chlor in Betrieb genommen und 1990 auf 60 000 t a^{-1} erweitert [134].

5.3
Sonstige Elektrolyseprozesse

In der Chlor-Alkali-Elektrolyse und in der Salzsäureelektrolyse wird Chlor als Zielprodukt hergestellt. Bei anderen Elektrolyseprozessen fällt es jedoch als Nebenprodukt zwangsläufig an. Als Beispiele hierfür werden die Erzeugung von metallischem Natrium und Magnesium aus ihren Chloriden beschrieben.

Viele Metalle, insbesondere solche aus den Hauptgruppen I, II und III, können nicht durch Elektrolyse von wässrigen Lösungen ihrer Ionen abgeschieden werden, da ihre Normalpotentiale so negativ sind, dass kathodisch nur Wasserstoff entsteht. Zur Elektrolyse ist man daher auf ionische Lösungen oder Systeme angewiesen, die keine freien Protonen, kein Wasser und keine Komponenten mit zu positiven Abscheidungspotenzialen enthalten. Dazu gehören organische aprotische Lösemittel, in denen die Metalle Ionen bilden, und schmelzflüssige Salze und Hydroxide, die zu frei beweglichen Ionen dissoziieren. Großtechnisch werden Aluminium, Magnesium, Natrium, Lithium, Beryllium, Bor, Titan, Niob, Tantal und Seltene Erden mittels Schmelzflusselektrolyse hergestellt [135].

5.3.1
Natriumchlorid- und Lithiumchlorid-Schmelzflusselektrolyse

Natrium

Metallisches Natrium wird in Schmelzflusselektrolysen nach dem Downs-Verfahren hergestellt. Der Elektrolyt besteht aus geschmolzenem NaCl (Schmelzpunkt 801 °C), dem zur Absenkung des Schmelzpunktes auf ca. 600 °C sowie zur Erhöhung der Leitfähigkeit und der Dichte $CaCl_2$ und $BaCl_2$ zugemengt werden (siehe Band 6, Alkali- und Erdalkalimetalle).

Als Anodenmaterial wird Graphit eingesetzt, die Kathode besteht aus Eisen. Die

Elektrolyse findet tief im Schmelzbad statt, sodass der Auftrieb des spezifisch leichteren, flüssigen Natriums ausreicht, um es nach oben aus der Zelle abzuführen, nachdem es im Bad unmittelbar oberhalb der Kathode in einer Sammelrinne aufgefangen wurde.

Anodenreaktion: $\quad 2Na^+ + 2e^- \longrightarrow 2Na\ (fl)$
Kathodenreaktion: $\quad 2Cl^- \longrightarrow Cl_2\ (g) + 2e^-$
Bruttoreaktion: $\quad 2NaCl \longrightarrow 2Na\ (fl) + Cl_2\ (g)$

Das anodisch abgeschiedene Chlorgas darf mit dem Natrium nicht in Berührung kommen; es wird innerhalb eines eisernen Zylinders, der tief in die Schmelze eintaucht, aufgefangen und abgezogen [136].

Die zentral angeordnete, runde Graphitanode wird dabei von der ringförmigen Eisenkathode umschlossen. Zwischen beiden Elektroden wird isoliert ein Diaphragma aus einem Drahtnetz eingebaut, das die Durchmischung der Produkte verhindert. In modernen Zellen sind mehrere Anoden/Kathodeneinheiten in einer Zelle untergebracht.

Das $CaCl_2$ wird in geringem Maße ebenfalls elektrolysiert und führt deshalb zu einer Verunreinigung des Natriummetalls mit Calcium. Als Rohstoff wird lediglich trockenes NaCl zugegeben. Das heiße Chlorgas wird durch Quenchen gekühlt, in einer Wäsche von Salznebeln befreit und kann dann wie in einer Chlor-Alkali-Elektrolyse weiter verarbeitet werden.

Das flüssige Natriummetall läuft über in einen Auffangbehälter, aus dem es periodisch abgelassen und in gekühlten Formen zu Barren gegossen wird. Moderne Anlagen mit Downs-Zellen arbeiten mit Stromstärken bis 45 kA, Zellenspannungen von 6,5–7,0 V und erreichen Stromausbeuten bis zu 85–90 %. Der spezifische Stromverbrauch beträgt 9,8–10,0 kWh pro Kilogramm Natrium.

Die im Verhältnis zur thermodynamischen Zersetzungsspannung von 3,42 V hohe Zellenspannung ist überwiegend auf den großen Ohmschen Widerstand des Elektrolyten zurückzuführen. Dieser wird jedoch in Kauf genommen, da die Widerstandswärme zur Aufrechterhaltung der Temperatur in der Zelle dient.

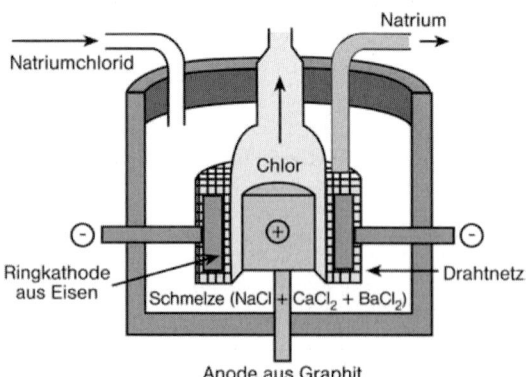

Abb. 43 Natrium-Schmelzflusselektrolysezelle nach Downs (Prinzipskizze)

Mithilfe von metallischem Natrium werden u. a. organometallische Verbindungen hergestellt. Auch hochtemperaturbeständige Metalle wie Titan, Zirconium, Hafnium werden durch Umsetzung ihrer Salze mit Natrium erzeugt. Tantal, Silicium, Magnesium und andere Metalle sowie Kaliummetall und Kalium/Natrium-Verbindungen, Calciummetall und Calciumhydrid, Natriumhydrid und Natriumperoxid benötigen zu ihrer Herstellung metallisches Natrium. Weiterhin dient metallisches Natrium zum Abbeizen von Edelstählen und Titan, als reduzierendes Agens bei der Herstellung von Farbstoffen, Herbiziden, Pharmazeutika, höheren Alkoholen und Parfüms. In einigen Ländern wird es noch zur Erzeugung von Tetraethylblei und Antiklopfmitteln für Benzin verwendet. In Schnellen Brütern findet Natrium wegen der großen Temperaturdifferenz zwischen Schmelzpunkt (98 °C) und Siedepunkt (882 °C) als Wärmeträger Verwendung.

Lithium

Das Alkalimetall Lithium wird in Zellen der gleichen Bauart ebenfalls in Schmelzflusselektrolysen hergestellt. Als Elektrolyt dient hier ein LiCl/KCl-Eutektikum, das bei ca. 450 °C schmilzt. Als Anodenprodukt fällt ebenfalls Chlor an.

Lithiumverbindungen werden vor allem in der Produktion von Glas, Keramiken und in der primären Aluminiumproduktion eingesetzt, dazu in der Herstellung von Schmiermitteln, synthetischem Gummi sowie einer Vielzahl von Lithiumverbindungen. Die Hersteller erwarten einen steigenden Bedarf beim Einsatz in Batterien, insbesondere dann, wenn sich elektrisch betriebene Fahrzeuge am Markt durchsetzen können.

5.3.2
Magnesiumchlorid-Schmelzflusselektrolyse

Metallisches Magnesium wird elektrochemisch aus Magnesiumchlorid nach dem Schmelzflussverfahren hergestellt (siehe Band 6, Alkali- und Erdalkalimetalle). Für die Grundreaktion $MgCl_2 \longrightarrow Mg + Cl_2$ beträgt die Zersetzungsspannung 2,5 V. Das Verfahrensprinzip gleicht dem der Natriummetallelektrolyse. Die Herstellung vom wasserfreiem $MgCl_2$ bereitet große Schwierigkeiten, da sich das aus wässriger Lösung auskristallisierende $MgCl_2 \cdot 6H_2O$ nur zum Dihydrat entwässern lässt; weiteres Erhitzen führt zum MgO. Wasserfreies $MgCl_2$ kann nach dem IG-Verfahren direkt aus MgO in einem Chlorierungsofen mit elementarem Chlor und einem Reduktionsmittel, z. B. Kohle, erzeugt werden; alternativ entwässert man das Dihydrat nach dem Norsk Hydro-Verfahren ohne Zersetzung in einer Chlorwasserstoffatmosphäre, indem man das Gleichgewicht der Reaktion

$$MgCl_2 \cdot 2H_2O \longleftrightarrow MgO + 2\,HCl + H_2O$$

nach links verschiebt. Beide Verfahren sind technisch realisiert, sie sind jedoch aufwändig. Weit verbreitet ist das DOW-Verfahren, in dem das Dihydrat unter Beachtung bestimmter Vorsichtsmaßnahmen direkt in der Elektrolyse einsetzt wird. Dieses Verfahren soll hier näher beschrieben werden. Die Zelle ist in Abbildung 44 dargestellt.

In einer Stahlwanne, die von unten beheizt werden kann, befindet sich der Elek-

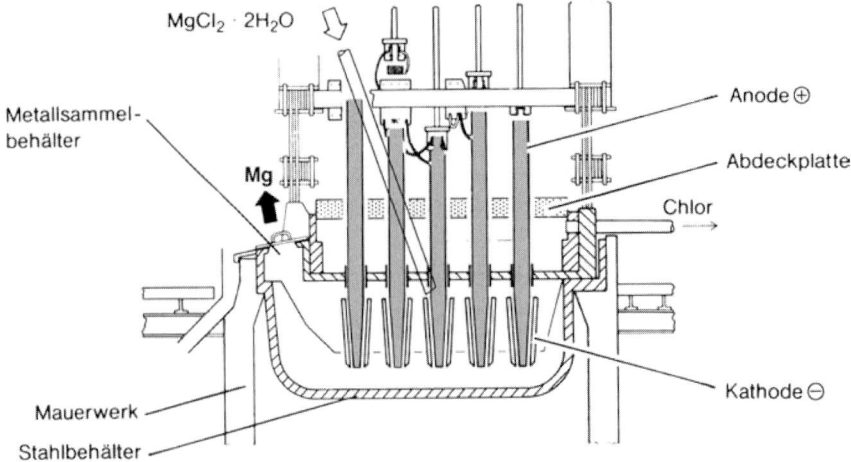

Abb. 44 Elektrolysezelle zur Gewinnung von metallischem Magnesium der DOW

trolyt, der sich aus 13% MgCl$_2$, 35% NaCl, 12% KCl und 40% CaCl$_2$ zusammensetzt. Die Zuschlagsstoffe bewirken eine Erhöhung der Dichte der Schmelze; dadurch wird der Auftrieb des metallischen Mg erhöht und seine Abtrennung erleichtert. Ferner wird die Leitfähigkeit erhöht und der Schmelzpunkt gesenkt. Die Betriebstemperatur liegt bei 750 °C.

Die Kathoden aus Eisen sind konisch ausgebildet; an ihnen wird das Magnesiummetall in flüssiger Form abgeschieden, steigt aufgrund seiner geringeren Dichte nach oben und wird unter dem Deckel der Zelle in Kollektorrinnen aufgefangen und zur Entnahmestelle geleitet. Das aufsteigende Anodengas wird durch Gasschirme, die in die Schmelze eintauchen, aufgefangen und so nach oben abgeführt, dass es nicht mit dem Magnesium reagieren kann. Das Anodengas enthält neben 83% Chlor noch 7% HCl und 10% CO$_2$ und muss durch Quenchen, Verflüssigung und Wiederverdampfung aufgearbeitet werden.

In jedem Zellentrog ist eine Vielzahl von Anoden/Kathoden-Einheiten untergebracht. Eine DOW-Zelle arbeitet mit Stromstärken bis 120 kA, Zellenspannungen bis 6,9 V und erreicht Stromausbeuten von 78–80%. Der Energieverbrauch liegt bei 19–20 kWh pro Kilogramm Mg.

Das im Rohstoff vorhandene Wasser verringert durch Störreaktionen die Ausbeute, u. a. durch Reaktion des Magnesiums mit dem Wasser unter MgO-Bildung:

$$Mg + H_2O \longrightarrow MgO + H_2$$

die Zersetzung des Wassers gemäß

$$H_2O \longrightarrow H_2 + \tfrac{1}{2} O_2$$

und die Rückreaktion der in der Schmelze gelösten Produkte gemäß

$$Mg + Cl_2 \longrightarrow MgCl_2.$$

Durch die Sauerstoffentwicklung werden die Anoden unter CO_2-Entwicklung angegriffen. Die Anoden müssen nachgestellt werden, um die Abstände zu den Kathoden gering zu halten.

Konkurrierende Elektrolyseverfahren, wie die ALCAN-Zelle oder die Degussa-Zelle, setzen reines $MgCl_2$ ein. Dadurch wird die Zellenkonstruktion einfacher, die Stromausbeute höher und der spezifische Stromverbrauch geringer. Dennoch ist das DOW-Verfahren wegen des kostengünstigeren Rohstoffpreises in den meisten Fällen wirtschaftlicher [137].

Die Weltkapazität für metallisches Magnesium wird für 2001 mit 0,43 Mio t angegeben [138], ca. 40 % davon entfallen auf die Schmelzflusselektrolyse; die äquivalente Chlormenge beträgt ca. 530 000 t a^{-1}. Magnesium wird für Legierungen, vor allem mit Aluminium eingesetzt, in Einsatzgebieten wo es bei niedrigem spezifischen Gewicht auf Steifigkeit, Festigkeit und gute Verarbeitbarkeit ankommt, so im Fahrzeugbau, in der Luftfahrt, im Maschinenbau, für optische Geräte oder in der Elektronik (vgl. 5 Aluminium und Magnesium, Bd. 6). In der Stahl- und Eisenindustrie wird es als Entschwefelungs- und Desoxidationsmittel verwendet, ferner bei der metallothermischen Herstellung von Titan, Uran, Zirconium, Hafnium und Beryllium. In der organischen Chemie werden mit Magnesium Alkohole getrocknet und absolutiert und Grignard-Reaktionen durchgeführt.

6
Anorganische Verbindungen des Chlors

6.1
Chlorwasserstoff und Salzsäure

6.1.1
Chlorwasserstoffsynthese

6.1.1.1 Verbrennung von Wasserstoff mit Chlor
Hochreiner Chlorwasserstoff wird für viele Anwendungsgebiete benötigt: beispielsweise für die Ansäuerung von Sole für das Chlor-Alkali-Membranverfahren, die Chlordioxid-Herstellung in der Papierindustrie, für die $MgCl_2$-Elektrolyse, für die Herstellung von Halbleitermaterialien oder elektronische Anwendungen. Chlorwasserstoffsynthese-Anlagen können für verschiedene Kapazitätsbereiche vorgefertigt gekauft werden. Die Brennerdüsen bestehen bei allen Fabrikaten aus Keramik und die Innenausbauteile der Stahlkolonnen aus speziell imprägniertem Graphit.

Bei der HCl-Synthese der Fa. *Carbone-Lorraine* werden Chlor und Wasserstoff (5 % Überschuss bezogen auf Chlor) im Kopf einer Kolonne einem Brenner zugeführt. Die Flamme brennt mit mehr als 2000 °C von oben nach unten. Die Anlagen sind ausgelegt auf maximal 4,5 bar Druck. Der Chlorwasserstoff wird im unteren Teil der Anlage mit Wasser indirekt gekühlt und in Wasser oder Dünnsäure absorbiert. Das nicht absorbierte Restgas wird über einen Wäscher an die Umgebung abgegeben. Die Konzentration der Salzsäure kann auf bis zu 38 % einge-

522 | *4 Chlor, Alkalien und anorganische Chlorverbindungen*

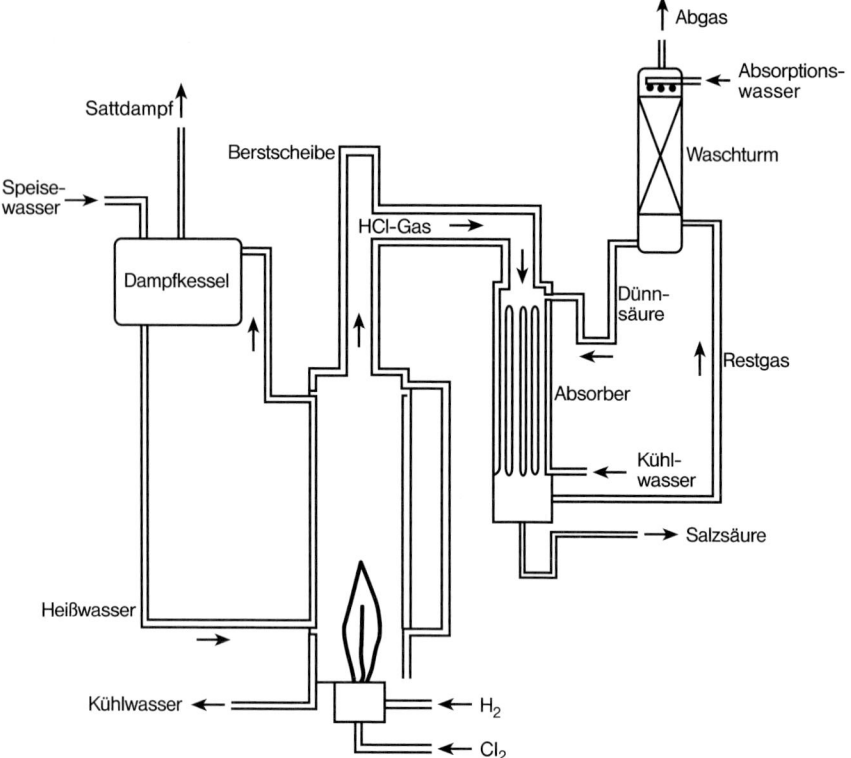

Abb. 45 Schema einer HCl-Synthese von SGL Carbon

stellt werden. Bis 2003 wurden weltweit über 400 Anlagen gebaut. Die Anlagengrößen variieren von Kleinanlagen mit einem Kapazitätsbereich von 1–2 t 100% HCl pro Tag bis 42–150 t pro Tag [139].

Die *SGL-Carbon Group* bietet Chlorwasserstoffsynthesen an, bei denen die Flamme von unten nach oben brennt. Chlor und Wasserstoff (5% Überschuss) werden mit geringem Überdruck (ca. 200 mm WS = 1,96 kPa) zur Reaktion gebracht. Bei Einbau von Spezialbrennern können auch Erdgas und HCl-haltige Gase anderer Betriebe zugespeist werden.

Der bei einer Flammentemperatur von 2000–2500 °C erzeugte Chlorwasserstoff strömt an der Brennkammer in den integrierten oder separat angeordneten Fallfilmabsorber, wo er im Gleich- und Gegenstrom mit Wasser zu Salzsäure umgesetzt wird. Pro Kilogramm erzeugtem Chlorwasserstoff werden ca. 0,7 kWh Wärmeenergie erzeugt, die ab einer Anlagengröße von 40 t d^{-1} zur Dampf- oder Heißwasser-Erzeugung genutzt werden kann. Der Chlorwasserstoff aus der Syntheseanlage hat eine Reinheit von bis zu 97%. Zur Erzeugung von Chlorwasserstoff mit einer Reinheit von 99,9% werden eine Adsorptionsanlage zur Herstellung von Salzsäure und eine Desorptionsanlage nachgeschaltet. Die in der Adsorptionsanlage erzeugte 35–40%ige Salzsäure wird von etwa 30 °C auf 100 °C aufgeheizt und der Druck von

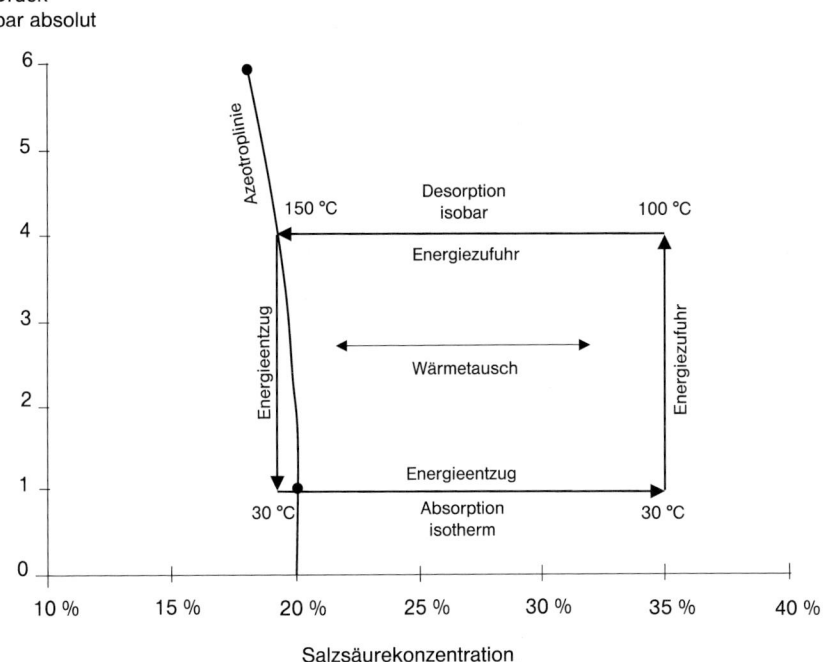

Abb. 46 Absorption und Desorption von Chlorwasserstoff

1 auf 4 bar erhöht. Bei gleichbleibendem Druck wird Chlorwasserstoff durch Temperaturerhöhung auf etwa 150 °C desorbiert. Durch Druckabsenkung auf 1 bar und Temperatursenkung auf 30 °C wird die Salzsäurekonzentration auf unterazeotrope Werte von etwa 18 % gesenkt. Durch isotherme Adsorption wird diese Salzsäure mit Chlorwasserstoff in der HCl-Synthese wieder auf 35–40 % aufkonzentriert (Abb. 46).

SGL Carbon lieferte weltweit über 400 Anlagen mit Chlorwasserstoffkapazitäten von 0,5 bis 155 t d^{-1} [140].

6.1.1.2 Verbrennung von Methan mit Chlor

Die direkte Verbrennung von Methan mit Chlor und Luft produziert neben dem Zielprodukt Chlorwasserstoff auch Chlorkohlenwasserstoffe (CKWs), die eine Einhaltung der gültigen Emissionswerte unmöglich machen. *SGL Acotec* hat einen Reaktor mit einem porösen Einsatz entwickelt, der CKW-armen Chlorwasserstoff erzeugt. Der poröse Einsatz besteht aus hochreinem Korund (Abb. 47). Die Reaktanden strömen die Keramikmasse von unten an. In der Anströmzone mit kleinen Poren wird das Gasgemisch aufgeheizt, in einer zweiten Zone erreicht es die Zündtemperatur und in der dritten großporigen Zone findet die Verbrennung bei 1200–1300 °C statt. Dank der Porosität wird die Reaktionswärme aus der Reaktionszone abgeleitet und die Bildung von Chlorkohlenwasserstoffen minimiert, da die Temperatur relativ homogen ist. Die Raum-Zeit-Ausbeute mit dem porösen

4 Chlor, Alkalien und anorganische Chlorverbindungen

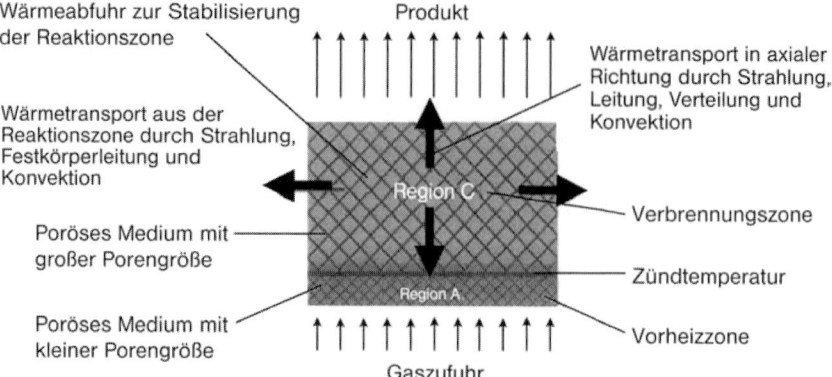

Abb. 47 Verbrennung in einem porösen Medium

Brenner ist etwa 7–8-mal so hoch wie bei Verwendung eines Vortex-Brenners (3000 kg HCl pro Kubikmeter und Stunde). Derzeit läuft eine Versuchsanlage mit einer Kapazität von etwa 8 t pro Tag. Der Chlorwasserstoff ist frei von Chlor [141].

6.1.1.3 Erzeugung von Salzsäure und Natronlauge durch Elektrodialyse

SGL Acotec hat ein Verfahren auf Elektrodialyse-Basis entwickelt, bei dem aus Natriumchlorid-Sole Natronlauge und Salzsäure erzeugt werden, ohne dass Chlor gebildet wird. Der Aufbau der Anlage ist in Abbildung 48 wiedergegeben. Eine Elektro-

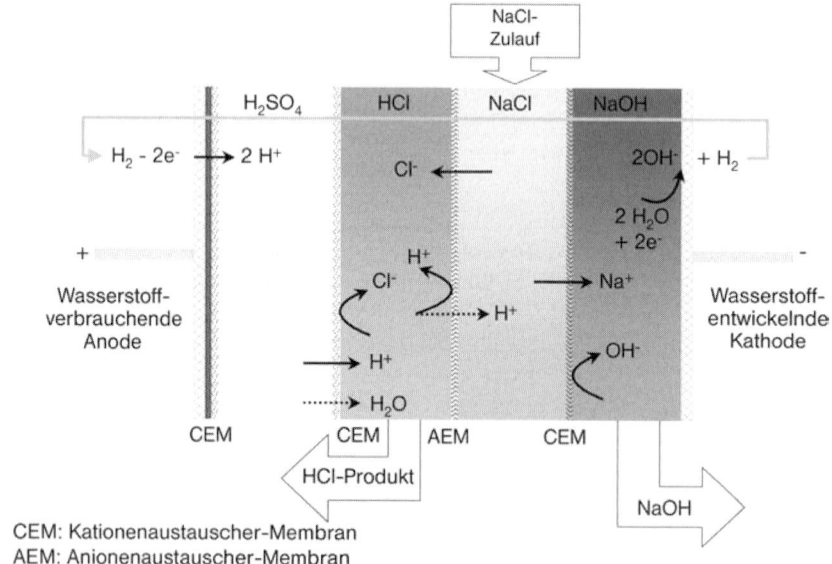

CEM: Kationenaustauscher-Membran
AEM: Anionenaustauscher-Membran

Abb. 48 Prinzip der Elektrodialyse von Natriumchlorid

dialysezelle hat vier Abteilungen, die durch Ionenaustauscher-Membranen voneinander abgetrennt sind. Zur Kathode hin wird der salzsoledurchströmte Bereich mit einer Kationenaustauscher-Membran abgetrennt. Natrium-Ionen wandern durch die Membran in Richtung Kathode und bilden eine 10 bis 20 %ige Natronlauge. An der Kathode wird außerdem Wasserstoff entwickelt, der über eine Gasdiffusionselektrode in den mit Schwefelsäure gefüllten Anodenraum geleitet wird, wo er zu Protonen oxidiert wird. Zur Anodenseite hin wird der Solebereich durch eine Anionenaustauscher-Membran begrenzt, die für Chlorid-Ionen, nicht aber für Protonen permeabel ist. In diesem Zellenbereich wird aus dem Chlorid der Sole und den Protonen aus dem von Schwefelsäure durchströmten Anodenabteil Salzsäure gebildet. Das Schwefelsäure enthaltende Anodenabteil ist gegen Anode und Salzsäureabteil durch Kationenaustauscher-Membranen getrennt. Die Konzentration der erzeugten Salzsäure liegt bei 15 %. In Versuchsanlagen lag die Stromausbeute bei 50 %. Zur Zeit (2004) ist eine Versuchsanlage mit 10 Elektrodialysezellen mit jeweils 0,4 m^2 aktiver Membranfläche im Test. Die Reinheitsanforderungen an Salz, Schwefelsäure, Natronlauge und Salzsäure entsprechen denen für die Chlor-Alkali-Membranelektrolyse [142].

6.2
Sauerstoffverbindungen des Chlors

Chlor und seine Sauerstoffverbindungen werden überwiegend als Bleich- und Desinfektionsmittel eingesetzt. In Wasser bilden diese Chlorsauerstoffverbindungen Lösungen, die je nach pH-Wert oxidierende, chlorierende oder hydrochlorierende Wirkungen haben. Unter aktivem oder wirksamem Chlor versteht man diejenige Menge an Chlor in Prozent des Produktgewichtes, die beim Zusatz von Salzsäure entwickelt wird und dem titrimetrischen Verbrauch an Iod äquivalent ist. Das oxidierende Bleichen von Cellulosefasern wird bei pH 9–12 durchgeführt, die chlorierende Behandlung von ligninhaltigen Cellulosen (Zellstoffe, Bastfasern) und von tierischen Fasern bei pH 2–4. Bei der Hydrochlorierung von konjugiert ungesättigten Verbindungen (Farbstoffen) wird die Resonanzstruktur der Moleküle aufgehoben und damit der Bleicheffekt erzielt.

Die desinfizierende Wirkung von Hypochlorit-Lösungen beruht auf der Eigenschaft der unterchlorigen Säure, durch die Zellwände von Bakterien zu diffundieren und dadurch zu töten. Die Stärke der Desinfektionslösung ist proportional zur Konzentration an HOCl und damit abhängig vom pH-Wert.

6.2.1
Hypochlorit, Bleichlaugen

Konzentrierte Lösungen von Natrium- (Natronbleichlauge) oder Calciumhypochlorit (Ca(OCl)$_2$) erhält man auf chemischem Weg einfach durch die Reaktion wässriger Natronlauge oder Calciumhydroxid-Aufschlämmung mit Chlor unter Freisetzung von Wärme

$$2\text{ NaOH} + \text{Cl}_2 \longrightarrow \text{NaOCl} + \text{NaCl} + \text{H}_2\text{O}$$

$$2\text{ Ca(OH)}_2 + 2\text{ Cl}_2 \longrightarrow \text{Ca(OCl)}_2 + \text{CaCl}_2 + 2\text{ H}_2\text{O}$$

Die Lösungen enthalten äquimolare Mengen an Chlorid-Ionen. Die Konzentration an wirksamem Chlor liegt in handelsüblichen Bleichlaugen bei 12–15 % (= 150–170 g L^{-1}), in Calciumhypochlorit-Lösungen bei 3,0–3,8 %.

Für die Erzeugung chemisch reiner Natronbleichlauge leitet man Chlorgas in ca. 20 %ige Natronlauge ein und führt die entstehende Reaktionswärme von 103 kJ pro Kilogramm Chlor über Titankühler ab. Größere Mengen an Natronbleichlauge in technischer Qualität fallen bei der Reinigung chlorhaltiger Abgase an, die z. B. in Chlor-Alkali-Elektrolysen nach der Chlorverflüssigung entstehen und in mehrstufigen Strahlwäschern und/oder Füllkörpertürmen gereinigt werden. Großverbraucher von Natronbleichlauge sind Zellstofffabriken und die Vitamin-C-Herstellung.

Bleichlaugen neigen bei längerer Lagerung zur Zersetzung zu Chlorat und Chlorid, später zu Chlorid und Sauerstoff. Die Zersetzung wird durch Temperaturen >30 °C, Anwesenheit von Schwermetallen und UV-Strahlung (Sonnenlicht) katalysiert. Durch einen Überschuss an Natronlauge bis 5 g L^{-1} wird dieser Vorgang verlangsamt.

Der Umgang mit Bleichlauge ist gefährlich. Umgang, Transport, Lagerung und Dosierung erfordern geschultes Personal und sind aufwändig. Deshalb gehen kleinere Verbraucher zunehmend dazu über, verdünnte Bleichlauge in-situ direkt am Ort des Einsatzes zu erzeugen. Die unmittelbare Erzeugung von Bleichlauge durch elektrolytische Zersetzung einer wässrigen Natriumchlorid-Lösung findet in Zellen ohne Diaphragma statt. Die Elektrodenvorgänge sind dieselben, die in Chlor-Alkali-Zellen stattfinden, nämlich Chlorabscheidung an der Anode, Wasserzerlegung unter Bildung von Wasserstoffgas und OH$^-$-Ionen an der Kathode. Hält man den Elektrolyten alkalisch bei pH 10 bis 12, so reagiert das Chlor mit der Natronlauge zu Natriumhypochlorit. Für die Herstellung ist keine gesättigte Sole vonnöten, eine schwache Sole oder sogar Meerwasser genügen. Um die Reduktion des Hypochlorits zum Chlorid an der Kathode zu vermeiden, werden nur verdünnte Lösungen mit <10 g L^{-1} Aktivchlorgehalt hergestellt. Tiefe Temperaturen möglichst nahe bei Raumtemperatur unterdrücken die Zersetzung.

Eine andere Art der elektrochemischen Erzeugung gelingt mit Membranzellen, wie sie in der Chlor-Alkali-Elektrolyse verwendet werden. Man lässt das an aktivierten Titananoden erzeugte Chlor mit der kathodisch entstandenen Natronlauge außerhalb der Zelle reagieren und kann so Bleichlaugen mit einem höheren Aktivchlorgehalt (bis 30 g L^{-1}) herstellen. Eine Variante dieses Verfahrens ist die Elektrolyse von verdünnter Salzsäure: hier wird das Chlor am Ausgang der Elektrolysezelle einem Teilstrom des Trinkwassers zugesetzt und liegt dann sofort gelöst als unterchlorige Säure vor.

Wesentliche Einsatzgebiete für Bleichlauge sind die Desinfektion von Trinkwasser, Schwimmbadwasser und Abwässern. Meerwasser-Bleichlaugeanlagen werden zur Entkeimung von Kühlwässern, zur Verhinderung von Algenbewuchs und gegen Muschelbesatz in küstennahen Kraftwerken eingesetzt.

Technisch werden verschiedene Lösungswege zur Wasserentkeimung beschritten. In membranlosen, mehrstufigen Anlagen sind die Elektroden in einem Rohr angeordnet. Die Konzentration der bereiteten Hypochloritlösung beträgt beim Einsatz von Salzsole rund 6 g L^{-1} wirksames Chlor, bei Einsatz von Meerwasser ca. 2 g L^{-1}. Beim Einsatz dieser offenen Rohrzellen kommt es zu einer Aufsalzung des Beckenwassers. Bei einem Salzgehalt im Beckenwasser von mindestens 0,2 % kann die Elektrolysezelle unmittelbar in den Beckenwasserkreislauf hinter den Filtern eingebaut werden, doch hat diese kostengünstige Lösung mehrere Nachteile, wie die der unzureichenden Regelbarkeit und der fehlenden Vorsorge für den Ausfall der Anlage. Diese Nachteile werden durch den Einsatz von Membranzellen vermieden. Moderne Anlagen zur Wasserdesinfektion dieser Art sind nach einem Baukastensystem für die meisten Anwendungsfälle ausgelegt. Sie garantieren ein leistungsfähiges, sicheres Verfahren, hohe Lebensdauer, integrierte Membranreinigung und hohe Ausbeuten [143–145].

Elektrochlorierungsanlagen auf Meerwasserbasis für die Lösung von Desinfektionsproblemen auf Schiffen, auf Off-Shore-Anlagen und in Kraftwerken sind am Markt unter Bezeichnungen wie Seaclor oder Sanilec erhältlich [146].

Kaliumhypochlorit-Lösungen (Kalibleichlaugen) werden ebenfalls durch Einleiten von Chlorgas in verdünnte Kaliumhydroxid-Lösungen hergestellt. Da Kalilaugen wesentlich teurer sind als Natronlaugen, werden Kalibleichlaugen nur für chemische Prozesse eingesetzt, in denen neben dem Hypochlorit auch die Kaliumkomponente erforderlich ist. Der Marktanteil der Kalibleichlauge ist gering.

Calciumhypochlorit (Ca(ClO)$_2$) kommt meist als Festpräparat in Form von Granulat oder Tabletten in den Handel, die einen Gehalt von 65 bis 75 % wirksames Chlor aufweisen. Vor einer Dosierung muss eine Lösung hergestellt werden, die in Absetzbecken zur Sedimentation der etwa 10 % wasserunlöslichen Bestandteile 30 min lang geklärt werden muss.

Chlorkalk (CaCl(OCl)) war bis 1912 die handelsübliche Form des Chlorversands und wurde dann durch Flüssigchlor ersetzt. Die technische Herstellung erfolgte ursprünglich in Chlorkalkkammern, in denen gelöschter Kalk der Einwirkung eines Chlor-Luft-Gemisches ausgesetzt wurde. Sein Gehalt an wirksamem Chlor betrug ca. 35 %. Heute ist hochprozentiger Chlorkalk mit einem Chlorgehalt von 65 bis 75 % die wichtigste Form der festen Bleichmittel. Verschiedene Firmen wie Mathiesen Alkali Works, PPG, Potasse et Produits Chimiques, Pennwalt und ICI haben Verfahren zur Herstellung haltbarer Calciumhypochlorite entwickelt. Beim Perchloron-Verfahren wird z. B. eine Aufschlämmung von Kalkhydrat in Wasser chloriert, wobei die Wassermenge so dosiert wird, dass das gebildete Calciumchlorid in gesättigter Lösung vorliegt und das Calciumhypochlorit ungelöst bleibt. Nach Beendigung der Chlorierung wird das Calciumhypochlorit in hydraulischen Pressen abgepresst, zerkleinert, getrocknet, gemahlen oder zu Tabletten gepresst.

6.2.2
Chlorite

Chlorite werden chemisch aus Chlordioxid und Lauge hergestellt gemäß:

$ClO_2 + 2\ NaOH + H_2O_2 \longrightarrow 2\ NaClO_2 + O_2 + 2\ H_2O$

Das Chlordioxid wird durch Umsetzung von Natriumchlorat mit Salzsäure (vgl. Abschnitt 6.2.3) erhalten. Die Zugabe von H_2O_2 als mildem Reduktionsmittel unterbindet die Disproportionierung des ClO_2 zu Chlorit und Chlorat. Andere Reduktionsmittel sind fein verteilter Kohlenstoff, Zinkpulver und Natriumamalgam. Die Reaktion wird in Füllkörperkolonnen nach dem Gegenstromprinzip durchgeführt. Die anfallende Lösung wird auf die gewünschte Konzentration eingestellt oder in Sprühtrocknern zu Pulver verarbeitet.

Aus seinen wässrigen Lösungen kristallisiert Natriumchlorit unterhalb 38 °C als Trihydrat, oberhalb als wasserfreies Natriumchlorit aus. Bei Zimmertemperatur sind beide Salze beständig. Beim Erhitzen über 100 °C zersetzt sich Natriumchlorit langsam, über 200 °C stürmisch. Mit Schwefel reagiert $NaClO_2$ lebhaft, mit organischen Verbindungen, die zweiwertigen Schwefel enthalten, sogar noch in Gegenwart von Wasser heftig; deshalb muss ein Kontakt mit vulkanisiertem Kautschuk vermieden werden. Im Gegensatz zu den Chloriten ist die freie chlorige Säure eine sehr unbeständige Verbindung, die je nach Konzentration und Temperatur mehr oder weniger schnell in Chlordioxid und Nebenprodukte wie Chlorsäure, Chlor und Salzsäure zerfällt.

Wasserfreies Natriumchlorit enthält 50–80% Chlorit; es kann mit Natriumnitrat gegen Zersetzung zu Chlorat und Chlorid bzw. zu Chlorid und Sauerstoff stabilisiert werden. In der Praxis ist lediglich das Natriumchlorit von Bedeutung, das in Form wässriger Lösungen mit Konzentrationen von 2–25% und als Feststoff (Schuppen oder Pulver, Konzentrationen 50 bis 80%) angeboten wird.

Natriumchlorit wird als Bleich- und Desodorierungsmittel in der Leder-, Textil- und Papierindustrie eingesetzt, sowie in der Wasseraufbereitung zur Desodorierung und Entkeimung. Der Herstellungsprozess $NaCl \longrightarrow NaClO_3 \longrightarrow ClO_2 \longrightarrow NaClO_2$ ist aufwändig und teuer. Trotzdem nimmt die Verwendung in der Textilbleiche und in der Wasserreinigung zu.

Die Textilbleiche mit Natriumchlorit hat Vorteile gegenüber derjenigen mit Peroxid. So werden Synthetikfasern und Synthetik-Baumwolle-Mischungen gründlicher gebleicht, Baumwollgewebe wird geschmeidiger und erhält bessere Färbe- und Bedruckungseigenschaften [147].

In der Wasseraufbereitung/Abwasserbehandlung wird aus dem Chlorit durch Reaktion mit Chlor oder alternativ mit Salzsäure Chlordioxid freigesetzt:

$2\ NaClO_2 + Cl_2 \longrightarrow 2\ ClO_2 + 2NaCl$

$5\ NaClO_2 + 4\ HCl \longrightarrow 4\ ClO_2 + 5\ NaCl + 2\ H_2O$

Im ersteren Fall wird aus Chlorgas und Wasser unter Druck eine stark saure, konzentrierte Chlorlösung mit 3,5 g Chlor pro Liter hergestellt, mit Natriumchlorit-lösung (300 g L^{-1}) vermischt und aus Sicherheitsgründen mit Wasser auf einen Gehalt von < 4 g ClO$_2$ pro Liter verdünnt. Im zweiten Fall wird verdünnte Chloritlösung mit Salzsäure im Überschuss umgesetzt und weiter verdünnt. Nach einer Reaktionszeit von ca. 15 min ist die Chlordioxid-Lösung einsatzbereit. Das Chlordioxid wird in Spezialfällen gegenüber der Entkeimung durch Chlor bevorzugt, z. B. wenn sich im Wasser in Verbindung mit Chlor unerwünschte Geschmacksstoffe wie Chlorphenole bilden können. Da Chlordioxid seine Desinfektionswirkung auch bei hohen pH-Werten behält, ist es für die Desinfektion von Wässern in der Getränke- und Lebensmittelindustrie gut geeignet. Eine Trihalogenmethanbildung findet nicht statt [148].

Natriumchlorit ist einfacher und bequemer zu handhaben als das giftige und explosive ClO$_2$-Gas. Mit steigendem pH-Wert übernimmt die chlorige Säure und schließlich das Chlorit-Ion die Rolle des Bleichmittels. In gleicher Richtung nimmt die oxidierende Wirkung ab.

6.2.3
Natriumchlorat und Chlordioxid

Natriumchlorat wird durch die Elektrolyse einer wässrigen Kochsalzlösung in einer ungeteilten Zelle hergestellt nach der Bruttoformel

$$NaCl + 3H_2O + 6e^- \longrightarrow NaClO_3 + 3H_2$$

Die Nachfrage nach NaClO$_3$ hat seit 1980 einen enormen Aufschwung genommen, nachdem in den Abwässern von Papierfabriken, die bis dahin Chlor als Bleichmittel eingesetzt hatten, giftige Chlorkohlenwasserstoffe, u. a. hochgiftige polychlorierte Dibenzodioxine (PCDDs), polychlorierte Dibenzofurane (PCDFs) und potenziell carcinogene Trihalomethane nachgewiesen wurden. Teils aufgrund gesetzlicher Vorschriften, teils wegen der Nachfrage nach chlorfrei gebleichtem Papier wurden die Papiermühlen auf Bleichprozesse nach dem ECF- (Elemental Chlorine Free = Bleichung mit Chlordioxid) oder dem TCF- (Total Chlorine Free = Bleichung mit Peroxiden)-Verfahren umgestellt. Im Jahre 2000 wurde Papier überwiegend mit Chlordioxid gebleicht, das aus Natriumchlorat vor Ort produziert wurde. Etwa 95 % der Produktion von Natriumchlorat wird in der Papierindustrie für Bleichzwecke verbraucht. Andere Anwendungen sind in der Landwirtschaft als Herbizid und Entlaubungsmittel, im Bergbau als Oxidationsmittel in der Vanadium- und Uranproduktion, für die Herstellung von Ammoniumperchlorat für Raketentreibsätze sowie in der Farbstofffertigung [149].

Kaliumchlorat wird aus Natriumchlorat gewonnen, indem man es mit Kaliumchlorid umsetzt:

$$NaClO_3 + KCl \longrightarrow KClO_3 + NaCl$$

Kaliumchlorat wird für die Herstellung von Zündhölzern, Pyrotechnika, Explosionsstoffen, Kosmetika und in der pharmazeutischen Industrie verwendet.

6.2.3.1 Prinzip des Verfahrens

In einer ungeteilten Zelle werden an der Anode primär Chlorid-Ionen entladen (Gl. (8)), das entstehende Chlorgas hydrolysiert dann in der Lösung (Gl. (9)). Die Dissoziation der unterchlorigen Säure ist vom pH-Wert abhängig (Gl. (10)). In der Lösung disproportionieren die unterchlorige Säure bzw. das Hypochlorit zu Chlorat und Chlorid (Gl. (11)):

$$2\ Cl^- \longrightarrow Cl_2 + 2e^- \tag{8}$$

$$Cl_2 + H_2O \longrightarrow HOCl + H^+ + Cl^- \tag{9}$$

$$HOCl \longrightarrow H^+ + ClO^- \tag{10}$$

$$2\ HClO + ClO^- \longrightarrow ClO_3^- + 2\ Cl^- + 2\ H^+ \tag{11}$$

Diese chemische Chloratbildung verläuft langsam, für die Umsetzung wird ein großes Reaktionsvolumen benötigt.

Die Hypochlorit-Ionen können aber auch an der Anode elektrochemisch zu Chlorat oxidiert werden:

$$6\ ClO^- + 3\ H_2O \longrightarrow 2\ ClO_3^- + 4\ Cl^- + 6\ H^+ + 3/2\ O_2 + 6e^- \tag{7}$$

Diese Sekundärreaktion verbraucht Strom, der jedoch nicht nutzbaren Sauerstoff erzeugt. Die Stromausbeuteverminderung kann bis zu 33 % betragen, wenn die Chloratbildung ausschließlich elektrochemisch abläuft. In der Technik versucht man daher diese Reaktion zu unterdrücken und das Chlorat weitgehend chemisch durch Disproportionierung zu erzeugen. Dies wird erreicht durch Einhaltung einer hohen NaCl-Konzentration an der Anode, eines pH-Werts von 6–7 in der Lösung, durch erhöhte Temperaturen nahe dem Siedepunkt der Lösung, sowie durch Verkürzung der Verweilzeit des Hypochlorits an der Anode durch Strömung. Literatur über die komplexen Zusammenhänge findet sich in [150].

An der Kathode entstehen primär OH$^-$-Ionen und Wasserstoffgas:

$$2\ H_2O + 2e^- \longrightarrow H_2 + 2\ OH^-$$

Stromausbeuteverluste entstehen durch kathodische Reduktion von Hypochlorit- und Chlorat-Ionen.

$$ClO^- + H_2O + 2e^- \longrightarrow Cl^- + 2\ OH^-$$

$$ClO_3^- + 3\ H_2O + 6e^- \longrightarrow Cl^- + 6\ OH^-$$

Diese Reduktion wird durch Zugabe von 3–6 g L^{-1} Natriumchromat zum Elektrolyten unterdrückt. Die Wirkung dieses Additivs wurde früher im Aufbau einer porösen Diaphragmaschicht auf der Kathode gesehen, welche die Diffusion und Konvektion zur Kathode herabsetzen sollte [151]. Neuere Untersuchungen weisen darauf hin, dass die Chromatzugabe die Oberfläche der Kathode modifiziert und deren elektrokatalytische Eigenschaften verändert [152]. Eine weitere Nebenreaktion, die zu Stromausbeuteverlusten führt, ist der katalytische Zerfall des Hypochlorits:

$$2\text{ ClO}^- \longrightarrow 2\text{ Cl}^- + \text{O}_2$$

Dieser Vorgang wird durch Spuren von Schwermetallen (Mn, Fe, Sn, Cu, Ni, Co) katalysiert; die entsprechenden Metalle müssen daher ferngehalten bzw. aus der Sole entfernt werden.

6.2.3.2 Technik der Chloratherstellung

Als Rohstoff wird reines Natriumchlorid eingesetzt, das in Wasser zu einer gesättigten Sole aufgelöst wird. Die Verunreinigungen in der Lösung – Calcium, Magnesium, Eisen, Sulfat, Fluorid und Feststoffe – werden analog zur Solereinigung in der Chlor-Alkali-Elektrolyse nach Fällung durch Zugabe von Natriumcarbonat, Natronlauge, Bariumchlorid und ggf. Natriumphosphat mittels Filtration abgetrennt. Da der Elektrolyt im Kreislauf geführt wird, reichern sich Verunreinigungen an; deshalb wird in modernen Chloratelektrolysen eine Reinigung mit Ionenaustauschern analog der Solereinigung beim Membranverfahren bei der Chlor-Alkali-Elektrolyse nachgeschaltet. Anschließend wird der pH-Wert durch Salzsäure auf 6–7 eingestellt und das Natriumdichromat zudosiert. Um den in Abschnitt 6.2.3.1 beschriebenen prinzipiellen Anforderungen gerecht zu werden, führt man die elektrochemische Herstellung des Hypochlorits getrennt von der chemischen Chloratbildung durch. Eine Produktionseinheit besteht aus der Elektrolysezelle mit aufgesetztem Steigrohr, dem Reaktorgefäß, einem Kühler, der die Reaktionswärme abführt, und den erforderlichen Leitungen. Die Elektrolysezelle besteht aus einem Gehäuse aus Titan, in das von den beiden Seiten her die kammförmigen Elektroden so eingebaut werden, dass sich die vertikalen Anoden- und Kathodenflächen in einem definierten Abstand von 3–5 mm gegenüberstehen. Die Anoden bestehen aus Titan, dessen aktivierte Oberfläche eine hohe Chlorabscheidungsaktivität bei geringer Sauerstoffentwicklung gewährleistet. Die Kathoden sind aus einem gegen den Elektrolyten beständigem Edelstahl gefertigt. Hochwertige Dichtungen übernehmen die elektrische Isolation der Elektroden. Der Gleichstrom für die Elektrolyse wird mit Stromschienen vom Gleichrichter zu den Zellen geleitet.

Lurgi (jetzt Chemieanlagenbau Chemnitz) baut Zellen mit Anodenflächen von 13 bis 22 m^2, die mit 3 bis 4 kA m^{-2} betrieben werden (Abb. 49). Dabei stellen sich Zellenspannungen von 3,02 V bei 3 kA m^{-2} bzw. 3,22 V bei 4 kA m^{-2} ein. Der Stromwirkungsgrad ist etwa 96 %, damit werden pro Tonne Produkt 4760 bis 5075 kWh verbraucht. Zellen der Firma Cellchem vereinen 5 (8) bipolare Zellenelemente in einem Elektrolyseur. Die Anodenfläche beträgt 25 (12) m^2, der Strom 75 (36) kA, die Stromdichte 3,0 kA m^{-2}. Die Zellenspannung von 2,95 V entspricht bei einer Stromausbeute von 95 % einem Gleichstromverbrauch von 4690 kWh t^{-1}.

Für sehr große Produktionsleistungen sind bipolar bzw. multi-monopolar geschaltete Einheiten entwickelt worden, z. B. der M-M-P-Elektrolyseur von Kvaerner Chemetics [153] (Abb. 50).

Gekühlter, aufgesättigter Elektrolyt wird in die Zellen von unten eingespeist und dort bei Stromdichten von bis zu 5 kA m^{-2} elektrolysiert. Das entstehende Chlor hydrolysiert unmittelbar vor der Anode zu HOCl bzw. ClO$^-$. Der an der Kathode entwickelte gasförmige Wasserstoff steigt auf und bewirkt durch die verringerte Dichte

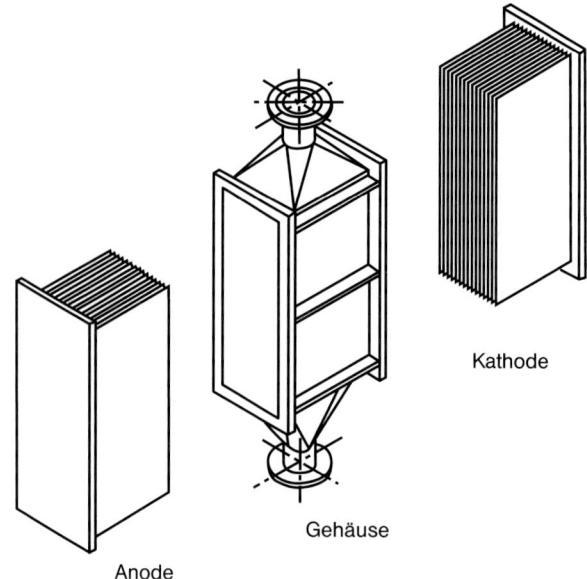

Abb. 49 Lurgi 80 kA-Chlorat-Zelle

der Flüssigkeit im gefüllten Steigrohr einen Mammutpumpeneffekt, der für den notwendigen Elektrolytfluss durch die Zelle und damit für die kurze Verweilzeit des Anolyten an der Anode sorgt. Dies vermindert die elektrochemische Chloratbildungund erhöht so die Stromausbeute. Im Sammelrohr über den Steigrohren trennt sich das Wasserstoffgas vom Elektrolyten, der in das Reaktionsgefäß über-

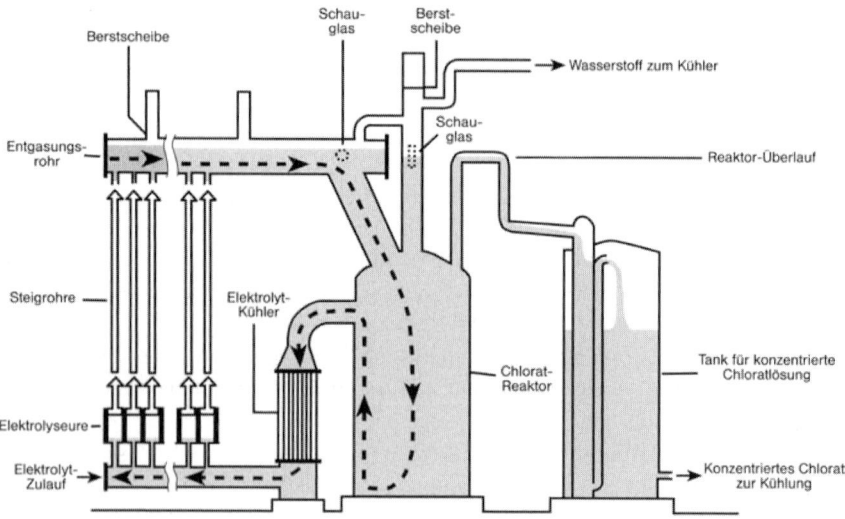

Abb. 50 Kvaerner Chemetics Chlorat-Elektrolyseur [153]

läuft, in dem die chemische Chloratbildung mit ausreichender Verweilzeit abläuft. Bei neuesten Entwicklungen sind der Elektrolysezellenblock und die Kühlung unten in den Reaktionsbehälter integriert (Single-Vessel-Technology). Durch Leitbleche werden die Strömungsverhältnisse im Reaktor beherrscht; Steig- und Sammelrohre, Zellenblockeinhausungen, viele Dichtungen usw. entfallen, die Investitionskosten sinken dadurch [154]. Die Zellenspannungen liegen bei 2,9 bis 3,3 V; der entsprechende Gleichstromverbrauch beträgt bei einer Ausbeute von 95 % ca. 4600 bis 5300 kWh pro Tonne Chlorat. Ein Teilstrom gelangt aus dem Reaktor in die Kristallisationsanlage zur Herstellung des festen Natriumchlorats, oder, in kombinierten Anlagen, zur Produktionseinheit für die Chlordioxidlösung. Der Rest wird über einen Kühler in die Zellen rezirkuliert.

Das Zellengas kann neben H_2 geringe Anteile an Chlor (bis 0,5 %) und an Sauerstoff (1,5–2,0 %) enthalten; es wird gekühlt, das Chlor mit Natronlauge entfernt und der Wasserstoff verwertet. Die Lauge aus dem Reaktor enthält 550–750 g L^{-1} Natriumchlorat und 90–100 g L^{-1} NaCl. Vor der Herstellung von festem Chlorat wird überschüssiges Hypochlorit in der Chlorat-Lösung erst durch Temperaturerhöhung und dann mittels H_2O_2 chemisch zerstört. Für die Rückgewinnung und Rezirkulation des Dichromats werden technische Lösungen angeboten [155]. Festes Natriumchlorat wird gewonnen, indem man die Zellenlauge eindampft, das anfallende Kristallisat in Zentrifugen oder Filtern von der Mutterlauge trennt und in Fließbett-Trocknern trocknet. Eine Wäsche mit Wasser in den Schubzentrifugen entfernt anhaftendes Natriumdichromat und Kochsalz. Die Mutterlauge wird in den Elektrolytkreislauf zurückgespeist. Die erforderlichen Anlagen entsprechen den in Abschnitt 3.3.2 Diaphragmalauge-Aufarbeitung beschriebenen. Die Kristallisatoren werden bei Atmosphärendruck oder unter Vakuum betrieben. Sehr reines Natriumchlorat wird durch Umkristallisation erhalten.

Der Markt für Natriumchlorat-Technologie wird von den Firmen Chemetics International (Kanada), Huron Technology (Kanada) und Krebs (Paris) dominiert. Weitere Anbieter sind DeNora, Eltech, Oulu Oy, Atochem und Lurgi. Die Weltkapazität für Natriumchlorat lag 2002 bei ca. $2,8 \cdot 10^6$ t a^{-1}, wobei über 75 % der Kapazität von den Firmen EKA Chemicals (29 %), Sterling Pulp (17 %), Finnchem (15 %) und Nexen (14 %) betrieben werden [156].

Chlordioxid

In der Papierherstellung hat Chlordioxid weitgehend das früher übliche Chlor als Bleichmittel für die Zellstoffbleiche verdrängt. Chlordioxid wird überwiegend am Verbrauchsort chemisch aus Natriumchlorat erzeugt, das in saurer Lösung mit Reduktionsmitteln umgesetzt wird (Abb. 51).

Als Reduktionslösungen stehen Methanol und Schwefelsäure, Wasserstoffperoxid und Schwefelsäure, sowie Natriumchlorid und Schwefelsäure oder Salzsäure zur Verfügung. Bei Verwendung von Schwefelsäure muss die Chlorbildung durch Nebenreaktion vermieden werden. Die Auswahl des Verfahrens hängt von den örtlichen Gegebenheiten in der Papierfabrik ab, vom Verfahren des Zellstoffaufschlusses (Sulfit- oder Sulfatverfahren), der Verwertbarkeit der Nebenprodukte und vom gewünschten Bleichprozess (ECF oder TCF) [157].

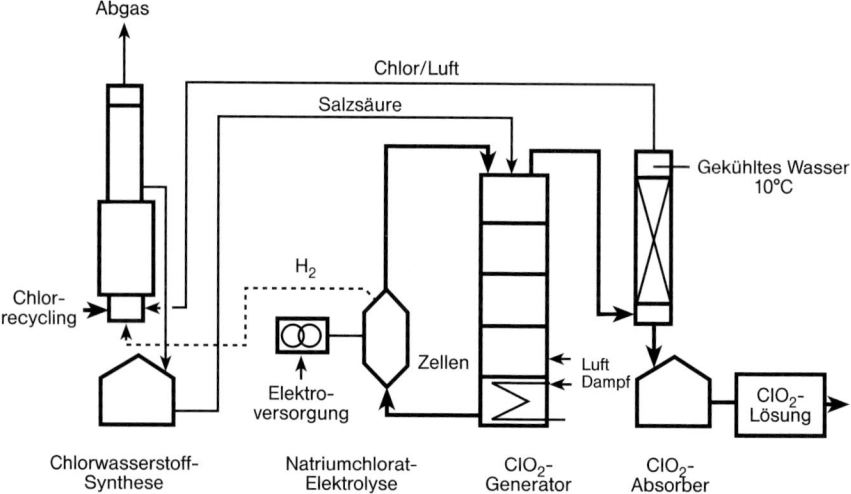

Abb. 51 Lurgi-Anlage zur in-situ Erzeugung von Chlordioxid

Von den oben angeführten Verfahren soll nur der Salzsäureprozess näher beschrieben werden, und zwar in einer Form, wie sie u. a. von den Firmen EKA Chemicals, Kvaerner Chemetics und Lurgi unter der Bezeichnung »Integriertes Verfahren« angeboten werden. Das Verfahren benötigt als Rohstoffe lediglich Chlor und Wasser; auch fallen im gesamten Prozess keine festen Rückstände an. Ein analoges Verfahren, auch als »Münchener Verfahren« oder »Kesting-Verfahren« bekannt, geht von Salzsäure als Rohstoff aus [158].

Chlordioxid neigt im gasförmigen wie im flüssigen Zustand zu Explosionen. Das Gas wird daher mit gereinigten Gasen wie Kohlendioxid, Stickstoff oder Luft auf Konzentrationen unter 10% Volumenanteil verdünnt. Im integrierten Verfahren werden die Natriumchlorat–Lösung aus der Natriumchlorat-Elektrolyse und Salzsäure auf einen ClO$_2$-Generator, einer Reaktionskolonne mit mehreren Böden, oben aufgegeben. Von unten wird Luft eingeblasen, um den ClO$_2$-Partialdruck in sicheren Grenzen zu halten. Die Temperatur im Reaktor wird durch indirekte Heizung des Sumpfes so geregelt, dass die verarmende Lösung von oben nach unten wärmer wird. Die Trennung des im Generator erzeugten ClO$_2$/Cl$_2$-Gemisches erfolgt in einer Absorptionskolonne mit gekühltem Wasser von 10 °C, in dem Chlordioxid wesentlich besser löslich ist als Chlor. Das Chlorgas wird zusammen mit der Abluft in einen Chlor/Wasserstoff-Verbrennungsofen geleitet. Der Wasserstoff für die Salzsäuresynthese fällt in der Chloratelektrolyse im stöchiometrischen Verhältnis an. Lediglich Chlorgas muss zusätzlich eingespeist werden. Die Chlordioxid-Lösung enthält typischerweise ca. 8 g L^{-1} ClO$_2$ und 1 g L^{-1} Cl$_2$ bei einem pH-Wert von 2. Die verbrauchte Lösung vom Boden des Generators wird in den Elektrolysekreislauf zurückgeleitet.

Die kostspielige Eindampfung zu kristallinem Natriumchlorat entfällt bei diesem Prozess, allerdings muss die Chlorat-Elektrolyseanlage am Ort des Chlordioxid-Verbrauchers stehen.

In der Wasseraufbereitung insbesondere in Nordamerika gewinnt die ClO$_2$-Erzeugung aus Natriumchlorit zunehmende Bedeutung, vor allem deshalb, weil bei der Desinfektion mit ClO$_2$ die Bildung von Trihalogenmethanen vermieden wird:

$$5\ NaClO_2 + 4\ HCl \longrightarrow 4\ ClO_2 + 5\ NaCl + 2\ H_2O$$

Nach diesem Verfahren wurden 2002 bereits über 10 000 t ClO$_2$ hergestellt. Unter Verwendung neuester Membrantechnologie gelingt es der Fa. ERCO, sehr reine Chlordioxid-Lösungen ohne Aufsalzungseffekt herzustellen. In einer durch eine Kationenaustauscher-Membran geteilten elektrochemischen Zelle wird Natriumchlorit-Lösung in den Anodenraum eingeführt. Das Natriumchlorit wird an der Anode zu ClO$_2$ oxidiert. Die Natrium-Ionen durchdringen die Austauschermembran und bilden an der Kathode mit Wasser niedrigkonzentrierte Natronlauge und Wasserstoff.

$$NaClO_2 + H_2O \longrightarrow ClO_2 + NaOH + \tfrac{1}{2}\ H_2$$

Die ClO$_2$-Lösung aus dem Anodenraum wird nicht direkt in das Produktwasser eingetragen, sondern als Donorlösung in eine Zelle, die durch eine hydrophobierte Gasporenmembran getrennt ist. Ein Teil des ClO$_2$ diffundiert durch die Membran in die Akzeptorlösung, dem eigentlichen Produkt, während die verarmte Donorlösung mit Natriumchlorit aufgesättigt und in die Zelle zurückgeführt wird [159, 160].

6.2.4
Perchlorsäure und Perchlorate

Perchlorsäure und ihre Salze, die Perchlorate, finden wegen ihrer starken Oxidationskraft zahlreiche Anwendungen. Perchlorsäure ist ein Katalysator für die Acetylierung von Cellulose und Glucose, in geringem Umfang wird sie auch als analytisches Reagens eingesetzt. Von den Salzen hat das Ammoniumperchlorat als Oxidationskomponente in Treibsätzen für Feststoffraketen und in Explosivstoffen größte Bedeutung. Lithiumperchlorat wird bei der Herstellung von Trockenbatterien verwendet; Natriumperchlorat ist Zwischenprodukt bei der Herstellung der anderen Perchlorate und wird in der elektrochemischen Metallbearbeitung eingesetzt; Kaliumperchlorat wird in der Pyrotechnik und Magnesiumperchlorat als Trocknungsmittel verwendet.

Perchlorsäure
Perchlorsäure wird chemisch aus einer gesättigten Natriumperchlorat-Lösung hergestellt, die mit einem Überschuss an Salzsäure reagiert, wobei Natriumchlorid ausfällt:

$$NaClO_4 + HCl \longrightarrow HClO_4 + NaCl$$

Die Fa. Merck hat ein kontinuierliches, elektrochemisches Verfahren entwickelt, das es gestattet, reine Perchlorsäure durch Oxidation von Chlor direkt herzustellen [161]:

$$Cl_2 + 8\ H_2O \longrightarrow 2\ HClO_4 + 14\ H^+ + 14e^-$$

3 g L^{-1} Chlorgas wird in gekühlter, 40%iger Perchlorsäure gelöst und die Lösung in einer Zelle elektrolysiert, deren Anoden aus Platinfolien bestehen, die in Tantalrahmen eingespannt sind. Die Kathoden bestehen aus horizontal geschlitzten Silberplatten. Der Anodenraum ist vom Kathodenraum unter der Elektrolytoberfläche durch ein Diaphragma aus PVC-Gewebe, im Gasraum durch eine Kunststofffolie getrennt. Die Zellenwände sind ebenfalls aus PVC gefertigt. Die Elektrolyttemperatur wird durch eine außenliegende Umlaufkühlung auf −5 bis +3 °C gehalten. Bei einer Stromdichte von 2,5 bis 5,0 kA m^{-2} stellt sich eine Zellenspannung von ca. 4,4 V ein, dies entspricht bei einer Stromausbeute von 60% einem spezifischen Gleichstromverbrauch von 9600 kWh pro Tonne 70%iger HClO$_4$. Die ablaufende Lösung wird destillativ von Chlor und Chlorwasserstoff befreit und gereinigt. Der spezifische Stromverbrauch dieses Verfahrens ist sehr hoch, doch hat es den Vorteil, ohne aufwändige Reinigungsprozesse eine sehr reine Säure zu liefern, die ohne die bei den Konkurrenzverfahren erforderliche doppelte Umsetzung durch einfache Neutralisation sehr reine Perchlorate liefert, so z. B. Ammoniumperchlorat durch Umsetzung mit Ammoniak. Perchlorsäure kommt als 60–70%ige Lösung in den Handel.

Perchlorate

Die technische Erzeugung von Perchloraten erfolgt über die anodische Oxidation von Natriumchlorat-Lösungen (vgl. Abschnitt 6.2.3) in ungeteilten elektrochemischen Zellen. Andere Perchlorate werden durch Konversion des Natriumperchlorats hergestellt:

$$NaClO_4 + MCl \longrightarrow MClO_4 + NaCl$$

Die hohe Löslichkeit des Natriumperchlorats im Vergleich zu anderen Perchloraten begünstigt diese Vorgehensweise. So lösen sich bei 25 °C 209,6 g NaClO$_4$, aber nur 2,06 g KClO$_4$ und 24,92 g NH$_4$ClO$_4$ in 100 g Wasser.

Anodenreaktion: $ClO_3^- + H_2O \longrightarrow ClO_4^- + 2\,H^+ + 2e^-$
Kathodenreaktion: $2\,H_2O + 2e^- \longrightarrow 2\,OH^- + H_2$
Bruttoreaktion: $ClO_3^- + H_2O \longrightarrow ClO_4^- + H_2$

Der Reaktionsmechanismus der Anodenreaktion ist noch umstritten [162]. Das Standardpotential dieser Reaktion liegt mit 1,19 V sehr nahe bei dem der Oxidation des Wassers mit 1,23 V. Um hohe Stromausbeuten zu erzielen, müssen Anoden mit einem möglichst hohen Anodenpotential verwendet werden, die die Perchloratbildung gegenüber der Sauerstoffabscheidung begünstigen. Durch geeignete Anodenmaterialien wie Platin oder Bleidioxid und hohe Stromdichten wird dieses Ziel erreicht. Bei der Auslegung der Zellen müssen Stromdichten, Elektrolytkonzentration und Betriebstemperaturen sorgfältig optimiert werden [163]. Die Anoden technischer Zellen bestehen aus Platin, platinatbeschichtetem Titan oder Bleidioxid. Die weniger teuren Werkstoffe bewirken eine geringere Stromausbeute, können aber dennoch wirtschaftlicher sein, da der Platinverbrauch bis zu 7 g Pt pro Tonne Perchlorat betragen kann.

Die Kathoden werden aus C-Stahl, Chrom-Nickel-Stählen, Nickel oder Bronze gefertigt. Zusätze von Natriumbichromat zum Elektrolyten (bis 5 g L^{-1}) erhöhen – analog zur Chloratelektrolyse – die Stromausbeute durch Verringerung der kathodischen Reduktion des gebildeten Perchlorats. Dieser Zusatz verbietet sich aber in Zellen mit Bleidioxid-Anoden, da Bichromat hier die Sauerstoffentwicklung katalysiert. Die Reaktionswärme wird durch indirekte Kühlung in der Zelle abgeführt.

Zellen werden u. a. von den Firmen Chedde Pechiney [164], Pacific Engineering Corp., Cardox Corp. und American Potash and Chemicals gebaut. Die Zellen sind teils für den kontinuierlichen, teils für den diskontinuierlichen Betrieb konzipiert. Typische Betriebsdaten von Perchloratzellen liegen für die Stromstärke zwischen 500–12 000 A, für die Stromdichte zwischen 1500–5000 A m^{-2} und für die Zellenspannung zwischen 5,0–6,5 V. Die Stromausbeute richtet sich nach dem Anodenmaterial und liegt bei der Verwendung von PbO$_2$-Anoden bei 85 % und für Platinanoden bei 90–97 %. Der Energieverbrauch berechnet sich zu 2500–3000 kWh t^{-1}.

Der Elektrolyt enthält am Eingang der Zelle 400–700 g NaClO$_3$ und 0–100 g NaClO$_4$ pro Liter bei einem pH von 6–10; am Zellenausgang 3–50 g NaClO$_3$ und 800–1000 g NaClO$_4$ pro Liter. Die Elektrolyttemperatur wird auf 35–50 °C eingestellt. Aus dem Zellenauslauf wird das Perchlorat durch Kühlung, ggf. nach vorhergegangener Eindampfung, entweder als Hydrat oder als wasserfreies Salz abgetrennt. Die Mutterlauge wird nach Aufsättigung mit Natriumchlorat in den Elektrolyseprozess rezirkuliert [165].

Zahlen über die Produktionsmengen sind nicht veröffentlicht. Die weltweite Kapazität wurde 1998 auf 72 000 t Natriumperchlorat geschätzt [156].

6.3
Eisenchloride

Eisen(II)-chlorid, FeCl$_2$, wird durch Reaktion von Eisenpulver mit verdünnter Salzsäure gemäß der Gleichung Fe + 2 HCl $\longrightarrow$ FeCl$_2$ + H$_2$ hergestellt. Wasserfreies Eisen(II)-chlorid wird durch Reaktion von erhitztem Eisenpulver mit Chlorwasserstoffgas erzeugt. Eisen(II) wird als Reduktionsmittel beispielsweise bei der Herstellung von Farbstoffen benötigt.

Eisen(III)-chlorid, FeCl$_3$, ist ein im großen Maßstab verwendetes Hilfsmittel bei der Wasser- und Abwasseraufbereitung. Eisen(III) bildet schon bei niedrigen pH-Werten gelartiges Eisen(III)-hydroxid, das als Flockungsmittel dient. Eisen(III)-chlorid wird seit einigen Jahrzehnten aus Eisenschrott und Chlor hergestellt. Eisen(III)-chlorid reagiert mit Eisenschrott im Sinne einer Synproportionierung zu Eisen(II)-chlorid:

$$4 \text{ FeCl}_3 + 2 \text{ Fe} \longrightarrow 6 \text{ FeCl}_2$$

Die Eisen(II)-chlorid-Lösung wird filtriert und mit Chlor zu Eisen(III)-chlorid umgesetzt:

$$6 \text{ FeCl}_2 + 3 \text{ Cl}_2 \longrightarrow 6 \text{ FeCl}_3$$

Die bei der Reaktion des Schrottes mit Chlor anfallenden Abgase und überschüssiges Chlor sowie unlösliche Bestandteile müssen aufgefangen bzw. abgetrennt und behandelt werden [166].

6.4
Phosgen

Phosgen, $COCl_2$, ist ein unverzichtbares Zwischenprodukt für Massenkunststoffe wie Polyurethane und Polycarbonate sowie für die Bereiche Agrochemikalien, Pharmazeutika und Feinchemikalien. Die hohe Giftigkeit von Phosgen verlangt höchste Sicherheitsstandards bei seiner Herstellung und Verarbeitung. Nach Möglichkeit werden die für die Synthesen erforderlichen Mengen Phosgen ohne Zwischenlagerung direkt umgesetzt. Für Verbrauchsmengen von 30 kg bis 10 t h^{-1} werden maßgeschneiderte Phosgensyntheseanlagen angeboten, die direkt mit der Phosgenverarbeitung verknüpft werden [167]. Für größere Produktionsmengen werden von Ingenieurfirmen standortbezogene Lösungen ausgearbeitet. Weltweit wurden 2002 ca. $7 \cdot 10^6$ t Phosgen hergestellt, davon ca. 95% für die Produktion von Kunststoffen.

Großtechnisch wird Phosgen aus Kohlenmonoxid und Chlor in Gegenwart von Aktivkohle als Katalysator hergestellt.

$$CO + Cl_2 \longrightarrow COCl_2$$

Die Reaktion ist stark exotherm ($\Delta H = -107{,}6$ kJ/mol), sodass das Reaktionsgemisch abgekühlt werden muss und dann der Weiterverarbeitung zugeführt werden kann oder aber verflüssigt (Sdp. 7,56 °C bei 101,3 kPa) und gelagert wird.

Bei der Weiterverarbeitung wird Phosgen in Lösung mit seinen Reaktionspartnern umgesetzt. In modernen Reaktoren wird das Phosgen durch Strahlsauger in das Lösemittel eingesaugt und mit den übrigen Reaktanden umgesetzt, wobei die Reaktionswärme durch effiziente Kühlung abgeführt wird. Die Reaktion kann batchweise, halbkontinuierlich oder kontinuierlich ausgeführt werden.

7
Literatur

Allgemeine Literatur

K. J. Vetter: *Elektrochemische Kinetik*, Springer Verlag, Berlin-Heidelberg, **1961**.

J. S. Sconce: *Chlorine, Its Manufacture, Properties and Uses*, Reinhold Publ. Co., New York, **1962**.

Kirk-Othmer, 2. Aufl. Bd.. 1, John Wiley and Sons, New York, **1978**, S. 799–883.

P. Gallone, G. Milazzo: *Electrochemistry*, Elsevier, Amsterdam-London-New York, **1963**.

F. Matthes, G. Wehner: *Anorganisch-Technische Verfahren für die Grundstoffindustrie*, VEB Deutscher Verlag für Grundstoffindustrie, Leipzig, **1964**.

Gmelin, system no. 6, Chlor (1927).

Winnacker – Küchler, 3. Aufl., Bd. 1, S. 228–239; *Winnacker – Küchler*, 4. Aufl., Bd. 2, S. 379–480.

R. Powell: *Chlorine and Caustic Soda Manufacture*, Noyes Data Corp., Park Ridge, N. J., **1971**.

R. G. Smith: *Chlorine; An Annotated Bibliography*, The Chlorine Institute, New York, **1971**.

A. Kuhn: *Industrial Electrochemical Processes*, Elsevier, Amsterdam, **1971**.

P. Gallone: *Trattato di ingegneria elettrochimica*, Tamburine Editore, Milano, **1973**.

D. W. F. Hardie, W. W. Smith: *Electrolytic Manufacture of Chemicals from Salt*, The Chlorine Institute, New York, **1975**.

A. Schmidt: *Angewandte Elektrochemie*, Verlag Chemie, Weinheim, **1976**.

Society of Chemical Industry: *Diaphragm Cells for Chlorine Production*, London, **1977**.

J. J. McKetta, W. A. Cunningham: *Encyclopedia of Chemical Processing and Design*, Bd.. 7, Marcel Dekker, New York-Basel, **1977**.

R. Dandres: *Le Chlore*, 3rd ed., Institut national de recherche et de sécurité pour la prévention des accidents du travail et des maladies professionelles, Paris, **1978**.

M. O. Coulter: *Modern Chlor-Alkali Technology*, Bd. 1, Ellis Horwood, London, **1980**.

C. Jackson: *Modern Chlor Alkali Technology*, Bd. 2, Ellis Horwood, Chichester, **1983**.

K. Wall, *Modern Chlor-Alkali Technology*, Bd. 3, Ellis Horwood, Chichester, **1986**.

N. M. Prout, *Modern Chlor-Alkali Technology*, Bd. 4, Elsevier Appl. Science, London, **1990**.

T. C. Wellington, *Modern Chlor-Alkali Technology*, Bd. 5, Elsevier Appl. Science, Barking, **1992**.

J. Moorhouse, *Modern Chlor-Alkali Technology*, Bd. 8, Blackwell Science, Oxford, **2001**.

M. G. Beal in R. W. Curry (Hrsg.): *Modern Chlor-Alkali Technology*, Bd. 6, SCJ, London, **1995**.

S. Sealey: *Modern Chlor-Alkali Technology*, Bd. 7, The Graham House, Cambridge, **1998**.

The Chlorine Institute: Pamphlet 1 *Chlorine Manual*, Ed. 6, **1997**.

Int. Soc. Electrochem.: *Extended Abstracts*, 23rd Meeting, Stockholm, **1972**.

The Electrochemical Society: *Extended Abstracts of Industrial Electrolytic Division*, The Chlorine Institute, Spring Meeting, San Francisco, May 12nd–17th, **1974**.

Int. Soc. of Electrochemistry: *Extended Abstracts*, 27th Meeting, Zürich, **1976**.

Technischer Arbeitskreis Elektrolyse: *Hinweise für den Umgang mit Chlor*, Verlag Chemie, Weinheim, **1978**.

The Electrochemical Society: *Extended Abstracts, Spring Meeting Seattle*, Princeton, N. J., May **1978**.

AIChE: *Sympos. Ser. 75, no. 185*, **1979**.

Oronzio de Nora Symposium: *Chlorine Technology*, Venezia, May **1979**.

AIChE: *Sympos. Ser. 77, no. 204*, **1981**.

J. S. Robinson: *Chlorine Production Processes*, Noyes Data Corp., Park Ridge, N. J., **1981**.

Joint Chlorine Institute: *BITC Meeting, London, June 1982*, The Chlorine Institute, New York.

Elektrochemische Verfahrenstechnik, *Dechema Monographie* Bd. 97, Verlag Chemie, Weinheim, **1984**.

Technische Elektrolysen, *Dechema Monographie* Bd. 98, Verlag Chemie, Weinheim, **1985**.

P. Schmittinger: *Chlorine*, Principles and Industrial Practice, Wiley-VCH, Weinheim, **2000**.

Handbook of Chlor-Alkali-Technology, Vol. 5, T. F. O'Brien et al., Springer Verlag Berlin, **2004**.

Im Text zitierte Literatur

1 EURO CHLOR, Chlorine Online, Die europäische Chlor-Alkali-Industrie, www.eurochlor.org, 2003.

2 Europäische Kommission, Integrated Pollution and Prevention Control (IPPC), Reference Document on Best Available Techniques in the Chlor-Alkali-Manufacturing Industry, December 2001; http//eippich.jrc.es.

3 Oslo and Paris Commissions, Empfehlung 90/3 (1990), www.ospar.org/eng/html/dra/list-of-decrecs.htm, 2003; aktueller Diskussionsstand: www.eurochlor.org/chlorine/chlorine-industry-review/environmental-performance.htm, 2003.

4 M. Harris: Phase-out Issues for Mercury Cell Technology in the Chlor-Alkali Industry, in *Modern Chlor-Alkali-Technology*, Bd.8, Blackwell Science, Oxford, **2001**.

5 A. Höllerbauer, Wacker-Chemie GmbH, Salzbergwerk Stetten, pers. Mitteilung, 2003.

6 W. Storfinger, Wacker-Chemie GmbH, Werk Burghausen, pers. Mitteilung, 2003.

7 F. Götzfried: *Industriesalz für die Chlor-Alkali-Elektrolyse*, Firmenbroschüre der Südwestdeutsche Salzwerke, **2000**.
8 *Salt Processes*, Firmenbroschüre der Messo Technology Group, **2003**.
9 V. M. Sedivi, *Industrial Minerals* **1996**, *343*, April, 73.
10 Western European Chlor-Alkali Industry Plant & Production Data 1970–2000, EURO-CHLOR Brüssel; eurochlor@cefic.be, 2003, www.eurochlor.org, 2003.
11 S. Benninger, K. Reining, W. Krasel: EP Pat. 35695 (1983), Hoechst AG.
12 A. Soppe, K. Geisler, B. Bressel: EP Pat. 1090883 A2 (2001), Bayer AG.
13 C. J. Brown et al.: Brine Purification by Ion Exchange with water Elution, in *Modern Chlor-Alkali Technology*, Bd. 8, Blackwell Science, Oxford, **2001**, S. 295ff.
14 T. Kishi, T. Matsuoka: Process to Remove Sulphate, Iodide and Silica from Brine, in *Modern Chlor-Alkali Technology*, Bd. 8, Blackwell Science, Oxford, **2001**. S. 152ff.
15 C. Kotzo et al.: *Sulfate Removal from Brine*, vorgetragen beim Chlorine Institute Annual Meeting Houston, Texas **2000**; s. auch: http://www.sulfateremoval.com.
16 Nippon Rensui Co: Sulfate & Chlorate Removal System using Amphoteric Ion Exchange Resin DSR-01, vorgetragen beim Flemion-Seminar in Amsterdam, **2002**.
17 H. Hund et al., in *Winnacker-Küchler*, 3.Aufl., Bd. 1, S. 228, **1969**.
18 J. A. Rutherford: US Pat. 6.309530, 2001 (Texas Brine Company).
19 D. Bergner: *Chem. Ing. Tech.* **1994**, *66*, 788ff.
20 Bayer AG, Produktinformation für Lewatit TP 208, **1991**.
21 E. H. Stitt et al.: New Process Options for Hypochlorite Destruction, in *Modern Chlor-Alkali Technology*, Bd. 8, Blackwell Science, Oxford, **2001**, S. 315ff.
22 World Chlor-Alkali Analysis 2002, Chemical Market Associates, Inc, Houston, TX.
23 EURO-CHLOR: *Western European Chlor-Alkali-Industry, Plant & Production Data 1970–2001*, **2002**.
24 K. Janowitz, Interne Notiz, Krupp-Uhde, Nov. **2000**.
25 D. Bergner, *Chemiker-Ztg.* **1985**, *109* (5), 177ff.
26 C. H. Hamann, W. Vielstich: *Elektrochemie*, 3. Aufl.,Wiley-VCH, Weinheim, **1998**.
27 H. A. Horst, *Chem. Ing. Tech.* **1971**, *43*, 164.
28 K. Schneiders et al.: Membran-Elektrolyse – Innovation für die Chlor-Alkali-Industrie, *Forum Thyssen-Krupp* **2001**, *2*, 36ff .
29 B. Lüke in P. Schmittinger (Hrsg.): *Chlorine, Principles and Industrial Practice*, Wiley-VCH, Weinheim, **2000**, Kap. 7.
30 Asahi Glass Company, Flemion Seminar **2002**, Development of Flemion Membrane.
31 R. E. Fernandez, in *Polymer Data Handbook*, Oxford University Press, **1999**, 233ff.
32 D. Bergner, Uhde Annual Meeting, Dortmund, **1992**, 179ff.
33 S. A. Perusich, S. M. Reddy, *J. Appl. Electrochem.* **2001**, *31*, 421.
34 A. Giatti, in R. M. Geertman (Hrsg.): *World Salt Symp. 8th*, Bd.1, Elsevier Science, Amsterdam, **2000**, 613.
35 D. Krude, in R. M. Geertman (Hrsg.): *World Salt Symp. 8th*, Bd.1, Elsevier Science, Amsterdam, **2000**, 625.
36 Asahi-Kasei, Aciplex-F-Membranes, Firmenschrift August **2001**.
37 DuPont Nafion perfluorinated Membranes, Produktinformation, **2002**.
38 Asahi-Glass Company, Flemion Seminar 2002, Operation of Flemion Membranes.
39 D. Bergner, *Chemiker-Ztg.* **1983**, *107* (10), 283.
40 C. Dähne, H. Stepanski, WACKER-Chemie GmbH, pers. Mitteilung.
41 Asahi Glass Company, Flemion Seminar 2002, Flemion F 8935 for KOH-Production.
42 S. Trasatti, G. Lodi in S. Trasatti (Hrsg.): *Elektrodes of Conductive Metal Oxides, part A*, Elsevier Scientific Publishing Comp., Amsterdam-Oxford-New York, **1980**, S. 301ff.
43 S. Trasatti et al., in H. Gerischer, C. W. Tobias (Hrsg.): *Advances in Electrochemistry and Electrochemical Engineering*,

Bd. 12, J.Wiley & Sons, New York-Chichester, **1981**, 177 ff.

44 N. W. J. Pumphrey et al.: GB Pat. 1402414 (1971); B. Hesketh et al.: GB Pat. 1484015 (1973).

45 G. Thiele et al.: DE-OS 1813944 (1968); K. Koziol et al.: DE Pat. 2255690 (1972).

46 C. Modes (W. C. Heraeus), Posterdarstellung beim 13. Congress and General Assembly, Int. Union of Crystallography, Hamburg, August **1984**.

47 D. V. Kokoulina et al., *Elektrokhimiya* **1977**, *13*, 1511–1515.

48 J. E. Currey, in *Encyclopedia of Chemical Processing and Design*, Bd.7, Marcel Dekker, New York, **1978**, 305 ff.

49 D. Bergner, S. Kotowski, *J. Appl. Electrochem.* **1983**, *13*, 341 ff.

50 Y. M. Kolotyrkin, *Denki Kagaku* **1979**, *47* (7), 390 ff.

51 D. W. Wabner, P. Schmittinger, *Chem. Ing. Tech.* **1977**, *49*, 351.

52 B. Busse, R. Scannell: *Elektrochemische Verfahrenstechnik-Energietechnik, Stoffgewinnung und Bioelektrochemie*, Monographie GdCh Tagung, Monheim, **1996**.

53 F. Beck, *Elektrochimica Acta* **1989**, *34*, 811 ff.

54 D. Vincunt, De Nora Elettrodi, Flemion Seminar 2002 in Products and Services for the IEM Chlor-Alkali Technology.

55 H. Schmitt et al.: DE Pat. 3219704 (1982), Uhde GmbH.

56 N. P. Fedot'ev et al., *Zh. Prikl. Khim. (Leningrad)* **1948**, *21*, 317 ff.

57 K. Sasaki: JP Pat. 31–6611 (1956), Toa Gosei Chemical Industry Ltd.

58 C. R. S. Needes: US Pat. 4116804 (1978), DuPont de Nemours & Co.

59 J. R. Brannan et al.: US Pat. 4024044 (1977), Diamond Shamrock Corp.

60 F. Hine et al., *Denki Kagaku* **1979**, *47* (7), 401 ff.

61 M. Yoshida et al.: EP-A Pat. 0031948 (1981), Asahi Chemical.

62 K. Kasuya: US Pat. 4465580(1984), Chlorine Engineers Corp. Ltd.

63 Y.Kajimaya et al.: US 4190516 Pat. (1980), Tokuyama Soda.

64 N. R. Beaver: EP-A Pat. 0129734 (1985), Dow Chemical.

65 J. F. Cairns et al.: EP-A Pat. 0129374 (1984), ICI.

66 H. C. Kuo: US Pat. 4169775 (1979), Olin Corp.

67 Y. Samejima et al.: EP-A Pat. 0132816 (1985), Kanagafuchi Kagaku Kogyo Kabushiki Kaisha.

68 Asahi-Kasei, Firmeninformation (Juli 2003) und Firmenbroschüre (2003).

69 Chlorine Engineers Corp., Firmeninformation (Juni 2003) und Firmenbroschüre (2003).

70 www.eltechsystems.com/mcre.html, (2003); www.eltechsystems.com/3-1m^{2}mcre.html (2003).

71 Electrochemical Technology Business, www.etbusiness.com/html/chlor-tech/fm-1500.htm; www.etbusiness.com/html/chlor-tech/bichlor.htm.

72 UhdeNora, Firmeninformation (Mai 2003) und Firmenbroschüre (2002).

73 F. Gestermann: Energiesparende elektrochemische Chlorherstellung mit Sauerstoffverzehrkathoden, *Bayer Innovationsforum*, **1999**.

74 F. Gestermann, A. Ottaviani, in *Modern Chlor-Alkali Technology*, Bd.8, Blackwell Science, Oxford, **2001**, S. 49ff.

75 G. Faita, WO Pat. 01/57290 A1 (2001) UhdeNora.

76 G. Faita, F. Fulvio: WO 01/57290 A1 (2001), UHDENORA Technologies.

77 Folienserie des Fonds der Chemischen Industrie, 24, VCI, Frankfurt, **1992**, überarbeitet durch P. Schmittinger **2004**.

78 C. H. Hamann, W. Vielstich: *Elektrochemie*, 3. Aufl., Wiley-VCH, Weinheim, **1998**, S. 391.

79 N. Takeuchi, *Soda to Enso* **1988**, *39* (461), 277–290.

80 C. H. Hamann et al.: DE Pat. 19637576 (1996), Hüls AG.

81 C. H. Hamann, P. Schmittinger: DE Pat. 19621466 (1996), Hüls AG.

82 Positionspapier des Verbandes der Chemischen Industrie: Die Bedeutung des Amalgamverfahrens für die Herstellung von Alkali-Alkoholaten, **1998**.

82a Positionspapier des Verbandes der Chemischen Industrie: Zukunft der Alkalichlorid-Elektrolyseanlagen nach dem Amalgamverfahren, **2001**.

83 A. T. Kuhn, S. F. Mellish: GB 1155927, ICI.

84 G. Huber et al.: DE 19859563 A1 (1998) BASF AG.

85 *Pschyrembel, Klinisches Wörterbuch*, 257. Aufl., Nikol Verlags-GmbH, Hamburg, **1994**.
86 EURO CHLOR, Public Health 2, Code of Practice – Control of worker exposure to mercury in the Chlor-Alkali Industry, 4th Ed. Sept 1998.
87 Euro Chlor, Av. E. van Niewenhuyse 4, Box 2, B-1160 Brüssel – Code of Practice – Mercury Housekeeping, Env. Prot. 11, 4th Edition (Sept. **1998**).
88 *Ullmanns Encyklopädie der Technischen Chemie*, 4. Aufl., Verlag Chemie, Weinheim, S. 349.
89 Eltech Systems Corp.: Brochure »Caustic Purcification System«, **1985**.
90 L. C. Curlin, T. F. Florkiewicz, R. C. Matousek: Polyramix, A Depositable Replacement for Asbestos Diaphragms, *London International Chlorine Symposium*, **1988**.
91 K. Stanley: Practical Operating Differences in Converting a Diaphragm Cell in Chlor-Alkali Plant to a Membrane Electrolyzer Plant, in *Modern Chlor-Alkali Technology*, Bd.8, Blackwell Science, Oxford, **2001**, S. 182.
92 J. Glende, G. Dammann, Plant Conversion- a Krupp-Uhde Key Competence, *11th Krupp-Uhde Chlorine Symposium*, **2001**.
93 H. Hund, E. Zirngiebl, in *Winnacker-Küchler*, 3.Aufl., Bd.1, S. 267.
94 H. Schmidt, F. Holzinger, *Chem.Ing. Tech.* **1963**, *35*, 37.
95 H. Hagemann, *Chem Ing. Tech.* **1967**, *39*, 744.
96 M. V. Stakelberg, M. V. Müller, *Z. Elektrochem.* **1959**, *58*, 25.
97 Technischer Arbeitskreis Elektrolyse im VCI (Hrsg.): *Hinweise für den Umgang mit Chlor*, Verlag Chemie, Weinheim, **1978**.
98 C. G. Gardner, *Brit. Chem. Eng.* **1957**, *2*, 296.
99 J. H. Nichols, J. A. Brink, *Elektrochem. Technol.* **1964**, *2* (7-8), 233.
100 V. Quitter, *Chem. Tech.(Leipzig)* **1967**, *19*, 686.
101 W. Simm, W. Kwasnik: DE-PS 111 3444 (1958), Farbenfabriken Bayer.
102 F. Matthes, G. Wehner (Hrsg.): *Anorganisch-Technische Verfahren für die Grundstoffindustrie*, Deutscher Verlag für Grundstoffindustrie, Leipzig. **1964**, S. 365.
103 N. Petcov et al.: *Electroliza chlorurii de Sodin*, Editura Teknica, Bukarest, **1954**.
104 A. Haltmeier: DE-PS 112 2043(1956), Farbenfabriken Bayer.
105 E. E. Neely: BE-PS 636 311 (1963), PPG Company.
106 W. Schuler, Firmenschrift V 2.29, Eisenberg 1974.
107 H. Hund, E. Zirngiebl, in *Winnacker-Küchler*, 3.Aufl., Bd.1, S. 270.
108 E. Ensblick, *Tech. Rundschau Sulzer* **1958**, *4*, 67.
109 B. Ax et al., *Handbok i kylteknik*, Stockholms Bokförlag, Stockholm, **1954**, S. 632.
110 F. O. Brien, I. F. White: Process Engineering Aspects of Chlorine Cooling and Drying, in *Modern Chlor Alkali*, Technology, Bd. 6, SCI, London, **1995**, S. 70–81.
111 S. Stenhammar, in [2].
112 HMIP,UK, Processes for the Manufacture of, or Which Use or Release Halogens, Mixed Halogen Compounds or Oxohalocompounds, Chief Inspector's Guidance to Inspectors, process Guidance Note IPR 4/13 (1993).
113 Ministry of Housing, Spatial Planning and the Environment, The Netherlands, Dutch Notes on BAT for the Chlor-Alkali-Industry (1998).
114 J. A. A. Ketelaar, *Electrochem. Technol.* **1967**, *5(3–4)*, 143.
115 GEST 76/55 9th edition (Sept. 1990), EURO-CHLOR, Maximum Levels of Nitrogen Trichloride in Liquid Chlorine,
116 D. Schläfer et al.: DE Pat. 101 60598 A1, 2003; D.Schläfer et al.: EP Pat. 131 8101 A1, 2003; D. Schläfer et al.: US Pat. 2003/ 010 8468, 2002.
117 K. Hass, P. Schmittinger, in *Ullmann's Encyklopädie der technischen Chemie*, 4.Aufl., Bd. 9, Verlag Chemie, Weinheim, **1975**, S. 317.
118 J. S.Sconce: *Chlorine. Its Manufacture, Properties and Uses*, Reinhold, New York, **1962**.
119 The Chlorine Institute (Hrsg.): *Chlorine Manual*, New York, **1959**.
120 C. S. Cronan, *Chem. Eng.* **1959**, *66* (5),76.

121 K. Prahl, *Chem. Ing. Tech.* **1956**, *28*, 56.
122 H. Hund, E. Zirngiebl, in *Winnacker-Küchler*, 3.Auf., Bd. 1, S. 268.
123 K. Hochgeschwender, E. Zirngiebl, in *Ullmann's Encyklopädie der technischen Chemie*, 4. Aufl., Bd. 17, Verlag Chemie, Weinheim, **1979**, S. 201.
124 E. Wygasch: DE-OS 210 1699 (1971), BASF AG.
125 F. Schwochow, L. Puppe, *Z. Angew. Chem.* **1975**, *87*, 18.
126 E .Ruhl, *Chem. Ing. Tech.* **1971**, *43*, 870.
127 K. Blum: *Umweltschutz und Chemie mit Chlor, Thema Wirtschaft*, Deutscher Instituts-Verlag GmbH, **1996**.
128 R. J. Allen et al.: WO Pat. 02/18675 A2 (2000), De Nora Elettrodi.
129 R. J. Allen et al.: US Pat. 640 2930 B1 (2002), De Nora, Bayer.
130 F. Federico, Performance improvement of electrolysis technology, 12th UHDE Chlorine Symposium, **2004**.
131 F. Gestermann, in *Modern Chlor-Alkali Technology*, Bd. 8, Blackwell Science, Oxford, **2001**, S. 315ff.
132 J. Jörissen, *Technische Universität Dortmund, BMWi-AiF-Abschlussbericht 12 774 N/5*, **2003**.
133 K. Weissermel, H. J. Arpe: *Industrielle Organische Chemie*, Verlag Chemie, Weinheim, **1976**.
134 Mitsui Chemicals Inc.: *General Information on MT-Chlor Process*, **1993**.
135 C. H. Hamann, W. Vielstich: *Elektrochemie*, Wiley-VCH, Weinheim, **1998**, S. 405.
136 E. Zirngiebl: *Einführung in die angewandte Elektrochemie*, O. Salle Verlag, Frankfurt am Main, **1993**, S. 106.
137 P. Gallone: *Trattato di Engegneria Elettrochimica*, Tamborini, Milano, **1973**, S. 788.
138 World Bureau of Metal Statistics, 2002 in IKB. Branchenbericht Sept. 2002 (www.ikb.de/objekte/Branchenberichte/September02_Metalle, 2004).
139 Carbone Lorraine: *Sintaclor^R* Hydrochloric Acid Synthesis Units, Firmenbroschüre **2003**.
Carbone Lorraine, Absorption of hydrochloric acid, Firmenbroschüre.
140 SGL Acotec GmbH: ^{R}DIABON, HCl-Synthese, Firmenbroschüre **2003**.
141 M. Franz, SGL Acotec GmbH, *27th International Exhibition-Congress, Abstracts of the lecture groups. Process, apparatus and plant design*, **2003**, S. 248; M. Franz, SGL Acotec GmbH, Firmenmitteilung **2003**.
142 C. Bienhüls, SGL Acotec GmbH, *27th International Exhibition-Congress, Abstracts of the lecture groups. Process, apparatus and plant design*, **2003**, S. 252; C. Bienhüls, SGL Acotec GmbH, Firmenmitteilung **2003**.
143 U. Stemick, E. Stadelmann, *bbr – Wasser, Kanal- und Rohrleitungsbau* **2002**, (*10*), 35.
144 W. Roeske, *wbl – Wasser, Boden, Luft* **1998**, 42 (7/8) 21–22, 24–25, Wallace & Tiernan.
145 Wallace & Tiernan, Firmenprospekt unter www.wallace-tiernan.de, 2003.
146 www.severntrentdenora.com, 2003.
147 J. S. Sconce: *Chlorine. Its Manufacture, Properties and Uses*, Reinhold, New York, **1962**, S. 536.
148 W. Röske, Ch. Müller: Die Desinfektion von Trinkwasser mit Chlor und Chlordioxid. *Brauwelt* **2003**, (*11*), 287–292.
149 D. T. Mah: *J. Electrochem. Soc.* **1999**, *146* (*10*) 3924–3947.
150 *Winnacker-Küchler*, 4. Aufl., Bd. 2, **1975**, S. 448.
151 E. Heubach et. al., in *Ullmanns Encyklopädie der technischen Chemie*, 4. Aufl., Bd. 9, Weinheim, **1975**, S. 542.
152 G. Lindbergh, D. Simonsson: The Effect of Chromate Addition on Chlorate Cathodes, in *Proc. of the Symposium on Electrochemical Engineering in the Chlor-Alkali and Chlorate Industries*, The Electrochemical Society, Pennington, USA, **1988**, S. 127.
153 www.kvaerner.com/chemetics/chemplant/sodchlor/process.htm, 2003; www.chemetics.ca, 2004.
154 Cellchem, Firmenschrift **2003**.
155 R. E. Alford: Cyclochrome – the Recycle of Sodium Dichromate in Sodium Chlorate Manufacture, in *Modern Chlor-Alkali Technology*, Bd. 5, Elsevier, Barking, **1992**, S. 42.
156 Chemical Economics Handbook Report, Sodium Chlorate (ceh.sric.sri.com/Public/Reports/732.1000).
157 info@cellchem.ekachemicals.com, 2003.

158 P. Wintzer, *Chem. Ing. Tech.* **1980**, *52* (5), 392–398.
159 Z. Twardowski, J. McGilvery, US-Pat 468 3039, 1985, Tenneco Canada, Inc.
160 www.clo2.com, 2003.
161 W. Müller, P. Jönck, *Chem. Ing. Tech.* **1963**, *35*, 78–80.
162 N. Ibl, H. Vogt in Bockris et al. (Hrsg.): *Comprehensive Treatise of Electrochemistry*, Bd. 2, Plenum Publishing, New York, **1981**, S. 210.
163 *Ullmann's Encyclopedia of Industrial Chemistry*, 6th ed. Electronic Release, Chapter Chlorine Oxides and Chlorine Oxygen Acids.
164 J. E. Currey, W. Strewe, *Chem. Ing. Tech.* **1975**, *47*, 145.
165 P. Gallone: *Trattato di Engegneria Elettrochimica*, Tamborini, Milano, **1973**, S. 487–498.
166 Messo Technologies Group, *Firmenbroschüre Chloralkali Technology*, **2003**, S. 9.
167 B. Tettamanti, *Chemie-Anlagen + Verfahren* **2003**, (*2*), 61; www.davyprotech.com.

5
Natriumchlorid und Alkalicarbonate

Andreas Leckzik (1), Franz Götzfried (1), Leon Ninane (2)

1	**Natriumchlorid**	547
1.1	Geschichte]	547
1.2	Vorkommen	548
1.3	Eigenschaften	549
1.4	Produktion	549
1.4.1	Steinsalz	549
1.4.1.1	Bergmännische Gewinnung	549
1.4.1.2	Aufbereitung	551
1.4.2	Sole	553
1.4.2.1	Bergmännische Gewinnung	553
1.4.2.2	Kontrollierte Bohrlochsolung	554
1.4.2.3	Kavernennutzung	554
1.4.2.4	Solereinigung	555
1.4.3	Siedesalz	555
1.4.3.1	Verdampfungsverfahren	555
1.4.3.2	Bewertung	557
1.4.4	Meersalz	560
1.4.4.1	Gewinnung aus Meerwasser	561
1.4.4.2	Gewinnung aus Salzseen	562
1.4.4.3	Meerwasserentsalzung	562
1.4.5	Weitere Prozessschritte	563
1.4.5.1	Entwässern, Trocknen, Kühlen	563
1.4.5.2	Mechanische Kornvergrößerung	563
1.4.5.3	Klassierung	564
1.4.5.4	Konditionieren und Verpacken	564
1.5	Anwendung und wirtschaftliche Bedeutung	565
2	**Natriumcarbonat (Soda)**	568
2.1	Einführung	568
2.2	Geschichte	568
2.3	Eigenschaften	569
2.4	Herstellungsverfahren	570

Winnacker/Küchler. *Chemische Technik: Prozesse und Produkte.*
Herausgegeben von Roland Dittmeyer, Wilhelm Keim, Gerhard Kreysa, Alfred Oberholz
Band 3: Anorganische Grundstoffe, Zwischenprodukte.
Copyright © 2005 WILEY-VCH Verlag GmbH & Co. KGaA, Weinheim
ISBN: 3-527-30768-0

2.4.1 Ammmoniaksoda-Verfahren nach Solvay 570
2.4.1.1 Beschreibung 570
2.4.1.2 Theoretische Grundlagen und Darstellung 571
2.4.1.3 Technologie 573
2.4.1.4 Ausgangsstoffe 581
2.4.1.5 Energie 582
2.4.1.6 Emissionen 582
2.4.2 Herstellung aus natürlichem Carbonat 585
2.4.2.1 Carbonatlagerstätten 585
2.4.2.2 Herstellung aus Trona 585
2.4.2.3 Herstellung aus Nahcolit 586
2.4.2.4 Gewinnung aus Sodaseen 587
2.5 Weitere Verfahren 587
2.5.1 Leblanc-Verfahren 587
2.5.2 Modifiziertes Solvay-Verfahren 587
2.5.2.1 Herstellung von Ammoniumchlorid in geringerer Menge als Natriumcarbonat 588
2.5.2.2 Äquimolare Herstellung von $NaHCO_3$ und NH_4Cl 588
2.5.3 Verwendung von Ätznatron 588
2.5.4 Sonstige vorgeschlagene Verfahren 589
2.5.4.1 Nephelin-Verfahren 589
2.5.4.2 Verfahren mit Verwertung von HCl 589
2.5.4.3 Aminverfahren 589
2.6 Endprodukte 590
2.6.1 Technische Endprodukte 590
2.6.2 Besondere Modifikationen 591
2.7 Lagerung und Transport 592
2.8 Verwendung 592
2.9 Toxikologie 593
2.10 Wirtschaftliche Aspekte 593
2.11 Natriumhydrogencarbonat 594
2.11.1 Eigenschaften 594
2.11.2 Herstellung 594
2.11.3 Verwendung und Qualitäten 596

3 Literatur 596

1 Natriumchlorid

1.1 Geschichte [1.1, 1.2]

»Unter allen Edelsteinen ist Salz der kostbarste«. Mit diesen Worten würdigte JUSTUS VON LIEBIG die Bedeutung des Natriumchlorids für das menschliche Leben. Das Natriumchlorid – auch Kochsalz, Steinsalz, Siedesalz, Meersalz oder einfach Salz genannt – nimmt unter allen in der Natur vorkommenden Salzen eine Sonderstellung ein. Zum einen ist es ein lebensnotwendiger Stoff, zum anderen ist es eines der wichtigsten Grundprodukte der chemischen Industrie.

Natriumchlorid (NaCl) wurde über Jahrtausende fast ausschließlich als Lebens- und Konservierungsmittel benutzt. Vermutlich mit dem Übergang vom nomadisierenden Jäger zum sesshaften Bauern wurde der Genuss von Salz für den Menschen notwendig. Zuvor deckte das verzehrte Fleisch den Salzbedarf.

Funde bei Hallstatt im Salzkammergut, bei Schwäbisch Hall und an vielen anderen Orten beweisen, dass Salz schon in vorgeschichtlicher Zeit gewonnen wurde. So wurde bereits 1000 v. Chr. in Hallstatt das vielleicht älteste Salzbergwerk der Welt betrieben und im Gebiet von Schwäbisch Hall zumindest ab 500 v. Chr. Salz gewonnen. Eine Reihe von Funden im Gebiet von Wieliczka und Bochnia weisen darauf hin, dass bereits vor 1000 n. Chr. auf polnischem Boden eine ausgedehnte Salzgewinnung existierte, bei der die an der Erdoberfläche austretenden Solequellen als Rohstoff genutzt wurden. Das Salzbergwerk von Wieliczka ist seit 1978 Weltkulturerbe. Auf ägyptischen Grabmalereien wird schon 1450 v. Chr. die Salzgewinnung beschrieben. Im alten China wurde der größte Teil des Salzes durch Verdunstung aus dem Meer gewonnen. Im Binnenland wurden Solequellen durch Bohrungen erschlossen. KONFUZIUS berichtete um 600 v. Chr. von Bohrungen mit einer Tiefe von mehr als 500 m [1.1, 1.2].

Der Besitz des kostbaren Stoffes Salz bedeutete über Jahrhunderte hinweg Reichtum und Macht. Städte wie Salzburg und Lüneburg erblühten mit der Salzproduktion und mit dem Salzhandel.

Der Wert des Salzes ging mit der industriellen Revolution im 19. Jahrhundert verloren. Salz wurde jedoch als Rohstoff in der aufstrebenden chemischen Industrie benötigt, wofür neue, leistungsfähige Produktionsstätten errichtet werden mussten. Salzlagerstätten wurden bergmännisch erschlossen und ausgebeutet, mit verbesserter Bohrtechnik wurde zunehmend gesättigte Sole aus Bohrlöchern in den Salinen eingesetzt.

In vielen Museen, z. B. im Deutschen Museum in München und im Salz- und Tabakmuseum in Tokio wird Salzgeschichte anschaulich dargestellt.

1.2
Vorkommen [1.3, 1.4]

Die Ozeane bilden unerschöpfliche Quellen für Natriumchlorid, die NaCl-Konzentration im Meerwasser beträgt ca. 2,7 %. Der Anteil von Natriumchlorid an den im Wasser gelösten Salzen liegt bei ca. 78 %, sodass ca. $36 \cdot 10^{15}$ t NaCl in den Meeren vorhanden sind. Etwa 30 % des Bedarfes an NaCl werden aus Meerwasser und Salzseen gewonnen.

Die Bildung der Lagerstätten des Minerals Halit (Natriumchlorid) in der norddeutschen Ebene wird allgemein mit der Ochsenius'schen Barrentheorie erklärt. Teile des dortigen Urmeeres wurden durch Barren vom Ozean abgeschnitten. Bei dem vorherrschenden ariden Klima verdunstete das Wasser in den Lagunen, und Salze kristallisierten aus, erst die gering löslichen Carbonate und Sulfate, dann die besser löslichen Chloride. Ton sedimentierte aus Zuflüssen frischen Meerwassers in die Lagunen und überdeckte die Salzablagerungen.

Die mitteleuropäischen Zechsteinlagerstätten sind der Theorie zufolge Produkt vier fast gleichartiger Sedimentationszyklen. Die nachfolgende Überdeckung mit mehreren tausend Meter mächtigen Gesteinschichten in Norddeutschland führte zur Bildung sog. Salzdome (Diapire).

Unter der Einwirkung der Auflast des spezifisch schwereren Gesteins und der Erdwärme wurden die Salze plastisch und stiegen in Störungszonen z. T. bis an die Erdoberfläche auf. Die ursprünglich flachen Ablagerungen wurden dabei senkrecht gestellt und stark gefaltet. An den Randzonen der Lagerstätten mit deutlich geringerer Gesteinsüberdeckung blieb die flache Lagerung nahezu ungestört.

Die Ablagerungen aus den Urmeeren sind überwiegend auf der Nordhalbkugel aus verschiedenen geologischen Epochen zu finden. Ausgebeutet werden folgende Lagerstätten, geordnet nach geologischem Zeitalter [1.5]:

Kambrium:	Sibirien, Iran, Pakistan
Silur:	Michigan, New York, Ohio
Devon:	Sibirien, Weißrussland, Djepr-Donez-Becken
Perm:	Kansas, New Mexico, Kama Bassin
Zechstein:	Niederlande, Dänemark, Deutschland, Polen
Neuer Roter Sandstein:	Niederlande, Portugal
Muschelkalk:	Deutschland, Frankreich, Schweiz
Keuper:	England, Frankreich, Spanien
Trias:	Deutschland, Österreich
Jura:	Idaho, Texas, Louisiana, Mississippi, Chile, Jemen
Kreide:	Argentinien, Kolumbien
Oligozän:	Anatolien
Miozän:	Slowakei, Polen, Russland, Rumänische Karpaten, Jugoslawien, Anatolien, Algerien, Sizilien, Toskana, Spanien, Dominikanische Republik
Pliozän:	Nevada, Utah, Jordanien, Israel

Tab. 1.1   Eigenschaften von Natriumchlorid

Temperatur (°C)	Löslichkeit (g NaCl pro 100 g H_2O)	Dichte (g cm^{-3})
0	35,76	1,2093
20	35,92	1,1999
40	36,46	1,1914
60	37,16	1,1830
80	37,99	1,1745
100	39,12	1,1660

1.3
Eigenschaften [1.2]

Natriumchlorid bildet farblose Kristalle des kubisch-flächenzentrierten Gittertyps. Es ist in Wasser gut löslich, die Temperaturabhängigkeit der Löslichkeit ist gering (s. Tabelle 1.1). Die gesättigte Lösung siedet bei 108,7 °C, der eutektische Punkt des Systems NaCl-H_2O liegt bei –21,7 °C.

1.4
Produktion

1.4.1
Steinsalz

1.4.1.1 Bergmännische Gewinnung [1.6, 1.7]

In der Bundesrepublik Deutschland wird Steinsalz derzeit bergmännisch in fünf Steinsalzbergwerken und einem Kalibergwerk abgebaut. Lediglich ein Steinsalzwerk baut ein steilstehendes Lager ab, die übrigen Bergwerke gewinnen flach gelagerte Steinsalzlager. Der Abbau erfolgt in allen Bergwerken in kammerartiger Bauweise, d. h. im Zuge der Gewinnungstätigkeit werden regelmäßig geformte Abbauräume von rechteckigem Querschnitt aufgefahren (Abb. 1.1). Das die Lagerstätte überlagernde Gebirge wird durch zwischen den Abbauräumen dauerhaft verbleibende Salzpfeiler abgestützt. Die durch den Abbau entstehenden Hohlräume werden daher in der Regel nicht verfüllt. Durch Anpassung an die auf den Bergwerken unterschiedlichen geologischen Verhältnisse (insbesondere Mächtigkeit, Tiefe und Neigung der Lagerstätte) ergeben sich z. B. bei der Dimensionierung der Abbauräume oder der Abbauführung Unterschiede beim Abbauverfahren der einzelnen Bergwerke.

Die Salzgewinnung erfolgt überwiegend durch Bohren und Sprengen unter Einsatz gleisloser mobiler Großgeräte hoher Leistungsfähigkeit. Zur Herstellung der Sprenglöcher dienen Bohrwagen mit Dieselantrieb und elektrohydraulischem Bohrantrieb. Als Sprengstoff findet überwiegend ein loser (unpatronierter) Ammo-

Abb. 1.1 Abbaukammer

niumnitrat-Sprengstoff (ANC-Sprengstoff) Anwendung, der mit Sprengstoffladefahrzeugen über Schläuche pneumatisch in die Bohrlöcher eingebracht wird (siehe auch 2 Explosivstoffe und pyrotechnische Produkte, Bd. 7, Abschnitt 1.3.2.2). Das gesprengte Haufwerk wird in der Regel auf Fahrschaufellader (Abb. 1.2) geladen

Abb. 1.2 Fahrschaufellader

und zu Brechanlagen transportiert, wo es vorzerkleinert und dann auf nachgeschalteten Förderbandanlagen zum Förderschacht transportiert wird. Die Schachtförderungen sind überwiegend mit Gefäßförderanlagen ausgerüstet, ein Bergwerk fördert das Rohsalz in einem Schrägschacht über eine Förderbandanlage zu Tage.

1.4.1.2 Aufbereitung
Die mechanische Aufbereitung des bergmännisch gewonnen Steinsalzes hat zwei Ziele:
– Entfernung unerwünschter Nebenminerale,
– Herstellung einer für den Anwendungszweck geeigneten Korngröße.

Um Nebenminerale zu entfernen, muss das Salz soweit aufgemahlen werden, dass die Nebenbestandteile als einzelne freie Teilchen vorliegen, sie müssen aufgeschlossen sein. Dieser erste Aufbereitungsschritt wird z. T. schon unter Tage vorgenommen, sodass die Nebenminerale im Bergwerk verbleiben.

Die Wahl des Trennverfahrens ist abhängig von der Korngröße des Aufgabematerials und des zu entfernenden Nebenminerals. In der Praxis werden die folgenden Verfahren eingesetzt, z. T. auch als Kombinationen untereinander:

Selektiver Aufschluss
Steinsalz ist spröder als die häufig als Verunreinigung vorliegenden Tone und Anhydrit, das Salz wird daher in einer Prallmühle (s. auch Mechanische Verfahrenstechnik, Bd. 1, Abschn. 5.2.4) feiner zermahlen als die Verunreinigungen und die größeren Ton-und Anhydritteile können nach der Mahlung herausgesiebt werden.

Schwertrübetrennung
Das auf < 12 mm gemahlene Aufgabegut wird in einer Magnetit/Sole-Suspension in Schwerflüssigkeitszyklonen von Verunreinigungen getrennt.

Trennung in der Wurfparabel
Der Dichteunterschied der Mineralien führt bei annähernd gleicher Korngröße auch zu unterschiedlichen Wurfweiten an Bandübergaben, durch Einführen einer Trennzunge können die Materialien separiert werden.

Optoelektronische Sortierung [1.8]
Insbesondere Farbunterschiede zwischen Einzelkörnern des Produktes und des Nebenminerals aber auch Helligkeit, Transparenz und Reflexionsvermögen sind Trennmerkmal bei dieser Methode. Eine schnelle Digitalkamera erfasst einen fallenden Gutstrom, in dem die Teilchen vereinzelt sind, ein Rechner wertet das Bild im Hinblick auf Merkmalsunterschiede aus und steuert Luftdüsen an, mit denen die unerwünschten Teilchen aus dem Gutstrom herausgeschossen werden (s. Abb. 1.3).

Elektrostatische Trennung
Mit der Einstellung geeigneter Lufttemperatur, Luftfeuchte und der Zugabe von oberflächenaktiven Stoffen kann die triboelektrische Aufladung von Mineralien so

5 Natriumchlorid und Alkalicarbonate

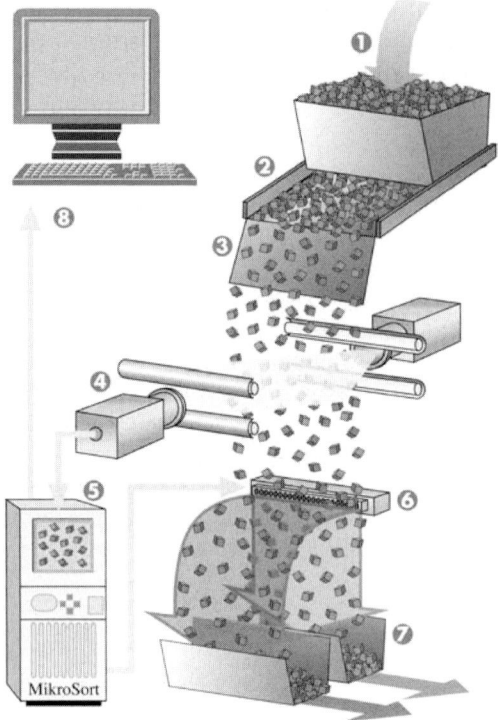

Abb. 1.3 Optoelektronische Sortierung
1 Aufgabetrichter, 2 vibrierende Schurre zur Vereinzelung, 3 Beschleunigungszone, 4 Hochauflösende digitale Farbkamera, 5 Rechner, 6 Druckluftdüsen zur Trennung, 7 getrennte Abfuhr von Produkt und Abprodukt, 8 Monitor in Messwerte

beeinflusst werden, dass deren Trennung in einem elektrostatischen Feld möglich ist (siehe auch Produkte der Kaliindustrie, Bd. 8, Abschnitt 4.5).

Klauben
Immer noch üblich ist das händische Sammeln von Nebenmineralbrocken an einem Leseband oder Lesesieb.

Mahlen/Sieben
Für die bedeutendsten Einsatzzwecke des Steinsalzes (ca. 80 % der Salzverwendung in Deutschland [1.9]), in der Chlor-Alkali-Elektrolyse (siehe 4 Chlor, Alkalien und Anorganische Chlorverbindungen, Abschnitt 3) und der Sodaherstellung (Abschnitt 2.4), spielt die Korngröße keine Rolle. Beim Salz für den Straßenwinterdienst (ca. 12 %) sind allerdings strenge Anforderungen an die Korngrößenverteilungen vorgeschrieben. Der gewerbliche Einsatz (ca. 5 %) erfordert enge Spezifikationen für die Granulometrie, z. B. muss beim Tierfuttermittel die Größe des Salzkornes auf die Tierart und andere Mischungskomponenten des Futtermittels abgestimmt werden,

beim Konservierungsstoff für tierisches Gewebe bestimmt die mechanische Empfindlichkeit des Gewebes die Korngröße.

In den Aufbereitungsanlagen der Salzindustrie wird deshalb ein breites Spektrum von Körnungen erzeugt. Der erste übertägige Aufbereitungsschritt ist die Aufmahlung des Fördergutes < 250 mm in Prallmühlen auf eine Korngröße < 10 mm. In Anlagen, die eine hohe Grundauslastung an Industriesalz haben, werden Fraktionen für die gewerbliche Nutzung, meist < 3,2 mm, aus diesem Massenstrom herausgesiebt und gesondert mit Walzenstühlen und Sieben zur gewünschten Kornklasse aufbereitet. Muss die gesamte Förderung für die gewerbliche Nutzung aufbereitet werden, so sind mehrstufige Mahl- und Siebkreisläufe notwendig. Für die Zerkleinerung werden überwiegend Walzenstühle eingesetzt, mit ihnen ist eine schonende Aufmahlung bei gleichzeitiger Begrenzung der oberen Korngröße möglich. Die auf den Walzenstühlen erzeugten Mahlungen können auf Mehrdecksieben in definierte Kornfraktionen getrennt werden, Körnungen mit einer unteren Korngrenze < 0,4 mm werden bei Bedarf mit Windsichtern entstaubt. Unerwünschte gröbere Fraktionen werden in den Mahl- und Siebkreislauf zurückgegeben. Bedingt durch den u. U. notwendigen großen Mahlfortschritt können bis zu 25 % der Fördermenge als nicht verwertbarer Feinstanteil < 0,16 mm anfallen. Dieses Material wird entweder in die Grube zurückgebracht, versetzt, oder zur Soleerzeugung eingesetzt.

1.4.2
Sole [1.1]

Voll gesättigte Sole hat bei 15° C eine Dichte von 1,204 g cm^{-3} und einen NaCl-Gehalt von 26 % (317,86 g L^{-1}) [1.10]. Natürliche Sole ist meist untersättigt. Sie wird durch Anbohren unterirdischer Solequellen gewonnen und nachträglich durch Zugabe von festem Salz aufgesättigt. Künstliche Sole wird aus Gründen der wirtschaftlichen Verarbeitung von vorneherein als gesättigte Sole erzeugt. Sie kann aus Steinsalzlagerstätten bergmännisch oder durch kontrollierte Bohrlochsolung gewonnen werden. Künstliche Sole wird auch einfach durch Auflösen von bergmännisch gefördertem, festem Steinsalz hergestellt. Die gewonnene Rohsole ist im Allgemeinen für die weitere Verarbeitung nicht rein genug und muss vor ihrem Einsatz eine chemische Reinigung durchlaufen.

1.4.2.1 Bergmännische Gewinnung [1.1]
Die bergmännische Gewinnung von Rohsole erfolgt in Bohrspülwerken oder mit dem Spritzverfahren.

Beim Bohrspülwerk, dem in den alpinen Salzlagerstätten üblichen Gewinnungsverfahren im nassen Abbau, wird zunächst durch eine vertikale Bohrung und Wasserinjektion ein trichterförmiger Hohlraum erschlossen. Dieser wird mit Süßwasser gefüllt. Das Wasser hat die Aufgabe, die wasserlöslichen Bestandteile, also auch das Salz, an Decke und Wänden des Hohlraums aus dem Gebirgsverband heraus zu lösen. Die unlöslichen Bestandteile des Gesteins werden nach dem Prinzip der Mammutpumpe mit der Sole als Feststoffsuspension gepumpt. Der Hohlraum vergrößert sich durch ständig neu eingeleitetes Süßwasser. Dieser Vorgang wird solange wiederholt, bis ein 3500 bis 5000 m³ großer sogenannter Initialhohlraum fertiggestellt ist. Die kontinuierliche Solegewinnung beginnt, wenn die Deckenfläche des Hohlraumes circa 3000 m² erreicht hat. Täglich werden etwa 1 cm Gestein aus der Deckenfläche gelöst, erst jetzt verbleiben die unlöslichen Bestandteile im Abbau. Bei einer Abbauhöhe von 100 m kann ein Bohrspülwerk rund 30 Jahre genutzt werden, in dieser Zeit wird eine Million Kubikmeter vollgesättigter Sole erzeugt.

Das Spritzverfahren ist von untergeordneter Bedeutung. Gelegentlich kommt es in Sonderfällen auch in der Aus- und Vorrichtung im Steinsalzbergbau (Vergrößerung von Grubenräumen) zur Anwendung.

1.4.2.2 Kontrollierte Bohrlochsolung [1.5]

Die Bohrlochsolung ist ein seit langem angewandtes Verfahren zur Natriumchloridgewinnung. Das Verfahren der kontrollierten Bohrlochsolung ist den konventionellen bergmännischen Solegewinnungsmethoden wirtschaftlich überlegen. Die Steinsalzlagerstätte wird von übertage aus durch Solebohrungen (Kavernenbohrungen) aufgeschlossen. Der Solbetrieb kann nach der Methode der Einzelbohrlochsolung (Single Well Operation) oder der vornehmlich in den USA angewandten Methode des Solens verbundener Systeme (Group Well Operation) durchgeführt werden. Die Kontrolle der Aussolung erfolgt durch Messung des Salzgehaltes und der Menge der geförderten Sole und zusätzlich durch echometrische Vermessung des entstandenen Hohlraumes.

Die *Einzelbohrlochsolung* ist nur in mächtigen Salzlagern oder in Diapiren (Salzstöcken) wirtschaftlich durchführbar. Über den Ringraum zwischen zwei konzentrischen, in die Bohrung eingehängten Spülrohrsträngen wird Süßwasser in die Bohrung injiziert. Das Wasser löst das am Solstoß (Bohrloch- bzw. Kavernenwandung) anstehende Salz und steigt im zentralen Rohrstrang nach übertage auf.

Die Methode des *Solens verbundener Systeme* findet Anwendung beim Abbau von Salzflözen geringerer Mächtigkeit. Hierbei werden zwei oder mehrere Bohrungen durch Spülen und/oder durch hydraulisches Aufreißen (Hydrofracturing) miteinander verbunden. Das Lösewasser wird durch die erste Bohrung eingeführt und tritt als Sole aus der zweiten bzw. letzten Bohrung aus.

Der Transport von Rohsole von den Kavernenfeldern zu den Standorten der verarbeitenden Industrie erfolgt über erdverlegte Rohrleitungen (Pipelines). In der Bundesrepublik Deutschland sind Pipelines für Sole/Salzwasser mit Nennweiten von 150–1100 mm in Betrieb.

1.4.2.3 Kavernennutzung

Häufig werden die Kavernen so dimensioniert, dass sie nach Aussolen langfristig als Speicherkavernen für Mineralölprodukte, Erdgas oder Flüssiggas genutzt werden können. Weltweit werden die meisten Kavernen nur zum Zweck der Speicherung erstellt. Auch als Treibgasspeicher (Luft, Stickstoff) für Spitzenlastkraftwerke werden Kavernen genutzt.

1.4.2.4 Solereinigung

Die gewonnene Sole genügt hinsichtlich ihres Gehaltes an Erdalkalien und Sulfat nicht den Anforderungen der nachfolgenden Prozessschritte.

Zur Reinigung wird häufig ein ursprünglich von den Schweizer Rheinsalinen für Sole mit einem relativ hohen Sulfatgehalt entwickeltes zweistufiges Verfahren angewandt. Unter Zugabe von $Ca(OH)_2$ und rückgeführter sulfatreicher Mutterlösung werden in der ersten Stufe $Mg(OH)_2$ und $CaSO_4$ gefällt, in der zweiten Stufe wird Na_2CO_3 und CO_2, das aus Rauchgas stammt, der vorgereinigten Lösung zugegeben und $CaCO_3$ gefällt [1.11].

Zur Beschleunigung der Sedimentation der Bodenkörper werden in beiden Stufen Flockungsmittel zugesetzt.

Zusätzlich zur Solereinigung können schon im Solprozess Inhibitoren für das Auflösen von $CaSO_4$ eingesetzt werden [1.10]. Praktiziert wird auch der Einsatz von Komplexbildnern für Ca^{2+} im Eindampfprozess.

1.4.3
Siedesalz

Die Herstellung von hochreinem Siedesalz erfolgt durch Eindampfung gesättigter Sole, wobei das NaCl auskristallisiert. Die Verdampfungskristallisation (s. Thermische Verfahrenstechnik, Bd. 1, Abschn. 5.1) wird in der Regel bei Temperaturen von 150 °C bis herunter auf 50 °C durchgeführt. Die Energiekosten machen einen erheblichen Anteil der Gesamtproduktionskosten im Salinenbetrieb aus. Trotz großer Bemühungen konnte bei den althergebrachten, offenen Siedepfannen keine wesentliche Herabsetzung des spezifischen Wärmeverbrauchs erreicht werden. Infolge dessen und wegen ihrer relativ geringen Produktionsleistung sind die offenen Siedepfannen nahezu vollständig durch wärmetechnisch wesentlich günstigere Verdampferanlagen mit geschlossenen Siedegefäßen ersetzt worden.

1.4.3.1 Verdampfungsverfahren

1.4.3.1.1
Mehrfacheffekt-Verdampfung

Bei der Mehrfacheffekt-Verdampfung werden mehrere Verdampfer dampfseitig hintereinander geschaltet. Die Siedetemperatur wird in jeder Verdampferstufe unter Zuhilfenahme einer Vakuumpumpe um ca. 12–20 °C herabgesetzt. Nur der erste Verdampferapparat wird mit Frischdampf gespeist. Die nachfolgenden Verdampfer erhalten den aus den vorgeschalteten Verdampfern austretenden Brüdendampf. Die Sole wird mit Kondensat aus den Verdampfern vorgewärmt. Der Brüdendampf der letzten Stufe wird mit Kühlwasser niedergeschlagen (Veruststufe). Der aus den Verdampfern abgezogene Salzbrei wird in Zentrifugen bis auf Restfeuchten von ca. 3 % abgeschleudert (Abb. 1.4).

Üblich sind heute fünfstufige Verdampferanlagen, die mit Produktionsleistungen von bis zu 150 t Siedesalz je Stunde installiert werden (s. Abb. 1.6) [1.12]. Die Versorgung mit dem Heizdampf erfolgt aus Heizkraftwerken, in denen überhitzter Hoch-

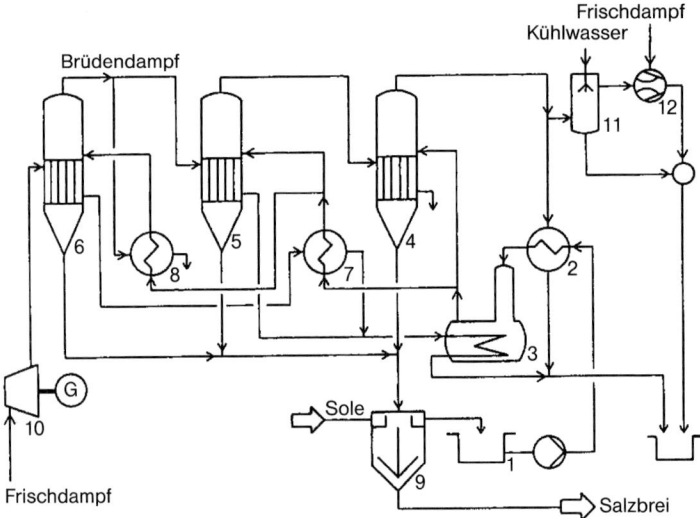

Abb.1.4 Fließschema einer Dreifacheffekt-Verdampferanlage
1 Sammelgefäß, 2 Vorwärmer, 3 Soleentgaser, 4, 5, 6 Verdampfer, 7, 8 Vorwärmer, 9 Sammelgefäß für Salzbrei, 10 Gegendruck-Dampfturbine, 11 Brüdenkondensator, 12 Vakuumpumpe

druckdampf zunächst in Gegendruckturbinen entspannt und dabei mittels gekoppelten Generatoren Strom erzeugt wird. Vielfach werden heute alternativ zur direkten Befeuerung der Dampfkessel die Abgase von Gasturbinen eingesetzt.

1.4.3.1.2

Thermokompression

Beim Thermokompressionsverfahren (s. Abb. 1.5) wird der aus der siedenden Sole entweichende Brüdendampf abgesaugt, in einem Brüdenwäscher von mitgeführtem Salz befreit und anschließend in einem Brüdenverdichter auf ein höheres Druckniveau gebracht und dem Heizkörper in der Verdampferumlaufleitung als Heizdampf wieder zugeführt. Lediglich beim Anfahren der Produktion wird eine geringe Menge Frischdampf benötigt.

Der Antrieb des Brüdenverdichters erfolgt in der Regel mit elektrischem Strom, der aus dem öffentlichen Netz oder aus Eigenerzeugungsanlagen bezogen wird.

Früher verwendete man mehrstufige Axialverdichter. Heute werden einstufige Radialverdichter aus energetischen Gründen und wegen des geringeren Investitionsaufwandes bevorzugt [1.12].

1.4.3.1.3

Rekristallisation

Im Gegensatz zu den beiden vorgenannten Verfahren geht das Rekristallisationsverfahren nicht von gereinigter Sole, sondern von bergmännisch gefördertem rohem

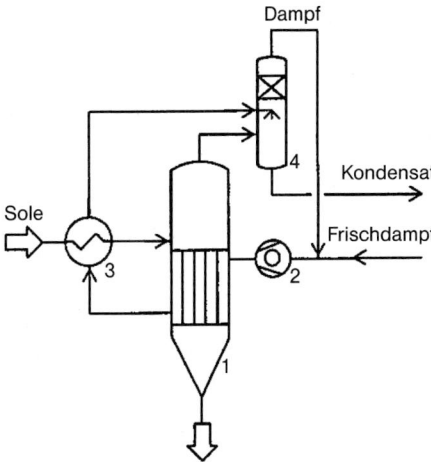

Abb. 1.5 Fließschema einer Thermokompressionsanlage
1 Verdampfer, 2 Turbokompressor, 3 Vorwärmer, 4 Wäscher für Brüdendampf

Steinsalz oder von Meersalz aus. Das Fernhalten des bei der Eindampfung störenden Salznebenbestandteils Calciumsulfat geschieht durch Auflösung des Rohsalzes bei Temperaturen oberhalb von 100 °C. Bei dieser Temperatur ist Calciumsulfat nur wenig löslich und bleibt gemeinsam mit anderen unlöslichen Salzbestandteilen in den Löseapparaten zurück oder wird in Kläreindickern und Sandfiltern von der Sole abgetrennt. Die gesättigte Sole wird anschließend in mehrstufigen Anlagen durch adiabatische Eindampfung im Vakuum abgekühlt. Bei den Kristallisatoren handelt es sich um reine Entspannungsverdampfer mit Zwangsumlauf ohne Heizkörper. Durch Verdampfung und Abkühlung der Sole wird das Siedesalz produziert, und das Calciumsulfat bleibt aufgrund seines inversen Löslichkeitsverhaltens in der Sole gelöst.

Der Salzbrei wird wie bei den anderen Systemen aus den Verdampfern abgeführt. Die Kreislaufsole wird nach Wiederaufheizung zu den Löseapparaten zurückgeführt (Abb. 1.7). Voraussetzung für die Anwendung dieses Verfahrens ist die Verfügbarkeit von rohem Festsalz aus einem Bergwerk oder einer Meersaline.

Es sind weltweit nur wenige Rekristallisationsanlagen im Betrieb. Dabei erfolgt die Wiederaufheizung der auf 50 °C abgekühlten Mutterlauge durch Mischkondensation mit den Brüden aus der Verdampfung und zusätzlichem Frischdampf oder durch Verdichtung der Verdampfungsbrüden zu höhergespanntem Heizdampf. Rekristallisationsanlagen für Natriumchlorid werden maximal siebenstufig, bei Anlagen mit Brüdenverdichtung maximal fünfstufig gebaut.

1.4.3.2 Bewertung
Die Verfahrensauswahl bei der Planung einer neuen Siedesalzanlage hat vor allem folgende Kriterien zu berücksichtigen:
- Rohstoffverfügbarkeit (Sole, Festsalz)
- Begleitmineralien des NaCl

558 | 5 Natriumchlorid und Alkalicarbonate

Abb. 1.6 Mehrfacheffekt – Verdampferanlage

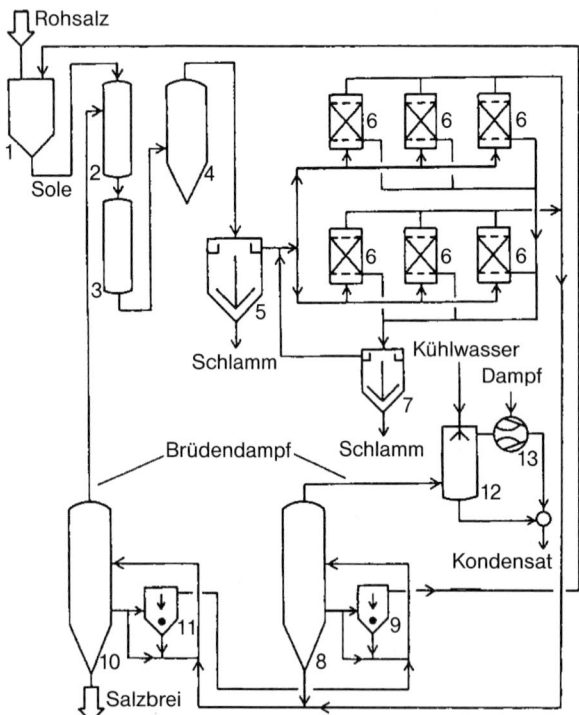

Abb. 1.7 Fließschema einer Rekristallisationsanlage
1 Aufschlämmbehälter, 2,3 Erhitzer, 4 Sättiger, 5 Eindicker, 6 Kiesbettfilter, 7 Eindicker, 8 Verdampfer, 9 Absetzbehälter, 10 Verdampfer, 11 Absetzbehälter, 12 Brüdenkondensator, 13 Vakuumpumpe

- Verfügbarkeit und Kosten für die Energie (Strom, Dampf)
- Wassersituation (Lösewasser, Kühlwasser)

Das *Mehrfacheffektverfahren* wird häufig in Kombination mit öl- oder gasgefeuerten Kraft-Wärme-Kopplungsanlagen eingesetzt. Sowohl der produzierte Dampf als auch der erzeugte Strom dienen zum Betrieb der Soleeindampfung. Die Kraft-Wärme-Kopplungsanlage wird entsprechend dem Dampfbedarf der Eindampfanlage gefahren. Der überschüssige Strom wird in das öffentliche Netz eingespeist.

Die *Thermokompression* setzt nicht den Betrieb eines eigenen Kraftwerkes voraus. In der Regel wird kostengünstiger Strom, z. B. aus Wasserkraftwerken bezogen. Der geringe Dampfbedarf für das Anlagenanfahren, Regulierzwecke und die Salztrocknung wird in einem Niederdruckdampfkessel erzeugt.

Vorteile des *Rekristallisationsverfahrens* sind der Wegfall der klassischen chemischen Solereinigung und die Verarbeitbarkeit von Rohsalzen mit hohen Calciumsulfatgehalten. Das Verfahren kann auch in wasserarmen Gegenden zur Herstellung von Siedesalz aus rohen Meer- und Steinsalzen eingesetzt werden. Nachteilig ist der gegenüber den anderen Verfahrensprinzipien erhöhte Investitionsaufwand.

Alle drei Verfahren liefern eine Salzqualität mit einem Natriumchloridgehalt von mindestens 99,95 %, wobei das Rekristallisationssalz durch einen niedrigen Sulfatgehalt von ca. 100 ppm und die Salze aus dem Mehrfacheffekt- und dem Thermokompressionsverfahren durch den niedrigen Calciumgehalt von unter 10 ppm gekennzeichnet sind.

Das Mehrfacheffektverfahren und die Rekristallisation erfordern beträchtliche Kühlwassermengen (20 m^3 pro Tonne Salz), die aus offenen oder geschlossenen Kühlkreisläufen entnommen werden.

Eine besondere Variante des Mehrfacheffektverfahrens ist das Gipsschlammverfahren, das vor allem in den USA angewendet wird. In Europa ist es nur vereinzelt zu finden. Bei diesem Verfahren wird Rohsole eingedampft, in der feinstgemahlener Gipsschlamm suspendiert ist. Auf eine chemische Solereinigung wird verzichtet. Der Gips wird durch Abschlämmung aus dem erzeugten Siedesalz wieder abgetrennt. Das Verfahren ist relativ kostengünstig, liefert aber eine Siedesalzqualität mit erhöhten Anteilen an Calcium, Magnesium und Sulfat, die heute nicht mehr allen Ansprüchen genügt.

Die verschiedenen Verdampfungssysteme sind durch charakteristische Energieverbräuche gekennzeichnet, die im Fokus des Kostenmanagements einer Saline stehen (Tabelle 1.2).

Es werden im allgemeinen drei Typen von Verdampfungsapparaten verwendet: Beim einfachsten Typ handelt es sich um Entspannungsverdampfer mit Zwangsumlauf, aber ohne Wärmetauscher (sog. Flash-Verdampfer). Diese werden bei der Rekristallisation und bei der Verwertung von heißer Mutterlauge aus Thermokompressionsanlagen eingesetzt. Am häufigsten werden Verdampfer mit Zwangsumlauf und außenliegendem Heizkörper verwendet. Beide Verdampfertypen liefern würfelförmige Kristalle mit einer mittleren Korngröße von 450 µm. Mit zunehmender Korngröße werden die Ecken abgerundet. Der Oslo-Verdampfer liefert grobe linsen- bis kugelförmige Körner von ca. 1–2 mm Größe. Bei diesem Kristallisatortyp

Tab. 1.2 Energieverbräuche der Verdampfungssysteme in Salinen

Anlagentyp	Energie	Verbrauch
Fünffacheffektanlage (150 t Salz pro Stunde)	Frischdampf 4,5 bar abs., satt elektrische Energie	750 kg pro Tonne Salz 25 kWh pro Tonne Salz
Thermokompressionsanlage (30 t Salz pro Stunde)	Frischdampf 3,5 bar abs., satt elektrische Energie	1000 kg h^{-1} (Anfahren) 145 kWh pro Tonne Salz
Siebenstufige Rekristallisation (20 t Salz pro Stunde)	Frischdampf 2 bar abs., satt elektrische Energie	450 kg pro Tonne Salz 40 kWh pro Tonne Salz

werden Umlaufsole und frische Sole nach Aufheizung im Wärmetauscher im Verdampfer eingedampft. Das Wachsen der Kristalle findet aus übersättigter Sole statt, die durch das Zentralrohr in den Kristallisator und dort von unten nach oben durch das Kristallbett strömt. Verschiedene Körnungen von Siedesalz sind in Abbildung 1.8 gezeigt.

Wässrige Salzlösungen und feuchte, salzhaltige Luft führen zu erheblichen Korrosionsschäden in Salinen, wenn keine geeigneten Werkstoffe verwendet werden. Die Korrosion ist stark abhängig von der Temperatur, dem pH-Wert und dem Sauerstoffgehalt der Sole. Die Verdampferkörper werden meist aus Monel-plattiertem Stahl gefertigt. Es sind auch Verdampfer aus Titan, Inconel 625, Duplexstählen und gummiertem Stahl im Einsatz. Die Rohrplatten der Heizkörper bestehen aus Monel oder Inconel 625. Die Rohre in den Heizkörpern werden aus Titan Grade 12 hergestellt.

1.4.4
Meersalz

Aus Meerwasser und Salzseewasser werden etwa 30 % des gesamten Weltbedarfs an NaCl gewonnen. Die hierfür entwickelten Methoden sind einander sehr ähnlich. Im Allgemeinen wird das Wasser unter Ausnutzung der Sonnenenergie vorkonzentriert und anschließend bis zur Abscheidung von Salzkristallen in Salzgärten eingeengt

Abb. 1.8 Unterschiedliche Körnungen von Siedesalz

oder in geeigneten Verdampferanlagen eingedampft. In Spanien werden auch Sonnenverdampferanlagen betrieben, in die neben Meerwasser auch Bohrlochsole in die Salzgärten geleitet wird, wodurch der Gewinnungsprozess erheblich beschleunigt wird.

1.4.4.1 Gewinnung aus Meerwasser

Die NaCl-Gewinnung aus Meerwasser erfolgt in mehreren Stufen. Zunächst wird das Meerwasser zur Vorkonzentration in Verdampfungsteiche gepumpt (Abb. 1.9). In diesen Teichen wird die Sole auf eine Dichte von ca. 1,035 g cm^{-3} konzentriert. Die vorkonzentrierte Sole wird in eine zweite Konzentrationsstufe gegeben, wo die Eindampfung bis zu einer Dichte von 1,133 g cm^{-3} fortgesetzt wird. Hier fällt die Hauptmenge des Calciumsulfats aus. Danach erfolgt die Überführung der Sole in eine dritte Verdampfungszone, wo bis zur NaCl-Sättigung konzentriert wird (Dichte bei 15 °C: 1,215 g cm^{-3}).

Die gesättigte Sole wird in Kristallisierteiche gepumpt, in denen die Endeindampfung der Sole bis zu einer Dichte von 1,25–1,26 g cm^{-3} erfolgt. Hierbei können ca. 23 kg NaCl aus 1 m^3 Meerwasser gewonnen werden. Die Magnesium- und Kaliumsalze verbleiben in der Mutterlauge. Die Zuführung der gesättigten Sole in die Kristallisierteiche erfolgt diskontinuierlich in Abständen von einigen Tagen, wenn die Mutterlauge über der kristallisierten Salzschicht die genannte obere Dichtegrenze

Abb. 1.9 Gewinnung von Meersalz in Verdampfungsteichen

erreicht hat. Es wird darauf geachtet, dass die überstehende Mutterlauge übersättigt bleibt. Die weiteren Produktionsschritte sind die Entfernung der Mutterlauge aus dem Kristallisierteich und die Salzernte. Die Salzernte beginnt nach einer Eindampfungsperiode von ca. sechs Monaten und erstreckt sich über sechs Wochen. Wenn die Salzproduktion vor einer Regenperiode oder vor dem Winter abgebrochen werden muss, erreicht die Salzschicht in Kristallisierteichen kaum eine Dicke von mehr als 12–15 cm. Lässt das Klima einen ganzjährigen Betrieb zu, so wird die Salzernte begonnen, wenn die Salzschicht eine Dicke von ca. 20 cm erreicht hat. Das Ernten des Salzes erfolgt nur noch selten manuell mit Rechen und Schaufeln. In den großen Meersalinen werden moderne Salzerntemaschinen eingesetzt, mit denen die Salzschicht abgekratzt wird.

Das Salz weist Verunreinigungen auf, die hauptsächlich aus der Mutterlauge stammen, die als Film auf der Oberfläche der NaCl-Kristalle haftet. Es handelt sich dabei vor allem um Calciumsulfat, Magnesiumchlorid und Magnesiumsulfat. Durch Aufhaldung des Salzes werden die oberflächlichen Verunreinigungen durch Regenwasser abgewaschen, allerdings unter großen Salzverlusten von bis zu 10 %. In modernen Meersalinen wird eine einfache Waschoperation durchgeführt, bei der das Salz in einer Förderschnecke im Gegenstrom zu gesättigter Sole geführt wird. Hierbei kommt es zur Auflösung der Magnesiumsalze und zur Abtrennung der mit dem NaCl auskristallisierten Gipskristalle. Das gewaschene Salz wird in einem Hydrozyklon abgetrennt und in einer Zentrifuge bis zu einer Restfeuchte von ca. 2–3 % entwässert. Das Meersalz von Salin-de-Giraud, einer großen Meersaline in Südfrankreich, hat beispielsweise folgende Zusammensetzung (in %): NaCl 97,5, KCl 0,02, $MgCl_2$ 0,12, $MgSO_4$ 0,01, $CaSO_4$ 0,22, Unlösliches 0,02. Die Aufarbeitung von Meersalinenmutterlaugen ist schwierig und war Gegenstand intensiver Forschung [1.25, 1.26].

1.4.4.2 Gewinnung aus Salzseen

Die Gewinnung von NaCl aus Salzseen erfolgt in ähnlicher Weise wie aus Meerwasser durch Eindampfen mit Sonnenenergie. Die Salzseen enthalten meist recht konzentrierte Salzlösungen. Der große Salzsee in Utah (Great Salt Lake) hat z. B. einen NaCl-Gehalt von 15,11 %. Das Tote Meer weist einen NaCl-Gehalt von 7,93 % auf. Der Great Salt Lake enthält im Unterschied zu Meerwasser kein Bromid, außerdem ist der Gehalt an Natriumsulfat größer als der an Magnesiumsulfat.

Der hohe Gehalt der Salzseen an Magnesium- und Kalisalzen gab den Anlass zur Entwicklung von Gewinnungsverfahren für Kalidüngersalze, Magnesiumchlorid, Gips und Magnesiumoxid (siehe auch 1 Produkte der Kaliindustrie, Bd, 8, Abschnitt 3.3).

1.4.4.3 Meerwasserentsalzung

In wasserarmen Gebieten hat die Trinkwasserverknappung zunehmend zum Bau von Meerwasserentsalzungsanlagen geführt (s. auch Wasser). Hierbei kann Salz als Nebenprodukt anfallen. In zahlreichen Ländern der Welt werden inzwischen stationäre Großanlagen zur Meerwasserentsalzung betrieben. Diese arbeiten nach dem Prinzip der vielstufigen Entspannungsverdampfung (Multistage-Flash-Prozess) oder werden als Mehrfacheffektanlagen ausgeführt. In tropischen und subtropischen Regionen wird auch Sonnenenergie zur Meerwasserdestillation benutzt.

Eine andere Methode zur Gewinnung von Salz aus Meerwasser ist das Ausfrierverfahren. Bei diesem Verfahren wird das Wasser soweit abgekühlt, bis sich Salz abscheidet. Die Salzabscheidung erfolgt als Dihydrat (NaCl · 2 H$_2$O) innerhalb des Temperaturbereichs von 0,1 bis −21,12 °C. Als weitere Verfahren zur Erzeugung von NaCl aus Meerwasser seien die Elektrodialyse und die Umkehrosmose genannt. Die vielstufige Entspannungsverdampfung nimmt bei den installierten Kapazitäten den ersten Rang ein, gefolgt von den Umkehrosmoseanlagen.

In Polen wird die *Umkehrosmose* auch als erste Stufe zur Konzentration von salzhaltigen Kohlegrubenabwässern auf NaCl-Konzentrationen von 80 bis 90 g L^{-1} eingesetzt. Die gesättigte Sole für den Kristallisator wird anschließend in einem Fallfilmverdampfer hergestellt [1.13].

Die *Elektrodialyse* mit Ionenaustauschermembranen hat in Japan, Korea und Taiwan die althergebrachten Methoden der Meerwasseraufkonzentrierung abgelöst. Mit diesem Verfahren wird das Meerwasser von 3,5 % auf 15 bis 20 % Salzgehalt aufkonzentriert bevor es in die Mehrfacheffektanlagen zur Salzerzeugung eingespeist wird [1.14].

Breite Anwendung haben die Verfahren Umkehrosmose und Elektrodialyse in der Salzherstellung nicht gefunden, sondern bleiben auf Sonderfälle beschränkt, da die Verfahren mit einem zu hohen Energieaufwand verbunden sind. Sie finden aber weite Anwendung in der Trinkwasseraufbereitung (siehe Thermische Verfahrenstechnik, Bd. 1, Abschnitt 6.2.3 und Wasser, dieser Band).

1.4.5
Weitere Prozessschritte

1.4.5.1 Entwässern, Trocknen, Kühlen

Das Kristallisat aus Verdampferanlagen wird üblicherweise kornschonend auf Schubzentrifugen entwässert. Schon auf der Zentrifuge wird Reinsole und/oder Wasser zugegeben, um anhaftende Mutterlösung mit hohen Nebenmineralgehalten zu verdrängen.

Salz für den Einsatz in der chemischen Industrie wird häufig schleuderfeucht (~ 2 % Restfeuchte) verladen, für den Einsatz im gewerblichen Bereich oder als Lebensmittel wird in es in Fließbetttrocknern getrocknet. In den Trocknern ist eine Kühlzone integriert, hier wird der Wasserdampf aus dem Haufwerk verdrängt und der Feststoff annähernd auf Raumtemperatur gekühlt, damit wird die Kondensation des Wasserdampfes in nachfolgenden Anlagen vermieden. Zur Verbesserung der Rieselfähigkeit kann vor dem Trockner eine Na$_4$[Fe(CN)$_6$]-Lösung zugegeben werden [1.15], durch das intensive Mischen im Trockner zieht das Antibackmittel gleichmäßig auf das Salz auf.

1.4.5.2 Mechanische Kornvergrößerung

In verschieden Anwendungsbereichen wie der Wasserenthärtung, der Futtermittelindustrie und als Speisesalz bieten grobe Körnungen Anwendungsvorteile. Die typische Korngröße im Primärkristallisat aus Verdampferanlagen ist < 1 mm, gröbere Kornfraktionen werden durch Kompaktierung auf Walzenpressen oder in Formpressen hergestellt.

Werden strikte Spezifikationen für eine einheitliche Korngröße, einheitliches Gewicht und Aussehen vorgegeben, so nutzt man heute Rundläufer-Tablettenpressen wie sie in der pharmazeutischen Industrie eingesetzt werden. Größere Artikel mit Gewichten bis zu 20 kg werden auf Einstempelpressen hergestellt.

Sind die Ansprüche nicht so hoch und werden hohe Leistungen pro Maschine verlangt, werden Walzenpressen eingesetzt. Das Salz wird zwischen zwei gegenläufig rotierenden Walzen gepresst, wobei die Oberflächen der Walzen das Aussehen des Produktes bestimmen; durch Ausbildung von Taschen in den Walzenoberflächen können Briketts oder kissenförmige Artikel erzeugt werden.

Den Walzenpressen nachgeschaltet sind Brech- und Siebmaschinen, Gutkorn wird ausgesiebt, Überkorn wird gebrochen und Unterkorn wird in den Kompaktierkreislauf zurückgegeben.

1.4.5.3 Klassierung

Je nach Anwendungszweck wird eine Vielzahl von Körnungsverteilungen angeboten. Eingesetzt werden übliche Siebmaschinen oder Sichter. Aufgabegut ist jeweils das Primärkristallisat aus Verdampferanlagen oder aus der Meersalzgewinnung oder auch Steinsalz.

1.4.5.4 Konditionieren und Verpacken

Schon in Abschnitt 1.4.5.1 wurde die Zugabe von $Na_4[Fe(CN)_6]$ als Antibackmittel erwähnt, weitere Stoffe zur Verbesserung der Fließfähigkeit sind Kieselsäure, Calciumcarbonat und Calciumstearat.

Das Konditionieren des Salzes geschieht auch, um ihm zusätzliche Eigenschaften zu verleihen. Übliche Konditionierungen sind die Zugabe von
– Natriumnitrit, Einsatz als Pökelsalz zur Fleischkonservierung,
– Kaliumiodat oder -iodid, Einsatz als Speisesalz um Iodmangel vorzubeugen,
– Natriumfluorid, Einsatz als Speisesalz zur Kariesprophylaxe.

Die Konditionierung im Lebens- und Futtermittelbereich unterliegt sehr oft gesetzlichen Regelungen mit Grenzen für Mindest- und Höchstmengen, sodass eine gewissenhafte analytische Verfolgung der Produktion notwendig ist.

So vielfältig wie seine Anwendungen sind auch die Verpackungsarten des Salzes. Zu finden sind Papiertüten, Pappfaltschachteln, Pappdosen, Polyethylenbeutel, Säcke und Big bags. Kleinpackungen werden in Umverpackungen zusammengefasst. Die verpackte Ware wird auf Mehrwegholz- oder -kunststoffpaletten ausgeliefert.

1.5
Anwendung und wirtschaftliche Bedeutung

Salz findet nicht nur zum Würzen und als unentbehrliches Lebensmittel Verwendung, sondern ist auch ein bedeutender Rohstoff der Chemischen Industrie. Wichtige Gebiete der industriellen Chemie beruhen auf dem Natriumchlorid als Ausgangsstoff, wie beispielsweise die Sodaerzeugung (Solvay-Verfahren), die elektrolytische Gewinnung von Chlor und Natronlauge (Chlor-Alkali-Elektrolyse), die Erzeugung von Chlorat, Perchlorat, Hypochlorit und metallischem Natrium.

Die große wirtschaftliche Bedeutung der Salzindustrie zeigt sich in dem gewaltigen Anwachsen der Salzproduktion. Die Welt-Salzproduktion betrug im Jahre 1900 $10 \cdot 10^6$ t, 1952 $24 \cdot 10^6$ t, im Jahre 1960 bereits $85 \cdot 10^6$ t und 2000 $214 \cdot 10^6$ t. Dieser außerordentliche Zuwachs ist in erster Linie auf den weltweiten Ausbau der Sodaerzeugung und der Chlor-Alkali-Elektrolyse im Zusammenhang mit der Entwicklung von Kunststoffen (PVC etc.) zurückzuführen. In Tabelle 1.3 sind die Produktionszahlen der wichtigsten salzerzeugenden Länder für die Jahre 1998 bis 2002 zusammengestellt [1.16].

Abbildung 1.10 zeigt die Produktions- und Verbrauchszahlen in Deutschland für das Jahr 2002 aufgeteilt nach den verschiedenen Anwendungsbereichen [1.17–1.19].

Je nach Verwendungszweck unterscheidet man Speisesalz, Industriesalz, Auftausalz und Gewerbesalz. Als *Speisesalz* wird das Salz bezeichnet, das für die menschliche Ernährung bestimmt ist. Es kommt in unterschiedlichen Körnungen sowohl als Steinsalz, Siedesalz oder auch als Meersalz auf den Markt. In Deutschland beträgt der Anteil von Speisesalz nur 3 % der insgesamt verbrauchten Salzmenge, das sind rund $0,4 \cdot 10^6$ t. Etwa 30 % des verkauften Speisesalzes gelangen als Paket-

Tab. 1.3 Produktion von Natriumchlorid (in 10^6 t)

	2002	2001	2000	1999	1998
USA	43,9	44,8	45,6	45,0	41,3
China	35,0	31,0	31,3	28,1	22,4
Deutschland	15,7	15,7	15,7	15,7	15,7
Indien	14,8	14,5	14,5	14,5	12,0
Kanada	13,0	12,5	11,9	12,7	13,3
Australien	10,0	9,5	8,8	10,0	8,9
Mexiko	8,7	8,9	8,9	8,2	8,4
Frankreich	7,1	7,0	7,0	7,0	7,0
Brasilien	7,0	6,0	6,0	6,9	6,5
England	5,8	5,8	5,8	5,8	6,6
Alle anderen Länder	64,5	69,3	58,5	58,0	59,1
Welt	225,0	225,0	214,0	211,0	200,0

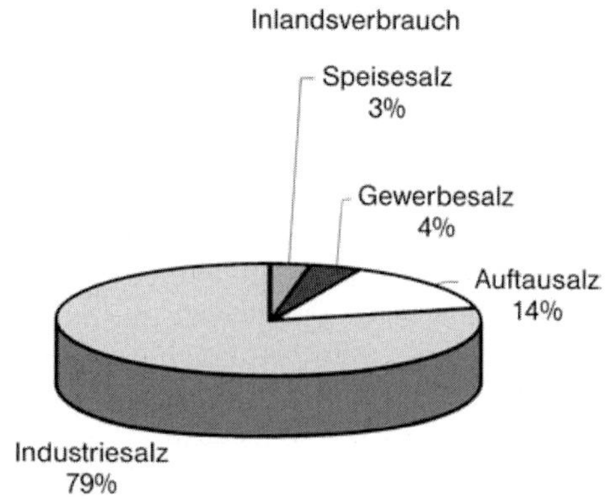

Abb. 1.10 Salzverbrauch in Deutschland im Jahre 2002

Pie chart "Inlandsverbrauch":
- Speisesalz 3%
- Gewerbesalz 4%
- Auftausalz 14%
- Industriesalz 79%

Tab. 1.4 Salzbilanz in Deutschland (10^3 t)

Produktion (einschließlich Sole)	14 338
Export	−3435
Import	2449
Inlandsverbrauch	13 352

salz in die Haushalte. Der jährliche Gesamtbedarf an Speisesalz in den 15 Mitgliedsstaaten der Europäischen Union liegt bei ca. $2{,}1 \cdot 10^6$ t [1.20].

Salz lässt sich gut mit geringen Mengen an Mikronährstoffen (Iod, Fluor, Vitamine) anreichern und mit Nitrit oder auch mit Gewürzen, Aromen und Kräutern mischen (Tabelle 1.4). Weltweite Bedeutung hat die Jodierung von Speisesalz mit Iodiden und Iodaten zur Bekämpfung der Jodmangelkrankheiten erlangt [1.21, 1.22]. In verschiedenen europäischen Ländern wird fluoridiertes Speisesalz zur Kariesprophylaxe auf den Markt gebracht. Bei der Herstellung von gepökelten Fleischerzeugnissen wird Nitritpökelsalz mit Nitritgehalten von 0,4 bis 0,9 % verwendet.

Als *Industriesalz* wird das Salz bezeichnet, das für eine industrielle Stoffumwandlung verwendet wird. Die Haupteinsatzgebiete für Industriesalz sind die Chlor-Alkali-Elektrolyse und die Sodaproduktion. Während die Sodaproduktion

Tab. 1.5 Salze mit Mikronährstoffen: Nährstoffgehalte in Deutschland

	Iod[1] (ppm)	Fluor[2] (ppm)	Folsäure (ppm)
Iodsalz	15–25		
Iodsalz mit Fluorid	15–25	212,5–287,5	
Iodsalz mit Fluorid und Folsäure	15–25	212,5–287,5	100
Iodiertes Nitritpökelsalz	15–25		

[1] Als Kalium- oder Natriumiodat   [2] Als Kalium- oder Natriumfluorid

nahezu ausschließlich Bohrlochsole als Rohstoff einsetzt, verwenden die Chlor-Alkali-Elektrolysen nach dem Membran- und Amalgamverfahren auch große Mengen von sulfatarmen Steinsalzen, Siedesalz und Meersalz. Im Jahre 2002 wurden von der Chemischen Industrie in der Europäischen Union insgesamt 9,4 · 10^6 t festes Industriesalz verarbeitet [1.20].

Auftausalz ist das wirksamste und wirtschaftlichste Mittel, um Straßen von winterlicher Glätte freizuhalten [1.23, 1.24]. Im Interesse des Umweltschutzes konnte durch Verbesserung der Streutechnik sowie Einführung der Feuchtsalztechnologie die ausgebrachte Auftausalzmenge erheblich reduziert werden. Waren früher noch 40 g m^2 und mehr Auftausalz nötig, sind es heute nur noch 10 bis 20 g m^2. Bei der Feuchtsalztechnologie wird das trockene Auftausalz vor dem Ausstreuen mit einer Lösung von Natriumchlorid, Calciumchlorid oder Magnesiumchlorid angefeuchtet. Der Lösungsanteil am ausgebrachten Salz liegt zwischen 20 und 30 % [1.25]. Im Jahre 2002 wurden in der Europäischen Union 5,5 · 10^6 t Auftausalz benötigt, wovon die Hauptmenge Steinsalz war [1.20].

Unter dem Begriff *Gewerbesalz* wird das Salz für verschiedenste Anwendungen zusammengefasst. Beispiele sind Wasserenthärtung, Färberei, Lederverarbeitung, Tierernährung, Fischkonservierung usw.

In häuslichen und gewerblichen Wasserenthärtungsanlagen wird Natriumchlorid zum Regenerieren der Ionenaustauscher benötigt. Die vom Ionenaustauscher bei der Wasserenthärtung aufgenommenen Calcium- und Magnesium-Ionen werden beim Regenerieren durch Natrium-Ionen verdrängt. Noch keine so große Bedeutung erlangt hat die Erzeugung von Chlor aus Natriumchlorid in kleinen Elektrolyseanlagen direkt bei den Schwimmbädern. Für beide Anwendungen kann das Natriumchlorid entweder in Standardkörnung, als Kompaktkörnung oder in Tablettenform eingesetzt werden. Da hohe Anforderungen an den Reinheitsgrad des Salzes gestellt werden, wird überwiegend Siedesalz verwendet.

Zur Versorgung der Nutztiere mit Natrium erhalten diese Natriumchlorid in loser Form, in gepresster Form als Lecksteine oder als Bestandteil von Mischfuttermitteln. Um die Tiergesundheit und die Leistungsfähigkeit zu verbessern, wird das Salz auch als Träger für andere Mineralstoffe und Spurenelemente eingesetzt.

Salz wird von der Textil- und Farbenindustrie zum Fixieren und Standardisieren von Farben verwendet; es wird bei der Sekundäraluminiumaufbereitung zur Entfernung von Verunreinigungen eingesetzt; als Füllstoff und Mahlhilfsmittel in Pigment- und Farbprozessen wird es benötigt; Tonwaren werden glasiert; bei der Seifenherstellung wird durch Salzzugabe die Seife vom Wasser und Glycerin getrennt; im Kosmetikbereich dient es zur Herstellung von Badesalzen; bei der Herstellung von Öl- und Gasbohrlöchern werden die Fermentation des Bohrschlammes inhibiert, dessen Dichte erhöht und Steinsalzschichten stabilisiert; und es wird zum Konservieren und Gerben von Tierhäuten benötigt.

2
Natriumcarbonat (Soda)

2.1
Einführung

Natriumcarbonat, Na_2CO_3, das Natriumsalz der Kohlensäure, ist eines der wichtigsten in der chemischen Industrie verwendeten Salze mit einer Vielzahl von Anwendungen. Bedeutendster Abnehmer ist die Glasindustrie, wo es als Flussmittel in der Glasherstellung eingesetzt wird.

Die heutzutage meistverbreiteten Verfahren zur Herstellung von Natriumcarbonat sind:
- das Solvay-Verfahren, bei dem Natriumchlorid (Kochsalz) mit Ammoniak und Kohlendioxid zunächst zu Natriumhydrogencarbonat umgesetzt und durch Erhitzen in Soda überführt wird;
- das Trona-Verfahren, das Natriumsesquicarbonat ($Na_2CO_3 \cdot NaHCO_3 \cdot 2H_2O$, »Trona«) als Ausgangsstoff nutzt; dieses Verfahren wurde nach der Entdeckung ausgedehnter Trona-Vorkommen im US-Bundesstaat Wyoming entwickelt.

Anlagen, die nach den Solvay-Verfahren arbeiten, ist häufig eine Produktion von Natriumhydrogencarbonat angeschlossenen, das aus Soda und überschüssigem CO_2 hergestellt wird.

2.2
Geschichte

Soda ist der Menschheit seit Urzeiten bekannt. Bereits die alten Ägypter gewannen Soda wahrscheinlich aus natürlichen Carbonat-Lagerstätten und verwendeten sie bei der Mumifizierung. Später wurden Natrium- und Kaliumcarbonat durch Verbrennen von Seetang und anschließendes Glühen (Calcinieren) und Laugen der entstandenen Asche erzeugt. Dieses Verfahren war jedoch für eine Massenproduktion zu primitiv und damit zu teuer. Es mussten große Mengen an pflanzlichen Rohstoffen eingesetzt werden, und das erhaltene Produkt war unrein und wenig konzentriert.

Eine Massenproduktion von Soda, wie sie für die Glasherstellung gebraucht wurde, wurde erst mit der Entwicklung des Leblanc-Verfahrens möglich, das sich in der ersten Hälfte des 19. Jahrhunderts in Europa durchsetzte.

Beim *Leblanc-Verfahren* laufen folgende Reaktionen ab:

$$2\ NaCl + H_2SO_4 \longrightarrow 2\ HCl + Na_2SO_4$$

$$Na_2SO_4 + 2\ C \longrightarrow 2\ CO_2 + Na_2S$$

$$Na_2S + CaCO_3 \longrightarrow Na_2CO_3 + CaS$$

$$CaS + CO_2 + H_2O \longrightarrow CaCO_3 + H_2S$$

$$H_2S + 2\ O_2 \longrightarrow H_2SO_4$$

Die größten Nachteile des Verfahrens bestanden in der energieaufwändigen Handhabung des Calciumsulfids und den beträchtlichen Chlorwasserstoff-Emissionen.

In der Mitte des 19. Jahrhunderts entwickelte dann der Belgier ERNEST SOLVAY einen neuartigen Prozess, der auf einer Reaktion des »reziproken Salzpaares« NaCl und NH_4HCO_3 beruhte. Eine erste industrielle Anlage nahm 1863 im belgischen Couillet ihren Betrieb auf; ihre Tagesproduktion belief sich zu Anfang auf 1,5 t. Rasch verbreitete sich das Solvay-Verfahren in ganz Europa und verdrängte dabei das Leblanc-Verfahren, das in der ersten Hälfte des 20. Jahrhunderts völlig verschwand. Seither hat das Solvay-Verfahren seine dominierende Stellung bewahrt.

Nach dem Ende des zweiten Weltkriegs wurden bedeutende Lagerstätten an Natriumsesquicarbonat (Trona) im US-Bundesstaat Wyoming entdeckt und erschlossen und dienten als Ausgangsstoff für eines neuen Verfahren.

Die weltweite Jahresproduktion an Soda beläuft sich derzeit auf $40 \cdot 10^6$ t, von denen $27 \cdot 10^6$ t nach dem Solvay-Verfahren und $13 \cdot 10^6$ t nach den Trona-Verfahren in Wyoming gewonnen werden. Kleine Mengen Natriumcarbonat lassen sich auch aus Ätznatron (NaOH) erhalten.

2.3 Eigenschaften

Natriumcarbonat tritt in verschiedenen Formen auf:
- als wasserfreies Natriumcarbonat Na_2CO_3
- als Natriumcarbonat-Monohydrat $Na_2CO_3 \cdot H_2O$
- als Natriumcarbonat-Heptahydrat $Na_2CO_3 \cdot 7 H_2O$
- als Natriumcarbonat-Decahydrat $Na_2CO_3 \cdot 10 H_2O$

Physikalische Eigenschaften [2.1–2.3]

Eine Übersicht über die physikalischen Eigenschaften der verschiedenen Formen des Natriumcarbonats gibt Tabelle 2.1. Die häufigste Verkaufsform ist eine wasserfreie Soda, die durch Trocknen und anschließendes Calcinieren des Monohydrats er-

Tab. 2.1 Physikalische Eigenschaften von Natriumcarbonat und dessen Hydraten

	Wasserfrei	Monohydrat	Heptahydrat	Decahydrat
Formel	Na_2CO_3	$Na_2CO_3 \cdot H_2O$	$Na_2CO_3 \cdot 7H_2O$	$Na_2CO_3 \cdot 10H_2O$
Molekularmasse	105,99	124,0	232,1	286,14
Dichte 20 °C (g cm^{-3})	2,533	2,25	1,51	1,469
Schmelzpunkt (°C)	851	105	35,37	32
Schmelzwärme (J g^{-1})	316			
Spezifische Wärme, 25 °C (J g^{-1}·K^{-1})	1,043	1,265	1,864	1,877
Bildungswärme (J g^{-1})	10.676			
Hydratationswärme (J g^{-1})		133,14	646,02	858,3

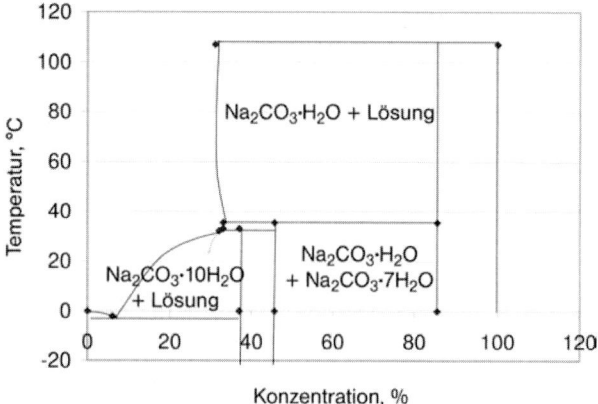

Abb. 2.1 Löslichkeitsdiagramm des Systems $Na_2CO_3 \cdot H_2O$

halten wird, wobei im Vergleich zur völlig wasserfreien Soda ein Produkt größerer Oberfläche und geringerer Dichte entsteht (siehe Abschnitt 2.1.4.3). Die Löslichkeiten der verschiedenen Hydrate sind im Löslichkeitsdiagramm in Abbildung 2.1 angegeben.

Die Beziehungen zwischen den Konzentrationen wässriger Na_2CO_3-Lösungen und dem pH-Wert bei 25 °C sind in Abbildung 2.2 dargestellt.

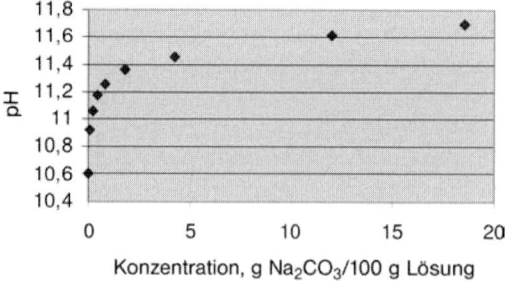

Abb. 2.2 pH-Wert wässriger Lösungen von Na_2CO_3 bei 25 °C

2.4
Herstellungsverfahren

2.4.1
Ammmoniaksoda-Verfahren nach Solvay

2.4.1.1 Beschreibung [2.2, 2.4–2.7]

Das Solvay-Verfahren verläuft nach folgender Bruttoreaktionsgleichung:

$$2\ NaCl + CaCO_3 \longrightarrow Na_2CO_3 + CaCl_2$$

Da sich diese Umsetzung nicht unmittelbar herbeiführen lässt, wird beim Solvay-Verfahren zunächst über eine Reihe von Schritten eine wässrige Lösung des schwerlöslichen Natriumhydrogencarbonats hergestellt:

$$2\ NaCl + 2\ NH_4HCO_3 \longrightarrow 2\ NaHCO_3 + 2\ NH_4Cl$$

Die einzelnen Schritte verlaufen dabei wie folgt:
  (a) Bereitung einer nahezu gesättigten Natriumchlorid-Lösung

$$NaCl + H_2O$$

(b) Calcinieren von Calciumcarbonat zu gebranntem Kalk und Kohlendioxid:

$$CaCO_3 \longrightarrow CaO + CO_2$$

(c) Herstellung von Kalkmilch

$$CaO + H_2O \longrightarrow Ca(OH)_2$$

(d) Sättigung der Natriumchlorid-Lösung mit Ammoniak

$$NaCl + NH_3 + H_2O$$

(e) Fällen des Natriumhydrogencarbonats durch Einleiten von CO_2:

$$NaCl + H_2O + NH_3 + CO_2 \longrightarrow NH_4Cl + NaHCO_3$$

(f) Filtration und Waschen des ausgefällten Hydrogencarbonats

(g) Thermische Zersetzung des Natriumhydrogencarbonats zu Natriumcarbonat

$$2\ NaHCO_3 \longrightarrow Na_2CO_3 + H_2O + CO_2$$

(h) Rückgewinnung des Ammoniaks durch Destillation der Mutterlauge des Filtrationsschritts; dazu wird dieser die in Schritt (c) erzeugte Kalkmilch zugesetzt; das Ammoniak wird in Schritt (d) zurückgeführt:

$$2\ NH_4Cl + Ca(OH)_2 \longrightarrow 2\ NH_3 + CaCl_2 + 2\ H_2O$$

Der Destillationsrückstand wird gewöhnlich fast vollständig verworfen; lediglich ein kleiner Anteil wird je nach Marktlage zur Herstellung von Calciumchlorid (gelöst oder fest) genutzt.

Das Ammoniak wird innerhalb des Prozesses im geschlossenen Kreislauf geführt, bei dem theoretisch keine Verluste auftreten. Ebenso wird das beim Brennen des Kalks freigesetzte CO_2 praktisch vollständig zur Herstellung von Natriumcarbonat genutzt.

2.4.1.2 Theoretische Grundlagen und Darstellung

Die Fällungsreaktion des Hydrogencarbonats aus wässriger Lösung wird durch die Löslichkeit der einzelnen Salze in Gegenwart der übrigen Salze bestimmt; diese Löslichkeitsbeziehungen wurden bereits von zahlreichen Autoren untersucht [2.3–2.5]. Das Grundprinzip lässt sich anhand des in Abbildung 2.3 wiedergegebenen Löslichkeitsdiagramms beschreiben. Bei diesem Diagramm handelt es sich um eine

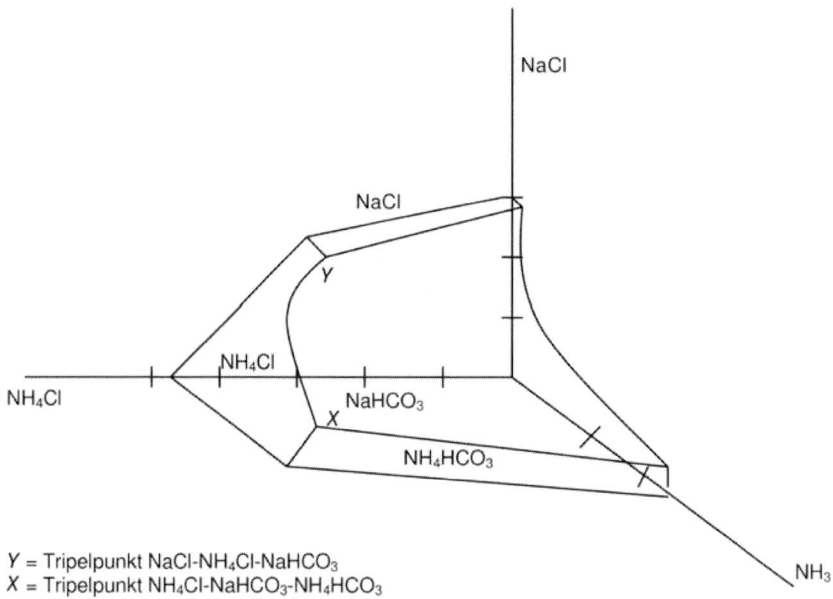

Abb. 2.3 System aus NaCl-NH₄Cl-NH₃-NaHCO₃-H₂O

dreidimensionale Darstellung der Konzentrationsbereiche, in denen die jeweils gesättigten Lösungen der einzelnen Salze nebeneinander existieren.

Die Kurve der Konzentration der NaCl-Sole beginnt auf der NaCl-Achse nahe der Sättigung; durch Absorption von NH_3 wird die Sole verdünnt. Die CO_2-Absorption bis zur Hydrogencarbonatbildung (NH_3/CO_2-Verhältnis von 1:1) verschiebt den Punkt, welcher der Zusammensetzung der Mutterlauge entspricht, in den Bereich nahe des Tripelpunkts X, letzterer ist bei konstanter Temperatur invariant. Dieser Punkt ist im Solvay-Verfahren von Bedeutung, da er die Stelle der maximalen NH_4Cl-Löslichkeit bezeichnet und damit auch den Punkt der größten Umsetzungsrate zu Natriumhydrogencarbonat.

Verfahrenstechnisch kommt es darauf an, sich dem Tripelpunkt so weit wie möglich anzunähern, dabei jedoch im Bereich der Kristallisation des $NaHCO_3$ zu verbleiben und darauf zu achten, kein NH_4Cl mitzufällen. Das Vorhandensein von NH_4Cl im Natriumhydrogencarbonat würde sich einerseits in einem Verlust von Carbonat beim Calcinierungsschritt äußern, andererseits in der Umsetzung zu (das Carbonat verunreinigendem) NaCl nach der Gleichung:

$$NH_4Cl + NaHCO_3 \longrightarrow NaCl + CO_2 + H_2O$$

Der Verlauf der Fällung des Natriumhydrogencarbonats kann auch im zweidimensionalen Jänecke-Diagramm [2.8] verfolgt werden (s. Abb. 2.4).

Bei dieser Form der Darstellung erhält man keine Angaben zur absoluten Löslichkeit, sondern lediglich zum prozentualen Anteil eines Salzes an der insgesamt in Lösung befindlichen Salzmenge.

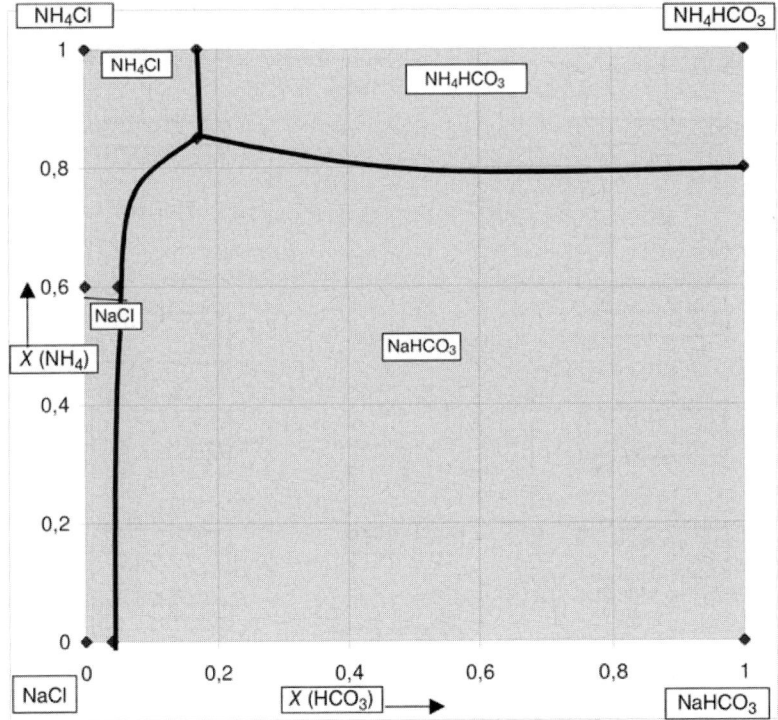

Abb. 2.4 Jäneke-Diagramm des Systems NaCl-NH₄Cl-NaHCO₃

2.4.1.3 **Technologie**
Eine schematische Darstellung des Solvay-Verfahrens findet sich in Abbildung 2.5.

- **Reinigung der Sole**

Das im Solvay-Verfahren eingesetzte Natriumchlorid wird wie in Abschnitt 1.4 beschrieben gewonnen. Die Sole enthält anorganische Verunreinigungen, die nicht nur im Endprodukt, sondern bereits bei der Verarbeitung Probleme bereiten (Verstopfungen, unerwünschte Niederschläge). So können beispielsweise Calcium und Magnesium in den Anlagen und Rohrleitungen unlösliche Carbonatkrusten bilden.

Eine im Hinblick auf eine maximale Ausbeute so weit wie möglich konzentrierte, dem Sättigungspunkt für NaCl nahe kommende Sole lässt sich durch Zusatz von OH⁻-Ionen (Ca(OH)$_2$ oder NaOH) und Natriumcarbonat Na$_2$CO$_3$ herstellen. Die Mg^{2+}-Ionen werden dabei als Hydroxid (Mg(OH)$_2$), die Calcium-Ionen als Carbonat (CaCO$_3$) ausgefällt:

$$Mg^{2+} + Ca(OH)_2 \longrightarrow Mg(OH)_2 + Ca^{2+}$$

$$Ca^{2+} + Na_2CO_3 \longrightarrow CaCO_3 + 2\,Na^+$$

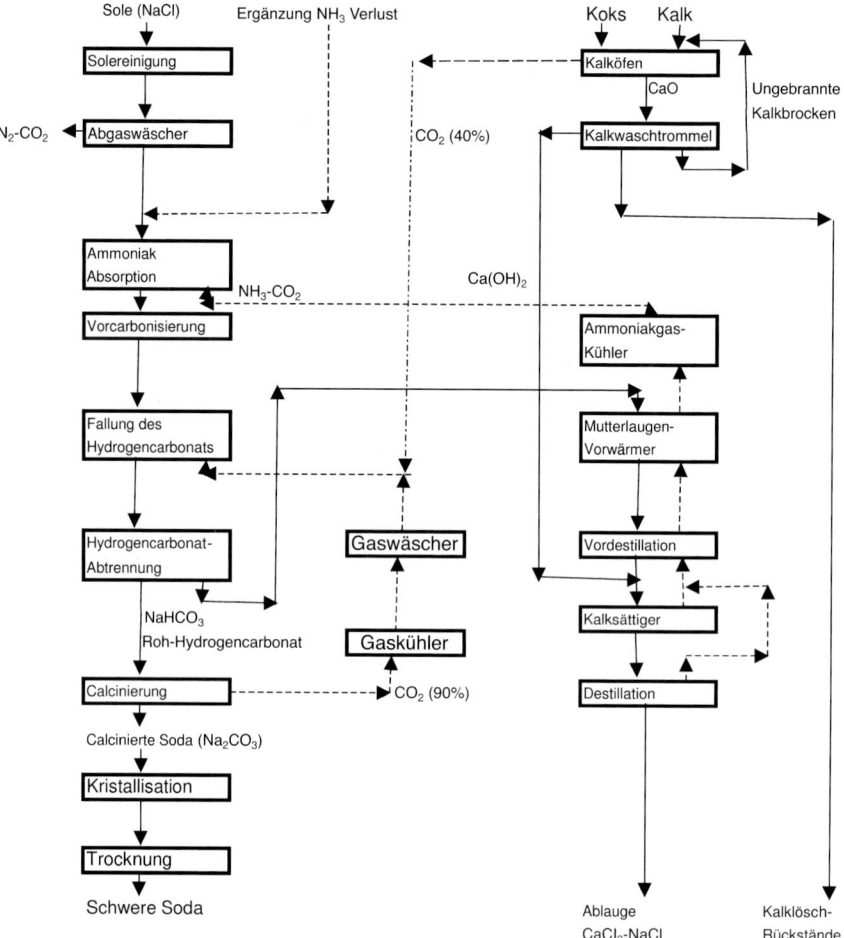

Abb. 2.5 Schematische Darstellung des Solvay-Verfahrens

Das Natriumcarbonat wird durch Lösen von fester Soda oder aus der Carbonat-Lauge gewonnen; Kalkmilch wird sowieso für den Destillationsschritt angesetzt.

Die Zugabe der Carbonat-Lösung und der Kalkmilch hat so zu erfolgen, dass die Verunreinigungen dabei als gut dekantierbare Niederschläge ausfallen, die sich in Absetzbehältern üblicher Dimensionen abtrennen lassen. Enthält die Sole von Natur aus einen hohen Anteil an Sulfat, können durch Zugabe von Kalk zugleich Calciumsulfat und Magnesiumhydroxid ausgefällt werden. Auf diese Weise wird etwas weniger Natriumcarbonat zur Entfernung des Calciums benötigt.

Die Absetzbecken müssen regelmäßig gespült werden. Die Spülflüssigkeit kann in der gleichen Weise wie der Destillationsrückstand behandelt oder nach erfolgter Aufarbeitung in den ausgebeuteten Salzkammern deponiert werden, sofern dies die geologischen Gegebenheiten zulassen.

● **Kalkbrennofen**

Die Herstellung des Calciumcarbonats erfordert eine stöchiometrische Menge an Kalk, die beim Brennen zwei Produkte liefert: den gebrannten Kalk, der anschließend gelöscht wird, sowie Kohlendioxid, das zur Beschleunigung der Hydrogencarbonat-Fällung und einer maximalen Ausbeute so weit wie möglich aufkonzentriert werden muss.

Der gebrannte Kalk wird in erster Linie bei der Destillation des Ammoniaks sowie zur Reinigung der Sole verwendet. Die Kalkmilch muss ausreichend konzentriert sein, um eine unnötige Verdünnung der Prozesslösung mit Wasser zu vermeiden.

Der üblicherweise eingesetzte Kalk ist von hoher Reinheit, sämtliche Verunreinigungen lassen sich als Feststoffrückstand abscheiden und werden danach deponiert. Der erforderliche Kalkbedarf errechnet sich aus der Menge des Ammoniaks, das durch Destillation zurückgewonnen werden muss, und ggf. den zum Reinigen der Sole benötigten Kalkmengen. Der tatsächliche Kalkverbrauch kann den errechneten stöchiometrischen Wert um 10 bis 20 % übersteigen.

Zum Brennen werden gewöhnlich Schachtöfen (engl. *Shaft Kilns* oder *Lime Kilns*) verwendet, die mit einer Mischung aus grobkörnigem Kalk und Koks beschickt werden. Der Koks ermöglicht die Erzielung sehr hoher CO_2-Konzentrationen von annähernd 40 %, wodurch hohe Absorptionsausbeuten in den Fällungsanlagen erreicht werden können.

Die Grobkörnigkeit gestattet eine genaue Regulierung des Brenngrads des Kalks, was wiederum eine präzise Einstellung der Viskosität der nach dem Löschen erhaltenen Kalkmilch ermöglicht, um eine hohe Konzentration und die Vermeidung eines unnötigen Wassereintrags zu gewährleisten.

Die im Brennbereich zur Zersetzung des Kalks erforderliche Temperatur muss mindestens 900 °C betragen. Bei dieser Temperatur erreicht der Partialdruck des CO_2 aus der Zersetzung des Kalks 1 bar. In der Praxis wird im Brennbereich eine höhere Temperatur eingestellt, um eine vollständige Umsetzung des Kalks, eine hohe Reaktionsgeschwindigkeit und eine gute Qualität der Kalkmilch zu erzielen.

Bei den üblicherweise verwendeten Schachtöfen handelt es sich um groß dimensionierte Anlagen, die zur Minimierung von Wärmeverlusten sorgfältig isoliert sind. Entscheidende Bedeutung kommt dabei der Wärmebilanz zu: Zu hohe Wärmeverluste bedeuten einen höheren Brennstoffverbrauch, eine größere Menge Verbrennungsluft und damit eine Abnahme der CO_2-Konzentration.

Auch die Verwendung eines anderen Brennstoffs als Koks hat ein Absinken der CO_2-Konzentration zur Folge. Unter sorgfältig eingestellten Bedingungen mit einem gut geführten Schachtofen und bei Verwendung von Koks kann die CO_2-Konzentration der Brennofengase 40 bis 42 % erreichen.

Die staubbeladenen heißen Gase werden in Nassentstaubern (Scrubber) abgekühlt und gewaschen; die gewaschenen Gase werden dann vor ihrem Einsatz in den Türmen zur Hydrogencarbonat-Fällung verdichtet.

Am Fuße des Kalkbrennofens wird der gebrannte Kalk entnommen und zunächst grob gemahlen, dann in einen Rotationsmischer mit heißem Wasser umgesetzt; die beim Löschen freiwerdende Reaktionswärme gestattet unter günstigen wirtschaftlichen Bedingungen die Gewinnung von Niederdruckdampf, der innerhalb des Verfahrens genutzt werden kann.

Die beim Löschen nicht reagierenden ungebrannten Kalkbrocken lassen sich leicht von der Kalkmilch abfiltrieren. Der Rückstand wird zusammen mit frischem Kalk am Kopf des Schachtofens wieder in den Kreislauf eingespeist; beim Sieben der Kalkmilch werden zugleich Sandkörner und feine ungebrannte Reste entfernt.

- **Ammoniak-Absorption**

Die bei der Destillation freigesetzten Gase enthalten NH_3 und CO_2 und sind mit Wasserdampf gesättigt. Beim Absorptionsschritt werden diese Gase von der gereinigten Sole absorbiert. Die Absorption des Ammoniaks und des Wassers bewirkt eine Erwärmung und eine Verdünnung der ammoniakalischen Sole; die Sole kann somit weiteres Salz lösen. Verfügt man über gereinigtes festes Salz, ist eine erneute Aufsättigung der Lösung mit sehr hohem Salznutzungsgrad möglich.

Bei der Absorption spielen sich die folgenden Reaktionen ab:

$$NH_3 + H_2O \longrightarrow NH_4OH$$

$$2\ NH_4OH + CO_2 \longrightarrow (NH_4)_2CO_3 + H_2O$$

An den Absorptionsanlagen innen oder außen angebrachte Kühler sorgen für eine Abführung der Reaktionswärme; üblicherweise werden Türme mit Blasenböden und externen Kühlern zur Absorption verwendet.

- **Fällung des Roh-Hydrogencarbonats**

Die Fällung des Natriumhydrogencarbonats aus einer ammoniakalischen Sole ist ein exothermer Prozess, der aus zwei Reaktionsschritten besteht:

Absorption des CO_2 aus dem Brennofen:

$$CO_2 + 2\ NH_4OH \longrightarrow (NH_4)_2CO_3: \qquad \text{recht rasche Absorption}$$

$$(NH_4)_2O_3 + CO_2 + H_2O \longrightarrow 2\ NH_4HCO_3: \text{langsamere Absorption}$$

Fällung des rohen Natriumhydrogencarbonats:

$$NaCl + NH_4HCO_3 \longrightarrow NaHCO_3 + NH_4Cl$$

Bei den meisten Ammoniak-Verfahren erfolgt die Fällung in gusseisernen Türmen des in Abbildung 2.6 gezeigten Typs.

Diese Türme bestehen aus zwei Abschnitten. Der obere ist zur Steigerung der CO_2-Absorption durch die ammoniakalische Sole häufig mit Böden versehen; das aus dem Brennofen strömende sogenannte »magere« Gas mit einem CO_2-Gehalt von 40 % wird in den oberen Abschnitt unmittelbar unterhalb des ersten Bodens eingespeist.

Der mit Ringkühlkammern versehene untere Abschnitt wird in Gegenrichtung von der im oberen Abschnitt bereits mit Kohlendioxid aufgesättigten Sole und von einem CO_2-»fetten« Gas durchströmt, das bei der späteren Calcinierung des Natriumhydrogencarbonats freigesetzt wird. Das Kühlwasser strömt damit der Sole entgegen.

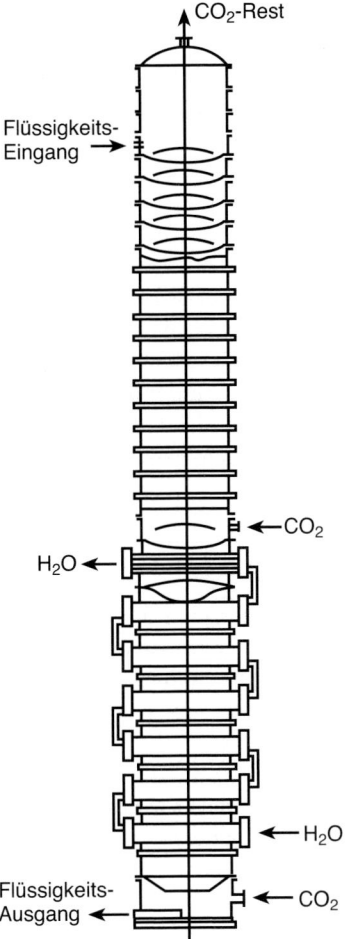

Abb. 2.6 Fällturm für rohes Natriumhydrogencarbonat

Türme neuster Bauart können einen Durchmesser von 3,50 m erreichen und bestehen anstelle von Gusseisen aus Edelstahl.

Bei der kontinuierlichen Fällung scheidet sich das Hydrogencarbonat an den Wandungen der Säule und den Kühlkammern in Schichten ab, die alle vier bis fünf Tage gelöst werden müssen. Dies geschieht mittels einer ammoniakalischen Sole, die im Anschluss in anderen in Betrieb befindlichen Türmen wiederverwertet wird. In üblichen Sodaproduktionsanlagen werden mehrere Türme parallel betrieben, sodass während des Waschvorgangs die Produktion weitergehen kann.

Im Produktionsbetrieb stellt sich im Turm ein thermisches Gleichgewicht mit einem Temperaturprofil ein, das von oben zur Mitte der Kolonne auf 50 bis 60 °C ansteigt; nach unten hin sinkt die Temperatur auf Werte ab, die sich je nach Kühlkapazität zwischen 25 und 30 °C stabilisieren.

In älteren, kleineren Anlagen kommen vielfach noch anstelle von Türmen Kammern (drei bis fünf) zum Einsatz, in denen in Zyklen abwechselnd das fette und das magere Kohlendioxid eingeblasen wird: das magere in die ammoniakalische Sole zu Beginn des Zyklus und das fette am Ende des Zyklus in die bereits CO_2-aufgesättigte ammoniakalische Sole.

- **Filtration des Hydrogencarbonats**

Das Hydrogencarbonat wird üblicherweise mittels kontinuierlicher Vakuum-Drehfilter oder Bandfilter von der Mutterlauge getrennt. Auch eine Zentrifugentrennung ist möglich.

Die Hydrogencarbonat-Kristalle werden mit demineralisiertem oder destilliertem Wasser von anhaftender Mutterlauge befreit; die Menge des benötigten Waschwassers ist dabei abhängig von der Masse des Hydrogencarbonats und der angestrebten Maximalkonzentration an Restchlorid im Endprodukt (Hydrogencarbonat/Carbonat). Die üblichen Volumina betragen zwischen 0,1 und 0,3 m³ Wasser pro Tonne Hydrogencarbonat.

Das filtrierte Hydrogencarbonat setzt sich wie folgt zusammen:

H_2O: 10 bis 15%; $NaCl + NH_4Cl$: 0,2 bis 0,4%; NH_4HCO_3: 3 bis 4%; Rest: $NaHCO_3$

Da sich das NH_4HCO_3 beim Erhitzen zersetzt und dabei Ammoniak und Kohlendioxid entwickelt und auch NH_4Cl unter Entwicklung von NH_3 und NaCl-Bildung zerfällt, ist die Menge an Kochsalzrückständen ein wichtiger Indikator für die Qualität des Natriumcarbonats.

- **Erhitzen des Natriumhydrogencarbonats (Calcinieren)**

Beim Calcinieren des Hydrogencarbonats entstehen CO_2, NH_3 und Wasserdampf. Die Gleichung der Hauptreaktion lautet:

$$2\ NaHCO_3 \longrightarrow CO_2 + H_2O + Na_2CO_3$$

daneben laufen folgende Reaktionen ab:

$$NH_4HCO_3 \longrightarrow CO_2 + NH_3 + H_2O$$

$$NaHCO_3 + NH_4Cl \longrightarrow NH_3 + CO_2 + H_2O + NaCl$$

Die für das Calcinieren erforderliche Wärme schließt die zum Trocknen des filtrierten Produkts erforderliche Energie ein. Die Calciniertemperatur liegt in der Größenordnung von 160 °C. Das Calcinieren erfolgt gewöhnlich in Drehöfen, die von außen mit offener Flamme oder von innen mit eingesetzten Dampfrohren beheizt werden; das letztgenannte Prinzip wird häufiger verwendet, da es eine Reihe von Vorteilen hat: eine bessere Wärmenutzung, die Möglichkeit zur gleichzeitigen Erzeugung zweier nutzbarer Energiearten und niedrigere Anlagenkosten.

Die aus dem Calcinierofen strömenden Gase enthalten CO_2, NH_3 und Wasserdampf sowie etwas Luft und mitgeschleppte feine Natriumcarbonat-Partikeln. Die Gase und Dämpfe müssen entstaubt und durch Waschen im Scrubber abgekühlt werden, bevor sie komprimiert in die CO_2-Sättigungstürme eingespeist werden können.

Falls das Carbonat unmittelbar in Lösung verwendet werden soll, wird das Hydrogencarbonat in Nasscalcinieröfen zersetzt. Dieser Vorgang kann in Türmen erfolgen, in denen der Hydrogencarbonat-Suspension Dampf entgegengeleitet wird; dabei wird das zersetzte Hydrogencarbonat von der Flüssigkeit aufgenommen. Die Zersetzung des Hydrogencarbonats ist durch die Gleichgewichtslage auf 85 % beschränkt.

- **Rückgewinnung des Ammoniaks**

Das Ammoniak, das im Filtrat vor allem als NH_4Cl, aber auch als NH_4OH sowie NH_4HCO_3 und $(NH_4)_2CO_3$ vorliegt, wird durch Destillation zurückgewonnen.

Die Freisetzung des Ammoniaks aus den drei Salzen NH_4OH, NH_4HCO_3 und $(NH_4)_2CO_3$ erfolgt durch einfaches Einleiten von Niederdruckdampf bei einer Temperatur nahe 100 °C; die gleichzeitige Entwicklung von CO_2 verhindert Kalkverluste im nachfolgenden Schritt (Gefahr einer Fällung von $CaCO_3$). Die Reaktion wird in einer ersten Strippkolonne durchgeführt.

Die Freisetzung des Ammoniaks aus Ammoniumchlorid erfolgt durch Reaktion mit Kalkmilch:

$$2\ NH_4Cl + Ca(OH)_2 \longrightarrow 2\ NH_3 + 2\ H_2O + CaCl_2$$

Die aus dem vorangegangenen Dampfabtrieb resultierende Flüssigkeit wird der Kalkmilch in einem Mischreaktor (»Prelimer«) zugeleitet, in dem das Ammoniak aufgrund der Erhöhung des pH-Werts als NH_4OH freigesetzt wird; die resultierende Lösung wird anschließend in einer Fraktionierkolonne im Gegenstrom mit Niederdruckdampf behandelt, wobei das Ammoniak ausgetrieben wird. Die bei diesem Vorgang verbleibenden Gase werden in die Strippkolonne zurückgeführt und dem NH_3 und CO_2 zugesetzt. Eine schematische Darstellung der Destillation findet sich in Abbildung 2.7.

Die Strippkolonne ist oberhalb der Destillationskolonne, der Prelimer außerhalb des von den beiden Kolonnen gebildeten Turms angeordnet.

Die ausgetriebenen Gase werden in zwei Kondensatoren abgekühlt, wovon der eine mit der Eingangslauge und der andere mit Wasser gekühlt wird. Die Kondensate werden zurückgewonnen und die NH_3-reichen Gase zur Ammoniakabsorption in die Sole zurückgeführt.

- **Verdichtung der Soda**

Bei der beim Calcinieren des Natriumhydrogencarbonats entstehenden Soda handelt es sich um ein leichtes, staubendes Produkt von geringer Dichte und feiner Körnung (60 bis 100 µm). Um die Handhabung des Produkts zur erleichtern, wurde das Solvay-Verfahren um einen Verdichtungsschritt ergänzt. Das noch heute meistverwendete Verfahren benutzt dazu eine Umkristallisation des leichten Carbonats mit wenig Wasser in einem Drehrohrreaktor bei 50 und 100 °C: Bei dieser Temperatur geht das leichte Carbonat in Lösung über und kristallisiert danach als Monohydrat $Na_2CO_3 \cdot H_2O$ wieder aus, das schöne, kompakte Kristalle bildet. Die Monohydrat-Suspension wird in einen Rotationstrockner überführt, in dem sich das

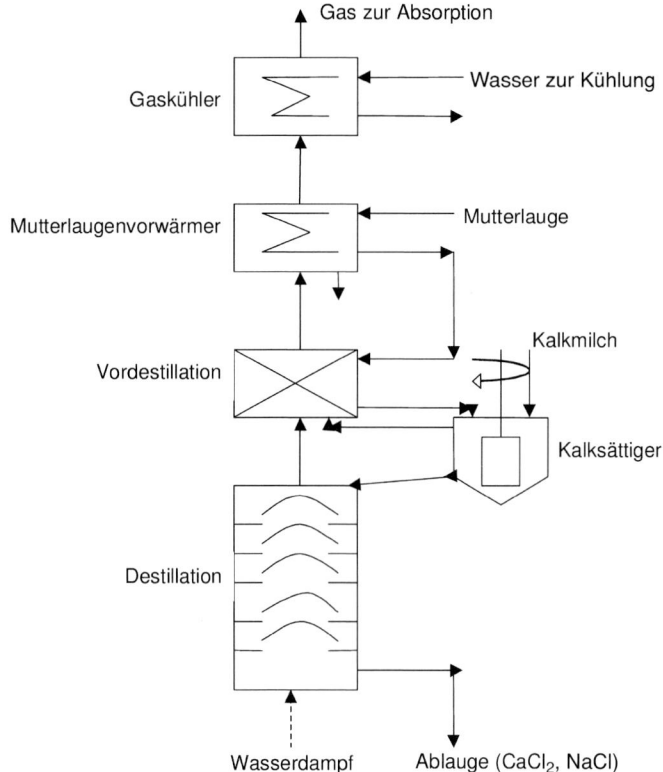

Abb. 2.7 Ammoniakrückgewinnung durch Destillation

Monohydrat zu wasserfreiem Carbonat zersetzt, das jedoch eine andere Struktur aufweist als das leichte Carbonat: Es ist mit einem mittleren Partikeldurchmesser von 300 µm gröber und dabei zugleich dichter und widerstandsfähiger; die Schüttdichte beträgt nahezu 1 kg L^{-1} im Gegensatz zu 0,5 kg L^{-1} bei der leichten Soda. Die beiden Drehreaktoren, der Granulator und der Trockner sind übereinander angeordnet: Das feuchte gekörnte Produkt fällt unmittelbar in den Trockner, in dem die dichte Soda gebildet wird.

Ein weiteres Verfahren, das zur Umkristallisation der leichten Soda entwickelt wurde, besteht in der Überführung der aus dem Hydrogencarbonat-Trockner austretenden Soda geringer Dichte in einen auf 90 °C geheizten Schüttel- und Durchmischungskristallisator. Die leichte Soda wird in dem Medium dispergiert, gelöst und kristallisiert anschließend als Natriumcarbonat-Monohydrat. Der Kristallisator arbeitet mit einer zähen Suspension; das sich in schönen Kristallen geeigneter Größe abscheidende Monohydrat wird in einer Zentrifuge von der Mutterlauge getrennt; anschließend wird es in einem Trockner getrocknet und calciniert; bei letzterem kann es sich um einen der bereits erwähnten Drehöfen oder einen groß dimensionierten Wirbelschichttrockner handeln. Die Prozesse veranschaulicht Abbildung 2.8.

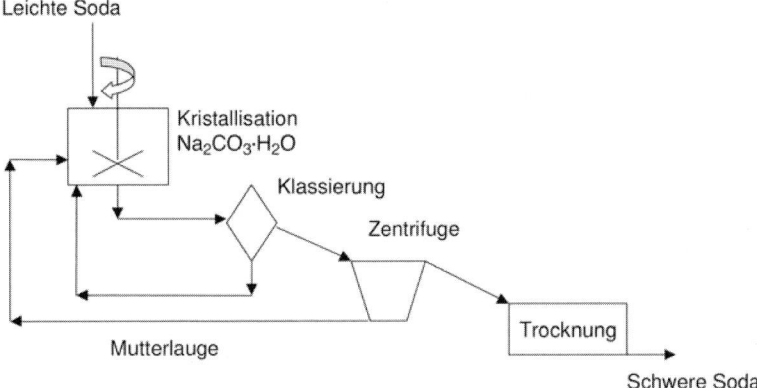

Abb. 2.8 Destillation von schwerer Soda

2.4.1.4 Ausgangsstoffe

2.4.1.4.1
Natriumchlorid

Für das Solvay-Verfahren benötigt man eine möglichst natriumchloridreiche Sole, die daher meist durch Solung in den Lagerstätten gewonnen wird (siehe Abschnitt 1.4.2).

2.4.1.4.2
Kalk (siehe Bauchemie, Bd. 7, Abschnitt 2.2)

Der für den Prozess benötigte Kalk wird in großen Steinbrüchen gewonnen und zur Sodafabrik transportiert. Der $CaCO_3$-Gehalt des Rohkalks muss so hoch wie möglich sein, um einerseits die Transportkosten so gering wie möglich zu halten, und andererseits Probleme beim Brennen zu vermeiden, dabei gute Ausbeuten zu erhalten und die Feststoffrückstände in der Kalkmilch und in der Endlauge zu minimieren. Die sich im allgemeinen im Bereich zwischen 40 und 200 µm bewegende Korngröße weist die für einen gleichmäßigen Brennvorgang im Ofen erforderliche Homogenität auf.

2.4.1.4.3
Ammoniak

Der Verbrauch an Ammoniak ist beim Solvay-Verfahren sehr gering, da es vollständig in Kreislauf geführt wird. Die Ammoniakverluste mit dem Abwasser werden streng kontrolliert; Zusätze von Ammoniak – in verflüssigter Form oder konzentrierter wässriger Lösung – sind lediglich zum Ausgleich der Verluste erforderlich.

2.4.1.5 Energie

2.4.1.5.1
Energieversorgung des Brennofens

Dreierlei Brennstoffe können im Brennofen verwendet werden; die Verbrennungsgase tragen zur Steigerung der erzeugten und für den Fortgang des Prozesses benötigten CO_2-Menge bei. Da das CO_2 möglichst hoch konzentriert sein muss, gelangen überwiegend feste Brennstoffe und insbesondere Koks zum Einsatz. Die Korngrößenverteilung des Kokses muss derjenigen der Kalkpartikeln entsprechen.

2.4.1.5.2
Dampferzeugung

Zur Herstellung von Natriumcarbonat wird elektrische Energie, vor allem jedoch Niederdruckdampf benötigt, der zum Calcinieren des Natriumhydrogencarbonats und zur Destillation und Rückgewinnung des Ammoniaks dient.

Schon seit langem wird der Dampf zunächst als Hochdruckdampf erzeugt, der zuerst in Turbinen zur Elektrizitätsgewinnung genutzt wird, bevor er in den Prozess eingespeist wird. In der Vergangenheit erfolgte diese gleichzeitige Erzeugung in mit Kohle oder Öl betriebenen Wärmekraftwerken. In jüngster Zeit wurden auch in gleicher Weise arbeitende Gaskraftwerke errichtet, in denen große Mengen an elektrischer Energie und Prozessdampf produziert werden können.

2.4.1.6 Emissionen

2.4.1.6.1
Flüssige Abfälle

Die wässrigen Abfallflüssigkeiten aus den Sodaanlagen enthalten – mit Ausnahme der Kühlwässer – Schwebstoffe und gelöste Salze natürlichen Ursprungs.

Die größten Abwasservolumina fallen in den folgenden Prozessschritten an:
- bei der Aufreinigung der Sole
- bei der Ammoniak-Rückgewinnung (Destillation)
- (in geringerem Umfang) beim Waschen des Kohlendioxids aus den Kalkbrennöfen

In den Abwässern aus der Reinigung der Sole sind typischerweise die Verunreinigungen, die zu Beginn des Prozesses gefällt wurden, suspendiert. Die Menge dieser Verunreinigungen (10 bis 50 kg pro Tonne Natriumcarbonat) schwankt je nach Qualität der Ursprungssole; sie bestehen aus $CaCO_3$, $Mg(OH)_2$ und kleinen Mengen an Ton sowie Calciumsulfat. In den meisten Anlagen wird das Abwasser aus der Aufreinigung der Sole zusammen mit den Destillationsrückständen verarbeitet.

Bei der Destillation wird das Filtrat mit Kalkmilch behandelt; das dabei freigesetzte Ammoniak wird in den Kreislauf zurückgeführt. Der Destillationsrückstand weist die folgende typische Zusammensetzung auf: $CaCl_2$: 90 bis 150 g L^{-1}, NaCl: 45 bis 75 g L^{-1} und Spuren von Calciumsulfat und Kalk. Die Flüssigkeit enthält den größten Teil der Feststoff-Emissionen des Verfahrens (10 bis 70 g L^{-1} Schwebstoffe, entsprechend 90 bis 700 kg pro Tonne Carbonat), Feststoffe, die bei der Destillation anfallen, sowie den Kalkschlich aus dem Löschen des gebrannten Kalks. Diese typischerweise wenige Mikrometer großen Partikeln bestehen überwiegend aus $CaCO_3$, etwas $CaSO_4$ und Spuren von $Ca(OH)_2$. Die Restalkalität lässt sich durch das Mischen mit Hydrogencarbonat-reichem natürlichem Wasser oder Rohwasser puffern. Aufgrund ihrer Zusammensetzung gelten die Schwebstoffe als ungefährlich.

Die weitere Handhabung der in der Flüssigkeit suspendierten Feststoffe ist abhängig von den örtlichen Gegebenheiten: Besteht die Möglichkeit zur Einleitung in ein Meer, ein Fließgewässer mit großer Wasserführung oder einen See erfolgt eine rasche Umsetzung mit dem im Wasser des Mediums enthaltenen natürlichen Hydrogencarbonat: Aus den unbehandelten Abwässern wird $CaCO_3$ ausgefällt, während sich die Feststoffe zum Teil lösen (besonders Natriumsulfat im Meerwasser), zum Teil mit den Schwebstoffen im Aufnahmemedium vermischen und verteilen.

Wenn in das aufnehmende Medium nicht ohne Vorbehandlung eingeleitet werden kann (Fließgewässer mit geringer Wasserführung), müssen die Feststoffe von der wässrigen Phase getrennt werden. Dies geschieht gewöhnlich in Absetzbecken. Das geklärte Abwasser wird in das Fließgewässer eingeleitet, wo eine rasche Umsetzung mit dem im Wasser enthaltenen natürlichen Hydrogencarbonat erfolgt. Die abgetrennten Feststoffe lassen sich danach zur Schaffung und Erhöhung von Becken verwenden. Unter gewissen geologischen Voraussetzungen können die Feststoffe auch in Hohlräumen der Salzlagerstätte deponiert werden.

Seit langem forscht man nach Möglichkeiten einer Verwertung dieser Feststoffe. Untersucht wurden unter anderem Verwendungen in der Bauindustrie (als Füllstoff) und in der Landwirtschaft (Verbesserung saurer Böden). Alle Versuche scheiterten bisher jedoch am Chlorid-Gehalt, der die Nutzungsmöglichkeiten erheblich einschränkt. Überdies bedingt die schwankende Zusammensetzung infolge der in ihrer Zusammensetzung variierenden Rohstoffe eine ungleichmäßige Qualität, die jegliche potenzielle Nutzung auf wenige Zwecke beschränkt, für die bereits andere, billigere Materialien im Überfluss vorhanden sind. Auch sind die anfallenden Mengen an Feststoff weit größer als sie jeglicher denkbare Abnahmemarkt aufnehmen könnte.

Die Aufkonzentration der Calciumchlorid-Lösung durch Verdampfen gestattet eine Abtrennung des Natriumchlorids durch fraktionierte Kristallisation, wobei man typischerweise eine 40 %ige Calciumchlorid-Lösung erhält, die für kleine Absatzmärkte verwendet werden kann. Diese Lösung lässt sich weiter aufkonzentrieren, wobei sich schließlich $CaCl_2 \cdot 2\,H_2O$ abscheidet, das als Auftausalz eingesetzt werden kann. Der Calciumchlorid-Weltmarkt ist begrenzt und deutlich kleiner als der für Natriumcarbonat; dies umso mehr, als im Streudienst überwiegend das billigere Steinsalz zum Einsatz gelangt.

2.4.1.6.2
Feste Abfallprodukte

Typische Feststoffabfälle beim Ammoniaksoda-Verfahren sind:
- die feinen Kalkpartikeln aus der Kalkverarbeitung und insbesondere der Siebung vor dem Brennen (Kalkschlick): 30 bis 300 kg pro Tonne Natriumcarbonat
- die feinen Partikeln (Verunreinigungen und nicht gebrannte Teilchen), die beim Filtrieren der Kalkmilch abgetrennt werden: 10 bis 120 kg pro Tonne Natriumcarbonat

Der Kalkschlich wird teils im Steinbruch, teils am Produktionsstandort abgetrennt; er findet Verwendung als Inertstoff oder wird im Straßen- und Hausbau eingesetzt.

Die beim Filtrieren der Kalkmilch abgetrennten größeren nicht gebrannten Teilchen werden in den Brennofen zurückgeführt. Die Partikeln, die für eine Wiederverwertung zu fein sind, verbleiben in der Kalkmilch und werden mit dem Destillationsrückstand als Suspension abgetrennt.

2.4.1.6.3
Gasförmige Emissionen

Als gasförmige Emissionen fallen in erster Linie an:
- bei der Kalk- sowie bei der Koksverarbeitung freigesetzte Stäube
- aus dem Kalkbrennofengas und den Abgasen der Dampf- und Stromgeneratoren freigesetztes CO_2. Ersteres wird normalerweise für die Natriumcarbonat-Herstellung genutzt; der entstehende Überschuss wird zum Ausgleich des CO_2-Gehalts in den nicht vollständig umgesetzten Gasen eingesetzt. Weiteres überschüssiges CO_2 kann zum Teil mit Natriumcarbonat zu Natriumhydrogencarbonat umgesetzt werden. Die produzierte Menge an Hydrogencarbonat richtet sich nach der Nachfrage der industriellen Märkte sowie der Lebensmittel- und der Pharmaindustrie.
- Das CO_2 in den Verbrennungsgasen der Dampf- und Stromgeneratoren ist für eine Verwertung zu schwach konzentriert (10 bis 12 %).
- Spuren von NO_x und SO_2: Beim Einsatz von Brennstoffen entstehen stets Spuren von NO_x, SO_2 und CO, deren Freisetzung im Einklang mit den geltenden gesetzlichen Bestimmungen und Richtlinien des betreffenden Landes zu erfolgen hat.
- Ammoniakspuren: Spuren von gasförmigem NH_3 können vor allem bei der Fällung und der Filtration des rohen Natriumhydrogencarbonats freigesetzt werden; ebenso entstehen Ammoniakverluste durch Diffusion. Die Gesamtverluste betragen weniger als 1,5 kg NH_3 pro Tonne Carbonat; stellt man sie den stöchiometrischen NH_3-Mengen von 550 kg pro Tonne Carbonat gegenüber, bewegen sie sich somit in der Größenordnung von 0,5 % des im Kreislauf befindlichen Ammoniaks. Auch diese Emissionen müssen den im betreffenden Land geltenden Grenzwerten genügen (s. auch Umwelttechnik, Bd. 2, Abschnitt 2.2.1).

2.4.2
Herstellung aus natürlichem Carbonat

2.4.2.1 Carbonatlagerstätten [2.9]
Natursoda kommt in unterschiedlicher Form vor:
- als Trona, Roh-Natriumsesquicarbonat ($NaHCO_3 \cdot Na_2CO_3 \cdot 2\,H_2O$). Reiche Vorkommen, die in großem Umfang abgebaut werden, finden sich im US-Bundesstaat Wyoming.
- als Nahcolit, im US-Bundesstaat Colorado vorkommendes Roh-Natriumhydrogencarbonat.
- in Form natürlicher Sodaseen in den USA (Searles Lake in Kalifornien) und in Afrika in der Region der großen Seen (Magadi-See).
- Die Bildungsmechanismen solcher natürlicher Sodavorkommen sind vielfältig, und zu ihrer Entstehung existieren zahlreiche Hypothesen; stellvertretend seien an dieser Stelle angeführt das Auswaschen von basischem Gestein; die Verdunstung carbonatreicher Gewässer; die bakterielle Zersetzung von Natriumsulfat, bei der zunächst Natriumsulfid entsteht, das sich später zu Carbonat umsetzt und das Auswaschen von Vulkangestein, das alkalische Aschen enthält.

2.4.2.2 Herstellung aus Trona
Zur Gewinnung von Natriumcarbonat aus unterirdischen Trona-Lagerstätten gibt es verschiedene Möglichkeiten; das am häufigsten verwendete Verfahren verwendet die folgenden Schritte (Abb.2.9):
- Unterirdischer mechanischer Abbau der rohen Trona im Kammerpfeilerbau.
- Förderung des Minerals an die Oberfläche, anschließend grobe Zerkleinerung.
- Die im Rohzustand sehr unreine Trona wird zunächst in einem Drehofen zu noch immer unreinem Natriumcarbonat calciniert; die organischen Verunreinigungen werden hierbei entweder zerstört oder nach Möglichkeit in unlösliche Stoffe umgewandelt.
- Vollständiges Lösen des Natriumcarbonats zu einer konzentrierten wässrigen Lösung; die unlöslichen anorganischen und organischen Substanzen werden von der konzentrierten Carbonat-Lösung mit Hilfe von Dekantier- und Klassiereinrichtungen abgetrennt.
- Die konzentrierte Lösung wird in zwei nachfolgenden Filtrationsstufen mit einem zwischengeschalteten Schritt zur Flockung verbliebener unlöslicher Fremdstoffe geklärt; hierbei gelangen Flockungsmittel und Aktivkohle zum Einsatz.
- Die Natriumcarbonatlösung wird anschließend in ein- oder mehrstufigen Verdampfungskristallisatoren mit mechanischer Kompression der Dämpfe aufkonzentriert.
- Dabei kristallisiert Natriumcarbonat-Monohydrat hoher Reinheit und guter Korngrößenverteilung aus und wird durch Abzentrifugieren von der Mutterlauge getrennt und danach in Drehöfen oder im Wirbelschichttrockner calciniert; die dabei als Endprodukt entstehende dichte Soda gelangt in den Handel.
- Die Mutterlauge wird im Hinblick auf eine weitestmögliche Natriumcarbonat-Gewinnung aufgearbeitet und entweder zur Sättigung in die Lagerstätte geleitet

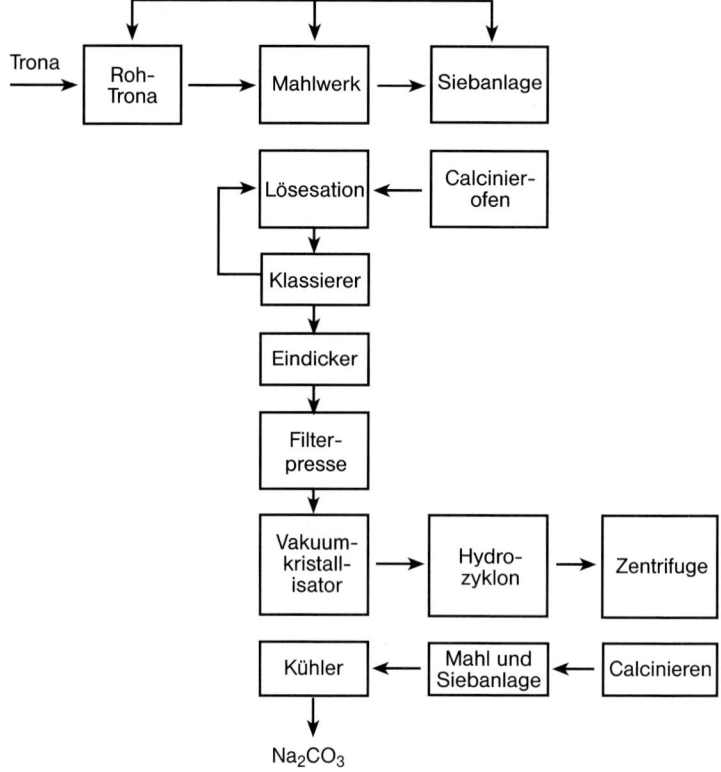

Abb. 2.9 Fließbild des Trona-Verfahrens zur Herstellung von Soda

oder in Becken überführt, in denen das restliche Carbonat durch Verdunstung auskristallisiert.
- Das aus dem Verdampfer kondensierte Wasser wird zum Lösen des Rohcarbonats wiederverwendet.

2.4.2.3 Herstellung aus Nahcolit

Eine Anlage zum Abbau der im US-Bundesstaat Colorado entdeckten bedeutenden Vorkommen an Nahcolit (rohem natürlichem Natriumhydrogencarbonat) wurde erst im Jahr 2000 in Betrieb genommen; bislang liegen daher nur wenig Erfahrungswerte zu diesem Prozess vor.

Das Verfahren läuft über die folgenden Stufen:
- Aussolen des Roh-Hydrogencarbonats durch Einspritzen heißer Lösungen in die Schächte.
- Pumpen der Hydrogencarbonat-gesättigten Lösung an die Oberfläche.
- Entfernen der gelösten Kohlensäure durch Erhitzen und Austreiben des entwickelten CO_2 mit Inertgas.

- Reinigung der Lösung durch Dekantieren und Filtration.
- Die gereinigte Lösung wird danach in einem Verdampfungskristallisator eingeengt, wobei wie beim Trona-Verfahren Natriumcarbonat-Monohydrat auskristallisiert.
- Das Monohydrat wird durch Zentrifugieren abgetrennt, danach getrocknet und zu dichter Soda calciniert.
- Die abgetrennte Mutterlauge wird in die Lagerstätte zurückgeleitet.

2.4.2.4 Gewinnung aus Sodaseen

Ein Musterbeispiel für einen Sodasee stellt der Searles Lake im US-Bundesstaat Kalifornien dar. Die Sole enthält zahlreiche Nebenbestandteile, die durch eine Abfolge fraktionierter Kristallisationsschritte abgetrennt werden müssen: Zunächst werden Natriumchlorid und -sulfat entfernt, anschließend das Natriumcarbonat, und schließlich werden in geringeren Mengen enthaltene Lithium- und Borverbindungen isoliert.

Das Carbonat kann entweder nach dem Monohydrat-Verfahren oder durch Ausfällen von Hydrogencarbonat abgetrennt werden; in der Literatur finden sich auch eine Vielzahl von Kombinationsverfahren.

2.5
Weitere Verfahren

Im Folgenden wird eine kurze Übersicht über weitere Verfahren zur Sodaherstellung gegeben.

2.5.1
Leblanc-Verfahren

Das Leblanc-Verfahren wurde bereits kurz in Abschnitt 2.2 behandelt. Aufgrund seiner Nachteile gegenüber dem Solvay-Verfahren besitzt es heute keinerlei Bedeutung mehr.

2.5.2
Modifiziertes Solvay-Verfahren

Ein modifiziertes Solvay-Verfahren wurde in Japan entwickelt; dieses »duale« oder Chlorhydrat-Verfahren verbindet die Produktion von Natriumcarbonat mit der von Ammoniumchlorid. Treibendes Moment für die Entwicklung dieses Verfahrens waren die hohen Kosten der Importsoda in Japan; zugleich lässt sich Ammoniumchlorid zur Düngung der Reisfelder nutzen.

Die Bruttoreaktion der Sodaherstellung nach dem Chlorhydrat-Verfahren lautet:

$$NaCl + NH_3 + H_2O + CO_2 \longrightarrow NaHCO_3 + NH_4Cl$$

Das Verfahren ist von Interesse, wenn eine gleich große Nachfrage nach Ammoniumchlorid und nach Soda besteht, was jedoch in der Regel nicht der Fall ist.

Vereinfacht lassen sich daher zwei Fälle unterscheiden:
- Herstellung von NH_4Cl in geringerer Menge als Na_2CO_3
- Herstellung von NH_4Cl und Natriumcarbonat in stöchiometrisch gleicher Menge

2.5.2.1 Herstellung von Ammoniumchlorid in geringerer Menge als Natriumcarbonat

Im diesem Falle wird dem klassischen Solvay-Verfahren ein Teil des Filtrats entnommen und diesem das NH_4Cl entzogen; die Kristallisations-Mutterlauge kann im Anschluss wieder in das klassische Sodaherstellungsverfahren zurückgespeist werden. Die sich hieraus ergebenden erforderlichen Änderungen halten sich angesichts der geringen Menge der NH_4Cl- gegenüber der $NaHCO_3$-Produktion in Grenzen. Bei diesen Verfahren kann die Kristallisation des NH_4Cl durch Abkühlen der Lösung (auf −10 bis −12 °C) oder durch Eindampfen erfolgen, Verfahren dieser Art wurden bei ICI eingangs des 20. Jahrhunderts verwendet.

2.5.2.2 Äquimolare Herstellung von $NaHCO_3$ und NH_4Cl

Eine höhere NH_4Cl-Produktion hat den Vorteil, dass sich NH_4Cl und $NaHCO_3$ in einem geschlossenen Zyklus darstellen lassen. Eine ständig neu eingespeiste Lösung (Recycling) wird sukzessive zunächst durch Zugabe von Ammoniak behandelt. Danach wird CO_2 in Türmen eingeleitet, wobei $NaHCO_3$ ausfällt. Das Hydrogencarbonats wird abgetrennt und nach dem Solvay-Verfahren zu Natriumcarbonat weiter verarbeitet. Danach wird erneut NH_3 zur Mutterlauge der Filtration gegeben und festes NaCl zugefügt. Schliesslich wird die Lösung abgekühlt, wobei NH_4Cl auskristallisiert, die Temperatur kann je nach Titer der Chloridlösung zwischen −10 °C und +10 °C schwanken.

Das »duale« Verfahren unterscheidet sich vom klassischen Solvay-Verfahren vor allem durch die folgenden Punkte:
- kein Destillationsschritt.
- kein Kalkbrennofen; es bedarf einer externen CO_2-Quelle.
- die Kristallisation des NH_4Cl erfordert bei besonders NH_4Cl-reichen Lösungen spezielle Sorgfalt zur Vermeidung von Korrosion.
- die Wasserbilanz des Verfahrens muss im Interesse einer gleichbleibenden Qualität der Produkte genau kontrolliert werden.

Dieses Verfahren wurde in Japan zur Sodaherstellung eingesetzt, aufgrund der immer weiter abnehmenden Nachfrage nach Ammoniumchlorid und der Konkurrenz durch Importsoda aus den USA wurden unlängst die letzten nach dem Chlorhydrat-Verfahren arbeitenden Sodafabriken geschlossen.

2.5.3
Verwendung von Ätznatron

Natriumcarbonat lässt sich auch durch CO_2-Sättigung von Natronlaugen gewinnen, die bei diversen Elektrolyseprozessen nach dem Quecksilber-, Diaphragma- und Membran-Verfahren anfallen.

In der Vergangenheit wurden die Lösungen aus der Elektrolyse nach dem Diaphragmaverfahren mit CO_2 gesättigt und anschließend in das Solvay-Verfahren eingespeist. Dieses Verfahren wurde wegen Unwirtschaftlichkeit eingestellt.

Kleine Carbonatmengen lassen sich, wenn man Carbonat mit besonderen Reinheitsmerkmalen benötigt (chloridfrei oder hochrein), aus Natronlaugen herstellen, die aus Elektrolyseprozessen nach dem Membran- oder Quecksilberverfahren stammen.

2.5.4
Sonstige vorgeschlagene Verfahren

2.5.4.1 Nephelin-Verfahren
Anscheinend gelangt in Sibirien noch immer ein Verfahren zum Einsatz, bei dem Soda aus Nephelin (Natriumalumosilicat) hergestellt wird. Beim Calcinieren des Nephelins entsteht ein Klinker; dieser wird zermahlen, und die Kalium- und Natriumsalze werden ausgelaugt. Beim Verdampfen wird unter anderem auch eine Natriumcarbonat-Fraktion erhalten. Über dieses Verfahren liegen nur wenig Informationen vor.

2.5.4.2 Verfahren mit Verwertung von HCl
In verschiedenen Verfahren wurde versucht, den in stöchiometrischer Menge entstehenden Chlorwasserstoff zu verwerten.
- Grosvenor-Miller-Variante des Solvay-Verfahrens: Hierbei wurde das Ammoniumchlorid wie im dualen Verfahren kristallisiert; das sublimierte NH_4Cl wurde in mit Eisen-, Kalium- und Kupfersalzen imprägnierten Granülen mit dem Ziel in Kontakt gebracht, den Chlorwasserstoff zu Chlor zu oxidieren.
- Behandlung des NH_4Cl mit Schwefelsäure zur Gewinnung von Chlorwasserstoff.
- Variante des Solvay-Verfahrens, bei der die Destillation der flüssigen Rückstände in Gegenwart von Magnesiumhydroxid anstelle von Calciumhydroxid erfolgt; das dabei gebildete Magnesiumchlorid wird durch Verdampfen sukzessive wie folgt umgesetzt:

$$MgCl_2 \cdot H_2O \longrightarrow Mg(OH)Cl + HCl \quad 200\ °C$$

$$Mg(OH)Cl \longrightarrow MgO + HCl \quad 500\ °C$$

Das freigesetzte Chlorwasserstoffgas lässt sich unmittelbar nutzen oder nach den bekannten Verfahren zu Chlorgas oxidieren.

Keines dieser Verfahren findet derzeit Verwendung.

2.5.4.3 Aminverfahren
Es wurde wiederholt versucht, das Ammoniak im klassischen Solvay-Verfahren durch wasserlösliche oder -unlösliche Amine zu ersetzen. In der Gesamtreaktion $NaCl + H_2O + CO_2 \leftrightarrows NaHCO_3 + HCl$ verschiebt sich nach dem Massenwirkungsgesetz das Gleichgewicht nach rechts, wenn der Chlorwasserstoff entfernt wird. Dies gelingt beispielsweise mit Hilfe unlöslicher Amine.

Das Unternehmen Solvay hat ein Pilotverfahren entwickelt, bei dem in Handel erhältliche unlösliche primäre Amine verwendet werden. Die Reaktionsgleichung zur Hydrogencarbonat-Fällung lautet:

$$NaCl + CO_2 + H_2O + RNH_2 \longrightarrow NaHCO_3 + RNH_3Cl$$

Der Prozess läuft als Dreiphasenreaktion ab, mit einer schwereren wässrigen Phase, einer leichten organischen Phase und festem Hydrogencarbonat, das vom Boden der wässrigen Phase dekantiert wird. Die Verwendung von Aminen bedingt erheblichen Zusatzaufwand zur Vermeidung der Austragung dieser Stoffe in die Produkte und in die Umwelt.

Das Ammoniak-Chlorhydrat muss mit Kalk oder Magnesiumhydroxid regeneriert werden; einzelne Autoren schlagen darüber hinaus die Trennung von Amin und Chlorwasserstoff nach aufwändigen Verfahren mit Hilfe von zwischengeschalteten Lösemitteln und einer Destillation vor.

Alle diese Probleme konnten in Pilotverfahren gelöst werden. Gleichwohl wurde das Verfahren nie im industriellen Maßstab eingesetzt.

2.6
Endprodukte

2.6.1
Technische Endprodukte

Beim Ammoniaksoda-Verfahren erhält man nach dem Calcinieren wasserfreies Natriumcarbonat von technischer Qualität. Die beiden hauptsächlich verwendeten Formen sind die leichte Soda (die man durch unmittelbares Calcinieren des rohen Natriumhydrogencarbonats erhält) sowie die durch Umkristallisation zu Monohydrat und anschließendes erneutes Calcinieren gewonnene dichte Soda. beide unterscheiden sich in erster Linie durch die Korngrößenverteilung und die Schüttdichte:

	Leichte Soda	Dichte Soda
Korngrößenverteilung	60–120 µm	125–500 µm
Schüttdichte	0,5–0,6 kg L^{-1}	1,0–1,1 kg L^{-1}

Die Qualität der Produkte wird normalerweise durch eine Reihe von Spezifikationen und Tests gewährleistet.

Chemische Eigenschaften
- Gesamtalkalität ausgedrückt in Na_2CO_3: acidimetrische Titration
- $NaHCO_3$-Gehalt: Winkler-Verfahren (Umsetzung von $NaHCO_3$ zu Na_2CO_3 durch Zugabe einer bekannten Menge NaOH, Fällung des Gesamt-CO_2 als $BaCO_3$, Rücktitration des überschüssigen NaOH mit HCl)
- NaCl-Gehalt: potentiometrische Titration mit $AgNO_3$
- Na_2SO_4: gravimetrische Bestimmung mit $BaSO_4$

- Verunreinigungen durch CaO, MgO, Fe_2O_3: mittels ICP
- Schwermetalle: Ni, Cr mittels ICP
- Gewichtsverlust bei Erhitzen auf 250 °C
- Unlösliche Verunreinigungen: Filtration einer 50 °C warmen Lösung durch eine Membran

Physikalische Eigenschaften
Bei freiem Rieseln gemessene Schüttdichte: spezielles Gerät und Wägung

Korngrößenbestimmung
- Standardisierte oder auf ROTAP-Analysensiebmaschine zertifizierte Siebe
- oder nach einem lasergranulometrisch geprüften Verfahren

Typische Analysenwerte
Solvay-Prozess
- Na_2CO_3: 99,6 % Fe_2O_3: 0,002 %
- NaCl: 0,15 %   CaO: 0,01 %
- Na_2SO_4: 0,02 %   MgO: 0,002 %

Trona-Prozess
- Na_2CO_3: 99,6 % Fe_2O_3: 0,001 %
- NaCl: 0,035 %   CaO: 0,01 %
- Na_2SO_4: 0,1 %   MgO: 0,003 %

Natriumcarbonat dieser Spezifikation ist für die meisten Anwendungen genügend rein.

2.6.2
Besondere Modifikationen

Auf Anforderung können andere Formen von Natriumcarbonat produziert werden, insbesondere:
- das selten eingesetzte *Natriumcarbonat-Decahydrat*, $Na_2CO_3 \cdot 10\,H_2O$, das jedoch in kleinen Mengen für Anwendungen im Waschmittelbereich produziert wird; hergestellt wird es durch Wasserentzug unter Vakuum und Kristallisation bei einer Temperatur zwischen 28 und 30 °C. Es lässt sich problemlos eine Korngrößenverteilung mit einem mittleren Durchmesser von mehr als 1 mm einstellen.
- *hochdichtes Carbonat*: durch Kristallisieren des Natriumcarbonats bei einer Temperatur oberhalb von 107 °C entsteht Soda unmittelbar in einer sehr kompakten Form, da sie unter diesen Bedingungen keinerlei Kristallwasser mehr einlagert. Aufgrund der hohen Kristallisationstemperatur muss der Kristallisator unter leichten Überdruck gesetzt werden, was Komplikationen hinsichtlich des Abtrennungsvorgangs schafft: Will man eine Umwandlung des wasserfreien Produkts in Monohydrat vermeiden, muss auch die Filtration bzw. Zentrifuga-

tion unter Überdruck erfolgen. Zur Umgehung dieses Problems gibt es prinzipiell verschiedene Möglichkeiten:
- Einführen eines dritten Stoffes in das System, der die Umwandlungstemperatur und damit den erforderlichen Druck senkt. Die einfachste Möglichkeit ist, in einem Natriumcarbonat/NaOH-Milieu zu arbeiten.
- Arbeiten mit einem organischen Lösemittel wie beispielsweise Ethylenglycol, das den gleichen Effekt zeigt. Bis heute ist kein solches Verfahren in die industrielle Praxis umgesetzt worden.
- *hochreines Carbonat für spezielle Anwendungen*: im Pharma- und Lebensmittelbereich. Die geforderte Reinheit wird im wesentlichen auf zweierlei Weise erzielt:
  - Kristallisation von Carbonat ausgehend von Elektrolyse-Natronlauge, die zunächst CO_2-gesättigt, dann eingedampft und das Carbonat schließlich als Monohydrat kristallisiert wird. Die Reinheit des erhaltenen Carbonats ist abhängig von der des Ätznatrons; letztere ist gewöhnlich sehr hoch. Die Qualität des erhaltenen Produkts, das kaum Verunreinigungen enthält, genügt den Anforderungen pharmazeutischer Anwendungen.
  - Kristallisation von Hydrogencarbonat ausgehend von technischem Carbonat: dieses Hydrogencarbonat von hoher Reinheit wird anschließend zu Natriumcarbonat calciniert, das den Anforderungen pharmazeutischer Anwendungen genügt.

2.7
Lagerung und Transport

Natriumcarbonat ist hygroskopisch, kann also Feuchtigkeit und auch CO_2 aufnehmen, was mit einer Erhöhung des Gewichts einhergeht. Beim Lagern und Transport muss Soda daher vor Feuchtigkeit geschützt werden, um die oberflächliche Bildung von Decahydrat oder Hydrogencarbonat zu minimieren.

Soda wird gewöhnlich in sehr großen Silos gelagert, aus denen sie auf pneumatischem Wege gefördert wird. Das Produkt wird in Schüttgutbehältern oder Papiersäcken transportiert. Der Transport erfolgt über die Schiene, die Straße und auf dem Wasserweg.

2.8
Verwendung

Natriumcarbonat ist ein wichtiger Rohstoff für die chemische Industrie. In der Glasindustrie wird es zur Herstellung von Flach- und Behälterglas benötigt. Soda wirkt als Netzwerkwandler und Flussmittel (siehe Glas, Bd. 8, Abschnitt 3.2.1).

Soda findet sich in zahlreichen im Haushalt eingesetzten Wasch- und Reinigungsmitteln, wie Seife, Waschpulver oder Weichspülern (siehe Tenside, Wasch- und Reinigungsmittel, Bd. 8, Abschnitt 2.7.2).

In der Stahlindustrie findet Na_2CO_3 Verwendung bei der Entschwefelung, Phosphortilgung und Entstickung. In der Nichteisen-Metallurgie wird es beim Aufschluss von Uranerz, der Oxidation von Chromerz, der Zinkrückgewinnung aus Batterien und beim Zink- und Aluminium-Recycling eingesetzt.

Die chemischen Industrie setzt Natriumcarbonat für eine Vielzahl anorganischer und organischer Umsetzungen ein, wie der Herstellung von Natriumsilicaten und -phosphaten, in der Papierindustrie, in der Wasseraufbereitung, der Lederverarbeitung, zur Steigerung der Fluidität von Bohrschlämmen, zur Herstellung von Natriumpercarbonat und -sulfit und von Düngemitteln.

2.9
Toxikologie

Natriumcarbonat weist nur eine geringe akute Toxizität auf. Die orale Verabreichung an Ratten ergab einen LD_{50}-Wert von 2800 mg pro Kilogramm Körpergewicht. Aufgrund seiner alkalischen Eigenschaften reizt Natriumcarbonat die Augen und die Atemwege.

Eine Gefährdung der Umwelt durch Natriumcarbonat geht hauptsächlich von der alkalischen Wirkung des Carbonat-Ions aus. Zur Ermittlung der Umwelttoxizität wurden Labortests mit Wasserorganismen (u. a. Fischen) durchgeführt. Allgemein wurde eine erhöhte Mortalitätsrate bei Wasserorganismen dann festgestellt, wenn diese über mehrere Tage hinweg einer Konzentration von mehr als 100 mg L^{-1} ausgesetzt wurden.

2.10
Wirtschaftliche Aspekte

Die Sodaproduktion ist seit dem Ende des Zweiten Weltkriegs ständig gestiegen. Die Verteilung der auf über $40 \cdot 10^6$ t a^{-1} geschätzte weltweite Produktionskapazität lässt sich Tabelle 2.2 entnehmen.

Tab. 2.2 Weltweite Produktionskapazität

Weltweite Produktionskapazität (10^6 t a^{-1})	EU	Übriges Europa	Nord-amerika	Latein-amerika	Asien	Afrika	Ozeanien	Gesamt.
Solvay-Verfahren	6,6	6,8	0,8	0,2	11,9	0,1	0,4	26,9
Natürliche Sodamineral-Vorkommen			11,7		0,2	0,6		12,5
Sonstige	0,1	1,1						1,2
Gesamt	6,7	7,9	12,5	0,2	12,1	0,7	0,4	40,5

2.11
Natriumhydrogencarbonat

Raffiniertes Natriumhydrogencarbonat findet sich häufig neben Natriumcarbonat; das rohe Natriumhydrogencarbonat stellt eine Zwischenstufe bei der Sodaherstellung nach dem Solvay-Verfahren dar, lässt sich jedoch nicht vermarkten, da es nicht in reiner Form vorliegt.

Um reines und marktfähiges Natriumhydrogencarbonat zu erhalten, verwendet man eine Natriumcarbonat-Lösung, in der das Hydrogencarbonat unter Einleiten von Kohlendioxid umkristallisiert wird. Man erhält auf diese Weise Hydrogencarbonat von sehr hoher Qualität.

2.11.1
Eigenschaften

Wichtige Eigenschaften von Natriumhydrogencarbonat sind im Folgenden aufgeführt:

Molekularmasse: 84,007
Dichte: 2,22 g cm^{-3}
Molare Wärme: 87,7 kJ K^{-1} mol^{-1}
Bildungsenthalpie: 950 kJ mol^{-1}

Löslichkeit im Wasser: 8.7 g in 100 g Lösung (Temperatur: 20 °C). Die Löslichkeit von Hydrogencarbonat sinkt in Gegenwart von Carbonat.

Innerhalb des Systems H$_2$O-NaHCO$_3$-Na$_2$CO$_3$ existieren unterschiedliche Salze, darunter die verschiedenen Hydrate des Natriumcarbonats, Natriumhydrogencarbonat, außerdem komplexere Salze wie das Natriumsesquicarbonat und das Decemit. Das Sesquicarbonat bildet sich bei niedrigen Temperaturen (ab 21,3 °C). Abbildung 2.10 zeigt ein Löslichkeitsdiagramm, aus dem die Existenzbereiche der verschiedenen Salze hervorgehen.

Beim Erhitzen zersetzt sich Natriumhydrogencarbonat zu Natriumcarbonat, Kohlendioxid und Wasser:

$$2\,NaHCO_3 \longrightarrow Na_2CO_3 + CO_2 + H_2O$$

Bei Umgebungstemperatur ist Natriumhydrogencarbonat recht stabil, die wässrigen Lösungen reagieren je nach dem jeweiligen Hydrogencarbonat/Carbonat-Verhältnis neutral bis schwach alkalisch.

2.11.2
Herstellung

Die zum Umkristallisieren des Hydrogencarbonats benötigten Natriumcarbonat-Lösungen bereitet man durch Auflösen des leichten Natriumcarbonats oder durch Zersetzen des bei der Sodaherstellung in Suspension vorliegenden rohen Hydrogencarbonats mit Hilfe von Dampf.

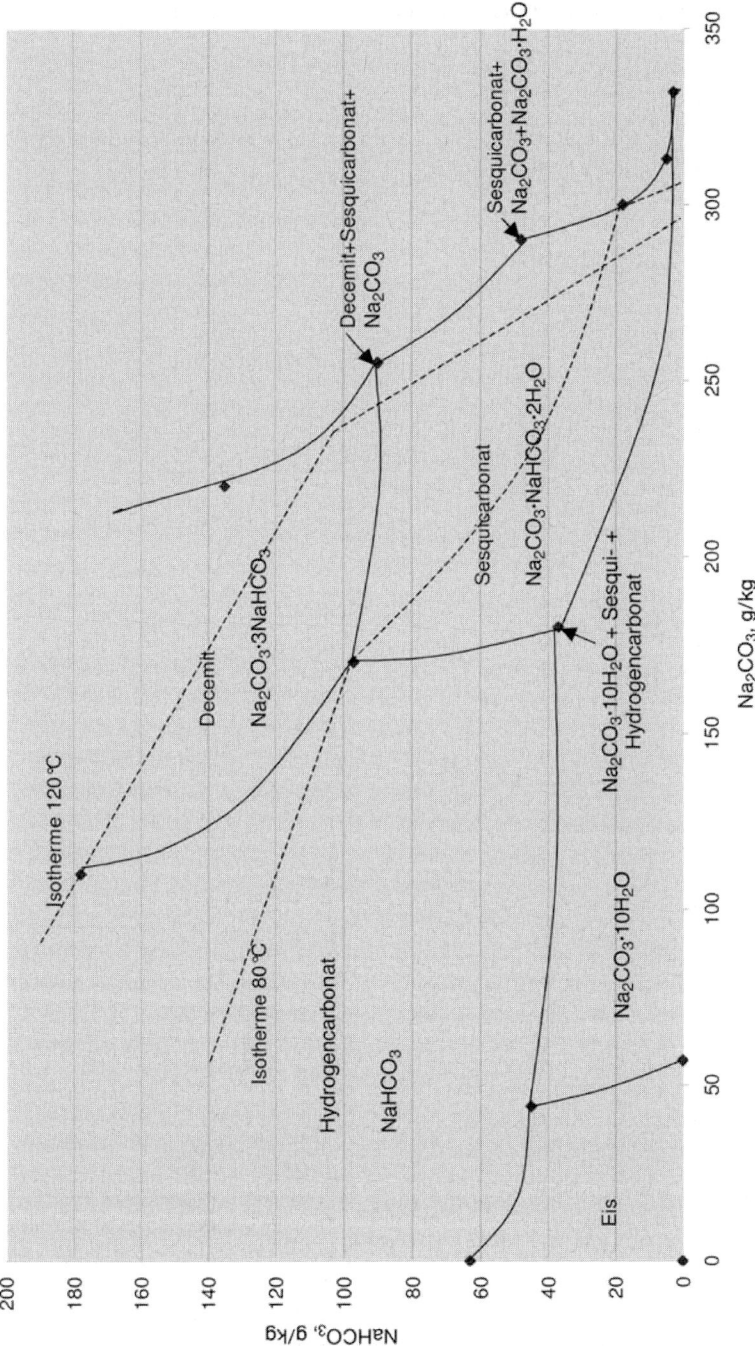

Abb. 2.10 Löslichkeiten im System Na_2CO_3-$NaHCO_3$

$$\mathrm{Na_2CO_3 + CO_2 + H_2O \longrightarrow 2\ NaHCO_3}$$

Diese Reaktion ist exotherm. Mit fortschreitender Umsetzung zum Carbonat fällt das Hydrogencarbonat aus. Es wird durch Zentrifugieren abgetrennt und danach mit Heißluft getrocknet, der es dabei nicht zu lange ausgesetzt werden darf, da es sich andernfalls zu Carbonat zersetzt.

2.11.3
Verwendung und Qualitäten

Das nach dem in Abschnitt 2.11.2 beschriebenen Verfahren hergestellte Hydrogencarbonat genügt den Anforderungen der europäischen und US-amerikanischen Pharmaindustrie.

Natriumhydrogencarbonat neigt in Anwesenheit von Feuchtigkeit zur Bildung von Krusten und Klumpen. Eine Erwärmung auf über 60 °C ist zu vermeiden, da sich das Produkt oberhalb dieser Temperatur zersetzt.

Die Substanz ist in trockenen und verschlossenen Gebinden zu lagern.

Verwendung

Natriumhydrogencarbonat findet Verwendung zur Entsäuerung von Gasen, zum Aufschäumen von Kunststoffen, für die tierische und menschliche Ernährung, für Löschpulver, in der Pharmaindustrie zur Herstellung von Brausetabletten und zur Hämodialyse, sowie in Kosmetika.

3
Literatur

Abschnitt 1

1.1 H.-H. Emons, H.-H. Walter, *Mit dem Salz durch die Jahrtausende*, VEB Deutscher Verlag für Grundstoffindustrie, Leipzig, **1984**.

1.2 M. Kurlansky, *Salt – A World History*, Walker & Company, New York 2002.

1.3 D. W. Kaufmann, *Sodium Chloride*, Reinhold Publishing Corp., New York, **1960**.

1.4 *Winnacker-Küchler*, 4.Aufl., Natriumchlorid und Alkalicarbonate.

1.5 *Ullmann's*, 6. Aufl., Sodium Chloride, Wiley-VCH Verlag, Weinheim, 2000

1.6 E.-U. Reuther: *Lehrbuch der Bergbaukunde*, Bd.1., Verlag Glückauf, Essen, **1989**.

1.7 Verein Deutsche Salzindustrie e. V. (VDS): *125 Jahre VDS*, Bonn, **2000**.

1.8 H.-P. Sauer: Opto-electronic Sorting and Screening of Rock Salt, *8th World Salt Symposium*, Elsevier Science B. V., Amsterdam, **2000**.

1.9 VDS: *Salz, Gewinnung und Verwendung in Deutschland*, Bonn, **2000**.

1.10 H. Schwaiger, *Verfahren zur Reinigung der im alpinen Salzbergbau gewonnenen Rohsolen*. BHM 1998, 143 (H 4), 128–132.

1.11 G. Hudel, J. Karoly: New Brine Purification and Crystallization Plant at Bad Reichenhall, in *7th Symposium on Salt*, Elsevier B. V., Amsterdam, **1993**.

1.12 J. E. DiMonte, P. F. Szustowski, H. Niederberger: Salt Crystallization Systems: Design Features and Operating Advantages, in *8th World Salt Symposium*, Elsevier B. V., Amsterdam, 2000.

- 1.13 J. Sikora, K. Szyndler, R. Ludlum: Desalination Plant at Debiensko, Poland : Mine Drainage Treatment for Zero Liquid Discharge, paper presented at the *International Water Conference*, Pittsburgh, Pennsylvania, 1993.
- 1.14 M. Ohno: Technical Progress of the Salt Production in Japan, 7th International Symposium on Salt, Elsevier B. V., Amsterdam, **1993**.
- 1.15 R. Wotschke: *Untersuchungen zur Verhinderung des Zusammenbackens von Kochsalz, insbesondere Raffinade-Vakuum-Siedesalz, bei der Lagerung*, Diss. TH Braunschweig, **1965**.
- 1.16 U. S. Geological Survey, *Mineral Commodity Summaries*, January **2003**.
- 1.17 Statistik des Verein Deutsche Salzindustrie e. V., Bonn.
- 1.18 Außenhandelsstatistik des Statistischen Bundesamtes.
- 1.19 Produktionsstatistik des Statistischen Bundesamtes.
- 1.20 Statistik der European Salt Producers Association, Paris.
- 1.21 International Council for Control of Iodine Deficiency Disorders, IDD-Newsletter November **2002**.
- 1.22 International Meeting for the Sustained Elimination of Iodine Deficiency Disorders, 15.–17.Oktober *2003*, Peking.
- 1.23 OECD, *Reduzierter Einsatz von Auftaumitteln im Winterdienst*, Bericht einer Arbeitsgruppe des Straßenforschungsprogramms der OECD, 1989, Heft 583 der Schriftenreihe Straßenbau und Straßenverkehrstechnik, Bundesministerium für Verkehr.
- 1.24 Gartiser et. al., *Machbarkeitsstudie zur Formulierung von Anforderungen für ein neues Umweltzeichen für Enteisungsmittel für Straßen und Wege, in Anlehnung an DIN EN ISO 14 024*, Umweltbundesamt, Text Nr. 09/2003.
- 1.25 Div. Beiträge in *7th International Symposium on Salt*, Elsevier b. V., Amsterdam, 1993.
- 1.26 Div. Beiträge in *8th World Salt Symposium*, Elsevier science b. V., Amsterdam, 2000.
- 1.27 H. Badelt, F. Götzfried, *Wirksamkeit verschiedener Tausalze. Straßenverkehrstechnik*, **2003**, *Oktober*, 527–533.

Abschnitt 2

- 2.1 International Critical Tables.
- 2.2 Te Pang Hou: *Manufacture of soda*, 2. Aufl., Rheinhold Publishing Corp, New York, **1942**.
- 2.3 Gmelin.
- 2.4 *Ullmann's*, 5. Aufl., **A24**, VCH, Weinheim, **1993**, S. 299–316.
- 2.5 H. Schreib : Traité de Fabrication de la soude, traduit par L. Gautier, édition 1905.
- 2.6 *Winnacker-Küchler*, 4. Aufl., Hauser, 1984.
- 2.7 Rant: Die Erzeugung von Soda nach dem Solvay-Verfahren, Stuttgart, 1968.
- 2.8 Jänecke, *Z. Angew. Chem.* **1907**, *20*, 1559–1564.
- 2.9 D. Garrett: *Natural Soda Ash*, Van Nostrand Reinhold, New York, **1992**.
- 2.10 Fedotieff, *Z. Anorg. Chem.* **1904**, *17*, 1644–1659.
- 2.11 Solvay Informations.
- 2.12 Talmud, *Khim. Promst.* (*Moscow*) **1961**, 226–232.
- 2.13 Lynn, US Pat. 3 792 153 (1972).
- 2.14 Blumberg, *Proceeding International Solvent Extraction*, vol. 3, Soc. Chem. Ind., London, **1974**.
- 2.15 Israel Mining Institute, IL Pat. 33 552, 1969.
- 2.16 Oosterhof: Anti solvent crystallisation of sodium carbonate, PhD thesis, Technische Universiteit Delft.

6
Anorganische Verbindungen des Fluors

Albrecht Marhold, Jens Peter Joschek

1	**Wirtschaftliche Bedeutung anorganischer Fluorverbindungen** 602	
1.1	Industrielle Bedeutung 602	
1.2	Produktionsumfang 602	
1.3	Rohstoffe 603	
1.3.1	Calciumfluorid 603	
1.3.1.1	Vorkommen und Produktion 603	
1.3.1.2	Verwendung 605	
1.3.1.3	Toxikologie 606	
1.3.2	Fluor-Silicium-Verbindungen 606	

2	**Fluorwasserstoffsäure** 608	
2.1	Verwendung 608	
2.2	Herstellverfahren 611	
2.2.1	Flussspatprozesse 612	
2.2.2	Prozesse basierend auf Hexafluorokieselsäure 614	
2.3	HF-Trialkylamin-Komplexe 615	
2.4	Eigenschaften 616	
2.4.1	Physikalische Eigenschaften 616	
2.4.2	Chemische Eigenschaften 616	
2.5	Lagerung und Transport 616	
2.6	Toxikologie 617	

3	**Salze der Fluorwasserstoffsäure** 618	
3.1	Kaliumfluorid 619	
3.2	Natriumfluorid 620	
3.3	Ammoniumfluorid 620	
3.4	Cobaltfluoride 621	
3.5	Lithiumfluorid 621	
3.6	Magnesiumfluorid 622	
3.7	Nickelfluorid 622	
3.8	Wolframhexafluorid 622	

Winnacker/Küchler. *Chemische Technik: Prozesse und Produkte.*
Herausgegeben von Roland Dittmeyer, Wilhelm Keim, Gerhard Kreysa, Alfred Oberholz
Band 3: Anorganische Grundstoffe, Zwischenprodukte.
Copyright © 2005 WILEY-VCH Verlag GmbH & Co. KGaA, Weinheim
ISBN: 3-527-30768-0

4	**Aluminiumfluoride** 623
4.1	Verwendungen 623
4.2	Herstellverfahren 624
4.2.1	Aluminiumtrifluorid, AlF_3 624
4.2.1.1	Herstellung aus Flusssäure oder HF 624
4.2.1.2	Aus Fluor-Silicium-Verbindungen 624
4.2.1.3	Wiedergewinnung des Fluors während der Aluminiumproduktion 626
4.2.2	Herstellung von Kryolith 627
4.2.2.1	HF-Prozesse 627
4.2.2.2	Hexafluorokieselsäureprozess 628
4.2.2.3	Wiedergewinnung von Fluor während der Aluminiumproduktion 629
4.3	Eigenschaften 630
4.3.1	Aluminiumfluorid 630
4.3.2	Fluoroaluminate 630
4.3.3	Kryolith, $AlF_3 \cdot 3\,NaF$ 630
4.4	Toxikologie 631

5	**Bortrifluorid und Fluoroborate** 631
5.1	Verwendung 631
5.2	Herstellung 631
5.3	Eigenschaften 632

6	**Interhalogenfluoride** 632
6.1	Verwendungen und chemische Eigenschaften 633
6.2	Herstellung 633
6.3	Physikalische Eigenschaften und Toxikologie 634

7	**Fluorsulfonsäure** 634
7.1	Verwendung 634
7.2	Herstellung 635

8	**Fluor** 636
8.1	Verwendung und wirtschaftliche Aspekte 637
8.2	Vorkommen 638
8.3	Industrielle Produktion 638
8.4	Chemische Eigenschaften 640
8.5	Physikalische Eigenschaften 641
8.6	Handhabung, Lagerung und Transport 642
8.7	Umweltschutz und Entsorgung des Fluors 642

9	**Weitere anorganische Fluorverbindungen** 642
9.1	Schwefelfluoride 642
9.1.1	Schwefelhexafluorid 643
9.1.2	Schwefeltetrafluorid 644
9.2	Stickstofftrifluorid 644

9.3	Sauerstoff-Fluor-Verbindungen	644
9.4	Phosphor-Fluor-Verbindungen	645
9.5	Edelgasfluoride	645
9.6	Graphitfluoride	646
10	**Fluor-Silicium-Verbindungen**	**646**
10.1	Siliciumtetrafluorid	646
10.2	Hexafluorokieselsäure	647
10.3	Fluorosilicate	648
11	**Literatur**	**648**

1
Wirtschaftliche Bedeutung anorganischer Fluorverbindungen

1.1
Industrielle Bedeutung

Anorganische Verbindungen des Fluors besitzen weltweit eine weitreichende Bedeutung in der Chemiebranche und der metallbearbeitenden Industrie. Unter den Fluorverbindungen sind unter dem technischen Aspekt besonders Calciumfluorid, CaF_2 (Abschnitt 1.3), und Fluorwasserstoffsäure, HF (Abschnitt 2), als Rohstoffe nahezu aller Folgeprodukte von größter Bedeutung. Neben Fluorwasserstoff werden in den Life-Science Bereichen der Pharma- und Agroindustrie besonders Alkali- und Ammoniumfluoride (Abschnitt 3) als Fluorquelle für organische Produkte eingesetzt, in der metallbearbeitenden Industrie hingegen vorwiegend Aluminiumfluoride (Abschnitt 4). Geringere Bedeutung besitzen nichtmetallische Fluorverbindungen wie BF_3 (Abschnitt 5), das z. B. als Katalysator eingesetzt wird, Interhalogenverbindungen (Abschnitt 6), Fluorsulfonsäure (Abschnitt 7) oder elementares Fluor (Abschnitt 8). Des weiteren gibt es technologisch hochinteressante Gebiete mit wirtschaftlich jedoch vergleichsweise geringem Potenzial. Die industrielle Bedeutung von Fluoriden ist im wesentlichen auf zwei Eigenschaften des Fluorid-Ions zurückzuführen: weil Fluorid sehr stabile Fluorokomplexe bildet, werden einige Mineralien wie z. B. Siliciumdioxid, Eisenhammerschlag oder Tantal, die gegenüber anderen Mineralsäuren nahezu inert sind, von Fluorwasserstoffsäure (HF) unter Komplexbildung gelöst. Des weiteren besitzt das Fluorid-Ion einen ähnlichen Ionenradius wie O^{2-} und kann dieses in Kristallstrukturen ersetzen. Der Austausch des zweibindigen Sauerstoff-Ions gegen das einbindige Fluorid bewirkt eine Schmelzpunkterniedrigung, die zur Verwendung der Fluoride als Flussmittel führt.

In der metallerzeugenden Industrie sind die verwendeten Mengen an Fluorverbindungen durch Einsatz alternativer Stoffen rückläufig. In den letzten Jahren haben aber besonders die organischen Fluorprodukte und Katalysatoren an Bedeutung gewonnen. Die Fluorkohlenwasserstoffe, die als Treib- und Kühlmittel benötigt werden, nehmen die erste Position ein. Über 40% der neu zugelassenen Produkte im Pharma- und Agrobereich enthalten organisch gebundenes Fluor. Fluor in all seinen Facetten ist aus der modernen Welt nicht mehr wegzudenken.

1.2
Produktionsumfang

Der Bedarf an Fluor in seinen unterschiedlichen Produkten wird für 2001 weltweit mit über $4 \cdot 10^6$ t a^{-1} angegeben. Die größte Nachfrage bestand lange Zeit in der Stahlindustrie, gefolgt von der Aluminiumproduktion und der chemischen Industrie. Heutzutage besteht der größte Bedarf in der chemischen Industrie. Die Hauptmenge dieser $4 \cdot 10^6$ t geht in die Produktion von HF- und deren Folgeprodukte. Die Mengenentwicklung der HF-Produktion weltweit >1 Mio. t unterstreicht die gestiegene Bedeutung der HF in neuen Bereichen außerhalb der metallverarbeitenden Industrie.

1.3
Rohstoffe

In der Häufigkeitsskala der Elemente bezogen auf Atmosphäre, Erdrinde und Ozeane nimmt Fluor die 17. Position ein (0,028 %) und liegt damit noch vor Kupfer, Nickel oder Blei.

Elementares Fluor, F_2, kommt aufgrund seiner hohen Reaktivität in der freien Natur praktisch nicht vor, lediglich in einigen seltenen Flussspatsorten (Stinkspat). In aller Regel findet sich Fluor chemisch gebunden als Fluorid-Ion in den Salzen der Fluorwasserstoffsäure. Meerwasser hat einen durchschnittlichen Fluoridgehalt von 0,8–1,4 ppm, im Süßwasser wurden natürliche Gehalte von 0 bis 95 ppm gefunden.

Das Mineral Flussspat, Calciumfluorid, CaF_2 (Abschnitt 1.3.1), ist der Hauptrohstoff für die industrielle Fluorchemie und das bedeutendste Flussmittel in der metallverarbeitenden Industrie. Der für die Aluminiumgewinnung nötige Kryolith, Natriumhexafluoroaluminat, Na_3AlF_6 (Abschnitt 4), kommt in der Natur nur in geringen Mengen vor. Eine zukünftige mögliche, wirtschaftlich zu betreibende Fluorreserve sind die mächtigen Phosphatlagerstätten mit Fluorapatit (3–4 %iger Fluoranteil) als Hauptmineral (siehe Band 7, Bauchemie, Abschnitt 2.3.3.2).

1.3.1
Calciumfluorid

Reines Calciumfluorid, CaF_2 ($M = 78{,}08$), bildet farblose Kristalle. Natürlicher Flussspat hingegen ist wohl das farbenfrohste Mineral der Erde. Er kommt in einem weiten Spektrum von Farbschattierungen vor, die sich über das gesamte Regenbogenspektrum bis hin zu Schwarz erstrecken. Einige Varianten fluoreszieren sogar.

Da Calciumfluorid mit den meisten metallischen Oxiden eutektische Gemische bildet, wird es als Flussmittel verwendet. In kalten verdünnten Säuren ist CaF_2 nur schwach löslich. Von heißer Schwefelsäure wird es jedoch leicht angegriffen, wobei sich neben Calciumsulfat Fluorwasserstoffsäure bildet.

Flussspat wird in der Industrie hauptsächlich zur Herstellung von Fluorwasserstoffsäure verwendet. Andere Verwendungen wie z. B. die Herstellung von Gläsern und Schweißflussmitteln benötigen nur kleine Mengen des Erzes. Hochreines Calciumfluorid wird für die Herstellung von Spezialgläsern und Einkristallen benötigt. Dieses wird synthetisch durch Reaktion von Fluorwasserstoffsäure mit elementarem Calcium erhalten.

1.3.1.1 Vorkommen und Produktion
Die Flussspatvorkommen sind über alle Kontinente verteilt und eng mit den Kontinentalplattengrenzen verbunden. Als wirtschaftlich nutzbar werden heute Lagerstätten mit einem CaF_2-Gehalt von > 35 % angesehen. 2002 wurden diese Reserven weltweit auf $230 \cdot 10^6$ t (bezogen auf 100 % CaF_2) geschätzt. Die größten Einzel-

vorkommen, die ca. Dreiviertel der Gesamtmenge ausmachen, liegen in China, Südafrika, Mexiko, der Mongolei und Frankreich, wobei die voraussichtlichen Reserven in China weit größer sind als die bislang nachgewiesenen. In der Natur kommt CaF_2 selten rein vor. In der Regel enthalten Flussspatvorkommen einen 20–60%igen Anteil an CaF_2. Damit die Gewinnung wirtschaftlich ist, muss das Roherz einen Gehalt von mindestens 20% besitzen. Die Begleitmineralien Quarz, Schwerspat, Kalkspat, Bleiglanz, Zinkblende, Pyrit, Kupferkies, Hämatit und Uranmineralien werden durch Flotation (siehe Band 1, Mechanische Verfahrenstechnik, Abschnitt 4.4.5.1) abgetrennt, und CaF_2 auf eine Reinheit von 96–98% gebracht. Die Aufarbeitung der Begleitmineralien wird in einigen Lagerstätten gewinnbringend betrieben. Die Trennwirkung der Flotation (Abb. 1) beruht auf der höheren Dichte von CaF_2 im Vergleich zu seinen Begleitmineralien. Fein gemahlenes Roherz wird durch ein Flotationsmedium, eine wässrige Suspension von Ferrosilicium, getrennt.

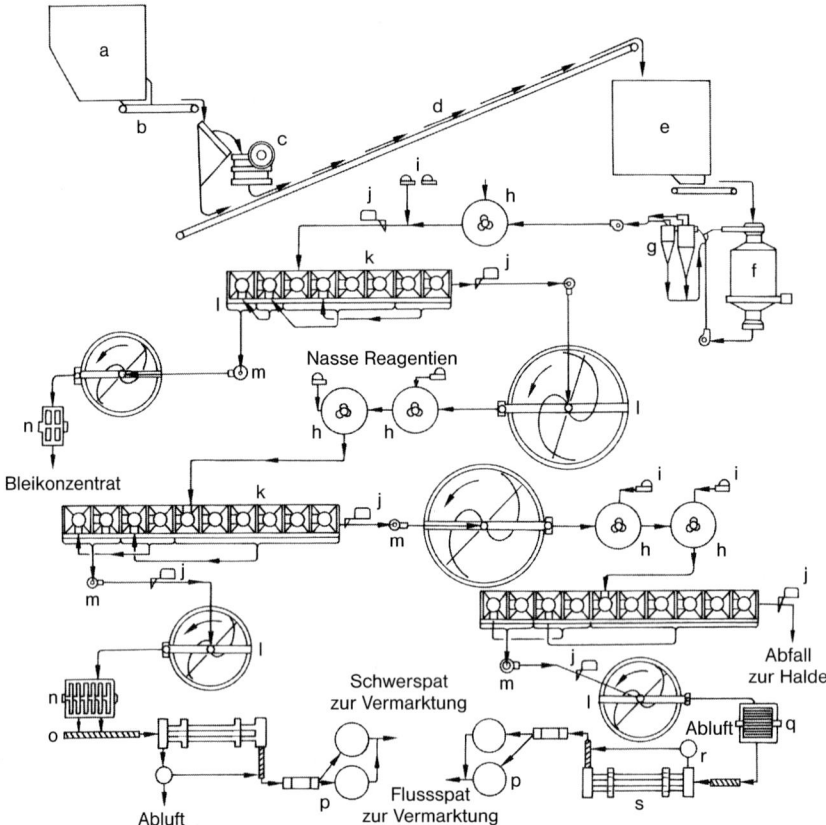

Abb. 1 Schema der Flotation von CaF_2
a) Silo für Groberz; b) Plattenbandaufgeber; c) Backenbrecher d) Förderband; e) Silo für Feinerz; f) Kugelmühle; g) Abscheidezyklon; h) Konditionierer; i) Reagenzienzugabe; j) Probenentnahme; k) Floationsapparat; l) Konzentrateindicker; m) Pumpe; n) Scheibenfilter; o) Förderschnecke; p) Aufzug und Lagersilos; q) Flussspat-Filter; r) Staubabscheidezyklon; s) Trockner

Tab. 1 Produktion und Bedarf an CaF$_2$ nach Weltregionen in 1000 t

	USA	Mexiko	Westeuropa	Japan	China
Produktion	71	630	365	0	2500
Bedarf	600	298	829	519	1391

Die Durchmischung und Trennung von Gangart und CaF$_2$ erfolgt entsprechend der spezifischen Dichte durch das Durchströmen von Luft. In mehreren Zyklen wird eine Reinheit von 96–98 % erreicht. Die gängigen Qualitäten sind: Roherz (25–30 %), metallurgische (hüttenmännische) Qualität (75–82 %), keramische Qualität (94–96 %), Säurespat (97 %) und kristalline Qualität (99 %).

Weltweit wurden 2001 $4{,}5 \cdot 10^6$ t CaF$_2$ produziert, was einem Wert von ca. 550 Millionen US$ entspricht. Seit 1975 steht die Produktion auf einem konstant hohen Niveau von $4{-}5 \cdot 10^6$ t. Der Produktionshöchststand wurde 1988 mit $5{,}6 \cdot 10^6$ t erreicht. Die Schwankungen sind durch wirtschaftliche Rezessionen (1981; 1991), Verbot von FCKW (1994: $3{,}7 \cdot 10^6$ t a^{-1}) oder auch neue Anwendungsgebiete (1996: FKW) zu erklären. 2001 war China der führende Erzeuger mit etwa 54 % der Weltproduktion (1990: 33 %), gefolgt von Mexiko (14 %), Südafrika (5 %), der Mongolei und Russland mit jeweils 4 %. Die Preise für CaF$_2$ lagen 2001 zwischen 105 und 140 US$ pro Tonne.

79 % der weltweiten Produktion und 81 % des Weltverbrauches sind in Tabelle 1 zusammengefasst.

Neben den Versuchen, neue CaF$_2$ Vorkommen zu entdecken, was häufig gelungen ist, wurden einige Projekte gestartet, um Calciumfluorid oder gleich HF aus Hexafluorokieselsäure, die als Nebenprodukt bei der Phosphorsäureherstellung anfällt (siehe Phosphor und Phosphorverbindungen), zu produzieren. Die Lagerstätten von Fluorapatit sind gewaltig (ca. $9 \cdot 10^9$ t) und führen somit selbst mit dem geringen Fluoranteil von 3–4 % CaF$_2$ zu Fluorreserven von $330 \cdot 10^6$ t (Abschnitt 1.3.2).

1.3.1.2 Verwendung

Chemische Industrie

Flussspat ist der Rohstoff für die HF-Produktion. Für 1 kg HF werden 2,1–2,3 kg Flussspat (97 %) benötigt. In den USA wurde 2001 über 70 % des CaF$_2$ für die HF Produktion eingesetzt.

Eisen und Stahl

Flussspat war lange Zeit das Flussmittel der Wahl in der Stahlherstellung. 1980 wurden noch ca. 37 % des Weltbedarfs an CaF$_2$ für die Stahlproduktion verwendet, 2001 waren es nur noch ca. 7 % (1990: 25 %). Der Rückgang des Bedarfs beruht auf dem Rückgang der Stahlproduktion überhaupt, der Etablierung anderer Verfahren und der Verwendung alternativer Flussmittel wie Altschlacke oder Bauxit. Die nötigen Mengen an Flussspat pro Tonne Rohstahl variieren heute je nach der Art des Verfahrens zwischen 0,4 und 1,8 kg. 1975 wurden noch 4,4 kg CaF$_2$ pro Tonne Rohstahl benötigt.

Andere Verwendungen

Bei der Aluminiumherstellung besteht das Elektrolysebad zu 5–7 % aus Flussspat (siehe Band 6, Aluminium, Aluminiumverbindungen und Magnesium). Anderen Schmelzbädern wird CaF_2 zugesetzt, um die Schmelze gegen Sauerstoff und Stickstoff zu schützen. Milchige oder farbige Gläser und Glasfasern enthalten 3–20 % CaF_2. Des weiteren enthalten Überzüge für metallische oder keramische Werkstoffe zwischen 3 und 10 % Flussspat als Trübungsmittel.

Ein 1 %iger Zusatz einer Mischung aus gleichen Teilen CaF_2 und Gips zu Zement reduziert die Brenntemperatur um 50–150 °C, ohne die Qualität des Zements zu senken [1].

Eine Übersicht über die Anwendungsgebiete anorganischer Fluorverbindungen ist in Abbildung 2 gezeigt.

1.3.1.3 Toxikologie

Flussspat wird nicht als gefährliche Substanz eingestuft. Dennoch sollte jede Vorsichtsmaßnahme getroffen werden, um versehentlichen Kontakt mit einer Säure zu verhindern, da dadurch HF gebildet würde. Die orale Aufnahme von Flussspatstäuben muss vermieden werden.

1.3.2
Fluor-Silicium-Verbindungen

Die Fluorressourcen in den Phosphatlagerstätten werden auf $330 \cdot 10^6$ t CaF_2 geschätzt. Beim Aufschluss von Rohphosphaten fallen Siliciumtetrafluorid, SiF_4 (Abschnitt 10.1), und Natriumhexafluorosilicat, Na_2SiF_6 (Abschnitt 10.2), als Nebenkomponenten an. Einige Verfahren, um aus diesen Nebenprodukten CaF_2 herzustellen, wurden innerhalb der letzten Jahre bis zur Betriebsreife entwickelt. So existiert ein Prozess, bei dem Hexfluorokieselsäure-Lösung mit Ammoniak umgesetzt wird und gut filtrierbare Kieselerde ausfällt [2].

$$H_2SiF_6 + 6\ NH_3 + 2\ H_2O \longrightarrow 6\ NH_4F + SiO_2$$

Als Folgeumsetzung wird aus der Ammoniumfluorid-Lösung Calciumfluorid mittels Kalkmilch ausgefällt

$$6\ NH_4F + 3\ Ca(OH)_2 \longrightarrow 3\ CaF_2 + 6\ NH_3 + 6\ H_2O$$

Die Ammoniaklösung wird recycelt.

In den Prozessen von Bayer [3] und Kali Chemie [4] wird eine Hexfluorokieselsäure-Lösung mit einer Calciumcarbonat-Suspension zu einer metastabilen Lösung umgesetzt, aus der Calciumfluorid auskristallisiert wird.

Eine in Polen betriebene Pilotanlage hat pro Jahr ca. 300–500 t HF über diesen Weg hergestellt. Aufgrund ausbleibender Wirtschaftlichkeit ist diese 2001 geschlossen geworden. Bislang haben alle Bemühungen auf diesem Weg zu keinem wirtschaftlichen Prozess geführt.

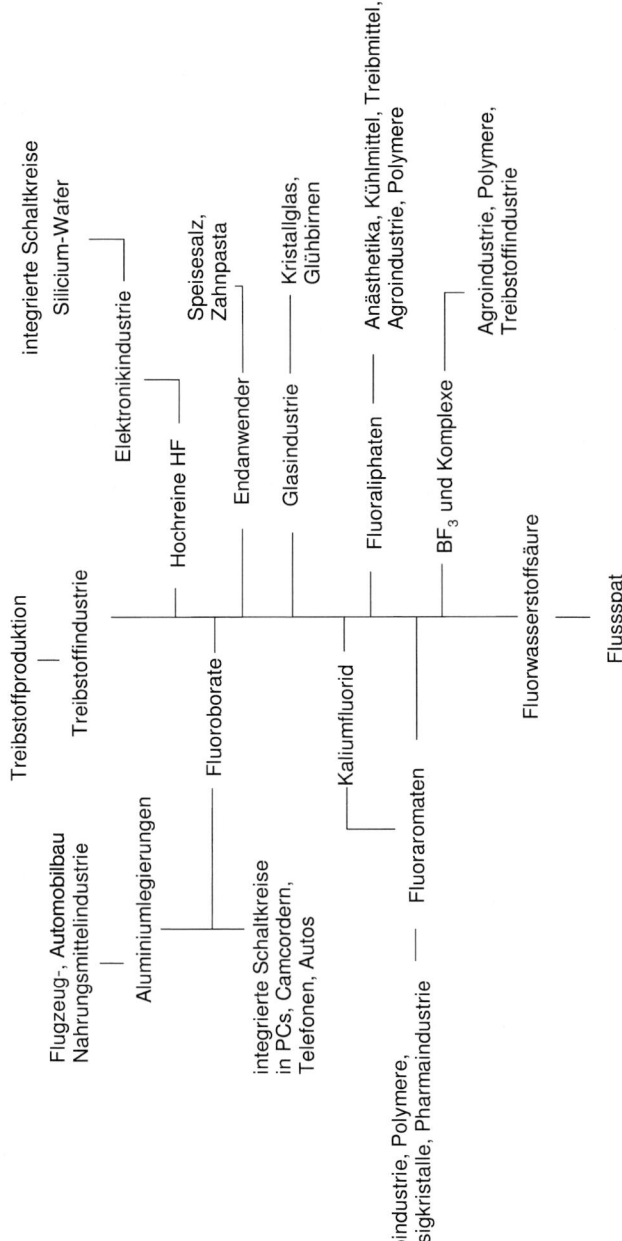

Abb. 2 Anwendungsgebiete anorganischer Fluorverbindungen

2
Fluorwasserstoffsäure

Fluorwasserstoffsäure, HF ($M = 20{,}01$) (wässrige Lösung Flusssäure) ist seit Ende des achtzehnten Jahrhunderts bekannt. Die wasserfreie Säure wurde bereits 1856 von FRÉMY aus Kaliumhydrogenfluorid erhalten. Ab 1930 begann der Aufstieg der HF-Chemie und zwar zunächst mit dem Wachstum der Aluminiumindustrie, insbesondere der Herstellung von Aluminiumfluorid und synthetischem Kryolith. Daneben wurde HF in Beizbädern für rostfreie Stähle eingesetzt und es begann die Produktion von Fluorkohlenwasserstoffen. Seit 1940 ist Fluorwasserstoffsäure unverzichtbar für die Produktion von Uranfluoriden und HF wird als Alkylierungskatalysator, beispielsweise in der Kraftstoffveredelung verwendet. Fluorwasserstoffsäure ist eine farblose Flüssigkeit, die bei atmosphärischem Druck bei 19,5 °C also weitaus höher als die anderen Halogenwasserstoffe, siedet [5–7]. Diese und andere ungewöhnliche physikalische und chemische Eigenschaften ergeben sich aus den starken Wasserstoffbrückenbindungen zwischen den HF-Molekülen. Großtechnisch wird HF aus Calciumfluorid produziert. Die Produktion, der Transport und die Verarbeitung von HF unterliegen aufgrund der Toxizität und Aggressivität strengen Sicherheitsauflagen.

Produktionsvolumen

Flusssäure war und ist die Fluorverbindung mit dem größten Produktionsvolumen. Seit Anfang der 1980er Jahre stieg der Bedarf an HF aufgrund der Anwendungen von FCKW, von Fluorpolymeren (siehe Band 5, Kunststoffe, Abschnitt Fluorpolymere) und -aromaten sprunghaft an. Seit 1970 liegt die Weltproduktion an HF konstant bei ca. $1 \cdot 10^6$ t a^{-1}. Die Produktionszahlen für USA, EU und Japan belegen, dass die produzierten Mengen drastisch mit dem Verbot der Fluorchlorkohlenwasserstoffe (FCKW) von 1990–1994 (550 000 t a^{-1}) sanken und mit dem technischen Einsatz der Fluorkohlenwasserstoffe (FKW) ab 1997 (648 000 t) auf 727 000 t 2001 stiegen. Von diesen 727 000 t wurden 300 000 t in der EU an 12 Produktionsstätten in acht unterschiedlichen Ländern produziert, diese Menge entspricht einem Wert von ca. 250 Millionen Euro. Die Welt-Gesamtkapazität liegt für 2002 bei $1{,}27 \cdot 10^6$ t (siehe Tabelle 2). Es wird erwartet, dass der Bedarf an HF in den nächsten fünf Jahren konstant steigen wird (im Maße des BiP).

Der Gesamtmarkt teilt sich in 36 % Nordamerika (davon: USA 53 %, Mexiko 35 %, Kanada 12 %), 30 % Westeuropa, 26 % Asien und 8 % Rest der Welt auf. Führende HF-Produzenten sind Honywell, DuPont und Quimica Fluor in Nordamerika, Solvay, Bayer und DdF in Europa und Stella Chemifa in Japan. Dabei teilen sich die ersten vier Produzenten 40 % des Marktes. Der Preis für 1 kg wasserfreie HF lag 2000 bei ca. 1 €.

2.1
Verwendung

Fluorwasserstoffsäure ist die wichtigste Fluorquelle für die meisten anorganischen Fluorprodukte wie Aluminiumtrifluorid (Abschnitt 4), Ammoniumhydrogenfluorid

Tab. 2 Weltkapazität für HF 2002 in Tonnen

Westeuropa	371 000
China	255 000
USA	208 000
Mexiko	138 000
Japan	134 000
Indien	50 000
Kanada	47 000
Rest der Welt	70 000
Gesamt	1 273 000

(Abschnitt 3.3), Bortrifluorid (Abschnitt 5), Fluorsulfonsäure (Abschnitt 7) und nicht zuletzt für elementares Fluor (Abschnitt 8). Ebenso bedeutend ist ihre Verwendung als Fluorierungsmittel in der organischen Synthese und auch als saurer Katalysator bei organischen Reaktionen wie beispielsweise in der Petrochemie bei der Isoparaffin-Olefin-Alkylierung zur Herstellung hoch klopffester Kraftstoffe [8].

Fluorkohlenwasserstoffe
Der überwiegende Teil des HF (ca. 60 % der Weltkapazität) wird zur Produktion von Fluorkohlenwasserstoffen eingesetzt. Mit der Unterzeichung des Montrealer Protokolls (September 1987) wurde die Produktion und Verwendung von Fluorchlorkohlenwasserstoffen nach einer Übergangszeit verboten. Die Chloratome in den FCKWs lösen – photochemisch induziert – in der oberen Atmosphäre durch Radikalreaktionen die Zerstörung der für das Leben auf der Erde essentiellen stratosphärischen Ozonschicht aus. Ausgelöst durch die rasante Zerstörung der Ozonschicht setzte eine intensive Suche nach Ersatzstoffen für FCKW ein, was zu dem Ergebnis führte, dass alle FCKW durch FKW oder Kohlenwasserstoffe ersetzt wurden. Hierbei zeigen die FKW nach allen Erkenntnissen keine negativen Effekte auf die Ozonschicht und haben gute Eigenschaften in der Anwendung als Aerosoltreibgas und Kühlkreislaufmittel. Als Aerosoltreibgase werden FKW zum Schäumen von Polyurethanen und Polystyrolen eingesetzt, um deren isolierende Eigenschaften weiter zu verbessern. Anwender sind auf diesem Gebiet die Bau-, Nahrungsmittel- und die Packmittelindustrie. Kühlmittel werden in allen Geräten, die kühlen, gefrieren oder Wärme ableiten, benötigt, wie Kühlschränken, -häusern oder -theken sowie bei allen lokalen oder auch mobilen Klimaanlagen. Weiterhin sind fluorierte Polymere ein wichtiger Rohstoff für Fasern, Dichtungen oder Beschichtungen.

Metallbearbeitende Industrie
Fluorwasserstoffsäure und ihre Salze haben eine bedeutsame Funktion in der metallbearbeitenden Industrie. HF wird bei der Trennung von Niob und Tantal benötigt, die essentiell z. B. in der Mobilfunktechnik sind. In der Aluminiumindustrie

wird Kryolith (Na$_3$AlF$_6$) als Elektrolyt bei der Elektrolyse von Bauxit (Al$_2$O$_3$ 2H$_2$O) benötigt. Zusammen mit Ammoniumhydrogenfluorid findet HF Anwendung beim Glänzen von Aluminium. An die Metallindustrie wird 71–75%ige HF, oft zusammen mit Salpetersäure, für Beizbäder (2–8%ige wäßrige HF) für Edelstähle verkauft.

Elektronikindustrie

Für die Elektronikindustrie ist HF eine Schlüsselkomponente in allen siliciumbasierten Systemen. Die Eigenschaft, SiO$_2$ in Lösung zu bringen, ist die notwendige Voraussetzung für viele Reinigungs- und Ätzprozesse. Siliciumprozessoren sind heutzutage in nahezu allen elektronischen Produkten zu finden. Die Galvanotechnik greift auf dem Gebiet der Brennstoffzellen und der Produktion von Halbleitersystemen auf hochreine HF zurück. Der Elektronikmarkt wird als Wachstumsbrache auch im Bezug auf den HF-Bedarf gesehen.

Kraftstoffproduktion

In ca. 50% der Anlagen zur Kraftstoffveredelung wird HF als Katalysator eingesetzt, in den anderen in der Regel H$_2$SO$_4$. Leichtsiedende, stark klopfende Rohölfraktionen wie Isobutan werden in einer Friedel-Crafts-Alkylierung durch Reaktion mit z. B. Propen oder Buten in Komponenten mit hoher Oktanzahl (geringer Klopfneigung) umgewandelt. Somit wird ein wesentlich höherer Anteil Kraftstoff mit effizienterer Verbrennung erzeugt, was zu längeren Motorenlaufzeiten und geringeren Emissionen führt. Durch die Erhöhung der Oktanzahl des Benzins wurden u. a. Bleizusätze überflüssig. Für Katalysatoranwendungen wurden 2001 in der EU ca. 7000 t wasserfreie HF benötigt. Für ein Barrel (ca. 120 L) Alkylierungsprodukt werden ca. 36 g HF verbraucht.

Die Fähigkeit von HF, Silicate aufzulösen, wird auch in der Ölförderung zum Freiätzen von Bohrlöchern benutzt.

Glasindustrie

Die Glasindustrie ist das älteste Anwendungsgebiet der Flusssäure. Dort verwendet man sie zum Polieren und Ätzen von Glas. In der Keramikverarbeitung verwendet man Bariumfluorid als Fluss- und Trübungsmittel. Matte Glühbirnen werden durch leichtes Anätzen der Innenseite der Glühbirnen mit HF zusammen mit Ammoniumhydrogenfluorid erhalten. Stark verdünnt fand Flusssäure in der Glas- und Gebäudereinigung Anwendung.

Andere industrielle Anwendungen

Die einmalige Eigenschaft von HF, Silicate aufzulösen wird bei der Reinigung von Elektrodenkohle von mineralischen Verunreinigungen oder bei der Entemaillierung und Formsandentfernung in der Eisenindustrie ausgenutzt.

Endverbraucherprodukte

In vielen Ländern (u. a. USA, Österreich) wird das Trinkwasser mit Fluorid-Ionen angereichert, da es als ernährungsphysiologisches essentielles Spurenelement oftmals nicht in ausreichendem Maße durch die Nahrung aufgenommen wird. Als Alternative zum behandelten Trinkwasser wird Speisesalz angeboten, das mit Fluor und auch Iod angereichert ist. Natriumfluorid und Natriummonofluorphosphat sind heutzutage in fast allen Zahnpasten enthalten.

Organisch gebundenes Fluor

Da ein großer Teil der HF in organischen Produkten seine Bestimmung findet, sei hier kurz darauf hingewiesen. Seit mehreren Jahren hat sich die Fluorchemie in der organischen Synthese etabliert. Das Einbringen von oft auch nur einem Fluoratom in ein organisches Molekül ist mit drastischen Effekten verbunden, was für die Steigerung der Aktivität und Reduzierung der Toxizität sehr erfolgreich in der Pharma- und Agroindustrie genutzt wird. Die Eigenschaften verändern sich in dreierlei Hinsicht: Zum ersten erhält man eine veränderte Lipophilie (Fettgängigkeit), was zu einer verbesserten Aufnahme und einem Transport *in vivo* führt. Zum zweiten besitzen die fluorhaltigen Moleküle oft eine erhöhte Oxidationsstabilität, was zu einer verlängerten Wirkzeit und geringeren Bildung von Abbauprodukten führt. Drittens haben fluorierte Wirkstoffe, aufgrund der ähnlichen Größe des Fluors und Wasserstoffs, ähnliche Moleküldimensionen wie die nicht fluorierten Ausgangsprodukte, sodass Fluor ungehindert den Platz von Wasserstoffatomen einnehmen und seine Wirkung voll entfalten kann. Im Jahre 2000 sind in Westeuropa ca. 10 000 t Fluor in organische Moleküle eingebaut worden. Die Umsetzung geschah entweder direkt mit HF oder mittels deren Alkalisalze. Die Erdalkalisalze wie z. B. CaF_2 sind in Fluorierungsreaktionen vollkommen inert. Die Anwendungsgebiete von HF in den USA sind in Tabelle 3 zusammengefasst.

Tab. 3 Anwendungsgebiete für HF in den USA, Entwicklung und Schätzung für die Zukunft

	1997	2001	2006
FKW	148	200	218–236
Aluminiumproduktion	57	41	45
Verkauf HF	11	8	10
Alkylierungskatalysator	13	12	13
Metallbearbeitung	13	10	11
Uranaufarbeitung	10	10	10
Andere	90	69	85
Gesamt	342	350	390–410

2.2
Herstellverfahren

Gegenwärtig werden für die Herstellung wasserfreier HF industriell nur auf Flussspat basierende Prozesse angewendet. Jedoch bildet Fluorapatit, $CaF_2 \cdot 3\ Ca_3(PO_4)_2$

(3–4 % Fluoranteil), die wichtigste natürliche Reserve von Fluor. Dieses Erz, dessen Ressourcen fünf mal größer als die von CaF$_2$ geschätzt sind, wird überall auf der Welt für die Herstellung von Phosphorsäure verwendet. Fluor fällt hier in Form von Hexafluorokieselsäure an, deren Weiterverarbeitung zu HF in einem industriellen Prozess immer noch von unbestreitbar hohem Interesse ist.

2.2.1
Flussspatprozesse

Für die Herstellung von wasserfreier HF und Flusssäure wird Flussspat mit Schwefelsäure bei Temperaturen zwischen 100° und 300 °C aufgeschlossen.

$$CaF_2 + H_2SO_4 \longrightarrow 2\,HF + CaSO_4$$

Die Konzentration der Schwefelsäure muss zwischen 98 und 99 % liegen. Verdünntere Säure führt zu erhöhter Reaktorkorrosion, konzentriertere Säure fördert die Bildung von Fluorsulfonsäure [9]. Die Ausbeute an HF liegt je nach Verfahren bei 85–95 %. Für die Produktion von 1 kg HF sind ca. 3 kg Schwefelsäure und 2,2 kg CaF$_2$ notwendig. Eine schematische Darstellung des Flussspatprozesses ist in Abbildung 3 gezeigt.

Der eingesetzte Flussspat muss eine Reinheit > 97 % haben und eine Körnung unterhalb 150 μm besitzen. Die Reaktion ist verfahrenstechnisch nicht einfach zu führen, denn auch kleinere Mengen an Verunreinigungen (SiO$_2$, CaCO$_3$/Al$_2$O$_3$ + Fe$_2$O$_3$, H$_2$O und Sulfide) haben große Effekte im Reaktionsverlauf.

Schwefelsäure wird in einem kleinen Überschuss eingesetzt, damit beim Flussspat, dem teureren Edukt, ein möglichst vollständiger Umsatz erzielt wird.

Die Hauptreaktion

$$CaF_2 + H_2SO_4 \longrightarrow 2\,HF + CaSO_4$$

wird von einer Vielzahl von Nebenreaktionen begleitet, wie:

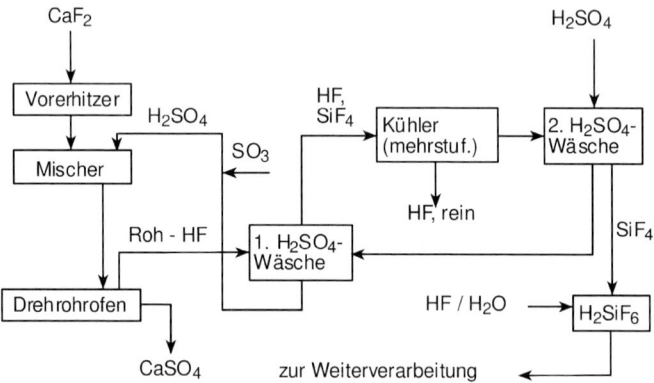

Abb. 3 Fliessschema des Flussspatprozesses

$$SiO_2 + 4\,HF \longrightarrow SiF_4 + 2\,H_2O$$

$$CaCO_3 + H_2SO_4 \longrightarrow CaSO_4 + CO_2 + H_2O$$

$$Fe_2O_3 + 3\,H_2SO_4 \longrightarrow Fe_2(SO_4)_3 + 3\,H_2O$$

$$Al_2O_3 + 3\,H_2SO_4 \longrightarrow Al_2(SO_4)_3 + 3\,H_2O$$

$$MS + H_2SO_4 \longrightarrow MSO_4 + H_2S$$

Die Schwefelsäure reagiert auch mit der Reaktorwandung:

$$Fe + 2\,H_2SO_4 \longrightarrow FeSO_4 + SO_2 + 2\,H_2O$$

Die Verunreinigungen der Gasphase bestehen hauptsächlich aus SiF_4, H_2O, SO_2, H_2S und CO_2. Die feste Calciumsulfat-Phase ist mit den Edukten, Eisen- und Aluminiumsulfaten verunreinigt.

Alle industriellen Reaktoren für die HF-Synthese sind auf die heterogen, endothermen Anforderungen der Reaktion ausgerichtet. Als zusätzliche Herausforderung ändert sich die Konsistenz des Reaktionsmediums während des Fortschritts der Reaktion von flüssiger Paste (bis 40 % Umsatz) über Pulver (bis 60 % Umsatz), wieder teigig (80 % Umsatz) und schließlich zu Pulver (100 % Umsatz) am Ende der Reaktion. Die Phasenübergänge zum Pulver führen in der Technik immer wieder zu Korrosions- und Verkrustungsproblemen. Der Wärmebedarf der Hauptreaktion beläuft sich bei 160 °C auf etwa 100 kJ für 2 mol HF. Ein guter Wärmeübergang und eine gute Durchmischung muss folglich zu jeder Zeit der Umsetzung technisch realisiert sein.

Industriell betriebene Reaktoren für die HF-Synthese können in fünf Gruppen eingeteilt werden:

Einfacher Drehrohrofen. Dieser Reaktor wird nach dem Parallelstromprinzip betrieben. Die beiden Rohstoffe werden an einem Ende des Drehofens eingefüllt, das Calciumsulfat wird am anderen Ende entfernt. Die gasförmige HF wird in der Nähe des Einlasses abgenommen. Eine ausreichende Wärmeversorgung wird durch eine Doppelmantelreaktorwand und Einspeisung vorgeheizter Edukte erzielt. Im DuPont-Prozess wird ein Teil der Reaktionswärme dadurch erzeugt, dass ein Teil der Schwefelsäure durch die exotherme Umsetzung von Schwefeltrioxid mit Wasserdampf im Reaktor erzeugt wird [10].

Die Zuverlässigkeit dieser Reaktoren basiert auf einer wirksamen Durchmischung und auf einem guten Schutz vor Korrosion.

Drehrohrofen mit Vormischer. Dieser von Buss entwickelte Reaktor besitzt einen intensiven Vormischer, an dessen Ausgang die Reaktion bereits zu 30 % vorangeschritten ist. Die Korrosion am Eingang zum Drehrohrofen wird somit bedeutend reduziert, die Krustenbildung an der Reaktorwand stellt aber immer noch eine Gefahr dar.

Drehrohrofen mit Vorreaktor [11]. Durch ausreichende Wärmeversorgung und Verweilzeit im Vorreaktor ist die Reaktion bereits zu 40–50 % fortgeschritten und der Hauptreaktor wird mit einer pulverisierten Reaktionsmischung befüllt. Der Ofen muss jedoch immer noch der zweiten Verkrustungsphase mit der dazugehörigen Korrosion stand halten. Deshalb sind mit Antikorrosionsbelägen beschichtete Abschabvorrichtungen notwendig.

Drehrohrofen mit Rezyklierung [12]. Der Ofen wird direkt mit Flussspat und Schwefelsäure befüllt. Eine spezielle Vorrichtung im Ofen entfernt am Ende des Ofens eine vorberechnete Menge der Mischung und schichtet diese zum Ofenkopf hin um. Die Durchmischung ist so ausgewählt, dass die Zusammensetzung der Reaktionsmischung am Ofenkopf immer einer Umsetzung von 80 % entspricht. Damit sind die Gefahren der Korrosion und der Krustenformung nicht mehr existent. Der Reaktor muss jedoch groß genug dimensioniert sein, um aufgrund der großen Umschichtungen eine ausreichende Verweilzeit sicherzustellen.

Drehrohrofen mit Rezyklierung und Vorreaktor [13]. Die Kombination der beiden vorgenannten Prinzipien führt zu höchst effizienten Prozessen.

Behandlung der Gase

Die rohe Gasphase enthält neben HF immer auch Staub der Edukte und von $CaSO_4$, sowie schwerere Gase wie z. B. H_2O, H_2SO_4 und leichtere Bestandteile wie SiF_4, CO_2, SO_2, H_2S und Luft. Wenn die Temperatur des Gases auf 60–70 °C fällt, bildet sich gemäß $SO_2 + 2\,H_2S \longrightarrow 3\,S + 2\,H_2O$ fester Schwefel. Dieser und die anderen festen Partikel werden durch Elektrofilter zurückgehalten (siehe Band 1, Mechanische Verfahrenstechnik, Abschnitt 4.2.6).

In einer zweiten Stufe wird das Gasgemisch abgekühlt, um die rohe HF zu kondensieren, die leichteren Bestandteile bleiben gasförmig. Danach erfolgt eine destillative Reinigung.

Behandlung des Calciumsulfats

Bei dem Flussspatprozess entstehen pro Tonne HF ca. 3,7 t Calciumsulfat als Nebenprodukt. Dieses Abfallprodukt ist orthorhombischer Anhydrit, der kristallographisch mit dem natürlichem Anhydrit identisch ist. Der Anhydrit kann im Zement zur Steuerung der Abbindegeschwindigkeit eingesetzt oder in Produkte für den Gebäude-, Berg- oder Straßenbau, als auch in Trägerstoffe für Düngemittel, umgewandelt werden. Diese Anwendungen sind in Zentraleuropa und Japan entwickelt worden und auch nur dort zugelassen. Überall sonst muss das Salz entsorgt werden.

2.2.2
Prozesse basierend auf Hexafluorokieselsäure

Keiner der unten beschriebenen Prozesse wurde längere Zeit industriell betrieben. Ökonomische Studien zeigen, dass die Prozesse basierend auf der Hydrolyse von SiF_4 in Konkurrenz zum Flussspatprozess überhaupt nur an Phosphorsäure-Produktionsstandorten eine Chance haben. Außerdem müssen aufgrund der hoch korrosiven Eigenschaften der Reaktionsmedien noch technologische Probleme gelöst werden.

Hydrolyse von SiF_4

Dieser Prozess basiert auf der Hochtemperaturhydrolyse in einem Flammenreaktor [14]. Die Hexafluorokieselsäure wird auf 30 % aufkonzentriert und zerfällt dann in HF und SiF_4.

$$H_2SiF_6 \longrightarrow SiF_4 + 2\ HF$$

Das entstandene SiF_4 wird in einer Luft/ Wasserstoff oder Luft/ Kohlenwasserstoff-Flamme hydrolysiert

$$SiF_4 + 2\ H_2O \longrightarrow SiO_2 + 4\ HF$$

Die gasförmige HF wird in einem selektiven Lösemittel absorbiert (Polyglykol oder kalte H_2SO_4) und als wasserfreie HF destilliert [15, 16].

In einem ähnlichen Prozess [17, 18] wird konzentrierte Hexafluorokieselsäure-Lösung durch kalte Schwefelsäure zersetzt. Unter den Bedingungen des Prozesses wird im ersten Schritt nur SiF_4 in die Gasphase freigegeben und kann deshalb direkt in der Hydrolysestufe eingesetzt werden, während die HF in der verdünnten Schwefelsäure verbleibt, und durch Destillation abgetrennt wird.

Alkalische Methode

Bei der alkalischen Methode wird Kieselerde mittels Ammoniak aus einer H_2SiF_6-Lösung gefällt. Zurück bleibt eine Ammoniumfluorid-Lösung

$$H_2SiF_6 + 6\ NH_3 + (n+2)\ H_2O \longrightarrow SiO_2 \cdot n\ H_2O + 6\ NH_4F$$

Aus dieser Ammoniumfluorid-Lösung werden NH_4HF_2 und Ammoniak, der wieder verwendet wird, hergestellt. Zur Freisetzung der HF aus NH_4HF_2 existieren mehrere Prozesse von Goulding Chemicals [19] und von DuPont [20, 21].

2.3
HF-Trialkylamin-Komplexe

HF bildet mit organischen Stickstoffbasen wie Triethylamin oder Trimethylamin stabile Komplexe, die in der organischen Synthese in Fluorierungsreaktionen eingesetzt werden. Die Komplexe können in unterschiedlichen Molverhältnissen (1–3,5 mol HF pro mol Amin) synthetisiert und somit die Fluorierungsstärke an das Zielmolekül angepasst werden. Die Mischungen geben HF erst bei erhöhter Temperatur ab. Auch mit Pyridin bildet HF stabile Komplexe, hier können bis zu 9 mol HF pro mol Pyridin (Olah's Reagenz) [22, 23] gebunden sein, ohne dass die Lösung unter Normalbedingungen HF verliert [24].

Umsetzungen mit einigen dieser Reagenzien können in Glasapparaturen durchgeführt werden und finden aufgrund der leichten Handhabbarkeit in Halogen-Austauschreaktionen in der Industrie Verwendung [25, 26].

Auch mit Lösemitteln oder anorganischen Verbindungen (BF_3, SbF_5) bildet HF stabile, hochreaktive Komplexe.

2.4
Eigenschaften

2.4.1
Physikalische Eigenschaften

Wasserfreie Fluorwasserstoffsäure, HF

HF ist bei 0 °C und Normaldruck eine farblose, leicht bewegliche Flüssigkeit von stechendem Geruch, die sehr hygroskopisch ist und daher an feuchter Luft raucht. Der Siedepunkt liegt bei 19,5 °C. Der im Vergleich zu den anderen Halogenwasserstoffen hohe Schmelz- und Siedepunkt ist eine Folge der sehr starken Wasserstoffbrückenbindungen zwischen den HF-Molekülen. Sogar in der Gasphase finden sich bei relativ tiefen Temperaturen noch Oligomere. Auch die spezifische Wärmekapazität und Verdampfungsenthalpie von HF weichen aus vorgenanntem Grund deutlich von denen der anderen Halogenwasserstoffsäuren ab. HF ist ein exzellentes Lösemittel für viele anorganische und organische Substanzen [27–34].

Wässrige Lösungen der Fluorwasserstoffsäure, Flusssäure

HF ist in jedem Verhältnis mit Wasser mischbar und bildet bei 1 bar ein Azeotrop mit einem HF-Gehalt von 38,2 %, das bei 112,2 °C siedet. Wässrige HF-Lösungen sind farblos. Bei einer HF-Konzentration > 40 % beginnt die Lösung zu rauchen.

2.4.2
Chemische Eigenschaften

HF wird im Prinzip durch zwei Eigenschaften charakterisiert: Zum einen durch ihre Stabilität, die sich in der hohen Dissoziationsenergie von 560 kJ mol^{-1} widerspiegelt, und damit HF zum einem der stabilsten zweiatomigen Moleküle macht. Die zweite Eigenschaft ist die hohe Reaktivität. HF besitzt eine große Neigung mit Sauerstoffverbindungen zu reagieren. So wird aus Borsäure Bortrifluorid, aus SiO_2 oder Silicaten SiF_4 und aus Schwefeltrioxid oder Schwefelsäure Fluorsulfonsäure. Die letzte Reaktion demonstriert beeindruckend die wasserziehende Kraft wasserfreier HF.

Flüssige HF ist ein gut untersuchtes nichtwässriges ionisierendes Lösemittel [35]. Als starke Brønsted-Säure besitzt HF katalytische Aktivität in Alkylierungs-, Isomerisierungs- und Polymerisationsreaktionen. Die Säurestärke wässriger HF ist mit der von Ameisensäure vergleichbar.

2.5
Lagerung und Transport

Die Lager- und Transportbedingungen für wasserfreie Fluorwasserstoffsäure und ihre Lösungen sind strengen Bestimmungen unterworfen [36–38].

Metalle

Unlegierter Stahl kann als Behälter für flüssige oder gasförmige wasserfreie Fluorwasserstoffsäure bis zu 150 °C verwendet werden. Durch Passivierung bildet sich eine Schicht von Eisen(III)-fluorid aus, die weitere Korrosion verhindert. Eine hohe Fließgeschwindigkeit muss vermieden werden, da dies zur Erosion dieser Schicht führen kann. Auch Flusssäure mit einem Gehalt von > 70 % HF kann in Stahlbehältern gelagert werden. Fällt die Konzentration jedoch unter 60 %, besteht starke Korrosionsgefahr. Wegen der Wasserstoffbildung kann dies zu einer explosiven Luft/Wasserstoff-Mischung in der Kuppel des Vorratstanks führen.

Austenitischer Stahl oder Chromnickelstähle sind gegenüber wasserfreier HF nicht resistenter als unlegierter Stahl. Monelmetall, Nickel und Inconel können in Gegenwart von wasserfreier gasförmiger HF bis zu 600 °C verwendet werden, jedoch sind sie bei Konzentrationen ab 50 % gegenüber wässriger HF nur bis 25 °C beständig. Auch reines Aluminium zeigt gute Korrosionsbeständigkeit gegenüber wasserfreier HF. Die Möglichkeiten, Metalle für Behälter für wässrige HF zu verwenden, sind beschränkt. Nur Platin ist gegenüber allen Konzentrationen bis zum Siedepunkt beständig. Kupfer ist bei Konzentrationen bis > 60 % ziemlich resistent und wird daher manchmal für Destillationsapparaturen für die Produktion wasserfreier HF verwendet. Titan und Tantal werden von wässriger HF jeder Konzentration stark angegriffen.

Kunststoffe

Kunststoffe sind für Transport und Reaktionen von HF bei tieferen Temperaturen die Werkstoffe der Wahl. Polyethylen, Polypropylen und Polyvinylchlorid sind gegenüber bis zu 50 %igen HF-Lösungen bei Raumtemperatur beständig. Polytetrafluoroethylen (PTFE) zeigt die besten Ergebnisse gegenüber wasserfreier und wässriger HF. Jedoch ist PTFE nicht absolut HF-undurchlässig und es muss daher gewährleistet sein, dass eine evtl. Beschichtung dick genug ist.

Keramik

Materialien, die SiO_2 enthalten, sind ungeeignet für Transport und Lagerung von HF und werden von ihr sogar in stark verdünnter Lösung und bei niedrigen Temperaturen angegriffen.

2.6 Toxikologie

Fluorwasserstoff und Flusssäure sind stark giftig. Sie verursachen starke Verätzungen auf der Haut, dringen in tiefe Hautschichten ein, zerstören dort das Gewebe und führen durch chemische Reaktion mit den im Stoffwechselkreislauf befindlichen Magnesium- und Calcium-Ionen zur Hemmung lebenswichtiger Enzyme, was akute Störungen im Kohlenhydrathaushalt bewirkt [39, 40].

Die Inhalation von HF-Dämpfen kann nach kurzer Zeit zum Tode aufgrund von akuten Lungenödemen durch starke Verätzungen in den Atemwegen führen. Aufnahme von HF kann auch zur Beeinträchtigung die Nierenfunktion führen [40].

Jeder noch so geringfügig erscheinende Unfall mit HF muss immer als ein schwerer Unfall eingestuft werden. In erster Linie ist es wichtig dass schnell Erste Hilfe geleistet wird.

Beim Umgang mit HF ist größte Vorsicht geboten und alle Umsetzungen mit HF sollten nur von geschultem Personal durchgeführt werden. Es muss dafür gesorgt werden, das genügend Calciumgluconat zur Ersten Hilfe bereit steht.

3
Salze der Fluorwasserstoffsäure

Neben den einfachen Fluoriden sind auch besonders die Hydrogenfluoride des Natrium-, Kalium- und Ammoniumfluorids von technischer Bedeutung. Diese sind als Salze des HF_2-Ions aufzufassen.

Allgemeine Eigenschaften und Herstellverfahren

Fast alle Salze der Fluorwasserstoffsäure können wegen ihrer bakteriziden und fungiziden Wirkung als Konservierungsmittel für Holz verwendet werden. Die Eigenschaft ebenso wie Flusssäure Silicate aufzulösen, macht die Fluoride zu wichtigen Chemikalien in der Glasindustrie, in der Energieindustrie zur Reinigung von Kesseln oder bei der Entfernung von Silicatablagerungen. Da F^--Ionen aufgrund der ähnlichen Größe O^{2-}-Ionen im Kristallgitter ersetzen können, was zu einer Schmelzpunkterniedrigung führt, finden viele Fluoride in der Metallindustrie (Schmelze, Löten, Schweißen) Anwendung. Vor allem die Alkalisalze besitzen die Fähigkeit zu nucleophilen Fluor-Chlor-Austauschreaktionen an aktivierten organischen Molekülen und stellen somit wichtige Fluorquellen für organische Fluorverbindungen dar. Da von der WHO festgestellt wurde, dass eine ausreichende Aufnahme von F^- mit der Nahrung z. B. für die Kariesprophylaxe essentiell ist, wird in vielen Ländern das Trinkwasser fluoriert (1 mg F^- pro Liter). Auch in Zahnpasten sind zumeist Aminofluoride enthalten.

Lösliche Fluoride sind in höheren Konzentrationen in der Regel toxisch, Hydrogenfluoride sind zudem ätzend. Natriumfluorid nimmt unter Bildung des entsprechenden Hydrogenfluorids bereits bei Raumtemperatur HF auf. Über 300 °C wird das Gleichgewicht in die andere Richtung verschoben und HF wird frei.

$$NaF + HF \longrightarrow NaHF_2$$

Daher wird NaF auch zur Absorption von HF aus Gasen genutzt.

Die Wasserlöslichkeiten (g L^{-1}) der Fluoride differieren gewaltig: von sehr gut löslichen Salzen wie KF (923), NH_4F (815), NH_4HF_2 (631) und KHF_2 (410) über mäßig lösliche Salze wie NaF (42) und $NaHF_2$ (38) bis sehr schlecht löslichen wie Na_2SiF_6 (6,5), LiF (2,7), K_2SiF_6 (1,2), MgF_2 (0,0076) und CaF_2 (0,016). Die extrem schlechte Löslichkeit von CaF_2 wird in der Abwasserreinigung zum Ausfällen von Fluorid-Ionen angewendet (siehe Band 2, Umwelttechnik, Abschnitt 3: Abwasserreinigung).

Die unterschiedlichen Herstellverfahren richten sich nach der unterschiedlichen Löslichkeit der Salze in Wasser.

Kristallisation aus wässriger Lösung (siehe Band 1, Thermische Verfahrenstechnik, Abschnitt 5.1): Bei gut löslichen Salzen wird das Alkalihydroxid oder -carbonat vorgelegt, mit stöchiometrischen Mengen an Flusssäure umgesetzt (bei Ammoniumfluorid wird HF bis pH 3 eingeleitet) und dann bis zur Kristallisation eingedampft. Die Mutterlaugen werden in den Prozess zurückgeführt. Dieser Prozess ist wegen des hohen Energieaufwands beim Eindampfen teuer.

Herstellung durch Fällung: Schwerlösliche Hexafluorosilicate werden aus Salzlösungen und Hexafluorokieselsäure gefällt, die Produkte sind allerdings mit Kieselsäure verunreinigt. Natriumfluorid kann auch durch kontinuierliche Fällung von NaOH und HF erreicht werden. Bei diesem Prozess entsteht reines Produkt.

Herstellung über Schmelze: Ammoniumhydrogenfluorid wird hauptsächlich über dieses Verfahren dargestellt. In kontinuierlicher Schmelze werden wasserfreier Ammoniak mit wasserfreiem Fluorwasserstoff im Molverhältnis 1:2 in Stahlreaktoren zur Reaktion gebracht. Diese hoch korrosive Schmelze wird auf einer gekühlten Trommel kristallisiert und in Schuppen abgetragen.

Auflösen der Metalle in HF: Wenige Verfahren sind bekannt, bei denen die Fluoride mit den elementaren Metallen hergestellt werden. SnF_2 wird beispielsweise durch Umsetzung von feinverteiltem Zinn in einem Überschuss an wasserfreier HF unter Wasserstoffentwicklung hergestellt.

3.1
Kaliumfluorid

Wasserfreies KF wird in der organischen Synthese als Katalysator [41] verwendet, in anderen Reaktionen als Reagenz [42] zur Einführung von Fluor in organische Moleküle [43, 44]. In der so genannten »Halex-Reaktion« werden Chloratome durch Fluoratome ausgetauscht. Die oft nicht ausreichend hohe Nucleophilie des Fluorid-Ions und die Löslichkeit von KF in aprotischen organischen Lösungsmitteln (N-Methylpyrrolidon (NMP), Sulfolan) werden durch Zugabe von Kronenethern oder speziell zugeschnittenen Halex-Katalysatoren [45] verbessert. Das so generierte »nackte« Fluorid-Ion ist ein effizientes Fluorierungsmittel [44].

Das wasserfreie Salz wird auch als Flussmittel beim Löten verwendet (Messinglöten KF+AlF_3) [46]. Kaliumfluorid ist ein Bestandteil des bekannten FLiNaK Elektrolyten (Abschnitt 3.5).

Kaliumfluorid wird teilweise zur Kariesprophylaxe dem Speisesalz zugegeben (0,76 g KF, entspr. 0,250 g F, pro Kilogramm NaCl) [47].

Der Preis von 1 kg KF betrug 2001 etwa 3 €.

Kaliumfluorid, KF (M = 58,10), ist ein farbloses bis weißes, hygroskopisches Salz, das in der NaCl-Struktur kristallisiert (Schmp.: 858 °C, Sdp.: 1505 °C). Es sind zwei Hydrate bekannt: KF · 2 H_2O (Schmp.: 41 °C) und KF · 4 H_2O (Schmp.: 19 °C). Kaliumfluorid wird durch Reaktion von HF mit K_2CO_3 oder KOH hergestellt.

Kaliumhydrogenfluorid, KHF_2 [KF · HF], (M = 78,11), ist ein weißes Salz (Schmp.: 239 °C), das aus Kaliumcarbonat oder Kaliumhydroxid und wässriger HF hergestellt wird [48]. Bei Einwirkung von Wärme spaltet das Salz HF ab. Kaliumhydrogenfluorid wird als Flussmittel [49, 50], zum Ätzen von Metallen wie Aluminium [51, 52], sowie zum Mattieren von Glas [53] und zur Konservierung von Holz [54, 55] verwendet.

KF · 2 HF, (Schmp.: 71,7° C) wird aus Kaliumhydrogenfluorid und HF hergestellt.

3.2
Natriumfluorid

Natriumfluorid wird in verschiedenen Ländern zur Kariesprophylaxe dem Trinkwasser zugesetzt (0,7–1 mg F). Es wird auch zum Beizen von rostfreiem Stahl, beim Löten und zum Holzschutz verwendet [54]. NaF dient als Konservierungsmittel in der Leimindustrie und wird als Komplexbildner zur Abtrennung von Ruthenium, Niob und Antimon bei der Wiederaufbereitung von Kernbrennstäben benutzt [55]. Natriumfluorid ist ein Bestandteil des FLiNaK Elektrolyten (Abschnitt 3.5).

Natriumhydrogenfluorid greift Textilfasern nicht an und wird daher zum Entfernen von Eisenflecken aus Textilien benutzt. Der jährliche Bedarf von NaF wird auf mehrere Tausend Tonnen geschätzt. Der Preis von NaF betrug 2001 etwa 1 € pro Kilogramm.

Natriumfluorid, NaF (M = 41,99), ist ein weißes Salz, das in der NaCl-Struktur kristallisiert (Schmp.: 992 °C, Sdp.: 1704 °C). Seine Löslichkeit in Wasser zwischen 0 und 100 °C beträgt ca. 40–50 g L^{-1}.

Hohe Konzentrationen von Fluorid-Ionen im Körper wirken toxisch; die tödliche Dosis für einen 70 kg schweren Menschen wird auf 5–10 g Natriumfluorid geschätzt [56]. NaF wird aus Natriumcarbonat oder Natriumhydroxid und HF hergestellt. Mit einem Überschuss von HF entsteht Natriumhydrogenfluorid [*1333-83-1*] (M = 61,99), NaF · HF.

3.3
Ammoniumfluorid

In vielen Bereichen werden aufgrund der leichteren Handhabbarkeit wässrige Lösungen von NH$_4$F · HF anstelle von wässriger HF eingesetzt. Wichtige Anwendungsgebiete sind die Oberflächenbehandlungen z. B. von Aluminium [55] und die Entfernung von dünnen Oberflächenoxidschichten bei integrierten Halbleiterschaltungen [57]. Die Verwendung von Lösungen von NH$_4$F · HF in wasserfreier HF als Elektrolyt, beispielsweise in der industriellen Produktion von elementarem Fluor [58], ist untersucht worden, aufgrund von Korrosionsproblemen wurde dieser Prozess jedoch technisch noch nicht realisiert. Der Preis von 1 kg NH$_4$F betrug 2001 etwa 1,4 €.

Ammoniumfluorid, NH$_4$F (M = 37,04), ist ein farbloses, hygroskopisches Salz. Die Löslichkeit in Wasser beträgt bei 0 °C etwa 1000 g L^{-1}. NH$_4$F zerfällt beim Erwärmen in NH$_3$ und NH$_4$F · HF. Ammoniumhydrogenfluorid NH$_4$F · HF (M = 57,04) ist ein weißes, durchsichtiges, hygroskopisches Salz (Schmp.: 126,1 °C, Sdp.: 239,5 °C). Durch die Umsetzung von NH$_4$F · HF mit Metallcarbonaten [59] werden hochreine Metallfluoride (CaF$_2$, MgF$_2$, usw.) hergestellt. Die direkte Fluorierung von NH$_4$F · HF mit elementarem Fluor wird für die Herstellung von NF$_3$ benutzt (siehe Abschnitt 9.2).

3.4
Cobaltfluoride

Cobaltdifluorid, CoF$_2$ (M = 96,93; Schmp.: 1200 °C), wird aus wasserfreier HF und Cobaltcarbonat dargestellt. Zur Synthese von Cobalttrifluorid, CoF$_3$ (M = 115,93), wird allerdings die Oxidationskraft von elementarem Fluor oder ClF$_3$ benötigt. CoF$_3$ wird als fester Fluorträger betrachtet, da es bei höheren Temperaturen F$_2$ abspaltet.

$$2 \text{ CoF}_3 \longrightarrow 2 \text{ CoF}_2 + \text{F}_2$$

Obwohl diese Zersetzung erst oberhalb von 600 °C eintritt [60], ist CoF$_3$ ein starkes, recyclebares Fluorierungsmittel [55]. In der organischen Synthese wird CoF$_3$ z. B. für die Herstellung von Perfluorkohlenwasserstoffen aus den entsprechenden Kohlenwasserstoffen verwendet [61]. Mit CoF$_3$ können Metalloxide in die entsprechenden Fluoride der höchsten Oxidationsstufe der Metalle überführt werden.

Bei der Handhabung muss sehr große Vorsicht gelten, da CoF$_3$ toxisch und hygroskopisch ist.

3.5
Lithiumfluorid

Lithiumfluorid, LiF (M = 25,94), ist ein weißes Salz (Schmp.: 846 °C; Sdp.: 1680 °C), das in Wasser schlecht löslich ist. Es lässt sich beispielsweise aus HF und Lithiumcarbonat herstellen. Das entsprechende Hydrogenfluorid, LiF · HF, ist instabil.

1–2% LiF werden dem Elektrolyten KF · 2 HF bei der Produktion von elementarem Fluor zur Verbesserung der Benetzbarkeit der Kohlenstoffelektroden zugesetzt. Die Verbesserung der Anodenwirkung kommt wahrscheinlich aufgrund der Eigenschaft von LiF, mit Graphitfluorid hochleitende ternäre Verbindungen der Formel C$_x$F$_y$Li$_z$ zu bilden [62], zustande [63, 64]

Aufgrund seiner extrem hohen Oxidationsbeständigkeit ist LiF ein effizienter Hochtemperaturschmierstoff [55]. Große, reine Kristalle von LiF werden in optischen Systemen für ultraviolettes-, sichtbares oder infrarotes Licht und in Röntgenstrahl-Monochromatoren verwendet.

Außerdem ist LiF ein Bestandteil von vielen Schmelzflusselektrolyten. Das eutektische Gemisch aus LiF, NaF und KF ist als FLiNaK bekannt (Zusammensetzung in mol%: LiF 46,5; NaF 11,5; KF 42,0; Schmp.: 454 °C). FLiNaK ist ein geeigneter Elektrolyt für die Elektroabscheidung von Zr, Ta, Nb, Cr, Mo, W und ihrer Legierungen [65, 66] und wird auch für Hochtemperaturbatterien verwendet. In der Kerntechnik werden Mischungen aus Lithium-, Beryllium- und Thoriumfluoriden als Kühlflüssigkeiten für Salzschmelze-Brutreaktoren vorgeschlagen. Es ist auch überlegt worden, geschmolzenes LiF oder Li$_2$BeF$_4$ in Fusionsreaktoren als Brutmaterial oder Kühlmittel einzusetzen [67]. Der Verbrauch an LiF lag in der EU bei 500 t (2001).

3.6
Magnesiumfluorid

Magnesiumfluorid, MgF$_2$ (M = 62,31), ist ein farbloses Salz. Es wird durch Reaktion von Magnesiumoxid mit HF oder von Magnesiumcarbonat mit NH$_4$F · HF [59] dargestellt, daneben fällt es als Nebenprodukt der Herstellung von Elementen wie z. B. Beryllium durch Reduktion der entsprechenden Fluoride mittels elementarem Magnesium an [68].

Einkristalle von Erdalkalifluoriden wie MgF$_2$ haben wegen ihrer hohen Durchlässigkeit für elektromagnetische Strahlung vom UV-Bereich bis hin zum mittleren IR [55] große Bedeutung für optische Anwendungen. Infrarot-durchlässige Fenster können durch Warmpressen von MgF$_2$-Pulver hergestellt werden [69].

3.7
Nickelfluorid

Nickel(II)-fluorid, NiF$_2$ (M = 96,71), ist ein grünes Salz, das oberhalb von 1000 °C sublimiert. Es ist in Wasser oder wasserfreier HF schlecht, in wässriger HF etwas besser löslich.

Zahlreiche Nickel(III)- oder -(IV)-Komplexsalze wie z. B. M$_3$NiF$_6$ und M$_2$NiF$_6$ von Metallen wie M = Na, K, Rb oder Cs sind aus der Literatur bekannt [70]. K$_2$NiF$_6$ wird zum Beispiel durch Einwirkung von elementarem Fluor auf eine Mischung aus KCl und NiCl$_2$ bei 275 °C dargestellt [71]. Lösungen dieser Komplexe in HF werden als Fluorierungsreagenzien verwendet und einige dienen auch als Quelle für elementares Fluor [72].

3.8
Wolframhexafluorid

Wolframhexafluorid, WF$_6$ (M = 297,84), ist bei Raumtemperatur ein farbloses Gas (Schmp.: 2,5 °C, Sdp.: 17,1 °C), das mit Wasser schnell zu WO$_3$ hydrolysiert. Im Vergleich zu den anderen Übergangsmetallfluoriden ist WF$_6$ [73] ein mildes Oxidationsmittel und ein schwaches Fluorierungsreagenz [74].

Die größte Anwendung findet WF$_6$ in der chemischen Gasphasenabscheidung (CVD, Chemical Vapor Deposition) von Wolframmetall auf Werkstoffen. Die Abscheidung erfolgt entweder durch Reduktion von WF$_6$ mittels Wasserstoff bei erhöhter Temperatur oder durch thermische Zersetzung von WF$_6$. Diese hochreinen CVD-Wolframüberzüge (manchmal mit Rhenium legiert) haben Anwendungen als Targets zur Erzeugung von Röntgenstrahlung [75] und in Sonnenenergiekollektoren [76] gefunden.

4
Aluminiumfluoride

Aluminiumfluorid, AlF_3, und Kryolith, Na_3AlF_6, sind aus industrieller Sicht die beiden wichtigsten Aluminium-Fluor-Verbindungen. 95 % dieser Verbindungen werden für die Schmelzbäder der elektrolytischen Aluminiumgewinnung benötigt. Somit hängt der Bedarf an AlF_3 und Na_3AlF_6 direkt vom Absatz des Aluminiums ab. Die Produktion von Aluminium in den USA erreichte 1983 ein Maximum von über $4 \cdot 10^6$ t und sank 1994 auf ein Minimum, als Russland mit einer Produktion von ca. 400 000 t Aluminium auf den Markt kam. 2001 produzierten die USA zwar wieder 3,6 bis $3,8 \cdot 10^6$ t Aluminium, aber immer weiter verbesserte Prozesse zur Wiedergewinnung von Fluor führten zu einer Verringerung des Flussmittelbedarfs. Bis 1975 war HF der einzige Rohstoff zur Herstellung der Fluoride, aber schon um 1981 wurden die Aluminiumfluoride zu ca. 18 % aus Hexafluorokieselsäure hergestellt [77]. 2001 wurden nur noch 50 % aus HF gewonnen, ca. 25 % direkt aus CaF_2 und ebenfalls 25 % aus Hexafluorokieselsäure bzw. dem Na-Salz, Na_2SiF_6, das als leicht isolierbarer Abfall bei der Phosphorsäureproduktion anfällt [78]. Hexafluorokieselsäure ist preisgünstiger als HF und bei Verwendung von Hexafluorokieselsäure ist die notwendige Wiedergewinnung des Fluors bei der Elektrolyse wesentlich einfacher. Der Verbrauch von AlF_3 pro Tonne produziertem Aluminiums ist von 35 kg auf 20 kg gefallen. Legt man die heutigen technischen Verfahren zugrunde, und berücksichtigt man außerdem das konsequente Recycling von Kryolith und den eingesetzten Überschuss ist seit Ende der 2000er ein AlF_3-Verbrauch von 6 kg realisierbar (in den 1960er Jahren 75 kg pro Tonne Al). Bei den neuesten Verfahren ist gar kein Kryolith mehr nötig.

4.1
Verwendungen

Aluminiumfluorid
Über 95 % des Aluminiumfluorids wird in der elektrolytischen Gewinnung von Rohaluminium und in der Aluminiumraffination verwendet. Bei der Raffination wird AlF_3, das mit einer Reinheit von > 97 % aus der H_2SiF_6-Methode gewonnen wurde, eingesetzt.

Andere Anwendungen des Aluminiumfluorids, z. B. in der Herstellung oder Bearbeitung von Gläsern für optische Zwecke, Laser und elektrische Leiter, von Keramik, als Schweißpulver und als Katalysatorbestandteil in der Synthese halogenierter Kohlenwasserstoffe sind deutlich weniger bedeutend.

Die US Produktionsmengen für AlF_3 betrugen 2002 ca. 69 000 t, in Mexiko 50 000 t und in Europa 85 000 t. Die jeweiligen Kapazitäten liegen deutlich darüber.

Kryolith
Kryolith ist der Hauptbestandteil des Elektrolysebades für die Aluminiumproduktion. Pro Tonne produziertem Aluminium werden 4–10 kg Kryolith benötigt. Kryolith spielt wegen seiner Fähigkeit, Fluoride und Oxide aufzulösen, eine entschei-

dende Rolle bei der Schmelzflusselektrolyse. Hierdurch lassen sich Temperatur, Leitfähigkeit, Viskosität und Dichte des Bades einstellen.

Neben den mit AlF_3 identischen Anwendungsgebieten wird Kryolith auch als Füllstoff für Polymere und für Schleifscheiben eingesetzt.

In Westeuropa wurden 2002 ca. 32 000 t produziert, rund 50 % davon über Ammoniumfluorid aus Hexafluorokieselsäure. In Japan stehen weitere 45 000 t an Kapazität zur Verfügung.

4.2
Herstellverfahren

4.2.1
Aluminiumtrifluorid, AlF_3

Prinzipiell wird AlF_3 auf zwei Wegen hergestellt: zum einen aus HF und damit aus CaF_2 zum anderen aus Hexafluorokieselsäure.

4.2.1.1 Herstellung aus Flusssäure oder HF

Flusssäureprozess
Der Flusssäureprozess wird immer seltener angewendet [79]. In diesem Verfahren wird das Trihydrat des Aluminiumoxids $Al_2O_3 \cdot 3\,H_2O$ bei 80 °C mit wässriger HF versetzt, bis sich das Aluminiumoxid vollständig aufgelöst hat (kontinuierlich oder im Batchverfahren). Durch Impfung der übersättigten Lösung fällt $AlF_3 \cdot 3\,H_2O$ aus, das in einer oder zwei Stufen im Drehrohrofen getrocknet und calciniert wird (90–98 % AlF_3). Die Mutterlauge (ca. 18 g L^{-1} AlF_3) wird für die Kryolith-Produktion verwendet.

Gasphasenprozess
Bei dieser Methode wird ein Wirbelschichtofen verwendet, in dem gasförmige HF (evtl. verdünnt) und Aluminiumoxid-Trihydrat im Gegenstrom bei Temperaturen von 500–600 °C zur Reaktion gebracht werden [80]. Es gibt verschiedene Verfahren, HF in diesen Reaktor einzuspeisen. Entweder wird relativ saubere HF verdampft, oder man wendet die ökonomischere Methode an, die beispielsweise Pechiney (weltgrößter Erzeuger mit einer Kapazität von 90 000 t) in seinem Werk in Salindres (Frankreich) benutzt. Bei diesem Verfahren wird HF direkt nach der Produktion mit einem Brenner erhitzt, sodass sich eine HF-Konzentration von ca. 200 g m^{-3} im Gasraum einstellt. Die gasförmige HF reagiert dann im Wirbelschichtofen direkt mit der Tonerde und es entsteht 89–91 %iges AlF_3. Das Abgas (SiF_4/HF) wird mit Wasser gewaschen. Bei diesem Verfahren sind zahlreiche technologische Verbesserungen [81] erzielt worden.

4.2.1.2 Aus Fluor-Silicium-Verbindungen
Prinzipiell unterscheidet man hier zwischen dem sauren (direkten) und ammoniakalischen (indirekten) Prozess.

Direkter Prozess

Dieser Prozess ist überall in der Welt etabliert. Das Edukt Hexafluorokieselsäure fällt in der Phosphatindustrie als Nebenprodukt an. Der erste Prozess wurde bei den O.S.W. (Österreichische Stickstoffwerke) im Jahr 1962 entwickelt [82]. Das wichtigste Kriterium der industriellen Produktion ist die Reinheit des AlF_3, das für die Aluminiumproduktion nur 0,2 % SiO_2 und 0,025 % P_2O_5 enthalten darf. Der erforderliche niedrige SiO_2-Gehalt ist durch gezielte Fällung leicht zu erreichen, die Entfernung von P_2O_5 ist weitaus schwieriger und muss bereits bei der Herstellung der Hexafluorokieselsäure beachtet werden.

Ein Fliesschema des Prozesses ist in Abbildung 4 gezeigt.

Aluminiumoxid-Trihydrat wird in einem Batchverfahren mit 15 %iger Hexafluorokieselsäure bei 60 °C umgesetzt:

$$H_2SiF_6 + Al_2O_3 \cdot 3\,H_2O \longrightarrow 2\,AlF_3 + SiO_2 + 4\,H_2O$$

Die exotherme Reaktion erhöht die Temperatur der Mischung auf ca. 90–100 °C. Da die ausgefällte Kieselsäure leicht filtrierbar sein muss, sind die Parameter Temperatur, Konzentration und Überschuss an Reagenzien, Rührgeschwindigkeit und der pH-Wert bei der Reaktionsführung streng zu beachten. Hier liegt das Know-how der einzelnen Firmen. Nach der Filtration der Kieselsäure wird β-$AlF_3 \cdot 3\,H_2O$ bei 80–90 °C aus der übersättigten AlF_3-Lösung auskristallisiert und abgetrennt. Die Mutterlaugen, die noch ca. 18 g L^{-1} AlF_3 enthalten, werden entweder zur Verdünnung der Hexafluorokieselsäure, als Waschflüssigkeit für die erste Wäsche der Kieselsäure auf dem Filter, zur Gaswäsche oder bei der Herstellung von Kryolith wieder verwendet. Die Zahl der Zyklen der Mutterlauge wird durch ihren P_2O_5-Gehalt, der 100 ppm nicht übersteigen darf, bestimmt.

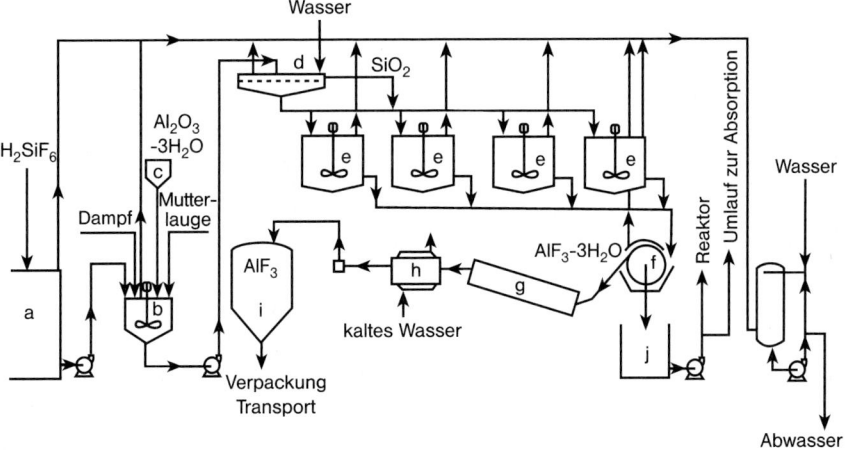

Abb. 4 Fliesschema der Synthese von AlF_3 aus H_2SiF_6 und $Al_2O_3 \cdot 3\,H_2O$ [83]
a) H_2SiF_6-Vorratstank; b) Reaktor; c) Aluminiumoxid-Bunker d) Abtrennung der Kieselsäure; e) Kristallisationsbecken; f) Trihydrat-Filter; g) Trockner; h) Kühler; i) Endproduktsilo; j) Mutterlaugensammeltank

Das so gewonnene feuchte Rohprodukt wird in der Regel in zwei Stufen getrocknet. In der ersten Stufe entsteht $AlF_3 \cdot 0{,}5\ H_2O$. Die Temperatur darf hier 250 °C nicht übersteigen, um eine Hydrolyse zu verhindern. In einer zweiten Stufe wird das Zwischenprodukt entweder sehr kurz in einem Wirbelschichtreaktor [84] oder etwas länger in einem Drehrohofen auf 500–600 °C erhitzt. In beiden Fällen erhält man calciniertes Produkt mit einer Reinheit von 97–98 % AlF_3. [85] Es wird versucht, Aluminiumfluorid mit bereits geringem Hydratisierungsgrad (0,15–1 H_2O) zu kristallisieren, dies gelingt bislang jedoch nur bei hoher Temperatur und unter Druck [86].

Indirekter Prozess
Bei diesem Prozess wird als Zwischenstufe Ammoniumkryolith, $AlF_3 \cdot 3\ NH_4F$, aus wässrigem Ammoniumfluorid und teilweise dehydratisiertem Aluminiumoxid-Trihydrat (Gl. (2)) oder einer Lösung von AlF_3 (Gl. (3)) hergestellt [87]:

$$H_2SiF_6 + 6\ NH_4OH \longrightarrow 6\ NH_4F + SiO_2 + 4\ H_2O \tag{1}$$

$$12\ NH_4F + Al_2O_3 \cdot x\ H_2O \longrightarrow 2\ AlF_3 \cdot 3\ NH_4F + 6\ NH_3 + (x+3)\ H_2O \tag{2}$$

$$3\ NH_4F + AlF_3 \longrightarrow AlF_3 \cdot 3\ NH_4F \tag{3}$$

Reaktion (3) kann in einem Wirbelschichtreaktor [88] ausgeführt werden, der einheitliche Kristalle produziert, welche die Weiterverarbeitung erleichtern.

Die Herstellung von AlF_3 aus Ammoniumkryolith kann nach zwei Varianten erfolgen:

durch thermische Zersetzung bei 400–500 °C, bei der recyclingfähiges NH_4F anfällt,

$$AlF_3 \cdot 3\ NH_4F \longrightarrow AlF_3 + 3\ NH_4F$$

oder durch die Reaktion mit teilweise dehydratisiertem Aluminiumoxid-Trihydrat, wobei NH_3 entsteht, das im Vergleich zu NH_4F einfacher zu recyceln ist:

$$2\ AlF_3 \cdot 3\ NH_4F + Al_2O_3 \cdot x\ H_2O \longrightarrow 4\ AlF_3 + 6\ NH_3 + (x+3)\ H_2O$$

Wegen des erforderlichen Recylings von NH_4F oder NH_3 sind beide Prozesse technisch anspruchsvoller als der direkte Prozess. Der einzige Vorteil, den der indirekte gegenüber dem direkten Prozess hat, ist die Tatsache, dass das bei manchen Folgeumsetzungen störende P_2O_5 bei der Ausfällung des Ammoniumkryoliths entfernt werden kann [89].

4.2.1.3 Wiedergewinnung des Fluors während der Aluminiumproduktion
Die Abgase der Elektrolysezellen der Aluminiumherstellung (siehe Band 6, Aluminium, Aluminiumverbindungen und Magnesium) enthalten Fluor, das aus ökonomischen und ökologischen Gründen wiedergewonnen werden muss. Lediglich weniger als 1 kg HF pro Tonne Aluminium darf entweichen. Von den bekannten zwei Methoden ist die trockene Methode zur Zeit die effektivste.

Trockenes Verfahren

Beim trockenen Verfahren wird klassische sandige Tonerde mit einer Oberfläche zwischen 45 und 80 m² g^{-1} in den Abgasfiltern verwendet, um das Fluor in automatisierten Zellen zurückzuhalten [90]. Die Tonerde wird in die Abgase eingeblasen [91] und 99,99 % der freien HF werden binnen Sekunden chemisorbiert. Alle festen Partikel werden in Taschen- oder Sackfiltern zurückgehalten und nur neutrale Gase können entweichen. Das so fluorierte Aluminiumoxid wird in die Elektrolysezelle zurückgeführt.

Nassverfahren

Beim Nassverfahren werden die ausströmenden Gase mit einer AlF$_3$-Lösung (20 g L^{-1}) gewaschen, wobei ca. 5 g HF pro Liter Lösung in zwei Stufen gelöst werden können. Durch Neutralisation mit Aluminiumoxid wird dann AlF$_3$ · 3 H$_2$O gefällt. Die Mutterlauge wird in die Gaswaschstufe zurückgeleitet [92]. Obwohl durch diese Waschtechnik auch SO$_2$ entfernt wird ist die geringe Produktivität von nur 11,5 g AlF$_3$ · 3 H$_2$O pro Liter Lösung ein großer Nachteil.

4.2.2
Herstellung von Kryolith

Obwohl der Verbrauch von Kryolith zu Gunsten von AlF$_3$ sinkt, werden die bestehenden Prozesse nach wie vor verbessert.

Moderne Prozesse verwenden HF, H$_2$SiF$_6$, Al$_2$O$_3$ · 3 H$_2$O, Al$_2$O$_3$ · x NaOH, NaOH, NaCl und Na$_2$SO$_4$ als Rohstoffe. Aus Kostengründen ist die Kryolithproduktion in der Nähe von Aluminium- oder Fluoridvorkommen angesiedelt. Die ständigen Verbesserungen der Prozesse haben zu einem Qualitätsstandard geführt, der NaF/AlF$_3$ Verhältnisse beliebig einstellbar macht, ein Produkt mit hoher Schüttdichte um 1,5 g cm^{-3} und sphärische Partikeln (50–200 μm) erzeugt, die leicht zu filtrieren, waschen, trocknen und calcinieren sind [93, 94].

4.2.2.1 HF-Prozesse

Es gibt eine Vielzahl von Prozessen, die auf HF als Ausgangsstoff basieren. Allen gemeinsam ist der erste Schritt:

$$12 \text{ HF} + \text{Al}_2\text{O}_3 \cdot 3 \text{ H}_2 \longrightarrow 2 \text{ AlF}_3 \cdot 3 \text{ HF} + 6 \text{ H}_2\text{O}$$

gefolgt von einer der folgenden Stufen

$$2 \text{ AlF}_3 \cdot 3 \text{ HF} + 6 \text{ NaOH} \longrightarrow 2 \text{ AlF}_3 \cdot 3 \text{ NaF} + 6 \text{ H}_2\text{O}$$

$$2 \text{ AlF}_3 \cdot 3 \text{ HF} + 3 \text{ Na}_2\text{CO}_3 \longrightarrow 2 \text{ AlF}_3 \cdot 3 \text{ NaF} + 3 \text{ H}_2\text{O} + 3 \text{ CO}_2$$

$$2 \text{ AlF}_3 \cdot 3 \text{ HF} + 6 \text{ NaCl} \longrightarrow 2 \text{ AlF}_3 \cdot 3 \text{ NaF} + 6 \text{ HCl}$$

Diese Umsetzungen werden absatzweise durchgeführt. Tonerde wird in 40–60 %-iger HF-Lösung bei 70 °C aufgelöst und der Kryolith durch Zugabe von NaOH, Na$_2$CO$_3$ oder NaCl ausgefällt. Der Filterkuchen wird dann in einem Drehrohrofen oder Bühnenofen bei 600 °C calciniert. Führt man die Umsetzung in einem Wirbelschichtofen durch, bekommt man körnigen Kryolith [95].

Ein weiterer Prozess, der zwischen 1965 und 1970 industrielle Verwendung fand (Kapazität 8000 t a^{-1}), ging von Natriumaluminat, einem Nebenprodukt der Aluminiumproduktion, aus, das kontinuierlich im Wirbelschichtofen mit HF umgesetzt wurde.

$$12 \text{ HF} + \text{Al}_2\text{O}_3 \cdot 6 \text{ NaOH} \longrightarrow 2 \text{ AlF}_3 \cdot 3 \text{ NaF} + 9 \text{ H}_2\text{O}$$

Der Prozess ist preisgünstig und liefert ein Produkt mit einer einheitlichen Korngröße von etwa 80 µm, dessen Filtration und Trocknung leicht möglich ist [94].

4.2.2.2 Hexafluorokieselsäureprozess [95], [96]

Hexafluorokieselsäure fällt als Nebenkomponente vor allem bei der Phosphat- und Superphosphat-Produktion und der Herstellung von HF und AlF$_3$ an. Hexafluorokieselsäure, die zu Kryolith weiter verarbeitet wird, muss äußerst rein sein. So muss das P$_2$O$_5$: F Verhältnis < 0,0004 sein [97]. Der Qualitätsstandard für den SiO$_2$-Gehalt ist weniger rigoros (< 0,2 %) und lässt sich leicht einhalten, wenn die Kieselsäure während der Neutralisation von H$_2$SiF$_6$ ausgefällt und abfiltriert wird [98].

Prinzipiell sind drei Prozesse mit unterschiedlichen Zwischenstufen (NH$_4$F, AlF$_3$-NaF oder Na$_2$SiF$_6$) bekannt.

NH$_4$F wird durch Neutralisation der Hexafluorokieselsäure mit wässrigem Ammoniak erhalten, die gebildete Kieselsäure wird abfiltriert.

$$\text{H}_2\text{SiF}_6 + 6 \text{ NH}_4\text{OH} \longrightarrow 6 \text{ NH}_4\text{F} + \text{SiO}_2 + 4 \text{ H}_2\text{O}$$

Die Lösung wird dann mit Natriumaluminat zu Kryolith umgesetzt:

$$12 \text{ NH}_4\text{F} + \text{Al}_2\text{O}_3 \cdot 6 \text{ NaOH} + 3 \text{ H}_2\text{O} \longrightarrow 2 \text{ AlF}_3 \cdot 3 \text{ NaF} + 12 \text{ NH}_4\text{OH}$$

Dieser Prozess, der 1940 entwickelt wurde, kann auch im Wirbelschichtofen durchgeführt werden [94, 95]. Die Ammoniaklösung wird recycelt.

Der Vorteil dieses Weges liegt in der Möglichkeit, die Zwischenstufe mit Tonerde oder mit Aluminiumfluorid zu Ammoniumkryolith, AlF$_3$ · 3 NH$_4$F, umzusetzen, der von P$_2$O$_5$ getrennt werden kann [89]. Den Natriumkryolith erhält man dann durch nachfolgende Umsetzung mit Natriumhydroxid oder Natriumchlorid.

$$\text{AlF}_3 \cdot 3 \text{ NH}_4\text{F} + 3 \text{ NaOH} \longrightarrow \text{AlF}_3 \cdot 3 \text{ NaF} + 3 \text{ NH}_4\text{OH}$$

$$\text{AlF}_3 \cdot 3 \text{ NH}_4\text{F} + 3 \text{ NaCl} \longrightarrow \text{AlF}_3 \cdot 3 \text{ NaF} + 3 \text{ NH}_4\text{Cl}$$

NaF und AlF$_3$ [99]. Bei diesem Verfahren werden unabhängig voneinander zwei Lösungen aus Hexafluorokieselsäure hergestellt. Zum einen eine AlF$_3$-Lösung (150 g L^{-1}) zum anderen eine NaF-Lösung (40 g L^{-1}).

$$\text{H}_2\text{SiF}_6 + 6 \text{ NaOH} \longrightarrow 6 \text{ NaF} + \text{SiO}_2 + 4 \text{ H}_2\text{O}$$

Diese Lösungen werden dann gemischt:

$$\text{AlF}_3 + 3 \text{ NaF} \longrightarrow \text{AlF}_3 \cdot 3 \text{ NaF}$$

Na_2SiF_6 [100] als Edukt zu verwenden hat verschiedene Vorteile. Es kann verunreinigte Hexafluorokieselsäure eingesetzt werden, da in diesem Prozess P_2O_5 leicht abgetrennt werden kann. Weiterhin hat Na_2SiF_6 einen weit höheren Fluoranteil (61 % F) als 30 %ige Hexafluorokieselsäure (24 % F), was den Transport günstiger macht, wenn der Kryolith nicht am Produktionsort der H_2SiF_6 hergestellt werden kann.

Unter der Vielzahl von Prozessen, mit denen aus Na_2SiF_6 Kryolith hergestellt werden kann, gibt es zwei Hauptverfahren: die Hydrolyse mit Na_2CO_3 und die Hydrolyse mit Ammoniak.

Bei der Hydrolyse mit Na_2CO_3 wird in dem von *Kaiser Aluminium* [101] beschriebenen Prozess eine Natriumfluoridlösung durch die Reaktion von Hexafluoronatriumsilicat mit Na_2CO_3 erhalten, von der SiO_2 leicht abtrennbar ist.

$$Na_2SiF_6 + 4\ Na_2CO_3 + 2\ H_2O \longrightarrow 6\ NaF + SiO_2 + 4\ NaHCO_3$$

Die entstehende Lösung wird in der Folge mit Natriumaluminat zu Kryolith umgesetzt:

$$12\ NaF + Al_2O_3 \cdot 2\ NaOH + 8\ NaHCO_3 \longrightarrow 2\ AlF_3 \cdot 3\ NaF + 8\ Na_2CO_3 + 5\ H_2O$$

Das Natriumcarbonat wird recycelt.

Bei der Umsetzung von Hexafluoronatriumsilicat mit wässriger Ammoniaklösung [102] erhält man nach Abtrennung der Kieselsäure ein Gemisch aus Natrium- und Ammoniumfluorid in wässriger Lösung:

$$Na_2SiF_6 + 4\ NH_4OH \longrightarrow 2\ NaF + 4\ NH_4F + 2\ H_2O + SiO_2$$

Um Kryolith zu erhalten wird diese Lösung entweder mit einem Gemisch aus Aluminiumsalz und Natriumsalz

$$4\ NaF + 8\ NH_4F + Al_2(SO_4)_3 + Na_2SO_4 \longrightarrow 2\ AlF_3 \cdot 3\ NaF + 4\ (NH_4)_2SO_4$$

oder mit einer Natriumaluminat-Lösung umgesetzt.

$$2\ NaF + 4\ NH_4F + NaAlO_2 + 4\ H_2O \longrightarrow AlF_3 \cdot 3\ NaF + 4\ NH_4OH + 2\ H_2O$$

In diesem Fall wird die Ammoniaklösung recycelt.

4.2.2.3 Wiedergewinnung von Fluor während der Aluminiumproduktion

Abgaswäsche
Nach der Entfernung des Rußes und der Metalloxide z. B. durch elektrostatische Filter (siehe Band 2, Umwelttechnik, Abschnitt 2.1.1.3 werden die Gase mit Wasser oder einer alkalischen Lösung (NaOH oder Na_2CO_3) gewaschen. Im ersten Fall erhält man verdünnte HF (6–10 g L^{-1}), die mit Natriumaluminat behandelt sandigen Kryolith (100–130 μm) liefert [94]. Im zweiten Fall wird mit Aluminatlösung gefällt. Das Natriumcarbonat wird recycelt.

Wiederverwertung der Kathodenkruste
Bei der Wartung der Elektrolysezellen können die Krusten, die Fluor und praktisch das ganze Natrium enthalten, gesammelt werden und einem langwierigen Wieder-

aufarbeitungsprozess unterworfen werden, der kompliziert und in den seltensten Fällen profitabel ist [103].

4.3
Eigenschaften

4.3.1
Aluminiumfluorid

Das einzige wichtige Aluminiumfluorid ist das Aluminiumtrifluorid, AlF_3, (M: 83,98). Das farblose, kristalline Pulver sublimiert bei etwa 1270 °C. Jedes Aluminiumatom wird von sechs Fluoratomen (3 · 0,170 nm und 3 · 0,189 nm Abstand) koordiniert. Das Trifluorid bildet verschiede Hydrate. Das normale Trihydrat besitzt in Wasser eine Löslichkeit von 4,1 g L^{-1}. Höher konzentrierte Lösungen können durch zehnstündiges Erhitzen einer 200 g L^{-1}-Lösung auf 90–100 °C erhalten werden. Durch schnelles Abschrecken auf 20 °C ist die übersättigte Lösung über mehrere Stunden stabil. Unabhängig von der Temperatur enthält die über der β-Form stehende Lösung eine Konzentration von 16 g L^{-1}. Die Löslichkeit in organischen Lösemitteln ist sehr niedrig.

Wird AlF_3 in Gegenwart von Wasserdampf auf Temperaturen oberhalb von 250 °C erwärmt, erfolgt eine Teilhydrolyse:

$$2\ AlF_3 + 3\ H_2O \longrightarrow 6\ HF + Al_2O_3$$

Die Trocknungs- und Calcinierungsbedingungen müssen daher entsprechend angepasst werden.

4.3.2
Fluoroaluminate

Fluoroaluminate sind Verbindungen der allgemeinen Formel $xAlF_3 \cdot yMF$, wobei x Werte zwischen 1 und 3 und y zwischen 1 und 5 annehmen kann. M steht für Alkali- oder Erdalkalimetalle. Kryolith, $AlF_3 \cdot 3\ NaF$ und Chiolit, $3\ AlF_3 \cdot 5\ NaF$ sind die bedeutendsten Minerale. Neben dem Natriumsalz kommen auch Fluoroaluminate von Ca, Mg, Li, K, Sr, NH_4 und Li/Na in der Natur vor. Synthetisch werden nur Natriumkryolith und das Zwischenprodukt Ammoniumkryolith, $AlF_3 \cdot 3\ NH_4F$, hergestellt.

4.3.3
Kryolith, $AlF_3 \cdot 3\ NaF$

Kryolith ist ein farbloses Salz, das bei 1009 °C schmilzt. Die Schmelze ist elektrisch leitfähig und kann Aluminiumoxid aber auch andere Oxide (MgO, TiO_2) oder Salze (LiF, NaF, AlF_3, CaF_2) auflösen. Die Eigenschaften der Schmelze, besonders Dichte, Viskosität, Löslichkeiten und Leitfähigkeit [104, 105] können durch die Zugabe verschiedener Konzentrationen an Kryolith gesteuert werden. Die Leitfähigkeit wird in erster Linie durch die Na$^+$-Ionenkonzentration erzielt. Durch obengenannte Zusätze bildet sich ein eutektisches Gemisch, das den Schmelzpunkt der Oxide drastisch senkt. In dem System Na$_3$AlF$_6$/10,5 % Al$_2$O$_3$ liegt dieser bei 962 °C. Die Löslichkeit von Kryolith in Wasser beträgt bei 25 °C 0,42 g L^{-1}, bei 100 °C 1,35 g L^{-1}.

4.4
Toxikologie [106]

Augrund ihrer geringen Wasserlöslichkeit ist die Toxizität von Aluminiumfluorid und Kryolith gering. In der Magensäure ist Kryolith allerdings besser löslich, sodass die LD$_{50}$ beim Verschlucken auf 200 mg kg^{-1} sinkt. Wird AlF$_3$ in Anwesenheit von Wasserdampf auf > 300 °C erwärmt, entsteht toxisches HF.

5
Bortrifluorid und Fluoroborate

5.1
Verwendung

BF$_3$ wirkt in einer Vielzahl von organischen Reaktionen als Katalysator, z. B. bei Friedel-Crafts-Reaktionen, Umsetzungen von Olefinen mit aliphatischen oder aromatischen Kohlenwasserstoffen und bei Polymerisationsreaktionen. Durch den hohen Preis beschränkt sich der technische Einsatz auf wenige Spezialgebiete, in denen nur geringe Mengen BF$_3$ gebraucht werden und selbst diese werden in aller Regel wieder verwertet. In Europa sind die BASF und Atofina mit jeweils ca. 1000 t (2000) die größten Hersteller von BF$_3$.

Fluoroborate von Cu, Zn, Cd, Ni, Sn oder Pb werden z. B. in der Galvanotechnik für die Verzinnung von Kleinkontakten oder für die Verstählung von Druckplatten eingesetzt. Für gedruckte Schaltungen werden Mischbäder aus Blei- und Zinnfluoroborat eingesetzt. In den USA wurden 2001 etwa 2200 t verschiedener Fluoroborate hergestellt, (mit fallender Tendenz), der Verbrauch von HBF$_4$ bzw. der Salze lag bei 4000 t. In der EU wurden 2001 4000 t der unterschiedlichen Fluoroborate produziert. Der Preis für BF$_3$ betrug 2001 etwa 6 € pro Kilogramm. Auch in Japan können ca. 5000 t unterschiedlicher Fluoroborate pro Jahr produziert werden.

5.2
Herstellung

Bortrifluorid, BF$_3$, (Sdp. −100 °C) kann über ganz unterschiedliche Verfahren hergestellt werden. Bei den kontinuierlichen Verfahren wird HF oder Fluorschwefelsäure mit Borsäure oder Bortrioxid zur Reaktion gebracht. Hier wird zum Binden des Reaktionswassers SO$_3$ oder Oleum zugesetzt

$$3\,HF + H_3BO_3 + H_2SO_4\,(93\%) \longrightarrow BF_3 + H_2SO_4\,(\text{ca. }83\%)$$

Zum anderen werden auch diskontinuierliche Prozesse betrieben, bei denen man von wesentlich preiswerteren Edukten wie Flussspat und Alkaliboraten (z. B. Borax) ausgeht

$$Na_2B_4O_7 + 7\ SO_3 + 6\ CaF_2 \longrightarrow 4\ BF_3 + 6\ CaSO_4 + Na_2SO_4$$

Das produzierte BF_3 wird entweder nach Trocknung in Stahlflaschen abgefüllt, oder direkt in Addukte (Etherate) überführt.

Tetrafluoroborsäure ist nur in wässriger Lösung bekannt. Diese erhält man entweder durch Auflösen von Borsäure in konzentrierter HF, oder durch Reaktion von Borsäure mit Flussspat und konz. H_2SO_4.

Im Wasser bildet sich ein Gleichgewicht mit den entsprechenden Hydrolyseprodukten:

$$HBF_4 + H_2O \longrightarrow HBF_3OH + HF$$

Die in der Galvanotechnik benötigten Fluoroborate werden durch Neutralisation der entsprechenden Metallhydroxide bzw. -carbonate mit Tetrafluoroborsäure erhalten.

5.3
Eigenschaften

Bortrifluorid

Vom technischen Standpunkt aus gesehen ist BF_3 das wichtigste Borhalogenid. Die Elektronenkonfiguration macht es zu einem sehr starken Elektronenpaarakzeptor (Lewis-Säure). Mit Wasser, Ethern, Alkoholen und Phosphinen bildet es Adduktkomplexe, die als solche auch im Handel sind.

BF_3 ist ein Reizgas, das auf der Haut brennt. Bei Kontakt muss wie bei Unfällen mit HF gehandelt werden.

Tetrafluoroborsäure

Die wässrigen Lösungen (30–50%) der Tetrafluoroborsäure reagieren stark sauer. Bis auf das Kalium-, Rubidium- und Cäsiumfluoroborat sind alle Metallsalze gut wasserlöslich. Tetrafluoroborate spielen bei der Herstellung von Fluoraromaten aus Aryldiazoniumsalzen eine wichtige Rolle.

Fluoroborsäure und Lösungen ihrer Salze können ebenfalls wie BF_3 schwere Verätzungen hervorrufen.

6
Interhalogenfluoride [107–110]

Fluor reagiert mit den anderen Halogenen stark exotherm. Vier Interhalogenverbindungen, ClF_3, BrF_3, BrF_5 und IF_5, besitzen kommerzielle Bedeutung.

6.1
Verwendungen und chemische Eigenschaften

Halogenfluoride (siehe Chlor, Alkalien und anorganische Chlorverbindungen) werden, wie auch elementares Fluor, aufgrund ihrer hoher Oxidationskraft für Synthesen eingesetzt. So werden ClF_3, BrF_3 oder IF_5 oft anstelle von elementarem Fluor als Fluorierungsreagenzien verwendet, weil sie in einigen Umsetzungen eine selektivere und sanftere Reaktionsführung ermöglichen und zudem auch noch gut lagerfähig und einfacher zu handhaben sind. Insbesondere IF_5 haben diese Vorteile zusammen mit seinen selektiven Fluorierungseigenschaften zu einer wichtigen Verbindung in der organischen Synthese gemacht. IF_5 ist ein wichtiges Ausgangsmaterial bei der Herstellung von Perfluoralkyliodiden (oberflächenaktive Verbindungen).

Metalle reagieren mit Halogenfluoriden unter Bildung einer Passivierungsschicht. Diese Eigenschaft wird bei der Passivierung der metallischen Verrohrungen in Urananreicherungsanlagen (hier ClF_3) eingesetzt, um das Metall gegen weitere Korrosion durch UF_6 zu schützen. Eine weitere mögliche Verwendung von ClF_3 und BrF_3 im Kernenergiebereich ist z. B. die Uranwiedergewinnung als flüchtiges UF_6 aus den Spaltprodukten. Bislang wird UF_6 jedoch ausschließlich aus F_2 und UF_4 hergestellt [111] (siehe Band 6, Nuklearer Brennstoffkreislauf).

Halogenfluoride reagieren mit praktisch allen Nichtmetallen außer Edelgasen, Stickstoff und Sauerstoff. Metallhalogenide reagieren mit allen Halogenfluoriden zu den entsprechenden Metallfluoriden und den freien Halogenen. Die höchste Oxidationsstufe eines Metalls wird normalerweise durch Reaktion mit ClF_3 erhalten. Die fluorierende Wirkung nimmt in der Reihenfolge $ClF_3 > BrF_5 > IF_7 > ClF > BrF_3 > IF_5 > BrF$ ab [109].

Mit organischen Molekülen reagieren ClF_3 und die Bromfluoride sehr heftig, dabei entstehen oft Produktgemische. Leichter zu kontrollierende Umsetzungen finden mit den Iodfluoriden statt, die daher auch auf industrieller Ebene für die Produktion von Perfluoroiodoalkanen eingesetzt werden, die wiederum wichtige Zwischenprodukte für funktionalisierte Wirkstoffmoleküle sind [111–113].

Daneben wird in der Literatur z. B die Verwendung der Halogenfluoride als Oxidationsmittel für Raketentreibstoffe wie Hydrazin, zur Herstellung hoch leitfähiger Materialien oder zum Brennschneiden von Rohren innerhalb von Tiefbohrlöchern genannt [114–117].

6.2
Herstellung

Chlortrifluorid wird durch direkte Reaktion von Fluor mit Chlor erhalten und in der Größenordnung von mehreren Hundert Tonnen pro Jahr produziert. Die Gasmischung wird bei etwa 290 °C durch ein Nickelrohr geleitet. Bei dieser Umsetzung ist eine exakte Temperaturregelung notwendig, da ClF_3 bei zu hohen Temperaturen in F_2 und ClF zerfällt. BrF_3 und BrF_5 werden ebenfalls durch Gasphasenreaktionen hergestellt. Von BrF_3 werden nur mehrere Tonnen pro Jahr produziert.

Die benötigten mehreren hundert Tonnen IF$_5$ pro Jahr werden nach verschiedenen Methoden produziert. Zur Darstellung kleiner Mengen ist die Fluorierung von Iod mit AgF, ClF$_3$ oder BrF$_3$ sehr gut geeignet. Im industriellen Maßstab wird jedoch elementares Fluor mit Iod umgesetzt [109]. Hierzu wird in einem kontinuierlichen Prozess eine 1%ige Iodlösung in flüssigem IF$_5$ hergestellt, die in einem zweiten Reaktionsschritt direkt mit Fluor reagiert [118].

6.3
Physikalische Eigenschaften und Toxikologie

Die Moleküle ClF$_3$ und BrF$_3$ besitzen eine T-förmige Struktur, während BrF$_5$ und IF$_5$ die Form einer quadratischen Pyramide haben [119].

Bei Raumtemperatur ist ClF$_3$ ein Gas, während BrF$_3$, BrF$_5$ und IF$_5$ flüssig sind. Alle Interhalogenverbindungen sind toxisch, am toxischsten ist ClF$_3$. Konzentrationen von 50 ppm über 30 min sind tödlich, der Schwellengrenzwert liegt bei 3 ppm [120]. Für IF$_5$ wird ein Schwellengrenzwert von 2 mg m^{-3} angegeben [121].

7
Fluorsulfonsäure

Fluorsulfonsäure, HSO$_3$F (M = 100,07), ist eine leicht gelbliche Flüssigkeit von stechendem Geruch (Sdp.: 163 °C), die an feuchter Luft raucht. Das Fluor ist wesentlich fester an das Schwefelatom gebunden als beispielsweise das Chlor in der Chlorsulfonsäure. Unter speziell gewählten Bedingungen ist es sogar möglich, Salze in wässriger Lösung herzustellen [122]. Die ohnehin schon hohe Säurestärke von Fluorsulfonsäure kann durch Zugabe von z. B. SbF$_5$ noch beträchtlich gesteigert werden. Man gelangt dann zu den so genannten »Supersäuren«. Fluorsulfonsäure ist seit 1892 bekannt [123, 124] und wird immer noch nach demselben Herstellverfahren aus HF und SO$_3$ synthetisiert. HSO$_3$F findet bei Fluorierungsreaktionen und in der Katalyse von Alkylierungen und Cyclisierungen Verwendung. Industrielle Anwendungen sind vor allem die Produktion von Bortrifluorid [125] und die Unterstützung der Polymerisation von Tetrahydrofuran [126].

Salze oder Derivate der Fluorsulfonsäure haben keine wirtschaftliche Bedeutung.

7.1
Verwendung

In der *anorganischen Chemie* wird Fluorsulfonsäure als Fluorierungsmittel eingesetzt, die Reaktionen verlaufen sanfter als die entsprechenden Fluorierungen mit HF, z. B.:

SiO$_2$ $\longrightarrow$ SiF$_4$ [127]

H$_3$BO$_3$ $\longrightarrow$ BF$_3$ [125]

NO$_x$ $\longrightarrow$ FSO$_3$NO$_x$

$As_2O_3 \longrightarrow AsF_3$ [128]

$KClO_4 \longrightarrow ClO_3F$ [129]

In chemischen Polierbädern für Bleiglas wird Fluorsulfonsäure zudosiert, um die Anfangskonzentration von 60–70 % Massenanteil H_2SO_4 und 2–6 % Massenanteil HF konstant zu halten, da der H_2SO_4- und HF-Gehalt durch Abrieb und Reaktion zu Bleisulfat und Hexafluorokieselsäure sinkt. Durch Hydrolysereaktion der zugesetzten Fluorsulfonsäure mit dem bei der Reaktion entstehenden Wasser werden H_2SO_4 und HF im richtigen Verhältnis nachgebildet. Auf diesem Weg ersetzt Fluorsulfonsäure ca. 28 % der benötigten HF [130].

In der *organischen Chemie* wird Fluorsulfonsäure als Katalysator für die Alkylierung von Olefinen, für Polymerisationen und für Isomerisierungen verwendet. Für die katalytische Aktivität ist der intermediär gebildete Alkylester der Fluorsulfonsäure verantwortlich [131]. Als Literaturbeispiele für industrielle Alkylierungen seien genannt: Alkylierung von Olefinen [132], Alkylierung von Isoparaffinen mit Olefinen [133], Reaktion von Kohlenwasserstoffen mit niedriger Oktanzahl mit Isobutan in Gegenwart von Fluorsulfonsäure und SbF_5 (magische Säure) zu Treibstoffen mit hoher Oktanzahl [134], Synthese von Alkylaromaten aus Aromaten mit Ethylen und BF_3/Fluorsulfonsäure bei ca. 10 kPa und Raumtemperatur [135] und die Alkylierung von Phenol zu σ- und *p-tert*-Butylphenol [136].

Beispiele für Polymerisationen und Isomerisierungen sind die Polymerisation von Tetrahydrofuran [126], die Polymerisation von Ethylen mit BF_3/HSO_3F [137], die Isomerisierung von C_7-Kohlenwasserstoffen zu verzweigten Produkten [138] und die Isomerierung von Penten zu Isopenten [139].

Bei der Synthese von β-Naphthol wird durch Zusatz von Fluorsulfonsäure eine Isomerenreinheit zwischen 92 und 98 % erzielt [140]. Da HSO_3F gut HF absorbiert, wird die Säure auch zur Reinigung von HF-haltigem Abgas oder bei der F_2-Aufreinigung bei der Fluorproduktion eingesetzt [141].

7.2
Herstellung

Die Reaktion zwischen HF und Schwefeltrioxid findet in Fluorsulfonsäure als Reaktionsmedium statt. Um die Reaktionstemperatur der exothermen Umsetzung konstant unter 100 °C zu halten, wird die Fluorsulfonsäure ständig durch einen Kühler gepumpt (s. Abb. 5).

Toxikologie
Fluorsulfonsäure und ihre Dämpfe wirkend ätzend. Durch Reaktion mit Wasser (feuchte Luft, Schweiß, usw.) entsteht HF und H_2SO_4, daher vereinigt HSO_3F die Gefahrenpotenziale beider Säuren. HF dringt leicht in tiefergelegene Hautregionen ein, zerstört diese und unterbricht durch chemische Reaktion mit Ca^{2+}, Mg^{2+} und Enzymhemmung wichtige Abbauwege im Körper. H_2SO_4 verursacht starke Verätzungen der oberen Hautschichten.

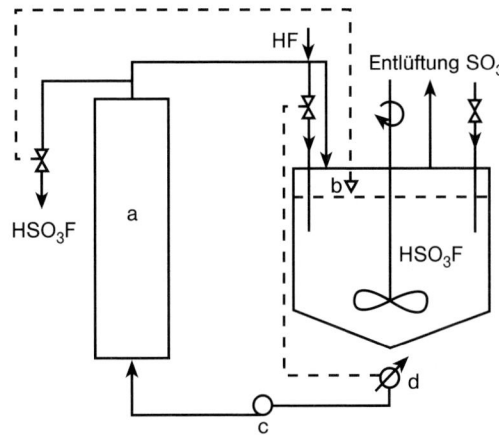

Abb. 5 Schematische Darstellung der Produktion von Fluorsulfonsäure a) Kühler; b) Pegelregler; c) Pumpe; d) Leitfähigkeitsmesser

Transport, Lagerung und Abfüllung

Fluorsulfonsäure kann in Teflon- oder Aluminiumflaschen gelagert werden. Gebinde müssen vorsichtig geöffnet werden, da sich eventuell ein Überdruck gebildet hat.

8
Fluor

Fluor, F_2, ist unter Standardbedingungen ein gelbliches Gas mit stechendem Geruch. Aufgrund seiner Elektronenkonfiguration ($1s^2\ 2s^2\ 2p^5$) hat Fluor das Bestreben, durch Aufnahme eines weiteres Elektron seine zweite Elektronenschale zu füllen und so die Neonkonfiguration zu erlangen [142]. Fluor ist das elektronegativste und reaktivste Element und kommt daher in der Natur nicht elementar vor. Fluor kann nicht auf chemischem Wege dargestellt werden, da kein chemisches Oxidationsmittel in der Lage ist, Fluorid-Ionen zu Fluor zu oxidieren. Elementares Fluor lässt sich nur durch Elektrolyse in wasserfreien Medien herstellen.

Fluor wurde 1886 das erste Mal von dem französischen Chemiker HENRI MOISSAN durch Elektrolyse einer Lösung von Kaliumfluorid in wasserfreiem HF hergestellt [143]. Der Name »Fluor« kommt von dem lateinischen Verb *fluere*, was »fließen« bedeutet, und damit bereits ein Hauptcharakteristikum des wichtigsten Fluorerzes Flussspat nennt, das hauptsächlich als metallurgisches Flussmittel dient.

Die Entdeckung der Kernspaltung mit allen ihren militärischen und zivilen Anwendungen bewirkte eine rasche Entwicklung der Fluorproduktion, da Fluor eine notwendige Chemikalie bei der Anreicherung des spaltbaren Uran-Isotops ^{235}U ist.

8.1
Verwendung und wirtschaftliche Aspekte

Die Hauptanwendungsgebiete für Fluor liegen im Kernenergiebereich (Herstellung von UF_6) [144] (siehe Band 6, Nuklearer Brennstoffkreislauf) und in letzter Zeit immer mehr im Bereich der Isolationsmaterialien (SF_6-Produktion). Elementares Fluor ist ebenfalls notwendig, um die höchsten Oxidationsstufen einer Reihe von Elementen zu erzeugen und die für die organische Synthese so wichtigen selektiven Fluorierungsmittel zu synthetisieren. Alle Synthesen, in denen elementares Fluor verwendet wird, sind stark exotherm und müssen unter strenger Temperaturkontrolle durchgeführt werden. Auch an die Beständigkeit der Reaktionsgefäße wird ein hoher Anspruch gestellt.

Die Produktionskapazität von elementarem Fluor ist eng mit der Entwicklung der Kernenergie verknüpft. 2001 wurden in den USA 10 000 t HF zur Produktion von Fluor für die Uranaufbereitung umgesetzt, bis 2006 wird in diesem Bereich kein Wachstum erwartet. In der EU betrugen die Kapazitäten zur UF_4-Herstellung im Jahr 2002 >10 200 t, wobei über 50 % davon in Frankreich hergestellt werden.

Ungefähr 20 500 t Urantetrafluorid wurden 2002 in Frankreich und Großbritannien hergestellt (entspricht ca. 6000–7000 t Fluor). Ein weiteres Einsatzgebiet von Fluor ist die Synthese von SF_6 (siehe Schwefel und anorganische Schwefelverbindungen und Abschnitt 9.1.1). Weltweit werden ca. 5100–7700 t SF_6 produziert (entspricht 4000–6000 t Fluor), das als Isolationsgas, z. B. in Doppelfenstern eingesetzt wird. Der Preis von 1 kg SF_6 betrug 2001 etwa 10 €.

Weitere 2000 t Fluor werden für eine Vielzahl von anderen Anwendungsgebieten produziert.

Der Preis von elementarem Fluor liegt bei ca. 5 $ pro Kilogramm. Da die Lagerung und Handhabung von Fluor jedoch sehr aufwändig ist, sind die Einheiten zur Produktion von Fluor und dessen Weiterverarbeitung zu SF_6 bzw. UF_6 in der Regel miteinander integriert, d. h. dass dieses Fluor nicht auf dem Markt erscheint.

Elementares Fluor wurde in großem Maßstab zum ersten Mal während des zweiten Weltkriegs produziert. Es wurde hauptsächlich zur Anreicherung von ^{235}U über UF_6 verwendet. Um den Umgang mit Fluor zu ermöglichen, war die Entwicklung hochfluorierter Öle, Fette und Polymere erforderlich. Bei der Uranaufarbeitung wird zunächst UF_4 aus UO_2 und HF produziert, das dann mit F_2 in das flüchtige UF_6 umgewandelt wird:

$$UF_4 + F_2 \longrightarrow UF_6$$

Diese Reaktion kann technisch entweder im Flammenreaktor oder im Wirbelschichtreaktor durchgeführt werden [145].

Herstellung von Fluorierungsreagentien

Heutzutage steht eine Vielzahl von Fluorierungsmitteln zur Synthese zur Verfügung, die ähnlich reaktiv (ClF_3, KrF_2), oder milder als Fluor sind (z. B. IF_5).

»Feste Fluorträger« sind Metalle, die in zwei Oxidationsstufen vorkommen wie z. B. Co (III) / Co (II), Ag (II) / Ag (I), Ce (IV) / Ce (III), Pb (IV) / Pb (II) und in beiden

Oxidationsstufen Fluoride bilden können. Um wie in CoF$_3$ die höhere Oxidationsstufe zu erreichen, ist die stark oxidierende Wirkung des Fluors erforderlich. Der am häufigsten verwendete Fluorträger CoF$_3$ spaltet Fluor oberhalb von 300 °C ab [145].

$$2\ CoF_3 \longrightarrow 2\ CoF_2 + F_2$$

Herstellung von Graphitfluoriden

Graphitfluoride sind feste, nichtstöchiometrische Fluorkohlenwasserstoffe mit der allgemeinen Formel CF$_x$ (0 < x < 1,24). Die Eigenschaften dieser Stoffklasse sind in [146–148] zusammengefasst. Graphitfluoride werden durch direkte Reaktion von F$_2$ mit Graphit bei 300–600 °C erhalten [149].

Andere Verwendungen

Neben den bereits beschriebenen Anwendungsbereichen wurde Fluor versuchsweise als Oxidationsmittel in Raketenantriebssystemen [150], in Pilotanlagen zur Wiederaufbereitung von verbrauchen Kernbrennelementen [145, 151] (siehe Band 6, Nuklearer Brennstoffkreislauf) oder bei der Herstellung von Wolfram- und Rheniumfluoriden eingesetzt, deren thermische Zersetzung hochreine Metallüberzüge liefert [152]. Fluor wird weiterhin verwendet um NF$_3$ aus NH$_3$ oder NH$_4$F · HF zu synthetisieren, zum Ätzen von Silicium [153] oder, verdünnt mit Helium oder Stickstoff, zur Darstellung hochfluorierter organischer Verbindungen [154].

8.2
Vorkommen

Fluor belegt in der Häufigkeitsskala der Elemente auf der Erde Rang 17. Elementares Fluor kommt in der Natur so gut wie nicht vor, als Fluorid ist es allerdings in einer Vielzahl von Mineralien enthalten. Industriell kann Fluor aus den folgenden Rohstoffen gewonnen werden:
1) Kryolith, AlF$_3$ · 3 NaF
2) Flussspat, CaF$_2$
3) Fluorapatite, Ca$_5$(PO$_4$)$_3$F

Da Fluor als Fluorid fast überall auf der Erde vorkommt, enthalten auch alle Gewässer verschiedene Konzentrationen an Fluorid (Süßwasser ca. 0,2 mg L^{-1}, Salzwasser 1–1,4 mg L^{-1}). Auch im menschlichen Körper ist Fluor zu 1 · 10^{-3} % Massenanteil enthalten (Knochen, Zähne).

8.3
Industrielle Produktion

Ein rein chemisches Verfahren zur industriellen Produktion von Fluor ist nicht bekannt. Auch im Labor existieren nur wenige Reaktionen mit denen F$_2$ auf chemischen Wege hergestellt werden kann [155, 156].

Die gängige Methode sowohl im Labor als auch in der industriellen Produktion ist die Elektrolyse von wasserfreiem Fluorwasserstoff, dessen Leitfähigkeit durch

Zusatz von Kaliumfluorid erhöht wird. An der Kathode entsteht Wasserstoff und an der Anode Fluor. Es ist wichtig, wasserfrei zu arbeiten, um die Bildung von Sauerstoff oder Sauerstofffluorid an der Anode zu verhindern. Monel (Nickel/Kupfer-Legierung) wird häufig als Werkstoff für die Elektrolysezelle eingesetzt. Die Korrosion im Elektrolyten ist meist höher als in der Gasphase. Damit die Zelle bei einer konstanten Temperatur gehalten werden kann, werden zum Wärmeaustausch Doppelmantelkessel und Innenkühlung benötigt. Zur Trennung von Anoden- und Kathodenraum wird ein Diaphragma aus Monel, Magnesium oder Stahl eingesetzt.

Allgemeines Verfahren

Das Flussdiagramm einer französischen Fluorproduktionsanlage ist in Abbildung 6 gezeigt.

Dem KF · 2 HF Elektrolyten wird in einer Vorzelle zunächst Wasser entzogen. Bevor die Lösung in die Fluorproduktionszelle eingeleitet wird, setzt man noch Lithiumfluorid zu. Um die auftretende Polarisation bei anlaufender Produktion in den Elektrolysezellen möglichst gering zu halten, wird zunächst für mehrere Stunden mit Schwachstrom ($I = 1000$ A) gearbeitet, um restliches Wasser zu entfernen (es entsteht vermehrt OF_2, CO_2, O_2). Danach wird die Stromstärke stufenweise erhöht, bis bei $I = 6000$ A die Gleichgewichtsbedingungen erreicht werden. Die übliche Betriebsspannung liegt bei 8,5–10,5 V (für $I = 6000$ A). Die Effizienz der

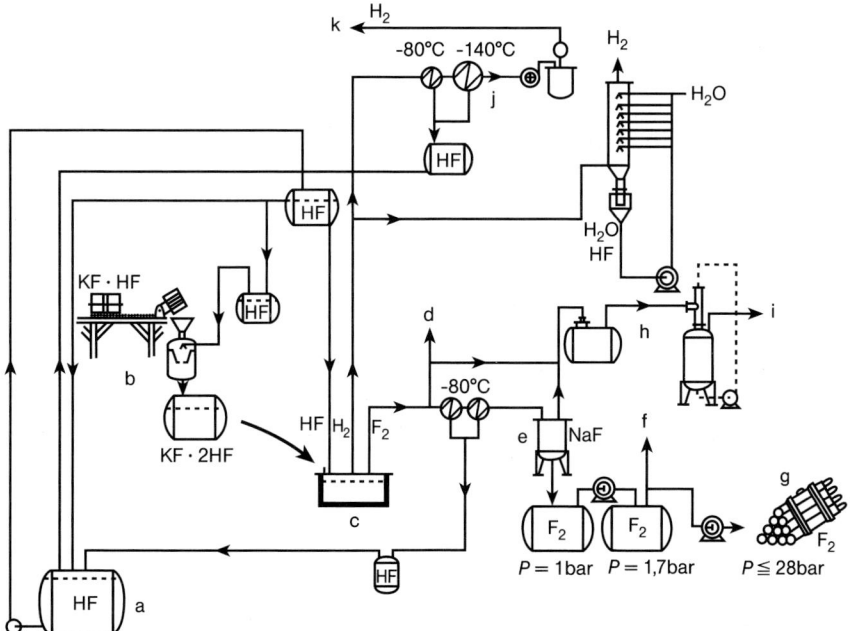

Abb. 6 Flussdiagramm einer Fluorproduktionsanlage
a) HF-Vorratstank; b) Elektrolyt-Vorbereitung; c) Elektrolysezelle; d) zur Verwendung (UF_6- bzw. SF_6-Anlage; e) Fluorgasreinigung, f) Reinfluor; g) Fluorlagerung; h) Fluorentsorgung; i) Belüftung; j) Wasserstoff-Aufreinigung; k) Brenner

Elektrolyse liegt bei 90–95 %. Aufgrund der anodischen Überspannung ist der tatsächliche Energieverbrauch mit 14–17 kWh pro kg Fluor etwa viermal so hoch wie der theoretische Wert. Sowohl das Fluor aus dem Anodenraum als auch der Wasserstoff aus dem Kathodenraum sind mit 7–10 % HF verunreinigt, die extrahiert und wieder aufgearbeitet wird [157, 158]. Neben den Verunreinigungen aus der HF entstehen bei der Hydrolyse auch immer geringe Konzentrationen (30 ppm) Tetrafluormethan (CF_4) und höhere Fluorkohlenwasserstoffe, die aus dem Verschleiß der Graphitelektrode stammen [159]. Steigt der Wert über 50 ppm, wird die Betriebsspannung reduziert.

Elektroden, Polarisation und Anodenwirkung
Die Hauptstörungsquellen im Betrieb der Zelle treten durch Polarisation, Anodeneffekt und Abtrag an den Graphitanoden auf. Nickel wurde als alternative Anode geprüft, jedoch ist die Korrosion zu hoch und nichtflüchtige Nickelfluoride reichern sich im Elektrolyten an. Der Anodeneffekt ist seit langem bekannt [160, 161]. Zur Vermeidung sind eine Reihe von Vorschägen gemacht worden. Entweder kann sehr poröser Graphit verwendet werden, oder sehr dichter Graphit mit Zusätzen im Elektrolyten (Lithium oder Nickel Salze) um die Benetzbarkeit der Elektroden [162] zu erhöhen [163]. Um die Polarisationsprobleme zu verringern, werden die Harshaw-Anoden mit Kupfer [164] imprägniert, die Du Pont-Anoden werden mit kohlenstoffhaltigem Material imprägniert und erneut ausgehärtet [165]. Als Kathode wird in der Industrie in der Regel Kupfer oder Stahl (preiswerter) verwendet. Die Korrosionsrate des Metalls im KF · 2 HF-Elektrolyten ist gering.

Elektrolyt
Die elektrische Leitfähigkeit ist stark vom Elektrolyten abhängig und hier besonders von der HF-Konzentration, die während der Elektrolyse durch automatisches Nachdosieren konstant gehalten wird, um im optimalen Konzentrationsbereich zu bleiben [166].

Der Elektrolyt KF · 2 HF wird aus kommerziellem KF · HF und HF hergestellt. Die Reinheit des Elektrolyten beeinflusst stark die Qualität des produzierten Fluors und die Beständigkeit der Anode. Der Wassergehalt (Bildung von OF_2, CO_2), der Sulfatgehalt (Zerstörung der Anode, Bildung von SO_2F_2), der Chloridgehalt (Entstehung von Chlorfluoriden) und der Hexafluorosilicatgehalt (Bildung von SiF_4) muss daher von Anfang an gering gehalten werden. Einige Zusätze wirken sich positiv auf die Elektrolyse aus. So senkt beispielsweise Lithiumfluorid neben dem Schmelzpunkt auch die anodische Polarisation [167, 168]. Schwermetalle tragen zu einer Erhöhung der Betriebsspannung bei.

8.4
Chemische Eigenschaften

Die chemischen Eigenschaften des Fluors werden durch seine sehr starke Oxidationswirkung bestimmt. So reagiert z. B. Wasserstoff mit Fluor ohne äußere Zündung. Die Reaktion von Fluor mit Wasser ergibt neben HF auch Wasserstoffperoxid

(H_2O_2) und Sauerstofffluorid (OF_2), das nicht durch direkte Reaktion erhalten werden kann. In Umsetzungen mit wässrigen Salzlösungen werden z. B. aus Chloraten (ClO_3^-) Perchlorate (ClO_4^-) oder aus Phosphaten (PO_4^{2-}) Ortho- bzw. Pyrophosphate. Schwefel »verbrennt« in Fluor zu Schwefelhexafluorid (SF_6). Einige Elemente erreichen in den Fluoriden aufgrund der geringen Größe des Fluorid-Ions ihre größtmögliche kovalente Koordinationszahl (z. B. Schwefel im SF_6).

Durch Reaktion von Kohlenstoff und Fluor entsteht unter anderem das Inertgas Kohlenstofftetrafluorid, CF_4. Das Siliciumanalogon, SiF_4, wird im Gegensatz dazu sehr leicht hydrolysiert. Die direkte Fluorierung von Kohlenwasserstoffen zerstört oft das Grundgerüst, daher wird Fluor hochverdünnt mit einem Trägergas (N_2 oder Argon) bei geringen Temperaturen mit organischen Molekülen zur Reaktion gebracht.

Fluor-Stickstoff-Verbindungen sind nur im Plasmabogen zu erhalten. Stickstofftrifluorid, NF_3:

$N_2 + 3\,F_2 \longrightarrow 2\,NF_3 \quad \Delta H_f = -108{,}78 \text{ kJ mol}^{-1}$

$N_2 + 3\,Cl_2 \longrightarrow 2\,NCl_3 \quad \Delta H_f = +230{,}12 \text{ kJ mol}^{-1}$

Die Elemente der *Phosphorgruppe* bilden jeweils zwei Verbindungen mit Fluor, PF_3 und PF_5; AsF_3, AsF_5, SbF_3 und SbF_5. Alle *Halogene* setzen sich glatt mit Fluor um (s. Abschnitt 6). Fluor reagiert auch direkt mit Edelgasen zu XeF_2, KrF_2 oder KrF_4.

Bei der Reaktion mit Metallen bildet sich oft eine passivierte Schicht, die Stahl oder auch Eisen unter 200 °C inert gegenüber Fluor werden lässt. Bei Temperaturen über 200 °C muss Nickel verwendet werden. Edelmetalle bilden rasch die entsprechenden Fluoride z. B. PtF_4. Reaktion mit Uran führt zum flüchtigen UF_6. Auch eine Reihe von anderen Metallen bilden mit Fluor flüchtige Hexafluoride z. B. Rhenium, Iridium, Molybdän, Wolfram, Osmium, Neptunium, Plutonium und Technetium.

8.5
Physikalische Eigenschaften

Fluor hat eine relative atomare Masse von 18,998, seine Elektronenaffinität beträgt 333 kJ mol^{-1}. Das Fluorid-Ion ist das kleinste Anion mit einem Ionenradius von 136 pm. Fluor ist das elektronegativste Element im Periodensystem und je nach verwendeter Skala liegt die Elektronegativität zwischen 4,10 (Allred-Rochow), 3,98 (Pauling) und 3,91 (Mulliken).

Die minimale Zersetzungsspannung des Elektrolyten KF · 2 HF bei 85 °C beträgt $U_{Zers.}$ = 2,901 V [169].

$2\,HF \longrightarrow H_2 + F_2$

8.6
Handhabung, Lagerung und Transport

Handhabung [170–172]
Aufgrund seiner hohen Reaktivität muss beim Umgang mit Fluor sehr vorsichtig gearbeitet werden. Die Systeme dürfen keine undichten Stellen aufweisen. Es muss penibel darauf geachtet werden, dass die verwendeten Materialien (Dichtungen, Ventile, Verrohrung etc.) keine Reaktion mit Fluor oder mit eventuell während der Umsetzung entstandenen Verunreinigungen zeigen [172].

Lagerung [173–175]
Fluor wird nur in sehr geringen Mengen gelagert oder transportiert. In der Regel wird Fluor direkt in der verarbeitenden Anlagen produziert und nach der Elektrolyse zu SF_6 oder UF_6 umgesetzt.

8.7
Umweltschutz und Entsorgung des Fluors

Bei der Reinigung von Fluor werden feste Verunreinigungen durch Elektrofilter zurückgehalten. Die zwischen 5–10 % enthaltene HF wird teilweise durch Kondensation bei –80 °C entfernt, oder falls eine Reinheit von < 0,02 % Volumenanteil HF erforderlich ist, werden zusätzlich Natriumfluoridabsorber als sekundäres Absorptionssystem eingesetzt [176].

In Laboratorien reicht zur Entfernung von Fluor aus den Abgasen ein Na_2CO_3 / $CaCO_3$ Waschturm [177]. In der Industrie gibt es eine Reihe von Prozessen zur Reinigung von Fluorabgasen [160, 178]. Größere Abgasmengen der Industrie werden in einem Gasbrenner unter Luftmangel verbrannt [179].

$$C_3H_8 + 10\,F_2 \longrightarrow 3\,CF_4 + 8\,HF$$

Im ICI-Prozess werden Fluorabfälle in Sprühtürmen (siehe Band 2, Umwelttechnik, Abschnitt 2.1.1.2) mit 10 %iger KOH-Lösung gewaschen [160]. Im Prozess von COMURHEX reagiert Abfallfluor mit Schwefel zu SF_6.

9
Weitere anorganische Fluorverbindungen

9.1
Schwefelfluoride [180, 181]

Unter den Schwefel-Fluor Verbindungen S_2F_2, SF_2, S_2F_4, S_2F_{10}, SF_4 und SF_6 haben nur die letzten beiden eine industrielle Bedeutung.

Dischwefeldecafluorid, S_2F_{10}, ist eine äußerst toxische, farblose, leicht flüchtige Flüssigkeit (Schmp. –92 °C, Sdp. 29 °C). Thionylfluorid, SOF_2, [182] und Sulfurylfluorid, SO_2F_2, [183] haben geringe industrielle Bedeutung in Spezialgebieten wie der Desinfektion von Nahrungsmitteln [184], neuerdings auch als Bodeninsektizid zur Begasung von Treibhäusern oder zur Termitenvernichtung und in Sonderfällen der Katalyse.

9.1.1
Schwefelhexafluorid [185]

Verwendung

Wegen der guten dielektrischen Eigenschaften von SF_6 und seiner Fähigkeit, Elektronen aufzunehmen, wird 90–95 % des produzierten SF_6 für elektromechanische Anwendungen wie z. B. Hochspannungsstromkreisunterbrecher, oder kompakte, sehr sichere und mit wenig Instandhaltung verbundene Schaltwerke oder die Isolierung von Starkstromkabeln verwendet. Etwa weitere 5 % der Produktion verteilen sich auf die Isolierung von Teilchenbeschleunigern, Röntgen-, Mikrowellen- und Radargeräten sowie zur thermoakustischen Isolierung in Fenstern [186]. Des weiteren findet SF_6 aufgrund seiner Inertheit Verwendung in der Meteorologie und der Medizin. SF_6 wird als verflüssigtes Gas in Stahlzylindern verkauft. SF_6 ist in die Kritik gekommen und wird für die Zerstörung der Ozonschicht mit verantwortlich gemacht.

Herstellung

Industriell wird SF_6 durch Verbrennen von Schwefel in einem Fluorstrom hergestellt:

$$S + 3\,F_2 \longrightarrow SF_6 \quad \Delta H = -1096 \text{ kJ mol}^{-1}$$

Bei allen in der Literatur beschrieben Methoden [187–190] wird die hohe Reaktionswärme durch eine ausgefeilte Technik abgeführt. Zur Reinigung wird das Rohgas durch einen KOH-Sprühfilm von hydrolysierbaren Verunreinigungen (SF_4) befreit, das Restgas bei 400 °C pyrolysiert (S_2F_{10} reagiert zu SF_4 und SF_6), nochmals mit KOH gewaschen und getrocknet. Obwohl die Hauptmenge SF_6 aus elementarem Fluor und Schwefel dargestellt wird, ist dies nicht die einzige Methode. SF_6 kann beispielsweise durch Pyrolyse von SF_5Cl, das durch die Reaktion von Schwefel mit Chlor oder Schwefelchlorid und einem Amin-HF-Komplex [191] entsteht, synthetisiert werden. Eine elektrochemische Methode zur Herstellung von SF_6 ist ebenfalls bekannt [192, 193].

Eigenschaften

Schwefelhexafluorid, (M = 146,05) ist ein farbloses, geschmackloses, nicht brennbares Gas (Sublimationspunkt –63,9 °C) [194]. Chemisch und biologisch gesehen ist SF_6 nahezu inert. Es reagiert weder mit Wasser, noch mit Ätzkali oder starken Säuren und kann bis auf 500 °C ohne Zersetzung erhitzt werden. Die chemische Reaktionsträgheit ist auf die Abschirmung des Schwefels durch die kovalent gebundenen Fluoratome zurückzuführen. SF_6 hat eine hohe Dielektrizitätskonstante (1,002049) und ist außerdem ein ausgezeichneter akustischer und thermischer Isolator.

9.1.2
Schwefeltetrafluorid [195]

Schwefeltetrafluorid, SF_4 (M = 108,06), ist ein farbloses, schwer entflammbares, hoch toxisches Gas (Schmp. –121 °C, Sdp. –40,4 °C) mit einem durchdringenden Geruch. SF_4 wird durch Reaktion von Fluor und Schwefel bei niedrigen Temperaturen erhalten [196, 197], es lässt sich aber z. B. auch durch Umsetzung von SCl_2 mit Amin-HF-Komplexen synthetisieren [198, 199]. Mit Wasser tritt eine heftige Reaktion ein:

$$SF_4 + H_2O \longrightarrow SOF_2 + 2\ HF$$

Umsetzungen mit SF_4 müssen daher immer unter wasserfreien Bedingungen durchgeführt werden. In der *organischen Chemie* wird SF_4 zur selektiven Umwandlung von Ketonen oder Thiocarbonylverbindungen in CF_2-Gruppen, oder zur Synthese von CF_3-Gruppen aus Carbonsäuren, -estern, -anhydriden oder -amiden eingesetzt [200]. In der *anorganischen Chemie* werden aus Metalloxiden oder -sulfiden durch SF_4 die entsprechenden Metallfluoride MF_x erhalten. Trotz seiner interessanten Eigenschaften sind die technischen Anwendungsmöglichkeiten von SF_4 wegen seiner Toxizität beschränkt [201]. Die US-Produktion belief sich 2002 auf einige Tonnen.

9.2
Stickstofftrifluorid [202]

Von den zahlreichen N-F Verbindungen hat nur NF_3 kommerzielle Bedeutung erlangt. NF_3 (M = 71,00) ist ein farbloses, toxisches Gas (Schmp. –206,8 °C, Sdp. –129 °C). Es wird entweder durch Reaktion von elementarem Fluor mit NH_3 oder $NH_4 \cdot HF$ [203, 204] oder durch Elektrolyse [205, 206] von $NH_4 \cdot$ HF-Schmelzen synthetisiert. Bei Raumtemperatur ist das Gas relativ reaktionsträge und gut handhabbar, bei erhöhten Temperaturen ist es jedoch ein starkes Oxidationsmittel, deshalb wird es oft als Alternative zu F_2 eingesetzt. Des weiteren wird Stickstofftrifluorid in Hochleistungslasern eingesetzt. Japan expandiert seine Produktionskapazitäten auf diesem Gebiet von 970 t in 2000 auf 1200 t in 2001. Auf dem Gebiet der TFT/LCD- und Plasmabildschirme wird NF_3 im Herstellungsprozess benötig. Hier erhoffen sich die Japaner zweistelliges Wachstum in den nächsten Jahren.

Die Eigenschaften weiterer N-F-Verbindungen sind in [202] zusammengefasst. Diese haben industriell jedoch keine Bedeutung.

9.3
Sauerstoff-Fluor-Verbindungen

Alle Sauerstofffluoride besitzen eine starke Oxidationskraft. Unter ihnen ist Sauerstoffdifluorid das stabilste [207, 208]. Die Verbindungen sind toxisch und werden in der Regel durch Elektrolyse von KHF_2 in Gegenwart von Wasser erhalten [209]. Die Reaktivität entspricht etwa der des Fluors, die Aktivierungsenergie ist allerdings höher. In der Industrie werden Sauerstofffluoride nicht eingesetzt.

9.4
Phosphor-Fluor-Verbindungen [210–212]

Die wichtigsten Phosphorfluoride sind PF_3 und PF_5.

Phosphortrifluorid
Phosphortrifluorid, PF_3 (M = 87,97), ist ein farbloses Gas, das an feuchter Luft langsam hydrolysiert wird (Schmp. –151,5 °C, Sdp. –101,8 °C). PF_3 wird in einer Halogenaustauschreaktion aus PCl_3 und AsF_3 oder SbF_3, in Gegenwart von SbF_5 als Katalysator hergestellt [213]. F_2 und Cl_2 reagieren mit PF_3 rasch zu PF_5 bzw. PF_3Cl_2. Die hohe Toxizität von PF_3 ist wie bei CO auf die Fähigkeit, einen stabilen Komplex mit Hämoglobin zu formen, zurückzuführen.

Phosphorpentafluorid
Phosphorpentafluorid, PF_5 (M = 125,97), ist ein farbloses, an der Luft stark rauchendes Gas (Schmp. –93,8 °C, Sdp. –84,6 °C). Es bildet mit Wasser spontan POF_3 und HF. PF_5 ist als Lewis-Säure ein ausgezeichneter Friedel-Crafts-Polymerisationskatalysator [214]. PF_5 wird z. B. aus PCl_5 und AsF_3 hergestellt [211].

Fluorphosphorige Säuren [215]
Monofluorphosphorige Säure, H_2PO_3F (M = 99,99), wird als Polymerisationskatalysator verwendet. Eine geeignete Methode zu ihrer Herstellung ist die Reaktion von Phosphorpentoxid mit konzentrierter Flusssäure:

$$P_2O_5 + 2\ HF + H_2O \longrightarrow 2\ H_2PO_3F$$

Das Natriumsalz wird Zahnpasten zugesetzt, da es die Bildung von Fluorapatit in den Zähnen fördert. K_2PO_3F (Kaliummonofluorphosphat) wird beispielsweise zur Passivierung von metallischen Oberflächen herangezogen [216].

Die Ester der monofluorphosphorigen Säure sind hoch toxische Nervengase (Cholinesterase-Inhibitoren). Zum Beispiel hat Sarin [107-44-8] oral appliziert einen LD_{50} von 550 µg kg^{-1} (Ratten).

Difluorphosphorige Säure, HPO_2F_2, (M = 101,98), wird als Katalysator verwendet [217].

Hexafluorphosphorige Säure, HPF_6 (M = 145,97). Das PF_6-Anion ist stabil und isoelektronisch mit SF_6. Die Lithium- und Kaliumsalze werden als Elektrolyte in Lithiumprimärbatterien verwendet.

9.5
Edelgasfluoride [218–222]

Die Entwicklung der Edelgaschemie begann mit der Entdeckung der oxidierenden Eigenschaften des Platinhexafluorides [223, 224]. So werden *Xenonfluoride* entweder durch Reaktion von Xenon mit PtF_6 oder durch Erhitzen von Xe/F_2 Gemischen in Nickelbehältern erhalten. Bei hohem Fluordruck und niedrigen Temperaturen entsteht XeF$_6$, bei einem Überschuss an Xenon überwiegend XeF$_2$ [225]. XeF$_4$ wird durch Disproportionierung von XeF$_2$ bei über 350 °C erhalten.

KrF$_2$ wird durch Bestrahlen eines Krypton/Fluor-Gemisches mit γ- oder UV-Strahlung bei –196 °C synthetisiert. Dieses Fluorid ist das stärkste bekannte Fluorierungsmittel und wird eingesetzt, um die Elemente in ihre höchsten Oxidationsstufen zu bringen. KrF$_2$ wird z. B. zur Herstellung von Goldpentafluorid benötigt.

Die oxidative Fluorierungsstärke der Edelgasfluoride nimmt in folgender Reihe zu XeF$_2$ < XeF$_4$ < XeF$_6$ < KrF$_2$. Ihre fluorierende Wirkung wird in der anorganischen Chemie z. B. bei der Synthese von tetravalenten Lanthaniden oder der Synthese von UF$_6$ aus UO$_2$F$_2$, oder UF$_4$ aus UO$_3$ [226], und insbesondere in der organischen Chemie eingesetzt [227].

9.6
Graphitfluoride

Die Graphitfluoride haben die allgemeine Formel CF$_x$ (0 < x < 1,24). Industriell gefertigte Produkte sind grau-weiße Pulver, die durch direkte Fluorierung von Kohlenstoff oder Graphit bei 300–600 °C erhalten werden [228]. Alle Graphitfluoride besitzen eine sehr niedrige Oberflächenenergie, ihre Leitfähigkeit verringert sich um den Faktor 10^7 sobald der Fluorgehalt von x = 0,3 auf x = 0,5 steigt. Somit werden die Produkte mit Zusammensetzungen x > 0,5 als Isoliermaterialien eingesetzt. CF wird auch als fester Hochtemperaturschmierstoff [229, 230] und als Kathodenmaterial für Lithiumprimärbatterien verwendet [231, 232].

10
Fluor-Silicium-Verbindungen

Unter den vielen Fluor-Silicium-Verbindungen spielen Siliciumtetrafluorid und Hexafluorokieselsäure (und ihre Salze) in wichtigen Industriezweigen wie der Aluminiumerzeugung, der Elektroindustrie und der HF-Produktion die bedeutendste Rolle.

10.1
Siliciumtetrafluorid

Unter Normalbedingungen ist Siliciumtetrafluorid, SiF$_4$ (M = 104,09), ein farbloses Gas mit erstickendem Geruch. Normalerweise fällt es als Nebenprodukt bei der Aufarbeitung von Flussspat an, kann aber auch durch direkte Synthese aus den Elementen hergestellt werden. Der Markt für SiF$_4$ beschränkt sich im wesentlichen auf die Elektroindustrie und Herstellung von Glasfasern. Die Produktionskapazitäten lagen 1985 bei ca. 100 t a^{-1} [233].

Siliciumtetrafluorid ist eine äußerst stabile Verbindung, die sich selbst beim Erhitzen auf 800 °C nicht zersetzt. In der Elektroindustrie wird die einfache Hydrolyse zu HF und fein verteiltem SiO$_2$ ausgenutzt [234]:

$$SiF_4 + 2\,H_2O \longrightarrow SiO_2 + 4\,HF \quad \Delta H = -107{,}8\ kJ$$

Der älteste Herstellungsprozess von SiF_4 ist der schwefelsaure Aufschluss von CaF_2 in Gegenwart von SiO_2.

$$2\,CaF_2 + 2\,H_2SO_4 + SiO_2 \longrightarrow SiF_4 + 2\,CaSO_4 + 2\,H_2O$$

Die aktuellen diskontinuierlichen Prozesse gehen von gepackten Kieselerdekolonnen und HF bzw. ihren Salzen aus. Die unterschiedlichen Verfahren unterscheiden sich darin, dass im Prozessablauf flüssige oder gasförmige HF auf verschiedenen Ebenen des Reaktors eingeleitet wird, um eine gleichmäßige Temperaturverteilung zu erhalten [235, 236]. Daneben gibt es auch kontinuierliche Produktionsverfahren [237]. Das gasförmige SiF_4 wird mit Schwefelsäure getrocknet und unter Druck gelagert.

10.2
Hexafluorokieselsäure

Hexafluorokieselsäure, H_2SiF_6 ($M = 144{,}09$), wird hauptsächlich als Rohstoff für die AlF_3- und Kryolithproduktion benötigt (siehe Abschnitte 4.2.1.2 und 4.2.2.2). Weiterhin kann sie anstelle von Flussspat zur Herstellung von HF verwendet werden (s. Abschnitt 2.2.2).

Die *physikalischen Eigenschaften* wie z. B. die Dichte hängen stark von Temperatur und Konzentration ab. Bei 25 °C besitzt eine 61 %ige Lösung beispielsweise eine Dichte von 1,4634 g cm^{-3} [238, 239].

Hexafluorokieselsäure ist nur in wässrigem Medium existent und reagiert stark sauer. Bei einem Zusatz von Schwefelsäure gast SF_4 aus. Die in dieser Reaktion ebenfalls gebildete HF löst sich in der H_2SO_4. Mit Alkalilaugen bilden sich Fluorosilicate, mit einem Überschuss entstehen die entsprechenden Alkalifluoride.

Hexafluorokieselsäure kann aus SiO_2 und wässriger HF hergestellt werden. In der Praxis wird an Stelle von SiO_2 jedoch SiF_4 eingesetzt, das in anderen Prozessen als Nebenprodukt entsteht. Hexafluorokieselsäure selbst fällt ebenfalls in verschiedenen Prozessen als Nebenkomponente an. Zum Beispiel entstehen durch Reaktion der Siliciumverunreinigungen im Flussspat bei der Herstellung von HF ca. 50 kg H_2SiF_6 pro Tonne HF (d. h. weltweit ca. 50 000 t a^{-1}). Eine große Menge von Hexafluorosilicaten fällt auch bei der Düngemittel- und Phosphorsäureherstellung an.

Zur Gewinnung von konzentrierten Hexafluorokieselsäure-Lösungen wird verdünnte H_2SiF_6 mit einem Strom aus wässriger HF durch mit pulverisiertem SiO_2 beladene Kolonnen geleitet. Die Fließgeschwindigkeit und die Reaktionstemperatur bestimmen die Konzentration der erhaltenen Lösung [215, 240–244]. In der Regel sind diese Produktionsanlagen direkt an die HF- oder Phosphorsäureproduktion angeschlossen. Ein wichtiger Qualitätsfaktor ist der Gehalt an mitgeschleppter Phosphorsäure. Ein geringer Phosphatgehalt ist wichtig, wenn die Hexafluorokieselsäure bei der Herstellung von Aluminiumfluorid oder Kryolith verwendet werden soll. Zur Aufreinigung gibt es mechanische Verfahren [245, 246] und physikalische Absorptionssysteme, wobei Letztere die Phosphorsäure durch Waschen mit 80 %iger

H$_2$SO$_4$ sehr gründlich entfernen. Diese H$_2$SO$_4$ wird wieder der Phosphorsäureherstellung zugeführt [247].

Die Aluminiumindustrie als größter Abnehmer benötigt H$_2$SiF$_6$ für die AlF$_3$- und Kryolithproduktion [248]. Daneben wird sie als Bakterizid in Brauereien und als Holzschutzmittel verwendet. In kleineren Mengen verändert sie, wie SF$_4$ als Zusatz im Zement dessen Textur und Abbindegeschwindigkeit [249]. Hexafluorokieselsäure wird auch anstelle von Alkalimetallfluoriden in der Trinkwasserfluoridierung eingesetzt. Sie ist ein Ausgangsstoff der Synthese der Natrium-, Ammonium-, Magnesium- und Kaliumfluorosilicate sowie des alternativen Syntheseweges für HF.

In den USA wurden 2000 68 000 t Hexafluorokieselsäure als Nebenprodukt der Phosphatherstellung erzeugt [250, 251].

10.3
Fluorosilicate

Neben dem Natriumsalz werden auch die Fluorosilicate des Kaliums, Zinks, Magnesiums und Ammoniums industriell hergestellt. Natriumfluorosilicat wird neben Ammoniumfluorosilicat vornehmlich in der Aufbereitung des Abwasser von Industriewäschereien eingesetzt [252]. In der Glasherstellung wird es als Polier- oder Ätzzusatz [253] verwendet, in einigen Bereichen wird auf die fungiziden und bakteriziden Eigenschaften zurückgegriffen [254]. Von den anderen Fluorosilicaten wird das Magnesiumsalz z. B. als Härter im Beton benutzt, die Gebäudeindustrie verwendet unterschiedliche Fluorosilicate für Schutzanstriche gegen chemische Substanzen [255–257]. Das Bariumsalz findet als Leuchtstoff in UV-Lampen Einsatz [258].

Die Herstellung der Fluorosilicate erfolgt durch Neutralisation der Hexafluorokieselsäure mit den entsprechenden Hydroxiden und anschließende Kristallisation [259, 260]. Im Verlauf der Reaktion muss darauf geachtet werden, dass nie ein Überschuss an Alkali vorliegt, da sonst durch Hydrolyse die entsprechenden Fluoride gebildet werden [261]:

$$SiF_6^{2-} + 4\,OH^- \longrightarrow SiO_2 + 2\,H_2O + 6\,F^-$$

In Gegenwart von Säuren oder thermischer Beanspruchung erfolgt die Freisetzung von gasförmigen Siliciumtetrafluorid [262]. Das SiF$_4$ aus dem Bariumsalz ist besonders für den Gebrauch in der Elektronik geeignet [263].

11
Literatur

1 S. S. Kumar, S. S. Kataria, *World Cem. Techn.* 1981 *12* (6), 279–285.
2 H. E. Blake, Jr., et al., *Rep. Invest. U. S. Bur. Mines* 1971, RI 7502.
3 S. Schneider, DE Pat. 2533128 (1975), Bayer.
4 K. H. Hellberg, DE Pat. 2535658 (1975) Kali-Chemie.
5 R. L. Jarry, W. Davis, Jr., *J. Phys. Chem.* 1953, *57*, 600–604.
6 C. E. Vanderzee, W. N. Rodenburg, *J. Chem. Thermodyn.* 1970, *2*, 461–478.

7 I. Sheft, A. J. Perkins, H. H. Hyman, *J. Inorg. Nucl. Chem.* 1973, *35*, 3677–3680.
8 Allied Chemical Corp.: *Hydrofluoric Acid*, 1978.
9 D. Boese, R. Etter, WO Pat. 82/03848 (1982), Buss.
10 D. McMillan, C. C. Quarles, US Pat. 3 102 787 (1960), Du Pont.
11 H. List, EP Pat. 100 783 (1984).
12 W. E. Watson, R. P. Troeger US Pat. 3 607 121 (1969); US Pat. 3 718 736 1970 (Allied).
13 P. Laroche, P. Thiery, Y. Verot, FR Pat. 2 564 449 (1985), Atochem.
14 R. S. Reed, US Pat. 4 036 938 (1977).
15 W. Blochl, B. Oberbacher, GB Pat. 1 262 571 (1969), Buss.
16 W. R. Parish, US Pat. 3 758 674 (1969), Wellman Power Gas.
17 L. E. Tufts, J. T. Rukker, T. H. Dexter, US Pat. 3 257 167 (1963), Stauffer.
18 T. T. Houston, US Pat. 3 218 124-5-6-7-8-9 (1962), Tennessee Corp..
19 R. E. Worthington, US Pat. 4 144 315 (1976), Goulding Chemicals Ltd..
20 C. R. Faust, US Pat. 3 914 398 (1974), Du Pont.
21 D. R. Allen, US Pat. 2 832 669 (1957), Dow Chemical.
22 J. Fried, E. A. Hallinan, M. J. Szwedo Jr., *J. Am. Chem. Soc.* 1984, *106*, 3871–3872.
23 T. A. Morinelli, A. K. Okwu, D. E. Mais, P. V. Haluska, V. John, C.-K. Chen, J. Fried, *Proc. Natl. Acad. Sci. USA* 1989, *86*, 5600–5604.
24 Houben-Weyl, Band E 10 b/1, 127–129.
25 S. Böhm, A. Marhold, DE Patent 4 237 882 (1984).
26 T. Müh, P. Fiedler, H. Weintritt, W. Westerkamp, A. Reinecke, WO Patent 016034 (2002).
27 J. Simons, J. H. Hildebrand, *J. Am. Chem. Soc.* 1924, *46*, 2183–2191.
28 K. Fredenhagen, *Z. Anorg. Allg. Chem.* 1933, *210*, 210–224.
29 G. Briegleb, *Naturwissenschaften* 1941, *28*, 420–421.
30 W. Strohmeier, G. Briegleb, *Z. Electrochem.* 1953, *57*, 662–667.
31 G. Briegleb, W. Strohmeier, *Z. Electrochem.* 1953, *57*, 668–674.
32 J. N. Maclean, F. J. C. Rossotti, H. S. Rossotti, *J. Inorg. Nucl. Chem.* 1962, *24*, 1549–1554.
33 R. L. Redington, *J. Phys. Chem.* 1982, *86*, 561–563.
34 J. M. Beckerdite, D. R. Powel, E. T. Adams, *J. Chem. Eng. Data* 1983, *78* (*3*), 287–293.
35 Gmelin 3, 181–238.
36 *Mater. Perform.* 1983, *22* (*11*), 9–12.
37 K. Hauffe, *Z. Werkstofftech.* 1984, *15*, 427–435.
38 K. Hauffe, *Z. Werkstofftech.* 1985, *16*, 259–270.
39 Occupational Exposure to Hydrogen Fluoride, U. S. Dept. of Health, Niosh, March 1976.
40 M. A. Trevino, G. H. Hermann, W. L. Sprout, *JOM J. Occup. Med.* 1983, *25* (*12*), 861–863.
41 L. G. Wolgemuth, US Pat. 3 766 147 (1973), Atlantic Richfield Co.
42 Y. Ohsaka, T. Tohzuku, DE-OS 3 027 229 (1981), Daikin Kogyo Co.
43 D. T. Meshri in R. E. Banks, D. W. A. Sharp, J. C. Tatlow (Hrsg.): *Fluorine, the First Hundred Years*, Elsevier Sequoia, Lausanne, **1986**, S. 195–226.
44 C. L. Liotta, H. P. Harris, *J. Am. Chem. Soc.* 1974, *96*, 2250–2252.
45 M. Henrich, A. Marhold, A. Kowmeitser, G. Röschenthaler, DE Patent 10129057 (2001), Bayer AG.
46 JP-Kokai Pat. 60 46 867 (1983), Showa Aluminium Industries K. K.
47 *Journal Officiel de la République Française*, Nov. 28, 1985.
48 S. L. Kravtsov, N. I. Soboleva, SU Pat. 706 325 (1979).
49 K. Motoyoshi, M. Kume, Y. Amano, JP-Kokai Pat. 75 113 449 (1975), Sumitomo Electric Industries.
50 W. Hasenpusch, K. F. Zimmermann, A. Heilmann, CH Pat. 650 437 (1985), Degussa.
51 R. Schober, DE Pat. 1 010 504 (1957), Kali-Chemie.
52 M. N. Marosi, US Pat. 3 849 208 (1974), Convertex.
53 A. B. Vicente, BR Pat. 85 01 205 (1985).
54 D. Standfuss, H. Stange, W. Oese, H. Kirk et al., DD Pat. 216 893 (1985).

55. B. Cochet-Muchy, J. Portier in P. Hagenmuller (Hrsg.): *Inorganic Solid Fluorides – Chemistry and Physics,* Academic Press, Orlando, **1985**, S. 565–605.
56. H. C. Hodge, F. A. Smith in J. H. Simons (Hrsg.): *Fluorine Chemistry,* vol. 4, Academic Press, New York 1965.
57. Motorola, US 4 235 648, 1980 (L. Richardson).
58. Société des Usines Chimiques de Pierrelatte, FR 2 082 366, 1971 (M. Caron, P. Coste, C. Coquet, M. Rey).
59. General Electric, US 3 357 788, 1967 (J. F. Ross).
60. O. Glemser in R. E. Banks, D. W. A. Sharp, J. C. Tatlow (Hrsg.): *Fluorine, the first Hundred Years,* Elsevier Sequoia, Lausanne 1986, pp. 45–69.
61. M. R. C. Gerstenberger, A. Haas, *Angew. Chem., Int. Ed. Engl.* 20 (1981) 647–667.
62. N. Watanabe, H. Touhara, T. Nakajima, N. Bartlett et al. in P. Hagenmuller (Hrsg.): *Inorganic Solid Fluorides – Chemistry and Physics,* Academic Press, Orlando, **1985**, S. 331–369.
63. A. J. Rudge in A. T. Kuhn (Hrsg.): *Industrial Electrochemical Processes,* Elsevier, Amsterdam, **1971**, 1–69.
64. H. Imoto, K. Ueno, N. Watanabe, *Bull. Chem. Soc. Jpn.* 1978, *51,* 2822–2825.
65. G. W. Mellors, S. Senderoff, US Pat. 3 444 058 (1969), Union Carbide.
66. K. Schulze, M. Krehl, *Nucl. Instrum. Methods Phys. Res., Sect. A* 1985, *236,* 609–616; *Chem. Abstr.* 103 (1985) 94 588 t.
67. J. Portier in P. Hagenmuller (Hrsg.): *Inorganic Solid Fluorides – Chemistry and Physics,* Academic Press, Orlando, **1985**, S. 553–563.
68. B. R. F. Kjellgren, US Pat. 2 381 291 (1945), The Brush Beryllium Co.
69. E. Carnall Jr., S. E. Hatch, L. S. Ladd, W. F. Parsons, US Pat. 3 294 878 (1966), Eastman Kodak.
70. R. D. Peacock in F. A. Cotton (Hrsg.): *Progress in Inorganic Chemistry,* vol. 2, Interscience, New York, **1960**, S. 193–249.
71. W. Klemm, DE Pat. 813 847 (1951).
72. L. B. Asprey, *J. Fluorine Chem.* **1976**, *7,* 359–361.
73. T. A. O'Donnel, *Rev. Pure Appl. Chem.* **1970**, *20,* 159–174.
74. G. A. Olah, J. G. Shih, G. K. S. Prakash in R. E. Banks, D. W. A. Sharp, J. C. Tatlow (Hrsg.): *Fluorine, the First Hundred Years,* Elsevier Sequoia, Lausanne, **1986**, S. 377–396.
75. M. Bargues, R. Romano, FR Pat. 2 574 988 (1986), Comurhex.
76. J. J. Cuomo, J. M. Woodall, J. F. Ziegler, GB Pat. 1 515 763 (1978), IBM Corp.
77. N. M. Levenson: Fluorine Minerals and Inorganic Fluorine Compounds« in *CEH (Chemical Economics Handbook),* S.R.I. International, August, **1982**, no. 739 1002 H.
78. N. M. Levenson: Fluorine Minerals and Inorganic Fluorine Compounds, in *CEH (Chemical Economics Handbook),* S.R.I. International, August, **1982**, no. 739 1000 H.
79. G. Broja, H. Gradinger, DE Pat. 1 220 839 (1964), Bayer.
80. J. L. Pegler, GB Pat. 1 026 131 (1962), Imperial Smelting.
81. H. Sauer, J. N. Anderson, F. Kaempf, DE-OS 3 405 452 (1984), Vereinigte Aluminium Werke, Kaiser Aluminium; V. Wolf, *Erzmetall* 1984, *37* (9), 4, 21–30.
82. F. Weinratter, *Chem. Eng. N. Y.,* **1964**, *71* (9), 32.
83. J. Y. Morlock, B. Nochet, P. Mollard, *2nd Congres on Phosphorus Compounds Proceeding, Boston, USA,* 21 May 1980, ed. Imphos 799–808.
84. W. Tschebull, W. Kepplinger, DE Pat. 2 837 211 (1977), Lentia.
85. N. A. Solntseva, A. M. Zagudaev, E. A. Burakov, T. V. Stratonova, *Tsvetn. Met.* **1983**, (*1*), 47–48.
86. M. Grobelny, PL Pat. 73 113, 1971; W. Becker, H. Jonas, W. Weiss, DE-OS 2 307 925 (1973), Bayer.
87. D. Harder, *I. G. Farbenindustrie Bitterfeld,* Document no. 0635 (1942) 1–17; H. E. Blake, R. K. Koch, *Bur. Mines Rep.* 1964, *6524,* 12–15; P. M. R. Versteegh, T. J. Thoonen, *Chem. Process Eng. (London)* 1972, *53* (6), 11.
88. P. Mollard, FR Pat. 2 052 118 (1969), Ugine Kuhlmann.
89. G. Tarbutton, T. D. Barber-Farr, T. M. Jones, H. T. Lewis, US Pat. 2 981 597 (1961), TVA. J. B. Cotton, *Chem. Eng. Prog.* 1970, *66* (*10*), 56–62.

90 P. Langrock, E. Podschus, M. Schulze, E. Weise, DE-OS 2 064 696 (1970), Bayer.
91 F. Steineke, DE-OS 2 313 495 (1973), Elkem; V. Sparwald, DE-OS 2 403 282 (1974), Vereinigte Aluminium-Werke – Lurgi.
92 T. Abe, T. Okamoto, T. Sakakura, T. Tateno, FR Pat. 2 305 396 (1976), Sumitomo Chal Cy; T. F. Payne, US Pat. 3 941 874 (1976), Anaconda Aluminum Co.
93 M. Kakutani, S. Isobe, JP Pat. 7 432 708, 1974.
94 P. Mollard, FR Pat. 1 187 352 (1957) und Patentergänzung no. 76 352 (1961), S.E.C.E.M. und A. E.U; R. Bachelard, FR Pat. 1 519 691 (1967), Ugine Kuhlmann; P. Mollard, FR Pat. 2 076 577, 1970, Ugine Kuhlmann.
95 W. Wolfrom, W. Källing, *Tech. Umweltschutz* 1982, *25*, 149–161.
96 Z. Klimek, *Przem. Chem.* 1984, *63* (*9*), 476–478.
97 D. V. Fedorin, A. Samoilova, *Tsvetn. Met.* 1978, (*12*), 23–24; J. Xavier, ID Pat. 145 960 (1979).
98 J. Lobo, V. Damodaran, *Res. Ind.* 1973, *18* (*4*), 127–129.
99 H. J. Gutierrez, FR Pat. 2 459 204 (1979), Derivados del Fluor.
100 M. Plebankiewicz, Z. Klimek, A. Bernat, *Mater. Ogolnopol. Symp. Zwizki Fluorowe* 1980, 127–129.
101 D. C. Gernes, US Pat. 3 061 411 (1960), Kaiser Aluminium and Chem. Corp.
102 W. Augustyn, J. Chmiel-Pela, M. Grobelny, D. Rozycka, *Przem. Chem.* 1977, *56* (*11*), 565–566.
103 G. Wendt, US Pat. 2 991 159, 1958; E. Moser, US Pat. 2 943 914 (1960), Vereinigte Aluminium-Werke.
104 M. Rolin, *Rev. Int. Hautes Temp. Refract.* 1971, *8* (*2*), 127–132; M. Rolin, P. Desclaux, *Rev. Int. Hautes Temp. Refract.* 1971, *8* (*3*), 221–225; M. Rolin, *Electrochim. Acta* 1972, *17* (*12*), 2293–2307; J. R. Gaspard, J. Goret, M. Ferber, *Light Met. (Warrendale, Pa.)* 1975, *1*, 79–94; AIME Ny, L. H. Marcus: Cryolite June 70-June 80. *NTJS from G.O.V. Rep. Annonce Index* 1980, *80* (*26*), 5649.
105 J. Gerlach, U. Hennig, H. D. Poetsch, *Erzmetall* 1978, *31* (*7–8*), 333–338.
106 *Registry of Toxic Effects of Chemical Substances,* NIOSH 1 (1981–82) 314.
107 H. S. Booth, J. T. Pinkston Jr. in J. H. Simons (Hrsg.): *Fluorine Chemistry,* vol. 1, Academic Press, New York, **1950**, S. 189–200.
108 W. K. R. Musgrave in M. Stacey, J. C. Tatlow, A. G. Sharpe (Hrsg.): *Advances in Fluorine Chem.*, vol. 1, Butterworths, London, **1960**, S. 1–28.
109 A. J. Downs, C. J. Adams in J. C. Bailar, H. J. Emeléus, R. Nyholm, A. F. Trotman-Dickenson (Hrsg.): *Comprehensive Inorg. Chem.*, vol. 2, Pergamon, Oxford, **1973**, S. 1107–1594.
110 H. Meinert, *Z. Chem.* 1967, *7*, 41–57.
111 B. Cochet-Muchy, J. Portier in P. Hagenmuller (Hrsg.): *Inorganic Solid Fluorides – Chemistry and Physics,* Academic Press, Orlando, **1985**, S. 565–605.
112 A. Commeyras, *Ann. Chim. (France)* 1984, *9*, 673–682.
113 R. N. Haszeldine in R. E. Banks, D. W. A. Sharp, J. C. Tatlow (Hrsg.): *Fluorine, the First Hundred Years,* Elsevier Sequoia, Lausanne, **1986**, S. 307–313.
114 Yu. I. Nikonorov, SU Pat. 1 051 047 (1983), Novosibirsk State University).
115 H. Selig, A. Pron, M. A. Druy, A. G. MacDiarmid et al., *J. Chem. Soc. Chem. Commun.* 1981, 1288–1289.
116 J. Terrel, D. Pratt, L. C. Sams, L. Robinson, *Oil Gas J.* 1981, *79*, 108–118.
117 W. G. Sweetman, DE Pat. 1 029 770 (1958).
118 H. G. Tepp, US Pat. 3 367 745 (1968), Allied Corp.
119 Yu. A. Buslaev, V. F. Sukhoverkhov, N. M. Klimenko, *Koord. Khim.* 1983, *9*, 1011–1031;*Chem. Abstr.* 99 (1983) 110889 y.
120 W. B. Deichmann, H. W. Gerarde: *Toxicology of Drugs and Chemicals,* Academic Press, New York, **1969**, S. 651.
121 *Gas Encyclopedia,* Elsevier/l'Air Liquide, Amsterdam, **1976**, S. 849
122 W. Traube, J. Hoerenz, F. Wunderlich, *Ber. Dtsch. Chem. Ges.* 1919, *52*, 1272–1284.
123 T. E. Thorpe, W. Kirman, *J. Am. Chem. Soc.* 1892, *61*, 921–924.
124 A. A. Woolf, *J. Inorg. Nucl. Chem.* 1960, *14*, 21–25.

125 W. De Secrist Young, J. H. Pearson, US Pat. 2416133 (1944), General Chemical Co.
126 M. C. Baker, US Pat. 4115408 (1977) Du Pont.
127 CA Pat. 448662 (1948), National Smelting Co.; A. J. Edwards, GB Pat. 755692 (1954), Standard Oil.
128 A. Engelbrecht, A. Aignesberger, E. Hayek, *Monatsh. Chem.* 1955, *86*, 470–473.
129 A. A. Woolf, *J. Inorg. Nucl. Chem.* 1956, *3*, 250.
130 K. Döring, *Sprechsaal* 1983, *116* (5), 366.
131 P. J. Stang, M. Hanack, L. R. Subramanian, *Synthesis* **1982**, (2), 85–126.
132 GB Pat. 537589 (1940), Standard Oil.
133 J. W. Brockington, US Pat. 4008178 (1975), Texaco.
134 D. A. McCaulay, US Pat. 4144282 (1975), Standard Oil.
135 V. N. Ipatieff, C. B. Linn, US Pat. 2428279 (1944), Universal Oil Products.
136 GB Pat. 640485 (1946), Beck, Koller & Corp.
137 V. N. Ipatieff, C. B. Linn, US Pat. 2421946 (1945), Universal Oil Products.
138 D. Schwartz, US Pat. 2956095 (1958), Esso.
139 GB Pat. 551961 (1941), Standard Oil.
140 DE-OS 3102305 (1981), PCUK-Produits Chimiques Ugine Kuhlmann.
141 H. R. Leech, W. H. Wilson, GB Pat. 824427 (1957), ICI.
142 A. G. Sharpe, *Q. Rev. Chem. Soc.* 1957, *11*, 49–60.
143 H. Moissan, *C. R. Hebd. Seances Acad. Sci.* 1886, *102*, 1543–1544.
144 H. G. Bryce in J. H. Simons (Hrsg.): *Fluorine Chemistry*, **vol. 5**, Academic Press, New York, **1964**, S. 297–498.
145 B. Cochet-Muchy, J. Portier in P. Hagenmuller (Hrsg.): *Inorganic Solid Fluorides – Chemistry and Physics*, Academic Press, Orlando, **1985**, S. 565–605.
146 P. Kamarchik, Jr., J. L. Margrave, *Acc. Chem. Res.* 1978, *11*, 296–300.
147 Y. Kita, N. Watanabe, Y. Fujii, *J. Am. Chem. Soc.* 1979, *101*, 3832–3841.
148 N. Watanabe, H. Touhara, T. Nakajima, N. Bartlett et al. in P. Hagenmuller (Hrsg.): *Inorganic Solid Fluorides – Chemistry and Physics*, Academic Press, Orlando, **1985**, S. 331–369.
149 N. Watanabe, T. Nakajima in R. E. Banks (Hrsg.): *Preparation, Properties and Industrial Applications of Organofluorine Compounds*, Chap. 9, Ellis Horwood, Chichester, **1982**.
150 R. H. Langley, L. Welch, *J. Chem. Ed.* 1983, *60*, 759–761.
151 M. Bourgeois, B. Cochet-Muchy, *Energ. Nucl. (Paris)* 1968, *10*, 192–200.
152 M. Bargues, R. Romano, FR Pat. 2574988 (1986), COMURHEX
153 J. A. Mucha, V. M. Donnelly, D. L. Flamm, L. M. Webb, *J. Phys. Chem.* 1981, *85*, 3529–3532.
154 M. R. C. Gerstenberger, A. Haas, *Angew. Chem. Int. Ed. Engl.* 1981, *20*, 647–667.
155 K. O. Christe, *Inorg. Chem.* 1986, *25*, 3721–3722.
156 L. B. Asprey, US Pat. 3989808 (1975), U. S. Energy Res. Dev. Adm.
157 R. L. Murray, S. G. Osborne, M. S. Kircher, *Ind. Eng. Chem. Ind. Ed.* 1947, *39*, 249–254.
158 R. C. Downing, A. F. Benning, F. B. Downing, R. C. McHarness et al., *Ind. Eng. Chem. Ind. Ed.* 1947, *39*, 259–262.
159 D. Devilliers, M. Vogler, F. Lantelme, M. Chemla, *Anal. Chim. Acta* 1983, *153*, 69–82.
160 A. J. Rudge in A. T. Kuhn (Hrsg.): *Industrial Electrochemical Processes*, Elsevier, Amsterdam, **1971**, S. 1–69.
161 N. Watanabe, Y. Kanaya, *Denki Kagaku Kogyo Butsuri Kagaku* 1971, *39*, 139–147.
162 J.-P. Randin in A. J. Bard (Hrsg.): *Encyclopedia of Electrochemistry of the Elements*, vol. 7, Dekker, New York, **1976**, S. 1–291.
163 N. Watanabe, M. Aramaki, Y. Kita, DE-OS 3027371 (1981), Central Glass Co. Ltd., Toyo Tanso Co. Ltd.
164 G. C. Whitaker, US Pat. 2506438 (1950), U. S. Atomic Energy Commission.
165 *Mellor's Comprehensive Treatise on Inorganic and Theoretical Chemistry*, vol. II, Suppl. 1, Longmans, London, **1956**.
166 W. C. Schumb, R. C. Young, K. J. Radimer, *Ind. Eng. Chem. Ind. Ed.* 1947, *39*, 244–248.
167 J. T. Pinkston Jr., *Ind. Eng. Chem. Ind. Ed.* 1947, *39*, 255–258.
168 W. C. Schumb, A. J. Stevens, US Pat. 2422590 (1947), U. S. Office of Scientific Res. Devel.

169 D. Devilliers, F. Lantelme, M. Chemla, *J. Chim. Phys. Phys. Chim. Biol.* 1979, *76* (5), 428–432.

170 R. J. Ring, D. Royston, Australian Atomic Energy Commission Report AAEC/E 281, 1973; *Chem. Abstr.* 80 (1974) 140 412 n.

171 J. F. Gall, H. C. Miller, *Ind. Eng. Chem. Ind. Ed.* 1947, *39*, 262–266.

172 R. Landau, R. Rosen, *Ind. Eng. Chem. Ind. Ed.* 1947, *39*, 281–286.

173 S. G. Osborne, M. M. Brandegee, *Ind. Eng. Chem. Ind. Ed.* 1947, *39*, 273–274.

174 J. F. Froning, M. K. Richards, T. W. Stricklin, S. G. Turnbull, *Ind. Eng. Chem. Ind. Ed.* 1947, *39*, 275–278.

175 H. F. Priest, A. V. Grosse, *Ind. Eng. Chem. Ind. Ed.* 1947, *39*, 279–280.

176 A. Level, *Chim. Ind. Génie Chim.* 1969, *102*, 1077–1082.

177 R. J. Ring, D. Royston, Australian Atomic Energy Commission Report AAEC/E 281, 1973; *Chem. Abstr.* 80 (1974) 140 412 n.

178 H. Pulley, R. L. Harris, U.S.A.E.C. Report KY-638, 1972; *Chem. Abstr.* 77 (1972) 117 909 j.

179 S. G. Turnbull, A. F. Benning, G. W. Feldmann, A. L. Linch et al., *Ind. Eng. Chem. Ind. Ed.* 1947, *39*, 286–288.

180 G. H. Cady in H. J. Emeléus, A. G. Sharpe (Hrsg.): *Advances Inorg. Chem. Radiochem.*, vol. 2, Academic Press, New York, **1960**, S. 105–157.

181 »Schwefel Halogenide«, *Gmelin*, 9, Suppl. 2, 5–201.

182 »Schwefel – Thionyl Halogenide«, *Gmelin*, 9, Suppl. 1, 3–18.

183 *Gmelin*, B 3, 1729–1733.

184 E. E. Kenaga, US Pat. 2 875 127 (1959), Dow Chemical.

185 B. Cochet-Muchy, J. Portier in P. Hagenmuller (Hrsg.): *Inorganic Solid Fluorides – Chemistry and Physics*, Academic Press, Orlando, **1985**, S. 565–605.

186 F. Lombardo, *J. Fluorine Chem.* 1981, *18* (1), 1–24.

187 W. C. Schumb, *Ind. Eng. Chem.* 1947, *39*, 421–423.

188 J. Massonne, W. Becher, DE-OS 2 407 492 (1975), Kali-Chemie.

189 A. Di Gioacchino, G. Tommasi, M. De Manuele, DE-OS 2 816 693 (1978), Montedison S.p.A..

190 M. Jaccaud, A. J. F. Ducouret, EP-A Pat. 87 338 (1983), Produits Chimiques Ugine Kuhlmann.

191 Y. Oda, S. Morikawa, M. Ikemura, T. Yarita et al, GB Pat. 2 081 694 (1982), Asahi Glass.

192 E. L. Muetterties, US Pat. 2 937 123 (1960), Du Pont.

193 P. E. Ashley, J. D. La Zerte, US Pat. 3 345 277 (1967), Minnesota Mining and Manufacturing Co.

194 H. Moissan, P. Lebeau, *C. R. Hebd. Séances Acad. Sci.* 1900, *130*, 865–871.

195 S. M. Williamson in F. A. Cotton (Hrsg.): *Prog. Inorg. Chem.*, vol. 7, Interscience, New York, **1966**, S. 39–81.

196 F. Brown, P. L. Robinson, *J. Chem. Soc.* **1955**, 3147–3151.

197 S. Kleinberg, J. F. Tompkins Jr., US Pat. 3 399 036 (1968), Air Products and Chemicals Inc.

198 JP-Kokai Pat. 81 88 808 (1981), Asahi Glass Co.

199 R. Franz. DE-OS 2 925 540 (1981), Hoechst.

200 G. A. Boswell, Jr., W. C. Ripka, R. M. Scribner, C. W. Tullock in W. G. Dauben (Hrsg.): *Organic Reactions*, vol. 21, J. Wiley & Sons, New York, **1974**, S. 1–124.

201 Sulfur Tetrafluoride Technical, New Product Information Bulletin 2 b, Du Pont, **1961**.

202 C. B. Colburn in M. Stacey, J. C. Tatlow, A. G. Sharpe (Hrsg.): *Advances in Fluorine Chem.*, vol. 3, Butterworths, London, **1963**, S. 92–116.

203 A. J. Woytek, J. T. Lileck, US Pat. 4 108 966 (1968), Air Products and Chemicals.

204 A. J. Woytek, J. T. Lileck, JP Pat. 8 008 926 (1980), Air Products and Chemicals.

205 J. F. Tompkins Jr., E. S. J. Wang, US Pat. 3 235 474 (1966), Air Products and Chemicals Inc.

206 S. Nagase in P. Tarrant (Hrsg.): *Fluorine Chemistry Reviews*, vol. 1, Dekker, New York, **1967**, S. 77–106.

207 A. G. Streng, *Chem. Rev.* 1963, *63*, 607–624.

208 H. R. Leech in: *Mellor's Comprehensive Treatise on Inorganic and Theoretical Chemistry*, vol. 2, Suppl. 1, Longmans, London, **1956**, S. 186–196.

209 P. Lebeau, A. Damiens, *C. R. Hebd. Séances Acad. Sci.* 1927, *185*, 652–654.
210 R. Schmutzler in M. Stacey, J. C. Tatlow, A. G. Sharpe (Hrsg.): *Advances in Fluorine Chem.*, vol. 5, Butterworths, London, 1965, S. 31–285.
211 L. Kolditz in H. J. Emeléus, A. G. Sharpe (Hrsg.): *Advances Inorg. Chem. Radiochem.*, vol. 7, Academic Press, New York, 1965, S. 1–26.
212 A. B. Burg in J. H. Simons (Hrsg.): *Fluorine Chemistry*, vol. 1, Academic Press, New York, 1950, S. 77–123.
213 J. R. Van Wazer: *Phosphorus and its Compounds*, vol. 1, Interscience, New York, 1958, S. 220.
214 H. C. Brown, W. S. Higley, US Pat. 2 819 328 (1958), Standard Oil.
215 W. Lange in J. H. Simons (Hrsg.): *Fluorine Chemistry*, vol. 1, Academic Press, New York, 1950, S. 125–188.
216 L. Cot, *Inf. Chim.* 1979, *189*, 157–164.
217 C. B. Havens US Pat. 2 846 412 (1958), Dow Chemical.
218 N. Bartlett, F. O. Sladky in J. C. Bailar, H. J. Emeléus, R. Nyholm, A. F. Trotman-Dickenson (Hrsg.): *Comprehensive Inorg. Chem.*, vol. 1, Pergamon Press, Oxford, 1973, S. 213–330.
219 F. Sladky in V. Gutmann (Hrsg.): *Inorg. Chem.*, vol. 3, Butterworths, London, 1972, S. 1–52.
220 K. Seppelt, D. Lentz in S. J. Lippard (Hrsg.): *Prog. Inorg. Chem.*, vol. 29, Interscience, New York, 1982, S. 167–202.
221 H. Selig, J. H. Holloway in F. L. Boschke (Hrsg.): *Topics in Current Chem.*, vol. 124, Springer Verlag, Berlin, 1984, S. 33–90.
222 J. H. Holloway in R. E. Banks, D. W. A. Sharp, J. C. Tatlow (Hrsg.): *Fluorine, the First Hundred Years*, Elsevier Sequoia, Lausanne, 1986, S. 149–158.
223 N. Bartlett, D. H. Lohmann, *Proc. Chem. Soc. London* 1962, 115–116.
224 N. Bartlett, *Proc. Chem. Soc. London* 1962, 218.
225 J. Grannec, L. Lozano in P. Hagenmuller (Hrsg.): *Inorganic Solid Fluorides – Chemistry and Physics*, Academic Press, Orlando, 1985, S. 17–76.
226 C. Goekcek, DE-OS 2 506 475 (1976), Messer Griesheim.
227 R. Filler, *Isr. J. Chem.* 1978, 17, 71–79; *Chem. Abstr.* 89 (1978) 89 755 h.
228 N. Watanabe, T. Nakajima in R. E. Banks (Hrsg.): *Preparation, Properties and Industrial Applications of Organofluorine Compounds*, Chapter 9, Ellis Horwood, Chichester, 1982.
229 H. Gisser, M. Petronio, A. Shapiro, *Lubr. Eng.* 1972, *28*, 161–164;*Chem. Abstr.* 77 (1982) 37 289 s.
230 H. E. Sliney, *Tribol. Int.* 1982, *15* (5), 303–315;*Chem. Abstr.* 98 (1983) 74 913 v.
231 N. Watanabe, M. Fukuda, DE-OS 1 917 907 (1969), Matsushita Electric Industrial Co.
232 N. Watanabe, M. Fukuda, DE-OS 1 919 394 (1969), Matsushita Electric Industrial Co.
233 *Chem. Mark. Rep.* 1984, *225* (1), 3, 57.
234 G. L. Flemmert, DE Pat. 1 028 099 (1955).
235 R. E. Driscoll, G. L. Decuir, DE Pat. 2 132 427 (1972).
236 T. Otsuka, N. Kitsugi, T. Fukinaga, GB Pat. 2 079 262 (1982), Central Glass Co.
237 J. S. Talwar, J. Hendrickson, US Pat. 4 470 959 (1984), Allied.
238 R. Stolba, *J. Proc. Chim.* 1924, *90*, 193.
239 C. A. Jacobson, *J. Phys. Chem.* 1924, *28*, 506.
240 Y. Kobayashi, Y. Nakaso, T. Nakamura, JP-Kokai Pat. 8 090 413 (1980), Central Glass Co.
241 A. Brunold, P. Kroetzsch, L. Diehl, DE Pat. 2 904 547 (1979), BASF.
242 W. R. Parish, US Pat. 3 273 713 (1969), Swift and Co.
243 US 2 926 690 (1965), Whiting Corp.
244 J. L. Medbery, *Proc. Ann. Meet. Fert. Ind. Round Table* 1978, *28*, 109–125.
245 G. B. Lagerstrom, SE Pat. 357 349 (1973), Boliden AB.
246 DE Pat. 1 767 323 (1968), L. A. Mitchell Ltd.
247 P. Mollard, FR Pat. 1 474 097 (1967), S.E.C.E.M. und A.E.U.
248 N. M. Levenson: »Fluorine Minerals and Inorganic Fluorine Compounds«, in *CEH Product Review (Chemical Economics Handbook)*, SRI International, August 1982, no. 739–1002 J – K.
249 NL Pat. 73 584 (1955); NL Pat. 77 764 (1956); NL Pat. 86 875 (1957), Ocrit Fabrik.

250 N. M. Levenson: »Fluorine Minerals and Inorganic Fluorine Compounds«, in *CEH Product Review (Chemical Economics Handbook)*, SRI International, August **1982**, no. 739–1001 P – S.

251 N. M. Levenson: »Fluorine Minerals and Inorganic Fluorine Compounds«, in *CEH Product Review (Chemical Economics Handbook)*, SRI International, August **1982**, no. 739–1002 P.

252 E. Monterogar, D. Jahr, A. Rosas, DE Pat. 2 904 876 (1979), Henkel.

253 N. M. Levenson: »Fluorine Minerals and Inorganic Fluorine Compounds«, in *CEH Product Review (Chemical Economics Handbook)*, S.R.I. International, August **1982**, no. 739.

254 F. A. Simonelli, US Pat. 3 899 616 (1973).

255 JP Pat. 77 005 340 (1977), Nippon Paint KK.

256 K. Abe, JP Pat. 51 145 121 (1975).

257 SU Pat. 983 162 A (1981), Perm Cell Paper Ind.

258 C. Fouassier, B. Latourette, DE Pat. 2 704 649 (1977), Rhône Poulenc Ind.

259 Y. Shiraki, H. Haraoka, H. Arai, BE Pat. 863 501 (1977), Central Glass K. K.

260 M. S. Gofman, E. M. Morgunova, I. G. Blyakher, SU Pat. 648 516 (1976), Gofman'ms.

261 J. G. Ryss, N. M. Slutskaya, *Zh. Fiz. Khim.* 1940, *14*, 701–707.

262 R. Caillat, *Ann. Chim.* 1945, *20*, 367–420.

263 N.A.S.A., Contract no. NAS 7.100; N.A.S.A., Tech. Brief **7** (1984) no. 4, from JPL Invention Report NPO 15 721/ SC – 1265.

7 Borverbindungen

Birgit Bertsch-Frank (2, 5), Cordula Terbrack (1, 3, 4)

1	**Einleitung, Geschichtliches**	658
2	**Bor-Sauerstoff-Verbindungen**	658
2.1	Wirtschaftliches	660
2.2	Herstellprozesse in der Übersicht	661
2.3	Borsäure und Bortrioxid	662
2.4	Natriumtetraborate	663
2.5	Weitere Borate	664
2.6	Anwendung	664
3	**Sonstige Borverbindungen**	665
3.1	Bornitrid, Borcarbid und Metallboride	665
3.2	Borhalogenide	667
3.3	Borane	669
3.3.1	Borane	669
3.3.2	Boranate	669
3.4	Borsäureester	670
4	**Toxikologie**	671
5	**Ausblick**	672
6	**Literatur**	673

Winnacker/Küchler. *Chemische Technik: Prozesse und Produkte.*
Herausgegeben von Roland Dittmeyer, Wilhelm Keim, Gerhard Kreysa, Alfred Oberholz
Band 3: Anorganische Grundstoffe, Zwischenprodukte.
Copyright © 2005 WILEY-VCH Verlag GmbH & Co. KGaA, Weinheim
ISBN: 3-527-30768-0

1
Einleitung, Geschichtliches

Bor ist ein Element der silicatischen Erdkruste. Mit einem Massenanteil von 0,0016 % steht Bor an 37. Stelle der Elementhäufigkeit in der Erdhülle. Bor existiert in der Natur wegen seiner starken Affinität zu Sauerstoff nur in gebundenem Zustand, z. B. in Form von Borsäure, Boraten oder Borosilicaten. In der Natur kommen über 200 Bormineralе vor, die sich vor allem durch verschiedene Wassergehalte unterscheiden. Freigesetzte Borate und Borsäuren verteilen sich rasch auf Boden, Süß- und Salzwasser. Das weltweit größte Kompartiment sind die Ozeane mit einer Konzentration von 4,5 mg L^{-1} Bor [1].

Die älteste bekannte Borverbindung ist Borax. Borax wurde erstmalig im 13. Jahrhundert von Marco Polo von Tibet nach Europa gebracht und später von dort in größeren Mengen eingeführt. Schon in frühgeschichtlicher Zeit wurde die Wirksamkeit des Borax als Flussmittel erkannt und bei der Bereitung von Glasuren genutzt. Borsäure wurde erstmals 1702 von Homberg, elementares Bor 1808 durch Sir Humphrey Davy in England und unabhängig davon zeitgleich von Louis-Joseph Gay-Lussac und Louis Jacques Thenard in Frankreich hergestellt [2]. Die wichtigsten industriell genutzten Borverbindungen, von denen derzeit insgesamt weltweit mehr als $4,47 \cdot 10^6$ t hergestellt werden [3], sind Natriumtetraborat in verschiedenen Hydratstufen, Dibortrioxid, Natriumperborat und Borsäure. Sie finden hauptsächlich Anwendung in der Glas-, Keramik-, Email- und Porzellanindustrie, als Flussmittel beim Hartlöten, als Düngemittelkomponenten, als Flammschutzmittel und als Aktivsauerstoffträger in Waschmitteln (Perborat).

2
Bor-Sauerstoff-Verbindungen

Die Bor-Sauerstoff-Verbindungen können grob in drei verschiedene Kategorien eingeteilt werden:
- Bormineralien, wie z. B. Natrium-, Calcium- und Natrium-Calcium-Borate.
- Primäre Borchemikalien, wie z. B. Natriumborate und Borsäure, die im einfachsten Fall nach einem Reinigungsschritt aus einem Mineral hergestellt werden.
- Borderivate, Verbindungen ausgehend von primären Borchemikalien (siehe Abschnitt 3).

Die wichtigsten Bormineralien sind Tabelle 1 zu entnehmen:

In der Literatur wird für anorganische Borverbindungen keine einheitliche Nomenklatur verwendet [4]. So ist z. B. Grundlage des Chemical-Abstracts-Klassifizierungssystems eine Reihe von meist hypothetischen Borsäuren. Einen Überblick über die teilweise in diesem Kapitel beschriebenen wichtigen primären Borchemikalien, ihre Bezeichnungen und Eigenschaften gibt Tabelle 2.

Tab. 1 Die wichtigsten Bormineralien

Mineral, Name	Übliche Bezeichnung	Zusammensetzung	B_2O_3-Gehalt (%)	Vorkommen
Tinkal	Borax Dinatriumtetraborat-Dekahydrat	$Na_2B_4O_7 \cdot 10\,H_2O$	36,5	Kirka (Türkei), Boron (USA), Argentinien
Kernit	Dinatriumtetraborat-Tetrahydrat	$Na_2B_4O_7 \cdot 4\,H_2O$	50,9	Boron (USA), Argentinien
Tincalconit (Mohevit)	Dinatriumtetraborat-Pentahydrat	$Na_2B_4O_7 \cdot 5\,H_2O$	47,8	Kalifornien (USA)
Ulexit	Natrium-Calcium-Borat	$NaCaB_5O_9 \cdot 8H_2O$	43	Bigadic (Türkei), Kalifornien (USA)
Colemanit	Calciumborat	$Ca_2B_6O_{11} \cdot 5\,H_2O$	50,9	Türkei, Kalifornien (USA), Nevada (USA)
Pandermit (Priceit)	Calciumborat	$Ca_4B_{10}O_{19} \cdot 7\,H_2O$	49,8	Bandirma (Türkei), Kalifornien (USA), Inder (Kasachstan)
Hydroboracit		$CaMgB_6O_{11} \cdot 6H_2O$	50,5	Kasachstan, Argentinien
Datolith		$Ca_2B_2Si_2O_9 \cdot H_2O$	21,8	Kaukasus

Tab. 2 Bezeichnung und Eigenschaften wichtiger primärer Borchemikalien

Chem. Abstracts-Klassifizierung	Übliche Bezeichnung	Zusammensetzung	B_2O_3-Gehalt (%)	Schmelzpunkt (°C)	Kristallsystem
Dibortrioxid	Bortrioxid	B_2O_3	100	450	hexagonal
Orthoborsäure	Borsäure (»Sassolin«)	H_3BO_3	56,3	169/171	triklin
Dinatriumtetraborat	Calc. Borax	$Na_2B_4O_7$	69,2	700	amorph
Dinatriumtetraborat-Tetrahydrat	Kernit	$Na_2B_4O_7 \cdot 4\,H_2O$	50,9	152	monoklin
Dinatriumtetraborat-Pentahydrat	Tincalconit	$Na_2B_4O_7 \cdot 5\,H_2O$	47,8	>200	rhomboedrisch
Dinatriumtetraborat-Dekahydrat	Borax	$Na_2B_4O_7 \cdot 10\,H_2O$	36,5	60	monoklin
Natriummetaborat-Dihydrat	–	$NaBO_2 \cdot 2\,H_2O$	34,2	95	triklin
Natriummetaborat-Tetrahydrat	–	$NaBO_2 \cdot 4\,H_2O$	25,3	54	triklin

Tab. 2 Bezeichnung und Eigenschaften wichtiger primärer Borchemikalien (Fortsetzung)

Chem. Abstracts-Klassifizierung	Übliche Bezeichnung	Zusammensetzung	B_2O_3-Gehalt (%)	Schmelzpunkt (°C)	Kristallsystem
Natriumpentaborat-Pentahydrat	Sborgit	$NaB_5O_8 \cdot 5\,H_2O$	59	>750	triklin
Dinatriumoctaborat-Tetrahydrat	–	$Na_2B_8O_{13} \cdot 4\,H_2O$	63,9	–	amorph
Dikaliumtetraborat-Tetrahydrat	–	$K_2B_4O_7 \cdot 4\,H_2O$	45,6	815	orthorhombisch
Kaliumpentaborat-Tetrahydrat	–	$KB_5O_8 \cdot 4\,H_2O$	59,4	780	orthorhombisch
Ammoniumpentaborat-Tetrahydrat	–	$NH_4B_5O_8 \cdot 4\,H_2O$	69	–	orthorhombisch
Dizinkhexaborat-3,5-hydrat	–	$Zn_2B_6O_{11} \cdot 3,5\,H_2O$	48,1	–	–

2.1
Wirtschaftliches

Weltweit wird die Produktion von Bormineralien im Jahre 1999 auf $4,47 \cdot 10^6$ t geschätzt, davon ca. $2,04 \cdot 10^6$ t Boroxid (B_2O_3) mit einem Wert von schätzungsweise 1,7 Milliarden US $. Die Türkei und die USA sind die weltweit führenden Hersteller von Borverbindungen. In der Türkei wurden 1999 $1,55 \cdot 10^6$ t produziert, gefolgt von den USA mit $1,27 \cdot 10^6$ t und den übrigen Ländern, wie Argentinien, Bolivien, Chile, China, Kasachstan, Peru und Russland, mit ca. $1,65 \cdot 10^6$ t. Westeuropa hat nur unbedeutende Borvorkommen aber den höchsten Verbrauch in der Welt und ist damit auf Exporte angewiesen [3].

In Westeuropa und den USA werden die Bormineralien direkt oder als Borverbindung (B_2O_3) hauptsächlich in drei Marktsegmenten verwendet: Glasfasern, Isolierglas, Emaille und Glasuren. Die Entscheidung ob das Bor direkt als Mineral oder als primäre Borchemikalie eingesetzt wird, hängt von den Kosten, dem Verfahren und der geforderten Produktqualität ab.

Eine Übersicht über die Verwendung von Bormineralien und -chemikalien in den USA und in Westeuropa im Jahre 1998 gibt Abbildung 1 [3]:

In den USA gibt es drei große Gesellschaften, die Borminen betreiben und Borverbindungen herstellen: U.S. Borax, IMC Chemicals und American Borate Corporation. In der Türkei gibt es dagegen nur eine staatseigene Gesellschaft, Etibank, die Bormineralien und primäre Borchemikalien produziert.

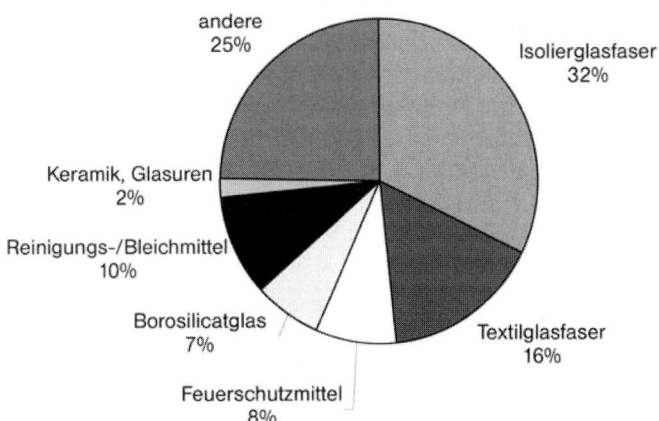

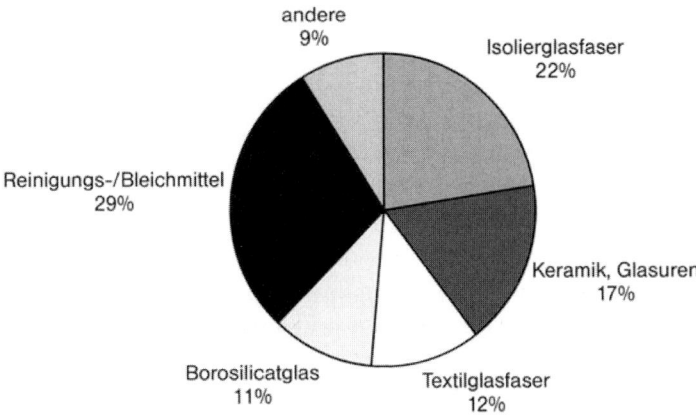

Abb. 1 Verbrauch von Bormineralien und Chemikalien

2.2
Herstellprozesse in der Übersicht

Die Gewinnung von Borax aus Bormineralien, z. B. Tinkal oder Kernit, erfolgt prinzipiell nach folgendem Schema (siehe Abb. 2).

Im ersten Schritt wird das Bormineral zerkleinert und mit verdünnter, rezyklierter Boraxlösung vermengt. Durch Erhitzen werden die Borverbindungen gelöst und anschließend die festen Verunreinigungen abgetrennt. Anschließend erfolgt eine selektive Kristallisation (s. Thermische Verfahrenstechnik, Bd. 1, Abschn. 5.1) zur

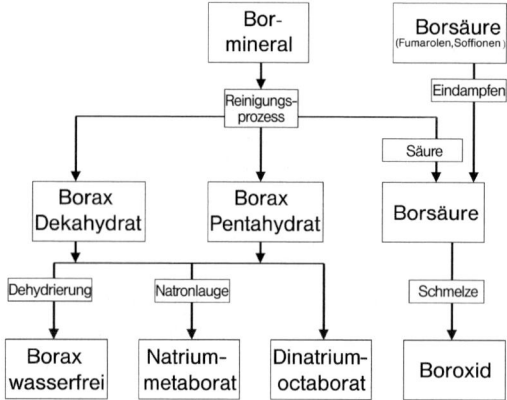

Abb. 2 Übersicht Gewinnung von Borchemikalien aus den Bormineralen

Gewinnung der verschiedenen Boraxhydrate. Die wasserfreien Formen werden durch anschließende Dehydratisierung hergestellt.

2.3
Borsäure und Bortrioxid

Orthoborsäure, H_3BO_3, hat einen Schmelzpunkt von ca. 170 °C und kristallisiert in Form von schuppigen, weißglänzenden, sechsseitigen Plättchen der Dichte 1,48 g cm^{-3}. Sie kristallisiert im triklinen System und ist eine schwache dreibasige Säure (pK_1 = 9,1; pK_2 = 12,7; pK_3 = 13,8). Die Löslichkeit in Wasser ist stark temperaturabhängig (bei 0 °C: 2,6 g pro 100 cm^3, bei 100 °C: 39,7 g pro 100 cm^3). Borsäure ist wasserdampfflüchtig.

Die Borsäure kommt als natürlicher Bestandteil in den Wasserdampfquellen, den Soffionen oder Fumarolen, in Mittelitalien in der Toskana vor. Fast zwei Jahrhunderte lang wurde Borsäure ausschließlich durch Kondensation dieser Dämpfe in künstlichen Lagunen und anschließendem Einengen der Lösungen gewonnen [2]. Nachdem bedeutende Borlagerstätten u. a. in den USA und der Türkei gefunden wurden, hat die toskanische Borsäurefabrikation in der heutigen Zeit ihre Bedeutung verloren.

Zur industriellen Herstellung von Borsäure wird in der Türkei Colemanit eingesetzt. Das Mineral muss zuerst im Backenbrecher und später im Hammerbrecher zerkleinert werden. Anschließend wird das Gut calciniert, wobei ein Teil des Kristallwassers verdampft. Nach der Calcinierung wird das Material gemahlen und unter Einleitung von Schwefelsäure gelöst. Bei dieser Reaktion entstehen Borsäure und Gips. Nach der Abtrennung der Feststoffe durch Filtration wird die Borsäure-Lösung im Kristallisationsbehälter zum Auskristallisieren gebracht. Die feste Borsäure wird über eine Zentrifuge entwässert und anschließend getrocknet. Die Reaktion verläuft nach folgender Gleichung [5]:

$$2CaO \cdot 3B_2O_3 + 2\,H_2SO_4 + 9\,H_2O \longrightarrow 6\,H_3BO_3 + 2\,CaSO_4 \cdot 2H_2O$$

Orthoborsäure kann auch aus Borax durch saure Hydrolyse hergestellt werden:

$[Na(H_2O)_4]_2[B_4O_5(OH)_4] + H_2SO_4 \longrightarrow 4H_3BO_3 + Na_2SO_4 + 5\ H_2O$

Ihre Säurestärke entspricht der von Cyanwasserstoff (pK_s = 9,25).

Beim Erhitzen geht die Orthoborsäure durch Kondensation zunächst in die Metaborsäure $(HBO)_{2n}$, dann in glasiges Bortrioxid B_2O_3 über.

$$H_3BO_3 \xrightarrow{> 90°C,\ -H_2O} (HBO_2)_n \xrightarrow{500°C,\ -H_2O} B_2O_3$$

Borsäure wird zur Herstellung von Glas (Borosilicatgläser), Porzellan, Emaille und Flammschutzmitteln verwendet und als schwaches Antiseptikum, z. B. in Borsalbe, -wasser und borhaltigen Pudern, eingesetzt.

Dibortrioxid, B_2O_3, oder auch nur kurz Bortrioxid genannt, wird durch Glühen von Borsäure als glasige, hygroskopische und schlecht kristallisierende Masse erhalten (d = 1,83 g cm^{-3}, MAK-Wert = 16 mg Staub pro Kubikmeter). Das kristalline B_2O_3 mit einem Schmelzpunkt von 475 °C (Sdp. 2250 °C, d = 2,56 g cm^{-3}) entsteht nur durch langsame Entwässerung von HBO_2 im Temperaturbereich von 150 bis 250 °C. Da Bortrioxid sehr hygroskopisch ist, geht es unter Wasseraufnahme leicht wieder in Borsäure über und in Kontakt mit Laugen bilden sich Borate [2].

Industriell wird gereinigtes Bortrioxid beispielsweise durch Dehydratisierung von Borsäure hergestellt. Nach einem Patent der US-Borax [6] wird Borsäure bei 188 bis 220 °C entwässert, wobei eine geschmolzene, glasartige Masse erhalten wird. Die Masse wird nach dem Abkühlen in die gewünschte Teilchengröße zerkleinert.

2.4
Natriumtetraborate

Borax, $Na_2B_4O_7 \cdot 10\ H_2O$, wurde früher in größeren Mengen als Tinkal aus Tibet eingeführt. Es bildet in reinem Zustand große, farblose, durchsichtige Kristalle, die unter Lufteinwirkung oberflächlich verwittern. Beim Erhitzen auf 350–400 °C gehen diese Kristalle in wasserfreies $Na_2B_4O_7$ über [2].

Borax-Penta-/-Dekahydrat
Reine Natriumtetraborate werden durch Zerkleinerung der Bormineralien Tinkal und Kernit gewonnen, die in einen beheizten Konditionierbehälter gegeben werden. Zu dem Feststoff wird Wasserdampf zugefügt und die Suspension konstant auf 98 °C erhitzt, damit sich die Borverbindung auflöst. Die Suspension wird anschließend in Druckfiltern abfiltriert und die Lösung in einen Vakuumkristallisationsbehälter gefüllt. Nach der Entwässerung fällt bei Temperaturen über 66 °C Borax-Pentahydrat aus. Wird die Temperatur auf 46 °C abgesenkt, erhält man Dekahydrat [5].

Wasserfreies Borax
Für die Herstellung von wasserfreiem Borax wird das Deka- oder Pentahydrat bei 774 °C geschmolzen. Die Schmelze wird zu Tafeln gewalzt und bis auf 480 °C ge-

kühlt. Die Tafeln werden weiter zerkleinert und auf 100 °C abgekühlt. Durch weitere Zerkleinerung und Siebung wird ein wasserfreies Borax mit der gewünschten Korngröße erhalten [5].

Nach einem Patent der American Potash and Chem. Corp. wird das Kernit-haltige Bormineral auf eine Korngröße von bis zu 8 mesh zerkleinert und mit Wasser bei ca. 85 °C gelaugt. Die Gangart wird durch Sedimentation abgetrennt und die resultierende $Na_2B_4O_7$-haltige Lösung wird in einen Drehrohrofen auf rezykliertes Produkt bei 450–650 °C gesprüht und das Wasser verdampft. Das hierbei erhaltene, nicht geschmolzene Produkt ist sofort in Wasser löslich [7].

Eine Gewinnung von Borax aus Calciumboraten ist ebenfalls möglich. Durch Erhitzen der Soda-Natriumhydrogencarbonat-Natronlauge-Lösung wird das Calcium ausgefällt und das Natriumborat kristallisiert aus. Die Herstellung von wasserfreiem Borax geschieht durch Calcinieren im Drehrohrofen und anschließend im stehenden Ofen. Hierbei entsteht ein flüssiges Produkt, das in Form gegossen werden kann.

2.5
Weitere Borate

Neben den Natriumtetraboraten, in denen das Molverhältnis Na_2O/B_2O_3 1:2 beträgt, gibt es noch andere Natriumborate, wie z. B. das Natriummetaborat $NaBO_2 \cdot 2H_2O$ und $NaBO_2 \cdot 4H_2O$ mit einem Molverhältnis von 1:1 sowie das Natriumpentaborat $NaB_5O_8 \cdot 5H_2O$ mit einem Molverhältnis von 1:5. Diese Borate sind technisch von geringerer Bedeutung.

Natriummetaborat wird durch Umsetzung von wäßriger Boraxlösung mit Natronlauge gewonnen:

$$2\ NaOH + Na_2B_4O_7 + 7H_2O \longrightarrow 4\ NaB(OH)_4$$

Bei Temperaturen oberhalb von 53,6 °C fällt das sogenannte Natriummetaborat-Dihydrat in Form von nadelförmigen Kristallen aus und unterhalb von 53,6 °C erhält man das sogenannte Tetrahydrat.

Es sind verschiedene Hydrate der Zinkborate bekannt: $ZnO \cdot B_2O_3 \cdot 2H_2O$ und $2ZnO \cdot 3B_2O_3 \cdot 3,5\ H_2O$. Die Verbindungen sind wasserunlösliche, weiße Pulver. Die Herstellung erfolgt aus Zinkoxid und Borsäure. Die Zinkborate haben in den letzten Jahren als Flammschutzmittel in der Kunststoffindustrie an Bedeutung gewonnen.

2.6
Anwendung

Bor-Sauerstoff-Verbindungen finden vielfältige Verwendung (siehe Tabelle 3). Die Hauptanwendungsgebiete liegen in der Glas-, Keramik-, und Emailleindustrie (u. a. zur Herstellung von Borsilicatgläsern und -fasern, Email zur Dekoration und Beschichtung von Gebrauchsgegenständen und zur Herstellung von Fritten und Glasuren). Sie dienen ferner zur Herstellung von Natriumperborat für Wasch- und Reinigungsmittel (siehe Peroxoverbindungen, Abschnitt 3.3.1), von Düngemitteln, denen Bor in Form von Boraten als Spurenelement für die Pflanzenernährung zugesetzt wird, und von Korrosionsschutzmitteln in Antifrostmitteln. Auch werden Borverbindungen in der metallverarbeitenden Industrie als Komponenten für Fluss-, Schweiß- und Lötmassen eingesetzt. Zinkborate finden Verwendung als Flammschutzmittel für Kunststoffe, besonders PVC, halogenierte Polyester und Nylon, Flussmittel für keramische Erzeugnisse und Fungizide [8].

Tab. 3 Verwendung von Bor-Sauerstoff-Verbindungen

Produkt	Anwendung
Natriumtetraborat, wasserfrei	Klebstoffe, Stärke, Zement, Perboratherstellung
Natriumtetraborat-Pentahydrat und -Dekahydrat	Korrosionsinhibitoren, Kosmetika, Arzneimittel, elektr. Isoliermittel, Reinigungsmittel, Düngemittel, Flammschutzmittel, Glas und Glaswolle, Herbizide, Insektizide, Ledergerberei, Photographie, Metallurgie, Textilfärberei, Wollimprägniermittel, Wachsemulgiermittel, Fritten und Glasuren
Natriummetaborat	Klebstoffe, Reinigungsmittel, Herbizide, Photographie, Textilien
Natriumpentaborat	Düngemittel, Flammschutzmittel
Natriumperborat	Waschmittel, Reinigungs- und Bleichmittel, Desinfektionsmittel, Textilbleiche- und Färbemittel
Entwässerter Borax	Düngemittel, Glas, Glaswolle, Flussmittel für Metallverarbeitung, Glasemaille, Fritten und Glasuren
Bortrioxid, Borsäure	Antiseptika, Kosmetika, Metallurgie, Kerntechnik, Flammschutzmittel, Seifen und Detergentien, Nylon, Textilbehandlung, Photographie, Glasemaille, Fritten und Glasuren
Zinkborat	Flammschutzmittel
Calciumborat-Erze	Borlegierungen, Fritten und Glasuren, Glasfasern, Kerntechnik

3
Sonstige Borverbindungen

Weitere technisch verwendete Borverbindungen sind Bornitrid, Borcarbid, Metallboride, Bortrichlorid, -trifluorid, Tetrafluoroborsäure sowie einige Borane und Boranate.

3.1
Bornitrid, Borcarbid und Metallboride

Bornitrid
Bornitrid, BN, existiert in einer hexagonalen und einer kubischen Modifikation, die analoge Kristallgitter aufweisen wie Graphit und Diamant. Die Bornitridmodifika-

tionen sind nicht nur mit den Kohlenstoffmodifikationen isoster, sondern besitzen auch sehr ähnliche Eigenschaften [2].

Das *hexagonale Bornitrid* ist ein weißes Pulver, das eine hohe thermische (Schmelzpunkt 3270 °C) und chemische Beständigkeit besitzt (z. B. gegenüber Sauerstoff bis ca. 750 °C). Im Gegensatz zu Graphit leitet es den elektrischen Strom nicht.

Ein technisches Herstellungsverfahren für das hexagonale Bornitrid ist die Umsetzung von Boroxid mit Ammoniak oder Stickstoff bei 800 bis 1200 °C in Anwesenheit von Calciumphosphat:

$$B_2O_3 + 2\,NH_3 \longrightarrow 2\,BN + 3\,H_2O$$

Die calcinierte Mischung wird anschließend mit Salzsäure gewaschen und unreagiertes Boroxid mit heißem Alkohol ausgewaschen. Ein Rohprodukt von 80 bis 90%iger Reinheit entsteht. Durch eine Nachreaktion in Stickstoff bei 1800 °C oder aber in Ammoniak bei mehr als 1200 °C kann die Ausbeute noch gesteigert werden. Ein sehr reines Bornitrid erhält man durch Nitridierung von B_2O_3 mit Kohlenstoff und Stickstoff bei 1800 bis 1900 °C [9].

Hexagonales Bornitrid findet Verwendung als Hochtemperatur-Schmiermittel, zur Herstellung hochtemperaturbeständiger keramischer Gegenstände, wie Tiegel und Schmelzpfannen, oder zur Auskleidung von Plasmabrennern, Raketendüsen und Brennkammern. Die Formgebung erfolgt durch Heißpressen in induktiv beheizten Graphitformen unter Stickstoffatmosphäre bei 1700–1900 °C und 100–300 bar [10].

Kubisches Bornitrid ist von extremer Härte, die der des Diamanten fast gleichkommt. Es wird daher auch als »anorganischer Diamant« bezeichnet. Es besitzt gegenüber dem Diamanten eine deutlich bessere Oxidationsstabilität. Industriell wird das kubische Bornitrid aus dem hexagonalen Bornitrid bei hohen Temperaturen und hohem Druck von etwa 4,5–6,0 GPa und etwa 1400–1600 °C in Anwesenheit eines Lösemittels (Katalysators) umgewandelt. Die allgemein bekannten Lösemittel (Katalysatoren) für dieses Verfahren sind Nitride und Bornitride von Alkalimetallen und Erdalkalimetallen [12]. Das kubische Bornitrid findet Verwendung als Schleif-, Polier- und Schneidmaterial, aber auch zur Oberflächenbeschichtung von Graphit zur Oxidationsvermeidung [13].

Borcarbid

Borcarbid (Schmelzpunkt 2450 °C) ist nach Diamant und dem kubischen Bornitrid das dritthärteste Material (s. auch Carbide und Kalkstickstoff, dieser Band, und Keramik, Band 8). Borcarbid wird im allgemeinen als B_4C oder $B_{12}C_3$ formuliert. Es liegt jedoch als $B_{13}C_2$ vor. Chemisch ist Borcarbid sehr widerstandsfähig. Technisch wird es aus Boroxid (Gl. (1)) oder Borsäure (Gl. (2)) mit Kohlenstoff im elektrischen Widerstandsofen bei 2500 °C gewonnen:

$$2\,B_2O_3 + 7\,C \longrightarrow B_4C + 6\,CO \tag{1}$$

$$4\,H_3BO_3 + 7\,C \longrightarrow B_4C + 6\,CO + 6\,H_2O \tag{2}$$

Das hierbei anfallende Borcarbid ist ein grobkörniges, hartes Produkt und findet Anwendungen im Schleifsektor und zur Herstellung von Metallboriden. Feinkörniges Material wird durch die Reduktion von Boroxid in Anwesenheit von Magnesium oder Aluminium und in Gegenwart von Kohlenstoff (Gl. (3)) gewonnen:

$$2\,B_2O_3 + 6\,Mg(4\,Al) + C \longrightarrow B_4C + 6\,MgO\,(2\,Al_2O_3) \quad (3)$$

Das feinteilige Pulver kann bei hohen Temperaturen (2100 bis 2200 °C) zu dichten keramischen Produkten (Panzerplatten, Abschirmmaterial in Kernreaktoren) verarbeitet werden.

Metallboride

Metallboride zeichnen sich durch große Härte, hohe Schmelzpunkte, gute elektrische Leitfähigkeit und chemische Beständigkeit aus (siehe Tabelle 4).

Trotz der interessanten Eigenschaften dieser Verbindungsklasse finden technisch fast nur Titandiborid und Chromboride Verwendung. Dieses ist wohl auf die hohen Herstellungskosten zurückzuführen. TiB_2 wird als Elektroden- und Tiegelmaterial für elektrometallurgische Prozesse verwendet. Die Chromboride (CrB und CrB_2) haben technische Bedeutung für Verschleißschutzschichten auf Ni-Cr-B-Si-Basis und für zunderbeständige Verbundstoffe [9].

Tab. 4 Eigenschaften metallischer Boride

Verbindung	Schmelzpunkt (°C)	Vickers-Härte HV 0.05
TiB_2	2850	3400
ZrB_2	3040	2250
HfB_2	3200	2900
VB_2	2450	2100
NbB_2	3000	2600
TaB_2	3150	2500
CrB	2050	2140
CrB_2	2150	2100
MoB	2350	2500
MoB_2	2100	2350
WB	2400	3750
W_2B_5	2300	2600

3.2 Borhalogenide

Bor bildet mit Halogenen X Halogenide des Typus BX_3, B_2X_4 und $(BX)_n$ (n = 4, 7–12). Einige Borhalogenide zeigt Tabelle 5.

7 Borverbindungen

Tab. 5 Borhalogenide

Verbindungstyp	Fluoride	Chloride	Bromide	Iodide
BX_3 Bortrihalogenide (Trihalogenborane)	BF_3 farbloses Gas Schmp. −128,4 °C Sdp. −99,9 °C	BCl_3 farbloses Gas Schmp. −107,3 °C Sdp. 12,5 °C	BBr_3 farblose Flüssigk. Schmp. −46 °C Sdp. 91,3 °C	BI_3 farblose Krist. Schmp. 49,9 °C Sdp. 210 °C
B_2X_4 Dibortetrahalogenide (Tetrahalogendiborane)	B_2F_4 farbloses Gas Schmp. −56 °C Sdp. −34,0 °C	B_2Cl_4 farblose Flüssigk. Schmp. −92,6 °C Sdp. >66,5 °C	B_2Br_4 farblose Flüssigk. Schmp. ca. 1 °C Zers. Raumtemp.	B_2I_4 gelbe Kristalle Schmp. 94–95 °C Zers. >100 °C
$(BX)_n$ Bormonohalogenide	$(BF)_n$ bisher nur als Verbindungsgemisch	$(BCl)_n$ $n = 4, 8–12$ gelbe bis dunkelrote Kristalle	$(BBr)_n$ $n = 7–10$ gelbe bis dunkelrote Kristalle	$(BI)_n$ $n = 8,9$ dunkelbraune Kristalle

Bortrichlorid, BCl_3, ist ein farbloses, an feuchter Luft stark rauchendes Gas. Charakteristisch ist die Empfindlichkeit gegenüber Wasser, durch welches es sofort zu Borsäure und Salzsäure zersetzt wird. Bei Kontakt mit der Haut bzw. Schleimhaut sind starke Reizungen oder Verätzungen die Folge. Die Herstellung von BCl_3 kann direkt aus elementarem Bor und Chlor erfolgen, oder durch Einwirkung von Chlor auf ein glühendes Gemisch von Dibortrioxid und Kohlenstoff [14]:

$$B_2O_3 + 3\ C + 3\ Cl_2 \longrightarrow 2\ BCl_3 + 3CO$$

Verwendung findet Bortrichlorid bei der Herstellung von anderen Borverbindungen und von elementarem Bor, bei Friedel-Crafts-Reaktionen und in der Halbleitertechnik [2].

Bortrifluorid, BF_3, ist ein farbloses, stechend riechendes Gas. Mit der Feuchtigkeit der Luft setzt sich Bortrifluorid sofort zu der stark ätzenden Fluoroborsäure um, die ebenso wirkt wie Flusssäure. BF_3 lässt sich durch eine diskontinuierliche Reaktion von Boraten mit Flussspat und Oleum oder aber durch eine kontinuierliche Reaktion von Fluorwasserstoff und Borsäure herstellen [9]:

$$Na_2B_4O_7 + 6\ CaF_2 + 7\ SO_3 \xrightarrow{H_2SO_4} 4\ BF_3 + 6\ CaSO_4 + Na_2SO_4H_2SO_4$$

$$H_3BO_3 + 3\ HF \xrightarrow{H_2SO_4} BF_3 + H_2O$$

Durch Reaktion von Borsäure mit Fluorsulfonsäure erhält man ebenfalls Bortrifluorid.

$$3\ HSO_3F + H_3BO_3 \longrightarrow BF_3 + 3H_2SO_4$$

Als Lewis-Säuren findet Bortrifluorid wie auch Bortrichlorid Verwendung als Katalysator bei Friedel-Crafts-Reaktionen. Auch wird es in Form seiner Komplexe oder Additionsverbindungen, z. B. mit Ethern, Alkoholen, Carbonsäuren usw. eingesetzt.

Technische Bedeutung hat auch die *Tetrafluoroborsäure*, HBF_4. Sie ist eine starke Säure, die nur in wäßriger Lösung bekannt ist. Man stellt sie aus Flusssäure und Borsäure her.

$$H_3BO_3 + 4\ HF \longrightarrow HBF_4 + 3\ H_2O$$

Die aus der Säure hergestellten Alkali-, Ammonium- und Übergangsmetallfluoroborate finden in der galvanischen Metallabscheidung als Flussmittel sowie u. a. als Flammschutzmittel Verwendung (siehe auch 6 Anorganische Verbindungen des Fluors, Abschnitt 5).

3.3
Borane

3.3.1
Borane

Der Grundkörper der Stoffklasse der Borane ist das Monoboran, BH_3, das wegen seiner Elektronenpaarlücke monomer nur in Gestalt von Addukten, z. B. als Dimethylsulfan-Addukt, $(CH_3)_2S\ BH_3$, beständig ist und in dieser Form als selektives Reduktionsmittel bei organischen Synthesen Verwendung findet [15–17]. Der einfachste reine Borwasserstoff ist das thermisch wenig stabile Diboran, B_2H_6 (Siedepunkt –92,5 °C). Diboran ist ein farbloses, giftiges Gas von unangenehmen Geruch.

Durch thermische Behandlung entstehen daraus Glieder der homologen Reihe der Polyborane. Diboran wird hergestellt durch die Umsetzung von BCl_3 mit etherischer $LiAlH_4$-Lösung sowie beim Eintropfen von $BF_3 \cdot OEt_2$ in eine Lösung von $NaBH_4$ in Diglyme [2]:

$$4\ BCl_3 + 3\ LiAlH_4 \longrightarrow 2\ (BH_3)_2 + 3\ LiAlCl_4$$

$$4\ BF_3 + 3\ NaBH_4 \longrightarrow 2\ (BH_3)_2 + 3\ NaBF_4$$

Neben dem bereits erwähnten Dimethylsulfan-Addukt werden Boran-Amin-Addukte, $R_3N \cdot BH_3$, $R_2NH \cdot BH_3$ bzw. $RNH_2 \cdot BH_3$, die eine gute Beständigkeit aufweisen, technisch hergestellt [18–20]. Man gewinnt sie beispielsweise nach einem kontinuierlichen Verfahren durch Umsetzung von Natriumboranat mit dem entsprechenden Aminhydrochloriden.

Dimethylamin-Boran findet Verwendung als Reduktionsmittel bei der galvanischen Metallisierung von Kunststoffen mit beispielsweise Nickel, Cobalt oder Edelmetallen (Nibodur-Verfahren) [21, 22]. In der organischen Synthese werden die Addukte als spezifische Reduktionsmittel (als BH_3-Quelle) eingesetzt.

3.3.2
Boranate

Boranate (Tetrahydroborate) sind Komplexverbindungen der Zusammensetzung $M^I BH_4$, $M^{II}(BH_4)_2$, $M^{III}(BH_4)_3$ bzw. $M^{IV}(BH_4)_4$. Tabelle 6 zeigt einige Salze des Mo-

Tab. 6 Monoboranate (Tetrahydridoborate)

M^I	M^{II}	M^{III}	M^{IV}
Li	Be	Al	Zr
Na	Mg	Ga	Hf
K	Ca	In	U
Rb	Sr	Ti	Th
Cs	Ba	Sc	Np
NH$_4$	Zn	Y	Pu
Tl	Cd	La	
Cu	Sn	Lanthanoide	
	V	Mn	
	Cr	Fe	
	Mn		
	Fe		
	Co		
	Ni		

noborans. Der wichtigste Vertreter der Tetrahydroborate ist das Natriumboranat, NaBH$_4$.

Natriumboranat ist eine salzartige, bei Zimmertemperatur feste Verbindung, die bei 505 °C und 10 bar Wasserstoffdruck schmilzt. Es kristallisiert im Kochsalzgitter, ist leicht hygroskopisch, brennbar und zersetzt sich ab 400 °C im Vakuum. Wegen seines ionischen Aufbaus ist es in polaren Lösemitteln wie Wasser, Methanol, Alkylaminen, Dimethylformamid und flüssigem Ammoniak gut löslich. Die Stabilität wässriger Lösungen wird durch Alkalizusatz erheblich verbessert.

Technisch wird NaBH$_4$ im Kilotonnenmaßstab [2] nach dem Schlesinger-Verfahren [24] durch Umsetzung von B(OMe)$_3$ mit Natriumhydrid dargestellt. Dabei bildet sich zunächst Trimethoxyhydroborat, das bei Reaktionstemperaturen von 250–270 °C zum gewünschten Produkt umlagert.

$$4\, NaH + B(OCH_3)_3 \longrightarrow NaBH_4 + 3\, NaOCH_3$$

Das entstandene NaBH$_4$ wird mit Isopropylamin extrahiert und nach dem Umkristallisieren mit 98,5 % Reinheit erhalten. Verwendung findet NaBH$_4$ u. a. als Reduktionsmittel in der organisch-chemischen Synthese und zur Diborangewinnung. Auch findet es Anwendungsgebiete als Bleichmittel und zur stromlosen Abscheidung von Metallschutzüberzügen (z. B. Ni).

3.4
Borsäureester

Borsäureester, B(OR)$_3$, sind farblose, thermisch beständige Verbindungen, die leicht hydrolysieren.

Zwei Verfahren werden häufig für deren Herstellung verwendet. Das erste Verfahren beinhaltet die Reaktion eines entsprechenden Alkohols mit Borsäure:

$$H_3BO_3 + 3\ ROH \longrightarrow B(OR)_3 + 3\ H_2O$$

In einem zweiten Verfahren wird Bortrioxid mit einem entsprechenden Alkohol umgesetzt. Auch bei dieser Reaktion erfolgt eine kontinuierliche Entfernung des Reaktionswassers in Gegenwart eines Schleppmittels (z. B. Benzol oder Cyclohexan) durch azeotrope Destillation:

$$B_2O_3 + 6\ ROH \longrightarrow 2\ B(OR)_3 + 3\ H_2O$$

Technische Bedeutung besitzt der Borsäuretrimethylester (Siedepunkt 68 °C). Er kann aus dem Reaktionsgemisch als bei 55 °C siedendes Azeotrop mit überschüssigem Methanol angenähert im Molverhältnis 1:1 abdestilliert werde. Die Abtrennung des Methanols erfolgt anschließend am besten mit Hilfe von Lithiumchlorid [23]. Borsäuretrimethylester ist ein Zwischenprodukt bei der Herstellung von Natriumboranat nach dem beschriebenen Schlesinger-Verfahren. Weiterhin finden Borsäureester Verwendung in der Schaumstoffindustrie und Kerntechnik.

4
Toxikologie

Bor in Form von Boraten oder Borsäure ist in geringen Konzentrationen für Mensch und Säugetiere nicht toxisch. Der Mensch nimmt über Nahrung und Trinkwasser etwa 1 bis 5 mg Bor pro Tag auf [25]. Dies entspräche ca. 5 bis 24 % der duldbaren Gesamtaufnahme. Bor kommt vor allem in pflanzlichen Lebensmitteln, in vielen Früchten und Gemüsen (z. B. Soja, Pflaumen, Rosinen und Nüssen) aber auch in Milch und Milchprodukten sowie im Trinkwasser vor. Die meisten Lebensmittel enthalten weniger als 6 µg Bor pro Gramm [26]. Für höhere Pflanzen ist Bor ein lebensnotwendiges Spurenelement. Obwohl der Borbedarf höherer Pflanzen schon lange bekannt ist, ist die physiologische und biochemische Rolle dieses Elements bisher ungeklärt. So weisen höhere Pflanzen bei zu geringem Borgehalt Mangelsymptome auf, während ein zu hoher Borgehalt Vergiftungserscheinungen hervorruft.

Die Borkonzentrationen in Oberflächengewässern in Europa liegen relativ niedrig im Bereich von 0,01–0,05 mg L^{-1}. Meerwasser hingegen enthält im Mittel 4,6 mg L^{-1} Bor. Der Borgehalt von Niederschlagswässern schwankt zwischen 0,002 und 0,08 mg L^{-1} [27, 28]. Die zusätzliche Nutzung von Borverbindungen (industriell wie auch privat) liefert neben dem geogenen Vorkommen einen Beitrag zum Gesamtgehalt an Bor in den Kompartimenten Wasser, Boden und Luft. Wasch- und Bleichmittel enthalten beispielsweise Perborate, die oft 10 bis 25 % des Waschmittels ausmachen. Solche Waschmittel bilden die wichtigste Quelle für die Borbelastung der Abwässer und Oberflächengewässer [29, 30]. Eine weitere Quelle für Bor in Gewässern ist der Borgehalt von Düngern zur Bewirtschaftung von landwirtschaftlichen Nutzflächen. Diese enthalten 0,01 bis 0,05 % Bor, das durch Auswaschprozesse mit Regenwasser in die angrenzenden Gewässer und das Grundwasser gelangt [29].

Die letale Dosis bei oraler Aufnahme beträgt beim Erwachsenen 18–20 g, beim Kleinkind 5–6 g und beim Säugling 1–3 g Bor [31]. Zu hohe Zufuhren an Bor können giftig sein. Die Spülung einer Wunde mit Borwasser (gesättigte Lösung von H_3BO_3) kann daher lebensgefährlich sein. Symptome akuter Vergiftung sind Erbrechen, Durchfall, Kopfschmerzen, Ruhelosigkeit und Nierenschäden. Inhalative Aufnahme hat Lungenschädigungen und Lungenödeme zur Folge. Der MAK-Wert für Boroxid beträgt 15 mg m^{-3} [32].

5
Ausblick

Die Produktion von Bormineralien ist weltweit von ca. $4 \cdot 10^6$ t im Jahre 1995 auf ca. $4{,}47 \cdot 10^6$ t im Jahre 1999 gestiegen. Dies entspricht einem B_2O_3-Gehalt von ca. $2 \cdot 10^6$ t. Mehr als acht Länder stellen Borchemikalien und -verbindungen her, die Türkei und die USA sind mit einem Marktanteil von 80% jedoch führend. Der starke Verbrauch in diesem Zeitraum ist auf verstärkten Häuserbau, starke Nachfrage nach Isolierglasfasern und lebhafter Konsum von borhaltigen Produkten zurückzuführen. Aufgrund von verbesserten Herstellprozessen wird aber in der Zukunft ein stagnierender bis rückläufiger Verbrauch erwartet. Westeuropa hat weltweit den höchsten Borverbrauch. Ein großes Marktsegment (29%) sind Wasch- und Reinigungsmittel (Perborat). Aufgrund von Umformulierungen auf borfreie Bleichmittel wird hier ein stark rückläufiger Trend erwartet.

Eine wichtige Rolle in der technischen Anwendung werden sicherlich weiterhin Bornitrid und Borcarbid spielen, obwohl ihr Mengenanteil, bezogen auf die Bormineralien, mit einigen 100 t Produktion pro Jahr eher von untergeordneter Bedeutung ist. Das hexagonale Bornitrid wird häufig auch »weißer Graphit« genannt. Die einzigartige Kombination chemischer und physikalischer Eigenschaften eröffnet ein weites Feld von Anwendungen.

Aufgrund des hohen Preises für Bornitride und der Konkurrenz billigerer Materialien wie z. B. Molybdändisulfid, ist der Markt für Schmiermittel stagnierend bzw. rückläufig, dagegen stellt die Verwendung von Bornitrid als feuerfester Werkstoff einen eher wachsenden Markt dar. Borcarbid ist nach Diamant und kubischem Bornitrid der härteste bekannte Werkstoff. Diese Eigenschaft kommt insbesondere in den Anwendungen der Schleif- und Läppmittel, sowie der Strahldüsen zum tragen. Aufgrund der hohen Neutronenabsorption wird Borcarbid in sicherheitsrelevanten Bauteilen der Energietechnik eingesetzt. Auch hier handelt es sich um ein eher begrenztes Marktsegment.

6 Literatur

1. M. Benderdour, T. Bui-Van, A. Dicko, F. Bellerville: In Vivo and In Vitro effects of Boron and Boronated Compounds. *J. Trace Elements Med. Biol.* **1998**, *12*, 2–7.
2. Hollemann-Wiberg: Lehrbuch der Anorganischen Chemie, 100. Aufl., W. de Gruyter, Berlin, **1995**, S. 987.
3. R. Will, M. Yamaki, A. DeBoo: *CEH Marketing Research Report: Boron Minerals and Chemicals*.
4. P. Kleinschmit, G. Knippschild: Borverbindungen, in *Winnacker/Küchler: Chemische Technologie*, Band 2, 4. Auflage, Hanser, München, **1982**.
5. Y. Aytekin et al.: Die Aufbereitung der Borate und ihre Bedeutung für die Türkei. *Aufbereitungs-Technik* 1987, (7), 368–376.
6. R. P. Fischer, WO Pat. 96 34826 (1986), US-Borax.
7. J. C. Schumacher, F. H. May, US Pat. 33 36103 (1967), American Potash and Chem. Corp.
8. K. K. Shen: Zinc borate, *Plastics Compounding* **1985**.
9. K. H. Büchel, H. H. Moretto, P. Woditsch: *Industrielle Anorganische Chemie*, 3 Aufl., Wiley-VCH, Weinheim, **1999**, S. 151.
10. J. W. Gilpin, *Chem. Eng.* (N.Y) **1963**, *70* (20), 110.
11. K. Shioi, E. Ihara, DE-A-198 54 487 (1999), Showa Denko KK.
12. J. Leischer, R. De Vries, US-A-3 772 428 (1973), General Electric.
13. A. Nechepurenko, S. Samuni, *J. Solid State Chem.*, **2000**, *154*, 162–164.
14. E. Riedel: *Anorganische Chemie*, 5 Aufl., W. de Gruyter, Berlin-New York, **2002**, S. 580..
15. H. C. Brown: *Boranes in Organic Chemistry*, Cornell Univ. Press, Ithaca, New York, **1972**.
16. L. M. Braun, et al., *J.Org. Chem.* **1971**, *362*, 388.
17. H. C. Brown , US-PS 36 34277 (1972).
18. N. Loenhoff, H. Niederpruem, H. Odenbach, DT-OS 161 8387 (1967), Bayer AG.
19. N. Loenhoff, H. Niederpruem, H. Odenbach, DT-OS 166 8037 (1967), Bayer AG.
20. W. Büchner, H. Niederprüm, *Pure Appl. Chem.* **1977**, *49*, 733.
21. H. Niederprüm, H. G. Klein, *Metalloberflächen* 1970, *24*, 468.
22. H. G. Klein et al., *Galvanotechnik* **1971**, *62*, 799.
23. H. I. Schlesinger et al., *J. Amer. Chem. Soc.* **1953**, *75*, 213.
24. H. I. Schlesinger, H. C. Brown, A. E. Finholt, *J. Amer. Chem. Soc.* **1953**, *75*, 205–209.
25. A. Grohmann (Hrsg.): Die Trinkwasserverordnung: Einführung und Erläuterungen für Wasserversorgungsunternehmen und Überwachungsunternehmen, 4., neu bearb. Aufl., Erich Schmidt, Berlin, **2003**.
26. H. G. Seiler, H. Siegel: *Handbook on the toxicity of inorganic compounds*, Marcel Dekker, Inc. New York, **1988**, 130.
27. G. Matthess: *Die Beschaffenheit des Grundwassers, Lehrbuch der Hydrogeologie*, Band 2, 3. Auflage, Gebr. Borr, **1982**.
28. A. Wagott, *Water Research* **1969**, *3*, 749–765.
29. L. Huber: Über das Verhalten von Bor in Abwasser und Oberflächenwasser, in *Bewertung der Gewässerqualität und Gewässergüteanforderungen*, R. Oldenbourg Verlag, München-Wien, **1986**, 400–416.
30. H. G. Hauthal, *Chemie in unserer Zeit*, **1992**, *6*, 293–303.
31. Wirth, Gloxhuber: *Toxikologie*, 5. Auflage, Thieme, Stuttgart, **1981**, S. 78.
32. *Römpp Lexikon Umwelt*, Thieme, Stuttgart, **1993**, S. 142.

8
Peroxoverbindungen

Gustaaf Goor, Eberhard Hägel, Sylvia Jacobi, Wolfgang Leonhardt, Werner Zeiss, Klaus Zimmermann

1 **Einleitung** 677

2 **Geschichte** 679

3 **Verbindungsklassen** 682
3.1 Wasserstoffperoxid 682
3.1.1 Physikalische und chemische Eigenschaften 682
3.1.2 Herstellung 685
3.1.2.1 Anthrachinonverfahren 685
3.1.2.2 Herstellung durch Alkoholoxidation 699
3.1.2.3 Elektrochemische Herstellung 702
3.1.2.4 Direktsynthese aus Wasserstoff und Sauerstoff 703
3.1.3 Anwendung und Transport 704
3.1.4 Sicherheit und Toxikologie 706
3.2 Wasserstoffperoxid-Addukte 709
3.2.1 Natriumcarbonatperoxohydrat 709
3.2.1.1 Physikalische und chemische Eigenschaften 709
3.2.1.2 Herstellung 710
3.2.1.3 Anwendung 712
3.2.1.4 Sicherheit und Toxikologie 713
3.2.2 Harnstoffperoxohydrat 714
3.3 Anorganische Peroxoverbindungen 715
3.3.1 Peroxoborate 715
3.3.1.1 Physikalische und chemische Eigenschaften 715
3.3.1.2 Herstellung 717
3.3.1.3 Anwendung 719
3.3.1.4 Sicherheit, Toxikologie und Handhabung 720
3.3.2 Peroxomonoschwefelsäure (Caro'sche Säure) und ihre Salze 722
3.3.2.1 Physikalische und chemische Eigenschaften 722
3.3.2.2 Herstellung 724
3.3.2.3 Anwendung 724

Winnacker/Küchler. *Chemische Technik: Prozesse und Produkte.*
Herausgegeben von Roland Dittmeyer, Wilhelm Keim, Gerhard Kreysa, Alfred Oberholz
Band 3: Anorganische Grundstoffe, Zwischenprodukte.
Copyright © 2005 WILEY-VCH Verlag GmbH & Co. KGaA, Weinheim
ISBN: 3-527-30768-0

3.3.2.4   Sicherheit und Toxikologie   725
3.3.3   Peroxodischwefelsäure und ihre Salze   726
3.3.3.1   Physikalische und chemische Eigenschaften   726
3.3.3.2   Herstellung   727
3.3.3.3   Anwendung   730
3.3.3.4   Sicherheit, Toxikologie und Handhabung   731
3.3.4   Peroxophosphorsäure und ihre Salze   732
3.4   Anorganische Peroxide   734
3.4.1   Physikalische und chemische Eigenschaften   734
3.4.2   Herstellung   736
3.4.3   Anwendung   738
3.4.4   Sicherheit und Toxikologie   738
3.5   Organische Peroxoverbindungen   738
3.5.1   Peroxycarbonsäuren   738
3.5.1.1   Physikalische und chemische Eigenschaften   738
3.5.1.2   Herstellung   741
3.5.1.3   Anwendung   742
3.5.1.4   Sicherheit und Toxikologie   743
3.5.2   Organische Peroxide   745
3.5.2.1   Physikalische und chemische Eigenschaften   745
3.5.2.2   Herstellung   747
3.5.2.3   Anwendungen   751
3.5.2.4   Sicherheit, Toxikologie und Handhabung   753

4   Literatur   758

1
Einleitung

Peroxoverbindungen (**1**) zeichnen sich durch das Strukturelement einer O–O-Einfachbindung aus, wobei jeder Sauerstoff eine weitere Einfachbindung zu einem Substituenten X bzw. Y eingeht.

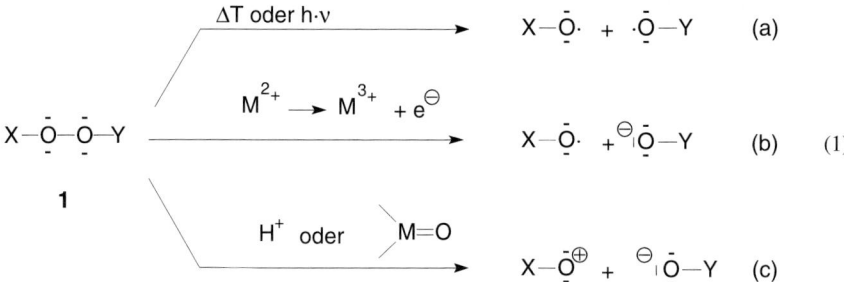

Peroxoverbindungen zerfallen an der schwachen O–O-Bindung je nach den Reaktionsbedingungen (Gl. (1)):
a) thermisch oder photochemisch initiiert in zwei Radikale (homolytischer Zerfall)
b) durch Metalle, die leichten Einelektronenübergängen zugänglich sind wie Co^{2+}/Co^{3+}, in ein Radikal und ein Oxy-Anion (redox-katalysierter Zerfall)
c) säure- oder metalloxo-katalysiert formal in ein »Oxenium-Kation« und ein Oxy-Anion (heterolytischer Zerfall)

In den Fällen a) und b) wirken Peroxoverbindungen durch die Generierung von Radikalen als Initiatoren für Radikalreaktionen, im Fall c) als Sauerstoffüberträger und damit als Oxidationsmittel in der chemischen Synthese oder zur Bleiche bzw. Desinfektion.

Generell entfalten Peroxoverbindungen (**1**) ihre Wirksamkeit im Zerfall. Daher sind sie in Abhängigkeit der Substituenten X und Y mehr oder weniger labil, worauf in den jeweiligen Abschnitten »Sicherheit« eingegangen wird.

Die große Zahl der Möglichkeiten der Substituenten X und Y hat zu einer Vielzahl von Peroxoverbindungen geführt, die sich in anorganische (Tabelle 1) und organische (Tabelle 2) Verbindungsklassen einteilen lassen. Natürlich kann in diesem Rahmen nur über industriell besonders relevante Peroxoverbindungen berichtet werden.

Dabei nimmt Wasserstoffperoxid (**1**), X=Y=H sowohl als mengenmäßig bei weitem größtes Produkt als auch als Basischemikalie für die meisten anderen Peroxoverbindungen eine Sonderstellung ein. Einige anorganische (Abschnitte 3.2 und 3.4) und vor allem organische (Abschnitt 3.5) Derivate werden zwar nur in vergleichsweise kleineren Mengen hergestellt, haben aber dennoch wegen ihrer Eigenschaften und Anwendungen in der gesamten Polymerindustrie eine beträchtliche industrielle Bedeutung erlangt. In einigen industriellen Großverfahren treten letztere überdies als nicht isolierte Zwischenprodukte auf, deren Menge sich mit den Wasserstoffperoxid-Kapazitäten vergleichen lässt.

8 Peroxoverbindungen

Tab. 1 Klassifizierung von anorganischen Peroxoverbindungen X–O–O–Y

X	Y	Formelbeispiele	Stoffklasse	Kapitel
H	H	H—O—O—H	Wasserstoffperoxid	3.1
			H_2O_2-Addukte	3.2
SO_3	SO_3	$^{\ominus}O-\underset{\underset{O}{\|}}{\overset{\overset{O}{\|}}{S}}-O-O-\underset{\underset{O}{\|}}{\overset{\overset{O}{\|}}{S}}-O^{\ominus}$	Peroxodisulfat	3.3
SO_3	H	$^{\ominus}O-\underset{\underset{O}{\|}}{\overset{\overset{O}{\|}}{S}}-O-O-H$	Peroxomonosulfat	3.3
$B(OH)_2$	$B(OH)_2$	$\underset{HO}{\overset{HO}{>}}B\underset{O-O}{\overset{O-O}{<}}B\underset{OH}{\overset{OH}{<}}$ (2−)	Peroxoborat	3.3
Metall	Metall	Na—O—O—Na	Metallperoxide	3.4

Tab. 2 Klassifizierung von organischen Peroxoverbindungen X–O–O–Y

X	Y	Formelbeispiele	Stoffklasse	Kapitel
Acyl	H	$CH_3\underset{\underset{O}{\|}}{\overset{}{C}}-O-O-H$	Percarbonsäure	3.5
Alkyl	H	$(CH_3)_3C-O-O-H$	Hydroperoxid	3.5
Alkyl	Alkyl	$(CH_3)_3C-O-O-C(CH_3)_3$	Dialkylperoxid	3.5
Acyl	Acyl	$CH_3\underset{\underset{O}{\|}}{C}-O-O-\underset{\underset{O}{\|}}{C}CH_3$	Diacylperoxid	3.5
Acyl	Alkyl	$CH_3\underset{\underset{O}{\|}}{C}-O-O-C(CH_3)_3$	Percarbonsäureester	3.5
Alkoxycarbonyl	Alkoxycarbonyl	$RO\underset{\underset{O}{\|}}{C}-O-O-\underset{\underset{O}{\|}}{C}OR$	Peroxydicarbonat	3.5
Hydro(pero)xyalkyl	Hydro(pero)xyalkyl	$R_2\underset{\underset{O(O)H}{\|}}{C}-O-O-\underset{\underset{O(O)H}{\|}}{C}R_2$	Ketonperoxid	3.5
Alkylperoxyalkyl	Alkyl	$R_2\underset{\underset{O-OR}{\|}}{C}-O-O-R$	Perketal	3.5

2 Geschichte

Als älteste bekannte Peroxoverbindungen sind die Peroxide des Natriums, Kaliums und Bariums anzusehen, die 1811 von GAY-LUSSAC und THENARD beschrieben wurden. Die heute bedeutendste Peroxoverbindung, das Wasserstoffperoxid, wurde 1818 erstmals von THENARD hergestellt. Die von ihm entdeckte Bildung von H_2O_2 bei der Umsetzung von Bariumperoxid mit verdünnter Mineralsäure bildete ab etwa 1880 die Grundlage für die erste technische Herstellung des Wasserstoffperoxids. Die nach dem Bariumperoxidverfahren hergestellten ca. 3%igen wässrigen Wasserstoffperoxid-Lösungen, die stark verunreinigt und demzufolge sehr instabil waren, konnten nur einen begrenzten Markt erobern. 1873 entstand die erste Anlage nach diesem nasschemischen Prozess bei Schering in Berlin. 1904 entwickelte Merck ein Verfahren zur Reinigung und Konzentrierung auf 8 % Massenanteil durch Destillation. Um 1900 wurden weltweit ca. 2000 t H_2O_2 (gerechnet als 100%) pro Jahr hergestellt.

Eine deutliche Verbesserung der technischen Herstellung und der Wasserstoffperoxid-Qualität kam mit der Einführung der elektrochemischen Verfahren, von denen als erstes das 1905 beim Konsortium für elektrochemische Industrie von TEICHNER entwickelte Weißensteiner Verfahren 1908 bei den Elektrochemischen Werken, Weißenstein/Österreich, in Betrieb ging. Mit dem Weissensteiner Verfahren gelangte man zu relativ reinen Lösungen mit ca. 28 % Massenanteil H_2O_2.

Die Bildung von H_2O_2 bei der Elektrolyse schwefelsaurer Lösungen, die zuerst MEIDINGER 1853 beobachtete, erfolgt, wie BERTHELOT 1878 zeigen konnte, über die Bildung von Peroxodischwefelsäure, die durch Wasser über Peroxomonoschwefelsäure zu Schwefelsäure und H_2O_2 hydrolysiert wird.

1910 folgten das von PIETZSCH und ADOLPH entwickelte Münchener Verfahren und 1924 das Riedel-Löwenstein-Verfahren. Die erste Fabrik in den USA, in der H_2O_2 elektrochemisch erzeugt wurde, war die von Roessler & Hasslacher, die 1926 in Niagara Falls, New York in Betrieb ging. 1950 betrug die Wasserstoffperoxid-Produktion weltweit ca. 35 000 t a^{-1} (100%).

Der wohl wichtigste Meilenstein in der technischen H_2O_2-Herstellung, der den Bau heutiger Großanlagen mit einer Kapazität von bis zu 200 000 t a^{-1} ermöglicht, war die Einführung des Autoxidations-Verfahrens (AO-Verfahren).

Aufbauend auf den Arbeiten von MANCHOT, der 1901 die Bildung von H_2O_2 bei der Oxidation von Hydrochinon mit Sauerstoff entdeckte, entwickelten RIEDL und PFLEIDERER bei der IG-Farbenindustrie, Werk Ludwigshafen, zwischen 1935 und 1945 in einer kontinuierlichen Versuchsanlage (Produktionskapazität 360 t a^{-1}) die Grundlage für das heutige AO-Verfahren. Zwei Großanlagen nach dem neuen Verfahren mit einer Kapazität von 24 000 t a^{-1} (100%) sollten in Heidenbreck und Waldenberg errichtet werden.

Nach Kriegsende mussten auf Grund der Kontrollratsgesetze alle H_2O_2-Aktivitäten in Deutschland eingestellt werden; Produktionsanlagen wurden stillgelegt und demontiert. 1953 ging bei DuPont in Memphis, Tenn. die erste Produktionsanlage nach der AO-Technologie in Betrieb. Kurz danach folgten Laporte Chemicals in

Abb. 1 H_2O_2-Anlage der Degussa in Barra do Riacho, Brasilien

Warrington, England (1958) und Oxysynthese in Jarrie, Frankreich (1959). Der Weg zur chemischen Großproduktion war damit frei. Die weltweit installierte H_2O_2-Produktionskapazität (GUS-Staaten und China nicht berücksichtigt) nach dem AO-Verfahren betrug 1977 ca. 500 000 t a^{-1} H_2O_2 (100 %), 1988 ca. 1 100 000 t a^{-1} und 2002 ca. 2 700 000 t a^{-1}. Die wichtigsten H_2O_2-Produzenten sind Solvay, Degussa, Atofina, FMC, Akzo Nobel, Kemira und Mitsubishi. Abbildung 1 zeigt die H_2O_2-Anlage der Degussa in Barra do Riacho, Brasilien.

Shell entwickelte basierend auf der Oxidation von Isopropanol ein anderes Autoxidations-Verfahren und betrieb von 1957 bis 1980 eine 15 000 t a^{-1} H_2O_2 Anlage nach dieser Technologie in Norco, Louisiana.

Die nach dem Wasserstoffperoxid technisch wichtigste Peroxoverbindung, das Natriumperoxoborat-Hexahydrat, das technisch als Natriumperborat bezeichnet wird, wurde 1898 von TANATAR entdeckt (s. auch Borverbindungen). Die technische Herstellung, die 1907 im Werk Rheinfelden der Degussa unter Verwendung von Natriumperoxid und Borax aufgenommen wurde, führte über ein von ARNDT 1912 entwickeltes elektrochemisches Verfahren schließlich zur Umsetzung von H_2O_2 aus dem AO-Verfahren mit Natriummetaborat-Lösung. Nur so war es möglich, die Produktion des Natriumperborates, das als Bleichkomponente den Waschmitteln zugesetzt wird, auf rund 500 000 t a^{-1} zu steigern. Zu Beginn der 1990er Jahre setzte eine ökotoxikologische Diskussion ein, aufgrund der die Verwendung borhaltiger Abwässer wegen deren Wirkung auf das Wachstum von Getreidepflanzen in Frage gestellt wurde. Aus diesem Grund wird das Natriumperborat in Wasch-, Geschirr- und Reinigungsmitteln größtenteils gegen das Bleichmittel Natriumcarbonatperoxohydrat, auch Natriumpercarbonat genannt, ersetzt.

Natriumpercarbonat wurde 1899 zuerst durch TANATAR beschrieben. 1909 wurde es von RIESENFELD und TANATAR als Wasserstoffperoxid-Anlagerungsaddukt identifiziert. Sieben Jahre später, während des ersten Weltkrieges, startete Degussa die industrielle Produktion zum Ersatz von Natriumperborat, nachdem die Westmächte ein Importverbot für borhaltige Rohstoffe nach Deutschland verhängt hatten. Während des zweiten Weltkrieges, von 1940–45, vertrieb Degussa Natriumpercarbonat als »Kriegswaschmittel«, um wiederum einen Ersatz für Natriumperborat anbieten zu können. Nach den Weltkriegen wurde Natriumpercarbonat aufgrund seiner gegenüber Natriumperborat geringeren Stabilität in Nischenprodukten, wie Zahnreinigern und Fleckensalzen, eingesetzt. Anfang der 90er Jahre des letzten Jahrhunderts begann dann der Entwicklungsprozess zur großtechnischen Herstellung von Natriumpercarbonat. Seit einigen Jahren wird Natriumpercarbonat jährlich im 25 000-t-Maßstab hergestellt, um Natriumperborat als Hauptbleichkomponente in Vollwaschmitteln weitgehend zu ersetzen.

Wegen der einfacheren Handhabung und der besseren Stabilität sowie ihrer Fähigkeit, in wässriger Lösung ebenfalls die für Wasserstoffperoxid charakteristischen Eigenschaften zu entwickeln, besaßen bestimmte feste Peroxoverbindungen zunächst eine größere anwendungstechnische Bedeutung als das Wasserstoffperoxid selbst. Hierzu zählte u. a. Natriumperoxid, das seit 1899 im Werk Rheinfelden der Degussa nach einem ursprünglich von CASTNER entwickelten und später verbesserten Verfahren durch Verbrennen von metallischem Natrium technisch hergestellt wird. Als Zwischenprodukt bei chemischen Synthesen wird Natriumperoxid heute kaum noch verwendet. Es wird jedoch immer noch als Bleichmittel, vor allem in der Papier- und Textilindustrie, eingesetzt.

Weitere anorganische Peroxoverbindungen von technischer Bedeutung sind die Ammonium-, Kalium- und Natriumsalze der Peroxodischwefelsäure und ein Derivat der Peroxomonoschwefelsäure, das Caroat. Letzteres ist ein Tripelsalz der Zusammensetzung $2KHSO_5 \cdot KHSO_4 \cdot K_2SO_4$.

Organische Peroxide werden für industrielle Zwecke erst seit etwa 1950 intensiv eingesetzt, als die Petrochemie sich als Rohstoffbasis für die Kunststoffindustrie durchsetzte. Die seitherige Entwicklung des Bedarfs an organischen Peroxiden reflektiert daher auch die Entwicklung der Petrochemie und umgekehrt.

Dibenzoylperoxid wurde bereits 1858 erstmals hergestellt [1]. Anfangs des vergangenen Jahrhunderts wurde dieses Peroxid zunächst zum Bleichen von Ölen und dann von Mehl verwendet, und ab etwa 1915 wurden organische Peroxide zur Vernetzung von Naturkautschuk angewandt. In den Folgejahren wurden sie dann als Starter für Polymerisationsreaktionen stetig weiterentwickelt.

Für die heutige industrielle Anwendung existieren mehr als 100 verschiedene Verbindungen und Lieferformen von organischen Peroxiden, deren Eigenschaften und Zerfallscharakteristika den unterschiedlichen Herstellprozessen der Polymerindustrie angepasst sind. Bei einem Gesamt-Jahresbedarf von derzeit etwa 150 000 t, verteilt auf viele Einzelprodukte, handelt es sich jedoch immer noch um Spezialchemikalien.

Dabei kommen organische Peroxide für radikalische Polymerisationen zu Low-Density Polyethylen (LDPE), Polyvinylchlorid (PVC) oder Polystyrol (s. Kunststoffe, Bd. 5), sowie für den Polypropylen (PP)-Abbau, die Härtung ungesättigter Polyesterharze oder die Polyethylen (PE)-Vernetzung, in Konzentrationen von 0,01 bis 0,3 % seltener bis 5 % zur Anwendung. In einigen wenigen Fällen, z. B. bei radikalischen Dehydrodimerisierungsreaktionen [2] oder bei ionischen Oxidationsreaktionen [3, 4] werden sie auch als stöchiometrische Reaktionskomponenten eingesetzt. In der Tat sind solche Oxidationsreaktionen, bei denen organische Hydroperoxide allerdings nur als nicht isolierte Zwischenstufen auftreten (Propylenoxid-Herstellung [5, 6] und Hocksche Phenolsynthese [7]), die industriell bei weitem größte Anwendung organischer Peroxide.

3
Verbindungsklassen

3.1
Wasserstoffperoxid

3.1.1
Physikalische und chemische Eigenschaften

Wasserstoffperoxid ist eine klare, farblose Flüssigkeit, die mit Wasser in jedem Verhältnis mischbar ist und in höheren Konzentrationen einen leicht stechenden Geruch hat. Reines Wasserstoffperoxid und die hochkonzentrierten wässrigen Lösungen mit mehr als 65 % Massenanteil H_2O_2 sind in einer Reihe organischer Lösemittel, z. B. Carbonsäureestern, löslich. Wasserstoffperoxid und Wasser bilden kein Azeotrop; beide Verbindungen sind theoretisch durch Destillation vollständig trennbar. Reines Wasserstoffperoxid erhält man durch fraktionierte Kristallisation hochkonzentrierter wässriger Lösungen, die ca. 90 % Massenanteil H_2O_2 enthalten. Hochkonzentriertes H_2O_2 (> 85 % Massenant.) steht nur in begrenzten Mengen, hauptsächlich für militärische Anwendungen und als Treibstoff für Satellitenantriebe zur Verfügung.

Neutronenbeugungsmessungen an festem H_2O_2 [8] ergeben folgende Strukturdaten:

Bindungsabstand O–O $0{,}1453 \pm 0{,}0007$ nm
Bindungsabstand O–H $0{,}0988 \pm 0{,}0005$ nm
Bindungswinkel O–O–H $102{,}7 \pm 0{,}30°$

In Tabelle 3 sind einige physikalische Daten von reinem Wasserstoffperoxid denen von Wasser gegenübergestellt. Die physikalischen Eigenschaften von wässrigen Wasserstoffperoxid-Lösungen sind abhängig von der Konzentration (Tabelle 4).

Eine ausführliche Zusammenstellung über physikalische Daten von Wasserstoffperoxid, sowohl wasserfreier als auch wässriger Lösungen, findet sich in [9].

In wässrigen Lösungen besitzt Wasserstoffperoxid schwach saure Eigenschaften, die Dissoziationskonstante für Gleichung (2) beträgt $1{,}78 \cdot 10^{-12}$ bei 20 °C.

$$H_2O_2 + H_2O \rightleftarrows HOO^- + H_3O^+ \tag{2}$$

Tab. 3 Physikalische Daten von H_2O_2 und H_2O

		H_2O_2	H_2O
M		34,016	18,016
Schmelzpunkt	°C	–0,43	0
Siedepunkt	°C	150,2	100
Schmelzwärme	Jg^{-1}	368	334
Verdampfungswärme			
bei 25 °C und 133 Pa	$Jg^{-1}K^{-1}$	1519	2443
am Siedepunkt	$Jg^{-1}K^{-1}$	1387	2258
spez. Wärme			
flüssig 25 °C	$Jg^{-1}K^{-1}$	2,629	4,182
gasförmig 25 °C	$Jg^{-1}K^{-1}$	1,352	1,865
Dichte flüssig 0 °C	$g\,mL^{-1}$	1,4700	0,9998
20 °C	$g\,mL^{-1}$	1,4500	0,9980
25 °C	$g\,mL^{-1}$	1,4425	0,9971
Viskosität 0 °C	mPa s	1,819	1,792
20 °C	mPa s	1,249	1,002

Als schwache Säure bildet Wasserstoffperoxid mit verschiedenen Metallen Salze. Die Wasserstoffatome des H_2O_2 können durch Alkyl- und Acylgruppen substituiert werden; es bilden sich dabei Alkylhydroperoxide, Dialkylperoxide, Percarbonsäuren und Diacylperoxide.

Reines Wasserstoffperoxid und die im Handel befindlichen wässrigen Lösungen sind unter normalen Bedingungen sehr stabil. Die Zersetzung des H_2O_2 (Gl. (3)),

$$H_2O_{2l} \rightarrow H_2O_l + \tfrac{1}{2} O_{2g} \quad \Delta H_R = -98{,}3 \text{ kJ/mol} \tag{3}$$

die wegen der starken Exothermie und der Gasbildung für die Handhabung von Wasserstoffperoxid von großer Bedeutung ist, wird nur durch entsprechende Katalysatoren ausgelöst. Die Zersetzung kann sowohl homogen durch gelöste Ionen, vor allem der Schwermetalle Fe und Cu, als auch heterogen durch suspendierte Oxide und Hydroxide z. B. von Mn, Fe, Pd und Hg, und durch Metalle wie Pt, Os, Ag kata-

Tab. 4 Physikalische Daten von wässrigen Wasserstoffperoxid-Lösungen

H_2O_2-Konzentration		% Massenant.	35	50	70
Dichte	0 °C	$g\,mL^{-1}$	1,1441	1,2110	1,3071
	20 °C	$g\,mL^{-1}$	1,1312	1,1950	1,2882
Viskosität	0 °C	mPa s	1,81	1,87	1,93
	20 °C	mPa s	1,11	1,18	1,24
Schmelzpunkt		°C	–33	–52,3	–40,3
Siedepunkt bei Normaldruck		°C	108	114	125
H_2O_2-Partialdruck bei 30 °C		kPa	0,4	0,8	0,17

Tab. 5 Wasserstoffperoxid als Oxidationsmittel [10]. Standardpotentiale von Redoxreaktionen, gemessen gegen die Wasserstoffelektrode (25 °C, 1 bar)

Redoxreaktion	Standardpotential (V)
pH = 0	
$H_2O_2 + 2H^+ + 2\,e^- \longrightarrow 2\,H_2O$	+ 1,80
$HSO_3^- + H_2O \longrightarrow SO_4^{2-} + 3\,H^+ + 2\,e^-$	− 0,17
$NO_2^- + H_2O \longrightarrow NO_3^- + 2\,H^+ + 2\,e^-$	− 0,94
$2\,Cl^- \longrightarrow Cl_2 + 2\,e^-$	− 1,36
$2\,Br^- \longrightarrow Br_2 + 2\,e^-$	− 1,07
$2\,I^- \longrightarrow I_2 + 2\,e^-$	− 0,54
pH = 14	
$H_2O_2 + 2\,e^- \longrightarrow 2\,OH^-$	+ 0,87
$Mn(OH)_2 + 2\,OH^- \longrightarrow MnO(OH)_2 + H_2O + 2\,e^-$	+ 0,05

lysiert werden. Da es bei der Lagerung, Transport und Handhabung von H_2O_2 zu einer Kontamination mit Zersetzungskatalysatoren kommen kann, werden geringe Mengen an Stabilisatoren, wie z. B. Stannate oder Phosphate zugesetzt. Stabilisierte H_2O_2-Lösungen verlieren bei Raumtemperatur weniger als 2 % ihres Aktivsauerstoffgehaltes. H_2O_2 ist am stabilsten im sauren pH-Bereich (< pH 4). Die Stabilität nimmt mit steigendem pH rasch ab: Kontaminationen von H_2O_2-Lösungen mit Alkali müssen unter allen Umständen vermieden werden.

H_2O_2 kann sowohl oxidierend als auch reduzierend wirken. Typische Beispiele dieser Reaktionen mit Angabe der Standardpotentiale nach [10] sind in den Tabelle 5 und 6 zusammengestellt.

Wasserstoffperoxid bildet eine Reihe von Anlagerungsverbindungen, die Peroxohydrate. Technische Bedeutung haben lediglich die Addukte mit Harnstoff $(H_2N)_2CO \cdot H_2O_2$, und Soda $Na_2CO_3 \cdot 1,5\,H_2O_2$.

Tab. 6 Wasserstoffperoxid als Reduktionsmittel [10]. Standardpotentiale von Redoxreaktionen, gemessen gegen die Wasserstoffelektrode (25 °C, 1 bar)

Redoxreaktion	Standardpotential (V)
pH = 0	
$H_2O_2 \longrightarrow 2H^+ + O_2 + 2e^-$	− 0,66
$5e^- + MnO_4^- + 8\,H^+ \longrightarrow Mn^{2+} + 4\,H_2O$	+ 1,51
$e^- + Ce^{4+} \longrightarrow Ce^{3+}$	+ 1,61
pH = 14	
$H_2O_2 + 2\,OH^- \longrightarrow 2\,H_2O + O_2 + 2\,e^-$	+ 0,08
$e^- + ClO_2 \longrightarrow ClO_2^-$	+ 1,16
$2\,e^- + ClO^- + H_2O \longrightarrow Cl^- + 2\,OH^-$	+ 0,76

3.1.2
Herstellung

3.1.2.1 Anthrachinonverfahren

3.1.2.1.1
Chemische Grundlagen

Die dem Autoxidationsverfahren (AO-Verfahren) zugrunde liegende chemische Reaktion ist die von MANCHOT [11] erstmals beobachtete quantitative Bildung von H_2O_2 bei der Umsetzung von Hydrochinonen mit Sauerstoff, wie hier am Beispiel der Reaktion eines 2-Alkylanthrahydrochinons mit O_2 dargestellt (Gl. (4)):

$$\text{2-Alkylanthrahydrochinon} + O_2 \longrightarrow \text{2-Alkylanthrachinon} + H_2O_2 \qquad (4)$$

Diese Umsetzung verläuft ohne Katalysator, daher Autoxidations- oder AO-Verfahren. Nach der Oxidation wird das gebildete Wasserstoffperoxid mit Wasser extrahiert.

Die 2-Alkylanthrachinone werden dann in Gegenwart eines Katalysators mit Wasserstoff wieder in die entsprechende Hydrochinone überführt (Gl. (5)):

$$\text{2-Alkylanthrachinon} + H_2 \xrightarrow{\text{(Kat.)}} \text{2-Alkylanthrahydrochinon} \qquad (5)$$

Nach Abtrennen des Hydrierkatalysators, der sonst das gebildete H_2O_2 zersetzen würde, können die 2-Alkylanthrahydrochinone wieder zur Bildung von H_2O_2 mit Sauerstoff bzw. Luft begast werden, womit der Kreislauf geschlossen ist. Fasst man die beiden oben genannten Reaktionsgleichungen zusammen, so erhält man die H_2O_2-Bildung nach dem AO-Verfahren gemäß Gleichung (6).

$$H_{2g} + O_{2g} \xrightarrow{\text{(AO-Verfahren)}} H_2O_{2l} \qquad (6)$$

Zur Durchführung der drei wesentlichen Verfahrensschritte des AO-Kreislaufverfahrens, der Hydrierung der Alkylanthrachinone, der Oxidation der Alkylanthrahydrochinone und der Extraktion des gebildeten H_2O_2 mit Wasser (vgl. Abb. 2) müssen die Alkylanthrachinone in einem geeigneten Lösemittel oder Lösemittelgemisch gelöst werden. Diese Lösung bezeichnet man im AO-Verfahren als Arbeitslösung.

Da die während der Kreislaufführung der Arbeitslösung auftretenden Chinone und Hydrochinone unterschiedliche Löseeigenschaften aufweisen – Chinone lösen sich gut in unpolaren Lösemitteln (Chinonlöser) und Hydrochinone gut in polaren Lösemitteln (Hydrochinonlöser) – werden technisch bevorzugt Lösemittelgemische verwendet.

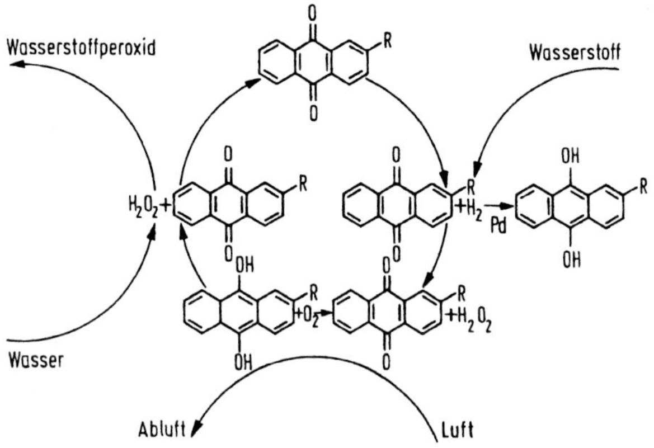

Abb. 2 Schematische Darstellung des AO-Kreislaufverfahrens

Neben den oben genannten Löseeigenschaften müssen bei der Auswahl der einzelnen Lösemittel und der Zusammenstellung von Lösemittelgemischen eine Reihe wichtiger Kriterien beachtet werden, wie gute chemische Beständigkeit gegen Wasserstoff in Gegenwart der Hydrierkatalysatoren, gute chemische Beständigkeit gegen Sauerstoff, geringe Löslichkeit in Wasser bzw. wässrigem Wasserstoffperoxid, geringe Flüchtigkeit, d.h. hoher Siede- und Flammpunkt, geringe Toxizität, hoher Verteilungskoeffizient für H_2O_2 im System Lösemittel/Wasser, hinreichender Dichteunterschied zu Wasser, um eine gute Trennung der organischen und wässrigen Phase in der Extraktionsstufe zu gewährleisten, und gute Verfügbarkeit zu einem vertretbaren Preis.

Von der Vielzahl der vorgeschlagenen Lösemittel sind in Tabelle 7 einige Chinonlöser, Hydrochinonlöser und Lösemittelgemische zusammengestellt.

Die Chinone, die im AO-Verfahren die Bildung von Wasserstoffperoxid vermitteln, werden als Reaktionsträger bezeichnet. Für die Auswahl des Chinons bzw. der Chinone, falls Mischungen verwendet werden, gelten ähnliche Kriterien wie für die Lösemittel: gute Löslichkeit sowohl des Chinons als auch des Hydrochinons, gute Oxidationsbeständigkeit und Verfügbarkeit zu einem vertretbaren Preis. Einige in der Patentliteratur vorgeschlagene Reaktionsträger sind 2-Ethylanthrachinon [30], 2-*tert*-Butylanthrachinon [31], 2-Amylanthrachinon [32], 2-Neopentylanthrachinon [33], 2-Isohexenylanthrachinon [34], Diethylanthrachinon [35] und Mischungen von 2-Ethyl- und 2-Amylanthrachinon [36, 37].

Die Wahl des Reaktionsträgers oder auch von Reaktionsträgermischungen wird wesentlich von den Löseeigenschaften der beim AO-Verfahren entstehenden Folgeprodukte bestimmt. Auch die Bildung von Nebenprodukten und deren Rückwandlung in aktive Chinone spielen eine wichtige Rolle. Neben der Bildung von Hydrochinon laufen in der Hydrierstufe eine Reihe von Nebenreaktionen ab, von denen die Kernhydrierung des 2-Alkylanthrachinons eine besondere Bedeutung hat. Bevorzugt wird dabei der nicht alkylsubstituierte Ring des 2-Alkylanthrachinons hydriert (Gl. (7)):

Tab. 7 Chinonlöser, Hydrochinonlöser und Lösemittelgemische

Chinonlöser	Hydrochinonlöser	Lösemittelgemische
Benzol [12]	Phosphorsäureester [19]	polyalkylierte Benzole/ Phosphorsäureester [17]
tert-Butylbenzol [13]	Diisobutylcarbinol [20]	polyalkylierte Benzol Tetraalkylharnstoffe [22]
tert-Butyltoluol [14]	Methylcyclohexanolester [21]	Trimethylbenzol/ Methylcyclohexanolester [21]
Trimethylbenzol [15]	Tetraalkylharnstoffe [22–24]	Methylnaphthalin/ Diisobutylcarbinol [16]
Methylnaphthalin [16]	N,N-Dialkylcarbonsäureamide [25, 26]	
polyalkylierte Benzole [17]	N-Alkyl-2 pyrolidone [27]	
Isodurol [18]	N-Alkylcaprolactam [28]	
	Carbamate [29]	

$$\text{Anthrachinon-Alkyl} + 3H_2 \xrightarrow{(Kat.)} \text{Tetrahydroanthrahydrochinon-Alkyl} \quad (7)$$

In der Oxidationsstufe reagiert dieses 2-Alkyltetrahydroanthrahydrochinon mit Sauerstoff unter Bildung von H_2O_2 zum 2-Alkyltetrahydroanthrachinon, es nimmt also aktiv am Kreislaufverfahren teil (Gl. (8)):

$$\text{Tetrahydroanthrahydrochinon-Alkyl} + O_2 \longrightarrow \text{Tetrahydroanthrachinon-Alkyl} + H_2O_2 \quad (8)$$

Während 2-Alkyltetrahydroanthrachinon, kurz »Tetra« genannt, schneller hydriert wird als 2-Alkylanthrachinon, wird 2-Alkyltetrahydoanthrahydrochinon deutlich langsamer oxidiert als 2-Alkylanthrahydrochinon.

Die ständige, von den Verfahrensbedingungen abhängige mehr oder weniger starke Bildung von Tetra im AO-Kreislauf hat zu zwei chemisch verschiedenen Durchführungsmethoden für das AO-Verfahren geführt. Die eine, die die Bildung von Tetra unterdrückt, nennt man die Arbeitsweise im Anthra-System, die andere, die die Bildung von Tetra bevorzugt, die Arbeitsweise im All-Tetra-System.

Anthra-System

Um in der Arbeitslösung nur das leicht oxidierbare 2-Alkylanthrahydrochinon vorliegen zu haben, wurden Maßnahmen vorgeschlagen, die entweder die Bildung von Tetra verhindern oder durch die bereits gebildete Tetra-Verbindungen wieder in Alkylanthrachinon rückgewandelt werden sollen.

Zu den Maßnahmen, die die Bildung von Tetrahydro-Verbindungen unterdrücken sollen, gehören die Verwendung selektiver Katalysatoren [38], spezieller Lösemittel [39] und die Anwendung milder Hydrierbedingungen [40]. Als Maßnahme zur stetigen Dehydrierung von gebildetem Tetra wurde z. B. die Dehydrierung mit Olefinen in Gegenwart von aktiviertem Aluminiumoxid, das metallisches Palladium enthält, empfohlen [41].

Durch Tautomerisierung von 2-Alkylanthrahydrochinon entsteht Oxanthron (Gl. (9)).

$$\text{(9)}$$

Das Oxanthron bildet bei der Oxidation mit Sauerstoff bzw. Luft kein H_2O_2. Seine Bildung führt demnach zu einem Verlust an aktivem Reaktionsträger. Während das Oxanthron jedoch wieder zu aktivem Chinon regeneriert werden kann, bilden sich durch weitere Hydrierung des Oxanthrons über Anthron die Dianthrone, die nicht mehr regeneriert werden können und somit zu einem echten Chinonverlust führen (Gl. (10)).

$$\text{(10)}$$

Bei der Verwendung von Trägersuspensionskatalysatoren vom Typ Palladium auf Aluminiumoxid kann die Oxanthronbildung unterdrückt werden, indem das Aluminiumoxid, bevor es mit Palladium belegt wird, fluoriert wird [42]. Zugabe von N,N-Dialkylanilinen verhindert die Akkumulierung von Oxanthron während des AO-Kreislaufs [43].

All-Tetra-System
Wenn keine Maßnahmen ergriffen werden, um die Tetra-Bildung zu unterdrücken bzw. gebildetes Tetra zu dehydrieren, gelangt man schließlich zu einem System, bei dem das die Hydrierstufe verlassende Hydrochinon ausschließlich das 2-Alkyltetrahydroanthrahydrochinon ist. Ein solches System wird als AII-Tetra-System bezeichnet. In diesem System wird das in der Hydrierung neben dem Tetrahydroanthrahydrochinon entstehende Anthrahydrochinon von überschüssigen Tetrahydroanthrachinon oxidiert, d. h. es erfolgt Wasserstofftransfer gemäß Gleichung (11)

(11)

Während im All-Tetra-System der beim Anthra-System in der Hydrierung initiierte Chinonabbau zu den Dianthronen praktisch unterbleibt, bildet sich während der Oxidation des Tetrahydrochinons in kleinen Mengen ein Epoxid (Gl. (12))

(12)

Da das Epoxid kein Wasserstoffperoxid bilden kann, muss es als ein Verlust an aktivem Chinon betrachtet werden. Es wurden deshalb eine Reihe von Maßnahmen vorgeschlagen, um das Epoxid wieder in aktives Chinon umzuwandeln. So erfolgt in Gegenwart basischer Substanzen, wie z. B. aktiviertem Al_2O_3, eine Reaktion zwischen Epoxid und Tetrahydrochinon [44] (Gl. (13)):

(13)

Die Verwendung von Sauerstoff oder mit Sauerstoff angereicherter Luft in der Oxidationsstufe soll die Epoxidbildung weitestgehend unterdrücken [45]. Allerdings ist die Verwendung von Sauerstoff nicht nur teuer, sondern auch mit erhöhtem sicherheitstechnischen Aufwand verbunden. Eine geringe Epoxidbildung wird ebenfalls beobachtet, wenn die hydrierte Arbeitslösung mit einem Teil der oxidierten Lösung in Kontakt gebracht wird, und das resultierende Gemisch mit Luft oxidiert wird [46].

Bei hohen Tetra-Gehalten in der Arbeitslösung kann durch nochmalige Kernhydrierung ein weiteres Nebenprodukt des All-Tetra-Systems gebildet werden, das Octahydroanthrahydrochinon (Gl. (14)).

$$\text{[Chinonstruktur]} + 3H_2 \xrightarrow{\text{(Kat.)}} \text{[Hydrochinonstruktur]} \tag{14}$$

Bei der Oxidation von Octahydroanthrahydrochinon entsteht zwar H_2O_2, die Reaktion erfolgt jedoch sehr langsam. Deshalb stellen Octahydroverbindungen einen echten Verlust an aktivem Reaktionsträger dar.

3.1.2.1.2
Technische Herstellung

Die Technologie aller heute betriebenen AO-Anlagen beruht auf dem von RIEDL und PFLEIDERER bei der BASF entwickelten und bis 1945 betriebenen Kreislaufverfahren (BASF- bzw. Riedl-Pfleiderer-Verfahren). Für eine detaillierte Beschreibung des Riedl-Pfleiderer-Verfahrens sei auf die 4. Auflage dieses Werkes verwiesen. Aufbauend auf den in einer Pilot-Anlage mit einer monatlichen H_2O_2 Produktionsleistung von 30 t (gerechnet als 100 %) gesammelten Ergebnissen, durch Weiterentwicklung und Optimierung der einzelnen Verfahrensstufen und durch Entwicklung chemisch beständiger Arbeitslösungen mit hohem Hydrochinonlösevermögen, entstanden die heutigen Verfahrensvarianten. Die umfangreichen Arbeiten sind in weit mehr als 1500 Patentschriften dokumentiert.

Bevor auf die für die einzelnen Verfahrensstufen vorgeschlagenen Technologien eingegangen wird, soll zunächst mit Hilfe des in Abbildung 3 dargestellten Blockschemas das generelle Verfahrensprinzip erläutert werden.

Arbeitslösung aus dem Arbeitslösungssammeltank bzw. dem Hydrierspeisetank wird in der Hydrierung in Gegenwart eines Katalysators mit Wasserstoff hydriert. Die freigesetzte Hydrierwärme kann vor, innerhalb oder nach der Hydrierung abgeführt werden. Die Hydrierung erfolgt in der Regel bei leichtem Überdruck und bei einer Temperatur unterhalb 100 °C. In den meisten Patentbeispielen wird um die Nebenproduktbildung zu minimieren der Hydriergrad, d.h. die gebildete Hydrochinonmenge bezogen auf die Gesamtchinonmenge, auf maximal 60 % begrenzt, obwohl auch Hydriergrade oberhalb 80 % als besonders vorteilhaft beschrieben sind [47].

Als Katalysator können ein Suspensions-Katalysator (z.B. Raney-Nickel, Palladium-Mohr), ein Trägersuspensions-Katalysator (Pd auf Träger) oder ein Festbett-Katalysator (Pd auf Träger) verwendet werden. Für die Suspensions -und Trägersuspensions-Katalysatoren gehört zu der Hydrierung eine Hauptfiltration, die den Katalysator zurückhalten und dem Reaktor wieder zuführen muss.

Da die verwendeten Hydrierkatalysatoren Raney-Nickel und Palladium die H_2O_2-Zersetzung katalysieren, was zu erheblichen H_2O_2-Verlusten in der Oxidation und Extraktion führen würde, wird die hydrierte Arbeitslösung, bevor sie in die Oxidation eingespeist wird, über eine Sicherheitsfiltration filtriert. Die katalysatorfreie Arbeitslösung wird im Oxidationsreaktor mit Luft begast, Hydrochinon wird zu Chinon oxidiert und gleichzeitig Wasserstoffperoxid gebildet.

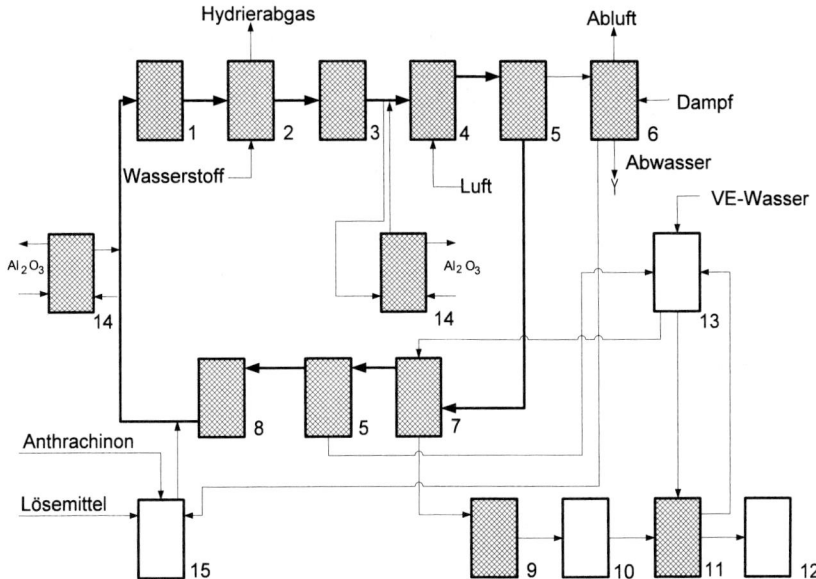

Abb. 3 H$_2$O$_2$-Herstellung nach dem AO-Verfahren
1 Arbeitslösungssammeltank bzw. Hydrierspeisetank, 2 Hydrierung, 3 Sicherheitsfiltration, 4 Oxidation, 5 Abscheider, 6 Aktivkohle-Adsorber, 7 Extraktion, 8 Trocknung, 9 Rohproduktreinigung, 10 Rohproduktlagerbehälter, 11 H$_2$O$_2$-Konzentrierung, 12 H$_2$O$_2$-Lagerbehälter, 13 VE-Wasservorlage, 14 Regenerierung und Reinigung, 15 Ansetzbehälter

Nach Abtrennung der Arbeitslösung wird die mit Lösemitteln gesättigte Oxidationsabluft über Aktivkohle-Adsorber gereinigt (s. Thermische Verfahrenstechnik, Bd. 1, Abschn. 6.1 und Umwelttechnik, Bd. 2, Abschn. 2.1.3). Somit können Lösemittelverluste vermieden werden. Die Adsober werden gelegentlich mit Dampf regeneriert. Das in der Arbeitslösung gelöste H$_2$O$_2$ wird mit Wasser extrahiert. Mechanisch mitgerissenes Wasser, was zusammen mit der Arbeitslösung am Kopf der Extraktion abfliest, wird in einem Abscheider abgetrennt, anschließend kann die Arbeitslösung in der Trocknungsstufe auf den gewünschten Feuchtigkeitsgehalt eingestellt werden.

Zur Entfernung von Abbauprodukten und zur Rückwandlung von Chinon-Nebenprodukten in aktives Chinon wird die Arbeitslösung oder ein Teilstrom der Lösung über eine Regenerierung- und Reinigungsstufe geleitet.

Das am Sumpf der Extraktionskolonne (s. Thermische Verfahrenstechnik, Bd. 1, Abschn. 4.4.2) isolierte wässrige Wasserstoffperoxid-Rohprodukt hat eine Konzentration von 20 bis 40 % Massenanteil und wird, bevor es in den Rohproduktlagerbehälter fließt, über eine Vorreinigungsstufe zur Entfernung von gelösten Bestandteilen der Arbeitslösung geführt.

In der H$_2$O$_2$-Konzentrierungsstufe wird das Wasserstoffperoxid vom Großteil seiner Verunreinigungen befreit und in die handelsübliche Konzentration von 50–70 % Massenanteil überführt. Nach entsprechender Stabilisierung wird das Endprodukt im Tanklager gelagert. Die bei der Konzentrierung anfallenden Brüden werden kondensiert und können dem Wasserkreislauf wieder zugeführt werden.

Neben den bereits erwähnten Verfahrensstufen gehören zu einem AO-Betrieb noch weitere Nebenbetriebe. Bei der Verwendung von Suspensions- oder Trägersuspensions-Katalysatoren wird zur Aufrechterhaltung der Hydrieraktivität ein Teil des Katalysators ausgeschleust, in der Katalysatoraufarbeitung regeneriert oder reaktiviert und anschließend wieder eingeschleust. Trotz vorhandener Rückspülsysteme kommt es bei der kontinuierlichen Filtration von Suspensions- oder Trägersuspensions-Katalysatoren allmählich zu einem Verstopfen der in der Hauptfiltration eingesetzten Filterkerzen. Durch Behandlung mit verdünnten wässrigen H_2O_2-Lösungen lassen sich verstopfte Keramik- oder Sintermetallfilterkerzen wieder freispülen [48]. Zum Ausgleich der bei der Kreislaufführung auftretenden Verluste an Chinon oder an Lösemitteln werden gelegentlich Mischungen aus Chinon und Lösemitteln über den Ansatzbehälter dem Kreislauf zugeführt.

Hydrierung
Die Hydrierung spielt im heutigen AO-Verfahren die wichtigste Rolle, da, wie in Abschnitt 3.1.2.1.1. gezeigt wurde, in dieser Verfahrensstufe Chinon-Abbauprodukte gebildet werden, die nicht wieder zu aktivem Chinon regeneriert werden können. Bei der Weiterentwicklung des BASF-Verfahrens wurden daher sowohl neue Katalysatoren als auch neue Reaktortypen vorgeschlagen. Die apparative Auslegung der Reaktoren wird dabei weitgehend vom Typ des verwendeten Katalysators bestimmt. Das von Riedl und Pfleiderer eingesetzte Raney-Nickel ist nicht nur pyrophor, was zusätzlich erhöhte sicherheitstechnische Maßnahmen erfordert, sondern wird durch H_2O_2-Spuren leicht deaktiviert und hat eine unbefriedigende Selektivität. Unter Katalysator-Selektivität wird hier das Ausmaß verstanden, in dem die Hydrochinonbildung gegenüber der Tetra-Bildung bevorzugt ist. Obwohl die Hydriereigenschaften des Raney-Nickels durch Vorbehandlung z. B. mit Ammoniumformiat [49] oder mit Nitrilen [50] verbessert werden, wird dieses heute nur noch in einigen wenigen AO-Anlagen eingesetzt. Die besseren Eigenschaften des Palladiums und die einfachere Handhabung haben heute zu einem überwiegenden Einsatz der Pd-Katalysatoren geführt.

Im folgenden werden drei vorgeschlagene Hydriersysteme beschrieben, in denen als Katalysator Pd-Mohr in einer Suspensionshydrierung, Pd auf einem Träger in einer Trägersuspensionshydrierung und Pd auf einem Träger in einer Festbetthydrierung eingesetzt werden.

Suspensionshydrierung
Für die Verwendung von Pd-Mohr als Hydrierkatalysator wurde von Degussa der in Abbildung 4 vereinfacht dargestellte Hydrierreaktor vorgeschlagen [51]. Das wesentliche verfahrenstechnische Merkmal dieses Schlaufenreaktors ist das Hintereinanderschalten von im Durchmesser unterschiedlich dimensionierten Reaktorrohren. Durch diese Anordnung soll mit dem sehr fein verteilten Pd-Mohr eine gute Umsetzung des eingespeisten Wasserstoffs erreicht werden. Die Geschwindigkeit der Arbeitslösung in den dickeren Rohren, in denen das Reaktionsgemisch von oben nach unten strömt, soll 0,7–1,5 m s^{-1} in den dünneren Rohren, in denen eine Aufwärtsströmung herrscht, 1,5–3 m s^{-1} betragen. Durch Benutzung von Rohren gleichen

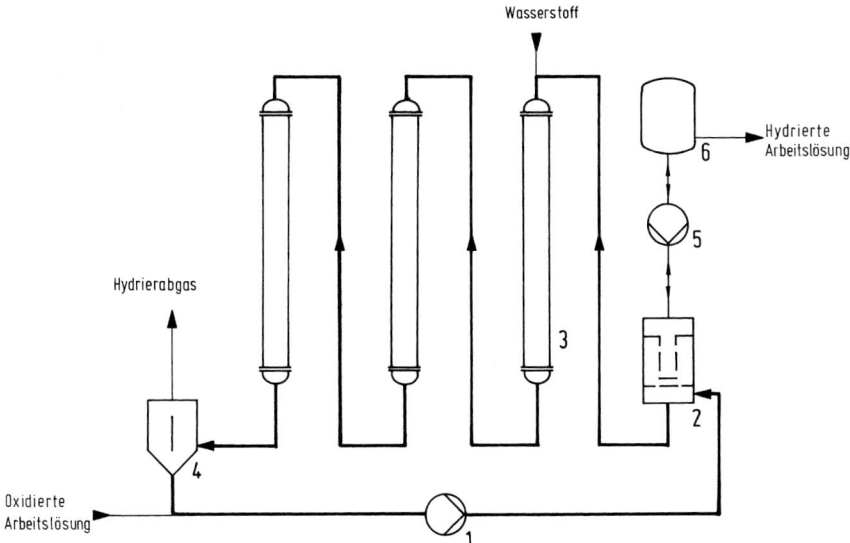

Abb. 4 Hydrierung nach Degussa
1 Umwälzpumpe, 2 Filter, 3 Reaktor, 4 Abscheider, 5 Rückspühlpumpe, 6 Pumpenvorlage

Querschnitts in den auf- und absteigenden Segmenten und Anhebung der Geschwindigkeit der Arbeitslösung in den Rohren auf mindestens 3 m s^{-1} kann die Produktivität des Schlaufenreaktors erheblich gesteigert werden [52]. Eine weitere Steigerung kann erzielt werden, indem das dreiphasige Reaktionssystem durch einen Durchflussreaktor geleitet wird, der mehrere parallel nebeneinander angeordnete und für gleiche Strömungsrichtung konzipierte Reaktorkammern aufweist [53].

Für die zu diesem Reaktorsystem gehörende Hauptfiltrationsstufe wurden von Degussa Kohlefilter [54] und Keramikfilter [55] vorgeschlagen. Einem Nachlassen der Filtrierleistung kann man durch periodische Rückspülungen begegnen. Dabei wird durch Einschalten der Rückspülpumpe hydrierte Arbeitslösung durch das Filter in das System zurückgeführt (Abb. 4).

Vorteile der Suspensionshydrierung sind u. a. nicht pyrophore Katalysator, einfache Ein- und Ausschleusung des Pd-Mohrs und leichte Katalysator-Regenerierung.

Trägersuspensionshydrierung
Zur Erleichterung der Hauptfiltrationsstufe schlugen eine Reihe von Firmen, u. a. Laporte Chemicals, die Verwendung von Palladium-Trägersuspensions-Katalysatoren vor [56]. Als Träger für den Pd-Katalysator (s. Katalyse, Bd. 1, Abschn. 3.1.2) werden Teilchen der verschiedensten Materialien mit ca. 0,06–0,15 mm Durchmesser bevorzugt, wie z. B. 2,0 bis 2,3% Pd auf Aluminiumsilicat oder 0,1–2,0% Pd auf aktiver Tonerde [57, 58]. Für die technische Durchführung einer Trägersuspensionshydrierung schlug Laporte einen Reaktor vor [56], dessen Funktionsprinzip vereinfacht in Abbildung 5 dargestellt ist. Im Inneren des Reaktors sind Rohre angeordnet, deren

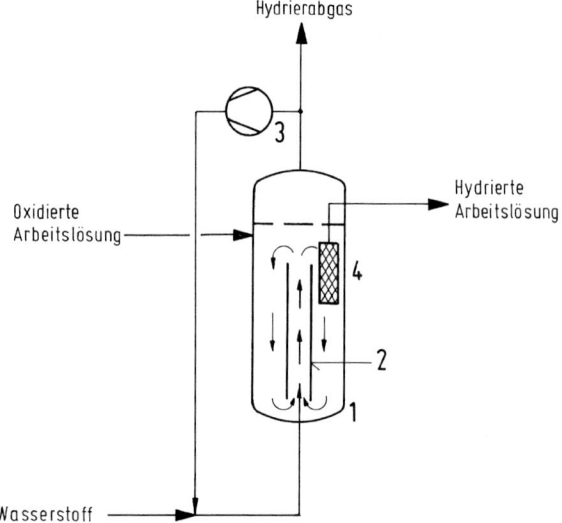

Abb. 5 Hydrierung nach Laporte
1 Reaktor, 2 Innenrohr zur H_2-Begasung, 3 H_2-Umwälzgebläse. 4 Innenfilter

untere Öffnungen kurz über dem Reaktorboden liegen. Durch Einleiten von feinen Wasserstoffbläschen in den unteren Teil eines jeden Rohres entsteht auf Grund der Dichtedifferenz im Rohr und im Reaktor eine Aufwärtsströmung im Rohr: Arbeitslösung fließt nach, und der Katalysator wird in das Rohr hineingerissen. Damit der Katalysator suspendiert bleibt, wird überschüssiger Wasserstoff im Kreis gefahren. Die Dispergierung von Katalysator in der zu hydrierenden Lösung kann anstelle mit rezykliertem, überschüssigem Wasserstoff auch durch Rühren erfolgen [59].

Katalysatoren, die 0,5–4 % Pd auf Aluminiumoxid mit einer mittleren Porengröße von 6–15 nm, einer mittleren Teilchengröße von 20–80 µm und einer BET-Oberfläche von 120–170 m² g^{-1} enthalten, zeigen sehr gutes Katalysatorverhalten hinsichtlich Aktivität, Filtrierbarkeit, Abriebfestigkeit und Selektivität [60]. Die Aktivität des Katalysators kann auch durch dessen Herstellung beeinflusst werden. Aufdampfen von Pd-Atomen in Hochvakuum auf Aluminiumoxid, das auf −150 °C gekühlt ist, ergibt eine Belegung mit Pd-Nanoteilchen; ein auf dieser Art präparierter Katalysator ist zehnmal aktiver als einer durch Imprägnierung und anschließender Reduzierung hergestellter [61].

Festbetthydrierung
Eine wesentliche Vereinfachung der Filtrationsstufe und eine unproblematische Rückführung des Katalysators sollen nach einem Vorschlag der FMC durch die Verwendung eines Festbettreaktors (s. Chemische Reaktionstechnik, Bd. 1, Abschn. 6.6.1 und Katalyse, Bd. 1, Abschn. 3.5) erreicht werden, dessen vereinfachtes Verfahrensschema in Abbildung 6 dargestellt ist [62].

Die zu hydrierende Arbeitslösung wird mit der Einspeisepumpe auf den Kopf der Festbettkolonne gegeben. Gleichzeitig erfolgt die Einspeisung von Wasserstoff. Ar-

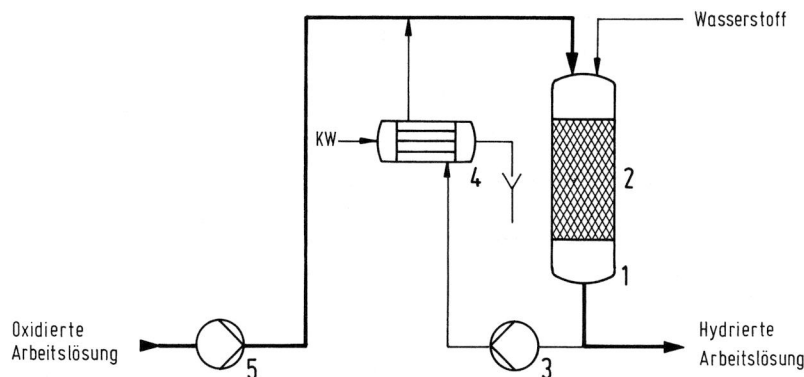

Abb. 6 Hydrierung nach FMC
1 Reaktor, 2 Katalysatorschüttung, 3, Umwälzpumpe, 4 Wärmetauscher, 5 Hydrierspeisepumpe

beitslösung und Wasserstoff durchströmen das Festbett von oben nach unten: Zum Erreichen einer optimalen Querschnittsbelastung, die bei 12–120 $m^3\ m^{-2}\ h^{-1}$ liegen soll, wird ein Teil der Arbeitslösung über den Reaktor im Kreis gefahren. Mit dem Kühler kann dabei ein Teil der Reaktionswärme abgeführt werden. Nach [63] soll der Festbettkatalysator einen Durchmesser von 0,2–5 mm, eine BET-Oberfläche von weniger als 5 $m^2\ g^{-1}$ und ein Porenvolumen von weniger als 0,03 $cm^3\ g^{-1}$ haben.

Es existieren viele Ausführungsvarianten der Festbetthydrierung. Anstatt Katalysatorpartikeln sind auch Wabenstrukturen (s. Katalyse, Bd. 1, Abschn. 3.5.6), deren Wände mit Katalysator beschichtet sind, vorgeschlagen worden [64]. Der Einsatz von statischen Mischern, an deren Oberfläche ein mit Pd beladener Träger fixiert ist, wurde ebenfalls beschrieben [65]. Zur Verlängerung der Katalysatorstandzeit werden Arbeitslösung und Wasserstoff von unten nach oben durch den als Blasensäule betriebenen Reaktor geführt [66]. Sehr hohe Katalysatorproduktivitäten werden erreicht, indem Arbeitslösung und Wasserstoff als Schaum von oben nach unten über kleine Katalysatorpartikeln (1–2 mm), beladen mit 0,5 % Pd, geleitet werden [67].

Die Vorteile einer Festbetthydrierung werden nur dann voll erreicht, wenn der Katalysator einige wesentliche Anforderungen erfüllt. Hierzu gehören hohe Abriebfestigkeit, da nur dann eine Vereinfachung der Filtration möglich ist; lange Standzeit, da der Kontaktwechsel aufwändiger ist als bei den Suspensions- und Trägersuspensionshydrierungen und hohe Produktivität (kg H_2O_2 pro Kilogramm Pd und Stunde).

Oxidation

In der Oxidation wird die hydrierte Arbeitslösung mit Luft bei leichtem Überdruck (bis 0,5 MPa) begast. Zur Reinigung der Abluft, die noch Spuren des Lösemittels enthält, werden üblicherweise Aktivkohle-Adsorber verwendet. Aus wirtschaftlichen Gründen wird an die Oxidationsreaktoren eine Reihe von Anforderungen gestellt. Hierzu gehören eine gute Ausnutzung des Luftsauerstoffs, dies führt zu niedrigeren Abluftmengen und kleineren Aktivkohle-Adsorbern; ein niedriger Kompressordruck, dies spart Energiekosten; und ein kleines Reaktorvolumen, dies reduziert die Investitionskosten für den Apparat und die darin enthaltene Arbeitslösung. Im folgenden sollen einige in der Patentliteratur beschriebene Oxidationsreaktoren betrachtet werden.

In der Anlage von Laporte Chemicals in Warrington, England, erfolgt die Oxidation der hydrierten Arbeitslösung in Gleichstromreaktoren. Wie in Abbildung 7 dargestellt, werden Luft und Arbeitslösung in den Sumpf des Oxidationsreaktors eingespeist und durchströmen den Reaktor im Gleichstrom von unten nach oben. Am Kopf der Kolonne werden Luft und Lösung in einen Abscheider geführt, von dem aus die Arbeitslösung zur Extraktionsstufe und die Luft zur Reinigung in die wechselweise betriebene zweistufige Aktivkohle-Reinigungsanlage geleitet werden [68].

Von der Degussa wurde ein Oxidationsreaktor vorgeschlagen [69], der aus einzelnen Stufen besteht, in denen Luft und Arbeitslösung im Gleichstrom geführt werden (Abb. 8). Die Reaktorkaskade ist jedoch so geschaltet, dass Luft und Arbeitslösung einander entgegenströmen. Die Arbeitslösung wird am Sumpf des Reaktors 1 eingespeist und fließt von dort unter Ausnutzung des natürlichen Gefälles durch die beiden Reaktoren 2 und 3 in den Abscheider. Die Luft wird hingegen im letzten Reaktor 3 eingespeist und von dort über 2 nach 1 geführt. Die einzelne Reaktoren enthalten Füllkörper zur innigen Durchmischung der beiden Phasen. Durch diesen Reaktor können, bezogen auf den Kolonnenquerschnitt, Arbeitslösung in einer

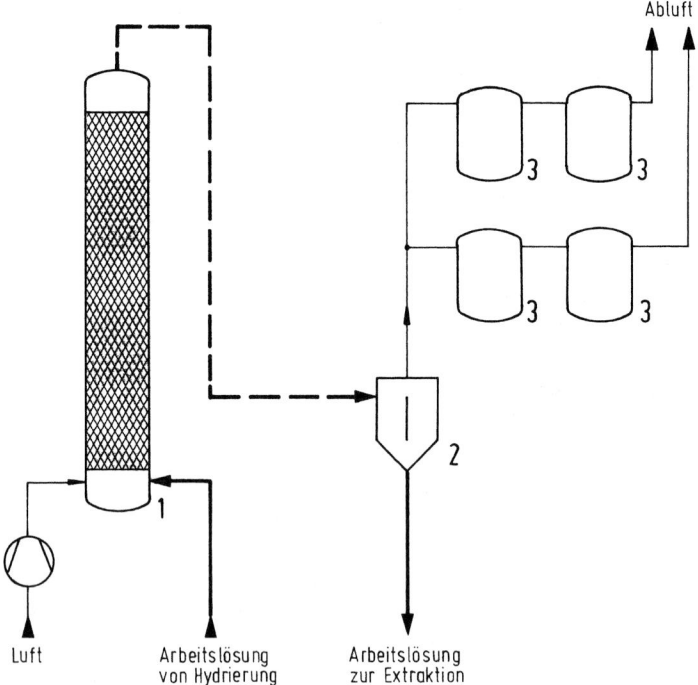

Abb. 7 Oxidation nach Laporte
1 Reaktor, 2 Abscheider, 3 Aktivkohle-Adsorber

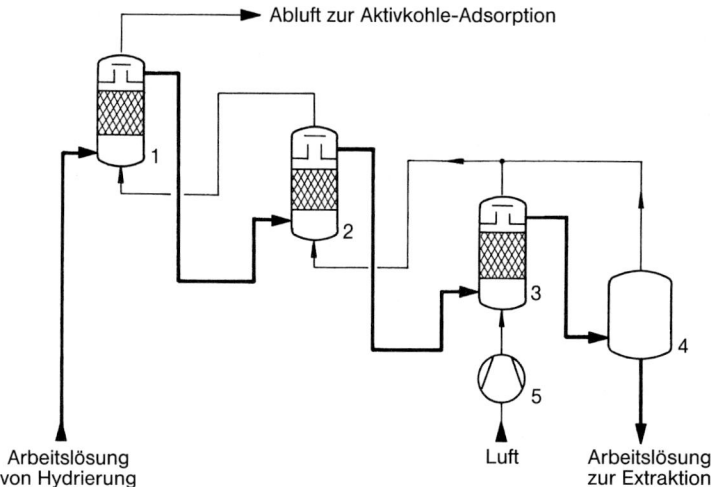

Abb. 8 Oxidation nach Degussa
1–3 Reaktor, 4 Abscheider, 5 Luftverdichter

Menge von 10 bis 55 m³ m⁻² h⁻¹ und Luft in einer Menge von 370 bis 2050 Nm³ m⁻² h⁻¹ geschleust werden.

Eine weitere Erhöhung der Luftquerschnittsbelastung auf 2000 bis 3000 Nm³ m⁻² h⁻¹ kann erreicht werden, indem Luft und Arbeitslösung vor dem Einbringen in den Reaktor ohne Einbauten in einer Düse zu einer stabilen Dispersion vermischt werden [70]. Das begaste spezifische Reaktorvolumen ist bei dieser Variante recht groß und dies führt zu einer niedrigeren Raum-Zeit-Ausbeute.

Sehr gute Raum-Zeit-Ausbeuten (s. Katalyse, Bd. 1, Abschn. 2.3.4) können erzielt werden in einer Blasensäule, welche mehrere Feinlochböden mit einer Lochquerschnittsfläche von etwa 0,05 mm² und einer offenen Fläche von etwa 5 % enthält [71]. Weitere Vorteile dieser Feinlochböden sind die gleichmäßige Begasung mit kleinen Luftbläschen der über den Böden stehenden Arbeitslösung und starke Reduzierung des Arbeitslösungsvolumens.

Extraktion und Trocknung
Im BASF-Verfahren erfolgte die Extraktion des in der Arbeitslösung enthaltenen Wasserstoffperoxids in einer Siebbodenextraktionskolonne. Später wurden noch andere Extraktoren wie Füllkörperkolonnen, pulsierte Füllkörperkolonnen und Extraktionsmaschinen wie Podbielniak-Extraktoren vorgeschlagen. Emulgierung der Arbeitslösung in der wässrigen Phase wird vermieden, indem der pH des Extraktionseinspeisewassers auf einen Wert von 2–4 eingestellt wird [72]. Zur Verbesserung der Koaleszenz der aufsteigenden Tropfen der Arbeitslösung werden Netze aus Polyethylen, Polypropylen, Polytetrafluorethylen oder Polyvinyliden unterhalb der Siebböden installiert [73].

Die apparative Auslegung der Extraktionsstufe wird wesentlich von den physikalischen Daten der Arbeitslösung beeinflusst wie Dichte, Viskosität, Grenzflächenspannung und nicht zuletzt vom Verteilungskoeffizienten für H_2O_2, durch den die erforderliche Trennstufenzahl festgelegt ist.

Die am Kopf der Extraktionskolonne abfließende Arbeitslösung enthält dispergierte Wassertröpfchen und wird zum Abtrennen von mitgerissenem Wasser durch handelsübliche Koagulatoren und Separatoren geleitet. Bevor die Lösung in den Hydriereinspeisetank rezykliert wird, kann sie noch auf einem bestimmten Wassergehalt getrocknet werden.

Um in der Arbeitslösung einen bestimmten Wassergehalt einzustellen, wird vorgeschlagen, die Temperaturabhängigkeit der Wasserlöslichkeit in der Arbeitslösung auszunutzen [74]. So soll ein optimaler Wassergehalt dadurch erreicht werden, dass man die Extraktion bei einer um ca. 30 °C niedrigeren Temperatur als die Hydrierung durchführt. Auch die Nutzung der Oxidationsabluft zur Einstellung der relativen Feuchte der Arbeitslösung auf einen Wert von 45–80 % wurde beschrieben [75].

Reinigung und Regenerierung der Arbeitslösung

Während der ständigen Kreislaufführung der Arbeitslösung werden eine Reihe von organischen Abbauprodukten sowohl aus den Reaktionsträgern als auch aus den Lösemitteln gebildet. Solche Abbauprodukte können einerseits die physikalischen Daten der Arbeitslösung wie Dichte, Viskosität und Grenzflächenspannung negativ beeinflussen und zum anderen die Qualität des H_2O_2-Rohprodukts (Farbe, Geruch, Gehalt an gelösten organischen Verbindungen) verschlechtern. Ferner wird die Lebensdauer der Hydrierkatalysatoren durch die Abbauprodukte reduziert. Deshalb müssen die Abbauprodukte aus der Arbeitslösung entfernt werden. Zahlreiche Methoden wurden vorgeschlagen um die Arbeitslösung zu reinigen und Chinon-Abbauprodukte zu aktivem Chinon zu regenerieren. Dazu zählen u. a. die Behandlung der Arbeitslösung mit alkalisch wirkenden Substanzen [76], mit aktiviertem Al_2O_3 oder MgO bei 90–150 °C [77], mit γ-Tonerden bei 40–150 °C [78] und mit Natriumaluminiumsilicaten bei 50–200 °C [79]. Die Reinigung bzw. Regenerierung wird bei einigen dieser Vorschläge mit reduzierter, bei anderen mit oxidierter Arbeitslösung oder wahlweise sowohl mit reduzierter als auch oxidierter Arbeitslösung durchgeführt.

Rohproduktreinigung

Das am Sumpf der Extraktionskolonne isolierte wässrige Wasserstoffperoxid ist mit organischen Verbindungen verunreinigt. Zu den Maßnahmen, die vorgeschlagen wurden, um den Anteil der gelösten organischen Verunreinigungen zu reduzieren, gehören u.a. Behandlung des Rohprodukts mit Polyethylen [80], mit Ionenaustauschern [81], mit Kohlenwasserstoffen mit einem Siedepunkt unterhalb 145 °C [82] oder mit dem Chinonlöser und anschließende Trennung des Rohprodukt/Lösemittel-Gemisches an Coalescern [83]. Das Gemisch Rohprodukt/Lösemittel kann auch mit Hilfe von Hydrozyklonen getrennt werden [84].

Konzentrierung

Wasser und Wasserstoffperoxid bilden kein Azeotrop, wässrige Wasserstoffperoxid-Lösungen können daher durch Abdestillieren des Wassers aufkonzentriert werden. Die Herstellung der handelsüblichen Qualitäten von 50–70 % H_2O_2 aus verdünnten

H_2O_2-Lösungen wurde bereits bei den elektrochemischen Verfahren durchgeführt; die verwendeten Techniken wurden eingehend beschrieben [85–88]. Wegen der besonderen Eigenschaften des H_2O_2 (vgl. Abschnitt 3.1.4) muss bei der Destillation eine Reihe sicherheitstechnischer Maßnahmen beachtet werden, um eine sichere Betriebsweise zu garantieren.

Von Sulzer wird eine Destillationsanlage zur Herstellung von Wasserstoffperoxid vorgeschlagen, in der Verdampfer, Brüdenabscheider und Destillationskolonne in einer vertikalen Achse angeordnet und ohne Verbindungsleitungen zu einer einzigen Baueinheit zusammengefasst sind. In der Destillationskolonne sind geordnete Packungen, z. B. Mellapack, eingebaut [89]. Durch die kompakte Bauweise und die Verwendung geordneter Packungen werden ein sehr geringer totaler Druckverlust und damit tiefe Betriebstemperaturen bei wesentlich geringeren Investitionskosten erreicht.

Obwohl Destillation für die Herstellung von hochkonzentrierten Wasserstoffperoxid-Lösungen mit über 90 % Massenanteil geeignet ist, werden solche Lösungen insbesondere wegen den hohen sicherheitstechnischen Anforderungen und der damit verbundenen erhöhten Kosten bevorzugt mittels Kristallisation, diskontinuierlich oder kontinuierlich, hergestellt [90, 91].

Hochreines H_2O_2

In den letzten Jahren hat die Verwendung von H_2O_2 in der Elektronikindustrie zur Herstellung von gedruckten Schaltungen und zum Reinigen von Silicium-Wafern zunehmend an Bedeutung gewonnen. Parallel mit der Entwicklung von Mikrochips mit hoher Speicherkapazität sind jedoch die Reinheitsanforderungen an den benötigten Chemikalien enorm gestiegen. So erfordert die Herstellung von 16 MB-Chips Chemikalien mit kationischen Verunreinigungen unterhalb 1 ppb. Hochreine H_2O_2-Lösungen, die diese hohe Anforderungen erfüllen, können z. B. mittels Umkehrosmose an Polyamid- oder Polysulfon-Membranen [92, 93] oder durch Behandlung mit Chelatharzen [94, 87] hergestellt werden.

3.1.2.2 Herstellung durch Alkoholoxidation

1954 entdeckte HARRIS, dass primäre und sekundäre Alkohole mit Sauerstoff zu H_2O_2 und dem entsprechendem Aldehyd oder Keton reagieren [95]:

$$R-CH_2-OH + O_2 \rightarrow R-C\begin{smallmatrix}H\\\\O\end{smallmatrix} + H_2O_2 \tag{15}$$

$$\begin{smallmatrix}R\\R\end{smallmatrix}\!\!>\!CH-OH + O_2 \rightarrow \begin{smallmatrix}R\\R\end{smallmatrix}\!\!>\!C=O + H_2O_2 \tag{16}$$

Wegen der geringeren Oxidationsbeständigkeit der bei der Oxidation primärer Alkohole entstehenden Aldehyde spielt technisch nur die Oxidation sekundärer Alkohole, insbesondere die des Isopropanols, eine Rolle.

Die Umsetzung des Alkohols mit Sauerstoff ist ebenfalls eine Autoxidationsreaktion, d. h. sie verläuft ohne Katalysator. Im Gegensatz zur Hydrochinon-Oxidation spielt hier das gebildete H_2O_2 als Radikalbildner eine gewisse Rolle und wird daher dem zu oxidierenden Alkohol in geringen Mengen (0,5–1 %) zugegeben.

Neben diesen Umsetzungen laufen eine Reihe von Nebenreaktionen ab. Zur Verringerung der Nebenproduktbildung wird bei den technischen Verfahren nur ein Teil des Alkohols oxidiert, wobei zusätzlich in mehreren hintereinander geschalteten Oxidationsreaktoren mit Zwischenkühlung gearbeitet wird.

Das Isopropanolverfahren wurde von 1957 bis 1980 von der Shell in Norco, Louisiana technisch durchgeführt. Zwei weitere Anlagen werden seit 1968 bzw. 1972 in der ehemaligen UdSSR betrieben.

Ein vereinfachtes Verfahrensschema des Shell-Isopropanolverfahrens ist in Abbildung 9 gezeigt. Frisches Isopropanol und das aus der Trennkolonne abgezogene Isopropanol/Wasser-Azeotrop werden mit einem Stabilisator versetzt und in den ersten Oxidationsreaktor eingespeist. Durch die laufende Stabilisierung z. B. mit $Na_2H_2P_2O_7$, soll die H_2O_2-Zersetzung an den Reaktionswänden unterbunden werden. Die Umsetzung des Isopropanols mit Luftsauerstoff (80–95 %) erfolgt bei Temperaturen von 90–140 °C und einem Überdruck von 1,5–2,0 MPa.

Das am Sumpf des dritten Oxidationsreaktors anfallende Reaktionsgemisch aus Isopropanol, Wasser, Aceton und H_2O_2 wird zur Trennung der Trennkolonne I zugeführt. Aceton, Isopropanol und Wasser werden als Kopfprodukt, eine wässrige Lösung mit 20 % Massenanteil H_2O_2 als Sumpfprodukt erhalten. Zur Einstellung der H_2O_2-Konzentration wird eine entsprechende Menge Wasser in die Destillationsstufe dosiert.

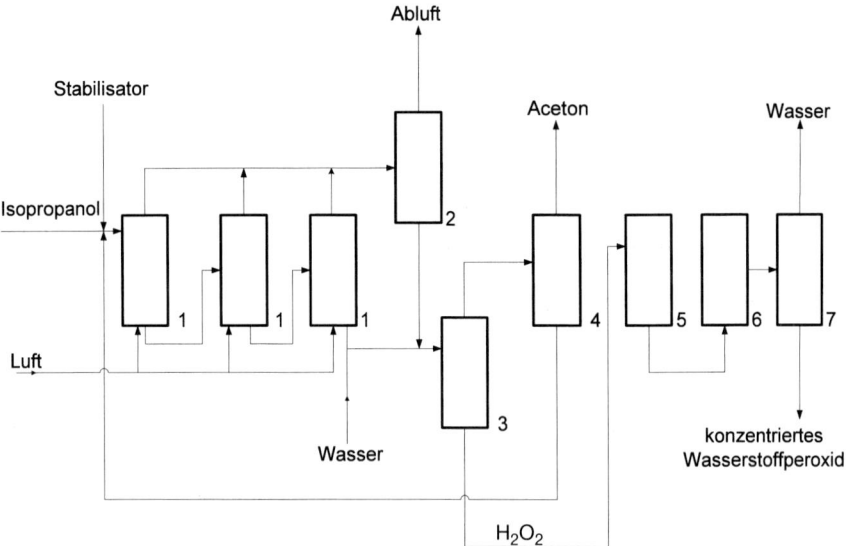

Abb. 9 Fließbild des Shell-Isopropanolverfahrens
1 Reaktor, 2 Abscheider, 3 Trennkolonne I, 4 Trennkolonne II, 5 H_2O_2-Reinigung I, 6 H_2O_2-Reinigung II, 7 H_2O_2-Aufkonzentrierung

Das Aceton/Isopropanol/H$_2$O-Gemisch wird in Trennkolonne II getrennt. Aceton fällt als Kopfprodukt an. Das Isopropanol/H$_2$O-Gemisch wird wieder in die Oxidationsstufe zurückgeführt. Das am Sumpf von Trennkolonne I anfallende H$_2$O$_2$-Rohprodukt kann zur weiteren Reinigung mit organischen Lösemitteln extrahiert werden. Dazu werden polare Lösemittel vorgeschlagen wie n-Butanol, Isoamylalkohol und Capronsäure.

Eine weitere Reinigung des H$_2$O$_2$ kann mit basischen Ionenaustauschern (Bicarbonatform) durchgeführt werden. Zur endgültigen Reinigung und Aufkonzentrierung wird destilliert. Die H$_2$O$_2$-Ausbeute bezogen auf Isopropanol soll 87%, die an Aceton 94% betragen.

ARCO Chemical hat die Benutzung von Methylbenzylalkohol anstelle von Isopropanol vorgeschlagen [96]. Methylbenzylalkohol steht in großen Mengen als Nebenprodukt bei der Propylenoxidherstellung durch Epoxidierung von Propylen mit Ethylbenzolhydroperoxid zur Verfügung. Hierbei wird Ethylbenzol zu Ethylbenzolhydroperoxid oxidiert, das Hydroperoxid reagiert mit Propylen zu Propylenoxid und Methylbenzylalkohol. Methylbenzylalkohol wird anschließend zu Styrol dehydratisiert. Anhand von Abbildung 10 soll das ARCO-Verfahren kurz erläutert werden.

Methylbenzylalkohol (MBA) wird bei 140 °C und ca. 2 MPa mit Luftsauerstoff in Abwesenheit von Katalysatoren zu Acetophenon (ACP) unter gleichzeitiger Bildung von Wasserstoffperoxid oxidiert. Der MBA-Umsatz beträgt ca. 30% mit einer H$_2$O$_2$-Selektivität von ca. 80%. Die am Ausgang des Oxidationsreaktors abfließende Lösung, die ca. 5,3% Massenanteil H$_2$O$_2$ enthält, wird nach Zugabe von Ethylbenzol (EB) in die Extraktionsstufe geführt und das gebildete H$_2$O$_2$ mit Wasser extrahiert.

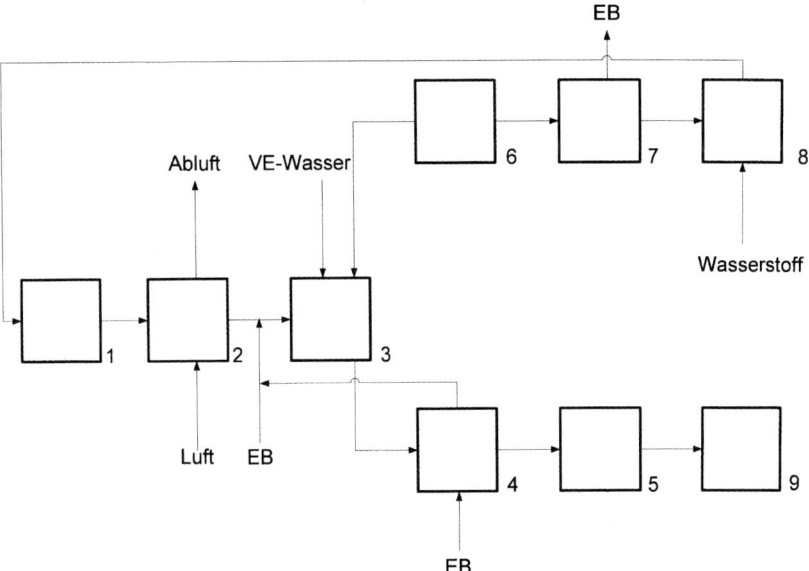

Abb. 10 Fließbild des ARCO-MBA-Verfahrens
1 MBA-Reinigung, 2 Oxidationsreaktor, 3 Extraktion, 4 Rückextraktion, 5 H$_2$O$_2$-Reinigung und -Aufkonzentrierung, 6 Peroxid-Zersetzer, 7 Destillation, 8 Hydrierreaktor, 9 H$_2$O$_2$-Lagerbehälter

Nach Entfernung der organischen Verunreinigungen aus dem wässrigen Rohprodukt mit ca. 30–35% Massenanteil H_2O_2 mit Ethylbenzol wird das Rohprodukt einer Reinigungs- und Konzentrierungsstufe zugeführt. Aus der am Kopf der Extraktion isolierten organischen Phase, bestehend aus MBA, ACP und Ethylbenzol, wird zunächst Ethylbenzol abgetrennt und wieder der Extraktion zugeführt; anschließend wird ACP bei 90–150 °C und ca. 8 MPa in Anwesenheit von Kupfer/Zink Katalysatoren zu MBA hydriert [97]. Damit gute Umsätze in der Oxidation erzielt werden, soll der Wassergehalt der MBA-Lösung 1% Massenanteil nicht überschreiten. Bei der MBA Oxidation werden als Nebenprodukte Phenole und organische Peroxide gebildet. Die Phenole inhibieren die Oxidation und können durch kombinierte Destillation und Ionenaustauscherbehandlung entfernt werden [98]. Dagegen deaktivieren die Peroxide den Katalysator zur ACP-Hydrierung und werden bevorzugt an mit Palladium beladenem Aluminiumoxid zersetzt [99, 92]

Die Vorteile des ARCO Prozesses im Vergleich zum AO-Verfahren sind billige Arbeitslösungen, MBA fungiert zugleich als Reaktionsträger und Lösemittel, und eine hohe H_2O_2-Konzentration in der Lösung nach der Oxidation.

3.1.2.3 Elektrochemische Herstellung

Die elektrochemische Herstellung von H_2O_2 über anodische Oxidation des Sulfat-Ions zum Peroxodisulfat-Ion ist auf Grund des sehr hohen elektrischen (12,8–17,6 kWh pro Kilogramm H_2O_2 100%) und thermischen (18,5–48 kg Dampf pro Kilogramm H_2O_2 100%) Energieverbrauchs im Vergleich zum AO-Verfahren nicht mehr wirtschaftlich. Der Anteil dieses Verfahrens an der heutigen weltweiten H_2O_2 Produktion ist nahezu Null. Eine eingehende Beschreibung dieser für die Entwicklung des Wasserstoffperoxids bedeutenden Elektrolyseverfahren findet sich in [85].

Die Bildung von H_2O_2 (max. 1% Massenanteil in der Lösung) durch kathodische Reduktion von Sauerstoff (Gl. (17)) in alkalischer Lösung wurde 1882 beschrieben [100]. Durch Einführung der Druckelektrolyse (10 MPa) konnten Lösungen mit 1,3–2,7 Massenanteil H_2O_2 bei Stromausbeuten von 83–90% hergestellt werden [101].

$$O_2 + H_2O + 2e^- \rightarrow HOO^- + HO^- \qquad \text{Kathodenreaktion} \quad (17)$$

$$H_2O \rightarrow O_2 + 2H^+ + 2e^- \qquad \text{Anodenreaktion} \quad (18)$$

Bei zu hohen Stromdichten erfolgt kathodische H_2O_2-Zersetzung gemäß Gleichung (19). Um trotzdem die Produktionsleistung bei geringerer Stromdichte steigern zu können, werden Elektroden mit hoher spezifischer Oberfläche verwendet. Die anodische Oxidation (Gl. (20)), die ebenfalls gebildetes H_2O_2 zersetzt, wird durch Verwendung von geeigneten Membranen verhindert. Der anodisch erzeugte Sauerstoff (Gl. (18)) kann verdichtet und dem Kathodenraum wieder zugeführt werden.

$$HOO^- + H_2O + 2e^- \rightarrow 3HO^- \qquad (19)$$

$$H_2O_2 - 2e^- \rightarrow O_2 + 2H^+ \qquad (20)$$

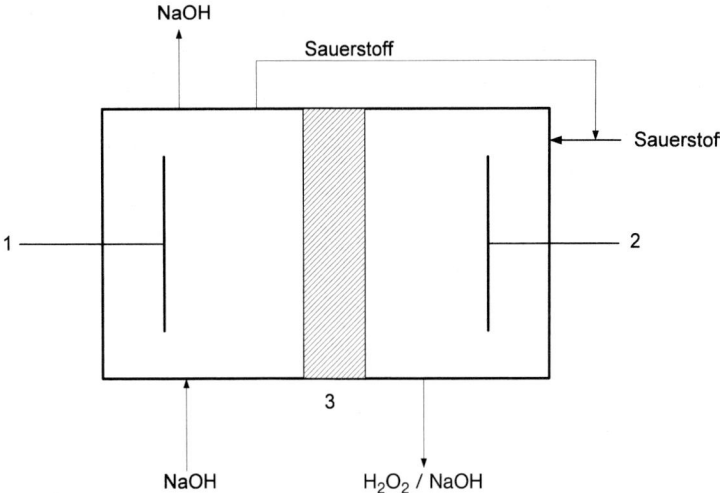

Abb. 11 Elektrolysezelle von H-D Tech
1 Anode, 2 Kathode, 3 Membran

In jüngerer Zeit wurden die Aktivitäten, die H_2O_2-Herstellung durch kathodische Sauerstoffreduktion zur technischen Reife zu bringen, insbesondere von Huron und Dow (H-D Tech) intensiviert [102, 103]. Das Dow-Huron-Verfahren soll bevorzugt beim Endverbraucher in kleinen Anlagen angewendet werden; gedacht ist an Zellstofferzeuger, die ohnehin alkalische Wasserstoffperoxid-Lösungen zur Zellstoffbleiche einsetzen. Anfang 1991 wurde bei Fort James Corporation, Muskogee, Oklahoma eine Einheit mit einer Tagesleistung von 3,5 t H_2O_2 100% in Betrieb genommen. In 1994 wurde bei Dow, Fort Saskatchewan, Alberta eine 0,5 t pro Tag Demonstrationseinheit fertiggestellt. Wesentliches Merkmal des Dow-Huron-Verfahrens (Abb. 11) ist die Auslegung des Kathodenraumes als Rieselbett.

Anoden- und Kathodenraum sind durch eine Membran voneinander getrennt. NaOH-Lösung fließt durch den Anodenraum, gleichzeitig wird Sauerstoff gebildet. Anolyt-Lösung diffundiert durch die Membran in den Kathodenraum und rieselt zusammen mit eingespeistem Sauerstoff über das Bett. Am Ausgang des Kathodenraums wird eine Lösung mit ca. 4% Massenanteil H_2O_2 und einem NaOH/H_2O_2 Verhältnis von 1,7 : 1 bei einem spezifischen Stromverbrauch von 4 kWh pro Kilogramm H_2O_2 abgezogen. Das Verfahren wird mit einem Überschuss an Sauerstoff bei Raumtemperatur und Umgebungsdruck betrieben. Die Lebensdauer der aus Graphit-Partikeln bestehenden Kathode, die mit einer Mischung aus Teflon und Ruß beschichtet sind, beträgt 1,5 Jahre [104].

In neueren Entwicklungen wird die Nutzung von Brennstoffzellen als Stromquelle beschrieben [105].

3.1.2.4 Direktsynthese aus Wasserstoff und Sauerstoff

Im Jahr 1987 veröffentlichte die Firma DuPont, dass sie ein neues Verfahren zur H_2O_2-Herstellung entwickelt habe und bereits im Pilotmaßstab betreibe. Es handelte sich hierbei um die Direktsynthese aus Wasserstoff und Sauerstoff an einem Edelmetallkatalysator. Dieses neue Verfahren würde die Investitionskosten für eine H_2O_2-Anlage um etwa 50% im Vergleich zum AO-Verfahren senken [106].

In der DuPont-Direktsynthese werden Sauerstoff und Wasserstoff (O_2/H_2 Verhältnis 2 : 1–4 : 1) bei 3,4 MPa und ca. 10 °C durch einen gerührten Autoklaven, der eine leicht saure wässrige Lösung dotiert mit Halogenid-Ionen (Cl^- oder Br^-) enthält, geleitet. Als Katalysator wird 5% Pd auf Aktivkohle verwendet. Nach 3–4 h werden H_2O_2-Konzentrationen in der wässrigen Phase von 18–25% Massenanteil bei einer Selektivität von 37–50%, bezogen auf umgesetzten Wasserstoff, erreicht. In einem kontinuierlichen Versuch, bei dem ständig frische Lösung eingespeist und H_2O_2-haltige entfernt wird, stellt sich ein stationärer Zustand ein: bei einer H_2-Selektivität von 76% enthält die wässrige Lösung 4,3% Massenanteil H_2O_2 [107, 108].

Nachteile dieser neuen Herstellvariante sind u. a.:
- geringe H_2-Selektivität, dies bedingt höhere Herstellkosten
- Verwendung von explosiven H_2/O_2-Mischungen, dies stellt sehr hohe Anforderungen an die Anlagensicherheit
- Nutzung von leicht sauren wässrigen Lösungen, die Halogenid-Ionen als Cokatalysator enthalten, solche Lösungen sind nicht nur extrem korrosiv (Sonderwerkstoffe, Investitionskosten), sondern lösen allmählich das Edelmetall ab (verkürzte Lebensdauer des Katalysators)
- geringe H_2O_2-Konzentration, dadurch ist eine Aufkonzentrierung auf 50–70% Massenanteil energetisch prohibitiv.

Mehrere Firmen haben denn auch Vorschläge unterbreitet, um diese Nachteile zu überwinden und somit die Direktsynthese als Alternative zum AO-Verfahren zu entwickeln. So reduziert die Immobilisierung der Halogenid-Ionen an polymeren Trägern zwar das korrosive Verhalten der wässrigen Lösung erheblich, gleichzeitig werden jedoch nur noch H_2O_2-Lösungen mit 0,5–1,5% Massenanteil erhalten [109, 110]. Zur sicheren Durchführung der Direktsynthese, gerade bei der Benutzung von explosiven H_2/O_2-Mischungen, wurde ein Schlaufenreaktor beschrieben [111]. Die Lehrrohrgeschwindigkeit der wässrigen Phase soll im Bereich 3–6 m s^{-1} sein; Wasserstoff und Sauerstoff werden an mehreren Stellen entlang des Reaktors durch feinporige Düsen injiziert. Damit ist sichergestellt, dass jedes sehr kleine Gasbläschen mit ausreichender Flüssigkeitsmenge umgeben ist und eine eventuelle Explosion in der Gasblase sofort gelöscht werden kann. Nach BASF kann in einer methanolischen Lösung, die Phosphorsäure und Bromid-Ionen enthält, an Pd auf Edelstahlnetzen bei 40–50 °C und 5 MPa eine Lösung mit 7% Massenanteil H_2O_2 mit einer H_2 Selektivität von 82% erzeugt werden [112].

3.1.3
Anwendung und Transport

Wasserstoffperoxid wird heute in nahezu allen Industriezweigen verwendet. Der überwiegende Verbrauch von H_2O_2 erfolgt in den Anwendungsgebieten Papier- und

Tab. 8 H$_2$O$_2$ Verbrauch (t) in Nordamerika und Westeuropa (2001)

	Nordamerika	Westeuropa
Chemische Industrie, inkl. Waschmittelindustrie	58	226
Papier- und Zellstoffindustrie	397	420
Textilindustrie	37	45
Umweltanwendungen	48	22
Sonstige Anwendungen	57	97

Zellstoffbleiche, chemische Industrie, Textilbleiche, Umweltbereich und Bergbau. Tabelle 8 zeigt den H$_2$O$_2$-Verbrauch in Nordamerika und in Westeuropa im Jahr 2001 [113].

In den letzten zwei Dekaden stieg der Verbrauch am stärksten in der Papier- und Zellstoffindustrie, wo chlorhaltige Bleichchemikalien wie Chlor und Chlordioxid sukzessive durch H$_2$O$_2$ ersetzt werden. Bei der Wiederaufbereitung von Altpapier wird H$_2$O$_2$ beim De-Inking-Verfahren eingesetzt, bei dem die Druckfarben vom Altpapier entfernt werden.

Wasserstoffperoxid dient auch zum Bleichen von natürlichen und synthetischen Textilfasern (z. B. Baumwolle, Leinen, Wolle, Seide und Polyester), mineralischen Rohstoffen (z. B. Kaolin, Kreide), Holzoberflächen, Ölen, Tensiden, Wachsen sowie Pflanzenfasern (z. B. Stroh, Erbsen- und Haferhülsen). Unter Bleichen versteht man das Entfärben oder Aufhellen von Farbkörpern in organischem oder anorganischem Material.

Die chemische Industrie verwendet Wasserstoffperoxid zur Herstellung von Hydrazin, Caprolacton und Peroxoverbindungen wie Perborat, Percarbonat, Percarbonsäuren und organischen Peroxiden; weiter zur Hydroxylierung (z. B. von Phenol zu Hydrochinon und Brenzcatechin), Epoxidierung (z. B. von Sojaöl), Oxidation (z. B. von Fettaminen), Oxohalogenierung (z. B. Tetrabrombisphenol-A) und als Polymerisationsinitiator. Die Einführung von neuen heterogenen Katalysatoren wie z. B. Titansilicalit ermöglichte die Entwicklung von Verfahren zur Herstellung von Propylenoxid und Caprolactam unter Verwendung von H$_2$O$_2$ mit erheblich geringerer Abfallbelastung. Beide Verfahren sind bereits im Pilotmaßstab erprobt und stehen kurz vor der technischen Realisierung [114, 115].

Außerdem wird Wasserstoffperoxid zur Oberflächenbehandlung von Metallen, in der Trink- und Brauchwasseraufbereitung, zur Entgiftung cyanidhaltiger Abwässer, zur Desodorierung, zur Sterilisierung von Verpackungsmaterial, in der Haarkosmetik, zur Behandlung kontaminierter Böden, zur Zerstörung von Dioxinen und als Treibstoff in der Raumfahrttechnik verwendet.

H$_2$O$_2$-Lösungen mit einer Konzentration bis zu 70 % Massenanteil können in Straßentankzügen, Eisenbahnwagen oder per Schiff transportiert werden. Für den Transport von H$_2$O$_2$-Lösungen mit einer Konzentration ab 8 % Massenanteil sind entsprechende Vorschriften zu beachten.

Tab. 9 Vorschriften für Landtransport (ADR/RID/GGVSE) von H_2O_2

H_2O_2-Konzentration	>8 bis <20% Massenant.	20 bis 60% Massenant.	>60% Massenant.
Warntafel	50/2984	58/2014	559/2015
Klasse	5.1	5.1	5.1
UN Nummer	2984	2014	2015
Verpackungsgruppe	III	II	I

3.1.4
Sicherheit und Toxikologie

Sicherheit

Die starke Wärmeentwicklung bei der H_2O_2-Zersetzung (vgl. Abschnitt 3.1.1) und der hohe Sauerstoffgehalt von 47% Massenanteil (bezogen auf 100%iges H_2O_2), der für die Oxidation von organischen Verbindungen zur Verfügung steht, erfordern beim Umgang mit Wasserstoffperoxid besondere sicherheitstechnische Anforderungen.

Die Wasserstoffperoxid-Dampfphase, die reine Wasserstoffperoxid-Flüssigphase und Mischungen oder Lösungen von Wasserstoffperoxid mit verschiedenen organischen Verbindungen sind sicherheitstechnisch ausführlich untersucht worden. Für detaillierte Ergebnisse wird auf die Fachliteratur verwiesen. So bildet sich bei Atmosphärendruck eine explosionsfähige Dampfphase wenn die H_2O_2-Konzentration in der Dampfphase 26% Molanteil übersteigt. Dies entspricht der Gleichgewichtskonzentration im Dampf über einer siedenden H_2O_2-Lösung mit ca. 75% Massenanteil [116]. Diese Gleichgewichtskonzentration steigt mit abnehmender Druck (Abb. 12).

Genaue Kenntnisse über den explosiven Charakter von Mischungen von Wasserstoffperoxid und organischen Verbindungen sind nicht nur bei der technischen Herstellung sondern insbesondere bei der Anwendung von Wasserstoffperoxid extrem wichtig. Die Explosionsgrenzen dieser ternären Mischungen werden im wesentlichen von der H_2O_2-Konzentration und dem Mischungsverhältnis H_2O_2/Organische Substanz bestimmt. Als besonders kritische gelten solche Mischungen, bei denen organische Substanz und H_2O_2 stöchiometrisch zu Wasser und CO_2 reagieren können [117].

Bei organischen Verbindungen (z. B. Mischung H_2O–H_2O_2 – Ameisensäure) sollte man bedenken, dass sich durch chemische Reaktion andere Produkte (Peroxyameisensäure) bilden können, die eine wesentlich höhere Gefährlichkeit als die frisch hergestellte Mischung aufweisen.

Toxikologie

Im Vordergrund der Wirkung von Wasserstoffperoxid steht die lokale Ätz- bzw. Reizwirkung auf Haut und Schleimhäute. Hochkonzentrierte wässrige Wasserstoffperoxid-Lösungen ($\leq 50\%$) können schon nach kurzer Einwirkung zu einer tiefgehenden Schädigung der Haut führen. Bei einer Konzentration von 35% wurden im

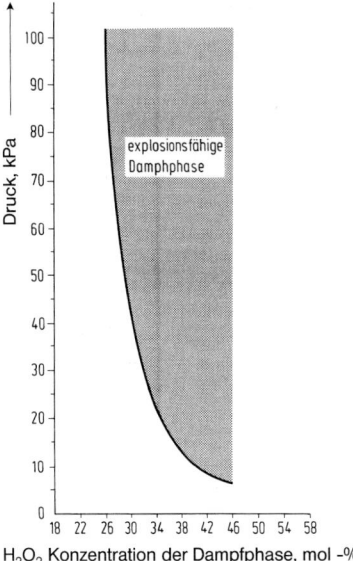

Abb. 12 Abhängigkeit der Bildung explosionsfähiger Dampfphasen vom Druck

Tierversuch am Kaninchen reversible Reizwirkungen an der Haut beobachtet, während Wasserstoffperoxid in einer Konzentration von 3 bis 10 % nicht hautreizend war. Ab einer Konzentration von 8 % Wasserstoffperoxid wurden bei Augenkontakt starke, irreversible Schädigungen der Hornhaut beobachtet. Die Hornhauttrübung kann dabei verzögert auftreten. Konzentrationen von 5 % H_2O_2 führten nicht zu Augenreizungen. Das Einatmen von konzentrierten Wasserstoffperoxid-Aerosolen kann zu Reizungen und Verätzungen der oberen Atemwege und zu Lungenödem führen und sollte deshalb unbedingt vermieden werden. Wasserstoffperoxid war in Tierversuchen am Meerschweinchen nicht sensibilisierend. Auch beim Menschen sind trotz weit verbreiteter Verwendung keine allergisierenden Eigenschaften bekannt geworden [118, 119].

Beim Verschlucken reizender Konzentrationen von Wasserstoffperoxid kann es zu Verätzungen im Mund und Rachenraum und zu Schleimhautblutungen im Magen-Darmtrakt kommen. Darüber hinaus kann die rasche Sauerstoffbildung zur Aufblähung der Speiseröhre und des Magens mit Rupturen und schweren Schädigungen führen. [118, 119]

Wasserstoffperoxid passiert Haut- und Schleimhäute in gleichem Maße wie Wasser. In den Zellen der Gewebe, mit denen die Substanz zuerst in Berührung kommt, und in den Blutkapillaren wird H_2O_2 durch verschiedene enzymatische und nichtenzymatische Detoxifizierungsreaktionen rasch abgebaut. Im Blut wird aus Wasserstoffperoxid durch Katalasen Sauerstoff freigesetzt. Wenn die Löslichkeit von Sauerstoff im Blut überschritten ist, bilden sich Sauerstoffbläschen in den Kapillaren und führen zu einer Einschränkung der Mikrozirkulation im Gewebe mit einer charakteristischen Weißfärbung [118, 119].

Wasserstoffperoxid wurde hinsichtlich einer möglichen gentoxischen Wirkung in mehreren Testsystemen untersucht. In bakteriellen Systemen und Zellkulturen, insbesondere bei Abwesenheit detoxifizierender Enzymsysteme, kann Wasserstoffperoxid mit Desoxyribonucleinsäuren (DNA) reagieren und Genmutationen, Chromosomenaberrationen und Zelltransformation verursachen. Im Gesamtorganismus schützen die zelleignen Abwehr- und Reparatursysteme vor der Manifestation einer gentoxischen Wirkung. In mehreren Tierversuchen wurde nachgewiesen, dass Wasserstoffperoxid in Säugetieren keine gentoxische Wirkung besitzt [118–122].

Eine mögliche carcinogene Wirkung von Wasserstoffperoxid wurde in verschiedenen Studien untersucht. Eine in Studien an Katalase-defizienten Mäusen beobachtete erhöhte Tumorbildung im Magen-Darm-Trakt, die als reversibel beschrieben wurde, wird als wissenschaftlich nicht relevant für den Menschen angesehen [123–125]. Wasserstoffperoxid hat daher nach dem Stand des derzeitigen Wissens keine krebserzeugende Wirkung auf den Menschen [118, 119, 126, 127].

Bei Studien zur Toxizität nach wiederholter Gabe von Wasserstoffperoxid entweder im Trinkwasser oder beim Einatmen von Dämpfen wurden nur Effekte im Zusammenhang mit lokalen Reizwirkungen an den Schleimhäuten des Magen-Darmtrakts oder der Atemwege beobachtet [128, 129].

Hinweise auf resorptive Schädigungen ergaben sich erwartungsgemäß wegen der geringen systemischen Verfügbarkeit der Substanz nicht. Daher ist auch eine mögliche Wirkung auf die Fertilität oder eine fruchtschädigende Wirkung nicht zu erwarten [119].

Wenn die Exposition gegenüber reizenden Konzentrationen von Wasserstoffperoxid vermieden wird, ist daher nicht mit nachteiligen Wirkungen auf die Gesundheit zu rechnen.

Einwirkung auf die Umwelt
Wasserstoffperoxid ist ein natürlich vorkommendes Molekül, das in verschiedenen, zumeist photochemischen Prozessen in den Umweltkompartimenten entsteht und entweder katalytisch, biologisch oder durch Reaktion mit organischen Stoffen wieder abgebaut wird [130]. Alle Organismen produzieren Wasserstoffperoxid und geben es zum Teil auch in die Umwelt ab, z. B. in der Ausatmungsluft.

In zahlreichen Studien wurde die Toxizität von Wasserstoffperoxid gegenüber Umweltorganismen verschiedener Spezies untersucht. Die akute Toxizität gegenüber Fischen lag im Bereich von 16,4 bis 34,4 mg L^{-1} (96-h LC_{50}-Werte), für Crustaceen wurde eine letale oder inhibitorische Konzentration zwischen 7,7 und 17,5 mg L^{-1} (LC_{50} oder EC_{50}-Werte nach 24 bis 96 h Exposition) gefunden [130]. Das Wachstum von Blau- oder Grünalgen wurde von Wasserstoffperoxid-Konzentrationen zwischen 0,85 und 27,5 mg L^{-1} inhibiert (IC_{50}-Werte, 14 bis 234 h) [130]. Toxizität gegenüber höheren Wasserpflanzen wurde bei Konzentrationen von 34 bis 136 mg L^{-1} beobachtet, während Konzentrationen von bis zu 218 mg L^{-1} im Gießwasser keinen Einfluss auf das Wachstum von Landpflanzen hatten [130].

Das Risiko eines Eintrags von Wasserstoffperoxid in die Umwelt ist von der Hintergrundkonzentration und der Detoxifizierungskapazität des jeweiligen Ökosystems sowie dessen Adaptationsfähigkeit an höhere Konzentrationen der Substanz abhängig. Bei akzidentiellem Eintrag von Wasserstoffperoxid, der zu hohen lokalen Konzentrationen führt, ist mit einer akuten letalen Wirkung insbesondere auf Wasserorganismen zu rechnen. Bei längerfristigem Eintrag kleinerer Mengen ist dagegen eher eine Adaptation von Ökosystemen zu erwarten.

3.2
Wasserstoffperoxid-Addukte

3.2.1
Natriumcarbonatperoxohydrat

3.2.1.1 Physikalische und chemische Eigenschaften

Natriumcarbonatperoxohydrat, $Na_2CO_3 \cdot 1,5\ H_2O_2$, hat einen theoretischen Aktivsauerstoffgehalt von 15,3 %, es ist farblos und kristallisiert im rhombischen System. Die Löslichkeit in Wasser beträgt bei 20 °C 154 g L^{-1}, die Lösegeschwindigkeit liegt bei 1–1,5 Min. (15 °C; 2,0 g L^{-1}, 95 %, konduktometrisch). Natriumcarbonatperoxohydrat wurde 1899 erstmals von TANATAR hergestellt und von diesem irrtümlich als Peroxocarbonat angesehen [131]. In der Praxis wird es daher fälschlicherweise auch heute noch als »Natriumpercarbonat« bezeichnet. Kurze Zeit später wurde gezeigt, dass es sich bei Natriumpercarbonat tatsächlich um eine Anlagerungsverbindung von Wasserstoffperoxid an Soda handelt [132]. Die Kristallstruktur wurde 1977 durch Röntgenstrukturanalyse aufgeklärt [133]. Der Kristall besteht aus einem zweidimensionalen Gitter aus Carbonat-Anionen, in dem das Kristallwasser durch Wasserstoffperoxid ersetzt ist (Abb. 13) [134].

Die wässrige Lösung von Natriumcarbonatperoxohydrat reagiert wie eine alkalische Wasserstoffperoxid-Lösung. Natriumcarbonatperoxohydrat ist in trockenem Zustand und vor allem in feuchter Atmosphäre auch im stabilisierten Zustand deutlich schlechter haltbar als Natriumperborat. Die Stabilität des Natriumpercarbonats wird durch äußere Faktoren wie Feuchtigkeit, Anwesenheit von Schwermetallen und organischen Verbindungen stark beeinflusst. Magnesiumsalze, Zinnsalze und Wasserglas wirken stabilisierend [135, 136]. Feuchtigkeit übt hingegen einen zerset-

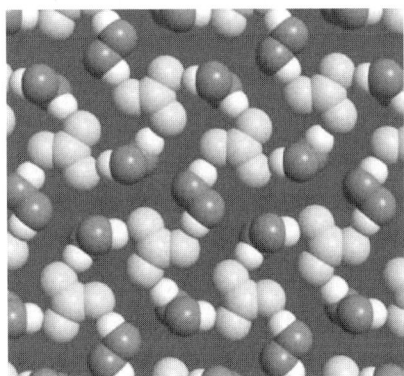

Abb. 13 Struktur von Natriumcarbonatperoxohydrat

zenden Einfluss aus. Die Zersetzung des Natriumpercarbonats durch Feuchtigkeit erfolgt autokatalytisch durch das Wasser aus dem Zerfall des Wasserstoffperoxids.

Der destabilisierende Einfluss von Feuchtigkeit von außen kann durch Aufbringen einer umhüllenden Schutzschicht, eines sogenannten Coatings, zurückgedrängt werden. Durch die schnelle Entwicklung im Bereich des Coatings wird heutzutage beim Natriumpercarbonat fast eine vergleichbare Stabilität wie beim Natriumperborat erreicht. Gängige Coatingmaterialien sind Natriumborat [137, 138], Natriumsulfat [139], Magnesiumsulfat [140], Natriumcarbonat [141, 142] und Natriumsilicat [136, 143]. Vielfach werden diese Materialien im Gemisch aufgetragen. Eine große Zahl an unterschiedlichen Coatingmaterialien und -varianten ist patentiert worden.

Die Herstellung von Natriumcarbonatperoxohydrat erfolgt durch Umsetzung von Wasserstoffperoxid mit Natriumcarbonat nach dem Reaktionsschema

$$2\, Na_2CO_3 + 3\, H_2O_2 \rightarrow 2\, Na_2CO_3 \cdot 3\, H_2O_2 \tag{21}$$

Die Wärmeproduktion beim Zerfall des Natriumpercarbonats ist beträchtlich. Pro mol Natriumpercarbonat werden 89,5 kJ an Wärme frei. Die Stabilität und der Zerfall des Natriumpercarbonats kann besonders vorteilhaft durch mikrokalorimetrische Methoden, z. B. durch TAM (Thermal Activity Monitoring), verfolgt werden [144]. Hierbei werden kleinste Wärmeströme pro Zeiteinheit aufgezeichnet, die sich durch den Zerfall des kristallin gebundenen Wasserstoffperoxids bilden. Von stabilem Natriumpercarbonat wird heute eine sehr kleine Wärmefreisetzung von <10 µW g^{-1} nach 48 h Lagerung bei 40 °C erwartet.

Die Wärmefreisetzung hat zur Folge, dass bei einer Lagerung von Natriumpercarbonat in großem Maßstab, z. B. in einem Silo, besondere Maßnahmen getroffen werden müssen. Hierzu zählt beispielsweise die Durchleitung von getrockneter, kühler Luft durch das Silo [145].

Der Zerfall des Natriumpercarbonats geht mit einem Verlust an aktivem Sauerstoff einher. Die Bestimmung des Aktivsauerstoffgehaltes erfolgt durch Titration mit eingestellter Kaliumpermanganat-Lösung in schwefelsaurem Milieu. Zur Ermittlung des Natriumcarbonatgehaltes wird Natriumpercarbonat mit Salzsäure gegen Phenolphthalein titriert.

3.2.1.2 Herstellung

Zur Herstellung von Natriumpercarbonat existieren mehrere Verfahren. Am gebräuchlichsten ist die Produktion durch Kristallisation [146, 147] oder durch Wirbelschichtsprühgranulation [148, 149].

Bei der Herstellung durch *Kristallisation* wird Natriumcarbonat mit Wasserstoffperoxid umgesetzt. Ein typisches Produktionsfließbild ist in Abbildung 14 gegeben.

Die Kristallisation kann – kontinuierlich oder diskontinuierlich – in Vakuumkristallisatoren oder in offenen, gekühlten Rührwerkskristallisatoren durchgeführt werden. Dabei werden üblicherweise Temperaturen von 10–20 °C in Gegenwart eines Kristallisationshilfsmittels angewendet, wobei häufig Aussalzmittel wie z. B. Natriumchlorid [146, 147] und Kristallisationshilfsmittel wie Natriumhexameta-

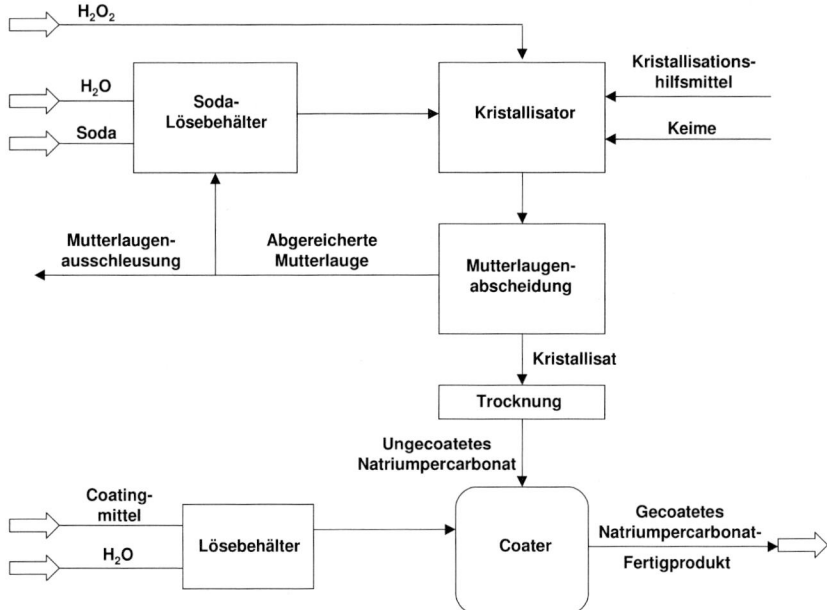

Abb. 14 Herstellung von Natriumpercarbonat durch Kristallisation

phosphat zum Einsatz kommen. Der wässrigen Phase werden dabei vorher in der Regel Magnesiumsalze oder Alkalisilicate als Stabilisatoren in wirksamer Menge zugesetzt. Die Abtrennung des Reaktionsproduktes von der Mutterlauge erfolgt mit Hilfe von Zentrifugen oder durch Filtration. Das Feuchtsalz, das ca. 5–12 % Mutterlauge enthält, wird in Fließbetttrocknern mit heißer Luft getrocknet. Ein Teil der Mutterlauge wird nach Auflösen neuer technischer Soda z. B. durch Filtration gereinigt und dann in den Kristallisator zurückgeführt [147]. Problematisch ist bei diesem Verfahren der Anfall an Mutterlauge, die ständig aus dem Kreisprozess ausgeschleust werden muss. Als Reaktionsprodukt erhält man ein Kristallisat, das im Allgemeinen durch eine besonders zerklüftete Oberfläche charakterisiert ist.

Bei der Herstellung von Natriumpercarbonat durch *Wirbelschichtsprühgranulation* (s. Mechanische Verfahrenstechnik, Bd. 1, Abschn. 6.2.1) werden Natriumpercarbonat-Keime in einer heißen Wirbelschicht vorgelegt, in die dann Sodalösung und Wasserstoffperoxid bei Temperaturen von ca. 50–70 °C [144, 150] eingesprüht werden. Fluidisierungsgas ist in der Regel Luft. Durch fortwährende Verdampfung des Wassers und Reaktion der Komponenten kommt es zur Bildung von Natriumpercarbonatschichten auf den Keimen, bis letztlich mikrokristalline Natriumpercarbonatpartikeln der gewünschten Größe entstehen. Ein typisches Produktionsfließbild findet sich in Abbildung 15.

Die Wirbelschichtsprühgranulation besitzt den Vorteil, dass es zu keiner unerwünschten Ausschleusung an Abfallmutterlauge kommt. Die erhaltenen Granulate besitzen aufgrund dieses Herstellungsprozesses eine runde, glatte Oberfläche und eine zwiebelschalenartige innere Struktur.

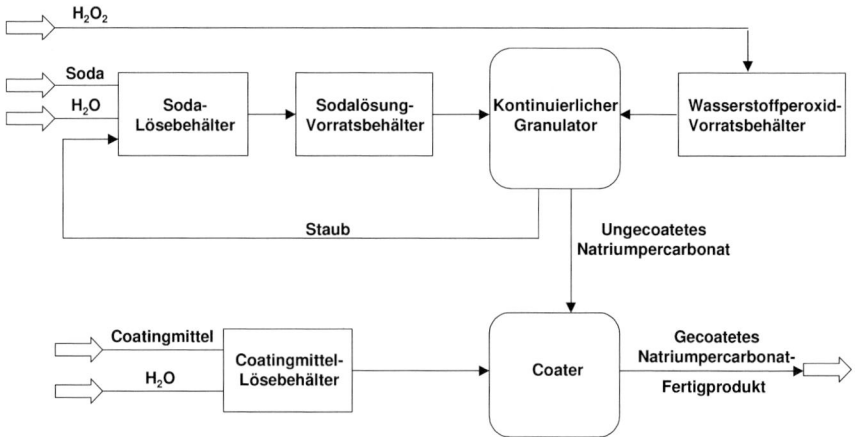

Abb. 15 Herstellung von Natriumpercarbonat durch Wirbelschichtgranulation

Entscheidend für den Erhalt eines qualitativ hochwertigen Produktes ist bei der Wirbelschichtsprühgranulation die Verwendung einer reinen Soda. Der Sodalösung werden in der Regel noch geeignete Stabilisatoren wie Natriumsilicat [135, 136], Phosphate [151, 152], Aminocarbonsäuren [153] oder Phosphonsäuren [154] zugefügt, die den TAM-Wert des Produktes wirkungsvoll senken.

Ein weiteres Verfahren zur Herstellung von Natriumpercarbonat ist das sogenannte Trockenverfahren, bei dem Wasserstoffperoxid in einem Wirbelschichtreaktor oder in einem Kneter direkt mit fester Soda zur Reaktion gebracht wird [155, 156]. Die größte technische Bedeutung besitzen heute die Verfahren der Kristallisation und der Wirbelschichtsprühgranulation.

Die erhaltenen Granulate müssen unabhängig von ihrer Darstellungsart nach der Herstellung durch Aufbringen eines Coatings geschützt werden. Dabei kommt meistens das Verfahren der Wirbelschicht-Sprühcoating zur Anwendung. Hierbei wird das Produkt bei einer Wirbelschichttemperatur von etwa 50–70 °C [150] in einer Wirbelschicht in der Schwebe gehalten und eine wässrige Lösung des Coatingmaterials aufgesprüht. Gängige Hüllmaterialien sind Natriumborat [137, 138], Natriumsulfat [139], Magnesiumsulfat [140], Natriumcarbonat [141, 142] und Natriumsilicat [136, 143]. Durch fortwährende Verdampfung des Wassers kommt es zur Ausbildung einer Hüllschicht durch das Coatingmaterial. Durch ihre glatte, runde Oberfläche sind Wirbelschichtsprühgranulate meist wesentlich besser und gleichmäßiger zu umhüllen als Kristallisate.

3.2.1.3 Anwendung

Natriumpercarbonat ist heutzutage das am meisten verwendete Bleichmittel in Voll- und Kochwaschmitteln und in Geschirrreinigern [157, 158] (siehe Tenside, Wasch- und Reinigungsmittel, Bd. 8, Abschnitt 4.4.1). Das herkömmlich verwendete Natriumperborat wird seit den 1990er Jahren mehr und mehr aus wirtschaftlichen Gründen und gegen Natriumpercarbonat ersetzt, sodass die Verkaufsmengen für Natriumpercarbonat in den letzten Jahren stark gestiegen sind. Weitere Anwendungen bestehen in der Verwendung als Fleckensalz und Desinfektionsmittel. Natriumpercarbonat dient vielfach als Sauerstofflieferant in Zahnprothesenreinigungsmitteln und Kontaktlinsen. Zur Anwendung von Natriumpercarbonat ist die Stabilität gegen Feuchtigkeit wichtig, die in der Außenluft und in den Komponenten der Formulierungen (z. B. in Zeolithen als Enthärterkomponenten des Vollwaschmittels) enthalten ist. Hierfür wurden besondere Tests entwickelt, in denen der Aktivsauerstoffgehalt des Bleichmittels im Waschmittel über einen längeren Zeitraum unter verschärften klimatischen Bedingungen (z. B. bei 35 °C, 80 % rel. Feuchte) bestimmt wird. Zur Anwendung in Waschmitteln sind ferner noch andere Eigenschaften wichtig, wie die Lösegeschwindigkeit in der Waschflotte oder das Verhalten bei längerer Lagerung in einem Silo.

3.2.1.4 Sicherheit und Toxikologie
Natriumpercarbonat hat eine relativ geringe akute Toxizität beim Verschlucken und bei Berührung mit der Haut. Die akuten LD_{50}-Werte für orale Gabe an der Ratte lagen bei 1034 mg pro Kilogramm Körpergewicht, die dermale Toxizität am Kaninchen war > 2000 mg pro Kilogramm Körpergewicht [159]. Die beobachteten akuten Effekte können auf die Freisetzung von Wasserstoffperoxid im Organismus zurückgeführt werden. Hier ist insbesondere die lokale Reizwirkung auf Haut- und Schleimhäute und die Zytotoxizität zu nennen. Während Percarbonat nur leichte hautreizende Effekte aufweist, wurden im Tierversuch am Kaninchen starke Reizwirkungen bei direktem Augenkontakt mit der Festsubstanz (10 bis 100 mg) beobachtet, die z. T. zu irreversiblen Hornhautschäden führten [159, 160]. Natriumpercarbonat war im Tierversuch am Meerschweinchen nicht hautsensibilisierend [159].

Hinsichtlich der Gentoxizität von Natriumpercarbonat ist davon auszugehen, dass ein auf Wasserstoffperoxid beruhendes Verhalten der Substanz zu erwarten ist und wie für Wasserstoffperoxid geschlossen werden kann, dass Natriumpercarbonat hinsichtlich einer möglichen gentoxischen, mutagenen oder krebserzeugenden Wirkung keine Gefahr für den Menschen besitzt.

Aufgrund des Vorliegens von Wasserstoffperoxid und Natriumcarbonat in wässrigen Systemen ist auch bei wiederholter Aufnahme hinsichtlich der systemischen Verfügbarkeit eine zu Wasserstoffperoxid analoge Toxizität zu erwarten (s. Abschnitt 3.1.4). Natriumcarbonat ist Bestandteil physiologischer Puffersysteme und es kann nur bei extrem hohen Konzentrationen zu Störungen des Säure-Base-Gleichgewichts kommen. Eine Aufnahme von Natriumpercarbonat in solch hohen Dosen wird durch die zwangsläufige Co-Exposition mit Wasserstoffperoxid ausgeschlossen [159]. Bei bestimmungsgemäßer Verwendung von Percarbonat, insbesondere in Verbraucherprodukten wie Waschmitteln und Geschirrspülern sind weder lokale Reizwirkungen noch Langzeiteffekte zu erwarten [159].

Einwirkung auf die Umwelt
In wässriger Lösung liegt Natriumpercarbonat in Form von Wasserstoffperoxid, Natrium-Ionen und Carbonat-Ionen vor.

Die Kurzzeitwirkung auf Wasserorganismen entspricht der von entsprechend konzentrierten Wasserstoffperoxid-Lösungen und korreliert sehr gut mit dem H_2O_2-Gehalt (s. Abschnitt 3.1.4). Für Natriumpercarbonat wurden LC_{50}-Werte von 71 mg L^{-1} gegenüber Fischen und 4,9 mg L^{-1} gegenüber *Daphnia magna* ermittelt [159]. Wasserstoffperoxid wird allerdings sowohl bei der bestimmungsgemäßen Anwendung, z. B. in Waschmitteln, als auch bei Eintrag in Abwasser und in der Kläranlage durch Reaktion mit organischem Material und biologischen Abbau durch Mikroorganismen rasch abgebaut (s. Abschnitt 3.1.4). Carbonat wird in der Kläranlage zu Bicarbonat neutralisiert. Natrium-Ionen haben eine geringe Toxizität und die natürlichen Hintergrundkonzentrationen sind sehr viel größer als Einträge in die Umwelt über Natriumpercarbonat. Bei bestimmungsgemäßer Verwendung von Natriumpercarbonat sind daher aufgrund der bisherigen Erkenntnisse keine negativen Einflüsse auf die Umwelt zu erwarten [159].

3.2.2
Harnstoffperoxohydrat

Harnstoffperoxohydrat, ($NH_2CONH_2 \cdot H_2O_2$), hat einen theoretischen Aktivsauerstoffgehalt von 17,0 %, es bildet weiße, in Wasser gut lösliche Kristalle, die bei 80–90 °C unter Zersetzung schmelzen. Harnstoffperoxohydrat besitzt bei kühler und trockener Lagerung eine gute Haltbarkeit und wird auch »festes Wasserstoffperoxid« genannt. Harnstoffperoxohydrat erhält man durch Umsetzung von Harnstoff mit wässrigem Wasserstoffperoxid durch Kristallisation in Gegenwart von Stabilisatoren unter Kühlung oder durch Wirbelschichtsprühgranulation. Das Produkt wird nach Filtration unter schonenden Bedingungen bei 30–40 °C getrocknet. Die Mutterlaugen neigen bei höherer Temperatur zu stürmischer Zersetzung und müssen daher vor der Rezyklierung vorsichtig im Vakuum eingeengt werden.

Harnstoffperoxohydrat findet unter der Bezeichnung Percarbamid vor allem Verwendung als Bleichmittel in der Haarkosmetik, als Antiseptikum in der Medizin sowie als Oxidationsmittel in der organischen Synthese.

Handhabung
Als Anlagerungsverbindung reagiert Harnstoffperoxohydrat wie alle Peroxoverbindungen empfindlich auf Zersetzungskatalysatoren (Metallsalze), höhere Temperaturen und vor allem Feuchte. Um der Hygroskopizität entgegenzuwirken ist Harnstoffperoxohydrat in verschlossenen Gebinden und gut geschützt gegen Feuchtigkeitszutritt zu lagern.

Umgangsrechtlich ist Harnstoffperoxohydrat als »ätzend« (C) eingestuft. Im Transportrecht ist Harnstoffperoxohydrat unter der Nummer UN 1511 in Klasse 5.1, Verpackungsgruppe 3 eingestuft. Die SADT (UN Test H.4) liegt bei > 60 °C.

3.3
Anorganische Peroxoverbindungen

3.3.1
Peroxoborate

3.3.1.1 Physikalische und chemische Eigenschaften

Natriumperoxoborat, häufig auch vereinfachend Natriumperborat genannt, existiert in drei definierten Phasen: Natriumperborat-Tetrahydrat, Natriumperborat-Trihydrat und Natriumperborat-Monohydrat. Die drei Formen unterscheiden sich im Wesentlichen durch den Hydratisierungsgrad und gehen auf ein ringförmiges Anion als gemeinsames Strukturelement zurück (Abb. 16).

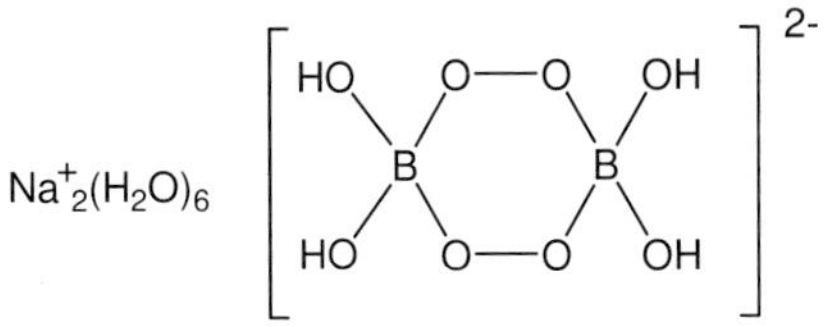

$$Na^+_2(H_2O)_6 \left[\begin{array}{c} HO \quad O—O \quad OH \\ \diagdown B \diagup \quad \diagdown B \diagup \\ HO \quad O—O \quad OH \end{array} \right]^{2-}$$

Abb. 16 Struktur von Natriumperoxoborat (Tetrahydrat)

Die exakte Bezeichnung lautet Dinatrium-di-μ-peroxo-bis-dihydroxoborat. Entgegen früheren Deutungen handelt es sich also bei den Peroxoboraten um echte Peroxosalze und nicht um Wasserstoffperoxid-Anlagerungsverbindungen.

Natriumperborat wurde 1898 erstmals durch TANATAR [162] und von MELLIKOFF und PISSARJEWSKI hergestellt [163]. Die Struktur des Anions konnte 1961 durch Röntgenstrukturanalyse des Natriumperborat-Tetrahydrats aufgeklärt werden [164]; durch Röntgenstrukturanalyse des Trihydrats [165] und physikalisch-analytische Methoden am Monohydrat konnte das Vorhandensein des sechsgliedrigen Ringes auch in den anderen beiden Formen des Perborats nachgewiesen werden [166]. Durch Entwässerung des Natriumperborat-Monohydrats erhält man als amorphe, undefinierte Verbindung das wasserfreie Natriumperoxoborat [167, 168]. Eine Übersicht über die Natriumperoxoborate gibt Tabelle 10.

Natriumperborat-Tetrahydrat

Natriumperborat-Tetrahydrat ist ein weißes, kristallines Produkt mit einem theoretischen Aktivsauerstoffgehalt von 10,4%. Es schmilzt in seinem Kristallwasser bei 65,5 °C. Die Röntgenstrukturanalyse des Kristalls wurde 1961 publiziert [164], Natriumperborat-Tetrahydrat besitzt eine trikline Elementarzelle. Die Löslichkeit in Wasser beträgt bei 20 °C 23,39 g L^{-1}. Die Lösezeit liegt für 2,0 g L^{-1} bei 6–8 min (15 °C, 95%, konduktometrisch). Natriumperborat-Tetrahydrat ist eine sehr stabile Verbindung. Der Aktivsauerstoffverlust beträgt weniger als 1% pro Jahr, wenn die Substanz unter kühlen und trockenen Bedingungen gelagert wird.

Tab. 10 Namen und Formeln der Natriumperoxoborate

Name	Historische Formel	IUPAC-Name und Zusammensetzung
Natriumperborat-Tetrahydrat	$NaBO_3 \cdot 4\,H_2O$ $NaBO_2 \cdot H_2O_2 \cdot 3\,H_2O$	Dinatrium-di-µ-peroxo-bis(dihydroxoborat)-Hexahydrat $Na^+_2(H_2O)_6 \begin{bmatrix} HO & O-O & OH \\ \diagdown / & \diagdown / \\ B & B \\ / \diagdown & / \diagdown \\ HO & O-O & OH \end{bmatrix}$
Natriumperborat-Trihydrat	$NaBO_3 \cdot 3\,H_2O$ $NaBO_2 \cdot H_2O_2 \cdot 2\,H_2O$	Dinatrium-di-µ-peroxo-bis(dihydroxoborat)-Tetrahydrat $Na^+_2(H_2O)_4 \begin{bmatrix} HO & O-O & OH \\ \diagdown / & \diagdown / \\ B & B \\ / \diagdown & / \diagdown \\ HO & O-O & OH \end{bmatrix}$
Natriumperborat-Monohydrat	$NaBO_3 \cdot H_2O$ $NaBO_2 \cdot H_2O_2$	Dinatrium-di-µ-peroxo-bis(dihydroxoborat) $Na^+_2 \begin{bmatrix} HO & O-O & OH \\ \diagdown / & \diagdown / \\ B & B \\ / \diagdown & / \diagdown \\ HO & O-O & OH \end{bmatrix}$
Wasserfreies Natriumperoxoborat	$NaBO_3$	Undefinierte Verbindung

Natriumperborat-Trihydrat

Aus Löslichkeits- und Dampfdruckbestimmungen geht hervor, dass »Natriumperborat-Tetrahydrat« bis etwa 15 °C stabil ist. Oberhalb 15 °C ist »Natriumperborat-Trihydrat«, das technisch keine Anwendung findet, die stabilere Phase. Die Umwandlung erfordert jedoch eine erhebliche Aktivierungsenergie und erfolgt deshalb erst bei erhöhter Temperatur [169, 170]. Natriumperborat-Trihydrat besitzt einen theoretischen Aktivsauerstoffgehalt von 11,8 % Massenanteil. Es schmilzt in seinem Kristallwasser bei 81,7 °C. Die Kristallstruktur zeigt das typische ringförmige Anion des Peroxoborats (Abb. 16).

Natriumperborat-Monohydrat

Beim Erhitzen von Natriumperborat-Tetrahydrat auf 50–60 °C werden 3 mol Wasser abgegeben, wobei »Natriumperborat-Monohydrat« entsteht, das jedoch entgegen dieser Handelsbezeichnung, wie eingangs erwähnt, kein Kristallwasser enthält und hygroskopisch ist. Natriumperborat-Monohydrat ist eine weiße, kristalline Verbindung mit einer Schüttdichte von 0,5 bis 0,6 g cm^{-3}. Durch neuere, direkte Syntheseverfahren lassen sich Schüttdichten von 0,4 bis 1 g cm^{-3} erzeugen [171, 172]. Natriumperborat-Monohydrat hat einen theoretischen Aktivsauerstoffgehalt von 16,0 %

Massenanteil. Natriumperborat-Monohydrat besitzt keinen definierten Schmelzpunkt. Die Verbindung ist unter kühlen und trockenen Bedingungen ähnlich gut haltbar wie Natriumperborat-Tetrahydrat. Bei starkem Erhitzen gibt sie Wasser und Sauerstoff ab. In Wasser lösen sich bei 20 °C ca. 15,0 g L^{-1}, die Lösezeit bei ca. 40 s (15 °C; 2,0 g L^{-1}, 95 %, konduktometrisch).

Wasserfreies Natriumperoxoborat
Peroxoborat, das bei weiterem Entwässern von Natriumperborat-Monohydrat entsteht, ist ein schwachgelbes, amorphes Pulver, das bei Kontakt mit Wasser Sauerstoff freisetzt. Es zeigt bei der Elektronspinresonanzuntersuchung Paramagnetismus. Es lässt sich physikalisch nicht eindeutig charakterisieren und enthält wahrscheinlich Bor-Sauerstoff-Radikal-Verbindungen.

Die wässrige Lösung der Perborate reagiert wie eine alkalische Wasserstoffperoxid-Lösung, der pH-Wert liegt, nur wenig beeinflusst von der Konzentration, bei 10,1–10,4. Wie alle aktivsauerstoffhaltigen Produkte sind auch die Natriumperborate empfindlich gegenüber Zersetzungskatalysatoren. Insbesondere katalysieren Schwermetalle, z. B. Kupfer, Mangan, Eisen, sowie ihre Salze, schon in ppm-Konzentrationen die Zersetzung, während z. B. Magnesiumsalze und Wasserglas stabilisierend wirken.

Es existieren auch die Perborate des Kaliums [173, 174], des Ammoniums, der Erdalkalimetalle [175] und des Zinks. Ihre technische Herstellung wurde in Patenten beschrieben. Diese Verbindungen sind jedoch nur von untergeordneter Bedeutung.

3.3.1.2 Herstellung

Die traditionelle Herstellung von Natriumperborat-Tetrahydrat auf elektrochemischem Wege besitzt heute keine Bedeutung mehr [176]. Die Verfügbarkeit von großen Mengen an preiswertem Wasserstoffperoxid, ein steigender Bedarf an Perborat und die Forderung nach einer verbesserten Qualität in Bezug auf Aktivsauerstoff-Gehalt, Schüttgewicht, Kornanalyse, Abriebfestigkeit und vor allem Lagerstabilität, führten zu dem auf dem Einsatz von H_2O_2 basierenden Verfahren, nach dem heute fast ausschließlich gearbeitet wird.

Als Bor-Rohstoff werden Bormineralien, vorzugsweise Natriumtetraborate wie Kernit und Tinkal verwendet (siehe 7 Borverbindungen, Abschnitt 2.4), deren B_2O_3-Gehalt bis zu ca. 47 % beträgt. Als Aktivsauerstoff-Komponente dient vorwiegend Wasserstoffperoxid.

Im ersten Verfahrensschritt (vgl. Abb. 17) werden Bormineralien in rückgeführter Mutterlauge aufgenommen und unter Zufuhr von Wärme und Zusatz von Alkalien bei etwa 50 °C gelöst. Aus Natriumtetraborat und Natronlauge wird Natriummetaborat gebildet (Gl. (22)):

$$Na_2B_4O_7 + 2NaOH \rightarrow 4 NaBO_2 + H_2O \tag{22}$$

Die wasserunlöslichen Bestandteile werden durch Filtration oder Dekantierung abgetrennt; der Schlamm wird mehrfach mit Mutterlauge sowie abschließend mit Wasser ausgewaschen. Der anfallende Dünnschlamm wird nach Entwässerung deponiert und das weitestgehend feststofffreie Abwasser abgeleitet (Abb. 17).

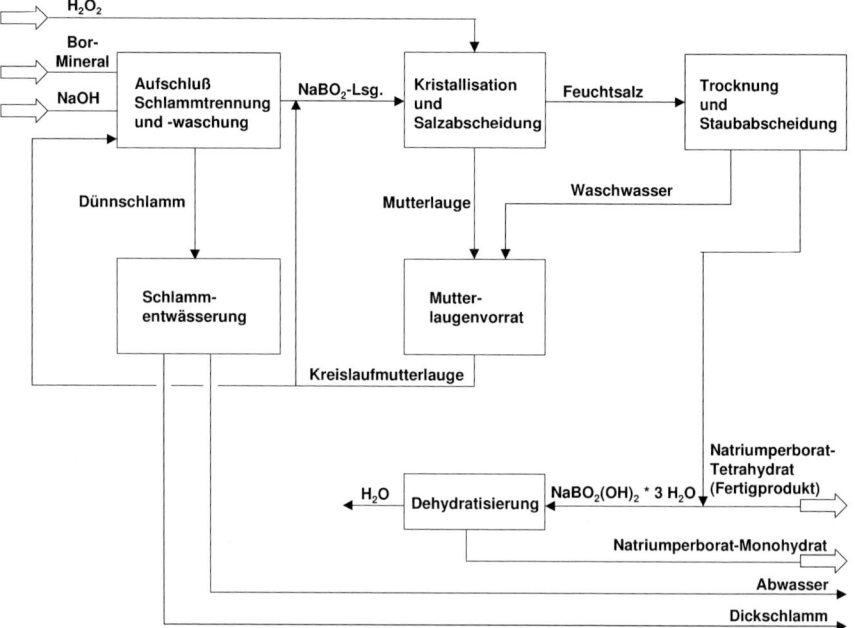

Abb. 17 Fließschema der Herstellung von Natriumperborat

In einem zweiten Verfahrensschritt wird die gewonnene Natriummetaborat-Lösung nach Verdünnung mit Wasserstoffperoxid unter Kühlung bei 20–30 °C umgesetzt, wobei das Natriumperborat-Tetrahydrat ausfällt.

Den Reaktionsteilnehmern Natriummetaborat und Wasserstoffperoxid werden Alkali-Silicate, Magnesiumsalze und andere Stoffe zugesetzt, die die Eigenschaft haben, Zersetzungskatalysatoren zu maskieren und die Haltbarkeit des Salzes im trockenen Zustand zu verbessern.

Die Kristallisation von Natriumperborat-Tetrahydrat kann kontinuierlich oder auch diskontinuierlich in Vakuumkristallisatoren bzw. in offenen, gekühlten Rührwerkskristallisatoren durchgeführt werden. Die für die Kristallisation erforderliche Übersättigung wird durch Einspeisung der beiden Reaktionskomponenten in den Kristallisator erzeugt und in der Salzsuspension durch Kristallisation abgebaut. Wesentlich für den Verlauf der Kristallisation ist die in der Kristallisationszone vorhandene Suspensionsdichte. Je nach Prozessführung werden prismatische Kristalle oder sphärolitische Kristallaggregate erhalten.

Zur Salzabtrennung wird die Kristallsuspension mit Hilfe von Zentrifugen in Feuchtsalz und Mutterlauge getrennt. Die Mutterlauge wird zurückgeführt und zur Natriummetaboratherstellung und als Verdünnungslauge verwendet. Das zentrifugenfeuchte Salz enthält neben dem Kristallwasser noch 3–10 % Oberflächenfeuchte, die in rotierenden Trommeltrocknern oder Fließbetttrocknern durch Zufuhr von Heißluft entfernt wird.

Während der Trocknung muss die Temperatur des Salzes unter 60 °C gehalten werden, da Natriumperborat-Tetrahydrat oberhalb dieser Temperatur in seinem Kristallwasser schmilzt. Das den Trockner verlassende Salz wird in Fließbettkühlern durch Luft auf ca. 25 °C abgekühlt.

Zur Entfernung der in der Trockner- und Kühlerabluft enthaltenen Staubpartikeln wird die Luft über Wäscher geleitet; die Waschwässer gehen in den Laugenkreislauf zurück. Das Handelsprodukt »Natriumperborat-Tetrahydrat« enthält mind. 10 % Aktivsauerstoff und ist, kühl und trocken aufbewahrt, ohne nennenswerten Aktivsauerstoffverlust mindestens ein Jahr lang lagerfähig.

Für manche Zwecke wird anstelle des Natriumperborat-Tetrahydrats das Natriumperborat-Monohydrat, das, wie erwähnt, in Wirklichkeit kristallwasserfreies Natriumperborat $Na_2B_2O_4(OH)_4$ ist, benutzt. Man erhält es durch Entwässerung des »Tetrahydrats«. Zur Herstellung wird bei den heutigen kontinuierlichen Verfahren zentrifugenfeuchtes oder trockenes Natriumperborat-Tetrahydrat in Fließbetttrocknern durch mehrere Zonen mit Temperaturstufen von 80–160 °C geführt. Natriumperborat-Monohydrat ist hygroskopisch, aber bei kühler und trockener Lagerung in verschlossenen Gebinden ähnlich beständig wie Tetrahydrat.

Natriumperborat-Anhydrid wurde unter der Bezeichnung Oxoborat von der Degussa technisch hergestellt und vertrieben. Man erhält es, indem man Natriumperborat-Monohydrat im Fließbett bei Temperaturen von 130–160 °C mit trockener Luft behandelt.

3.3.1.3 Anwendung

Natriumperborate werden traditionell in Europa als Oxidations- und Bleichmittel vor allem in der Waschmittelindustrie verwendet. Herkömmliche Voll- und Kochwaschmittel enthalten bis zu 30 % Natriumperborat-Tetrahydrat (siehe Tenside, Wasch- und Reinigungsmittel, Bd. 8, Abschnitt 4.4.1). Ein weiteres wichtiges Anwendungsgebiet sind Geschirrspülmittel, die vielfach Natriumperborat-Monohydrat als bleichaktive Komponente enthalten.

Da Natriumperborat etwas höhere Herstellkosten aufweist als das Konkurrenzprodukt Natriumpercarbonat, ist man im Laufe der 1990er Jahre dazu übergegangen, Natriumperborat in Vollwaschmitteln und Geschirreinigern schrittweise gegen Natriumpercarbonat zu ersetzen. Zudem besitzt Natriumpercarbonat einige anwendungstechnische Vorteile wie ein höheres Schüttgewicht. Die ursprünglich geringere Stabilität des Natriumpercarbonats gegenüber Natriumperborat ist durch die technische Weiterentwicklung heutzutage vergleichbar.

Natriumperborat wird weiter als bleichaktive Komponente in Reinigungs- und Bleichmitteln verwendet. Natriumperborat-Monohydrat dient als Sauerstofflieferant in Gebissreinigungs- und Desinfektionsmitteln für Kontaktlinsen. Weitere Anwendungsmöglichkeiten liegen in der organischen Synthesechemie, bei der insbesondere Natriumperborat-Monohydrat als Sauerstofflieferant für Oxidationsreaktionen genutzt wird.

3.3.1.4 Sicherheit, Toxikologie und Handhabung

Toxikologie

Natriumperoxoborat-Mono- und -Tetrahydrat haben eine relativ geringe akute Toxizität beim Verschlucken, Einatmen und bei Berührung mit der Haut. Die akuten LD_{50}-Werte für orale Gabe an der Ratte liegen bei 1800 mg [177] und 2567 mg pro Kilogramm Körpergewicht [177] für Natriumperoxoborat-Mono- bzw. -Tetrahydrat. Die dermale Toxizität von Natriumperoxoborat-Monohydrat an der Ratte ist > 2000 mg pro Kilogramm Körpergewicht [177]. Eine Inhalationsstudie mit einatembarem Natriumperoxoborat-Tetrahydrat-Staub (ca. 90 % der Teilchen waren < 10 µm) ergab eine LC_{50} von 1164 mg m^{-3} [177]. Die beobachteten akuten Effekte können auf die Freisetzung von Wasserstoffperoxid im Organismus zurückgeführt werden. Hier ist insbesondere die lokale Reizwirkung auf Haut- und Schleimhäute und die Zytotoxizität zu nennen. Während Peroxoborate keine oder nur leichte hautreizende Effekte aufweisen, wurden im Tierversuch am Kaninchen starke Reizwirkungen bei direktem Augenkontakt mit der Festsubstanz beobachtet, die z. T. zu irreversiblen Schäden führten [160, 177, 179]. Natriumperoxoborat war im Tierversuch am Meerschweinchen nicht hautsensibilisierend [177].

Die Ergebnisse von in vitro Gentoxizitätsstudien entsprechen denen mit Wasserstoffperoxid [177, 180, 181], sodass für Perborate wie für Wasserstoffperoxid geschlossen werden kann, dass die Substanz hinsichtlich einer möglichen gentoxischen, mutagenen oder krebserzeugenden Wirkung keine Gefahr für den Menschen darstellt.

Eine potentielle systemische Wirkung von Peroxoboraten kann durch die Bildung von Borsäure bedingt sein, deren Aufnahme in den Organismus allerdings durch die gleichzeitige Freisetzung von Wasserstoffperoxid mit seiner Reduktion der lokalen Blutzirkulation (s. Abschnitt 3.1.4) limitiert wird. Bezüglich der meisten toxikologischen Endpunkte, einschließlich gentoxischer und carcinogener Wirkungen ist auch Borsäure weitgehend untoxisch [182]. Allerdings besaß Borsäure bei wiederholter oraler Applikation hoher Dosen im Tierversuch eine fruchtschädigende und die männliche Fruchtbarkeit beeinträchtigende Wirkung [182]. In vergleichbaren Untersuchungen zur wiederholten oralen Toxizität [177, 183] und fruchtschädigenden Wirkung [177, 184] wurden mit Peroxoborat-Tetrahydrat bei gleicher Bor-Dosierung keine solchen Effekte gefunden. Die Dosierung in diesen Studien entsprach der maximalen Dosis, die von den Versuchstieren toleriert wurde. Außerdem ist die Relevanz der Befunde für den Menschen zweifelhaft, da der Mensch im Gegensatz zum Nagetier, das keinen Brechreflex besitzt, bei Aufnahme entsprechender Dosen mit Erbrechen reagieren würde. Bei bestimmungsgemäßer Verwendung von Peroxoboraten, insbesondere in Verbraucherprodukten wie Wasch- und Geschirrspülmitteln sind weder lokale Reizwirkungen noch Langzeiteffekte zu erwarten [177].

Einwirkung auf die Umwelt

In wässriger Lösung besteht ein Gleichgewicht zwischen Perborat-Ionen, Wasserstoffperoxid und Borsäure.

Die Kurzzeitwirkung von Natriumperborat auf Wasserorganismen entspricht der von entsprechend konzentrierten Wasserstoffperoxid-Lösungen und korreliert sehr gut mit dem H_2O_2-Gehalt (s. Abschnitt 3.1.4). Für Natriumperoxoborat-Mono- bzw. -Tetrahydrat wurden LC_{50}-Werte von 51 und 125 mg L^{-1} gegenüber Fischen, 11 und 30 mg L^{-1} gegenüber *Daphnia magna*, sowie IC_{50}-Werte für Algen von 3,3 und etwa 20 mg L^{-1} ermittelt [177]. Wasserstoffperoxid wird sowohl bei der bestimmungsgemäßen Anwendung z. B. in Waschmitteln als auch bei Eintrag in Abwässer und in der Kläranlage durch Reaktion mit organischem Material und biologischen Abbau durch Mikroorganismen rasch abgebaut [177, 185]. Für den Eintrag in die Hydrosphäre ist daher vor allem Borsäure relevant. Für Borsäure ist eine große Anzahl ökotoxikologischer Daten, insbesondere zu Langzeiteffekten auf verschiedene Arten von Wasserorganismen verfügbar, die von ECETOC (1997) ausführlich bewertet wurde [186]. Aus der Vielzahl dieser Daten wurde mit Hilfe probabilistischer Methoden eine für die Umwelt nicht schädliche Konzentration (predicted no effect level PNEC) von 3,45 mg Bor pro Liter abgeleitet, bei der 95 % der aquatischen Spezies nicht negativ beeinflusst werden. Bei einer konservativeren Ableitung wurde ein PNEC von 1,34 mg Bor pro Liter erhalten [187]. Allerdings ist hierzu anzumerken, dass natürliche Borkonzentrationen in bestimmten Regionen aufgrund geologischer Verhältnisse höher liegen können und bestimmte Ökosysteme an solche Konzentrationen angepasst sind. Die anthropogenen Einträge durch den Einsatz von Peroxoboraten sind wesentlich geringer als der PNEC-Wert, sodass davon ausgegangen werden kann, dass durch den bestimmungsgemäßen Gebrauch von Natriumperoxoboraten keine negativen Umwelteffekte bewirkt werden [177].

Schüttguthandhabung von Persalzen
Die sichere Handhabung von Schüttgütern spielt bei den großvolumigen Produkten Natriumperoxoborat-Monohydrat/-Tetrahydrat und Natriumcarbonatperoxohydrat eine große Rolle. Beide werden in großen Mengen in der Waschmittelindustrie eingesetzt (s. Tabelle 11).

Wie alle anderen anorganischen, salzartigen Peroxoverbindungen stellen sie thermisch instabile Verbindungen dar, die schon bei Raumtemperatur eine, wenn auch äußerst geringe Zersetzungsneigung aufweisen, die mit einer Wärmeproduktion verbunden ist.

Tab. 11 Weltverbrauch an Perborat und Percarbonat in den Jahren 1998, 2000 und 2002 (Angaben in 1 000 t)

Produkt	1998	2000	2002
PB 4	460	430	400
PB 1	150	100	60
PC	70	140	190

Abkürzungen: PB 4 = Peroxoborattetrahydrat, PB 1 = Peroxoboratmonohydrat, PC = Carbonatperoxohydrat

Im Gegensatz zu Flüssigkeiten, die infolge Konvektion in kurzen Zeiträumen eine isotrope Wärmeverteilung erreichen, kommt es bei Schüttgütern zur Ausbildung eines Wärmeungleichgewichtes, das im ungünstigsten Fall zu einer sich selbst beschleunigenden Zersetzung des Schüttgutes führen kann. Dieses Wärmeungleichgewicht bildet sich dadurch aus, dass die produzierte Wärme nicht gleich der abgeführten Wärme ist. Es kommt zum Wärmestau im Silo, der zur Wärmeexplosion des Silos führen kann.

Die Silierung von Schüttgütern ist daher sehr sorgfältig zu analysieren und in einer umfassenden Risikoanalyse darzulegen. Hierbei sind computergestützte Simulationsrechnungen hilfreich, die von folgenden Überlegungen ausgehen.

Zur Beschreibung des Temperaturverhaltens eines Volumenelementes ist das Verhältnis von Wärmeproduktion und Wärmetransport ausschlaggebend [188, 189] (Gl. (23) und (24)):

$$\rho \cdot c_p \cdot \frac{\delta T}{\delta t} = \lambda \cdot \nabla^2 T + \dot{Q} \tag{23}$$

$$\dot{Q} = Q_o \cdot e^{-\frac{E}{RT}} \tag{24}$$

Der in Gleichung (24) angegebene Arrhenius-Ansatz 0. Ordnung für die Beschreibung der volumenbezogenen Wärmeproduktionsrate ist hinreichend.

Werden diese Grundgleichungen unter den Randbedingungen simuliert, wie sie an einer Körperoberfläche (z. B. ein Silo) unter Betrachtung der Wärmebilanz herrschen, so können recht genaue Aussagen zum Lagerverhalten von Peroxoboraten und Carbonatperoxohydrat unter realen Bedingungen gemacht werden. Diese Analysen sind dann Basis für die Erarbeitung von Silierbedingungen, unter denen eine sichere Handhabung gewährleistet ist [190].

Ein Beispiel hierzu ist in Abbildung 18 wiedergegeben. In einem Silo mit 100 m³ Volumen und einem Durchmesser von 3,5 m werden Perborat-Monohydrat bzw. Percarbonat eingelagert und entlang der Zentralachse das Temperaturverhalten simuliert. Als Randbedingung gelten: Einfülltemperatur der Persalze ist 30 °C, die Umgebungstemperatur ist ebenfalls 30 °C und wird konstant gehalten.

3.3.2
Peroxomonoschwefelsäure (Caro'sche Säure) und ihre Salze

3.3.2.1 Physikalische und chemische Eigenschaften

Das Element Schwefel bildet zwei verschiedene, wohldefinierte Sauerstoffsäuren, die Peroxogruppen enthalten. Es sind dies die Peroxoschwefelsäure, H_2SO_5 (nach ihrem Entdecker auch Caro'sche Säure genannt) und die Peroxodischwefelsäure $H_2S_2O_8$. Die Strukturformeln beider Säuren sind $HOO-SO_3H$ und $HO_3S-OO-SO_3H$. Die Peroxoschwefelsäure ist eine einbasige Säure; das an die Peroxogruppe gebundene Wasserstoffatom ist nicht durch Metalle ersetzbar, die Peroxodischwefelsäure ist dagegen zweibasig. Die Peroxoschwefelsäure hat in letzter Zeit eine gewisse wirtschaftliche Bedeutung bei Anwendungen in der Papier- und Bergbauindustrie er-

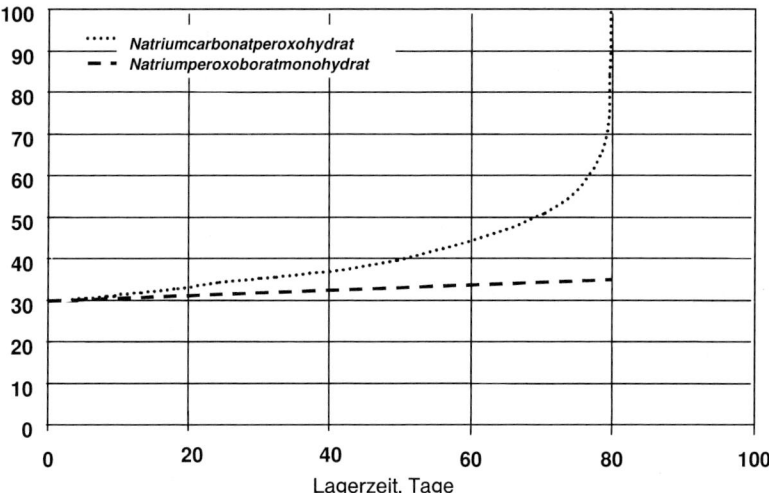

Abb. 18 Simulationsrechnung zur Beurteilung des Temperaturverhaltens von Perborat-Monohydrat und Percarbonat in einem Silo

langt. Die zweibasige Peroxodischwefelsäure hat im Gegensatz dazu keinerlei Bedeutung.

Peroxomonoschwefelsäure ist schwierig in reiner Form darzustellen. Sie liegt in Form von farblosen Kristallen mit einem Schmelzpunkt von 45 °C vor, die in Wasser sehr schnell zu H_2O_2 und Schwefelsäure hydrolysieren [191]. Die Caro'sche Säure ist ein starkes Oxidationsmittel [192, 193]:

$$H_2SO_5 + 2H^+ + 2e^- \rightarrow H_2SO_4 + H_2O \quad E\hat{u} = -1{,}81 \text{ V} \quad (25)$$

Dieses hohe Oxidationspotential wird ausgenutzt bei technischen Oxidationsprozessen (Cyanid zu Cyanat, Sulfid zu Sulfat) sowie bei Desinfektionsanwendungen unter schwach sauren Bedingungen [194]. Eine Reihe von Alkalisalzen der Peroxomonoschwefelsäure sind in der Literatur beschrieben worden, doch nur das Tripelsalz mit der Zusammensetzung $2\,KHSO_5 \cdot KHSO_4 \cdot K_2SO_4$ hat wirtschaftliche Bedeutung erlangt. Von den einfachen Peroxosulfaten wie $KHSO_5$ usw., die sehr hygroskopisch und leicht zersetzlich sind, unterscheidet es sich durch seine relative Stabilität, sodass es mit gewissen Einschränkungen an der Luft gelagert werden kann. Das Salz kristallisiert monoklin [195] mit der Dichte 2,313 g cm^{-3}. Es kommt unter der Bezeichnung Caroat und Oxone in den Handel. Diese Handelsprodukte sind wie folgt gekennzeichnet:

Aktivsauerstoffgehalt: ~ 4,8 % (theor.: 5,2 %)
Schüttdichte: 1,0–1,2 kg L^{-1}
  Kornverteilung: 0,1–0,8 mm (90 %)
  Löslichkeit: 27 g in 100 mL H_2O (0 °C) [196, 204]
  pH: ~ 2,3 (1 %)

3.3.2.2 Herstellung

Die Caro'sche Säure wird durch Umsetzung von Schwefelsäure und H_2O_2 gewonnen, wobei ein Gleichgewicht aus Peroxomonoschwefelsäure, H_2O_2, Schwefelsäure und Wasser vorliegt. Um bei diesem stark exotherm ablaufenden Prozess hohe Ausbeuten zu erhalten ist es notwendig, die freiwerdende Wärme schnell abzuführen. Zwei Herstelltechnologien haben sich in den letzten Jahren etabliert.

Im sogenannten *isothermen Prozess* werden die Reaktanden H_2O_2 (70%ig) und Schwefelsäure (93–98%) gemischt, wobei die Temperatur der Reaktion zwischen 15 und 30 °C gehalten werden muss. Bei äquimolarem Ansatz enthält die Reaktionsmischung 42–50% H_2SO_5 und ca. 10% H_2O_2, der Rest ist Wasser. Durch Variation der Molverhältnisse der Edukte wie z. B. auch durch Einsatz von Oleum und optimierter Reaktionsführung (statt einer Einstufenreaktion ein Zweistufenverfahren) kann die H_2SO_5-Ausbeute deutlich gesteigert werden. Man führt Wasserstoffperoxid mit mindestens 50% H_2O_2 kontinuierlich mit Oleum (57 bis 74% freies SO_3) zusammen und sorgt dafür, dass die Temperatur nicht über 8 °C ansteigt. Das Molverhältnis $(SO_3 + H_2SO_4) : H_2O_2$ liegt dabei zwischen 1,3 und 1,8. Die erhaltene Caro'sche Säure enthält 60–70% H_2SO_5 neben H_2SO_4 [197, 198].

Im sog. *adiabatischem Prozess* werden die Reaktanden in einem kleinvolumigen statischen Mischer ohne Kühlung miteinander umgesetzt. Die Ausbeuten liegen bei diesem Verfahren im Bereich von 25–46% [199–203].

Die technische Herstellung des Kaliummonoperoxosulfats geschieht in zwei Stufen. Zunächst wird aus Wasserstoffperoxid und Oleum eine Lösung von Peroxomonoschwefelsäure in Schwefelsäure hergestellt [204]; anschließend wird diese Mischung mit Kalilauge neutralisiert und das Salz durch Kristallisation aus wässriger Lösung gewonnen [196, 197, 204, 205]. Das Tripelsalz $2KHSO_5 \cdot KHSO_4 \cdot K_2SO_4$ lässt sich nur dann als Kristallisat erhalten, wenn die Komponenten $KHSO_5$, H_2SO_4 und K_2SO_4 bzw. die Ionen K^+, H^+, SO_4^{2-} und HSO_5^- in der Mutterlauge in bestimmten Mengen- bzw. Konzentrationsverhältnissen zueinander vorliegen [205] (s. Abb. 19). Die für die technische Herstellung bedeutsamen Grenzen dieser Konzentrationsbereiche der Einzelkomponenten, für die das Tripelsalz als Bodenkörper stabil sind, hängen in starkem Maße von der Temperatur ab [197, 205].

3.3.2.3 Anwendung

Durch die Möglichkeit, kostengünstig Caro'sche Säure vor Ort in-situ herstellen zu können, haben sich im Laufe der letzten zehn Jahre eine Reihe von Anwendungen erschlossen. Zu nennen sind hier die Bergbau-, Zellstoff- und Elektronikindustrie. In der Minenindustrie wird Caro'sche Säure zur Entgiftung cyanidhaltiger Abwässer bei der Gold- und Silbererzaufbereitung eingesetzt. Infolge der besseren Oxidationskinetik hat Caro'sche Säure Vorteile gegenüber katalysiertem H_2O_2 [206–209]. Die hohe Effizienz in chlorfreien Bleichsequenzen macht Caro'sche Säure zu einem interessanten Mittel bei der Delignifizierung in der Zellstoffherstellung. Durch geeignete Wahl von Temperatur und pH werden die mechanischen Eigenschaften der Cellulose nicht negativ beeinflusst [210–213]. Ebenfalls lässt sich für diesen Anwendungsbereich Caro'sche Säure mit Peressigsäure kombinieren [214, 215].

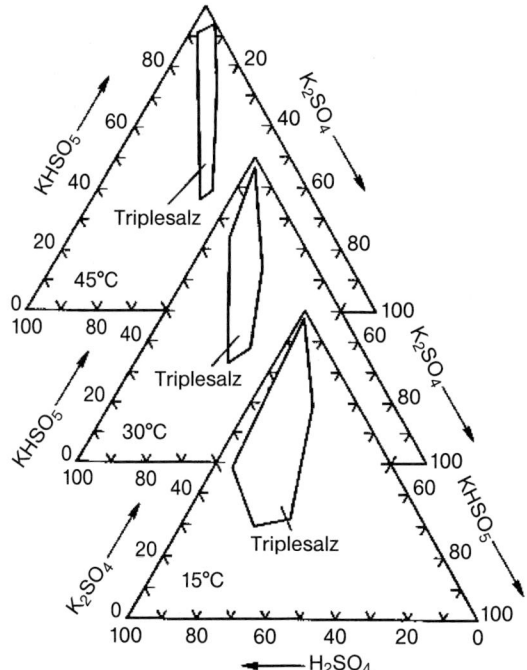

Abb. 19 Stabilitätsbereich des Tripelsalzes 2 KHSO$_5$ · KHSO$_4$ · K$_2$SO$_4$ in Abhängigkeit von Temperatur und Zusammensetzung der Mutterlauge

Die unter den Handelsnamen Oxone und Caroat vertriebenen Tripelsalze werden hauptsächlich wegen ihrer bakteriziden Wirkung in Zahnprothesen- und Desinfektionsreinigern eingesetzt. In Verbindung mit Perborat-Monohydrat bildet sich unter schwach alkalischen Bedingungen Sauerstoff, der für den gewünschten Frischeeffekt sorgt. Darüber hinaus gibt es Anwendungen in Oberflächenreinigern und in der Geschirrreinigung besonders bei tieferen Temperaturen [216–218]. Mit Ketonen lässt sich die Bleichkraft der Peroxomonosulfate steigern durch die in-situ Bildung der hochreaktiven Dioxirane [219–221]. Eine Reihe weiterer Anwendungen sind

- Schrumpffestausrüstung von Wolle
- Ätzen von gedruckten Schaltungen
- Cyanidentfernung aus Abwässern der metallverarbeitenden Industrie [222, 223]
- Schockbehandlung bei der Swimming Pool-Desinfizierung [224]
- Papierrecycling zur Zerstörung der Nassfestausrüstung [225]

3.3.2.4 Sicherheit und Toxikologie

Toxikologie
Die Toxizität von Caroat ist vor allem durch die Ätzwirkung der Substanz auf Haut und Schleimhäute bedingt [226, 227]. Die akute orale Toxizität an der Ratte beträgt

1000–2000 mg pro Kilogramm Körpergewicht [228, 229], die akute dermale Toxizität an der Ratte ist > 2000 mg pro Kilogramm Körpergewicht [230], die akute inhalative Toxizität > 5 mg L^{-1} bei vierstündiger Exposition [231]. Im Tierversuch am Meerschweinchen war die Substanz nicht sensibilisierend [232]. Nach wiederholter oraler Gabe an Ratten über 90 Tage (Schlundsonde) wurden ab einer Dosis von 600 mg pro Kilogramm Körpergewicht starke Reiz- bzw. Ätzwirkungen im Magen-Darm-Trakt beobachtet. Der NOAEL (No observed adverse effect level) lag bei 200 mg pro Kilogramm Körpergewicht. Systemische Effekte, die nicht sekundär zur Reizwirkung waren, wurden nicht beobachtet [233]. In in vitro Studien zur Gentoxizität an Säugerzellen wurden positive Ergebnisse erhalten, die aber in Versuchen am Ganztier nicht bestätigt wurden [234]. Die Ergebnisse von in vitro Gentoxizitätsstudien entsprechen weitgehend denen mit Wasserstoffperoxid, sodass für Caroat wie für Wasserstoffperoxid geschlossen werden kann, dass die Substanz hinsichtlich einer möglichen gentoxischen, mutagenen oder krebserzeugenden Wirkung keine Gefahr für den Menschen darstellen sollte.

Einwirkung auf die Umwelt
Caroat ist toxisch gegenüber Wasserorganismen. Dabei sind die Organismen niedrigerer trophischer Ebenen empfindlicher. Die Toxizität lässt sich wahrscheinlich auf die Freisetzung von Peroxid zurückführen. Der 96 h LC$_{50}$-Wert gegenüber Fischen lag bei 32–56 mg L^{-1} [235], die 48 h EC$_{50}$ für *Daphnia magna* bei 5,3 mg L^{-1} [236], für Algen war die EC$_{50}$ > 1 mg L^{-1} [237]. Bei Eintrag ins Wasser wird Caroat rasch abiotisch abgebaut. Die Halbwertszeit bei pH 7 ist kleiner als 1 Tag [238]. Außerdem ist zu erwarten, dass der Peroxid-Anteil durch organisches Material und Mikroorganismen analog zu Wasserstoffperoxid rasch abgebaut wird, sodass bei bestimmungsgemäßer Verwendung keine schädliche Wirkung auf die Umwelt zu erwarten ist.

3.3.3
Peroxodischwefelsäure und ihre Salze

3.3.3.1 Physikalische und chemische Eigenschaften
Die auch unter dem wenig geläufigen Namen Marshalls Säure bekannte Peroxodischwefelsäure bildet in reiner Form weiße Kristalle, die unter Zersetzung bei 65 °C schmelzen. Die Hydrolyse in Wasser ist im Gegensatz zur Peroxomonoschwefelsäure ein irreversibler Vorgang:

$$H_2SO_8 + H_2O \rightarrow H_2SO_4 + H_2SO_5 \tag{26}$$

$$H_2SO_5 + H_2O \leftrightarrow H_2SO_4 + H_2O_2 \tag{27}$$

Höhere Temperaturen und steigende Säurekonzentrationen begünstigen den Zersetzungsprozess [239, 240]. In wässriger Lösung stellt das Peroxodisulfat-Anion mit einem Oxidationspotential von $E° = 2,05$ V eines der stärksten Oxidationsmittel dar [241].

Tab. 12 Löslichkeit von Kalium-, Ammonium- und Natriumperoxodisulfat in Wasser in g L^{-1} bei verschiedenen Temperaturen

T (°C)	$K_2S_2O_8$	$(NH_4)_2S_2O_8$	$Na_2S_2O_8$
10	37	496	459
20	50	559	556
30	77	616	590
40	113	696	618
50	163	741	650
60	196	781	686
70	232	804	750

Von den Salzen der Peroxodischwefelsäure haben das Natrium-, Kalium- und Ammoniumsalz praktische Bedeutung. Es handelt sich um weiße, kristalline Salze, die wesentlich stabiler als die Peroxomonosulfate sind. Sehr unterschiedlich ist die Löslichkeit der drei Salze in Wasser und deren Temperaturabhängigkeit (Tabelle 12).

Die Tabelle zeigt, dass sich das Kaliumperoxodisulfat in weitaus geringerer Konzentration in Wasser löst als die beiden anderen Salze. Beim Vergleich der Zahlen für das Natrium- und Ammoniumsalz fällt der Unterschied im Anstieg der Löslichkeit mit der Temperatur auf, besonders in dem für die Kristallisation wichtigen Temperaturbereich zwischen 20 und 50 °C. Der Löslichkeitsanstieg beim Erwärmen ist dort für das Ammoniumsalz weitaus stärker als für das Natriumsalz. Diesen Unterschieden entsprechen die unterschiedlichen Herstellungsverfahren der drei Salze.

Wässrige Lösungen (25%) reagieren schwach sauer: $(NH_4)_2S_2O_8$: pH 2,30; $Na_2S_2O_8$: pH 4,35.

Thermisch zersetzen sich die Salze in zwei Schritten: es bildet sich zunächst Sauerstoff und Pyrosulfat, das bei weiterem Erhitzen in Schwefel und SO_2/SO_3 zerfällt [242, 243].

3.3.3.2 Herstellung

Reine Peroxodischwefelsäure bildet sich unter ähnlichen Bedingungen wie die Peroxomonoschwefelsäure und ist über die Reaktion von Chlorsulfonsäure (siehe 1 Schwefel und anorganische Schwefelverbindungen, Abschnitt 5.9) und H_2O_2 zugänglich [244].

Durchgesetzt hat sich allerdings als einzig technisch gangbarer Weg zum Peroxodisulfat-Ion, $S_2O_8^{2-}$, die anodische Oxidation des einfach geladenen HSO_4^--Ions, d.h. es wird in saurer Lösung gearbeitet:

$$2\ HSO_4^- - 2e^- \rightarrow S_2O_8^{2-} + 2H^+ \qquad E° = 2{,}057\ V$$
$$2\ SO_4^{2-} - 2e^- \rightarrow S_2O_8^{2-} \qquad E° = 1{,}939\ V \qquad (28)$$

Dabei spielen sich an der Elektrode recht komplizierte Vorgänge ab, die von zahlreichen Parametern abhängen, wie Temperatur, Konzentration, Anodenmaterial,

Spannung, Stromdichte und Anwesenheit von Fremdstoffen [245–250]. Die wichtigsten Nebenreaktionen hängen mit der Bildung von Sauerstoff und Ozon zusammen. Die Sauerstoffbildung wird an einer glatten Platinelektrode durch die hohe elektrochemische O_2-Überspannung normalerweise weitgehend unterdrückt [251, 252, 253], jedoch treten erhebliche Stromverluste durch O_2-Bildung auf, wenn Peroxomonoschwefelsäure, die sich durch Hydrolyse der Peroxodischwefelsäure bilden kann, anwesend ist; sie wirkt depolarisierend auf die Elektrode [254]. Die Ozonbildung ist von Temperatur und Konzentration dagegen weitgehend unabhängig und hängt im wesentlichen von der Stromdichte ab. Mit steigender Stromdichte nimmt der Stromverlust durch Ozonbildung zu.

Daraus lassen sich folgende allgemeine Herstellprinzipien ableiten:
- kurze Verweilzeit in der Elektrolysezelle; keine Rückvermischung des Anolyten, aber hohe Endkonzentration des Produktes
- hohe Anodenstromdichte bei geringstmöglicher Aufheizung des Elektrolyten
- effiziente Wärmeverteilung durch Wärmetauscher mit großer Oberfläche
- kleinstmöglicher Anolytspalt zur Vermeidung von Spannungsabfällen
- dimensionsstabile Anodenkonstruktion bei geringst möglichem Platineinsatz

Die Stromausbeute nimmt in folgender Reihenfolge zu [255]:

$$H^+ = Li^+ < Na^+ < NH_4^+ + < K^+ < Rb^+ < Cs^+$$

In Verbindung mit Kation-Effekten und Löslichkeitsverhältnissen stellt die Herstellung von Ammoniumpersulfat das günstigste elektrolytische Verfahren dar. Die beiden anderen Persulfate (Natrium- und Kaliumpersulfat) werden weitgehend auf dem Umweg über das Ammoniumperoxodisulfat gewonnen. Die Herstellung von kristallinem Ammoniumperoxodisulfat geschieht z. B. nach folgender Vorschrift (Abb. 20) [256]: In den Kathodenraum einer Elektrolysezelle mit Bleikathode, Platinanode und Aluminiumoxid-Diaphragma speist man 72%ige technische Schwefelsäure ein, die dort durch einwandernde NH_4^+-Ionen und diffundierendes Wasser zu einem Katholyten mit 20% $(NH_4)_2SO_4$ und 30% H_2SO_4 teilneutralisiert und verdünnt wird. Der Katholyt wird anschließend mit Ammoniak schwach alkalisch gestellt und mit der Mutterlauge aus der $(NH_4)_2S_2O_8$-Kristallisation vermischt. Die so erhaltene Lösung enthält 40% $(NH_4)_2SO_4$, 4,9% H_2SO_4 und noch 7,8% $(NH_4)_2S_2O_8$. Sie wird in den Anodenraum eingespeist und dort bei einer anodischen Stromdichte von 80 bis 100 A dm^{-2} oxidiert. Man erhält einen Anolyten mit 26,2% $(NH_4)_2S_2O_8$, 22,0% $(NH_4)_2SO_4$ und 5,0% H_2SO_4. Diese Lösung wird im Vakuum von 45 °C auf 15 °C abgekühlt und gleichzeitig auf zwei Drittel ihres Volumens eingedampft. Man erhält grobkristallines $(NH_4)_2S_2O_8$ und die dem Anodenraum wieder zuzuführende Mutterlauge. In einer technisch verwendeten Zelle werden 210 kg $(NH_4)_2S_2O_8$ pro Stunde erzeugt. Die Stromausbeute beträgt 92,2%.

Es muss vermieden werden, dass sich in diesem Kreislaufsystem Verunreinigungen ansammeln, die die Zersetzung des Peroxodisulfats katalysieren. Dies sind vor allem Schwermetallverbindungen, die mit der Schwefelsäure eingeschleppt werden. Zu ihrer Entfernung wird die Elektrolytlösung nach dem NH_3-Zusatz filtriert.

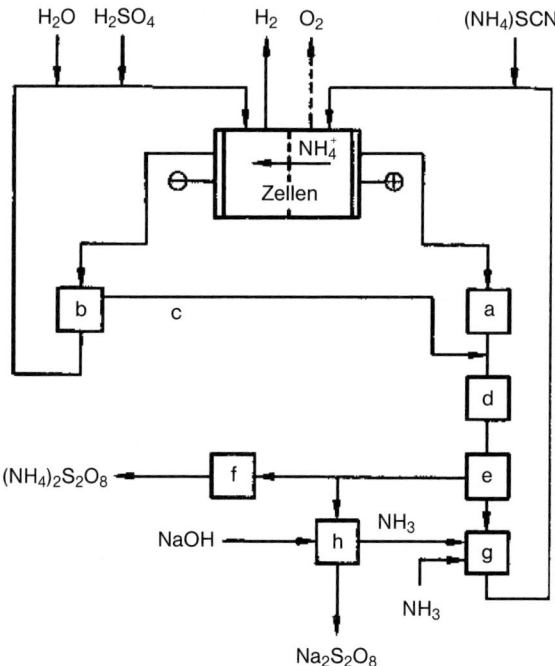

Abb. 20 Fließschema einer Ammoniumperoxodisulfat-Produktionsanlage
a Anolyt, b Katholyt, c Überlauf, d Vakuumkristallisation, e Zentrifuge, f Trocknung, g Neutralisation der Mutterlauge, h Reaktor

Die verwendeten Elektrolyseapparaturen stammen im Prinzip aus den alten elektrolytischen H_2O_2-Herstellungsverfahren, die über Peroxosulfate liefen. Zum Beispiel ist der in der Patentschrift [257] beschriebene Apparat eine Weiterentwicklung des Elektrolyseurs aus dem Weißensteiner H_2O_2-Prozess: Der Anolyt strömt durch ein starres, poröses Rohr mit 6 mm innerem Durchmesser, das als Diaphragma die drahtförmige Anode zentrisch umschließt. Je Kubikzentimeter Anodenraum sollen 6–12 cm² Diaphragma-Fläche vorhanden sein. Die Stromdichte beträgt 1000 bis 2000 A pro Liter Anolyt. Die Strömungsgeschwindigkeit des Anolyten wird so eingestellt, dass die Verweilzeit in der Elektrolyseapparatur 4–8 min beträgt. Die Anode besteht z. B. aus einem mit einer dichten Tantalhaut beschichteten Silberdraht, der mit dünnem Platindraht umwickelt ist. Diese Zellen sind in Gruppen zusammengefasst, von denen jeweils mehrere in Reihe geschaltet werden. Eine ähnliche Anordnung beschreibt [258].

Diaphragmen und Anoden sind die wichtigsten Einzelteile dieser Elektrolyseure. Als Alternative zu keramischen Diaphragmen werden halbdurchlässige Kunststoffmembranen vorgeschlagen, z. B. aus Polyethylen, in das Kationenaustauschharz oder ein ähnlich wirkendes Kieselgel eingearbeitet wird [259, 260]. Solche Membranen sind durchlässig für H⁺-Ionen, verhindern jedoch die Wanderung von $S_2O_8^{2-}$-Ionen in den Kathodenraum, sodass der Stromtransport weitgehend nur durch die H⁺-Ionen erfolgt. Die oben erwähnte Anode aus drei metallischen Werkstoffen wirkt folgendermaßen: Silber gewährleistet die optimale Stromzufuhr, Tantal sorgt für die Korrosionsfestigkeit, und Platin ist mit seiner charakteristischen hohen O_2-Überspannung das eigentliche elektrochemisch wirksame Anodenmaterial [261].

Natriumperoxodisulfat kann im Prinzip ähnlich hergestellt werden wie das Ammoniumsalz, d. h. direkt auf elektrolytischem Wege [262–264]. Bevorzugt gewinnt man es aber heute immer noch auf dem Umweg über das Ammoniumsalz, das zu diesem Zweck in wässriger Lösung bei pH 11,5–12,0 und 25–35 °C im stöchiometrischen Verhältnis mit Natronlauge umgesetzt wird:

$$(NH_4)_2S_2O_8 + 2\,NaOH \rightarrow Na_2S_2O_8 + 2\,H_2O + 2\,NH_3 \tag{29}$$

Nach Austreiben des Ammoniaks mit Inertgas erhält man das kristalline Natriumperoxodisulfat durch Sprühtrocknen oder Verdampfungskristallisation. Es enthält weniger als 0,5 % $(NH_4)_2S_2O_8$; die Verluste an Aktivsauerstoff sind gering [264].

Die direkte Herstellung von Kaliumperoxodisulfat durch Elektrolyse von $KHSO_4$ stößt wegen der schlechten Löslichkeit des Kaliumperoxodisulfats auf Schwierigkeiten. Diese Verbindung lässt sich in analoger Weise wie das Natriumperoxodisulfat aus dem Ammoniumsalz mit Kalilauge gewinnen. Wegen der Schwerlöslichkeit des Kaliumperoxodisulfats ist jedoch auch die Umsetzung des bei der Ammoniumperoxodisulfat-Herstellung anfallenden Kristallbreies mit Kaliumhydrogensulfat möglich:

$$(NH_4)_2S_2O_8 + 2\,KHSO_4 \rightarrow K_2S_2O_8 + 2\,NH_4HSO_4 \tag{30}$$

Die technische Durchführung [265] erfolgt im Gegenstrom in einer Kristallisationskolonne, die mit einer Kristallsuspension gefüllt ist, und der in der Nähe des unteren Endes eine $KHSO_4$-Lösung, in der Nähe des Kolonnenkopfes eine $(NH_4)_2S_2O_8$-Suspension zugeführt wird. Am tiefsten Punkt der Säule zieht man eine $K_2S_2O_8$-Suspension ab, die filtriert wird, das Filtrat geht unten in die Säule zurück. Am Kopf der Säule läuft eine Lösung über, die ca. 20 % H_2SO_4, 13 % $(NH_4)_2SO_4$ und 11 % $(NH_4)_2S_2O_8$ enthält. Sie ist völlig frei von Kalium-Ionen und kann wieder direkt der Elektrolyse zugeführt werden. Die Verweilzeit in der Säule beträgt 5–10 h. Der Verlust an Aktivsauerstoff liegt bei 5 %.

3.3.3.3 Anwendung

Peroxodisulfate werden für sehr unterschiedliche Zwecke eingesetzt. Die wichtigsten Einsatzfelder sind die Polymerherstellung und das Ätzen von Metallen, was zusammen etwa 85 % des Gesamteinsatzes ausmacht. Bei der Polymerherstellung werden Peroxodisulfate vor allem als Radikalstarter zusammen mit reduzierend wirkenden Substanzen und Cokatalysatoren in der Emulsionspolymerisation hauptsächlich bei der Herstellung von Polyacrylnitril und von Co- und Pfropfpolymeren des Acrylnitrils mit anderen Monomeren (Acrylnitril-Butadien-Styrol (ABS), hochschlagfestem Polystyrol (HIPS) und Styrol-Acrylnitril (SAN) eingesetzt, aber auch in der Synthese von vielen anderen polymeren Stoffen [266, 267]. Ein Beispiel für den Einsatz als Katalysator ist die Epoxidation von Olefinen [268].

In der Elektroindustrie konzentriert sich der Einsatz auf das Ätzen von Schaltkreisen und die Entfernung von Photolacken [269–271].

Weitere Einsatzgebiete sind:
- Faserbleiche im sauren Medium, verstärkt durch Halogenid-Ionen oder α, β-ungesättigte Carbonsäuren [272, 273]. Die Faserschädigung kann durch Zusätze von Oxalsäure, Benzoesäure, Harnstoff oder Acetamid gemildert werden [274, 275]
- Bleichmittel zum Finishing von Denim (»Blue Jeans«) [277–279]
- Haarbleiche [280, 281]
- Desinfizierung von Swimming Pools (Schockbehandlung) [282, 283]
- Viskositätseinstellung bei Stärkederivaten [284]
- Photographische Fixierbäder als Ersatz für Kaliumhexacyanoferrat(III) [285–287]
- Papierrecycling zur Zerstörung der Nassfestharze [288]
- Nicht detonierende thermische Druckgassprengsätze [286, 289]
- Sauerstoffträger in Raketentreibsätzen [257]

3.3.3.4 Sicherheit, Toxikologie und Handhabung

Toxikologie

Die Toxikologie der Peroxodisulfate wird hauptsächlich durch das Persulfat-Anion, weniger durch das Gegenkation bedingt. Akute LD_{50}-Werte bei oraler Gabe für Ammonium-, Kalium- und Natriumperoxodisulfat an Ratten lagen zwischen 495 und 1130 mg pro Kilogramm Körpergewicht. Das Ammoniumsalz ist wegen der zusätzlichen Toxizität des Ammonium-Ions etwas toxischer [290, 291]. Nach dermaler und inhalativer Applikation waren die Peroxodisulfate im Tierversuch praktisch nicht toxisch. Die dermalen LD_{50}-Werte an Ratten oder Kaninchen waren > 2000 mg pro Kilogramm Körpergewicht und nach Einatmen von Produktstaub in der höchsten erreichbaren Konzentration wurden bei Ratten keine Todesfälle beobachtet [291]. Im Tierversuch an Kaninchen waren Peroxodisulfate nicht hautreizend [292, 293], während beim Menschen hautreizende Wirkungen beschrieben wurden [291]. Eine leichte augenreizende Wirkung wurde im Tierversuch am Kaninchen beobachtet [291, 294]. Sowohl im Tierversuch als auch beim Menschen wurden allergische oder pseudoallergische Kontaktdermatitiden, beim Menschen auch eine Reihe anderer allergischer oder pseudoallergischer Reaktionen, wie Urticaria, Kontaktdermatitis, Rhinitis und asthmaartige Reaktionen beschrieben [290, 291]. Es gibt allerdings Hinweise aus experimentellen Studien, dass diese Reaktionen weniger durch eine echte Immunreaktion als durch eine durch Peroxodisulfate ausgelöste direkte Histamin- oder Leukotrien-Freisetzung aus Mastzellen ausgelöst werden, und damit wahrscheinlich erst bei höheren Expositionen auftreten als bei allergisch bedingten Reaktionen zu erwarten ist [295–299]. Peroxodisulfate zeigten bei Fütterungsstudien über bis zu 90 Tagen an Ratten bis zu Konzentrationen von 1000 ppm im Futter (132 mg pro Kilogramm Körpergewicht für Kaliumpersulfat) keine Anzeichen für substanzbedingte systemische Effekte [291]. Auch bei sehr hohen Dosen (3000 ppm Natriumperoxodisulfat) wurde nur eine leichte Reizwirkung im Magen-Darm-Trakt beobachtet [300]. Eine 90-Tage Inhalationsstudie an Ratten zeigte lokale Reizwirkungen im Atemtrakt ab Konzentrationen von 10 mg m^{-3} Feinstaub. Der NOAEL lag bei 5 mg m^{-3} Ammoniumperoxodisulfat-Feinstaub [291]. In in vitro und in vivo Gentoxizitätsstudien zeigten Peroxodisulfate keine positiven Befunde. Es besteht daher kein Hinweis auf eine mögliche mutagene oder karzinogene Wirkung dieser Substanzen [291].

Einwirkung auf die Umwelt
Die akute Toxizität von Peroxodisulfaten gegenüber Wasserorganismen ist gering bis mäßig. Der 96-h LC_{50}-Wert gegenüber Fischen lag bei 323 mg L^{-1} für Ammoniumperoxodisulfat [301] und bei 771 mg L^{-1} für Natriumpersulfat [302, 303]. Die Toxizität für *Daphnia magna*, 48 h EC_{50} (Schwimmhemmung) lag für beide Substanzen zwischen 64 und 120 mg L^{-1} [304]. Eine 10%ige Hemmwirkung gegenüber Algen bei 96 stündiger Exposition wird für Ammoniumpersulfat mit 33 mg L^{-1} (EC_{10}) angegeben [304]. Klassische Studien zur biologischen Abbaubarkeit können mit Peroxodisulfaten nicht durchgeführt werden, da die Studien auf der Verstoffwechselung von organischem Kohlenstoff beruhen. Es ist jedoch zu erwarten, dass die Verbindungen durch Bakterien abgebaut werden können.

Handhabung
Alle Peroxomono- und -disulfate sind kühl (< 30 °C) und trocken zu lagern. Sie müssen von brennbaren Stoffen getrennt gelagert werden und sind vor Zutritt von Verunreinigungen (wie Rost, Staub oder Asche) zu schützen. Der sensibilisierenden Wirkung aller Peroxodisulfate gilt es durch geeignete persönliche Schutzmaßnahmen Rechnung zu tragen. Die umgangs- und transportrechtlichen Einstufungen können Tabelle 13 entnommen werden.

Tab. 13 Umgangs- und transportrechtliche Einstufung der Peroxomono- und -disulfate

	UN Nummer	Klasse	Label	SADT
Kaliumperoxomonosulfat	3260	8, PG 3	O, C	>80 °C
Amoniumperoxodisulfat	1444	5.1, PG 3	O, Xn	~130 °C
Natriumperoxodisulfat	1505	5.1, PG 3	O, Xn	~180 °C
Kaliumperoxodisulfat	1511	5.1, PG 3	O, Xn	~170 °C

3.3.4
Peroxophosphorsäure und ihre Salze

Die Peroxophosphorsäure ist strukturell mit den Peroxoschwefelsäuren verwandt und verhält sich ähnlich. Die Hydrolyse erfolgt aber deutlich schneller, während das Oxidationsvermögen kinetisch gehindert ist. Die technische Bedeutung dieser Substanzklasse ist sehr gering.

Peroxomonophosphorsäure, H_3PO_5, erhält man durch Umsetzung von P_2O_5 mit H_2O_2 [305–307] als hochviskose und farblose Flüssigkeit mit einer Zusammensetzung von 88% H_3PO_5 und 9,6% H_2O_2. Folgende Säurekonstanten wurden ermittelt [308]: $pK_1 = 1{,}1$, $pK_2 = 5{,}5$, $pK_3 = 12{,}8$. Durch einfache Neutralisation mit den entsprechenden Alkalihydroxiden lassen sich die korrespondierenden Salze herstellen. Das kristalline, aber äußerst hygroskopische Kaliumsalz KH_2PO_5 ist das wichtigste von ihnen [309–311].

Peroxodiphosphorsäure, $H_2P_2O_8$, wird ähnlich wie die analoge Schwefelsäure durch anodische Oxidation von Phosphorsäure erhalten. Als Säure findet sie keinen kommerziellen Einsatz. Anders dagegen die Salze, allen voran das Tetrakaliumperoxodiphosphat. Dieses Salz zeichnet sich vor allem durch eine exzellente Wasserlöslichkeit aus:

Temperatur (°C)	Wasserlöslichkeit (%)
0	42
25	45
45	51

Erstaunlich ist die hohe thermische Stabilität von $K_4P_2O_8$, das erst oberhalb 200 °C Sauerstoff verliert [312–314]. Mit einem Oxidationspotential von $E° = 2{,}07$ V ist das Kaliumperoxodiphosphat ein sehr starkes Oxidationsmittel. In wässriger Lösung hydrolysiert das $P_2O_8^{2-}$ Ion. Die Hydrolyse wird bei Anwesenheit von Säuren beschleunigt [315].

Herstellung
$K_4P_2O_8$ lässt sich durch Elektrolyse aus Kaliumphosphatlösungen in Anwesenheit von Halogeniden oder Pseudohalogeniden darstellen [316], wobei eine zu der Herstellung der Peroxodisulfate analoge Elektrolysetechnik zum Einsatz kommt [317, 318]. Durch Umsetzung des Kaliumsalzes mit Natrium- bzw. Ammoniumperchlorat lassen sich $Na_4P_2O_8$ bzw. $(NH_4)_4P_2O_8$ darstellen [319]. Gemischte Salze wie $K_2(NH_4)_2P_2O_8$ erhält man durch Aussalzen nach teilweiser Entfernung des Kalium-Ions als Kaliumperchlorat $KClO_4$ [320].

Anwendung
In der Literatur finden sich nur wenige Anwendungen für die Peroxophosphate. Ein wesentlicher Grund hierfür dürften die schlechtere Reaktionskinetik und die höheren Produktionskosten im Vergleich zu den Peroxosulfaten sein. Folgende Anwendungen sind beschrieben:
- Haarkosmetik zum Bleichen, Formen und Fixieren [321]
- Ätzen von Metalloberflächen (z. B. Aluminium) [322]
- Radikalstarter bei der Pfropfpolymerisation von Acryl- und Vinylmonomeren

3.4
Anorganische Peroxide

3.4.1
Physikalische und chemische Eigenschaften

Anorganische Peroxide enthalten generell wenigstens eine paarweise gebundene Gruppe zweier Sauerstoffatome der Struktur -O-O-. Diese können über ein oder zwei Sauerstoffatome an ein Metallatom oder verbrückend an zwei Metallatome gebunden sein.

Einige weitere Peroxide, überwiegend Alkali- und Erdalkalimetallperoxide, enthalten das Peroxid-Ion paarweise gebunden in ionischer Form. In Peroxoverbindungen beträgt der Abstand zwischen den beiden Sauerstoffatomen ziemlich konstant 149 pm. Er hängt nicht von der Art der Metallatome und deren Liganden ab. Die Resonanzschwingungsfrequenzen der O-O-Bindung liegen im Bereich von 700 bis 930 cm^{-1} (Na$_2$O$_2$: ν = 738 cm^{-1}). Nach IUPAC werden anorganische Peroxide mit der Vorsilbe Peroxo-, organische Peroxide hingegen mit der Vorsilbe Peroxy- gekennzeichnet.

Peroxoborate, Peroxosulfate und Peroxophosphate wurden bereits vorhergehend behandelt. Als weitere wichtige Peroxide werden hier die Peroxide der Gruppen IA, IIA und IIB des Periodensystems, die Alkali- und die Erdalkalimetallperoxide, besprochen. Kurz werden auch die Peroxometallate erwähnt, bei denen die Peroxogruppe über zwei Sauerstoffatome an ein Metallatomzentrum gebunden vorliegt. Als besondere Klassen werden noch die Superoxide und die Ozonide besprochen.

Alkali - und Erdalkalimetallperoxide
Die Metalle der Gruppen IA, IIA und IIB bilden Peroxide der allgemeinen Formel M(I)$_2$O$_2$ und M(II)O$_2$, die in Ionengittern kristallisieren und das diamagnetische Anion O$_2^{2-}$ enthalten [323, 324]. Alle diese Verbindungen sind farblos oder leicht gelblich gefärbt; letzteres wird auf geringe Anteile der sogenannten Superoxide zurückgeführt (siehe unten). Werden Peroxide in Kontakt mit organischen oder reduzierend wirkenden Substanzen gebracht, so besteht die Gefahr der Selbstentzündung oder der Explosion. Die Alkalimetallperoxide geben ab etwa 300 °C Sauerstoff ab und bilden dabei Oxide, die Erdalkalimetallperoxide sind beständiger und stabil bis etwa 700 °C und zerfallen dann ebenfalls in Sauerstoff und das zugrundeliegende Oxid. Alkali- und Erdalkalimetallperoxide lösen sich schnell in Wasser unter Bildung von Wasserstoffperoxid und der entsprechenden Metallhydroxide. Die Alkalimetallperoxide bilden mit verschiedenen 5- bzw. 6-wertigen Schwermetalloxiden, z. B. des Vanadins, Molybdäns, Wolframs und Urans, Peroxoverbindungen der Bruttozusammensetzungen 2M(I)$_2$O$_2$ · M(V)$_2$O$_2$ bzw. M(I)$_2$O$_2$ · M(VI)O$_3$.

Superoxide
Einige besonders elektropositive Alkali- und Erdalkalimetalle bilden sogenannte Superoxide des Typs M(I)O$_2$ und M(II)(O$_2$)$_2$, die Derivate des unbeständigen HO$_2$-Radi-

kals darstellen. Die Superoxide der Alkalimetalle können in relativ reiner Form erhalten werden. Sie lassen sich entweder durch Reaktion der entsprechenden Peroxide mit Sauerstoff oder vorteilhaft durch Reaktion der gelösten Alkalimetalle mit Sauerstoff in flüssigem Ammoniak erhalten. Die Tendenz, Superoxide zu bilden, nimmt mit zunehmender Größe des Alkalimetall-Ions zu. Auch die Erdalkalimetalle bilden Superoxide, diese wurden jedoch nur in Vergesellschaftung mit den korrespondierenden Peroxiden beobachtet. Die Superoxide der Alkalimetalle sind paramagnetische, gelb bis orange gefärbte Verbindungen. Sie sind sehr starke Oxidationsmittel, die heftig mit Wasser unter der Bildung von Sauerstoff und des korrespondierenden Hydroperoxids nach Gleichung (31) reagieren:

$$2\ MO_2 + H_2O\ \rightarrow\ 2\ M^+ + OOH^- + OH^- + O_2 \tag{31}$$

Superoxide reagieren heftig mit den meisten organischen Materialien und reduzierenden Agenzien und oxidieren viele Metalle zu ihrer höchsten Oxidationsstufe.

Ozonide
Außer Peroxiden und Superoxiden sind von den Alkalimetallen noch die Ozonide des Typs $M(I)O_3$ bekannt [324]. Sie bilden sich durch Reaktion der entsprechenden Oxide und Ozon. Die Ozonide zersetzen sich bereits bei Raumtemperatur zu den entsprechenden Superoxiden und Sauerstoff. Sie besitzen keinerlei technische Bedeutung. Reviews über die Ozonide finden sich in der Literatur [325].

Peroxometallate
Einige Übergangsmetallsalze bilden beim Ansäuern in Gegenwart von Wasserstoffperoxid Peroxometallate. Diese sind charakterisiert durch die Anwesenheit mindestens eines dreigliedrigen Peroxometallringes [326]. Ein typisches Beispiel ist die Bildung von Chromperoxid (Gl. (32)).

$$HCrO_4^- + 2\ H_2O_2 + H^+ \longrightarrow [\text{Cr peroxo complex}] + 2\ H_2O \tag{32}$$

Peroxometallate werden bevorzugt von den Übergangsmetallen Titan, Vanadium, Chrom, Molybdän und Wolfram gebildet. Einige Peroxometallate, die sich von Iso- und Heteropolysäuren ableiten, sind wichtige homogene Oxidationskatalysatoren. Beispiele sind die wolframbasierten Oxidationssysteme von NOYORI [327] und VENTURELLO [328]. Bestimmte Peroxopolyoxometallate, die als katalytisch wirksame Spezies betrachtet werden, konnten in Substanz isoliert werden. Ein typisches Beispiel ist Tris[tetra-*n*-hexylammonium]peroxophosphowolframat, $[N(C_6H_{13})_4]_3\{PO_4[W(O)(O_2)_2]_4\}$. Als weiteres katalytisch hochaktives System wurden in den letzten Jahren Methyltrioxorhenium, CH_3ReO_3, und die korrespondierenden Polyoxometallate bekannt, mit denen sich organische Verbindungen durch Wasserstoffperoxid selektiv katalytisch oxidieren lassen [329].

3.4.2
Herstellung

Alkaliperoxide können durch mehrere Methoden hergestellt werden: Durch Reaktion des Metalls mit Sauerstoff, Reaktion des Metalloxides mit Sauerstoff, thermische Zersetzung der Superoxide und Reaktion des Alkalihydroxids mit Wasserstoffperoxid. Mit der letzten Methode werden in der Regel Peroxyhydrate und/oder Hydrate der Peroxide erhalten, die durch Wärme oder im Vakuum vorsichtig entwässert werden können. Erdalkaliperoxide können generell durch Reaktion des Metalloxids mit Sauerstoff und durch Reaktion des Hydroxids mit wässrigem Wasserstoffperoxid mit nachfolgender Entwässerung hergestellt werden. Eine detailliertere Beschreibung der Peroxide findet sich in der Literatur.

Natriumperoxid
Natriumperoxid, Na_2O_2, wurde bis in die 1970er Jahre in technischem Maßstab hergestellt. Durch die Verfügbarkeit von preiswertem Wasserstoffperoxid in großen Mengen aus dem Anthrachinonprozess geht seine Bedeutung jedoch kontinuierlich zurück. Zwei Verfahren wurden zu seiner technischen Herstellung verwendet: Das Drehrohrverfahren und das USI-Verfahren.

Beim *Drehrohrverfahren* wird zunächst geschmolzenes Natrium mit Sauerstoff zum Natriumoxid verbrannt (Gl. (33)):

$$2\ Na + \tfrac{1}{2}\ O_2 \rightarrow Na_2O \qquad \Delta H_R = -432{,}6\ \text{kJ mol}^{-1} \tag{33}$$

Die Reaktion wird im Gegenstrom kontinuierlich in einem bereits mit pulverförmigen Natriumoxid gefüllten Drehrohrofen durchgeführt. Wegen der Exothermie der Reaktion muss das Drehrohr von außen mit Wasser gekühlt werden. Die Innentemperatur des Reaktors beträgt an der Einspeisestelle des Natriums 600–700 °C und fällt am Austrag auf 150–200 °C ab. Das aus dem Brennrohr austretende Natriumoxid enthält einige Prozente Natriumperoxid und maximal 1 % metallisches Natrium. In einem zweiten Reaktionsschritt wird das Reaktionsprodukt in einem Drehrohrreaktor mit elementarem Sauerstoff aus einer Luftzerlegungsanlage zur Reaktion gebracht (Gl. (34)).

$$Na_2O + \tfrac{1}{2}\ O_2 \rightarrow Na_2O_2 \qquad \Delta H_R = -79{,}6\ \text{kJ mol}^{-1} \tag{34}$$

Wegen der geringen Exothermie der Reaktion muss der Drehrohrreaktor von einem gas- oder ölbeheizten Muffel umgeben werden. Die Reaktionstemperatur liegt bei 350–400 °C. Als Produkt erhält man etwa 99 %ige Ware, die in Form kleiner, gelblicher Kügelchen anfällt.

Beim *USI-Verfahren* (US Industrial Chemicals Process) wird auch in der ersten Stufe Natriumoxid hergestellt, allerdings nicht durch Oxidation von Natriummetall mit Luft, sondern durch Komproportionierung von Natrium und rezykliertem, nicht spezifikationsgerechtem Natriumperoxid bei > 250 °C. Das entstehende Na_2O_2/Na_2O-Gemisch wird anschließend in einem beheizten Drehrohr mit Luft zum Peroxid oxidiert. Dieses Verfahren kommt ausschließlich mit Luft als Oxidationsmittel aus, es müssen jedoch 80–90 % des gebildeten Peroxids rezykliert werden.

Lithiumperoxid
Lithiumperoxid, Li_2O_2, wird kommerziell durch Reaktion von Lithiumhydroxid mit Wasserstoffperoxid und anschließende Entwässerung hergestellt. Eine direkte Darstellung aus Lithiummetall und Sauerstoff ist nicht möglich.

Calciumperoxid und Strontiumperoxid
Calciumperoxid, CaO_2, wird technisch durch Reaktion von Calciumhydroxid mit Wasserstoffperoxid hergestellt. Bei Kühlung der Reaktionslösung fällt das wohldefinierte, kristalline Octahydrat, $CaO_2 \cdot 8\,H_2O$ aus, das nach der Filtration bei Temperaturen um 150 °C entwässert werden kann. Calciumperoxid beginnt sich bei Temperaturen um 380 °C zu zersetzen. Strontiumperoxid, SrO_2, wird durch Erhitzen von Strontiumoxid mit Sauerstoff bei 200 °C hergestellt. Alternativ kann man zur Herstellung auch ein wasserlösliches Salz mit H_2O_2 reagieren lassen. Die thermische Stabilität von Strontiumperoxid ist etwas besser als die von Calciumperoxid, die Verbindung zersetzt sich ab etwa 410 °C.

Magnesiumperoxid und Zinkperoxid
Magnesiumperoxid, MgO_2, und Zinkperoxid, ZnO_2, werden wie die anderen zweiwertigen Peroxide durch Reaktion der Hydroxide mit Wasserstoffperoxid und anschließende Entwässerung hergestellt. Reine Produkte werden kommerziell nicht angeboten.

Bariumperoxid
Bariumperoxid, BaO_2, war früher ein wichtiges Zwischenprodukt für die Wasserstoffperoxidherstellung. Als einziges Peroxid lässt es sich durch direktes Erhitzen des Monooxids in Luft bei etwa 500–550 °C herstellen. Die Reaktion ist bei höheren Temperaturen reversibel. Bariumperoxid zersetzt sich unter Sauerstoffabgabe bei Temperaturen über 700 °C.

Kaliumsuperoxid
Bei der Herstellung von Kaliumsuperoxid, KO_2, kann man von Kaliumhydroxid und konzentriertem Wasserstoffperoxid ausgehen, die unter Kühlung und vermindertem Druck zunächst zum Kaliumperoxid-Diperhydrat $K_2O_2 \cdot 2\,H_2O_2$ umgesetzt werden [330, 331]. Dieses wird dann bei erhöhter Temperatur zu KO_2 zersetzt (Entwässerung durch Vakuum bzw. Sprühtrocknung). Bei einem weiteren Verfahren wird geschmolzenes Kaliummetall in einen Überschuss von Sauerstoff bei 300 °C eingesprüht. Die Verbindung lässt sich auch durch Oxidation von gelöstem Kalium in flüssigem Ammoniak bei −50 °C herstellen.

3.4.3
Anwendung

Lithiumperoxid hat aufgrund seines geringen spezifischen Gewichtes eine Nischenanwendung in der Raumfahrttechnik gefunden. Es wird dort als Sauerstoffspender und Kohlendioxidabsorbens eingesetzt. *Natriumperoxid* war früher ein wichtiges Bleichmittel in der Papier- und Textilindustrie. Seit den 1960er Jahren ist es in dieser Funktion zunehmend vom billigeren Wasserstoffperoxid aus dem Anthrachinonprozess verdrängt worden. Heute besitzt Natriumperoxid noch einige spezielle Anwendungsgebiete, wie z. B. als Aufschlussmittel in der chemischen Analyse oder als Extraktionsmittel für Edelmetalle aus Erzen.

Magnesiumperoxid besitzt einige Anwendungen im Haushalt, in der Tiermedizin und in der Metallurgie. *Zinkperoxid* wird als Vulkanisierungsmittel und aufgrund seiner desodorierenden Wirkung als Wundbehandlungsmittel eingesetzt. *Calciumperoxid* wird ebenfalls als Vulkanisierungsmittel und zur Laugung von Golderzen benutzt. Es besitzt ferner Bedeutung als Sauerstoffspender für verseuchte Böden, um Mikroorganismen den biologischen aeroben Abbau von Schad- und Abfallstoffen zu ermöglichen. *Strontium-* und *Bariumperoxid* finden aufgrund ihrer Flammenfärbung Anwendung in der Pyrotechnik. Bariumperoxid wird zudem in der Metallurgie und als Vulkanisierungsmittel eingesetzt.

3.4.4
Sicherheit und Toxikologie

Aufgrund der Reaktivität in wässrigen Systemen und der heftigen Reaktion mit Wasser unter Bildung von Sauerstoff und Metallhydroxid bzw. mit Kohlendioxid zu dem entsprechenden Carbonat, lassen sich praktisch keine sinnvollen toxikologischen oder ökotoxikologischen Studien mit Metallperoxiden durchführen. Die Toxizität lässt sich auf die starke Ätzwirkung einer konzentrierten Natriumhydroxid-Lösung zurückführen. Zusätzlich können bei direktem Kontakt mit Peroxiden Verbrennungsreaktionen auftreten, die auf die starke Wärmeentwicklung bei Reaktion mit Wasser zurückgehen.

3.5
Organische Peroxoverbindungen

3.5.1
Peroxycarbonsäuren

3.5.1.1 Physikalische und chemische Eigenschaften
Peroxycarbonsäuren sind gekennzeichnet durch die funktionelle Gruppe C(O)OOH und werden gemeinhin durch die Vorsilbe Peroxy- vor dem entsprechenden Carbonsäurenamen gekennzeichnet. Nur für einige einfache Säuren, wie z. B. Peressigsäure, wird die einfache Vorsilbe Per- verwendet.

Die physikalischen Eigenschaften der Peroxycarbonsäuren werden ausführlich in verschiedenen Übersichtsartikeln behandelt [332–341]. Wie sich durch Röntgenstruktur- und IR-Analyse zeigen lässt, liegen die Peroxycarbonsäuren in der Flüssig- oder Gasphase im Wesentlichen in monomerer Form (siehe oben), im Festkörper als Dimere vor [336–338].

Aus diesem Grund haben Peroxycarbonsäuren höhere Dampfdrücke und niedrigere extrapolierte Siedepunkte als die entsprechenden Carbonsäuren. Auch ist die Wasserlöslichkeit der Peroxycarbonsäuren deutlich höher als die der zugrundeliegenden Carbonsäuren.

Als Folge der intramolekularen Chelatbildung und der fehlenden Resonanzstabilisierung des Peroxycarbonat-Anions sind Peroxycarbonsäuren weniger sauer als die entsprechenden Carbonsäuren. Die pK_s-Werte liegen um etwa drei Einheiten höher als die der korrespondierenden Säuren. So beträgt beispielsweise der pK_s-Wert von Peroxypivalinsäure 8,23, der der Pivalinsäure hingegen 5,03 [345, 346]. Tabelle 14 gibt eine Auflistung der pK_s-Werte einiger Peroxycarbonsäuren [347].

Tab. 14 pK_s-Werte einiger Peroxycarbonsäuren

Carbonsäure	Peroxycarbonsäure	Aktivsauerstoff	pK_s-Wert
Ameisensäure HCOOH	Perameisensäure HC(O)OOH	25,8	7,1
Essigsäure CH_3COOH	Peressigsäure $CH_3C(O)OOH$	21,1	8,2
Propionsäure C_2H_5COOH	Perpropionsäure $C_2H_5C(O)OOH$	17,8	8,1
Buttersäure C_3H_7COOH	Perbuttersäure $C_3H_7C(O)OOH$	15,4	8,2
Benzoesäure C_6H_5COOH	Perbenzoesäure $C_6H_5C(O)OOH$	11,6	7,8
3-Chlorbenzoesäure $Cl\text{-}C_6H_4COOH$	3-Chlorperbenzoesäure $Cl\text{-}C_6H_4C(O)OOH$	9,3	7,7
Pivalinsäure $(CH_3)_3CCOOH$	Peroxypivalinsäure $(CH_3)_3C(O)OOH$	13,5	8,2

Die niederen Peroxycarbonsäuren besitzen einen unangenehmen, stechenden Geruch, dessen Intensität mit steigender Kettenlänge der Peroxycarbonsäure nachlässt.

Die niederen Peroxycarbonsäuren sind in Wasser unbegrenzt löslich. Die längerkettigen Carbonsäuren (> C_6) sind bereits in Wasser unlöslich, aber lösen sich gut in Ether, Alkoholen und Kohlenwasserstoffen. Bei den Diperoxycarbonsäuren macht sich der erhöhte polare Charakter bereits bemerkbar. Diperoxycarbonsäuren lösen sich gut in Wasser, während sie mit unpolaren Lösemitteln nicht mischbar sind. Die höheren Diperoxycarbonsäuren lösen sich in Ether, Aceton und Alkohol.

Die niederen freien Peroxycarbonsäuren sind instabil und verlieren rasch den Aktivsauerstoff. In Lösung hingegen sind sie relativ stabil. Bei Zugabe von Basen ist ein Instabilitätsmaximum in der Umgebung des pK_s-Wertes zu beobachten [345, 346]. Die reinen Säuren sind hitzeempfindlich und explosionsgefährlich; dies gilt im besonderen für angereicherte Perameisensäure und Peressigsäure [335–337]. Die Stabilität von aliphatischen Peroxycarbonsäuren nimmt mit steigender Kettenlänge zu. Die Zersetzung wird durch Metalle und Metall-Ionen beschleunigt. Sie kann prinzipiell auf drei Reaktionswegen erfolgen.

Reaktion A. Dieser Zerfallsweg beschreibt die Rückbildung der Ausgangscarbonsäure unter Freisetzung von Sauerstoff. Er wird durch Metall-Ionen beschleunigt und ist sehr häufig für den Gehaltsverlust nicht ausreichend stabilisierter Ware verantwortlich (Gl. (35)).

$$2\ CH_3C(O)OOH \longrightarrow 2\ CH_3C(O)OH + O_2 \quad (A) \qquad (35)$$

Reaktion B. Hierbei wird unter Decarboxylierung der nächstniedrigere homologe Alkohol frei (Gl. (36)). Diese Reaktion wird ebenfalls durch Metall-Ionen katalysiert und verläuft über radikalische Zwischenstufen.

$$CH_3C(O)OOH \longrightarrow CH_3-OH + CO_2 \quad (B) \qquad (36)$$

Reaktion C. Die Hydrolyse der Peressigsäure ist stark pH-abhängig. Bei der Reaktion bilden sich die Ausgangskomponenten H_2O_2/Carbonsäure zurück (Gl. (37)).

$$R-C(O)OOH + H_2O \longrightarrow CH_3C(O)OH + H_2O_2 \begin{smallmatrix} \nearrow 1/2\ O_2 \\ \searrow H_2O \end{smallmatrix} \quad (C) \qquad (37)$$

Einige Persäuren lassen sich bei Raumtemperatur rein gewinnen, so ist z. B. 3-Chlorperbenzoesäure in Substanz isolierbar. Die Stabilität aromatischer Peroxycarbonsäuren wird durch das Vorhandensein von Ringsubstituenten erhöht.

Von allen organischen Peroxiden sind die Peroxysäuren die stärksten Oxidationsmittel, wobei unter Abgabe des Aktivsauerstoffs die entsprechenden Carbonsäuren entstehen. Die zugrundeliegenden Reaktionen lassen sich vielfach in der organischen Synthese ausnutzen. Typische Reaktionen sind die Epoxidierung [338], die Hydroxylierung von Olefinen [338], die Oxidation von Sulfiden zu Sulfoxiden und die Baeyer-Villiger-Reaktion [336].

3.5.1.2 Herstellung

Die Darstellung der Peroxycarbonsäuren kann durch mehrere Verfahren erfolgen. Die wichtigsten sind die folgenden:

1. Reaktion von Wasserstoffperoxid mit einer Carbonsäure

$$R\text{—COOH} + H_2O_2 \xrightarrow{H^+} R\text{—C}\underset{O-O}{\overset{O\cdots}{\diagup}}H + H_2O \qquad (38)$$

Durch diese Reaktion erhält man eine Gleichgewichtsform der Persäure, die gegebenenfalls durch die Zugabe geeigneter Chemikalien stabilisiert werden kann. Auf diese Weise sind die Säuren monatelang lagerfähig. Im Produkt liegen Wasserstoffperoxid, Carbonsäure, Peroxycarbonsäure und Katalysatorsäure (meistens Schwefelsäure) im Gemisch vor. Diese Reaktionsform wird insbesondere für Peressigsäure gewählt. Das Reaktionsgemisch kann durch geeignete Verfahren, z. B. durch Destillation, weiter aufgearbeitet werden. Auf diese Weise lässt sich eine reine wässrige Lösung der Peroxycarbonsäure in Wasser erhalten. Die Persäuren können unstabilisiert auch in-situ hergestellt werden, wobei die Säure durch die Synthesereaktion direkt bei der Bildung verbraucht wird.

2. Autoxidation von Aldehyden

$$R\text{—CHO} + O_2 \longrightarrow R\text{—C}\underset{O-O}{\overset{O\cdots}{\diagup}}H \qquad (39)$$

Durch diese Reaktion bildet sich die Persäure in wasserfreier Form. Problematisch ist bei dieser Darstellung die chemische Instabilität der entstehenden Peroxycarbonsäure. Insbesondere niedere Percarbonsäuren können so nur in situ hergestellt werden, wobei die Säure direkt bei der Bildung verbraucht wird.

3. Reaktionen von Acylchloriden, Anhydriden oder Borcarbonsäureanhydriden mit Wasserstoff- oder Natriumperoxid

$$R-\underset{Cl}{\overset{O}{C}} + H_2O_2 \longrightarrow R-\underset{O-O}{\overset{O}{C}}-H + HCl \quad (40)$$

Diese Reaktion muss gewöhnlich bei niedrigerer Temperatur durchgeführt werden, um die Bildung von Diacylperoxiden zu vermeiden.

4. Hydrolyse oder Perhydrolyse von Diacylperoxiden

$$R-\overset{O}{C}-\overset{O}{C}-R + CH_3ONa \longrightarrow R-\overset{O}{C}-O-CH_3 + R-\overset{O}{C}-O-ONa \quad (41)$$

Diese Reaktion ist insbesondere zur Darstellung von festen Peroxycarbonsäuren, wie 3-Chlorperbenzoesäure, geeignet [348]. Die freie Säure wird dabei nach der Neutralisation des Salzes mit einer Mineralsäure, wie z. B. Schwefelsäure, erhalten. Weitere Darstellungsmöglichkeiten für Peroxycarbonsäuren sind die Hydrolyse von Ozoniden mit Carbonsäuren, die Perhydrolyse mit Acylimidazoliden, die Reaktion von Ketenen mit Wasserstoffperoxid, die elektrochemische Oxidation von Alkoholen und Carbonsäuren und die Oxidation von Carbonsäuren mit Sauerstoff in der Gegenwart von Ozon.

3.5.1.3 Anwendung

Die mengenmäßig am meisten eingesetzte Percarbonsäure ist die Peressigsäure. In den Handel kommt Peressigsäure als Gleichgewichtsperessigsäure. Der Persäuregehalt der angebotenen Gleichgewichtsperessigsäuren liegt typischerweise bei 40 %, 15 % oder 5 %. Die Zusammensetzungen sind in Tabelle 15 angegeben. Der Gehalt an Katalysatorsäure (Schwefelsäure) ist in der Regel < 1 %.

Derartige Peressigsäuren werden entweder per se oder in verdünnter Form als Biozide, beispielsweise zur Desinfektion verwendet. Peressigsäure wirkt bereits in sehr geringen Mengen desinfizierend. Zur Desinfektion werden bevorzugt die 5- und die 15-%ige Ware eingesetzt. Als Ursache für die ausgezeichnete und schnelle antimikrobielle Wirkung der Peressigsäure wird ihre spezifische Diffusionsfähigkeit durch die Zellmembran angesehen.

Peroxycarbonsäuren sind häufig eingesetzte Oxidantien in der organischen Synthese. Gleichgewichtsperessigsäure wird technisch zur Oxidation von C=C-Doppelbindungen bei der Herstellung von Epoxiden und Diolen benutzt. Der größte Nachteil dieses Verfahrens ist der Ballast an freier Essigsäure und an Schwefelsäure. Diese tragen, vor allem bei empfindlichen Peroxiden, durch Folgereaktion mit dem Epoxidring, zur erhöhten Nebenproduktbildung bei.

Tab. 15 Konzentrationen der Komponenten in verschiedenen Gleichgewichtsperessigsäuren

Peressigsäure (% Massenant.)	Essigsäure (% Massenant.)	H_2O_2 (% Massenant.)	H_2O (% Massenant.)
40	42	5	13
15	17	22	46
5	6	27	62

Organische Substanzen lassen sich auch durch in-situ-Peressigsäure oxidieren, bei der die Peroxyessigsäure direkt im Reaktionsgefäß durch Zugabe einer starken Säure (in der Regel Schwefelsäure oder Methansulfonsäure) und Wasserstoffperoxid zu einer Lösung von Alken, Essigsäure und Lösemittel erzeugt wird [349]. Dieses Verfahren ist besonders für die Herstellung längerkettiger Alkenoxide geeignet. Durch den Einsatz von destillierter wässriger Peressigsäure lassen sich die meisten Epoxide, bis auf Propylenoxid, in hohen Ausbeuten herstellen. Destillierte wässrige Peressigsäure lässt sich vorteilhaft auch zur Herstellung von Caprolacton durch Baeyer-Villiger-Oxidation von Cyclohexanon verwenden.

Die Reaktivität der Percarbonsäuren nimmt mit zunehmender Kettenlänge ab. Die reaktivere Perameisensäure ist insbesondere zur Herstellung langkettiger Epoxide, z. B. 1-Alkenoxiden C_8-C_{28}, geeignet [350, 351]. Der Nachteil des Perameisensäureverfahrens besteht darin, dass die Ameisensäure kaum rezykliert werden kann, sondern sich bereits während der Reaktion teilweise unter Decarboxylierung zersetzt. Das Folgeprodukt Ameisensäure geht leicht Folgereaktionen mit dem Epoxid unter Ringöffnung ein. Außerdem gibt es in dem System Wasser/Wasserstoffperoxid/Ameisensäure explosionsfähige Mischungsverhältnisse.

Für synthetische Reaktionen im Labor lässt sich die feste und stabilere 3-Chlorperoxybenzoesäure verwenden. Als weitere stabile, feste Peroxydicarbonsäure wird Diperoxydodecandicarbonsäure zum Bleichen in Waschmittelformulierungen verwendet [352, 353]. Diese Säure lässt sich sowohl im Labor [354] als auch im technischen Maßstab [355] durch Umsetzung von Dodecandicarbonsäure mit Wasserstoffperoxid und Schwefelsäure herstellen.

3.5.1.1 Sicherheit und Toxikologie

Toxikologie

Von den Peroxycarbonsäuren ist die Peressigsäure toxikologisch am besten charakterisiert. Eine Bewertung aller vorliegenden Daten zur Toxizität und zum Umweltverhalten wurde 2001 von ECETOC veröffentlicht [356].

Peressigsäure kann bei Verschlucken, Hautkontakt und Einatmen in den Organismus aufgenommen werden. Peressigsäure und Wasserstoffperoxid werden rasch enzymatisch und nichtenzymatisch im Organismus verstoffwechselt. Die akute Toxizität der Gleichgewichtsperessigsäuren hängt von deren Zusammensetzung ab. Beträgt der Peressigsäuregehalt 10 % oder weniger, ist die akute orale Toxizität zumeist gering. Die dermale Toxizität ist abhängig von der akuten Reizwirkung, die systemische Toxizität ist jedoch gering. Bei Einatmen von Peressigsäuredämpfen oder -Aerosolen tritt lokale Reizwirkung an den Atemwegen auf. Peressigsäure-Lösungen mit einem Gehalt von > 10% Peressigsäure wirkten bereits nach 3 min Einwirkung stark ätzend an der Haut von Kaninchen, bei einem Gehalt von 3,4 bis 5% Peressigsäure trat die Ätzwirkung nach 4 h Expositionszeit auf. Erst bei Konzentrationen kleiner als 0,35% waren keine hautreizenden Wirkungen mehr nachzuweisen. In Konzentrationen von 0,2% und mehr verursachte Peressigsäure schwere Augenschäden im Tierversuch an Kaninchen. Peressigsäure war im Tierversuch am Meerschweinchen nicht sensibilisierend und auch beim Menschen wurden bisher keine allergischen Reaktionen beobachtet. Auch nach wiederholter Gabe im Tierversuch besteht die Hauptwirkung in der lokalen Reizwirkung am Applikationsort. Studien zur Gentoxizität ergaben überwiegend negative Ergebnisse, vor allem in vivo, sodass kein besonderer Verdacht auf eine mögliche erbgutverändernde oder krebserzeugende Wirkung besteht. Allerdings besteht die Möglichkeit, dass Peressigsäure aufgrund der starken lokalen Reizwirkung eine tumorpromovierende Wirkung haben könnte. In der Literatur sind die Ergebnisse von Multigenerationsstudien erwähnt, in denen keine Hinweise auf eine mögliche reproduktionstoxische Wirkung gefunden wurden.

Die Toxizität von Peressigsäure lässt sich daher vor allem als eine starke lokale Reiz- und Ätzwirkung beschreiben [356].

Einwirkung auf die Umwelt
Peressigsäure verteilt sich aufgrund ihrer physikalisch-chemischen Eigenschaften in der Umwelt vor allem im wässrigen Kompartiment. Ihre Lebensdauer in der Atmosphäre und im Wasser ist begrenzt durch die chemische Instabilität. Die Halbwertszeit in Luft wurde bei 20 °C mit 20 min angegeben. In Wasser unterliegt Peressigsäure einer Temperatur- und pH-abhängigen Hydrolyse und Zersetzung. Im Neutralen und Alkalischen war die Halbwertszeit kleiner als ein Tag, im Sauren betrug sie ca. 7 bis 12 Tage. Verdünnte Peressigsäure-Lösungen sind leicht biologisch abbaubar. Zur akuten aquatischen Toxizität liegen einige Studien für alle trophischen Ebenen vor. Dabei waren kleinere Testorganismen empfindlicher als größere, was aufgrund des unspezifischen Wirkmechanismus (oxidierende Wirkung) plausibel ist. Die höchste Toxizität wurde gegenüber Algen gefunden: Die 120-h NOEC (No Observed Effect Concentration) war 0,13 mg Peressigsäure pro Liter, die EC_{50} betrug 0,18 mg L^{-1}. Gegenüber Daphnien war die EC_{50} = 0,5–1 mg Peressigsäure pro Liter nach 48 h Exposition, während für die Fischtoxizität LC_{50}-Werte (96 h) von 0,9 bis 3,3 mg Peressigsäure pro Liter angegeben wurden. Die Toxizitäten gegenüber Wasserorganismen korrelierten dabei sehr gut mit dem Peressigsäuregehalt der geprüften Gleichgewichtsperessigsäuren und waren praktisch unabhängig von der Konzentration an Wasserstoffperoxid oder Essigsäure, es sei denn die Konzentration von Wasserstoffperoxid war größer als die der Peressigsäure [356].

3.5.2
Organische Peroxide

3.5.2.1 Physikalische und chemische Eigenschaften

Organische Peroxoverbindungen X-O-O-Y (**1**) können als Derivate des Wasserstoffperoxids aufgefasst werden, in dem ein oder beide Wasserstoffatome durch organische Gruppen X und Y substituiert sind (siehe Abschnitt 1, Tabelle 2). Aus der Vielfalt an möglichen Substituenten, und da X und Y gleich oder verschieden sein können, resultiert eine große Anzahl an organischen Peroxiden.

Die »Schwachstelle« der organischen Peroxide ist die O-O-Bindung. Die Art und Struktur der Substituenten X und Y beeinflussen die Stärke dieser Bindung und damit die Geschwindigkeit des thermischen Zerfalls. Diese Zerfallsgeschwindigkeit wird im allgemeinen als Halbwertszeit angegeben, d.h. als die Zeitspanne, nach der bei einer bestimmten Temperatur die Hälfte des Peroxids zerfallen ist. Die Halbwertszeit der organischen Peroxide lässt sich durch die Art der Substituenten in weiten Grenzen variieren, von wenigen Minuten bei 40 °C bis zu einigen Tagen bei 150 °C. Darauf beruht das weite Einsatzfeld und die große wirtschaftliche Bedeutung der organischen Peroxide, insbesondere als Initiatoren für radikalische Polymerisationen [342, 343].

Die gebräuchlichste Methode zur quantitativen analytischen Bestimmung von organischen Peroxiden beruht auf ihrer Oxidationswirkung. Iodid wird in saurer Lösung zu Iod oxidiert und dieses mit Thiosulfatlösung titrimetrisch bestimmt. Je nach Stabilität der einzelnen Peroxidklassen müssen die Bedingungen der Analyse (Säurestärke, Temperatur, Zeit) angepasst werden. Bei vielen Peroxiden ist auch eine Bestimmung über Gaschromatographie oder HPLC möglich. Eine ausführliche Beschreibung der chemischen, spektroskopischen und chromatographischen Analysenmethoden findet sich in [357].

Eine große Zahl von Verbindungen wurden hergestellt, bei denen die Peroxo-Gruppe an ein oder zwei Nichtkohlenstoff-Atome gebunden ist. Soweit noch organische Substituenten vorhanden sind, zählt man diese Verbindungen ebenfalls zu den organischen Peroxiden. Bekannt sind solche Peroxide von Si, Ge, Sn, Sb, Ti, Al und B [358–361]. Eine wirtschaftliche Bedeutung haben diese Verbindungen bisher nicht erlangt.

Hydroperoxide

Als Radikal-Initiatoren haben nur solche Hydroperoxide eine Bedeutung, bei denen die OOH-Gruppe an ein tertiäres C-Atom gebunden ist. Primäre und sekundäre Hydroperoxide sind empfindlich gegen Basen und zerfallen nicht homolytisch in zwei Radikale [362], sondern ionisch in verschiedene Folgeprodukte.

Hydroperoxide sind thermisch recht stabile Verbindungen, werden aber katalytisch durch Säuren und vor allem Schwermetall-Ionen leicht zersetzt. Dies macht die Bestimmung der rein thermischen Halbwertszeit schwierig, da der katalytische Zerfall durch Spuren von Verunreinigungen überwiegt. Die oxidative Wirkung ist bei den Hydroperoxiden stark ausgeprägt.

$$R_2-\underset{R_3}{\overset{R_1}{\underset{|}{\overset{|}{C}}}}-OOH$$

Dialkylperoxide

Bei dieser Peroxidklasse – ebenfalls mit tertiären C-Atomen auf beiden Seiten der O-O-Gruppe – handelt es sich um thermisch sehr stabile Verbindungen, die im Gegensatz zu den Hydroperoxiden wenig empfindlich gegen Schwermetalle sind.

$$R_2-\underset{R_3}{\overset{R_1}{\underset{|}{\overset{|}{C}}}}-OO-\underset{R_6}{\overset{R_4}{\underset{|}{\overset{|}{C}}}}-R_5$$

Diacylperoxide

Feste Diacylperoxide sind bei Umgebungstemperatur gut handhabbare Verbindungen, die allerdings in technisch reiner Form reib- und schlagempfindlich sein können. Die flüssigen Diacylperoxide sind thermisch instabiler und müssen bei Lagerung und Transport gekühlt werden.

In α-Stellung zur Carboxylgruppe verzweigte Diacylperoxide sind thermisch äußerst labil und nur bei Temperaturen < – 15 °C lagerfähig.

$$R-\underset{O}{\overset{}{\underset{\|}{C}}}-OO-\underset{O}{\overset{}{\underset{\|}{C}}}-R$$

Peroxydicarbonate

Diese Gruppe organischer Peroxide stellt einen Sonderfall von Diacylperoxiden dar, nämlich Diacylperoxide von Kohlensäuremonoestern.

In verdünnter Lösung besitzen alle Peroxydicarbonate praktisch gleiche Halbwertszeiten unabhängig von der Art des organischen Restes. Die festen Peroxydicarbonate sind bei Umgebungstemperatur durchaus stabile Verbindungen, während die flüssigen Vertreter Kühlung um –15 °C benötigen. Durch bestimmte Zusätze lassen sich Peroxydicarbonate so stabilisieren, dass sie auch bei etwas höheren Temperaturen lagerstabil sind, bzw. sich die Zeit bis zu einer Zersetzung deutlich verlängert [363–366].

$$R-O-\underset{O}{\overset{}{\underset{\|}{C}}}-OO-\underset{O}{\overset{}{\underset{\|}{C}}}-O-R$$

Perester

In dieser Peroxidklasse lässt sich die Zerfallsgeschwindigkeit in besonders weiten Grenzen variieren: Im Säureteil des Moleküls führt einfache und im besonderen zweifache Verzweigung in α-Stellung zur Carboxylgruppe zu labileren Peroxiden. Je sterisch anspruchsvoller die Substituenten am α-C-Atom sind, umso labiler ist der

Perester. Aber auch C=C Doppelbindungen oder aromatische Reste erhöhen die Zerfallsgeschwindigkeit. Besonders groß ist der Effekt der Destabilisierung bei O-,S- oder N- Funktionen in α-Stellung [367].

Aber auch der Hydroperoxid-Teil im Perester beeinflusst die Zerfallsgeschwindigkeit: mit steigender Anzahl der Kohlenstoff-Atome nimmt sie zu, ebenso bei Anwesenheit von O-Funktionen in β-Stellung [368].

$$R_2-\underset{R_3}{\overset{R_1}{C}}-\underset{O}{\overset{\parallel}{C}}-OO-\underset{R_6}{\overset{R_4}{C}}-R_5$$

Ketonperoxide

Bei dieser Peroxid-Klasse handelt es sich im allgemeinen nicht um reine Verbindungen, sondern um Mischungen verschiedener Spezies, die bei Lösungen meist im Gleichgewicht mit freiem Wasserstoffperoxid und Keton stehen.

Aus dem Vorliegen von OOH-Gruppen ergibt sich die Empfindlichkeit gegenüber Schwermetall-Ionen. In technisch reiner Form sind die meisten Ketonperoxide reib- und schlagempfindlich und kommen deshalb nur in phlegmatisierter Form zum Einsatz.

$$\underset{R_2}{\overset{R_1}{>}}C\underset{OOH}{\overset{OOH}{<}} \quad , \quad HOO-\underset{R_2}{\overset{R_1}{C}}-OO-\underset{R_2}{\overset{R_1}{C}}-OOH$$

Perketale

Perketale sind Verbindungen mit zwei Alkylperoxygruppen an einem C-Atom. Es sind thermisch sehr stabile Verbindungen, deren Zerfallsgeschwindigkeit sich durch Zusätze (Beschleuniger) kaum beeinflussen lässt. Wegen ihres hohen Gehalts an Aktivsauerstoff kommen sie in verdünnter (phlegmatisierter) Form zum Einsatz.

$$\underset{R_2}{\overset{R_1}{>}}C\underset{OO-R_3}{\overset{OO-R_3}{<}}$$

3.5.2.2 Herstellung

Im Labormaßstab sind mehrere hundert organische Peroxoverbindungen synthetisiert und charakterisiert worden. Etwa 60 davon werden heute im technischen Maßstab regelmäßig hergestellt. Da viele organische Peroxoverbindungen aus Sicherheitsgründen nicht in reiner Form in den Handel gebracht werden dürfen, müssen sie in geeigneter Form verdünnt (phlegmatisiert) werden. Üblich sind Lösungen, Emulsionen, Suspensionen, Pasten, wasserfeuchte Pulver oder geträgert auf inerten Stoffen. Die Zahl dieser kommerziell verfügbaren Formulierungen liegt weit über 100.

Generell bieten sich zur Herstellung von organischen Peroxoverbindungen verschiedene Synthesewege an: durch Autoxidation, durch Umsetzung mit Wasserstoffperoxid oder durch Umwandlung anderer Peroxoverbindungen.

Hydroperoxide
Die mengenmäßig bedeutendsten industriell hergestellten Peroxide sind Hydroperoxide, gewonnen durch Autoxidation von Kohlenwasserstoffen, d.h. durch Umsetzung mit Luft oder Sauerstoff. Bei der Autoxidation handelt es sich um eine Radikalkettenreaktion. Die Selektivität solcher Reaktionen ist im allgemeinen gering, weshalb nur bis zu einem Umsatz von etwa 30 % gearbeitet wird. Das gebildete Hydroperoxid wird abgetrennt, der nicht umgesetzte Kohlenwasserstoff rezykliert [369].

$$R_2-\underset{R_3}{\overset{R_1}{\underset{|}{\overset{|}{C}}}}-H \quad \xrightarrow{O_2} \quad R_2-\underset{R_3}{\overset{R_1}{\underset{|}{\overset{|}{C}}}}-OOH \tag{42}$$

Viele weitere Hydroperoxide werden aus Wasserstoffperoxid und tertiären Alkoholen (Substitution der OH-Gruppe) oder tertiären Olefinen (Addition an die Doppelbindung) unter Säurekatalyse hergestellt [370].

$$(CH_3)_3C-OH \quad \xrightarrow[H^+]{H_2O_2} \quad (CH_3)_3C-OOH + H_2O \tag{43}$$

$$\underset{CH_3}{\overset{CH_2}{\diagdown}}C-CH_2-CH_2-C\underset{CH_3}{\overset{CH_2}{\diagup}} \quad \xrightarrow[H^+]{2\ H_2O_2} \quad HOO-\underset{CH_3}{\overset{CH_3}{\underset{|}{\overset{|}{C}}}}-CH_2-CH_2-\underset{CH_3}{\overset{CH_3}{\underset{|}{\overset{|}{C}}}}-OOH \tag{44}$$

Möglich ist auch die Umsetzung von tertiären Alkylchloriden mit Wasserstoffperoxid [371].

Dialkylperoxide
Symmetrische Dialkylperoxide, wie Di-*tert*-butylperoxid, stellt man aus Wasserstoffperoxid und tertiären Alkoholen her unter Säurekatalyse, vorzugsweise Schwefelsäure. Durch Auswahl der optimalen Bedingungen (Molverhältnis H_2O_2 : Alkohol, Säurekonzentration, Temperatur) lassen sich die Dialkylperoxide in hohen Ausbeuten (> 90 %) und in guter Reinheit gewinnen.

Unsymmetrische Dialkylperoxide gewinnt man durch Umsetzung von Hydroperoxiden mit tertiären Alkoholen oder Olefinen [372, 373].

$$2\ (CH_3)_3C-OH + H_2O_2 \quad \xrightarrow{H^+} \quad (CH_3)_3C-OO-C(CH_3)_3 + 2\ H_2O \tag{45}$$

$$\text{Ph}-C\underset{CH_3}{\overset{CH_2}{\diagup\diagdown}} + HOO-C(CH_3)_3 \quad \xrightarrow{H^+} \quad \text{Ph}-\underset{CH_3}{\overset{CH_3}{\underset{|}{\overset{|}{C}}}}-OOC(CH_3)_3 \tag{46}$$

Diacylperoxide

Prinzipiell lassen sich Diacylperoxide aus Säuren und Wasserstoffperoxid unter Einsatz wasserentziehender Mittel wie Carbodiimiden herstellen. Für eine industrielle Produktion sind diese Methoden aber zu teuer. Der übliche Syntheseweg ist die Umsetzung von Säurechloriden mit alkalischen Lösungen von Wasserstoffperoxid. Es werden meist hohe Ausbeuten erreicht, das Diacylperoxid fällt mit einer Reinheit von > 95 % an.

$$2\ R\text{-}\underset{\underset{O}{\|}}{C}\text{-}Cl + H_2O_2 \xrightarrow{2\ OH^-} R\text{-}\underset{\underset{O}{\|}}{C}\text{-}OO\text{-}\underset{\underset{O}{\|}}{C}\text{-}R + 2\ H_2O + 2\ Cl^- \qquad (47)$$

Je nach Einsatz der Diacylperoxide werden bei der Synthese die entsprechenden Phlegmatisierungsmittel, wie Silikonöle oder inerte Träger, zugesetzt, sodass direkt Pasten in Silikonöl oder feine Kristalldispersionen auf Trägern entstehen [374].

Eine weitere Möglichkeit zur Herstellung von Diacylperoxiden ist die Umsetzung von Wasserstoffperoxid mit Säureanhydriden, meist in neutralem Medium. So erhält man aus cyclischen Anhydriden Diacylperoxide mit freien Carboxylgruppen im Molekül.

$$2\ \text{(Bernsteinsäureanhydrid)} + H_2O_2 \rightarrow HOOC\text{-}(CH_2)_2\text{-}\underset{\underset{O}{\|}}{C}\text{-}OO\text{-}\underset{\underset{O}{\|}}{C}\text{-}(CH_2)_2\text{-}COOH \qquad (48)$$

Peroxydicarbonate

Die Herstellung der Peroxydicarbonate erfolgt analog der der Diacylperoxide. An Stelle der Säurechloride setzt man Chlorformiate (= Kohlensäurehalbesterchloride) ein. Bei der Synthese der festen Peroxydicarbonate verwendet man Emulgatoren, um eine gute Umsetzung und eine feine Partikelgröße des Peroxids zu erzielen.

$$2\ \underset{CH_3}{\overset{CH_3}{\diagdown}}HCO\text{-}\underset{\underset{O}{\|}}{C}Cl + H_2O_2 \xrightarrow{2\ OH^-} \underset{CH_3}{\overset{CH_3}{\diagdown}}HCO\text{-}\underset{\underset{O}{\|}}{C}\text{-}OO\text{-}\underset{\underset{O}{\|}}{C}\text{-}OCH\underset{CH_3}{\overset{CH_3}{\diagup}} + 2\ H_2O + 2\ Cl^- \qquad (49)$$

Eine bevorzugte Einsatzform der festen Peroxydicarbonate sind wässrige, pumpbare Dispersionen mit 40–50 % Peroxidgehalt, die sich bis +20 °C gut handhaben lassen. Die wässrige Aufschlämmung des Peroxids mit Zusätzen von Emulgatoren und Suspendierhilfsmitteln (Celluloseether, PVA) wird dazu in einer Kolloidmühle fein vermahlen [375].

Von den thermisch wesentlich labileren flüssigen Peroxydicarbonaten stellt man vorzugsweise so genannte nicht frierende Emulsionen her, d. h. wässrige Emulsionen mit Tröpfchengrößen < 10 µm, die einen Gefrierschutz wie niedere Alkohole enthalten, um sie auch bei Lagertemperaturen bis –20 °C flüssig zu halten [376].

Perester

Für die Synthese von Perestern gibt es wie bei den Diacylperoxiden Labormethoden, die direkt von der Säure ausgehen. Für eine industrielle Produktion haben diese Methoden keine Bedeutung. Man verwendet auch hier die Säurechloride und lässt sie mit alkalischen Hydroperoxid-Lösungen reagieren.

$$(CH_3)_3C\underset{O}{\overset{\parallel}{C}}Cl + HOO-C(CH_3)_3 \xrightarrow{OH^-} (CH_3)_3C\underset{O}{\overset{\parallel}{C}}-OOC(CH_3)_3 + 2\ H_2O + Cl^- \qquad (50)$$

Statt der Säurechloride ist auch die Verwendung von Säureanhydriden möglich.
  Mit offenkettigen Anhydriden geht dabei die Hälfte der Säure verloren, mit cyclischen Anhydriden entstehen Perester mit einer freien Carboxylgruppe.

$$O=\underset{O}{\diagdown\!\!\diagup}=O + HOO-C(CH_3)_3 \longrightarrow HOOC-CH=CH-\underset{O}{\overset{\parallel}{C}}-OOC(CH_3)_3 \qquad (51)$$

Ebenso wie Hydroperoxide lassen sich auch Ketonperoxide an den OOH-Gruppen acylieren. Durch ein zweistufiges Verfahren lassen sich bei Verwendung von zwei verschiedenen Säurechloriden auch gemischte Perester erhalten. Diese Perester sind äußerst thermolabil und benötigen zur Lagerung Temperaturen unter −15 °C [377].

Ketonperoxide

Ketonperoxide werden aus den Ketonen durch Reaktion mit Wasserstoffperoxid hergestellt. Die Primärreaktion ist eine sauer katalysierte Addition des Wasserstoffperoxids an die C=O-Doppelbindung zu Verbindungen mit einer Hydroxy- und einer Hydroperoxy-Gruppe am gleichen C-Atom. Diese Verbindungen reagieren unter den Synthesebedingungen rasch weiter unter Substitution der OH-Gruppe durch OOH und Kondensation mit weiterem Keton. So entsteht ein Gemisch verschiedener Peroxidspezies. Das feste Cyclohexanonperoxid kommt auch als wasserfeuchtes Pulver zum Einsatz, alle anderen Ketonperoxide werden als Lösungen hergestellt. Durch das Molverhältnis von Wasserstoffperoxid zu Keton, die Säurekonzentration, die Polarität des Lösemittels und die Reaktionstemperatur kann die Zusammensetzung der Ketonperoxid-Lösung in weiten Grenzen variiert werden und so deren Eigenschaften der jeweiligen Verwendung angepasst werden.

$$\underset{R_1'}{\overset{R_1}{\diagdown}}C=O \xrightarrow[H^+]{2\ H_2O_2} \underset{R_1'}{\overset{R_1}{\diagdown}}C\underset{OOH}{\overset{OOH}{\diagup}} + H_2O$$

$$\xrightarrow[+R_1-\underset{O}{\overset{\parallel}{C}}-R_2]{+H_2O_2} HOO-\underset{R_2}{\overset{R_1}{\underset{|}{\overset{|}{C}}}}-OO-\underset{R_2}{\overset{R_1}{\underset{|}{\overset{|}{C}}}}-OOH + H_2O \qquad (52)$$

Solche Lösungen lassen sich auf zwei Arten synthetisieren: über einen Einphasen- und einen Zweiphasen-Prozess. Bei den Einphasen-Lösungen verwendet man – zumindest zum Teil – wassermischbare Lösemittel und neutralisiert nach der Umsetzung die Säure mit organischen Basen. Damit das Endprodukt nicht zuviel Wasser enthält, verwendet man möglichst hochprozentiges Wasserstoffperoxid, vorzugsweise mit 85 % Gehalt.

Der Vorteil dieses Verfahrens ist, dass kein Abfall entsteht, kein H_2O_2 verloren geht und die Produktion schnell und einfach ist. Nachteilig ist, dass sich so nur Lösungen mit relativ hohem Gehalt an freiem H_2O_2 und Wasser herstellen lassen [378].

Beim Zweiphasenprozess setzt man Keton, H_2O_2 und ein mit Wasser nicht mischbares Lösemittel um, trennt eine wässrige Phase ab und trocknet die organische Phase. Die Zusammensetzung der Endprodukte lässt sich hier in weiteren Grenzen steuern und die Lösungen enthalten wenig Wasser. Allerdings geht ein Teil des eingesetzten Aktivsauerstoffs aus dem H_2O_2 mit der wässrigen Phase verloren und es entsteht Abfall [379].

Eine Ausnahme bei der Synthese bilden Lösungen des Acetylacetonperoxids, sie werden basenkatalysiert hergestellt [380].

Perketale

Perketale sind Umsetzungsprodukte von Ketonen mit Hydroperoxiden unter Säurekatalyse. Nach Addition eines Hydroperoxids an die C=O Doppelbindung lagert sich ein zweites Molekül Hydroperoxid unter Wasserabspaltung an. Man erhält so Verbindungen mit zwei Alkylperoxygruppen an einem C-Atom. Zur Kondensation verwendet man meist Schwefelsäure, wobei eine bestimmte Konzentration nötig ist, um das gebildete Wasser zu binden. Die Reaktionstemperatur wird möglichst niedrig gehalten (< 25 °C), damit bevorzugt das Perketal gebildet wird.

$$\underset{R_2}{\overset{R_1}{>}}C=O \;+\; 2\;HOO-C(CH_3)_3 \;\xrightarrow{H^+}\; \underset{R_2}{\overset{R_1}{>}}C\underset{OO-C(CH_3)_3}{\overset{OO-C(CH_3)_3}{<}} \;+\; H_2O \qquad (53)$$

3.5.2.3 Anwendungen

Bedeutung haben die organischen Peroxoverbindungen zum einen als Zwischenverbindungen in großtechnischen Synthesen erlangt, zum anderen als Initiatoren für radikalische Polymerisationsreaktionen, zur Vernetzung von Polymeren und zum Abbau von Polypropylen (Einstellen des so genannten melt flow index zur besseren Verarbeitbarkeit von Polypropylen) [381].

Hydroperoxide

Die durch Autoxidation von Kohlenwasserstoffen hergestellten Hydroperoxide finden ihre Anwendung vor allem als Zwischenprodukte. Mit Abstand das wichtigste Produkt ist Cumolhydroperoxid, aus dem nach dem Hock-Verfahren Phenol gewonnen wird.

Ethylbenzolhydroperoxid und das aus Isobutan hergestellte *tert*-Butylhydroperoxid werden vorwiegend zur Epoxidierung von Propen eingesetzt (Halcon-Prozess) Die aus den Hydroperoxiden dabei entstehenden Alkohole liefern weitere wertvolle Produkte (Styrol, *tert*-Butanol, Methyl-*tert*-butylether, MTBE).

Andere Hydroperoxide sind Zwischenprodukte für die Herstellung von Perestern, Perketalen und Dialkylperoxiden. Das wichtigste ist *tert*-Butylhydroperoxid, aber auch *tert*-Amylhydroperoxid, 2,4,4-Trimethylpentyl-2-hydroperoxid (= *tert*-Octylhydroperoxid) und 2,5-Dimethyl-2,5-dihydroperoxyhexan haben Bedeutung. Als Polymerisations-Initiatoren werden Hydroperoxide bei Emulsionspolymerisationen in Form von Redoxsystemen eingesetzt: Aus dem Hydroperoxid entsteht mit Fe^{2+} ein OH^-, ein Alkoxyradikal und Fe^{3+}, dieses wird mit Glucose, Rongalit oder Ascorbinsäure wieder zum Fe^{2+} reduziert [382].

Dialkylperoxide

Dialkylperoxide werden vor allem zur Vernetzung von Polymeren verwendet. Die wichtigsten Vertreter sind Di-*tert*-butylperoxid, Dicumylperoxid, Butylcumylperoxid und 2,5-Dimethyl-2,5-di-*tert*-butylperoxyhexan.

In letzter Zeit finden die Dialkylperoxide auch Verwendung für Radikalreaktionen, wie z. B. Dehydrodimerisierungen oder CH-Additionen über Mehrfachbindungen und zur Flammfestausrüstung von Polymeren.

Diacylperoxide

Dibenzoylperoxid gehört mit zu den am längsten in der Technik eingesetzten Peroxiden. Zur Härtung von ungesättigten Polyesterharzen und Spachtelmassen findet es auch heute noch in Form von Pasten breite Anwendung. Durch tertiäre, aromatische Amine lässt sich sein Zerfall beschleunigen, sodass es bei Umgebungstemperatur verwendet werden kann.

Am aromatischen Ring substituierte Derivate, wie 2,4-Dichlorbenzoylperoxid und 4-Methylbenzoylperoxid dienen zur Vernetzung von Silikonkautschuk.

Dilauroylperoxid wird als Standardinitiator der Vinylchlorid-Polymerisation eingesetzt, sowohl als technisch reine Verbindung als auch in Form von pumpbaren, wässrigen Dispersionen.

Peroxydicarbonate

Peroxydicarbonate werden vorwiegend als Initiatoren bei der Vinylchlorid-Polymerisation eingesetzt. Feste Peroxydicarbonate, wie Cetylperoxydicarbonat oder 4-*tert*-Butylcyclohexylperoxydicarbonat kommen als technisch reine Verbindungen zum Einsatz, aber auch in Form wässriger Suspensionen.

Die flüssigen Peroxydicarbonate, die unter Kühlung gelagert werden müssen, werden als Lösungen – vorwiegend in aliphatischen Kohlenwasserstoffen – oder als so genannte nicht frierende Emulsionen verwendet. Diese Emulsionen enthalten 40–60% Peroxid, Emulsionsstabilisatoren wie Polyvinylalkohol (PVA) oder Celluloseether, gegebenenfalls Emulgatoren, Gefrierschutzmittel, meist niedere Alkohole, und Wasser.

Perester

Eine breite Palette von Perestern ist als Polymerisations-Initiatoren erhältlich. Da sich die Zerfallsgeschwindigkeiten von Perestern in einem weiten Bereich variieren lassen (Temperatur für eine 10 h-Halbwertszeit von ca. 40–110 °C), können für die meisten Polymerisationsverfahren geeignete Perester ausgewählt werden.

Ketonperoxide

Lösungen von Ketonperoxiden werden vor allem als so genannte Kalthärter in Kombination mit Beschleunigern – meist Cobaltoctoat – zur Härtung von ungesättigten Polyesterharzen eingesetzt. Die wichtigsten Vertreter sind Methylethylketonperoxid, Cyclohexanonperoxid und Acetylacetonperoxid.

Lösungen von Methylisobutylketonperoxid werden auch ohne Beschleuniger bei höheren Temperaturen verwendet (Warmhärter). So lassen sich vor allem Formteile aus Polyestermassen mit hohem Füllstoffanteil in kurzen Taktzeiten in geheizten Pressen herstellen.

Perketale

Perketale werden bei Polymerisationen meist in Kombination mit anderen Initiatoren eingesetzt. Als Warmhärter für Polyestermassen (Heißpressen) sind sie besonders geeignet, da die Mischungen vor der Verarbeitung eine gute Lagerfähigkeit besitzen.

Eigenschaften, Herstellung und Anwendungen wichtiger organischer Peroxoverbindungen sind in Tabelle 16 aufgeführt.

3.5.2.4 Sicherheit, Toxikologie und Handhabung

Organische Peroxoverbindungen sind verhältnismäßig instabile, temperaturempfindliche, brandfördernde Verbindungen. Für den sicheren Umgang mit diesen Produkten, ihre Lagerung und den Transport sind deshalb besondere Maßnahmen einzuhalten.

Für den Transport muss jedes organische Peroxid das UN-flow-chart durchlaufen. Je nach Gefährlichkeit (detonations-, deflagrations-, explosionsfähig) wird eine maximale Verpackungsgröße festgelegt. Zudem ist entscheidend, ob das Produkt temperaturkontrolliert gelagert und transportiert werden muss. Die Zerfallstemperatur wird als so genannte selbstbeschleunigende Zersetzungstemperatur (SADT = Self Accelerating Decomposition Temperature) unter Wärmestau bestimmt. Sie ist mengenabhängig und muss je nach vorgesehener Verpackungsgröße in unterschiedlichen Dewargefäßen gemessen werden.

Je nach Behältergröße liegt die höchstzulässige Lagertemperatur zwischen 10 bis 20 °C unter der SADT [383].

Einige organische Peroxoverbindungen sind als explosionsgefährlich zu kennzeichnen und fallen bezüglich ihrer Lagerung unter das Sprengstoffgesetz [384].

Größere Peroxidmengen müssen grundsätzlich in speziellen, gut belüfteten, mit Druckentlastungsflächen versehenen und gegebenenfalls temperaturkontrollierten Lagerräumen aufbewahrt werden [385]. Durch Verdünnen mit geeigneten inerten Stoffen (Phlegmatisierung), wie z. B. Kohlenwasserstoffen, Wasser, inerten Feststof-

Tab. 16 Eigenschaften, Herstellungsmethoden und Anwendungen technisch bedeutsamer organischer Peroxoverbindungen

Stoffklasse	Peroxoverbindung	Formel	AO-Gehalt %	Temperatur (°C) für 10 h Halbwertszeit	Herstellmethode (Ausgangsprodukte)[1]	Wichtige Anwendungen[2]
Hydroperoxide	tert-Butylhydroperoxid	$(CH_3)_3C-OH$	17,7	171	I (Isobutan)	Z (Halcon-Prozess)
	Cumolhydroperoxid	C₆H₅–C(CH₃)₂–OOH	10,5	159	I (Cumol)	P Z (Hock-Verfahren)
Dialkylperoxide	Di-tert-butylperoxid	$(CH_3)_3C-O-O-H$	10,9	124	II (tert-Butanol)	P V
	Dicumylperoxid	C₆H₅–C(CH₃)₂–OO–C(CH₃)₂–C₆H₅	5,9	116	III (Cumolhydroperoxid)	P V
	2,5-Dimethyl-2,5-di-tert-butylperoxyhexan	$CH_3-\underset{CH_3}{\underset{|}{\overset{CH_3}{\overset{|}{C}}}}-OO-\underset{CH_3}{\underset{|}{\overset{CH_3}{\overset{|}{C}}}}-CH_2-CH_2-\underset{CH_3}{\underset{|}{\overset{CH_3}{\overset{|}{C}}}}-OO-\underset{CH_3}{\underset{|}{\overset{CH_3}{\overset{|}{C}}}}-CH_3$	11,0		II (Dimethylhexandiol, tert-Butanol)	V
Diacylperoxide	Dibenzoylperoxid	C₆H₅–C(=O)–OO–C(=O)–C₆H₅	6,6	72	II (Benzoylchlorid)	P
	Lauroylperoxid	$CH_3-(CH_2)_{10}-\underset{O}{\overset{\|}{C}}-OO-\underset{O}{\overset{\|}{C}}-(CH_2)_{10}-CH_3$	4,0	62	II (Lauroylchlorid)	P

Tab. 16 Fortsetzung

Stoffklasse	Peroxoverbindung	Formel	AO-Gehalt %	Temperatur (°C) für 10 h Halbwertszeit	Herstellmethode (Ausgangsprodukte)[1]	Wichtige Anwendungen[2]
Peroxydicarbonate	Cetylperoxydicarbonat	$CH_3-(CH_2)_{15}-O-\underset{O}{\underset{\|}{C}}-OO-\underset{O}{\underset{\|}{C}}-O-(CH_2)_{15}-CH_3$	2,8	41	II (Cetylchlorformiat)	P
	4-tert-Butylcyclohexylperoxy-dicarbonat	(4-tert-Butylcyclohexyl-O-C(=O)-OO-C(=O)-O-cyclohexyl-4-tert-Butyl)	4,0	41	II (4-tert-Butylcyclohexylchlorformiat)	P
Perester	t-Butylperbenzoat	$C_6H_5-\underset{O}{\underset{\|}{C}}-OO-C(CH_3)_3$	8,2	109	III (Benzoylchlorid, tert-Butylhydroperoxid)	P
	t-Butylperoctoat	$C_4H_9-\underset{C_2H_5}{\underset{\|}{CH}}-\underset{O}{\underset{\|}{C}}-OO-C(CH_3)_3$	7,4	74	III (2-Ethylhexanoylchlorid, tert-Butylhydroperoxid)	P
Ketonperoxide	Methylethylketonperoxid	Isomerengemisch Hauptbestandteile: $HOO-\underset{C_2H_5}{\overset{CH_3}{\underset{\|}{\overset{\|}{C}}}}-OO-\underset{C_2H_5}{\overset{CH_3}{\underset{\|}{\overset{\|}{C}}}}-OOH$ $HOO-\underset{C_2H_5}{\overset{CH_3}{\underset{\|}{\overset{\|}{C}}}}-OOH$	8–10	–	II (Methylethylketon)	P

Tab. 16 Fortsetzung

Stoffklasse	Peroxoverbindung	Formel	AO-Gehalt %	Temperatur (°C) für 10 h Halbwertszeit	Herstellmethode (Ausgangsprodukte)[1]	Wichtige Anwendungen[2]
	Cyclohexanonperoxid	Isomerengemisch Hauptbestandteil:	ca. 13	–	II (Cyclohexanon)	P
Perketale	Methylethylketonperketal	H₃C–C(OOC(CH₃)₃)(OOC(CH₃)₃)–C₂H₅	13,6	104	III (Methylethylketon, tert-Butylhydroperoxid)	P
	Cyclohexanonperketal	Cyclohexan-1,1-diyl bis(OO–C(CH₃)₃)	12,3	97	III (Cyclohexanon, tert-Butylhydroperoxid)	P

[1] I = Herstellung durch Autoxidation
II = Herstellung mit Wasserstoffperoxid
III = Herstellung durch Umwandlung anderer organischer Peroxoverbindungen

[2] Z = Zwischenprodukt bei großtechnischen Verfahren
P = Polymerisations – Initiator
V = Vernetzung von Polymeren

fen, lassen sich organische Peroxide in eine sicherheitstechnisch günstigere Form überführen. Grundsätzlich nimmt der Gefährlichkeitsgrad jeder Zubereitung mit sinkendem Aktivsauerstoffgehalt ab.

Ein Gefahrenpunkt bei der Zersetzung von organischen Peroxoverbindungen ist die Möglichkeit der Bildung von Dampf/Luft-Gemischen, die bei Zündung zu Gasexplosionen führen. Aus diesem Grund sind wässrige Suspensionen und Emulsionen besonders sichere Zubereitungen, da im Falle einer Zersetzung des Peroxids das Wasser die Wärmeenergie aufnimmt und sich keine organischen Dämpfe entwickeln.

Bei der Verwendung von organischen Peroxiden ist stets auf eine saubere Arbeitsweise zu achten. Viele Peroxide sind äußerst empfindlich gegen Verunreinigungen, vor allem gegen Schwermetalle und ihre Salze, sowie gegen so genannte Beschleuniger. Starke Säuren und Alkalien können ebenfalls eine Zerfallsreaktion auslösen oder begünstigen.

Nicht verbrauchte Peroxidreste dürfen nicht wieder in das Liefergebinde zurückgegeben werden. Es wird empfohlen, nur die unbedingt benötigte Substanzmenge zu entnehmen. Die vorgeschriebenen Lagertemperaturen sind stets einzuhalten. Beim Dosieren von Peroxiden in Reaktoren muss darauf geachtet werden, dass nie Peroxide in Rohrleitungen zwischen Ventilen eingeschlossen bleiben. Es muss immer eine Druckentlastung vorhanden sein.

Bei organischen Peroxoverbindungen stehen lokale Reizwirkungen auf Haut und Schleimhäute im Vordergrund [386, 387], einige haben auch ätzende Wirkungen. So können schon kleinste Mengen bei direkter Einwirkung auf das Auge zu ernsthaften Augenschädigungen führen, sofern nicht sofort Gegenmaßnahmen (ausgiebiges Spülen über mehrere Minuten, Augendusche und Aufsuchen eines Augenarztes) ergriffen werden.

Organische Peroxoverbindungen sind zum Teil als sensibilisierend eingestuft. Sie können über die Haut und über die Atemwege in den Körper aufgenommen werden [388], wobei die Resorptionsraten in Abhängigkeit von den jeweiligen physikalisch-chemischen Eigenschaften sehr verschieden sind. Wegen des niedrigen Dampfdrucks der meisten organischen Peroxide ist die Gefahr der resorptiven Wirkung in der Praxis gering.

Die toxikologischen Eigenschaften der einzelnen Peroxide sind sehr unterschiedlich. Bei fast allen organischen Peroxiden liegen keine positiven Befunde zur Mutagenität vor. Über die spezifischen Eigenschaften der einzelnen Peroxide informieren die jeweiligen Sicherheitsdatenblätter der Hersteller.

Beim Umgang mit organischen Peroxiden ist das Tragen von Schutzbrillen, geeigneter Schutzkleidung und von Schutzhandschuhen vorgeschrieben. Eine gute Raumlüftung sowie eine Absaugung an Entstehungs- und Austrittstellen ist erforderlich.

Die meisten organischen Peroxide sind biologisch leicht abbaubar. Eine Klassifizierung als »Umweltgefährlicher Stoff« ergibt sich in der Regel durch das kennzeichnungspflichtige Phlegmatisierungsmittel.

Nur sehr wenige organische Peroxide sind als Reinstoffe giftig für Wasserorganismen. Angaben zu Wassergefährdungsklassen sowie weitere ökotoxikologische Angaben finden sich auf den Sicherheitsdatenblättern der Hersteller.

4
Literatur

1 B. C. Brodie, *Ann.* **1858**, *108*, 79.
2 K. M. Johnsson, G. H. Williams, *J. Chem.Soc.* **1960**, *7*, 1168.
3 T. Kratz, W. Zeiß, in W. Adam (Hrsg.): *Peroxide Chemistry*, Wiley-VCH, GmbH, Weinheim, **2000**, S. 52.
4 R. A. Sheldon in B. Cornils, W. A. Herrmann (Hrsg.): *Applied Homogeneous Catalysis with Organometallic Compounds*, VCH, Weinheim, **1996**, Vol I, S. 411.
5 US Pat. 3 350 422 (1967) Halcon.
6 GB Pat. 1 136 923, (1968), Atlantic Richfield.
7 K. Weissermel, H. J. Arpe: *Industrielle Organische Chemie*, VCH Weinheim, **1994**, 383.
8 W. R. Busing, H. A. Levy, *J. Chem. Phys.* **1965**, *42*, 3054.
9 *Gmelin*, System Nr. 3, Lieferung 7, 8. Aufl., (1966).
10 W. M. Latimar: *The Oxidation States of the Elements and their Potentials in Aqueous Sollutions*, 2. Aufl., Prentice Hall, New York, **1952**.
11 W. Manchot, *Liebigs Ann. Chem.* **1901**, *314*, 177; **1901**, *316*, 318.
12 GB Pat. 508 081 (1939), I. G. Farbenindustrie.
13 DE Pat. 1 945 750 (1969), Degussa.
14 DE Pat. 1 112 051 (1958), Edogawa.
15 DE Pat. 953 790 (1953), Laporte Chemicals Ltd.
16 DE Pat. 888 840 (1950), E. I. du Pont de Nemours & Co.
17 DE Pat. 1 261 838 (1963), Degussa.
18 WO Pat. 01/98204 (2001), Akzo Nobel N. V.
19 US Pat. 2 537 655 (1950), Becco.
20 DE Pat. 1 112 051 (1957), Edogawa.
21 DE Pat. 933 088 (1951), Laporte Chemicals Ltd.
22 DE Pat. 2 018 686 (1970), Degussa.
23 US Pat. 4 349 526 (1982), Degussa.
24 EP Pat. 284 580 (1988), Eka Nobel AB.
25 BE Pat. 819 676 (1974), E. I. du Pont de Nemours & Co.
26 EP Pat. 287 421 (1988), Air Liquide.
27 EP Pat. 95 822 (1983), FMC.
28 EP Pat. 286 610 (1988), Eka Nobel AB.
29 DE Pat. 402 6631 (1998), Kemira Oy.
30 GB Pat. 465 070 (1936), I. G. Farbenindustrie.
31 DE Pat. 1 030 314 (1966), E. I. du Pont de Nemours & Co.
32 BE Pat. 769 675 (1972), Solvay & Cie.
33 DE Pat. 3 732 015 (1987), BASF.
34 WO Pat. 99/52819 (1998), Degussa.
35 DE Pat. 4 339 649 (1993), BASF.
36 EP Pat. 1 101 733 (1999), Akzo Nobel.
37 WO Pat. 98/28225 (1997), Kvaerner Process Systems.
38 GB Pat. 741 444 (1953), Laporte Chemicals Ltd.
39 DE Pat. 1 041 928 (1955), Solvay & Cie.
40 US Pat. 2 673 140 (1954), E. I. du Pont de Nemours & Co.
41 FR Pat. 1 319 025 (1962), Edogawa.
42 EP Pat. 546 616 (1991), Solvay & Cie.
43 US Pat. 4 668 499 (1987), E. I. du Pont de Nemours & Co.
44 DE Pat. 1 273 499 (1964), Degussa.
45 DE Pat. 2 419 534 (1973), EKA.
46 DE Pat. 10 017 656 (2000), Degussa.
47 US Pat. 3 767 779 (1973), Oxysynthese.
48 DE Pat. 4 129 865 (1991), Kemira Oy.
49 DE Pat. 801 840 (1949), BASF.
50 US Pat. 2 720 532 (1952), FMC.
51 US Pat. 3 423 176 (1969), Degussa.
52 US Pat. 4 428 923 (1984), Degussa.
53 EP Pat. 1 123 256 (1998), Degussa.
54 US Pat. 3 444 458 (1969), Degussa.
55 EP Pat. 687 649 (1995), Degussa.
56 DE Pat. 938 353 (1952), Laporte Chemicals Ltd.
57 GB Pat. 718 305 (1954), Laporte Chemicals Ltd.
58 CA Pat. 649 850 (1960), E. I. du Pont de Nemours & Co.
59 US Pat. 4 374 820 (1983), E. I. du Pont de Nemours & Co.
60 WO Pat. 96/18574 (1994), E. I. du Pont de Nemours & Co.
61 WO Pat. 97/43042 (1996), E. I. du Pont de Nemours & Co.
62 US Pat. 3 565 581 (1971), FMC.
63 US Pat. 3 030 186 (1962), FMC.
64 EP Pat. 102 934 (1982), EKA AB.
65 DE Pat. 4 002 335 (1990), Kemira Oy.
66 DE Pat. 199 53 185 (1999), Degussa.
67 WO Pat. 99/40024 (1998), Solvay.

68 *Chemical & Process Engineering* **1959**, January, 5.
69 DE Pat. 2 003 268 (1970), Degussa.
70 EP Pat. 221 931 (1989), Österreichische Chemische Werke.
71 WO Pat. 00/17098 (1998), Degussa.
72 US Pat. 3 126 257 (1964), Kali Chemie.
73 DE Pat. 1 159 398 (1959), Laporte Chemicals Ltd.
74 DE Pat. 977 130 (1954), PPG.
75 US Pat. 4 503 028 (1985), EKA.
76 DE Pat. 1 273 499 (1964), Degussa.
77 DE Pat. 1 030 314 (1966), E.I. du Pont de Nemours & Co.
78 DE Pat. 19 715 034 (1997), Mitsubishi Gas Chemical.
79 US Pat. 3 055 838 (1957), PPG.
80 DE Pat. 1 047 755 (1955), Columbia Southern.
81 GB Pat. 924 625 (1958), PPG.
82 DE Pat. 1 036 225 (1956), E.I. du Pont de Nemours & Co.
83 US Pat. 4 759 921 (1988), Degussa.
84 WO Pat. 95/04702 (1993), DuPont Australia.
85 W. C. Schumb, C. N. Satterfield, R. L. Wenthworth: *Hydrogen Peroxide*, Reinhold, New York, **1955**.
86 US Pat. 3 073 755 (1963), Laporte Chemicals Ltd.
87 US Pat. 3 060 105 (1962), Degussa.
88 US Pat. 3 152 052 (1964), FMC.
89 EP Pat. 419 406 (1991), Gebrüder Sulzer.
90 DE Pat. 10 054 742 (2000), Degussa.
91 EP 1 213 262 (2000), Degussa.
92 US Pat. 4 879 043 (1989), E.I. du Pont de Nemours & Co.
93 EP Pat. 930 269 (1999), Ausimont.
94 EP Pat. 626 342 (1993), Mitsubishi Gas Chemical.
95 US Pat. 2 479 111 (1949), E.I. du Pont de Nemours & Co.
96 US Pat. 4 897 252 (1990), ARCO Chemical.
97 US Pat. 3 927 120 (1975), ARCO Chemical.
98 US 4 975 266 (1990), ARCO Chemical.
99 US 4 994 625 (1991), ARCO Chemical.
100 M. Traube, *Ber. Dtsch. Chem. Ges.* **1882**, 15, 2434.
101 F. Fischer, O. Priess, *Ber. Dtsch. Chem. Ges.* **1913**, 46, 698.
102 EP Pat. 86 896 (1982), Dow Chemical.
103 EP Pat. 216 428 (1986), H-D Tech.
104 J.A. McIntyre, *The Electrochemical Society Interface* **1995**, Spring, 29.
105 WO Pat. 97/13006 (1996), Dow Chemical.
106 *Chemical Week* **1987**, December 9, 20.
107 US Pat. 4 681 751 (1987), E.I. du Pont de Nemours & Co.
108 EP Pat. 274 830 (1987), E.I. du Pont de Nemours & Co.
109 EP Pat. 492 064 (1991), Mitsubishi Gas Chemical.
110 EP Pat. 498 166 (1992), Mitsubishi Gas Chemical.
111 US Pat. 5 641 467 (1997), Princeton Advanced Technology.
112 WO Pat. 98/16463 (1996) BASF.
113 SRI International: *CEH Product Review, Hydrogen Peroxide*, Menlo Park, CA, **2002**.
114 *Chem. Mark. Rep.* **2002**, 27 May, 5; *Eur. Chem. News* **2001**, Jan. 15–21.
115 *Chem.Eng.* **2000**, November, 21.
116 C. N. Satterfield, G. M. Kavanagh, H. Resnick, *Ind. Eng. Chem.* **1951**, 43, 2507.
117 Shell Chemical Corp.: *Bull. SC 59–44: »Concentrated Hydrogen Peroxide: Summary of Research Data on Safety Limitations«.*
118 ECETOC: *Special Report No. 10, Hydrogen Peroxide OEL Criteria Document*, European Centre for Ecotoxicology and Toxicology of Chemicals, Brüssel, **1996**.
119 European Union: *Risk assessment, Report Hydrogen peroxide, volume 38*, EU, **2003**.
120 CEFIC Peroxygen Sector Group: *Micronucleus test by intraperitoneal route in mice. Hydrogen peroxide*, CIT/Study No. 1224, Unpublished report, **1995**.
121 CEFIC Peroxygen Sector Group: *An evaluation of the stability and palatability of hydrogen peroxide in water and its potential genotoxicity in bone marrow when administered to mice in drinking water.* Haskell Laboratory Report No. 723–94, Unpublished report, **1995b**; E. I. Du Pont de Nemours and Company, Newark, DE.
122 CEFIC Peroxygen Sector Group: *measurement of unscheduled DNA synthesis in rat liver using in vitro and in vivo/in vitro procedures.* Final report No. 514/24–1052, Unpublished Report Hydrogen peroxide, **1997**, Covance Laboratories Limited, Harrogate.

123 A. Ito, M. Naito, H. Watanabe, *Ann. Rep. of Hiroshima Univ Res. Inst. Nuclear Medicine and Biology* **1981**, *22*, 147-158.
124 A. Ito, H. Watanabe, M. Naito, Y. Naito, *Gann* **1981**, *72*, 174-175.
125 A. Ito, H. Watanabe, M. Naito, Y. Naito, K. Kawashima, *Gann* **1984**, *75*, 17-21.
126 US Food and Drug Administration (FDA), Fed. Reg. 48, 223, 52323-52333, 1983.
127 US Environmental Protection Agency (EPA), 40CFR Part 180.1197, Fed. Reg. 64 (118), 33022–33025, 1999.
128 M. L. Weiner, C. Freeman, H. Trochimowicz, J. de Gerlache, S. Jacobi, G. Malinverno, W. Mayr, J. F. Regnier, *Food Chem. Toxicol.* **2000**, *38* (*7*), 607–615.
129 CEFIC peroxygen sector group: *Hydrogen peroxide 28 day inhalation study in rats*, Report No. CTL/MR0211/TEC/REPT, unpublished report, **2002**, Central Toxicology Laboratories.
130 ECETOC: *Joint Assessment of Commoditiy Chemicals (JACC) No. 22, Hydrogen Peroxide*, European Centre for Ecotoxicology and Toxicology of Chemicals, Brüssel, **1993**.
131 S. Tanatar, *Ber. Dtsch. Chem. Ges.* **1899**, *32*, 1544.
132 E. H. Riesenfeld, B. Reinhold, *Ber. Dtsch. Chem. Ges.* **1909**, *42*, 4377.
133 M. A. A. F. de C. T. Carrondo, W. P. Griffith, D. P. Jones, A. C. Skapski, *J. Chem. Soc. Dalton Trans.* **1977**, 2323.
134 Die vorliegende Graphik wurde angefertigt nach [133] mit dem Programm Cerius 2, User Guide, October 1995, San Diego, Accelrys, 1995.
135 DE Pat. 2622458 (1977), Peroxid-Chemie.
136 EP Pat. 763499 (1994), Degussa AG.
137 DE Pat. 431 1944 (1994), Degussa AG.
138 WO 95/18065 (1994), Solvay Interox.
139 EP Pat. 863842 (1994), Degussa AG.
140 EP Pat. 623553 (1994), Mitsubishi Gas.
141 US Pat. 4105827 (1975), Interox.
142 EP Pat. 592969 (1993), Solvay Interox.
143 EP Pat. 992575 (2000), Akzo Nobel.
144 J. Opfermann, W. Hädrich, *Thermochim. Acta* **1995**, *263*, 29–50.
145 WO Pat. 02/051746 (2000), Degussa AG.
146 A. W. Bamforth: *Industrial Crystallization*, The Books Division, Leonard Hill, London, **1965**.
147 DE Pat. 4338400 (1995), Degussa AG.
148 H. Uhlemann, *Chem. Ing. Tech.* **1990**, *62* (*10*), 822–834.
149 DE Pat. 4329205 (1995), Degussa AG.
150 EP Pat. 716640 (1993), Degussa AG.
151 DE Pat. 2733935 (1977), Interox.
152 DE Pat. 2700797 (1978), Peroxid-Chemie.
153 DE Pat. 19911202 (1999), Oriental Chemical Industries.
154 DE Pat. 3720277 (1988), Degussa AG.
155 DE Pat. 19608000 (1996), Oriental Chemical Industries.
156 DE Pat. 19755214 (1996), Solvay Interox.
157 EP Pat. 651052 (1995), Procter & Gamble.
158 EP Pat. 651053 (1995), Procter & Gamble.
159 HERA, Human and Environmental Risk Assessment of ingredients of European household cleaning products, Sodium percarbonate, AISE (Association Internationale de la Savoimerie, de la Detergence et des Produits d'Entretien), **2002**, Internet Website: http://www.heraproject.com.
160 J. Momma, K. Takada, Y. Suzuki, M. Tobe, *Shokuhin Eiseigaku Zasshi* **1986**, *27* (*5*), 553–560.
161 HERA, Human and Environmental Risk Assessment of ingredients of European household cleaning products Sodium carbonate, AISE (Association Internationale de la Savoimerie, de la Detergence et des Produits d'Entretien), CEFIC (ACTION Erg). **2002**, Internet Website: http://www.heraproject.com.
162 S. Tanatar, *Z. Phys. Chem.* **1898**, *26*, 132–134.
163 P. Melikoff, L. Pissarjewski, *Ber. Dtsch. Chem. Ges.* **1898**, *31*, 678–680.
164 A. Hansson, *Acta Chem. Scand.* **1961**, *15*, 934.
165 W. P. Griffith, A. C. Skapski, A. P. West, *Chem. Ind.* **1984**, *5*, 185.
166 E. Koberstein, H. G. Bachmann, H. Gebauer, G. Köhler, E. Lakatos, G. Nonnenmacher, *Z. Anorg. Allg. Chem.* **1970**, *374*, 125–146.
167 R. Bruce, J. O. Edwards, D. Griscom, R. A. Weeks, L. R. Darbee, W. DeKleine, M. McCarthy, *J. Am. Chem. Soc.* **1965**, *87*, 2057.

168 J. O. Edwards, D. L. Griscom, R. B. Jones, K. L. Watters, R. A. Weeks, *J. Am. Chem. Soc.* **1969**, *91*, 1095.
169 DE Pat. 1078101 (1955), Degussa AG.
170 DE Pat. 1079603 (1955), Degussa AG.
171 EP Pat. 328768 (1988), Degussa AG.
172 DE Pat. 2650225 (1976), Solvay Interox.
173 DE Pat. 940348 (1955), Degussa AG.
174 EP Pat. 150432 (1984), Peroxid-Chemie.
175 DE Pat. 2231257 (1972), Degussa AG.
176 *Winnacker-Küchler*, 4. Aufl., Bd. 2, 586.
177 HERA, Human and Environmental Risk Assessment of ingredients of European household cleaning products, Sodiumperborate mono and tetrahydrate, AISE (Association Internationale de la Savoimerie, de la Detergence et des Produits d'Entretien), CEFIC (European Chemical Industry Council), **2002**, Internet website: http://www.heraproject.com.
178 J. Momma, K. Takada, Y. Suzuki, M. Tobe, *Shokuhin Eiseigaku Zasshi* **1986**, *27* (5), 553–560.
179 D. Bagley, K. A. Booman, L. H. Bruner, P. L. Casterton, J. Demtrulias, J. E. Heinze, J. D. Innis, W. C. McCormick III, D. J. Neun, A. S. Rothenstein, R. I. Sedlak, *Toxicol. Cutan. Ocular Toxicol.* **1994**, *13*, 127–155.
180 J. P. Seiler, *Mutat. Res.* **1989**, *224*, 219–227.
181 H. S. Rosenkranz, *Mutat. Res.* **1973**, *21*, 171–174.
182 ECETOC (European Chemical Industry Ecology and Toxicology Centre): *Reproductive and General Toxicology of some Inorganic Borates and Risk Assessment for Human Beings*, Technical Report No. 63, ECETOC, Brüssel, **1995**.
183 Degussa AG: *Sodium perborate tetrahydrate. 4-week oral toxicity study after repeated administration in rats.* Unpublished report to Degussa AG, US-IT Nr. 89-0013-DGT, **1989**.
184 R. Bussi, G. Chierico, N. Drouot, V. Garny, S. Hubbard, G. Malinverno, W. Mayr, *Teratology* **1996**, *53*, 26A.
185 W. Guhl, A. Berends, *Surfactants* **2001**, *2*, 98–102.
186 ECETOC (European Chemical Industry Ecology and Toxicology Centre): *Ecotoxicology of some Inorganic Borates*, Special Report No. 11, Brüssel, **1997**.
187 S. D. Dyer, *Chemosphere* **2001**, *44*, 369–376.
188 R. Haertling, *Chem. Ing. Tech.* **1989**, *61*, 725.
189 M. Rupert, *J. Loss Prev. Process Ind.* **1993**, *6*, 5.
190 Degussa Department Care Specialties: *Sodium Percarbonate – Bulk Storage, Transport, Conveyance*, February 2003.
191 DE Pat. 4020856 (1992), Degussa.
192 M. Spiro, *Electrichim. Acta*, **1979**, *24*, 313.
193 W. V. Steele, E. H. Appelmann, *J. Chem. Thermodyn.* **1982**, *14*, 337.
194 H.-P. Harke, *Hyg. Med.* **1987**, *12*, 224–225.
195 J. Flanagan, W. P. Griffith, A. C. Scapski, *J. Chem. Soc. Chem. Comm.* **1984**, 1574.
196 OE-PS 207810 (1960), DuPont.
197 US Pat. 5141731 (1992), Degussa.
198 EP Pat. 0554271 (1993), Solvay.
199 GB Pat. 1442811 (1976), L'Air Liquide.
200 WO Pat. 92/07791 (1992), Interox Chemicals.
201 US Pat. 5304360 (1994), Interox Chemicals.
202 EP Pat. 1773907 (1996), FMC.
203 WO Pat. 97/00225 (1997), FMC.
204 US Pat. 2926998 (1957), DuPont.
205 US Pat. 3041139 (1960), DuPont.
206 H. M. Castranas et al., *Randolf Gold Forum*, Randolf International Ltd., Golden Co, **1993**.
207 US Pat. 5397482 (1995), FMC.
208 J. A. Cole, C. Stoiber, *SME Annual Meeting, Phoenix (AR)*, March 1–14, **1996**.
209 R. Norcros, *Randolf Gold Forum*, Squaw Creek Olympic Valley, CA, April **1996**.
210 US Pat. 5091054 (1992), Degussa.
211 US Pat. 5246543 (1993), Degussa.
212 N. A. Troughton et al., *Non-Chlorine Bleaching Conference*, Amelia Island, FL, March **1994**.
213 N. Nimmerfroh, H. U. Süss, *International Non-Chlorine Bleaching Conference*, Orlando, FL, March **1996**.
214 DuPont, Technical Information: *Pxa-high conversion peroxyacids*, 7/94.
215 US Pat. 5589032 (1996), DuPont.
216 DE Pat. 3046769 (1993), Schülke & Mayr.
217 EP Pat. 92870188 (1994), Procter & Gamble.

218 US Pat. 5 501 812 (1996), Lever Brothers.
219 R. W. Murray, *Chem. Rev.* **1989**, *89*, 1187.
220 W. Adam, R. Curci, J. O. Edwards, *Acc. Chem. Res.* **1989**, *22*, 205.
221 US Pat. 5 525 121 (1996), Colgate Palmolive.
222 DE Pat. 2 352 856 (1973), Degussa.
223 *Chem.-Tech. (Heidelberg)* **1988**, *17*, 18.
224 US Pat. 5 373 025 (1994), Olin Corp.
225 US Pat. 5 593 543 (1997), Henkel Corp.
226 Degussa AG, unveröffentlichte Untersuchung, Degussa AG, US-IT Nr. 83–0061-DKT, **1983**.
227 Laporte Industries, unveröffentlichte Untersuchung, Report No. 85/LAPO13/307, **1985**.
228 Degussa AG, unveröffentlichte Untersuchung, Degussa AG, US-IT Nr. 84-0043-DKT, **1984**.
229 Laporte Industries, unveröffentlichte Untersuchung, Report No. 85/LAPO10/308, **1985**.
230 Laporte Industries, unveröffentlichte Untersuchung, Report No. 85/LAPO11/308, **1985**.
231 DuPont, unveröffentlichte Untersuchung, Haskell Laboratory, **1980**.
232 Degussa AG, unveröffentlichte Untersuchung, Degussa AG, US-IT Nr. 92-0084-DGT, **1992**.
233 Degussa AG, unveröffentlichte Untersuchung, **2001**.
234 Degussa AG, unveröffentlichte Untersuchungen, **2001**.
235 Degussa AG, unveröffentlichte Untersuchung, Degussa AG, US-IT Nr. 89-0014-DGO, **1989**.
236 Degussa AG, unveröffentlichte Untersuchung, Degussa AG, US-IT Nr. 89-0015-DGO, **1989**.
237 Degussa AG, unveröffentlichte Untersuchung, **2001**.
238 Degussa AG, unveröffentlichte Untersuchung, Degussa AG, US-IT Nr. 94-0176-DGO, **1994**.
239 J. Balej, M. Thumovä, *Collect. Czech. Chem. Comun.* **1981**, *46*, 1229–1236.
240 J. Balej et al., *Chem. Prü.* •••??••• **1982**, *3* (2,) 225.
241 W. M. Latimer: *The Oxidation States of the Elements and Their Potentials in Aqueous Solutions*, Prentice Hall Inc., New York, **1938**.
242 M. M. Barbooti, F. Jasmin, *Thermochim. Acta*, **1976**, *16*, 402–406.
243 I. A. Vorsina, T. E. Grishakova, Y. Mikhailov, J. Mikhailov, *Inorg. Mater.* **1995**, *31*, 1321–1324.
244 J. d'Ans, W. Friedrich, *Z. Anorg. Allg. Chem.* **1912**, *73*, 347.
245 W. Smit, J. G. Hoogland, *Electrochim. Acta*, **1971**, *16*, 821–831.
246 W. Smit, J. G. Hoogland, *Electrochim. Acta*, **1971**, *16*, 961–979.
247 N. V. Pospelove, A. A. Rakov, V. J. Veselovskij, *Elektrokhimiya*, **1969**, *5*, 793.
248 N. V. Pospelove, A. A. Rakov, V. J. Veselovskij, *Elektrokhimiya*, **1969**, *5*, 1318.
249 N. V. Pospelove, A. A. Rakov, V. J. Veselovskij, *Elektrokhimiya*, **1970**, *6*, 57.
250 L. Baley, M. Thumova, *Collect. Czech. Chem. Commun.* **1974**, *39*, 3409.
251 J. Balej, M. Kaderavek, *Collect. Czech. Chem. Commun.* **1979**, *44*, 1510–1520.
252 E. V. Kasatkin, G. F. Potapova, *Elektrokhimiya* **1979**, *15*, 1235–1239.
253 J. Balej, M. Kaderavek, *Collect. Czech. Chem. Commun.* **1981**, *46*, 2809–2817.
254 J. Balej, *Collect. Czech. Chem. Commun.* **1981**, *46*, 462–466.
255 J. Balej, M. Kadaverek, *Collect. Czech. Chem. Commun.* **1980**, *45*, 2272–2282.
256 JP Pat. 7 309 277 (1968), Mitsubishi Gas Chem.
257 US Pat. 2 795 541 (1957), Degussa AG.
258 W. Thiele, DDR-PS 99 548 (1973).
259 GB Pat. 746 786 (1965), Roehm und Haas.
260 J. Vachuda, M. Chladek, CSR-PS 112 945 (1963).
261 J. W. Kühn von Burgsdorff, *Chem. Ing. Tech.* **1977**, *49*, 294.
262 DE Pat. 2 305 381 (1972), Air Liquide.
263 DE Pat. 2 528 204 (1974), Air Liquide.
264 US Pat. 3 954 952 (1975), FMC.
265 DE Pat. 1 057 588 (1957), FMC.
266 JP-Kokai 62 100 511 (1987), Nitto Electrical.
267 P. Bataille et al., *Coat. Technol.* **1987**, *59*, 71–75.
268 US Pat. 2 879 276 (1956), General Electric.
269 Buffalo Electro-Chem. Co.: *Uses of Persulfate*, Bull. 34, New York, **1951**.
270 C. F. Coombs, jr. (Hrsg.): *Printed Circuits Handbook*, Mc Graw-Hill Book Company, New York, **1950**, S. 6ff.

271 G. Hermann (Hrsg.): *Leiterplatten*, Eugen G. Lenze Verlag, Saulgau, **1978**, S. 115.
272 DE Pat. 1 277 797 (1956), Degussa AG.
273 DE Pat. 1 103 882 (1951), Degussa AG.
274 GB Pat. 845 063 (1960), Degussa AG.
275 DE Pat. 2 525 878 (1975), Unilever.
276 N. Steiner, B. Gec, *Annual Meeting of the American Association of Textile Chemists and Colorists*, Atlanta, GA, October **1995**.
277 DE Pat. 4 427 662 (1995), Peroxid Chemie.
278 WO Pat. 95 25 195 (1995), Solvay.
279 WO Pat. 97 25 469 (1997), Novo Nordisk.
280 DE Pat. 19 600 704 (1996), Henkel.
281 EP Pat. 0 778 020 (1961), Wella.
282 US Pat. 4 780 216 (1988), Olin Corp.
283 P. Cox, ZA Pat. 95 04 754 (1995).
284 US Pat. 5 116 967 (1992), Degussa AG.
285 DE Pat. 953 506 (1955/56), ICI.
286 DE Pat. 1 051 117 (1957), Agfa.
287 JP Pat. 08 122 991 (1996), Fuji Photo Film.
288 US Pat. 5 718 837 (1998), FMC.
289 GB Pat. 801 015 (1955), ICI.
290 BG-Chemie, Berufsgenossenschaft der chemischen Industrie: *Toxikologische Bewertung Nr. 4, Ausgabe 10/94, Ammoniumpersulfat*, **1994**.
291 NICNAS, National Industrial Chemicals Notification and Assessment Scheme, Ammonium-, Potassium-, and Sodiumpersulfate, Priority Exisiting Chemicals Report No. 18, Commonwealth of Australia, Camberra, **2001**.
292 Degussa AG, unveröffentlichte Untersuchung, Degussa AG – US-IT-Nr.: 79-0016-DKT, **1979**.
293 Degussa AG, unveröffentlichte Untersuchung, Degussa AG, US-IT-Nr. 83–0023-DKT, **1983**.
294 Degussa AG, unveröffentlichte Untersuchung, Degussa AG, US-IT-Nr. 83–0024-DKT, **1983**.
295 C. D. Calnan, S. Shuster, *Arch. Dermatol.* **1963**, *88*, 812–815.
296 M. Koller, R. A. Hilger, W. Konig, *Int. Arch. Allergy Immunol.* **1996**, *110*, 318–324.
297 M. Schwaiblmair, X. Bauer, G. Fruhmann, *Dtsch. med. Wochenschr.* **1990**, *115*, 695–697.
298 S. Mahzoon, S. Yamamoto, M. W. Greaves, *Acta Dermatovenar (Stockholm)* **1977**, *57*, 125–126.
299 J. F. Parsons, B. F. J. Goodwin, R. J. Safford, *Food Cosmet. Toxicol.* **1979**, *17*, 129–135.
300 T. Cascieri, M. J. Fletcher, M. S. Weinberg, *The Toxicologist* **1981**, *1*, 149.
301 Degussa AG,. unveröffentlichte Untersuchung, Degussa AG, US-IT-Nr. 88–0016-DGO, **1988**.
302 FMC Corporation, unpublished report, FMC study no.: I92–1250, **1992**.
303 FMC Corporation, unpublished report, FMC study no.: I92–1251,**1992**.
304 G. Bringmann, R. Kuehn, *Gesundheits – Ingenieur* **1959**, *4*, 115–120.
305 DE Pat. 1 096 339 (1959), Degussa.
306 DE Pat. 1 148 215 (1961), Knapsack-Griesheim.
307 DE Pat. 1 037 434 (1958), DuPont.
308 C. J. Battaglia, J. O. Edwards, *Inorg. Chem.* **1965**, *4*, 552.
309 US Pat. 3 085 856 (1958), DuPont.
310 G. Mamantov et al., *Inorg. Chem.* **1964**, *3*, 1043–1045.
311 DE Pat. 1 143 491 (1960), Degussa.
312 J. J. Vol'nov et al., *Zh. Neorg. Khim.* **1961**, *6*, 268–270; Chem. Abstr. 1962, 56, 4346b.
313 G. Rietz, E. Minke, *Z. Chem.* **1969**, *9*, 457–458.
314 B. Malinak et. al., *Collect. Czech. Chem. Commun.* **1974**, *39*, 2549–2558.
315 P. Maruthamuthu, M. Santappa, *Indian J. Chem. Sect. A* **1976**, *14A*, no. 1, 35–38, Chem. Abstr. 1976, 84, 170 247n.
316 E. Kasatkin et al., *Elektrokhimiya* **1987**, *23*, 679–681.
317 SU Pat. 1 089 174 (1984); Chem. Abstr. **1984**, *101*, 80 786.
318 FR Pat. 2 261 255 (1974), L'Air Liquide.
319 A. Simon, H. Richter, *Z. Anorg. Allg. Chem.* **1959**, *302*, 165–174.
320 US Pat. 3 547 580 (1968), Food Machinery and Chemical.
321 DE Pat. 1 814 337 (1967), Food Machinery and Chemical.
322 US Pat. 3 634 262 (1972), Mac Dermid.
323 I. I. Volnov: »*Peroxides, Superoxides, and Ozonides of Alkali and Alkaline Earth Metals*«, Plenum Press, New York, **1966**.
324 H. Remy, *Angew. Chem.* **1956**, *68*, 612.
325 A. W. Petrocelli, R. V. Chiarenzelli, *J. Chem. Educ.* **1962**, *39*, 557.
326 M. Roch, J. Weber, A. F. Williams, *Inorg. Chem.* **1984**, *23*, 4571.

327 K. Sato, M. Aoki, M. Ogawa, T. Hashimoto, R. Noyori, *J. Org. Chem.* **1996**, *61*, 8310–8311.
328 C. Venturello, E. Alneri, M. Ricci, *J. Org. Chem.* **1983**, *48*, 3831–3833.
329 W. A. Herrmann, R. W. Fischer, D. W. Marz, *Angew. Chem., Int. Ed. Engl.* **1995**, *34*, 105–107.
330 DE Pat. 2208347 (1972), Fire Res. Inst.
331 DE Pat. 2313116 (1975), Air Liquide.
332 A. G. Davies: *Organic Peroxides*, Butterworths, London, **1961**.
333 E. G. E. Hawkins: *Organic Peroxides*, E. und F. F. Spon Ltd., London, **1961**.
334 A. V. Tobolsky, R. B. Mesrobian: *Organic Peroxides*, Interscience Publishers, New York, **1954**.
335 J. O. Edwards (Hrsg.): *Peroxide Reaction Mechanisms*, John Wiley and Sons, Inc., New York, **1962**.
336 O. L. Mageli, C. S. Sheppard, in D. Swern: *Organic Peroxides*, Vol. 1, Kap. I, 1–104, Wiley Interscience, New York **1970**.
337 A. G. Davies, in D. Swern: *Organic Peroxides*, Vol. 2, Kap. IV, 337–354, Wiley Interscience, New York **1971**.
338 D. Swern, in D. Swern: *Organic Peroxides*, Vol. 1, Kap. VI, 313–474, Wiley Interscience, New York **1970**; D. Swern, in D. Swern: *Organic Peroxides*, Vol. 1, Kap. VII, 475–516, Wiley Interscience, New York **1970**; D. Swern, in D. Swern: *Organic Peroxides*, Vol. 2, Kap. V, 355–533, Wiley Interscience, New York **1971**.
339 A. F. Hegarty, *Comp. Org. Chem.* **1979**, *2*, 1105.
340 K. Sasaki, *Sekiyu Gakkai Shi* **1977**, *19*, 421; S. N. Lewis in R. L. Augustine (Hrsg.): *Oxidation*, Vol. 1, Marcel Dekker, Inc. New York, **1969**, Kap. 5, 213–258.
341 Y. Sawaki, in W. Ando: *Organic Peroxides*, Kap. 9, 425–477, John Wiley & Sons, New York 1992.
342 D. Swern: *Organic Peroxides*, Vol. I, Wiley Interscience, New York, **1970**.
343 D. Swern: *Organic Peroxides*, Vol. II, Wiley Interscience, New York, **1971**.
344 W. Ando (Hrsg.): *Organic Peroxides*, John Wiley and Sons, Inc., New York, **1992**.
345 E. Koubek, J. E. Welsch, *J. Org. Chem.* **1968**, *33*, 445.
346 R. Curci, J. O. Edwards, in D. Swern: *Organic Peroxides*, Vol. 1, Kap. IV, 199–264, Wiley Interscience, New York **1970**.
347 H. Feigenbaum, *Spec. Chem.* **1997**, *17*, 80–81, 83–84.
348 *Organic Syntheses*, Coll. Vol. I, 2nd ed., **1946**, S. 431.
349 W. M. Weigert, W. Merk, H. Offermanns, G. Prescher, G. Schreyer, O. Weiberg, *Chem. Ztg.* **1975**, *99*, 106.
350 DE Pat. 3002793 (1980), Degussa AG.
351 DE Pat. 3002826 (1980), Degussa AG.
352 DE Pat. 19935258 (2001), Henkel KgaA.
353 EP Pat. 1030899 (2000), Procter & Gamble.
354 M. Feldhuis, H. J. Schäfer, *Tetrahedron* **1986**, *42* (5), 1285.
355 US Pat. 5101051 (1990), Eka Nobel.
356 ECETOC, European Centre for Ecotoxicology and Toxicology of Chemicals: *Peracetic acid and its equilibrium solutions*, JACC (Joint Assessment of Commodity Chemicals) No. 40, ECETOC, Brüssel, **2001**.
357 *Houben-Weyl*, IV. Aufl., Bd. E 13/Teil II, **1988**, 1386–1489.
358 S. Isayama, T. Mukaiyama, *Chem. Lett.* **1989**, *4*, 573.
359 A. K. Shubber, R. L. Dannley, *J. Org. Chem.* **1971**, *36*, 3784.
360 A. J. Bloodworth, A. G. Davies, I. F. Graham, *J. Organomet. Chem.* **1968**, *13*, 351.
361 J. Lewinski, J. Zachara, E. Grabska, *J. Am. Chem. Soc.* **1996**, *118*, 6794.
362 R. Hiatt, T. Mill, K. C. Irwin, J. K. Castleman, *J. Org. Chem.* **1968**, *33*, 1428.
363 EP Pat. 221610 (1986), Akzo.
364 EP Pat. 810211 (1997), Witco.
365 EP Pat. 853082 (1998), Witco.
366 EP Pat. 1231206 (2001), Atofina.
367 DE Pat. 1225643 (1964), Rüchardt.
368 US Pat. 4525308 (1983), Pennwalt.
369 DE Pat. 2159764 (1971), Akzo.
370 DE Pat. 4426839 (1994), Peroxid-Chemie.
371 DE Pat. 3701502 (1987), Peroxid-Chemie.
372 DE Pat. 3633308 (1986), Peroxid-Chemie.
373 EP Pat. 898561 (1997), Peroxid-Chemie.
374 DE Pat. 2628272 (1976), Akzo.
375 DE Pat. 2610181 (1976), Akzo.
376 EP Pat. 32757 (1981), Akzo.

377 WO Pat. 99/32442 (1998), Akzo.
378 DE Pat. 1048028 (1956), Elektrochem. Werke München.
379 DE Pat. 4438147 (1994), Peroxid-Chemie.
380 DE Pat. 1800328 (1968), Peroxid-Chemie.
381 M. Dorn: *Organische Peroxide*, Verlag moderne Industrie, Landsberg/Lech **1993**.
382 M. K.Mishra, N. G. Gaylord, Y. Yagci, *Plast. Eng.* **1998**, *48*, 87.
383 Recommendations of dangerous goods – Model regulations, UN, 11th revised edition.
384 2. Spreng V vom 10. Sept. 2002/BGBl I Nr. 65; Spreng RL 300 vom Sept. 1991/BArbBl 11/91.
385 BGV B 4 – Unfallverhütungsvorschrift Organische Peroxide der BG Chemie; Fassung vom 1. Jan. 1997.
386 Deutsche Forschungsgemeinschaft: *MAK- und BAT-Wert-Liste*, Wiley-VCH, Weinheim.
387 Merkblatt M 001–7/99 – BGl 752 der BG Chemie.
388 *Gesundheitsschädliche Arbeitsstoffe; Toxikologisch – arbeitsmedizinische Begründungen von MAK-Werten*, Wiley-VCH, Weinheim.

9
Carbide und Kalkstickstoff

Aus der 4. Auflage von Friedrich Wilhelm Dorn, Herwig Höger, Klaus Liethschmidt, Georg Strauß.
Neu bearbeitet von Klaus Englmaier

1	**Calciumcarbid** 769	
1.1	Historischer und wirtschaftlicher Überblick 769	
1.2	Grundlagen des Herstellverfahrens 770	
1.2.1	Eigenschaften des Calciumcarbids 770	
1.2.2	Reaktionsbedingungen 772	
1.2.3	Nebenreaktionen 773	
1.3	Herstellung von Calciumcarbid 773	
1.3.1	Rohstoffe und deren Aufbereitung 773	
1.3.1.1	Schwarzmaterial (Koks und Kohle) 774	
1.3.1.2	Weißmaterial (Kalk) 775	
1.3.2	Elektrothermisches Verfahren 776	
1.3.2.1	Elektroofen 776	
1.3.2.2	Möllerbeschickung 778	
1.3.2.3	Hohlelektrodenbeschickung 778	
1.3.2.4	Elektroden 779	
1.3.2.5	Elektrische Ausrüstung 780	
1.3.2.6	Gasanlage 780	
1.3.2.7	Carbidabstich und Kühlung 781	
1.3.2.8	Carbidofenbetrieb 781	
1.3.2.9	Stoff- und Energieaufwand 782	
1.3.3	Carbothermisches Verfahren 783	
1.4	Produkte 783	
1.4.1	Aufbereitung und Versand des Calciumcarbids 783	
1.4.2	Qualitätsanforderungen 784	
1.4.3	Umweltfragen 784	
1.5	Verwendung 784	
2	**Kalkstickstoff** 785	
2.1	Historischer und wirtschaftlicher Überblick 785	
2.2	Grundlagen des Herstellverfahrens 786	

Winnacker/Küchler. *Chemische Technik: Prozesse und Produkte.*
Herausgegeben von Roland Dittmeyer, Wilhelm Keim, Gerhard Kreysa, Alfred Oberholz
Band 3: Anorganische Grundstoffe, Zwischenprodukte.
Copyright © 2005 WILEY-VCH Verlag GmbH & Co. KGaA, Weinheim
ISBN: 3-527-30768-0

2.2.1	Eigenschaften des Kalkstickstoffs	786
2.2.2	Reaktionsbedingungen	787
2.3	Herstellung von Kalkstickstoff	787
2.3.1	Rohstoffe	787
2.3.2	Herstellverfahren	788
2.3.2.1	Trostberger Drehofen-Verfahren	788
2.3.2.2	Frank-Caro-Verfahren (Setzofen-Verfahren)	789
2.3.2.3	Sonstige Verfahren	790
2.4	Nachbehandlung des Kalkstickstoffs	791
2.4.1	Zerkleinern	791
2.4.2	Granulieren	791
2.4.3	Lagerung und Verpackung	791
2.5	Verwendung	792
2.5.1	Landwirtschaft	792
2.5.2	Sonstige Verwendung	792
2.5.3	Qualitätskontrolle	793
2.5.4	Sicherheits- und Umweltfragen	793
2.6	Ausblick	793
3	**Siliciumcarbid**	**794**
3.1	Allgemeiner und wirtschaftlicher Überblick	794
3.2	Eigenschaften	794
3.3	Reaktionsbedingungen	795
3.4	Rohstoffe	795
3.5	Herstellung im Elektroofen	796
3.5.1	Acheson-Verfahren	796
3.5.2	ESK-Verfahren	797
3.6	Aufbereitung	798
3.7	Verwendung	798
4	**Borcarbid**	**799**
5	**Literatur**	**800**

1
Calciumcarbid

1.1
Historischer und wirtschaftlicher Überblick

1892 erfanden T. L. WILLSON und H. MOISSAN mit ihren Mitarbeitern nahezu gleichzeitig, aber unabhängig voneinander das Herstellungsverfahren von Calciumcarbid, CaC_2, aus Kalk und Kohle im elektrischen Lichtbogen-Ofen [1–3]. Bis dahin besaßen Calciumcarbid, entdeckt 1862 durch L. WÖHLER, und sein Hydrolyseprodukt Acetylen, entdeckt 1836 durch E. DAVY, ausschließlich wissenschaftliches Interesse. Innerhalb weniger Jahre entstanden Carbidfabriken in Nordamerika und mehreren europäischen Ländern, vorwiegend auf Initiative von Elektrizitätsgesellschaften, die über hydroelektrische Energie verfügten. Anfangs wurde Carbid bzw. Acetylen ausschließlich zur Beleuchtung verwendet. Die aufkommende Konkurrenz des Gasglühlichts und der elektrischen Glühlampe zusammen mit einer starken spekulativen Vermehrung der Produktionsstätten begannen der Carbidindustrie bereits ernste Schwierigkeiten zu bereiten, als im Einsatz des Acetylens zum Schweißen und Schneiden von Stahl (ab 1906) und des Carbids zur Herstellung von Kalkstickstoff (ab 1907) neue große Verwendungsgebiete gefunden wurden. Gegen 1910 setzte die Nutzung des Acetylens für organische Synthesen ein, die mit der Herstellung von Acetaldehyd, Vinylchlorid, Butadien etc. auch bedeutende Folgeprodukte erschloss und auf ihrem Höhepunkt um 1960 in Deutschland mehr als 70% der Carbidproduktion verbrauchte. Aus diesem Bereich wurde das Carbid-Acetylen in Westeuropa, Nordamerika und Japan durch petrochemisch gewonnene Rohstoffe weitgehend verdrängt, sodass dort heute das Schneiden von Stahl, die Herstellung von Kalkstickstoff und die Entschwefelung von Roheisen die wesentlichen Einsatzgebiete des Calciumcarbides sind. Die Weltproduktion erreichte ihr Maximum um 1967 mit ca. $10 \cdot 10^6$ t a^{-1} und dürfte heute bei $3 \cdot 10^6$ t a^{-1} liegen. Tabelle 1 zeigt die Produktionsentwicklung einiger wichtiger Länder.

Calciumcarbid war die erste Substanz, die auf rein elektrothermischem Wege durch Stoffumwandlung über die Schmelzphase industriell hergestellt wurde. Parallel mit der Entwicklung der Carbidproduktion vollzog sich die Entwicklung des elektrischen Niederschachtofens, in dem das Rohstoffgemisch mit gedeckten, d.h. in die Mischung eintauchenden Elektroden direkt beheizt wird, und der später für die Herstellung von Roheisen. Ferrolegierungen, Phosphor etc. übernommen wurde. Die zunächst von WILLSON bzw. MOISSAN/BULLIER zur Carbiderzeugung eingeführten kleinen Einphasenöfen (bis ca. 0,5 MW) mit Bodenelektrode, die auf Vorbilder von W. SIEMENS und P. HÉROULT zurückgingen, konnten bei geringer Stoff- und Stromausbeute praktisch nur diskontinuierlich betrieben werden. Durch Einführung von Dreiphasenöfen, Verbesserung des Abstiches und Erhöhung der Leistung auf 5–10 MW wurde in der ersten Dekade des letzten Jahrhunderts vorwiegend durch HELFENSTEIN ein zuverlässiger Reaktor geschaffen, dessen spezifischer Energieverbrauch bereits annähernd dem heutigen Stand ent-

Tab. 1 Carbidproduktion der wichtigsten Erzeugerländer (in 1000 t)

	1936	1957	1965	1972	1977	2002
Bundesrepublik Deutschland	712	960	1039	640	531	110
DDR		799	1188	1332	1301	
Belgien	25	88	220	70	27	
Frankreich	125	283	604	144	98	40
Großbritannien		142	310	72		
Italien	156	248	350	122	48	
Jugoslawien (Slowenien)	33	61	105	77	28	30
Norwegen	58	50	120	102	107	40
Spanien	15	59	163	193	160	45
Schweden	35	81	100	32	34	37
Polen	42	210	460	550	579	40
Rumänien	4		100	304	311	50
Tschechoslowakei (Slowakei)	25	80	140	160	130	80
UdSSR	59	5–600 [1]	500 [1]	791	802	380 [1]
Kanada	210	300	120	75 [1]	80 [1]	
USA	145	922	996	448	227	220
China			250 [1]		1237	1400 [1]
Japan	325	800 [1]	1622	601	541	220
Korea (Nord)		110	150		200 [1]	150
Südafrika	14	80 [1]	72	83	200	80
Brasilien						80
Argentinien						70
Welt insgesamt [1]	2000	5600	9100	8100	7400	2962

[1] geschätzt

sprach. Weitere wesentliche Fortschritte umfassen die Einführung der selbstbackenden Elektrode, des geschlossenen Ofengefäßes zur vollständigen Gewinnung des Abgases und zur Ausschaltung der Staubemission sowie der Hohlelektrode zur Verwendung feinkörniger Rohstoffe.

1.2
Grundlagen des Herstellverfahrens

1.2.1
Eigenschaften des Calciumcarbids

Weitgehend reines Calciumcarbid, CaC_2, lässt sich aus Calcium und Kohlenstoff bei ~1250 °C gewinnen [4, 5], während das bei der technischen Herstellung durch Umsatz von Calciumoxid mit Kohlenstoff bei ~2000 °C entstehende Produkt höchstens etwa 85% CaC_2 enthält. Technisches Carbid ist grau bis rötlich-braun, im Dünnschliff durchsichtig, teilweise grobkristallin mit glänzenden Bruchflächen. Reines Calciumcarbid ist geruchlos, der typische Carbidgeruch wird auf Spuren von Phosphor- und Schwefelverbindungen im Acetylen zurückgeführt. CaC_2 ist unlöslich in den üblichen Lösemitteln, löst sich dagegen ab ~600 °C in geschmolzenen Lithium- und Calciumhalogeniden [6–8].

Die technisch wichtigste Reaktion des CaC_2 ist die stark exotherme Bildung von Acetylen nach

$$CaC_{2,s} + 2\,H_2O_l \longrightarrow Ca(OH)_{2,s} + C_2H_{2,g} \quad \Delta H_{r,298} = -128{,}4 \text{ kJ mol}^{-1} \tag{1}$$

Von erheblicher Bedeutung ist ferner die Bildung von Calciumcyanamid (Kalkstickstoff)

$$CaC_2 + N_2 \xrightarrow{1100°C} CaCN_2 + C \tag{2}$$

die in Abschnitt 2 behandelt wird. Flüssiges Roheisen wird durch CaC_2 unter Bildung von festem CaS entschwefelt. Reaktanden mit reaktionsfähigem Wasserstoff lassen aus Calciumcarbid Acetylen und die entsprechende Calciumverbindung entstehen. Bei den meisten sonstigen Reaktionen verhält sich CaC_2 wie ein phlegmatisiertes Gemisch aus Calcium und Kohlenstoff.

Aus der Bildungsenthalpie [5] von Calciumcarbid

$$Ca_s + 2\,C_S \longrightarrow CaC_{2,s} \quad \Delta H_{r,298} = -59{,}4 \text{ kJ mol}^{-1} \tag{3}$$

ergibt sich mit [9, 10] für die Hauptreaktion der Carbidbildung

$$CaO_s + 3\,C_S \longrightarrow CaC_{2,S} + CO_g \quad \Delta H_{r,298} = 465 \text{ kJ mol}^{-1}$$
$$= 2{,}02 \text{ kWh pro Kilogramm } CaC_2 \tag{4}$$

Die Reaktionsenthalpie variiert bis 1800 °C nur um ± 2%. Weitere thermochemische Daten sind der Literatur [9, 11, 12] zu entnehmen.

CaC_2 tritt in vier eng verwandten Kristallstrukturen auf [13–17]. Oberhalb ~ 450 °C bildet CaC_2 ein NaCl-Gitter (C_2^{2-} auf den Cl^--Plätzen); unterhalb ~450 °C findet man drei niedersymmetrische Phasen, deren Beziehungen u.a. von Verunreinigungen (N, S) abhängen. Im technischen Produkt überwiegt die tetragonale Phase I (a = 549 pm, c = 638 pm, $\rho_{rö}$ = 2,21 g cm^{-3}), ein in c-Richtung gestrecktes NaCl-Gitter. Für geschmolzenes technisches Carbid (80% CaC_2) bei 2000 °C wird als Dichte ρ = 1,84 g cm^{-3} angegeben [18].

Beim Erhitzen von Calciumcarbid wird oberhalb von 1000 °C die Abspaltung von Ca-Dampf merklich, wobei der gemessene Verlauf des Dampfdrucks [19] mit lg p_{ca} = 2,913–10710/T (bar) gut dem aus thermochemischen Daten berechneten Gang entspricht.

Das Schmelzdiagramm CaC_2–CaO [20] zeigt ein einfaches eutektisches System ohne Löslichkeit im festen Zustand und ohne Verbindungsbildung. Eine Neuberechnung der CaC_2-Liquiduslinie mit den Messpunkten von [20] und der Annahme, dass hier das Raoultsche Gesetz gilt, ergab die in Abbildung 1 eingetragenen Daten und für die Schmelzwärme des CaC_2 H_1 = 94 kJ mol^{-1}. Durch die im technischen

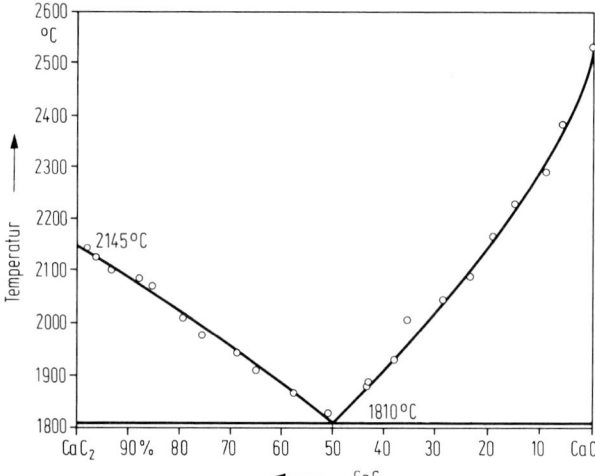

Abb. 1 Schmelzdiagramm CaC$_2$–CaO

Carbid enthaltenen Nebenbestandteile ist die Liquidustemperatur niedriger als in Abbildung 1 dargestellt [20].

Die Angaben über die elektrische Leitfähigkeit von Carbid schwanken stark, bedingt durch Unterschiede in Zusammensetzung und Gefüge der Proben sowie in der Messtechnik. Neuere Messungen ergaben Leitfähigkeiten im Bereich von 100–1000 Ω^{-1} m^{-1} sowohl für festes als auch für flüssiges Calciumcarbid [21].

1.2.2
Reaktionsbedingungen

Calciumcarbid bildet sich, wenn CaO und C zusammen hoch erhitzt werden. Außer nach Gleichung (4) können die Komponenten aber auch nach Gleichung (5) reagieren.

$$CaO_s + C_s \longrightarrow Ca_g + CO_g \tag{5}$$

Unterhalb von ~1300 °C ist der Partialdruck des nach Gleichung (5) entstandenen Calciums niedriger als der Zersetzungsdruck des Calciumcarbids, d. h. es bildet sich kein CaC$_2$, sondern Calcium-Gas und CO. Oberhalb von ~1300 °C reagiert etwa gebildetes Ca-Gas mit Kohlenstoff schnell zu CaC$_2$. Diese Beobachtungen führten zur Annahme eines zweistufigen Ablaufs der Carbidbildungsreaktion entsprechend den Gleichungen (5) und (3), wobei der Kontakt der Feststoffe miteinander und ihre Reaktionsfähigkeit starken Einfluss haben.

Im Carbidofen läuft die Hauptreaktion unter Bildung einer CaC$_2$–CaO-Schmelze ab. Elektrische Stromleitung, Energiezufuhr, Stofftransport und chemische Reaktion wirken dabei in einer Weise zusammen, die noch nicht vollständig aufgeklärt ist. Nach einem neueren Modell [22] wird als geschwindigkeitsbestimmender Teilschritt der Transport des in der Schmelze gelösten CaO an das Kokskorn angesehen; an dessen Oberfläche bildet sich CaC$_2$, das von der Schmelze sofort aufgelöst wird.

Wird die Temperatur des Schmelzbades über den optimalen Bereich von 1900–2100 °C hinaus gesteigert, so gewinnt bei Kohlenstoff-Mangel die Reaktion

$$CaC_{2,l} + 2\ CaO_l \longrightarrow 3\ Ca_g + 2\ CO_g \tag{6}$$

an Bedeutung. Sie bewirkt ein weitgehendes Verdampfen der Schmelze und wurde deshalb als Ursache für plötzliche Ausbläser (Gasausbrüche) bei Carbidöfen angesehen [23].

1.2.3
Nebenreaktionen

Die im Carbidofen ablaufenden Nebenreaktionen betreffen Nebenbestandteile der Beschickung, die auf Grund der hohen Temperatur und des stark reduzierenden Milieus angegriffen werden. Als Folge erhöht sich der Energieverbrauch, verschlechtern sich Calciumcarbid-Qualität und -Ausbeute und treten Störungen im Ofenbetrieb auf. Dabei bringt der Koks vorwiegend SiO_2, Fe_2O_3, Al_2O_3, S, P und H_2O ein, der Kalk MgO, CO_2, H_2O, S und P. H_2O (als Haftwasser und in gebundener Form) und CO_2 (als $CaCO_3$) werden bereits im oberen Teil der Beschickungssäule bei Temperaturen <1000 °C abgetrieben, während die anderen Bestandteile meist bis in die Reaktionszone gelangen. Schwefel und Phosphor werden von der Carbidschmelze gelöst, während Al_2O_3 entweder als Aluminat gelöst oder als Al_2O verflüchtigt wird. SiO_2 wird teilweise reduziert und bildet mit dem reduzierten Fe_2O_3 eine FeSi-Legierung, teilweise wird es als Silicat gelöst oder als SiO verflüchtigt. MgO wird weitgehend vollständig reduziert und als Mg-Dampf ausgetragen, der dann in kälteren Zonen durch CO zum Teil wieder zu MgO oxidiert wird.

1.3
Herstellung von Calciumcarbid

1.3.1
Rohstoffe und deren Aufbereitung

Da aus wirtschaftlichen Erwägungen möglichst preiswerte Rohstoffe verwendet werden, sollten unterschiedliche Koks- und Kohlesorten zusammen mit Kalk für den Einsatz in einem elektrothermischen Ofen aufbereitet werden können. Zum Betrieb eines geschlossenen Carbidofens müssen die Rohstoffe im Temperaturbereich von 1800–2300 °C ein ausreichendes Reaktionsvermögen haben, um günstige Raum-Zeit-Ausbeuten zu gewährleisten. Die Kokskomponente muss zudem eine bestimmte elektrische Leitfähigkeit besitzen, damit ein optimaler Energieeinsatz möglich ist. Stromverteilung, Reaktionsgeschehen und die Abfuhr des Reaktionsgases Kohlenmonoxid unter Wärmeabgabe an den Möller erfordern schließlich einen definierten Kornaufbau und eine ausreichende Abriebfestigkeit der Rohstoffe. In Abhängigkeit von der geforderten Carbidqualität und zur Einschränkung unerwünschter Nebenreaktionen werden an die Ausgangsstoffe bestimmte Reinheitsanforderungen gestellt.

Das Fließschema in Abbildung 2 gibt eine Übersicht über den Verbund von Rohstoffaufbereitung und CaC_2-Herstellung in einer modernen Carbidfabrik.

1.3.1.1 Schwarzmaterial (Koks und Kohle)

Da die preiswerte Verfügbarkeit einzelner Kokssorten Schwankungen unterliegt, die Rohstoff- und Stromkosten jedoch zusammen ca. 80% der Carbidherstellkosten ausmachen, ist es zweckmäßig, die Rohstoffaufbereitung des Schwarzmaterials möglichst vielseitig zu halten und ihr folgende Funktionen zu geben:
1. Einrichtungen zur Entladung, Bunkerung, Förderung und analytischen Kontrolle
2. Trocknen von Nasskoksen
3. Calcinieren von Kohlen und Koksen
4. Brechen von groben Kokssorten
5. Klassieren (Absieben der Körnungen kleiner 5 mm und größer 25 mm)
6. Wägen und Mischen

In der Regel wird Nasskoks per Eisenbahn angeliefert, über Tiefbunker bzw. Waggonkipper entladen und in Vorratssilos gefördert. Aus diesen wird das Material ab-

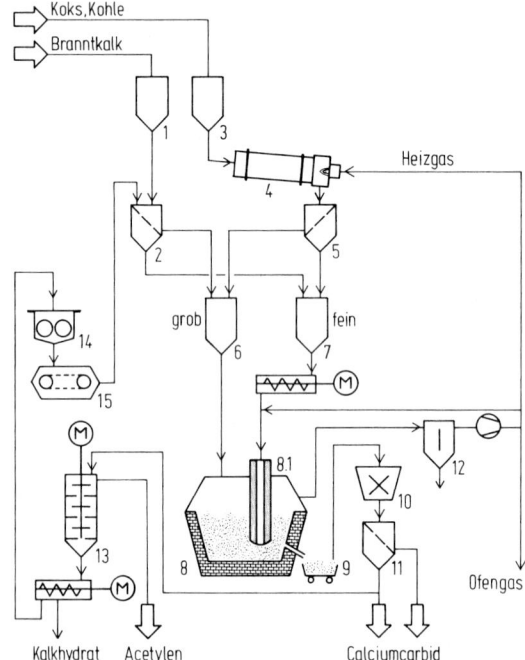

Abb. 2 Verfahrensfließbild einer Carbidproduktion
1 Bunker, 2 Sieb, 3 Bunker, 4 Calcinierung, Trocknung, 5 Sieb, 6, 7 Beschickungsbunker, 8 Carbidofen, 8.1 Hohlelektrode, 9 Tiegel, 10 Brecher, Mühlen, 11 Sieb, 12 Staubabscheider, 13 Trockenvergaser, 14 Brikettierung, 15 Calcinierung

gezogen und der Trocknungsstufe zugeführt (z. B. Trommel- oder Schachtofentrocknung), die vorzugsweise mit gereinigtem Carbidofengas beheizt wird. Die Abgaswärme der Trocknung kann in der Regel zur weiteren Vortrocknung genutzt werden [24].

Der getrocknete Koks wird in der Siebstation klassiert, wobei der Feinanteil dem Hohlelektroden-Vorratsbunker, der Grobanteil der Möllerstation zugeführt wird.

Stehen einer Carbidproduktion preiswerte Schwarzmaterialien mit hohen Gehalten (>5%) an flüchtigen Bestandteilen zur Verfügung (z. B. Petrolkoks oder getrocknete Braunkohle), so ist eine Calcinierungsanlage notwendig, um diese Schwarzmaterialien rationell zu hohen Anteilen in der Ofenbeschickung verwenden zu können.

1.3.1.2 Weißmaterial (Kalk)

Der Kalk wird in weichgebrannter Form mit einer bestimmten Abrieb- und Standfestigkeit angeliefert. Die Kalksteinbrenntechnik hat für die erforderliche Kalkqualität geeignete Verfahren entwickelt [25].

In der Rohstoffaufbereitung der Carbidproduktion wird der angelieferte Branntkalk in Bunkern gelagert und der entstandene Feinanteil unter 5 mm abgesiebt. Der Stückkalk wird der Möllerstation zugeführt, der Feinanteil geht zu den Hohlelektrodenbunkern.

Ist der Carbidproduktion eine Acetylenerzeugung mit einer Trockenvergasung [26] angeschlossen, so wird ein erheblicher Teil (50–70%) des anfallenden Kalkhydrats ($Ca(OH)_2$) durch die Kalkrückführung für den Carbidprozess wieder nutzbar aufbereitet. Das Kalkhydrat wird mit einem bestimmten Wassergehalt (<15%) brikettiert und schonend auf einen Wanderrost gegeben. Nach einer Vortrocknung passieren die Kalkbriketts eine carbonisierende und eine entcarbonisierende heiße Zone bei ca. 1000 °C und werden anschließend gekühlt und gebunkert. Dieses Prinzip [27] führt zu besonderen Festigkeiten der Kalkbriketts und hat verfahrenstechnische Vorteile beim Betrieb des Wanderrostes.

Der Umfang der Kalkhydrat-Rückführung richtet sich nach dem Gehalt der nicht ausschleusbaren Verunreinigungen wie Al_2O_3, SiO_2, Fe_2O_3 und ist großtechnisch bis zu 60% des eingesetzten Kalkes betrieben worden. Die Hydrat-Calcinierung braucht nur 40% der Energie des Kalksteinbrennens, und sie vermindert Transport- und Deponiekosten.

Auf die zahlreichen Möglichkeiten eines Energieverbundes zwischen Kalk- und Koks-Calcinierung, Koks-Trocknung und der Vorheizung der Möllerbeschickung soll an dieser Stelle hingewiesen werden.

Für die Qualität der Rohstoffe gelten folgende Richtwerte:

Weißmaterial:		Schwarzmaterial:	
Kalkgehalt CaO	> 90%	C_{fix}	> 80%
Ges. Metalloxide	< 5%	Asche	< 15%
MgO	< 1%	Flüchtige Bestandteile	0,5–2%
CO_2	< 2,5%	Wasser	< 2%
P_2O_5	< 0,02%	P_2O_5	< 0,01%
Wasser	< 0,5%	S	< 1%

Alle Nebenbestandteile des Ofenmöllers verursachen durch Schmelz- bzw. Reaktionsenergien zusätzliche elektrische Verluste beim Ofenbetrieb. Es ist hauptsächlich eine Frage ökonomischer Optimierung von Rohstoff- und Energiekosten, welche Qualitätstoleranzen bei den Einsatzstoffen zur Carbidherstellung zugelassen werden können.

Die letzte Stufe der Rohstoffaufbereitung ist die Möllerstation. Sie besteht aus Bunkern zur Lagerung von Stückkoks, Stückkalk und Kalkbriketts sowie aus Feingutbunkern für Koks- und Kalkstäube. Die groben und die feinen Rohstoffe werden getrennt gewogen, gemischt und den Beschickungsbunkern des Carbidofens zugeführt. Die Erfahrung zeigt, dass zum optimalen Ofenbetrieb nicht nur unterschiedliche Schwarz/Weiß-Mischungen, sondern auch Mischungen verschiedener Kokssorten beitragen können.

1.3.2
Elektrothermisches Verfahren

Die technische Entwicklung der letzten 80 Jahre hat zum Bau runder Drehstromöfen geführt, die vollkommen geschlossen sind und mit bis zu 60 MW betrieben werden. Die Vorteile dieser Öfen liegen in der Minimierung der Blindleistung durch die elektrische Symmetrie und der Wärmeverluste durch das günstigere Inhalt/Oberflächen-Verhältnis des Ofens. Daneben steht der leichtere Ausfluss der Schmelze, besonders bei höherprozentigem Carbid, durch die Anordnung der Elektroden im Dreieck (keine, tote, Phase) [28]. Die vollständige Gewinnung des CO-Gases mit seinem erheblichen Heizwert ist ein weiterer Vorteil. Zudem ist der deutlich geringere manuelle Arbeitsaufwand bei diesen Ofentypen zu erwähnen.

Ein wesentlicher Teil der heutigen Carbidproduktion der Welt wird jedoch in offenen Öfen mit elektrischen Leistungen bis 45 MW hergestellt [3, 29]. Diese Öfen erlauben einen hohen Einsatz uncalcinierter Schwarzmaterialien, da in die Beschickung ständig manuell bzw. mechanisch eingegriffen werden kann. Die Calcinierung wird jedoch mit einem höheren Verbrauch an elektrischer Energie erkauft; eine CO-Gas-Gewinnung ist nur teilweise möglich. Der Ofengang kann rohstoffabhängig sehr unregelmäßig und die Carbidqualität daher ziemlich schwankend sein. Das im wesentlichen aus CO_2 bestehende heiße Ofenabgas muss in der Regel aufwändig gekühlt und entstaubt werden.

1.3.2.1 **Elektroofen**
Obwohl heute noch rechteckige Ofengefäße in Betrieb sind [29], wird nur die technisch weiterentwickelte runde Ofenkonstruktion beschrieben (s. Abb. 3).

Das Ofengefäß mit einer Querschnittsfläche bis zu 80 m^2 besteht außen aus einem Stahlmantel mit einer Rippenversteifung, deren waagerechte Lamellen den Ofen völlig umfassen. Alle äußeren Teile des Gefäßes sind für eine Luftkühlung leicht zugänglich.

Der Ofenboden wird allgemein mit Kohlenstoffsteinen, die Seitenwand mit hochschmelzender Keramik zugestellt. Der Wärmefluss im Ofen ist derart gestaltet, dass der schmelzflüssige Reaktionsraum von erstarrtem, hochschmelzendem Carbid

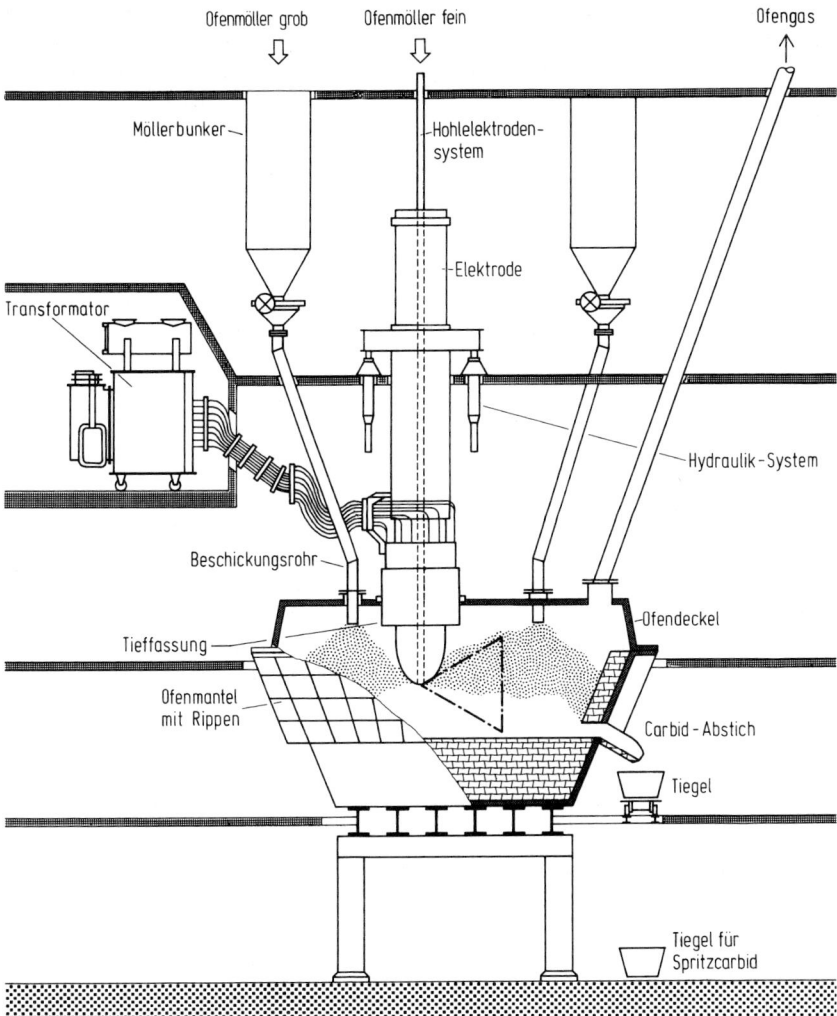

Abb. 3 Geschlossener Carbidofen
(– – – Anordnung der Elektroden im Dreieck)

umgeben ist, um sehr lange Betriebszeiten zu erreichen. Das Ofengefäß ist oben vollständig mit einer Deckelkonstruktion verschlossen. Der wassergekühlte Deckel enthält neben den drei Elektrodenöffnungen mit Gleitdichtung die Öffnungen der fest verbundenen Beschickungsrohre und in der Regel zwei Rohre für die Ableitung des Ofengases in die Gasreinigungs- und Gasaufbereitungsanlage. Ferner gewährleisten durch den Ofendeckel geführte Messeinrichtungen für Temperatur und Druck eine ständige Kontrolle des Ofenbetriebes. Alle Kühlwasserläufe, auch die der Stromzuführung, werden laufend auf Durchflussmenge, Temperatur und Verlusten überwacht. Der Deckel besteht zur Vermeidung von Wirbelstromverlusten aus Kupfer oder unmagnetischem Stahl, in den Randzonen aus normalem Stahl und ist in drei voneinander elektrisch isolierte, wassergekühlte Segmente aufgeteilt. Die Isolierung muss sowohl den Elektroden als auch dem Ofengefäß gegenüber gewährleistet sein.

1.3.2.2 Möllerbeschickung

Im oberen Teil des Produktionsgebäudes sind zwei parallele Bunkerreihen über der Ofenanlage angeordnet. Jeder Bunker ist hoch und relativ schmal; sein unteres Ende mündet in ein Beschickungsrohr, das durch den Ofendeckel in den Ofen führt. Diese Bauweise gewährleistet durch die hohe Materialsäule einen genügend dichten Gasabschluss des Ofenraumes bei kontinuierlicher Beschickung. Außerdem wird durch die nahezu senkrecht geführten Beschickungsrohre eine Entmischung des Möllers verhindert. Die Beschickungsrohre sind durch Isolierstrecken gegen den Ofendeckel elektrisch abgesichert und können verschlossen werden, um z. B. für Reparaturen ein Absenken des Möller-Schüttkegels durch Herunterbrennen zu ermöglichen. Die parallele Anordnung der Bunkerreihen gestattet eine rationelle Beschickung mit einem Reversierband, das über eine Verteileranlage die von der Möllerstation ankommende Rohstoffmischung übernimmt. Im oberen Teil eines jeden Ofenbunkers befindet sich eine Staubabsaugung; im untern Teil ist eine Stickstoffbegasung installiert, um eine ausreichende Inertisierung des Gaszwischenraumes im Möller zu gewährleisten.

1.3.2.3 Hohlelektrodenbeschickung

Das Feinmaterial, das nach Kalk und Koks getrennt in Bunkern lagert, gelangt über Förderschnecken und Schurren in die Hohlelektroden, wobei am Bunkeraustritt eine Dosiereinrichtung für die Einhaltung des gewählten Mengenverhältnisses sorgt. Ein Teilstrom aus dem Ofengas-System fördert das Feinmaterial durch die Hohlelektrode – ein eisernes Rohr in Längsachse der Elektrode – in das Ofenzentrum. Durch ein Verschlusssystem kann jede Hohlelektrode abgesperrt werden [30]. Diese Einrichtung ermöglicht die notwendige Ergänzung des Hohlelektrodenrohres in Verbindung mit dem Aufsetzen neuer Elektrodenmantelschüsse. Außerdem kann ohne Abschalten über das Hohlelektrodenrohr die Länge der Elektrode im Ofen bestimmt werden, eine wichtige Maßnahme [31] für die Kontrolle des Elektrodenverbrauchs und für den Ofenbetrieb. Die Mengenzufuhr zur Hohlelektrode kann durch Steuerung über den Ofengasdruck maximiert werden [32].

In Abhängigkeit von Möllerqualität und Ofengang werden in modernen Großöfen etwa 25 % der Gesamtbeschickung eines Ofens durch die Hohlelektrode vorgenommen. Durch diese Rohmaterialzufuhr in das Reaktionszentrum des Ofens wird durch Aufnahme fühlbarer Wärme und die zusätzliche endotherme Carbidreaktion dem Reaktionsraum Energie entzogen. Dadurch tritt ein erheblicher Minderverbrauch an Elektrodenmasse und ein Rückgang der Temperaturbelastung der Ofenwand ein. Bei konstanten Dimensionen kann der Carbidofen daher bis zu 30 % höher belastet werden.

1.3.2.4 Elektroden

Bei runden Dreiphasenöfen sind die zylindrischen Elektroden in den Eckpunkten eines gleichseitigen Dreiecks angeordnet. Im wesentlichen haben sich selbstbackende Elektroden nach SÖDERBERG [33] durchgesetzt. In diesen Elektroden entsteht aus der aus feinteiligem Koks, calciniertem Anthrazit und Weichpech bestehenden Elektrodenmasse durch den Einfluss der Strom- und der daraus resultierenden Ofenwärme ein stromleitender Kohleblock, der Elektrodenstumpf. Jede Elektrode ist von einem Blechzylinder von ca. 1,5 m Durchmesser ummantelt, der innen mit Lamellen ausgerüstet ist. In diesen Elektrodenmantel wird die Elektrodenmasse als heißer Brei oder in Form erstarrter Brote von oben eingefüllt. Die Elektrodenmasse muss gleichmäßig im Elektrodenmantel verteilt werden, um größere Hohlräume zu vermeiden. Im Bereich der Stromzuführung liegt die Brenn- oder Backzone der Elektrodenmasse. Hier übernehmen die Lamellen mit ihren ausgestellten Fenstern die Stromleitung zum gebrannten Elektrodenstumpf. Moderne Söderberg-Elektroden können mit 9 A cm^{-2} belastet werden.

Die Verlängerung der Elektrode während des Betriebes zur Ergänzung des Abbrandes erfolgt durch Aufsetzen und Anschweißen neuer Schüsse, die in einer gesonderten Fabrikation vorgefertigt werden. Parallel hierzu werden die Hohlelektrodenrohre verlängert. Da anders als bei vorgebrannten Elektroden die Länge des gebrannten Teils der Söderberg-Elektrode begrenzt ist, hat es sich als zweckmäßig erwiesen, die Stromzuführung möglichst tief anzusetzen; der sekundäre Stromweg wird dadurch kurz. Diese Funktion übernimmt die Tieffassung (Abb. 4). Sie ist durch den Ofendeckel geführt und ermöglicht durch den Tieffassungsmantel eine definierte Abdichtung zur Ofenatmosphäre. Alle Teile der Tieffassung sind wassergekühlt; die Zuleitungen müssen elastisch angebracht sein. Unter dem Tieffassungsmantel sind die Kontaktplatten gemeinsam mit diesem an einem Tragring aufgehängt; die Kontaktplatten werden an die Elektrode mit definiertem Druck angepresst. Je zwei Stromrohre pro Kontaktplatte sind mit dem beweglichen Teil des Sekundärnetzkopfes verbunden.

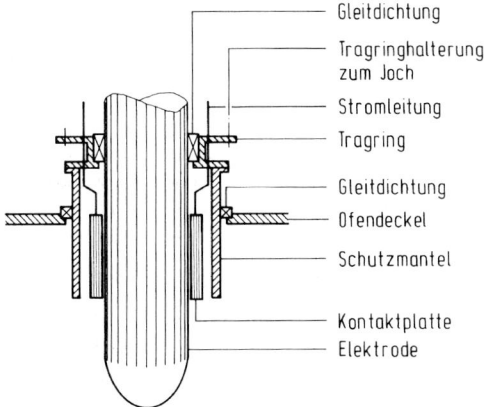

Abb. 4 Elektroden-Tieffassung (schematische Darstellung)

Im oberen Teil der Tieffassung findet die Abdichtung zur Elektrode statt. Der Tragring der Tieffassung ist über eine Mechanik mit dem Hauptjoch verbunden, das über ein hydraulisches System die gesamte Elektrodenkonstruktion hält und bewegt (s. Abb. 3). Alle Teile der Tieffassung müssen elektrisch gegen Erde und gegeneinander isoliert sein.

Der Betrieb der Elektroden und die Bebtriebsweise des Ofens müssen so aufeinander abgestimmt sein, dass die Nachsetzgeschwindigkeit der Elektrode ein bestimmtes Maß (2–8 cm h^{-1}) nicht überschreitet, damit die Brennzone der Elektrodenmasse nicht aus dem Bereich der Kontaktplatten hinauswandert und der Elektrodenstumpf abreißt.

1.3.2.5 Elektrische Ausrüstung

Man verwendet für Elektro-Niederschachtöfen entweder einen Dreiphasen-Drehstromtransformator, bei dem alle Phasen in einem Transformatorengehäuse untergebracht sind, oder drei Einphasen-Transformatoren. Vorteile der Einzeltransformatoren sind das niedrigere Gewicht bei der Montage, die billigere Reservehaltung und die kürzere, symmetrische Sekundärzuleitung zu den Elektroden. Dem eigentlichen Einphasen-Transformator ist im selben Gehäuse ein Stufenschalter zugeordnet, der es gestattet, die Spannung des Transformators sekundärseitig in Stufen zu verstellen; der Stellbereich beträgt 80–300 V.

Die Elektroden führen Ströme bis 150 kA. Bei der Knapsack-Schaltung [34] bedient jeder der drei Einzeltransformatoren mit zwei ausgehenden Sekundärleitungen jeweils zwei Elektroden. Die wassergekühlten Zuleitungen aus einem Transformator werden möglichst dicht nebeneinander geführt um die Blindleistung zu reduzieren; sie enden in einem festen Netzkopf, der gegenüber dem beweglichen Netzkopf an der Elektrode angeordnet ist. Beide Netzköpfe sind über Kupferbandpakete verbunden, die den Elektrodenbewegungen folgen können. Bei sorgfältiger Auslegung des Sekundarnetzes gelingt es, auch bei Großöfen mit mehr als 40 MW trotz hoher Ströme und niedrigen Herdwiderstands den Leistungsfaktor cos ϕ bis auf etwa 0,8 anzuheben.

1.3.2.6 Gasanlage

Das bei der Carbidbildung nach Gl. (4) entstehende Prozessgas, hauptsächlich Kohlenmonoxid, muss bei geschlossenen Öfen wegen seines Staubgehaltes von 100–200 g m^{-3} gereinigt werden. Dafür stehen heute zwei Verfahren zur Verfügung.

Bei der Trockenreinigung wird das Ofengas mit einem Gebläse durch Kerzenfilter gesaugt, die periodisch mit einem Teilstrom des gereinigten, heißen Ofengases rückgespült werden. Das Reingas wird indirekt gekühlt, von Teer und wässrigen Kondensaten befreit und zum Verbraucher geleitet. Der abgeschiedene Staub wird gesammelt und in einem mit Luftüberschuss betriebenen Wirbelbettofen ausgebrannt, wobei der Gehalt an schädlichen Cyaniden auf <1 ppm gesenkt wird. Der abgekühlte Staub wird als Düngemittel verwendet. Die Trockenentstaubung benötigt keine weiteren Hilfsstoffe und zeichnet sich durch lange Standzeiten aus (s. auch Mechanische Verfahrenstechnik, Bd. 1, Abschnitt 4.2.5, und Umwelttechnik, Bd. 2, Abschnitt 2.1.1).

Bei der Nassreinigung wird das durch Wassereinspritzung vorentstaubte Ofengas einem System von Waschtürmen und Rotationswäschern (s. auch Umwelttechnik, Bd. 2, Abschnitt 2.1.1.2) zugeführt und je nach apparativem Aufwand bis zu sehr niedrigen Staubgehalten (5–20 mg m^{-3}) gereinigt. Das Reingas wird den Verbrauchern zugeleitet. Es enthält 80–90% CO, 6–15% H_2, 1–3% CO_2, ca. 1% CH_4 und 2–7% N_2, der Heizwert. H_u beträgt ca. 12 000 kJ m^{-3}.

Die bei der Nassreinigung anfallenden Schlämme werden gesammelt, in einem Eindicker konzentriert, zur Bildung schwerlöslicher komplexer Eisencyanide mit Eisen(ll)-sulfat versetzt und nach Filtration zur Deponie gebracht. Das gereinigte Wasser kehrt in den Waschkreislauf zurück.

1.3.2.7 Carbidabstich und Kühlung

Das ca. 2000 °C heiße, flüssige Carbid wird abwechselnd über drei Abstichöffnungen an den jeweils elektrodennächsten Punkten in Höhe des Schmelzkessels abgezogen. Wegen der hohen Temperaturbeanspruchung müssen die Abstichbereiche gesondert wassergekühlt werden. Das Öffnen eines Abstiches geschieht mit einer Aufbrennelektrode aus Graphit, die von einem eigenen Transformator gespeist wird. Zum Schließen eines Abstichloches wird hochprozentiges, feinkörniges Carbid eingeblasen. Beide Vorgänge sind weitgehend mechanisiert und erfolgen mit erheblichen Sicherheitsvorkehrungen, um das Bedienungspersonal vor Hitzeeinwirkung und heißen Materialteilen zu schützen.

Das flüssige Carbid verlässt den Ofen über eine eiserne Rinne (Abstichschnauze) und wird von speziell konstruierten eisernen Tiegeln aufgenommen. Diese Verfahrensweise wird Abstich-Blockbetrieb genannt und hat sich allgemein durchgesetzt. Die Tiegel stehen auf zu Zügen zusammengekoppelten Wagen und werden nach Bedarf vor die Abstiche geschoben. Nach der Füllung fahren die Züge in die Kühlhalle. Um die hohe Temperatur des Carbides aufzunehmen, muss das Massenverhältnis Eisen : Carbid etwa 2 : 1 betragen. Bei Großöfen wiegen die Carbidblöcke etwa 1,5–2 t. Die normale Abkühlzeit des Carbides auf ca. 400 °C in einem Tiegel beträgt etwa 25–40 h, wobei die Tiegelwand eine Temperatur von maximal 600 °C annimmt. Man kann auch das Abkühlen des Carbides im Tiegel auf etwa 3 h beschränken und dann den äußerlich erstarrten Carbidblock durch Abziehen des Tiegels freilegen. Eine hydraulisch betätigte Schubvorrichtung befördert anschließend den Carbidblock auf eine Abkühlschräge, an deren unterem Ende ein Plattenband die Carbidblöcke zum Brecher transportiert. Mit dieser Methode können die sonst benötigten Eisentiegel weitgehend eingespart werden [35].

1.3.2.8 Carbidofenbetrieb

Die Rohstoffe Kalk und Koks gelangen über die Beschickungsrohre und die Hohlelektroden in den Ofen. Hier bilden sich unter jedem Beschickungsrohr Schüttkegel des Möllers, der unter Einwirkung des elektrischen Stromes zunächst zu einer kalkreichen Reaktionsschmelze zusammengeschmolzen wird. In dieser Schmelze reagieren dann der Koks und die Hohlelektrodenmischung weiter zu ca. 80%igem Calciumcarbid. Das entstehende Kohlenmonoxid tauscht seine fühlbare Wärme mit der Möllerschicht aus und verlässt den Ofen druckgeregelt auf ca. 1 bar mit ca.

600 °C. Die Vorgänge im Ofen verlaufen hauptsächlich infolge von Entmischungen beim Nachrutschen des Möllers nicht völlig gleichmäßig. Durch Heben und Senken der Elektroden wird deshalb der schwankende Herdwiderstand automatisch ausgeglichen, damit das Verhältnis Elektrodenspannung zu Elektrodenstrom konstant bleibt. Der Carbidofen arbeitet vorwiegend im Widerstandsbetrieb [36]. Von einer zentralen Regulierwarte aus werden nahezu alle Betriebsabläufe gesteuert und überwacht. Ein großer Carbidofen kann ohne wesentliche technische Nachteile auch mit nur 50–60 % der Nennlast gefahren werden. Da ein solcher Lastwechsel kurzfristig durchgeführt werden kann, lassen sich auf diese Weise Verbrauchsspitzen im öffentlichen Stromnetz ausgleichen.

Zum Anfahren eines Carbidofens wird auf dem Ofenboden ein Koksbett aufgeschüttet, auf das die unten mit einem kräftigen Stahlblech verschlossenen, mit ungebrannter Masse gefüllten Elektroden aufgesetzt werden, Nach einem bestimmten Aufheiz- und Brennprogramm wird nun der Ofen bei niedriger Spannung erhitzt; erst nach Abschluss des Elektrodenbrennens wird der Ofen bemöllert und auf volle Leistung gefahren.

1.3.2.9 Stoff- und Energieaufwand

Ein typischer Stoff- und Energieumsatz, bezogen auf die Herstellung von 1 t Carbid mit 80 % CaC_2, ist in Abbildung 5 dargestellt.

Von der eingesetzten elektrischen Energie werden für die Carbidbildung ca. 49 % genutzt; als fühlbare Wärme gehen mit dem Carbid ca. 25 %, mit dem Reaktionsgas ca. 3 % verloren. Der Rest entfällt auf Nebenreaktionen, Wärmeabfuhr über die Ofenwand und elektrische Verluste. Versuche, den Wärmeinhalt des abgestochenen Carbides in Wärmetauschern zu nutzen (Kühltrommeln, Masselbänder), haben zwar energietechnisch gesehen gewisse Erfolge erbracht, jedoch musste ein wesentlich höherer Verlust an Carbidausbeute als beim Tiegelverfahren in Kauf genommen werden.

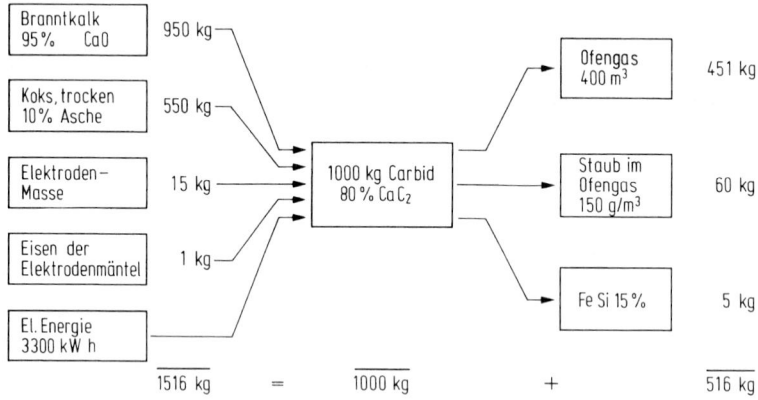

Abb. 5 Stoffumsatz bei der Carbidherstellung

1.3.3
Carbothermisches Verfahren

Der Energiebedarf der Carbidbildung kann anstatt durch elektrischen Strom auch durch Verbrennung von Koks mit Sauerstoff zu CO gedeckt werden. Das Verfahren wird in einem Schachtofen durchgeführt, der von oben mit Kalk und Koks beschickt und in den seitlich, etwa in Höhe des Carbidabstiches, Sauerstoff eingeblasen wird. Für eine Versuchsanlage mit einer Leistung von 100 t Carbid pro Tag wurden folgende Mengen genannt [37]:

Einsatz:	Ausbringen:
2000 kg Koks trocken	1000 kg Carbid mit 80 % CaC$_2$
1100 kg Branntkalk	2800 m^3 Gas mit 95 % Volumenanteil CO, 2 % Volumenanteil H$_2$
1250 m^3 Sauerstoff 98 %ig	315 kg Staub

Da hier nicht Calciumcarbid, sondern CO-Gas mengenmäßig das Hauptprodukt darstellt, konnte sich diese Arbeitsweise in der Vergangenheit bei niedrigen Erlösen für Gas nicht durchsetzen. Aufgrund der inzwischen veränderten Kostensituation bei Strom und Synthesegas könnte der Prozess bei entsprechender Weiterentwicklung und unter Berücksichtigung der Fortschritte bei der Koksaufbereitung künftig wirtschaftliches Interesse gewinnen.

1.4
Produkte

1.4.1
Aufbereitung und Versand des Calciumcarbids

Die auf unter 400 °C abgekühlten Carbidblöcke werden mechanisch einer Brechanlage zugeführt und in der Regel auf Maße unter 80 mm gebrochen. Die weitere Aufarbeitung richtet sich nach den verschiedenen Anwendungen des Carbids. In Brech-, Mahl- und Siebanlagen (s. auch Mechanische Verfahrenstechnik, Bd. 1, Abschnitt 5.2), die z. T. unter Stickstoff bzw. trockener Luft betrieben werden, ist jede notwendige Körnung des Carbids von Staub bis 80 mm herstellbar. Üblicherweise wird das Carbid in der Aufbereitung mittels Bandmagneten von Eisen und Ferrosilicium 15 % befreit. Wesentliche Körnungsbereiche sind heute 50–80 mm, 25–50 mm, 4–15 mm zur Erzeugung von Schweißacetylen; Körnungen unter 3 mm für die Acetylenherstellung in Trockenvergasern [26]; sowie Staubcarbid unter 0,3 mm zur Herstellung von Kalkstickstoff und Entschwefelungsmitteln für Roheisen und Stahl. Der Versand von Carbid wird heute für kleinere Mengen in Trommeln und Fässern vorgenommen; größere Partien werden in 11 t- bzw. 20 t-Containern transportiert. Vor allem letztere haben sich auf Straße, Schiene und im Schiffsverkehr durch ihre einfache Handhabung und als mobiles Lager bewährt [38, 39], Der Transport von Staubcarbid erfolgt mit Silofahrzeugen.

1.4.2
Qualitätsanforderungen

Die Qualität des Versandcarbides wird in der Bundesrepublik Deutschland nach DIN 53 922 beurteilt; in den meisten anderen Erzeugerländern sind ähnliche Vorschriften gültig. Desgleichen regelt diese DIN-Vorschrift Probenahme, Analysenmethoden und Schiedsverfahren. Hauptsächliches Qualitätsmerkmal bei Carbid ist die Gasausbeute je Kilogramm (Literzahl), gemessen bei 15 °C, feucht und 1,013 bar. In Abhängigkeit von der Körnung gelten folgende Richtwerte: Körnung 25–80 mm 300 L kg^{-1} ± 3%, Körnung 15–25 mm 280 L kg^{-1} ± 3%, Körnung 4–15 mm 260 L kg^{-1} ± 3%. Feinere Carbidkörnungen haben höhere Gehalte an Verunreinigungen und daher kleinere Literzahlen. Die Gasausbeute von 300 L kg^{-1} entspricht einem CaC$_2$-Gehalt von 80,5%; ein derartiges Produkt wird üblicherweise als Normcarbid bezeichnet. Eine typische Analyse von Normcarbid ist: CaC$_2$ 80,5%, CaO$_{frei}$ 12,9%, Si 1,3%, Al 1,1%, Fe 0,2%, S 0,5%, C 0,3% P 0,02%, N 0,25%.

1.4.3
Umweltfragen

Der geschlossene Carbidofen belastet die Umwelt wenig, da das CO-Gas weiterverarbeitet und in Notfällen abgefackelt wird. Innerhalb des Betriebes wird ständig kontrolliert, ob CO in die Raumluft gelangt ist. Die Rohstoffe Kalk und Koks und das Carbid selbst sind bei sachgerechter Handhabung ungefährlich, jedoch können ihre Stäube eine gewisse Belästigung darstellen. Die an feuchter Luft aus Carbid freigesetzten Spuren von PH$_3$ und H$_2$S sowie von einigen Acetylenderivaten (Carbidgeruch) sind in den hier auftretenden sehr niedrigen Konzentrationen ebenfalls unbedenklich. In den letzten sechs Jahrzehnten ist keine gesundheitliche Beeinträchtigung von Personen aus diesen Gründen aufgetreten, mit Ausnahme von kurzzeitigen Reizungen der Augenbindehaut und lokalen Verätzungen auf feuchter Haut. Die als Beimengung des Ofengases vorhandenen Cyanide werden in der Gasreinigung durch spezielle Aufarbeitung in unschädliche Verbindungen überführt.

Der Umgang mit der ungebrannten, heißen Elektrodenmasse erfordert aus Sicherheitsgründen beim Bedienungspersonal Atemschutz, wenn eine längere Einwirkung von Teerdämpfen gegeben ist.

1.5
Verwendung

Die wichtigsten Verwendungsgebiete des Calciumcarbids sind – in der Reihenfolge ihrer Bedeutung – die Gewinnung organischer Verbindungen über Acetylen, die Herstellung von Acetylen zum Schweißen und Schneiden, die Produktion von Kalkstickstoff sowie die Entschwefelung von Roheisen. Dabei ist die Verteilung auf die Anwendungsbereiche von Land zu Land sehr unterschiedlich.

Etwa 70% des in der Welt erzeugten Carbids werden zu Folgeprodukten des Acetylens, wie Vinylacetat, Vinylchlorid etc. verarbeitet. Diese Verwendung spielt in den westlichen Industrieländern jedoch kaum eine Rolle, da hier erheblich günstigeres, auf petrochemischem Wege hergestelltes Ethylen genutzt werden kann. Außerhalb dieses Gebietes betreiben zahlreiche Länder weiterhin die Acetylenchemie (wichtige Beispiele hierfür sind China und Südafrika). Insgesamt gesehen schrumpft jedoch der Carbidverbrauch in diesem Sektor.

Der Einsatz von aus Carbid gewonnenem Acetylen in der Schweiß- und Schneidtechnik nimmt etwa 10–15 % der Weltproduktion auf, wobei Westeuropa etwa die Hälfte dieser Menge verbraucht, vorwiegend in Form von Dissous-Gas. Zur Herstellung von Kalkstickstoff werden etwa 6 % der Carbiderzeugung verwendet (s. Abschnitt 2). Der Markt für Calciumcarbid erlebte in den achtziger und neunziger Jahren des letzten Jahrhunderts eine Zwischenbelebung. Stark ausgeweitet hat sich in diesem Zeitraum die Entschwefelung von Roheisen mit Calciumcarbid. Dazu wird feinteiliges CaC_2 in das flüssige Eisen eingeblasen oder eingerührt und bindet dabei den Schwefelgehalt als CaS, das als krümelige Schlacke von der Metallschmelze abgezogen werden kann. Auf diese Weise lässt sich der Schwefelgehalt des Roheisens zuverlässig auf < 0,01 % senken [40]. Von den etwa 10 % der Carbiderzeugung, die in dieses Anwendungsgebiet gehen, wird jeweils etwa ein Drittel in Westeuropa und Japan verbraucht. Die Entwicklung auf diesem Gebiet führte über die sogenannte Monoinjektion, bei der ausschließlich Calciumcarbid verwendet wurde, hin zu alternativen Verfahren. Nach dem heutigen Stand der Technik wird Roheisen über die Co- bzw. Triinjektion entschwefelt, bei der zusätzlich mit Calciumcarbid Magnesium oder andere Zuschlagstoffe in die Roheisenschmelze eingeblasen werden.

Die Technischen Regeln für Acetylenanlagen (TRAG 301) enthalten verbindliche Vorschriften für den Umgang mit Calciumcarbid.

Die Entwicklung alternativer Schweißverfahren sowie die veränderten Voraussetzungen bei der Roheisenentschwefelung werden zu einer weiteren Abnahme des Carbidverbrauchs führen. In den letzten 25 Jahren hat sich die Weltjahresproduktion von $7,4 \cdot 10^6$ auf $3,0 \cdot 10^6$ t a^{-1} mehr als halbiert. Nach den heute bekannten Anwendungen für Calciumcarbid ist davon auszugehen, dass der Bedarf für dieses Produkt weltweit weiter sinken wird.

2
Kalkstickstoff

2.1
Historischer und wirtschaftlicher Überblick

Calciumcyanamid wurde zuerst 1877 von E. DRECHSEL beschrieben, der es beim Schmelzen von Calciumcyanat erhielt. 1895 stellten A. FRANK und N. CARO fest, dass Erdalkalicarbide bei Rotglut Stickstoff aufnehmen, wobei sich nach F. RÖCHE (1898) Calciumcyanamid bildet. Als A. R. FRANK und H. FREUDENBERG 1901 den Düngewert des Kalkstickstoffs erkannten, waren, im Zusammenhang mit der sich rasch entwickelnden Carbidindustrie, die Voraussetzungen für die technische Darstellung geschaffen [41]. Seit 1905 entstanden in vielen Industrieländern Kalkstickstoff-Fabriken, die zunächst nach dem Frank-Caro-Verfahren bzw. Polzeniusz-Krauss-Verfahren arbeiteten [41]. Die höchste Produktion nach dem 2. Weltkrieg wurde in den Jahren 1966/67 mit ca. 280000 t N pro Jahr erreicht. Heute liegt die Kalkstickstoffproduktion weltweit bei etwa 90000 t N pro Jahr (2002), die der Bundesrepublik Deutschland bei 30000 t N pro Jahr. Ursache für den Absatzrückgang ist die Konkurrenz der Stickstoffdünger auf Ammoniumnitrat- und Harnstoffbasis, die aus bislang preiswerten petrochemischen Rohstoffen hergestellt werden können, während das aus Calciumcarbid erzeugte Calciumcyanamid mit Koks und elektrischer Energie eine vergleichsweise ungünstige Basis hat (siehe auch 2 Düngemittel, Bd. 8, Abschnitt 1.5.1).

2.2
Grundlagen des Herstellverfahrens

2.2.1
Eigenschaften des Kalkstickstoffs

Kalkstickstoff, das technisch hergestellte Calciumcyanamid Ca(N–C≡N), enthält neben 60–70 % $CaCN_2$ ca. 20 % CaO und ca. 10 % freien Kohlenstoff, der dem Produkt die grauschwarze Farbe verleiht, und Verunreinigungen aus den Rohstoffen, wie Aluminium und Silicium, die zum Teil als Stickstoffverbindungen vorliegen. Reines Calciumcyanamid bildet farblose Kristalle.

Beim Erhitzen mit Kohlenstoff über 1000 °C bildet sich Calciumcyanid in reversibler Reaktion gemäß Gleichung (7)

$$CaCN_2 + C \rightleftharpoons Ca(CN)_2 \tag{7}$$

wobei das Gleichgewicht bei Temperaturen über 1160 °C, dem Schmelzbereich des Systems, auf der Seite des Cyanids liegt. Darauf beruht der auch heute noch ausgeübte Schmelzcyanidprozess, bei dem durch Schmelzen und Abkühlen eines Gemisches aus Kalkstickstoff und Natriumchlorid ein cyanidhaltiges Produkt mit etwa 50 % NaCN-Äquivalent erhalten wird [42].

Mit Sauerstoff und sauerstoffhaltigen Verbindungen reagiert bei Temperaturen ab etwa 500 °C bevorzugt das Calciumcyanamid vor dem freien, als Graphit vorliegenden Kohlenstoff, so dass dessen oxidative Entfernung aus dem Produkt nicht möglich ist. Die Reaktion mit Wasser wird im wesentlichen durch die Temperatur und den pH-Wert bestimmt. Bei Raumtemperatur entsteht neben Calciumhydroxid Calciumbis(hydrogencyanamid), $Ca(NHCN)_2$, das sich in der Wärme bei pH 9–10 zu Dicyandiamid umsetzt. Bei Temperaturen unter 40 °C erhält man unter gleichzeitigem Ausfällen des Kalkes mit Kohlensäure bei pH 6–8 Cyanamid. In Gegenwart von Säure und Katalysatoren entsteht Harnstoff, bei Anwesenheit von Schwefelwasserstoff oder wasserlöslichen Sulfiden Thioharnstoff. Bei 200 °C wird Calciumcyanamid im alkalischen Medium zu Ammoniak und Calciumcarbonat hydrolysiert. Eine ausführliche Übersicht der Reaktionen des Calciumcyanamids enthält [43].

2.2.2
Reaktionsbedingungen

Großtechnisch wird Kalkstickstoff ausschließlich durch Azotierung des Calciumcarbids mit Stickstoff nach

$$CaC_2 + N_2 \longrightarrow CaCN_2 + C \quad \Delta H_{R,298} = 289 \text{ kJ mol}^{-1} \tag{8}$$

erzeugt. Für die Reaktionsgeschwindigkeit ist neben der Temperatur von 1000–1150 °C unter anderem auch die Korngröße des Carbids, der N_2-Partialdruck sowie die Anwesenheit von Zusatzstoffen maßgebend [44]. Zudem spielen die N_2-Diffusion durch das Materialbett, der Wärme- und Stofftransport, die Temperaturverteilung sowie Sinter- bzw. Schmelzerscheinungen bei der Herstellung eine wesentliche Rolle [45].

Die Azotierung erreicht Ausbeuten zwischen 90 und 95 %. Ausbeuteverluste haben mehrere Ursachen :

- Oxidische Verbindungen, wie SiO_2 und Al_2O_3 aus dem Kalk und Koks, die bei der Carbiderzeugung nicht reduziert wurden, reagieren bei der Azotierung unter N-Verlust [46] etwa nach folgender Gleichung:

$$3 \text{ CaCN}_2 + Al_2O_3 \longrightarrow 3 \text{ CaO} + 2 \text{ AlN} + 3 \text{ C} + 2 \text{ N}_2 \tag{9}$$

- Flüchtige oxidische Verbindungen, wie H_2O, CO_2 und O_2, zum Teil an Kalk gebunden, zum Teil mit dem Stickstoff oder durch Luftzutritt in den Azotierraum eingebracht, oxidieren Carbid.
- Besonders bei nicht bewegten Materialbetten verbleibt ein gewisser Anteil Restcarbid (bis zu 1 % CaC_2) unumgesetzt im Produkt.

Andere Herstellungsweisen des Kalkstickstoffs [43, 47–50], z. B. aus Kalk und Blausäure, haben sich aus technischen oder wirtschaftlichen Gründen nicht durchsetzen können.

2.3
Herstellung von Kalkstickstoff

2.3.1
Rohstoffe

Da das zur Reaktion verwendete Calciumcarbid möglichst wenig oxidische Verbindungen des Siliciums und Aluminiums enthalten soll, ist die Auswahl wenig verunreinigter Carbidrohstoffe von großer Bedeutung. Das Rohcarbid hat üblicherweise einen Gehalt von 76–81 % CaC_2. Niedrigprozentiges Carbid bringt zu viele Ballaststoffe in Form von freiem Kalk bzw. Kohlenstoff und meist auch mehr schädliche Verunreinigungen mit, während Carbid mit hohem CaC_2-Gehalt sich allgemein als reaktionsträge erweist. Auch steigen von einem bestimmten CaC_2-Gehalt an dessen Herstellungskosten überproportional an.

Um eine ausreichende Reaktionsgeschwindigkeit zu erzielen, wird zur Azotierung feingemahlenes Carbid eingesetzt. Man mahlt das vorzerkleinerte Carbid in Rohrmühlen unter Stickstoffatmosphäre in der Regel unter Zusatz von Kalkstickstoff und 1–3 % Flussspat oder Calciumchlorid als Reaktionsbeschleuniger auf < 0,1 mm. Der zugesetzte Kalkstickstoff wirkt einerseits als Mahlhilfe und dient andererseits zur Temperatursteuerung in der anschließenden exothermen Azotierreaktion.

Der zur Azotierung verwendete Stickstoff sollte nicht mehr als 200 ppm Sauerstoff enthalten, da sonst ein Teil des eingesetzten CaC_2 verbrennt.

2.3.2
Herstellverfahren

Bei allen Verfahren findet die exotherme Reaktion zwischen Carbid und Stickstoff im Temperaturbereich von 1000–1150 °C statt. Während beim kontinuierlichen Verfahren die Reaktionskomponenten, vom erstmaligen Anheizen des Drehrohres abgesehen, ausschließlich durch die Reaktionswärme auf die erforderliche Reaktionstemperatur erhitzt werden, ist bei den diskontinuierlichen Verfahren eine Initialzündung zur partiellen Erhitzung des Carbid-Mahlgutes jeder Charge erforderlich.

Die Temperatur wird bei allen mit feingemahlenem Carbid arbeitenden Verfahren dadurch begrenzt, dass durch Zumischen von Kalkstickstoff zum Rohcarbid die für jede Anlage ermittelte optimale CaC_2-Konzentration (zwischen 55 und 65 %) eingestellt wird. Diese Verdünnung des Carbids verhindert nicht nur einen Anstieg der Temperatur in den Bereich der $CaCN_2$-Zersetzung, sondern wirkt auch einer Bildung von Schmelz- bzw. dichten Sinterzonen entgegen, durch die die Diffusion des Stickstoffs zu noch nicht umgesetztem Carbid erschwert oder unterbunden wird. Auch das unerwünschte Anbacken des Reaktionsgutes an der Ofenwand beim kontinuierlichen Drehofen-Verfahren lässt sich durch diese Temperatursteuerung weitgehend vermeiden.

2.3.2.1 Trostberger Drehofen-Verfahren

Bei diesem kontinuierlichen Verfahren (Abb. 6) wird gemahlenes, mit Kalkstickstoff vermischtes Carbid auf ein im wesentlichen aus heißem Kalkstickstoff bestehendes, bewegtes Materialbett aufgegeben. Um die Carbid-Konzentration im Reaktionsbereich klein zu halten und damit die Verklebung weitgehend zu verhindern, ist der Drehofen mit einem erweiterten Kopfteil ausgebildet. In dem schlanken Rohrteil, der einen guten Stoffaustausch zulässt, findet die Nachreaktion statt [51]. Die Reaktionstemperatur wird durch Variieren der Kalkstickstoff-Zugabe vor dem Ofen gesteuert. Zur ersten Inbetriebnahme wird der mit feuerfestem Material ausgemauerte Ofen mittels Brenner aufgeheizt.

Nach Aufgabe von Carbid-Mahlgut und Einleiten von Stickstoff reicht die freiwerdende Reaktionswärme für die Aufheizung der Ausgangsstoffe auf die Reaktionstemperatur von rund 1050 °C und zur Deckung der Wärmeverluste aus. Das Carbid-Mahlgut wird kontinuierlich dem Bedarf entsprechend mit gemahlenem Kalkstickstoff vermischt und mit Stickstoff in den Ofen eingeblasen. Als Reaktionsprodukt

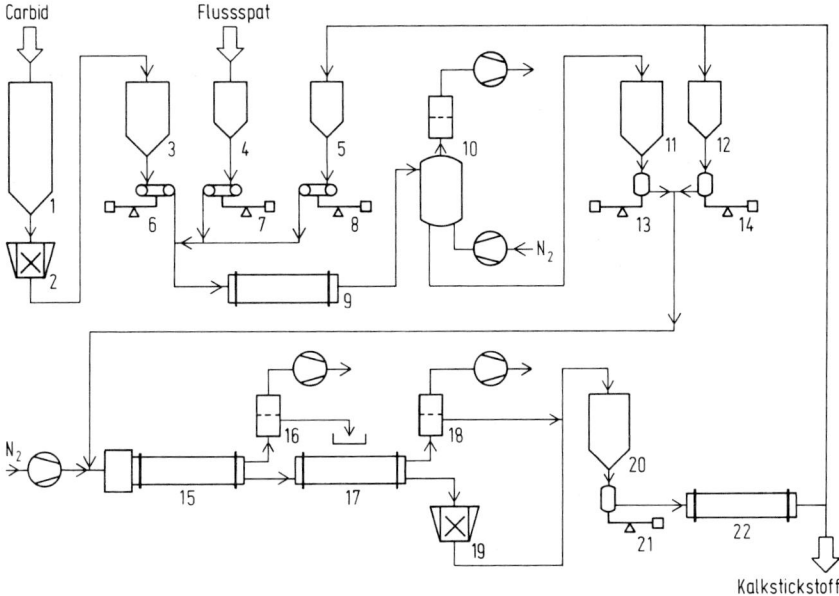

Abb. 6 Trostberger Drehofenverfahren zur Herstellung von Kalkstickstoff
1 Stückencarbid-Silo, 2 Vorbrecher, 3 Carbid-Bunker, 4 Flussspat-Bunker, 5 Kalkstickstoff-Bunker, 6, 7, 8 Dosierwaage, 9 Rohrmühle, 10 Homogenisierung, 11 Bunker für Carbid-Mahlgut, 12 Bunker für Kalkstickstoff, 13, 14 Dosierwaage, 15 Drehofen, 16, 18 Filter, 17 Kühltrommel, 19 Brecher, 20 Bunker, 21 Dosierwaage, 22 Kalkstickstoff-Mühle

wird nach etwa 5–6 h Verweilzeit granuliertes bis pulverförmiges Calciumcyanamid erhalten, das in eine Kühltrommel geschleust und anschließend zerkleinert wird. Da das Anbacken des Reaktionsgutes an der Ofenwand nicht ganz verhindert werden kann, ist ein tägliches Abstoßen der Krusten erforderlich.

Die Leistung eines Ofens beträgt ca. 12 t d^{-1} N entsprechend 50 t Kalkstickstoff pro Tag; der restliche Carbidgehalt liegt unter 0,1 %.

2.3.2.2 Frank-Caro-Verfahren (Setzofen-Verfahren)

In ruhendes Calciumcarbid wird zur Initialzündung ein Heizkörper eingeführt, dessen Strahlungswärme das umliegende Carbid-Mahlgut so weit erhitzt, dass die exotherme Azotierreaktion anspringt und ohne weitere Wärmezufuhr fortschreiten kann. Von den vielen Ofentypen und Varianten wird der bei SKW verwendete Ofentyp näher beschrieben (Abb. 7). Ein Reaktionsbehälter aus Schamotte von etwa 10 t Fassungsvermögen mit abnehmbarem Stahlboden wird, nachdem ein zentrales Mittelrohr und vier radial angeordnete Rohre senkrecht eingesetzt wurden, mit Carbid-Mahlgut gefüllt. Nach Vibration werden die vier Außenrohre herausgezogen, sodass Kanäle entstehen; dann wird der Behälter mit einem Kran in einen der 240 Azotieröfen transportiert. Die Azotieröfen sind zylindrische Stahlbehälter mit Stickstoff-Anschlüssen und Stromzuführungen, die mit einem Stahldeckel verschlossen werden. Dieser Deckel enthält vier Stutzen über den Kanälen

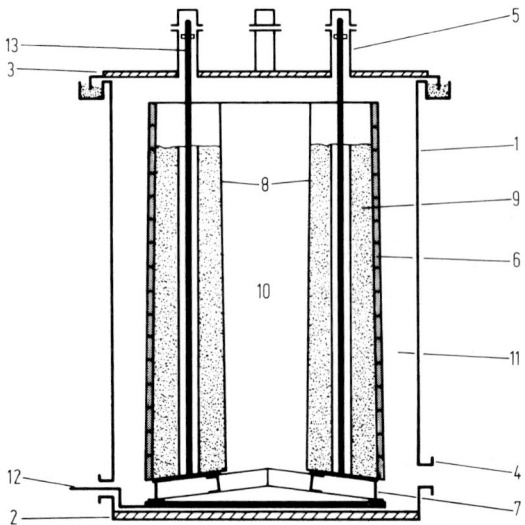

Abb. 7 Azotierofen
1 Ofenmantel, 2 Ofenboden, 3 Ofendeckel, 4 Stickstoff-Zuleitungen, 5 Deckelstutzen (Stickstoff-Abführung), 6 Schamottemantel, 7 Behälterboden, 8 Mittelrohrwand, 9 Carbidmehlfüllung, 10 Freier Innenraum, 11 Freier Gasraum, 12 Kontaktring mit Stromzuführung, 13 Kohleheizstäbe

der Behälterfüllung, durch die als Initialzünder dienende Graphitstäbe eingeführt werden. Unter Einleiten von Stickstoff werden nun diese Stäbe durch Widerstandsheizung etwa 3–4 h aufgeheizt, bis die Wand der Kanäle glüht. Danach wird die Heizung abgeschaltet und der Ofen unter weiterem Einleiten von Stickstoff sich selbst überlassen.

Nach 7–9 h wird das Zentralrohr herausgezogen, sodass der Stickstoff vom Zentralkanal aus leicht in das Materialbett diffundieren kann. Der Stickstoffüberschuss, angereichert mit Edelgasen und aus den Feuchtigkeitsspuren des Mahlgutes stammendem Wasserstoff, wird über die Deckelstutzen ins Freie geleitet. Im Verlauf der Reaktion sintert der Inhalt zu einem Block zusammen. Nach ca. 70 h wird der Behälter mit Inhalt zur Abkühlung außerhalb des Ofens abgestellt, anschließend der Behältermantel vom Block abgezogen und dieser durch Kippen in mehrere Stücke zerteilt, die in Brechern und Rohrmühlen weiter zerkleinert werden.

2.3.2.3 Sonstige Verfahren

Das Knapsacker Drehofen-Verfahren, das Kanalofen-Verfahren nach POLZENIUSZ-KRAUSS und das Fujiyama-Verfahren sind in [3] beschrieben.

2.4
Nachbehandlung des Kalkstickstoffs

2.4.1
Zerkleinern

Der die Reaktionsöfen verlassende Kalkstickstoff wird durch Brechen und Mahlen zerkleinert. Wird Kalkstickstoff gekörnt abgesetzt, so kann auf das Mahlen ganz oder teilweise verzichtet und die gewünschte Kornfraktion aus dem gebrochenen Gut durch Klassierung abgetrennt werden.

2.4.2
Granulieren

Körniges Produkt erhält man auch durch Granulieren oder Verpressen des gemahlenen Kalkstickstoffs (s. auch Mechanische Verfahrenstechnik, Bd. 1, Abschnitte 5.2 und 6). Voraussetzung für die Herstellung eines haltbaren Korns ist die vollständige Hydratisierung des freien Calciumoxids, da selbst bei kleinen Restmengen freien Oxids die Körner bei der Lagerung infolge von Volumenvergrößerung durch Aufnahme von Luftfeuchtigkeit zerfallen. In der Praxis wird in einer ersten Verfahrensstufe hydratisiert und in einer zweiten Stufe das Gut befeuchtet, worauf es granuliert und getrocknet bzw. verpresst wird. Die Granulierung mit Calciumnitrat-Lösung hat sich gegenüber der mit Wasser oder anderen wässrigen Lösungen durchgesetzt, weil das Produkt neben dem langsam wirkenden Calciumcyanamid-Stickstoff den von der Pflanze unmittelbar resorbierbaren Nitrat-Stickstoff enthält.

In der Granulieranlage der SKW hydratisiert man kontinuierlich in Mischern unter möglichst gleichmäßiger Verteilung von Wasser auf gemahlenem Kalkstickstoff [52] und erhält ein sehr feinkörniges, voluminöses Puder mit 6–8% gebundenem H_2O. In einem zweiten Mischer wird Calciumnitrat-Lösung zudosiert und das feuchte Produkt in eine Granuliertrommel geleitet. Nach einer Zwischenabsiebung und Zerkleinerung des Überkorns erfolgt die Trocknung in einer direkt beheizten Trockentrommel und die Klassierung des Trockengutes auf die gewünschte Korngröße von 0,3–2 mm. Dabei anfallender Staub wird verpresst, auf die gleiche Korngröße gebracht und mit dem Granulat vermischt. Man erhält ein lagerfähiges Produkt von nahezu unbegrenzter Haltbarkeit.

2.4.3
Lagerung und Verpackung

Kalkstickstoff wird überwiegend in Kunststoff- oder kombinierten Kunststoff-Papier-Säcken zum Versand gebracht. In den letzten Jahren hat sich auch der Big Bag als weitere Verpackungsvariante durchgesetzt. Geperlter Kalkstickstoff kommt zunehmend lose in Spezialwaggons zum Versand. Für landwirtschaftliche Zwecke wird der bei der Produktion mit 22–25% N anfallende Kalkstickstoff auf den handelsüblichen Wert von 19–21% N eingestellt. Gemahlener Kalkstickstoff erhält vielfach einen Ölzusatz zur Staubminderung.

Die Lagerfähigkeit ist je nach Sorte und Verpackungsart begrenzt. Während granulierter Kalkstickstoff ohne freien CaO-Gehalt in Kunststoffsäcken mehrere Jahre gelagert werden kann, erfolgt bei gemahlenem und gekörntem Kalkstickstoff durch allmähliche Feuchtigkeitsaufnahme Kornzerfall und Volumenvergrößerung, die zum Platzen der Säcke führen kann. Mit Einführung von Polyethylen-Ventil-Säcken wird jedoch die garantierte Lagerfrist von einem Jahr auch bei ungünstigen Lagerbedingungen problemlos erreicht.

2.5
Verwendung

2.5.1
Landwirtschaft

Kalkstickstoff dient als Dünge- und Pflanzenschutzmittel (siehe 2 Düngemittel, Bd. 8, Abschnitt 1.5.1. Durch die Bodenfeuchtigkeit bildet sich neben sehr reaktionsfähigem Kalk freies Cyanamid, das durch Mikroben über Harnstoff und Ammoniak in Nitrat übergeführt wird [53–55]. Beim Ausbringen des Kalkstickstoffs findet sich folglich in den oberen Bodenschichten das herbizid und fungizid wirkende Cyanamid, während in tieferen Lagen die als Dünger wirksamen Umwandlungsprodukte vorliegen. Darauf beruhen die Sonderwirkungen des Kalkstickstoffs. Das in der oberen Bodenschicht in 1–4 cm angereicherte Cyanamid tötet flachwurzelnde und keimende Unkräuter (Wurzelwirkung). Tiefer wurzelnde Nutzpflanzen erreichen die als Dünger wirkenden Umwandlungsprodukte. Außerdem lässt sich Kalkstickstoff zur Unkrautbekämpfung über die Blätter einsetzen (Blattwirkung). Diese Wirkung des Calciumcyanamids wird auch zum Abtöten des Kartoffelkrautes sowie zum Entblättern von Baumwollpflanzen ausgenutzt. Ferner wird Kalkstickstoff gegen Pflanzenkrankheiten angewendet. Er wirkt gegen viele pilzliche Krankheitserreger, z.B. den Schadpilz *Cercosporella herp.*, der die Halmbruchkrankheit des Getreides verursacht. Kalkstickstoff eignet sich auch zur Bekämpfung tierischer Schädlinge, u.a. der Zwergschlammschnecke, dem Zwischenwirt des Leberegels, sowie von Magen- und Darmparasiten der Haustiere. Auch gegen Salmonellen im Flüssigmist und die Erreger der Forellen-Drehkrankheit wird Kalkstickstoff benutzt. Die bodenverbessernde Wirkung wird durch Zugabe dieses Düngemittels bei der Kunstmistbereitung, zum Kompost oder beim Einpflügen von Stroh auf dem Felde ausgenutzt. Schließlich fördert der im Kalkstickstoff enthaltene Kalk, in Verbindung mit dem Stickstoff, die Mikroorganismen und beeinflusst die Krümelstruktur und Gare des Bodens günstig. Eine zusammenfassende Darstellung über die Anwendungsgebiete des Kalkstickstoffs in der Landwirtschaft gibt [56].

2.5.2
Sonstige Verwendung

In der Stahlindustrie benutzt man Kalkstickstoff zum Aufsticken von unlegierten und niedriglegierten Stählen und in begrenztem Umfang zum Entschwefeln von

Roheisen [57]. In der chemischen Industrie findet Calciumcyanamid Verwendung zur Herstellung von Cyanamid, Dicyandiamid, Melamin und anderen substituierten Triazinen, ferner von Thioharnstoff und Guanidinen.

2.5.3
Qualitätskontrolle

Der Vertrieb des Kalkstickstoffs als Düngemittel unterliegt den jeweiligen gesetzlichen Bestimmungen der einzelnen Staaten. In der Bundesrepublik Deutschland wurde mit der Düngemittelverordnung vom 19. 12. 1977 für die zugelassenen Kalkstickstoff-Formen »Kalkstickstoff« und »nitrathaltiger Kalkstickstoff« (Perlka) ein Mindestgehalt von 18% Gesamt-N festgelegt.

2.5.4
Sicherheits- und Umweltfragen

Die Wirkung des Calciumcyanamids auf den menschlichen Organismus wird erst bei gleichzeitigem Alkoholeinfluss bedeutsam. Die bekannten äußeren Merkmale sind u. a. eine Rötung der oberen Körperhälfte, besonders des Kopfes (Gefäßerweiterung); diese Erscheinung klingt in der Regel nach wenigen Stunden ab. Deshalb ist beim Umgang mit Kalkstickstoff, besonders bei dem heute nur mehr selten vorgenommenen Ausstreuen von gemahlener Ware, jeglicher Genuss von Alkohol zu vermeiden. Für die Anwendung des Kalkstickstoffs in der Landwirtschaft ist von Bedeutung, dass das Calciumcyanamid innerhalb kurzer Zeit vollständig abgebaut wird und dadurch keinerlei Rückstandsprobleme bei Feldfrüchten auftreten.

2.6
Ausblick

Die Weltjahresproduktion and Kalkstickstoff ist seit den 1960er Jahren, in denen bis zu 300 000 t N pro Jahr Kalkstickstoff produziert wurden, bis heute kontinuierlich gesunken. Heute wird nur noch in wenigen klassischen Kalkstickstoffländern wie Deutschland, Japan und China Kalkstickstoff produziert. Ursache für den Absatzrückgang ist die Verdrängung des Stickstoffdüngers durch Ammoniumnitrat und harnstoffbasierte Düngemittel in der Massenanwendung. Absatz findet der Kalkstickstoff in der Landwirtschaft heute fast ausschließlich in Nischenanwendungen, wo er in den letzten Jahren vor allem in Mitteleuropa eine deutliche Renaissance erfährt. Grund hierfür ist die zusätzliche Wirkung dieses Düngemittels gegen bodenbürtige Schaderreger, die sich mit Pflanzenschutzmitteln allein nicht ausreichend bekämpfen lassen. So vermindert Kalkstickstoff in vielen Kulturen die Fraßschäden durch Ackerschnecken. Im Weizenanbau beugt Kalkstickstoff dem Befall der Ähren durch Fusarium vor, einem Pilz, der das Getreide mit gefährlichen Toxinen belastet. Aufgrund der enger werdenden Fruchtfolgen nehmen die Probleme mit solchen bodenbürtigen Schaderregern allgemein zu, sodass die Nachfrage der Landwirtschaft nach Kalkstickstoff weiter ansteigen dürfte.

Wurde 1905 der erste Kalkstickstoff nach dem Frank-Caro-Setzofenverfahren hergestellt, wird heute dieses Verfahren nicht mehr verwendet. In den letzten Jahren hat sich der Drehofenprozess (Abschnitt 2.3.2.1) durchgesetzt, der aufgrund seiner kontinuierlichen Prozessführung deutlich wirtschaftlicher arbeitet. Seine Vorteile liegen hauptsächlich in den besseren Rohstoffausbeuten aber auch in den niedrigeren Betriebskosten.

Nachdem der Kalkstickstoff in den landwirtschaftlichen Anwendungen seine Produkt- und Anwendungsnischen gefunden hat, und auch in der chemischen Weiterverarbeitung seine Mengen behaupten kann, darf man für die Zukunft wieder von moderaten Produktionssteigerungen ausgehen. Vor allem in Ländern mit guten Rohstoffvoraussetzungen und hohem Wirtschaftswachstum (wie China) ist mit deutlichen Mengensteigerungen zu rechnen.

3
Siliciumcarbid (s. auch Keramik, Band 8)

3.1
Allgemeiner und wirtschaftlicher Überblick

Unter den technisch wichtigen Carbiden ist nach dem Calciumcarbid in erster Linie das Siliciumcarbid zu nennen. Es wurde im vergangenen Jahrhundert von verschiedenen Forschern bei thermischen Versuchen zufällig gefunden, jedoch erst 1891 durch E. G. ACHESON in seiner Bedeutung erkannt und kurze Zeit später in technischem Maßstab hergestellt [79, 80]. Die Hauptanwendungsgebiete sind Schleifmittel und feuerfeste Materialien. Auch in der Metallurgie wird Siliciumcarbid eingesetzt.

3.2
Eigenschaften

Siliciumcarbid, SiC, ist die einzige Verbindung im Zweistoffsystem Silicium-Kohlenstoff. Es kommt in zwei Modifikationen vor, dem gelben kubischen β-SiC und dem farblosen α-SiC, von dem es verschiedene hexagonale und rhomboedrische Polytypen gibt. Je nach Art und Menge der Verunreinigungen besitzt technisches Siliciumcarbid eine blaue, grüne oder schwarze Färbung.

Die hervorstechenden Eigenschaften des Siliciumcarbids sind seine große Härte (*Knoop* HK 0,1 : 2300-2600; *Mohs* 9,5–9,75), die nur noch von Borcarbid, kubischem Bornitrid und Diamant übertroffen wird, sowie seine außerordentliche chemische Beständigkeit. Hinsichtlich weiterer physikalischer Daten sei auf die Literatur verwiesen [81, 82].

Wäßrige Laugen und Säuren, selbst Königswasser oder ein Gemisch aus Flußsäure, Salpetersäure und Schwefelsäure greifen Siliciumcarbid kaum an. Von besonderer praktischer Bedeutung ist das Verhalten des Siliciumcarbids beim Erhitzen in sauerstoffhaltiger Atmosphäre. Dabei bildet sich eine SiO_2-Schicht auf der Kristalloberfläche, die bis 1500 °C vor weiterer Oxidation schützt. Wasserdampf fördert die Oxidation. Durch schmelzende Ätzalkalien wird SiC in Gegenwart von Oxidationsmitteln unter Bildung von Carbonat und Silicat rasch gelöst. Ähnlich wirken eine Reihe von Borat- und Silicatschmelzen mit Oxidationsmittel-Zusatz in oxidierender Atmosphäre. Gegenüber geschmolzenen Metallen verhält sich Siliciumcarbid unterschiedlich. Eisen und Silicium lösen SiC leicht, dagegen wird es von Kupfer und Zink nicht angegriffen [60].

Da Siliciumcarbid chemischen Einflüssen nicht völlig widersteht, ist seine analytische Bestimmung nicht ganz einfach. Hinzu kommt, daß es im allgemeinen noch Spuren seiner Komponenten in elementarer Form sowie freie Kieselsäure enthält. Als bisher beste Methode hat sich die Analyse über die Bestimmung des freien und des Gesamtkohlenstoffgehaltes erwiesen, falls erforderlich unter Berücksichtigung der SiC-Oxidation (DIN 51075/79E).

3.3
Reaktionsbedingungen

Siliciumcarbid bildet sich aus Koks und Sand im elektrischen Ofen nach der Summengleichung [83]:

$$SiO_2 + 3\,C \longrightarrow SiC + 2\,CO \quad \Delta H_{R,298} = 618,5 \text{ kJ/mol} \\ = 4,3 \text{ kW h/kg SiC} \tag{10}$$

wobei die Reaktionsenthalpie nach [9] berechnet wurde. Der tatsächliche spezifische Stromverbrauch der stark endothermen Reaktion ist – bedingt durch Wärmeverluste – etwa doppelt so hoch [84].

3.4
Rohstoffe

Ausbeute, Kristallgröße und Farbe des technischen Siliciumcarbids hängen in hohem Maße von der Reinheit der Rohstoffe ab. Man verwendet daher als Kohlenstoffträger bevorzugt die aschearmen Petrol- oder Pechkokse. Das Siliciumdioxid wird in Form von Sand eingesetzt, gelegentlich auch als gebrochener Quarz. Es kommen nur die reinsten Sorten mit 99,7–99,9 % SiO_2 in in Betracht.

Damit das als Nebenprodukt bei der Siliciumcarbidbildung entstehende Kohlenoxid gut entweichen kann, setzen einige Hersteller der Reaktionsmischung Sägemehl zur Auflockerung zu.

Die Möglichkeiten zur Beseitigung von Verunreinigungen aus der Reaktionszone des SiC-Ofens sind sehr begrenzt. Häufig wird dem Reaktionsgemisch Natriumchlorid beigemengt, um die in den Rohstoffen enthaltenen Metalloxide in leicht flüchtige Chloride umzuwandeln und auf diese Weise auszutreiben. Die Wirksamkeit des Natriumchlorids ist jedoch umstritten [85]. Koks und Sand werden in annähernd stöchiometrischem Verhältnis gemischt, wobei die Korngröße der Rohstoffe max. 10 mm betragen kann. Zur Herstellung von 1 t Siliciumcarbid benötigt man 1,5–1,6 t Sand und 1–2 t Koks bzw. Kohle.

3.5
Herstellung im Elektroofen

Siliciumcarbid wird chargenweise in elektrischen Widerstandsöfen hergestellt. Dabei sind stets mehrere Öfen einem Transformator zugeordnet. Während jeweils ein Ofen unter Strom steht, können die anderen ausgeräumt bzw. neu gebaut werden.

3.5.1
Acheson-Verfahren

Noch heute sind viele Siliciumcarbid-Anlagen mit Öfen ausgerüstet, die sich nur unwesentlich von dem Prototyp unterscheiden, den sich *Acheson* 1894 patentrechtlich schützen ließ [80, 84]. Charakteristisch sind bei rechteckigem Grundriß die festen Wände an den Schmalseiten, die sogenannten »Ofenköpfe«, und die teilweise oder vollständig mobilen Längswände. Der Boden des Ofens ist aus feuerfestem Material gemauert oder gegossen, desgleichen die Ofenköpfe, in deren Mitte als Stromzuführung Kohlenstoffelektroden waagrecht eingebaut sind. Die Siliciumcarbid-Öfen stehen nebeneinander in langen Hallen und werden mit Hilfe von Krananlagen beschickt und abgebaut. Über regelbare Transformatoren und im Hallenboden verlegte Stromschienen aus Kupfer und Aluminium wird den Öfen die elektrische Energie zugeführt.

Vor dem Beschicken des Ofens bringt man die Längswände an. Sie bestehen aus einer Kombination von feuerfestem Material mit Stahl. Danach wird die Hälfte der für den Ofen vorgesehenen Reaktionsmischung eingefüllt, die nunmehr bis an die Kohleelektroden in den Ofenköpfen reicht. Man verbindet die beiden Elektroden des Ofens durch eine nicht zu breite, aber ausreichend dicke Schicht aus calciniertem Koks oder Graphit. Dieser sogenannte Kern bildet den Heizwiderstand. Nachdem der Rest des Reaktionsgemisches in den Ofen gefüllt wurde, schaltet man den Strom ein. Nach und nach bildet sich um den Heizkern herum das Siliciumcarbid. Die äußeren Bereiche der Reaktionsmischung dienen als Wärmeisolation. Während im Kern Temperaturen von 2300–2500 °C herrschen, erreichen die Außenwände kaum 100–200 °C. Das als Nebenprodukt entstehende Kohlendioxid verbrennt zum größten Teil an der Oberfläche des Ofens. Die Verbrennungsgase ziehen durch Öffnungen im Hallendach ab. *Acheson*-Öfen können bis zu 20 m lang, maximal etwa 4 m breit und 4 m hoch sein. Es werden Stromstärken von 25 kA erreicht, wobei die Nennleistung der eingesetzten Transformatoren 5000 kVA und mehr betragen kann. Je nach Ofengröße und -leistung ist die Reaktion nach ein bis sechs Tagen beendet. Nach dem Abschalten des Stromes werden zunächst die Seitenwände des Ofens entfernt und die nicht umgesetzten Rohstoffe abgeräumt. Das Siliciumcarbid liegt in Form eines dickwandigen Rohres vor, dessen Höhlung von dem graphitierten Kohlenstoff des Heizkerns und dem Graphit des zersetzten Siliciumcarbids ausgefüllt ist. Es wird zerbrochen und zum Sortieren auf einen gesonderten Platz gebracht. Der Graphit aus dem Inneren des Rohres wird ebenfalls gewonnen und als Kernmaterial in der nächsten Charge eingesetzt. Das Sortieren ist notwendig, weil sich nur in Kernnähe große Kristalle von α-SiC bilden. Sie werden nach außen hin mit fallender Ofentemperatur kleiner. In den äußeren Zonen des Siliciumcarbid-Rohres findet sich schließlich nur noch sehr feinkristallines β-SiC.

3.5.2
ESK-Verfahren

Das klassische *Acheson*-Verfahren hat zwei gravierende Nachteile. Die Reaktionsgase, die im wesentlichen aus Kohlenoxid bestehen, können nicht aufgefangen und genutzt werden. Sie verbrennen an der Oberfläche des Ofens nur unvollständig, so daß die Hallenabluft noch gewisse Anteile an CO und H_2S enthält, die die Umwelt belasten.

Diese Nachteile beseitigt das vom *Elektroschmelzwerk Kempten* entwickelte *ESK*-Verfahren [86–91]. Der *ESK*-Ofen hat mit dem *Acheson*-Ofen nur noch den horizontalen Widerstandskern gemein (Abb. 8). Der Strom wird über Bodenelektroden und darüber errichtete Graphitsäulen dem Widerstandskern zugeführt. Die gesamte Ofenanlage steht im Freien, so daß sich eine Halle erübrigt.

Das Reaktionsgemisch wird mit Hilfe von Radladern zu einem Hügel aufgeschüttet, in dem der Heizwiderstand linear oder U-förmig verlegt ist. Im letzten Fall kann auf einen großen Teil der aufwendigen Stromschienen-Konstruktion verzichtet werden. Schließlich wird der Hügel aus Reaktionsmischung und Widerstandskern mit einer Folie abgedeckt, die durch die Reaktionsgase nach Art einer Traglufthalle gebläht und so vor schädlicher Wärmeeinwirkung vom Ofen her geschützt wird. Auf diese Weise wird das gleichzeitig mit dem Siliciumcarbid gebildete Kohlenoxid gesammelt und teils durch den gasdurchlässig gehaltenen Boden des Ofens, teils direkt unter der Folie abgesaugt (Abb. 8). Die Absauggeschwindigkeit wird über den Druck unter der Folie geregelt.

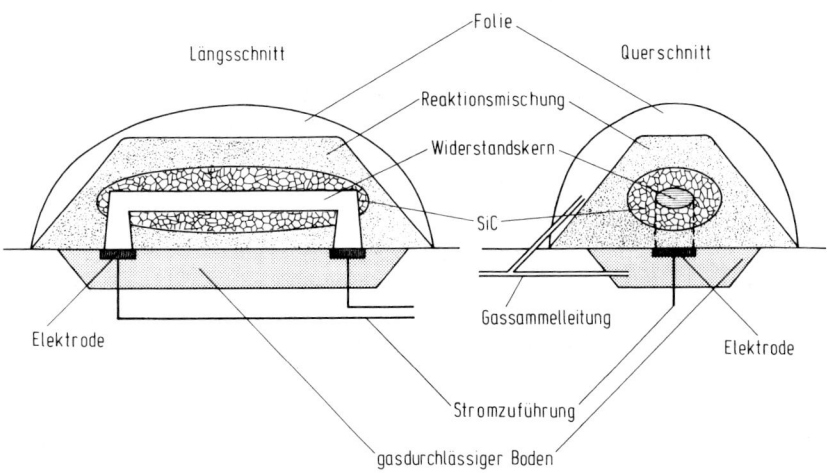

Abb. 8 ESK-Ofen zur Herstellung von Siliciumcarbid

3.6
Aufbereitung

Die bei der Sortierung angefallenen Siliciumcarbid-Qualitäten werden gebrochen, gemahlen, chemisch behandelt und klassiert. Zur Zerkleinerung sind alle in der Mineral- und Erzaufbereitung üblichen Brecher und Mühlen geeignet. Wegen der außerordentlichen Härte des Siliciumcarbids ist der Abrieb sehr groß und macht eine Reinigung des Produktes auf physikalischem (z. B. mit Magnetschneidern) oder chemischem Wege (z. B. durch Behandlung mit Säure) notwendig. Die Klassierung erfolgt je nach Kornfeinheit durch Sieben, Sichten oder Schlämmen in Korngrößen von 6 mm bis 1μm.

3.7
Verwendung

Das klassische Anwendungsgebiet des Siliciumcarbids liegt im Bereich der Schleifmittelindustrie. SiC wird sowohl zur Herstellung von keramisch- oder kunststoffgebundenen Schleifkörpern als auch von Schleifleinen und Schleifpapieren eingesetzt. In loser Form dienen Siliciumcarbid-Körnungen zur Glasbearbeitung und zum Läppen von metallischen Werkstücken sowie zum Zerschneiden von Steinblöcken und Seilsägen.

Die große Härte und hohe Abriebbeständigkeit des Siliciumcarbids wird außerdem überall dort genutzt, wo bei stark beanspruchten Flächen hohe Standzeiten und ein verbesserter Gleitschutz verlangt werden, z. B. bei Autobahnen, Industrieböden, Treppenstufen sowie bei sonstigen abriebfesten Beschichtungen und Anstrichen.

Der Einsatz als Feuerfestmaterial stellt einen weiteren großen Anwendungsbereich des Siliciumcarbides dar [82]. Hohe Wärmeleitfähigkeit und geringe Wärmeausdehnung, verbunden mit hervorragender chemischer Resistenz, machen es zur Herstellung von Tiegeln, Ofenausmauerungen, Muffeln oder Brennhilfsmitteln besonders geeignet.

Die elektrische Leitfähigkeit, gepaart mit der hohen Oxidationsbeständigkeit, bedingt die Verwendung des Siliciumcarbids für Heizwiderstände. Heizstäbe werden aus Siliciumcarbid-Körnungen gesintert, besitzen also eine durch Rekristallisation erzeugte Eigenbindung. Ihr Widerstandsverhalten entspricht dem *Ohm*schen Gesetz. Im Gegensatz hierzu zeigen Körper aus Siliciumcarbid-Körnungen mit keramischer oder Kunststoffbindung ein nicht-*Ohm*sches Verhalten des elektrischen Widerstandes. Von einer gewissen Spannung an nimmt der Strom exponentiell zu, was die Verwendung des Siliciumcarbids zur Herstellung von spannungsabhängigen Widerständen ermöglicht (z. B. Varistoren, Überspannungsableiter).

Siliciumcarbid eignet sich auch zur Herstellung von Hochtemperatur-Dioden und -Transistoren; Jedoch ist es bisher nicht gelungen, ein rationelles großtechnisches Herstellungsverfahren hierfür zu erarbeiten. Aussichtsreich ist dagegen die Entwicklung von Leuchtdioden aus Siliciumcarbid, die blaues Licht liefern [92].

Große Mengen Siliciumcarbid werden von der Eisen- und Stahlindustrie verbraucht. Hier dient es vorwiegend zum Aufkohlen und Aufsilicieren von Gußeisen und als Desoxidationsmittel bei der Herstellung von Spezialstählen [93].

Es ist gelungen, Siliciumcarbid durch pulvermetallurgische Techniken zu Formkörpern zu verarbeiten, wobei nahezu die theoretische Dichte erreicht wird. Damit ergaben sich Anwendungsmöglichkeiten für Siliciumcarbid als Konstruktionswerkstoff im Maschinenbau ab [84, 85].

4
Borcarbid (s. auch Borverbindungen)

Ähnlich dem Siliciumcarbid hat Borcarbid, B_4C, seine erste technische Bedeutung als Schleifmittel erlangt. Es weist nach dem Diamant und dem kubischen Bornitrid (Borazon) die größte Härte aller bekannten Stoffe auf. Hervorzuheben ist die hohe chemische Beständigkeit des Borcarbids, die allerdings die des Siliciumcarbids nicht ganz erreicht. Borcarbidpulver wird von Sauerstoff ab 600 °C angegriffen [96]. Grobkörniges Borcarbid und B_4C-Sinterkörper überziehen sich mit einer zusammenhängenden Oxidschicht, die einen weiteren Zutritt von Sauerstoff verhindert, so dass auf diese Weise eine Oxidationsbeständigkeit bis 1000 °C und höher erreicht werden kann.

Man stellt Borcarbid in Lichtbogenöfen oder wie Siliciumcarbid in Widerstandsöfen her. Als Rohstoffe werden H_3BO_3 oder B_2O_3 und möglichst reiner Kohlenstoff, z. B. Petrolkoks oder Graphit, eingesetzt. Die Umsetzung erfolgt nach der Summengleichung (11):

$$2B_2O_3 + 7\,C \longrightarrow B_4C + 6\,CO \quad \Delta H_{R,298} = 1812\ \text{kJ/mol} \\ = 9,1\ \text{kW h/kg } B_4C \tag{11}$$

Wegen der Wärmeverluste ist der nach [97] berechnete spezifische Energieverbrauch der stark endothermen Reaktion in der Praxis erheblich höher. Das Borcarbid fällt in großen Blöcken an, die zerteilt und nach verschiedenen Qualitäten sortiert werden. Die Zerkleinerung und Klassierung erfolgt wie beim Siliciumcarbid (s. Abschnitt 3.6).

Verwendung findet Borcarbid in erster Linie als Schleif- und Läppmittel für Hartstoffe und Schnellarbeitsstähle in Form von Körnungen und Pasten. Borcarbid läßt sich gut zu Formkörpern sintern, was zur Herstellung von Abrichtern, Panzerplatten, Reibschalen, Sandstrahldüsen usw. genutzt wird. Daneben dient Borcarbid als Ausgangsstoff zur Herstellung von anderen Borverbindungen, z. B. von Bornitrid und Metallboriden [98]. Besonders die letztgenannte Anwendung des Borcarbids hat in der Härtung von Metalloberflächen, vor allem von Eisenwerkstoffen, durch Erzeugung einer Boridschicht technische Bedeutung erlangt [99].

Außerdem wird Borcarbid in der Kerntechnik als Absorber für thermische Neutronen eingesetzt, und zwar als Korngemisch ebenso wie in gesinterter Form. Normales B_4C enthält 19,5 Mol% ^{10}B, das sich durch einen hohen Einfangquerschnitt für thermische Neutronen auszeichnet. Beim Zerfall des ^{10}B nach der Neutronenabsorption entstehen nur stabile Isotope, und die Einfang-Gammastrahlung ist so schwach, dass sie vernachlässigt werden kann. Dazu kommen die hohe chemische und thermische Beständigkeit und der verglichen mit anderen Absorbermaterialien günstige Preis.

5
Literatur

1. S. A. Miller: *Acetylene*, Bd. I, Ernest Benn, London, **1965**.
2. R. Taussig: *Die Industrie des Kalziumkarbids*, Knapp, Halle (Saale), **1930**.
3. *Winnacker-Küchler*, 3.Aufl. Bd. I, S. 424.
4. H. Hansen: Dissertation, Kiel, **1960**.
5. G. Geiseler, W. Büchner, *Z. Anorg. Allg. Chem.* **1966**, *343*, 286.
6. S. H. White, D. R. Morris, *Phys. Chem. Process Metall., Richardson Conf. Pap.* 1973 (Publ. **1974**), 195.
7. W. A. Barber, C. L. Sloan, *J. Phys. Chem:* **1961**, *65*, 2026.
8. M. Parodi, A. Bonomi, C. Gentaz, *Rev. Int. Hautes Temp. Refract.* **1978**, *15*, 169.
9. D.R. Stell, H. Prophet: *JANAF Thermochemical Tables*. 2. Aufl., U.S. Government Printing Office, Washington, D.C., **1971**.
10. M. W. Chase, J. L. Curmitl, H. Prophet, R. A. McDonald, A. N. Syverud, *J. Phys. Chem. Ref. Data* **1975**, *4*, 1.
11. I. Barin, O. Knacke: *Thermochemical Properties of Inorganic Substances*, Springer, Berlin-Heidelberg-New York, Stahleisen, Düsseldorf, **1973**.
12. H. H. Emons, S. Möhlhenrich, P. Helimold, *Chem. Tech. (Leipzig)* **1979**, *31*, 506.
13. M. Atoji, *J. Chem. Phys.* **1971**, *54*, 3514.
14. M. A. Bredig, *J. Phys. Chem.* **1942**, *46*, 801.
15. M. von Stackelberg, *Z. Phys. Chem.* **1930**, Abt. B9, 437.
16. N. G. Vannerberg, *Acta Chem. Scand.* **1961**, *15*, 769.
17. N. G. Vannerberg, *Acta Chem. Scand.* **1962**, *16*, 1212.
18. C. Aall: Dissertation, Grenoble, **1938**.
19. R. L. Faircloth, R. H. Flowers, F. C. W. Pummery, *J. Inorg. Nucl. Chem.* **1967**, *29*, 311.
20. R. Juza, H. U. Schuster, *Z. Anorg. Allg. Chem.* **1961**, *311*, 62.
21. W. Reltkowski, C. Geilhufe, K. H. Rüdiger, *Chem. Tech. (Leipzig)* **1976**, *28*, 588.
22. K. Budde, A. Strauss, B. Schmidt, *Chem. Tech. (Leipzig)* **1976**, *28*, 585.
23. G. W. Healy, *J. Met.* **1966**, *18*, 643.
24. DE-PS 23 62 725 (1973), Hoechst AG.
25. E. Schiele, L. W. Berens: *Kalk. Herstellung – Eigenschaften – Verwendung*, Stahleisen, Düsseldorf; **1972**.
26. *Winnacker-Küchler*, 4. Aufl. Bd. 5.
27. DE-PS 24 07 506 (1974), Hoechst AG.
28. A. Driller, in *Durrer-Volkert: Metallurgie der Ferrolegierungen*, 2.Aufl., Springer, Berlin-Heidelberg, **1972**, S. 91.
29. *Ullmann*, 4. Aufl. Bd. 9, S. 70.
30. DE-PS 17 83 075 (1968), Knapsack AG.
31. DE-PS 20 63 449 (1970), Hoechst AG.
32. DE-PS 24 59 253 (1974), Hoechst AG.
33. DE-PS 324 741 (1919), Det Norske Aktieselskab for Elektrokemisk Industri.
34. DE-PS 545 696 (1925), AG für Stickstoffdünger.
35. DE-PS 19 19 413 (1969), Hoechst AG.
36. W. Retikowski, C. Geilhufe, *Chem. Tech. (Leipzig)* **1977**, *29*, 331.
37. G. Hamprecht, H. Gelten, in: *Festschrift Carl Wurster*, Badische Anilin- & Soda-Fabrik AG, Ludwigshafen, **1960**, S. 43.
38. DE-PS 22 3 3420 (1972), Hoechst AG.
39. DE-PS 24 5 5138 (1974), Hoechst AG.
40. U. Kalla, H. W. Kreutzer, E. Reichenstein, *Stahl Eisen* **1979**, *97*, 382.
41. H. H. Franck, W. Makkus, F. Janke: *Der Kalkstickstoff in Wissenschaft, Technik und Wirtschaft*, Ferdinand Enke, Stuttgart; **1931**.
42. H. H. Franck, H. Heimann, *Z. Elektrochem. Angew. Phys. Chem.* **1927**, *33*, 469.

43 Gmelin, System Nr. 28, Teil B, S. 179, 892.
44 H. Rock, *Chem. Ztg. Chem. Appar.* **1964**, 88, 191, 271.
45 H. Heilmann, *Verfahrenstechnik (Berlin)* **1939**, (4), 103.
46 G. Walde, H. Rock, *Chem. Ztg. Chem. Appar.* **1963**, 87, 839.
47 *Ullmann*, 4. Aufl. Bd. 9, S. 85.
48 A. J. Owen, A. J. Dedman, *J. Chem. Soc., Faraday Trans.* **1961**, 57, 671.
49 JP-PS 7712 ('63) (1960), Shin Etsu.
50 DE-PS 1229053 (1966), BASF AG.
51 DE-PS 917543 (1955), SKW.
52 DE-PS 1 097 457 (1961), SKW.
53 A. Amberger, K. Vilsmeier, *Z. Acker, Pflanzenbau* **1979**, 148, 1.
54 K. Rathsack, *Landwirtsch. Forsch. Sonderh.* **1954**, 6, 116.
55 K. Vilsmeier, A. Amberger, *Z. Acker. Pflanzenbau* **1978**, 147, 68.
56 L. Kießling: *Amiddünger, insbesondere Kalkstickstoff, Bedeutung und Wirkung. Symposium.* Österr. Düngerberatungsstelle, Wien, **1967**.
57 H. P. Schulz, *Stahl Eisen* **1969**, 89, 249.
58 DE-PS 76629 (1892), E. G. Acheson.
59 DE-PS 85197 (1894), E. G. Acheson.
60 Gmelin, 8. Aufl., System Nr. 15 (Siliciurn), Teil B, S. 761.
61 P. Wecht: *Feuerfest-Siliciumcarbid*, Springer, Wien-New York, **1977**.
62 H. von Zeppelin, *Schweiz. Arch.* **1968**, 34, 19.
63 H. Fuchs, *Chem. Ing. Tech.* **1974**, 46, 139.
64 Mehrwald, K. H.: Ber. Dtsch. Keram. Ges. 44 (1967), 148.
65 DE-PS 2364106 (1973), Elektroschmelzwerk Kempten GmbH.
66 DE-PS 2364107 (1973), Elektroschmelzwerk Kempten GmbH.
67 DE-PS 2364108 (1973) Elektroschmelzwerk Kempten GmbH.
68 DE-AS 2364109 (1973), Elektroschmelzwerk Kempten GmbH.
69 DE-PS 2421818 (1974), Elektroschmelzwerk Kempten GmbH.
70 DE-OS 2630198 (1976), Elektroschmelzwerk Kempten GmbH.
71 W. von Münch, W. Kürzinger, I. Pfaffeneder: *Solid State Electronics*, Bd.19, Pergamon Press, Oxford–London–New York–Paris, **1976**, S. 871.
72 Th. Benecke: *Einsatz von metallurgischem Siliciurncarbid*, Elektroschmelzwerk Kempten GmbH, München, **1978**.
73 US-PS 3954483 (1974), General Electric Co.
74 EP-OS 4031 (1979), Elektroschmelzwerk Kempten GmbH.
75 A. Lipp: *Tech. Rundsch.* **1965**, Hefte 14, 28, 33 u. **1966**, Heft 7.
76 D. D. Wagman, W. H. Evans, V. B. Parker, L. Halow, S. M. Bailey, R. H.: *Selected Values of Chemical Thermodynamic Properties*, NBS Technical Note 270–3, U. S. Government Printing Office, Washington, D. C., **1968**.
77 A. Graf von Matuschka: *Themen zur Chemie des Bors, Teil VIII*, Uni-Taschenbuch Nr. 489, Hüthig, Heidelberg, **1976**, S. 191.
78 W. Fichtl, *Härterei-Tech. Mitt* **1974**, 29 (2), 113.

10
Siliciumverbindungen

Dieter Kerner, Norbert Schall, Wolfgang Schmidt, Ralf Schmoll, Jost Schürtz

1	**Natürliche Silicate** 806
1.1	Einleitung 806
1.2	Einteilung 806
1.3	Inselsilicate 807
1.3.1	Olivin, Forsterit 807
1.3.2	Zirkon 807
1.4	Ringsilicate 807
1.4.1	Beryll 807
1.5	Ketten- und Bandsilicate 808
1.5.1	Wollastonit 808
1.6	Schichtsilicate 808
1.6.1	Pyrophyllit 808
1.6.2	Talk 809
1.6.3	Glimmer-Gruppe 810
1.6.4	Illite 810
1.6.5	Montmorillonit-Gruppe 811
1.6.5.1	Alkalische Aktivierung 811
1.6.5.2	Säureaktivierung 812
1.6.5.3	Organophile Bentonite 813
1.6.6	Vermiculit 815
1.6.7	Kaolin 815
1.6.8	Asbest 817
1.6.9	Attapulgit (Palygorskit), Sepiolith 818
1.7	Tectosilicate 819
1.7.1	Feldspatgruppe 819
1.7.2	Natürliche Zeolithe 820
2	**Wasserglas und synthetische Zeolithe** 820
2.1	Lösliche Silicate (Wassergläser) 820
2.1.1	Chemische Zusammensetzung 820
2.1.2	Historisches und wirtschaftliche Bedeutung 822
2.1.3	Eigenschaften der Silicate 823

Winnacker/Küchler. *Chemische Technik: Prozesse und Produkte.*
Herausgegeben von Roland Dittmeyer, Wilhelm Keim, Gerhard Kreysa, Alfred Oberholz
Band 3: Anorganische Grundstoffe, Zwischenprodukte.
Copyright © 2005 WILEY-VCH Verlag GmbH & Co. KGaA, Weinheim
ISBN: 3-527-30768-0

2.1.3.1 Schmelzdiagramme der Systeme Na$_2$O/SiO$_2$ und K$_2$O/SiO$_2$ 823
2.1.3.2 Zusammensetzung und Eigenschaften der Silicat-Lösungen   825
2.1.3.3 Analysenverfahren   827
2.1.4   Herstellverfahren   827
2.1.4.1 Allgemeines   827
2.1.4.2 Schmelzprozesse mit nachfolgender Lösung unter Druck   828
2.1.4.3 Sinterverfahren   831
2.1.4.4 Hydrothermale Verfahren   832
2.1.4.5 Spezialwassergläser   832
2.1.5   Verwendung   832
2.1.6   Kennzeichnung, Transport, Umwelt   833
2.2   Synthetische Zeolithe   834
2.2.1   Erforschung und wirtschaftliche Bedeutung von Zeolithen   834
2.2.2   Aufbau von Zeolithen   836
2.2.3   Eigenschaften von Zeolithen   839
2.2.4   Anwendungen synthetischer Zeolithe   842
2.2.5   Herstellung von Zeolithen   844
2.3   Synthetische Silicate   849

3   **Synthetische amorphe Silicas**   850
3.1   Einleitung, Entwicklung und wirtschaftliche Bedeutung   850
3.2   Herstellverfahren   853
3.2.1   Pyrogene Silicas   853
3.2.2   Lichtbogenverfahren   855
3.2.3   Plasmaverfahren   856
3.2.4   Silicas nach Nassverfahren   856
3.2.4.1 Fällungssilica (gefällte Silica)   858
3.2.4.2 Silicagele   860
3.2.4.3 Silicasole   862
3.2.5   Nachbehandlung von Silicas   863
3.3   Versand und Handhabung   865
3.4   Eigenschaften   865
3.5   Anwendungen   870
3.6   Toxikologie und Arbeitshygiene   872

4   **Weitere Siliciumverbindungen**   874
4.1   Halogensilane   874
4.1.1   Physikalisch-chemische Grundlagen   874
4.1.2   Herstellverfahren   875
4.1.3   Anwendung   877
4.2   Monosilan   877
4.3   Organofunktionelle Silane   878
4.3.1   Strukturen, Eigenschaften und Anwendungen   878
4.3.2   Herstellung   880
4.4   Silicaester   882

4.4.1   Strukturen, Eigenschaften und Anwendungen   *882*
4.4.2   Herstellung   *883*

5   **Literatur**   *884*

1
Natürliche Silicate

1.1
Einleitung

Die natürlichen Silicate sind die Rohstoffbasis für wichtige technische Produkte wie Zement, Glas, Porzellan, Ziegel usw (siehe 1 Bauchemie, Bd. 7; 11 Glas Bd. 8; 12 Keramik, Bd. 8).

Die Formeln komplizierter Silicate, wie sie hier, der neueren Literatur entsprechend, verwendet werden, seien am Beispiel des Biotits, $K(Mg, Fe^{II})_3[(OH)_2|(Al,Fe^{III})Si_3O_{10}]$, erläutert. Der gesamte Anionenverbund steht in eckigen Klammern und wird durch einen Vertikalstrich getrennt in komplexfremde Anionen (linksstehend, hier $(OH)_2$) und das komplexe Anion (rechtsstehend, hier $(Al, Fe^{III})Si_3O_{10}$). In runden Klammern, getrennt durch Komma, stehen die Ionen, die sich im Gitter jedoch vertreten können, hier also Mg und Fe^{II} bei den Kationen und Al und Fe^{III} im komplexen Anion.

1.2
Einteilung

Die systematische Einteilung der Silicate beruht auf der Art der Bindung der SiO_4-Tetraeder.

Nach H. STRUNZ werden folgende Silicatgruppen unterschieden:
- Insel- oder Nesosilicate, bestehend aus selbstständigen, inselartigen SiO_4-Tetraedern, z. B. Olivin $(Mg, Fe)_2[SiO_4]$
- Gruppen- oder Sorosilicate, bestehend aus endlichen Gruppen von SiO_4-Tetraedern, meist Si_2O_7
- Ring- oder Cyclosilicate, bestehend aus ein- oder mehrfachen Ringen aus SiO_4-Tetraedern, z. B. Beryll, $Al_2Be_3[Si_6O_{18}]$
- Ketten-, Band- oder Inosilicate, bestehend aus einfachen oder doppelten SiO_4-Tetraedern, z. B. Diopsid $(Ca, Mg)[Si_2O_6]$
- Schicht- oder Phyllosilicate, bestehend aus Schichten mit zweidimensional unendlichen SiO_4-Tetraedern (Si_4O_{10}), z. B. Glimmer, Tonminerale
- Gerüst- oder Tektosilicate, bestehend aus einem dreidimensionalen Gerüst von SiO_4-Tetraedern, wobei häufig ein Teil des Siliciums durch andere Ionen wie Aluminium ersetzt ist. Hierzu gehören z. B. die Feldspatgruppe und die Zeolithe.

Von den aufgeführten Gruppen von Silicaten sind die Schicht- und Gerüstsilicate technisch am wichtigsten [1, 2].

1.3
Inselsilicate

1.3.1
Olivin, Forsterit

Aus der Gruppe der Olivine, $(MgFe)_2[SiO_4]$, haben vor allen Dingen feste Lösungen aus *Forsterit*, $Mg_2[SiO_4]$, und *Fayalit*, $Fe_2[SiO_4]$, industrielle Bedeutung erlangt. Die Weltproduktion von reinem Olivinmineral liegt bei ca. $4 \cdot 10^6$ t a^{-1}.

Der mit Abstand größte Anteil an Olivin wird in Norwegen produziert, wo sich Lagerstätten mit einem Forsterit-Gehalt von ca. 93% befinden. Die Aufbereitung erfolgt meist durch Brechen des Gesteins, Trocken- und Nassklassifizierung über Siebe, Zentrifugation und Trocknung in Trommeltrocknern. Die Stahlindustrie ist der Hauptabnehmer für Olivin. Dort wird Olivin als Flussmittel für Hochofenschlacken eingesetzt, des weiteren findet Olivin als Formsand und als Strahlmittel zum Sandstrahlen Verwendung. Aus Olivin werden Ziegel für elektrische Wärmespeicher hergestellt [3].

1.3.2
Zirkon

Die Weltproduktion an Zirkon, $Zr[SiO_4]$, betrug im Jahr 2000 ca. $1 \cdot 10^6$ t. Der Großteil hiervon kommt aus Australien, USA und Südafrika. Zirkon wird wegen seiner Hochtemperatureigenschaften in der Feuerfestindustrie und als Formsand in der Gießereiindustrie eingesetzt. Wachsende Mengen Zirkon finden Verwendung als Komponente von Gläsern, die für die Herstellung von Bildschirmen für Fernseher und Computer verwendet werden. Die Verwendung von Zirkon in Glasuren für keramische Artikel, wie z. B. Fliesen, Sanitärartikel und Geschirr beansprucht etwa 50% des weltweiten Zirkonverbrauchs [4].

1.4
Ringsilicate

1.4.1
Beryll

Beryll, $Al_2Be_3[Si_6O_{18}]$, wird weltweit in der Größenordnung von 600 t pro Jahr produziert.

Die wesentlichen Lagerstätten finden sich in den USA, Brasilien, Norwegen, Südafrika und Australien.

Beryll findet Anwendung als Ausgangsmaterial zur Herstellung von Beryllium. Beryll wird unter den Bezeichnungen Smaragd und Aquamarin als Edelstein geschätzt [5].

1.5
Ketten- und Bandsilicate

1.5.1
Wollastonit

Wollastonit, $Ca_3[Si_3O_9]$, ist ein typisches Kontaktmineral in Kalken neben anderen Silicaten wie Granat, Vesuvian, Diopsid, Epidot, usw.. Es handelt sich um ein gewöhnlich weiß, aber auch gelblich, rötlich oder blassgrün gefärbtes Mineral mit blättriger oder feinfaseriger Struktur. 2001 wurden 600 000 t Wollastonit produziert. Die größten Lagerstätten liegen in China, USA und Indien, daneben in Mexiko und Finnland.

Der Abbau von Wollastonit erfolgt meist durch Absprengen des Gesteins mit anschließender Aufbereitung durch Brechen und Klassieren in verschiedene Kornfraktionen. Zur Entfernung von Begleitmineralien, z. B. Granat, wird die Fraktion > 1 mm einer Magnetbehandlung unterworfen und dabei Granat abgeschieden.

Viele industrielle Verwendungen von Wollastonit basieren auf dem sehr hohen Längen-Dicken-Verhältnis des Minerals in der Größenordnung von 10:1 bis 20:1. Etwa 40 % des Wollastonits findet Anwendung in der Keramik. Hier verbessert Wollastonit die mechanischen Eigenschaften von Fliesenkörpern und von Fliesenglasuren.

Aufgrund der Faserstruktur und des niedrigen thermischen Expansionskoeffizienten wird Wollastonit in einer Reihe von Materialien als Ersatz von kurzfaserigem Asbest verwendet, Wollastonit wird zunehmend auch als funktioneller Füllstoff in Kunststoffen eingesetzt. Für diese Anwendung ist ein Oberflächen-Coating zur Verbesserung der Dispergierbarkeit in Polymeren notwendig.

Im Stahlguss dient Wollastonit als Zusatz zur Verbesserung der Oberflächeneigenschaften. Bei Verwendung als Additiv zu Lacken und Farben wird eine Verbesserung der mechanischen Eigenschaften der Lackbeschichtung erzielt.

Wollastonit wird großtechnisch auch synthetisch hergestellt, und zwar aus Kalk und Quarzsand [6, 7].

1.6
Schichtsilicate

1.6.1
Pyrophyllit

Pyrophyllit, $Al_2[(OH)_2|Si_4O_{10}]$, ist ein Aluminiumhydrosilicat, in Eigenschaften und Verwendung ähnlich dem häufiger vorkommenden Magnesiumhydrosilicattalk. Pyrophyllit bildet perlmuttglänzende oder matte, tafelige Kristalle, die auch weiß, grau, grünlich oder gelblich verfärbt sein können. Pyrophyllitlagerstätten sind durch hydrothermale Umwandlung saurer, magmatischer, aluminiumhaltiger Gesteine entstanden. Die Lagerstätten bestehen oft aus vielen Metern mächtigen Linsen und enthalten sehr häufig Kaolinit, Dickit, Chlorit, Quarz und andere. Die größten Lagerstätten finden sich in Südkorea, Japan und China, wo ca. 90 % der Weltproduktion gewonnen werden. Im Jahr 2000 wurden weltweit ca. $3 \cdot 10^6$ t Rohpyrophyllit verarbeitet.

Pyrophyllit wird durch selektiven Abbau meist im Tagebau gewonnen und anschließend durch Brechen, Trocknen und Mahlen sowie Klassieren nach Körnung, Weißgrad und Verwendungszweck weiterverarbeitet.

Zur Erzeugung sehr feiner Körnungen unterhalb von 5 µm werden auch Strahlmühlen, zur Abreicherung von Verunreinigungen Schüttelherde und Magnetscheider verwendet.

Über die Hälfte der Pyrophyllitproduktion dient der Herstellung feuerfester Produkte wie Steine, Isoliermaterial, und Beläge für Ofenwagen.

Weiter wird Pyrophyllit als feinkeramischer Rohstoff zur Herstellung von Isolationskeramiken für die Elektroindustrie und als Trübungsmittel für Gläser verwendet. Andere Anwendungsgebiete sind Träger für Pestizide und Düngemittel sowie, für weiße Qualitäten, Füllstoffe für Gummi, Farben und Lacke, etc. [8].

1.6.2
Talk

Talk, $Mg_3[(OH)_2|Si_4O_{10}]$, ist ein weitverbreitetes Magnesiumhydrosilicat, das aber nur selten in reiner Form in der Natur vorkommt und meist mit anderen magnesiumhaltigen Silicaten vergesellschaftet ist. Talk gehört wie Pyrophyllit zu den Dreischichtsilicaten. *Speckstein* ist ein relativ weiches Gestein, das neben Talk noch andere Magnesiumsilicate enthält. Als *Steatit* wird ein dichtes, kompaktes, feinkristallines talkhaltiges Gestein bezeichnet. Talk bildet überwiegend farblose, weiße oder hellgrüne Massen, die aus schuppigen, perlmuttglänzenden Aggregaten bestehen. Talklagerstätten entstanden durch hydrothermale Umwandlung magnesiumhaltiger Edukte, z. B. Dolomit oder Magmatit. Die Vergesellschaftung von Talk mit Asbest schränkt gelegentlich die Ausbeutung von Talklagerstätten ein.

Die wirtschaftlich bedeutendsten Talklagerstätten finden sich in China, USA, Finnland, Frankreich und Brasilien. 1999 wurden insgesamt $7{,}3 \cdot 10^6$ t Talkprodukte produziert, davon $1{,}7 \cdot 10^6$ t in China, gefolgt von den USA mit 926 000 t. In Europa wird Talk hauptsächlich in Frankreich, Italien, Finnland und Österreich produziert, insgesamt im Jahr 1994 985 000 t.

Die Talkgewinnung erfolgt sowohl über Tage als auch im Untertagebau, wobei schon vor und beim Abbau die Qualität je nach Verwendungszweck geprüft werden muss. Das geförderte Gestein wird gebrochen, in Kornklassen fraktioniert und für feinkörnige Qualitäten gemahlen und gesichtet.

Talk ist ein wichtiger Rohstoff der keramischen und chemischen Industrie. Insbesondere wird Steatit, eine dichte, feinkristalline Form des Talks, als Massenkomponente in der Steatitkeramik für die Herstellung von elektrischen Isolatoren und feuerfesten Körpern eingesetzt. In der Papierindustrie wird Talk in größeren Mengen als Füllstoff und zur Herstellung von Glanzpapier und Tapeten verwandt. In der Kunststoffindustrie ist Talk (in der Regel oberflächenmodifiziert) ein verbreiteter Füllstoff, insbesondere bei der Verarbeitung von Polyolefinen. Aufgrund des hohen

Weißgrades wird Talk als Füllstoff und Weißpigment für Farben und Lacke eingesetzt, des weiteren als Grundlage in Pudern und Schminken in der Kosmetik sowie in der chemischen Industrie als Wirkstoffträger für Pflanzenbehandlungsmittel.

Die Anwendung in der Papierindustrie (Füllstoff, Papierbeschichtung) ist bei weitem die bedeutendste und deckt ca. 40 % der Gesamtproduktion ab [9–13].

1.6.3
Glimmer-Gruppe

Glimmer sind Dreischichtminerale, bei denen in den beiden äußeren SiO_4-Tetraederschichten jedes vierte Silicium-Ion durch ein Aluminium-Ion ersetzt ist. Die durch das dreiwertige Aluminium freibleibende negative Valenz ist meist durch Kalium abgesättigt. Die technisch bedeutsamen und am häufigsten vorkommenden Glimmer sind Muscovit, $KAl_2[(OH,F)_2|AlSi_3O_{10}]$, Biotit, $K(Mg, Fe^{II})_3[(OH)_2|Al, Fe^{III})Si_3O_{10}]$ und Phlogopit, $KMg_3[(F,OH)_2|AlSi_3O_{10}]$.

Große, technisch nutzbare tafel- und buchförmige Glimmer hydrothermaler Entstehung finden sich vorwiegend in pegmatitischen Gängen und Klüften, wobei Kristallgrößen bis zu etwa 1 m erreicht werden können.

Die Weltproduktion an Glimmermaterialien betrug 1995 etwa 214 000 t, wobei die Hauptmengen aus den USA, Russland, China, Kanada und Indien kamen. Die geförderten Glimmerkristallpakete oder Glimmerbücher werden nach Größe und Qualität klassiert, evtl. von Verunreinigungen befreit, auf bestimmte Plattengrößen geschnitten und als Blockglimmer in verschiedenen Sorten je nach Durchsichtigkeit, Verunreinigungen und Helligkeit in den Handel gebracht. Die weitere Aufbereitung der Glimmerbücher bzw. der Blockglimmer besteht in der Aufspaltung in dünne Platten von 0,025–0,2 mm, die oft am Ort der Gewinnung vorgenommen wird. Für die industrielle Nutzung werden die chemische Stabilität, die mechanische Festigkeit, die elektrischen, thermischen und optischen Eigenschaften genutzt. Glimmer wird in Zement und Estrichen zur Verbesserung der mechanischen Eigenschaften eingesetzt, als Additiv für Lacke und Farben, als Füllstoff für Kunststoffe, als Isoliermaterial in der Elektrotechnik und in der Elektronik, sowie in der optischen Industrie und in der Wärmeisoliertechnik. Ebenso dient Glimmer als hochtemperaturresistentes Fenstermaterial für technische Anlagen. Glimmerpulver wird in Bohrspülsuspensionen und als Zusatz für Asphaltdachbeläge eingesetzt [14].

1.6.4
Illite

Illite sind tonartige Glimmermineralien, die in Tonen und Böden weit verbreitet sind und aus Glimmer durch teilweise Verwitterung entstanden sind. Sie werden als Tonrohstoff für Sanitärkeramik sowie Fliesen und Steine verwendet.

1.6.5
Montmorillonit-Gruppe

Das weitaus häufigste Dreischichtmineral ist der trioktaedrische Montmorillonit.

$$(Al_{1,67}Mg_{0,33})[(OH)_2|Si_4O_{10}]^{0,33-}Na_{0,33}(H_2O)_4$$

Montmorillonit kommt selten in reiner Form vor, häufiger als *Bentonit* in oft großen Tonlagerstätten. Hauptbestandteil und maßgebend für die Eigenschaften von Bentonit ist das Tonmineral Montmorillonit, welches meist zu 60–80 % in Bentoniten, neben Begleitmineralien wie Quarz, Glimmer, Feldspat, Christobalit, Calcit, sowie Kaolinit, Illit und Attapulgit enthalten ist.

Montmorillonit kommt nur in sehr feinkristalliner Form vor. Morphologisch stellt man fest, dass lamellenförmige Primärkristalle mit einem Durchmesser von ca. 500 nm und einer Dicke von 1 nm zu Stapeln aus weit mehr als 100 Primärlamellen angeordnet sind.

Montmorillonit verleiht auf Grund seiner hohen spezifischen Oberfläche und seiner innerkristallinen Quellung den Bentoniten Eigenschaften wie Quellfähigkeit, Thixotropie und Adsorptionsvermögen.

Bentonite sind meist aus sauren vulkanischen Tuffen oder aus Pegmatiten entstanden.

Große Bentonitlagerstätten befinden sich in den USA, Mexiko, Brasilien, UdSSR, Indien, China, Japan, Südafrika sowie in Europa in England, Italien, Griechenland, Türkei, Ungarn und Deutschland.

Die Weltproduktion von Bentoniten betrug im Jahr 2000 ca. $10 \cdot 10^6$ t, davon ein Drittel in den USA. In Deutschland befindet sich die technisch bedeutsamste Bentonitlagerstätte in Ober- und Niederbayern im Raum Mainburg–Moosburg–Landshut, wo die Förderleistung für Rohbentonit im Jahr 2000 bei ca. 500 000 t pro Jahr lag. Die Bentonitgewinnung erfolgt überwiegend im Tagebau, wobei die Abraummächtigkeiten von wenigen Metern bis zu 50–60 m betragen können. Die grubenfeuchten Bentonite haben in Folge ihrer Quellfähigkeit einen hohen Wassergehalt von 35–40 %. Bentonite kommen im wesentlichen in zwei Formen vor. Als hochquellfähiger, natürlicher Natriumbentonit, der vorwiegend austauschfähige Natrium-Ionen enthält, sowie als weltweit häufiger vorkommender Erdalkalibentonit, der vorwiegend austauschfähige Ca^{2+}- und Mg^{2+}-Ionen enthält, und nur wenig quellfähig ist. Anwendungsgebiete für Calciumbentonit sind u.a. Tierstreu, Abwasserbehandlung, Kosmetik, Futtermittelzusatz, Waschmitteladditiv und Getränkebehandlung [15, 16].

1.6.5.1 Alkalische Aktivierung

Wenn in einer Lagerstätte Erdalkalibentonit vorliegt und daraus hochquellfähiger Natriumbentonit hergestellt werden soll, ist ein Ionenaustausch erforderlich. Großtechnisch erfolgt dieser Ionenaustausch meist durch Behandlung des grubenfeuchten, plastischen Rohbentonits mit Soda. Beim Mischen oder Kneten entsteht nach Gleichung (1) Natriumbentonit:

$$\text{Calciumbentonit} + \text{Soda} \longrightarrow \text{Natriumbentonit} + \text{Calciumcarbonat} \qquad (1)$$

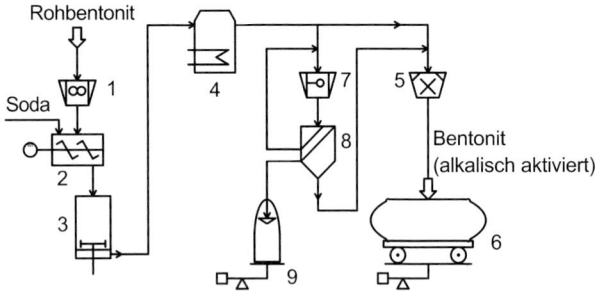

Abb. 1 Fließbild zur Herstellung von alkalisch aktiviertem Bentonit
1 Brecher, 2 Mischer, 3 Siebrundbeschicker, 4 Trockner, 5 Mühle, 6 Siloverladung, 7 Brecher, 8 Sieb, 9 Absackung

Diese Umsetzung wird in der Technik auch als Bentonitaktivierung bezeichnet. Für die alkalische Aktivierung (vergl. Abb. 1) wird entsprechend dem Kationenaustauschvermögen des Bentonits Na$^+$ in Form von Soda zugegeben. Bei handelsüblichen deutschen Bentoniten beträgt die Kationenaustauschkapazität in der Regel 70–80 mmol M$^+$ pro 100 g Bentonit, was einer Sodadosierung von 3,7–4,2 % (bezogen auf den Trockenbentonit) entspricht. Die Austauschreaktion verläuft rascher, wenn durch Scherkräfte die Oberfläche vergrößert und durch Temperaturerhöhung die Ionendiffusionsgeschwindigkeit erhöht wird. Durch den Austausch der Calcium- gegen Natrium-Ionen wird die Quellfähigkeit des Bentonits in Wasser deutlich gesteigert, was sich in einer Erhöhung der Plastizität, Viskosität, Thixotropie und Wasseraufnahme des hochquellfähigen Natrium- oder Aktivbentonits gegenüber Erdalkalibentonit zeigt.

Anwendungsgebiete für Aktivbentonit und natürliche Na-Bentonite sind u. a. Bohrspülungen, Kosmetika, Deponieabdichtungen, Stützflüssigkeiten für Schlitzwände, Pigmente für die Papierindustrie, Bindemittel für die Gießereiindustrie, Eisenerzpelletierung.

1.6.5.2 Säureaktivierung

Zur Herstellung von Adsorptionsmitteln mit hoher spezifischer Oberfläche und hohem Porenvolumen wird Rohbentonit mit Säure behandelt. Dabei werden die austauschfähigen Kationen teilweise durch Protonen H$^+$, Al^{3+}, und Fe^{3+} ersetzt und die Kationen aus der Oktaederschicht (vorwiegend Fe^{3+} und Al^{3+}) teilweise oder ganz herausgelöst.

Für die großtechnische Säureaktivierung (vergl. Abb. 2) wird der Rohbentonit meist in Wasser dispergiert, mit Säure, z. B. Schwefel- oder Salzsäure, versetzt und mehrere Stunden erhitzt.

Nach Erreichen des gewünschten Aufschlussgrades wird filtriert, der Filterkuchen möglichst säurefrei gewaschen, getrocknet und vermahlen oder gebrochen und in Kornfraktionen klassiert.

Bei der Produktion von säureaktiviertem Bentonit fallen große Mengen eines leicht sauren, salzhaltigen (vorwiegend Aluminium- und Eisensalze) Filtrats und

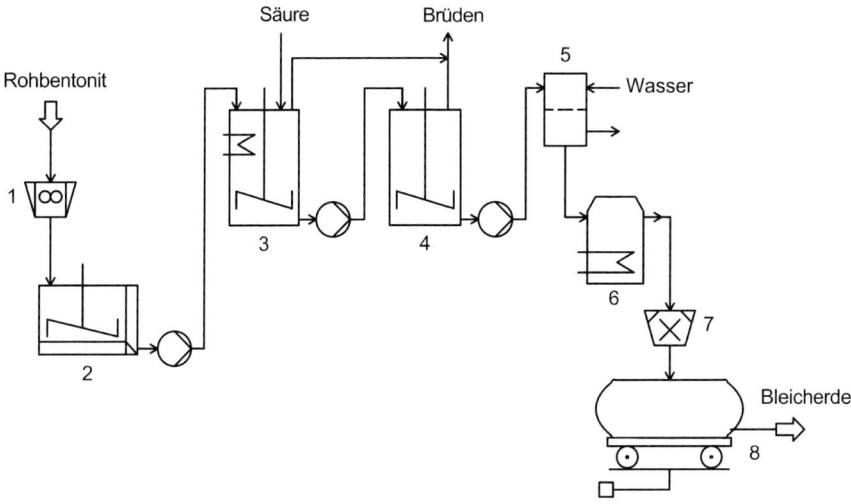

Abb. 2 Fließbild zur Herstellung säureaktivierter Bentonite (Bleicherden)
1 Brecher, 2 Schlämmbehälter, 3 + 4 Reaktoren, 5 Filter, 6 Trockner, 7 Mühle, 8 Verladung

Waschwasser an. Diese können zu Flockungsmitteln für die kommunale Abwasserbehandlung verarbeitet werden. Die mit der Entstehung großer Abwassermengen verbundene Umweltproblematik hat dazu geführt, dass in Europa lediglich eine nach dem beschriebenen Herstellungsverfahren arbeitende Produktionsanlage von säureaktiviertem Bentonit verblieb, wo wie erwähnt, das Abwasser zu Flockungsmitteln weiterverarbeitet wird.

Mit zunehmender Säurekonzentration steigt die spezifische Oberfläche (von ca. 70 m^2 g^{-1} auf über 300 m^2 g^{-1}), das Mikroporenvolumen (von ca. 0,1 auf 0,5 mL g^{-1}) und der Gehalt an freier Silica (früher als Kieselsäure bezeichnet, Definition siehe Abschnitt 3.1) an. Die ursprüngliche Schichtstruktur wird verändert. Man beobachtet eine Desorientierung der Montmorillonitschichten durch die entstandene voluminöse Silica an den Rändern der Kristalle.

Bei Erhöhung der Säuredosierung und der Reaktionszeit können die Kationen vollständig aus der Oktaederschicht entfernt werden, sodass nur noch röntgenamorphe freie Silica (siehe Abschnitt 3.1) zurückbleibt.

Die mit Abstand wichtigste Anwendung von säureaktivierten Bentoniten ist die Nutzung als Adsorptionsmittel bei der Raffination von Speiseölen. Hierbei werden Chlorophyll, Carotin, Peroxide und weitere der Verwendung und Haltbarkeit des Pflanzenöls nicht förderliche Nebenprodukte des Speiseöls adsorptiv entfernt. Eine weitere Anwendung ist der Einsatz als Katalysator bei der Herstellung von BTX-(Benzol, Toluol, Xylol)-Aromaten [17].

1.6.5.3 Organophile Bentonite

Eine weitere Gruppe technisch wichtiger Bentonite entsteht durch Umsetzung von Natrium-Montmorilloniten mit quaternären Alkylammoniumverbindungen. Bei

10 Siliciumverbindungen

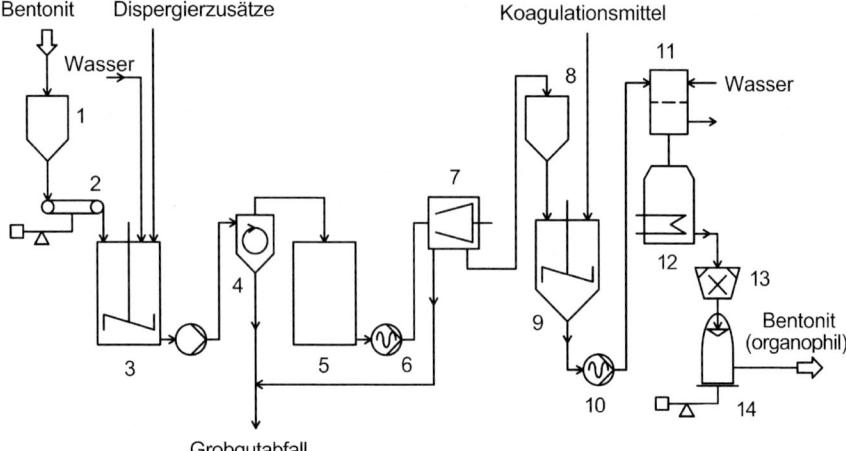

Abb. 3 Fließbild zur Herstellung von organophilem Bentonit
1 Vorratsbunker, 2 Bandwaage, 3 Schlämmbehälter, 4 Hydrozyklon, 5 + 8 Zwischenbehälter,
6 Dosierpumpe, 7 Zentrifuge, 9 Koagulationsbehälter, 10 Förderpumpe, 11 Filter, 12 Trockner,
13 Mühle, 14 Absackung

dieser Kationenaustauschreaktion bilden sich organophile Bentonite, die in organischen Flüssigkeiten und Lösungsmitteln quellfähig sind, wodurch thixotrope Gele entstehen.

Für die großtechnische Herstellung (Abb. 3) organophiler Bentonite werden in Wasser gut quellfähige, natürliche Natriumbentonite oder Aktivbentonite dispergiert, wobei die Lamellenpakete in Primärkristalle delaminiert werden, sodass die Abtrennung der in ihrer ursprünglichen Partikelgröße verbleibenden Verunreinigungen durch Hydrozyklone oder Zentrifugen ermöglicht wird. Danach erfolgt in der gereinigten Bentonitsuspension eine Ionenaustauschreaktion, bei der die austauschfähigen Natrium-Ionen durch meist langkettige quaternäre Alkylammoniumkationen ersetzt werden:

Bei dieser Reaktion wird der Bentonit organophil, sodass er aus der wässrigen Suspension ausflockt und durch Filtration leicht abgetrennt werden kann. Der Filterkuchen wird gewaschen, getrocknet, gemahlen und als Fertigprodukt in Säcke abgefüllt oder in Silos eingelagert.

Für einen vollkommenen Ionenaustausch sind ca. 80–100 mmol organische Ammoniumverbindungen pro Gramm Bentonit erforderlich, sodass der organophile Bentonit zu etwa 40 % aus organischer Substanz und zu etwa 60 % aus der anorganischen Tonkomponenten besteht.

Je nach Polarität der ausgewählten organischen Komponenten eignet sich der hergestellte organophile Bentonit für unpolare bis polare organische Lösemittel als Verdickungs-, Antiabsetz- oder Thixotropiermittel.

Organophile Bentonite werden vorwiegend zur Einstellung der rheologischen Eigenschaften von lösemittelhaltigen Farben und Lacken verwendet.

Das gleiche gilt für die rheologischen Eigenschaften von Druckfarben, Schmierfetten, Klebstoffen, Plastisolen und Schlichten. Ein weiteres Anbindungsgebiet ist die Verwendung als Adsorptionsmittel für organische Schadstoffe. Ein sehr innovatives Anwendungsgebiet ist die Verwendung von organophilen Bentoniten als sogenannte Nanocompositadditive in Kunststoffen. Hier werden bereits bei sehr geringen Einsatzmengen (2–5%) die mechanischen Eigenschaften, die Barriereeigenschaften und die Flammschutzeigenschaften von Kunststoffen sehr positiv beeinflusst.

Die vielfältigen Anwendungen von Bentoniten sind in der Literatur beschrieben [18].

1.6.6
Vermiculit

Vermiculit ist ein Magnesium-Aluminium-Silicat mit Si_4O_{10}-Tetaederschichtstruktur, das in großen, oft durchscheinenden plättchenförmigen Kristallen, ähnlich dem Glimmer vorkommt. Die derzeitig technisch wichtigsten Vermiculit-Lagerstätten liegen in USA (Montana, Virginia, South Carolina) und in Südafrika.

Aus diesen Lagerstätten werden ca. 90% der Weltproduktion gefördert. Weitere Vorkommen befinden sich in Indien, Japan, Australien und Brasilien.

Die Weltförderung von Vermiculit wurde im Jahr 1999 auf 470 000 t geschätzt. Der Abbau erfolgt im Tagebau, meist durch Heraussprengung des Rohvermiculits, welcher von der Gangart befreit, gut durchmischt und homogenisiert gelagert wird.

Der Rohvermiculit wird in Brechern und Mühlen zerkleinert und durch Nasssiebung oder Sichtung in verschiedene Kornfraktionen aufgetrennt.

Die Rohvermiculit-Kornfraktionen werden in Expandieranlagen in geblähten Vermiculit umgewandelt. Dies erfolgt durch Schockerhitzung in Öfen bei bis zu 1000° C, wobei das Kristallwasser spontan austritt, die Kristalle sich aufblähen und dabei das Volumen um das 30–50-fache vergrößert wird. Das Schüttgewicht des Rohvermiculits sinkt dabei von 650 bis 960 kg m^{-3} auf unter 100 kg m^{-3}.

Der expandierte Vermiculit hat aufgrund seiner geringen Wärmeleitfähigkeit (0,17–0,25 kJ m^{-1} h^{-1} K^{-1}), seiner Temperaturbeständigkeit (1000–1200° C) und Nichtbrennbarkeit, sowie wegen seiner Resistenz gegen bakterielle Zersetzung und seiner Witterungsbeständigkeit weitverbreitete technische Anwendungen gefunden, zum Beispiel als Schall-, Wärme- und Kälteisoliermittel oder als Leichtbetonzuschlagstoff in der Bauindustrie. In der Landwirtschaft wird Vermiculit als Träger für Fette, Melasse und Vitamine eingesetzt. Weitere Einsatzmöglichkeiten finden sich in der Tierhaltung, zur Bodenverbesserung und in Eisen- und Stahlgießereien zur Hochtemperaturisolierung, sowie als Kationenaustauscher und als Adsorptionsmittel [19].

1.6.7
Kaolin

Kaolinit, $Al_4[(OH)_8Si_4O_{10}]$, ist das technisch bedeutsamste natürliche Silicat. Die Weltproduktion an Kaolin betrug im Jahr 1997 ca. $39 \cdot 10^6$ t. Weltgrößter Kaolinproduzent mit einem Marktanteil von 24% sind die USA, gefolgt von Kolumbien

(19%), Usbekistan (14%), Tschechien, Korea und Großbritannien. Kaolin kommt in der Regel in großer Reinheit (85–95%) vor. Es gibt primäre und sekundäre Kaolinlagerstätten. Die größte Kaolinlagerstätte, die sedimentär entstanden ist, befindet sich in Georgia und South Carolina. Ebenfalls sehr groß in der Ausdehnung ist eine Lagerstätte im Amazonasgebiet. In Brasilien existieren drei große Lagerstätten, aus denen im Jahr 2001 bereits $1{,}5 \cdot 10^6$ t Papierkaolin hergestellt wurden. Die größte europäische Lagerstätte ist eine Primärlagerstätte und befindet sich in Cornwall, England.

Die größte Kaolinlagerstätte Deutschlands liegt in Bayern, nahe Hirschau, welche über eine Mächtigkeit von 30–50 m und eine Ausdehnung von ca. 15 km verfügt.

Aufgrund einer Reihe von Eigenschaften findet Kaolin eine Vielzahl industrieller Verwendungen: Er ist über einen weiten pH-Bereich chemisch inert, das Mineral ist weiß, bei Verwendung als Pigment wird eine sehr gute Deckkraft beobachtet, außerdem ist es weich und nicht abrasiv, es verfügt über eine niedrige Wärmeleitfähigkeit und elektrische Leitfähigkeit und es kann zu vertretbaren Kosten eingesetzt werden.

Der grubenfeuchte Rohkaolin wird je nach Qualität direkt getrocknet, gemahlen und mit Sichtern in Kornfraktionen klassiert (air-floated kaolin). Für bestimmte Anwendungen wird Kaolin darüber hinaus calciniert. Insbesondere für die Hauptanwendung in der Papierindustrie wird sog. »water-washed« Kaolin hergestellt.

In beiden Fällen wird eine wässrige Kaolinsuspension klassiert, physikalisch und chemisch gereinigt und als Slurry mit einem Feststoffgehalt von bis zu 70% an die Papierindustrie ausgeliefert. Dieser hohe Feststoffgehalt wird durch Dispergiermittel, beispielsweise mit Phosphaten oder Polyacrylaten erreicht. Das Fließbild einer typischen Kaolin-Nassaufbereitungsanlage zeigt Abbildung 4.

In der Papierindustrie wird vorwiegend nass aufbereiteter Kaolin als Füllstoff und als Papierstreichpigment eingesetzt.

Zum Beschichten von Papier werden ja nach Anwendung grobe (Tiefdruck) oder feinteilige (Offset) Kaoline eingesetzt. Weiterhin sind ein größtmöglicher Weißgrad, eine optimierte Partikelgrößenverteilung und Partikelform für die Qualität des Papierstrichs entscheidend.

Wird Kaolin als Papierfüllstoff eingesetzt, werden Opazität, Weißgrad, Glätte und Bedruckbarkeit verbessert. Die Papierindustrie ist mit Abstand das größte Anwendungsgebiet für Kaolin. Ein weiterer großer Markt für Kaoline ist die Verwendung als Weißpigment in wasserbasierenden Farben. Kaolin verfügt über einen hohen Weißgrad und über eine gute Deckkraft. Aufgrund niedrigerer Kosten wird calciniertes Kaolin häufig als Extender für Titandioxid eingesetzt.

Ein klassisches Anwendungsfeld für Kaolin ist die Keramikindustrie, wo er zur Herstellung von Porzellan (Geschirr), Sanitärporzellan, Elektroporzellan (Isolatoren) sowie Steinzeug und Steingut verwendet wird.

Wegen seiner Verstärkungs- und Versteifungswirkung wird Kaolin als preiswerter Füllstoff in Gummi eingesetzt. Die Anwendungsvorteile von Kaolin in Gummi sind die Verbesserung von Zugfestigkeit, Abrasion, Energieaufnahme und Alterungseigenschaften.

Als Füllstoff in Kunststoffen bewirkt Kaolin eine glatte Oberfläche, verbessert die Stabilität gegenüber Chemikalien und reduziert Rissbildungen und die Schrump-

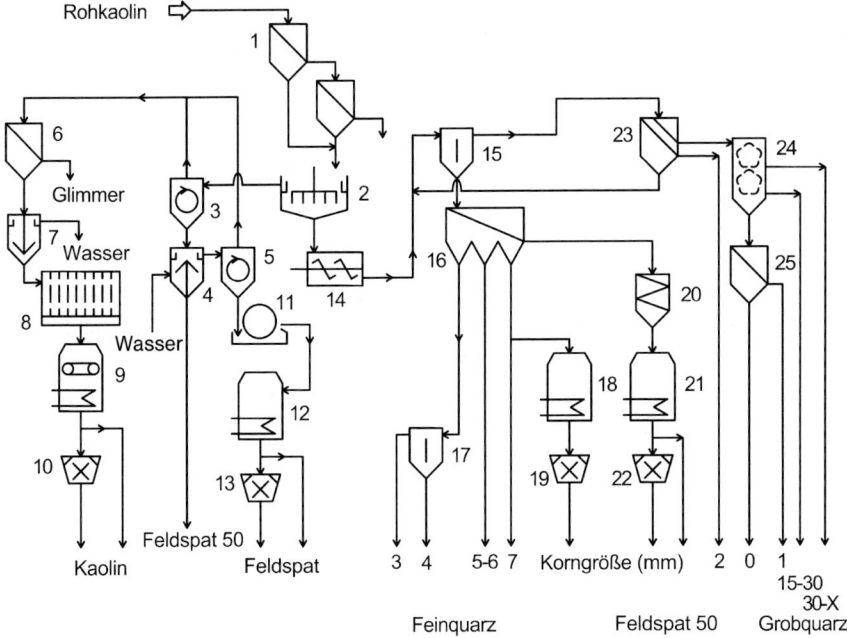

Abb. 4 Aufbereitung von Kaolin
1 Vorklassierer (Grobabtrennung), 2 Kettenrührer, 3 Schlämmzyklonstufe (mehrstufig),
4 Aufstromklassierer, 5 Waschzyklonstufe (mehrstufig), 6 Glimmersieb, 7 Eindicker, 8 Filterpresse,
9 Bandtrockner, 10 Mahltrockner, 11 Vakuumtrommelfilter, 12 Trockner, 13 Mühle, 14 Schwerter- und
Becherwerk (Dispergierung) 15+17 Abscheider, 16 Stromklassierer, 18+21 Trockner, 19 Quarzmühle,
20 Wendelscheider, 22 Feldspatmühle, 23 Doppelsiebmaschine, 24 Trommelsiebklassierer,
25 Siebmaschine

fung während der Lagerung. In Kunststoffen werden Einsatzmengen zwischen 15 und 60 % gefunden.

Weiterhin wird Kaolin in großem Ausmaß als Extender in weißen und gefärbten Druckfarben eingesetzt. Kaolin mit niedrigem Eisengehalt wird als Aluminium und Siliciumquelle für die Herstellung von Fiberglas verwendet [20–24].

1.6.8
Asbest

Asbeste sind aus mineralischen Fasern aufgebaute natürliche Silicate. *Crysotil*, $Mg_6[(OH)_8|Si_4O_{10}]$, macht mit 95 % der Weltförderung den dominierenden Anteil an Asbestmineralien aus. Ebenfalls zu den Asbesten gehören die Amphibol-Asbeste wie Krocydolith und Amosit. Die wesentlichen Lagerstätten für Asbest finden sich in Russland, Kasachstan, Kanada, Brasilien, China, Südafrika, und Simbabwe. Asbest wird meist im Tagebau gewonnen und nach der Faserlänge (bis ca. 10 cm) bewertet. Er muss deshalb möglichst faserschonend aufbereitet werden.

Dies geschieht durch Quetschen des Rohgutes z. B. im Kollergang und Zerfasern der Asbestblöcke in Trommeln, die mit rotierenden Messern ausgestattet sind. Durch Absieben und Ausblasen werden die Asbestfasern vom Gestein getrennt.

85 % der Asbestproduktion wird zur Herstellung von Asbestzement verwendet. Seit Erreichen einer max. Produktionsmenge von etwa $4,5 \cdot 10^6$ t im Jahr 1981 hat sich die Weltproduktion von Asbest bis zum Jahr 2000 mehr als halbiert. Hauptanwendungsmärkte für Asbeste sind asiatische Länder wie Japan, Thailand, Südkorea, China und Indonesien, wohingegen die Verwendung von Asbest in den USA und Westeuropa sehr stark zurückgegangen ist.

Grund für die abnehmende wirtschaftliche Bedeutung von Asbest ist der Befund, dass Asbestfasern, nachdem sie mit der Atemluft eingeatmet werden, langfristig zur Bildung eines Tumors führen können, der sog. Asbestose. Insbesondere die Amphibol-Asbeste wie Krocydolith und Amosit sind stark krebserregend.

In der deutschen Chemikalienverbotsordnung (Fassung vom 19. Juli 1996) ist festgehalten, dass Erzeugnisse mit einem Asbestgehalt von größer 0,1 % nicht in Verkehr gebracht werden dürfen. Einige Ausnahmen gelten für crysotilhaltige Erzeugnisse oder den Einsatz von Asbestzementen zur hydraulischen Bindung von Versatzmaterial im Untertagebergbau.

Zwischenzeitlich wurden eine Reihe von Ersatzstoffen für Asbeste erfolgreich in den Markt eingeführt wie z. B. Fiberglas, aber auch Cellulosefasern, Teflonfasern und Aramidfasern. Alle Ersatzstoffe erreichen aber die Eigenschaften von Asbestfasern nur begrenzt, vor allem aber sind sie teurer [25, 26].

1.6.9
Attapulgit (Palygorskit), Sepiolith

Im Gegensatz zu den meist plättchenförmigen Phyllosilicaten bestehen Attapulgit, $(MgAl)_2[OH|Si_4O_{10}] \cdot 4\,H_2O$, und Sepiolith $Mg_4[(OH)_2|Si_6O_{15}] \cdot 6\,H_2O$, aus nadelförmigen Kristallen. Attapulgit ist ein creme- bis graufarbener Ton mit nadelförmigen Kristallen. Bei Dispergierung in Wasser bilden die Nadeln ein Netzwerk, das Flüssigkeiten einschließt und dem Attapulgit Verdickungs-, Dispergier- und Geliereigenschaften verleiht. Im Gegensatz zu Bentoniten bleiben diese Eigenschaften auch in Gegenwart von Elektrolyten und bei höheren Temperaturen erhalten.

1999 wurde die Weltproduktion von Attapulgit auf 939 000 t geschätzt, wovon mit 725 000 t 75 % in den USA produziert wurden. Die größten Tonlagerstätten finden sich in Georgia und Florida. Weitere bedeutende Attapulgit-Lagerstätten liegen im Senegal und in Spanien.

Attapulgite werden in Abhängigkeit von der Lagerstätte und den Verarbeitungsbedingungen als Adsorbens und als rheologisches Additiv eingesetzt.

Zur Verbesserung der Verdickungseigenschaften werden Attapulgite unter Zugabe von 1–2 % Magnesiumoxid extrudiert. Die Adsorptionseigenschaften werden durch Extrusion und Hochtemperaturtrocknung bis 400° C gefördert. Für die industrielle Verwendung müssen Attapulgite bzw. Sepiolithe zu Granulaten und unterschiedlich feinen Pulvern aufbereitet werden. Abbildung 5 zeigt das Fließbild einer Attapulgitaufbereitung.

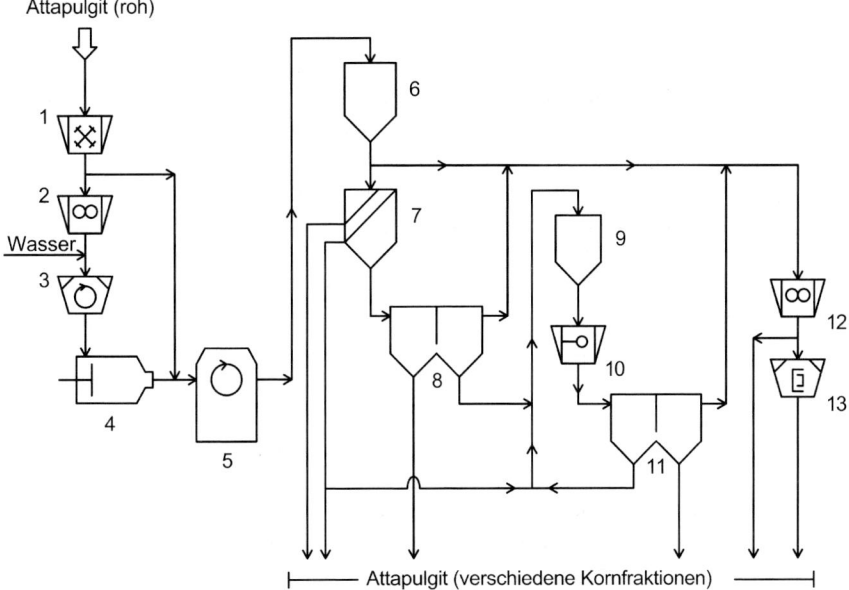

Abb. 5 Aufbereitung von Attapulgit.
1 Grobbrecher, 2 Feinwalzwerk, 3 Nassmühle, 4 Strangpresse, 5 Trockner, 6 Zwischensilo, 7 Sieb, 8 Sichter, 9 Aufgabebunker, 10 Brecher, 11 Sichter, 12 Mühle, 13 Feinmühle

Typische Anwendungsgebiete für *Attapulgit* sind Tierstreu, Bindemittel für Öle und Fette, Adsorptionsmittel für die Raffination von Pflanzenölen, Träger für Pestizide und Herbizide, Filterhilfsmittel, als salzwasserbeständiges Bohrspülmitteladditiv, Verdickung von Pflanzenschutzmitteln und dergleichen.

Die technischen Anwendungsgebiete für *Sepiolith* sind sehr ähnlich wie für Attapulgit. Sepiolith wird außerdem zu Filtermaterial in Zigarettenfiltern, zur Entfernung von Teer und schädlichen Substanzen aus dem Rauch verarbeitet. Sepiolith (Meerschaum) dient auch als Werkstoff zur Herstellung von Schmuck, Zigaretten und Zigarrenspitzen sowie für Pfeifenköpfe [27–29].

1.7
Tectosilicate

1.7.1
Feldspatgruppe

Feldspate sind ein sehr häufig vorkommendes Minerale. Folgende wichtige Feldspattypen werden unterschieden:
- Orthoklas, $K[AlSi_3O_8]$ = Kalifeldspat
- Albit, $Na[AlSi_3O_8]$ = Natronfeldspat
- Anorthit, $Ca[Al_2Si_2O_8]$ = Kalkfeldspat

In der Natur findet man in der Regel Mischkristalle dieser Feldspattypen. Die weltweite Feldspatproduktion betrug im Jahr 1998 8,7 · 10^6 t. Hauptproduzenten sind Italien, Türkei, USA, Thailand, Frankreich und Deutschland.

Die deutschen Lagerstätten liegen in der Oberpfalz, Oberfranken und im Saargebiet. Das traditionelle Einsatzgebiet von Feldspat ist die Keramik- und Glasindustrie, wo 85–90 % des produzierten Feldspats verarbeitet werden. Bei diesen Anwendungen wird Feldspat als Flussmittel verwendet. Weiterhin wird Feldspat als funktioneller Füllstoff in Farben, Kunststoffen, Gummi und Klebstoffen eingesetzt [31].

1.7.2
Natürliche Zeolithe

Zeolithe sind wasserhaltige Tectosilicate, d. h. dreidimensional vernetzte erdalkali- oder alkalihaltige Aluminiumsilicate. Das Wasser kann reversibel abgegeben und wieder aufgenommen werden, ohne dass das Kristallgitter zerstört wird. Es sind etwa 40 natürliche Zeolithminerale bekannt, kommerzielle Bedeutung haben aber lediglich Clinoptilolith, Chabazit und Mordenit.

1998 wurden ca. 300 000 t natürlicher Zeolithe produziert, wovon ca. 130 000 t in Japan verbraucht wurden. Die Anwendung von natürlichen Zeolithen besitzt in Europa und in den Vereinigten Staaten eine vergleichsweise untergeordnete Bedeutung.

Natürliche Zeolithe besitzen Eigenschaften wie Kationenaustauschfähigkeit, Adsorption und Desorption von Wasser und Gasadsorption, was ihre Verwendung bestimmt. Radioaktiv belastete Abwässer werden durch Zeolithe gereinigt, wobei Cäsium-134, Cäsium-137 und Strontium-90 adsorptiv gebunden werden.

Weiterhin können Abwässer aus der metallurgischen Produktion mit Zeolithen gereinigt werden. In der Fischzucht wird die Adsorptionsfähigkeit von Zeolithen gegenüber Ammoniak genutzt. Ein weiteres größeres Anwendungsgebiet ist die Verwendung als Katzenstreu, wo man sich die Adsorption sowohl von Ammoniak als auch von Flüssigkeiten zunutze macht. Darüber hinaus wird natürlicher Zeolith als Additiv für Tierfutter eingesetzt [32–34].

2
Wasserglas und synthetische Zeolithe

2.1
Lösliche Silicate (Wassergläser)

2.1.1
Chemische Zusammensetzung

Zu den Wassergläsern im engeren Sinne zählt man die löslichen Silicate des Natriums und Kaliums, und im weiteren Sinn auch die löslichen Silicate des Lithiums und stark basischer organischer Kationen.

Dabei handelt es sich immer um technische hergestellte Produkte. Wasserunlösliche Alkalipolysilicate wie z. B. Magadiit, Kenyait u. a., die sowohl in der Natur vorkommen als auch synthetisch darstellbar sind, werden nicht zu den Wassergläsern gezählt. Alle Wassergläser haben die Zusammensetzung

$x \; SiO_2 \cdot y \; M_2O \cdot z \; H_2O$

(M = Alkalimetall oder einwertige organische Basen). Das Wasser in dieser Formel kann ganz oder teilweise Konstitutionswasser bzw. Kristallwasser sein.

Die technisch eingesetzten Wassergläser werden bis auf wenige Ausnahmen durch Schmelzen von Quarzsand und Soda (Natriumcarbonat) oder Pottasche (Kaliumcarbonat) hergestellt und die so gewonnenen festen Gläser durch Druckaufschluss in Wasser gelöst. Stärker alkalisch eingestellte Natriumsilicat-Lösungen lassen sich auch direkt ohne den Umweg über die Festgläser aus Quarzsand und Natronlauge herstellen.

Die technisch produzierten Festgläser und Wasserglas-Lösungen charakterisiert man im allgemeinen über das Gewichtsverhältnis (weight ratio) SiO_2/M_2O bzw. ergänzend, um einen leichten Vergleich vor allem der Natron- und Kalisilicate durchführen zu können, über das Molverhältnis (›molar ratio‹). Die Umrechnungsfaktoren von dem Gewichts- in das Mol-Verhältnis betragen 1,032 für M = Na; 1,567 für M = K und 0,498 für M = Li.

Die Dichten der Wasserglas-Lösungen werden üblicherweise in SI-Einheiten angegeben, daneben haben sich bei international standardisierten Silicat-Lösungen die alten Dichteangaben in Baumé-Graden erhalten (z. B. Natronwasserglas 37/40, Kaliwasserglas 28/30).

Chemisch gesehen handelt es sich bei den technischen Wassergläsern, unabhängig davon, ob sie in festen oder gelöster Form vorliegen, immer um Mono- oder Polysilicate verschiedener Strukturen, die formal durch Wasserabspaltung aus Monokieselsäure $Si(OH)_4$ oder deren sauren Salzen entstanden sind.

Wirtschaftlich bzw. technisch von Bedeutung sind folgende Produktgruppen der Wassergläser:
- Erstarrte (glasartige, d. h. amorphe) Schmelzen von Natriumsilicaten mit Gewichtsverhältnissen von 2,0 bis 4,2, wobei diejenigen mit einem Gewichtsverhältnis von 3,2–3,4 mengenmäßig am bedeutendsten sind
- Erstarrte Schmelzen von Kaliumsilicaten mit einem Gewichtsverhältnis von 2,15 und 2,65
- Wässrige Natron- und Kaliwasserglas-Lösungen mit Gewichtsverhältnissen von 2,0 bis 4,2; die bedeutendste standardisierte Natronwasserglas-Lösung ist die mit einem Massenverhältnis von ca. 3,35 und einer Feststoffkonzentration von ca. 35 % (›Natronwasserglas 37/40‹)
- Wasserglaspulver, die durch Sprühtrocknung aus Wasserglas-Lösungen erhalten werden und die einen Restwassergehalt von 15–20% besitzen
- Metasilicat (chemisch gesehen handelt es sich um Inopolymetasilicat) der Formel Na_2SiO_3, das im Schmelz- und Sinterverfahren aus Sand und Soda oder durch Entwässern hydrothermal hergestellter Wasserglas-Lösungen hergestellt wird
- Kristallwasserhaltige Metasilicate

Chemisch korrekt handelt es sich um Natriummonosilicate, z. B. $Na_2H_2SiO_4 \cdot 4\,H_2O$, technisch als Natriummetasilicat-5-Hydrat bezeichnet, sowie $Na_2H_2SiO_4 \cdot 8\,H_2O$, technisch als Natriummetasilicat-9-Hydrat bezeichnet. Das bis Mitte des vorigen Jahrhunderts in größerem Maßstab hergestellte Na-Sesquisilicat (wasserhaltiges Na_3HSiO_4) und das sog. Orthosilicat Na_4SiO_4 spielen wirtschaftlich keine Rolle mehr. Lithium- bzw. lithiumhaltige sowie quartäre Ammonium-Kationen (QAV) enthaltende Wasserglas-Lösungen werden nur in geringem Umfang für spezielle Anwendungen eingesetzt. Sie werden aus amorpher Silica oder Silicasolen und den entsprechenden Laugen hergestellt.

- Schichtsilicate

Kristalline Disilicate mit einem Massenverhältnis von $SiO_2/MeO_2 = 2$

Die Herstellung erfolgt aus hydrothermal hergestellten Wasserglas-Lösungen und anschließender Sprühtrocknung sowie Temperung im Autoklaven bei höheren Temperaturen (550–750 °C je nach Kristallform).

2.1.2
Historisches und wirtschaftliche Bedeutung

PLINIUS DER ÄLTERE (23–79 n. Chr.) erwähnt in seiner ›Historia naturalis‹ die Herstellung von Wasserglas aus Sand und Salpeter durch die alten Phönizier. Die Wasserlöslichkeit einer Schmelze von Sand, Kieselsteinen oder Bergkristall und Pottasche wurde u.a. von dem Brüsseler Arzt J. B. VON HELMONT (1577–1644) sowie von J. R. GLAUBER (1604–1670) beschrieben. Dieses als ›Liquor‹ silicium bezeichnete Produkt wird auch von J. W. v. GOETHE in seinen Lebenserinnerungen ›Dichtung und Wahrheit‹ erwähnt, als er seine naturwissenschaftlichen Studien um 1769 beschreibt. Nach der ersten umfassenden Untersuchung der technischen Herstellung von Alkalisilicaten durch J. N. VON FUCHS 1825 in München begann die Produktion von Wasserglas in größerem Umfang im 19. Jahrhundert. In Deutschland stellte Wasserglas erstmals WALCKER 1828 aus Sand und Ätznatron in technischem Umfang her. C. F. KUHLMANN führte die Wasserglasherstellung 1841 in Frankreich ein, und ein wenig später wurde Wasserglas auch in England und den USA produziert.

Zuverlässige Daten über die weltweiten Kapazitäten, die Produktion und den Verbrauch von Natriumsilicaten sind nur teilweise verfügbar, da die Handelsformen der Produkte wie z. B. die Festgläser und Lösungen sehr unterschiedlich sind und eine einheitliche Bezugsgröße, wie z. B. Feststoff- oder SiO_2-Gehalt, nicht festgelegt ist. Eine Übersicht über Produktion und Verbrauch von Natriumsilicaten gibt Tabelle 1. Der nach Branchen aufgeschlüsselte Verbrauch an Natrium- und Kaliumsilicaten ist in Tabelle 2 aufgelistet.

Ca. 70 % der in West-Europa hergestellten Wassergläser in 2000 basierten auf Schmelzglas, während ca. 30 % hydrothermal hergestellt wurden.

Literatur zu Abschnitt 2.1.2. siehe [36–40].

Tab. 1 Natriumsilicate : Kapazitäten, Produktion und Verbrauch im Jahr 2000 [35]

Natriumsilicate: Kapazität, Produktion, Verbrauch 2000, in 10^3 t a^{-1} Festglas					
	USA	Kanada	Mexiko	Westeuropa	Japan
Kapazität	1200	115	120	1750	1470
Auslastung	95 %	68 %	92 %	63 %	52 %
Produktion	1142	78	111	1104	759
Verbrauch	1137	80	134	1274	853

Tab. 2 Branchenspezifischer Verbrauch für Natrium- und Kaliumsilicate im Jahr 2000 [35]

West-Europa:	Natrium- und Kaliumsilicate: Branchenspezifischer Verbrauch 2000 (in 10^3 t a^{-1}, berechnet als Festglas)	
1.	Chemische Industrie	322,0
2.	Wasch- und Reinigungsmittel	88,3
3.	Papierindustrie	92,1
4.	Feuerfestindustrie	34,4
5.	Andere	84,1
6.	Für Eigenverbrauch	353,2
7.	Export	34,7
USA:	Natriumsilicate Branchenspezifischer Verbrauch 2000 (in 10^3 t a^{-1}, berechnet als Festglas)	
1.	Chemische Industrie	705
2.	Wasch- und Reinigungsmittel	211
3.	Papierindustrie	104
4.	Andere	116

2.1.3
Eigenschaften der Silicate

2.1.3.1 Schmelzdiagramme der Systeme Na_2O/SiO_2 und K_2O/SiO_2

Die Systeme Na_2O/SiO_2 und K_2O/SiO_2 sind in den Abbildungen 6 und 7 zur besseren Orientierung vereinfacht wiedergegeben [41–44].

Im System Na_2O/SiO_2 existieren vier definierte kristalline Silicate:

- Na_4SiO_4 (Schmp. 1083 °C)   Na-Monosilicat
- $Na_6Si_2O_7$ (Schmp. 1122 °C)   Na-Disilicat
- $(Na_2SiO_3)_\infty$ (Schmp. 1089 °C)   Na-Inopolymetasilicat
- $(Na_2Si_2O_5)_\infty$ (Schmp. 874 °C)   Na-Phyllopolydisilicat

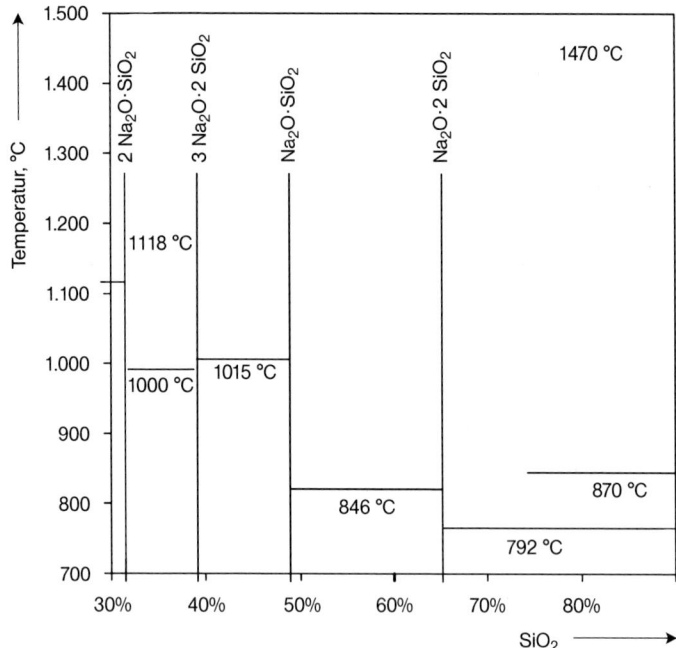

Abb. 6 Schmelzdiagramm des Systems SiO_2/Na_2O

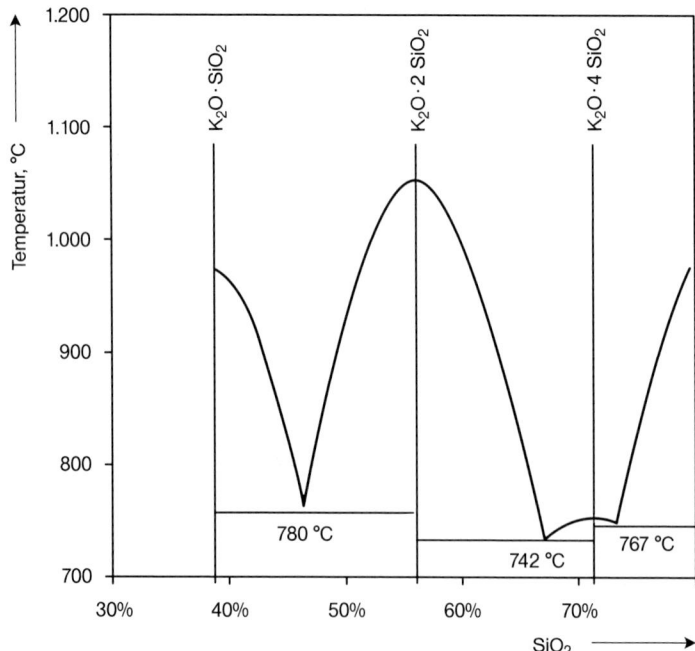

Abb. 7 Schmelzdiagramm des Systems SiO_2/K_2O

Im System K_2O/SiO_2 existieren analoge kristalline Verbindungen der Zusammensetzung:

- $(K_2SiO_3)_\infty$ (Schmp. 976 °C) K-Inopolymetasilicat
- $(K_2Si_2O_5)_\infty$ (Schmp. 1045 °C) K-Phyllopolydisilicat
- $(K_2Si_4O_9)_\infty$ (Schmp. 770 °C) K-Phyllopolytetrasilicat

Bei Molverhältnissen $SiO_2/Me_2O > 2$ entstehen unter technischen Bedingungen allerdings nur amorphe Gläser, da die hoch silicahaltigen Produkte sehr lange Kristallisationszeiten benötigen. Aus diesem Grund zeigen sie auch keine scharfen Schmelzpunkte, sondern größere Erweichungsintervalle.

2.1.3.2 Zusammensetzung und Eigenschaften der Silicat-Lösungen

Das von vier Sauerstoffatomen tetraedrisch umgebene Siliciumatom ist der Grundbaustein der polymeren Silicate. Die Monokieselsäure $Si(OH)_4$ ist eine instabile Verbindung und eine schwache Säure.

Für ihre stufenweise Dissoziation gelten die beiden Gleichungen:

$$Si(OH)_4 \rightleftharpoons [SiO(OH)_3]^- + H^+ \quad pK_1 = 9,46 \tag{2}$$

$$[SiO(OH)_3]^- \rightleftharpoons [SiO_2(OH)_2]^{2-} + H^+ \quad pK_2 = 12,5 \tag{3}$$

Die sich von der Monokieselsäure ableitenden Monosilicate sind im Gegensatz zur Säure selbst in ausreichend alkalischer Lösung beständig.

Die Zusammensetzung von Silicat-Lösungen wird bestimmt durch Hydrolysekondensationsgleichgewichte nach der allgemeinen Formel

$$\text{\textbackslash SiOH} + HOSi(OH)_3^{2-} \underset{+H_2O}{\overset{-H_2O}{\rightleftharpoons}} \text{\textbackslash Si-O-Si(OH)}_3$$

Es bilden sich Polysilicate (Siloxane), wobei die kurzkettigen Verbindungen wachsen und zu einfachen und mehrfachen Ringen kondensieren können. In diesen Polymeren besitzen zwei SiO_4-Tetraeder immer nur ein gemeinsames Sauerstoffatom; zu ihrer Charakterisierung gibt man die Zahl der Sauerstoffbrücken eines SiO_4-Tetraeders zu anderen Siliciumatomen an. Der Verknüpfungsgrad eines betrachteten SiO_4-Tetraeders wird dabei als Q_n bezeichnet, der Index Q_n gibt die Zahl der Si-Gruppen an, an die es angelagert ist.

Q_n Monomer $Si(OH)_4$ Q_2 Kettenglied

Q_1 Endgruppe −Si−O−Si(OH)$_3$ Q_3 Verzweigung

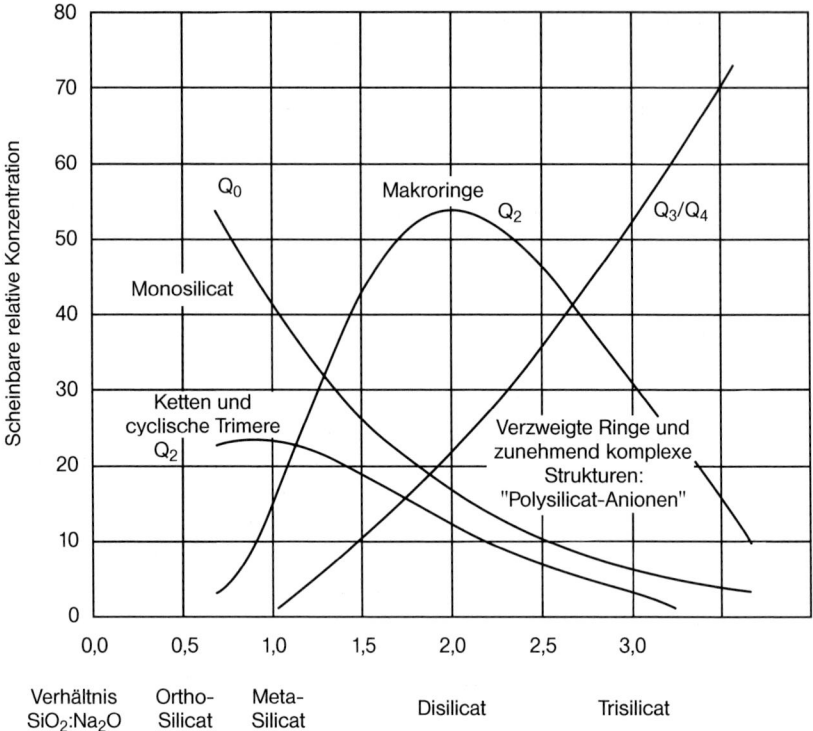

Abb. 8 Q-Verknüpfung der Silicatpolymere

Die Verteilung der Q-Verknüpfungen der Silicatpolymere in Wasserglas-Lösungen in Abhängigkeit vom Gewichtsverhältnis ist in Abbildung 8 dargestellt [45].

Die einzelnen polymeren Spezies stehen im thermodynamischen Gleichgewicht, das wiederum von der Temperatur, der Feststoffkonzentration, vom Verhältnis SiO_2/M_2O sowie dem pH-Wert der Lösung abhängt. Es fällt auf, dass
- die Zahl der monomeren Teilchen mit höherer Alkalität zunimmt
- die Zahl der Q_2-Verknüpfungen (in Ketten und Makroringen) bei einem Gewichtsverhältnis von ca. 2,0 am größten ist
- die Zahl der Verzweigungen (Q_3, Q_4) mit zunehmender SiO_2-Konzentration bzw. zunehmendem SiO_2/M_2O-Verhältnis stark zunimmt.

Unterhalb eines pH von 9 fällt amorphe Silica aus, in Abhängigkeit von den Ausgangskonzentrationen allerdings nach sehr unterschiedlichen Zeiten. Aus Alkalisilicat-Lösungen relativ hoher Konzentration bildet sich beim Ansäuern ein Gel, dessen Bildungsgeschwindigkeit ein Maximum bei etwa pH = 7,5 hat. Relativ stark verdünnte Alkalisilicat-Lösungen bilden beim Ansäuern als ›Sole‹ bezeichnete aktivierte kolloidale Lösungen, die in der Technik im allgemeinen aus Natriumsilicat mittels Ionentausch hergestellt werden. Die Standard-Wasserglas-Lösungen des Handels mit SiO_2/M_2O-Verhältnissen von 2,0–4,0 sind bezüglich ihrer Feststoffkonzentration so eingestellt, dass sie im stabilen oder metastabilen Bereich liegen. Lösungen mit einem Verhältnis SiO_2/Me_2O, das wesentlich über 2–2,2 liegt, bleiben bei ausreichender Verdünnung (Feststoffanteil 30–35 %) optisch meist klar, nach Alterung ist jedoch ein bestimmter Anteil des »SiO_2« als hochmolekulare Silica nachweisbar. Die Silica lässt sich durch Erhitzen, beschleunigt bei Druck über 100 °C oder auch durch Zugabe von Natronlauge in der Kälte in amorpher Form ausfällen. Dabei verschiebt sich das Verhältnis SiO_2/Me_2O der verbliebenen Lösungen zu niedrigeren Werten bis zum thermodynamischen Gleichgewicht, das bei etwa 2,0 liegt.

2.1.3.3 Analysenverfahren

In der industriellen Praxis wird die Menge an wasserlöslicher Substanz in einem Schmelzglas entweder durch Drucklösung bei 150 °C im Autoklaven oder nach Mahlen und Auflösen am Rückfluss bei 100 °C bestimmt. Der Silicatgehalt konzentrierter Lösungen wird mit Hilfe einer acidimetrischen Titration, meist mit Salzsäure ($c = 2$ mol L^{-1}) gegen Methylorange bestimmt. Setzt man anschließend NaF oder auch KF im Überschuss zu, wird die Lösung wieder alkalisch nach

$$SiO_2 + 6\,NaF + 2H_2O \longrightarrow Na_2SiF_6 + 4\,NaOH \tag{5}$$

und das SiO_2 kann durch erneute Titration mit HCl gegen Methylrot bestimmt werden. In Gegenwart anderer Substanzen versagt diese einfach Methode allerdings oft. In diesen Fällen bedient man sich klassischer Methoden wie dem Abrauchen mit HCl und anschließender Bestimmung des SiO_2. Für exaktere Analysen wird SiO_2 mit H_2SO_4 und Flusssäure als SiF_4 verflüchtigt. Zur Erfassung von niedrigen Silicat-Konzentrationen in Lösungen bestimmt man SiO_2 als Si-Molybdat in schwefelsaurer Lösung über die kolorimetrische Messung des gelb gefärbten Komplexes. Für anspruchsvollere Untersuchungen, z. B. über die Zusammensetzung der polymeren und kolloidalen Strukturen in einer Silicat-Lösung, stehen eine Reihe von Verfahren zur Verfügung, z. B. Lichtstreumessungen, die Molybdat-Zeitreaktion, die Papierchromatographie, die Trimethylsilylierung unter Einbeziehung gas- und dünnschichtchromatographischer Trennung und nicht zuletzt die ^{29}Si-NMR-Spektroskopie [46, 47]. Für die Bestimmung von Nebenbestandteilen wird neben klassischen nasschemischen Verfahren heute im wesentlichen die Röntgen-Fluoreszenzanalyse (RFA) bzw. die Induced Coupled Plasma-Emission Spectroscopy (ICP-OES) sowie die Atomabsorptionsspektroskopie (AAS) eingesetzt. Röntgenographische Methoden werden auch bei der Bestimmung der Strukturen kristalliner Silicate herangezogen.

2.1.4 Herstellverfahren

2.1.4.1 Allgemeines

Mengenmäßig am bedeutendsten für die industrielle Anwendung sind Natriumsilicate mit einem Verhältnis 3,2–3,4. Diese Produkte stellen das Optimum dar, wenn es um die Verwertung der gebundenen Silica geht, da ein höheres Verhältnis sowohl Nachteile bei der Herstellung des Schmelzglases wie auch bei dem anschließenden

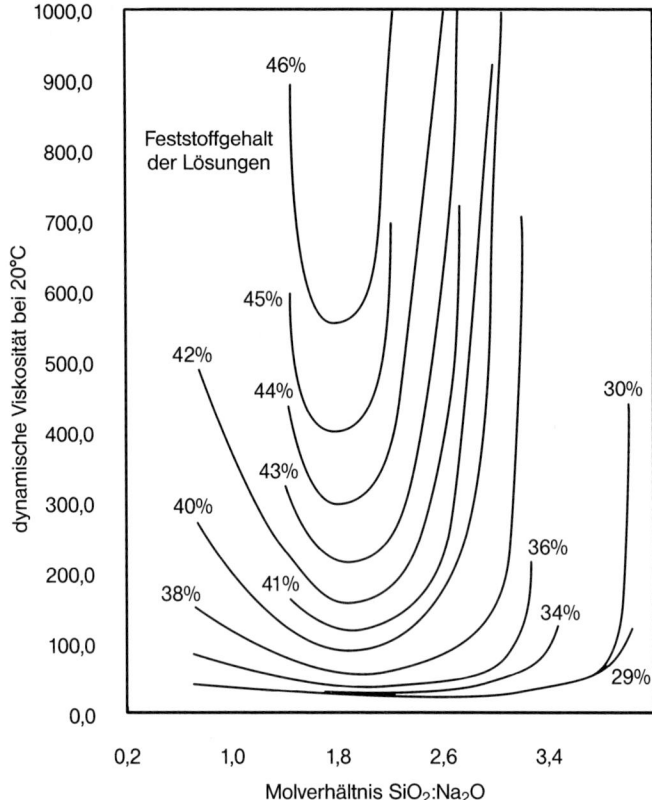

Abb. 9 Viskositäten von Wasserglas-Lösungen in Abhängigkeit vom Molverhältnis bei gleichen Feststoffgehalten (% Massenanteil)

Löseprozess mit sich bringt. In kleineren Mengen werden jedoch auch Natronschmelzgläser mit einem Verhältnis von 2,0 und ca. 4,0 hergestellt. Natronwasserglas-Lösungen mit einem Verhältnis $SiO_2/M_2O = 2,0$ oder kleiner werden dagegen aus wirtschaftlichen Gründen überwiegend direkt hydrothermal aus Quarzsand und NaOH hergestellt. Die Feststoffgehalte von gebräuchlichen Standard-Na-Silicat-Lösungen liegen in Abhängigkeit vom Verhältnis SiO_2/M_2O zwischen 30 % und max. 55 %. Maßgeblich ist dabei die Viskosität der Lösungen, die in Abbildung 9 dargestellt ist.

Kaliumsilicat-Lösungen werden ebenfalls aus Schmelzgläsern, im wesentlichen mit den beiden Gewichtsverhältnissen 2,15 und 2,5–2,7 hergestellt.

2.1.4.2 Schmelzprozesse mit nachfolgender Lösung unter Druck

Prinzipiell ist die Herstellung von Na-Silicaten aus Quarzsand und verschiedenen Na-haltigen Verbindungen möglich. Die Umsetzung von NaCl, $NaNO_3$ und NaOH ist jedoch aus chemisch-physikalischen und technischen Gründen nicht wirtschaftlich durchführbar. Die bis in die 50er Jahre des vergangenen Jahrhunderts durchgeführte Herstellung von Na-Schmelzglas aus Na$_2$SO$_4$ und Quarzsand unter Zugabe von Kohlenstoff und anschließender Verwertung des SO$_2$ in einem modifizierten Bleikammerverfahren zu Schwefelsäure wurde aus wirtschaftlichen Gründen eingestellt.

Sowohl Na- wie K-Schmelzgläser- werden heute ausschließlich aus Quarzsand und Soda bzw. Pottasche hergestellt (siehe Abb. 10). Dieses Verfahren wurde bereits 1854 patentiert und bietet wegen der einfach zu beherrschenden hauptsächlichen Abgaskomponente Kohlendioxid keine verfahrensbedingten Probleme. Der Reaktion liegt folgende Gleichung zugrunde:

$$a\ \text{SiO}_2 + b\ \text{Na}_2\text{CO}_3 \longrightarrow a\ \text{SiO}_2 \cdot b\ \text{Na}_2\text{O} + b\ \text{CO}_2 \tag{6}$$

bzw.

$$a\ \text{SiO}_2 + b\ \text{K}_2\text{CO}_3 \longrightarrow a\ \text{SiO}_2 \cdot b\ \text{K}_2\text{O} + b\ \text{CO}_2 \tag{7}$$

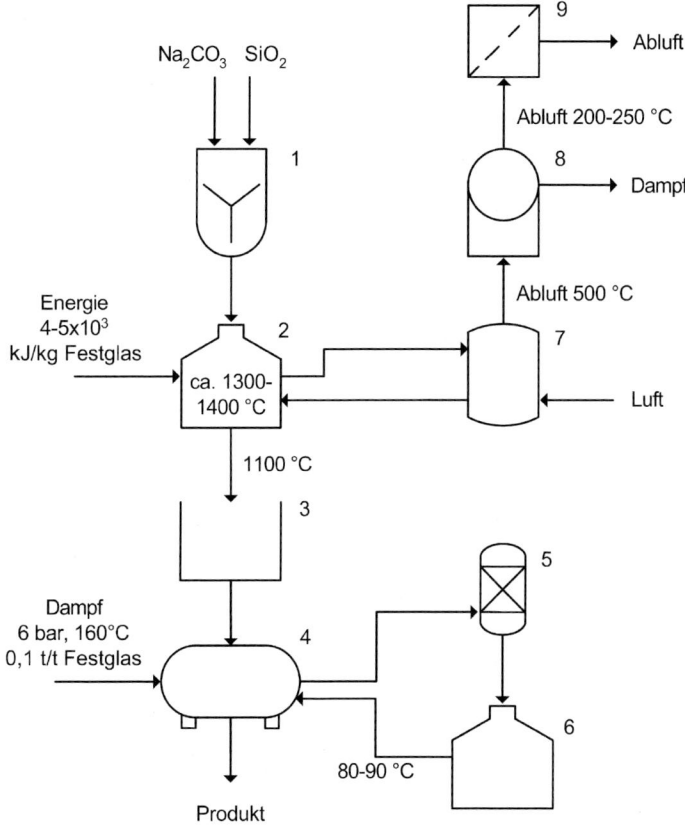

Abb. 10 Fließbild zur Wasserglasherstellung
1 Mischer, 2 Wannenofen, 3 Zwischenlagerung, 4 Autoklav, 5 Wärmetauscher, 6 Lösewasserbehälter, 7 Regenerator, 8 Abhitzekessel, 9 Filter

Die Umsetzung der Reaktionskomponenten erfolgt in Glaswannenöfen oder Drehrohröfen, wobei die Temperatur der Schmelze bei 1100–1200 °C liegt [48]. In Bezug auf die Flammenführung werden längsgefeuerte, querbefeuerte und U-Flammenöfen unterschieden. Diese sind zumeist nach dem Siemens-Martin-Prinzip mit sogenannten Regenerativkammern ausgestattet, die im periodischen Wechsel die Aufheizung der Verbrennungsluft bzw. die Abkühlung der Abgase ermöglichen. Für die Herstellung spezieller Gläser, z. B. Kaligläser, für die geringere Kapazitäten erforderlich sind, bzw. bei Verfügbarkeit preiswerten Stromes werden auch Elektroschmelzöfen eingesetzt. Quarzsand und zumeist leichte Soda bzw. calcinierte Pottasche werden den Öfen als schwach angefeuchtetes Gemisch zugeführt. Dabei werden die in der Glasindustrie gebräuchlichen Vorrichtungen wie Schneckenförderer, Balkeneintragungs- und Schubschwingungssysteme eingesetzt. Für die Beheizung der Öfen werden Erdgas, leichtes oder schweres Heizöl benutzt. Bei schwefelhaltigen Brennstoffen führen die entstehenden Schwefeloxide zu vermehrtem korrosiven Angriff am Feuerfestmaterial und in den Regenerativkammern bzw. in dem Abgassystem insgesamt zur Ablagerung von Sulfaten und Sulfiten.

Um die gesetzlichen Emissionsgrenzwerte der Abgase einzuhalten, in erster Linie was die Komponenten Staub, SO_x und NO_x betrifft, ist primär die Bildung dieser Komponenten möglichst niedrig zu halten. Sekundär lässt sich z. B. die Staubemission durch Elektrofilter, die im Überschuss mit Soda als Agglomerationshilfsmittel beschickt werden, unter 20 mg m^{-3} halten. Die Stickoxidemission kann durch geeignete Maßnahmen, wie z. B. Zuführung von NH_3 bei ca. 1000 °C zum Abgassystem (EXXON-Verfahren) oder durch Nasswäscher auf Konzentrationen unterhalb 800 mg m^{-3} begrenzt werden.

Schmelzöfen sind wegen der hohen Temperaturen und der hohen Soda- bzw. Pottasche-Anteile im Gemenge starken Belastungen ausgesetzt. Es werden daher eine Vielzahl spezieller Feuerfestmaterialien eingesetzt, dazu gehören Schamotte-, Sillimanit, Chrommagnesit- und Magnesitsteine, in Zonen extremer Belastung, wie z. B. im Gewölbe und der Spiegelschicht, auch in schmelzgegossener Ausführung. Die kontinuierlich auslaufende Schmelze wird auf Platten- oder Kettenbändern, verbunden mit einer Formgebung auch durch wassergekühlte Walzen auf eine Erstarrungstemperatur von zumeist 400–500 °C gebracht und in stückiger Form gelagert.

Im Falle der Natrongläser kann die Lagerung bei Gewichtsverhältnissen SiO_2/$Na_2O > 2,5$ wegen der geringen Wasserlöslichkeit auch im Freien erfolgen. Natronwassergläser mit einem Gewichtsverhältnis > 3,2 sind in die Wassergefährdungsklasse (WGK) 1 eingestuft. Die beträchtlich leichter löslichen Kaligläser sind bei der Lagerung dagegen immer gegen Feuchtigkeit zu schützen.

Für fast alle industriellen Anwendungen der Wassergläser werden diese als Lösungen eingesetzt, so dass dem Löseprozess der Stückengläser besondere Bedeutung zukommt. Stückengläser mit Verhältnissen < 1,6 lösen sich leicht in siedendem Wasser, und auch Gläser mit Verhältnissen > 2,0 können grundsätzlich bei ausreichender Lösedauer auf diese Weise verarbeitet werden. Zur Beschleunigung des Löseprozesses wird jedoch fast immer mit einem Druckaufschluss gearbeitet, und zwar im allgemeinen bei 4–8 bar (150–170 °C). Klassische Löseaggregate sind rotierende Autoklaven mit einem Füllvolumen von 10–20 m^3, bei größeren Durchsätzen werden so genannte stehende Löser mit Siebboden mit und ohne Umwälzung oder Rührsystem eingesetzt. Der bei der Entspannung der Löser nach Fertigstellung einer Charge entstehende Dampf kann zur Aufheizung des Lösewassers genutzt werden. Bei Einsatz von kaltem Stückenglas liegt der Dampfbedarf bei ca. 0,1 t pro Tonne Wasserglas-Lösung. Die gewonnene Wasserglas-Lösung ist durch ungelöstes Mg-, Ca- und Al-Silicat getrübt und wird bei Bedarf über Platten- oder Kerzenfilter und Verwendung von Filterhilfsmitteln (Cellulose, Silicate) klar filtriert. Die erhaltenen Flüssiggläser mit Feststoffgehalten von 30–40 % können durch Eindampfen aufkonzentriert und durch Zugabe von Wasser verdünnt bzw. durch Zugabe von NaOH oder KOH (›Abrichten‹) auf das gewünschte Verhältnis SiO_2/M_2O eingestellt werden. Wasserglaspulver, die noch einen Restwassergehalt von 15–20 % besitzen, werden vorzugsweise aus Natronwasserglas-Lösungen mit Molverhältnissen von 2,0–3,5 durch Zerstäubungstrocknung, z. B. in Nirotürmen, seltener durch Walzentrockner hergestellt. Diese Pulver werden vorzugsweise im Wasch- und Reinigungsmittelbereich bzw. für die Fertigung von Feuerfestprodukten eingesetzt. Sprühgetrocknete bzw. walzengetrocknete Pulver werden aus Natronwasserglas-Lösungen mit Gewichtsverhältnissen von 2,0–3,5 produziert, die wegen eines Restwassergehaltes von 15–20 % leicht in Wasser löslich sind.

Monosilicate, die im technischen Sprachgebrauch Metasilicate genannt werden, wie $Na_2H_2SiO_4 \cdot 8\ H_2O$ (›Nonahydrat‹) und $Na_2H_2SiO_4 \cdot 4\ H_2O$ (›Pentahydrat‹) kristallisieren beim Einengen aus Lösungen mit einem Verhältnis ~1 in groben Kristallen aus. Das Pentahydrat ist von beiden Verbindungen die mengenmäßig bedeutendste. Penta- wie Nonahydrat wie auch das wasserfreie Inopolymetasilicat $(Na_2SiO_3)_\aleph$ werden heute überwiegend in einem Trommelgranulatortrockner oder einem Wirbelbetttrockner hergestellt. Im Trommelgranulatorprozess werden bei der Produktion des Na-Inopolymetasilicates die separierten Feinanteile des Produkts in das Ende der drehenden Trommel mit einem Heißluftstrom eingetragen. Gleichzeitig wird eine Natriumwasserglas-Lösung (Verhältnis ~1) eingedüst, die sich auf den vorhandenen Teilchen niederschlägt und getrocknet wird.

Na-Monosilicat-4-hydrat kann auf analoge Weise hergestellt werden, wobei jedoch mit Kaltluft gearbeitet wird.

2.1.4.3 Sinterverfahren

Wasserfreie Na-Inopolymetasilicate (Metasilicate), lassen sich auch im Sinterverfahren, d. h. üblicherweise in öl- und gasbeheizten Drehrohröfen direkt aus Quarzsand und schwerer Soda herstellen. Die Austrittstemperatur des Ofens muss dabei über dem Schmelzpunkt der Soda von 850 °C, jedoch unter dem des Metasilicats von 1088 °C liegen. Das leicht lösliche Produkt enthält unvermeidbar geringe Anteile an unlöslichen Verunreinigungen wie nicht reagierter Sand oder Reaktionsprodukte aus der Ofenauskleidung. Wegen der Kostenvorteile eines Prozesses, der basierend auf hydrothermaler Wasserglasherstellung statt Soda Natronlauge als Alkaliquelle nutzt und das Wasser im Trommelgranulator verdampft, ist das Sinterverfahren in den letzten Jahrzehnten auf dem Rückzug.

2.1.4.4 Hydrothermale Verfahren

Fein verteilte, vor allem amorphe Silica löst sich exotherm und bei Erhitzen zum Siedepunkt klar in alkalischen Laugen. Für technische Anwendungen sind solche Produkte jedoch zumeist nicht wirtschaftlich.

›Abfallsilicas‹, die z. B. aus der Silicium- und Ferrosiliciumherstellung verfügbar sind, lösen sich zwar leicht in Lauge, hier bereitet jedoch die Abtrennung der Nebenbestandteile bzw. Verunreinigungen so große Schwierigkeiten, dass sie für die Herstellung von Wasserglas-Lösungen keine Verwendung finden.

Die Herstellung von alkalischen Wasserglas-Lösungen, basierend auf Natronlauge und feinem Quarzsand, hat sich dagegen seit den 70er Jahren des vorigen Jahrhunderts weltweit in großem Stil durchgesetzt. Da die Lösegeschwindigkeit von feinem Quarzsand in Natronlauge bei Temperaturen bis zum Siedepunkt niedrig ist, werden für die technische Produktion in Autoklaven Temperaturen ab ca. 170 °C bis 210 °C, entsprechend ca. 10–20 bar, zur Erzielung einer ausreichenden Reaktionsgeschwindigkeit eingesetzt. Gebräuchlich sind rotierende Autoklaven, die für die höheren Druckbereiche nickelplattiert ausgeführt werden oder aber stehende, gerührte Autoklaven aus Edelstahl.

Wie den Diagrammen $Na_2/SiO_2/H_2O$ in [41] zu entnehmen ist, lässt sich bei den genannten Temperaturen technisch ein maximales Verhältnis $SiO_2/Na_2O < 2{,}7$ erzielen [41].

Kaliwasserglas-Lösungen lassen sich aus Quarzsand und KOH nicht herstellen, da bei der Reaktion schwerlösliches $KHSi_2O_5$, ein Phyllosilicat, entsteht, das sich erst bei Erhitzen auf ca. 600 °C in ein lösliches Produkt umwandeln lässt.

2.1.4.5 Spezialwassergläser

Lithiumsilicatschmelzen sind in Wasser unlöslich. Lithiumsilicat-Lösungen mit Molverhältnissen $SiO_2/M_2O > 4{,}3$ können jedoch durch Auflösen von amorpher Silica in Lithiumhydroxid-Lösung oder durch Zugabe von LiOH-Lösung zu Silicasolen erhalten werden.

Auch QAV-Wassergläser lassen sich durch Vereinigung von Silicasolen mit Lösungen von quartären Alkylammoniumhydroxiden in einem weiten Konzentrationsbereich herstellen.

2.1.5
Verwendung

Wasserglas-Lösungen finden im wesentlichen aufgrund der gelösten Silica als Rohstoff bzw. Vorprodukt Verwendung, daneben jedoch auch wegen ihrer Basizität.

Die Anwendungen sind äußerst vielfältig, deswegen muss für weitergehende Details auf die Literatur verwiesen werden, z. B. auf die Standardwerke von ILER [49] und VAIL [36]. Kurze Zusammenfassungen findet man in den Veröffentlichungen von FRIEDEMANN [50] und KUHR [51].

Große Mengen Natriumwasserglas-Lösungen werden heute für die Produktion von gefällter Silica verbraucht, ebenso für die Herstellung einer großen Vielfalt von Zeolithen und Aluminiumsilicaten, Silicagelen und Silicasolen.

Eine große Bedeutung haben Natriumsilicat-Lösungen auch als Stabilisator von Peroxiden z. B. in Waschflotten (Wasserglas als Additiv in Waschmitteln) und bei der Papierherstellung.

Beispielhaft für den Einsatz von Natriumwasserglas als Binder bzw. Kleber ist die Verwendung bei der Hülsenwickelei und in der Gießereiindustrie (Herstellung im CO_2-Verfahren).

Kaliwasserglas-Lösungen werden als Bindemittel bei der Herstellung von Schweißelektrodenüberzügen und der Formulierung von mineralischen Silicatfarben bzw. Organosilicatfarben genutzt, daneben für spezielle Industriereiniger.

2.1.6
Kennzeichnung, Transport, Umwelt

Im Zuge der EG-Altstoffdatenerfassung 1994 wurden die toxikologischen und ökotoxikologischen Daten der Natrium- und Kaliumsilicate erneut systematisch überprüft. Für die Einstufung spielt nur die sich aus dem Molverhältnis SiO_2/M_2O ergebende Alkalität eine Rolle, der amorphe Silicatanteil ist toxikologisch neutral.

Für Lösungen und Pulver der Na- und K-Silicate sind vier Klassifizierungen im Sinne der Gefahrstoffverordnung zu unterscheiden
1. Nicht kennzeichnungspflichtig: Molverhältnis > 3,2 und Konzentration ≤ 40%
2. Reizend R 36/38: Molverhältnis > 2,6 ≤ 3,2
3. Reizend R 38/41: Molverhältnis > 1,6 ≤ 2,6
4. Ätzend: Molverhältnis ≤ 1,6

Mit Ausnahme der ätzend (Kennzeichnung C) eingestuften sind die Wassergläser kein Gefahrgut im Sinne der deutschen bzw. internationalen Transportvorschriften.

Wasserglas-Lösungen und Pulver sind in Deutschland aufgrund ihrer Alkalität der Wassergefährdungsklasse 1 zugeordnet. Dies gilt auch für Stückengläser; Natronglas mit einem Molverhältnis < 3,2 kann wegen der geringen Löslichkeit auch im Freien gelagert werden.

Die Produktion von Natriumwassergläsern sowohl über das Schmelz- wie über das Hydrothermalverfahren ist bezüglich der Umwelteinwirkung im Sinne eines ›Life Cycle Inventories‹ umfassend untersucht worden. Dieser Studie liegen Daten von 12 europäischen Herstellern zugrunde, sie wurde im Europäischen Verband der Chemieindustrie 1997 veröffentlicht [52]. Die Einwirkung der Wasserglas-Produkte auf die Umwelt, insbesondere auf den in erster Linie interessierenden Bereich des Wasserhaushaltes, wurde ebenfalls in einer vom CEFIC herausgegebenen Studie wissenschaftlich unter Auswertung von Literaturdaten untersucht (Niederlande 2002).

2.2
Synthetische Zeolithe

2.2.1
Erforschung und wirtschaftliche Bedeutung von Zeolithen

Die wissenschaftliche und technische Geschichte von Zeolithen begann im Jahr 1756, als der schwedische Mineraloge CROENSTED eine neue Mineralklasse entdeckte, die er aufgrund ihrer Eigenschaften Zeolithe nannte [53]. Er stellte fest, dass jede seiner zwei Proben (vermutlich Stilbit) »*Im Feuer vor dem Lötröhrchen wallet und schäumet*« [54], weshalb er aus den griechischen Worten »*zeo*« (kochen) und »*lithos*« (Stein) den Namen der Mineralklasse bildete. Dieser Effekt ist auf das Entweichen von adsorbiertem Wasser zurückzuführen. In den folgenden Jahrhunderten wurden sukzessiv weitere Eigenschaften von Zeolithen entdeckt [55]. So stellte DAMOUR 1840 fest, dass Zeolith-Kristalle reversibel Wasser abgeben und aufnehmen können, wobei die Transparenz und die Kristallmorphologie offenbar unverändert bleiben. 1859 zeigte dann EICHHORN, dass Zeolith-Minerale reversibel Ionen austauschen können und 1862 berichtete ST. CLAIRE DEVILLE von der ersten hydrothermalen Synthese eines Zeoliths (Levynit). Nachdem FRIEDEL 1858 entdeckte, dass Flüssigkeiten wie Alkohol, Benzol und Chloroform von dehydratisierten Zeolithen aufgenommen werden können, vermutete er bei Zeolithen eine offene, schwammartige Struktur. GRANDJEAN entdeckte 1909, dass der Zeolith Chabasit in der Lage ist auch Gase, wie etwa Ammoniak, Luft oder Wasserstoff, zu adsorbieren. Schließlich wurde von WEIGEL und STEINHOFF im Jahr 1925 ein molekularer Siebeffekt bei Zeolithen festgestellt. Der von ihnen untersuchte Chabasit nahm ohne Probleme Wasser, Methanol, Ethanol und Ameisensäure auf, die etwas größeren Aceton-, Ether- und Benzolmoleküle wurden jedoch ausgeschlossen. Die Aufklärung der ersten Zeolith-Struktur unter Zuhilfenahme der sich damals gerade entwickelnden Röntgendiffraktometrie gelang TAYLOR und PAULING im Jahr 1930 und McBAIN etablierte 1932 den Begriff »Molekularsieb« für Feststoffe, die als Siebe auf molekularer Basis wirken.

BARRER war es dann, dem 1949 die ersten zuverlässigen Synthesen von Zeolithen gelangen, unter anderem auch die Synthese eines synthetischen Analogons des Minerals Mordenit. MILTON von der Linde Division von Union Carbide war es schließlich, der synthetische Zeolithe auch im Hinblick auf industrielle Anwendungen erforschte. Er war vor allem an neuartigen Materialien für die Auftrennung und Reinigung von Luft interessiert. In den Jahren 1949 bis 1954 gelang es MILTON und BRECK, die bis heute noch industriell bedeutenden Zeolithe A, X und Y erstmals herzustellen. Einige Jahre später (1962) führte dann Mobil Oil den Zeolith X als Crack-Katalysator ein, wodurch die Umsetzung von Schweröl zu Kraftstoffen regelrecht revolutioniert wurde. Später kamen weitere Katalysatoren auf den Markt, wie etwa eine dealuminierte Modifikation des Zeolith Y durch Grace im Jahr 1969. Durch die Entfernung von Aluminium aus dem Zeolithgerüst durch eine Dampfbehandlung wurden die Acidität und vor allem auch die thermische Stabilität des Zeoliths Y signifikant erhöht (ultrastable Zeolite Y,

USY). Zwischen 1967 und 1969 synthetisierten schließlich Forscher bei Mobil Oil Zeolith Beta und ZSM-5, die nur einen geringen Aluminiumanteil aufweisen. In den späten 1970er und frühen 1980er Jahren gelang es schließlich Forschern von Union Carbide eine ganze Reihe von nichtsilicatischen Materialien herzustellen, die eine große strukturelle Ähnlichkeit mit Zeolithen aufweisen und zum Teil mit zeolithischen Strukturen topologisch identisch sind [56]. Zu diesen Materialien gehörten unter anderen Alumophosphate ($AlPO_4$), Gallophosphate ($GaPO_4$) und Silicoalumophosphate (SAPO) [57, 58]. Diese Materialien werden heute ebenfalls zur Familie der Zeolithe gezählt, obwohl es sich dabei nicht um Alumosilicate handelt. Die Definition des Begriffs Zeolith wurde Ende der 1990er Jahre insofern abgewandelt als er nun auch entsprechende nichtsilicatische Materialien umfasst.

Nicht zu den Zeolithen gehören die in den 1990er Jahren bekannt gewordenen mesoporösen Silicate, die parallel von Forschern von Mobil Oil [59, 60] und von Toyota bzw. der Waseda University [61, 62] entdeckt wurden, da die Wände dieser Materialien keine kristalline Struktur aufweisen. Zu der von Mobil Oil beschriebenen M41S-Familie gehören MCM-41, MCM-48 und MCM-50. Durch Kondensation von Silica oder Silicaten um hexagonal angeordnete stäbchenförmige Tensid-Micellen entsteht MCM-41. Die Kettenlänge der Tenside bestimmt dabei die Porengröße, wobei üblicherweise C_{12}– bis C_{16}– Trimethylammoniumsalze eingesetzt werden. Nach der Kondensation des Silicats werden die Tenside durch Calcinierung entfernt. Die Durchmesser der so entstehenden hexagonal angeordneten Poren liegen je nach verwendetem Tensid im Bereich von etwa 2–4 nm. Durch Anpassung der Synthesebedingungen lassen sich auch kubische Phasen mit dreidimensionalen Porensystemen (MCM-48) und Schichtstrukturen (MCM-50) herstellen. Die erstmals in Japan hergestellten Materialien vom Typ FSM-16 werden mit identischen Tensiden wie die der M41S-Familie hergestellt, wobei Kanemit zu einem Material mit sehr ähnlichen Eigenschaften wie MCM-41 umgesetzt wird. Durch den Einsatz von Block-Copolymeren als Templaten konnten Forscher der Universität von Santa Barbara ähnliche Materialien mit hexagonal angeordneten Poren (SBA-15) herstellen, die sich jedoch durch dickere Porenwände und durch deutlich größere Porendurchmesser von bis zu 10 nm auszeichnen [63]. Aufgrund ihrer amorphen Wände und einer fehlenden dreidimensionalen Kristallstruktur sind alle diese Materialien jedoch nicht zu den Zeolithen zu zählen.

Zeolithe werden in sehr unterschiedlichen Bereichen eingesetzt, wobei die Anwendungsgebiete regional stark variieren. Während in vorwiegend industriell ausgerichteten Regionen wie den USA, West-Europa und Japan hauptsächlich synthetische Zeolithe hergestellt und eingesetzt werden, bauen weniger industrialisierte Länder hauptsächlich natürliche Zeolithe ab.

Abbildung 11 gibt eine Übersicht über Zeolith-Produktion und -Verwendung in den USA, Westeuropa und Japan im Jahr 2000 [64]. Die Menge an Zeolithen, die in diesen Ländern verbraucht wurden, belief sich im Jahr 2000 auf insgesamt $1,26 \cdot 10^6$ t, wobei die synthetischen Zeolithe einen Anteil von 94 % ausmachten. Weltweit wurden dabei 55–60 % aller Gewinne in diesem Bereich aus dem Verkauf von zeolithischen Katalysatoren erzielt, obwohl ihr Marktanteil hinsichtlich der Welt-Jahresproduktion lediglich ca. 2 % der Gesamtproduktion an Zeolithen ausmacht.

10 Siliciumverbindungen

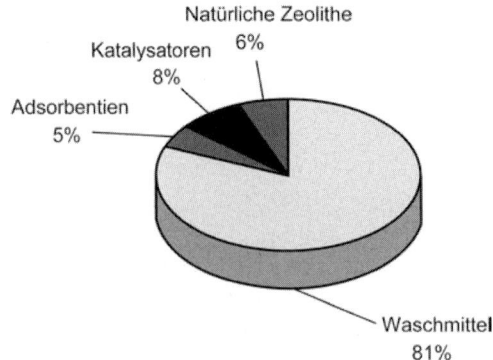

Abb. 11 Zeolith-Produktion in USA, Westeuropa und Japan im Jahr 2000 [64]

Global werden jährlich knapp $4 \cdot 10^6$ t natürliche und synthetische Zeolithe produziert, wobei den synthetischen Zeolithen hierbei lediglich ein Marktanteil von 26% zukommt. China und Kuba sind mit ca. mit $2{,}5 \cdot 10^6$ t a^{-1} bzw. $0{,}6 \cdot 10^6$ t a^{-1} die bei weitem größten Produzenten von natürlichen Zeolithen. Der überwiegende Teil der natürlichen Zeolithe wird in der Bauwirtschaft (67%, z. B. in Puzzolan-Zement) und der Landwirtschaft (22%) verwendet (s. Bauchemie, Bd. 8). Synthetische Zeolithe werden dagegen hauptsächlich als Wasserenthärter in Waschmitteln (siehe Tenside, Wasch- und Reinigungsmittel, Bd. 8, Abschnitt 2.1.1), als Katalysatoren und als Molekularsiebe bzw. Adsorbentien eingesetzt (siehe auch Abb. 11). Der Gesamtwert der in diesen Bereichen im Jahr 2000 weltweit umgesetzten synthetischen Zeolithe betrug $1{,}7 \cdot 10^9$ US $ [64].

2.2.2
Aufbau von Zeolithen

Das hervorstechendste Strukturmerkmal aller Zeolithe sind Kanäle und/oder frei zugängliche Käfige in der Größenordnung von 0,3–1,2 nm. Gemäss der IUPAC-Klassifizierung weisen Mikroporen Durchmesser von weniger als 2 nm auf, Mesoporen haben Durchmesser von 2–50 nm und Makroporen Durchmesser von mehr als 50 nm [65]. Bei Zeolithen handelt es somit um mikroporöse Materialien.

Die primäre Bildungseinheit von Zeolithen bilden Tetraeder, die durch die tetraedrische Koordination von Metall-Kationen durch Sauerstoff-Anionen entstehen. Diese Gerüst-Kationen werden als T-Atome bezeichnet. Durch Eckenverknüpfung benachbarter Tetraeder werden die mikroporösen Gerüststrukturen von Zeolithen aufgebaut. Bei Alumosilicaten sind die T-Atome Silicium- bzw. Aluminium-Kationen, wobei pro Aluminium-Kation eine negative Ladung in der Gerüststruktur erzeugt wird. Diese negativen Gerüstladungen entstehen dadurch, dass dreifach positiv geladene Aluminium-Kationen tetraedrisch von zweifach negativ geladenen Sauerstoffanionen koordiniert werden, die ihrerseits wieder je ein vierfach positiv geladenes Silicium-Kation koordinieren. Der dreifach positiven Ladung eines Aluminium-Kations stehen somit formal vier negative Ladungen vom Sauerstoff gegenüber, wodurch pro Aluminium-Kation eine negative Überschussladung im Gerüst entsteht (siehe hierzu auch Abb. 15). Diese negativen Gerüstladungen werden durch Nichtgerüst-Kationen, wie z. B. Alkali- oder Erdalkali-Kationen, in den Kanälen oder Käfigen der Zeolithe kompensiert.

Abbildung 12 zeigt den Aufbau und die Darstellung der Gerüststruktur von Zeolithen vom Faujasit-Typ. Die SiO_4 bzw. AlO_4-Tetraeder bilden zunächst sogenannte sekundäre Bildungseinheiten. Im gezeigten Fall sind dies Doppelringe aus je sechs Tetraedern. Durch die Verknüpfung solcher sekundären Bildungseinheiten wird die eigentliche Gerüststruktur des Zeoliths aufgebaut. Zur vereinfachten Darstellung werden die Sauerstoffatome bei der Darstellung von Zeolithstrukturen meist nicht gezeigt, sondern lediglich gerade Verbindungslinien zwischen benachbarten T-Atomen-Zentren gezogen. Ebenso werden bei diesen Darstellungen die Kationen, die zur Ladungskompensation notwendig sind, weggelassen. Die Darstellung der Struktur wird durch diese Vereinfachung übersichtlicher und Strukturelemente lassen sich einfacher erfassen, wie Abbildung 12 zeigt. Die Darstellung der Zeolithstruktur kann durch eine Polyederdarstellung, wie in Abbildung 12 unten rechts gezeigt, nochmals vereinfacht werden.

Auf ähnliche Weise werden aus primären und sekundären Bildungseinheiten alle bei Zeolithen bekannten Strukturtypen aufgebaut [66]. Zur Zeit sind mehr als 160 verschiedene Strukturtypen bekannt, von denen nur etwa 40 bei natürlichen Zeolithen vorkommen [66]. Die Namensgebung, vor allem bei synthetischen Zeolithen, folgt keinen klaren Regeln, weshalb für Materialien mit gleicher Struktur oftmals mehrere Bezeichnungen synonym verwendet werden. Zur eindeutigen Zuordnung von Strukturtypen werden daher von der International Zeolite Association (IZA)

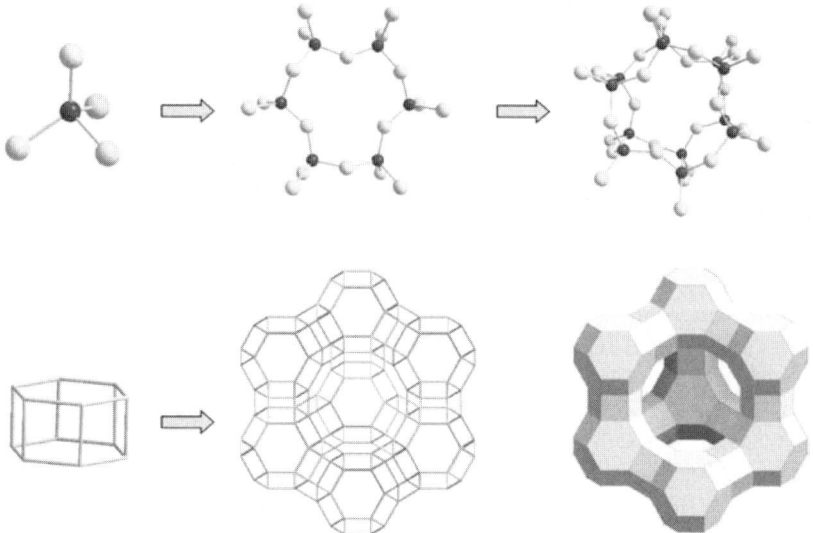

Abb. 12 Aufbau von Zeolithen aus strukturellen Untereinheiten

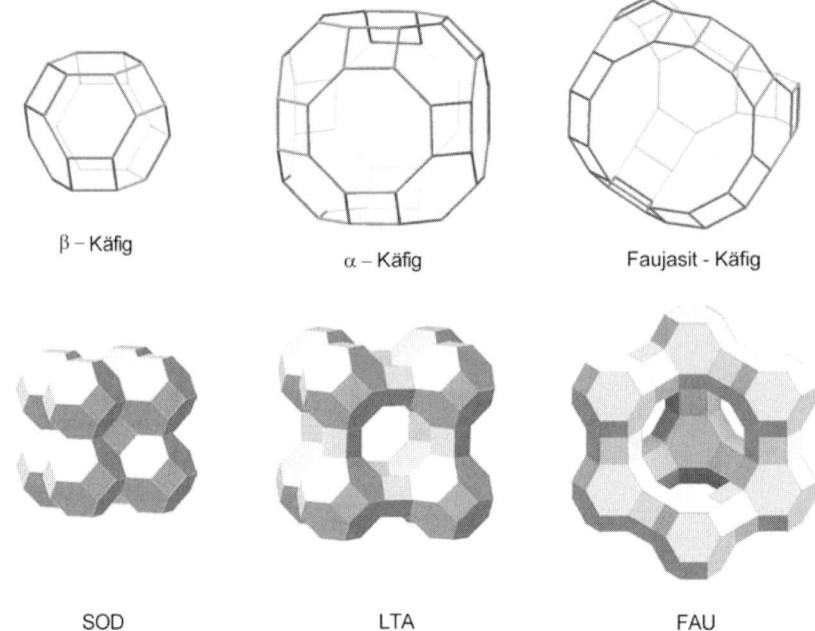

Abb. 13 Strukturen von Sodalith (SOD), Zeolith A (LTA) und Faujasit (FAU)

verbindliche Codes, bestehend aus drei Buchstaben, für Zeolithstrukturen vergeben [66]. So bezeichnet beispielsweise der Strukturcode LTA die Struktur aller Materialien mit der gleichen Gerüsttopologie wie der Zeolith Linde Typ A.

Die technisch wichtigsten synthetischen Zeolithe sind Zeolith A (Typ LTA, $Na_{96}Al_{96}Si_{96}O_{384} \cdot 216\ H_2O$), Zeolith X (Typ FAU, $(Ca^{2+},\ Mg^{2+},\ Na^+_2,\ K^+_2)_{0,5x}Al_xSi_{192-x}O_{384} \cdot 240\ H_2O$ mit $x = 96–80$), Zeolith Y (Typ FAU, $(Ca^{2+}, Mg^{2+}, Na^+_2)_{0,5x}Al_xSi_{192-x}O_{384} \cdot 240\ H_2O$ mit $x = 64–48$) und ZSM-5 (Typ MFI, $Na_xAl_xSi_{96-x}O_{192} \cdot 16\ H_2O$ mit $x < 27$). Weiterhin werden für einige spezielle Anwendungen weitere Zeolithe, wie etwa Zeolith P (Typ GME), Zeolith Beta (Typ BEA), Mordenit (Typ MOR) oder Zeolith L (LTL), hergestellt [67]. Letztere spielen hinsichtlich der Gesamtproduktion an synthetischen Zeolithen jedoch nur eine untergeordnete Rolle.

Die beiden kubischen Strukturtypen LTA und FAU werden aus identischen Strukturelementen, den sogenannten Sodalith- oder β-Käfigen (siehe Abb. 13, oben links), aufgebaut. Diese Käfige bauen die SOD-Struktur (Sodalith) auf (siehe Abb. 13, unten links). Der Durchmesser eines solchen β-Käfigs beträgt 0,66 nm. Bei der LTA-Struktur (Zeolith A) sind die β-Käfige über je sechs Doppel-Vierringe (D4R) mit weiteren β-Käfigen verknüpft (siehe Abb. 13, unten Mitte). Fenster oder Ringe werden bei Zeolith-Strukturen über die Anzahl der T-Atome definiert, die das Fenster bzw. den Ring bilden. Durch die Verknüpfung acht solcher β-Käfige über D4R entsteht ein größerer Hohlraum mit einem Durchmesser von 1,18 nm, der als α-Käfig bezeichnet wird (Abb. 13, oben Mitte). Die α-Käfige sind nur über Fenster

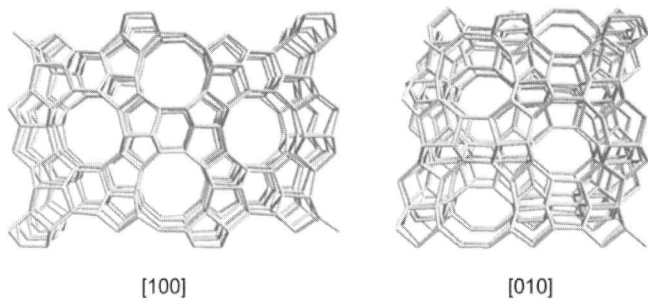

[100]　　　　　　　　　　　[010]

Abb. 14 MFI-Struktur mit Blick in die Kanäle entlang [100] (links) und [010] (rechts)

zugänglich, die von acht T-Atomen (8MR) gebildet werden und einen Durchmesser von etwa 0,4 nm aufweisen. Die FAU-Struktur (Zeolith X, Zeolith Y) besteht ebenfalls aus β-Käfigen, die jedoch über Doppel Sechsringe (D6R) miteinander verbunden sind (Abb. 13, unten rechts). Durch diese Art der Verknüpfung wird ebenfalls ein Käfig aufgebaut, der als Faujasit-Käfig bezeichnet wird. Der Durchmesser dieses Käfigs beträgt 1,4 nm. Durch die Verknüpfung der β-Käfige über D6R entstehen Fenster aus 12 T-Atomen (12MR), die einen Durchmesser von etwa 0,7 nm aufweisen und benachbarte Faujasit-Käfige miteinander verbinden. Synthetische Zeolithe mit FAU-Struktur sind Zeolith X und Zeolith Y, die sich in erster Linie durch ihr unterschiedliches Si/Al-Verhältnis (Zeolith X: Si/Al = 1–1,4; Zeolith Y: Si/Al = 2–3) unterscheiden.

Die orthorhombische MFI-Struktur bildet Kanäle sowohl in [100]-Richtung als auch in [010]-Richtung aus. Abbildung 14 zeigt die MFI-Struktur mit den beiden Kanalsystemen, die über Kreuzungspunkte miteinander verbunden sind. Beide Kanäle werden von 10 T-Atomen (10MR) umschlossen. Der Kanal entlang [100] ist gerade, wohingegen der Kanal entlang [010] sigmoidal verläuft. Da die Kanäle nicht exakt kreisförmig sondern leicht verzerrt sind, haben sie je nach Ausrichtung des Kanals leicht unterschiedliche Durchmesser im Bereich von 0,51–0,56 nm. Typische Materialien mit MFI-Struktur sind ZSM-5 und der rein silicatische Silicalit-1.

2.2.3
Eigenschaften von Zeolithen

Synthetische Zeolithe fallen in der Regel als feinteilige Pulver an, wobei die primären Kristallite typischerweise Größen im Bereich von 0,1–10 µm aufweisen. Es können bei entsprechender Reaktionsführung jedoch auch Kristallite mit Größen von nur einigen Nanometern [68, 69] oder aber bis zu einigen Millimetern erhalten werden [70]. Diese Primärkristallite liegen oftmals stark verwachsen oder aber in Form von Aggregaten und Agglomeraten vor. Für die jeweiligen Anwendungen sind sowohl die Form der Kristalle und Sekundärpartikeln als auch deren Größe von Bedeutung. Für technische Anwendungen werden diese Pulver in der Regel nicht direkt eingesetzt sondern durchlaufen einen Formgebungsprozess, z. T. unter Zugabe von Bindern und weiteren Zusatzstoffen. Die dabei entstehenden Formteilchen (z. B. Extrudate, Granulate oder Presslinge) müssen eine hohe mechanische Festigkeit und einen geringen Abrieb haben. Der Zugang zu den Zeolith-Kristallen in diesen Teilchen muss über ein Makro- und/oder Mesoporensystem gewährleistet sein. Die thermische Stabilität der meisten technisch eingesetzten Zeolithe ist ausgesprochen gut, sodass sie ohne Zerstörung der Struktur auf relativ hohe Temperaturen aufgeheizt werden können. Je nach Vorbehandlung und eingetauschtem Kation sind die Zeolithe A, X und Y bis zu Temperaturen von 700–800 °C stabil. Der Aluminiumanteil der Gerüststruktur hat dabei einen entscheidenden Einfluss auf die Stabilität des Zeoliths. Die thermische Stabilität eines Zeoliths wird in der Regel um so höher, je geringer sein Aluminiumgehalt ist. So hat die dealuminierte Form des Zeolith Y (USY = ultra stable Y) eine höhere thermische Stabilität als die aluminiumreichere Ausgangsform und die Struktur des aluminiumfreien Silicalit-1 (MFI) ist bis 1300 °C stabil. Die Dealuminierung von Zeolithen kann durch eine Dampfbehandlung erfolgen, bei der Aluminium aus der Gerüststruktur entfernt wird. Durch anschließende thermische Behandlung werden diese Fehlstellen wieder ausgeheilt.

In alkalischen Medien sind die meisten Zeolithe relativ stabil, sie werden jedoch von sauren Lösungen stark angegriffen, da Aluminium aus der Gerüststruktur herausgelöst wird. Zeolithe mit einem niedrigen Aluminiumgehalt sind daher gegenüber Säuren resistenter als aluminiumreiche Materialien. Das maximale Al/Si-Verhältnis in Zeolithen ist 1,0. Gemäss der Löwenstein-Regel kommen Verknüpfungen zweier tetraedrisch koordinierter Aluminiumatome über ein gemeinsames Sauerstoffatom nicht zustande. Der Aluminiumgehalt von Zeolithen hat ebenfalls Folgen für die Hydrophilie bzw. Hydrophobie des Materials. Aluminiumfreie Modifikationen von Zeolithen sind in der Regel hydrophob, während aluminiumreiche Modifikationen sehr hydrophil sind. Anhand des Aluminiumgehaltes werden Zeolithe in niedrigsilicatische (Si/Al = 1–1,5; z. B. Zeolith A, Zeolith X) und hochsilicatische Materialien (Si/Al = 10–100; z. B. ZSM-5, Zeolith Beta) eingeteilt. Zwischen diesen beiden Gruppen liegen die mittelsilicatische Materialien. Zeolithe mit höheren Siliciumanteilen bezeichnet man als rein silicatisch [55].

Ionenaustausch

Die Gerüststruktur von Zeolithen trägt aufgrund des Einbaus von Aluminium in die Struktur eine negative Gesamtladung, die von Kationen, die sich in den Kanälen bzw. Käfigen befinden, kompensiert wird. In der Regel handelt es sich dabei um Alkali- oder Erdalkalimetall-Kationen. Die Kationen sitzen aufgrund von elektrostatischen Wechselwirkungen auf energetisch bevorzugten Positionen in den Kanälen und/oder Käfigen des Porensystems. Sie sind allerdings nicht fest gebunden und können daher auch leicht gegen andere Kationen ausgetauscht werden, wobei die ursprünglich vorhandenen Kationen oftmals vollständig ersetzt werden können [71].

Abbildung 15 zeigt den Vorgang schematisch am Austausch eines Natrium-Kations durch ein Ammonium-Kation. Ein Ionenaustausch wird in der Regel in wässriger Lösung erfolgen, kann jedoch auch aus der Festphase bei Temperaturen von

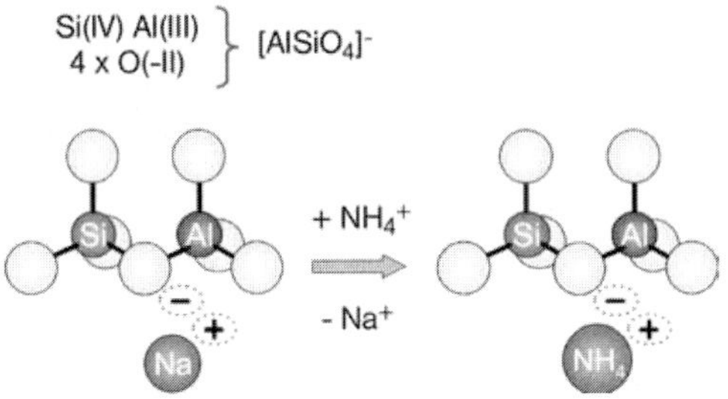

Abb. 15 Ladungskompensation und Ionenaustausch in Zeolithen

300–600 °C stattfinden. Der Austausch von Kationen ist nicht auf Alkali- oder Erdalkalimetall-Kationen beschränkt. Metall-Kationen können in der Regel eingetauscht werden, wenn ihre Größe dies zulässt. Der zum Teil sehr niedrige pH-Wert von Übergangsmetallsalz-Lösungen fügt einigen Zeolithstrukturen allerdings erheblichen Schaden zu, der bis hin zur vollständigen Zerstörung der Kristallstruktur reichen kann. Die Kationen in den Poren sind auf energetisch bevorzugten Positionen lokalisiert, wobei diese Positionen von unterschiedlichen Kationen besetzt werden können. Die Besetzung einzelner Positionen hängt dabei unter anderem von der Ladung des Kations, von seiner Größe und von der Größe der Hydrathülle des Kations ab. Eine große Hydrathülle um ein Kation kann auch dessen Eindringen in das Porensystem des Zeoliths behindern. Eine Erhöhung der Temperatur führt allerdings zu einer Verkleinerung der Hydrathülle, weshalb leicht erhöhte Temperaturen für den Eintausch einiger Kationen vorteilhaft sind.

Acidität von Zeolithen

Neben Kationen können auch Protonen die negative Gerüstladung von Zeolithen kompensieren. Diese sind innerhalb der Kanäle sehr mobil und können sehr leicht Plätze miteinander tauschen. Diese Mobilität der Protonen ist die Ursache der Brønsted-Acidität von protonierten Zeolithen. Die Protonen können von der Gerüststruktur leicht abgegeben und wieder aufgenommen werden. Protonierte Zeolithe sind somit Feststoffsäuren mit einer hohen Säurestärke, da die Protonen leicht abgegeben werden können. Lewis-Acidität innerhalb der Poren von Zeolithen ist in der Regel auf Metall-Kationen, Metalloxo-Spezies oder auf Fehlstellen innerhalb der Gerüststruktur zurückzuführen. Protonierte Zeolithe können zwar durch einen direkten Austausch von Kationen gegen Protonen in Säure-Lösungen erhalten werden, die Zeolithstruktur kann jedoch bei diesem Vorgehen sehr leicht zerstört werden. Durch die saure Umgebung werden Aluminium-Kationen sehr leicht aus der Gerüststruktur herausgelöst, was zum Zusammenbruch der gesamten Struktur führen kann. Aus diesem Grund erfolgt die Protonierung in der Regel über den Eintausch von Ammonium-Kationen (siehe Abb. 15). Durch anschließendes Calcinieren werden die Ammonium-Kationen in Ammoniak und Protonen zersetzt, wobei die Protonen zur Ladungskompensation im Zeolith zurückbleiben.

Adsorption und Molekularsieb-Effekt

In die Mikroporen von Zeolithen können auch ungeladene Atome oder Moleküle eindiffundieren, wenn die Poren zuvor »aktiviert« wurden, d. h. wenn vorhandene Gastmoleküle (z. B. Wasser) zuvor entfernt wurden. Gastmoleküle werden aufgrund der starken Wechselwirkung mit den Porenwänden adsorbiert, sofern sie klein genug sind, um die Kanalöffnungen bzw. Fensteröffnungen der Zeolithe zu passieren. Die Adsorption von Molekülen beruht auf der Wechselwirkung zwischen den Kernen und Elektronen der Gastmoleküle mit denen der Feststoffoberfläche (Lennard-Jones-Potentiale). Die starke Adsorption der Gastmoleküle in Mikroporen beruht auf der Überlappung der Wechselwirkungspotentiale aufgrund der sehr nahe beieinander liegenden Porenwände. Die Adsorption in Mikroporen findet daher bereits bei sehr niedrigen Relativdrucken statt (Relativdruck = Dampfdruck/Sättigungsdampfdruck). Zeolithe sind somit in der Lage Gastmoleküle zu adsorbieren, wenn diese in die Poren des jeweiligen Zeoliths passen. Aus diesem Grund werden Zeolithe auch als Molekularsiebe bezeichnet.

2.2.4
Anwendungen synthetischer Zeolithe

Ionenaustausch und Wasserenthärtung

Im Jahr 1974 führte die Henkel AG den Zeolith A als Ersatzstoff für die ökologisch bedenklichen Phosphate zur Wasserenthärtung in Waschmitteln ein. Der Verbrauch an zeolithhaltigen Waschmitteln nahm in den darauf folgenden Jahren stetig zu (Abb. 16).

Nach der Einführung von zeolithhaltigen Waschmitteln zu Beginn der 1980er Jahre war der Markt in Japan innerhalb nur einiger Jahre gesättigt, da in nahezu allen Haushalten phosphatfreie Waschmittel verwendet wurden. In Europa stagniert der Verbrauch an Zeolith A in Waschmitteln ebenfalls seit Mitte der 1990er Jahre. Lediglich in den USA ist zur Zeit noch immer eine Zunahme des Verbrauchs an Zeolith A festzustellen, der 1991 durch das Verbot von phosphathaltigen Waschmitteln deutlich verstärkt wurde.

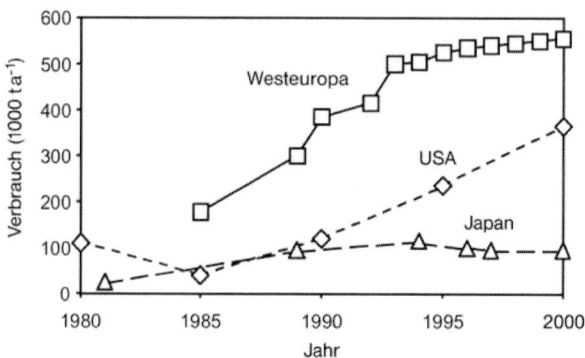

Abb. 16   Verbrauch an Zeolith A in Waschmitteln [64, 100]

Moderne Waschmittel bestehen zu etwa 15–25 % aus Zeolith (Ionenaustauscher, Builder), 2–6 % aus Polycarboxylaten (Dispersionsmittel), 0–10 % Citrat (Komplexbildner) und 5–15 % Soda (Alkaliquelle) [100] (siehe 9 Tenside, Wasch- und Reinigungsmittel, Bd. 8, Abschnitt 2). Seit einigen Jahren verdrängen eine sehr aluminiumreiche Form von Zeolith P (Maximum Aluminium P, MAP) sowie einige amorphe und/oder kristalline Silicate Zeolith A zumindest teilweise, wobei Zeolith A zur Zeit noch immer der am häufigsten verwendete Ionenaustauscher in Waschmitteln ist.

Katalyse (s. auch Katalyse, Bd. 1)
Zeolithe werden als Katalysatoren hauptsächlich in der Petrochemie verwendet [72–74]. In weit geringerem Umfang werden sie jedoch auch bei der Herstellung von Feinchemikalien benutzt [75]. Den größten Teil von über 95 % der für katalytische Zwecke hergestellten Zeolithe macht Zeolith Y aus, der für das katalytische Cracken im FCC-Prozess (Fluid Catalytic Cracking) verwendet wird (siehe 1b Verarbeitung von Erdöl und Erdgas, Bd. 4) [64]. FCC-Katalysatoren haben einen Zeolith-Anteil von etwa 40 %, wobei als Zeolith-Komponente hauptsächlich dealuminierter Zeolith Y (USY) und Seltenerdmetall-dotierter Zeolith Y (REY) eingesetzt werden. Zur Erhöhung der Oktanzahl wird dem Katalysator als Additiv 1–5 % ZSM-5 zugesetzt. Das zweitgrößte Einsatzgebiet für zeolithische Katalysatoren ist das Hydrocracking zur Herstellung von Mitteldestillaten (Kerosin, Diesel), wobei metalldotierter USY (Ni/Mo, Ni/W, Pd) als Katalysator verwendet wird [64, 74]. Weiterhin sind Zeolithe als Katalysatoren in petrochemischen Prozessen wie etwa der Paraffin-Isomerisierung (Pt/H-Mordenit), beim Dewaxing (ZSM-5), und bei der Olefin-Isomerisierung (z. B. Ferrierit, FER) unverzichtbar. Im MTG-Prozess (Methanol to Gasoline) wird Methanol mit ZSM-5 als Katalysator in Benzin umgewandelt.

Adsorbentien und Molekularsiebe
Zeolithe finden aufgrund ihrer Molekularsieb-Eigenschaften und ihrer Fähigkeit, Gase selektiv aus Gasgemischen zu entfernen, vielfach Anwendung bei technischen Prozessen. Sie werden beispielsweise im Druckwechselverfahren (PSA, Pressure Swing Adsorption) zur Zerlegung von Luft in ihre Komponenten verwendet. Mit Li^+-getauschtem Zeolith X kann beispielsweise Sauerstoff mit einer Reinheit von 90–95 % erhalten werden. Stickstoff wird aufgrund seines Quadrupolmoments stärker als Sauerstoff adsorbiert und kann somit von diesem getrennt werden. Die maximale Reinheit des Sauerstoffs von 95 % kann nicht gesteigert werden, da Argon mit diesem Verfahren nicht von Sauerstoff abgetrennt werden kann. Die Anwesenheit des inerten Argons ist sowohl für technische Prozesse als auch für medizinische Zwecke meist unkritisch und der so gewonnene Sauerstoff kann mit der erhaltenen Reinheit direkt eingesetzt werden. Zeolithe werden weiterhin zur Reinigung von Abluft aus Industrieanlagen, wie zum Beispiel zur Entfernung von Lösemitteldämpfen, CO_2 oder H_2S (»sweetening«), eingesetzt. Zur Auftrennung von Produktgemischen werden sie in petrochemischen Prozessen ebenfalls eingesetzt, wie bei der Trennung von n-Paraffinen und Isoparaffinen über Zeolith A (Molsieb 5A). Je

nach den Erfordernissen können die Zeolithe den jeweiligen Prozessen angepasst werden. Durch den Austausch von Kationen können die Porengrößen von Zeolithen verändert werden und lassen sich auf diese Weise sehr spezifisch einstellen. Die freien Durchmesser der Mikroporen von Zeolith A können so von 0,30 nm (K^+-A, Molsieb 3A), über 0,38 nm (Na^+-A, Molsieb 4A) bis hin zu 0,43 nm (Ca^{2+}-A, Molsieb 5A) variieren. Zeolith A wird bei vielen Prozessen als Trockenmittel verwendet, so etwa zum Trocknen von petrochemischen Produkten (z. B. von Ethylen, Propen, Ethylenoxid, Erdgas) und von Lösemitteln. Bei der Herstellung von Isolierglasfenstern spielen Zeolithe ebenfalls eine wichtige Rolle. Zeolith A oder eine Mischung aus Zeolith A (Molsieb 3A) und Zeolith X (Molsieb 13X) wird in Schienen zwischen den Glasscheiben eingebracht um Wasser und organische Bestandteile aus der Luft zu adsorbieren. Auf diese Weise wird ein Beschlagen der Innenseiten der Fensterscheiben bei niedrigen Temperaturen vermieden [64, 76].

2.2.5
Herstellung von Zeolithen

Die Synthese von Zeolithen bietet für Nichtfachleute eine nur schwer zu überschauende Variationsbreite hinsichtlich der Syntheseroute und der Zusammensetzung der Reaktionsmischungen. Zur Herstellung eines bestimmten Produktes und zur gezielten Einstellung seiner Eigenschaften werden unterschiedliche Parameter variiert. Hierzu gehören beispielsweise die Zusammensetzung der Synthesemischung, die Wahl der Ausgangsmaterialien, die Reihenfolge der Zugabe der einzelnen Komponenten, die Alterung der Reaktionsmischung, die Zugabe von Kristallisationskeimen, die Reaktionstemperatur und die Reaktionszeit. Vor allem hochsilicatische Zeolithe werden in der Regel bei Temperaturen von mehr als 100 °C hergestellt. Aus diesem Grund werden diese Synthesen unter autogenem Druck in Autoklaven durchgeführt. Bei der Synthese einiger, meist hochsilicatischer, Zeolithe werden der Reaktionsmischung zusätzlich strukturdirigierende organische Additive zugegeben, die die Kristallisation zu einem bestimmten Produkt hin steuern. Diese als »Template« bezeichneten organischen Zusätze sind in der Regel Tetraalkylammoniumsalze, Amine oder Alkohole. Es werden verschiedene Wirkungsweisen dieser Template angenommen, wobei hauptsächlich drei Funktionen diskutiert werden. Die organischen Moleküle können als Schablone (Templat) wirken, um die sich die Zeolithstruktur exakt ausbildet. Weiterhin können sie die Poren des Zeoliths durch die Einlagerung der Templatmoleküle stabilisieren. Schließlich wirken Amine als Puffer, die eine pH-Stabilisierung während der Kristallisation bewirken. Vermutlich beruht die Wirkungsweise eines bestimmten Templats meist auf dem Zusammenspiel mehrerer dieser Mechanismen, wobei auch noch weitere hier nicht beschriebene Wirkungsweisen zum Tragen kommen können. Nach der Synthese müssen die eingelagerten Templatmoleküle aus den Poren der Zeolithe entfernt werden, was meist durch Calcinieren unter Luftzufuhr bei 500–600 °C erfolgt. Einige Template können allerdings auch durch Behandlung mit geeigneten Extraktionsmitteln aus den Poren entfernt werden.

Die Synthese der technisch wichtigsten Zeolithe erfolgt meist ohne den Zusatz von Templaten, wobei die Zeolithe A, X und Y bei Temperaturen unter 100 °C synthetisiert werden. Großtechnisch werden hierzu zwei unterschiedliche Verfahren angewendet, das Hydrogel-Verfahren und die Umwandlung von Metakaolin in die jeweiligen Zeolithe. Die Synthesemischungen, meist Gele genannt, enthalten üblicherweise mindestens die vier Komponenten Na_2O, Al_2O_3, SiO_2, und H_2O. In Abbildung 17 sind die Kristallisationsfelder der entsprechenden Zeolithe bei zwei unterschiedlichen Wassergehalten der Synthesegele gezeigt [77]. Aus entsprechenden Auftragungen lassen sich günstige Gelzusammensetzungen für die Synthese bestimmter Zeolithe ablesen.

Zeolithe sind metastabil und wandeln sich leicht in stabilere dichtere Phasen um. Die hohe Störanfälligkeit des Synthesesystems erfordert bei der Herstellung ein hohes Maß an Kontrolle bei der Prozessführung, um reproduzierbare Produkte zu erhalten. Aus wirtschaftlichen Gründen werden hohe Raum-Zeit-Ausbeuten angestrebt. Um dies zu erreichen, werden Synthesen üblicherweise optimiert [76–85], wobei unterschiedliche Maßnahmen zur Verkürzung der Synthesezeit ergriffen werden können. So werden üblicherweise leicht lösliche niedermolekulare Silicat- und Aluminatkomponenten eingesetzt. Die Gele werden durch Alterung vor der eigentlichen Kristallisation bei Temperaturen, die deutlich unter der Kristallisationstemperatur liegen, aktiviert (»Gelreifung«). Zur Kristallisation wird die Temperatur erhöht und die Durchmischung durch Anwendung von Scherkräften verbessert. Hohe Kristallkeimkonzentrationen während der Kristallisation werden durch hohe Feststoffkonzentrationen erreicht und Zeolithkristalle können als Kristallisationskeime zugesetzt werden (bei kontinuierlichen Prozessen durch Rückführung von bereits gebildetem Zeolith). Bereits während der Kristallisation werden viele Eigenschaften der späteren Produkte durch entsprechende Prozessführung festgelegt. So können beispielsweise durch Erhöhung des Alkalianteils im Synthesegel bevorzugt kleinere, abgerundete Zeolith A Kristalle erhalten werden, wie sie für die Verwendung in Waschmitteln erwünscht sind. Allerdings führt ein zu hoher Alkalianteil auch zur unerwünschten Bildung von Hydroxysodalith, weshalb die Syntheseparameter exakt kontrolliert werden müssen.

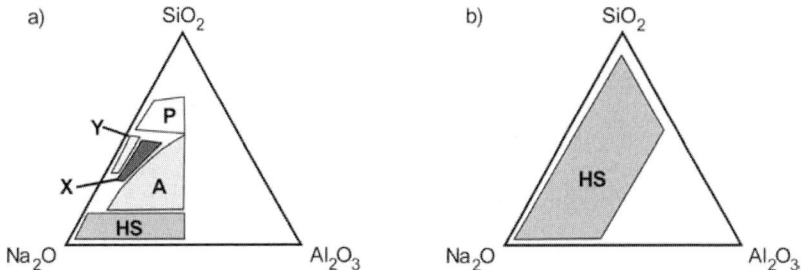

Abb. 17 Kristallisationsfelder im Phasendiagramm Na_2O-Al_2O_3-SiO_2 mit a) 90–98 mol H_2O und b) 60–85 mol H_2O im Reaktionsgel; Reaktionstemperatur 100 °C, A = Zeolith A, X = Zeolith X, Y = Zeolith Y, P = Zeolith P1 (GIS) und HS = Hydroxysodalith [77]

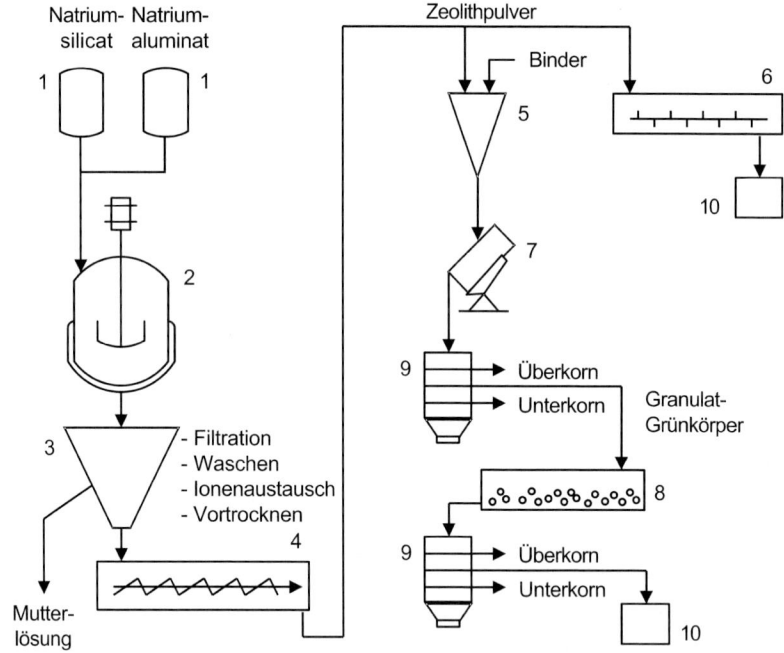

Abb. 18 Prozessablauf bei der Synthese von Zeolith A [76]
1 Vormischer, 2 Reaktor, 3 Filter, 4 Pulvertrockner, 5 Pulvermischer, 6 Pulver-Calcinierung, 7 Granulierrad, 8 Granulat-Calcinierung, 9 Sichter, 10 Verpackung

Abbildung 18 zeigt schematisch einen typischen Produktionsablauf zur Herstellung von Zeolith A nach dem Hydrogel-Verfahren. Der Prozessablauf entspricht im Wesentlichen auch den Abläufen bei der Herstellung der Zeolithe X und Y.

Natriumwasserglas (bei der Synthese von Zeolith Y auch reaktive Silica) und Natriumaluminat werden in Vormischer-Tanks vorgelegt, in denen die Konzentrationen der einzelnen Komponenten je nach Bedarf eingestellt werden. Das Natriumaluminat kann dabei durch Auflösen von feuchtem Aluminiumhydroxid (Hydrargillit) in Natronlauge bei Temperaturen oberhalb von 80 °C erhalten werden. Durch Vermischung der beiden Lösungen im Reaktor bei 50–70 °C wird das Synthesegel erzeugt, das während der Gelalterung »reift« (Keimgelbildung). Diesem Gel können optional Kristallisationskeime zugegeben werden. Zur eigentlichen Kristallisation wird das Gel auf Temperaturen nahe am Siedepunkt erhitzt. Diese erfordert je nach Zeolith einen Zeitraum von einigen Stunden bis hin zu einigen Tagen. In Tabelle 3 sind einige typische Bedingungen für die Herstellung der Zeolithe A, X und Y aufgeführt.

Zeolith X ist bei der Herstellung weniger stabil und wandelt sich sowohl bei zu langer Synthesezeit als auch bei zu hoher Synthesetemperatur leicht in Zeolith P um [86]. Zeolith X mit einem Si/Al-Verhältnis von 1,0 kristallisiert in einem Synthesegel, das nur Natrium-Kationen als Alkaliquelle enthält, nur schwer [87]. Wenn

Tab. 3 Typische Reaktionsbedingungen bei der Synthese der Zeolithe A, X und Y

	Zeolith A	Zeolith X	Zeolith Y
Fällung			
$Na_2O:SiO_2:Al_2O_3:H_2O$	3.6:1.8:1:80	4.0:3.0:1:150	3.2:10:1:160
Temperatur (°C)	60	60	20
Alterung			
Temperatur	60	60	20
Dauer	5 min	20 min	24 h
Kristallisation			
Temperatur (°C)	85–90	90–100	100
Dauer	1 h	8–10 h	24–72 h

dem Gel jedoch zusätzlich Kalium-Kationen zugegeben werden, kristallisiert Zeolith X auch mit diesem sehr niedrigen Si/Al-Verhältnis (LSX = Low Silica Zeolite X) [88].

Nach der Kristallisation wird der Feststoff abfiltriert, gewaschen und getrocknet. Optional kann ein Ionenaustausch erfolgen. Der Filterkuchen wird zu einem feinen Pulver zerkleinert, das entweder direkt calciniert und anschließend verpackt oder zu Formkörpern weiter verarbeitet wird. Die Formgebung erfolgt meist nach Zugabe eines Binders (meist Tonminerale, aber auch Wasserglas-Lösung, Silicasole, Aluminiumverbindungen oder Natriumaluminiumsilicate) und kann wie in Abbildung 18 angedeutet in einer Granuliertrommel erfolgen. Durch die Drehung der Trommel werden kugelförmige Granulat-Grünkörper erzeugt, die in einem anschließenden Calcinierungsprozess bei etwa 600 °C (zur Dehydratisierung des Zeoliths und des Binders und zur Härtung des Granulats) in die eigentlichen Granulat-Kügelchen (Pellets) überführt werden. Besonders hohe mechanische Festigkeit erhalten die Granulate durch Aufsprühung von Wasserglas-Lösung und anschließendes Trocknen. Durch Sieben werden die gewünschten Granulatfraktionen erhalten, die abschließend abgepackt werden.

Bei der Herstellung der Formkörper muss darauf geachtet werden, dass die Poren der Zeolithe durch den Binder nicht blockiert werden und die Zeolith-Partikel zum Beispiel über Makroporen in den Formkörpern zugänglich sind. Die Formgebung kann ebenfalls durch Extrudieren eines angefeuchteten Gemischs von Zeolith und Binder erfolgen. Die Formkörper werden dann durch Zerschneiden des entstehenden Strangs und anschließendes Calcinieren erhalten. Für katalytische Anwendungen werden auch Suspensionen von Zeolith/Kaolin-Gemischen über Sprühtrockner zu kleinen Granalien mit etwa 10–15 % Zeolith-Anteil versprüht. Binderlose Zeolith-Granulate können auch aus einem frisch hergestellten kristallisationsfähigen Hydrogel oder durch Einwirkung von Aluminat-Lösung auf vorgeformte aktive feste Silicatkomponenten und anschließende Kristallisation erhalten werden.

Eine Alternative zum Hydrogel-Verfahren zur Herstellung von Zeolithen ist die Umwandlung (Zeolithisierung) von natürlichen Rohstoffen zu Zeolithen [77, 89]. So kann beispielsweise Kaolin in Zeolith A umgewandelt werden, wenn der Rohstoff in geeigneter Form vorliegt und keine allzu hohen Ansprüche an die Reinheit des entstehenden Produktes gestellt werden, wie etwa für den Einsatz als Ionenaustauscher oder als Adsorbens. Kaolinit weist ein SiO_2/Al_2O_3-Verhältnis von etwa 2 auf und ist somit sehr gut für die Synthese von Zeolith A geeignet. Für die Umsetzung ist in der Regel kein weiterer Zusatz von Aluminat- oder Silicatkomponenten erforderlich. Dieses Verfahren ist in solchen Ländern wirtschaftlich, die über größere Kaolin-Vorkommen verfügen. Von den Bestandteilen des Kaolins können lediglich Kaolinit oder verwandte Tonminerale in Zeolith umgewandelt werden. Daher werden für die hydrothermale Umwandlung in der Regel geschlämmte Feinkaoline mit einem Kaolinitanteil von mehr als 85–90 % eingesetzt. Zur Umwandlung in Zeolith A muss die Schichtstruktur des Kaolinits zerstört, und die Schichten müssen voneinander getrennt werden. Die Destrukturierung des Kaolinits zum röntgenamorphen Metakaolinit erfolgt technisch im Drehofen bei 500–600 °C. Zu hohe Calcinierungstemperaturen führen zu nicht mehr umwandelbaren silicatischen Phasen. Bei der Calcinierung werden ebenfalls organische Tonbestandteile wie etwa Bitumina und Huminstoffe verbrannt. Der so erhaltene Metakaolinit wird in verdünnter Natronlauge bei 80–90 °C in Zeolith A umgewandelt. Je nach der Beschaffenheit des Ausgangsmaterials und der erforderlichen Eigenschaften der Produkte kann die Reaktionsführung angepasst werden. Zeolith A kann bereits nach einer Stunde bei 85–90 °C erhalten werden, wenn die Reaktionsmischung langsam auf diese Temperatur aufgeheizt wird. Bei schnelleren Aufheizraten ist eine Alterung des Gels für einige Stunden vorteilhaft, um die Induktionszeit zu verkürzen [90]. Auch bei diesem Verfahren entsteht bei zu starker Konzentrationen und/oder zu hoher Reaktionstemperatur Hydroxysodalith. Die Umwandlung von Metakaolinit in Zeolith kann in offenen Rührkesseln erfolgen. Die anschließende Abtrennung und Aufarbeitung des entstehenden Zeoliths erfolgt nach den bereits beschriebenen Methoden. Bei der Verwendung hinreichend reiner Kaoline können die Mutterlaugen und Waschwässer in den Reaktionskreislauf zurückgeführt werden. Die so erhaltenen Zeolithe erhalten, je nach der Zusammensetzung des Ausgangsmaterials, unterschiedliche Anteile an Verunreinigungen. Hohe Zeolith-Anteile werden mit einem modifizierten Verfahren erhalten, bei dem Zeolith A-Filterkuchen mit Kaolinit vermischt und zu Grünkörpern verformt wird. Bei der anschließenden Calcinierung wird der Kaolinit in Metakaolinit umgewandelt. Die so erhaltenen Formkörper werden schließlich in verdünnter Natronlauge erhitzt, wobei der Metakaolinit in Zeolith A umgewandelt wird. Auf diese Weise werden binderfreie Granulate mit einem hohen Zeolith A-Anteil erhalten [76, 91, 92]. Die so hergestellten Granulate oder Extrudate weisen ausgesprochen hohe Adsorptionskapazitäten und Ionenaustauschkapazitäten auf, da sie praktisch binderfrei sind.

Zur Herstellung des hochsilcatischen Zeoliths ZSM-5 werden meist templatgestützte Synthesen unter autogenem Druck in Autoklaven bei Temperaturen von 130–160 °C durchgeführt. Überschüssiges Templat aus der Mutterlauge wird in der Regel zurückgewonnen und dem Prozess wieder zugeführt. Das Si/Al-Verhältnis bei der Synthese von ZSM-5 kann in weiten Bereichen variiert werden, wobei für Synthesen von ZSM-5 mit einem Si/Al-Verhältnis von bis zu 30 auch templatfreie Syntheserouten zum Einsatz kommen. Wenn ZSM-5 mit einem höheren Siliciumanteil hergestellt werden soll, muss dem Synthesegel in der Regel ein Templat zugegeben werden. Typische Template für die Herstellung von ZSM-5 sind beispielsweise Tetrapropylammoniumsalze, Tetraethylammoniumsalze, Hexamethylendiamin oder Hexandiol. Die Weiterverarbeitung des Zeoliths erfolgt nach den bereits beschriebenen Methoden.

Ausgezeichnete Übersichten zu allen in diesem Kapitel vorgestellten Themen finden sich in [77,93–99].

2.3
Synthetische Silicate

Magnesiumsilicate

Synthetische Magnesiumsilicate werden in perborathaltigen Waschmitteln als Stabilisatoren in Mengen bis etwa 2,5 % eingesetzt. Sie regulieren die Sauerstoffentbindung in der Waschflotte und inhibieren bei der Lagerung solcher Waschmittel den Peroxidzerfall gegenüber katalytischen Einflüssen von Spurenelementen. Geringe Anteile von Schwermetall-Kationen, die die Zersetzung der Peroxide katalysieren würden, werden adsorbiert und somit unwirksam gemacht. Außerdem reagieren Magnesiumsilicate alkalisch, wodurch die Waschwirkung verbessert wird. Magnesiumsilicat wird aus einer Lösung von Magnesiumsulfat mit Wasserglas gefällt. Es enthält noch erhebliche Anteile an Magnesiumhydroxid und -sulfat und wird getrocknet als Paste eingesetzt und mit der Waschmittelsuspension zerstäubt.

Natriumsilicate

Neben amorphen Natriumsilicaten werden in einigen Waschmitteln kristalline Disilicate ($Na_2Si_2O_5$) zur Wasserenthärtung eingesetzt [100–104]. Für diese kristallinen Schichtsilicate sind vier Kristallstrukturen bekannt, die sich im Wesentlichen lediglich in der Wellung der Schichten unterscheiden, und die als α-, β-, γ- bzw. δ-Natriumdisilicat bezeichnet werden. Hinsichtlich ihrer Ionenaustauscheigenschaften unterscheiden sich das δ-Natriumdisilicat (SKS-6) und das β-Natriumdisilicat (SKS-7) kaum, für Anwendungen in Waschmitteln wird jedoch vor allem das δ-Natriumdisilicat verwendet. Die Handelsbezeichnung SKS steht für Schichtkieselsäure. Die Natrium-Kationen befinden sich zwischen Schichten, die aus SiO_4-Tetraedern gebildet werden, und können gegen Calcium- oder Magnesium-Kationen ausgetauscht werden. Hergestellt wird δ-$Na_2Si_2O_5$ durch Sprühtrocknen von Natriumwasserglas-Lösung, wobei zunächst amorphes Disilicat entsteht, welches dann bei 600–800 °C in die kristalline Form überführt wird. Das Produkt wird anschließend vermahlen und/oder granuliert. β-Natriumdisilicat kann aus Wasserglas direkt durch eine hydrothermale Synthese bei 250 °C erhalten werden [100, 105]. Natriumdisilicat wirkt nicht nur als Wasserenthärter sondern erhöht außerdem die Alkalinität der Waschlösung, stabilisiert den pH-Wert der Lösung und dient als Träger für Tenside.

Neben den Disilicaten sind noch amorphe und kristalline Natriummetasilicate (Na_2SiO_3) von technischer Bedeutung. Sie werden in Waschmitteln, in der Papierindustrie, bei der Keramikherstellung, als Adhäsionsmittel und Feststoffbildner sowie als Rohstoffe für industrielle Produkte auf Silicatbasis verwendet.

Alkalimagnesiumsilicate

Synthetische Alkalimagnesiumsilicate haben im Vergleich zu den zeolithischen Alkalialuminosilicaten nur geringe technische Bedeutung. Sie besitzen eine Schichtstruktur, wobei Magnesium in einer Oktaederschicht und Silicium in einer Tetraederschicht sitzt. Die Alkalimagnesiumsilicate können hydrothermal hergestellt werden. Eingesetzt werden die lithium- und/oder fluoridhaltigen Natriummagnesiumsilicate vom Hectorit-Typ als thixotrope Verdickungsmittel für wässrige (beispielsweise pigmenthaltige) Systeme.

3
Synthetische amorphe Silicas

3.1
Einleitung, Entwicklung und wirtschaftliche Bedeutung

Die chemische Verbindung SiO_2 existiert in vielfältigen Modifikationen. In diesem Abschnitt wird explizit auf synthetisches röntgenamorphes SiO_2 eingegangen, das unter dem Namen Kieselsäure, pyrogene und gefällte Kieselsäure, Kieselgel und Kieselsol bekannt ist. In den letzten Jahren hat sich der Begriff Silica, der im angelsächsischen Sprachraum schon lange verwendet wird, durchgesetzt, sodass in diesem Artikel auch dieser Namen als Synonym für Kieselsäure verwendet wird.

Synthetische amorphe Silicas (SAS) erlangten in der zweiten Hälfte des 20. Jahrhunderts ihre industrielle Bedeutung. Heute (Jahr 2002, siehe Tabelle 4) werden weltweit SAS-Produkte in der Größenordnung von ca. $1,5 \cdot 10^6$ t hergestellt (zum Vergleich: Jahr 1974: 475 000 t [106]; 1982: 700 000 t [107]).

Der erhebliche Mengenzuwachs der letzten dreißig Jahre zeigt, dass SAS-Produkte in den unterschiedlichsten Branchen und Industrien eingesetzt werden. Das Anwendungsspektrum dieser Produkte ist enorm und dementsprechend maßgeschneidert müssen und werden diese Produkte heute hergestellt. Die wichtigsten Anwendungsbeispiele sind in Abschnitt 3.5 zusammenfassend dargestellt.

In [106] wird ein Überblick und eine Klassifizierung der verschiedenen Silica-Typen gegeben (siehe Tabelle 5).

Tab. 4 Produktionskapazitäten für synthetische amorphe Produkte in den größeren Regionen (März 2002) [108]

Kapazitäten (in 10^3 t; 100% SiO_2)	NAFTA	Westeuropa	Japan	Summen nach Produktklasse
Gefällte Silicas	222	341	49	612
Silicagele	55	31	12	98
Silicasole	34	21	n.a.	55
Pyrogene Silicas	44	60	19	123
Summen nach Regionen	355	453	80	888

Tab. 5 Überblick und Klassifizierung verschiedener Silica-Typen nach FERCH [106]

Prozess	Rohstoffe oder Nachbehandlung	Erfinder/ Firma	Jahr	Kommerzieller Produktname
Thermale/pyrogene Silicas				
Flammenhydrolyse	$SiCl_4 + H_2 + O_2$	Kloepfer	1941	Aerosil, Cabosil
Lichtbogen[1)]	Quartz + Koks	Potter	1907	Fransil EL, TK 900
Plasma[1)]	Quartz + Wasser	Lonza	1972	Experimentelle Produkte
Silicas aus den Nassverfahren				
Fällung	Wasserglas + Säure	Degussa, PPG	1940	Hi-Sil, Sipernat, Ultrasil, Zeosil
Hydrogele/Xerogele	Wasserglas + Säure	Grace, Ineos	1919	Gasil, Syloid
Aerogele	Wasserglas + Säure	Kistler	1931	Santocel, Nanogel
Silicasole	Wasserglas + Säure	Graham	1862	Baykisol, Ludox
Nachbehandelte Silicas				
Beschichtung	Wachsbeschichtung		1970	Acematt, Syloid
Chemische Nachbehandlung	Oberflächen-Reakt. mit Silanen		1962	Aerosil, Cabosil, Sipernat

[1)] Produktionen eingestellt

Silicas, die im elektrische Lichtbogen erzeugt wurden, wurden 1887 zuerst beschrieben, die ersten Patente [109] von POTTER gehen auf das Jahr 1907 zurück. Die industrielle Nutzung dieses Prozesses, der mit hohen Energiekosten verbunden ist, wurde durch Weiterentwicklungen der BF Goodrich Company [110] möglich und Degussa [111, 112] produzierte solche Silicas in den Jahren 1972 bis 1995.

Silicagel wurden zuerst von GRAHAM [113] im Jahr 1861 erwähnt. Die kommerzielle Produktion begann bei der Silica Gel Corp. mit einem Prozess, der von PATRICK [114] erfunden wurde. Die ersten Silica-Aerogele wurden von KISTLER [115] 1931 dargestellt, die Produktion begann 1942 unter Ausnutzung superkritischer Trocknungsbedingungen [116]. Cabot etablierte kürzlich einen automatisierten neuen Produktionsprozess, der subkritisches Trocknen ausnutzt und der auf einer Idee von SMITH, BRINKER and DESHPANDE [117] aus dem Jahr 1992 basiert.

Die Produktion von Hi-Sil, einem Silicat mit hohem Silica-Anteil, begann 1946 [118]. Die erste reine Fällungssilica, Ultrasil VN 3, wurde 1951 in den europäischen Markt eingeführt [119].

Pyrogene Silicas wurden erstmals 1942 in einem flammenhydrolytischen Prozess (Aerosil-Prozess) erfolgreich hergestellt [120]. Die Details zu diesem Prozess wurden 1959 und in den Folgejahren veröffentlicht [121, 122]. FLEMMERT [123] konnte das im Aerosil-Prozess eingesetzte $SiCl_4$ erfolgreich gegen SiF_4 ersetzen. Das war

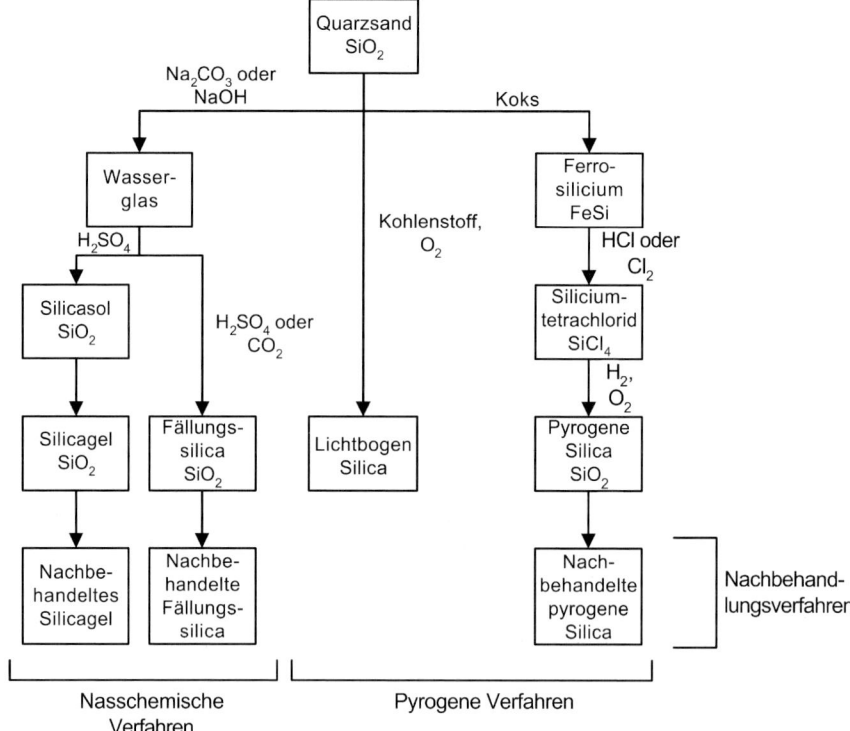

Abb. 19 Prinzipielle Herstellungsrouten von synthetischen Silicas im industriellen Maßstab

insofern von Bedeutung, weil SiF$_4$ als Nebenprodukt aus der Phosphatproduktion aus Apatit zur Verfügung stand. Dieser Fluorosil-Prozess wurde ca. 15 Jahre lang in Schweden benutzt, schließlich begann im Jahr 1990 Grace mit einer Produktion in Belgien nach diesem Verfahren, die Anlage wurde aber relativ kurze Zeit später wieder geschlossen.

Aus allen o. g. Entwicklungen ergaben sich hauptsächlich drei verschiedene Herstellprozesse, die heute industriell genutzt werden (siehe Abb. 19).

In allen Verfahren zur Herstellung von synthetischen Silicas wird Quarzsand als Rohstoff verwendet. Man unterscheidet in Analogie zu Tabelle 5 nasschemische, pyrogene und Nachbehandlungs-Verfahren. Während die nasschemische Route im weiteren Prozessverlauf auf Wasserglas (in der Regel Natronwasserglas) aufbaut, wird Chlorsilan auf der pyrogenen Schiene verwendet. In beiden Fällen können sich weitere chemische bzw. physisorptive Nachbehandlungsschritte anschließen. In diesen Nachbehandlungen können sowohl chemische Modifikationen der Silicaoberfläche vorgenommen werden (mit kovalenter Anbindung an die Si-Struktur) als auch rein physikalische Belegungsverfahren zum Einsatz kommen (ohne kovalente Anbindung an die Silica-Matrix). Die Silicasole stellen im prozesstechnischen Sinne bei der Herstellung von Silicagelen nur einen Zwischenschritt dar, der Prozess kann aber auch in dieser Phase gestoppt werden, um so die Produktklasse der Silicasole großtechnisch herzustellen.

Synthetische Silicas werden in einer sehr großen Bandbreite von Applikationen eingesetzt und sind heute fester Bestandteil unseres Alltagslebens (siehe Abschnitt 3.5).

3.2
Herstellverfahren

3.2.1
Pyrogene Silicas

Als pyrogene Silicas (englisch: fumed silica, pyrogenic silica) werden alle hochdispersen Silicas bezeichnet, die in der Gasphase bei hohen Temperaturen durch Koagulation von monomerer Silica erhalten werden. Für die technische Herstellung dieser Silicas gibt es mehrere Verfahren von der Hochtemperaturhydrolyse über das Lichtbogenverfahren bis zum Plasmaverfahren. Darüber hinaus haben sich Verfahren zur Herstellung von sehr feinteiligen Silicas im Kleinmaßstab als sinnvoll erwiesen, wie etwa die Laser-Ablation oder die Synthese im Heißwandreaktor, die aufgrund ihrer geringen technischen Bedeutung hier lediglich der Vollständigkeit halber erwähnt werden sollen. Das mit Abstand wichtigste Verfahren ist die Flammenhydrolyse, auch bekannt unter der Bezeichnung Aerosil-Verfahren [124]. Die Weltjahreskapazität für pyrogene Silicas allein für dieses Verfahren lag im Jahr 2002 über 120 000 t.

Aerosil-Verfahren

Die erste pyrogene Silica kam unter dem Namen Aerosil in den Handel. Das Herstellverfahren, die Flammenhydrolyse, wurde von dem Degussa-Chemiker KLOEPFER [125] entwickelt, der 1942 zuerst hochdisperse Silicas aus Siliciumtetrachlorid in einer Knallgasflamme herstellen konnte. Die Entwicklung wurde stark durch das seit 1935 betriebene Gasrußverfahren beeinflusst. Das ursprüngliche Ziel war tatsächlich die Entwicklung eines weißen Produktes analog zum schwarzen Verstärkerruß.

Bei der Flammen- oder auch Hochtemperaturhydrolyse wird Siliciumtetrachlorid ($SiCl_4$) in die Gasphase überführt und anschließend in einer Wasserstoff-Sauerstoff-Flamme bei hohen Temperaturen mit intermediär gebildetem Wasser (Gl. (8)) spontan und quantitativ unter Bildung des gewünschten Siliciumdioxids (SiO_2) (Gl. (9)) zur Reaktion gebracht [122].

$$2\ H_2 + O_2 \longrightarrow 2\ H_2O \tag{8}$$

$$SiCl_4 + 2\ H_2O \longrightarrow SiO_2 + 4\ HCl \tag{9}$$

Für die Wasserstoff-Sauerstoff-Flamme werden Reaktionstemperaturen von ca. 1300 bis 2800 K im Aerosil-Prozess eingestellt. Die bei diesen chemischen Reaktionen freiwerdenden beträchtlichen Wärmemengen werden in einer Abkühlstrecke abgeführt. Das gebildete SiO_2 kondensiert während des Prozesses zu amorphen, sphärischen Partikeln von wenigen Nanometern Durchmesser. Abbildung 20 zeigt das Schema einer Anlage zur Herstellung von pyrogener Silica. Durch Koagulation und/oder Koaleszenz können die gebildeten Primärpartikeln weiter zu Aggregatstrukturen verwachsen [126], im wesentlichen beeinflusst durch die Reaktionsbedingungen. Die letzthin entstandenen Partikelstrukturen wiederum werden in Gas-Feststoff-Separatoren wie Zyklonen oder Filtern abgeschieden. Die gesammelten Aerosil-Pulver sind sehr feinteilig und weisen unverdichtet eine Schüttdichte von ca. 10–20 g L^{-1} auf. In speziellen Verdichtern und Verpackungsmaschinen kann die Dichte der Produkte auf bis zu 150 g L^{-1} erhöht werden, ohne die weiteren Eigenschaften der Pulver zu stark zu beeinflussen.

Durch die Homogenität des Gasgemisches (vorgemischte Flamme) sind die Reaktionsbedingungen und damit die Entstehungs- und Wachstumsbedingungen für jedes SiO_2-Teilchen weitgehend gleich, sodass sich sehr einheitliche und gleichmäßige Teilchen bilden können. Durch Variation der Siliciumtetrachlorid-Konzentration, der Flammentemperatur, des Wasserstoffüberschusses und der Verweilzeit der entstehenden Silica in der Flamme und im Reaktionsraum können die Partikelgrößen und deren Verteilung, die spezifische Oberfläche und die Oberflächenbeschaffenheit der entstehenden Silicas in gewissen Grenzen beeinflusst werden [121]. Die spezifischen Oberflächen können so zwischen ca. 10 m^2 g^{-1} und 400 m^2 g^{-1} (BET) variiert werden. Da die Aerosil-Partikeln keine Porosität aufweisen, besitzen sie auch keine innere Oberfläche. Die hohe spezifische Oberfläche erklärt sich folglich allein aus der geringen Partikelgröße. Eine pyrogene Silica mit einer spezifischen Oberfläche von 300 m^2 g^{-1} etwa besteht aus Primär-Partikeln eines mittleren Durchmessers von ca. 7 nm.

Zur Entfernung des bei der Reaktion entstehenden Chlorwasserstoffs, der teilweise an der Oberfläche der Silica adsorbiert ist, wird mit Wasserdampf und Luft im Fließbettreaktor oder Drehrohrofen bei Temperaturen bis zu 1000 K entsäuert. Aus allen Abgasen wird der Chlorwasserstoff mittels Kolonnen an Dünnsäure (21%ige HCl) absorbiert und als Salzsäure handelsüblicher Konzentration gewonnen. Bei

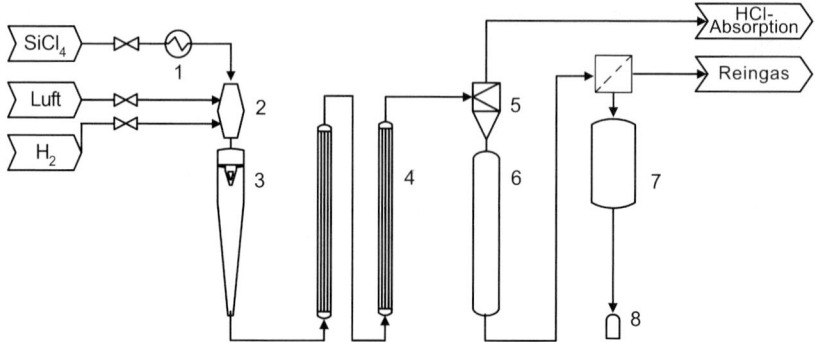

Abb. 20 Fließbild zur Herstellung von Aerosil
1 Verdampfer, 2 Mischkammer, 3 Brenner und Flammrohr, 4 Kühlstrecke, 5 Zyklon, 6 Entsäuerungsreaktor, 7 Produktsilo mit Filter, 8 Abpackung

diesem großtechnisch genutzten Verbundsystem kann der Chlorwasserstoff wieder bei der Herstellung des Ausgangsstoffes Siliciumtetrachlorid (Gl. (10)) eingesetzt werden:

$$\text{Si} + 4 \text{ HCl} \longrightarrow \text{SiCl}_4 + 2 \text{ H}_2 \tag{10}$$

Der gleichzeitig entstehende Wasserstoff wird ebenfalls bei der Flammenhydrolyse erneut verbrannt. Auf diese Weise kann ein ökonomisch und ökologisch vorteilhafter Kreislauf realisiert werden.

Im Aerosil-Prozess können prinzipiell alle möglichen verdampfbaren Silicium-Precursoren eingesetzt werden. Von besonderer Bedeutung sind aber nur $SiCl_4$ und Methyltrichlorsilan, $SiCl_3CH_3$. Aufgrund der Güte der eingesetzten Rohstoffe sind auch die erhaltenen Silicas chemisch rein.

Nach dem Verfahren der Flammenhydrolyse können auch andere hochdisperse Metalloxide hergestellt werden, sofern die entsprechenden Precursoren als Rohstoffe zur Verfügung stehen. Dies gilt z. B. für Aluminium, Titan, Zirconium und Eisen. Auch die Herstellung von Mischoxiden ist möglich, wenn Mischungen verschiedener Metall-Precursoren gemeinsam in der Flamme hydrolysiert werden.

3.2.2
Lichtbogenverfahren

Pyrogene Silicas werden auch durch Reduktion von Quarzsand in elektrischen Lichtbogenöfen hergestellt. Im Prozess wird bei Temperaturen oberhalb ca. 2000 °C zunächst Siliciummonoxid, SiO, bei der Reduktion des eingesetzten Quarzes gemäß Gleichung (11) gebildet. Im oberen und kälteren Teil des Ofens findet eine Oxidation des SiO gemäß Gleichung (12) zum SiO_2 statt, das in Form sphärischer Partikeln kondensiert.

$$\text{SiO}_2 + \text{C} \longrightarrow \text{SiO} + \text{CO} \tag{11}$$

$$\text{SiO} + \text{CO} + \text{O}_2 \longrightarrow \text{SiO}_2 + \text{CO}_2 \tag{12}$$

Teilchengröße und Oberfläche der Silica variieren je nach Geschwindigkeit des aus dem Ofen austretenden Reaktionsgemisches und Geschwindigkeit, Menge und Einströmwinkel des oxidierenden Gases [127]. Das im Prozess entstandene Reaktionsprodukt wird anschließend abgekühlt und der Feststoff separiert.

Heute wird das Produkt hauptsächlich während der Herstellung von Silicium oder Ferrosilicium gewonnen [128] bzw. in speziell davon abgewandelten Prozessen [129] mit theoretischen Weltjahreskapazitäten zwischen 0,7 und $1,4 \cdot 10^6$ t, abhängig von der Silicium- und Ferrosiliciumproduktion. Die häufig noch gebräuchliche englische Bezeichnung für die Produkte »condensed silica fume« deutet noch auf die historische Nutzung der Abgase der Siliciumherstellung bis in die 1970er Jahre hin.

Mit mittleren Partikeldurchmessern unterhalb 0,5 µm sind die Produkte auch unter der Bezeichnung Microsilica bekannt [130]. Mit Partikelgrößen, die um den Faktor 100 kleiner sind als die übrigen Zement-Bestandteile, wird Microsilica vorwiegend als effiziente Verstärker in Beton und Zement eingesetzt. Die Silica verbessert die Druck-, Zug-, und Abriebbeständigkeit, sie erhöht die Haftfähigkeit, reduziert die Durchlässigkeit und verringert die Korrosionseffekte der Armierung [131].

3.2.3
Plasmaverfahren

Silica kann bei Temperaturen oberhalb 2000 °C auch direkt verdampft werden. Bei der nachfolgenden Abkühlung fällt diese dann in hochdisperser Form an. Wegen der erforderlichen hohen Temperaturen sind besondere Plasmareaktoren notwendig. Die Temperatur kann durch Zugabe von reduzierenden Gasen gesenkt werden, wobei sich ähnlich wie beim Lichtbogenverfahren zunächst gasförmiges Siliciummonoxid, SiO, bildet, das oberhalb ca. 1700 °C beständig ist. So hergestellte Produkte haben jedoch bisher keine technische Bedeutung erlangt.

Nach [132] ist bereits in den 1970er Jahren eine 250 kW-Versuchsanlage betrieben worden, die aus einem Brenner bestand, dessen Plasma mit Alkohol stabilisiert wurde. Damit wurde Quarzsand geschmolzen und mit Methanol zu dampfförmigem Siliciummonoxid reduziert. In einem nachgeschalteten Quencher wurde das SiO mit Wasserdampf zu der gewünschten Silica oxidiert. In der Literatur werden ein Fließbild des Verfahrens, Ausführungsformen des Plasmabrenners, und die Eigenschaften der damit hergestellten Silicas beschrieben [132].

Statt zur Herstellung von Silicamaterialien selbst haben Plasmaverfahren eine wesentliche Bedeutung in der Erzeugung von Silicaschichten auf verschiedenen Substraten erlangt. Als Beispiele für solche Silicaschichten sollen hier die Kratzfestausrüstung optischer Linsen aus Kunststoff oder die Beschichtung von Stahlblechen [133] genannt sein.

3.2.4
Silicas nach Nassverfahren

Wie in Abschnitt 3.1 beschrieben, unterscheidet man unter den nasschemischen Produktionsverfahren nach den Endprodukten gefällte Silica (Fällungssilica), Silicagel und Silicasol. Während auf der einen Seite viele Gemeinsamkeiten unter diesen Produkten in Bezug auf Rohstoffe, Verfahren und Entstehungsprinzipien bestehen, können sich die Details in Verfahren und Mechanismen doch sehr unterschiedlich darstellen. Typischerweise gehorchen alle nasschemischen Prozesse der Gleichung (13).

$$Na_2O \cdot 3{,}3\ SiO_2 + H_2SO_4 \longrightarrow 3{,}3\ SiO_2 + Na_2SO_4 + H_2O \tag{13}$$

Üblicherweise werden Natronwassergläser mit einem Modul von 3,3 – das Modul gibt das Verhältnis zwischen SiO_2-Anteil und Natriumoxid-Anteil im Wasserglas wieder – verwendet, um den Anteil des Nebenprodukts Natriumsulfat zu minimieren. In allen Fällen entstehen die zur verwendeten Säure korrespondierenden Nebenprodukte wie Natriumsulfat, Natriumchlorid oder Natriumcarbonat. Wenn Kaliumwasserglas eingesetzt wird, werden die entsprechenden Kaliumsalze gebildet. Alle im Verfahren entstehenden Salze müssen im weiteren Prozessverlauf ausgewaschen, d. h. entfernt werden.

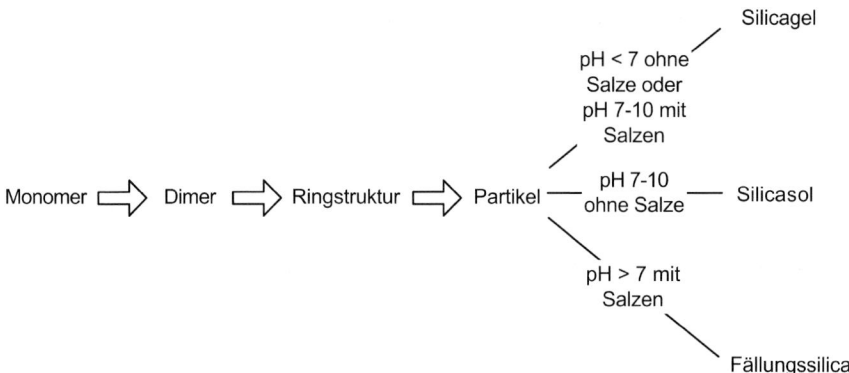

Abb. 21 Polymerisationsverhalten von Silica in wässriger Lösung (nach ILER [49])

Grundsätzlich verläuft die anorganische Polymerisationsreaktion in wässriger Lösung nach Abbildung 21 und Gleichung (14).

$$-SiOH + HOSi- \longrightarrow -Si-O-Si- + H_2O \qquad (14)$$

Je nach eingestelltem pH-Bereich und vorherrschender Salzkonzentration verläuft die Reaktion in Richtung diskreter Silicapartikeln (Silicasol), Silicagel oder Fällungssilica. Im pH-Bereich 7–10 und einer Salzkonzentration im System < 0,2–0,3 N, der kritischen Koagulationskonzentration, erfolgt die Bildung stabiler, sphärischer Partikeln, die bis zu 100 nm und größer werden können. Das ist zum einen durch die negative Oberflächenladung bedingt, die zu einer Abstoßung der bis dahin gewachsenen Silicapartikeln führt und eine Kollision verhindert, zum anderen durch das Fehlen der zur Koagulation notwendigen Salzkonzentration (Kompensation der negativen Oberflächenladung der Silicapartikeln). Oberhalb der kritischen Salzkonzentration von 0,2–0,3 N, die typischerweise prozessbedingt im Verlauf der Reaktion gebildet wird (siehe Gl. (13)), erfolgt die Ausbildung einer Gelstruktur, die zu Silicagelen führt, oder wie im Falle der Fällungssilica nach Überschreiten des Gelierungspunktes des Reaktionssystems zur Bildung von koagulierter Silica, Fällungssilica.

Abbildung 22 zeigt den prinzipiellen Unterschied zwischen Sol, Gel und Fällung in einer zweidimensionalen Darstellung. Eine sehr detaillierte Übersicht über die

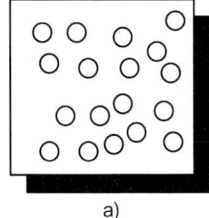
a)

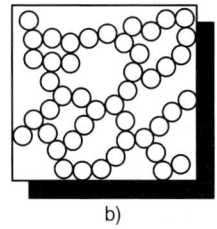
b)

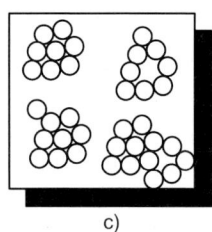
c)

Abb. 22 Zweidimensionale Darstellung des Unterschiedes zwischen Silicasol (a), Silicagel (b) und Fällungssilica (c)

Vorgänge während der Polymerisation und den dabei herrschenden Bedingungen wird in [49] und [134] gegeben.

3.2.4.1 Fällungssilica (gefällte Silica)

In der Gruppe der synthetischen amorphen Silicas nehmen die Fällungssilicas hinsichtlich ihres globalen Herstellungsumfanges den ersten Platz ein. Basierend auf Arbeiten aus dem Jahr 1937 kam Ende der 30er des letzten Jahrhunderts das erste Fällungsprodukt, ein Calciumsilicat für die Kautschukindustrie [135], auf den US-amerikanischen Markt. In der Zwischenzeit liegen die weltweiten Produktionskapazitäten für Fällungsprodukte bei ca. $1,1 \cdot 10^6$ t (1999) [136], im Vergleich zu 400 000 t im Jahr 1970 [137]. Das europäische Produktionsvolumen umfasste im Jahr 2000 285 000 t [138].

Die Rohstoffe, die für die industrielle Produktion von Fällungssilicas verwendet werden, sind Wasserglas, vorzugsweise Natronwasserglas, und Säure (siehe Abschnitt 3.2.3). Abhängig von der gewünschten Anwendung, für die das Fällungsprodukt gedacht ist, können die Fällungsparameter – z. B. Zuflussraten, Rührung, Scherung, Temperatur, pH-Wert, Alkalizahl usw. – sehr gezielt eingestellt werden. Dies erlaubt die Synthese eines außerordentlich breiten Spektrums von Fällungssilicas mit völlig verschiedenen Charakteristiken wie z. B. Oberflächenbereichen von ca. 25–700 m^2 g^{-1}.

Der Produktionsprozess umfasst typischerweise folgende Herstellungsschritte: Fällung, Filtration, Trocknung, Vermahlung, in bestimmten Fällen auch Kompaktierung bzw. Granulation sowie chemische Nachbehandlung (siehe Abb. 23).

Bis heute haben sich weitestgehend nur Batchprozesse durchgesetzt und wirtschaftliche Bedeutung erlangt [139, 140], wenngleich auch von kontinuierlichen Prozessen berichtet wurde [141]. Im allgemeinen werden im Syntheseschritt die verdünnten oder konzentrierten Lösungen an Wasserglas und Säure gleichzeitig bzw. schrittweise unter definierten Bedingungen in einem Rührreaktor, ggf. unter Verwendung einer entsprechenden Vorlage aus Wasser, Wasserglas oder Salzlösung, im alkalischen/neutralen Medium unter Bildung von kolloidaler Silica zusammengeführt [142–145]. Fällungen mit Hilfe von Salzsäure [146, 147], Organosilanen [148, 149], Kohlendioxid [150, 151] oder einer Kombination aus Kohlendioxid und Mineralsäure [152] haben nur begrenzte wirtschaftliche Bedeutung erlangt.

Im weiteren Verlauf der o. g. Reaktion bildet sich ein dreidimensionales Silica-Netzwerk aus, das eine Erhöhung der Viskosität der Reaktionslösung bewirkt. Bei Erreichen der spezifischen Salzkonzentration (siehe Abschnitt 3.2.4) bricht dieses Netzwerk unter Viskositätserniedrigung zusammen und es kommt zur Ausbildung diskreter Aggregatpartikeln. Im weiteren Verlauf der Reaktion werden diese Aggregatpartikeln weiter verstärkt und bilden schließlich das Präzipitat der Reaktion. Die Ausbildung eines kohärenten Systems und Gelzustandes wird durch Rühren, ggf. Scheren, und erhöhte Temperatur zusätzlich unterbunden.

Die Abtrennung der Silica vom Reaktionsgemisch und die Entfernung der entstandenen Salze, die im Präzipitat enthalten sind, erfolgt in entsprechenden Filteraggregaten, wie z. B. Drehfilter, Bandfilter, Kammer-, Rahmen-, oder Membranfilterpressen.

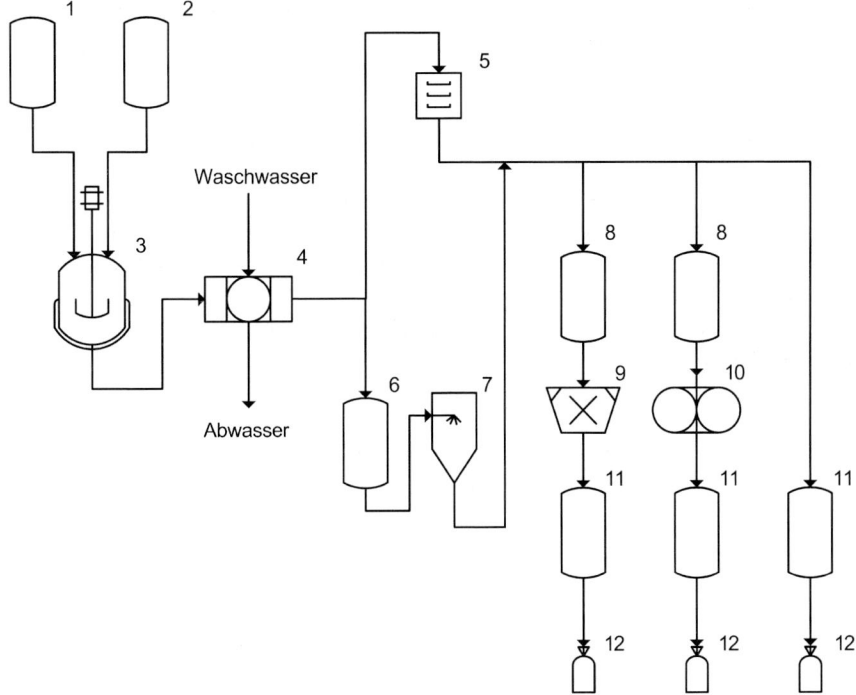

Abb. 23 Fließbild zur Herstellung von Fällungssilica.
1 Rohstoff Wasserglas, 2 Rohstoff Schwefelsäure, 3 Reaktionsbehälter, 4 Filteraggregat,
5 Langzeittrockner, 6 Verflüssigungsbehälter, 7 Kurzzeittrockner, 8 Grobgutsilo, 9 Mühle mit/
ohne Sichter, 10 Granulation, 11 Endproduktsilo, 12 Verpackung (Sack, Big-Bag, Silowagen)

Da der Feststoffgehalt des Filterkuchens aus dem Filtrationsprozess nur ca. 15–25 % beträgt, müssen ca. 300–600 kg Wasser pro 100 kg Endprodukt verdampft werden. Abhängig von den gewünschten Eigenschaften des Endproduktes wird die Trocknung in Sprühtrocknern, Düsenturmtrocknern, Spin-flash-Trocknern, Etagentrocknern, Bandtrocknern oder Drehrohrtrocknern durchgeführt.

Zur Verwendung der Sprühtrockner- oder Düsenturmtrockner-Technologie muss der Filterkuchen aus dem Filtrationsprozess mit Wasser oder Säure oder mit Hilfe entsprechender Scherungsenergie redispergiert, d. h. verflüssigt werden [153, 154]. Abbildung 24 zeigt rasterelektronenmikroskopische Aufnahmen einer düsenturmgetrockneten unvermahlenen Silica und einer vermahlenen Silica, die im Drehtrockner getrocknet wurde.

Im weiteren Prozessverlauf können je nach Anwendungserfordernissen verschiedene Mühlentypen mit/ohne Sichter eingesetzt werden, um genau definierte Partikelgrößen bzw. spezifische Partikelgrößenverteilungen einzustellen. Prinzipiell unterscheidet man dabei zwischen Luftstrahlmühlen und mechanischen Prallmühlen. Die Silica wird dabei nach der Vermahlung in Filtern bzw. Zyklonen von der Luft wieder getrennt. Daneben sind Prozesse zur Kompaktierung und Granulation

a) b)

Abb. 24 REM-Aufnahmen einer düsenturmgetrockneten unvermahlenen Silica (a) und einer vermahlenen Silica (b), die im Drehrohrtrockner getrocknet wurde

von Fällungssilicas entwickelt worden [155, 156], um die Bildung von Staub während des späteren Umgangs mit Silica zu reduzieren und um das Transportvolumen zu verringern. Die hergestellten Silica-Produkte werden als Sackware, in Big-Bags oder in Silofahrzeugen schließlich zum Kunden transportiert (siehe Abschnitt 3.3).

3.2.4.2 Silicagele

In der Gruppe der synthetischen amorphen Silicas gehören die Silicagele zu den ältesten Industrieprodukten. Der ursprüngliche Prozess, der im Jahr 1918 von PATRICK [157] erfunden, und von der Silica Gel Corp. eingesetzt wurde, ist die Basis für alle modernen Silicagel-Herstellprozesse. Die wichtigsten Schritte dabei sind Synthese (Solbildung / Gelierung), Bewaschung / Alterung, Trocknung, Vermahlung und Sichtung (siehe Abb. 25). Auch eine chemische Oberflächenmodifizierung kann sich dem Prozess anschließen.

Silicagel wird im kommerziellen Bereich ebenso wie Fällungssilica nach Gleichung (13) synthetisiert. Alternativ dazu können auch stabile Silicasole geliert werden bzw. eine Säure-Base-katalysierte Hydrolyse von Alkoxysilanen wie z. B. Tetramethoxysilan (TMOS) oder Tetraethoxysilan (TEOS) durchgeführt werden [49, 134].

Der Reaktionsmechanismus über Gleichung (13) unterscheidet sich während der Gelbildung vom Prozess der Fällungssilicas und besteht aus einer Hydrosolbildung mit anschließendem Gelierungsschritt. Der pH-Wert und SiO_2-Anteil des Hydrosols ergeben sich aus der Konzentration der Rohstoffe und ihrem Mischverhältnis. Typischerweise wird ein Säureüberschuss bevorzugt, weil unter diesen Bedingungen das intermediäre Hydrosol stabiler und damit der Prozess weniger empfindlich gegenüber Schwankungen in der Rohstoffzugabe ist. Während der Solbildung entsteht instabile monomere Orthosilica, die schnell durch eine säurekatalysierte Kondensationsreaktion in die oligomere Form überführt wird. Wenn ein molare Masse

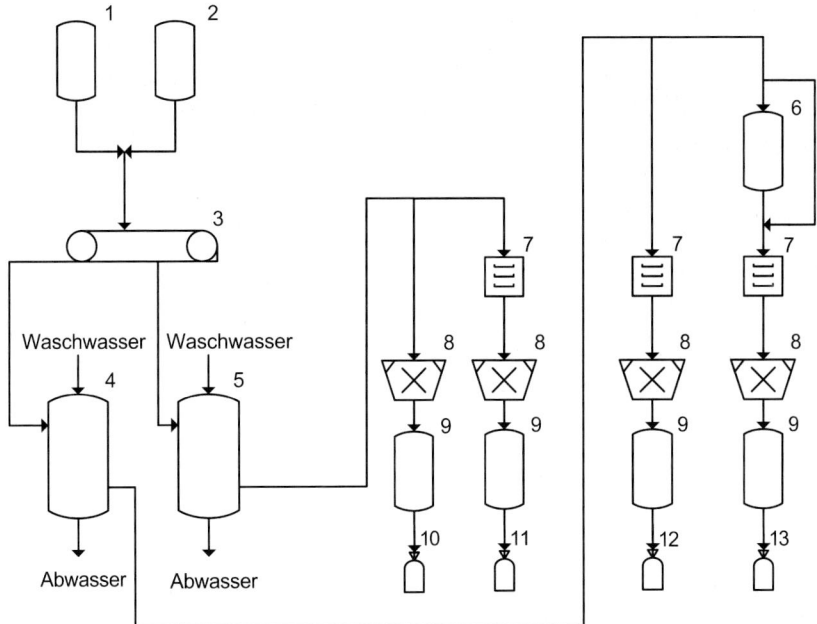

Abb. 25 Fließbild zur Herstellung von Silicagel
1 Rohstoff Wasserglas, 2 Rohstoff Schwefelsäure, 3 Band, 4 Waschaggregat (alkalisch, heiß),
5 Waschaggregat (sauer, warm), 6 organ. Konditionierung, 7 Trockner (Kurz-, Langzeit), 8 Mühle/Sichter,
9 Endproduktsilo, 10 Hydrogel, 11 Xerogel (normale Dichte), 12 Xerogel (mittlere Dichte), 13 Aerogel

von ca. 6000 g mol^{-1} erreicht ist, erfolgt ein abrupter Anstieg der Viskosität der Reaktionslösung. Der sogenannte Gelpunkt markiert den Übergang von einem Sol zu einem Gel, das in seinem weiteren Verlauf seine interne Struktur ausbildet. Hierbei herrschen im Gegensatz zum Fällprozess an allen räumlichen Stellen im Reaktionsmedium gleiche physikalische und chemische Zustände, während die dreidimensionale Netzwerkausbildung, d. h. die Gelierung, fortschreitet.

Die Entfernung von im Prozess entstandenen Salzen im Bewaschungsschritt führt zu einem Silicaskelett mit dreidimensionalem Porennetzwerk. Die Salzentfernung ist dabei diffusionskontrolliert, da Silicagel eine geringe Ionenaustauschkapazität bei neutralem pH-Wert besitzt. Die Prozessbedingungen während der Gelierung und der nachfolgenden Bewaschung definieren die Porengröße und Porengrößenverteilung. Durch die geeignete Wahl der Waschbedingungen (z. B. pH-Wert, Temperatur, Zeit) können verschiedene spezifische Oberflächen am gereinigten Hydrogel eingestellt werden. Die Bewaschung kann in Festbetten oder als Aufschlämmung erfolgen, die sowohl kontinuierlich als auch diskontinuierlich betrieben werden. Das gebildete Hydrogel besitzt eine kontinuierliche Struktur mit einem wassergefüllten dreidimensionalem Porennetzwerk. Das Gesamtporenvolumen pro Masseneinheit bezeichnet man als Porenvolumen; es ist eine charakteristische Größe für einen Geltyp. Es ist bezeichnend, dass Silicahydrogele durch eine mechanische Behandlung wie einer Vermahlung sich nicht in ihrer Porenstruktur verändern lassen. Selbst nach einer energieintensiven Kugelmühlenvermahlung in Submikronpartikeln bleibt die Struktur erhalten [158]. Typische Silicagele besitzen Poren im Mesoporenbereich (2–50 nm), der vergleichbar ist mit den Primärpartikelgrößen der Fällungssilicas.

Die Trocknung des Hydrogels bietet eine weitere Möglichkeit für eine Strukturmodifizierung [134]. Abhängig von der Größe der Oberflächenspannung des verwendeten Lösungsmittels führt der zu überwindende Kapillardruck während der Trocknung zu einer Schrumpfung der Gelstruktur. Nach der Trocknung erhält man in diesen Fällen ein Xerogel [159]. Neben dem verwendeten Lösungsmittel spielt dabei die Trocknungsgeschwindigkeit die größte Rolle bei der Veränderung der Gelstruktur. Grob gesagt führt ein langsamer Trocknungsprozess zu einer größeren Schrumpfung der Porenstruktur und zu einem größeren Verlust an Porenvolumen als eine schnelle Trocknung. Eine Schnelltrocknung kann diesen Effekt minimieren, ebenso wie der Austausch des Wassers durch ein organisches Lösungsmittel. Produkte, die mit einem geringen Verlust an Porenvolumen getrocknet worden sind, bezeichnet man als Aerogele [159].

Auch eine superkritische Trocknung führt zu einem Aerogel. Diese ist aber aus Kostengründen wirtschaftlich nicht interessant. Es wurden deshalb verschiedene Versuche unternommen, den kostenintensiven Schritt durch subkritische Trocknung zu ersetzen [117]. Einen umfassenden aktuellen Überblick über Aerogele findet man in den Übersichtsartikeln [160, 161]

3.2.4.3 Silicasole

Die Herstellung von Silicasolen basiert im Regelfall auf einer der folgenden Methoden [162]
a) Ionenaustausch
b) Neutralisation von löslichen Silicaten mit Säuren, Ionenaustausch
c) Hydrolyse von Siliciumverbindungen
d) Elektrodialyse
e) Dispersion von pyrogener Silica
f) Peptisation von Gelen

Im industriellen Maßstab wird heute in den meisten Fällen die Ionenaustauscher-Route genutzt, um Aquasole herzustellen (siehe Abb. 26). Auf Basis der grundlegenden Arbeiten von BIRD [163], BECHTOLD/SNYDER [164], ALEXANDER [165], ATKINS [166], ILER/WOLTER [167] und MINDICK/REVEN [168] wurden verschiedene Prozesse entwickelt, die nach und nach die Kontrolle über Silica-Anteil, Partikelgröße und Salzgehalt großtechnisch ermöglichte.

In dem gezeigten Prozess wird verdünnte Silicatlösung durch ein Bett eines Ionenaustauscherharzes geschickt, um ein alkalisches, ca. pH=9, relativ natriumfreies Sol zu erzeugen. Im nachfolgenden Reaktor wird bei erhöhter Temperatur (60–100 °C) und unter Rühren des Reaktorinhaltes das kontinuierliche Partikelwachstum gegen Aggregation stabilisiert, sodass relative konzentrierte ca. 10–15%ige Aquasole direkt hergestellt werden können. Das klassische Stabilisierungs-

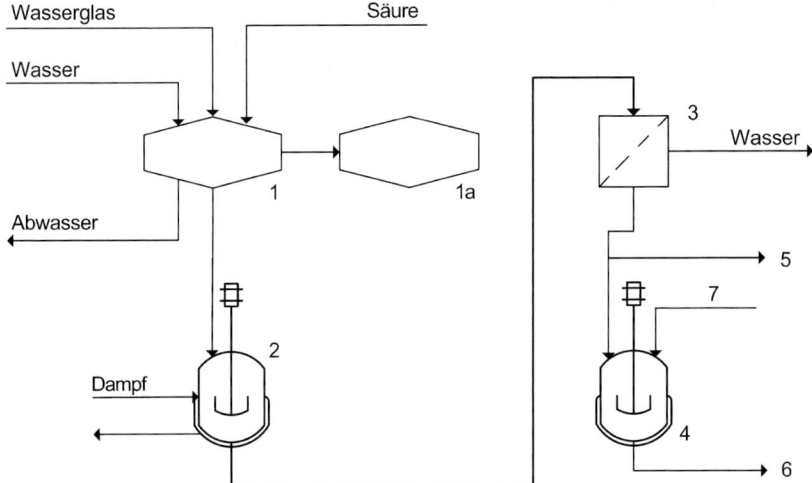

Abb. 26 Fließbild zur Herstellung von Silicasol
1 Ionenaustauscher, 1a Regeneration Ionenaustauscherharz, 2 Reaktor, 3 Konzentration, 4 Veredelung, 5 Silicasol, 6 Silicasol, 7 Chemische Veredelung

verfahren sieht vor, dass die Lösung auf ein SiO_2 / Na_2O-Verhältnis von 60 bis 130 zu 1 eingestellt und ein Teil der Lösung zur Teilchenvergrößerung auf 60 °C erwärmt wird. Im darauf folgenden Schritt wird durch kontrollierte Zugabe der restlichen Lösung ein Aufwachsprozess in Gang gesetzt, bei dem deutlich größere SiO_2-Partikeln entstehen. Die Dispersion wird im nächsten Schritt durch Verdampfung aufkonzentriert und ggf. in einem weiteren Prozessschritt veredelt.

Auch die Hydrolyse von Siliciumverbindungen führt zu Silicasolen. STÖBER et al. [169] beschreiben einen Prozess, in dem monodisperse Sole mit außergewöhnlich großen Partikelgrößen durch die Hydrolyse von Tetraethoxysilan (TEOS) synthetisiert werden können.

3.2.5
Nachbehandlung von Silicas

Die Nachbehandlung von synthetischen Silicas und Silicagelen ist durch physikalische, chemische und adsorptive Verfahren möglich.

Physikalische Verfahren, insbesondere das Waschen und die thermische Nachbehandlung [170] spielen eine wichtige Rolle bei Silicagelen, insbesondere wenn sie als Adsorbentien eingesetzt werden. Auch bei gefällten Silicas werden die Produkteigenschaften durch physikalische Nachbehandlungsverfahren, wie Trocknung, Vermahlung, Sichtung und Verformung, stark beeinflusst und diese haben deshalb technische Bedeutung erlangt [171–173].

In letzter Zeit werden Verformung [174] und Strukturmodifizierung [175] auch industriell bei pyrogenen Silicas eingesetzt, um neue Eigenschaftsbilder und damit

Anwendungen zu erschließen. Früher wurden physikalische Nachbehandlungsverfahren oft nicht zu den eigentlichen Nachbehandlungsverfahren gezählt, betrachtet man aber die Möglichkeiten über diese Verfahren Eigenschaften gezielt einstellen zu können, hat sich diese Sichtweise inzwischen berechtigterweise geändert.

Bei den *adsorptiven Verfahren* werden Wachse oder ähnliche Produkte adsorptiv an den Silicas festgehalten. Bei gefällten Silicas haben derartige Coating-Verfahren technische Bedeutung, wobei Wachsemulsionen oder schmelzflüssige Wachse verwendet werden [176, 177]. Die entsprechenden Produkte werden in erster Linie als Mattierungsmittel eingesetzt.

Die mit Abstand wichtigste Nachbehandlung ist die *chemische Modifizierung* der Silicas, die bei gefällten und vor allem bei pyrogenen Silicas eine große industrielle Bedeutung besitzt. Die Oberflächenchemie von Silicas wird bestimmt durch Siloxan- und Silanolgruppen. Diese beiden Gruppen bestimmen die Oberflächeneigenschaften und damit auch die anwendungstechnischen Eigenschaften. Während die Siloxangruppen chemisch weitgehend inert sind, können die reaktiven, den hydrophilen Charakter bestimmenden, Silanolgruppen mit geeigneten Reagentien zur Reaktion gebracht werden. Auf diese Weise können organische Reste über chemische Bindungen an die Silicaoberfläche stabil fixiert werden. Durch eine derartige chemische Oberflächenmodifizierung kann das Eigenschaftsbild der Silicas in ganz erheblichen Umfang verändert und neue Anwendungsfelder erschlossen werden.

Bei gefällten Silicas werden zur Hydrophobierung meist Chlorsilane [178, 179] oder Polysiloxane [180, 181] eingesetzt. Die Umsetzung kann sowohl in der Fällsuspension (Nassverfahren), als auch mit Silicapulver (Trockenverfahren) erfolgen. Hauptanwendungsgebiete für hydrophobe gefällte Silicas sind Fließhilfsmittel und Entschäumer.

Zur chemischen Nachbehandlung von pyrogenen Silicas werden neben Chlorsilanen [182] und Polysiloxanen auch noch Silazane und Alkoxyorganosilane [183] großtechnisch eingesetzt. Die Gruppe der Alkoxyorganosilane ermöglicht es, neben der Hydrophobierung über die Wahl des organischen Restes auch funktionelle Gruppen chemisch an der Silicaoberfläche zu verankern [184] und damit maßgeschneiderte Produkte für eine Reihe von Anwendungen herzustellen.

Abbildung 27 zeigt schematisch die Reaktion einer Silicaoberfläche mit Dimethyldichlorsilan:

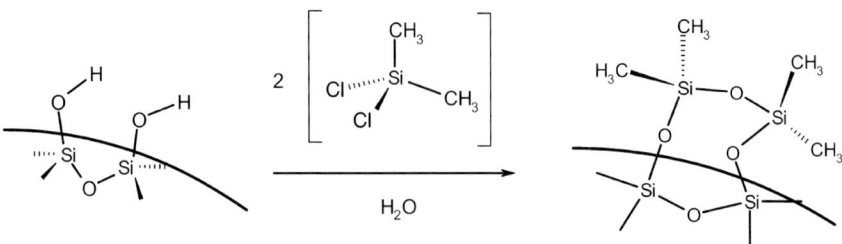

Abb. 27 Reaktionsschema der Reaktion von Dimethyldichlorsilan mit einer Silica-Oberfläche

Die Anwendungsgebiete für oberflächenmodifizierte pyrogene Silicas sind mannigfaltig, beispielhaft seien nur genannt Silikonkautschuk (s. Elastomere, Bd. 5), Farbe und Lacke (s. Organische Farbstoffe und Pigmente, Bd. 7), Klebstoffe (s. Klebtechnik, Bd. 7), Kosmetika (s. Kosmetik und Körperpflege, Bd. 8) und Tonerpulver.

3.3
Versand und Handhabung

Um die Produkteigenschaften von synthetischen Silicaprodukten zu erhalten und die Transportsicherheit zu gewährleisten, bedarf es einer auf die jeweiligen Anforderungen abgestimmten Verpackung. Der mehrlagige Papiersack stellt mit einem Anteil von ca. 50 % (Stand: 2000) noch immer die Standardverpackung dar. Einen Anteil von ca. 40 % (Stand: 2000) der Produktionsmengen – mit steigender Tendenz – nimmt der Versand in Silofahrzeugen im Straßen-, Schienen- und kombinierten Verkehr ein. Je nach Schüttdichte variieren die Füllmengen zwischen 5 t und 20 t. Einen kleinen aber stetig steigenden Anteil nehmen die sogenannten »Semi-Bulk«-Verpackungen ein. Hier wird zum überwiegenden Teil der Flexible Intermediate Bulk Container (FIBC), auch Big Bag oder Super Sack genannte Behälter eingesetzt. Die Füllmengen variieren hier zwischen 150 kg und 1000 kg pro 2 m³-FIBC [185].

Zur Verringerung der Transportvolumina, zur Herabsetzung der Staubbelästigung sowie zur Verbesserung der Einarbeitung (Benetzung) wurden Verfahren zur Verdichtung und Granulierung entwickelt, bei denen die Dispergierbarkeit für Anwendungen in der Gummiindustrie voll erhalten bleibt [186].

Die Handhabung der synthetischen Silicas kann je nach Partikelgröße und -form sowie der Schüttdichte mehr oder weniger anspruchsvoll sein. Besonders die Materialien mit geringeren Schüttdichten zeigen oft ein schlechtes Eigenfließverhalten, obwohl sie zum Teil als Fließhilfsmittel eingesetzt werden. Generell bereitet jedoch die Handhabung von synthetischen Silicas bei Einsatz geeigneter Techniken und Beachtung produktspezifischer Eigenschaften keine Schwierigkeiten. Die Förderung, Dosierung, und die staubfreie Einarbeitung in unterschiedliche Systeme ist in [187] beschrieben.

3.4
Eigenschaften

Alle synthetischen amorphen Silicas sind chemisch gesehen reines SiO_2 (real enthalten Silicas natürlich zwischen 0,5–6 % Wasser). Sie sind röntgenamorph und kein kristalliner Anteil kann nachgewiesen werden (Nachweisgrenze 0,15 %). Abhängig vom Produktionsprozess können weite Oberflächen-, Partikelgrößen-, Porenvolumina-, Trockungsverluste-, DBP-(Dibutylphthalat)-Zahlen-, pH-Wert- und Stampfdichtenbereiche erreicht werden. Typische physikalisch-chemische Werte für Fällungssilica, Silicagel und pyrogene Silica sind in Tabelle 6 zusammengestellt. Die SiO_2-Gehalte der geglühten synthetischen Silicas (2 h, 1000 °C) liegen in der Regel über 98–99 %, bei besonders reinen pyrogenen Produkten sogar über 99,8 %. Bei der Herstellung der pyrogenen Oxide können die Ausgangsmaterialien destillativ

Tab. 6 Physikalisch-chemische Daten von Fällungssilicas, Silicagelen und pyrogenen Silicas

			Fällungssilica	Silicagel	Pyrogene Silica
CAS-Nr.			[112926-00-8]	[112926-00-8]	[112945-52-5]
Spezifische Oberfläche BET	ISO 5794-1, Annex D	$m^2 g^{-1}$	50–800	20–1000	50–400
Mittl. Primärteilchengröße	TEM	nm	2–20	n. a.	7–40
Mittl. Partikelgröße	1)	µm	3–3000	0,1–5000	n. a.
Porenvolumen	IUPAC, App.2,Pt.1		macroporös	micro- and mesoporös	n. a.
Trocknungsverlust	ISO 787-2	%	3–6	ca. 3	0,5–2
Glühverlust	ISO 3262-1	%	3–12	5–6	0,5–2,5
pH-Wert	ISO 787-9		6–8	4–8	3–5
DBP-Absorption[3]	ASTM D 2414	$g\ 100g^{-1}$	50–350	n. a.	100–350
Stampfdichte	ISO 787-11	$g\ L^{-1}$	90–450	n. a.	50–150
SiO_2-Anteil	2)	%	98–99	> 99,5	> 99,9
Al_2O_3	2)	%		< 0,05	< 0.05
TiO_2	2)	%			< 0.03
Fe_2O_3	2)	%	< 0.03		< 0,003
Na_2O		%	< 1	< 0.1	
HCl	2)	%	n. a.		< 0.025
SO_3 (Sulfat)	2)	%	< 0.8		n. a.

[1] verschiedene Methoden
[2] basiert auf geglühter Substanz
[3] DBP = Dibutylphthalat

gereinigt werden, sodass Schwermetalle und Alkali-/Erdalkalimetalle nur im ppm-Bereich oder darunter enthalten sind. Fällungssilicas enthalten entsprechend der Fällungsreagenzien noch Spuren von Salzen (z. B. Na_2SO_4) und anderen Metalloxiden. Durch intensives Auswaschen können die Gehalte an löslichen Salzen in Fällungssilicas und Silicagelen aber auch auf ein Niveau von 100–1000 ppm reduziert werden.

Während des Produktionsprozesses der pyrogenen Silicas und Fällungssilicas wachsen die Primärpartikel zu chemisch gebundenen Aggregaten zusammen. Diese Aggregate bilden wiederum Agglomerate, die durch van-der-Waals-Kräfte und Wasserstoffbrückenbindungen zusammen gehalten werden. Die Begriffe Primärteilchen, Aggregat und Agglomerat werden in DIN 53 206 definiert. In trockener Pulver- oder Granulatform existieren nur Agglomerate. Primärpartikel können als individuelle Teilchen mit geeigneten analytischen Methoden (z. B. mit Transmissions-Elektronenmikroskopie, TEM, Abb. 28) identifiziert werden.

3 Synthetische amorphe Silicas

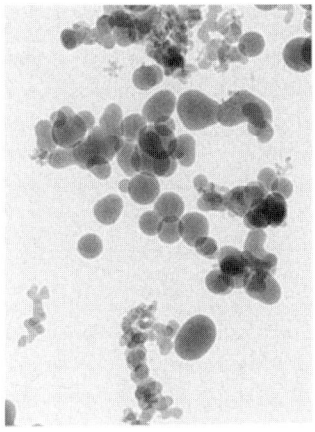
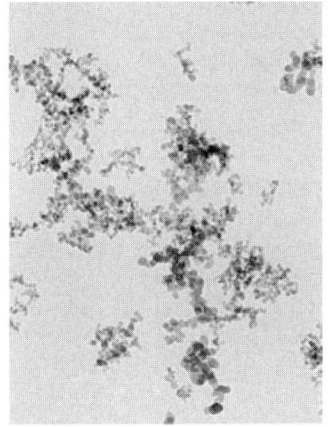

Aerosil OX 50   Aerosil 200

Abb. 28 Transmissions-Elektronenmikroskopische Partikelaufnahmen von verschiedenen pyrogenen Silicas (linkes Bild: mittl. Partikelgröße 40 nm; rechtes Bild: mittl. Partikelgröße 12 nm)

Typischerweise besitzen die sphärischen Primärpartikeln einen Durchmesser von 2–40 nm [188]. Größe, Form, Anordnungs- und Packungsdichte der Primärteilchen in den Aggregaten bestimmt auch gleichzeitig die spezifische Oberfläche und die Porosität bzw. Porenstruktur einer Silica. Wie gesagt, werden die Aggregate durch Kollision der Partikeln, durch Partikelwachstum und durch weitere Abscheidung von Silica auf diesen Aggregaten gebildet. In der Praxis definiert der Grad der Aggregation die »Struktur« der Silica, da Aggregate nicht mehr in ihre aufbauenden Primärpartikel durch irgendeinen Dispersionsprozess aufgebrochen werden können. Auf der anderen Seite können Agglomerate durch Vermahlung, durch die Einwirkung von Ultraschall und durch Dispergieren in geeigneten Flüssigkeiten in die Aggregatform überführt werden. Eine geeignete Maßzahl zur Beschreibung der Struktur ist auch die DBP-Absorption.

Synthetische amorphe Silicas besitzen aufgrund ihres Wassergehaltes zwei unterschiedliche funktionelle Gruppen an ihren Oberflächen: Silanol (Si-OH)-Gruppen und Siloxan (Si-O-Si)-Gruppen. Diese beiden Gruppen beeinflussen substantiell die Oberflächeneigenschaften und damit die Anwendungseigenschaften. Die vollkommen hydroxylierte Oberfläche von Fällungssilicas besitzt ca. 4,6 Silanolgruppen pro Quadratnanometer [189–191], für Silicagele beträgt der Wert ca. 5,5 [192] und für pyrogene Silicas ca. 2,5–3,5 [193]. Damit verbunden ist auch der Trocknungsverlust von Silicagelen in etwa doppelt so hoch wie bei pyrogenen Silicas bei vergleichbaren BET-Werten. Die Oberfläche zeigt in allen Fällen hydrophilen Charakter.

Silicagele können in den meisten Fällen durch die gleichen Charakterisierungsmethoden beschrieben wie die gefällten Silicas mit Ausnahme der Porositätsmessung. Gemäß IUPAC-Definition [194] gibt es drei unterschiedliche Porenklassen

Microporen   Porendurchmesser 0–2 nm
Mesoporen   Porendurchmesser 2–50 nm
Makroporen   Porendurchmesser 50–7500 nm

Tab. 7 Typische Meso- und Makroporenvolumina für verschiedene Silicas

Silica-Typ	Porenvolumen		Messmethode
	Mesoporenvolumen (mL g^{-1}) 2–50 nm	Makroporenvolumen (mL g^{-1}) > 50 nm	
Fällungssilica	0,5 bis 1,3	0,6 bis 5	[195–198]
Pyrogene Silica	0 bis 0,5	n. a.	[198]
Silicagel	0,3 bis 2,2	n. a.	[198]

Während gefällte Silicas makroporöse Materialien sind und die Quecksilber-Intrusion die Methode der Wahl zur Bestimmung des Makroporenvolumens und der Porenverteilung ist [195–197], sind Silicagele mesoporöse Substanzen, deren Porenvolumen mit der Stickstoff-Adsorptionsmethode bestimmt werden muss [198]. In Tabelle 7 sind exemplarisch verschiedene gemessene Porenvolumina für synthetische Silicas aufgeführt.

Silicasol ist auch unter dem Begriff kolloides Silica bekannt, da sich die Partikelgrößen der Silicasole im kolloiden Bereich befinden. Kommerzielle Silicasole sind stabile Dispersionen, in denen in den meisten Fällen Wasser das Dispersionsmedium darstellt (Aquasole oder Hydrosole). Dispersionen in organischen Lösungsmitteln sind als *Organosole* ebenfalls kommerziell erhältlich. Der kolloidale Zustand beschreibt im o. g. Sinne dichte, diskrete, meist sphärische Partikeln mit Partikelgrößen von ca. 4 bis 100 nm. Die Partikeln sind damit groß genug, dass sich ihre Dispersionen von typischen Lösungen unterscheiden, und sie sind klein genug um nicht nennenswert von Gravitationskräften beeinflusst zu werden. Die Partikelgrößenverteilungen in den Dispersionen können monodispers, d.h. relativ eng, sein, aber auch polydispers eingestellt sein und damit eine breite Verteilung aufweisen. Silicasol-Dispersionen erscheinen mit steigender Partikelgröße von klar (bis ca. 7 nm), über opaleszent (10–30 nm) bis zu milchig (> 40–50 nm). Die Stabilität von Silicasol-Dispersionen ist eine der wichtigsten Eigenschaften. Man unterscheidet dabei drei prinzipielle Stabilitätstypen in kolloidalen Systemen [199]: Stabilität im Hinblick auf Aggregation, Phasenstabilität und Stabilität hinsichtlich der spezifischen Partikelgrößenverteilung. Die Aggregationsstabilität als wichtigste Eigenschaft kann dabei unter optimalen Bedingungen bis zu mehreren Jahren betragen. Sie hängt dabei von verschiedenen Faktoren ab, wie Silica-Feststoffgehalt, Partikel-Ladung, pH-Wert, Partikelgröße, Temperatur, Zugabe von Stabilisatoren und Salzkonzentration. Kommerzielle Silicasole (siehe Tabelle 8) sind typischerweise bei einem pH von 8–10 stabilisiert, da in diesem pH-Bereich die negativen Oberflächenladungen der Silicapartikeln eine Koagulation verhindern.

Auch eine Umladung der Silicaoberfläche mit Hilfe von mehrwertigen Metalloxiden wie Al, Ti, Zr, verhindert durch die Ausbildung einer positiven Oberflächenladung die Aggregation bzw. Koagulation [200], die insbesondere im sauren pH-Bereich von Interesse ist. Oberhalb von ca. pH 10,7 allerdings bewirkt der hohe Alkalianteil eine zunehmende Auflösung der kolloiden Teilchen. Im pH-Bereich von 5–6

Tab. 8 Physikalisch-chemische Daten von einigen kommerziellen synthetischen amorphen Silicasolen (kolloide Silicas)

		LUDOX®	LEVASIL®	NALCO®	NYACOL®	SNOWTEX®
CAS-Nr.		[7631-86-9] [7732-18-5]	[7631-86-9] [7732-18-5]	[7631-86-9] [7732-18-5]	[7631-86-9] [7732-18-5]	[7631-86-9] [7732-18-5]
SiO_2-Anteil	(% Massenant.)	25–50	20–50	28–50	15–40	20–50
Na_2O	(% Massenant.)	0,1–0,6	< 0,1	0,07–0,4	0,1–0,8	< 0,7
pH-Wert		4,5–10	8–11	11–12	9–11	2–11
Partikelgröße	(µm)	n.a.	5–75	50–100	4–100	10–100
Viskosität	(mPas) 25 °C	4–17	3–30	1–25	5–50	3–50
Dichte	$g\,cm^{-3}$	1,2–1,4	1,1–1,4	1,1–1,4	1,1–1,4	1,1–1,4
BET [1)]	$m^2\,g^{-1}$	130–350	50–500	n.a.	n.a.	n.a

[1)] nach Trocknung

wiederum haben Silicasole die größte Tendenz zur Gelierung, während eine weitere Absenkung des pH in Richtung des isolektrischen Punktes wieder eine Stabilisierung bewirkt. Möchte man deshalb eine Silicasol-Dispersion im pH-Bereich von 3 einstellen, so muss man sehr schnell unter Rührung diesen kritischen pH-Bereich durchlaufen. Neben dem pH-Wert spielt wie gesagt auch der Feststoffanteil in den mono- oder polydispersen Hydrosolen eine große Rolle. Die maximalen Feststoffanteile in wässrigen Dispersionen betragen bei Partikelgrößen von 5 nm ca. 15 % Massenanteil, bei 10 nm ca. 27 % Massenanteil, bei 20 nm ca. 50 % Massenanteil [201]. In den meisten Anwendungen werden die Dispersionen bei Raumtemperatur eingesetzt. Höhere Temperaturen wirken sich destabilisierend aus und können zur Gelierung oder zum Ausfällen des Systems führen. Auch Frosttemperaturen wirken sich durch die Silica-Konzentrationserhöhung im nicht gefrorenen Teil der Suspension destabilisierend aus. Neben den erwähnten Parametern stellt die Partikelgröße eine wichtige Variable für die relative Stabilität von Silicasol-Dispersionen dar. Als Faustregel kann man sagen, dass unter definierten konstanten Bedingungen die relative Stabilität der Dispersion mit wachsender Partikelgröße zunimmt. Auch durch geringe Salzgehalte in der Dispersion kann eine relative Stabilisierung erreicht werden, weil damit die Wahrscheinlichkeit der Partikel-Partikel-Kollision reduziert wird. Aus diesen Effekten kann man folgern, dass prinzipiell zwei Optionen zur Dispersionsstabilisierung genutzt werden können:
1. Elektrostatische Stabilisierung, beeinflusst durch pH-Wert, Salzkonzentration und positive oder negative Oberflächenladung und
2. Sterische Stabilisierung, d.h. Zusatz von Additiven wie langkettigen Polymeren, die auf die Silica-Oberfläche aufziehen und damit eine Aggregation verhindern [202].

3.5
Anwendungen

Synthetische Silicas finden so vielfältige Anwendungen, dass an dieser Stelle nur die wichtigsten erwähnt werden können.

Die älteste und immer noch wichtigste Anwendung für gefällte Silica ist die Verstärkung von Elastomeren (s. Elastomere, Bd. 5) wie z. B. Reifen, Schuhsohlen, Kabel und technische Gummiartikel [203, 204]. Die Anwendung in Reifen wurden schon früh beschrieben [205, 206], hat sich aber erst in den letzten Jahren durchgesetzt. Heute werden ganz spezielle, sehr gut im Gummi dispergierbare Typen hergestellt, die zusammen mit geeigneten Silanen in die Lauffläche eingearbeitet werden. Sie erniedrigen den Rollwiderstand und helfen so Benzin zu sparen. Gleichzeitig wird die Nassrutschfestigkeit verbessert, was der Sicherheit dient. Das alles wird ermöglicht ohne dass die Abriebfestigkeit leidet. Diese neue Reifengeneration wird auch als »Grüner Reifen« bezeichnet.

Hydrophile und hydrophobe pyrogene Silicas finden als Verstärkerfüllstoff in Silikonkautschuk eine Hauptanwendung. Insbesondere Typen mit hoher spezifischer Oberfläche erlauben es, hochtransparente Silikonkautschuke herzustellen, die in der Medizin aber auch als Babyschnuller Anwendung finden. In weniger anspruchsvollen Anwendungen wie z. B. Tastaturen von Mobiltelefonen oder Computern werden auch zunehmend gefällte Silicas eingesetzt.

Die Wirkungsweise der Verstärkung durch Silica war Gegenstand zahlreicher Publikationen, unter anderem in [207, 208].

Gefällte Silicas und – in geringerem Masse – pyrogene Silicas finden Verwendung als Träger für Flüssigkeiten oder Pasten und als Fließhilfsmittel in Pulverformulierungen, speziell für hygroskopische und zum Verbacken neigende Substanzen. Die Spanne der Anwendungen reicht von Feuerlöschern mit Trockenlöschmitteln bis hin zur Kosmetik. Wichtigste Eigenschaften dieser Silicas sind eine hohe Adsorptionskapazität, die schnelle Aufnahme der Flüssigkeiten (Kinetik) und je nach Art der verwendeten Silica eine staubfreie Handhabungsform. Gute Silicas können bis zu 70 % Flüssigkeit aufnehmen [209].

Eine Spezialanwendung für hydrophobe pyrogene Silicas liegt in Tonersystemen für Fotokopierer. Die Silicas werden in geringen Mengen (0,5–1,5 %) eingesetzt und sorgen nicht nur für ein gutes Fließverhalten der Tonerpulver, sondern bewirken oder stabilisieren vor allem deren triboelektrische Ladung. Jedes Tonersystem erfordert dabei maßgeschneiderte Produkte.

In Farben und Lacken (s. Organische Farbstoffe und Pigmente, Bd. 7) werden alle drei Silica-Typen eingesetzt. Maßgeschneiderte Silicagele und gefällte Silicas werden als Mattierungsmittel verwendet. Der Mattierungseffekt beruht auf einer mikroskopischen Aufrauung der Lackoberfläche, was eine diffuse Lichtstreuung und somit den Matteffekt bewirkt. Da nur geringe Mengen zum Einsatz kommen, werden die Filmeigenschaften der Lacke nicht negativ beeinflusst. Pyrogene Silicas wurden hier bisher hauptsächlich als Verdickungsmittel oder Anti-Absetzmittel für die Pigmente eingesetzt [210]. Neuere Entwicklungen befassen sich mit der Herstellung kratzfester Lacksysteme, wobei die pyrogene Silica eine wichtige Rolle spielt. Spezielle oberflächenmodifizierte Typen in Zugabemengen bis zu 20 % Massenanteil zum Lack können die Kratzfestigkeit verbessern. Alternativ wurden Systeme entwickelt, bei denen die pyrogene Silica zusammen mit einem Silan und dem Bindemittel die fertige Formulierung bildet [211, 212].

In thermoplastischen Kunststoffen erfüllen gefällte Silicas folgende Zwecke:
- In Polyolefinfolien (z. B. Polyethylen) heben sie als Antiblocking-Mittel die zum Teil starken Haftkräfte auf
- Als Anti-plate-out-Mittel werden sie zur Homogenisierung während der PVC-Extrusion verwendet
- Als Porenbildner in Polyethylenfolien sichern sie den Ladungsaustausch in Batterien oder ermöglichen eine Beschriftung von Kunststoffoberflächen (z. B. Gepäckbeschriftungen)
- Als Extender für Titandioxid verstärken sie die Härte und Abriebfestigkeit verschiedenster Kunststoffprodukte

Die Schwefelsäure in Autobatterien wird mit pyrogener Silica verdickt, was ein Auslaufen im Falle eines Unfalls verhindert und damit die Sicherheit erhöht. Hydrophile pyrogene Silica wird schon lange als Verdickungsmittel für unpolare Flüssigkeiten verwendet. Je unpolarer die Flüssigkeit, desto stärker ist die Verdickungswirkung. Die polare Schwefelsäure stellt hier die Ausnahme dar, was auf den extrem niedrigen pH-Wert zurückzuführen ist.

In zahlreichen Anwendungen macht man sich die Eigenschaft der Thixotropie von pyrogenen und sehr feinteiligen, gefällten Silicas zunutze. Neben Farben und Lacken ist dies vor allem von Interesse bei Polyester- und Epoxidharzen zur Einstellung der Viskosität. Der im Bootsbau eingesetzte ungesättigte Polyester enthält sowohl im Clear Coat als auch im Gel Coat hydrophile pyrogene Silica um ein unerwünschtes Ablaufen der Harze zu verhindern. Dadurch können in einem Arbeitsgang dickere Schichten aufgetragen werden [213]. Zur Verdickungswirkung (bzw. Thixotropie) von pyrogener Silica gibt es verschiedene Theorien. Eine davon beschreibt den Vorgang so, dass die Silicateilchen über ihre Silanolgruppen durch Ausbildung von Wasserstoffbrückenbindungen dreidimensionale Netzwerke bilden, wodurch die Beweglichkeit der Flüssigkeitsmoleküle reduziert wird. Durch Scherkräfte (z. B. Rühren) wird das Netzwerk zerstört und die Viskosität sinkt ab. Wirken die Scherkräfte nicht mehr, bildet sich das Netzwerk wieder aus und die Viskosität nimmt zu. Dies gilt für einfache unpolare Flüssigkeiten. In anderen Systemen wie z. B. Mischungen von Flüssigkeiten oder Polymerlösungen sind die Vorgänge komplexer und das Adsorptionsverhalten an der Silicaoberfläche spielt eine wichtige Rolle [214].

Der verbreitete Gebrauch von Personal Computern mit lokalen Druckern hat die Entwicklung sogenannter Non Impact Printing (NIP) Technologien gefördert. Beim Ink-Jet-Verfahren werden an das aufnehmende Papier hohe Anforderungen gestellt. Die Flüssigkeit der Tinte muss schnell aufgenommen und die Farbstoffe oder Pigmente fixiert werden, damit die Bildpunkte nicht ineinander verlaufen. Je schneller die Druckgeschwindigkeit wird und je kleiner die Tintentröpfchen werden, desto wichtiger wird die schnelle Flüssigkeitsaufnahme. Dies gelingt durch Coaten des Substrats (z. B. Papier) mit eigens für diesen Zweck hergestellten Silicas.

Gefällte Silicas und Silicagele finden Anwendung in Zahnpasten als Abrasivkomponente (Putzkörper) und als Komponente zum Einstellen der Pastenform (Rheologie).

Überall dort, wo die mechanische Stabilität der Silica beim Verarbeiten eine Rolle spielt, liegen die Stärken der Silicagele. Sie überstehen von allen Silicas am besten die harten Bedingungen der Herstellung von Polyethylen- oder Polypropylenfolien über Masterbatches und Extrusion. Dies gilt auch beim Einsatz zur Bierstabilisierung, wo zusätzlich die hervorragenden Adsorptionseigenschaften eine wichtige Rolle spielen. Weitere Anwendungen finden die Gele als Trocknungsmittel, in der Chromatographie und als Katalysatorträger.

Silica-basierte Entschäumersysteme sind hochwirksame und kostengünstige Additive, die zur Verhinderung von Schaumproblemen in einer Vielzahl von Industrien (z. B. Papierherstellung, Farben und Lacke, Wasserbehandlung) zur Anwendung kommen. Ein wesentlicher Grund hierfür ist die Tatsache, dass Silica in hydrophobierter Form mit Silicon- und Mineralölen eine ausgeprägte, synergistische Entschäumungswirkung aufweist. Es kommen vorwiegend gefällte, zum Teil aber auch pyrogene Silicas zum Einsatz.

Eine moderne Anwendung für pyrogene Silicas ist in CMP (Chemical Mechanical Planarization), dem Polieren von Silicium-Wafern und Computer-Chips in der Elektronik-Industrie. Hierzu setzt man Dispersionen ein, die die feinteilige pyrogene Silica als relativ weiches Poliermittel enthalten, das genügend große Abtragsraten hat, ohne dass unerwünschte Kratzer entstehen. Beim Aufbau eines Computer-Chips müssen die verschiedenen Lagen aus Dielektrikum und Metallen immer wieder planarisiert werden bevor eine neue Lage aufgebaut wird. Je mehr Lagen, desto wichtiger ist der Planarisierungsprozess für das einwandfreie Funktionieren der Chips [215].

Die große Reinheit eröffnet den pyrogenen Silicas die Anwendung als Rohstoff für hochwertige Silica-Gläser, Lichtleitfasern oder Quarztiegel zum Schmelzen von Silicium. Das Problem der geringen Dichte der Silica-Pulver wird durch den Einsatz in Form von hoch gefüllten Dispersionen z. B. in Wasser oder in Teraethoxysilan überwunden [216, 217]. Sie lassen sich auch mit Hilfe von Nassverfahren so weit verdichten, dass sie direkt in den Sinterverfahren eingesetzt werden können [218].

3.6
Toxikologie und Arbeitshygiene

Synthetisch amorphe Silica wird in einer Vielzahl von Produkten und Prozessen eingesetzt. Die Toxikologie der Substanz ist also von großer Bedeutung, um beurteilen zu können, ob gesundheitliche Gefahren am Arbeitsplatz oder für den Endverbraucher bestehen.

In den entsprechenden Untersuchungen führt die Verabreichung synthetisch amorpher Silica weder auf dem oralen noch auf dem dermalen Weg zu akut toxischen Symptomen. Auch zur Bewertung der Toxizität bei Haut- bzw. Augenkontakt wurde eine Vielzahl von Untersuchungen durchgeführt. Die Ergebnisse zeigen, dass synthetisch amorphe Silica Augen und Haut nicht reizt [219, 220]. Aus Fallbeispielen von Arbeitsmedizinern ist bekannt, dass synthetisch amorphe Silica bei chronischem Hautkontakt zur Austrocknung oder zu degenerativen Ekzemen führen kann. Diese Reaktionen sind durch intensiven Hautschutz bzw. Pflege zu vermeiden. Aus den Daten arbeitsmedizinischer Untersuchungen in den Jahrzehnten der Herstellung und Nutzung ergeben sich keine Anhaltspunkte für ein sensibilisierendes Potential. Es wurde über keinen einzigen Fall einer Kontaktallergie berichtet [221]. In Prüfungen an Bakterien und Säugerzellen zeigten synthetisch amorphe Silica keine erbgutverändernden Wirkungen. Auch im Tierexperiment wurden keine mutagenen Effekte nachgewiesen [219, 220]. Experimente zur Reproduktion und Fertilität zeigten, dass die Gabe synthetisch amorpher Silica keinen Einfluss auf die Fertilität hatte. Es wurden keine teratogenen Effekte oder Veränderungen in der Entwicklung der Nachkommen beobachtet [220]. Nach wiederholter oraler Aufnahme wurden keine klinischen Symptome oder behandlungsbedingte Effekte festgestellt.

Von besonderem Interesse ist die Toxizität von synthetisch amorpher Silica bei wiederholter Inhalation. In Kurzzeit- und subchronischen Inhalationsstudien mit Ratten bei verschiedenen Konzentrationen kam es während der Behandlung zu einem Anstieg von Entzündungsmarkern und Zellschädigungen. In einzelnen Studien wurden eine fokale Fibrose und Knötchenbildung festgestellt. Jedoch zeigte sich im Beobachtungszeitraum nach der Behandlung, dass die Effekte eindeutig vorübergehend und reversibel waren [222, 223]. Im Gegensatz zu *kristalliner* Silica führte keine der untersuchten synthetisch amorphen Silicas zu bleibenden Veränderungen in der Lunge oder fortschreitenden, mit einer Silikose vergleichbaren Schäden. Auch die an verschiedenen Tierspezies durchgeführten chronischen Inhalationsstudien zeigten, dass synthetisch amorphe Silica keine irreversiblen oder progressiven Lungenschäden und keine Tumore induziert [224]. In vielen epidemiologischen Studien an chronisch exponierten Beschäftigten wurden keine Hinweise auf eine Silikose gefunden. Die verfügbaren Daten geben keinen Hinweis auf Lungenkrebs oder andere nachhaltige Atemwegserkrankungen [225, 226]. In ihrer Monographie über Silica kommt die IARC (International Agency for Research on Cancer) zu dem Schluss, dass keine hinreichende Evidenz für die Cancerogenität von amorpher Silica beim Menschen besteht (Einstufung in Gruppe 3) [227].

Nach allen vorliegenden Daten sind synthetisch amorphe Silicas bei Einhaltung geltender Grenzwerte offensichtlich nicht gesundheitsschädlich. In der Bundesrepublik Deutschland darf eine maximale Arbeitsplatzkonzentration (MAK) von 4 mg m^{-3} (einatembarer Staubanteil) nicht überschritten werden [228].

4
Weitere Siliciumverbindungen (s. auch Silicone, Band 5)

4.1
Halogensilane

Die Anzahl der präparativ hergestellten und gut charakterisierten Silicium-Halogen-Verbindungen ist groß, auch wenn man von denjenigen absieht, die organische Substituenten am Silicium enthalten, wie z. B. die Primärprodukte der Rochow-Reaktion. Die Vielfalt beruht darauf, dass außer den einfachen Siliciumtetrahalogeniden solche mit verschiedenen Halogenen sowie wasserstoff- und sauerstoffhaltige Halogensilane und auch solche mit Si-Si-Bindungen existieren. Von diesen Stoffen besitzen insbesondere vier technische Bedeutung, nämlich $SiCl_4$, Siliciumtetrachlorid, $SiHCl_3$, Trichlorsilan, SiH_2Cl_2, Dichlorsilan und SiF_4, Siliciumtetrafluorid.

4.1.1
Physikalisch-chemische Grundlagen

In Tabelle 9 sind die wichtigsten physikalischen Eigenschaften von $SiCl_4$, $SiHCl_3$ und SiH_2Cl_2 aufgeführt. Die genannten Substanzen sind außerordentlich hydrolyseempfindlich und erzeugen auf der Haut tiefgreifende, schwer heilende Verätzungen. Trichlorsilan und Dichlorsilan sind hochentzündlich und können sich an der Luft selbst entzünden.

Ausgangsmaterial zur Herstellung von Siliciumtetrachlorid und Trichlorsilan ist elementares Silicium, das mit Chlor oder Chlorwasserstoff umgesetzt wird. Bei der Umsetzung mit Chlor entsteht ausschließlich Siliciumtetrachlorid.

$$Si + 2\,Cl_2 \longrightarrow SiCl_4 \quad \Delta H_R = -665,7\text{ kJ mol}^{-1} \tag{15}$$

mit Chlorwasserstoff ein Gemisch aus Siliciumtetrachlorid und Trichlorsilan:

$$Si + 4\,HCl \longrightarrow SiCl_4 + 2H_2 \quad \Delta H_R = -296,5\text{ kJ mol}^{-1} \tag{16}$$

$$Si + 3\,HCl \longrightarrow SiHCl_3 + H_2 \quad \Delta H_R = -244,8\text{ kJ mol}^{-1} \tag{17}$$

Tab. 9 Physikalische Eigenschaften von $SiCl_4$, $SiHCl_3$ und SiH_2Cl_2

		$SiCl_4$	$SiHCl_3$	SiH_2Cl_2
molare Masse	(g mol^{-1})	169,90	135,45	101,01
Dichte	(g cm^{-3})	1,48	1,34	1,22 (7 °C)
Festpunkt	(°C)	−69,90	−128,20	−122
Verdampfungsenthalpie	(kJ mol^{-1})	28,70	26,60	25,20
Bildungsenthalpie (Gasphase)	(kJ mol^{-1})	−665,70	−521,70	−320,49

(Die angegebenen Reaktionsenthalpien beziehen sich auf die Reaktionsprodukte in der Gasphase.) Das Mengenverhältnis der beiden Produkte SiCl$_4$ und SiHCl$_3$ hängt vor allem von der Reaktionstemperatur ab, wobei im wesentlichen der Anteil an Trichlorsilan mit steigender Temperatur abnimmt. Dies steht im Widerspruch zur Temperaturabhängigkeit des Gleichgewichtes, das sich mit steigender Temperatur zugunsten des Trichlorsilans verschiebt.

$$\text{SiCl}_4 + \text{H}_2 \rightleftharpoons \text{SiHCl}_3 + \text{HCl} \qquad \Delta H_R = 51,7 \text{ kJ mol}^{-1} \tag{18}$$

Der Reaktionsablauf wird jedoch meist mehr von den Geschwindigkeiten der konkurrierenden Reaktionen an der Siliciumoberfläche bestimmt als vom Gleichgewicht (Gl. (18)) [229, 230].

Die Herstellung von Dichlorsilan beruht auf der Disproportionierung (Dismutierung) von Trichlorsilan an Katalysatoren und verläuft in folgender Weise [231–233]

$$2 \text{ HSiCl}_3 \rightleftharpoons \text{H}_2\text{SiCl}_2 + \text{SiCl}_4 \tag{19}$$

Die Bindung von Fluor an Silicium ist weitaus fester als die der anderen Halogene. Im Gegensatz zu Salzsäure greift daher Flusssäure Siliciumdioxid an und bildet Siliciumtetrafluorid, das mit überschüssiger HF die weniger hydrolyseempfindliche Hexafluorokieselsäure bildet:

$$6 \text{ HF} + \text{SiO}_2 \longrightarrow \text{H}_2\text{SiF}_6 + 2 \text{ H}_2\text{O} \tag{20}$$

Nach dieser Reaktion entsteht Hexafluorokieselsäure in relativ großem Umfang als Nebenprodukt bei der Herstellung von Nassphosphorsäure und Superphosphatprodukten durch Aufschluss. Hexafluorokieselsäure bzw. deren Salze finden vor allem als Konservierungsmittel für Holz, als Bauhilfsstoffe sowie zum Fluoridieren von Trinkwasser Verwendung (siehe 4 Anorganische Verbindungen des Fluors, Abschnitt 10.2).

4.1.2
Herstellverfahren

Trichlorsilanfreies Siliciumtetrachlorid kann durch Chlorierung von Ferrosilicium (90 % Si) oder Silicium (Si-Gehalt $\geq$ 96 %) nach Gleichung (15) hergestellt werden. Das grobstückige Ausgangsmaterial wird hierfür in wassergekühlten Schachtöfen aus Stahl mit von unten zugeführtem Chlorgas umgesetzt. Die Fremdbestandteile, vor allem Eisen und Aluminium, werden weitgehend mitchloriert, sodass das am Kopf des Reaktors austretende Reaktionsgemisch FeCl$_3$ und AlCl$_3$ als Nebenbestandteile enthält. Es fällt auch Rückstand an, der regelmäßig unten auszuräumen ist. Das Nachfüllen des Ferrosiliciums ist einfach, nach Unterbrechung der Chlorzufuhr kann der Reaktor unter entsprechender Absaugung am Kopf geöffnet werden.

Bei der heutzutage überwiegend angewandten Umsetzung des Siliciums nach Gleichung (16) und Gleichung (17), bei der anstelle von Chlor Chlorwasserstoff und als Si-Quelle elementares Silicium (Si-Gehalt $\geq$ 96 %) eingesetzt werden, entsteht neben SiCl$_4$ als zweites wertvolles Produkt Trichlorsilan. Die Herstellung erfolgt

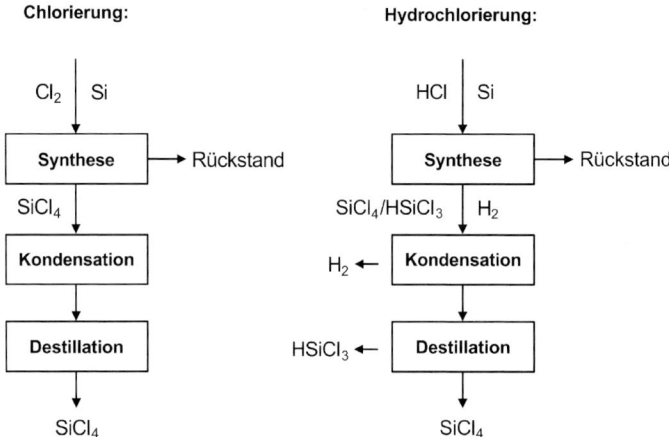

Abb. 29 Übersicht über Gewinnung und Reinigungsstufen von SiCl$_4$ durch Chlorierung bzw. SiCl$_4$ und HSiCl$_3$ durch Hydrochlorierung

nach zwei unterschiedlichen Methoden, bei ca. 1000 °C im Festbett oder bei 300–400 °C in einem Wirbelbett. Wegen des entstehenden Wasserstoffs muss das Nachfüllen des Siliciums oder die Entfernung des Rückstands über Schleusen durchgeführt werden. Chlorwasserstoff reagiert mit dem im Silicium enthaltenen Eisen nur langsam. Dabei gebildetes Eisen(II)chlorid wird oberhalb 900 °C von Wasserstoff reduziert, sodass Eisen weitgehend als metallischer Rückstand verbleibt.

In Abbildung 29 sind die wichtigsten Herstellungs- und Reinigungsstufen zusammengefasst.

Die Festbettreaktion wird vorteilhaft in direktem Verbund mit der Herstellung pyrogener Silica angewandt, wobei der in dieser zweiten Stufe anfallende Chlorwasserstoff wieder bei der Umsetzung mit Silicium eingesetzt wird [234]. Die Schachtöfen, mit oder ohne Ausmauerung, besitzen unten einen Rüttelrost und eine Schleuse zum Austrag des Reaktionsrückstands. Da es im Zweistoffsystem Fe/Si um 1200 °C mehrere Eutektika gibt, kann durch die Rückführung von SiCl$_4$-Dampf dafür gesorgt werden, dass diese Temperatur an keiner Stelle des Festbetts erreicht wird. Bei einer Reaktionstemperatur von 1000–1100 °C entsteht ein Gemisch mit 15–20 % Trichlorsilan neben Siliciumtetrachlorid.

Wenn Trichlorsilan als Hauptprodukt gewünscht wird, das zur Herstellung von Reinstsilicium oder Silan (Siliciumwasserstoff, Monosilan) gebraucht wird, so arbeitet man bei 300–400 °C. Da in diesem Temperaturbereich die Reaktionsgeschwindigkeiten an der Feststoffoberfläche wesentlich kleiner sind und für eine hohe Trichlorsilanausbeute eine exakte Einstellung und homogene Verteilung der Temperatur wichtig ist, wird die Reaktion im Fließbett ausgeführt [235]. Im Rohstoff enthaltenes Eisen bleibt in sehr feinverteilter Form zurück, wird mit dem Gasstrom ausgetragen und in Filtern oder Zyklonen abgeschieden. Man geht von vornherein von einer möglichst eisenfreien Siliciumqualität aus. Die Trennung der Reaktionsprodukte geschieht bei beiden Prozessen durch fraktionierte Kondensation

[236, 237] und anschließende Destillation. Ein weiteres Verfahren zur Herstellung von Trichlorsilan besteht in der Umsetzung von Silicium mit Wasserstoff, Siliciumtetrachlorid und gegebenenfalls Chlorwasserstoff in Gegenwart eines Katalysators [238–240]. Auch bekannt ist ein Verfahren zur Herstellung von Trichlorsilan aus Siliciumtetrachlorid durch Umsetzung mit Wasserstoff ohne Einsatz von Silicium [241].

4.1.3
Anwendung

Die wichtigste technische Anwendung des Siliciumtetrachlorids ist die Herstellung von pyrogener Silica (vgl. Abschnitt 3.2.1). Ein mäßiger Gehalt an Trichlorsilan stört dabei nicht. Zur Produktion von Siliciumtetrachlorid für diesen Zweck ist das geschilderte Festbettverfahren besonders geeignet, weil sowohl Chlorwasserstoff als auch Wasserstoff im Verbund zwischen beiden Prozessen laufend zurückgeführt werden können. Hochreines Siliciumtetrachlorid wird bei der Herstellung von Lichtwellenleitern und hochreinem synthetischen Quarzglas eingesetzt.

Ein sehr großer Teil des produzierten Trichlorsilans wird gemäß

$$SiHCl_3 + H_2 \longrightarrow Si + 3\,HCl \tag{21}$$

für die Herstellung von Reinstsilicium für die Elektronikindustrie (s. Elektronische Halbleitermaterialien) eingesetzt. Hierfür ist Trichlorsilan von außerordentlich hoher Reinheit erforderlich.

Daneben dient Trichlorsilan als Zwischenprodukt für die Herstellung von organofunktionellen Silanen (vgl. Abschnitt 4.3.2), die z. B. als Kautschukhilfsmittel, Koppler zwischen anorganischen und organischen Substraten, Oberflächenmodifizierer und Vernetzer vielfältige Anwendung finden. Das Trichlorsilan lagert sich an reaktive Kohlenstoffdoppelbindungen unter Spaltung der Siliciumwasserstoffbindung an, sodass Organoyltrichlorsilane (Organoyl = Alkyl, Chloralkyl, Vinyl, etc.) entstehen.

Dichlorsilan, hergestellt nach dem Disproportionierungsverfahren aus Trichlorsilan, findet vornehmlich Verwendung in der Halbleiterindustrie bei der Erzeugung epitaktischer Schichten.

4.2
Monosilan

Zunehmend an Bedeutung gewinnt die katalytische Dismutierung von Trichlorsilan zum Monosilan, gemäß Gleichung (22) [242–245], woraus polykristallines Silicium (PCS) für Photovoltaik-Anwendungen gewonnen wird (siehe 8 Elektronische Halbleitermaterialien, Bd. 8, Abschnitt 3.1.2.2).

$$4\,SiHCl_3 \longrightarrow SiH_4 + 3\,SiCl_4 \tag{22}$$

Eine weitere Methode zur Herstellung von Monosilan ist die Synthese nach SUNDERMEYER [246] mit Salzschmelzen als Reaktionsmedium gemäß Gleichung (23):

$$\text{SiCl}_4 + 4\,\text{LiH} \xrightarrow{\text{LiCl/KCl-Eutektikum}} \text{SiH}_4 + 4\,\text{LiCl} \qquad (23)$$

4.3
Organofunktionelle Silane

Die organische Chemie des Siliciums begann im Jahr 1863. In diesem Jahr publizierten FRIEDEL und CRAFTS eine Synthese von Tetraethylsilan ausgehend von Diethylzink und Tetrachlorsilan [247]. Bis die ersten Si-C Verbindungen eine kommerzielle Anwendung gefunden hatten, dauerte es noch ca. 80 Jahre. In den Vierziger Jahren des 20. Jahrhunderts wurden erste organofunktionelle Silane als Koppler zwischen anorganischen Füllstoffen und Polymeren bei der Herstellung von Verbundwerkstoffen eingesetzt [248]. Heute werden diese Produkte in einer Vielzahl von Anwendungsgebieten als Koppler, Oberflächenmodifizierungsmittel, Vernetzer für Polymere, Bindemittel in Beschichtungssystemen, Hilfsmittel in pharmazeutischen Prozessen und als Co-Monomere bei der Polymerproduktion verwendet. Das gesamte Marktvolumen organofunktioneller Silane liegt bei ca. 40 000 t a^{-1}.

Ein weiterer Meilenstein der organischen Siliciumchemie war die Methylchlorsilan-Herstellung aus metallischen Siliciumpulver und Methylchlorid in 1941, bekannt als Müller-Rochow Synthese [249]. Unter Einsatz von Kupfer-Katalysatoren wird bei hoher Temperatur ein Gemisch aus Methylchlorsilanen hergestellt (Gl. (24)). Gezielte Prozesssteuerung führt zu hoher Selektivität an Dimethyldichlorsilan (bis 85 %), das als wichtigstes Ausgangsmaterial für Silicone (Polydimethylsiloxane) benutzt wird.

$$\text{CH}_3\text{Cl} + \text{Si} \xrightarrow{\text{Cu-Katalysator}} (\text{CH}_3)_2\text{SiCl}_2 + \text{CH}_3\text{SiCl}_3 + (\text{CH}_3)_3\text{SiCl} + \cdots \qquad (24)$$

4.3.1
Strukturen, Eigenschaften und Anwendungen

Organofunktionelle Silane sind typische organische Flüssigkeiten: klar, brennbar, und löslich in üblichen Lösemitteln [248]. Die Eigenschaften und Anwendungen sind hauptsächlich durch die bifunktionelle molekulare Struktur und die hohe Hydrolyseempfindlichkeit definiert. Das Siliciumatom als zentrale Einheit in einer Mehrzahl von kommerziellen Organosilanen ist mit zwei unterschiedlichen funktionellen Gruppen verknüpft: der siliciumfunktionellen, hydrolysierbaren Gruppe X und der organofunktionellen Gruppe Y. Die organofunktionelle Gruppe Y, meistens über eine kurze Kette von drei Kohlenstoffatomen an das Silicium gebunden, ist für die Wechselwirkung zu Polymeren verantwortlich. Die siliciumfunktionellen Gruppen X, im allgemeinen drei Alkoxy-, oder Acetoxygruppen, sind direkt mit dem Siliciumatom gekoppelt und reagieren nach Hydrolyse mit aktiven Stellen eines anorganischen Substrates.

$Y\text{-}(CH_2)_3\text{-}SiX_3$

Beispiele für die organofunktionelle Gruppe Y:
  H-, Alkyl-, H_2N-, HS-, $X_3Si(CH_2)_3SS_x$-, Methacryloxy-, $H_2N(CH_2)_2NH$-, Cl-, Glycidyloxy-

Beispiele für die siliciumfunktionelle Gruppe X:
  -OCH_3, -OC_2H_5, -$O(CH_2)_2OCH_3$, -$OC(O)CH_3$
Die Produkte mit Methoxygruppen weisen allgemein im Vergleich zu ethoxysubstituierten Silanen eine deutlich höhere Reaktivität auf [250].

Kommerziell verfügbare Vinyltrialkoxysilane haben die Vinylgruppe direkt an das Siliciumatom gebunden:

$CH_2 = CH - SiX_3$

Organosilane mit einer Funktionalität in der β-Position zum Siliciumatom sind nicht sehr stabil und haben damit keine industrielle Bedeutung.

Eine typische Anwendung von organofunktionellen Silanen ist die Haftvermittlung zwischen anorganischen Materialien wie Glasfasern, mineralischen Füllstoffen sowie Metallen mit organischen Harzen oder Polymeren bei der Herstellung von Verbundwerkstoffen, Kleb- und Dichtmassen (s. Elastomere, Bd. 5) [251]. Durch chemische Reaktionen oder physikochemische Wechselwirkungen wird das anorganische Material über das Silan als Haftbrücke mit dem Polymer verbunden. Die funktionelle Gruppe Y des Silans muss dabei so gewählt werden, dass sie optimal an das Polymer angepasst ist. Die anorganischen Substrate sollten eine hohe Zahl an reaktiven OH-Funktionen an der Oberfläche besitzen, um stabile Si-O-Substrat-Bindungen herzustellen.

Allein schwefelfunktionelle Silane werden zu über 10 000 t a^{-1} als Koppler zwischen Fällungssilica und Elastomeren in Laufflächen moderner PKW-Reifen eingesetzt. Die Kombination von Silica mit schwefelfunktionellen Silanen führt zur Senkung des Rollwiderstandes, Erhöhung der Nassrutschfestigkeit und gewährleistet gleichzeitig hohe Abriebbeständigkeit der »Grünen Reifen« [252] (siehe Gl. (25)).

Wirkung der organofunktionellen Silane als Kupplungsagens (Modell) (25)

$$\text{Polymer} + Y - (CH_2)_3 - Si(OR)_3 + \text{Anorganisches Material} \xrightarrow{\text{Hydrolyse (-3ROH)}}$$

$$\text{Polymer} - Y - (CH_2)_3 - Si - O - \text{Anorganisches Material}$$

Eine weitere wichtige Anwendung von Organosilanen ist die umweltfreundliche Feuchtigkeitsvernetzung von Polymeren z. B. Polyethylen mit Vinyltrimethoxysilanen bei der Herstellung von Kabelmassen und Wasserrohren (Sioplas- und Monosil-Verfahren). Vinylsilane dienen auch als Comonomere bei der Produktion von speziellen Polyolefinen [253]. Die wichtigste Anwendung von Methyl- und Ethyltriacetoxysilanen ist die Feuchtigkeitsvernetzung von RTV- (Room Temperature Vulcanization)-Silicondichtmassen.

Spezielle organofunktionelle Silane werden in der Gießereiindustrie zur Modifizierung von heiß- und kalthärtenden Harzen eingesetzt. Schon eine sehr geringe Menge eines Silans erhöht dramatisch die Festigkeit der Gießereiformen, verringert den Harzbedarf und ermöglicht damit eine wirtschaftliche Produktion.

Besonders in den letzten Jahren wurden organofunktionelle Silane oft als Bindemittel oder Vernetzer bei der Herstellung von immer komplexer gewordenen Beschichtungsmaterialien eingesetzt [254]. Die Silane verbessern die UV- und chemische Beständigkeit der Lacke, erhöhen deren Kratzfestigkeit und schützen durch ihre haftvermittelnde Wirkung metallische Oberflächen vor Korrosion [255]. Methyltrialkoxysilane werden in Kombination mit Silicaestern und Silicasol als Rohstoffe in diversen Sol-Gel-Prozessen für dünne Beschichtungen und organisch-anorganische Hybrid-Bindemittel eingesetzt [256].

Alkyltrialkoxysilane können nicht chemisch mit Polymeren reagieren. Diese Produkte weisen jedoch mit zunehmender Länge der Alkylgruppe einen steigenden hydrophobierenden Charakter auf. Die Hauptanwendung von Alkyltrialkoxysilanen ist die Modifizierung polarer Oberflächen von Füllstoffen und Pigmenten, u. a. von Titandioxid zur Erhöhung deren Kompatibilität mit unpolaren Polymeren [257]. Eine weitere wichtige Anwendung ist der Einsatz als Bautenschutzmittel wie z. B. Beton-, Fassadenhydrophobierung und Schutz der Bewährungsstähle vor Korrosion [258]. Dialkyldialkoxysilane dienen als Stereoregulatoren bei Ziegler-Natta-katalysierten Polyolefinsynthesen [259].

Eine neue Familie der Alkylsilane stellen *Fluoralkylsilane* dar. Die Fluoralkylsilane bringen auf den Oberflächen nicht nur starke hydrophobe sondern auch oleophobe Eigenschaften auf. Eine sehr starke Senkung der Oberflächenenergie von Substraten erlaubt deren Einsatz bei der Herstellung von modernen, permanenten Antigraffiti-Schutzsystemen [260].

Neben den monomeren organofunktionellen Silanen gewinnen oligomere multifunktionelle Siloxansysteme und wässrige, lösungsmittelfreie »ready to use« Produkte immer größere industrielle Bedeutung.

4.3.2
Herstellung

Die wichtigste kommerzielle Methode zur Herstellung von einer großen Zahl der organofunktionellen Silanen ist ein mehrstufiger Prozess ausgehend von Trichlorsilan (TCS) und Allylchlorid (AC). Die erste Stufe beinhaltet eine übergangsmetallkatalysierte Addition der Si-H Bindung von TCS an die Doppelbindung des Allylchlorids und Bildung von Chlorpropyltrichlorsilan (CPTCS) (Gl. (26), Abb. 30). Diese regioselektive Reaktion, bekannt als Hydrosilylierung ist eine ausgezeichnete, wirtschaftliche Methode zur Herstellung von Si-C-Bindungen. Als Katalysatoren werden meistens homogene oder heterogene Pt-Komplexe eingesetzt [261].

In der zweiten Stufe wird Chlorpropyltrichlorsilan mit Ethanol oder Methanol unter Freisetzung von gasförmigem HCl zu Chlorpropyltrialkoxysilan verestert (Gl. (27), Abb. 30). Diese Veresterungsreaktion kann kontinuierlich oder diskontinuierlich durchgeführt werden. Als Nebenreaktion findet eine Umsetzung des über-

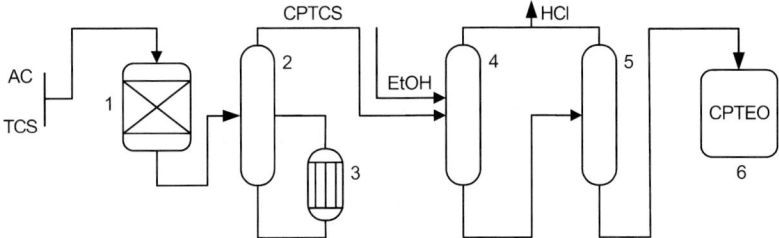

Abb. 30 Fließbild zur Herstellung von Chlorpropyltriethoxysilan (CPTEO)
1 Reaktor, 2 Destillationskolonne, 3 Wärmetauscher, 4 Reaktor zur Ethanolyse, 5 Destillationskolonne, 6 CPTEO-Tank

schüssigen Alkohols mit HCl unter Abspaltung von Wasser zu entsprechenden Alkylchloriden und Polysiloxanen statt. Die restlichen Spuren von Si-Cl-Bindungen werden mit entsprechenden Alkoholaten beseitigt. Freigesetzte HCl kann zur Herstellung von Tri- und Tetrachlorsilanen zurückgeführt werden, um damit den HCl-Kreislauf im Produktionsprozess zu schließen. Das Zwischenprodukt – Chlorpropyltrialkoxysilan – wird als Rohstoff für eine Vielzahl von Endprodukten eingesetzt.

Stufe 1 $\quad$ $Cl - CH_2CH = CH_2 + HSiCl_3 \longrightarrow$ $\quad$ (Hydrosilylierung) (26)
$\quad\quad\quad\quad$ $Cl - (CH_2)_3 - SiCl_3$

Stufe 2 $\quad$ $Cl - (CH_2)_3 - SiCl_3 + 3\ ROH \longrightarrow$ $\quad$ (Veresterung) $\quad$ (27)
$\quad\quad\quad\quad$ $Cl - (CH_2)_3 - Si(OR)_3 + 3\ HCl$

Das terminale Chloratom wird dann durch verschiedene Nucleophile (Y-), unter Bildung entsprechender chlorhaltiger Salze substituiert.

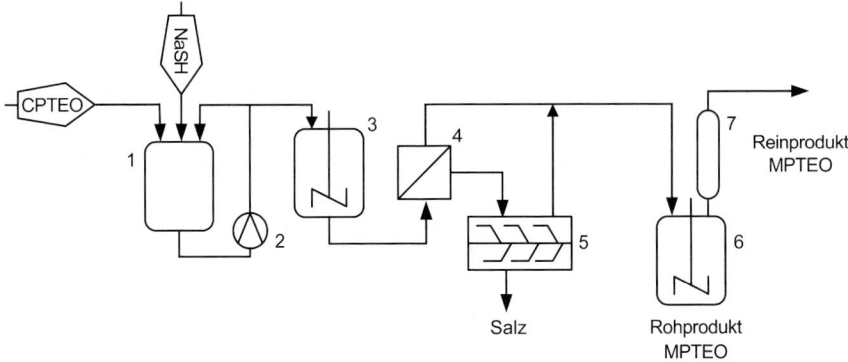

Abb. 31 Fließbild zur Herstellung von Mercaptopropyltriethoxysilan (MPTEO)
1 Vorreaktor, 2 Pumpe, 3 Rührreaktor, 4 Separator, 5 Schaufeltrockner, 6 Rohproduktbehälter, 7 Destillationskolonne

Stufe 3 $\quad$ Cl $-$ (CH$_2$)$_3$ $-$ Si(OR)$_3$ + Y$^-$ $\longrightarrow$
$\quad\quad\quad\quad\quad$ Y $-$ (CH$_2$)$_3$ $-$ Si(OR)$_3$ + Cl$^-$ $\quad\quad$ (Substitution) $\quad\quad$ (28)

Je nach Art des eingesetzten Nucleophils werden unterschiedliche Funktionalitäten in die Struktur des Silans eingeführt. In Abbildung 31 wird dies am Beispiel von Mercaptopropyltriethoxysilan (MPTEO) gezeigt. Bei der Herstellung von schwefelfunktionellen Silanen werden wasserfreie Alkalisulfide eingesetzt. Setzt man Dialkalipolysulfide ein, werden die entsprechenden symmetrischen Bis-Silan-Strukturen erhalten [262]. Wie eingangs beschrieben, ist über diese Salzroute eine große Zahl organofunktioneller Silane zugänglich.

4.4
Silicaester

Die Ester der Orthosilica (Orthokieselsäure) haben die allgemeine Formel (RO)$_4$Si. Der wichtigste Silicaorthoethylester ist Tetraethoxysilan. Daneben hat sich für technisch wichtige Produkte auch die Bezeichnung Alkylsilicat gehalten.

Die ersten Ester der Orthosilica wurden um die Mitte des vorigen Jahrhunderts hergestellt. Seit dieser Zeit sind fast alle ein- und mehrwertigen Alkohole und Phenole mit SiCl$_4$ zu Estern umgesetzt worden. Jedoch nur wenige Ester haben großtechnische Bedeutung gefunden. Eine eingehendere Beschreibung dieser Verbindungsklasse gibt [263].

Das geschätzte Marktvolumen im Jahr 2000 betrug ca. 30 000 t. Die mit Abstand größte technische Bedeutung aller Silicaester haben Tetraethylsilicat (Tetraethoxysilan) und Ethylpolysilicat 40 (Tetraethylester, partiell hydrolysiert und kondensiert).

4.4.1
Strukturen, Eigenschaften und Anwendungen

Silicaester sind farblose, klare Flüssigkeiten oder farblose Feststoffe mit schwachem Eigengeruch und mit parallel zur molaren Masse ansteigendem Siedepunkt. Die Wärmebeständigkeit der Alkylester ist gut, die der Arylester sehr hoch (400–450 °C). Tetraethoxysilan als wichtigster monomerer Vertreter siedet bei 167 °C und ist mit allen gebräuchlichen organischen Lösemitteln mischbar, aber nicht mit Wasser. Das technisch wichtigste Produkt, Ethylpolysilicat 40 (40 % SiO$_2$-Gehalt), enthält die folgenden Verbindungsreihen:
- Lineare Ester der Form (EtO)$_3$Si $-$ [OSi(OEt)$_2$]$_n$OEt mit $n = 0 -$ ca. 8
- Cyclische Ester der Form [OSi(OEt)$_2$]$_n$ mit $n = 3 -$ ca. 8
- Verzweigte Ester, beginnend mit vier Si-Atomen pro Molekül

Silicaester sind hydrolyseempfindlich. Die Methoxyester hydrolysieren am schnellsten. Durch steigende Kettenlänge und besonders durch Einbau sperriger Gruppen kann die Hydrolysestabilität ganz erheblich gesteigert werden [264]. Zum genaueren Studium der Hydrolyse wird auf [265] verwiesen.

Das Gefahrenpotential der Silicaester ist unterschiedlich. Speziell das Tetramethoxysilan ist als sehr giftig beim Einatmen eingestuft (T+) und schon die Einwirkung der Dämpfe auf die Augen kann zur Erblindung führen. Tetraethoxysilan dagegen wirkt in erster Linie augen-, haut- und schleimhautreizend. Bei chronischer Einwirkung größerer Mengen sind Schädigungen der Lunge, Leber und Niere nicht auszuschließen. Der MAK-Wert für Tetraethoxysilan beträgt 20 ppm.

Die bei weitem wichtigste Anwendung haben Silicaester als Bindemittel für Zinkstaubfarben für den schweren Korrosionsschutz von Eisen und Stahl gefunden. Das dafür bevorzugt angewandte Produkt ist Ethylpolysilicat 40 [266]. Meist wird dabei das Ethylpolysilicat bis zu einem reaktionsfähigen, aber noch ausreichend lagerstabilen Bindemittel vorhydrolysiert. Nach Zugabe von Zinkstaub beginnt die Härtung. Die fertige Farbe hat eine Topfzeit von ca. 12 h. Neuere Entwicklungen sind Einkomponentensysteme, die mit Zinkstaub im geschlossenen Gefäß einige Monate lagerstabil sind und erst bei Zutritt von Luftfeuchtigkeit härten [267].

Weitere Anwendungen finden Silicaester im Formenbau für den Feinguss [268], als Steinfestiger [269] und als Lösemittel in modernen Gießerei-Prozessen.

Die Hydrolyseempfindlichkeit der RO-Si-Bindung wird zu neutraler Vernetzung verschiedener Polymere genutzt. Das bekannteste Beispiel ist der Siliconkautschuk [270]. Weitere Beispiele sind die Modifizierung von Polyvinylacetat, Polyurethan und Polyester.

Relativ beständige verzweigte Ester [264] finden Verwendung als Textilhilfsmittel, als Hydraulikflüssigkeit in Flugzeugen und als Schmiermittel für Kältemaschinen. Phenoxysilane auch als Diffusionspumpenöl.

4.4.2
Herstellung

Eine weit verbreitete Methode zur Herstellung von Silicaestern ist die Umsetzung von Siliciumtetrachlorid mit Alkoholen, bei Ethylsilicaten mit Ethanol.

$$SiCl_4 + 4\ ROH \longrightarrow Si(OR)_4 + HCl \tag{29}$$

Unter Einbeziehung der Lösungswärme des Chlorwasserstoffs im überschüssigen Alkohol ist die Reaktion exotherm [271]. Als Nebenreaktion kann überschüssiger Alkohol mit HCl unter Wasserabspaltung Alkylchloride bilden. Das Wasser reagiert wiederum mit dem Silicaester unter Ausbildung polymerer Siloxane. Deshalb wird bei empfindlichen Estern (z. B. von Methanol) das $SiCl_4$ vorgelegt und der Alkohol zudosiert. Durch den entweichenden Chlorwasserstoff kühlt sich die Mischung ab, sodass Nebenreaktionen zurückgedrängt werden. In den meisten Fällen verläuft die Reaktion glatt und schnell. Nur in Fällen sterischer Behinderung ist manchmal die Zugabe von säurebindenden Mitteln notwendig [264]. Die technischen Verfahren unterscheiden sich in der Reaktionsführung (Flüssigphasenreaktion, Gasphasenreaktion, diskontinuierlich, kontinuierlich) und in der Art der Entfernung der letzten Säurespuren mit Alkalialkoholaten oder Ammoniak.

Bei der Herstellung von technischem Ethylsilicat werden $SiCl_4$ und Ethanol im Molverhältnis von etwa 1:4,4 gleichzeitig in einen geheizten Behälter dosiert [272]. Nach der Umsetzung wird das Rohprodukt erwärmt und HCl mittels Durchleiten von Luft aus der Reaktionsmischung entfernt. Die letzten Säurespuren können mit Natriumethylat-Lösung entfernt werden. Je nach Wassergehalt des verwendeten Ethanols erhält man monomeres Ethylsilicat oder direkt ein oligomeres Ethylpolysilicat 40.

Andere Verfahren arbeiten bei Siedetemperaturen des Alkohols mit einer oder beiden Komponenten in der Gasphase. Moderne kontinuierliche Verfahren arbeiten meist bei hohen Temperaturen in Füllkörperkolonnen und erreichen auch ohne Nachbehandlung sehr niedrige Restsäuregehalte [273].

In Analogie zur Herstellung der Methylchlorsilane aus Si/Cu und Methylchlorid kann man Alkoxysilane auch aus Si/Cu und Alkoholen bzw. Phenolen bei erhöhter Temperatur herstellen [274]. Die Ausbeuten an Alkoxysilanen sind relativ hoch. Mit dem stark gewachsenen weltweiten Verbrauch an $SiCl_4$ steht dieses Produkt jedoch als kostengünstiges Ausgangsmaterial in ausreichender Menge zur Verfügung. Die industrielle Herstellung der Silicasäureester erfolgt damit fast immer über die Veresterung von Tetrachlorsilan.

5
Literatur

1 P. Ramdohr, H. Strunz: *Klockmanns Lehrbuch der Mineralogie*, 16. Aufl., Ferdinand Enke, Stuttgart, **1978**.
2 H. Strunz: *Mineralogische Tabellen*, 7. Aufl., Akademische Verlagsgesellschaft Geest & Portig, Leipzig, **1978**.
3 *Industrial Minerals* **2001**, November.
4 Roskill Report **2002**.
5 Minerals and Energy Resources – Mineral Resources Group 2002.
6 *Industrial Minerals* **2001**, Dezember.
7 *Industrial Minerals* **1994**, November.
8 *Industrial Minerals* **1994**, November.
9 *Industrial Minerals* **1995**, *335*, 52–63.
10 Guthrie, Mossmann, *Review in Mineralogy* **1993**, *28*, 387.
11 *Industrial Minerals* **2001**, Juli.
12 *Industrial Minerals* **1997**, Mai.
13 S. J. Gill, *TAPPI Monogr. Ser.* **1976**, *38*, 23.
14 *Industrial Minerals* **1997**, Januar.
15 *Industrial Minerals* **1998**, August.
16 *Industrial Minerals* **2001**, Oktober.
17 R. Fahn, SME-AIME Fall Meeting, Tucson, Arizona, Okt. **1979**.
18 G. Lagaly: *Tonminerale und Tone*, Steinkopff-Verlag, Darmstadt, **1993**, S. 358–419.
19 P. W. Harben: *Industrial Minerals Handy Book* 3rd Edition, S. 225.
20 *Industrial Minerals* **1998**, Mai.
21 P. W. Harben: *Industrial Minerals Handy Book* 3rd Edition, S. 105.
22 H. H. Murray, P. Partridge: Genesis of Rio Yari Kaolin »Dewel sedimentol. 35 (1985), 279–291
23 C. M. Bristow: Kaolin Deposits of the United Kingdom of Great Britain at Northern Island, *International Geological Congress Rep. Sess. 23rd* 1969, 275–288.
24 H. H. Murray: Industrial Applications of Kaolin, Clay and Clay Minerals, Vol. **10** (2001) : *Industrial Minerals Handy Book* 3rd Edition.
25 *Industrial Minerals* **1998**, September.
26 Chemikalienverbotsordnung, Fassung vom 19. Juli 1996, Abschnitt 2, Asbest VDI-Berichte 853, 1990, Faserförmige Stäube, S. 239.
27 *Canadian Minerals* **1992**, *30*, 61–73, *Industrial and Engineering Chemistry*, Vol. 59, Nr. 9, September 1967.
28 *Industrial Minerals* **2001**, Januar.
29 *Industrial and Engineering Chemistry*, Vol. 59, No. 9, September 1967.
30 *Industrial and Engineering Chemistry*, Vol. **59**, No. 9, September 1967.
31 N. P. Chopey, *Chem. Eng.* 1961, 68 (26,) 60. Diese Literaturstelle stammt aus dem Originalartikel von Dr. R. Fahn.
32 *Industrial Minerals* **1999**, Oktober.
33 *Industrial Minerals* **1995**, Dezember.

34 Ullmann's Enzyklopedia of Industrial Chemistry, Weinheim VCH, Volume A 23, S. 661 ff., 1993.
35 *Chemical Economics Handbuch*, SRI International, Menlo Park, CA, **2002**.
36 J. G. Vail: *Soluble Silicate*, Vol. 1, Reinhold Publ. Corp. New York, **1952**
37 J. G. Vail: *Soluble Silicate*, Vol. 1, Reinhold Publ. Corp. New York, **1952**
38 P. Christophliemk, *Glastech. Berichte*, Verlag der Glastechnischen Gesellschaft Frankf. a. M.
39 *Kirk-Othmer*, 2. Aufl. Bd. 18, J. Wiley & Sons, New York, **1969**.
40 H. P. Rieck: Natriumschichtsilikate und Schichtkieselsäuren. *Nachr. Chem. Lab.* **1996**, *44 (7/8)*, 699.
41 *Gmelin*, 8. Aufl., System Nr. 21 (Natrium), Erg. Bd. 4, Weinheim 1967.
42 *Gmelin*, 8. Auflage, System Nr. 22 (Kalium).
43 W. Eitel: *Silicate Science*, Bd. 3, Academic Press, New York-London, 1965.
44 H. H. Weldes, K. R. Lange, *Ind. Eng. Chem.* **1969**, *61 (4)*, 29.
45 G. Engelhardt et al., *Z. Anorg. Allg. Chem.* **1975**, *4188*, 17–28.
46 J. S. Falcone (Hrsg.): *Soluble Silicates*, Am. Chem. Soc., Washington, D.C., **1982** (Am. Chem. Soc. Symp. Ser.194).
47 H. Roggendorf, W. Grond, M. Hurbanic, *Glastech. Ber. Glass Sci. Technol.* **1996**, *69*, (7).
48 J. Laufenberg, R. Novotny, *Glastech. Ber.* **1983**, *56 (11)* 294.
49 R. K. Iler: *The Chemistry of Silica*, Wiley, New York, **1979**.
50 W. Friedemann, *Glastechn. Ber.* **1985**, *58 (11)* 315.
51 W. Kuhr, PdN-Ch. 1., Praxis d. Naturwissenschaften Chemie, Aulis Verlag Deubner & Co. KG, Köln, 46. Jahrgang (1997)
52 M. Fawer: Life Cycle Inventories for the Production Sodium Silicates, *EMPA Ber. Nr. 241*, St. Gall, 1997n.
53 A. F. Cronstedt, *Akad. Handl. Stockholm* **1756**, *18*, 120–123.
54 Übersetzung des Textes von A. F. Cronstedt [53] durch A. G. Kästner, *Der Königlich-Schwedischen Akademie der Wissenschaften, Abhandlungen für den Jenner, Hornung und März, 1756* **1757**, 111–113.

55 E. M. Flanigen, in B. Delmon, J. T. Yates (Hrsg.): *Introduction to Zeolite Science and Practice, Studies in Surface Science and Catalysis Vol. 137*, Elsevier, Amsterdam, **2000**, S. 11–35.
56 S. T. Wilson, B. M. Lok, C. A. Messina, T. R. Cannan, E. M. Flanigen, *J. Am. Chem. Soc.* **1982**, *104*, 1146–1147
57 E. M. Flanigen, B. M. Lok, R. L. Patton, S. T. Wilson, in Y. Murakami, A. Ijima, J. W. Wards (Hrsg.): *New Developments in Zeolite Science and Technology*, Kodansha Ltd., Tokyo, und Elsevier, Amsterdam, **1986**, 103–112.
58 S. T. Wilson, in B. Delmon, J. T. Yates (Hrsg.): *Introduction to Zeolite Science and Practice, Studies in Surface Science and Catalysis Vol. 137*, Elsevier, Amsterdam, **2000**, 229–297.
59 J. S. Beck, C. T. Chu, I. D. Johnson. C. T. Kresge, M. E. Leonowicz, W. J. Roth, J. C. Vartuli, WO Pat. 911 390 (1991), Mobil Oil Corp.
60 C. T. Kresge, M. E. Leonowicz, W. J. Roth, J. C. Vartuli, J. S. Beck, *Nature* **1992**, *359*, 710–712.
61 T. Yanagisawa, K. Kuroda, C. Kato, *Bull. Chem. Soc. Jpn.* **1988**, *61*, 3743–3745.
62 T. Yanagisawa, K. Kuroda, C. Kato, *Reactivity of Solids* **1988**, *5*, 167–175.
63 D. Zhao, Q. Huo, J. Feng, B. F. Chmelka, G. D. Stucky, *J. Am. Chem. Soc.* **1998**, *120*, 6024–6036.
64 Zeolites: Industry Trends and Worldwide Markets in 2010, Frost & Sullivan, 2001
65 K. S. W. Sing, D. H. Everett, R. A. W. Harl, L. Moscou, R. A. Pierotti, J. Rouquerol, T. Siemieniewska, *Pure Appl. Chem.* **1985**, *57*, 603–619.
66 Ch. Baerlocher, W. M. Meier, D. H. Olson: *Atlas of Zeolite Framework Types*, 5th revised edition, Elsevier, Amsterdam, **2001**.
67 T. Maesen, B. Marcus, in H. van Bekkum, E. M. Flanigen, P. A. Jacobs, J. C. Jansen (Hrsg.): *Introduction to Zeolite Science and Practice, Studies in Surface Science and Catalysis 137*, Elsevier, Amsterdam, **2001**, 1–9.
68 B. J. Schoeman, J. Sterte, J.-E. Otterstedt, *Zeolites* **1994**, *14*, 110–116.
69 S. Mintova, N. H. Olson, V. Valtchev, T. Bein, *Science* **1999**, *283*, 958–960.
70 S. Shimizu, H. Hamada, *Angew. Chem. Int. Ed.* **1999**, *38*, 2725–2727.

71 W. Schmidt, in F. Schüth, K. S. W. Sing, J. Weitkamp (Hrsg.): *Application of Microporous Materials as Ion Exchangers, Handbook of Porous Solids*, Wiley-VCH, Weinheim, **2002**, 1058–1096.

72 J. A. Martens, P. A. Jacobs, in B. Delmon, J. T. Yates (Hrsg.): *Introduction to Zeolite Science and Practice, Studies in Surface Science and Catalysis Vol. 137*, Elsevier, Amsterdam, **2000**, 633–671.

73 H. W. Kouwenhoven, B. de Kroes, in B. Delmon, J. T. Yates (Hrsg.): *Introduction to Zeolite Science and Practice, Studies in Surface Science and Catalysis Vol. 137*, Elsevier, Amsterdam, **2000**, 673–706.

74 I. E. Maxwell, W. H. J. Stork, in B. Delmon, J. T. Yates (Hrsg.): *Introduction to Zeolite Science and Practice, Studies in Surface Science and Catalysis Vol. 137*, Elsevier, Amsterdam, **2000**, 747–819.

75 W. F. Hölderich, H. van Bekkum, in B. Delmon, J. T. Yates (Hrsg.): *Introduction to Zeolite Science and Practice, Studies in Surface Science and Catalysis Vol. 137*, Elsevier, Amsterdam, **2000**, 821–910.

76 A. Pfenninger, in H. G. Karge, J. Weitkamp (Hrsg.): *Structures and Structure Determination, Molecular Sieves Science and Technology Vol. 2*, Springer, Berlin Heidelberg, **1999**, 163–198.

77 D. W. Breck: *Zeolite Molecular Sieves*, Wiley, New York, **1974**.

78 O. Grubner, P. Jirú, M. Rálek: *Molekularsiebe*, Verlag der Wissenschaften, Berlin, **1968**.

79 R. F. Gould (Hrsg.): *Molecular Sieve Zeolites, Teil 1 und Teil 2, Adv. Chem. Ser. Vol. 101 und 102*, Washington, **1971**.

80 R. P. Townsend (Hrsg.): *The Properties and Application of Zeolites*, The Chemical Society Special Publication No. 33, London, **1980**.

81 DE Pat. 2527388 (1975), Henkel.

82 DE Pat. 2633304 (1976), J. M. Huber Corp.

83 DE Pat. 2910147 (1979), Degussa AG, Henkel.

84 DE Pat. 2910152 (1979), Degussa AG, Henkel.

85 DE Pat. 2941636 (1979), Henkel, Degussa AG.

86 R. M. Barrer, *Hydrothermal Chemistry of Zeolites*, Academic Press, London, **1982**.

87 H. Lechert, H. Kacirek, *Zeolites* **1991**, *11*, 720–728.

88 G. H. Kühl, *Zeolites* **1987**, *7*, 451–457.

89 W. L. Haden, F. J. Dzierzanowski, US Pat. 2992068 (1961), Minerals and Chemicals Philipp.

90 E. Costa, A. Lucas, M. A. Uguina, J. C. Ruiz, *Ind. Eng. Chem. Res.* **1988**, *27*, 1291–1296.

91 C. W. Chi, G. H. Hoffmann, E. T. Eichhorn, DE Pat. 2707313 (1977), Grace.

92 J. A. Goytisolo, D. D. Chi, H. Lee, US Pat. 3906076 (1975), Grace.

93 B. Delmon, J. T. Yates (Hrsg.): *Introduction to Zeolite Science and Practice, Studies in Surface Science and Catalysis Vol. 137*, Elsevier, Amsterdam, **2000**,

94 F. Schüth, K. S. W. Sing, J. Weitkamp (Hrsg.): *Handbook of Porous Solids*, Wiley-VCH, Weinheim, **2002**.

95 H. Knözinger, G. Ertl, J. Weitkamp (Hrsg.): *Handbook of Heterogeneous Catalysis*, Wiley-VCH, Weinheim, **1997**.

96 H. G. Karge, J. Weitkamp (Hrsg.): *Handbook of Molecular Sieves Vol 1*, Springer, Berlin, **1998**.

97 R. Szostak: *Handbook of Molecular Sieves*, Van Nostrand Reinhold, New York, **1992**.

98 R. Szostak: *Molecular Sieves: Principles of Synthesis and Identification*, Van Nostrand Reinhold, New York, **1989**.

99 J. B. Higgins, in P. J. Heaney, C. T. Prewitt, G. V. Gibbs (Hrsg.): *Silica: Physical Behavior, Geochemistry and Materials Applications, Reviews in Mineralogy Vol 29*, Mineralogical Society of America, Washington, D. C., **1994**.

100 H. Upadek, B. Kottwitz, B. Schreck, *Tenside Surf. Det.* **1996**, *33*, 385–392.

101 DE Pat. 3413571 (1984), Hoechst.

102 F. J. Dany, W. Gohla, J. Kandler, H. P. Rieck, G. Schimmel, *Seifen Öle Fette Wachse* **1990**, *116*, 805–808.

103 W. N. Coker, L. V. C. Rees, *J. Mater. Chem.* **1993**, *3*, 523–529.

104 J. Wilkens, *Tenside Surf. Det.* **1995**, *32*, 476–481.

105 DE Pat. 4038388 (1990), Henkel.

106 H. Ferch, *Chem. Ing. Tech.* **1976**, *11*, 922.

107 *Ullmanns*, 4. Aufl., Bd. 21, 462.

108 CEH Marketing Research Report: Silicates and Silicas, März 2002.

109 H. N. Potter US Pat. 875 674; US Pat. 875 675 (1907).
110 DE Pat. 103 4601 (1955), BF Goodrich.
111 DE Pat. 118 0723 (1963), Degussa AG.
112 DE Pat. 193 3291 (1969), Degussa AG.
113 T. Graham, *J. Chem. Soc.* **1864**, *17*, 318.
114 US Pat. 127 9724 (1918), Silica Gel Corp.
115 S. S. Kistler, *Nature (London)* **1931**, *127*, 741; *J. Phys. Chem.* **1932**, *36*, 52.
116 J. F. White, *Chem. Ind.* **1942**, *51*, 66.7.
117 R. Deshpande, D. M. Smith, C. J. Brinker, WO Pat. 942 5149 (1994).
118 A. E. Boss, *Chem. Eng. News* **1949**, *27*, 677.
119 Degussa Archive, Degussa AG, Deutschland
120 DE Pat. 762 723 (1942), Degussa AG.
121 L. J. White, G. J. Duffy, *J. Ind. Eng. Chem.* **1959**, *51*, 232.
122 E. Wagner, H. Brünner, *Angew. Chem.* **1960**, *72*, 744.
123 DE Pat. 120 8741 (1955), NYNÄS Petroleum.
124 AEROSIL® ist ein eingetragenes Warenzeichen der Firma Degussa AG.
125 DE-PS 762 723 (1942), Degussa AG.
126 S. E. Pratsinis, J. Colloid Interface Sci. **124** (1988), 416
127 DE-PS 103 4601 (1958), Goodrich.
128 A. Schei, J. K. Tuset, H. Tveit: Production of High Silicon Alloys, Tapir forlag, Trondheim, **1998**.
129 E. Dingsoeyr, H. Tveit, WO Pat. 950 3995 (1995).
130 Elkem Microsilica® ist ein eingetragenes Warenzeichen der Firma Elkem ASA.
131 *Guide for the Use of Silica Fume in Concrete*, ACI Committee Report 234R-96, ACI, Farmington Hills, **1996**.
132 C. R. Schnell, S. M. L. Hamblyn, K. Hengartner, M. Wissler, *Powder Technol.* **1978**, *20*, 15.
133 B. Schumacher, W. Müschenborn, M. Stratmann, B. Schultrich, C. P. Klages, M. Kretschmer, U. Seyfert, F. Förster, H. J. Tiller, *Adv. Eng. Mat.* **2001**, *9 (3)*, 681–689.
134 C. J. Brinker, G. W. Scherer: *Sol-Gel Science*, Academic Press, London, **1990**, ISBN 0-12-134970-5.
135 US Pat. 228 7700 (1942), PPG.
136 U. Brinkmann, M. Ettlinger, D. Kerner, R. Schmoll: Synthetic Amorphous Silicas, in H. E. Bergna (Hrsg.): The *Colloid Chemistry of Silica*, American Chemical Society, **2003**, im Druck.
137 *Ullmanns*, 5. Aufl. Vol. A23, Kapitel 7.1, S. 81
138 CEFIC ASASP, BREF Working Group of Synthetic Amorphous Silica 2002, 10.
139 DE Pat. 146 7019 (1963), Degussa AG.
140 DE Pat. 128 3207 (1961), PPG.
141 DE 222 4061, 1972, Sifrance
142 EP Pat. 007 8909 (1982), Degussa AG.
143 EP Pat. 017 0578 (1985), Rhone-Poulenc.
144 US Pat. 412 7641 (1977), Crosfield.
145 US Pat. 426 0454 (1978), Huber.
146 DE Pat. 966 985 (1950), Degussa AG.
147 JP Pat. 037 5215 (1989), Nippon Silica.
148 DE Pat. 122 9504 (1962), Degussa AG.
149 DE-OS 352 5802 (1985), Bayer AG.
150 DE-AS 119 2162 (1962), Degussa AG.
151 DE-AS 113 1196 (1955), PPG.
152 DE Pat. 128 3207 (1961), PPG.
153 EP Pat. 001 8866 (1980), Rhone-Poulenc.
154 DE Pat. 250 5191 (1975), Degussa AG.
155 US Pat. 417 9431 (1979), Degussa AG.
156 DE-AS 156 7440 (1965), Degussa AG.
157 US Pat. 129 7724 (1918), Patrick.
158 WO Pat. 000 2814 (2000), W. R. Grace.
159 IUPAC Compendium of Chemical Terminology, 2nd Edition, 1997.
160 J. Fricke, A. Emmerling, *J. Sol Gel Sci. Tech.* **1998**, *13*, 299.
161 N. Hüsing, U. Schubert, *Angew. Chem Int. Ed.* **1998**, *37*, 22.
162 R. K. Iler: *The Chemistry of Silica*, John Wiley & Sons, New York, **1979**, S. 331.
163 P. G. Bird, US Pat. 224 4325 (1941), National Aluminate Co.
164 M. F. Bechtold, O. E. Snyder, US Pat. 257 4902 (1951), Du Pont.
165 US Pat. 275 0345 (1956), Du Pont.
166 R. C. Atkins, US Pat. 301 2973 (1961), Du Pont.
167 R. K. Iler, F. J. Wolter, US Pat. 263 1134 (1953), Du Pont.
168 M. Mindick, L. E. Reven, US Pat. 346 8813 (1969), Nalco Chemical Co.
169 W. Stöber, A. Fink, *J. Colloid Interface Sci.* **1968**, *26*, 62.
170 F. Wolf, H. Beyer, *Kolloid-Z.* **1959**, *165*, 437.
171 EP-A 034 1383 (1989), Degussa AG.
172 EP Pat. 001 8866 (1980), Rhone-Poulenc.
173 DE-AS 250 9191 (1975), Degussa AG.
174 EP Pat. 072 5037 (1996), Degussa AG.

175 EP-OS 1199336 (2000), Degussa AG.
176 DE Pat. 1667465 (1967), Degussa AG.
177 DE Pat. 1592865 (1967), Degussa AG.
178 DE Pat. 2513608 (1975), Degussa AG.
179 DE Pat. 2729244 (1977), Degussa AG.
180 DE Pat. 1074559 (1959), Degussa AG.
181 DE Pat. 2628975 (1976), Degussa AG.
182 H. Brünner, D. Schutte, *Chem. Ing. Tech.* **1965**, *89*, 437.
183 Degussa, Schriftenreihe Pigmente Nr. 11, 6. Auflage, **1998**.
184 EP-OS 1199335 (2000), Degussa AG.
185 Degussa, Schriftenreihe Pigmente Nr. 28 »Handhabung synthetischer Kieselsäuren und Silikate«; Degussa, Technische Information 1231 »Verpackungsformen von AEROSIL®«; Degussa, Technische Information 1232 »Verpackungsformen von Degussa Fällungskieselsäuren und Silikaten.
186 Degussa: *Gefällte Kieselsäuren und Silikate für die Gummiindustrie.*
187 Degussa, Schriftenreihe Pigmente Nr. 28 »Handhabung synthetischer Kieselsäuren und Silikate«; Degussa, Schriftenreihe Pigmente Nr. 62 »Synthetische Kieselsäuren und elektrostatische Aufladung.
188 *Kirk-Othmer*, 4. Aufl., Vol. 21, **1998**.
189 L. T. Zhuralev, *Langmuir* **1987**, *3*, 316.
190 L. T. Zhuralev, *Colloids Surf., A* **1993**, *74*, 71.
191 E. F. Vansant, P. van der Voort, K. C. Vrancken: Characterization and Chemical Modification of the Silicas Surface. *Stud. Surf. Sci. Catal.* **1995**, *93*, 88.
192 *Ullmann's*, 5. Aufl., Vol. A23, S. 631.
193 J. Mathias, G. Wannemacher, *J. Colloid Interface Sci.* **1988**, *125*, 61.
194 IUPAC Manual of Symbols and Terminology, Appendix 2, Pt. 1; Colloid and Surface Chemistry, *Pure Appl. Chem.* **1972**, *31*, 578.
195 H. L. Ritter, L. C. Drake, *Ind. Eng. Chem. Anal.* **1945**, *17*, 782.
196 P. A. Webb, C. Orr: *Analytical Methods in Fine Particle Technology*, Micromeritics Instrument Corp., Norcross, **1997**, S. 155.
197 S. J. Gregg, K. S. W. Sing: *Adsorption, Surface Area and Porosity*, 2. Aufl. Academic Press, London, **1982**, S. 173.
198 DIN 66134: Bestimmung der Porengrößenverteilung und der spezifischen Oberfläche mesoporöser Stoffe durch Stickstoffsorption (1998).
199 B. V. Derjaguin: *Theory of Stability of Colloids and thin Films*, Consultants Bureau, 1989.
200 G. B. Alexander, A. H. Bolt, US Pat. 3007878 (1961).
201 R. K. Iler: *The Chemistry of Silica*, John Wiley & Sons, New York, **1979**, S. 325.
202 D. H. Napper: *Polymer Stabilization of Colloidal Dispersions*, Academic Press, London, **1983**.
203 H. J. Bachmann et al., *Rubber Chem. Technol.* **1959**, *32*, 1286.
204 G. Kraus: *Reinforcement of Elastomers*, Interscience, New York, **1965**.
205 S. Wolff, *Kautsch. Gummi Kunstst.* **1981**, *34*, 280.
206 S. Wolff, *Kautsch. Gummi Kunstst.* **1983**, *36*, 969.
207 G. Berrod et al., *J. Appl. Polym. Sci.* **1981**, *26*, 833, 1015.
208 P. Vondracek, M. Schätz, *J. Appl. Polym. Sci.* **1977**, *21*, 3211.
209 K. H. Müller, *Mühle Mischfuttertechnik* **1977**, *114*, 28.
210 C .R. Hegedus, I. L. Kamel, *J. Coat. Tech.* **1993**, *65*, 49.
211 A. Tauber et al., *J. Coat. Technol.*, 2003.
212 B. Borup et al., *Eur. Coat. J.*, 06/2003.
213 Technical Bulletin Pigments No. 54, Company Brochure of Degussa AG, Frankfurt / Main, Germany, **1999**.
214 K. Kobayashi, K. Araki, Y. Imamura, *Bull. Chem. Soc. Jpn.* **1989**, *62*, 3421.
215 B. L. Mueller, J. S. Steckenrider, *Chemtech.* **1998**, *28(2)*, 38.
216 R. Clasen, *Glastechn. Ber.* **1988**, *61*, 119.
217 WO Pat. 0204370 (2002), Novara Technology.
218 E. M. Rabinvich et al., *J. Amer. Chem. Soc.* **1983**, *66*, 683.
219 IUCLID Data Set of the European Commission: Silicon Dioxide, **2000**.
220 J. Lewinson, W. Mayr, H. Wagner, Characterization and toxicological behavior of synthetic amorphous hydrophobic silica. *Regulatory Toxicology and Pharmacology* **1994**, *20*, 37–57.
221 M. Maier, Amorphous silica in working environments. A toxicological overview. *SILICA 2001*, Mulhouse, September 3–6, **2001** (Abstract).

222 R. G. J. Reuzel, J. Bruijntjes, V. J. Feron, R. A. Woutersen, Subchronic inhalation toxicity of amorphous silicas and quartz dust in rats; *Fd. Chem. Toxic.* **1991**, *29*, 341–354.

223 C. J. Johnston, K. E. Driscoll, J. N. Finkelstein, R- Baggs, M. A. O'Reilly, J. Carter, R. Gelein, G. Oberdörster: Pulmonary chemokine and mutagenic responses in rats after subchronic inhalation of amorphous and crystalline silica; *Toxicol. Sci.* **2000**, *56*, 405–413.

224 W. Klosterkötter, Gewerbehygienisch-toxikologische Untersuchungen mit hydrophoben amorphen Kieselsäuren. I. Aerosil R 972; *Arch. Hyg. Bakeriol.* **1965**, *149*, 577–598.

225 R. Merget, T. Bauer, H .U. Küpper, S. Philippou, H. D. Bauer, R. Breitstadt, Health hazards due to the inhalation of amorphous silica; *Occupational Hygiene* **2001**, *5*, 231–251.

226 Y. Sun, D. Holthenrich, R. Merget, H. U. Küpper, K. Straif, Exposition gegenüber amorpher Kieselsäure und chronisch respiratorische Gesundheitseffekte, *DAE 2001*, Garmisch-Partenkirchen, September 6–7, **2001** (Abstract).

227 International Agency for Research on Cancer: *IARC Monographs on the evaluation of carcinogenic risks to humans. Silica, some silicates, coal dust and para-armid fibrils*; **1997**, *68*, 41–242.

228 Deutsche Forschungsgemeinschaft: *MAK- und BAT-Werte-Liste 2002*, WILEY-VCH, Weinheim, **2002**.

229 DE-OS 2139335 (1971), VEB Stickstoffwerk Piesteritz.

230 KS-PS 3811246 (1973), W. R. Erickson.

231 DE-OS 2162537 (1971), Union Carbide Corp.

232 EP Pat. 0285937 A2 (1988), Hüls Troisdorf AG.

233 EP Pat. 0474265 A2 (1988), Hüls AG.

234 DE-PS 2020352 (1970), Degussa AG.

235 DE-PS 2630542 (1976), Dynamit Nobel.

236 DE-PS 2161641 (1971), Degussa AG.

237 DE-OS 2623290 (1976), Wacker Chemitronic.

238 US Pat. 2595620 (1948), Union Carbide Corp.

239 DE Pat. 10045367 A1 (2000), Bayer AG.

240 DE Pat. 10048794 A1 (2000), Bayer AG.

241 DE Pat. 4108614 A1 (1991), Chemiewerk Nünchritz.

242 DE-OS 2507864 (1975), Union Carbide Corp.

243 US Pat. 4676967 (1982), Union Carbide Corp.

244 DE Pat. 19860146 A1 (1998), Bayer AG.

245 DE Pat. 10017168 A1 (2000), Bayer AG.

246 *Angew. Chem.* **1965**, *77*, 241–258.

247 C. Friedel, J. M. Crafts, *Ann.* **1863**, *127*, 28; **1865**, *136*, 203.

248 E. P. Plueddemann: *Silane Coupling Agents*, Plenum Press, New York,**1982**; I. Ojima: *The Chemistry of Organic Silicon Compounds*, John Wiley & Sons, New York, **1989**.

249 H. H. Moretto, M. Schulze, G. Wagner, *Industrial Polymers Handbook* **2001**, *3*, 1349; A. Tomanek: *Silicone & Technik*, Wacker Chemie GmbH, Burghausen, **1990**.

250 F. Beari, M. Brand, P. Jenkner, R. Lehnert, H. J. Metternich, J. Monkiewicz, H. W. Siesler, *J. Organomet. Chem.* **2001**, *625*, 208.
E. Pohl, F. Osterholz, in D. Leyden (Hrsg.): *Silane Surfaces and Interfaces*, Gordin & Breach, New York, **1986**.
M. Brand, A. Fring, P. Jenkner, R. Lehnert, H. J. Metternich, J. Monkiewicz, J. Schram, *Z. Naturforsch.* **1999**, *54*, 154.

251 P. H. Harding, J. C. Berg, *J. App. Polym. Sci.* **1998**, *67*(6), 1025;
J. E. Ritter, J. C. Learned, G. S. Jacome, T. P. Russel, T. J. Lardner, *J. Adhes.* **2001**, *76*, 335;
H. Mack, *Adhes. Age* **2000**, *8*, 28;
T. E. Gentle, R. G. Schmidt, B. M. Naasz, A. S. Gellmann, T. M. Gentle, *J. Adhes. Sci. Technol.* **1992**, *6*, 307.

252 H. D. Luginsland, *Kautsch. Gummi Kunstst.* **2000**, *53*, 10;
U. Görl, J. Münzenberg,
H. D. Luginsland, A. Müller, *Kautsch. Gummi Kunstst.* **1999**, *52*, 588;
U. Deschler, P. Kleinschmidt, P. Panster, *Angew. Chem.* **1986**, *98*, 237.

253 H. Mack, *Wire & Cable Technology International* **1999**, *1*, 51.

254 G. Wagner, *Coating* **2001**, *8*, 262;
DE Pat. 4303570 (1997), Fraunhofer Gesellschaft;

G. Reusmann, Farbe Lack **107** (2001), 78
US Pat. 5275645 (1992), Ameron;
EP Pat. 0670870 (1999), Ameron.

255 A. Sabata, W. J. Van Ooij, R. J. Koch, *J. Adhes. Sci. Technol.* **1993**, *11*, 1153;
S. E. Hoernstroem, J. Karlsson, W. J. Van Ooij, N. Tang, H. Klang, *J. Adhes. Sci. Technol.* **1996**, *9*, 904.
T. L. Metroke, O. Kachurina, E. T. Knobbe, *J. Coat. Technol.* **2002**, *74*, 53.

256 C. J. Brinker, G. W. Scherer, *Sol-gel Science*, Academic Press, London, **1990**.
H. K. Schmidt: *Organosilicon Chemistry From Molecules to Materials*, John Wiley & Sons, New York, **2002**, S. 773.
S. [261]
H. J. Gläsel, E. Hartmann, H. Langguth, R. Mehnert, Coating **2** (2000), 42

257 N. Auner, J. Weis: *Organosilicon Chemistry From Molecules to Materials*, John Wiley & Sons, New York, **2002**.

258 E. McGettigan, *The Construction Specifier* 1994, 6, K. M. Rödder, *Bautenschutz Bausanierung* **1978**, *3*, 72;
B. Standke: Ökologie und Bauinstandsetzen, Aedificatio Verlag, Freiburg i. Breisgau, 1999, 73; ISBN 3-931681-39-4, B. Standke, R. Hitze, D. Van Gemert, L. Schueremans, *Proceedings Structural Faults and Repair*, London, 1999.

259 J. Chadwick, G. van Kessel, O. Sudmeijer, *Macromol. Chem. Phys.* **1995**, *196* (5),1431;
S. Ultsch, H. G. Fritz, *Plastics and Rubber Processing and Applications* **1990**, *13*, 81;
P. Franz, *Kautsch. Gummi Kunstst.* **1991**, *44*, 566.

260 M. J. Owen, D. E. Williams, *J. Adhes. Sci. Technol.* **1991**, *5*, 307;
T. Kawase, H. Sawada, *J. Adhes. Sci. Technol.* **2002**, *16*, 1103;
EP Pat. 0846717 (1996), Hüls AG;
B. Standke, B. Bartkowiak, Innovative Antigraffitisysteme, in *Proceedings 6. Seminar Beschichtungen und Bauchemie*, Kassel, **2002**;
B. Standke, P. Jenkner, R. Störger, Easy to clean and Antigraffiti Surfaces, in *Proceedings Materials Week*, München, **2000**.

261 B. Marciniec: *Comprehensive Handbook on Hydrosilylation*, Pergamon Press, Oxford, **1992**.

262 DE Pat. 2712866 A1 (1978), Degussa AG;
US Pat. 5596116 (1995), Osi/Crompton;
US Pat. 4125552 (1978), Dow Corning.

263 *Houben-Weyl*, 4. Aufl., **6/2**, 1963.

264 R. N. Scott, K. O. Knollmueller et al., *Ind. Eng. Chem. Prod. Res. Dev.* **1980**, *19*, 6.

265 G. Engelhard et al., *Z. Anorg. Allg. Chem.* **1977**, *428*, 43.

266 E. Le Coz, *Dtsch. Farben-Z.* **1978**, *32*, 56.

267 *Ullmanns*, 4. Aufl. Bd. 15, 560, 1978.

268 H. G. Emblem, *Trans. J. Br. Ceram. Soc.* **1975**, *74*, 223;
H. G. Emblem, *Res. Ind.* **1978**, *23*, 207.

269 M. Roth, *Bautenschutz Bausanierung* **1979**, *1*, 12.

270 J. Patzke, E. Wohlfahrt, *Chem.-Ztg.* **1973**, *97*, 176.

271 H. Reuter, *Chem. Tech.* **1950**, *2*, 331.

272 GB Pat. 674137 (1952), Monsanto.

273 EP Pat. 3610 (1979), Wacker Chemie;
EP Pat. 3317 (1979), Wacker Chemie;
EP Pat. 0702017 (1995), Hüls AG.

274 W. E. Newton, E. G. Rochow, *Inorg. Chem.* **1970**, *9*, 1071.

11
Kohlenstoffprodukte

Gerd Collin (1–6), Wilhelm Frohs (2), Jürgen Behnisch (3), Gerd-Peter Blümer (4), Peter K. Bachmann (5), Peter Scharff (6)

1	**Definitionen, Historisches und Wirtschaftliches**	895
1.1	Vorkommen und Modifikationen des elementaren Kohlenstoffs	895
1.2	Historisches 895	
1.3	Wirtschaftliches 897	
2	**Formprodukte aus graphitischem Kohlenstoff** 898	
2.1	Historisches und Wirtschaftliches 898	
2.1.1	Historisches 898	
2.1.2	Wirtschaftliches 899	
2.2	Definitionen und Grundlagen 900	
2.3	Herstellung von polygranularen Kohlenstoff- und Graphitprodukten 904	
2.3.1	Rohstoffe 904	
2.3.1.1	Feststoffe 904	
2.3.1.2	Binder 907	
2.3.2	Zerkleinern, Klassieren 908	
2.3.3	Mischen 909	
2.3.4	Formen 910	
2.3.5	Carbonisieren 914	
2.3.6	Graphitieren 919	
2.3.7	Reinigen 924	
2.3.8	Imprägnieren 924	
2.3.9	Bearbeiten 926	
2.4	Verwendung von Kohlenstoff- und Graphitprodukten 927	
2.4.1	Elektroden für elektrothermische und elektrochemische Verfahren 927	
2.4.1.1	Elektroden für Lichtbogenöfen zur Stahlerzeugung 927	
2.4.1.2	Elektroden für Lichtbogenwiderstandsöfen 928	
2.4.1.3	Heizleiter für Widerstandsöfen 929	
2.4.1.4	Elektroden für wässrige Elektrolysen 929	
2.4.1.5	Elektroden für Schmelzflusselektrolysen 929	

Winnacker/Küchler. *Chemische Technik: Prozesse und Produkte.*
Herausgegeben von Roland Dittmeyer, Wilhelm Keim, Gerhard Kreysa, Alfred Oberholz
Band 3: Anorganische Grundstoffe, Zwischenprodukte.
Copyright © 2005 WILEY-VCH Verlag GmbH & Co. KGaA, Weinheim
ISBN: 3-527-30768-0

2.4.2	Auskleidungen und andere Anwendungen in der Metallurgie 930
2.4.2.1	Ofenzustellungen 930
2.4.2.2	Gießformen 931
2.4.3	Produkte für Chemieapparate 931
2.4.4	Produkte für die Elektrotechnik und Teile für Maschinen 932
2.4.4.1	Kontakte und Spezialanwendungen 932
2.4.4.2	Teile und Schmiermittel für Maschinen 933
2.4.5	Reaktorgraphit 935
2.5	Monogranularer Kohlenstoff und Graphit 935
2.5.1	Kohlenstofffasern 935
2.5.2	Glaskohlenstoff 939
2.5.3	Pyrokohlenstoff und Pyrographit 939
2.5.4	Graphitfolien 940
3	**Industrieruß 941**
3.1	Definition und Historisches 941
3.2	Wirtschaftliches 942
3.3	Eigenschaften 943
3.3.1	Physikalische Eigenschaften 943
3.3.1.1	Morphologie 943
3.3.1.2	Spezifische Oberfläche 944
3.3.1.3	Adsorptionsvermögen 944
3.3.1.4	Elektrische Leitfähigkeit 945
3.3.1.5	Lichtabsorption 945
3.3.2	Chemische Eigenschaften 945
3.3.3	Prüfung und Analyse 946
3.3.3.1	Oberflächenbestimmung 946
3.3.3.2	Strukturbestimmung 947
3.3.3.3	Coloristische Messungen 948
3.3.3.4	Gummitechnische Prüfung 948
3.3.3.5	Chemische Analyse 948
3.3.3.6	Beschaffenheit und Handling 949
3.4	Herstellverfahren 949
3.4.1	Rohstoffe 949
3.4.2	Furnaceruß-Verfahren 950
3.4.3	Gasruß-Verfahren 954
3.4.4	Flammruß-Verfahren 955
3.4.5	Thermalruß-Verfahren 955
3.4.6	Acetylenruß-Verfahren 956
3.5	Aufarbeitung 957
3.5.1	Verdichtung und Verperlung 957
3.5.2	Oxidative Nachbehandlung 958
3.6	Lagerung und Versand 959
3.7	Verwendung 959
3.8	Toxikologie 961

4	**Aktivkohle** 962
4.1	Einleitung 962
4.2	Geschichte 963
4.3	Wirtschaftliches 964
4.4	Rohstoffe 964
4.5	Aufbereitung der Rohstoffe 965
4.6	Aktivierung der Rohstoffe 967
4.6.1	Chemische Aktivierung 967
4.6.2	Gasaktivierung (Physikalische Aktivierung) 969
4.6.3	Technologie der Aktivierung 970
4.6.4	Nachbehandlung 974
4.7	Imprägnierung von Aktivkohlen 975
4.8	Eigenschaften von Aktivkohlen 975
4.8.1	Allgemeine Eigenschaften 975
4.8.2	Physikalische Eigenschaften von Aktivkohle 977
4.8.3	Chemische Eigenschaften von Aktivkohle 977
4.8.4	Adsorptionseigenschaften von Aktivkohle 978
4.8.5	Technische Typenklassifizierung von Aktivkohlen 979
4.8.6	Testmethoden für Aktivkohlen 980
4.9	Anwendungsverfahren 981
4.9.1	Verfahrensübersicht 981
4.9.2	Einrührverfahren 981
4.9.3	Festbettverfahren 981
4.9.4	Bewegtbettverfahren 983
4.10	Anwendungsgebiete 985
4.10.1	Allgemeines 985
4.10.2	Entfärbung 985
4.10.3	Wasserreinigung 986
4.10.4	Weitere Anwendungen in der Flüssigphase 987
4.10.5	Luft- und Gasreinigung 988
4.10.6	Gastrennung 990
4.11	Regenerierung und Reaktivierung 990
5	**Diamant** 991
5.1	Struktur, Eigenschaften und Anwendungsfelder 991
5.2	Naturdiamanten 993
5.3	Synthetische Diamanten 995
5.3.1	Hochdruck-Hochtemperatur-(HPHT)-Synthese von Diamant 995
5.3.2	Die Entwicklung von Diamant-Niederdrucksynthesen 999
5.3.3	Grundlagen, allgemeine Konzepte und Verfahren der Diamantabscheidung 1001
5.4	Ausgewählte Anwendungsbeispiele 1012
5.5	Zusammenfassung und Ausblick 1017

6	**Fullerene und Kohlenstoff-Nanoröhren**	*1018*
6.1	Fullerene *1018*	
6.1.1	Entstehung und Entdeckung *1018*	
6.1.2	Herstellung *1018*	
6.1.2.1	Krätschmer-Huffman-Verfahren *1018*	
6.1.2.2	Lichtbogen-Verdampfung von Graphit] *1019*	
6.1.2.3	Induktionsverfahren *1020*	
6.1.2.4	Laser-Verdampfung von Kohlenstoff *1020*	
6.1.2.5	Solarenergie-Verdampfung von Kohlenstoff *1020*	
6.1.2.6	Rußende Flammen *1021*	
6.1.2.7	Zusammenfassung *1021*	
6.1.3	Isolierung *1021*	
6.1.4	Trennung und Reinigung *1021*	
6.1.5	Charakterisierung *1022*	
6.1.6	Eigenschaften *1022*	
6.1.7	Fulleren-Derivate *1023*	
6.1.7.1	Endohedrale Fullerene *1023*	
6.1.7.2	Exohedrale Verbindungen – Kovalente Bindung *1024*	
6.1.7.3	Exohedrale Verbindungen – Intercalationsverbindungen *1024*	
6.1.7.4	Exohedrale Verbindungen – Polymere *1025*	
6.1.7.5	Heterofullerene *1025*	
6.2	Kohlenstoff-Nanoröhren *1025*	
6.2.1	Herstellung *1027*	
6.2.1.1	Katalytische Zersetzung von Kohlenwasserstoffen *1027*	
6.2.1.2	Gleichstrom- oder Wechselstromlichtbogen zwischen Graphitelektroden *1027*	
6.2.1.3	Laser-Verdampfung von Kohlenstoff *1027*	
6.2.1.4	Solarenergie-Verdampfung von Kohlenstoff *1028*	
6.2.1.5	Zusammenfassung *1028*	
6.2.2	Reinigung *1029*	
6.2.3	Charakterisierung *1029*	
6.2.4	Eigenschaften *1030*	
6.2.5	Anwendung *1030*	
7	**Literatur** *1031*	

1
Definitionen, Historisches und Wirtschaftliches

1.1
Vorkommen und Modifikationen des elementaren Kohlenstoffs

Kohlenstoff ist mit einem Gehalt von 0,09 % Massenanteil das dreizehnthäufigste Element der Erdkruste, kommt jedoch nur in relativ geringen Mengen elementar vor, und zwar in verschiedenen allotropen Modifikationen, die sich durch die Anordnung der Kohlenstoffatome im Kristallgerüst unterscheiden:

- *Graphit* ist die unter Normalbedingungen von Druck und Temperatur thermodynamisch stabilste Modifikation. Er hat eine anisotrope Schichtstruktur mit sp^2-hybridisierten Kohlenstoffatomen, die durch nichtlokalisierte π-Bindungen (»Elektronengas«) senkrecht zu den trigonalen σ-Bindungen innerhalb der Schichten gebunden sind (siehe Abb. 1.1). Graphit kristallisiert hexagonal (häufigste Form des synthetischen Graphits) und rhomboedrisch (häufigste Form des Naturgraphits). Darüber hinaus gibt es verschiedene Formen graphitischen Kohlenstoffs mit wenig ausgeprägter Kristallinität und Nanostrukturen.
- *Diamant* ist unter Normalbedingungen metastabil und bei höheren Temperaturen (>2000 K) in Graphit überführbar. Er besteht aus sp^3-hybridisierten Kohlenstoffatomen, die tetraedrisch durch kovalente σ-Bindungen gebunden sind (siehe Abb. 1.1). Diamant kristallisiert kubisch (weit überwiegende Form) und hexagonal (Lonsdaleit). Darüber hinaus wurden »diamantartige« amorphe Kohlenstoffschichten synthetisiert (DLC = diamond-like carbon), die unterschiedliche sp^2/sp^3-Kohlenstoff-Verhältnisse aufweisen und in der Regel noch schwankende Anteile von Wasserstoff enthalten.
- *Carbine* enthalten linear angeordnete sp-hybridisierte Kohlenstoffatome mit Dreifachbindungen. Sie wurden in Meteoriten nachgewiesen und kommen in Spuren als *Chaoit* in Naturgraphiten vor, die einem Meteorit-Einschlag ausgesetzt waren.
- *Fullerene* enthalten Kohlenstoffatome mit deformierten sp^2-Bindungen und entstehen unter kinetischer Kontrolle aus Kohlenstoff-Plasmen. Ähnlich strukturiert und zu synthetisieren sind Kohlenstoff-Nanoröhren. Abbildung 1.1 zeigt einige dieser relativ neu entdeckten Strukturen.

In Abbildung 1.2 ist das Druck/Temperatur-Phasendiagramm des Kohlenstoffs mit dem Tripelpunkt bei etwa 4000 °C und 15 GPa dargestellt.

1.2
Historisches

Die ältesten vom Menschen hergestellten und genutzten Formen des Kohlenstoffs sind Holzkohle und Ruß. Sie wurden bereits im Neolithikum ab etwa 30 000 v. Chr. als Schwarzpigmente in der Höhlenmalerei verwendet. Ab ca. 8000 v. Chr. diente Holzkohle zur Metallerz-Reduktion, zunächst zur Gewinnung von Blei und Kupfer,

11 Kohlenstoffprodukte

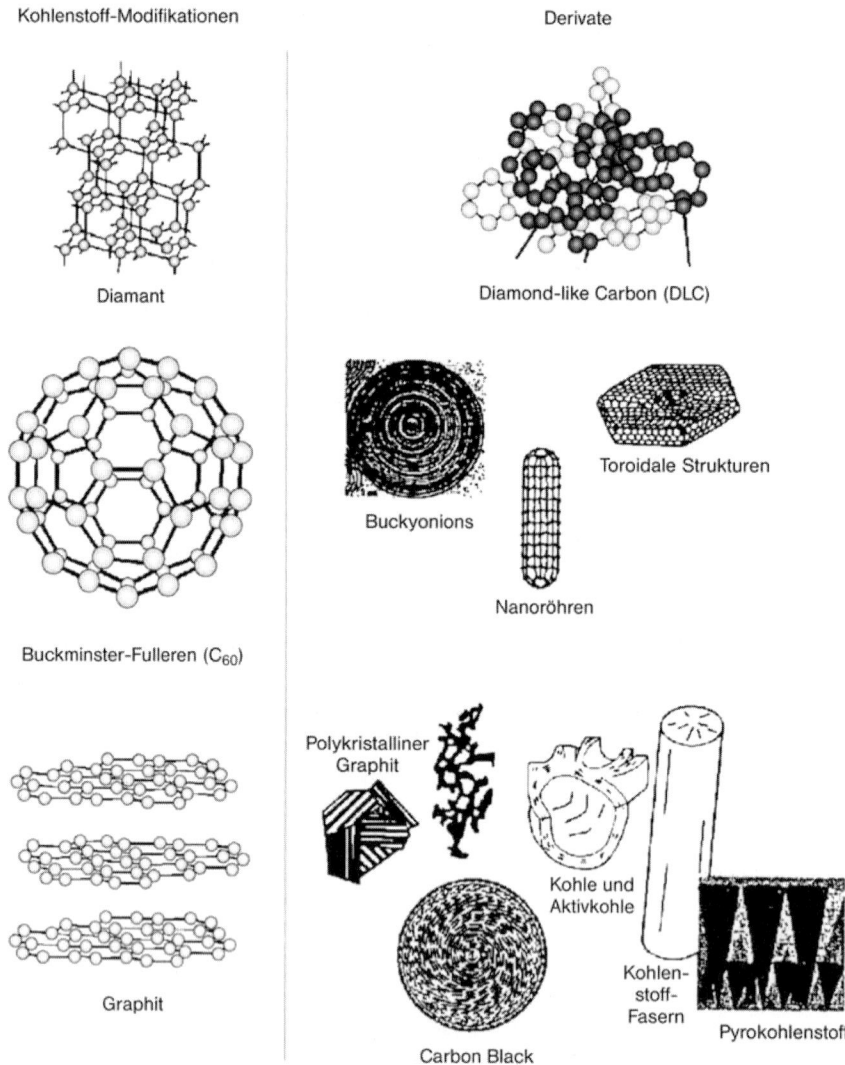

Abb. 1.1 Strukturmodelle der wichtigsten Kohlenstoff-Modifikationen [1.1]

dann von Bronze und Eisen. Ab ca. 3500 v. Chr. wurde Ruß als Schwarzpigment zu Schreibtusche verarbeitet. Mit der Erfindung des Buchdrucks wurde im ausgehenden Mittelalter Lampenruß zum Rohstoff der Druckerschwärze. In der Eisenerzverhüttung löste nach dem Abholzen der Hochwälder in Europa ab 1709 Steinkohlenkoks die Holzkohle ab. Kohlenstofffasern dienten ab 1878 zunächst zur Herstellung von elektrischen Glühlampen. Ab 1886 wurde die elektrolytische Aluminiumgewinnung mit Kohlenstoffelektroden in die Großtechnik eingeführt, ab 1895 die elektrothermische Synthese von Graphit. Die Diamant-Synthese nach dem thermodyna-

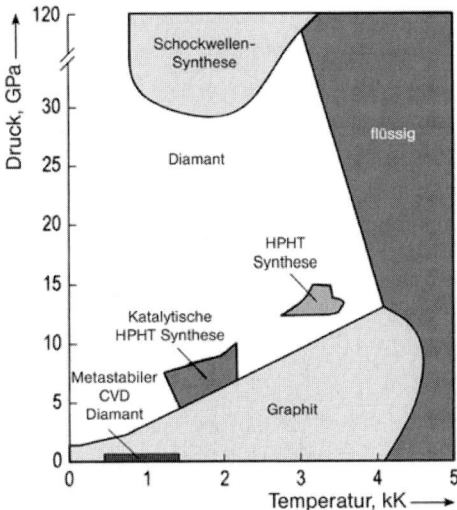

Abb. 1.2 *p*-*T*-Phasendiagramm des Kohlenstoffs

misch gesteuerten Hochtemperatur-Hochdruckverfahren wurde 1955 großtechnisch realisiert. Hinzu trat die kinetisch kontrollierte Niederdrucksynthese von Diamantschichten auf Basis von Grundlagenarbeiten ab 1966. Die Laboratoriumssynthese von Fullerenen gelang 1990, die von Kohlenstoff-Nanoröhren 1991 [1.2].

Die Entwicklung der Herstellverfahren für die verschiedenen Kohlenstoff-Formen wird in den Abschnitten 2–5 beschrieben.

1.3
Wirtschaftliches

Im Jahre 2000 wurden weltweit etwa $20 \cdot 10^6$ t technischer Kohlenstoff – ohne Hüttenkoks aus Steinkohle – mit einem Marktwert von rund 20 Mrd. € produziert.

Die wichtigsten Verwendungsformen von Kohlenstoff sind *Kohlenstoffanoden* insbesondere für die elektrolytische Erzeugung von Aluminium mit etwa $12 \cdot 10^6$ t a^{-1}, davon $7 \cdot 10^6$ t a^{-1} vorgebrannte Anoden im Wert von rund 3,5 Mrd. € pro Jahr und $5 \cdot 10^6$ t a^{-1} Söderberg-Elektroden im Wert von 1,5 Mrd. € pro Jahr, ferner *Industrieruße* mit etwa $7 \cdot 10^6$ t a^{-1} im Wert von rund 7 Mrd. € pro Jahr, *Graphitelektroden* insbesondere für die Erzeugung von Elektrostahl mit fast $1 \cdot 10^6$ t a^{-1} im Wert von rund 2,5 Mrd. € pro Jahr und *Aktivkohlen* mit etwa $0,5 \cdot 10^6$ t a^{-1} im Wert von rund 1 Mrd. € pro Jahr.

Spezialitäten sind *Kohlenstoffkathoden* mit etwa $0,1 \cdot 10^6$ t a^{-1} im Wert von rund 200 Mio. € pro Jahr, *graphitische Werkstoffe* z. B. für elektrotechnische Bauteile, Hochtemperatur-Anwendungen und korrosionsfeste Apparaturen mit ebenfalls etwa $0,1 \cdot 10^6$ t a^{-1} im Wert von rund 1 Mrd. € pro Jahr, *Kohlenstofffasern* mit >15000 t a^{-1} im Wert von rund 200 Mio. € pro Jahr und *synthetische Diamanten* mit etwa 200 t a^{-1} im Wert von rund 2 Mrd. € pro Jahr [1.3].

2
Formprodukte aus graphitischem Kohlenstoff

2.1
Historisches und Wirtschaftliches

2.1.1
Historisches

Graphit ist die häufigste Modifikation des Kohlenstoffs und wurde vermutlich schon in prähistorischer Zeit in Form des Naturgraphits für feuerfeste Tiegel und ähnliches verwendet. In Cumberland wurden um 1565 erstmals Graphitstifte (die Vorstufe des »Bleistifts«) hergestellt und im bayrisch-böhmischen Raum seit etwa der gleichen Zeit Naturgraphitlagerstätten systematisch erschlossen und abgebaut.

Die Graphitlagerstätten entstanden nach überwiegender Auffassung im Präkambrium aus Überresten von Pflanzen unter besonderen Temperatur- und Druckbedingungen. Durch die über viele Millionen Jahre herrschenden Kristallisationsbedingungen haben sich viele Naturgraphitlagerstätten zu makrokristallinen Graphitvorkommen entwickelt. Der Graphit kommt hierin meist in metamorphem Gestein in »Flocken« (engl. *flakes*) vor, wie sie bis heute hinsichtlich Größe und Kristallhabitus (siehe Abschnitt 1.1) synthetisch nicht hergestellt werden können.

Naturgraphit wurde lange Zeit für eine Bleiverbindung gehalten. Erst SCHEELE fand 1779 durch chemische Analyse, dass es sich um eine besondere Form des Kohlenstoffs handelt. WERNER nannte im gleichen Jahr diese Kohlenstoffform Graphit (von griechisch: *graphein* = schreiben).

Im 19. Jahrhundert entstand mit dem Aufblühen der Elektrotechnik ein wachsender Bedarf an thermisch beständigen und korrosionsfesten Werkstoffen für Elektroden. DAVY verwendete 1801 aus Holzkohlestücken geschnitzte Elektroden für seine Lichtbogenversuche. FOUCAULT sägte Elektroden aus »Retortenkoks«, der sich in der Vorlage von Verkokungsöfen bildet (1844). Retortenkoksstäbe wurden trotz ihrer ungleichmäßigen Beschaffenheit auch als Elektroden für Lichtbogenlampen und in der Edisonschen Glühfadenlampe verwendet. Für EDISON waren die Unzulänglichkeiten dieser Elektroden Anlass für die Entwicklung des Kohlenstofffadens (1879).

Mit der Entwicklung von Methoden zur Herstellung *polygranularer* Kohlenstoffsorten wurden die Grundlagen für die heutigen technischen Verfahren zur Herstellung von synthetischem Graphit geschaffen. SCHÖNBEIN und BUNSEN formten zylindrische Körper aus backende Steinkohle und Koks enthaltenden Korngemischen und erhitzten die Formlinge unter Luftabschluss auf Rotglut (1840/42). Als Ausgangsgemisch verwendete LEMOLT eine Mischung aus Retortenkoks, Holzkohle und Teer (1849) und CARRÉ Koks, calcinierten Ruß und Zuckersirup (1867). Die Qualität der Produkte versuchte man durch Imprägnieren der Formlinge mit Harz, Zuckerlösung oder Teer zu verbessern. BRUSH führte 1876 Petrolkoks als Feststoffkomponente ein.

Die ersten technisch brauchbaren Verfahren zur Überführung geformter Kohlenstoffkörper in synthetischen Graphit wurden 1896 von CASTNER und ACHESON entwickelt, nachdem die allmähliche Umwandlung von Kohlenstoff in Graphit im Lichtbogen erkannt worden war. Beiden Verfahren ist die Wärmeerzeugung innerhalb von Kohlenstoffformlingen durch direkten Stromdurchgang gemeinsam. Es dominierte zunächst das von einem Verfahren zur Erzeugung von Siliciumcarbid abgeleitete *Acheson-Verfahren* der »Quergraphitierung«. Das als »Längs- oder Stranggraphitierung« bezeichnete *Castner-Verfahren* hat jedoch in neuerer Zeit aus Kostengründen das Acheson-Verfahren insbesondere bei der Graphit-Elektrodenfertigung weitgehend verdrängt. Seit etwa 1950 knüpft man an die frühen Arbeiten zum Herstellen flexiblen Kohlenstoffs in Form von Fasern (EDISON 1879) und Folien (LUZI 1891) an. Heute werden im technischen Maßstab Kohlenstofffasern hergestellt, die aufgrund ihrer hohen Festigkeit und Steifigkeit zur Verstärkung in Verbundwerkstoffen vor allem mit Kunstharzmatrix verwendet werden.

2.1.2
Wirtschaftliches

Die weitaus größten Mengen an Kohlenstoff- und Graphitprodukten werden bei der Aluminium- und Stahlproduktion in Form von Kohlenstoffanoden, Kohlenstoffkathoden und Graphitelektroden verbraucht. Für die in Tabelle 2.1 angegebenen Verbrauchsdaten wurde in den 1960er und 1970er Jahren noch ein spezifischer Verbrauch von 500 kg Anoden je Tonne Aluminium und von durchschnittlich 6–8 kg Elektroden je Tonne Stahl zugrundegelegt. Durch erfolgreiche verfahrenstechnische und materialspezifische Entwicklungen konnten bis heute die spezifischen Verbräuche deutlich verringert werden. Der Anodenverbrauch beträgt heute im Mittel 430 kg pro Tonne Aluminium, der Graphitelektrodenverbrauch ca. 2,3 kg pro Tonne Stahl. Der Kohlenstoff- und Graphitbedarf für alle anderen Anwendungsgebiete ist wesentlich geringer und dürfte knapp 15 % der aufgelisteten Mengen betragen.

Naturgraphit wird weltweit in einer Menge von etwa $0,4 \cdot 10^6$ t a^{-1} gewonnen und aufgearbeitet. Die bedeutendsten Naturgraphitlagerstätten befinden sich in Deutschland (Kropfmühl), Kanada, Madagaskar, China, Russland (Sibirien), Sri Lanka und Brasilien.

Tab. 2.1 Verbrauchszahlen von Kohlenstoffanoden und Graphitelektroden (in 10^3 t)

	Kohlenstoffanoden für Primäraluminium-Produktion		Graphitelektroden für Elektrostahlerzeugung	
	Welt	Deutschland*	Welt	Deutschland*
1950	750	14	116	2
1960	2260	84	294	15
1970	5150	152	645	30
1980	~6000	365	~1000	37
1985	7700	380	~1000	33
1999	12500	225	930	30

* bis 1985 Bundesrepublik Deutschland

Anlagen für Kohlenstoffanoden erreichen Kapazitäten bis zu etwa 350 000 t a^{-1} und für Graphitelektroden bis zu etwa 50 000 t a^{-1}. Im Durchschnitt sind die Kapazitäten für Spezialprodukte kleiner; sie können z. B. für Kohlebürsten weniger als 100 t a^{-1} betragen. Die Preise für Kohlenstoff- und Graphitprodukte sind auch innerhalb der Produktgruppen wegen der sehr verschiedenen Ansprüche an Qualität und Bearbeitungstiefe kaum vergleichbar, sodass die folgenden Zahlen nur ein Anhalt sind. Der Preis für Kohlenstoffanoden liegt heute bei etwa 500 € kg^{-1}, für Graphitelektroden bei etwa 2200–2600 € t^{-1}.

2.2
Definitionen und Grundlagen

Natürlicher und synthetischer Graphit sowie vor allem die mannigfaltigen parakristallinen Vorstufen weisen eine in wechselndem Ausmaß fehlgeordnete Schichtstruktur auf. Unterschiedliche Ordnungsgrade und die strukturelle Variabilität bilden die Voraussetzungen für die Vielfalt der Werkstoffe aus Kohlenstoff und Graphit und ihre technische Nutzung (der Begriff »Kohlenstoff« wird im folgenden übereinstimmend mit dem Sprachgebrauch anstelle der exakten, aber umständlichen Bezeichnung »parakristalliner Kohlenstoff mit Schichtstruktur« verwendet) [2.1–2.13].

Das Kristallgitter des hexagonalen Graphits ist in Abbildung 2.1 dargestellt. Jedes Kohlenstoffatom ist innerhalb der Netzebene von drei nächsten Nachbarn im Abstand von 0,1421 nm (im Benzol 0,139 nm) umgeben. Die Bindungsenergie ist wegen der trigonalen sp^2-Hybridisierung mit etwa 600 kJ mol^{-1} verhältnismäßig groß. Die nichthybridisierten p-Orbitale bilden senkrecht auf den Ebenen stehende π-Bindungen mit einer Bindungsenergie von nur 4 kJ mol^{-1}. Da der Schichtebenenabstand vom Ausmaß der Fehlordnung abhängt, wird dessen röntgenographisch leicht bestimmbarer Mittelwert als Maß für den Ordnungs- oder Graphitierungsgrad benutzt. Der Abstand beträgt für den Idealkristall 0,3354 nm, für Kokse etwa 0,34–0,35 nm, für Ruße 0,36 nm und mehr. In den parakristallinen Formen des Kohlenstoffs sind die Kristallite mehr oder weniger stark fehlgeordnet. In c-Richtung übereinander angeordnete, in sich kohärente Schichtstapel sind gegeneinander durch Translation und Rotation der Stapel versetzt und oft gebogen [2.14]. Aufgrund der Schichtstruktur sind viele Eigenschaften des Graphits stark richtungsabhängig, z. B. sind Festigkeit und Leitfähigkeit parallel zu den Schichtebenen am größten und in der c-Richtung am kleinsten. In polygranularen, aus einer Vielzahl von Körnern bestehenden Formlingen wird der Grad der Anisotropie durch die räumliche Anordnung der Körner zueinander modifiziert. Deshalb ist der in der Regel als Verhältnis zweier etwa durch das Formungsverfahren bevorzugter Richtungen definierte Anisotropiegrad oder -koeffizient für technische Produkte wesentlich kleiner als für den Einkristall (vgl. Tabelle 2.2). Die Änderung der Stoffwerte zeigt die Abnahme der strukturellen Ordnung vom Einkristall zum Glaskohlenstoff und den Einfluss der Raumerfüllung oder der Porosität, die bei den technisch wichtigsten Produkten etwa 20–30 % beträgt. Die Dichte des Einkristalls ist 2,266 g cm^{-3}.

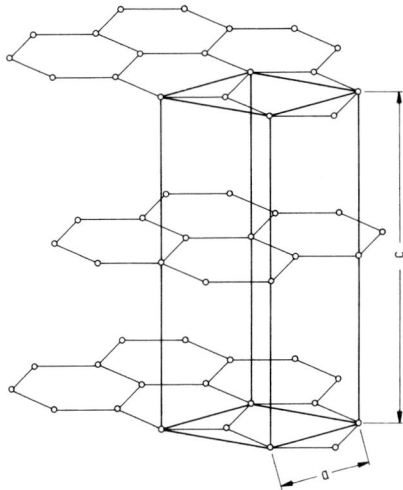

Abb. 2.1 Elementarzelle des hexagonalen Graphits

Die Parameter strukturelle Fehlordnung, Anisotropiegrad und Porosität reichen für eine technisch befriedigende Beschreibung polygranularer Kohlenstoff- und Graphitsorten nicht aus. Zusätzliche Bestimmungsgrößen sind u. a. Art, Anteil, Größe und Orientierung der den Körper bildenden Kohlenstoffkörner, Porengrößenverteilung, Wechselwirkung der Kristallite und der Gehalt an Fremdelementen. Alle Faktoren sind in einem großen Bereich veränderbar. Diese für die technische Nutzung des Werkstoffs Kohlenstoff und Graphit vorteilhafte Variabilität erschwert andererseits die eindeutige Charakterisierung einzelner Werkstoffformen, da quantitative Gesetzmäßigkeiten zwischen Struktur und Werkstoffeigenschaft für die po-

Tab. 2.2 Anisotropie von Graphitprodukten

			Graphiteinkristall	Graphitelektroden	Reaktorgraphit (isotrop)	Glaskohlenstoff
Spezifischer elektrischer Widerstand	(Ω cm)	a	$4{,}5 \times 10^{-5}$	$0{,}5\text{–}0{,}8 \times 10^{-3}$	$1{,}0 \times 10^{-3}$	5×10^{-3}
		c	$0{,}2\text{–}0{,}4$	$0{,}7\text{–}1{,}0 \times 10^{-3}$	$1{,}1 \times 10^{-3}$	5×10^{-3}
		c/a	$> 10^4$	$1{,}3\text{–}1{,}6$	$1{,}1$	$1{,}0$
Wärmeleitfähigkeit	(W cm^{-1} K^{-1})	a	$10\text{–}15$	$1\text{–}3$	$1{,}6$	$0{,}8$
		c	$0{,}2\text{–}0{,}04$	$0{,}7\text{–}2$	$1{,}5$	$0{,}8$
		a/c	> 300	$1{,}5$	$1{,}1$	$1{,}0$
Thermischer-Ausdehnungskoeffizient	(10^{-6} K^{-1})	a	$-1{,}5$	$0{,}6$	$4{,}4$	$3{,}5$
		c	$+28{,}3$	$1{,}5$	$4{,}9$	$3{,}5$
		a/c	–	$2{,}5$	$1{,}1$	$1{,}0$
Rohdichte	(g cm^{-3})		$2{,}266$	$1{,}70$	$1{,}70$	$1{,}50$

Tab. 2.3 Eigenschaften einiger Kohlenstoff- und Graphitprodukte

		Kohlenstoff-anoden	Hochofen-steine	Graphitelektroden für Wechsel-stromöfen	Graphitelektroden für Gleich-stromöfen	Feinkorn-graphit
Rohdichte	(g cm^{-3})	1,60	1,60–1,70	1,69–1,74	1,69–1,74	1,70–1,80
Biegefestigkeit	(N mm^{-2})	10–20	10–15	10–15	10–13	30–50
Spezifischer elektrischer Widerstand[1)]	(Ω μm)	25–35	10–50	5–8	4,5–5,5	10–15
Thermischer Ausdehnungs-koeffizient[1)]	(10^{-6} K^{-1})	2,5–3,5	2–4	0,7–1,4	0,5–1,1	1,5–2,5

[1)]parallel zur Kornrichtung

lygranularen Formen nur in Ausnahmefällen bekannt sind. In Tabelle 2.3 sind die Werte einiger wesentlicher Eigenschaften wichtiger Kohlenstoffprodukte wiedergegeben, die die große, auf den jeweiligen Verwendungszweck zugeschnittene Variabilität der Werkstoffe auf Basis Kohlenstoff bzw. Graphit exemplarisch belegen (unter Kornrichtung ist eine mit der mittleren Längserstreckung der in den Körpern erhaltenen Körner zusammenfallende Vorzugsrichtung zu verstehen).

Bei einer Vielzahl technischer Anwendungen des Kohlenstoffs und Graphits macht man von der ausgezeichneten thermischen und chemischen Beständigkeit und von der hohen Wärme- und elektrischen Leitfähigkeit des Werkstoffs Gebrauch, d.h. von der Kombination refraktärer und metallischer Eigenschaften. Beispiele sind Graphitelektroden für die Erzeugung von Elektrostahl im Lichtbogenofen und Kohlenstoffanoden für die Produktion von Aluminium durch Schmelzflusselektrolyse. Im ersten Fall betragen die Betriebstemperaturen bei Stromdichten bis 30 A cm^{-2} bis 3000 K, im zweiten Fall taucht die Anode in eine etwa 1230 K heiße Kryolith-Schmelze. Kohlenstoff sublimiert bei knapp 4000 K (vgl. Abb. 2.2), die u. a. von der Oberflächenbeschaffenheit abhängige Verdampfungsgeschwindigkeit beträgt etwa 10^{-4} bis 10^{-6} g cm^{-2} bei 3000 K. Die mittlere Änderung einiger wichtiger Stoffgrößen technischer Graphitprodukte mit der Temperatur ist in Abbildung 2.3 wiedergegeben. Besonders interessant ist der durch den Abbau von Eigenspannungen bedingte Anstieg der Zugfestigkeit, die bei einer Temperatur von ca. 2500 K ein Maximum erreicht. Der Temperaturkoeffizient des Widerstands ist bis etwa 600 K negativ und bei höheren Temperaturen metallischen Leitern entsprechend positiv. Die Wärmeleitfähigkeit nimmt mit der Temperatur monoton ab. Für viele Anwendungen des Graphits ist weniger die absolute Festigkeit, sondern deren Verhältnis zu anderen Eigenschaften wichtig. Der Widerstandsparameter R

$$R = \frac{(1-\mu)\sigma\lambda}{\alpha E},$$

der als Maß für die Beständigkeit eines Werkstoffs gegen mechanische Spannungen, die durch Temperaturgradienten (Thermoschock) hervorgerufen werden, dient,

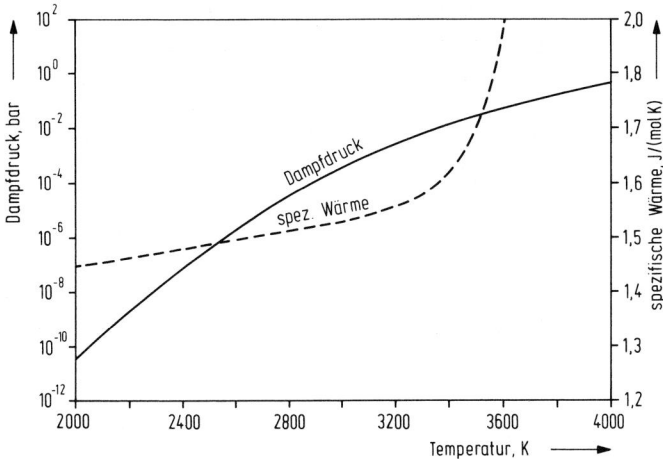

Abb. 2.2 Dampfdruck und spezifische Wärme des Kohlenstoffs

ist für Graphitkörper wegen der vergleichsweise großen thermischen Leitfähigkeit λ und des kleinen thermischen Ausdehnungskoeffizienten α größer als für andere refraktäre Werkstoffe. Weiter bedeuten μ die Poissonsche Zahl, σ die Zugfestigkeit und E den Elastizitätsmodul. Kohlenstoff und Graphit weisen zudem eine hervorragende chemische Resistenz auf, ausgenommen gegen oxidierend wirkende Stoffe. Bei Einsatztemperaturen oberhalb etwa 500 °C sind befriedigende Standzeiten deshalb nur in einer sauerstoffarmen bzw. -freien Atmosphäre oder mit Sorten zu erzielen, die mit oxidationsbeständigen Substanzen beschichtet oder imprägniert sind. Eine für viele Anwendungen wichtige Eigenschaft des Kohlenstoffs und Graphits ist der kleine Reibungskoeffizient, der für flüssige Reibung etwa 0,01–0,05 und für trockene Reibung etwa 0,10–0,25 beträgt. Andere für spezielle Anwendungen nützliche Eigenschaften werden in Abschnitt 2.4 behandelt.

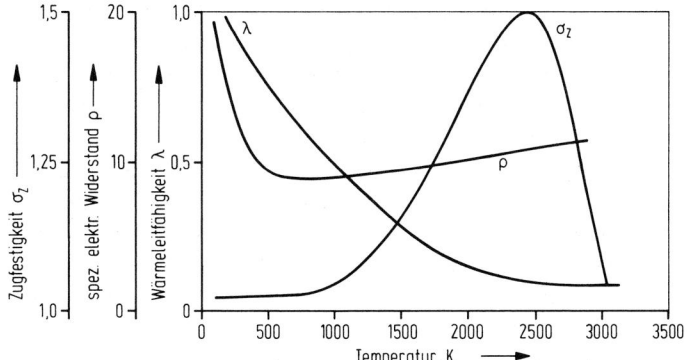

Abb. 2.3 Änderung einiger Eigenschaften von Graphitformlingen mit der Temperatur (in relativen Einheiten)

2.3
Herstellung von polygranularen Kohlenstoff- und Graphitprodukten

Kohlenstoff kann prinzipiell aus allen kohlenstoffhaltigen Substanzen durch Pyrolyse hergestellt werden [2.15], Graphit hingegen nur, wenn aufgrund der atomaren Konstitution eine für die Graphitierung notwendige Translation in Richtung der c-Achse vorgenommen werden kann; d. h. der Übergang in die dreidimensionale Ordnung ist vom Ausgangsmaterial abhängig: ein großer Anteil vernetzter Kohlenstoffatome ist die Ursache einer Nicht-Graphitierbarkeit und damit für die Isotropie des gebildeten Kohlenstoffs. Man unterscheidet nach dem Aggregatzustand der bei der Pyrolyse gebildeten intermediären Phasen zwischen Fest-, Flüssig- und Gasphasenpyrolyse. Produkte der Festphasenpyrolyse sind Holzkohle und Kohlenstofffasern. Über die Flüssigphasenpyrolyse entstehen z. B. Petrolkoks und metallurgische Kokse, über die Gasphasenpyrolyse Industrieruße und Pyrokohlenstoff.

Die meisten technischen Verfahren zum Herstellen von Kohlenstoff- und Graphitformlingen sind zweistufig. In einer ersten Stufe werden aus kohlenstoffhaltigen Ausgangsprodukten, wie Rückständen aus der Rohöldestillation und Konversion schwerer Rückstände, Steinkohlenteerpechen oder Kohlen, Kokse hergestellt, die in einer zweiten Stufe im Gemisch mit einem verkokbaren Binder einer thermischen Behandlung unterworfen werden. Die Änderungen des Körpervolumens sind in dieser zweiten Stufe vergleichsweise klein, sodass auch große Formate mit vertretbarem Aufwand herstellbar sind. Die beim Brennen entstandene Porosität kann durch Imprägnieren vermindert werden, z. B. um Festigkeit oder Leitfähigkeit der Produkte zu erhöhen. Graphitiert werden die gebrannten Formlinge dann durch Erhitzen auf etwa 3000 K.

Die wichtigsten Parameter bei der Herstellung von Kohlenstoff und Graphit sind die Qualität und Zusammensetzung der Rohstoffe, die Formungs- und Brennbedingungen und für polygranulare Sorten auch die relativen Anteile an Füller und Binder, ferner die Korngrößenverteilung und die Kornform. Die Rohdichte, von der Volumeneigenschaften wie die elektrische Leitfähigkeit usw. direkt abhängen, ist eine Funktion der Korngrößenverteilung und der Bindermenge (vgl. Abb. 2.4). Die Wirkung des beim Herstellen der Formlinge verwendeten Pressdrucks hängt in komplizierter Weise von der Zusammensetzung des Gemisches ab (vgl. Abb. 2.5). Für die Leitungseigenschaften ist die Graphitierungstemperatur eine besonders wichtige Einflussgröße (vgl. Abb. 2.6).

2.3.1
Rohstoffe

2.3.1.1 Feststoffe
Das Spektrum der möglichen festen Rohstoffe des synthetischen Graphits (Füller, engl. *filler*) erstreckt sich von nadelförmigem Petrolkoks mit weitgehend zweidimensional geordneten Kohlenstoffschichten bis zu strukturell ungeordneten Formen wie Holzkohle oder einigen Rußarten. Der durch Graphitieren erzielbare Ordnungsgrad hängt von der Vorordnung ab. Man unterscheidet deshalb zwi-

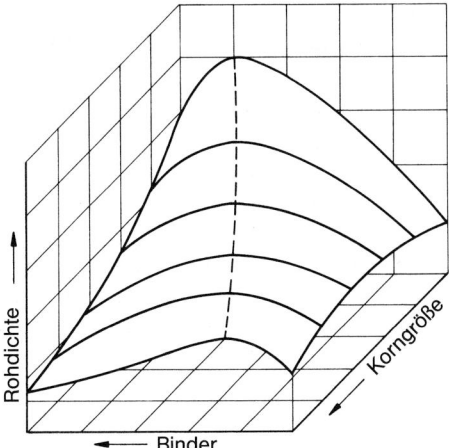

Abb. 2.4 Rohdichte von Kohlenstoffformlingen als Funktion der Korngröße und des Bindergehalts (in relativen Einheiten)

schen »graphitierbaren« und »nicht-graphitierbaren« Kohlenstoffsorten (siehe Abschnitt 2.1). Zum besseren Verständnis der bei der Koksbildung ablaufenden Vorgänge haben besonders die Arbeiten von Brooks und Taylor beigetragen [2.17]. Beim Erhitzen von Petrol- und Steinkohlenteerpechen bilden sich in der isotropen Ausgangsphase optisch anisotrope Sphärolithe (siehe auch Chemierohstoffe aus Kohle, Bd. 4, Abschnitt 4.2.2.2). Die molare Masse der als *Mesophasen* bezeichneten anisotropen Bestandteile beträgt etwa 500–600 g mol^{-1}, entsprechend etwa zehn kondensierten Ringen. Mit steigender Temperatur wird die isotrope Phase zunehmend aufgezehrt, und benachbarte Sphärolithe verschmelzen miteinander, wodurch größere strukturell geordnete Bereiche entstehen. Für Bildung und Ver-

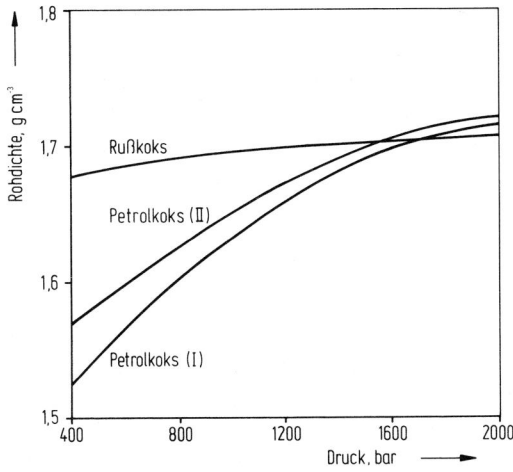

Abb. 2.5 Rohdichte graphitierter Formlinge als Funktion des isostatischen Pressdrucks

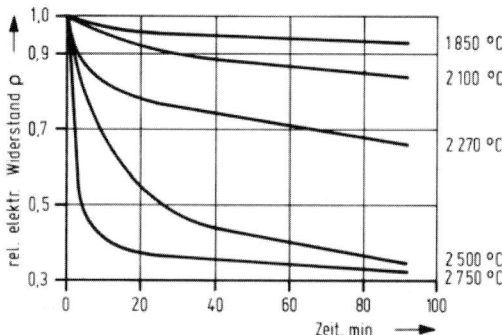

Abb. 2.6 Relativer elektrischer Widerstand (ρ) eines Petrolkokskörpers als Funktion der Graphitierungstemperatur und -zeit [2.16]

schmelzung der Sphärolithe zu größeren Einheiten gelten offensichtlich zwei Bedingungen:

Die in der Pechsubstanz enthaltenen Moleküle müssen eine planare Form aufweisen, und die Reaktions- oder Kondensationsgeschwindigkeit während des Temperns muss kleiner als die Geschwindigkeit sein, mit der sich die Ordnung der Mesophasen ausbildet. Bei einem ausgewogenen Verhältnis von Kondensations- und Orientierungsgeschwindigkeit erhält man Kokse mit mosaikartiger Struktur, das Überwiegen des einen oder anderen Parameters ergibt Kokse mit sehr klein- oder großflächigen bis nadelförmigen Strukturelementen [2.18–2.20].

Ausgangsmaterialien für *Petrolkokse* sind vor allem Destillations- und Crackrückstände und Schnitte der Erdölraffination, die nach dem *Delayed Coking-Verfahren* verkokt werden [2.21] (siehe auch Verarbeitung von Erdöl und Erdgas, Bd. 4). Der Koksrückstand wird in Drehrohr- oder seltener Drehherdöfen auf etwa 1300–1400 °C erhitzt (calciniert). Dabei werden flüchtige Stoffe, vor allem niedermolekulare Kohlenwasserstoffe und Wasserstoff, freigesetzt, und der Koks kontrahiert. Die endgültig gebildete Porenstruktur hängt vom Ausmaß und von der Geschwindigkeit der Entgasung und Kontraktion ab. Gewichtsverlust und Volumenkontraktion betragen etwa 10 und 20 %. Hochwertige Ausgangsmaterialien sind auch beim *Steamcracking* von Erdölfraktionen zu Olefinen als Nebenprodukte anfallende Pyrolyserückstandsöle (siehe Chemierohstoffe aus Erdöl, Bd. 4) und Steinkohlenteerpeche (siehe Chemierohstoffe aus Kohle, Bd. 4, Abschnitt 4.2.2.2), deren in Chinolin unlösliche Anteile abgetrennt sind [2.22, 2.23]. Pechkoks, der ohne Vorreinigung des Ausgangsmaterials hergestellt wurde (*regular coke*), ist weniger anisotrop und deshalb verhältnismäßig schlecht graphitierbar, aber härter und fester als höher anisotroper Petrolkoks (Nadelkoks, *premium coke*).

Dichte und Ausdehnungskoeffizient der Kokse sind Funktionen der strukturellen Ordnung und der Mikroporosität (vgl. Tabelle 2.4).

Kokse mit niedrigem thermischen Ausdehnungskoeffizienten werden vor allem zur Herstellung elektrisch hochbelastbarer Graphitelektroden gebraucht. Trotz der

Tab. 2.4 Kennzahlen einiger calcinierter Kokse

		Pechkoks (isotrop)	Petrolkoks (regular)	Nadelkoks
Dichte	(g cm^{-3})	2,07–2,11	2,12–2,15	2,14–2,16
Anisotropiegrad		1,4	1,5	1,8
Linearer thermischer Ausdehnungskoeffizient[1)]	(10^{-6} K^{-1})	2,5–3,5	0,8–1,5	< 0,1–0,8
Aschewert	(%)	0,2–0,4	0,1–0,3	< 0,02–0,15
Schwefelgehalt	(%)	0,2–0,6	0,5–0,8	0,2–1,0

[1)]parallel zur Kornrichtung

allgemeinen Verschlechterung der Rohölqualitäten durch steigende Schwefelgehalte ist es nicht nur gelungen, die Versorgung mit hochwertigen Petrolkoksen zu sichern, sondern die Qualität der Nadelkokse wurde in einem nicht vorhersehbaren Ausmaß weiterentwickelt. Auch bei den mittleren Sorten war die Entwicklung des Schwefelgehaltes rückläufig. Dies hat die Graphitierung von Graphitelektroden erleichtert und mit zur Verbreitung des Längsgraphitierungsverfahrens beigetragen. Andere, je nach Verwendungszweck schädliche Verunreinigungen der Kokse sind Alkalien, die die Oxidation von Kohlenstoff katalysieren, Zink und Vanadium in Kohlenstoff- und Graphitanoden sowie Bor im Reaktorgraphit.

In vergleichsweise geringer Menge werden calcinierter Anthrazit, metallurgische Kokse, Natur- und Elektrographit, Ruße und Holzkohle als Ausgangsmaterialien verwendet. Allein oder gemeinsam mit Petrolkoksen eingesetzt, ergeben diese Feststoffe häufig einen günstigen Verschleißwiderstand und gute elektrische Kontakteigenschaften.

In den meisten Lagerstätten des *Naturgraphits* ist das Mineral als Endprodukt der Inkohlung organischer Substanzen entstanden (siehe Abschnitt 1.1). Die flockigen Sorten weisen einen ausgeprägten Metallglanz auf, die kryptokristallinen »erdigen« Sorten sind eher stumpfschwarz. Die Gewinnung und Reinigung sind aufwändig. Das Graphiterz wird zerkleinert und durch Flotation angereichert. Damit lassen sich Kohlenstoffgehalte bis zu 98 % erzielen. Durch anschließende Behandlung mit Flusssäure kann eine Reinheit von 99,99 % erreicht werden. Für spezielle Anwendungen wird der gereinigte Naturgraphit auf eine Kornfeinheit von <10 μm gemahlen.

Wichtige Anwendungen für Naturgraphit sind Feuerfestauskleidungen, Schmelztiegel, Bleistifte, Kohlebürsten, Batterien, Schmier- und Gleitmittel, Aufkohlungsmittel und Graphitfolien (siehe auch Abschnitt 2.4).

2.3.1.2 Binder
Als Binder eignen sich pyrolysierbare Stoffe, die die Oberfläche der Feststoffpartikeln benetzen und einen hohen Verkokungsrückstand aufweisen [2.24, 2.25]. Bevorzugt wird Steinkohlenteerpech – im folgenden Pech genannt –, seltener werden Petrolpech und Duromere, wie Phenol-Formaldehyd- oder Furanharz, verwendet. Pe-

Tab. 2.5 Binder- und Imprägnierpeche

		Imprägnierpech	Binderpech	Hartpech
Erweichungspunkt Mettler	(°C)	70–90	90–130	160
Koksrückstand Alcan	(%)	40–50	55–60	84
Aschewert	(%)	0,03	0,15	0,21
Dichte	(g cm^{-3})	1,25	1,31	1,37
Chinolinunlösliche Anteile	(%)	< 5	6–10	28
Toluolunlösliche Anteile	(%)	10–20	20–30	58
Destillat bis 500 °C	(%)	30–40	25–30	0,8
Äquiviskositätstemp. (1000 Pa s)	(°C)	118	156	243

che sind Gemische aus einer Vielzahl polynäre Eutektika bildender homo- und heterocyclischer Aromaten mit einer mittleren molaren Masse bis etwa 600 g mol^{-1}. Typische Binderpeche weisen einen Erweichungspunkt von etwa 70–130 °C auf [2.26, 2.27] (siehe auch Chemierohstoffe aus Kohle, Bd. 4, Abschnitt 4.2.2.2, Verarbeitung des Steinkohlenteerpechs).

Wichtige Charakterisierungsgrößen sind die in bestimmten Lösemitteln unlöslichen Anteile, die Temperaturabhängigkeit der Viskosität und die Destillationskurve (vgl. Tabelle 2.5). Hartpeche werden vor allem als Binder für gesenkgepresste Massen verwendet. Durch Zusätze von Schwefel, Lewis-Säuren und anderen Kondensationsmitteln kann der Koksrückstand bei der Pyrolyse vergrößert werden.

Kunstharze als Binder sind für kleinformatige Produkte, wie Kohlebürsten, wichtig, Für Heißpressmassen werden die Harze vor allem in fester Form verwendet, sonst üblicherweise flüssig, gegebenenfalls gemeinsam mit Löse- und Verdünnungsmitteln. Neben Pechen werden auch Duromere wie Phenol-Formaldehyd-Harze und Furanharze als Imprägniermittel eingesetzt.

2.3.2
Zerkleinern, Klassieren

Abbildung 2.7 zeigt ein Fließschema der Herstellung von Graphitformlingen. Allen Verfahrensvarianten ist die Zerkleinerung und Klassierung der Feststoffkomponen-

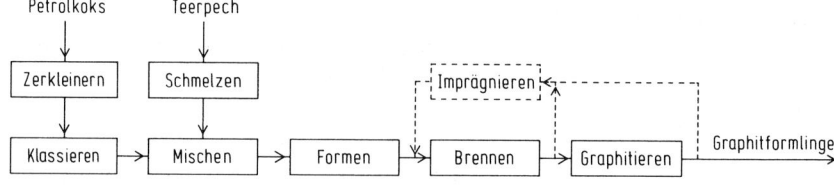

Abb. 2.7 Grundfließbild zur Herstellung von Graphitformlingen

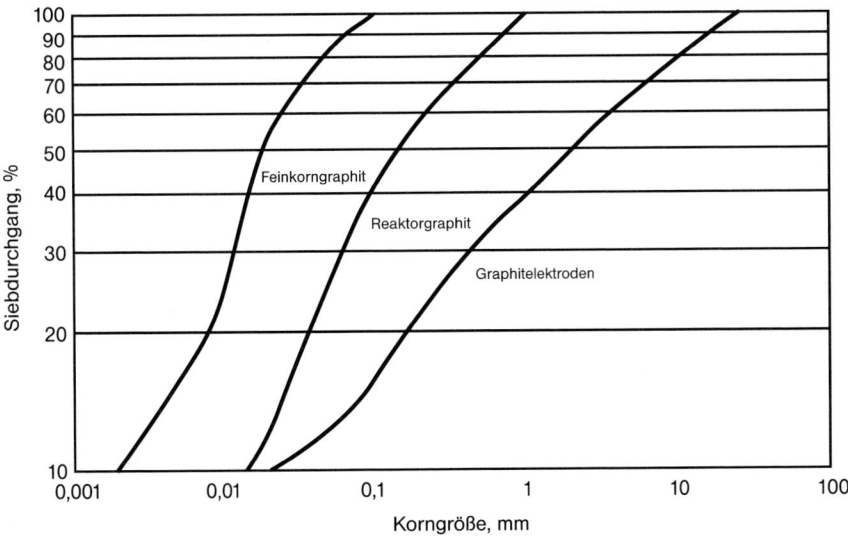

Abb. 2.8 Korngrößenverteilung von Feststoffgemischen für Kohlenstoffformlinge

ten gemeinsam. Mühlen und Trennvorrichtungen sind im einzelnen sehr verschieden. Dies ist u. a. auch durch die Kapazität der Fabrikationsanlagen bedingt, die von einigen hundert Tonnen bis zu mehr als 300 000 t a^{-1} reicht. Als Vorbrecher verwendet man vor allem Backenbrecher, Kegelbrecher, Hammer- und Walzenmühlen, als Feinmühlen Pendelrollen- und Kugelmühlen und als Feinstmühlen Strahlmühlen. Größere Anlagen besitzen heute einen hohen Automatisierungsgrad. Brecher, Mühlen und die Klassiervorrichtungen, vor allem Schwing- und Vibrationssiebe, Luftstrahlsiebe und Windsichter, sind miteinander verknüpft. Die Korngrößenverteilung einiger Feststoffgemische ist in Abbildung 2.8 dargestellt.

2.3.3
Mischen

Die Variationsbreite der Füller- und Binderanteile ist begrenzt, da hiervon die Formbarkeit und Brennempfindlichkeit beeinflusst werden. In der Regel geht man von Korngemischen aus, die eine möglichst hohe Packungsdichte aufweisen und deren Binderbedarf gering ist. Die Verformbarkeit der Mischungen nimmt mit steigendem Feinkorngehalt zu. Grobkörnige Mischungen lassen sich trotz eines erhöhten Binderanteils nur schlecht formen (vgl. auch Abb. 2.4).

Durch Zugabe des Binders zu einem Korngemisch wird zunächst ein dreiphasiges, aus Feststoff, Binder und Luft bestehendes Gemisch gebildet. Mit steigendem Binderanteil nimmt der Anteil der Luft ab, die in einer guten Mischung, ausgenommen in den Kornporen, letztlich vollständig verdrängt wird. Die Rohdichte des Gemischs nimmt mit dem Binderanteil durch die gleichzeitige Abnahme des Luftanteils zunächst bis zur Sättigung zu und fällt dann wieder ab. Im Sättigungsbereich sind die Körner von einem geschlossenen Binderfilm umhüllt und die Zwickel im Kornhaufwerk vollständig mit Binder gefüllt. Der Sättigungspunkt verschiebt sich mit der Intensität des Mischens in Richtung kleiner Bindergehalte. Der Binderbedarf nimmt mit der Größe der zu benetzenden Oberfläche zu und hängt vom Formungsverfahren ab. Durchschnittlich enthalten die Gemische etwa 15–30 % Binder.

Der aus Bunkern, die die verschiedenen Kornfraktionen enthalten, in vorgegebenen Mengenanteilen diskontinuierlich oder kontinuierlich über Bandwaagen abgezogene Füller wird gegebenenfalls nach Vormischen und Homogenisieren in Trommelmischern oder Spiralmischern nach dem Planetensystem in beheizbaren Mischmaschinen mit dem Binder versetzt [2.28]. Für das Einmischen des fest oder flüssig zugesetzten Binders werden Knetmischer, wie Doppelarmkneter, Gegenstromintensivmischer oder schnelllaufende Pflugscharmischer mit einem Inhalt von etwa 800–5000 L verwendet. Als kontinuierliche Mischer eignen sich besonders ein- und zweiwellige Knetschnecken. Die Mischer sind elektrisch, gas-, dampf- oder mit einem Wärmeträgeröl beheizt. Die Mischungstemperatur sollte mindestens 50 K oberhalb der Erweichungstemperatur des Binders liegen, da der Benetzungsrandwinkel mit der Temperatur abnimmt [2.29]. Unter diesen Bedingungen sind Art und Beschaffenheit der Koksoberfläche für die Benetzung nur von geringem Einfluss. Der Binderbedarf wächst aber mit der Rauigkeit der Oberfläche.

Die Mischzeit für Chargenmischungen beträgt etwa 30–60 min, in Intensivmischern ca. 10 min. Feinkörnige Gemische werden oftmals in mehreren hintereinandergeschalteten Mischvorrichtungen gemischt, gegebenenfalls auch vorverdichtet oder zum Verdampfen des Teerölanteils auf Temperaturen oberhalb 250 °C erhitzt (»Abrauchen«). Aus derartigen Mischungen hergestellte Formlinge weisen vergleichsweise große Rohdichten und Festigkeiten auf. Die heißen Gemische werden in der Regel auf Kühlbändern, in Kühlschnecken oder Trommeln auf die niedrigere Formungstemperatur abgekühlt [2.30]. Auch durch das Eindüsen von Wasser kann die sog. »grüne Masse« auf Formgebungstemperatur abgekühlt werden. Allerdings ist hierbei auf die weitgehende Verdampfung des Wassers vor der Formgebung zu achten. Da Temperaturdifferenzen innerhalb der Masse schädliche Presstexturen verursachen, ist für einen guten Temperaturausgleich Sorge zu tragen.

2.3.4
Formen

Es werden die in der Keramik üblichen Formungsverfahren verwendet: Kolben- und Schneckenstrangpressen, isostatisches Pressen, Stampfen und Vibrationsformen. Das für langgestreckte zylindrische, rohrförmige und prismatische Formlinge bevorzugte Strangpressen stellt an die Formbarkeit der Pressmassen hohe Anforderungen. Die Massen verhalten sich wie Binghamsche Körper[1], aber trotz verhältnismäßig hoher Binderanteile sind zur Senkung der inneren Reibung meist Gleitmittel zuzusetzen, z. B. Paraffinöl oder Wachse. Die vom Massezylinder (Blockaufneh-

---

1 Newtonsche Substanz mit der Eigenschaft $\gamma - \gamma_B = \eta_B D$ (γ = Scherspannung, η = Zähigkeit, D = Geschwindigkeitsgefälle, B = Fließgrenze)

mer) über die Einlaufzone der Presse in das Mundstück bewegte Masse weist ein paraboloidförmiges Strömungsprofil auf. Die Querkräfte wachsen mit dem Umformverhältnis, die kleinsten Reibungsverluste erhält man mit Einlaufzonen, deren Profil der Schiele-Antifriktionskurve (Kettenlinie) entspricht. Der Durchmesser stranggepresster Formlinge liegt zwischen etwa 5 (Batteriestifte) und 1200 mm (Elektroden für Widerstandsöfen), der Durchmesser des Blockaufnehmers beträgt bis zu 1500 mm und die Presskraft bis zu 50 MN. Die Pressen werden mit Speicherantrieb oder direktem Pumpenantrieb betrieben. Im ersten Fall ist die Betriebsflüssigkeit Wasser, im zweiten Öl. Für das Herstellen von Rohren und anderen Hohlprofilen sind im Mundstück Dorne angeordnet. In der Regel wird die Pressmasse bei verriegeltem Mundstück in Teilmengen in den Blockaufnehmer gegeben, durch den Pressstempel zusammengeschoben und vorverdichtet und dieser Vorgang mehrmals bis zur völligen Füllung des Aufnehmers wiederholt. Zweck des Vorverdichtens ist neben der Verbesserung des Nutzungsgrads die Entlüftung der Masse, die durch Evakuieren während der einzelnen Teilschritte unterstützt werden kann. Aufnehmer und Mundstück sind mit Dampf, Öl oder elektrisch beheizt, die Austrittstemperatur der Masse ist etwa 20–30 K höher als der Erweichungspunkt des Binders. Bei größeren Querschnitten betragen die spezifischen Pressdrücke etwa 40–500 bar, bei kleineren Querschnitten bis 1000 bar und mehr. Der aus dem Mundstück austretende Strang wird von einer mitlaufenden Schere in Abschnitte zerlegt, die vom Presstisch abgerollt und bei kleineren Querschnitten an Luft, bei größeren Querschnitten im Wasserbad oder durch Berieseln mit Wasser gekühlt werden (vgl. Abb. 2.9) [2.31]. Die Verwendung von Schneckenpressen ist trotz des Vorteils, dass ein vollkontinuierlicher Betrieb möglich ist und Mischschnecken und Extruder zu einer Einheit zusammengefügt werden können, auf die Herstellung von Strängen mit kleinem Querschnitt beschränkt geblieben. Ursachen für den zögernden Einsatz sind die nicht immer befriedigende Textur der Formlinge und der Schneckenverschleiß.

Das Strangpressen ist für langgestreckte Körper das günstigste Formungsverfahren. Der vergleichsweise hohe Binderanteil der Pressmassen kann das Brennen der

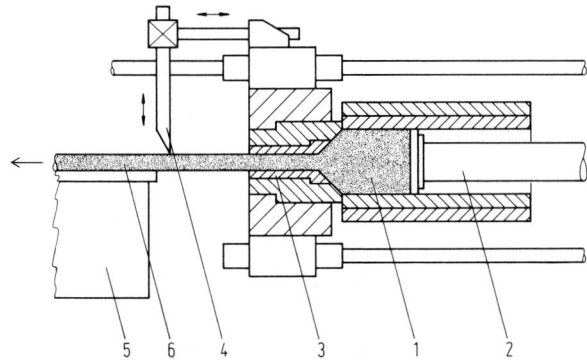

Abb. 2.9 Prinzipbild einer Strangpresse [2.31]
1 mit Pressmasse gefüllter Blockaufnehmer, 2 Pressstempel mit Pressplatte, 3 Mundstück, 4 mitlaufende Schere, 5 Auslauftisch, 6 ausgepresster Massestrang

Formlinge erschweren und infolge des Geschwindigkeitsgradienten quer zur Strangpressrichtung die Bildung von Presstexturen verursachen, welche die Qualität des Produkts mindern [2.32]. Beim Pressen kommt es schließlich zur Ausrichtung anisometrischer Körner, deren Haupträgheitsachsen sich parallel zur Press-(Fließ)-Richtung orientieren. Die daraus folgende Anisotropie des Formlings kann für die Verwendung des Produkts vorteilhaft, aber auch nachteilig sein.

Große technische Bedeutung erlangte das Vibrationsformen. Großformatige Anoden für die Aluminiumproduktion durch Schmelzflusselektrolyse werden zu einem großen Teil durch Vibrationsformen hergestellt. Das Prinzipschema einer Vorrichtung zum Verdichten und Formen hochviskoser bis krümeliger Kohlenstoffmassen ist in Abbildung 2.10 dargestellt. Der auf Federn freischwingende Rütteltisch ist mit einer Formplatte und einem Formkasten kraftschlüssig verspannt. Die in den Formkasten geschüttete Masse wird durch ein Aufgewicht oder eine Deckplatte belastet. Der Antrieb erfolgt über zwei gegenläufige Schwingungserzeuger, z. B. Unwuchtmassen, elektromagnetische Vibratoren oder einen hydraulischen Schubkolbenantrieb, die mit gleicher Frequenz und Amplitude um 180° phasenverschoben schwingen. Frequenz und gegebenenfalls Amplitude sind der Größe der schwingenden Masse angepasst, bei einigen Vorrichtungen wird auch die Zunahme der Federkonstante mit dem Verdichtungsgrad kompensiert. Da eine befriedigende Verdichtung größerer Formate nur nach Entlüftung der Formmasse erzielt wird, ist der Formkasten mit einem dicht schließenden Deckel versehen und über flexible Schlauchleitungen mit einer Vakuumpumpe verbunden. Der Innendruck beträgt etwa 0,1–0,3 bar, die Vibrationsfrequenz ca. 1000–2000 Schwingungen pro Minute.

Der Formungsprozess ist besonders für die Herstellung von Anoden voll automatisiert. Drei Formkästen sind auf einem Drehtisch angeordnet, gleichzeitig werden

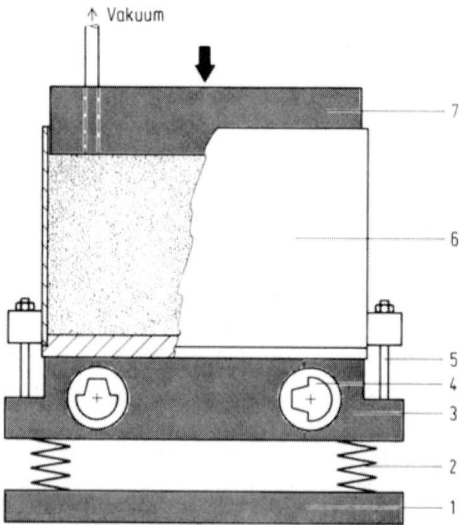

Abb. 2.10 Prinzipbild eines Vibrationsverdichters
1 Grundrahmen, 2 Federn, 3 Rütteltisch, 4 Unwucht, 5 Verspannung, 6 Formkasten, 7 Belastungsgewicht

der erste Kasten mit der grünen Masse gefüllt, der zweite Kasten zum Verdichten der Masse in Schwingungen versetzt und der dritte Kasten von dem fertigen Formling abgehoben. Die Stationen werden dann um 120° gedreht, und der Zyklus beginnt von neuem. In kleinerem Umfang werden auch langgestreckte zylindrische Körper durch Vibrationsformen hergestellt [2.33, 2.34]. Durch Vibration verdichtete und geformte Massen enthalten eine vergleichsweise kleine Bindermenge und sind daher weniger brennempfindlich. Das Formen durch Stampfen oder Rammen spielt demgegenüber kaum noch eine Rolle und wird fast ausschließlich zum Verdichten kohlenstoffhaltiger Fugenmassen in Öfen verwendet. Gesenkpressen werden vorwiegend zum Formen kleinerer oder größerer Körper verwendet, an die besondere Anforderungen gestellt werden. Die einen verhältnismäßig kleinen Binderanteil oder Binder mit einem hohen Erweichungspunkt enthaltende »grüne Mischung« wird in der Regel zunächst gemahlen und homogenisiert. Das Gemisch wird gravimetrisch oder volumetrisch dosiert und mit Drücken bis ca. 0,2 GPa verdichtet. Man verwendet die verschiedensten Pressenkonstruktionen – Kniehebelpressen, Exzenterpressen und Hydraulikpressen. Größere Pressen haben häufig mehrere verschiebbare Matrizen, sodass gleichzeitig gepresst und chargiert werden kann. Mechanische Pressen sind in der Regel voll automatisiert. Es werden maximal etwa 10–15 Presshübe pro Minute erreicht. Da die Verdichtungskräfte bei Gesenkpressen einseitig oder bei beweglichem Ober- und Unterstempel zweiseitig auf die Pressmasse wirken, nimmt wegen der Wandreibung der Verdichtungsgrad in Pressrichtung ab, und das Verhältnis Höhe/Querschnitt des Formlings ist im allgemeinen beschränkt.

Beim isostatischen Pressen wirken die Verdichtungskräfte allseitig auf das Presspulver, und der Verdichtungsgrad nimmt nur in radialer Richtung infolge der inneren Reibung im Presspulver ab. Die Pressformen bestehen bei diesem Verfahren aus einem gummielastischen Material, z. B. Silikonkautschuk. Das Presspulver wird zunächst in der Form durch Vibrieren vorverdichtet und gegebenenfalls auch entlüftet, da die Formhaltigkeit wesentlich durch die Gleichförmigkeit der Vorverdichtung bestimmt wird. Grundsätzlich ist zu unterscheiden zwischen »dry bag«- und »wet bag«-Verfahren. Bei dem überwiegend verwendeten »wet bag«-Verfahren sind die Pressformen frei in das Druckgefäß eingehängt. Drücke bis 0,2 GPa werden angewendet. Die Geschwindigkeit des Druckaufbaus wird praktisch nur durch die Leistung des Verdichters begrenzt, für die Druckentlastung, besonders im unteren Druckbereich, ist wegen der Entspannung der in der Pressform eingeschlossenen Luft mehr Zeit als bei anderen Verfahren nötig. Für die Rohdichte des Formlings gilt näherungsweise $d = A - B \cdot \log p$ (A, B = Konstanten, p = Pressdruck) (vgl. auch Abb. 2.5). Die Formlinge sind auch bei Verwendung anisometrischer Füllerpartikeln quasi-isotrop, da die Hauptträgheitsachsen der Körner näherungsweise parallel zur nächstgelegenen Oberfläche orientiert sind. Wegen der vergleichsweise günstigen Investitionskosten für isostatische Pressen, des kleinen Aufwands für Pressformen und der hohen Produktqualität hat das isostatische Verfahren eine noch steigende Bedeutung gewonnen [2.35, 2.36].

2.3.5
Carbonisieren

Unter Carbonisieren oder Brennen (engl. *baking*) wird der Verfahrensschritt verstanden, bei dem die »grünen« Formlinge zur Pyrolyse des Binders auf eine Temperatur zwischen 700 und 1300 °C erhitzt werden. Der Pyrolyserückstand ist ein fester, die primären Feststoffpartikeln starr verbindender Koks. Zeitbestimmende Verfahrensschritte sind der Wärmetransport von der Oberfläche des Formlings nach innen, die Pyrolyse des Binders unter Bildung fester Kohlenstoffbrücken und flüchtiger Zersetzungsprodukte und der Transport der Zersetzungsprodukte durch die Körperoberfläche nach außen.

Beim Erhitzen und Kühlen der Formlinge entstehen innerhalb der Körper Temperaturdifferenzen, die etwa der Größe des Formlings und der Geschwindigkeit der Temperaturänderung proportional sind. Der Transport der flüchtigen Pyrolyseprodukte zur Oberfläche wird durch die Permeabilität des Körpers bestimmt, die mit fortschreitender Pyrolyse wächst. In den äußeren Zonen des Körpers behindern schließlich Produkte der Sekundärpyrolyse den Transport, sodass sich in diesen Zonen bevorzugt Risse und andere Fehler bilden können. Massenverlust und Volumenänderung sind als Funktion der Temperatur schematisch in Abbildung 2.11 dargestellt.

Die Formlinge werden während des Brennzyklus durch Packmassen gestützt, die Verformungen des beim Erhitzen erweichenden Körpers und den Angriff durch Luftsauerstoff verhindern. Geeignete Packmassen sind gekörnter Steinkohlenkoks, Fluid-Petrolkoks, Anthrazit, Sand und Koks/Sand-Gemische. Wegen des hohen Wärmewiderstandes der Massen bestehen zwischen Wärmeträger und Formling große, die Temperaturregelung erschwerende Temperaturdifferenzen. Andererseits schützt die Packmasse vor schnellen, den Formling möglicherweise schädigenden Temperatursprüngen. Eine gleichmäßige Packungsdichte ist für den Temperaturausgleich und die Ableitung der flüchtigen Pyrolyseprodukte wichtig.

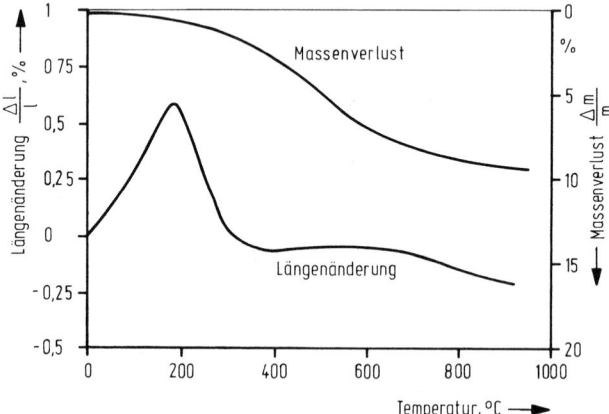

Abb. 2.11 Massenverlust und Längenänderung beim Brennen von Kohlenstoffkörpern

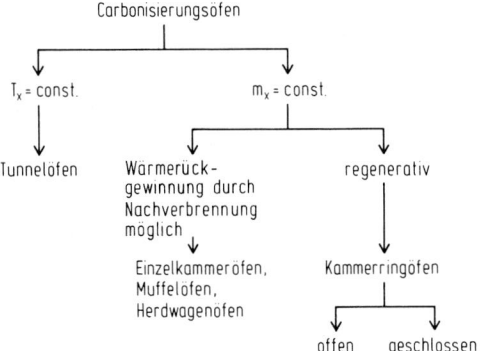

Abb. 2.12 Klassifizierungsschema der Carbonisierungsöfen
T = Temperatur, m = Brenngut, x = Ortskoordinate

Zum Brennen von »grünen« Formlingen sind alle Ofentypen geeignet, deren Erhitzungs- und Abkühlungsgeschwindigkeit regelbar sind und die mit Einrichtungen zum Sammeln und Reinigen der Abgase versehen werden können. Man unterscheidet Öfen, bei denen die Temperatur jedes Volumenelements von der Zeit unabhängig ist (T_x = const.), und Öfen, deren Temperaturen eine Funktion der Zeit sind. Im ersten Fall wird das Brenngut durch den Ofen bewegt, im zweiten Fall ist das Brenngut ortsfest (m_x = const., vgl. Abb. 2.12).

Einzelkammeröfen haben den Vorteil, dass mit einer nur durch den technischen Aufwand begrenzten Genauigkeit jeder Temperaturgradient eingehalten werden kann. Die Öfen werden deshalb bevorzugt zum Brennen großformatiger Formlinge oder anderer brennempfindlicher Sorten verwendet. Auch für kleinformatige Körper, wie z. B. Kohlebürsten, an deren Eigenschaften besondere Anforderungen gestellt werden, kann das Brennen im Kammerofen vorteilhaft sein. Einzelkammeröfen bestehen aus einer quaderförmigen Kammer mit einem Volumen bis zu 100 m³, die zur Verringerung der Wärmeverluste in den Boden eingelassen sein kann. Herdwagenöfen sind Einzelkammeröfen, bei denen das Brenngut auf einem fahrbaren Wagen gestapelt ist, der außerhalb der Kammer beladen und entladen wird. Gas- oder Ölbrenner sind unterhalb der Ofendecke in den Ofenwänden angeordnet. Das Rauchgas wird zu einem Teil über in den Ofenboden eingelassene Pfeifen und Rauchgaskanäle zurückgeführt und durch Ventilatoren umgewälzt. Abweichungen von der Solltemperatur sind gering, der Energieaufwand beträgt etwa 10–30 MJ kg^{-1}. Bezogen auf den Heizwert der bei der Pyrolyse freiwerdenden flüchtigen Produkte ist der Wirkungsgrad nur etwa 10%. In Einzelkammeröfen wird das Brenngut häufig in besondere Brennbehälter aus warmfestem Stahl (Saggar) eingesetzt. Die wärmeaustauschende Fläche wird durch diese Maßnahme vergrößert, und die Behälterwand nimmt die über eine dünne Packmasseschicht übertragene Dehnung des Brennguts auf. Dadurch werden während des Brandes Druckkräfte erzeugt, welche die Produktqualität verbessern.

Kammerringöfen, die am häufigsten verwendeten Ofentypen, bestehen aus einer Vielzahl (etwa 10–30) gleichgroßer Kammern, die untereinander zu einem geschlossenen Ring verbunden sind. Jeweils gleichzeitig werden eine oder mehrere Kammern durch Gas- oder Ölbrenner direkt erhitzt (Brennzone); eine andere Gruppe von Kammern wird durch das Rauchgas vorgewärmt (Vorwärmzone); eine dritte Gruppe von Kammern wird durch die zur Brennzone strömende Verbrennungsluft gekühlt (Kühlzone); eine vierte Gruppe von Kammern wird mit Brenngut zugestellt bzw. entladen. Nach vorgegebenen Zeitabständen wird die Feuerung in Richtung des Rauchgasstroms um eine Kammer versetzt, sodass die Brennzone den Ofen taktweise durchwandert. Das Prinzip ist schematisch in Abbildung 2.13 dargestellt. Die Kammern 2 und 3 sind geöffnet, Kammer 2 wird neu zugestellt, Kammer 3 entladen. Frischluft durchströmt ausgehend von Kammer 3 im Uhrzeigersinn die anliegenden Kammern und nimmt dabei einen Teil der fühlbaren Wärme des Kammerinhalts (Brenngut und Packmasse) und der Kammerwände auf, Kammer 9 ist die Brennkammer. Das bei der Verbrennung gebildete Rauchgas gibt seine fühlbare Wärme teilweise an den Inhalt der folgenden Kammern ab, wird aus Kammer 1 abgezogen und über Filter oder Wäscher einer thermischen Nachverbrennung zugeführt.

Bevorzugt werden zwei Ofentypen verwendet, die auf MEISER und MENDHEIM zurückgehen und sich in der Abdeckung der Kammern unterscheiden. Die in den USA früher bevorzugten deckellosen Öfen sind vergleichsweise einfache Konstruktionen, die ursprünglich nur parallel zu den Seitenwänden verlaufende, für einen besseren Wärmeübergang mit Schikanen versehene Züge aufwiesen. Soweit die flüchtigen Pyrolyseprodukte nicht durch undichtes Mauerwerk in die Züge gesaugt wurden, entwichen die Produkte direkt in die Atmosphäre. Bei den in Europa üblichen gedeckten Öfen werden auch die Kopf- und Bodenflächen als wärmeaustauschende Flächen genutzt (vgl. Abb. 2.14). Die Kammern sind durch Zwischenwände, die mit einer Vielzahl von Zügen versehen sind, in mehrere Abschnitte (Kassetten) unterteilt. Die Züge erstrecken sich von der Oberkante der Kassette bis zu einem Rauchgaskanal unterhalb der Kassette. An der Stirnseite jeder Kammer sind ein oder mehrere Feuerschächte angeordnet, die von unten nach oben durchströmt werden. Der Gasstrom wird im Raum zwischen Deckel und Kassette umgelenkt und durchströmt die Züge in den Kassettenwänden von

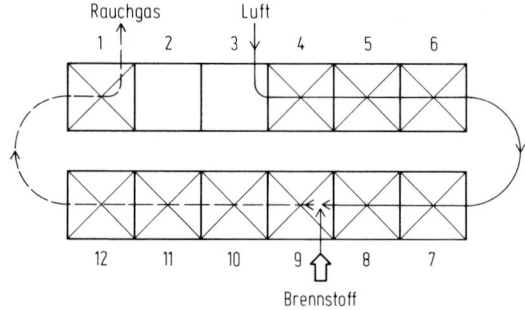

Abb. 2.13 Prinzipbild eines Kammerringofens
1–12 Kammern

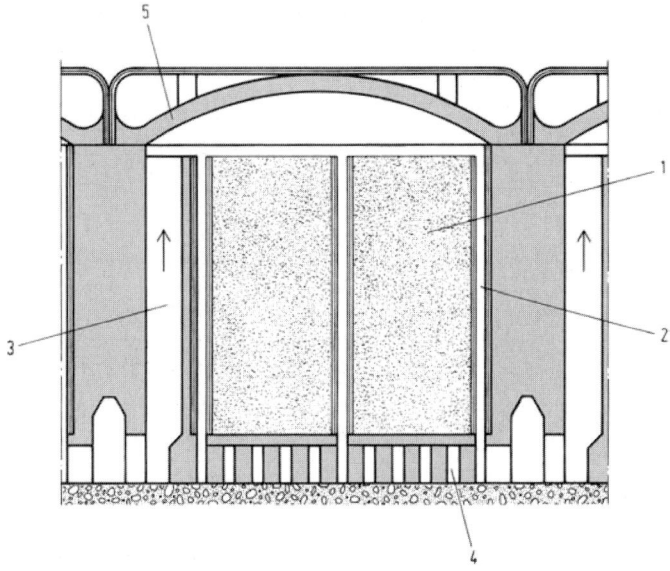

Abb. 2.14 Kammer eines Kammerringofens (vereinfacht)
1 Brenngut und Packmasse, 2 Kassettenzüge, 3 Feuerschacht, 4 Rauchgaskanäle, 5 Kammerdeckel

oben nach unten. Die austretenden Gasströme vereinigen sich im Rauchgaskanal und werden den Feuerschächten der benachbarten Kammer zugeführt.

Das aus Kammeröfen abgezogene Rauchgas enthält etwa 0,5–1,0 g m^{-3} teerartige Produkte. Zur Reinigung des Gases verwendet man fast ausschließlich Elektrofilter. Vor dem Eintritt in das Filter wird das Gas durch Einsprühen von Wasser oder durch Verdampfungskühler auf etwa 80–90 °C gekühlt. Der Teergehalt gereinigter Gase soll höchstens 50 mg m^{-3} betragen, in Sonderfällen werden niedrigere Emissionswerte erreicht [2.37, 2.38]. Einzelkammeröfen sind in der Regel mit Nachbrennern zum Verbrennen der Teerprodukte ausgerüstet.

Ein typischer Brennzyklus in einem Kammerringofen beträgt etwa 12–20 d, wobei der kürzere Zyklus für standardisierte Kohlenstoffanoden typisch ist. Einen typischen Temperaturverlauf zeigt Abb. 2.15.

Die Aufheizgeschwindigkeit beträgt unterhalb von 500–600 °C etwa 0,5–5 K h^{-1}, oberhalb der durch die Binderpyrolyse bestimmten Grenztemperatur ist ein schnelleres Erhitzen möglich. Der Energiebedarf beim Brennen von Kohlenstoffkörpern im Kammerringofen beträgt etwa 2–8 MJ kg^{-1}. Trotz der Wärmerückgewinnung gehen der größere Teil der eingesetzten Energie und die Energie der Pyrolyseprodukte verloren. Durch bessere Nutzung des Kassettenraums, Verringerung des Packmasseanteils und Verwendung hochwertiger Isolierstoffe, z. B. keramischer Filze, ist eine Steigerung des Wirkungsgrades möglich. Der Primärenergiebedarf könnte durch eine wenigstens teilweise Nutzung der flüchtigen Pyrolyseprodukte auf weniger als 2 MJ kg^{-1} gesenkt werden [2.39, 2.40]. Die Energienutzung ist etwas besser, wenn auch der aus dem Rauchgas abgetrennte wasserhaltige Filterteer verbrannt wird.

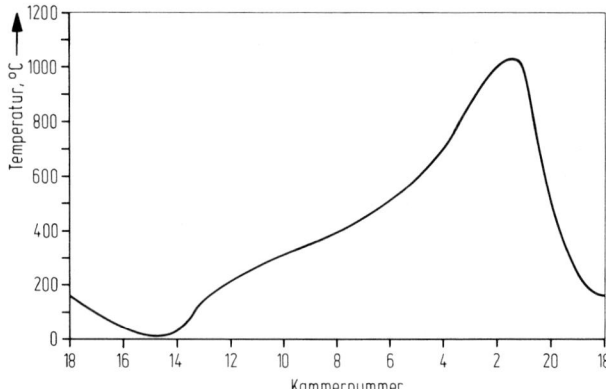

Abb. 2.15 Temperaturverlauf in einem Kammerringofen

Die Temperaturregelung eines Kammerringofens wird durch die Kopplung der Kammern erschwert, da sich jeder Eingriff in eine Kammer, z. B. Temperaturänderungen in der Feuerkammer oder Schwankungen des Ofenzugs, auf die Nachbarkammern auswirkt. In den Kammern selbst wird die Temperaturverteilung durch Querschnittsänderungen im Fließweg beeinträchtigt, die zu Gradienten der Strömungsgeschwindigkeit von Rauchgas und Kühlluft führen [2.41]. Die Temperaturverteilung kann schließlich auch durch Entzündung der flüchtigen Pyrolyseprodukte gestört werden. Die Verbrennungsluft gelangt in diesem Fall durch Undichtigkeiten der Kammerwände in den Ofen. Kammerringöfen werden trotz dieser unbefriedigenden Aspekte bevorzugt, weil sie technisch ausgereift sind und eine vergleichsweise günstige Energienutzung ermöglichen.

In *Tunnelöfen* wird das Brenngut kontinuierlich oder taktweise durch den Ofen bewegt, die Temperatur ist ortsinvariant. Vorteile gegenüber Kammerringöfen sind der größere Automatisierungsgrad und der geringere Energiebedarf. Wegen der guten Regelbarkeit des Ofens kann das Brenngut relativ rasch erhitzt werden, sodass bei gleicher Kapazität ein Tunnelofen kürzer als ein Kammerringofen ist. Trotz dieser Vorteile haben sich Tunnelöfen noch nicht in größerem Umfang durchsetzen können. Ihre Verwendung ist im wesentlichen auf das Brennen kleinformatiger Formlinge und das Nachbrennen pechimprägnierter Körper beschränkt. Gründe hierfür sind Bedenken hinsichtlich der Standzeit der für den Transport des Brenngutes erforderlichen Vorrichtungen und die verhältnismäßig komplizierte Gasführung, die zur Vermeidung der Kondensation flüchtiger Pyrolyseprodukte im Ofen erforderlich ist. Zu diesem Zweck wird der Tunnel in mehrere Abschnitte unterteilt oder das Brenngut in besonderen Brennbehältern eingeschlossen [2.42, 2.43].

Das Prinzip des Tunnelofens, bei dem Formung und Brennen kombiniert sind, wird in abgewandelter Form u. a. beim *Söderberg-Verfahren* angewendet. Die plastische grüne Masse wird dabei in eine Form geschüttet, die seitlich von zylindrischen Schüssen aus Stahlblech und unten durch bereits gebrannte Masse gebildet wird. An die bereits gebrannte Masse, die in der Regel die Elektrode eines Elektroofens bildet, werden elektrische Kontakte zur Stromzuführung angedrückt. Die erzeugte Joulesche Wärme und die aus der Reaktionszone des Elektroofens abgeleitete Wärme dienen zur Erhöhung der Temperatur innerhalb der Masse bis zur Carbonisierung des Binders. Die Elektrode wird entsprechend dem Abbrand in der Reaktionszone im Ofen laufend abgesenkt und oben durch neu angeschweißte Schüsse verlängert und mit Masse befüllt. Man spricht daher von einer »kontinuierlichen Elektrode« (vgl. Phosphor und Phosphorverbindungen, Abschnitt 3.1.5.2 und Carbide und Kalkstickstoff, Abschnitt 1.3.2.4).

Eine direkte elektrische *Widerstandserhitzung* grüner Formlinge ist wegen des hohen Widerstands des Binders nur für bindemittelarme Formlinge und bei größeren Drücken möglich. Da bei diesem Verfahren innerhalb der Formlinge keine Temperaturgradienten entstehen, sind große Aufheizgeschwindigkeiten möglich. Für Kohlenstoffanodenblöcke, die mit einem Druck von ca. 5 bar zwischen gekühlte Kontaktplatten eingespannt sind, soll die Erhitzungszeit auf 1100 °C nur 3 h betragen [2.44]. Bei Drücken von etwa 0,5 GPa beträgt die Brennzeit nur 4–10 min. Die elektrische Energie wird der Formmasse über Druckstempel oder über gegen das Pressgesenk isolierte Backen aus Graphit zugeführt. Kurze Brennzeiten sind entscheidend für die vollautomatische Herstellung von Kohlenstoffkörpern. Die grüne Masse wird beispielsweise kontinuierlich aus einem Bunker abgezogen und über eine Dosiereinrichtung taktweise in das Gesenk gespeist. Dann werden der Form- und Brennvorgang ausgelöst und schließlich der fertige Pressling in eine Kühlvorrichtung ausgestoßen [2.45]. Ein anderer Vorteil der Pyrolyse unter Druck ist der größere Koksrückstand, sodass die Kohlenstoffkörper eine besonders geringe Porosität, eine größere Festigkeit und eine höhere elektrische Leitfähigkeit aufweisen. Faserhaltige Verbundwerkstoffe mit Kohlenstoffmatrix werden deshalb vorzugsweise in Autoklaven carbonisiert.

2.3.6
Graphitieren

Ziel des Graphitierens ist die Erhöhung der kristallinen Ordnung parakristalliner Kohlenstoffprodukte. Oberhalb von etwa 2000 K nimmt der Fehlordnungsgrad mit der Temperatur ab; der Schichtebenenabstand nähert sich dem Idealwert von Graphiteinkristallen, und die Größe der Kristallite bzw. Kohärenzbereiche wächst. Makroskopisch nehmen beispielsweise die Dichte und die elektrische und thermische Leitfähigkeit zu, Elastizitätsmodul, Festigkeit, Ausdehnungs- und Reibungskoeffizient nehmen ab (vgl. Abb. 2.7). Mit Hilfe technischer Graphitierungsverfahren wird die innere Energie des zu graphitierenden Produkts auf ein für den Ordnungsprozess nötiges Niveau erhöht. Der Energiebedarf für das Erhitzen von parakristallinem Kohlenstoff auf 3000 K beträgt etwa 1,43 kWh kg^{-1}. Dieser Betrag und die Umwandlungsenthalpie von etwa 0,05 kWh kg^{-1} können theoretisch in einem geschlossenen System zurückgewonnen werden. Verfahren zur Energierückgewinnung im technischen Maßstab sind jedoch nicht bekannt, und der tatsächliche Energiebedarf ist wegen unvermeidlicher Verluste wesentlich größer. Diese entstehen vor allem durch Konvektion, Strahlung und in den elektrischen Zuleitungen und Kontakten.

Die für die Graphitierung erforderliche Wärmeenergie wird in dem Kohlenstoffkörper direkt erzeugt oder durch Strahlung zugeführt. Der Kohlenstoffkörper fungiert dabei als Widerstand in einem Gleich- oder Wechselstromkreis, als Suszeptor in einem Schwingkreis oder als Absorber für Wärmestrahlung. Für die verschiedenen Graphitierungsverfahren ist weniger die Art der Energieerzeugung als die Art der Zuführung der Energie bzw. der Kontaktierung des Kohlenstoffkörpers von Bedeutung. Im folgenden wird daher zwischen direkten und indirekten Verfahren unterschieden. Bei den direkten Verfahren besteht ein direkter Stromkontakt zwischen den mit einer Stromquelle verbundenen Elektroden des Ofens und den zwischen den Elektroden gestapelten Kohlenstoffkörpern. Bei den indirekten Verfahren wird die Energie induktiv oder durch Strahlung übertragen, und die Körper sind prinzipiell frei beweglich [2.46].

Die Graphitierungstemperaturen um etwa 3000 K stellen an die Werkstoffe, besonders an Kontaktelektroden und Isolierstoffe, große Anforderungen. Die Kontaktelektroden, bzw. bei der indirekten Graphitierung die Heizelemente, bestehen daher aus Graphit. Als Isolierstoffe werden Kokse, Ruß, beim Erhitzen einen Kohlenstoffrückstand bildende Stoffe wie Sägemehl sowie Siliciumcarbid und Siliciumcarbid bildende Stoffgemische verwendet. Auswahlkriterien sind thermische Beständigkeit, Wärmewiderstand, Wärmekapazität, Handhabbarkeit und Packungsdichte. Die Isolierschüttung schirmt den Ofenkern gegen die umgebende Atmosphäre ab, ohne die Diffusion der im Kern freiwerdenden Gase und Dämpfe, vor allem Wasserstoff, niedermolekulare Kohlenwasserstoffe, Schwefel und Metalldämpfe, zu behindern. Metalldämpfe reagieren mit dem Isolierstoff im wesentlichen unter Bildung von Metallcarbiden, die übrigen Stoffe verbrennen an der Oberfläche des Ofens. Für die Herstellung von Graphit mit einer hohen Reinheit sind aschearme Isolierstoffe von Vorteil, bei denen sich kleinere Metalldampfpartialdrücke in der Ofenatmosphäre einstellen.

Die von ACHESON 1896 entwickelte »Quergraphitierung« war fast 100 Jahre lang das wirtschaftlich wichtigste Verfahren zum Herstellen von Graphit. Ein Graphitierungsofen dieses Prozesses ist in Abbildung 2.16 dargestellt. Der Ofen enthält ein rechteckiges, mit körnigen feuerfesten Stoffen zugestelltes Ofenbett 1, das durch Gebläse oder durch Eigenkonvektion gekühlt wird, stirnseitige Wände 2 aus Feuerfeststeinen, in die Graphitelektroden 3 eingelassen sind (Wasserkühlung und Stromschienen sind nicht dargestellt). Die Seitenwände bestehen aus bewegbaren Segmenten 7 aus Beton oder auch aus elektrisch isolierten Stahlgittern. Im Ofenkern sind voneinander getrennt die zu graphitierenden Kohlenstoffkörper 6 aufgeschichtet und die Zwischenräume mit einer körnigen Resistormasse (Widerstandsschüttung) 4 ausgefüllt. Als Resistormasse werden vor allem klassierte Koks/Graphitgemische verwendet, deren Anteil am nutzbaren Ofenvolumen bis etwa 40 % beträgt. Der aus den Kohlenstoffkörpern 6 und der Resistormasse 4 gebildete Ofenkern ist allseitig von einer Schicht 5 aus körnigen Isolierstoffen umgeben.

Zur Erhitzung auf Graphitierungstemperatur wird dem Ofen über regelbare Transformatoren oder Transformator-Gleichrichtereinheiten der Heizstrom I zuge-

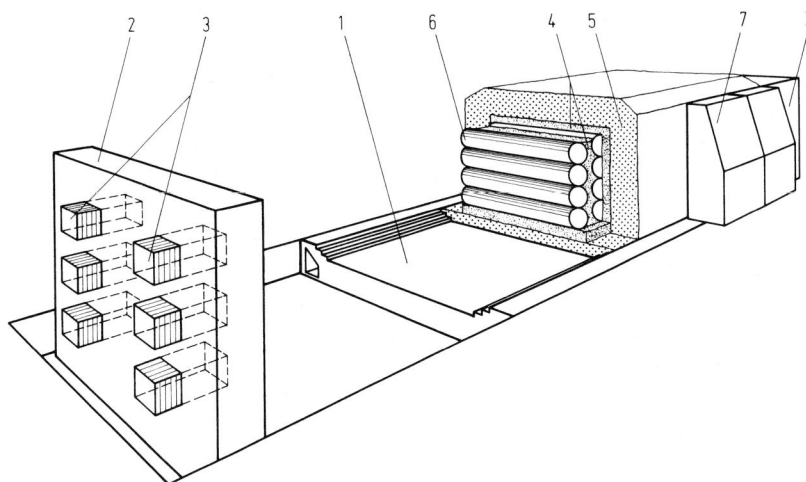

Abb. 2.16 Prinzipskizze eines Graphitierungsofens nach ACHESON
1 Ofenbett, 2 Ofenkopf, 3 Stromzuführungselektroden, 4 Resistorschüttung, 5 Isolierschüttung,
6 Kohlenstoffkörper, 7 Seitensteine

führt und im Ofenkern die Wärmeenergie $I^2R\Delta t$ erzeugt. Die Ofenspannung wird wegen des mit ansteigender Temperatur abnehmenden Ofenwiderstands zur Einhaltung einer etwa konstanten oder leicht abnehmenden Leistung während der Ofenreise heruntergeregelt. Für Wechselstrombetrieb mit großen Leistungen ist eine Kompensation des Blindstroms erforderlich. Mit Reihenkondensatoren wird ein $\cos \varphi$ von 0,95–0,99 erreicht, verglichen mit 0,4–0,5 für nichtkompensierte Öfen gegen Ende der Ofenreise. Der Temperaturanstieg im Ofenkern ist im ersten Teil der Ofenreise bei wachsender elektrischer Leistung proportional N/M, in der zweiten Phase proportional I^2/λ_{eff} (M Masse des Ofens, N elektrische Leistung, λ_{eff} effektive Wärmeleitfähigkeit der Isolierung). Die Anschlussleistungen von Großöfen mit Kapazitäten von etwa 100 t Produkt je Reise betragen etwa 100–300 kW t^{-1} und von kleineren Öfen (ca. 1 t je Reise) bis 10^3 kW. Die Kerntemperaturen von Acheson-Öfen verschiedener Größe als Funktion der Zeit sind in Abbildung 2.17 dargestellt.

Der spezifische Energiebedarf beträgt in Großöfen etwa 3–4 kWh kg^{-1}; Kleinöfen haben trotz der größeren Aufheizrate wegen des ungünstigeren Oberfläche/Volumen-Verhältnisses einen deutlich höheren spezifischen Energiebedarf.

Acheson-Öfen sind außerordentlich robust und kaum störanfällig. Diesen Vorteilen stehen als in den letzten Jahrzehnten gewichtiger gewordene Nachteile ein relativ niedriger energetischer Wirkungsgrad, begrenzte Reproduzierbarkeit, ein großer Manipulationsaufwand, geringe Produktivität pro Flächeneinheit und relativ hohe Emissionen gegenüber.

Das von CASTNER 1893 vorgeschlagene Verfahren unterscheidet sich vom Acheson-Verfahren im wesentlichen dadurch, dass die Kohlenstoffkörper ohne Resistormasse direkt zwischen die Elektroden gespannt sind. Abbildung 2.18 zeigt das

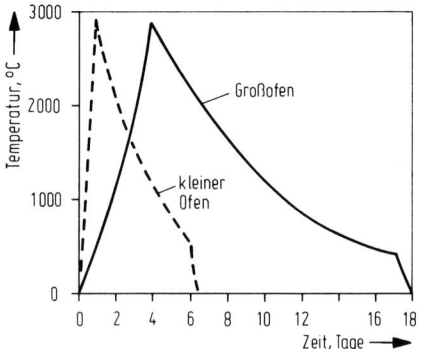

Abb. 2.17 Zeitlicher Verlauf der Kerntemperaturen von Acheson-Öfen

mit feuerfesten Isolierstoffen zugestellt Ofenbett 1, die stirnseitigen Ofenwände aus Feuerfeststeinen 2 und die in die Stirnseiten eingelassenen Elektroden 3, von denen wenigstens eine in Richtung der Längsachse des Ofens verschiebbar ist. Ein oder mehrere in einer Reihe angeordnete Kohlenstoffkörper 6 sind zwischen die Elektroden 3 eingespannt und von körnigen Isolierstoffen 4 umgeben. Der Ofen ist seitlich durch Wände aus bewegbaren Segmenten 5 begrenzt, die bei Öfen geringer Höhe auch entfallen können. In der Zeichnung sind die Stromschienen, die Kühleinrichtung für die Elektrode 3 und der Druckapparat zum Verschieben der Elektrode nicht dargestellt. Die elektrischen Einrichtungen entsprechen im wesentlichen denen von Acheson-Öfen.

Castner-Öfen enthalten keine körnige Resistormasse und haben deshalb einen kleineren Widerstand als Acheson-Öfen. Die Temperaturunterschiede innerhalb der

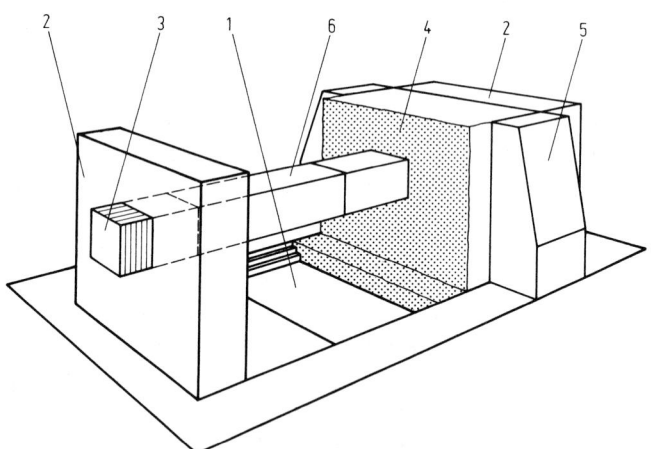

Abb. 2.18 Prinzipbild eines Graphitierungsofens nach CASTNER
1 Ofenbett, 2 Ofenkopf, 3 Stromzuführungselektrode, 4 Isolierschüttung, 5 Seitensteine, 6 Kohlenstoffkörper

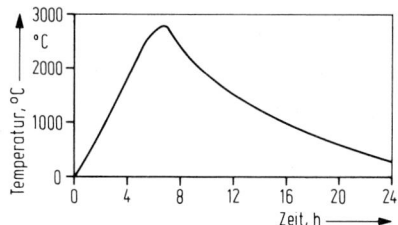

Abb. 2.19 Temperatur-Zeit-Charakteristik von Castner-Öfen

Kohlenstoffkörper sind daher verhältnismäßig klein, sodass hohe Aufheizgeschwindigkeiten erzielt werden können (vgl. Abb. 2.19). Die Verluste sind entsprechend geringer und der spezifische Energiebedarf beträgt nur 2–3 kWh kg^{-1}.

Andere Vorteile sind Qualitätssteigerungen durch bessere Reproduzierbarkeit, die vergleichsweise einfache Erfassung der gasförmigen Nebenprodukte und günstigere Bedingungen für die Rückgewinnung von Wärmeenergie [2.47]. Die Kosteneinsparungen gegenüber dem Acheson-Verfahren belaufen sich auf ca. 50%. Aufgrund dieser Vorteile hat das Castner-Verfahren die Acheson-Graphitierung großenteils ersetzt. Ursache für diesen erst späten Siegeszug waren vor allem stetige und unstetige Dimensionsänderungen bei der Graphitierung aufgrund der reversiblen thermischen Ausdehnung und die dem Ausbruch von Schwefeldampf zuzuordnende Volumenänderung (»Puffing«, s.u.). Durch Kontaktlockerungen als Folge der Längenänderungen können sich Lichtbögen bilden, die an den Körpern Schaden anrichten.

Bei den *indirekten Graphitierungsverfahren* sind die Kohlenstoffkörper in besonderen tiegelförmigen oder zylindrischen Graphitgefäßen angeordnet, die von Induktionsspulen umschlossen bzw. mit Graphitheizelementen versehen sind. Bei kontinuierlicher Verfahrensführung kann ein Teil der eingespeisten Energie durch Wärmeaustausch zurückgewonnen und zur Vorwärmung verwendet werden. Die Regelung des Temperaturanstiegs ist in dem stationären Temperaturfeld besonders einfach und die Reproduzierung der Graphitierungsbedingungen entsprechend gut. Günstige Wirkungsgrade werden beim induktiven Erhitzen nur erreicht, wenn die Maße von Spulen und Körpern gut aufeinander abgestimmt sind. Bei der Strahlungserhitzung ist wegen des hohen Dampfdrucks des Graphits die Standzeit der Heizelemente noch nicht befriedigend. Der spezifische Energiebedarf schwankt je nach Auslegung der Öfen erheblich zwischen etwa 2 und 10 kWh kg^{-1}. Angewendet wurden indirekte Verfahren fast ausschließlich zum Graphitieren kleinformatiger Spezialprodukte, z.B. von Kohlebürsten, aber wegen der guten Regelbarkeit auch für sehr große Formate.

Energieeinsparungen beim Graphitieren sind prinzipiell auch durch Zusätze carbidbildender Elemente möglich. Die Verbesserung der Graphitierbarkeit und die Senkung der nötigen Graphitierungstemperatur durch Zusätze waren bereits ACHESON bekannt, der ursprünglich vermutete, dass die Bildung von Graphit nur über die Bildung und den Zerfall von Carbiden möglich sei. Im technischen Maßstab wird der Effekt nicht genutzt, da ein Restcarbidgehalt im Graphit die Eigenschaften ändert und beim Zerfall der Carbide auch größere Hohlräume in dem Graphitkörper entstehen können [2.48].

In einem Graphitierungsofen wird die Erhitzungsgeschwindigkeit nicht nur durch die elektrische Einrichtung begrenzt, sondern auch durch die schlagartige, einen Volumenzuwachs bewirkende Emission von Schwefeldampf aus den Kohlenstoffkörpern bei einer Temperatur von etwa 2000 K. Zur Abschwächung des als »Puffing« bezeichneten Effekts werden den grünen Mischungen Inhibitoren wie Eisen, Eisenoxid, Alkali- und Erdalkalisalze in einer dem Ausgangsschwefelgehalt angepassten Menge zugesetzt (etwa 0,5–2 %). Es bilden sich dann Verbindungen aus Schwefel, Kohlenstoff und Inhibitor, die eine größere thermische Stabilität aufweisen und sich verzögert zersetzen [2.49].

Technisch nicht gelöst ist das durch den Stickstoffausbruch bestimmte »Puffing« von auf Steinkohlenteerpech basierenden Koksrohstoffen [2.50]. Diese Kokse sind in einer Castner-Graphitierung nur bedingt einsetzbar.

2.3.7
Reinigen

Die zum Herstellen von Graphitkörpern verwendeten Roh- und Hilfsstoffe enthalten in Form mineralischer Einschlüsse oder gebunden an Kohlenstoff einen mehr oder weniger großen Anteil an Fremdelementen. Diese können ebenso wie beim Herstellungsprozess eingeschleppte Verunreinigungen die Nutzungseigenschaften des Fertigprodukts beeinträchtigen, sodass für bestimmte Anwendungszwecke der Fremdstoffgehalt vermindert werden muss. Man unterscheidet thermische, thermisch-chemische und chemische Reinigungsverfahren. Das einfachste thermische Verfahren ist der Graphitierungsprozess selbst. Der erreichbare Reinheitsgrad wird dabei im wesentlichen durch die thermische Stabilität der beim Graphitieren gebildeten Carbide bestimmt. Durch die Verwendung von Isolierstoffen mit großer Oberfläche als Fänger, z. B. Ruß, kann der Effekt verbessert werden. Bei den thermisch-chemischen Verfahren werden Halogene oder Halogenverbindungen, die mit den Verunreinigungen flüchtige Verbindungen bilden (besonders geeignet sind halogenierte Kohlenwasserstoffe), bei Temperaturen oberhalb etwa 2000 °C in den Graphitierungsofen geleitet. Chemische Verfahren, z. B. alkalische oder Flusssäure-Aufschlüsse, werden vor allem zum Reinigen von Naturgraphit verwendet. Der erzielbare Reinigungsgrad hängt im einzelnen von den Verfahrensbedingungen und der Größe des Graphitkörpers ab, beispielsweise beträgt der Aschegehalt von Spektralkohlen weniger als 1 ppm und von großvolumigen Bauteilen für Kernreaktoren weniger als 200 ppm.

2.3.8
Imprägnieren

Kohlenstoff- und Graphitkörper sind porös. Zur Verminderung des Porenvolumens und zur Verbesserung der davon abhängenden Eigenschaften ist es üblich, die Poren wenigstens teilweise mit einem Imprägniermittel zu füllen. Dazu werden die

Körper in einem Autoklaven zunächst auf die Temperatur des zuzugebenden Imprägniermittels erhitzt, dann wird der Autoklav evakuiert und das Imprägniermittel unter Druck eingegeben. Wichtige Prozessparameter sind Porengröße und Porengrößenverteilung, Fluidität des Imprägniermittels und der Druck, der im allgemeinen etwa 10 bar beträgt [2.51]. Der imprägnierte Körper wird schließlich auf 600–800 °C erhitzt, wobei das Imprägniermittel verkokt und »sekundärer« Koks in dem ursprünglichen Porensystem gebildet wird. Zur Erzeugung impermeabler Körper muss dieser Prozess mehrmals wiederholt werden, wobei man wegen der abnehmenden Radien der Porenkanäle die Viskosität des Imprägniermittels mit der Zahl der Imprägnierschritte senkt. Imprägniermittel für großformatige Kohlenstoff- und Graphitkörper, wie Elektroden, ist vorzugsweise Pech; für faserverstärkte Werkstoffe mit Kohlenstoffmatrix verwendet man bevorzugt Duromere wie Phenol-Formaldehyd- und Furanharze (vgl. Tabelle 2.5).

Bei einem anderen Verfahren sind gasförmige Kohlenstoffverbindungen das Imprägniermittel [2.52]. Vor allem Kohlenwasserstoffe, wie Methan oder Propan, werden dabei unter einem Druck von einigen Hektopascal bei einer Temperatur von etwa 1000–2000 °C im Porensystem des Graphitkörpers zersetzt, wobei sich Pyrokohlenstoffschichten abscheiden. Eindringtiefe, Abscheidungsgeschwindigkeit und die Struktur des Pyrokohlenstoffs werden im einzelnen durch die Art der Kohlenstoffverbindung, die Temperatur, den Druck und vor allem durch die Strömungsbedingungen in dem Porensystem bestimmt. In größerem Umfang verwendet man das Verfahren bei der Herstellung kohlenstofffaserverstärkter Hitzeschilde und Bremsscheiben für Raketen und Flugzeuge.

Kohlenstoff- und Graphitkörper, die bei ihrer Verwendung verhältnismäßig niedrigen Temperaturen ausgesetzt sind, können mit anderen Stoffen als Kohlenstoff imprägniert werden. Bevorzugte Imprägniermittel sind härtbare Kunstharze, vor allem Phenol-Formaldehyd- und Furanharze. Die imprägnierten Körper sind praktisch undurchlässig für Flüssigkeiten, der Permeabilitätskoeffizient beträgt etwa 10^{-3}–10^{-8} cm^2 s^{-1}. Besonders günstig verhalten sich blähende, einen feinzelligen Harzkörper bildende Imprägniermittel [2.53].

Zur Erzielung besonderer Produkteigenschaften werden zahlreiche andere Imprägniermittel verwendet. So werden z. B. Lager, Gleitringe und Schleifbügel zur Verbesserung der Verschleißfestigkeit mit Metallen und Metalllegierungen wie Weißmetall, Antimon, Kupfer oder Silicium imprägniert, Bürsten zur Stabilisierung der Patina mit Fetten, Wachsen, Paraffinen, halogenierten Kohlenwasserstoffen, Naturharzen, Alkydharzen und Metallsulfiden. Bei Anoden verwendet man zur Verbesserung der Oxidationsbeständigkeit härtbare Öle, z. B. Leinöl. Die Abbrandgeschwindigkeit von Kohlenstoff in einer oxidierenden Atmosphäre im Temperaturbereich bis etwa 1000 °C kann durch Imprägnierung mit Phosphorsäure, Phosphaten und Boraten vermindert werden. Für Anwendungen bei hohen Temperaturen, oberhalb von 1000 °C, werden durch Flamm- oder Plasmaspritzen oder nach dem CVD-Verfahren (Chemical Vapour Deposition) auf die äußere Oberfläche des Körpers Schichten, vor allem von Carbiden, Siliciden, Boriden und Nitriden eines oder mehrerer Elemente aus der Gruppe Al, Fe, Ti, Si, als Oxidationsschutz aufgebracht. Besonders wirksam sind aus mehreren Einzelschichten zusammengesetzte Schutzüberzüge, die verhältnismäßig kleine Eigenspannungen aufweisen und Glasbildner zum Dichten von Rissen innerhalb der Schichten enthalten [2.54].

Ähnlich aufgebaut sind elektrisch leitende Beschichtungen für Elektroden, die in der Regel aus einer metallischen Matrix, z. B. Aluminium, Silicium oder Titan, aus feuerfesten Füllstoffen, wie z. B. Carbiden, Siliciden, und aus Glasbildnern wie Borverbindungen bestehen.

2.3.9
Bearbeiten

Graphit wird mit den in der Metall- und Holzindustrie üblichen Maschinen und Werkzeugen bearbeitet, z. B. Band- und Kreissägen, Schleif- und Fräsmaschinen, Dreh- und Strahlmaschinen, Hon- und Läppmaschinen, Räum- und Bohrwerken. Geschliffen wird zweckmäßig mit Siliciumcarbidscheiben der Härte F, P und K, bei Umfangsgeschwindigkeiten zwischen 25 und 35 m s^{-1}. Für Drehwerkzeuge sind Hartmetall- oder Diamantschneiden vorteilhaft. Die spezifische Schnittkraft beträgt etwa 5–30 N mm^{-2}, die Schnittgeschwindigkeit je nach Härte und gewünschter Oberflächengüte etwa 100–1000 m min^{-1} bei Schnitttiefen bis etwa 2,5 mm. Beim Bohren sollte der Schnittdruck durch einen Schneidkantenwinkel > 30° oder durch eine Auflage am Bohrungsende ausgeglichen werden. Schneidöle, Bohremulsionen usw. sind nicht erforderlich. Die erreichbare Oberflächenrauigkeit (root mean square, rms) beträgt bei Bandsägen etwa 25–125 µm, bei Kreissägen mit Diamantschneide 6–15 µm, beim Drehen, Bohren und Fräsen 1,5–6 µm und beim Honen und Läppen < 2 µm (Poren sind hierbei nicht berücksichtigt). Die Oberflächenbeschaffenheit hängt außer von den Bearbeitungswerkzeugen und -bedingungen vom Gefüge und der Einbindung der Füllerkörner in die Bindermatrix ab. In unterschiedlichem Ausmaß werden Körner oder Teile von Körnern abgeschert, zerdrückt oder aus dem Verband herausgerissen. Die Oberflächengüte ist daher im allgemeinen der Partikelgröße umgekehrt proportional. Das abgearbeitete Material fällt als Staub und Grieß an und wird durch Absaugeinrichtungen mit Luftgeschwindigkeiten bei 25 m s^{-1} entfernt. Die Bearbeitung von Kohlenstoffsteinen, -elektroden usw. ist wegen der großen Härte des Materials wesentlich aufwändiger. Man versucht, durch eine entsprechende Formung, z. B. das Einpressen von Barrennuten, profilierten Kanälen usw., den Aufwand zu verringern. Für engere Toleranzen lässt sich in der Regel die Bearbeitung wenigstens einiger Flächen durch Schruppen und Schlichten nicht vermeiden.

Größere Stückzahlen werden in der Regel auf Automatenstraßen bearbeitet. Für zylindrische Graphitelektroden sind beispielsweise die Arbeitsgänge Fräsen der Nippelschachtel, Überdrehen der Elektrode, Schleifen der Stirnflächen und Einschneiden der Schachtelgewinde erforderlich. Zum Verbinden der Elektrodenabschnitte bestimmte doppelkonische Nippel werden zunächst auf Länge geschnitten, dann wird der Doppelkonus gefräst, zuletzt werden in die Konen die Gewinde geschnitten.

Besonders vielfältig sind die bei der Herstellung von Graphitapparaten verwendeten Verfahren. Rohre sind innen und außen zu überschleifen und Konen anzudrehen, Platten zu fräsen und zu bohren, Blöcke zu bohren, zu schlitzen und abzudrehen und vieles mehr. Die bearbeiteten Körper werden zu einem kleinen Teil durch Gewinde- oder Flanschverbindungen zusammengefügt, zum größeren Teil geklebt. Kleber sind vor allem Graphit- oder Rußpulver enthaltende härtbare Harze.

2.4
Verwendung von Kohlenstoff- und Graphitprodukten

Mehr als 90 % der Kohlenstoff- und Graphitproduktion gehen in Elektroden für elektrothermische und elektrochemische Prozesse. Die Restmenge verteilt sich auf eine Vielzahl verschiedener Anwendungen auf fast allen Gebieten der Technik.

2.4.1
Elektroden für elektrothermische und elektrochemische Verfahren

2.4.1.1 Elektroden für Lichtbogenöfen zur Stahlerzeugung

1906 wurde der erste Lichtbogenofen mit einem Inhalt von ca. 1 t in Betrieb genommen. Im Jahre 2000 betrug die Elektrostahlproduktion rund $286 \cdot 10^6$ t, entsprechend einem Anteil von ca. 34 % an der Gesamtstahlerzeugung. Dieser ungewöhnliche Zuwachs der Elektrostahlproduktion wurde in den letzten Jahren gefördert durch die Einführung verbesserter Verfahren zur Direktreduktion von Eisenerz, die zunehmende Verbreitung des Stranggießens und die Leistungssteigerung der Lichtbogenöfen. Die hohe Anschlussleistung, die bei *UHP*-Öfen (UHP = ultra high power) bis etwa 500 kW t^{-1} beträgt, und hohe Stromdichten bis etwa 30 A cm^{-2} stellen an die Qualität der Elektroden, besonders an die Temperaturwechselfestigkeit, große Anforderungen [2.55, 2.56].

Elektroden mit einem Durchmesser von bis zu 600 mm werden vor allem in *Drehstromlichtbogenöfen* eingesetzt. Über drei Elektrodenstränge (drei Phasen) wird die elektrische Energie eingebracht. Mit der Entwicklung und Verbreitung einsträngiger *Gleichstromöfen* in den 1990er Jahren ging eine Durchmesservergrößerung der Elektroden auf 700, 750 und 800 mm einher [2.57, 2.58]. Die Länge der Einzelelektroden beträgt 2,1 bis 2,7 m. Die an beiden Enden mit einem Gewinde versehenen Abschnitte werden miteinander mit doppelkonischen Nippeln verschraubt. Zur Sicherung der Schraubenverbindung sind Ausnehmungen in den Schachtelböden oder im Nippel mit einer erweichenden und verkokbaren Kittmasse – in der Regel in Form eines Pechstifts – gefüllt. Beim Erhitzen der Elektrode fließt das Pech zwischen die freien Gewindeflanken und bildet bei der Pyrolyse feste Koksbrücken zwischen Nippel und Schachtel (vgl. Abb. 2.20). Die Verbindung ist der kritische Punkt der Elektrode, denn durch Aufsetzen auf die Schrottchargierung erzeugte Biegespannungen und durch Temperaturgradienten verursachte Zugspannungen sind in diesem Bereich am größten. Die thermisch hervorgerufenen Spannungen sind u. a. Funktionen von Stoffgrößen, wie thermische und elektrische Leitfähigkeit und Ausdehnungskoeffizient [2.59, 2.60]. Durch Verwendung ausgewählter Rohstoffe und Herstellungsverfahren ist es in den letzten Jahren gelungen, die Temperaturspannungsbeständigkeit der Elektroden we-

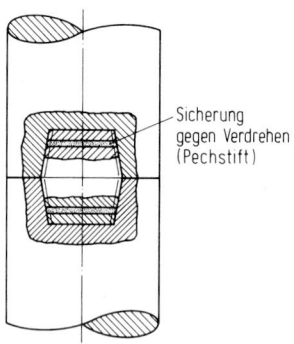

Abb. 2.20 Nippelverbindungen für Graphitelektroden

sentlich zu verbessern. Auch durch konstruktive Maßnahmen konnten die Spannungen in der Verbindung reduziert werden [2.61].

Der Elektrodenverbrauch beträgt 1–6 kg pro Tonne Stahl und setzt sich etwa zu gleichen Teilen aus Verlusten an der Elektrodenspitze und Mantelabbrand zusammen. An der Elektrodenspitze, d. h. am Anodenfleck des Lichtbogens, beträgt die Temperatur bis etwa 4000 K; die Verluste entstehen fast ausschließlich durch Verdampfen und Absplittern (engl. *spalling*). Da die Spitzenverluste vom Phasenstrom abhängen (proportional I^2), sind niedrige Phasenströme und hohe Ofenleistungen günstig. Die Mantelverluste entstehen im wesentlichen durch Oxidation des Kohlenstoffs. Der Mantelabbrand, der bei ungeschützter Elektrode knapp 5 kg m^{-2}h^{-1} beträgt, ist vom Luftzutritt und der Oberflächentemperatur abhängig. Zur Verhinderung des Luftzutritts sind Schutzschichten entwickelt worden, die fest auf der Mantelfläche haften, einen hohen Erweichungspunkt aufweisen und den elektrischen Strom leiten (vgl. Abschnitt 2.3.8). Rein keramische Schichten können unterhalb der Kontaktbacken verwendet werden. Diese Schutzschichten konnten sich jedoch nicht durchsetzen. Als einfach und effektiv hat sich die direkte Berieselung mit Wasser oberhalb des Ofendeckels erwiesen. Die Nutzung aller technischen Möglichkeiten hat eine Senkung des Elektrodenverbrauchs in Einzelfällen auf <1 kg pro Tonne Stahl ermöglicht.

2.4.1.2 Elektroden für Lichtbogenwiderstandsöfen

Wegen der vergleichsweise kleinen elektrischen Belastung werden in Lichtbogenwiderstandsöfen vorzugsweise Kohlenstoffelektroden, auch in Form selbstbackender Söderberg-Masse, verwendet. Trotz einiger technischer Vorzüge sind die teureren Graphitelektroden auf diesem Gebiet nur von untergeordneter Bedeutung, ausgenommen sind Elektroden zum Aufschmelzen von Abstichsöffnungen. Neben zylindrischen werden quaderförmige Elektroden und zunehmend sog. Hohlelektroden eingesetzt, die eine zentrale achsparallele Bohrung aufweisen, durch die der Schmelze Zuschlagsstoffe oder z. B. bei der Calciumcarbid-Herstellung kostengünstiger Feinkornmöller (vgl. Carbide und Kalkstickstoff, Abschnitt 1.3.2.2) zugeführt werden. Der Querschnitt der Elektroden beträgt bis zu 1,8 m^2, die Stromdichte für vorgebrannte Elektroden bis etwa 10 A cm^{-2}, für Söderberg-Elektroden bis etwa 6 A cm^{-2}. Der Elektrodenverbrauch liegt für beide Elektrodenarten bei bis zu 20 bzw. 30 kg pro Tonne Produkt, vorwiegend bedingt durch Reaktionen mit dem Ofeneinsatz. Eine Modifikation der Söderberg-Elektrode ist die Komposit-Elektrode, die sich durch einen Graphitstrang als Seele und die sie umgebende Söderberg-Paste auszeichnet [2.62].

Beispiele für die Verwendung dieser sog. thermischen Elektroden sind die Herstellung von Roheisen, Ferrolegierungen wie Ferrochrom, Ferromangan und Ferrosilicium, ferner von Kupfer, Nickel, Zink, Silicium, wasserfreiem Magnesiumchlorid, Phosphor, Calcium- und Siliciumcarbid, Korund und anderer refraktärer Oxide (vgl. Metalle, Bd. 6, Phosphor und Phosphorverbindungen, dieser Band, und Carbide und Kalkstickstoff, dieser Band, Abschnitte 1 und 3).

2.4.1.3 Heizleiter für Widerstandsöfen

Gekörnter Kohlenstoff und Graphit werden in größerem Umfang als Heizwiderstand in Acheson-Öfen zur Erzeugung von Graphit und Siliciumcarbid verwendet. Da der elektrische Widerstand von der Packungsdichte abhängt, kommt es leicht zu einer ungleichmäßigen Temperaturverteilung, sodass man anstelle von Acheson-Öfen häufig auch Graphitheizleiter in Form von Stäben, Spiralen und mäanderförmig geschlitzten Hohlzylindern einsetzt. Aus Graphitfolie, Graphitgewebe oder -filz geschnittene Heizelemente sind flexibel und lassen sich jeder Ofengeometrie anpassen. Beispiele für die Verwendung von Graphitheizleitern sind Graphitrohröfen (Tamman-Öfen) für Temperaturen bis etwa 3000 °C, Sinteröfen für Hartmetalle und Graphitstaböfen (Junker-Öfen) zum Warmhalten von Stahl- und Nichteisenmetall-Schmelzen [2.63].

2.4.1.4 Elektroden für wässrige Elektrolysen

Graphitanoden werden wegen ihrer Korrosionsbeständigkeit bei einer Vielzahl elektrolytischer Verfahren verwendet. Nachteilig ist z. B. bei der Chlor-Alkali-Elektrolyse der anodische Abbrand, der mit der Konzentration sauerstoffhaltiger Anionen wächst und entsprechend dem Materialverlust durch Verstellen der Anode kompensiert werden muss. Graphitanoden sind andererseits gegen Kurzschlüsse beständiger als sog. dimensionsstabile Anoden auf Titanbasis und sind auch schwierigen Betriebsbedingungen gewachsen [2.64]. Beispiele für die Verwendung von Graphitelektroden sind die Chlor-Alkali-Elektrolyse, die Chloratherstellung, die Salzsäureelektrolyse, ferner die Braunstein- und Wasserstoffperoxidherstellung, elektrolytische Beiz- und Polierverfahren und der kathodische Korrosionsschutz (siehe auch Chlor, Alkalien und anorganische Chlorverbindungen, Abschnitt 3.3, Peroxoverbindungen, Abschnitt 3.1.2.3).

2.4.1.5 Elektroden für Schmelzflusselektrolysen

Auf dem Gebiet der Schmelzflusselektrolyse überwiegen Elektroden aus Kohlenstoff (siehe Aluminium, Aluminiumverbindungen und Magnesium, Bd. 6, Alkali- und Erdalkalimetalle, Bd. 6). Bei der *Aluminiumherstellung* werden neben vorgebrannten noch etwa 30% »selbstbackende« Söderberg-Anoden verwendet. Der spezifische Verbrauch von vorgebrannten Anoden beträgt etwa 0,43 kg pro Kilogramm Aluminium und von Söderberg-Anoden ca. 0,48 kg pro Kilogramm Aluminium. Der Abbrand geht zum größeren Teil auf Reaktionen des Kohlenstoffs mit dem anodisch gebildeten Sauerstoff und zu einem geringeren Teil auf Reaktionen mit Luftsauerstoff zurück. Zur Minimierung des Anodenverbrauchs ist neben der Einstellung optimaler Elektrolysebedingungen, wie der Temperatur und der Zusammensetzung des Elektrolyten, die Reaktivität der Anode von Bedeutung. Einige normalerweise im Koks enthaltene Fremdelemente, wie z. B. Vanadium, erhöhen die Abbrandgeschwindigkeit; eine hohe Kornporosität fördert ebenfalls den Abbrand. Mit der Zunahme der Ofengröße wuchs auch die Abmessung der Anodenblöcke erheblich. Sie beträgt in modernen Anlagen bis zu ca. 1500 × 1000 × 600 mm. Der elektrische Strom wird der Anode über Kontaktstifte oder Nippel zugeführt, die in Ausnehmungen der Anode eingelassen und mit dieser kraftschlüssig durch kohlenstoffhaltige Kontaktmassen verbunden sind.

Der als *Kathode* wirkende Zellenboden besteht ebenfalls aus Kohlenstoffblöcken mit eingelassenen kathodischen Stromschienen oder Barren. In modernen Elektrolysezellen mit Stromstärken von mehr als 200 000 A werden zunehmend graphitierte Kathoden eingesetzt. Die Spalten zwischen den einzelnen Blöcken sind mit kohlenstoffhaltigen Massen ausgestampft, geschüttet oder geklebt. Die Länge der Kohlenstoffblöcke beträgt bis etwa 3,5 m, die Breite bis 700 mm. Elektrolyt und schmelzflüssiges Aluminium, die in die Poren der Blöcke diffundieren, reagieren mit dem Kohlenstoff unter Bildung von Carbiden, was mit einer Volumenzunahme verbunden ist. Die Beständigkeit der Kohlenstoffsorten gegen Elektrolyt und Aluminium nimmt vom Steinkohlenkoks über Petrolkoks, Anthrazit zum Graphit zu. Kathodenblöcke bestehen daher bevorzugt aus Anthrazit, der gegebenenfalls bei hohen Temperaturen calciniert ist (Thermoanthrazit) und Graphit. Die seitliche Begrenzung der Elektrolysezelle wird aus Blöcken oder Stampfmassen ähnlicher Zusammensetzung gebildet.

Anoden aus Graphit werden wegen der vergleichsweise besseren Beständigkeit gegen Chlor bei chlorhaltigen Elektrolyten eingesetzt. Beispiele sind die Herstellung von Alkalimetallen und Magnesium nach dem Chloridverfahren und die Herstellung von Seltenerdmetallen und Fluor (vgl. Seltene Erden, Bd. 6 und Anorganische Verbindungen des Fluors, Abschnitt 8.3) [2.65].

2.4.2
Auskleidungen und andere Anwendungen in der Metallurgie

2.4.2.1 **Ofenzustellungen**
Kohlenstoffsteine werden von den meisten metallischen und keramischen Schmelzen nicht benetzt. Sie sind temperaturbeständig und eignen sich, soweit der Angriff von Luftsauerstoff ausgeschlossen oder wenigstens beschränkt werden kann, ausgezeichnet als Zustellung von Schmelzöfen. In *Hochöfen* werden Herd, Gestell und Rast mit Kohlenstoff- und Graphitsteinen und kohlenstoffgebundenen Graphitsteinen (Semigraphit) ausgekleidet. Die sich in Wärmeleitfähigkeit und Abrasionsfestigkeit unterscheidenden Sorten werden im Ofen derartig angeordnet, dass an

jeder Stelle des Mauerwerks eine vorgegebene Temperatur und ein hoher Verschleißwiderstand besteht [2.66]. Andere Beispiele für die Ofenzustellung sind Phosphor-, Carbid-, Korund-, Silicid- und Schlackenschmelzöfen, Ferrolegierungsöfen, ferner Cupolöfen, Aluminium-, Kupfer- und Zinköfen. Die Formate der Kohlenstoff- und Graphitsteine sind den Anwendungsbedingungen angepasst und betragen bis etwa 600 × 800 × 2600 mm. Abstichsrinnen bestehen bei vielen dieser Öfen ebenfalls aus Kohlenstoff.

2.4.2.2 Gießformen

Für Gießformen, Kokillen und Tiegel aus Graphit ist die schlechte Benetzung des Werkstoffs durch Metallschmelzen von Vorteil. Der Benetzungswinkel beträgt für die meisten Metalle und Legierungen etwa 120–140°. *Stranggusskokillen* aus Graphit werden in großem Umfang zum Gießen von Buntmetallen und Grauguss verwendet. Bestimmend für die Verschleißfestigkeit der Kokillen ist die Gleichförmigkeit des Werkstoffs, insbesondere hinsichtlich der Porengrößenverteilung [2.67]. Diese ist auch für die beim Formguss wichtige Gaspermeabilität ein bestimmender Werkstoffparameter. Kohlenstoffformen mit sehr großer Porosität (> 90 %) werden als *Gießkerne* verwendet, die man nach dem Guss mit Hilfe einer Sauerstofflanze rückstandsfrei im Gussstück verbrennt.

In *Druckgussformen* aus Graphit werden Eisenbahnräder herstellt. Bei einer Taktzeit von ca. 1 min ist ein geringes Nacharbeiten der Formen erst jeweils nach dem hundertsten Guss nötig. Präzisionsgussformen aus Graphit werden bei der Kontaktierung von Halbleitermaterialien eingesetzt. Andere Verwendungen sind Gieß-, Druckguss- und Sinterformen für Diamant- und Hartmetallwerkzeuge.

2.4.3
Produkte für Chemieapparate

Für Chemieapparate kommen im allgemeinen nur für Flüssigkeiten undurchlässige Werkstoffe in Frage. Bauteile aus Kohlenstoff und Graphit, z. B. Rohre, Blöcke und Platten, sind daher in der Regel imprägniert, vorzugsweise mit Duromeren wie Phenol- und Furanharzen. Die Imprägniermittel begrenzen naturgemäß die thermische und chemische Beständigkeit, sodass die Möglichkeiten des nichtimprägnierten Werkstoffs nicht voll genutzt werden können. Höhere Temperaturen sind für Bauelemente zulässig, die als Imprägniermittel Kohlenstoff enthalten, der durch Verkoken des Imprägniermittels oder durch CVD erzeugt wird (vgl. Abschnitt 2.3.8).

Apparate aus Kohlenstoff und Graphit sind in hohem Maße korrosionsbeständig, Graphitapparate weisen zudem eine hohe Wärmeleitfähigkeit auf (vgl. Tabelle 2.6). Vorteilhaft ist auch die schlechte Haftung von Fremdsubstanzen an der Werkstoffoberfläche. Dem keramischen Charakter des Werkstoffs ist bei der Konstruktion der Apparate Rechnung zu tragen. Belastungen durch Zugspannungen sollten grundsätzlich und in den zumeist gekitteten Verbindungen auch Spannungsspitzen vermieden werden [2.68]. Beispiele für Graphitapparate sind Wärmeaustauscher (z. B. Rohrbündel-, Fallfilm-, Riesel-, Doppelrohr-, Block-, Plattenaustauscher) für Schwefelsäure, Salzsäure, Beiz- und Spinnbäder und organische Stoffe, Kolonnen für

Tab. 2.6 Korrosionsbeständigkeit kunstharzimprägnierter Graphite

	Konzentration (%)	Temperaturgrenze (°C)
Flusssäure	0–60	bis Siedepunkt
Salzsäure	Alle	bis Siedepunkt
Phosphorsäure	Alle	bis Siedepunkt
Schwefelsäure	0–80	160
	80–90	140

Destillations- und Rektifikationsprozesse, z. B. zur Gewinnung von Salzsäure in »Chlorverbrennungsöfen« und zur adiabatischen oder isothermen Absorption von Chlorwasserstoff; weiterhin Pumpen, Ventile, Berstscheiben, Behälterauskleidungen mit Kohlenstoff- und Graphitplättchen, kohlenstofffaserverstärkten Harzen und Graphitfolien.

2.4.4
Produkte für die Elektrotechnik und Teile für Maschinen

2.4.4.1 Kontakte und Spezialanwendungen

Elektrische Anwendungen

Bürsten und Schleifstücke sind klassische Kohlenstoff- und Graphitprodukte. Unter *Kohlebürsten* versteht man aus Kohlenstoff, natürlichem oder künstlichem Graphit, gegebenenfalls auch mit metallischen Zusätzen, bestehende Kontaktstücke für elektrische Gleitkontakte, besonders für dynamoelektrische Maschinen. Da sich die Eigenschaften des Kontakts u. a. mit der Zusammensetzung der Atmosphäre und der Maschinencharakteristik erheblich ändern, braucht man eine Vielzahl von Bürstentypen, die häufig mit einem Gleitmittel imprägniert sind. Man unterscheidet u. a. die normale Kohlebürste für kleine Strombelastungen und Umfangsgeschwindigkeiten, die Naturgraphitbürsten für große Umfanggeschwindigkeiten (Schleifringe), Kohlegraphitbürsten für kleinere Maschinen (Universalmotoren), kunstharzgebundene Graphitbürsten für Maschinen mit hoher Kommutierungsbeanspruchung (Drehstromkommutatormaschinen), ferner Elektrographitbürsten für hochbelastete Großmaschinen (Industrie- und Bahnmotoren) und Metallgraphitbürsten für hohe Stromdichten und kleine Kommutierungsbeanspruchung (Niederspannungsmaschinen).

Schleifbügel und *Schleifstücke* werden zur Übertragung von Strömen von Oberleitungen oder Schienen zu Triebfahrzeugen verwendet. Schleifbügel und -stücke bestehen im allgemeinen aus extrudiertem Strangmaterial, das durch Kleben, Löten oder Verschrauben mit einer Fassung aus Metall verbunden ist. Kohlenstoffkontakte sind unempfindlich gegen hohe Kurzschlussströme und weisen einen vergleichsweise kleinen Verschleiß auf. Andere Vorteile sind die Schonung der metallischen Gegenflächen (Fahrdraht) und vernachlässigbare Störung des Funkverkehrs und der Elektronik.

Graphit ist ein ausgezeichneter Werkstoff für die elektrisch abtragenden Fertigungsverfahren, besonders die Funkenerosion (Electro Discharge Machining; EDM). Die Wirtschaftlichkeit bei diesem Verfahren ergibt sich aus der guten Bearbeitbarkeit von Graphit bei gleichzeitig hoher Abtragleistung. Die modernen Graphitwerkstoffe ermöglichen auf Grund ihrer Feinkörnigkeit hohe Oberflächengüten, gute Kantenschärfe und schmale Stege. Als Bearbeitungsverfahren für die Elektrodenherstellung kommen vor allem das Hochgeschwindigkeitsfräsen, Formschleifen und funkenerosive Schneiden in Frage. Da die am Werkstück erzielbare Oberflächenrauigkeit u. a. von der Körnigkeit der Elektrode abhängt, wurden auch für verhältnismäßig große Formate feinkörnige Graphitsorten entwickelt. Der Elektrodendurchmesser erstreckt sich von einigen zehntel mm bis zu etwa 1 m [2.69].

Sintertechnik

Sintertechnik ist ein Verfahren zur Herstellung von Hartmetall, Keramik und Diamantwerkzeugen. Bei der Drucksinterung wird das Sintergut in einem Graphitwerkzeug unter Anwendung einer Presskraft bis zur Sintertemperatur erhitzt. Die erforderlichen Temperaturen können im direkten Stromdurchgang über die Stempel/Matrize oder induktiv erzeugt werden. Auch hier kommen feinkörnige Graphite wegen der hohen Festigkeiten und der guten thermischen Beständigkeit zum Einsatz [2.70]. Beim druckfreien Sintern werden Werkzeuge, Tiegel, Auflagen, Richt- und Chargierplatten etc. auch aus Stranggraphiten hergestellt.

Spektralanalyse

Viele moderne physikalische Analysenmethoden, vor allem die Spurenanalyse, sind ohne den Einsatz von »Reinstgraphiten« kaum denkbar. Die erforderlichen hoch- und höchstreinen Werkstoffe kommen z. B. in Form von Stäben, Rohren, Tiegeln, Schiffchen, Plattformen, Probenträger etc. zum Einsatz [2.70]. Für die extreme Spurenanalyse werden Graphite mit einem mittleren Aschegehalt von 1 ppm verwendet. Reinheiten und Widerstände usw. sind den unterschiedlichen Verfahren und Geräten angepasst.

Feinkorngraphit

Feinkorngraphit ist durch die Kombination der Eigenschaften hohe Temperaturbeständigkeit und hohe Festigkeit bei gleichzeitig höchster Reinheit das Material der Wahl bei vielen Halbleiteranwendungen, wie z. B. dem Kristallziehen. Mit SiC beschichtete Graphitformteile werden u. a. als Suszeptoren für die Silicium-Epitaxie dünner Wafer eingesetzt. Ein breites Einsatzgebiet für hochreine Feinkorngraphite ist die Verwendung als Heizelemente, z. B. in Form eines mäanderförmig geschlitzten Hohlzylinders.

2.4.4.2 Teile und Schmiermittel für Maschinen

Wegen der guten tribologischen Eigenschaften werden für Maschinenteile häufig Naturgraphite eingesetzt. Maschinenteile aus Kohlenstoff und Graphit sind weitgehend wartungsfrei und können auch eingesetzt werden, wenn Schmiermittel aus Gründen der Temperatur oder Hygiene nicht verwendet werden können. Solche

Teile sind zur Senkung der Verschleißrate in der Regel mit Kunstharz oder Metall imprägniert. Beispiele sind Gleitringdichtungen, Labyrinthdichtungen, Trennschieber, Kolben- und Packungsringe [2.71].

Für die Großserie wird auch hier das »Maßpressen« angewandt. Die Pressgesenke sind bei dieser Technik so an die Massen- und Volumenänderungen angepasst, dass der resultierende Formkörper keiner oder nur einer geringen Nacharbeit bedarf. Für geringere Belastungsfälle können auch mit Koks oder Graphit hochgefüllte Duroplaste zum Einsatz kommen. Damit sind dann die kostengünstigen Verarbeitungsverfahren der Kunststoffindustrie anwendbar.

Auf Grund der guten Trockenschmier- und Gleiteigenschaften, der geringen Benetzbarkeit für geschmolzene Metalle, der hohen Wärmeleitung und Temperaturbeständigkeit werden *Feinkorngraphite* auch für das Stranggießen von Bunt- und Edelmetallen eingesetzt. Hierbei ist der Graphit der Profileinsatz (Kokille), in dem die Schmelze erstarrt. Die Kokille leitet die Wärme zu einem Kühler (Kupferkühler), an den die Kokille angeflanscht ist. Im Falle von carbidbildenden Metallen (z. B. Eisen unterhalb seiner Kohlenstoff-Sättigungsgrenze) ist Graphit nur unter gewissen konstruktiven Sicherheitsmaßnahmen als Kokillenwerkstoff einsetzbar.

Zur Formulierung von *Hochtemperatur-Schmiermitteln*, insbesondere zur Metallbe- und -verarbeitung, werden vor allem ausgewählte und aufbereitete Naturgraphite eingesetzt (s. Abb. 2.21). Wichtigste Anwendung ist die Heißmetallumformung mit den Bereichen Gesenkschmieden und nahtlose Stahlrohre. Bei den Gesenkschmieden werden schmiedewarme Rohteile mittels eines Gesenks unter Hämmern oder Pressen zu fertigen Werkstücken geformt. Bei der Herstellung nahtloser Stahlrohre muss der Dorn, der in die glühende Lubbe eintaucht, geschmiert werden. Die Anwendung erfolgt fast immer in Form meist wässriger Graphitdispersionen zusammen mit zahlreichen Additiven. Die sich dabei ausbildende Graphitschicht verhindert nicht nur einen unerwünschten Materialabtrag an den Werkzeugen und Werkstücken, sondern auch deren Oxidation. Bei den hohen Temperaturen sorgt der Graphit zusätzlich für einen guten Wärmeübergang und verhindert damit eine Überhitzung der Werkzeuge. Insbesondere bei

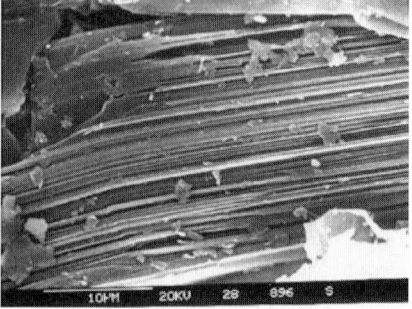

Abb. 2.21 REM-Aufnahmen einer Graphitflocke für Hochtemperatur-Schmiermittel senkrecht (links) und quer (rechts) zu den Schichtebenen (Aufnahmen: W. Handl, Graphit Kropfmühl AG)

extremen Einsatzbedingungen zeichnet sich Naturgraphit durch seine überragende Druckfestigkeit aus. Naturgraphit ist mit seinem tribologischen Eigenschaftsprofil ein preisgünstiges und wenig umweltbelastendes Schmiermittel und deshalb anderen Schmierstoffen wie Molybdändisulfid oder Bornitrid überlegen [2.72].

2.4.5
Reaktorgraphit

Graphit wird dank des kleinen Absorptionsquerschnitts für thermische Neutronen seit den Anfängen der Kernenergietechnik als Moderatormaterial in Kernreaktoren verwendet. In Hochtemperaturreaktoren kommt für diesen Zweck und für Strukturteile praktisch nur Graphit in Frage. Im Versuchsreaktor AVR Jülich (»Kugelhaufenreaktor«), der über längere Zeit mit einer Gastemperatur von 950 °C betrieben wurde, bestanden Moderator, Reflektor, Brennelementhüllen und Strukturmaterial aus Graphit. In Leistungsreaktoren sind die Bedingungen wegen der hohen Neutronenflüsse kritischer. Die Strahlung bewirkt bei hohen Betriebstemperaturen zunächst eine Schrumpfung des Graphits und bei Flüssen über etwa 10^{22} Neutronen pro Quadratzentimeter eine Dehnung. In den 1960er und 1970er Jahren wurden mit großem Aufwand Graphitsorten entwickelt, deren Volumen sich unter diesen Bedingungen nur noch um einen technisch beherrschbaren Betrag ändert [2.73]. Mit der geänderten politischen Einstellung zum Thema Kernenergie lag dieses Gebiet in den letzten 20 Jahren brach. Erst in jüngster Zeit entwickelt sich weltweit neues Interesse an diesem Reaktortyp und den dafür notwendigen Graphitsorten.

2.5
Monogranularer Kohlenstoff und Graphit

Monogranulare Formen des Kohlenstoffs und Graphits enthalten keine distinkten Kokskörner; die Struktur ist bei Vernachlässigung der Porosität einphasig. Obgleich die Ursprünge dieser Sorten in das 19. Jahrhundert zurückgehen, gelang die Herstellung technisch ausgereifter Produkte erst in den 1980er Jahren [2.74].

2.5.1
Kohlenstofffasern

Als Ausgangsmaterialien für Kohlenstofffasern eignen sich grundsätzlich alle polymeren Stoffe, die sich in Faserform herstellen lassen. Nichtschmelzende Fasern, z. B. aus Rayon oder Phenolharz, können direkt durch Erhitzen in einer inerten oder reduzierenden Atmosphäre pyrolysiert werden. Wichtig für den Erhalt der Faserform bei der Pyrolyse ist die Kohlenstoffausbeute. Sie lässt sich durch geeignete Vorbehandlungsschritte erhöhen.

Dies gilt insbesondere für aus *Polyacrylnitril* (PAN) hergestellte Fasern, die durch einen Temperaturbehandlungsschritt zwischen 200 und 300 °C in eine thermisch stabile Polymerstruktur umgewandelt werden. Dabei bildet sich aus der linearen Polymerstruktur mit Nitrilseitengruppen eine leiterartige Struktur aus, die aus aneinandergereihten heteroaromatischen Ringsystemen besteht. Diese Aneinanderreihung sechseckiger planarer Strukturen erfolgt durch inter- und intramolekulare Cyclisierungsreaktionen mit parallel ablaufender Dehydrierung. Bei der Bildung dieser Ringsysteme wird gleichzeitig Sauerstoff eingebaut. Bedingt durch die thermische Behandlung, kommt es zu einer physikalisch verursachten Schrumpfung der Polymerketten, die zusätzlich durch die Bindungsverkürzung infolge der Ausbildung von Doppelbindungen verstärkt wird.

Geht man von Copolymeren mit z. B. Itaconsäure oder Methacrylat aus, kann der Reaktionsverlauf günstig beeinflusst werden. Die Reaktionen sind stark exotherm. Daher werden hohe Anforderungen an die Einhaltung der Prozessparameter gestellt, um ein unkontrolliertes Durchgehen der Reaktion zu vermeiden.

Die gezielte Einstellung einer Längsorientierung der Polymerkette parallel zur Faserachse durch Verstrecken beim Spinnprozess und bei der thermischen Behandlung sowie die Fehlstellenvermeidung beim Spinnen (z. B. durch polierte Spinndüsen und Filtration der Spinnlösung) entscheiden über die späteren mechanischen Eigenschaften der Kohlenstofffasern [2.75]. Der Pyrolyserückstand dieser vorbehandelten oxidierten und stabilisierten PAN-Fasern liegt bei ca. 50–55 %.

Die durch die Stabilisierungsreaktion erhaltenen unschmelzbaren Fasern werden in einer zweiten Temperaturbehandlungsstufe zwischen 300 und 1600 °C carbonisiert und gegebenenfalls durch einen dritten Temperaturbehandlungsschritt oberhalb 1800 °C bis zu 2800 °C in eine graphitähnliche Struktur überführt.

Die Bandbreite der Eigenschaftsbeeinflussung in Abhängigkeit von den Reaktionsparametern und deren wirtschaftliche Umsetzung wurde detailliert untersucht [2.76, 2.77].

Der gesamte Reaktionsmechanismus ist schematisch in Abbildung 2.22 dargestellt:

Für den beschriebenen Prozess können sowohl Niederfilament-Faserbündel aus PAN mit 1000 bis 12 000 Einzelfilamenten eingesetzt werden als auch die aus der Textiltechnik bekannten Multifilamentkabel mit 400 000 bis weit über 900 000 Filamenten. Letztere basieren auf einem deutlich wirtschaftlicheren Herstellungsprozess, bei dem mit Ballenware oder mit in Boxen abgelegten »Tows« gearbeitet wird, deren Losgröße bei ca. 200 bis >500 kg liegen kann.

Eine moderne Großanlage, basierend auf dieser wirtschaftlichen Technik wurde 1999 von SGL Carbon am Standort Muir of Ord in Schottland in Betrieb genommen. Die Gesamtkapazität der SGL Carbon Group beträgt z.Zt. ca. 7500 t a^{-1} oxidierte PAN-Fasern und ca. 2500 t a^{-1} Kohlenstofffasern (zur Weltproduktion siehe Abschnitt 1.3). Das Verfahrensschema ist in Abbildung 2.23 dargestellt.

Die so erhaltenen anisotropen Kohlenstofffasern bestehen aus bändchenförmigen Kristalliten mit einem Durchmesser von etwa 6 nm und einer Länge von einigen 100 nm, die sich leicht gewellt in Längsrichtung der Faser erstrecken (vgl. Abb. 2.24). Der Anteil der ebenfalls in dieser Richtung gestreckten Poren beträgt etwa 20–30 % [2.78, 2.79].

Anstelle des Polyacrylnitrils können auch *Peche*, vor allem Petrolpeche, für die Herstellung isotroper und anisotroper Kohlenstofffasern eingesetzt werden. Da Peche keine fadenförmigen Moleküle enthalten, ist eine Orientierung der Mole-

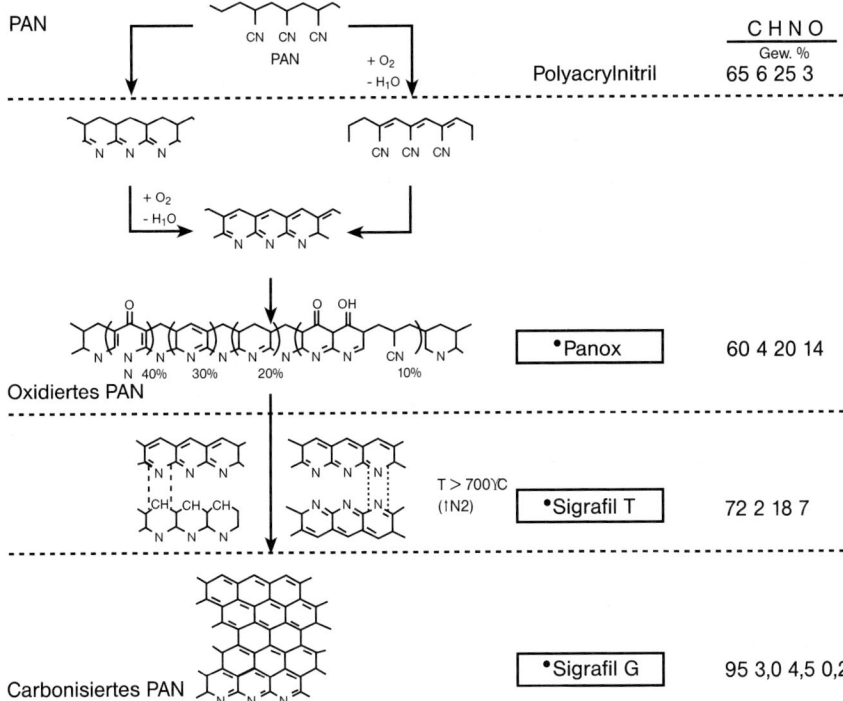

Abb. 2.22 Schematische Darstellung des Umwandlungsprozesses von Polyacrylnitril in eine Carbonfaser (SIGRAFIL und PANOX = eingetragene Warenzeichen der SGL Carbon AG)

küle durch Strecken der Pechfaser nicht möglich, und man erhält isotrope Kohlenstofffasern mit einer vergleichsweise geringen Festigkeit [2.80]. Für die Herstellung anisotroper Fasern verwendet man im wesentlichen aus spärolithischen Mesophasen bestehende Peche als Ausgangsmaterialien; aus ihnen bilden sich anisotrope hocharomatische Bereiche, die sich nach der Pyrolyse in eine graphitische Struktur umwandeln lassen [2.81].

Beim Spinnen der Mesophasenpeche orientieren sich die Sphärolite parallel zur Fließrichtung, und wie bei PAN-Filamenten lässt sich der Orientierungsgrad der Polymerketten auch hier durch eine Verstreckung erhöhen. Die thermische Behandlung der Pechfasern ähnelt dem PAN-Prozess. Das Verfahren ist jedoch teurer, da Peche erst durch eine aufwendige Vorbehandlung (z. B. Hydrierung) mesophasenbildend werden.

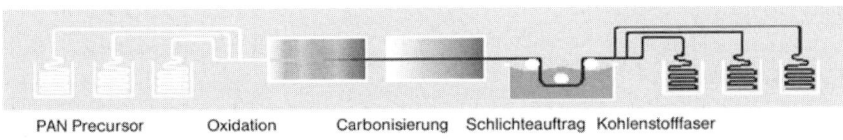

Abb. 2.23 HeavyTow-Anlage (schematisch) der SGL Technic Ltd. (SGL Carbon Group) in Schottland

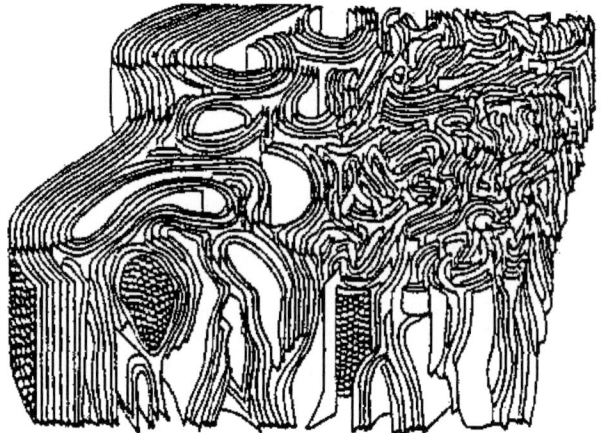

Abb. 2.24 Strukturmodell einer Kohlenstofffaser mit gefalteten graphitischen Schichten [2.82]

Andere organische Ausgangsstoffe, wie z. B. *cellulosehaltige Fasern*, lassen sich ebenfalls in Kohlenstofffasern umwandeln. Sie werden hauptsächlich zur Herstellung von nichtleitenden Kohlenstofffilzen für Isolierzwecke im Ofenbau eingesetzt. Die Cellulose zeigt bei der Umwandlung nur eine geringe Kohlenstoffausbeute von ca. 20%. Im Gegensatz zu Fasern aus PAN und Pech entsteht hier bei der Pyrolyse eine stark gestörte Kohlenstoffstruktur mit stark verminderter elektrischer und thermischer Leitfähigkeit.

Die Zugfestigkeiten und Elastizitätsmoduli der gängigsten anisotropen Kohlenstofffasern (Tabelle 2.7) liegen üblicherweise je nach Type zwischen 2,5 und 6 GPa bzw. 200 und 450 kN mm^{-2}. Die Rohdichte beträgt 1,76 – 1,85 g cm^{-3}.

Für technische *Anwendungen* sind Kohlenstofffasern vor allem wegen des hohen E-Moduls und des günstigen Verhältnisses Festigkeit/Masse als Verstärkungskomponente in Verbundwerkstoffen interessant. Bauteile aus *kohlenstofffaserverstärktem Kunststoff* (CFK) sind leichter als Elemente gleicher Festigkeit und Steifigkeit aus anderen Werkstoffen [2.83]. Diese Massenreduzierung kommt besonders in der Luftfahrt zum Tragen, wo vor allem Teile aus kohlenstofffaserverstärkten Epoxidharzen für Seiten- und Höhenleitwerke, Tragflächenklappen, Träger und Beplan-

Tab. 2.7 Typische Eigenschaftskombinationen von Kohlenstofffasern

Typ	Zugfestigkeit (GPa)	E-Modul (GPa)
High Tenacity (HT)	3,5	230
Ultra-High Tenacity (UHT)	4,8	240
Intermediate Modulus (IM)	6,0	290
High Modulus (HM)	3,5	375
Ultra-High Modulus (UHM)	3,4	425
High Modulus/Tenacity (HMT)	3,9	400

kungen sowie Holme und Rippen eingesetzt werden. In größerem Umfang wird CFK auch für Sportgeräte verwendet, z. B. für Golf- und Tennisschläger und Skier. Die Anwendung im Automobilbau wird zur Zeit erprobt [2.84, 2.85]. Es werden größere Marktchancen für diese Werkstoffe in Zukunft erwartet.

Die Polymermatrix selbst kann auch in Kohlenstoff umgewandelt werden. Solche *kohlenstofffaserverstärkte Kohlenstoffe* (CFC) sind sehr temperaturbeständig. Die Matrix kann durch mehrfaches Imprägnieren mit kohlenstoffbildenden Stoffen wie Pechen zusätzlich verdichtet werden. Auch die Kohlenstoffabscheidung aus der Gasphase ist möglich und wird insbesondere bei der Herstellung von Carbonbremsen im Flugzeugbau eingesetzt.

CFC-Werkstoffe lassen sich durch einen nachgeschalteten *Silicierungsprozess* in eine faserverstärkte Keramik umwandeln, die z. B. für hochverschleißfeste *Bremsscheiben* in einer Kooperation von Porsche mit der SGL Technologies GmbH zur Serienreife entwickelt wurde [2.86].

1980 wurden weltweit knapp 600 t Kohlenstofffasern hergestellt. Die Fabrikationskapazitäten wuchsen schnell auf etwa 4000 t a^{-1} im Jahre 1985 und >18 000 t a^{-1} im Jahre 2003. Die Preisuntergrenze sank von anfangs 40 US\$ kg^{-1} stetig über 20 US\$ kg^{-1} auf zur Zeit <15 € kg^{-1}.

2.5.2
Glaskohlenstoff

Glasartiger Kohlenstoff bildet sich bei der Pyrolyse von Duromeren wie Phenol- und Furanharzen, Polyamiden und Polyphenylenen. Aus den Harzen geformte, vorzugsweise flächenhafte, eine geringe Wandstärke aufweisende Gebilde werden zunächst auf die Härtungstemperatur des Harzes und dann in einer Inertatmosphäre auf etwa 1000 °C erhitzt. Da wegen des Masseverlusts von ca. 40 % die Formkörper während der Pyrolyse beträchtlich schrumpfen und der Verlust in Form flüchtiger Pyrolyseprodukte abgeführt werden muss, lassen sich nur verhältnismäßig dünnwandige Körper herstellen [2.87].

Der für Flüssigkeiten impermeable Glaskohlenstoff weist einen homogenen glasartigen Bruch auf. Die Schichtstruktur ist extrem fehlgeordnet (Abb. 2.25). Ein Netzwerk verzweigter und verdrehter Bänder und Mikrofibrillen mit einer mittleren Höhe von etwa 3 nm und einer mittleren Länge von etwa 10 nm umschließt Mikroporen mit einem Durchmesser von etwa 5–10 nm. Die Struktur bedingt die geringe Richtungsabhängigkeit vektorieller Eigenschaften, die vergleichsweise hohe Festigkeit und die geringe Permeabilität. Glaskohlenstoff wird vor allem für Laborgeräte (Tiegel, Schiffchen) und Elektroden (z. B. für Herzschrittmacher) verwendet.

2.5.3
Pyrokohlenstoff und Pyrographit

Pyrokohlenstoff und Pyrographit werden durch Zersetzung gasförmiger Kohlenstoffverbindungen, vor allem von Kohlenwasserstoffen, hergestellt. Die wichtigsten Prozessvariablen sind die Art und die Konzentration der Kohlenstoffverbindungen

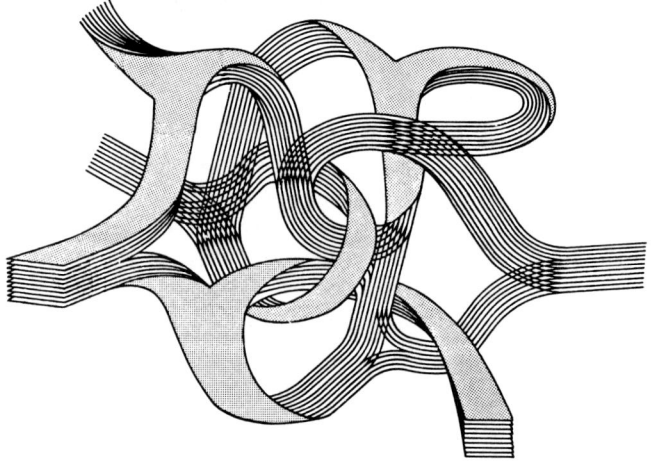

Abb. 2.25 Strukturmodell von Glaskohlenstoff [2.11]

in der Gasphase, die Pyrolysetemperatur, die Kontaktzeit und die Strömungsbedingungen. Der auf einem Substrat, beispielsweise einer Graphitscheibe, abgeschiedene Pyrokohlenstoff besteht aus einer Vielzahl paralleler, säulenförmiger Elemente, deren Wachstumsrichtung senkrecht zur Substratoberfläche und nahezu identisch mit der kristallographischen c-Richtung ist. Die Schichtebenen verlaufen parallel zur Substratfläche. Bei niedrigen Prozesstemperaturen werden vorzugsweise »laminare« Strukturen gebildet, bei hohen Temperaturen und geringer Konzentration des Kohlenstoffträgers entstehen »granulare Formen« und im intermediären Bereich erhält man einen wegen der Feinheit der Strukturelemente lichtoptisch isotrop erscheinenden Pyrokohlenstoff. Die Stoffeigenschaften zeigen einen analogen Gang, z. B. variiert die Rohdichte zwischen etwa 1,35 und 2,23 g cm^{-3} [2.88]. Von technischem Interesse sind vor allem die geringe Permeabilität, die hohe Festigkeit und die extreme Anisotropie. Wichtigste Anwendungen sind gasundurchlässige Beschichtungen von Kernbrennstoffpartikeln für Hochtemperaturreaktoren, Raketendüsen, Implantate und kohlenstofffaserverstärkte Verbundwerkstoffe. Unter Druck getemperte Pyrographitscheiben nähern sich weitgehend der Struktur des Graphiteinkristalls, sodass sie als Monochromatoren für Röntgenstrahlen verwendet werden.

2.5.3
Graphitfolien

Ausgangsstoffe für die Herstellung von flexiblem Graphit oder Graphitfolien sind Graphitsorten mit gut geordneter Struktur, z. B. Naturgraphitflocken oder Pyrographit. Durch Behandlung mit oxidierenden Säuren wird zunächst eine Graphiteinlagerungsverbindung (Intercalationsverbindung) hergestellt. Mit einem Schwefelsäure/Salpetersäure-Gemisch entsteht Graphithydrogensulfat. Meist wird jedoch

Schwefelsäure mit Wasserstoffperoxid oder Kaliumpermanganat verwendet. Die Interkalationsreaktion ist exotherm, sodass Wärme abgeführt werden muss. Das Reaktionsprodukt wird gewaschen, getrocknet und in Sekundenbruchteilen auf etwa 1000 °C erhitzt. Dabei zerfällt die Einlagerungsverbindung und die gasförmigen Zersetzungsprodukte treiben die Graphitflocken zieharmonikaartig auseinander. Die Länge nimmt in c-Richtung um mehr als das 200fache zu [2.89]. Die geblähten oder expandierten Flocken (Blähgraphit, Expandat) sind plastisch und können ohne Binder zu Folien oder anderen Formen gepresst werden. Die Eigenschaften der Produkte kommen dem Graphiteinkristall nahe, obgleich sie aus einer Anzahl von Körnern oder Flocken bestehen (Graphitfolie ist aus diesem Grund der Gruppe des monogranularen Kohlenstoffs zugeordnet worden).

Flexible Folien mit Dicken von etwa 0,1–0,5 mm sowie Graphitplatten mit Dicken von 1–3 mm werden in der Regel durch Walzen der expandierten Flocken hergestellt. Die Rohdichte der Folien und Platten beträgt in Abhängigkeit von den Verdichtungskräften etwa 0,5–1,8 g cm^{-3}. Typische Rohdichten liegen dabei meist im Bereich von 0,7–1,3 g cm^{-3}. Graphitfolien werden bevorzugt in der *Dichtungstechnik* verwendet. Unverstärkte Graphitfolie dient als Weichstoff für Spiral- und Raumprofildichtungen oder wird zu Stopfbuchspackungen weiterverarbeitet. Häufig werden die Graphitfolien mit dünnen Metallfolien verstärkt. Aus diesen Schichtverbunden werden durch Stanzen oder Wasserstrahlschneiden Flachdichtungen hergestellt. Verbunden mit Graphitfilz sind Graphitfolien gute Wärmedämmstoffe für hohe Temperaturen. Graphitfolien mit Harzimprägnierung sind zur Zeit in der Erprobung als Bipolar- oder Separatorplatten in elektrochemischen Zellen wie z. B. Brennstoffzellen.

3
Industrieruß

3.1
Definition und Historisches [3.1]

Als Industrieruße (engl. *carbon black*) bezeichnet man heute im Deutschen die zur gewerblichen und industriellen Anwendung gezielt hergestellten Rußtypen im Gegensatz zu den Rußen, die als unerwünschte und teils toxische Nebenprodukte in den Abgasen von Verbrennungsprozessen entstehen (engl. *soot*).

Ruß des ersteren Typs (*carbon black*) wurde bereits im Altsteinzeit-Abschnitt des Jungpaläolithikums vor >20 000 Jahren vom *Homo sapiens* gemeinsam mit Holzkohle und Manganmineralien als Schwarzpigment in der Höhlenmalerei genutzt. In der Antike wurde dieser Pigmentruß durch Abscheiden aus Flammen z. B. von Kienholzfackeln gewonnen oder mit Hilfe von Lampen, die mit Pflanzenölen gespeist wurden. Dabei hielt man ein mit Wasser gefülltes und dadurch gekühltes Gefäß über die brennende Öllampe und schabte den an der Gefäßaußenwand niedergeschlagenen Ruß ab. Auf diese Weise stellten Inder und Chinesen seit etwa 3500 v. Chr. Schreibtusche her. Seit ca. 2600 v. Chr. wurde Rußtusche in fester Form von China aus gehandelt.

Die Erfindung der Buchdruckerkunst mit beweglichen Lettern hatte mit Beginn der Neuzeit einen stetig steigenden Bedarf an Druckerschwärze zur Folge, der zunächst mit Lampenruß gedeckt wurde. Ab 1748 waren im Saargebiet »Rußhütten« in Betrieb, in denen die hochflüchtige Gasflammkohle dieser Region in Koks und Ruß umgewandelt wurde. Ebenfalls im 18. Jahrhundert entstanden Rußhütten in Frankreich und im Schwarzwald, in denen Kienholz, Kienöl (Terpentin) und Nadelbaumharz (Kolophonium) sowie Holzteer durch unvollständige Verbrennung mit Luftunterschuss zu hochwertigem Pigmentruß aufgearbeitet wurden. Im 19. Jahrhundert wurde in Europa Steinkohlenteer eine weitere wichtige Rohstoffquelle.

In den USA erfanden 1822 die Gebrüder CABOT den *Channel Black Process* zur kontinuierlichen unvollständigen Verbrennung des dort preisgünstigen Erdgases (Cabot-Gasrußverfahren). Dieser Prozess gewann ab dem Ende des 19. Jahrhunderts große technische Bedeutung, nachdem die verstärkenden Eigenschaften dieses (feinteiligen) Rußtyps in nach GOODYEAR mit Schwefel vulkanisiertem Kautschuk und speziell in Gummimischungen für Autoreifen entdeckt worden waren. Durch Zumischen des »aktiven« Gasrußes konnte die Kilometerleistung eines Autoreifens gegenüber dem rußfreien Reifen um das 10- bis 20fache gesteigert werden. Gefördert durch die Autarkiebemühungen des Dritten Reiches, entwickelte 1933/35 KLOEPFER bei der Degussa das »Deutsche Gasrußverfahren« auf Basis von Steinkohlenteer-Aromaten, zunächst von Naphthalin, später von höhersiedenden Teerölen, wie sie auch zur Herstellung des traditionellen Flammrußes eingesetzt wurden. In den USA wurde in den 1920er Jahren der *Furnace Black Process* ebenfalls mit Aromatenölen als Rohstoffen bis zur Betriebsreife entwickelt. Dieser Prozess ist heute das weltweit dominierende Herstellungsverfahren für verstärkende Füllstoff- und farbgebende Pigmentruße der verschiedensten Typen.

3.2
Wirtschaftliches

Die Produktion von Industrierußen lag im Jahre 1998 weltweit bei ca. $6{,}2 \cdot 10^6$ t bei einer geschätzten Gesamtkapazität von ca. $8{,}7 \cdot 10^6$ t a^{-1} [3.2]. Die regionale Aufteilung zeigt Abbildung 3.1.

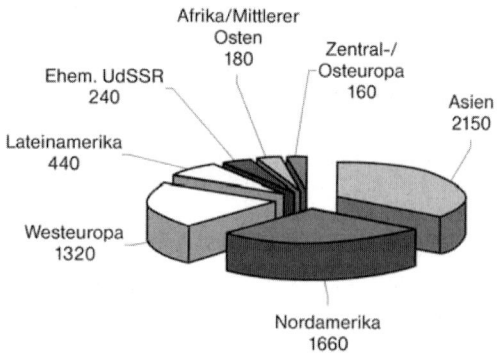

Abb. 3.1 Regionale Aufteilung der Herstellungskapazitäten von Industrieruß (1998, in 1000 t) [3.2]

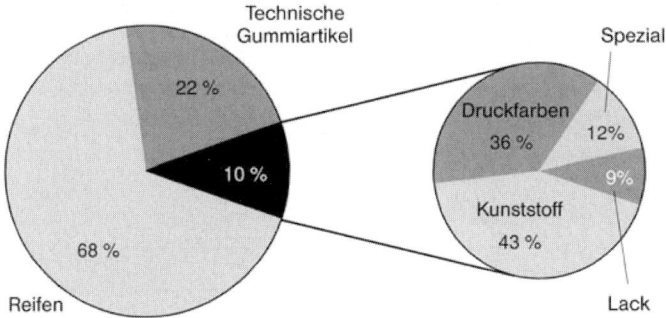

Abb. 3.2 Absatzstruktur von Industrieruß (1998) [3.2]

Mehr als 90 % der produzierten Industrieruße werden als Verstärkerfüllstoff in der Gummiindustrie eingesetzt, wobei 65–70 % für die Produktion von Kraftfahrzeugreifen und 25–30 % für die Herstellung technischer Gummiartikel dienen (vgl. Abb. 3.2). Einen Überblick über die Absatzstruktur von Nichtgummirußen gibt ebenfalls Abbildung 3.2.

3.3 Eigenschaften

3.3.1 Physikalische Eigenschaften

3.3.1.1 Morphologie

Charakteristisch für Industrieruße sind im Gegensatz zu anderen Formen des schwarzen Kohlenstoffs die annähernd kugelförmigen Primärteilchen, die häufig zu kettenförmigen Aggregaten miteinander verwachsen sind. Diese Aggregate wiederum neigen dazu, sich zu Agglomeraten zusammenzulagern, eine Eigenschaft, die bei der Abscheidung von Industrieruß aus den Reaktionsgasen von Bedeutung ist und bei der Trockenverperlung technisch ausgenutzt wird.

Die mittlere Größe der Primärteilchen kann je nach Art des Herstellverfahrens und der Prozessführung zwischen etwa 5 und 500 nm variiert werden. Auch das Teilchengrößenspektrum und der Aggregationsgrad (in der Praxis als Ruß»struktur« bezeichnet) lassen sich stark beeinflussen. Typische Teilchengrößenverteilungskurven für nach verschiedenen technischen Verfahren hergestellte Industrieruße sind in Abbildung 3.3 dargestellt.

Die Primärteilchen bestehen aus einem verhältnismäßig schlecht geordneten Kern, der sich bei der Pyrolyse des Rußrohstoffs aus Polyacetylen- bzw. Aromatenbruchstücken gebildet hat. Auf diesem Kondensationskeim wachsen im Verlauf der Rußbildung weitere Kohlenstoffschichten auf. Sie orientieren sich dabei parallel zu der vorhandenen Oberfläche. Dadurch kommt es zur Ausbildung der bekannten Kugelschalentextur [3.3], die durch hochauflösende elektronenmikroskopi-

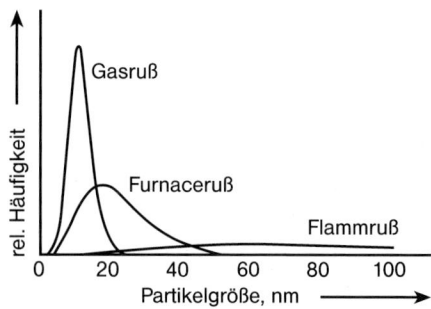

Abb. 3.3 Partikelverteilungskurven von Industrierußen

sche Aufnahmen nach dem Phasenkontrastverfahren als Beugungslinien sichtbar gemacht werden kann.

Durch Aneinanderlagerung mehrerer Teilchen während des Wachstums und Abscheidung weiterer Kohlenstoffschichten entstehen die für »strukturierte« Industrieruße typischen Aggregate. Die durch Röntgenbeugung nachweisbaren »kristallinen« Bereiche sind keine isolierten Schichtpakete, sondern Bezirke, in denen Anteile ausgedehnter Kohlenstoffschichten parallel und in gleichem Abstand übereinanderliegen, sodass Beugungsreflexe auftreten. Die Länge derartiger parakristalliner Bereiche liegt meist bei 1,5–2,0 nm, deren Dicke bei 1,2–1,5 nm [3.4]. Der Schichtabstand ist mit 0,35–0,4 nm etwas größer als bei Graphit (0,3354 nm). Entsprechend ist auch die Dichte mit 1,8–2,1 g cm^{-3} etwas geringer (Graphit 2,255 g cm^{-3}). Bei der Bestimmung der elektronenmikroskopischen Oberfläche wird meist mit einer durchschnittlichen Dichte von 1,86 g cm^{-3} gerechnet.

Beim Erhitzen von Industrieruß setzt ab ca. 1200 °C Graphitierung ein. Gitterdefekte heilen aus, und die Schichten ordnen sich mit steigender Temperatur von der Oberfläche her. Es bilden sich schließlich bei 2500–3000 °C Graphitkriställchen, die dem Rußteilchen eine polyedrische Gestalt verleihen, ohne dass sich Teilchengröße und Aggregation wesentlich verändern.

3.3.1.2 Spezifische Oberfläche

Wie die Teilchengröße ist auch die spezifische Oberfläche von Industrierußen in weiten Grenzen variierbar. Der Bereich erstreckt sich von etwa 10 m^2 g^{-1} (grobteilige Thermalruße) bis etwa 1000 m^2 g^{-1} (feinstteilige Pigmentruße). Gummiruße für Reifenlaufflächen liegen meist zwischen 70 und 150 m^2 g^{-1}. Ruße mit spezifischen Oberflächen über ca. 100 m^2 g^{-1} weisen im allgemeinen Mikroporen mit Porendurchmessern < 1 nm auf. Bei sehr hochoberflächigen Industrierußen kann mehr als die Hälfte der Oberfläche in Poren vorhanden sein.

3.3.1.3 Adsorptionsvermögen

Aufgrund ihrer sehr hohen spezifischen Oberflächen und ggf. Porosität besitzen Industrieruße ein ausgeprägtes Adsorptionsvermögen; je nach chemischer Beschaffenheit ihrer Oberfläche adsorbieren sie Lösemittel, Bindemittel, Polymere und

Wasser in unterschiedlichem Ausmaß. Hochoberflächige, poröse, insbesondere oxidativ nachbehandelte Industrieruße können an Luft bis zu 20% Wasser aufnehmen.

3.3.1.4 Elektrische Leitfähigkeit

Industrieruße sind intrinsisch elektrisch leitfähig. Die elektrische Leitfähigkeit liegt jedoch unter der von Graphit. Die Leitfähigkeit in Anwendungen hängt maßgeblich von der spezifischen Oberfläche und der Struktur der eingesetzten Industrieruße ab. Da die elektrische Leitfähigkeit in Partikelsystemen durch den elektrischen Übergangswiderstand zwischen benachbarten Partikeln begrenzt wird, spielen die Kompression (in reinen Rußsystemen) bzw. die Konzentration und die Güte der Dispersion (in Füllstoffsystemen) eine entscheidende Rolle für die effektive elektrische Leitfähigkeit des Gesamtsystems. Deshalb werden spezielle Industrieruße z. B. für die antistatische Ausrüstung von Polymeren (Komposite, Fasern) verwendet.

3.3.1.5 Lichtabsorption

Wegen ihrer starken Kontinuumabsorption von Licht werden Industrieruße von Alters her als Schwarzpigmente verwendet. Die Absorption nimmt mit abnehmender Teilchengröße zu und kann im sichtbaren Bereich bis zu 99,8 % betragen. Da Industrieruße auch im IR- und UV-Bereich absorbieren, werden sie z. B. zur UV-Stabilisierung von Kunststoffen verwendet.

3.3.2 Chemische Eigenschaften

Die chemische Zusammensetzung der Industrieruße bewegt sich ungefähr in folgenden Grenzen:

Kohlenstoff	80–99,5 %
Wasserstoff	0,3–1,3 %
Sauerstoff	0,5–15 %
Stickstoff	0,1–0,7 %
Schwefel	0,1–0,7 %

Die Zusammensetzung ist abhängig vom Herstellprozess, von den verwendeten Rohstoffen und von möglichen chemischen Nachbehandlungsschritten. Der Veraschungsrückstand der meisten Furnaceruße ist <1 %, der von Gasrußen <0,02 %. Die Ascheanteile resultieren aus Verunreinigungen des eingesetzten Rohstoffes, den für die Struktureinstellung verwendeten Salzen sowie aus Salzrückständen im Prozesswasser.

Für das anwendungstechnische Verhalten spielt die chemische Zusammensetzung der Oberfläche eine wesentliche Rolle. Besonders wichtig ist in dieser Hinsicht der Gehalt an Sauerstoff, der überwiegend in Form von sauren und basischen Oberflächenoxiden vorliegt (Abb. 3.4).

Der Sauerstoffgehalt hängt stark davon ab, ob der Industrieruß in reduzierender Atmosphäre (Furnaceruß, Thermalruß: 0,5–2 % Sauerstoff) oder in oxidierender At-

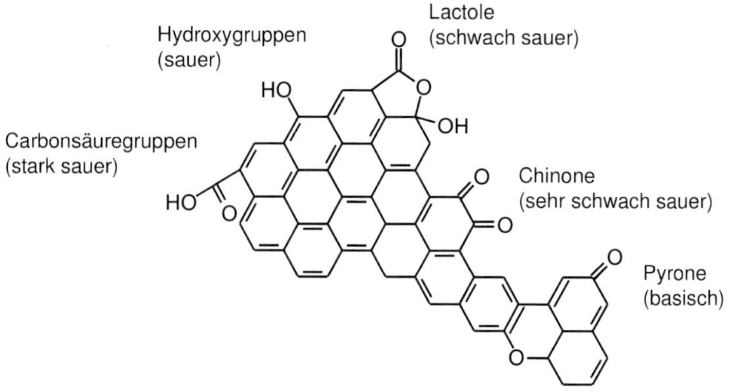

Abb. 3.4 Sauerstoffhaltige funktionelle Gruppen auf der Rußoberfläche

mosphäre (Gasruß: bis 8% Sauerstoff) hergestellt oder gar einer oxidierenden Nachbehandlung unterworfen wurde (bis 15% Sauerstoff).

Beim Erhitzen zersetzen sich die Oberflächenoxide oberhalb etwa 300 °C unter Abspaltung von CO, CO_2 und H_2O. Der bei 950 °C ermittelte Glühverlust (flüchtige Bestandteile) dient daher in der Praxis als Maß für den Oxidationsgrad.

In wässriger Suspension weisen sauerstoffarme Industrieruße (z. B. Furnaceruße) einen pH-Wert >7 auf (basische Oxide), während sauerstoffreiche Industrieruße, insbesondere nachoxidierte Industrieruße, pH-Werte bis zu 2 (saure Oxide) aufweisen können. Nicht nachbehandelte Gasruße nehmen eine Zwischenstellung ein (pH 4–6).

Trotz seiner hohen Feinteiligkeit ist Industrieruß nicht selbstentzündlich (Bestimmung gemäß IMCO-Code durch Lagerung im 1-L-Volumen unter Luftzutritt bei 140 °C). An der Luft entzündet, verglimmt er langsam. Anders als Kohlenstaub verursacht er mit den üblichen betrieblichen Zündquellen keine Staubexplosionen; diese können jedoch unter besonderen Bedingungen durch extrem starke Zündquellen ausgelöst werden.

3.3.3
Prüfung und Analyse

In der Praxis haben sich eine Vielzahl von Bestimmungsmethoden durchgesetzt, die einerseits eine Nähe zu bestimmten anwendungstechnischen Eigenschaften aufweisen und andererseits auch zur Produktionskontrolle eingesetzt werden können. Die Mehrzahl dieser sog. Rußkennzahlen wird nach genormten Methoden bestimmt.

3.3.3.1 **Oberflächenbestimmung**
Die mittlere Primärteilchengröße und die Größenverteilung sind primäre Kenndaten für Industrieruße. Diese Kennzahlen sind direkt zugänglich durch die *Elektronenmikroskopie*, wobei die mittlere Teilchengröße und die Teilchengrößenverteilung durch Auszählen und Ausmessen elektronenmikroskopischer Aufnahmen

gewonnen werden können. Die Elektronenmikroskopie vermittelt darüber hinaus Informationen über die Morphologie der Teilchen und die Aggregationszustände.

Die Elektronenmikroskopie ist jedoch für die Bestimmung der Teilchengröße im täglichen Gebrauch zu aufwändig. Da die spezifische Oberfläche eines Industrierußes in erster Linie aus der Teilchengeometrie folgt, benutzt man normalerweise Adsorptionsmethoden zur Bestimmung der spezifischen Oberfläche, aus der dann indirekt auf die Teilchengeometrie geschlossen werden kann.

Am gebräuchlichsten war lange Zeit die *Iodadsorption* (ISO S-1304, DIN 53582, ASTM D-1510), die jedoch auch stark durch die Oberflächenchemie beeinflusst wird, weswegen sich diese Methode nicht ohne weiteres auf Gasruße und oxidierte Ruße anwenden lässt.

Gebräuchlicher ist heute die Bestimmung der *Stickstoffoberfläche* (ISO S-4652, DIN 66132, ASTM D-3037/4820). Dabei wird die spezifische Oberfläche von Industrierußen aus der N_2-Adsorptionsisotherme bei −196 °C durch Auswertung nach Brunauer, Emmet und Teller berechnet. Nach dieser Methode erhält man die Gesamtoberfläche, d.h. die Summe aus der äußeren Teilchenoberfläche und der Wandoberfläche der Poren. Eine getrennte Erfassung dieser Oberflächenanteile ist mit Hilfe der de Boerschen Kurvenmethode möglich, nach der die Gesamtoberfläche und die außerhalb der Poren befindliche, geometrische Oberfläche bestimmt werden können. Letztere stimmt im wesentlichen mit der elektronenmikroskopischen Oberfläche überein.

Ebenfalls sehr gut mit der Primärteilchengröße korreliert die *CTAB-Zahl* (ISO 6810, ASTM D-3765), die über die Adsorption von Cetyltrimethylammoniumbromid bestimmt wird. Bedingt durch die Größe dieses Moleküls wird nur die geometrische Oberfläche ohne Poren erfasst. Die Teilchengröße und deren Verteilung haben starken Einfluss auf die coloristischen Anwendungseigenschaften eines Industrierußes. Dies macht man sich bei der Bestimmung der *Tint-Strength* (ISO S-5435, ASTM D-3265) zunutze, bei der die Färbekraft eines Industrierußes gegen ein Weißpigment (Zinkoxid) bestimmt wird.

3.3.3.2 Strukturbestimmung

Eine zweite wichtige primäre Kennzahl von Industrierußen ist die Rußstruktur, die den Grad der Verkettung bzw. Verzweigung der aus den Primärteilchen gebildeten Aggregate beschreibt.

Die Rußstruktur wird indirekt durch DBP-Absorptionsmessungen bestimmt. Dazu wird Dibutylphthalat (DBP) in einem Messkneter in eine bestimmte Menge Industrieruß eingetropft und die Kraftaufnahme des Kneters kontinuierlich gemessen. Bei einer bestimmten DBP-Menge (der *DBP-Zahl* (ISO S-4656, DIN 53601, ASTM D-2414)) sind alle Zwischenräume der Rußaggregate mit DBP gefüllt, und die Rußoberfläche wird benetzt, was sich in einer Änderung der Kraftaufnahme bemerkbar macht. Je größer die DBP-Absorption, desto höher die Rußstruktur.

Ergänzt wird die DBP-Bestimmung durch die *24M4-DBP-* oder *Crushed-DBP-Absorption* (ISO 6894, ASTM D-393), bei der der DBP-Messung eine mechanische Behandlung (viermaliges Pressen bei definiertem Druck) vorausgeht, wodurch schwache Aggregate und Agglomerate zerstört werden.

Für Pigmentruße ist es darüber hinaus üblich, nach einer Fließpunktmethode den *Ölbedarf* (ISO 787/5) zu bestimmen. Er hängt neben der Rußstruktur auch vom Verdichtungsgrad und der Oberflächenchemie ab.

3.3.3.3 Coloristische Messungen

Speziell für Pigmentruße sind anwendungsnahe coloristische Kennzahlen von großer Bedeutung. Die *Farbtiefe* (DIN 55 979) beschreibt dabei die erzielbare Intensität einer Schwärzung, spektralphotometrisch gemessen über die Restreflexion in einer Leinölpaste oder einem Alkyd-/Melaminharz-Einbrennlack.

Die *Farbstärke* (ISO 787/16 u. 787/24) beschreibt die Fähigkeit eines Pigmentrußes, ein anderes Pigment abzudunkeln. Unter genormten Bedingungen wird eine Mischung aus einer Pigmentrußpaste und einer Weißpaste (TiO_2) hergestellt und farbmetrisch abgemustert. Darüber hinaus gibt es noch eine ganze Reihe anderer anwendungsbezogener Testmethoden, die die speziellen Anforderungen an den Industrieruß für Kunststoffe, Lacke, Druckfarben etc. widerspiegeln.

3.3.3.4 Gummitechnische Prüfung

Das eben Gesagte gilt im gleichen Umfang für Gummiruße. Besondere Bedeutung (einschließlich zur Produktionskontrolle) haben Rheometer- und Rückprallelastizitätsmessungen an Standard-Kautschukrezepturen erlangt.

3.3.3.5 Chemische Analyse

Der Gehalt an *flüchtigen Bestandteilen* (DIN 53552) gibt einen Hinweis auf den Sauerstoffgehalt des Industrierußes. Man bestimmt diesen Wert durch Glühen des Industrierußes unter Sauerstoffausschluss bei 950 °C. Wichtig ist diese Methode besonders zur Kontrolle von oxidativ nachbehandelten Industrierußen.

Der *Veraschungsrückstand* (ISO S-1125, DIN 53586, ASTM D-1506) lässt auf anorganische Verunreinigungen schließen. Am häufigsten findet man die Elemente Eisen, Calcium und Silicium. Bei Gas- und Acetylenrußen sind die Veraschungsrückstände besonders niedrig.

Der *Siebrückstand* (ISO 787/18, ASTM D-1514) gibt Auskunft über körnige Verunreinigungen, die aus der Produktionsanlage (metallisch oder keramisch) bzw. aus dem Rohstoff (Koksteilchen) stammen können.

Aufgrund ihrer hohen Adsorptionsfähigkeit können Industrieruße beim Lagern Feuchtigkeit aufnehmen. Man findet deshalb bei hochoberflächigen und insbesondere auch bei oxidativ nachbehandelten Industrierußen im allgemeinen höhere *Feuchtigkeitsgehalte* (ISO 787/2, ASTM D-1509).

Der *pH-Wert* (ISO 787/9, ASTM D-1512) eines Industrierußes wird in einer wässrigen Suspension gemessen. Unbehandelte Industrieruße zeigen je nach Verfahren unterschiedliche pH-Werte: Gasruße sind wegen der oxidierten Oberfläche stets sauer. Dagegen reagieren Furnaceruße im allgemeinen bei geringem Schwefelgehalt des Rohstoffs basisch, da sich geringe Mengen an basischen Oxiden an der Oberfläche befinden. Basisch bis neutral reagieren auch Flamm-, Thermal- und z. T. auch Acetylenruße.

Mit Toluol lassen sich organische Verbindungen extrahieren. Dazu werden die Ruße mit siedendem Toluol mehrere Stunden extrahiert. Anschließend wird das Lösemittel eingedampft und der Rückstand gewogen. Die Untersuchung dieses *Toluolextraktes* (DIN 53 553) zeigt, dass neben aliphatischen Verbindungen und Schwefel auch polycyclische aromatische Kohlenwasserstoffe (PAHs) enthalten sind. Die Bestimmung von Einzelkomponenten im Toluolextrakt ist sehr aufwändig, da sehr komplizierte Trenn- und Nachweismethoden angewandt werden müssen. Man beschränkt sich daher in der Praxis fast ausschließlich auf die Angabe des Toluolextraktes. Bei Gummirußen benutzt man anstelle des Toluolextraktes als Schnellmethode die Bestimmung der Toluolverfärbung bzw. der Transmission oder des Photometerwertes.

3.3.3.6 Beschaffenheit und Handling

Um den Raumbedarf von Pulver- und Perlrußen zu ermitteln, misst man die *Schüttdichte* oder *Stampfdichte* (ISO S-1306, DIN 53 600, ASTM D-1513). In der Schüttdichte spiegelt sich die Struktur wieder, wobei hochstrukturierte Industrieruße eine niedrigere Schüttdichte aufweisen als solche mit niedriger Struktur. Bei Perlrußen spielt die *Perlhärte* (ASTM D-3313) eine Rolle, da sie etwas über die Zerstörbarkeit der Perlen und somit über den *Perlabrieb* (Finesgehalt) aussagt. Industrieruße mit geringer Perlhärte lassen sich leichter dispergieren, können aber infolge höheren Perlabriebs Probleme beim Ruß-Handling verursachen. Die *Perlgrößenverteilung* (ASTM D-1511) beeinflusst das Schütt- und Fließverhalten von Perlrußen. Eine einheitliche Perlgröße bedeutet eine geringere Schüttdichte und ein besseres Fließverhalten.

3.4 Herstellverfahren

3.4.1 Rohstoffe

Als Rußrohstoffe für das Furnaceruß- und das Gasruß-Verfahren werden aromatenreiche Öle bevorzugt, da sie erheblich bessere Ausbeuten liefern als aliphatische Kohlenwasserstoffe. Besonders vorteilhaft ist ein hoher Anteil an drei- und vierkernigen Aromaten. Diese Bedingung wird von höhersiedenden *Steinkohlenteerölen* (siehe Chemierohstoffe aus Kohle, Bd. 4, Abschnitt 4.2.2) erfüllt sowie von *petrochemischen Ölen*, die als Nebenprodukte bei der Erdölaufarbeitung und bei der Olefinherstellung durch Steamcracken von Erdölfraktionen anfallen. Typische petrochemische Öle enthalten beispielsweise 5–10% einkernige, 50–60% zweikernige, 25–35% dreikernige und 5–10% vierkernige Aromaten. Steinkohlenteerstämmige Rußöle enthalten >90% drei- und vierkernige Aromaten.

Wichtige Kenngrößen zur Charakterisierung von Rußölen sind das C/H-Verhältnis und der sog. BMC-Index (Bureau of Mines Correlation Index [3.5]), die beide Rückschlüsse auf den Aromatisierungsgrad zulassen. Weitere Kenngrößen sind die Ölviskosität, der Pour Point, die Verfestigungstemperatur, der Alkaligehalt (wegen seines Einflusses auf die Rußstruktur) und der Schwefelgehalt, der aus Umweltschutz- und Korrosionsgesichtspunkten niedrig sein sollte.

Erdgas, das früher der vorherrschende Rohstoff für Channel- und Furnaceruße in den USA war, hat seine Bedeutung als Rußrohstoff aus wirtschaftlichen Gründen verloren. Nur Thermalruße werden noch mit Erdgas als Rohstoff produziert. Erdgas ist allerdings immer noch der wichtigste Brennstoff beim dominierenden Furnaceruß-Verfahren. In geringem Umfang wird Acetylen für die Produktion von elektrisch gut leitenden Spezialrußen bzw. für Batterieanwendungen eingesetzt.

3.4.2
Furnaceruß-Verfahren

Das Furnaceruß-Verfahren (siehe auch Anorganische Pigmente, Bd. 7, Abschnitt 5.2.1) ist heute aufgrund seiner Leistungsfähigkeit, seiner Flexibilität und seiner Umweltfreundlichkeit das dominierende Herstellungsverfahren für Industrieruße. Nach dem Furnaceruß-Verfahren wird praktisch die gesamte Palette der Industrieruße für die Gummiindustrie mit spezifischen Oberflächen von ca. 20–200 $m^2\ g^{-1}$ hergestellt. Darüber hinaus werden in zunehmendem Maß auch Pigmentruße mit z. T. noch erheblich höheren spezifischen Oberflächen nach diesem Verfahren produziert. Ein besonderer Vorzug des Furnaceruß-Verfahrens liegt darin, dass neben der spezifischen Oberfläche (Feinteiligkeit) auch die Rußstruktur und anwendungstechnische Eigenschaften wie z. B. Abriebwiderstand, Elastizitätsmodul, Zerreißfestigkeit von rußgefüllten Gummimischungen oder Farbtiefe, Farbstärke, Bindemittelbedarf von Pigmentrußen in weiten Grenzen variiert und innerhalb der von den Anwendern geforderten sehr engen Spezifikationsgrenzen gehalten werden können.

Kernstück einer Furnaceruß-Anlage ist der Rußreaktor, der dem Verfahren seinen Namen gab (*furnace* = Ofen). Moderne Furnaceruß-Anlagen unterscheiden sich vor allem durch die Ausgestaltung der Rußreaktoren. Das gemeinsame, dem Verfahren zugrunde liegende Prinzip besteht darin, dass in einem geschlossenen Strömungsreaktor der Rußrohstoff in eine Zone hoher Energiedichte eingebracht wird, wo er teilweise verbrennt und teilweise durch Pyrolyse zu Industrieruß umgesetzt wird. Die Rußreaktoren sind von einem gasdichten Metallmantel umschlossen. Der Reaktionsraum ist in der Regel mit hochtemperaturbeständiger Aluminiumoxidkeramik ausgekleidet (Formsteine, Stampfmassen, Feuerbeton). Die Ausmauerung besteht aus mehreren Schichten, die bezüglich Temperaturstandfestigkeit und Wärmeleitfähigkeit aufeinander abgestimmt sind.

Von der Funktion her lassen sich in einem Furnacerußreaktor vier Bereiche unterscheiden: Brennkammer, Misch-, Reaktions- und Quenchzone. In der *Brennkammer* werden die für die Spaltung des Rußrohstoffes notwendigen hohen Temperaturen erzeugt. Als Brennstoff dient heute meist Erdgas, gelegentlich auch Kokereigas; aus Kostengründen werden zunehmend auch Schweröle eingesetzt. Die Verbrennungsluft wird im allgemeinen durch die bei dem Prozess anfallende Abwärme auf 500–800 °C erhitzt. Es wird mehr Luft eingesetzt, als zur Verbrennung des Brennstoffes erforderlich ist, da ein Teil der für die Pyrolysereaktion notwendigen Wärmemenge durch partielle Verbrennung des Rußrohstoffes erzeugt wird.

In der sich an die Brennkammer anschließenden *Mischzone* wird der flüssige Rußrohstoff in die heißen Verbrennungsgase eingesprüht und darin möglichst rasch gleichmäßig verteilt. Zum Einbringen des Rohstoffes werden entweder Einstoffdruckzerstäuber oder Zweistoffzerstäuber mit Pressluft oder Dampf als Zerstäubermedium verwendet. Je nach Reaktorkonstruktion kann der Rußrohstoff durch einen axial angeordneten Ölinjektor radial nach außen oder durch mehrere Injektoren von der Peripherie her nach innen in die heißen Verbrennungsgase eingedüst werden. Um die für eine gute Zerstäubung ausreichend niedrige Viskosität zu erhalten, wird der Rohstoff auf 150–250 °C vorgewärmt.

Nach dem Einmischen verdampft der Rußrohstoff. In der *Reaktionszone* verbrennt ein Teil mit dem noch vorhandenen Sauerstoff, die Hauptmenge wird zu Industrieruß und Wasserstoff pyrolysiert. Die Reaktionstemperaturen liegen im allgemeinen zwischen 1200 °C (grobteilige Industrieruße) und 1900 °C (feinteilige Industrieruße). Im Anschluss an die Rußbildung wird durch Eindüsen von Wasser *gequencht*. Das Reaktionsgemisch wird dabei auf Temperaturen von 500–800 °C abgekühlt. Das Quenchen ist ein wichtiges Mittel zur Einstellung der gewünschten Eigenschaften. So können z. B. durch einen gezielten frühzeitigen Abbruch der Pyrolysereaktion bestimmte funktionelle Gruppen auf der Rußoberfläche erhalten bleiben oder durch relativ spätes Quenchen die Oberflächeneigenschaften durch Reaktion mit CO_2 und H_2O weiter verändert werden.

Bedeutende Fortschritte sind im letzten Jahrzehnt hinsichtlich der Reaktordurchsätze erzielt worden. Moderne Furnacerußreaktoren erreichen Leistungen bis zu 3000 kg h^{-1}. Wenn man bedenkt, dass der Gesamtmassendurchsatz bis zu 20 t h^{-1} betragen kann, Strömungsgeschwindigkeiten bis zu 500 m s^{-1} erreicht werden und Temperaturen bis 1900 °C auftreten, erhält man eine Vorstellung von der Beanspruchung solcher Reaktoren, die dennoch Standzeiten von mehreren Jahren erreichen können. Der Bau noch größerer Einheiten wäre prinzipiell möglich, ist jedoch bei der heute bestehenden Vielfalt an Rußtypen und den damit verbundenen häufigen Produktionsumstellungen nicht sinnvoll. In Tabelle 3.1 sind als Beispiel Betriebsbedingungen für Reaktoren mit einer Leistung von ca. 20000 t a^{-1} aufgeführt.

Eine Auswahl typischer Ausführungsformen derzeit gebräuchlicher Furnacerußreaktoren zeigt Abbildung 3.5.

Moderne Großreaktoren können bis zu 18 m lang sein und Außendurchmesser von 2 m aufweisen. Sie sind vorwiegend horizontal angeordnet, doch werden gelegentlich – z. B. zur Herstellung von grobteiligen Halbaktivrußen – auch Vertikalreaktoren verwendet.

Tab. 3.1 Betriebsbedingungen für Reaktoren mit einer Leistung von ca. 20000 t a^{-1}

		Halbaktivruß	Aktivruß
Erdgas	(m^3 h^{-1})	400–800	500–900
Luft	(m^3 h^{-1})	10000–14000	10000–15000
Rußöl	(kg h^{-1})	3200–4800	3300–5000
Rußleistung	(kg h^{-1})	2000–3000	2000–3000

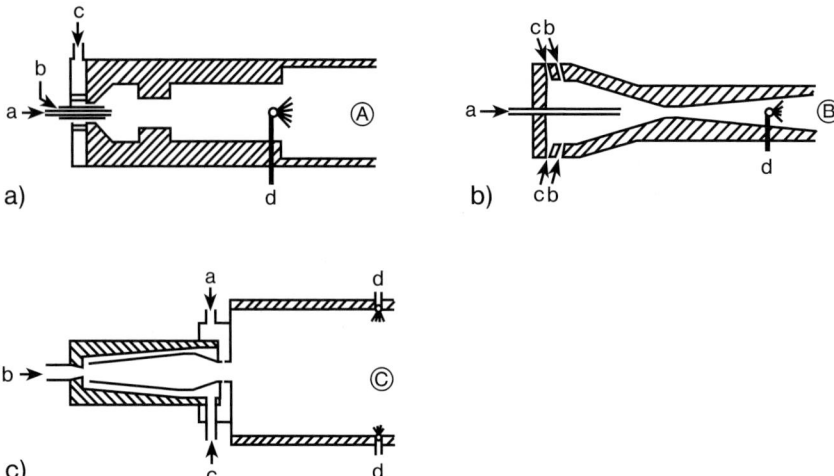

Abb. 3.5 Furnacerußreaktoren
A) Restriktorring-Reaktor; B) Venturi-Reaktor [3.6]; C) Reaktor mit high-speed Vorbrennkammer [3.7]
a) Rohstoff; b) Brennstoff; c) Verbrennungsluft; d) Quench

Besondere Bedeutung kommt beim Furnaceruß-Verfahren dem Mengenverhältnis von Brennstoff, Rußrohstoff und Luft zu. Die Luft wird bezogen auf die vollständige Verbrennung von Brennstoff und Rußrohstoff stets unterstöchiometrisch eingesetzt. Je größer das Verhältnis von Luft zu Brenn- und Rohstoff ist, desto höher ist die Temperatur im Reaktionsraum und desto feinteiliger ist der entstehende Industrieruß. Gleichzeitig nimmt die Ausbeute ab, da ein größerer Anteil des Rohstoffes verbrannt wird. Deshalb lassen sich grobteilige Industrieruße mit wesentlich besseren Ausbeuten (bis ca. 70%) herstellen als feinteilige. Weitere Parameter zur Beeinflussung der Rußqualität sind die Lufttemperatur, die Art der Ölzerstäubung und -einmischung, die Quenchbedingungen und die Bedingungen bei der Verperlung (vgl. Abschnitt 3.5.1). Besondere Bedeutung besitzt die Anwendung struktursenkender Additive. Wird die Rußbildung in Gegenwart verdampfter Alkaliverbindungen durchgeführt, so vermindert sich die Neigung zur Aggregatbildung; es entstehen Industrieruße mit niedrigerer Struktur. In der Praxis werden dem Rußöl zur Einstellung der Rußstruktur meist wässrige Kaliumsalzlösungen (KNO_3, K_2CO_3) zugemischt. Das Schema einer Furnaceruß-Anlage ist in Abbildung 3.6 dargestellt.

Das den Reaktor verlassende Restgas/Industrieruß-Gemisch wird zur weiteren Abkühlung durch Wärmetauscher geleitet, in denen die Prozessluft vorgewärmt wird. Anschließend gelangt das Gemisch mit etwa 200–300 °C in das Produktfilter, in dem der Industrieruß abgeschieden wird. Im allgemeinen werden Mehrkammerschlauchfilter verwendet. Die mit Industrieruß beladenen Schläuche einer jeden Kammer werden nach einem bestimmten Zeittakt durch Gegenspülen mit dem gereinigten Restgas entleert. Der abgeschiedene Industrieruß wird über Schleusen aus dem Filtergehäuse ausgetragen und pneumatisch in einen Bunker gefördert.

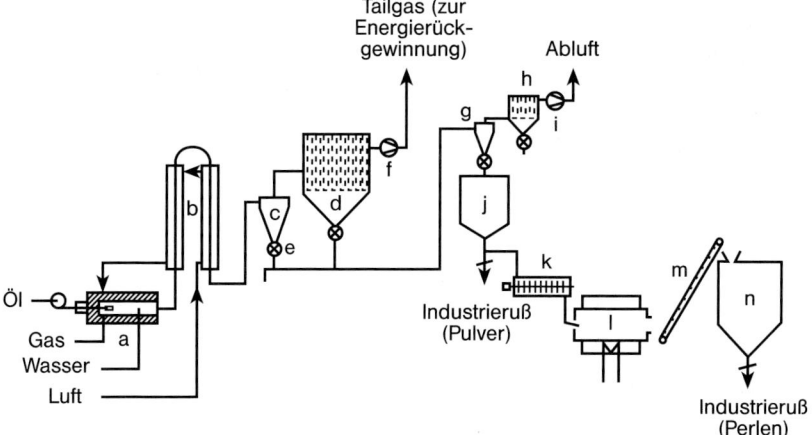

Abb. 3.6 Furnaceruß-Verfahren
a) Furnacerußreaktor; b) Wärmetauscher; c) Zyklonabscheider; d) Filter; e) Rußauslass zum pneumatischen Fördersystem ; f) Tailgas-Gebläse; g) Sammelbehälter; h) Abluftfilter; i) Gebläse für die pneumatische Luftförderung; j) Pulverrußtank; k) Verperlung; l) Trockentrommel; m) Becherwerk (Förderband); n) Tanklager für geperlten Industrieruß

Geringe Mengen körniger Verunreinigungen können durch Sichter und Magnetfallen aus dem Produkt entfernt oder durch Mühlen zerkleinert werden. Nach Verdichten z. B. über Vakuumwalzen kann der Ruß als Pulverruß (»Fluffy« Ruß) abgepackt werden. Der weitaus größte Teil der Industrieruße wird jedoch in speziellen Perlmaschinen mit Wasser granuliert, anschließend getrocknet und mit Hilfe von Förderbändern, Schnecken oder Becherwerken in den Perlrußbunker gefördert. Das im Produktfilter von Ruß befreite Restgas enthält neben 25–40% Volumenanteil Wasserdampf, der vorwiegend aus dem Quenchwasser kommt, 40–50% Volumenanteil Stickstoff und 3–5% Volumenanteil Kohlendioxid. Der Restrußgehalt liegt unter 50 mg m^{-3}. Außerdem enthält das Restgas aufgrund der reduzierenden Bedingungen im Furnacerußreaktor als brennbare Bestandteile Kohlenmonoxid und Wasserstoff, deren Konzentration in Abhängigkeit von den gewählten Reaktionsbedingungen jeweils bis zu 10% Volumenanteil betragen kann. Der Heizwert des Restgases liegt im Bereich von 1700–2500 kJ m^{-3}. Es wird daher in modernen Rußfabriken zur Energieerzeugung genutzt, z. B. zur Beheizung der Trommeltrockner für Perlruß sowie zur Dampf- und Stromerzeugung. Die Energiebilanz des Furnaceruß-Prozesses für die Herstellung eines typischen Lauffächenrußes zeigt, dass etwa ein Viertel der in Form von Brennstoff und Rußrohstoff in den Prozess eingebrachten Energie als Heizwert im Restgas wiederzufinden ist. Knapp die Hälfte verbleibt als Heizwert im Produkt. Von der als Wärme zugeführten Energie wird nur ein verhältnismäßig kleiner Anteil für die eigentliche Pyrolysereaktion benötigt. Der größte Anteil wird zur Einstellung der hohen Reaktionstemperaturen verbraucht.

3.4.3
Gasruß-Verfahren (siehe auch Anorganische Pigmente, Bd. 7, Abschnitt 5.2.2)

Bevor sich das Furnaceruß-Verfahren als bestimmendes Verfahren zur Rußherstellung durchgesetzt hatte, wurde insbesondere in den USA das Channelruß-Verfahren auf der Basis von Erdgas als Rohstoff betrieben. Da Erdgas in Deutschland nicht in ausreichender Menge zur Verfügung stand, hat es hier nie Channelruß-Anlagen gegeben. Als jedoch die Bedeutung von Industrierußen für die Gummi- bzw. Kraftfahrzeugindustrie immer mehr zunahm, wurde zu Beginn der 1930er Jahre ein dem Channelruß-Prozess ähnliches Verfahren, das Gasruß-Verfahren, zur Rußherstellung entwickelt, bei dem jedoch das in Deutschland bei der Kokserstellung in großen Mengen anfallende Steinkohlenteeröl oder andere aromatenreiche Öle als Rußrohstoffe verarbeitet werden können. Dieses Verfahren, das mit wesentlich höheren Ausbeuten und Brennerleistungen als das Channelruß-Verfahren arbeitet, ist auch heute noch wirtschaftlich durchführbar und wird von Degussa seit 1935 großtechnisch betrieben. Wie für den Channelruß lag auch für den Gasruß zunächst das Hauptanwendungsgebiet in der Verstärkung von Kautschuk. Heute werden nach dem Gasrußverfahren Pigmentruße mittlerer und hoher Farbtiefe für die Druckfarben-, Kunststoff- und Lackindustrie hergestellt. Besondere Bedeutung haben oxidierte Gasruße, z. B. für die Einfärbung von farbtiefen Lacken. Das Degussa-Gasruß-Verfahren ist in Abbildung 3.7 dargestellt.

Der Rohstoff wird in einem indirekt beheizten Ölverdampfer zum Sieden gebracht. Die gebildeten Öldämpfe werden von einem brennbaren Trägergas, z. B. Wasserstoff oder Kokereigas, bei der Herstellung sehr feinteiliger Farbruße auch Gas/Luft-Gemische, zu den Rußapparaten transportiert. Die in dem Rohstoff vorhandenen nicht verdampfbaren Anteile werden aus dem Verdampfer kontinuierlich ausgeschleust. Die Eigenschaften der erzeugten Industrieruße lassen sich durch gezielte Veränderungen des Verhältnisses von Trägergas ggf. mit Luftzusatz und Öldampf sowie durch die Art der verwendeten Brenner in einem relativ weiten Bereich variieren, wenngleich das Verfahren auch nicht die Flexibilität des Furnaceruß-Prozesses besitzt.

Ein Gasrußapparat besteht aus einem etwa 5 m langen beheizten Brennerrohr, das mit 30–50 Brennern bestückt ist. Die an den Brennern gebildeten Diffusionsflammen des Trägergas/Öldampf-Gemisches schlagen gegen eine sich langsam dre-

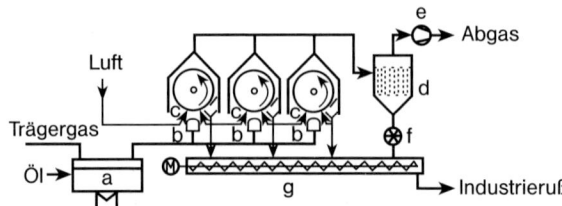

Abb. 3.7 Degussa-Gasruß-Verfahren
a) Ölverdampfer; b) Brenner; c) Kühltrommel; d) Rußfilter; e) Gebläse; f) Zellenradschleuse; g) Förderschnecke

hende, von Kühlwasser durchströmte Hohlwalze, an der sich etwa die Hälfte des gebildeten Industrierußes niederschlägt. Dieser Ruß wird von Schabern abgestreift und kann mit einer Förderschnecke in eine Sammelleitung transportiert werden. Der Gasrußapparat ist von einem Gehäuse umgeben, durch das von unten her Luft frei zutreten kann. Am oberen Teil des Gehäuses wird das Abgas mit Gebläsen abgesaugt und in Filteranlagen gefördert, um den mitgeführten Rußanteil abzuscheiden. Durch Drosselklappen in den Apparatehauben kann der Luftzutritt zu den Brennern verändert werden. Eine größere Anzahl von Gasrußapparaten ist zu einer Produktionseinheit zusammengefasst, die jeweils von einem Verdampfer gespeist wird. Die Stundenleistung eines Apparates hängt von der jeweils erzeugten Rußqualität ab und erreicht bei grobteiligeren Industrierußen (Teilchengröße ca. 25 nm) ca. 10 kg. Die Kohlenstoffausbeute liegt bei derartigen Industrierußen bei ca. 70 % und ist damit ca. zehnmal so hoch wie beim Channelruß-Verfahren.

Im Anschluss an die Herstellung wird der Industrieruß zur Abscheidung möglicher Verunreinigungen einer Sichtung unterworfen und schließlich je nach Anwendungsgebiet verdichtet, geperlt oder oxidativ nachbehandelt.

3.4.4
Flammruß-Verfahren (siehe auch Anorganische Pigmente, Bd. 7, Abschnitt 5.2.3)

Heute wird das Flammruß-Verfahren nur noch vereinzelt zur Herstellung von vergleichsweise grobteiligen Schwerrußen (Teilchengröße ca. 100 nm) betrieben, die jedoch als Spezialitäten gesucht sind. Sie werden als Inaktiv- oder Halbaktivruße zur Herstellung hochgefüllter, statisch stark belastbarer technischer Gummiartikel, als Abtönruße für coloristische Zwecke oder auch zur Herstellung von Elektroden für Batterien eingesetzt. Beim Flammruß-Verfahren wird Rußöl in einer flachen gusseisernen Schale (Durchmesser bis zu 1,5 m), in die es kontinuierlich eingespeist wird, mit Luftunterschuss verbrannt. Die rußhaltigen Gase werden in eine über der Schüssel angebrachte, feuerfest ausgekleidete Haube gesaugt, die mit einer Abscheidevorrichtung, meist einer Schlauchfilteranlage, verbunden ist. Die Luftzufuhr und damit die Rußqualität kann in gewissen Grenzen durch Variation des zwischen Schüssel und Haube befindlichen Ringspaltes sowie durch die Stärke der Absaugung verändert werden. In derartigen Flammrußöfen können bis zu 100 kg Industrieruß pro Stunde erzeugt werden.

3.4.5
Thermalruß-Verfahren (siehe auch Anorganische Pigmente, Bd. 7, Abschnitt 5.2.4)

Zwei weitere, ältere Rußherstellverfahren beruhen auf der thermischen Zersetzung von gasförmigen Kohlenwasserstoffen in Abwesenheit von Sauerstoff. Es handelt sich dabei um das Thermalruß-Verfahren, bei dem als Rohstoff Erdgas eingesetzt wird, und das Acetylenruß-Verfahren. Das Thermalruß-Verfahren wurde vor dem Ersten Weltkrieg in den USA entwickelt und in den 1930er Jahren zur Betriebsreife gebracht. Heute sind nur noch wenige Anlagen in Betrieb, da die Thermalruße

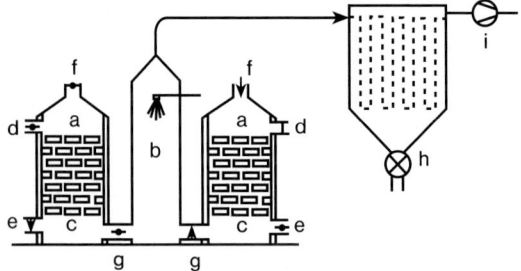

Abb. 3.8 Thermalruß-Verfahren
a) Thermalrußreaktor; b) Kühler; c) Wärmespeichersteine; d) Rohstoffeinlass; e) Brennstoffeinlass; f) Auslass für verbrauchten Brennstoff; g) Auslass für Pyrolyseprodukte; h) Rußauslass; i) Gebläse

(*thermal blacks*) aus Kostengründen in zunehmendem Maße durch billigere Produkte (z. B. gemahlene Clays, Halbaktivfurnaceruße) ersetzt werden.

Thermalruß-Anlagen (Abb. 3.8) bestehen aus je zwei Öfen, die wechselweise in Aufheiz- und Produktionszyklen von ca. 5 min Dauer betrieben werden. Die zylindrischen Ofenräume sind mit einem Gitterwerk aus feuerfesten Steinen ausgekleidet. Zum Aufheizen wird in ihnen zunächst ein Erdgas/Luft-Gemisch verbrannt. Sobald das Steinwerk eine Temperatur von ca. 1400 °C erreicht hat, wird die Luftzufuhr abgeschaltet und reines Erdgas zur Spaltung eingeleitet. Die Temperatur des Ofens fällt wegen des Energieverbrauches durch die endotherm verlaufende Reaktion während des Produktionszyklus ab. Hat sie 900 °C erreicht, so wird wieder umgeschaltet und eine neue Heizperiode begonnen. Der den Ofen verlassende Strom von Spaltprodukten (Industrieruß und nahezu reiner Wasserstoff) wird in einem aufsteigenden Kanal durch Einspritzen von Wasser abgekühlt. Der Industrieruß wird danach in einer Abscheideanlage abgetrennt und aufgearbeitet. Thermalruße sind in der Regel sehr grobteilige (inaktive) Industrieruße, deren Primärteilchengröße im Bereich von ca. 150–500 nm liegt. Die Teilchengröße kann durch Verdünnen des Rohstoffs mit Inertgas, beispielsweise rückgeführtem Wasserstoff, in gewissen Grenzen beeinflusst werden. Die Ausbeuten bezogen auf die Summe von Heiz- und Produktionsgas können bei den gröberen MT-Rußen (= medium thermal blacks) ca. 40 % erreichen, bei den feinteiligeren FT-Rußen (= fine thermal blacks) sind sie niedriger.

3.4.6
Acetylenruß-Verfahren (siehe auch Anorganische Pigmente, Bd. 7, Abschnitt 5.2.5)

Acetylen zerfällt bei Temperaturen um 800 °C in einer stark exothermen Reaktion gemäß

$$C_2H_2 \longrightarrow 2C + H_2 \quad \Delta H_R = -230 \text{ kJ mol}^{-1}$$

in Industrieruß und Wasserstoff. Zur Herstellung von Acetylenrußen wurden kontinuierliche Verfahren entwickelt, die Anlagenleistungen von bis zu 500 kg h^{-1} gestatten. Acetylen wird in das Kopfende eines feuerfest ausgekleideten zylindrischen Reaktors eingeleitet, der durch Verbrennen eines Heizgases (z. B. Erdgas oder CO) mit Luft vorgeheizt wird; die Gas- und Luftzufuhr werden dann abgestellt, und durch Einleiten von reinem Acetylen oder acetylenreichen Gasen wird auf Rußherstellung umgeschaltet, wobei sich durch den exothermen Reaktionsablauf im Kern der Reaktionszone Temperaturen von über 2000 °C einstellen. Den Ruß trennt man in einer Absetzkammer und einem nachgeschalteten Zyklon vom Wasserstoff ab. Die Ausbeute beträgt 95–99 %. Durch die hohe Reaktionstemperatur kommt man zu Produkten mit relativ gut ausgebildeter Graphitstruktur und einer entsprechend hohen elektrischen Leitfähigkeit. Acetylenruße finden daher als vergleichsweise teure Spezialitäten Verwendung als Leitfähigkeitsruße, insbesondere in Trockenbatterien. Dabei wird gleichzeitig ihr großes Aufnahmevermögen für Wasser bzw. die in den Batterien enthaltenen Elektrolyte genutzt. Bezüglich des strukturellen Aufbaus der Primärteilchen zeigt Acetylenruß charakteristische Unterschiede zu normalen Industrierußen (gefaltete Graphitschichten).

3.5
Aufarbeitung

3.5.1
Verdichtung und Verperlung

Frisch abgeschiedene Industrieruße besitzen nur sehr geringe Schüttdichten (ca. 20–60 g L^{-1}). Da sie sich in dieser Form schlecht transportieren und weiterverarbeiten lassen, müssen sie verdichtet werden. Art und Ausmaß der Verdichtung hängen wesentlich vom Verwendungszweck ab. Je stärker ein Industrieruß verdichtet ist, umso schwerer lässt er sich im allgemeinen dispergieren. Farbruße, die besonders leicht dispergierbar bleiben müssen, werden deshalb unter Beibehaltung des Pulverzustandes verdichtet, indem sie auf evakuierten Walzen, die mit einem porösen Mantel umgeben sind, »entgast« werden. Dabei wird eine Erhöhung des Schüttgewichtes um den Faktor 2–3 erreicht. Wesentlich größere Bedeutung hat die Verdichtung durch Granulierung (»Verperlung«). Ein einfaches und wenig Energie verbrauchendes Verfahren ist die Trockenverperlung, bei der Industrieruß in großen rotierenden Trommeln zu kugelförmigen Agglomeraten von bis zu 1 mm Durchmesser aufgerollt wird. Diese Art der Verperlung wird vorzugsweise bei Pigmentrußen durchgeführt.

Die intensivste Verdichtung erreicht man durch das Nassperlverfahren. Nach dieser Methode werden die größten Mengen, insbesondere auch die Gummiruße, granuliert. Der Prozess wird in speziellen Perlmaschinen durchgeführt, die z. B. aus einem horizontalen zylindrischen Trog (Länge ca. 3 m, Durchmesser 70–100 cm) bestehen, in dessen Innerem sich eine schneckenförmig mit Stacheln besetzte Welle mit 350–700 Umdrehungen pro Minute dreht (Abb. 3.9).

In der Perlmaschine wird der Industrieruß mit Wasser vermischt und durch die mechanische Einwirkung der Stacheln granuliert. Zur Beeinflussung der Perlhärte können dem Wasser geringe Mengen eines Perlhilfsmittels, z. B. Melasse oder Lig-

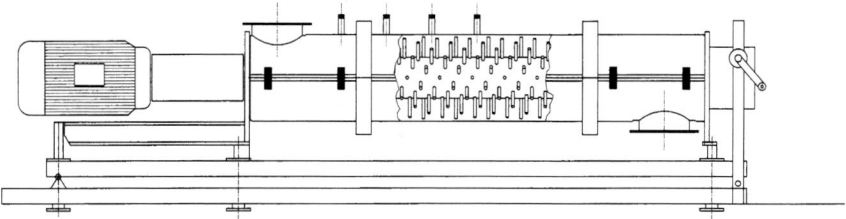

Abb. 3.9 Perlmaschine

ninsulfonat, zugesetzt werden. Es wird eine Verdichtung um etwa den Faktor 10 erreicht. Gleichzeitig kann sich die Rußstruktur (DBP-Zahl, vgl. Abschnitt 3.2.3.2) ändern. Aufgrund seines Wassergehaltes von ca. 50 % muss das die Perlmaschine verlassende Granulat (Perldurchmesser meist 1–3 mm) getrocknet werden. Das geschieht in indirekt beheizten Drehrohren (Länge 15–20 m, Durchmesser 2–3 m, Umdrehungsgeschwindigkeit 6–8 Upm für einen Rußdurchsatz bis zu 2,5 t h^{-1}) bei Temperaturen von 150–250 °C. Die Trocknungsbedingungen können u. U. Rückwirkungen auf die Oberflächeneigenschaften des Industrierußes haben. Der trocken oder nass geperlte Industrieruß wird mit Hilfe von Förderbändern und Becherwerken zu den Lagerbunkern bzw. den Absackstationen transportiert.

3.5.2
Oxidative Nachbehandlung (siehe auch Anorganische Pigmente, Bd. 7, Abschnitt 5.2.7)

Durch oxidative Behandlung der Rußoberfläche, die vorwiegend zur Bildung saurer Oberflächenoxide führt, lassen sich die Benetzbarkeit durch polare Bindemittel und die coloristischen Eigenschaften verbessern. Deshalb werden bestimmte Farbruße heute in technischem Maßstab einer oxidativen Nachbehandlung unterworfen. Eine Möglichkeit dafür besteht in einer vorsichtigen Oxidation mit Luft oberhalb 400 °C. Bei diesen Temperaturen findet aber auch schon wieder eine Zersetzung der Oberflächenoxide statt, sodass der erreichbare Oxidationsgrad unbefriedigend ist. Diese Methode wird daher technisch nicht angewendet.

Technisch bedeutsam ist die Oxidation mit Salpetersäure, z. B. indem der Industrieruß in der Nassperlmaschine mit Salpetersäure behandelt wird. Die Oxidation wird bei dem anschließenden Trockenprozess vervollständigt. Ein anderes technisch durchgeführtes Verfahren besteht in der Behandlung von pulverförmigem Industrieruß mit NO$_2$/Luft-Gemischen in Fließbettreaktoren (Abb. 3.10). Eine solche Anlage besteht aus drei Behältern, dem Vorreaktionsbehälter, in dem der Industrieruß aufgeheizt und fluidisiert wird, dem Reaktionsbehälter, in dem die eigentliche Oxidation durchgeführt wird, und dem Ausblasbehälter, in dem der oxidierte Industrieruß von noch adsorbierten nitrosen Gasen befreit wird. Die Reaktionstemperaturen liegen vorwiegend bei 200–300 °C. Die Reaktionszeit kann je nach erwünschtem Oxidationsgrad mehrere Stunden betragen. Das eingesetzte NO$_2$ dient

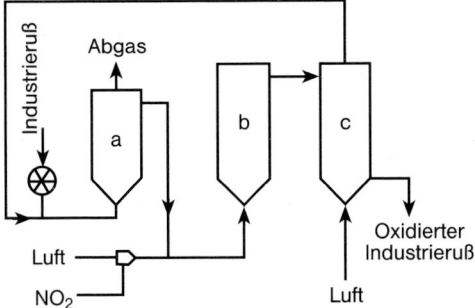

Abb. 3.10 Nachbehandlungsanlage für Industrieruß im Fließbett
a) Vorreaktionsbehälter; b) Reaktionsbehälter; c) Ausblasbehälter

vor allem als Sauerstoffüberträger; das eigentliche Oxidationsmittel ist der Luftsauerstoff. Im Anschluss an die Fließbettoxidation werden die Industrieruße in der üblichen Weise verdichtet oder verperlt. Technische Bedeutung hat auch die Oxidation mit Ozon erlangt. Technische oxidierte Industrieruße können bis zu 15 % Sauerstoff enthalten.

3.6
Lagerung und Versand

Der größte Teil des geperlten Industrierußes wird sowohl beim Produzenten als auch beim Verbraucher in Einzel- oder Mehrzellensilos von 100–600 t Inhalt gelagert. Der Versand der Bulkware erfolgt in Silofahrzeugen mit bis zu 20 t (LKW) bzw. 40 t (Bahnsilo) Fassungsvermögen.

Ein vergleichsweise geringer Anteil (15–20 %) der Gummiruße und die Hauptmenge der Farbruße werden in leistungsstarken, weitgehend automatisierten Schnellpackanlagen in Ventilpapiersäcke abgepackt und auf Paletten versandt. Für feuchtigkeitsempfindliche Industrieruße, z. B. oxidierte Farbruße, werden polyethylenbeschichtete Säcke verwendet.

3.7
Verwendung

Einen Überblick über typische Anwendungsgebiete verschiedener Industrieruße gibt Abbildung 3.11. Neben der Primärteilchengröße bzw. der spezifischen Oberfläche spielt die Aggregatstruktur eine wesentliche Rolle.

Gummiindustrie
Ca. 90 % der produzierten Rußmenge wird von der Gummiindustrie als verstärkender Füllstoff in Vulkanisaten verbraucht (vgl. auch Abb. 3.2). Innerhalb der Gummiruße stellen Furnaceruße den weitaus größten Anteil. Die Hauptanwendungsgebiete sind Automobilreifen (Pkw, Lkw) und sogenannte »technische Gummiartikel«.

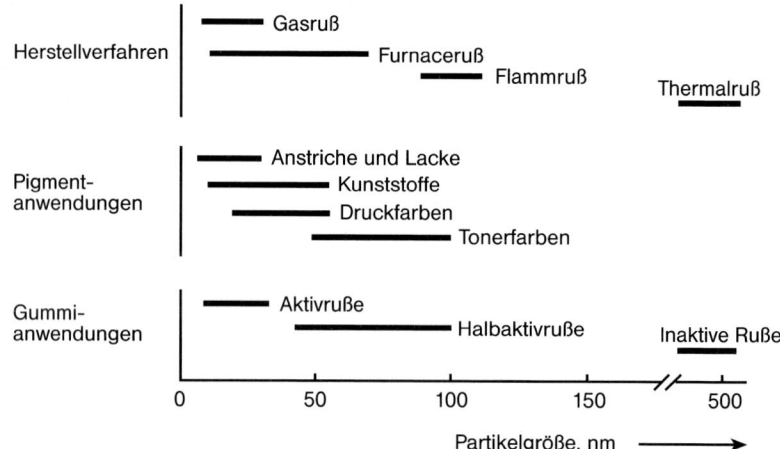

Abb. 3.11 Durchschnittliche Partikelgrößen und typische Anwendungsgebiete verschiedener Industrieruße

Unter letztgenanntem Sammelbegriff werden verschiedene Erzeugnisse wie z. B. Profilleisten, Dichtungen, Gummipuffer, Manschetten oder Gummiwalzen zusammengefasst.

Feinteilige Furnaceruße (»Aktivruße«, Teilchengröße bis ca. 30 nm, spezifische Oberfläche 70–150 m^2 g^{-1}) werden zur Herstellung hochabriebfester Gummimischungen (z. B. für Reifenlaufflächen, Gleiskettenpolster, Förderbanddecken) und mechanisch stark beanspruchte technische Gummiartikel verwendet. Industrieruße mittlerer Feinteiligkeit (»Halbaktivruße«, Teilchengröße ca. 30–200 nm, spezifische Oberfläche 17–70 m^2 g^{-1}) werden vor allem in Mischungen eingesetzt, die bei hoher dynamischer Beanspruchung nur eine geringe Wärmeentwicklung aufweisen dürfen (z. B. Reifenunterbau, dynamische beanspruchte technische Gummiartikel), sowie für Spritzmischungen mit guten elastischen Eigenschaften des Vulkanisats (z. B. Luftschläuche, Gummistiefel). Sehr grobteilige Industrieruße (»Inaktivruße«, Teilchengröße > 200 nm, spezifische Oberfläche < 17 m^2 g^{-1}) finden in technischen Gummiartikeln mit höchsten Füllungsgraden Verwendung. Der klassische Inaktivruß ist der Thermalruß (Teilchengröße 240–320 nm), der jedoch aus Kostengründen zunehmend durch anorganische Füllstoffe (z. B. Bentonite) ersetzt wird.

Zur Klassifizierung von Verstärkerrußen vgl. [3.8–3.10]. In den letzten Jahrzehnten wurden zahlreiche neue Typen entwickelt, so z. B. für abriebarme und energiesparende Automobilreifen (siehe auch Elastomere, Bd. 5).

Pigmentruße

Nach den Gummirußen stellen die Pigmentruße mengenmäßig die größte Gruppe dar (siehe Anorganische Pigmente, Bd. 7, Abschnitt 5). Sie dienen zur Schwarzeinfärbung von Lacken, Druckfarben, Kunststoffen, Fasern und Papier [3.10–3.13]. Für den Druckfarben- und Lacksektor werden häufig oxidativ nachbehandelte Industrieruße eingesetzt. Hohe Gehalte an Oberflächenoxiden bewirken in Druckfarben ein längeres Fließen, in Lacken eine Erhöhung des Glanzes, eine im allgemeinen erwünschte Verschiebung des Farbtons nach blau und häufig eine Erhöhung der Farbtiefe. Während bei den Lacken nach wie vor die farbtiefen Gasruße dominieren, werden auf dem Druckfarben- und Kunststoffgebiet zunehmend Furnaceruße verwendet. Die mit einem Industrieruß erreichbare Farbtiefe hängt im wesentlichen von dessen Teilchengröße ab. So werden zur Einfärbung besonders farbtiefer Lacke, Druckfarben und Kunststoffe sehr feinteilige Industrieruße eingesetzt. Für Massenprodukte, bei denen auf extreme Farbtiefe verzichtet werden kann, kommen aus Kostengründen Industrieruße mittlerer Feinteiligkeit zum Einsatz.

Grobteilige Furnace- und Flammruße werden zum Abtönen von Weiß- und Buntpigmenten verwendet. Auch die Rußstruktur ist bei vielen Pigmentanwendungen von Bedeutung. Wo hohe Farbstärke verlangt wird (z. B. Schwarzeinfärbung opaker Kunststoffe, Graueinfärbung) werden im allgemeinen hochstrukturierte Industrieruße verwendet, da sie sich meist besser dispergieren lassen als entsprechende niedrigstrukturierte Industrieruße. Industrieruße niedriger Struktur erlauben höhere Pigmentvolumenkonzentrationen; sie eignen sich deshalb besonders gut z. B. für Offsetdruckfarben, bei denen in dünnen Farbschichten hohe Deckung erreicht werden muss. Spezielle Pigmentruße werden zur UV-Stabilisierung von Polyolefinen verwendet. Ihre stabilisierende Wirkung beruht vor allem auf der Absorption der UV-Strahlung, daneben wohl auch auf dem Abfangen radikalischer Abbauprodukte.

Antistatische oder elektrisch leitende Ausrüstung u. a.
Da Industrieruße elektrisch leitend sind, werden Kunststoffe durch Einarbeiten ausreichender Rußmengen antistatisch oder elektrisch leitend ausgerüstet. Die Leitfähigkeit eines rußgefüllten Kunststoffs nimmt mit sinkender Teilchengröße und steigender Struktur des Industrierußes zu; sie ist stark vom Verteilungszustand des Industrierußes in dem Kunststoff abhängig.

Neben den genannten Anwendungsgebieten werden Industrieruße auch in der Elektroindustrie zur Herstellung von Trockenbatterien, Kohlebürsten und Elektroden eingesetzt.

3.8
Toxikologie

Industrieruß wird unter kontrollierten Bedingungen produziert und ist daher nicht vergleichbar mit den bei anderen Verbrennungsprozessen zufällig entstehenden kohlenstoffhaltigen Substanzen, die zum Beispiel in Form des Kaminrußes bekannt sind und einen hohen Anteil krebserzeugender Substanzen enthalten können. Aufgrund ihrer Reinheit sind industriell hergestellte Ruße vom Gesetzgeber auch in Kosmetika oder Gegenständen, die mit Lebensmitteln in Berührung kommen, zugelassen.

Nach einmaligem Eintrag größerer Mengen des Produktes in die Umwelt, wie es beispielsweise bei einer unbeabsichtigten Freisetzung nach einem Unfall geschehen kann, ist eine Gefährdung für Umwelt und Gesundheit auszuschließen. Umfangreiche vorliegende toxikologische Daten zeigen, dass nach Hautkontakt, Verschlucken oder Einatmen auch größerer Mengen Industrieruß keine akute Gefährdung der Gesundheit von Mensch und Tier zu erwarten ist.

Industrieruß ist nicht wasserlöslich und wird von der Kommission zur Bewertung wassergefährdender Stoffe als nicht wassergefährdend eingestuft. Industrieruß kann ohne Probleme über den normalen Hausmüll auf Mülldeponien oder in Hausmüllverbrennungsanlagen entsorgt werden.

Wie zahlreiche andere natürlich vorkommende und industriell hergestellte Substanzen ist Industrieruß als schwerlöslicher Feinstaub zu betrachten. Bei Inhalation von schwerlöslichen Feinstäuben in hoher Konzentration und über einen sehr langen Zeitraum kann eine Gesundheitsgefährdung nicht ausgeschlossen werden. Husten und Auswurf und eine Beeinträchtigung der Lungenfunktion können als Folge auftreten. Ob ein Zusammenhang mit der Entstehung von Lungenkrebs besteht, ist nicht geklärt. 1996 stufte eine Abteilung der Weltgesundheitsorganisation, die Internationale Krebsforschungsagentur (IARC), technischen Industrieruß als »möglicherweise krebserzeugend für den Menschen« ein [3.14]. Diese Einstufung basierte einzig auf Tierversuchen, die mit äußerst hohen Industrieruß-Konzentrationen durchgeführt wurden, wie sie am Arbeitsplatz weder bei der Herstellung noch bei der Anwendung auftreten. In Langzeitinhalationsstudien konnte nur unter Bedingungen der »Lungenüberladung« mit Feinstäuben unterschiedlicher chemischer Zusammensetzung, u. a. auch mit einem Industrieruß, chronische Entzündung, Lungenfibrose und die Bildung von Tumoren beobachtet werden. Bei diesen Versuchen wurde nur bei der Ratte ein positives Ergebnis gefunden, während bei der Maus und dem Hamster keine Lungentumoren entstanden waren. Die Rolle der Tierart, des Feinstaubes und der Mechanismus der Tumorbildung sind bisher nicht vollständig bekannt.

Die MAK-Kommission der Deutschen Forschungsgemeinschaft, die wissenschaftlich fundierte Grenzwerte für Gefahrstoffe vorschlägt oder Stoffe mit Blick auf deren krebserzeugendes Potenzial bewertet, stufte »Industrieruß (*carbon black*) in Form atembarer Stäube« 1999 ebenfalls aufgrund der beschriebenen Tierversuche als »möglicherweise krebserzeugend für den Menschen« ein [3.15]. Sowohl IARC als auch die MAK-Kommission der Deutschen Forschungsgemeinschaft bewerteten die vorliegenden epidemiologischen Studien, d. h. wissenschaftliche Studien an großen Gruppen von Arbeitnehmern in der Industrieruß-herstellenden Industrie, insbesondere aufgrund methodischer Mängel als nicht aussagekräftig zur genaueren Beurteilung eines eventuellen Krebsrisikos von Industrieruß.

4
Aktivkohle

4.1
Einleitung

Aktivkohlen (*activated carbons*) [4.1] verdanken ihren Namen der Technik der Aktivierung, mit der die innere Oberfläche von Kohlen unterschiedlichster Provenienz erheblich vergrößert werden kann. Durch Rohstoffauswahl und Prozesssteuerung wird nicht nur die innere Oberfläche gezielt vergrößert, sondern auch die Porengröße und die Porengrößenverteilung beeinflusst. Als Rohstoffe dienen natürliche Kohlen (Steinkohle, Braunkohle), Torf, Torfkoks, technisch produzierte Kohlen (Holzkohle), aber auch carbonisierte Chemierohstoffe (Petrolkokse) sowie rezente Naturstoffe (Olivenkernkokse, Kokosnussschalenkokse etc.), d. h. viele organische Materialien sind als Rohstoffe für die Produktion von Aktivkohlen geeignet.

Einsatz finden Aktivkohlen in fast allen Bereichen, in denen ihre spezifische Eigenschaft der Adsorption zum Einsatz kommt. Ihr wichtigster Verwendungszweck ist die Trennung von flüssigen und gasförmigen Stoffen, insbesondere die Abreicherung von Verunreinigungen. Die Entfernung von toxischen oder geruchsintensiven Stoffen aus Gasen oder Flüssigkeiten und die Entfärbung sind wohl die bekanntesten Anwendungen, aber auch Lösemittelrückgewinnung oder Gastrennung spielen in bestimmten Bereichen ein wichtige Rolle. Neben dem Einsatz zu Reinigungszwecken kann Aktivkohle auch als Katalysator oder Katalysatorträger eingesetzt werden.

Aktivkohlen werden sowohl nach dem Herstellungsprozess – chemische oder Gasphasen-Aktivierung – als auch nach dem Einsatzzweck – der Gas- oder Flüssigphase – sowie der benutzten Anwendungstechnik – Festbettfilter, Suspensionsverfahren etc. – unterschieden. Dementsprechend werden im Handel zylindrisch geformte Aktivkohlen, Aktivkohlengranulate und Pulverkohlen unterschiedlicher Größe angeboten [4.2–4.4].

4.2
Geschichte

Schon im Altertum wurde die medizinische Wirkung von Holzkohle beobachtet und die Kohle von Ägyptern und Griechen zur Behandlung von Magenbeschwerden eingesetzt. 1773 entdeckte SCHEELE die Adsorptionswirkung von Holzkohle gegenüber Gasen. 1794 wurde erstmals von einer industriellen Anwendung zur Entfärbung von Zuckerlösungen in einer englischen Zuckerraffinerie berichtet. Noch bessere Ergebnisse bei der Zuckerreinigung wurden mit Knochenkohle erzielt, da sich diese auch noch einfach durch Ausglühen reaktivieren ließ. Die technische Herstellung von Aktivkohlen begann allerdings erst mit den Patenten von R. v. OSTREJKO in den Jahren 1900/1901 [4.5, 4.6].

In diesen Patenten werden die wichtigsten Aktivierungstechniken, die Umsetzung mit dehydratisierenden Metallchloriden sowie die Behandlung mit Kohlendioxid und Wasserdampf bei Temperaturen oberhalb von 600 °C, beschrieben.

Auf Basis dieser Patente begann 1909 in Ratibor, einem ehemaligen Zentrum der Kohlenstofftechnik, die gezielte großtechnische Produktion von Aktivkohle aus Holzkohle. Unter dem Markennamen »Eponit« vertrieben die »Chemische Werke Carbon« ihr Produkt hauptsächlich als Entfärbungskohle für Zuckersäfte. In den folgenden Jahren wurde insbesondere auch Torf mit Wasserdampf aktiviert und unter den Handelsnamen »Purit« und »Norit« verkauft. Unter der Bezeichnung »Carboraffin« wurde ein Produkt aus mit Zinkchlorid aktiviertem Sägemehl in den Handel gebracht (u. a. von Bayer), das auch zur Entfärbung und Reinigung in der chemischen Industrie eingesetzt wurde. Weitere Entwicklungsschritte waren der Einsatz von aktivierten Kokosnussschalenkohlen als Adsorbens in Gasmasken während des 1. Weltkriegs sowie die Entwicklung von geformten Aktivkohlen wie »Supersorbon« (Lurgi) in den 1930er Jahren. In den letzten Jahrzehnten wurde dann vor allem die Entwicklung von imprägnierten Aktivkohlen sowie von Kohlenstoffmolekularsieben zur Gastrennung vorangetrieben.

4.3
Wirtschaftliches

Weltweit wird Aktivkohle von mehr als 100 Produzenten hergestellt. Die Gesamtproduktion wird auf etwa $0,5 \cdot 10^6$ t a^{-1} geschätzt; die Kapazitäten liegen deutlich über der Produktion. Ca. zwei Drittel des Markts werden von den zehn größten Produzenten in den USA, Europa und Asien bestimmt. Der Marktwert aller Produkte beläuft sich auf ca. 1 Mrd. € jährlich. Während man in den USA von einem Marktwachstum von >5 % pro Jahr [4.7] ausgeht, korrelieren europäische Schätzungen eher mit Steigerungsraten des allgemeinen Bruttosozialproduktes von 2–3 % pro Jahr. Nur ca. 10 % der Gesamtmenge an Aktivkohlen werden als Formlinge mit definiertem Durchmesser im Markt angeboten, Hauptvertriebsformen sind Pulver und Granulate zu etwa gleichen Teilen. Aktivkohle findet in fast allen Bereichen der Industrie und des täglichen Lebens Verwendung, mengenbestimmend sind z. Zt. die Wasserreinigung (meist Granulate) sowie die Entfärbung (überwiegend Pulver). Fast 70 % der Aktivkohlen werden in der flüssigen Phase eingesetzt.

4.4
Rohstoffe

Aktivkohlen können im Prinzip aus fast allen organischen Rohstoffen gewonnen werden. Als Ausgangsstoffe werden je nach Zielprodukt bzw. Standort der Produktionsstätten Steinkohle, Holz, Torf, Braunkohle, Kokosnussschalen oder andere organische Rohstoffe mit akzeptabler Kohlenausbeute eingesetzt. Ein großtechnischer Einsatz verlangt jedoch immer eine entsprechende Verfügbarkeit und eine Qualitätskonstanz zur Produktion von typgerechtem Material.

Der Rohstoffpreis sowie die rohstoffbedingten Aufarbeitungskosten spielen eine ebenso wichtige Rolle. Durch eine spezielle Rohstoffauswahl können auch bestimmte Eigenschaften des Endproduktes wie z. B. Härte oder Porenradienverteilungen erheblich beeinflusst werden.

Entscheidend für das Endprodukt sowie die Ausbeute sind die Gehalte an den für organische Verbindungen häufigsten Elementen C, H und O. Im Bereich der Kohlen- und Brennstofftechnik wird zur Systematisierung auch der Inkohlungsgrad herangezogen [4.8]. Neben hohen Kohlenstoffgehalten ist auch das H/C- und O/C-Verhältnis für die Bildung der Poren durch die partielle Oxidation von Bedeutung.

Tabelle 4.1 zeigt die häufigsten heute eingesetzten Rohstoffe, die Gehalte an Kohlenstoff, Wasserstoff und Sauerstoff, bezogen auf die wasser- und aschefreie Substanz, sowie typische H/C- und O-/C-Verhältnisse (Massenverhältnisse).

Tab. 4.1 Rohstoffe für Aktivkohlen

Rohstoff	% C	% H	% O	H/C	O/C
Steinkohle	75–97	2–5,5	2–16	0,2–0,9	0,02–0,2
Braunkohle	63–70	4–6,5	20–27	0,7–1,2	0,3–0,5
Torf	58–60	5,5–6	33–35	1,1–1,3	0,4–0,6
Holz	48–50	5,5–6,5	43–45	1,3–1,6	0,6–0,7
Nussschalen/Fruchtkerne	45–50	6–6,5	42–46	1,5–1,7	0,6–0,8

Im Prinzip müssen alle oben genannten Rohstoffe zur Aktivierung vorbehandelt werden. Je nach Anforderungsprofil werden die Rohstoffe gewaschen, entwässert, verkokt und oxidiert.

4.5
Aufbereitung der Rohstoffe

Steinkohlen (siehe auch Verarbeitung von Stein- und Braunkohle, Bd. 4)
Der Gehalt der Steinkohlen an flüchtigen Bestandteilen beeinflusst den Herstellungsprozess. Bituminöse Kohlen, die viel Teer beim Erhitzen bilden, können sich aufblähen oder auch zusammenbacken. Dichte Anthrazite hingegen können nach Aufmahlung und Schwelung direkt aktiviert werden.

Zur Erzeugung einer hochwertigen Aktivkohle mit guter Ausbeute ist es oftmals notwendig, nach dem Mahlen oder dem Brikettieren des Feinstaubes eine Wäsche mit verdünnter Salzsäure, Schwefelsäure oder Phosphorsäure zur Entfernung der Asche durchzuführen.

Alkalimetallsalze in den Kohlen beeinflussen die Kohlenstoffvergasung bei der Aktivierung und somit Porenvolumen und Porenradienverteilung sowie insbesondere die Ausbeute. Fremdatome stören auch häufig beim Einsatz von Aktivkohlen als Katalysatorträger.

Bei der Aufbereitung von Kohlen zur Produktion von Aktivkohlen kann man folgende Aufarbeitungsschritte unterscheiden:

1 Flotation $\longrightarrow$ Abtrennung grober Asche
2 Mahlung $\longrightarrow$ Vergrößerung der Oberfläche
3 Oxidation $\longrightarrow$ Verhinderung von Backen und Blähen
4 Brikettierung $\longrightarrow$ Verbesserung des Handlings
5 Carbonisierung $\longrightarrow$ Reduktion der flüchtigen Anteile

Bei bestimmten Rohstoffen kann auf einzelne Aufarbeitungsschritte verzichtet werden, z. B. können hochflüchtige Kohlen nur grob gemahlen und die gekörnte Kohle direkt der Oxidation unterworfen werden.

Die Oxidation bewirkt den Einbau von bis zu 20 % Sauerstoff in das Kohlegerüst. Durch die Ausbildung von vernetzenden Sauerstoffverbindungen wird die Verkokungsneigung der Kohlen erheblich reduziert. Die Oxidation verläuft exotherm und muss innerhalb der Grenzen von ca. 150–350 °C exakt gesteuert werden. Die Geschwindigkeit der Reaktion ist in hohem Maße von der Oberfläche der Kohlen sowie vom Sauerstoffaustausch abhängig. Technisch wird diese Reaktion in Drehrohren oder in Fließbettreaktoren durchgeführt.

Das oxidierte Material wird anschließend bei Temperaturen von mehr als 600 °C carbonisiert. Hierzu werden vor allem Drehrohröfen eingesetzt. Vor der Carbonisierung kann das oxidierte Material auch mit anderen Materialien gemischt werden, um die Porenverteilung zu beeinflussen oder mit Hilfe von Stärke oder Binderpechen geformt werden.

Braunkohle (siehe auch Verarbeitung von Stein- und Braunkohle, Bd. 4)
Braunkohle ist zwar ein billiger Rohstoff für die Aktivkohlenproduktion, wird aber selten eingesetzt. Die Behandlung ist ähnlich wie bei den Steinkohlen. Der hohe Aschegehalt der Braunkohle erfordert eine intensive Wäsche des Materials mit Säuren. Nach Senkung des Wassergehalts und Klassierung kann man Braunkohle auch unter Verzicht auf Oxidation und Schwelung direkt in Drehrohröfen einer Gasaktivierung unterwerfen und so eine relativ preisgünstige, aber nicht besonders hochwertige Aktivkohle herstellen.

Ein anderer Weg ist der Einsatz von Braunkohlenschwelkoks, der gezielt mit Wasserdampf meist zu Wasserreinigungskohlen aktiviert wird. Nachteilig beim Einsatz von Braunkohle ist ihr hoher Schwefelgehalt, der bedingt durch den Aktivierungsprozess meist als sulfidischer Schwefel vorliegt.

Torf
Torf gehört zu den ältesten Rohstoffen für die Aktivkohleproduktion. Seine leichte Zugänglichkeit, der geringe Preis und vor allem die einfache Aktivierung zu guten Qualitäten sind der Grund für die schon 1911 gestartete großtechnische Vermarktung wasserdampfaktivierter Qualitäten unter den Namen »Purit« und »Norit«.

Nach dem Entwässern mittels Pressen und einer thermischen Trocknung kann Torf sofort chemisch aktiviert werden. Zur Gasaktivierung ist es vorteilhafter, Torfkoks einzusetzen, der meist schon einen Kohlenstoffgehalt von mehr als 90 % aufweist. Auf diesem Weg können hohe BET-Oberflächen (vgl. Abschnitt 4.8.4) von bis zu 1600 $m^2\,g^{-1}$ erzielt werden.

Holz
Holz ist auch heute noch ein wichtiger Rohstoff für Aktivkohlen. Es kann in fast allen Formen zur Produktion eingesetzt werden. Rohes Holz, insbesondere Holzspäne, können direkt zur chemischen Aktivierung verwendet werden. Bei der Gasaktivierung geht man von Holzkohle aus, die durch Pyrolyse und Verkohlung in Meilern, Retorten oder Drehrohröfen hergestellt wird. Stückige Holzkohle kann direkt, Holzkohlenstaub nach Formung mit Bindemitteln und Schwelung bei ca. 900 °C mit Wasserdampf oder Kohlendioxid in Schachtöfen oder auch Drehrohröfen aktiviert werden. Aktivkohlen auf Basis von Holz zeigen feine Poren und nur geringe Aschegehalte.

Nussschalen/Fruchtkerne

Die Schalen der Kokosnuss sind sicherlich die wichtigsten Nussschalen, die als Rohstoff für Aktivkohlen eingesetzt werden. Die Schalen werden zunächst verkokt, wobei auch wieder bevorzugt Drehrohröfen eingesetzt werden. Die Aktivierung erfolgt mit Wasserdampf. Man erhält Aktivkohlen von relativ großer Härte mit feinen Poren, die sich zum Einsatz bei der Gastrennung eignen.

Olivenkerne fallen in wirtschaftlich interessanter Menge an. Säurewäsche und Carbonisierung bei mehr als 800 °C sowie eine Aktivierung mit Kohlendioxid führen – wie auch bei anderen Fruchtkernen – zu harten feinporigen Aktivkohlen, die in der Gas- und Wasserreinigung Anwendung finden.

Sonstige Rohstoffe

Petrolkokse, Schwerölrückstände, Abfälle aus der Papierproduktion sowie Altreifen etc. werden als Rohstoffe für die Aktivkohlenproduktion genannt. Im großtechnischen Bereich finden sie jedoch bis heute keine nennenswerte Verwendung.

Für z. B. Aktivkohlefasern interessant sind die Verkokungsprodukte aus hochschmelzenden Harzen oder formstabilen Kunststoffen, da aus ihnen aschearme, exakt definierte Aktivkohlen hergestellt werden können. Je nach Zusammensetzung und Vernetzung eines Harzes können so gezielt Strukturen erzeugt werden, z. B. mit Polyacrylnitril oder auch Phenol-Formaldehyd-Harzen. Definierte kleine kugelförmige Aktivkohlen erhält man durch die Pyrolyse von industriell leicht zugänglichen Ionenaustauschern [4.9]. Ein Aspekt der Produktion von Aktivkohlen ist der generelle Einsatz nachwachsender Rohstoffe. Ihre Nutzung wurde erst durch systematische Übertragung erprobter Verarbeitungsverfahren für Nussschalen und Fruchtkerne möglich. So wurde z. B. Mais zunächst pyrolysiert, das Pyrolysat mit dem Pyrolyseöl pelletiert, erneut bei 1000 °C pyrolysiert und anschließend mit Kohlendioxid aktiviert [4.10].

4.6
Aktivierung der Rohstoffe

Man unterscheidet bei der Produktion von Aktivkohlen die chemische Aktivierung und die Gasaktivierung [4.11]. Bei der chemischen Aktivierung wird das kohlenstoffreiche Vorprodukt mit dehydratisierenden Chemikalien vermischt und bei ca. 600 °C umgesetzt. Dies geschieht meist ohne eine vorgeschaltete Carbonisierung, d. h. es sind im Vorprodukt noch relativ viel organische Verbindungen z. B. in Form von Huminsäuren, Lignin und Cellulose enthalten.

Bei der Gasaktivierung wählt man häufig einen carbonisierten Rohstoff und setzt das Produkt bei Temperaturen von 800–1000 °C mit Luft, Kohlendioxid und Wasserdampf zur gewünschten Aktivkohle um.

4.6.1
Chemische Aktivierung

Als Aktivierungsmittel für die chemische Aktivierung werden Zinkchlorid, Phosphorsäure sowie die Alkali- und Erdkalioxide und -hydroxide [4.12] genannt. Es werden aber auch Halogenwasserstoffsäuren sowie Eisen- und Nickelsalze und oxidierende Materialien wie Kaliumpermanganat beschrieben. Neben katalytischen Reaktionen und direkten Umsetzungen mit dem Kohlenstoffgerüst ist die dehydratisierende Wirkung der Agenzien entscheidend für den Prozess. Die Thermolyse dieser Mischungen wird je nach Prozess bei 400–1100 °C durchgeführt.

Die Beschreibung des klassischen Zinkchloridverfahrens soll als Beispiel für die typischen Schritte bei der chemischen Aktivierung dienen [4.13] (Abb. 4.1).

Unverkohlte Rohstoffe wie Torf oder Sägemehl werden mit Zinkchlorid (Mischungsverhältnis bis 1 : 2) innig vermischt. Die Menge des zugesetzten Zinkchlorids ist wichtig für den Aktivierungsgrad. Die Masse wird im direkt beheizten Drehrohrofen im Gegenstrom in einer reduzierenden Atmosphäre bis auf ca. 600 °C erhitzt. Alle Stufen des Prozesses wie Zersetzung, Dehydratisierung, Trocknung, Car-

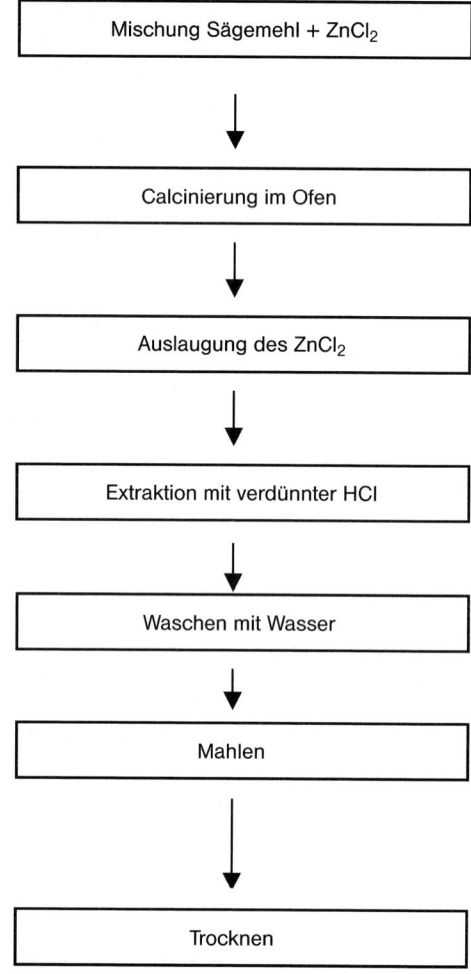

Abb. 4.1 Aktivierung mit Zinkchlorid

bonisierung und Aktivierung laufen nacheinander oder auch parallel im Ofen ab. Das Endprodukt wird mehrfach mit Wasser bzw. Salzsäure gewaschen. Die Waschlaugen werden eingedampft und in den Prozess zurückgeführt. Das Aktivat wird gemahlen, filtriert und im Ofen getrocknet.

Diese Aktivierung ergibt weitporige hochaktive Produkte in guter Ausbeute. Problematisch sind jedoch wie bei allen chemischen Zusätzen deren Rückgewinnung sowie die Abwasserreinigung.

Die technisch bedeutende Aktivierung mit Phosphorsäure verläuft nach einem analogen Schema. Beim Einsatz von Sulfiden muss nach dem Prozess noch eine Entschweflung durchgeführt werden, z. B. mit Kohlendioxid bei 600 °C.

Zur Herstellung spezieller Aktivkohlen mit guten Eigenschaften können die verschiedenen Aktivierungsmittel auch kombiniert werden, z. B. Zinkchlorid und Kaliumcarbonat. Hierbei wird der Prozess in zwei Stufen nacheinander durchgeführt. Eine andere Kombination ist die chemische Aktivierung mit Phosphorsäure und eine anschließende Dampfaktivierung. Auch die Decarbonisierung von organischen Säuren wird zur Systematik der chemischen Aktivierung gezählt.

Aktivkohlen aus der chemischen Aktivierung sind trotz intensiver Wäsche meist noch sehr aschereich. Dem gegenüber stehen die einfache Prozesssteuerung, die hohe Ausbeute sowie die gute Qualität (abgesehen vom Aschegehalt), der auf diesem Wege gewonnenen Aktivkohlen.

4.6.2
Gasaktivierung (Physikalische Aktivierung)

Bei der Gasaktivierung setzt man vorbehandelte, carbonisierte Rohstoffe wie Holzkohle oder Kokse ein. Im Reaktor erfolgt die Umsetzung des im Rohstoff enthaltenen Kohlenstoffs mit Wasserdampf und/oder Kohlendioxid. Diese Umsetzung führt zur Bildung einer großen Zahl feiner Poren.

Die beherrschenden Reaktionen bei diesem Prozess sind:

$$C + H_2O \longrightarrow CO + H_2 \qquad \Delta H = 117 \text{ kJ}$$
$$C + 2\,H_2O \longrightarrow CO_2 + 2\,H_2 \qquad \Delta H = 75 \text{ kJ}$$
$$C + CO_2 \longrightarrow 2\,CO \qquad \Delta H = 159 \text{ kJ}$$

Diese drei Reaktionen verlaufen endotherm, d. h. es muss von außen Wärme zugeführt werden. Ein guter Wärmeübergang zwischen Reaktionsgas und Produkt ist von entscheidender Bedeutung. Akzeptable Reaktionsgeschwindigkeiten sind mit Dampf nur bei Temperaturen von >800 °C zu erreichen, die Umsetzung mit Kohlendioxid sollte bei mindestens 900 °C erfolgen. Die notwendige Wärmemenge kann durch die kontrollierte Verbrennung der Reaktionsgase, entsprechend den unten genannten Reaktionen, zugeführt werden.

$$CO + \tfrac{1}{2}\,O_2 \longrightarrow CO_2 \qquad \Delta H = -285 \text{ kJ}$$
$$H_2 + \tfrac{1}{2}\,O_2 \longrightarrow H_2O \qquad \Delta H = -238 \text{ kJ}$$

Parallel zur Verbrennung der Reaktionsgase erfolgt die direkte Umsetzung des Kohlenstoffs der Aktivkohle mit dem Luftsauerstoff, wobei eine zu hohe Luftdosierung zu erhöhtem Abbrand führt und die Ausbeute damit stark reduziert. Dies ist von großer Bedeutung, da die Reaktion mit Luft erheblich schneller erfolgt als die Umsetzung mit Wasserdampf, die wiederum schneller abläuft als die mit Kohlendioxid. In der Praxis wird dieser Prozess über Brenner, Luft- und Dampfeinspeisungen an den günstigsten Stellen des Aktivierungsofens gesteuert.

Zu Beginn der Aktivierung werden zunächst sehr kleine feine Poren gebildet, die sich bei fortschreitendem Verlauf der Aktivierung erweitern.

Beträgt die Ausbeute bei der Produktion mit mittlerem Aktivierungsgrad ca. 50 % des Einsatzprodukts, so kann sie bei der Erzeugung von Aktivkohlen mit großem Porenvolumen durch die lange Reaktionszeit und den zusätzlichen Abbrand auf 20 – 30 % sinken. Dies zeigt, dass man bei der Erzeugung weitporiger Aktivkohlen von aschearmen Rohstoffen ausgehen muss, da die Asche durch die Vergasung des Kohlenstoffs erheblich angereichert wird. Aschen können, je nach Zusammensetzung, die Reaktionsgeschwindigkeit katalytisch erhöhen. Gezielt kann man diesen Effekt insbesondere durch die Zugabe von Alkalisalzen erreichen.

Während Alkalisalze die Reaktion beschleunigen, wird sie durch hohe Konzentrationen an Kohlenmonoxid und Wasserstoff im Reaktionsraum inhibiert [4.14]. Es ist daher erforderlich, diese Gase durch Verbrennung oder höhere Strömungsgeschwindigkeiten aus dem temperierten Reaktionsraum abzuführen. Neben der Katalyse der Reaktion kann durch die gezielte Zugabe von Kalium- oder Natriumsalzen auch die Größe der Poren beeinflusst werden. Interessant ist in diesem Zusammenhang die Bildung von sauren Oxiden an der Aktivkohlenoberfläche bei der Reaktion mit Sauerstoff unterhalb der Zündtemperatur. Basische Oberflächenoxide bilden sich hingegen durch Einwirkung von Sauerstoff bei reaktiven, vorher sehr hoch erhitzten Aktivkohlen schon bei Raumtemperatur.

Trotz aller Variationsmöglichkeiten in Bezug auf die Aktivierungsbedingungen und die Steuerung des Prozesses ist die Struktur des Ausgangsmaterials von entscheidender Bedeutung für das Endprodukt. Hierbei nimmt der Anteil der flüchtigen Bestandteile im Einsatzprodukt einen wichtigen Einfluss auf die Aktivkohle. Für die Erzeugung einer typgemäßen Aktivkohle durch Gasaktivierung ist es daher immer wichtig, die erste Stufe, die Erzeugung des Kokses, dem späteren Aktivierungsprozess anzupassen.

4.6.3
Technologie der Aktivierung

Die Aktivierung kohlenstoffhaltiger Materialien muss zur Erreichung akzeptabler Reaktionsgeschwindigkeiten immer bei Temperaturen von 400–1100 °C durchgeführt werden. Bei der Gasaktivierung sollten die Temperaturen bevorzugt bei 600–1000 °C liegen. Die oxidierenden Reaktionsgase Kohlendioxid und Wasserdampf müssen gezielt in der erforderlichen Menge und an der entsprechenden Stelle im Reaktionsraum zugeführt werden. Um die benötigte Wärme zur Umsetzung der Aktivierungsgase zu erreichen, ist eine gezielte Zudosierung der Verbrennungsluft erforderlich.

Die Anforderungen an die Technik zur Durchführung sind daher:
- hohe Temperaturen
- guter Stoffaustausch
- gute Steuerung der Reaktionsgase.

In der technischen Anwendung haben sich vor allem folgende Ofentypen bewährt:
- Drehrohröfen
- Schachtöfen
- Etagenöfen
- Wirbelschichtöfen

Drehrohröfen

Die Technik der Drehrohröfen ist aus der Zement- und Klinkerindustrie bestens bekannt (siehe Bauchemie, Bd. 7, Abschnitt 2.1.7.2.1). Drehrohröfen können für die Aktivierung aller Aktivkohlentypen eingesetzt werden. Die Verweilzeit im Rohr lässt sich durch die Neigung des Rohres, die Rohrlänge, Wehre, Einbauten und die Drehgeschwindigkeit beeinflussen. Man unterscheidet direkt und indirekt beheizte Rohre.

Meist werden direkt beheizte, feuerfest ausgemauerte Rohre verwendet, bei denen am Kopfende die Kohle aufgegeben wird (s. Abb. 4.2). Mittels Gas- oder Ölbrenner wird die Wärme am Produktaustritt direkt zugeführt. Die Dampfeinblasung zur Aktivierung erfolgt ebenfalls im Gegenstrom. Eine Verbesserung der Prozessführung ist durch gezielte Dampf- und Wärmezuführung in bestimmten Segmenten des Drehrohres möglich.

Schachtöfen

Auch bei diesem Ofentyp sind die übereinander angeordneten Kammern mit Feuerfeststeinen ausgemauert. Die zu aktivierende Kohle wird von oben in den Schacht zugeführt. Im Gegenstrom wird Wasserdampf in den verschiedenen Segmenten eingeblasen (Abb. 4.3). Der Ofen ist vor allem für die Aktivierung von grobstückigem Material geeignet.

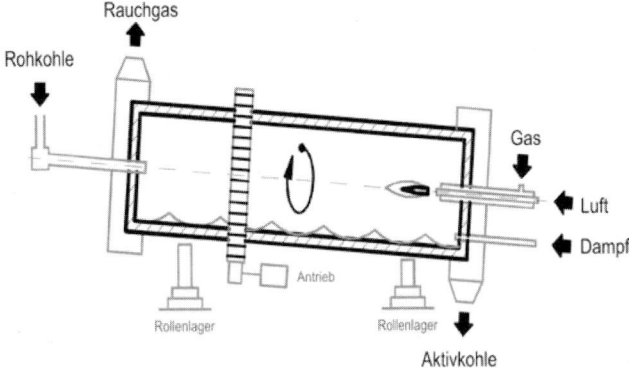

Abb. 4.2 Drehrohrofen

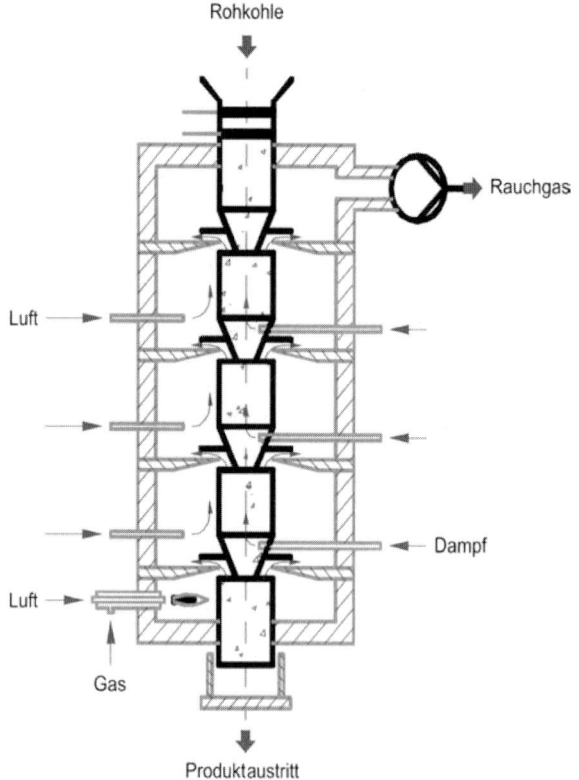

Abb. 4.3 Schachtofen

Etagenöfen

Die Aktivierungsgase werden im Prozess mit verbrannt, so dass nur geringe Mengen Gas zugefeuert werden müssen. Durch Einbauten können die Verweilzeiten verlängert und die Durchmischung verbessert werden.

Bei diesem Ofentyp befindet sich in der Mitte eines senkrechten Zylinders eine luft- oder wassergekühlte drehbare Achse, die Krählarme über mehrere Böden im Inneren des Zylinders bewegt (siehe Abb. 4.4). Die Böden besitzen Durchbrüche, abwechselnd am Rand und in der Mitte, durch die das Material von einem Boden auf den nächsten fallen kann. Die Krählarme mit kleinen Schaufeln drehen und wenden das Material und bewegen es abwechselnd nach innen oder außen.

Die Höhe des Zylinders, die Anzahl der Böden und natürlich die Drehgeschwindigkeit bestimmen die Verweilzeit im Ofen. Die Kohle wird oben aufgegeben und tritt unten zur Kühlung aus.

Die Reaktionsgase werden im Gegenstrom geführt. Zur besseren Steuerung des Prozesses können auf den einzelnen Ebenen Gasbrenner und Dampflanzen eingebaut werden.

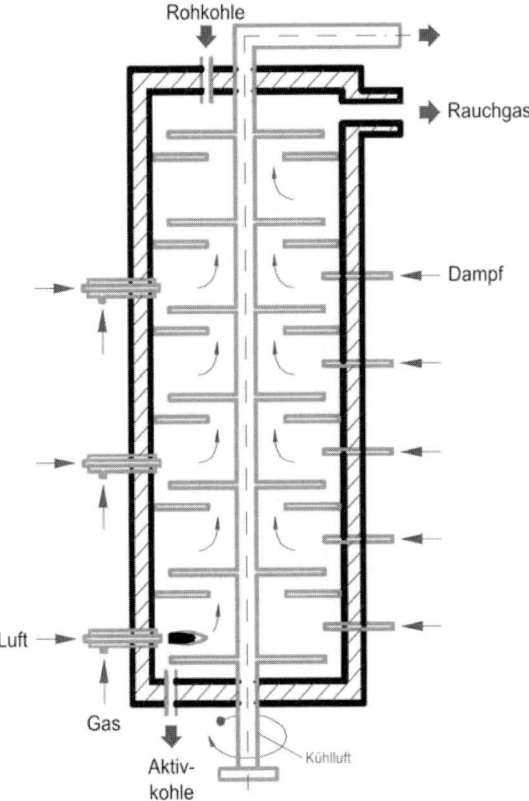

Abb. 4.4 Etagenofen

Wirbelschichtöfen

Beim Wirbelschichtofen wird die zu aktivierende Kohle in eine geschlossene Reaktionskammer eingebracht, die einen perforierten Anströmboden besitzt, durch den die fluidisierenden Reaktionsgase eingepresst werden (s. Abb. 4.5). Der Ofen ist vor allem für feinkörniges und geformtes Material geeignet. Es können auch mehrere Reaktionskammern übereinander angeordnet werden, mit Überläufen zum nächsten Reaktor. In diesen Wirbelbettreaktoren werden das Aktivierungsgut und die Aktivierungsgase stark durcheinander gewirbelt, sodass ein intensiver Stoffaustausch stattfindet. Hierdurch erhält man im Vergleich zu den anderen Ofentypen kürzere Aktivierungszeiten und, bei mehrstufiger Ausführung, ein enges Verweilzeitspektrum. Andererseits besteht bei den höheren Wirbelgeschwindigkeiten die Gefahr des Austrags von Feinkorn. Ein weiteres mögliches Problem ist die Ansinterung von Aschebestandteilen an den Anströmböden.

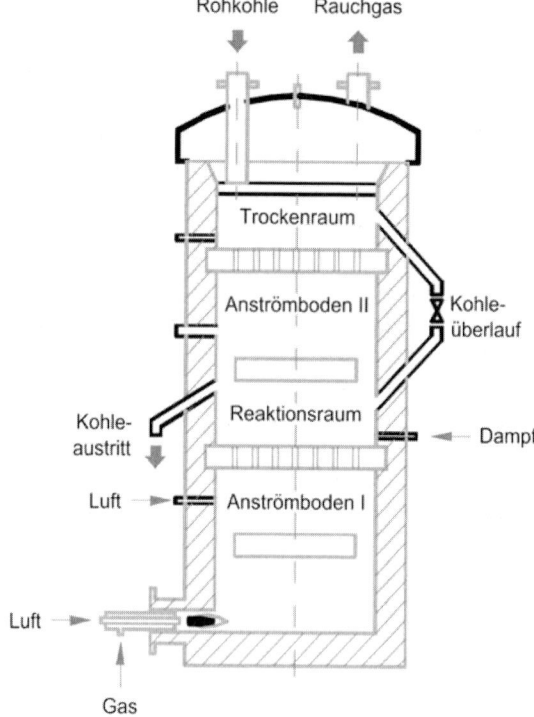

Abb. 4.5 Wirbelschichtofen

4.6.4
Nachbehandlung

Nach der Aktivierung werden die Aktivkohlen entsprechend der geforderten Korngrößen klassiert oder auch gemahlen, bevor sie verpackt und den verschiedenen Verwendungszwecken zugeführt werden. Bei einigen Aktivkohlen stören allerdings noch die durch den Rohstoff bzw. durch Aktivierungskatalysatoren verursachten basischen Oberflächen.

Durch Wäsche mit verdünnter Phosphor-, Salz- oder Salpetersäure können nicht nur die basischen Zentren entfernt, sondern auch die Ascheanteile reduziert werden. Zu hohe Schwefelgehalte, z. B. aus Braunkohlenrohstoffen, werden durch Waschen mit warmem Wasser und Einblasen von Luft reduziert. Weitere Nachbehandlungen sind Nachreaktion mit Wasserstoff zur Verringerung des Sauerstoffgehaltes sowie Nachoxidation mit Luft, um Entfärbungswirkungen der Aktivkohle zu verstärken.

4.7
Imprägnierung von Aktivkohlen

Die guten Adsorptions- und Katalyseeigenschaften von Aktivkohle können durch Imprägnierung mit den unterschiedlichsten Chemikalien vielfältig abgewandelt werden. Anwendungsgebiete sind die Reinigung von Gasen oder Flüssigkeiten, bei denen die Verunreinigungen durch die Imprägnierung zerstört oder nach chemischer Reaktion besser adsorbiert werden.

Die große Oberfläche der Aktivkohlen kann aber auch für katalytische Reaktionen an der imprägnierten Aktivkohle, z. B. für Hydrierreaktionen nach einer Belegung mit Edelmetallen, genutzt werden. Zur Imprägnierung werden die Aktivkohlen in die entsprechenden Lösungen getaucht oder auch besprüht. Die Technik der Imprägnierung und die daraus resultierende Verteilung des Imprägniermittels der Aktivkohle haben ebenfalls großen Einfluss auf die Aktivität der Kohle.

Behandelt man z. B. Aktivkohle mit einer wässrigen Silbernitrat-Lösung, so wird das Silbernitrat nach kurzer Zeit reduziert und das metallische Silber lagert sich in feinst verteilter Form auf der Aktivkohlenoberfläche ab. Diese Aktivkohlen werden häufig als Trinkwasserfilter im Haushalt eingesetzt, da Silber bakterizid wirkt und die Verkeimungsneigung der Aktivkohle erheblich senkt. Silberimprägnierte Aktivkohlenvliese werden auch als Wundauflage bei infizierten Verletzungen eingesetzt.

Eine Übersicht über handelsübliche imprägnierte Aktivkohlen gibt Tabelle 4.2.

4.8
Eigenschaften von Aktivkohlen

4.8.1
Allgemeine Eigenschaften

Definitionsgemäß sind Aktivkohlen technisch erzeugte Kohlenstoffprodukte mit einer großen inneren Oberfläche aufgrund der hohen Anzahl von Poren. In diesen Poren kann eine Vielzahl unterschiedlicher leichter gasförmiger oder flüssiger Produkte adsorbiert werden. Aktivkohlen besitzen nach CEFIC-Definition mindestens ein Porenvolumen von 0,2 mL g^{-1} und eine innere Oberfläche von mindestens 400 m^2 g^{-1}. Diese innere Oberfläche kann bei Spezialprodukten auf Werte von mehr als 2000 m^2 g^{-1} ansteigen, jedoch sollte sie nie als einziges Maß für die Effizienz von Aktivkohlen angesehen werden.

Ein weiterer wichtiger Parameter ist der Porendurchmesser. Man unterscheidet heute in der Literatur im Prinzip folgende Typen:

- Submikroporen $\leq$ 0,4 nm
- Mikroporen 0,4–1 nm
- Mesoporen 1–25 nm
- Makroporen > 25 nm

Nach IUPAC gelten folgende Definitionen: Mikroporen $d < 2$ nm, Mesoporen 2 nm $< d < 50$ nm, Makroporen $d > 50$ nm.

Tab. 4.2 Handelsübliche imprägnierte Aktivkohlen [4.15]

Imprägnierung Chemikalien	Menge (% Massenant.)	Aktivkohle	Anwendungsbeispiele
Schwefelsäure	2–25	F 1–4 mm Ø	Ammoniak, Amine, Quecksilber
Phosphorsäure	10–30	F 1–4 mm Ø	Ammoniak, Amine
Kaliumcarbonat	10–20	F 1–4 mm Ø	saure Gase (HCl, HF, SO_2, H_2S, NO_2), Schwefelkohlenstoff
Eisenoxide	10	F 1–4mm Ø	H_2S, Mercaptane, COS
Kaliumiodid	1–5	F 1–4 mm Ø	H_2S, PH_3, Hg, AsH_3, radioaktive Gase/radioaktives Methyliodid
Triethylendiamin (TEDA)	2–5	F 1–2 mm Ø G 6–16 mesh	radioaktive Gase/radioaktives Methyliodid
Schwefel	10–20	F 1–4 mm Ø, G	Quecksilber
Kaliumpermanganat/ Mangandioxid	5	F 3+4 mm Ø G 6–16 mesh	H_2S aus sauerstoffarmen Gasen Aldehyde
Silber	0,1–3	F 3+4 mm Ø G 8–30	F = Phosphin, Arsenwasserstoff G = häusliche Trinkwasserfilter (oligodynamische Wirkung)
Zinkoxid	10	F 1–4 mm Ø	Blausäure
Chrom-Kupfer- Silbersalze	10–20	F 0,8–3 mm Ø G 12–13 mesh G 6–16 mesh	ziviler und militärischer Gasschutz, Phosgen, Chlorcyan, Arsenwasserstoff, Chlorpikrin, Sarin u. a. Nervengase
Quecksilberchlorid	10–15	F 3+4 mm Ø	Vinylchlorid-Synthese Vinylchlorid-Synthese
Zinkacetat	15–25	F 3+4 mm Ø	Vinylacetat-Synthese
Edelmetalle (Palladium, Platin)	1–5	F, G, P	Organische Synthesen, Hydrierungen

F = Formlinge; G = Granulate; P = Pulver

Für die Definition der Porengrößen wurde bisher noch keine einheitliche Normung vereinbart. Bei der Porenstruktur werden im allgemeinen bei allen modellhaften Betrachtungen zylindrische Parameter unterstellt. Diese Annahme wird auch durch die üblichen Messungen (Argonisotherme, Quecksilberporosimetrie) bestätigt. Für die Adsorption entscheidend sind jedoch nicht die Oberfläche oder bestimmte Porengrößen, sondern deren Verteilung und Habitus [4.16, 4.17].

Die Struktur von Aktivkohlen ist ein Gemisch von amorphem Kohlenstoff und graphitischen Kristalliten. Die graphitischen Einheiten bestehen aus wenigen Schichten einer begrenzten Anzahl von Kohlenstoffhexagonen. Im Gegensatz zum Graphit sind die Ebenen leicht verschoben und zeigen geringfügig größere Abstände. Amorpher Kohlenstoff und Kristallite sind häufig über Sauerstoffbrücken verbunden. Diese insgesamt unregelmäßige Struktur wird dann noch durch die zahlreichen Fehlstellen ergänzt, die Poren, auf denen die Adsorptionseigenschaften der Aktivkohle basieren.

4.8.2
Physikalische Eigenschaften von Aktivkohle

Das wichtigste Beurteilungskriterium für die Aktivkohlen ist die Adsorptionskapazität [4.18]. Man kann sie entsprechend dem geforderten Anwendungszweck mit den in Tabelle 4.3 aufgelisteten Testsubstanzen prüfen.

Häufig werden die Kohlen statt mit Testsubstanzen direkt mit dem zu trennenden/reinigenden Agenz geprüft. Hinweise auf die Trennwirkung erhält man aber auch mit Hilfe der Bestimmung der Porenradienverteilung. Hierzu werden die Adsorptionsisothermen von Stickstoff oder Argon bei der Temperatur des verflüssigten Gases gemessen.

Unter der Annahme von zylindrischen Poren kann man eine Verteilung der Porengrößen im Bereich von 0,4–10 nm berechnen [4.19, 4.20]. Poren bis 10 000 nm können mit Hilfe der Quecksilberporosimetrie [4.21] bestimmt werden. Durch diese Porenradienverteilung erhält man charakteristische Kurven, die eindeutige Unterschiede, z. B. zwischen weitporigen Entfärbungskohlen und engporigen Gasadsorptionskohlen, aufweisen.

Makroskopisch wichtig sind Schüttdichten zur Bestimmung des Volumens von Aktivkohlenmassen. Die Dichten liegen meist im Bereich von 300–600 kg m^{-3}. Weiterhin spielen die Korngröße und die Korngrößenverteilung eine wichtige Rolle, weil davon Adsorptionsgeschwindigkeit und Strömungswiderstand abhängig sind. Um Bruch und Staubbildung zu vermeiden, ist eine gewisse Härte des Materials gefordert, die z. B. in Kugelmühlen bestimmt wird.

Tab. 4.3 Testsubstanzen für Aktivkohlen

Testsubstanz	Anwendungsbereich
Iod	Allgemein
Benzol/Tetrachlorkohlenstoff	Gasreinigung
Phenol, *p*-Nitrophenol	Wasserreinigung
Melasse	Entfärbung
Methylenblau	Medizinalkohle
Indol/Phenazon	Wasserreinigung/Entfärbung

4.8.3
Chemische Eigenschaften von Aktivkohle

Das chemische Verhalten von Aktivkohlen ist nicht nur durch den Kohlenstoff, sondern in hohem Maße von Oberflächenverbindungen und Fremdelementen bestimmt. Insbesondere die Oberflächenoxide spielen eine wichtige Rolle bei der Adsorption z. B. von polaren Substanzen. Zur Charakterisierung der Oberfläche kann von wässrigen Suspensionen der Aktivkohlen der pH-Wert gemessen werden.

Aktivkohlen sind gegen Laugen und nichtoxidierende Säuren resistent. Allerdings werden Aschebestandteile aus der Kohle herausgelöst, was insbesondere für Aktivkohlen, die in der Katalyse eingesetzt werden, gezielt durchgeführt wird. Starke Oxidationsmittel wie Chlor oder Ozon greifen die Aktivkohle speziell in Gegenwart von Wasserdampf an.

Hierbei zeigt die Aktivkohle ihre katalytische Wirkung und beschleunigt den Angriff am Kohlenstoffgerüst bzw. die Spaltung der Oxidationsmittel. Die katalytische Wirkung wird bei einigen Prozessen gezielt eingesetzt. Bei der Lösemittelrückgewinnung kann diese Eigenschaft allerdings nachteilig sein, wenn der zurückzugewinnende Stoff zersetzt wird.

Diese Zersetzung ist auch für die Handhabung wichtig, da die dabei entstehende Wärme zu Adsorberbränden führen kann. Die Zündpunkte von Aktivkohlen liegen zwischen 200–450 °C.

4.8.4
Adsorptionseigenschaften von Aktivkohle

Für den technischen Einsatz von Aktivkohlen ist nicht nur die Adsorptionskapazität, sondern auch die Adsorptionsgeschwindigkeit und – je nach Anwendung – auch die dementsprechende Desorption ausschlaggebend. Die Adsorption in der Gasphase verläuft immer erheblich schneller als in der Flüssigphase, sodass die Größen der Adsorptionsanlagen speziell dieser Eigenschaft angepasst werden müssen. Man unterscheidet zwei unterschiedliche Adsorptionsmechanismen, die Physisorption und die Chemisorption. Bei der Physisorption wirken fast ausschließlich van-der-Waals-Kräfte, und sie ist reversibel. Bei der Chemisorption hingegen geht eine chemische Modifikation des zu adsorbierenden Agens mit der Aktivkohlenoberfläche einher. Meist ist sie irreversibel.

Die Adsorptionskapazitäten der Aktivkohle werden bestimmt durch die innere Oberfläche, die Porengröße und Porenform sowie die Porengrößenverteilung. Die Adsorptionskapazität einer Aktivkohle wird als Konzentration des zu adsorbierenden Stoffes unter Gleichgewichtsbedingungen bei konstanter Temperatur angegeben. Für diese Adsorptionsisothermen existieren verschiedene Modellansätze [4.22]. Die Langmuir-Isothermen gehen von monomolekularen Schichten bei der Beladung aus, während die am häufigsten benutzte BET (Brunauer, Emmett, Teller)-Isotherme Mehrfachschichten bei der Adsorption unterstellt [4.23]. Da die technischen Produkte aber keine sehr regelmäßigen Oberflächen haben, wird häufig die empirisch ermittelte Freundlich-Isotherme zur Beschreibung angewandt, insbesondere auch im Bereich der Flüssigphasenadsorption. Zur Beschreibung werden vor allem experimentell ermittelte Daten mit speziellen Substanzen wie Iod oder Methylenblau eingesetzt.

Weitere interessante Betrachtungen zeigen die Dubinin-Isothermen [4.24], die für weitporige Produkte anwendbar sind. Mit Hilfe der Kelvin-Gleichung können Effekte der Kapillarkondensation bei überkritischen Temperaturen beschrieben werden [4.25].

4.8.5
Technische Typenklassifizierung von Aktivkohlen

Die große Anzahl verschiedenster Aktivkohlen, die z.Zt. im Handel sind, werden im Prinzip nach ihrer Handelsform, der Porenradienverteilung oder ihrem Anwendungszweck unterschieden.

Aktivkohlenhandelsformen
Aktivkokse
Pulverkohlen
Granulate (Kornkohlen)
Formkohlen
Aktivkohlefasern

Speziell bei den Aktivkohlefasern, die auf Basis von Polyacrylnitril, Phenolharzen oder Rayon durch direkte Carbonisierung und Aktivierung in einem Schritt gewonnen werden, gab es in den letzten zehn Jahren große Fortschritte. Sie werden nicht nur als Fasern gehandelt, sondern auch – wie gewebte Stoffe – als Tuchballen von 1 m Breite und 40 m Länge. Der hohe Preis und die für viele Anwendungszwecke zu einheitliche Porenverteilung heben die eindeutigen Handlingsvorteile jedoch in vielen Fällen wieder auf.

Die Einteilung der Aktivkohlen nach der Porenradienverteilung und der spezifischen Oberfläche unterscheidet drei große Gruppen, die sich in den Eigenschaften überschneiden:

- Kohlenstoffmolekularsiebe < 100 m^2 g^{-1} spez. Oberfläche
- Aktivkokse < 400 m^2 g^{-1} spez. Oberfläche
- Aktivkohlen $400–1500$ m^2 g^{-1} spez. Oberfläche

Die Aktivkohlen selbst werden meist noch nach eng-, mittel- und weitporigen Kohlen unterschieden, sodass mit ihnen ein weiter Bereich von Porendurchmessern und Porenvolumina abgedeckt wird.

Kohlenstoffmolekularsiebe zeichnen sich durch eine große Anzahl von Mikroporen aus, während das Porenvolumen meist unterhalb von 20 cm^3 pro 100 g liegt. Der große Anteil an Mikroporen von 0,5–1 nm bewirkt, dass die Trennung von z.B. Sauerstoff und Stickstoff nicht nur durch das Adsorptionsgleichgewicht, sondern auch in hohem Maße durch kinetische Effekte beeinflusst wird.

Aktivkokse weisen einen geringen Anteil an Mikroporen auf, dafür steigt das Porenvolumen aber auf ca. 25 cm^3 pro 100 g. Aktivkokse werden aus Stein- oder Braunkohlen gewonnen. Um beim Einsatz in der Gasreinigung hohe Durchflussraten bei geringem Druckverlust und guter Austauschfläche zu gewährleisten, werden meist grobstückige oder geformte Kohlen eingesetzt. Bei der Adsorption von SO$_2$ aus Gasen spielen beim Aktivkoks sowohl adsorptive als auch katalytische Eigenschaften eine Rolle.

Aktivkohlen decken insbesondere den gesamten Bereich der Mesoporen mit Porenradien von 1–25 nm ab, bis hin zu einem größeren Anteil an Makroporen über 25 nm bei den weitporigen Aktivkohlen. Dementsprechend liegt ihr Porenvolumen auch oberhalb von 25 cm³ pro 100 g. Die große innere Oberfläche erlaubt damit insbesondere die Adsorption großer Mengen organischer Verbindungen.

4.8.6
Testmethoden für Aktivkohlen

Zur Charakterisierung von Aktivkohlen werden die üblichen Analysenmethoden für technische Kohlenstoffprodukte herangezogen. Mit Hilfe der chemischen Analyse, insbesondere der Ascheanalyse, werden die Fremdelemente bestimmt, die – wenn sie an der Kohlenstoffoberfläche liegen – die Adsorption beeinflussen oder auch katalytische Wirkung zeigen können. Die Bestimmung der flüchtigen Bestandteile zeigt, ob eine vollständige Carbonisierung vorliegt. Während die Schüttdichte meist nur Bedeutung für die Volumenbestimmung hat, können mit Hilfe der Quecksilber- und Heliumdichte Aussagen über die Porosität gewonnen werden. Ebenfalls wichtig für den Transport und die Lagerung von Aktivkohlen ist die Bestimmung von Zündpunkt und Selbstentzündungstemperatur. Aktivkohlen sind, abgesehen von einigen Spezialprodukten, aufgrund ihrer Genese nicht in Gefahrklassen einzustufen. Gleiches gilt auch für die Toxizität. Medizinalkohlen erfüllen die Anforderung nach dem Deutschen Arzneimittelbuch und viele Reinigungskohlen die Anforderung für Nahrungsmittel.

Von entscheidender Bedeutung für den späteren Anwendungszweck sind Partikelgrößen, bei Pulverkohlen z. B. für den direkten Stoffaustausch, bei Granulaten z. B. für die Durchströmgeschwindigkeit.

Die große Anzahl verschiedenster Methoden zur Bestimmung der mechanischen Festigkeit zeigt, wie wichtig dieser Parameter für den Einsatz von Aktivkohlen ist. Angepasst auf den späteren Einsatz werden Methoden wie Brechen, Schütteln, Pressen, Wirbelbett und Mühlen zur Simulation des Abriebs verwendet. Abrieb bedeutet in der Technik meist nicht nur Verlust an aktiver Oberfläche sondern auch Einschränkung von Durchflüssen und somit Kapazitätsreduzierungen.

Die wichtigste Analyse von Aktivkohlen ist sicherlich die Messung der Adsorptionsfähigkeit. In vielen Spezifikationen wird daher auch die BET-Oberfläche (DIN 66 131) angegeben, sodass eine gewisse Vergleichbarkeit von verschiedenen Produkten gegeben ist.

Für die praktische Anwendung ist die BET-Oberfläche allerdings nur von begrenzter Bedeutung, sodass viele Produzenten und Verbraucher die Adsorption von Benzol, Cyclohexan, Tetrachlorkohlenstoff etc. zur Beurteilung heranziehen.

In vielen Fällen erfolgt die Bewertung einer Aktivkohle aber auch durch die Bestimmung der Durchbruchzeit der zu adsorbierenden Substanz oder durch Simulation des Einsatzzwecks im Laboratorium, um die Nutzungszyklen von Adsorption und Desorption festzustellen.

4.9
Anwendungsverfahren

4.9.1
Verfahrensübersicht

So wie es die unterschiedlichsten Handelsformen für Aktivkohlen gibt, wie Pulver, Granulate, Formkörper, Fasern, Gewebe und Einbindungen von Aktivkohlen in verschiedene Matrizes, gibt es auch unterschiedliche Anwendungsverfahren, die dem jeweiligen Prozess der Reinigung oder Trennung angepasst werden.

Man unterscheidet als Hauptgruppen:
- Einrührverfahren: Vermischung von Pulverkohle mit Lösungsmitteln
- Festbettverfahren: Adsorber mit Aktivkohle gefüllt und durchströmt
- Bewegtbettverfahren: Adsorber mit Aktivkohleaustausch

Zu den Festbettverfahren kann man in weitestem Sinne natürlich auch alle Filterkartuschen, Küchenfilter, Atemfilter, Luftfilter etc. rechnen.

4.9.2
Einrührverfahren

Meist zur Entfärbung, seltener zur Wasserreinigung, wird Pulverkohle im Einrührverfahren eingesetzt. Dazu wird die Pulverkohle in ein Rührgefäß eingesaugt und eine ca. 10%ige Suspension in Wasser bzw. der zu reinigenden Lösung hergestellt. Die Suspension wird dann im Reaktionsgefäß, häufig bei erhöhter Temperatur, mit der zu entfärbenden Lösung vermischt. Anschließend wird die Suspension über Filterpressen oder Drehfilter filtriert. Da die verbrauchte Kohle meist verworfen wird (die Reaktivierung ist schwierig und unwirtschaftlich), kann man die Filtration durch Zugabe von Kieselgur noch verbessern. Ein Fließschema des Einrührverfahrens ist in Abbildung 4.6 gezeigt.

Durch mehrstufige Behandlung im Gegenstrom kann die Adsorptionskapazität der Pulverkohle besser ausgenutzt werden. Diesem Verfahren steht jedoch der erheblich größere Apparateaufwand gegenüber.

4.9.3
Festbettverfahren

Beim Festbettverfahren werden Granulate oder geformte Aktivkohlen in ein Filter oder einen Adsorber gefüllt. Das zu reinigende bzw. abzutrennende Medium strömt dann durch die Aktivkohle. An der Eingangsseite erhält man eine maximale Beladung und an der Ausgangsseite eine optimale Reinheit des zu behandelnden Mediums.

Über die Länge des Adsorbers können die Reinheit des Mediums oder auch die Standzeit des Filters gesteuert werden. Im Adsorber bildet sich ein Konzentrations-

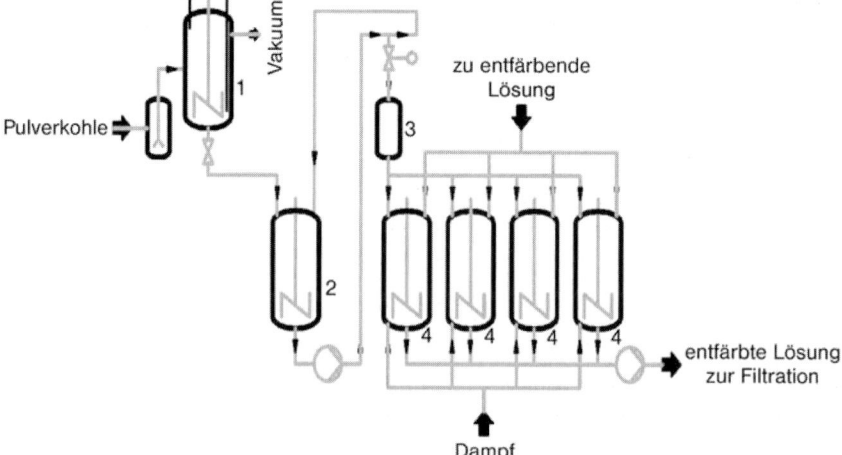

Abb. 4.6 Fließbild der Entfärbung mittels Einrührverfahren
1. Maischbehälter, 2. Vorlagerührbehälter, 3. Dosierbehälter, 4. Rührbehälter

profil aus (Abb. 4.7), dessen Front mit zunehmender Beladung zum Ende des Adsorbers wandert, bis schließlich ein Durchbruch erfolgt. Diese Durchbruchskonzentration ist ein wichtiges Beurteilungskriterium für die Qualität von Aktivkohlen.

Für die Gasphasentrennung ist dieses Verfahren besonders gut geeignet, da die Adsorptionsgeschwindigkeit bei Gasen sehr hoch ist. Man kann mit relativ großen Strömungsgeschwindigkeiten arbeiten, da nur geringe Kontaktzeiten notwendig sind. Um den Strömungswiderstand niedrig zu halten, werden in technischen Gasadsorbern daher häufig Formkohlen eingesetzt, meist zylindrische Körper mit Durchmessern von 3–4 mm.

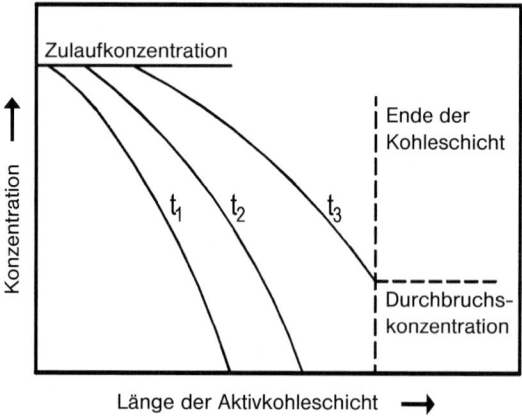

Abb. 4.7 Konzentrationsverteilung in einem Adsorber nach verschiedenen Betriebszeiten t_1, t_2, t_3

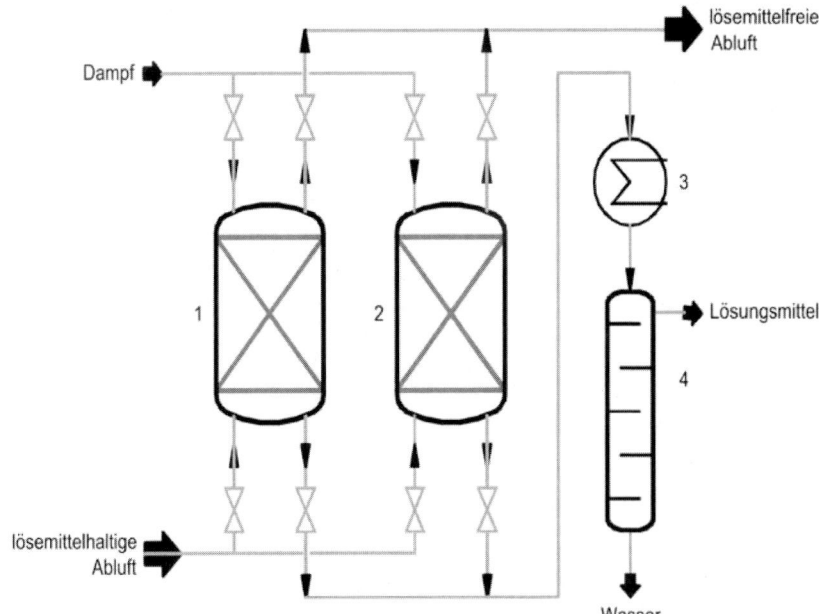

Abb. 4.8 Lösemittelrückgewinnung mit gekoppelter Adsorption und Desorption
1., 2. Adsorber/Desorber, 3. Kondensator, 4. Lösungsmittelabscheidung

In der Flüssigphase beim Einrührverfahren werden Pulverkohlen eingesetzt, da sie über große Kontaktflächen verfügen. Beim Einsatz von Kornkohlen im Festbettverfahren sinkt hingegen in der Flüssigphase die Diffusionsgeschwindigkeit mit steigender Korngröße. Bedingt durch die langsamere Diffusion müssen in der Flüssigphase längere Verweilzeiten erzeugt werden, was häufig auch erheblich größere Adsorber bedingt.

Um hier ein wirtschaftliches Verhältnis zwischen Adsorbergröße, Aktivkohlenaustausch und Regeneration zu finden, werden großtechnisch auch genormte Adsorbergefäße angeboten, die dann als Gesamtpaket ausgetauscht werden (mobile Adsorber).

Im Falle der Lösemittelrückgewinnung setzt man üblicherweise gekoppelte Festbettadsorber ein. Ein Adsorber dient der Adsorption, während der beladene Adsorber desorbiert wird (s. Abb. 4.8).

4.9.4
Bewegtbettverfahren

Bei großen Mengenströmen und entsprechender Wirtschaftlichkeit besteht die Möglichkeit, die Aktivkohle im Gegenstrom der zu reinigenden Flüssigkeit zuzuführen und außerhalb des Adsorptionsprozesses zu regenerieren. Hierzu wird regenerierte Kohle von oben in das Adsorptionsgefäß eingetragen und unten wieder ent-

11 Kohlenstoffprodukte

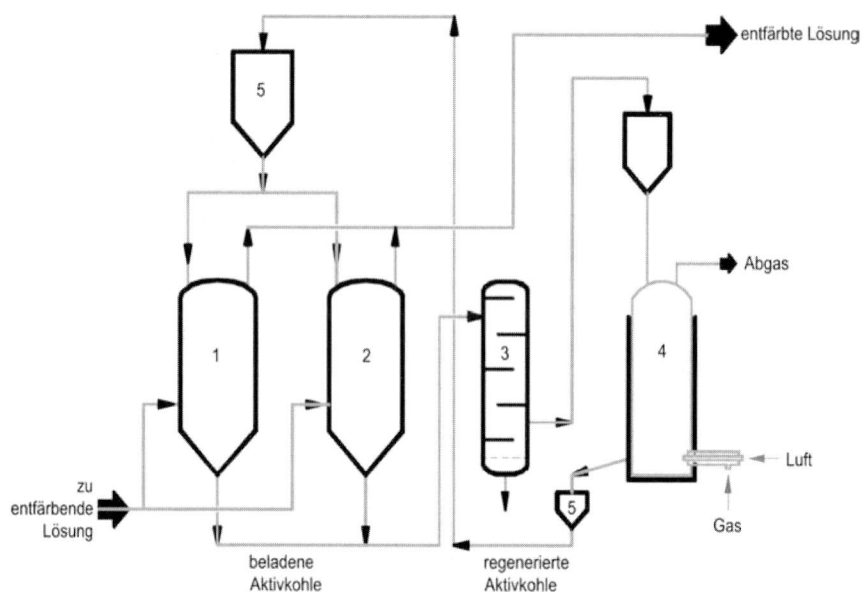

Abb. 4.9 Fließbild einer Bewegtbettanlage mit Reaktivierungsofen
1., 2. Bewegtbettfilter, 3. Aktivkohlewäsche/Trocknung, 4. Reaktivierungsofen, 5. Vorlagen

nommen. Die Aktivkohle wird in einem getrennten Gefäß gewaschen und einem Reaktivierungsofen zugeführt, wie in Abbildung 4.9 gezeigt.

4.10
Anwendungsgebiete

4.10.1
Allgemeines

Nur wenige Produkte zeigen ein so weites Anwendungsspektrum wie Aktivkohlen. In fast allen Bereichen der Industrie und des täglichen Lebens finden Aktivkohlen Anwendung, beispielsweise in Küchenfiltern, Zigarettenfiltern, Automobilzuluftfiltern, zur Reinigung von Getränken, Frischwasser und Abwasser, Entfernung von toxischen Substanzen aus Abgasen der Katalyse in chemischen Prozessen bis hin zur Goldgewinnung. Die einzigartigen Eigenschaften der Aktivkohle, die preiswert und ungefährlich zu handhaben ist, bewirken vor allem den Einsatz in den vielen Bereichen der Reinigung von Luft und Wasser. Die Bedeutung der Aktivkohle wird entsprechend zunehmen, je höher die Anforderungen zur Reinhaltung von Luft und Wasser in den industrialisierten Staaten, und mittlerweile auch in Entwicklungsländern, werden.

Einige wichtige Gruppen und interessante Anwendungszwecke aus dem umfangreichen Spektrum sind in Tabelle 4.4 aufgeführt:

Tab. 4.4 Anwendungsgebiete von Aktivkohlen, Aktivkoks und Kohlenstoffmolekularsieben

	Gasphasen-Anwendungen	Flüssigphasen-Anwendungen
Engporige Aktivkohlen	Abgasreinigung Zuluftfilter Adsorption niedrigsiedender Kohlenwasserstoffe	Goldextraktion Entkoffeinierung Chlorentfernung Mikrofilter
Mittelporige Aktivkohlen	Lösemittelrückgewinnung Adsorption höhersiedender Kohlenwasserstoffe	Trinkwasseraufbereitung Abwasserreinigung
Weitporige Aktivkohlen	Lösemittelrückgewinnung Adsorption höhersiedender Kohlenwasserstoffe	Entfärbungskohlen Abwasserreinigung
Aktivkoks	Rauchgasreinigung Adsorption von Dioxinen Stickoxid- und Schwefeloxidentfernung	Entfernung von Mangan, Eisen etc.
Kohlenstoffmolekularsiebe	Stickstoff-/Sauerstofftrennung Wasserstoffreinigung Biogaskonfektionierung	

4.10.2
Entfärbung

Speziell mit der Entfärbung von Zuckerlösungen begann vor 200 Jahren die technische Anwendung von Aktivkohle. In der Nahrungsmittelindustrie wird auch heute noch eine große Menge Pulver- und Kornkohlen eingesetzt.

Beispiele sind:
- Zucker- und Glucoseproduktion
- Speisefettreinigung
- Fruchtsaftreinigung
- Optimierung alkoholischer Getränke
- Gelatinereinigung etc.

Ebenso gibt es in der chemischen Industrie viele Anwendungszwecke, bei denen entfärbt wird, was im allgemeinen auch die Entfernung von Nebenprodukten aus chemischen Reaktionen bedeutet. Aktivkohle wird z. B. im Rahmen des Produktionsprozesses z. B. von folgenden Verbindungen eingesetzt:
- Phosphorsäure
- Citronensäure
- Alkaloide
- Insulin
- Sulfonamide
- Antibiotika

Für die Entfärbung/Reinigung von Lebensmitteln, Pharmazeutika und chemischen Produkten werden meist weitporige Pulverkohlen aus der chemischen Aktivierung oder einer intensiven Dampfaktivierung eingesetzt, da sie aufgrund ihrer offenen Porenstruktur die besten Entfärbungswirkungen zeigen.

Häufig wird das Einrührverfahren mit Pulverkohlen verwendet, bei der Entfärbung von Glycerin wird aber auch Kornkohle im Festbett (Perkolationsverfahren) angewandt. Die Verweilzeiten bei diesem Prozess variieren zwischen wenigen Minuten und mehr als einer Stunde.

4.10.3
Wasserreinigung

Mehr als ein Drittel der weltweit produzierten Aktivkohlen wird im Bereich der Wasserreinigung eingesetzt. Meist wird zur Wasserreinigung die Filtration über Festbettadsorber (Perkolationsverfahren) gewählt. Auch der gemeinsame Einsatz von Flockungsmitteln und Pulverkohlen führt zu guten Ergebnissen. Man unterscheidet vor allem die Trinkwasseraufbereitung und die Abwasserreinigung.

Trinkwasseraufbereitung
Bei der Trinkwasseraufbereitung in Wasserwerken spielen Aktivkohlen eine wichtige Rolle (siehe Wasser, Abschnitt 6.1.2). Durch ihre verstärkte Adsorption gesundheitsschädlicher synthetischer Stoffe, die oft nur in Spuren vorhanden sind (z. B. Chlor- oder Nitroverbindungen), bieten sie den Wasserversorgern die Sicherheit der Entfernung von Schadstoffen vor der Einspeisung in öffentliche Versorgungsnetze.

Zu dieser wichtigen »Polizeifilterfunktion« kommt bei Oberflächenwässern das hervorragende Adsorptionsvermögen für organische Verunreinigungen wie Eiweißprodukte, Lignin oder Huminstoffe. Neben organischen Verbindungen können auch anorganische Verbindungen adsorbiert oder katalytisch zersetzt werden. Eisen- und Manganverbindungen werden als Oxidhydrate abgeschieden, elementares Chlor zu Chlorid umgesetzt, Ozon sowie Hypochloride werden ebenfalls gespalten. Bei guter Auslegung und Rückspülung können je nach Wasserverunreinigung Standzeiten von mehreren Monaten erreicht werden, bevor die Aktivkohle aus den Filtern regeneriert werden muss. In großen Wasserwerke fallen so große Aktivkohlefiltermengen an, dass es wirtschaftlich ist, eigene Reaktivierungsanlagen zu betreiben.

Über Aktivkohle filtriertes Wasser ist frei von unangenehmen Geruchs- und Geschmackskomponenten.

Abwasserreinigung
Die Abwasserreinigung erlangt immer höhere Bedeutung, nicht nur, weil Aktivkohle häufig in der zweiten oder dritten Reinigungsstufe eingesetzt wird, sondern auch weil Kombinationen mit z.B. biologischen Reinigungsstufen durchgeführt werden. Pulverkohlen werden der biologischen Stufe zugesetzt, sodass toxische Substanzen adsorbiert werden. Der Klärschlamm kann problemlos mit der Aktivkohle verbrannt werden.

In vielen Fällen ist eine dreistufige Reinigung üblich:
1. mechanische Klärung
2. biologische Reinigung
3. Aktivkohlefilter

Diese Festbettfilter können je nach Beladung kurzfristig ausgetauscht und die Aktivkohle regeneriert werden.

Neben den normalen kommunalen und Industrieabwässern werden auch in zunehmendem Maße Sickerwässer aus Deponien sowie verunreinigtes Grundwasser über Aktivkohlefilter gereinigt. Neben der Adsorption von aliphatischen und aromatischen Kohlenwasserstoffen ist hier auch die gute Adsorption von chlorierten Kohlenwasserstoffen von Vorteil.

4.10.4
Weitere Anwendungen in der Flüssigphase

Zusätzlich zu den Hauptanwendungsgebieten der Wasserreinigung und der Reinigung/Entfärbung von Getränken, Zuckerlösungen, Ölen, Chemikalien und Pharmazeutika sind weitere Spezialanwendungen bekannt. Neben der altbekannten Verwendung, Gifte und Bakterien im Magen- und Darmtrakt zu binden, werden Aktivkohlen auch zur Blutreinigung und Dialyse eingesetzt. Blut und Aktivkohle werden bei diesem Prozess nicht direkt in Kontakt gebracht, sondern durch eine semipermable Membran (auch in Form eines Coating) getrennt.

Eine weitere wichtige Anwendung ist die Anreicherung von seltenen und wertvollen Metallen wie Gold, Silber, Molybdän und Uran. Goldcyanid-Komplexe werden an Aktivkohle in mehrstufigen Verfahren adsorbiert (s. auch Edelmetalle, Bd. 6). Im vierstufigen Prozess können ca. 5 g Gold an 100 g Aktivkohle adsorbiert werden. Für die Desorption verwendet man verdünnte Natronlauge/Natriumcyanid-Lösung bei Temperaturen von 80 °C. Bei zwei Tagen Kontaktzeit wird die Beladung auf unter 0,01 g pro 100 g Aktivkohle gesenkt. Die gebrauchte Kohle wird anschließend bei ca. 700 °C im Drehrohrofen reaktiviert.

4.10.5
Luft- und Gasreinigung

In der Luft- und Gasreinigung [4.26] kommen überwiegend Kornkohlen oder geformte Kohlen zum Einsatz. Die Adsorber werden nach der zu erwartenden Standzeit und der zu erwartenden Gasmenge ausgelegt. Üblich sind zylindrische Patronen, Filterkassetten oder Filtervliese für die allgemeine Luftreinhaltung und Geruchsentfernung. Diese Typen können in Intervallen als Einheit insgesamt ausgetauscht werden.

Für die Abluftreinigung von Kraftstoffbehältern aus Kraftfahrzeugen wählt man sog. Kanister oder Patronen, die so dimensioniert sind, dass sie im Lebenszyklus des PKW über eine ausreichende Adsorptionskapazität verfügen.

Bei größeren Mengenströmen verwendet man meist liegende oder stehende zylindrische Adsorber, die häufig Volumen von 20–30 m^3 aufweisen können. Die Adsorption ist häufig mit einer Desorption gekoppelt. Anlagen dieser Bauart können jahrelang ohne Austausch der Aktivkohle arbeiten.

Lösemittelrückgewinnung
Ca. 3 % der Weltproduktion an Aktivkohlen werden in diesem Sektor eingesetzt. Hauptanwender sind Betriebe der chemischen Industrie, Druckereien, Reinigungen, Folienproduzenten etc. Die Lösemittel sind im allgemeinen aliphatische Kohlenwasserstoffe wie Hexan und Benzin, Aromaten wie Benzol, Toluol, Halogenkohlenwasserstoffe wie Chlorethylene, Fluorkohlenwasserstoffe aber auch Ketone, Ether und Alkohole [4.27]. Obwohl die Lösemittel in der Luft meist nur in Sättigungskonzentrationen von wenigen Prozent vorliegen, wird durch Anreicherung von bis zu 1:10^5 auf der Aktivkohle das Lösemittel fast vollständig zurückgewonnen. Nach Beladung des Adsorbers wird das Lösemittel häufig mit Dampf von 120–140 °C desorbiert. Zum Ende dieses Vorgangs sind Poren und Zwischenkornvolumina der Aktivkohle mit Wasserdampf gesättigt. Es folgt eine Heißlufttrocknung und anschließend eine Kühlung, bevor der Adsorber wieder zur Lösemittelrückgewinnung eingesetzt wird. Das wahrscheinlich bekannteste Verfahren dieses Typs ist das bereits seit 1917 verwendete Supersorbon-Verfahren der Lurgi.

Zuluft-/Abluftreinigung
Häufig müssen Räume, z. B. in Krankenhäusern oder Halbleiterfabrikationen, mit gereinigter Luft oder Reinluft versorgt werden. Auch dazu werden Aktivkohlen eingesetzt, die geringste Spuren von Verunreinigungen noch adsorbieren. Gezielt wird dies auch an Flughäfen durchgeführt, um die erhöhten Kohlenwasserstoffbelastungen zu adsorbieren, bevor die Luft in die Klimaanlagen der Gebäude geleitet wird.

Von den eingesetzten Aktivkohlen wird ein hohes Rückhaltevermögen verlangt. Aus diesem Grund setzt man in diesem Bereich bevorzugt feinporige Kohlen ein.

Bei der Abluftreinigung müssen nicht nur unangenehme Gerüche entfernt werden, sondern oft auch toxische Substanzen mit geringer Adsorptionsneigung an Aktivkohle. In diesen Fällen werden dann häufig imprägnierte Aktivkohlen verwendet. Bei der Auslegung dieser Filter muss darauf geachtet werden, dass die Luftverweilzeiten im Filter groß genug sind, da für die chemischen Reaktionen an der imprägnierten Kohle. eine Sekunde Kontaktzeit benötigt wird, während die reine Adsorption in wenigen Zehntelsekunden stattfindet.

Abgasreinigung

Die Abgase aus Verbrennungsanlagen und Kraftwerken müssen entsprechend den Vorgaben der Umweltgesetzgebung entschwefelt und von Stickoxiden befreit werden. Obwohl die reine Adsorptionskapazität von Aktivkohlen für Schwefeldioxid und Stickoxide zu gering ist, können sie dennoch zur Abgasreinigung eingesetzt werden. Bei den in Japan und Deutschland entwickelten Rauchgasreinigungsverfahren wird die katalytische Wirkung von Aktivkohle genutzt. Im Temperaturbereich bis zu 200 °C erfolgt die Umsetzung von Schwefeldioxid zu Schwefelsäure:

$$2\,SO_2 + O_2 + 2\,H_2O \longrightarrow 2H_2SO_4$$

Am Aktivkoks, den man für diese Zweck bevorzugt einsetzt, kann man Schwefelsäurekonzentrationen bis zu 20 % erreichen. Nach dem Verfahren der Bergbau-Forschung/Mitsui/Uhde [4.28] wird bei Temperaturen von 400–500 °C die Schwefelsäure mit dem Kohlenstoff des Aktivkokses wieder reduziert.

$$2\,H_2SO_4 + C \longrightarrow CO_2 + 2\,SO_2 + 2\,H_2O$$

Das SO_2 aus dem Reichgas kann entweder verflüssigt oder mit bekannten Prozessen zu Schwefel oder Schwefelsäure umgesetzt werden (siehe 1 Schwefel und anorganische Schwefelverbindungen, Abschnitt 4). Parallel dazu kann die katalytische Wirkung des Kohlenstoffs auch zur Entfernung der Stickoxide durch Disproportionierung/Oxidation mit Ammoniak zu Stickstoff durchgeführt werden:

$$4\,NO + 4\,NH_3 + O_2 \longrightarrow 4\,N_2 + 6\,H_2O$$

Großtechnisch werden diese Verfahren bisher in einigen Anlagen in Deutschland und Japan angewandt.

Eine weitere Anwendung von Aktivkohle zur Behandlung von Abgasen ist das Eindosieren von Pulverkohle in den Abgasstrom und die Abscheidung an Filtern. Dieses Verfahren hat sich zum Beispiel bei der Entfernung von Quecksilber und anderen Restschadstoffen aus Müllverbrennungsanlagen bewährt.

Nach dem Sulfosorbon-Verfahren der Lurgi wird Schwefelwasserstoff aus dem Abgas von Viskosefabriken an mit Kaliumiodid imprägnierten Aktivkohlen in Gegenwart von Sauerstoff zu reinem Schwefel oxidiert. Elementaren Schwefel kann man anschließend mit Schwefelkohlenstoff desorbieren.

4.10.6
Gastrennung

Neben der Entfernung von Verunreinigungen aus Gasen kann man mit Hilfe von Molekularsieben Gase auch voneinander trennen [4.29].

Technisch verwendet man sog. PSA -Anlagen (Pressure Swing Adsorption), d. h. Adsorption und Desorption werden durch Druckwechsel in der Anlage gesteuert [4.30]. Die Anlagen werden häufig in Kompaktbauweise hergestellt und finden vor allem dort Anwendung, wo großtechnische kryogene Anlagen Transportnachteile verursachen (z. B. auf Schiffen etc.).

Wichtige Anwendungen sind Isolierung von:
- Stickstoff   – aus Luft
- Sauerstoff   – aus Luft
- Wasserstoff   – aus Reformergas
- Kohlendioxid – aus Abgas
- Methan   – aus Biogas

Insbesondere die Reinigung von Biogas auf Erdgasqualität und die Produktion von Wasserstoff für Brennstoffzellen erscheinen aus heutiger Sicht eine ideale Lösung zur dezentralen Bereitstellung von Energie.

4.11
Regenerierung und Reaktivierung

Beladene Formkohlen und Granulate werden meist regeneriert und erneut im Prozess eingesetzt. Hierzu werden die zum großen Teil schon genannten Verfahren eingesetzt:
- Desorption mit Dampf
- Desorption mit heißer Luft
- Desorption mit heißen Inertgasen
- Desorption mittels Vakuum
- Desorption mittels Kombination von Vakuum und Dampf bzw. erhitzten Gasen.

Kann die Desorption der adsorbierten Substanz nicht mit einem der oben genannten Verfahren durchgeführt werden, bietet sich die Reaktivierung an.

Die Reaktivierung erfolgt genau wie die Gasaktivierung bei ca. 800–1000 °C mit Wasserdampf oder CO_2-haltigen Gasen. Die adsorbierten Stoffe werden bei diesen Temperaturen vergast, und die ursprüngliche Aktivität wird weitgehend zurückgewonnen. Der Verlust an Aktivkohle bei der Reaktivierung beträgt ca. 10%. Wie bei der Gasaktivierung werden Etagenöfen, Drehrohre und Wirbelbettöfen zur Reaktivierung eingesetzt. Alle großen Aktivkohlehersteller bieten heute den Service der Reaktivierung an, einige kleinere Firmen haben sich ausschließlich auf diesen Prozess spezialisiert. Ebenso besitzen große Wasserwerke aufgrund ihres hohen Bedarfs oftmals eigene Reaktivierungsanlagen.

5
Diamant

5.1
Struktur, Eigenschaften und Anwendungsfelder

Die Struktur des kubischen und hexagonalen Diamanten mit sp^3-hybridisierten C-Atomen im Vergleich zu anderen allotropen Formen des Kohlenstoffs zeigt Abbildung 5.1 (siehe auch Abschnitt 1.1). Neben den kristallinen und strukturell geordneten Kohlenstoff-Modifikationen wurden in den letzten Jahren auch verschiedene amorphe Varianten in Form dünner Schichten entwickelt. Dieser oft als »diamantartige« Kohlenstoffschichten benannten Materialklasse (»*diamond-like carbon*« = DLC) sind je nach sp^2/sp^3-Bindungsverhältnis und Wasserstoffgehalt unterschiedliche Bezeichnungen, Kürzel (a-C, aC:H, ta-C, ta-C:H) und Eigenschaften zugeordnet, die im ternären Diagramm der Abbildung 5.2 in ihren Existenzbereichen dargestellt sind [5.1].

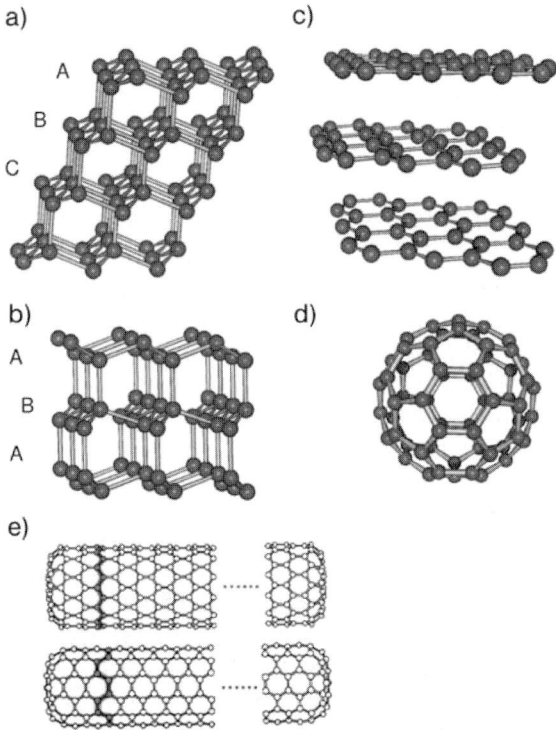

Abb. 5.1 Die räumliche Anordnung der C-Atome in unterschiedlichen Kohlenstoffformen. Die links gezeigten, auf tetragonal angeordneten, sp^3-hybridisierten C-Atomen beruhenden Formen Diamant (kubisch, a) und Lonsdaleit (hexagonal, b) unterscheiden sich in vielen Eigenschaften wesentlich von den auf trigonal angeordneten, sp^2-hybridisierten C-Atomen beruhenden Formen Graphit (c), C_{60}-Fulleren (d) oder den halbleitenden bzw. metallisch leitenden Formen der Kohlenstoff-Nanoröhren (CNTs) (e).

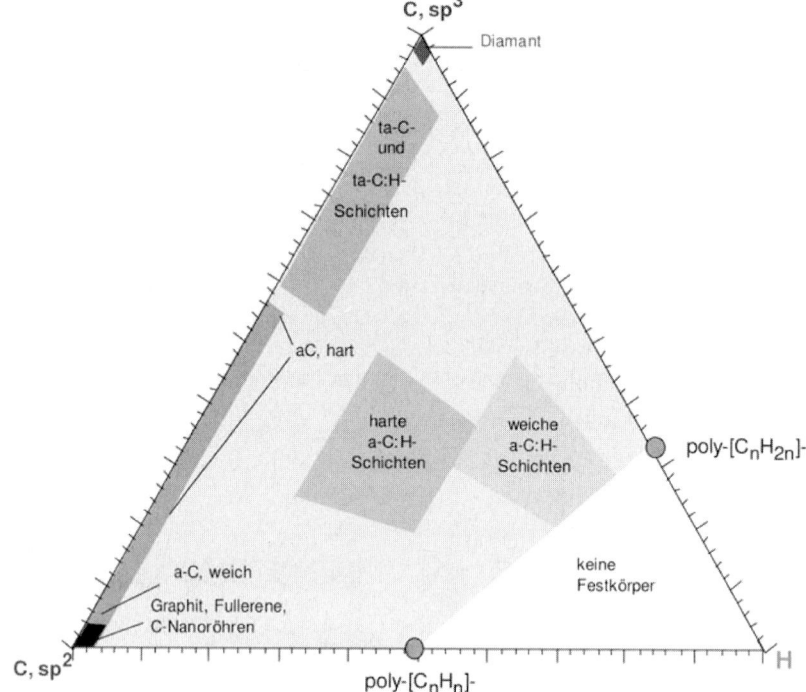

Abb. 5.2 sp^2/sp^3-Verhältnis und H-Gehalt verschiedener Formen des Kohlenstoffs. Sowohl kristalline, ferngeordnete Modifikationen als auch verschiedene amorphe (aC) Schichtmaterialien sind berücksichtigt [5.1].

»Extrem« ist bei Diamant die knappste Beschreibung für die ungewöhnliche Kombination seiner Materialeigenschaften. Er hat von allen Materialien, natürlich vorkommend oder künstlich hergestellt, die größte Härte und die höchste Wärmeleitfähigkeit (bei Raumtemperatur). Hohe Schallgeschwindigkeit und hoher Schmelzpunkt sind weitere Besonderheiten. Elektromagnetische Strahlung wird oberhalb 220 nm (Lage der Diamant-Bandkante) nur geringfügig absorbiert. Der thermische Ausdehnungskoeffizient von Diamant ist fast so klein wie der von Quarzglas, und wegen seiner geringen chemischen Reaktivität wird Diamant nur bei erhöhten Temperaturen von stark oxidierenden Säuren und Salzschmelzen oder von flüssigen, Carbide bildenden Metallen angegriffen. Trotz dieser eindrucksvollen Kombination vorteilhafter Materialeigenschaften ist Diamant keineswegs »unvergänglich«. Schon der französische Chemiker A. L. LAVOISIER [5.2] wusste, dass Diamant in Gegenwart von Sauerstoff bei Temperaturen >800 °C zu Kohlendioxid verbrennt. Unter Luftausschluss wandelt er sich bei etwa 1600 °C in den thermodynamisch stabileren Graphit um.

Die wichtigsten physikalisch-chemischen Eigenschaften von Diamant sind in Tabelle 5.1 zusammengefasst. Bei den mit (°) gekennzeichneten Größen liegt für Diamant ein Extremwert im Vergleich zu allen anderen Festkörpern vor. Diamant weist

Tab. 5.1 Materialeigenschaften von Diamant im Vergleich zu wichtigen Material-Alternativen. Bei den mit (°) gekennzeichneten Größen nimmt Diamant eine Extremposition ein

Eigenschaft	Einheit	Diamant	häufig verwendete Material-Alternativen
Atomdichte °	nm^{-3}	177	117 (Graphit)
Dichte	$g\, cm^{-3}$	3,52	3,9 (Aluminiumoxid)
Härte (Vickers) °	$kg\, mm^{-2}$	5700–10400	2200 (WC)
Härte (Mohs) °	–	10	8,5 (Zirconiumoxid)
E-Modul °	GPa	1140	700 (WC)
Schallgeschwindigkeit °	$km\, s^{-1}$	18,2	4,9 (Titan)
Reibungskoeffizient (trocken)	–	0,05	0,05 (Teflon)
Therm. Leitfähigkeit (R.T.) °	$W\, m^{-1}\, K^{-1}$	2000	390 (Kupfer)
Therm. Ausdehnungskoeff.	$ppm\, K^{-1}$	1,1	1–2 (Invar)
Brechungsindex bei 590 nm	–	2,41	2,15 (Zirconiumoxid)
Debye-Temperatur °	K	2220	343 (Kupfer)
Opt. Transparenz °	µm	>0,3	0,6–14 (ZnSe)
Dispersion	–	0,044	0,60 (Zirconiumoxid)
Durchschlagfestigkeit	$MV\, cm^{-1}$	10	0.5 (Silicium)
Dielektrizitätskonstante (R.T.)	–	5,7	11 (Silicium)
Bandabstand	eV	5,45	1,12 (Silicium)
Elektr. Widerstand (dot./undot.)	$\Omega\, cm$	$10^{-2}/10^{16}$	10^{16} (Quarz)
Elektronenbeweglichkeit °	$cm^2\, V^{-1}\, s^{-1}$	4500	1500 (Silicium)
Löcherbeweglichkeit °	$cm^2\, V^{-1}\, s^{-1}$	3800	600 (Silicium)

eine ungewöhnlichen Kombination solcher extremen Eigenschaften auf. Daraus ergibt sich ein außergewöhnlich breit gefächerter Bereich mechanischer, optischer, thermischer, elektrochemischer, optoelektronischer und elektronischer Anwendungen. Häufig finden mehrere extreme Diamanteigenschaften gleichzeitig Verwendung. In Abbildung 5.3 wird versucht, die unterschiedlichen Eigenschaften mit wichtigen industriellen Anwendungsfeldern zu korrelieren.

5.2 Naturdiamanten

Viele der vorteilhaften Eigenschaften von Diamant sind (anders als z. B. bei Silicium) wegen des natürlichen Vorkommens großer, reiner Einkristalle schon sehr lange bekannt. Diamant wird heute im Tonnenmaßstab in Minen vor allem in Afrika, Russland und Australien gefördert. Im Jahr 2000 wurden weltweit ca. 110 Mct oder 22 t (1 ct (Karat) = 0.2 g; 1 Mct = 200 kg) gefördert. Nur 20 % der Naturdia-

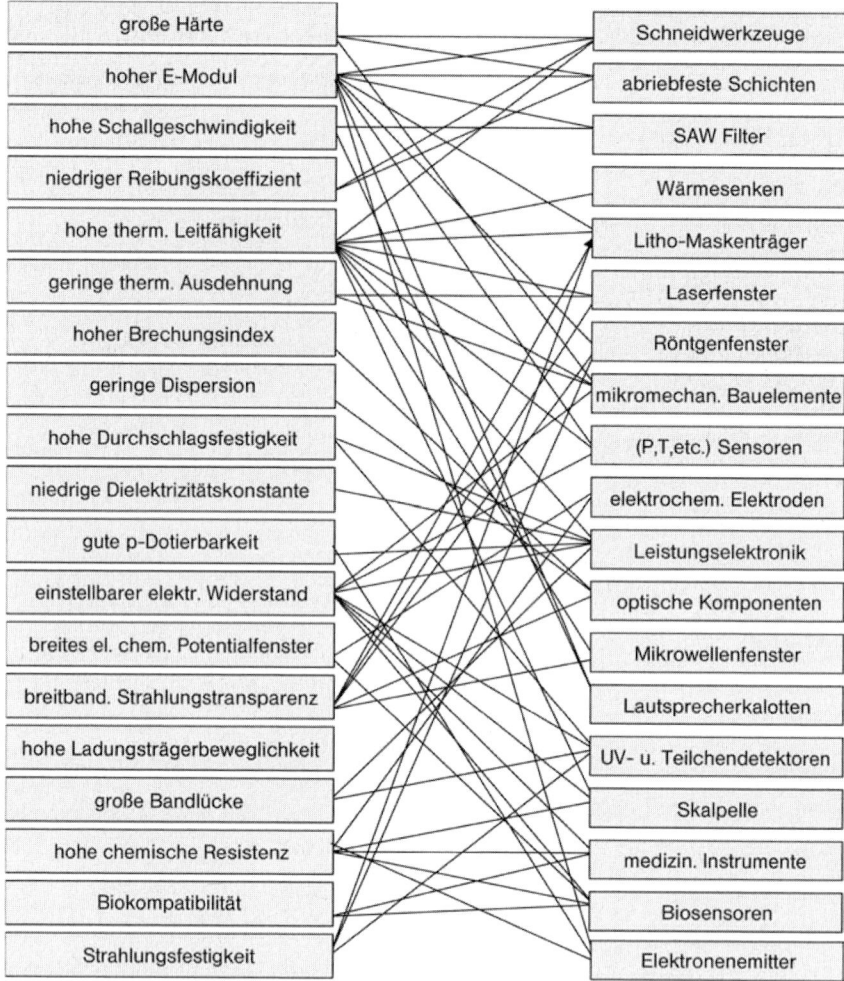

Abb. 5.3 Physikalisch-chemische Eigenschaften von Diamant und ihre Wechselbeziehung im breiten Feld bereits existierender oder potentieller Anwendungen

manten sind qualitativ für den Edelsteinmarkt geeignet. Der Rest wird anderweitig industriell verwertet. Einkristalline Diamant-Ziehsteine zur Herstellung von Wolframdrähten für Glühlampen und Diamantmeißel für Präzisionsoberflächenbearbeitung (sog. »single-point« tools) gehören hierbei ebenso zu den Spezialanwendungen wie die Verwendung von kleinen hochtransparenten, druckfesten, widerstandsfähigen einkristallinen Naturdiamantfenstern in analytischen Instrumenten oder als chirurgische Skalpelle (siehe Abb. 5.3). Die Anforderungen an Reinheit, Kristallgröße und der Preis begrenzen den Einsatz von Naturdiamanten als Wärmesenken in der Optoelektronik. Der überwiegende Teil der nicht als Edelsteine verwertbaren Naturdiamanten findet – lose oder eingebettet in eine Bindermatrix aus Kunststoff,

Abb. 5.4 Spezialwerkzeuge auf Naturdiamant-Basis: Durchbohrte und speziell gefasste Einkristalle (s. Markierung links) werden u. a. zum Ziehen dünner Wolframfäden für Glühlampen eingesetzt. Diamantbesetzte (s. Markierung rechts) Metallscheiben finden in Trennscheiben, z. B. beim Öffnen harter Achat-Drusen, Verwendung.

Harz oder Metall – Verwendung als Schleifmittel oder in Spezialwerkzeugen (Abb. 5.4).

Der technische Aufwand bei der Gewinnung von Naturdiamanten ist erheblich. Im Mittel müssen ca. 10 t Gestein aufgearbeitet werden, um nur 1 ct Diamant zu gewinnen. Für 1 ct Diamant mit Edelsteinqualität ist sogar die Aufarbeitung von 250 t Kimberlit oder Lamproit – so die Namen der typischen, diamantführenden vulkanischen Gesteinsarten – notwendig.

5.3
Synthetische Diamanten

5.3.1
Hochdruck-Hochtemperatur-(HPHT)-Synthese von Diamant

Die Assoziation natürlicher Diamantvorkommen mit vulkanischen Erscheinungen – Diamanten werden entweder in den Schloten erloschener Vulkane oder in deren Erosionsumfeld gefunden – deuteten bereits früh die Möglichkeit einer Umwandlung anderer Kohlenstoff-Formen bei hohem Druck und hoher Temperatur zu Diamant an. Der Wert und die interessanten Materialeigenschaften des Diamanten, gepaart mit einer stetig wachsenden Nachfrage, brachten eine Vielzahl seriöser und weniger seriöser Ansätze zur künstlichen Diamantsynthese hervor [5.3–5.5].

Bereits in den 1880er Jahren unternahm der schottische Wissenschaftler J. B. HANNAY [5.4] Versuche, durch Erhitzen von Kohlenwasserstoffen, Knochenöl und Lithium in einem eisernen Bombenrohr Diamant herzustellen. Die nachträgliche Analyse der von ihm angeblich hergestellten Steine – heute im Londoner Tower – belegte jedoch aufgrund charakteristischer Verunreinigungen, dass sie natürlichen Ursprungs sind und vermutlich bereits vor dem Experiment in das Reaktionsgefäß eingebracht wurden.

Basierend auf thermodynamischen Daten von F. D. ROSSINI und J. R. JESSUP [5.6] sagte der russische Theoretiker O. I. LEIPUNSKII [5.7] 1939 voraus, dass die direkte Umwandlung von Graphit in Diamant bei ca. 5,8 GPa und 2000 K möglich sein sollte. Er schlug vor, die Umwandlungskinetik durch die Verwendung von geschmolzenem Eisen als Katalysator zu beschleunigen und so eine Diamantsynthese bei ca. 1500 °C und 4,5 GPa zu ermöglichen. Schon LEIPUNSKII wies auf die Möglichkeit der Sinterung von kleinen Diamantpartikeln zu größeren Gebilden hin und sah vorher, dass es aufgrund der geringen Unterschiede in der freien Energie (1,88 kJ mol^{-1}) auch möglich sein sollte, Diamant im Bereich der thermodynamischen Stabilität von Graphit ohne Katalysatoren künstlich zu erzeugen. LEIPUNSKIIS Einsichten blieben lange unbeachtet und wurden erst sehr viel später ausreichend gewürdigt [5.8].

Im Jahre 1953 gelang es der schwedischen Firma ASEA A. B. und 1954 der amerikanischen General Electric Co. unabhängig voneinander, Graphit in Diamant zu überführen [5.9–5.11]. Die Umwandlung wurde im Rahmen der so genannten Hochdruck-Hochtemperatur (HPHT)-Synthese bei ca. 5 GPa und etwa 1400 °C in Gegenwart von geschmolzenen Metallkatalysatoren (z. B. Eisen, Nickel oder Cobalt) bewerkstelligt. Im p-T-Phasendiagramm des Elements Kohlenstoff (Abb. 5.5, siehe auch Abschnitt 1.1) liegt der Bereich der katalytischen Phasenumwandlung erstaunlich nahe an den von LEIPUNSKII [5.8] vorhergesagten Versuchsbedingungen.

Der Erfolg von General Electric ist unter anderem auch auf die Zusammenarbeit mit P. BRIDGEMAN zurückzuführen. BRIDGEMAN, 1946 für seine Beiträge zur

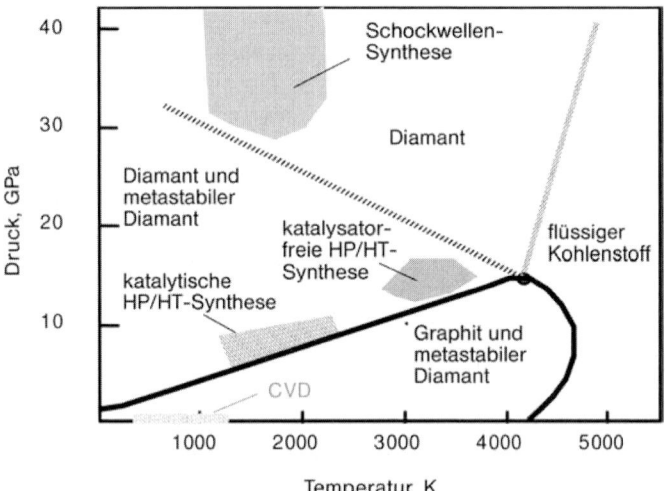

Abb. 5.5 p-T-Phasendiagramm des Elements Kohlenstoff. Neben den Existenzbereichen der thermodynamisch stabilen Phasen sind auch die p-T-Bedingungen unterschiedlicher Verfahren zur künstlichen Diamantsynthese angegeben [5.12].

Hochdruckforschung mit dem Nobelpreis für Physik ausgezeichnet, waren die Arbeiten von Leipunskii sehr wohl bekannt [5.13]. Er selbst hat es allerdings immer abgelehnt, flüssige Metalle als Katalysatoren bei seinen eigenen Syntheseversuchen zu verwenden. Der Ruhm der Erstveröffentlichung der HPHT-Synthese blieb deshalb (trotz später zugegebener Irrtümer [5.14]) den GE-Mitarbeitern um F. P. Bundy und H. T. Hall [5.10] vorbehalten. Im Rahmen patentrechtlicher Auseinandersetzungen hat GE im Jahre 1970 allerdings Leipunskii Priorität anerkannt und deshalb eine entsprechende Klage gegen russische HPHT-Diamanthersteller fallen lassen. Die GE-Gruppe hat die notwendigen Hochdruckpressen zur industriellen Reife entwickelt. Es handelt sich dabei um hoch spezialisierte, über 1,5 Mio. € teure Vorrichtungen, die es erlauben, ein Volumen von ca. 100–200 cm^3 bei hohem Druck (5–7 GPa) über längere Zeit stabil auf 1400 °C (manchmal bis zu 1900 °C) zu erhitzen. Diese Temperaturen werden mittels Stromdurchgang durch die Presszelle erzeugt. In Abbildung 5.6 ist im unteren Teil links der Querschnitt durch den Hochdruck-Pressgürtel einer HPHT-Synthesepresse zu sehen. Rechts ist der stromgeheizte Reaktionsraum vergrößert dargestellt. Im oberen Bildteil ist links eine Halle mit mehreren Pressen zu sehen.

In Abbildung 5.6 oben rechts wird das typische, Millimeter große, durch Stickstoffeinbau gelblich gefärbte Endprodukt der HPHT-Synthese mit einem größeren farblos-transparenten, oktaedrischen natürlichen Diamant-Einkristall verglichen [5.15]. Neben Fe, Co oder Ni als Katalysator gelingt die Hochdrucksynthese mit Hilfe einer Vielzahl anderer, ebenfalls katalytisch wirksamer Materialien. Übergangsmetalle wie Cr, Ru, Rh, Pd, Pt, Ta, Os, Ir und entsprechende Legierungen, aber auch MgC, Alkali- und Erdalkalicarbonate, -sulfate und -hydroxide sowie Phosphor und einige Hydride (z. B. LiH, CaH$_2$) katalysieren bei 1500–1800 K und 5–7 GPa die Diamantbildung aus Graphit und anderen Kohlenstoffträgern [5.16]. Die katalysatorfreie HPHT-Synthese in einer statischen Hochdruckpresse gelang ebenfalls erstmals bei GE [5.17]. Die Reaktionsparameter liegen mit 13 GPa und 3300 K allerdings deutlich über den von O. Leipunskii vorhergesagten Werten. Die von P. S. DeCarli und J. C. Jamieson [5.18] 1961 beschriebene, so genannte »Schockwellen«-Konversion von Graphit in Diamant führt in der Regel zu sehr feinteiligen Diamantpartikeln (< 100 nm). In meterlangen Beschleunigungsrohren werden Schwermetallgeschosse (z. B. aus W oder U) auf Kohlenstoffziele abgefeuert. In der Druckwelle des aufschlagenden Geschoßkörpers werden die extremen Bedingungen für die direkte Konversion von Graphit zu Diamant erreicht. Der feinteilige Diamant muss anschließend aufwändig vom Rohmaterial und Resten des Geschoßkörpers getrennt werden.

Heute werden >100 t Diamantpulver und -körner (Korngrößen zwischen 1 μm und 1 mm) pro Jahr überwiegend nach statischen, katalysatorgestützten HPHT-Verfahren hergestellt. Insbesondere die feinen Körnungen werden als Schleifmittel industriell genutzt. Größere Körnungen können direkt (z. B. elektrochemisch gebunden oder aufgelötet) in entsprechenden Werkzeugen eingesetzt werden. Seit den frühen 1970er Jahren ist es möglich, Diamantpulver mit Hilfe von Bindematerialien (z. B. Co oder Si) zu harten Scheiben zu sintern. Im Gegensatz zu synthetischen oder natürlichen Einkristallen weisen diese polykristallinen Diamant-Verbundwerk-

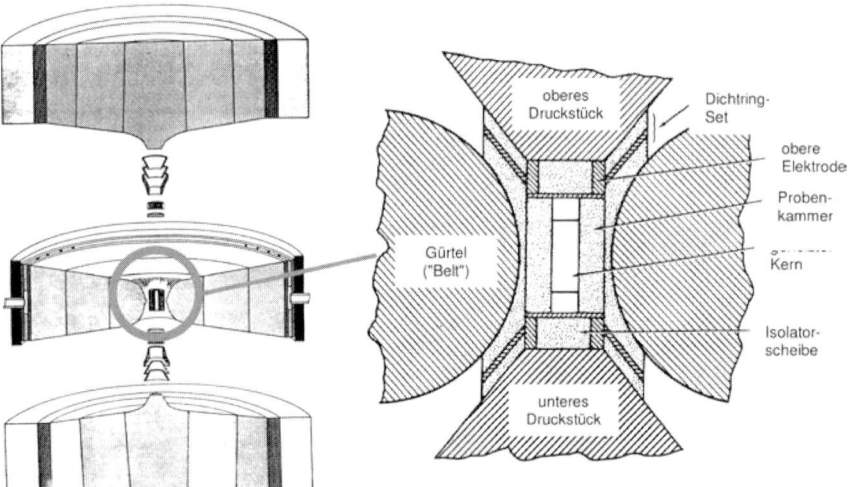

Abb. 5.6 HPHT-Diamantsynthese (nach [5.10]). Materialauswahl und Konstruktion der Apparatur müssen extremen Synthesebedingungen (ca. 5–7 GPa, >1400 K) gewachsen sein.

stoffe (PKD) weitgehend isotrope mechanischen Eigenschaften auf. Auf Fräs- und Drehwerkzeuge gesetzt (Abb. 5.7) haben sich PKD-Platten bis zu Temperaturen von 700° C bei der Bearbeitung von Nichteisenmetallen, Kunststoffen, Stein und auch Holz außerordentlich bewährt.

Die Verwendung von Graphit in der HPHT-Synthese führt wegen der Volumenkontraktion bei der Phasenumwandlung zu Diamant zu starken Druck- und Temperaturschwankungen im Reaktionsvolumen, die es nicht erlauben, große synthetische Einkristalle preiswert als künstliche »Schmucksteine« herzustellen. Verwendet man allerdings Diamantpulver als C-Quelle und platziert man außerdem noch Saatkristalle in der Hochdruckzelle, so ist auch das Züchten großer Einkristalle (> 5 mm; >1 ct) möglich. R. C. Burns und Mitarbeiter der britischen Firma

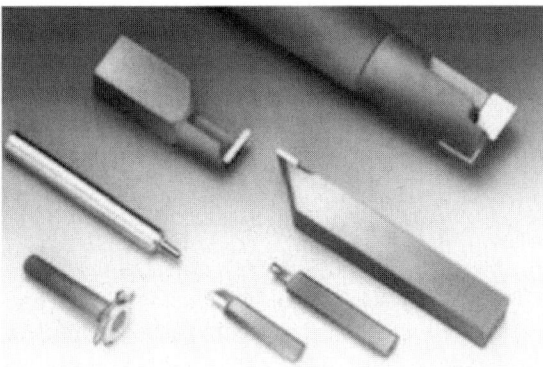 

Abb. 5.7 PKD-bestückte Hochleistungswerkzeuge zur spanabhebenden Materialbearbeitung (links). Rechts ist ein Schmuckstück mit einem gelb gefärbten 2 ct schweren HPHT-Diamant der Fa. Gemesis, USA gezeigt.

DeBeers berichteten 1996 über die Hochdrucksynthese eines 25 ct schweren Diamanten im Rahmen eines sechswöchigen HPHT-Experiments [5.19]. Solche Synthesen stellen extreme Anforderungen an die Presswerkzeuge und die zeitliche Temperatur- und Druckstabilität der Anordnung. Bis vor kurzem war deshalb die Herstellung großer synthetischer Edelsteine nicht konkurrenzfähig. Russische Wissenschaftler um B. FEIGELSON haben Ende der 1990er Jahre die HPHT-Technologie deutlich verbessert (u. a. durch die Entwicklung neuartiger, kompakter, temperaturstabiler Pressen), sodass inzwischen auch HPHT-Schmuckdiamanten, sog. »cultured diamonds« von bis zu 2 ct durch die Fa. Gemesis, Florida, USA (www.gemesis.com) kostengünstig angeboten werden (Abb. 5.7). Die stickstoffinduzierte Gelbfärbung der lupenreinen Steine lässt sich, wie 1999 von R. C. BURNS et al [5.20] demonstriert, durch die Verwendung von Stickstoff-Gettern (z. B. Ti oder Al) bei der HPHT-Synthese beseitigen. Die Firma General Electric hat im Jahr 2000 ein Verfahren präsentiert, bei dem interessanterweise durch nachträgliche HPHT-Behandlung defektreicher und deshalb braun gefärbter, minderwertiger Naturkristalle die defektassoziierten Farbzentren ganz oder partiell ausgeheilt werden können (Bellataire-Diamanten). Mit diesem Verfahren kann auch die gewünschte Farbgebung (z. B. rosa) sehr teurer sog. »fancy diamond« Edelsteine nachträglich eingestellt werden [5.21].

5.3.2
Die Entwicklung von Diamant-Niederdrucksynthesen

Werkzeuge aus Diamant-Sinterplatten oder Diamantschleifpulver sind für die moderne Materialbearbeitung enorm wichtig. Kleine HPHT-Einkristalle und Natureinkristalle werden außerdem bereits seit vielen Jahren als hocheffiziente Wärmesenken für einzelne Hochleistungs-Laserdioden, als Spezialfenster und Ambosse für die Hochdruckforschung oder als Skalpelle für die Augenchirurgie eingesetzt. Für ein optisches Analysegerät in der NASA »Pioneer«-Raumsonde wurde 1978 von der niederländischen Firma Drukker B.V. sogar ein 205 ct schwerer Naturdiamant zu einem 13 ct schweren, ca. 1,5 cm großen Diamantfenster umgearbeitet [5.15]. Diese Vorgehensweise ist sicher nur für Spezialfälle möglich. Die eindrucksvolle Liste der in Tabelle 5.1 aufgeführten extremen Diamanteigenschaften lässt sich so jedoch nicht in ihrer vollen Breite industriell erschließen. Dies wird erst durch die seit einigen Jahren realisierte industrielle Niederdrucksynthese von Diamantschichten und großen Diamantplatten ermöglicht.

Das p-T-Phasendiagramm von Kohlenstoff (Abb. 5.5) zeigt, dass Diamant in einem weiten Druck-Temperatur-Bereich metastabil ist, also einen höheren Energiegehalt aufweist als der unter Normalbedingungen um 1,88 kJ mol^{-1} thermodynamisch stabilere Graphit. Dies schließt allerdings nicht aus, dass sich Diamant unter metastabilen Synthesebedingungen bilden kann. Erste gesicherte Daten über Versuche zur Niederdrucksynthese von Diamant aus C-haltigen Gasen stammen von W. Schmellenmeier, Potsdam, der 1953 als Produkt von Acetylen-Gasentladungen schwarze, sehr harte Abscheidungen erhielt. Details der Untersuchungen an diesem Material wurden 1956 publiziert [5.22]. Röntgenographisch nachgewiesen enthielt der Niederschlag Diamant. Am Physikalisch-Chemischen Institut der Akademie der Wissenschaften in Moskau wurden zur gleichen Zeit verschiedene Niederdruckmethoden zur Herstellung von Diamant untersucht. 1956 meldeten B. Spitzyn und B. Derjaguin ein Patent zur Abscheidung von Diamantschichten auf Diamantoberflächen durch thermische Zersetzung von Tetrabrom- und Tetraiodmethan an [5.23, 5.24]. Diese und die US-Patentanmeldungen von W. Eversole aus dem Jahre 1958 [5.25] markieren den Beginn der Synthese von Diamant aus der Gasphase.

1971 gelang es den Moskauer Wissenschaftlern, in einem kontinuierlichen, einstufigen Niederdruckprozess Diamant zu erzeugen [5.26], und sechs Jahre später kam schließlich der wirkliche Durchbruch. B. Spitzyn et al. konnten zeigen, dass sich Diamantschichten auch auf Fremdmaterialien wie Silicium, Molybdän oder Wolfram aus der Gasphase abscheiden lassen. Als die russische Arbeit 1981 englischsprachig erschien [5.27], haben die Japaner N. Setaka, S. Matsumoto, Y. Sato und M. Kamo die Experimente erfolgreich wiederholt und sofort wichtige Neuerungen und Ergänzungen eingeführt. 1982 beschrieben sie erstmals eine Abscheidevorrichtung, bestehend aus einem ca. 2200 °C heißen Wolframdraht (»hot filament«) in einer Atmosphäre von ca. 1–3 % Methan in Wasserstoff und einem in geringer Entfernung vom Draht angebrachten, etwa 1000 °C heißen Si-Substrat, auf dem bei ca. 5 kPa Kohlenstoff in Form einer polykristallinen Diamantschicht abgeschieden wird (Abb. 5.8) [5.28]. Ein Jahr später stellten sie ein weiteres Verfahren vor, bei dem statt eines heißen Drahts eine Mikrowellen-Gasentladung zur Initialisierung der Gasphasenreaktionen benutzt wird [5.29]. Wie Abbildung 5.5 zeigt, liegen die entsprechenden p-T-Bedingungen dieser CVD-Verfahren weit im Bereich der Metastabilität von Diamant.

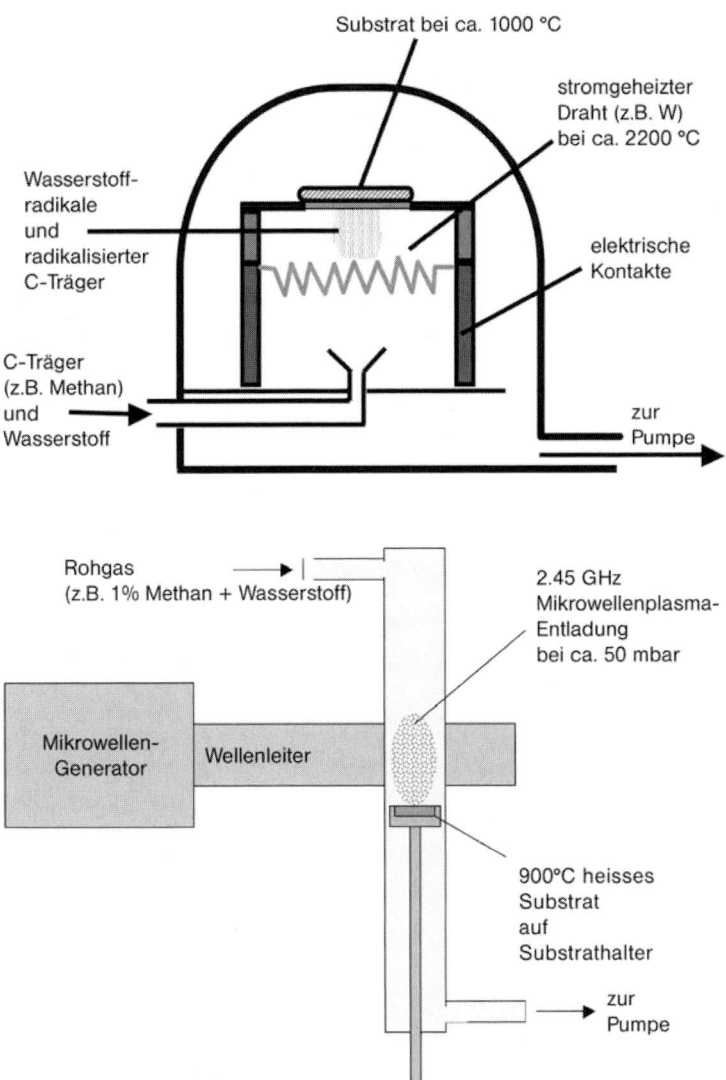

Abb. 5.8 Schematische Darstellung der am japanischen NIRIM entwickelten Ausführungsformen des Heißdraht (»hot filament«) – und des Mikrowellen-Plasma-CVD-Verfahrens zur Niederdrucksynthese von Diamantschichten aus der Gasphase [5.28, 5.29]

5.3.3
Grundlagen, allgemeine Konzepte und Verfahren der Diamantabscheidung

Für die Niederdruck-Diamantsynthese wurde eine Vielzahl verschiedener CVD-Verfahren entwickelt. Allen industriell nutzbaren Verfahren ist allerdings das in Abbildung 5.9 dargestellte Grundprinzip gemeinsam: Gasmischungen, die einen Kohlen-

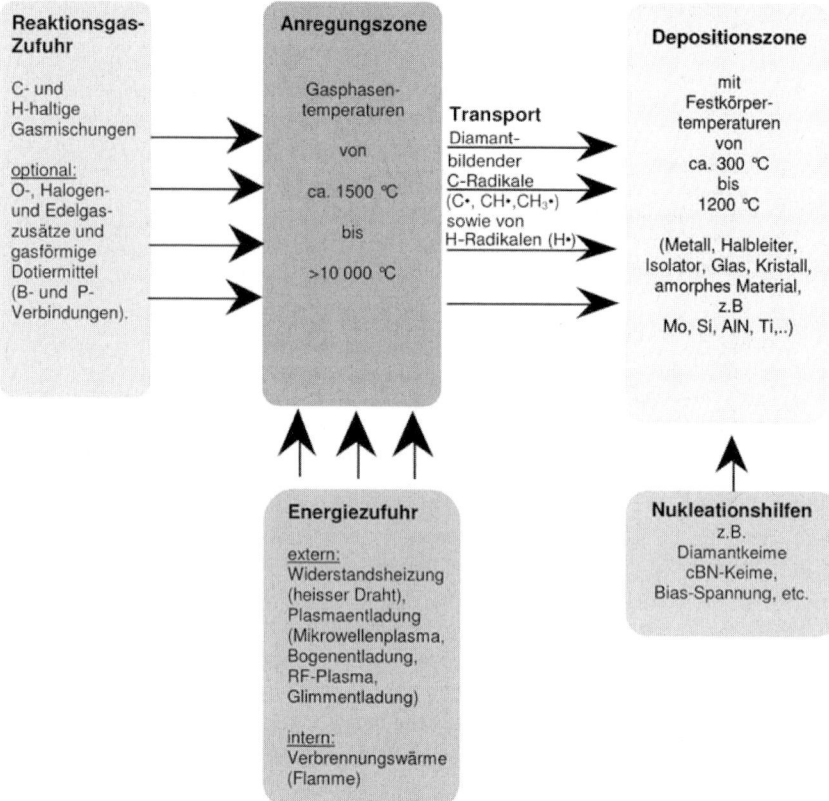

Abb. 5.9 Allgemeines Schema für die Diamant-Niederdrucksynthese. Die unterschiedlichen Verfahrensvarianten unterscheiden sich hauptsächlich in der Art der Energieeinkopplung und der daraus resultierenden Energiedichte der Anregungszone.

stoffträger (z. B. Methan) und Wasserstoff, oft auch Sauerstoff und manchmal Halogene oder Edelgase als Bestandteile enthalten, werden einer heißen Anregungszone zugeführt. Dort werden die Gase durch Energiezufuhr je nach Verfahren auf 1500 °C bis 10 000 °C erhitzt und dabei mehr oder weniger stark in Radikale zerlegt. Bei der Diamantsynthese im metastabilen Bereich fällt den Wasserstoff-Radikalen die Rolle eines selektiven Ätzmittels zu. Da Diamant von ihnen weit weniger schnell angegriffen wird als andere Kohlenstoffmodifikationen – bei Graphit beträgt der Unterschied in der Ätzrate ca. eine Größenordnung – werden letztere durch die Wasserstoff-Radikale immer wieder vom festen in den gasförmigen Zustand zurückgeführt, während radikalisierte C-Trägergas-Bruchstücke kontinuierlich zur Diamantbildung beitragen. Sowohl die Art der Radikale als auch Grad der Radikalisierung und damit die Abscheiderate hängen von der Energiedichte in der Gasphase ab (Abb. 5.10). Experimentell wurden mit steigender Temperatur $CH_3\cdot$, $C_2H\cdot$, $CH\cdot$, und $C\cdot$-Radikale beobachtet [5.30–5.32].

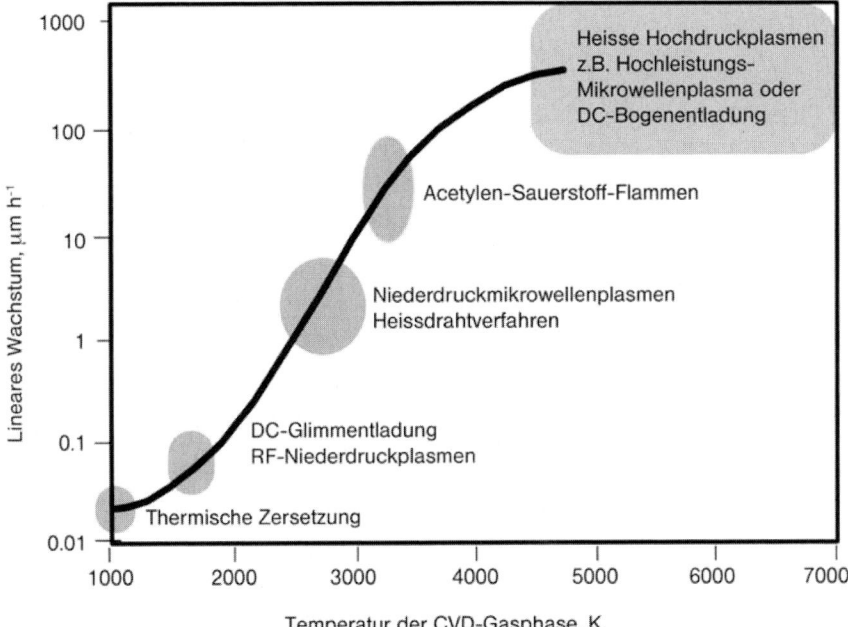

Abb. 5.10 Korrelation der Gastemperatur verschiedener Syntheseverfahren mit den jeweils erzielten maximalen linearen Diamant-Abscheideraten [5.50, 5.51]

Als externe Energiequelle kann beispielsweise ein elektrisch auf ca. 2200 °C geheizter Wolframdraht (Abb. 5.8) genutzt werden [5.28, 5.33–5.36]. Alternativ kann die Energie auch über eine 2,45 GHz- oder 915 MHz-Mikrowellen-Plasmaentladung [5.29, 5.37–5.40], eine DC-Glimmentladung [5.41], eine Radiofrequenz-Plasmaentladung [5.42–5.44] oder eine DC-Bogenentladung [5.30, 5.45–5.47] in die Gasphase eingekoppelt werden. Selbst die interne Verbrennungsenergie chemischer Flammen kann zur Diamantsynthese genutzt werden [5.48, 5.49]. Zwischen 1980 und 2000 wurde eine Vielzahl von Verfahrensvarianten entwickelt, die prinzipiell aber alle dem in Abbildung 5.9 dargestellten Grundschema entsprechen. Unterschiede liegen hauptsächlich in der Art der Energieeinkopplung. Daraus abgeleitet ergeben sich Unterschiede in Verfahrensdruck und Energiedichte und damit in der Gastemperatur in der Reaktionszone. Daraus wiederum folgen dann Unterschiede in der Art und Konzentration der schichtbildenden Radikale, der erzielbaren Abscheiderate und der Phasenreinheit der Schicht. Grundsätzlich gilt, dass Verfahren mit geringer Energiedichte in der Anregungszone (z. B. bei niedrigem Reaktordruck, geringer Leistung, großem Anregungsvolumen) nur bedingt zur Herstellung phasenreiner Diamantschichten geeignet sind und nur niedrige Wachstumsraten zulassen.

Mit Verfahren, die es erlauben, große Energiemengen bei relativ hohem Druck (>10 kPa) in die Reaktionszone einzukoppeln, gelingt dagegen die Abscheidung phasenreiner Diamantschichten mit hohen Wachstumsraten [5.50, 5.51]. Auf kleinen Substraten wurden mittels heißer Gleichstrom-Plasmastrahlverfahren (»DC plasma jet«) Diamantabscheideraten von fast 1 mm h^{-1} ereicht [5.47]. Für großflächige Abscheidungen sind zur Erzielung hoher Raten über der gesamten Abscheidefläche hohe Leistungsdichten erforderlich. In der Regel liegen diese, technisch bedingt, aber niedriger als in einem eng begrenzen Plasmastrahl. Deshalb betragen die für großflächige Diamantabscheidungen linearen Wachstumsgeschwindigkeiten maximal ca. 30 µm h^{-1} [5.39, 5.40, 5.45, 5.46]. Wie Abbildung 5.9 zu entnehmen ist, erreichen die Radikale enthaltenden Reaktionsgase nach Durchlaufen der Anregungszone die Oberfläche des zwischen 300 °C und 1200 °C heißen Substratmaterials. Metalle (z. B. Mo, Ti, Ta), Halbleiter (z. B. Si, GaN, GaAs) und Isolatoren (z. B. Diamant, Al$_2$O$_3$, SiO$_2$) wurden mittels CVD-Verfahren ebenso erfolgreich mit Diamant beschichtet wie kristalline, glasartige oder amorphe Substrate. Wichtig ist, dass die Substrate den hohen Oberflächentemperaturen standhalten und nicht durch chemische Umsetzung (z. B. Aufkohlung) in unerwünschter Weise verändert werden. Zur Erzeugung kontinuierlicher Diamantschichten ist es hilfreich und üblich, auf der Substratoberfläche Nukleationshilfen anzubieten, z. B. in Form von kleinsten Diamantkeimen, die durch Polieren der Substratoberfläche mit Diamantpulver in diese eingebettet werden. Auch andere Materialien können als Keimhilfe dienen. Sie sind umso wirksamer, je näher deren Kristallgitter-Parameter bei den Diamantwerten liegen [5.37]. Durch kurzzeitiges Anlegen einer Gleichspannung zwischen Substrat und Plasma wird über die Subplantation positiv geladener Kohlenstoffcluster in die Substratoberfläche die Diamantnukleation ebenfalls erleichtert. Über diesen Weg ist es gelungen, hoch-orientiertes, weitgehend heteroepitaktisches Schichtwachstum zu erzielen (Abb. 5.11) [5.52–5.55].

Im Verlauf der Entwicklung der Diamant-Niederdrucksynthese wurde eine Vielzahl sehr unterschiedlicher CVD-Gasgemische erprobt [5.51]. Einige Gemische wurden prozessbedingt eingeführt, z. B. Acetylen/Sauerstoff-Gemische, die bei der Flammen-CVD von Diamant die besten Resultate liefern. Andere Flammengase wurden getestet, weisen aber geringere Flammentemperaturen und damit deutlich niedrigere Abscheidegeschwindigkeiten auf (vgl. Abb. 5.10). In anderen Verfahren

Abb. 5.11 Elektronenmikroskopische Aufnahme einer zufallsorientierten polykristallinen Diamantschicht (links) und einer hoch texturierten, nahezu epitaktischen Schicht auf Silicium (rechts) [5.55], wie sie durch Subplantantion von Kohlenstoffclustern in die Substratoberfläche erhalten wird.

wurde in der Erwartung rohmaterialabhängiger Prozessverbesserungen eine lange Liste exotischer (z. B. Adamantan) und weniger exotischer (z. B. Methan, Aceton, Ethanol) Kohlenstoffträger getestet. Oft wurden sauerstoffhaltige Gasgemische verwendet. Auch halogenhaltige CVD-Gasphasen werden beschrieben. Außerdem gelingt es, durch den Zusatz von Borverbindungen zur Gasphase statt hoch isolierender (10^{16} Ω cm) Diamantschichten auch elektrisch gut p-leitende Schichten herzustellen (10^{-2} Ω cm) [5.56–5.58]. Selbst die Abscheidung schwach n-leitender Diamantschichten durch den Zusatz von Phosphorverbindungen zur CVD-Gasphase wird inzwischen als gesichert angesehen [5.59]. Im Jahr 1991 gelang es der Arbeitsgruppe um P. K. BACHMANN im Philips-Forschungslaboratorium Aachen, ein allgemeingültiges Schema für die Zusammensetzung der Gasphase bei der Diamant-CVD zu entwickeln. In einem ternären »C-H-O-Diagramm« [5.51, 5.60–5.62] (Abb. 5.12) wurden, unabhängig von Verfahren und Rohmaterial, die C/H/O-Verhältnisse verschiedener experimentell genutzter CVD-Gasgemische als Koordinaten genutzt. Die Analyse einer Vielzahl solcher Datenpunkte zeigt, dass im C-H-O-Diagramm ein Bereich existiert (»Diamant-Domäne«), innerhalb dessen

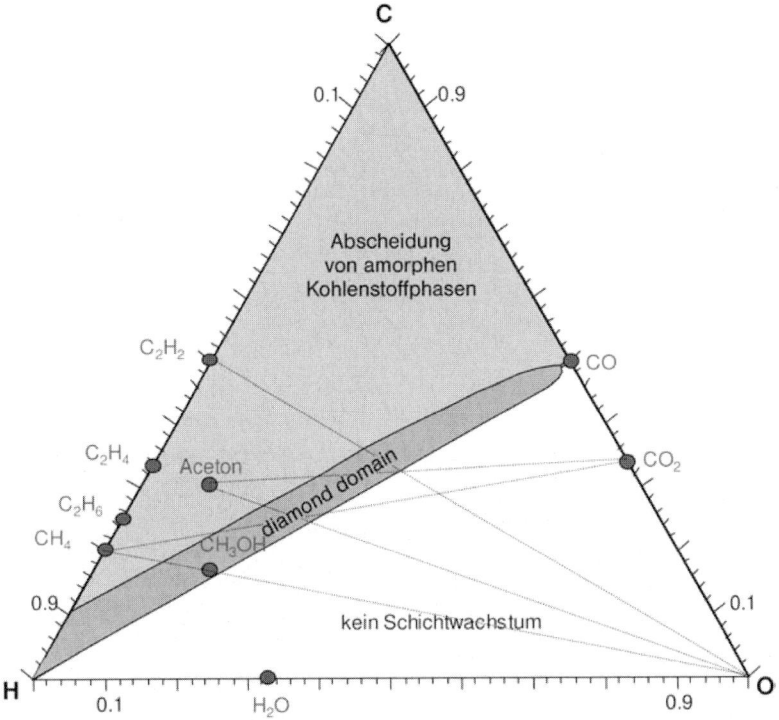

Abb. 5.12 C-H-O-Diagramm der Diamant-CVD. Das von P. K. BACHMANN et al. entwickelte Schema [5.51, 5.60–5.62] gibt, unabhängig vom Beschichtungsverfahrens- und dem gewählten Ausgangsmaterialien an, für welches C/H/O-Verhältnis unter Einhaltung weiterer Rahmenbedingungen (p, T, etc.), die Abscheidung von Diamant aus der Gasphase erwartet werden kann.

(natürlich bei Einhaltung weiterer Rahmenbedingungen, z. B. Druck, Temperatur etc.) die Abscheidung von Diamant aus der Gasphase zu erwarten ist. Diese Region ist zu höheren Sauerstoffanteilen hin scharf begrenzt, da bei zu hohen Sauerstoff-Partialdrücken die Gleichgewichtslage in der CVD-Gasphase zu gasförmigen Produkten (z. B. CO) hin verschoben ist und keine Abscheidung erfolgt [5.61]. Bei höheren Kohlenstoffanteilen geht die langsame Abscheidung der hochreinen, kristallin geordnete Diamantphase zunächst in die schnellere Abscheidung einer Mischphase aus Diamant und anderen, meist amorphen C-Modifikationen über. Bei weiterer Erhöhung des Kohlenstoffgehalts im Gasgemisch dominieren schließlich ungeordnete Kohlenstoffmodifikationen die Eigenschaften der Schicht. Das in Abbildung 5.12 wiedergegebene Schema hat sich als Verfahrens- und Rohgas-unabhängiges, allgemeingültiges Konzept für alle relevanten CVD-Verfahren bewährt und kann zur Erklärung der Ergebnisse von Beschichtungsexperimenten, zur Interpretation der Schichteigenschaften und zur Syntheseplanung genutzt werden.

Zwei wichtige, inzwischen auch industriell genutzte Diamant-CVD-Verfahren sind in ihrer Urform bereits in Abbildung 5.8 gezeigt. Neben dem »Hot Filament«-Verfahren ist die in Japan entwickelte frühe Form der Diamant-Mikrowellenplasma-CVD dargestellt [5.29]. Die Radikalbildung in der CVD-Gasphase wurde durch eine 2,45-GHz-Mikrowellen-Gasentladung (Plasma) in einem gasgefüllten Niederdruckreaktor erzeugt. Der Aufbau erlaubte, bedingt durch die Geometrie der verwendeten Quarzglas-Reaktorrohre, nur die Beschichtung kleiner Substrate (ca. 1 cm^2). Die anfänglich geringen Plasmaleistungen (500–1000 W) führten auf diesen Flächen bei Drücken von 2–5 kPa zu Abscheideraten von 0,5–1 µm h^{-1}. Im Jahr 1987 haben P. K. BACHMANN und D. SMITH gemeinsam die ersten industriell nutzbaren Mikrowellen-Plasma-CVD-Anlagen zur Diamantsynthese entwickelt [5.12, 5.37, 5.40, 5.63]. Der zunächst auf 3-Zoll-Substrate ausgelegte Reaktor wurde später in einer 4-Zoll-Variante als »ASTeX-Reaktor« weltweit zum apparativen Standard der Diamant-Mikrowellen-Plasma CVD. Abbildung 5.13 zeigt einen Querschnitt durch den Aufbau. Die mit Hilfe eines Magnetrons generierte 2,45-GHz-Mikrowellenstrahlung wird über einen metallischen Hohlleiter und eine Antenne durch ein Quarzglasfenster in einen zirkularsymmetrischen Reaktor eingekoppelt. In der Niederdruckzone – der Reaktordruck liegt je nach Mikrowellenleistung zwischen 1 und 25 kPa – wird eine Plasmaentladung unterhalten, die zur Aktivierung der CVD-Gasphase dient. Das 400–1100 °C heiße Substrat befindet sich auf einem geheizten oder – besonders bei hohen Plasmaleistungen – gekühlten Substrathalter.

Für Frequenzen von 2,45 GHz ist das Angebot kommerzieller Mikrowellenquellen auf Leistungen unter 10 kW begrenzt. Will man bei konstanten Leistungsdichten zu größeren Beschichtungsflächen oder bei konstanten Flächen zu höheren Abscheideraten gelangen, so sind höhere Mikrowellenleistungen erforderlich. Entsprechende Quellen existieren für den Frequenzbereich bei 915 MHz. Sowohl ASTeX/Seki Technotron als auch die deutsche Aixtron AG, Aachen, bieten entsprechende Reaktoren mit Plasmaleistungen bis zu 100 kW an. Substrate von bis zu 30 cm Durchmesser können mit maximal 1 g Diamant pro Minute (ca. 15–20 µm Diamant pro Stunde) beschichtet werden. Das Reaktordesign der Aixtron AG basiert auf einer Mitte der 1990er Jahre durchgeführten, computeroptimierten Designstudie der Ar-

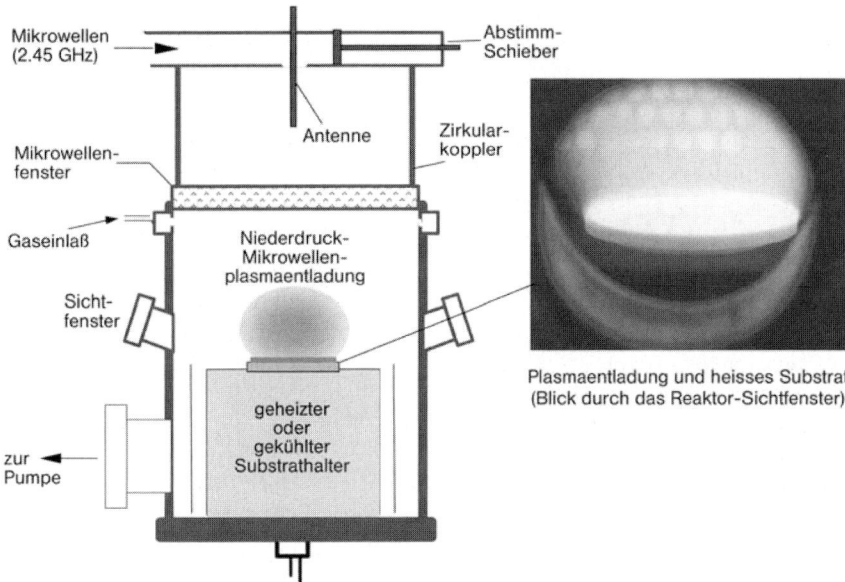

Abb. 5.13 Querschnitt durch einen 5 kW – 2,45-GHz-Diamant-Mikrowellenplasma-CVD-Reaktor. Der Prototyp dieses Reaktors wurde von der amerikanischen Firma ASTeX gemeinsam mit P. K. BACHMANN entwickelt [5.37, 5.40, 5.63]. Heute wird dieser weitverbreitete Reaktortyp von der japanischen Firma Seki Technotron/SEOCAL vermarktet.

beitsgruppe um P. KOIDL in Freiburg [5.39, 5.64]. Eine entsprechende Anlage ist in Abbildung 5.14 gezeigt. Charakteristisch ist der elliptische Aufbau der Reaktorhülle. Im einen Brennpunkt der Reaktorellipse befindet sich die Mikrowellenantenne, im anderen Brennpunkt findet ortstabil die Plasmaentladung statt. Ansonsten ähneln sich die in Abbildung 5.13 und 5.14 gezeigten Anordnungen.

Während die frühen Versionen der jeweiligen Abscheideanordungen lediglich für Forschungszwecke geeignet waren, entsprechen die heutigen, voll automatisierten Hochleistungs-Diamant-CVD-Systeme in jeder Hinsicht den Anforderungen industrieller Produktionsprozesse.

Auch das in Abbildung 5.8 beschriebene Heißdraht-Verfahren zur Diamantsynthese kann mittlerweile als für industrielle Zwecke tauglich betrachtet werden. Während anfänglich die CVD-Gasphase lediglich mit Einzeldrähten aktiviert wurde, gibt es zwischenzeitlich Anlagen mit einer Vielzahl von horizontal oder vertikal angeordneten Drähten, die die Aktivierung großer Gasvolumina und die Beschichtung großer Flächen zulassen. Ein von der Aachener Firma CEMECON entwickeltes integriertes Beschichtungssystem (Abb. 5.15) mit vertikal gespannten Filamenten ist speziell auf die Erfordernisse bei der Beschichtung von Werkzeugen hin optimiert worden und erlaubt die kostengünstige Simultanbeschichtung von mehreren hundert Bohrern und anderen Werkzeugen mit einer feinkristallinen extrem harten, abriebfesten Diamantschicht [5.66, 5.67].

Abb. 5.14 60-kW/915-MHz-Mikrowellenplasma-CVD-Reaktor, der von der Arbeitsgruppe um P. KOIDL am Freiburger Fraunhofer Institut für Angewandte Festkörperphysik (IAF) entwickelt wurde [5.39, 5.64]. Die Aachener Aixtron AG vermarktet unterschiedliche Versionen dieses Reaktortyps [5.65]. Rechts sind vier unbearbeitete, mit diesem Reaktortyp hergestellte CVD-Diamantscheiben von 2–6 Zoll Durchmesser zu sehen.

In Abbildung 5.16 ist die vom Braunschweiger Fraunhofer-Institut für Schichttechnik (IST) initiierte Neuentwicklung einer Mehrkammer-»Hot-Filament«-CVD-Anlage mit horizontal aufgespannten Filamenten (rechts) gezeigt [5.68, 5.69]. Diese 75-kW-Anlage wurde hauptsächlich für die großflächige Beschichtung von Metall-

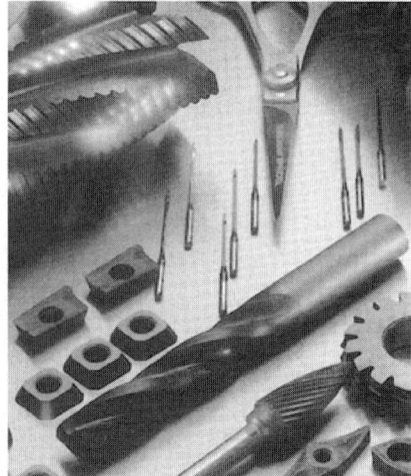

Abb. 5.15 Integriertes, vollautomatisches »Hot Filament« Diamant-CVD-System der Firma CEMECON, Würselen/Aachen und diamantbeschichtete Werkzeuge aus dem Produktspektrum der Firma [5.66, 5.67].

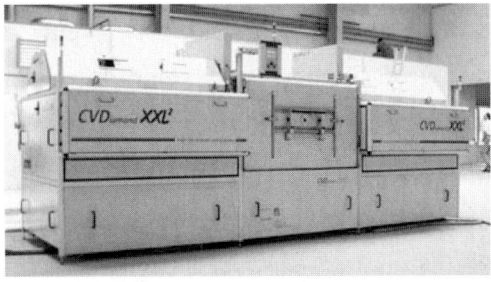 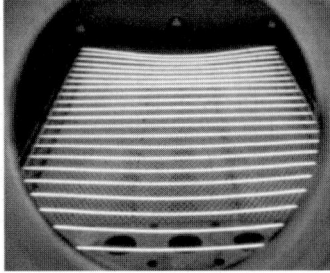

Abb. 5.16 Am Braunschweiger Fraunhoferinstitut für Schichttechnik (IST) entwickelte [5.68] Mehrkammer-Hot-Filament-CVD-Anlage mit horizontal aufgespannten Filamenten (rechts).

netzen für elektrochemische Anwendungen konzipiert und erlaubt es, im Tandembetrieb zwei Substrate mit je 100 cm × 50 cm Größe bei Raten von ca. 0,5–1 µm h^{-1}. mit bordotiertem, elektrisch gut leitendem CVD-Diamant zu beschichten.

Neben der »Hot Filament«- und der Mikrowellen-Plasma-CVD hat sich auch die Gleichstrom-Bogenentladung (Plasma-Jet-CVD) als industriell nutzbares Diamant-Abscheideverfahren etabliert. Insbesondere die amerikanisch-französische Firma Norton-Saint Gobain hat diese Entwicklung vorangetrieben. Abbildung 5.17 zeigt die Prinzipskizze des Verfahrens und eine nach diesem Prozess hergestellte freitra-

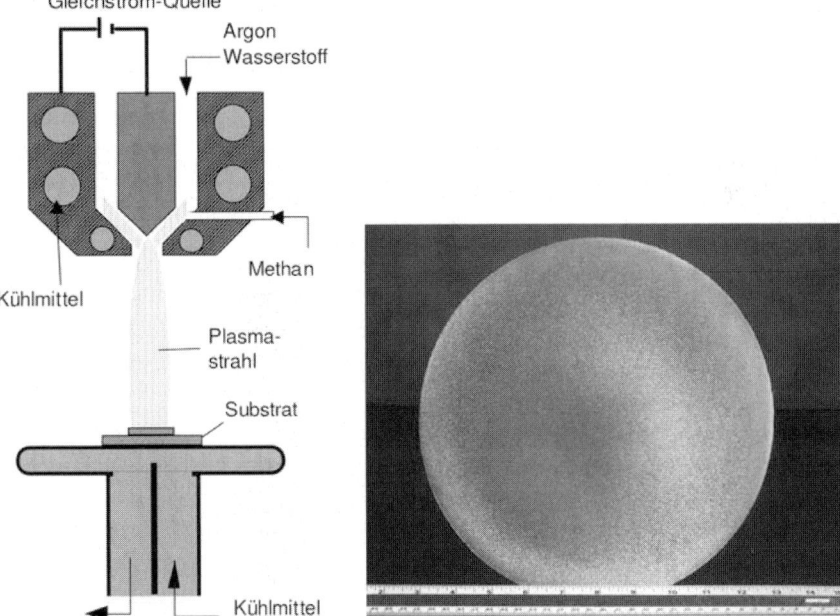

Abb. 5.17 Prinzipskizze des Plasma-Jet-Verfahrens zur Diamantabscheidung und Photo einer von der Firma Norton mit diesem Verfahren hergestellten 25 cm großen, 1 mm dicken freitragenden Diamantscheibe [5.45, 5.46].

gende, 1 mm dicke Diamantscheibe mit ca. 25 cm (10 Zoll) Durchmesser. Die zur Gasphasenaktivierung notwendige Energie wird dem System mit Hilfe einer Gleichstrom-Bogenentladung bei relativ hohem Druck (>20 kPa) zugeführt. Die große Energiedichte einer solchen Entladung und die damit verbundenen hohen Gastemperaturen (5000–10 000 °C) führen zu hohen Radikalkonzentrationen. Der Plasmabogen wird durch großen Gasdurchsatz in Richtung eines gekühlten Substrates aus dem Elektrodenbereich geblasen. Diese Vorgehensweise beschleunigt den Transport aus der Anregungszone in die Abscheideregion (vgl. Abb. 5.9) und trägt zu den hohen mit diesem Verfahren erreichbaren Abscheideraten bei. Mit Hilfe eines Magnetfeldes kann der Plasmastrahl magnetisch bewegt (»gerührt«) werden, sodass auch große Flächen von 25 cm Durchmesser homogen mit 15–30 µm/h beschichtet werden können [5.45, 5.46].

Die drei näher beschriebenen Verfahren »Hot Filament«-CVD, Mikrowellen-Plasma-CVD und Plasmastrahlabscheidetechnik dominieren derzeit die industrielle Niederdruck-Diamantsynthese. Andere Verfahren und Verfahrensvarianten werden lediglich zu Forschungszwecken genutzt.

Lange Zeit wurde die Industrialisierung die Diamant-Flammen-CVD erwartet; denn das Verfahren erscheint vom Grundprinzip her außerordentlich einfach (siehe Abb. 5.18). Mit Hilfe eines einfachen Acetylen-Sauerstoff-Brenners ist es, wie Y. Hirose erstmals zeigen konnte [5.48], möglich, auf hinreichend gekühlten Substratoberflächen Diamant abzuscheiden. Hierzu ist eine Flammenstöchiometrie von ca. 50 % Acetylen und 50 % Sauerstoff erforderlich. Derartige Gemische definieren Datenpunkte nahe dem Zentrum des C-H-O-Diagramms (Abb. 5.18, rechts). Die Verbrennung liefert intern die Energie zur Erzeugung von C- und H-Radikalen. Bei einfachen, an Luft betriebenen Brennerkonstruktionen wird in den Außenbereichen die Stöchiometrie der Brennerflamme durch Beimischung von Luftsauerstoff gestört.

Im C-H-O-Diagramm verlässt man in diesem Flammenbereich die Diamant-Domäne in Richtung der sauerstofffreien Ecke des Diagramms. Nur im Flammenzentrum, der so genannten »Acetylen-Feder« entspricht die Flammenzusammensetzung in etwa der zugeführten Gasmischung und kann bei leichtem C-Überschuss zur Diamantabscheidung genutzt werden. Aufwändigere Brennerkonzepte und deren gekapselter Betrieb erlauben zwar, diese Verfahrensnachteile zu beseitigen; der hohe Anfall an Verbrennungsgasen und die Verwendung von hohen Sauerstoffpartialdrücken sind allerdings verfahrensbedingt. Die Verbrennung der C-Träger zu CO und CO_2 macht die Kreislaufführung der Rohgase nutzlos und verteuert das Verfahren. Die Verwendung hoher Sauerstoffpartialdrucke führt, wie P. K. Bachmann et al. [5.70] zeigen konnten, zur Bildung von Kristalldefekten – Zwillingslamellen – an den Korngrenzen des polykristallinen Materials. Diese verringern die mechanische Festigkeit der Schicht und erniedrigen durch verstärkte Phononenstreuung auch die thermische Leitfähigkeit des Materials [5.70]. All dies begründet, weshalb die Flammen-CVD von Diamant z.Zt. nicht mehr als industriell durchführbar betrachtet wird.

Andere Verfahren und Verfahrensvarianten, z. B. Niederdruck-RF-Plasma-CVD [5.42], ECR-Mikrowellen-Plasma-CVD [5.71, 5.72] oder die Diamantabscheidung

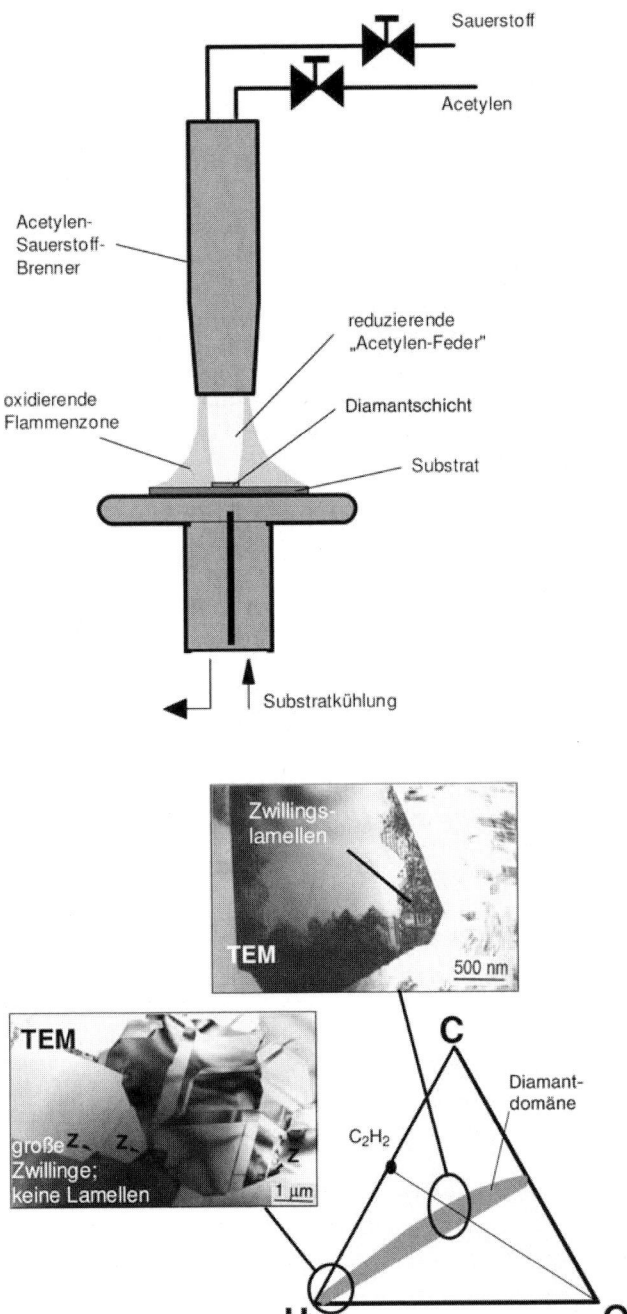

Abb. 5.18 Prinzipskizze der Diamant-Flammen-CVD. Die verfahrensbedingte sauerstoffinduzierte Bildung von Zwillingslamellen (unten rechts) [5.70] und der Anfall großer, nicht wieder verwertbarer Mengen von Verbrennungsgasen behindern die industrielle Nutzung des Verfahrens.

mit Hilfe einer Gleichstrom-Glimmentladung [5.41], leiden unter der geringen Energiedichte in der Anregungszone oder höheren Anteilen ionisierter Gasspezies. Letztere bombardieren während des Schichtwachstums die sich bildende Diamantschicht und können zu deren Graphitisierung führen. RF-Hochdruck-Plasma-Fackeln [5.44] sind zwar prinzipiell zur Diamanterzeugung geeignet, allerdings recht schwer zu handhaben.

Andere Gasgemische, insbesondere halogenhaltige Mischungen, wurden in Erwartung niedrigerer Abscheidetemperaturen oder höherer Abscheidegeschwindigkeiten intensiv untersucht [5.73–5.75]. P. K. BACHMANN et al. haben analog zum C-H-O-Diagramm sogar ein rudimentäres C-H-F- bzw. ein C-H-Cl-Diagramm erstellt [5.62]. Erwartungen hinsichtlich der Verringerung der Abscheidetemperatur oder der Erhöhung der Abscheideraten haben sich allerdings nicht bewahrheitet. Die Verwendung halogenhaltiger Gasgemische birgt eine Vielzahl zusätzlicher Sicherheits- und Korrosionsprobleme, sodass ihre Verwendung weder sinnvoll noch nutzbringend erscheint.

Damit reduzieren sich die zur Niederdrucksynthese von Diamant großtechnisch einsetzbaren Verfahren auf die Mikrowellen-Plasma-CVD, das Heißdraht-Verfahren und die Plasmastrahl-basierten Techniken. Im Mikrowellen-Plasma-CVD-Verfahren können Gasgemische aus dem gesamten Bereich der Diamant-Domäne des C-H-O-Diagramms eingesetzt werden. Beim Heißdraht-Verfahren führen hohe Sauerstoffpartialdrucke leicht zur Schädigung der Filamente. Beim Plasmastrahl-Verfahren kann Sauerstoff zu starker Korrosion in der Plasmaquelle führen. Wegen der beschriebenen Bildung von Zwillingslamellen bei der Verwendung von Sauerstoff in der CVD-Gasphase geht heute trotz der im Zentrum des C-H-O-Diagramms erzielbaren höheren Abscheideraten [5.62] der Trend hin zur Verwendung niedriger Sauerstoffgehalte oder reiner C/H-Gemische. Soll statt einer elektrisch hochisolierenden Diamantschicht eine elektrisch gut leitende Schicht abgeschieden werden, so kann der CVD-Gasphase ein borhaltiges Trägergas, beispielsweise Diboran, Trimethylbor oder auch Trimethylborat beigemischt werden [5.56–5.58]. Der Widerstand solcher mit p-Bor dotierten Diamantschichten kann auf ca. 10^{-2} Ω cm reduziert werden. Die Herstellung gut n-leitender Schichten wäre zwar für den Aufbau einer Reihe elektronischer Bauelemente erstrebenswert, konnte aber bisher nur in Ansätzen verwirklich werden. Die Beimischung phosphorhaltiger Substanzen (z. B. PH_3) zur CVD-Gasphase scheint nach wie vor der erfolgversprechendste Weg zur Herstellung n-leitender Schichten [5.59].

5.4
Ausgewählte Anwendungsbeispiele

Die Niederdrucksynthese von Diamant erlaubt es erstmals, sein breit gefächertes Anwendungsspektrum im Detail zu erkunden. Der apparative und finanzielle Aufwand für entsprechende Abscheidevorrichtungen ist überschaubar. Dies hat seit etwa 1982 weltweit zu einer Blüte der Diamantforschung geführt. Zwar wurden nicht alle Erwartungen der Frühphase der Entwicklung wahr. Insbesondere ist die Entwicklung Diamant-basierter elektronischer Halbleiterbauelemente trotz vieler

Fortschritte noch immer am Anfang. Insgesamt wurden aber große Schritte in Richtung einer breiten industriellen Nutzung von CVD-Diamantschichten gemacht. Der technologische Fortschritt, der zur Herstellung phasenreiner, bis zu 25 cm großer, mehrere Millimeter dicker, undotierter oder dotierter Diamantplatten geführt hat, hatte zur Folge, dass für praktisch alle in Abbildung 5.3 erwähnten Anwendungsfälle zumindest Prototypen entwickelt werden konnten. Es würde den Rahmen diese Kapitels sprengen, wollte man auf alle Bereiche auch nur ansatzweise eingehen. Hier sei auf die Spezialliteratur verwiesen (z. B. [5.75–5.80]). Dennoch soll exemplarisch auf einige interessante Entwicklungen eingegangen werden.

Im Bereich der Werkzeuganwendungen hat sich, wie in Abbildung 5.15 gezeigt, neben der Verwendung von Einkristallen (»single-point«-Werkzeuge) und der PKD-Sinterplatten, die Nutzung von Überzügen aus CVD-Diamant auf Bohr-, Dreh- und Fräswerkzeugen etabliert. In Abbildung 5.19 sind diamantbeschichtete Wendeschneidplatten der Fa. Sandvik abgebildet. In der spanabhebenden Materialbearbeitung bei der Herstellung von Auträdern aus einer hochabrasiven Al-Si-Legierung wurde die Standzeit von Werkzeugen mit einer 6 µm dicken Diamantschicht mit der Standzeit üblicher, unbeschichteter Wolframcarbidwerkzeuge verglichen. Die CVD-Beschichtung erhöhte die Lebensdauer der Werkzeuge um das 20-fache [5.81].

Wurden noch 1978 Diamantfenster für Spezialanwendungen aus großen und sehr teuren natürlichen Einkristallen geschnitten [5.15], so sind solche Fenster heute über die Niederdrucksynthese in verschiedenen Dicken und in Größen von bis zu 10 cm Durchmesser zugänglich. Beidseitig polierte, wasserklare, 5 cm große Diamantscheiben aus dem Freiburger Fraunhoferinstitut für Angewandte Festkörperphysik (Abb. 5.19) [5.82] belegen nicht nur die ausgezeichneten optischen Eigen-

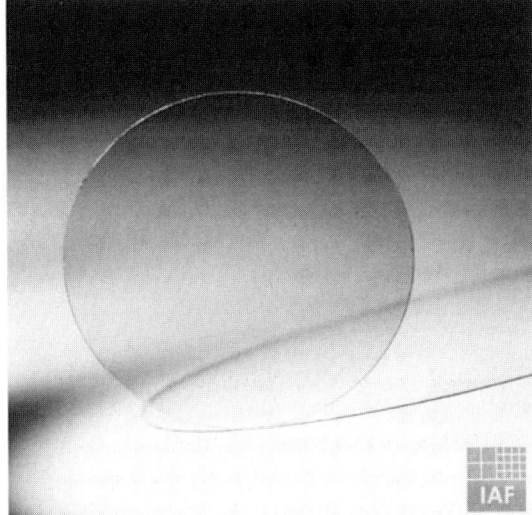

Abb. 5.19 CVD-Diamant-beschichtete Wendeschneidplatten der Fa. Sandvik (links) [5.81] und eine ca. 5 cm große, beidseitig polierte CVD-Diamantplatte aus dem Freiburger Fraunhoferinstitut für Angewandte Festkörperphysik (rechts) [5.82]

schaften der CVD-Diamantschichten, sondern zeigen, dass auch bei den Nachbearbeitungsschritten (Laserschneiden, Polieren großer Flächen) große Fortschritte zu verzeichnen sind. Oft sind es die Zusatzschritte, die die Verwendung des Materials erst möglich machen. Phasenreine Diamantplatten wie die in Abbildung 5.19 gezeigten, werden z. B. als Mikrowellenaustrittsfenster in evakuierten Hochleistungssenderöhren genutzt [5.83].

In Abbildung 5.20 ist zu sehen, dass bei entsprechender Dimensionierung auch ultradünne, freistehende Diamantfilme als berstfeste Hochdruckfenster geeignet sind. In diesem Beispiel aus dem Philips-Forschungslaboratorium Aachen [5.84] wurde im Rahmen der Entwicklung eines neuartigen Röntgenröhrenkonzepts eine 2,8 μm dicke, freistehende Diamantfolie über Löttechniken hochtemperaturfest mit einem Metallrahmen verbunden. Der Berstdruck solcher 5 mm × 1,5 mm großen Fenster erreicht fast 15 bar. Bei nur 2 μm dicken Fensterfolien wurden Grenzdrücke von 10 bar erreicht.

In Abbildung 5.21 ist als Beispiel aus dem Bereich diamantbasierter elektronischer Bauelemente ein SAW (»surface acoustic wave«)-Filter der Fa. Sumitomo

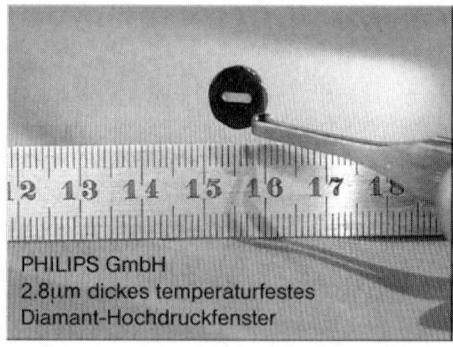

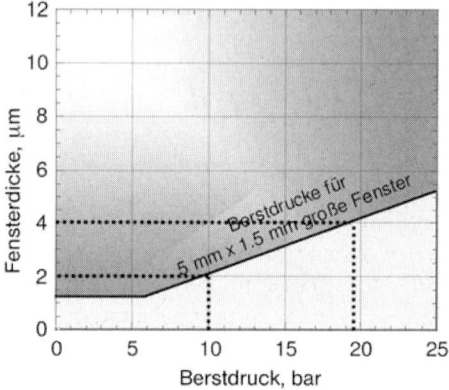

Abb. 5.20 5 mm × 1,5 mm großes, nur 2,8 μm dickes, druck- und temperaturfestes, mit einer Metallhalterung verlötetes Diamantfenster (oben). Die für eine derartige Geometrie erreichten Berstdrucke sind unten gegen die Dicke der Fensterfolie aufgetragen [5.84].

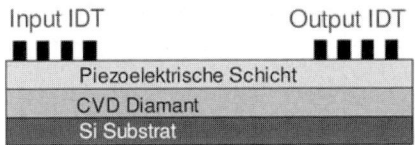

Abb. 5.21 Surface Acoustic Wave (SAW)-Filter für die Nachrichtenübertragung [5.85]

Electric abgebildet [5.85]. Derartige Bauelemente werden als Hochfrequenzfilter in der Nachrichtenübertragung gebraucht und nutzen die extrem schnelle Schallgeschwindigkeit in Diamant aus. Das Hochfrequenzsignal (ca. 2 GHz) versetzt über eine Kammelektrode (IDT) eine piezoelektrische Schicht (z. B. ZnO) in akustische Schwingungen (vgl. Querschnitt in Abb. 5.21, unten). Diese werden nach Fortleitung im Diamant an einer zweiten Elektrode bei korrekter Zeitkonstante wieder in ein elektrisches Signal umgewandelt. Nur wegen der hohen Schallgeschwindigkeit in Diamant ist es möglich, derartige Hochfrequenzfilterelemente ohne komplexe und teure Nanolithographie-Schritte herzustellen.

Die noch vor wenigen Jahren infolge von Korngrenzen und Defekten für elektronische Anwendungen unzulänglichen Materialeigenschaften von CVD-Diamantschichten sind im Zuge kontinuierlicher Technologieentwicklungen in jüngster Zeit deutlich verbessert worden.

Ein Forschungsteam der schwedischen Firma ABB konnte im September 2002 [5.86] gemeinsam mit der Industriediamant-Abteilung der Firma DeBeers über außergewöhnlich hohe Ladungsträgerbeweglichkeiten in homoepitaktisch aus der Gasphase abgeschiedenen CVD-Diamantschichten berichten. Es wurden 4500 cm^2 V^{-1}s^{-1} für Elektronen und 3800 cm^2 V^{-1}s^{-1} für Löcher in diesen Schichten gemessen. Die Aussichten für Diamant als Basis für Bauelemente der Leistungselektronik haben sich durch diese Entwicklungen deutlich verbessert.

Ein letztes Anwendungsbeispiel betrifft den relative jungen, außerordentlich interessanten Bereich der elektrochemischen Anwendungen von Diamant [5.68, 5.69, 5.87–5.91]. Wie der in Abbildung 5.22 (unten) dargestellte Vergleich zeigt, weist bordotierter, elektrisch gut leitender CVD-Diamant ein sehr breites elektrochemisches Potentialfenster auf. Mit knapp 3,5 V ist der Abstand zwischen der Wasserstoff- und Sauerstoffevolution in wässrigen Medien für Diamant deutlich größer als für anderen Elektrodenmaterialien, z. B. Gold, Platin oder Glaskohle. Damit können mit

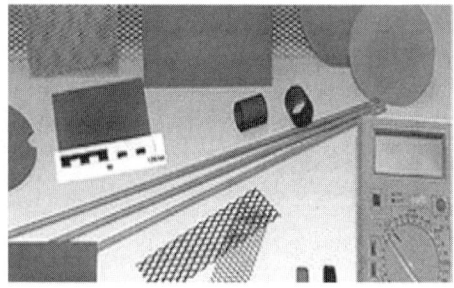

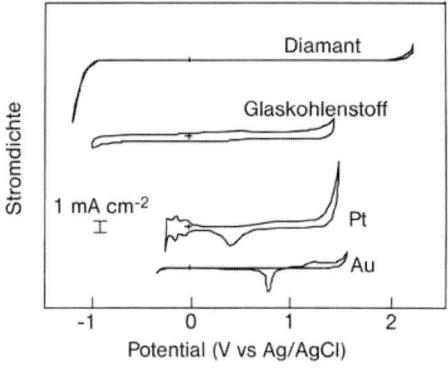

Abb. 5.22 Unten: Vergleich des weiten elektrochemischen Potentialfensters bordotierter CVD-Diamantelektroden mit anderen Elektrodenmaterialien. Auch die für Diamantelektroden deutlich geringeren Stromschwankungen werden sichtbar. Oben: unterschiedliche Ausführungsformen elektrochemischer Diamantelektroden [5.69, 5.87–5.89].

Hilfe von Diamantelektroden elektrochemisch Redoxprozesse durchgeführt werden, die bei Verwendung anderer Elektrodenmaterialien lediglich zur Zersetzung von Wasser führen. Unter anderem wird die anodische Oxidation zahlreicher organischer Verbindungen in Industrieabwässern möglich [5.69]. Ölhaltige Abwässer der Automobilindustrie oder der Schifffahrt können elektrochemisch gereinigt werden. Auch die elektrochemische Abscheidung von Schwermetallen wird ohne Vergiftungserscheinungen der Elektroden ermöglicht. Entsprechende Untersuchungen sind bereits über das Forschungsstadium hinaus gewachsen. Sie bilden die technologische Basis einiger neu gegründeter Firmen, wie z. B. CONDIAS, Itzehoe, deren Produktspektrum oben in Abbildung 5.22 wiedergegeben ist [5.69]. Es handelt sich um unterschiedliche Ausführungsformen – Netze, Gitter, Platten, Stäbe – diamantbeschichteter Elektroden (oft wird Niob als Basis benutzt) für die Abwasserreinigung, Galvanik, Desinfektion und die elektrochemische Synthese.

Wie in Abbildung 5.22 ebenfalls deutlich wird, sind die Signalschwankungen potentiometrischen Messungen bei Verwendung von Diamantelektroden sehr viel geringer als bei anderen Elektrodenmaterialien. Damit wird es möglich, die Empfindlichkeit elektrochemischer Sensoren deutlich zu erhöhen und neue Wege in der Analytik und der Biosensorik zu eröffnen. Die bahnbrechenden Arbeiten der

Gruppe um A. FUJISHIMA haben gezeigt, dass mit Hilfe von elektrochemischen Diamantelektroden der hochempfindliche Nachweis wichtiger Biomoleküle und Medikamente in Serum und Urin gelingt [5.88, 5.89]. Neben den elektrochemischen Eigenschaften werden hierbei auch die Korrosionsbeständigkeit, die geringe Haftung von Fremdmaterialien auf Diamantoberflächen, die Möglichkeit der chemischen Modifikation von Diamantoberflächen und weitere extreme Eigenschaften von Diamant gleichzeitig genutzt. Die Entwicklung dieses erfolgversprechenden neuen Bereichs industrieller Diamantanwendungen ist in vollem Gange.

5.5
Zusammenfassung und Ausblick

In den letzten 50 Jahren hat sich die synthetische Herstellung von Diamant als wichtiger Industriezweig etablieren können. Produkte der Diamantsynthese haben bezüglich Menge, Preis und Qualität ihrer natürlich vorkommenden Konkurrenz inzwischen den Rang abgelaufen. Die Niederdrucksynthese von Diamantschichten und großen, hochreinen, dicken Diamantplatten spielt bei dieser Entwicklung eine entscheidende Rolle. Noch vor wenigen Jahren gehörten freitragende, 25 cm große, mehrere Millimeter dicke Diamantplatten allenfalls zu den Zukunftsvisionen dieses Forschungszweigs. Inzwischen existieren für eine Vielzahl von Anwendungen interessante Prototypen, und eine Reihe von Produkten wird bereits im industriellen Maßstab gefertigt. Basis dieser Entwicklung ist die Verfügbarkeit von industriell nutzbaren Herstellungsverfahren, welche die reproduzierbare Herstellung qualitativ hochwertiger Materialien in hinreichend großen Mengen erlaubt. Auch bei der Entwicklung der unerlässlichen Nachbearbeitungsschritte, z. B. Laserschneiden, Polieren, Strukturieren oder Verbinden von Diamant, sind große Fortschritte zu beobachten. Neben den eher traditionellen Werkzeug- und Schleifmittelanwendungen finden große und kleine CVD-Diamantfenster, interessante mikromechanische und mikroelektronische Bauelemente, Wärmesenken und ungewöhnliche elektrochemische Elektroden zunehmendes Interesse der Anwender. Der Verlauf der Entwicklungen der letzten Jahre zeigt aber auch, dass solche Fortschritte oft mehr Zeit in Anspruch nehmen, als bei technischen Revolutionen in der ersten Euphorie vorhergesagt wird. Auch werden nicht alle ursprünglichen Erwartungen erfüllt. Dennoch ist zu erwarten, dass die Nutzung der kristallinen, auf sp^3-hybridisierten, vierfach koordinierten C-Atomen aufgebauten allotropen Form des Elements Kohlenstoff in den nächsten Jahren deutlich zunehmen wird.

6
Fullerene und Kohlenstoff-Nanoröhren

6.1
Fullerene

6.1.1
Entstehung und Entdeckung

Fullerene und Kohlenstoff-Nanoröhren entstehen ähnlich wie Niederdruck-CVD-Diamanten unter kinetischer Kontrolle, ausgehend von heißen Kohlenstoff-Plasmen. Kühlen solche Plasmen in Edelgas-Atmosphäre bei geringen Drücken in definierter Weise ab, werden neben Ruß auch geschlossenschalige Kohlenstoff-Aggregate gebildet.

Die Entdeckung der Fullerene durch KROTO, SMALLEY und CURL im Jahre 1985 wurde durch die Verleihung des Chemie-Nobelpreises 1996 gewürdigt. Erst 1990 gelang es jedoch KRÄTSCHMER und HUFFMAN, eine einfache Methode zur Produktion makroskopischer Mengen von Fullerenen zu entwickeln. Seitdem werden die Fullerene von vielen Arbeitsgruppen intensiv untersucht.

6.1.2
Herstellung

Zur Herstellung von Fullerenen wurden verschiedene Methoden entwickelt. Allen gemeinsam ist, dass hohe Temperaturen angewendet werden, um Kohlenstoff-Dampf zu erzeugen, der u. a. C_2-Moleküle enthält. Durch Stöße mit Edelgasatomen verlieren die Kohlenstoffmoleküle kinetische Energie und kondensieren zu größeren molekularen Einheiten. Die Bildung graphitischer Partikeln ist hierbei prinzipiell thermodynamisch bevorzugt, jedoch energetisch ungünstig, da die primär entstehenden kleinsten Kriställchen große Anteile nicht abgesättigter Randbindungen aufweisen. Die Konkurrenzreaktion zu geschlossenschaligen Kohlenstoff-Aggregaten ist thermodynamisch benachteiligt, kinetisch jedoch möglich, da keine unabgesättigten Randbindungen entstehen. Die beiden parallel ablaufenden Konkurrenzreaktionen führen stets zu Produktgemischen, die zum Teil aus Fullerenen und zum anderen, meist größeren Anteil, aus Ruß bestehen. Je nach angewendeten Reaktionsbedingungen ist das Verhältnis der gebildeten verschiedenen Fullerene unterschiedlich; häufig beträgt der Anteil von C_{60}-Fulleren etwa 90 % und der Anteil von C_{70}-Fulleren etwa 9 %, während die höhermolekularen Fullerene nur in Spuren gebildet werden.

Im Jahre 2002 gelang erstmals die gezielte Totalsynthese von C_{60}-Fulleren. Damit ergibt sich die Aussicht auf die Synthese von Fullerenen, die durch die herkömmlichen Plasmaverfahren nicht oder nur schwer zugänglich sind [6.1].

6.1.2.1 Krätschmer-Huffman-Verfahren [6.2]
Das Krätschmer-Huffman-Verfahren nutzt zur Erzeugung eines C_2-Moleküle enthaltenden Plasmas eine quasikontaktierende elektrische Widerstandsheizung

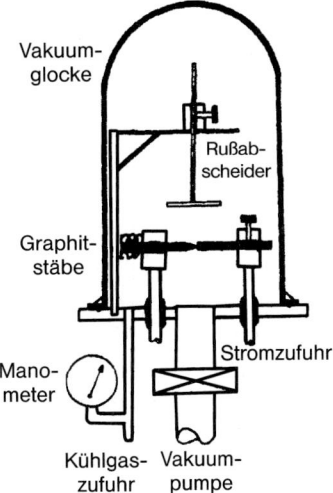

Abb. 6.1 Fulleren-Generator nach [6.2]

zweier sich berührender Graphitstäbe. Einer davon ist angespitzt, um die Stromdichte und damit die Erzeugung Joulescher Wärme zu erhöhen. Die Graphitstäbe sind in einer Reaktionskammer angeordnet, die mit Helium unter vermindertem Druck von ca. 13 kPa gefüllt ist und durchströmt wird (Abb. 6.1). Oberhalb der beiden Graphitstäbe ist eine durch das Edelgas gekühlte Platte angebracht, an deren Oberfläche sich Fullerene enthaltender Ruß abscheidet. Die Ausbeute an extrahierbaren Fullerenen beträgt etwa 5–10%, bezogen auf den mechanisch gewonnenen Ruß [6.3]. Wichtige Reaktionsparameter bei diesem grundlegenden Verfahren sind die Zusammensetzung der Gasphase bezüglich Art und Druck des Kühlgases sowie die Reaktionstemperatur, die im Plasma bis zu etwa 6000 °C erreicht.

6.1.2.2 Lichtbogen-Verdampfung von Graphit [6.4]

Das Lichtbogenverfahren wurde zuerst von SMALLEY angewandt. Es unterscheidet sich insofern vom Krätschmer-Huffman-Verfahren, als sich die beiden Graphitstäbe nicht berühren. Nach Anlegen einer elektrischen Spannung entsteht zwischen den Graphitelektroden ein Lichtbogen, in dem Kohlenstoffdampf mit C_2-Molekülen enthalten ist. Hieraus wird wie beim Krätschmer-Huffman-Verfahren fester Kohlenstoffruß abgeschieden. Der Ruß enthält bis zu 15% extrahierbare Fullerene. Damit ist die Fulleren-Ausbeute gegenüber dem Originalverfahren von Krätschmer und Huffman verdoppelt bis verdreifacht. Zur Kapazitätserweiterung des Reaktors kann jedoch der Durchmesser der Graphitelektroden nur begrenzt vergrößert werden, da vom Plasmazentrum mit Vergrößerung des Durchmessers eine UV-Strahlung zunehmender Energie ausgeht. Durch diese Strahlungsenergie werden die mit dem Ruß abgeschiedenen Fulleren-Moleküle teilweise wieder zersetzt, und die Ausbeute sinkt [6.5].

6.1.2.3 Induktionsverfahren [6.6]

Fullerene können auch durch induktives Aufheizen von Kohlenstoff auf Temperaturen von ca. 2700 °C in einer verdünnten Heliumatmosphäre erhalten werden. Dabei werden z. B. zylindrische Formkörper aus Graphit, polymeren Graphit-Vorläufern oder Glaskohlenstoff induktiv mittels eines Hochfrequenzgenerators und -induktors aufgeheizt und verdampft. In einer Heliumatmosphäre beginnt unter einem Druck von z. B. 15 kPa die Verdampfung von Graphit bei etwa 2500 °C, jedoch ist bei dieser niedrigen Reaktionstemperatur der in einem nachgeschalteten gekühlten Metallrohr abgeschiedene Ruß noch fullerenfrei. Bei einer Verdampfungstemperatur von 2700 °C hingegen enthält der unter sonst gleichen Bedingungen abgeschiedene Ruß bereits Fullerene in relativ guten Ausbeuten, darunter neben C_{60} und C_{70} auch merkliche Anteile an höhermolekularen Fullerenen wie (nach abnehmendem Anteil gereiht) C_{84}, C_{78}, C_{82}, C_{76}, C_{90}, C_{88} und C_{86}. Die durchschnittliche Ausbeute an toluollöslichem Rohfulleren beträgt 8 bis 12 %, bezogen auf die Menge des verdampften Graphits [6.6]. Ein Vorteil dieses Verfahrens ist neben der niedrigen Reaktionstemperatur die Möglichkeit, durch Nachführen des Graphitstabes oder Hochfrequenzinduktors kontinuierlich zu arbeiten.

6.1.2.4 Laser-Verdampfung von Kohlenstoff [6.7]

Die Anwendung von Leistungslasern erlaubt ebenfalls die Verdampfung einer Kohlenstoffprobe in einer verdünnten Inertgasatmosphäre. Eine solche Apparatur wurde bereits von SMALLEY 1985 bei der Entdeckung der Fullerene verwendet. Die Laserverdampfungsquelle zur Herstellung von Cluster-Molekularstrahlen aus hochschmelzenden Materialien benutzte eine Ultraschalldüse und einen gepulsten 532 nm-Grünlaser mit 30–40 mJ Energieeintrag, fokussiert auf eine langsam rotierende Graphitscheibe. Über die Verdampfungszone der Scheibe wurde aus einer ebenfalls gepulst betriebenen Düse mit einem Vorvakuumdruck bis zu 1013 kPa Helium als Kühlgas geblasen. Nach zeitlich gesteuerter Clusterbildung in einem Temperrohr expandierte der Gaspuls unter der Ultraschalleinwirkung in eine relativ große Vakuumkammer, worin sich das Gas durch die Entspannung von Raumtemperatur bis auf eine Temperatur von wenigen Kelvin abkühlte [6.7]. Fullerene entstehen in einer solchen analytischen Apparatur in einer Ausbeute von einigen Prozent. Eine Maßstabsvergrößerung ist schwierig.

6.1.2.5 Solarenergie-Verdampfung von Kohlenstoff [6.8]

Die Verwendung fokussierten Sonnenlichts für die Verdampfung von Kohlenstoff bietet die Vorteile, dass nicht unbedingt elektrisch gut leitende Ausgangsmaterialien verwendet werden müssen und dass die Zerstörung der entstehenden Fullerene durch UV-Strahlung sehr viel geringer ist als beim Lichtbogenverfahren. Eine kleine Demonstrationsapparatur arbeitete in einer Argonatmosphäre bei etwa 7 kPa im Brennpunkt eines Spiegelteleskops mit einer Energiedichte von 800–900 W m^{-2}. Der abgeschiedene Ruß enthielt extrahierbares C_{60}- und C_{70}-Fulleren [6.8]. Die Ausbeuten waren allerdings nicht sehr hoch, und eine Maßstabsvergrößerung des Reaktors erscheint problematisch.

6.1.2.6 Rußende Flammen

Im Ruß von Flammen können neben polyaromatischen Kohlenwasserstoffen auch Fullerene enthalten sein, ebenso im Pyroloseruß von kondensierten Aromaten wie z. B. Naphthalin. Die Ausbeuten hängen sehr stark von den Reaktionsbedingungen ab und können 0,003–9 % extrahierbare Anteile betragen. Auf diese Weise könnten auch in geologischen Formationen von Meteoritenkratern nachweisbare Fullerene entstanden sein [6.9]. Eine Übertragung dieses Prinzips in die Technik ist u. a. in Japan geplant.

6.1.2.7 Zusammenfassung

Zur Herstellung von Fulleren-Gemischen wurde eine Reihe von thermischen Verfahren entwickelt und zum Teil auch in Pilotanlagen erprobt. Welches Verfahren im industriellen Einsatz wirtschaftlich sein wird, ist vom Produktionsmaßstab und der noch nicht absehbaren technischen Anwendung der Fullerene abhängig. Relativ aussichtsreich erscheinen modifizierte Krätschmer-Huffman-Verfahren, wie sie von der ehemaligen Hoechst AG im Werk Knapsack erprobt worden sind, und die Gasphasenpyrolyse von Aromaten in Modifizierung der technischen Rußgewinnung. Die gezielte Synthese einzelner Fullerene durch organische Aufbaureaktionen ist noch ein Aufgabengebiet der Grundlagenforschung.

6.1.3 Isolierung [6.10]

Die unsubstituierten Fullerene sind in organischen Lösemitteln wie z. B. Benzol, Benzolhomologen, Cyclohexan, Tetrachlorkohlenstoff und Schwefelkohlenstoff bei den jeweiligen Siedetemperaturen relativ gut, bei Raumtemperatur schwerer löslich (C_{60} z. B. in Benzol bei 25 °C etwa 5 mg mL^{-1}). Das Rohfulleren lässt sich deshalb aus den nach den verschiedenen thermischen Verfahren erhaltenen Rußen durch Extraktion, anschließende Teilverdampfung des Lösemittels und Kühlung in kristalliner Form isolieren. Besonders effizient ist die Verwendung von Soxhlet-Extraktoren und die gleichzeitige Einwirkung von Ultraschall auf die Rußdispersion, da hierdurch unlösliche Rußpartikeln, die in ihren Kernen Fullerene enthalten können, aufgebrochen werden und so das zuvor eingeschlossene Fulleren in Lösung gebracht werden kann. Als Lösemittel wird meist Toluol verwendet.

6.1.4 Trennung und Reinigung

Die in den Rußextrakten enthaltenen Fullerene mit unterschiedlichen molaren Massen lassen sich mittels säulenchromatographischer Methoden trennen, wobei verschiedene stationäre Phasen und Eluenten zum Einsatz kommen. Auch die Anwendung präparativer Hochdruckflüssigkeitschromatographie (HPLC) hat sich als erfolgreich erwiesen. Durch Säulenchromatographie mit Hexan über neutralem Aluminiumoxid ist aus Rohfulleren, erzeugt nach dem Krätschmer-Huffman-Verfahren, mit einem C_{60}/C_{70}-Verhältnis von etwa 85:15 und einem Gehalt von

<1,5% anderen Fullerenen ein 99,85%iges C_{60} und ein >99%iges C_{70} erhältlich [6.11].

Als ultimativer Reinigungsschritt wird die selektive Vakuumsublimation angewendet.

6.1.5
Charakterisierung

Für die strukturelle Charakterisierung von Fullerenen und Fulleren-Derivaten bedient man sich bei Vorliegen kristalliner Phasen der Röntgenstrukturanalyse. Für nicht ausreichend kristalline oder gelöste Proben eignen sich ^{13}C-NMR-, Raman- und IR-Spektroskopie. Speziell bei dotierten Fullerenproben oder endohedralen Verbindungen bewährt sich zudem die ESR-Spektroskopie. Zur Molekularmassenbestimmung eignet sich die Massenspektrometrie. Darüber hinaus werden weitere zur Untersuchung organischer Verbindungen geeignete physikalische und chemische Methoden genutzt.

6.1.6
Eigenschaften

Fullerene sind sphärische Kohlenstoff-Cluster. Sie enthalten $2(10+M)$ Kohlenstoffatome, die stets 12 Fünfringe und M Sechsringe bilden. Dieses Bauprinzip ergibt sich aus dem Eulerschen Theorem. Das kleinste vorstellbare Fulleren ist demnach C_{20}. Es hat sich aber gezeigt, dass für die Stabilität dieser Moleküle eine Isolation der Fünfecke eine entscheidende Rolle spielt (»Isolated Pentagon Rule«, IPR). Das kleinste stabile Fulleren ist daher C_{60}, weil erst für Cluster mit mindestens 60 C-Atomen die IPR eingehalten werden kann (s. Abb. 6.2).

Die zwischen den Sechsringen vorhandenen Doppelbindungen sind nicht wie beim Benzol vollständig delokalisiert; Fullerene können daher in Bezug auf ihre

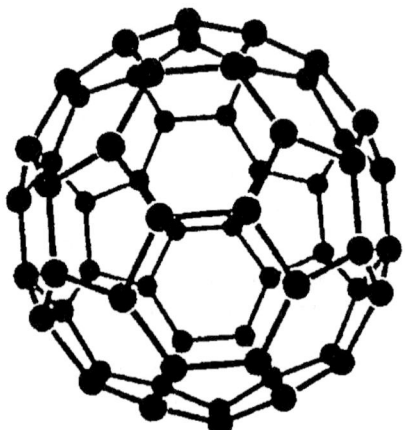

Abb. 6.2 C_{60}-Fulleren

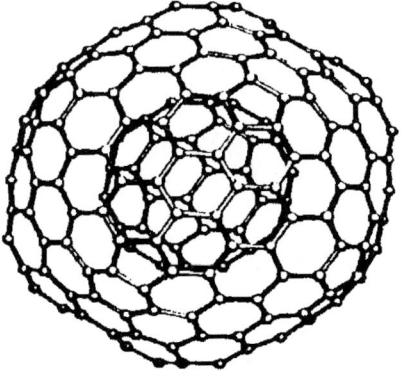

Abb. 6.3 Bucky-Zwiebel

chemischen Eigenschaften eher mit elektronenarmen Polyolefinen verglichen werden.

Als Nebenprodukt der Fulleren-Synthese entstehen sogenannte »Bucky-Zwiebeln« (Abb. 6.3), die aus mehreren ineinander geschachtelten Fullerenen unterschiedlicher Größe bestehen.

6.1.7
Fulleren-Derivate

Fulleren-Derivate werden in drei Gruppen eingeteilt:
- endohedrale Fullerene,
- exohedrale Verbindungen
- und Heterofullerene.

6.1.7.1 Endohedrale Fullerene
Bei den endohedralen Fullerenen ist zumindest ein Atom oder Ion im Innern des Fullerenkäfigs angeordnet. Der C_{60}-Käfig weist mehrere flache Potentialmulden auf seiner inneren Oberfläche auf, weswegen die eingeschlossenen Spezies nicht an einer festgelegten Position verharren, sondern zwischen den Potentialmulden hin- und hertaumeln. Neutrale Atome bevorzugen dabei eine zentrierte Position, wohingegen Ionen ein Maximum der Aufenthaltswahrscheinlichkeit außerhalb des Käfigzentrums aufweisen. Wegen der Symmetrieerniedrigung weisen die höheren Fullerene eine geringere Anzahl, dafür aber tiefere Potentialmulden auf, was zu einer vermehrten Lokalisierung der eingeschlossenen Spezies führt.

Man kennt mindestens vier verschiedene Präparationsmethoden für endohedrale Fullerene:
- Co-Verdampfung von Kohlenstoff und Metallen oder Metalloxiden (Laser, Lichtbogen)
- Aufheizen von Fullerenen mit einem Gas unter erhöhtem Druck (Fenstermechanismus)

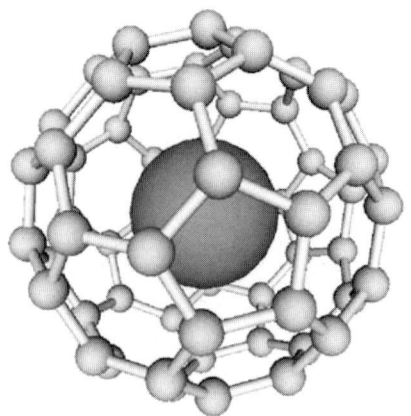

Abb. 6.4 Struktur von He@C_{60}

- Definiertes Öffnen und Schließen des Fulleren-Käfigs durch chemische Reaktionen
- Beschuss von Fullerenen (speziell dünner Fulleren-Schichten) mit Metall-Ionen

Da die endohedralen Verbindungen polarer sind als die reinen Fullerene, können sie durch chromatographische Verfahren abgetrennt werden. Als ein weiterer Reinigungsschritt lässt sich die Sublimation einsetzen.

Neben endohedralen Fullerenen mit Edelgasen (Abb. 6.4) sind vor allem solche mit Lanthaniden und Alkalimetallen dargestellt worden. Ferner gelang die Synthese von N@C_{60}, einem endohedralen Fulleren mit atomarem Stickstoff [6.12].

Endohedrale Fullerenverbindungen können als Photohalbleiter oder auch als Materialien zur Herstellung nichtlinearer optischer Bauteile eingesetzt werden. Da durch die Endohedralisierung die elektronischen Eigenschaften in weiten Bereichen maßgeschneidert werden können, wird die Verwendung dieser Verbindungen in Solarzellen diskutiert.

6.1.7.2 Exohedrale Verbindungen – Kovalente Bindung

Funktionalisierungen von Fullerenen mit organischen Addenden sind in großer Zahl durchgeführt worden, womit gleichzeitig das weite Feld der Seitenkettenchemie der Fullerene eröffnet worden ist.

Als anorganische Fulleren-Derivate mit kovalenter Bindung konnten Verbindungen u. a. mit Halogenen, Sauerstoff, starken Brønsted-Säuren, Schwefel, Säureanhydriden und wasserfreien Nitraten erhalten werden.

Als mögliche Anwendungen kommen der Einsatz als Katalysatoren und, vor allem bei wasserlöslichen Derivaten, die Verwendung als Pharmazeutika in Frage.

6.1.7.3 Exohedrale Verbindungen – Intercalationsverbindungen

Alkalimetalle, Iod und Interhalogenverbindungen können in das Fulleren-Gitter eingelagert werden. Die Alkalimetallverbindungen sind Supraleiter mit Sprungtemperaturen von bis zu 40 K (Cs_3C_{60}, kubisch raumzentriert). Eine Möglichkeit zur Erhöhung der Sprungtemperaturen könnte die Co-Insertion von voluminösen Molekülen wie Ammoniak sein.

Iod zeigt im intercalierten Zustand nur schwache Wechselwirkungen mit den C_{60}-Molekülen, was u. a. aus Raman-Spektren, in welchen sämtliche Fundamentalschwingungen des C_{60} wie auch die charakteristische I_2-Mode bei 200 cm^{-1} enthalten sind, zu schließen ist.

Bei der Intercalation der Interhalogenverbindungen IBr oder ICl findet eine teilweise Spaltung dieser Moleküle in I_2 und Br_2 bzw. Cl_2 statt. Während die auf diese Weise entstandenen freien Halogene Brom und Chlor an die Doppelbindungen des C_{60} addiert werden, besetzen die I_2-Moleküle wie auch die verbliebenen Interhalogen-Moleküle die Schichtlücken des Fulleren-Gitters. In diesen Derivaten wurde bisher keine Supraleitung beobachtet.

6.1.7.4 Exohedrale Verbindungen – Polymere

Fullerene können unter Druck und erhöhter Temperatur Dimere, Oligomere und auch Polymere bilden. Mittlerweile gilt die Existenz eines T,p-Phasendiagramms, welches Dimere, drei- und viergliedrige Ringe und dreidimensional unendlich verknüpfte C_{60}-Moleküle umfasst [6.13], als gesichert. Mit zunehmendem Druck wird die elektrische Leitfähigkeit mehr und mehr metallisch, was durch eine zunehmende Überlappung der Molekülorbitale als Folge der Annäherung der C_{60}-Sphären erklärt wird. Darüber hinaus sind inzwischen vielfältige Verknüpfungsarten der Fulleren-Moleküle gefunden worden, die in erheblicher Weise die physikalischen und chemischen Eigenschaften dieser Verbindungen beeinflussen. Die Härte dieser Materialien ist außerordentlich hoch, in einigen Fällen sogar höher als die des Diamanten, was diese Substanzklasse außerordentlich interessant für Anwendungen als Superhartstoffe erscheinen lässt. Ferner weisen einige zweidimensional vernetzte Fullerenphasen überraschenderweise ferromagnetische Eigenschaften auf [6.14].

6.1.7.5 Heterofullerene

In Heterofullerenen ist mindestens ein Kohlenstoffatom durch ein Heteroatom wie Stickstoff, Schwefel oder Bor substituiert. Wenn das Heteroatom eine andere Valenzelektronenzahl als Kohlenstoff aufweist, tritt ein für eine ganze Reihe möglicher Anwendungen interessanter Dotierungseffekt auf. Bisher konnten nur sehr wenige Heterofullerene in Substanz erzeugt werden, z. B. das $C_{59}N^+$, das allerdings nur als Dimer stabil ist [6.15].

6.2
Kohlenstoff-Nanoröhren

Hohle Kohlenstofffasern entstehen durch Abscheidung von Kohlenstoff bei Reaktionen in der Gasphase (CVD-Verfahren). Dies wurde bereits in den 1980er Jahren nachgewiesen [6.16–6.18], ohne dass diesen Materialien zunächst größere Aufmerksamkeit zuteil wurde. Vielmehr versuchte man, diese Kohlenstoff-Abscheidungen

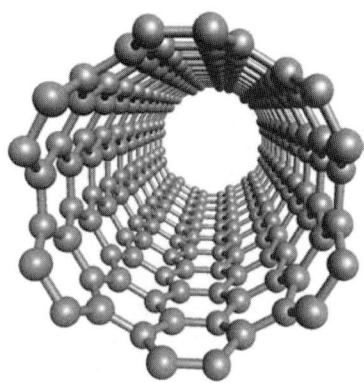

Abb. 6.5 Einwandige Kohlenstoff-Nanoröhre

in der Technik z. B. bei der Pyrolyse von Kohlenwasserstofffraktionen zu Olefinen (Steamcracking) als unerwünschte Nebenreaktionen durch Wasserdampf- und/oder Wasserstoff-Zusatz sowie Einsatz geeigneter Reaktorwerkstoffe zurückzudrängen.

Die Entdeckung der Kohlenstoff-Nanoröhren (»CNs«) durch Iijima im Jahre 1991 [6.19] hingegen stieß sofort weltweit auf großes Interesse bei Chemikern, Physikern und Materialwissenschaftlern. Seither sind mehr als 6000 Publikationen über Kohlenstoff-Nanoröhren erschienen, und die Forschungsaktivitäten auf diesem Gebiet werden weiter verstärkt, weil sich vielfältige technische Anwendungsmöglichkeiten abzeichnen.

Es gibt zwei Arten von Kohlenstoff-Nanoröhren: einwandige CNs (Single-Walled Carbon Nanotubes, »SWNTs«) und mehrwandige CNs (Multi-Walled Carbon Nanotubes, »MWNTs«). SWNTs (Abb. 6.5) bestehen aus einer aufgerollten Graphen-Schicht, wobei die Lage der Röhren-Längsachse in Bezug auf die Elementarzellen-kanten des Graphens entscheidend für die elektronischen Eigenschaften der Röhre ist.

MWNTs bestehen aus mehreren konzentrisch ineinander geschachtelten Nanoröhren steigenden Durchmessers (Abb. 6.6).

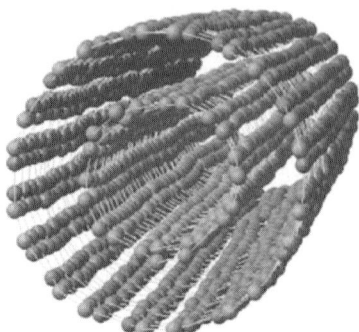

Abb. 6.6 Mehrwandige Kohlenstoff-Nanoröhre

6.2.1
Herstellung

Wie schon die früheren Beobachtungen zeigten, entstehen Kohlenstoff-Nanoröhren aus der Gasphase von sich zersetzenden Kohlenstoffverbindungen oder aus Kohlenstoffdampf vorzugsweise unter Einwirkung metallischer Katalysatoren oder durch Abscheidung auf metallischen Flächen. Angewendet werden bisher im wesentlichen vier Herstellmethoden:

6.2.1.1 Katalytische Zersetzung von Kohlenwasserstoffen [6.18, 6.20–6.24]

Diese Methode leitet sich aus den früheren Beobachtungen unerwünschter Kohlenstoff-Abscheidungen im Innern metallischer Reaktionsrohre ab. Zur Maximierung der Ausbeuten der ursprünglichen Nebenreaktion werden dem zu zersetzenden Kohlenwasserstoffstrom metallische Katalysatoren in Form von sich ebenfalls zersetzenden Metallverbindungen zugesetzt und zur Abscheidung des Kohlenstoffs nanoskalig raue Metallflächen verwendet. Die bevorzugten Reaktionstemperaturen liegen im Bereich von 600–1100 °C. Als Katalysatoren eignen sich Übergangsmetalle vorzugsweise der Eisengruppe des Periodensystems und deren Legierungen. Im Gemisch mit Ruß werden SWNTs, MWNTs oder auch Schichten parallel ausgerichteter MWNTs erhalten.

Die Ausbeute kann bis zu 40 % betragen, sodass in einer üblichen Laborapparatur durchaus einige hundert Gramm Nanoröhren pro Tag erhalten werden können.

Daneben entstehen stets auch Nanoröhren in spezieller Anordnung, z. B. in Form von Bändern, Knäueln, Bündeln usw. Der größte Nachteil dieser Präparationsmethode liegt in der meist schlechten Kristallinität der Nanoröhrenwände.

6.2.1.2 Gleichstrom- oder Wechselstromlichtbogen zwischen Graphitelektroden [6.19, 6.25–6.29]

Diese vom Entdecker IIJIMA angewendete Methode ähnelt der entsprechenden zur Herstellung von Fullerenen. Bei der Anwendung von Gleichstrom in einem mit Argon unter einem Druck von etwa 13 kPa gefüllten Reaktionsgefäß wachsen auf dem negativen Ende der einen Graphitelektrode Nanoröhren bis zu einer Länge von 1 µm als coaxiale MWNTs mit äußeren Durchmessern von 4–30 nm und kleinsten inneren Durchmessern von etwa 2 nm auf. Bei Abwesenheit von Katalysatoren sind die Röhren an ihren Enden normalerweise durch gekrümmte Kohlenstoffaggregate geschlossen. Die Struktur der Röhrenwände ist helikal. Als Nebenprodukte entstehen Ruß und auch Fullerene.

Metallische Katalysatoren lassen sich bei diesem Verfahren als Zusätze zum Elektrodengraphit einbringen. Die entstehenden Nanoröhren sind dann in der Regel mit einem Metallcluster geschlossen. Die Ausbeute ist bei diesem Verfahren relativ gering und eine Maßstabsvergrößerung problematisch.

6.2.1.3 Laser-Verdampfung von Kohlenstoff [6.30–6.33]

Auch diese Methode ähnelt der entsprechenden zur Herstellung von Fullerenen. Formkörper aus Graphit unter Zusatz geringer Mengen katalytisch wirksamer Übergangsmetalle werden unter Einsatz von Leistungslasern verdampft und aus dem Dampf durch Kühlung die gebildeten Kohlenstoff-Nanoröhren im Gemisch mit Ruß abgeschieden. Die Ausbeute erreicht z. B. mit einer Nickel/Cobalt-Mischung als Katalysator bei einer Kondensationstemperatur von 1200 °C mehr als 70 %.

Erhalten werden durch Anwendung dieser Präparationsmethode SWNTs, MWNTs und doppelwandige Nanoröhren mit nahezu perfekten Wandstrukturen. Die Nanoröhren können eine Länge von mehreren Mikrometern erreichen und sich durch Selbstorganisation zu Filamentbündeln mit z. B. etwa 100 SWNTs zusammen lagern. An den Enden sind sie in der Regel durch schüsselförmige Kohlenstoffaggregate oder Katalysatorpartikel verschlossen.

In üblichen Laboranlagen werden nach diesem Verfahren einige 10 g Nanoröhren pro Tag erzeugt. Eine Umsetzung in den technischen Maßstab erscheint aussichtsreich.

6.2.1.4 Solarenergie-Verdampfung von Kohlenstoff [6.34]
Die Methode entspricht der bei der Fulleren-Herstellung beschriebenen. Vorteilhaft sind die Möglichkeit, auch pulverförmige Kohlenstoff-Katalysator-Gemenge als Ausgangsmaterialien einzusetzen, und die große Variationsbreite der Prozessbedingungen; wie bei den Fullerenen ist aber die Maßstabsvergrößerung problematisch.

6.2.1.5 Zusammenfassung
Die Morphologie der Nanoröhren wie auch die Ausbeute und mögliche Aggregationsformen werden von einer ganzen Reihe von Parametern, wie etwa Art und Zusammensetzung der Katalysatoren (üblicherweise ferromagnetische Übergangsmetalle: Fe, Co, Ni), Zusammensetzung der Gasphase, Art der Kohlenstoffquelle, Temperatur, Druck, Durchflussrate usw., bestimmt. Für die Anwendung wünschenswerte Verbesserungen der Nanoröhren-Synthesen sind:
– Kontrolle des inneren und äußeren Röhrendurchmessers
– Gezielte Einstellung der Röhrenlänge
– Kontrolle der Chiralität und der Wandstruktur (Anzahl konzentrischer Röhren, Kristallinität)
– Steigerung der Ausbeute
– Ausrichtung der Röhren (-Bündel)
– Herstellung großflächiger Filme ausgerichteter Nanoröhren auf verschiedenen Substraten.

Über Fortschritte hierzu wird laufend berichtet, verbunden mit Aussichten auf jeweilige Anwendungsmöglichkeiten der erhaltenen Nanoröhren. So lassen sich z. B. auf geeigneten Substraten bereits geordnete Schichten von senkrecht und parallel angeordneten Nanoröhren mit definierten Durchmessern produzieren, in denen einfallende Lichtwellen oszillierende Elektronen erzeugen.

6.2.2
Reinigung

Wie bereits erwähnt, sind in den nach den angegebenen Präparationsvarianten erhaltenen Produkten neben Kohlenstoff-Nanoröhren stets auch Nebenprodukte und Verunreinigungen enthalten. Dabei handelt es sich um C_{60}-Fulleren, größere Kohlenstoffmoleküle, Graphitpartikeln, Rußpartikeln, Katalysatorteilchen, die »Verschlusskappen« aus Kohlenstoff und Katalysatorclustern u. a.. Für die Charakterisierung der erhaltenen Kohlenstoff-Nanoröhren sowie die meisten Anwendungen ist eine Aufreinigung des Rohmaterials notwendig.

Zur Reinigung von Kohlenstoff-Nanoröhren eignen sich die Oxidation in Säuren [6.35–6.38], die Gasphasenoxidation [6.39–6.43], Bestrahlung [6.44, 6.45], Filtration [6.46–6.48], Chromatographie [6.49–6.56] und die Kombination dieser Methoden [6.57]. Vorgeschlagen werden außerdem der Einsatz von Graphit-Intercalationsverbindungen [6.58], Tensiden [6.59] und Polymeren [6.60], eine Hydrothermalbehandlung [6.61], die thermische Behandlung bei hohen Temperaturen [6.62, 6.63] und die Reaktion mit Halogenen wie Brom [6.64] für intermediäre Reinigungsschritte.

Technisch ist es bisher noch schwierig, SWNTs und MWNTs hoher Reinheit (>99,9 %) in guter Ausbeute zu produzieren. Es besteht somit zur Reinigung von Nanoröhren noch erheblicher Entwicklungsbedarf.

6.2.3
Charakterisierung

Standardmäßig werden folgende Methoden für die Charakterisierung von Kohlenstoff-Nanoröhren eingesetzt:
– Raster-Elektronenmikroskopie (REM) zur Untersuchung der Oberflächenprofile von CNs.
– Transmissions-Elektronenmikroskopie (TEM): mittels TEM kann die Morphologie von CNs pseudo-dreidimensional dargestellt werden, darüber hinaus können der äußere wie auch der innere Röhrendurchmesser und die Röhrenlänge gemessen werden.
– Hochauflösende Transmissions-Elektronenmikroskopie (HRTEM): HRTEM-Aufnahmen liefern Informationen über die Struktur der Röhrenwände und die Abstände der konzentrischen Röhrenwände bei MWCNTs.
– Energiedispersive Röntgenspektroskopie (EDX) und Elektronenenergieverlust-Spektroskopie (EELS): sie geben Informationen über die chemische Zusammensetzung der CNs.
– Röntgenbeugung (XRD) liefert Informationen über die Kristallinität der Röhrenwände und ggf. über die Abstände der einzelnen Röhren im Festkörper.
– Raman-Spektroskopie: durch Auswertung von Raman-Spektren werden Informationen über den Bindungszustand innerhalb der Röhrenwände erhalten.

Für Untersuchungen zu speziellen Anwendungsgebieten werden folgende Methoden eingesetzt:

- Selected Area Electron Diffraction (SAED) zur Analyse der kristallinen Struktur von CNs.
- Elektronenspin-Resonanz (ESR) zur Untersuchung der magnetischen und elektrischen Leitungseigenschaften von CNs.
- Fourier-Transform-IR-Spektroskopie (FTIR) liefert Informationen über Oberflächengruppen auf CNs.
- ^{13}C-Kernresonanz-Spektroskopie (^{13}C-NMR) erlaubt Aussagen über den Valenzzustand der Kohlenstoffatome in dotierten CNs.
- Photoelektronen-Spektroskopie zur Untersuchung der Orbitalenergien der C-Atome.
- Thermogravimetrie (TGA) zur Untersuchung der thermischen Stabilität von CNs.
- Messung der elektrischen Leitfähigkeit von CNs mittels der Vier-Punkt-Methode.

6.2.4
Eigenschaften

Die Außen- und die Innendurchmesser von SWNTs liegen im Bereich von 0,4–5 nm bzw. 0,2–4,8 nm. Die Länge einer SWNT kann mehrere Mikrometer betragen.

MWNTs weisen äußere Durchmesser von 4–50 nm und innere Durchmesser von 3–12 nm auf. Die Länge von MWNTs liegt üblicherweise im Millimeterbereich, es ist aber auch schon gelungen, mehrere Zentimeter lange MWNTs herzustellen. Damit sind sehr große Aspektverhältnisse realisierbar.

CNs haben eine ganze Reihe hervorragender chemischer, physikalischer und mechanischer Eigenschaften. Nanoröhren besitzen in Längsrichtung eine gute elektrische Leitfähigkeit: der elektrische Widerstand in Richtung der Röhrenachse liegt in der Größenordnung von 10^{-4} Ω cm, die maximale Stromdichte beträgt ca. 10^{13} Am^{-2}. Die thermische Leitfähigkeit liegt bei etwa 2000 Wm^{-1}K^{-1}. Der Young's Modul ist mit einem Wert von ca. 1 TPa extrem hoch, ebenso die Zugfestigkeit mit ca. 30 GPa. Die spezifische Oberfläche beträgt im allgemeinen 80–600 m^{2}g^{-1}, der bisher höchste experimentell gefundene Wert liegt bei über 1000 m^{2}g^{-1}.

Diese Eigenschaften sind durch Variation der äußeren und inneren Durchmesser, der Anzahl der Röhrenwände, der Chiralität [6.65], der Röhrenlänge sowie des Graphitierungsgrades einstellbar.

6.2.5
Anwendung

Kohlenstoff-Nanoröhren haben mit ihren äußerst bemerkenswerten Eigenschaften ein vielfältiges Anwendungspotenzial. Einige der möglichen und geplanten Anwendungen sind bereits technisch verwirklicht oder stehen unmittelbar vor ihrer Kommerzialisierung. Die bisher aussichtsreichsten Einsatzmöglichkeiten sind Nano-Drähte (molekulare Quantendrähte) [6.66–6.68, 6.91], mikroelektronische Bauteile [6.69, 6.70], Elektronenemitter für Flachbildschirme [6.71–6.75], Feldeffekt-Transistoren [6.76, 6.77], Einzel-Elektronen-Transistoren [6.78, 6.79], Bauteile für die Photonik [6.80, 6.81], chemische Sensoren für Gase wie NO$_2$, NH$_3$ oder organische Dämpfe[6.82], Wasserstoffspeicher [6.52, 6.83, 6.84], Verstärkermaterialien in Verbundwerkstoffen [6.85–6.87, 6.91], Elektroden und Sondenspitzen (z. B. für Rasterkraftmikroskope) [6.88, 6.89], Superkondensatoren (»Supercapacitors«) [6.90, 6.92], Katalysatoren und Katalysatorträger, stationäre Phasen für die Chromatographie sowie molekulare Computer [6.91]. Generell wird die Mikroelektronik als in der Zukunft wichtigstes Anwendungsfeld angesehen.

7 Literatur

Abschnitt 1

1.1 *Ullmann's*, 6th Ed.: Carbon, Introduction; Wiley-VCH, Weinheim-New York, Electronic Release **2003**.
1.2 G. Collin, *Erdöl Erdgas Kohle* 2000, 116,198–204,513–516,616–621
1.3 G. Collin, Carbon Resources and Industrial Importance, in *European Course on Carbon Materials*, Dechema, Frankfurt am Main, 25.11.2002/ 24.11.2003.

Abschnitt 2

Der Abschnitt basiert mit Ausnahme des Unterabschnitts über Kohlenstofffasern auf dem Beitrag Formprodukte aus Kohlenstoff (Autoren: O. Vohler, E. Wege) der 4. Auflage.

2.1 K. Arndt: *Die künstlichen Kohlen*, Springer, Berlin, **1932**.
2.2 A. S. Fialov: *Verfahrenstechnik und Ausrüstung für die Herstellung von Elektrokohle*, Verlag Gosenergoizdat, Moskau-Leningrad, **1958**.
2.3 J. F. Tschalych: *Herstellung von Kohle- und Graphitelektroden*, Deutscher Verlag für Grundstoffindustrie, Leipzig, **1961**.
2.4 C. L. Mantell: *Carbon and Graphite Handbook*, Interscience, New York-London-Sydney-Toronto, **1968**.
2.5 L. C. F. Blackmann: *Modern Aspects of Graphite Technology*, Academic Press, London-New York, **1970**.
2.6 W. N. Reynolds: *Physical Properties of Graphite*, Elsevier, Amsterdam-London-New York, **1968**.
2.7 A. Pacault, (Hrsg.): *Lex Carbones*, Teil I und Teil II, Masson, Paris, **1965**.
2.8 A. R. Ubbelohde, F. A. Lewis: *Graphite and Its Crystal Compounds*, Clarendon Press, Oxford, **1960**.
2.9 R. E. Nightingale (Hrsg.): *Nuclear Graphite*, Academic Press, New York-London, **1962**.
2.10 E. I. Shobert: *Carbon Brushes*, Chemical Publishing Co., New York, **1965**.
2.11 G. M. Jenkins, K. Kawamura: *Polymeric Carbons-Carbon Fiber, Glass and Char*, Cambridge University Press, Cambridge-London-New York-Melbourne, **1976**.
2.12 R. M. Gill: *Carbon Fibers in Composite Materials*, Iliffe Books, London, **1972**.
2.13 *Ullmanns*, 4. Aufl. Bd. 14, S. 595, Verlag Chemie, Weinheim, **1977**.
2.14 W. Ruland, in P. L. Walker (Hrsg.): *Chemistry and Physics of Carbon*, Bd. 4, S. 1–84, Marcel Dekker, New York, **1968**.
2.15 H. Marsh, E. Heintz, F. Rodreguez-Reinoso: *Introduction to Carbon Technologies*, Universidad Alicante, Alicante, **1997**.
2.16 E. Wege, *Ber. Dtsch. Keram. Ges.* **1966**, 43, 224.
2.17 J. D. Brooks, G. H. Taylor, in P. L. Walker (Hrsg.): *Chemistry and Physics of Carbon*, Bd. 4, S. 243–286, Marcel Dekker, New York, **1968**.
2.18 H. Pauls, G. Pietzka, E. Schulz, H. Tillmanns, 3. *Internationale Kohlenstofftagung, Baden-Baden*, Juni/Juli **1980**, Bericht S. 334–337.
2.19 H. Marsh, P. L. Walker, in P. L. Walker, P. A. Thrower (Hrsg.): *Chemistry and Physics of Carbon*, Bd. 15, S. 230–286, Marcel Dekker, New York-Basel, **1979**.

2.20 J. L. White, in M. L. Deviney, T. M. O'Grady (Hrsg.): *Petroleum Derived Carbons*, American Chem. Soc., Washington, **1976**, S. 282–314.

2.21 I. Mochida, K. Fujimoto, T. Oyama, *Chemistry and Physics of Carbon* **1994**, *24*, 111–212.

2.22 K. Hayashi, M. Nakaniwa, M. C. Sze, A. A. Simone: *Erdöl Kohle* **1977**, *30*, 65–71.

2.23 I. Romey, *3. Internationale Kohlenstofftagung*, Baden-Baden Juni/Juli **1980**, Bericht S. 423–427.

2.24 H. Marsh: *Introduction to Carbon Science*, Butterworth & Co, London **1989**.

2.25 H. Marsh,. F. Rodriguez-Reinoso, *Sciences of Carbon Materials*, Universidad Alicante, Alicante, **1997**.

2.26 H. G. Franck, A. Knop: *Kohleveredlung*, Springer, Berlin-Heidelberg-NewYork, **1979**.

2.27 G. Collin, H. Köhler, *Erdöl Kohle, Erdgas, Petrochem.* **1977**, *30*, 257–263.

2.28 D. Sell, *Aufbereit. Tech.* **1978** *19*, 17.

2.29 M. Born, E. Klose, *Freiberg. Forschungsh.* **1979**, *A 603*, 57, 69.

2.30 W. K. Fischer, F. Keller, M. Hännl, DE-OS 301 3294 (1980), Schweizerische Aluminium AG.

2.31 W. Giesen, *Elektrowärme* **1962**, *20*, 282–288.

2.32 K. H. Bothe, H. Hilbig, L. Fischer, *Isotopentechnik* **1962**, *2*, 262.

2.33 S. Wilkening, *Ext. Abstr. Bienn. Conf. Carbon* **1977**, Nr. *13*, 330–333.

2.34 O. Engel, J. Engelmann, K. Wilkens, DE-PS 178 4164 (1968), Klöckner-Humboldt-Deutz AG.

2.35 R. Bigot, J. Foure, *1. Internat. Kohlenstofftagung*, Baden-Baden Juni **1972**, Bericht S. 384–387.

2.36 F, Kurka, H. Persicke, *1. Internat. Kohlenstofftagung*, Baden-Baden Juni **1972**, Bericht S. 388–389.

2.37 VDI-Richtlinie 3467, 1998.

2.38 G. Schiele, *Aluminium (Düsseldorf)* **1967**, *43*, 171–174.

2.39 J. L. Genevois, R. Piva, A. Lucia, DE-OS 271 9368 (1977), Elettrocarbonium S.p.A.

2.40 S. Wilkening, DE-OS 293 8059 (1979), VAW AG.

2.41 M. Ulrich, K. W. F. Etzel, W. Krohe, B. Rösch, W. Demmer, DE-OS 264 3764 (1976), SIGRI Elektrographit GmbH.

2.42 H. J. Feist, FR-OS 246 5977 (1980).

2.43 K. Naito, A. Shukya, DE-OS 261 4952 (1976), Shinagawa Refractories Co.

2.44 F. Isenhardt, E. Schulze-Rhonhof, G. Schmitz, R. Hesse, DE-OS 273 1760 (1977), Klöckner-Humboldt-Deutz AG.

2.45 Th. Edstrom, US-Pat. 350 4065 (1970), Union Carbide Corp.

2.46 E. Wege, *High Temp. High Pressures* **1976**, *8*, 293.

2.47 J. L. Genevois, R. Bufarale, DE-OS 262 3886 (1976), Elettrocarbonium S.p.A.

2.48 E. Fitzer, W. Weisweiler, *Chem. Ing. Tech.* **1972**, *44*, 972–979.

2.49 I. Letizia, *High Temp. High Pressures* **1977**, *9*, 291–296.

2.50 E. Fitzer, W. Frohs, G. Hannes, D. Kompalik, *18. Biennial Conf. on Carbon* **1987**, 40–41.

2.51 E. Schulz, H. Tillmanns, *3. Internat. Kohlenstofftagung*, Baden-Baden Juni/Juli **1980**, Bericht S. 498–501.

2.52 W. V. Kotlensky, in P. L. Walker, P. A. Thrower (Hrsg.): *Chemistry and Physics of Carbon*, Bd. 9, Marcel Dekker, New York, **1973**, S. 173–262.

2.53 G. Gistinger, M. Schmid, DE-AS 270 6033 (1977), SIGRI Elektrographit GmbH.

2.54 O. Rubisch, H Ernst, *Stahl Eisen* **1972**, *92*, 689–698.

2.55 D. Bowman, P. J. Salomon, *Elektrowärme Int.* **1981**, *39*, B 34-B 40.

2.56 H. Jäger, R.-D. Klein, P. Müller, R. Nikodem, K. Wimmer, *Metallurg. Plant Technol. Int.* **1991**, *14* (6), 24–39; R.-D. Klein, K. Wimmer, *Stahl Eisen* **1995**, *115*, 63–69.

2.57 C. Friedrich, H. Jäger, K. Wimmer, C. Hauswirth, H. Fuchs, H. Schäfer, *Metallurg. Plant Technol. Int.* **2002**, *25* (2), 42–49.

2.58 H. Fuchs, H. Schäfer, H. Jäger, K. Krug, *Proc. 7th Europ. Electric Steelmak. Conf.*, Venedig/Italien, Mai **2002**, 175–181.

2.59 S. Sato, J. Kon, *10th Biennial Conference on Carbon*, Bethlehem/Pa., Juni/Juli **1971**, Bericht S. 220–222.

2.60 H. Hagel, A. Kruppa, K. Michels, H. Jäger, K. Wimmer, R.-D. Klein, I. W. Gazda, *Proc. 21st Biennial Conf. on Carbon*, Buffalo, **1993**, 727–728.

2.61 W. Frohs, *Metallurg. Plant Technol. Int.* **1999**, *22* (2), 46–48.

2.62 F. J. B. Camarasa, J. J. Beltran, J. A. B. del Burgo, US-Pat. 5351266 (1994), Ferroatlantica.
2.63 W. Krüger, *Elektrowärme Int.* **1975**, *33*, B 184–187.
2.64 F. Hine, J. *Electrochem. Soc.* **1974**, *121*, 220.
2.65 P. Duby, *J. Met.* **1980**, *32* (4), 21–25.
2.66 U. Bongers, *Sprechsaal* **1979**, *112*, 435.
2.67 P. Lefrank, *DGM-Fachgruppentagung – Kontinuierliches Gießen*, Nürnberg Mai **1973**.
2.68 H. Würmseher, A. Swozil, *Z. Werkstofftech.* **1978**, *9*, 19–27.
2.69 W. Ullmann, *Ind.-Anz.* **1977**, *99*, 1349.
2.70 D. Sommer, K. Ohls, *Fresenius Z. Anal. Chem.* **1979**, *298*, 123.
2.71 E. Mayer: *Axiale Gleitringdichtungen*, 6. Aufl., VDI-Verlag, Düsseldorf, **1977**.
2.72 W. J. Bartz (Hrsg.): *Handbuch der Tribologie und Schmierungstechnik*, expert-Verlag, Renningen, **2004**.
2.73 W. Hammer, D. F. Leushacke, H. Nickel, W. Theymann, *Intern. Symp. on Gas-cooled Reactors*, Jülich Okt. **1975**, Bericht IAEA-SM-200/34.
2.74 E. Fitzer, *Angew. Chem.* **1980**, *92*, 375.
2.75 W. Watt, *Carbon* **1972**, *10*, 121–143.
2.76 M. Heine: *Optimierung der Reaktionsbedingungen von thermoplastischen Polymer-Fasern zur Kohlenstoffaser-Herstellung am Beispiel von Polyacrylnitril*, Diss. Univ. Karlsruhe, 1988.
2.77 W. Frohs: *Untersuchungen zum thermischen Abbau von Polyacrylnitril (PAN)-Precursorfasern zu Carbonfasern im Temperaturbereich von 500 bis 2800 °C*, Diss. Univ. Karlsruhe, 1989.
2.78 D. J. Johnson, S. C. Bennett, *Carbon* 1979, *17*, 25–39.
2.79 A. Oberlin, M. Guigon: The structure of carbon fibers, in A. R. Bunsell (Hrsg.): *Fiber Reinforcements for Composite Materials*, Elsevier, Amsterdam, **1988**, S. 149–210.
2.80 L. S. Singer, *Carbon* **1978**, *16*, 408–415.
2.81 D. Kompalik: *Zur Herstellung von Kohlenstoffasern aus Pech*, Diss. Univ. Karlsruhe, 1986.
2.82 S. C. Bennet, D. J. Johnson, *Proc. Fifth London Int. Carbon Graphite Conf.* London Sept. **1978**, Bd. 1, S. 337.
2.83 J. Delmonte: *Technology of Carbon and Graphite Fiber Composites*, Van Nostrand Reinhold, New York, **1981**.
2.84 R. C. Campbell, *Reinforced Plastics* **2001**, *45* (4), 14.
2.85 H. Kurz: Hochleistungsverbundwerkstoffe für KFZ-Anwendungen, 9. Nat. Symp. Soc. Advancement Mat. and Proc. Eng. (SAMPE) Deutschland e.V., Clausthal-Zellerfeld, 19.–20. Febr. **2003**.
2.86 M. Heine, Hochleistungsbremsscheiben aus CSiC-Keramik«, *Dresdner Leichtbausymp. 2001*, 07.- 09. Juni **2001**.
2.87 B. Lersmacher, H. Lydtin, W. F. Knippelberg, *Chem. Ing. Tech.* **1970**, *42*, 659–669.
2.88 J. D. Bokros, in P. L. Walker (Hrsg.): *Chemistry and Physics of Carbon*, Bd. 5, Marcel Dekker, New York, **1969**, S. 1–118.
2.89 M. B. Dowell, *12th Bienn. Conf. Carbon*, Pittsburgh/Pa, Juli/Aug. **1975**, S. 31, 35–36.

Abschnitt 3

Der Abschnitt basiert mit Ausnahme der Unterabschnitte »Definition und Historisches«, »Wirtschaftliches«, »Prüfung und Analyse« und »Toxikologie« auf dem Beitrag »Ruß« der 4. Auflage (Autoren P. Kleinschmit, M. Voll)

3.1 G. Collin, *Erdöl Erdgas Kohle* **2003**, *119*, 95–98; cfi/Ber. DKG 79(2002) Nr.12, D21-D26
3.2 *Carbon Black Directory & Sourcebook*, Intertech Corp., Portland/ME **1999**.
3.3 J. B. Donnet et al.: *Carbon Black. Science and Technology*, 2nd ed., Marcel Dekker Inc., New York, **1993**.
3.4 W. C. Wake (Hrsg.): *Fillers for Plastics*, Iliffe Books, London, **1971**.
3.5 US Bureau of Mines, *Technical Paper* **1940**, 610.
3.6 G. L. Heller, US Pat. 3490869 (1966), Cities Service Co.
3.7 M. E. Jordan, A. C. Morgan, DE-OS 2507021 (1975), Cabot Corp.
3.8 W. Hofmann, H. Gupta: *Handbuch der Kautschuktechnologie*, Dr. Gupta Verlag, Ratingen, **2001**.
3.9 J. B. Donnet et al.: *Carbon Black, Physics, Chemistry and Elastomer Reinforcement*, Marcel Dekker Inc, New York/Basel, **1976**.

3.10 P. Kleinschmit, M. Voll, in: *Ullmanns*, 6th Ed. Carbon Black.

3.11 H. Ferch, *Pigmentruße* (Hrsg. U. Zorll), Curt R. Vincentz Verlag, Hannover, **1995**.

3.12 H. Kittel, J. Spille: *Pigmente, Füllstoffe und Farbmetrik*, Hirzel Verlag, Stuttgart, **2003**.

3.13 P. Kleinschmit, M. Voll, in G. Buxbaum (Hrsg.): *Industrial Inorganic Pigments*, 2nd ed., Wiley-VCH, Weinheim, **1998**, S. 143–179.

3.14 International Agency for Research on Cancer: *IARC Monographs on the Evaluation of Carcinogenic Risks to Humans*, Vol. 65, *Printing Processes and Printing Inks, Carbon Black and Some Nitro Compounds*, **1996**, S. 149–262.

3.15 Deutsche Forschungsgemeinschaft Gesundheitsschädliche Arbeitsstoffe, *Toxikologisch-arbeitsmedizinische Begründungen von MAK-Werten*, 29. Lieferung, Wiley-VCH, Weinheim, **1999**.

Abschnitt 4

4.1 E. Fitzer, K.-H. Köchling, H.-P. Boehm, H. Marsh, Recommended terminology for description of carbon as a solid. *Pure Appl. Chem.* **1995**, *67* (3), 473–506.

4.2 V. H. Kienle, E. Bäder: *Aktivkohle und ihre industrielle Anwendung*, Ferdinand Enke, Stuttgart, **1980**.

4.3 R. Ch. Bousal, J. B. Donnet, F. Stoeckli: *Activated Carbon*, Marcel Dekker Inc., New York **1988**.

4.4 *Ullmann's*, 6th Ed. Activated Carbon. Wiley-VCH, Weinheim, **2001**.

4.5 R. Ostrejko, GB-Pat. 14 224 (1900).

4.6 R. Ostrejko, DE-PS 136 792 (1901).

4.7 Freedonia Industry: *Activated Carbon 2000*, Study 1355, Freedonia Group Inc., Cleveland, OH.

4.8 J. Meunier: *Vergasung fester Brennstoffe und Oxidative Umwandlung von Kohlenwasserstoffen*, Verlag Chemie, Weinheim, **1962**.

4.9 A. Gierak: Preparation, characterization and adsorption application of spherical carbon adsorbents from sulphonated polymers. *Mater. Chem. Phys.* **1995**, *41*, 28–35.

4.10 W. Klose, H. Wobig, 22nd Carbon Conference, San Diego, **1995**.

4.11 A. Ahmadpour, D. D. Do: The preparation of active carbons from coal by chemical and physical activation. *Carbon* **1996**, *34*, 471–479.

4.12 A. Linares-Solano et al.: Preparation of activated carbons from Spanish anthracite by KOH and NaOH. *Carbon* **2001**, *39*, 741–759.

4.13 *Winnacker-Küchler*, 4. Aufl., Bd. 3, S. 328–329.

4.14 M. Smisek, S. Cerny: *Active Carbon*, Elsevier, Amsterdam, **1970**.

4.15 K.-D. Henning, S. Schäfer, Impregnated activated carbon for environmental protection. *Gas Sep. Purif.* **1993**, *7* (4), 235–240.

4.16 G. M. Davies, N. A. Seaton: Development and validation of pore structure models for adsorption in activated carbons. *Langmuir* **1999**, *15*, 6263–6276.

4.17 L. P. Ding, S. K. Bhatia: Application of heterogenous vacancy solution theory to characterization of microporous solids. *Carbon* **2001**, *39*, 2215–2229.

4.18 I. S. Ismadj, S. K. Bhatia: Characterization of activated carbon using liquid phase adsorption. *Carbon* **2001**, *39*, 1237–1250.

4.19 E. P. Barrett, L. G. Joyner, P. Katenda, *J. Am. Chem. Soc.* **1951**, *73*, 373–380.

4.20 C. Pierce, *J. Phys. Chem.* **1953**, *57*, 149–152.

4.21 V. Alongi, *Chem. Rundschau* **1967**, *20*, 913–920.

4.22 R. Lange, W. Henschel: Anwendung bekannter Isothermenmodelle zur Beschreibung der Adsorption von Methan an Spezialaktivkohlen. *Chem. Ing. Tech.* **2002**, *74*, 1413–1416.

4.23 S. Brunauer, P. H. Emmet, E. J. Teller: Adsorption of gases in multimolecular layers. *J. Amer. Chem. Soc.* **1938**, *60*, 309–319.

4.24 B. McEnaney: Estimation of the dimensions of micropores in active carbons using the Dubinin-Radushkevich Equation. *Carbon* **1987**, *25*, 69–75.

4.25 Lord Kelvin in C. L. Mantell (Hrsg.): *Adsorption*, Mc Graw Hill, London-New York, **1951**, S. 30.

4.26 VDI 3674, Waste gas cleaning by adsorption, Beuth Verlag, Berlin, **1998**.

4.27 K.-D. Henning: *Adsorptive solvent recovery, in handbook of solvents*, ChemTec Publishing, Toronto, **2002**.
4.28 K. Knoblauch: Das BF-Verfahren zur Rauchgasentschwefelung und NO-Reduktion. *Erzmetall* **1980**, *33 (2)*, 109–114.
4.29 R. T. Yang: *Gas separation by adsorption processes*, Imperial College Press, London, **1997**.
4.30 H. J. Schröter, B. A. Schulte-Schulze, H. Heimbach, F. Tarnow, EP Pat. 050 5398 (1992), Bergwerksverband.

Abschnitt 5

5.1 *Ullmann's*, 5th.ed., **A 26**, S. 681–747, VCH Verlagsgesellschaft, Weinheim, **1995**.
5.2 A. L. Lavoisier, *Memoires de l'Academie des Sciences, Partie A* **1772**, 564.
5.3 S. Tennant, *Phil. Trans. R. Soc.* **1797**, *87*, 123.
5.4 J. B. Hannay, *Proc. Roy. Soc.* **1880**, *30*, 450.
5.5 H. Moissan, *C. R. Acad. Sci., Paris* **1905**, *140*, 277.
5.6 F. D. Rossini, S. R. Jessup, *J. Res. NSB* **1938**, *21*, 491.
5.7 O. I. Leipunskii, *Uspekhi. Khimii* (Progress in Chemistry) **1939**, *8 (10)*, 1519.
5.8 R. C. DeVries, A. Badzian, R. Roy, *MRS Bull.* **1996**, *21 (2)*, 65.
5.9 H. Liander, *ASEA Journal* **1955**, *28*, 97.
5.10 F. P. Bundy, H. T. Hall, H. M. Strong, R. H. Wentorf, Jr., *Nature* **1955**, *176*, 51.
5.11 R. H. Wentorf, *J. Phys. Chem.* **1971**, *75*, 1833.
5.12 P. K. Bachmann, R. F. Messier, *Chem. Eng. News* **1989**, *67*, 20, 24.
5.13 P. W. Bridgman, *J. Chem. Phys.* **1947**, *15*, 92.
5.14 H. P. Bovenkerk, F. P. Bundy, R. M. Chrenko, P. J. Codella, H. M. Strong, R. H. Wentorf, *Nature* **1993**, *365*, 6441.
5.15 G. v. d. Schrick, in *Der Diamant*, Karl Müller Verlag, Erlangen, **1991**, S. 276.
5.16 H. Kanda, T. Sekine in G. Davies (Hrsg.): *Properties and growth of diamond*, EMIS Datareviews Series, No. 9. INSPEC, IEE, London, **1994**, S. 409.
5.17 F. P. Bundy, *J. Chem. Phys.* **1963**, *38*, 618.
5.18 S. DeCarli, J. C. Jamieson, *Science* **1961**, *133*, 1821.

5.19 R. C. Burns, S. Kessler, M. Sibanda, C. M. Welbourn, D. L. Welch, *Proc. 3rd NIRIM Intl. Symposium Advanced Materials, Tsukuba, Japan* **1996**, S. 105.
5.20 R. C. Burns, J. O. Hansen, R. A. Spits, M. Sibanda, C. M. Welbourn, D. L. Welch, *Diamond Relat. Mater.* **1999**, *8*, 1433.
5.21 T. Anthony, *Post-Deadline Paper, Diamond 2000 Conference*, Porto, Portugal, **2000** (http://www.ge.com/uk/bellataire/).
5.22 W. Schmellenmeier, *Z. Phys. Chem.* **1956**, *205*, 349.
5.23 B. V. Spitsyn, B .V. Derjaguin, USSR Pat.. 339 134 (1980, angemeldet 1956).
5.24 B. Spitsyn, MRS Bull. 21, 8, 4 (1996).
5.25 W. G. Eversole US Pat. 303 0187 und 303 0188 (1962, angemeldet 1958).
5.26 B. V. Derjaguin, D. V. Fedoseev, *Scientific American* **1975**, 233, 102.
5.27 B. V. Spitsyn, L. L. Bouilov, B. V. Derjaguin, *J. Cryst. Growth* **1981**, *52*, 219.
5.28 S. Matsumoto, Y. Sato, M. Tsutsumi, N. Setaka, *J. Mater. Sci.* **1982**, *17*, 3106.
5.29 M. Kamo, Y. Sato, S. Matsumoto, N. Setaka, *J. Cryst Growth* **1983**, *62*, 642.
5.30 N. Koshino, K. Kurihara, M. Kawarada, K. Sasaki in G. H. Johnson, A. R. Badzian, M. W. Geis (Hrsg.): *Diamond and Diamond-Like Materials Synthesis*, MRS Symp. Proc. EA-15 **1988**, S. 95.
5.31 K. F. Spear, M. Frenklach, *Pure Appl. Chem.* **1994**, *66 (9)*, 1773.
5.32 J. Luque, W. Juchmann, J. B. Jeffries, *J. Appl. Phys.* **1997**, *82 (5)*, 2072.
5.33 L. Schäfer, C. Klages, U. Meier, K. Kohse-Höinghaus, *Appl. Phys. Lett.* **1991**, *58 (6)*, 571.
5.34 F. Beck, H. Krohn, W. Kaiser, M. Fryda, C. Klages, L. Schäfer, *Electrochim. Acta* **1998**, *44 (2-3)*, 525.
5.35 R. Haubner, B. Lux, *Diamond Relat. Mater.* **1993**, *2 (9)*, 1277.
5.36 D. G. Goodwin, G. Gavillet, *J. Appl. Phys.* **1990**, *68 (12)*, 6393.
5.37 P. K. Bachmann, W. Drawl, D. Knight, R. Weimer, R. F. Messier in A. Badzian, M. Geis, G. Johnson (Hrsg.): *Diamond and Diamond-like Materials*, MRS Proc. Vol. EA-15, **1988**, S. 99.
5.38 P. K. Bachmann, W. v. Enckefort, *Diamond Relat. Mater.* **1992**, *1*, 1021.
5.39 M. Füner, C. Wild, P. Koidl, *Appl. Phys. Lett.* **1998**, *72 (10)*, 1149.

5.40 E. Sevillano, in B. Dischler, C. Wild (Hrsg.): Low-pressure synthetic diamond- manufacturing and applications, Springer-Verlag, Berlin-Heidelberg, **1998**, S. 11.

5.41 M. Peters, J. M. Pinneo, L. Plano, K. V. Ravi, V. Versteeg, S. Yokota, *Proc. SPIE-Int. Soc. Opt. Eng.* **1988**, *877*, 79.

5.42 S. Matsumoto, *J. Mater. Sci. Lett.* **1985**, *4*, 600.

5.43 S. Matsumoto, M. Hino, T. Kobayashi, *Appl. Phys. Lett.* **1987**, *51*, 737.

5.44 R. Hernberg, T. Lepisto, T. Mäntylä, T. Stenberg, J. Vattulainen, *Diamond Relat. Mater.* **1992**, *1 (2-4)*, 255.

5.45 G. Lu, K. Gray, E. Borchelt, L. K. Bigelow, J. Graebner, *Diamond Relat. Mater.* **1993**, *2 (5-7)*, 1064.

5.46 L. K. Bigelow, *Ind. Ceram.* **1999**, *19 (2)*, 93.

5.47 N. Othake, M. Yoshikawa, *J. Electrochem. Soc.* **1990**, *137*, 717.

5.48 Y. Hirose, M. Mitsuizumi, *New Diamond* **1988**, *4 (3)*, 34.

5.49 P. Morrison, J. T. Glass, in G. Davies (Hrsg.): *Properties and growth of diamond*, EMIS Datareviews Series, No. 9. INSPEC, IEE, London, **1994**, S. 37,.

5.50 P. K. Bachmann, H. Lydtin in G. Lukovsky, D. E. Ibbotson, D. W. Hess (Hrsg.): *Characterization of Plasma Processes*, MRS Proc. Vol. 165, **1990**, S. 181.

5.51 P. K. Bachmann, D. Leers, H. Lydtin, *Diamond Relat. Mater.* **1991**, *1 (1)*, 1.

5.52 S. Yugo, N. Ishigaki, K. Hirahara, T. Sano, T. Kimura, *Diamond Relat. Mater.* **1999**, *8 (8–9)*, 1406.

5.53 X. Jiang, C. Klages, *Diamond Relat. Mater.* **1993**, *2 (5-7)*, 1112.

5.54 B. Stoner, G. Ma, S. Wolter, W. Zhu, Y. Wang, R. F. Davis, J. T. Glass, *Diamond Relat. Mater.* **1993**, *2 (2–4)*, 142.

5.55 M. Schreck, A. Schury, F. Hörmann, H. Roll, B. Stritzker, *J. Appl. Phys.* **2002**, *91*, 676.

5.56 J. T. Glass, B. Fox, D. L. Dreifus, B. Stoner, *MRS Bull.* **1998**, *23 (9)*, 49.

5.57 A. T. Collins in G. Davies (Hrsg.): *Properties and growth of diamond*, EMIS Datareviews Series, No. 9. INSPEC, IEE, London, **1994**, S. 280.

5.58 R. Ramesham, *Thin Solid Films* **1998**, *322*, 158.

5.59 M. Hasegawa, T. Teraji, S. Koizumi, *Appl. Phys. Lett.* **2001**, *79*, 3068.

5.60 P. K. Bachmann, H. J. Hagemann, H. Lade, D. Leers, F. Picht, D. U. Wiechert, in C. H. Carter, G. Gildenblatt, S. Nakamura, R. J. Nemanich (Hrsg.): *MRS Symp. Proc., Vol. 339, Diamond, SiC, and Nitride Wide Band Gap Semiconductors*, Materials Res. Soc., Pittsburgh, PA, **1994**, S. 267.

5.61 N. A. Prijaya, J. C. Angus, P .K. Bachmann, *Diamond Relat. Mater.* **1993**, *3 (1–2)*, 129.

5.62 P. K. Bachmann, H. J. Hagemann, H. Lade, D. Leers, F. Picht, D. U. Wiechert, *Proc. ISAM'94, Intl. Symp. on Adv. Materials, NIRIM*, Tsukuba, Japan, **1994**, S. 115 .

5.63 P. K. Bachmann, U. Linz, *Spektrum der Wissenschaft* **1992**, *9*, 30–41.

5.64 http://www.cvd-diamond.com/tfdire/frames-e.htm.

5.65 http://www.aixtron.com/products/aixp6-60.htm.

5.66 T. Leyendecker, O. Lemmer, A. Jürgens, S. Esser, J. Ebberink, *Surf. Coat. Technol.* **1991**, *48 (3)*, 253.

5.67 http://www.cemecon.com/produkte/cvdunits.html.

5.68 I. Tröster, M. Fryda, D. Herrmann, L. Schäfer, W. Haenni, W. Perret, A. Blaschke, A. Kraft, M. Stadelmann, *Diamond Relat. Mater.* **2002**, *11 (3–6)*, 640.

5.69 http://www.condias.de/.

5.70 P. K. Bachmann, D. U. Wiechert, in B. Dischler, C. Wild (Hrsg.): Low-pressure synthetic diamond- manufacturing and applications, Springer-Verlag, Berlin-Heidelberg, **1998**, S. 207.

5.71 A. Hatta, H. Suzuki, K. Kadota, T. Ito, A. Hiraki, *Thin Solid Films* **1996**, *281–282 (1–2)*, 264.

5.72 J. Chang, T. Mantei, *Mater. Res. Soc. Symp. Proc.* **1991**, *202*, 253.

5.73 C. Pan, C. Chu, J. Margrave, R. Hauge, *Electrochem. Soc.* **1994**, *141 (11)*, 3246.

5.74 I. Schmidt, F. Hentschel, C. Benndorf, *Diamond Relat. Mater.* **1996**, *5 (11)*, 1318.

5.75 B. Dischler, C. Wild (Hrsg.): *Low-pressure synthetic diamond- manufacturing and applications*, Springer-Verlag, Berlin-Heidelberg, **1998**.

5.76 M. A. Prelas, G. Popovici, L. K. Bigelow (Hrsg.): *Handbook of industrial diamonds and diamond films*, Marcel Dekker, Inc., New York, **1997**.

5.77 W. R. Fahrner (Hrsg.): *Handbook of Diamond Technology*, **2000**, 680 pp. (Trans Tech) ISBN 0878498354.

5.78 G. Davies (Hrsg.): *Properties and growth of diamond*, EMIS Datareviews Series, No. 9. INSPEC, IEE, London, **1994**.

5.79 J. Wilks, E. Wilks: *Properties and Applications of Diamond*, Butterworth-Heinemann Ltd., Oxford, **1991**.

5.80 *Diamond and Related Materials*, ISBN: 0925-9635, Elsevier.

5.81 J. Karner, M. Pedrazzini, I. Reineck, M. Sjöstrand, E. Bergmann, *Mater. Sci. Eng.*, A **1996**, *209* (1–2), 405.

5.82 http://www.iaf.fhg.de/budi/cont-e.htm.

5.83 A. Kasugai et al, *Rev. Sci. Instrum.* **1998**, *69* (5), 2160.

5.84 P. K. Bachmann, 7th Intl. Conf. on the New Diamond Science and Technology (ICNDST-7), July 23–28, Hongkong, China, **2000**.

5.85 S. Shikata, in B. Dischler, C. Wild (Hrsg.): Low-pressure synthetic diamond- manufacturing and applications, Springer-Verlag, Berlin-Heidelberg, **1998**, 261.

5.86 I. Isberg, J. Hammersberg, E. Johansson, T. Wikström, D. Twitchen, A. Whitehead, S. Coe, G. Scarsbrook, *Science* **2002**, *267*, 1670.

5.87 G. Swain, A. Anderson, J. Angus, *MRS Bull.* **1998**, *23* (9), 56.

5.88 B. Sarada, T. Rao, D. Tryk, A. Fujishima, *Chem. Lett.* **1999**, *11*, 1213.

5.89 B. Sarada, T. Rao, D. Tryk, A. Fujishima, *J. Electrochem. Soc.* **1999**, *146* (4), 1469.

Abschnitt 6

6.1 H. Kataura et al., *Appl. Phys.* **2002**, *A 74*, 349–354.

6.2 W. Krätschmer, L. D. Lamb, K. Fostiropolous, D. R. Huffmann, *Nature* **1990**, *347*, 354–358.

6.3 W. Krätschmer, K. Fostiropolous, D. R. Huffmann, *Chem. Phys. Lett.* **1990**, *170*, 167–170.

6.4 R. E. Haufler, Y. Chai, L. P. F. Chibante, J. Conceicao, C. Jin, L. S. Wang, S. Maruyama, R E. Smalley, *Mater. Res. Symp. Proc.* **1991**, *206*, 627–637.

6.5 R. E. Haufler, L. S. Wang, L. P. F. Chibante, C. Jin, J. Conceicao, Y. Chai, R. E. Smalley, *Chem. Phys. Lett.* **1991**, *179*, 449–454.

6.6 M. Jansen, G. Peters, *Angew. Chem.* **1992**, *104*, 240–242; *Angew. Chem Int. Ed. Engl.* **1992**, *31*, 223–225.

6.7 R. F. Curl, R. E. Smalley, *Angew. Chem.* **1997**, *109*, 1638–1647, 1667–1673 (Nobel-Vorträge).

6.8 L. P. F. Chibante, A. Thess, J. L. Alford, M. D. Diener, R. E. Smalley, *J. Phys. Chem.* **1993**, *97*, 8696–8700.

6.9 L. Becker, J. L. Bada, D. Heyman, L. P. F. Chibante, R. R. Brooks, W. S. Wolbach, R. E., Smalley, *Science* **1994**, *265*, 642–645, 645–647.

6.10 K. Fostiropoulos, Dissertation, Universität Heidelberg, 1991.

6.11 H. Ajie, M. M Alvarez, S. J. Anz, R. D. Beck, F Diederich., K. Fostiropoulos, R. Huffman, W. Krätschmer, Y. Rubin, K. E. Schriver, D. Sensharma, R. L. Whetten, *J. Phys. Chem.* **1990**, *94*, 8630–8633.

6.12 F. Diederich, R. L. Whetten, *J. Amer. Chem. Soc.* **1995**, *107*, 7779–7785.

6.13 V. A. Davidov, L. S. Kashevarova, A. V. Rakhmanina, V. N. Agafonov, R. Ceolin, H. Szwarc, *JETP Lett.* **1996**, *63*, 778–781.

6.14 T. L. Makarova, B. Sundqvist, R. Höhne, P. Esquinazi, Y. Kopelevich, P. Scharff, V. A. Davydov, L. S. Kashevarova, A. V. Rakhmanina, *Nature* **2001**, *413*, 716–719.

6.15 J. C. Hummelen, B. Knight, J. Pavlovich, R. Gonzales, F. Wudl, *Science* **1995**, *269*, 1554–1556.

6.16 M. Audier, J. Guinst, M. Coulon, L. Bonnetain, *Carbon* **1981**, *19*, 99–105.

6.17 M. Audier, A. Oberlin, M. Oberlin, M. Coulon, L. Bonnetain, *Carbon* **1981**, *19*, 217–224.

6.18 G G. Tibbetts, *J. Cryst. Growth* **1984**, *66*, 632–638.

6.19 S. Iijima, *Nature* **1991**, *354*, 56–58.

6.20 M. Jose-Yacaman, M. Miki-Yoshida, L. Rendon, *Appl. Phys. Lett.* **1993**, *62*, 657–659.

6.21 S. Cui, Y. D. Li, L. Zhang, *Chinese Sci. Bull.* **1997**, *42*, 439–440.

6.22 M. Endo, K. Takeuchi, K. Kobori, K. Takahashi, H. W. Kroto, A. Sarkar *Carbon* **1995**, *33*, 873–881.

6.23 A. Peigney, C. H. Laurent, F. Dobigeon, A. Rousset, *J. Mater. Res.* **1997**, *12*, 613–615.

6.24 S. Cui, C. Z. Lu, Y. L. Qiao, L. Cui *Carbon* **1999**, *37*, 2070–2073.

6.25 T. W Ebbesen, P. M. Ajayan, *Nature* **1992**, *358*, 220–222.

6.26 D. S. Bethune, C. H. Kiang, M. S. de Vries, G. Gorman, R. Savoy, J. Vazquez, R. Beyers, *Nature* **1993**, *363*, 605–607.

6.27 Y. Saito, M. Okuda, M. Tomita, T. Hayashi, *Chem. Phys. Lett.* **1995**, *236*, 419–426.

6.28 C. Journet, W. K. Maser, P. Bernier, A. Loiseau, M. L. de la Chapelle, S. Lefrant, P. Deniard, R. Lee, J. E. Fischer, *Nature* **1997**, *388*, 756–758.

6.29 S. Cui, P. Scharff, L. Spiess et al,. *Carbon* **2003**, *41*, 1648–1651.

6.30 T. Guo, P. Nikolaev, A. Thess, D. T. Colbert, R E. Smalley, *Chem. Phys. Lett.* **1995**, *243*, 49–54.

6.31 A. Thess, R. Lee, P. Nikolaev et al., *Science* **1996**, *273*, 483–487.

6.32 S. Tasaki, K. Maekawa, T. Yamabe, *Phys. Rev. B* **1998**, *57*, 9301–9318.

6.33 E. Hernandez, C. Goze, P. Bernier, A. Rubio, *Phys. Rev. Lett.* **1998**, *80*, 4502–4505.

6.34 D. Laplaze, L. Alvarez, T. Guillard, J. M. Badie, G. Flamant, *Carbon* **2002**, *40*, 1621–1634.

6.35 A. Rinzler, J. Liu, H. Dai, P. Nikolaev, C. Huffman, F. Rodriguez-Macias, P. Boul, A. Lu, D. Heymann, D. T. Colbert, R. S. Lee, J. Fischer, A. Rao, P. C. Eklund, R E. Smally, *Appl. Phys. A* **1998**, *67*, 29–37.

6.36 B. C. Satishkumar, A. Govindaraj, J. Mofokeng, G. N. Subbanna, C. N. R. Rao, *J. Phys. B: At. Mol. Opt. Phys.* **1996**, *29*, 4925–4935.

6.37 E. Dujardin, T. Ebbesen, A. Krishnan, M. Treacy, *Adv. Mater.* **1998**, *10*, 611–613.

6.38 A. C. Dillon, T. Gennett, K. M. Jones, J. L. Aleman, P. A. Parila, M. J. Heben, *Adv. Mater.* **1999**, *16*, 1354–1358.

6.39 T. Ebbesen, A. Ajayan, H. Hiura, K. Tanigaki, *Nature* **1994**, *367*, 519.

6.40 H. Hiura, T. Ebbesen, K. Tanigaki, *Adv. Mater.* **1995**, *7*, 275–276.

6.41 J. L. Zimmerman, R. K. Bradley, C. B. Huffman, R. H. Hauge, J. L. Margrave, *Chem. Mater.* **2000**, *12*, 1361–1366.

6.42 P. M. Ajayan, T. W. Ebbesen, T. Ichihashi, S. Iijima, K. Tanigaki, H. Hiura, *Nature* **1993**, *362*, 522–525.

6.43 K. Tohji, T. Goto, H. Takahashi, Y. Shinoda, N. Shimizu, B. Jeyadevan, I. Matsuoka, Y. Saito, A. Kasuya, T. Ohsuna, K. Hiraga, Y. Nishina, *Nature* **1996**, *383*, 679.

6.44 Y. Ando, X. Zhao, H. Kataura, Y. Achiba, K. Kaneto, M. Tsuruta, S. Uemura, S. Iijima, *Diamond Relat. Mater.* **2000**, *9*, 847–851.

6.45 Y. Ando, X. Zhao, M. Ohkohchi, *Jpn. J. Appl. Phys.* **1998**, *37*, L61-L63.

6.46 S. Bandow, A. M. Rao, K. A. Williams, A. Thess, R. E. Smalley, P. C. Eklund, *J. Phys. Chem. B* **1997**, *101*,8839–8842.

6.47 K. B. Shelimov, R. O. Esenaliev, A. G. Rinzler, C. B. Hufffman, R E. Smalley, *Chem. Phys. Lett.* **1998**, *282*,429–434.

6.48 T. Abatemarco, J. Stickel, J. Belfort, B. P. Franck, P. M. Ajayan, G. Belfort, *J. Phys. Chem. B* **1999**, *103*,3534–3588.

6.49 G. S. Duesberg, M. Burghard, J. Muster, J. Philipp, S. Roth, *Chem. Commun.* **1998**, 435–437.

6.50 G. S. Duesberg, J. Muster, V. Krstic, M. Burghard, S. Roth, *Appl. Phys. A* **1998**, *67*, 117–119.

6.51 G. S. Duesberg, W. Blau, H. J. Byrne, J. Muster, M. Burghard, S. Roth, *Synth. Met.* **1999**, *103*, 2484–2485.

6.52 A. C. Dillon, K. M. Jones, T. A. Bekkedahl, C. H. Kiang, D. S. Bethune, M. J. Heben, *Nature* **1997**, *386*, 377–379.

6.53 W. Chiang, B. E. Brinson, R. E. Smalley, J. L. Margrave, R H. Hauge, *J. Phys. Chem. B* **2001**, *105*, 1157–1161.

6.54 P. X. Hou, C. Liu, Y. Tong, S. T. Xu, M. Liu, H M. Cheng, *J. Mater. Res.* **2001**, *16*, 2526–2529.

6.55 U. Dettlaff-Weglikowska, S. Roth, *AIP Conf. Proc.* **2001**, *591*, 171–173.

6.56 Z. Shi, Y. Liau, F. Liao, X. Zhou, Z. Gu, Y. Zhang, S. Iijima, *Solid State Commun.* **1999**, *112*, 35–37.

6.57 I. W. Chiang, B. E. Brinson, R. E. Smalley, J. L. Margrave, R H. Hauge, *J. Phys. Chem. B* **2001**, *105*, 1157–1161.

6.58 F. Ikazaki, S. Ohshima, K. Uchida, Y. Kuriki, H. Hayakawa, M. Yumura, K. Takahashi, K. Tojima, *Carbon* **1994**, *32*, 1539–1542.

6.59 J. M. Bonard, T. Stora, J. P. Salvetat, F. Maier, T. Stöckli, C. Duschl, L. Forró, W. A. de Heer, A. Châtelain, *Adv. Mater.* **1997**, *9*, 827.

6.60 J. N. Coleman, D. F. O. Brien, M. Panhuis, A. B. Dalton, B. McCarthy, R. C. Barklie, W. J. Blau, *Synth. Met.* **2001**, *121*, 1229–1230.

6.61 Y. Sato, T. Ogawa, K. Motomiya, K. Shinoda, B. Jeyadevan, K. Tohji, A. Kasuya, Y. Nishina, *J. Phys. Chem. B* **2001**, *105*, 3387–3392.

6.62 R.Andrews, D. Jacques, D. Qian, E. C. Dickey, *Carbon* 2001, *39*, 1681–1687.

6.63 S. Cui, R. Canet, A. Derre, M. Couzi, P. Delhaes, *Carbon* **2003**, *41*, 797–809.

6.64 P. X. Hou, S. Bai, Q. H. Yang, C. Liu, H. M. Cheng, *Carbon* **2002**, *40*, 81–85.

6.65 M. S. Dresselhaus, G. Dresselhaus, P. C. Eklund: *Science of Fullerences and Carbon Nanotubes*, Academic Press, San Diego, **1996**.

6.66 B. Q. Wei, R. Vajtai, P. M. Ajayan, *Appl. Phys. Lett.* **2001**, *79*, 1172–1174.

6.67 S. Frank, P. Poncharal, Z. L. Wang, W. A. de Heer, *Science* **1998**, *280*, 1744–1746.

6.68 H. Dai, E. W. Wong, C. M. Lieber, *Science* **1996**, *272*, 523–526.

6.69 Y. Y. Wei, G. Eyes, V. I. Merklulov, D. H. Lowndes, *Appl. Phys. Lett.* **2001**, *78*, 1394–1396.

6.70 L. F. Sun, Z. Q. Lin, X. C. Ma et al., *Chem. Phys. Lett.* **2001**, *336*, 392–396.

6.71 Y. C. Choi, Y. M. Shin, S. C. Lim et al., *J. Appl. Phys.* **2000**, *88*, 4898–4903.

6.72 P. G. Collins, A. Zettl, *Phys. Rev. B* **1997**, *55*, 9391–9399.

6.73 H. Schmid, H. W. Fink, *Appl. Phys. Lett.* **1997**, *70*, 2679–2680.

6.74 A. G. Rinzler, J. H. Hafner, P. Nikolaev et al., *Science* **1995**, *269*, 1550–1554.

6.75 W. A. de Heer, A. Chatelain, D. Ugarte, *Science* **1995**, *270*, 1179–1180.

6.76 S. J. Tans, M. H. Devoret, H. Dai et al., *Nature* 1997, *386*, 474–477.

6.77 S. J. Tans, A. R. M. Verschueren, C. Dekker, *Nature* **1998**, *393*, 49–52.

6.78 M. Bockrath, D. H. Cobden, P. L. McEuen et al., *Science* **1997**, *275*, 1922–1925.

6.79 L. Rischier, J. Penttilä, M. Martin et al., *Appl. Phys. Lett.* **1999**, *75*, 728–730.

6.80 Z. Wu, Z. Chen, X. Du, J. M. Logan, J. Sippel, M. Nikolou, K. Kamaras, J. R. Reynolds, D. B. Tanner, A. F. Hebard, A. G. Rinzler, *Science* **2004**, *305*, 1273–1276.

6.81 J. A. Misewich, R. Martel, Ph. Avouris, J. C. Tsang, S. Heinze, J. Tersoff, *Science* **2003**, *300*, 783–786.

6.82 (a) J. Kong, N. R. Franklin, C. Zhou et al., *Science* **2000**, *287*, 622–625. (b) J. Li, Y. Lu, Q. Ye, M. Cinke, J. Han, Meyyappan, *NanoLetters* **2003**, *3*, 929–933.

6.83 C. Liu, Y. Y. Fan, M. Liu et al., *Science* **1999**, *286*, 1127–1129.

6.84 G. E. Gadd, M. Blackford, S. Moricca et al., *Science* **1997**, *277*, 933–936.

6.85 Y. L. Qiao, L. Cui, Y. Liu et al., *J. Mater. Sci. Lett.* **2002**, *21*, 1813–1815.

6.86 D. Qian, E. C. Dickey, R. Andrews, T. Rantell, *Appl. Phys. Lett.* **2000**, *76*, 2868–2870.

6.87 L. S. Schadler, S. C. Giannaris, P. M. Ajayan, *Appl. Phys. Lett.* **1998**, *73*, 3842–3844.

6.88 J. K. Cambell, L. Sun, R. M. Crooks, *J. Amer. Chem. Soc.* **1999**, *121*, 3779–3780.

6.89 H. Dai, J. H. Hafner, A. G. Rinzler, D. T. Colbert, R E. Smalley, *Nature* **1996**, *384*, 147–150.

6.90 L. Duclaux, Y. Soneda, M. Makino, *TANSO* **2001**, *196*, 9–14.

6.91 B. I. Yakobson, R E. Smalley, *Am. Sci.* **1997**, *85*, 324–337.

6.92 A. D. Dalton, S. Collins, E. Muños, J. M. Razal, V. H. Ebron, J. P. Ferraris, J. N. Coleman, B. G. Kim, R. H. Baughman, *Nature* **2003**, *423*, 703.

12 Wasser

Jutta Jahnel, Markus Ziegmann, Fritz H. Frimmel

1	**Wasser, der besondere Stoff**	*1043*
1.1	Das Molekül	*1043*
1.2	Physikalische Eigenschaften	*1043*
1.3	Wasser als Lösemittel	*1046*
1.4	Wasser als Lebensgrundlage	*1048*
2	**Globale Wassermengen und natürlicher Wasserkreislauf**	*1049*
2.1	Gesamtbilanz	*1049*
2.2	Der natürliche Wasserkreislauf	*1049*
2.3	Wasserarten	*1050*
3	**Wassernutzung und Wasserqualität**	*1053*
3.1	Wasserbedarf	*1053*
3.2	Trinkwasser	*1055*
3.3	Mineralwasser, Heilwasser, Tafelwasser	*1057*
3.4	Brauchwasser	*1058*
3.5	Abwasser	*1060*
4	**Gesetze, Verordnungen, Richtlinien**	*1060*
4.1	Wasserhaushaltsgesetz	*1060*
4.2	Wasserrahmenrichtlinie	*1061*
4.3	Trinkwasser-Verordnung	*1061*
4.4	Abwasserabgabengesetz	*1062*
4.5	Technische Regeln	*1062*
5	**Wassererschließung und Wasserverteilung**	*1063*
5.1	Niederschläge	*1063*
5.2	Grundwasser	*1064*
5.3	Oberflächenwasser, Uferfiltration	*1065*
5.4	Verteilungsnetze	*1067*

Winnacker/Küchler. *Chemische Technik: Prozesse und Produkte.*
Herausgegeben von Roland Dittmeyer, Wilhelm Keim, Gerhard Kreysa, Alfred Oberholz
Band 3: Anorganische Grundstoffe, Zwischenprodukte.
Copyright © 2005 WILEY-VCH Verlag GmbH & Co. KGaA, Weinheim
ISBN: 3-527-30768-0

6	**Wassertechnik** *1068*	
6.1	Stofftrennung *1069*	
6.1.1	Entfernung von Feststoffen *1069*	
6.1.2	Entfernen gelöster Stoffe *1078*	
6.1.3	Einbringen und Entfernen von Gasen *1083*	
6.2	Reaktionen *1085*	
6.2.1	pH-Wert-Korrektur *1085*	
6.2.2	Oxidationen *1087*	
6.2.3	Bioabbau *1090*	
6.3	Aufbereitungskonzepte in der Praxis *1090*	
7	**Konzepte der Wasserbewirtschaftung** *1093*	
7.1	Produktionsintegrierter Gewässerschutz *1093*	
7.2	Produktintegrierter Gewässerschutz *1094*	
7.3	Konsumintegrierter Gewässerschutz *1094*	
7.4	Kreislaufführung *1095*	
7.5	Globalisierung des Wassermarkts *1095*	
8	**Literatur** *1095*	

1
Wasser, der besondere Stoff

Das Leben, so wie wir es kennen, ist ohne Wasser nicht denkbar. Wasser wird zur Photosynthese benötigt und ist das Medium für die Umsetzungen hochkomplexer organischer Moleküle, auf denen die Lebensvorgänge basieren. Als Löse- und Quellungsmittel ermöglicht es beispielsweise die zahlreichen chemischen und kolloidchemischen Zellreaktionen, als Transportmittel sorgt es im menschlichen Körper für den Transport von Gasen, Salzen, Fetten und Hormonen. Außerdem spielt Wasser auch im Klimasystem eine fundamentale Rolle. Ohne Wasser gäbe es somit kein Leben auf der Erde [1–3].

1.1
Das Molekül

Die Summenformel von Wasser ist H_2O. Zwei Atome Wasserstoff (H) und ein Atom Sauerstoff (O) bilden das Molekül Wasser mit einem H-O-H-Winkel von 104,5° und einem Abstand H-O von 95,8 pm. Das Wassermolekül hat ein Dipolmoment, da der positive Ladungsschwerpunkt auf den Wasserstoffatomen und die negative Partialladung auf dem Sauerstoffatom lokalisiert sind. Wegen des Dipolcharakters und der Winkelform kann das Sauerstoffatom mit Wasserstoffatomen der Nachbarmoleküle in Wechselwirkung treten. Diese sogenannte Wasserstoffbrückenbindung bestimmt die ungewöhnlichen physikalischen Eigenschaften von Wasser. Die Wasserstoffbrückenbindung führt bei flüssigem Wasser zu Molekülaggregationen von wechselnder Größe und Struktur. Die energetisch günstige Konfiguration eines Molekülpaares in flüssiger Phase ist in Abbildung 1.1 gezeigt. In fester Form (Eis) bildet Wasser eine tetraedrische Gitterstruktur der Koordinationszahl 4 (Eis I, hexagonale Symmetrie der Sauerstoffatome), wodurch der H-O-H-Winkel auf 109,1° gespreizt und der O-H-Abstand auf 99 pm gedehnt wird (Abb. 1.2). Die Wasserstoffbrücken, die für den Aufbau dieses Gitters erforderlich sind, haben eine Bindungsenergie von etwa 40 kJ mol^{-1}. Zum Vergleich beträgt die Bindungsenergie der kovalenten H-H-Bindung 400 kJ mol^{-1}.

1.2
Physikalische Eigenschaften

Viele sogenannte Anomalien des Wassers im Bereich vom Gefrierpunkt bis 100 °C resultieren aus dessen besonderer Molekülstruktur und seiner Fähigkeit, Wasser-

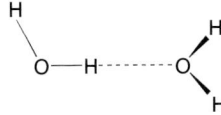

Abb. 1.1   Energetisch günstige Konfiguration eines Molekülpaares in flüssiger Phase

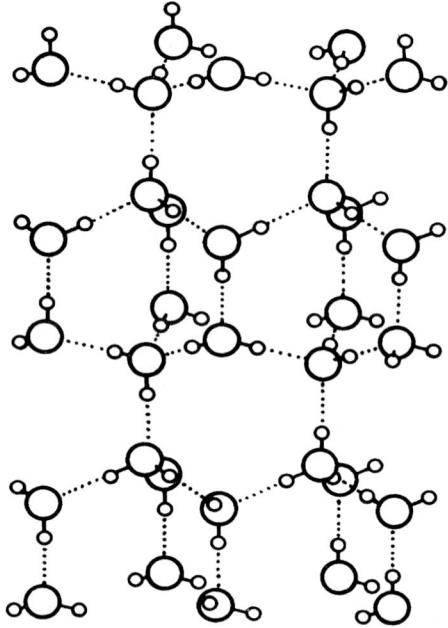

Abb. 1.2 Anordnung der Wassermoleküle im Eiskristall

stoffbrücken zu bilden. Folgende Besonderheiten bei den Stoffeigenschaften sind hervorzuheben [4]:

Zustandsdiagramm
Wasser kommt in den drei Aggregatzuständen fest, flüssig und gasförmig vor. Die Bereiche der einzelnen Zustände beschreibt das Zustandsdiagramm in Abbildung 1.3. Wasser besitzt einen anomal hohen Schmelzpunkt, da es zusätzlicher Energie bedarf, um die Struktur des Eises aufzulösen. Bei 0,01 °C haben Eis und Wasser den gleichen Dampfdruck von 0,006 bar. Diesen Punkt nennt man auch *Tripelpunkt*, denn hier sind alle drei Phasen des Wassers beständig. Der Siedepunkt von Wasser ist mit 100 °C bei 1 bar relativ hoch, da die flüssige Phase unter Auflösung der Cluster in die gasförmige Form übergeht. Bei der *kritischen Temperatur* (373,98 °C bei $22{,}05 \cdot 10^6$ Pa) erreicht flüssiges Wasser die gleiche Dichte und Struktur wie Dampf.

Dichte
Die Dichte des Wassers zeigt eine besondere Temperaturabhängigkeit (Abb. 1.4). Beim Schmelzen von Eis erfolgt eine Volumenkontraktion um 8,2 %, die sich mit der sprunghaften Erhöhung der Koordinationszahl der Wassermoleküle erklären lässt. Die mit dem Gefrieren einhergehende Volumenvergrößerung hat zur Folge, dass für Wasser eine Gefrierpunktserniedrigung bei steigendem Druck beobachtet wird. Für den Lebensraum Wasser erklärt diese Dichteanomalie, warum Eis auf dem Wasser schwimmt und Gewässer von oben her zufrieren.

1 Wasser, der besondere Stoff | 1045

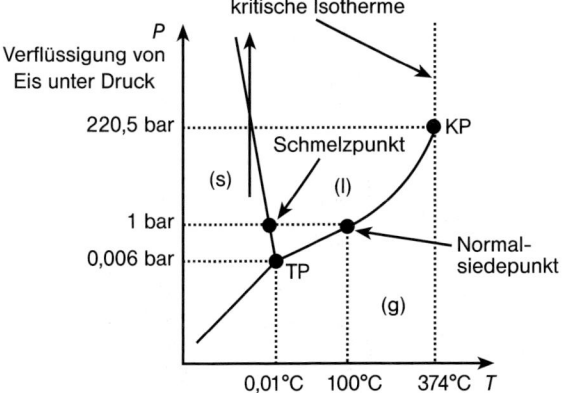

Abb. 1.3 Zustandsdiagramm von Wasser (TP: Tripelpunkt, KP: kritischer Punkt), entnommen aus [5]

Eine weitere Besonderheit stellt das Dichtemaximum des flüssigen Wassers bei 3,98 °C dar. Es ist eine Folge der Überlagerung von zwei Effekten: die mit der Temperatur steigende Koordinationszahl der Wassermoleküle bedingt eine Volumenabnahme, während die thermische Ausdehnung eine Volumenzunahme bewirkt. Auch diese Eigenschaft spielt in der Natur eine wichtige Rolle: Das Tiefenwasser in stehenden Gewässern hat wegen des Dichtemaximums eine Temperatur von 4 °C und ist im Sommer von wärmerem und im Winter von kälterem Wasser überlagert.

Sowohl der thermische Ausdehnungskoeffizient von flüssigem Wasser als auch die isotherme Kompressibilität haben niedrige Werte. Dies kann ebenfalls auf die besonderen Eigenschaften der Wasserstoffbrücken zurückgeführt werden.

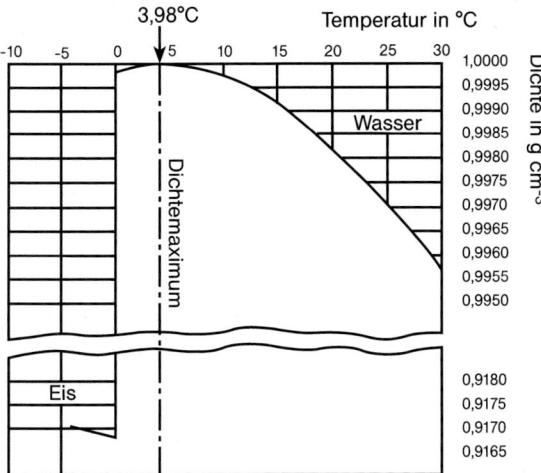

Abb. 1.4 Temperaturabhängigkeit der Dichte

Viskosität und Oberflächenspannung

Die dynamische Viskosität des Wassers ist relativ hoch, wobei es eine anomale Druckabhängigkeit der Viskosität gibt. Die Viskosität nimmt unter Druck ab und erreicht bei ca. 60 MPa ein Minimum. Ähnlich wie bei der Temperaturabhängigkeit der Dichte des Wassers wirken hier zwei Effekte gegenläufig: einerseits brechen die Clusterbereiche unter Druckeinwirkung zusammen und bewirken eine Viskositätserniedrigung, andererseits verursachen hohe Drücke eine Zunahme der Viskosität.

Außerdem besitzt Wasser eine hohe Oberflächenspannung als Folge der starken zwischenmolekularen Kräfte durch die Wasserstoffbrücken.

Weitere thermodynamische Eigenschaften

Die Verdampfungsenthalpie und die spezifische Wärmekapazität von Wasser sind höher als bei Molekülen ähnlicher Struktur und molarer Masse. Dies liegt an der zusätzlichen Energie, die beim Wasser für das Aufbrechen der Wasserstoffbrücken aufgebracht werden muss. Nicht nur für das Klima der Erde, auch für die Regulierung des Wärmehaushalts von Organismen ist die hohe Wärmekapazität des Wassers von Bedeutung.

Tabelle 1.1 gibt eine Übersicht über die physikalischen Eigenschaften des Wassers.

1.3
Wasser als Lösemittel

Die Lösung von Stoffen in Wasser setzt eine Wechselwirkung zwischen den zu lösenden Molekülen mit denen des Wassers voraus. Wegen der Struktur des Wassermoleküls wird die Wechselwirkung mit polaren Stoffen erleichtert und mit unpolaren Stoffen erschwert.

Lösung von Elektrolyten

Unter Elektrolyten versteht man Stoffe, die den elektrischen Strom durch Ionenwanderung leiten. Wässrige Elektrolytlösungen entstehen immer dann, wenn ein Stoff im Wasser in seine Ionenbestandteile dissoziiert. Die positiven Ionen bezeichnet man als *Kationen*, die negativen Ionen als *Anionen*.

Die Wechselwirkung der Moleküle und Ionen des gelösten Stoffes und des Wassers führt bei Salzen zur *Hydratation*. Darunter versteht man die Anlagerung der polaren Wassermoleküle an die gelösten Ionen. Bei der Hydratation werden die im Kristall bestehenden Ionenbindungen überwunden. Die Ionen lösen sich aus dem Gitterverband und es entstehen frei bewegliche, hydratisierte Ionen. Die hohe *Dielektrizitätskonstante* von Wasser verhindert eine Vereinigung der entgegengesetzt geladenen Ionen. Die hydratisierten Ionen sind für die elektrische Leitfähigkeit der Lösung verantwortlich, aufgrund der Zunahme der Partikelzahl aber auch für eine Gefrierpunktserniedrigung, Siedepunktserhöhung und eine Erhöhung des osmotischen Drucks des Wassers [4]. Das Ausmaß der Hydratation ist abhängig von der Ladung und dem Radius des Ions. Die Gitterenergie des Salzes und die Hydratationsenthalpie bestimmen die Temperaturabhängigkeit der Löslichkeit. Übersteigt die Gitterenthalpie die Hydratationsenthalpie, so handelt es

Tab. 1.1 Physikalische Eigenschaften von Wasser

Molare Masse M	18,012 g mol^{-1}	
Standardbildungsenthalpie $\Delta_f H^0$	$-286{,}2$ kJ mol^{-1}	
Standardbildungsentropie $\Lambda_f S^0$	69,89 J mol^{-1}K^{-1}	
Schmelzpunkt θ_m	0 °C	
Siedepunkt θ_b	100 °C	
Tripelpunkt	$\theta_t = 0{,}01$ °C, $p_t = 6{,}133 \cdot 10^2$ Pa	
Kritischer Punkt	$\theta_c = 373{,}98$ °C, $p_c = 22{,}05 \cdot 10^6$ Pa, $\rho_c = 322$ kg m^{-3}	
Dichte ρ		
flüssiges Wasser	997,05 kg m^{-3}	bei 25 °C
	999,87 kg m^{-3}	bei 0 °C
Eis I	916,8 kg m^{-3}	bei 0 °C
Thermischer Ausdehnungskoeffizient $\alpha = \frac{1}{V}\left(\frac{\partial V}{\partial T}\right)_p$	257,1 10^{-6} K^{-1}	bei 25 °C
isotherme Kompressibilität $\chi_T = \frac{1}{V}\left(\frac{\partial V}{\partial T}\right)_T$	45,25 bar^{-1}	
Spezifische Wärmekapazität c_p		
flüssiges Wasser	4,180 kJ kg^{-1} K^{-1}	bei 25 °C
Eis	2,072 kJ kg^{-1} K^{-1}	bei 0 °C
Dampfdruck p	3176,2 Pa	bei 25 °C
Spezifische Verdampfungsenthalpie $\Delta_{vap} h$	2243,7 kJ kg^{-1}	bei 25 °C
Spezifische Schmelzenthalpie $\Delta_{fus} h$	333,69 kJ kg^{-1}	bei 0 °C
Kryoskopische Konstante K_f	1,853 K kg mol^{-1}	
Ebullioskopische Konstante K_b	0,51 K kg mol^{-1}	
Oberflächenspannung σ	$7{,}20 \cdot 10^{-2}$ N m^{-1}	bei 25 °C
Dynamische Viskosität η	$0{,}8903 \cdot 10^{-3}$ Pa s	bei 25 °C
Brechungsindex n	1,3329 für $\lambda = 589$ nm	bei 25 °C
Dielektrizitätszahl ε	78,46	bei 25 °C
Wärmeleitfähigkeit λ		
flüssiges Wasser	0,602 W K^{-1} m^{-1}	bei 20 °C
Eis	2,2 W K^{-1}m^{-1}	bei 0 °C
Ionenprodukt $K_W = a(H^+)\, a(OH^-)$	$1{,}008 \cdot 10^{-14}$ ($pK_w = 14{,}00$)	bei 25 °C
	$0{,}114 \cdot 10^{-14}$ ($pK_w = 14{,}94$)	bei 0 °C

sich um einen endothermen Lösungsvorgang, d. h. die Löslichkeit steigt mit zunehmender Temperatur. Bei einem exothermen Lösungsvorgang nimmt die Löslichkeit mit zunehmender Temperatur ab.

Lösung von Nichtelektrolyten

Zu der zweiten großen Gruppe von Substanzen, die in Wasser leicht gelöst werden, gehören Stoffe, deren Moleküle im Wasser undissoziiert in Lösung gehen. Dabei unterscheidet man zwischen polaren und unpolaren Stoffen. Polare Moleküle besitzen funktionelle Gruppen, die im Molekül eine unsymmetrische Ladungsverteilung bewirken und zur Wasserstoffbrückenbindung mit Wasser als Protonendonatoren oder Protonenakzeptoren fähig sind. Zu den polaren Verbindungen zählen beispielsweise Zucker, kurzkettige Alkohole, Aldehyde und Ketone. Hier bilden die Wasserstoffatome der Wassermoleküle mit den Hydroxyl- oder Carbonyl-Sauerstoffatomen Wasserstoffbrücken aus.

Wasser dispergiert oder löst auch viele Verbindungen mit sowohl stark unpolaren als auch stark polaren Gruppen in Form von Micellen. Ein Beispiel für Biomoleküle, die zur Bildung von Micellen neigen, sind Natrium- und Kaliumsalze von langkettigen Fettsäuren (oberflächenaktive Substanzen). Dabei gehen die Carboxylgruppen mit dem Wasser Wasserstoffbrückenbindungen ein, während die unpolaren, unlöslichen Kohlenwasserstoffketten ins Innere der Micelle orientiert sind. Innerhalb der Micellen entstehen zusätzlich Anziehungskräfte zwischen den hydrophoben Strukturen durch van der Waalsche Wechselwirkung. Oberflächenaktive Substanzen und Micellbildung finden bei Waschvorgängen eine wichtige Anwendung.

Unpolare Moleküle, wie Gase und Kohlenwasserstoffe, werden beim Lösen vor allem in die zwischenmolekularen Hohlräume, die auf die tetraedrische Anordnung der Wassermoleküle zurückzuführen sind, eingelagert.

1.4
Wasser als Lebensgrundlage

Die lebenden Organismen sind durch die ungewöhnlichen Eigenschaften des Wassers geprägt. In den Zellen übernimmt das Wasser aufgrund seiner hohen Wärmekapazität die Funktion eines Thermostaten, sodass die Temperatur der Zelle bei Temperaturschwankungen in der Umgebung relativ konstant gehalten wird. Die hohe Verdampfungswärme des Wassers bietet den Vertebraten die Möglichkeit, Wärme durch Transpiration abzugeben. Der hohe Grad der inneren Kohäsion von flüssigem Wasser – verursacht durch die Wasserstoffbrücken – kommt bei höheren Pflanzen dem Transport gelöster Nährstoffe von den Wurzeln bis hinauf zu den Blättern zugute. In den Zellen lebender Organismen beruhen viele wichtige biologische Eigenschaften von Makromolekülen wie Proteinen und Nucleinsäuren auf der Wechselwirkung mit den Wassermolekülen des umgebenden Mediums. Beispielsweise beeinflusst der Wassergehalt die Reaktionsgeschwindigkeit enzymatischer Reaktionen, insbesondere die der Hydrolasen. Der besondere Stoff Wasser ist somit die Grundlage für das Leben auf der Erde.

2
Globale Wassermengen und natürlicher Wasserkreislauf

2.1
Gesamtbilanz

Das Wasser bedeckt etwa 70 % der Erdoberfläche. Wie Tabelle 2.1 zeigt, handelt es sich bei 97 % der Wasservorräte der Erde um Salzwasser in den Ozeanen. Drei Viertel des Süßwassers der Erde sind als Eis in den Polkappen und Gletschern der Erde festgelegt. Damit steht nur 1 % der Gesamtwassermasse der Erde bzw. ein Viertel des Süßwassers der Erde prinzipiell in Form von Grund-, See- und Flusswasser für die Versorgung der Lebewesen mit Trinkwasser zur Verfügung. Die Menge des Grundwassers beträgt dabei etwa das 75fache der Menge des Oberflächenwassers und das 6000fache der Wassermenge in allen Flüssen der Erde. Etwa 0,001 % der Gesamtwassermenge liegt als Wasserdampf in der Atmosphäre vor, das entspricht immerhin einer Masse von 25 kg pro Quadratmeter [6].

2.2
Der natürliche Wasserkreislauf

Zwischen den einzelnen Umweltkompartimenten findet ein ständiger Austausch statt. So verdunstet Wasser über den Ozeanen und über dem Land und gelangt als Niederschlag wieder zur Erde. Etwa 80 % der Niederschläge fallen über dem Meer. Für die Erde als Ganzes müssen sich Niederschlag und Verdunstung kompensieren, lokal ist diese Bilanz aber in der Regel nicht ausgeglichen. So übertrifft über dem Meer die Verdunstung die Niederschlagsmengen, der Überschuss wird als Dampf zum Land transportiert. Dieser Überschuss stellt die Niederschlagsmenge

Tab. 2.1 Wasserbilanz an der Erdoberfläche nach [7]

	Volumen (10^6 km³)	Anteil (%)
Ozeane	1370	97,25
Polkappen und Gletscher	29	2,05
Tiefes Grundwasser (750 m bis 4 km)	5,3	0,38
Oberes Grundwasser (< 750 m)	4,2	0,03
Bodenfeuchte	0,065	0,005
Seen	0,125	0,01
Flüsse	0,0017	0,0001
Atmosphäre	0,013	0,001
Biosphäre	0,0006	0,00004
Gesamt	1 408,7	100

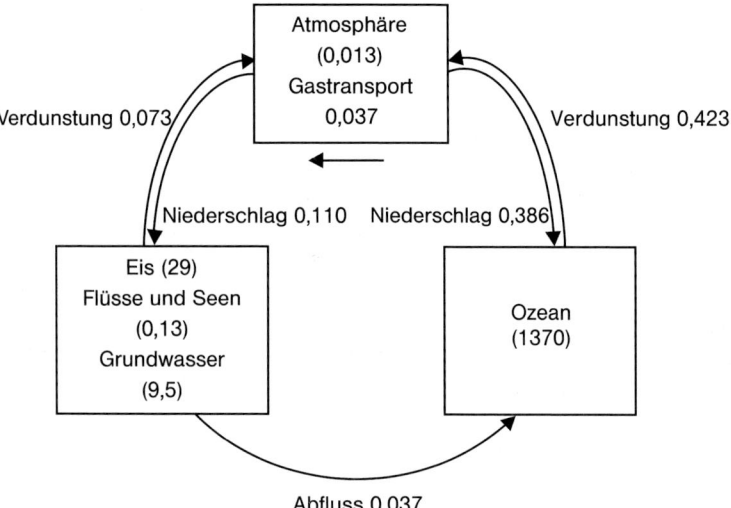

Abb. 2.1 Schema des hydrologischen Kreislaufs
(Zahlen in Klammern bedeuten Volumina in 10^6 km^{3}a^{-1})

über dem Land dar, die teils verdunstet, teils als direkter Abfluss oder über den Umweg der Versickerung und Grundwasserbildung durch die Flüsse wieder den Ozeanen zugeführt wird. Dabei beträgt der jährliche Abfluss etwa das 20fache Volumen des Wassers in den Flüssen. Nur ein geringer Teil des Grundwassers fließt direkt den Ozeanen zu. In Abbildung 2.1 sind durchschnittliche Werte für Niederschlag und Verdunstung angegeben.

Es gibt aber auch auf den Kontinenten beträchtliche Unterschiede im Verhältnis von Niederschlag zu Verdunstung. Gebiete mit Netto-Niederschlagsüberschuss finden sich in der Nähe des Äquators und zwischen 35° und 60° südlicher und nördlicher Breite. In diesen Gebieten ist auch der Abfluss hoch. Beispiele sind die großen Flusssysteme der Äquatorregion wie z. B. der Amazonas. Orte auf der Erde, wo lokal der Niederschlag von der Verdunstung übertroffen wird, sind die Wüstenregionen der Subtropen sowie die Polarregionen wegen ihrer temperaturbedingt geringen Luftfeuchtigkeit. Die höchste Verdunstungsrate der Erde ergibt sich über den Ozeanen der subtropischen Region, z. B. über dem Golfstrom im Winter.

2.3
Wasserarten

Generell kann der Chemismus von natürlichen Wässern durch zwei Einflüsse geprägt werden: durch den Austausch mit den Gasen und Bestandteilen der Atmosphäre und durch den Kontakt mit dem Boden und den Gesteinen des festen Untergrundes. Bei den verschiedenen Wässern wirken sich diese Einflüsse unterschiedlich und im Verhältnis zueinander verschieden stark aus. Ein weiterer Einflussfaktor kann die Verdunstung und die damit verbundene Aufkonzentrierung oder sogar Ausfällung von Wasserinhaltsstoffen sein.

Regenwasser

Regenwasser enthält sehr geringe Mengen an Inhaltsstoffen, die Gesamtgehalte gelöster Wasserinhaltsstoffe liegen im Bereich von wenigen Milligramm pro Liter. In der Regel ist Regenwasser schwach sauer (pH = 4–6). Seine Inhaltsstoffe lassen sich in zwei Gruppen einteilen: Stoffe, die aus Partikeln in der Luft stammen, wie z. B. Na^+, Ca^{2+}, Mg^{2+}, Cl^-, und solche, die sich von atmosphärischen Gasen ableiten: SO_4^{2-}, NH_4^+ und NO_3^-, HCO_3^-. Die Wasserinhaltsstoffe des Regens können mariner, terrestrischer und anthropogener Herkunft sein.

Die Inhaltsstoffe Cl^-, Na^+ und Mg^{2+} werden dabei eher marinem Einfluss, Ca^{2+}, SO_4^{2-}, NH_4^+ und NO_3^- kontinentalem Einfluss zugeordnet. Stark vereinfacht stellt Regenwasser in Meeresnähe eher eine verdünnte NaCl-Lösung dar und verändert sich landeinwärts immer mehr in Richtung einer $CaSO_4$-Lösung.

Meerwasser

Den höchsten Mineralgehalt der natürlichen Wässer weist das Meerwasser auf. Die Gesamtkonzentrationen und auch die Konzentrationsverhältnisse der einzelnen Komponenten ändern sich nur wenig. So liegt für 95 % aller Ozeane der Gesamtgehalt gelöster Inhaltsstoffe im Bereich von 35 ‰ mit höchstens ± 10 % Abweichung. Die Hauptinhaltsstoffe des Meerwassers sind Natrium, Calcium, Magnesium, Kalium und Chlorid. Andere, in wesentlich geringeren Konzentrationen vorliegende Inhaltsstoffe sind Kieselsäure, Nitrat und Orthophosphat. Meerwasser hat einen pH-Wert von 7,8–8,4, der durch das Hydrogencarbonat/Carbonat-Puffersystem kontrolliert wird, und ist in der Regel mit Sauerstoff gesättigt.

Grundwasser

Grundwasser ist nach der DIN 4049 [8] ein »*unterirdisches Wasser, das die Hohlräume der Erdrinde, z. B. Poren, Klüfte und Höhlen zusammenhängend ausfüllt*«. Es wird in seiner chemischen Zusammensetzung durch die geologische Beschaffenheit des Grundwasserleiters geprägt, mit dem es ständig in Kontakt steht. Daher zeigt es an derselben Entnahmestelle in der Regel Konstanz bezüglich Mineralgehalt, Zusammensetzung und Temperatur. Der Mineralstoffgehalt eines Grundwassers ist meistens beträchtlich höher als der des Oberflächenwassers seines Einzugsgebiets. Häufig ist Grundwasser übersättigt mit CO_2. Durch den Sauerstoffmangel liegen Eisen und Mangan in zweiwertiger Form vor, ferner kann Grundwasser H_2S und NH_4^+ enthalten. Die Abgeschlossenheit im Grundwasserleiter bewirkt, dass das Wasser gegen mikrobielle und chemische Verunreinigungen relativ gut geschützt ist. Gelegentlich auftretende Kontaminationen sind chlorierte Kohlenwasserstoffe, Pestizide und Nitrat.

Oberflächengewässer

Die chemische Zusammensetzung von Oberflächenwasser hängt vom Untergrund des Einzugsgebietes, von der Niederschlagsmenge und vom Zu- und Abfluss ab.

Flusswasser weist einen etwa 20mal höheren Gehalt an gelösten Wasserinhaltsstoffen auf als Regenwasser, was auf einen beträchtlichen Einfluss des Untergrundes schließen lässt, denn die Aufkonzentrierung aus dem Regen aufgrund von Verdunstung dürfte nur etwa 2,2 betragen [6]. Etwa 30 % der heutigen Natrium-, Calcium- und Sulfat-Fracht unserer Flüsse wird nicht auf Verwitterung, sondern auf anthropogenen Eintrag zurückgeführt. Die Fracht berechnet sich nach der Gleichung:

$F = Q \cdot \beta$ mit Q: mittlere Wassermenge in $m^3 \, s^{-1}$
β: Konzentration in $g \, m^{-3}$
F: Fracht in $t \, a^{-1}$

Typisch für Oberflächengewässer sind zeitliche Fluktuationen – Tageszeit, Jahreszeit, Niederschlagsereignisse – und besonders in stehenden Gewässern räumliche Gradienten von Stoffkonzentrationen und Temperatur. Durch den Kontakt mit der Umgebungsluft enthalten Oberflächengewässer Sauerstoff, oft bis zur Sättigungskonzentration. Ein zu geringer Sauerstoffgehalt kann bei Oberflächenwässern ein Indikator für die Belastung mit Zehrstoffen sein, ebenso gilt das Auftreten von Ammonium als Verschmutzungsindikator. Ein zu großer Eintrag von Nährstoffen kann zur Eutrophierung der Gewässer führen. In stehenden oder gestauten Gewässern kann es zu temporärer Massenentwicklung von Algen kommen. Durch die *Primärproduktion* der Algen sind kurzzeitige Übersättigungen an Sauerstoff möglich. In der weiteren Folge treten sauerstoffzehrende Abbaureaktionen und algenbürtige Schadstoffe auf. Der Nitratgehalt von Oberflächengewässern ist eher gering, wobei ein wesentlicher Teil aus höherkonzentriertem Grundwasser stammt [9]. Besonders Fließgewässer enthalten suspendierte Feststoffe in hohen Konzentrationen, zeigen also eine Trübung. Ferner sind die Oberflächengewässer der Lebensraum für Organismen wie Plankton, Bakterien und Viren. Als Folge der Zersetzung von tierischem und pflanzlichem Material enthalten Oberflächengewässer

Tab. 2.2 Hauptinhaltsstoffe verschiedener Wasserarten

	Grundwasser (Kalkschotteraquifer)		Oberflächenwasser (Voralpiner See)		Meerwasser [10]	
	(mg L^{-1})	(mmol L^{-1})	(mg L^{-1})	(mmol L^{-1})	(mg L^{-1})	(mmol L^{-1})
Kationen						
Calcium	78,5	2,96	48,9	1,22	440	10,98
Magnesium	21,8	0,89	8,0	0,33	1315	54,10
Natrium	3,8	0,17	4,5	0,20	11040	480,23
Kalium	1,0	0,03	1,3	0,03	390	9,98
Strontium	n. b.		0,44	0,005	1,3	0,015
Anionen						
Chlorid	5,6	0,16	5,3	0,15	19880	560,74
Sulfat	28,7	0,30	33,4	0,35	2740	28,52
Nitrat	7,7	0,12	4,55	0,07	–	–
Hydrogencarbonat	298,4	4,89	149,5	2,45	183	3,00
Bromid	n. b.		n. b.		68	0,85

merkliche Mengen natürlicher organischer Verbindungen, von den hier behandelten Wässern weisen sie den höchsten Gehalt an organisch gebundenem Kohlenstoff auf. Oft sind Oberflächengewässer weniger stark gepuffert als Grundwässer, und ihr Mineralstoffgehalt ist geringer.

Oberflächengewässer sind in hohem Maße den anthropogenen Umwelteinflüssen ausgesetzt, daher sind sie in industrialisierten und/oder urbanen Gebieten selten frei von organischen oder anorganischen Mikroverunreinigungen. Der Schutz der Oberflächengewässer ist daher eine der großen Aufgaben für die Gesellschaft.

Tabelle 2.2 zeigt im Vergleich die Hauptinhaltsstoffe eines Meerwassers, eines Grundwassers und eines Süßwassersees.

3
Wassernutzung und Wasserqualität

3.1
Wasserbedarf

Die Weltgesundheitsorganisation geht davon aus, dass ein erwachsener Mensch von 60 kg Körpergewicht täglich 2 L Wasser in Form von Trinkwasser und Nahrung zu sich nehmen sollte. Je nach Lebensstandard und Wirtschaftsstruktur eines Landes fällt noch ein weit höherer pro-Kopf-Verbrauch an Wasser an. Beträgt die jährliche Wasserversorgung aus inländischen Quellen weniger als 1000 m^3 pro Einwohner, spricht die Welternährungsorganisation FAO (Food and Agricultural Organization) von Wasserknappheit. Obwohl der mit dieser Vorgabe hochgerechnete Mindestwasserbedarf der Weltbevölkerung weniger als 0,2 % des für Trinkzwecke prinzipiell verfügbaren Wassers ausmacht, treten in einigen Ländern bereits deutliche Engpässe auf. Sie leiten sich vom regional unzureichenden Wasserdargebot ab.

Das jährliche Wasserdargebot in der Bundesrepublik Deutschland beträgt rund 2000 m^3 pro Kopf. Das Wasserdargebot im Jahr 1995 von $216 \cdot 10^9$ m^3 a^{-1} ergibt sich aus den Anteilen Niederschlag ($309 \cdot 10^9$ m^3 a^{-1}), Zufluss von Oberliegern ($82 \cdot 10^9$ m^3 a^{-1}) und Verdunstung ($175 \cdot 10^9$ m^3 a^{-1}). Vom gesamten Wasserdargebot werden aber nur ca. 24 % genutzt. Abbildung 3.1 zeigt die Aufschlüsselung der Wasserentnahme nach Nutzungsbereichen [11].

Der Anteil der öffentlichen Wasserversorgung an der Wasserentnahme ist mit etwa 13 % relativ gering. Dieser Anteil des Wassers wird als Trinkwasser an Haushalte und Kleingewerbe verteilt. Der Wasserbezug der Industrie aus dem öffentlichen Netz ist stetig rückläufig. Er erreichte in den letzten Jahren einen Anteil von etwa 5 % (1998: $0,46 \cdot 10^9$ m^3 a^{-1}). Der tägliche pro-Kopf-Verbrauch der örtlichen Wasserversorgung in Deutschland beträgt derzeit 129 Liter. Er hat sich von 1990 bis 1995 um 9 % verringert [12, 13]. Die öffentliche Wasserversorgung in Deutschland kann zu etwa 73 % Grundwasser nutzen und muss zu einem gewissen Anteil auch auf Oberflächenwasser zurückgreifen. Im Hinblick auf die Trinkwasserversorgung ist der umfassende Gewässerschutz deshalb von großer Bedeutung.

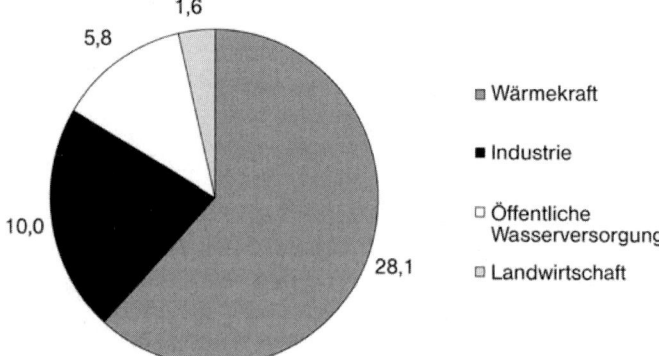

Abb. 3.1 Wasserentnahme in der Bundesrepublik Deutschland nach Nutzungsbereichen. Angaben in $\cdot 10^9$ m^3 a^{-1} [11]

Das Wasseraufkommen der Wärmekraftwerke für die öffentliche Versorgung mit etwa $28 \cdot 10^9$ m^3 a^{-1} erfolgt fast ausschließlich aus dem Oberflächenwasser und wird meist für Kühlzwecke eingesetzt.

Der Wasserbedarf von Industrie und Gewerbe hängt von der Branche, den Produktionskapazitäten und der Möglichkeit und Intensität einer Kreislaufführung des Betriebswassers ab. Eine Abschätzung der Frischwassernutzung verschiedener Wirtschaftzweige ist in Tabelle 3.1 zusammengestellt. Zusätzlich sind auch Nutzungsfaktoren angegeben, die das Verhältnis aus insgesamt genutztem Wasser zu eingesetztem Frischwasser angeben. Der Nutzungsfaktor im industriellen Bereich

Tab. 3.1 Eingesetztes Frischwasser und Nutzungsfaktoren verschiedener industrieller Wirtschaftszweige für Deutschland im Jahr 1998 (Umweltstatistik nach Statistischem Bundesamt [15])

Wirtschaftszweige	Eingesetztes Frischwasser (10^9 m^3 a^{-1})	Nutzungsfaktor
Bergbau, Gewinnung von Steinen und Erden	1,2	4,1
Ernährungsgewerbe, Tabakverarbeitung	0,4	4,2
Textil-, Bekleidungs-, Leder-, Holzgewerbe	0,2	1,5
Papier-, Verlags-, Druckgewerbe	0,6	5,7
Kokerei, Mineralölverarbeitung, Chemische Industrie	3,7	3,9
Herst. von Gummi- und Kunststoffwaren, Glasgewerbe, Keramik	0,2	6,7
Metallerzeugung, – bearbeitung, Maschinenbau	0,9	7,2
Fahrzeugbau	0,09	21,5
Herst. von Büromaschinen, DV-Geräten, Möbeln	0,09	7,1

ist durch vermehrten Einsatz der Kreislauf- und Mehrfachnutzung in den letzten Jahrzehnten stetig gestiegen und stagniert seit 1995 bei einem durchschnittlichen Wert von 4,5. Somit sind die betrieblichen Wassereinsparmöglichkeiten weitgehend ausgeschöpft. Aus Tabelle 3.1 ist zu entnehmen, dass vorwiegend Kokereien, Mineralöl- und chemische Industrie, aber auch Metallerzeugung und -bearbeitung, Maschinenbau und Bergbauindustrie einen hohen Wasserbedarf haben. Weiterhin ist der auffallend hohe Nutzungsfaktor von 21,5 im Fahrzeugbau zu erwähnen. Dank vermehrter Kreislauf- und Mehrfachnutzung ist es gelungen, den Wasserbedarf in der holzverarbeitenden Industrie in den letzten Jahrzehnten von 50–100 m^3 pro Tonne Papier auf einen Wert von 2–20 m^3 zu senken. Auch in der Zuckerindustrie wurde der Verbrauch von 10–15 m^3 pro Tonne Rüben auf einen Wert von 0,03 m^3 verringert [14].

3.2
Trinkwasser

Trinkwasser ist alles Wasser, das zum Trinken, zum Kochen und zur Zubereitung von Speisen und Getränken bestimmt ist. Die Trinkwasser-Verordnung [16] spricht von »Wasser für den menschlichen Gebrauch« und meint dabei neben dem Wasser für echte Trinkzwecke auch jenes für Körperpflege und Wäsche waschen. Eine allgemeine Definition ist in DIN 2000 [17] zu finden. Die Definition bezieht sich nicht nur auf die chemischen und physikalischen Eigenschaften des Wassers, sondern schließt den hygienischen, d. h. mikrobiologischen Zustand ausdrücklich mit ein.

- Die Anforderungen an die Trinkwassergüte müssen sich an den Eigenschaften aus genügender Tiefe und nach Passage durch ausreichend filtrierte Schichten gewonnenen Grundwassers einwandfreier Beschaffenheit orientieren, das dem natürlichen Wasserkreislauf entnommen und in keiner Weise beeinträchtigt wurde;
- Trinkwasser sollte appetitlich sein und zum Genuss anregen. Es muss farblos, klar, kühl, sowie geruchlich und geschmacklich einwandfrei sein;
- Trinkwasser muss keimarm sein und darf keine Krankheitserreger enthalten.

Die quantitativen Qualitätsanforderungen, die an Trinkwasser zu stellen sind, werden allgemein verbindlich in der Trinkwasser-Verordnung [16] (siehe Abschnitt 4) festgelegt. Gemäß §6 Abs. 2 dieser Verordnung dürfen im Wasser für den menschlichen Gebrauch die festgelegten Grenzwerte für bestimmte chemische Parameter nicht überschritten werden. Dabei unterscheidet man zwischen denjenigen Parametern, deren Konzentration sich nach Ausgang aus dem Wasserwerk nicht mehr erhöht (aufgeführt in Tabelle 3.2) und denjenigen Parametern, deren Konzentration im Rohrnetz ansteigen kann (aufgeführt in Tabelle 3.3). Außerdem müssen gemäß §7 der Trinkwasser-Verordnung die festgelegten Grenzwerte und Anforderungen für Indikatorparameter eingehalten werden (Tabelle 3.4).

Die Auswahl der Parameter und die Grenzwertfestsetzung sind einer laufenden Entwicklung unterworfen, wobei neben naturwissenschaftlichen und technischen Kriterien auch politische Gründe eine Rolle spielen.

Tab. 3.2 Chemische Parameter, deren Konzentration sich im Verteilernetz einschließlich der Hausinstallation in der Regel nicht mehr erhöht

Parameter	Parameterwert (mg L^{-1})
Acrylamid	0,0001
Benzol	0,001
Bor	1
Bromat	0,01
Chrom	0,05
Cyanid	0,05
1,2-Dichlorethan	0,003
Fluorid	1,5
Nitrat	50
Pflanzenschutzmittel und Biozidprodukte einzeln	0,0001
Pflanzenschutzmittel und Biozidprodukte insgesamt	0,0005
Quecksilber	0,001
Selen	0,01
Tetrachlorethylen und Trichlorethylen	0,01

Tab. 3.3 Chemische Parameter, deren Konzentration im Verteilernetz einschließlich der Hausinstallation ansteigen kann

Parameter	Parameterwert (mg L^{-1})
Antimon	0,005
Arsen	0,01
Benzo[a]pyren	0,00001
Blei	0,01
Cadmium	0,005
Epichlorhydrin	0,0001
Kupfer	2
Nickel	0,02
Nitrit	0,5
Polycyclische aromatische Kohlenwasserstoffe (PAK)	0,0001
Trihalogenmethane	0,05
Vinylchlorid	0,0005

Tab. 3.4 Indikatorparameter für die Trinkwasserbeurteilung

Parameter	Parameterwert
Aluminium	0,2 mg L^{-1}
Ammonium	0,5 mg L^{-1}
Chlorid	250 mg L^{-1}
Clostridium perfrigens (einschl. Sporen)	0/100 mL
Eisen	0,2 mg L^{-1}
Färbung (spektraler Absorptionskoeffizient)	0,5 m^{-1}
Geruch (Verdünnung mit geruchsfreiem Wasser)	2 bei 12 °C 3 bei 25 °C
Geschmack	a) b)
Koloniezahl (22 °C)	a)
Elektr. Leitfähigkeit	2500 µS cm^{-1} (20 °C)
Mangan	0,05 mg L^{-1}
Natrium	200 mg L^{-1}
Organischer gebundener Kohlenstoff (TOC)	a)
Oxidierbarkeit (O$_2$)	5,0 mg L^{-1}
Sulfat	240 mg L^{-1}
Trübung (nephelometrische Trübungseinheiten)	1,0
Wasserstoff-Ionen	6,5 < pH < 9,5
Tritium	100 Bq L^{-1}
Gesamtrichtdosis	0,1 mSv a^{-1}

a) keine anormale Veränderung
b) akzeptabel für Verbraucher

3.3
Mineralwasser, Heilwasser, Tafelwasser

Bei Mineral- und Heilwasser handelt es sich stets um Grundwasser, das aufgrund bestimmter Eigenschaften, Wirkungen oder Erwartungen eine besondere Bezeichnung erhält. Anders als Trinkwasser werden Mineral- und Tafelwasser ausschließlich als Lebensmittel bewertet. Sie sind nicht unverzichtbar und können leicht aus dem Verkehr gezogen werden, wenn sie den Anforderungen nicht entsprechen. Sie werden in der Regel in Flaschen angeboten.

Mineralwasser ist ein Grundwasser mit erhöhtem Gehalt an gelösten geogenen Stoffen. Natürliches Mineralwasser ist ein lebensmittelrechtlicher Begriff, der in der Mineral- und Tafelwasser-Verordnung [18] definiert ist. Das natürliche Mineralwasser hat seinen Ursprung in unterirdischen, vor Verunreinigungen geschützten Wasservorkommen, ist daher von ursprünglicher Reinheit und besitzt bestimmte ernährungsphysiologische Wirkungen. In der Mineral- und Tafelwasser-Verordnung ist festgelegt, wie die Wässer gewonnen, hergestellt, behandelt und unter welchen Voraussetzungen sie in den Verkehr gebracht werden dürfen.

Heilwasser ist ein arzneimittelrechtlicher Begriff. Heilwasser muss aufgrund seiner chemischen Zusammensetzung, seiner physikalischen Eigenschaften oder nach balneologischer Erfahrung geeignet sein, Heilzwecken zu dienen. Für die Bezeichnung Heilwasser muss eine arzneimittelrechtliche Zulassung vorliegen. Außer dem Mindestwert von 1 g kg^{-1} Mineralstoffen und/oder einer Temperatur über 20 °C (Thermalwasser) können auch Spurenelemente wie Eisen, Jod, Schwefel und Radon als signifikante Kriterien gelten.

Tafelwasser ist Trinkwasser, das Zutaten wie Natursole, Meerwasser, Natrium- und Calciumchlorid, Natrium-, Calcium- und Magnesiumcarbonat, Natriumhydrogencarbonat und Kohlendioxid enthalten kann.

3.4
Brauchwasser

Brauchwasser ist gewerblichen, industriellen, landwirtschaftlichen oder ähnlichen Zwecken dienendes Wasser mit unterschiedlichen Güteeigenschaften, worin Trinkwasser-Eigenschaft eingeschlossen sein kann (DIN 4046: 1983–9, [19]). Brauchwasser für technische Zwecke, das keine Trinkwasserqualität aufweisen muss, wird u. a. als Kesselspeisewasser, Kühlwasser (im Kreislaufprozess), Waschwasser oder Wasser zur Betonverarbeitung eingesetzt [20]. Dagegen muss Brauchwasser für Lebensmittelbetriebe nach den Bestimmungen der Trinkwasser-Verordnung [16] grundsätzlich Trinkwasserqualität haben.

Brauchwasser wird meist aus Oberflächenwasser gewonnen und muss in einem von der Trinkwasserversorgung völlig getrennten Leitungsnetz geführt werden. Der größte Bedarf an Brauchwasser tritt für Kühlzwecke in der Energiewirtschaft und in der Industrie auf.

Der Begriff *Prozesswasser* umfasst alle Bereiche, in denen Wasser benötigt wird, um einen industriellen Prozess aufrechtzuerhalten. Je nach vorliegendem Prozess gibt es deutlich unterschiedliche Anforderungen an die Qualität des Wassers. Bei der Reinigung von Flaschen steht zum Beispiel die Hygiene im Vordergrund. Eine Desinfektion des Wassers ist hier unerlässlich.

Bei einem Großteil der Prozesse wird vollentsalztes Wasser (VE-Wasser) als Basis verwendet. In besonderen Fällen sind jedoch weitere Aufbereitungsschritte vonnöten (siehe Reinstwasser). Prozesswasser wird immer häufiger im Kreislauf geführt, das heißt, bei einer prozessspezifischen Kontamination des Wassers wird ein Aufbereitungsschritt in den Kreislauf integriert, der hinsichtlich der Spezifikationen des Prozesswassers optimiert werden kann. Dadurch können nachgeschaltete Kläranlagen geschont sowie Kosten gesenkt werden.

Reinstwasser findet in vielen Bereichen Anwendung. Das produzierte Wasser muss arm sein an Salzen, organischen Verbindungen, Sauerstoff, Schwebstoffen sowie Bakterien. Reinstwasser wird hauptsächlich in der Elektronikindustrie eingesetzt. Hier müssen Oberflächen vor der Durchführung sensibler Arbeitsschritte effektiv gereinigt werden (Spülen, Sprühen, Schleudern, Abblasen, Trocknen). Daher ist es für diesen Einsatz besonders wichtig, dass das Wasser eine niedrige Konzentration an Partikeln aufweist. Bei der Produktion von Halbleiterchips muss das Wasser außerdem praktisch frei von anorganischen Inhaltsstoffen und Kohlenwasserstoffen sein [21]. Richtlinien für die Beurteilung von Reinstwasser für die Elektronikindustrie sind in dem Entwurf VDI 2083 wiedergegeben [22].

Außerdem findet Reinstwasser in der pharmazeutischen Industrie zur Produktion von Medikamenten, in der Medizin, sowie in der Lebensmittel- und Getränkeindustrie ein breites Anwendungsgebiet. Wichtig ist hierbei besonders die Entfernung von Mikroorganismen, Pyrogenen und biologisch aktiven Stoffen [21].

Ein relativ neues Einsatzgebiet für Reinstwasser ist die Biotechnologie. Hier werden noch weitaus höhere Ansprüche an die Reinheit bezüglich DNA-haltigen Materials gestellt. Weiterhin ist Reinstwasser unverzichtbar in der Analytik und findet dort in verschiedenen Reinheitsstufen Verwendung (Tabelle 3.5).

Zur Produktion werden verschiedene Techniken wie Membranfiltration (hierbei besonders die Umkehrosmose), Ionenaustausch sowie UV- und Ozonsysteme kombiniert (siehe Abschnitt 6).

Die Kosten für Reinstwasser betragen je nach Qualität und Produktion etwa 15–30 € m^{-3} [23].

Tab. 3.5 Reinstwasserstandards der Fa. Millipore

Reinheitsgrad des Wassers	Wasserqualität
Laborwasser	Entfernung von: 94%–99% der anorganischen Ionen > 99% der gelösten organischen Verbindungen > 99% aller Partikel > 99% der Mikroorganismen
Analytisch reines Wasser Reinheitsgrad »Typ 2« ISO 3696/BS 3978	Spez. Widerstand: 5–15 MΩ cm TOC: ≤ 50 ppb
Reinstwasser	Spez. Widerstand: 18,2 MΩ cm TOC: ≤ 10 ppb Frei von Partikeln > 0,2 µm Bakterien: < 1 KBE/mL
Pyrogenfreies Reinstwasser	Spez. Widerstand: 18,2 MΩ cm TOC: ≤ 10 ppb Frei von Partikeln > 0,2 µm Bakterien: < 1 KBE/mL Pyrogene: um den Faktor 10^5 reduziert
Ultra-Reinstwasser	Spez. Widerstand: 18,2 MΩ cm TOC: ≤ 5 ppb Frei von Partikeln > 0,2 µm Bakterien: < 1 KBE/mL

3.5
Abwasser

Nach DIN 4045: 1985–12 [24] ist Abwasser ein »nach häuslichen, gewerblichen oder industriellem Gebrauch verändertes, insbesondere verunreinigtes, abfließendes, auch von Niederschlägen stammendes und in die Kanalisation gelangendes Wasser«. *Roh-Abwasser* ist das einer Kläranlage zufließende, unbehandelte Abwasser. Bei Trockenwetter bezeichnet man dieses als *Schmutzwasser*. Durch Gebrauch erwärmtes, aber allgemein unverschmutztes Wasser aus Kühlprozessen bezeichnet man als *Kühlwasser*. *Häusliches Schmutzwasser* fällt aus Spül-, Wasch- und Reinigungsarbeiten sowie aus der Benutzung der sanitären Einrichtungen an. *Gewerbliches und industrielles Schmutzwasser* ist hinsichtlich Art und Konzentration der Inhaltsstoffe stark vom Fertigungsprozess abhängig [25].

Das Einleiten von Abwasser in ein Gewässer ist wie jede andere Gewässernutzung zunächst grundsätzlich verboten (Wasserhaushaltsgesetz, WHG [26]). Eine Erlaubnis für das Einleiten von Abwasser in ein Gewässer kann jedoch nach den Vorgaben des WHG erteilt werden. Das Wasserrecht begnügt sich im Allgemeinen mit der Ermittlung und Begrenzung der Schadwirkung des Abwassers mittels Summenparametern (chemischer Sauerstoffbedarf, CSB; absorbierbare organische Halogene AOX; biologischer Sauerstoffbedarf, BSB_5; Stickstoff, Phosphor), Wirkparametern (Fischgiftigkeit) oder repräsentativer Einzelparameter (Metalle). Den Bereich der Abwasserentsorgung in die Gewässer regelt das Abwasser-Abgabengesetz [27] (siehe Abschnitt 4).

4
Gesetze, Verordnungen, Richtlinien

Dem Schutz der aquatischen Umwelt im Allgemeinen und des Trinkwassers im Besonderen dienen Rechtsnormen, technische Normen und Empfehlungen. Im Folgenden werden die wichtigsten Regelungen der nationalen und internationalen Gesetzgebung angesprochen:

4.1
Wasserhaushaltsgesetz

Das Wasserhaushaltsgesetz (WHG) [26] ist ein Rahmengesetz und gilt für die oberirdischen Gewässer, die Küstengewässer und das Grundwasser. Es regelt beispielsweise das Eigentum an Gewässern und die Benutzung, die in der Regel von einer behördlichen Zulassung abhängig ist. Die Entscheidung über die Zulassung hat sich dabei stets daran auszurichten, dass die Gewässer als Bestandteil des Naturhaushalts dem Wohl der Allgemeinheit dienen und dass jede vermeidbare Beeinträchtigung unterbleibt (§6 WHG). Für jede Benutzung von Gewässern ist entweder eine Erlaubnis oder eine Bewilligung erforderlich. Für das Einleiten und Einbringen von Stoffen und für Maßnahmen, welche die Beschaffenheit des Wassers gefährden können, dürfen nur Erlaubnisse, aber keine Bewilligungen erteilt werden (§8 WHG).

§19 befasst sich mit der Einrichtung von Wasserschutzgebieten und dem Umgang mit wassergefährdenden Stoffen. Wasserversorgung und Abwasserbehandlung werden im Einzelnen durch die Landeswassergesetze geregelt, wodurch das Wasserhaushaltsgesetz zu einem einheitlichen Regelwerk ergänzt wird [2, 28].

4.2
Wasserrahmenrichtlinie

Einzelmaßnahmen mit dem Ziel der Schaffung naturnaher Oberflächengewässer wurden bisher durch die EG- und die nationale Gesetzgebung mit Hilfe von Gesetzen, Verordnungen, Richtlinien und Regelwerken durchgeführt. Durch die Wasserrahmenrichtlinie werden die Maßnahmen weitaus systematischer und stärker auf die Erreichung des nach gesamtökologischen Kriterien definierten Ziels »guter Zustand« ausgerichtet.

Die Richtlinie 2000/60/EG des Europäischen Parlaments und des Rates zur Schaffung eines Ordnungsrahmens für Maßnahmen der Gemeinschaft im Bereich der Wasserpolitik [29] (Wasserrahmenrichtlinie) nimmt eine gesamtschauliche Betrachtung der Gewässer vor. Sie verfolgt einen konsequent flächenhaften, einzugsgebietsweiten und gewässerspezifischen Ansatz sowie einen deutlich erweiterten ökologischen Bewertungsansatz des Gewässerszustandes. Die Wasserrahmenrichtlinie sieht sowohl Emissionsbegrenzungen als auch einzelstoffbezogene Immissionsgrenzwerte vor. Sie stellt in fachlicher und organisatorischer Hinsicht hohe Anforderungen an die Wasserwirtschaft, um das Ziel des »guten Zustandes« innerhalb des vorgegebenen Zeitraums von 15 Jahren zu erreichen.

Die Rahmenrichtlinie erfasst alle Aspekte des Gewässerschutzes und erschließt eine neue Dimension der Gewässerbeurteilung, die sich deutlich von der einfachen Interpretation chemisch und physikalisch erhobener Parameter abhebt [30].

4.3
Trinkwasser-Verordnung

Die Trinkwasser-Verordnung [16] beruht auf der Ermächtigung des §38 Abs. 1 des Infektionsschutzgesetzes [31] und stellt die Umsetzung der Richtlinie 98/83/EG dar [32]. Sie dient darüber hinaus der von der EU geforderten Umsetzung der Rahmenrichtlinie in nationales Recht. Inhaltlich ist die Trinkwasser-Verordnung Grundlage der hygienischen Beurteilung von Trinkwasser und dient der Definition von Zielen im Bereich der Wasserwirtschaft und des Umweltschutzes. Die einzelnen Parameter und ihre Grenzwerte sind in ihren Anlagen enthalten (siehe auch Abschnitt 3 mit Tabellen 3.2–3.4).

Die meisten Parameter und ihre Werte werden nach humantoxikologischen Gesichtspunkten festgelegt. Einige Parameterwerte sind aber auch unter Berücksichtigung anderer Kriterien entstanden. Analytische Erfassbarkeit, technische Eliminierbarkeit und allgemeine ökologische Aspekte spielen hierbei eine Rolle [33]. Die

Festlegung der Parameterwerte ist dem Stand der Wissenschaft und Technik sowie der gesellschaftspolitischen Konsensfindung gemäß laufend fortzuschreiben.

Eine auffällige Änderung im Vergleich mit der bisher gültigen Verordnung zeigt sich in der Ausgliederung der wasseraufbereitungstechnischen Maßnahmen und der dabei zu verwendenden Chemikalien, die gesondert im Bundesgesundheitsblatt festgelegt werden [34].

Bei einigen geogenen und anthropogenen Schadstoffen haben neuere Bewertungen zu einer Herabsetzung der Grenzwerte geführt (z. B. Arsen, Blei, Nickel). Zu berücksichtigen sind auch neu in die Parameterliste aufgenommene Grenzwerte für toxische oder unerwünschte Stoffe wie z. B. Acrylamid, Epichlorhydrin und Bromat. Ebenfalls zu berücksichtigen sind stärkere Belastungen des Rohwassers durch neu aufgetretene anthropogene Stoffe wie Arzneimittel, Weichmacher oder Flammschutzmittel sowie Mikroorganismen (transgene Bakterien und Parasiten). Auch die Verantwortung des Betreibers der Wasserversorgung und des Eigentümers des Leitungsnetzes für die Wasserqualität bis hin zum Zapfhahn des Verbrauchers ist zu beachten [35].

4.4
Abwasserabgabengesetz

Das Gesetz über Abgaben für das Einleiten von Abwasser in Gewässer (Abwasserabgabengesetz – AbwAG) [27] sieht vor, dass für das direkte Einleiten von Abwasser in ein Gewässer eine Abgabe gezahlt wird. Diese Abgabe ist die einzige bundesweit erhobene Umweltabgabe mit Lenkungsfunktion. Durch sie wird das Verursacherprinzip in der Praxis zur Anwendung gebracht, da Direkteinleiter zumindest für einen Teil der Kosten der Inanspruchnahme des Umweltmediums Wasser aufkommen müssen. Indirekteinleiter (d. h. Abwassereinleiter in die öffentliche Kanalisation bzw. Kläranlage) sind hingegen nicht nach dem AbwAG abgabepflichtig. Sie können jedoch durch kommunale Satzungen, z. B. über sog. Starkverschmutzerzuschläge, von den Kommunen, die ihrerseits nach dem AbwAG abgabepflichtig sind, zur Kostentragung herangezogen werden.

Die Abgabe richtet sich nach der Menge und der Schädlichkeit bestimmter eingeleiteter Inhaltsstoffe. Die Abwasserabgabe ist an die Länder zu entrichten. Sie ist zweckgebunden für Maßnahmen der Gewässerreinhaltung zu verwenden [28].

4.5
Technische Regeln

Deutsches Institut für Normung e. V. (DIN)
DIN-Normen können bei der Gesetzgebung, der öffentlichen Verwaltung und im Rechtsverkehr als Umschreibung für technische Anforderungen herangezogen werden. Von besonderer Bedeutung im Wasserbereich ist die DIN 2000: Zentrale Trinkwasserversorgung – Leitsätze für Anforderungen an Trinkwasser, Planung, Bau, Betrieb und Instandhaltung der Versorgungsanlagen – Technische Regel des DVGW [17].

Deutsche Einheitsverfahren zur Wasser-, Abwasser- und Schlammuntersuchung (DEV)
In einem Ausschuss der Wasserchemischen Gesellschaft und des Normenausschusses Wasserwesen werden bestehende DEV überarbeitet, in Normen überführt und durch neue Verfahren ergänzt. Dadurch kann auf dem Gebiet der Wasseranalyse, einschließlich mikrobiologischer Verfahren auf die detaillierte Vorgabe der Untersuchungsverfahren in Rechtsnormen verzichtet werden [2, 36].

Deutsche Vereinigung des Gas- und Wasserfaches e. V. (DVGW)
Ein wichtiges Aufgabenfeld der DVGW stellt die Prüfung und Zertifizierung von wasserfachlichen Produkten, Unternehmen, Managementsystemen und Sachverständigen auf der Basis des DVGW-Regelwerks sowie nationaler und internationaler Normen und Prüfvorschriften dar.

Deutsche Vereinigung für Wasserwirtschaft, Abwasser und Abfall e. V. (ATV-DVWK)
Die ATV-DVGW ist ein Zusammenschluss der Abwassertechnischen Vereinigung (ATV) und des Deutschen Verbands für Wasserwirtschaft und Kulturbau. Der neue Name lautet Deutsche Vereinigung für Wasserwirtschaft, Abwasser und Abfall e. V. Es werden sowohl Arbeitsblätter als Teil des Regelwerks als auch Merkblätter als Empfehlungen veröffentlicht [2].

5
Wassererschließung und Wasserverteilung

In Deutschland wird bei der öffentlichen Wasserversorgung vor allem auf Grundwasser zurückgegriffen. Dem Grundwasser kommt ein Anteil von 64 % zu. Oberflächenwasser wird zu 28 % von den Wasserversorgungsunternehmen genutzt, und Quellwasser, das frei zu Tage tretendes Grundwasser ist, trägt mit 8 % zur Bedarfsdeckung bei. Angereichertes und uferfiltriertes Grundwasser wird dem Ursprung gemäß dem Oberflächenwasser zugerechnet.

5.1
Niederschläge

Die direkte Nutzung von Niederschlägen für die Wasserversorgung ist in Zentraleuropa nur schwach entwickelt. Im privaten Bereich wird mitunter eine Regenwassernutzung für die Gartenbewässerung und die Toilettenspülung praktiziert (Grauwasser). Der Investitionsaufwand für Zisterne, Pumpe, Reinigungs- und Leitungssystem übersteigt häufig bei weitem die erzielbaren Einsparungen. Aus hygienischen Gründen muss auf eine absolute Trennung des Grauwassersystems und des Trinkwassersystems geachtet werden.

In ariden Gebieten ist die Nutzung von Zisternen-Systemen wegen des Fehlens ausreichender sonstiger Wasserressourcen jedoch weit verbreitet. In vielen Städten und Gemeinden wird das Regenwasser, das auf versiegelte Flächen fällt, über die Kanalisation den Kläranlagen zugeführt oder bei Niederschlagsspitzen über einen

Überlauf im Entwässerungssystem direkt dem Vorfluter zugeschlagen. Diese Praxis (Mischwassersystem) führt zu einer relativ starken Belastung der Oberflächengewässer, da ein Teil des kommunalen Abwassers ungeklärt gemeinsam mit dem Niederschlagswasser eingeleitet wird. Aus diesen Gründen und wegen der aus ökologischer Sicht zu begrüßenden Grundwasseranreicherung, wird seit einigen Jahren die gezielte Versickerung von Regenwasser angestrebt, wobei vielfach die filtrierende Bodenschicht durchteuft wird und direkt in die gut wasserdurchlässigen Sand- und Kiesschichten infiltriert wird. Der Grundwasserschutz erfordert hier eine besonders kritische Kontrolle der Ablaufwasserqualität und gegebenenfalls die technische Eliminierung von Schadstoffen, zu denen z. B. Kupfer und Zink aber auch organische Verunreinigungen und Mikroorganismen zählen.

5.2
Grundwasser

Das Grundwasser gehört seit alters her durch die schützende Funktion der Bodenzone und durch die reinigende Wirkung der Untergrundpassage zu den qualitativ hochwertigen Ressourcen für die Trinkwasserversorgung. Nach der DIN 2000 [17] orientieren sich die Anforderungen an gutes Trinkwasser an den Eigenschaften eines aus »genügender Tiefe und ausreichend filtrierenden Schichten gewonnenen Grundwassers einwandfreier Beschaffenheit, das dem natürlichen Wasserkreislauf entnommen und in keiner Weise beeinträchtigt ist«. In weiten Regionen genügt daher das Grundwasser den Anforderungen der Trinkwasser-Verordnung. Damit ergibt sich für die Wasserversorgung die günstige Situation, das Wasser ohne Aufbereitung verteilen zu können. Die technischen Maßnahmen beschränken sich in diesem Fall auf die Erschließung des Wassers, seine Zwischenspeicherung und seinen Transport im Netz. Die Durchschnittswerte der Wasserverfügbarkeit beruhen selbst in dem klimatisch relativ homogenen Gebiet Deutschlands auf beachtlichen regionalen Unterschieden.

Die Erschließung von Grundwasser unterscheidet die Nutzung frei zu Tage tretenden Wassers in Form von Quellen sowie das durch Pumpen aus Brunnen und Schächten geförderte Wasser. Wichtige Aspekte für die Qualität und Quantität des praktisch nutzbaren Grundwassers sind die Art und Ergiebigkeit des Grundwasserleiters (Aquifer) sowie das Wassereinzugsgebiet und seine Nutzung.

Je nach den hydrogeologischen Gegebenheiten und den angestrebten Fördermengen werden bei der Erschließung des Grundwassers verschiedene Brunnensysteme verwendet [14, 15]. Ein typischer Bohrbrunnen (Vertikalbrunnen) ist in Abbildung 5.1 gezeigt. Die wichtigsten Bauelemente für Bohrbrunnen sind Rohre, die im unteren Bereich des Brunnens durch Schlitze oder Filterelemente den Eintritt von Wasser in das Innere des Brunnens ermöglichen, wo sich ein Ruhewasserspiegel einstellt, der dem natürlichen Grundwasserspiegel entspricht. Je nach der Förderleistung der Pumpe, die in den Brunnen eingehängt wird, kommt es zur Absenkung des Wasserspiegels im Brunnen und im ihn umgebenden Aquifer. Dabei entsteht der sog. Absenkungstrichter. Die Brunnenbaumaterialien müssen stabil und korrosionsfest sein. Filter- und Aufsatzrohre sind häufig aus Edelstahl, Kupfer oder

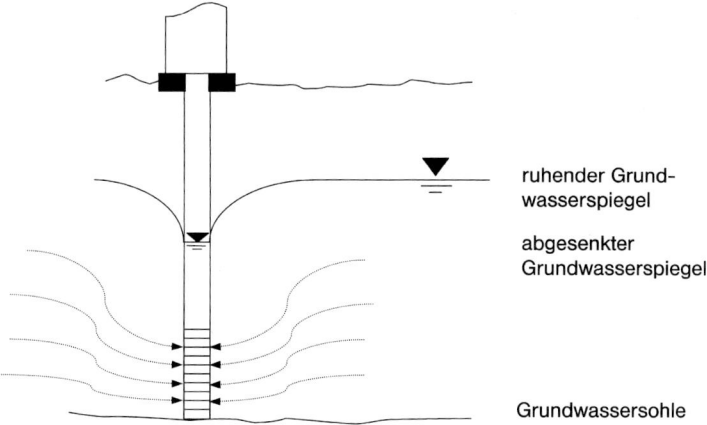

Abb. 5.1 Bohrbrunnen für die Grundwassererschließung

Kunststoff. Durchmesser bis 1 m und Endteufen von mehr als 100 m sind üblich. Eine nachhaltige Brunnenbewirtschaftung wird vor allem die hydrologischen und hydrogeologischen Rahmenbedingungen berücksichtigen.

Für hohe Förderleistungen werden Horizontalfilterbrunnen gebaut (Abb. 5.2). Sie enthalten einen in den Grundwasserleiter abgeteuften Schacht aus Beton oder Betonringen, aus dessen unterem Ende sternförmig horizontale Filterrohre in den Aquifer eingebracht werden. Schächte können Durchmesser von mehreren Metern haben und Endteufen bis zu 80 m besitzen. Die Filterrohre werden aus den gleichen Materialien wie die Vertikalbrunnen gefertigt, besitzen Durchmesser bis zu 30 cm und Stranglängen bis zu 60 m.

Das Grundwasser ist die wichtigste Ressource für das menschliche Trinkwasser. Dieser Bedeutung gemäß ist ein umfassender *Grundwasserschutz* unverzichtbar. Die Ausweisung von Schutzgebieten mit eingeschränkten Nutzungsprofilen ist dabei ein wichtiges Konzept. Genügt jedoch das Grundwasser nicht den Anforderungen der Trinkwasser-Verordnung [16] (siehe Abschnitte 3 und 4), muss es aufbereitet werden (siehe Abschnitt 6).

5.3
Oberflächenwasser, Uferfiltration

Zur Trinkwassergewinnung aus Oberflächenwasser steht die Förderung von Flusswasser, Seewasser, Talsperrenwasser, Uferfiltrat und angereichertem Grundwasser zur Verfügung. In Nordrhein-Westfalen und Sachsen beträgt der Anteil an Oberflächenwasser zur Trinkwassergewinnung mehr als 50 % [12]. Die Gefahr einer Verunreinigung ist höher einzuschätzen als bei Grundwasser. Obwohl die Güte der Oberflächengewässer in den letzten Jahren erheblich verbessert wurde, verbleiben oft schwer oder kaum eliminierbare Restbelastungen. Eine direkte Nutzung für die Trinkwassergewinnung ohne Aufbereitung ist in der Regel nicht möglich. Vielfach

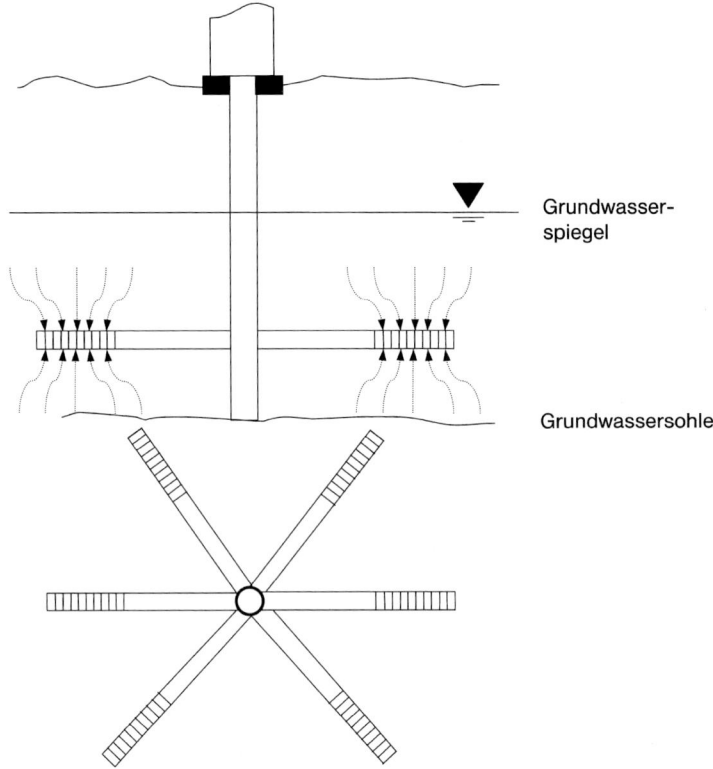

Abb. 5.2 Konstruktionsprinzip von Horizontalfilterbrunnen

wird der Weg der indirekten Nutzung über *Uferfiltrat* oder eine *künstliche Grundwasseranreicherung* gewählt [37]:

Durch den Betrieb von Brunnen in einer Entfernung zwischen 50–100 m von der Ufernähe wird über die Gewässersohle uferfiltriertes Flusswasser (*Uferfiltrat*) mit natürlichem Grundwasser zu den Förderbrunnen geleitet. Dabei erfährt das Flusswasser durch die Bodenpassage eine Qualitätsverbesserung. Bei der *künstlichen Grundwasseranreicherung* wird das Oberflächenwasser direkt aufbereitet und anschließend über geeignete Anreicherungsanlagen in den Grundwasserleiter eingeleitet. Durch beide Maßnahmen kann man über den natürlichen Grundwasserstrom hinaus sogenanntes angereichertes Grundwasser fördern. Es durchläuft danach verschiedene Stufen einer technischen Aufbereitung und wird nach der abschließenden Desinfektionsmittelzugabe über den Reinwasserbehälter in das Verteilungsnetz eingespeist. Ein Beispiel für diese Art der Wassergewinnung ist das Wasserwerk Wiesbaden-Schierstein, das zur Trinkwassergewinnung das Rheinwasser nutzt (siehe auch Abschnitt 6, Abb. 6.14) [2, 38].

5.4
Verteilungsnetze

Die öffentliche Wasserversorgung in Deutschland unterhält ein Rohrnetz mit einer Länge von rund 385 000 km. Davon entfallen etwa 60 000 km auf die neuen Bundesländer. Am Leitungsnetz hängen mehr als 10,7 Mio. Hausanschlüsse in den alten und 1,5 Mio. Hausanschlüsse in den neuen Bundesländern. In Gebieten, in denen die technisch nutzbaren Grundwasservorkommen nach Quantität oder Qualität nicht ausreichen, muss die Wasserversorgung auf andere Ressourcen zurückgreifen. Hier stehen die überregionale Fernwasserversorgung sowie die Nutzung von Oberflächenwässern im Vordergrund [39].

Fernwassersysteme dienen vor allem der Versorgung von Ballungszentren und transportieren das Wasser in Leitungen oft über mehr als 100 km weite Strecken. Nach Möglichkeit wird das hydraulische Gefälle genutzt, um Pumpenergie zu sparen. Als Wasserressourcen werden sowohl Grund- als auch Oberflächenwasser genutzt. Die Wasserversorgung der Millionenstadt München z. B. basiert ausschließlich auf Grundwasser, das vor allem aus dem Alpenvorland kommt. In Baden-Württemberg haben sich zahlreiche Städte und Gemeinden zu Zweckverbänden zusammengeschlossen, um gemeinsam die Trinkwasserversorgung durch Fernwasser sicherzustellen. So bezieht die Stadt Stuttgart große Teile des Trinkwassers aus dem Bodensee (Bodensee-Wasserversorgung) sowie aus der Donau und dem Grundwasser des Donaurieds (Landeswasserversorgung). Die Bodensee-Wasserversorgung, die weite Teile von Baden-Württemberg mit Trinkwasser versorgt, gewinnt das Rohwasser aus dem Überlinger See bei Sipplingen. Nach Aufbereitung wird das Wasser (ca. $130 \cdot 10^6$ m^3 a^{-1}) über ein mehr als 1500 km langes Netz an ca. 3,5 Mio. Einwohner verteilt [40]. Die längste dabei überwundene Strecke beträgt 350 km (siehe Abschnitt 6.3). Allen Fernwasserversorgungen ist gemeinsam, dass notwendige technische Aufbereitungsmaßnahmen unmittelbar am Ort der Wassergewinnung erfolgen. Lediglich Desinfektionsmittel werden, falls notwendig, auf und am Ende der Transportstrecke dosiert bzw. nachdosiert.

Bei der Wasserverteilung ist das für das Verteilungsnetz verwendete Rohrmaterial von großer Bedeutung. Über die im Verteilernetz eingesetzten Werkstoffe gibt Tabelle 5.1 Auskunft. Die Dominanz des Gusseisens und der Kunststoffe in den alten Bundesländern ist offensichtlich.

Das Rohrmaterial sollte sich im Idealfall indifferent gegenüber der Wasserqualität verhalten. In der Praxis treten aber nicht selten Wechselwirkungen zwischen dem Wasser und seinen Inhaltsstoffen einerseits und dem Rohrmaterial andererseits auf. Diese Interaktion wird unter dem Begriff der *Korrosion* zusammengefasst. Die mikrobiologischen und korrosionschemischen Anforderungen sind in den technischen Regeln für Betrieb und Instandhaltung der Anlagen festgelegt [41].

Vor allem in der Hausinstallation können korrosionstechnische Probleme auftreten, wenn gegen die anerkannten Regeln der Technik verstoßen wird. Besonders zu beachten sind Bleirohre, die früher vor allem in Nord- und Ostdeutschland verwendet wurden, Kupferrohre in Gegenden mit sehr weichen und sauren Wässern sowie die Bildung von Lokalelementen bei der Verbindung von Rohren aus unterschied-

Tab. 5.1 Materialien der Rohrnetze der öffentlichen Wasserversorgung in Deutschland, Stand 1993. Gesamtlänge des Rohrnetzes: 322 000 km in den alten Bundesländern, 54 000 km in den neuen Bundesländern

Material	Anteil (%) alte Bundesländer	Anteil (%) neue Bundesländer	Länge (km) alte und neue Bundesländer
Gusseisen	51,7	29,4	182 000
Stahl	5,1	17,4	26 000
Zementgebundene Werkstoffe	9,7	14,9	39 000
Kunststoff	31,4	11,1	107 000
Sonstige	2,1	27,2	22 000
	100,0	100,0	376 000

lichen Metallen oder mit ungeeigneten Installationselementen. Erhöhte Konzentrationen durch Lösung des Rohrmaterials treten vor allem in den Warmwassersträngen und nach langen Standzeiten auf. Damit ergibt sich die Empfehlung, für Trink- und Speisezubereitung verwendetes Wasser aus der Kaltwasserleitung zu zapfen und zunächst gut ablaufen zu lassen.

Um die Verbraucher jederzeit mit qualitativ einwandfreiem Trinkwasser in ausreichender Menge versorgen zu können, müssen die Versorgungsanlagen fortlaufend erhalten, modernisiert und ausgebaut werden. Hierfür sind beachtliche Investitionen erforderlich. Einer Umfrage gemäß betrug das Investitionsvolumen im Jahr 1995 rund 4,3 Mrd. DM, wobei 62,6 % auf Investitionen des Rohrnetzes entfallen [13].

6
Wassertechnik

Überall dort, wo das Rohwasser der öffentlichen Wasserversorgung nicht der gesetzlich festgelegten Trinkwasserqualität entspricht, sind technische Aufbereitungsmaßnahmen erforderlich. Die Art der Aufbereitung richtet sich nach den jeweiligen Verunreinigungen und örtlichen Gegebenheiten. Auch historische Entwicklungen, wirtschaftliche Gesichtspunkte sowie die Erwartungshaltung und Akzeptanz der Verbraucher spielen eine wichtige Rolle. Die Wasseraufbereitung hat in Deutschland eine lange Tradition. Deshalb zählt Deutschland auch zu den weltweit führenden Ländern auf diesem Gebiet. Die Konzepte orientieren sich an den natürlichen Vorgängen des hydrologischen Kreislaufs. Sie beinhalten die technischen Möglichkeiten der Effektivitätssteigerung biologischer, chemischer und physikalischer Prozesse. Dabei steht die Einhaltung der Anforderungen der Trinkwasser-Verordnung im Mittelpunkt [2, 4, 14, 15, 35, 38, 42, 43]. Tabelle 6.1 gibt einen Überblick über gebräuchliche Stufen des Wasseraufbereitung und die ihrer Wirkung zugrunde liegenden Prinzipien.

Tab. 6.1 Wasseraufbereitungsstufen und ihr Ziel (aus [38])

Stufe	Prinzip	Ziel (Beispiele)
Bodenpassage Langsamsandfiltration Uferfiltration	Biotransformation Dispersion Adsorption	Mineralstofflösung naturnahe Schönung Schadstoffentfernung
Sandfang	Sedimentation	Partikelentfernung
Flockung/Fällung	Adsorption Kopräzipitation Sedimentation	Entfernung von Feinstpartikeln Schadstoffentfernung Entfernung von riechenden und farbigen Stoffen
Filtration a) Schnellsand b) Aktivkohle c) Mehrschicht d) Ionenaustauscher e) Membranen	Adsorption Rückhaltung chemische und biochemische Reaktionen	a) c) e) Entfernung von anorganischen und organischen partikulären Stoffen b) c) d) e) Eliminierung gelöster (Schad)Stoffe
Belüftung Ozonung Eintrag von Oxidationsmitteln	Oxidation Gas/Flüssig-Äquilibrierung Präzipitation	Abbau organischer Stoffe Entfernung von Geruchsstoffen Enteisenung/Entmanganung
Einstellen eines Ziel-pH-Wertes	Solubilisation Präzipitation	Erreichen des Kalk-Kohlensäure-Gleichgewichts Enthärtung/Aufhärtung Schwermetallentfernung Korrosionsvermeidung
Eintrag von Desinfektionsmitteln UV-Bestrahlung	Desinfektion Oxidation	Schutz vor Infektionen Keimzahlverminderung

Die Gliederung über Bausteine und Methoden der Aufbereitung von Wasser kann nach verschiedenen Gesichtspunkten erfolgen. Eine Aufteilung nach der Herkunft des Rohwassers, aber auch nach Aufbereitungszielen oder Aufbereitungsstoffen ist möglich. Im Folgenden werden die Aufbereitungsmethoden nach den zugrunde liegenden Verfahrensprinzipien aufgeführt.

6.1
Stofftrennung (s. auch Mechanische Verfahrenstechnik, Bd. 1)

6.1.1
Entfernung von Feststoffen

Das Ziel der Fest/Flüssig-Trennung bei der Wasseraufbereitung ist die Entfernung von Partikeln, da Trübstoffe, nicht zuletzt auch wegen ihrer Vehikelfunktion für Bakterien, im Trinkwasser unerwünscht sind. Ist die Dichte der Partikeln deutlich höher als die des Wassers, gelingt die Entfernung, wie z. B. im *Sandfang*, einfach nach dem Prinzip der Schwerkraft (*Sedimentation*). Falls der Dichteunterschied zwischen Teilchen und Wasser nicht ausreicht oder andere Eigenschaften der Suspension einem befriedigenden Absetzen entgegenstehen, kann durch *Zentrifugation* oder *Filtration* eine Stofftrennung erfolgen. Feinste Teilchen und Kolloide lassen sich vorteilhaft auch durch die *Flockung/Fällung* entfernen.

Flockung und Fällung

Fällung nennt man die Überführung von gelösten Stoffen in feste Verbindungen, wobei Kolloide, Schwebstoffe, Trübstoffe, feinkristalline Stoffe oder abtrennbare Partikel entstehen können [35].

Unter *Flockung* versteht man die Agglomeration von suspendierten und kolloidalen Teilchen zu abtrennbaren Partikelverbänden [35]. Die Flockung ist eine Vorbehandlungsmethode vor der Sedimentation oder Filtration.

Verfahrenstechnische Methoden der Flockung schließen *Flockungsmittel* zur Minderung der Oberflächenspannung und *Flockungshilfsmittel* zur Verbesserung der Scherfestigkeit der Flocken ein. Dabei wird die meist negative Oberflächenladung der Teilchen, die durch ihre Gleichartigkeit der Bildung größerer Aggregate entgegenwirkt, durch höherwertige Kationen neutralisiert.

Verbreitete Flockungsmittel sind Chloride und Sulfate des Eisen(III) und des Aluminium(III). Sie bilden je nach pH-Wert verschiedene Hydroxokationen bis hin zu den Anionen (Ferrate, Aluminate) bei hohem pH-Wert. Die allgemeine Reaktionsgleichung für Eisen ist im Folgenden gegeben. Für Aluminium gilt eine analoge Gleichung.

$$Fe^{3} + (H_2O)_6 + n(OH)^- \iff \{Fe(OH)_n(H_2O)_{6-n}\}^{3-n} + nH_2O$$

Die Kationen neutralisieren die negativen Oberflächenladungen der suspendierten Teilchen. Die neutralen Metallhydroxokomplexe $Me(OH)_3(H_2O)_3$ besitzen beim pH-Wert ihres Vorliegens ein Löslichkeitsminimum. Es liegt beim Fe(III) bei pH = 8 und beträgt etwa 10^{-11} mol L^{-1}, während das Al(III) bei pH = 6,5 etwa mit 10^{-7} mol L^{-1} löslich ist. Diese geringen Löslichkeiten führen zur Flockenbildung und einer relativ geringen Restkonzentration an in Lösung bleibenden Eisen- und Aluminiumverbindungen (β(Fe) < 0,1 mg L^{-1}; β(Al) < 0,2 mg L^{-1}). Außerdem können mit anderen Wasserinhaltsstoffen wie z. B. Carbonat und Phosphat auch schwerlösliche Eisen- oder Aluminiumverbindungen ausgefällt werden. Die gebildeten Flocken sollen die neutralisierten Trübstoffe und schwerlöslichen Reaktionsprodukte einbinden und möglichst kompakt sein, damit sie sich gut absetzen. Um dies zu fördern und die Scherfestigkeit der Flocken zu erhöhen, werden vielfach noch synthetische oder natürliche Polymere (z. B. Polyacrylamide, Stärke) als *Flockungshilfsmittel* zudosiert. Ihre Aufgabe ist es, durch Vernetzung die gewünschten Effekte zu erreichen.

Zur Flockung/Fällung werden in Wasserwerken je nach der Rohwasserqualität Metallsalze in Konzentrationen von 0,01 bis 0,2 mmol L^{-1} dosiert. Die Zugabe erfolgt in der Regel als mehrprozentige saure Lösung. Es ist dabei wichtig, dass der

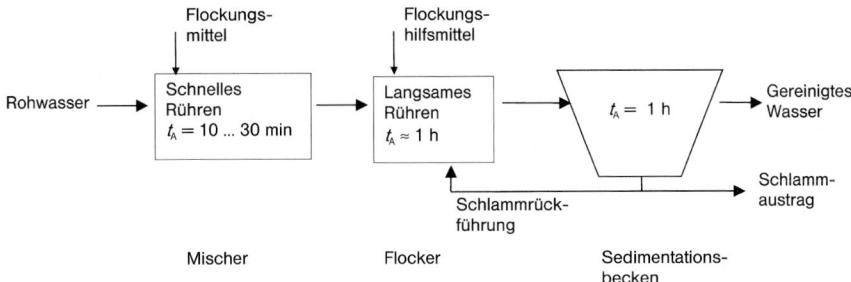

Abb. 6.1 Flockungs-/Fällungs-Anlage, (t_A: Aufenthaltszeit) nach [42]

Eintrag in hochturbulente Lösung erfolgt, was in turbulent durchströmten Rohren (Rohrflockung) oder durch turbulent gerührte Reaktoren erreicht wird. Ziel ist eine möglichst rasche und homogene Verteilung der Flockungschemikalien im aufzubereitenden Wasser. An die Mischphase schließt sich die Zone des Flockenwachstums mit geringer Turbulenz an. In diesem Bereich erfolgt auch die Rückführung eines Teils des absedimentierten Schlamms sowie die Addition von Flockungshilfsmitteln. Die gut ausgebildeten, kompakten Flocken setzen sich schließlich im Sedimentationsteil ab, der durch Plattenabscheider und Schlammeindicker perfektioniert sein kann. Die einzelnen Reaktionsräume sind entweder getrennt in Reihe geschaltet (siehe Abb. 6.1) oder befinden sich integriert in *Kompaktflokkulatoren*.

Filtration
Man unterscheidet drei Filtrationsarten (siehe auch Mechanische Verfahrenstechnik, Bd. 1, Abschnitt 4.4.6):

Bei der *Oberflächenfiltration* strömt die Suspension senkrecht zum Filterboden. Im Laufe der Filtration baut sich ein Filterkuchen auf, der andere Trenneigenschaften als das eigentliche Filtermedium (Tuch, Membran etc.) haben kann. Das Trennprinzip beruht im Wesentlichen auf einem Siebeffekt: die aus der Lösung abgetrennten Teilchen haben einen größeren mittleren Durchmesser als die Poren des Filters. Die Filtergeschwindigkeit ist abhängig von der Druckdifferenz auf beiden Seiten des Filtermediums und vom Filterwiderstand der Filterschichten.

Die Anwendung der *Kreuzstromtechnik* (*Querstromfiltration*), bei der die Suspension parallel zur Filterfläche strömt, führt wegen der hohen Scherkräfte an der Filteroberfläche zu einer geringen Filterkuchenbildung. Diese Verfahrensvariante wird vor allem bei der Membranfiltration eingesetzt. Die Filterleistung ist vom Druckgradienten abhängig und wird maßgeblich von der Bildung chemischer und biologischer Deckschichten beeinflusst. Das Verfahren besitzt wegen der Verfügbarkeit trennproblemspezifischer Membranen ein hohes Innovationspotenzial, dem allerdings relativ hohe Betriebskosten (Energie) entgegenstehen. Der minimale Schlammanfall und die Möglichkeit der sicheren Abtrennung von Mikroorganismen sind weitere Vorteile bei der Verwendung dieser Technik.

Die in Wasserwerken am häufigsten anzutreffende Filtrationsart ist die *Tiefenfiltration* mit festen Filterbetten (siehe Abb. 6.2). Die zu entfernenden Teilchen wer-

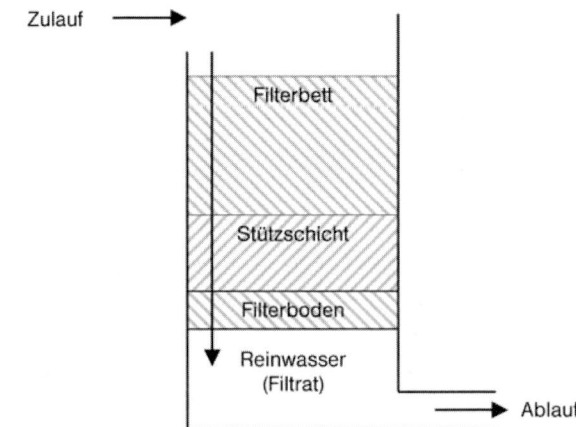

Abb. 6.2 Bauprinzip eines Festbettschnellfilters nach [38]

den im Innern einer porösen Filterschicht aus körnigem Material zurückgehalten. Dabei ist der Durchmesser der zu entfernenden Teilchen deutlich kleiner als der der Poren im Filterbett. Mit dieser Methode werden vor allem schwach getrübte Rohwässer (Volumenkonzentration der Teilchen < 0,05 %) aufbereitet. Die Reinigungsleistung dieser Filter beruht vor allem auf einer Haftwirkung der zu entfernenden Teilchen an den Oberflächen der Filterkörner. Der Filterbetrieb und das Trennergebnis werden sowohl von den Eigenschaften der zu entfernenden Teilchen und des Filtermaterials als auch von den Transportmechanismen bestimmt. Die Art der verwendeten Filtermaterialien richtet sich nach der Trennaufgabe. Für die Abtrennung von Eisen- und Aluminiumflocken sowie für die Enteisenung und Entmanganung wird in der Regel Quarzsand genutzt. Neben einer vorteilhaft verwendeten Stützschicht aus gröberem Material werden zur Trennung komplexerer Gemische oft Mehrschichtfilter eingesetzt. Sie enthalten zum Beispiel Kombinationen von Anthrazit, Koks und Sand, wobei die Korngrößen im Millimeterbereich liegen.

Technische Filter werden entweder als *offene Filter* (Rechteckfilter mit mehreren 10 m² Fläche und 1 bis 2 m Filterbetthöhe) oder als *geschlossene Filter* (bis zu 50 m³ Volumen) konstruiert. Die Filtergeschwindigkeit offener Filter liegt im Bereich von 3 bis 15 m h^{-1}, während die als Druckfilter betreibbaren geschlossenen Filter 5 bis 30 m h^{-1} erreichen. Die Filterlaufzeiten betragen in der Regel einen Tag bis mehrere Tage. Im Laufe der Filterbeaufschlagung steigt der Filterwiderstand und es sinkt die Filterwirksamkeit und damit die Filtratqualität. Wenn der maximal tolerierbare Druckabfall oder die maximal erlaubte Trübung im Filtrat erreicht ist, wird der Filter rückgespült. Hierzu wird durch Umkehrung der Strömungsrichtung bei Normalbetrieb das Filterbett durch Wasser und eventuell mit Druckluft in eine Wirbelschicht überführt. Durch die gegenseitige Reibung der Filterkörner werden die während des Filterbetriebs abgetrennten Feststoffe mobilisiert und mit dem Rückspülwasser ausgetragen. Die Rückspülgeschwindigkeit liegt je nach Filtermaterial bei mehreren $10\ \text{m}\ \text{h}^{-1}$ bis $100\ \text{m}\ \text{h}^{-1}$, und das Filterbett expandiert beachtlich (10 bis 50%).

In der Wasseraufbereitung werden auch *Langsamsandfilter* eingesetzt. Diese seit Beginn des 20. Jahrhunderts übliche Technik arbeitet mit einer Filtergeschwindigkeit von etwa $0{,}1\ \text{m}\ \text{h}^{-1}$ und zeichnet sich durch ihre biologischen und mikrobiologischen Prozesse aus. Langsamsandfilter werden in Form von offenen Becken konstruiert und haben Flächen bis zu $10\,000\ \text{m}^2$. Das gereinigte Wasser wird entweder über ein Drainagesystem am Boden des Filterbetts gewonnen oder direkt in das Grundwassersystem versickert. Für die volle Funktionsfähigkeit muss ein Langsamsandfilter zunächst mehrere Tage eingearbeitet werden. Die Ausbildung einer biologisch aktiven Schmutzdecke ist dabei besonders wichtig. Es resultieren in der Regel eine Filterlaufzeit von mehreren Monaten und ein gut gereinigtes Wasser als Produkt. Dabei werden nicht nur die festen Teilchen abgetrennt, sondern es werden auch gelöste Substanzen, die biologisch umsetzbar sind, verstoffwechselt.

Membrantechnik

Die Membrantechnik wird seit zwei Jahrzehnten zur Wasseraufbereitung genutzt. Die Betriebsweise eines Moduls ist schematisch in Abbildung 6.3 dargestellt.

Die Anwendung der Membrantechnik war zunächst auf die Meerwasserentsalzung beschränkt. Hierbei wird die mit hohen Drücken arbeitende und damit relativ energieaufwändige Umkehrosmose eingesetzt. Inzwischen wurden einige Verfahren entwickelt, die mit maßgeschneiderten Membranen auch im niedrigen Druckbereich gute Trennleistungen garantieren. Besondere Vorteile des Einsatzes der Membrantechnik sind darin zu sehen, dass das rein physikalische Trennprinzip die Stoffe selbst nicht verändert, in der Regel wenige bis keine Zusatzstoffe notwendig sind und durch modulare Bauweise eine äußerst flexible Anpassung an Kapazitätsbedürfnisse gewährleistet ist.

Nach der Trenngrenze unterscheidet man die *Mikrofiltration* (*MF*) und die *Ultrafiltration* (*UF*), für die Porenmembranen verwendet werden, sowie die *Nanofiltration* (*NF*) und die *Umkehrosmose* (*RO – Reverse Osmosis*), die mit dichten Membranen nach dem Diffusionsprinzip arbeiten (siehe auch 3 Thermische Verfahrenstechnik, Bd. 1, Abschnitt 6.2.3). Die Übergänge zwischen den verschiedenen Filtrationsarten sind allerdings fließend hinsichtlich ihrer Trenngrenze (Abb. 6.4) und der Art des Stoffübergangs. Porenmembranen werden vor allem zur Partikel-

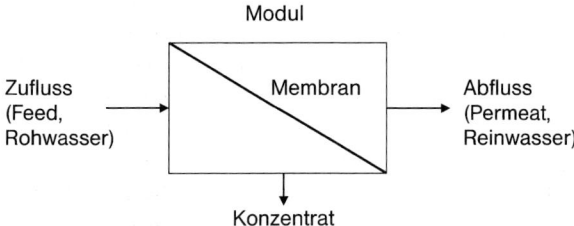

Abb. 6.3 Betriebsweise eines Membranmoduls nach [38]

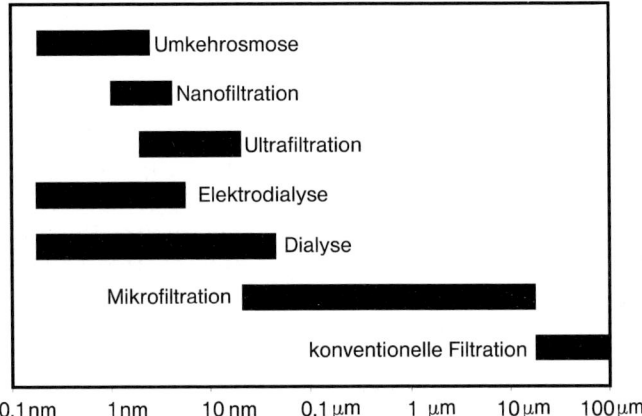

Abb. 6.4 Trenngrenzen der Membranverfahren

abtrennung und Diffusionsmembranen zur Abtrennung gelöster Substanzen verwendet. Für die Trennung ionogener Stoffe hat sich zusätzlich das Prinzip der *Elektrodialyse* bewährt, das ein elektrisches Feld und Ionenaustauschermembranen nutzt.

In Porenmembranen ist der Massenfluss des Wassers der transmembranen Druckdifferenz proportional. Es ist zu beachten, dass im praktischen Betrieb nicht die Membran allein, sondern zusammen mit einer im Laufe der Filtration sich bildenden Deckschicht die Trenneigenschaften ausmacht. In nichtporösen Membranen wird der Stofftransport im Wesentlichen vom Transportwiderstand der Membranen bestimmt. Die theoretische Beschreibung beruht auf dem Fick'schen Gesetz und setzt das Fehlen der gegenseitigen Beeinflussung der Wasserinhaltsstoffe voraus:

Molarer Stofffluss (J_i) einer Substanz i durch eine nichtporöse Membran:

$$J_i = -c_i \frac{D_{i0}}{RT} \cdot \frac{d\mu_i}{dz}$$

mit

c_i	Stoffmengenkonzentration von i
D_{i0}	thermodynamischer Diffusionskoeffizient
μ	chemisches Potential
z	Dicke der Membran
R	allgemeine Gaskonstante
T	absolute Temperatur

Die Membranen haben in den letzten Jahren dank der stürmischen Entwicklung in den Polymer- und Materialwissenschaften vielseitige Impulse erhalten. Die Forderung nach einer möglichst dünnen selektiven Schicht und einer stabilen Stützschicht haben zu asymmetrischen Membranen (integral-asymmetrische und composite-asymmetrische) geführt. Auch anorganische Membranen (Silber, Kohlenstoff, Zinkoxid, Aluminiumoxid etc.) haben wegen ihrer chemischen Stabilität und ihrer langen Lebensdauer an Bedeutung gewonnen.

Die technische Anwendung der Membranen erfolgt in Modulen, deren Bauart gemäß der Anwendungsbreite sehr unterschiedlich ist. So gibt es *Flach-* oder *Folienmembrane*, die vor allem als *Wickelmodule* wegen ihrer kompakten Form und kostengünstigen Herstellung in großtechnischen Anlagen für die Wasseraufbereitung mit Umkehrosmose verwendet werden. Auch Module mit *Hohlfasermembranen* sind für die umkehrosmotische Wasseraufbereitung üblich. Hier wirkt das Rohwasser in Druckrohren auf die Außenseite der U-förmig eingelegten Hohlfasern, die einen Außendurchmesser von 40 bis 200 µm haben. Das durch die Membranen des Faserbündels ins Innere permeierte Wasser tritt aus den offenen Enden der Fasern, die an der Stirnseite des Druckmantelrohrs gefasst sind. Hohe spezifische Membranoberflächen und Betriebsdrücke bis 100 bar sind typisch für Hohlfasermodule, die allerdings keinen Membranaustausch erlauben und auf relativ trübstoffarmes und damit gut vorbehandeltes Rohwasser angewiesen sind (Abb. 6.5).

Rohr- oder *Tubularmodule* enthalten Membranrohre, bei denen sich die trennaktive Membran an der Innenseite von druckstabilen, porösen Stützrohren mit 5 bis 25 mm Durchmesser befindet. Das Zulaufwasser wird durch diese Rohre geführt, und das Permeat verlässt sie durch die perforierten Außenwände. Der relativ geringen Packungsdichte stehen die gut kontrollierbaren Strömungsverhältnisse zur Vermeidung von Ablagerungen und die Austauschbarkeit der Rohre als Vorteile gegenüber. Diese Module kommen bei der Umkehrosmose und Ultrafiltration zum Einsatz (Abb. 6.6).

In Abbildung 6.7 ist das Fließbild einer Pilotanlage mit Wickelmodulen dargestellt. Über ein Bypass- und zwei Konzentratventile können die transmembrane Druckdifferenz und die Überströmgeschwindigkeit unabhängig voneinander geregelt werden. Zur Abtrennung von groben Verunreinigungen des Rohwassers und

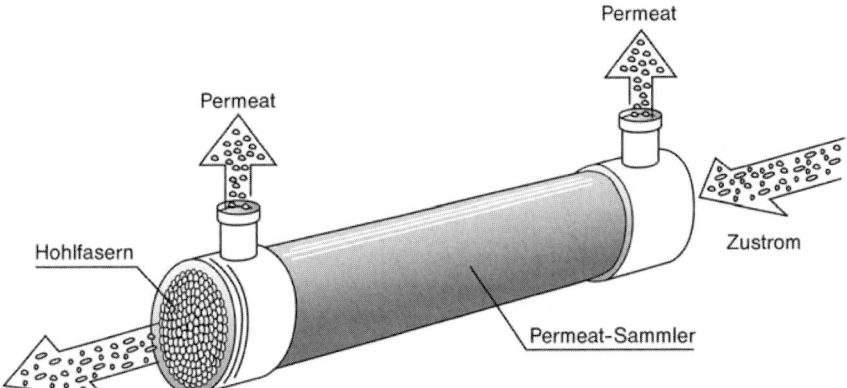

Abb. 6.5 Modell eines Hohlfasermoduls

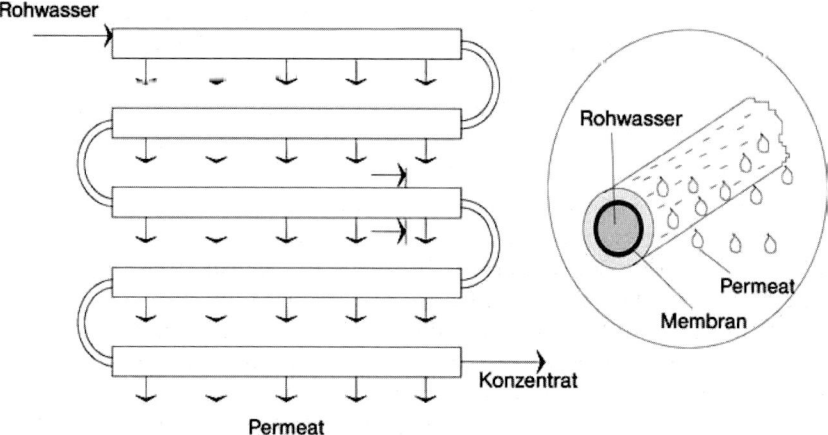

Abb. 6.6 Modell eines Rohrmoduls

damit zum Schutz der Pumpen und vor allem der Membranen sind zwei Sandfilter vorgeschaltet. Diese Vorbehandlung des Rohwassers ist in der Regel bei allen Membranprozessen nötig, um einen dauerhaften Betrieb zu ermöglichen.

Einsatzgebiete für Membranverfahren sind z. B. die Meerwasserentsalzung, die Gewinnung von Prozesswasser (Kraftwerke) und ultrareinem Wasser (Halbleiterfertigung), die Nahrungsmittelindustrie (Milchverarbeitung), die Medizin (Dialyse), die Pharmaindustrie und die Abwasserreinigung (beides Biomasserückhalt). In der Wasseraufbereitung werden Membranverfahren bei der Enthärtung, der Sulfat- und Nitratentfernung, der Eliminierung von Pestiziden und bei der Keimentfernung eingesetzt.

Meerwasserentsalzung mittels RO ist eine Alternative zur klassischen thermischen Erzeugung von Trinkwasser mittels Destillation. Hierbei werden hauptsäch-

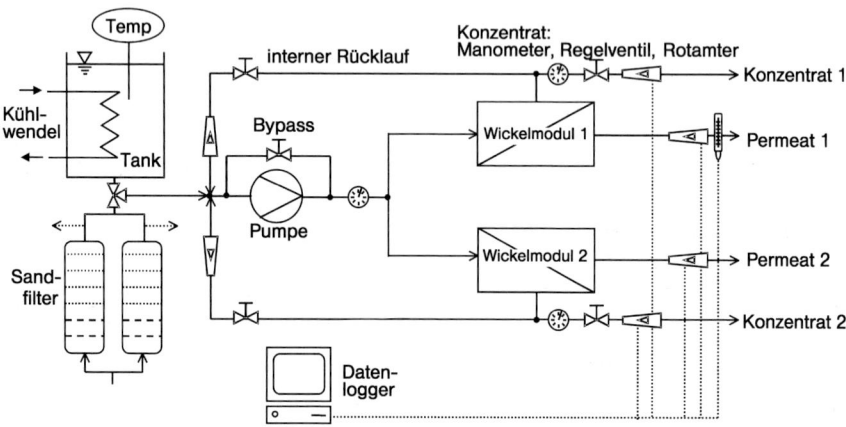

Abb. 6.7 Fließbild einer Pilotanlage mit Wickelmodulen

lich die Multi Stage Flash Evaporation (MSF) und die Multi Effect Distillation (MED) genutzt (s. auch Thermische Verfahrenstechnik, Bd. 1). Über 50 % der installierten Anlagen zur Gewinnung von Trinkwasser aus Meerwasser basieren nach wie vor auf diesen thermischen Verfahren. Ein Vergleich der thermischen und physikalischen Prinzipien nach energetischen sowie ökonomischen Aspekten ist in Tabelle 6.2 dargestellt.

Die angegebenen Bandbreiten für die benötigten Energien hängen vom Anlagentyp und der Anlagengröße ab. Aufgrund des notwendigen hohen Druckes bei der RO wird dort mehr elektrische Energie benötigt, dafür entfällt die thermische Energie. Somit hat die RO nach energetischen Aspekten klare Vorteile. Vergleicht man die Verfahren hingegen nach ökonomischen Gesichtspunkten, so liegen alle drei Verfahren in einem ähnlichen Bereich. Dies kommt dadurch zustande, dass bei der RO wesentlich höhere Wartungskosten anfallen, die hauptsächlich auf die geringe Lebensdauer der Membranen zurückzuführen sind. Die Bandbreiten für die Gestehungskosten hängen hauptsächlich von der verwendeten Energieform ab [44].

Ein allgemeines und hauptsächliches Problem beim Einsatz von Membranverfahren zur Wasseraufbereitung ist die Belegung der Membranoberfläche bzw. der Poren mit einer Deckschicht, die zu einem Abfall des transmembranen Flusses bei gleichbleibendem transmembranen Druck oder einem höheren benötigten Druck zur Aufrechterhaltung eines konstanten Flusses führt. Diese Schicht kann zu einer Veränderung der Trennleistung führen. Lässt sich diese Schicht während des normalen Betriebs vollständig entfernen, so spricht man von einer reversiblen Deckschicht. In der Regel wird die Entfernung dieser Deckschicht durch eine periodische Rückspülung der Membran bewerkstelligt. Darunter versteht man eine kurzzeitige Umkehrung und Erhöhung der Fließrichtung durch die Membran. Kann durch solche Maßnahmen die ursprüngliche Leistung der Membran nicht wiederhergestellt werden, so spricht man allgemein von *Fouling*. Weiterhin wird unterschieden zwischen reversiblem und irreversiblem Fouling. Eine reversible Foulingschicht kann durch mechanische oder chemische Reinigung, die nach dem Membrantyp auszuwählen ist, außerhalb des normalen Betriebes entfernt werden. Falls dies nicht möglich ist, spricht man von einer irreversiblen Foulingschicht. In der Regel ist Oberflächenfouling eher reversibel als Porenfouling. Die Ursachen für das Fouling sind je nach Rohwasserqualität sehr unterschiedlicher Art. So können sich durch kolloidal gelöste oder suspendierte Stoffe Gelschichten ausbilden. Zur Vermeidung dieser Art von Fouling ist eine Vorfiltration des Rohwassers besonders wichtig. Weiterhin können sich durch Konzentrationsüberhöhungen und in Folge

Tab. 6.2 Vergleich von Membranverfahren mit klassischen Destillationsverfahren bei der Meerwasserentsalzung

Verfahren	Thermische Energie (kWh m^{-3})	Elektrische Energie (kWh m^{-3})	Gestehungskosten ($ m^{-3})
MSF	45–120	3,0–6,0	1,15–1,28
MSD	48–350	1,2–3,5	0,80–0,88
RO	–	4,0–7,0	0,75–0,84

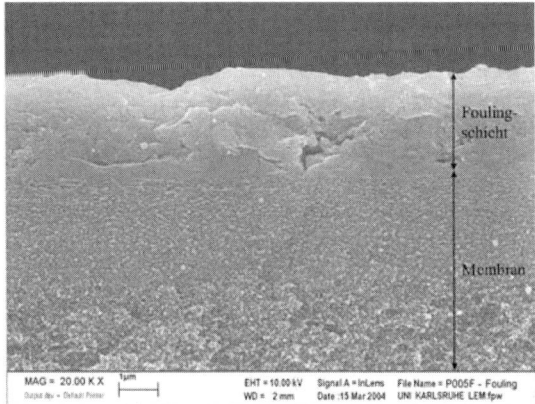

Abb. 6.8 Fouling bei einer Ultrafiltrationsmembran P005F

dessen durch Überschreitung von Löslichkeitsgrenzen auf der Anströmseite der Membran kristalline Niederschläge bilden. In diesem Fall spricht man von *Scaling*. Scaling tritt hauptsächlich bei RO und NF auf. Lagern sich hingegen Mikroorganismen aus dem Rohwasser auf der Membran an und bilden dort einen Biofilm, so spricht man von *Biofouling*. In Abbildung 6.8 ist die REM-Aufnahme einer Ultrafiltrationsmembran vom Typ P005F mit einer Foulingschicht zu sehen. Bei der Art der Foulants handelt es sich vorwiegend um natürliche organische Wasserinhaltsstoffe. Die ursprüngliche Oberfläche der Membran ist etwa in der Mitte des Bildes zu erkennen.

6.1.2
Entfernen gelöster Stoffe

Adsorption (siehe Thermische Verfahrenstechnik, Bd. 1, Abschnitt 6.1)
Neben der Stofftrennung, die auf der Entfernung fester Phasen aus dem Wasser beruht, zielen Adsorptionsverfahren auf die Eliminierung tatsächlich gelöster Substanzen. Während es früher vor allem darum ging, den Geschmack und Geruch des Wassers zu verbessern, sind es heute organische Mikroverunreinigungen, die wegen ihrer human- oder ökotoxikologischen Wirkungen aus dem Wasser zu entfernen sind.

Die molekularen Mechanismen, die der Adsorption zugrunde liegen, sind vielseitig. Demgemäß wird vielfach auch der Überbegriff »Sorption« verwendet. Es lassen sich zwei für die Wasseraufbereitung bedeutsame Basisprinzipien unterscheiden: die *physikalische Adsorption* und die *Chemisorption*, bei der Ionenaustauschvorgänge im Vordergrund stehen.

Bei der *physikalischen Adsorption* dominieren unspezifische elektrostatische Kräfte, wie z. B. Dipol-Dipol-Wechselwirkungen, van-der-Waals-Kräfte oder Wasserstoffbrückenbindungen. Dadurch werden unpolare Wasserinhaltsstoffe an die relativ unpolaren Sorbentien gebunden. Die im Vergleich zu echten Atombindungen schwachen Wechselwirkungskräfte führen zu einer weitgehend reversiblen Stoffanlagerung.

Die *Chemisorption* führt zu stoffspezifischen Wechselwirkungen von der Stärke kovalenter oder elektrostatischer chemischer Bindungen. Demgemäß ist diese starke Interaktion im Wesentlichen auf eine monomolekulare Schicht um das Adsorbens beschränkt.

Bei der Wasseraufbereitung ist der Einsatz von granulierter Aktivkohle (GAC) üblich. Granulierte Aktivkohle wird z. B. aus bituminöser Kohle, Torf, Koks oder Kokosnussschalen durch Pyrolyse (< 700 °C) und thermische Aktivierung (800 °C bis 1000 °C) mit Wasserdampf, CO_2 und Luft hergestellt. Sie besitzt eine innere Oberfläche von bis zu 1100 $m^2\,g^{-1}$, Korndurchmesser von etwa 1,5 mm und kommt vor allem in geschlossenen Festbettfiltern zum Einsatz. Typisch sind Bettvolumina zwischen 10 und 50 m^3, und es werden Filtergeschwindigkeiten von 5 bis 15 $m\,h^{-1}$ verwendet. Typische Standzeiten liegen bei mehreren Monaten bis zu zwei Jahren, und es lassen sich Durchsätze von 4000 bis 30 000 m^3 Wasser pro Kubikmeter Filterbett erreichen. Bei erschöpfter Adsorptionskapazität ist das Filterbett auszutauschen. Die Regenerierung der Aktivkohle kann durch thermische Desorption, thermischen Abbau oder Zersetzung der adsorbierten Substanzen erfolgen. Diese Reaktionen können durch Wasserdampf oder oxidierende Gase beschleunigt werden. Das regenerierte Produkt besitzt eine ähnliche Adsorptionskapazität wie die Originalkohle, wobei ein Masseverlust von 5 bis 15 % üblich ist. Neben dem Einsatz von GAC in Festbettfiltern kann durch Zudosierung von Pulverkohle (PAC; Teilchendurchmesser 0,01 bis 0,04 mm) in den Wasserstrom eine effektive Stoffelimination erreicht werden. Diese Technologie erfordert eine Entfernung der beladenen Pulverkohle durch Absetzen mit dem Schlamm einer Flockungsstufe oder durch Filtration. Die besonderen Vorteile der Verwendung von PAC sind die geringen Investitionskosten für ihre Dosierung und der lediglich auf Belastungssituationen (Unfälle, Katastrophen etc.) beschränkbare Einsatz sowie die schnelle Adsorptionskinetik.

Der praktische Einsatz der Aktivkohleadsorption wird maßgeblich durch die konkurrierende Adsorption der verschiedenen Wasserinhaltsstoffe bestimmt. Vor allem die natürlichen organischen Wasserinhaltsstoffe (NOM), die in Konzentrationen von einigen Milligramm pro Liter vorkommen, können die aktiven Adsorptionsplätze belegen. Dieses als *Aktivkohlefouling* bezeichnete Verhalten führt zu einer deutlichen Herabsetzung der Eliminierungsleistung für die in $\mu g\,L^{-1}$-Konzentrationen vorkommenden Schadstoffe, die zudem untereinander um die Adsorptionsplätze konkurrieren. Eine theoretische Beschreibung der konkurrierenden Adsorption ist mit Hilfe des Modells der *ideal adsorbierten Lösung* (*IAS-Theorie*) möglich (siehe Thermische Verfahrenstechnik, Bd. 1, Abschnitt 6.1.2). Dabei wird, ausgehend von den Isothermen für Einzelsubstanzen, das Adsorptionsverhalten eines ganzen Gemisches berechnet.

Für die Beurteilung des praktischen Betriebs von Festbettfiltern dienen Durchbruchskurven. Die von einer idealen Pfropfenströmung abgeleiteten Kurven können zur Bestimmung der stöchiometrischen Durchbruchszeit und der im Gleichgewicht maximal adsorbierbaren Stoffmenge dienen. Stoffübergangswiderstände, Dispersion und ungünstige Gleichgewichtsverhältnisse lassen das reale Verhalten

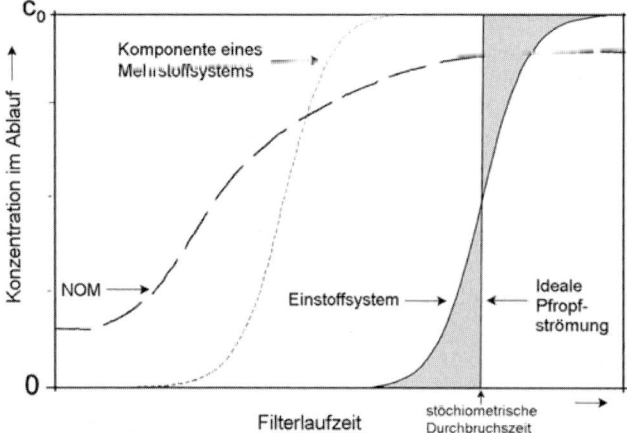

Abb. 6.9 Typische Durchbruchskurven bei der Aktivkohlefiltration (c_0: Konzentration des betrachteten Stoffes im Zulauf des Adsorptionsfilters, NOM: natürliche organische Wasserinhaltstoffe) nach [38]

von Stoffen bei der Adsorption jedoch vom idealen abweichen. Konkurrierende Stoffe, die teilweise zu irreversibler Adsorption führen, komplizieren die Situation zusätzlich. Damit kommt es zu einer Abflachung der Durchbruchskurven und zu einer Verkürzung der Durchbruchszeiten (Abb. 6.9).

Diese Vorgänge werden durch laufende Kontrollmessungen der zu entfernenden Stoffe erfasst und sind für die Festlegung der Standzeiten von Adsorptionsfiltern von großer Bedeutung. Durch die mehrmonatigen Standzeiten entwickelt sich auf den Aktivkohlekörnern auch ein Biofilm. Trotz der relativ kurzen Kontaktzeit des durchströmenden Wassers, die in der Regel unter 30 min liegt, kann es zu einem beachtlichen Bioabbau von Wasserinhaltsstoffen kommen. Der Biofilm hat den Vorteil erhöhter Standzeiten, beinhaltet aber auch das Risiko der Bildung unerwünschter Geschmacks- und Geruchsstoffe sowie des Ausschwemmens von Bakterien. Durch gezielten Filterbetrieb und durch Desinfektionsmaßnahmen kann diesen Problemfällen begegnet werden.

Synthetische Harze gewinnen als Adsorbentien zunehmend an Bedeutung. Durch die Breite ihrer Trenneigenschaften können sie für spezifische Rohwasserbehandlungen verwendet werden. Die verschiedenen Regenerationsmöglichkeiten der Harze sind für ihren Einsatz im Hinblick auf geringe Sekundärbelastungen oder für die Stoffrückgewinnung vielversprechend [45, 46].

Ionenaustausch

Die Anwendung von Ionenaustauschern in der Wasseraufbereitung beruht auf der Fähigkeit von Austauscherharzen, Kationen oder Anionen aus der Wasserphase aufzunehmen und dafür andere Kationen oder Anionen in das Wasser abzugeben. Die Wasserenthärtung und das Einstellen des Kalk-Kohlensäure-Gleichgewichts sind bekannte Beispiele. Da auch bei diesen Prozessen das Prinzip der Elektroneutralität gilt, kommt es in der Regel zu einer Reihe von Verschiebungen in den Relativkonzentrationen der ionischen Wasserinhaltsstoffe. Zusätzlich stehen noch Wasserinhaltsstoffe wie CO_2, H_2CO_3, SiO_2 und NH_3 über den pH-Wert mit ihren ionogenen Spezies im Gleichgewicht.

Die Ionenaustauscherharze bestehen aus einer polymeren Trägermatrix mit funktionellen Gruppen. Trägerpolymere sind z. B. Polystyrol oder Polyacrylate, die durch Divinylbenzol vernetzt sind. Als funktionelle Gruppen dienen verschiedene, für Säure-Base-Reaktionen geeignete Gruppen: die schwach saure –COOH-Gruppe und die stark saure –SO_3H-Gruppe für den Kationenaustausch und das stark basische –$N(CH_3)_3$OH, –$N(CH_3)_2C_2H_4$OH sowie das schwach basische –$NR_2 \cdot H_2O$, –$NRH \cdot H_2O$ und –$NH_2 \cdot H_2O$ für den Anionenaustausch. Die Einsatzbereiche der Austauscherharze reichen demgemäß von pH < 1 (stark saurer Kationenaustauscher) über den neutralen Bereich bis zu pH > 13 (stark basische Anionenaustauscher). Die Reaktionen können als Chemisorption bezeichnet werden und laufen streng stöchiometrisch ab. Sie lassen sich nach den Grundsätzen des Massenwirkungsgesetzes beschreiben. Die Enthärtung mit einem stark sauren Kationenaustauscher in der Na^+-Form wird durch die folgende Gleichung beschrieben. Dabei stehen die fett gesetzten bzw. überstrichenen Formeln für die feste Phase des Ionenaustauscherharzes.

$$\mathbf{R - SO_3^- Na^+} + Kat^+ \rightleftharpoons \mathbf{R - SO_3^- Kat^+} + Na^+$$

$$K = \frac{\overline{R - SO_3^- Kat^+} \cdot Na^+}{\overline{R - SO_3 Na^+} \cdot Kat^+}$$

Als Kat^+ kann z. B. ein Äquivalent der Härtebildner Ca^{2+} und Mg^{2+} dienen. Dieser Vorgang des Ionenaustausches (von links nach rechts gelesen) entspricht dem verbreiteten *Enthärten* des Wassers. Die umgekehrte Richtung gibt den Prozess des Regenerierens des Ionenaustauschers mit einer konzentrierten Kochsalzlösung wieder. Für Anionenaustauscher gilt das Entsprechende.

Die Affinität mehrwertiger Ionen zu den Austauscherharzen ist in der Regel höher als die einwertiger Ionen, was in höheren Werten für die Gleichgewichtskonstante *K* zum Ausdruck kommt. Damit gelingt die Entfernung mehrwertiger Ionen aus dem Wasser besonders gut. Beim Regenerieren werden mit konzentrierten Lösungen von einwertigen Salzen, Säuren oder Laugen die relativ fest gebundenen Ionen vom Austauscherharz entfernt, und das Harz wird in die Natrium- bzw. Chloridform überführt oder in die protonierte bzw. hydroxylierte Form gebracht. Um wieder eine optimale Arbeitsform zu erreichen, ist allerdings ein beachtlicher Überschuss an Regeneriermittel notwendig.

Durch Hintereinanderschaltung verschiedener Ionenaustauschersäulen und durch Teilstrombehandlungen lässt sich eine breite Palette von Wasserqualitäten erhalten. Sie reicht von enthärteten, sulfat- oder nitratarmen bis zu weitgehend entionisierten Wässern [47]. Auch niedermolekulare organische Säuren lassen sich z. B. mit stark basischen Anionenaustauscherharzen gut entfernen. Die Möglichkeit der Verkeimung von Ionenaustauschern im Bereich der Wasseraufbereitung wird zwar durch konzentrierte Regenerierlösungen eingeschränkt, muss aber dennoch kri-

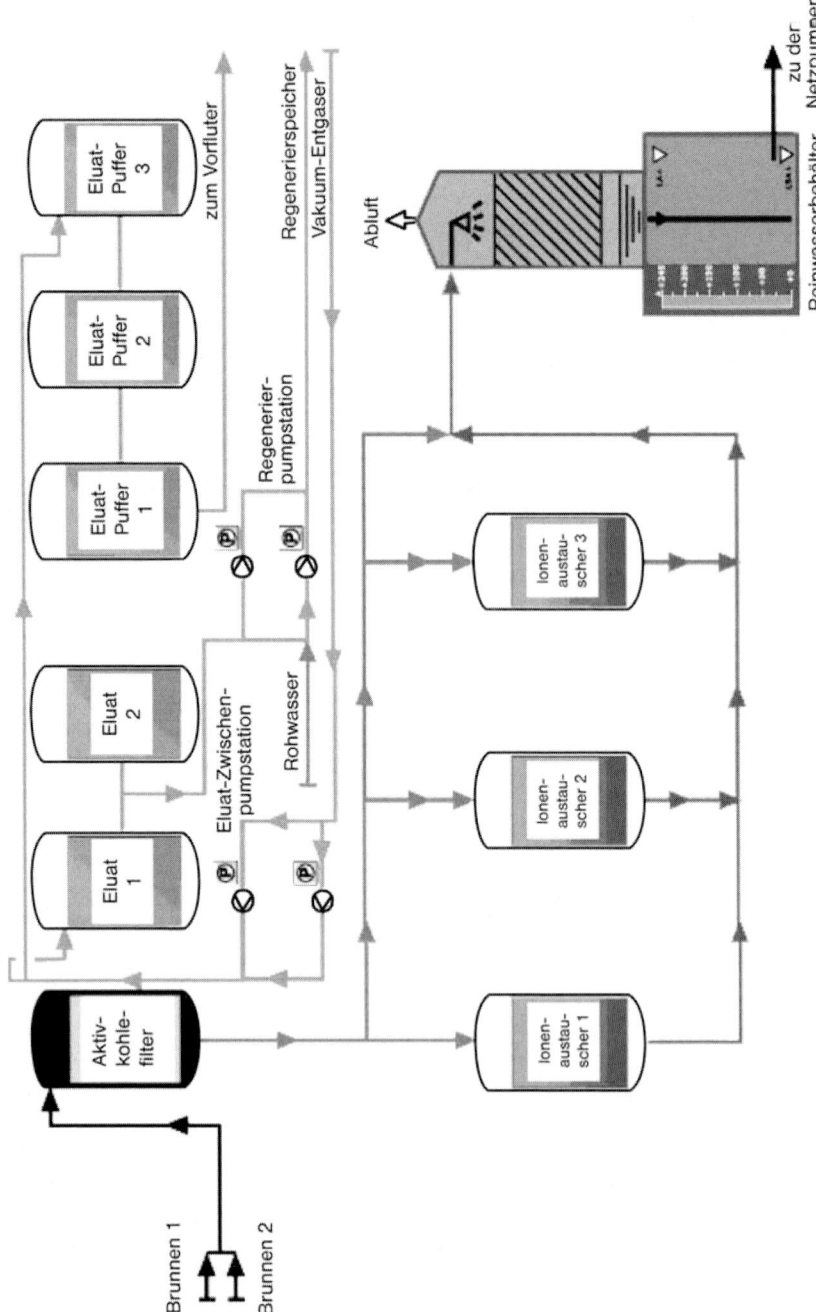

Abb. 6.10 CARIX-Anlage (Bad Rappenau) [47]

tisch kontrolliert werden. Die Entionisierung mit Ionenaustauschern spielt eine große Rolle bei der Gewinnung verschiedener Betriebswässer (z. B. in Waschprozessen) und Reinstwässer (z. B. in der Elektronikindustrie und im medizinischen Bereich).

Ein ausgewähltes Beispiel für ein Ionenaustauschverfahren stellt das vom Forschungszentrum Karlsruhe entwickelte CARIX-Verfahren dar (**CA**rbon dioxide **Re**generated **I**on e**X**changers). Mit Hilfe eines schwach sauren Kationenaustauschers in der H^+-Form und eines stark basischen Anionenaustauschers in der HCO_3^--Form, die räumlich nicht voneinander getrennt sind, erfolgt eine Teilentsalzung. Das entsalzte Wasser wird in einer Füllkörperkolonne durch Belüftung entsäuert. Im stationären Betrieb sind in der Regel zwei Austauscher im Einsatz, während der dritte regeneriert wird oder sich in Bereitschaft befindet. Die Regeneration sowohl des Anionenaustauschers als auch des Kationenaustauschers erfolgt durch unter Druck mit Kohlenstoffdioxid gesättigtes Wasser. Das Abwasser (Eluat) wird aus dem oberen Teil des Austauschers entnommen und vakuumentgast, wobei das nicht bei der Regeneration verbrauchte Kohlenstoffdioxid größtenteils wiedergewonnen wird. Anschließend wird das Eluat in einen Regenerierspeicher oder in einen Vorfluter geleitet. Durch die Verwendung von Kohlenstoffdioxid zur Regeneration kann eine zusätzliche Belastung der Umwelt durch Säuren und Laugen vermieden werden.

6.1.3
Einbringen und Entfernen von Gasen

Die thermodynamischen Gleichgewichte, die sich zwischen einer Gasphase und einer Wasserphase einstellen, lassen sich durch das Henry-Dalton-Gesetz beschreiben. Es quantifiziert die Gleichgewichtskonzentrationen, die sich beim Gaseintrag in das Wasser sowie beim Gasaustrag aus dem Wasser einstellen:

$c_i = K_H \cdot p_i$ mit c_i: Stoffmengenkonzentration des in der Wasserphase gelösten Gases i in mol L^{-1}
p_i: Partialdruck des Gases i in der Gasphase über dem Wasser in bar
K_H: Henry-Konstante in mol L^{-1} · bar^{-1}

Ein besonders wichtiger Schritt bei der Wasseraufbereitung ist die *Belüftung*. Sie führt zu einer relativen Anreicherung von Sauerstoff und einer noch stärkeren Anreicherung von Kohlenstoffdioxid im Vergleich zu Stickstoff.

Der Eintrag von Gasen ist bei der Wasseraufbereitung von Bedeutung für die Konzentrationserhöhung von Sauerstoff oder Ozon als Oxidationsmittel sowie bei der Lösung von Chlor oder Chlordioxid als Desinfektionsmittel. Eine augenfällige Erscheinung, die mit dem Henry-Dalton-Gesetz erklärt werden kann, ist die mitunter auftretende milchige Trübung von gezapftem Leitungswasser. Durch den hohen Druck im Verteilungsnetz lösen sich Komponenten der Luft in Konzentrationen, die deutlich über den Gleichgewichtskonzentrationen liegen, die für den Luftdruck gelten. Die Druckentspannung zieht einen Konzentrationsausgleich nach sich, der sich in feinblasiger, nach oben und an die Gefäßwand gerichteter Ausgasung bemerkbar macht. Der Effekt wird durch die niedrigere Temperatur im Leitungsnetz und die in der Regel höhere an der Zapfstelle noch verstärkt.

Die Ausgasung kann bei der Wasseraufbereitung auch gezielt eingesetzt werden. Sie ist der Kern der sogenannten *Strip-Verfahren*, bei denen durch Gaseinleitung dem Henry-Dalton-Gesetz gemäß eine Verarmung einer leicht flüchtigen Komponente in der Wasserphase erreicht wird. Das Ausblasen überschüssigen Kohlenstoffdioxids zum Einstellen des Kalk-Kohlensäure-Gleichgewichts ist ein weit verbreitetes Beispiel. Auch die Belastung von Rohwässern mit leichtflüchtigen organischen Stoffen, wie z. B. Lösemitteln, kann durch Gasaustauschverfahren behandelt werden.

Für die praktische Durchführung der Gasaustauschreaktionen stehen mehrere Verfahren zur Verfügung. Sie reichen von einfachen Belüftern mit Stufen, Wellbahnen und Kaskaden über Kreiselbelüfter bis zu geschlossenen Apparaturen, die auf den Prinzipien der Verdüsung, des Gleich-, Kreuz- und Gegenstroms beruhen. Besonders effizient verläuft der Gasaustausch in Füllkörperkolonnen aufgrund deren großen Austausch- bzw. Phasengrenzfläche. Die Fülkörperkolonnen werden üblicherweise im Gegenstrom betrieben (Abb. 6.11). Der Vorteil des Gegenstroms beruht auf der Aufrechterhaltung einer ausreichend großen Konzentrationsdifferenz des gelösten Gases zwischen Phasengrenzfläche und Wasserkörper über eine lange Strecke. Diese Differenz stellt die treibende Kraft für den Stoffübergang dar. Im Gegensatz dazu liegt beim Gleichstrom zu Beginn eine höhere Konzentrationsdifferenz vor, d. h. es findet anfangs ein stärkerer Stoffübergang statt. Bei ausreichend großer Auslegung des Gasaustauschers kann jedoch mit dem Gegenstromprinzip unter ansonsten identischen Bedingungen eine größere Menge Gas ausgetauscht werden. Zur Auslegung der Austauschstrecke bzw. Höhe z von Gasaustauschern

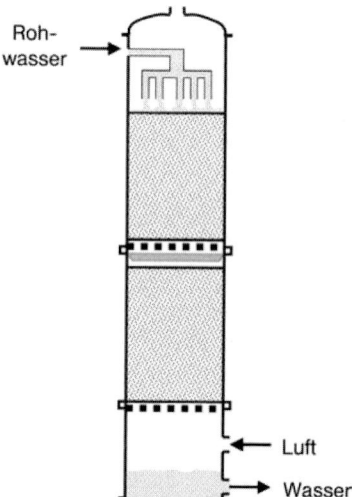

Abb. 6.11 Füllkörperkolonne nach [42]

werden die Kennzahlen HTU (Height of a Transfer Unit) und NTU (Number of Transfer Units) herangezogen, die ursprünglich zur Auslegung von Rektifikationskolonnen dienten.

$$z = \text{HTU} \times \text{NTU}$$

Die HTU ist eine apparate- und stoffspezifische Kennzahl. Die NTU lässt sich berechnen über die vorliegende Eingangskonzentration und die gewünschte Ausgangskonzentration des Gases im Wasser sowie den sogenannten Stripfaktor S, der von der Henry-Konstanten des betreffenden Gases, vom Gesamtdruck im Austauscher und vom vorliegenden Gas- und Wasservolumenstrom abhängig ist.

6.2
Reaktionen

6.2.1
pH-Wert-Korrektur

Der pH-Wert ist einer der Schlüsselparameter für den Chemismus von aquatischen Systemen und spielt bei der Wasseraufbereitung eine große Rolle. Als negativer dekadischer Logarithmus der Protonenaktivität ist er zugleich Spiegelbild und Einflussfaktor der Säure-Base-Gleichgewichte. Der pH-Wert ist somit auf das Engste mit Ionenaustauschvorgängen, Ausfällungen und Auflösungen sowie mit vielen stofflichen Umsetzungen verbunden. Das Ausmaß der Änderung des pH-Wertes wird dabei wesentlich von der Pufferungskapazität des jeweiligen Wassers abhängen. Ursache für die Pufferungswirkung ist das Vorliegen einer schwachen Säure oder Base zusammen mit der konjugierten Base bzw. Säure.

In Gewässern gibt es zahlreiche schwache Säuren und schwache Basen, die sich z. B. von Ammoniak, Phosphat, Silicat und organischen Säuren ableiten. Das dominierende Puffersystem ist jedoch die Kohlensäure mit ihren Anionen. Sie kommen vor allem durch Auflösung des in der Natur weit verbreiteten Kalksteins ($CaCO_3$) in das Wasser. Das thermodynamische Lösungsgleichgewicht des Kalksteins ist damit für die Wasserversorgung von grundsätzlicher Bedeutung, bestimmt es doch nicht nur die Wasserhärte, sondern auch das Verhalten des Wassers im Kontakt mit Werkstoffen und damit im Leitungsnetz. Das Vorliegen des thermodynamischen Gleichgewichts lässt sich treffend durch den *Sättigungsindex* (SI) beschreiben.

$$SI = \lg \frac{a(\text{Ca}^{2+})\ a(\text{CO}_3^{2-})}{L^*}$$

Im Zähler des Bruchs stehen die im Wasser vorliegenden Aktivitäten der gelösten Ionen, wie sie aus experimentell ermittelten Daten bestimmbar sind. Im Nenner steht das für die betreffende Temperatur und Ionenstärke resultierende Löslichkeitsprodukt von $CaCO_3$, wie es thermodynamischen Überlegungen entspricht.

$SI = 0 \Rightarrow$ Das Wasser ist im thermodynamischen Gleichgewicht
$SI < 0 \Rightarrow$ Das Wasser ist kalkauflösend (aggressiv)
$SI > 0 \Rightarrow$ Das Wasser ist kalkabscheidend (übersättigt)

Über die beteiligten Säure-Base-Gleichgewichte der Kohlensäure lässt sich auch der Sättigungsindex rein experimentell abschätzen. Bei konstanter Temperatur wird in der zu beurteilenden Wasserprobe der pH Wert gemessen (pH_{Wa}). Dann wird in die Wasserprobe eine größere Menge Marmorpulver ($CaCO_3$) zugegeben. War das Wasser nicht im thermodynamischen Kalk-Kohlensäure-Gleichgewicht, so wird es dadurch eingestellt. Der dann gemessene pH-Wert wird daher als Gleichgewichts-pH-Wert (pH_{Gl}) bezeichnet. Er wird im Falle kalkauflösenden Originalwassers größer als pH_{Wa} sein. Bei kalkabscheidendem Wasser gilt $pH_{Gl} < pH_{Wa}$, und für im Kalk-Kohlensäure-Gleichgewicht befindliches Wasser ist $pH_{Gl} = pH_{Wa}$.

Analog zum Kalk-Kohlensäure-System gilt der Sättigungsindex für alle vom Löslichkeitsprodukt bestimmten Stoffsysteme und ist Grundlage für Rechenprogramme, die es erlauben, die Verteilung der im thermodynamischen Gleichgewicht befindlichen Wasserinhaltsstoffe zu beschreiben. Für diese Multikomponentensysteme gewinnt das Abweichen des pH-Wertes vom Gleichgewichts-pH-Wert eine weitreichende Bedeutung. Zu niedrige pH-Werte werden in der Regel zu Lösevorgängen führen, die in der Technik als Korrosion bezeichnet werden. Bei zu hohen pH-Werten wird es besonders zu Ausfällungen kommen, wobei eine Vielzahl von Wasserinhaltsstoffen mitgefällt und adsorbiert werden. Das Zuwachsen von Leitungsrohren ist eine der möglichen Konsequenzen, sodass die Korrektur des pH-Wertes besonders wichtig ist. Die Trinkwasser-Verordnung [16] nennt den Bereich von $6,5 \leq pH \leq 9,5$ als akzeptabel und koppelt ihn an das Kalk-Kohlensäure-System (siehe Abschnitt 3).

Technisch lässt sich der pH-Wert durch Zugabe starker Säure oder Lauge ändern. Im Hinblick auf die Trinkwasser-Verordnung ist auf die Reinheit der zugegebenen Lösungen besonders zu achten. Auch mit dem Austreiben oder Zufügen von Kohlenstoffdioxid kann der pH-Wert verschoben und das Kalk-Kohlensäure-Gleichgewicht erreicht werden. Die Verwendung eines Festbettfilters aus Kalksteinkies oder halb gebranntem Dolomit hat sich in der Praxis vielfach bewährt, um zuverlässig und betriebssicher die Stoffgleichgewichte der Kohlensäure einzustellen. Als Arbeitsgrundlage dient bei den praktischen Maßnahmen die *Tillmans-Kurve*. Sie liegt im Koordinatensystem der *m*- und *p*-Werte, die zur analytischen Quantifizierung der Hydrogencarbonat- und Kohlenstoffdioxid-Konzentrationen dienen. Die in Abbildung 6.12 gezeigte Tillmans-Kurve gilt für 25 °C, eine Ionenstärke von 0 mol L^{-1} und für $m-2\,a(Ca^{2+}) = 0$ mol L^{-1}. Sie steht für die jeweiligen, im Kalk-Kohlensäure-Gleichgewicht befindlichen Wässer. Oberhalb der Kurve liegen calcitlösende, unterhalb calcitabscheidende Wässer. Der Punkt A in Abbildung 6.12 gibt somit die Lage eines kalklösenden Wassers wieder. Durch Ausstrippen von CO_2, durch Zugabe der Lauge $Ca(OH)_2$ und durch Kontakt mit Marmor ($CaCO_3$) lässt sich entlang der eingezeichneten Geraden das jeweilige Gleichgewicht (B, C bzw. D) einstellen. Das Beispiel zeigt, dass der Gleichgewichts-pH-Wert des behandelten Wassers sowie die resultierenden *m*- und *p*-Werte von der Art des Vorgehens abhängen.

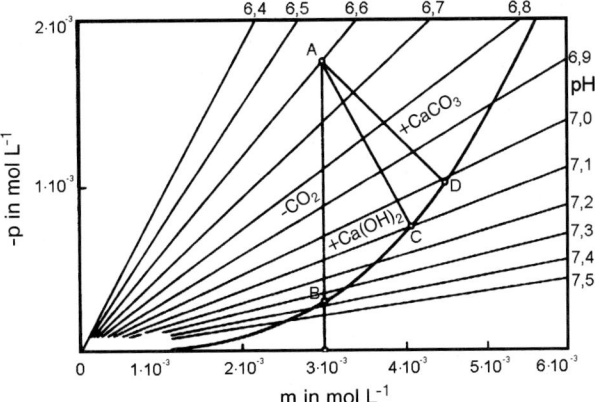

Abb. 6.12 Tillmans-Kurve nach [4]

6.2.2
Oxidationen

Der Einsatz von Oxidationsmitteln bei der Wasseraufbereitung erfolgt im Wesentlichen unter zwei Aspekten: Einmal soll eine oxidative Stoffumwandlung mit dem Ziel der Stoffentfernung und zum anderen eine Desinfektionswirkung erreicht werden. Als Oxidationsmittel dienen Sauerstoff, Ozon, Wasserstoffperoxid, Chlor, Chlordioxid und Kaliumpermanganat. Mitunter können Oxidationsmittel miteinander kombiniert werden, wie z. B. Ozon und Wasserstoffperoxid, oder es kann das Oxidationsmittel durch UV-Bestrahlung aktiviert werden. Man spricht dann von intensivierten Oxidationsverfahren (AOP, Advanced Oxidation Processes oder aktivierten Oxidationsprozesse). Auch die Gegenwart von Mikroorganismen kann Oxidationsreaktionen katalysieren. Ein Beispiel hierfür ist die an biologisch belegtem Sand ablaufende *Enteisenung* und *Entmanganung* mit Hilfe des Sauerstoffs der Luft. Einigen der für die Oxidation/Desinfektion verwendeten Chemikalien kommt aufgrund ihrer Wirkung und der Reaktionen mehr der Charakter des Oxidationsmittels bzw. der des Desinfektionsmittels zu. Obwohl beide Aspekte nicht völlig getrennt werden können, wird z. B. Chlor vor allem zur Desinfektion und nicht zur Oxidation eingesetzt, was durch die Wahl der eingesetzten Konzentration sichergestellt werden kann [34].

Die AOP sind durch die Bildung hochreaktiver chemischer Zwischenprodukte, wie z. B. OH-Radikale (OH$^\bullet$) für rasche Oxidationsreaktionen besonders geeignet. Die folgende Gleichung zeigt die summarische Umsetzung von Ozon mit Wasserstoffperoxid zu OH-Radikalen, die wiederum rasch mit Wasserinhaltsstoffen zu oxidierten Produkten reagieren können.

$$H_2O_2 + 2O_3 \longrightarrow 2OH^\bullet + 3O_2$$

Für OH-Radikale wird ein Standardpotential von ca. + 1,9 V angegeben [48]. Sie können auch aus Wasserstoffperoxid oder Ozon durch UV-Bestrahlung (z. B. durch Quecksilberniederdruckstrahler) hergestellt werden:

$$H_2O_2 \xrightarrow{\text{UV-Strahlung}} 2OH\bullet$$

Auch die Bestrahlung von Titandioxid (TiO_2), einem Fotokatalysator, mit UV-Licht führt zu OH-Radikalen. Hierbei wird innerhalb des Halbleiters TiO_2 ein Elektron/Loch Paar (e^-/h^+) generiert. Das entstandene Loch ist in der Lage, an der TiO_2-Oberfläche adsorbierte OH^--Ionen zu OH-Radikalen zu oxidieren. Die OH-Radikale können wiederum rasch mit organischen Wasserinhaltsstoffen zu oxidierten Produkten reagieren. Zur Oxidation gesättigter Verbindungen abstrahieren sie ein Wasserstoffatom:

$$R - H + OH^\bullet \longrightarrow R^\bullet + H_2O$$

Das entstehende organische Radikal reagiert mit Sauerstoff zum Peroxylradikal

$$R^\bullet + O_2 \longrightarrow RO_2^\bullet$$

und wird über weitere radikalische Angriffe mineralisiert.

OH-Radikale sind auch in der Lage, die Doppelbindungen ungesättigter Verbindungen anzugreifen:

$$R - CH = CH - R + OH^\bullet \longrightarrow R - CHOH - CH^\bullet - R$$

Sauerstoff (Volumenanteil in der Luft ca. 20%) wird als gasförmiges Oxidationsmittel eingesetzt. Seine Löslichkeit in Wasser ist relativ gering (8,4 mg L^{-1} bei 25 °C). Die Oxidationsreaktionen laufen für die meisten Wasserinhaltsstoffe langsam ab und bedürfen daher für die technische Nutzung einer katalytischen oder biokatalytischen Beschleunigung.

Ozon wird seit Anfang des 20. Jahrhunderts zur Wasseraufbereitung eingesetzt. Es wird am Ort der Anwendung aus reinem Sauerstoff oder Luft mit Hilfe elektrischer Entladung hergestellt und gasförmig in das Wasser eingebracht. Es löst sich besser in Wasser als Sauerstoff und reagiert rascher als dieser mit anderen Wasserinhaltsstoffen. Die Reaktionsgeschwindigkeiten variieren über mehrere Größenordnungen. Besonders rasch setzen sich aromatische Verbindungen wie Phenole um. Auch die Entmanganung und Enteisenung gelingen mit Ozon in der Regel gut, da sich die zweiwertigen Ionen leicht in höherwertige schwerlösliche Oxidhydrate überführen lassen. Bei niedrigen pH-Werten dominieren die molekularen Reaktionen des Ozons (z. B. Ozonolyse von Doppelbindungen nach dem Criegee-Mechanismus), während im Alkalischen die Umsetzungen zu OH-Radikalen und die von ihnen bestimmten Reaktionen vorherrschen. Die in vielen Wässern in Konzentrationen von mehr als 100 mg L^{-1} vorkommenden Hydrogencarbonat-Ionen sowie die Carbonat-Ionen treten als Radikalfänger auf und verlangsamen damit die Geschwindigkeit der Stoffumsetzung.

Vorteile des Einsatzes von Ozon bei der Wasseraufbereitung sind die rasche Bakterien- und Vireninaktivierung sowie die oxidative Eliminierung von unerwünschten organischen und anorganischen Wasserinhaltsstoffen. Außerdem werden Geruchsstoffe und gefärbte Verbindungen entfernt. Als nachteilig gelten die bei der Herstellung und Anwendung von Ozon zu beachtenden toxischen Wirkungen höherer Ozon-Konzentrationen. In der Luft liegt die maximale Arbeitsplatzkonzentration (MAK-Wert) bei 0,2 mg m^{-3}. In aufbereitetem Wasser darf die Ozonkonzentration nicht mehr als 0,05 mg L^{-1} betragen. Die Oxidation von Bromid kann zur Entstehung von Bromat und bromorganischen Verbindungen führen. Außerdem ist die durch Teiloxidation organischer Makromoleküle erhöhte Nährstoffbasis für Mikroorganismen wegen des Problems der Wiederverkeimung zu beachten.

Wasserstoffperoxid wird mit Hilfe von Sauerstoff katalytisch hergestellt und in Form von 35- bis 50%igen wässrigen Lösungen verkauft (siehe 8 Peroxoverbindungen, Abschnitt 3.1.2). Es ist mit Wasser in jedem Verhältnis mischbar und ein schwächeres Oxidationsmittel als Ozon und Chlor. Seine Anwendung bei der Wasseraufbereitung erfolgte in jüngster Zeit vor allem in Kombination mit Ozon oder UV-Bestrahlung.

Chlor fällt als gasförmiges Produkt bei der Chlor-Alkali-Elektrolyse an (siehe 4 Chlor, Alkalien und Anorganische Chlorverbindungen, Abschnitt 3). Es wird in Stahlflaschen vertrieben und löst sich unter Disproportionierung in Wasser:

$$Cl_2(g) + H_2O \longrightarrow HOCl + Cl^- + H^+$$

Die hypochlorige Säure hat bei 25 °C einen pK_a-Wert von 7,5. Damit liegen bei einem pH-Wert von 7,5 gleiche Mengen undissoziierter Säure und Hypochlorit vor. Die hypochlorige Säure ist sowohl das stärkere Oxidationsmittel als auch die stärker desinfizierende Verbindung. Bei der Anwendung von Chlor sind die Giftigkeit des Gases (der MAK-Wert beträgt 0,5 ppm oder 1,5 mg m^{-3}) und die Reaktion mit gelösten organischen Substanzen zu toxischen bzw. mutagenen halogenierten Produkten wie Chloroform und chlorhaltigen Furanonen (MX) zu beachten [34]. Die Konzentration an freiem Chlor in aufbereitetem Wasser muss mindestens 0,1 mg L^{-1} und darf nicht höher als 0,3 mg/L sein [16].

Chlordioxid muss wegen seiner Unbeständigkeit aus Natriumchlorit durch Chlor oder aus Natriumchlorat mit Salzsäure am Ort der Anwendung hergestellt werden. Es löst sich als Gas sehr gut in Wasser und ist ein kräftiges Oxidations- und Desinfektionsmittel. Obwohl es in geringerem Maße zur Bildung von halogenhaltigen Nebenprodukten führt als Chlor, ist seine Anwendung beschränkt. Das liegt an der Bildung von Chlorit (ClO$_2^-$), das nachteilige gesundheitliche Auswirkungen (irreversible Bindung an Hämoglobin) hat sowie zu unangenehmer Geruchs- und Geschmacksentwicklung führen kann.

Monochloramin ist in Deutschland als Oxidations- und Desinfektionsmittel bei der Wasseraufbereitung für Trinkwasser nicht zugelassen, in den Vereinigten Staaten von Amerika aber weit verbreitet. Es wird vor Ort aus wässrigen Lösungen von Chlor und Ammoniak in annähernd stöchiometrischem Verhältnis hergestellt. Ein Überschuss an Chlor ist wegen der Bildung von unangenehm riechendem Trichloramin (NCl$_3$) zu vermeiden. Die Oxidations- und Desinfektionskraft der Chloramine ist deutlich geringer als die des Chlors, jedoch ist ihre Stabilität im Wasser höher, was für eine bessere Depotwirkung genutzt werden kann.

Kaliumpermanganat ist ein Oxidationsprodukt von Braunstein (MnO$_2$) und kommt in Form dunkelvioletter Kristalle in den Handel. Es kann in wässriger Lösung als starkes Oxidationsmittel vor allem für die Entmanganung und Enteisenung sowie für die Desinfektion neuer Rohrleitungen eingesetzt werden. Die Anwendung erfolgt vergleichsweise selten und ist auf kurzfristige und punktuelle Einsätze beschränkt.

In Fällen von Rohwässern, die einen geringen Trübstoffgehalt und geringe organische Belastungen enthalten, kann zum Zwecke der Desinfektion auch eine *UV-Bestrahlung* in Betracht gezogen werden (UV-Desinfektion). Es sind neben den Voraussetzungen einer geeigneten Wasserqualität auch einige technische Forderungen zu erfüllen, und es ist zu beachten, dass das Wasser nach Verlassen des Bestrahlungsreaktors keine desinfizierende Schutzwirkung besitzt.

6.2.3
Bioabbau

Der Abbau organischer Materie durch Mikroorganismen spielt bei der Wasseraufbereitung nur dort eine wesentliche Rolle, wo die Kontaktzeiten zwischen den organischen Stoffen und den Organismen ausreichend lang sind. Durch Adsorptionsvorgänge können die Kontaktzeiten gegenüber den reinen Durchströmungszeiten des Wassers deutlich erhöht werden. Im Bereich der Trinkwasseraufbereitung sind deshalb z. B. die Aktivkohle- oder Langsamsandfiltration zu nennen. Im Bereich des Abwassers findet der mikrobiologische Stoffumbau und -abbau bereits in der Abwasserkanalisation statt, besonders aber im Belebungsbecken, in dem Bakterienagglomerate mit ausreichend Sauerstoff versorgt werden. Weiterhin spielt der Bioabbau in den Tropfkörpern eine Rolle. Hier läuft das Abwasser über eine mit Füllkörpern (z. B. Lava- oder Bimssteine, Kunststofffüllkörper) gefüllte Säule, die mit einem Biofilm belegt ist.

Während die Abbaureaktionen im sauerstoffhaltigen Medium (aerobe Reaktionsbedingungen) vor allem nach oxidativen Mechanismen mit der bevorzugten Bildung des Endproduktes Kohlenstoffdioxid verlaufen, werden bei Sauerstoffmangel oder -abwesenheit Wege mit reduktiven Reaktionen beschritten (anoxische und anaerobe Umsetzung). Dies wird vor allem in geschlossenen Bioreaktoren genutzt, in denen z. B. Nitrat zu Stickstoff umgesetzt wird (*Denitrifikation*) oder in denen Schlamm zur Bildung von Methan eingesetzt wird (*Schlammfaulung*), das energetisch genutzt werden kann. Bei der reduktiven Behandlung kann es zur Bildung von übelriechenden Gasen (z. B. Schwefelwasserstoff) kommen, was bei der Anlagengestaltung und Betriebsweise zu berücksichtigen ist.

Bei den Aufbereitungsschritten, die auf mikrobiologischen Umsetzungen beruhen, sind die Pflege der Organismen und ihres Wachstums, aber auch die hygienischen Verhältnisse (z. B. Bakterienrückhalt) wichtig.

6.3
Aufbereitungskonzepte in der Praxis

Die nach Art und Menge der Wasserinhaltsstoffe sehr unterschiedlichen Rohwässer erfordern für eine optimierte Aufbereitung vielfach eine maßgeschneiderte Verfahrenskombination. Sie muss bei der Nutzung von Oberflächengewässern auch der sich jahreszeitlich ändernden Wasserqualität gerecht werden. Deutschland zählt zu den weltweit führenden Ländern auf dem Gebiet der Wasseraufbereitung. Die über das letzte Jahrhundert hinweg entwickelten Konzepte garantieren, dass die Bevölkerung jederzeit mit ausreichenden Mengen hygienisch einwandfreiem und toxikologisch unbedenklichem Trinkwasser versorgt wird. Als Beispiel werden die Aufbereitungsprinzipien der Bodenseewasserversorgung (BWV) und des im Wesentlichen Rheinuferfiltrat nutzenden Wasserwerks in Wiesbaden/Schierstein erörtert, die mehrere Millionen Menschen mit Trinkwasser versorgen.

Die Bodenseewasserversorgung bezieht das Rohwasser aus dem Überlinger See (Bodensee). Etwa 60 m unter der Seeoberfläche wird das Wasser entnommen. Damit wird die natürliche Reinigungskraft des Sees im Hinblick auf die Stoffeinträge von der Oberfläche her genutzt. Da die Seewasseraufbereitung keine Stufe enthält, in der das Wasser im Untergrund intensiv mit den mineralogischen Formationen wechselwirkt, entfällt die natürliche Aufhärtung, aber auch die Funktion des biologisch arbeitenden natürlichen Festbettfilters. Statt dessen werden mit Hilfe eines Trommelfilters (Mikrosiebe) Feinstteilchen, zu denen vor allem Mineralstoffpartikeln, Algen und Algenabbauprodukte zählen, aus dem Seewasser entfernt. Das filtrierte Wasser wird dann mit ozonhaltiger Luft versetzt. Nach der Zugabe von Eisenchlorid bilden sich Flocken, mit denen ein Teil der organischen Wasserinhaltsstoffe im Schnellsandfilter abfiltriert werden. Das filtrierte Wasser wird nach Zugabe von Chlor über einen Großbehälter in das Fernleitungssystem eingespeist. Das aufbereitete und gechlorte Trinkwasser wird in einem über 1500 km langen Rohrnetz im freien Gefälle an die Verbraucher verteilt. Die Kapazität der Anlage ist auf 670 000 m^3 pro Tag ausgelegt (Abb. 6.13).

Die Uferfiltration hat in Deutschland vor allem im Rheintal eine lange Tradition. Dabei wird die Wirkung des Untergrundes als natürlicher Filter und Bioreaktor genutzt. In Schierstein ist die übliche Technik der Uferfiltratgewinnung nicht sinnvoll, da das Wasserwerk 10 km unterhalb der Mainmündung liegt. Hier wird das aus der Strommitte in der Rheinsohle entnommene Wasser zunächst vorgereinigt (Sandfang, Belüftungskaskade) und in Sedimentationsbecken gefördert. Von dort wird es in das Rheinwasseraufbereitungswerk gepumpt. Dort wird das Flusswasser zu Infiltrationswasser aufbereitet (Flockung, Aktivkohlefiltration), das über Brunnen in die Sandschichten des Untergrunds zur Grundwasseranreicherung gepumpt wird. Ein Teil des Rheinwassers gelangt über die wasserdurchlässigen Beckensohlen der Infiltrationsbecken direkt in den Boden. Über Entnahmebrunnen wird das zusätzlich auf natürliche Weise im Boden gereinigte Wasser als Grundwasser gefördert und zum Grundwasseraufbereitungswerk gefördert. Hier wird das Wasser zu Trinkwasser aufbereitet (Pulverkohle-Behandlung zur Adsorption gelöster organischer Verbindungen, Belüftung, Schnellfiltration zur Abtrennung von Eisen, Mangan, Ammonium, Langsamsandfiltration, Desinfektion mit Chlordioxid).

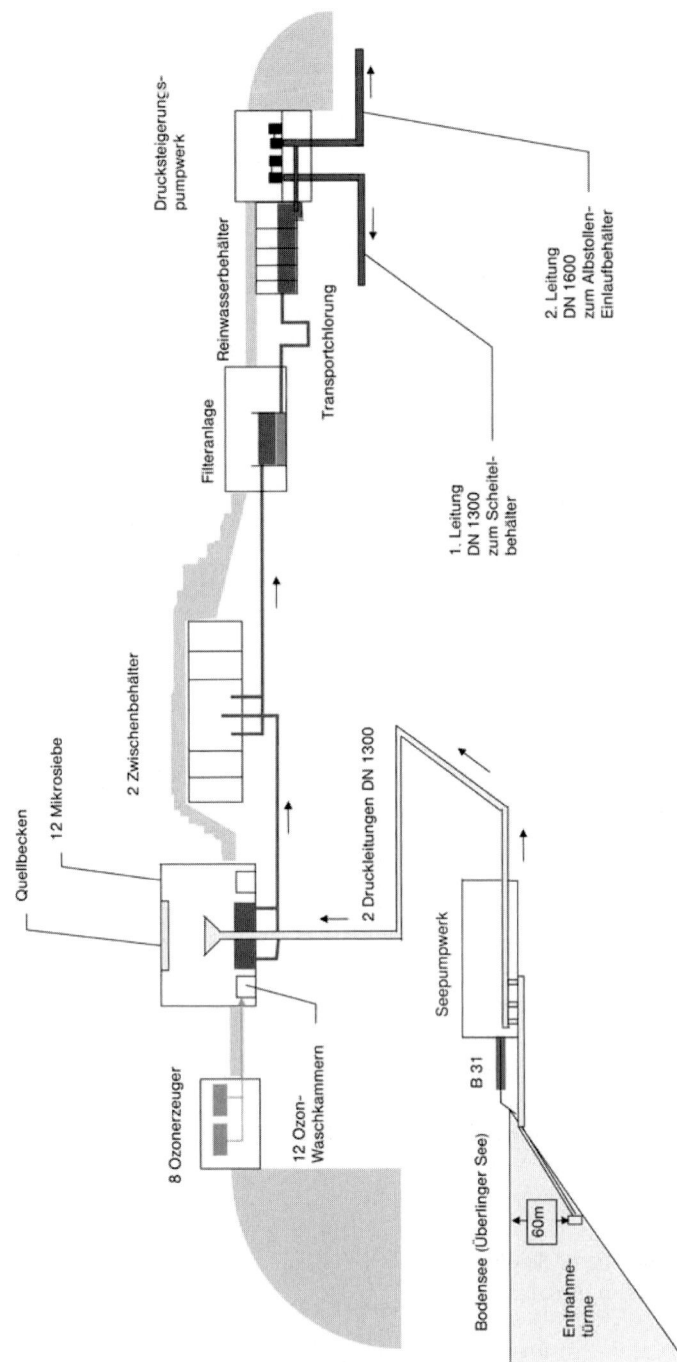

Abb. 6.13 Verfahrensschema der Aufbereitungsanlage der Bodenseewasserversorgung (Wasserwerk Sipplinger Berg)

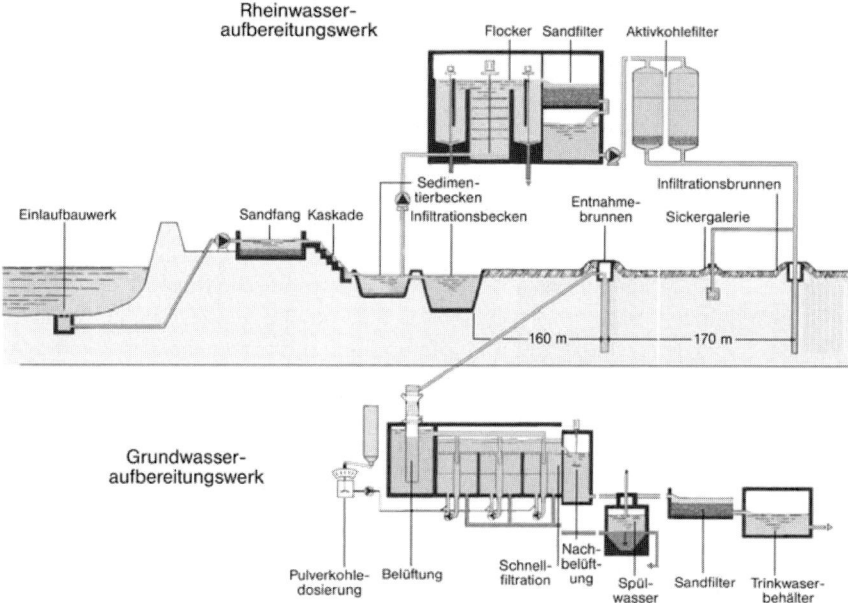

Abb. 6.14 Verfahrensschema der Wassergewinnung in Schierstein (Wiesbaden)

7
Konzepte der Wasserbewirtschaftung

Der Rahmen für eine moderne Wasserbewirtschaftung wird durch die Wasserrahmenrichtlinie (siehe Abschnitt 4) gegeben. Sie umfasst das gesamte Einzugsgebiet eines Gewässers und hat seine gute Qualität zum Ziel. Das bedeutet für eine zukunftsgerichtete, nachhaltige Wassernutzung, dass diese mit der natürlichen Verfügbarkeit und der in angemessener Zeit erfolgenden Selbstreinigung im Einklang steht. Neben den klassischen Prinzipien der Gewässerbewirtschaftung und des Verursacherprinzips sind einige neue Konzepte für eine nachhaltige Entwicklung entstanden. Zu nennen ist der integrierte Gewässerschutz, der das Ziel hat, Abwässer möglichst zu vermeiden, zu vermindern oder zu verwerten. Dazu ist eine umfassende Verfahrensbearbeitung erforderlich.

7.1
Produktionsintegrierter Gewässerschutz

Der produktionsintegrierte Gewässerschutz wird getragen vom Bestreben, das bei der Produktion von Wirtschaftsgütern anfallende Abwasser am Ort des Entstehens so aufzubereiten, dass es als Produktionsabwasser wieder verwendet werden kann. Dieses Wasserrecycling führt im Idealfall zu einer abwasserfreien Produktion, wodurch eine Gewässerbelastung entfällt. Der wirtschaftliche Aufwand, der hierfür zu treiben ist, lässt sich durch die bei der Reinigung mögliche Rückgewinnung von Wertstoffen und Energie günstig gestalten. Schließlich lassen sich die so hergestellten Produkte mit dem Argument des Gewässerschutzes werbewirksam an umweltbewusste Konsumenten verkaufen.

7.2
Produktintegrierter Gewässerschutz

Viele der Produkte werden durch ihre anwendungsspezifische Nutzung den Weg in die Umwelt finden. Dabei ist es wichtig, dass die Produkteigenschaften im Einklang mit dem Stand der Technik ihrer Eliminierung und mit einem ökologisch verträglichen Verhalten stehen. Ein entsprechendes Produktdesign ist vorzusehen. Mit der Entwicklung »weicher«, d. h. umweltschonender Produkte wird eine effektive Entfernung erreicht, auch wenn eine breite Anwendung stattfindet. Dieser Aspekt ist besonders bei der Herstellung und dem Einsatz sogenannter Xenobiotika wichtig, jener Stoffe also, die erstmals nach der Synthese durch den Menschen in die Natur gelangen. Durch Auszeichnung und Kennzeichnung lässt sich die Verbreitung von derartigen Produkten mit guter biologischer Abbaubarkeit und geringer Umweltbelastung erreichen. International sind die Bestrebungen zur bevorzugten Entwicklung umweltverträglicher Stoffe unter dem Begriff »Green Chemistry« (sanfte Chemie, siehe auch 1 Zukunft der chemischen Technik, Bd. 1, Abschnitt 5) bekannt.

7.3
Konsumintegrierter Gewässerschutz

Eine entscheidende Rolle für die Verbreitung der »Green Chemistry« spielt das umweltbewusste Verhalten der Bevölkerung. Die Verantwortung jedes einzelnen Konsumenten ist hier gefordert. Sie setzt eine Transparenz der Produktionsverfahren und Produkteigenschaften ebenso voraus wie die Information über die Bewertung von alternativen Produkten und die Bereitstellung von objektiver Beratung in den Medien. Eine frühzeitige Förderung des Umweltbewusstseins in der Erziehung der Kinder, in den Lehrplänen der Schulen und Hochschulen sowie ein breites, laufend aktualisiertes Fortbildungsprogramm sind unverzichtbar. Die Schonung der aquatischen Systeme und ihre nach den Prinzipien der stofflichen und energetischen Kreislaufführung betriebenen Nutzung muss zum globalen Anliegen einer nachhaltigen Entwicklung werden, die durch ihre ausgewogene ökologische, ökonomische und soziale Verträglichkeit die Zukunft der Menschen sichert. Die Konkretisierung und Quantifizierung ihrer maßgeblichen Einflussgrößen und geeigneter Beurteilungskriterien sind Aufgabe und Herausforderung zugleich.

7.4
Kreislaufführung

Es ist offensichtlich, dass die Einflüsse der Weltbevölkerung und der Stand der industriellen Entwicklung den hydrologischen Kreislauf des Wassers deutlich beeinflussen. Der früher meist isoliert betrachtete Nutzungszyklus des Wassers hängt durch seine Dimension eng mit der naturnahen Wasserqualität zusammen und muss als wichtige Teilmenge des Gesamtwasserkreislaufs verstanden werden. Darin liegt die Verpflichtung der Menschheit, durch eine verantwortungsbewusste Wasserbewirtschaftung der Natur zu helfen. Technische Maßnahmen, die diese Notwendigkeit nachhaltig unterstützen, gehören zur wichtigsten Zukunftsvorsorge der Zivilisation.

7.5
Globalisierung des Wassermarkts

Bevölkerungswachstum und Industrialisierung mit Ballungszentren einerseits und regional eingeschränkte Verfügbarkeit von Wasser andererseits haben es zu einem wichtigen Wirtschaftsfaktor gemacht. Wasser verspricht im 21. Jahrhundert die Bedeutung zu erlangen, die das Öl im 20. Jahrhundert besaß. Der globale Wassermarkt bewegt sich auf eine Billion € zu, wobei der Kubikmeter Süßwasser um die 5 € kostet.

Liberalisierung und Globalisierung der Märkte bewirken eine zunehmende Privatisierung der Wasserversorgung. Während früher die Versorgung meist in öffentlicher Hand lag, kämpfen heute internationale Konzerne als Dienstleister um das Wassergeschäft. Dazu ist »Sale and Lease Back« für die Anlagen in Mode gekommen. Dabei baut sich ein Spannungsfeld auf aus der notwendigen fachlichen und technischen Kompetenz, der Gewinnerwartung der privaten Investoren sowie den zu fordernden Qualitätskriterien für die Wassernutzung und dem öffentlichen Interesse an einer sicheren und bezahlbaren Versorgung. Auch im Geschäft des Flaschenwassers bemühen sich international agierende Unternehmen, die früher mehr regional funktionierenden Märkte in den Griff zu bekommen. Angesichts der zur Zeit dominierenden Wirtschaftsinteressen ist die Weiterentwicklung der technisch wissenschaftlichen Komponenten der Wassernutzung und der sozial gerechten Verteilung unverzichtbar, um den nachteiligen Umgang mit dem »blauen Gold« abzusichern.

8
Literatur

1 B. C. Gordalla, F. H. Frimmel: Wasserkreislauf und Wassernutzung, in F. H. Frimmel (Hrsg.): *Wasser und Gewässer*, Spektrum Akademischer Verlag, Heidelberg-Berlin, **1999**, S. 3–30.

2 A. Grohmann (Hrsg.): K. Höll, *Wasser, Nutzung im Kreislauf, Hygiene, Analyse und Bewertung*, 8. Aufl., Walter de Gruyter, Berlin-New York, **2002**.

3   P. Fabian: *Leben im Treibhaus*, Springer-Verlag, Berlin, **2002**.
4   H. Sontheimer, P. Spindler, U. Rohmann: *Wasserchemie für Ingenieure*, ZfGW-Verlag, Frankfurt, **1990**.
5   G. Reininger, V. Schubert: *Vorlesungsskript: Allgemeine und anorganische Chemie*, Universität Paderborn, in: http://ac16.uni-paderborn.de/lehrveranstaltungen/_acc/vorles/index.html.
6   E. K. Berner, R. A. Berner: *Global Environment. Water, Air, and Geochemical Cycles*, Prentice Hall, Upper Saddle River, NJ, **1996**.
7   J. E. Andrews, P. Brimblecombe, T. D. Jickells, P. S. Liss: *An Introduction to Environmental Chemistry*, Blackwell Science, London, **1996**.
8   DIN 4049–1:1992–12; DIN 4049–2:1990–4; DIN 4049–3:1994–10.
9   VDG – Vereinigung Deutscher Gewässerschutz e. V. (Hrsg.): *Werden unsere Gewässer ausreichend geschützt? Schriftenreihe der Vereinigung Deutscher Gewässerschutz*, Band 62, Selbstverlag, Bonn, **1996**.
10 Degrémont: *Water Treatment Handbook*, Lavoisier Publishing, Paris, **1991**.
11 Umweltbundesamt: *Umweltdaten Deutschland Online. Umweltrelevante Kenngrößen der Wasserwirtschaft*, Berlin, **2003**, in: http://www.umweltdaten.de/utk/kapitel05/A-5–1.pdf.
12 BGW – Bundesverband der deutschen Gas- und Wasserwirtschaft (Hrsg.): *106. Wasserstatistik Bundesrepublik Deutschland, Berichtsjahr 1994*, Wirtschafts- und Verlagsgesellschaft Gas und Wasser, Bonn, **1995**.
13 BGW – Bundesverband der deutschen Gas- und Wasserwirtschaft (Hrsg.): *Entwicklung der öffentlichen Wasserversorgung 1990–1995*, Wirtschafts- und Verlagsgesellschaft Gas und Wasser, Bonn, **1996**.
14 P. Grombach, K. Haberer, G. Merkl, E. U. Trüeb: *Handbuch der Wasserversorgungstechnik*, 3. Aufl. R. Oldenbourg-Verlag, München-Wien, **2000**.
15 J. Mutschmann, F. Stimmelmayr: *Taschenbuch der Wasserversorgung*, 13. Aufl., Vieweg-Verlag, Stuttgart, **2002**.
16 Verordnung über die Qualität von Wasser für den menschlichen Gebrauch (Trinkwasserverordnung – TrinkwV 2001) vom 21. 5. 2001 (BGBl. I, S. 959).
17 Normenausschuß Wasserwesen im deutschen Institut für Normung e.V. (Hrsg.): *Zentrale Trinkwasserversorgung, Leitsätze für Anforderungen an Trinkwasser, Planung, Bau, Betrieb und Instandhaltung der Versorgungsanlagen* (DIN 2000), Beuth, Berlin, **2000**.
18 Verordnung über natürliches Mineralwasser, Quellwasser und Tafelwasser (Mineral- und Tafelwasser-Verordnung) vom 1. 8. 1984 (BGBl.I, S. 1036), geändert am 14. 12. 2000 (BGBl. I, S. 1728).
19 DIN 4046: 1983–9.
20 L. A. Hütter: *Wasser und Wasseruntersuchung*, 6. Aufl., Salle-Sauerländer, Frankfurt, **1994**.
21 http://www.veu.de/34Z-Dateien/AiF%20Bericht%20Reinstwasser%2034Z.pdf.
22 VDI-Richtlinie 2083 (Entwurf): *Reinraumtechnik: Qualität, Erzeugung und Verteilung von Reinstwasser*, Beuth, Berlin, **1991**.
23 http://www.uni-stuttgart.de/izfm/lehre/Rein_Med.pdf.
24 DIN 4045: 1985–12.
25 P. Koppe, A. Stozek: *Kommunales Abwasser*, 4. Aufl., Vulkan-Verlag, Essen, **1999**.
26 Wasserhaushaltsgesetz (WHG): Gesetz zur Ordnung des Wasserhaushalts von 1996 (BGBl. I, S. 1695); zuletzt geändert durch Artikel 7 des Gesetzes zur Umsetzung von Umweltschutzrichtlinien vom 27. 7. 2001 (BGBl. I, S. 2004).
27 Abwasserabgabengesetz (AbwAbgG): Gesetz über Abgaben für das Einleiten von Abwasser in Gewässer, Neufassung vom 3. 11. 1994 (BGBl. I, S. 3370), zuletzt geändert am 9. 9. 2001 (BGBl. I, S. 2331).
28 J. Rechenberg: Rechtliche Grundlage eines umfassenden Gewässerschutzes, in F. H. Frimmel, (Hrsg.): *Wasser und Gewässer*, Spektrum Akademischer Verlag, Heidelberg-Berlin, **1999**, S. 31–65.

29 Richtlinie 2000/60/EG des Europäischen Parlaments und des Rates zur Schaffung eines Ordnungsrahmens für Maßnahmen der Gemeinschaft im Bereich der Wasserpolitik (Wasserrahmenrichtlinie) vom 22. 12. 2000 (ABl. der EG Nr. L 327, S. 1).

30 P. Fuhrmann: Konsequenzen aus der EU-Wasserrahmenrichtlinie für die Wasserwirtschaft in Deutschland. *KA – Wasserwirtschaft, Abwasser, Abfall* **2001**, *48*, 183–186.

31 Infektionsschutzgesetz (IfSG): Gesetz zur Verhütung und Bekämpfung von Infektionskrankheiten beim Menschen vom 20. 7.2000 (BGBl. I, S. 1045).

32 EG-Richtlinie (80/778/EWG) über die Qualität von Wasser für den menschlichen Gebrauch (Trinkwasserrichtlinie) vom 15. 7. 1980 (ABl. der EG 23, Nr. L 229, S. 11, 1980). Neue EG-Richtlinie 98/83/EG vom 3. 11. 1998 (ABl. der EG Nr. L 330, S. 32).

33 Umweltbundesamt (Hrsg.): *Transparenz und Akzeptanz von Grenzwerten am Beispiel des Trinkwassers. Berichtsband zur Tagung vom 10. und 11. Oktober 1995 mit Ergänzungen*, Redaktion Fachbereich V, Fachkommission Soforthilfe Trinkwasser (FKST), A. Grohmann, G. Reinicke, Erich Schmidt Verlag, Berlin, **1996**.

34 F. H. Frimmel: Aufbereitungsstoffe für die Desinfektion von Trinkwasser, in A. Grohmann, U. Hässelbarth, W. Schwerdtfeger (Hrsg.): *Die Trinkwasserverordnung*, 4. Aufl., Erich Schmidt Verlag, Berlin, **2002**, S. 577–590.

35 H. Bartel: Aufbereitung von Wasser, in K. Höll, Wasser, *Nutzung im Kreislauf, Hygiene, Analyse und Bewertung*, 8. Aufl., A. Grohmann (Hrsg.), Hrsg.: A. Grohmann. Walter de Gruyter, Berlin-New York, **2002**, Kap. 11, S. 745–803.

36 Deutsche Einheitsverfahren zur Wasser-, Abwasser- und Schlammuntersuchung, Stand 49. Lieferung, Wiley-VCH, Weinheim, **2002**.

37 H. Damrath, K. Cord-Landwehr: *Wasserversorgung*, 11. Aufl., Teubner-Verlag, Stuttgart, **1998**.

38 F. H. Frimmel: Wasserversorgung und Wassertechnik, in F. H. Frimmel (Hrsg.): *Wasser und Gewässer*, Spektrum Akademischer Verlag, Heidelberg-Berlin, **1999**, S. 325–366.

39 DVGW Deutscher Verein des Gas- und Wasserfaches (Hrsg.): *Wassertransport und Wasserverteilung*, R. Oldenbourg-Verlag, München, **1999**.

40 M. Lehn, M. Steiner, H. Mohr: *Wasser die elementare Ressource. Leitlinien einer nachhaltigen Nutzung*, Springer-Verlag, Berlin, **1996**.

41 DVGW Deutscher Verein des Gas- und Wasserfaches (Hrsg.): *Technische Regeln und Mitteilungen, Verzeichnis 1998*, Wirtschafts- und Verlagsgesellschaft Gas und Wasser, Bonn, **1998**.

42 DVGW Deutscher Verein des Gas- und Wasserfaches (Hrsg.): *DVGW-Schriftenreihe Wasser*, Bd. 206, 3. Aufl., DVGW, Eschborn, **1987**.

43 *Ullmann's*, 5. Aufl., **A 28**, S. 1–101, Weinheim, **1996**.

44 www.energiewirtschaft.tu-berlin.de/veranstaltung/files/entsalzungsverfahren.pdf.

45 G. Dummer, L. Schmidhammer: Neues Verfahren zur Entfernung von aliphatischen Chlorkohlenwasserstoffen aus Abwässern mittels Adsorberharzen. *Chem. Ing. Tech.* **1984**, *56*, 242–243.

46 W. Dedek, K.-D. Wenzel, H. Oberländer, B. Motles, I. Männig: Preconcentration of hydrophile and hydrophobic pesticides from aqueous solutions and extraction of residues using the polymeric sorbent wofatit Y 77. *Fresenius J. Anal. Chem.* **1992**, *339*, 201–206.

47 K. Hancke: *Wasseraufbereitung: Chemie und chemische Verfahrenstechnik*, 5. Aufl., Springer-Verlag, Berlin-Heidelberg, **2000**.

48 H. A. Schwarz, R. W. Dodson: Equilibrium between hydroxyl radicals and thallium(II) and the oxidation potential of OH(aq). *J. Phys. Chem.* **1984**, *88*, 3643–3647.

Stichwortverzeichnis

a

AAM 516
Abfallsäure 275
– Aufarbeitung 275
Abfallschwefelsäure 275
Abgasreinigung, mit Aktivkohlen 989
Abhitzekessel, Schwefelsäureanlage 110
Absorber, Schwefelsäureanlage 100
AbwAG 1062
Abwasser 1060
Abwasserabgabengesetz 1062
Abwasserreinigung, mit Aktivkohlen 987
ACES 21-Prozess 298–299
ACES-Prozess 297–299
Acetonazin 310
Acetonhydrazon 310
Acetylacetonperoxid 753
Acetylen, aus Calciumcarbid 771, 784
Acetylen-Feder 1010
Acetylenruß-Verfahren 955–956
Acheson 898, 920
Acheson-Ofen 921
Acheson-Verfahren 899
Acilyzer ML32NCH 472
Acilyzer-ML 472
Aciplex F 457
ACT-1-Prozess 207
activated carbons 962
Adolph 679
Adsorption
– Durchbruchskurven 1080
– Wasseraufbereitung 1078
Adsorptionsfilter 1080
Advanced Gas Heated Reformer 202
Advanced Oxidation Processes 1087
Aerogele 862
Aerosil 853
Aerosil-Prozess 851
Aerosil-Verfahren 853
AGE/Dual Solve 30
AGHR 202

AIBN 420
Aktivbentonit 812
Aktivierung kohlenstoffhaltiger Materialien 970
Aktivkohle 962
– Adsorptionseigenschaften 978
– Adsorptionskapazität 977
– als Katalysatoren 975
– Anwendung 985
– chemische Aktivierung 967
– chemische Eigenschaften 977
– Eigenschaften 975
– Gasaktivierung 969
– granulierte, Wasseraufbreitung 1079
– Handelsformen 963, 979
– imprägniert 976
– Imprägnierung 975
– innere Oberfläche 975
– physikalische Aktivierung 969
– physikalische Eigenschaften 977
– Porendurchmesser 975
– Porenvolumen 975
– Produktionszahlen 964
– Regenerierung und Reaktivierung 990
– Rohstoffe 964
– spez. Oberflächen 979
– Testmethoden 980
– Verwendung 985
– Wirtschaftliches 897
– zur Abgasreinigung 989
– zur Abwasserreinigung 987
– zur Anreicherung von Metallen 987
– zur Blutreinigung und Dialyse 987
– zur Entfärbung 985
– zur Lösemittelrückgewinnung 988
– zur Luft- und Gasreinigung 988
– zur Trinkwasseraufbereitung 986
– zur Zuluft-/Abluftrenigung 989
Aktivkohleadsorption 1079
Aktivkohlefasern 979

Aktivkohlefiltration, Durchbruchskurven 1080
Aktivkohlefouling 1079
Aktivkokse 979
– Anwendung 985
Aktivruße 960
Albit 819
ALCAN-Zelle, Schmelzflusselektrolyse von Magnesiumchlorid 521
AlF$_3$ 630
Alkalimagnesiumsilicate 850
Alkalimetalle, aus Amalgam 488
Alkalimetallperoxide 734
Alkaliorthophosphate, Herstellung 393
Alkalioxide und -hydroxide, als Aktivierungsmittel für Aktivkohlen 967
Alkaliperoxide, Herstellung 736
2-Alkylanthrachinone, als Ausgangsverbindungen für H$_2$O$_2$ 685
2-Alkyltetrahydroanthrachinon 687
2-Alkyltetrahydroanthrahydrochinon 687
Alkyltrialkoxysilane, Verwendung 880
All-Tetra-System, Wasserstoffperoxidherstellung 688
Aluminium
– Produktion 623
– vorgebrannte Anoden 929
Aluminium(III)-Salze, als Flockungsmittel 1070
Aluminiumfluorid 623
– Eigenschaften 630
– Herstellung 623
– Produktionsmengen 623
– Toxikologie 631
– Verwendung 623
Aluminiumorthophosphate 403
Aluminiumoxid 688
Aluminiumphosphid 411
Aluminiumpolyphosphate 403
Aluminiumproduktion, Fluorwiedegewinnung 626
Aluminiumtrifluorid
– aus Hexafluorokieselsäure 625
– Herstellung aus Flusssäure 624
– Synthese, Fliessschema 625
Alumophosphate, als Zeolithe 835
Al$_2$Be$_3$[Si$_6$O$_{18}$] 807
Al$_2$[(OH)$_2$, Si$_4$O$_{10}$] 808
Al$_4$[(OH)$_8$Si$_4$O$_{10}$] 815
Amalgamverfahren
– Chlor-Alkali-Elektrolyse 481
– Quecksilberemissionen 489
– Technik 482
– Zersetzer 483

Amidosulfonsäure, zur Entfernung von NO$_x$ aus Schwefelsäure 109
Aminofluoride, in Zahnpasten 618
Ammoniaksoda-Verfahren 570
Ammoniak
– Eigenschaften 247
– Lagerung 244
– Oxidation mit Luft 253
– Oxidation mit Sauerstoff 256
– Produktion, Wirtschaftliches 178
– Produktionskapazität 179, 242
– regionale Kapazitätsaufteilung 244
– Synthese 184
– Synthese, Energiebedarf 185
– Synthese, Syntheseschleife 184
– Syntheseschleife, Aufbau 215
– Transport 245
– Verwendung 244
Ammoniak-Absorption, Solvay-Verfahren 576
Ammoniak-Oxidation 253
Ammoniak-Synthese 209
– Abhitzekessel 224
– Aufarbeitung Purge- und Entspannungsgas 225
– Ba-Ru/BN-Katalysator 215
– Bornitrid-Katalysatoren 215
– Energiebedarf 227
– Grundlagen 209
– Haldor-Topsøe-Verfahren 232
– Halliburton KBR 235
– Katalysator, Aktivierung 214
– Katalysatoren 213
– Kinetik an Katalysatoroberfläche 211
– MEGAMMONIA-Konzept 237
– NH$_3$-Gleichgewichtskonzentrationen 210
– optimaler Temperaturbereich 210
– prinzipieller Aufbau 215
– Reaktoren 218–220
– Reaktoren, Einreaktor-Konzept 220
– Reaktoren, Zweireaktor-Konzept 220
– Rutheniumkatalysatoren 215
– Uhde-Zweidruckverfahren 232
– vorreduzierte Katalysatoren 214
– Wasserstoffrückgewinnung 226
Ammoniakanlage, Blockschema 182
Ammoniakverfahren, Uhde 228
Ammoniumbicarbonat 283
Ammoniumbisulfit 138
Ammoniumcarbamat 283
Ammoniumcarbonat 283
Ammoniumchlorid 282
– Herstellung 282
– Verwendung 283
Ammoniumfluorid 620

– Eigenschaften 620
– Verwendung 620
Ammoniumfluorosilicat 648
Ammoniumhydrogencarbonat 283
Ammoniumhydrogenfluorid 620
Ammoniumkryolith, als Zwischenstufe der
  AlF_3-Herstellung 626
Ammoniumnitrat 277
– Eigenschaften 277
– Herstellung 277
– Verwendung als Düngemittel 277
– Verwendung als Sprengstoff 277
Ammoniumnitrat-Sprengstoff 550
Ammoniumnitrit 281
Ammoniumpentaborat-Tetrahydrat 660
Ammoniumperoxodisulfat 727
– Herstellung 728
Ammoniumpolyphosphate
– Herstellung 400
– Verwendung 392
Ammoniumsulfat 154
– Verwendung 155
Ammoniumthiocyanat
– Herstellung aus Ammoniak und
  Kohlenstoff 333
– Herstellung aus Kokereigas 334
Ammoniumthiosulfat 141
– als Fixiersalz in der Photographie 143
– Herstellung 141
– Topsøe-Prozess 142
– Verwendung 143
Amosit 817
Amphibol-Asbeste 817
ANC-Sprengstoff 550
Andrussow 253
– Leonid 323
Andrussow-Verfahren 323
Anhydrit 155
– Produktion, Deutschland 156
– Spaltung zu SO_2 und CO_2 49
Anionenaustauscher-Membran 516
Anodenschutz, zur Verbesserung des
  Korrosionsschutzes in
  Schwefelsäureanlagen 133
Anordnung, bipolare 454
anorganischer Diamant 666
Anorthit 819
Anthra-System,
  Wasserstoffperoxidherstellung 687
Antichlor 139
Antichlorreaktion 143
AO-Verfahren 679, 685–686, 691
– Extraktion und Trocknung 697
– Hydrierung 692

– Hydrierung nach Degussa 693
– Hydrierung nach FMC 695
– Hydrierung nach Laporte 694
– Hydrierung, Festbett 694
– Hydrierung, Katalysatoren 692
– Hydrierung, Suspension 692
– Hydrierung, Trägersuspension 693
– Oxidation 695
– Oxidation nach Degussa 697
– Oxidation nach Laporte 696
– Reinigung des Wasserstoffperoxids 698
– Reinigung und Regenerierung der
  Arbeitslösung 698
AOP 1087
Apatit 346
Aquamarin 807
Aquasole 862, 868
Aquifer 1064
Aquisulf-Verfahren 26
Arbeitslösung, Wasserstoffperoxidherstellung
  685
ARCO-MBA-Verfahren 701
Arndt 680
Asahi-Kasei-Corporation 472
Asbest 817
– Ersatzstoffe für 818
Asbestos-Free Technology 500
Asbestose 818
ASTeX-Reaktor 1006
Attapulgit 818
– Verwendung 819
Aufmohren, Platin/Rhodium-Katalysator 254
Auftausalz 565
– Feuchtsalztechnologie 567
autothermer Reformer 200
Autoxidationsverfahren,
  Wasserstoffperoxidherstellung 679, 685
Azobisisobutylnitril 420
Azodicarbonamid 312
Azoisobutyronitril 312
Azotierung, Calciumcarbid 787

b
Bachmann, P. K. 1005–1006, 1010
Bandsilicate 806
BaO_2 737
Bariumperoxid
– Herstellung 737
– Verwendung 738
Bariumsulfat 158
– Verwendung 158
Bariumsulfat-Nanopartikel 158
Barrer 834
Basaroff 284

BASF-Verfahren
- Wasserstoffperoxidherstellung 690
- Wasserstoffperoxidherstellung, Katalysatoren 690
BaSO$_4$ 158
Batteriesäure 129
Bayer-Verfahren, Hydrazinherstellung 310
Bayhibit AM 418
(BBr)$_n$ 668
BBr$_3$ 668
(BCl)$_n$ 668
BCl$_3$ 668
BEA, Zeolithe 838
Bellataire-Diamanten 999
Belüfter, Wasseraufbereitung 1084
Benfield LoHeat Prozess 207
Bentonit 811
- organophiler 813
- organophiler, Verwendung 814
- säureaktiviert 812
- Verwendung 811
Bentonitaktivierung 812
Bentonitsäureaktiviert, Verwendung als Adsorptionsmittel 813
Benzolsulfonsäurehydrazid 312
Bergbau-Forschung/Mitsui/ Uhde-Verfahren 989
Berliner Blau 331
Berliner Weiß 331
Berthelot 679
Bertrams-Verfahren 511
Beryll 807
- Verwendung 807
BET-Isotherme 978
Bewegtbettverfahren, Anwendung von Aktivkohle 983
(BF)$_n$ 668
BF$_3$ 668
(BI)$_n$ 668
BiChlor-Elektrolyseur 476
Binder, für polygranularen Kohlenstoff und Graphit 907
Binderpech, Eigenschaften 908
Binghamscher Körper 910
Bioabbau, Wasseraufbereitung 1090
Biotit 810
- Formel 806
Birkeland-Eyde 177
Birkeland-Eyde-Verfahren 248
BiTAC 473
BiTAC-Elektrolyseur 473
Biuret 287
BI$_3$ 668
Blähgraphit 941

Blankit 145
Blausäure 321
- Antidote 335
- Geruch 335
- Toxikologie 334
Blausäurevergiftung 335
Blei, als Werkstoff für Schwefelsäureherstellung 132
Bleichlaugen 525
Blockglimmer 810
Blutlaugensalz
- gelbes 329
- rotes 330
BM 2,7 III-Elektrolyseur 476–477
BMA-Verfahren 323–324
BMC-Index 949
BN 665
BOC-Prozess, Claus-Verfahren 25
Bodenseewasserversorgung 1091
Bodenstein 253
Boerhave 284
Bohrbrunnen, Grundwasser 1064–1065
Bohrlochsolung 554
Bor
- Geschichtliches 658
- Toxikologie 671
Boranate 669
Borane 669
Borax 659, 663
- calciniert 659
- Geschichtliches 658
- wasserfrei 663
Borax-Dekahydrat 663
Borax-Pentahydrat 663
Borcarbid 666, 799
- Neutronenabsorption 672
Borgips 156
Borhalogenide 667
- Eigenschaften 668
Boride
- als Oxidationsschutz für Kohlenstoffkörper 925
- metallische, Eigenschaften 667
Bornitrid 665
- hexagonal 666
- kubisch 666
Borol-Prozess 143
Borosilicatgläser 663
Borsäure 659, 662
- Geschichtliches 658
- Herstellung 662
Borsäureester 670
Borsäuretrimethylester 671
- Herstellung von Natriumboranat 671

Bortrichlorid 668
Bortrifluorid 631, 668
– Eigenschaften 632
– Herstellung 631
– Verwendung 631
Bortrioxid 659, 663
Bosch, Carl 177
Boudouard-Gleichgewicht 188
BPL 346
BPL-Gehalt 346
Brauchwasser 1058
– für Lebensmittelbetriebe 1058
– für technische Zwecke 1058
Braun Purifier-Prozess 199–200
Braunkohle, als Rohstoff für Aktivkohlen, Aufbereitung 966
Breck 834
BREF-Dokumente, Chlorproduktion 431
Bridgeman, P. 996
Broadfield-Anlage 363
Brompentafluorid, Herstellung 633
Bromtrifluorid, Herstellung 633
Brooks 905
Brush 898
BSR Amine 30
Bucky-Zwiebel 1023
Bullier 769
Bundy, F. P. 997
Bunsen 898
Burns, R.C. 999
Butylcumylperoxid 752
4-tert-Butylcyclohexylperoxydicarbonat 752
BVT 431
$B_{12}C$ 666
$B_{13}C_2$ 666
B_2Br_4 668
B_2Cl_4 668
B_2F_4 668
B_2H_6 669
B_2I_4 668
B_2O_3 663
B_4C 666

C

C-H-O-Diagramm 1005
$Ca(ClO)_2$ 527
$Ca(N-C\equiv N)$ 786
$Ca(NHCN)_2$ 786
$Ca(NO_3)_2$ 281
Cabot 942
Cabot-Gasrußverfahren 942
CaCl(OCl) 527
CaC_2 770
CaC_2–CaO, Schmelzdiagramm 771

CaF_2 603
– Aufarbeitung durch Flotation 604
– Erzaufbereitung durch Flotation 604
Calabrian-SO_2-flüssig-Prozess 63
Calciumbis(hydrogencyanamid) 786
Calciumcarbid
– Acetylen aus 770
– Aufbereitung 783
– aus CaO und C 772
– Eigenschaften 770
– Elektroofen 776
– Entschwefelung von Roheisen 785
– Herstellung 773
– Herstellung, carbothermisch 783
– Herstellung, elektrothermisch 776
– Hohlelektrodenbeschickung 778
– Kristallstruktur 771
– Leitfähigkeit 772
– Literzahl 784
– Möllerbeschickung 778
– Rohstoff- und Energiekosten 775
– Rohstoffe 773
– Schwarzmaterial 774
– Verfahrensfließbild 774
– Verwendung 784
– Weißmaterial 775
Calciumcarbidherstellung
– Carbidabstich 781
– elektrische Ausrüstung 780
– Gasreinigung 780
– Ofenbetrieb 781
– Stoff- und Energieaufwand 782
Calciumcyanamid 785
– aus Calciumcarbid 771
Calciumcyanid, aus Calciumcyanamid 786
Calciumdihydrogenphosphat 401
Calciumfluorid 603
– Verwendung als Flussmittel 603
Calciumhexacyanoferrat(II), 330
Calciumhydrogenphosphat 401
Calciumhydroxylapatit, Herstellung 403
Calciumhypochlorit 527
Calciumnitrat 281
Calciumperoxid
– Herstellung 737
– Verwendung 738
Calciumphosphid 411
Calciumsulfat, als Nebenprodukt der HF Produktion 614
Calciumsulfate 155
Calgon 399
Caliche 275, 282
CaO_2 737
Carbamid 284

Carbid 784
Carbidbildung 772
Carbide, als Oxidationsschutz für
  Kohlenstoffkörper 925
Carbidofen 777
– Ausbläser 773
– Betrieb 781
– Nebenreaktionen 773
– Reaktionen 772
Carbine 895
carbon black 941
Carbonisieren 914
Carbonisierungsöfen 915
Carbonyldiamid 284
Carboraffin 963
CARIX-Anlage 1082
CARIX-Verfahren 1083
Caro, N. 785
Caro'sche Säure 722
– Peroxomonoschwefelsäure 724
Caro'sche-Säure-Verfahren, Entgiftung
  cyanidhaltiger Erzaufschlämmungen 336
Caroat 681, 723
– Toxizität 725
– Verwendung 725
– Wirkung auf Umwelt 726
Carré 898
Castner 681, 898, 921
Castner-Ofen 922
Castner-Verfahren 328, 899
$Ca[Al_2Si_2O_8]$ 819
$Ca_2[Fe(CN)_6]$ 330
$Ca_3[Si_3O_9]$ 808
$Ca_5(PO_4)_3$ (F, OH, Cl) 346
CBA 29
Cellulose, als Ausgangsmaterial für
  Kohlenstofffasern 938
Cellulosexanthogenat 161
Cetylperoxydicarbonat 752
CFC 939
CFK 938
Chabazit 820
Channel Black Process 942
Channelruß-Verfahren 954
Chaoit 895
Chilesalpeter 275
Chinonlöser, Wasserstoffperoxid-
  herstellung 685
Chlor
– als Oxidationsmittel in der
  Wasseraufbereitung 1089
– Eigenschaften 503
– Hydrolyse 503
– MAK-Wert 504

– Sättigungskonzentration in Wasser 503
– Verflüssigung 506
Chlor-Alkali-Elektrolyse
– Amalgamverfahren 481
– Bruttoreaktion 448
– Diaphragmaverfahren 493
– Energiebedarf 448
– Membranverfahren 431, 446
– Stromversorgung 452
– Zersetzungsspannungen 448
Chloramin 308
– Ausgangsstoff für Hydrazin 309
Chlorat
– durch Elektrolyse von Natriumchlorid 530
– durch Elektrolyse von Natriumchlorid,
  Lurgi 80 kA-Zelle 531
Chlorat-Elektrolyseur,
  Kvaerner Chemetics 532
Chlorat-Elektrolysezelle, Lurgi 532
Chlordioxid 528, 533
– als Oxidationsmittel in der
  Wasseraufbereitung 1089
– Herstellung, integriertes Verfahren 534
– In-situ-Erzeugung, Lurgi 534
– zur Zellstoffbleiche 533
Chlorgas, Reinigung 504
Chlorhydrat-Verfahren 587
chlorige Säure 528
Chlorine Engineers Corporation (CEC) 473
Chlorite 528
Chlorkalk 527
Chlorkühlung 503
Chloroschwefelsäure 149
3-Chlorperoxybenzoesäure,
  als Oxidationsmittel 743
Chlorproduktionsstandorte 436
Chlorpropyltrialkoxysilan 880
Chlorpropyltrichlorsilan 880
Chlorpyrifos 416
Chlorschwefel 146
Chlorsulfonsäure 149
– Eigenschaften 149
– Herstellung 149
– Verwendung 149
Chlortrifluorid, Herstellung 633
Chlortrocknung 503
Chlorverbundsystem 513
Chlorverflüssigung, Uhde-System 507
Chlorwasserstoff 521
– durch Verbrennung von Methan mit
  Chlor 523
Chlorwasserstoffsynthese 521
– Carbone-Lorraine 521
– SGL Carbon 522

Chromboride 667
Chromperoxid 735
Chrysotilasbest,
    als Diaphragmamaterial 494
CH$_3$ReO$_3$ 735
Claus-Anlage 24
Claus-Gas 21
Claus-Tailgas, Reinigung 27
Claus-Verfahren 22
– Split-flow-Konfiguration 23
– Varianten 23
Clauspol-Verfahren 29
Clinoptilolith 820
Clintox-Verfahren 32
ClSO$_3$H 149
CME Elektrolyseur 474
CN 1026
CO-Konvertierung 183
Coating 710
Cobalt/Molybdän-Katalysator, zur
    Entschwefelung von Erdgas 185
Cobaltdifluorid 621
Cobalttrifluorid 621
COCl$_2$ 538
Cold Bed Adsorption, Reinigung von
    C laus-Tailgas 29
Colemanit 659, 662
CombinOx 336
Cominco de Sox-Verfahren 32
Compablock 106
Concat-Verfahren 86
– Schwefeltrioxidherstellung 86
Cope-Prozess, Claus-Verfahren 25
CO$_2$-Entfernung, aus Synthesegas 206
Crafts 878
CrB 667
CrB$_2$ 667
Croensted 834
Crushed-DBP-Absorption 947
Crysotil 817
Crystasulf-Prozess 22
CS$_2$ 160
– autotherme Herstellung 161
ct 993
CTAB-Zahl, Oberflächenbestimmung von
    Industrierußen 947
cultured diamonds 999
Cumolhydroperoxid 751
Curl 1018
Cuspidin 373
CVD-Diamantschichten 1001
– Anwendungen 1013
CVD-Verfahren, Niederdruck-
    Diamantsynthese 1001

Cyanamid 786
– aus Calciumcyanamid 793
Cyanide
– MAK-Wert 335
– Toxikologie 334
cyanidhaltige Abfälle, Entgiftung 335
Cyanursäure 287
Cyanwasserstoff 321
– als Nebenprodukt des Sohio-Verfahrens
    327
– Aufarbeitung 326
– Eigenschaften 321
– Herstellung 322
– Herstellung, Aufarbeitung 325
– Lagerung und Transport 327
– physikalische Eigenschaften 322
– Verwendung in der Synthese 327
Cyclohexanonperoxid 753
Cyclosilicate 806
C$_{60}$-Fulleren 991
– Totalsynthese 1018

d

D'GAASS-Verfahren 26
Damour 834
Dampfkessel, Schwefelsäureanlage 110
Dampfreformieren 186
Dampfreformierung 185
Dampfturbine, Schwefelsäureanlage 113
Darapskit 276
Datolith 659
Davy 898
– E. 769
Davy, Sir Humphrey 658
24M4-DBP-Absorption 947
DBP-Absorptionsmessungen,
    Rußstruktur 947
DBP-Zahl 947
DC plasma jet 1004
de Boersche Kurvenmethode 947
DEA 22
Deacon-Prozess 516
DeCarli, P. S. 997
Decemit 594
Degussa-Gasruß-Verfahren 954
Degussa-Zelle, Schmelzflusselektrolyse von
    Magnesiumchlorid 521
DEHPA 367
Delayed Coking 906
Denitrifikation,
    Wasseraufbereitung 1090
DeNOx-Katalysatoren 267
DeNOx-Verfahren 248
Derjaguin, B. 1000

Deutsche Einheitsverfahren zur Wasser-, Abwasser- und Schlammuntersuchung 1063
Deutsche Vereinigung des Gas- und Wasserfaches 1063
Deutsche Vereinigung für Wasserwirtschaft, Abwasser und Abfall 1063
Deutsches Gasrußverfahren 942
Di-tert-butylperoxid 752
Diacylperoxide 746
– Herstellung 749
– Verwendung 752
DIAION DSR 01 441
Dialkylarylphosphate, Verwendung 413
Dialkylperoxide 746
– Herstellung 748
– Verwendung 752
Dialkylphosphite 417
Diamant 895, 991
– Eigenschaften 992–994
– elektrochemische Anwendungen 1015
– Kristallstruktur 895
– Niederdrucksynthesen 999
Diamant-CVD, C-H-O-Diagramm 1005
Diamant-Domäne 1005
Diamant-Flammen-CVD 1010
Diamant-Mikrowellenplasma-CVD 1006
Diamant-Niederdrucksynthese 1002
Diamant-Verbundwerkstoffe, polykristalline 998
Diamantelektroden 1016
Diamanten
– Natur- 993
– synthetische 995
– synthetische, Wirtschaftliches 897
Diamantfenster 1013
Diamantfolien 1014
Diamantplatten, Anwendungen 1013
diamond-like carbon 991
Dianthrone 688
Diaphragma 729
Diaphragmaverfahren
– Chlor-Alkali-Elektrolyse 493
– Technik 495
– Umweltschutz 499
Diapire 548
Diarylalkylphosphate 412
Dibenzoylperoxid, Verwendung 752
Diboran 669
Dibortrioxid 659, 663
Dicalciumdiphosphat, Herstellung 403
2,4-Dichlorbenzoylperoxid 752
Dichlorphos (DDVP) 417
Dichlorsilan 874

– Herstellung 875
– Verwendung 877
Dicumylperoxid 752
Dicyandiamid 786
– aus Calciumcyanamid 793
Diethanolamin, zur Entschwefelung von Erdgas 21
Diethylentriaminpenta(methylen-phosphonsäure) (DTPMP) 418
Di(2-ethylhexyl)phosphorsäure 415
Difluorphosphorige Säure 645
Dihydratverfahren, Nassphosphorsäure 355
Dihydraziniumsulfat, zur Entfernung von NO_x aus Schwefelsäure 109
Diisopropanolamin, zur Entschwefelung von Erdgas 21
Dikaliumtetraborat-Tetrahydrat 660
Dilauroylperoxid 752
Dimethylamin-Boran 669
Dimethyldichlorsilan, durch Müller-Rochow-Synthese 878
2,5-Dimethyl-2,5-dihydroperoxyhexan 752
2,5-Dimethyl-2,5-di-tert-butylperoxyhexan 752
Dimethyloxaziran 310
DIN 2000 1062
Dinatrium-di-µ-peroxo-bis-dihydroxoborat 715
Dinatriumdihydrogendiphosphat 392
– Herstellung 398
– Verwendung 392
Dinatriumoctaborat-Tetrahydrat 660
Dinatriumphosphat, Verwendung 393
Dinatriumtetraborat 659
Dinatriumtetraborat-Dekahydrat 659
Dinatriumtetraborat-Pentahydrat 659
Dinatriumtetraborat-Tetrahydrat 659
DIPA 22
Diperoxycarbonsäuren 740
Diphenyl-2-(ethylhexyl)phosphat 412
Diphenylbutylphosphat 412
Diphenylcresylphosphat 412
Diphenylisodecylphosphat 412
Dischwefeldecafluorid 642
Dischwefeldichlorid 146
– Verwendung 146
Dischwefelsäure 66
Disitckstoffmonoxid, Emissionsgrenzwerte 267
Disk and Doughnut-Wärmeaustauscher 96
Dissous-Gas 785
Distickstoffmonoxid 249
– katalytische Spaltung 267
Distickstofftetroxid 249
Distickstofftrioxid 249
Dithiophosphorsäure-O,O,S-triester 415

Dithiophosphorsäureester
- als Insektizide 416
- saure 415
Dizinkhexaborat-3,5-hydrat 660
DLC 991
Doppelabsorption 77
Doppelabsorptionsverfahren,
   Schwefeltrioxidherstellung 77
Doppelkatalyse 77
- SO_2-Umsatz 79
Doppelkatalyseverfahren,
   Schwefeltrioxidherstellung 77
Doppelkontakt 77
Doppelkontaktverfahren,
   Schwefeltrioxidherstellung 77
Doppelsuperphosphat 362
Dorr-Oliver-Dihydratverfahren,
   Nassphosphorsäure-Herstellung 356
Dorr-Oliver-Prozess, Nassphosphorsäure 354
Dorr-Oliver-Verfahren,
   Triplesuperphosphat 365
DOW-Elektrolysezelle,
   Magnesiumgewinnung 520
Dow-Huron-Verfahren 703
DOW-Verfahren
- Herstellung von NaOH-Prills 511
- Schmelzflusselektrolyse von
   Magnesiumchlorid 519
Dowa-Prozess, Quecksilberabscheidung aus
   Abgasen metallurgischer Anlagen 57
Downs-Verfahren 517
Doxosulfreen-Verfahren 29
Drechsel, E. 785
Drehrohröfen, zur Aktivierung von
   Aktivkohle 971
Drehrohrverfahren,
   Natriumperoxidherstellung 736
Drehstromlichtbogenofen 927
Drehstromöfen,
   Calciumcarbidherstellung 776
Druckerschwärze 942
Druckzerstäubung 38
dry bag Verfahren 913
DSR-System 441
duales Verfahren,
   Natriumcarbonatherstellung 587
Dubinin-Isothermen 978
Düngemittel, phosphathaltige,
   Weltbedarf 349
Dünnsole
- Aufkonzentrierung, Aussolung 442
- Chlorat-Zerstörung 445
- Entchlorung 443
- Hypochlorit-Zersetzung 444

DuPont-Direktsynthese,
   Wasserstoffperoxidherstellung 704

e
E 220 64
E 221 138
E 222 137
E 223 140
E 224 140
ECF-Vefahren 529
Economiser, Schwefelsäureanlage 112
ECR-Mikrowellen-Plasma-CVD 1010
Edelgasfluoride 645
Edelstähle, als Werkstoffe für
   Schwefelsäureherstellung 131
Edison 898
EDM 933
EGR 51
Eichhorn 834
Einfachkatalyse, SO_2-Umsatz 78
Einrührverfahren, Anwendung von
   Aktivkohle 981
Einzelbohrlochsolung 554
Einzelkammeröfen, Carbonisieren von
   Kohlenstoffprodukten 915
Eis, Struktur 1043
Eis I 1043
Eisen, als Kathodenmaterial für das
   Diaphragmaverfahren 494
Eisen(II)-chlorid 537
Eisen(II)-sulfat 158
- Herstellung 158
Eisen(II)-sulfat-Heptahydrat,
   Verwendung 160
Eisen(III)-chlorid 537
Eisen(III)-Salze, als Flockungsmittel 1070
Eisen(III)-sulfat 159
- Herstellung 159
Eisenblau 331
Eisenblau-Pigmente 331
Eisenkatalysatoren, für Amminak-
   Synthese 213
Eisenoxid/Chromoxid-Katalysator,
   für HT-Konvertierung 203–204
Eisenphosphid 411
Eiskristall, Anordnung der Wassermoleküle
   1044
Electro Discharge Machining 933
Elektrode, kontinuierliche 919
Elektroden, Temperaturspannungs-
   beständigkeit 927
Elektrodialyse
- Meerwasserentsalzung 563
- Natriumchlorid 524

Elektrolysesole, Chlorproduktion, Herstellung 436
Elektrolyseure, bipolare und monopolare Zellenschaltung 455
Elektrolyte, Lösung in Wasser 1046
Elektrolytlösungen 1046
Elektrosortierverfahren 434
– Reinigung von Steinsalz 434
elektrostatische Gasreinigung 51
elektrostatische Trennung 551
Elementarschwefel, Produktion 7
Elsorb-Verfahren 32
Eltech Systems Corporation 474
Enteisenung 1087
Entgaser, Schwefelsäureanlage 110
Entmanganung 1087
Entschwefelung 182
Eponit 963
Epoxid, Nebenprodukt der Wasserstoffperoxidherstellung 689
Erdalkalimetallperoxide 734
Erdalkalioxide und -hydroxide, als Aktivierungsmittel für Aktivkohlen 967
Erdalkaliperoxide, Herstellung 736
Erdgas
– Entschwefelung 20–21, 185
– Reinigung für Steam-Reforming 185
Erdöl, Entschwefelung 20
Etagenöfen, zur Aktivierung von Aktivkohle 972
ETB-Elektrolyseur 475
Ethylbenzolhydroperoxid 752
Ethylpolysilicat 40 882
– Verwendung 883
Ethylsilicat, aus $SiCl_4$ und Ethanol 883
EURO CHLOR 430
EuroClaus-Verfahren 27
Eutrophierung 404
Eversole, W. 1000
ExL DP-Elektrolyseur 474
ExLB 475
ExLB-Elektrolyseur 474
ExLM-Elektrolyseur 474
Expandat 941
Explosionsgrenzen, Chlor, Wasserstoff 504

f

Fallfilmverdampfer 126
Fällung, Wasseraufbereitung 1070
Fällungssilica 856, 858
– Eigenschaften 866
– Porenvolumina 868
Farbstärke 948
Farbtiefe 948

FAU, Zeolithe 838
Faujasit, Aufbau 837
Faujasit-Käfig 839
Fayalit 807
FCC-Katalysatoren 843
$FeCl_2$ 537
$FeCl_3$ 537
Feigelson, B. 999
Feinkorngraphit 933
– Eigenschaften 902
Feinkorngraphite, für Stranggießen 934
Feldspat, Verwendung 820
Feldspate 819
Fernwassersysteme 1067
Ferrocyanide 329
Ferrogranul 160
Ferrophosphor, Verwendung 379
Festbettschnellfilter 1072
Festbettverfahren, Anwendung von Aktivkohle 981
Feste Fluorträger 637
feste Säure 152
festes Wasserstoffperoxid 714
Festgläser 821
Feststoffsäuren 841
$Fe_2[SiO_4]$ 807
Fick'sches Gesetz 1074
Filler 904
Filtration, Wasseraufbereitung 1071
FKW 609
– als Treibgase 609
Flammruß-Verfahren 955
Flemion 431
Flemion F 457
Flockung, Wasseraufbereitung 1070
Flockungshilfsmittel 1070
Flockungsmittel 1070
Flotation, von CaF_2 604
Fluff-Prozess 389
Fluffy Ruß 953
Fluor 636
– Bedarf 602
– chemische Eigenschaften 640
– Gewinnung 638
– Handhabung 642
– Herstellung, Fliessschema 639
– Lagerung 642
– physiklaische Eigenschaften 641
– Produktion 638
– Produktion, Elektroden 640
– Produktion, Elektrolyt 640
– Verwendung 637
– Vorkommen 603, 638
Fluor Solvent Process 206

Fluoralkylsilane 880
Fluorapatit 346
– Ausgangsmaterial für
  Phosphorherstellung 371
Fluorid-Ionen, zur Anreicherung von
  Trinkwasser 610
Fluoride 618
– Herstellung 619
– Verwendung 618
– Wasserlöslichkeiten 618
Fluorierung, von Wirkstoffen 611
Fluorierungsmittel 637
Fluorierungsreagentien 637
Fluorkohlenwasserstoffe, aus HF 609
Fluoroaluminate 630
Fluoroborate, Verwendung 631
Fluorosil-Prozess 852
Fluorosilicate 648
– Herstellung 648
Fluorschwefelsäure 149
Fluorsulfonsäure 149
– Eigenschaften 149, 634
– Herstellung 149, 635
– Herstellung, Fliesschema 636
– Toxikologie 635
– Verwendung 150, 634
Fluorturm 54
– Reinigung SO_2-haltiger Abgase 53
Fluorwasserstoff, Toxikologie 617
Fluorwasserstoffsäure 608
– als Katalysator für Friedel-Crafts-
  Alkylierung 610
– Anwendungsgebiete 611
– Eigenschaften 616
– Lagerung und Transport 616
– Marktpreis 608
– Salze 618
– Verwendung 608
– Verwendung in Elektronikindustrie 610
– Verwendung in Kraftstoffveredelung 610
– Verwendung in metallbearbeitender
  Industrie 609
Flüssiggläser 831
Flusssäure 608
– aus Flussspat 612
– Eigenschaften 616
– Produktionsvolumen 608
– Toxikologie 617
– Verwendung in Glasindustrie 610
Flussspat 603
– als Flussmittel für Stahlproduktion 605
– Produktion und Bedarf 605
– Toxikologie 606
– Verwendung 605

– Verwendung in Elektrolysebädern 606
– Vorkommen 603
Flussspatprozess, Fliesschema 612
Flusswasser 1052
FM 1500 475
FM 21-SP 475
Forsterit 807
Foucault 898
Foulingschicht, Membrantechnik 1077
Fourcroy 284
Frank, A. 785
Frank, A. R. 785
Frank-Caro 177
Frank-Caro-Verfahren
– Kalkstickstoff 786
– Kalkstickstoffherstellung 789
Frasch-Verfahren 26
Frémy 608
Freudenberg, H. 785
Friedel 834, 878
Fruchtkerne, als Rohstoffe für Aktivkohlen,
  Aufbereitung 967
FSM-16 835
FSO_3H 149
Fujishima, A. 1017
Fulleren-Derivate 1023
Fulleren-Generator 1019
Fullerene 895, 1018, 1022
– Charakterisierung 1022
– Eigenschaften 1022
– endohedrale 1023
– exohedrale 1024
– Herstellung 1018
– Intercalationsverbindungen 1024
– Isolierung 1021
– Polymere 1025
– Trennung und Reinigung 1021
Füllkörpertürme, Schwefelsäureanlage 100
Fumarole 662
fumed silica 853
Funkenerosion 933
Furanharz
– als Binder für polygranularen Kohlenstoff
  und Graphit 907
– zum Imprägnieren von Kohlenstoff- und
  Graphitkörpern 925
Furnace Black Process 942
Furnaceruß-Verfahren 950, 953
Furnacerußreaktor 950–952

g

GAC 1079
– Wasseraufbereitung 1079
Galliumphosphid 411

Gallophosphate, als Zeolithe 835
Gas Heated Reformer 202
Gasaufbereitungsanlage 21
Gasaustauschreaktionen,
  Wasseraufbereitung 1084
Gasdiffusionselektrode
– für NaCl-Elektrolyse 480
– Salzsäure-Elektrolyse 515
Gasfilter, Schwefelsäureanlage 107
Gasreinigung, elektrostatische 51
Gasreinigungsmasse 329, 331
Gasruß-Verfahren 954
Gasrußapparat 954
Gastrennung, mit Aktivkohlen 990
Gay-Lussac 658, 679
Gebrauchtsäure, Titandioxidherstellung 48
gelbes Blutlaugensalz 329
Gelbnatron 329
Gelpunkt 861
Generatorgas 180
Gerüstsilicate 806
Gewerbesalz 565
GHR 202
Gips 155
– Produktion, Deutschland 156
Gipsprodukte, Verwendung 366
Glaskohlenstoff 939
– Strukturmodell 940
Glauberit 152
Glaubersalz 152
Gleichgewichtsperessigsäure 742
Gleichstrom-Plasmastrahlverfahren 1004
Gleichstromofen 927
Glimmer 810
– Verwendung 810
Glimmerbücher 810
Glyphosat 418
GME, Zeolithe 838
Goltix 312
Goodyear 942
Graham 851
Grahamsches Salz 388, 392
Grandjean 834
Graphit 895, 898, 991
– als Heizwiderstand für Acheson-Ofen 929
– als Moderator für Kernreaktoren 935
– Anisotropiegrad 900
– Bearbeiten 926
– Bindungsenergie 900
– Eigenschaften 902
– Eigenschaften, Richtungsabhängigkeit 900
– Elementarzelle 901
– flexibler 940
– für Gießformen, Kokillen und Tiegel 931

– für Gleitringdichtungen 933
– für Labyrinthdichtungen 934
– Herstellung 904
– Kristallgitter 900
– Kristallstruktur 895
– Lagerstätten 898
– monogranularer 935
– Natur- 898
– Widerstandsparameter 902
Graphitanoden 930
– für wässrige Elektrolysen 929
Graphiteinlagerungsverbindungen 940
Graphitelektroden
– Eigenschaften 902
– Verbrauch 899
– Wirtschaftliches 897
Graphitfluoride 646
– Herstellung 638
Graphitfolien 940
Graphitformlinge
– Carbonisieren 914
– Herstellung 908
Graphitieren 919
Graphitierungsofen
– nach Acheson 921
– nach Castner 922
Graphitierungsverfahren, indirekte 923
graphitische Werkstoffe,
  Wirtschaftliches 897
Graphitkörper
– Imprägnieren 924
– Reinigung 924
Graphitprodukte
– Anisotropie 901
– Eigenschaften 902
– Formen 910
– Formen, Schneckenpressen 911
– Formen, Strangpressen 911
Graphitstifte 898
Grauwasser 1063
Grillo-SO_2-Verfahren 62
Grillo-Verfahren 63
Grosvenor-Miller-Variante, des Solvay-
  Verfahrens 589
Group Well Operation 554
Grundwasser 1051
– angereichertes 1066
– Inhaltsstoffe 1052
– Nutzung für Trinkwasserversorgung 1064
Grüner Reifen 870, 879
Grünsalz 160
Gruppensilicate 806
Guanidine, aus Calciumcyanamid 793
Guggenheim-Verfahren 276, 282

Gusseisen, als Werkstoff für
  Schwefelsäureherstellung 131

h
Haber 177
Haber-Bosch-Verfahren,
  Geschichtliches 177
Halbaktivruße 960
α-Halbhydrat 156
Halcon-Prozess 752
Haldor-Topsøe-Verfahren, Ammoniak-
  Synthese 232
Halex-Katalysatoren 619
Halex-Reaktion 619
Halit 548
Hall, H. T. 997
Halliburton-KBR-Verfahren, Ammoniak-
  Synthese 235
Halogenfluoride
– Eigenschaften 634
– Reaktionen 633
Halogenphosphane 422
Halogensilane 874
Hannay, J. B. 995
Hardrock-Phosphat 348
Harnstoff 284
– chemische Eigenschaften 286
– Granulation 304
– Herstellung 290–291
– kritische relative Feuchte 307
– Lagerung 306
– physikalische Eigenschaften 285
– physiologische Bedeutung 284
– Prillung 304
– Produktionskapazität 285
– Produktionskapazitäten 285
– Reaktormaterial 293
– Synthese, Grundlagen 288
– Verbackungsneigung 306
– zur Entfernung von NO_x aus
  Schwefelsäure 109
Harnstoff-Synthese, Wöhler 284
Harnstoffgranulat 306
Harnstoffperoxohydrat 714
Harnstoffverfahren,
  Hydrazinherstellung 309
Harris 699
Hartpech, Eigenschaften 908
HBF_4 669
$(HBO)_{2n}$ 663
HCl-Synthese, SGL Carbon 522
HCN 321
HCR 30
He@C60 1024

Heat Recycle Urea Process 301
Heat-Exchange-Reformer 200
HeavyTow-Anlage 937
Heißblasen 181
Heißgasanlage,
  Schwefeltrioxidherstellung 83
Heilwasser 1058
Helfenstein 769
Henry-Dalton-Gesetz 1083
Herdwagenöfen, Carbonisieren von
  Kohlenstoffprodukten 915
Héroult, P. 769
Heterofullerene 1025
Hexafluorokieselsäure 366, 647
– Eigenschaften 647
– Herstellung 647, 875
– Verwendung 648
hexafluorphosphorige Säure 645
HF
– aus Flussspat 612
– durch Hydrolyse von SiF_4 614
– Erzeugung im Drehrohrofen 613
– Komplexe mit Trialkylaminen 615
– Reaktivität 616
HfB_2 667
HFR 232
Hi-Sil 851
Hi/Activity-Verfahren 27
High-Duty-Reformer 187
High-Flux-Reformer 232
Hirose, Y. 1010
HNO_3 250
Hochdruck-Hochtemperatur-Synthese,
  Diamant 995
Hochofensteine, Eigenschaften 902
Hochtemperatur-Konvertierung 183, 203
Hochtemperatur-Schmiermittel,
  aus Naturgraphit 934
Hock-Verfahren 751
Hohlelektroden,
  Calciumcarbidherstellung 778
Hohlfasermodul 1075
Holz, als Rohstoff für Aktivkohlen,
  Aufbereitung 966
Holzkohle 895, 966
Homberg 658
Horden, Schwefeltrioxidherstellung 77
Horizontalfilterbrunnen,
  Grundwasser 1065–1066
Hornblendeasbest,
  als Diaphragmamaterial 494
Hot Filament-Verfahren 1006
HPHT-Diamantsynthese 998
HPHT-Synthese

– Diamant 995
– katalysatorfrei 997
– mit Katalysator 997
HT-Konvertierung 203
HTU 1085
Huffman 1018
Hydecat-Verfahren 444
Hydratation, von Salzen 1046
Hydratationsenthalpie 1046
Hydrazin 307
– Herstellung 308
Hydrazinhydrat 307
Hydroboracit 659
Hydrochinonlöser,
  Wasserstoffperoxidherstellung 685
Hydrogel-Verfahren,
  Zeolithherstellung 846
Hydrogele 861
Hydrogencarbonat
– Calcinieren 578
– Fällung 576
– Filtration 578
Hydrogenfluoride 618
Hydroperoxide 745
– Herstellung 748
– Verwendung 751
Hydrosilylierung 880
Hydrosol 868
– als Zwischenprodukt bei Silicagel-Herstellung 860
Hydrosulfit 145
Hydrosulfreen-Verfahren 29
hydrothermale Verfahren, Herstellung von
  Wasserglas-Lösungen 832
Hydroxyapatit 346
1-Hydroxyethan-1,1-diphosphonsäure
  (HEDP) 418–419
Hydroxylamin 313
– chemische Eigenschaften 318
– freie Base 317
– Herstellung von Oximen 320
– physikalische Eigenschaften 318
– Produktionskapazität 313
– Toxikologie 320
– Verwendung 320
Hydroxyphosphonoessigsäure 418
Hypochlorit 525
– Zersetzung 444
H_2O_2-Verfahren, Hydrazinherstellung 311
H_2SiF_6 366
H_2SO_4, Dampfdruck 69
H_2SO_4 und Oleum
– Schmelzpunktkurve 67
– Siedepunktkurve 68

i

ICI-AMV-Prozess 200
IF_5, als Ausgangsmaterial für
  Perfluoralkyliodide 633
Iijima 1026–1027
Illite 810
Imprägnierpech, Eigenschaften 908
Inaktivruße 960
Inco-Verfahren, Entgiftung cyanidhaltiger
  Erzaufschlämmungen 336
Induktionsverfahren,
  Fulleren-Herstellung 1020
Industrieruß
– Absatzstruktur 943
– Adsorption 944
– Aggregate 944
– Definition 941
– elektrische Leitfähigkeit 945
– Feuchtigkeitsgehalt 948
– Fließbettoxidation 959
– Gehalt an flüchtigen Bestandteilen 948
– in der Gummiindustrie 959
– Lagerung 959
– Lichtabsorption 945
– Morphologie 943
– Oberflächenbestimmung 946
– oxidative Nachbehandlung 958
– Partikelverteilung 943
– Perlgrößenverteilung 949
– Perlhärte 949
– pH-Wert 948
– Produktionszahlen 942
– Rohstoffe 949
– Sauerstoffgehalt 945
– Schüttdichte 949
– Siebrückstand 948
– spezfische Oberfläche 944
– Struktur 947
– Toluolextrakt 949
– Toxikologie 961
– Veraschungsrückstand 948
– Verdichtung 957
– Verpackung 959
– Verperlung 957
– Verwendung 959
– Verwendung als Pigmentruße 961
– Wirtschaftliches 897
– zur antistatischen oder elektrisch leitenden
  Ausrüstung 961
– Zusammensetzung 945
Industriesalz 565
Ineos-ETB 475
Inopolymetasilicat 831
Inosilicate 806

Inselsilicate 806
Intalox 100
Integriertes Verfahren,
   Chlordioxidherstellung 534
Intercalationsverbindungen 940
– von Fullerenen 1024
International Zeolite Association 837
Iodadsorption, Oberflächenbestimmung von
   Industrierußen 947
Iodpentafluorid, Herstellung 634
Ionenaustauscher,
   Wasseraufbereitung 1080
Ionenaustauscherharze 1081
Isopropanol,
   Wasserstoffperoxidherstellung 699
IZA 837

j

Jamieson, J. C. 997
Jänecke-Diagramm 572
Junker-Öfen 929

k

$K(Mg, Fe^{II})_3[(OH)_2|Al, Fe^{III})Si_3O_{10}]$ 810
KAAP Ammoniak-Konverter 223
KAAP-Prozess 215
KAAP-Reaktor 223
KAAPplus-Prozess 236
KAAPplus-Verfahren 235
α-Käfig 838
β-Käfig, Zeolithe 838
Kaiser Aluminium-Prozess,
   Kryolithherstellung 629
Kalibleichlauge 527
Kalifeldspat 819
Kaliumchlorat 529
Kaliumchlorid-Elektrolyse,
   Membranverfahren 468
Kaliumcyanat 332
Kaliumcyanid 328
– physikalische Eigenschaften 328
Kaliumdisulfit 140
– Verwendung 140
Kaliumethanolat, Herstellung nach
   Amalgamverfahren 487
Kaliumferricyanid 330
Kaliumfluorid, Eigenschaften 619
Kaliumhexacyanoferrat(III) 330
Kaliumhydrogenfluorid 619
Kaliumhydroxid
– Herstellung nach Amalgamverfahren 485
– Herstellung nach Membranverfahren 487
Kaliumiodat, als Zusatz zum Speisesalz 564
Kaliumiodid, als Zusatz zum Speisesalz 564

Kaliummetabisulfit 140
Kaliummethanolat, Herstellung nach
   Amalgamverfahren 487
Kaliummonoperoxosulfat, Herstellung 724
Kaliumnitrat 281
– Herstellung 281
– Verwendung 282
Kaliumpentaborat-Tetrahydrat 660
Kaliumpermanganat
– als Aktivierungsmittel für Aktivkohlen 968
– als Oxidationsmittel in der
   Wasseraufbereitung 1089
– zur Entmanganung und Enteisenung in der
   Wasseraufbereitung 1090
Kaliumperoxodiphosphat 733
Kaliumperoxodisulfat 727
– Herstellung 730, 733
Kaliumschmelzglas, Herstellung 829
Kaliumsilicate, Verbrauch 823
Kaliumsulfat 154
Kaliumsulfit 139
Kaliumsuperoxid, Herstellung 737
Kalk, Rohmaterial für Calciumcarbid 775
Kalkbrennofen, Solvay-Verfahren 575
Kalkfeldspat 819
Kalksalpeter 281
Kalkstickstoff 785
– als Dünge- und Pflanzenschutzmittel 792
– Granulat 791
– herbizide und fungizide Wirkung 792
– Herstellung 787
– Herstellung, Frank-Caro-Verfahren 789
– Herstellung, Trostberger Drehofen-
   Verfahren 788
– Lagerung 791
– Nachbehandlung 791
– Rohstoffe 787
– Wirkung gegen tierische Schädlinge 792
– zum Aufsticken von Stählen 792
– Zusammensetzung 786
Kalomel-Prozess, Quecksilberabscheidung aus
   Abgasen metallurgischer Anlagen 55
Kaltblasen 181
Kaltenbach-Verfahren 511
Kaltgasanlage, Schwefeltrioxidherstellung 82
$KAl_2[(OH, F)_2|AlSi_3O_{10}]$ 810
Kammerringofen 916–917
– Carbonisieren von
   Kohlenstoffprodukten 915
Kamo, M. 1000
Kanigen-Verfahren 412
Kaolin 815
– air-floated 816
– Lagerstätten 816

- Verwendung 816
- Verwendung als Füllstoff 816
- Verwendung in Keramikindustrie 816
- Verwendung in Papierindustrie 816
- water-washed 816

Kaolinit 815
- zur Zeolithherstellung 848

Karat 993
Kat X, Schwefeltrioxidherstellung 76
Kationenaustauscher-Membran 446, 456
- Chlor-Alkali-Elektrolyse 456

Kationenaustauschermembran, Aufbau 457
Kavernen 554
KBR Horizontal-Reaktor 222–223
KBR Purifier-Prozess 235
Kel-Chlor-Verfahren 517
Kellogg Reforming Exchanger System 200
Kernit 659, 661
Kerzenfilter 108
Kesting-Verfahren,
  Chlordioxidherstellung 534
Ketonperoxide 747
- Herstellung 750
- Verwendung 753

Kettensilicate 806
$2\ KHSO_5 \cdot KHSO_4 \cdot K_2SO_4$ 723
Kieselsäure 850
Kimberlit 995
Kistler 851
Klauben 552
Kloepfer 853, 942
$KMg_3[(F,OH)_2|AlSi_3O_{10}]$ 810
Knapsack-Schaltung,
  Calciumcarbidherstellung 780
KNO_3 281
Kochsalz 547
Kohle
- Entschwefelung 20
- Holz 964
- Rohmaterial für Calciumcarbid 774

Kohlebürsten 932
Kohlegraphitbürsten 932
Kohlendioxid, Entfernung 184, 206
Kohlenstoff
- als Heizwiderstand für Acheson-Ofen 929
- Eigenschaften 902
- glasartiger 939
- graphitierbar 905
- Häufigkeit 895
- Modifikationen 895
- monogranularer 935
- nicht-graphitierbar 905
- p-T-Phasendiagramm 897, 1000
- polygranular, Herstellung 904

Kohlenstoff-Gießkerne 931
Kohlenstoff-Kathoden 930
Kohlenstoff-Modifikationen,
  Strukturmodelle 896
Kohlenstoff-Nanoröhren 895, 1025
- Charakterisierung 1029
- durch katalytische Zersetzung von
  Kohlenwasserstoffen 1027
- durch Laser-Verdampfung von
  Kohlenstoff 1027
- durch Lichtbogen zwischen
  Graphitelektroden 1027
- durch Solrenergie-Verdampfung von
  Kohlenstoff 1028
- Herstellung 1027
- Reinigung 1029
- Verwendung 1030

Kohlenstoffanoden
- Eigenschaften 902
- Verbrauch 899
- Wirtschaftliches 897

Kohlenstoffelektroden, für
  Lichtbogenwiderstandsöfen 928
Kohlenstofffaser, Strukturmodell 938
Kohlenstofffasern 935
- aus organischen Fasern 935
- aus Pechen 937
- Carbonisierung 936
- Eigenschaften 938
- Wirtschaftliches 897

kohlenstofffaserverstärkte Kohlenstoffe 939
kohlenstofffaserverstärkter Kunststoff 938
Kohlenstoffkathoden, Wirtschaftliches 897
Kohlenstoffkörper, Imprägnieren 924
Kohlenstoffmolekularsiebe 979
- Anwendung 985

Kohlenstoffprodukte
- Eigenschaften 902
- Graphitieren 919
- Reinigung 924

Kohlenstoffsteine,
  für Ofenauskleidungen 930
Kohlenwasserstoffe, zum Imprägnieren von
  Kohlenstoff- und Graphitkörpern 925
Koidl, P. 1007
Kokosnussschalen, als Rohstoff für
  Aktivkohlen 964
Koks, Rohmaterial für Calciumcarbid 774
Kolonnen, aus Graphit 931
Kompaktflokkulator 1071
kondensierte Phosphate 394
Konsumintegrierter Gewässerschutz 1094
Kontaktkessel
- aus C-Stahl, Schwefeltrioxidherstellung 95

– aus Edelstahl,
　Schwefeltrioxidherstellung 95
– ausgemauert,
　Schwefeltrioxidherstellung 94
– Schwefeltrioxidherstellung 77
Konus-Mischer 365
Konverter, Ammoniak-Synthese 218
Konvertierung 203
Koppers-Totzek-Verfahren 242
Koppers-Totzek-Vergaser 243
Korona-Walzenscheider 434
KO_2 737
Krätschmer 1018
Krätschmer-Huffman-Verfahren 1018
Kreiselpumpe, für Schwefelsäureanlage 106
Kreislauf, hydrologischer 1050
KRES 200–201, 235
KRF 307
kritische relative Feuchte 307
Krocydolith 817
Kroto 1018
Kryolith 623
– aus Hexafluorokieselsäure 628
– aus HF 627
– Eigenschaften 630
– Herstellung 627
– Toxikologie 631
– Verwendung 623
Kryptonfluorid 646
Kugelhaufenreaktor 935
Kühlwasser 1060
Kupferkatalysator,
　für TT-Konvertierung 203–204
Kupferphosphid 411
Kurrolsches Salz 390
Kvaerner-Chemetics Sulfate Removal System 441
$K[AlSi_3O_8]$ 819
K_2O/SiO_2, Schmelzdiagramm 823
K_2SO_3 139
$K_2S_2O_5$ 140
$K_4Fe(CN)_6$ 329
$K_4P_2O_8$ 733

l

LAC-Verfahren 188
Lachgas 249
Lampenruß 896, 942
Lamproit 995
Langmuir-Isothermen 978
Langsamsandfilter, Wasseraufbereitung 1073
Längsgraphitierung 899
Laser-Verdampfung, von Kohlenstoff,
　Fulleren-Herstellung 1020

Lavoisier, A. L. 992
LDAN 280
Leblanc-Verfahren 568
Leipunskii 996–997
Lemolt 898
Lennard-Jones-Potential 842
LEVASIL 869
Levynit 834
Lichtbogen-Verdampfung, von Graphit 1019
Lichtbogenverfahren 177
– Fulleren-Herstellung 1019
Liebig, Justus von 177
Liebigsches Gesetzes 404
Liquor silicium 822
Literzahl, Calciumcarbid 784
Lithium 519
Lithium-Schwefeldioxid-Zelle 64
Lithiumchlorid-Schmelzflusselektrolyse 517
Lithiumfluorid 621
– Eigenschaften 621
– Verwendung 621
Lithiumperoxid
– Herstellung 737
– Verwendung 738
Lithiumsilicat-Lösungen 832
Lithopone 158
Li_2O_2 737
Lo-Cat-Prozes 22
Lonsdaleit 895, 991
Lösemittelrückgewinnung, mit Aktivkohlen 988
low-density ammonium nitrate 280
Low-Duty-Reformer 187
Löwenstein-Regel 840
LTA, Zeolithe 838
LTGT-Verfahren 30
LTL, Zeolithe 838
LUDOX 869
Luft- und Gasreinigung, mit Aktivkohlen 988
Luftkühler, Schwefelsäureanlage 104
Luftvorwärmer, für Schwefelsäureanlage 97
Lurgi SVZ MPG-Verfahren 240
Lurgi-Sachtleben-Prozess
– Arsenabscheidung aus metallurgischen
　Abgasen 57
– Arsenabtrennung 58
Lurgi-Verfahren
– Kohlevergasung 242
– partielle Oxidation von Schwerölen 240
Lurgi-Vergaser 243
Luro, Rotationszerstäuber 39
Luro-Brenner 39
Luzi 899

m

M-M-P-Elektrolyseur zur
  Chloratherstellung 531
Maddrellsches Salz 388, 399
– Verwendung 392
Magadi-See 585
magische Säure 150
Magnesiumbisulfit 137
Magnesiumchlorid-
  Schmelzflusselektrolyse 519
Magnesiumfluorid 622
Magnesiumperoxid
– Herstellung 737
– Verwendung 738
Magnesiumsilicate 849
Magnesiumsulfit 140
– Herstellung 140
Magnetitkatalysatoren, für Ammoniak-
  Synthese 213
Magnetpumpe 107
Malathion 415
– Toxizität 416
Manchot 679, 685
MAP 843
Marshalls Säure 726
Matsumoto, S. 1000
Maximum Aluminium P 843
Maxisulf-Verfahren 27
McBain 834
MCM-41 835
MCM-48 835
MCM-50 835
MCRC 29
MDC 55 495
MDC 55-Zelle 497
MDEA 22
MEA 22
MED 1077
Meersalz 433, 435, 547, 560
Meerwasser 1051
– Inhaltsstoffe 1052
Meerwasserentsalzung 562
– mit Destillation 1076
– mit Umkehrosmose 1076
MEGAMMONIA-Konzept 237
Mehrfacheffekt-Verdampfung,
  Gewinnung von Siedesalz 555
Mehrkammer-Hot-Filament-CVD-Anlage
  1008–1009
Meidinger 679
Melamin 287
– aus Calciumcyanamid 793
Mellikoff 715
S-Membran 458

Membranelektrolyse
– Anoden 469
– Beeinträchtigung der Membran durch
  Verunreinigungen 463
– Elektroden 469
– Kathoden 471
– mechanische Schädigungen der Membran
  461
– mit Sauerstoff-Verzehrkathoden 479
– Wanderung von Anionen durch die
  Membran 461
– Zellenanordnung 454
Membranelektrolysezelle 446
Membranen
– Flach- 1075
– Folien- 1075
– Hohlfaser- 1075
– Membranelektrolyse 456
– Rohrmodule 1075
– Wickelmodule 1075
Membranmodul 1073
Membrantechnik
– Fouling 1077
– Scaling 1078
– Wasseraufbereitung 1073
Membranverfahren,
  Chlor-Alkali-Elektrolyse 431, 446
Mercaptopropyltriethoxysilan 882
Mesophasen 905
Mesophasenpeche, als Ausgangsmaterial für
  Kohlenstofffasern 937
Metaborsäure 663
Metakaolinit 848
Metallboride 667
Metasilicat 821
Metasilicate, Herstellung im
  Sinterverfahren 831
Methan, Reformieren 186
Methanisierung 184
– Entfernung von CO und CO_2 aus
  Synthesegas 208
– TT-Konvertierung 205
4-Methylbenzoylperoxid 752
Methylbenzylalkohol,
  Wasserstoffperoxidherstellung 701
Methylchlorsilane,
  durch Müller-Rochow-Synthese 878
Methyldiethanolamin
– als chemisches Lösemittel für CO_2 208
– zur Entschwefelung von Erdgas 21
Methylenharnstoffe 287
Methylethylketonazin 311
Methylethylketonperoxid 753
Methylparathion 416

Methyltrichlorsilan, Precusor in Aerosil-
  Prozess 855
Methyltrioxorhenium 735
Methylvinylpyridin,
  für Anionenaustauscher-Membranen 516
MFI, Zeolithe 838
MFI-Struktur 839
$Mg(HSO_3)_2$ 137
$(MgAl)_2[OH|Si_4O_{10}] \cdot 4\,H_2O$ 818
$(MgFe)_2[SiO_4]$ 807
MgO_2 737
$MgSO_3$ 140
$Mg_2[SiO_4]$ 807
$Mg_3[(OH)_2|Si_4O_{10}]$ 809
$Mg_4[(OH)_2|Si_6O_{15}] \cdot 6\,H_2O$ 818
$Mg_6[(OH)_8|Si_4O_{10}]$ 817
Micellen 1048
Microsilica 855
Mikrowellenplasma-CVD-Reaktor
  1007–1008
Milori-Blau 331
Milton 834
Mineralwasser 1057
Mirabelit 152
Mischwassersystem 1064
Mitsui-MT-Verfahren 517
MoB 667
MoB_2 667
Mohevit 659
Moissan, H. 769
Molekularsieb 834
– zur Gastrennung 990
Monoboran 669
Monochloramin, als Oxidationsmittel in der
  Wasseraufbereitung 1089
Monoethanolamin, zur Entschwefelung von
  Erdgas 21
Monofluorphosphorige Säure 645
Monohydrat 66
Monokieselsäure, Dissoziation 825
monopolare Zellenanordnung 455
Monosil-Verfahren 879
Monosilan 877
– Herstellung 877
– zur Herstellung von polykristallinem
  Silicium 877
Monosilicate 825
Monsanto-Monarch-Verfahren 88
– Schwefeltrioxidherstellung 87
Montmorillonit 811
Montrealer Protokoll 609
MOR, Zeolithe 838
Mordenit 820, 838
MPTEO 882

MSF 1077
MT-Ruße 956
Müller-Kühne Verfahren 49
Müller-Rochow Synthese 878
Multi Effect Distillation,
  Meerwasserentsalzung 1077
Multi Stage Flash Evaporation,
  Meerwasserentsalzung 1077
Multi-Walled Carbon Nanotubes (MWNT)
  1026
– Eigenschaften 1030
Multipurpose Oxygen Burner 25
Münchener Verfahren 679
– Chlordioxidherstellung 534
Muscovit 810

n

Na-Bentonite 812
nachwachsende Rohstoffe, für Aktivkohlen,
  Aufbereitung 967
NaCl 547
Nadelkoks 906
– Eigenschaften 907
Nafion 431, 457
Nafion-Carboxylat 458
Nafion-Sulfonat 458
Nahcolit 585–586
NaHS 146
$NaHSO_2$ 152
$NaHSO_3$ 136
NALCO 869
Nano-Drähte 1030
Nanocompositadditive 815
Nanofiltration, Entfernung von
  Natriumsulfat 440
$NaNO_2$ 276
$NaNO_3$ 275
$NaPO_3$ 390
Nass-Arsenabscheidung, Boliden 57
Nass-Trocken-Katalyse 87
Nasskatalyse 86
Nassperlverfahren, Industrieruße 957
Nassphosphorsäure 349
– analytische Daten 352
– Dihydratverfahren 355
– Dorr-Oliver-Prozess 354
– extraktive Reinigung 359–360
– Herstellung 350
– Herstellverfahren 357
– Konzentrierung 358
– Nissan-Prozess 355
– Reinigung 359
– Reinigung durch Fällung 359
Nassphosphorsäuregips 366

Natrium, Schmelzflusselektrolysezelle nach Downs 518
Natriumaluminiumhydrogenphosphate 403
Natriumazid, Airbags in Kraftfahrzeugen 312
Natriumbisulfat 152
Natriumbisulfit 136
– Eigenschaften 137
– Herstellung 136
Natriumboranat 670
Natriumcarbonat 568
– aus Natronlauge 588
– Eigenschaften 569
– Gewinnung aus Sodaseen 587
– Herstellung aus Nahcolit 586
– Herstellung aus Trona 585
– Lagerung und Transport 592
– Toxikologie 593
– Verwendung 592
Natriumcarbonatperoxohydrat 680, 709
– Eigenschaften 709
– Herstellung 710
– Herstellung, durch Kristallisation 710
– Herstellung, durch Wirbelschichtsprühgranulation 711
– Lagerverhalten 722
– Struktur 709
Natriumchlorat 529
Natriumchlorid 547
– Eigenschaften 549
– Elektrodialyse 524
– Gewinnung aus Meerwasser 561
– Gewinnung aus Salzseen 562
– Kornvergrößerung 563
– Kristallstruktur 549
– Lagerstätten 548
– Rohstoff für Solvya-Verfahren 581
– Vorkommen 548
– zum Regenerieren von Ionenaustauschern 567
Natriumchlorid-Schmelzflusselektrolyse 517
Natriumchlorit 528
– zur Textilbleiche 528
Natriumcyanat 332
Natriumcyanid 328
– als Laugungsmittel 329
– physikalische Eigenschaften 328
– Verwendung 329
Natriumcyclotriphosphat 388
Natriumdisilicate 849
Natriumdisulfit 139
– Verwendung 139
Natriumdithionit 143
– Herstellung 143
– Herstellung nach Amalgamverfahren 488

– Verwendung als Reduktionsmittel 145
– Verwendung in der Mineralindustrie 145
– Verwendung in der Papierindustrie 145
– zur Herstellung von Leukoindigo 145
Natriumethanolat, Herstellung nach Amalgamverfahren 487
Natriumfluorid 620
– als Zusatz zum Speisesalz 564
– als Zusatz zum Trinkwasser 620
– Eigenschaften 620
– Verwendung 620
Natriumfluorosilicat 648
Natriumhydrogencarbonat 594
– Eigenschaften 594
Natriumhydrogenfluorid 620
Natriumhydrogensulfat 152
Natriumhydrogensulfid 146
Natriumhydroxid, fest 511
Natriumhypophosphit 411
Natriummetabisulfit 140
Natriummetaborat 664
– Herstellung 664
Natriummetaborat-Dihydrat 659
Natriummetaborat-Tetrahydrat 659
Natriummetasilicate 849
Natriummethanolat, Herstellung nach Amalgamverfahren 487
Natriumnitrat 275
– Herstellung aus Chilesalpeter 275
– Herstellung aus nitrosen Gasen 276
Natriumnitrit
– aus nitrosen Gasen 276
– Verwendung 276
Natriumpentaborat 664
Natriumpentaborat-Pentahydrat 660
Natriumperborat 715
– als Bleichmittel in Waschmitteln und Geschirrreinigern 719
– Geschichtliches 680
– Verwendung 719
– Wirkung auf Umwelt 721
Natriumperborat-Anhydrid 719
Natriumperborat-Monohydrat 715
– Eigenschaften 716
– Herstellung 719
Natriumperborat-Tetrahydrat 715
– Eigenschaften 715
– Herstellung 717
Natriumperborat-Trihydrat 715
– Eigenschaften 716
Natriumpercarbonat 709
– als Bleichmittel in Waschmitteln und Geschirrreinigern 712
– Geschichtliches 680

- Toxikologie 713
- Verwendung 712
- Wirkung auf Umwelt 713
Natriumperoxid
- Geschichtliches 681
- Herstellung 736
- Verwendung 738
Natriumperoxoborat 715
- Lagerverhalten 722
- Struktur 715
- Toxikologie 720
- wasserfrei 715
Natriumperoxoborat-Hexahydrat 680
Natriumperoxodisulfat 727
- Herstellung 730
Natriumpyrophosphat 388
- saures 388, 392
Natriumschmelzglas, Herstellung 829
Natriumsesquicarbonat 568–569, 594
Natriumsilicate
- Produktionskapazitäten und Verbrauch 823
- Verbrauch 823
Natriumsulfat 152
- Verwendung 154
- Weltproduktion 153
Natriumsulfid 146
Natriumsulfit 138
- Herstellung 138
- Verwendung 138
Natriumtetrametaphosphat 389
Natriumtetrapolyphosphat 392
Natriumthiocyanat, Herstellung 334
Natriumthiosulfat 142
- als Fixiersalz in der Photographie 143
- Herstellung 142
- Verwendung 143
Natriumtrimetaphosphat 388
Natriumtripolyphosphat 388, 391
Natriumydrogencarbonat, Herstellung 594
Natronbleichlauge 525
Natronfeldspat 819
Natronlauge 511
- durch Elektrodialyse von Natriumchlorid 524
Natronschmelzgläser 828
Naturdiamant 993
- Spezialwerkzeuge aus 995
Naturgips 155
Naturgraphit 898, 907
- Lagerstätten 899
- Verwendung 907
Naturgraphit-Dispersionen 934
Naturgraphitbürsten 932
Naturschwefel, Vorkommen 5

$Na[AlSi_3O_8]$ 819
$Na_2B_4O_7 \cdot 10\ H_2O$ 663
Na_2CO_3 568
Na_2O/SiO_2, Schmelzdiagramm 823
Na_2SO_4 152
$Na_2S_2O_5$ 139
$Na_3P_3O_9$ 390
Na_3SO_3 138
$Na_4Fe(CN)_6$ 329–330
$Na_4[Fe(CN)_6]$, als Antibackmittel 563
$Na_5P_3O_{10}$ 390
NbB_2 667
$[N(C_6H_{13})_4]_3\{PO_4[W(O)(O_2)_2]_4\}$ 735
NDS 439
Neoteben 312
Nephelin 589
Nephelin-Verfahren 589
Nernst 177
Nesosilicate 806
NH_4Cl 282
$(NH_4)COONH_2$ 283
$NH_4F \cdot HF$ 620
$(NH_4)HCO_3$ 283
NH_4HSO_3 138
NH_4NO_3 277
$(NH_4)_2CO_3$ 283
Nibodur-Verfahren 669
Nicht-Graphitierbarkeit 904
Nichtelektrolyte, Lösung in Wasser 1048
Nickel, als Kathodenmaterial für die Membranelektrolyse 471
Nickel(II)-fluorid 622
Nickelkatalysatoren, für Steam-Reforming 190
Niederdruck-Diamantsynthese 1001
Niederdruck-RF-Plasma-CVD 1010
Niederschläge, Nutzung für Wasserversorgung 1063
Nissan-Halbhydrat-Dihydrat-Verfahren, Nassphosphorsäure-Herstellung 357
Nissan-Prozess, Nassphosphorsäure 355
Nitride, als Oxidationsschutz für Kohlenstoffkörper 925
nitrose Gase 266
- Emissionsgrenzwerte 266
NO 248
Norit 963, 966
Norsk Hydro-Verfahren, Entwässerung von $MgCl_2 \cdot 2H_2O$ 519
Novalox 100
NO_2 249
NO_x-Entfernung 109
- Schwefelsäureanlage 109
NTU 1085

Nussschalen, als Rohstoffe für Aktivkohlen, Aufbereitung 967
NYACOL 869

O

Oberflächenfiltration, Wasseraufbereitung 1071
Oberflächenwasser 1051
– Inhaltsstoffe 1052
– Nutzung für Trinkwasserversorgung 1065
Ochsenius'sche Barrentheorie 548
Octahydroanthrahydrochinon 689
Octyldiphosphorsäureester 367
Octylphenylphosphorsäureester 367
ODC 479
Odda-Prozess 281
Odda-Verfahren 251
Olah 150
Olah's Reagenz 615
Ölbedarf, von Industrierußen 948
Oleum 66
– Analytik 136
– Dampfdruck 70
– Herstellung 125
– Lagerung 129
Oleumabsorber 91, 125
Oleumabsorption 91, 125
Oleumdestillation 125
Olivenkerne, als Rohstoffe für Aktivkohlen, Aufbereitung 967
Olivin, Verwendung 807
Olivine 807
OPAP 367
OPPA 367
optoelektronische Sortierung 551
Organosole 868
Orthoborsäure 659, 662
Orthokieselsäure 882
Orthoklas 819
Orthophosphorsäure 383
Orthosilica 882
Ostrejko, R. v. 963
Ostwald, W. 180, 251
Oxanthron 688
Oxenium-Kation 677
Oxichlorierung, von Ethylen 517
Oxidationsmittel, Wasseraufbereitung 1087
Oxoborat 719
Oxone 723
– Verwendung 725
Oxy-Anion 677
Oxygen Depolarized Cathode 479
Ozon, als Oxidationsmittel in der Wasseraufbereitung 1088
Ozonide 735
– Alkalimetall- 735

P

Palygorskit 818
PAN 935
Pandermit 659
PANOX 937
Parathion (E 605) 416
Pariser Blau 331
partielle Oxidation 238
Patrick 851, 860
Pauling 834
PCl_3 407
PCl_5 407
PE, als Werkstoff für Schwefelsäureherstellung 130
Pebble-Phosphat 348
Pech
– als Binder für polygranularen Kohlenstoff und Graphit 907
– zum Imprägnieren von Kohlenstoff- und Graphitkörpern 925
Peche, als Ausgangsmaterial für Kohlenstofffasern 936
Pechfasern 937
Pechkoks 906
– Eigenschaften 907
Pentakaliumtriphosphat, Herstellung 400
Pentanatriumtriphosphat 388, 391
– Herstellung 394, 396
– Verwendung 391
Peracidox-Anlage 120
Peracidox-Verfahren 117
Peracidox-Wäscher 117
Perameisensäure, zur Herstellung von Epoxiden 743
Percarbamid 714
Perchlorate 535
– durch anodische Oxidation von Chloraten 536
Perchloron-Verfahren 527
Perchlorsäure 535
– aus Natriumperchlorat 535
– durch Oxidation von Chlor 535
Peressigsäure
– als Oxidationsmittel 743
– Toxikologie 743
– Verwendung 742
– Wirkung auf Umwelt 744
Perester 746
– Herstellung 750
– Verwendung 753
Perketale 747

- Herstellung 751
- Verwendung 753
Perlmaschine, Industrieruße 958
Perlruß 953
Peroxide
- anorganische 734
- organische 745
- organische, analytische Bestimmung 745
- organische, Geschichtliches 681
Peroxoborat, wasserfrei 717
Peroxodiphosphorsäure 733
Peroxodischwefelsäure 722, 726
- Eigenschaften 726
- Herstellung 727
- Salze 727
Peroxodisulfat 729
- durch eletrolytische Reduktion von SO_2 144
Peroxodisulfate
- als Bleichmittel 731
- als Radikalstarter 730
- Toxikologie 731
- Verwendung 730
- Wirkung auf Umwelt 732
Peroxometallate 735
Peroxomonophosphorsäure 732
Peroxomonoschwefelsäure 722
- als Oxidationsmittel 723
- Herstellung 724
- Verwendung 724
Peroxophosphate, Verwendung 733
Peroxoschwefelsäure, Eigenschaften 722
Peroxoverbindungen
- Bindungsabstand 734
- organische, Sicherheit 753
- organische, Toxikologie 757
- Zerfall 677
Peroxycarbonsäuren 738
- Eigenschaften 738
- Herstellung 741
- Nomenklatur 738
- pK_s-Werte 739
- Zerfallsmechanismen 740
Peroxydicarbonate 746
- Herstellung 749
- Verwendung 752
Petrolkoks 906
- Eigenschaften 907
Pfleiderer 679
Phasendiagramm H_3PO_4/P_2O_5 351
Phenol-Formaldehyd-Harze
- als Binder für polygranularen Kohlenstoff und Graphit 907
- als Rohstoffe für Aktivkohlen 967

- zum Imprägnieren von Kohlenstoff- und Graphitkörpern 925
Phlogopit 810
Phosgen 538
Phosphan 411
Phosphan-Chelatliganden, chirale 421
Phosphane 420
- als Katalysatoren 422
- als Liganden in der Katalyse 421
- chirale 421
- primäre 420
- sekundäre 420
- tertiäre 420
Phosphanoxide 422
Phosphat
- Entfernung in Kläranlagen 404
- Schwefelsäureaufschluss 349
Phosphate 346
- Roh- 346
- Roh-, Gewinnung 347
- Schwergranulat-, Herstellung 398
- Vorkommen 346
Phosphatgläser 388
Phosphide 411
Phosphogips 156
Phosphoniumverbindungen 422
2-Phosphonobutan-1,2,4-tricarbonsäure 418
N-(Phosphonomethyl)glycin (Glyphosat) 418–419
N-(Phosphonomethyl)iminodiessigsäure 418
Phosphonsäuren 418
Phosphor
- elelementar, Herstellung 377
- elelementar, Weltproduktion 370
- gelber, Zusammensetzung 378
- Herstellung 369, 371
- roter 381
- roter, Herstellung 381
- weißer, Herstellung 369
Phosphorhalogenide 405, 407
- Eigenschaften 406
Phosphorigsäurediester 417
Phosphorigsäureester, Verwendung 417
Phosphorigsäuretriester 417
Phosphorit 346
Phosphoröfen 372, 375
- Konstruktion 374
- Ofengasreinigung 376
Phosphorofenschlacke, Zusammensetzung 379
Phosphoroxidchlorid 408
- Herstellung 408
Phosphoroxide 408
Phosphorpentachlorid 407

– Herstellung 407
Phosphorpentafluorid 645
Phosphorpentasulfid 409
– Herstellung 410
Phosphorpentoxid 408
– Herstellung 409
Phosphorsäure 383
– als Aktivierungsmittel für Aktivkohlen 967
– aus elementarem Phosphor 383
– Extraktion 360
– Produktionskapazitäten 350
– Salze 388
– thermische 382
Phosphorsäure-bis-2-ethylhexylester 367
Phosphorsäureester
– neutrale 412
– saure 414
Phosphorschlamm 380
Phosphorsulfidchlorid 408
Phosphorsulfide 409
Phosphortrichlorid 406–407
– Herstellung 407–408
Phosphortrifluorid 645
Phosphorwasserstoff 411
Phyllosilicate 806
Pietzsch 679
Piggott, Gleichung von 307
Pigmentruß 941, 960
Pilen 484
piranha bath 152
Pissarjewski 715
PKD 998
Plasma-Jet-CVD 1009
Plasma-Jet-Verfahren, Diamantabscheidung 1009
Platin/Rhodium-Katalysator, Ammoniak-Oxidation 252–253
Plattenwärmeaustauscher 105
– Schwefelsäureanlage 105
$POCl_3$ 408
Polyacrylamide,
  als Flockungshilfsmittel 1070
Polyacrylate, als Trägerpolymere für Ionenaustauscherharze 1081
Polyacrylnitril
– als Ausgangsmaterial für Kohlenstofffasern 935
– als Rohstoff für Aktivkohlen 967
– Umwandlung in Kohlenstofffasern 937
Polyborane 669
Polyphosphate 388
Polyphosphorsäure 382–383
– aus Nassphosphorsäure 387
– technisch 358

Polyramix-Diaphragma 500
Polysilicate 825
Polystyrol, als Trägerpolymer für Ionenaustauscherharze 1081
Polzenius 177
Polzeniusz-Krauss-Verfahren, Kalkstickstoff 786
Pool-Kondensator 294
Pool-Reaktor 296
PP, als Werkstoff für Schwefelsäureherstellung 130
PPG-Verfahren, Herstellung von NaOH-Prills 511
Prayon-Bird-Karussellfilter, für Nassphosphorsäure 354
Predryer-Reconcentrator-System 91
premium coke 906
Premium-Schwefelsäure 57
Prereforming 202
Pressen, isostatisch, Kohlenstoffmassen 913
Pressure Swing Adsorption 990
Preußisch Blau 331
Priceit 659
Primärreformer 183, 187, 193
– Aufbau 191
– Brenneranordnung 194
– deckenbefeuert 192–193
– Heat Duty 196
– Katalysatoren 191
– Katalysatorformen 191
– Materialien für Spaltrohre 196
– seitenbefeuert 193
Produktionsintegrierter Gewässerschutz 1093–1094
Prozesswasser 1058
PSA 990
Pseudo-Wollastonit 373
PTFE, als Werkstoff für Schwefelsäureherstellung 130
Puffing 924
Pulverruß 953
Purifier-Prozess, Halliburton KBR 199
Purisol-Verfahren 22
Purit 963
PVC, als Werkstoff für Schwefelsäureherstellung 130
PVDF, als Werkstoff für Schwefelsäureherstellung 130
pyrogene Silicas, Herstellung 853
pyrogenic silica 853
Pyrographit 939
Pyrokohlenstoff 939
Pyrophyllit 808

– Verwendung 809
P$_4$O$_{10}$ 408
P$_4$S$_{10}$ 409

q

QAV-Wassergläser 832
Quantendrähte, molekulare 1030
Quecksilber
– Entfernung aus Abwasser 491
– Entfernung aus Produkten der Chlor-Alkali-Elektrolyse 490
– Toxikologie 489
Quecksilberporosimetrie, Bestimmung der Porengröße von Aktivkohlen 977
Quergraphitierung 899, 920
Querstromfiltration, Wasseraufbereitung 1071
Quickflock 160

r

Raschig 253
Raschig-Verfahren, Hydrazinherstellung 308–309
Rauchgasreinigungsverfahren 989
Rauchrohrkessel, Schwefelsäureanlage 110
REA-Gips 156
Readman 369
Reaktionsträger, Wasserstoffperoxidherstellung 686
Reaktorgraphit 935
Rectisol-Prozess 206
Redoxreaktionen, Standardpotentiale 684
Reformer, autothermer 200
Reforming-Exchanger-System 201, 235
Regenwasser 1051
regular coke 906
Reifen, grüner 870, 879
Reinstgraphite, für Spektralanalyse 933
Reinstwasser 1058
– durch Entionisierung mit Ionenaustauschern 1083
– Kosten 1059
– VDI-Richtlinie 1059
Rekristallisationsverfahren, Gewinnung von Siedesalz 556
Rekuperationsschwefel 5
Resin-Type-New-Desulphation-System 439
Restriktorring-Reaktor 952
Resulf 30
Reverse Osmosis 1073
Reverse-flow-Reactor 81
– Schwefeltrioxidherstellung 80
REY, für FCC-Katalysatoren 843
RFR 80

Rhodanide 333
Rhodanidprozess
– Quecksilberabscheidung aus Abgasen metallurgischer Anlagen 55
– Quecksilberentfernung 56
Riedel-Löwenstein-Verfahren 679
Riedl 679
Riedl-Pfleiderer-Verfahren 690
Rieselkühler, Schwefelsäureanlage 103
Riesenfeld 681
Ringsilicate 806
Ringwärmeaustauscher, für Kontaktgruppe der Schwefelsäureanlage 96
RNDS 439
RO 1073
Röche, F. 785
Roh-Abwasser 1060
Rohphosphat, Aufschluss 348, 352
Rohphosphate 346
– thermischer Aufschluss 369
– Zusammensetzung 346
Rohrbündelkühler 104
– Schwefelsäureanlage 104
Rohrbündelwärmeaustauscher, für Kontaktgruppe der Schwefelsäureanlage 96
Rohrmodul 1076
Rohsole
– Herstellung 436
– Reinigung 442
Roquelle 284
Rossignol 177
rotes Blutlaugensalz 330
Rothe 177
Rotkali 330
Rotohit, elektrostatische Gasreinigung 52
Roundup 419
Ruß 895
Rußhütten 942
Rußtusche 941
Rutheniumkatalysatoren, für Ammoniak-Synthese 215
Rutil, als Anodenmaterial für die Membranelektrolyse 470

s

SADT 753
Sägemehl, für Aktivkohle, chemische Aktivierung 968
Salmiak 282
Salpetersäure
– Eigenschaften 250
– Herstellung 251
– Herstellung, Absorptionstürme 264

- Herstellung, Eindruckanlagen 252
- Herstellung, Eindruckverfahren 259
- Herstellung, Hochdruckanlagen 261
- Herstellung, Konstruktionen und Werkstoffe 262
- Herstellung, Mitteldruckanlagen 260
- Herstellung, Werkstoffe 265
- Herstellung, Zweidruckanlagen 252
- hochkonzentriert, nach direktem Verfahren 273
- Konzentrierung 269
- Konzentrierung mit Magnesiumnitrat-Lösung 272
- Konzentrierung mit Nitrat-Lösung 271
- Konzentrierung mit Schwefelsäure 270
- Konzentrierung nach Plinke 271
- oxidierende Wirkung 251
- Synthese, Uhde-Eindruckverfahren 259
- Synthese, Uhde-Zweidruckverfahren 261
- wasserfrei, Herstellung durch direktes Verfahren 272
- Weltproduktion 251

Salpetersäureanlage
- Blockfließbild 252
- Herstellung, Maschinensatz 264

Salz 547
- Konditionierung 564
- Verwendung 565

Salzdome 548
Salzgärten 560
Salzpaar, reziprokes 569
Salzsäure 521
- durch Elektrodialyse von Natriumchlorid 524
- verdünnte, Elektrolyse 516

Salzsäure-Elektrolyse 514
- Elektrodenpotenziale 516

Salzsäure-Membranelektrolyse 515
- mit Sauerstoff-Verzehrkathoden 515

Salzsäureelektrolyse 514
Sandfang, Wasseraufbereitung 1070
Sanilec 527
Sankey-Diagramm 114
SAPO 835
Sarin 645
SAS 850
Sassolin 659
Sato, Y. 1000
Sättigungsindex, Wasser 1085
Sauergas 25
- Claus-Prozess 23

Sauerstoff, als Oxidationsmittel in der Wasseraufbereitung 1088
Sauerstoffdifluorid 644

Sauerstofffluoride 644
Sauerwasser 21
Sauerwasserstripper 21
SAW-Filter 1015
- Diamantschicht 1014

Scaling, Membrantechnik 1078
Schachtöfen
- Kalkbrennen 575
- zur Aktivierung von Aktivkohle 971

Scheele 898, 963
Scheiben- und Kreisring, für Kontaktgruppe der Schwefelsäureanlage 96
Schichtsilicate 806
Schiele-Antifriktionskurve 911
Schlammfaulung, Wasseraufbereitung 1090
Schleifbügel 932
Schleifstücke 932
Schlesinger-Verfahren 670
Schmellenmeier, W. 1000
Schmelzflusselektrolyse 517
Schmelzphosphate 392
- Herstellung 398–399

Schmutzwasser 1060
Schockwellen-Konversion 997
Schönbein 898
Schönherr 177
Schwarzpigment 895
Schwefel
- α-Schwefel 16
- β-Schwefel 16
- μ-Schwefel 16
- π-Schwefel 16
- Air Prilling 33
- Allotropie 16
- bekannte Reserven 6
- chemische Eigenschaften 18
- Eigenschaften 16, 19
- Entgasen 32
- Entgasung 25
- Export 10
- fest, Lagerung 34
- feuchtes Pelletieren 33
- flüssig, Lagerung 33
- flüssig, molekulare Zusammensetzung 16
- flüssig, Transport 34
- flüssig, Viskosität 18
- Granulieren 33
- Handel 7
- Leitfähigkeit 17
- Löslichkeit 18
- Modifikationen 16
- molekulare Zusammensetzung 17
- Natur- 5
- Pastillen 33

- Produktion 7
- Reinheit, int. Standard 26
- Rekuperations- 5
- Reserven 6
- Rohstoffpreis 10
- Rohstoffquellen 7
- Schmelzpunkt 16
- Siedepunkt 16
- Slates 33
- Verbrauch 7
- Verbrennungstemperatur 37
- Verfestigung 32
- Verwendung 13
- Viskosität 16
- Water Prilling 33

Schwefel-Äquivalentmengen 7
Schwefeldichlorid 146
Schwefeldioxid 34
- Dampfdruck 64
- Eigenschaften 34
- Emissionen 166
- Emissionsgrenzwerte 166
- flüssig, Herstellung 58–59
- flüssig, Lagerung 63
- Herstellung 35
- Siedepunkt 63
- Verunreinigungen nach Metallverhüttung 50

Schwefelexport 9
- Deutschland 10

Schwefelhexafluorid 643
- Eigenschaften 643
- Herstellung 643

Schwefelkohlenstoff 160
- Eigenschaften 161
- Herstellung 160
- Verwendung 161

Schwefelproduktion 8
- BAT 164
- Deutschland 9

Schwefelsäure
- 8-h TWA 168
- Aerosole, MAK-Wert 168
- Eigenschaften 65
- electronic grade 150
- Emissionsgrenzwerte 167
- Hochkonzentrierung 128
- Konzentrierung 127
- Lagerung 129
- physikalische Eigenschaften 66
- Premium- 57
- Produktion und Verbrauch 11
- Qualitätsanforderungen 135
- Rohstoffpreis 10

- Schadstoff-Grenzwerte 165
- Schmelzpunktkurve 66
- STEL 168
- Verbrauch in Deutschland 15
- Verwendung 13
- Vorkonzentrierung 127
- Weltproduktion 10

Schwefelsäureanlage
- Abgasreinigung 117
- Analytik 135
- Dampfteil 110
- Einfachkatalyseanlage 123
- Energiebetrachtung 116
- Energiegewinnung 113
- erforderlicher Umsatz nach TA-Luft 162
- Heißgasanlage 120
- Kaltgasanlage 122
- Kamin 98
- NO_x-Entfernung 109
- Prozessüberwachung 133
- Säurebereich 90
- Säureteil 99

schwefelsäurehaltige Aerosole, krebserzeugungende Wirkung 167
Schwefelsäureherstellung, Werkstoffe 130
Schwefelsäureproduktion, BAT 164
Schwefeltetrafluorid 644
Schwefeltrioxid
- Eigenschaften 68
- Emissionsgrenzwerte 167
- Herstellung 67, 124
- Herstellung, Katalysatoren 73–75

Schwefeltrioxidherstellung
- adiabatische Arbeitsweise 77
- Doppelkatalyse 82
- Einfachkatalyse 81
- Heißgasanlage 92
- Horden, Lebensdauer 79
- isotherme Arbeitsweise 77
- Kaltgasanlage 92
- Katalysatoren, Lebensdauer 79
- Nass-Trocken-Katalyse 87
- Nasskatalyse 85
- Normalkatalyse 81
- Temperaturstufen 76
- Tripelkatalyse 84
- Verbleib des Katalysators 87

Schwefelverbrauch 9
Schwefelverbrennung
- Dampferzeugung 42
- NO_x-Bildung 42
- Rauchrohrkessel 43
- überstöchiometrisch 37
- unterstöchiometrisch 40

– Wasserrohrkessel 43
Schwerflüssigkeitsprozess, zur Reinigung von Steinsalz 435
Schwertrübetrennung 551
SCOEL 166
Scot-Verfahren 30
Seaclor 527
Searles Lake 585
Sekundärreformer 183, 187, 193, 198
– Aufbau 197
– Bauarten 198
Selectox-Verfahren 25
Selektiver Aufschluss 551
Selexol-Verfahren 22, 206
Self Accelerating Decomposition Temperature 753
Seltene Erden, aus Nassphosphorsäure 367
Sencor 312
Sepasolv-Verfahren 206
Sepiolith 818
– Verwendung 819
Setaka, N. 1000
Setzofen-Verfahren 789
SGL Carbon, HCl-Synthese 522
SGP 239
Shawinigan-Verfahren 323–324
Shell Gasification Process 239
Shell-Chlor-Verfahren 517
Shell-Entgasungsprozess, H_2S 26
Shell-Isopropanolverfahren 700
Shell-Verfahrens, partielle Oxidation von Schwerölen 239
Shiftreaktion 187, 203
SHOP-Prozess 421
SI 1085
$SiCl_4$ 874
– physikalische Eigenschaften 874
– Precusor in Aerosil-Prozess 855
Siebböden, in Abosprtionsanlagen zur Salpetersäureherstellung 264
Siedesalz 435, 547, 555
– Gewinnung durch Mehrfacheffekt-Verdampfung 555
– Gewinnung durch Thermokompression 556
Siemens, W. 769
SiF_4 874
SIGRAFIL 937
$SiHCl_3$ 874
$SiHCl_4$, physikalische Eigenschaften 874
SiH_2Cl_2, physikalische Eigenschaften 874
Silane
– organofunktionelle 878
– organofunktionelle, Eigenschaften 878

– organofunktionelle, Herstellung 880
– organofunktionelle, Verwendung 879
Silica
– Aggregation 867
– gefällte 858
– gefällte, Herstellung 856
– kolloides 868
– pyrogene, Porenvolumina 868
– synthetische amorphe, Toxikologie 872
Silicaester 882
– Herstellung 883
– Toxikologie 883
– Verwendung 883
Silicagel 857
– Herstellung durch Säure-Base-katalysierte Hydrlyse von Alkoxysilanen 860
– Porenvolumina 868
Silicagele
– Eigenschaften 866
– Herstellung 860
– Produktionskapazitäten 850
– Verwendung 872
Silicahydrogele 861
Silicas
– als Putzkörper in Zahnpasten 872
– Anwendungen 870
– chemische Modifizierung 864
– Eigenschaften 865
– gefällte, als Fließhilfsmittel 870
– gefällte, Hydrophobierung 864
– gefällte, Produktionskapazitäten 850
– gefällte, zur Verstärkung von Elastomeren 870
– gefüllte, als Träger 870
– hydrophobe pyrogene, in Tonersystemen für Fotokopierer 870
– Nachbehandlung 863
– Oberflächeneigenschaften 867
– Porenvolumina 868
– pyrogene, Eigenschaften 866
– pyrogene, Herstellung 853
– pyrogene, Herstellung durch Plasmaverfahren 856
– pyrogene, Herstelung durch Lichtbogenverfahren 855
– pyrogene, Produktionskapazitäten 850
– pyrogene, Verwendung für CMP 872
– pyrogene, zur Verdickung der Schwefelsäure in Autobatterien 871
– synthetische amorphe 850
– Verwendung als Entschäumer 872
– Verwendung in Farben und Lacken 870
– zum Coaten von Papier 871
Silicasol 857

Silicasol-Dispersionen
- Dispersionsstabilisierung 869
- maximaler Feststoffanteil 869
- Stabilität 868
Silicasole
- Eingeschaften 868
- Herstellung 862
- Produktionskapazitäten 850
Silicat-Lösungen, Eigenschaften 825
Silicate
- Einteilung 806
- lösliche 820
- mesoporöse 835
Silicatpolymere, Q-Index 826
Silicide, als Oxidationsschutz für Kohlenstoffkörper 925
Silicium-Halogen-Verbindungen 874
Siliciumcarbid
- Anwendung 798
- Aufbereitung 798
- Rohstoffe 795
Siliciumcarbidherstellung
- Acheson-Verfahren 796
- ESK-Verfahren 797
Siliciumtetrachlorid 874
- Herstellung 874–875
- Verwendung 877
Siliciumtetrafluorid 646, 874
- Herstellung 875
Silicoalumophosphate, als Zeolithe 835
Siloxane 825
Single Well Operation 554
Single-Tank-Reaktor, Rohphosphataufschluss 353
Single-Walled Carbon Nanotubes 1026
Sioplas-Verfahren 879
SKS-6 849
SKS-7 849
Smalley 1018, 1020
Smaragd 807
Smith, D. 1006
Snamprogetti-Verfahren, Harnstoff-Synthese 301
SNOWTEX 869
$SOCl_2$ 147
SOD, Zeolithe 838
Soda 568
- dichte 590
- leichte 590
- Verdichtung 579
Sodalith-Käfig, Zeolithe 838
Sodaproduktion 593
Sodaseen 585, 587
Söderberg 779

Söderberg-Anoden, für Schmelzflusselektrolyse 929
Söderberg-Elektroden 369, 929
- Calciumcarbidherstellung 779
- Phosphorherstellung 372, 374
Söderberg-Verfahren 918
Soffione 662
Sohio-Verfahren 323, 326
Solarenergie-Verdampfung, von Kohlenstoff, Fulleren-Herstellung 1020
Sole 553
- Reinigung 555
- Roh, bergmännische Gewinnung 553
Soleaufbereitung, Chlor-Alkali-Ektrolyse 433
Solen, verbundener Systeme 554
Solinox-Verfahren 62
Solvay, Ernest 569
Solvay-Verfahren 568, 570
- Aminverfahren 589
- Ammoniakrückgewinnung 579
- Emissionen 582
- Energieerzeugung 582
- Grosvenor-Miller-Variante 589
- modifiziertes 282, 587
- Technologie 573
- theoretische Grundlagen 571
Sonnenverdampferanlagen, Meersalzgewinnung 561
soot 941
Sorosilicate 806
Sortierung, optoelektronische 551
SO_2 34
- Dampfdruckkurve 60
- Löslichkeit in Wasser 61
- physikalische Eigenschaften 35
SO_2-haltige Gase
- aus Abällen der Titandioxidherstellung 47
- aus Cacliumsulfaten 49
- aus thermischer Spaltung schwefelsäurehaltiger Abfälle 44
- Waschverfahren 52
SO_2Cl_2 148
SO_3 67
- Absorption in Schwefelsäure 89, 91
- Absorption in Schwefelsäure, Gegenstromabsorption 89
- Absorption in Schwefelsäure, Gleichstromabsorption 90
- alpha, beta und gamma-Struktur 68
- physikalische Eigenschaften 73
- Trocknung 91
Speckstein 809
Speisesalz 565
- Fluoridierung 566

– Iodierung 566
Spitzyn, E. 1000
SrO$_2$ 737
SRS 440
St. Claire Deville 834
Stamicarbon CO$_2$-Stripping-Prozess 292
Stamicarbon-Stripping-Prozess 292
STARCrete 13
Stärke, als Flockungshilfsmittel 1070
Steady-State-Verfahren, Schwefeltrioxidherstellung 81
Steam-Reformer 181
Steam-Reforming 181, 185–186
– Dampf/Kohlenstoff-Verhältnis 188
Steam-Reforming-Prozess, Geschichtliches 178
Steatit 809
Steatitkeramik 809
Steinhoff 834
Steinkohlen, als Rohstoffe für Aktivkohlen, Aufbereitung 965
Steinsalz 433, 547
– Aufbereitung 551
– Gewinnung 549
– Vorreinigung für Elektrolysezwecke 433
Stickoxid, Oxidation 256
Stickoxide 248
– Eigenschaften 248
– Emissionsgrenzwerte 266
– katalytische Entfernung aus Restgas von Salpetersäureanlage 267–268
Stickstoffdioxid 249
Stickstoffmonoxid 248
Stickstoffoberfläche, Oberflächenbestimmung von Industrierußen 947
Stickstoffoxide 248
Stickstofftrichlorid, als Verunreinigung in Chlor 509
Stickstofftrifluorid 644
Stinkspat 603
Störfallstoff 166
C-Stähle, als Werkstoffe für Schwefelsäureherstellung 131
Stranggraphitierung 899
Stranggusskokillen, aus Graphit 931
Strangpresse 911
Stretford-Prozess 22
Strontiumperoxid
– Herstellung 737
– Verwendung 738
Strunz 806
Stückengläser, Wasserglas 830
Sulfacid-Verfahren 117
Sulfate Removal System 440

Sulfint-Prozess 22
Sulfosorbon-Verfahren 989
Sulfreen-Verfahren 27–28
sulfur recovered 5
Sulfurylchlorid 148
– Eigenschaften 148
– Herstellung 148
Sundermeyer 877
SuperClaus-Verfahren 27
Superoxide 734
– Alkalimetall- 735
– Erdalkalimetall- 735
Superphosphat 349, 361
– angereichertes 361
– normales 361
– normales, Herstellung 363
Superphosphorsäure 358
Supersäure 150, 634
Supersorbon 964
Supersorbon-Verfahren 988
SVK 515
SWNT 1026
– Eigenschaften 1030
SX-EW-Prozess 13
Synthesegas
– aus Schwerölen 238
– CO$_2$-Entfernung 206
– Druck 217
– durch partielle Oxidation 238
– Herstellung aus Kohle 242
– Herstellung, Geschichtliches 180
– Herstellung, Steam-Reforming 185
– Kompression 217
Syntheseschleife
– Ammoniak-Synthese 216
– Aufbau 215
synthetische amorphe Silicas 850
S$_2$Cl$_2$ 146

t

T-Atome, Zeolithe 836
TaB$_2$ 667
Tafelwasser 1058
Talk 809
– Anwendung in Papierindustrie 809
– Verwendung als Füllstoff 809
TAM 710
TAM-Wert 712
Tamman-Öfen 929
Tanatar 680, 709, 715
Tauchpumpe 106
Taylor 834, 905
TCF-Verfahren 529
Tectosilicate 819

Teichner 679
Tektosilicate 806
Temkin und Pyzhev Gleichung 213
Templat-Synthese 844
templatfreie Synthese 845
TEOS 860, 863
Tephram-Diaphragma 500
Terbufos 415
tert-Amylhydroperoxid 752
tert-Butylhydroperoxid 752
tert-Octylhydroperoxid 752
Tetra, Wasserstoffperoxidherstellung 687
Tetraalkylammoniumsalze,
  als Template für Zeolithherstellung 844
Tetraethoxysilan 882
Tetraethylsilicat 882
Tetrafluoroborsäure 632, 669
– Eigenschaften 632
Tetrahydroborate 669
Tetrakaliumdiphosphat, Herstellung 400
Tetranatriumdiphosphat 388
– Herstellung 394
Tetraphosphordecaoxid 408
Tetraphosphordecasulfid 409
Tetrathionat,
  durch Oxidation von Thiosulfat 142
Texaco Syngas Generation Process 239
Texaco-Verfahren, partielle Oxidation von
  Schwerölen 239
Thenard, Louis Jacques 658, 679
Thenardit 152
thermal blacks 956
Thermalruß-Verfahren 955–956
Thermalruße 955
Thermokompressionsverfahren, Gewinnung
  von Siedesalz 556
Thiobacillus Ferroxidans 159
Thiocyanate 333
– Verwendung 333
Thiocyansäure 333
Thioharnstoff, aus Calciumcyanamid 793
Thionylchlorid 147
– Eigenschaften 147
– Herstellung 147
Thiopaq-Prozess 22
Thiophosphorsäure-O,O,O-triester 416
Thiophosphorsäureester, als Insektizide 416
Thiosulfat, Komplexe mit
  Silberhalogeniden 143
Thiosulfatprozess, Quecksilberabscheidung
  aus Abgasen metallurgischer Anlagen 56
Thomasphosphat 349
TiB_2 667
Tiefenfiltration, Wasseraufbereitung 1071

Tieftemperatur-Konvertierung 183, 203
Tillmans-Kurve 1086–1087
Tincalconit 659
Tinkal 659, 661
Tint-Strength, von Industrirußen 947
Titan, als Anodenmaterial für die
  Membranelektrolyse 470
Titandiborid 667
TMOS 860
TOF 213
TOPO 367, 422
Torf
– als Rohstoff für Aktivkohlen 964
– als Rohstoff für Aktivkohlen,
  Aufbereitung 966
– für Aktivkohle, chemische Aktivierung 968
Torfkoks 966
Tows 936
Trennung
– elektrostatische 551
– in der Wurfparabel 551
Tri-n-octylphosphanoxid 367, 422
Trialkylphosphate 413
– Verwendung 413
Trialkylphosphite 417
Triarylphosphate 412
Triarylphosphite 416–417
Trichlorfon 418
Trichlorsilan 874
– Herstellung 874–875
– Verwendung 877
Tricresylphosphat 412
2,4,4-Trimethylpentyl-2-hydroperoxid 752
Trinatriumphosphat, Verwendung 393
Trinkwasser 1055
– Fluorierung 618
Trinkwasser-Verordnung 1055, 1061
Trinkwasseraufbereitung,
  mit Aktivkohlen 986
Trinkwasserbeurteilung, Parameter 1057
Trinkwasserfilter 975
Tripeleffekt-Eindampfanlage 498
Tripelkatalyse, SO_2-Verbrennung 85
Triphenylphosphan 420
Triphenylphosphat 412
Triplesuperphosphat 361
– Herstellung 364
Triplesuperphosphate 349
Tris(alkylaryl)phosphate, Verwendung 413
Tris(chloralkyl)phosphate 413
Tris[tetra-n-hexylammonium]peroxo-
  phosphowolframat 735
Triuret 287
Trocken-Arsenabscheidung, Boliden 57

Trockner, Schwefelsäureanlage 100
Trona 568–569, 585
Trona-Verfahren 568
Trostberger Drehofen-Verfahren,
　　Kalkstickstoffherstellung 788
Trostberger Drehofenverfahren 789
TSGP 239
TT-Konvertierung 203
Tunnelöfen, Carbonisieren von
　　Kohlenstoffprodukten 918
Turn-Over-Frequency 213
TVA-Verfahren 365

u

Überhitzer, Schwefelsäureanlage 112
UCEGO-Filter 355
Uferfiltrat 1065
Uferfiltration 1091
UF_6, Uranaufarbeitung 637
Uhde Low Energy Concept, Ammoniak-
　　Synthese 231
Uhde Zweidruckverfahren, Ammoniak-
　　Synthese 232
Uhde-Amalgamzelle 483
Uhde-Verfahren, Ammoniak-Synthese 229
Uhde-Zellen, Amalgamverfahren 484
UHP-Ofen 927
Ulexit 659
Ultrasil VN 3, 851
Umkehrosmose
– Konzentration von salzhaltigen
　　Kohlegrubenabwässern 563
– Wasseraufbereitung 1075
Unsteady-State-Verfahren,
　　Schwefeltrioxidherstellung 80
Uran, aus Nassphosphorsäure 367
UREA 2000plus-Verfahren 294
– mit Pool-Kondensator 294–295
– mit Pool-Reaktor 295–296
Urea Casale Prozess 301
USI-Verfahren,
　　Natriumperoxidherstellung 736
USY, für FCC-Katalysatoren 843

v

Vanadiumpentoxid, als Katalysator für
　　Synthese von SO_3 71
Vauquelin 284
VB_2 667
VE-Wasser 1058
Venturi-Reaktor 952
Venturi-Wäscher, Schwefelsäureanlage 102
Verdichter, für Schwefelsäureanlage 97
Vermiculit 815

– geblähter 815
Vernickelung, stromlos 412
Vibrationsformen, Kohlenstoffmassen 912
Vibrationsverdichter 912
Victor-Verfahren 281
Vinyltrialkoxysilane 879
Vorreformer 202
Vorreformieren 202

w

Wärmeaustauscher, aus Graphit 931
Wasser
– als Lösemittel 1046
– Bedeutung für lebende Organismen 1048
– Bindungsabstand 1043
– Bindungswinkel 1043
– Dichte 1044
– Dichte, Temperaturabhängigkeit 1045
– Dichteanomalie 1044
– Dichtemaximum 1045
– Dielektrizitätskonstante 1046
– dynamische Viskosität 1046
– Eigenschaften 1047
– Eis, Struktur 1043
– Enthärten 1081
– kritische Temperatur 1044
– Micellenbildung 1048
– Molekülaggregationen 1043
– Molekülstruktur 1043
– Oberflächenspannung 1046
– physikalische Daten 683
– pro-Kopf-Verbrauch 1053
– Tripelpunkt 1044
– Verdampfungsenthalpie 1046
– vollentsalztes 1058
– Vorräte 1049
– Wärmekapazität 1046
– Zustandsdiagramm 1044–1045
Wasseraufbereitung 1068
– Belüftung 1083
– Entfernung von Feststoffen 1069
– pH-Wert-Korrektur 1085
Wasserbedarf 1053
– Industrie und Gewerbe 1054
Wasserbilanz 1049
Wassergas 180
Wassergas-Shiftreaktion 183
Wasserglas
– als Ausgangsstoff für Fällungsilica 858
– Historisches 822
Wasserglas-Lösungen 821
– Analyseverfahren 827
– Herstellung durch Hydrothermalverfahren
　　832

– Verwendung 832
Wassergläser 820
Wasserhaushaltsgesetz 1060
Wasserkreislauf 1049
Wassermarkt, Globalisierung 1095
Wasserrahmenrichtlinie 1061
Wasserrohrkessel, Schwefelsäureanlage 110
Wasserstoff, aus Chlor-Alkali-Elektrolyse 512
Wasserstoffbrückenbindung, im Wasser 1043
Wasserstoffperoxid
– als Oxidationsmittel 684
– als Oxidationsmittel in der Wasseraufbereitung 1089
– als Reduktionsmittel 684
– Bindungsabstand und -winkel 682
– Direktsynthese 703
– Eingenschaften 682
– elektrochemische Herstellung 702
– Geschichtliches 679
– Herstellung, Alkoholoxidation 699
– Herstellung, Autoxidationsverfahren 685
– hochrein, Herstellung 699
– in der Synthese 705
– physikalische Daten 683
– Sicherheitsanforderungen 706
– Toxikologie 706
– Verwendung 704
– Verwendung, Papier-und Zellstoffindustrie 704
– Wirkung auf Umwelt 708
– zum Bleichen 705
Wasserstoffperoxid-Lösungen, physikalische Daten 683
Wasserversorgung, Leitungsnetz 1067
WB 667
Weedazol 312
Weißensteiner Verfahren 679
weißer Graphit 672
Weigel 834
Wellman-Lord-Verfahren 30, 62
– Rauchgasentschwefelung 62
Werner 898
wet bag-Verfahren 913
WHG 1060
Willson, T. L. 769
Winkler-Verfahren 590
Wirbelbettgranulation, Hydro Fertilizer Technologie 305
Wirbelschicht-Sprühcoating 712
Wirbelschichtöfen, zur Aktivierung von Aktivkohle 973
wire-mesh-Filter 107–108
Wöhler 369
– F. 284

– L. 769
Wolframhexafluorid 622
– Verwendung 622
Wollastonit 808
– Verwendung 808
WSR-Verfahren 32
W_2B_5 667

X
Xenonfluoride 645
Xerogele 862

Z
Zahnpasten 399
Zechstein 548
Zentrifugalverdichter, Synthesegas-Kompression 217
Zeolith A 838
– als Trockenmittel 844
– als Wasserenthärter in Waschmitteln 842
– für Isolierglasfenster 844
Zeolith Beta 838
Zeolith L 838
Zeolith P 838
Zeolith X 838
Zeolith Y 838
Zeolithe
– Acidität 841
– als Adsorbentien und Molekularsiebe 842–843
– als Katalysatoren 843
– Aufbau 836
– durch templatgestützte Synthese 848
– Eigenschaften 839
– Herstellung 844
– Ionenaustauscherwirkung 840
– natürliche 820
– synthetische 834
– Verwendung 835
– zur Luftzerlegung 843
Zeolithisierung 847
Zero-Gap-Prinzip, Diaphragmaverfahren 500
Zersetzer, Amalgamverfahren 483
Zinkborate 664
Zinkchlorid, als Aktivierungsmittel für Aktivkohlen 967
Zinkdialkyldithiophosphate 415
Zinkoxid, als Adsorbens für H_2S 186
Zinkperoxid
– Herstellung 737
– Verwendung 738
Zinkphosphid 411
Zinksulfat 157
– Verwendung 157

Zinnphosphid 411
Zirkon 807
– Verwendung 807
ZnO_2 737
$ZnSO_4$ 157

ZrB_2 667
$Zr[SiO_4]$ 807
ZSM-5 838
Zuluft-/Abluftreinigung, mit Aktivkohlen 988
Zweistoffbrenner 38

St